# Drogisten-Lexikon

## Ein Lehr- und Nachschlagebuch

### für Drogisten und verwandte Berufe, Chemotechniker Laboranten, Großhandel und Industrie

Herausgegeben von

## Apotheker Hans Irion

ehem. Direktor der Staatl. anerk. Drogisten-Akademie Braunschweig
öffentlich bestellter und vereidigter Sachverständiger in Berlin

Erster Band

### Die wissenschaftlichen Grundlagen der Drogistenpraxis

Mit 587 Abbildungen

1955

Springer-Verlag, Berlin / Göttingen / Heidelberg

ISBN-13: 978-3-642-92639-6     e-ISBN-13: 978-3-642-92638-9
DOI: 10.1007/978-3-642-92638-9

# Vorwort.

Seit vielen Jahren fehlt auf dem deutschen Büchermarkt ein modernes, gründliches und in Hinsicht auf die wissenschaftlichen Grundlagen und die neuen Erfahrungen der Praxis völlig zuverlässiges Handbuch für den Drogistenstand, das jedem, der sein Wissen erweitern will, oder wenn im täglichen Berufsleben Zweifelsfragen auftauchen, die gewünschten Kenntnisse vermittelt. Die Fachgebiete, auf denen der Drogist und die verwandten Berufe, der Drogen-Großhandel, die chemisch-technische Industrie, die Chemotechniker und die Laboranten arbeiten, erfahren von Jahr zu Jahr Verbreiterung. Dies gilt zum Beispiel für die Chemie, die Schädlingsbekämpfung, die Gesundheitslehre, die Vergiftungslehre, die Kosmetik usw. Hier will dieses groß angelegte Handbuch Abhilfe schaffen.

Das Handbuch ist die Frucht vieljähriger Arbeit des Herausgebers und fußt auf seiner eigenen, langjährigen Tätigkeit als Drogist und als Apotheker sowie auf weitgehendem, gründlichem und kritischem Studium der wissenschaftlichen und praktisch-technischen Literatur.

Zu den einzelnen Abschnitten des Werkes sei folgendes gesagt: Die Abschnitte *Botanik* und *Mikroskopie* wurden bewußt ausführlicher behandelt als dies sonst in drogistischen Fachbüchern üblich ist. Der Drogist soll nicht nur das Gerippe der allernötigsten Dinge hier vorfinden, sondern erkennen, daß die Materie, mit der er täglich umgeht, mit *dem lebenden Wesen der Natur* in Beziehung zu setzen ist. Im Abschnitt Botanik wurden daher die Gestalt (Morphologie), die Lebensäußerungen (Physiologie), die verwandtschaftlichen Beziehungen der Pflanzen untereinander und ihre Zugehörigkeit zu den einzelnen großen Gruppen des Pflanzenreiches (Systematik) in dem Umfange beschrieben, der nötig ist, um dem Leser einen Einblick und Überblick über das Gebiet zu geben. Der an dieser Materie interessierte Drogist soll auch durch Literaturhinweise angeregt werden, sich im größeren Rahmen mit der Botanik zu beschäftigen. Auch in der Mikroskopie wurde darauf geachtet, daß alle Gebiete, auch praktische, behandelt werden, deren Kenntnisse für den Anfänger bei mikroskopischen Arbeiten erforderlich sind.

In der „*Allgemeinen Chemie*" hat der Verfasser sichergestellt, dem Leser in kurzer und prägnanter Form die wichtigsten Kenntnisse und Vorstellungen zu vermitteln, welche die Chemie vom Wesen der verschiedenen stofflichen Erscheinungsformen und von den stofflichen Umwandlungen gewonnen hat.

Der *anorganische Teil* bildet nur das Grundgerüst des umfangreichen Gebietes, während im *organischen Teil* neben dem Grundsätzlichen auch eine speziellere Besprechung der wichtigsten Verbindungstypen erfolgt ist. Im anorganischen Teil finden die Gesetzmäßigkeiten des periodischen Systems sowie die neueren Ansichten über den inneren Aufbau der Stoffe und den Begriff „Wertigkeit" Berücksichtigung, weil diese Dinge einen wesentlichen Teil des Fortschrittes bilden, welche die Allgemeine Chemie im letzten halben Jahrhundert gemacht hat. Im übrigen hat sich der Verfasser sehr bemüht, die grundlegenden Begriffe möglichst klar herauszuarbeiten und die wichtigsten Grundsätze der Namensgebung darzulegen. Die Anmerkungen enthalten kurze biographische Notizen und sprachliche Erläuterungen der benutzten Begriffe. Einen kurzen Überblick über die geschichtliche Entwicklung vermittelt die Einleitung. Zur Erleichterung der Übersicht wurde eine straffe Gliederung des behandelten Stoffes vorgenommen.

In dem Beitrag „*Untersuchung der Arzneimittel*" hat der Verfasser außer den amtlichen Untersuchungsvorschriften des DAB. 6 auch eine Reihe anderer Verfahren berücksichtigt und gelegentlich allgemeine, grundsätzliche Betrachtungen angeschlossen.

Die Tatsache, daß im Einzelhandel jährlich 50000 Unfälle vorkommen, hat den Herausgeber veranlaßt, diesem wichtigen Gebiet, *Unfallverhütung*, die notwendige Aufmerksamkeit zu schenken.

Die *Drogenkunde* des Bandes I soll dem Leser lediglich eine Übersicht vermitteln, da die einzelnen Drogen im Band II ausführlich abgehandelt sind. Die Artnamen bei der Aufführung der Stammpflanzen sind nach dem Beschluß des Internationalen botanischen Kongresses in Stockholm 1950 einheitlich klein geschrieben. Dagegen sind die Bezeichnungen des DAB. 6 in der dort üblichen Schreibweise aufgeführt. Die botanisch-drogenkundlichen Zeichnungen im Band II stammen teilweise aus der Feder von Frau ELSA M. FELSKO-SCHÜLKE.

Bei den *Chemikalien* ist tunlichst auf die neue Nomenklatur Rücksicht genommen worden, da diese neuerdings auch in den Preislisten der chemischen Industrie Verwendung findet. Die veralteten Bezeichnungen sind jedoch ebenfalls angeführt. Die Kennzahlen sind mit Ausnahme der im DAB. 6 und Erg.-Bd. 6 aufgeführten hauptsächlich D'ANS-LAX: Taschenbuch für Chemiker und Physiker, 2. Aufl., Berlin/Göttingen/Heidelberg: Springer 1949, entnommen.

Häufig wurde darüber geklagt, daß in der drogistischen Literatur keine Hinweise auf die Prüfungen des DAB. 6 zu finden seien. Dies wurde durch die Aufführung der Prüfungsmethoden, Erkennungs- und Reinheitsprüfungen sowie Gehaltsbestimmungen des DAB. 6 und der Erkennungsprüfungen des Erg.-Bd. 6 berücksichtigt. Soweit zuverlässige Zahlen verfügbar waren, ist bei den Heilkräutern jeweils der Wasserverlust beim Trocknen angegeben.

Die *Kosmetik* ist zur Vermeidung von Wiederholungen im Band III (Vorschriftenbuch) abgehandelt. Dieser Band enthält auch die Fachtechnik mit den für die einzelnen Arbeiten notwendigen Geräten und Apparaten in alphabetischer Reihenfolge: Abdampfen, Abfüllen, Absaugen, Auswaschen usw., so daß sich der Benützer des Buches rasch und erschöpfend über die einzelnen Arbeitstechniken orientieren kann. Die Vorschriften sind gegliedert nach medizinischen, kosmetischen und technischen Präparaten.

Von der Photographie erscheinen nur ausgewählte Kapitel. Die Handelswissenschaften sind in dem Werk nicht enthalten.

Meinen Mitarbeitern, die gleich mir bemüht waren, das Werk zu einem universellen Nachschlagewerk zu gestalten, danke ich aufrichtig. Auch den zahlreichen Firmen der Industrie, deren Unterstützung ich bei meiner Arbeit in weitgehendem Maße erfahren durfte, gilt mein Dank. Dem Springer-Verlag, der auf meine Wünsche als Herausgeber und Verfasser und diejenigen meiner Mitarbeiter bereitwillig einging, möchte ich dafür besonderen Dank sagen.

Berlin-Charlottenburg, März 1955.                                    **Hans Irion.**

# Inhaltsverzeichnis.

## Erster Band.

### Die Drogerie — Medizinische Zubereitungen.
Von Apotheker H. IRION, Berlin.

Seite

A. Die Drogerie . . . . . . . . . . . . . . . . . . . . . . . . 1
    I. Das äußere Bild . . . . . . . . . . . . . . . . . 1
    II. Die Räume der Drogerie . . . . . . . . . . . . . . · 3
    III. Die Standgefäße . . . . . . . . . . . . . . . . 7
    IV. Beschriften von Standgefäßen . . . . . . . . . . . . 10
    V. Die Abgabegefäße . . . . . . . . . . . . . . . . 13
    VI. Zubehör zu den Abgabegefäßen . . . . . . . . . . . 17
    VII. Etikettieren . . . . . . . . . . . . . . . . . . . 18
    VIII. Die Aufbewahrung von Arzneimitteln und Waren mit besonderen Eigenschaften . . . . . . . . . . . . . . . . . . 18
    IX. Die Defektur . . . . . . . . . . . . . . . . . . 22
    X. Gewichte und Waagen . . . . . . . . . . . . . . . 25
        Gewichte S. 25. - Waagen S. 27. - Behandlung und Prüfung der Waagen S. 29.
    XI. Meßgefäße . . . . . . . . . . . . . . . . . . . 30
    XII. Unfallverhütung . . . . . . . . . . . . . . . . . 31
    XIII. Die Eröffnung und Führung einer Drogerie . . . . . 40
        Formalitäten zur Eröffnung und Führung einer Drogerie S. 40 - Weitere notwendige Formalitäten S. 41.
B. Medizinische Zubereitungen . . . . . . . . . . . . . . . 43

### Botanik.
Von Dr. phil. EVA POTZTAL, Berlin.

A. Morphologie . . . . . . . . . . . . . . . . . . . . . . . 61
    I. Die Symmetrieverhältnisse der Pflanzen . . . . . . . . 61
    II. Thallus und Kormus . . . . . . . . . . . . . . . 62
        Der Thallus S. 62. - Der Kormus S. 65.
    III. Embryo und Keimung . . . . . . . . . . . . . . . 65
    IV. Der Sproß . . . . . . . . . . . . . . . . . . . 68
        Der Vegetationskegel des Sprosses S. 68. - Die Sproßachse S. 69. - Die Stellung der Blätter am Sproß S. 71. - Die Verzweigung der Sproßachse S. 72. - Umgestaltungen der Sproßachse S. 74. - Das Blatt S. 75. - Umgestaltungen der Blätter S. 79.
    V. Die Wurzel . . . . . . . . . . . . . . . . . . . 80
        Umgestaltungen der Wurzel S. 80.
    VI. Überblick über die Fortpflanzungsorgane . . . . . . . 81
B. Physiologie . . . . . . . . . . . . . . . . . . . . . . . 83
    I. Physiologie des Stoffwechsels . . . . . . . . . . . . 83
        Die stoffliche Zusammensetzung der Pflanze S. 83. - Das Wasser S. 84. - Die Nährsalze S. 88. - Die Kohlenhydrate S. 91. - Der Fettstoffwechsel S. 93. - Der Eiweißstoffwechsel S. 94. - Besonderheiten der heterotrophen Ernährung S. 95. - Kreislauf des Stickstoffs S. 96. - Die Atmung S. 96. - Die Gärungen S. 97.

Seite

II. Physiologie der Bewegungen . . . . . . . . . . . . . . . . 98
Die Bewegung der Organe festgewachsener Pflanzen S. 98. – Die
freien Ortsbewegungen S. 101.

III. Physiologie des Formwechsels . . . . . . . . . . . . . . . 102
Das Wachstum S. 102. – Die Entwicklung S. 103. – Fortpflanzung und
Vererbung S. 104.

C. Systematik . . . . . . . . . . . . . . . . . . . . . . . 110
Einleitung S. 110. – Übersicht über die großen Abteilungen des
Pflanzenreiches S. 111.

I. Thallophyta . . . . . . . . . . . . . . . . . . . . 112

II. Archegoniatae (Archegoniumpflanzen) . . . . . . . . . . . . 125
Bryophyta (Moose) S. 125. – Pteridophyta (Farnpflanzen) S. 126.

III. Spermatophyta (Samenpflanzen) . . . . . . . . . . . . . . 128
Gymnospermae S. 130. – Angiospermae S. 133.

D. Bestimmungen aus der Naturschutzgesetzgebung . . . . . . . . . 167
Auszug aus der Verordnung zum Schutze der wildwachsenden Pflanzen
und der nichtjagdbaren wildlebenden Tiere (Naturschutzverordnung) . . 168

E. Erklärung der verwendeten Fachausdrücke . . . . . . . . . . 172

## Chemie.
### Von Dr. phil. J. Dahmlos, Haltern/Westf.

A. Allgemeine und Anorganische Chemie . . . . . . . . . . . . . 175
Historisches . . . . . . . . . . . . . . . . . . . . . . 175

I. Stoffgemenge und chemisch reine Stoffe . . . . . . . . . . 177

II. Formarten und innerer Aufbau chemisch reiner Stoffe . . . . . . 180
Flüchtige Stoffe. Der Molekülbegriff S. 180. – Verdünnte Lösungen.
Molekulargewichte gelöster Stoffe S. 185. – Salzartige Stoffe und andere
Stoffklassen S. 187.

III. Elemente und chemische Verbindungen. Atomtheorie. Wertigkeit . . . . 187
Chemische Umwandlungen S. 187. – Elemente und Chemische Verbindungen S. 190. – Wertigkeit. Strukturformeln S. 196. – Nomenklatur
einfacher Verbindungen S. 199.

IV. Das Periodische System der Elemente . . . . . . . . . . . . 201
Allgemeine Gesetzmäßigkeiten S. 201. – Periodisches System und
Atombau. Verschiedene Arten chemischer Bindung S. 205. – Aufbau der
Atomkerne und Elementumwandlungen S. 208.

V. Säuren, Basen und Salze . . . . . . . . . . . . . . . . 209
Sauerstoffhaltige und sauerstofffreie Säuren. Salze S. 209. – Elektro-
lytische Dissoziation der Säuren. Wasserstoffexponent $p_H$ S. 214. – Basen.
Erweiterung der $p_H$-Skala S. 218. – Ionenreaktionen S. 222. – Salzhydrate.
Doppelsalze. Komplexsalze S. 224.

VI. Oxydations- und Reduktionsvorgänge . . . . . . . . . . . . 227
Wasserstoffsuperoxyd, Peroxyde und Peroxysäuren S. 227. – Oxyda-
tionsmittel S. 228. – Reduktionsmittel S. 230. – Mittlere Oxydationsstufen.
Disproportionierungen S. 232.

B. Organische Chemie . . . . . . . . . . . . . . . . . . . 233

I. Einleitung . . . . . . . . . . . . . . . . . . . . . 233

II. Kohlenwasserstoffe und Halogenide. Einteilung der organischen Verbindungen nach funktionellen Gruppen . . . . . . . . . . . . 235

III. Alkohole und Äther . . . . . . . . . . . . . . . . . . 247

IV. Thioalkohole (Mercaptane) und Thioäther . . . . . . . . . . 255

V. Aldehyde und Ketone . . . . . . . . . . . . . . . . . 257

VI. Carbonsäuren . . . . . . . . . . . . . . . . . . . . 266

VII. Amine . . . . . . . . . . . . . . . . . . . . . . . 281

Seite

VIII. Alkaloide . . . . . . . . . . . . . . . . . . . . . . . . . . . 286
  IX. Aminosäuren und Eiweißstoffe . . . . . . . . . . . . . . . . . . 289
   X. Optisch aktive Verbindungen. Räumliche Erweiterung der struktur-
      chemischen Grundlagen durch die Tetraederhypothese . . . . . . . . 292
  XI. Kohlenhydrate . . . . . . . . . . . . . . . . . . . . . . . . . 296
 XII. Aromatische Verbindungen . . . . . . . . . . . . . . . . . . . . 302
XIII. Synthetische Farbstoffe . . . . . . . . . . . . . . . . . . . . . 322

C. Verfahren zur Prüfung der Arzneistoffe und Arzneizubereitungen . . 330
Einleitung . . . . . . . . . . . . . . . . . . . . . . . . . . . . . . 330
   I. Äußere Merkmale . . . . . . . . . . . . . . . . . . . . . . . . 330
  II. Physikalische Prüfungsverfahren . . . . . . . . . . . . . . . . . 330
      Allgemeines S. 330. – Bestimmung des spezifischen Gewichtes (Dichte)
      S. 331. – Bestimmung der Zähigkeit (Viscosität) S. 335. – Bestimmung des
      Schmelzpunkts S. 335. – Bestimmung des Erstarrungspunktes S. 338. –
      Bestimmung des Siedepunktes S. 338. – Bestimmung des optischen
      Drehungsvermögens S. 341. – Bestimmung der Brechungszahl (Refrakto-
      metrie) S. 344. – Kolorimetrische Gehaltsbestimmungen S. 345.
 III. Chemische Prüfungsverfahren . . . . . . . . . . . . . . . . . . . 346
      Identitätsnachweise S. 346. – Reinheitsprüfungen S. 347. – Quantita-
      tive Prüfungen und Gehaltsbestimmungen S. 353.

### Desinfektion und Desinfektionsmittel.
#### Von Apotheker H. Irion, Berlin.

A. Bakterien . . . . . . . . . . . . . . . . . . . . . . . . . . . . . 375
Einteilung der Bakterien nach ihrer Wirkung . . . . . . . . . . . . . . 375
B. Ansteckung — Infektion . . . . . . . . . . . . . . . . . . . . . . 376
C. Entseuchung — Desinfektion . . . . . . . . . . . . . . . . . . . . 377
   I. Desinfektionsarten . . . . . . . . . . . . . . . . . . . . . . . 378
  II. Desinfektionsmittel – Chemische Desinfektion . . . . . . . . . . . 379
      Die wichtigsten Desinfektionsmittel anorganischer Natur S. 379. – Die
      wichtigsten Desinfektionsmittel organischer Natur S. 381. – Acridinfarb-
      stoffe S. 382.
 III. Durchführung der Desinfektion . . . . . . . . . . . . . . . . . . 383
  IV. Zusammenstellung der wichtigsten Desinfektionsmittel . . . . . . . 383

### Drogenkunde-Pharmakognosie.
#### Von Apotheker H. Irion, Berlin.

A. Drogen des Pflanzenreiches . . . . . . . . . . . . . . . . . . . . 384
      Ganze Pflanzen S. 384. – Pflanzenteile S. 385. – Pflanzenstoffe S. 387.
B. Drogen des Tierreiches . . . . . . . . . . . . . . . . . . . . . . 390
C. Das Sammeln und Trocknen von Heil-, Duft- und Gewürzpflanzen . . 391
      Sammelkalender für wichtige Heilpflanzen S. 391. – Richtlinien zum
      Sammeln von Kräutern S. 395. – Die Trocknung S. 395. – Heil-, Duft- und
      Gewürzpflanzenanbau S. 397.
D. Tabellen und Gruppeneinteilung der Heilpflanzen . . . . . . . . . 397
   I. Übersicht über die Drogen liefernden Stammpflanzen . . . . . . . . 397
  II. Übersicht über die Drogen liefernden Tiere . . . . . . . . . . . . 412
 III. Einteilung der wichtigsten Drogen auf Grund ihrer chemischen Haupt-
      bestandteile und Gruppeneinteilung der Heilpflanzen . . . . . . . . 413
  IV. Gruppeneinteilung der Arzneipflanzen auf Grund ihrer hauptsächlichen
      Wirkstoffe . . . . . . . . . . . . . . . . . . . . . . . . . . . 417
      Jodhaltige Drogen S. 417. – Kieselsäuredrogen S. 417. – Membran-
      drogen S. 417. – Zuckerhaltige oder andere Süßstoffe enthaltende Drogen
      S. 417. – Schleimdrogen und Gummen-Mucilaginosa S. 417. – Stärkedrogen

S. 418. – Drogen mit Gerüsteiweißstoffen S. 418. – Drogen mit niederen ali-
phatischen Fettsäuren S. 419. – Fett- und Wachsdrogen S. 419. – Drogen
mit aromatischen Säuren und ihren Estern S. 419. – Glykosiddrogen
S. 419. – Bitterstoffdrogen, nichtglykosidische S. 421. – Gerbstoffdrogen
S. 421. – Drogen mit Glukokinien S. 422. – Alkaloid-Drogen S. 422. –
Drogen mit ätherischen Ölen S. 422. – Harzdrogen S. 424.
   V. Die wichtigsten Pflanzenfamilien . . . . . . . . . . . . . . . . . .   424

# Farbwarenkunde.
## Von Dr.-Ing. O. HEFTER, Braunschweig.

Vorbemerkung . . . . . . . . . . . . . . . . . . . . . . . . . . . . . . .   426
A. Die Farbe . . . . . . . . . . . . . . . . . . . . . . . . . . . . . . .   426
B. Werkstoffkunde . . . . . . . . . . . . . . . . . . . . . . . . . . . .   429
   I. Die Körperfarben . . . . . . . . . . . . . . . . . . . . . . . . .   429
   II.. Einteilung der Farben nach Grundstoffen . . . . . . . . . . . .   430
   III. Allgemeine praktische Prüfungen der Trockenfarben . . . . . . .   431
C. Einteilung der Farben nach dem Ton . . . . . . . . . . . . . . . .   434
   I. Weiße Farben . . . . . . . . . . . . . . . . . . . . . . . . . .   434
      Bariumweiß S. 434. – Bleiweiß S. 435. – Gips S. 436. – Kalk S. 437. –
      Lithopone S. 437. – Schwerspat (natürlich) S. 438. – Titanweiß S. 438. –
      Weißerde S. 439. – Zinkoxyd S. 439. – Zinkweiß S. 440.
   II. Gelbe Farben . . . . . . . . . . . . . . . . . . . . . . . . . .   440
      Bariumgelb S. 440. – Cadmiumgelb S. 441. – Chromgelb S. 441. –
      Erdocker S. 442. – Kalkgelb S. 442. – Marsgelb S. 443. – Terra di Siena
      natur S. 443. – Zinkgelb S. 443.
   III. Rote Farben . . . . . . . . . . . . . . . . . . . . . . . . . .   444
      Bleimennige S. 444. – Chromrot S. 444. – Eisenoxydrot S. 445. –
      Kalkrot S. 445. – Signalrot S. 446. – Terra di Siena, gebrannt S. 446. –
      Ultramarinrot S. 446. – Zinnober S. 446.
   IV. Blaue Farben . . . . . . . . . . . . . . . . . . . . . . . . . .   447
      Bremer Blau S. 447. – Eisenblau S. 448. – Kalkblau S. 448. – Kobaltblau
      S. 448. – Ultramarinblau (Ultramaringrün) S. 449.
   V. Graue Farben . . . . . . . . . . . . . . . . . . . . . . . . . .   449
      Graue Erde S. 449. – Schiefergrau S. 450. – Zinkgrau S. 450.
   VI. Grüne Farben . . . . . . . . . . . . . . . . . . . . . . . . . .   450
      Chromgrün S. 450. – Chromooxydgrün S. 451. – Grüne Erde S. 452. –
      Kalkgrün S. 452. – Schweinfurter Grün S. 452. – Zinkgrün S. 453.
   VII. Braune Farben . . . . . . . . . . . . . . . . . . . . . . . . .   453
      Asphalt S. 453. – Kasseler Braun S. 454. – Marsbraun S. 454. –
      Metallocker S. 454. – Umbra S. 455.
   VIII. Violette Farben . . . . . . . . . . . . . . . . . . . . . . . .   455
      Kaltviolett S. 455. – Kobaltviolett S. 456. – Ultramarinviolett S. 456.
   IX. Schwarze Farben . . . . . . . . . . . . . . . . . . . . . . . .   457
      Anilinschwarz S. 457. – Eisenglimmer S. 457. – Eisenoxydschwarz
      S. 457. – Graphit S. 458. – Ilmenitschwarz S. 458. – Knochenschwarz
      S. 458. – Manganschwarz S. 459. – Mineralschwarz S. 459. – Rebschwarz
      S. 459. – Ruß S. 460.
   X. Spezialfarben . . . . . . . . . . . . . . . . . . . . . . . . . .   460
      Bronzefarben S. 460. – Leuchtfarben S. 461. – Warn- oder Heißluft-
      anmeldefarben S. 461.
   XI. Blattmetalle . . . . . . . . . . . . . . . . . . . . . . . . . .   462
   XII. Holzbeizen . . . . . . . . . . . . . . . . . . . . . . . . . . .   462
D. Bindemittel . . . . . . . . . . . . . . . . . . . . . . . . . . . . .   463
   I. Eigenschaften der Bindemittel . . . . . . . . . . . . . . . . . .   463

Seite

II. Übersicht über die Verwendung der Bindemittel . . . . . . . . . . 464
    Wäßrige Bindemittel S. 464. – Nichtwäßrige, flüchtige Bindemittel
    S. 465. – Ölbindemittel S. 465.
III. Bindemittel . . . . . . . . . . . . . . . . . . . . . . . . . . . . .
    Wäßrige Bindemittel S. 466. – Nichtwäßrige, flüchtige Bindemittel
    S. 471. – Ölbindemittel S. 471.

E. Lackrohstoffe . . . . . . . . . . . . . . . . . . . . . . . . . 475
    I. Asphalte und Peche . . . . . . . . . . . . . . . . . . . . . . . 475
   II. Fette Öle . . . . . . . . . . . . . . . . . . . . . . . . . . . . 475
  III. Harze . . . . . . . . . . . . . . . . . . . . . . . . . . . . . . 475
        Naturharze S. 475. – Verbesserte Naturharze S. 476. – Kunstharze S. 476.
   IV. Kautschuk und Chlorkautschuk . . . . . . . . . . . . . . . . . 478
    V. Celluloseprodukte . . . . . . . . . . . . . . . . . . . . . . . . 478
   VI. Wachse . . . . . . . . . . . . . . . . . . . . . . . . . . . . . . 479
  VII. Weichmachungsmittel . . . . . . . . . . . . . . . . . . . . . . . 479

F. Lacke . . . . . . . . . . . . . . . . . . . . . . . . . . . . . . 479

G. Ölfarben . . . . . . . . . . . . . . . . . . . . . . . . . . . . . 481

H. Lösungs- und Verdünnungsmittel . . . . . . . . . . . . . . . . . 482

I. Trockenstoffe und Sikkative . . . . . . . . . . . . . . . . . . . 484

K. Harttrockenöle . . . . . . . . . . . . . . . . . . . . . . . . . . 485

L. Werkstoffe zur Arbeitstechnik . . . . . . . . . . . . . . . . . . 485

M. Werkzeuge und Geräte zur Verarbeitung der Farbe . . . . . . . . 489

N. Maschinen zur Aufbereitung der Farbe . . . . . . . . . . . . . . 494

O. Die Einrichtung der Farbenabteilung einer Drogerie . . . . . . . 494

P. Anstrichtechnik . . . . . . . . . . . . . . . . . . . . . . . . . 496
    I. Untergrund . . . . . . . . . . . . . . . . . . . . . . . . . . . 497
   II. Vorbereitung des Untergrundes . . . . . . . . . . . . . . . . . . 500
  III. Anstrichtechniken . . . . . . . . . . . . . . . . . . . . . . . . 502

Q. Anstrichfehler . . . . . . . . . . . . . . . . . . . . . . . . . . 509

R. Über die Anstriche zerstörenden Einflüsse . . . . . . . . . . . . 511

### Gesetzeskunde.
#### Von Studienrat Dipl.-Hdl. O. ENGWICHT, Berlin.

Einleitung . . . . . . . . . . . . . . . . . . . . . . . . . . . . . . 514

A. Arzneimittel . . . . . . . . . . . . . . . . . . . . . . . . . . . 515
    I. Die Verordnung, betreffend den Verkehr mit Arzneimitteln . . . . . 515
   II. Die Vorschriften über die Handhabung und Beaufsichtigung des Arznei-
       mittelverkehrs außerhalb der Apotheken . . . . . . . . . . . . . . 523
        Die polizeilichen Vorschriften über den Betrieb der Drogenhandlungen
        S. 523. – Die polizeilichen Vorschriften über die Besichtigung (Revision)
        der Drogenhandlungen S. 526.
  III. Sonderregelungen über Herstellung und Abgabe von Arzneimitteln . . . 528
        Jodhaltige Arzneimittel oder mit Jod angereicherte Lebensmittel
        S. 528. – Verordnung über den Verkehr mit Arzneimitteln usw., die der
        ärztlichen Verschreibungspflicht unterliegen S. 528. – Polizeiverordnung
        über die Abgabebeschränkung für weibliche Geschlechtshormone und
        andere Arzneimittel S. 529. – Verordnung über die Herstellung von Arznei-
        fertigwaren S. 529.
   IV. Die Arzneimittelgesetzgebung seit 1945 . . . . . . . . . . . . . . 530
        Die Arzneimittelgesetzgebung in Groß-Berlin und in der Ostzone
        S. 530. – Die Arzneimittelgesetzgebung in den Westzonen S. 533.
    V. Der Vertrieb von Mitteln gegen Schwangerschaft . . . . . . . . . . 535
        Die gesetzliche Regelung in den einzelnen Ländern seit 1945 S. 535.

Seite

B. Gifte . . . . . . . . . . . . . . . . . . . . . . . . . . . 536
   I. Die Konzession zum Handel mit Giften . . . . . . . . . . . . . . 536
  II. Polizeiverordnung über den Handel mit Giften . . . . . . . . . . . . 539
       Verzeichnis der Gifte S. 542. – Giftbuch S. 545. – Änderungen der Gift-
       verordnung seit 1945 S. 546.
 III. Das Farbengesetz . . . . . . . . . . . . . . . . . . . . . . 547
 IV. Gesetz, betr. den Verkehr mit blei- und zinkhaltigen Gegenständen . . . . 548
  V. Polizeiverordnung über den Verkehr mit giftigen Pflanzenschutzmitteln . . 549
 VI. Giftige Stoffe zur Schädlingsbekämpfung und Ungeziefervertilgung . . . 553
       Schädlingsbekämpfung mit hochgiftigen Stoffen S. 553. – Verwendung
       bakterienhaltiger Mittel S. 554. – Verwendung von Phosphorwasserstoff
       S. 555. – Auslegen von Gift. Gifteier S. 555. – Rattenbekämpfung S. 556. –
       Schutz der landwirtschaftlichen Kulturpflanzen S. 556. – Bekämpfung son-
       stiger Schädlinge S. 557.
VII. Sonstige giftgesetzliche Bestimmungen . . . . . . . . . . . . . . . 557
       Verkehr mit Kaliumchlorat S. 557. – Polizeiverordnung über den
       Verkehr mit Trikresylphosphat S. 558. – Verordnung über Orthotrikresyl-
       phosphat enthaltende Kunststoffe S. 558.

C. Explosive und feuergefährliche Stoffe . . . . . . . . . . . . 558
   I. Sprengstoffe und Feuerwerkskörper . . . . . . . . . . . . . . . . 558
       Sprengstoffgesetz (Gesetz gegen den verbrecherischen und gemein-
       gefährlichen Gebrauch von Sprengstoffen) S. 559. – Polizeiverordnung
       über den Verkehr mit Sprengstoffen (Sprengstoffverordnung) S. 559. –
       Polizeiverordnung über das Abbrennen von Feuerwerkskörpern und
       ähnlichen Erzeugnissen S. 561. – Verordnung über den Verkehr mit pyro-
       technischen Gegenständen S. 561.
  II. Brennbare Flüssigkeiten . . . . . . . . . . . . . . . . . . . . 564
       Polizeiverordnung über den Verkehr mit brennbaren Flüssigkeiten
       S. 564. – Grundsätze für die Durchführung der Polizeiverordnung über den
       Verkehr mit brennbaren Flüssigkeiten S. 569. – Zusammenstellung einiger
       im Handel vorkommender brennbarer Flüssigkeiten nach ihrer Zugehörig-
       keit zu den in § 2 der Polizeiverordnung abgegrenzten Gruppen und
       Gefahrklassen S. 570.
 III. Petroleum . . . . . . . . . . . . . . . . . . . . . . . . . 570
       Verordnung über das gewerbsmäßige Verkaufen und Feilhalten von
       Petroleum S. 570. – Die Verwendung von brennbaren Flüssigkeiten zu
       Koch-, Heiz- und Beleuchtungszwecken S. 570.
 IV. Polizeiverordnung über die Herstellung, Aufbewahrung und Verwendung
       von Acetylen sowie über die Lagerung von Calciumkarbid . . . . . . . 571

D. Branntwein und Wein . . . . . . . . . . . . . . . . . . . 571
   I. Branntwein . . . . . . . . . . . . . . . . . . . . . . . . . 571
       Unverarbeiteter Branntwein zum regelmäßigen Verkaufspreis S. 572. –
       Trinkbranntwein S. 574. – Branntwein zum allgemeinen ermäßigten Ver-
       kaufspreis S. 577. – Branntwein zum besonderen ermäßigten Verkaufspreis
       S. 579. – Methylalkohol S. 580.
  II. Wein – Traubensaft, Weinähnliche Getränke – Weinhaltige Getränke,
       Schaumwein und schaumweinähnliche Getränke, Weinbrand und Wein-
       brandverschnitt . . . . . . . . . . . . . . . . . . . . . . . 581
       Wein S. 581. – Süßmost oder Traubensaft S. 584. – Weinähnliche Ge-
       tränke S. 584. – Weinhaltige Getränke S. 585. – Schaumwein und dem
       Schaumwein ähnliche Getränke S. 586. – Weinbrand-Kognak-Cognac
       S. 587. – Weinbrand- und Kognak-Verschnitt S. 588.

E. Lebens- und Genußmittel . . . . . . . . . . . . . . . . . 588
   I. Das Gesetz über den Verkehr mit Lebensmitteln und Bedarfsgegen-
       ständen – Lebensmittelgesetz . . . . . . . . . . . . . . . . . . 588
       Lebensmittel S. 588. – Bedarfsgegenstände S. 589.

Seite

II. Die äußere Kennzeichnung von Lebensmitteln . . . . . . . . . . . 590
III. Essigsäure . . . . . . . . . . . . . . . . . . . . . . . . . . . 590
IV. Gewürze und Ersatzgewürze . . . . . . . . . . . . . . . . . . . 591
V. Honig und Kunsthonig . . . . . . . . . . . . . . . . . . . . . . 592
  Honig S. 592. - Kunsthonig S. 594.
VI. Konservierungsmittel . . . . . . . . . . . . . . . . . . . . . . 594
VII. Mineralöle und mineralölhaltige Stoffe zur Herstellung von Lebensmitteln 596
VIII. Obsterzeugnisse . . . . . . . . . . . . . . . . . . . . . . . . 596
  Obstsäfte S 596. - Obstsirupe S. 597. - Gelierstoffe S. 598.
IX. Salpetrigsaure Salze – Nitrite – zur Verwendung im Lebensmittelverkehr . 599
  Unzulässige Zusätze und Behandlungsverfahren bei Fleisch und dessen
  Zubereitungen S. 600.
X. Speiseeis-Halberzeugnisse . . . . . . . . . . . . . . . . . . . . 600
XI. Speisesenf = Mostrich . . . . . . . . . . . . . . . . . . . . . 601
XII. Süßstoff . . . . . . . . . . . . . . . . . . . . . . . . . . . . 601
XIII. Tafelwässer . . . . . . . . . . . . . . . . . . . . . . . . . . 602
  Mineralwässer S. 602. - Mineralarme Wässer S. 604. - Künstliche
  Mineralwässer S. 604. - Sole S. 605. - Heilwässer S. 605.
XIV. Tee und teeähnliche Erzeugnisse . . . . . . . . . . . . . . . . 606
XV. Vitaminisierte Lebensmittel . . . . . . . . . . . . . . . . . . . 607
XVI. Verwendung von Glykolen, von Propyl- und Isopropylalkohol . . . . 607
XVII. Verschiedenes . . . . . . . . . . . . . . . . . . . . . . . . 608
F. Futtermittel . . . . . . . . . . . . . . . . . . . . . . . . . . . . 608
  I. Das Gesetz über den Verkehr mit Futtermitteln – Futtermittelgesetz . . 608
  II. Die Futtermittelanordnung . . . . . . . . . . . . . . . . . . . 609
G. Arzneimittelwerbung . . . . . . . . . . . . . . . . . . . . . . . 611
  I. Schutz des Genfer Neutralitätszeichens und des Wappens der schweizeri-
    schen Eidgenossenschaft . . . . . . . . . . . . . . . . . . . . 611
  II. Gesetz zur Bekämpfung der Geschlechtskrankheiten . . . . . . . . 611
  III. Polizeiverordnung über die Werbung auf dem Gebiete des Heilwesens . . . 613
  IV. Verschiedenes . . . . . . . . . . . . . . . . . . . . . . . . 616
    Werbung für Mittel zur Verhütung von Geschlechtskrankheiten
    S. 616. - Werbung für Trinkbranntweinerzeugnisse S. 616. - Anwendung
    der Bezeichnung „Alpenkräutertee" S. 617.- Verwendung der Bezeichnung
    „Deutscher Tee" S. 617. - Werbung für borsäurehaltige Abmagerungs-
    mittel S. 618.
H. Das Bremer Drogistengesetz . . . . . . . . . . . . . . . . . . . . 618
    Gesetz über die Führung der Berufsbezeichnung „Drogist" und
    „Drogerie" S. 618. - Durchführungsverordnung zu dem Gesetz über die
    Führung der Berufsbezeichnung „Drogist" und „Drogerie" S. 619. -
    Prüfungsordnung für die staatliche Drogistengehilfenprüfung im Lande
    Bremen S. 620.
I. Maß- und Gewichtsgesetz . . . . . . . . . . . . . . . . . . . . . 623
  I. Maß- und Gewichtsgesetz . . . . . . . . . . . . . . . . . . . 623
    Gesetzliche Einheiten S. 623. - Eichung und Beglaubigung S. 624. -
    Flaschen S. 626.
  II. Ausführungsverordnung zum Maß- und Gewichtsgesetz . . . . . . . 627
    Aufstellung der Maß- und Gewichtsgeräte S. 637. - Pflichten der Be-
    sitzer von Meßgeräten S. 627.
K. Bestimmungen aus RGO., RSTGB. und STPO. . . . . . . . . . . 627
  I. Reichsgewerbeordnung (RGO.) . . . . . . . . . . . . . . . . . 627
  II. Reichsstrafgesetzbuch (RSTGB.) . . . . . . . . . . . . . . . . 630
  III. Strafprozeßordnung (STPO.) . . . . . . . . . . . . . . . . . 632
L. Verschiedenes . . . . . . . . . . . . . . . . . . . . . . . . . . 634

XII                        Inhaltsverzeichnis.

## Gesundheitslehre – Hygiene.
### Von Apotheker H. IRION, Berlin.

Seite

A. Aufbau des menschlichen Körpers . . . . . . . . . . . . . . 636
B. Bewegungsorgane . . . . . . . . . . . . . . . . . . . . . . 638
    I. Knochengerüst . . . . . . . . . . . . . . . . . . . . . . 638
    II. Muskeln . . . . . . . . . . . . . . . . . . . . . . . . . 643
C. Stoffwechsel und Stoffwechselorgane . . . . . . . . . . . . 645
    I. Der Stoffwechsel . . . . . . . . . . . . . . . . . . . . . 645
        Blut und Kreislauf S. 645. – Atmung und Atmungsorgane S. 652. –
        Verdauung und Verdauungsorgane S. 657. – Drüsen mit innerer Sekretion
        S. 666. – Harnorgane S. 669.
D. Die Haut . . . . . . . . . . . . . . . . . . . . . . . . . . 670
        Aufgaben der Haut S. 670. – Bau der Haut S. 671. – Haare S. 673. –
        Nägel S. 673.
E. Nervensystem . . . . . . . . . . . . . . . . . . . . . . . . 674
F. Sinnesorgane . . . . . . . . . . . . . . . . . . . . . . . . 678
        Sehorgan S. 678. – Gehörorgan S. 679. – Geruchsorgane S. 681. –
        Geschmacksorgane S. 681. – Gefühlsorgane S 681.
G. Geschlechtsorgane . . . . . . . . . . . . . . . . . . . . . . 682
        Männliche Geschlechtsorgane S. 682. – Weibliche Geschlechtsorgane
        S. 682.
H. Infektionskrankheiten . . . . . . . . . . . . . . . . . . . . 684
    Körpergewicht und Körpergröße von Kindern und Erwachsenen S. 686.

## Giftlehre – Toxikologie.
### Von Apotheker H. IRION, Berlin.

    Einleitung . . . . . . . . . . . . . . . . . . . . . . . . . 688
A. Gifte . . . . . . . . . . . . . . . . . . . . . . . . . . . . 688
        Begriff der Gifte S. 688. – Wirkungsweise der Gifte S. 689. – Eintritts-
        wege der Gifte in den Körper S. 690. – Ausscheidung und Ablagerung der
        Gifte S. 691. – Giftgier – Giftsucht S. 691. – Einteilung der Gifte S. 691.
B. Vergiftungen . . . . . . . . . . . . . . . . . . . . . . . . 692
        Begriff der Vergiftung S. 692. – Einteilung der Vergiftungen S. 692. –
        Erkennung einer Vergiftung S. 693. – Behandlung von Vergiftungen S. 694. –
        Vorbeugung gegen Vergiftung S. 695.
C. Die wichtigsten Vergiftungen mit Symptomen und die anzuwenden-
    den Gegenmaßnahmen . . . . . . . . . . . . . . . . . . . 695

## Krankenpflege und Artikel zur Krankenpflege.
### Von Apotheker H. IRION, Berlin.

A. Begriff der Krankheit . . . . . . . . . . . . . . . . . . . . 703
B. Begriff und Bedeutung der Krankenpflege . . . . . . . . . . 703
C. Voraussetzungen für eine zweckmäßige Krankenpflege . . . . 704
    I. Das Krankenzimmer . . . . . . . . . . . . . . . . . . . 704
    II. Das Krankenbett, die Lagerung des Kranken . . . . . . . . 704
        Beobachtung des Kranken S. 705. – Körperpflege der Kranken S. 709. –
        Ernährung des Kranken S. 710. – Darreichung von Arzneimitteln S. 710. –
        Sonstige Heilverfahren S. 712. – Krankenwache S. 722.
D. Schutzmaßnahmen bei ansteckenden Krankheiten . . . . . . . 722
E. Wunden und ihre Behandlung . . . . . . . . . . . . . . . . 723
F. Artikel zur Krankenpflege . . . . . . . . . . . . . . . . . . 725

## Medizinische Fachausdrücke.
### Von Apotheker H. IRION, Berlin . . . . . . . . . . 729

## Mikroskopie.

Von Dr. phil. Eva Potztal, Berlin.

Seite

A. Einführung in die Mikroskopie . . . . . . . . . . . . . . . . . 743
   Einleitung S. 743. – Aufgaben und Möglichkeiten der Mikroskopie
   S. 743. – Das Mikroskop und seine Benutzung S. 743. – Der Strahlengang
   am Mikroskop S. 745. – Hilfsmittel und Reagenzien zur mikroskopischen
   Untersuchung S. 745. – Das Anfertigen von mikroskopischen Präparaten
   S. 746. – Das Einstellen der Präparate im Mikroskop S. 748. – Die mi-
   kroskopische Größenmessung S. 748. – Das Zeichnen und die Mikrophoto-
   graphie S. 749.

B. Anatomie der Pflanzen . . . . . . . . . . . . . . . . . . . . . 750
   I. Zellenlehre . . . . . . . . . . . . . . . . . . . . . . . . . 750
      Das Zytoplasma S. 751. – Der Zellkern S. 752. – Die Plastiden S. 754. –
      Der Zellsaft S. 756. – Die Zellwand S. 756.
   II. Gewebelehre . . . . . . . . . . . . . . . . . . . . . . . . . 757
      Das Parenchym (Grundgewebe) S. 758. – Das Hautgewebe S. 759. –
      Sekretions- und Exkretionsgewebe S. 761. – Das Korkgewebe S. 762. –
      Mechanische Gewebe S. 764. – Das Leitungsgewebe S. 766.
   III. Die Anatomie der Organe der höheren Pflanzen . . . . . . . . . 769
      Die Wurzel S. 770. – Die Sproßachse S. 771. – Das Blatt S. 775.

C. Die Mikroskopie einiger Drogen und Genußmittel . . . . . . . . 776

## Photographie.

Von Redakteur H. Reuter, Köln.

A. Die wichtigsten Photoerzeugnisse . . . . . . . . . . . . . . . . 784
   I. Aufnahme-Kameras . . . . . . . . . . . . . . . . . . . . . . . 784
   II. Das Aufnahmematerial . . . . . . . . . . . . . . . . . . . . . 786
      Die grundlegenden Eigenschaften der Markenfilme S. 787. – Ortho-
      oder panchromatisch S. 787.
   III. Kunstlichtquellen . . . . . . . . . . . . . . . . . . . . . . 788
   IV. Aufnahmezubehör . . . . . . . . . . . . . . . . . . . . . . . 790

B. Labor . . . . . . . . . . . . . . . . . . . . . . . . . . . . . 792
   I. Kontrolle der Arbeitsgeräte . . . . . . . . . . . . . . . . . . 792
   II. Die Pflege des Tankentwicklers . . . . . . . . . . . . . . . . 794
   III. Die Lebensdauer des Fixierbades . . . . . . . . . . . . . . . 797
   IV. Retusche im Händlerlabor . . . . . . . . . . . . . . . . . . . 800
   V. Rettung durch Vergrößern . . . . . . . . . . . . . . . . . . . 804
   VI. Gesundheitliche Schäden in der Dunkelkammer . . . . . . . . . . 807
      Gifte, die durch die Atmungsorgane zum Organismus Zutritt erhalten
      S. 807. – Vergiftung durch Photochemikalien, die durch die Haut ein-
      dringen S. 808. – Schädigung der Augen S. 808. – Betriebsunfälle durch
      elektrische Geräte S. 809. – Fahrlässige Brandstiftung S. 809.
   VII. Projektion . . . . . . . . . . . . . . . . . . . . . . . . . 809
      Grad der Vergrößerung S. 810. – Das Reflexionsvermögen der Bild-
      wand S. 811. – Durchsichtigkeit des Farbenphotos S. 811.
   VIII. Wir reproduzieren . . . . . . . . . . . . . . . . . . . . . . 812
      Behandlung der Vorlagen S. 812. – Bildausschnitt S. 813. – Aufnahme
      S. 813. – Reproduktionen in Verbindung mit Kleinbild-Kameras S. 815. –
      Aufnahmeapparate und Zubehör S. 815. – Aufnahmelampen S. 815.

C. Die Farbenphotographie . . . . . . . . . . . . . . . . . . . . 815
   I. Das komplementärfarbige Negativ als Ausgangspunkt der farbigen Papier-
      kopie . . . . . . . . . . . . . . . . . . . . . . . . . . . . 815
   II. Farbenaufnahmen nicht ohne Belichtungsmesser . . . . . . . . . 818

D. Etwas über die Werbung . . . . . . . . . . . . . . . . . . . . 821
   I. Werbung durch das Schaufenster (Außenwerbung) . . . . . . . . . 821

Seite

    II. Werbung durch Photo-Prospekte . . . . . . . . . . . . . . . . 822
   III. Kundenerziehung . . . . . . . . . . . . . . . . . . . . . . . 823
   IV. Auswertung der Fachliteratur . . . . . . . . . . . . . . . . . . 824
    V. Bildkritik, Wettbewerbe und Ausstellungen . . . . . . . . . . . 825
E. Die Glaubwürdigkeit der Photokopie . . . . . . . . . . . . . . . 826
F. Wissenschaftliche Photographie . . . . . . . . . . . . . . . . . . 828

### Schädlinge und Schädlingsbekämpfungsmittel.

Von Privatdozent Dr. phil. habil. W. MADEL und Dr. phil. G. GEISTHARDT, Ingelheim.

A. Schädlinge und Krankheiten von A bis Z . . . . . . . . . . . . . 830
          Apfelbaumgespinstmotte S. 832. – Apfelblattsauger S. 833. – Apfel-
blütenstecher S. 834. – Apfelmehltau S. 834. – Apfelmotte S. 834. –
Apfelsägewespe S. 835. – Apfelschalenwickler S. 836. – Apfelwickler,
Obstmade S. 836. – Asseln S. 837. – Asternsterben S. 837. – Azaleenmotte
S. 838. – Bakterienkrebs, Wurzelkropf S. 838. – Baumschwämme S. 838. –
Baumschweißling S. 839. – Bettwanze S. 839. – Bienenschutz S. 841. –
Birnbaumprachtkäfer S. 842. – Birnen-Blattbräune S. 843. – Birnengall-
mücke S. 843. – Birnengespinstwespe S. 843. – Birnengitterrost S. 843. –
Birnenknospenstecher S. 844. – Birnenpockenmilbe S. 844. – Blasenfüße,
Fransenflügler S. 844. – Blattälchen S. 845. – Blattfallkrankheit der Rebe
oder Peronospora S. 845. – Blattgallmilbe S. 847. – Blattläuse S. 847. –
Blattrandkäfer S. 849. – Blattwanzen S. 850. – Bläue, Kiefernbläue S. 850. –
Blausieb S. 851. – Blutlaus S. 851. – Bohnen-Brennfleckenkrankheit
S. 852. – Bohnen-Fettfleckenkrankheit S. 853. – Bohnenkäfer (Pferde-
bohnenkäfer) S. 853. – Bohnenrost S. 854. – Borkenkäfer (Rindenbrüter,
Holzbrüter) S. 855. – Bremsen S. 856. – Brotkäfer, Brotbohrer S. 856. –
Champignon-Springschwanz S. 857. – Chlorose oder Gelbsucht S. 858. –
Chrysanthemenminierfliege S. 858. – Chrysanthemenrost S. 858. –
Cyclamenmilbe S. 858. – Dasselfliegen S. 859. – Dickmaulrüßler S. 860. –
Diebkäfer S. 860. – Dörrobstmotte S. 861. – Drahtwürmer S. 861. –
Engerlinge S. 862. – Erbsenblasenfuß S. 863. – Erbsen-Brennfleckenkrank-
heit S. 864. – Erbsenkäfer S. 864. – Erbsenmehltau S. 864. – Erbsenrost
S. 865. – Erbsenwickler S. 865. – Erdbeerblütenstecher S. 865. – Erd-
beeren-Weißfleckenkrankheit S. 866. – Erdbeermilbe S. 866. – Erdflöhe
S. 866. – Erdraupen S. 868. – Essigfliege S. 868. – Feldmaus S. 869. –
Filzlaus S. 869. – Fleischfliegen, Schmeißfliegen S. 869. – Fliedermotte
S. 869. – Flöhe S. 870. – Fritfliege S. 871. – Frostschutz S. 872. – Frost-
spanner, Großer S. 872. – Frostspanner, Kleiner S. 872. – Fußkrankheiten
S. 873. – Gartenlaubkäfer S. 874. – Gerstenstreifenkrankheit S. 874. –
Gerstenhartbrand S. 874. – Getreideblumenfliege, Brachfliege S. 875. –
Getreidefußkrankheiten S. 875. – Getreidehähnchen S. 875. – Getreide-
halmwespe S. 876. – Getreidelaufkäfer S. 876. – Getreidemehltau S. 876. –
Getreiderostkrankheiten S. 877. – Getreidestockkrankheit S. 878. –
Goldafter S. 878. – Grauschimmel S. 879. – Gurkenblattbrand S. 879. –
Gurken-Brennfleckenkrankheit S. 880. – Gurkenkrätze S. 880. – Haarlinge
S. 881. – Haarmücken S. 881. – Hafer-Dörrfleckenkrankheit S. 881. –
Haferflugbrand S. 882. – Haselnußbohrer S. 882. – Hausbock S. 883. –
Hausmaus S. 885. – Hausmilbe S. 886. – Hausschwamm S. 887. – Heimchen
S. 889. – Herbstmilbe S. 890. – Heu- und Sauerwurm S. 890. – Himbeerglas-
flügler S. 891. – Himbeerkäfer S. 891. – Himbeermotte S. 891. – Himbeer-
rutenkrankheit S. 892. – Holzwespen S. 892. – Hyazinthenrotz, Gelbfäule
S. 893. – Japanische Gewächshausheuschrecke S. 894. – Johannisbeeren-
Blattfallkrankheit S. 894. – Johannisbeerglasflügler S. 895. – Junikäfer
S. 895. – Kakaomotte, Heumotte S. 895. – Kalkbeine der Hühner S. 895. –
Kartoffelkäfer S. 896. – Kartoffelkrautfäule, Knollenfäule der Kartoffel,
Kartoffelbraunfäule S. 897. – Kartoffelkrebs S. 898. – Kartoffelnaßfäule,

Schwarzbeinigkeit der Kartoffel, Bakterienfäule der Kartoffel S. 899. –
Kartoffelnematode S. 899. – Kartoffelschorf S. 899. – Kartoffeltrockenfäule
S. 900. – Käsefliege S. 900. – Kirschblattwespe S. 900. – Kirschblütenmotte
S. 901. – Kirschblattbräune S. 901. – Kirschenstecher S. 902. – Kirsch-
fruchtfliege S. 902. – Kleiderlaus S. 903. – Kleidermotte S. 904. –
Knospenwickler, Roter Knospenwickler, Grauer Knospenwickler S. 905. –
Kohldrehherzmücke S. 905. – Kohleule S. 906. – Kohlfliege S. 906. –
Kohlgallenrüßler S. 908. – Kohlhernie S. 908. – Kohlmehltau, Echter
S. 909. – Kohlmehltau, Falscher S. 909. – Kohlschabe S. 910. – Kohlschoten-
rüßler S. 910. – Kohltriebrüßler, Großer S. 910. – Kohlwanze S. 911. –
Kohlweißling S. 911. – Kopflaus S. 912. – Korkmotte, Korkwurm S. 912. –
Kornkäfer S. 913. – Kornmotte S. 914. – Krätzmilbe S. 915. – Kräuselmilbe
des Weinstocks S. 915. – Kugelkäfer S. 915. – Kümmelmotte S. 916. – Lauch-
oder Zwiebelmotte S. 916. – Lausfliegen S. 916. – Liebstöckelrüßler S. 917. –
Lilienhähnchen S. 917. – Linsenkäfer S. 918. – Maikäfer S. 918. – Maisbrand,
Beulenbrand des Maises S. 919. – Maiszünzler S. 920. – Mauerspinne S. 920. –
Maulwurf S. 921. – Maulwurfsgrille S. 921. – Mehlkäfer S. 922. – Mehlmilbe
S. 922. – Mehlmotte S. 923. – Messingkäfer S. 924. – Miniermotten S. 925. –
Mittelmeerfruchtfliege S. 925. – Möhrenfliege S. 925. – Monilia S. 926. –
Mutterkorn S. 927. – Narzissenfliegen. 1. Große N.; 2. Kleine N., Zwiebel-
mondfliege S. 928. – Nelkenfliege S. 929. – Nelkenmarienkäfer S. 929. –
Nelkenrost S. 930. – Nelkenwickler S. 930. – Obstbaumkrebs S. 931. – Ohr-
wurm S. 931. – Okuliermade S. 932. – Pelzkäfer S. 932. – Pfirsichkräusel-
krankheit S. 933. – Pfirsichmehltau S. 933. – Pflaumenbohrer S. 934. –
Pflaumensägewespen S. 934. – Pflaumenwickler S. 935. – Pochkäfer S. 936. –
Rapsglanzkäfer S. 937. – Ratten S. 937. – Räudemilben S. 938. – Reben-
mehltau, Echter S. 939. – Rebenschmierlaus S. 940. – Rebenstecher, Reb-
stichler S. 940. – Reblaus S. 941. – Ringelspinner S. 942. – Roggen-
stengelbrand S. 943. – Rosenblattwespe, Kleinste S. 943. – Rosengallwespe
S. 944. – Rosenkäfer S. 944. – Rosenmehltau, Echter S. 944. – Rosenmehltau,
Falscher S. 944. – Rosenrost S. 945. – Rosenwickler, Brauner S. 945. –
Rosenzikade S. 945. – Roter Brenner der Rebe S. 946. – Rote Spinne S. 946. –
Rotpustelkrankheit S. 947. – Rübenaaskäfer S. 947. – Rübenblattflecken-
krankheit S. 948. – Rübenblattwanze S. 948. – Rübenderbrüßler S. 949. –
Rübenfliege S. 949. – Rübenherz- und Trockenfäule S. 949. – Rübsaat-
pfeifer S. 950. – Sackträgermotten S. 950. – Salatmehltau, Falscher
S. 950. – Schaben, Deutsche, Orientalische, Amerikanische S. 951. –
Schildkäfer S. 953. – Schildläuse S. 954. – Schimmelkäfer S. 956. –
Schinkenkäfer S. 956. – Schlehenspinner, Aprikosenspinner S. 956. –
Schmalbauch S. 957. – Schnecken S. 957. – Schneeschimmel S. 957. –
Schorf S. 958. – Schrotschußkrankheit S. 959. – Schwammspinner S. 960. –
Sellerieblattfleckenkrankheit S. 960. – Sellerieschorf S. 961. – Silber-
fischchen S. 961. – Spargelfliege S. 961. – Spargelkäfer S. 962. – Spargelrost
S. 963. – Speckkäfer S. 964. – Spinatmehltau, Falscher S. 965. – Spinnen
S. 965. – Springwurm S. 965. – Spritzkalender S. 966. – Stachelbeerblatt-
wespe S. 970. – Stachelbeermehltau, Amerikanischer S. 970. – Stachel-
beermilbe S. 971. – Stachelbeerrost S. 971. – Stachelbeerspanner S. 972. –
Staubläuse S. 972. – Stechmücken S. 974. – Steinobstgespinstmotte
S. 974. – Stengelälchen S. 974. – Stippigkeit oder Stippflecken in Äpfeln
S. 975. – Stubenfliege S. 975. – Taubenzecke S. 977. – Tausendfüßler
S. 978. – Teppichkäfer S. 978. – Tierläuse S. 979. – Tomatenbakterienwelke
S. 980. – Tomatenblattfleckenkrankheit S. 980. – Tomatenbraunflecken-
krankheit S. 980. – Tomatenkrautfäule S. 981. – Tomatenmosaikkrankheit
S. 981. – Tomatenstengelfäule S. 982. – Totenkäfer S. 982. – Trauermücken
S. 982. – Tulpengraufäule S. 983. – Tulpen-Grauschimmel-Krankheit,
Blattbrand, Feuer S. 983. – Unkrautbekämpfung S. 984. – Veilchengall-
milbe S. 984. – Veilchengallmücken S. 984. – Viruskrankheiten S. 984. –

Seite

Vögel S. 985. – Vogelmilbe S. 985. – Wachsmotte, Große, Kleine S. 986. – Weidenbohrer S. 986. – Weiße Fliegen, Mottenläuse S. 987. – Weißer Bärenspinner S. 987. – Weizenflugbrand S. 988. – Weizengallmücke S. 989. – Weizensteinbrand S. 989. – Wespen S. 989. – Wiesenschnaken S. 990. – Wildschäden S. 990. – Wühlmaus S. 991. – Wurzelälchen S. 993. – Wurzelbrand, Vermehrungspilze S. 993. – Zecken S. 993. – Zweigstecher S. 994. – Zwetschen-Rotfleckenkrankheit, Fleischfleckenkrankheit S. 994. – Zwetschentaschenkrankheit, Narrenkrankheit S. 994. – Zwiebelfliege S. 995. – Zwiebelhähnchen S. 995. – Zwiebelmehltau, Falscher S. 995.

B. Bekämpfungsmittel und -verfahren von A bis Z . . . . . . . . . . 996

    Aldrin (USA) . . . . . . . . . . . . . . . . . . . . . . . . . 998
    Chlordan (USA) . . . . . . . . . . . . . . . . . . . . . . . 998
    DDT (Schweiz) . . . . . . . . . . . . . . . . . . . . . . . . 999
    DFDT (Deutschland) . . . . . . . . . . . . . . . . . . . . . 999
    Diazinon (Schweiz) . . . . . . . . . . . . . . . . . . . . . 999
    Dieldrin (USA) . . . . . . . . . . . . . . . . . . . . . . . 1000
    E 605 (Deutschland) . . . . . . . . . . . . . . . . . . . . . 1000
    HCH (Frankreich, England) . . . . . . . . . . . . . . . . . 1001
    Lindan (USA, Deutschland) . . . . . . . . . . . . . . . . . 1002
    Lindankombinationen . . . . . . . . . . . . . . . . . . . . 1002
    Toxaphen (USA) . . . . . . . . . . . . . . . . . . . . . . 1003
    Alphabetisches Verzeichnis der zur Zeit anerkannten Mittel (1954) . . . . . . 1003

Älchenmittel S. 1003. – Ameisenmittel S. 1003. – Apfelwicklermittel S. 1003. – Arsenmittel S. 1003. – Baumteer und Baumwachs für Wundverschluß S. 1004. – Begasungsmittel S. 1004. – Beizmittel S. 1005. – Blattlausmittel S. 1006. – Bläueschutzmittel S. 1006. – Blutlausmittel S. 1006. – Bodenentseuchung S. 1007. – Bremsenöle S. 1007. – Dasselmittel S. 1007. – Drahtwurmmittel S. 1007. – Erdflohmittel S. 1008. – Erdraupenmittel S. 1008. – Filzlausmittel S. 1008. – Fliegenmittel S. 1008. – Gewächshaus-Räuchermittel S. 1010. – Hausbockbekämpfungsmittel S. 1010. – Heu -und Sauerwurmmittel S. 1010. – Heidemoorkrankheitmittel S. 1010. – Holzschutzmittel S. 1011. – Kalkbeinmittel S. 1014. – Kartoffelkeimhemmungsmittel S. 1014. – Kleiderlausmittel S. 1015. – Kohlfliegenmittel S. 1015. – Kohlherniemittel S. 1015. – Kopflausmittel S. 1015. – Kornkäfermittel S. 1015. – Krähenmittel S. 1016. – Krätzemittel S. 1016. – Maulwurfsgrillenmittel S. 1016. – Mineralöl-Sommerspritzmittel S. 1016. – Mottenmittel S. 1016. – Mückenmittel S. 1017. – Nagetiermittel S. 1017. – Nikotinmittel S. 1020. – Obstbaumkrebsmittel S. 1021. – Obsthormonmittel S. 1021. – Organisch-synthetische Mittel S. 1021. – Pilzmittel S. 1025. – Raupenleime S. 1030. – Rübenherz- und Trockenfäule-Mittel S. 1030. – Sägewespenmittel S. 1030. – Schabenmittel S. 1030. – Schildlausmittel S. 1031. – Schneckenmittel S. 1031. – Speckkäfermittel S. 1031. – Spinnmilbenmittel S. 1031. – Tierläusemittel S. 1031. – Tipula-Mittel S. 1031. – Tomaten-Braunfleckenkrankheit-Mittel S. 1032. – Unkrautmittel S. 1032. – Wachsmottenmittel S. 1034. – Wanzenmittel S. 1034. – Wildverbißmittel S. 1035. – Winterspritzmittel S. 1035.

C. Herstellerfirmen der genannten Präparate, Dienststellen des Pflanzenschutzes, Vorratsschutzes und der Hygiene von A bis Z . . . 1036

    1. Holzschutzmittel-Firmen . . . . . . . . . . . . . . . . . . 1036
    2. Pflanzenschutzgeräte-Firmen . . . . . . . . . . . . . . . . 1036
    3. Pflanzenschutzmittel-Firmen . . . . . . . . . . . . . . . . 1036
    4. Holzschutzdienststellen . . . . . . . . . . . . . . . . . . . 1036
    5. Institute für hygienische Schädlingsbekämpfung . . . . . . . 1037
    6. Pflanzenschutzämter der Deutschen Bundesrepublik . . . . . . . . 1037
    7. Pflanzenschutzämter der Deutschen Demokratischen Republik . . . . . . 1038

Seite

8. Institute d. Biologischen Bundesanstalt f. Land- u. Forstwirtschaft, Braunschweig . . . . . . . . . . . . . . . . . . . . . . . . . . . . . 1038
9. Institute der Biologischen Zentralanstalt der DDR. Klein-Machnow, Post Stahnsdorf. . . . . . . . . . . . . . . . . . . . . . . . . . . . 1038
10. Weinbauanstalten . . . . . . . . . . . . . . . . . . . . . . . . . 1038

### Verbandstoffe.
#### Von Apotheker H. IRION, Berlin.

Einleitung . . . . . . . . . . . . . . . . . . . . . . . . . . . . 1039
I. Verbandwatte. Gereinigte Baumwolle . . . . . . . . . . . . . . 1040
II. Verbandzellstoff . . . . . . . . . . . . . . . . . . . . . . . . 1042
III. Verbandgewebe . . . . . . . . . . . . . . . . . . . . . . . . 1043
IV. Keimfreie (sterilisierte) Verbandstoffe . . . . . . . . . . . . . . 1045
V. Imprägnierte Verbandstoffe . . . . . . . . . . . . . . . . . . 1046
VI. Wasserdichte Gewebe und Guttaperchapapier . . . . . . . . . . 1047
VII. Flüssige Verbandstoffe . . . . . . . . . . . . . . . . . . . . 1047
VIII. Verbandpflaster . . . . . . . . . . . . . . . . . . . . . . . . 1048
IX. Chirurgisches Nähmaterial . . . . . . . . . . . . . . . . . . . 1049

### Tabellen.
#### Von Apotheker H. IRION, Berlin.

I. In Preislisten und in Rezepten gebräuchliche lateinische Abkürzungen . . 1050
II. Unverträgliche Mischungen wichtiger Chemikalien . . . . . . . . . 1052
III. Kennzahlen der wichtigsten handelsüblichen Öle und Fette . . . . . 1054
    1. Nichttrocknende Pflanzenöle . . . . . . . . . . . . . . . . . 1054
    2. Halbtrocknende Pflanzenöle . . . . . . . . . . . . . . . . . 1056
    3. Trocknende Öle . . . . . . . . . . . . . . . . . . . . . . 1058
    4. Feste Pflanzenfette . . . . . . . . . . . . . . . . . . . . . 1060
    5. Öle und Fette von Landtieren . . . . . . . . . . . . . . . . 1062
    6. Öle von Seetieren . . . . . . . . . . . . . . . . . . . . . 1064
IV. Kennzahlen der wichtigsten tierischen und pflanzlichen Wachsprodukte . 1066
    1. Tierische Wachsprodukte . . . . . . . . . . . . . . . . . . 1066
    2. Pflanzliche Wachsprodukte . . . . . . . . . . . . . . . . . 1067
V. Übersicht über die zwischen 10° und 25° eintretenden Veränderungen der Dichten von Flüssigkeiten des DAB. 6 und Erg.-B. 6 . . . . . . . . 1068
VI. Dichte und Trockenrückstand von wichtigen Tinkturen . . . . . . . 1082
VII. Tropfentabelle . . . . . . . . . . . . . . . . . . . . . . . . . 1083
VIII. Zusammensetzung pflanzlicher Lebensmittel . . . . . . . . . . . . 1085
IX. Zusammensetzung von Lebensmitteln aus dem Tierreich . . . . . . . 1086
X. Kennzahlen der wichtigsten Lösungsmittel . . . . . . . . . . . . 1087
XI. Verdunstungszahlen einiger Lösungsmittel bezogen auf die Verdunstungszeit von Äther (= 1) . . . . . . . . . . . . . . . . . . . . . . 1088

---

## Inhalt des zweiten Bandes.

### Chemikalien, Drogen, wichtige physikalische Begriffe in lexikalischer Ordnung.
#### Von Apotheker H. IRION, Berlin.

**Erster Teil:** Stichwörter A–K . . . . . . . . . . . . . . . . . . . 1—788
**Zweiter Teil:** Stichwörter L–Z . . . . . . . . . . . . . . . . . . . 789—1452
    Nachtrag . . . . . . . . . . . . . . . . . . . . . . . . . . . 1453
    Literaturverzeichnis . . . . . . . . . . . . . . . . . . . . . . 1460
    Sachverzeichnis für Band I und II . . . . . . . . . . . . . . . . 1469

# Zur Benützung des Werkes.

I. In den Hauptüberschriften von Band II sind die bei der Aussprache betonten Buchstaben bzw. Silben durch darunterstehende Punkte gekennzeichnet.

II. Giftige Chemikalien und Drogen, die nicht in der Polizeiverordnung betreffend den Handel mit Giften erfaßt sind, sind mit „*Giftig!*" bezeichnet.

III. Besonders wichtige Abschnitte der Toxikologie, Unfallverhütung, Ersten Hilfe usw. sind außen am Satzspiegel mit einem senkrechten Strich gekennzeichnet.

IV. Alle Temperaturangaben ohne Zusatz beziehen sich jeweils auf Celcius-Grade.

V. Ein Hinweispfeil → verweist auf die Abhandlung unter dem betreffenden Stichwort *im Band II.*

VI. Soweit die Toxikologie nicht bei den einzelnen Chemikalien aufgeführt ist, findet sich diese bei dem betreffenden Element.

VII. Bei der Prüfung der Arzneimittel nach DAB. 6 bzw. Erg.-B. 6 sind stets auch die unter „Eigenschaften" aufgeführten Kennzahlen zu prüfen. Sie sind in den Prüfungsvorschriften nicht mehr besonders aufgeführt. Die Erkennung der Metallverbindungen und Säuren ist jeweils am Schluß des betreffenden Abschnittes abgehandelt.

VIII. Bei Chemikalien und Drogen im Band II konnten aus Raumgründen nur die geläufigsten volkstümlichen Namen aufgeführt werden. Zur weiteren Orientierung wird auf G. ARENDS: Volkstümliche Namen der Arzneimittel, Drogen, Heilkräuter und Chemikalien, 13. Aufl., Berlin/Göttingen/Heidelberg: Springer 1948 verwiesen. Die bei den einzelnen Drogen und Chemikalien aufgeführten *Einzeldosen* (E.) sind HAFFNER-SCHULTZ: Normdosen der gebräuchlichen Arzneimittel, 3. Aufl., Stuttgart: Wissenschaftliche Verlagsgesellschaft m.b.H., 1950, entnommen.

IX. Nachstehende, in der Praxis häufig gebrauchte Abhandlungen sind im folgenden mit Angabe des Bandes und der Seitenzahl aufgeführt:

| | |
|---|---|
| Abkürzungen in Preislisten | Bd. I, S. 1050—1052 |
| Alphabetisches Verzeichnis der z. Z. anerkannten Schädlingsbekämpfungsmittel | Bd. I, S. 1003ff. |
| Chemikalien für photographische Zwecke | Bd. II, S. 281—286 |
| Fleckentabelle | Bd. II, S. 470—478 |
| Kennzahlen der wichtigsten handelsüblichen Öle und Fette | Bd. I, S. 1055—1065 |
| Kennzahlen der wichtigsten Wachsprodukte | Bd. I, S. 1066—1067 |
| Medizinische Fachausdrücke | Bd. I, S. 729—743 |
| Tropfentabelle | Bd. I, S. 1083 |
| Übersicht über die Dichten von Flüssigkeiten des DAB. 6 und Erg.-B. 6 | Bd. I, S. 1068—1081 |
| Unfallverhütung | Bd. I, S. 31—40 |
| Vergiftungen | Bd. I, S. 695—702 |

X. Ein Fragezeichen (?) hinter den Inhaltsstoffen von Drogen bedeutet, daß der betreffenden Inhaltsstoff trotz seiner Feststellung durch einzelne Autoren von anderen bestritten wird.

XI. Wichtige im Text des Werkes genannte Herstellerfirmen finden sich im Bezugsquellenverzeichnis im Bd. III.

XII. Medizinische Fachausdrücke sind im Sachverzeichnis nur dann aufgeführt, wenn sie näher erklärt sind. Sonst findet man sie wie z. B. „Malaria = Wechselfieber" in dem alphabetisch geordneten Abschnitt „Medizinische Fachausdrücke" Bd. I, S. 729—743.

XIII. *Sachverzeichnis.* ä, ö, ü sind wie a, o, u (nicht wie ae, oe, ue) eingeordnet, z. B. Äthylen. Dagegen sind Stichworte wie Aerosil unter „Ae" eingeordnet. Hauptwörter mit einem Adjektiv sind dann unter dem Anfangsbuchstaben des Adjektivs eingeordnet, wenn diesem die größere Bedeutung zukommt, z. B. Schweinfurter Grün. Bezeichnungen wie „Aromatische Wässer" sind unter „Wasser, aromatische" aufzuschlagen. Wörter, die man unter dem Buchstaben C nicht findet, schlage man unter K bzw. Z bzw. umgekehrt auf. Wörter wie Cadmium, Carbonat, Citronensäure, Calcium usw. sind jeweils mit C geschrieben.

Ein Stern hinter den Seitenzahlen bedeutet, daß zu dem angegebenen Begriff eine Abbildung gehört, Fettdruck der Seitenzahl weist auf eine Hauptstelle hin.

## Abkürzungen und Zeichenerklärungen.

| | | | |
|---|---|---|---|
| Abb. | Abbildung | SAB | Schweizer Arzneibuch |
| Atm. | Einheit für Atmosphäre | Sammelverbot! | Nach der Verordnung zum |
| Atom-Gew. | Atomgewicht | | Schutze der wildwachsen- |
| Aufguß | *heißer* Aufguß | | den Pflanzen (Naturschutz- |
| äußerl. | äußerlich | | Verordnung) ist     das |
| AV. | Verordnung betreffend den | | Sammeln verboten |
| | Verkehr mit Arzneimitteln | schw. lösl. | schwer löslich |
| | (Arzneimittelverordnung) | Schmp. | Schmelzpunkt |
| Bé | Baumé | Sdp. | Siedepunkt |
| cP. | Centipoise | SG. | Säuregrad |
| D. | Dichte | Stoff B | Stoff des Verzeichnisses B |
| DAB. 6 | Deutsches Arzneibuch | | der Verordnung betreffend |
| | 6. Ausgabe | | den Verkehr mit Arznei- |
| E. | Einzelgabe (nach HAFF- | | mitteln |
| | NER-SCHULTZ, Normdosen | synth. | synthetisch |
| | der gebräuchlichsten Arz- | SZ. | Säurezahl |
| | neimittel, 3. Aufl., 1950) | T. | Gewichtsteile |
| EP. | Erstarrungspunkt | tägl. | täglich |
| Erg.-B.6 | Ergänzungsbuch zum | techn. | technisch |
| | Deutschen Arzneibuch, | Tr. | Tropfen |
| | 6. Ausgabe | unlösl. | unlöslich |
| E. W. | Eingetragenes     Waren- | verd. | verdünnt |
| | zeichen | Verw. u. Verf. | Verwechslung   und   Ver- |
| EZ. | Esterzahl | | fälschung |
| f. | französisch | Verz. | Verzeichnis |
| g. | griechisch | vet. | veterinärmedizinisch |
| Gef.-Kl. | Gefahrenklasse der PVbF | | (tierheilkundlich) |
| HAB. | Homöopathisches Arznei- | VZ. | Verseifungszahl |
| | buch (1934) | WAS. | waschaktive Substanz |
| I. E. | Internationale Einheiten | W/Ö- | Wasser in Öl- (bei Emul- |
| innerl. | innerlich | | sionen) |
| konz. | konzentriert | WZ. | Wasserzahl |
| L. | Linné | $a_D^{20°}$ | Drehungswinkel des po- |
| lat. | lateinisch | | larisierten Lichtstrahls im |
| l. lösl. | leicht löslich | | 100-mm-Rohr bei 20° be- |
| lösl. | löslich | | zogen auf Natriumlicht |
| m- | meta | | |
| med. | medizinisch | $n_D^{20°}$ | Brechungsexponent   bei |
| Mol.-Gew. | Molekulargewicht | | 20° |
| n- | Normal | $[a]_D^{20°}$ | Spezifische   Drehung   bei |
| o- | ortho | | 20° im Natriumlicht |
| OP. | Originalpackung | $\varnothing$ | Durchmesser |
| Ö/W- | Öl in Wasser- (bei Emul- | $>$ | größer als |
| | sionen) | $<$ | kleiner als |
| p- | para | $\rightarrow$ | Hinweis auf das folgende |
| PHG. | Polizeiverordnung   über | | Stichwort in Bd. II. |
| | den Handel mit Giften | ☠ | Gift der Abteilung 1 bzw. |
| PVbF. | Polizeiverordnung   über | | 2 bzw. 3 der Gift-Polizei- |
| | den Verkehr mit brenn- | | verordnung (PHG.) |
| | baren Flüssigkeiten | | |

A I*

# Die Drogerie — Medizinische Zubereitungen.

Von Apotheker **H. IRION,** Berlin.

# A. Die Drogerie.

Seit der Gründung des Deutschen Drogisten-Verbandes im Jahre 1872 erstreben die Drogisten, der Drogerie einen gesetzlichen Schutz zu geben, also die Berufsbezeichnung „Drogist" und „Drogerie" zu schützen, mit der Maßgabe, daß nur solche Personen sich dieser Bezeichnung bedienen dürfen, welche die fachliche und berufliche Ausbildung haben. Durch das vom Senat des Landes Bremen erlassene „Gesetz über die Führung der Berufsbezeichnung ‚Drogist' und ‚Drogerie'" vom 6. August 1946 (Ges.-Bl. Bremen 1946, Nr. 33, S. 101) und die „Durchführungsverordnung zu dem Gesetz über die Führung der Berufsbezeichnung ‚Drogist' und ‚Drogerie'" vom 20. Juni 1952 (Ges.-Bl. Bremen 1952, Nr. 23, S. 66) ist dieses Ziel erreicht worden, und es ist zu hoffen, daß gleiche Gesetze in anderen Ländern der Bundesrepublik folgen bzw. diese Frage mit der Neuregelung des Arzneimittelverkehrs positiv entschieden wird.

## I. Das äußere Bild.

**Äußere Aufmachung.** Wie bei den Menschen ist der äußere Eindruck, den die Front einer Drogerie dem Beschauer darbietet, für die meisten vorübergehenden Käufer entscheidend. Aus diesem Grunde wird bei Neugründungen oder Umbauten zweckmäßig ein im Ladenbau erfahrener Architekt oder Baumeister zugezogen. Schon die *Außenfront* des Geschäfts muß seiner Lage angepaßt sein und sich nach der als Käufer in Betracht kommenden Bevölkerung und deren Kaufkraft richten. Wie bei der Gesamtausstattung einer Drogerie ist auch die Außenfront weitgehend abhängig von dem zur Verfügung stehenden Raum und Betriebskapital. Schon bei der Planung von Neu- oder Umbauten muß man sich klar sein, in welcher Weise das Geschäft spezialisiert werden soll, ob mehr auf das medizinale Gebiet und Heilkräuter, oder aber auf Farben oder Photographie bzw. auf alle drei Gebiete Wert gelegt werden soll. Speziell die beiden letzten Teilgebiete des Warensortiments der Drogerie werden vielfach in besonderen Abteilungen untergebracht. Grundsatz bei der Gestaltung der Geschäftsfront muß sein, beste Ausnützung des vorhandenen Raumes für Ausstellzwecke (Schaufenster, Schaukästen), Vermeidung jeder Überladung, geschmackvolle Wirkung auf Beschauer und Vorübergehende. Vom Standpunkt der Werbung aus ist auch die *Außenbeleuchtung* des Geschäftes von großer Bedeutung. Um diese zweckmäßig und für den Beschauer blendungsfrei zu gestalten,

empfiehlt es sich, den Rat der führenden Leuchtkörperfabriken einzuholen, die hierfür besondere Beratungsstellen unterhalten. In der Nähe der Ladentüre empfiehlt
sich die Anbringung von Metallringen zum Anbinden von Hunden und eines Ge-
stelles zum Aufstellen von Fahrrädern.

**Das Schaufenster.** Bekanntlich ist das Schaufenster das wichtigste Werbemittel
jedes Einzelhandelsgeschäftes, also auch der Drogerie. Seine zweckmäßige Einrichtung ist von ausschlaggebender Bedeutung zur Verwirklichung guter, zug-
kräftiger Werbeideen. Diese sind vielfach jahreszeitlich bedingt oder dienen der
Umsatzsteigerung bzw. Neueinführung bestimmter Waren. Dabei ist es wichtig,
jedem Fenster eine *bestimmte Werbeidee* zugrunde zu legen, welche die Beschauer
und Vorübergehenden zunächst durch einen *Blickfang* aufmerksam macht und dann
über die *Bedarfsweckung* zum *Kaufentschluß* führt. Durch die Vielseitigkeit des
Warensortiments der Drogerie sind der Schaufenstergestaltung viele Möglichkeiten
zur Abwechslung geboten. So kann das Schaufenster für *Arzneimittel* und *Heil-
kräuter* durch Schautafeln des Deutschen Gesundheitsmuseums Köln oder des
Deutschen Hygiene-Museums Dresden oder ähnliches belehrendes und aufklärendes
Anschauungsmaterial zugkräftig gestaltet werden. Heilkräuterfenster können mit
Herbarium-Blättern oder guten farbigen Pflanzenabbildungen, z. B. aus dem
Blumen-Atlas, Verlag F. A. Herbig, Berlin-Grunewald, aufgelockert werden. Weitere
Schaufensterideen, die sich lohnen, sind *Artikel zur Körperpflege, Artikel zur Kinder-
pflege, Bade- und Reiseartikel, Artikel zur Krankenpflege und Verbandstoffe, Artikel
zur Pflege von Wohnraum und Hausrat, Photoartikel, Farbwaren und Pinsel, Artikel
zur Tierpflege und Schädlingsbekämpfung* mit vielen besonderen Möglichkeiten an
Werbeideen u. a. Mitunter empfiehlt es sich, ein *Stapelfenster* zu dekorieren, das dem
Beschauer den Eindruck des Großeinkaufs und besonderer Einkaufsfähigkeit vermittelt. *Spezialfenster* finden aber zur Umsatzsteigerung besonderer Waren vor den
großen Festen (Weihnachten, Ostern) und vor Silvester Anklang und regen den
Beschauer zum Kauf von Geschenken bzw. Wein, Sekt, Spirituosen und Scherz-
artikeln an. Die Werbeideen zur Schaufenstergestaltung der Drogerie sind so vielseitige, daß sie zu finden bei sorgfältigem Nachdenken nicht schwerfallen kann,
zumal die drogistische Fachpresse hierzu laufend wertvolle Anregungen in Sonder-
beilagen gibt. Ein wichtiger Punkt zu einer geschmackvollen Schaufenstergestaltung
ist die *Farbenharmonie.* Die für Dekorationszwecke Verwendung findenden Farben
müssen fein aufeinander abgestimmt sein, so daß die Gesamtfarbenwirkung ästhe-
tisch schön ist und angenehm auf den Beschauer wirkt. Aufdringliche oder nicht
harmonische Farbenzusammenstellungen sind unbedingt zu vermeiden, ebenso
Allgemeinplätze, wie durch zu häufigen Gebrauch langweilig gewordene Texte
und Blickfänge. Keineswegs dürfen Werbemittel verwendet werden, die das
Empfinden oder den Geschmack des Schaufensterbeschauers stören oder gar ver-
letzen können. Daß die ausgestellten Waren *stets mit Preisen* zu versehen sind, ist
selbstverständlich. Um das *Beschlagen* und dadurch Undurchsichtbarwerden der
*Schaufensterscheiben* im Winter mit Kondenswasser oder Eisblumen zu vermeiden,
ist für richtige Ventilation schon bei der Anlage der Schaufenster zu sorgen. Das
Abreiben der Schaufensterscheiben mit besonderen Flüssigkeiten kann nur als Not-
behelf betrachtet werden, der nur kurze Zeit wirksam ist. Bei der leichten Verderb-
lichkeit der meisten Drogeriewaren durch den Einfluß von Sonnenbestrahlung ist
ausreichender *Sonnenschutz* des Schaufensters durch eine geeignete Markise unerläßlich. Fehlt diese, bleichen Waren und Packungen rasch aus, werden unansehnlich und u. U. unverkäuflich.

Bei der *Beleuchtung* ist jede *lästige Blendung* des Beschauers sorgfältig zu vermeiden. Sie soll hell und angenehm sein, so daß Passanten auch nachts angeregt
werden, das Schaufenster zu betrachten.

**Der Schaukasten** hat gegenüber dem Schaufenster den Vorteil, daß sein Inhalt rasch gewechselt werden kann. Er eignet sich besonders zur Ausstellung kleinerer Gegenstände oder von besonderen Artikeln. Selbstverständlich sind auch Schaukästen durch eine den Beschauer nicht blendende Beleuchtung nachts zu erhellen. Auf die Möglichkeit der Anbringung bis zu drei Schaukästen außerhalb der Stätte der eigenen Leistung für Drogerien, die nicht an einer Hauptgeschäftsstraße liegen, soll hingewiesen werden.

**Warenautomaten** eignen sich zur Aufstellung an der Außenfront von Drogerien in verkehrsreichen Gegenden. Sie gestatten auch nach Ladenschluß, daraus dringend gebrauchte Waren (z. B. Filme) zu entnehmen.

Die Aufstellung von Warenautomaten bedarf polizeilicher Genehmigung, ebenso die Anbringung von Firmenschildern, Transparenten usw.

## II. Die Räume der Drogerie.

**Der Verkaufsraum** soll sich der Geschäftsfront und dem Schaufenster harmonisch anschließen und das enthalten, was das Äußere des Geschäftes verspricht. Es ist im Rahmen dieser Abhandlung unmöglich, auf Einzelheiten der Gestaltung des Ladens einzugehen. Wichtige grundsätzliche Forderungen sind *peinliche Ordnung* und *Sauberkeit, Übersichtlichkeit, genügend Raum* für Verkäufer und kaufendes Publikum. Die Gestaltung der Ladeneinrichtung ist im hohen Maße vom verfügbaren Kapital abhängig, soll aber vor allem dem Umstand Rechnung tragen, dem Käufer möglichst viel Ware zu zeigen, die ihn immer wieder an die Reichhaltigkeit des Warensortiments der Drogerie erinnern und ihm die Auswahl erleichtern soll. Zweckmäßig erfolgt die Unterbringung der Waren unter Glas oder in Glasschränken, wodurch die zeitraubende Arbeit zu häufigen Abstaubens erspart wird. Standgefäße für Chemikalien, Drogen und Flüssigkeiten werden in der herkömmlichen Weise in offenen Regalen aufgestellt, um die Drogerie als Fachgeschäft für diese Waren kenntlich zu machen. Der Laden soll hell, im Winter angenehm heizbar und gut zu lüften sein. Für die Abendstunden ist nach dem Grundsatz „*Licht lockt Leute*" für helle, nicht blendende Beleuchtung zu sorgen. Wenn die räumlichen Verhältnisse es zulassen, ist ein kleiner Tisch zur Auslage von Kundenzeitschriften, Prospekten usw. zu empfehlen, außerdem muß für die Kunden eine bequeme Sitzgelegenheit sowie eine Abstellmöglichkeit für Pakete vorhanden sein, auch die Uhr, ein Spiegel und der Schirmständer sind nicht zu vergessen. Im Interesse der Ordnung und Übersicht wird die Einordnung der Waren nach Abteilungen durchgeführt, z. B. Medizinaldrogen, Kosmetik und Parfümerie, technische Artikel, Farbwaren, Photographie usw. Auf die Holzeinrichtung des Ladens soll hier nicht eingegangen werden. Hierzu sind die zahlreichen leistungsfähigen Hersteller von Drogerie-Einrichtungen zu Rate zu ziehen. Über die Einrichtung des Giftschrankes und der Giftkammer s. PHG. S. 539. Lediglich einige Erfahrungstatsachen sollen betont werden.

*Der Ladentisch*, an dem sich alle Verkäufe abwickeln, ist der wichtigste Teil der Einrichtung. Seine richtige Einteilung ist für die reibungslose Bedienung der Kundschaft von größter Bedeutung, sie lohnt daher sorgfältigster Planung. Wenn irgend möglich, wird der Ladentisch so angefertigt, daß er reichlich mit Schiebkästen versehen ist. Die obersten enthalten alle zum laufenden Warenverkauf gebrauchten Geräte, wie Hornlöffel, Spatel, Spatelmesser, Messer, Schere, Zentimetermaß, Korkzieher, Löffeltuch, Kartenblätter, auch Staubpinsel und Staubtuch. In einem besonderen Schiebkasten werden die *Korke*, nach Form und Größe geordnet, und die

*Korkzange* aufbewahrt, in einem anderen, alphabetisch geordnet, bedruckte und *Blanko-Etiketten* mit Firmenaufdruck, Giftkopfetiketten und solche mit dem Aufdruck „Vorsicht", „Feuergefährlich" und „Vor Gebrauch umzuschütteln". In Seitenschränken des Ladentisches werden die reinen, völlig trockenen, weißen und braunen (für lichtempfindliche Stoffe, wie Wasserstoffsuperoxydlösung usw.) Arzneigläser untergebracht. An, auf und im Ladentisch sind ferner alle die Gegenstände unterzubringen, die zur Bedienung der Kunden zur Hand sein müssen: Waagen und Gewichtssätze, Arzneigläser, Beutel, Tekturen, Bindfaden, Einwickelpapier, Gummiringe, Klebestreifen bzw. -scheiben, Pakethebel und -träger. An einer Ecke des Ladentisches befindet sich zweckmäßig eine Schreibgelegenheit, in einem Schiebkasten darunter das Giftbuch, die Giftscheine usw. Eine mittelgroße Reibschale, Trichter verschiedener Größen und Mensuren werden zweckmäßig in nächster Nähe untergebracht. Für hochwertige Waren bedient man sich besonderer Glasaufsätze auf dem Ladentisch. Hier ausgestellt fallen sie dem Kunden besonders in die Augen. In diesem Falle sollte zur Abgabe technischer Waren und als Packtisch ein zweiter Tisch zur Verfügung stehen, um den Glasaufsatz nicht zu beschädigen. Dieser ist besonders vor Wasserglastropfen sorgfältig zu schützen, die nicht mehr entfernt werden können. *Häufig verlangte Waren,* besonders die meist gebrauchten Heilkräuter und die häufig verlangten Chemikalien, hält man zur raschen Bedienung der Kunden im Verkaufstisch in den gebräuchlichen Mengen abgefüllt vorrätig. Ein großer Schiebkasten mit Zinkblecheinsatz dient für Abfälle aller Art.

**Der Nebenraum — Büro** dient zur Erledigung der laufenden schriftlichen Arbeiten. Hier befinden sich der Fernsprecher mit einer praktischen Schreibgelegenheit und Bleistift, die Schreibmaschine, eine Waschgelegenheit mit fließendem Wasser, meist auch Schränke zur Aufbewahrung von Vorräten von Fertigwaren der Industrie und von eigenen Spezialitäten, die Buchhaltung, die Registratur und Sitzgelegenheiten für das Personal für Arbeitspausen. Griffbereit sind hier auch die Fachbibliothek, die Preislisten, die Waren- und Kundenkartei untergebracht. Nicht zu vergessen ist eine Garderobeablage für das Personal an einem geeigneten Platz sowie eine Waschgelegenheit mit Handbürste. Auch die genau bezeichneten Schlüssel für die anderen Geschäftsräume findet man hier.

**Die Lagerräume.** Der Umfang der Lagerräume hängt von der Art und Größe des Geschäftes ab. Man teilt sie zweckmäßig ein in das Lager für trocken aufzubewahrende Waren, das Lager für kühl aufzubewahrende Waren (Keller) und das Lager für stark riechende technische Waren. Seifen und Parfümerien in größerem Umfang verlangen wegen des starken Geruches einen besonderen Raum. In größeren Geschäften ist noch ein besonderer Raum als Lager für Leergut (Flaschen, Kruken, Schachteln, Beutel, Korke usw.) üblich, die in kleineren Geschäften zum Teil im Lager für trocken aufzubewahrende Waren, zum Teil im Keller untergebracht werden können, ebenso ein solcher für Reklamematerial aller Art, das besonders pfleglicher Aufbewahrung bedarf.

a) *Das Lager für trocken aufzubewahrende Waren* dient zur Lagerung der Vorräte von Chemikalien und Drogen, medizinischen, kosmetischen und technischen Fertigwaren. Die Einteilung des Lagers ist ähnlich der des Verkaufsraumes, auch hier sind die Waren übersichtlich nach Warengruppen, Chemikalien und Drogen alphabetisch geordnet. Zum Einfüllen (Defektieren) muß ein genügend großer Tisch zur Verfügung stehen, für Defekturarbeiten Waage und Gewichte, Schaufeln, Hornlöffel, Spatel, Wisch- und Handtuch. Über die Einrichtung der Giftkammer s. PHG.

b) *Das Lager für kühl aufzubewahrende Waren.* Schon eine mittelgroße Drogerie benötigt zwei Kellerräume, die nicht durch Lattenverschläge unterteilt sein dürfen, vielmehr wegen des Geruches vieler technischer Waren (Chlorkalk, Karbolineum, Naphthalin u.a.) durch eine *geruchsdichte* Wand getrennt sein müssen. Besser legt man diese Räume, wenn möglich, nicht direkt nebeneinander. In der Regel dient der kleinere Keller der Aufbewahrung von Tinkturen, Weinen, Spirituosen und Mineral-

Abb. 1. Ballonkipper nach (*Geißenhöner*).

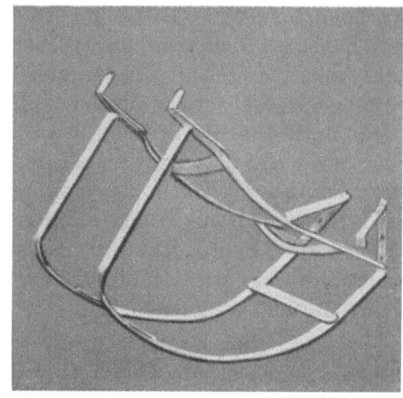

Abb. 2. Schlittenkipper (nach *Geißenhöner*).

wässern usw., der größere der Aufbewahrung technischer Chemikalien. Die Räume sollen *kühl* und *möglichst trocken* sein und *gute Durchlüftungsmöglichkeiten* und *Beleuchtung* besitzen. Entlang der Wände werden aus gut imprägniertem Holz hergestellte Podeste aufgestellt, auf denen Korbflaschen und Fässer gelagert werden.

Die Korbflaschen werden mittels eines mit Draht am Hals und am Korb befestigten Schildes signiert, das aus Holzbrettchen oder Blech besteht. Zur Vermeidung des Entweichens von Dämpfen des Korbflascheninhalts bzw. der Verschmutzung des Korbflaschenhalses mit Staub, wird dieser mit einem Stülpdeckel (Kruke oder Pappe) bedeckt. Zur raschen Entnahme des Korbflascheninhalts werden viel gebrauchte Korbflaschen in Kippständer (Ballonkipper) (Abb. 1, 2) eingestellt. Sämtliche Behältnisse müssen dauerhaft und so signiert sein, daß aus der Aufschrift der Inhalt

Abb. 3 a. Explosionssicheres Gefäß, Hersteller Deutsche Gerätebau AG, Werk Martini-Hüneke, Salzkotten/Westf.

Abb. 3 b. Explosionssicheres Gefäß. Hersteller Deutsche Gerätebau AG, Werk Martini-Hüneke, Salzkotten/Westf.

und dessen Qualität eindeutig ersichtlich sind. Das für Phosphor und Phosphorpräparate gesetzlich vorgeschriebene Gelaß mit Eisentüre (s. PHG.) befindet sich ebenfalls hier in einer Mauernische.

Die Lagerung *feuergefährlicher Stoffe* hat nach der Polizeiverordnung über die Verwendung von brennbaren Flüssigkeiten zu erfolgen, diejenige von Feuerwerkskörpern nach den Bestimmungen über den Verkehr mit diesen bzw. Sprengstoffen (s. Gesetzkunde). Zur Aufbewahrung von Mengen von mehr als zwei Liter können bruchsichere unverbrennliche Behälter, Spezialkannen aus besonders widerstandsfähigem Blech, *explosionssichere Gefäße* (Abb. 3a und b), Verwendung finden.

c) *Das Lager für Arzneikräuter, Verbandstoffe, Leerpackungen.* Arzneikräuter, Verbandstoffe und Leerpackungen werden vielfach in einer hellen, trockenen und gut lüftbaren Bodenkammer gelagert. Für Arzneikräuter finden am besten Dosen aus Papiermasse oder Spantrommeln, größere Mengen in Holzfässern aufbewahrt, in deren Deckel jeweils der letzte Eingang frischer Ware handschriftlich vermerkt wird. Beim Eingang frischer Ware ist die alte erst aus dem Behälter zu entfernen und durch eine Papierzwischenlage von der neuen derart zu trennen, daß sie zuerst zum Verbrauch kommt. Im gleichen Raum können auch Salbenschachteln, Puder- und Schiebedosen, Tuben, Pappschachteln für pulverförmige Arzneimittel und Giftgetreide, Beutel, Tüten, Papiersäcke und Faltschachteln aller Art untergebracht werden. Verbandstoffe sind in *gut schließenden* Schränken unterzubringen, damit sie keine Gerüche annehmen.

d) *Lager für Verpackungsmaterial, Leergut und Hohlglas.* Für Korbflaschen, Verpackungen (Emballagen) und anderes Leergut kann ein Schuppen oder überdachter, verschließbarer Hofraum Verwendung finden. Sämtliche Behälter müssen auch hier signiert sein, so daß auch bei Leergut sein ehemaliger Inhalt festgestellt werden kann. Hier können auch faßweise bezogene Waren, die nicht hygroskopisch bzw. kälte- oder wärmeempfindlich sind, aufbewahrt werden. Auch Sackkarren, Handwagen, Geschäftsfahrrad und Fahrräder des Personals finden hier ihren Platz.

**Das Laboratorium.** Der Bedarf und die Einrichtung eines oder mehrerer besonderen Laboratorien in der Drogerie ist abhängig von der Art und dem Umfang der Selbstherstellung von Präparaten und Spezialitäten und davon, ob auch Farbwaren in größerem Umfange geführt bzw. photographische Arbeiten im eigenen Laboratorium ausgeführt werden. Hierzu ist das *„Normallaboratorium für Drogisten"*[1], das alle notwendigen Geräte enthält und den Anforderungen für einfache Untersuchungen genügt, zu empfehlen. In Drogerien, in denen Lehrlinge ausgebildet werden, ist das Normallaboratorium zu chemischen Versuchen mit diesen besonders notwendig. Bei der Einrichtung des Laboratoriums ist neben einem genügend hellen Raum auf einen wasserfesten Fußboden mit Abfluß, praktische Lüftung, Anschluß für Gas und elektrischen Strom, fließendes Wasser und ein geräumiges Spülbecken Wert zu legen. Als Anstrich für Wände und Decken eignet sich am besten ein solcher mit Ölfarbe und in den Tönen hellgrau oder elfenbein. Der Arbeitstisch soll einen alkali- und säurefesten Belag oder Anstrich erhalten. Im Laboratorium finden alle für die Defektur benötigten Gerätschaften und Apparate ihren Platz. Die einzelnen Geräte und Apparate zur Herstellung medizinischer, kosmetischer und technischer Präparate s. Bd. III unter den einzelnen Stichworten z. B. „Kolieren", „Emulgieren", „Filtrieren", „Trocknen" usw. Zur zweckmäßigen Einrichtung von Photo-Laboratorien sei auf „Das große Agfa-Labor-Handbuch", 7. Auflage, Düsseldorf, 1949, verwiesen. In diesem finden sich ausführ-

Abb. 4.

---

[1] Hersteller „Labag" Labor.-Ausrüstungs-Ges. P. Honig u. E. Schulze, Berlin-Schöneberg.

liche Abhandlungen über das Negativverfahren, das positive Bild, die Einrichtung der Dunkelkammer nach neuzeitlichen Erfahrungen mit Dunkelkammerplänen und -entwürfen nach dem Agfa-Laborsystem, sowohl für das Zweiraumlabor, das Dreiraumlabor und die Großdunkelkammer. In einem Anhang wird die sachgemäße Pflege der Dunkelkammergeräte von HANS WESTENDORP abgehandelt.

### III. Die Standgefäße.

Da sowohl Drogen als auch Chemikalien, ätherische Öle, fette Öle und Lösungen sämtlich durch das Tageslicht und durch Luftsauerstoff mehr oder weniger zersetzt werden, sind nur Standgefäße mit einwandfrei eingeschliffenen Glasstopfen in *brauner* Farbe zu verwenden. Besonders polarisiertes Licht, wie es von Spiegeln reflektiert wird, ist chemisch wirksam. Kann dieses aus finanziellen Gründen nicht durchgeführt werden, so müssen wenigstens die durch Tageslicht besonders zersetzlichen Stoffe in braunen Standgefäßen aufbewahrt werden.

Abb. 5. Steilbrustflasche.

Die Standgefäße werden alphabetisch innerhalb jeder Flaschengröße aufgestellt, enghalsige Standgefäße für Flüssigkeiten und weithalsige für trockene Stoffe getrennt.

a) *Die Standgefäße für Flüssigkeiten, Enghalsflaschen.* Die einfachsten Flaschen zur Aufbewahrung von Flüssigkeiten sind die *Rollflaschen* von weißem oder braunem Glas ohne Stopfen. Sie werden mit passendem Kork oder Gummistopfen verschlossen und sind lieferbar von 15 ccm bis 10 l. Rollflaschen eignen sich nicht als Standgefäße, weil durch den fehlenden Glasstopfenrand der üblichen Standgefäße ein Verstauben des Flaschenhalses und somit eine Verschmutzung des Flascheninhalts beim Ausgießen möglich ist. Mit eingeschliffenem Glasstopfen sind Rollflaschen in den Größen von 15 ccm bis 10 l. lieferbar und können so auch als Standgefäße Verwendung finden. In der Regel werden jedoch die Standgefäße aus *bestem weißem Kaliglas* mit polierter Bodenkugel und *luftdicht eingeschliffenem Glasstopfen* mit einem Wasserinhalt von 30 g bis 5 l hergestellt. Nach der Form unterscheidet man *runde* und *ovale* Standgefäße und nach der Form des Oberteiles *Schulterflaschen* und

Abb. 6. Griffsichere Standgefäße.

*Steilbrustflaschen* (Abb. 5). Die letzten gestatten ein Ausgießen der Flüssigkeit ohne Glucksen und Verspritzen. Griffsichere Standgefäße (Abb. 6) stellt die Firma Breuer, Döbeln N/L.[1] her. An diesen befinden sich an der linken und rechten Flaschenseite

---

[1] Auslieferungslager für Westdeutschland: I. Mschitek, Schwäb.-Gmünd.

Griffeinbuchtungen, die ein rasches Ergreifen und sicheres Halten der Flaschen gewährleisten. Die Bodenkanten sind bei diesen Standgefäßen abgerundet, erschweren daher das Festsetzen von Niederschlägen und erleichtern die Reinigung. Die Glasstopfen sind auswechselbar und können deshalb auch einzeln nachbezogen werden. Auch geschliffene Standgefäße aus feinstem weißem Kristallglas werden hergestellt. Für Öle, Säfte und Säuren sind besondere Standgefäße entweder mit loser, überfallender oder aufgeschliffener Glaskappe lieferbar, für Öle ferner Standgefäße mit Zinntropfensammler und *Ölrohrkappenflaschen* (Abb. 7) mit Tropfensammler und Rücklauf, eingeschliffenem Ausgußrohr und aufgeschliffener Glaskappe.

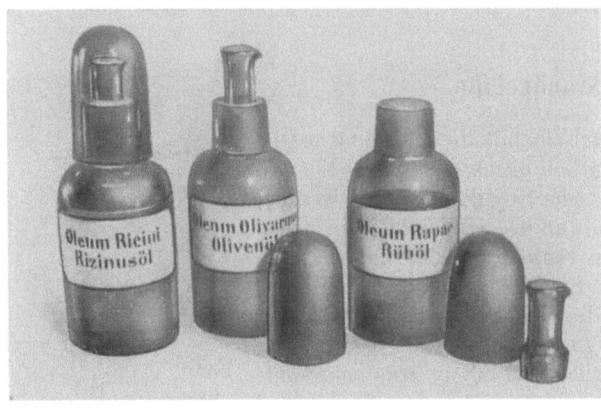

Abb. 7. Ölrohrkappenflaschen.

Für Mineralsäuren sind *Säurekappenflaschen* (Abb. 8) mit luftdicht eingeschliffenem Griffstopfen und aufgeschliffener Glaskappe nötig.

b) *Standgefäße für pulverförmige Substanzen, Weithalsflaschen.* Zur Aufbewahrung von pulverförmigen Substanzen dienen weiße oder braune *Pulvergläser* in denselben Formen, wie für Flüssigkeiten, ebenfalls aus bestem weißem Kaliglas mit polierter Bodenkugel und luftdicht eingeschliffenem Glasstopfen. Sie werden mit einem Wasserinhalt von 50 ccm bis 5 l geliefert, und finden auch zum Abfüllen dickflüssiger Stoffe (Teer, Wacholdermus usw.) Verwendung.

Die Standgefäße für *giftige* Pulver und Flüssigkeiten sind, soweit es sich um Gifte der Abt. 1 PHG. handelt, mit weißer Schrift auf schwarzem Grund (Abb. 9), für die Gifte der Abt. 2 und 3 mit roter Schrift auf weißem Grund

Abb. 8. Säurekappenflaschen.

(Abb. 10) zu signieren. Dasselbe gilt auch für die entsprechenden Giftmörser, Giftlöffel und Giftwaagen.

c) *Standgefäße für Drogen.* Die Aufbewahrung von Drogen soll möglichst luftdicht und vor Licht geschützt erfolgen, weil durch Einwirkung von Licht, Luft und Feuchtigkeit die Inhaltsstoffe der Drogen leiden und diese dadurch eine Wertminderung beim Lagern erfahren. Diese Aufbewahrungsart setzt aber voraus, daß die Drogen nur mit einem geringen Wassergehalt eingefüllt werden. Bei einem höheren Wassergehalt der Droge besteht die Gefahr, daß bei erhöhter Temperatur das Wasser teilweise ver-

dampft und somit die Droge verdirbt. Standgefäße aus Sperrholz, Papiermaschee, Kunststoffen, lackierten Weißblechdosen (*Goldlackdosen*) usw. finden zur Aufbewahrung von Drogen Verwendung; die beiden ersten sind mit einem Inhalt von 2,5 bis 150 l, mit und ohne Griffknopf, lieferbar. Die *Vigo*-Standgefäße, D.R.G.M. (Abb. 11), lieferbar mit 2, 5 und 12 l Inhalt, gestatten durch ihr Sichtfenster rasche Defektur, ihre Form gestattet die restlose Ausnutzung des Raumes (Hersteller: „Medipharm" Franz Reinschmidt, Bad Liebenzell, Württ.) Die Schiebkasten für Drogen mit ätherischen Ölen erhalten einen Weißblecheinsatz mit Klappdeckel.

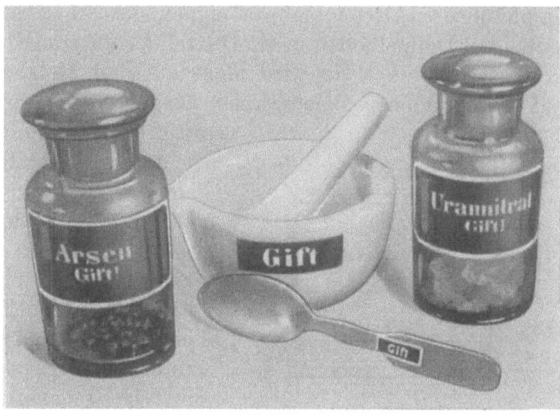

Abb. 9.
Weithals-Standgefäße für Gifte der Abt. 1, Giftmörser und Giftlöffel.

d) *Standgefäße für hygroskopische Drogen.* Drogen, die sich an feuchter Luft verändern, werden in besonderen Gefäßen aufbewahrt, die als wasseranziehendes Mittel staubfreien, kleinkörnigen Ätzkalk, granuliertes, wasserfreies Chlorcalcium, besser noch das jederzeit regenerierbare Silica-Gel, enthalten. Standgefäße dieser Art, *Trockenhalter*, werden vom einschlägigen Großhandel in verschiedenen Ausführungen geliefert. Bei diesen ist das Trockenmittel entweder in einem eingeschliffenen, hohlen Kugelstopfen, im Deckel oder am Boden des Gefäßes einzubringen. → *Silica*-Gel ist ein körniger Stoff, der in verschiedener Korngröße geliefert wird. Infolge seiner außer-

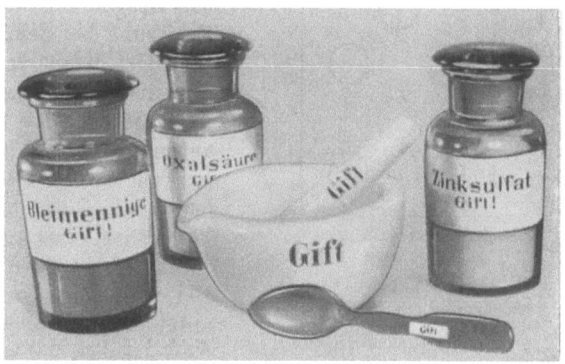

Abb. 10.
Weithals-Standgefäße für Gifte der Abt. 2 u. 3, Giftmörser und Giftlöffel.

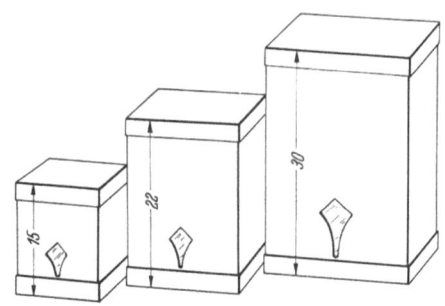

Abb. 11. Vigo-Standgefäße für Drogen, mit Sichtfenster.

ordentlichen Porosität wirkt Silica-Gel als Feuchtigkeitsadsorbens, das gegenüber anderen chemischen Trockenmitteln den Vorteil bietet, durch Erhitzen, sogar auf freiem Feuer, regeneriert werden zu können. Damit ist gekörntes Silica-Gel praktisch unbegrenzt haltbar. Zur Erkennung des Sättigungspunktes der Feuchtigkeitsaufnahme ist Silica-Gel mit einem Indikator gefärbt, Blau-Gel, der bei feuchtigkeitsarmer bzw. feuchtigkeitsfreier Beschaffenheit intensiv *blau*, im feuchtigkeitsbeladenen Zustand dagegen *rot* gefärbt ist. Zur Lagerung von feuchtigkeitsempfindlichem Drogenmaterial eignen sich *Schiebkasten* mit *Doppelboden*[1] (Abb. 12), wobei der Doppelboden in ein Drittel der unteren Hälfte der ganzen Höhe zu stehen kommt. Das Silica-Gel wird nicht auf dem Holzboden des Schiebkastens, sondern auf einem offenen Blechrahmen ausgebreitet. Auf diesem liegt der zweite Boden

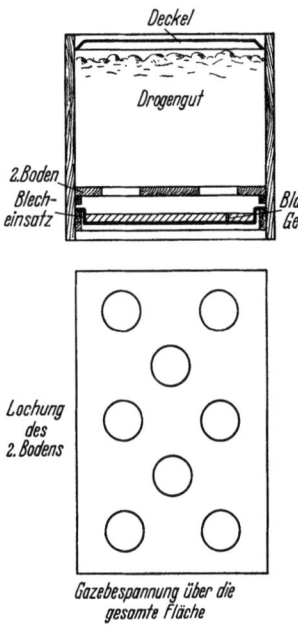

Deckel

Drogengut

2.Boden
Blech-
einsatz

Blau-
Gel

Lochung
des
2. Bodens

Gazebespannung über die
gesamte Fläche

Abb. 12.
Schiebkasten mit Doppelboden.

mit grober Durchlöcherung, der mit Gaze bespannt ist, damit Drogenteile nicht in die Silica-Gel-Trokkenmasse fallen können. Das einwandfrei getrocknete Gut wird auf diesen zweiten Boden locker geschichtet. Der Schiebkastendeckel sorgt für ordentlichen Abschluß nach außen. Damit ist eine fortlaufende Trocknung der Droge gewährleistet. Lediglich in längeren Zeitabständen muß die Trokkenmasse ausgewechselt bzw. bei Verwendung von Silica-Gel regeneriert werden. Auch das Einlegen von *Gazesäckchen*, die prall mit Blau-Gel gefüllt sind, läßt sich bei gut verschlossenen Blech- und Pappdosen oder in Schiebkasten durchführen. Selbst bei Drogen mit ätherischen Ölen wird durch die Erhitzung bei der Regeneration des Silica-Gels zu Blau-Gel dieses von den Geruchstoffen völlig befreit und wieder verwendungsfähig.

e) *Standgefäße zur laufenden Entnahme* mit automatischem Abfüllheber sind für häufig zum Verkauf kommende Flüssigkeiten ein ausgezeichnetes Hilfsmittel zur raschen Kundenbedienung.

f) *Demijohns und Korbflaschen. Demijohn* ist ursprünglich ein spanisches Branntweinmaß, das etwa 10 l entspricht. Im Fachhandel versteht man darunter kleine, vollständig mit Weiden umflochtene Korbflaschen mit engem Hals.

*Korbflaschen, Ballons* haben einen Inhalt von 25 bis 50 l. Zum Schutz gegen das Anstoßen von außen stehen sie in einem Korb aus Weidengeflecht oder aus Bandstahl. Zwischen Korb und Glaskörper befindet sich eine dicke Strohschicht zum Abfangen von Stößen von außen bzw. zum Schutz vor dem Zerspringen beim Aufsetzen der Korbflasche auf den Boden. Das Aufsetzen gefüllter Korbflaschen hat stets wegen der damit verbundenen Bruchgefahr sorgfältig zu erfolgen. Die Körbe von Korbflaschen besitzen oben am Korb gegenüberliegende Handgriffe, ihr Transport muß stets durch zwei Personen erfolgen.

Vielfach werden auch Waren in Originalpackungen auf Lager genommen. Auch bei ihnen ist der Inhalt durch geeignete Beschriftung kenntlich zu machen. Hier kommen in Frage: Kannen, Kanister, Trommeln, Holz- und Eisenfässer sowie Ballen (Abb. 13, Abb. 14, 15).

## IV. Beschriften von Standgefäßen.

Die ordnungsgemäße und stets saubere Beschriftung und *Signierung aller* Standgefäße in der Drogerie und in den Lägern muß Grundsatz sein. Standgefäße für ungiftige Waren werden schwarz auf weißem Grund beschriftet, für die giftigen ist

---

[1] Nach H. GUBITZ: Südd. Ap.-Ztg. **1942**, 339.

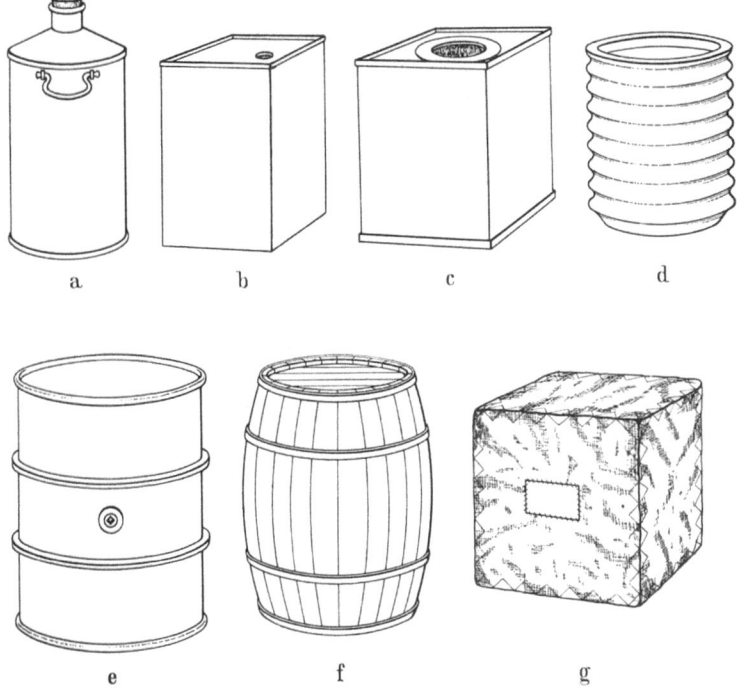

Abb. 13.

a Kanne mit Traghenkeln für Flüssigkeiten.
b Kanister mit verschließbarer Ausgußöffnung (teils mit Kork-, teils mit Schraubverschluß).
c Kanister mit Eindruckdeckel zur bequemen Entnahme salbenartiger Stoffe.
d Trommel aus Blech. Die Stirnseite ist zum Füllen und Entnehmen entfernbar, sog. Hobbock.
e Eisenfaß zum Transport größerer Flüssigkeitsmengen (200 l).
f Holzfaß zum Versand von Chemikalien und Fetten.
g Ballen zum Versand von Drogen, häufig in Preßballen und Würfelform.

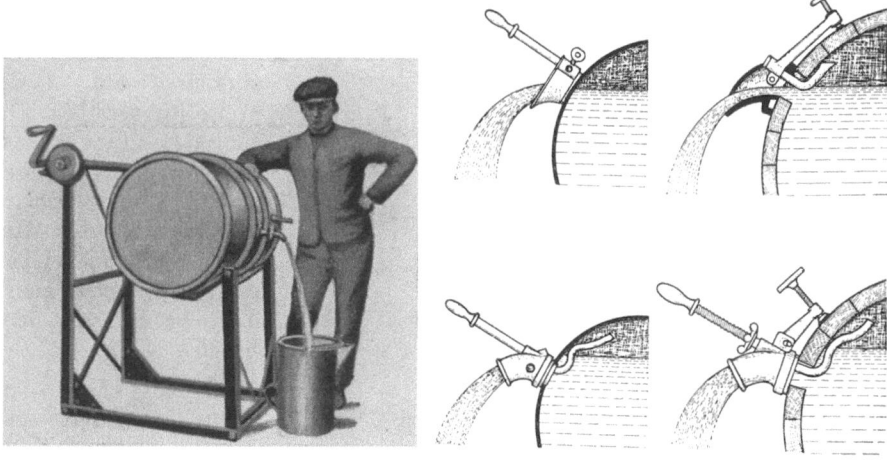

Abb. 14.
Faßabfüllbock Rollfix (Will & Hahnenstein, Siegen).

Abb. 15.
Faßausgießer (Abb. Oskar Peters, Chemnitz).

nach den Bestimmungen der PHG. zu verfahren. Sie kann mittels fertig bezogener Etiketten erfolgen, die nach dem Aufkleben und vollkommenen Trocknen zunächst

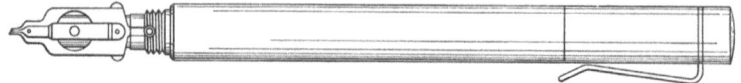

Abb. 16. Pelikan Graphos der Tusche-Füllhalter mit auswechselbaren Federn für Kunst- und Schablonenschrift.

mit Kollodium überstrichen und dann mit einem Etikettenlack (s. Bd. III) lackiert werden. Standgefäßetiketten, Preisschilder und Plakate lassen sich zweckmäßig mit dem Pelikan Graphos (Abb. 16), einem praktischen Tusche-Füllhalter mit verschiedenen Federn und Zirkelhilfsgerät (Abb. 17) für Kunst- und Schablonenschrift oder *Graphulus-Schriftschablone* (Abb. 18) herstellen. Die Schriftschablonen sind in verschiedenen für die Drogerie in Frage kommenden Größen zu beziehen. Die damit hergestellte Blockschrift wirkt klar und sauber bei Verwendung von *Scribtol* für schwarze und *Plakat-Scribtol 24*, Zinnober für rote Schrift. Ein anderer praktischer Apparat ist die kombinierte Universal-Druck- und Umdruckmaschine *Rejafix* (Abb. 19), und der *Carolafix-Signierapparat* (Abb. 20). (Hersteller: Carola-Etiketten-Verlag, Stein b. Nürnberg). Dieselbe Firma stellt auch ein vielseitig verwendbares *Carola*-Emailfarben-Druckgerät (Abb. 21) zum Selbstbedrucken von abwaschbaren Etiketten auf Dosen, Tuben, Porzellan- und Glasstandgefäßen, Ballonanhängern, Kastenschilder, Ampullen usw. her.

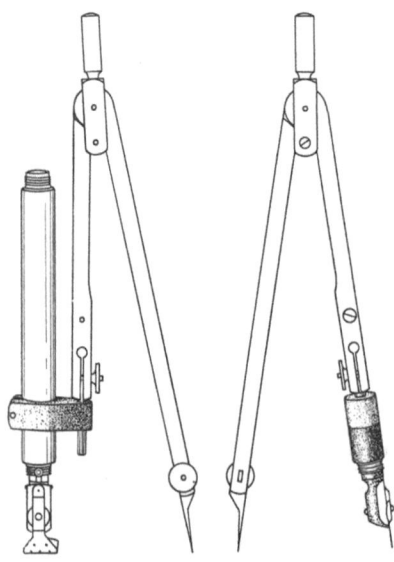

Abb. 17. Pelikan Graphos Zirkelklemmer.

Die Standgefäße für den Laden werden zweckmäßig mit eingebrannter Schrift bezogen, außerdem empfiehlt es sich, die Tara der Gefäße einätzen zu lassen und diese und die Glasstopfen mit übereinstimmenden Nummern auf gleiche Weise zu versehen. Die eingeätzte Tara erleichtert die Inventuraufnahme, die gleichlautenden eingeätzten Zahlen auf Standgefäßen und Stopfen verhindern das Verwechseln der Stopfen.

Grundsätzlich darf nichts unsigniert aufbewahrt werden. Auch

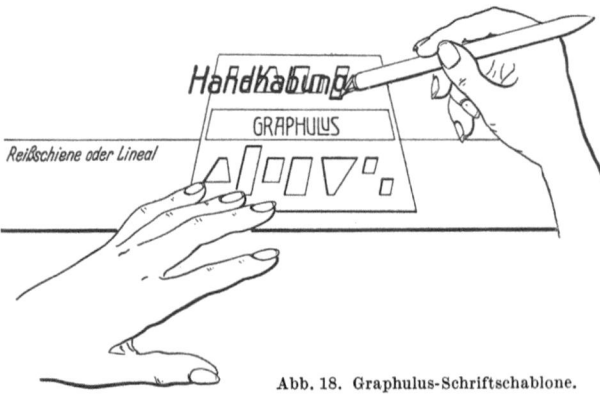

Abb. 18. Graphulus-Schriftschablone.

nur für kurze Zeit beiseite gestellte Waren sind unbedingt zu signieren u. U. behelfsmäßig und vorübergehend mit Fettstift auf dem Gefäß.

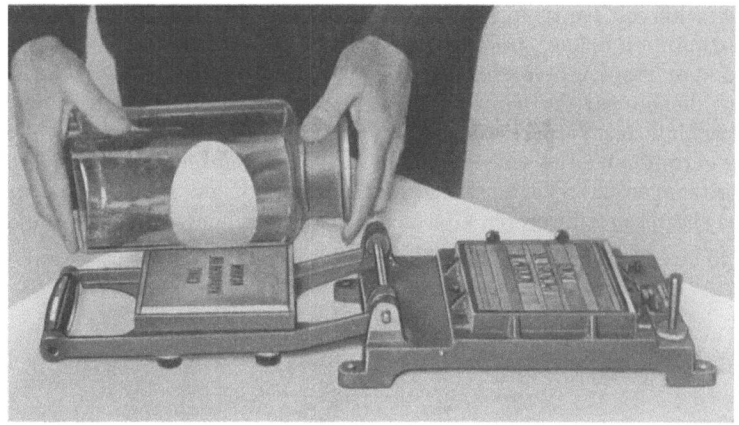

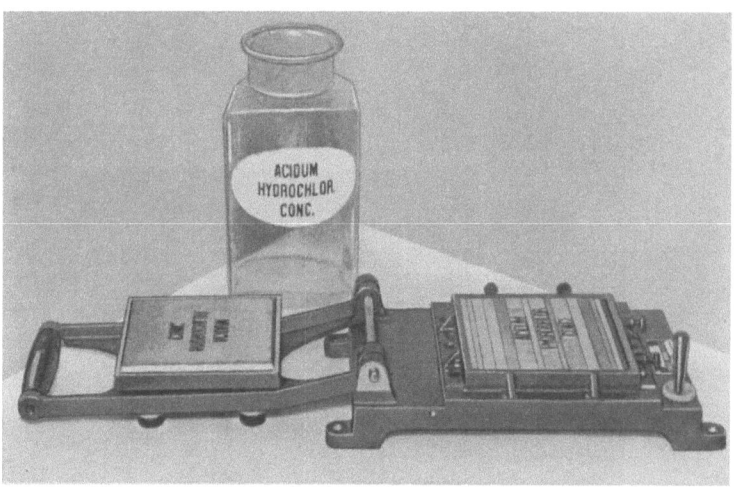

Abb. 19. Universal-Druck- und Umdruckmaschine Rejafix[1].

# V. Die Abgabegefäße.

a) *Medizingläser.* Die Abgabegefäße (Gläser, Flaschen, Kruken, Beutel, Schachteln) dürfen unter keinen Umständen ohne ordnungsmäßige, leserliche Aufschrift, aus der der Inhalt des Gefäßes eindeutig ersichtlich ist, abgegeben werden. Bei Giften sei auf die Vorschriften der PHG. verwiesen. Die meist gebräuchlichen Medizingläser sind für Arzneimittel zum *innerlichen* Gebrauch *rund*, für Arzneimittel zum *äußerlichen* Gebrauch *sechseckig* und an drei nebeneinanderliegenden Flachseiten *senkrecht gerippt*, aus weißem, halbweißem oder braunem Glas. Die sechseckige Form und die Rippen haben den Zweck, den Verbraucher schon durch den Griff fühlen zu lassen, daß der Inhalt der Arzneiflaschen für *äußerliche* Zwecke ist. Die alte Form der Medizinflaschen, *Schulterflaschen*, hat den Nachteil, daß sie gefüllt das Ausgießen der Flüssigkeit durch Glucksen und Verspritzen erschweren.

*Steilbrustflaschen* (Abb. 5) haben diesen Nachteil nicht. Weitere viel gebrauchte Medizinflaschen sind *flacheckige Medizingläser (flach und halbflach), Meplatflaschen,*

[1] Feichtl & Co. GmbH, München 15.

flach, achteckig mit kantigen Ecken, (Abb. 22) und *Karreeflaschen* (flach, achteckig
mit abgestumpften Ecken). *Homöopathengläser* sind aus dünnerem Glas mit dünnem
Hals und zum Tropfen besonders günstigem Rand hergestellte Medizingläser. *Weithalsgläser* dienen zur Aufnahme von pulverförmigen Substanzen, mit Schraubdeckelverschluß zur Verpackung von Pillen, Dragees und Tabletten. Sechseckig
dreiseitig gerippte Weithalsgläser werden auch *Opodeldokgläser* genannt und finden
zu Einspritzungen u. ä. Verwendung. *Medizinflaschen* aus Polyäthylen werden an
Stelle des spezifisch schwereren Glases in USA schon heute in vielen Millionen ver-

wendet. Neben dem weitaus geringeren Gewicht sind solche unzerbrechlich. Sie vereinigen also zwei beachtliche Vorteile. In Deutschland
sind sie durch das *Atlan-Werk*,
Ludwig Sattler K.-G., Mühlacker,
Württ. lieferbar.

Abb. 20. Carolafix-Signierapparat.

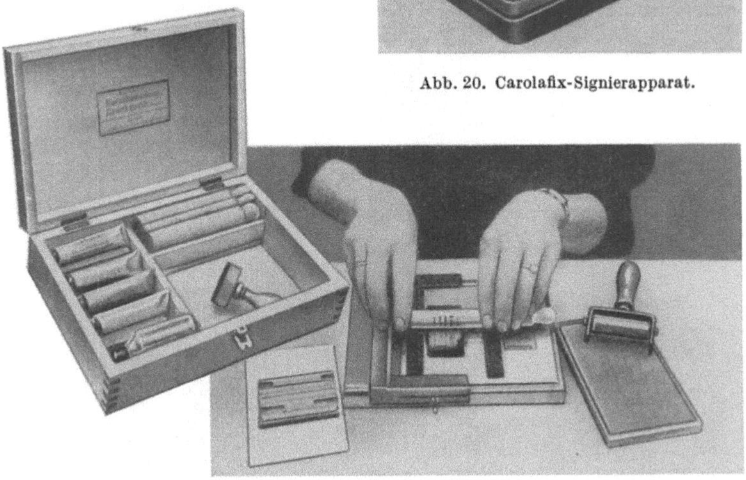

Abb. 21. Carola-Emailfarben-Druckgerät.

b) *Tropfgläser* sind Medizingläser mit besonderer Vorrichtung zur tropfenweisen
Entnahme des Inhalts. Man unterscheidet LH-Tropfgläser (Schnauzengläser) und
TK.-Tropfgläser (Schnabeltropfgläser). Modernere Formen sind *Wilca-Normal-
tropfengläser* (mit Normaltropffläche und Gummikappe im Schraubdeckelverschluß)
und *Remco-Patent-Tropfgläser*. *Eswe-Tropfgläser* sind Kapillartropfgläser mit im
stumpfen Winkel nach oben gebogenem Hals.

c) *Medizingläser für besondere Zwecke* sind *Pipettengläser* mit eingeschliffenem
Glasstopfen, der gleichzeitig als Pipette dient und die hauptsächlich für Augentropfen Verwendung finden. *Glasstabgläser*, die am Stopfen ein in das Glas herein-
ragendes Glasstäbchen — häufig mit kugeligem oder spateligem Ende — tragen,
dienen besonders zur Abgabe von ätzenden Warzenmitteln und Hühneraugentinktur.
*Pinselgläser* oder *Kollodiumgläser* sind Gläser, in deren Stopfen Federkiel-, Holz-
oder Glaspinsel eingesteckt sind, die zum Aufstreichen von Kollodium, Hühneraugentinktur usw. Verwendung finden. *Jodtinkturgläser* finden als Pinselgläser mit
Glaspinsel oder als Glasstabgläser Verwendung, der Glasstab ist am unteren Ende
flach und winkelig abgeknickt.

d) *Giftflaschen* (Abb. 22) sind Flaschen, die der Form der sechseckigen Medizinalflaschen entsprechen, teilweise auch dreieckig mit abgeschnittenen Ecken aus grünem oder braunem Glas. Sie tragen einen oder mehrere eingeblasene „Giftköpfe" und die Worte „Gift" und „Vorsicht".

e) *Essigessenzflaschen* sind weiße oder halbweiße länglichrunde Flaschen mit längsgerippter Breitseite. Sie tragen einen Sicherheitsverschluß, der nicht entfernbar ist und der gewährleistet, daß bei waagerechter Haltung des Inhalts vom

Abb. 22. Formflaschen.

1. Giftflasche. — 2 Meplatflaschen. — 3 Ölflasche, hohe Form. — 4 granulierte Fruchtsaftflasche. — 5 Ringelhalsflasche. — 6 Geradhalsprobeflasche. — 7 Taschenflasche mit Bechergewinde. — 8 flache Likörflasche. — 9 Ginflasche. — 10 Krugflasche. — 11 Spirituosenflasche mit 3 eingezogenen Seiten. — 12 Weinbrandflasche. — 13 Kirschwasserflasche. — 14 Danziger Goldwasserflasche. — 15 achteckige Likörflasche. — 16 Whiskyflasche.

ersten Drittel in der Minute nicht mehr als 30 ccm, von den beiden letzten Dritteln nicht mehr als 50 ccm ausfließen können.

f) *Zerstäuberflaschen, elastische,* verschiedener Form aus Polyäthylen[1] (s. Medizinflaschen aus Polyäthylen) sind wegen der dort ausgeführten Vorteile als Zerstäuberflaschen für Zimmerparfüme u. ä. besonders geeignet.

g) *Andere Formflaschen.* (Abb. 22.) Weitere Formflaschen sind die Emulsion-, Lebertran-, Salatöl-, Kropfhals-, Ringhalsflaschen usw.

h) *Kruken* aus Steingut, Porzellan, Glas, fettdichter Pappe oder Kunststoffen, die ersten drei mit oder ohne aufgepaßtem Deckel, werden im letzten Fall mit einer Tektur, der ˉ achs- oder Pergamentpapier zur Unterlage dient, zugebunden. Aufgepaßte Deckel bestehen aus Celluloid, Kunststoff oder Pappe. Steingutkruken kommen grau und gelb in den Handel und sind, weil sie häufig noch Kochsalzreste von der Glasierung enthalten, bei der Reinigung vor Gebrauch längere Zeit in Wasser zu legen.

i) *Blechdosen* aus Weißblech finden heute nur selten bei der Abgabe von Salben Verwendung und sind durch Kunststoffdosen ersetzt worden. Zur Abgabe angerührter Ölfarben finden fülldicht gelötete Patentdosen mit Eindruckdeckel Verwendung. Ätznatron und Ätzkali müssen nach § 14 der PHG. wegen der Zerfließlichkeit ihres Inhalts an der Luft in Blechdosen abgegeben werden.

k) *Schiebedosen* dienen zur Abgabe von Hirschtalg, Salicyltalg, Lippenpomade usw. Sie bestehen aus einer Hülse mit darin verschiebbarem losem Boden und Aufsteckdeckel.

l) *Tuben* dienen der Abfüllung von Salben aller Art und bestehen aus Metall (verzinntes Blei, Aluminium) oder aus Kunststoffen (Cellophan usw.).

m) *Flachbeutel, Bodenbeutel.* Die einfachste Verpackung für Drogen, nicht hygroskopische oder Papier angreifende Chemikalien ist der rechteckige *Flachbeutel* aus gutem Papier verschiedener Sorten. Dieser ist auf der einen Seite mit dem Firmenaufdruck mit Raum zur Aufschrift des Inhalts versehen, die Rückseite kann für Werbetexte verwendet werden. Das Öffnen von Flachbeuteln hat mittels eines Löffels oder Spatels zu erfolgen, keineswegs durch Hineinblasen. Um sie zu verschließen, werden sie am oberen Rand zweimal nach vorn eingebogen und dann alle vier Ecken nach hinten umgebogen. Für größere Mengen der genannten Stoffe findet der *Bodenbeutel* Verwendung. Um diesem nach der Füllung mit Chemikalien ein sauberes rechteckiges Aussehen zu verleihen, wird er aufgestellt. Papierbeutel aller Art dürfen nur zur Abgabe, *nicht zur Aufbewahrung* von Drogen und Chemikalien verwendet werden, weil beide durch den Einfluß von Luftsauerstoff und Luftfeuchtigkeit leiden. Cellophan- oder andere Kunststoffbeutel, besonders aus Polyäthylen, die bei nur 0,05 mm Dicke ein Fassungsvermögen von 20 bis 25 kg und den Vorteil der Durchsichtigkeit haben, finden mehr und mehr Verwendung.

n) *Pappschachteln* dienen als Abgabegefäß für pulverisierte Drogen oder pulverisierte bzw. klein kristallisierte nicht hygroskopische Chemikalien. Sie sind in verschiedenen Formen im Handel. In besonderer Ausführung werden Puderdosen und Zahnpulverschachteln geliefert.

o) *Faltschachteln* verschiedener Größen dienen zur Verpackung von Tees und eigenen Spezialitäten, die in Meplatflaschen abgefüllt sind. Bei letzten wird zur Bruchsicherheit des Inhalts Wellpappe eingelegt.

p) *Kunststoffdosen* sind neuerdings in ausgezeichneter Qualität, unzerbrechlich, luft- und lichtdicht, auch in den verschiedensten Farben lieferbar und finden als

---

[1] Hersteller: Atlan-Werk, Ludwig Sattler K.-G., Mühlacker/Württ.

Verpackungs- und Abgabegefäß für Salben, Cremes, Puder usw. steigende Verwendung.

*Die Abgabe unsignierter Waren ist unzulässig.* Jeder die Drogerie verlassende Beutel und jedes Gefäß (Schachtel, Flasche, Kruke usw.) muß ordnungsmäßig beschriftet oder mit einem gedruckten Etikett versehen sein, aus dem der Inhalt ersichtlich ist.

## VI. Zubehör zu den Abgabegefäßen.

a) *Korke. Medizinkorke* sind kegelförmig geschnittene Korke verschiedener Größen. Die Größenbezeichnung erfolgt nach dem oberen Durchmess. Ihre Länge schwankt zwischen 1 und 2 cm, diejenige von *Flaschenkorken* beträgt 3 cm. An Flaschenkorken unterscheidet man *gerade* Korke, die kurz oder lang (4 cm) lieferbar sind und kegelförmig geschnittene *Spitzkorke.* Mit *Thermosflaschenkorke* bezeichnet man Korke, die spundenartig zugeschnitten, jedoch etwas länger als Spundkorke sind, *Spundkorke* dienen zum Verschließen von Weithalsgläsern und Korbflaschen. Sie sind etwa 2 cm hoch und mit einem oberen Durchmesser von 25 mm ab lieferbar. Zur Verwendung der Korke werden diese mittels der *Korkzange* (Abb.23) weichgeknetet, damit sie sich den Wandungen der Glasgefäße möglichst gut anschmiegen. Grundsätzlich müssen Korke auf Abgabegläser *vor dem Einfüllen* des betreffenden Stoffes *aufgepaßt* werden, weil ein etwa nicht passender Kork durch den Flascheninhalt verunreinigt und damit unbrauchbar wird. Dabei und beim Verkorken von Flaschen müssen diese stets am Flaschenhals mittels Daumen und Zeigefinger gehalten werden. Wird hierbei die Flasche am Flaschenkörper angefaßt, besteht bei dünnen Gläsern die Gefahr, daß durch den Druck das Glas an der Schulter einbricht und damit tiefe Schnittwunden mit Sehnenverletzungen entstehen, die zu Versteifungen oder gar Verkrümmungen der verletzten Finger bzw. Hand führen können. Bei mit Korken verschlossenen Flaschen wird der über den Flaschenrand herausragende Korkteil mit dem Korkmesser glatt abgeschnitten (s. auch → Kork und Bd. III „Korkbohren" und „Verschließen von Flaschen").

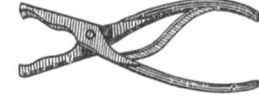

Abb. 23. Korkzange.

b) *Gummistopfen* finden zum Verschluß von Flaschen Verwendung, die Chemikalien enthalten, deren Inhalt Kork angreift. Sie können nicht verwendet werden zum Verschluß von Flaschen mit gummilösenden Flüssigkeiten oder Dämpfen. Der Bezug von Gummistopfen erfolgt nach dem kleinsten unteren Durchmesser, dem *Nenndurchmesser.*

c) *Spritzkorke* sind Korke, die in der Mitte der Länge nach durchbohrt sind und in der Bohrung eine Metallröhre führen, an deren oberem Ende durch Drehung eines Mantels die Metallröhre geöffnet oder geschlossen werden kann. Sie finden zum Verschließen von Parfüm- und Haarwasserflaschen Verwendung und ermöglichen, den Flascheninhalt in kleinen Mengen spritzend zu entnehmen. Seit der Einführung der Enghalsflaschen mit Kunststoffverschluß sind Spritzkorke nicht mehr gebräuchlich.

d) *Tekturen.* Die Tektur, das Überdecken von Arzneizubereitungen mit gefaltetem Papier hat den Zweck, die Gewähr dafür zu geben, daß das Gefäß noch ungeöffnet ist. Sie wurde früher aus einer dünnen ungefärbten Untertektur und einer farbigen oder bunten Obertektur mit Daumen und Zeigefinger der rechten Hand hergestellt, während die linke Hand mit dem Daumen die Tekturen auf dem Kork festhielt. Heute erfolgt das Tektieren durch Aufstülpen fertig beziehbarer *Falttekturen,* die lediglich noch nach dem Aufsetzen verschnürt werden.

e) *Schraubdeckel.* Durch die Einführung der Kunststoffschraubkapseln als Verschluß für Flüssigkeitsflaschen haben diese sich teilweise auch als Abgabegefäß in Drogerien eingeführt. Ihr Nachteil für diesen Zweck beruht darauf, daß die Entnahme kleiner Flüssigkeitsmengen aus solchen Flaschen erschwert bzw. dem Laien unmöglich ist und außerdem, insbesondere bei viscosen Flüssigkeiten, die Flasche bei jeder Entnahme von neuem beschmutzt wird.

f) *Flaschenkapseln.* Der Verschluß mit Flaschenkapseln von Fertigwaren kann durch Lackverschlüsse mit farbigen, schnell erhärtenden Flaschenlacken, in deren Schmelze der Flaschenhals unter Drehen kurz eingetaucht wird, oder auf gleiche Weise durch Eintauchen in Lacke, die mittels organischer Lösungsmittel hergestellt sind, erfolgen. Der Verschluß mit Stanniolkapseln ist seit der Einführung von *Schrumpfkapseln,* die aus besonders vorbehandeltem Zellstoff bestehen, überholt. Die Schrumpfkapseln sind in allen notwendigen Größen und verschiedenen Farben käuflich. Zum Quellen werden sie einige Zeit in Wasser gelegt, wodurch sie erweichen. In diesem Zustand werden sie aufgesetzt, legen sich beim Trocknen fest an und erhärten. Dadurch wird ein sehr fester und dichter Verschluß erreicht. Seit Einführung der Kunststoffkapseln ist das Verkapseln von Industrieerzeugnissen weitgehend durch diese Verschlußart verdrängt worden.

# VII. Etikettieren.

Das Etikettieren der Abgabebehälter erfolgt bei solchen aus Papier durch einfache Aufschrift mit Tinte, bei allen anderen durch Aufkleben eines Etiketts mit gutem Klebstoff. Meist sind die Etiketten bereits mit Klebstoff versehen, dessen Benetzung aus hygienischen Gründen keineswegs mit Speichel erfolgen darf, sondern zweckmäßig mit einem Etikettenanfeuchter aus Glas. Für größere Mengen zu etikettierender Waren sind Maschinen verschiedener Konstruktionen mit Hand- oder elektrischem Antrieb im Handel.[1] (Abb. 24 a, b, 25.) Zum Selbstherstellen von Handverkaufsetiketten eignet sich der Carola-Etikettendrucker „Liliput" (Abb. 26).

# VIII. Die Aufbewahrung von Arzneimitteln und Waren mit besonderen Eigenschaften.

Waren, die Wasser, Kohlensäure oder Sauerstoff aus der Luft leicht aufnehmen, müssen besonders gut gegen diese Einflüsse geschützt aufbewahrt werden. Dasselbe gilt für flüchtige (z. B. ätherische Öle) oder flüchtige Stoffe enthaltende und durch Luftzutritt veränderliche Waren. Stoffe, die durch Tageslicht verändert werden oder verderben, werden in braunen Gläsern oder geschlossenen Behältern aufbewahrt. Lebertran ist gegen Lichteinfluß sehr empfindlich, darf deshalb nur in braunen Gefäßen aufbewahrt und abgegeben werden, ebenso die Lebertran enthaltende Lebertran-Emulsion. *Wärmeempfindliche Stoffe* sind *kühl* aufzubewahren, durch Feuchtigkeit veränderliche Stoffe trocken und möglichst vor Feuchtigkeit geschützt, soweit möglich unter Verwendung von Silica-Gel, Chlorcalcium oder gebranntem Kalk. Größere Mengen *feuergefährlicher* Stoffe sind nach den Bestimmungen der Polizeiverordnung über den Verkehr mit brennbaren Flüssigkeiten (PVbF.) aufzubewahren. *Gummiwaren* müssen bei gleichmäßiger Temperatur und vor direktem Sonnenlicht geschützt aufbewahrt werden. In kalten Räumen aufbewahrt, werden sie brüchig, zu warm aufbewahrt, klebrig. *Gummischläuche* müssen so gelagert werden, daß ein Einknicken vermieden wird, liegend in einem Schiebkasten, beim Auf-

---

[1] Hersteller: Maschinenfabrik L. Anker, Hamburg; Firma Hugo Mosblech, Köln-Ehrenfeld.

Abb. 24 a.
Etikettiermaschine (L. Anker-Maschinenfabrik,
Hamburg).

Abb. 24 b.
Etikettiermaschine (L. Anker-Maschinenfabrik,
Hamburg).

Abb. 25. Etikettiermaschine Klein-Exacto (Hugo Mosblech, Köln-Ehrenfeld).

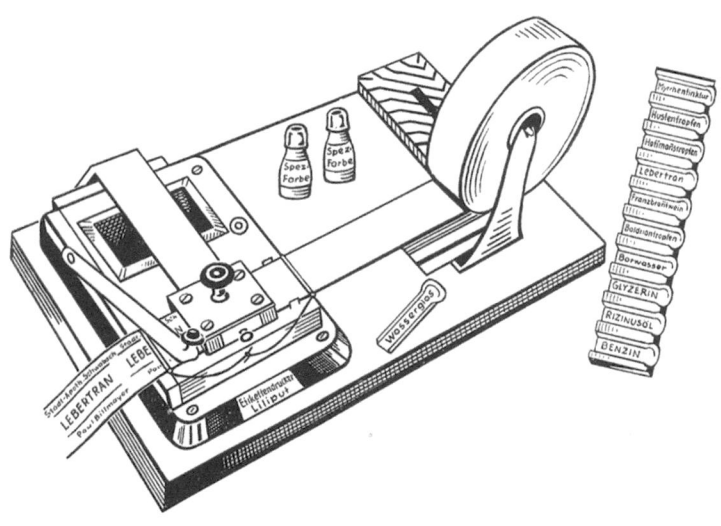

Abb. 26. Etikettierdrucker „Liliput".

hängen ist für eine genügend breite Unterlage zu sorgen. Die Standgefäße von Laugen und essigsaurer Tonerdelösung werden wegen der Gefahr des Verkittens bei Verwendung von Glasstopfen zweckmäßig mit Gummistopfen verschlossen. Die Standgefäße von fetten Ölen, Glycerin, Triäthanolamin u. ä. viscosen Flüssigkeiten werden, wenn zu ihrer Aufbewahrung nicht Ölrohrkappenflaschen verwendet werden, auf einer Glas- bzw. Linoleumplatte, besser auf Porzellanuntersätzen abgestellt.

## Die Aufbewahrung von Chemikalien und Drogen.

nach DAB. 6, Erg.-B. 6, SAB. u. a.

### 1. Besonders vor Licht geschützt aufzubewahrende Chemikalien und Drogen.

Anaesthesin
Anilin
Anilinsulfat
Antimonpentasulfid
Äther
Ätherische Öle
Äthylenchlorid

Benzoesäure

Cetylsalbe
Chinidinsulfat
Chininbisulfat
Chininglycerophosphat
Chininhydrobromid
Chininhydrochlorid
Chinin-Harnstoffdihydro-
  chlorid
Chinolin
Chloralchloroform

Chloramin
Chlorkalk
Chloroform
Chlorwasser
Coniin

Dijoddithymol

Eisenchinincitrat
Eisenchloridlösung
Eisenchlorid, kristallisiertes
  (und in gut verschlossenen
  Gefäßen!)
Eisenlactat
Eisensalmiak
Eucalyptol

Ferri-Ammoniumcitrat,
  braunes
Ferri-Ammoniumcitrat,
  grünes
Ferriglycerophosphat

Ferriphosphat
Ferrolactat
Formaldehydlösung
Furfurol (und möglichst in
  zugeschmolzenen Gefäßen!)

Gallussäure
Goldschwefel
Gujakol, flüssig

Hämatoxylin
Hopfendrüsen

Jodoform
Jodtinktur

Kakaobutter
Kaliumferricyanid
Kaliumpermanganat
Kornblumenblüten

Lebertran-Emulsion
Lecithin (Eier-)
  (kühl und über Silica-Gel)

Methylenblau
Monobromkampfer

Naphthol
Narkoseäther
Natriumformiat (und vor
  Feuchtigkeit geschützt!)
Natrium-Goldchlorid(und vor
  Feuchtigkeit geschützt!)
Natriumhypochloritlösung
Natriumsalicylat
Nitrobenzol, Mirbanöl

Öle, ätherische

Quecksilberchlorür, gefälltes
Quecksilberjodür (und in
  schwarzen oder mit schwar-

zem Papier umhüllten,
dunkelbraunen, gut verschlossenen Gefäßen!)
Quecksilberoxycyanid
Quecksilberoxycyanid-
  pastillen
Quecksilbersulfid, rotes

Pergenol
Perhydrol (30%.)
Phenol
Phenol, verflüssigtes
Phosphor
Pyrogallol

Reagenspapiere
Resorcin
Rohchloramin (und kühl und
  in gut verschlossenen Gefäßen!)

Safran
Safrantinktur
Salicylsäureisoamylester
Schwefelkohlenstoff
Senföl (synth.)
Silber, kolloides
Silbernitrat
Silbernitrat, salpeterhaltiges
Sublimatpastillen

Targesin (E.W.)
Trichlorisobutylalkohol

Wasserstoffsuperoxydlösung
  3%ig u. 30%ig
Wismutoxyjodidgallat(Airol)
Wismutsalicylat, basisches

Zimtaldehyd
Zimtsäure
Zinkpermanganat (und vor
  Feuchtigkeit geschützt!)
Zinnober

*Alle Drogen werden zweckmäßig vor Licht geschützt aufbewahrt.*

### 2. Besonders lichtempfindliche Drogen.

Bayöl

Hopfendrüsen

Kakaobutter

Kornblumenblüten

Lebertran

Tieröl, ätherisches (und in
  kleinen, völlig gefüllten,
  gut verschlossenen Gefäßen!)

### 3. In gut mit dichtsitzenden Glasstopfen verschlossenen Gefäßen aufzubewahrende Chemikalien.

Alaun, gebrannter
Ammoniumjodid
Ammoniumnitrat
Ammoniumpersulfat

Benzaldehyd
Boraxweinstein
Brucin

Calciumbromid
Calciumchlorid
Calciumchlorid, getrocknetes
Calciumnitrat
Cetylalkohol (und kühl!)
Chloramin
Chlorkalk (in O.P.)

Glykokoll

Hirschhornsalz

Kaliumcitrat
Kaliumcyanid
Kaliumhypophosphit
Kaliumnitrit
Kaliumphosphat, getrocknetes
Kaliumrhodanid
Kalk, gebrannter
Kieselerde, gereinigte

Lecithin (Eier-)
Lithiumbromid

Magnesiumchlorid
Magnesiumchlorid, getrocknetes
Manganchlorür

Natriumbiphosphat
Natriumbromid
Natriumglycerophosphat
Natriumhydroxyd

Pellidol
Phenol
Piperacin

Quecksilberoxycyanatpastillen

Schwefelammoniumlösung
Schwefelleber
Senfpapier (im Trockenhalter)
Strontiumbromid
Sublimatpastillen

Tinkturen
Traubenzucker
Trichloressigsäure

Zinkchlorid
Zinkpermanganat
Zinkphenolsulfonat
Zuckerkalk

### 4. In gut mit dichtsitzenden Glasstopfen verschlossenen Gefäßen aufzubewahrende Drogen.

Ambra

Bibergeil

Casein

Heidelbeeren

Kaffeekohle
Kakaobutter
Kartoffelstärke

Maisstärke
Marantastärke

Öle, ätherische

Rosenblütenblätter

Safran

Vanille (über Kalk)

Wollblumen

### 5. Drogen, die über Kalk aufbewahrt, wenigstens aber über Kalk vorgetrocknet werden müssen[1]. (nach DAB. 6, Erg. B. 6, SAB.)

Adoniskraut
Asant

Bibernellwurzel
Bilsenkrautblätter

Cocablätter

Eibischwurzel
Eisenhutknollen
Engelwurzel
Euphorbium

Farnwurzel
Fingerhut, roter

Galbanum

Hanf, indischer
Herbstzeitlosensamen

Kürbissamen

Liebstöckel
Lobelienkraut

Maiglöckchenblüten
Maisgriffel
Manna
Meerzwiebel, geschnitten

Mutterkorn
Myrrhe

Reisstärke
Rosenblätter

Spanische Fliegen
Stechapfelblätter

Tollkirschenblätter

Vanille

Wollblumen

### 6. Periodische Nachtrocknung über Kalk oder Silica-Gel empfohlen bei[1]

Alantwurzel

Bibernellwurzel

Eberwurzel
Eibischwurzel
Eisenhutknollen

Engelsüßwurzel
Engelwurzel

---

[1] GUBITZ, H., Heidenheim a. d. Brenz, in SAZ. **1942, 342**; s. Abschn. Standgefäße für hygroskopische Drogen (S. 10) und Drogenkunde: Die Trocknung (S. 396).

| | | |
|---|---|---|
| Hauhechelwurzel | Mandeln, bittere | Senf, schwarzer |
| | Mandeln, süße | Süßholz |
| Ingwerwurzel | Meisterwurzel | |
| | | Taubnesselblüten |
| Kalmuswurzel | Quittensamen | Tollkirschwurzel |
| Klettenwurzel | Quittenfrüchte | Tormentillwurzel |
| Leinsamen | Rhabarberwurzel | Veilchenwurzel |
| Liebstöckel | Ringelblumenblüten | |
| Löwenzahnwurzel | | Zitwerwurzel |

7. *In kleinen braunen, fast völlig gefüllten und gut verschlossenen Flaschen kühl aufzubewahren.*

| | | |
|---|---|---|
| Äthyljodid | Chlorwasser | Gummiarabicum-Schleim |
| Bleiessig | | |

8. *Kühl aufzubewahren.*

| | | |
|---|---|---|
| Amylacetat | Gummiarabicum-Schleim | Wasserstoffsuperoxyd 3- u. 30%ig |
| Äther | | |
| Chlorkalk | Kakaobutter | Wässer, aromatische |
| Chloramin | | |

9. *Unter Wasser aufzubewahren.*

Guttapercha in Stäbchen     Phosphor

10. *Bei einer Temperatur nicht unter* $+ 9°$ *aufzubewahren.*
Formaldehydlösung (Formalin)

11. *Nicht in größeren Mengen vorrätig zu halten sind.*
Ameisenspiritus     Senfspiritus

12. *Erst nach einjähriger Lagerung zu gebrauchen.*
Faulbaumrinde

13. *Vor der Abgabe umzuschütteln.*
Bleiwasser

14. *Für die Aufbewahrung der Reagentien und volumetrischen Lösungen ist zu merken:*

Lackmuspapier, blaues und rotes, und Kurkumapapier sind vor Licht geschützt in gut verschlossenen Gefäßen,
Natriumsulfidlösung in kleinen, etwa 5 ccm fassenden Tropffläschchen,
Neßlers Reagens in Flaschen mit gut schließendem Gummistopfen, Jodlösung $^1/_{10}$ Normal vor Licht geschützt,
Kaliumpermanganatlösung $^1/_{10}$ Normal in Flaschen mit eingeriebenem Glasstopfen vor Licht geschützt,
Silbernitratlösung $^1/_{10}$ Normal vor Licht geschützt, aufzubewahren.

# IX. Die Defektur.

Unter *Defektur* (1. deficio, fehlen) versteht man in der Fachsprache das Auffüllen leerer Standgefäße im Lager, die Ergänzung der Fertigwaren, die Herstellung von Arzneibuch- und Eigenpräparaten und die Vormerkung aller zur Neige gehenden

Waren und Abgabegefäße zur Bestellung. Die hierbei ausgeführten Arbeiten bezeichnet man mit *Defektieren.* Diese Arbeit wird zweckmäßig auf die frühen Morgenstunden verlegt, so daß alle Waren in der Hauptgeschäftszeit wieder verfügbar sind. Der geordnete und reibungslose Geschäftsbetrieb im Verkaufsraum hängt im hohen Maße von der mit größter Sorgfalt, Gewissenhaftigkeit und Sauberkeit durchgeführten Defektur ab.

Zur Kenntlichmachung der im Verkaufsraum aufzufüllenden Waren verfährt man zweckmäßig wie folgt: Standgefäße werden herumgedreht, so daß ihre Beschriftung nach hinten sieht. Schiebkasten werden durch Anhängen eines Defektringes am Schiebkastengriff bezeichnet, zur Neige gehende und vom Lager zu ergänzende Fertigwaren werden auf einer Tafel notiert, während des stärksten Geschäftsbetriebes zweckmäßig die letzte Packung an einem bestimmten Platz gestellt. Waren, die vom Großhändler oder vom Hersteller bestellt werden müssen, werden in das *Defektbuch* eingetragen, ebenso etwa anzufertigende Zubereitungen, zum Beispiel Borwasser, Salicylstreupulver usw. Man bedient sich bei der Defektur zweckmäßig eines besonderen Defekturkastens (Abb. 27).

Vom Lieferanten eingegangene Waren werden sofort mit dem Lieferschein oder der Rechnung zahlenmäßig verglichen, dann makroskopisch geprüft. Dieser Prüfung folgt bei Chemikalien und Drogen die Untersuchung auf Identität und Reinheit. Erst wenn die Waren den gestellten Anforderungen entsprechen, dürfen sie in die Vorratsgefäße eingefüllt werden. Nach den bestehenden Vorschriften müssen die zum Verkauf kommenden Arzneimittel echt, zum bestimmungsmäßigen Gebrauch geeignet, nicht verdorben und nicht verunreinigt sein.

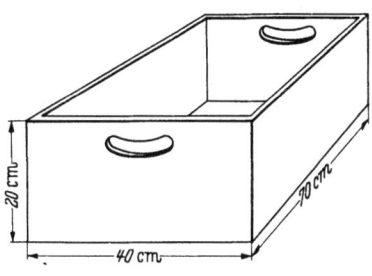

Abb. 27. Defekturkasten.

Bei der Defektur muß man sich angewöhnen, daß der Restinhalt von Standgefäßen, wenigstens von Zeit zu Zeit, erst entleert wird, ehe die neue Ware eingefüllt wird. Pulverisierte Drogen, auch pulverisierte Gewürze, die häufig in der Farbe nicht völlig übereinstimmen, sind zur Erzielung eines Gemisches mit einheitlichem Farbton in einer Reibschale zu vermengen.

Beim Auffüllen von Fertigwaren ist ebenfalls darauf zu achten, daß jeweils die alte Ware nach vorne oder oben gebracht wird, so daß sie zuerst zum Verkauf kommt. Diese Maßnahme ist besonders wichtig bei Waren, die bei längerer Lagerung leiden, so bei Zahnpasten, die erhärten können, fettfreien Hautkremen, die eintrocknen, und anderen verderblichen Waren. Von besonderer Wichtigkeit ist diese Maßnahme bei Photo-Negativ-Material aller Art.

*Vor dem Einfüllen* von Chemikalien und Drogen aus den Vorratsgefäßen in die Standgefäße des Verkaufsraumes müssen die Aufschriften beider Gefäße sorgfältig miteinander verglichen werden. Nur wenn *beide vollständig* übereinstimmen, ist die Sorgfaltspflicht des Defektierenden erfüllt. Bleibt diese Vorsicht unbeachtet, besteht die Gefahr, daß durch Verwechslungen Menschen oder Tiere schwer an ihrer Gesundheit leiden, unter Umständen tödliche Vergiftungen eintreten.

*a) Flüssigkeiten* mit verschiedenen spezifischen Gewichten erfordern beim Einfüllen verschiedenartige Behandlung. Spezifisch leichte Flüssigkeiten werden beim Einfüllen besonders leicht verschüttet. Da sie meist feuergefährlich sind (Alkohol, Äther, Benzin), ist bei ihrem Einfüllen größte Vorsicht geboten. Die Gefäße solcher Stoffe, die sich bei Temperaturerhöhungen stark ausdehnen, dürfen stets nur höchstens zu dreiviertel gefüllt sein. Sollen durch Temperaturerniedrigung erstarrte

Flüssigkeiten eingefüllt werden, verflüssigt man diese durch Einstellen ihrer Gefäße in nicht zu warmes Wasser bzw. durch längeres Stehenlassen derselben in einem

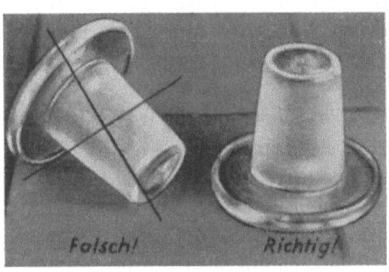

warmen Raum. Dabei muß der Stopfen des Gefäßes abgenommen werden, weil sich bei der Verflüssigung des Flascheninhaltes der Druck in der Flasche erhöht und somit die Gefahr des Zerspringens der Flasche gegeben wird. Stopfen sind stets mit der Nase *nach oben* zu legen, weil sonst die Gefahr besteht, daß die Unterlage mit dem Flascheninhalt verunreinigt wird (Abb. 28). Größere Flaschen werden stets mit der linken Hand am Hals gefaßt, mit der rechten Hand am Boden unterstützt. Große Flaschen, besonders mit ätzenden Flüssigkeiten (Säuren, Laugen),

Abb. 28.
Ablage von Flaschenstopfen (Aus Kruhme, Fachkunde für Chemiewerker, 1943).

werden zweckmäßig in einem Eimer transportiert (Abb. 29). Zum Einfüllen der üblichen Flüssigkeits-Standgefäße aus dem Verkaufsraum ist ein solid gebauter Holzkasten mit Tragstange (Abb. 30) das geeignete Gerät. Aus den Vorrats-

Abb. 29.

Abb. 30.
Tragkasten für Standgefäße von Flüssigkeiten.

gefäßen in die Gefäße des Verkaufsraumes umgefüllte *Flüssigkeiten* müssen stets *klar* sein, nötigenfalls sind sie zu filtrieren.

*Säuren, Laugen* und andere ätzende Flüssigkeiten dürfen nur unter Verwendung

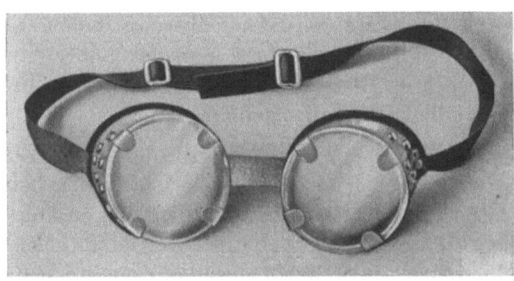

einer *Schutzbrille* (Abb. 31) eingefüllt werden. Beim Einfüllen von giftigen Säuren, deren Dämpfe sehr gesundheitsschädlich sind, dürfen diese nicht eingeatmet werden.

*b) Pulverförmige Stoffe.* Beim Einfüllen pulverförmiger Stoffe läßt es sich nicht vermeiden, daß sich diese innen am Flaschenhals ansetzen. Dadurch besteht die

Abb. 31. Auer-Schutzbrille.

Gefahr, daß die Glasstopfen später festsitzen, außerdem ist das Gefäß nicht mehr
genügend dicht verschlossen. Flaschenhals und Glasstopfen sind deshalb nach dem
Einfüllen stets sorgfältig innen und außen
abzuwischen. Besonders bei hygroskopischen Stoffen ist dies wichtig, weil bei
ihnen die Glasstopfen besonders leicht festsitzen und verkitten. Beim Einfüllen
staubender, giftiger oder die Schleimhäute
reizender pulverisierter Stoffe sind die Augen mit einer Schutzbrille, die Nase mit
einer *Staubmaske* (Abb. 32), behelfsmäßig
mit einem vorgebundenen feuchten,
engporigen Schwamm zu schützen.

*c) Salbentöpfe* sind nach dem Einfüllen am Rand sorgfältig mit Filtrierpapier-
resten bzw. einem anderen unbedruckten
weichen Papier zu reinigen. Dasselbe gilt
für den Deckel von Salbentöpfen.

Beim Einfüllen oder anderen Defekturarbeiten dürfen *keinesfalls* Übervorräte
oder zur Herstellung verwendete Gefäße
*unsigniert* bleiben. Auch für kurze Zeit

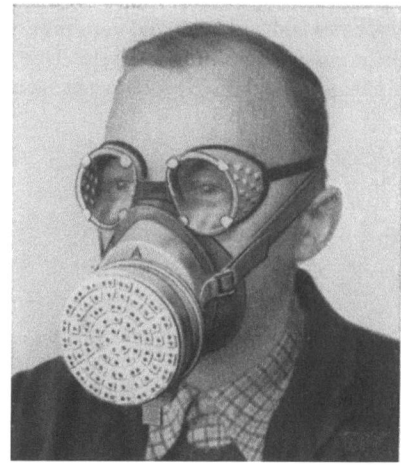

Abb. 32. Auer-Staubbrille mit Kollix-Staubmaske
(Auergesellschaft Aktiengesellschaft, Berlin).

ist grundsätzlich jeder Beutel und jedes Gefäß eindeutig zu signieren, u. U. behelfsmäßig und vorübergehend mit Fettstift. Diese Bezeichnung ist aber schnellmöglich
durch ein ordnungsmäßiges Etikett zu ersetzen.

Weitere mit der Defektur zusammenhängende Arbeiten s. Bd. III.

## X. Gewichte und Waagen.

### 1. Gewichte.

Unter Gewicht versteht man die Größe des Druckes oder Zuges, den ein Körper
infolge seiner Schwere in senkrechter Richtung ausübt. Die Einheit des Gewichtes
ist das Gramm. Das Gramm ist das Gewicht eines Kubikzentimeters destillierten
Wassers im luftleeren Raume bei $+4°$ (der größten Dichte des Wassers). Demnach
ist ein Kilogramm das Gewicht eines Liters (1000 ccm) Wasser. Das von der Internationalen General-Konferenz für Maße und Gewichte dem Deutschen Reich als
nationales Urgewicht überwiesene Gewichtsstück besteht aus Platin-Iridium und
wird von der Physikalisch-Technischen Reichsanstalt in Berlin aufbewahrt. Die
gebräuchlichen Gewichte sind alle mit diesem Normal-Kilogramm verglichen. Die
amtlichen Bezeichnungen der Gewichte sind:

|  | 1 Gramm | $= 1$ g |
|---|---|---|
| 100 Gramm | $= 1$ Hektogramm | $= 1$ hg |
| 1000 Gramm | $= 1$ Kilogramm | $= 1$ kg |
| 100 Kilogramm | $= 1$ Doppelzentner | $= 1$ dz |
| 1000 Kilogramm | $= 1$ Tonne | $= 1$ t |
| $^1/_5$ Gramm | $= 1$ metrisches Karat | $= 1$ k |
| $^1/_{1000}$ Gramm | $= 1$ Milligramm | $= 1$ mg |
| $^1/_{1000}$ Milligramm | $= 1$ Gamma | $= 1\ \gamma$ |

Das metrische Karat ist im internationalen Edelsteinhandel gebräuchlich.

Kleinere Gewichte gibt man in Gramm, sehr kleine in Milligramm, höhere Gewichte mit Kilogramm oder Tonnen an. Die einzelnen Gewichte bestehen aus Messing, auch vernickelt, Neusilber oder Eisen. Sie besitzen am oberen Ende einen Knopf zum Anfassen, ihr Gewicht ist in Zahlen eingeprägt bzw. schon eingegossen. Sie sind in *Gewichtssätzen* (Abb. 33) vereinigt, welche das Zusammenstellen jedes ganzzahligen Grammgewichtes innerhalb des Gewichtssatzbereiches erlauben. Die Verteilung der Einzelgewichte im Gewichtssatz ist meist

Abb. 33. Messing-Gewichte 1 g bis 500 g[1].

| Ein | 1-g-Gewicht |
|-----|-------------|
| Zwei | 2-g-Gewichte |
| Ein | 5-g-Gewicht |
| Ein | 10-g-Gewicht |
| Zwei | 20-g-Gewichte |
| Ein | 50-g-Gewicht |
| Ein | 100-g-Gewicht |
| Zwei | 200-g-Gewichte |
| Ein | 500-g-Gewicht |

Die Gewichte zu 1, 2, 5 kg oder größere befinden sich außerhalb des Gewichtssatzes (Abb. 34). Die Gewichte unterhalb eines Grammes sind, soweit sie dem Gewichtssatz eingefügt sind, durch eine Glasplatte oder einen Schieber geschützt. Sie bestehen aus flachen Plättchen aus Aluminium oder Neusilber, die Bezeichnung in Milligramm und der Eichstempel sind aufgeprägt. Auch sie sind wie die Grammgewichte zu einem Gewichtssatz vereinigt. Eine Ecke ist zum besseren Anfassen mit der Pinzette hochgebogen. Zur Vermeidung von Verwechslungen sind sie verschieden geformt:

Abb. 34. Eisen-Gewichte 100 g bis 50 kg[1].

| | Milligramm | | |
|---|---|---|---|
| 6eckig sind | 500 | 50 | 5 |
| 4eckig sind | 200 | 20 | 2 |
| 3eckig sind | 100 | 10 | 1 |

Die Bruchteile von Grammgewichten werden nicht mit Dezigramm oder Zentigramm, sondern nur in Milligramm angegeben. Man sagt also nicht 2 Dezigramm, sondern 200 Milligramm, und nicht 5 Zentigramm, sondern 50 Milligramm.

Die Bestimmungen über die Eichpflicht der Gewichte s. Gesetzeskunde S. 624ff.

In alten Vorschriften und in den angelsächsischen Ländern wird noch das sog. *Medizinalgewicht* verwendet. Seine Bezeichnungen sind:

| 1 Pfund (libra) | = 12 Unzen | = 350 g |
|-----------------|------------|---------|
| 1 Unze | = 8 Drachmen | = 30 g |
| 1 Drachme | = 3 Skrupel | = 3,75 g |
| 1 Skrupel | = 20 Gran | = 1,25 g |
| 1 Gran | | = 0,06 g |

Das alte preußische Pfund wurde eingeteilt:

| 1 preuß. Pfund | = 32 Lot | = 500 g |
|----------------|----------|---------|
| 1 Lot | = 10 Quentchen | = 16 g |
| 1 Quentchen | | = 1,6 g |

---

[1] Rhewa, Rheinische Waagenfabrik August Freudewald, Mettmann 31 (Rhld.).

Die letzten Gewichte finden häufig noch in alten Backrezepten der Hausfrauen Verwendung.

In Amerika und England sind noch nachstehende Gewichte üblich:

*Amerika*

1 Hundredweight = 4 Quarter je 25 Pfd. = 45,359 kg. Metrisches Gewicht ist zulässig.

*England*

1 Hundredweight (Ztr.) = 4 Quarter je 2 Stones je 14 Pfd. = 50,802 kg.

1 lb. = 453,6 g je 16 Unzen je 16 Drams.

## 2. Waagen.

Waagen dienen der Gewichtsbestimmung. In der Drogerie finden als gleicharmige Waagen Verwendung die *Säulen-* oder *Tarierwaage* (Abb. 35) und die *Tafelwaage* (Abb. 36). Die erste besteht aus dem Waagebalken mit der Zunge und den Waagschalen, die in gleichen Abständen vom Stützpunkt aufgehängt sind. Zum Tarieren dient der *Tarierbecher*, der mit Glasperlen oder Schrot belastet wird. Die Tafelwaage besitzt eine Hauptachse mit zwei um ihre Achse drehbaren Balken, welche

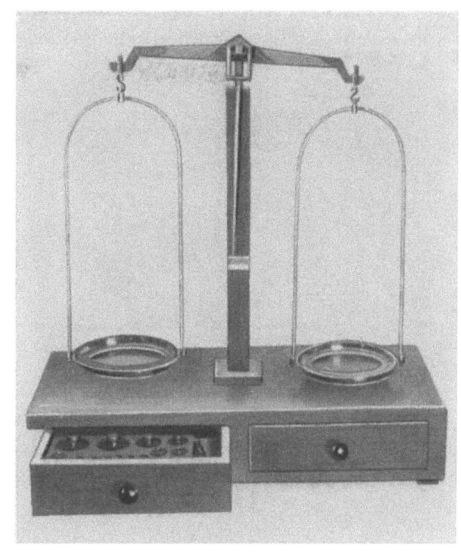

Abb. 35. Säulen- oder Tarierwaage.

Abb. 36. Tafelwaage.

durch zwei lotrechte Stangen zu einem beweglichen Parallelogramm verbunden sind und oben die Waagschalen tragen. Befinden sich an den Waagen keine Arretierungen, müssen sie in der Ruhe außerhalb des Geschäftsbetriebes auf einer Schale stets leicht belastet sein, um ihr Spielen und dadurch bedingte Abnutzung der Schneiden zu verhindern.

*Handwaagen* bestehen aus einem gleicharmigen Waagebalken aus Metall, dessen keilförmiger Zapfen drehbar in der Pfanne der Schere liegt. Die senkrecht über dem Zapfen nach oben stehende Zunge zeigt beim Wägen das Gleichgewicht an. Handwaagen (Abb. 37) dienen zum Abwägen vor allem kleinerer Mengen fester Stoffe und sind mit verschiedener Tragfähigkeit lieferbar. Die Tragfähigkeit ist

Abb. 37. Handwaage.

jeweils auf dem Waagebalken eingestanzt. Sie werden durch Zusammenstecken der Schale und Aufhängen an einem Balkenende oder mit getrennten Schalen in flachen Schiebekastenabteilen aufbewahrt. Be-

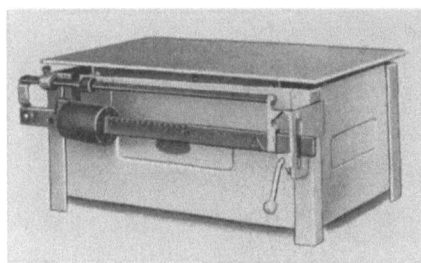

Abb. 38. Dezimal-Tischwaage[1].

schädigte Schnüre an Handwaagen müssen erneuert werden; um die Waage dann ins Gleichgewicht zu bringen, werden die Schnurenden entsprechend abgeschnitten.

*Dezimalwaagen* dienen zur Feststellung höherer Gewichte etwa über 10 kg. Sie finden in der Drogerie als Dezimal-*Tischwaage* zur Defektur (Abb. 38) und zur Feststellung des Gewichtes von ein- und ausgehenden Paketen Verwendung und haben eine Tragkraft bis 50 kg. Die *Dezimal-Brückenwaage* (Abb. 39) findet zur Feststellung höherer Gewichte Verwendung und hat eine Tragkraft bis 500 kg. Sie ist eine ungleicharmige Hebelwaage, bei der die Last auf einer Plattform, der sog. *Brücke*,

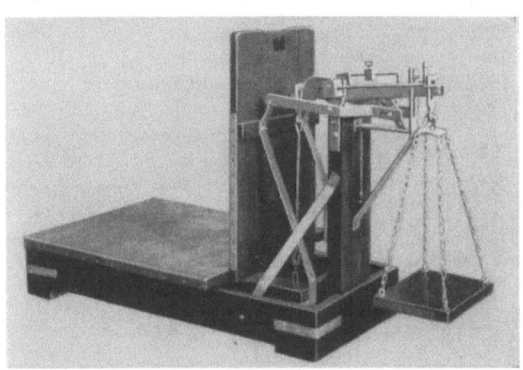

Abb. 39. Rhewa-Dezimal-Brückenwaage[1].

die mit Tragstangen und Zugstangen in Verbindung steht, ruht. Das Vergleichsgewicht beträgt bei der Dezimalwaage $^1/_{10}$ der Last. Bei der Dezimalwaage (Abb. 40) ist (nach KRUHME) der Hebel $A—B$ bei $D$ drehbar gelagert. Die Hebelarme $D—B$ und $A—D$ verhalten sich wie 1 : 10. Aus diesem Grunde benötigt man, um den Hebel im Gleichgewicht zu erhalten, für eine Last von 10 kg an einem solchen Hebel bei $E$ nur eine Kraft von 1 kg bei $A$. Da aber auf der Brückenwaage die Last nicht angehängt, sondern auf die Brücke gelegt wird, verteilt sich diese auf die Punkte $E$ und $F$. Die Hebel $G—H$ und $B—C$ sorgen nun für die richtige Verteilung der Last. Durch das Hebelsystem wird erreicht, daß die ganze Last im Punkt $B$ des Waagebalkens wirkt. Dadurch bleibt die Brücke auch stets waagerecht, unabhängig davon, wo die Last auf ihr liegt. Im Beispiel der Abbildung wirken 5 kg bei $E$ auf den Hebelarm $A—B$. Durch die Teilung des Hebels $H—G$ im Verhältnis 1 : 5 kann aber bei $G$ und $C$ nur $^1/_5$, also 1 kg, angreifen. Der Hebel $C—D$ ist aber fünfmal so lang wie der Hebel $B—D$, so daß sich ein weiteres Hebelmoment $1 \times 5 = 5$ ergibt. Es wirken also trotz der Verteilung der Last auf $E$

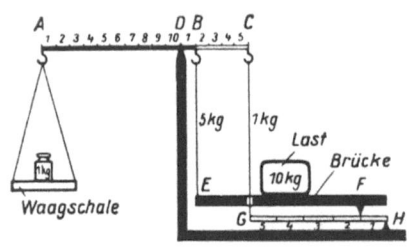

Abb. 40. Brückenwaage, schematisch.
Nach Kruhme, Fachkunde für Chemiewerker.

und $F$ 10 kg auf den Punkt $B$. Wegen der leicht verlierbaren kleinen Gewichte empfiehlt sich die Anschaffung einer Dezimal-Brückenwaage mit Schiebegewicht aus nicht rostendem Material, die diese ersetzt.

---

[1] Rhewa, Rheinische Waagenfabrik August Freudewald, Mettmann 31 (Rhld.).

Neuerdings finden vielfach *Schnell-waagen* (Abb. 41) Verwendung, die beson-ders für den praktischen Drogeriebetrieb geeignet sind, da sie auch in Konstruktionen im Handel sind, die das Gewicht von Gefäß (Tara) und Ware in einer Wägung gestatten.

*Säuglingswaagen* (Abb. 42) zur Fest-stellung des Gewichtes von Säuglingen werden vielfach in Drogerien gegen eine kleine Gebühr, zweckmäßig mit einem Leihvertrag, vermietet. Sie dienen der laufenden Kontrolle der Gewichtszunahme von Säuglingen.

*Personenwaagen* (Abb. 43, 44). Eine solche stellt man zweckmäßig den Kunden der Drogerie kostenlos zur Verfügung, um das Körpergewicht und die Körpergröße laufend feststellen zu können. Die An-bringung einer Tabelle mit dem Normal-gewicht für Männer und Frauen ist zu empfehlen. Siehe Gesundheitslehre.

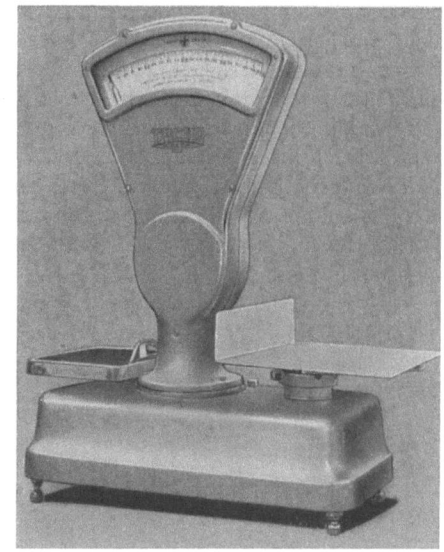

Abb. 41. Tacho-Schnellwaage[1].

Als weitere Waagen finden Ver-wendung die *analytische* und die *Westphalsche* Waage. Die analyti-sche Waage ist überall dort un-entbehrlich, wo quantitative Un-tersuchungen ausgeführt werden. Westphalsche oder *Mohr-Westphal-sche* Waagen, s. Chemie, dienen der Bestimmung des spezifischen Ge-wichtes von Flüssigkeiten. Analy-tische Waagen (Abb. 45) werden mit einer Höchstbelastung von 100 bis 200 g gebaut, ihre Schneiden und Pfannen bestehen aus gehärtetem Stahl oder Achat. Ihr Waagebalken kann durch eine Arre-tierung in den Stützlagern festgelegt wer-den. Analytische Waagen müssen erschüt-terungsfrei aufgestellt werden. Sie besitzen verstellbare Fußschrauben, so daß sie völ-lig waagerecht eingestellt werden können. Die richtige Einstellung läßt sich durch ein angebrachtes Lot kontrollieren.

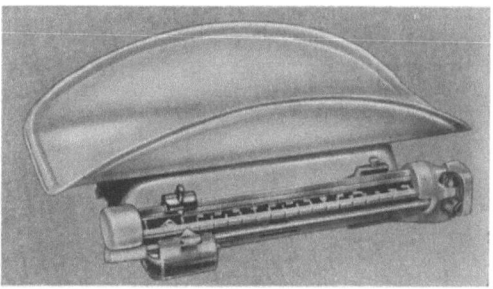

Abb. 42. Seca-Säuglingswaage[2].

### 3. Behandlung und Prüfung der Waagen.

Gewichte und Waagen bedürfen sorg-fältiger Pflege. Beide, besonders aber die

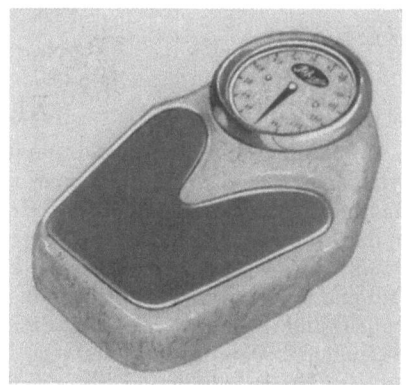

Abb. 43. Zeiger-Personenwaage[3].

---

[1] Tacho-Schnellwaagenfabrik G.m.b.H., Duisburg-Großenbaum und Karlsruhe-Baden.
[2] Seca, Vogel & Halke, Hamburg.
[3] Rhewa, Rheinische Waagenfabrik August Freudewald, Mettmann 31 (Rhld.).

Waagschalen, müssen dauernd im sauberen Zustand erhalten werden und dürfen nicht mit ätzenden Flüssigkeiten geputzt werden. Das Abstauben der Waagen erfolgt mit einem weichen Tuch, an den empfindlichen Stellen mit einem Pinsel. Gewichte werden mit Seifenwasser gereinigt. Jede Waage ist auf ihre Richtigkeit und Empfindlichkeit zu prüfen. Eine Überbelastung der Waagen ist unzulässig, weil dadurch ihre Genauigkeit leidet. Die zulässige Höchstbelastung ist jeweils auf dem Waagebalken angegeben. Nach der Verordnung vom 20. Mai 1936 und den entsprechenden Ausführungsbestimmungen müssen Waagen so aufgestellt werden, daß Käufer und Verkäufer den Vorgang des Abwiegens ohne wesentliche Umstände beobachten können.

Alle benutzten Waagen und Gewichte müssen geeicht sein und den Eichstempel tragen. Die Eichung muß von den Eichämtern alle zwei Jahre wiederholt werden.

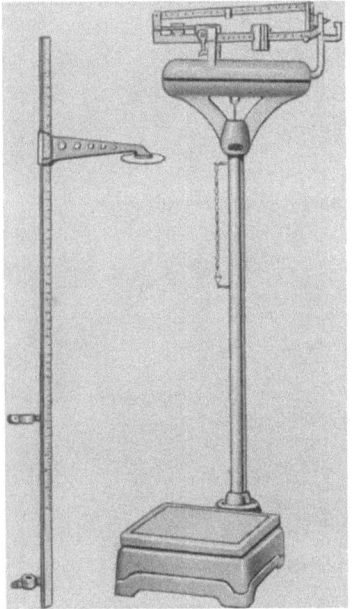

Abb. 44. Laufgewichts-Personenwaage[1]
mit Metall-Meßstab.

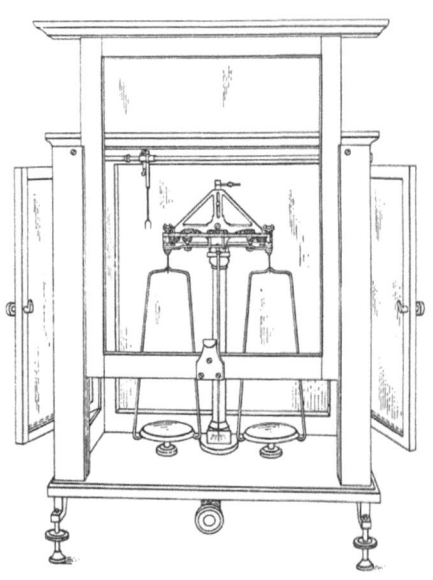

Abb. 45. Analytische Waage.

## XI. Meßgefäße.

Außer den Meßgefäßen und -geräten zur Maßanalyse benötigt der Drogist Meßzylinder und Mensuren. Sie dienen zum Messen von Flüssigkeiten. Dabei wird die Raummenge derselben durch das Hohlmaß bestimmt. Die Einheit des Hohlmaßes ist das Liter, das den Rauminhalt eines Kubikdezimeters Wasser bei +4° entspricht. Demnach wiegt ein Liter Wasser 1 kg. *Meßzylinder* sind Glaszylinder mit breitem Fuß und dienen zum verhältnismäßig groben Abmessen von Flüssigkeiten. An ihrer Außenwand befindet sich eine Stricheinteilung mit von unten nach oben verlaufenden Zahlen, die es gestatten, den jeweiligen Inhalt in Kubikzentimetern abzulesen. Zur Erhöhung der Standsicherheit und zum Schutze gegen Zerbrechen der leicht umfallenden Meßzylinder kann am Fuß ein Gummischuh, am oberen Ende ein kräftiger Gummiring gegen Bruch schützen. Meßzylinder sind mit verschiedenen Inhalten käuflich. *Mensuren* aus Glas, Porzellan oder gut emailliertem Eisen sind

---

[1] Rhewe, Rheinische Waagenfabrik August Freudewald, Mettmann 31 (Rhld.).

in den Größen $^1/_1$ l, $^1/_2$ l, $^1/_4$ l und $^1/_{10}$ l Inhalt gebräuchlich und müssen — soweit sie zum Verkauf Verwendung finden — geeicht sein. Für Laboratoriumszwecke sind zur groben Messung von Flüssigkeiten auch ungeeichte Mensuren verwendbar. Sie sind mit Ausguß und innen durch Striche angebrachter Einteilung des Fassungsvermögens versehen. Bei der Verwendung von Mensuren spielt die Temperatur der zu messenden Flüssigkeiten mit geringem spezifischem Gewicht, z. B. bei Weingeist, eine große Rolle.

Die amtlichen Bezeichnungen für die Hohlmaße sind:

$$
\begin{array}{lll}
1 \text{ Liter} & = 1 \text{ l} \\
100 \text{ Liter} = 1 \text{ Hektoliter} & = 1 \text{ hl} \\
^1/_{100} \text{ Liter} = 1 \text{ Zentiliter} & = 1 \text{ cl} \\
^1/_{1000} \text{ Liter} = 1 \text{ Milliliter} & = 1 \text{ ml (s. auch S. 623).}
\end{array}
$$

Im Schankgewerbe gilt das Zentiliter als gesetzliche Maßeinheit.

Im *Weinhandel* finden folgende Maße Verwendung:

| | | | |
|---|---|---|---|
| 1 Stück | 1200 l | 1 Oxhoft | 206 l |
| 1 Fuder | 1000 l | 1 Ohm | 150 l |

In den Staaten, in denen das metrische Gewichtssystem angenommen ist, werden Flüssigkeiten auch nach Litern gemessen. England und Nordamerika dagegen messen nach *Gallonen* zu 8 Pints. Die Gallone faßt abgerundet etwa $3^3/_4$ l (3790 g) Wasser, 1 Pint faßt 474 g Wasser. *Bushel*, 1 engl. bushel = 8 Gallonen = 36,35 l; 1 USA-bushel = 64 dry pints = 33,24 l.

# XII. Unfallverhütung.

Der ständige Umgang mit gefährlichen Stoffen, Giften, giftigen Farben, ätzenden, feuergefährlichen und explosiven Stoffen macht oft gleichgültig und gegen die dabei drohenden Gefahren unachtsam. Daraus entstehen häufig Unfälle, bedauerlicherweise oft mit Todesfolge. Zahlreiche Unfälle beruhen aber auch auf der Verwendung von ungeeignetem Handwerkszeug oder anderen unzweckmäßigen Arbeitsgeräten. Es ist die Pflicht des Betriebsunternehmers, sich mit den Unfallgefahren in seinem Geschäft zu befassen und unbedingt für die unfallsichere Gestaltung und Erhaltung des Betriebes Sorge zu tragen. Auch bei der Erziehung der Lehrlinge hat er ständig zur Vorsicht und zu unfallsicherem Verhalten zu ermahnen.

Bei den meisten Unfällen wirken menschliche und betriebliche Ursachen zusammen. Eine aus der menschlichen Unzulänglichkeit entspringende Unachtsamkeit des Verletzten und technische bzw. organisatorische Mängel am Arbeitsgerät oder im Arbeitsvorgang wirken in den meisten Fällen dabei mit. Die Unfallverhütung hat vor allem für die Beseitigung der Unfallursachen zu sorgen, also die betrieblichen (technischen) Ursachen auszuschließen. Daneben ist die Beseitigung menschlicher Ursachen (psychologische Unfallverhütung) nicht zu übersehen. *Eigene Vorsicht ist der beste Unfallschutz!* In der Drogerie hat das Personal hinter dem Ladentisch seine ganze Aufmerksamkeit dem Kunden zuzuwenden. Deshalb kann hier Vorsicht allein nicht zur Unfallverhütung ausreichen. Der technische Unfallschutz muß deshalb wirksam werden.

Es ist im Rahmen dieser Abhandlungen unmöglich, ausführlicher auf den Unfallschutz in der Drogerie einzugehen. Bei der Wichtigkeit dieses Gebietes für Unternehmer und Personal soll aber nachstehend auf die wichtigsten Unfallgefahren hingewiesen werden. Zur eingehenderen Orientierung sei empfohlen: GEISSENHÖNER, G.: Sicherheit hinterm Ladentisch, Bielefeld 1949.

*Treppen.* Jährlich werden etwa 2000 Treppenunfälle gemeldet. Daraus ist ersichtlich, daß Treppen häufig die Ursache von Unfällen bilden können. Die wichtigsten

Forderungen an eine Treppe sind gleiche Stufenhöhen und gleiches Steigungs-
verhältnis. Bei Treppen von 5 und mehr Stufen mit freiliegenden Seiten ist an diesen
ein sicheres Geländer zum Schutz gegen Absturz anzubringen.

*Kellerluken* sind Öffnungen im Fußboden, die zu einer mehr oder weniger behelfs-
mäßigen, meist sehr steilen Kellertreppe führen. Sie haben den Zweck, den Weg vom
Laden in den darunterliegenden Keller abzukürzen. Häufig liegen diese Kellerluken
zwischen Regal und Ladentisch, so daß es schwierig ist, eine Sicherung anzubringen.
Diese muß eine zwangsläufige sein, wenn sie wirkungsvoll sein soll (s. GEISSENHÖNER).

*Regale* haben in Verkaufsräumen zweckmäßig eine Höhe von 1,70 bis 2,00 m.
In den Lagerräumen sind sie wegen der besseren Raumausnützung häufig höher.
Beide müssen eine dem Gewicht der aufzunehmenden Waren entsprechende *Trag-
fähigkeit* besitzen. Die durch zusammenbrechende Regale alljährlich vorkommenden
Unfälle sind zahlreich. Vor allem sind *behelfsmäßige* Einbauten gefährlich und

Abb. 46a. DIN-RAL-Geschäftsleiter,
einseitig besteigbar.

Abb. 46b. DIN-RAL-Geschäftsleiter
doppelseitig besteigbar.

häufig den Anforderungen nicht gewachsen. Höhere und besonders flache Regale
müssen an der Wand oder an der Decke *verankert* sein. Auch die Standfestigkeit von
Regalen ist von Zeit zu Zeit zu überprüfen.

*Leitern.* Die *Stufenleiter* (ein Mittelding zwischen Leiter und Treppe) gibt eine
bessere Standsicherheit als die Sprossenleiter. Man unterscheidet ferner *Steh-* und
*Anlegeleitern.* Die Tatsache, daß jährlich 25000 Leiterunfälle in den gewerblichen
Betrieben Deutschlands eintreten, beweist die Notwendigkeit, dieser Frage erhöhte
Aufmerksamkeit zu widmen. Nach den bestehenden Vorschriften ist die DIN-RAL-
Geschäftsleiter mit Sicherheitsbrücke und Haltevorrichtung für Drogerien vorgeschrieben. Sie wird einseitig besteigbar und doppelt besteigbar geliefert (Abb. 46a
und b). Für den Verkaufsraum der Drogerie findet vielfach auch die *Einhakleiter*
Verwendung. Sie besitzt an der Anlagestelle ein Auflager, das ein Abrutschen
verhindert, weil die Schubkräfte nicht mehr auftreten können. Bei modernen
Drogerieholzeinrichtungen wird zum Anlegen dieser Einhakleiter an dem Absatz
zwischen Schiebkastenteil und dem meist zurücktretenden Oberteil der Regale ein
erhöhter fester Wulst belassen, in dem die Einhakvorrichtung der Leiter gegen Abrutschen sicher ruht.

Der *Ladentritt* (Abb. 47a, b) ist ebenfalls ein wichtiges Gerät zur Entnahme
von Waren in höheren Regalen. Ist dieser nicht richtig konstruiert, sind Ab-
stürze durch Umkippen unvermeidlich. Ladentritte, die das Gütezeichen tragen,

entsprechen den an die Standsicherheit zu stellenden Anforderungen. Der ab-
gebildete Ladentritt (Abb. 47b) ist der RAL 429 G. Die *Kippgefahr* älterer Ladentritte läßt sich häufig durch Entfernen der seitlich überstehenden Teile der Deck-

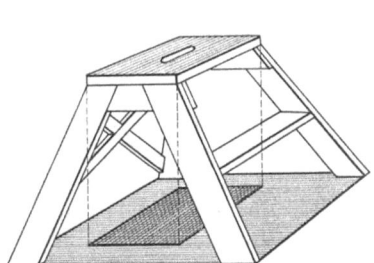

Abb. 47a. Ladentritt mit verringerter Kippgefahr.  Abb. 47b. Ladentritt RAL 429 G.

stufe (oberste Trittstufe) herabmindern. Wichtig ist, daß ein sicheres Stehen auch
auf der obersten Stufe gewährleistet ist. Deshalb muß nach den Lieferbedingungen
ihre Mindestgröße 200 × 320 mm, ihre Mindestbreite
320 mm sein, sie darf also seitlich nicht vorstehen.

*Handwerkszeug.* In der Drogerie ist ohne die Benutzung ordentlichen und zweckmäßigen Handwerk-
zeuges nicht auszukommen. Es muß seinem Verwendungszweck entsprechen und stets gut im Stande
gehalten sein. Zu seiner raschen Verwendung ist seine
*übersichtliche* Aufbewahrung unerläßlich. Jedes Werkzeug muß seinen bestimmten Platz haben und nach
der Benützung sofort wieder dort aufbewahrt

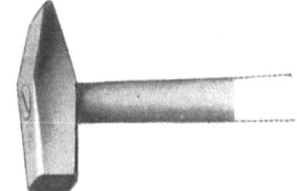

Abb. 48. Stahlhammer, Stiel aus splitterlosem Holz.

werden. Völlig ungeeignet hierzu ist ein Schiebkasten, ein Kasten oder eine Kiste,
in der das Handwerkszeug wahllos durcheinanderliegt. Zweckmäßig wird es an einer
Holztafel an der Wand angehängt. Diese trägt Zapfen oder Ösen, in welche die

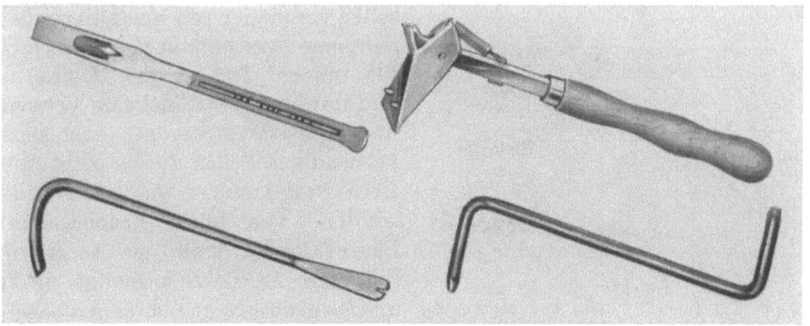

Abb. 49. Kistenöffner erleichtern die Arbeit.

Werkzeuge eingehängt werden können. Benötigt werden je ein schwerer und ein
leichter Stahlhammer mit glattem, gut befestigtem Stiel (Abb. 48). Weitere wichtige
Handwerkszeuge sind eine Beißzange, eine Zwickzange, eine Flachzange und eine
Rundzange. Das Öffnen der Kisten erfolgt mit einem Spezialwerkzeug, dem *Kisten-*
*öffner* (Abb. 49), bei dessen Verwendung die zu ziehenden Nägel weitgehend geschont werden, so daß ihre Wiederverwendung für bestimmte Zwecke möglich ist.

Noch hervorstehende Nägel an Kisten und Kistendeckeln sind sofort zu entfernen, da sie der feuchten Luft ausgesetzt rosten und zu Verletzungen, sogar mit tödlichem Ausgang führen können. Bei ordnungsmäßigem Öffnen von Kisten werden

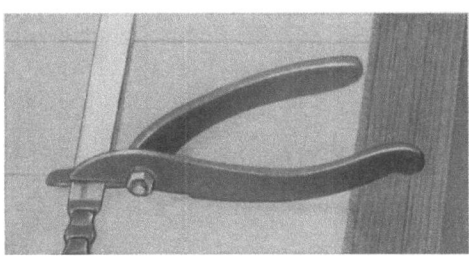

Abb. 50. Flachschenkel-Blechschere zum Durchtrennen von Kisten-Bandeisen. Kneifzangen sind ungeeignet.

diese geschont, dabei die Nägel automatisch entfernt, was eine wesentliche Zeitersparnis bedeutet. *Sägen* sind stets in entspanntem Zustand aufzuhängen und erst vor der Benützung zu spannen. Um ihr Rosten zu verhüten, werden sie nach jeder Benützung mit einer Speckschwarte bestrichen. Benötigt wird eine *Handsäge* und ein *Fuchsschwanz.* Wenn Sägen leicht aus dem Schnitt springen, beruht dies auf unrichtigem Schränken, das häufig zu Handverletzungen führt. Bandeisenverpackungen von Kisten u. a. werden mit der *Flachschenkel-Blechschere* (Abb. 50) entfernt. Zu Schneidarbeiten aller Art finden im Griff feststehende scharfe Messer oder der *Rasierklingenhalter* (Abb. 51) Ver-

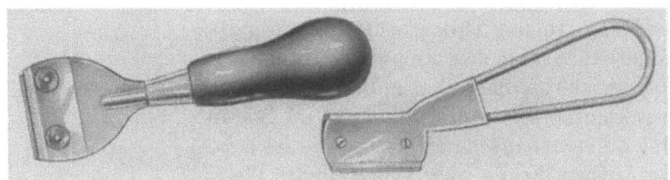

Abb. 51. Rasierklingenhalter zur Verwendung kräftiger, gebrauchter Rasierklingen zum Entfernen von Plakaten von den Schaufenstern u. dgl. Dünne Klingen splittern.

wendung. *Nägel* und *Schrauben* verschiedener Größen werden in einem Kasten untergebracht, der für die einzelnen Größen in Fächer eingeteilt ist. Beim Kistenöffnen anfallende Nägel werden in einem besonderen Kasten gesammelt. An *Feilen* sollen vorhanden sein eine halbrunde *Holzfeile*, eine *Dreikantfeile* und eine *Flachfeile.*

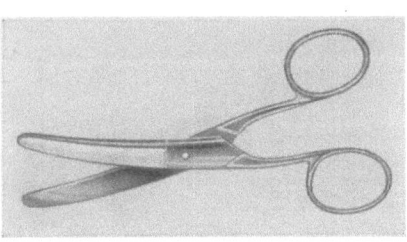

Abb. 52.
Textilschere mit runden Spitzen und gebogenen Schenkeln. Spitze Scheren verursachen Verletzungen.

Sie müssen fest in den Heften sitzen und dürfen ohne Heft keine Verwendung finden. Stichverletzungen sind sonst unvermeidlich. Feilen dürfen nicht mit Öl in Berührung kommen und auch nicht heiß werden. Vor Rost, Feuchtigkeit und Säuredämpfen sind sie sorgfältig zu schützen. An *Bohrern* genügt ein kleiner und ein großer Nagelbohrer. Als Schere verwendet man zweckmäßig die *Textilschere* (Abb. 52) mit abgestumpften Spitzen.

Mit schlechtem Werkzeug kann nicht unfallsicher gearbeitet werden. Nur bestes und ordentlich im Stand gehaltenes Werkzeug kann der Unfallverhütung dienen.

*Heben und Tragen.* Das Tragen schwerer Kisten kann man durch die Verwendung eines *Schwerlastrollers*[1] vermeiden. Größere Betriebe schaffen sich zweckmäßig zum

---

[1] Hersteller: A. Irion Nachf., Stuttgart/Bad Cannstatt.

Transport von Fässern, schweren Kisten usw. neuzeitliche *Hubkarren* an. Zum Transport auf ebenem Boden in Lagerräumen ist die *Sackkarre* (Abb. 53) mit Handschutz geeigneter Konstruktion das Beste.

*Blechkannen* bedürfen beim Heben und Tragen besonderer Vorsicht. Solche mit 25 l Inhalt weisen auf ihren Böden mitunter starke Spannungen auf, die sich beim Aufsetzen auf den Boden plötzlich entladen können. Dabei kann der Kanneninhalt mit erstaunlicher Heftigkeit aus der Kannenöffnung geschleudert werden, wenn die Kannen unverschlossen sind.. Da der Körper beim Absetzen naturgemäß über die Kanne gebeugt ist, können dabei durch Säuren und Laugen oder andere ätzende Flüssigkeiten erhebliche Verletzungen auftreten. Aus diesem Grunde sind solche Kannen beim Transport stets zu verschließen.

*Aufladen und Abladen.* Beim Auf- und Abladen schwerer Lasten ist größte Vorsicht am Platze. *Fässer* besitzen meist ein hohes Gewicht. Bei ihrem Abladen und Befördern ist ihr Rutschen, Abgleiten oder Umschlagen durch eine Ladeleiter, *Schrotleiter*, zu sichern. Die Schrotleiter muß unbedingt gegen Abrutschen gesichert sein. Der Aufenthalt zwischen der Schrotleiter beim Auf- und Abladen ist streng verboten. Das Auf- und Abladen schwerer Fässer darf nur unter Verwendung eines starken Seiles erfolgen. Das Seil ist hierbei am oberen Ende der Schrotleiter zu befestigen, um das Faß zu legen und vom Wagen aus von einem Mann zur Sicherung festzuhalten. Die Bewegung und Lenkung des Fasses erfolgt durch zwei weitere Personen, die links und rechts außerhalb der Schrotleiter stehen. Bei Korbflaschen muß man sich beim Auf- und Abladen zunächst von der Ordnungsmäßigkeit des Korbbodens und der Traghenkel überzeugen. Korbflaschen dürfen nicht auf der Erde entlang geschleift werden. Ihr Aufsetzen auf den Boden hat mit größter Sorgfalt zu erfolgen.

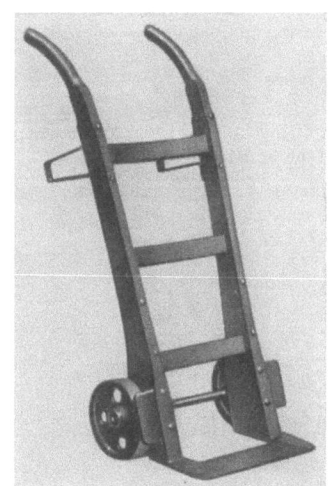

Abb. 53. Sackkarre.

*Brand- und Explosionsgefahren.* Die Gefahren von Bränden und Explosionen sind durch die zahlreichen feuergefährlichen Waren, deren Dämpfe mit Luft gemischt, vielfach explosiv sind, besonders groß. Ihnen ist deshalb besondere Aufmerksamkeit zu schenken, weil Unfälle dieser Art häufig mit tödlichem Ausgang endigen. Schon kleinere Mengen verschütteter, leicht entzündlicher Flüssigkeiten sind oft die Ursache von Explosionen gewesen. Verschüttete feuergefährliche Flüssigkeit muß sofort mit feinem Sand (Sägemehl ist wegen der Selbstentzündungsgefahr *verboten*) aufgesaugt werden, der seinerseits in einem verschlossenem Blechgefäß außerhalb der Betriebsräume aufzubewahren ist. Gebrauchtes Putzmaterial, selbstentzündliche und feuergefährliche Abfälle dürfen in Arbeitsräumen nicht aufbewahrt werden. Sie sind vorübergehend in unverbrennbaren Behältern mit dicht schließendem Deckel aufzubewahren. *Ölfleckige* Arbeitskittel oder Schürzen sind als feuergefährlich zu betrachten, wenn man sich damit in die Nähe eines Ofens stellt. Diese Unvorsichtigkeit kostete einem Lehrling das Leben. *Feuerwerkskörper* dürfen in Verkaufsräumen nur in verschlossenen Kisten aufbewahrt oder unter Glas ausgelegt werden. Die höchstzulässige Menge beträgt 2,5 kg. Sie müssen absolut trocken und vor Feuchtigkeit geschützt aufbewahrt werden, ein etwaiges Umpacken darf nur mit größter Vorsicht erfolgen; ein Umschütten von Feuerwerkskörpern ist unbedingt verboten.

3*

19. *Im Brandfall*[1] ist das Verhalten der Anwesenden in den ersten Minuten für seine Bekämpfung entscheidend. In der Drogerie muß deshalb besonders sorgfältige Vorsorge für den Feuerschutz getroffen werden. Das Personal bis zum jüngsten Lehrling ist ständig und immer wieder über den Umgang mit feuergefährlichen Geräten und Chemikalien aufzuklären. Häufige Ursachen für Brände sind u. a. durchgeschlagene Flammen von Bunsenbrennern, undichte, spröde oder schlechtsitzende Gasschläuche, zu geringer Abstand einer offenen Flamme oder eines hitzeausstrahlenden Gerätes von leicht entzündbaren Stoffen (Chemikalien, Holz, Pappe, Papier, Tücher, Putzwolle usw.), und der Unfug, durchgebrannte elektrische Schmelzsicherungen mit Drähten oder ähnlichem zu ,,flicken".

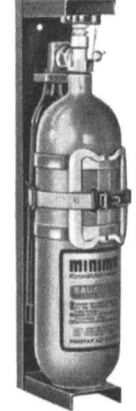

Abb. 54. MINIMAX: Bauart C 1,5 Kohlensäureschneelöscher[2]. Inhalt 1,5 kg, Spezial-Laborlöscher.

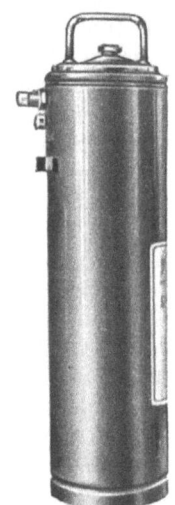

Abb. 56.
MINIMAX: Bauart S 10/G 10. Schaumlöscher[2], Inhalt 10 l für feuergefährliche Flüssigkeiten, Chemikalien usw.

Das erste Gebot im Brandfall ist *nicht die Nerven verlieren!* Nur bei ausgesprochen harmlosen Bränden darf in der Drogerie auf die Alarmierung der Feuerwehr verzichtet werden. Wie diese durchzuführen ist, muß jedes Betriebsmitglied genau kennen. Sind *Menschen in Gefahr*, müssen diese zuerst gerettet werden. Um die Sauerstoffzufuhr brennender Kleider zu unterbinden, sind diese mit Decken, Mänteln, Matten usw. einzuhüllen und damit die Flammen zu ersticken. Eine brennende Person darf keinesfalls weglaufen, weil dadurch infolge des entstehenden Luftzuges

Abb. 55. MINIMAX: Bauart C 6. Kohlensäurelöscher[2]. Inhalt 6 kg für feuergefährliche Flüssigkeiten, Chemikalien, Brände an elektrischen Anlagen.

Abb. 57.
MINIMAX: Bauarten T 0,5—T 6, Tetralöscher[2]. Inhalt 0,5—6 l für feuergefährliche Flüssigkeiten, Chemikalien, Brände an elektrischen Anlagen (nicht für enge und geschlossene Räume).

die Kleider noch angefacht werden. Feuergefährliche, leicht brennbare Gegenstände und Chemikalien müssen sofort aus der Umgebung der Brandstelle entfernt werden, Gas und elektrische Geräte müssen sofort abgestellt werden. Brennende Gefäße

---

[1] Nach H. P. WALDMANN in: Chemie für Labor und Betrieb **1952**, 1, 32.
[2] Minimax Aktiengesellschaft, Stuttgart.

deckt man mit Metalldeckeln, einem umgestülpten Kessel, Porzellan-, Glas- od
Asbestplatten ab. Bei nicht zu großen Brandstellen sind Kübel- und Einstell-
spritzen bewährt. Feuerlöschmittel verfolgen den Zweck, den Brandherd abzukühlen
und vom Luftsauerstoff abzuschließen. Stets sollten mehrere griffbereite Eimer vorhanden sein, um Löschwasser gegen den Brandherd zu schleudern. Mehrere kleinere
handliche *Feuerlöscher* (Abb. 54—57) sind einem großen unhandlichen vorzuziehen.
*Nicht mit Wasser zu löschen* sind die organischen Lösungsmittel wie Alkohole,
Benzin, Benzol, Äther, Aceton, Schwefelkohlenstoff, Petroleum, Öle, Fette, Teere.
Zur Bekämpfung derartiger Brände finden *Trockenlöscher*, die feinpulverisiertes
Natriumbikarbonat verspritzen und durch Kohlendioxyd-Abspaltungen die Flammen
ersticken oder *Schaumlöschgeräte* Verwendung. Die Bedienungsweise der Feuerlöscher
muß jedem Betriebsangehörigen genau bekannt sein.

 *Technik der Brandbekämpfung.* Handfeuerlöscher können ihren Zweck nur erfüllen, wenn sie unverzüglich nach Ausbruch des Brandes in Benützung genommen
werden, da sie nur einen geringen Vorrat an Löschmitteln enthalten. Sie sind fortlaufend auf einwandfreie Funktion zu prüfen. Der Lösch- und Schaumstrahl ist
unmittelbar auf den brennenden Gegenstand zu richten, jedoch nicht in die Flammen
zu spritzen! Man soll den Brand von mehreren Seiten gleichzeitig angreifen. Beim
Öffnen von Türen, Fenstern, und Läden, hinter denen es brennt, ist Vorsicht wegen
entstehender Stichflammen geboten. Man schützt sich durch ein vorgehaltenes
Brett, einen Waschkesseldeckel oder ähnliches. Bei starker Rauchentwicklung
muß Gas- und Rauchmaske angelegt werden, behelfsmäßig kann man ein feuchtes
Tuch vor Mund und Nase binden. Da Hitze- und Rauchgase nach oben steigen,
geht man im brennenden Raum gebückt. *Löschgeräte* jederzeit griffbereit anbringen,
nicht hinter erst wegzuräumenden Gegenständen, da Sekunden entscheiden können!
Ist mehrfaches Löschgerät vorhanden, wird es zweckmäßig an getrennten Orten
aufbewahrt, für den Fall, daß durch den Brand eines nicht mehr erreichbar ist.
Das Zusetzen von brennbaren Lösungsmitteln bei offenem Feuer ist ein unverzeih-
licher Leichtsinn, der oft zu Bränden geführt hat. Die Gefahr einer Entzündung wird
auch dadurch nicht beseitigt, daß man z. B. den Schmelzkessel bei der Bohnerwachs-
herstellung abnimmt und das Lösungsmittel in einiger Entfernung von der Heiz-
quelle dazu gibt. Anscheinend gelöschte Feuerungen bilden durch das mögliche
Vorhandensein von Glutresten eine Gefahr. Grundsätzlich dürfen also brennbare
Lösungsmittel Fettschmelzen nur in Räumen zugemischt werden, die nicht explo-
sionsgefährdet sind.

 *Augenschädigungen* kommen beim Abfüllen von ätzenden Säuren und Laugen
ohne Verwendung von Schutzbrillen häufig vor. Grundsatz muß sein, daß beim
Abfüllen derselben *beide daran beteiligten Personen* eine Schutzbrille tragen. Bei
Schädigungen durch Säuren ist sofort mit reichlich Wasser zu spülen, bei Ver-
letzungen mit Laugen, Salmiakgeist u. a. mit Wasser, dem etwas Essig zugesetzt ist.
Auf alle Fälle ist sofort ein Augenarzt zu Rate zu ziehen.

 *Schutzhandschuhe, Gummihandschuhe* müssen bei allen Arbeiten getragen werden,
bei denen die Hände mit ätzenden Flüssigkeiten, auch verdünnten Säuren und
Laugen benetzt werden. Besonders beim Arbeiten mit Flußsäure, die äußerst giftig
ist und schmerzhafte, schwer heilende Wunden an den Fingernägeln erzeugt, sind
stets Gummihandschuhe zu tragen.

 Die Unfallverhütungsvorschriften verpflichten den Versicherten bei augengefähr-
lichen Arbeiten eine Schutzbrille zu tragen. Der Betriebsunternehmer ist verpflichtet,
nicht nur die hierfür geeignete Brille zur Verfügung zu stellen, sondern die Betriebsangehörigen auch zur Benützung derselben anzuhalten.

 *Ansaugen von Hebern mit dem Mund.* Diese Unsitte, die sträflichem Leichtsinn
entspringt, ist bei ätzenden Flüssigkeiten unbedingt zu vermeiden. Im übrigen ist

das Ansaugen unhygienisch und ist deshalb grundsätzlich abzulehnen. Stets sind Heber zu verwenden (s. auch Bd. III, „Abhebern").

*Schädliche und giftige Staube.* Man schützt sich vor diesen mit Staubmasken. Schädliche Staube sind solche von Asbest, Thomasschlacke und Kieselsäure, giftige Staube diejenigen von Alkaloiden, Arsenverbindungen, Bleiverbindungen (Bleiweiß, Mennege, Bleiglätte, Chromgelb) Bariumsalze, Bromate, Chlorate, Cyansalze, Chromate, Manganverbindungen und Quecksilberverbindungen (s. Abb. 32, S. 25).

*Giftige Stoffe.* Hände und Arbeitskleider sind vor Verunreinigungen mit giftigen Stoffen zu schützen, die Fingernägel kurz zu halten. Wird mit giftigen Stoffen gearbeitet, sind vor dem Einnehmen von Speisen und Getränken die Arbeitskleider abzulegen und die Hände mit Seife gründlich zu reinigen. Ölfarben werden mit Spindelöl entfernt. Terpentinöl oder Terpentinersatz darf wegen etwaiger Hautschädigungen nicht verwendet werden.

*Zerkleinern von Chemikalien.* Beim Zerkleinern ätzender Chemikalien, z. B. Seifenstein, ist stets eine Schutzbrille zu tragen (s. Abb. 31, S. 24).

*Ausgleitgefahren auf dem Boden* können durch umherliegende Gegenstände oder durch vergossenes Öl, Fett oder ähnliches schlüpfrig machendes Material entstehen. Sie sind zu vermeiden bzw. sofort zu entfernen.

*Elektrischer Strom.* Für die tödliche Wirkung eines elektrischen Schlages ist nicht, wie irrtümlich angenommen wird, die Spannung des elektrischen Stromes maßgeblich, sondern allein seine Stärke. Deshalb ereignen sich schwere und zum Teil tödliche Unfälle meist an elektrischen Anlagen von 110 bzw. 220 Volt Spannung. Besonders gefährlich ist elektrischer Strom, wenn der Eintritts- bzw. AustrittsWiderstand gering ist. Dies ist der Fall beim Tragen von durchnäßtem Schuhzeug, beim Stehen auf feuchtem, gut leitendem Boden oder bei unmittelbarer Berührung mit Erdleitung, z. B. Zentralheizungskörpern, Wasserleitungen, Gasrohren. Bei der Wirkung des elektrischen Stromes spielen die Beschaffenheit der Haut, der innere Widerstand des Körpers und der seelische Zustand des Menschen eine Rolle. Sind diese ungünstig, so kann auch bei einer Spannung von 110 Volt die Stromstärke auf ein tödliches Maß anwachsen. Verläuft der Unfall nicht tödlich, so kann die Berührung mit elektrischem Strom zu leichten oder schweren Schlägen mit Lähmungserscheinungen oder zu Verbrennungen führen. Über zwei Drittel aller elektrischen Unfälle ereignen sich an Leitungen und Geräten mit 110 und 220 Volt Spannungen. Meist sind sie auf *schlechten Berührungsschutz* oder auf Schäden an Leitung oder Gerät zurückzuführen. Die größten Gefahren liegen in den Zuleitungskabeln von ortsveränderlichen Geräten, da diese meist erheblich beansprucht werden und an den Einführungsstellen die ersten Schäden an der Isolierung zeigen. Dadurch können die äußeren Metallteile dieser Geräte gefährliche Spannungen annehmen und bei der Berührung zu elektrischen Schlägen führen. In der Dunkelkammer sind sämtliche an die elektrische Leitung angeschlossenen Apparate mit einer Erdleitung zu versehen. Die immer wieder vorkommenden Unglücksfälle in photographischen Dunkelkammern, die sogar tödlich verlaufen können, sind meistens auf unvorschriftsmäßig verlegte elektrische Leitungen und nicht geerdete Geräte zurückzuführen. Die Gefahren bei der Dunkelkammerarbeit sind deshalb besonders groß, weil hier meist mit nassen Händen und auf feuchtem Boden stehend gearbeitet wird.

Das *Herausziehen der Stecker am Kabel* aus der Steckdose ist unbedingt zu vermeiden, weil sich dieses an den Kontaktstiften dadurch lockert, brüchig wird und zum Kurzschluß führen kann. Die Erneuerung schadhafter Schalter, Steckdosen usw. verschiebe man nie. An Stelle der häufig zu erneuernden Schmelzsicherungen sind besser und nicht teurer Automaten wie „Elfa" u. a., die praktisch eine fast endlose Zahl von Sicherungen ersetzen. Lichtschalter dürfen niemals als Kleiderhaken verwendet werden.

*Erste Hilfe bei elektrischen Unfällen.* Bevor ein durch den elektrischen Strom Verunglückter berührt oder von der Leitung befreit werden darf, muß die Leitung spannungslos gemacht werden. Dies erfolgt durch Ausschalten des Stromes oder der Sicherungen. Sofort nach Entzug des Verunglückten von der Stromeinwirkung muß bei Bewußtlosen *sofort* mit Wiederbelebungsversuchen begonnen werden. Diese sind stundenlang fortzusetzen. Jeder Zeitverlust ist zu vermeiden *ohne* vorherigen Transport des Verunglückten. Die Wiederbelebungsversuche müssen also an Ort und Stelle vorgenommen werden.

*Fässer, Kannen und ähnliche Behälter,* die entzündliche Flüssigkeiten enthalten haben, sind auch leer mit größter Vorsicht zu behandeln, weil die Rückstände und Dämpfe sich in diesen noch lange Zeit halten. Streng verboten ist das Ableuchten auch solcher leerer Gefäße mit brennendem Licht oder Streichholz. Nach dem Merkblatt F5—1950, Faßmerkblatt, Feuer und Explosionen der Berufsgenossenschaft der Chemischen Industrie, entstehen beim Reinigen und Ausbessern der vorgenannten Behälter aus Metall, die brennbare Flüssigkeiten (Alkohol, Äther, Benzin, Benzol, Terpentinöl u. dgl.) ferner Lacke, Anstrichmittel, Säuren, Laugen usw. enthalten haben, mitunter Explosionen. Dies beruht darauf, daß schon wenige Tropfen brennbarer Lösungsmittel, die an Faßwänden hinter Rostteilchen oder zwischen Faßboden und Faßmantel sitzen können, und die selbst durch Spülen mit Wasser oder längeres Ausdünsten sich nicht immer restlos entfernen lassen, explosionsfähige Dampf-Luft-Gemische bilden. Beim Annähern einer Zündquelle (Schweiß- oder Lötflamme) kommt es dann unweigerlich zur Explosion. Schon 5,2 g Benzol genügen, um ein explosionsfähiges Benzoldampf-Luft-Gemisch in einem 200 l Faß zu erzeugen. Auch Lacke, die brennbare Flüssigkeit mit höherem Siedepunkt enthalten, oder diese selbst, geben beim längeren Erwärmen explosionsfähige Gase und Dämpfe. In Eisenfässern, die das Eisen angreifende Säuren enthalten, und in verzinkten oder Aluminium-Fässern wird Wasserstoff frei, aus dem Luftknallgas entsteht. Konzentrierte Schwefelsäure kann in Eisenfässern versandt werden. Beim Verdünnen der Säure mit Wasser (mitunter genügt Spüldampf oder Luftfeuchtigkeit) entsteht jedoch Wasserstoff in so großer Menge, daß mit einer Knallgasbildung gerechnet werden muß. Beim Lagern von Fässern in der Sonne wird die Entwicklung von Gasen und Dämpfen begünstigt und dadurch die Gefahr erhöht.

*Wichtigste Sicherheitsmaßnahmen* (Genaues s. „Faßmerkblatt").

1. Niemand darf ohne Erlaubnis seines Vorgesetzten gebrauchte Fässer öffnen, ausleuchten, reinigen oder ausbessern.

2. *Festsitzende Spundverschlüsse* (das Festsitzen wird durch ausreichende Fett- und Graphitschmierung verhindert) sollen nicht mit Hammer und Meißel aus Eisen gelöst werden. Man benutze dazu nichtfunkenreißende Werkzeuge. Vor allem aber ist streng verboten, die Spunde mit der Schweißflamme oder offenem Feuer zu erwärmen. Mitunter führt bereits eine Schlüsselverlängerung zum Ziel.

3. Zum *Hineinleuchten* in Fässer dürfen nur elektrische Faßausleuchter in explosionsgeschützter Ausführung (nach VDE 0165 und 0171) mit höchstens 42 Volt Betriebsspannung, auf keinen Fall etwa ein Streichholz, Feuerzeug, Kerze und ähnliches verwendet werden.

4. Für das *Reinigen* gibt es verschiedene Verfahren. Sie müssen sich immer nach dem Inhalt richten. Vielfach genügt ein Auskochen der Fässer und Kannen mit Wasser oder ein längeres Ausdämpfen. Werden chemische Reinigungsmittel verwendet, so ist vorher zu prüfen, ob sie nicht etwa mit dem Inhalt des Fasses eine Gefahr auslösen. Bei Verwendung von Spüllaugen sind Schutzbrillen und ausreichende Arbeitsschutzkleidung zu tragen. Benützt man brennbare Lösungsmittel, z. B. Benzin, zum Reinigen, müssen elektrostatische Aufladungen durch gute

Erdung abgeleitet und die auch sonst üblichen Schutzmaßnahmen ergriffen werden. Gereinigte Fässer kennzeichnet man sorgfältig und lagert sie getrennt von ungereinigten.

*Warnungs-, Verbots- und Unfallverhütungsschilder.* Zur Vermeidung von Unfällen sind zahlreiche schlag- und stoßfeste, wetterbeständige, korrosionsfeste, nicht splitternde und nicht rostende Schilder mit verschiedenen Aufdrucken von der Firma Gebr. Hein K.-G., Heidelberg, zu beziehen.

## XIII. Die Eröffnung und Führung einer Drogerie.

Wer eine Drogerie errichtet oder übernimmt, hat besondere volkswirtschaftliche Aufgaben zu erfüllen. Diese bestehen in einer Bedarfsfürsorge und einer fachmännischen Beratung der Verbraucherschaft. Durch das Führen von Arzneimitteln und Heilkräutern, Artikeln zur Gesundheits-, Körper-, Kinder- und Krankenpflege, diätetischen Nähr- und Kräftigungsmitteln, Desinfektions- und Ungeziefermitteln, ist der Drogist verpflichtet, im Bereich seiner Tätigkeit den Bestrebungen der Gesundheitspflege zu dienen.

Der Wille zur Leistung und zur gewissenhaften Berufsausübung ist seit jeher von verantwortungsbewußten Drogisten gepflegt worden und hat u. a. in der Schaffung eines vorbildlichen *Fachschul-* und *Prüfungswesen* seinen Niederschlag gefunden. Das Eindringen von berufsfremden Personen, die das geforderte Fachwissen und die persönliche Eignung zu einer verantwortungsbewußten Berufsausübung nicht erwarten lassen, ist daher schon immer durch die Standesführung der Drogisten bekämpft worden.

Ein Drogist, der seinen Pflichten gegenüber der Öffentlichkeit nachkommen will, wird gut tun, die Fachpresse laufend und sorgfältig zu studieren und die für seinen Betrieb notwendigen Bücher anzuschaffen. Längst veraltete Auflagen von Fachbüchern sollten um so mehr aus der Geschäftsbibliothek der Drogerie entfernt werden, als die Gerichte im Prozeßfall in der Fachpresse und in Fachbüchern Aufgeführtes als übliches Fachwissen unterstellen. Bekanntlich können Ausgaben zur Anschaffung von Fachbüchern als Geschäftsunkosten verbucht werden.

### 1. Formalitäten zur Eröffnung und Führung einer Drogerie.

Bei der Neugründung einer Drogerie oder deren Übernahme durch Kauf, Pacht oder im Erbgange sind zahlreiche Formalitäten zu erledigen. Hier sind zu unterscheiden *Genehmigungsanträge* und *Anmeldungen.* Während die ersten aufschiebende Wirkung haben, der Handelsbetrieb also erst aufgenommen werden darf, wenn die Genehmigung erteilt ist, haben die Anmeldungen formellen Charakter. Sind sie bei den zuständigen Behörden erfolgt, kann der Handelsbetrieb gleichzeitig aufgenommen werden.

Jeder, auch der gelernte und geprüfte Drogist, der eine Drogerie eröffnen oder übernehmen will, muß nach den Bestimmungen der meisten deutschen Länder über die Gewerbezulassung hierzu die *behördliche Genehmigung* und bei der zuständigen Gewerbebehörde einen *Gewerbeschein* beantragen. Wird eine Drogerie *vor* Erteilung der behördlichen Erlaubnis eröffnet, besteht die Gefahr, daß sie polizeilich geschlossen wird. In den meisten Ländern wird die Erlaubnis von der notwendigen *Sachkunde* und der persönlichen *Zuverlässigkeit* abhängig gemacht. Auch die Anmeldung beim Finanzamt ist notwendig.

Der *Sachkundenachweis* wird in der Regel durch das Lehrzeugnis, das Zeugnis über die bestandene Drogistenprüfung und eine daran anschließende mehrjährige Gehilfenprüfung erbracht. Unter Umständen kann sich die Sachkunde aus einer entsprechend langen, selbständigen Tätigkeit in einem verwandten Betrieb ergeben. Kann die Sachkunde nicht eindeutig nachgewiesen werden, muß ihr Nachweis vor der zuständigen gesetzlichen Berufsvertretung erbracht werden.

Die *persönliche Zuverlässigkeit* wird beurteilt nach den Vorstrafen des Bewerbers wegen strafbarer Handlungen (betrügerischer Bankrott, Betrug, Diebstahl, Nahrungsmittelverfälschungen, Preistreiberei, schwerwiegender Steuerhinterziehung, Unterschlagung, Urkundenfälschung, Wucher sowie grobe Verstöße gegen das Gesetz des unlauteren Wettbewerbes, mitunter nach den finanziellen Verhältnissen des Bewerbers, wobei besonders nachteilig ins Gewicht fallen: Konkurs- und Vergleichsverfahren, Offenbarungseid usw.).

Die Entscheidung der Gewerbebehörde über einen gestellten Antrag erfolgt auf schriftlichem Wege. Erfolgt eine Ablehnung, so ist meist innerhalb von 2 Wochen eine *Beschwerde* zulässig.

Die behördliche Genehmigung zur Errichtung oder Übernahme einer Drogerie erstreckt sich auf alle Warengruppen, die in der Drogerie fachüblich sind, also auch auf Photoartikel, Farben, Seifen usw. Eine Hinzunahme von Photoartikeln in einer Drogerie, die diese Waren zuvor nicht geführt hat, ist also genehmigungsfrei zulässig. Es ist aber erforderlich, daß der Betriebsinhaber auch die notwendige Sachkenntnis auf dem Gebiete der Photographie besitzt. Örtliche Verhältnisse können eine Abweichung von dem üblichen Warensortiment einer Drogerie zulassen, wenn diese auf eine historische Entwicklung zurückgeführt werden kann. Bei der Prüfung der Frage, ob die Neuhinzunahme irgend welcher Waren als artgemäß für ein Geschäft anzusehen ist, sind mithin auch die örtlichen Verhältnisse zu berücksichtigen.

## 2. Weitere notwendige Formalitäten.

Bei der Errichtung oder Übernahme einer Drogerie erfordert der Handel mit einzelnen Warengruppen oder Waren zahlreiche weitere Formalitäten, deren wesentlichste nachstehend nach ENGWICHT: Fachgesetzkunde für Drogisten, Berlin 1951, übersichtlich aufgezählt werden.

1. Der Handel mit Arzneimitteln (Drogen und chemische Präparate, die Heilzwecken dienen) unterliegt nach § 35 Abs. 7 der RGO. der polizeilichen Anzeige. Mit der Anzeige ist ein Lageplan und eine genaue Angabe der Betriebsräume einzureichen. Nach den neuen Arzneimittelgesetzen ist die Herstellung und der Handel mit Arzneimitteln auch erlaubnispflichtig.

2. Zum Handel mit *Giften* ist in den meisten Ländern die Erlaubnis zu beantragen. Der Antrag ist im allgemeinen an die Polizeibehörde (Verwaltungsbehörde) zu richten unter Beifügung eines polizeilichen Führungszeugnisses und des amtsärztlichen Zeugnisses über die Giftprüfung. Der Gifthandel erfordert dann die Einrichtung eines Giftbuches und das Vorrätighalten von Giftscheinen.

3. In Drogerien, die zum allgemeinen Handel mit Giften berechtigt sind, kann die *Abgabe von giftigen Pflanzenschutzmitteln* ohne besondere Erlaubnis erfolgen. Drogerien mit beschränkter Genehmigung zum Gifthandel brauchen jedoch für die Abgabe giftiger Pflanzenschutzmittel die Erlaubnis der unteren Verwaltungsbehörde. Der Handel selbst erfordert die Einrichtung eines Abgabebuches für giftige Pflanzenschutzmittel.

4. Der *Handel mit Sprengstoffen* (Feuerwerkskörpern) nach der Sprengstoffverordnung erfordert eine Anzeige bei der Ortspolizeibehörde. Über alle An- und Verkäufe dieser Stoffe in Mengen von mehr als 1 kg ist ein Buch zu führen. Die Herstellung von Feuerwerkskörpern ist genehmigungspflichtig.

5. Die *Lagerung* größerer Mengen von *feuergefährlichen Flüssigkeiten* bedarf (s. die entsprechende Polizeiverordnung) der Anmeldung oder manchmal der Erlaubnis der Ortspolizeibehörde.

6. Die *Lagerung von Calciumcarbid* ist auch beim Betriebsbeginn der Ortspolizeibehörde anzuzeigen.

7. Die *Herstellung* von *Nitritpökelsalz* bedarf der ministeriellen Genehmigung.

8. Der *Verkehr* mit *Ersatzgewürzen* ist genehmigungspflichtig.

9. Ebenfalls ist der *Verkehr* mit *teeähnlichen Erzeugnissen* genehmigungspflichtig.

10. Der *Verkehr mit vitaminhaltigen* oder *vitaminisierten Lebensmitteln* muß bei der zentralen Gesundheitsbehörde angemeldet und genehmigt werden.

11. Der *Weinhandel* würde den Anordnungen der Hauptvereinigung für die Wein- und Trinkbranntweinwirtschaft unterliegen und weiter die Einrichtung eines Weinverkaufsbuches erfordern, wenn der jährliche Umsatz im Durchschnitt 1500 Flaschen übersteigt.

12. Bei der *Herstellung von Wermutweinen* ist nach der Anweisung der Hauptvereinigung der Weinbauwirtschaft ein Lagerbuch zu führen und der monatlich hergestellte Wermutwein anzumelden.

13. Die beabsichtigte *Weiterverarbeitung oder der Vertrieb von Branntwein* ist schriftlich unter Angabe der Betriebs- und Lagerräume bei der Finanzbehörde anzumelden.

14. Der *Handel mit Branntwein* ist nur mit Genehmigung der Reichsmonopolverwaltung gestattet.

15. Die *Lagerung und der Vertrieb von Branntwein* ist spätestens 14 Tage vor Beginn des Betriebes bei der zuständigen Zollstelle anzumelden (Anmeldung in doppelter Ausfertigung). Die Zollstelle hat dem Betriebsinhaber einen Ausweis auszustellen.

16. Der *Handel mit vollständig vergälltem Branntwein* ist vor Eröffnung des Betriebes bei der Zollstelle und der nach den gewerbepolizeilichen Bestimmungen zuständigen örtlichen Behörde anzumelden. Über die Anmeldung wird eine Bescheinigung erteilt, die in der Verkaufsstelle aufzubewahren ist. In dem Verkaufsraum ist die vorgeschriebene Bekanntmachung (nach § 93 BrVO.) auszuhängen.

17. Wer *Branntwein unvollständig vergällen* will, hat beim Hauptzollamt die Genehmigung schriftlich zu beantragen. Über den Antrag wird ein schriftlicher Bescheid erteilt. Über die Verwendung des vergällten Branntweins ist ein Aufsichtsbuch zu führen. Bei der Verarbeitung von unvollständig vergälltem Branntwein ist in den Fabrikationsräumen an auffallender Stelle eine amtliche Bekanntmachung auszuhängen (nach § 96 BrVO.).

18. Zum *Bezug von Branntwein zum besonderen ermäßigten Verkaufspreis* ist beim Hauptzollamt die Genehmigung schriftlich zu beantragen (Antrag in doppelter Ausfertigung). Über den Antrag wird schriftlicher Bescheid erteilt.

19. Der *Kleinhandel mit Branntwein* bedarf der Erlaubnis. Der Antrag ist an die untere Verwaltungsbehörde (Polizeibehörde) zu stellen (Nachweis des Bedürfnisses, bzw. bei Kleinhandel von Branntwein in festverschlossenen Flaschen Nachweis der Fachüblichkeit).

20. Selbsthergestellte *Futtermittel*, die bisher nicht im Verkehr waren, sind anzumelden. Die Herstellung und der Handel von *Mischfuttermitteln* ist genehmigungspflichtig. Bei der Herstellung und beim Handel mit Futter- und Mischfuttermitteln besteht die Verpflichtung zur Führung eines Eingangs-, Lager-, Misch- und Ausgangsbuches.

21. Der *Handel mit Sämereien* erfordert die Beachtung der von den Landwirtschaftsbehörden erlassenen Anordnungen.

22. Beim *Verkehr mit Ölen und Fetten* sind die von den verschiedenen früheren Reichsstellen und Hauptvereinigungen erlassenen Anordnungen zu beachten.

23. Der *Vertrieb von vergälltem Salz* ist beim Zollamt anzumelden.

24. *Ersatzmittel und neue Erzeugnisse* sind vom Hersteller bei den Preisbildungsstellen anzumelden. Herstellung und Inverkehrbringen von Ersatzlebensmitteln sind anmelde- und genehmigungspflichtig.

Über die *erfolgten Anmeldungen bzw. erhaltenen Genehmigungen* müssen *schriftliche Nachweise und Urkunden* vorhanden sein, welche jederzeit im *Geschäft bereitliegen* sollen.

Sonstige wichtige Formalitäten sind:

Nach § 15 der Reichsgewerbeordnung ist an der Außenseite des Geschäftslokals oder am Eingang des Ladens der Familienname des Inhabers mit mindestens einem ausgeschriebenen Vornamen in deutlich lesbarer Schrift anzubringen. Sofern eine Handelsfirma geführt wird, ist diese außerdem in gleicher Weise anzubringen.

Waagen, Gewichte, Längen- und Hohlmaße sind in bestimmten Zeitabständen, in der Regel nach 3 Jahren, in sauberem Zustand dem Eichamt zur Nacheichung vorzulegen.

Beim Verkauf von *Brennspiritus* ist im Geschäftslokal an auffallender Stelle eine amtliche Bekanntmachung mit den Verkaufsbedingungen und dem Vergällungsverbot aufzuhängen.

Bei der Verarbeitung von unvollständig vergälltem Branntwein ist in den Fabrikationsräumen an auffallender Stelle eine amtliche Bekanntmachung auszuhängen.

# B. Medizinische Zubereitungen.

Nachstehend werden die Arzneiformen des DAB. 6 abgehandelt. Bewußt sind hier auch diejenigen aufgeführt, die außerhalb der Apotheken nicht feilgehalten oder verkauft werden dürfen. Auch die in der Drogerie zum Verkauf nicht zugelassenen Arzneiformen müssen den Drogisten begrifflich bekannt sein. Die zur Herstellung der einzelnen Zubereitungen notwendigen Geräte, Apparate und Techniken s. Bd. III.

**Abkochungen — Decocta, DAB. 6** sind wäßrige Auszüge aus in der Regel zerkleinerten Pflanzenteilen, die mit *kaltem destilliertem* Wasser übergossen, $1/2$ Stunde lang unter wiederholtem Umrühren im Wasserbad erhitzt und noch warm ausgepreßt werden. Die Flüssigkeit wird durch Mull geseiht. Abkochungen von Kondurangorinde sind erst nach dem völligen Erkalten abzupressen. Im allgemeinen rechnet man auf 100 ccm Abkochung 10 g der zerkleinerten Droge, jedoch ist darauf zu achten, daß die Droge beim Abkochen annähernd das Doppelte ihres Gewichtes an Flüssigkeit zurückhält, und danach ist die zum Ausziehen zu verwendende Menge Wasser zu berechnen. Das Arzneibuch zählt die wäßrigen Auszüge der schleimhaltigen Drogen Eibischwurzel und Leinsamen zu den Decocten mit der Maßgabe, daß Decoctum Althaeae oder Decoctum Seminis Lini derart zu bereiten sind, daß die grobgeschnittene Eibischwurzel oder der ganze Leinsamen mit kaltem Wasser übergossen werden, $1/2$ Stunde lang ohne Umrühren stehenbleiben und dann der blanke Auszug *ohne* Pressen von dem Rückstand getrennt wird. Diese beiden Zubereitungen sind also keine eigentlichen Abkochungen, DAB. 6, sondern Macerationen. Abkochungen von Drogen sind nur kurze Zeit haltbar und müssen deshalb von Fall zu Fall *frisch* bereitet werden. Der Ansatz der Drogen mit kaltem Wasser verfolgt erstens den Zweck, auch kalt lösliche Inhaltsstoffe zur Lösung zu bringen, zweitens das bessere Eindringen des Wassers in die Droge zur Lösung der Wirkstoffe zu erleichtern. Heißes Wasser verkleistert Stärke zu Dextrin, bringt Eiweiß zum Gerinnen und verhindert dadurch das Wasser am Eindringen in die tiefer gelegenen Zellschichten.

Abkochungen sind *nicht auf freiem Feuer*, sondern im Wasserbad (Dampfbad) durchzuführen. Auf freiem Feuer hergestellte Abkochungen weichen beträchtlich von den auf dem Wasserbad hergestellten ab. Abkochungen werden hauptsächlich von Wurzeln, Rinden, Hölzern und Samen hergestellt. Zur Herstellung von Abkochungen von gerbstoffhaltigen Drogen dürfen *keine Metallgefäße* verwendet werden. *Die Abgabe fertiger Abkochungen ist nach Verz. A, 1. der AV. den Apotheken vorbehalten.* Da der Drogist jedoch zahlreiche Drogen, die in Form von Abkochungen Verwendung finden müssen, verkauft, muß er über die Zubereitungsart derselben die Käufer aufklären können.

*Zusammengesetzte Abkochungen* s. Aufgüsse S. 45.

**Arzneimittel, flüssige – Liquores.** Der Begriff „Liquor" ist nicht eindeutig, sondern ein Sammelname für verschiedenartige medizinische Zubereitungen. Mit Liquor werden bezeichnet:

1. Lösungen von Salzen, die nicht durch übliches Auflösen des festen Salzes im Lösungsmittel erhalten werden, sondern durch chemische Umsetzung schon in Lösung mit einem bestimmten Gehalt erhalten werden, z. B. Aluminiumacetatlösung – Liquor Aluminii acetici, DAB. 6, Eisenchloridlösung – Liquor Ferri sesquichlorati, DAB. 6, Natronwasserglaslösung – Liquor Natrii silicici, DAB. 6, Bleiessig – Liquor Plumbi subacetici, DAB. 6 u. a.

2. Lösungen von Chemikalien wie Natronlauge – Liquor Natri caustici, DAB. 6, Kalilauge – Liquor Kali caustici, DAB. 6.

3. Lösungen von Gasen in Wasser oder Weingeist wie Ammoniakflüssigkeit – Liquor Ammonii caustici, DAB. 6, und weingeistige Ammoniakflüssigkeit — Liquor Ammonii caustici spirituosus, Erg.-B. 6.

4. Flüssige Mischungen, deren einer Teil durch chemische Umsetzungen frisch bereitet wird, z. B. Kresolseifenlösung — Liquor Cresoli saponatus, DAB. 6, Formaldehydseifenlösung – Liquor Formaldehydi saponatus, Erg.-B. 6.

5. Flüssige Mischungen, bei denen bestimmte Stoffe in Lösung gebracht werden, z. B. Steinkohlenteerlösung – Liquor Carbonis detergens, DAB. 6.

6. Mischungen von Flüssigkeiten wie Eisenpeptonatessenz – Liquor Ferri peptonati, Erg.-B. 6 u. a.

7. Mit Essenz bezeichnete Auszüge wie Labessenz – Liquor seriparus.

**Arzneimittel, kandierte und überzuckerte – Condita, Confectiones,** sind überzuckerte oder mit Zuckersirup durchtränkte Drogen für arzneiliche Zwecke. Bei der Behandlung werden kandierte A. durchscheinend. Nach dem Durchtränken läßt man auf Sieben abtropfen, rollt das Präparat in Zucker und trocknet bei gelinder Wärme. Die Zubereitungen dienen vielfach als Genußmittel, sind aber auch als Heilmittel freiverkäuflich. *Kandierte Pomeranzenschalen – Conditum Aurantiorum – Confectio Aurantii* werden aus den Schalen der Curaçao-Pomeranze hergestellt und finden als appetitanregendes und die Verdauung förderndes Mittel Verwendung. In der Feinbäckerei dient es als *Orangeat* der Aromatisierung von Backwaren. *Citronenkonfekt – Conditum* bzw. *Confectio Citri* wird aus den Schalen der Cedra-Citrone hergestellt und findet als *Citronat* in der Feinbäckerei Verwendung. *Kalmuskonfekt – Conditum* bzw. *Confectio Calami* wird aus geschälten Kalmuswurzelstöcken hergestellt und findet als Magenmittel Verwendung. *Ingwerkonfekt –*

*Conditum* bzw. *Confectio Zingiberis* wird in Ostindien aus frischer Ingwerwurzel hergestellt und findet als Anregungsmittel bei Magenverstimmungen Anwendung, mit Schokolade überzogen als Genußmittel.

**Arzneischläuche – Anthrophore, DAB. 6,** sind über Metallspiralen gezogene Gummischläuche, die durch Eintauchen in geschmolzene Massen, in denen die Arzneisubstanz entweder feinstverteilt oder gelöst ist, hergestellt werden. Sie verbinden Festigkeit mit Biegsamkeit und finden Verwendung zur Einführung in die Nase, die Harnröhre und die Gebärmutter. *Sie sind nach Verz. A, 11. der AV. dem freien Verkehr außerhalb der Apotheken entzogen.*

**Arzneistäbchen – Bacilli, DAB. 6,** sind Zubereitungen in Stäbchenform verschiedener Dicke (2 bis 8 mm), die den Zweck haben, Heilstoffe in natürliche oder Wundöffnungen des Körpers einzuführen und die Eigenschaft besitzen, daß ihre Grundmasse bei Körperwärme schmilzt. Als Grundmasse finden Verwendung Kakaobutter, Mischungen von Wachs und Kakaobutter, Wollfett, Gelatinemassen. *Wundstäbchen – Cereoli, DAB. 6,* dienen zur Einführung von Heilstoffen in Wunden. *Arzneistäbchen und Wundstäbchen sind nach Verz. A, 11. der AV. dem freien Verkehr außerhalb der Apotheken entzogen.*

**Ätzstifte – Styli caustici, DAB. 6,** sind walzenförmige Stifte oder Stäbchen, die zum Ätzen von Wunden Verwendung finden. Ätzstifte von Alaun oder Kupfervitriol werden durch Abdrehen oder Schleifen von besonders schönen Kristallen, solche von Silbernitrat, Kupferalaun, Eisenchlorid, Zinkchlorid durch Ausgießen der geschmolzenen Substanzen hergestellt. *Sie sind nach Verz. A, 2. der AV. dem freien Verkehr außerhalb der Apotheken entzogen.*

**Aufgüsse – Infusa, DAB. 6,** sind wäßrige Auszüge aus in der Regel zerkleinerten Pflanzenteilen, die, mit *siedendem* Wasser übergossen, 5 Minuten lang unter wiederholtem Umrühren im Wasserbad erhitzt und nach dem Erkalten ausgepreßt werden. Die Flüssigkeit wird dann durch Mull geseiht. Wie bei den Abkochungen rechnet man auf 100 ccm Aufguß 10 g der zerkleinerten Droge. *Die Abgabe fertiger Aufgüsse ist nach Verz. A, 1. der AV. den Apotheken vorbehalten.* Da der Drogist jedoch zahlreiche Drogen, die in Form von Aufgüssen Verwendung finden müssen, verkauft, muß er über die Zubereitungsart derselben die Käufer aufklären können. Aufgüsse werden bei den meisten Blatt- und Blütendrogen angewandt.

*Zusammengesetzte Abkochungen und Aufgüsse* werden in zwei Arbeitsgängen durchgeführt: einer Mazeration oder Digestion folgt die Abkochung oder der Aufguß. Bei diesen wird die Droge erst mit der Hälfte des zu verwendenden Wassers kalt 12 bis 24 Stunden angesetzt, abgeseiht und die Droge mit dem restlichen Wasser als Abkochung oder Aufguß bereitet. Beide Auszüge werden dann vereinigt.

**Bäder, medizinische – Balnea medicata.** Nach § 1, 3 der AV. sind *alle Zubereitungen* zur Herstellung von Bädern *freiverkäuflich.*

**Balsame – Balsama.** Die Balsame als medizinische Zubereitungen sind flüssige, dickflüssige oder salbenähnliche Mischungen, die schmerz- oder wundreizlindernd wirken und sich von den Balsamen der Drogenkunde unterscheiden. Sie enthalten als wirksame Arzneistoffe ätherische Öle, Balsame, Menthol usw. in Fetten, fetten Ölen, Wachsen, Kollodium, Weingeist oder deren Mischungen. Balsame vermögen schnell in die Haut einzudringen und üben gute Tiefenwirkung aus. Zubereitungen, die unter der Bezeichnung „Balsam" Verwendung finden, sind Mentholbalsam – Balsamum Mentholi compositum, DAB. 6, ferner Frostbeulen- und Brustwarzenbalsam. *Sie sind nach Verz. A, 5. der AV. dem freien Verkehr außerhalb der Apotheken entzogen.*

**Breiumschläge – Cataplasma.** Mit Breiumschlägen, Kataplasmen, bezeichnet man äußerlich anzuwendende Massen von Latwergenkonsistenz. Man unterscheidet erweichende Breiumschläge, die man durch Vermengen entsprechender Schleimdrogen und Erwärmen mit Wasser herstellt, und medizinische Breiumschläge, denen noch arzneiliche Wirkstoffe außer der Schleimdroge zugefügt werden. Neuerdings werden auch *Umschlagpasten* aus Pflanzenpulvern, Bolus oder Schlamm mit Wasser und Glycerin hergestellt, denen auch noch andere arzneiliche Wirkstoffe zugesetzt sein können. *Der Verkauf der Umschlagpasten als Pasten zum äußeren Gebrauch ist nach Verz. A, 10. der AV. den Apotheken vorbehalten.*

S. a. *künstlicher Breiumschlag* unter Papiere, arzneiliche, DAB. 6.

**Dialysate – Dialysata** sind flüssige weingeistige Auszüge aus frischen Pflanzen oder Pflanzenteilen. Sie können aus einheitlichen Pflanzen oder aus Mischungen verschiedener Pflanzen unter Verwendung des Dialysators hergestellt werden. Ein Teil Dialysat entspricht einem Teil frischer Pflanze. Das Verfahren beruht auf der Tatsache, daß kristalline Stoffe durch tierische Membran (Pergamentpapier, Cellophan usw.) diffundieren, kolloide Stoffe dagegen schwer oder gar nicht. *Dialysate sind nach Verz. A, 3 der AV. dem freien Verkehr außerhalb der Apotheken entzogen.*

**Einspritzungen – Injectiones** sind durchweg Lösungen oder flüssige Gemische und deshalb nach Verz. A, 5. der AV. bzw. als Stoffe des Verz. B der AV. (Sera) nicht freiverkäuflich (s. Krankenpflege).

**Elixiere – Elixiria.** Die Bezeichnung stammt aus dem Arabischen al iksir, Stein der Weisen, Lebenssaft. Schon Paracelsus verstand darunter wertvolle weingeistige oder weinige Auszüge von Drogen oder Drogenmischungen. Darüber hinaus versteht man unter Elixieren auch Auszüge von Drogen oder Mischungen von Drogen mit weinigen oder weingeistigen Flüssigkeiten oder Auflösungen von Drogenextrakten mit diesen. Als Geschmackskorrigentia werden zugesetzt: Zucker, aromatische Stoffe, Ammoniakflüssigkeit, Säuren, Salze. Der Arzneigehalt von Elixieren ist beträchtlich. *Elixiere sind nach Verz. A, 3. und 5. der AV. dem freien Verkehr außerhalb der Apotheken entzogen.* China-Elixier – Elixirium Chinae, Erg.-B. 6 (s. Bd. III) findet auch als magenstärkender Likör vielfache Verwendung.

**Emulsionen – Emulsiones.** Emulsionen (lat. emulsio = die Ausmelkung, milchähnliche Flüssigkeit) sind nach dem DAB. 6 milchähnliche Arzneizubereitungen, die Öle, Fette, Harze, Gummiharze, Kampfer, Walrat, Wachs, Balsame oder andere Stoffe in sehr feiner und gleichmäßiger Verteilung enthalten. Sie werden aus Samen oder aus den genannten Stoffen, nötigenfalls unter Zusatz von Bindemitteln, wie arabisches Gummi, Gummischleim, Traganth, Eigelb, durch inniges Zerstoßen, Verreiben oder Schütteln mit Flüssigkeiten hergestellt. Wenn nicht anders vorgeschrieben, werden Emulsionen im Verhältnis von zehn Teilen Samen, Öl usw. zu hundert Teilen Emulsion bereitet. Das DAB. 6 unterscheidet *Samen*-Emulsionen und *Öl*-Emulsionen. Die Samen-Emulsionen erhält man durch Emulgieren von Pflanzensamen, die fettes Öl und eine ausreichende Menge von Eiweiß- oder Schleimstoffen enthalten, z. B. Mandeln, Mohnsamen usw. Zu ihrer Darstellung verwendet man den *Emulsionsmörser,* der aus hartem Porzellan besteht, Pistill aus Buchsbaumholz. Die Ölemulsionen des DAB. 6 werden mit arabischem Gummi hergestellt.

Die vorstehend aufgeführte Definition des DAB. 6 ist veraltet, weil sie nur die Emulsionen des Arzneibuches umfaßt und die heute medizinisch, kosmetisch und technisch häufig verwendeten und wichtigen konsistenten Emulsionen übersieht. → Emulsionen und Emulgatoren.

**Essenzen – Essentiae.** Die Bezeichnung „Essenz" wird für pharmazeutische und kosmetische Zubereitungen verschiedener Art verwendet. Manche Arzneibücher setzen Essentia mit Tinctura gleich. Mit Essenzen bezeichnet man

1. die Urtinkturen des homöopathischen Arzneibuches,

2. konzentrierte flüssige Auszüge von Arzneidrogen,

3. reine ätherische Öle oder Mischungen derselben,

4. Lösungen ätherischer Öle.

Zur Verwendung kommen sie in verdünntem Zustande und dienen in der Heilkunde als geschmacksverbessernde Zusätze; nicht als Heilmittel finden sie in der Likör- und Branntweinbereitung, in der Kosmetik (Mundwasseressenzen) und Parfümerie als Riechstoffe Verwendung. Nach Verz. A, 3. der AV. sind nur *Benediktineressenz* und *Bischofessenz* (s. je Bd. III) freiverkäufliche Zubereitungen.

**Essige – Aceta** sind essigsäurehaltige Flüssigkeiten. Man kann sie herstellen durch
1. Verdünnen von Essigsäure mit Wasser, Weingeist oder einer Mischung derselben und Zusatz von Arznei- oder Riechstoffen,

2. Lösen fester Stoffe in essigsäurehaltiger Flüssigkeit,

3. Ausziehen von Drogen mit essigsäurehaltiger Flüssigkeit.
Essige finden arzneiliche und kosmetische Verwendung.

Essige sind: Essig – Acetum, DAB. 6, aromatischer Essig – Acetum aromaticum, Erg.-B. 6, Himbeeressig – Acetum Rubi Idaei, Lavendelessig – Acetum Lavandulae und Sabadillessig – Acetum Sabadillae, DAB. 6, als Austausch für letzten Veratrumessig – Acetum Veratri, Toiletteessig – Acetum odorificatum. *Essige sind nach Verz. A, 5. der AV. dem freien Verkauf außerhalb der Apotheken entzogen.* Als Ausnahme freiverkäuflich ist *aromatischer Essig. Sabadillessig* als Schädlingsbekämpfungsmittel und *Himbeeressig* zum Einlegen von Früchten sind ebenfalls freiverkäuflich.

**Extrakte – Extracta, DAB. 6.** Das DAB. 6 bezeichnet mit Extrakten eingedickte Auszüge aus Pflanzenstoffen oder aus eingedickten Pflanzensäften. Nach den zum Ausziehen der Pflanzenteile benützten Lösungsmitteln unterscheidet man *wäßrige, weingeistige, ätherweingeistige* und *ätherische Extrakte,* nach dem Grade der Konsistenz des kalten Extraktes
1. dünnen Extrakt – Extractum tenue mit der Konsistenz von frischem Honig,

2. dicken Extrakt – Extractum spissum, der sich nach dem Erkalten nicht ausgießen läßt,

3. trockenen Extrakt – Extractum siccum, der sich zerreiben läßt.
Die Herstellung der Extrakte erfolgt durch Ausziehen der Drogen nach den Vorschriften des DAB. 6 bzw. Erg.-B. 6 meist durch Mazeration während einer vorgeschriebenen Zeit, dann werden die Auszüge unverzüglich im luftverdünnten Raum bis zur vorgeschriebenen Konsistenz eingedampft. Aus dem Grad der Eindampfung ergibt sich die Konsistenz des Extraktes. *Trockenextrakte* werden unmittelbar nach dem Eindampfen zerrieben, mit den zur Aufbewahrung vorgesehenen kleinen Vorratsgefäßen über gebranntem Kalk nachgetrocknet und dann sofort in diese eingefüllt. Sie müssen *in gut verschlossenen Gefäßen vor Feuchtigkeit geschützt* aufbewahrt werden. Lösungen von Trockenextrakten dürfen nicht vorrätig gehalten werden. Gewissen trockenen Extrakten werden unmittelbar vor dem Eintrocknen Füllmittel zugesetzt, z. B. Dextrin, Milchzucker, Stärke usw. Andere werden ohne Zusatz eingetrocknet und mit Milchzucker eingestellt.

Eine besondere Form der Trockenextrakte sind die nach dem Krause-Trocknungsverfahren hergestellten *Dispert-Extrakte.* Zu ihrer Herstellung werden die Auszüge derart fein vernebelt, daß die darin enthaltenen festen Stoffe nach kurzer Zeit als feiner, trockener Staub zu Boden fallen. Der Vorgang geht so rasch vor sich, daß dabei eine chemische Veränderung der Inhaltsstoffe ausgeschlossen ist.

*Extrakte sind nach Verz. A, 3. der AV. dem freien Verkauf außerhalb der Apotheken entzogen.* Als Ausnahmen sind freiverkäuflich: *Eichelkaffee-Extrakt, Fichtennadelextrakt, Fleischextrakt, Kaffee-Extrakt, Süßholzsaft, Malzextrakt, Tee-Extrakt* und *Wacholderextrakt* (s. je Bd. III). Auch *gereinigter Süßholzsaft*, DAB. 6, und *Süßholzsaft* mit *Anis* sind außerhalb der Apotheken freiverkäuflich.

**Fette – Adipes.** Die im DAB. 6 aufgeführten Fette, Schweinefett und Wollfett, dienen der Zubereitung von Salbengrundlagen, so zur Herstellung von Benzoeschmalz – Adeps benzoatus, DAB. 6, Lanolin – Lanolinum, DAB. 6 (Adeps Lanae cum aqua) und weicher Salbe – Unguentum molle, DAB. 6 (s. je Bd. III).

**Fluidextrakte – Extracta fluida, DAB. 6.** Nach dem DAB. 6 sind Fluidextrakte Auszüge aus Pflanzenteilen mit Weingeist-Wasser-Mischungen (teilweise mit Zusätzen), die so hergestellt werden, daß 1 Teil Extrakt die wirksamen Inhaltsstoffe von 1 Teil Droge enthält. Die Menge des zur Anwendung kommenden Fluidextraktes entspricht also der Menge der zur Herstellung des Fluidextraktes verwendeten lufttrockenen Pflanzenteile. Die Herstellung von Fluidextrakten erfolgt nach verschiedenen Verfahren, die alle den Zweck verfolgen, die wirksamen Bestandteile der Drogen möglichst zu schonen:

1. *Perkolation* (s. Perkolieren, Bd. III). Hierzu werden zylindrische bzw. zylindrische und nach unten konisch sich verjüngende Geräte aus Glas, verzinntem Kupfer, bleifreiem Zinn, emailliertem Eisen oder Ton, *Perkolatoren*, verwendet und der erste Auszug, „*Vorlauf*", beiseite gestellt. Dann wird die Droge mit weiterem Lösungsmittel bis zur Erschöpfung der Pflanzenteile ausgezogen und diese Auszüge, die „*Nachläufe*", beginnend mit dem letzten Auszug im luftverdünnten Raum zu einem dünnen Extrakt eingedampft. Dieser wird dann mit dem Vorlauf vermischt und die Mischung mit dem vorgeschriebenen Lösungsmittel auf 100 T. Fluidextrakt ergänzt. Das fertige Fluidextrakt läßt man 8 Tage bei Zimmertemperatur stehen und filtriert dann.

2. *Reperkolation.* Bei dieser wird die Droge in drei Stufen erschöpft. Für jede nachfolgende Stufe dient der Nachlauf der vorangehenden als Erschöpfungsflüssigkeit.

3. *Diakolation.* Zur Durchführung dieser Methode sind Apparate mit 3 bis 6 Röhren entwickelt worden, bei denen das Extraktionsgut entweder nur von unten nach oben oder abwechselnd von unten nach oben und von oben nach unten unter Druck erschöpft wird, je durch Eindrücken der Erschöpfungsflüssigkeit in der angegebenen Richtung.

4. *Evakolation.* Der Evakolator wird im Gegensatz zum Diakolator nicht durch Druck, sondern durch den Sog eines Vakuums in Betrieb gehalten und eignet sich deshalb besonders zur Schnellherstellung von Tinkturen und Extrakten. Es ist festgestellt worden, daß unter Verwendung dieses Apparates bis zu 30% gehaltreichere Tinkturen hergestellt werden können als durch Mazeration.

Die aufgeführten Methoden sind verschiedentlich abgeändert und verbessert worden, so daß die beste Darstellungsmethode von Tinkturen und Extrakten durch die genannten Methoden ständig neue Probleme aufwirft. Der Evakolator nach *Keßler* scheint jedoch die besten Resultate zu zeitigen. (Näheres über diese Methoden s. Bd. III.)

Fluidextrakte sind nicht freiverkäuflich, soweit sie nicht für kosmetische Zwecke Verwendung finden. Ihre Herstellungsarten werden jedoch bei der neuzeitlichen Herstellung von Tinkturen vielfach angewandt.

**Gallerten – Gelatinae, DAB. 6,** sind Arzneizubereitungen zum innerlichen und äußerlichen Gebrauch, die bei Zimmertemperatur gallertig-elastisch sind und bei

gelindem Erwärmen flüssig werden. Zur Herstellung von Gallerten finden von pflanzlichen Rohstoffen Agar-Agar, Carrageen, Isländisches Moos, Salep und Traganth,
von tierischen Rohstoffen weißer Leim und Hausenblase, aber auch synthetische
Stoffe wie Tylose, Fondin u. a. Verwendung. Den kolierten Abkochungen der
Rohstoffe werden die pulverisierten oder gelösten Arzneimittel zugegeben. Zum
äußerlichen Gebrauch verwendete arzneiliche Gallerten nennt man *Salbenleime*,
z. B. Zinkleim – Gelatina Zinci, DAB. 6. *Gallerten sind dem freien Verkauf außerhalb
der Apotheken entzogen. Getrocknete Gelatinen*, hergestellt z. B. aus Isländisch Moos,
finden zur Herstellung von Gummibonbons Verwendung und sind als solche
freiverkäuflich.

**Honig und Honigpräparate – Mel et ejus praeparata.** Honigzubereitungen sind
Arzneizubereitungen, deren Grundmasse Honig – Mel crudum oder gereinigter
Honig – Mel depuratum, DAB. 6, ist, oder in denen der von der Honigbiene in den
Waben abgelagerte Honig einen wesentlichen Bestandteil ausmacht. Nach Verz. A, 5.
der AV. sind *Fenchelhonig, Rosenhonig* und *Rosenhonig mit Borax* freiverkäuflich
(s. Bd. III). Sie werden je mit gereinigtem Honig – Mel depuratum, DAB. 6 (s.
Bd. III) hergestellt.

**Inhalationen – Inhalationes.** Unter Inhalieren versteht man das Einatmen von
Arzneistoffen zur Behandlung der erkrankten Schleimhäute von Nase, Rachen,
Kehlkopf und Bronchien. Die einfachste Art zu inhalieren ist das Aufträufeln
ätherischer Öle auf das Taschentuch, besser auf heißes Wasser und das Einatmen
der aufsteigenden Dämpfe oder das Einatmen von Abkochungen von Drogen, die
ätherisches Öl enthalten, z. B. Kamillen (Kamillendämpfe). Für eine gute Wirkung
einer Inhalation, des Inhalationsmittels, ist dessen feinste Verteilung oder Vernebelung von größter Bedeutung. Je feiner die Arzneistoffe in der Einatmungsluft
verteilt sind, desto günstiger ist die Wirkung. Zur Verwendung kommen fein
zerstäubte Flüssigkeiten, z. B. ätherische Öle oder Lösungen von Arzneistoffen in
Wasser, Weingeist, Glycerin, Paraffinum liquidum, DAB. 6, usw. in Dampf-
inhalationsapparaten (s. Krankenpflege) oder in sog. Tascheninhalatoren, die so
gebaut sind, daß feinste Vernebelung des Arzneimittels gewährleistet ist. Zum
Inhalieren besonders geeignete ätherische Öle sind Eucalyptusöl, Latschenkiefernöl,
rektifiziertes Terpentinöl, ferner Menthol, die natürlichen und künstlichen Quellsalze. *Inhalationen sind nach Verz. A, 3. bzw. 5. der AV.,* soweit es sich nicht
um *reine ätherische Öle handelt, dem freien Verkauf außerhalb der Apotheken entzogen.*

**Kapseln – Capsulae** sind Umhüllungen für Arzneimittel mit unangenehmem
Geschmack aus Stärkemehl oder weißem Leim. Man unterscheidet:

1. *Stärkemehlkapseln, Oblatenkapseln – Capsulae amylaceae*, die aus feinstem
Weizenmehl und Weizenstärke hergestellt sind und die Form von rundlichen, weißen
Schüsselchen oder Näpfchen haben und sich beim kurzen Eintauchen in Wasser
sofort zu einer weichen, geruch- und geschmacklosen Masse zusammenlegen. Sie sind
unterteilt in *Klebkapseln*, bei denen Form und Größe von Napf und Deckel gleich
sind und die an den Rändern zusammengeklebt werden können, und in *Steckkapseln*,
bei denen der kleinere Napf in den größeren Deckel eingesteckt wird. Der Verschluß
der Stärkemehlkapseln erfolgt mit besonderen Apparaten.

2. *Weiße Leimkapseln, Gelatinekapseln – Capsulae gelatinosae*, die mit oder ohne
Zusatz von Glycerin und Zucker hergestellt sind. Sie finden in drei Formen Verwendung:

*Deckelkapseln – Capsulae operculatae*, kleine Röhrchen verschiedenen Durch-
messers, die nach erfolgter Füllung ineinandergesteckt und am Deckelrand verklebt
werden.

*Eiförmige Kapseln,* olivenförmige Hohlkörper, die an einem Ende eine Öffnung besitzen, die nach dem Füllen mit einem Tropfen Gelatinelösung verschlossen wird.

*Gelatineperlen - Perlae,* erbsengroße, kugelrunde Gelatinekapseln, die ebenso behandelt werden.

Nach der Festigkeit unterscheidet man *harte Gelatinekapseln - Capsulae gelatinosae durae* und *weiche Gelatinekapseln - Capsulae gelatinosae elasticae (molles),* zu deren Herstellung als Weichmacher mehr Glycerin verwendet wird. Eine besondere Art Kapseln ist durch Formalinbehandlung der obersten Schicht so gehärtet, daß sie sich im sauren Magensaft nur sehr langsam, leicht aber im alkalischen Darm lösen (Geloduratkapseln). Andere sind zum selben Zweck mit Keratin überzogen, so daß sie sich erst im Dünndarm lösen.

Nach Verz. A, 6. der AV. sind freiverkäuflich: *Kapseln mit Brausepulver aus Natriumbicarbonat und Weinsäure, dem auch Zucker oder ätherische Öle beigemischt sein können, Kapseln mit Kopaivabalsam, mit Lebertran, mit Natriumbicarbonat, mit Rizinusöl und mit Weinsäure.*

**Kollodiumzubereitungen - Collodium praeparatum** wird hergestellt aus Kollodium, DAB. 6 (s. Bd. III) oder elastischem Kollodium, DAB. 6 (s. Bd. III), denen in diesen Stoffen lösliche Arzneimittel zugesetzt sind. Kollodiumzubereitungen haben den Nachteil, daß sie durch Verdunsten des Lösungsmittels Äther leicht eindicken. Um sie wieder gebrauchsfertig zu machen, löst man den eingedickten Rückstand in Ätherweingeist. Kollodium und elastisches Kollodium werden zum Verschließen kleiner Hautwunden (*„flüssiges Heftpflaster"*, s. Bd. III) verwendet. Kampfer- und jodhaltige Kollodiumzubereitungen finden als Mittel gegen Frostbeulen Verwendung. Beim Verkauf von Kollodium und Hühneraugenkollodium ist auf deren Feuergefährlichkeit hinzuweisen. Mit Ausnahme von *Hühneraugenkollodium* sind Kollodiumzubereitungen nach Verz. A, 5. der AV. dem freien Verkauf außerhalb der Apotheken entzogen.

**Körner, Kügelchen - Granula, DAB. 6,** sind Arzneizubereitungen in Gestalt von Kügelchen, deren Grundmasse aus Zucker oder Milchzucker besteht, welche die wirksamen Arzneistoffe enthalten. Das einzelne trockene Korn muß, wenn nicht anders vorgeschrieben ist, 0,05 g wiegen. *Körner als Arzneizubereitungen sind nach Verz. A, 9. der AV. dem freien Verkehr außerhalb der Apotheken entzogen.*

**Latwergen - Electuaria, DAB. 6,** sind zum innerlichen Gebrauch bestimmte brei- oder teigförmige Mischungen fein gepulverter fester Stoffe mit flüssigen oder halbflüssigen Stoffen, z. B. Balsamen, fetten Ölen, Extrakten, Honig, Zuckersirup usw. *Die zum innerlichen Gebrauch bestimmten Latwergen, z. B. Sennalatwerge, DAB. 6, sind nach Verz. A, 7. der AV. dem freien Verkauf außerhalb der Apotheken entzogen.*

**Linimente - Linimenta, DAB. 6** (lat. linire, einreiben) sind zum äußerlichen Gebrauch bestimmte flüssige oder feste, gleichmäßige Mischungen, die Seife oder Seife und Fette oder Öle oder ähnliche Stoffe enthalten. Feste Linimente werden schon bei Handwärme flüssig.

*Linimente sind nach Verz. A, 8. dem freien Verkauf außerhalb der Apotheken entzogen,* jedoch ist *flüchtiges Liniment,* DAB. 6 (s. Bd. III) und *Restitutionsfluid - Linimentum restituorum,* das infolge seines Seifengehalts auch ein Liniment darstellt, nach Verz. A, 5. der AV. freiverkäuflich.

**Lösungen - Solutiones** sind Arzneizubereitungen, die durch Lösen von Arzneistoffen in einem geeigneten Lösungsmittel hergestellt werden. Auch Liquores und Injektionen können Lösungen sein. Obgleich *Lösungen nach Verz. A, 5. der AV.*

*zum Verkauf den Apotheken vorbehalten* sind, ist *verflüssigtes Phenol,* DAB. 6 (s. Bd. III), eine Lösung von Phenol in warmem Wasser, als Desinfektionsmittel auch außerhalb der Apotheken freiverkäuflich, ebenso *Kampferspiritus* und *Pepsinwein* sowie *Rosenhonig mit Borax.*

**Mazerationen – Macerationes.** *Kalte Aufgüsse – Infusa frigide parata.* Unter Mazeration versteht man die Herstellung von Auszügen aus trockenen Drogen, wobei diese fein zerkleinert mit einem Lösungsmittel übergossen werden, einige Zeit stehenbleiben und die Flüssigkeit dann abgepreßt wird. Die Mazeration ist das Verfahren, das gewöhnlich bei der Herstellung von Tinkturen zur Anwendung kommt (s. Mazerieren, Bd. III). Kalte Aufgüsse werden bei schleimigen Drogen wie Eibischwurzel, Leinsamen u. a. hergestellt durch halbstündige Mazeration mit Wasser von gewöhnlicher Temperatur und anschließendes Durchseihen ohne stärkeres Pressen. Sie sind nach Verz. A, 1. der AV. dem Verkauf außerhalb der Apotheken entzogen.

**Mixturen – Mixturae** sind flüssige Arzneigemische oder Arzneigemische mit festen Körpern (Schüttelmixturen) für den innerlichen oder äußerlichen Gebrauch. Bei der Herstellung von Mixturen darf häufig das Mischen nicht willkürlich, sondern muß die Reihenfolge der Mischung unter Berücksichtigung möglicher chemischer Veränderungen, z. B. Fällungen vorgenommen werden. Flüssige Gemische, die außerhalb der Apotheken freiverkäuflich sind, s. AV., Verz. A, 5, S. 516.

**Muse – Pulpae** sind Auszüge aus Drogen, die meist eingedickt, zum Teil mit Zusatz von Zucker hergestellt und durch ein Haarsieb getrieben werden. In Frage kommen *gereinigtes Tamarindenmus – Pulpa Tamarindorum depurata,* DAB. 6, ferner *Hagebutten-* und *Sanddornmus,* die wegen ihres Gehalts an Vitamin C empfohlen werden. Sie kommen auch als Früchtewürfel in den Handel.

**Öle, arzneiliche – Olea medicata, DAB. 6,** sind flüssige Arzneizubereitungen zum innerlichen oder äußerlichen Gebrauch, deren Grundkörper aus fetten Ölen bestehen. Sie werden hergestellt durch Mischen (Chloroformöl), Lösen (Kampferöl) oder Ausziehen (Bilsenkrautöl), teilweise unter Anwendung von Wärme (Herstellung s. Bd. III). *Arzneiliche Öle sind nach Verz. A, 3. und 5. der AV. dem freien Verkauf außerhalb der Apotheken entzogen. Lebertran mit ätherischen Ölen – Oleum Jecoris Aselli aromaticum* (s. Bd. III) ist als Ausnahme auch in Drogerien freiverkäuflich. *Arnika-* und *Klettenwurzelhaaröl* sowie *fettes Kamillenöl – Oleum Chamomillae infusum* (s. je Bd. III) für kosmetische Zwecke sind freiverkäuflich.

**Ölzucker – Elaeosacchara, DAB. 6.** Das DAB. 6 versteht unter Ölzucker eine Mischung aus mittelfein gepulvertem Zucker und ätherischem Öl im Verhältnis 1 : 50. Im weiteren Sinne versteht man darunter auch pulverige Mischungen aus Zucker und stark aromatischen Drogen (Zimt, Vanille). Ölzucker finden Verwendung als Geschmackskorrigentien zu den verschiedensten Arzneizubereitungen. Als *Geschmackskorrigens* für *Haushalts-* und *Genußzwecke* sind sie freiverkäuflich.

**Papiere, arzneiliche – Chartae medicatae, DAB. 6,** sind ·Papier- (Filtrier-, Fließ-, Schreib- oder Seidenpapier) oder Gewebsstücke (Leinen, Seidentaft, Watte usw.), die mit einem Arzneimittel oder einer Arzneizubereitung getränkt oder überzogen sind. Je nach der Beschaffenheit des Arzneimittels oder der Arzneizubereitung erfolgt ihre Herstellung durch Tränken mit einer Lösung und anschließendes Trocknen (Salpeterpapier) oder durch Auftragen als Wachsschmelze oder ähnliches mit breitem Pinsel bzw. maschinell. Freiverkäuflich sind lt. Verz. A, 10. der AV. *Senfpapier – Charta sinapisata,* DAB. 6, und *Senfleinen. Salpeterpapier – Charta nitrata,* DAB. 6, wird in der Photographie zum Entzünden von Blitzlichtpulvern

4*

verwendet (s. Bd. III). *Künstlicher Breiumschlag – Cataplasma artificiale* besteht aus gepreßter Watte, die mit Carrageen- oder Leinsamenschleim getränkt und, auf Pappendicke zusammengepreßt, getrocknet wird. In heißes Wasser gelegt quillt der künstliche Breiumschlag auf und findet wie andere Breiumschläge Verwendung. (*Fliegenpapier* ist *giftfrei* mit einer fliegentötenden Lösung getränktes und getrocknetes Fließpapier, *gifthaltig* ein auf dieselbe Weise, jedoch mit Quassiaabkochung und Arsenik bereitetes Papier.)

**Pasten – Pastae** zum äußerlichen Gebrauch sind salbenartig zähe oder knetbare Arzneizubereitungen. Sie werden in der Regel durch Mischen eines oder mehrerer pulverförmiger Arzneimittel (Zinkoxyd, Stärke, Kieselgur, Bolus, Kaolin, Dextrin, Gummi, Kreide u. a.) mit Öl, Fett, Wachs, Zeresin, Vaselin, weißem Leim, Wasser oder anderen Stoffen nach den Grundsätzen der Salbenherstellung, zweckmäßig unter Verwendung moderner Salbenmühlen (s. Bd. III) hergestellt. Die festen Bestandteile machen in der Regel die Hälfte der Gesamtmenge aus. Pasten wirken aufsaugend, trocknend, kühlend und erweichend. Beim Verbandwechsel werden Pastenreste mit Öl entfernt. (Pasten zum innerlichen Gebrauch s. Muse.) Pasten als Heilmittel sind nach Verz. A, 10. der AV. dem freien Verkehr außerhalb der Apotheken entzogen. Pasten für kosmetische Zwecke, z. B. *Zinkpaste*, sind freiverkäuflich.

**Pastillen – Pastilli, DAB. 6.** Nach dem DAB. 6 sind Pastillen in der Regel 1 g schwere Arzneizubereitungen, meist mit einem bestimmten Gehalt, zu deren Herstellung die gepulverten und in der Regel mit Füll- und Bindemitteln wie Zucker, Gummi, Traganth gemischten Stoffe nach Anfeuchtung mit verdünntem Weingeist oder nach Überführung in eine bildsame oder gießbare Masse in die gewünschte Form, zumeist kreisrunde oder ovale Scheiben, Täfelchen, Zylinder, Kegel, Kugeln, Kugelabschnitte, Plätzchen, Zäpfchen gebracht und alsdann bei gelinder Wärme getrocknet werden.

*Schokoladenpastillen* werden aus einer Mischung der arzneilichen Stoffe mit geschmolzener Schokoladenmasse, die aus Kakaomasse und Zucker angefertigt wird, hergestellt. *Pastillen sind nach Verz. A, 9. der AV. dem freien Verkauf außerhalb der Apotheken entzogen.* Als freiverkäufliche Ausnahmen führt dieses Verzeichnis auf: *Pastillen aus natürlichen Mineralwässern oder aus künstlichen Mineralsalzen bereitet, einfache Molkenpastillen, Pfefferminzplätzchen, Salmiakpastillen* (s. je Bd. III).

**Pflaster – Emplastra, DAB. 6** (lat. emplassere, aufstreichen) sind zum äußeren Gebrauch bestimmte Arzneizubereitungen, die mehr oder weniger auf der Haut kleben. Ihre Grundmasse besteht aus Bleisalzen der in den Ölen und Fetten vorkommenden Säuren, aus Fett, Öl, Wachs, Harz, Terpentin oder aus Mischungen einzelner dieser Stoffe. Die Pflaster werden in Tafeln (in tabulis), Stangen (in bacillis) oder Stücke (in massa) von verschiedener Form gebracht oder auf Stoff (Schirting, Flanell, Trikot und andere Gewebe) *gestrichen* (Emplastra extensa). Sie sind bei gewöhnlicher Temperatur fest und in der Hand knetbar, beim Erwärmen werden sie flüssig. *Kautschukheftpflaster-Collemplastra* sind gestrichene Pflaster mit reichlichem Gehalt an Kautschuk, der in Petroleumbenzin kolloidal gelöst ist, oder synthetischen Klebstoffen. *Kautschukpflaster sind nach Verz. A, 10. der AV. dem freien Verkauf außerhalb der Apotheken entzogen.* Freiverkäufliche Ausnahmen sind *Englisches Pflaster, Heftpflaster, Hufkitt, Pechpflaster, Seifenpflaster,* DAB. 6, und *Salicylseifenpflaster,* DAB. 6, die beiden letzten als Mittel gegen Hühneraugen.

Die Aufbewahrung von Pflastern und Kautschukpflastern muß vor Licht und Luft geschützt an einem kühlen, nicht zu trockenen Ort erfolgen. Kautschukheftpflaster kommen als Markenerzeugnisse zahlreicher Verbandstoffabriken in verschiedenen Längen und Breiten in den Handel (meist mit der Endung -plast, z. B. Kosmoplast, Hansaplast, Blankoplast) und finden hauptsächlich zum Befestigen von Verbänden Verwendung. Auf *dehnbaren Geweben* hergestellt bieten sie Vorteile bei Verbänden um bewegliche Gelenke (Finger). Als *Schnellverband* tragen Kautschukheftpflaster in der Mitte als aufsaugende Auflage einen mit arzneilichen Zusätzen imprägnierten Mullverband. Zur Entfernung der Klebstoffreste nach Entfernung von Kautschukheftpflastern von der Haut und von durch den Klebstoff entstandenen Flecken in der Wäsche verwendet man Petroleumbenzin oder andere organische Lösungsmittel.

**Pillen – Pilulae, DAB. 6,** sind Arzneizubereitungen von Kugel-, selten Ei- oder Walzenform, die vorzugsweise zum innerlichen Gebrauch dienen. Zu ihrer Herstellung werden die gepulverten Arzneistoffe, nötigenfalls mit geeigneten Bindemitteln, gemischt, zu einer bildsamen Masse angestoßen, die in die erwähnte Form gebracht wird. Als Bindemittel dienen vor allem Hefeextrakt und bei 100° abgetötete medizinische Hefe und eine Mischung gleicher Teile Glycerin und Wasser oder nach Bedarf gepulv. Süßholz und gereinigter Süßholzsaft. Die Bindemittel sind in einer solchen Menge anzuwenden, daß, wenn nicht anders verordnet ist, die einzelne Pille ein Gewicht von 0,1 g hat. Enthält die Pillenmasse Stoffe, die sich mit organischen Stoffen leicht zersetzen, z. B. Silbernitrat, so sind, wenn nicht anders verordnet ist, als Bindemittel weißer Ton und Glycerin zu benutzen. Zur Herstellung von Pillenmassen, die Balsame, ätherische oder fette Öle in erheblicher Menge enthalten, darf gelbes Wachs verwendet werden. Zum Bestreuen von Pillen werden Bärlappsporen verwendet, zum Lackieren eine weingeistige Lösung von Tolubalsam, zum Versilbern Blattsilber. *Boli* sind Pillen größeren Umfangs und Gewichts zum Gebrauch für Tiere. *Pillen sind nach Verz. A, 9. der AV. dem freien Verkauf außerhalb der Apotheken entzogen.*

**Plätzchen – Rotulae** sind runde, halbkugelförmige Täfelchen mit einem Durchmesser von 6 bis 10 mm. Gewisse Chemikalien (z. B. Kalium- und Natriumhydroxyd) werden zur besseren Dosierung und zur Erleichterung des Abwägens in Plätzchenform hergestellt. *Zuckerplätzchen – Rotulae Sacchari* erhält man durch Aufträufeln von in wenig Wasser gelöstem Zucker auf Glas oder Blechplatten und anschließendem Trocknen. Es entstehen hierdurch einseitig abgeplattete Plätzchen, die zur Aufnahme von ätherischen Ölen usw. Verwendung finden. Sie fallen unter Verz. A, 9. der AV. und sind mit Ausnahme von *Pfefferminzplätzchen* (s. Bd. III), die freiverkäuflich sind, dem freien Verkehr außerhalb der Apotheke entzogen.

**Pulver, gemischte – Pulveres mixti** sind mit oder ohne Zusatz von indifferenten Stoffen hergestellte gleichmäßige Mischungen von Arzneimitteln, die durch Stoßen, Reiben oder Mahlen grob, mittelfein oder fein gepulvert sind (s. Pulverisieren, Bd. III). Grobe Pulver finden hauptsächlich zur Herstellung von Tinkturen und Tierarzneimitteln Verwendung, feine Pulver für die übrigen Zubereitungen. Die Herstellung gemischter Pulver ist nach den unter „Mischen trockener Gemenge" gegebenen Richtlinien (s. Bd. III) durchzuführen. Man unterscheidet *ungeteilte Pulver*, die in Papierbeuteln oder runden Pulverschachteln (für Sonderzwecke: Zahnpulver in Zahnpulverschachteln, Streupulver in Puderschachteln mit Siebdeckel), und *abgeteilte Pulver*, die in Pulverkapseln, Stärkemehl- oder Gelatinekapseln, flüchtige, riechende, durchschlagende oder hygroskopische Stoffe in Wachspapierkapseln abgegeben werden. Bei der Herstellung abgeteilter Pulver ist das Hineinblasen in die Kapseln zum Zwecke ihrer Öffnung aus hygienischen Gründen unverantwortlich und unbedingt zu vermeiden. *Gemischte Pulver sind nach Verz. A, 4. der AV. dem Verkauf außerhalb der Apotheken entzogen.* Freiverkäufliche Ausnahmen s. dort.

**Säfte – Succi** sind durch Zerquetschen, Zermahlen und Auspressen aus frischen Pflanzen oder Pflanzenteilen hergestellte Zubereitungen, die teilweise noch eingedampft werden. Da sie durch enzymatische Einwirkung nicht haltbar sind, werden ihnen zur Erhöhung ihrer Haltbarkeit Glycerin, Weingeist, Zucker oder chemische konservierende Stoffe zugesetzt. Himbeersaft und Kirschsaft (s. Sirupe, Bd. III), Süßholzsaft und Wacholdersaft (s. Extrakte, Bd. III), Säfte aus frischen Pflanzen, die als Spezialitäten einiger Industriefirmen in den Handel kommen (s. Pflanzensäfte).

**Salben – Unguenta.** Nach dem DAB. 6 sind Salben Arzneimittel zum äußeren Gebrauche, deren Grundmasse in der Regel aus Fett, Öl, Wollfett, Vaseline, Zeresin (Paraffinum solidum, DAB. 6), Glycerin, Wachs, Harz, Pflastern und ähnlichen Stoffen oder aus deren Mischungen bestehen. Sie sind bei Zimmertemperatur von meist butterähnlicher Konsistenz und schmelzen mit Ausnahme der Glycerinsalbe beim Erwärmen. Durch Fettdurchtränkung entspannen sie die entzündete Haut. Da sie die Verdunstung verhindern, eignen sie sich mehr für trockene, entzündliche Hautveränderungen. Die Salben-Definition des DAB. 6 entspricht den modernen Salbengrundlagen nicht mehr, nachdem die Rohstoffe vielfach andere geworden sind und durch Fettalkohole und moderne synthetische Emulgatoren (Lanette, Protegin u. a.) die *Emulsionssalben* in Medizin und Kosmetik eine beträchtliche Rolle spielen (s. Emulsionen und Emulgatoren, Bd. II).

Nach STAWITZ[1] kann man die Salben nach ihrer Grundlage durch nachstehendes Schema unterscheiden:

| | Fettsalben | Emulsionssalben (Cremes) | | Schleim- oder Gallertsalben |
|---|---|---|---|---|
| | wasserfrei | „fett"- und wasserhaltig | | „fett"-frei |
| Grundlage | „Fett" | Emulsion W/Ö | Emulsion Ö/W | Hydrogel, evtl. mit Weichhalter |
| Verdünnbar mit | „Fett" | „Fett" | Wasser | Wasser |

Die Emulsionssalben oder Cremes enthalten außer „Fett" und Wasser einen Emulgator, und zwar die W/Ö-Emulsionen meist einen lipophilen, die Ö/W-Emulsionen einen hydrophilen Emulgator.

Macht die Herstellung einer Salbe das Schmelzen der zur Verwendung kommenden Masse erforderlich, so werden zunächst die schwerer schmelzbaren Stoffe verflüssigt und dann die leichter schmelzbaren hinzugesetzt, um jede unnötige Steigerung der Temperatur und dadurch bedingte etwaige Schädigung der Rohstoffe zu verhindern. Die geschmolzene Masse wird dann bis zum Erkalten gerührt. Unlösliche oder schwer lösliche Stoffe werden als feinstes Pulver mit wenig, u. U. etwas erwärmter Salbengrundmasse angerieben und erst nach völlig gleichmäßiger Verteilung der Rest der Salbengrundmasse zugemischt. In Wasser leicht lösliche Salze sowie Extrakte werden in wenig Wasser gelöst oder damit angerieben und dann mit der gesamten Grundmasse vermischt. Salben müssen von gleichmäßiger Beschaffenheit und dürfen nicht ranzig sein.

Die zu Salben verwendeten Rohstoffe des DAB. 6 sind:

*Pflanzlicher Herkunft:* Erdnußöl, Mandelöl, Olivenöl;

*Tierischer Herkunft:* Benzoeschmalz, Hammeltalg, Lanolin, Schweineschmalz, Walrat, weißes und gelbes Wachs, Wollfett;

---

[1] STAWITZ, J.: Die pharmazeutische Industrie **1950**, II, 39/44.

*Mineralischer Herkunft:* Vaselin weiß und gelb, flüssiges Paraffin.

*Pomaden* sind Salben, die durch einen Gehalt an Hammeltalg, Kakaobutter, Walrat oder andere Zusätze fester als normale Salben sind, beim Auftragen auf den Körper jedoch leicht schmelzen. Nach Verz. A, 10. der AV. sind Bleisalbe, Borsalbe, Terpentinsalbe und Zinksalbe als Heilmittel je nur zum Gebrauch für Tiere freiverkäuflich, jedoch finden Bor- und Zinksalbe auch vielfache kosmetische Verwendung und sind hierfür freiverkäuflich. Außerdem führt das Verzeichnis A folgende freiverkäufliche Salben auf: Cold-Cream, Lippenpomade, Pappelpomade (s. Salbenvorschriften je Bd. III).

**Salze, gemischte – Salia mixta** sind Gemische arzneilich verwendeter kristallisierter oder pulverisierter Salze. *Brausesalze* enthalten Zusätze von organischen Säuren (Weinstein-, Citronen-, Adipinsäure) und Natriumbicarbonat. Die bei der Verdampfung natürlicher Mineralwässer verbleibenden pulverisierten oder kristallisierten gemischten Salze sind nach Verz. A, 4. der AV. ebenso außerhalb der Apotheken freiverkäuflich, wie die ihnen nachgebildeten *künstlichen Mineralwassersalze,* so künstliches Karlsbadersalz DAB. 6, und die im Erg.-B. 6 aufgeführten *künstlichen Quellsalze –* Salia Thermarum factitia (Emser-, Fachinger-, Kissinger-, Sodener- usw. Salz und Riechsalz s. je Bd. III).

**Scheidenkugeln, Vaginalkugeln – Globuli (vaginales), DAB. 6,** sind in der Regel 4 bis 6 g schwere, kugel- oder eiförmige Zubereitungen, die aus einer bei Zimmertemperatur festen, bei Körpertemperatur schmelzenden Masse bestehen und zur Einführung in die Scheide bestimmt sind. Sie werden hergestellt durch Pressen, Gießen, Füllen von Hohlformen. Pressen und Gießen werden teilweise verbunden, dabei werden nach einem Schmelzprozeß bereitete und erkaltete Massen zerrieben und dann gepreßt. Der Verkauf von Vaginalkugeln ist nach Verz. A, 11. der AV. außerhalb der Apotheken verboten.

**Schleime – Mucilagines.** Nach dem DAB. 6 sind Schleime dickflüssige, durch Lösen, Aufschütteln oder Ausziehen von Pflanzenstoffen mit kaltem oder heißem Wasser hergestellte Arzneizubereitungen. Diese Definition ist überholt, nachdem in der Medizin und Kosmetik die künstlichen Schleime *Tylose* und *Adulsion* u. a. zur Herstellung von Schleimen weitgehende Verwendung finden. Schleime von diesen Stoffen können als Streckmittel und als Grundlage für fettarme und fettfreie Salben Verwendung finden, während Gummischleim, DAB. 6, als Klebmittel freiverkäuflich ist, ist Salepschleim, DAB. 6 nach Verz. A, 5. der AV., außerhalb der Apotheken nicht freiverkäuflich. In der Kosmetik finden die Schleime aus Flohsamen, Quittenkernen, Traganth, Tylose und Adulsion usw. weitgehende Verwendung.

**Seifen, arzneiliche – Sapones medicati, DAB. 6,** sind Arzneizubereitungen, deren Grundmasse aus Seife besteht und die von fester, salbenartiger, halbflüssiger oder flüssiger Beschaffenheit sein können. Seifen zum äußerlichen Gebrauch sind nach der A.V. § 1, letzter Absatz, zum Verkauf außerhalb der Apotheken freigegeben. *Medizinische Seifen* sind überfettete Natronseifen, die unter Zusätzen von Arzneistoffen in den Handel kommen. Sie werden vielfach als desinfizierende Seifen empfohlen (s. Seifen und med. Seifen, Bd. II, Herstellung, s. Bd. III).

**Sirupe – Sirupi, DAB. 6,** sind dickflüssige, klare Lösungen von Zucker (60 bis 70%) in wäßrigen, weingeist- oder weinhaltigen Flüssigkeiten. Sie werden nach DAB. 6 hergestellt durch Auflösen des Zuckers bei gelinder Wärme in der betreffenden Flüssigkeit. Nach vollständiger Lösung wird noch einmal kurz aufgekocht, das verdampfte Wasser durch frisch abgekochtes, heißes Wasser ergänzt und koliert oder unter Verwendung von Sirup-Filtrierpapier im Heißwasser- oder Dampftrichter filtriert. *Gemischte Sirupe* werden aus Sirupen und Mischungen von Arzneistoffen hergestellt. Medizinische Sirupe sind dickflüssige, in einem bestimmten Verhältnis mit Zucker versetzte Pflanzenaufgüsse, Pflanzensäfte, Lösungen und Mischungen von Arzneimitteln. Sirupe unterliegen leicht dem Verderben durch Gärung und Schimmel. Sie werden deshalb mit Estern der p-Oxybenzoesäure (Nipagin M 0,1%) haltbar gemacht (s. Bd. III). Sirupen des DAB. 6 dürfen diese nicht zugesetzt werden. Laut Verz. A, 8. der AV. sind Sirupe dem freien Verkehr außerhalb der Apotheken entzogen, ausgenommen *Obstsirupe* (mit Zucker, Essig oder Fruchtsäuren eingekocht, also Kirschsirup, Sirupus Creasi, DAB. 6 (s. Bd. III) und Himbeersirup, Sirupus Rubi Idaei, DAB. 6 (s. Bd. III)).

**Spirituosen, arzneiliche – Spirituosa medicata** sind Lösungen von Arzneimitteln, die als wesentlichen Bestandteil Weingeist enthalten. Sie werden durch Mischen, Lösen oder durch Destillation hergestellt. Enthalten die Mischungen Wasser und im Wasser unlösliche Stoffe, so darf das Wasser erst der weingeistigen Lösung dieser Stoffe zugesetzt werden. Die AV. erfaßt die arzneilichen Spirituosen unter Verz. A, 5. „flüssige Gemische" und „Lösungen" und führt als außerhalb der Apotheken freiverkäufliche arzneiliche Spirituosen auf: Ätherweingeist, Ameisenspiritus, Fichtennadelspiritus, Franzbranntwein mit Kochsalz, Kampferspiritus, Karmelitergeist, Restitutionsfluid zum Gebrauch für Tiere, Seifenspiritus. Als kosmetische Mittel sind Franzbranntwein und Kaliseifenspiritus, DAB. 6, ebenfalls außerhalb der Apotheken freiverkäuflich (s. je Bd. III).

**Stuhlzäpfchen, Suppositorien – Suppositoria, DAB. 6,** sind walzen- oder kegelförmige, 3 bis 4 cm lange, 2 bis 3 g schwere Arzneizubereitungen, die aus einer bei Zimmertemperatur festen, bei Körpertemperatur schmelzenden Masse bestehen und zur Einführung in den Mastdarm bestimmt sind. Die Darmschleimhäute resorbieren die wirksamen Stoffe und machen sie dadurch im Körper wirksam. Die Grundmasse von Stuhlzäpfchen besteht aus Kakaobutter, Talg, Kokusöl, Seife, Gelatine, Agar-Agar oder Mischungen derselben, teilweise unter Zusatz von Paraffin und Stearin. Neue Suppositoriengrundmassen sind gehärtetes Erdnußöl und unter verschiedenen Namen in den Handel kommende Industrieerzeugnisse wie *Postonal*, *Suppositol*, *Suppositorienmasse Imhausen* (s. dort) u. a. Suppositorien in jeder Form sind durch die AV. A, 11. dem freien Verkehr außerhalb der Apotheken entzogen.

**Suctrite,** *Plantrite* oder *Teeps* sind Arzneizubereitungen, die durch Verreiben ganzer frischer oder getrockneter Pflanzen oder Pflanzenteile mit Milchzucker, Zucker oder Honig und nach besonderen Trocknungsverfahren ohne Anwendung von Wärme hergestellt sind. Sie sind nach Verz. A, 4. der AV. nicht freiverkäuflich.

**Tabletten – Tabulettae, DAB. 6,** sind Arzneizubereitungen, zu deren Herstellung die gepulverten wirksamen Stoffe nötigenfalls mit Füll-, Binde-, Auflockerungs- oder Gleitmitteln wie Milchzucker, Stärke, Talk in kleinen Mengen oder ätherisch-weingeistiger Kakaobutterlösung gemischt werden. Die wirksamen Stoffe oder deren Mischungen werden dann, nötigenfalls nach vorausgegangener Granulierung, zu meist kreisrunden, biplanen oder biconvexen Täfelchen oder Zylindern gepreßt und erforderlichenfalls mit Zucker, Schokolade, weißem Leim, Hornstoff oder anderen Stoffen überzogen. Tabletten unterscheiden sich also von Pastillen dadurch, daß erste *trocken* verarbeitet werden. Die Ähnlichkeit mit den Pastillen ist deshalb rein äußerlich. Tabletten enthalten neben den Wirkstoffen Grundstoffe (Konstituentien), Bindemittel, Gleitmittel, Sprengmittel und soweit die Tabletten dragiert werden, Dragierungsmittel. Die Grundstoffe sollen nach Möglichkeit vom Organismus verdaut werden können. Deshalb werden hierzu Stärke, Zucker oder Schokolade gewählt, die gleichzeitig auch als Gleit-, Binde- oder Sprengmittel dienen. Tabletten

sind nach Verz. A, 9. der AV. zum Verkauf den Apotheken vorbehalten. Freiverkäufliche Ausnahmen sind *Brausepulvertabletten, Saccharintabletten* und *Natrium-
bicarbonattabletten.*

**Talgzubereitungen – Seba** sind Arzneizubereitungen, die Hammeltalg als Grundmasse enthalten, in der bestimmte Arzneistoffe gelöst werden. *Salicyltalg – Sebum
salicylatum*, DAB. 6, ist nach Verz. A, 10. der A.V. auch außerhalb der Apotheken
freiverkäuflich.

**Teegemische – Species** sind nach DAB. 6 Gemische von unzerkleinerten oder
zerkleinerten Pflanzenteilen miteinander oder mit anderen Stoffen. Sollen lösliche
Stoffe zur Bereitung von Teegemischen verwendet werden, so werden die Pflanzenteile mit den Lösungen dieser Stoffe gleichmäßig durchfeuchtet und darauf getrocknet. Zur Herstellung von Aufgüssen und Abkochungen werden grob-, mittel-
fein- oder feingeschnittene Teegemische, zur Füllung von Kräutersäckchen feingeschnittene, zu Umschlägen grob gepulverte Teegemische verwendet. Kleinere
Früchte als Bestandteile von Teegemischen sind vor dem Vermengen zu zerquetschen.
Teegemische sind nach Verz. A, 3. der AV. zum freien Verkauf außerhalb der
Apotheken nur von *unzerkleinerten* Drogen erlaubt.

**Tinkturen – Tincturae, DAB. 6,** sind aus pflanzlichen oder tierischen Stoffen mit
Hilfe von Weingeist, Ätherweingeist, Wein, Aceton und Wasser hergestellte dünnflüssige, gefärbte Auszüge oder weingeistige Lösungen solcher oder anderer Arzneistoffe. Mit essigsäurehaltigen Flüssigkeiten hergestellte Tinkturen bezeichnet man
als *Essige* (s. dort). Zusammengesetzte Tinkturen nennt man Auszüge, die aus
mehreren Pflanzen oder Pflanzenteilen hergestellt sind. Die Herstellung von
Tinkturen kann durch *Digerieren, Mazerieren* oder *Perkolieren* (s. je Bd. III)
erfolgen. Der Vorteil der Mazeration beruht darauf, daß die auf diese Weise hergestellten Tinkturen nach der Filtration gewöhnlich klarbleiben, während die durch
Digestion gewonnenen bei der Aufbewahrung leicht Bodensätze abscheiden. Dies
beruht darauf, daß warmer Weingeist Inhaltsstoffe der Drogen löst, die sich einige
Zeit nach dem Erkalten wieder abscheiden. Die Tinkturenherstellung ist seit langem,
ebenso wie die Herstellung der Extrakte, ein wichtiges Problem der pharmazeutischen Technologie. Häufig wird sie heute durch Perkolation durchgeführt, weil
dieses Verfahren infolge der völligen Erschöpfung der Droge vom wirtschaftlichen
Standpunkt aus einen Vorteil bietet und man den im Drogenrückstand enthaltenen
Weingeist im Vakuum wiedergewinnen kann.

Zweckmäßig werden Tinkturen nach dem Auspressen nicht sofort filtriert,
sondern erst nach Aufbewahrung während vier bis fünf Tagen an einem Ort, der
die gleiche Temperatur hat wie der vorgesehene Aufbewahrungsort. Tinkturen
sind in gut verschlossenen Gefäßen *vor Licht geschützt* aufzubewahren und *klar*
abzugeben.

Tinkturen sind nach Verz. A, 3. der AV. dem freien Verkehr außerhalb der
Apotheken entzogen. Freiverkäufliche Ausnahmen sind: *Arnikatinktur, Baldriantinktur,* auch *ätherische, Benzoetinktur, Myrrhentinktur, Nelkentinktur, Vanillentinktur*; zur Herstellung von Restitutionsfluid *Spanischpfeffertinktur*, DAB. 6, und
als Desinfektionsmittel nach § 1, 2a der AV. *Tinctura Jodi*, DAB. 6. (S. a. Essenzen,
Herstellungsvorschriften je Bd. III.)

**Vasolimente – Vasolimenta** sind äußerlich angewandte, flüssige oder salbenartige
Arzneizubereitungen. Sie werden hergestellt durch Mischen von gereinigter Ölsäure,
Acidum oleinicum pro Vasolimento, mit flüssigem Paraffin oder gelbem Vaselinöl
und weingeistiger Ammoniakflüssigkeit. *Flüssiges Vasoliment – Vasolimentum*,
Erg.-B. 6, ist eine hellgelbe bis gelbbraune ölähnliche Flüssigkeit, die sich mit

Chloroform klar mischt und beim Schütteln eine Emulsion bildet. *Dickes Vasoliment - Vasolimentum spissum*, Erg.-B. 6, ist eine gelbe, salbenartige Masse, die mehr als das Doppelte ihres Gewichts an Wasser aufnimmt. *Vasogene* sind ähnliche Fertigwaren der Industrie. Der Verkauf von Vasolimenten und Vasogenen ist nach Verz. A, 5. der AV. den Apotheken vorbehalten.

**Verbandstoffe, arzneiliche - Tela medicata** s. Abschnitt Verbandstoffe.

**Verreibungen - Triturationes, DAB. 6,** sind feinste, durch anhaltendes Reiben eines Arzneimittels mit Milchzucker hergestellte Arzneizubereitung. Auch mit Hilfe einer Lupe dürfen in Verreibungen einzelne Teilchen des verriebenen Arzneimittels nicht mehr wahrnehmbar sein. Verreibungen sind nach Verz. A, 4. der AV. dem freien Verkehr außerhalb der Apotheken entzogen.

**Wässer, aromatische - Aquae aromaticae, DAB. 6 und Erg.-B. 6.** Die aromatischen Wässer, die früher durch Wasserdampfdestillation hergestellt wurden, sind nach dem DAB. 6 mit oder ohne Zusatz von Weingeist bereitete Lösungen von ätherischen Ölen in destilliertem Wasser. Ihre Herstellung erfolgt entweder durch Lösen des ätherischen Öls in Weingeist (Zimtwasser) oder durch Verreiben desselben mit Talk. Rosenwasser wird durch Schütteln mit Rosenöl mit destilliertem Wasser von 35° bis 40° hergestellt (s. je Bd. III). Das Zerreiben des ätherischen Öls mit Talk in der Reibschale hat den Zweck, die Oberfläche des Öls zu vergrößern, wodurch seine gleichmäßige Verteilung in der vorgeschriebenen Wassermenge möglich ist. Das Arzneibuch führt auf: Fenchelwasser, Pfefferminzwasser, Rosenwasser, Zimtwasser, Erg.-B. 6 verdünntes Hamamelisrindenwasser, Holunderblütenwasser, Kamillenwasser, Krauseminzewasser, Lindenblütenwasser, Petersilienwasser, Pomeranzenblütenwasser, Salbeiwasser und Zitronellwasser (s. je Bd. II). Erg.-B. 6 definiert aromatische Wässer als Lösungen oder Mischungen von flüchtigen Pflanzenstoffen und Wässer, die im allgemeinen durch Lösen ätherischer Öle und Wasser mit oder ohne Zusatz von Weingeist und zum Teil unter Verwendung von Talk hergestellt werden. Dort, wo dies nicht möglich ist, werden sie durch Destillation mit Wasserdampf aus zerkleinerten, vorher mit Wasser oder Weingeist angefeuchteten Pflanzenteilen hergestellt. Nach wiederholtem Umschütteln und 24stündigem Stehen in einer lose verschlossenen Flasche bei Zimmertemperatur wird filtriert. Erg.-B. 6 schreibt vor, daß a. W. nicht flockig oder schleimig sein dürfen. Auf Zusatz von 3 Tropfen Natriumsulfidlösung darf keine Veränderung eintreten (Schwermetallsalze). 100 ccm eines a. W. dürfen nach dem Verdampfen höchstens 0,01 g Rückstand hinterlassen. Aromatische Wässer sind kühl aufzubewahren. In der *Kosmetik* spielen die durch Wasserdampf gewonnenen a. W., die als Nebenprodukt bei der Herstellung ätherischer Öle anfallen, noch heute eine große Rolle. Auch Eucalyptuswasser wird durch Wasserdampfdestillation hergestellt.

**Konzentrierte aromatische Wässer - Aquae aromaticae concentrate** sind im Verhältnis 1 : 10 (Aqua decemplex) und 1 : 100 (Aqua centumplex) im Handel. Es sind dies weingeistige Destillate, die durch wiederholte Destillation einfacher Wässer gewonnen werden. Ihre Verwendung zur Herstellung aromatischer Wässer des DAB. 6 ist nicht zulässig, dagegen sind sie für kosmetische Zwecke oder in der Likörherstellung verwendbar.

**Wässer, arzneiliche - Aquae medicatae** stellen Mischungen oder Lösungen dar. Auch in Drogerien freiverkäuflich ist nach Verz. A, 5. der AV.: *Bleiwasser, Eucalyptuswasser, Kalkwasser*, während *Kresolwasser*, DAB. 6 und *Phenolwasser*, DAB. 6 als Desinfektionsmittel nach § 1,2a der A.V. außerhalb der Apotheken freiverkäuflich sind. Phenolwasser darf *nicht zu Umschlägen* verwendet werden, weil dabei durch Gefäßlähmung in der Tiefe des Anwendungsgebietes Brand (Gangrän) entstehen kann.

**Weine, arzneiliche – Vina medicata, DAB.** 6 sind Arzneizubereitungen, die durch Lösen oder Mischen von Arzneimitteln mit Weingeist hergestellt werden. Wird Xeres-Wein oder ein anderer Dessert-Wein verwendet, so ist dieser zuvor, wenn nötig, mit 10 ccm einer durch Erwärmen bereiteten wäßrigen Lösung von weißem Leim (1 + 9) auf je 1000 ccm Wein zu versetzen, die Mischung mehrmals gut durchzuschütteln und nach mehrtägigem Stehen zu filtrieren. Medizinische Weine sind mit Ausnahme von Kampferwein klar abzugeben. Das DAB. 6 führt an medizinischen Weinen auf: Chinawein, Kampferwein, Kondurangowein und Pepsinwein. Sie sind mit Ausnahme von Pepsinwein, der nach Verz. A, 5. der AV. auch außerhalb der Apotheken freiverkäuflich ist, dem Verkauf in den Apotheken vorbehalten, da sie als Auszüge, flüssige Gemische oder Lösungen durch Verz. A, 3. und 5. der AV. erfaßt werden. Da Baldrianwein unter den wissenschaftlichen Begriff einer Tinktur fällt und Baldriantinktur freiverkäuflich ist, ist auch Baldrianwein außerhalb der Apotheken freiverkäuflich. Erg.-B. 6 führt an Arzneiweinen auf: harntreibender Wein, Kolawein, Kolombowein, Sagradawein und tonischer Arzneiwein (s. je Bd. III).

**Zerate – Cerata, DAB. 6,** sind Arzneizubereitungen zum äußerlichen Gebrauche, deren Grundmasse aus Wachs, Fett, Öl, Zeresin oder aus deren Mischungen besteht. Sie werden in Tafeln oder Stangen oder kegelförmig ausgegossen und kommen in Wachspapier, Stanniol oder Schiebedosen verpackt, weiche Zerate auch in Tuben, in den Handel. Zerate sind bei Zimmertemperatur fest und werden bei gelindem Erwärmen (schon durch die Körpertemperatur) flüssig. In ihrer Konsistenz nehmen sie eine Mittelstellung zwischen den Salben und Pflastern ein. Während das DAB. 6 Vorschriften für Zerate nicht gibt, sind im Erg.-B. 6 Walratzerat und rotes Walratzerat, die beide als Lippenpomade Verwendung finden und nach Verz. A, 10. der AV. freiverkäuflich sind, aufgeführt. Der ebenfalls im Erg.-B. 6 aufgeführte Muskatbalsam ist dem freien Verkehr außerhalb der Apotheken entzogen (s. je Bd. III).

### Die Arzneiformen der Homöopathie.

In der Homöopathie kommen nachstehende Arzneiformen zur Anwendung:

1. Essenzen (Urtinkturen, aus Pflanzen im frischen Zustand bereitet),

2. Tinkturen, aus getrockneten Pflanzenstoffen hergestellt,

3. Verreibungen von einem Arzneistoff, der außerordentlich fein verteilt sein soll und dann im Verhältnis 1 : 9 mit Milchzucker verrieben ist, so daß der Urstoff bei der Verreibung mit der Lupe kaum mehr zu erkennen ist,

4. Verdünnungen. Diese werden im Verhältnis 1 : 9, d. h. 1 Teil der Urtinktur und 9 Teile Spiritus als Dezimalpotenzen hergestellt.

Die Verreibungen werden vielfach auch in Tablettenform hergestellt und schließlich sind auch *Streukügelchen*, d. h. kleine Zuckerkügelchen, welche mit den flüssigen Arzneipotenzen getränkt und getrocknet werden, üblich. Als Arzneiträger kommen in Betracht: Weingeist 90%ig, 70%ig, 60%ig, 45%ig, ferner destilliertes Wasser, Glycerin, Milchzucker, die sämtlich den Anforderungen des DAB. 6 entsprechen müssen.

# Botanik.

Von Dr. phil. EVA POTZTAL, Berlin.

Die Wissenschaft von den Lebewesen, die *Biologie*, teilt man in zwei Gebiete ein, in die Pflanzenkunde oder *Botanik* und in die Tierkunde oder *Zoologie*. Es ist ihre Aufgabe, die Entstehung, Gestalt, Lebensweise und Verbreitung von Pflanze und Tier zu beschreiben.

Bei oberflächlicher Betrachtung scheint es leicht zu sein, die Pflanzen von den Tieren zu unterscheiden, denkt man doch bei Pflanzen an festgewachsene, grüne und blühende Lebewesen, bei Tieren dagegen meist an frei bewegliche, die Sinnesorgane zur Orientierung im Raum besitzen. In Wirklichkeit ist es häufig schwierig, die einfachsten Vertreter der beiden Reiche richtig einzuordnen, gibt es doch frei bewegliche Organismen, die man zu den Pflanzen und festsitzende, die man zu den Tieren zählt.

Gemeinsam bestehen Pflanze und Tier aus kleinen, Bienenwaben ähnlichen Räumen, den *Zellen*; sie atmen beide und entwickeln dabei Wärme; sie sind reizbar, pflanzen sich fort und vererben nach den gleichen Gesetzen ihre Anlagen auf die Nachkommenschaft.

Ausgesprochen *pflanzliche* Merkmale sind die Ausbildung von Zellwänden und grünen Farbstoffen. Diese Farbstoffe befähigen die Pflanze, aus anorganischen Substanzen organische aufzubauen, so daß sie ernährungsmäßig von anderen Lebewesen unabhängig ist. Die nahrungsaufnehmenden Körperflächen werden nach *außen* ausgebildet und das potentielle Wachstum ist bis zum Tode nicht beendet.

Trotz dieser Merkmale ist eine völlig eindeutige Abgrenzung der Pflanzen von den Tieren nicht möglich, man denke doch nur an die farblosen, sich von organischen Stoffen ernährenden Pilze, die man zur Pflanzenwelt zählt, weil sie umhäutete Zellen besitzen und sich in ihrer Fortpflanzungsweise den Pflanzen anschließen.

Die Botanik zerfällt, je nach dem Gesichtspunkt, unter dem man sie betrachtet, in mehrere Teilgebiete. Die Lehre von den Pflanzenorganen bezeichnet man als *Morphologie* der äußeren Gestalt oder auch als *Organographie*. Den inneren Bau der Pflanzen beschreibt die *Anatomie*, und ihre Lebensäußerungen die *Physiologie*. Während Morphologie und Anatomie rein beschreibende Teilgebiete der Botanik sind, verfährt die Physiologie experimentell. Sie beobachtet die Pflanzen unter vielfach variierten, aber genau kontrollierbaren Bedingungen und versucht die Erscheinungen zu analysieren und auf bestimmte Ursachen zurückzuführen. Die Teile der Morphologie und Physiologie, die die Beziehungen des Baues und der Lebensvorgänge der Pflanzen zu ihrer Umwelt in Beziehung setzen, bezeichnet man als *Ökologie*. Die *Systematik* beschäftigt sich mit der Beschreibung, Benennung und Klassifikation der einzelnen Pflanzen; ihr Ziel ist es, ein *natürliches* System der Pflanzenwelt zu finden, d. h. die einzelnen Formen nach der Verwandtschaft anzuordnen. Die *Pflanzengeographie* will die Verbreitung der Pflanzen auf der Erde und deren Ursachen feststellen. Dazu ist ihr in vielen Fällen die *Phytopaläontologie*, die den Bau der ausgestorbenen und versteinerten Formen untersucht, von Nutzen.

Alle diese Teilgebiete der Botanik sind rein *theoretischer* Natur, sie suchen unseren Erkenntnistrieb zu befriedigen. Viele Erkenntnisse der theoretischen Botanik lassen sich aber praktisch für die Menschheit verwerten.

So sind im Laufe der Zeit viele Zweige der *angewandten* Botanik entstanden, z. B. die landwirtschaftliche, die Forst-, die gärtnerische Botanik, die Pflanzenzüchtung, die Faser- und Holzkunde. Die Gärungsphysiologie bringt Nutzen für die Milchverwertung und die Alkoholerzeugung. Aus der Lehre von den Heilpflanzen und ihren wirksamen Teilen, den Pflanzendrogen, hat sich im Laufe der Zeit eines der wichtigsten Teilgebiete der Botanik, die *Pharmakognosie* entwickelt. Auch die Lehre von den Pflanzenkrankheiten und deren Bekämpfung (Phytopathologie) ist ein wirtschaftlich unentbehrlicher Zweig der Botanik geworden.

Schon diese kurzen Hinweise dürften wohl genügen, um zu zeigen, daß Kenntnisse auf dem Gebiet der Botanik nicht nur für den Biologen erforderlich sind. Auch der Praktiker muß sie besitzen, um das richtige Verständnis für die Dinge zu haben, mit denen er täglich umgeht.

Der Abschnitt „Botanik" soll dem Drogisten das nötige Rüstzeug auf diesem Gebiete geben. Da die Anatomie im Abschnitt „Mikroskopie" im Abriß behandelt worden ist, wird er nur die Morphologie, Physiologie und Systematik umfassen. Dabei wurde weniger Wert auf Vollständigkeit, als auf Behandlung aller der Gebiete gelegt, die für das Verständnis der Pflanzen in ihrer Form, ihren Lebensäußerungen und ihren verwandtschaftlichen Beziehungen untereinander von Bedeutung sind. Die zahlreichen Abbildungen sollen zur Veranschaulichung des behandelten Stoffes dienen. In einen besonderen Register am Schluß der Botanik sind alle verwendeten Fachausdrücke erklärt.

# A. Morphologie.

Die Morphologie ist die Lehre von der Gestalt und dem äußeren Bau der Pflanzen. Sie versucht mit Hilfe vergleichend entwicklungsgeschichtlicher Methoden die durch Umwandlungen oft weitgehend veränderten Organe der Pflanze auf bestimmte Grundformen zurückzuführen. Als *homolog* bezeichnet man Formen, die sich entwicklungsgeschichtlich aus einer gemeinsamen Grundform ableiten lassen. Sie können in ihrer endgültigen Ausbildung völlig voneinander verschieden aussehen oder unterschiedliche Funktionen (z. B. Laubblätter, Blattranken, Blattdornen, Blütenblätter, Staubblätter, Fruchtblätter usw.) haben. *Analoge* Organe dagegen besitzen die gleiche Funktion, sind aber morphologisch auf verschiedene Grundformen zurückzuführen (z. B. Blattdornen, Sproßdornen, Stacheln der Rosen).

## I. Die Symmetrieverhältnisse der Pflanzen.

Abgesehen von der *Kugelform*, wie sie manche Einzeller, Sporen oder auch Pollenkörner haben, weisen die Pflanzen und ihre Teile eine *Längsachse* auf, die von einer Basis zu einer anders ausgebildeten Spitze verläuft, daraus ergibt sich eine Polarität, die sich auch physiologisch bemerkbar machen kann. Ein zylindrisches Pflanzenorgan kann durch Längsschnitte in beliebig viele gleiche Teile gespalten werden; es ist *radiär*symmetrisch gebaut. Flächige Organe kann man dagegen meist nur durch einen medianen Längsschnitt in zwei spiegelbildlich gleiche Hälften teilen, sie sind *bilateral*symmetrisch. Organe, die auf ihrer Ober- und Unterseite verschieden gebaut sind, bezeichnet man als *dorsiventral*.

## II. Thallus und Kormus.

Die unterschiedliche Ausgestaltung des Körpers der niederen und höheren Pflanzen hat dazu geführt, daß man sie in zwei morphologische Gruppen teilt und den Körper der niederen Pflanzen als *Thallus* und den der höheren Pflanzen als *Kormus* bezeichnet. Einen Thallus besitzen Einzeller, Algen, Pilze, Flechten und auch Moose, einen Kormus die Farne, Gymnospermen und Angiospermen.

Die Kormophyten besitzen als typische Organe *Stamm*, *Blatt* und *Wurzel*, diese fehlen im eigentlichen Sinne den Thallophyten. Sie können zwar stengelartige Gebilde, blattähnliche Teile oder wurzelartige Organe zum Festhaften an der Unterlage ausbilden, jedoch liegen hier nur Analogien vor, die durch gleiche Funktionen hervorgerufen worden sind. Da die gesamte Organisation eine völlig andere ist, kommt ihnen ein anderer morphologischer Wert zu. Die Moose zeigen zwar in ihrer Entwicklung Beziehungen zu den Farnen, man stellt sie aber trotzdem zu den Thallophyten, weil ihnen eine Wurzel fehlt, und weil sie auch eine andere Generation als die Farne darstellen.

### 1. Der Thallus.

Die einzelligen Thallophyten besitzen entweder Kugel-, Tropfen-, Stäbchen- oder Spiralenform. Da sie fast alle im Wasser oder an sehr feuchten Stellen zu finden sind, zeigt ihr Bau auch ausgesprochene Anpassungen an das Wasserleben. Aktiv im Wasser bewegliche Formen bilden einige kräftige Geißeln oder zarte Wimpern aus, Schwebeformen dagegen besitzen meist am Rande Fortsätze, die den leichten Körper im Wasser schwebend halten.

Die festsitzenden Algen, im allgemeinen vielzellig, zeigen zur Befestigung an der Unterlage entweder schlauchartige Gebilde, *Rhizoide*, oder aber vielzellige *Haftscheiben*. (Abb. 58).

Die primitiven mehrzelligen Algen haben meist Fadenform. Die Fäden sind entweder einfach oder verzweigt. Sog. *falsche Verzweigungen* entstehen bei manchen in einer Gallertscheide steckenden Formen dadurch, daß ein solcher Faden entzweibricht, beide Stücke weiterwachsen und von der Gallertscheide weiter zusammengehalten werden (z. B. bei manchen Blaualgen). *Echte Verzweigungen* kom-

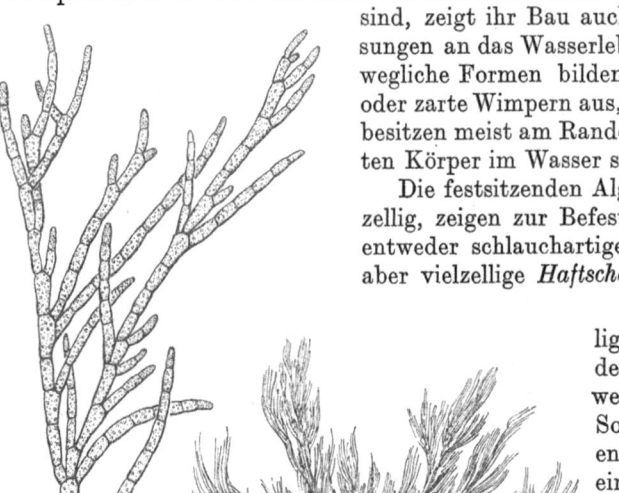

Abb. 58. Verzweigter Fadenthallus einer Grünalge (Cladophora). A Teil des Thallus. B Gesamtbild. (Nach *Stocker*.)

men dadurch zustande, daß gewisse Fadenzellen sich vorwölben und durch weitere Teilungen zu Seitenzweigen auswachsen. Diese Verzweigungen können an Segmentzellen oder an der Scheitelzelle seitlich entstehen (Abb. 59). Die Hauptachse trägt dann also kleinere Seitenachsen. Erfolgt jedoch an der Scheitelzelle der Hauptachse gleichzeitig eine zweite Schrägteilung auf der gegenüberliegenden Seite, und wachsen beide aus, so entsteht eine gabelige (dichotome) Verzweigung.

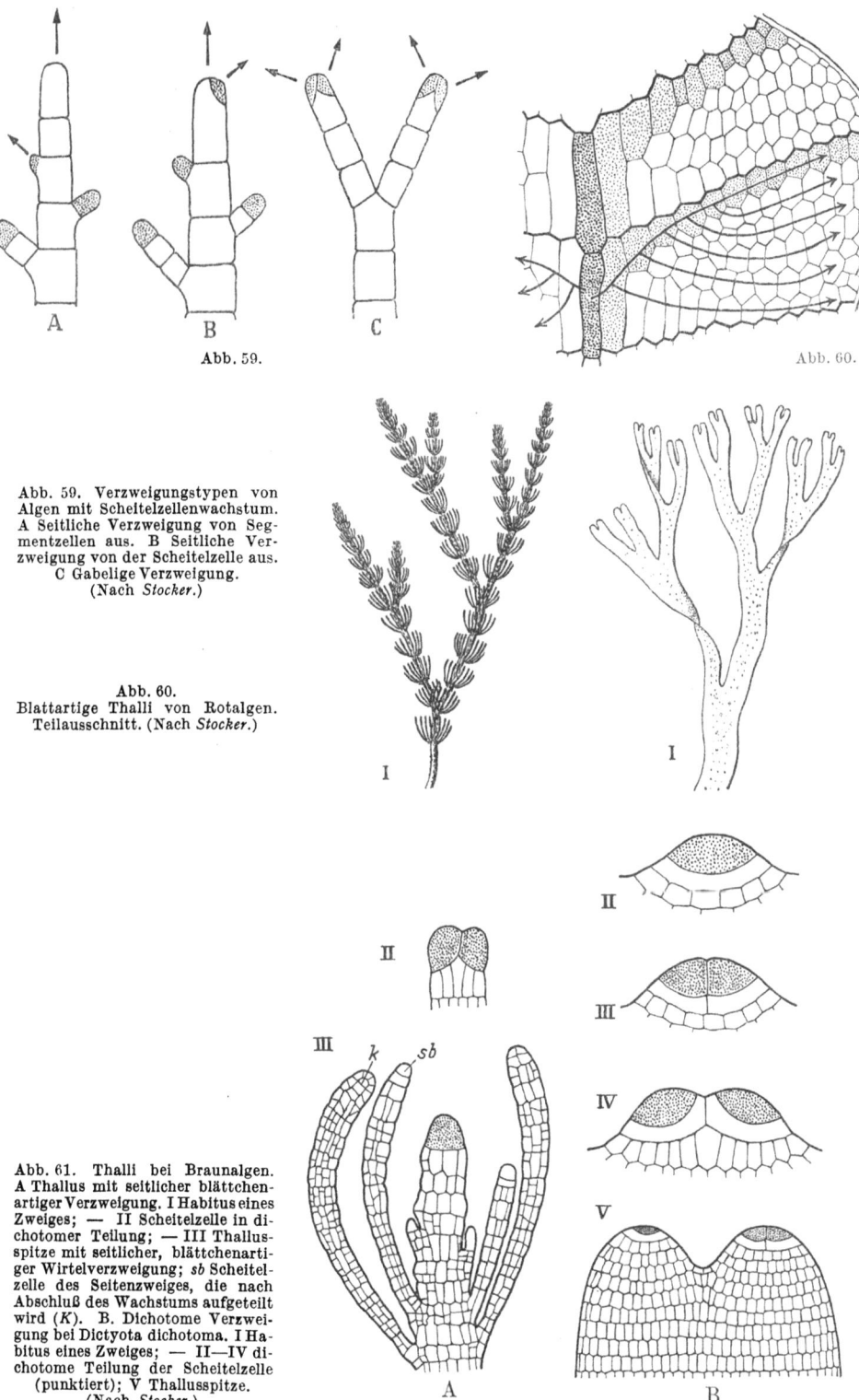

Abb. 59.

Abb. 60.

Abb. 59. Verzweigungstypen von
Algen mit Scheitelzellenwachstum.
A Seitliche Verzweigung von Seg-
mentzellen aus. B Seitliche Ver-
zweigung von der Scheitelzelle aus.
C Gabelige Verzweigung.
(Nach *Stocker*.)

Abb. 60.
Blattartige Thalli von Rotalgen.
Teilausschnitt. (Nach *Stocker*.)

Abb. 61. Thalli bei Braunalgen.
A Thallus mit seitlicher blättchen-
artiger Verzweigung. I Habitus eines
Zweiges; — II Scheitelzelle in di-
chotomer Teilung; — III Thallusspitze mit seitlicher, blättchenarti-
ger Wirtelverzweigung; *sb* Scheitelzelle des Seitenzweiges, die nach
Abschluß des Wachstums aufgeteilt
wird (*K*). B. Dichotome Verzweigung bei Dictyota dichotoma. I Habitus eines Zweiges; — II—IV dichotome Teilung der Scheitelzelle
(punktiert); V Thallusspitze.
(Nach *Stocker*.)

Um eine größere Assimilationsfläche zu erhalten, bilden manche Algen flächige Thalli aus; ihre Verzweigungen sind auch seitlich oder gabelig (Abb. 60, 61).

Durch Verflechtung und Verwachsung von vielen Zellfäden werden größere Thallusbildungen bei Rotalgen, Pilzen und Flechten hervorgerufen. Es gibt Rotalgen, die eine deutliche Gliederung ihres Vegetationskörpers in Stengel und Blätter mit regelmäßiger Stellung der Seitenzweige in Blattachseln aufweisen (Abb. 60).

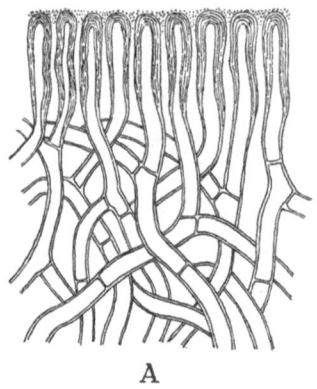 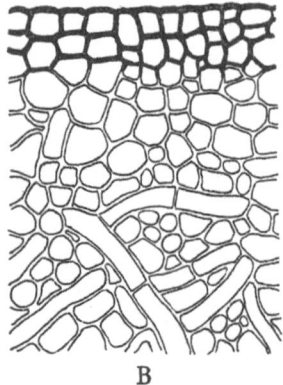

Abb. 62. Flechtgewebe bei Pilzen.
A Längsschnitt durch die Oberfläche eines Pilzes. B Querschnitt durch ein Sklerotium. (Nach *Stocker*.)

Jedoch handelt es sich dabei nur um Analogien zu den höheren Pflanzen, da sie eine ganz andere Entstehungweise besitzen. Die Flechtwerke mancher Pilze und Flechten können so fest aneinandergefügt und verwachsen sein, daß sie eine echte Gewebebildung vortäuschen. Diese Scheingewebe bezeichnet man als *Pseudo-* oder *Plectenchyme* (Abb. 62).

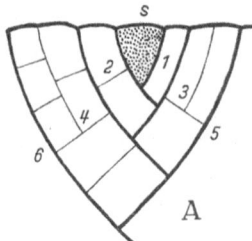 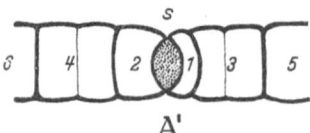

Abb. 63. A und A' Zweischneidige Scheitelzelle eines Lebermooses; in Aufsicht und Querschnitt; — s Scheitelzelle (punktiert); — *1, 2, 3* usw. Segmente, die aus den Tochterzellen hervorgegangen sind; Numerierung mit dem jüngsten Segment beginnend. (Nach *Stocker*.)

Die Moose haben nun den Schritt vom Wasser- zum Landleben getan; damit stehen sie zwar vor neuen Entwicklungsmöglichkeiten, sind aber auch größeren Gefahren ausgesetzt. Zum Schutze gegen Außenwelteinflüsse sind sie von einer Epidermis überzogen. Das der Oberseite ihrer „Blätter" zugekehrte Gewebe ist als Assimilationsgewebe, das zur Unterseite gewandte als Wassergewebe ausgebildet. Kompliziert gebaute Luftkammern dienen dem Gasaustausch. Laubmoose besitzen eine zarte Kutikula als Transpirationsschutz, und bei den am weitesten differenzierten Formen kann man in der Längsrichtung Stränge von gestreckten, dünnwandigen Zellen als Wege der Stoffleitung, und dickwandigere Elemente als Stützstränge beobachten. Das Wachstum geht bei den Moosen von Scheitelzellen aus. Diese sind bei den Lebermoosen zweischneidig, bei den Laubmoosen dagegen dreischneidig, d. h. sie geben nach zwei oder drei Seiten Tochterzellen ab (Abb. 63, 65). Dadurch wird eine viel größere Gleichförmigkeit im Aufbau des Vegetationskörpers bewirkt, der bei den Lebermoosen flächig, bei den Laubmoosen aber, bedingt durch die dreischneidige Scheitelzelle, stammförmig-beblättert ist (Abb. 64, 65). Als Anheftungsorgane bilden die Moose Rhizoide aus, die wahrscheinlich teilweise auch der Nahrungsaufnahme dienen.

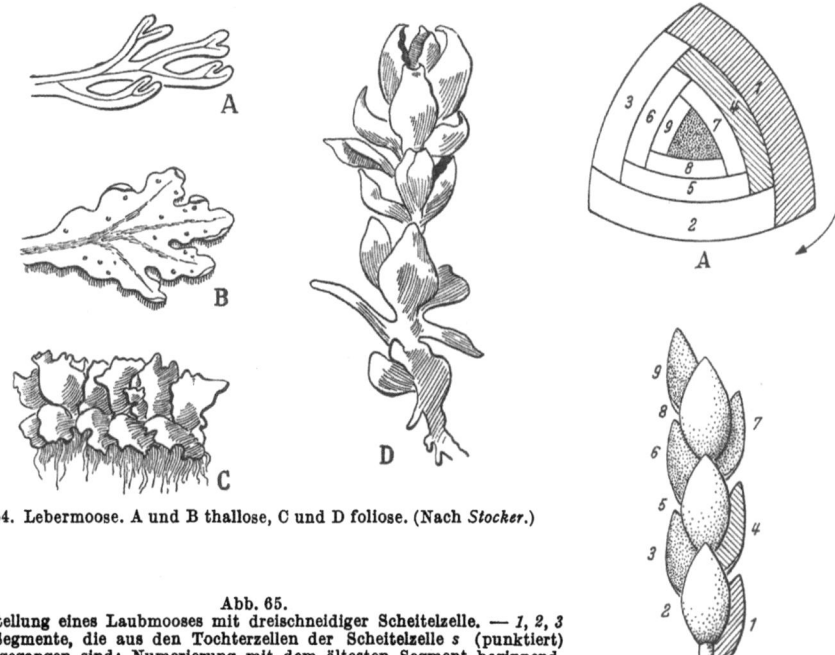

Abb. 64. Lebermoose. A und B thallose, C und D foliose. (Nach *Stocker*.)

Abb. 65.
Blattstellung eines Laubmooses mit dreischneidiger Scheitelzelle. — *1, 2, 3* usw. Segmente, die aus den Tochterzellen der Scheitelzelle *s* (punktiert) hervorgegangen sind; Numerierung mit dem ältesten Segment beginnend. — A Aufsicht; — A' Seitenansicht. (Nach *Stocker*.)

## 2. Der Kormus.

Die strenge Gliederung in Sproß (Stamm und Blätter) und Wurzel ist für den Kormus charakteristisch. Gegenüber dem Thallus mit seinen mannigfaltigen Formen zeigt er einen relativ einheitlichen Bauplan. Da die Kormophyten fast alle Landbewohner sind, einige Formen sind sekundär zum Wasserleben zurückgekehrt, mußten sie, um den Ansprüchen des Landlebens gewachsen zu sein, Wurzeln ausbilden. Durch diese wird die Wasseraufnahme unabhängig vom Regen; ein Leitungssystem befördert das aufgenommene Wasser bis hinauf in die äußersten Sproßspitzen und Blätter. Hier wird die übermäßige Transpiration durch Kutinisierung der Blattepidermis verhindert und durch Spaltöffnungen reguliert. Die Verholzung der leitenden Elemente und die Ausbildung von elastischen Fasern gibt dem Stamm Festigkeit gegen Druck und Zug. Die Wurzel sorgt neben der Wasseraufnahme für die Verankerung des Sprosses im Boden.

## III. Embryo und Keimung.

Schon im Samen ist der junge Embryo so weit ausgebildet, daß man an ihm die Grundorgane des Kormus erkennen kann. Frühzeitig sind schon zwei Vegetationskegel zu erkennen, der des Sprosses und der der Wurzel, von denen das Wachstum ausgeht. Am Sproßvegetationspunkt werden zunächst die Keimblätter (*Kotyledonen*) gebildet, im allgemeinen viele bei den Gymnospermen, zwei bei den Dikotylen und eines bei den Monokotylen (Abb. 66). Zwischen ihnen sitzt eine *Knospe*, unter deren Blättchen sich der eigentliche Vegetationskegel des Sprosses verbirgt. Da in manchen Fällen diese Knospe mit einem Stielchen über den Keimblättern steht, hat man dieses, da es ein Stück des Sprosses der Pflanze darstellt, als *Epikotyl* bezeichnet. Unter den Keimblättern befindet sich meist ebenfalls noch ein Teil des Achsenkörpers, den man *Hypokotyl* nennt. Das Hypokotyl trägt den Wurzelvegetationspunkt an seinem unteren Ende. Da der Embryo sich bei der Keimung des Samens nicht sofort selbst autotroph ernähren kann, sind ihm im Samen die notwendigen Nährstoffe mitgegeben. Sie befinden sich entweder in einem vom Embryo getrennten *Nährgewebe* oder in den Keimblättern; diese sind dann auffallend dick, wie z.B. bei Erbse und

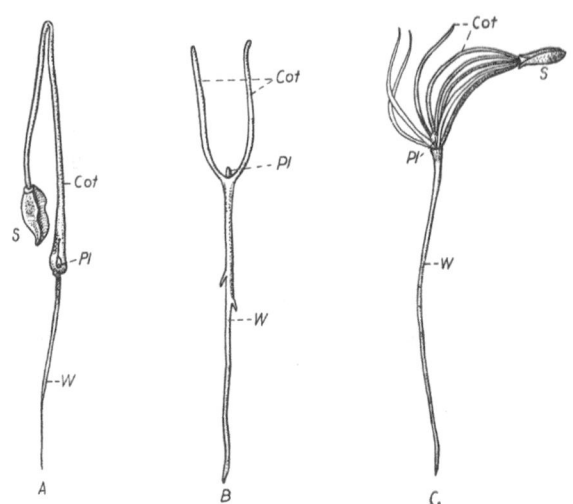

Abb. 66.
Junge Keimpflanzen. A Monokotyle. B Dikotyle. C Gymnosperme. W Wurzel, *Pl* Stammknospe, *Cot* Keimblätter, *S* Samenschale. (Nach *Ullrich-Arnold*.)

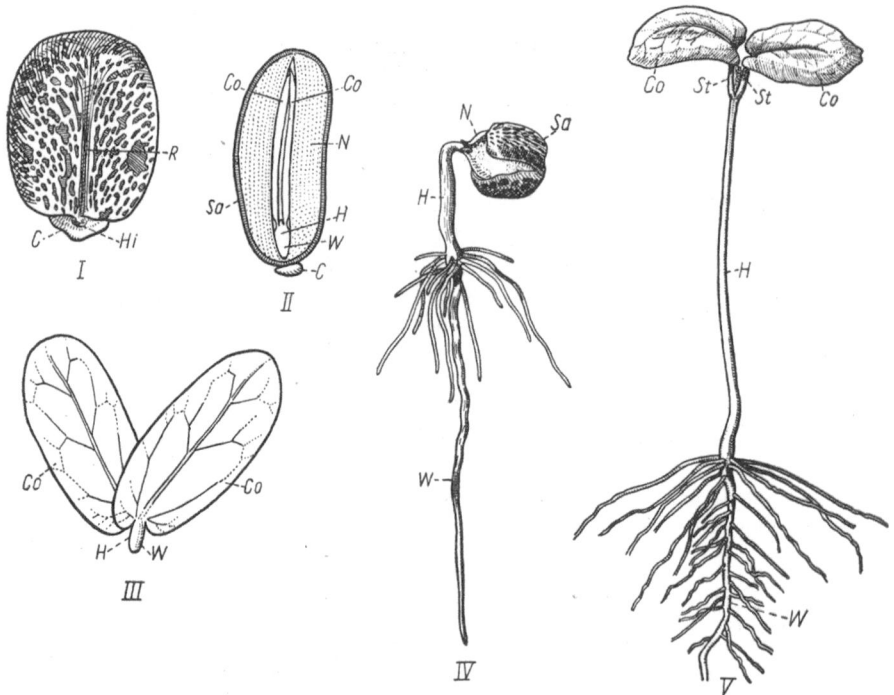

Abb. 67. Epigäische Keimung bei Ricinus. I und II Same. III Isolierter Embryo mit auseinandergeklappten Keimblättern. IV Keimender Same. V Keimpflanze — *C* Caruncula; — *Hi* Hilum; — *R* Raphe; — *Sa* Samenschale; — *N* Nährgewebe; — *H* Hypoketyl; — *W* Wurzelanlage bzw. Wurzel; — *Co* Kotyledonen; — *St* Kotyledonarstiele. (Nach *Ullrich-Arnold*.)

Bohne. Bei der *Keimung* durchbricht zuerst die Wurzel die Samenschale und dringt in die Erde ein. Je nach dem Verhalten des Hypo- und Epikotyls bei der Entfaltung des Embryos ist die Art der Keimung verschieden. Das Hypokotyl kann sich strecken und die Keimblätter aus der Erde ans Licht heben; die grünen Keimblätter dienen als Assimilationsorgane. Diese Art der Keimung, die am häufigsten ist, bezeichnet man als *epigäische*. Bei dem anderen Keimungsmodus bleibt das Hypokotyl kurz, so daß die Keimblätter meist unter der Erde bleiben; sie dienen dann als Speicherorgane (Erbse, Bohne, Eiche, Roßkastanie). Diese Art der Keimung nennt man *hypogäisch* (Abb. 67, 68).

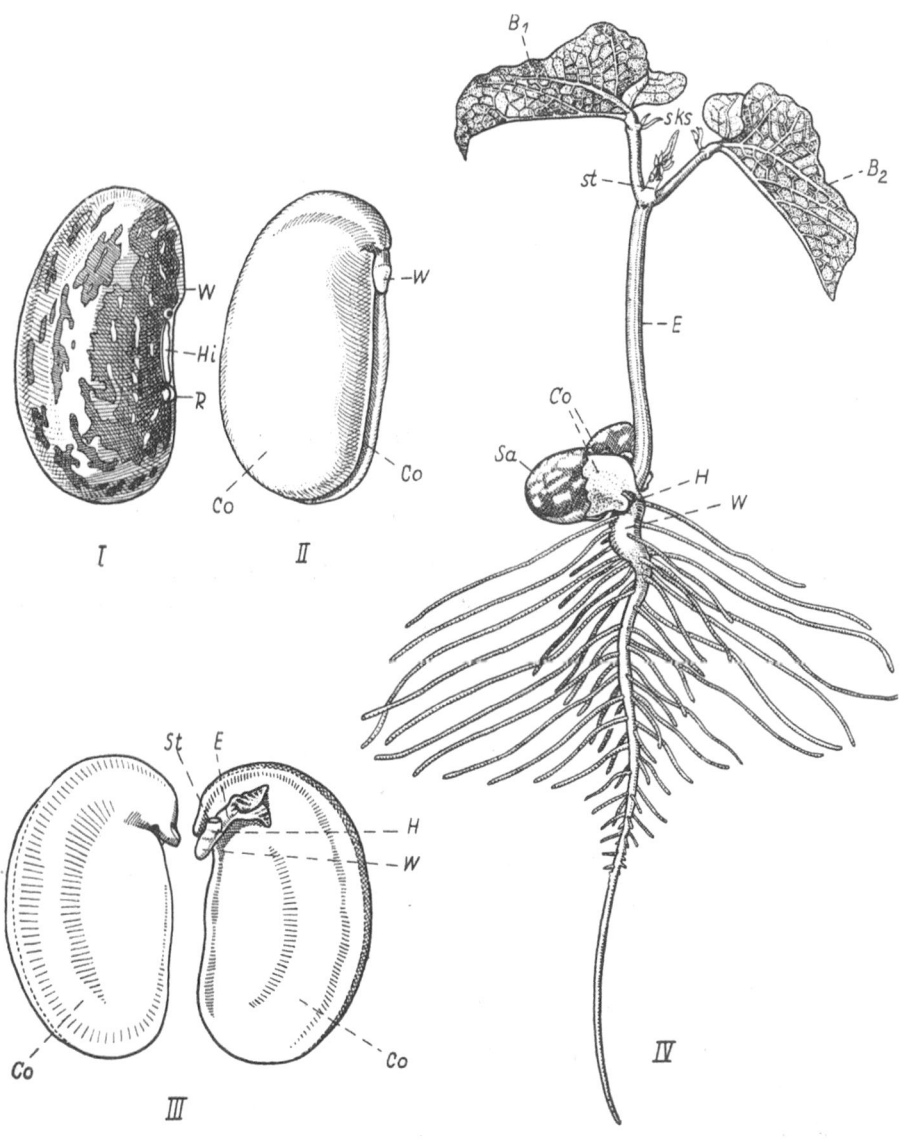

Abb. 68. Hypogäische Keimung bei der Feuerbohne. I und II Same. III Embryo mit ausgebreiteten Keimblättern. IV Keimpflanze. W Wurzelanlage bzw. Wurzel; — Hi Hilum; — R Raphe; — Co Kotyledonen; — St Stielnarbe des abgeschnittenen Keimblattes; — H Hypokotyl; — E Epikotyl; — K Sproßknospe; — B₁ und B₂ erste Laubblätter; Sa Samenschale. (Nach *Ullrich-Arnold*.)

# IV. Der Sproß.

## 1. Der Vegetationskegel des Sprosses.

Der Vegetationskegel liegt an der Spitze der Sproßachse. Durch sein Wachstum kommt die Verlängerung der Sproßachse zustande. Er ist umgeben von jungen *Blatt-*

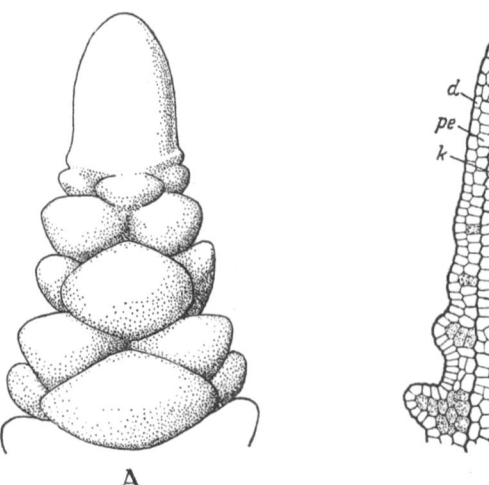

Abb. 69. Vegetationskegel eines Sprosses. A Ansicht. B Längsschnitt. *d* Dermatogen, *pe* Periblem (-Tunica). *k* Corpus (-Plerom). (Nach *Stocker*.)

*anlagen,* die als kleine Höckerchen *exogen*, also aus seinen äußeren Schichten, entstehen (Abb. 69). Die schon etwas älteren Blattanlagen wölben sich kuppelartig über die zarte Vegetationsspitze und schützen sie dadurch. In den Achseln der Blätter bilden sich neue Vegetationskegel, die sog. *Seitenknospen,* aus denen die Seitenzweige hervorgehen. Auch die Winterknospen unserer Holzgewächse entstehen auf diese Weise; sie werden bereits im Frühsommer angelegt und ruhen bis zum nächsten Frühling. Sie tragen außen eine Anzahl meist derber, lederiger Blätter, sog. *Knospenschuppen*, die den inneren Teil der Knospe vor den Unbilden des Winters schützen sollen. Nur selten fehlen diese Knospenschuppen, man bezeichnet solche Knospen dann als *nackt* (z. B. beim Schneeball).

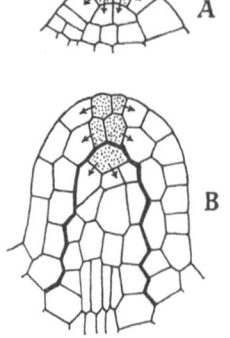

Abb. 70.
Vegetationskegel mit punktiert gezeichneten Initialzellen. A Einreihige Initialzellen bei einer Gymnosperme. B Mehrreihige Initialzellen bei einer Angiosperme. (Nach *Stocker*.)

Das Wachstum des Vegetationskegels erfolgt nicht wie bei den Thallophyten durch Scheitelzellen, sondern durch mehrere sich unabhängig voneinander teilende Urmeristemzellen, die *Initialzellen*. Bei den Gymnospermen liegen sie in einer Schicht, bei den Angiospermen dagegen in mehreren Schichten übereinander (Abb. 70). Durch verschiedene Teilungsrichtungen der Zellen kommt eine Sonderung der embryonalen Zellen in peripherische Schichten (*Tunica*) und in einen Zentralstrang (*Corpus*) zustande. Aus der Tunica gehen Rinde und Epidermis und aus dem Corpus der Zentralzylinder hervor. Während die Initialzellen dauernd embryonal bleiben, behalten die von ihnen abgegebenen Zellen diesen Zustand nur so lange bei, als sie in Teilung bleiben. Unter Vergrößerung und anschließender Differenzierung erreichen sie ihre endgültige Form und gehen in *Dauergewebe* über. Deren anatomischer Bau ist ausführlich im Abschnitt „Mikroskopie" beschrieben.

## 2. Die Sproßachse.

Die Stengelzonen, an denen die Blatthöcker entstanden sind, bezeichnet man als *Knoten*, da sie sich manchmal auch äußerlich in älteren Stadien am Stengel als solche erkennen lassen (z. B. Grasknoten). Das Stengelstück, das zwischen zwei solchen Blattansatzstellen liegt, nennt man *Internodium*. Dieses ist anfangs am jungen Vegetationskegel noch kaum zu erkennen, später streckt es sich aber, und die einzelnen Blattanlagen rücken auseinander. Die längenmäßige Ausdehnung der Sproßachse kommt dem Streckungswachstum der Internodien zu. Bei vielen Pflanzen weisen die Internodien noch sog. *interkalare Wachstumszonen* auf, die häufig für lange Zeit embryonal bleiben und später zu erheblichen Streckungen der Internodien führen können; es strecken sich dann nicht nur vorhandene Zellen, sondern es werden auch neue gebildet.

Die Bildung von *Lang-* oder *Kurztrieben* bei vielen unserer Bäume ist eine Folge unterschiedlichen Internodienwachstums. Die Langtriebe zeigen eine mehr oder minder starke Streckung der Internodien, während die Kurztriebe ein stark unterdrücktes Internodienwachstum aufweisen. Bei *Rosettenpflanzen* sind die Internodien ebenfalls stark ge-

Abb. 71. Halbrosettenpflanze. (Nach *Ullrich-Arnold*.)

Abb. 72. Ganzrosettenpflanze. (Nach *Ullrich-Arnold*.)

staucht, sie behalten aber die Fähigkeit zur Streckung bei. *Halbrosettenpflanzen* bilden zunächst eine Blattrosette aus, gehen dann aber zur Bildung längerer Internodien über (Abb. 71). Von *Ganzrosetten* spricht man immer dann, wenn die vegetative Phase nur als Rosette erscheint und lediglich der Blütenstand darüber hinausragt (Abb. 72).

Die Anordnung der Gewebe in Stengel und Stamm ist im Abschnitt „Mikroskopie" besprochen. Es sei nur erwähnt, daß bestimmte Typen von Leitbündeln für bestimmte Organe oder Gruppen von Pflanzen charakteristisch sind. Abb. 73 zeigt schematisch die einzelnen Leitbündeltypen und deren theoretische Ableitung von der *Protostele* (ein einziges hadrozentrisches Bündel) der *Psilophyten*. Mit den Leitbündeln des Stengels werden gleichzeitig im Vegetationskegel die der Blatt-

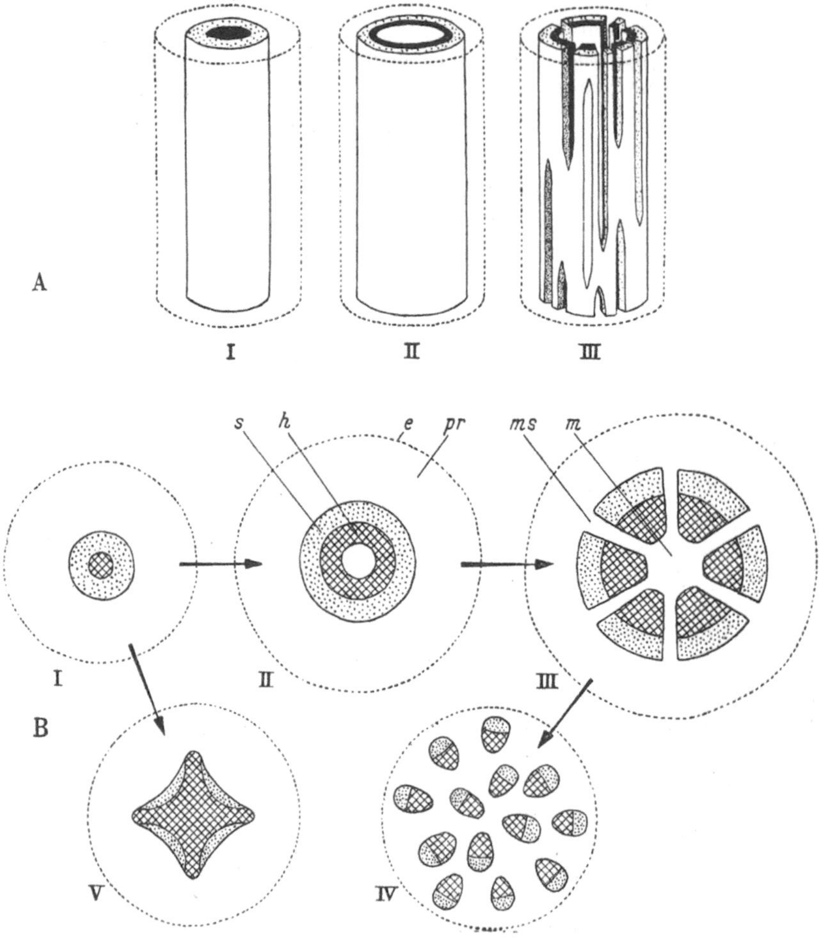

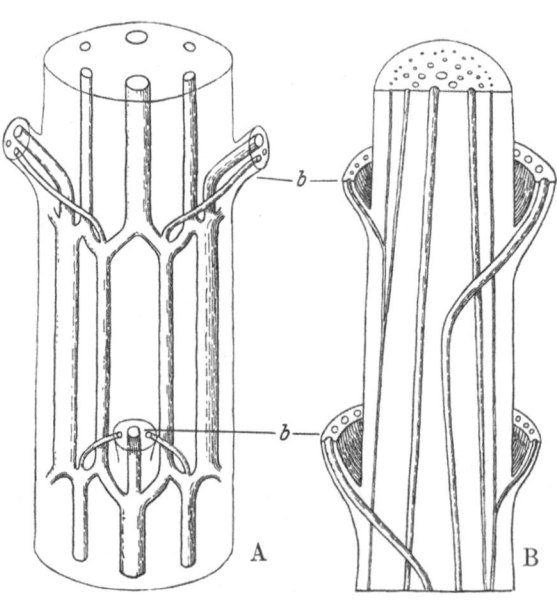

Abb. 73. Leitbündelanordnungen. A Modell der Protostele (I), Siphonostele (II) und des Überganges zur Eustele (III) bei den Farnen. B Stelen im Querschnitt. I Protostele (Psilophyten), II Siphonostele (Farne), III Eustele (Dikotyle), IV Ataktostele (Monokotyle), V Aktinostele (Wurzel). *e* Epidermis, *pr* Primäre Rinde, *s* Siebteil (punktiert), *h* Holzteil (schraffiert), *m* Mark, *ms* Primäre Markstrahlen. (Nach *Stocker*.)

Abb. 74. Blattspuren und Leitbündel. A Schema einer Dikotylen. B Schema einer Monokotylen. *b* Blattstiele bzw. Blattscheiden. (Nach *Stocker*.)

anlagen angelegt. Beide Systeme treten durch die *Blattspuren* miteinander in Verbindung. Die Art und Weise wie das geschieht, ist bei den einzelnen Gruppen der Pflanzen sehr unterschiedlich. Bei den Farnen münden die Blattspuren sofort in die Stele; bei den Samenpflanzen dagegen verlaufen sie noch ein Stück selbständig im Stengel und vereinigen sich dann auf komplizierte Weise (Abb. 74).

### 3. Die Stellung der Blätter am Sproß.

Wie schon erwähnt, treten die Blätter zuerst als höckerartige Verwölbungen am Sproßvegetationskegel hervor. Sie entstehen aus den äußeren Schichten desselben, aus der Tunica (Dermatogen und Periblem), also exogen. Die Stellen der Sproßachse, an denen sie erscheinen, bezeichnet man als Knoten. An einem solchen Knoten können nun ein oder mehrere Blätter auftreten und in bestimmter Weise angeordnet sein. Man unterscheidet zwei Hauptformen der Blattstellung: die wirtelige und die wechselständige.

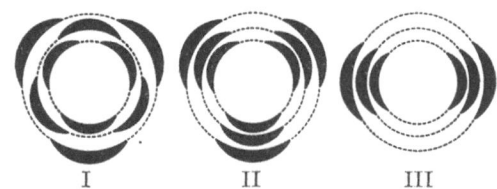

Abb. 75. Diagramme zur Wirtelstellung. I dreigliedrige, alternierende Wirtel. II dreigliedrige, superponierte Wirtel. III zweigliedrige, superponierte Wirtel. (Nach *Ullrich-Arnold*.)

Die *wirtelige Blattstellung* ist durch den Ansatz von zwei oder mehreren Blättern an einem Knoten gekennzeichnet. Man spricht dann von 2-, 3-, 4-, 5zähligen Wirteln (Abb. 75). Trägt ein Wirtel nur zwei Blätter und stehen diese am Stengel in zwei Reihen übereinander, so spricht man von *gegenständigen* Blättern; stehen jedoch die Blätter eines Wirtels jeweils auf Lücke zu denen der benachbarten Wirtel, also gekreuzt, so bezeichnet man sie als *dekussiert* (Abb. 76).

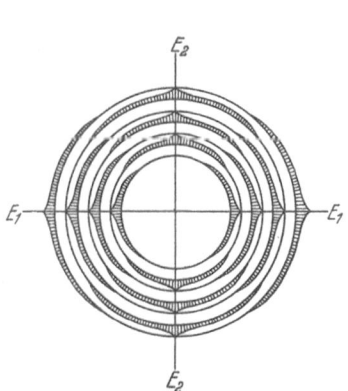
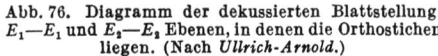

Abb. 76. Diagramm der dekussierten Blattstellung. $E_1$—$E_1$ und $E_2$—$E_2$ Ebenen, in denen die Orthostichen liegen. (Nach *Ullrich-Arnold*.)

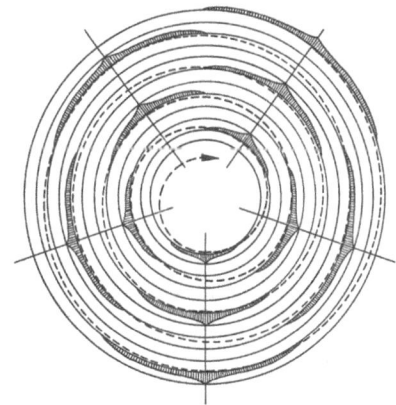

Abb. 77. Diagramm für wechselständige Blattstellung mit eingetragener Grundspirale. Die 5 radialen Linien bezeichnen die Orthostichen. (Nach *Ullrich-Arnold*.)

Die *wechselständige Blattstellung* ist dadurch charakterisiert, daß an jedem Knoten jeweils nur ein Blatt ansetzt. Verbindet man die aufeinanderfolgenden Blattansatzstellen durch eine den Stengel in mehr oder weniger großem Abstand umlaufende Linie miteinander, so erhält man eine Schraubenlinie, die nach Projektion in eine Ebene sich als Spirale erweist. Nach gleichen Bruchteilen eines Umlaufs (Divergenz) steht an ihr je ein Blatt. Die Winkel, die die Mittelrippen zweier aufeinanderfolgender Blätter bilden, bezeichnet man als Divergenzwinkel; sie können in Bruchteilen eines Umlaufs um die Achse ausgedrückt werden. Häufig vorkommende Werte sind: $^{1}/_{2}$, $^{1}/_{3}$, $^{2}/_{5}$, $^{3}/_{8}$, $^{5}/_{13}$, $^{8}/_{21}$ usw., oder in Graden ausgedrückt 180, 120, 144, 135 usw. Bogengrade. Die nach Ablauf eines Zyklus entsprechend angeordneten Blätter (Abb. 77) bilden außerdem sog. Geradreihen — Orthostichen. Daneben sind auch noch Schrägreihen — Parastichen erkennbar.

#### 4. Die Verzweigung der Sproßachse.

Da ja die Seitenzweige, wie schon erwähnt wurde, aus in den Achseln von Blättern stehenden Seitenknospen hervorgehen, ist für ihre Stellung an der Sproßachse die Art der Blattstellung von grundlegender Bedeutung. Nur in der fertilen Region der Sproßachse (Blütenstände) treiben fast alle diese Seitenknospen aus, in der vegetativen Region der Pflanze dagegen gelangt nur ein Teil der Achselknospen zur Bildung von Seitensprossen. Hinsichtlich der Verzweigung der Sproßachse herrscht eine gewisse Gesetzmäßigkeit, die aber von physiologischen Bedingungen abhängt, die noch nicht genügend bekannt sind. Die *gabelige* Verzweigung (Dichotomie) kommt dadurch zustande, daß die Hauptachse sich am Sproßscheitel in zwei gleichwertige Tochterachsen gabelt, ähnlich der Verzweigung der Thalli mancher Algen; sie ist nur bei gewissen farnartigen Gewächsen zu finden. Viel wichtiger ist

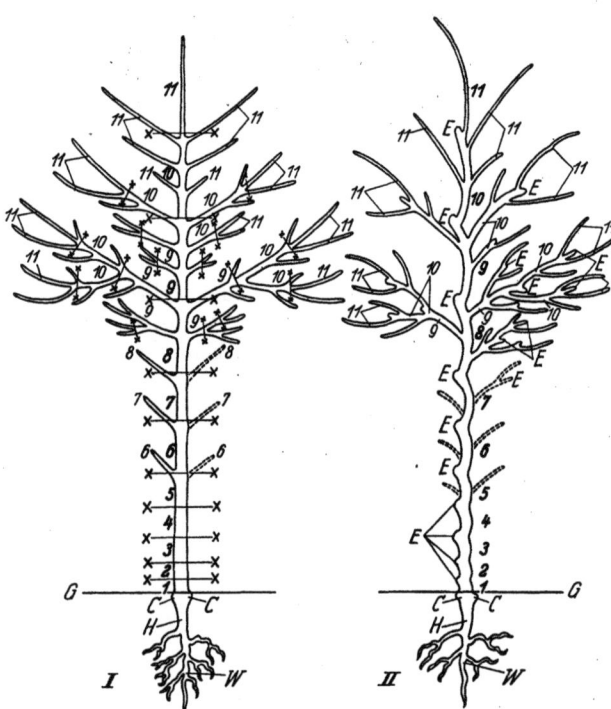

Abb. 78. Wuchsform und Verzweigung monopodialer (I) und sympodialer Bäume (II). 1—11 Die einzelnen Jahrestriebe, *x—x* deren Grenzen, *E* das abgestorbene Triebende, *W* Hauptwurzel, *H* Hypokotyl, *C* Kotyledonarknoten, *P* Primärsproß, *G* Erdgrenze. (Nach *Ullrich-Arnold*.)

die *seitliche* Verzweigung, die durch Entfaltung von Achselknospen zustande kommt. Hier kann man zwei Hauptsysteme unterscheiden. Bei der *monopodialen* Verzweigung ist das Wachstum der Hauptachse gegenüber dem der Seitenachsen gefördert; das Charakteristische ist die einheitliche Hauptachse, z. B. bei Tanne und Fichte (Abb. 78 I). Bei der *sympodialen* Verzweigung stellt die Hauptachse ihr Wachstum ein, und Nebenachsen übergipfeln diese (Abb. 78 II). Da nun jeweils eine, zwei oder auch mehrere Nebenachsen in verstärktem Maße gefördert werden können, muß man beim Sympodium mehrere Verzweigungstypen unterscheiden. Setzt nur *ein* Seitensproß das Verzweigungssystem fort, wie z. B. bei der Linde, so spricht man von einem *Monochasium*; setzen dagegen *zwei* obere Seitensprosse das Verzweigungssystem fort, so spricht man von einem *Dichasium*, wie es z. B. bei Flieder, Weide und der Mistel zu beobachten ist (Abb. 79).

Auch bei den *Blütenständen* sind diese Verzweigungstypen wieder zu finden; hier gehen die Seitenzweige meist aus der Achsel sehr kleiner Hochblätter hervor und tragen als Endknospen die Blüten. Man unterscheidet razemöse und zymöse

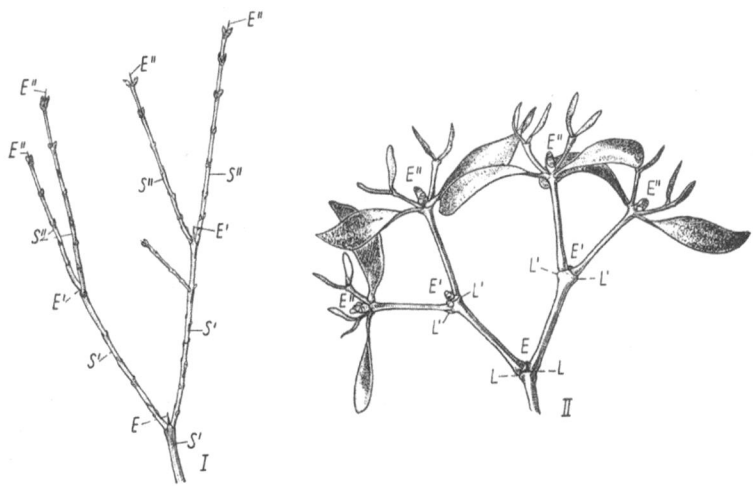

Abb. 79. Dichasial verzweigte Äste vom Flieder (I) und der Mistel (II). *E, E'* und *E''* abgestorbene Enden bzw. terminale Blütenstände der aufeinanderfolgenden Triebgenerationen *S, S'* und *S''*. *L* und *L'* Narben der abgefallenen Laubblätter. (Nach *Ullrich-Arnold*.)

Blütenstände, je nachdem sie sich nach dem Typus des Monopodiums oder Sympodiums verzweigen. Bei den *razemösen* Blütenständen kann man sieben Formen unterscheiden (Abb. 80):

Die *Traube* besteht aus einer Hauptachse, die in Achseln von Blättern gestielte Blüten trägt (z. B. Traubenkirsche).

Bei der *Ähre* sind die Seitenachsen gestaucht, die Blüten also sitzend (z. B. Roggen).

Der *Kolben* entspricht in seinem Aufbau der Ähre, jedoch ist seine Hauptachse keulig angeschwollen (z. B. Aronstab, Kalmus).

Bei der *Dolde* sind die Seitenachsen etwa gleich lang wie die Hauptachse und entspringen an einem Punkt an dieser; entspringen sie nicht an einem Punkt, so nennt man den Blütenstand eine Schirmtraube. Tragen die Neben- und meist auch die Hauptachse ihrerseits wieder Dolden, so spricht man von einer zusammengesetzten Dolde (z. B. Doldenblütler).

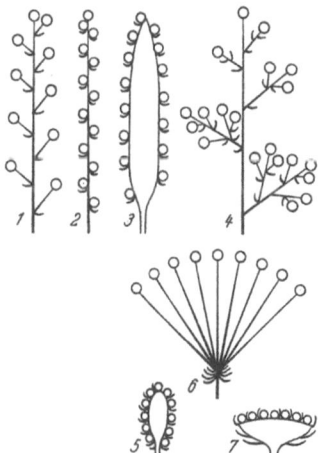

Abb. 80. Schema razemöser Blütenstände. *1* Traube; *2* Ähre; *3* Kolben; *4* Rispe; *5* Köpfchen; *6* Dolde; *7* Körbchen. (Nach *Strasburger*.)

Bei einem *Köpfchen* ist die Hauptachse kugelig angeschwollen und die Seitenachsen gestaucht (z. B. Scabiose).

Bei einem *Körbchen* ist die Hauptachse scheibenförmig verbreitert und trägt darauf die Blüten (z. B. Arnica, Sonnenblume).

Die *Rispe* besitzt verzweigte Seitenachsen 1. Ordnung, die aber kürzer als die Hauptachse sind (z. B. Hafer); übergipfeln diese aber die Hauptachse, so ergibt sich eine Trugdolde.

Die *zymösen* Blütenstände kann man vom *Dichasium* ableiten, das bei den Nelkengewächsen zu beobachten ist. Wird nur eine Seitenachse ausgebildet, kommt man zum *Monochasium*, wird diese Seitenachse jeweils nach einer Seite ausgebildet, erhält man einen *Schraubel*, wird sie jedoch abwechselnd nach rechts und links entwickelt, bekommt man einen *Wickel*. Werden mehr als zwei Seitenachsen in einem zymösen Blütenstand ausgebildet, so spricht man von einem *Pleiochasium* (z. B. bei Euphorbia — Wolfsmilch).

## 5. Umgestaltungen der Sproßachse.

Der äußere und innere Bau der Sproßachse ist nicht immer in typischer Form ausgebildet, sondern in vielen Fällen an die Lebensweise und Umwelt der Pflanze angepaßt. Entwicklungsgeschichtlich kann man jedoch nachweisen, daß die von der Grundform abweichenden Bildungen auf diese zurückzuführen sind. So übernimmt die Sproßachse möglicherweise Funktionen, die sonst anderen Organen zukommen würden.

Relativ geringe Abweichungen vom normalen Typus der Sproßachse zeigen die *Ausläufer*. Sie wachsen von der Mutterpflanze plagiotrop, d. h. parallel zum Erdboden, fort und tragen an ihrer Spitze eine Erneuerungsknospe, die sich alsbald zu einer Tochterpflanze entwickelt (z. B. Erdbeere). Durch Absterben der Ausläuferinternodien wird diese dann von der Mutterpflanze isoliert. Viele Ackerunkräuter bilden unterirdische Ausläufer (*Stolonen*), die sich noch vielfach verzweigen können und an ihren Enden zahlreiche Erneuerungsknospen tragen. Die Bekämpfung solcher Formen (Quecke, Huflattich) ist oft mit vielen Schwierigkeiten verbunden.

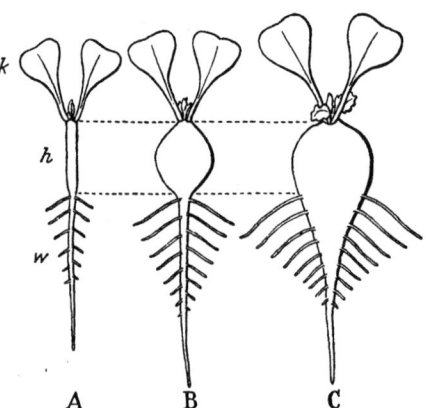

Übernehmen unterirdische Sproßteile die Speicherung von Stoffen und sind die einzelnen Internodien dabei gestaucht, so bilden sich die sog. *Rhizome*. Sie sind dorsiventral gebaut, wachsen im allgemeinen plagiotrop und tragen an ihren Knoten kleine, schuppenförmige Blättchen, häufig an ihrer Unterseite auch Wurzeln. Rhizompflanzen sind mehrjährig, ihre Verzweigung kann mono- oder sympodial erfolgen.

Zur Speicherung von Stoffen dienen auch die *Zwiebeln*. Sie bestehen aus einer stark gestauchten Sproßachse (Zwiebelscheibe), an der viele fleischig gewordene Blätter sitzen, die die eigentliche Speicherfunktion übernommen haben. Weiter dienen der Speicherung von Reservestoffen oder Wasser die *Sproßknollen*. Beim

Abb. 81. Sproßknollen- und Rübenbildung. A Typische Keimpflanze. B Sproßknolle beim Radieschen. C Rübe beim Rettich. *k* Keimblätter, *h* Hypokotyl, *w* Keimwurzel. (Nach *Stocker*.)

Radieschen (Abb. 81) entstehen sie durch Anschwellung des Hypokotyls, beim Rettich beteiligt sich an der Bildung auch noch die Wurzel. Knollen dieser Art bezeichnet man als Rüben. Rein unterirdisch sind die Knollen der Kartoffelpflanzen; sie entstehen an horizontalen Ausläufersprossen durch Stauchung und Verdickung der Internodien.

Normalerweise kommt den Blättern die Assimilationstätigkeit am Sproß zu; es gibt aber Pflanzen, bei denen die grün bleibenden Sproßachsen die gesamte Assimilation übernehmen, wobei die Blätter entweder rudimentär sind oder fehlen. Man spricht dann von *Assimilationssprossen*. Ihre Gestalt kann rutenförmig sein,

wie z. B. beim Besenginster, oder abgeplattet und mehr
oder weniger blattähnlich. Hier spricht man dann von
Flachsprossen. Sie können aus Langsprossen entstehen
(Kladodien) oder auch aus Kurzsprossen (Phyllokladien)
(Abb. 82). Übernimmt die Sproßachse zugleich mit
der Assimilationstätigkeit auch die Speicherung des
Wassers, so bezeichnet man die Pflanzen als *stamm-
sukkulent*. Die Sukkulenz ist parallel bei mehreren Familien des Pflanzenreichs entwickelt, ohne daß irgendwelche
verwandtschaftlichen Beziehungen zueinander bestehen.
So beobachtet man sie bei den Kakteen, den Euphor-
biaceen und Asclepidiaceen (Abb. 83). Bei allen diesen
Formen fehlen praktisch die Blätter, der Stamm übernimmt die Assimilation und enthält ein umfangreiches
Wasserspeichergewebe.

Weitere Umbildungen der Sproßachse sind *Windes-
sprosse*, bei denen die Achse selbst an einer Stütze
durch steile Windungen emporwächst und Halt findet,
*Sproßranken*, die kletternde Pflanzen an der Unterlage
festhalten und häufig noch Haken tragen (z. B. Wein-
rebe, wilder Wein) und *Sproßdornen* (z. B. Schlehe), die
Verwandschaft mit den Hakenranken aufweisen. Sie sind
Kurztriebe, die ihr Wachstum einstellen und verholzen
(Abb. 84).

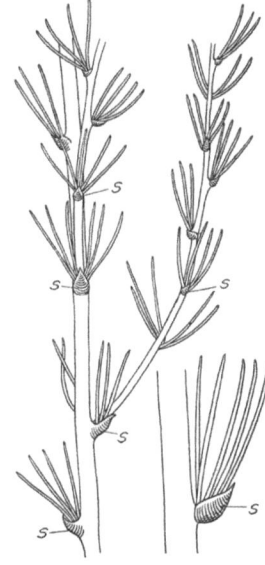

Abb. 82. Spargel. Phyllokladien,
in den Achseln der schuppenförmigen Laubblätter (s) stehend.
(Nach *Ullrich-Arnold*.)

## 6. Das Blatt.

Der anatomische Bau der Blätter ist im Abschnitt „Mikroskopie" beschrieben wie
auch ihre Entstehungsweise am Vegetationskegel des Sprosses. Während die Sproß-

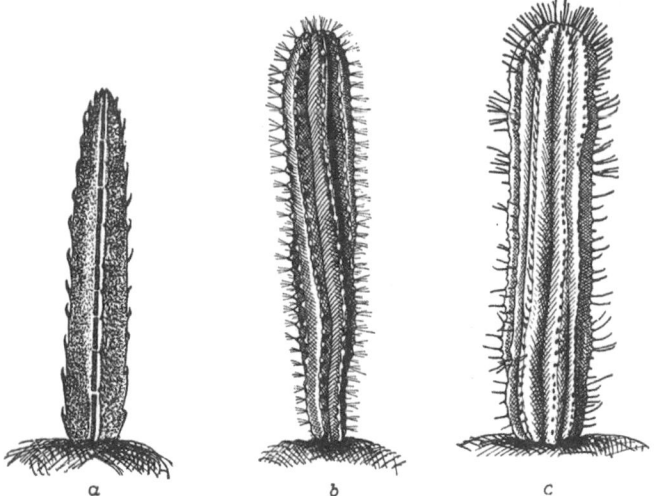

Abb. 83. Morphologische Konvergenz dreier Stammsukkulenten. *a* Asclepidiaceae. *b* Cactaceae. *c* Euphorbiaceae.
(Nach *Ullrich-Arnold*.)

achse mittels ihres Vegetationspunktes unbegrenzt an der Spitze weiterwächst,
wachsen die Blattanlagen im allgemeinen nur kurze Zeit an ihrer Spitze. Dauerndes
Spitzenwachstum findet man im wesentlichen nur bei Farnen. Sonst wird die Spitze

zuerst in Dauergewebe umgewandelt und das weitere Wachstum erfolgt interkalar an der Basis des Blattes.

Obwohl alle Blätter in gleicher Weise angelegt werden, besitzen sie doch an ein und demselben Stengel unterschiedliche Ausbildung, da sie verschiedene Funktionen zu erfüllen haben; sie werden in einer bestimmten Reihenfolge (Blattfolge) ausgebildet. Zuunterst befinden sich an der Sproß-achse die *Keimblätter*, darauf folgen die *Nieder-blätter* oder sofort die *Laubblätter* und danach, zur Blütenregion hin, die *Hochblätter*. Die Form der *Laubblätter* ist für einzelne Pflanzen oder Pflanzengruppen oft sehr charakteristisch. Sie sind meist in die Blattspreite, den Blattstiel und in den Blattgrund (an der Basis des Stie-les) gegliedert. Letzter kann als Blattscheide ausgebildet sein oder Nebenblätter tragen. Häufig ist er jedoch unscheinbar und geht allmählich in den Blattstiel über.

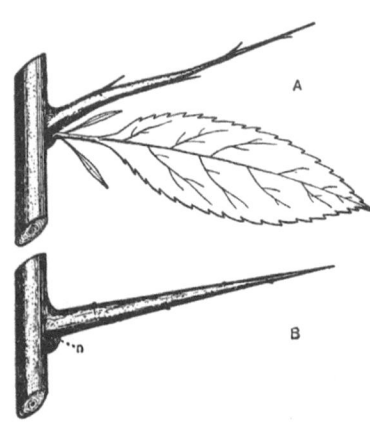

Abb. 84. Sproßdorn von Crataegus (Rosaceae). A kurz nach seiner Bildung in der Achsel seines Laubblattes, noch weich und grün, mit pfriemlichen Blättern besetzt. B verholzt, braun und starr, mit den Narben der abge-fallenen Blätter (*n*). (Nach *Ullrich-Arnold*.)

Schon am Vegetationskegel gliedern sich die höckerartigen Laubblattanlagen in das *Oberblatt* und das *Unterblatt*. Aus dem ersten gehen Blattspreite und -stiel hervor, aus dem letzten der Blattgrund und als Anhängsel daran die Nebenblätter.

Die *Blattspreite* ist meist dünn, flächig und dorsiventral gebaut; sie kann ungeteilt (Linde), geteilt (Ahorn) oder aus Teilblättchen zusammengesetzt sein (Robinie, Akazie). Den monokotylen Pflanzen kommen meist einfache Blätter zu, den Dikotylen häufig auch zusammengesetzte. Als feines Netzwerk durchziehen Leitbündel die Blattspreite. Sie leiten Wasser und Assimilate und geben dem Blatt gleichzeitig eine gewisse Festigkeit. Vielfach ist der in der Mediane verlaufende Nerv besonders kräftig entwickelt. Der Leitbündelbau der Blattspreite entspricht dem des Stengels, jedoch ist der Holzteil zur Blattoberseite und der Siebteil zur Blattunterseite zugewendet. Die Anordnung der Leitbündel in der Blattspreite ist für bestimmte Pflanzengruppen eine charakteristische. So finden wir bei vielen Farnen und bei Ginkgo gabelige Nerven, bei fast allen Monokotylen parallel laufende Nerven und bei den Dikotylen eine netzige oder fiederartige Nervatur mit einem Mittelnerv. Die meisten Nadelhölzer besitzen einnervige Blätter.

Für die Bestimmung von Pflanzen können noch folgende Merkmale der Blätter von Bedeutung sein:

**Die Gestalt des Blattes** nach dem Gesamtumriß kann sein:
*nadelförmig* (z. B. Nadelhölzer);
*linealisch* (viel länger als breit, mit parallelen Nerven, z. B. Gräser, Schwertlilie, Nelken) Abb. 85a;
*lanzettlich* (3- bis 4mal so lang als breit, mit zugespitzten Enden, z. B. Weidenröschen) Abb. 85b;
*eiförmig* (am Grunde breiter als an der Spitze, etwa doppelt so lang als breit, z. B. Birnbaum) Abb. 85c;
*verkehrt eiförmig* (über der Mitte am breitesten, etwa doppelt so lang als breit, z. B. Aurikel) Abb. 85d;
*elliptisch* (z. B. Kirschbaum) Abb. 85e;
*kreisrund* (z. B. Froschbiß);
*keilförmig* (in der Nähe der Spitze am breitesten, nach dem Grunde hin spitz zulaufend, z. B. Seidelbast) Abb. 85f;
*spaltelförmig* (in der Nähe der Spitze am breitesten, nach dem Grunde hin spitz zulaufend; Spitze abgerundet; z. B. Gänseblümchen) Abb. 85g;

*nierenförmig* (z. B. Haselwurz) Abb. 85 h;

*rautenförmig* (ein verschobenes Viereck darstellend, z. B. Schwarzpappel) Abb. 85 i.

**Die Anheftungsweise des Blattes** an den Stengel wird durch folgende Ausdrücke wiedergegeben:

*gestielt* (wenn ein Blattstiel vorhanden ist);

*sitzend* (wenn ein Blattstiel fehlt);

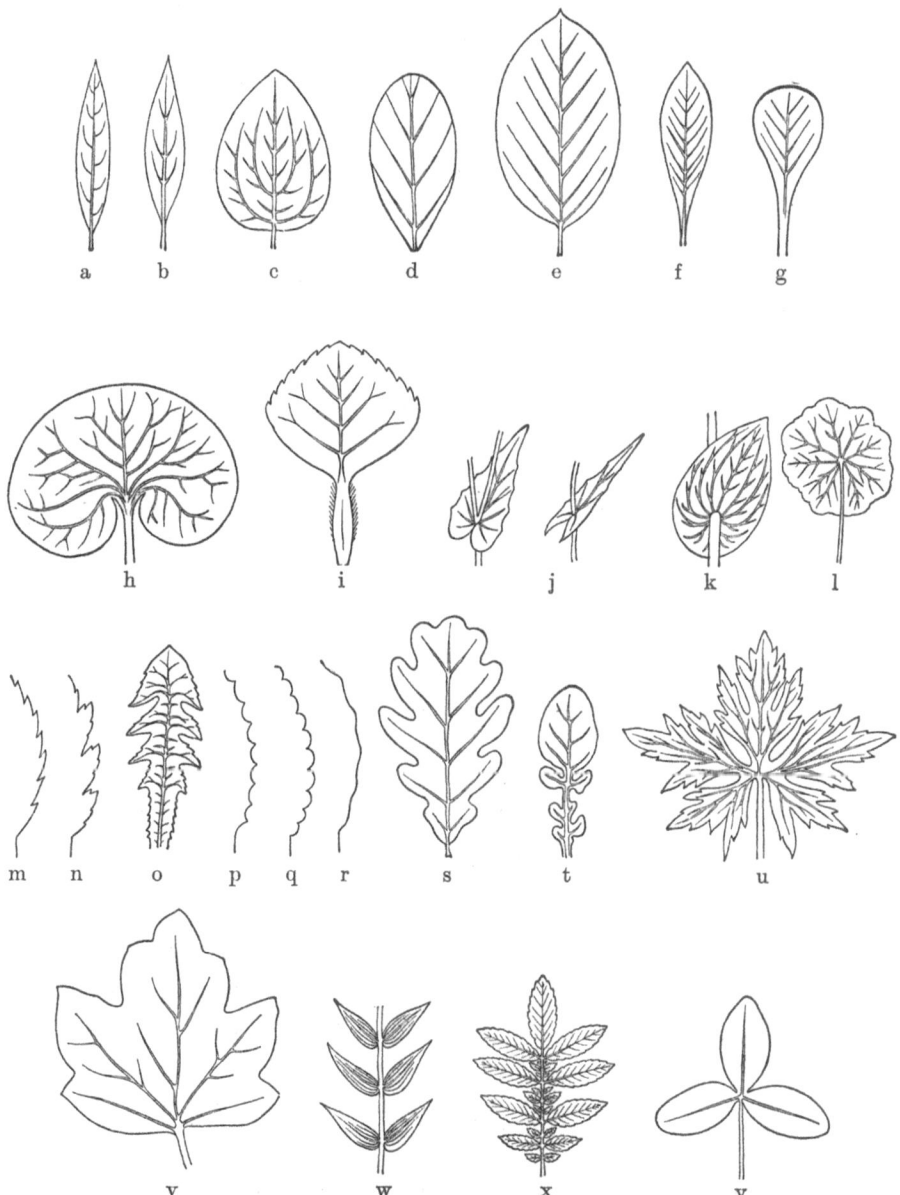

Abb. 85. Verschiedene Blattformen. *a* Lineal isches Blatt; *b* Lanzettliches Blatt; *c* Eiförmiges Blatt; *d* Verkehrt eiförmiges Blatt; *e* Elliptisches Blatt; *f* Keilförmiges Blatt; *g* Spatelförmiges Blatt; *h* Nierenförmiges Blatt; *i* Rautenförmiges Blatt; *j* Stengelumfassendes Blatt; *k* Durchwachsenes Blatt; *l* Schildförmiges Blatt; *m* Gesägter Blattrand; *n* Doppelt gesägter Blattrand; *o* Schrotsägeförmiger Blattrand; *p* Gezähnter Blattrand; *q* Gekerbter Blattrand; *r* Geschweifter Blattrand; *s* Buchtiger Blattrand; *t* Leierförmig fiederspaltiges Blatt; *u* Handförmig geteiltes Blatt; *v* Gelapptes Blatt; *w* Paarig gefiedertes Blatt; *x* Unterbrochen gefiedertes Blatt; *y* Gefingertes Blatt. (Nach *Schmeil-Fitschen*.)

*herablaufend* (wenn ein Teil der Blattspreite am Stengel herabzieht);
*stengelumfassend* (wenn die Blattspreite ganz oder fast ganz um den Stengel herumgreift) Abb. 85 j;
*durchwachsen* (wenn das Blatt mit seinem ungeteilten Grunde den Stengel umgibt) Abb. 85 k;
*schildförmig* (wenn der Blattstiel an der Mitte der Blattspreite angewachsen ist) Abb. 85 l;
*verwachsen* (wenn zwei gegenständige Blätter am Grunde miteinander verwachsen sind).

**Nach der Beschaffenheit des Randes** heißt das Blatt:
*ganzrandig* (wenn der Rand ohne jegliche Einschnitte verläuft);
*gesägt* (wenn feine spitze Zähne in *spitzem* Winkel zusammenlaufen, z. B. Rose) Abb. 85 m;
*doppelt gesägt* (wenn große Zähne wiederum kleinere Zähne tragen) Abb. 85 n;
*schrotsägeförmig* (wenn große, meist nach unten gerichtete Zähne wiederum fein gesägt sind, z. B. Löwenzahn) Abb. 85 o;
*gezähnt* (wenn spitze Zähne in *stumpfem* Winkel zusammenstoßen oder durch einen Bogen miteinander verbunden sind) Abb. 85 p;
*gekerbt* (wenn kleine abgerundete Randausschnitte in einem Winkel zusammenstoßen) Abb. 85 q;
*geschweift* (wenn wellige, seichte Einschnitte vorhanden sind) Abb. 85 r;
*buchtig* (wenn Randausschnitte und Einbuchtungen abgerundet sind, z. B. Eiche) Abb. 85 s.

**Nach der Teilung der Blattspreite** nennt man das Blatt:

*ganz* oder *ungeteilt* (wenn es ohne jeden größeren Einschnitt ist);

*fiederspaltig* (wenn nicht allzu tiefe Einschnitte nach der Mittelrippe verlaufen, z. B. Löwenzahn);

*fiederteilig* oder *fiederschnittig* (wenn die Einschnitte fast die Mittelrippe erreichen);

*leierförmig fiederspaltig* (wie vorher, aber mit größerem Endlappen) Abbildung 85 t;

*handförmig geteilt* (wenn Einschnitte nach dem Grunde des Blattes verlaufen) Abb. 85 u;

*gelappt* (wenn es durch Einschnitte in breitere, meist stumpfe und abgerundete Zipfel geteilt ist, z. B. Ahorn) Abbildung 85 v;

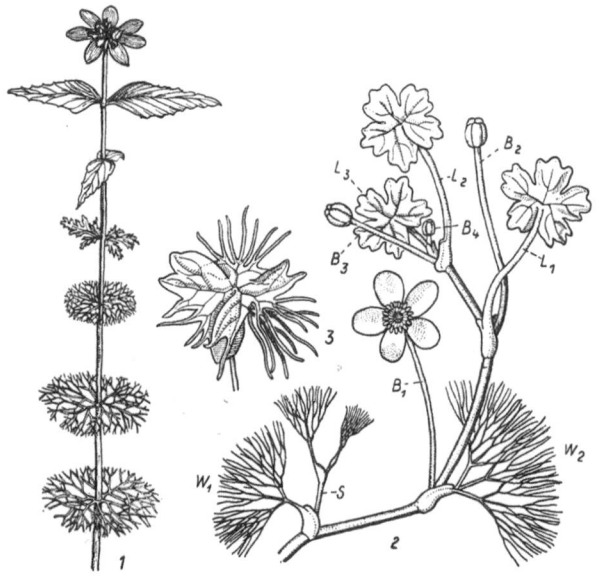

Abb. 86. Heterophyllie bei Wasserpflanzen. 1 Bidens beckii, 2 Ranunculus aquaticus. $W_1$ und $W_2$ Wasserblätter, $L_1$—$L_3$ Schwimmblätter, $S$ Seitensproß, $B_1$—$B_4$ Blüten. 3 Übergangsblatt zwischen Wasser- und Schwimmblatt von Ranunculus. (Nach *Ullrich-Arnold.*)

*zusammengesetzt* (wenn die Blattspreite aus mehreren, völlig getrennten Einzelblättchen besteht);
*gefiedert* (wenn der Blattstiel an zwei gegenüberliegenden Seiten kleine Blättchen (Fiederblättchen) trägt;
　　*unpaarig gefiedert* (wenn ein Endblättchen vorhanden ist);
　　*paarig gefiedert* (wenn kein Endblättchen vorhanden ist, z. B. Erbse) Abb. 85 w;
　　*unterbrochen gefiedert* (wenn größere und kleinere Fiederblättchen miteinander abwechseln) Abb. 85 x;
*doppelt gefiedert* (wenn die Fiederblättchen wiederum gefiedert sind);
*gefingert* oder *handförmig* (wenn mehrere Blättchen von einem Punkte am Ende des Stieles ausgehen) Abb. 85 y.

An manchen ausgewachsenen Pflanzen kommen verschieden gestaltete Laubblätter vor, dabei spricht man von *Heterophyllie*, wenn an verschiedenen Knoten des Sprosses unterschiedlich gestaltete Laubblätter zu beobachten sind (Abb. 86) und von *Anisophyllie*, wenn in ein und derselben Zone mehrere Blattformen auftreten (Abb. 87). Bei Anisophyllie findet man häufig dorsiventral gebaute Sproßachsen und Asymmetrie der Blätter.

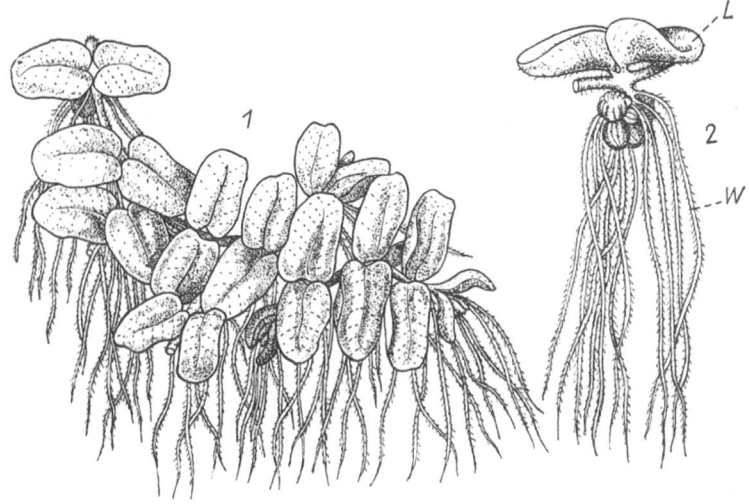

Abb. 87. Anisophyllie bei Salvinia natans (Wasserfarn). *1* Pflanze von der Oberseite. *2* Ausschnitt aus der Sproßachse mit 2 Luftblättern (*L*) und mehreren Wasserblättern (*W*). (Nach *Ullrich-Arnold*.)

## 7. Umgestaltungen der Blätter.

Mit der Übernahme besonderer Funktionen unterliegt auch das Blatt weitgehenden Umgestaltungen. Als *Phyllodien*, die nur bei Dikotylen vorkommen, bezeichnet man Bildungen, die aus dem Blattstiel hervorgehen. Die Spreite ist bei ihnen unterdrückt, der Stiel dagegen blattartig abgeplattet und übernimmt die Funktionen der Spreite, assimiliert also (Abb. 88). Häufig ist auch eine *Verdornung* der Blätter zu beobachten, und zwar an der Blattspreite und an den Nebenblättern. Selten wird die Dornenbildung allein vom Blattstiel übernommen, wobei die Spreite dann verlorengeht. Wie die Sproßachse vermag auch das Blatt *Ranken* zu bilden,

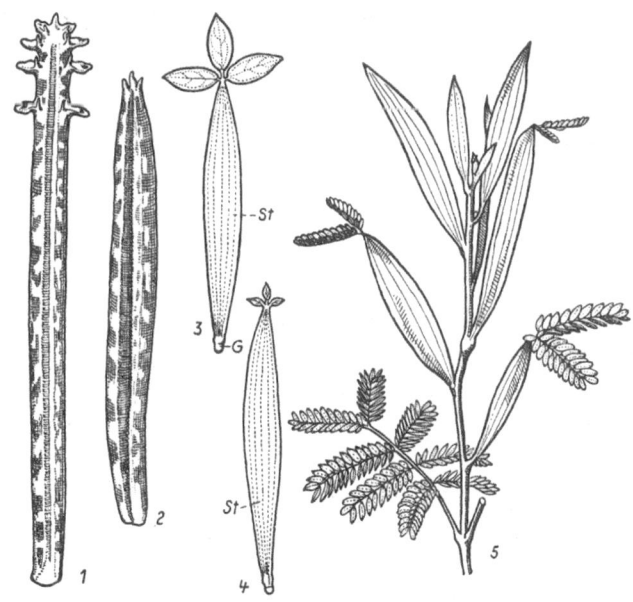

Abb. 88. Phyllodien. *1* und *2* von Bryophyllum verticillatum. *3* und *4* von Oxalis bupleurifolia. *5* von Acacia heterophylla. *St* Blattstiel. *G* Blattgrund. (Nach *Ullrich-Arnold*.)

um der Pflanze einen Halt an einer Stütze zu geben. Diese Blattranken gehen entweder aus dem ganzen Oberblatt hervor oder nur aus Teilen desselben. Bei manchen Clematis-Arten gehen die Ranken aus dem Blattstiel hervor. Weitere Umwandlungen der Blätter sind *Wasserblätter*, *Kannenblätter* und alle die Blattformen, die uns in der Blüte entgegentreten.

## V. Die Wurzel.

Die Wurzeln treten uns zum erstenmal bei den Farnen und Samenpflanzen entgegen. Sie bilden den Gegenpol zur Sproßachse, lassen sich aber, trotz ihrer achsenartigen Beschaffenheit, nicht von dieser ableiten. Funktionell dienen die Wurzeln zur Befestigung der Pflanze im Boden und vor allen Dingen zur Wasser- und Nährsalzaufnahme. Ihr morphologischer Bau ist relativ einförmig. Charakteristisch sind das Fehlen von Blättern und damit auch von Knoten und Internodien, das Vorhandensein einer Wurzelhaube am Vegetationspunkt und die Verzweigung aus dem Wurzelinnern. Das Leitbündel ist radiär gebaut.

Die erste Wurzel wird gleichzeitig mit dem Sproß am Embryo ausgebildet, an der Basis des Hypokotyls. Ihr anatomischer Bau und ihr Vegetationskegel sind ausführlich im Abschnitt „Mikroskopie" beschrieben. Es soll nur noch einmal wiederholt werden, daß die *Seitenwurzeln* aus dem Perizykel, der äußersten Schicht des Zentralzylinders, entstehen und die Rindenschichten durchbrechen. Sie können sich entweder gabelig oder in den meisten Fällen seitlich verzweigen. Ihre Ausbildung kann gewisse Differenzierungen zeigen, so daß man Lang- und Kurzwurzeln unterscheiden kann. Die einen dienen vorzugsweise der Ausdehnung des Wurzelsystems im Boden, die anderen der Aufnahme von Wasser und Nährsalzen.

Bei vielen Wasserpflanzen fehlt die Ausbildung einer Wurzelhaube. Statt dessen steckt die Wurzelspitze in einer *Wurzeltasche*, die vom Rindengewebe des Sprosses gebildet wird. Bei Saprophyten kann die Wurzelhaube ebenfalls fehlen und bei Parasiten wird die gesamte Wurzel mehr oder weniger reduziert und durch anders gestaltete Saugorgane (Haustorien) ersetzt. Bei Dikotylen sind die Wurzeln häufig zur Bildung von *Seitensprossen* befähigt, die meist ebenfalls aus dem Perizykel hervorgehen. Damit übernehmen die Wurzeln die Rolle von Ausläufern. Im umgekehrten Falle können auch sproßbürtige Wurzeln (*Adventivwurzeln*) entstehen. Sie sind für die Verbreitung der Pflanzen oft von großer Bedeutung, z. B. an Ausläufersprossen und Stecklingen.

### Umgestaltungen der Wurzel.

Auch die Wurzel unterliegt mannigfaltigen Umgestaltungen. Als Speicherorgane entwickeln manche Pflanzen *Wurzelknollen* und in Verbindung mit dem Hypokotyl *Rüben* (Abb. 81). Sie speichern Zucker, Inulin, Stärke und Schleim.

Als *Luftwurzeln* bezeichnet man sproßbürtige Wurzeln, die in den Tropen auch an über dem Boden befindlichen Sproßteilen entstehen. Sie wachsen als *Stelzwurzeln* von den Kronen mancher Bäume in den Boden herab und übernehmen die Funktionen des Stammes. Stirbt der Stamm solcher Mangrovepflanzen ab, so tragen sie allein die Baumkrone weiter. Manche Luftwurzeln ragen negativ geotropisch aus dem Boden hervor, etwa wie Spargelstangen, und sind über und über mit Lentizellen bedeckt. Sie dienen als *Atemwurzeln*. Ihre Lentizellen stehen durch ein Interzellularensystem mit den im Schlamm steckenden Wurzeln in Verbindung und versorgen diese mit Sauerstoff. Manche Epiphyten bilden Luftwurzeln aus, die zum Festhaften am Stamm des Wirtsbaumes dienen sollen (*Haftwurzeln*) und andere, die bis in den Boden als *Nährwurzeln* herabwachsen. Zum Schluß seien noch die *Assimi-*

*lationswurzeln* epiphytischer Orchideen erwähnt. Sie bilden statt der Epidermis einen mehrschichtigen, toten und schwammigen Gewebemantel (Velamen) aus, dessen Zellwände häufig durchlöchert sind. Die Aufgabe des Velamens ist es, bei Benetzung Wasser zu speichern. Das Rindengewebe enthält bei solchen Wurzeln Chlorophyll und ist imstande zu assimilieren. Bei Orchideenformen, die keine Blätter mehr entwickeln, übernehmen die Luftwurzeln deren Funktionen.

## VI. Überblick über die Fortpflanzungsorgane.

Für den Weiterbestand aller Lebewesen ist die Fortpflanzung ebenso notwendig wie die Ernährung. Sie sichert den Organismen trotz des Todes der einzelnen Individuen ihre Fortdauer.

Die einfachste Art der Fortpflanzung ist die Zweiteilung einzelliger Pflanzen oder der Zerfall von Zellfäden in Einzelzellen, die durch Zellteilungen wieder zu Zellfäden heranwachsen.

Bei höher organisierten Pflanzen ist jedoch die Fortpflanzung an die Bildung besonderer *Keime* gebunden, die sich von der Mutterpflanze ablösen und durch Weiterentwicklung zu neuen Individuen werden. Bezeichnend für die Keime ist ihre geringe Größe und die Vielzahl, in der sie ausgebildet werden, wodurch ihre Verbreitung gesichert wird. Da sie nicht immer gleich einen zur Entwicklung günstigen Ort antreffen, werden sie mit Nährstoffen ausgestattet und zeigen häufig eine Unempfindlichkeit gegen Austrocknung, Frost, Hitze usw. Häufig sind sie mit dicken Hüllen zum Schutz ausgestattet.

Bei fast allen Gruppen des Pflanzenreiches lassen sich zwei Typen der Fortpflanzung beobachten, die *vegetative* oder *ungeschlechtliche* und die *geschlechtliche*. Bei letzterer verschmelzen zwei Keime (männlich und weiblich) miteinander (*Kopulation, Befruchtung*) und erst das Paarungsprodukt, die *Zygote*, ist imstande, auszukeimen.

Die Begriffe männlich und weiblich überträgt man von den Keimen (*Gameten*) sowohl auf die Organe, die sie erzeugen, als auch auf die ganzen Lebewesen, denn in einem Geschlechtsorgan entstehen gewöhnlich nur Keime eines Geschlechts. Als getrenntgeschlechtig, zweihäusig oder *diözisch* bezeichnet man Pflanzen, die auf 50% ihrer Individuen männliche und auf den anderen 50% der Individuen weibliche Geschlechtsorgane ausbilden. Bei den einhäusigen oder *monözischen* Formen bringen dagegen alle Individuen männliche und weibliche Geschlechtszellen hervor. Normalerweise befähigt erst die Befruchtung die Geschlechtszellen zur Weiterentwicklung; jedoch gibt es Ausnahmen, bei denen die Gamete ohne Befruchtung auskeimt, man spricht dann von Parthenogenese.

Die *vegetative Fortpflanzung* durch Zellkomplexe kann auf verschiedene Weise erfolgen. Es können sich Thallusstücke von der Mutterpflanze lösen und zu selbständigen Individuen werden; bei vielen Moosen lösen sich kleine Brutkörper vom Thallus und wachsen zu eigenen Pflänzchen aus; bei Farnen und Samenpflanzen kommt es zur Ausbildung von Rhizomen, Ausläufern, unterirdischen Knollen, Rüben, Zwiebeln usw. Fast immer wachsen kleine Seitenknospen an diesen Organen zu neuen Pflanzen heran.

Die *vegetative Fortpflanzung* durch Einzelzellen erfolgt durch ungeschlechtliche Keimzellen, die *Sporen*. Diese werden sowohl bei niederen als auch bei höheren Pflanzen zumeist in oder an besonderen Fortpflanzungsorganen gebildet. Man kann bei ihnen zwei Typen unterscheiden, solche, die äußerlich am Körper entstehen und sich loslösen (*Exoporen*), und solche, die in Sporenbehältern (*Sporangien*) gebildet werden (*Endosporen*). Diese werden durch ein Loch der Sporangienwand entweder abgestoßen oder schlüpfen, wenn sie begeißelt sind (*Zoosporen*), selbständig aus dem Sporangium aus. Bei den Thallophyten sind diese Sporangien fast immer Einzelzellen, von den Moosen ab aber kompliziert gebaute vielzellige Gewebekörper.

Bei der *geschlechtlichen Fortpflanzung* gibt es nun verschiedene Formen der Sexualzellen. Auch die sexuelle Fortpflanzung an sich ist in mannigfaltiger Weise im Pflanzenreich ausgebildet. Hier sollen nur die wichtigsten Tatsachen erwähnt werden. Ein tieferes Verständnis der Fortpflanzungserscheinungen kann man erst durch genaues Studium der einzelnen Pflanzengruppen und deren Entwicklungsgang gewinnen.

Die einzelnen Geschlechtszellen bezeichnet man als *Gameten*; die Zelle oder den Zellkomplex, in denen sie gebildet werden, nennt man *Gametangium*; sie sind in ihrem Bau bei niederen Formen den Sporangien häufig sehr ähnlich.

Sind die Gameten völlig gleich in Größe und Form, so nennt man sie *Isogameten*; sie sind aber trotzdem physiologisch in männliche und weibliche unterschieden. Sie sind bei niederen Algen und Pilzen zu finden und gleichen morphologisch häufig ungeschlechtlichen Schwärmsporen (Zoosporen). Die Gameten suchen sich durch aktive Geißelbewegung im Wasser auf und kopulieren paarweise miteinander (Isogamie).

Auch bei Algen findet man Gameten, die ungleich ausgebildet sind, ebenso bei manchen Pilzen, bei den Moosen und Farnen. Der weibliche Gamet ist stets der größere und an Reservestoffen reichere (*Makrogamet*), der männliche dagegen ist stets klein (*Mikrogamet*). Die verschieden groß ausgebildeten Gameten kann man auch als *Anisogameten* bezeichnen und den Vorgang ihrer Kopulation als *Anisogamie*. Bleibt der Makrogamet unbeweglich, so nennt man ihn *Eizelle* und den beweglichen Mikrogameten *Spermatozoid* oder Spermium. Im Fall der Ausbildung einer Eizelle sucht das Spermatozoid diese auf, und der Befruchtungsvorgang bekommt die Bezeichnung *Oogamie*. Die Oogamie ist aber lediglich ein Spezialfall der Anisogamie. Die kleinen Spermatozoiden werden in Vielzahl in besonderen Geschlechtsorganen, den *Antheridien*, gebildet. Diese sind bei den Thallophyten meist Einzelzellen, bei den Moosen und Farnen dagegen kleine Gewebekörper mit Wandungen aus vielen sterilen Zellen. Ebenso sind bei den Thallophyten die weiblichen Geschlechtsorgane (*Oogonien*) meist Einzelzellen, in denen die Eier in Ein- oder Vielzahl gebildet werden, dagegen bei den Moosen und Farnen verwickelter gebaute, sehr kleine, flaschenförmige Gewebekörper (*Archegonien*), die nur eine Eizelle enthalten.

Die Eizelle bleibt im weiblichen Gametangium liegen, nur selten wird sie aus ihm ausgestoßen. Bei der Befruchtung werden die im Wasser schwärmenden Spermatozoiden von den Eizellen durch ausgeschiedene Stoffe chemotaktisch angelockt. Darauf verschmilzt ein Spermium mit der Eizelle zur *Zygote*. Diese umgibt sich mit einer Membran und entwickelt sich sofort oder nach einer gewissen Ruheperiode weiter. Bei Moosen und Farnen teilt sich die befruchtete Eizelle noch im weiblichen Geschlechtsorgan und bildet den Embryo, der später zum Keimling heranwächst.

Bei den Samenpflanzen (Gymnospermen und Angiospermen) sind die Sexualorgane am weitesten differenziert und werden in den Blüten gebildet. Die männlichen Zellen werden in den Pollenkörnern und die Eizellen in den Samenanlagen erzeugt. Diese wachsen nach der Befruchtung zu den Samen heran. Die Vorgänge sind im einzelnen kompliziert und werden in der Systematik noch ausführlich besprochen werden, da sich ja die systematische Gliederung der Pflanzen in erster Linie auf die Unterschiede in Bau und Stellung der Fortpflanzungsorgane gründet.

Für jeden Befruchtungsvorgang ist charakteristisch, daß nicht nur die Geschlechtszellen, sondern vor allen Dingen früher oder später auch deren Kerne kopulieren. Da die Chromosomen der Kerne nicht miteinander verschmelzen, ist der Kopulationskern diploid. Das bedeutet aber, daß im Entwicklungsgang eines jeden, sich sexuell fortpflanzenden Lebewesens ein Mechanismus ausgebildet sein muß, nämlich die *Reduktionsteilung*, der die haploide Chromosomenzahl der Geschlechtszellen wieder herstellt. Diesen Wechsel zwischen haploider Chromosomenzahl der Geschlechtszellen und diploider Chromosomenzahl der Körperzellen bezeichnet man als *Kernphasenwechsel*. Dieser Kernphasenwechsel muß nicht, ist aber bei vielen Pflanzengruppen mit einem *Generationswechsel* verbunden. Das heißt, daß im typischen Fall ein regelmäßiger Wechsel zweier, durch ihre Chromosomenzahl und Fortpflanzungsweise voneinander unterschiedener Generationen stattfindet, die häufig auch in ihrem äußeren Bau voneinander zu unterscheiden sind. Die eine Generation pflanzt sich ungeschlechtlich durch Sporen fort; man nennt sie den *Sporophyt*. Dieser ist diploid; bei der Bildung der Sporen setzt eine Reduktionsteilung ein, so daß diese einen haploiden Chromosomensatz besitzen. Aus den haploiden Sporen geht die zweite Generation, die sich sexuell vermehrt, hervor. Man bezeichnet diese als *Gametophyt*. Der Gametophyt erzeugt nun, wie der Name es schon sagt, Geschlechtszellen. Sowohl der Gametophyt als auch die Gameten sind haploid. Aus der durch die Kopulation zweier Gameten entstandenen Zygote (dilpoid) wächst dann der neue Sporophyt heran. Jede der genannten Fortpflanzungszellen der *einen* Generation erzeugt nur die *andere* Generation. Es folgen Sporophyt und Gametophyt in regelmäßigem Wechsel aufeinander.

Der Generationswechsel ist nicht immer in gleich typischer Weise ausgebildet, er ist bei den einzelnen Gruppen mannigfachen Abwandlungen unterworfen. So können einzelne Generationen ihre Selbständigkeit verlieren und quasi auf der anderen Generation parasitieren, oder auch unterdrückt sein. Der Kernphasenwechsel bleibt jedoch in allen Fällen, wo eine sexuelle Fortpflanzung auftritt, erhalten.

# B. Physiologie.

Die Aufgabe der Physiologie ist es, die Lebensäußerungen der Pflanzen und ihrer Organe zu studieren und zu erforschen. Sie untersucht z. B. das Wachstum, die Entwicklung und Fortpflanzung oder die Reiz- und Bewegungsvorgänge und versucht letzten Endes zu einem vollen Verständnis dessen zu gelangen, was man als „Leben" bezeichnet. Sie bedient sich zu diesem Zwecke immer mehr exakter physikalischer und chemischer Untersuchungsmethoden. Aus Zweckmäßigkeitsgründen wird die Pflanzenphysiologie in drei große Teilgebiete unterteilt, in die Physiologie des *Stoffwechsels*, der *Bewegungen* und des *Formwechsels*.

## I. Physiologie des Stoffwechsels.

Die Physiologie des Stoffwechsels beschäftigt sich mit den chemischen und physikalischen Veränderungen in den Zellen und Organen der Pflanze. Sie untersucht sowohl ihre stoffliche Zusammensetzung, als auch alle mit der Aufnahme und Abgabe von Stoffen verbundenen Erscheinungen und Umsetzungen. Denn aus diesen Umsetzungen gewinnt ja die Pflanze die Energien, die ihr ein Wachstum ermöglichen.

### 1. Die stoffliche Zusammensetzung der Pflanze.

Der Wassergehalt frischer Pflanzenteile ist außerordentlich groß; so bestehen z. B. Blätter höherer Pflanzen bis zu 80—90% aus Wasser. Besonders saftige Früchte wie Gurken oder Kürbis enthalten sogar bis zu 95% ihres Frischgewichtes Wasser. Samen dagegen weisen mit 13—14% einen geringen Wassergehalt auf, sie befinden sich aber in einem vorübergehenden Ruhezustand und nehmen bei Beginn ihrer

Keimung zunächst einmal große Wassermengen auf, um aktiv lebensfähig zu werden.

Die Trockensubstanz der Pflanzenteile enthält eine große Anzahl organischer Verbindungen, die teils als Bausteine des Pflanzenkörpers, teils als Zwischenprodukte des Stoffwechsels zu betrachten sind. Man findet z. B. Kohlenhydrate, Eiweißkörper, Fette, Lipoide, Gerbstoffe, Glykoside, Alkaloide, organische Säuren. Bei der Elementaranalyse ergibt sich, daß alle diese Stoffe aus relativ wenigen Elementen zusammengesetzt sind: C (50%), H, O, N, S, P, die man als die sechs Grundbausteine bezeichnet.

Aber auch anorganische Verbindungen sind in der Pflanze zu finden; sie treten bei der Veraschung der Pflanzenteile als Oxyde der einzelnen Elemente auf. Prozentual in der Asche überwiegen K, Ca und P, daneben finden sich stets auch Na, Mg, Fe, Si, Cl und oft auch noch Al, Mn, B, Cu, Zn. Ein Teil der Grundelemente entweicht bei der Veraschung in Form von Gasen: $CO_2$, $H_2O$, $NH_3$, $H_2S$.

## 2. Das Wasser.

Der fast immer hohe Wassergehalt aller Pflanzenteile läßt darauf schließen, daß eine reichliche Wasserversorgung die Vorbedingung für den normalen Ablauf aller Lebenserscheinungen der Pflanzen ist. Die *Aufnahme des Wassers* durch die Pflanze oder ihre Teile erfolgt auf verschiedene Weise. Die reversible Volumenzunahme durch Einlagerung von Wasser in die Substanz bezeichnet man als Quellung. Die einzelnen Moleküle eines quellbaren Körpers lagern im trockenen Zustand so dicht aneinander, daß kaum Zwischenräume zwischen ihnen vorhanden sind. Kommen sie mit Wasser in Berührung, so ziehen sie die Wassermoleküle an, diese lagern sich zwischen die Moleküle oder Molekülgruppen des Körpers und drängen sie auseinander. Bei begrenzt quellfähigen Substanzen, z. B. bei Stärke und Zellulose, tritt nach einer gewissen Zeit ein Stillstand der Quellung ein. Die Moleküle der Substanz sind durch das Wasser auseinandergedrängt worden, haften aber noch lose netzartig zusammen. Bei den unbegrenzt quellfähigen Substanzen aber geht die Wassereinlagerung weiter, bis die Moleküle völlig auseinandertreten und in Lösung gehen. Im Allgemeinen tragen diese Lösungen kolloidalen Charakter. Im Quellungsmittel vorhandene Salze üben einen großen Einfluß auf den Grad der Quellung aus, da ja ihre Ionen selbst starke elektrische Ladungen tragen. Sie binden einmal selbst Wasser an sich und verändern zum anderen die Eigenladung des quellbaren Körpers.

Die völlige Quellung eines Körpers ist erst dadurch möglich, daß die Wassermoleküle in sein Inneres hineinwandern. Dieses Hineinwandern wird durch *Diffusions*vorgänge ermöglicht. Sie beruhen auf dem Bestreben der Moleküle, sich möglichst gleichmäßig in einem Raume auszudehnen, d. h. sich möglichst gleichmäßig in ihm zu verteilen. Alle Moleküle besitzen eine gewisse Bewegungsenergie; sie stoßen bei ihren Bewegungen gegen andere Moleküle, prallen wieder zurück und werden von anderen selbst hin und her gestoßen. Dadurch verteilen sie sich in dem ihnen zur Verfügung stehenden Raum. Haben sie ihn erfüllt, so kommen sie auch dann nicht zur Ruhe; jedoch werden im gleichen Zeitraum ebenso viele Moleküle aus- wie hineinwandern, so daß der Konzentrationsausgleich gewahrt bleibt. Diffundieren die Moleküle durch eine Membran, so bezeichnet man den Vorgang als *Osmose*. Von den Eigenschaften dieser Trennungsschicht hängt es ab, zu welchen Erscheinungen die Osmose führt. Ist sie sowohl für das Wasser als auch für die in ihm gelösten Stoffe (Salze oder Zucker) durchlässig (permeabel), so findet der Austausch der Moleküle nach beiden Richtungen mit großer Leichtigkeit statt wie bei der Diffusion. Trennt jedoch eine Membran reines Wasser von einer Lösung, d. h.

von einem im Wasser gelösten Salz, und ist sie für Wasser leichter durchlässig als für den gelösten Stoff, so strömt das Wasser rascher in die Lösung als die gelösten Teile in das Wasser. Das Volumen der Lösung nimmt also zu; hierbei kann ein Druck auftreten, der jedoch allmählich wieder sinkt, sobald auch die gelösten Teile die Membran passieren. Eine Membran, die für das Wasser durchlässig, für den gelösten Stoff aber undurchlässig ist, bezeichnet man als *semipermeabel*. Eine solche Membran ist z. B. ein Häutchen von Ferrocyankupfer. Schlägt man auf einem Tonzylinder ein solches Häutchen nieder, füllt ihn z. B. mit einer Zuckerlösung und verschließt ihn oben dicht, unter Anbringung eines Quecksilbermanometers, so steigt die Quecksilbersäule, wenn man den Zylinder in reines Wasser taucht. Sie steigt so lange, bis der Druck der Quecksilbersäule ein weiteres Eindringen des Wassers unmöglich macht. Der hydrostatische Druck (Wanddruck), den die Quecksilbersäule ausübt, ist dann gleich der treibenden Kraft der Osmose. Die hydrostatische Druckdifferenz, die sich im Gleichgewicht zwischen den beiden Seiten einer semipermeablen Membran einstellt, wenn die eine Seite mit der Lösung, die andere mit dem reinen Lösungsmittel in Berührung ist, nennt man den *osmotischen Druck* der Lösung. Er ist bei konstanter Temperatur proportional der Konzentration der Lösung. Betrachtet man den Vorgang von seiten der Lösung aus, so kann man auch sagen, daß diese das Wasser bei Vorhandensein einer semipermeablen Membran mit einer bestimmten Kraft ansaugt, die von der Konzentration der Lösung abhängig ist. Da bei dem Osmometerversuch der Wanddruck (hydrostatischer Druck) dem osmotischen Druck entgegenarbeitet, so muß in jedem Augenblick das Wasseranziehungsvermögen (Saugkraft) des Tonzylinders gleich dem osmotischen Druck der Lösung vermindert um den derzeitigen Wanddruck sein.

Lösungen von gleichem osmotischen Druck bezeichnet man als isotonisch; bei zwei Lösungen von unterschiedlichem osmotischen Druck bezeichnet man die schwächere als hypotonisch und die stärkere als hypertonisch.

Ein diesem Modellversuch sehr ähnliches osmotisches System ist die Pflanzenzelle. Die osmotisch wirksame Lösung ist der Zellsaft, in dem Salze, Zucker usw. gelöst sind. Die semipermeable Membran wird durch die äußere Schicht des Plasmaschlauches gebildet; sie ist für die gelösten Stoffe gar nicht oder doch sehr schwer zu durchdringen, dagegen geht das Wasser glatt hindurch. Die Zellwand entspricht der Wand des Tonzylinders und ist sowohl für die gelösten Stoffe als auch für das Wasser durchlässig. Steht einer Zelle genügend Wasser zur Verfügung, so dringt es unter Vergrößerung ihres Volumens ein. Dabei wird ein steigender Druck auf die Zellwände ausgeübt; dieser Druck steigt so lange, bis diese durch Gegendruck der Wasseraufnahme ein Ende bereiten. Die Zelle hat dann den höchsten Grad ihrer Spannung oder ihres *Turgors* erreicht. Den die Straffheit der Zelle bewirkenden Protoplastendruck, der auf osmotischem Wege entsteht, bezeichnet man auch als Turgordruck.

Entzieht man Pflanzenzellen Wasser, so läßt der Turgordruck, der ihnen eine gewisse Festigkeit verleiht, nach, die Zellwände werden entspannt und das Gewebe schrumpft; diesen Vorgang bezeichnet man als *Welken*.

Den Beweis dafür, daß man eine Pflanzenzelle mit einem Osmometer vergleichen kann, liefert eine experimentell auszulösende Erscheinung, nämlich die *Plasmolyse* (Abb. 89). Bringt man turgeszente Zellen in eine konzentrierte Lösung z. B. von Rohrzucker, deren Konzentration höher ist als die des Zellsaftes, so kann man zunächst beobachten, daß die gedehnten Zellwände sich verkürzen, da offenbar der Turgor der Zellen nachläßt. Danach löst sich das Plasma von der Zellwand in mehr oder weniger konkaven Figuren, und der Protoplast zieht sich zusammen. Entfernt man nun die Rohrzuckerlösung und ersetzt sie durch *reines* Wasser, so nimmt die Zelle, wenn sie nicht durch das Plasmolytikum geschädigt ist, wieder Wasser auf.

Das Plasma wird durch die immer größer werdende Vakuole schließlich wieder an die Zellwand gedrängt; die Zelle ist wieder turgeszent. Diesen rückläufigen Vorgang bezeichnet man als *Deplasmolyse.* Die Erscheinung von Plasmolyse und Deplasmolyse ist sehr einfach zu erklären. Die Rohrzuckerlösung besitzt einen höheren osmotischen Wert als der Zellsaft. Da das Plasma eine semipermeable Membran darstellt, können durch sie nur Wassermoleküle ungehindert hin- und herdiffundieren. Die Zuckerlösung saugt sie gleichsam so lange an, bis in der Vakuole die Konzentration der osmotisch wirksamen Teilchen so groß geworden ist wie in der Rohrzuckerlösung. Dabei verkleinert sich notgedrungen die Vakuole. Wird die Zuckerlösung durch Wasser ersetzt, so besitzt jetzt der Zellsaft die höhere Konzentration osmotisch wirksamer Teilchen. Die Zelle kann nun ihren vollen osmotischen Saugwert entfalten. Wassermoleküle dringen ein und die Vakuole vergrößert sich so lange, bis der Wanddruck gegen weitere Wasseraufnahme Widerstand leistet; die Zelle ist voll turgeszent geworden.

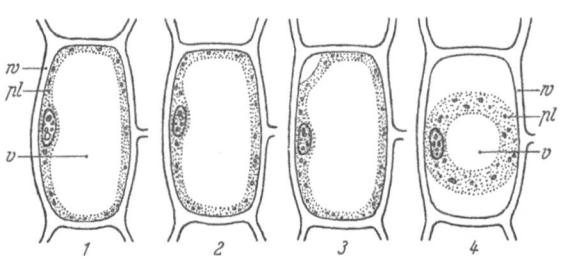

Abb. 89. Schema der Plasmolyse einer Zelle. *w* Zellwand, *pl* Plasma, *v* Vakuole. *1* in Wasser; *2* in einer 4%igen Salpeterlösung, Zellwand entspannt; *3* in 6%iger Salpeterlösung, beginnende Plasmolyse; *4* beginnende Deplasmolyse in Wasser. (Nach *Strasburger.*)

Alle osmotischen Erscheinungen in den Zellen sind von ihrem Leben abhängig; sterben sie ab, so schwindet die Semipermeabilität und damit auch die Turgeszenz.

Die *Höhe der osmotischen Werte* liegt im Durchschnitt zwischen 5 bis 25 Atmosphären; gelegentlich kann man z. B. bei Wüsten- oder Salzpflanzen wesentlich höhere Werte messen, bis etwa zu 100 Atmosphären. Nicht nur zwischen den einzelnen Pflanzen, sondern auch zwischen den einzelnen Organen und Geweben *einer* Pflanze sind unterschiedliche, osmotisch wirksame Zellsaftkonzentrationen zu beobachten, ja auch der Wert einer Zelle ist je nach den Bedürfnissen der Pflanze Schwankungen unterworfen. Durch ein Gefälle der Zellsaftkonzentrationen ist es den Pflanzenzellen und Geweben möglich, sich ausreichend mit Wasser zu versorgen. Im Rindenparenchym von Wurzeln findet man osmotische Werte von 5 bis 15 Atmosphären; in der Sproßachse steigen sie mit zunehmender Entfernung von der Wurzel an und erreichen in den Zellen der Blätter etwa 30 bis 40 Atmosphären.

**Die Aufnahme des Wassers durch die Wurzeln.** Nur Wasserpflanzen, die untergetaucht sind, kommen mit ihrer gesamten Oberfläche mit dem Wasser in Berührung und nehmen es durch Quellung und Osmose auf, sofern sie nicht auch Wurzeln besitzen.

Die Landpflanzen dagegen müssen das Wasser aus dem Boden mit Hilfe ihrer Wurzeln aufnehmen. Die eigentlichen Absorptionsorgane sind die Wurzelhaare tragenden Teile derselben. Sterben die Wurzelhaare ab und wird eine Exodermis ausgebildet, so können diese Wurzelteile kein Wasser mehr aus dem Boden aufnehmen.

Der Boden besteht aus chemisch oder physikalisch verwitterten Gesteinstrümmern, zwischen denen sich in Zersetzung begriffene organische Stoffe (Reste von Pflanzen und Tieren) befinden. Dieses Gemisch wird von feinen mit Wasser und Luft gefüllten Hohlräumen durchzogen. Das Bodenwasser stellt eine Salzlösung von einem meist niedrigen osmotischen Wert dar. Es überzieht als Adsorptionswasser die Oberfläche der Bodenteilchen und durchdringt als Quellungswasser die Bodenkolloide. Von besonderer Bedeutung ist jedoch das Kapillarwasser, das vor allen Dingen den Pflanzen zur Verfügung steht. Durch Kapillarwirkung kann auch Wasser, das nicht direkt mit Wurzelteilen in Berührung steht, auf mehr oder weniger große Strecken nachgesogen werden.

Die feinen Aufzweigungen der Wurzeln durchdringen nun den Boden, und ihre Wurzelhaare schmiegen sich eng an die einzelnen Partikelchen an. Sie können nur dann Wasser aus dem Boden aufnehmen, wenn ihr Saugvermögen größer ist als die Kräfte, mit denen das Wasser im Boden festgehalten wird. Man kann auch in den Rindenparenchymzellen der Wurzel ein Saugkraftgefälle beobachten. Die an die Wurzelhaare angrenzenden Rindenzellen besitzen einen höheren osmotischen Wert als diese. Sie entziehen also den Haarzellen Wasser, bis beide den gleichen osmotischen Wert besitzen. Weiter im Inneren der Wurzel gelegene Zellen entziehen ihrerseits den außen liegenden Wasser, weil sie wiederum höhere Saugkräfte besitzen usf. Erst an der Endodermis scheint dieses Gefälle unterbrochen zu sein, so daß für das Einströmen des Wassers in den Zentralzylinder und in die Gefäße noch andere als osmotische Kräfte eine Rolle spielen müssen. Hiervon wird noch später gesprochen werden.

Das Saugvermögen der Wurzeln kann nur von lebenden Zellen bewirkt werden, da ja jede Zelle beim Tode ihre Semipermeabilität verliert.

**Die Abgabe von Wasser durch die Transpiration.** Während Quellung und Osmose die Aufnahme des Wassers bewirken, wird die Durchströmung der Pflanzenteile dadurch hervorgerufen, daß fortwährend alle in die freie Atmosphäre ragenden Teile an diese Wasser abgeben müssen, solange sie nicht mit Wasserdampf gesättigt ist. Die Pflanze transpiriert und muß das verdunstete Wasser aus ihrem Inneren, letzten Endes aber durch die Wurzeln aus dem Erdboden ersetzen.

Da die Pflanzen eine sehr große Oberfläche besitzen, sind die von ihnen verdunsteten Wassermengen und damit auch der sie durchfließende Wasserstrom oft von ziemlicher Größe, so kann eine Birke z. B. an einem Tag 60 bis 70 l Wasser verdunsten. Die Intensität der Transpiration ist von verschiedenen Außenfaktoren abhängig: der relativen Feuchtigkeit der Luft, der Luftbewegung, der Erwärmung der Luft bei Sonnenschein.

Die Verdunstung von Wasser durch die Cuticula bezeichnet man als *cuticuläre Transpiration*; die durch die Spaltöffnungen als *stomatäre Transpiration*. Durch letztere verliert die Pflanze die größten Wassermengen. Im Gegensatz zur cuticulären kann die stomatäre Transpiration durch das Öffnen und Schließen der Spaltöffnungen reguliert werden. Stärkerer Verlust von Wasser, der nicht sofort ersetzt werden kann, führt zu einer Schließung der Spalten, so daß die Transpiration herabgesetzt wird. Auch durch andere Schutzeinrichtungen vermag die Pflanze ihre Transpiration zu drosseln. So ist die Epidermis vieler Blätter von einer mehr oder minder starken Cuticula überzogen, die relativ wasserundurchlässig ist. Häufig findet man auch noch darunter cutinisierte Membranen. Auch Wachsüberzüge und die Ausbildung toter Haare wirken transpirationshemmend. Auch unter der Epidermis befindliche Korkschichten oder tief eingesenkte Spaltöffnungen wirken der Verdunstung entgegen.

Die Bedeutung der Transpiration für die Pflanze liegt darin, daß einmal ununterbrochene Wasserströme mit den im Boden aufgenommenen Nährstoffen sie durchfließen und daß zum anderen eine Kühlwirkung, die die Überhitzung der Organe bei Sonnenschein verhindert, eintritt. Man hat errechnet, daß die mit dem Wasser abfließende Wärmemenge ungefähr der Wärmezufuhr durch die Sonnenstrahlung entspricht.

**Die Leitung des Wassers.** Das von den Wurzelhaaren aufgenommene Wasser wird, wie schon beschrieben, durch ein Gefälle der osmotischen Werte der Zellen der Wurzelrinde zu deren Zentralzylinder befördert. Aktive Kräfte pressen es in die Leitungsbahnen der Wurzel, was sich besonders im Frühling als Bluten der Bäume an Verletzungen bemerkbar macht. Der Blutungsdruck der Wurzel kann ganz erhebliche Kräfte erreichen, wenn man die Pflanze unmittelbar über der Wurzel abschneidet und an dieser Stelle den Blutungsdruck mißt. Die weitere Leitung des Wassers erfolgt in den Gefäßen, Tracheen und Tracheiden des Holzteiles von Wurzel und Sproß. Diese Gefäße durchziehen die gesamte Pflanze von der Wurzel bis in die Blätter, wo sie als feine Auszweigungen endigen. Die Wasserleitungsbahnen stehen mit lebenden Parenchymzellen in Verbindung, die vermittels ihrer Saugkräfte den Gefäßen das Wasser zur Versorgung der einzelnen Gewebe entziehen. So leiten in der Sproßachse die Markstrahlen es in radialer Richtung.

Daß das Wasser tatsächlich im Holzteil geleitet wird, kann man durch Ringelung eines Stammes beweisen. Durchschneidet man durch Ringelschnitt nur seine Rinde, so welken die Blätter nicht. Entfernt man jedoch soweit wie möglich den Holzkörper und läßt die Rinde zum größten Teil intakt, so tritt ein Welken der Blätter ein.

Der Wasserstrom in den Gefäßen wird einmal durch die ständige Verdunstung von Wasser, hauptsächlich an den Blättern, und zum anderen durch den Wurzeldruck bewirkt. Wesentlich für den Transpirationszug ist, daß das Wasser in den Leitbahnen ununterbrochene Fäden bildet und daß die Kohäsion der Wassermoleküle groß genug ist, um selbst sehr lange Wassersäulen, wie z. B. in hohen Bäumen, erhalten zu können. Die Querwände in den Tracheiden stören die Kontinuität der Wasserfäden nicht, da sie auch mit Wasser durchtränkt sind. Sie stellen nur einen gewissen Filtrationswiderstand dar, der die Schnelligkeit der Strömung beeinträchtigt.

Die Geschwindigkeit des Wasserstromes ist bei den verschiedenen Pflanzen sehr unterschiedlich. Sie beträgt bei Nadelhölzern bis zu 1,5 m, bei Laubhölzern und Lianen 10 bis 150 m in der Stunde. Die überwundenen Strecken sind bei Bäumen häufig recht beträchtlich: so erreichen Buchen 44 m, Rottannen 60 m, Weißtannen 75 m und die berühmten Mammutbäume ca. 100 m Höhe.

### 3. Die Nährsalze.

Wie schon früher erwähnt wurde, enthält jede Pflanze einen gewissen Prozentsatz an Mineralstoffen, die durch die höheren Landpflanzen mit Hilfe der Wurzeln aus dem Boden aufgenommen werden. Um festzustellen, welche Elemente für das normale Wachstum der Pflanze unbedingt notwendig sind, hat man sie in verschiedenen, chemisch reinen Nährlösungen aufgezogen, da der Erdboden eine chemisch schwierig zu erfassende und sehr verwickelt zusammengesetzte Substanz darstellt.

Die Salze liegen in der Nährlösung (oder auch im Boden) als Ionen vor. Unbedingt benötigt werden von der Pflanze an Kationen: $K^+$, $Ca^{++}$, $Mg^{++}$, $Fe^{++}$ und an Anionen: $NO_3$ oder $NH_4$, $SO_4$ und $PO_4$. Daneben müssen noch eine Anzahl weiterer Elemente, wenn auch nur in Spuren, aufgenommen werden, um das Wachstum und die Entwicklung zu ermöglichen. Weil diese Elemente eben nur in sehr geringen Mengen benötigt werden, hat man sie als *Spurenelemente* bezeichnet. Hierzu gehören: Bor, Mangan, Kupfer, Zink, Molybdän und noch einige andere. Die Bedürfnisse der einzelnen Pflanzen sind in dieser Beziehung recht unterschiedliche. Die Gesamtkonzentration an Nährsalzen in einer Lösung liegt zwischen 0,16 bis 0,25%, ist also sehr niedrig. Außerdem müssen die einzelnen Salze in einem bestimmten, gegeneinander ausbalancierten Mengenverhältnis vorliegen. Man hat rein empirisch eine ganze Anzahl von Nährlösungen gefunden, in denen grüne Pflanzen gut gedeihen.

| Knopsche Lösung: | v. d. Cronesche Lösung: |
|---|---|
| 1000 g $H_2O$ | 1000 g $H_2O$ |
| 1 g $Ca(NO_3)_2$ | 1 g $KNO_3$ |
| 0,25 g $MgSO_4 \cdot 7\,H_2O$ | 0,5 g $CaSO_4 \cdot 2\,H_2O$ |
| 0,25 g $KH_2PO_4$ | 0,5 g $MgSO_4 \cdot 7\,H_2O$ |
| Spur $FeCl_3$ | 0,25 g $Ca_3(PO_4)_2$ |
| | 0,25 g $Fe_3(PO_4)_2$ |

Die *Aufnahme* der Mineralsalze aus dem Boden ist keinesfalls durch Diffusion allein zu erklären. Vielmehr handelt es sich um einen höchst verwickelten Prozeß, der neben der Beteiligung rein physikalisch-chemischer Prinzipien eine aktive Lebensleistung der Zellen darstellt. So werden nicht alle Salze oder Ionen in gleichem Maße aufgenommen, sondern mit deutlicher Bevorzugung einzelner Ionen; die Pflanze besitzt also ein gewisses Wahlvermögen. Weiter hat man beobachtet, daß manche Salze oder Ionen in den Zellen in weit höheren Konzentrationen vorliegen, als sie in der umgebenden Außenlösung vorhanden sind. Die Pflanze besitzt also neben dem Wahlvermögen auch ein Speicherungsvermögen für bestimmte Stoffe.

Die Bedeutung der einzelnen Salze im Stoffwechselgeschehen kann einmal darauf beruhen, daß gewisse Elemente als Bausteine irgendwelcher Substanzen lebensnotwendig sind, zum anderen darauf, daß die Ladungen von Ionen eine kolloidchemische Wirkung im Plasma entfalten, ohne eine chemische Bindung einzugehen.

Welche Rolle die Mineralsalze und ihre Ionen im einzelnen spielen, hat man rein empirisch festgestellt. Man ließ in Nährlösungskulturen einzelne Elemente wegfallen und prüfte dann, ob sie durch andere Elemente zu ersetzen sind.

Der prozentuale Gehalt an *Kalium* ist in der Pflanze besonders hoch. Gerade junge Zellen sind reich an Kalium. Seine Aufgaben sind nicht bekannt, aber wahrscheinlich wird der Wasserhaushalt durch dieses Element beeinflußt.

Als Antagonist zum Kalium wirkt das *Calcium*. Während Kalium quellend wirkt, hat das Calcium eine entquellende Wirkung. Als Ca-Pektinat ist es am Aufbau der Mittellamellen beteiligt, und als Ca-Salz einiger Säuren findet man es in Kristallform in Pflanzenzellen.

*Magnesiumsalze* wirken in hohen Konzentrationen für die Pflanzen ausgesprochen giftig; damit diese Giftwirkung ausgeschaltet wird, muß ihre Konzentration in einem bestimmten Verhältnis zu der des Ca stehen. Magnesium ist ein wichtiger Bestandteil des Chlorophylls, außerdem kommt es in einigen Fermenten vor.

Das *Eisen* ist für alle Pflanzen unentbehrlich, da es in zwei- oder dreiwertiger Form in Fermenten vorkommt, die bei der Atmung eine Rolle spielen. Bei Eisenmangel verlieren grüne Pflanzen die Fähigkeit zu ergrünen, also Chlorophyll auszubilden.

Den Ausgangspunkt für den gesamten Eiweißstoffwechsel der autotrophen Pflanzen stellt das *Nitrat*-Anion dar. Es kann jedoch im allgemeinen durch das $NH_4$-Ion ersetzt werden. Im Verlauf bestimmter Stoffwechselprozesse bilden sich aus ihnen die $NH_2$-Gruppen der Aminosäuren.

Das *Phosphat*-Ion spielt für die Pflanzen eine ganz besondere Rolle. Es ist ein wichtiger Bestandteil der Phospho- und Nucleoproteide, der Phosphatide und zahlreicher Fermente. Außerdem kommt der Phosphorsäure eine große Bedeutung beim Abbau der Kohlenhydrate zu; auch bei der Synthese von Polysacchariden ist sie beteiligt.

Das *Sulfat*-Ion wird ähnlich wie das Nitrat-Ion bis zur S- oder SH-Stufe reduziert, bevor es in bestimmte Stoffe eingebaut wird. Man findet Schwefel in Proteinen; auch das Vitamin $B_1$ ist S-haltig.

Die Wirkung der Spurenelemente ist bis jetzt noch ziemlich unbekannt. Man weiß nur, daß beim Fehlen dieser Elemente sog. Mangelkrankheiten auftreten. *Bor*mangel bringt die Vegetationskegel von Leguminosen, der Zuckerrübe und der Tomate zum Absterben; bei den Koniferen dagegen wirken schon ganz geringe Konzentrationen schädlich. Bei *Mangan*mangel tritt z. B. beim Hafer die Dörrfleckenkrankheit auf. *Kupfer*mangel ruft bei vielen Kulturpflanzen die sog. Urbarmachungskrankheit hervor, die sich bei Getreide in einem geringen Körnerertrag bemerkbar macht. Auch *Zink* und *Molybdän* werden zum Leben, besonders bei niederen Pflanzen, benötigt. So können ohne Molybdän bestimmte Bakterien keine Luftstickstoffbindung durchführen.

**Die Düngung** (s. auch Bd. II). Infolge der bei uns betriebenen intensiven Wirtschaft erhält der Boden die ihm von den Pflanzen entzogenen Stoffe nicht wieder zurück, während ja in der Natur mit den abgestorbenen und verwesenden Pflanzenteilen alle diese Stoffe in den Erdboden zurückkehren. Bei jeder Ernte werden ihm also erneut Mineralsalze entzogen. Um diese Verluste zu decken und den Boden ertragsfähig zu erhalten, müssen ihm auf künstlichem Wege durch Düngung Mineralien zugeführt werden. Vor allem Stickstoff, Phosphor und Kalium kommen dabei in Frage. Kalkdüngung dient zur Regelung des Säuregrades und sonstiger Eigenschaften des Bodens.

Zur Steigerung des Ertrages können einmal in der Landwirtschaft anfallende natürliche Düngemittel wie Mist, Jauche oder auch Kartoffelkraut verwendet werden. 1 dz trockenes Kartoffelkraut enthält 1,6 kg N, 0,64 kg $P_2O_5$, 3,3 kg $K_2O$ und 3,1 kg CaO. Im allgemeinen reichen aber die Naturdünger nicht aus, um den Boden auf gleicher Ertragshöhe zu halten. Es müssen ihm daher weitere Düngemittel in Form mineralischer Dünger zugeführt werden. Eine schädigende Wirkung auf die Pflanzen konnte bei der Verwendung sog. „künstlicher" Düngemittel bisher nicht beobachtet werden, vorausgesetzt natürlich, daß sie in richtigen Mengen verwendet werden. Überdüngung wirkt immer ungünstig, auch bei der Benutzung von Naturdung.

Wie kann man nun feststellen, welche Nährstoffe man diesem oder jenem Boden zuführen muß? Vielfach erfolgt die Düngung auf rein erfahrungsmäßiger Grundlage. Vorteilhafter jedoch ist es, durch Bodenanalysen die fehlenden Stoffe festzustellen oder Feldversuche mit verschiedenen und gestaffelten Düngergaben durchzuführen. Auf Grund der erzielten Ernteerträge lassen sich dann Rückschlüsse auf die Düngerbedürftigkeit des Bodens ziehen.

Als *mineralische Stickstoffdüngemittel* kommen in Betracht:

*Schwefelsaures Ammonium* $(NH_4)_2SO_4$, das hauptsächlich nach dem Haber-Bosch-Verfahren aus Luftstickstoff gewonnen wird. Es enthält 21% N.

*Leunasalpeter*, bestehend aus $(NH_4)_2SO_4$ und $NH_4NO_3$. Es enthält 27% N.

*Kalksalpeter* $Ca(NO_3)_2$ mit 16% N.

*Harnstoff* $CO(NH_2)_2$ enthält 40,5% N. Er kann sofort von den Pflanzen aufgenommen werden, wird jedoch im Boden schnell in Ammoniumsalze übergeführt, und diese werden weiter zu Nitraten oxydiert.

*Kalkstickstoff* CaNCN (Calciumcyanamid) enthält 15 bis 22% N und wird aus Calciumcarbid hergestellt. Diese Verbindung ist für die Pflanze nicht ausnutzbar, sie geht jedoch im Boden unter Einwirkung von Wasser in Harnstoff über. Aus diesem bilden sich dann Ammoniumsalze.

Die wichtigsten *phosphor*haltigen Düngemittel sind:

*Superphosphat* mit einem $P_2O_5$-Gehalt von 18%.

*Thomasmehl* mit einem mittleren Gehalt an $P_2O_5$ von 17,2%. Die Phosphorsäure ist jedoch im Gegensatz zum Thomasmehl viel schwerer löslich, so daß sich die Düngung erst im Laufe einiger Jahre auswirkt.

*Rhenaniaphosphat* enthält ca. 25% $P_2O_5$.

*Guano* besteht aus Exkrementen von Vögeln und enthält bis 7% N und 15% $P_2O_5$.

Als *Kalidüngemittel* dienen:

*Karnallit* ($KCl \cdot MgCl \cdot 6H_2O$) und *Kainit* ($KCl \cdot MgSO_4 \cdot 3H_2O$), in den Handel kommen sie als 20-, 30- und 40%ige Kalidüngersalze.

*Kalk* ist als Nährstoff im Boden meist in ausreichender Menge vorhanden. Greift man trotzdem zur Kalkdüngung, so geschieht dies, um eine Versauerung des Bodens zu verhindern, um also die Bodenreaktion zu ändern. (Unter Bodenreaktion versteht man den Säuregrad, der durch die Wasserstoffionen bestimmt wird.) Durch die Zuführung von Kalk wird der Boden mehr oder weniger neutralisiert oder sogar alkalisch. Da in der Natur die sauren Böden im allgemeinen stark ausgelaugt und nährstoffarm sind, findet man auf ihnen nur anspruchslose Pflanzen. Im Gegensatz dazu sind die Kalkböden meist nährstoffreich und von anspruchsvolleren Pflanzen besiedelt. Aus dem eben Gesagten ergibt sich, daß man nach einer Kalkung z. B. einen Acker mit anderen Pflanzen besäen kann als vor der Kalkung, da dieselben meist bei einer bestimmten Bodenreaktion optimal gedeihen. So ergeben Sommer- und Winterweizen im schwach sauren bis schwach alkalischen, Gerste im schwach alkalischen und Luzerne im alkalischen Reaktionsbereich Höchsterträge.

## 4. Die Kohlenhydrate.

Während das Wasser und die Nährsalze wichtige Bestandteile der Zellen sind, dienen die organischen Stoffe einmal als Energielieferanten und zum anderen als Grundbausteine für den Aufbau des Pflanzenkörpers. Hier interessieren zunächst nur die grünen Pflanzen, die sich ihre Kohlenhydrate selbst aufbauen, die also *autotroph* sind. Es gibt jedoch auch andere, besonders bei den niederen Pflanzen (Bakterien und Pilze), die darauf angewiesen sind, zumindest einen Teil der Kohlenstoffverbindungen und oft auch der Eiweißkörper im fertigen Zustand in sich aufzunehmen. Man bezeichnet solche Pflanzen als *heterotroph*. Von ihnen und der Besonderheit ihrer Ernährung soll erst später die Rede sein.

**Die Assimilation der Kohlensäure.** Wie schon früher erwähnt wurde, besteht 50% der Trockensubstanz der Pflanze aus Kohlenstoff. Dieser Kohlenstoff wird aber nicht von der Pflanze mit Hilfe der Wurzeln aus dem Boden aufgenommen, sondern mittels der Blätter in Form von $CO_2$. Die Umwandlung der Kohlensäure in organische Verbindungen erfolgt mit Hilfe des Chlorophylls unter Einwirkung der Sonnenenergie. Da der Prozeß an die Sonnenstrahlung gebunden ist, bezeichnet man ihn als *Photosynthese*. Da die Photosynthese ein endothermer Prozeß ist, entstammt alle dabei verbrauchte und in den organischen Stoffen gespeicherte Energie der Sonnenenergie. Der Vorgang kann in einer summarischen Gleichung (Assimilationsgleichung) ausgedrückt werden:

$$6CO_2 + 6H_2O + 674 \text{ Kal.} \rightarrow C_6H_{12}O_6 + 6O_2$$

Die bei der Assimilation gebildete Hexose, die osmotisch wirksam ist, wird meist sofort in osmotisch unwirksame Stärke $((C_6H_{10}O_5)_n)$ umgewandelt, die man als Assimilationsstärke bezeichnet. Sie ist in den Chloroplasten nachweisbar und wird bei Bedarf wieder zu Zucker hydrolysiert. Diese Hydrolyse der Assimilationsstärke erfolgt auch nachts, wenn die bei Tage gebildeten Stoffe in Speicherorgane abtransportiert werden sollen. Ein Transport in Form von Stärke ist für die Pflanze unmöglich, deshalb wird der Umweg über Zucker eingeschlagen. In den Speicherorganen werden die Zucker dann in Form von Reservestärke (z. B. in der Kartoffel, einer unterirdischen Stengelknolle) abgelagert.

Bei der Assimilation bildet die Pflanze also aus Kohlensäure und dem in ihr vorhandenen Wasser unter Einwirkung der Sonnenenergie und Beteiligung des Chlorophylls Zucker. Dabei gibt sie Sauerstoff in der gleichen Menge ab, wie sie Kohlensäure aufgenommen hat. Den abgeschiedenen Sauerstoff kann man bei untergetauchten, assimilierenden Wasserpflanzen als feine, aufsteigende Bläschen gut beobachten. Der Assimilationsquotient ist also:

$$\frac{O_2}{CO_2} = 1.$$

Der an die Chloroplasten gebundene grüne Farbstoff, das Chlorophyll, spielt bei der Photosynthese die Rolle eines Sensibilisators, der durch seine Gegenwart einen an sich lichtunempfindlichen Prozeß lichtempfindlich werden läßt. Jedoch besitzt er seine Wirksamkeit nur dann, wenn er in lebenden Chloroplasten enthalten ist, und diese im lebenden Zytoplasma eingebettet liegen. Weder der Farbstoff an sich, noch isolierte Chloroplasten können zur Assimilation beitragen.

An der Photosynthese sind zwei Komponenten des Chlorophylls beteiligt, das blaugrüne Chlorophyll a und das gelbgrüne Chlorophyll b. Das Chlorophyll b unterscheidet sich chemisch vom Chlorophyll a durch den Besitz einer Aldehydgruppe an Stelle der $CH_3$-Gruppe am oberen rechten Pyrrolring. Beide ähneln sehr dem tierischen roten Blutfarbstoff. Die Bildung des Chlorophylls kann nur im Licht erfolgen; im Dunkeln entsteht seine farblose Vorstufe, das Protochlorophyll. Zu dessen Bildung ist Eisen als Katalysator erforderlich. Kann die Pflanze aus dem Boden nicht genügend Eisen aufnehmen, so ergrünt sie nicht (Eisenchlorose).

Die Photosynthese erfolgt im allgemeinen in den Blättern. Diese nehmen das in der Luft enthaltene $CO_2$ mit ihren Spaltöffnungen auf. Durch die Interzellularräume des Schwammparenchyms dringt es zu den Pallisadenzellen, dem eigentlichen Assimilationsgewebe des Blattes. Die Intensität der Photosynthese wird von verschiedenen Faktoren in komplizierter Weise beeinflußt. Die Wasserversorgung der Pflanze, der Öffnungszustand der Spaltöffnungen, Beleuchtung, Temperatur und $CO_2$-Versorgung spielen eine Rolle. Entscheidend bestimmt jedoch *der* Faktor den gesamten Vorgang, der jeweils im *Minimum* vorhanden ist (Gesetz der begrenzten Faktoren). Diese Tatsache kann man auch bei anderen physiologischen Prozessen beobachten, die von zahlreichen Faktoren beeinflußt werden. So können z. B. bei ungenügender $CO_2$-Versorgung die günstigsten Licht- und Temperaturverhältnisse nicht voll ausgenutzt werden, da die $CO_2$-Assimilation nur so schnell erfolgen kann, wie es die geringe $CO_2$-Zufuhr erlaubt.

Der Vorgang der Photosynthese stellt die Grundlage des gesamten pflanzlichen und damit auch des tierischen und menschlichen Lebens dar. Durch die gewaltige Leistung der Pflanzen werden fortlaufend große Mengen des in der Luft vorhandenen Kohlendioxyds in organische Substanzen umgewandelt, in denen wiederum große Mengen an Energie, die der Sonnenenergie entnommen sind, gespeichert werden. Daß trotzdem der $CO_2$-Gehalt der Luft konstant bleibt, beruht darauf, daß die Pflanzen bei ihrer Atmung und Verwesung (wie auch die Tiere) wieder große Mengen an Kohlendioxyd frei machen. Die in der Pflanze gespeicherten Energiemengen werden von Tier und Mensch als Energiequellen benutzt; sei es in Form von Nahrung, sei es in Form von Erdöl, Kohle oder Torf (Abb. 90).

**Die Verwendung der Assimilate.** Wie schon erwähnt, wird die Assimilationsstärke in den Chloroplasten vor allem während der Nacht wieder gespalten und in Form von Zucker abgeleitet. Dieser Zucker wird zunächst einmal von der Pflanze zum

Aufbau anderer Kohlenhydrate verbraucht, z. B. von Rohrzucker, Stärke, Zellulose, Hemizellulosen und Pentosanen, Pektinen, Lignin usw. Diese Stoffe werden teils gespeichert, teils als Baustoffe für die Zellwände benutzt und teils veratmet, um den Energiebedarf der Pflanze zu decken. Außerdem bilden die Kohlenhydrate die Grundlage für den Aufbau der Eiweißstoffe, der Fette und vieler anderer organischer Körper.

**Die Chemosynthese.** Bei der Photosynthese ermöglicht das Licht durch Zufuhr von Energie eine endotherme chemische Reaktion. Auch durch Zufuhr anderer Energie ist nun der Vorgang der $CO_2$-Reduktion möglich. Es gibt eine ganze Anzahl niederer Pflanzen, die in der Lage sind, im Dunkeln ohne Lichtenergie zu assimilieren und Kohlenhydrate aufzubauen. Die für den Reduktionsprozeß nötige Energie stammt bei ihnen aus anderen chemischen Umsetzungen, ist also chemische Energie. Im Gegensatz zur Photosynthese spricht man hier von einer *Chemosynthese*.

Eine ganze Reihe von Bakterien ist zur Chemosynthese befähigt. Die *nitrifizierenden* Bakterien oxydieren teils Ammoniak zu Nitrit und teils Nitrit zu Nitrat und gewinnen aus diesen Prozessen Energie. Die farblosen *Schwefelbakterien* oxydieren den aus faulendem Eiweiß oder aus Sulfaten von anderen Bakterien entwickelten Schwefelwasserstoff zu Schwefel bzw. zu Schwefelsäure. Noch andere Bakterien, die *Eisenbakterien*, verarbeiten Eisenoxydul zu Eisenoxyd, und die *Knallgasbakterien* oxydieren Wasserstoff zu Wasser. Alle diese Vorgänge haben gemeinsam, daß sie im Dunkeln stattfinden und die zur Assimilation der Kohlensäure nötige Energie liefern. Über den Mechanismus dieser Synthese ist bisher nichts Näheres bekannt.

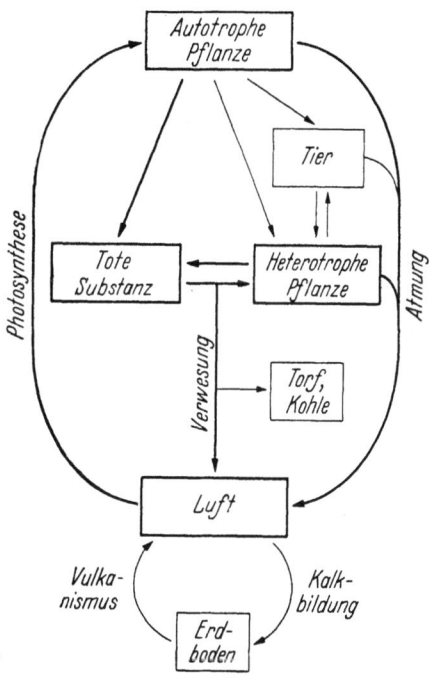

Abb. 90. Kreislauf des Kohlenstoffs. (Nach *Stocker*.)

## 5. Der Fettstoffwechsel.

Neben Kohlenhydraten speichert die Pflanze vor allen Dingen in den Samen mehr oder weniger große Mengen an Fetten, die der Stärke gegenüber in bezug auf Raumausnutzung und Energiegehalt überlegen sind.

Fette sind Glycerinester der Fettsäuren. Die wichtigsten pflanzlichen Fettsäuren besitzen zwischen 16 und 20 Kohlenstoffatome. Man kann bei den Pflanzenfetten zwei große Gruppen unterscheiden: die *festen Fette*, deren Fettsäuren hauptsächlich gesättigter Natur sind, und die *flüssigen Öle*, an deren Aufbau vor allem ungesättigte Fettsäuren beteiligt sind. Zur Bildung eines Fettes muß die Pflanze zunächst seine beiden Komponenten, Glycerin und Fettsäure, aus Kohlenhydraten erzeugen; diese verestern dann unter Wasserabspaltung und bilden Triglyceride. Keimt ein fetthaltiger Same, so werden die Fette durch Fermente wieder in Glycerin und Fettsäure gespalten und dann zu Stärke und Zuckern umgewandelt und verbraucht.

Fettbildende Pflanzen sind für den Menschen wirtschaftlich von großer Bedeutung. In den gemäßigten und kälteren Klimaten liefern sie hauptsächlich Öle (Raps, Lein, Mohn, Sojabohne), in den Tropen dagegen meist feste Fette.

## 6. Der Eiweißstoffwechsel.

Das Eiweiß bildet einen der wichtigsten Bausteine und Bestandteile des Protoplasmas. Sobald in einer Pflanze neue Zellen entstehen, muß auch das Eiweiß des
Plasmas und der Kerne neu gebildet werden. Die Tatsache, daß grüne Pflanzen aus
rein anorganischer Nährlösung Eiweiß bilden können, deutet darauf hin, daß sie
auch hinsichtlich des Eiweißstoffwechsels synthetische Befähigungen besitzen. Sie
übertreffen dabei diejenigen der Tiere bei weitem, denn kein Tier ist in der Lage,
aus anorganischen Mineralsalzen seine organischen Stoffe aufzubauen. Das Eiweiß,
oder seine Spaltprodukte, müssen zunächst einmal von der Pflanze synthetisiert
werden, damit das tierische Leben überhaupt möglich ist.

Der Stickstoff wird im allgemeinen von der Pflanze nur aus dem Boden in
mineralischer Form aufgenommen. Liegt er als Ammoniakstickstoff vor, so wird er
unmittelbar weiterverarbeitet. Stehen der Pflanze jedoch Nitrate zur Verfügung,
so werden diese über die Nitritstufe erst zum Ammoniak reduziert. Dabei wird der
Sauerstoff der Nitrate frei, oxydiert organische Verbindungen und wird dann in
Form von $CO_2$ von der Pflanze abgegeben. Diese Kohlensäure wird neben der bei
der normalen Atmung abgegebenen abgeschieden.

Ammoniak bildet also den Ausgangspunkt aller pflanzlicher Eiweißsynthesen.
Die ersten hierbei auftretenden Bausteine der Eiweißkörper sind die Aminosäuren.
Neben Ammoniak muß zu ihrem Aufbau eine genügende Menge an Kohlenhydraten
in der Pflanze vorhanden sein. Die einfachste Aminosäure ist das Glykokoll (Amino-
essigsäure). Sie ist, wie alle Aminosäuren, charakterisiert durch die Carboxyl-
($-COOH$) und die Amino- ($-NH_2$) Gruppe. Die Aminogruppe steht gewöhnlich
der Carboxylgruppe benachbart (in $\alpha$-Stellung):

$$
\begin{array}{c}
\text{H} \\
| \\
\text{H}-\text{C}-\text{COOH} \qquad \text{Glykokoll (Aminoessigsäure)}\\
| \\
\text{NH}_2
\end{array}
$$

Neben einfachen Aminosäuren wie Glykokoll, Alanin ($\alpha$-Aminopropionsäure)
und Leucin (Aminoisokapronsäure) gibt es andere, die komplizierter gebaut sind,
z. B. die zweibasische Asparaginsäure, das schwefelhaltige Cystin, das Arginin, das
Lysin (mit zwei Aminogruppen), die zyklischen Aminosäuren Phenylalanin, Tyrosin,
Tryptophan usw.

Wegen ihres Gehaltes sowohl an sauren (Carboxyl-) als auch an basischen
(Amino-) Gruppen besitzen die Aminosäuren gleichzeitig den Charakter von Säuren
und Basen. Ihre Verknüpfung zum Eiweißmolekül geschieht in der Weise, daß die
Carboxylgruppe der einen Aminosäure mit der Aminogruppe der anderen unter
Wasserabspaltung amidartig verbunden werden. Der aus zwei Aminosäuren gebildete Körper ist ein Dipeptid, der aus mehreren gebildete ein Tri-, Tetra- ... oder
endlich ein Polypeptid. Da es eine große Anzahl von Aminosäuren gibt, besteht
eine ungeheure Kombinationsmöglichkeit der Säuren zu den verschiedensten Eiweißkörpern. Man hat gefunden, daß der Anteil einzelner Aminosäuren am Aufbau der
Eiweißmoleküle bei den verschiedenen Organismen ganz verschieden groß ist. Jeder
Organismus besitzt eine Eiweißart ganz bestimmter Zusammensetzung, also mit
einem bestimmten Anteil der einzelnen Aminosäuren und mit einer ganz bestimmten
Kombination derselben zum Eiweißmolekül. Jedes Eiweiß ist also spezifisch und
arteigen. In der Serologie findet diese Tatsache eine Anwendung, die darauf beruht,
daß artfremdes Eiweiß in jedem Organismus als Zellgift empfunden wird und
Schädigungen hervorruft.

Die Synthese der Eiweißstoffe kann von jeder lebenden Pflanzenzelle erfolgen. Ort der primären Eiweißsynthese sind jedoch hauptsächlich die Blätter. Von hier aus strömen sie zu den im Wachstum begriffenen Teilen der Pflanze oder zu Reservestoffbehältern wie Samen, Früchten, Knollen, Wurzeln usw. Sie werden durch die Siebröhren geleitet.

Eine besondere Rolle spielen die Säureamide Asparagin und Glutamin im Eiweißhaushalt der Pflanze. Sie kommen bei fast allen Pflanzen vor und häufen sich besonders bei der Mobilisierung der Eiweißstoffe oft in großen Mengen an, also vor allem dann, wenn das Verhältnis des verfügbaren $NH_3$ zu den vorhandenen Kohlenhydraten zugunsten des Ammoniaks verschoben ist. Da freies Ammoniak ein Zellgift ist und die Pflanze nicht wie das Tier die Möglichkeit hat, Stickstoffverbindungen auszuscheiden, macht sie es durch Amidbildung unschädlich. Gleichzeitig wird der vorhandene Stickstoff für neue Eiweißsynthesen gespeichert.

## 7. Besonderheiten der heterotrophen Ernährung.

Wie schon früher erwähnt wurde, sind nicht alle Pflanzen in der Lage, aus anorganischen Stoffen organische Substanzen, vor allen Dingen Kohlenhydrate, selbst aufzubauen. Daher müssen sie, abgesehen von denen, die durch Chemosynthese Kohlensäure zu assimilieren vermögen, sich von außen her, wie die Tiere, die zu ihrem Leben nötigen Nahrungsstoffe beschaffen.

Viele der heterotrophen Pflanzen können in anorganischen Nährlösungen wie die autotrophen gedeihen, wenn man diesen Lösungen noch eine organische Kohlenstoff- oder Stickstoffquelle zusetzt. Es gibt jedoch ganz verschiedene Abstufungen der Heterotrophie. Man unterscheidet gewöhnlich die beiden Gruppen der *Saprophyten* und *Parasiten*; beide sind jedoch durch mannigfache Übergänge miteinander verbunden.

Als Saprophyten bezeichnet man solche Pflanzen, die ihre organische Nahrung aus toten Substanzen entnehmen, indem sie Kohlenstoff- oder Stickstoffverbindungen mit Hilfe von Fermenten lösen und dann resorbieren. Zu den Saprophyten gehören viele Bakterien und Pilze; die Ansprüche, die sie in bezug auf ihre Nahrung stellen, sind ganz verschiedener Art. Alle Vorgänge der Fäulnis und Verwesung beruhen auf der Tätigkeit saprophytischer Bakterien und Pilze, die sich von den organischen Stickstoffverbindungen toter Pflanzen oder Tiere ernähren.

Als Parasiten bezeichnet man solche Pflanzen, die ihren Nährstoffbedarf aus anderen lebenden Organismen decken. Sie sind in ihrer normalen Entwicklung völlig an die ihres Wirtes angepaßt und häufig in bezug auf ihre Nahrung hoch spezialisiert. Der Parasitismus kann fakultativ oder obligatorisch sein.

Viele parasitierende Bakterien und Pilze rufen Erkrankungen beim Menschen und auch bei anderen Pflanzen hervor und fügen ihren Wirten schwere Schäden zu. Man denke nur an die bakteriellen Erreger von Starrkrampf, Milzbrand, Cholera, Typhus, Diphtherie, Scharlach usw., oder an die Schäden, die Pilze bei Kulturpflanzen, z. B. Rost- und Brandpilze beim Getreide, verursachen. Aber nicht nur Bakterien und Pilze können als Parasiten leben, sondern auch bei höheren Pflanzen findet man Parasitismus. Diese höheren Pflanzen stellen stets direkte Verbindungen mit den Gefäßbündeln, insbesondere mit den Siebröhren ihrer Wirte her und beziehen von dort ihre Nahrung. Halbparasiten, wie die Mistel, stehen nur mit dem Holzteil ihrer Wirte in Verbindung und entnehmen diesem Wasser mit den darin gelösten Nährsalzen; da sie mehr oder weniger viel Chlorophyll besitzen, sind sie in der Lage, selbst zu assimilieren.

Biologisch interessant ist eine Erscheinung, die man als *Symbiose* bezeichnet. Hierbei leben zwei Organismen eng zusammen und bilden eine Stoffwechselgemeinschaft, aus der beide ihren Nutzen ziehen. Vielfach handelt es sich wohl um einen verschieden stark ausgebildeten wechselseitigen Parasitismus. Symbiose findet man bei den Flechten, die aus einer Gemeinschaft von Pilz und Alge bestehen. Vermutlich beziehen die Algen hier von den Pilzen Wasser und Nährsalze und diese wiederum von den Algen organische Stoffe. Wichtig sind auch die in den Wurzeln der Leguminosen lebenden Knöllchenbakterien (Bacterium radicicola). Diese dringen in die Leguminosenwurzeln ein, rufen dort in der Wurzelrinde Anschwellungen hervor und leben in diesen. Die Wirtspflanze liefert den Bakterien die zu ihrer Ernährung nötigen Kohlenhydrate, während diese mit Hilfe der dadurch gewonnenen Energie den freien Luftstickstoff binden und zu Eiweiß umwandeln. Sterben sie ab, so deckt die Wirtspflanze aus dem Bakterieneiweiß ihren Stickstoffbedarf. Der auf diese Weise erzielte Stickstoffgewinn aus der Luft kann bei einem Lupinen- oder Erbsenfeld ganz beträchtlich sein; er ist ernährungswirtschaftlich von großer Bedeutung.

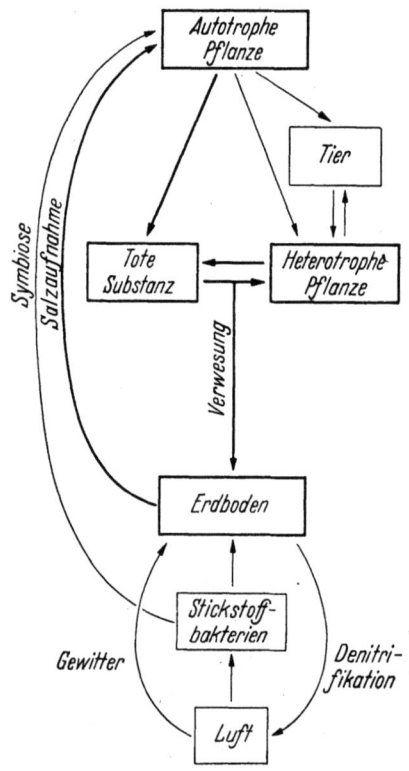

Abb. 91. Kreislauf des Stickstoffs. (Nach *Stocker*.)

## 8. Kreislauf des Stickstoffs.

Wie der Kohlenstoff und der Sauerstoff ist auch der Stickstoff in der Natur einem Kreislauf unterworfen (Abb. 91). Die autotrophe Pflanze baut die aus dem Boden aufgenommenen Nitrate zu Eiweißkörpern auf. Diese gehen als Nahrung schließlich in tierische oder menschliche Körpersubstanzen über und werden zum Teil auch wieder ausgeschieden. Auch die pflanzlichen und tierischen Leichen unterliegen wie die Exkremente dem Angriff von heterotrophen Fäulnis- und Verwesungsorganismen, die N-haltige Substanzen vielfach nur als Kohlenstoffquellen benutzen und den Stickstoff in Form von Ammoniak ausscheiden. Der Kreislauf ist geschlossen, wenn nitrifizierende Bakterien das Ammoniak zu Nitrat oxydieren und damit wieder höheren Pflanzen zuführen. Greifen auch denitrifizierende Bakterien in den Kreislauf ein und verwandeln Ammoniak in molekularen Stickstoff, so muß dieser entweder durch N$_2$-bindende Bakterien oder durch luftelektrische Entladungen (Gewitter) in eine für die höheren Pflanzen aufnehmbare Form umgewandelt werden.

## 9. Die Atmung.

Lebende Organismen können nur durch ständige Energiezufuhr in ihrer Funktionsfähigkeit erhalten bleiben; diesem Zweck dient die Atmung. Sie besteht hauptsächlich in der Oxydation eines Teiles des bei der Photosynthese gewonnenen Energiematerials mit Hilfe von Katalysatoren. Zu diesem Zweck nimmt die Pflanze Sauerstoff auf und scheidet neben Wasser Kohlensäure ab:

$$C_6H_{12}O_6 + 6\,O_2 \rightarrow 6\,CO_2 + 6\,H_2O + 674\ \text{Kal.}$$

Der Vorgang verläuft exotherm, d. h. es wird dabei Energie frei. Jede Pflanzenzelle atmet ununterbrochen, solange sie lebt. Man kann die Abgabe der bei der Atmung gebildeten Kohlensäure sehr leicht an nicht grünen Pflanzenteilen beobachten. Bei grünen Pflanzenteilen gelingt dies nur bei Nacht, weil die Assimilation bei Tage den Atmungsprozeß überdeckt. Der Atmungsquotient ist bei der Veratmung von Kohlenhydraten 1, d. h. die abgegebene Kohlensäure entspricht dem Volumen des aufgenommenen Sauerstoffes. Anders ist es bei sauerstoffreicheren Atmungsmaterial; der Quotient für Oxalsäure, die veratmet wird, ist 4. Auch Fette können veratmet werden; hier ist der Atmungsquotient stets kleiner als 1. Die Pflanze muß erheblich mehr Sauerstoff aufnehmen, als sie Kohlensäure abgibt. Jedoch werden bei der Fettveratmung große Wärmemengen frei, so daß dadurch die Bedeutung der Fette als energiereichste Reservestoffe zum Ausdruck kommt. In Notzeiten vermag die Pflanze sogar Eiweißkörper zu veratmen; dabei wird auch Ammoniak frei, der meist in Form von Säureamiden unschädlich gemacht wird.

Der zur Atmung benötigte Sauerstoff wird durch die Spaltöffnungen aufgenommen und dringt durch das Interzellularsystem in alle Teile der Pflanzen ein. Er gelangt auf diese Weise zu allen lebenden Zellen. Wie bei der Assimilation spielen eine ganze Reihe von Außenfaktoren auch bei der Atmung eine Rolle. So wird die Atmungsintensität bei niedriger Temperatur herabgesetzt, bei zunehmender Wärme jedoch zunächst bis zu einem Maximum gesteigert. Erfolgt eine weitere Temperatursteigerung, so sinkt sie rapide ab. Da auch die Zellen der Wurzeln atmen, ist eine gute Durchlüftung des Bodens von großer Wichtigkeit.

Die bei der Atmung von Pflanzen frei werdende Wärme kann man messen, wenn man diese in gut schließende und gut isolierte Gefäße legt. Bekannt ist ja die Erwärmung von Misthaufen oder die Selbsterhitzung von Heu, die durch atmende Mikroorganismen zustande kommt.

Die Vorgänge, die sich im einzelnen bei der Atmung abspielen, sind sehr kompliziert. Es treten verschiedene Zwischenprodukte auf; auch Fermente sind an dem Prozeß maßgeblich beteiligt.

## 10. Die Gärungen.

Abbau von Stoffen zum Zwecke der Energiegewinnung unter Abwesenheit von Sauerstoff ist bei einer Reihe von Bakterien normal. Solche Organismen bezeichnet man als Anaerobier im Gegensatz zu den sauerstoffbedürftigen Aerobiern. Die Stoffwechselvorgänge, die von den Anaerobiern in Abwesenheit von Sauerstoff durchgeführt werden und die dadurch gekennzeichnet sind, daß sehr große Stoffmengen umgesetzt und nur geringe Energiemengen frei werden und außerdem höhermolekulare Verbindungen als Endprodukte auftreten, bezeichnet man als Gärungen. Diese Gärungen haben für diese Organismen dieselbe Bedeutung wie die Sauerstoffatmung für die anderen Pflanzen.

Bei den Anaerobiern gibt es solche, die nur unter Sauerstoffabschluß leben können (obligate A.) und solche, die sowohl mit als auch ohne Sauerstoff weiterleben (fakultative A.).

Die *alkoholische Gärung* wird durch Hefepilze hervorgerufen. Diese atmen normalerweise aerob, bei Sauerstoffmangel jedoch anaerob nach folgender Bruttogleichung:

$$C_6H_{12}O_6 \rightarrow 2\,CO_2 + 2\,CH_3CH_2OH + 24\;Kal.$$

Die Hefepilze spalten also den Traubenzucker in Äthylalkohol und Kohlensäure. Es treten bei diesem Prozeß zahlreiche Zwischenprodukte auf, und verschiedene Fermente sind an seinem Ablauf beteiligt.

Die *Milchsäuregärung* wird durch Bakterien hervorgerufen. Sie besteht in der Umwandlung von Zuckern in Milchsäure. Bei der „echten" Milchsäuregärung entstehen fast gar keine Nebenprodukte, bei der „unechten" dagegen eine Vielzahl derselben.

$$C_6H_{12}O_6 \rightarrow 2\,CH_3 \cdot CHOH \cdot COOH + 18\ \text{Kal.}$$

Auch hier sind zahlreiche Zwischenprodukte und verschiedene Fermente zu beobachten.

Ausgangsmaterial für die *Essigsäuregärung* ist der Äthylalkohol. Dieser wird von den Essigbakterien über Acetaldehyd zu Essigsäure oxydiert:

$$CH_3CH_2OH + O_2 \rightarrow CH_3COOH + H_2O + 117\ \text{Kal.}$$

Ähnliche Gärungen, die durch Mikroorganismen hervorgerufen werden, sind die Buttersäuregärung, die Cellulosegärung, die Pektingärung und andere.

Wirtschaftlich in ganz besonderem Maße von Bedeutung sind die alkoholische Gärung und die Milchsäuregärung. Wie bekannt, dient erstere zur Herstellung jeglicher alkoholischer Getränke und letztere zur Erzeugung von Sauermilch, Sauerkraut und Silofutter für das Vieh.

## II. Physiologie der Bewegungen.

Die Physiologie der Bewegungen untersucht die Ortsveränderungen ganzer Pflanzen oder einzelner Organe. Während bei vielen niederen Pflanzen die Möglichkeit der freien Ortsbewegungen wie bei den Tieren besteht, sind die höheren Pflanzen fest mit ihrem Wurzelwerk im Boden verankert. Trotzdem zeigen auch sie mannigfaltige Bewegungen ihrer Organe. Diese Bewegungen verlaufen im allgemeinen nur sehr langsam und sind deshalb mit bloßem Auge schwer wahrzunehmen; sie lassen vielfach das Reaktionsvermögen der Pflanzen auf Außenwelteinflüsse direkt sichtbar werden. Das heißt also, daß viele Bewegungen der Pflanzen auf einer Reizung von außen her beruhen. Diese Reize bewirken im Inneren der Pflanze bestimmte Stoffwechselerscheinungen oder physikalisch-chemische Veränderungen und rufen somit die Bewegungsvorgänge hervor. Daneben gibt es auch einige Bewegungen, die sich nicht auf Reize zurückführen lassen, wie z. B. die hygroskopischen Bewegungen toter Zellen.

### 1. Die Bewegung der Organe festgewachsener Pflanzen.

Richtungs- oder Orientierungsbewegungen, die eine Beziehung zur Richtung des Reizes erkennen lassen, nennt man *Tropismen*. Erfolgt jedoch die Bewegung unabhängig von der Reizrichtung, so spricht man von *Nastien*. Die die Bewegung verursachenden Reize können bei beiden ganz verschiedener Natur sein.

**Tropismen.** Bei den tropistischen Bewegungen besitzen die geo- und phototropischen eine besondere Bedeutung; durch sie stellt sich der Pflanzenkörper in eine günstige Lage zu Schwerkraft und Licht. Die Bewegungen äußern sich im allgemeinen als Krümmungen der einzelnen Organe oder auch einzelner Zellen und werden durch ungleiches Wachstum der einzelnen Flanken der Organe bewirkt. Stellen sich die Teile der Pflanze zur Reizrichtung hin ein, so spricht man von einer positiven Reaktion; entfernen sie sich von der Reizquelle, so nennt man die Reaktion negativ.

Der *Phototropismus* kommt durch einseitigen Lichteinfall zustande. Die meisten Sproßachsen reagieren positiv phototropisch, die Blätter sind transversal phototropisch, und die Wurzeln zeigen im allgemeinen negativen Phototropismus. Auch farblose Pflanzen können phototropisch reizbar sein. Nicht die Strahlenrichtung des Lichtes, sondern die ungleiche Helligkeit bei einseitiger Lichtwirkung auf verschiedene Seiten des lichtempfindlichen Organs wirkt bestimmend für seine endgültige Ruhestellung. Wie schon gesagt, kommt die Krümmung der Pflanze oder des Pflanzenorgans durch ungleiches Wachstum zustande; bei positivem Phototropismus wächst also die dem Licht abgewandte Seite schneller als die ihm zugewandte. Besonders gut sind die phototropischen Krümmungen bei den Koleoptilen (1. Blattscheide) von Graskeimlingen untersucht. Der Ort der Perzeption des Lichtreizes ist hier die Spitze, die Krümmung wird dagegen vom darunter liegenden Teil der Koleoptile ausgeführt; es liegt hier also eine Reizleitung vor. Bei dem Reizstoff, der geleitet wird, handelt es sich um Auxin. Die einseitige Beleuchtung der Koleoptilenspitze ruft eine ungleiche Verteilung des Wuchsstoffes hervor; dieser häuft sich an der unbeleuchteten Seite stärker an als an der belichteten. Daher wandert auch weniger Wuchsstoff auf der belichteten Seite basalwärts als auf der unbeleuchteten zum Ort der Reaktion. Aus dieser Tatsache erklärt sich die stärkere Krümmung der unbelichteten Seite der Koleoptile.

Unter *Geotropismus* versteht man die Fähigkeit der Pflanze, ihre Organe in eine bestimmte Richtung zur Schwerkraft einzustellen. Positiv geotropisch reagieren alle Hauptwurzeln; sie wachsen in Richtung des Erdradius dem Mittelpunkt der Erde zu. Plagiotrope Organe wie Rhizome, Seitenwurzeln, Seitenzweige wachsen in einem bestimmten Winkel zum Erdradius, sie zeigen transversalen Geotropismus. Negativ geotropisch sind alle aufrecht wachsenden oberirdischen Sproßteile, wie Stengel, Stämme usw. Werden sie aus ihrer normalen Stellung entfernt, so richten sie sich wieder auf. Dieses Aufrichten erfolgt durch stärkeres Wachstum der zur Erde hin gerichteten Seite des Organs. Bekannt ist das Beispiel niederliegender Grashalme, die sich an den Knoten wieder aufrichten. Wie der Phototropismus beruht auch der Geotropismus auf einer ungleichen Verteilung von Wuchsstoffen in den betreffenden Organen.

Unter *Haptotropismus* versteht man eine Berührungsempfindlichkeit, die eine Wachstumskrümmung nach der berührten Seite hin bewirkt. In typischer Weise zeigt sich der Haptotropismus bei Ranken. Nur feste Gegenstände verursachen einen Reiz und bewirken ein spiraliges Umwachsen der Stütze.

Der *Chemotropismus* wird durch die ungleiche Verteilung chemotropisch wirksamer Stoffe ausgelöst. Je nachdem, ob sich das gereizte Organ der Reizquelle zuwendet oder von ihr wegkrümmt, unterscheidet man einen positiven und einen negativen Chemotropismus. Er findet sich bei Wurzeln, Pilzhyphen, Pollenschläuchen und anderen Organen.

**Nastien.** Bei den Nastien bestimmt nicht der Reiz, sondern das gereizte Organ selbst die Bewegungsrichtung.

Als *Thermonastie* und *Photonastie* werden durch Temperatur und Licht hervorgerufene nastische Bewegungen an Blättern und Blüten bezeichnet. Von *Nyktinastie* spricht man, wenn es sich um rhythmische Bewegungen handelt, die mit dem Wechsel von Tag und Nacht zusammenhängen; hierher gehören die sog. Schlafbewegungen von Blättern, die besonders bei Leguminosen und auch anderen Pflanzen zu beobachten sind. Als *Chemonastie* bezeichnet man die Reaktionsbewegungen auf chemische Stoffe. Chemonastische Bewegungen erfolgen z. B. bei den Tentakeln der Blätter insektenfressender Pflanzen, z. B. beim Sonnentau. Am interessantesten sind die nastischen Bewegungen, die durch Erschütterungen, *Seismonastie*, hervorgerufen werden. Hierbei wirkt schon der leiseste Stoß als Reiz, der nur lokal zu erfolgen braucht, um oft auf weite Strecken und mit großer Geschwindigkeit weitergeleitet zu werden. Das bekannteste Beispiel für Seismonastie ist Mimosa pudica (= Sinnpflanze), eine Leguminose. Das rasche Zusammenklappen der Fiederblättchen und die Abwärtsbewegung des Blattstieles wird durch kleine Gelenkpolster an der Basis der Fiederblättchen und des Blattstieles bewirkt. Im normalen Zustand sind die Zellen dieser Polster voll turgeszent. Nach der Reizung pressen die Zellen einer Gelenkhälfte infolge erhöhter Permeabilität Wasser in die Interzellularen, so daß die Gewebespannung dieser Gelenkhälfte vermindert wird; das Blatt senkt sich nach unten. Nach einer gewissen Zeit wird die volle Turgeszenz wieder erreicht, und das Blatt richtet sich wieder auf (Abb. 92).

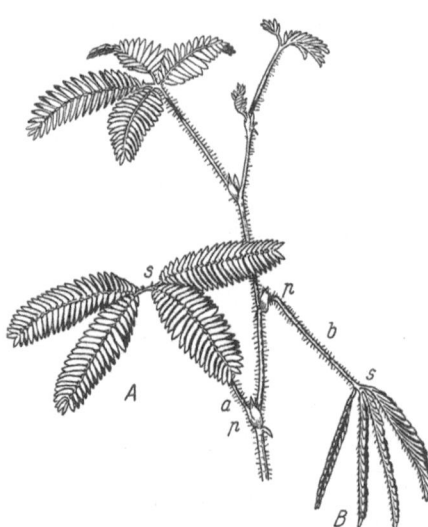

Abb. 92: Zweig von Mimosa pudica. *A* Blatt in ungereiztem Zustand; *B* nach erfolgter seismonastischer Reaktion. *p* Gelenke der Blattstiele; *a, b, s* Gelenke der Fiederblättchen. (Nach *Strasburger.*)

**Autonome Bewegungen.** Die bisher erwähnten Bewegungen wurden alle durch äußere Reize hervorgerufen. Nun gibt es aber auch solche, für die man keinerlei Außenfaktoren verantwortlich machen kann, die inneren Vorgängen der Pflanze entspringen müssen. Solche Bewegungen bezeichnet man als autonom. Sie machen sich auch durch einseitiges Wachstum oder durch Turgoränderungen bemerkbar. Hierher gehören die Wachstumsbewegungen (Nutationen) vieler Sproßspitzen, die Entfaltungsbewegungen von Sprossen, Blättern und Blüten und die autonomen Variationsbewegungen, die durch Turgorschwankungen hervorgerufen werden. So wird bei letzten durch Turgeszenz der Zellen des Gelenkpolsters das Blatt gehoben und durch Verringerung des Turgors gesenkt.

**Durch Turgor bewirkte Schleuderbewegungen.** Wie schon früher erwähnt wurde, herrscht in jedem Organ eine gewisse Gewebespannung, die der Festigung dient. Werden nun solche Gewebe oder Gewebeteile aus ihrem Zusammenhang gelöst, so können sie sich frei dehnen oder kontrahieren und führen dabei ruckartige Krümmungsbewegungen aus. Diese Erscheinungen treten vielfach in Organen auf, die der Verbreitung von Fortpflanzungskeimen dienen.

So braucht man die reifen Früchte des Springkrautes nur leicht zu berühren, um diesen Schleudermechanismus in Tätigkeit zu setzen. Die einzelnen Fruchtblätter rollen sich dabei uhrfederartig auf und schleudern die Samen fort. Bereits durch Platzen einzelner Zellen kommen Schleuderbewegungen zustande. So werden die Sporen vieler Pilze dadurch frei, daß die durch Turgor gespannte Sporangienwand platzt und diese ausschleudert (Ascomycetes, Pilobolus).

Bei allen durch Turgor bewirkten Schleuderbewegungen werden einzelne Zellen oder Gewebe irreversibel zugunsten des Gesamtorganismus zerstört.

**Hygroskopische Bewegungen.** Die hygroskopischen Bewegungen sind rein mechanische Vorgänge an toten Geweben. Sie hängen nur von Quellung und Kohäsion ab. Bewegungen der Quellungsmechanismen kommen durch Wasseraufnahme und -abgabe zustande und dienen biologisch der Samen- und Sporenverbreitung. Sie sind zu beobachten an den Peristomzähnen der Laubmooskapseln, an den Samenkapseln verschiedener höherer Pflanzen, an den Grannen der Früchtchen des Reiherschnabels, an den Grannen von Gräsern usw. Die Kohäsionsmechanismen führen ihre Bewegungen dadurch aus, daß sich bei Wasserverlust der Innenraum der Zellen verkleinert und durch den Kohäsionszug des Wassers in den Zellwänden Spannungen auftreten. Diese zerreißen und schleudern ihren Inhalt aus. Solche Vorgänge kann man bei vielen Farnsporangien z. B. beobachten.

## 2. Die freien Ortsbewegungen.

Wie schon in der Einleitung gesagt wurde, besitzen viele niedere Pflanzen die Fähigkeit, wie die Tiere frei ihren Standort zu wechseln. Sie sind dadurch in der Lage, für sie günstige Lebensbedingungen aufzusuchen. Man findet solche freien Ortsbewegungen bei Bakterien, Flagellaten, Desmidiaceen, Volvocalen, Diatomeen und bei manchen Keimzellen. Sie schwimmen vielfach mit Hilfe von Geißeln aktiv oder bewegen sich kriechend über die Unterlage. Manchmal ermöglichen auch Plasmaströmungen im Inneren der Zellen die Fortbewegung. Über die Mechanik der Bewegungen ist bisher noch nicht allzuviel bekannt, jedoch sind die dabei erreichten Geschwindigkeiten verglichen mit der Körpergröße solcher Organismen sehr groß.

**Taxien.** Durch bestimmte Außenfaktoren gerichtete freie Ortsbewegungen bezeichnet man als Taxien; sie sind mit den Tropismen, also der gerichteten Bewegung festgewachsener Organe, zu vergleichen. Die auslösenden Reize sind entweder das Licht oder das Konzentrationsgefälle gelöster chemischer Stoffe. Man kennt auch hier positive und negative Reaktionen auf die Reize. Als *Phototaxis* bezeichnet man die Reaktion der Organismen auf Licht. Sie ist bei verschiedenen Algen zu beobachten. Positiv phototaktische Formen bewegen sich gegen die Lichtquelle hin und sammeln sich dort an; negativ phototaktische Formen dagegen bewegen sich von ihr fort.

Unter *Chemotaxis* versteht man die Reaktion auf ein Konzentrationsgefälle von gelösten chemischen Stoffen. Bei positiver Chemotaxis lockt die höhere Konzentration an, bei negativer dagegen stößt sie ab. Als Reizstoffe können ganz verschiedene Substanzen wirksam sein: Neutralsalze von Alkalien und Erdalkalien, Traubenzucker, Milchzucker, Mannit, Dextrin, Harnstoff, Asparagin, Pepton u. a. Auch Sauerstoff kann einen chemischen Reiz bewirken, so gibt es Bakterien, die sich an den Stellen einer Flüssigkeit ansammeln, die eine hohe Konzentration von $O_2$ besitzen. Auch bei der Anlockung vieler Geschlechtszellen spielen chemotaktische Vorgänge eine Rolle. Spermatozoiden von Farnen werden von Äpfelsäure, von Laubmoosen durch Rohrzucker, von Lebermoosen durch Eiweißstoffe angelockt.

**Bewegungen des Protoplasmas.** Plasma, Zellkern und Plastiden weisen in den Zellen oft Bewegungserscheinungen auf, die den freien Ortsbewegungen niederer einzelliger Pflanzen in vieler Hinsicht entsprechen. Die Rotations- und Zirkulationsströmungen des Plasmas sind zum Teil autonomer Natur, zum Teil werden sie aber durch Außenfaktoren hervorgerufen. Durch intensive Bestrahlung, vor allem mit rotem Licht, oder durch chemische Reizung mittels ganz verschiedener Substanzen können lebhafte Strömungen des Plasmas ausgelöst werden. Die Bedeutung dieser Plasmaströmungen ist bisher noch unbekannt. Auch die Chloroplasten nehmen in den Zellen Ortsveränderungen vor, die vor allem durch das Licht bewirkt werden. Bei schwacher Beleuchtung legen sie sich an die durchstrahlten Zellwände und bieten so dem Licht ihre Fläche; bei intensiver Bestrahlung dagegen wandern sie an die parallel zu den Lichtstrahlen stehenden Zellwände und bieten dem Licht ihre Schmalseite. Daher sehen manche Blätter in greller Sonne heller, in zerstreutem Licht dagegen dunkler aus.

# III. Physiologie des Formwechsels.

Die Physiologie des Formwechsels beschäftigt sich mit den Vorgängen des Wachstums, der Entwicklung und Fortpflanzung; sie wird daher auch oft als *Entwicklungsphysiologie* bezeichnet. Sie will vor allen Dingen die Ursachen dieser Vorgänge erklären.

## 1. Das Wachstum.

Das Wachstum besteht in einer irreversiblen Volumen- oder Substanzzunahme der Zelle. Es ist mit komplizierten inneren Veränderungen verbunden; wachsen können nur lebende Organismen.

Man kann mehrere Phasen des Wachstums einer Pflanzenzelle unterscheiden: das embryonale oder plasmatische Wachstum und das Streckungswachstum.

Das *Wachstum des Plasmas* vollzieht sich bei niederen Pflanzen in jeder teilungsfähigen Zelle, bei den höheren Pflanzen in den meristematischen Geweben. Es besteht im Einbau neuer Plasmabestandteile in das schon vorhandene. Teilt eine Zelle sich, so nehmen die beiden Tochterzellen zunächst den gleichen Raum ein wie die Mutterzelle, erst dann wachsen sie unter Vermehrung der Substanz zur Größe der Mutterzelle heran. Dieses embryonale Wachstum ist äußerlich meist kaum zu bemerken, jedoch von großer Wichtigkeit.

Erst nach der Vermehrung der Substanz setzt das *Streckungswachstum* ein, das aus der Volumenvergrößerung der Zellen besteht. Dabei wird vor allen Dingen Wasser aufgenommen. Mit der Wasseraufnahme verbunden ist einmal die Bildung von Vakuolen und zum anderen ein Flächenwachstum der Zellwände. Diese Streckung der Zellwände tritt nach außen deutlich in Erscheinung. Das Plasma wird jedoch nicht mehr vermehrt und liegt als feiner Belag auf den Zellwänden.

In der Streckungsphase beginnt auch die Differenzierung der einzelnen Gewebe und somit die Bildung der Organe in ihrer eigentlichen Gestalt. Die Zellen nehmen alle die spezifischen Formen an, von denen in der Histologie schon die Rede war. Außerdem werden die Zellwände durch Appositionswachstum (Auflagerung) verdickt.

Die eigentlichen *Zuwachszonen* der einzelnen Organe der Pflanzen hat man durch Messungen feststellen können. Bei Wurzeln liegt die Streckungszone dicht hinter der Wurzelspitze; sie ist relativ klein. Sprosse dagegen haben meist lange Streckungszonen; ist der Sproß durch Knoten in Internodien geteilt, so sind so viele Streckungszonen wie Internodien vorhanden. Sind dabei die Streckungszonen durch ausgewachsene Gewebeteile voneinander getrennt, so spricht man von interkalarem Wachstum. Auch Blätter wachsen im allgemeinen interkalar.

Der *Zuwachs* selbst ist bei gleich bleibenden äußeren Bedingungen und gleichen aufeinanderfolgenden Zeitabschnitten nicht immer derselbe. Er nimmt zunächst einmal zu und sinkt dann wieder bis zum Stillstand ab. Man bezeichnet diese Erscheinung als große Periode des Wachstums.

Auf das Wachstum sind verschiedene äußere und innere *Faktoren* von bestimmendem Einfluß. Zu diesen Faktoren gehören vor allem die Temperatur, das Licht, die Schwerkraft, das Wasser und die Wuchsstoffe.

Das Wachstum der Pflanze kann nur in einem bestimmten Temperaturbereich erfolgen; der untere und obere Grenzpunkt liegt bei 0° und 45° C. Während bei Pflanzen kalter und gemäßigter Zonen die Temperaturminima und -maxima niedriger liegen, sind sie bei Tropenpflanzen meist höher; das beste Wachstum erfolgt bei einem Temperaturoptimum.

Unterhalb des Wachstumsminimums befinden sich die Pflanzen in einer Kältestarre, oberhalb des Maximums in einer Wärmestarre, die sehr bald, bei Erreichen der Gerinnungstemperatur des Eiweißes, zum Tode führt. Diese Tötungstemperatur liegt meist nur wenige Grade über dem Maximum. Zellen oder Gewebe, die sehr

| | Minimum in °C | Optimum in °C | Maximum in °C |
|---|---|---|---|
| Roggen . . . . . . . . . | 1 | 25 | 30 |
| Luzerne . . . . . . . . . | 1 | 30 | 37 |
| Hanf . . . . . . . . . . | 1 | 35 | 45 |
| Mais . . . . . . . . . . | 8 | 32 | 40 |
| Kürbis . . . . . . . . | 13 | 26 | 44 |
| Bacillus calfactor . . . . | 30 | 60 | 75 |

wasserarm sind, wie Sporen oder Samen, können jedoch viel niedrigere oder viel höhere Temperaturen überstehen, da sie sich ja in einem inaktiven Ruhezustand befinden. Sie werden bis zu Temperaturen von −250° und + 100° kaum geschädigt. Besonders resistent sind Bakterien.

Beim Licht als Wachstumsfaktor spielt sowohl die Lichtintensität als auch die Lichtqualität eine Rolle. Starkes und kurzwelliges Licht wirkt meist hemmend auf das Wachstum, Dunkelheit dagegen fördernd. Das Lichtoptimum ist für die einzelnen Pflanzen, je nachdem es sich um Schatten- oder Sonnenpflanzen handelt, verschieden. Auch bei der Ausbildung der Blätter und ihrer Gewebe übt das Licht einen Einfluß aus; Schattenblätter sind dünn und haben nur ein schwach entwickeltes Palisadengewebe, die Sonnenblätter dagegen sind wesentlich dicker und besitzen ein gut ausgebildetes Palisadengewebe. Im Dunkeln treten bei wachsenden Sprossen die Erscheinungen auf, die man als Vergeilung bezeichnet; dabei werden alle Achsen anormal verlängert und die Blätter weitgehend reduziert. Wurzeln jedoch wachsen normalerweise nur im Dunkeln und stellen bei Belichtung ihr Wachstum mehr oder weniger ein. Richtung und Intensität des Lichtes wirken sich z. B. bei der Ausbildung von Haftwurzeln beim Efeu oder beim Austreiben von Achselknospen verschiedener Pflanzen aus; so entwickeln sich die Haftwurzeln des Efeus nur auf der Schattenseite der Sprosse, und die Achselknospen von Pflanzen, die im dichten Bestand stehen, bleiben zurück, so daß diese Pflanzen wenig verzweigt sind. Stehen solche Pflanzen am Rande des Bestandes oder einzeln, so treiben ihre Achselknospen aus; sie sind dann reich verzweigt (z. B. Waldbäume).

Wie schon früher erwähnt wurde, wirkt auch die Schwerkraft in gewisser Weise auf das Wachstum. Sie bestimmt die Richtung, in der Sproß, Wurzel, Zweige, Rhizome usw. wachsen.

Als innere Wachstumsfaktoren spielen vor allen Dingen die Wuchsstoffe eine Rolle. Sie beeinflussen einmal Zellteilungen und Plasmawachstum und zum anderen das Streckungswachstum. Es sind bis jetzt mehrere dieser Wuchsstoffe oder Wuchshormone bekannt geworden; ihre Wirksamkeit liegt bei ganz geringen Konzentrationen. Von praktischer Bedeutung sind Wuchsstoffpasten. So kann man sich schwer bewurzelnde Stecklinge durch Behandlung mit einer solchen Paste (Heteroauxin = $\beta$ Indolylessigsäure) zu relativ leichter Wurzelbildung veranlassen.

## 2. Die Entwicklung.

Hand in Hand mit dem Wachstum geht die Formdifferenzierung der Zellen vor sich, das von der Eizelle an beginnende Zusammenwirken von Wachstum und Formdifferenzierung bezeichnet man als Entwicklung. Diese steht bei den Pflanzen nicht nach einer bestimmten Zeit wie bei den Tieren still, sondern geht an den Vegetationspunkten und Kambien fort, solange die Pflanze lebt. Die sich entwickelnden Formen der Pflanzenorgane hängen in erster Linie von der *ererbten* Struktur des Keimplasmas ab, werden jedoch durch Außenfaktoren in ihrer Ausbildung mehr oder weniger beeinflußt.

Die einzelnen Teile einer Pflanze beeinflussen sich gegenseitig in ihrer Entwicklung; es bestehen also Korrelationen. So wird in vielen Fällen das Austreiben von Achselknospen durch das Vorhandensein einer Endknospe gehemmt; entfernt man letzte, fallen die Hemmungen fort und die benachbarten Knospen treiben aus. Beziehungen bestehen auch zwischen der Ausbildung des Sproßsystems einerseits und der des Wurzelsystems andererseits; sind Stecklinge gut entwickelt und besitzen Knospen, so bewurzeln sie sich schneller als solche Stecklinge, die schlecht entwickelt sind. Man muß annehmen, daß bei der Wurzelbildung auch das Auxin mitwirkt. Der fördernde Einfluß von Knospen beruht also zum Teil darauf, daß sie Auxin bilden. Ebenso bestehen Beziehungen zwischen Befruchtung und Frucht- und Samenbildung. Alle diese Korrelationserscheinungen sind ein wesentlicher Teil dessen, was man als Regulationsfähigkeit der pflanzlichen Organismen bezeichnet.

Eine andere wichtige und weit verbreitete Erscheinung, schon bei den niederen Pflanzen, ist die Polarität. Man versteht darunter die morphologische und physiologische Orientierung der Zellen und Gewebe nach Basis und Spitze. Sie ist im allgemeinen schon in der Eizelle festgelegt. Frei aufgehängte Weidenstecklinge bilden stets an ihrem morphologisch oberen Ende Sprosse und am unteren Ende Wurzeln aus.

Bei vielen mehrjährigen Pflanzen, namentlich bei Holzgewächsen, wechseln Perioden des Wachstums mit solchen der Ruhe ab. Man bezeichnet diese Erscheinung als Periodizität. Diese ist sowohl von inneren, als auch von äußeren Faktoren abhängig. Es gibt periodisch veranlagte Pflanzen, die selbst im gleichmäßigen tropischen Klima ihre Jahresrhytmik in Wachstum, Laubfall und Ruhe beibehalten, und aperiodisch veranlagte. Diese können in Gebieten mit Klimawechsel gelegentlich zu periodisch wachsenden umgestimmt werden, vorausgesetzt, daß sie die ungünstige Jahreszeit überstehen.

### 3. Fortpflanzung und Vererbung.

Die Lebensdauer aller Organismen, also auch die der Pflanzen, ist zeitlich begrenzt. Wenn sie trotzdem fortbestehen, so nur dadurch, daß sie ständig Tochterindividuen, sei es auf ungeschlechtlichem oder geschlechtlichem Wege, erzeugen. Die Erzeugung neuer Individuen bezeichnet man als Fortpflanzung. Die verschiedenen Möglichkeiten, durch die die Fortpflanzung erfolgen kann, wurden schon am Ende der Morphologie beschrieben. Wichtig jedoch ist, daß die Nachkommen ihren Eltern weitgehend ähnlich sind. Das beruht darauf, daß mit den Geschlechtszellen nicht die Merkmale selbst, sondern die Anlagen zu diesen Merkmalen auf die Nachkommen übertragen werden. Die Übertragung von Anlagen von einer Generation auf die folgende durch die Geschlechtszellen nennt man Vererbung.

Alle vererbbaren Merkmalsanlagen bezeichnet man als Erbmasse oder Erbgut (*Idiotypus*). Sie setzt sich aus einer großen Anzahl einzelner Erbfaktoren (*Gene*) zusammen. Aber nicht nur die Erbmasse bestimmt das äußere Erscheinungsbild (*Phänotypus*) eines Organismus. Viele Umwelteinflüsse wirken auf ihn ein, so daß man vom Phänotypus her nicht ohne weiteres auf den Idiotypus schließen kann. Nur in vollständig gleicher Umwelt entspricht ein gleicher Phänotypus einem gleichen Idiotypus. Vererbbar ist also nur der Idiotypus. Durch Umweltsbedingungen hervorgerufene Merkmale (*Modifikationen*) vererben sich nicht.

Die Vererbung von Merkmalsanlagen ist einer bestimmten Gesetzmäßigkeit unterworfen, die von dem Augustinerpater GREGOR MENDEL[1] auf Grund langjähriger

---

[1] JOH. GREGOR MENDEL, Augustiner-Chorherr (1822—1865), Begründer der modernen Vererbungsforschung. Die Bedeutung der MENDELschen Regeln wird erst seit 1900 richtig bewertet.

Kreuzungsversuche im Jahre 1865 beschrieben wurde. Nach ihrem Entdecker bezeichnet man diese Gesetzmäßigkeiten als *Mendelsche Gesetze*. Sie blieben zunächst unbekannt, bis sie im Jahre 1900 von drei Botanikern, unter ihnen der Deutsche CARL CORRENS, wiedergefunden wurden.

Als *reinrassig* oder *reinerbig* bezeichnet man Individuen, die sowohl von väterlicher, als auch von mütterlicher Seite das gleiche Erbgut mitbekommen haben. Pflanzen sie sich über viele Generationen in derselben Weise fort, so nennt man die gesamte Nachkommenschaft eine *Reine Linie* (Abb. 93).

Als *gemischterbig* oder als *Bastarde* bezeichnet man Individuen, deren Eltern sich in einem oder mehreren Merkmalen unterscheiden. Ihre Nachkommenschaft ist ungleich. Folgende Beispiele sollen den Erbgang der Merkmale, durch die sich die Eltern unterscheiden, erläutern.

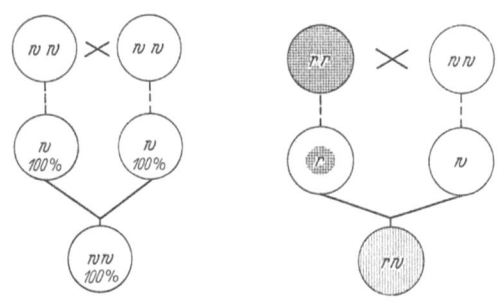

Abb. 93. Kreuzungsschema zweier reinerbig weißblühender Mirabilis-Individuen.

Abb. 94. Kreuzungsschema einer reinerbig weißen mit einer reinerbig roten Mirabilis.

1. Bei der Wunderblume, Mirabilis jalapa, gibt es zwei Formen, die sich u. a. in der Blütenfarbe unterscheiden; die eine ist reinrassig rotblütig, die andere reinrassig weißblütig. Kreuzt man diese beiden Formen miteinander, so ist die Tochtergeneration (1. Filialgeneration, F₁) durchgehend rosablütig, hat also einen *inter-*

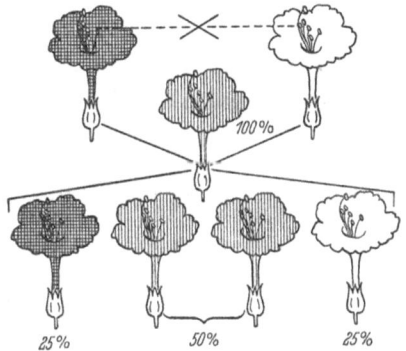

Abb. 95. Der Bastard aus der Kreuzung einer weiß- und einer rotblühenden Mirabilis jalapa und seine Nachkommen in einer Generation.

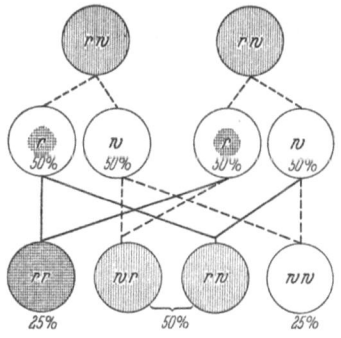

Abb. 96. Die Aufspaltung der Nachkommenschaft eines rosa blühenden Mirabilis-Bastardes.

*mediären* Charakter (Abb. 94). Kreuzt man nun die Bastarde untereinander, so erhält man die 2. Filialgeneration oder F₂. In dieser treten in bezug auf die Blütenfarbe drei Gruppen von Induviduen auf, nämlich rot-, weiß- und rosablühende. Bei einer genügend großen Nachkommenschaft findet man 25% rot-, 25% weiß- und 50% rosablühende Pflanzen, es ist also eine Aufspaltung in die drei Blütenfarben eingetreten (Abb. 95, 96). Zieht man nun aus diesen Pflanzen durch Selbstbestäubung weitere Generationen heran, so ergeben die rot- und weißblühenden wieder ihresgleichen, sie sind also so reinerbig wie die Ausgangspflanzen, die rosablühenden dagegen spalten jedoch weiter im Verhältnis 1 rot : 2 rosa : 1 weiß auf.

2. Kreuzt man eine mischerbige rosa Pflanze mit einer reinerbigen roten, so treten zweierlei Nachkommen im Verhältnis 1 : 1 auf (Abb. 97), und zwar 50% rosa- und 50% rotblühende.

3. Kreuzt man die Pillennessel (Urtica pilulifera), die einen stark gezähnten Blattrand besitzt, mit einer fast ganzrandigen Art (U. dodartii), so gleichen die $F_1$-Pflanzen völlig der U. pilulifera, ihr Bastard-Charakter tritt äußerlich nicht in Erscheinung. Kreuzt man nun die $F_1$-Pflanzen untereinander, so tritt wieder eine Aufspaltung ein, und zwar im Verhältnis 3 gezähnt : 1 ganzrandig (Abb. 98). Zieht man aus den $F_2$-Pflanzen durch Selbstbestäubung weitere Generationen heran, so erkennt man, daß das Spaltungsverhältnis in der $F_2$-Generation nur eine scheinbare Abänderung erfahren hat. Die 25% ganzrandigen Pflanzen erweisen sich als reinerbig; von den gezähnten Formen erweisen sich $1/_3$ ebenfalls als rein-

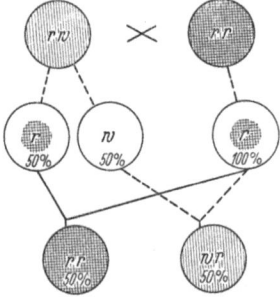

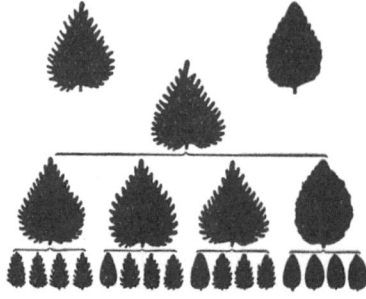

Abb. 97. Rückkreuzungsschema. *rw* rosa blühender Mirabilis-Bastard; *rr* reinerbig rotblühende Pflanze.

Abb. 98. Der Bastard von Urtica pulifera und U. dodartii mit Nachkommen und Eltern. (Nach *Strasburger*.)

erbig; die restlichen 50% aller Pflanzen spalten wieder im Verhältnis 3 : 1 auf. Die Spaltungsverhältnisse bleiben also auch hier gewahrt. Daß die reinerbig gezähnten Formen sich von den mischerbigen nicht im Phänotypus unterscheiden, beruht darauf, daß die Anlage gezähnt über die Anlage ungezähnt *dominiert*, sie ist *dominant*; letzte dagegen ist *recessiv*.

4. Führt man nun wie in 2. die Rückkreuzung durch, so bestehen hier zwei Möglichkeiten: kreuzt man den Bastard mit der recessiven Elternpflanze, so besteht die Nachkommenschaft wie bei Mirabilis zur Hälfte aus gezähnten (mischerbigen) Pflanzen und zur anderen Hälfte aus ungezähnten (reinerbigen) Pflanzen. Kreuzt man jedoch den Bastard mit der dominanten Elternpflanze, so ist die Nachkommenschaft nur gezähnt. Man erkennt den wahren Idiotypus, sobald man durch Selbstbestäubung Nachkommen erhält; 50% der Individuen sind reinerbig und 50% sind gemischterbig.

Aus den hier angeführten Beispielen lassen sich leicht die MENDELschen Gesetze ableiten.

1. *Uniformitätsgesetz*: Kreuzt man zwei rein rassige Individuen miteinander, die sich in mindestens einem Merkmal unterscheiden, so ist ihre Nachkommenschaft gleichförmig. Bei *intermediärer* Vererbung zeigt das betreffende Merkmal der $F_1$-Generation eine Zwischenform zu den elterlichen Merkmalen (Mirabilis); bei Vorhandensein von *Dominanz* jedoch sehen alle Individuen der $F_1$ in bezug auf dieses Merkmal aus wie das dominante Eltern-Individuum (Urtica).

2. *Spaltungsgesetz*: Kreuzt man die Bastarde einer $F_1$-Generation untereinander, so spalten die in der $F_2$ erhaltenen Nachkommen in einem ganz bestimmten Zahlenverhältnis auf; bei *intermediärer* Vererbung ist dieses Verhältnis 1 : 2 : 1, bei Vorhandensein von *Dominanz* 3 : 1.

*Rückkreuzung*: Kreuzt man einen Bastard der $F_1$-Generation mit einem reinerbigen Individuum der Elterngeneration, so entsprechen die Nachkommen zu 50% dem Bastard und zu 50% dem Elternindividuum in ihren Erbanlagen.

Im allgemeinen unterscheiden sich Organismen nicht nur in einem, sondern in mehreren oder sogar vielen Merkmalen. Man bezeichnet Bastarde, die in bezug auf ein Merkmal mischerbig sind als *Mono*hybriden, solche die in bezug auf zwei, drei, vier Merkmale mischerbig sind als *Di-*, *Tri-* usw. oder *Poly*hybriden. Die einzelnen Merkmale werden bei ihnen unabhängig voneinander auf die Nachkommen der $F_2$-Generation verteilt. Diese Tatsache ist der Inhalt des dritten MENDELschen Gesetzes: (*Unabhängigkeits*gesetz).

3. Kreuzt man Individuen miteinander, die sich durch mehrere Merkmalspaare voneinander unterscheiden, so werden die Anlagen der Merkmale unabhängig voneinander vererbt.

Abb. 99 zeigt das Schema einer *Dihybridenkreuzung*. Es werden zwei Rassen des Löwenmäulchens (Antirrhinum majus) miteinander gekreuzt, von

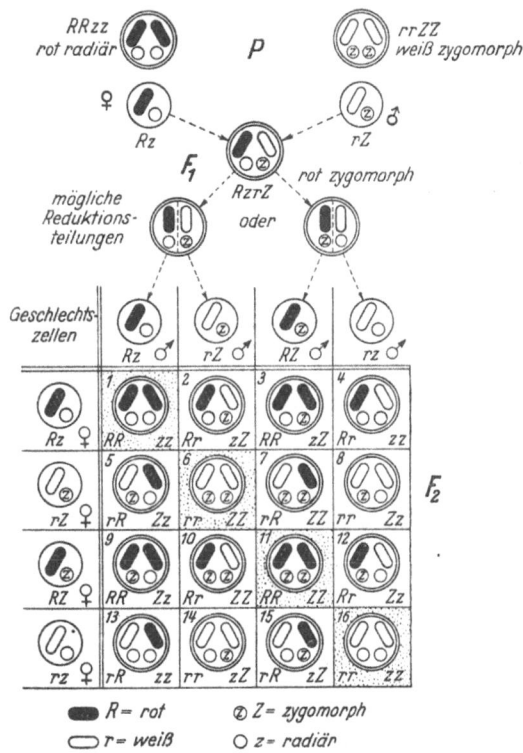

Abb. 99. Schema einer Dihybridenkreuzung bei Antirrhinum. *R* rot, *r* weiß; *Z* zygomorph, *z* radiär. (Nach *Strasburger*.)

denen die eine weiße und zygomorphe Blüten, die andere aber rote, radiäre Blüten aufweist. Die Erbanlage für rote Blüten und für zygomorphe Blüten ist dominant, die für weiße und für radiäre ist recessiv. Die $F_1$-Generation besitzt rote und zygomorphe Blüten. In der $F_2$ erfolgt eine Aufspaltung in vier Phänotypen in einem Häufigkeitsverhältnis von 9 : 3 : 3 : 1, vorausgesetzt, daß in jedem der beiden Genpaare Dominanz besteht. Von den 16 in der $F_2$ möglichen Genotypen sind 4 reinerbig und bei weiterer Züchtung konstant. Zwei von ihnen entsprechen den Elternformen, zwei jedoch stellen *Neukombinationen* dar, nämlich rot-zygomorph und weiß-radiär. Die übrigen 12 Kombinationen sind gemischterbig. Sie spalten bei Weiterzüchtung wieder auf.

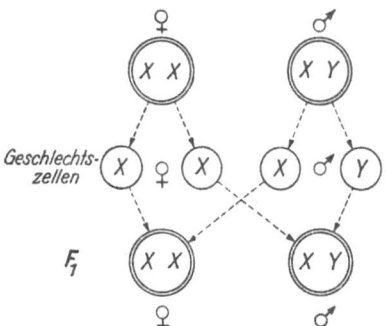

Abb. 100. Schema der Geschlechtsbestimmung bei diploiden getrenntgeschlechtlichen Pflanzen. *x, y* Geschlechtschromosomen. (Nach *Strasburger*.)

Die Nachkommenschaft von Bastarden, deren Eltern sich in mehreren Merkmalen unterscheiden, spaltet genau so gesetzmäßig auf, jedoch sind die dabei auftretenden Zahlenverhältnisse bedeutend komplizierter.

Die *Vererbung* des *Geschlechts* bei diploiden getrenntgeschlechtlichen Pflanzen erfolgt nach dem Schema der Rückkreuzung (Abb. 100). Die Geschlechtsanlage ist im allgemeinen an ein Paar homologer Chromosomen gebunden. Beim männlichen Individuum nennt man sie XY-Chromosomen, weil sie sich in der Gestalt unterscheiden, beim weiblichen dagegen XX, weil sie gleichgestaltet sind. Bei der Befruchtung gibt es die beiden Kombinationen XX und XY, das heißt es werden wieder zur Hälfte männliche und zur anderen Hälfte weibliche Nachkommen hervorgebracht.

Wie schon bei der Behandlung der Zelle beschrieben wurde, sind die Erbanlagen oder Gene in den Chromosomen lokalisiert und zeigen eine außerordentlich große Beständigkeit. Sie bleiben auch bei den Zellteilungen unverändert und bilden so mit den in ihrer Form beständigen Chromosomen die Grundlage für die Konstanz der Arten über viele Generationen. Nun hat sich aber an Hand von Beobachtungen ergeben, daß in der Natur sprunghaft Änderungen an Organismen auftreten, die nicht von der Umwelt abhängig sein können, weil sie sich, sobald sie aufgetreten sind, über alle nachfolgenden Generationen weitervererben. Sie sind also auf Änderung von Erbfaktoren zurückzuführen. Solche Änderungen im Erbgut bezeichnet man als *Mutationen*, ihre Häufigkeit wechselt bei den einzelnen Pflanzen. Diese Mutationen können bedingt sein durch die Abänderung einer Erbanlage (eines Gens) im Chromosom, wobei das Allel des homologen Chromosoms unverändert bleibt (*Gen-Mutation*), oder durch eine Veränderung im Aufbau oder der Zahl der Chromosomen (*Chromosomen-Mutation*) selbst. Bei den Chromosomenmutationen unterscheidet man einen Bruchstückverlust (*Deletion*), den Austausch von Chromosomenstücken zwischen zwei Chromosomen (*Translokation*) und die *Inversion*. Bei letzter bricht ein Stück aus einem Chromosom heraus und fügt sich so wieder ein, daß seine Gene nun in umgekehrter Reihenfolge im Chromosom zu liegen kommen (Abb. 101).

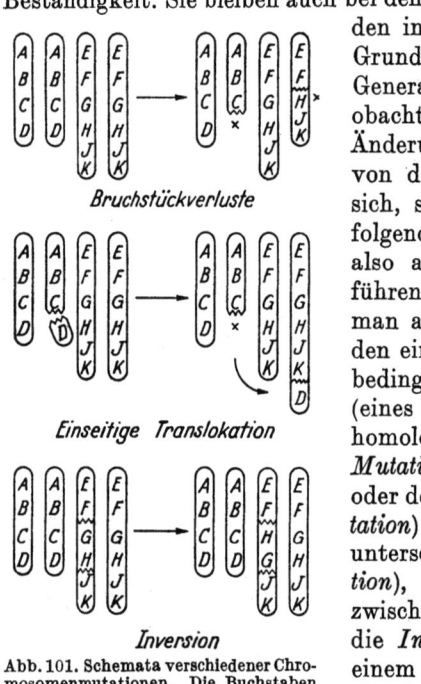

*Bruchstückverluste*

*Einseitige Translokation*

*Inversion*

Abb. 101. Schemata verschiedener Chromosomenmutationen. Die Buchstaben bedeuten verschiedene Gene in den Chromosomen. (Nach *Strasburger*.)

Die Mendelschen Gesetze haben nur dann Gültigkeit, wenn die Übertragung der Erbanlagen durch die in den Chromosomen gelegenen Gene erfolgt. Die Gesamtheit der in den Chromosomen lokalisierten Erbanlagen bezeichnet man als *Genom*. Daneben werden jedoch auch Anlagen vererbt, die einerseits im Plasma, andererseits in den Plastiden lokalisiert sind. Die Gesamtheit dieser Erbanlagen bezeichnet man als *Plasmon*, bzw. als *Plastom*.

Wie schon zu Beginn dieses Abschnittes gesagt wurde, bestimmen nicht nur die Erbanlagen (der Idiotypus), sondern auch *Umweltsfaktoren* das äußere Erscheinungsbild (Phänotypus) eines Individuums. Die durch Umwelterscheinungen hervorgerufenen Merkmale bezeichnet man als Modifikationen, sie vererben sich nicht.

Den Beweis dafür, daß die durch die Umwelt an Pflanzen hervorgerufenen Veränderungen nicht vererbbar sind, bringt folgendes Beispiel. Abb. 102 zeigt zwei durch ungeschlechtliche Vermehrung von derselben Pflanze abstammende Pflanzen des Löwenzahns (Taraxacum officinale); die eine wurde in der Tiefebene, die andere im

Hochgebirge aufgezogen. Sie unterscheiden sich deutlich in ihrem Wuchs. Bringt man jedoch die Nachkommen der Hochgebirgspflanze in die Tiefebene zurück, so nehmen sie sofort wieder den Wuchs der Tieflandsform an. Die abweichende Gestalt der Gebirgsform wurde lediglich durch das starke ultraviolette Licht bedingt, ohne jedoch das Erbgut zu verändern.

Modifikatorisch können in der Natur viele Faktoren wirken, z. B. Licht, Temperatur, Feuchtigkeit usw. Da sie auf eine größere Anzahl von Pflanzen wohl nie in derselben Stärke einwirken, ist es nicht verwunderlich, daß Pflanzen mit völlig gleichem Erbgut eine gewisse *Variabilität* zeigen. So wird z. B. die Größe von Bohnensamen bei einer Pflanze stark variieren, weil die Ernährung der Samen von vielen Bedingungen abhängt, und diese nicht immer voll erfüllt werden. Diese Variabilität macht sich nicht nur in der Gestalt, sondern auch bei vielen anderen Lebenserscheinungen bemerkbar.

Eine der wichtigsten Fragen der Biologie ist die nach der *Abstammung* der einzelnen Organismen. Im Laufe der Zeit wurde die frühere Annahme, die Arten seien selbständig und unabhängig voneinander erschaffen worden (*Schöpfungstheorie*), allmählich durch die *Deszendenz*-Theorie abgelöst. Diese besagt, daß die jetzt auf der Erde sich befindenden Organismen sich aus anderen, einfacher gebauten, vorzeitlichen entwickelt haben. Wie dieser Vorgang sich abspielt, wird auf verschiedene Weise zu erklären versucht.

Abb. 102. Modifikationen des Löwenzahns (Taraxacum officinale). Teile derselben Pflanze *1* in der Ebene, *2* im Gebirge aufgewachsen. (Nach *Strasburger*.)

1. *Darwinismus*[1]. Dieser geht davon aus, daß von den zahlreichen Nachkommen einer Art, die unter sich kleine Unterschiede aufweisen, nur diejenigen am Leben bleiben, die für den Wettbewerb des Kampfes ums Dasein die besten Voraussetzungen mitbringen, die also den Anforderungen der Umgebung am besten entsprechen. Es erfolgt also eine Auslese. Die ausgelesenen erblichen Varianten pflanzen sich weiter fort und vererben ihre günstigen Eigenschaften auf ihre Nachkommen weiter. Wiederholt sich bei diesen der Wettbewerb immer wieder, so muß die Entwicklung schließlich zu immer besser angepaßten Formen führen. Alle Individuen mit ungünstigen Eigenschaften verschwinden früher oder später. Nützlichkeit (d. h. Angepaßtsein) erklärt sich also nach dem Darwinismus aus den Vorzügen solcher erblicher Eigenschaften, die eine Erhaltung im Konkurrenzkampf begünstigen.

2. *Lamarckismus*[2]. Nach dem Lamarckismus erfolgt die Umwandlung der Arten auf die Weise, daß die Umgebung direkt auf sie einwirkt, und dadurch die Veränderungen vollzogen werden. Danach sind die durch Außenfaktoren bewirkten Modifikationen erblich oder werden es zumindest im Laufe der Zeit (Vererbung er-

---

[1] CHARLES ROBERT DARWIN, englischer Naturforscher (1731—1802), Begründer der nach ihm benannten Lehre, die einen Markstein in der Geschichte der Natur- und Geisteswissenschaften darstellt.

[2] JEAN BAPTISTE DE LAMARCK, französischer Naturforscher (1744—1829), Begründer der nach ihm benannten Lehre.

worbener Eigenschaften). Diese Annahme hat sich aber bisher *nicht* bestätigen lassen.

3. *Mutationstheorie.* Nach dieser Theorie erfolgt die Bildung neuer Arten vor allen Dingen durch Mutationen.

Keine dieser Theorien, von denen noch einige weitere bestehen, hat es bisher vermocht, eine völlig befriedigende Erklärung der Entstehung neuer Arten und damit auch der Abstammung der Organismen voneinander zu geben. Es ist zwar gelungen, die Inkonstanz mancher Arten nachzuweisen. Die Veränderungen waren jedoch stets relativ klein; sie geben uns gewisse Einblicke in die Rassen-, Art- und Gattungsbildung, jedoch reichen alle diese Beobachtungen nicht aus, um die große phylogenetische Entwicklung klarzulegen.

# C. Systematik.

## 1. Einleitung.

Die Systematik beschäftigt sich mit der Beschreibung, Benennung und Klassifikation der Einzelformen. Ihr Endziel ist es dabei, diese einzelnen Formen nach ihren Verwandtschaftgraden anzuordnen, d. h. also ein *natürliches* System der Pflanzenwelt aufzufinden. Dieses System soll nicht nur einen Überblick über die große Zahl der vorhandenen Pflanzen ermöglichen, sondern auch die einzelnen Baupläne mit ihren Abwandlungen darlegen.

Die unterste systematische Einheit ist die *Art.* Zu ihr gehören alle die Pflanzen, die in ihren wesentlichen Merkmalen übereinstimmen. Arten, die eine Anzahl gemeinsamer Merkmale besitzen, faßt man zu einer *Gattung* zusammen. Gattungen faßt man wieder zu *Familien*, Familien zu Ordnungen oder *Reihen*, Reihen zu *Klassen* und Klassen schließlich zu *Gruppen* oder *Abteilungen* zusammen. Die Bezeichnung der systematischen Einheiten wird mit lateinischen Namen vorgenommen. CARL VON LINNÉ[1] führte 1753 für die Arten die sog. binäre Nomenklatur ein, d. h. daß eine Art durch den Gattungsnamen und ein beigefügtes Eigenschaftswort gekennzeichnet wird, z. B. Gattungsname *Solanum*; Arten: *S. tuberosum* (Kartoffel), *S. lycopersicum* (Tomate). Familiennamen müssen die Endung *-aceae* und Namen von Ordnungen die Endung *-ales* tragen, jedoch gibt es Ausnahmen von dieser Regel.

Die Abgrenzung der einzelnen Einheiten erfolgt durch alle die Merkmale, die die Morphologie, Anatomie, Physiologie usw. dem Systematiker durch ihre Arbeit liefern. Jedoch lassen sich nicht für alle Fälle mit Sicherheit anzuwendende Regeln aufstellen. Es können Merkmale für die Abgrenzung einer Gruppe als wichtig angesehen werden, sie spielen aber bei der Abgrenzung einer anderen gar keine Rolle. Die Untersuchung und Abwägung vieler Merkmale weist jedoch den Weg zu einer möglichst natürlichen Anordnung.

Vor LINNÉ und heute noch aus Praktischkeitsgründen zum Bestimmen von Pflanzen erfolgt die Anordnung der Pflanzen in einem künstlichen System, das dieselben nur nach einzelnen, leicht kenntlichen Merkmalen gruppiert. Gebräuchlich sind jetzt jedoch natürliche Systeme, in denen die Merkmale phylogenetisch gewertet werden und der Grad der Verwandtschaft im deszendenztheoretischen Sinne zum Ausdruck gebracht werden soll.

---

[1] CARL VON LINNÉ, schwedischer Naturforscher (1707—1778); einer der größten beschreibenden Botaniker aller Zeiten, der die Grundlagen der botanischen Fachsprache schuf.

## 2. Übersicht über die großen Abteilungen des Pflanzenreiches[1].

I. Thallophyta (Lagerpflanzen)
- 1. Klasse. Schizophyceae (Blaugrüne Algen)
- 2. Klasse. Bacteria (Spaltpilze)
- 3. Klasse. Myxomycetes (Schleimpilze)
- 4. Klasse. Flagellatae (Flagellaten)
- 5. Klasse. Diatomeae (Kieselalgen)
- 6. Klasse. Conjugatae (Jochalgen)
- 7. Klasse. Chlorophyceae (Grünalgen)
- 8. Klasse. Charophyceae (Armleuchtergewächse)
- 9. Klasse. Phaeophyceae (Braunalgen)
- 10. Klasse. Rhodophyceae (Rotalgen)
- 11. Klasse. Fungi (Pilze)
    - a) Phycomycetes (Algenpilze)
    - b) Eumycetes (Höhere Pilze)
- 12. Klasse. Lichenes (Flechten);

II. Archegoniatae (Archegoniumpflanzen)
- 1. Bryophyta (Moose)
- 2. Pteridophyta (Farne);

III. Spermatophyta (Samenpflanzen)
- 1. Gymnospermae (Nacktsamige)
- 2. Angiospermae (Bedecktsamige)
    - 1. Klasse. Dicotyledonae (Zweikeimblättler)
    - 2. Klasse. Monocotyledonae (Einkeimblättler).

Thallophyta und Archegoniatae wurden früher als Kryptogamen zusammengefaßt und der letzten Abteilung, den Phanerogamen, gegenübergestellt.

**I. Thallophyta** (Lagerpflanzen). Sie sind gekennzeichnet durch einen ungegliederten Körper, der als Thallus (vgl. Morphologie) bezeichnet wird, und weisen mannigfaltige Formen, ein- oder mehrzellig, auf. Ihnen fehlt ein beblätterter Sproß, Wurzeln, Leitbündel und Archegonien. Ihr Leben erfolgt entweder im Wasser oder seltener in oder auf feuchtem Substrat. Die Fortpflanzung ist geschlechtlich oder ungeschlechtlich und in vielen Fällen mit einem Generationswechsel (vgl. Morphologie) verbunden.

**II. Archegoniatae** (Archegoniumpflanzen). Sie umfassen die Moose und die Farne und sind charakterisiert durch flaschenförmig gebaute Makrogametangien, die man als Archegonien bezeichnet. Der Generationswechsel verläuft nach festen Gesetzen: aus der Spore entwickelt sich der haploide Gametophyt, der die Geschlechtsorgane trägt. Aus dem durch Spermatozoiden befruchteten Archegonium entwickelt sich der diploide Sporophyt, der Sporenmutterzellen erzeugt. Aus diesen gehen nach einer Reduktionsteilung die haploiden Sporen hervor. Die uns als Moospflanze entgegentretende Gestalt ist der Gametophyt; er trägt den bis auf eine Sporenkapsel reduzierten Sporophyten. Im Gegensatz dazu stellt die Farnpflanze den Sporophyten dar, der in der Regel in Sproß und Wurzel gegliedert ist und Leitbündel besitzt. Der Gametophyt besteht bei den Farnen meist aus einem winzig kleinen thallösen Gewebekomplex.

---

[1] Die systematische Einteilung erfolgt wie in der Drogenkunde nach *Miehes* Taschenbuch der Botanik II, 10. Aufl. (1950).

**III. Spermatophyta** (Samenpflanzen). Sie besitzen einen Generationswechsel, jedoch ist der Gamethophyt weitgehend reduziert und wird immer vom Sporophyten umschlossen. Letzter stellt die uns entgegentretende mehr oder weniger große Landpflanze dar, die aus Sproß und Wurzel besteht und wohlausgebildete Leitbündel besitzt. Die Verbreitung dieser Pflanzen erfolgt nicht mehr durch Sporen, sondern durch Samen, die einen jungen Sporophyten (Embryo) und ein Nährgewebe enthalten. Die Gymnospermen (nacktsamige Pflanzen) tragen ihre Samenanlagen offen, bei den Angiospermen (bedecktsamige Pflanzen) dagegen liegen die Samenanlagen in einem Fruchtknoten eingeschlossen.

# I. Thallophyta.

**1. Klasse. Schizophyceae** (Cyanophyceae oder Blaugrüne Algen). Ein- oder vielzellige Organismen, häufig verschleimt, die weder Zellkern noch Plastiden besitzen. Die Farbstoffe sind im Protoplasma verteilt und bestehen neben Chlorophyll noch aus blauem Phycocyan und rotem Phycoerythrin. Die Zellwände werden aus Cellulose und Pektinstoffen aufgebaut. Die Vermehrung erfolgt durch Zellteilung oder Zerfall der Fäden, daneben treten Dauersporen auf. Bilden die sog. „Wasserblüte" oder leben als Überzüge an feuchten Stellen.

**2. Klasse. Bacteria** (Spaltpilze). Einzellig oder fadenförmige Ketten von meist farblosen Zellen, ein echter Zellkern fehlt. Die einzelnen Zellen sind in der Regel von Kugel-, Stäbchen- oder Schraubenform und sind entweder unbeweglich oder mit Geißeln versehen. Ihre Zellwände bestehen weder aus Cellulose noch aus Pektin und sind vielfach zu einer gallertigen Masse verquollen. Der Grad dieser Verquellung kann wechseln. Manche Formen bilden sog. Dauersporen mit dicker Membran, die gegen Trockenheit und Hitze sehr widerstandsfähig sind. Die Vermehrung erfolgt im allgemeinen durch Längsspaltung; eine geschlechtliche Fortpflanzung fehlt.

Neben den zahlreichen farblosen, heterotroph lebenden Formen gibt es auch solche, die autotroph leben. Diese besitzen dann einen grünen Farbstoff, das Bakteriochlorophyll, mit dessen Hilfe sie auf photosynthetischem Wege Energie gewinnen, oder aber erhalten sie auf chemosynthetische Weise Energien, durch Oxydation anorganischer Verbindungen. (Schwefelbakterien, Nitritbakterien, Nitratbakterien, Knallgasbakterien, Eisenbakterien.)

Wirtschaftlich von Bedeutung sind solche Bakterien, die organische Stoffe unter Bildung charakteristischer Endprodukte zersetzen: hierher gehören z. B. die Essigsäurebakterien, die Alkohol zu Essigsäure oxydieren, die Milchsäurebakterien, die aus Milchzucker Milchsäure bilden, die pektinvergärenden Bakterien der Flachs- und Hanfröste.

Sehr viele Bakterien erzeugen bei Pflanzen, Tieren und Menschen mehr oder weniger schwere Schädigungen oder Krankheiten. Pflanzenpathogen sind: *Bacterium tumefaciens*, der Erreger des Pflanzenkrebses, *B. solaniperda*, der Erreger der Naßfäule der Kartoffel, *B. cepivorus*, der Erreger der Naßfäule der Speisezwiebeln. Menschenpathogen sind: *Mycobacterium tuberculosis* (Tuberkulose), *Vibrio cholerae* (Cholera), *Bacterium typhi* (Typhus), *B. pestis* (Pest), *Bacillus anthracis* (Milzbrand), *Corynebacterium diphtheriae* (Diphtherie) u. v. a.

Die Spaltpilze teilt man in folgende Gruppen ein:

*Coccaceae*, von kugeliger Gestalt (Abb. 103); *Micrococcus, Sarcina.*

*Bacteriaceae*, stäbchenförmig (Abb. 104); *Bacterium* ohne Endosporen, *Bacillus* mit Endosporen; hierher gehören die meisten Arten.

*Spirillaceae*, gewundene oder gekrümmte Stäbchen (Abb. 105); *Spirillum, Vibrio.*

*Chlamydobacteriaceae*, von Scheiden umgebene Fäden (Abb. 106); *Crenothrix*, *Leptothrix*, *Cladothrix.*

*Beggiatoaceae*, Schwefelbakterien; *Beggiatoa. Mycobacteriaceae*, aus stäbchenförmigen Zellen gebildete verzweigte Fäden, die in Einzelzellen zerfallen können; *Mycobacterium*, *Actinomyces*, *Streptomyces*, *S. griseus* liefert das Streptomycin.

*Myxobacteriaceae*, stäbchenförmig und schleimige Kolonien bildend. Bilden teils gestielte, teils ungestielte winzige Fruchtkörper.

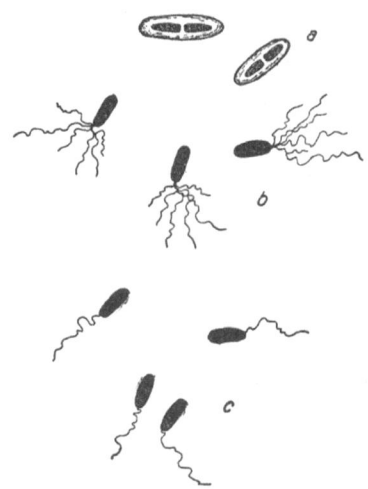

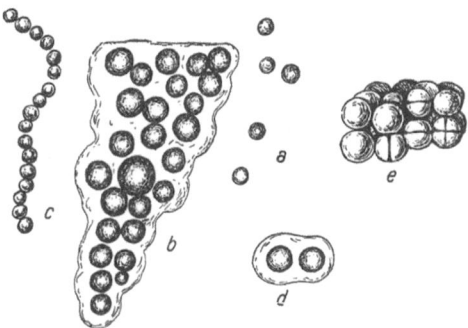

Abb. 103. Coccaceae: *a* Micrococcus, *b* Staphylococcus, *c* Streptococcus, *d* Diplococcus, *e* Sarcina. (Nach *Miehe*.)

Abb. 104. Bacteriaceae: *a* Kapselbildung bei B. pneumoniae, *b* Stäbchen mit lophotricher, *c* mit monotricher Begeißelung. (Nach *Miehe*.)

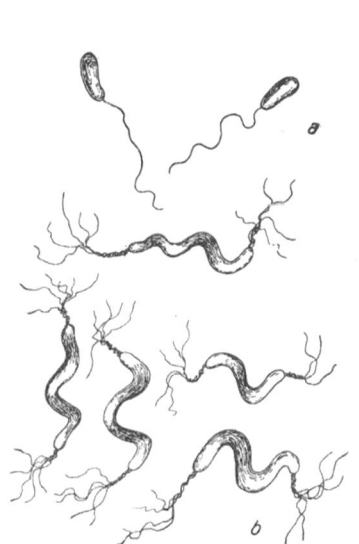

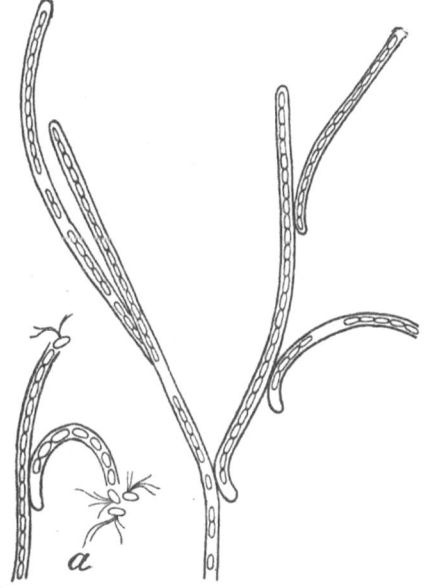

Abb. 105. Spirillaceae: *a* Vibrio, *b* Spirillum. (Nach *Miehe*.)

Abb. 106. Cladothrix dichotoma: Kettenförmig angeordnete, zylindrische Individuen stecken in Scheiden. *a* Schwärmsporenbildung. (Nach *Miehe*.)

**3. Klasse. Myxomycetes** (Schleimpilze). Bilden sog. Plasmodien, die eine nackte, vielkernige, chlorophyllfreie Plasmamasse darstellen. Die Sporenbildung erfolgt in großer Zahl in einem Fruchtkörper; bei der Entstehung der Sporen geht die Reduktionsteilung vor sich. Aus den Sporen schlüpfen Schwärmer, die eine Geißel tragen. Nach einiger Zeit werfen sie die Geißeln ab und werden zu Myxamöben, die paarweise unter Kernverschmelzung kopulieren. Die nackten Zygoten wachsen unter zahlreichen Kernteilungen zu Plasmodien heran. Mehrere kleine Plasmodien können zu einem großen zusammenfließen. Das Leben erfolgt auf faulenden organischen Substanzen, besonders auf Waldboden und altem Holz.

**4. Klasse. Flagellatae** (Flagellaten oder Geißelalgen). Die Flagellaten sind einzellige Organismen mit Zellkern und echter, mit Kernteilung verbundener Zellteilung. Sie sind durch eine oder mehrere Geißeln, die aus Plasma bestehen, frei im Wasser beweglich. In die Hautschicht können Kalk- oder Kieselsubstanzen eingelagert sein. Viele Formen besitzen grüne oder braune Chromatophoren, andere sind farblos. Die Assimilationsprodukte bestehen aus stärke- oder ölhaltigen Substanzen. Abfallstoffe werden durch kontraktile Vakuolen ausgeschieden; die Steuerung der Bewegung erfolgt vielfach durch einen roten Augenfleck. Ungeschlechtliche Vermehrung durch Längsteilung. Die geschlechtliche Vermehrung ist nur bei hoch entwickelten Formen zu beobachten, sie geht von der Iso- bis zur Oogamie. Flagellaten kommen überall in Süß- und Salzwasser vor und bilden einen wichtigen Bestandteil des Planktons (niedere Tier- und Pflanzenwelt des Wassers).

Die gefärbten Formen rechnet man zum Pflanzen-, die farblosen Formen dagegen zum Tierreich.

**5. Klasse. Diatomeae** (Kieselalgen). Einzellige Organismen, mit verkieselter Pektinmembran und gelbbraunen Chromatophoren. Die Membran setzt sich aus zwei schachtelartig übereinandergreifenden, reich verzierten Schalen zusammen. Assimilationsprodukte sind fette Öle, Volutin und Leukosin. Die Formen leben teils einzeln, teils in Kolonien. Die Vermehrung erfolgt durch Zweiteilung, wobei jede Tochterzelle eine Schalenhälfte der Mutterzelle erhält; die fehlende zweite Schale wird neu gebildet. Durch diesen Vorgang werden die Zellen mit der Zeit immer kleiner; der Größenabnahme wird durch Auxosporenbildung entgegengetreten. Dabei treten die Individuen aus ihren Schalen aus, wachsen entweder direkt oder nach einem Kopulationsvorgang zu ihrer normalen Größe heran und bilden dann neue Schalen. Man unterscheidet zwei große Gruppen: die *Centrales*, mit zentrisch gebauter Schale und die *Pennales*, mit länglichen Schalen. Die meisten Formen der Diatomeen leben im Meer; fossile Diatomeenschalen bilden den Hauptbestandteil der Kieselgur.

**6. Klasse. Conjugatae** (Jochalgen). Teils einzellige, teils mehrzellige fadenförmige Organismen des Süßwassers. Die Chromatophoren sind grün und von mannigfaltiger Form. Die Fortpflanzung erfolgt durch Zusammentreten der gesamten Inhalte zweier vegetativer Zellen, die dadurch zu Gameten werden, zu einer Zygote. Beim Auskeimen der Zygote tritt die Reduktionsteilung ein.

**7. Klasse. Chlorophyceae** (Grünalgen). Die Grünalgen sind teils einzellig und dabei häufig beweglich, teils kolonienbildend und teils vielzellig. Die vielzelligen Formen können einfache oder verzweigte Zellfäden bilden, oder auch flächenförmig ausgebildet sein; auch Zellkörper kommen vor. Die Chromatophoren sind stets grün, als Assimilationsprodukte bilden sie Stärke. Die ungeschlechtliche Fortpflanzung erfolgt durch nackte begeißelte Schwärmsporen (Zoosporen), selten durch unbewegliche Sporen (Aplanosporen). Die geschlechtliche Fortpflanzung reicht von der Iso- über die Aniso- bis zur Oogamie; gelegentlich ist ein Generationswechsel zu beobachten.

Die Grünalgen sind mit wenigen Ausnahmen Wasserpflanzen, die entweder schwimmen, oder als watteartige Bündel an der Wasseroberfläche treiben, oder mit einer Haftscheibe oder Rhizoiden an einer Unterlage festhaften. Größere flächige und kompakte Formen findet man vorzugsweise im Meer (vgl. Abb. 58).

**8. Klasse. Charophyceae** (Armleuchtergewächse). Die Armleuchtergewächse sind eine kleine Gruppe rein grüner festsitzender Süßwasseralgen. Den Namen haben sie nach ihrer armleuchterartigen Gestalt bekommen. Der Thallus bildet lange, röhrenförmige, vielkernige Zellen, die berindet oder unberindet sein können. Zwischen ihnen liegt ein mehrzelliges Knotengewebe, aus dem die quirlig angeordneten Seitenzweige entspringen oder am Grunde auch Rhizoide. Die Fortpflanzung erfolgt durch Oogamie. Die Eizellen sind mit spiraligen Hüllzellen berindet, die Antheridien stehen in kugeligen, rotgefärbten Ständen und haben zahlreiche begeißelte Spermatozoiden.

Die meisten Characeen sind einhäusig, jedoch kommen auch zweihäusige Formen vor.

**9. Klasse. Phaeophyceae** (Braunalgen). Der Name dieser Algengruppe rührt von den gelb-braunen Chromatophoren her, die neben Chlorophyll und Karotinoiden noch Fukoxanthin enthalten. Die Braunalgen sind fast ausschließlich Meeresbewohner und besitzen neben mikroskopisch kleinen Formen auch solche von Riesenausmaßen. Sie sind stets vielzellig und zeigen Thalli von mannigfaltiger Form: einfache verzweigte Fäden und morphologisch-anatomisch reich gegliederte Gestalten. Fast alle Arten sind festsitzend. Die Zellwände bestehen aus Cellulose und Pektinstoffen, als Assimilationsprodukte treten auf: Laminarin, Mannit und Öl. Alle Fortpflanzungszellen, sowohl Zoosporen als auch Gameten, tragen bis auf wenige Ausnahmen zwei Geißeln.

Die *Phaeosporales* bestehen meist aus zarten verzweigten Zellfäden, Die Zoosporen werden in einzelligen (unilokulären) Sporangien ausgebildet. Die Gameten dagegen entstehen in vielzelligen (plurilokulären) Gametangien, und zwar so, daß je ein Gamet in je einer Zelle dieses Gametangiums ausgebildet wird. Bei *Ectocarpus* sind Sporophyt und Gametophyt morphologisch von gleicher Gestalt. Aus der diploiden Zygote geht der diploide Sporophyt hervor; dieser bildet unter Reduktionsteilung Zoosporen, aus denen sich der haploide Gametophyt entwickelt. Am Gametophyten entstehen Gameten, die miteinander kopulieren. Man findet bei den verschiedenen *Ectocarpus*-Arten neben Iso- auch Anisogamie.

Bei *Cutleria* sind Sporophyt und Gametophyt von unterschiedlichem Bau; erster ist klein, letzter groß. Bei den Gametophyten kann man männliche und weibliche Pflanzen unterscheiden; es herrscht Anisogamie.

Die *Laminariales* bestehen aus großen bis sehr großen festsitzenden Formen, die bis 7 m lang werden können. Hier ist im Gegensatz zu *Cutleria* der Sporophyt zu einer großen Pflanze entwickelt, während der Gametophyt nur klein ist. Dieser Sporophyt zeigt hohe morphologische und anatomische Differenzierung in blatt-, stengel- und wurzelähnliche Teile, häufig ist er mit blasenförmigen Schwimmeinrichtungen ausgestattet. In unilokulären Sporangien entwickeln sich die Zoosporen (Reduktionsteilung!), aus denen der winzige, getrenntgeschlechtliche Gametophyt hervorgeht; Oogamie (Abb. 107). *Laminaria digitata* und *L. cloustoni* liefern die Stipites Laminariae.

Die *Dictyotales* (vgl. Abb. 61 B) besitzen einen dreischichtigen Thallus, der isolateral oder dorsiventral gebaut ist. Die Formen sind von mittlerer Größe und sitzen mit Rhizoiden fest. Sporophyt und Gametophyt sind morphologisch von gleicher Gestalt. Die ungeschlechtliche Vermehrung erfolgt durch unbewegliche Sporen, die nach der Reduktionsteilung zu vieren in einem Sporangium sitzen (Tetrasporen). Aus ihnen gehen getrenntgeschlechtliche Gametophyten hervor; Oogamie.

Bei den *Fucales* ist der Thallus bandförmig und besitzt zu seiner Versteifung eine Mittelrippe, auch sonst ist er morphologisch hoch differenziert. Eine un-

8*

geschlechtliche Fortpflanzung fehlt. Der diploide Sporophyt bildet unter Reduktionsteilung Spermatozoiden und Eier in grubigen Behältern, den Konzeptakeln. Der Gametophyt fehlt.

*Fucus vesiculosus* und *F. serratus* (Blasen- und Sägetang) sind diözisch, *F. platycarpus* ist monözisch. Der zuerst genannte besitzt Schwimmblasen und dient in der Volksmedizin als Entfettungsmittel (Abb. 108).

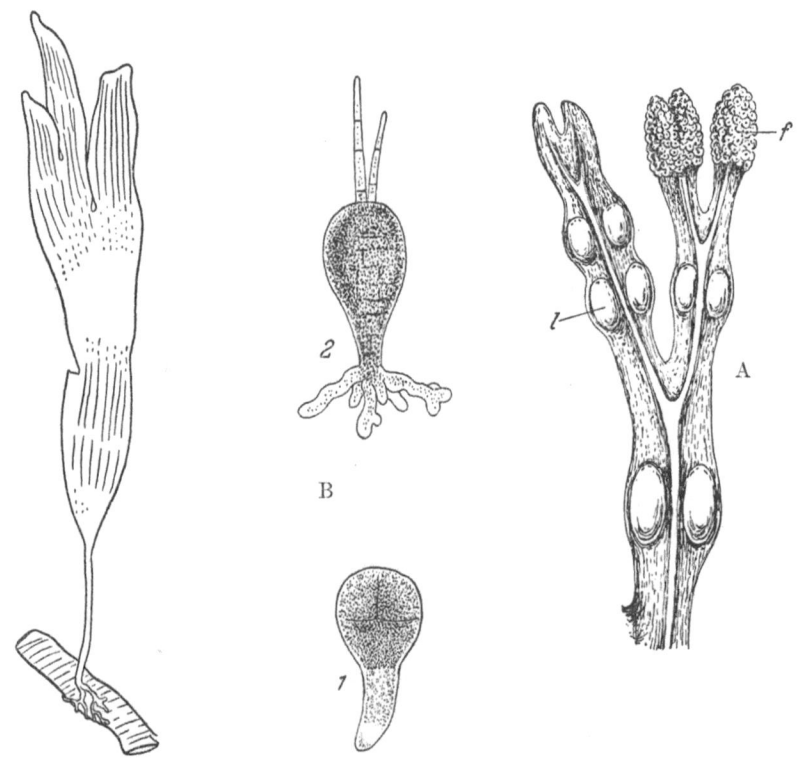

Abb. 107.
Laminaria-Sporophyt.
(Nach *Miehe*.)

Abb. 108.
Fucus vesiculosus: A Thallus, *1* Schwimmblasen, *f* Thallusspitze
mit Konzeptakeln; B *1* und *2* junge Keimpflanze. (Nach *Miehe*.)

**10. Klasse: Rhodophyceae** (Rotalgen). Die rote Farbe dieser Algengruppe wird durch einen Farbstoff, Phycoerythrin, hervorgerufen, der das vorhandene Chlorophyll überdeckt. Die Rotalgen sind vielzellig, festsitzend und meist marin. Sie leben meist in den tieferen Meeresregionen. Nach dem anatomischen Aufbau des Thallus lassen sich zwei Typen unterscheiden: der Zentralfadentypus mit einfachen oder verzweigten Fäden und der Springbrunnentypus mit bandartigen oder lappigen Formen. Die Zellwände bestehen aus einer äußeren Pektinschicht und einer inneren Celluloseschicht und sind bei bestimmten Arten mehr oder weniger stark mit Kalk inkrustiert. Das Assimilationsprodukt ist die Florideen-Stärke. Die ungeschlechtliche Fortpflanzung erfolgt stets durch unbewegliche Sporen, die vielfach als Tetrasporen in Sporangien entstehen. Auch die Gameten sind unbeweglich. Sexualorgane sind Antheridien und Karpogonien, wie man hier die weiblichen Gametangien nennt. An diesen Karpogonien befindet sich ein langes Empfängnisorgan, die Trichogyne, durch das die männlichen Gameten eindringen. Diese entstehen in Einzahl in den Antheridien. Die Zygote keimt auf der Mutterpflanze zu einem verzweigten

Fadensystem (sporogene Fäden) aus, an denen unbewegliche Sporen (Karposporen) gebildet werden. Die Gesamtheit der sporogenen Fäden bezeichnet man als Karposporophyt. Dieser wird häufig von Fäden der Mutterpflanze umhüllt, unter Bildung einer Sporenfrucht (Zystokarp), oder er verwächst mit ihnen durch Vermittlung ernährender Zellen (Auxiliarzellen). Bei einer Gruppe von Arten entstehen aus den Karposporen zunächst diploide Sporophyten, die unter Reduktionsteilung Tetrasporen bilden. Aus ihnen gehen haploide Gametophyten hervor (z. B. *Polysiphonia*, *Callithamnion*); es folgen also drei Generationen aufeinander: haploider Gametophyt, diploider Karposporophyt und diploider Sporophyt. Bei anderen Arten (z. B. *Batrachospermum*) fällt der Sporophyt fort. Hier erfolgt die Reduktionsteilung bei der Bildung der sporogenen Fäden; der Karposporophyt ist also haploid.

*Chondrus crispus* und *Gigartina mamillosa* liefern Carrageen oder Irländisches Moos. Die beiden Arten sind an den Küsten des nordatlantischen Ozeans beheimatet. *Gelidium amansii* (Japan Agar), *G. cartilagineum* (Californien Agar), *Gracilaria lichenoides* (Ceylon Agar) und *Eucheuma spinosum* (Makassar Agar) liefern Agar-Agar.

**11. Klasse: Fungi** (Pilze). Die Pilze sind saprophytisch oder parasitisch lebende Organismen, denen Chlorophyll fehlt. Ihr Vegetationskörper, das Mycel, besteht meist aus verzweigten Fäden (Hyphen), die sich zu einem parenchymartigen Gewebe (Pseudoparenchym, Plectenchym) zusammenschließen können; sie bilden häufig große Fruchtkörper. Die Zellwände bestehen aus Chitin, seltener aus Cellulose; Zellkerne sind in Ein- oder Vielzahl vorhanden. Als Reservestoffe dienen Glykogen und Fett. Die ungeschlechtliche Vermehrung kann durch verschiedene Formen von Sporen vor sich gehen: Zoosporen, Ectosporen oder Endosporen. Auch bei der geschlechtlichen Fortpflanzung begegnet man mannigfachen Möglichkeiten: Isogamie, Anisogamie, Oogamie, Gametangiogamie (Verschmelzung ganzer Gametangien). Die höher entwickelten Formen bilden keine Geschlechtsorgane mehr aus; hier kommt es zur Verschmelzung zweier vegetativer Zellen. Interessanterweise verlaufen dabei Plasma- und Kernverschmelzung nicht gleichzeitig, sondern können zeitlich und räumlich weit voneinander entfernt liegen.

Die niederen Formen der Pilze sind noch an das Wasserleben oder das Leben auf feuchtem Substrat angepaßt; die höheren Pilze dagegen sind dem Luftleben angepaßt.

*a) Phycomycetes* (Algenpilze). Die Algenpilze leben vielfach im Wasser. Ihr Mycel ist einzellig und bei den niederen Formen einkernig, bei den höheren aber vielkernig. Bei der Fortpflanzung erinnern sie vielfach an die von Algen. Die Reduktionsteilung geht meist bei der Keimung der Zygote vor sich.

Die *Archimycetales* sind die kleinsten Pilze, die entweder auf Wasserorganismen oder auch auf höheren Pflanzen leben. Die ungeschlechtliche Fortpflanzung erfolgt durch Zoosporen, die geschlechtliche tritt nur selten auf. Alle Formen der Archimycetales leben parasitisch und sind Erreger verschiedener Pflanzen-Krankheiten: *Olpidium brassicae*, Erreger der Schwarzbeinigkeit des Kohles; *Synchitrium endobioticum*, Erreger des Kartoffelkrebses; *Plasmodiophora brassicae*, Erreger der Kohlhernie; *Spongospora subterranea*, Erreger der Kartoffelräude.

Die *Blastocladiales* sind kleine, fadenförmige, saprophytisch lebende Erdpilze mit Chitinmembran. Die ungeschlechtliche Fortpflanzung erfolgt durch eingeißelige Zoosporen, die geschlechtliche durch Iso- oder Anisogamie; ein Generationswechsel ist vorhanden.

Die *Oomycetales* besitzen ein vielkerniges, wohlentwickeltes Mycel mit Cellulosemembran. Die ungeschlechtliche Fortpflanzung erfolgt durch begeißelte Zoosporen, die geschlechtliche durch Oogamie; die Geschlechtsorgane sind Oogonien und Antheridien. Von besonderer wirtschaftlicher Bedeutung ist aus dieser Reihe die

Familie der *Peronosporaceae*. Fast alle zu ihr gehörenden Arten leben parasitisch auf Landpflanzen und rufen an diesen mehr oder minder große Schäden hervor. Das Mycel ist meist reich verzweigt, lebt in den Interzellularräumen und sendet Haustorien in die Zellen. Dem Landleben angepaßt, erfolgt die ungeschlechtliche Fortpflanzung in den meisten Fällen durch Konidien; daneben gibt es Antheridien und Oogonien. Die Zygoten besitzen eine dicke Membran. *Phytophtora infestans* erregt die Kraut- und Trockenfäule der Kartoffel, *Plasmopara viticola* den falschen Mehltau der Rebe, *Pseudoperonospora humuli* den falschen Mehltau des Hopfens, *Pythium de baryanum* den Wurzelbrand der Rüben. Alle diese Krankheitserreger werden am wirksamsten durch Kupfer-Kalkbrühe bekämpft.

Die *Zygomycetales* besitzen ein gut entwickeltes, vielkerniges und meist ungegliedertes Mycel. Die ungeschlechtliche Fortpflanzung erfolgt durch Endo- und Ectosporen (Konidien), Zoosporen fehlen. Die geschlechtliche Fortpflanzung erfolgt durch Kopulation von zwei Hyphenästen. Die Lebensweise ist parasitisch und saprophytisch. *Mucor mucedo* (Köpfchenschimmel), *Rhizopus nigricans* (Schwarzschimmel).

*b) Eumycetes* (Höhere Pilze). Die Eumycetes sind alle Landbewohner oder Parasiten; sie bilden daher keine Zoosporen aus. Die Hyphen besitzen stets Querwände. Nach der Art der Sporenbildung unterscheidet man zwei große Gruppen, die *Asco*mycetes, die ihre Sporen in einem Schlauch oder Ascus bilden (Endosporen) und die *Basidio*mycetes, bei denen die Sporen als Exosporen an einer Basidie erzeugt werden.

*α) Ascomycetes.* Die Schlauchpilze sind durch den Besitz eines meist achtsporigen, seltener viersporigen Ascus gekennzeichnet. Diese Asci entstehen in der Regel in Vielzahl in besonderen Fruchtkörpern. Als Nebenfortpflanzungsformen treten häufig Konidien auf.

Die wichtigste Familie der *Protoascomycetes*, der niederen Schlauchpilze, sind die *Saccharomycetaceae*, die Hefe- oder Sproßpilze. Sie sind einzellig, mycellos und vermehren sich in der Regel durch Sprossung, weniger durch Teilung. Unter bestimmten Ernährungsbedingungen können jedoch auch Mycelien gebildet werden. Bei verschiedenen Gattungen ist auch eine geschlechtliche Fortpflanzung beobachtet worden. Hierbei verschmelzen zwei Zellen miteinander und bilden zunächst einen diploiden Ascus; nach einer Reduktionsteilung bilden sich in ihm haploide Sporen, die nach Aufreißen der Ascuswand freiwerden und zu neuen vegetativen Sproßzellen auskeimen. Bei manchen Arten (z. B. von *Saccharomyces*) kopulieren aber bereits die keimenden Ascosporen miteinander. Es entsteht jedoch nicht sofort wieder ein Ascus, sondern eine diploide Zelle, die sich durch Sprossung vermehrt; jede dieser Sproßzellen kann sich dann später durch Sporenbildung unter Reduktionsteilung in einen Ascus verwandeln.

Die Hefen kommen in der Natur auf Früchten und dergleichen vor und erzeugen in zuckerhaltigen Flüssigkeiten alkoholische Gärung. Die Weinhefe, *Saccharomyces ellipsoideus*, überwintert in Sporenform im Boden und gelangt von dort auf die Trauben und dann in den Most. Die Bierhefe, *Saccharomyces cerevisiae* (Abb. 109), ist dagegen nur kultiviert bekannt. Sie ist offizinell in getrockneter Form: Faex medicinalis.

Bei den *Euascomycetes*, den höheren Schlauchpilzen, entstehen die Asci aus besonderen ascogenen Hyphen, die aus einem Sexualakt hervorgehen. Die Geschlechtsorgane sind, soweit noch vorhanden, einzellige aber mehrkernige Antheridien und Ascogone (weibliche Gametangien) mit Trichogyne. Durch die Trichogyne wandern die männlichen Kerne in das Ascogon ein, ohne jedoch mit den weiblichen Kernen zu verschmelzen, vielmehr bilden sie ein oder mehrere Kernpaare. Aus dem Ascogon wachsen nun die ascogenen Hyphen hervor, die die Kernpaare aufnehmen. Diese teilen sich in ihnen, jedoch noch immer ohne zu verschmelzen. Die Enden der ascogenen Hyphen werden entweder direkt oder nach einer eigenartigen Hakenbildung zum Ascus, in dem das Kernpaar nun endlich zu einem diploiden Kern verschmilzt (Karyogamie). Aus diesem Kern entstehen unter Reduktionsteilung in der Regel acht haploide Kerne und aus diesen die Ascosporen. Die Asci liegen, meist von sterilen Hyphen umgeben, in einer Fruchtschicht (Hymenium) in offenen (Apothezien) oder geschlossenen Fruchtkörpern (Perithezien).

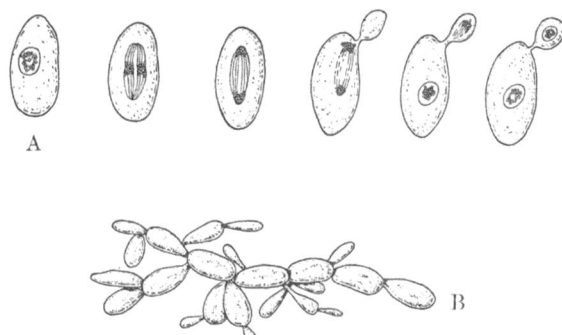

Abb. 109. Saccharomyces cerevisiae. A Zelle in Sprossung. B Sproß-verband. (Nach *Miehe.*)

Bei den *Plectascales* bilden die meist rundlichen Asci mit 2 bis 8 Sporen kein geordnetes Hymenium, sondern entstehen als Auszweigungen unregelmäßig verästelter Hyphen im Inneren kleiner geschlossener Fruchtkörper (Perithezien). Im allgemeinen erfolgt die Vermehrung jedoch durch ungeschlechtliche Konidien. *Aspergillus herbariorum* (Gießkannenschimmel); *A. oryzae* dient zur Herstellung des Reisbieres; *Penicillium crustaceum* (blaugrüner Pinselschimmel); *P. roquefortii* im Roquefortkäse; *P. notatum* bildet Penicillin!; *P. brevicaule* macht aus Arsenverbindungen Arsenwasserstoff frei, er ist die Ursache von Arsenvergiftungen bei Verwendung von arsenhaltigen Tapeten (Abb. 110).

Die *Erysiphales*, Mehltaupilze, sind Ectoparasiten. Sie bilden weißliche Überzüge auf grünen Pflanzenteilen und senden ihre Haustorien in die Epidermiszellen. Die ungeschlechtliche Vermehrung erfolgt durch perlschnurartig abgeschnürte Hyphen, die geschlechtliche durch Verschmelzen eines einkernigen Antheridiums mit einem einkernigen Ascogon. Die länglich-ovalen Asci befinden sich in kugeligen Perithezien. *Uncinula necator*, echter Mehltau des Weines; *Sphaerotheoa mors uvae*, Stachelbeermehltau; *Microsphaera quercina*, Eichenmehltau; *Erysiphe graminis*, Mehltau

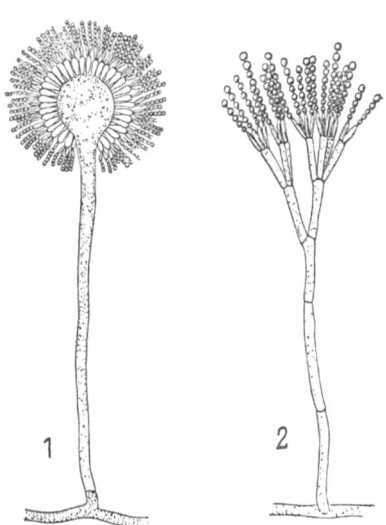

Abb. 110. *1* Konidienträger von Aspergillus, *2* von Penicillium. (Nach *Walter.*)

der Gräser; *Sphaerotheca humuli*, echter Mehltau des Hopfens. Die Bekämpfung der echten Mehltaupilze erfolgt am besten durch Überpudern mit Schwefel.

Unter den *Pyrenomycetales* findet man viele Parasiten. Ihre Perithezien sind klein und krugförmig, sie stehen entweder einzeln, in Gruppen oder sind von einem Hyphengeflecht umgeben. Daneben findet man auch Konidienbildung. Z. B. bei *Nectria* werden auch die Konidien in besonderen Fruchtkörpern gebildet, die als rote Pusteln auf der Oberfläche von Zweigen zu beobachten sind. *Nectria galligena* ist der Erreger des Obstbaumkrebses. *Ophiostoma ulmi* ruft das „Ulmensterben" hervor. Auch der Mutterkornpilz, *Claviceps purpurea*, gehört in diese Gruppe. Sein Mycel parasitiert in jungen Fruchtknoten des Roggens und bringt zur schnelleren Verbreitung zunächst einmal Konidien hervor. Gegen Ende des Sommers stirbt der Fruchtknoten ab; er ist von Pilzmycel dicht durchzogen und umgeben und bildet das eigentliche Mutterkorn, ein Sclerotium. In diesem Stadium überwintert der Pilz. Im Frühjahr wachsen aus dem Sclerotium kleine, langgestielte Köpfchen (Fruchtkörper), in denen sich zahlreiche eingesenkte Perithezien befinden. Die Asci sind langgestreckt und enthalten acht fadenförmige Sporen, die durch den Wind wieder auf junge Fruchtknoten übertragen werden (Abb. 111). Das Sclerotium von *Claviceps purpurea* heißt offizinell Secale cornutum.

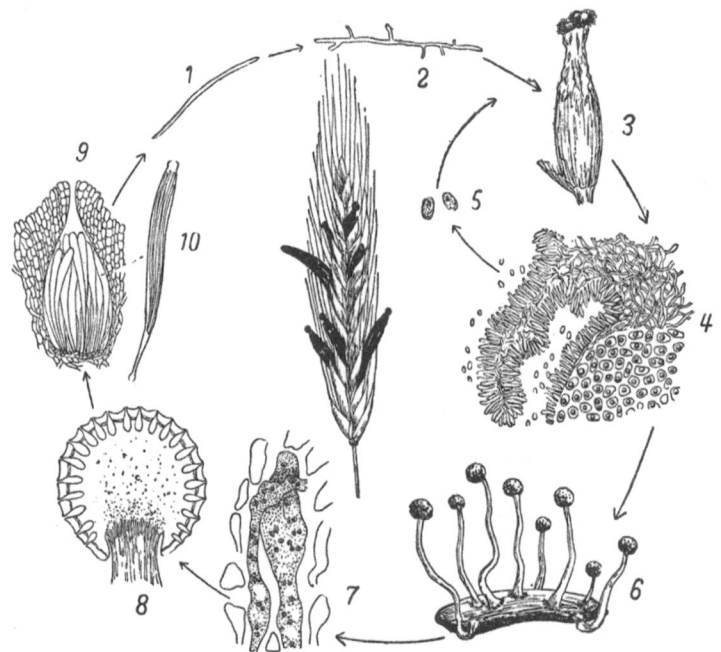

Abb. 111. Entwicklung von Claviceps purpurea (Mutterkorn). *1* Ascospore, *2* diese keimend, *3* vom Pilz befallener Fruchtknoten des Roggens, *4* Querschnitt durch denselben, *5* Konidien, *6* keimendes Sclerotium mit gestielten Fruchtkörpern, *7* Ascogon und Antheridium im Inneren eines jungen Fruchtkörpers, *8* Längsschnitt durch einen reifen Fruchtkörper mit vielen krugförmigen Perithezien, *9* einzelnes Perithezium mit Asci, *10* einzelner Ascus mit 8 Sporen. In der Mitte Roggenähre mit sieben Sclerotien des Mutterkornes. (Nach *Walter*.)

Die *Discomycetales* oder Scheibenpilze besitzen weit geöffnete, meist scheiben- oder schüsselförmige Fruchtkörper, auf deren Oberfläche die Asci stehen. Verschiedene Arten leben parasitär und erzeugen Pflanzenkrankheiten, andere sind eßbar: *Morchella esculenta*, Morchel; *Gyromitra (Helvella) esculenta*, Lorchel. Lorcheln darf man erst nach Abgießen des Kochwassers genießen!

Die *Tuberales* oder Trüffelpilze haben meist knollenförmige, unterirdische Fruchtkörper. Die rundlichen Asci besitzen ein bis acht Sporen und stehen auf der Oberfläche von Kammern im Inneren der Fruchtkörper.

*β) Basidiomycetes.* Das Charakteristikum der Basidienpilze ist die Basidie, die fast immer vier getrennt stehende Sporen durch Sprossung bildet. Sie ist keulenförmig und einzellig bei den *Holo*basidiomycetes und septiert bei den *Phragmo*basidiomycetes.

Zu den *Holobasidiomycetes* gehören alle die Pilze, die der Laie als „Schwämme" bezeichnet. Das Mycel ist fast immer mehrjährig und überwintert im Boden oder bei manchen Arten auch in Holz. Die Bildung der Basidiosporen verläuft nach folgendem Schema: die verschiedengeschlechtigen Basidiosporen keimen zu einem kleinen haploiden Mycel aus. Trifft nun das Mycel des einen Geschlechtes auf ein andersgeschlechtiges, so verschmelzen zwei vegetative Zellen, die Kerne jedoch legen sich nur aneinander (dikaryotisches Mycel). Darauf beginnt dieses Mycel zu wachsen, und zwar erfolgt die Zellwandbildung auf eine eigenartige Weise. Neben dem Kernpaar entsteht an der Spitzenzelle einer Hyphe ein hakenförmiger, rückwärts gerichteter Auswuchs (Schnalle), in den ein Kern wandert und sich teilt. Der eine Tochterkern bleibt in der Schnalle liegen, der andere bewegt sich zur Spitze der Zelle. Der zweite Kern hat sich in der Zelle selbst geteilt; einer seiner Tochterkerne wandert ebenfalls zur Spitze der Zelle. Zwischen den beiden Tochterkernpaaren bildet sich nun dicht unterhalb der Schnalle eine Querwand; eine zweite Querwand trennt die Schnalle von der Zelle ab. Die Endzelle enthält ein Paar verschiedengeschlechtiger Kerne, aber auch die darunterliegende Zelle wird wieder paarkernig, indem der Kern aus der Schnalle durch eine Öffnung in diese Zelle hinüberwandert. Die Endzelle wächst weiter, und die Schnallenbildung wiederholt sich bei jeder neuen Zellteilung, so daß ein „Schnallenmycel" entsteht. Dieses bildet

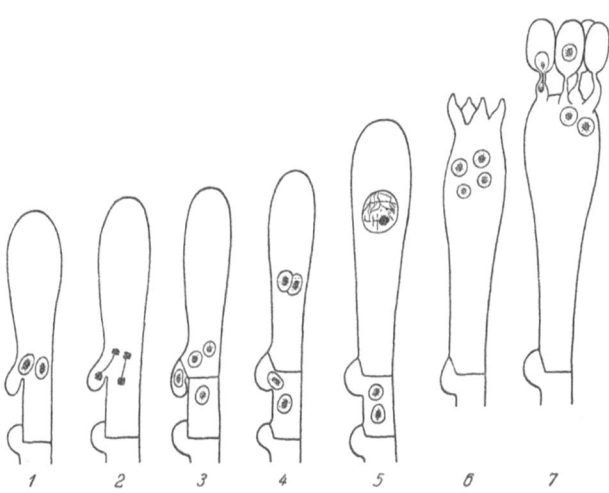

Abb. 112. Schematische Entwicklung einer Basidie. *1—4* Schnallenbildung, *5* Kopulation der Kerne, *6* vier Tochterkerne des Zygotenkerns und beginnende Sterigmenbildung, *7* beginnende Basidiosporenbildung. (Nach *Miehe*.)

schließlich Fruchtkörper, die im allgemeinen an ihrer Unterseite die Hymeniumschicht tragen. Hier schwellen die Endzellen der Hyphen zu keuligen Basidien an, in denen endlich die Verschmelzung des Kernpaares erfolgt. Es tritt jedoch gleich darauf eine Reduktionsteilung ein, und nach einem weiteren Teilungsschritt sind vier haploide Kerne zu beobachten (Abb. 112). An der Basidie sind inzwischen vier Auswüchse (Sterigmen) entstanden, in die nun je einer der Kerne einwandert. Von den vier Sporen gehören je zwei zu einem Geschlecht. Als Nebenfruchtformen treten gelegentlich Konidien auf.

Die *Hymenomycetales* oder Hutpilze bilden meist feste, fleischige bis holzige Fruchtkörper. Eßbar sind: *Psalliota campestris*, Champignon; *Cantharellus cibarius*, Pfefferling; *Lactarius deliciosus*, echter Reizker; *Russula*-Arten, Täublinge; *Boletus edulis*, Steinpilz; *Boletus badius*, Marone u. a. m. Giftig sind die Knollenblätterschwämme *Amanita phalloides*, *A. verna*, *A. mappa*, der Fliegenpilz *A. muscaria* u. a. m. Baum- oder Holzzerstörer sind der Hallimasch, *Clitocybe mellea* und der Hausschwamm, *Merulius lacrimans*. Offizinell: *Fomes fomentarius*, Zunderschwamm, liefert Fungus chirurgorum und *Polyporus officinalis*, Lärchenschwamm, Fungus Laricis.

Bei den *Gastromycetales* liegt das Hymenium im Innern eines geschlossenen Fruchtkörpers, daher der Name Bauchpilze. Hierher gehören die Boviste, die Stinkmorchel, der Erdstern u. a.

Die *Phragmobasidiomycetes* besitzen eine durch Querwände, seltener durch Längswände in vier Zellen geteilte Basidie. Alle Arten leben parasitisch und fügen der Landwirtschaft häufig schwere Verluste zu.

Die *Uredinales* oder Rostpilze leben vorwiegend auf den Blättern höherer Pflanzen und sind die Erreger der Rostkrankheiten. Die getrenntgeschlechtlichen Basidiosporen keimen im Frühjahr auf den Blättern der Wirtspflanze (Abb. 113, 113 a), in denen sich dann nach dem Eindringen ein haploides Mycel entwickelt. Dieses bildet an der Blattoberseite pustelförmige Pyknidien, die haploide Pyknosporen erzeugen. An der Blattunterseite entstehen Aecidien mit paarkernigen Aecidiosporen, wenn die Infektion von Basidiosporen verschiedenen Geschlechtes herrührte, und die aus diesen entstandenen Mycelien im Blatt kopuliert haben oder wenn bei Eingeschlechtlichkeit das zweite Geschlecht durch Pyknosporen hinzukam. Die Aceidiosporen entwickeln meist auf einer anderen Wirtspflanze ein Paarkernmycel (Wirtswechsel), das in Lagern Sommersporen (Uredosporen) hervorbringt, die für eine Weiterverbreitung des Pilzes in der gleichen Vegetationsperiode sorgen. Gegen Ende des Sommers werden dickwandige, ein- bis mehrzellige Wintersporen (Teleutosporen) erzeugt. In diesen Teleutosporen erfolgt die Kernverschmelzung. Im nächsten Frühjahr keimt diese Dauerspore aus und bildet Basidien, an der vier Basidiosporen entstehen (Reduktionsteilung!). Findet der ganze Entwicklungsgang auf einer Wirtspflanze statt, nennt man den Rostpilz autözisch, entwickeln sich jedoch Haplont und Dikaryont auf verschiedenen Wirtspflanzen, ist er heterözisch. Einen solchen Wirtswechsel kann man beim Schwarzrost (*Puccinia graminis*) beobachten; seine Basidiosporen keimen auf den Blättern der Berberitze, die Aecidiosporen auf Gramineenblättern. Die Uredo- und Teleutosporen findet man also auf den Getreiden, die Aecidiosporen auf den Blättern der Berberitze. Andere Rostpilze sind: *Puccinia dispersa* (Braunrost des Roggens) mit Aecidien auf *Anchusa*-Arten, *P. coronifera* (Kronenrost des Hafers) mit Aecidien auf *Rhamnus cathartica*, *Uromyces pisi* (Erbsenrost), dessen Aecidien sich auf *Euphorbia cyparissias* entwickeln und deren Habitus verändern u. a.

Das Mycel der *Ustilaginales* oder Brandpilze lebt in den Interzellularräumen höherer Pflanzen. Der Entwicklungsgang verläuft nach folgendem Schema (Abb. 114, 114 a): zwei haploide Basidiosporen, auch Sporidien genannt, kopulieren direkt miteinander oder bilden erst hefeartige Sproßketten, deren Zellen miteinander kopulieren, oder sie bilden Mycelien aus, und zwei solche Mycelien kopulieren miteinander. In jedem dieser Fälle entsteht ein dikaryotisches Mycel; dieses ist erst der eigentliche Parasit und durchwuchert die Wirtspflanze. An bestimmten Stellen des Wirtes zerfallen die Hyphen in dickwandige Brandsporen. In ihrer Jugend sind diese Brandsporen noch paarkernig, später jedoch findet die Kernverschmelzung statt. Diese Sporen überwintern, keimen im Frühjahr zu einer Basidie aus und bilden nach einer Reduktionsteilung die geschlechtlich differenzierten Basidiosporen.

*Ustilago maydis* (Maisbrand), *U. avenae* (Haferflugbrand), *U. tritici* (Weizenflugbrand), *U. hordei* (Gerstenhartbrand), *Urocystis occulta* (Roggenstengelbrand), *Tilletia tritici* (Weizensteinbrand) u. a. m. Die Brandpilze werden durch Beizen der Getreidekörner bekämpft. Durch verschiedene Verfahren werden entweder die Brandsporen oder die im Korn lebenden Pilzhyphen abgetötet.

**12. Klasse: Lichenes** (Flechten). Die Flechten bestehen aus einer Symbiose von Pilzen einerseits und Algen andererseits. Man findet in ihnen meist Ascomyceten, seltener Basidiomyceten, und außerdem Blau- oder Grünalgen. Während sich die

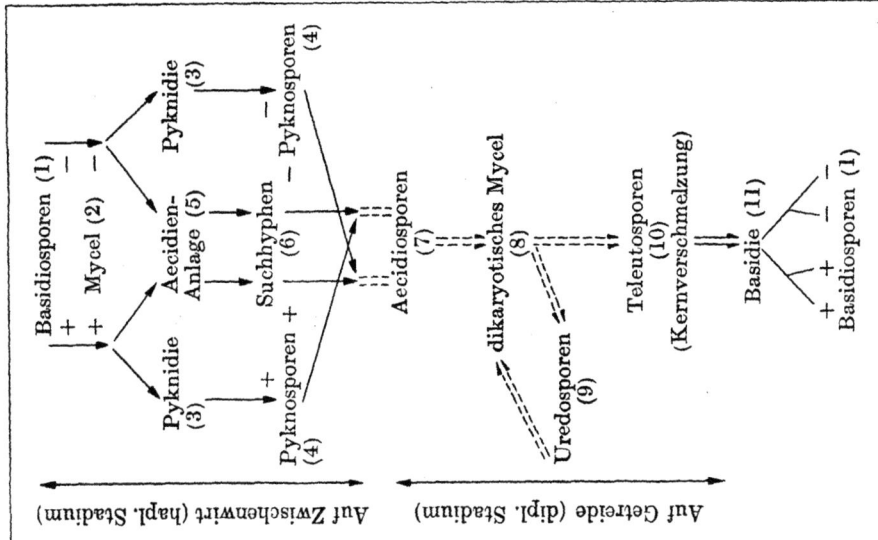

Abb. 113a.
Schema der Entwicklung eines Rostpilzes. (Nach *Walter*.)

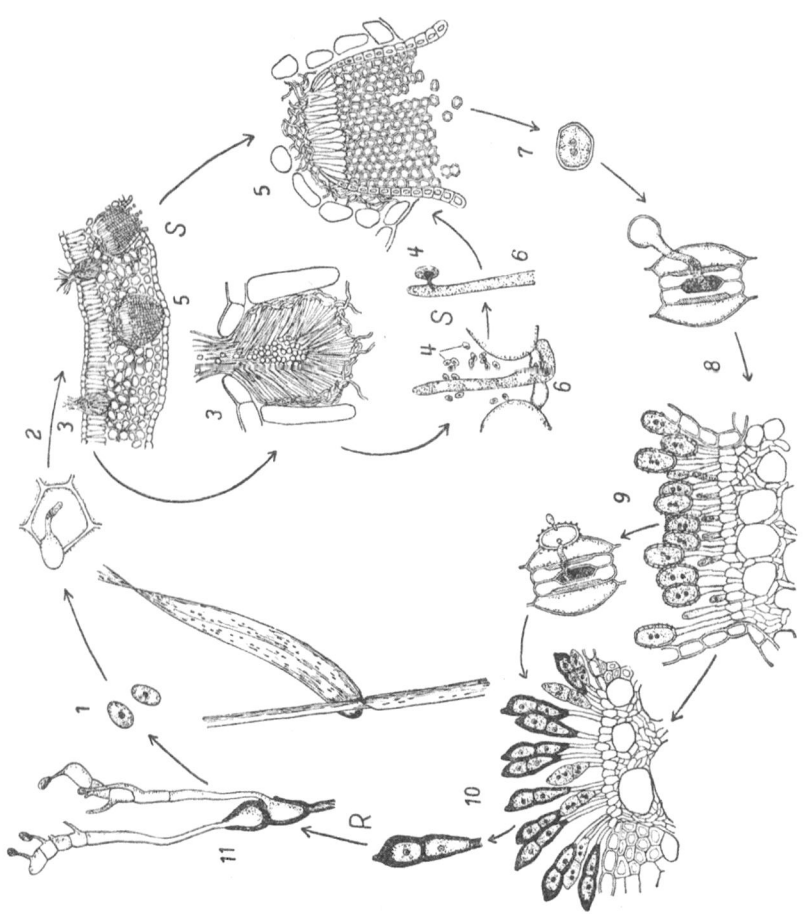

Abb. 113. Entwicklung von Puccinia graminis (Schwarzrost). *1* Basidiosporen, *2* Mycel, *3* Pyknidie, *4* Pyknosporen, *5* Aecidien-Anlagen, *6* Suchhyphen, *7* Aecidiosporen, *8* dicaryotisches Mycel, *9* Uredosporen,
*10* Teleutosporen, *11* Basidie. *R* Reduktionsteilung. *2—7* auf Berberitze; *8—11* auf Getreide. (Nach *Walter*.)

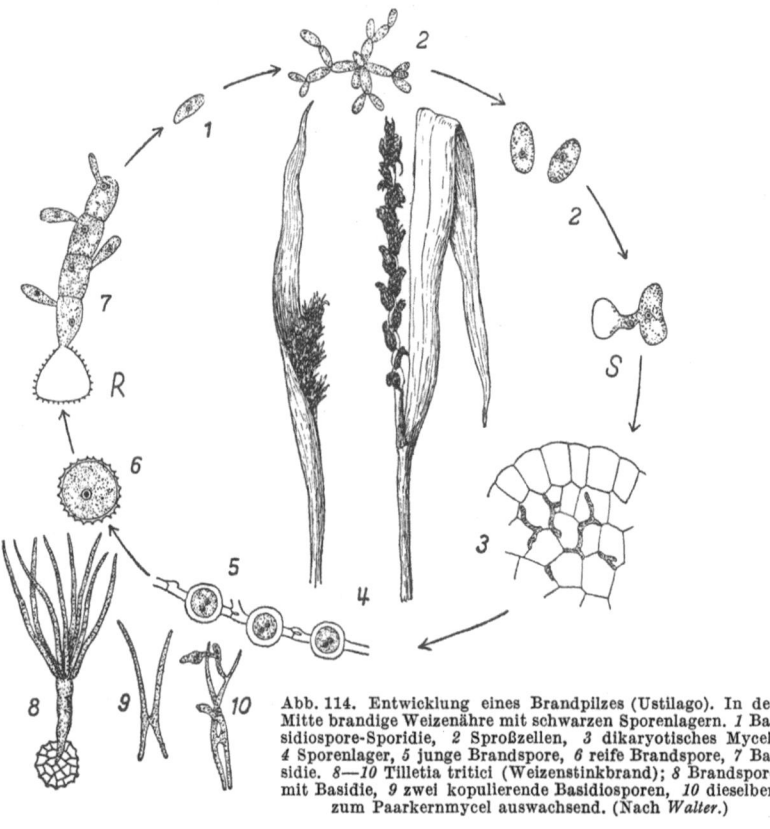

Abb. 114. Entwicklung eines Brandpilzes (Ustilago). In der Mitte brandige Weizenähre mit schwarzen Sporenlagern. *1* Basidiospore-Sporidie, *2* Sproßzellen, *3* dikaryotisches Mycel, *4* Sporenlager, *5* junge Brandspore, *6* reife Brandspore, *7* Basidie. *8—10* Tilletia tritici (Weizenstinkbrand); *8* Brandspore mit Basidie, *9* zwei kopulierende Basidiosporen, *10* dieselben zum Paarkernmycel auswachsend. (Nach *Walter*.)

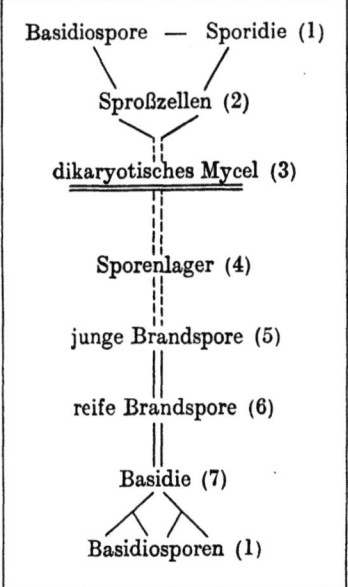

Basidiospore — Sporidie (1)

Sproßzellen (2)

dikaryotisches Mycel (3)

Sporenlager (4)

junge Brandspore (5)

reife Brandspore (6)

Basidie (7)

Basidiosporen (1)

Abb. 114a. Schema der Entwicklung eines Brandpilzes. (Nach *Walter*.)

Algen nur vegetativ vermehren, bilden die Pilze Sporen aus. Das Wachstum der Flechtenthalli ist im allgemeinen sehr langsam. Auch die Fruchtkörper bilden sich meist erst nach Jahren. Die Vermehrung erfolgt entweder durch kleine Thallusstückchen (Soredien) oder durch Pilzsporen, wobei das entstehende Pilzmycel die Algen umspinnt. Bei Gallertflechten durchsetzt das Pilzmycel die Gallerte der Algen; ähnlich kommen die Lager der Fadenflechten zustande, wenn Pilz- und Algenfäden im Thallus gleich verteilt sind. Meist nimmt jedoch der Pilz den Hauptteil des Thallus ein, während die Algen auf eine bestimmte Schicht beschränkt sind.

Offizinell ist *Cetraria islandica* (Isländisches Moos), die Lichen islandicus (vgl. a. Bd. II, Abb. 124) liefert. Eßbar ist die Mannaflechte *Lecanora esculenta*; *Roccella tinctoria* u. a. liefern Lackmus und Orseille.

## II. Archegoniatae (Archegoniumpflanzen).

Moose und Farne werden als Archegoniumpflanzen zusammengefaßt. Sie besitzen einen ausgeprägten Generationswechsel. Aus einer haploiden Spore entwickelt sich der Gametophyt. Dieser trägt die weiblichen Geschlechtsorgane, die Archegonien, die vielzellig und flaschenförmig sind und an ihrem unteren Ende die Eizelle beherbergen (Abb. 115) und die männlichen Organe, die Antheridien. Diese enthalten zwei- bis mehrgeißelige Spermatozoiden (Abb. 116). Archegonien und Antheridien entstehen stets aus einer Oberflächenzelle des Gametophyten, sie sind also homologe Gebilde. Die Spermatozoiden sind bei der Befruchtung auf die Vermittlung des Wassers angewiesen; sie schwimmen zu den Archegonien mit Hilfe ihrer Geißeln, chemotaktisch von letzten angelockt. Aus der befruchteten Eizelle, die auf dem Gametophyten bleibt, entwickelt sich der diploide Sporophyt. Dieser bildet dann nach Reduktionsteilung haploide Sporen aus.

Moose und Farne sind in der Regel Landpflanzen, sie sind jedoch infolge der Spermatozoidbefruchtung an feuchtere Standorte gebunden. Sie sind autotroph und besitzen kleine linsenförmige oder kugelige Chloroplasten. Ihr Wachstum erfolgt mit Hilfe eines Vegetationspunktes aus einer Scheitelzelle oder seltener aus Gruppen von Initialzellen.

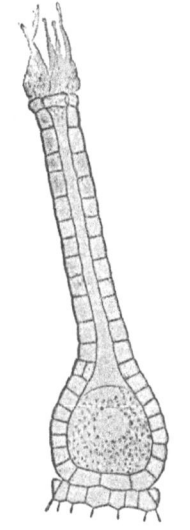

Abb. 115. Empfängnisreifes Archegonium von Marchantia polymorpha. (Nach *Miehe.*)

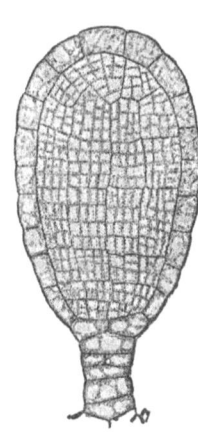

Abb. 116. Fast reifes Antheridium von Marchantia polymorpha. (Nach *Miehe.*)

### 1. Bryophyta (Moose).

Bei den Moosen entwickelt sich aus der Spore erst ein Vorkeim (Protonema), aus dem die eigentliche Moospflanze entsteht. Diese trägt bei monözischen Formen Archegonien und Antheridien, bei diözischen dagegen nur eines von beiden. Der Gametophyt, also das, was uns als Moospflanze begegnet, besitzt keine echten Leitungsbahnen oder Wurzeln; er hält sich mit Rhizoiden am Boden fest. Aus der befruchteten Eizelle geht der diploide Sporophyt hervor (Sporogonium), der auf dem Gametophyten sitzenbleibt. Er ist nur wenig gegliedert und besteht aus einer mehr oder weniger gestielten Sporenkapsel, die fest mit dem Gametophyten verwachsen ist und von diesem ernährt wird. In der Kapsel entstehen Sporenmutterzellen, die nach einer Reduktionsteilung vier haploide Sporen hervorbringen; bei diözischen Formen sind sie verschiedengeschlechtig. Der Gametophyt kann sich häufig vegetativ durch Brutknospen vermehren.

**1. Klasse: Hepaticae** (Lebermoose). Bei den Lebermoosen (vgl. Abb. 64) ist das Protonema nur schwach entwickelt und stirbt bald ab. Der Gametophyt ist entweder ein mehrschichtiger Thallus oder ein meist dorsiventral beblättertes Stämmchen, dessen Blätter einschichtig ohne Mittelrippe sind. Neben Sporen werden in der Kapsel meist auch sterile, faserige Zellen (Elateren) ausgebildet.

Einen ungegliederten Thallus besitzen die *Marchantiaceae* und *Ricciaceae*, einen beblätterten die *Jungermanniales.*

**2. Klasse: Musci** (Laubmoose). Bei den Laubmoosen (vgl. Abb. 65) ist das Protonema reich verzweigt, aus kleinen Knospen entstehen an ihm die Moospflänzchen. Diese stehen gewöhnlich aufrecht, haben in ihrem Stengel vielfach einen einfachen Leitungsstrang und wachsen meist mit einer dreischneidigen Scheitelzelle. Daher findet man an den Stengeln drei Reihen von Blättchen, die meist eine Mittelrippe besitzen. Die Geschlechtsorgane stehen gruppenweise an der Spitze der Hauptachse oder kleiner seitlicher Triebe und sind entweder monözisch oder diözisch verteilt. Besonders die Antheridienstände sind häufig von Hüllblättchen umgeben. Die Sporenkapsel ist mit einem Stiel (Seta) versehen und bleibt auf dem Gametophyten. Das anfänglich mitwachsende Oberteil des Archegoniumhalses reißt ab und bleibt als Haube (Kalyptra) auf der Sporenkapsel zurück. Diese besitzt im Innern eine Columella und öffnet sich durch einen Deckel. Nach dessen Abfallen wird am Rand der Kapselöffnung ein einfacher oder doppelter Wimpersaum (Peristom) sichtbar.

*Sphagnales*, Torfmoose; *Andreaeales*, harte Felsenmoose; *Bryales*, Masse der Laubmoose.

## 2. Pteridophyta (Farnpflanzen).

Auch die Farnpflanzen besitzen einen ausgeprägten Generationswechsel, jedoch ist die morphologisch und anatomisch hochentwickelte Form der Sporophyt. Er besitzt echte Wurzeln und Leitbündel und Blätter mit Spaltöffnungen. Das Wachstum erfolgt gewöhnlich mit einer dreischneidigen Scheitelzelle. Die Sporen entstehen an den Blättern (Sporophylle) in Sporangien und sind entweder gleichförmig (homospore Pteridophyta) oder in Mikro- und Makrosporen geschieden (heterospore Pteridophyta). Bei letzten befinden sie sich in Mikro- oder Makrosporangien; die entsprechenden Sporophylle heißen Mikro- und Makrosporophylle. Die Sporentragenden Blätter gleichen entweder den grünen Farnblättern oder sind teilweise oder ganz unter Reduktion der Blattspreite umgebildet. Aus den Sporen geht der Gametophyt hervor (Prothallium), der stets thallös und blatt-, knollenförmig oder fädig ist. Er trägt die Archegonien und Antheridien und ist entweder monözisch oder diözisch. Manche Gametophyten sind farblos und leben von den in der Spore vorhandenen Reservestoffen oder heterotroph im Boden. Aus der befruchteten Eizelle entwickeln sich Embryonen, an denen man einen Stamm-, einen Wurzel- und gewöhnlich auch einen Blattscheitel erkennen kann. Diese Embryonen besitzen einen Fuß (Haustorium), mit dessen Hilfe sie die für ihre Entwicklung nötigen Reservestoffe aus dem Prothallium aufnehmen. Der junge Sporophyt entwickelt sich also zunächst in enger Beziehung mit dem Gametophyten, bis er selbst in der Lage ist, sich mit seinen Wurzeln und Blättern zu ernähren. Der Gametophyt geht dann zugrunde.

**1. Klasse: Psilophytinae** (Nacktfarne). Ausgestorbene Landpflanzen (Kräuter und kleine Bäume aus dem Paläozoikum).

**2. Klasse: Lycopodiinae** (Bärlappgewächse). Die Bärlappgewächse sind krautige Pflanzen mit dichotom verzweigten Sprossen und Wurzeln; die Blätter sind klein und schuppenförmig. Die Sporangien stehen einzeln am Grunde der Oberseite kleiner Sporophylle, die meist zu einer endständigen Ähre angeordnet sind. Die Spermatozoiden tragen meist zwei Geißeln.

Bei den *Lycopodiales* (vgl. a. Bd. II, Abb. 17) keimen die Sporen erst nach einer Reihe von Jahren. Auch die knolligen, farblosen und saprophytisch unter der Erde lebenden Prothallien bringen erst nach 12 bis 15 Jahren Geschlechtsorgane hervor. Der immergrüne Sporophyt besitzt primitive Leitbündel, schuppenartige Blätter und endständige dichte Sporophyllstände. Die Sporangien sind nierenförmig und enthalten gleich große Sporen (Isosporen).

Offizinell: die Sporen von *Lycopodium clavatum* liefern Lycopodium.

Die *Selaginellales* sind vorwiegend tropische Pflanzen. Das Prothallium ist sehr reduziert und verläßt die Spore nicht; in der Mikrospore entwickelt sich nur eine vegetative Zelle und ein Antheridium, in der Makrospore entsteht ein Prothallium mit Archegonien. Der Sporophyt besteht aus dorsiventralen, vierzeilig beblätterten und sympodial verzweigten krautigen Sprossen.

Die *Isoetales* sind wie die Selaginellales heterospor. Die Mikrospore bildet ein einzelliges Prothallium mit einem Antheridium, das vier vielgeißelige Spermatozoiden enthält. In der Makrospore entsteht ein Prothallium mit einem Archegonium. Der Sporophyt besitzt eine knollige Achse mit Dickenwachstum; die Blätter stehen in einer Rosette und sind lang pfriemlich mit Ligula. *Isoetes*, Brachsenkraut, untergetauchte Wasserpflanze.

**3. Klasse: Psilotinae.** Kleine tropische Gruppe; isospor. Meist epiphytische Sträucher.

**4. Klasse: Equisetinae** (Schachtelhalme). Die einzige heute noch lebende Familie dieser Gruppe sind die *Equisetaceae* mit ca. 25 Arten, die sich bis in die Steinkohlenzeit zurückverfolgen läßt. Die heutigen Vertreter sind teils Land-, teils Sumpfpflanzen und krautig. Sie überwintern mit einem unterirdischen Rhizom, aus dem der hohle, stark verzweigte, grüne Stengel entspringt. Dieser ist gegliedert, stark verkieselt und trägt an den Knoten Quirle kleiner schuppenartiger Blätter, die in ihren unteren Teilen zu einer den Stengel umhüllenden Scheide verwachsen sind (Abb. 249 aus Bd. II). Die Sporangien stehen an der Unterseite kleiner, schildförmiger, zu einem ährenartigen Stand vereinigter Sporophylle. Die Sporen sind gleich und besitzen ein aus zwei spiralig gewundenen Bändern (Hapteren) bestehende Hülle (Epispor). Es gibt zweierlei grüne Prothallien, größere weibliche mit Archegonien und kleinere männliche mit Antheridien; jedoch sind die Prothallien vermutlich zwitterig, da sie bei Nährstoffmangel hauptsächlich männlich werden. Die Spermatozoiden besitzen zahlreiche Geißeln. *Equisetum arvense*, der Ackerschachtelhalm, bringt im Frühjahr unverzweigte, chlorophyllfreie fertile Sprosse mit einem Sporophyllstand hervor, die grünen verzweigten sterilen Triebe entwickeln sich erst später. Bei anderen Arten sind sterile und fertile Sprosse gleich gestaltet und grün. *E. arvense* liefert Herba Equiseti, das Zinnkraut (vgl. a. Bd. II, Abb. 249).

**5. Klasse: Filicinae** (Farne). Die Farne sind meist krautige Pflanzen mit kurzer oder kriechender Achse (Rhizom), seltener baumförmig (tropische Baumfarne). Die Blätter sind meist groß, fiederteilig und in der Jugend auf typische Weise eingerollt. Sie tragen auf ihrer Unterseite die Sporangien meist in Gruppen (Sori) oder bilden besondere Sporophyllstände aus, die aber niemals ährenförmig sind.

*a) Eusporangiate Farne.* Bei ihnen stammen die Sporangien aus einer Gruppe von Epidermiszellen; die Sporangienwand ist mehrschichtig und meist ohne Ring. Isospor.

*b) Leptosporangiate Farne.* Die Sporangien gehen aus einer Epidermiszelle hervor und sind mit einer einschichtigen Wand und Ring (Annulus) versehen. Sie stehen meist in Gruppen (Sori) und sind oft mit einem Häutchen bedeckt (Indusium). Isospor. Das Prothallium ist grün. *Hymenophyllaceae* Hautfarne, vorwiegend tropisch; *Polypodiaceae* mit ca. 200 Arten; fast alle einheimischen Farne gehören in diese Familie (Abb. 71, 339 aus Bd. II); *Cyatheaceae*, meist Baumfarne; *Gleicheniaceae; Schizaeaceae; Osmundaceae* mit *Osmunda regalis*, Königsfarn.

Offizinell: *Dryopteris filix mas* liefert Rhizoma *Filicis*, *Adiantum capillus veneris* liefert Herba Capilli Veneris.

c) *Hydropterides* oder *Filicales heterosporae*. Die zu dieser Gruppe gehörenden Vertreter sind alle heterospor und leben als Wasser- oder Sumpfpflanzen. Sie treten zuerst im Trias auf. Die Makro- und Mikrosporangien sind in Behältern, den Sporenfrüchten oder Sporokarpien, eingeschlossen. Die männlichen Prothallien sind stark reduziert und bestehen nur aus wenigen Zellen. Die weiblichen sind grün und treten nur zum Teil aus der Makrospore aus. *Marsiliaceae:* die Sporenfrucht enthält viele zweigeschlechtige Sori. *Salviniaceae:* die Sporenfrucht enthält einen eingeschlechtigen Sorus, es gibt also Mikro- und Makrosporokarpe (vgl. Abb. 87).

## III. Spermatophyta (Samenpflanzen).

Die Samen- oder Blütenpflanzen schließen sich entwicklungsgeschichtlich an die heterosporen Farne an (vgl. Abb. 117). Ein Generationswechsel ist zwar noch vorhanden, jedoch der Gametophyt soweit reduziert, daß er ständig vom Sporophyten umschlossen bleibt; die höhere Pflanze stellt also im wesentlichen nur noch einen Sporophyten dar!

Der Sporophyt erzeugt an Mikrosporophyllen (Staubblättern) Mikrosporangien (Pollensäcke), die aus Mikrosporenmutterzellen (Pollenmutterzellen) nach einer Reduktionsteilung vier haploide Mikrosporen (Pollenkörner) hervorbringen. Diese wachsen nach einer Übertragung auf das weibliche Organ (Bestäubung) zum Pollenschlauch aus, wobei in diesem der männliche Gametophyt entsteht, der die Geschlechtszellen zur Eizelle überträgt. Die Gameten, gewöhnlich zwei, sind bei den Cycadeen und Ginkgo noch durch Zilien beweglich, also Spermatozoiden; bei allen übrigen Pflanzen dieser Abteilung stellen sie nackte Zellen (generative Zellen) dar.

An Makrosporophyllen (Fruchtblättern) bringt der Sporophyt Makrosporangien (Samenanlagen) hervor, in denen nach der Reduktionsteilung aus der Makrosporenmutterzelle (Embryosackmutterzelle) vier haploide Zellen entstehen, von denen jedoch meist drei zugrunde gehen. Die vierte entwickelt sich zur Makrospore (Embryosack), in der ein Prothallium mit einer oder mehreren Eizellen entsteht. Nach der Befruchtung geht aus der Zygote ein Embryo hervor, also ein neuer Sporophyt, der an der Mutterpflanze bis zu einer gewissen Größe heranwächst und dann häufig in einen Ruhezustand übergeht. Darauf wird die ganze Samenanlage samt dem Embryo abgeworfen; diese Gebilde bezeichnet man als Samen. Er übernimmt bei den Samenpflanzen die Verbreitung und nicht die Sporen, wie bei den Pteridophyten. Der Same keimt nach kürzerer oder längerer Zeit unter günstigen Lebensbedingungen aus und entwickelt sich zu einem neuen Sporophyten.

Dieser Generationswechsel der Samenpflanzen zeigt die hohe Spezialisierung und Anpassung der Abteilung an das Landleben. Für das Zustandekommen der Befruchtung wird das Wasser nicht mehr benötigt. Infolgedessen ist es den Samenpflanzen gelungen, fast alle Gebiete der Erde zu besiedeln.

Mikro- und Makrosporophylle sind zu mehreren terminal an einem Sproß vereinigt und werden oft von sterilen, zum Teil gefärbten Hüllblättern umgeben. Einen solchen Sporophyllstand bezeichnet man als Blüte. Sie ist eingeschlechtig, wenn sie nur Mikro- oder Makrosporophylle trägt, zwittrig, wenn beide Arten von Sporophyllen in ihr vereinigt sind.

Man teilt die Samenpflanzen in zwei Unterabteilungen:

*1. Gymnospermae* (nacktsamige Pflanzen); die Samenanlagen stehen offen an den Makrosporophyllen.

*2. Angiospermae* (bedecktsamige Pflanzen); die Samenanlagen sind von den Fruchtblättern umschlossen. Diese sind entweder jedes für sich oder zu mehreren verwachsen und bilden einen Fruchtknoten.

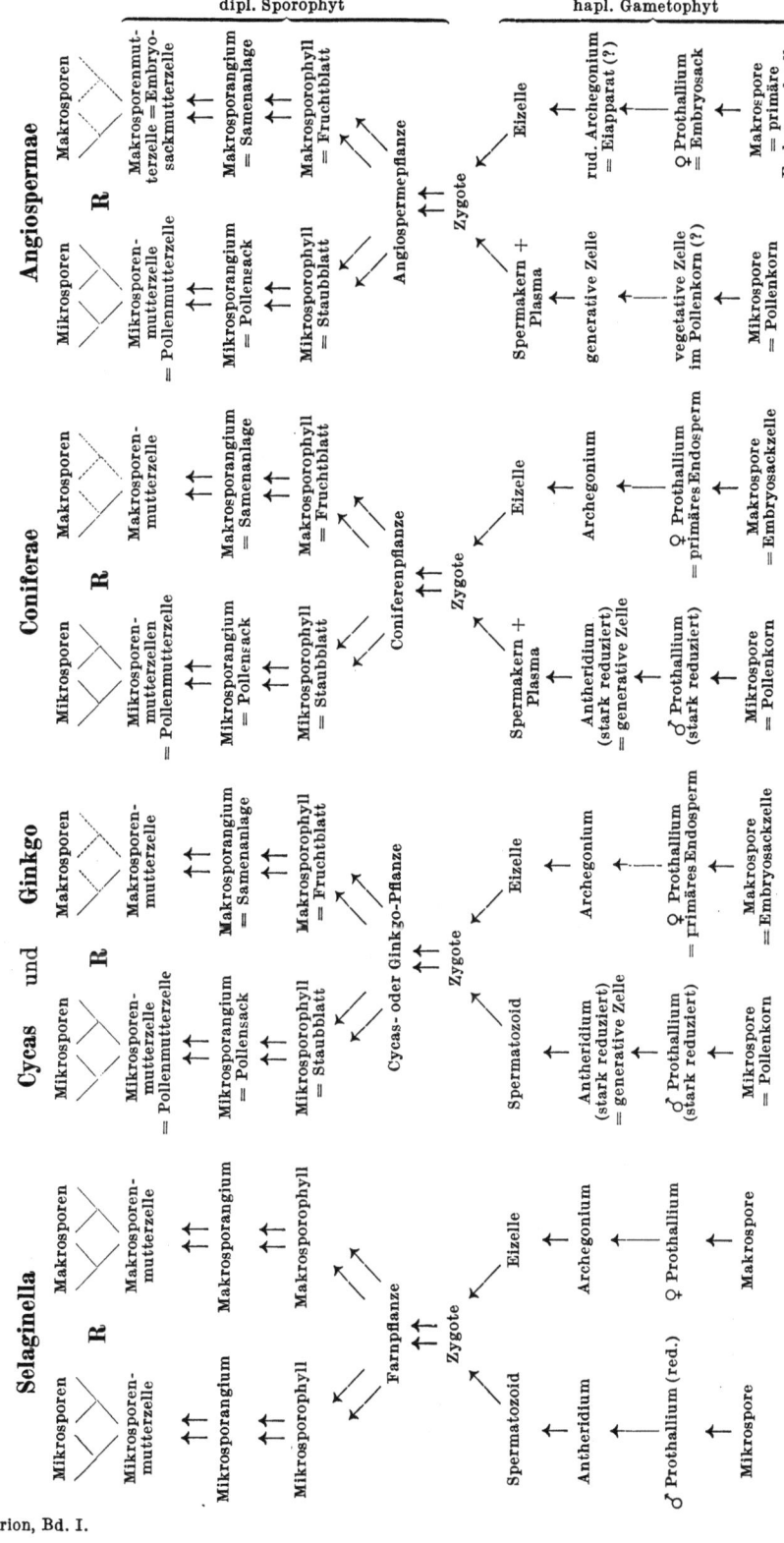

Abb. 117. Vergleichende Darstellung der Entwicklungszyklen von Pteridophyten, Gymnospermen und Angiospermen. (Nach *Miehe*.)

## 1. Gymnospermae.

Die nacktsamigen Pflanzen sind Holzgewächse mit sekundärem Dickenwachstum; ihre Blätter sind gewöhnlich mehrjährig und häufig nadel- oder schuppenförmig. Die Blüten sind fast stets eingeschlechtig und ohne Blütenhülle, sie stehen fast immer an Zapfen.

Die Staubblätter (Mikrosporophylle) sind zu mehreren zu einer Blüte vereinigt. Sie tragen zwei oder viele Pollensäcke (Mikrosporangien). Die Pollenkörner (Mikrosporen) besitzen zwei Wandschichten, Exine und Intine; sie enthalten zunächst nur einen Kern, bilden jedoch vor dem Ausstäuben ein stark reduziertes männliches

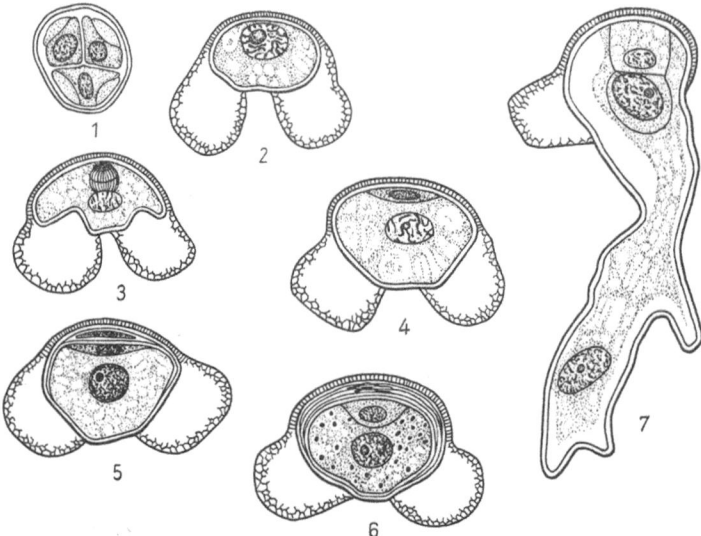

Abb. 118. Entwicklung des männlichen Gametophyten bei Pinus. 1 Pollentetrade, 2 Pollenkorn, 3 Bildung der Prothalliumzelle, 4 erste Prothalliumzelle abgetrennt, 5 Pollenkorn mit Kern und zwei Prothalliumzellen, 6 die Prothalliumzellen degenerieren, der andere Kern teilt sich und bildet die generative Zelle und den vegetativen Kern, 7 Auswachsen des Pollenschlauches, die generative Zelle hat sich in die Stielzelle und spermatogene Zelle geteilt. (Nach *Ullrich-Arnold*.)

Prothallium aus, das meist nur aus ein bis zwei Zellen besteht. Diese Zellen gehen zugrunde. Der übriggebliebene Kern teilt sich in eine kleine generative oder antheridiale Zelle, die sich den Prothalliumzellen anlegt, und in eine große vegetative Zelle, die Pollenschlauchzelle. Diese wächst zum Pollenschlauch aus. Die generative teilt sich ebenfalls, und zwar in eine Stielzelle und eine spermatogene Zelle. Aus letzter bilden sich bei den *Cycadinae* und *Ginkgoinae* zwei Spermatozoiden, bei den höher entwickelten Gymnospermen jedoch zwei nackte generative Zellen (Abb. 118).

Die Samenanlagen (Makrosporophylle) stehen im Gegensatz zu den Staubblättern (Mikrosporophyllen) nicht in Blüten, sondern in Blütenständen. Bei den Cordaiten stehen die weiblichen an der Blütenstandsachse in zwei Reihen, in den Achseln von Deckblättern an kleinen Kurztrieben. Diese Kurztriebe tragen eine Anzahl homologer Schuppen in spiraliger Anordnung; sie sind entweder steril oder fertil, also Makrosporophylle. Bei den älteren Cordaiten sind die Makrosporophylle lang und stehen zu vielen an der Spitze des Kurztriebes; sie tragen mehrere hängende Samenanlagen. Bei den jüngeren Formen treten nur 1 bis 4 Makrosporophylle auf, die sehr kurz sind und in der mittleren Region des Kurztriebes stehen. Jedes Sporophyll trägt nur eine aufrechte Samenanlage. Bei den ältesten Vertretern der Coniferen stehen wie bei den Cordaiten an den weiblichen Blütenständen kleine Kurztriebe in den Achseln von Deckblättern (Deckschuppe). Sie tragen zunächst in spiraliger Stellung sterile Schuppen und einige Makrosporophylle. Diese sind in ihrem basalen Teil noch schuppenartig und tragen endständig je eine aufrechte Samenanlage. Dieser basale Teil wird bei späteren Formen in seiner Breite reduziert, so daß er stielartig aussieht. Bei den jüngeren Vertretern der Coniferen tritt dann die Reduktion der Kurztriebachse ein, außerdem nimmt die Zahl der sterilen Schuppen immer mehr ab. Es kommt ein Übergang von der Radiär- zur Bilateralsymmetrie; der gesamte Kurztrieb wird stark abgeflacht; die spiralige Anordnung der Schuppen wird durch die dekussierte ersetzt. Dadurch kommen Schuppen und Sporophylle voreinander zu stehen, und es ist die Möglichkeit einer Verwachsung untereinander und beider miteinander gegeben. Die zusammengewachsenen Schuppen (meist fünf) stehen nach außen und die stielartigen Makrosporophylle (meist drei) nach innen zur Zapfenachse hin. Die Basalteile der bis auf Stiel und Samenanlage reduzierten Sporophylle wachsen mit ihrem Fußteil den Schuppen auf, so daß sie als Rippen auf der Oberfläche des sterilen Teiles erscheinen. Die Reduktionen gehen noch weiter. Die Verwachsungsstellen verwischen sich, so daß man irrtümlicherweise annehmen könnte, die Schuppen seien die Sporophylle, auf denen die Samenanlagen sitzen. Die Zahl der sterilen

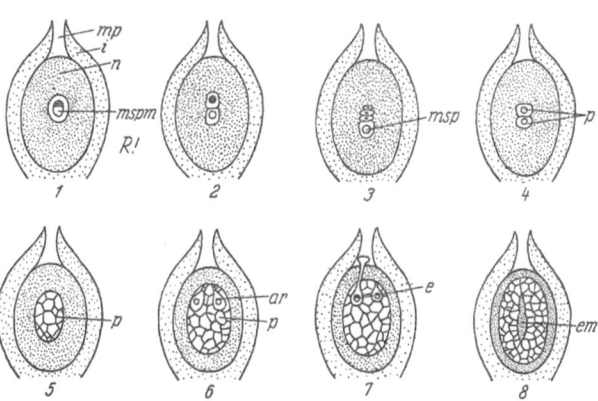

Abb. 119. Entstehung, Weiterentwicklung und Befruchtung des Embryosacks einer Conifere. *mp* Mikropyle, *i* Integument, *n* Nucellus, *mspm* Makrosporenmutterzelle, *p* Prothallium, *ar* Archegonium, *e* Eizelle eines Archegoniums, *em* Embryo. Erklärung im Text. (Nach *Miehe*.)

Schuppen wird auf 3 — 2 — 1 und die der Samenanlagen auf 2 oder 1 reduziert. Es sei also nochmals betont, daß die Gebilde, die man als Frucht- oder Samenschuppe an einem Coniferenzapfen bezeichnet, nicht die Makrosporophylle darstellen, sondern Verwachsungsprodukte steriler und fertiler Schuppen eines völlig reduzierten Kurztriebes sind. Die Samenanlagen sind die Reste völlig reduzierter Makrosporophylle und sekundär auf den sterilen Schuppenkomplex aufgewachsen. *Taxus* fällt aus dem Rahmen der anderen Coniferen. Er ist charakterisiert durch den Besitz von Einzelblüten an Stelle von Blütenständen oder Zapfen. Die Blütenachse trägt einige kleine sterile Schuppen und endständig eine aufrechte Samenanlage; Makrosporophylle fehlen. Die heute lebenden Taxus-Formen entsprechen den ausgestorbenen in ihrem Bauplan und bilden eine eigene Gruppe.

Die Samenanlagen bestehen aus einem Gewebekörper, dem Nucellus, und einer Hülle, dem Integument, das nur eine enge Öffnung, die Mikropyle, zum Eindringen der Pollenkörner frei läßt. In diesem Gewebe eingeschlossen liegt die Makrospore (Embryosackzelle), die noch eine in Exine und Intine gegliederte Wand besitzt und aus der sich ein vielzelliges, haploides Prothalliumgewebe entwickelt (primäres Endosperm). In ihm liegen einige Archegonien mit reduziertem Hals (Abb. 119).

Die Übertragung der Pollenkörner auf die Samenanlage erfolgt durch den Wind, nur ganz selten durch Tiere. Nach der Befruchtung der Eizellen wird aus dem Prothalliumgewebe ein Nährgewebe (primäres Endosperm) und aus dem Integument die Samenschale. Aus der befruchteten Eizelle entsteht ein Proembryo, dessen unterste Zellen erst den eigentlichen Embryo bilden.

**1. Klasse: Cycadofilicinae** (Pteridospermae, Samenfarne). Die Samenfarne stellen phylogenetisch den Übergang von den eusporangiaten Farnen zu den Gymnospermen dar. Sie sind ausgestorbene Formen der Steinkohlenzeit. Sie besaßen schon ein sekundäres Dickenwachstum, Tracheiden, Spaltöffnungen und vor allen Dingen Samen.

**2. Klasse: Cycadinae.** Fossile und rezente Gymnospermen der Tropen. Ihre Gestalt ist palmenartig, und ihre Zapfen erreichen eine Länge von 5 bis 90 cm Länge (bis 45 kg schwer). Spermatozoidbefruchtung.

**3. Klasse: Bennettitinae** (Cycadeoideae). Fossile Gymnospermengruppe; ihre Blüten weichen von denen der anderen Gymnospermen ab, da sie vielfach zwittrig waren und oft ein gut ausgebildetes Perianth besaßen. Sie sind für die Frage nach der Herkunft der Angiospermen bedeutungsvoll geworden. Sie glichen aber im Aussehen häufig den Cycadeen, und in einigen Merkmalen nähern sie sich sogar den Pteridospermen.

**4. Klasse: Cordaitinae.** Waldbildende bis 30 m hohe Bäume des Karbon und Perm; Blätter lineal- bis spatelförmig; bis 1 m lang und bis 20 cm breit.

**5. Klasse: Ginkgoinae.** *Ginkgo biloba*, der Götterbaum; diözischer, sommergrüner Baum mit zweilappigen Blättern; seit dem oberen Karbon bekannt. Die Samen sind durch Differenzierung des Integumentes steinfruchtartig.

**6. Klasse: Coniferae** (Nadelhölzer). Bei den Coniferen kann man zwei große Reihen unterscheiden, die *Taxales* und die *Pinales*.

*1. Reihe: Taxales.* Besitzen keine Holzzapfen, wenn jedoch überhaupt zapfenartige Blütenstände auftreten, dann sind sie lederig. Es sind aber fleischige Bildungen um oder unter den Samen zu beobachten, die entweder aus der Außenschicht des Integumentes bzw. der Samenschale oder aus Achsen- und Blattgebilden unterhalb der Blüte hervorgehen.

*Cephalotaxaceae, Taxaceae* (vgl. a. Bd. II, Abb. 63), *Podocarpaceae*.

*2. Reihe: Pinales.* Besitzen meist Holzzapfen, nur selten Fleischzapfen, und zwar Beerenzapfen bei *Juniperus*, Steinzapfen bei *Arceuthos*, die durch Fleischigwerden und Verschmelzen aller Samenschuppen eines Blütenstandes entstehen. Die Formen mit holzigen Zapfen überwiegen über alle anderen bei weitem.

*Cupressaceae:* die Unterfamilie der *Juniperoideae* besitzt Fleischzapfen, die der *Cupressoideae* Holzzapfen; *Taxodiaceae; Araucariaceae; Abietaceae (Pinaceae)* (vgl. a. Bd. II, Abb. 142, 143).

Offizinell: *Juniperus sabina* Sadebaum (giftig), liefert Summitates Sabinae (vgl. a. Bd. II, Abb. 234); *J. communis* Wacholder, liefert Fructus, Oleum und Lignum Juniperi (vgl. a. Bd. II, Abb. 314); *Tetradinis articulata:* Sandaraca; *Larix sibirica:* Pix liquida; *L. decidua:* Terebinthina veneta (vgl. a. Bd. II, Abb. 169); *Pinus palustris, P. taeda, P. pinaster, P. silvestris* und andere Pinus-Arten liefern: Terebinthina, Kolophonium, Oleum Terebinthinae, Pix liquida; *Abies balsamea:* Balsamum Canadense.

**7. Klasse: Gnetinae.** Sind die am höchsten entwickelte Klasse der Gymnospermen. Sie besitzen Tracheen, keine Harzgänge im Holz, gegenständige Blätter, Blüten mit einer primitiven Hülle und gelegentlich Insektenbestäubung. Drei Familien mit je einer Gattung: *Ephedraceae* mit schuppenförmigen Blättern, *Welwitschiaceae* mit einem Paar langer Blätter, die am Grunde ständig weiterwachsen. *Gnetaceae* mit netzadrigen breiten Blättern vom Dikotylentyp. Alle drei Familien besitzen Embryonen mit zwei Keimblättern.

*Ephedra sinica* und *E. shennungiana* liefern Herba Ephedrae und Ephedrin.

## 2. Angiospermae.

Die bedecktsamigen Pflanzen sind krautige oder holzige Gewächse mit einem sekundären Dickenwachstum und echten Gefäßen (s. Mikroskopie). Ihre Blätter zeigen mannigfaltige Formen. Die Fortpflanzungsorgane sind in Blüten zusammengefaßt, die überwiegend zwittrig und von besonderen, meist auffällig gefärbten Blütenhüllen umgeben sind. Die Fruchtblätter stehen einzeln oder sind miteinander verwachsen und tragen in den so gebildeten Hohlräumen die Samenanlagen; das Verwachsungsprodukt aus einem oder mehreren Fruchtblättern bezeichnet man als Fruchtknoten. Dieser ist mit einem Organ zum Festhaften der Pollenkörner, der Narbe, ausgestattet. Im Embryosack entsteht ein nur wenigzelliges Prothallium ohne differenzierte Archegonien. Alle Teile der Blüte stehen in der Regel wirtelig, seltener spiralig.

### Die Blüte.

Die Blütenhülle oder das *Perianth* besteht aus einem grünen äußeren Wirtel, dem *Kelch* (Calyx), und aus einem gefärbten inneren, der *Krone* (Corolla). Die Kelchblätter heißen *Sepalen*, die Kronblätter heißen *Petalen*. Eine Blüte, die aus Kelch- und Kronenblättern besteht, bezeichnet man als *heterochlamydeisch*. Sind die Hüllblätter alle gleich gestaltet, bezeichnet man die Hülle als *Perigon*, die Hüllblätter

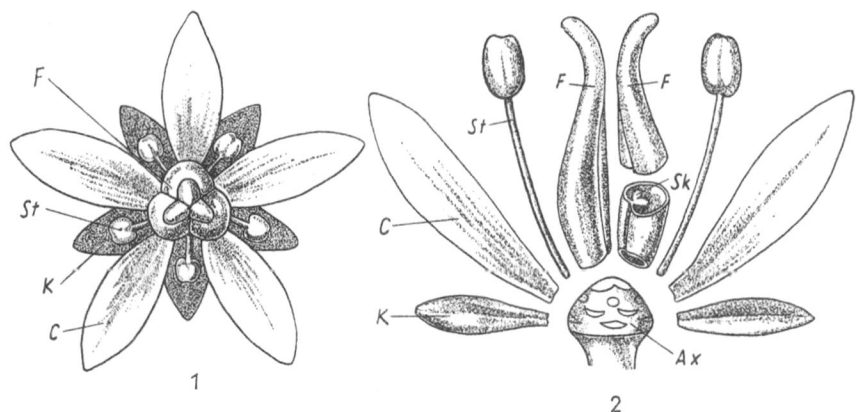

Abb. 120. Schema der Angiospermenblüte. *1* von oben, *2* zerlegt. *A x* Blütenachse mit den Narben der abgetrennten Blattorgane, *K* Kelchblätter, *C* Kronblätter, *St* Staubblätter, *F* Fruchtblätter, eines durchschnitten, darin die Samenanlagen (*Sk*). (Nach *Ullrich-Arnold*.)

als *Tepalen* und die Blüte selbst als *homoiochlamydeisch*. Fehlen die Hüllblätter an einer Blüte, so ist sie nackt oder *achlamydeisch*. Kelch-, Kronen- und Perigonblätter können frei oder verwachsen sein. Auf die Blütenhülle folgen in der Regel zwei Wirtel (Kreise) von *Staubblättern* (Mikrosporophylle) und ein Wirtel von *Fruchtblättern* oder Karpellen (Makrosporophylle). Die Karpelle bilden geschlossene Hohlräume, in die die Samenanlagen (Makrosporangien) eingeschlossen sind. Die Blütenachse ist gewöhnlich gestaucht und trägt unmittelbar übereinander und miteinander alternierend die einzelnen Organe. Die typische Angiospermenblüte ist meist fünfwirtelig (pentazyklisch), radiär und zwittrig (Abb. 120). Jedoch können Blüten auch bilateral symmetrisch, zygomorph (monosymmetrisch) oder asymmetrisch sein. Ihr Bau kann durch ein Blütendiagramm wiedergegeben werden.

Die Gesamtheit aller Staubblätter einer Blüte heißt *Androeceum*. Von den meist zwei Kreisen des Androeceums alterniert der äußere gewöhnlich mit dem anschließenden Perianthkreis; seltener steht er ihm gegenüber, in diesem Falle spricht man von Obdiplostemonie. Ein typisches Staubblatt besteht aus Staubfaden (Filament) und Anthere. Letzte enthält zwei Theken mit zwei Paar Pollensäcken (Abb. 121). Die Theken sind durch das Konnektiv mit dem Filament verbunden.

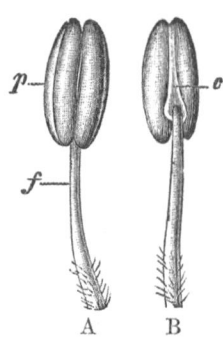

Aus Pollenmutterzellen entstehen nach Reduktionsteilung je vier Pollenkörner (Tetrade). Die Pollenkörner besitzen eine Exine und eine Intine und sind ursprünglich einzellig. Durch Teilung entsteht jedoch eine vegetative und eine nackte generative Zelle, die sich später noch einmal teilt, so daß im reifen Pollen drei Kerne vorhanden sind. Die Pollensäcke öffnen sich meist durch Längsrisse, seltener durch Poren oder Klappen.

Die Fruchtblätter (Karpelle) samt den Samenanlagen bilden das *Gynaeceum* einer Blüte. Sind mehrere Fruchtblätter vorhanden und jedes für sich verwachsen, so stellt jedes einen Fruchtknoten dar (apokarpes Gynaeceum); verwachsen mehrere miteinander zu einem einzigen Fruchtknoten, so bilden sie ein synkarpes Gynaeceum. Die Fruchtblätter tragen oben eine Narbe (Stigma); zwischen diese und den Fruchtknoten kann sich ein Griffel (Stylus) einschalten.

Abb. 121. Staubblatt. A Vorder-, B Hinteransicht. *f* Filament, *p* Anthere, *e* Konnektiv. (Nach *Miehe.*)

Der Fruchtknoten schließt die Samenanlagen ein; sie werden von einer Plazenta hervorgebracht und stehen gewöhnlich an den Karpellrändern, seltener auf der Karpellfläche oder auf einer zentralen Plazenta, die in die Fruchtknotenhöhlung hineinragt. In den beiden zuerst genannten Fällen spricht man von einer parietalen Plazentation, da die Plazenten der Wandinnenseite entspringen.

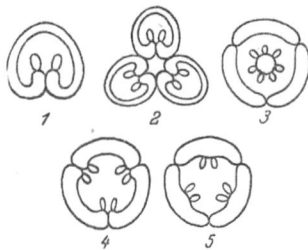

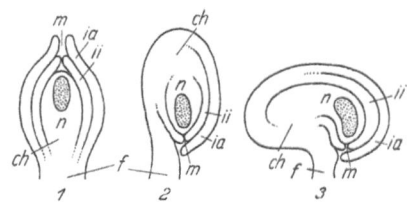

Abb. 122. Stellung der Samenanlagen (Fruchtknotenquerschnitte). *1* Monomerer Fruchtknoten mit parietal-marginaler Plazentation, *2* trimerer Fruchtknoten mit zentralwinkelständiger Plazentation, *3* trimerer Fruchtknoten mit zentraler Plazentation, *4* trimerer Fruchtknoten mit parietal-marginaler und in *5* mit parietal-laminaler Plazentation. (Nach *Ullrich-Arnold.*)

Abb. 123. Schema der häufigsten Formen von Samenanlagen. *1* atrope, *2* anatrope, *3* kampylotrope Samenanlage. *m* Mikropyle, *ia* äußeres Integument, *ii* inneres Integument, *n* Nucellus, *ch* Chalaza, *f* Funiculus. (Nach *Ullrich-Arnold.*)

Ein Fruchtknoten, der nur aus einem Karpell hervorgegangen ist, wird monomer, aus dreien trimer, aus fünf pentamer und aus vielen polymer genannt. Alle aus den Karpellen hervorgegangenen Scheidewände bezeichnet man als echte, alle anderen als falsche. Aus dem Verhältnis von Verwachsung der Karpelle untereinander und Stellung der Plazenten mit den Samenanlagen kann man verschiedene Fruchtknotentypen beobachten (Abb. 122):

1. Monomerer Fruchtknoten mit parietal-marginaler Plazentation.

2. Trimerer Fruchtknoten mit zentralwinkelständiger Plazentation.

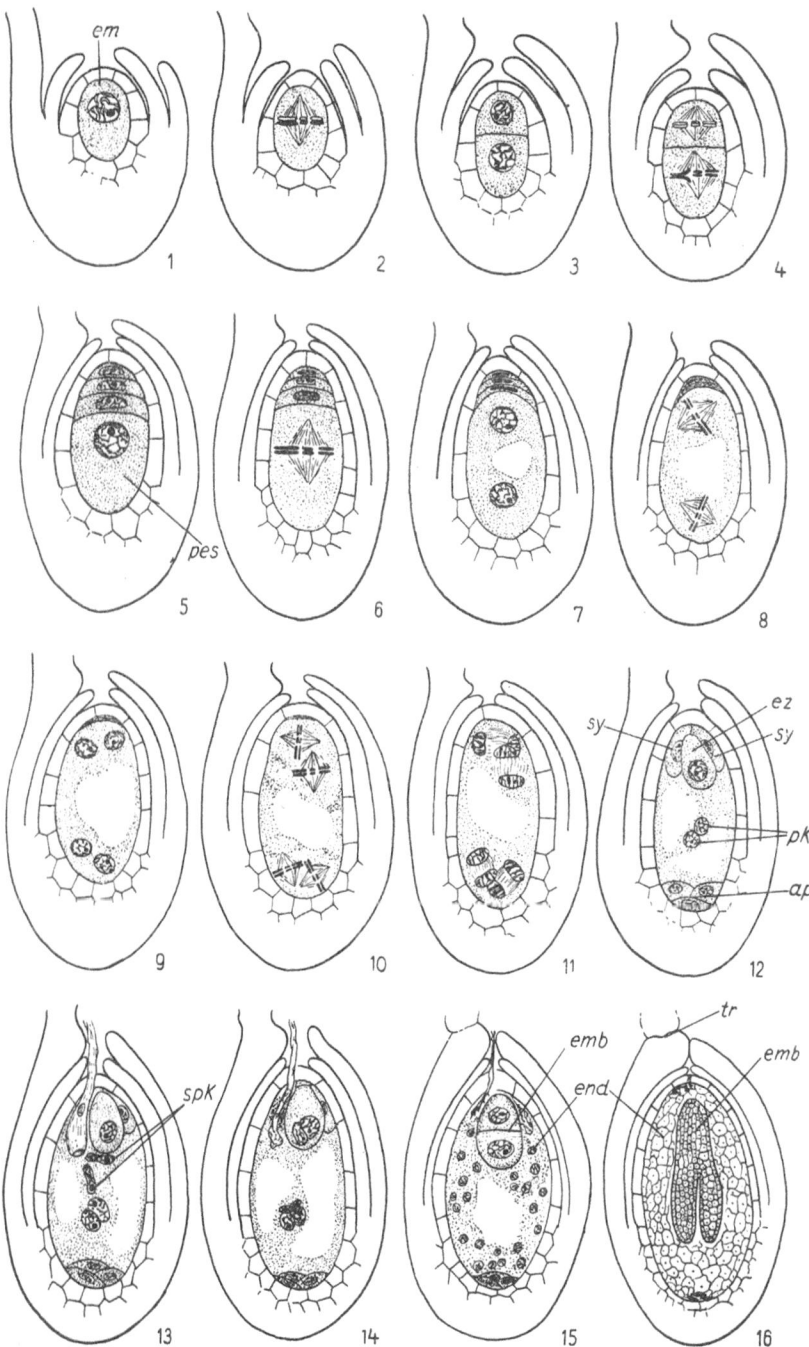

Abb. 124. Entstehung, Weiterentwicklung und Befruchtung des normalen Embryosackes einer Angiosperme. *em* Embryosackmutterzelle, *pes* primärer Embryosack, *sy* Synergide, *ez* Eizelle, *pk* Polkerne, *ap* Antipoden, *emb* Embryo, *end* Endosperm, *tr* Trennungsschicht, *spk* Spermakerne. (Nach *Ullrich-Arnold*.)

3. Trimerer Fruchtknoten mit zentraler Plazentation.

4. Trimerer Fruchtknoten mit parietal-marginaler Plazentation.

5. Trimerer Fruchtknoten mit parietal-laminaler Plazentation.

Die Samenanlagen, die einzeln oder zu vielen an einem Fruchtblatt stehen, sind den Makrosporangien der heterosporen Pteridophyten und Gymnospermen gleichzusetzen. Sie entstehen auf den Plazenten; zuerst bildet sich ein stielartiger Funiculus, an dessen oberem Ende (Chalaza) das ihn durchziehende Leitbündel endigt und der Nucellus (Makrosporangium) ansetzt. Dieser wird von zwei oder auch einem von der Chalaza ausgehenden Integumenten bis auf eine kleine Öffnung (Mikropyle) gänzlich eingehüllt. Die Samenanlagen können aufrechtstehen (atrop), umgewendet sein (anatrop) oder in sich selbst gekrümmt sein (kampylotrop) (Abb. 123).

Im Nucellus befindet sich gewöhnlich nur eine Makrosporenmutterzelle = Embryosackmutterzelle. Diese teilt sich nach einer Reduktionsteilung in vier Zellen, von denen aber drei zugrunde gehen. Die vierte wächst zum Embryosack (Makrospore) heran. Der primäre Embryosackkern teilt sich in drei Teilungsschritten in acht Kerne, die zu vieren an jedem Ende des Embryosackes liegen. Von den beiden Polen her wandert je ein Kern zur Embryosackmitte, beide verschmelzen miteinander und bilden den sekundären Embryosackkern. Die übrigen sechs Kerne umgeben sich mit Plasmahüllen und werden zu selbständigen Zellen. Unter der Mikropyle liegt eine Eizelle mit zwei Synergiden (Gehilfinnen) und am Gegenpol drei Antipodenzellen (Abb. 124). Von diesem Normaltyp der Embryosackentwicklung gibt es zahlreiche Abweichungen, die jedoch nicht näher beschrieben werden sollen.

Die Stellung des Fruchtknotens und die der anderen Blütenteile ist eng mit der Ausbildung der Blütenachse verbunden. Diese ist im allgemeinen stark gestaucht und wird als Blütenboden bezeichnet. Liegt das Gynaeceum über den übrigen Blütenteilen, so ist es oberständig. Wird der Blütenboden becherförmig und steht das Gynaeceum in gleicher Höhe oder gar tiefer als die anderen Blütenteile, die gewöhnlich am Becherrand ansetzen, so ist es mittelständig. Die Fruchtblätter sind stets frei und nicht mit der Becherwandung verwachsen. Verwächst das Gynaeceum mit dem Becher und liegt dabei unter den anderen Blütenteilen, so ist es unterständig (Abb. 125). Die Blüten sind dementsprechend hypo-, peri- oder epigyn.

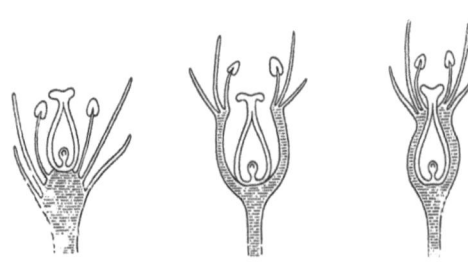

Abb. 125. Oberständiger, mittelständiger und unterständiger Fruchtknoten. (Nach *Miehe*.)

Die *Verteilung* der *Geschlechter* kann auf mannigfache Weise erfolgen:

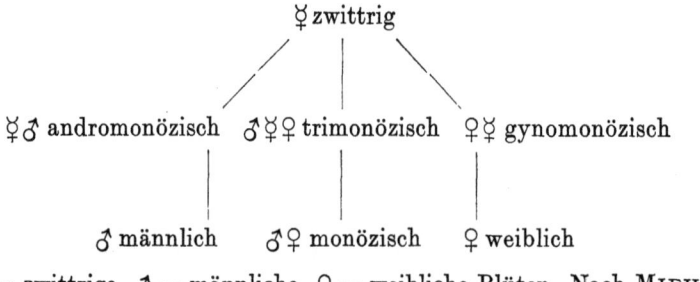

(☿ = zwittrige, ♂ = männliche, ♀ = weibliche Blüten. Nach MIEHE.)

1. *Zwittrig*: in einer Blüte sind Staub- und Fruchtblätter enthalten (z. B. Rosen, Tulpen und viele andere).

2. Andromonözisch: auf einem Individuum stehen teils zwittrige, teils männliche Blüten (z. B. Kreuz-Labkraut).

3. Gynomonözisch: auf einem Individuum stehen teils zwittrige, teils weibliche Blüten (z. B. manche Labiaten).

4. Trimonözisch: auf einem Individuum finden sich neben Zwitterblüten auch männliche und weibliche.

5. *Monözisch*: auf einem Individuum befinden sich zum Teil männliche und zum Teil weibliche Blüten (z. B. schwarzbeerige Zaunrübe).

6. Androdiözisch: auf verschiedenen Individuen sind einmal zwittrige und zum anderen männliche Blüten zu beobachten (z. B. Nelkenwurz, selten).

7. Gynodiözisch: auf verschiedenen Individuen sind einmal zwittrige und zum anderen weibliche Blüten zu beobachten (z. B. manche Labiaten, Wegerich).

8. *Diözisch*: auf verschiedenen Individuen finden sich einmal männliche und einmal weibliche Blüten (z. B. Weide, Pappel, Hanf, Hopfen).

Aber auch bei zwittrigen Blüten kann eine *funktionelle* Geschlechtertrennung dadurch zustande kommen, daß Staub- und Fruchtblätter nicht gleichzeitig funktionstüchtig werden. Man bezeichnet Blüten, die zuerst männlich und dann weiblich blühen, als protandrisch, und solche, die zuerst weiblich und dann männlich blühen, als protogyn.

### Die Befruchtung.

Nach der Ausbildung der Pollenkörner und der Narben muß der Pollen auf diese übertragen werden. Diesen Vorgang nennt man *Bestäubung*. Auf Grund der Geschlechterverteilung sind die Möglichkeiten zu einer Bestäubung recht verschiedenartig. Zunächst einmal gibt es eine Fremdbestäubung; sie ist nur zwischen verschiedenen zwittrigen oder eingeschlechtigen Blüten möglich. Die Selbstbestäubung kann nur in Zwitterblüten stattfinden.

Die *Fremd*bestäubung kann erfolgen durch den Wind (Anemogamie, z. B. Gräser, Haselnuß, Weide, Pappel, Coniferen), durch Wasser (Hydrogamie, selten zu finden und dann bei Wasserpflanzen), durch Tiere. Bei der Bestäubung durch Tiere kommen in unseren Klimaten meist nur Insekten in Frage (Entemogamie), jedoch sind in tropischen Gebieten auch Vögel und seltener Fledermäuse als Bestäuber beobachtet worden. Die Anlockung der Tiere erfolgt einmal durch Duftstoffe und vor allen Dingen durch Farbe und Form der Blüten. Gleichzeitig bieten die Blüten ihren Besuchern zahlreiche Nahrungsstoffe, wie Eiweiße, Fette und Kohlenhydrate. Diese sind entweder in den Pollen selbst enthalten oder in besonderen Organen, die auf den Nahrungserwerb der Tiere eingerichtet sind; hierher gehören zuckerhaltige Nektarien, Futterhaare und sog. Freßpolster. Die Tiere sind natürlich nur an ihrem Nahrungserwerb interessiert, nehmen aber gleichzeitig durch das Herumkriechen in den Blüten die Bestäubung vor.

Durch die Belegung der Narben mit Pollen ist wohl die Bestäubung vollzogen, aber noch nicht die *Befruchtung*; diese tritt erst dann ein, wenn ein generativer Kern des Pollenkorns mit der Eizelle verschmilzt.

Die auf der Narbe liegenden Pollenkörner treiben einen Pollenschlauch in das Gewebe des Griffels, der bis zur Samenanlage gelangt. Er dringt im allgemeinen durch die Mikropyle ein und gibt die beiden, durch Teilung aus der generativen Zelle des Pollenkorns hervorgegangenen nackten Spermazellen ab. Einer der Kerne verschmilzt mit dem Kern der Eizelle (Befruchtung), der andere mit dem diploiden sekundären Embryosackkern, der dadurch zum Endospermkern wird (sog. vegetative Befruchtung). Aus der Eizelle geht der Embryo hervor, aus dem nun triploiden Endospermkern durch Teilung das sekundäre Endosperm, ein Nährgewebe (vgl. Abb. 124).

### Same und Frucht.

Auch die Integumente wandeln sich nach der Befruchtung um; sie werden hart und zur Samenschale. Der *Same* besteht also aus folgenden Teilen: der Samenschale (Testa), dem Embryo und dem mehr oder weniger stark entwickelten Endosperm. Dieses dient als Nährgewebe für den Keimling. Ist außer dem Endosperm noch ein Rest des Nucellusgewebes vorhanden, so dient es ebenfalls als Nährgewebe und heißt Perisperm. Gelegentlich kann am Grunde des Samens ein fleischiger Samenmantel (Arillus) entstehen, der diesen mehr oder weniger einhüllt.

Als *Frucht* bezeichnet man das Gebilde, das aus dem Fruchtknoten nach der Befruchtung hervorgeht. Es umschließt als Gehäuse die reifen Samen; seine Wandung nennt man Perikarp. Dieses differenziert sich meist in drei Schichten, die häufig eine unterschiedliche Weiterentwicklung erfahren. Man unterscheidet ein Exokarp, das aus der äußeren Epidermis hervorgeht, ein Mesokarp, das seinen Ursprung im Mesophyll hat, und ein Endokarp, das der inneren Epidermis und häufig einigen der daruntergelegenen Zellreihen entspricht. Die drei Schichten können häutig und lederig, fleischig und faserig, holzig und sklerenchymatisch werden. Ihre Konsistenz hängt meist mit der Samenverbreitung zusammen. *Echte* Früchte entwickeln sich nur aus den Karpellen ober- und mittelständiger Fruchtknoten, *Schein*- oder Halbfrüchte aus meist unterständigen Fruchtknoten, unter Beteiligung von Geweben der Blütenachse usw. *Sammel*früchte gehen aus apokarpen Gynaeceen hervor und bestehen aus einzelnen Teilfrüchtchen.

### Klassifizierung der Früchte.

I. *Springfrüchte*: Karpelle öffnen sich, Perikarp meist trocken (Abb. 126).

1. Balgfrucht: ein Karpell, das an der Bauchnaht aufspringt; stets oberständig.

2. Hülse: ein Karpell, das an Bauch- und Rückennaht aufspringt; stets oberständig (die meisten Hülsenfrüchtler).

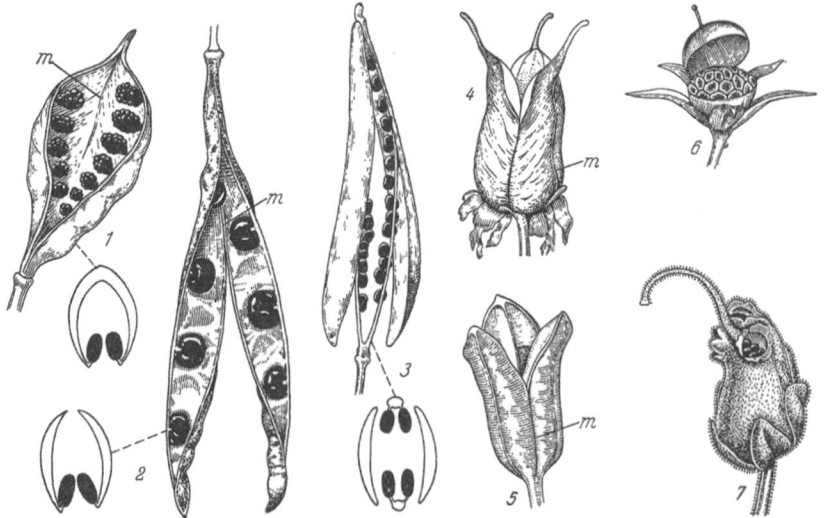

Abb. 126. Springfrüchte. *1* Balg, *2* Hülse, *3* Schote, *4* septicide Kapsel, *5* lokulicide Kapsel, *6* Deckelkapsel, *7* poricide Kapsel, *m* Mittellinie des Fruchtblattes. (Nach *Strasburger*.)

3. septicide Kapsel: in den Scheidewänden aufspaltend.

4. lokulicide Kapsel: in der Mitte der Karpelle aufspringend.

5. denticide Kapsel: am Scheitel mit Zähnen aufspringend.

6. poricide Kapsel: mit ein bis vielen Löchern sich öffnend (Mohn).

7. Deckelkapsel: mit einem Deckel sich öffnend.

8. Schote: zweikarpellige Kapsel mit falscher Scheidewand (die meisten Kreuzblütler).

*II. Spalt-* und *Bruchfrüchte*: zerfallen meist in einsamige, sich nicht öffnende Teile, Perikarp trocken.

1. Spaltfrüchte: Zerfall in ganze Karpelle.

2. Bruchfrüchte: Zerfall in Karpellteile.

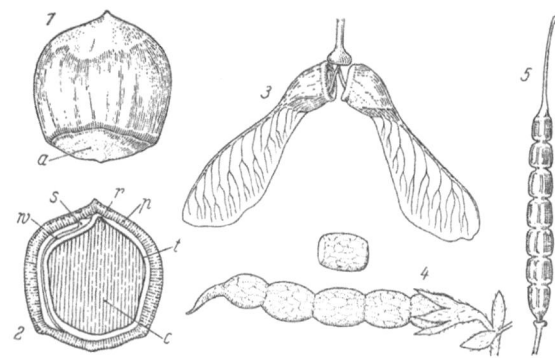

Abb. 127. Schließ-, Spalt- und Bruchfrüchte. *1* Nuß, *2* im schematischen Längsschnitt (*p* Perikarp, *w* zu den Samenanlagen führendes Leitbündel, *s* verkümmerte Samenanlage, *t* Testa, *e* Keimblatt, *r* Radicula), *3* Spaltfrucht, *4* und *5* Bruchfrüchte. (Nach *Strasburger*.)

*III. Schließfrüchte*: Perikarp öffnet sich nicht, trocken, meist einsamig (Abb. 127).

1. Nuß: Perikarp hart.

2. Caryopse: Nuß, bei der Testa und Perikarp verwachsen sind (fast alle Gräser).

*IV. Steinfrüchte:* mit häutigem bis ledrigem Exokarp, meist fleischigem, seltener faserigem Mesokarp und hartem Endokarp. Meist einsteinig, seltener mehrsteinig (Abb. 128).

*V. Beeren:* Perikarp fleischig (Abb. 129).

*VI. Fruchtstände* sind fruchtartige Bildungen, die aus einem Blütenstand entstehen, z. B. Feige, Maulbeere, Ananas (Abb. 130).

Die *Verbreitung* der Samen und Früchte erfolgt im allgemeinen durch den Wind, das Wasser und die Tiere, seltener durch eigene Hilfsmittel der Pflanzen. Sie sind dann mit Schwebeeinrichtungen oder solchen, die das Schwimmen möglich machen, ausgestattet. Die Verbreitung durch Tiere

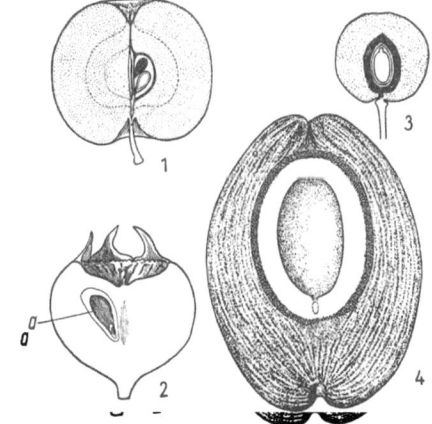

Abb. 128. Schein- und Steinfrüchte. *1* Malus silvestris; *2* Mespilus germanica (*a* Endokarp); *3* Kirsche (Endokarp schwarz, Mesokarp punktiert); *4* Cocos nucifera im Längsschnitt (Endokarp schwarz, Mesokarp faserig). (Nach *Ullrich-Arnold*.)

erfolgt entweder durch einfaches Verschleppen oder durch Fressen und Wiederausscheiden der meist hartschaligen Samen.

## Die Einteilung der Angiospermae.

Nach der Morphologie der Blüte, der Blätter, der Leitbündel und anderer Merkmale teilt man die Angiospermen in zwei große Klassen ein, in die Dicotyledonae

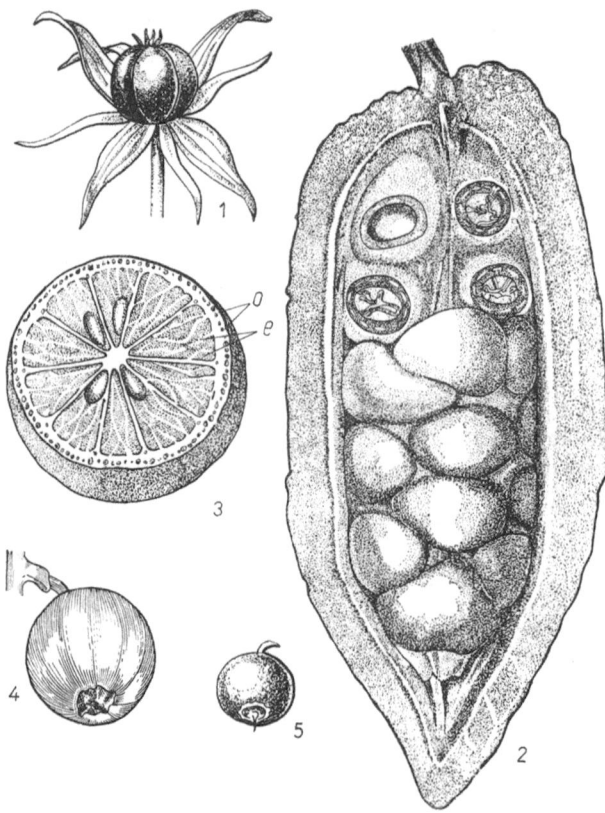

Abb. 129. Beeren. *1–3* aus oberständigen Fruchtknoten: *1* Paris quadrifolia; *2* Theobroma cacao; *3* Citrus limonum (*o* Öldrüsen, *c* saftreiche Haare); *4* und *5* aus unterständigen Fruchtknoten: *4* Ribes rubrum, *5* Vaccinium myrtillus. (Nach *Ullrich-Arnold*.)

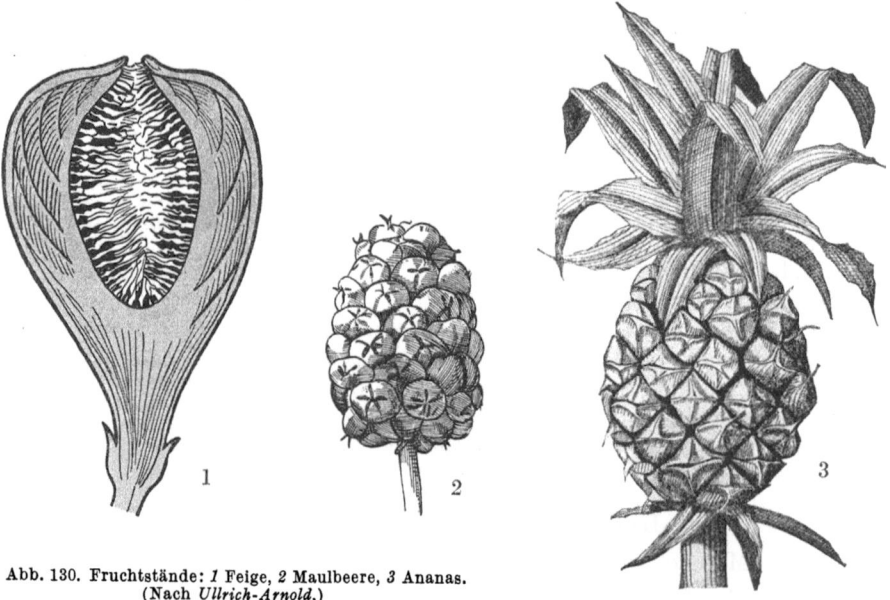

Abb. 130. Fruchtstände: *1* Feige, *2* Maulbeere, *3* Ananas. (Nach *Ullrich-Arnold*.)

(Zweikeimblättler) und in die Monocotyledonae (Einkeimblättler).

**1. Klasse: Dicotyledonae** (Abb. 131 A).
Sie besitzen an ihren Embryonen zwei
Keimblätter. Der Stengel oder Stamm
wächst mit Hilfe eines Kambiumringes
sekundär in die Dicke, dieser liegt zwischen
Holz- und Siebteil der Leitbündel, diese
sind also offen. Die Blätter zeigen eine
netzige Nervatur, sind vielfach gestielt und
mit Nebenblättern ausgestattet; sie weisen
mannigfaltige Formen auf. Die Blüte ist in
typischer Weise fünfzählig und besteht aus
fünf Kreisen (Kelch 5, Krone 5, Androeceum 5 + 5, Gynaeceum 5); bei Abweichungen in der Zahl der Glieder eines Kreises
ist die Dreizahl selten.

**2. Klasse: Monocotyledonae** (Abb. 131 B).
Sie besitzen ein Keimblatt. Der Stengel
oder Stamm ist selten und dann nur
wenig verzweigt. Die Leitbündel sind geschlossen, werden also nicht von einem
Kambium durchzogen; daher ist ein dauerndes Dickenwachstum sehr selten und
durch eine Kambiumzone hervorgerufen,
die nicht im Anschluß an die primären
Leitbündel entsteht. Diese sind über den
ganzen Stengelquerschnitt zerstreut. Die
Blätter sind parallelnervig, meist ohne Stiel
und Nebenblätter, besitzen aber eine Blattscheide. Die primäre Wurzel wächst nicht
wie bei den Dikotylen weiter, sondern
stellt ihr Wachstum bald ein; sie wird
durch sekundäre stammbürtige Wurzeln

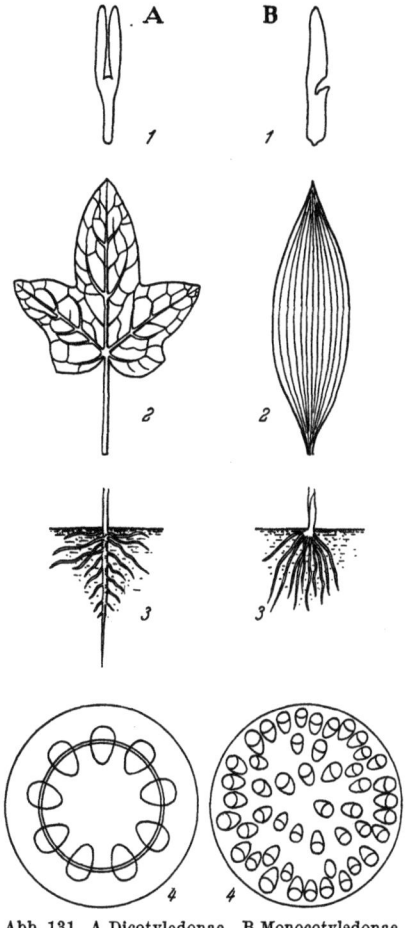

Abb. 131. A Dicotyledonae, B Monocotyledonae.
*1* Embryo, *2* Nervatur des Blattes, *3* Bewurzelung,
*4* Verteilung der Leitbündel in der Sproßachse.
(Nach *Miehe*.)

ersetzt. Die Blüten sind im Typus auch fünfkreisig, jedoch dreizählig; es gibt Abweichungen. Kelch und Krone sind häufig gleichartig ausgebildet, die Blüten haben
also ein Perigon.

Es gibt etwa 170000 lebende Arten von Angiospermen, davon 130000 Dicotyledonae und
40000 Monocotyledonae, es werden jedoch jedes Jahr viele neue Arten entdeckt und beschrieben.

### 1. Klasse: Dicotyledonae.

*I. Reihengruppe.*

1. Reihe: Piperales
    Piperaceae
2. Reihe: Salicales
    Salicaceae
3. Reihe: Juglandales
    Juglandaceae
4. Reihe: Fagales
    Betulaceae
    Fagaceae
5. Reihe: Urticales
    Ulmaceae

    Moraceae
    Cannabinaceae
    Urticaceae
6. Reihe: Polygonales
    Polygonaceae
7. Reihe: Centrospermae
    Chenopodiaceae
    Cactaceae
    Caryophyllaceae
8. Reihe: Primulales
    Primulaceae

9. Reihe: Euphorbiales
    Euphorbiaceae
    Buxaceae
10. Reihe: Columniferae
    Tiliaceae
    Malvaceae
    Sterculiaceae
11. Reihe: Thymelaeales
    Thymelaeaceae
    Elaeagnaceae
12. Reihe: Gruinales
    Linaceae
    Geraniaceae
    Polygalaceae
    Zygophyllaceae
13. Reihe: Terebinthales
    Rutaceae
    Simarubaceae
    Burseraceae
    Anacardiaceae
    Aceraceae
    Hippocastanaceae
14. Reihe: Celastrales
    Aquifoliaceae
15. Reihe: Rhamnales
    Rhamnaceae
    Vitaceae
16. Reihe: Umbelliflorae
    Araliaceae
    Umbelliferae
17. Reihe: Diospyrales
    Sapotaceae
    Styracaceae
18. Reihe: Ligustrales
    Oleaceae
19. Reihe: Contortae
    Loganiaceae
    Gentianaceae
    Menyanthaceae
    Apocynaceae
    Asclepidiaceae
20. Reihe: Tubiflorae
    Convolvulaceae
    Boraginaceae
    Solanaceae
    Scrophulariaceae
    Lentibulariaceae
    Verbenaceae
    Labiatae
21. Reihe: Plantaginales
    Plantaginaceae
22. Reihe: Rubiales
    Rubiaceae
    Caprifoliaceae

    Valerianaceae
    Dipsacaceae
23. Reihe: Synandrae (Campanulatae)
    Campanulaceae
    Lobeliaceae
    Compositae

*II. Reihengruppe.*

24. Reihe: Polycarpicae (Ranales)
    Magnoliaceae
    Anonaceae
    Myristicaceae
    Lauraceae
    Menispermaceae
    Ranunculaceae
    Berberidaceae
    Nymphaeaceae
25. Reihe: Aristolochiales
    Aristolochiaceae
26. Reihe: Santalales
    Santalaceae
    Loranthaceae
27. Reihe: Rosales
    Crassulaceae
    Saxifragaceae
    Rosaceae
    Leguminosae
28. Reihe: Hamamelidales
    Hamamelidaceae
29. Reihe: Myrtales
    Lythraceae
    Myrtaceae
    Punicaceae
30. Reihe: Guttiferales
    Theaceae
    Guttiferae
    Dipterocarpaceae
31. Reihe: Ericales
    Pirolaceae
    Ericaceae
32. Reihe: Rhoeadales
    Papaveraceae
    Fumariaceae
    Cruciferae
33. Reihe: Parietales
    Cistaceae
    Droseraceae
    Violaceae
    Caricaceae
    Begoniaceae
34. Reihe: Cucurbitales
    Cucurbitaceae

**1. Reihe: Piperales.** Die Blüten sind nackt, eingeschlechtig oder zwittrig und stehen in der Achsel von Tragblättern in ähren- oder kolbenförmigen Blütenständen. Die Anzahl der Staubblätter wechselt von eins bis zehn. Der Fruchtknoten ist einfächerig mit einer grundständigen atropen Samenanlage. Die Frucht ist eine Beere oder Steinfrucht, der Same enthält neben dem Endosperm noch ein Perisperm. Die Gefäßbündel des Stengels sind in mehreren Kreisen angeordnet. Viele Teile der Pflanzen enthalten Zellen mit ätherischem Öl, die den scharfen Geschmack der Pfeffergewächse bedingen.

Einzige Familie: *Piperaceae.*

Tropische Holzgewächse oder Kräuter, ca. 600 Arten. *Piper nigrum* liefert schwarzen Pfeffer (vgl. a. Bd. II, Abb. 212 bis 215) (unreife Früchte) und weißen Pfeffer (reife, vom Perikarp befreite Früchte); *P. cubeba* liefert Cubebae (vgl. a. Bd. II, Abb. 166); *P. betle*, Betelpfeffer; *P. methysticum*, Kavapflanze der Sandwich-Inseln.

**2. Reihe: Salicales.** Diözische Bäume mit nackten Blüten, die in kätzchenförmigen Blütenständen angeordnet sind. Blätter wechselständig. Staubblätter zwei bis viele; Fruchtknoten aus zwei Karpellen gebildet, einfächerig mit vielen Samenanlagen an parietalen Plazenten. Die kleinen Samen der Kapselfrucht enthalten kein Endosperm und tragen an ihrer Basis einen langen Haarschopf, der als Flugapparat dient.

Einzige Familie: *Salicaceae.*

Die Familie ist im allgemeinen in der nördlich gemäßigten Zone verbreitet, einige Arten sind arktisch-alpin, andere wenige tropisch. *Populus*, Pappel; *Salix*, Weide. Die Rinde von *S. alba*, *S. pentandra* u. a. liefert Cortex Salicis (vgl. a. Bd. II, Abb. 330).

**3. Reihe: Juglandales.** Einhäusige Bäume mit wechselständigen, großen, gefiederten Blättern. Blüten nackt oder mit einfacher hochblattartiger Blütenhülle. Männliche Blüten mit 3 bis 40 Staubblättern, als Kätzchen in den Achseln vorjähriger Blätter stehend; weibliche Blüten in endständiger Ähre an diesjährigen Zweigen, meist mit Perigon; der Fruchtknoten wird aus zwei Karpellen gebildet, einfächerig, mit einer Samenanlage. Frucht eine Steinfrucht oder Nuß.

Einzige Familie: *Juglandaceae.*

*Juglans regia* Walnuß; *Pterocarya fraxinifolia* kaukasische Flügelnuß.

Offizinell: *J. regia* liefert Folia Juglandis (vgl. a. Bd. II, Abb. 315, 316).

**4. Reihe: Fagales.** Windblütige monözische Bäume und Sträucher. Blüten nackt oder mit einfacher, unscheinbarer Hülle, meist eingeschlechtig. Fruchtknoten unterständig, aus zwei bis sechs Karpellen mit je einer bis zwei Samenanlagen zusammengesetzt. Frucht eine Nuß. Deck- und Vorblätter verwachsen zu eigenartigen Hüllen oder Schuppen. Blätter wechselständig.

Familie: *Betulaceae.*

Blüten monözisch, männliche und weibliche in kätzchenartigen Blütenständen. Die männlichen sind einzeln oder zu dreien dem Deckblatt aufgewachsen, nackt oder mit einfacher Hülle, mit zwei bis zehn Staubblättern. Der Fruchtknoten besteht aus zwei Karpellen. Der Same hat kein Nährgewebe, die großen Keimblätter enthalten Öl.

*Carpinus betulus*, Weiß- oder Hainbuche; *Corylus avellana*, Haselnuß (vgl. a. Bd. II, Abb. 102); *Betula*, Birke (vgl. a. Bd. II, Abb. 32, 33); *Alnus*, Erle.

Familie: *Fagaceae.*

Blüten meist eingeschlechtig; männliche mit 4- bis 6teiliger, weibliche mit 6zähliger Blütenhülle. Unterständiger, dreifächeriger Fruchtknoten, mit je zwei Samenanlagen; davon meist nur eine zum Samen entwickelt. Früchte einzeln oder gruppenweise von einer becherförmigen Wucherung der Achse, Cupula, umgeben. *Fagus*, Buche; *Quercus*, Eiche; *Castanea*, echte Kastanie.

Von wirtschaftlicher Bedeutung ist die im westlichen Mittelmeergebiet heimische Korkeiche: *Qu. suber.*

Offizinell: Cortex Quercus, Eichenrinde (vgl. a. Bd. II, Abb. 66).

**5. Reihe: Urticales.** Kräuter, Sträucher und Bäume mit meist eingeschlechtigen Blüten mit unscheinbarer Blütenhülle; diese meist zweigliederig. Blüten meist zu dichten Blütenständen vereinigt. Staubblätter 4 bis 6, Karpelle 1 bis 2, einen oberständigen, einfächerigen und einsamigen Fruchtknoten bildend. Früchte: Steinfrucht oder Nüßchen.

Familie: *Ulmaceae.*

Die Blüten stehen büschelig in den Achseln abgefallener Laubblätter; meist zwittrig oder durch Abort eingeschlechtig; 4 bis 6 Blütenhüllblätter. Früchte breitflügelig. *Ulmus*, Ulme oder Rüster.

Familie: *Moraceae.*

Blüten stets eingeschlechtig, in ährenförmigen oder kopfartigen oder (infolge Wachstums der Achsen) scheiben- oder krugförmigen Blütenständen. Blütenhülle einfach oder fehlend. Die Moraceen sind eine vorzugsweise tropische Familie und durch das Vorkommen von Milchsaftröhren und auch Zystolithen in den Blättern ausgezeichnet.

*Morus*, Maulbeere (vgl. Abb. 130); die Fruchtstände entstehen durch das Fleischigwerden der Blütenhüllblätter; die Blätter liefern Futter für Seidenraupen. *Ficus*; die krugförmige Wucherung der Blütenstandsachse trägt auf der Innenseite die Blüten. Die Feige, *Ficus carica* (vgl. a. Bd. II, Abb. 83), ist ein fleischig gewordener Blütenstand, die Früchte sind kleine einsamige Nüßchen. *Ficus elastica*, Gummibaum, mit als Knospenschutz ausgebildeten Nebenblättern; liefert Kautschuk wie auch *Castilloa elastica*.

Familie: *Cannabinaceae.*

Kräuter, diözisch; ohne Milchsaft; Drüsenhaare. *Cannabis sativa*, Hanf, liefert Fasern und dient im Orient zur Haschischbereitung. *Humulus lupulus*, Hopfen, windendes Kraut. Weibliche Blüten in zapfenartigen Blütenständen mit dachziegelartig deckenden Hochblättern, die lupulinhaltige Drüsen tragen; liefert Glandulae Lupuli. (Vgl. a. Bd. II, Abb. 114.)

Familie: *Urticaceae.*

Kräuter ohne Milchsaft, die durch lange Bastfasern ausgezeichnet sind, die ihre Verwendung als Faserpflanzen bedingen. Blüten meist eingeschlechtig mit 4 bis 5 Hüllblättern, vor denen die Staubblätter stehen. Fruchtknoten aus einem Karpell mit einer grundständigen Samenanlage. *Urtica*, Brennessel mit Brennhaaren (vgl. Anatomie); *Boehmeria*-Arten liefern die Ramiefasern.

**6. Reihe: Polygonales.** Kräuter mit spiralig gestellten, gewöhnlich ungeteilten Blättern, die am Grunde eine den Stengel umfassende Nebenblattscheide (Ochrea) entwickeln, die nach dem Abfallen der Blätter stehenbleibt. Die Blüten stehen in Ähren oder Rispen. Die Blüten selbst sind strahlig, dreizählig, mit einfacher oder doppelter Blütenhülle. Fruchtknoten oberständig, einfächerig, aus meist drei Karpellen gebildet; er trägt nur eine grundständige, meist atrope Samenanlage. Endosperm mehlig, die Frucht ist eine dreikantige Nuß.

Einzige Familie: *Polygonaceae.*

*Rumex*, Sauerampfer; *Polygonum*, Knöterich; *Fagopyrum esculentum*, Buchweizen; *Rheum*, Rhabarber. (Vgl. a. Bd. II, Abb. 229.)

Offizinell: *Polygonum aviculare* liefert Herba Polygoni; *Rheum palmatum* und *Rh. officinale* liefern Rhizoma Rhei.

**7. Reihe: Centrospermae.** Meist Kräuter mit meist fünfzähligen Blüten, die eine einfache oder doppelte Blütenhülle besitzen. Fruchtknoten gewöhnlich oberständig, mit einer bis vielen kampylotropen Samenanlagen. Die Samen enthalten Perisperm und einen gekrümmten Embryo.

Familie: *Chenopodiaceae.*

Kahle oder „mehlig" behaarte Kräuter, selten Sträucher oder kleine Bäume mit etwas fleischigen Blättern. Vielfach Ruderal-, Steppen- oder Wüstenpflanzen. Unscheinbare, zu kleinen Knäueln vereinigte Blüten mit einfacher grünlicher Hülle, die oft knorpelig oder fleischig wird. Die Staubblätter stehen vor den Blütenblättern. Fruchtknoten einfächerig mit einer grundständigen Samenanlage. Die Frucht ist eine Nuß.

*Beta vulgaris* var. *rapa*, Zuckerrübe; andere Varietäten von *Beta vulgaris* sind die Futterrübe, die rote Rübe und der Mangold (mit dünner Wurzel). *Spinacea oleracea*, Spinat; *Atriplex hortense*, Gartenmelde.

Offizinell: *Beta vulgaris* var. *rapa* liefert Saccharum.

Familie: *Cactaceae.*

Die Kakteen sind ausgesprochene Trockenpflanzen mit starken Anpassungen. Nur selten werden Blätter ausgebildet, sie sind meist schuppenförmig und bald abfallend; Dornen. Der Stamm ist sukkulent (vgl. Abb. 83) und enthält Schleim, der das Wasser lange festhält. Die Blüten sind häufig groß und schön gefärbt, strahlig oder schwach zygomorph. Zahlreiche Kelch- und Blütenblätter stehen spiralig und gehen ohne scharfe Grenzen ineinander über. Staubblätter ebenfalls zahlreich an der röhrigen Blütenachse. Der Fruchtknoten ist unterständig, einfächerig mit vielen Samenanlagen an wandständigen Plazenten. Die Frucht ist eine meist fleischige Beere.

Familie: *Caryophyllaceae.*

Im allgemeinen krautige Pflanzen mit gegenständigen Blättern und mehr oder weniger reichen Blütenständen. Blüten zwittrig, häufig auch gynodiözisch verteilt. Fruchtknoten einfächerig oder unvollkommen gefächert mit einem bis vielen Samen an zentraler bzw. zentralwinkelständiger Plazenta. Kelch- und Kronenblätter vorhanden, selten letzte fehlend. Staubblätter meist 10 in zwei Kreisen; der erste Kreis steht stets vor den Blütenblättern. Die Frucht ist eine Kapsel.

(Nach MATTFELD sind die Blütenblätter der Caryophyllaceen als Nebenblattgebilde des äußeren Staubblattkreises anzusehen.)

*1. Silenoideae.* Kelchblätter miteinander verwachsen; Blütenblätter meist genagelt.

*2. Alsinoideae.* Kelchblätter frei; Blütenblätter nicht oder kurz genagelt.

Offizinell: *Saponaria officinalis* liefert Radix Saponariae (vgl. a. Bd. II, Abb. 264); *Herniaria glabra* und *H. hirsuta* liefern Herba Herniariae.

**8. Reihe: Primulales.** Blüten fünfzählig, sympetal (verwachsenkronblättrig) mit einem Kreis Staubblätter, der vor den Blütenblättern steht. Fruchtknoten einfächerig mit zentraler Plazenta.

Familie: *Primulaceae.*

Die P. sind krautige Gewächse mit Einzelblüten oder doldigen oder traubigen Blütenständen; sie sind fast ausschließlich auf der nördlichen Halbkugel entwickelt.

*Primula*, Primel; *Cyclamen*, Alpenveilchen; *Hottonia*, Wasserfeder. (Vgl. a. Bd. II, Abb. 254.)

**9. Reihe: Euphorbiales.** Kräuter oder Holzgewächse, häufig mit Milchsaft in gegliederten oder ungegliederten Röhren. Blüten eingeschlechtig, radiär. Blütenhülle fehlend oder einfach, selten doppelt. Fruchtknoten oberständig, dreifächerig; in jedem Fach eine, selten zwei hängende, anatrope Samenanlagen.

Familie: *Euphorbiaceae*.

Blüten stets eingeschlechtig, ein- oder zweihäusig, meist mit einfacher oder ohne Blütenhülle. Die Frucht zerfällt in drei Teilfrüchte mit je einem Samen. Diese haben über der Mikropyle ein Anhängsel (Caruncula) und ein großes Endosperm. Bei *Euphorbia* (Abb. 132) ist die männliche Blüte auf ein endständiges Staubblatt reduziert; viele dieser nackten männlichen Blüten umgeben eine einzige nackte weibliche Blüte und bilden so einen kleinen Blütenstand (Cyathium), der von einer gemeinsamen, am Rande mit Nektarien versehenen Hülle (Involucrum) umgeben ist. *Hevea brasiliensis* und *H. guianensis* liefern Parakautschuk; *Manihot glaziovii* den Ceara-Kautschuk; *M. utilissima* liefert mehlige Knollen und Tapioka.

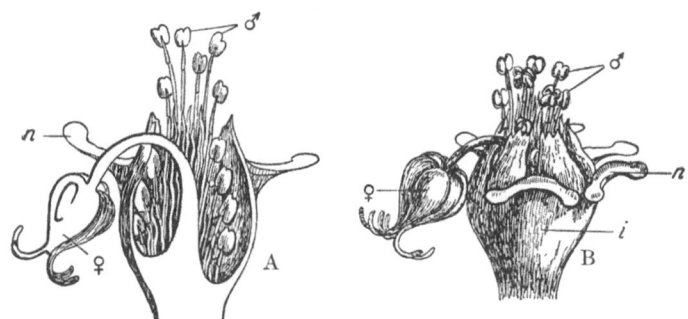

Abb. 132. Euphorbia lathyris. A Längsschnitt durch einen Blütenstand; B Blütenstand (Cyathium); ♂ männliche Blüten; ♀ weibliche Blüte; *i* Involucrum; *n* Nektarien. (Nach *Miehe*.)

Offizinell: *Euphorbia resinifera* liefert Euphorbium (vgl. a. Bd. II, Abb. 80); *Croton eleuteria* liefert Cortex Cascarillae; *C. tiglium* liefert Oleum Crotonis; *Mallotus philippinensis* liefert Kamala (vgl. a. Bd. II, Abb. 136); *Ricinus communis* liefert Oleum Ricini.

Familie: *Buxaceae*.

Holzige Sträucher mit lederigen Blättern und achselständigen Blütenständen. Blüten eingeschlechtig mit einfacher, unscheinbarer Blütenhülle. Frucht eine dreifächerige Kapsel mit je zwei Samenanlagen.

*Buxus sempervirens*, Buchsbaum.

**10. Reihe: Columniferae.** Holzige Pflanzen, aber auch Kräuter. Blüten zwittrig, strahlig, mit oberständigem, gefächertem Fruchtknoten. Blütenhülle in Kelch und Krone gegliedert. Das Androeceum besteht aus zwei Kreisen; der äußere kann fehlen, während der innere eine starke Vermehrung erfährt. Die Filamente bilden Bündel oder sind zu einer Röhre verwachsen, die Antheren bleiben aber frei.

Familie: *Tiliaceae*.

Die Tiliaceen sind Bäume oder auch Kräuter und in den Tropen und den gemäßigten Zonen verbreitet. Ihre Blüten sind fünfzählig. Die zahlreichen Staubblätter sind frei oder in mehreren Bündeln angeordnet. (Vgl. a. Bd. II, Abb. 174.)

*Tilia cordata*, Winterlinde, und *T. platyphyllos*, Sommerlinde, liefern Flores Tiliae (vgl. a. Bd. II, Abb. 174). Der Blütenstand besitzt ein Hochblatt, das später den Früchten als Flugorgan dient. *Sparmannia africana*, Zimmerlinde. *Corchorus olitorius* und *C. capsularis* liefern die Jutefasern.

Familie: *Malvaceae*.

Kräuter oder Holzgewächse, die mit zahlreichen Arten über die ganze Erde mit Ausnahme der kalten Zone verbreitet sind. Anatomisch sind sie durch das Vorkommen von Schleimgängen charakterisiert. Die regelmäßigen, fünfgliedrigen Blüten zeigen oft einen Außenkelch. Zahlreiche Staubblätter sind mit ihren Filamenten zu einer Säule oder Röhre verwachsen, die oben einfächerige Antheren trägt. Karpelle fünf bis viele. Früchte sind Kapseln oder Spaltfrüchte. Die Blüten der M. sind protandrisch; die Narben spreizen erst auseinander, wenn die Antheren ausgestäubt haben und zurückgebogen sind.

*Gossypium*-Arten liefern mit ihren langen Samenhaaren die Baumwolle (vgl. a. Bd. II, Abb. 21); auch offizinell als Gossypium. *Malva silvestris*, Malve (3 Außenkelchblätter), liefert Folia und Flores Malvae (vgl. a. Bd. II, Abb. 184); *Althaea officinalis*, Eibisch (6—9 Außenkelchblätter), liefert Folia und Radix Althaeae. (Vgl. a. Bd. II, Abb. 64).

Familie: *Sterculiaceae*.

Die St. sind eine in den Tropen reich entwickelte Familie. Die Blüten sind fünfgliedrig und meist zwittrig. Die Petalen sind häufig schwach entwickelt. Der äußere Staubblattkreis ist zu Staminodien umgebildet oder fehlt, der innere häufig gespalten und mit den Filamenten mehr oder weniger verwachsen. Meist fünf Karpelle.

*Theobroma cacao*, Kakaobaum; die kleinen rötlichen Blüten entspringen in kleinen Büscheln an altem Holz (Cauliflorie). Die große Frucht mit lediger Schale enthält zahlreiche, in einem Mus eingebettete Samen (Kakaobohnen), deren Nährgewebe nach Auspressen des Kakaoöles den Kakao liefert.

Offizinell: Oleum Cacao und Theobromin (vgl. a. Bd. II, Abb. 132). *Cola acuminata*, Kolanußbaum, liefert Semen Colae (vgl. a. Bd. II, Abb. 149).

**11. Reihe: Thymelaeales.** Gewöhnlich Holzgewächse. Die Blütenachse bildet ein meist zylindrisches Rezeptakulum, das an seiner Spitze die zipfligen, gefärbten Kelchblätter trägt. Blumenblätter klein oder fehlend. Fruchtknoten mittel- bis unterständig, einfächerig mit einer Samenanlage; er steht frei in der röhrigen Achse.

Familie: *Thymelaeaceae*. *Daphne mezereum*, Seidelbast, kleiner Strauch der Wälder Europas, im ersten Frühjahr blühend (giftig); Blütenblätter fehlend, Kelchblätter blumenblattartig gefärbt, acht Staubblätter; Fruchtknoten mittelständig, rote Steinfrüchte bildend.

Familie: *Elaeagnaceae*.

Sträucher, die mit silberglänzenden Schirmhaaren bedeckt sind. Die Blüten sind denen der Thymelaeaceen sehr ähnlich, jedoch ist der Fruchtknoten unterständig. Die Nuß wird von der fleischigen Blütenachse eingeschlossen (Vgl. a. Bd. II, Abb. 242.)

*Hippophae*, Sanddorn, diözisch mit Windbestäubung; *Elaeagnus* mit zwittrigen Blüten und Insektenbestäubung.

**12. Reihe: Gruinales.** Meist krautige Pflanzen mit gewöhnlich fünfzähligen Blüten. Zwei Kreise von Staubblättern, der äußere den Kronenblättern gegenüberstehend (obdiplostemon), der innere manchmal fehlend (haplostemon). Die Karpelle trennen sich häufig bei der Reife.

Familie: *Linaceae*.

Kräuter mit wechselständigen Blättern. Blüten strahlig, fünfzählig. Die Staubblätter sind am Grunde verwachsen; der Fruchtknoten ist fünffächerig und entwickelt sich meist zu einer Kapselfrucht.

*Linum*, Lein, Flachs; wichtige Faserpflanzen, schon seit alter Zeit in Kultur. Aus den Samen wird Leinöl gewonnen. (Vgl. a. Bd. II, Abb. 172.)

Offizinell: *L. usitatissimum* liefert Semen Lini.

**Familie:** *Geraniaceae.*

Krautige Pflanzen, vielfach mit einem verholzten Grundstock; Blätter gelappt oder zerteilt. Blüten strahlig, fünfzählig und fünfgliederig. Die Karpelle lösen sich bei der Reife als langgestreckte, geschnäbelte, zweisamige Teilfrüchte von einer Mittelsäule los (Storchschnabelgewächse!).

*Pelargonium krappeanum* liefert das echte Geraniumöl.

**Familie:** *Polygalaceae.*

Kräuter oder seltener Holzgewächse mit wechselständigen Blättern und traubigen Blütenständen. Die Blüten sind zygomorph. Von den fünf Kelchblättern sind zwei petaloid entwickelt, flügelförmig. Blütenblätter meist nur drei, das vordere groß und kielartig. Staubblätter acht; Karpelle meist zwei mit je einer Samenanlage.

Offizinell: *Polygala senega* liefert Radix Senegae (vgl. a. Bd. II, Abb. 266, 267).

**Familie:** *Zygophyllaceae.*

Meist Holzgewächse, seltener Kräuter mit meist paarig gefiederten Blättern. Die Blüten sind meist fünfgliederig, strahlig, mit obdiplostemonem Androeceum.

Offizinell: *Guajacum officinale* und *G. sanctum* liefern Lignum Guajaci und Resina Guajaci, Guajakharz.

**13. Reihe: Terebinthales.** Die Th. haben in bezug auf ihren Blütenbau viele Übereinstimmungen mit den Gruinales, jedoch sind sie meist holzige Pflanzen und mit lysigenen (durch Auflösung der Wände mehrerer Zellen entstandene) Ölgängen ausgestattet, die ihren starken Geruch bedingen. In den Blüten sind auffallende Diskusbildungen zu beobachten.

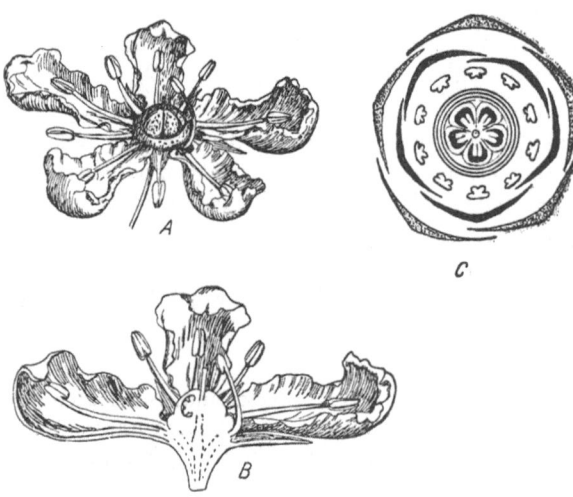

Abb. 133. Ruta graveolens. A Blüte; B Längsschnitt durch die Blüte; C Diagramm. (Nach *Miehe*.)

**Familie:** *Rutaceae.*

Blüten fünf- oder viergliederig, meist zwittrig mit einem polster- oder becherförmigen Diskus zwischen Androeceum und Gynaeceum; Karpelle vier bis fünf, völlig verwachsen oder teilweise frei; jedes Karpell mit zwei Samenanlagen. Öldrüsen.

*Ruta graveolens*, Raute (Abb. 133); Gipfelblüte fünfzählig, sonst vierzählig. *Dictamnus albus*, Diptam; *Citrus aurantium* var. *sinensis*, Orange oder Apfelsine; var. *amara*, Pomeranze; var. *bergamia*, Bergamotte (Bergamottöl); *C. media*, Citrone; var. *limonum*, Limone; var. *bajoura*, Citronat-Citrone; *C. nobilis*, Mandarine; C. hystrix var. decumana, Pampelmuse. (Vgl. a. Bd. II, Abb. 53 bis 55.)

Offizinell: *C. aurantium* var. *amara* liefert Fructus Aurantii immaturi, Pericarpium Aurantii, Cortex Aurantii fructus, Folia Aurantii. *C. media* liefert Pericarpium Citri, Cortex Citri fructus. *Pilocarpus pennatifolius* und *P. jaborandi* liefern Folia *Jaborandi* und Pilocarpinum (vgl. a. Bd. II, Abb. 125).

**Familie:** *Simarubaceae.*

Holzgewächse der Tropen, die durch eine stark bittere Rinde ausgezeichnet sind. Blütenbau den Rutaceen ähnlich, jedoch meist eingeschlechtige Blüten.

Offizinell: *Quassia amara* und *Picrasma excelsa* liefern Lignum Quassiae (vgl. a. Bd. II, Abb. 220). Die Wurzelrinde von *Simaruba amara* liefert Cortex Simarubae.

Familie: *Burseraceae.*

Holzgewächse tropischer Länder, die durch lysigene oder schizogene Harzgänge in der Rinde charakterisiert sind. Blätter dreizählig oder unpaarig gefiedert. Blüten den Rutaceen ähnlich, klein; Frucht eine Steinfrucht mit mehreren Steinkernen.

*Commiphora abyssinica* liefert im getrockneten Balsam der Rinde die echte Myrrhe; *Boswellia certeri* liefert den Weihrauch oder Olibanum; *Canarium commune* liefert Kanarienharz für Fackeln.

Familie: *Anacardiaceae.*

Holzgewächse mit wechselständigen Blättern und Harzgängen in der Rinde. Blüten meist fünfgliederig; Fruchtknoten teils ober- teils unterständig. Frucht eine Steinfrucht.

*Mangifera indica*, Mangobaum, liefert Obst; *Anacardium occidentale* (vgl. a. Bd. II, Abb. 69) mit dick angeschwollenen rotem, fleischigem, eßbarem Fruchtstiel, der ein scharfes Öl enthält; *Pistacia vera* liefert Pistazienmandeln; *P. lentiscus* liefert Mastix; *Rhus*, Sumach; *Rh. vernicifera* liefert den japanischen Lack; *Rh. toxicodendron*, Giftsumach, schon Berührung des Strauches erzeugt Ausschläge auf der Haut.

Familie: *Aceraceae.*

Holzgewächse mit gegenständigen Blättern, die meist gelappt sind; mit traubigen oder rispigen Blütenständen. Andromonözisch, seltener diözisch. Blüten in den beiden äußeren Kreisen fünfzählig, jedoch fehlen meist zwei Staubblätter; Diskus intrastaminal bis extrastaminal; Fruchtknoten zweifächerig mit je zwei Samenanlagen. Frucht eine Spaltfrucht, Teilfrüchtchen geflügelt.

*Acer*, Ahorn.

Familie: *Hippocastanaceae.*

Holzgewächse. Blüten schräg zygomorph, zwittrig oder eingeschlechtig. Frucht eine mit drei Klappen aufspringende Kapsel mit nur einem großen Samen mit glänzender, lederartiger Schale.

*Aesculus hippocastanum*, Roßkastanie; *Ae. pavia* rotblühend.

**14. Reihe: Celastrales.** Die Reihe der Celastrales schließt an die der Terebinthales z. B. durch das Vorhandensein eines Diskus an. Die Blüten sind jedoch viergliederig, da nur ein Staubblattkreis vorhanden ist. Dieser steht mit den Blütenblättern alternierend. Fruchtknoten oberständig, ein- bis mehrfächerig.

Familie: *Aquifoliaceae.*

Holzgewächse mit wechselständigen Blättern, lederig. Blüten eingeschlechtig, diözisch, drei- bis sechsgliederig. Steinfrucht.

*Ilex aquifolium* (vierzählig), Stechpalme; *I. paraguariensis*, Matebaum, liefert den Matetee; seine Blätter sind koffeinhaltig.

**15. Reihe: Rhamnales.** Auch die Rhamnales schließen an die Terebinthales an; ihre Blüten sind wie die der Celastrales viergliederig mit Diskus, jedoch stehen die Staubblätter vor den Blütenblättern (haplostemon).

Familie: *Rhamnaceae.*

Holzgewächse, häufig mit Dornen; Blüten unscheinbar, vier- bis fünfzählig; zwittrig oder eingeschlechtig (häufig noch mit den Resten des anderen Geschlechts); für die Blütenblätter wurde nachgewiesen, daß sie Anhangsgebilde der Staubblätter sind. Fruchtknoten mittel- bis unterständig, aus fünf bis zwei Karpellen gebildet.

Offizinell: *Rhamnus catharticus*, Kreuzdorn, liefert Fructus Rhamni carthartici; *Rh. frangula*, Faulbaum, liefert Cortex Frangulae (vgl. a. Bd. II, Abb. 82, 163); *Rh. purshiana* liefert Cortex Rhamni purshianae oder Cascara Sagrada (Abb. 134).

Familie: *Vitaceae*.

Mit Sproßranken kletternde Lianen mit rispigen Blütenständen. Die blattgegenständigen Sproßranken sind als die Enden der einzelnen Glieder eines sympodialen Sproßverbandes aufzufassen. Die Ranken umwickeln entweder eine Stütze oder sitzen mittels Haftscheiben fest. Fruchtknoten zweifächerig mit je zwei Samenanlagen; Frucht eine Beere.

*Vitis vinifera*, Weinstock, liefert Vinum; *V. labrusca* mit blauen Trauben; *Parthenocissus quinquefolia*, wilder Wein; *Cissus*.

**16. Reihe: Umbelliflorae.** Die Blüten stehen meist in Dolden; sie sind strahlig, vier- bis fünfzählig mit schwach entwickeltem Kelch. Staubblätter so viele wie Blütenblätter; Fruchtknoten unterständig, meist aus zwei Karpellen mit je einer Samenanlage gebildet. Die Samen enthalten ein großes Endosperm.

Abb. 134. Diagramm einer Blüte von Rhamnus frangula. (Nach *Miehe*.)

Familie: *Araliaceae*.

Holzgewächse der wärmeren Länder mit häufig handförmig eingeschnittenen oder gefiederten Blättern. Die Blüten stehen in kleinen Dolden, die zu großen Trauben oder Rispen zusammengesetzt sind. Die Blüten sind meist fünfzählig; der Kelch ist nur schwach entwickelt; Karpelle in wechselnder Zahl, Frucht eine Beere.

*Hedera helix*, Efeu; *Panax ginseng*, Ginseng-Wurzel, in China als Heilmittel verwendet.

Familie: *Umbelliferae*.

Meist krautige Gewächse, deren Blätter mit breiter, den Stengel umfassender Scheide versehen sind; Spreite meist einfach bis mehrfach gefiedert. Die Blüten stehen in einfachen oder zusammengesetzten Dolden, die oft am Grunde von Hüllblättern umgeben sind. Die kleinen weißen, gelben oder grünlichen Blüten sind strahlig oder durch stärkere Entwicklung einiger Petalen schwach zygomorph; fünfzählig; der Fruchtknoten ist unterständig und besteht aus zwei Karpellen mit je einer Samenanlage. Über jedem Karpell liegt eine drüsige Griffelscheibe (Griffelpolster); Griffel zwei, frei. Frucht eine zweisamige Spaltfrucht, die in zwei Teilfrüchte zerfällt. Da die U. im Habitus und Blütenbau vielfach Übereinstimmung zeigen, ist eine sichere Unterscheidung der Gattungen nur nach Merkmalen der Früchte möglich. Man unterscheidet: 1. die Fuge (Verwachsungsstelle der beiden Teilfrüchte), 2. die Rippen, von denen an jeder Teilfrucht fünf zu beobachten sind: drei auf dem Rücken und zwei seitliche; außerdem können Nebenrippen (zwischen den Hauptrippen) auftreten, 3. die Rillen oder Tälchen (Vertiefungen zwischen den Rippen), 4. die Ölgänge, die zwischen den Rippen und meist auch zwei in der Fugenwand verlaufen. Auch in den anderen Pflanzenteilen finden sich Behälter mit ätherischem Öl. Embryo klein, im ölhaltigen, gut ausgebildetem Endosperm liegend.

*Daucus carota*, Möhre; *Apium graveolens*, Sellerie; *Petroselinum sativum*, Petersilie; *Anthriscus cerefolium*, Kerbel; *Coriandrum sativum*, Koriander; *Pastinaca sativa*, Pastinak; *Anethum graveolens*, Dill.

Giftig sind: *Conium maculatum*, gefleckter Schierling; *Cicuta virosa*, Wasserschierling; *Aethusa cynapium*, Hundspetersilie.

Offizinell: *Angelica officinalis*, Engelwurz, liefert Radix Angelicae (vgl. a. Bd. II, Abb. 4, 5); *Levisticum officinale*, Liebstöckel, liefert Radix Levistici (vgl.

a. Bd. II, Abb. 173); *Pimpinella magna* und *P. saxifraga*, Bibernelle, liefern Radix
Pimpinellae; *P. anisum*, Anis, liefert Fructus Anisi (vgl. a. Bd. II, Abb. 6, 29);
*Foeniculum vulgare*, Fenchel, Fructus Foeniculi (vgl. a. Bd. II, Abb. 84); *Carum
carvi*, Kümmel, liefert Fructus Carvi (vgl. a. Bd. II, Abb. 168); *Oenanthe aquatica*
liefert Fructus Phellandri; *Conium maculatum*, gefleckter Schierling, liefert Herba
Conii (vgl. a. Bd. II, Abb. 251, 252); *Dorema ammoniacum* liefert Ammoniacum;
*Ferula galbaniflua* liefert Galbanum; *F. narthex* und *F. asa foetida* liefern Asa
foetida. (Vgl. a. Bd. II, Abb. 319, 320.)

**17. Reihe: Diospyrales.** Die Reihe umfaßt mehrere Familien tropischer Holzgewächse. Die Blüten sind stets sympetal, d. h. sie haben miteinander verwachsene
Blütenblätter. Das Androeceum ist diplostemon oder triplostemon, selten sind viele
Staubblätter vorhanden. Fruchtknoten gefächert mit zentralwinkelständiger Plazentation.

Familie: *Sapotaceae.*

Tropische Bäume mit unscheinbaren Blüten. In Rinde, Mark und Blättern sind
Milchsaftschläuche zu finden. Blüten zyklisch; zwei bis drei Kreise Staubblätter;
Fruchtknoten gefächert mit je einer Samenanlage. Beerenfrüchte mit glänzend
braunen, harten Samen.

Offizinell: *Palaquium oblongifolium* u.a. Guttaperchabäume, liefern Guttapercha.

Familie: *Styracaceae.*

Holzgewächse der Tropen und Subtropen, deren Blätter mit Stern- oder
Schuppenhaaren bedeckt sind. Staubblätter $\pm$[1] miteinander vereinigt, doppelt soviel
als Petalen. Steinfrucht oder trockene Schließfrucht mit einem oder wenigen Samen.

Offizinell: *Styrax benzoin*, Benzoeharzbaum, liefert Benzoe.

**18. Reihe: Ligustrales.** Holzgewächse, vielfach windend. Blüten meist sympetal
oder auch apetal. Staubblätter zwei; Fruchtknoten oberständig, aus zwei Karpellen
gebildet; jedes mit zwei Samenanlagen.

Einzige Familie: *Oleaceae.*

*Fraxinus excelsior*, Esche; *Syringa vulgaris*, Flieder; *Olea europaea*, Ölbaum;
*Forsythia*; *Ligustrum*; *Jasminum.*

**19. Reihe: Contortae.** Holzgewächse oder Kräuter mit meist gegenständigen
Blättern ohne Nebenblätter. Blüten sympetal; die Blütenblätter sind in der Knospe
gedreht (daher der Name!); Blüten radiär, vier- oder fünfzählig; ein Kreis Staubblätter, basal mit den Petalen verwachsen; Fruchtknoten aus zwei Karpellen gebildet.

Familie: *Loganiaceae.*

Fast ausschließlich tropisch. Wichtigste Gattung *Strychnos*. Die *Strychnos*-Arten
sind strauch- oder baumförmig, häufig schlingend oder mit spiralig eingerollten
Ranken kletternd. Fruchtknoten zweifächerig mit meist zahlreichen Samenanlagen.
Frucht kugelig und hartschalig, mit meist weichem Fruchtfleisch.

Giftpflanzen; die strychninhaltige Rinde mancher Arten diente südamerikanischen
Indianern zur Herstellung des Pfeilgiftes Kurare.

Offizinell: *Strychnos nux vomina*, Brechnußbaum, liefert Semen Strychni.

Familie: *Gentianaceae.*

Kräuter mit schönen, auffallend gefärbten Blüten. Blüten strahlig, meist zwittrig,
mit freiem oder verwachsenem Kelch. Fruchtknoten einfächerig, seltener zweifächerig mit wandständigen Plazenten und vielen Samen.

---

[1] $\pm$ = mehr oder weniger.

Offizinell: *Gentiana lutea, G. pannonica, G. purpurea*, Enzian, liefern Radix Gentianae (vgl. a. Bd. II, Abb. 72, 73, 74); *Centaurium umbellatum*, Tausendgüldenkraut, liefert Herba Centaurii. (Vgl. a. Bd. II, Abb. 294.)

Familie: *Menyanthaceae.*

Blätter wechselständig. *Menyanthes trifoliata*, Bitterklee, liefert Folia Trifolii fibrini.

Familie: *Apocynaceae.*

Fast ausschließlich tropische Kräuter oder Holzgewächse, oft windend, mit Milchsaftschläuchen. Blüten in Rispen; fünfzählig mit gedrehter Knospenlage der Blütenblätter. Filamente kurz; die Antheren neigen zur Mitte der Blüte und sind häufig mit dem Fruchtknoten verklebt. Karpelle meist zwei, frei oder $\pm$ verwachsen, durch den Griffel zusammengehalten; zahlreiche Samenanlagen; Frucht eine Beere oder aus zwei trockenen Teilfrüchten bestehend; Samen oft mit Haarschopf.

Offizinell: *Strophantus gratus* liefert Semen Strophanti (vgl. a. Bd. II, Abb. 288); *Kickxia elastica, Landolphia*-Arten u. a. liefern Kautschuk; *Aspidosperma quebracho blanca* liefert Cortex Quebracho.

Familie: *Asclepidiaceae.*

Tropische, meist krautige Pflanzen, vielfach schlingend; manchmal Sukkulente von kaktusähnlichem Habitus (vgl. Abb. 83). Ihr Blütenbau stimmt in vielen Merkmalen mit dem der Apocynaceen überein, jedoch ist eine starke Anpassung an Insektenbestäubung zu beobachten. Die Pollenkörner sind zu Pollinien (vgl. *Orchidaceae*) verklebt und werden auf besondere Weise im ganzen von Insekten auf andere Blüten übertragen. Karpelle zwei, nur durch den Griffel zusammengehalten; zahlreiche Samenanlagen.

*Asclepias; Hoya; Stapelia.*

Offizinell: *Marsdenia condurango* liefert Cortex Condurango.

**20. Reihe: Tubiflorae.** Blüten sympetal, strahlig oder zygomorph, meist fünfzählig; Staubblätter fünf, bei zygomorphen Blüten häufig weniger; stets den verwachsenen Blütenblättern angewachsen. Fruchtknoten oberständig, meist zweifächerig, durch eine „falsche" Scheidewand oft vierteilig. Die Samenanlagen haben nur ein Integument.

Familie: *Convolvulaceae.*

Krautige oder seltener strauchige Pflanzen, häufig windend. Blüten strahlig mit trichterartiger oder glockiger Blumenkrone. Staubblätter fünf; Fruchtknoten aus zwei Karpellen gebildet, zweifächerig mit vier Samenanlagen; Frucht eine Kapsel oder beerenartig.

*Convolvulus*, Winde; *Ipomoea batatas*, liefert in den Knollen die Bataten oder Süßkartoffeln. (Vgl. a. Bd. II, Abb. 334, 335.)

Offizinell: *Exogonium purga* liefert Tubera Jalapae und Resina Jalapae.

Familie: *Boraginaceae.*

Kräuter mit rauher oder borstiger Behaarung und wechselständigen Blättern mit Blüten in Wickeln. Blüten strahlig, fünfzählig; Kelchblätter $\pm$ verwachsen. Blumenkrone trichterförmig oder glockig; Staubblätter fünf, der Röhre angewachsen; Fruchtknoten meist in vier „Klausen" geteilt mit je einer Samenanlage. Am Schlunde der Röhre sind häufig Hohlschuppen vorhanden.

*Borago officinalis*, Boretsch; *Myosotis*, Vergißmeinnicht; *Alkanna tinctoria* liefert den Farbstoff Alkannin; *Cynoglossum officinale*, Hundszunge; *Pulmonaria officinalis*, Lungenkraut; *Echium vulgare*, Natternkopf. (Vgl. a. Bd. II, Abb. 180.)

Familie: *Solanaceae.*

Kräuter mit wechselständigen Blättern; in der Blütenregion sind die Blätter oft mit denen in ihren Achseln stehenden Sprossen verwachsen und an diesen hinaufgeschoben, so daß sie gegenständig erscheinen. Blüten strahlig oder zygomorph, fünfzählig; Fruchtknoten aus zwei Karpellen gebildet, zweifächerig; viele Samen an scheidewandständigen Plazenten, mit Endosperm. Frucht eine Beere oder Kapsel. Bikollaterale Leitbündel. Alkaloidhaltig.

*Solanum tuberosum,* Kartoffel; *S. commersonii,* Sumpfkartoffel; *S. lycopersicum,* Tomate; *S. melongena,* Eierfrucht, Aubergine; *Nicotiana tabacum,* Tabak (vgl. a. Bd. II, Abb. 291); *Mandragora officinalis,* Alraunwurzel.

Offizinell: *Atropa belladonna,* Tollkirsche, liefert Folia Belladonnae, Atropin, Hyoscyamin, Scopolamin und Radix Belladonnae (vgl. a. Bd. II, Abb. 300); *Datura stramonium,* Stechapfel, liefert Folia Stramonii, Hyoscyamin und Scopolamin (vgl. a. Bd. II, Abb. 280, 281); *Hyoscyamus niger,* Bilsenkraut, liefert Folia Hyoscyami, Hyoscyamin und Scopolamin (vgl. a. Bd. II, Abb. 30, 31); *Capsicum annuum* und *C. longum,* Spanischer Pfeffer, liefern Fructus Capsici (vgl. a. Bd. II, Abb. 277, 278); *Scopolia carniolica,* Skopolie, liefert Scopolamin; *Solanum dulcamara* liefert Stipites Dulcamarae. (Vgl. a. Bd. II, Abb. 35.)

Familie: *Scrophulariaceae.*

Meist Kräuter mit gegenständigen oder wechselständigen Blättern. Blüten fünfzählig, zygomorph; Zahl der Staubblätter reduziert: meist vier oder zwei; Fruchtknoten zweifächerig; viele Samenanlagen an scheidewandständiger Plazenta; Frucht eine Kapsel oder Beere.

Fünf Staubblätter: *Verbascum,* vier: *Scrophularia, Digitalis, Antirrhinum, Linaria;* zwei: *Veronica* und *Gratiola.*

Offizinell: *Digitalis purpurea,* Fingerhut, liefert Folia Digitalis (vgl. a. Bd. II, Abb. 86, 87); die Blätter von *D. lutea* und *D. lanata* sind ihnen gleichwertig; enthalten an Glycosiden: Digitoxin, Gitoxin, Gitalin, Digitoxigenin u. a. sowie die Saponine: Digitonin, Gitonin. *Verbascum thapsiforme* und *V. phlomoides,* Königskerzen, liefern Flores Verbasci. (Vgl. a. Bd. II, Abb. 336.)

Familie: *Lentibulariaceae.*

Karnivore (insektenfangende) Kräuter, im Wasser oder auf feuchten Standorten lebend. Blumenkrone zweilippig, Unterlippe gespornt; zwei Staubblätter; Fruchtknoten einfächerig mit freier Zentralplazenta; Frucht eine Kapsel.

*Utricularia,* Wasserschlauch; *Pinguicula,* Fettkraut.

Familie: *Verbenaceae.*

Meist tropische Kräuter und auch holzige Pflanzen. Blüten zygomorph; Blütenröhre mit zweilippigem Saum; Staubblätter vier, selten nur zwei; Karpelle zwei; Frucht in vier einsamige Klausen geteilt, Steinfrucht.

*Tectona grandis,* Teakholzbaum; *Verbena officinalis,* Eisenkraut.

Familie: *Labiatae.*

Meist krautig mit vierkantigem Stengel und dekussierten Blättern mit Drüsenhaaren. Blütenstände in den Achseln von Blättern. Blüte zygomorph mit Röhre und meist zweilippigem Saum; Staubblätter zwei längere und zwei kürzere, selten nur zwei; Frucht durch „falsche" Scheidewände in vier Klausen geteilt mit je einem Samen; Griffel grundständig mit zweispaltiger Narbe.

*Satureja hortensis,* Bohnenkraut; *Majorana hortensis,* Majoran; *Origanum vulgare* liefert Herba Origani; *Ocimum basilicum,* Basilikum, liefert auch Basilikumöl; *Hyssopus officinalis,* Ysop.

Offizinell: *Lavandula officinalis*, Lavendel, liefert Flores Lavandulae; *Salvia officinalis*, Salbei, liefert Folia Salviae; *Melissa officinalis*, Melisse, liefert Folia Melissae; *Thymus serpyllum*, Thymian, liefert Herba Serpylli (alle auch die betreffenden ätherischen Öle); *Th. vulgaris* liefert Herba Thymi, Oleum Thymi und Thymolum; *Rosmarinus officinalis*, Rosmarin, liefert Oleum Rosmarini; *Mentha piperita*, Pfefferminze, liefert Folia Menthae piperitae, Oleum Menthae piperitae und Mentholum; Mentha crispa liefert Folia Menthae crispae. (Vgl. a. Bd. II, Abb. 170, 171, 239, 191, 222, 298, 232, 216, 161.)

**21. Reihe: Plantaginales.** Meist Kräuter, Blüten vierzählig, strahlig, eingeschlechtig oder zweigeschlechtig. Kelch frei oder verwachsen; Blumenkrone sympetal, unscheinbar, häutig; die Staubblätter ragen an langen Filamenten aus der Röhre hervor; Fruchtknoten zweifächerig, jedes Fach mit einer bis acht Samenanlagen; Frucht eine Kapsel, die sich mit einem Deckel öffnet. (Vgl. a. Bd. II, Abb. 228.)

Einzige Familie: *Plantaginaceae.*

*Plantago*, Wegerich; *P. psyllium* liefert Samen Psyllii, Flohsamen.

**22. Reihe: Rubiales.** Kräuter und Holzgewächse mit gegenständigen Blättern, Blüten sympetal, vier- oder fünfzählig, strahlig oder zygomorph; der Kelch ist oft stark reduziert; Fruchtknoten unterständig, ein- bis mehrfächerig.

Familie: *Rubiaceae.*

Fast ausschließlich tropische Familie, die durch das Vorkommen von Nebenblättern ausgezeichnet ist. Blüten vier- oder fünfzählig, jedoch zwei Karpelle, mit einer bis vielen Samenanlagen; Frucht kapsel- oder beerenartig.

*Coffea*-Arten liefern Kaffeebohnen (vgl. a. Bd. II, Abb. 129/31); *Rubia tinctorum* liefert Krapp- oder Färberröte und Alizarin; *Uncaria gambir* liefert Gambir oder Gambir-Katechu; *Pausinystalia yohimbe* liefert die Yohimberinde und Yohimbin.

Offizinell: *Cinchona succirubra* und *C. ledgeriana*, Chinabäume (vgl. a. Bd. II, Abb. 50, 52), liefern Cortex Chinac und Chinin; *Uragoga ipecacuanha* liefert Radix Ipecacuanhae, Brechwurzel (vgl. a. Bd. II, Abb. 44).

Familie: *Caprifoliaceae.*

Holzgewächse der nördlichen gemäßigten Zonen. Schließen sich im Blütenbau an die Rubiaceen an. Blüten strahlig oder zygomorph; meist drei Karpelle, mit einer bis vielen Samenanlagen; Frucht: Beeren- oder Steinfrüchte.

*Lonicera*, Geißblatt; *Viburnum*, Schneeball; *Symphoricarpus*, Schneebeere.

Offizinell: Sambucus nigra, Holunder, liefert Flores Sambuci. (Vgl. a. Bd. II, Abb. 111, 112.)

Familie: *Valerianaceae.*

Kräuter mit gegenständigen Blättern ohne Nebenblätter und trugdoldigen Blütenständen. Blüten asymmetrisch; Kelch zur Blütezeit nur schwach ausgebildet, später häufig zur Haarkrone werdend. Blumenkrone oft mit Sporn; Staubblätter eins bis vier; von drei Karpellen ist nur eins fertil, ein Same (Abb. 135, 136).

Offizinell: *Valeriana officinalis*, Baldrian, liefert Radix und Oleum Valerianae. (Vgl. a. Bd. II, Abb. 14.)

Familie: *Dipsacaceae.*

Krautartige Pflanzen mit gegenständigen Blättern ohne Nebenblätter und meist köpfchenartigen, reichblütigen Blütenständen. Blüten meist zygomorph, von einem aus Vorblättern gebildeten Außenkelch umgeben. Fruchtknoten einfächerig mit einer Samenanlage. *Dipsacus*, Karde; *Scabiosa*; *Knautia.*

**23. Reihe: Synandrae (Campanulatae).** Blüten fünfzählig; Antheren zusammenneigend und oft alle oder teilweise miteinander vereint; Fruchtknoten unterständig.

Familie: *Campanulaceae.*

Krautige Pflanzen, oft mit ansehnlichen Blüten. Diese strahlig; Kelchblätter meist frei; Staubblätter frei oder verwachsen, mit nach innen gerichteten Antheren; Fruchtknoten dreifächerig; Griffel vereint, meist mit Haaren besetzt; Frucht eine Kapsel mit vielen Samen, selten beerenartig.

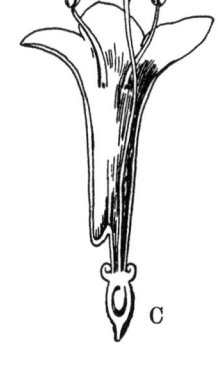

Abb. 135. Valeriana officinalis, Frucht. *p* Pappus. (Nach *Miehe.*)

Abb. 136. Valeriana officinalis. A Blüte; B und C die beiden Hälften einer durchschnittenen Blüte. (Nach *Miehe.*)

*Campanula*, Glockenblume; *Phyteuma.*

Familie: *Lobeliaceae.*

Blüten zygomorph; Blumenkronenröhre bis zum Grunde aufgeschlitzt; Antheren verwachsen; Fruchtknoten zweifächerig.

Offizinell: *Lobelia inflata* liefert Herba Lobeliae (vgl. a. Bd. II, Abb. 175).

Familie: *Compositae.*

Die Compositen sind eine der artenreichsten Familien der Blütenpflanzen. Ihre Blüten stehen in Köpfchen auf einem gemeinsamen Blütenboden, der häufig kleine Spreublätter trägt. Da die Köpfchen von einer Hülle von Hochblättern umgeben sind, gewinnen sie das Aussehen einer Einzelblüte. Die Blüten eines Köpfchens sind entweder alle fertil und gleichgestaltet oder in randständige Zungenblüten (meist weiblich oder steril) und Scheibenblüten (strahlig oder schwach zygomorph, meist zwittrig) geschieden. Bei einer Gruppe von Arten sind alle Blüten Zungenblüten und zwittrig. Der Kelch fehlt und wird durch einen Pappus aus Haaren ersetzt. Dieser bleibt an der Frucht stehen und wird vergrößert; er dient dann als Flugapparat. Filamente meist frei, Antheren zu einer Röhre verwachsen; der nach innen abgegebene Pollen wird durch den behaarten, oben zweigespaltenen Griffel herausgefegt. Zwei Karpelle, aber einsamige Frucht (Nüßchen).

Offizinell: *Arnica montana,* Flores Arnicae; *Artemisia absinthium,* Wermut, Herba Absinthii; *A. cina,* Flores Cinae und Santonin; *Matricaria chamomilla,* Kamille, Flores Chamomillae; *Cnicus benedictus,* Bitterdistel, Herba Cardui benedicti; *Tussilago farfara,* Huflattich, Folia Farfarae; *Taraxacum officinale,* Löwenzahn, Radix und Herba Taraxaci; *Anacyclus pyrethrum,* Radix Pyrethri; *Achillea millefolium,* Schafgarbe, Herba Millefolii; *Anthemis nobilis,* Römische Kamille, Flores Chamomillae romanae; Chrysanthemum *(Tanacetum) vulgare,* Rainfarn, Herba und Flores Tanaceti; *Chrysanthemum roseum* und *C. marshallii,* Persisches Insektenpulver; *Lactuca virosa,* Lactucarium; *Inula helenium,* Alant, Radix Helenii; *Calendula offici-*

*ualis,* Flores Calendulae; *Helichrysum arenarium,* gelbes Katzenpfötchen, Flores Stoechados; *Carlina acaulis,* Eberwurz, Radix Carlinae; *Artemisia vulgaris,* Beifuß, Herba Artemisiae; *Arctium lappa,* Klette, Radix Bardanae. (Vgl. a. Bd. II, Abb. 10, 333, 137, 140, 115, 179, 25, 26, 27, 250, 138, 224, 120, 1, 230, 61, 23, 144, 145.)

Nutzpflanzen: *Helianthus annuus,* Sonnenblume; *H. tuberosus,* Topinambur; *Lactuca sativa* var. *capitata,* Kopfsalat; *Cichorium intybus,* Zichorie; *C. endivia,* Endivie; *Scorzonera hispanica,* Schwarzwurzel; *Cynara scolymus,* Artischocke.

**24. Reihe: Polycarpicae (Ranales).** Das Charakteristikum dieser Gruppe liegt in der spiraligen oder spirozyklischen Anordnung der Blütenorgane, außerdem sind die Karpelle meist frei, also nicht zu einem gemeinsamen Fruchtknoten verwachsen.

Blütenhülle gleich gestaltet oder in Kelch und Krone geschieden; Staubblätter meist viele; Zahl der Karpelle unbestimmt.

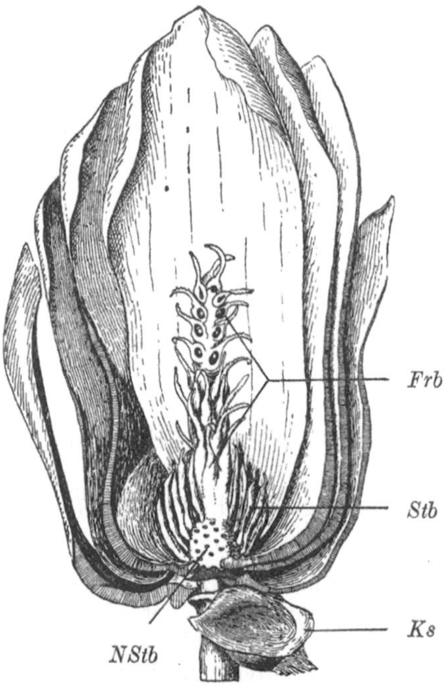

Familie: *Magnoliaceae.*

Holzgewächse mit Ölzellen, manche besitzen im Holz nur Tracheiden; sie sind vorzugsweise in tropischen und subtropischen Gebieten heimisch. Blüten spiralig oder spirozyklisch; die Staubblätter stehen in großer Zahl spiralig, ebenso die Karpelle an einer meist verlängerten Achse (Abb. 137). Die einzelnen Karpelle werden zu trockenen aufspringenden Früchtchen oder zu Schließfrüchten.

*Liriodendron tulipifera,* Tulpenbaum; *Illicium verum* liefert Sternanis, Fructus Anisi stellati (vgl. a. Bd. II, Abb. 284).

Familie: *Anonaceae.*

Holzgewächse mit Öldrüsen. Tropisch. Blüten spirozyklisch, meist heterochlamydeisch mit drei dreizähligen Wirteln der Blütenhülle; Staubblätter zahlreich, meist spiralig angeordnet; Karpelle frei; zerklüftetes Endosperm.

*Cananga odorata* liefert Macassar-Öl.

Abb. 137. Magnolia, Blüte; vorderer Teil der Blütenhüllblätter entfernt. *Ks* Knospenschuppe; *Stb* Staubblatt. *NStb* Narben entfernter Staubblätter; *Frb* Fruchtblätter. (Nach *Miehe.*)

Familie: *Myristicaceae.*

Tropische Holzgewächse. Blüten diözisch mit einfacher, dreilappiger Blütenhülle; in den männlichen Blüten sind die Filamente zu einer Säule verwachsen; der Fruchtknoten der weiblichen Blüte besteht nur aus einem Karpell mit einer fast grundständigen Samenanlage; Same von geschlitztem Arillus umgeben, Endosperm zerklüftet.

Offizinell: *Myristica fragrans,* Muskatbaum (vgl. a. Bd. II, Abb. 198, 199, 200), liefert Semen Myristicae, Oleum Nucistae, Oleum Macidis.

Familie: *Lauraceae.*

Holzgewächse der Tropen und Subtropen mit lederartigen, ungeteilten Blättern; Ölzellen. Kleine grüne oder weißliche Blüten in Rispen, meist dreizählig; mehrere Kreise Staubblätter; diese öffnen sich mit Klappen; die verbreiterte, becherförmige Blütenachse umwächst die Frucht; diese einsamig, eine Beere.

Offizinell: *Laurus nobilis*, Lorbeer, liefert Fructus Lauri, Oleum Lauri (vgl. a. Bd. II, Abb. 177, 178); *Cinnamonum camphora*, Kampferbaum, liefert Camphora; *C. ceylanicum*, Zimtstrauch, liefert Cortex Cinnamoni und Oleum Cinnamoni (vgl. a. Bd. II, Abb. 344, 345); *C. cassia* liefert Cortex Cinnamoni Chinensis (vgl. a. Bd. II, Abb. 247); *Sassafras officinalis* liefert Lignum Sassafras.

Familie: *Menispermaceae.*

Schlingende, holzige Gewächse, fast nur tropisch; Blüten diözisch, dreizählig; drei freie Karpelle mit je einem Samen. Viele Giftpflanzen.

Offizinell: *Jatrorrhiza palmata* liefert Radix Colombo.

Familie: *Ranunculaceae.*

Meist Kräuter mit häufig handförmig geteilten Blättern. Zu dieser Familie gehören viele unserer bekanntesten Frühlingsblumen. Einjährig oder ausdauernd mit wechselständigen Blättern und spirozyklischen Blüten mit zahlreichen Staubblättern. Die Blütenhülle ist mannigfaltig ausgestaltet, sie geht häufig von der spiraligen zur wirteligen Stellung über; entweder gleichförmig oder petaloid ausgebildet. Zwischen ihr und den Staubblättern stehen oft Honigblätter; die Karpelle sind fast immer frei; ihre Zahl wechselt wie auch die der Samenanlagen. Früchte: Balg- oder Schließfrucht.

Offizinell: *Aconitum napellus*, Eisenhut, liefert Tubera Aconiti (vgl. a. Bd. II, Abb. 68); *Hydrastis canadensis* liefert Rhizoma Hydrastis; *Adonis vernalis* liefert Herba Adonidis.

Familie: *Berberidaceae.*

Die zwittrigen Blüten sind zyklisch und dreizählig; Blütenhülle häufig in Kelch und Krone gegliedert; zwischen letzter und den Staubblättern häufig Honigblätter; Staubblätter meist in zwei Kreisen; Fruchtknoten aus einem Karpell gebildet, einfächerig, mit mehreren bis vielen Samen.

*Berberis vulgaris*, Berberitze, Zwischenwirt für Puccinia graninis. (Vgl. a. Bd. II, Abb. 24.)

Offizinell: *Podophyllum peltatum* liefert Podophyllinum.

Familie: *Nymphaeaceae.*

Wasser- oder Sumpfpflanzen, oft mit großen Schwimmblättern. Blüten groß und häufig schön gefärbt; Blütenhülle in Kelch und Krone geschieden, dabei Blütenblätter meist zahlreich, ebenso die Staubblätter; beide gehen oft ineinander über. Karpelle drei bis acht, getrennt oder vereint.

*Nymphaea alba*, weiße Seerose; *Nuphar luteum*, gelbe Teichrose; *Victoria regia* mit unterständigem Fruchtknoten (auf dem Amazonas).

**25. Reihe: Aristolochiales.** Blüten strahlig oder zygomorph mit einfacher Blütenhülle; Fruchtknoten unterständig.

Familie: *Aristolochiaceae.*

Blütenhülle dreizählig mit ± langer Röhre, also zygomorph. Staubblätter sechs, mit dem Griffel verwachsen bei *Aristolochia*. Blütenhülle strahlig, zwölf freie Staubblätter bei *Asarum europaeum*, Haselwurz. Fruchtknoten vier- bis sechsfächerig mit zahlreichen Samenanlagen; Frucht eine Kapsel.

**26. Reihe: Santalales.** Blüten strahlig mit einfacher Blütenhülle; Karpelle eins bis drei mit je einer Samenanlage; Fruchtknoten unterständig. Viele Parasiten.

Familie: *Santalaceae.*

Halbparasiten, die zwar im Boden wurzeln, jedoch mittels Saugorganen (Haustorien) den Wurzeln anderer Pflanzen Nährstoffe entziehen. Blüten unscheinbar mit meist becherförmiger Achse und fleischigem Diskus; Perigonblätter vier bis fünf, einfächeriger Fruchtknoten, Samenanlagen ohne Integument.

*Santalum album*, Sandelbaum, liefert das weiße Sandelholz und Oleum Santali.

Familie: *Loranthaceae.*

Auf Bäumen wachsende Halbparasiten, strauchartig, chlorophyllhaltig. Perigonblätter vier bis sechs, oft groß und von auffallender Farbe; der unterständige Fruchtknoten verwächst mit der Blütenachse und bildet eine Scheinfrucht, die innen verschleimt. (Vgl. a. Bd. II, Abb. 192.)

*Viscum album*, Mistel (vgl. Abb. 79); *Loranthus europaeus*, Riemenblume, auf Eichen.

**27. Reihe: Rosales.** Blüten meist zyklisch, in Kelch und Krone geschieden, manchmal durch Reduktion apopetal. Ober-, mittel- und unterständiger Fruchtknoten; Karpelle häufig frei.

Familie: *Crassulaceae.*

Krautige oder halbstrauchige Pflanzen mit dicken Stengeln und Blättern. Blütenstände cymös. Blüten strahlig, meist fünfzählig oder auch mehrzählig, jedoch stets in allen Kreisen gleichzählig. Karpelle frei oder schwach verwachsen mit meist vielen Samenanlagen.

*Sedum*, Fetthenne.

Familie: *Saxifragaceae.*

Mehrjährige Kräuter und auch Holzgewächse. Blüten in Kelch und Krone geschieden, fünfzählig, jedoch nur zwei Karpelle; Griffel frei und häufig auch der obere Teil des Fruchtknotens; dieser zweifächerig mit vielen Samenanlagen.

*Saxifraga*, Steinbrech; *Hydrangea hortensis*, Hortensie; *Philadelphus coronarius*, falscher Jasmin; *Ribes rubrum*, rote Johannisbeere; *R. nigrum*, schwarze Johannisbeere; *R. gossularia*, Stachelbeere.

Familie: *Rosaceae.*

Kräuter oder Holzgewächse mit wechselständigen Blättern, häufig mit Nebenblättern. Blüten strahlig, in Kelch und Krone geschieden, fünfzählig. Staubblätter und Karpelle meist viele; letzte frei oder mit der Blütenachse verwachsen. An der Bildung der „Früchte" nimmt die Blütenachse oft starken Anteil.

Spiraeoideae: fünfzählig; fünf vielsamige Balgfrüchte stehen auf der flachen Blütenachse; meist ohne Nebenblätter. *Spiraea.*

Pomoideae: Fruchtknoten unterständig; die Karpelle sind mit der Blütenachse verwachsen und auch mehr oder weniger unter sich; bilden eine fleischige Scheinfrucht. *Malus*, Apfel; *Pirus*, Birne; *Cydonia*, Quitte; *Mespilus*, Mispel; *Crataegus*, Weißdorn; *Sorbus*, Eberesche.

Rosoideae: Karpelle frei, am Boden und an den Wänden der becherförmigen Blütenachse stehend; Kelch-, Blüten- und Staubblätter stehen am Rande der Blütenachse; bei der Reife wird diese fleischig und umschließt die einsamigen Schließfrüchte. *Rosa*-Arten, Rosen.

Potentilloideae: Zahlreiche freie Karpelle, die auf einem gewölbten Blütenboden stehen; beide bilden zusammen Scheinfrüchte. *Potentilla*, Fingerkraut; *Fragaria*, Erdbeere; *Rubus*, Himbeere und Brombeere.

Poterioideae: Karpelle in geringer Zahl in einer krugförmigen Blütenachse. Diese wird hart und umschließt die nüßchenartigen Früchte. *Alchemilla*, Frauenmantel.

Prunoideae: ein freies Karpell mit zwei Samenanlagen, das zu einer Steinfrucht wird; Same ohne Nährgewebe. *Prunus armeniaca*, Aprikose; *P. persica*, Pfirsich; *P. amygdalus*, Mandel; *P. domestica*, Ausgangsart der kultivierten Pflaumen; *P.*

*spinosa*, Schlehe; *P. avium*, Süßkirsche; *P. cerasus*, Sauerkirsche; *P. mahaleb*, Weichselkirsche; *P. padus*, Traubenkirsche.

Offizinell: *Malus silvestris*, Apfel, Extractum ferri pomati; *Hagenia abyssinica*, Flores Koso; *Rosa centifolia* und *R. gallica*, Flores Rosae; *R. damascena* und auch *R. centifolia*, Oleum Rosae; *Rubus idaeus*, Sirupus Rubi Idaei; *Prunus amygdalus*, Amygdales dulces und A. amarae, Oleum Amygdalarum; *P. cerasus*, Sirupus Cerasorum; *Quillaja saponaria*, Cortex Quillajae. (Vgl. a. Bd. II, Abb. 160, 100, 107, 108, 185, 265.)

Familie: *Leguminosae*.

Kräuter und Holzgewächse mit meist gefiederten Blättern und Nebenblättern. Fruchtknoten aus einem Karpell gebildet, Samen an der Bauchnaht; Frucht meist eine Hülse, die an Rücken- und Bauchnaht aufspringt; seltener als Gliederhülse ausgebildet. Samen ohne Nährgewebe.

Mimosoideae: Holzgewächse wärmerer Länder mit strahligen Blüten; Einzelblüten meist klein und unscheinbar, mit vielen Staubblättern, die als Schauapparat dienen; sie bilden Blütenstände. *Acacia*, Akazie; *Mimosa*, Mimose (vgl. Abb. 92).

Caesalpinioideae: Holzpflanzen wärmerer Länder mit zygomorphen, aber nicht schmetterlingsförmigen Blüten; Blütenblätter manchmal fehlend; Staubblätter meist zehn. *Tamarindus indica*, Tamarinde; *Cercis siliquastrum*, Judasbaum; *Ceratonia siliqua*, Johannisbrotbaum; *Cassia*, liefert Sennesblätter.

Papilionatae: Der Name dieser Unterfamilie stammt von den charakteristischen Schmetterlingsblüten. Blütenblätter fünf; das oberste die Fahne; die beiden seitlichen sind lang genagelt, Flügel; die beiden unteren sind häufig $\pm$ verwachsen und bilden das Schiffchen; Filamente der zehn Staubblätter sind alle zu einer Röhre verwachsen oder aber eins ist frei. Frucht eine Hülse. Meist Kräuter, seltener kleine Holzgewächse mit gefingerten oder gefiederten Blättern. *Lupinus*, Lupine; *Laburnum*, Goldregen; *Ulex europaeus*, Stechginster; *Sarothamnus scoparius*, Besenginster; *Trifolium*, Klee; *Melilotus officinalis*, Steinklee; *Medicago*, Schneckenklee; *Vicia*, Wicke; *V. faba*, Saubohne; *Lens esculenta*, Linse; *Pisum sativum*, Erbse; *Phaseolus vulgaris*, Bohne.

Offizinell: *Acacia senegal*, Gummi *arabicum*; *A. catechu* und *A. suma*, Catechu; *Cassia angustifolia*, Folia Sennae Tinnevelly; *C. acutifolia*, Folia Sennae Alexandrinae; *C. fistula*, Fructus Cassiae fistulae; *Copaifera*-Arten, Balsamum Copaivae; *Krameria triandra*, Radix Rantanhiae; *Tamarindus indica*, Pulpa Tamarindorum; *Haematoxylon campechianum*, Lignum Campechianum und Haematoxylin; *Astragalus*-Arten, Tragacantha; *Glycyrrhiza glabra*, Radix Liquiritiae; *Melilotus officinalis*, Herba Meliloti; *Trigonella foenum graecum*, Semen Foenugraeci; *Ononis spinosa*, Radix Ononidis; *Physostigma venenosum*, Physostigmin; *Andira araroba*, Chrysarobinum; *Myroxylon balsamum* var. *genuinum*, Balsamum tolutanum und *M. balsamum* var. *pereirae*, Balsamum peruvianum; *Arachis hypogaea*, Oleum Arachidis; *Pterocarpus santalinus*, Lignum santali rubrum; Phaseolus vulgaris, Legumina Phaseoli. (Vgl. a. Bd. II, Abb. 7, 270, 271, 231, 225, 226, 202, 293, 37, 303, 289, 290, 282, 39, 103, 75, 243, 40.)

**28. Reihe: Hamamelidales.**

Familie: *Hamamelidaceae*.

Holzpflanzen. *Liquidambar orientalis* liefert Styrax; *Hamamelis virginiana*, Zaubernuß, liefert Folia Hamamelidis.

**29. Reihe: Myrtales.** Kräuter und Holzgewächse mit ganzrandigen, gegenständigen Blättern. Blüten oft vierzählig; Fruchtknoten synkarp, unterständig,

seltener mittelständig; Karpelle mit der $\pm$ eingestülpten Blütenachse zusammenhängend; meist nur ein Griffel.

Familie: *Lythraceae.*

Tropisch. Blütenachse wenig bis zu lang röhriger Form eingesenkt; Kelchblätter
klappig, die Blütenblätter mit ihnen alternierend; Staubblätter doppelt soviel als
Blütenblätter, weniger oder auch mehr; Fruchtknoten mittel- bis unterständig, frei
oder mit der Achse verwachsen; sechs-, seltener vierzählig. *Lythrum salicaria,*
Weiderich.

Familie: *Myrtaceae.*

Bewohner wärmerer Länder, mit lederigen Blättern; die Blüten stehen einzeln
in den Blattachseln oder in Rispen; lysigene Öldrüsen. Blüten strahlig, zwittrig;
Fruchtknoten unterständig und mit der Blütenachse verwachsen; erster ist gefächert
und enthält meist viele Samenanlagen; Kelch- und Blumenblätter vier bis fünf,
Staubblätter zahlreich.

*Myrtus,* Myrte; *Pimenta officinalis,* liefert Piment oder Nelkenpfeffer; *P. acris,*
Bayölbaum, liefert Bayöl.

Offizinell: *Eugenia caryophyllata,* Gewürznelkenbaum, liefert Caryophylli, Oleum
Caryophyllorum (vgl. a. Bd. II, Abb. 94); *Eucalyptus globulus,* liefert Folia und
Oleum Eucalypti (vgl. a. Bd. II, Abb. 79).

Familie: *Punicaceae.*

*Punica granatum,* Granatapfelbaum; Blüten mit fünf bis acht Kelch- und Blütenblättern; Staubblätter zahlreich; Fruchtknoten unterständig, mehrfächerig, mit
vielen Samenanlagen; er ist mit der Achse verwachsen. Die Frucht, an der die
Kelchblätter stehenbleiben, hat eine lederige Schale und saftiges Fruchtfleisch.

Offizinell: *P. granatum,* liefert Cortex Granati (vgl. a. Bd. II, Abb. 97).

**30. Reihe: Guttiferales.** Blüten strahlig, manchmal halbspiralig; Blütenhülle
doppelt, fünfzählig; Fruchtknoten im allgemeinen synkarp, aus drei Karpellen bestehend, oberständig; Plazentation meist zentralwinkelständig, seltener parietal-
marginal.

Familie: *Theaceae.*

Holzgewächse der Tropen und Subtropen mit lederigen Blättern und schönen
Blüten. Blüten zwittrig, in einigen Gliedern spiralig; Staubblätter zahlreich; Fruchtknoten dreifächerig mit drei großen Samen; zentralwinkelständige Plazentation.

*Camellia sinensis,* Teestrauch (vgl. a. Bd. II, Abb. 295, 296); *C. japonica,* Kamelie.

Familie: *Guttiferae.*

Kräuter oder Holzgewächse mit gegenständigen Blättern und schizogenen Sekret-
behältern, die Öl enthalten; meist tropisch, bis auf *Hypericum.* Zahl und Stellung
der Blütenorgane wechselt; die Staubblätter sind meist in großer Anzahl vorhanden
und häufig zu Gruppen oder Bündeln vereinigt; Fruchtknoten drei- bis fünffächerig.
Hypericum perforatum, Johanniskraut. (Vgl. a. Bd. II, Abb. 128.) *Garcinia mango-
stana,* Mangostane, trop. Obstbaum.

Familie: *Dipterocarpaceae.*

*Shorea wiesneri* und *Dipterocarpus* liefern das offizinelle Dammarharz.

**31. Reihe: Ericales.** Blüten strahlig, meist fünfzählig; Staubblätter obdiplostemon, d. h. der erste Staubblattkreis steht vor den Petalen; Kronblätter meist verwachsen; Staubblätter nicht mit diesen verwachsen; die Antheren öffnen sich mit
Löchern; Fruchtknoten mehrfächerig, ober- bis unterständig mit zentralwinkelständiger Plazentation. Humus-, Moor- und Heidepflanzen mit einfachen derben
Blättern.

Familie: *Pirolaceae.*

Rhizombildende Kräuter, deren Blüten einzeln endständig oder in Trauben stehen; Blüten strahlig, meist mit freien Blütenblättern; Fruchtknoten oberständig; Frucht eine Kapsel; Samen klein.

*Pirola,* Wintergrün; *Monotropa hypopitys,* Fichtenspargel (ohne Chlorophyll).

Familie: *Ericaceae.*

Blüten strahlig, meist fünfgliederig und sympetal; die Antheren haben meist zwei hörnchenartige Anhängsel; der vier- bis fünffächerige Fruchtknoten ist ober- bis unterständig und entwickelt sich zu einer Beere oder Kapsel; ein Griffel mit kopfförmiger Narbe.

*Ledum palustre,* Sumpfporst; *Rhododendron; Azalea; Arctostaphylos uva ursi,* Bärentraube, liefert Folia Uvae ursi; *Vaccinium myrtillus,* Heidelbeere; *V. vitis idaea,* Preiselbeere; *Calluna,* Heidekraut; *Erica,* Heide. (Vgl. a. Bd. II, Abb. 15, 16, 105, 219.)

**32. Reihe: Rhocadales.** Blüten zyklisch, in Kelch und Krone geschieden; sie sind strahlig oder zygomorph und meist zwei- oder vierzählig; Fruchtknoten oberständig, einfächerig, aus zwei Karpellen gebildet oder auch aus vielen.

Familie: *Papaveraceae.*

Blüten strahlig, mit zwei Kelch- und vier Blütenblättern; Staubblätter in großer Zahl; Fruchtknoten aus zwei bis vielen Karpellen gebildet, entwickelt sich entweder zu einer loculiciden Kapsel oder zu einer Schote; Samen mit ölhaltigem Nährgewebe.

*Papaver,* Mohn; *Chelidonium majus,* Schöllkraut. Milchsaft (vgl. a. Bd. II, Abb. **255**).

Offizinell: *Papaver somniferum,* Schlafmohn, liefert Semen Papaveris, Oleum Papaveris, Fructus Papaveris immaturi, Opium, Morphium. (Vgl. a. Bd. II, Abb. 193, 194, 195, 196.)

Familie: *Fumariaceae.*

Ohne Milchsaft. Blüten zygomorph, gespornt; Staubblätter zwei, vor den äußeren Kronenblättern stehend. *Dicentra,* tränendes Herz; *Corydalis,* Lerchensporn; *Fumaria,* Erdrauch (vgl. a. Bd. II, Abb. 76).

Familie: *Cruciferae.*

Krautige Pflanzen, einjährig oder mehrjährig, mit meist wechselständigen Blättern und traubigen Blütenständen ohne Brakteen. Blüten zwittrig, strahlig, vierzählig: 2+2 Kelch-, 4 Blütenblätter, 2+4 Antheren, 2 oberständige, miteinander verwachsene Karpelle, bei der Reife meist eine Schote bildend, mit sogenannter falscher Scheidewand, Samen ohne Endosperm.

Siliquosae: Früchte gestreckt, aufspringend: Schote (beträchtlich länger als breit). *Brassica nigra,* Schwarzer Senf; *B. oleracea,* Kohl; *B. napus,* Raps; *Cardamine pratensis,* Wiesenschaumkraut; *Matthiola incana,* Levkoje; *Nasturtium officinale,* Brunnenkresse; *Alliaria officinalis,* Knoblauchskraut.

Siliculosae: Früchte kurz aufspringend: Schötchen (breiter als lang). *Capsella bursa pastoris,* Hirtentäschelkraut (vgl. a. Bd. II, Abb. 109); *Lunaria biennis,* Mondraute; *Armoracia rusticana,* Meerrettich.

Nucamentaceae: mit einsamigen Schließfrüchten. *Isatis tinctoria,* Waid, in früheren Zeiten als Farbpflanze angebaut.

Lomentaceae: mit Gliederfrüchten. *Cakile maritima,* Küstenpflanze mit fleischigen Blättern; *Raphanus rhaphanistrum,* Hederich; *R. sativus,* Rettich.

*Brassica oleracea,* Kohl; *B. rapa,* Rübsen; *B. napus,* Raps; *B. juncea,* liefert den Sarepta-Senf; *Amoracia rusticana,* Meerrettich; *Raphanus sativus,* Rettich, var. *radicula,* Radieschen; *Lepidium sativum,* Gartenkresse.

Offizinell: *Brassica nigra*, Schwarzer Senf, liefert Semen Sinapis; *Sinapis alba*, Weißer Senf, liefert Oleum Sinapis.

**33. Reihe: Parietales.** Blüten fünfzählig mit Kelch- und Kronenblättern; Fruchtknoten oberständig, einfächerig, aus drei, seltener zwei Karpellen gebildet; parietallaminale Plazentation.

Familie: *Cistaceae*.

Kräuter oder Sträucher, die besonders im Mittelmeergebiet verbreitet sind. Blüten in traubigen oder rispigen Blütenständen; sie sind strahlig, zwittrig; Kelch- und Blumenblätter fünf oder drei, Staubblätter zahlreich; Karpelle fünf bis zehn, einen einfächerigen Fruchtknoten bildend. *Cistus*; *Helianthemum vulgare*, Sonnenröschen.

Familie: *Droseraceae*.

Insektenfangende Pflanzen mit klebrigen Drüsen auf den Blättern. Blüten in wickelartigen Blütenständen; sie sind fünfzählig, in Kelch und Krone gegliedert; fünf Staubblätter oder auch bis zwanzig; Fruchtknoten einfächerig, aus drei Karpellen gebildet; Frucht eine Kapsel. *Drosera*, Sonnentau; *Dionaea muscipula*, Venusfliegenfalle. (Vgl. a. Bd. II, Abb. 275.)

Familie: *Violaceae*.

Krautige oder auch holzige Gewächse. Blüten fünfzählig, meist zygomorph. Fünf Kelch-, fünf Blüten-, fünf Staubblätter, mit kurzen Filamenten; Fruchtknoten einfächerig, aus drei Karpellen gebildet, meist mit zahlreichen Samen; Frucht meist eine Kapsel.

*Viola*, Veilchen. (Vgl. a. Bd. II, Abb. 307, 286.)

Offizinell: *Viola tricolor*, Stiefmütterchen, liefert Herba Violae tricoloris.

Familie: *Caricaceae*.

Monözische, tropische Holzgewächse; Blütenblätter der weiblichen Blüten zu einer langen Röhre, die der männlichen Blüten zu einer kurzen verwachsen; der einfächerige Fruchtknoten entwickelt sich zu einer großen Beerenfrucht. Milchröhren.

*Carica papaya*, Melonenbaum, mit eßbaren Früchten, in deren Milchsaft Papayotin (Eiweiß zu Pepton lösendes Ferment) enthalten ist.

Familie: *Begoniaceae*.

Krautige Gewächse mit langgestielten und gefärbten Blättern. Die Arten bewohnen feuchte, schattige Wälder in den Tropen der ganzen Welt. Blüten eingeschlechtig, monözisch; männliche Blüten mit zwei bis vier Blütenhüllblättern und zahlreichen Staubblättern; weibliche Blüten mit unterständigem Fruchtknoten, der mehr oder weniger geflügelt ist; meist dreifächerig, mit zahlreichen Samenanlagen; Narben gut entwickelt. Unsymmetrische, „schiefe" Blätter.

**34. Reihe: Cucurbitales.**

Einzige Familie: *Cucurbitaceae.*

Krautartige Gewächse, die mittels Ranken klettern. Monözisch; Kelch und Blumenkrone fünfzählig; Blüten mit becherförmigem Blütenboden; männliche Blüten mit fünf Staubblättern mit gekrümmten Antheren; entweder alle verwachsen oder je zwei und ein einzelnes, oder alle frei; weibliche Blüten mit drei (vier bis fünf) Karpellen, die einen unterständigen Fruchtknoten bilden, meist dreifächerig mit zentralwinkelständigen Plazenten. Blumenblätter verwachsen. Früchte groß.

*Cucurbita pepo* und *C. maxima*, Kürbis; *Cucumis melo*, Melone; *C. sativa*, Gurke; *Luffa cylindrica*, das Fasernetz der Früchte gibt die Luffa-Schwämme; *Citrullus vulgaris*, Wassermelone; *Ecballium elaterium*, Spritzgurke.

Offizinell: *Citrullus colocynthis*, Koloquinthe (Bd. I, Abb. 152), liefert Fructus Colocynthidis; *Cucurbita pepo*, liefert Semen Cucurbitae.

### 2. Klasse: Monocotyledonae.

| | |
|---|---|
| 35. Reihe: Spadiciflorae | Iridaceae |
| Palmae | 40. Reihe: Cyperales |
| Araceae | Juncaceae |
| 36. Reihe: Dioscorales | Cyperaceae |
| Dioscoreaceae | 41. Reihe: Scitamineae |
| 37. Reihe: Enantioblastae | Musaceae |
| Bromeliaceae | Zingiberaceae |
| 38. Reihe: Glumiflorae | Marantaceae |
| Gramineae | 42. Reihe: Gynandrae |
| 39. Reihe: Liliiflorae | Orchidaceae |
| Liliaceae | |

**35. Reihe: Spadiciflorae.** Große holzige oder krautige Pflanzen, deren Blätter eine breite, ungeteilte oder erst sekundär geteilte Spreite besitzen. Die meist eingeschlechtigen Blüten sind zu Blütenständen vereinigt, die zumindest in ihrer Jugend von einem auffälligen Hochblatt (Spatha) oder mehreren Hüllblättern umschlossen werden. Der oberständige Fruchtknoten bildet Beeren, Steinfrüchte oder Nüsse.

Familie: *Palmae.*

Die Palmen gehören ausschließlich den tropischen und subtropischen Gebieten der Erde an. Sie sind meist Bäume mit unverzweigten, schlanken Stämmen, die an ihrem Ende einen dichten Schopf großer, langgestielter und zerteilter Blätter tragen. Die Blattspreiten werden erst später aufgeteilt. Die Blüten sind meist eingeschlechtig, dreizählig und besitzen ein teils unscheinbares, teils auffällig gefärbtes Perigon. Die Zahl der Staubblätter wechselt, jedoch sind stets drei Fruchtblätter vorhanden; diese sind teils apokarp, teils synkarp. Jedes Fruchtblatt bildet nur eine Samenanlage, und häufig entwickelt sich von den dreien nur eine zum Samen, der ein mächtiges Endosperm besitzt. Die Blüten sind in ein- oder zweihäusiger Verteilung in Blütenständen angeordnet.

*Phoenix dactylifera*, Dattelpalme; *Cocos nucifera*, Kokospalme (vgl. a. Bd. II, Abb. 148); *Phytelephas*-Arten liefern „vegetabilisches Elfenbein"; *Metroxylon*-Arten liefern Sago; *Elaeis guineensis*, Ölpalme, liefert Palmfett und Palmkernöl; *Raphia*-Arten liefern Raphiabast; *Areca catechu*, Betelnußpalme, liefert Semen Arecae.

Familie: *Araceae.*

Die Aronstabgewächse sind auch vorwiegend tropisch. Sie sind meist krautige Pflanzen, die als Epiphyten (Wurzelkletterer) in den tropischen Wäldern eine Rolle spielen oder überdauern mit Hilfe von Rhizomen. Die Blätter sind meist herzförmig und ungeteilt oder auch ± geteilt und zeigen vielfach Netz-Nervatur. Die Blüten sitzen an dicken Kolben (Spadix), diese sind vielfach von einer Spatha umgeben; sie laufen häufig in ein steriles Endteil aus. Die Blüten selbst zeigen mannigfache Ausgestaltung: zwittrig mit Perigon, zwittrig ohne Perigon, eingeschlechtig; vielfach stehen die weiblichen Blüten unten und die männlichen oben am Kolben. Die Früchte sind meist Beeren.

*Acorus calamus*, Kalmus (Bd. I, Abb. 135), liefert Rhizoma Calami und Oleum Calami.

11*

**36. Reihe: Dioscorales.** Meist tropische Schlingpflanzen mit pfeilförmigen Blättern und Knollen und ringförmiger Anordnung der Leitbündel. Blüten klein, mit Perigon, dreizählig. Sie stehen in zweihäusiger Verteilung zu vielen in Blütenständen.

Einzige Familie: *Dioscoreaceae.*

Die ostasiatische *Dioscorea batatas* und auch andere liefern die eßbaren Yamswurzeln.

**37. Reihe: Enantioblastae.** Die zu dieser Reihe gehörenden Familien sind ausschließlich Bewohner der Tropen und Subtropen. Ihre Blüten sind dreizählig, teils unscheinbar, teils sogar in Kelch und gefärbte Krone gegliedert. Die Samenanlagen sind bei den Bromeliaceae meist anatrop, bei den anderen jedoch atrop; der Embryo liegt also im Samen dem Nabel gegenüber; man faßt die Familien daher als „Enantioblastae" zusammen. Das Nährgewebe führt Stärke.

Familie: *Bromeliaceae.*

Diese Familie kommt nur in den amerikanischen Tropen und Subtropen vor. Die Pflanzen bilden gewöhnlich einen sehr kurzen Stamm mit einer Blattrosette aus; sie leben vielfach als Epiphyten und sind in der Lage, durch Saugschuppen auf den Blättern Wasser aufzunehmen. Die Blüten stehen in Ähren oder Rispen, die oft auffallend gefärbte Hochblätter tragen. *Ananas sativus,* Ananas (vgl. Abb. 130), lebt als Erdbewohner und bildet große, fleischige, durchwachsene Fruchtstände.

**38. Reihe: Glumiflorae.** Windblütige Pflanzen mit nackten, von Hochblättern (Spelzen) umgebenen Blüten, die zu einfachen oder zusammengesetzten Blütenständen vereinigt sind. Der Fruchtknoten ist einfächerig und enthält eine Samenanlage. Der Embryo liegt dem stärkereichen Endosperm seitlich an. Die Frucht ist eine Karyopse.

Einzige Familie: *Gramineae.*

Die Gräser bilden eine der größten Familien des Pflanzenreiches, die über die ganze Erde verbreitet ist. Sie spielen als Getreide- und Futterpflanzen in der Weltwirtschaft eine bedeutende Rolle. Die Steppen, Savannen und Wiesen werden von ihnen beherrscht. Man kennt ca. 600 Gattungen mit ca. 5000 Arten.

Die Gräser sind meist Kräuter, entweder einjährig oder ausdauernd mit einjährigen Stengeln (Halmen), nur bei den *Bambuseae* sind auch die Halme mehrjährig. Die Halme sind knotig gegliedert und fast immer zweizeilig beblättert. Die

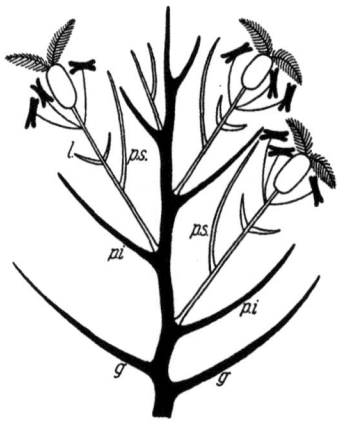

Abb. 138. Schema eines Gras-Ährchens, auseinandergezogen. *g* Hüllspelzen; *p. i.* Deckspelzen; *p. s.* Vorspelzen; *l* Lodiculae. (Nach *Miehe.*)

Blätter besitzen offene Scheiden, die den Halm umgreifen; zwischen Scheide und Spreite befindet sich ein Hautsaum oder Haarkranz, die Ligula. Die Blüten sind zu kleinen „Ährchen" (Abb. 138) und diese wieder zu ähren- oder rispenartigen Blütenständen vereinigt. Jedes Ährchen beginnt mit meist zwei Hüllspelzen; hierauf folgen in zweizeiliger Stellung die Deckspelzen, die vielfach begrannt sind. In der Achsel jeder Deckspelze sitzt eine meist zwittrige Blüte mit einer Vorspelze (Vorblatt). Zwischen Vorspelze und Blüte stehen (meist zwei) Schüppchen, die Lodiculae, die als Schwellkörper das Öffnen der Blüte bewirken. Es sind fast immer drei Staubblätter und ein von zwei fedrigen Narben gekrönter einfächeriger Fruchtknoten vorhanden. Die Ährchen enthalten mehrere, zwei oder eine Blüte.

Nutzpflanzen: *Triticum*, Weizen; *Secale*, Roggen; *Hordeum*, Gerste; *Avena*, Hafer (vgl. a. Bd. II, Abb. 99); *Zea*, Mais (vgl. a. Bd. II, Abb. 181, 182); *Oryza*, Reis; *Panicum miliaceum*, Rispenhirse; *Setaria italica*, Kolbenhirse; *Andropogon sorghum*, Mohrenhirse; *Saccharum officinarum*, Zuckerrohr. Zahlreiche Futtergräser.

Offizinell: *Triticum aestivum* (Amylum Tritici), *Oryza sativa* (Amylum Oryzae), *Agropyrum repens*, Quecke (Rhizoma Graminis) (Bd. I, Abb. 221).

**39. Reihe: Liliiflorae.** Weitverbreitete Reihe, die besonders in den subtropischen Trockengebieten auftritt. Meist krautige Pflanzen (selten Bäume) mit linealen Blättern, die mit Zwiebeln, Knollen oder Rhizomen überdauern. Die Vertreter dieser Gruppe besitzen vorwiegend strahlige, dreizählige Blüten aus fünf Kreisen. Die beiden äußeren bilden meist ein Perigon, dann folgen 3 + 3 Staubblätter, von denen ein Kreis ausfallen kann (*Irida-ceae*), und ein synkarper, meist dreifächeriger Fruchtknoten mit zahlreichen randständigen anatropen Samenanlagen. Der Embryo ist im Endosperm eingebettet, das fast immer Öl, Eiweiß und Reservezellulose enthält (Abb. 139).

Abb. 139. Diagramm einer typischen Liliifloren-Blüte. (Nach *Miehe*.)

Familie: *Liliaceae*.

Blüten mit meist gefärbter Blütenhülle; Fruchtknoten oberständig, dreifächerig mit zentralwinkelständiger Pla-zentation, nur selten einfächerig mit wandständigen Samen-anlagen. Früchte sind Kapseln, Beeren. Überwinterung mit Zwiebeln, Knollen und Rhizomen; einige holzige, zum Teil sogar baumförmige Pflanzen mit eigenartigem sekundärem Dickenwachstum.

Nutzpflanzen: *Asparagus officinalis*, Spargel (vgl. Abb. 82); *Allium sativum* var. *vulgare*, Knoblauch (vgl. a. Bd. II, Abb. 146), und var. *ophioscorodon*, Perl-zwiebel; *A. porrum*, Porree; *A. schoenoprasum*, Schnittlauch; *A. ascalonicum*, Schalotte; *A. cepa*, Küchenzwiebel; *Sanseviera*-Arten und *Phormium tenax* sind Faserpflanzen.

Offizinell: *Colchicum autumnale*, Herbstzeitlose, liefert Semen Colchici und Colchicin (vgl. a. Bd. II, Abb. 106); *Veratrum album*, Germer, liefert Rhizoma Veratri; *Schoenocaulon officinalis* liefert Semen Sabadillae und Veratrin; *Aloe ferox*, *A. vera*, *A. succotrina* u. a. liefern Aloe (vgl. a. Bd. II, Abb. 233, 3); *Urginea maritima*, Meerzwiebel, liefert Bulbus Scillae (vgl. a. Bd. II, Abb. 190); *Smilax ornata* und andere Arten liefern Radix Sarsaparillae (vgl. a. Bd. II, Abb. 245, 246); *Con-vallaria majalis*, Maiglöckchen, liefert Herba Convallariae.

Familie: *Iridaceae*.

Die Iridaceen besitzen einen unterständigen Fruchtknoten, außerdem ist der innere Staubblattkreis ausgefallen. Die drei Griffel sind blattartig ausgebildet. Die Früchte sind ausschließlich Kapseln. *Iris* und *Gladiolus* überwintern mittels eines Rhizoms, *Crocus* mittels einer Knolle.

Offizinell: *Iris florentina*, *I. pallida*, *I. germanica*, Schwertlilie, liefern Rhizoma Iridis; *Crocus sativus*, Crocus, liefert Safran (vgl. a. Bd. II, Abb. 308/10, 235/37).

**40. Reihe: Cyperales.** Windblütige, oft grasartige Pflanzen mit unscheinbaren Blüten, die zum Teil weitgehend mit denen der Liliifloren übereinstimmen (*Junca-ceae*), zum Teil aber sehr vereinfacht sind (*Cyperaceae*). Fruchtknoten oberständig mit anatropen Samenanlagen; Samen mit stärkehaltigem Endosperm, das den Embryo meist völlig umschließt.

1. Familie: *Juncaceae*.

3 + 3 Blütenhüllblätter, die in Anpassung an die Windbestäubung braun und trocken sind, 3 + 3 Staubblätter und ein oberständiger, ein- oder dreifächeriger

Fruchtknoten mit einem Griffel, der drei lange Narben trägt. *Juncus*, Binsen, mit stielrunden Halmen und Blättern; Frucht vielsamig; Sumpfpflanzen. *Luzula* mit grasartigen Blättern und dreisamiger Frucht.

2. Familie: *Cyperaceae*.

Die Riedgräser sind grasartige oder seltener binsenartige Pflanzen; sie lassen sich von den echten Gräsern durch den festen, ungegliederten, dreikantigen Stengel, die dreizeilige Beblätterung und die geschlossenen Blattscheiden leicht unterscheiden. Die Blüten stehen in den Achseln von Deckblättern in Blütenständen. Die Blütenhülle ist faden- oder borstenförmig oder fehlt. Meist nur drei Staubblätter. Der Fruchtknoten besteht aus zwei oder drei Karpellen und ist einfächerig; er enthält eine Samenanlage; Frucht eine Nuß.

Offizinell: *Carex arenaria*, Sandsegge, liefert Rhizoma Caricis. (Vgl. a. Bd. II, Abb. 244.)

**41. Reihe: Scitamineae.** Die Reihe der Scitamineae umfaßt meist großwüchsige tropische Stauden, die Rhizome ausbilden. Ihre Blätter sind groß, primär ungeteilt und mit großen Blattscheiden ausgestattet. Die Blüten sind asymmetrisch oder dorsiventral und zeigen ein mehr oder weniger zurück- und umgebildetes Androeceum. Die Zahl der fertilen Staubblätter wird nämlich kleiner, während die anderen entweder ausfallen oder kronblattartig ausgebildet werden. Außer bei den Musaceen sind die Blütenhüllblätter in Kelch und Krone gegliedert. Der Fruchtknoten besteht aus drei Karpellen und ist unterständig; die Samen enthalten ein Perisperm.

Familie: *Musaceae*.

Die Blüten der Bananengewächse werden durch Vögel bestäubt. Sie besitzen fünf oder sogar sechs fertile Staubblätter. Die Frucht ist eine Beere oder Kapsel.

*Musa sapientum* und *M. paradisiaca*, Banane; *M. textilis* liefert den Manilahanf.

Familie: *Zingiberaceae*.

Wie bei den *Musaceae* sind auch bei den *Zingiberaceae* die Blüten dorsiventral gebaut. Sie enthalten nur noch ein fertiles Staubblatt aus dem inneren Kreis; die beiden anderen dieses Kreises sind miteinander verwachsen und bilden das sog. Labellum, eine „Lippe". Der äußere Staubblattkreis kann zu Staminodien umgebildet sein oder auch fehlen. Die Zingiberaceen sind reich an ätherischen Ölen.

Offizinell: *Zingiber officinalis*, Ingwer, liefert Rhizoma Zingiberis; *Elettaria cardamomum* liefert Fructus Cardamomi; *Curcuma zedoaria*, Zitwerwurzel, liefert Rhizoma Zedoariae; *C. domestica*, Gelbwurzel, liefert Rhizoma Curcumae; *Alpinia officinarum*, Galgant, liefert Rhizoma Galangae (vgl. a. Bd. II, Abb. 119, 139, 343, 93, 90).

Familie: *Marantaceae*.

Die Marantaceen besitzen nur ein halbes fertiles Staubblatt, die andere Hälfte wie auch die sonst noch vorhandenen sind blütenblattartig ausgebildet. Die Blätter sind gestielt und weisen an ihrer Basis ein Gelenkpolster auf.

Das stärkehaltige Rhizom der Pfeilwurz, *Maranta arundinacea*, liefert westindisches Arrowroot (Amylum Marantae).

**42. Reihe: Gynandrae.** Die Reihe der Gynandrae mit der einen Familie der *Orchidaceae* ist durch die eigenartige Verwachsung des Androeceums mit dem Griffel charakterisiert (Name!).

Die Orchideen sind Erdbewohner, Epiphyten, und vielfach auch Saprophyten. Die Blüten sind meist zu Blütenständen angeordnet. Jede Blüte besteht aus zwei Kreisen von Perigonblättern, die über dem unterständigen Fruchtknoten stehen.

Das mediane Blatt des inneren Kreises ist zu einer Lippe, dem Labellum, ausgebildet. Da die Blüten meist um 180° gedreht werden, ist es an der blühenden Pflanze nach unten gekehrt; vielfach ist es noch in einen Sporn verlängert. Von den Staubblättern sind stets nur einzelne fertil, und zwar eins bis zwei; die anderen können als Staminodien ausgebildet sein oder fehlen. Der Pollenstaub wird selten einzeln übertragen, sondern als Pollenmasse einer Antherenhälfte (Pollinium). Das fertile oder die fertilen Staubblätter sind mit Griffel und Narben des Fruchtknotens zu einem Säulchen, dem Gynostemium, verwachsen, das aus der Blüte in der Mitte hervorragt. Der Fruchtknoten besteht aus drei Karpellen, ist aber meist einfächerig und enthält viele randständige Samenanlagen. Er bildet eine Kapsel mit winzigen Samen ohne Nährgewebe, die leicht durch den Wind verweht werden. Die Entwicklung der Samen ist nur dann möglich, wenn sie bei der Keimung von bestimmten Pilzen infiziert werden, die in ihnen eine Mykorrhiza bilden. Viele Arten haben Knollen oder Rhizome. Die Familie der Orchideen umfaßt etwa 20000 Arten, hat aber wirtschaftlich keine Bedeutung. Die unreifen Kapseln von *Vanilla planifolia* liefern die Vanille (vgl. a. Bd. II, Abb. 305, 306). Viele Arten werden in Gewächshäusern wegen ihrer prächtigen Blüten als Zierpflanzen gezogen.

Offizinell: *Orchis morio, O. strictifolia, O. maculata, O. mascula, O. militaris* und andere Arten liefern Tubera Salep (vgl. a. Bd. II, Abb. 240, 241).

# D. Bestimmungen aus der Naturschutzgesetzgebung.

Auszug aus dem Reichsnaturschutzgesetz vom 26. Juni 1935 (RGBl. I, S. 821).

### § 1. Gegenstand des Naturschutzes.

Das Reichsnaturschutzgesetz dient dem Schutze und der Pflege der heimatlichen Natur in allen ihren Erscheinungen. Der Naturschutz im Sinne dieses Gesetzes erstreckt sich auf: a) Pflanzen und nichtjagdbare Tiere — b) Naturdenkmale und ihre Umgebung — c) Naturschutzgebiete — d) Sonstige Landschaftsteile in der freien Natur, deren Erhaltung wegen ihrer Seltenheit, Schönheit, Eigenart oder wegen ihrer wissenschaftlichen, heimatlichen, forst- oder jagdlichen Bedeutung im allgemeinen Interesse liegt.

### § 2. Pflanzen und Tiere.

Der Schutz von Pflanzen und nicht jagdbaren Tieren erstreckt sich auf die Erhaltung seltener oder in ihrem Bestande bedrohter Pflanzenarten und Tierarten und auf die Verhütung mißbräuchlicher Aneignung und Verwertung von Pflanzen und Pflanzenteilen oder Tieren (z. B. durch Handel mit Schmuckkreisig, Handel oder Tausch mit Trockenpflanzen, Massenfänge und industrielle Verwertung von Schmetterlingen oder anderen Schmuckformen der Tierwelt).

### § 4. Naturschutzgebiete.

(1) Naturschutzgebiete im Sinne dieses Gesetzes sind bestimmt abgegrenzte Bezirke, in denen ein besonderer Schutz der Natur in ihrer Ganzheit (erdgeschichtlich bedeutsame Formen der Landschaft, natürliche Pflanzenvereine, natürliche Lebensgemeinschaft der Tierwelt) oder in einzelnen ihrer Teile (Vogelfreistätten, Vogelschutzgehölze, Pflanzenschonbezirke u. dgl.) aus wissenschaftlichen, geschichtlichen, heimat- und volkskundlichen Gründen oder wegen ihrer landschaftlichen Schönheit oder Eigenart im öffentlichen Interesse liegt.

### § 7. Naturschutzbehörden.

(Die Aufgaben der obersten Naturschutzbehörde werden jetzt von den Ländern wahrgenommen.)

### § 11. Schutz von Pflanzen und Tieren.

(1) Die oberste Naturschutzbehörde kann für den ganzen Umfang oder einen Teil des Reichsgebiets Anordnungen nach § 2 erlassen. Aufwendungen irgendwelcher Art können durch

derartige Anordnungen nicht gefordert, dagegen kann die Verpflichtung zur Duldung von Schutz- und Erhaltungsmaßnahmen auferlegt werden, soweit dem Eigentümer hierdurch keine wesentlichen Nachteile entstehen.

(2) Die ergehenden Anordnungen gelten, soweit darin nichts anderes bestimmt ist, gegenüber jedermann.

(3) Die Durchführung der Anordnungen liegt den Naturschutzbehörden und den von ihnen beauftragten Behörden ob.

### § 27. Inkrafttreten des Gesetzes.

(1) Die Vorschriften der §§ 1 bis 6, 24 bis 26 treten mit dem auf die Verkündung dieses Gesetzes folgenden Tag in Kraft.

(2) Im übrigen tritt das Gesetz am 1. Oktober 1935 in Kraft.

(3) Die auf Grund der bisherigen Landesgesetze erlassenen Einzelanordnungen bleiben bis zu ihrer ausdrücklichen Aufhebung in Kraft.

## Auszug aus der Verordnung zum Schutze der wildwachsenden Pflanzen und der nichtjagdbaren wildlebenden Tiere (Naturschutzverordnung).

Vom 18. März 1936 (RGBl. I S. 181)
in der Fassung der Verordnung vom 16. März 1940 (RGBl. I S. 567).

### I. Abschnitt.
### Schutz der wildwachsenden Pflanzen.
### Allgemeine Schutzvorschriften.

§ 1. (1) Es ist verboten, wildwachsende Pflanzen mißbräuchlich zu nutzen oder ihre Bestände zu verwüsten; hierzu gehören besonders die offensichtlich übermäßige Entnahme von Blumen und Farnkräutern, das böswillige und zwecklose Niederschlagen von Stauden und Uferpflanzen, das unbefugte Abbrennen der Pflanzendecke u. dgl., auch wenn dabei im einzelnen Fall ein wirtschaftlicher Schaden nicht entsteht.

(2) Diese Vorschriften gelten, unbeschadet der Bestimmungen des § 14, nicht für den Fall daß Pflanzen oder Pflanzenteile bei der ordnungsmäßigen Nutzung des Bodens, bei Kulturarbeiten oder bei der Unkraut- und Schädlingsbekämpfung vernichtet oder beschädigt werden, soweit nicht besondere Schutzvorschriften dem entgegenstehen.

§ 2. (1) Es ist verboten, ohne Erlaubnis der zuständigen höheren Naturschutzbehörde standortsfremde oder ausländische Gewächse in der freien Natur auszusäen oder anzupflanzen.

(2) Dieses Verbot gilt nicht für das Aussäen oder Anpflanzen von Gewächsen in Gärten, Parken, Friedhöfen, auf Versuchsfeldern oder zu sonstigen land- und forstwirtschaftlichen Zwecken.

§ 3. (1) Es ist verboten, ohne Erlaubnis der obersten Naturschutzbehörde öffentliche Aufrufe oder Aufforderungen zum Bekämpfen oder Ausrotten wildwachsender Pflanzen zu erlassen, abzudrucken oder zu verbreiten.

(2) Unberührt von dieser Vorschrift bleiben Aufrufe oder Aufforderungen zur Unkraut- und Schädlingsbekämpfung.

### Vollkommen geschützte Pflanzenarten.

§ 4. Es ist, unbeschadet der Vorschrift des § 1 Abs. 2, verboten, wildwachsende Pflanzen der folgenden Arten zu beschädigen oder von ihrem Standort zu entfernen:

1. Straußfarn, Struthiopteris germanica Willd. — 2. Hirschzunge, Scolopendrium vulgare Smith — 3. Königsfarn, Osmunda regalis L. — 4. Federgras, Stipa pennata L. — 5. Lilien, Lilium, alle einheimischen Arten (einschließlich Türkenbund) — 6. Schachblume, Fritillaria meleagris L. — 7. Schwertel, Siegwurz, Gladiolus, alle einheimischen Arten — 8. Orchideen, Knabenkräuter, Orchidaceae, die folgenden Gattungen und Arten: Frauenschuh, Cypripedium calceolus L.; Waldvögelein, Cephalanthera; Kohlröschen, Brändlein, Nigritella; Kuckucksblume, Platanthera; Fliegen-, Bienen-, Hummel- und Spinnenblume, Ophrys; Dingel, Limodorum abortivum (L.) Swartz; Riemenzunge, Himantoglossum hircinum (L.) Spr. — 9. Pfingstnelke, Felsennelke, Dianthus caesius Smith — 10. Berghähnlein, Anemone narcissiflora L. —

11. Alpen-Anemone, Teufelsbart, Anemone alpina L., einschließlich ihrer gelben Abart Anemone sulphurea L. — 12. Großes Windröschen, Anemone silvestris L. — 13. Akelei, Aquilegia, alle einheimischen Arten — 14. Küchenschelle, Pulsatilla, alle einheimischen Arten — 15. Frühlingsadonisröschen, Adonis vernalis L. — 16. Weiße und gelbe Seerosen, Nymphaea und Nuphar, alle einheimischen Arten — 17. Diptam, Dictamnus albus L. — 18. Seidelbast, Steinrösl, Daphne, alle einheimischen Arten — 19. Stranddistel oder Seestrand-Mannstreu und Blaudistel oder Alpen-Mannstreu, Eryngium maritimum L. und E. alpinum L. — 20. Alpenveilchen, Cyclamen europaeum — 21. Aurikel, Petergstamm, Primula auricula L. und alle rotblühenden Arten der Gattung Primula — 22. Gelber Fingerhut, Digitalis ambigua Murr. und Digitalis lutea L. — 23. Enzian, Gentiana, die folgenden Arten: Stengelloser Enzian, Gentiana acaulis L., mit den beiden Unterarten Gentiana Clusii P. u. S. und Gentiana Kochiana P. u. S.; Gefranster Enzian, Gentiana ciliata L.; Lungen-Enzian, Gentiana pneumonanthe L.; Gelber Enzian, Gentiana lutea L. — 24. Edelweiß, Leontopodium alpinum L. — 25. Edelrauten, Artemisia, alle Hochgebirgsarten.

## Teilweise geschützte Pflanzenarten.

§ 5. Es ist, unbeschadet der Vorschrift des § 1 Abs. 2, verboten, die unterirdischen Teile (Wurzelstöcke, Zwiebeln) oder die Rosetten wildwachsender Pflanzen der folgenden Arten zu beschädigen oder von ihrem Standort zu entfernen:
1. Maiglöckchen, Convallaria majalis L. — 2. Meerzwiebel, Scilla, alle einheimischen Arten — 3. Wilde Hyazinthe, Muscari, alle einheimischen Arten — 4. Gemeines Schneeglöckchen Galanthus nivalis L. — 5. Großes Schneeglöckchen, Märzenbecher, Leucoium vernum L. — 6. Grüne und Schwarze Nieswurz oder Christrose, Schneerose, Helleborus viridis L. und Helleborus niger L. — 7. Alle rosetten- und polsterbildende Arten oder Gattungen Leimkraut, Silene, Hauswurz, Sempervivum, Steinbrech, Saxifraga, Mannsschild, Androsace — 8. Himmelsschlüssel, Primel, alle nicht im § 4 genannten Arten.

## Verkehr mit geschützten Pflanzen.

§ 6. Es ist verboten, Pflanzen oder Pflanzenteile der nach § 4 geschützten Arten sowie die nach § 5 geschützten Pflanzenteile frisch oder trocken mitzuführen, zu versenden, feilzuhalten, ein- und auszuführen, sie anderen zu überlassen, zu erwerben, in Gewahrsam zu nehmen oder bei solchen Handlungen mitzuwirken.

§ 7. (1) Wer durch Anbau im Inland gewonnene Pflanzen geschützter Arten oder Teile von solchen zu Handelszwecken anbietet oder befördert, hat sich über ihre Herkunft auszuweisen.

(2) Als Ausweis gilt: 1. für den Erzeuger eine von der Ortspolizeibehörde ausgestellte Bescheinigung, aus der hervorgeht, welche Arten und Mengen geschützter Pflanzen er in seinem Betriebe anbaut —

2. für Wiederverkäufer eine vom Verkäufer ausgestellte, mit genauer Zeitangabe versehene Bescheinigung über den rechtmäßigen Erwerb der Pflanzen.

(3) Die nach Abs. I zum Führen eines Ausweises Verpflichteten haben diesen bei sich zu tragen und den Aufsichtsbeamten auf Verlangen vorzuzeigen.

(4) Zum Nachweis der Herkunft der Pflanzen oder Pflanzenteile geschützter Arten sind auch die Inhaber von Betrieben verpflichtet, die solche Pflanzen gewerblich verarbeiten.

(5)

§ 8. (1) Lehrmittelgeschäfte, Naturalien- und Herbarienhändler, botanische Tauschstellen und -vereine müssen über die in ihrem Besitz befindlichen frischen oder getrockneten Pflanzen geschützter Arten, auch wenn es sich um angebaute Pflanzen handelt, ein Aufnahme- und Auslieferungsbuch nach folgendem Muster führen:

| Lfd. Nr. | Eingangstag | Bezeichnung des im Bestand vorhandenen oder übernommenen Gutes nach Art und Zahl | Name und genaue Anschrift des Einlieferers oder der sonstigen Bezugsquelle | Abgangstag | Name und genaue Anschrift des Empfängers, Käufers oder Art des sonstigen Abgangs |
|---|---|---|---|---|---|
| 1 | 2 | 3 | 4 | 5 | 6 |
| | | | | | |

(2) Das Buch muß dauerhaft gebunden und mit laufenden, von der Ortspolizeibehörde beglaubigten Seitenzahlen versehen sein. Die Eintragungen sind unverzüglich mit Tinte oder Tintenstift vorzunehmen. In dem Buche darf nichts radiert und nichts unleserlich gemacht werden; es ist den zuständigen Aufsichtsbeamten und den Beauftragten für Naturschutz auf Verlangen vorzuzeigen.

## Sammeln von Pflanzen.

(1) Wer wildwachsende Pflanzen nicht geschützter Arten (Blumen, Heilkräuter, Farne u. dgl.) oder Teile von solchen für den Handel oder für gewerbliche Zwecke sammelt, muß einen von der zuständigen Ortspolizei- oder Forstbehörde ausgestellten, für das Kalenderjahr gültigen Erlaubnisschein mit sich führen, aus dem hervorgeht, für welche Örtlichkeiten das Sammeln erlaubt und welche Pflanzenarten zum Sammeln freigegeben sind. Vor dem Ausstellen des Erlaubnisscheins ist der zuständige Beauftragte für Naturschutz zu hören.

(2) Die folgenden Arten dürfen zum Sammeln für den Handel oder für gewerbliche Zwecke nicht freigegeben werden:
1. Rippenfarn, Blechnum spicant (L.) Smith — 2. Schlangenmoos, Bärlapp, Lycopodium, alle heimischen Arten — 3. Eibe, Taxus baccata L. — 4. Wacholder, Juniperus communis L., mit Ausnahme der Beeren — 5. Meerzwiebel, Scilla, alle einheimischen Arten — 6. Gemeines Schneeglöckchen, Galanthus nivalis L., und Großes Schneeglöckchen, Märzenbecher, Leucoium vernum L. — 7. Narzissen, Narcissus, alle einheimischen Arten — 8. Grüne und Schwarze Nieswurz oder Christrose, Schneerose, Helleborus viridis L. und Helleborus niger L. — 9. Schwertlilie, Iris, alle einheimischen Arten — 10. Händelwurz, Gymnadenia, und Knabenkraut, Orchis, alle einheimischen Arten — 11. Gagelstrauch, Myrica Gale L. — 12. Trollblume, Trollius europaeus L. — 13. Eisenhut, Aconitum, alle einheimischen Arten — 14. Leberblümchen, Hepatica triloba Gil. — 15. Sonnentau, Drosera, alle einheimischen Arten — 16. Hülse, Stechpalme, Ilex aquifolium L. — 17. Geißbart, Aruncus silvester Kost. — 18. Eichenblättriges Wintergrün, Chimophila umbellata (L.) Nutt. — 19. Sumpfporst, Mottenkraut, Ledum palustre L. — 20. Alpenrosen, alle Arten, Rhododendron ferrugineum L. und Rhododendron hirsutum L. und Rhodothamnus chamaecistus (L.) Rchb. — 21. Himmelschlüssel, Primula, alle nicht im § 4 genannten Arten — 22. Enzian, Gentiana, alle nicht in § 4 genannten Arten — 23. Tausendgüldenkraut, Erythraea, alle einheimischen Arten — 24. Echter oder Gelber Speik, Valeriana celtica L. — 25. Bergwohlverleih, Arnica montana L. — 26. Stengellose Eberwurz, Silberdistel, Wetterdistel, Carlina acaulis L.
Im Ausnahmefall kann das Sammeln nach Abs. I von Pflanzen der unter den Nummern 4, 13, 16, 19, 21, 23, 25 und 26 genannten Arten in Gegenden, wo sie häufig vorkommen, von der höheren Naturschutzbehörde zeitweilig freigegeben werden.

(3) Für das Anbieten oder Befördern angebauter Pflanzen der im Abs. 2 genannten Arten gelten die Vorschriften des § 7.

## Schmuckreisig.

§ 10. (1) Es ist verboten, von Bäumen oder Sträuchern in Wäldern, Gebüschen oder an Hecken Schmuckreisig unbefugt zu entnehmen, gleichgültig, ob im einzelnen Fall ein wirtschaftlicher Schaden entsteht oder nicht.

(2) Als Schmuckreisig gelten Bäume, Sträucher, Bündel von Zweigen, die geeignet sind, als Grünschmuck von Innenräumen aller Art, von Gebäuden, Straßen, Plätzen und Fahrzeugen, zu Girlanden, zur Kranzbinderei oder als winterliches Deckreisig verwendet zu werden, z. B. Weihnachtsbäume, Pfingstmaien, Zweige von Nadelbäumen, Laubbäumen und Sträuchern, besonders auch kätzchentragende Weiden-, Hasel-, Espen-, Erlen- und Birkenzweige, Zweige der Felsenbirne u. dgl.

§ 11. (1) Wer Schmuckreisig zu Handelszwecken mit sich führt, befördert oder anbietet, hat sich über den rechtmäßigen Erwerb auszuweisen.

(2) Als Ausweis gilt:
1. wenn das Schmuckreisig vom Nutzungsberechtigten des Grundstücks, auf dem es gewachsen ist, angeboten oder befördert wird, eine Bescheinigung der Ortspolizeibehörde, aus der hervorgeht, welche Baum- und Straucharten und welche Mengen davon auf dem Grundstück genutzt werden,
2. wenn das Schmuckreisig aus einem fremden Grundstück entnommen wurde, eine mit genauer Zeitangabe versehene Bescheinigung des Nutzungsberechtigten oder der amtlichen Verabfolgungszettel. Für Wiederverkäufer gilt § 7 Abs. 2 Nr. 2.

(3) Die Ausweise sind von ihren Inhabern mitzuführen und den Aufsichtsbeamten auf Verlangen vorzuzeigen.

(4) Die oberste Naturschutzbehörde kann die für Handelszwecke bestimmte Entnahme von Schmuckreisig aus wildwachsenden Beständen und den Handel damit für bestimmte Gebiete und Zeiträume einschränken oder untersagen.

**Ortspolizeibehörde** ........................................

**Forstamt** ........................................

## Sammlerausweis Nr. ...........
### für das Jahr 19......

Auf Grund des § 9 Abs. 1 der Naturschutzverordnung vom 18. März 1936 (RGBl. I S. 181) wird Herrn/Frau[1] ........................................................................................ wohnhaft in ........................, (Str. u. Nr.) ..................................., Kreis ..................... hierdurch erlaubt, innerhalb des folgenden Gebietes ...........................................

........................................................................................................................

die nachgenannten Pflanzen, Pflanzenteile[1] zu sammeln. Der Sammler ist zu schonender Behandlung der Pflanzenbestände verpflichtet. In Schonungen und Dickungen sowie an den nachbezeichneten Stellen ist das Sammeln verboten.

Den Anweisungen der Feldpolizeibeamten und Forstaufsichtspersonen ist Folge zu leisten.

Der Ausweis ist nur gültig, wenn er neben der Unterschrift den Stempel der zuständigen Ortspolizei- oder Forstbehörde[1] trägt; er macht die besondere Genehmigung des Grundstückseigentümers nicht entbehrlich.

___

[1] *Anmerkung:* Nichtzutreffendes ist zu durchstreichen.

___

Rückseite:

Folgende Pflanzen, Pflanzenteile[1] dürfen in den vorher bezeichneten Gebieten gesammelt werden: ....................................................................................................

........................................................................................................................

Das Sammeln ist jedoch verboten in den folgenden Gebieten: ................................

........................................................................................................................

Stempel der zuständigen
Ortspolizeibehörde des            ........................................, den ................................ 19......
Forstamts

___

[1] *Anmerkung:* Nichtzutreffendes ist zu durchstreichen.

### Ausnahmen.

§ 29. (1) Die oberste Naturschutzbehörde und mit ihrer Ermächtigung die höheren Naturschutzbehörden können zum Abwenden wesentlicher wirtschaftlicher Schäden, zu Forschungs-, Unterrichts-, Lehr- oder Zuchtzwecken u. dgl. Ausnahmen von den Vorschriften dieser Verordnung zulassen.

(2) Die Leiter und die wissenschaftlichen Hilfskräfte staatlicher naturwissenschaftlicher Anstalten können für Forschungs- und Unterrichtszwecke:

1. Pflanzen und Pflanzenteile der nach den §§ 4 und 5 geschützten Arten in begrenzter Zahl von ihrem Standort entnehmen,
2. einzelne Tiere der nach § 24 Abs. 1 geschützten Arten fangen.

### Strafen.

§ 30. (1) Wer den Vorschriften dieser Verordnung vorsätzlich oder fahrlässig zuwiderhandelt, wird mit Haft und mit Geldstrafe bis zu 150 Reichsmark oder mit einer dieser Strafen bestraft.

(2) Wird die Tat gewerbs- oder gewohnheitsmäßig begangen oder liegt sonst ein besonders schwerer Fall vor, so wird die Tat mit Gefängnis bis zu zwei Jahren und mit Geldstrafe oder mit einer dieser Strafen bestraft.

(3) Entwendungen und vorsätzliche Beschädigungen sowie die Teilnahme und die Begünstigung in bezug auf solche Taten sind nach den Vorschriften dieser Verordnung nur straf-

bar, wenn der Wert des entwendeten Gutes oder des angerichteten Schadens 20 Reichsmark nicht übersteigt; andernfalls kommen die im Reichsstrafgesetzbuch hierfür angedrohten Strafen zur Anwendung.

(4) Wer es unterläßt, Jugendliche unter 18 Jahren, die seiner Aufsicht unterstehen, von einer Zuwiderhandlung gegen die Vorschriften dieser Verordnung abzuhalten, wird ebenfalls nach Abs. 1 bestraft.

### Einziehung.

§ 31. (1) Neben der Strafe kann auf Einziehung der beweglichen Gegenstände, auf die sich die Tat bezieht oder die zur Begehung der Tat gebraucht oder bestimmt waren, erkannt werden, und zwar ohne Unterschied, ob die Gegenstände dem Täter gehören oder nicht.

(2) In amtliche Verwahrung genommene Gegenstände können, wenn ihr Verderb zu befürchten ist, schon vor der Rechtskraft der Entscheidung über ihre Einziehung verwertet werden. Sie sind der zuständigen Naturschutzstelle für gemeinnützige Zwecke zu überweisen.

(3) Kann keine bestimmte Person verfolgt oder verurteilt werden, so kann auf Einziehung selbständig erkannt werden, wenn im übrigen die Voraussetzungen hierfür vorliegen.

Als Literatur wird empfohlen: J. Loos: Die rechtlichen Grundlagen des Naturschutzes Krefeld: Goecke & Evers.

# E. Erklärung der verwendeten Fachausdrücke.

Bei Fachausdrücken mit den Buchstaben c, k, z, f, ph sehe man auch unter k, c, ph, f nach.

ad (lat.); an, zu
adsorptio (lat.); Verschlukken
adventivus (lat.); hinzukommend
aequatio (lat.); Gleichmachung
aer (g.); Luft
affinitas (lat.); enger Zusammenhang Verwandtschaft
aggregatio (lat.); Anhäufung
akron (g.); Spitze
aleuron (g.); Mehl
allelon (g.); wechselseitig, untereinander
allos (g.); anders
alternare (lat.); abwechseln
amorphos (g.); gestaltlos
amphi (g.); rings
analogos (g.); übereinstimmend
analysis (g.); Auflösung
andria (g.); männliches Wesen
anemos (g.); Wind
angeion (g.); Gefäß
annuus (lat.); einjährig
antagonisma (g.); Wetteifer, Streit
anthesis (g.); Blühen
antheros (g.); blühend
anthos (g.); Blüte
anti (g.); gegen
askos (g); Schlauch
assimilatio (lat.); Angleichung

aster, astron (g.); Stern
autos (g.); selbst
auxanein (g.); wachsen

bakteria (g.); Stab
basis (g.); Grund
Bastard; Mischling
biennis (lat.); zweijährig
bios (g.); Leben
blastos (g.); Sproß, Keim
botanike (g.); Pflanzenkunde
bryon (g.); Moos
bulbus (lat.); Zwiebel

callum (lat.); Schwiele
cambio (ital.); Wechsel
capacitas (lat.); Umfang
capillus (lat.); Haar
capsa (lat.); Kapsel
cardinalis (lat.); Haupt
causa (lat.); Grund
cella (lat.); Kammer
centrum (lat.); Mitte
chalaza (g.); Hagel
chimaira (g.); Fabeltier
chloros (g.); grün
chroma (g.); Farbe
chymos (g.); Saft
coagulatio (lat.); Gerinnen
coccum (lat.); Kern, Beere
combinatio (lat.); Vereinigung
con — cum (lat.); mit, zusammen
conjugare (lat.); zu einem Paar verbinden

constitutio (lat.); Beschaffenheit
continuitas (lat.); ununterbrochene Fortdauer
contractio (lat.); Zusammenziehung
copulare (lat.); Vermählen
crux (lat.); Kreuz
cutis (lat.); Haut

de (lat.); von, weg
decussare (lat.); kreuzweise abteilen
dendron (g.); Baum
derma (g.); Haut
diastasis (g.); Spaltung
dicha (g.); in zwei Teile geteilt
diffusus (lat.); ausgebreitet
diploos (g.); zweifach, doppelt
discus (lat.); Wurfscheibe
dissimilatio (lat.); Unähnlichmachung
dissociare (lat.); trennen
dominare (lat.); beherrschen
donator (lat.); Geber, Schenker
dorsum (lat.); Rücken
dynamis (g.); Kraft

edaphos (g.); Boden
ektos (g.); außen
elementum (lat.); Grundstoff
embryon (g.); Leibesfrucht
entomon (g.); Insekt, Kerbtier

enchyma (g.); Eingegosse-
nes, Gewebe
endon (g.); drinnen, innen
epi (g.); auf
epigaios (g.); auf der Erde
eu (lat.); schön, gut (echt)
exo (g.); außen

factor (lat.); Urheber
fermentum (lat.); Sauerteig
fibra (lat.); Faser
filamentum (lat.); Faser
flagellum (lat.); Fadenwerk
flavus (lat.); gelb
flora (lat.); von flos
flos (lat.); Blüte
folium (lat.); Blatt
fossilis (lat.); ausgegraben
functio (lat.); Verrichtung
fungus (lat.); Pilz
funiculus (lat.); dünnes
Seil

gametes (lat.); Gatte
gamos (g.); Ehe
gelare (lat.); gefrieren, verdicken
gemini (lat.); Zwillinge
genea (g.); Geschlecht
generatio (lat.); Zeugung
genos (g.); genus (lat.); Geschlecht
globus (lat.); Ballen,
Kugel
gluma (lat.); Spelze
glykys (lat.); Spitze
gramen (lat.); Gras
gutta (lat.); Tropfen
gymnos (g.); nackt
gyne (g.); Frau

hadros (g.); gelb
haploos (g.); halb, einfach
haptein (g.); heften
harmonia (g.); Ordnung
haustum (g.); ausgeschöpft
helios (g.); Sonne
hemi (g.); halb
heteros (g); der andere
hexaploos (g); sechsfach
hilum (lat.); Nabel
holos (g.); ganz
homoios (g.); gleich
homologos (g.); überein-
stimmend
horman (g.); anregen, er-
wecken
humidus (lat.); feucht
humus (lat.); Boden
hyalos (g.); wasserhell
hybrida (g.); Bastard
hydor (g.); Wasser
hygros (g.); feucht
hyper (g.); darüber
hyphe (g.); Gewebe, Faden
hypo (g.); unter

idea (g.); Wesen, Urbild
individualitias (lat.); Un-
teilbarkeit
individuum (lat.); Unteil-
bares
integumentum (lat.); Hülle
inter (lat.); zwischen
intercalaris (lat.); ein-
geschaltet
intermedius (lat.); zwischen
etwas befindlich
intus (lat.); nach innen
ion (g.); wandernd
isos (g.); gleich

kalyptra (g.); Haube
kampylos (g.); gekrümmt,
schief
karpos (g.); Frucht
karyon (g.); Kern, Nuß
kaulos (g.); Stengel,
Stamm
kephale (g.); Kopf
kinesis (g.); Veränderung,
Bewegung
klados (g.); Zweig
kleistos (g.); verschließbar
klon (lat.); Schößling
kokkos (g.); Beere, Kern
koleos (g.); Scheide
kolla (g.); Leim
konos (g.); Kegel, Zapfen
kormos (g.); Strunk, Sproß
kotyledo (g.); Keimblatt
kryptos (g.); geheim
kyanos (g.); blau
kystis (g.); Blase

labilis (lat.); vergänglich,
leicht gleitend
lamella (lat.); Blättchen
lamina (lat.); Blatt
latus (lat.); Seite
legumen (lat.); Hülse
leichen, lichen (g.); Flechte
lemma (g.); Schale, Haut
lens (lat.); Linse
lenticula (lat.); kleine Linse
lepis (g.); Schuppe
letalis (lat.); tödlich
leukos (g.); weiß
lignum (lat.); Holz
lipos (g.); Fett
loculus (lat.); Fach
logos (g.); Lehre
lumen (lat.); Licht, Fenster-
öffnung
lysis (g.); Lösung

makros (g.); groß
maximum (lat.); das
Größte
meiosis (g.); Verminderung
membrana (lat.); Häutchen
meristes (g.); Teiler

mesos (g.); mäßig
meta (g.); nach, hinterher
metamorphosis (g.); Ver-
wandlung
micula, micellula (lat.);
Krümchen
mikros (g.); klein
minimum (lat.); Geringste
mitos (g.); Faden
molecula (lat.); Klümpchen
moles (lat.); Masse, Klumpen
monos (g.); einzig, allein
morphe (g.); Gestalt
multiplex (lat.); vielfach
muscus (lat.); Moos
mutatio (lat.); Veränderung
mykes (g.); Pilz, Ausschlag
myxa (g.); Schleim

nekros (g.); tot
nema (g.); Faden
niger (lat.); schwarz
nodus (lat.); Knoten
nomen (lat.); Namen
nucleolus (lat.); Kernchen
nucleus (lat.); Kern

oculus (lat.); Auge
oleum (lat.); Öl
oon (g.); Ei
opsis (g.); Aussehen
optimus (lat.); Bester
organon (g.); Werkzeug
ornis (g.); Vogel
osmos (g.); auspressen, Antrieb
oxys (g.); scharf, sauer

panaché (frz.); gefleckt
parenchyma (g.); Substanz
der Eingeweide
parentes (lat.); Eltern
parthenos (g.); Jungfrau
pektos (g.); fest verklebt
pepsis (g.); Garmachen
peptein (g.); kochen
perennis (lat.); ausdauernd
peri (g.); herum
periblema (g.); Mantel
periklines (g.); sich rings
herum neigen
periodos (g.); wiederkehrende Zustände
permeabilis (lat.); durch-
gehbar, durchlässig
phaios (g.); braun
phasis (g.); Erscheinung
phellos (g.); Kork
pherein (g.); tragen
philos (g.); liebend
phloios (g.); Rinde
phobein (g.); fliehen
phos (g.); Licht
phykos (g.); Tank

phyllon (g.); Blatt
physis (g.); Natur
phyton (g.); Pflanze
placenta (lat.); Kuchen
plagios (g.); schief
planktos (g.); umhergetrie-
    ben, wogend
plasma (g.); Gebilde, das
    Geformte
pleroma (g.); Ausfüllung
plumula (lat.); Federchen
pollen (lat.); Staubmehl
polyploos (g.); vielfach
polys (g.); viel
populatio (lat.); Bevölke-
    rung
poros (g.); Öffnung, Durch-
    gang
potentia (lat.); Befähigung
primus (lat.); Erster
problema (g.); Streitfrage
protiston (g.); das Aller-
    erste
protos, (g.); das Erste
pseudos (g.); falsch
psilos (g.); nackt, unbe-
    kannt
pteridion (g.); Federchen
ptyelos (g.); Speichel
pyle (g.); Türe, Öffnung

racemus (lat.); Traube
radius (lat.); Speiche
radix (lat.); Wurzel
reactio (lat.); Gegen-
    wirkung
reductio (lat.); Zurück-
    führung
resobere (lat.); verschlucken
reversio (lat.); Umkehrung

rhaphis (g.); Nadel
rhiza (g.); Wurzel
rhodeos (g.); rosa

saccharum (lat.); Zucker
sapros (g.); faulend
schizein (g.); spalten
scutellum (lat.); Schildchen
secretio (lat.); Absonderung
sector (lat.); Ausschnitt
secundus (lat.); der Zweite
semi (lat.); halb
septum (lat.); Scheidewand
seta (lat.); Borste,
    Schwanz
sexualis (lat.); geschlecht-
    lich
sexus (lat.); Geschlecht
skleros (g.); hart
skopein (g.); beobachten
solutio (lat.); Auflösung
soma (g.); Körper
sorus (g.); Haufen
sperma (g.); Same
spirare (lat.); ausatmen
sporos (g.); Same
stadium (lat.); Zustand
stele (g.); Pfosten, Säule
sterilis (lat.); unfruchtbar
stoma (g.); Mund
structura (lat.); Bau
suber (lat.); Kork
succulentus (lat.); saftig
synapsis (g.); Verbindung
synthesis (g.); Zusammen-
    fügen
synergos (g.); Gehilfe

telos (lat.); Ende, Ziel
temperare (lat.); mäßigen

tentare (lat.); berühren
terminus (lat.); Ende, Ziel
thallos (g.); Trieb, Lager
theke (g.); Behältnis
theoria (g.); Betrachtung
thermos (g.); warm
thrix (g.); Haar
tonos (g.); Spannung
torus (g.); Wulst, Polster
trachea (g.); Luftröhre
triploos (g.); dreifach
trophe (g.); Ernährung,
    Nahrung
tropos (g.); Wendung, Rich-
    tung
tuber (lat); Knolle
tubus (lat.); Röhre
turgescere (lat.); schwellen,
    aufschwellen
turgor (lat.); Schwellung

umbella (lat.); Dolde
uniformis (lat.); gleich-
    förmig

vacuum (lat.); Hohlraum
velamen (lat.); Hülle
venter (lat.); Bauch
vita (lat.); Leben
volumen (lat.); Inhalt

xanthos (g.); gelb
xeros (g.); trocken
xylon (g.); Holz

zone (g.); Gürtel
zoon (g.); Tier
zygon, zygos (g.); Joch
zyme (g.); Sauerteig

# Chemie.

Von Dr. phil. **J. Dahmlos,** Niendorf-Ostsee.

## A. Allgemeine und Anorganische Chemie.

### Historisches.

Die Chemie ist die Lehre von den Stoffen und den Stoffumwandlungen. Der mit einer Feuererscheinung verknüpfte Verbrennungsvorgang war die erste stoffliche Umwandlung, welche der Mensch in vorgeschichtlicher Zeit zu handhaben lernte. Es hat sehr lange gedauert, bis die stoffliche Seite der Verbrennungsvorgänge in ihrem Wesen erkannt wurde, doch wußte man schon früh die mit ihnen verbundene Entstehung von Wärme zur Durchführung weiterer stofflicher Umwandlungen zu nutzen. So gelang es, Metalle für Waffen und Geräte aus ihren Erzen zu erschmelzen, Ziegel und Töpfermaterial durch Brennen von Ton zu gewinnen und Kalkstein in gebrannten Kalk zu verwandeln.

Bei einigen alten Kulturvölkern war die Kunst, Rohstoffe der unbelebten und belebten Natur durch Umwandlung in wertvolle Gebrauchstoffe zu veredeln, ziemlich hoch entwickelt. Die gelehrten Priester des alten Ägypten hüteten bereits vor 4000 Jahren einen bedeutenden Schatz chemischer Kenntnisse. Außer einigen wichtigen Metallen (Kupfer, Eisen, Blei, Antimon) und der Kupfer-Zinnlegierung Bronze kannte man die Mineralfarben Mennige, Zinnober, Ocker, Auripigment und den Ultramarin, verstand es, glasierte Tonwaren und Glas herzustellen, Seife zu bereiten und beherrschte das Verfahren der Färbung mit den Pflanzenfarbstoffen Krapp und Indigo sowie mit dem Farbstoff der Purpurschnecke[1]. Auch mancherlei Heilmittel und Gifte wußte man zu gewinnen und anzuwenden. Andere Kulturvölker jener Zeit (Chaldäer, Phönizier, Israeliten) besaßen ebenfalls bedeutende chemische Kenntnisse, die sie vielleicht teilweise durch ihre Berührung mit der ägyptischen Kultur erworben hatten.

Griechen und Römer übernahmen später die Erfahrungen der genannten Völker, sie haben jedoch zu ihrer Fortentwicklung wenig beigetragen. Der Geist des klassischen Altertums war wesentlich spekulativ und einer Beschäftigung mit materiellen Dingen abhold. So war bei Griechen und Römern die chemische Kunst ein Handwerk für Färber und Salbenköche.

Die eigentlichen Erben und Vermittler der altägyptischen Kenntnisse wurden die Araber. Nach dem Namen ,,Chemi" für das Schwemmland des Nils nannten sie unter Vorsetzung des arabischen Artikels ,,al" die chemische Kunst *Alchemie*. Arabische Ärzte pflegten die Alchemie auf berühmten Schulen und bereicherten sie durch neue Entdeckungen. Mit der Ausbreitung des Islam gelangten die chemischen Kenntnisse der Araber zunächst nach Spanien und verbreiteten sich von dort aus nach der Niederringung des Islam auf das übrige Europa.

Das eigentliche Zeitalter der Alchemie in Europa (1200 — 1500) ist gekennzeichnet durch das Bestreben, aus unedlen Metallen oder anderen Stoffen Gold zu bereiten. In Unkenntnis der inneren Zusammenhänge und teilweise von Mystik und Aberglauben befangen, hielten die Alchemisten eine chemische Umwandlung für möglich, deren Unausführbarkeit erst durch die in neuerer Zeit gewonnenen vertieften Einsichten in die Natur der Stoffe offenbar wurde. Immerhin hat die gelegentlich als ,,schwarze Kunst" verrufene Tätigkeit der Alchemisten zur Auffindung vieler neuer Stoffe und Stoffumwandlungen geführt. Einige Beispiele sind: Gewinnung von Schwefelsäure aus Eisenvitriol, Salzsäure aus Kochsalz, Salpetersäure aus Salpeter, Phosphor aus den Phosphaten des Harns. Auch die wichtigsten metallurgischen Prozesse wurden im Zeitalter der Alchemie aufgefunden.

---

[1] Um diese Leistungen richtig würdigen zu können, sei erwähnt, daß zur Gewinnung von 1 g Purpurfarbstoff 8000 der im Meere lebenden Purpurschnecken (Murex brandaris) verarbeitet werden mußten. Außerdem sind die Ausfärbungen der genannten Farbstoffe recht komplizierte Vorgänge, die viel Erfahrung voraussetzen.

Der nachfolgende Zeitabschnitt stellt die Chemie in den Dienst der Medizin. Diese Epoche der *Iatrochemie*[1] wird zu Beginn des 16. Jahrhunderts eingeleitet von dem berühmten Arzt PARACELSUS[2]. Die Ärzte als naturwissenschaftlich geschulte Männer waren besonders zur Pflege der Chemie berufen.[3] Sie begnügten sich nicht mit der Nutzbarmachung chemischer Präparate (Quecksilber- und Antimonpräparate, Wismutsalze, Glaubersalz) für die Zwecke der Heilkunst, sondern sie erweitertern die chemischen Kenntnisse ihrer Zeit durch eigene Entdeckungen. So verdanken wir PARACELSUS die Auffindung des gasförmigen Wasserstoffs und dem niederländischen Arzt VAN HELMONT (1577 — 1644) die Entdeckung der Kohlensäure. Die Einsicht, daß es außer der Luft noch andere gasförmige Stoffe gibt, die man unterscheiden und handhaben kann, bildete eine wesentliche Bereicherung der Kenntnis von den Stoffen und war für die spätere Aufklärung der stofflichen Seite chemischer Umwandlungen von großer Wichtigkeit. Andere berühmte Ärzte dieser Zeit wie AGRICOLA (1494 — 1555) und GLAUBER (1604 — 1668) erkannten sehr klar die allgemeine Bedeutung der Chemie für andere Gebiete der Naturwissenschaft (Mineralogie, Geologie) und für die gesamte Wirtschaft eines Volkes.

Die Mißerfolge der Alchemisten hatten gezeigt, daß nicht jede denkbare stoffliche Umwandlung möglich ist. Die Vielzahl der Stoffe und die Mannigfaltigkeit der Erscheinungen erschwerten jedoch lange Zeit die Enthüllung der Zusammenhänge. Das gelang erst, als man ohne Rücksicht auf praktisch verwertbare Ergebnisse, allein im Streben nach Erkenntnis, die Stoffe und ihre Umwandlungen zu studieren begann. Die Notwendigkeit einer solchen Forschungsweise erkannte zuerst der englische Chemiker und Physiker ROBERT BOYLE[4], der damit das Zeitalter der wissenschaftlichen Chemie einleitete. Die Erkenntnis BOYLES, daß es unverwandelbare *Grundstoffe* (*Elemente*) gibt, die zu chemischen Verbindungen zusammentreten können und daraus durch geeignete Umwandlungen (Reaktionen) in Art und Menge unverändert wieder zum Vorschein kommen, ließ die Grenzen stofflicher Umwandlungen offenbar werden. Die Nachfolger BOYLES wandten sich zunächst dem Studium der Verbrennungsvorgänge zu. Nach der Entdeckung des Sauerstoffs durch SCHEELE (1773)[5] und PRIESTLEY (1774)[6] fand diese am längsten bekannte stoffliche Umwandlung ihre endgültige Erklärung durch die Sauerstofftheorie von LAVOISIER (1777)[7]. Der entscheidende Fortschritt LAVOISIERS war die quantitative Verfolgung der Verbrennungsvorgänge mit Hilfe der Waage, die von nun an ein wichtiges Werkzeug der chemischen Forschung wurde. Untersuchungen über die quantitative Zusammensetzung chemischer Verbindungen führten DALTON (1803)[8] zu der Überzeugung, daß die Elemente aus sehr kleinen unteilbaren Einheiten bestehen, die er *Atome* nannte. Chemische Tatsachen legten damit eine Auffassung über den inneren Aufbau der Elemente nahe, zu welcher der griechische Philosoph DEMOKRIT bereits vor 2000 Jahren bei seinen Spekulationen über die Natur der Stoffe gelangt war. Um die Mitte des 18. Jahrhunderts hatten physikalische Untersuchungen über die Eigenschaften gasförmiger Stoffe erkennen lassen, daß sie aus kleinen selbständigen Teilchen bestehen, die den Namen *Moleküle* erhielten. Im Jahre 1811 schuf AVOGADRO[9] durch Aufstellung seiner berühmten Hypothese die Voraussetzung für

---

[1] gr. ἰατρός (iatros) = Arzt.

[2] PARACELSUS, mit dem richtigen Namen THEOPHRAST BOMBAST, mit Familiensitz in Hohenheim bei Stuttgart, geb. 1493 in Einsiedeln (Schweiz), gest. 1541 in Salzburg, führte ein unstetes Leben als Arzt.

[3] An die Stelle der Ärzte traten später die Apotheker, die sich nicht nur mit der Bereitung von Heilmitteln befaßten, sondern auch den Bedarf an anderen chemischen Stoffen herstellten und die chemische Wissenschaft durch eigene Entdeckungen bereicherten. Mancher bedeutende Chemiker (z. B. SCHEELE) ist aus dem Apothekerstande hervorgegangen, und einige Apotheken haben sich später zu großen chemischen Werken entwickelt (Merck, Schering u. a.).

[4] ROBERT BOYLE (1626 — 1694), Sohn des Grafen von Cork, aus Lismore in Südirland. Seine Arbeiten sind grundlegend für die Zweige der Chemie, die heute physikalische Chemie und analytische Chemie genannt werden.

[5] KARL WILHELM SCHEELE, geb. 1742 in dem damals schwedischen Stralsund, gest. 1786 in Schweden, war Apotheker. Er besaß eine erstaunliche Beobachtungsgabe und große experimentelle Geschicklichkeit.

[6] JOSEPH PRIESTLEY (1733 — 1804) war Prediger. Er beschäftigte sich hauptsächlich mit den gasförmigen Stoffen.

[7] ANTOINE LAURENT LAVOISIER (1743 — 1794), hervorragender franz. Chemiker, der in der franz. Revolution hingerichtet wurde.

[8] JOHN DALTON (1766 — 1844) war Schullehrer; seine grundlegende Theorie wurde in ihrer Bedeutung weniger von ihm selbst als von andern Chemikern, insbesondere BERZELIUS, erkannt.

[9] AMADEO AVOGADRO (1776 — 1856), ital. Physiker.

eine eindeutige Bestimmung der Atomgewichte. Es bedurfte jedoch noch einer annähernd 50 Jahre währenden Forschungsarbeit, bis dieses Problem durch die folgerichtige Verknüpfung des chemischen Begriffs Atom mit dem physikalischen Begriff Molekül gelöst wurde. Mit der Ausschaltung jeder Willkür in der Wahl der Atomgewichte gewann die chemische Zeichen- und Formelsprache, die ursprünglich von BERZELIUS[1] geschaffen wurde, ihre heutige Gestalt.

Die zuerst von BOYLE als notwendig erkannte neue Forschungsart führte so schließlich zu jenen grundlegenden Erkenntnissen über den inneren Aufbau der Stoffe, die zum Ausgangspunkt für die großartige Entwicklung der wissenschaftlichen und technischen Chemie im 19. und 20. Jahrhundert wurden. Während zu Beginn des 19. Jahrhunderts Frankreich in der Wissenschaft führend war, beherrschte England bis über die Mitte des Jahrhunderts hinaus das Gebiet der chemischen Technik. Die Nutzbarmachung der neuen wissenschaftlichen Erkenntnisse für die industrielle Praxis blieb jedoch Deutschland vorbehalten. Im Jahre 1824 begann der junge JUSTUS VON LIEBIG (1803 — 1874) nach seiner Lehrzeit in Paris seine für die Entwicklung der organischen Chemie bedeutenden Forschungen. In seinem Gießener Laboratorium schuf er die Grundlage für die noch heute gültige Unterrichtsmethode an deutschen Hochschulen und bildete Schüler heran, die von seinem Geiste beseelt teils wieder als Lehrer, zum größeren Teil aber als Pioniere in der deutschen chemischen Industrie wirkten. So wurde LIEBIG zum Wegbereiter für die zuerst in Deutschland so erfolgreiche Zusammenarbeit von Wissenschaft und Technik. Seine Erkenntnisse über den Bedarf der Pflanzen an mineralischen Stoffen regten die Schaffung der Düngemittelindustrie an, die in der Folgezeit weitere Industrien ins Leben rief. Durch „Chemische Briefe" trug er seine Erkenntnisse über die Wechselwirkung zwischen Tier- und Pflanzenleben, den Kreislauf der Stoffe und andere Fortschritte der Wissenschaft in weite Bevölkerungskreise.

Die rasche Erweiterung der Kenntnisse und die Berührung der Chemie mit den Nachbargebieten Physik, Mineralogie, Geologie, Medizin und Pharmazie führte in neuerer Zeit zu einer weitgehenden Spezialisierung und zur Aufteilung des Gesamtgebietes in Teilgebiete, die durch besondere Aufgaben und Arbeitsmethoden gekennzeichnet sind. In der folgenden Darstellung erfolgt die Aufteilung in die beiden Gebiete der *Anorganischen Chemie* (Mineralchemie) und *Organischen Chemie* (Chemie der Kohlenstoffverbindungen).

# I. Stoffgemenge und chemisch reine Stoffe.

Die sehr allgemein gehaltene Definition der Chemie als Lehre von den Stoffen und ihren Umwandlungen erfordert eine genaue Präzisierung der Begriffe, da weder alle Stoffe noch alle stofflichen Umwandlungen als chemische gelten.

**Heterogene und homogene Gemenge. Trennungsmethoden.** Man hat klar zu unterscheiden zwischen *reinen chemischen Stoffen* und *Stoffgemengen*. Es gibt *heterogene*[2] und *homogene*[3] Gemenge. Bei den heterogenen Gemengen sind die einzelnen Bestandteile deutlich gegeneinander abgegrenzt. Die verschiedene Lichtbrechung ermöglicht entweder mit bloßem Auge oder durch mikroskopische Betrachtung die Erkennung der Bestandteile. Beispiele für heterogene Gemenge sind: Granit, Düngesalz, Kreideaufschlämmung, Ölemulsion in Wasser, Milch, Rauch, Nebel. Mannigfache Trennungsverfahren führen zur Sonderung der Bestandteile eines heterogenen Gemenges. Sie gelangen im Laboratorium und in der Technik in den verschiedensten Ausführungsformen zur Anwendung und beruhen auf Unterschieden der Dichte (*Sedimentieren*[4], *Aufrahmen*, *Zentrifugieren*), der Teilchengröße (*Sieben*, *Filtrieren*), der Benetzbarkeit (*Flotation*[5] oder *Schwimmaufbereitung* von Erzen) und des magnetischen bzw. elektrischen Verhaltens (*magnetische Sichtung*, *elektrische Entstaubung*).

---

[1] JÖNS JAKOB BERZELIUS (1770 — 1848), Prof. der Chemie und Pharmazie in Stockholm; er begründete durch seine umfassenden Untersuchungen über die stöchiometrische Zusammensetzung chemischer Verbindungen die quantitative Analyse und hatte wesentlichen Anteil an der Entwicklung der Chemie seiner Zeit.

[2] gr. ἕτερος (heteros) = ein anderer, verschiedener; γεννάω (gennao) = ich erzeuge; heterogen = verschiedenteilig.

[3] gr. ὁμός (homos) = gleich, ähnlich; homogen = gleichteilig.

[4] lat. sedimentum = Senkung, Absetzen.

[5] ital. flottare = schwimmen.

Beispiele für homogene Gemenge sind: Zuckerlösung, Meerwasser, Mischung von Alkohol und Wasser, Benzin, Luft, Messing. In den homogenen Gemengen ist die Aufteilung und gegenseitige Durchdringung der Bestandteile so weitgehend, daß sie in den kleinsten abgeteilten Bezirken vollkommen gleichartig erscheinen. Doch auch hier gibt es Verfahren, die eine Zerlegung in die Bestandteile ermöglichen. So friert aus einer verdünnten Salzlösung beim Abkühlen reines Eis aus; eine konzentrierte Salzlösung läßt beim Verdunsten das Salz auskristallisieren; der Dampf der Lösung besteht nur aus Wasser. Die Alkohol-Wassermischung besitzt einen Dampf, der reicher an Alkohol ist als die flüssige Mischung. Kühlt man Luft gehörig ab, so kondensiert sich bei —193° C eine Flüssigkeit, die mehr Sauerstoff enthält als der gasförmig gebliebene Rest. Diese Beobachtungen deuten einige Möglichkeiten für die vollständige oder teilweise Scheidung der Bestandteile an. Man benutzt Unterschiede der Gefrier- oder Schmelztemperatur (*fraktioniertes Erstarren* oder *Schmelzen*), der Siede- oder Kondensationstemperatur (*fraktionierte Destillation*[1] oder *Kondensation*[2], *Sublimation*[3]) und der Löslichkeit in verschiedenen Lösungsmitteln (*Kristallisieren* oder *Lösen*, *Extraktion*[4]). Auf der Fähigkeit gewisser Stoffe (Kohle, Tonerde), andere an ihrer Oberfläche zu fixieren, beruht die *Adsorption*[5] und auf unterschiedlichen Teilchengewichten die Trennung der Bestandteile durch *Diffusion*[6].

**Kolloide Lösungen.** Eine Mittelstellung zwischen heterogenen und homogenen Gemengen nehmen die *kolloiden Lösungen*[7] ein. Beispiele sind eine Leimlösung oder eine kolloide Gold-lösung. Die Aufteilung kolloid gelöster Stoffe ist nicht so weitgehend wie beispielsweise die Aufteilung von Zucker in Wasser, doch liegt die Größe kolloider Teilchen unterhalb mikroskopischer Sichtbarkeit. Wirft man durch eine kolloide Lösung ein scharf begrenztes Licht-bündel und blickt senkrecht dazu hindurch, so nimmt man eine Trübung wahr. Dieser Tyndall-effekt[8] rührt her von einer seitlichen Zerstreuung des Lichtes durch die Kolloidteilchen. Auf dieser Erscheinung beruht ihre Sichtbarmachung im *Ultramikroskop* und damit die Möglichkeit, ihre Größe zu bestimmen. So beträgt der Durchmesser kolloider Goldteilchen 100 bis 150 Å[9]; er liegt weit unterhalb der Wellenlänge des sichtbaren Lichtes 4000 — 5000 Å. Die Fetttröpfchen der Milch haben einen Durchmesser von 16000 — 160000 Å, während die Teilchen in einer Zuckerlösung nur einen solchen von etwa 5 Å besitzen.

Will man eine kolloide Lösung von gelösten Salzen befreien, so bedient man sich der *Dialyse*[10]. Man füllt die Lösung in ein Kollodiumsäckchen und hängt dieses in Wasser; die feinen Poren des Kollodiums lassen die Salzteilchen hindurchtreten, während die viel größeren Kolloidteilchen zurückgehalten werden.

**Chemisch reine Stoffe.** Die beschriebenen Trennungsmethoden setzen uns instand, Gemenge in ihre Bestandteile zu zerlegen und so *chemisch reine Stoffe* zu gewinnen. Ein reiner Stoff liegt vor, wenn er mittels solcher Trennungsverfahren nicht weiter in Bestandteile zerlegt werden kann, d. h. wenn bei jeder derartigen Operation das Abgetrennte mit Rest und Ausgangsstoff identisch ist.

Wichtig ist, sich bei der Entscheidung dieser Frage nicht mit einem Trennungsverfahren zu begnügen, da es unter Umständen versagen kann. So hat z. B. der Dampf einer 20,2%igen Salzsäure die gleiche Zusammensetzung wie die Flüssigkeit. Sie verhält sich bei der Destillation wie ein reiner Stoff, siedet vom ersten bis zum letzten Tropfen konstant bei 108,6° C, und Destillat und Rückstand haben immer die gleiche Zusammensetzung. Solche durch Destillation

---

[1] lat. de-stillare = herabtropfen; lat. frangere = brechen; fraktionierte Destillation = gebrochene Destillation.

[2] lat. con-densare = verdichten.

[3] lat. sublimis = erhaben; die festen Kristalle „erheben" sich in den Dampfraum und werden an gekühlten Gegenständen verdichtet.

[4] lat. ex-trahere = ausziehen.

[5] lat. ad-sorbere = einschlürfen, verschlucken.

[6] lat. dif-fundere = zerstreuen, ausbreiten (durch feine Poren).

[7] gr. κόλλα (kolla) = Leim.

[8] JOHN TYNDALL, engl. Physiker (1820 — 1893).

[9] Å = Ångströmeinheit = ein Hundertmillionstel cm.

[10] gr. δια-λύσις (dia-lysis) = Lösung, Trennung voneinander.

nicht trennbare Mischungen heißen *azeotrop*[1]. Weitere Beispiele sind 68%ige Salpetersäure (Sdp. 120° C) und 95,6%iger Alkohol (Sdp. 78,15° C).

Die Chemie kennt heute etwa eine Million reine Stoffe. Beispiele sind: Kupfer, Aluminium, Kochsalz, Rohrzucker, Diamant, destilliertes Wasser, Sauerstoff. Man beschreibt und kennzeichnet einen reinen Stoff durch seine physikalischen Eigenschaften: *Dichte, Schmelzpunkt* (Schmp.), *Siedepunkt* (Sdp.), *Lichtbrechungsvermögen, elektrisches Leitvermögen.*

In der *organischen Chemie* ist die Bestimmung des Schmelzpunktes ein wichtiges Mittel zur Erkennungs- und Reinheitsprüfung der Stoffe. In der *anorganischen Chemie* ist das nicht in gleichem Maße der Fall, weil sie es meist mit Stoffen zu tun hat, die sehr hoch oder sehr tief schmelzen. So schmilzt Kupfer bei 1083° C, Kochsalz bei 803° C und Sauerstoff bei — 218,4° C. In der anorganischen Chemie benutzt man daher im allgemeinen die chemischen Erkennungsreaktionen der *qualitativen Analyse.*

**Einteilung reiner Stoffe.** Bei der Vielzahl reiner Stoffe mit den verschiedensten Eigenschaften ist es zur Erlangung einer Übersicht zweckmäßig, zunächst eine Einteilung vorzunehmen, die es ermöglicht, jeden Stoff nach besonders augenfälligen Kennzeichen in eine bestimmte Klasse einzureihen. Wir unterscheiden folgende vier Stoffklassen.

*1. Klasse: Flüchtige Stoffe.*

Merkmale: Entweder bei gewöhnlicher Temperatur gasförmig oder verhältnismäßig leicht, d. h. bei nicht allzu hoher Temperatur ($\sim 300°$ C) in den gasförmigen Zustand überzuführen. Nichtleiter. Ohne Metallglanz.

Beispiele: Sauerstoff, Wasser, Jod und sehr viele Stoffe der organischen Chemie (Äther, Chloroform, Benzol, Naphthalin).

Innerer Aufbau: Grundbaustein Molekül. Im festen Zustand Molekülgitter.

*2. Klasse: Salzartige Stoffe (Ionenverbindungen).*

Merkmale: Hohe Schmelz- und Siedepunkte. Vielfach löslich in Wasser. Im festen Zustande Nichtleiter, geschmolzen oder gelöst unter Zersetzung leitend.

Beispiele: Kochsalz, Soda, Gips, Ätznatron, gebrannter Kalk, Kaliumpermanganat, Bleichromat.

Innerer Aufbau: Grundbausteine Ionen. Im festen Zustand Ionengitter.

*3. Klasse: Metalle.*

Merkmale: Oberflächenglanz. Gute elektrische Leitfähigkeit ohne Zersetzung. Meist hohe Siedepunkte. Unlöslich in Wasser.

Beispiele: Natrium, Magnesium, Zink, Eisen, Chrom, Wolfram.

Innerer Aufbau: Ionengitter mit beweglichen Leitungselektronen.

*4. Klasse: Diamantartige Stoffe.*

Merkmale: Sehr hart. Schmelz- und Siedepunkte sehr hoch. Nichtleiter. Kein Metallglanz. Durchsichtig.

Beispiele: Diamant, Quarz, Korund.

Innerer Aufbau: Besondere Gitterstruktur.

Diese auf physikalischen Merkmalen beruhende Einteilung erlaubt es, ohne besondere Schwierigkeit viele Stoffe in eine der vier Klassen einzureihen, wobei von gewissen Übergangsgliedern zunächst abgesehen ist. Besonders bemerkenswert ist die Gleichartigkeit des inneren Aufbaues innerhalb jeder Stoffklasse.

---

[1] gr. ζέω (zeo) = ich siede; τρέπω (trepo) = ich wende; $a$ = Verneinung; azeotrop = durch Sieden nicht zu trennen. Zur Trennung azeotroper Mischungen gibt es besondere Verfahren.

## II. Formarten und innerer Aufbau chemisch reiner Stoffe.

### 1. Flüchtige Stoffe. Der Molekülbegriff.

**Formartänderungen. Polymorphie.** Wir beginnen die Betrachtung der chemisch reinen Stoffe mit den Stoffen der 1. Klasse (flüchtige Stoffe) und greifen als Beispiel das Wasser heraus. In einem offenen Gefäß verdunstet das Wasser besonders schnell, wenn ein Luftzug über die Oberfläche streicht. Das flüssige Wasser schickt Wasserdampf in die Luft, der dauernd fortgeführt wird, und allmählich verschwindet das Wasser. In einem geschlossenen Gefäß, z. B. in der Leere eines Barometerrohres, kann der Wasserdampf nicht entweichen. Er sammelt sich in dem Raum über dem flüssigen Wasser und übt einen Druck aus, den man *Dampfdruck* nennt. Das Quecksilber des Barometerrohres sinkt. Das flüssige Wasser entsendet bei jeder Temperatur durch Verdampfung eine bestimmte Menge Dampf in einen abgeschlossenen Raum. Bei 20° C beträgt diese Menge etwa 16 g pro cbm, die einen Dampfdruck von 17,5 mm Quecksilber bewirkt. Der Dampfdruck wächst mit steigender Temperatur. Erhitzt man Wasser in einem Siedekolben, so erreicht sein Dampfdruck bei 100° C Atmosphärendruck (760 mm Quecksilber). Der Wasserdampf hat nun die Fähigkeit erlangt, den Luftdruck zu überwinden. Im Wasser entwickeln sich Dampfblasen; das Wasser siedet unter Konstanterhaltung der Temperatur. Es kann in einem angeschlossenen Kühler kondensiert und so destilliert werden. Vermindert man den Luftdruck in der Apparatur, so erfolgt das Sieden bei entsprechend niederer Temperatur, bei einem Druck von 17,5 mm z. B. bei 20° C. Das wäre eine *Vakuumdestillation*, die häufig bei hochsiedenden, temperaturempfindlichen Stoffen ausgeführt wird. So gehört zu jeder Temperatur ein bestimmter Dampfdruck und zu jedem Druck eine bestimmte *Siedetemperatur* (Sdp.).

Kühlt man flüssiges Wasser ab, so scheiden sich bei 0° C Eiskristalle[1] ab. Die Temperatur bleibt so lange konstant, bis alles Wasser gefroren ist; umgekehrt schmelzen die Eiskristalle bei 0° C zu flüssigem Wasser.

Dieser *Schmelz-* oder *Erstarrungspunkt* (Schmp.) ist ein wenig vom Druck abhängig. Eine Druckerhöhung um 12 Atmosphären erniedrigt den Gefrierpunkt des Wassers um 0,1°. Bei anderen Stoffen ist es umgekehrt: Druckerhöhung bewirkt eine Heraufsetzung ihres Schmelzpunktes. Das Wasser nimmt hier eine gewisse Sonderstellung ein, die es auch in anderen physikalischen Eigenschaften zeigt (Dichtemaximum des Wassers bei 4° C).

Auch die Eiskristalle besitzen einen Dampfdruck, den sog. Sublimationsdruck. Er ist zwar klein, z. B. 1,94 mm bei —10° C, doch genügt er, um einen direkten Übergang des Eises in Wasserdampf ohne vorheriges Schmelzen zu bewirken. Diesen Übergang nennt man Sublimation[2].

So verwandelt sich an kalten Wintertagen der Reif durch Sublimation in Wasserdampf. Jodkristalle haben einen so beträchtlichen Sublimationsdruck, daß sie ohne zu schmelzen (Schmp. 114° C) sublimieren und sich an einem gekühlten Gegenstand aus dem violetten Dampf wieder ausscheiden. Auch der umgekehrte Übergang Dampf → Kristall ist also möglich; ihm verdanken Reif- und Schneekristalle sowie Schwefelblumen ihre Bildung, während dagegen Hagel- und Graupelkörner gefrorene Wassertröpfchen sind.

Das Wasser vermag also in verschiedenen Erscheinungsformen aufzutreten. Man nennt diese Erscheinungsformen *Formarten* oder *Aggregatzustände*[3], gelegentlich

---

[1] gr. κρύσταλλος (krystallos) = Eis; der Begriff Kristall leitet sich also von den Eiskristallen ab.

[2] s. S. 178 Anm. 3.

[3] lat. grex = Herde; aggregare = (zu einer Herde) versammeln. Dem Begriff Aggregatzustand liegt die Vorstellung zugrunde, daß die Formarten eine verschieden dichte Ansammlung von Teilchen darstellen (s. später).

auch *Phasen*[1]. Man unterscheidet die gasförmige (Wasserdampf), die flüssige (flüssiges Wasser) und die kristalline Formart (Eis).

Auch andere flüchtige Stoffe bilden verschiedene Formarten, die man durch geeignete Wahl von Temperatur und Druck ineinander umwandeln kann. Sie bilden alle nur eine gasförmige und eine flüssige Formart, doch können einige Stoffe in mehreren kristallinen Formarten auftreten, die sich durch ihre Kristallform und sonstige Eigenschaften unterscheiden. Man nennt diese Erscheinung *Polymorphie*[2]. So gibt es beim Schwefel außer der gewöhnlichen rhombischen noch eine monokline Formart. Rhombischer und monokliner Schwefel lassen sich ineinander umwandeln; sie sind *enantiotrop*[3] (Umwandlungspunkt 95,5° C). Solche gegenseitige Umwandlung ist nicht immer bei polymorphen Formarten möglich; gelber Phosphor läßt sich zwar in roten verwandeln, aber die umgekehrte Verwandlung gelingt nicht; die beiden Formarten stehen im Verhältnis der *Monotropie*[4].

**Der gasförmige Zustand. Gasgesetze.** Von großer Wichtigkeit sind die Vorstellungen, die man sich von dem inneren Aufbau der Formarten macht. Es waren zuerst die einfachen und übersichtlichen Gesetze, welche die Stoffe im gasförmigen Zustand befolgen, die zur Entwicklung bestimmter Anschauungen über den inneren Aufbau dieser Formart geführt haben. Diese Entwicklung soll im folgenden kurz angedeutet werden.

Wir betrachten ein Gas in einem Gefäß mit beweglichem Stempel. Es übt einen allseits gerichteten Druck aus, den man durch Auflegen von Gewichten auf den Stempel kompensieren und messen kann. Der Gasdruck hängt ab von dem Volumen der eingeschlossenen Gasmenge und von ihrer Temperatur.

Verkleinert man bei konstanter Temperatur das Volumen durch Verschieben des Stempels auf die Hälfte, so muß man das Gewicht auf dem Stempel verdoppeln, um den Gasdruck in der neuen Lage zu kompensieren; der Gasdruck hat sich also verdoppelt. Vergrößert man das Volumen auf das 3fache, so ist nur $1/3$ des ursprünglichen Gewichts zur Kompensation des Gasdruckes nötig; der Gasdruck ist auf $1/3$ gesunken. Allgemein gilt, daß der Druck einer gegebenen Gasmenge sich bei konstanter Temperatur im umgekehrten Verhältnis ihres Volumens ändert. Dieses einfache, für alle Gase gültige Gesetz ist das *Gesetz von* BOYLE-MARIOTTE[5].

Ähnlich einfache Verhältnisse trifft man an, wenn man das Volumen des Gases konstant hält und seine Temperatur ändert. Angenommen, die Ausgangstemperatur sei 0° C. Erwärmt man das Gas, so steigt der Gasdruck ganz gleichmäßig an; pro Grad Temperatursteigerung muß man jeweils den gleichen Bruchteil des Ausgangsgewichtes zulegen, um das Volumen unverändert zu halten. Beim Abkühlen ist pro Grad Temperaturerniedrigung der gleiche Bruchteil fortzunehmen. Dieser Bruchteil beträgt $1/273$, und wir haben damit das *Gesetz von* GAY-LUSSAC[6]: Der Druck einer gegebenen Gasmenge ändert sich bei konstantem Volumen pro Grad um $1/273$ des bei 0° C ausgeübten Druckes.

---

[1] gr. φάσις (phasis) = Erscheinungsform; vgl. Phänomen.

[2] gr. μορφή (morphe) = Gestalt; πολύ (poly) = viel. Polymorphie = Viel- oder Mehrgestaltigkeit.

[3] gr. ἐναντίος (enantios = entgegengesetzt; τρέπειν (trepein) = wenden. Enantiotropie = Umwandlung bzw. Umwandelbarkeit in entgegengesetzten Richtungen.

[4] gr. μόνος (monos) = allein. Monotropie = Umwandelbarkeit nur in einer Richtung.

[5] Das Gesetz wurde zuerst 1660 von BOYLE aufgefunden und 1677 von dem franz. Physiker MARIOTTE wiederentdeckt.

[6] JOSEPH LOUIS GAY-LUSSAC (1778—1850), bedeutender franz. Chemiker und Physiker. Bliebe das Gesetz von GAY-LUSSAC auch bei tiefen Temperaturen gültig, so müßte bei —273° C der Gasdruck verschwinden. In Wahrheit verflüssigen sich alle Gase oberhalb dieses „absoluten Nullpunkts".

Mit Hilfe dieser beiden Gesetze kann man das bekannte Volumen einer Gasmenge (z. B. 1 g) bei gegebenen Ausgangswerten auf beliebige Werte von Temperatur
und Druck umrechnen. Befindet sich ein Gas bei 0° C und 760 mm Quecksilber
(Atmosphärendruck), so sagt man, es befindet sich im *Normalzustand.* Da Litergewichte von Gasen immer auf diesen Normalzustand bezogen werden, ist die
*Reduktion*[1] ihrer Volumina auf diesen Zustand eine wichtige und vielfach geübte
Umrechnung.

**Kinetische Gastheorie.** Es ist sehr eigenartig, daß alle Gase unabhängig von ihrer
stofflichen Natur den Gesetzen von BOYLE-MARIOTTE und GAY-LUSSAC gehorchen.
Um dieses auffallende Verhalten zu verstehen, haben einige Physiker bereits um die
Mitte des 18. und zu Beginn des 19. Jahrhunderts ein Bild vom inneren Aufbau
der Gase entworfen, das später im einzelnen ausgeführt und vervollständigt wurde.
Danach bestehen die Gase aus sehr kleinen Teilchen, den *Gasmolekülen*[2], die sich in
lebhafter ungeordneter Bewegung befinden. Solange die Gase nicht allzu dicht sind,
scheinen die Moleküle keine Kräfte aufeinander auszuüben. Sie verhalten sich wie
kleine Billardkugeln, die bei ihren Zusammenstößen miteinander und mit den Ge-
fäßwänden ohne Energieverlust (vollkommen elastisch) reflektiert werden. Die
Moleküle sind sehr klein, und ihre Zahl in einem gegebenen Gasvolumen ist außerordentlich groß. Sie bewegen sich nicht alle mit der gleichen Geschwindigkeit, aber
die Geschwindigkeiten verteilen sich nach einem genau bekannten Verteilungsgesetz
auf die Moleküle. Ein hoher Prozentsatz gruppiert sich dicht um einen Mittelwert,
während größere und kleinere Geschwindigkeiten selten vorkommen. Das gleiche
gilt für die *kinetische Energie*[3] der Gasmoleküle, deren Mittelwert nur von der Temperatur abhängt; bei gleicher Temperatur ist er für alle Gase unabhängig von ihrer
stofflichen Natur gleich groß.

Das sind in großen Zügen die Grundgedanken der *kinetischen Gastheorie*[4]; sie
erlaubt es, das übereinstimmend einfache Verhalten der Gase zu verstehen. Im Sinne
der kinetischen Gastheorie wird der Druck eines Gases bewirkt durch die Stöße der
Moleküle gegen die Gefäßwand. Seine Größe ist bei konstanter Temperatur bestimmt
durch die Zahl der Moleküle, die pro Sekunde auf einen Quadratzentimeter Wandfläche treffen und damit durch die Zahl der Moleküle pro Kubikzentimeter des Gases.
Drängt man die Moleküle einer gegebenen Gasmenge auf den halben Raum zusammen, so trifft die doppelte Molekülzahl pro Sekunde gegen einen Quadratzentimeter Wandfläche, d. h. der Gasdruck steigt auf das Doppelte seines Ausgangs-
wertes. Das ist aber nichts anderes als das BOYLE-MARIOTTEsche Gesetz.

Auch das GAY-LUSSACsche Gesetz und andere physikalische Eigenschaften der Gase lassen
sich im Bilde der kinetischen Theorie verstehen. Die mathematische Durchbildung der Theorie
hat zu wichtigen Folgerungen geführt, die durchweg von der Erfahrung bestätigt werden. So
errechnet die kinetische Theorie für die mittlere Geschwindigkeit der Gasmoleküle Werte von
einigen hundert Meter pro Sekunde, z. B. bei 0° C für Sauerstoffmoleküle 425 m/sec und für
Wasserstoffmoleküle 1692 m/sec. Infolge ihrer großen Zahl stoßen die Gasmoleküle gegeneinander und beschreiben Zickzackbahnen, deren mittlere Länge im Normalzustand nur etwa
ein Hunderttausendstel Zentimeter beträgt. Das erklärt, warum Gase trotz ihrer hohen Mole-
külgeschwindigkeiten nur langsam ineinander diffundieren.

**Hypothese von AVOGADRO. Molekulargewichte.** Von besonderer Wichtigkeit für
die Chemie ist eine Folgerung der kinetischen Gastheorie, die im Jahre 1811 von

---

[1] lat. reducere = zurückführen.

[2] lat. molecula = kleine Masse.

[3] gr. ϰινεῖν (kinein) = bewegen; ἔργον (ergon) = Arbeit; ἐν (en) = in. Kinetische Energie
ist die Arbeitsfähigkeit, die einer Masse infolge ihrer Bewegung innewohnt; ihr mathematischer

Ausdruck ist für ein Teilchen mit der Masse $m$ und der Geschwindigkeit $v : \frac{1}{2} \, mv^2$.

[4] gr. ϑεωρία (theoria) = Betrachtung.

AVOGADRO[1] in anderem Zusammenhang als *Hypothese*[2] ausgesprochen wurde. Sie beantwortet die Frage nach der Zahl der Gasmoleküle in gleichen Volumina verschiedener Gase und lautet: Gleiche Volumina verschiedener Gase enthalten bei gleichem Druck und gleicher Temperatur gleich viele Moleküle.

Der *Avogadrosche Satz* ermöglicht es, die *relativen Gewichte von Gasmolekülen* zu bestimmen. Wenn nämlich z. B. im Normalzustande (bei 0° C und Atmosphärendruck) alle Gase pro Liter gleich viele Moleküle enthalten, dann müssen ihre Molekulargewichte im gleichen Verhältnis wie ihre Litergewichte stehen. Tab. 1 verdeutlicht den Zusammenhang.

*Tabelle 1.*

|  | Wasserstoff | Sauerstoff | Wasserdampf | Chlor-wasserstoff | Chloroform-dampf |
|---|---|---|---|---|---|
| Litergewicht in g bei 0° C u. 760 mm | 0,0899 $= 1 \cdot 0,0899$ | 1,429 $= 16 \cdot 0,0899$ | 0,804 $= 9 \cdot 0,0899$ | 1,63 $= 18,25 \cdot 0,0899$ | 5,283 $= 59,5 \cdot 0,0899$ |
| Verhältnis der Litergewichte | 1 : | 16 : | 9 : | 18,25 : | 59,5 |
| Molekulargewichte | 2 | 32 | 18 | 36,5 | 119 |

Wasserstoff ist das leichteste Gas. Es wäre daher naheliegend, sein Molekulargewicht als Einheit festzusetzen. Um jedoch den Anschluß an chemische Tatsachen zu gewinnen, bezieht man alle Molekulargewichte auf Sauerstoff = 32. Man erhält dann für die in der Tabelle aufgeführten Gase die in der letzten Zeile stehenden *Molekulargewichte*.

Das Molekulargewicht eines Stoffes in Gramm heißt ein *Mol*. Ein Mol Chlorwasserstoff bedeutet also 36,5 g Chlorwasserstoff, ein Mol Chloroform 119 g Chloroform. Ein Mol eines jeden Gases nimmt im Normalzustand einen Raum von 22,4 Liter ein und enthält die gleiche Zahl von Molekülen. Diese Zahl ist außerordentlich groß; sie beträgt $6,02 \cdot 10^{23}$. Nach dem Wiener Physiker LOSCHMIDT (1821—1894), der diese Zahl zuerst berechnete, heißt sie *LOSCHMIDTsche Zahl*[3].

**Kohäsion. Molekülgitter. Gasverflüssigung.** Im vorigen Abschnitt wurde gesagt, daß die Gasmoleküle scheinbar keine Anziehungskräfte aufeinander ausüben, solange die Gase genügend verdünnt sind und — wie noch hinzugefügt werden muß — ihre Temperatur nicht allzu niedrig ist. Der gegenseitige Abstand und die kinetische Energie der Moleküle sind dann so groß, daß die anziehenden Kräfte nicht zur Wirkung gelangen. Verkleinert man jedoch die Molekülabstände durch Erhöhung des Druckes und die kinetische Energie durch Abkühlung, so machen sich mehr und mehr die anziehenden Kräfte zwischen den Molekülen bemerkbar; man bezeichnet sie als *Kohäsionskräfte*[4]. Sie bewirken zunächst eine Abweichung der Gase von den

---

[1] vgl. S. 176 Anm. 9.

[2] gr. ὑπόθεσις (hypothesis) = Grundlage, Voraussetzung, Annahme.

[3] Zur Bezeichnung sehr großer und sehr kleiner Zahlen bedient man sich zur Abkürzung der Zehnerpotenzen. Man schreibt:

$10 = 10^1$;  $100 = 10 \cdot 10 = 10^2$;  $1000 = 10 \cdot 10 \cdot 10 = 10^3$ usw.

$\frac{1}{10} = 10^{-1}$;  $\frac{1}{100} = \frac{1}{10} \cdot \frac{1}{10} = 10^{-2}$;  $\frac{1}{1000} = \frac{1}{10} \cdot \frac{1}{10} \cdot \frac{1}{10} = 10^{-3}$ usw.

außerdem setzt man: $1 = 10^0$.

[4] lat. co-haerere = zusammenhängen, zusammenhalten.

einfachen Gesetzen von BOYLE-MARIOTTE und GAY-LUSSAC. Diese Gesetze gelten
nur solange der Druck nicht allzu hoch und die Temperatur nicht allzu niedrig ist.
Im Bereich der Gültigkeit dieser Gesetze befinden sich die Gase im „idealen Gas-
zustand". Mit wachsendem Druck und sinkender Temperatur werden die Abweichungen immer größer, und schließlich kommt ein Punkt, an dem infolge der
Kohäsionskräfte die Moleküle sich zu Flüssigkeitströpfchen vereinigen: das Gas
kondensiert sich zur Flüssigkeit. Im flüssigen Aggregatzustand sind die Moleküle
meist noch ebenso ungeordnet und beweglich wie im gasförmigen Zustand, aber
sie sind viel dichter gepackt, und die Kohäsion verhindert ihr Auseinanderfahren.

Kühlt man die Flüssigkeit noch weiter herunter, so verändern sich zwar die
Abstände der Moleküle nicht mehr wesentlich, aber ihre kinetische Energie oder
ihre Beweglichkeit wird schließlich so klein, daß sie feste Ruhelagen einnehmen.
Diese Ruhelagen sind nun nicht beliebig, die Moleküle ordnen sich vielmehr unter
der Wirkung der Kohäsionskräfte gesetzmäßig im Raume an: es bildet sich ein
*Kristallgitter.* Die Moleküle eines Stoffes können sich manchmal in verschiedener
Weise zu einem Kristallgitter anordnen. Der Stoff tritt dann in mehreren Kristall-
formen auf; er ist polymorph. Die Abstände der Moleküle in den Kristallgittern
sind sehr klein; sie liegen im Gebiet der Wellenlängen von Röntgenstrahlen, d. h.
bei etwa 1 Å = $10^{-8}$ cm[1]. Man kann daher durch Untersuchungen mit Röntgenstrahlen häufig die Anordnung der Moleküle in den Kristallen bestimmen.

Die Stärke der Kohäsionskräfte hängt von der Molekülart ab. Bei leicht kondensierbaren
Stoffen wie Wasser (Sdp. 100°), Chloroform (Sdp. 61°), Ammoniak (Sdp. —33,4°) haben wir
starke Kohäsionskräfte. Bei den schwer kondensierbaren sogenannten *permanenten Gasen* wie
Sauerstoff (Sdp. —183°), Wasserstoff (Sdp. —253°), Helium (Sdp. —269°) sind die Kohäsionskräfte so schwach, daß Druckerhöhung (Verringerung der Molekülabstände) allein nicht zur
Verflüssigung führt. Man muß dann durch Abkühlung auf eine *kritische Temperatur* die Bewegungsenergie der Moleküle erst genügend klein machen, bevor die schwachen Kohäsionskräfte in Wirkung treten können. Der zugehörige Verflüssigungsdruck heißt *kritischer Druck.*
In Tab. 2 sind einige flüchtige Stoffe mit ihren Siedepunkten, kritischen Temperaturen ($t_k$) und
kritischen Drucken ($p_k$) aufgeführt.

Tabelle 2.

| Stoff | Sdp. | $t_k°$ C | $p_k$ Atm. | |
|---|---|---|---|---|
| Helium | —269 | —268 | 2,26 | Kritische Temperaturen tief. |
| Wasserstoff | —253 | —240 | 12,8 | Verflüssigung nur bei entspr. |
| Sauerstoff | —183 | —119 | 49,7 | Abkühlung. Schwache Kohä- |
| Stickstoff | —196 | —147 | 33,5 | sionskräfte. |
| Kohlenoxyd | —191,5 | —140 | 34,5 | |
| Kohlendioxyd | — 78,5 | + 31 | 73 | Kritische Temperaturen ober- |
| Ammoniak | — 20,3 | +130,4 | 111,5 | halb Zimmertemperatur. |
| Wasser | +100 | +374 | 217,5 | Starke Kohäsionskräfte. |
| Chloroform | +61,2 | +260 | 54,9 | |

Bei vielen flüchtigen Stoffen hat man neuerdings Einblicke in die Natur der Kohäsionskräfte gewonnen. Wie sich später zeigen wird, sind die Moleküle aus elektrisch geladenen Teilchen aufgebaut. Sind die positiven und negativen Ladungen eines Moleküls nicht ganz symmetrisch angeordnet, so verhält es sich in elektrischer Hinsicht wie ein kleiner Magnet mit
einem Nordpol und einem Südpol. Das Molekül ist ein sogenannter *elektrischer Dipol.* Man kann
die Stärke solcher Molekül-Dipole, ihr *Dipolmoment* (= Polstärke mal Polabstand) messen.
Die Moleküle der leicht kondensierbaren Stoffe, wie Wasser und Ammoniak, sind Dipolmole-
küle mit ziemlich großem Moment; ihre Kohäsion beruht im wesentlichen auf den elektrostatischen Anziehungskräften, welche die Dipole aufeinander ausüben. In anderen Molekülen, ins-

---

[1] vgl. S. 178 Anm. 9.

besondere denen der schwerkondensierbaren Edelgase (Helium, Neon, Argon, Krypton, Xenon) sind die elektrischen Ladungen vollkommen symmetrisch angeordnet, und ihre Kohäsionskräfte sind daher sehr klein.

**Zusammenfassung.** Nach dem vorstehend skizzierten Bilde vom inneren Aufbau der Formarten flüchtiger Stoffe sind entscheidend die Ordnung und der Grad der Aufteilung ihrer Moleküle. Im kristallinen Zustand sind die Moleküle zu Kristallgittern geordnet. Beim Schmelzpunkt stürzt unter der Wirkung der Wärmeschwingungen das Kristallgitter zusammen; der Kristall schmilzt zur Flüssigkeit, in der die Moleküle zwar dicht gepackt, aber beweglich und verschiebbar sind. Beim Verdampfen gelangen zunächst einige und beim Siedepunkt alle Moleküle aus dem Kohäsionsbereich der Flüssigkeit in den Gasraum. Steigert man die Temperatur weiter, so verlieren bei nicht allzu hohem Druck die Kohäsionskräfte schließlich ihre Wirksamkeit ganz; der flüchtige Stoff nimmt die geschilderten Eigenschaften eines idealen Gases an.

## 2. Verdünnte Lösungen. Molekulargewichte gelöster Stoffe.

**Lösung und ideales Gas.** Bringt man Rohrzuckerkristalle in Wasser, so beginnt von ihrer Oberfläche her eine Herauslösung der Moleküle aus dem Verband des Kristallgitters. Man beschleunigt den Vorgang durch Umrühren, wodurch die Moleküle ständig von der Kristalloberfläche entfernt werden. Die Kristalle verschwinden dann schnell vollständig, und es entsteht eine Rohrzuckerlösung, in der die Moleküle gleichmäßig verteilt sind. Ebenso verhalten sich andere Stoffe in geeigneten Lösungsmitteln. Wenn solche Lösungen nicht allzu konzentriert sind, verhalten sie sich in mancher Hinsicht ähnlich wie ideale Gase. Ein gemeinsames Merkmal beider Gebilde besteht ja darin, daß sich in ihnen die Moleküle im Zustand feiner Verteilung befinden. Doch ist nicht zu vergessen, daß sich gelöste Moleküle nicht wie Gasmoleküle im leeren Raume befinden, sondern zwischen den dichtgepackten Molekülen des flüssigen Lösungsmittels. Die gelösten Moleküle treten daher mit den Molekülen des Lösungsmittels in Wechselwirkung. Solche Wechselwirkungen sind für das Zustandekommen einer Lösung und insbesondere für das unterschiedliche Verhalten der Stoffe gegenüber verschiedenen Lösungsmitteln, d. h. für das durchaus individuelle Gepräge der Löslichkeit, verantwortlich. Es ist jedoch sehr bemerkenswert, daß bei den jetzt zu beschreibenden Eigenschaften der Lösungen diese Wechselwirkungen überhaupt nicht in Erscheinung treten.

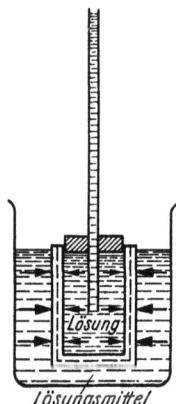

Abb. 140. Versuch von *Pfeffer*. Zustand vor Erreichung des Gleichgewichts: Einstrom (lange Pfeile) stärker als Ausstrom (kurze Pfeile).

**Osmotischer Druck.** Im Jahre 1877 machte der Botaniker PFEFFER folgenden Versuch (Abb. 140). Er füllte einen porösen Tonzylinder mit Rohrzuckerlösung, verschloß ihn dicht und versah ihn mit einem Steigrohr. In die Poren des Zylinders hatte er zuvor eine halbdurchlässige Membran[1] eingelagert, die für die kleinen Wassermoleküle durchlässig, für die großen Zuckermoleküle undurchlässig ist. Als er nun den Tonzylinder in ein Gefäß mit Wasser stellte, strömte das Wasser von außen durch die Poren der Membran in die Lösung hinein, und die Flüssigkeit im Steigrohr hob sich. Die Rohrzuckerlösung geriet also unter einen durch die Steighöhe oder ein angeschlossenes Manometer meßbaren Überdruck gegenüber dem äußeren Wasser. Dieser Überdruck stieg so lange, bis der unter seiner Wirkung verstärkt

---

[1] lat. membrana = Häutchen, Haut. Die PFEFFERsche Membran bestand aus Kupferferrozyanid.

einsetzende Ausstrom des Wassers in Richtung Lösung→Wasser den Einstrom in der Gegenrichtung kompensierte. So stellte sich schließlich ein Gleichgewicht ein. Der zugehörige Überdruck heißt *osmotischer Druck*[1] und die ganze Erscheinung *Osmose*.

Von VAN 'T HOFF[2] wurde später gezeigt, daß der osmotische Druck verdünnter Lösungen bei konstanter Temperatur allein durch die Zahl der pro Liter gelösten Moleküle bestimmt ist. Lösungen mit gleicher Molekülzahl pro Liter haben den gleichen osmotischen Druck; sie sind *isotonisch*[3]. Der osmotische Druck ist überdies genau so groß wie der Druck eines idealen Gases mit der gleichen Molekülzahl pro Liter. Eine Lösung, die 1 Mol gelösten Stoffes im Liter enthält, hat bei 0° C einen osmotischen Druck von 22,4 Atmosphären. Hinsichtlich ihres osmotischen Druckes verhält sich also eine verdünnte Lösung so, als ob die gelösten Moleküle den dargebotenen Raum als ideales Gas erfüllten. Die oben angedeuteten spezifischen Wechselwirkungen zwischen den gelösten Molekülen und den Molekülen des Lösungsmittels machen sich gar nicht bemerkbar.

Die Gültigkeit der idealen Gasgesetze und des AVOGADROschen Satzes für verdünnte Lösungen erlaubt es grundsätzlich, Molekulargewichte gelöster Stoffe durch osmotische Messungen zu bestimmen. Die praktische Ausführung scheitert an der Unmöglichkeit, in jedem Einzelfalle streng halbdurchlässige Membrane herzustellen, die die gelösten Moleküle zurückhalten, die Lösungsmittelmoleküle jedoch passieren lassen. Bei manchen pflanzlichen und tierischen Zellen ist der Zellinhalt von annähernd halbdurchlässigen Membranen umgeben. Bringt man solche Zellen in Lösungen, die mit dem Zellinhalt nicht isotonisch sind, so tritt ein Wasseraustausch zwischen Zellen und Umgebung ein. In verdünnten Lösungen quellen die Zellen unter Wasseraufnahme und platzen schließlich (*Hämolyse*[4] der Blutkörperchen); in konzentrierten Lösungen schrumpfen die Zellen. In der Medizin benutzt man daher bei Injektionen eine physiologische Kochsalzlösung, die mit dem Inhalt der Blutkörperchen isotonisch ist (Gehalt 0,95% Kochsalz).

**Siedepunktserhöhung und Gefrierpunktserniedrigung.** Lösungen haben noch einige andere Eigenschaften, die theoretisch eng mit dem osmotischen Druck zusammenhängen, vor diesem jedoch den praktischen Vorteil besitzen, bequem meßbar zu sein. Sie zeigen eine *Siedepunktserhöhung* und eine *Gefrierpunktserniedrigung*, d. h. eine Lösung siedet höher und gefriert tiefer als das reine Lösungsmittel. Quantitativ sind beide Erscheinungen wie der osmotische Druck allein bestimmt durch die Zahl der pro Liter gelösten Moleküle. Äquimolekulare Lösungen, d. h. Lösungen mit gleicher Molekülzahl gelösten Stoffes pro Liter, zeigen gleiche Siedepunktserhöhungen und gleiche Gefrierpunktserniedrigungen. Eine wäßrige Lösung, die pro Liter ein Mol gelösten Stoffes enthält, siedet bei 100,52° C und gefriert bei −1,86° C. Man nennt $S_0 = 0,52°$ die *molare Siedepunktserhöhung* und $E_0 = 1,86°$ die *molare Gefrierpunktserniedrigung* des Wassers. Für andere Lösungsmittel gelten andere Werte.

Messungen der Siedepunktserhöhung und der Gefrierpunktserniedrigung sind wichtige Hilfsmittel zur Bestimmung des Molekulargewichtes gelöster Stoffe. Man benutzt sie insbesondere bei solchen Stoffen, die schwer flüchtig sind oder sich nicht unzersetzt verdampfen lassen (z. B. Rohrzucker), bei denen also eine Gasdichte-Messung nicht ausführbar ist.

---

[1] gr. ὠθεῖν (othein) = stoßen, drücken.
[2] JAKOBUS HENRICUS VAN 'T HOFF (1852—1911), bedeutender holl. Chemiker und Physiker (Nobelpreisträger).
[3] gr. ἴσος (isos) = gleich; τόνος (tonos) = Spannung.
[4] gr. αἷμα (häma) = Blut; Hämolyse = Auflösung des in den Blutkörperchen enthaltenen roten Blutfarbstoffes.

Wie schon betont wurde, ist die Anwendbarkeit der Methoden auf verdünnte Lösungen beschränkt. In konzentrierten Lösungen treten Abweichungen vom idealen Verhalten auf. Die Siedepunktsmethode ist nur brauchbar bei Stoffen, die beim Siedepunkt der Lösung nicht merkbar in den Dampf gehen, d. h. nicht allzu flüchtig sind; die Gefrierpunktsmethode ist beschränkt auf solche Lösungen, aus denen das Lösungsmittel allein ausfriert.

### 3. Salzartige Stoffe und andere Stoffklassen.

**Salze.** Die vorstehenden Betrachtungen über die Klasse der flüchtigen Stoffe haben zum Molekülbegriff geführt. Dieser Begriff hat zunächst mit chemischen Erscheinungen nichts zu tun. Moleküle sind die kleinsten Teilchen dieser Stoffe, die als selbständige Einheiten auftreten können. Ordnung und Aufteilungsgrad der Moleküle bestimmen den Zustand der flüchtigen Stoffe.

Einen wesentlich anderen inneren Aufbau haben die salzartigen Stoffe, wobei wir insbesondere an Kochsalz als Typ für diese Stoffklasse denken. Man spricht zwar manchmal auch von Kochsalzmolekülen, doch ist das nach den heutigen Erfahrungen nicht gerechtfertigt, weil es unter normalen Umständen keine Kochsalzmoleküle gibt. In einem Kochsalzkristall sind die Gitterpunkte des Kristallgitters nicht von Molekülen, sondern von elektrisch geladenen Teilchen besetzt, die man als *Ionen*[1] bezeichnet. Der Kristall ist aufgebaut aus positiv geladenen Natriumionen und negativ geladenen Chlorionen[2]. Beim Schmelzen und Auflösen eines solchen Kristalls bilden sich keine Kochsalzmoleküle, sondern die nun aus dem Kristallverband gelösten Ionen treten in der Schmelze oder in der Lösung als selbständige Teilchen in Erscheinung. Infolge der elektrischen Ladung der Ionen leiten Salzschmelzen und Salzlösungen den elektrischen Strom: man kann sie *elektrolysieren*. Die Ionen transportieren den Strom und werden an den *Elektroden*[3] entladen. Messungen der elektrischen Leitfähigkeit oder osmotische Messungen an verdünnten Salzlösungen geben Auskunft über die Zahl der Ionen, in die ein Salzkristall beim Lösen zerfällt. Die Natur der Abscheidungsprodukte an den Elektroden und die quantitative Untersuchung der *Elektrolyse*[4] vermitteln einen Einblick in die Beschaffenheit und Ladung der Ionen.

**Metallische und diamantartige Stoffe.** Auch diese beiden Stoffklassen haben einen eigentümlichen inneren Aufbau, der ihre besonderen Eigenschaften bedingt.

In den Kristallgittern der Metalle sind die Gitterpunkte von positiv geladenen Metallionen besetzt, zwischen denen sich freie negative Ladungseinheiten (*Elektronen*[5]) befinden, die beweglich sind und beim Anlegen einer Spannung den elektrischen Stromtransport besorgen. So erklärt sich die gute elektrische Leitfähigkeit der Metalle.

Über den inneren Aufbau anderer schwerflüchtiger Stoffe findet sich Näheres auf S. 199.

## III. Elemente und chemische Verbindungen. Atomtheorie. Wertigkeit.

### 1. Chemische Umwandlungen.

**Verbrennungsvorgänge (Oxydation).** Das wesentliche Kennzeichen einer chemischen Umwandlung besteht darin, daß aus gewissen Ausgangsstoffen neue Stoffe

---

[1] gr. ἴον (ion) = das Wandernde, weil die Teilchen beim Stromdurchgang wandern.

[2] Vgl. S. 198, Abb. 141.

[3] gr. ὁδος (hodos) = Weg; Elektroden sind die in die Lösung tauchenden Stromzuführungen, durch die der Strom seinen Weg in die Lösung nimmt.

[4] Elektrolyse ist die Trennung der positiven und negativen Ionen durch den elektrischen Strom. Die Gesetze der Elektrolyse wurden erforscht von dem berühmten englischen Physiker FARADAY (1791—1867).

[5] Über den Begriff Ladungseinheit s. später (S. 206).

mit gänzlich anderen Eigenschaften entstehen. Bringt man das Metall Natrium mit dem gelbgrünen Gase Chlor zusammen, so bildet sich Kochsalz oder Natriumchlorid. Man drückt diese Umwandlung in Form einer *chemischen Gleichung* folgendermaßen aus:

$$\text{Natrium} + \text{Chlor} \rightarrow \text{Natriumchlorid (Kochsalz)}$$

und sagt: aus Natrium und Chlor entsteht durch eine *chemische Reaktion*[1] Natriumchlorid.

Alle Verbrennungen sind chemische Reaktionen. Ein Bestandteil der Luft, der Sauerstoff, reagiert dabei mit den brennbaren Stoffen. Die entstehenden Verbrennungsprodukte heißen *Oxyde*. Verbrennungen sind *Oxydationen*, die brennbaren Stoffe werden *oxydiert*. So entsteht bei der Verbrennung aus dem Metall Magnesium weißes Magnesiumoxyd:

$$\text{Magnesium} + \text{Sauerstoff} \rightarrow \text{Magnesiumoxyd},$$

aus dem Phosphor ein weißer Rauch von Phosphorpentoxyd:

$$\text{Phosphor} + \text{Sauerstoff} \rightarrow \text{Phosphorpentoxyd},$$

aus dem Schwefel das farblose, stechend riechende Gas Schwefeldioxyd:

$$\text{Schwefel} + \text{Sauerstoff} \rightarrow \text{Schwefeldioxyd},$$

aus dem farblosen Gase Wasserstoff flüssiges Wasser:

$$\text{Wasserstoff} + \text{Sauerstoff} \rightarrow \text{Wasser},$$

und aus der Kohle (Kohlenstoff) das farb- und geruchlose Gas Kohlendioxyd:

$$\text{Kohlenstoff} + \text{Sauerstoff} \rightarrow \text{Kohlendioxyd}.$$

Den Untersuchungen von LAVOISIER (1775) verdanken wir die Erkenntnis, daß bei den Verbrennungen der Sauerstoff der Luft sich mit den brennbaren Stoffen vereinigt. Vorher und auch noch einige Zeit später war man der Ansicht, daß alle brennbaren Stoffe ein sehr feines Fluidum enthalten, das man *Phlogiston*[2] nannte. Bei der Verbrennung sollte das Phlogiston aus den brennbaren Stoffen entweichen. Da alle Verbrennungen mit der Entstehung von Wärme verknüpft sind, glaubte SCHEELE, der Entdecker des Sauerstoffs, das Phlogiston vereinige sich bei der Verbrennung mit dem Sauerstoff zu Wärme. Diese Auffassung war sehr naheliegend, weil man damals die Wärme für einen Stoff hielt. LAVOISIER zeigte jedoch durch Wägung, daß die Verbrennungsprodukte schwerer sind als die Ausgangsstoffe und daß die Gewichtszunahme gleich dem Gewicht des aus der Luft verschwundenen Sauerstoffs ist. So gelangte er zu seiner *Sauerstofftheorie* der Verbrennung, d. h. zu der Auffassung, daß die stoffliche Umwandlung bei den Verbrennungen eine Vereinigung der brennbaren Stoffe mit dem Sauerstoff darstellt. Die Sauerstofftheorie LAVOISIERS löste allmählich die vorher herrschende *Phlogistontheorie* von STAHL[3] ab.

Eine sehr wichtige Begleiterscheinung der stofflichen Seite des Verbrennungsvorgangs ist die Entstehung von Wärme, wodurch die Verbrennungsprodukte (Oxyde) erhitzt werden. Sind sie fest, wie Magnesiumoxyd, so strahlen sie weißes Licht aus. Sind sie gasförmig, wie Wasserdampf oder Kohlendioxyd, so leuchten sie nur schwach: es entsteht eine Flamme, denn Flammen sind glühende Gase. Lebhafter als in Luft und unter bedeutender Temperatursteigerung gehen Verbrennungen in

---

[1] lat. reactio = Gegenwirkung, gegenseitige Wirkung aufeinander.

[2] gr. φλογιστός (phlogistos) = verbrannt.

[3] GEORG ERNST STAHL (1660—1734), der Begründer der Phlogistontheorie, war Leibarzt Friedrich Wilhelms I. von Preußen.

reinem Sauerstoff vor sich. Die Luft ist im wesentlichen eine Mischung von 78,1 Volumprozent Stickstoff und 20,9 Volumprozent Sauerstoff[1]. Der Sauerstoff befindet sich also in der Luft in ziemlich verdünntem Zustand. In reinem Sauerstoff sind die brennbaren Stoffe nur von Sauerstoff umgeben, dessen Angriff somit besonders wirksam erfolgen kann; außerdem steigt die Temperatur höher, weil der Stickstoff nicht miterhitzt zu werden braucht.

**Temperatureinfluß und Katalyse.** Die Vereinigung brennbarer Stoffe mit dem Sauerstoff pflegt sich nicht immer mit der Lebhaftigkeit einer sichtbaren Verbrennung zu vollziehen. Bei gewöhnlicher Temperatur verlaufen Oxydationen mit Sauerstoff sogar meist sehr träge oder überhaupt nicht in nennenswertem Umfange, auch wenn genügend Sauerstoff zur Verfügung steht. Dieser Trägheit gegenüber dem Angriff des Sauerstoffs verdanken die vielen brennbaren Stoffe, welche uns umgeben, ihre Existenzfähigkeit und Haltbarkeit. So kann z. B. eine Mischung von Wasserstoff und Sauerstoff jahrelang aufbewahrt werden, ohne daß sich auch nur eine Spur von Wasser bildet. Ein Mittel, welches allgemein zur Ingangsetzung chemischer Umwandlungen dienen kann, ist die Erhöhung der Temperatur. Erhitzt man die Wasserstoff-Sauerstoffmischung an irgendeiner Stelle durch einen elektrischen Funken, so erfolgt die Verbrennung des Wasserstoffs mit explosionsartiger Heftigkeit. In ähnlicher Weise muß man die meisten brennbaren Stoffe erst auf eine bestimmte *Entzündungstemperatur* bringen, bevor die Verbrennung merkbar einsetzt.

Im Jahre 1823 fand DÖBEREINER[2], daß man eine Wasserstoff-Sauerstoffmischung zum Umsatz bringen kann, wenn man sie mit feinverteiltem Platin (Platinschwamm) in Berührung bringt. Eine solche Reaktionsbeschleunigung durch einen Fremdstoff, der anscheinend mit der Reaktion selbst nichts zu tun hat, bezeichnet man als *Katalyse*[3], den Fremdstoff als Katalysator. Katalysatoren verschiedenster Art sind heute in der chemischen Technik wichtige Hilfsstoffe zur Beförderung stofflicher Umwandlungen (Kontaktschwefelsäure, Ammoniaksynthese, Methanolsynthese u. a.). Auch bei biologischen Reaktionen (Verdauung, Gärung, biologische Oxydationen und Reduktionen) greifen Katalysatoren in sehr mannigfaltiger Weise in das chemische Geschehen ein.

**Reduktion.** Durch geeignete Maßnahmen gelingt es, die Vereinigung mancher Stoffe mit dem Sauerstoff rückgängig zu machen. Die Oxyde der edleren Metalle geben bereits beim Erhitzen den Sauerstoff wieder ab. So zersetzt sich gelbes Quecksilberoxyd, das durch längeres Erhitzen von Quecksilber an der Luft auf 300° erhalten werden kann, rückläufig in Quecksilber und Sauerstoff, wenn man die Temperatur auf 400° steigert. Man bringt diese wechselseitige Bildung und Zersetzung des Quecksilberoxyds folgendermaßen zum Ausdruck:

$$\text{Quecksilber} + \text{Sauerstoff} \underset{400°}{\overset{300°}{\rightleftarrows}} \text{Quecksilberoxyd.}$$

Je nach Wahl der Temperaturbedingungen verläuft die Umwandlung im Sinne des oberen oder des unteren Pfeils. Die Reaktion ist umkehrbar.

Bedeutend schwieriger oder praktisch gar nicht erfolgt die Zersetzung anderer Metalloxyde beim Erhitzen. Um ihnen den Sauerstoff zu entziehen, bedient man sich einer chemischen Umwandlung. Leitet man über schwarzes Kupferoxyd, das

---

[1] Luft enthält außer Stickstoff und Sauerstoff etwa 1 Vol.-% Argon und andere Edelgase, 0,03 Vol.-% Kohlendioxyd und wechselnde Mengen Wasserdampf.
[2] JOHANN WOLFGANG DÖBEREINER (1780—1849) war erst Apotheker, dann Professor in Jena; er stand in Verkehr mit GOETHE.
[3] gr. καταλύειν (katalyein) = auslösen.

aus Kupfer und Sauerstoff leicht erhalten werden kann, einen Strom von Wasserstoffgas, so bildet sich rotes metallisches Kupfer und Wasser:

$$\text{Kupferoxyd} + \text{Wasserstoff} \rightarrow \text{Kupfer} + \text{Wasser.}$$

Der Wasserstoff hat sich mit dem Sauerstoff des Kupferoxyds zu Wasser vereinigt, und das Kupfer ist aus seinem Oxyd zurückgebildet worden. Man nennt den Vorgang eine *Reduktion* des Kupferoxyds. Der Wasserstoff hat das Kupferoxyd reduziert und ist selbst zu Wasser oxydiert worden. Bei der Umwandlung ist also die Reduktion des Kupferoxyds zwangsläufig mit der Oxydation des Wasserstoffs gekoppelt. Statt des Wasserstoffs kann man sich auch anderer Stoffe als *Reduktionsmittel* bedienen, die eine große Neigung zur Vereinigung mit Sauerstoff besitzen. Häufig verwendet man zur Reduktion von Metalloxyden die Kohle, welche z. B. mit Eisenoxyd unter Bildung von metallischem Eisen und Kohlendioxyd reagiert:

$$\text{Eisenoxyd} + \text{Kohlenstoff} \rightarrow \text{Eisen} + \text{Kohlendioxyd.}$$

Auch hier ist mit der Reduktion des Eisenoxyds zwangsläufig die Oxydation des Kohlenstoffs zu Kohlendioxyd verbunden.

Einige Metalle lassen sich mit den gewöhnlichen Reduktionsmitteln nicht aus ihren Oxyden gewinnen. Dazu gehört insbesondere das technisch so wichtige Aluminium. Dieses Metall ist daher erst verhältnismäßig spät bekannt geworden, und seine Gewinnung erforderte die Anwendung eines besonderen Verfahrens (Elektrolyse).

Allgemein gelten als *Reduktionsmittel* solche Stoffe, die wegen ihrer großen Neigung, sich mit dem Sauerstoff zu vereinigen, anderen Stoffen den Sauerstoff entziehen. Wirksame Reduktionsmittel sind außer Kohlenstoff und Wasserstoff insbesondere die Metalle Aluminium, Magnesium, Natrium. Den Reduktionsmitteln stehen gegenüber die *Oxydationsmittel*, welche umgekehrt Sauerstoff auf andere Stoffe zu übertragen vermögen und dabei selbst reduziert werden. Außer dem Sauerstoff sind insbesondere solche sauerstoffhaltigen Stoffe als Oxydationsmittel geeignet, die ihren Sauerstoff leicht abgeben. Dazu gehören Salpetersäure, Salpeter, Kaliumpermanganat, Kaliumchlorat, Wasserstoffsuperoxyd u. a. (Näheres über Oxydations- und Reduktionsvorgänge vgl. S. 207 und S. 227 ff.)

## 2. Elemente und chemische Verbindungen. Atomtheorie.

**Erhaltung der Masse.** Die Erkenntnis LAVOISIERS, daß bei allen Verbrennungsvorgängen das gebildete Oxyd genau soviel wiegt wie der verbrauchte Sauerstoff und der verbrannte Stoff zusammen, gilt für alle chemischen Umwandlungen. Sie sind von keiner Gewichtsänderung begleitet. Wie spätere Untersuchungen mit verfeinerten Hilfsmitteln gezeigt haben, ist dieses *Gesetz von der Erhaltung der Masse* bei chemischen Umwandlungen stets mit größter Genauigkeit erfüllt.

**Chemische Elemente.** Der Einsicht BOYLES verdanken wir die Erkenntnis, daß es gewisse Stoffe gibt, die bei allen chemischen Umwandlungen ihre Menge nie verändern. Zu diesen Stoffen gehört z. B. der Sauerstoff. Erhitzt man 200 g Quecksilber in einer hinreichenden Menge Luft auf 300°, so verschwinden 16 g Sauerstoff aus der Luft, und das gebildete Quecksilberoxyd wiegt 216 g. Erhitzt man das Oxyd auf 400°, so gibt es unter Rückbildung von 200 g Quecksilber 16 g Sauerstoff wieder frei. Auf seinem Wege durch das Quecksilberoxyd ist also der Sauerstoff mengenmäßig erhalten geblieben. Bereitet man sich aus metallischem Kupfer und einer gewogenen Sauerstoffmenge schwarzes Kupferoxyd und reduziert dieses mit Wasserstoff nach der Gleichung:

$$\text{Kupferoxyd} + \text{Wasserstoff} \rightarrow \text{Kupfer} + \text{Wasser,}$$

so wird man bei gewichtsmäßiger Verfolgung des Vorganges finden, daß der gesamte in das Kupferoxyd hineingesteckte Sauerstoff sich schließlich im Wasser befindet. Man könnte ihn daraus durch Elektrolyse zur Abscheidung bringen. Man könnte ihn jedoch auch durch eine weitere Folge von Umwandlungen in immer neue Stoffe hineinstecken, ohne daß er dabei an Gewicht zu- oder abnimmt. Wir gelangen zu der Überzeugung, daß der Sauerstoff bei allen chemischen Umwandlungen, die wir mit ihm vornehmen, in seiner Menge stets erhalten bleibt. Er kann weder in andere Stoffe zerlegt, noch aus solchen neu gebildet werden: der Sauerstoff ist ein *chemisches Element*[1].

Diese Eigenschaft der Unverwandelbarkeit bei chemischen Umsetzungen kommt außer dem Sauerstoff einer ganzen Reihe von Stoffen zu. Die Chemie kennt heute etwa 90 *Elemente*. Zu ihnen gehören die Metalle, Wasserstoff, Sauerstoff, Stickstoff, Chlor, Phosphor, Schwefel, Kohlenstoff. Nach dem Vorgang von BERZELIUS gebraucht man für jedes Element ein abkürzendes *Symbol*[2], das aus dem Anfangsbuchstaben und gegebenenfalls einem weiteren Buchstaben seines lateinischen bzw. latinisierten Namens gebildet wird. Die heute verwendeten Elementsymbole findet man in der Atomgewichtstabelle auf S. 195, in der sich die Elemente in alphabetischer Anordnung verzeichnet finden.

**Umwandlung der Elemente.** Die mengenmäßige Erhaltung der Elemente bei chemischen Umwandlungen schließt auch die Verwandlung eines Elements in ein anderes aus. Man muß jedoch bedenken, daß die Möglichkeiten in der Wahl der Bedingungen für den Ablauf chemischer Reaktionen im Laboratorium zwar groß, aber nicht unbeschränkt sind. Es kann als sicher gelten, daß unter den extremen Bedingungen, die auf der Sonne und anderen Fixsternen herrschen, Elementumwandlungen stattfinden und eine wesentliche Quelle ihrer Energie bilden. Die Physik hat neuerdings Mittel gefunden, die es ermöglichen, solche Umwandlungen in beträchtlichem Umfange künstlich durchzuführen (vgl. S. 209). Doch sind die dabei verwendeten Energiebeträge so gewaltig hoch, daß sie normalerweise nicht zu Gebote stehen. Der Elementbegriff behält daher für chemische Umwandlungen seine Gültigkeit.

**Chemische Verbindungen.** Die Elemente bilden die Grundbestandteile der zahlreichen natürlichen und künstlichen Stoffe, die uns umgeben. Soweit es sich dabei um reine Stoffe handelt, sind sie in wohldefinierter Weise aus Elementen zusammengesetzt. Ein reiner Stoff, der aus verschiedenen Elementen besteht, heißt eine *chemische Verbindung*. So ist Quecksilberoxyd eine chemische Verbindung der Elemente Quecksilber und Sauerstoff, Kochsalz eine chemische Verbindung der Elemente Natrium und Chlor. Eine chemische Verbindung kann aus ihren Elementen aufgebaut und in diese zerlegt werden.

**Stöchiometrische Gesetze. Äquivalentgewichte.** Von grundlegender Bedeutung für die Chemie ist die Beantwortung der Frage nach der quantitativen Zusammensetzung chemischer Verbindungen. In eingehenden Untersuchungen ist sie nach den Methoden der quantitativen Analyse besonders von BERZELIUS geklärt worden.

Für chemische Verbindungen gilt das *Gesetz der konstanten Proportionen*: Jede chemische Verbindung hat — unabhängig von ihrer Herkunft und ihrer künstlichen oder natürlichen Entstehungsweise — immer die gleiche quantitative Zusammensetzung; ihre Zusammensetzung ist konstant. So ergibt z. B. die quantitative Analyse von reinem Kochsalz stets einen Gehalt von 39,3% Natrium und 60,7% Chlor.

---

[1] lat. elementum = Grundstoff.
[2] gr. σύμβολον (symbolon) = Kennzeichen.

Häufig bilden zwei Elemente mehr als eine Verbindung miteinander. So gibt es außer dem Kohlendioxyd noch eine zweite Verbindung des Kohlenstoffs mit dem Sauerstoff. Diese Verbindung ist das farblose, sehr giftige Gas Kohlenoxyd; es verbrennt mit blauer Flamme zu Kohlendioxyd. Man kann es durch einen Reduktionsprozeß aus dem Kohlendioxyd erhalten, indem man dieses über erhitztes Eisen leitet:

$$\text{Eisen} + \text{Kohlendioxyd} \rightarrow \text{Eisenoxyd} + \text{Kohlenoxyd.}$$

Das Eisen hat dem Kohlendioxyd einen Teil seines Sauerstoffs entzogen und sich in Eisenoxyd verwandelt. Man wird demnach erwarten, daß das Kohlenoxyd weniger Sauerstoff enthält als das Kohlendioxyd. Die quantitative Analyse führt zu folgendem Ergebnis:

| Verbindung | % Kohlenstoff | % Sauerstoff | Kohlenstoff : Sauerstoff |
|---|---|---|---|
| Kohlenoxyd | 42,86 | 57,14 | 3:4 |
| Kohlendioxyd | 27,27 | 72,73 | 3:8. |

Die letzte Spalte zeigt, daß im Kohlendioxyd auf die gleiche Menge Kohlenstoff doppelt soviel Sauerstoff kommt wie im Kohlenoxyd (daher der Name Kohlendioxyd).

Das Blei bildet mit dem Sauerstoff drei Verbindungen: gelbes Bleioxyd (Bleiglätte), rote Mennige und braunes Bleidioxyd. Die Zusammensetzung dieser Oxyde ist folgende:

| Verbindung | % Blei | % Sauerstoff | Blei : Sauerstoff |
|---|---|---|---|
| Bleioxyd | 92,9 | 7,1 | 38,85:3 |
| Mennige | 90,7 | 9,3 | 38,85:4 |
| Bleidioxyd | 86,6 | 13,4 | 38,85:6. |

Auf die gleiche Gewichtsmenge Blei bezogen stehen die Gewichtsmengen des Sauerstoffs in den drei Oxyden im Verhältnis 3 : 4 : 6.

Die Zusammensetzungen verschiedener Verbindungen zweier Elemente sind also nicht unabhängig voneinander. Aus einem umfangreichen Untersuchungsmaterial ergibt sich das *Gesetz der multiplen Proportionen*: Bilden zwei Elemente mehrere Verbindungen, so stehen die Gewichtsmengen des einen in einfachen ganzen Zahlenverhältnissen zueinander, wenn man sie auf die gleiche Gewichtsmenge des anderen bezieht.

Die für chemische Verbindungen gültigen *stöchiometrischen Gesetze*[1] sind noch einer Erweiterung fähig. Man erkennt das, wenn man die Beobachtungen auf weitere Verbindungen ausdehnt. Wir betrachten die quantitative Zusammensetzung der Verbindungen Kohlenoxyd, Kohlendioxyd, Wasser und der Kohlenstoff-Wasserstoffverbindung Methan (Grubengas):

| Verbindung | Prozentische Zusammensetzung | | Gewichts-verhältnis |
|---|---|---|---|
| Kohlenoxyd | C = 42,9% | O = 57,1% | C : O = 6 : 8 |
| Kohlendioxyd | C = 27,3% | O = 72,7% | C : O = 3 : 8 |
| Methan | C = 75,0% | H = 25,0% | C : H = 3 : 1 |
| Wasser | H = 11,2% | O = 88,8% | H : O = 1 : 8. |

---

[1] gr. στοιχεῖον (stöcheion) = Grundstoff. Die stöchiometrischen Gesetze betreffen den quantitativen Gehalt der Verbindungen an Grundstoffen. Die Auffindung der stöchiometrischen Gesetze knüpft sich an die Namen PROUST (1754—1826), RICHTER (1726—1807) und WOLLASTON (1766—1820).

Die Zusammenstellung zeigt, daß das Wasser die Elemente Wasserstoff und Sauerstoff in demselben Gewichtsverhältnis 1 : 8 enthält, mit dem sie im Methan und Kohlendioxyd auftreten. Man kann auf diese Weise jedem Element eine bestimmte Gewichtsmenge zuordnen, die in allen Verbindungen des Elements wiederkehrt. Diese Gewichtsmenge heißt *Äquivalentgewicht*. Man setzt als Äquivalentgewichte fest: Wasserstoff = 1, Sauerstoff = 8, Kohlenstoff = 3. Im Kohlendioxyd kommt auf ein Äquivalentgewicht Sauerstoff ein Äquivalentgewicht Kohlenstoff, im Kohlenoxyd dagegen zwei Äquivalentgewichte Kohlenstoff. Unter Benutzung des Begriffs Äquivalentgewicht lassen sich die stöchiometrischen Gesetze so aussprechen: Die Elemente verbinden sich im Verhältnis ihrer Äquivalentgewichte oder einfacher ganzzahliger Vielfacher derselben.

Die Äquivalentgewichte der Elemente sind Zahlen, die aus den Zusammensetzungen ihrer Verbindungen abgeleitet sind. Allgemein versteht man unter dem Äquivalentgewicht eines Elements diejenige Menge, welche sich mit 1 g Wasserstoff verbindet oder 1 g Wasserstoff ersetzt; ergeben sich mehrere Zahlen, so wählt man die kleinste. So kommen im Chlorwasserstoff, Wasser, Ammoniak, Methan auf 1 g Wasserstoff: Chlor 35,5 g, Sauerstoff 8 g, Stickstoff 4,66 g, Kohlenstoff 3 g. Die Oxyde der Metalle Natrium, Calcium, Aluminium enthalten auf 8 g = 1 Grammäquivalent Sauerstoff: Natrium 23 g, Calcium 20 g, Aluminium 9 g. Diese Gewichtsmengen der drei Metalle haben 1 g Wasserstoff im Wasser ersetzt; sie sind also die Äquivalentgewichte der genannten Metalle. Im Sinne des zuletzt formulierten stöchiometrischen Gesetzes enthält das Kochsalz auf 23 g Natrium 35,5 g Chlor.

**Atomtheorie. Atomgewichte.** Der Gültigkeit der stöchiometrischen Gesetze verdankt die *Atomtheorie* DALTONS ihre Entstehung (1803). Nach DALTON besteht jedes Element aus sehr kleinen unteilbaren Einheiten von bestimmtem Gewicht, die er *Atome*[1] nannte. Nimmt man an, daß in den Verbindungen zweier Elemente auf eine kleine Zahl von Atomen des einen immer eine kleine Zahl von Atomen des anderen kommt, so hat man eine anschauliche Vorstellung von dem Zustandekommen der stöchiometrischen Gesetze.

Um zu einer eindeutigen Formulierung chemischer Verbindungen zu gelangen, braucht man die *Atomgewichte* der Elemente, d.h. die relativen Gewichte ihrer Atome. Noch mehrere Jahrzehnte nach der Aufstellung der Atomtheorie herrschte über die Atomgewichte Unsicherheit, weil das Gesetz der multiplen Proportionen häufig mehrere Möglichkeiten zu ihrer Festsetzung offen ließ. Erst nachdem die Untersuchung organischer Verbindungen die Bedeutung des Molekülbegriffs für die Chemie klargestellt hatte, gelang es, die Willkür in der Wahl der Atomgewichte endgültig auszuschalten[2].

Die früheren Betrachtungen über die flüchtigen Stoffe haben gelehrt, daß diese Stoffe aus Molekülen bestehen, die im gasförmigen oder gelösten Zustande als selbständige Teilchen in die Erscheinung treten. Im Sinne DALTONS müssen die Moleküle einer chemischen Verbindung aus den Atomen der Elemente aufgebaut sein, die an der Verbindung beteiligt sind. Jedes Molekül einer solchen Verbindung ist ein abgegrenzter Atomverband, in dem die Atome zahlenmäßig in demselben Verhältnis vereinigt sind wie in jeder beliebigen größeren Menge der Verbindung. Die AVOGADROsche Hypothese setzt uns instand, die relativen Gewichte dieser Atomverbände (Molekulargewichte) zu bestimmen, und es ist zu erwarten, daß man durch geeignete Betrachtungen auch die Gewichte der beteiligten Atome selbst ermitteln kann.

---

[1] gr. ἄτομος (atomos) = nicht zu zerschneiden, unteilbar.
[2] Die endgültige Erklärung der Zusammenhänge erfolgte erst im Jahre 1860 durch den italienischen Chemiker CANNIZZARO (1826—1910).

Um die Ausdrucksweise zu vereinfachen, erweitern wir die Bedeutung der Elementsymbole derart, daß wir darunter jetzt ein Atom des betreffenden Elements verstehen wollen, also $H = 1$ Atom Wasserstoff, $O = 1$ Atom Sauerstoff, $Cl = 1$ Atom Chlor. Wir betrachten im Anschluß an Tab. 1 folgende flüchtige Stoffe und ihre Molekulargewichte:

Sauerstoff $= 32$; Wasser $= 18$; Wasserstoff $= 2$; Chlor $= 71$; Chlorwasserstoff $= 36,5$.

Sauerstoff ist ein Element, seine Moleküle können daher nur aus Sauerstoffatomen aufgebaut sein. Die einfachste Annahme wäre, daß jedes Sauerstoffmolekül aus einem Sauerstoffatom besteht; das Sauerstoffmolekül bekäme dann das Symbol $O$, und man müßte dem Sauerstoffatom das Gewicht 32 zuschreiben. Diese Annahme führt jedoch zu einem Widerspruch, denn das Wassermolekül muß wenigstens ein Sauerstoffatom enthalten; sein Gewicht beträgt jedoch nur 18. Es kann also das Gewicht eines Sauerstoffatoms nicht 32 sein und das Sauerstoffmolekül muß mehr als ein Atom enthalten. Wir nehmen an, es enthalte zwei Sauerstoffatome und bezeichnen es durch das Symbol $O_2$. Das Sauerstoffatom bekommt dann das Gewicht 16. Damit bleiben für den Wasserstoff im Wassermolekül zwei Gewichtseinheiten übrig, die wir zunächst einem Atom Wasserstoff mit dem Gewicht 2 zuschreiben können. Das Wassermolekül bestände aus einem Sauerstoffatom mit dem Gewicht 16 und einem Wasserstoffatom mit dem Gewicht 2, seine Formel wäre $HO$. Doch auch diese Annahme ist nicht widerspruchsfrei. Zunächst ist klar, daß das Chlormolekül aus mindestens zwei Atomen mit dem Gewicht 35,5 bestehen muß, denn sein Gewicht ist größer als das Gewicht eines Moleküls Chlorwasserstoff. Für den Wasserstoff bleibt im Chlorwasserstoffmolekül eine Gewichtseinheit übrig, die wir mindestens einem Wasserstoffatom $H = 1$ zuschreiben müssen. Demnach besteht auch das Wasserstoffmolekül mit dem Gewicht 2 aus zwei Atomen und seine Formulierung ist $H_2$. Schließlich muß auch die Formulierung des Wassermoleküls in $H_2O$ abgeändert werden.

Unsere Überlegungen haben also zu folgenden Ergebnissen geführt:

1. Die Moleküle der Elemente Wasserstoff, Sauerstoff und Chlor bestehen aus zwei Atomen. Sie sind zu formulieren $H_2$, $O_2$, $Cl_2$.[1]
2. Die Atomgewichte der Elemente Wasserstoff und Chlor betragen auf die Basis $O = 16$ bezogen: $H = 1$, $Cl = 35,5$.
3. Die chemische Formel des Wassers ist $H_2O$ und die des Chlorwasserstoffs $HCl$.

Bei der Festsetzung der Atomgewichte haben wir die stillschweigende Voraussetzung gemacht, daß keine flüchtige Verbindung der Elemente Wasserstoff und Chlor existiert, deren Molekül eine kleinere Gewichtsmenge dieser Elemente enthält als die von uns als Atomgewicht gewählte Menge. Das trifft jedoch zu, und wir definieren jetzt: Das Atomgewicht eines Elements ist die kleinste Gewichtsmenge, die in dem Molekül einer flüchtigen Verbindung dieses Elements vorkommen kann.

Durch Verknüpfung des chemischen Begriffs Atom mit dem physikalischen Begriff Molekül hat man die Atomgewichte aller Elemente bestimmen können, welche flüchtige oder lösliche Verbindungen bilden. Bei einigen metallischen Elementen versagte diese Methode, weil sie solche Verbindungen nicht bilden. Doch fand man andere Wege, um ihre Atomgewichte zunächst annähernd und dann unter Benutzung der analytisch sehr genau bestimmbaren Äquivalentgewichte auch mit der gewünschten Genauigkeit zu erhalten.

In der Atomgewichtstabelle auf S. 195 sind die Atomgewichte aller bekannten Elemente verzeichnet. Die Tabelle wird alljährlich von einer internationalen Kommission nach dem neuesten Stande der Forschung revidiert.

Mit dem Symbol eines Elements verbindet man meist die Vorstellung eines *Grammatoms*. Ein Grammatom eines Elementes ist gleich seinem Atomgewicht in Grammen. Ein Grammatom Wasserstoff sind 1,008 g Wasserstoff, 1 Grammatom Kohlenstoff sind 12,01 g Kohlenstoff.

**Chemische Formeln und Gleichungen.** Die *chemische Formel* einer Verbindung bildet man durch Nebeneinanderstellen der Elementsymbole. Quecksilberoxyd enthält auf ein Atom Quecksilber (200,61 g) ein Atom Sauerstoff (16,00 g); seine chemische Formel ist demnach $HgO$. Enthält eine Verbindung mehr als ein Atom eines

---

[1] Auch die Moleküle des Stickstoffs und die Elemente Fluor, Brom und Jod bestehen aus zwei Atomen. Die Moleküle der Edelgase dagegen bestehen nur aus einem Atom.

Tabelle 3. *Atomgewichte (Stand 1947).*

| Element | Symbol | Atomgewicht | Element | Symbol | Atomgewicht |
|---|---|---|---|---|---|
| Actinium | Ac | 227,05 | Nickel | Ni | 58,69 |
| Aluminium | Al | 26,97 | Niob | Nb | 92,91 |
| Antimon (Stibium) | Sb | 121,76 | Osmium | Os | 190,2 |
| Argon | Ar | 39,944 | Palladium | Pd | 106,7 |
| Arsen | As | 74,91 | Phosphor | P | 30,98 |
| Barium | Ba | 137,36 | Platin | Pt | 195,23 |
| Beryllium | Be | 9,02 | Praseodym | Pr | 140,92 |
| Blei (Plumbum) | Pb | 207,21 | Protactinium | Pa | 231 |
| Bor | B | 10,82 | Quecksilber (Hydrargyrum) | Hg | 200,61 |
| Brom | Br | 79,916 | | | |
| Cadmium | Cd | 112,41 | Radium | Ra | 226,05 |
| Caesium | Cs | 132,91 | Radon | Rn | 222 |
| Calcium | Ca | 40,08 | Rhenium | Re | 186,31 |
| Cassiopeium | Cp | 174,99 | Rhodium | Rh | 102,91 |
| Cer | Ce | 140,13 | Rubidium | Rb | 85,48 |
| Chlor | Cl | 35,457 | Ruthenium | Ru | 101,7 |
| Chrom | Cr | 52,01 | Samarium | Sm | 150,43 |
| Dysprosium | Dy | 162,46 | Sauerstoff (Oxygenium) | O | 16,000 |
| Eisen (Ferrum) | Fe | 55,85 | Scandium | Sc | 45,10 |
| Erbium | Er | 167,2 | Schwefel (Sulfur) | S | 32,06 |
| Europium | Eu | 152,0 | Selen | Se | 78,96 |
| Fluor | F | 19,00 | Silber (Argentum) | Ag | 107,880 |
| Gadolinium | Gd | 156,9 | Silicium | Si | 28,06 |
| Gallium | Ga | 69,72 | Stickstoff (Nitrogenium) | N | 14,008 |
| Germanium | Ge | 72,60 | Strontium | Sr | 87,63 |
| Gold (Aurum) | Au | 197,2 | Tantal | Ta | 180,88 |
| Hafnium | Hf | 178,6 | Tellur | Te | 127,61 |
| Helium | He | 4,003 | Terbium | Tb | 159,2 |
| Holmium | Ho | 164,94 | Thallium | Tl | 204,39 |
| Indium | In | 114,76 | Thorium | Th | 232,12 |
| Iridium | Ir | 193,1 | Thulium | Tm | 169,4 |
| Jod | J | 126,92 | Titan | Ti | 47,90 |
| Kalium | K | 39,096 | Uran | U | 238,07 |
| Kobalt (Cobaltum) | Co | 58,94 | Vanadium | V | 50,95 |
| Kohlenstoff (Carbo) | C | 12,010 | Wasserstoff (Hydrogenium) | H | 1,008 |
| Krypton | Kr | 83,7 | | | |
| Kupfer (Cuprum) | Cu | 63,57 | Wismut (Bismutum) | Bi | 209,00 |
| Lanthan | La | 138,92 | Wolfram | W | 183,92 |
| Lithium | Li | 6,940 | Xenon | X | 131,3 |
| Magnesium | Mg | 24,32 | Ytterbium | Yb | 173,04 |
| Mangan | Mn | 54,93 | Yttrium | Y | 88,92 |
| Molybdän | Mo | 95,95 | Zink | Zn | 65,38 |
| Natrium | Na | 22,997 | Zinn (Stannum) | Sn | 118,70 |
| Neodym | Nd | 144,27 | Zirkonium | Zr | 91,22 |
| Neon | Ne | 20,183 | | | |

Elements auf ein Atom des anderen, so deutet man das durch einen Index hinter dem Atomzeichen an. Mennige hat die Formel $Pb_3O_4$; sie enthält auf drei Atome Blei $(3 \cdot 207{,}21\ g)$ vier Atome Sauerstoff $(4 \cdot 16{,}00\ g)$. Die Reihenfolge der Elementsymbole in einer chemischen Formel ist an sich gleichgültig, doch stellt man meist den Wasserstoff und die Metalle an den Anfang, den Sauerstoff ans Ende.

Die Menge eines Stoffes in Gramm, die seiner chemischen Formel entspricht, heißt *Formelgewicht* (genauer Grammformelgewicht). Es bedeutet also ein Formelgewicht Quecksilberoxyd $HgO$: $200{,}61 + 16{,}00 = 216{,}61\ g$ Quecksilberoxyd, ein

13*

Formelgewicht Mennige $Pb_3O_4$: $3 \cdot 207,21 + 4 \cdot 16,00 = 669,63$ g Mennige und ein Formelgewicht Kochsalz $NaCl$: $23,00 + 35,46 = 58,46$ g Kochsalz. Bei flüchtigen Stoffen, die selbständige Moleküle von der durch die chemische Formel ausgedrückten Zusammensetzung bilden (z. B. $H_2$, $Cl_2$, $H_2O$, $NH_3$ und die meisten organischen Stoffe), kann man statt Formelgewicht die Bezeichnung Grammolekül oder Mol verwenden (vgl. S. 183).

Mit Hilfe der Formeln bringt man chemische Umwandlungen durch *Reaktionsgleichungen* zum Ausdruck. Man hat bei der Aufstellung der Gleichungen darauf zu achten, daß die Atomzahlen jedes Elements auf beiden Seiten der Gleichung übereinstimmen. Einige der anfangs betrachteten Umsetzungen stellen sich in Gleichungen folgendermaßen dar:

Bildung von Kochsalz aus Natrium und Chlor:
$$2\,Na + Cl_2 \rightarrow 2\,NaCl,$$
Verbrennung von Magnesium zu Magnesiumoxyd:
$$2\,Mg + O_2 \rightarrow 2\,MgO,$$
Verbrennung von Phosphor zu Phosphorpentoxyd:
$$2\,P + 5\,O_2 \rightarrow P_2O_5,$$
Reduktion von Kupferoxyd durch Wasserstoff:
$$CuO + H_2 \rightarrow Cu + H_2O.$$

Eine chemische Gleichung bringt den Umsatz nicht nur qualitativ, sondern auch quantitativ zum Ausdruck. So bedeutet die letzte Gleichung, daß 2 g Wasserstoff (gleich 22,4 l bei 0° und 760 mm) mit 79,57 g Kupferoxyd unter Bildung von 63,57 g Kupfer und 18 g Wasser reagieren. Reaktionsgleichungen bilden die Grundlage für *stöchiometrische Rechnungen*. So könnte man z. B. durch einen einfachen Ansatz die Aufgabe lösen: Wieviel Gramm (oder Liter) Wasserstoff braucht man, um eine gegebene Menge Kupferoxyd zu reduzieren?

Meist ist eine chemische Umwandlung mit einem *Wärmeeffekt* verbunden. Wird bei der Umwandlung Wärme frei, so spricht man von einer *exothermen* Reaktion; wird Wärme verbraucht, so heißt die Reaktion *endotherm*[1]. Das bekannteste Beispiel für exotherme Reaktionen sind die Verbrennungen, die ja gerade wegen ihres Wärmeeffektes in großem Umfange praktisch durchgeführt werden. Man kann auch den Wärmeeffekt in eine Reaktionsgleichung einbeziehen. So bedeutet die Gleichung
$$C + O_2 \rightarrow CO_2 + 94\,\text{kcal},$$
daß bei der Verbrennung von einem Grammatom gleich 12 g Kohlenstoff eine Wärmemenge von 94 kcal[2] entwickelt wird.

### 3. Wertigkeit. Strukturformeln.

**Abweichungen vom Gesetz der kleinen Atomzahlen.** Die Daltonsche Vorstellung von den unteilbaren Atomen macht es verständlich, daß in den chemischen Verbindungen die Atome der beteiligten Elemente mit ganzen Zahlen vertreten sind. Wegen der Kleinheit der Atome, deren Durchmesser größenordnungsmäßig bei 1 Å $= 10^{-8}$ cm liegt, begreift man auch, daß in einer Verbindung die gegenseitige stoffliche Durchdringung der Bestandteile viel weitgehender sein muß als etwa in einem heterogenen Gemenge. Unverständlich bleibt jedoch die im Gesetz der multiplen Proportionen zum Ausdruck kommende Forderung, daß in den Verbindungen die Verhältnisse der Atomzahlen *kleine* ganze Zahlen sein sollen. In der Tat gibt es

---

[1] gr. $\vartheta\varepsilon\varrho\mu\acute{o}\varsigma$ (thermos) = warm; $\overset{\text{\'}}{\varepsilon}\xi\omega$ (exo) = außerhalb, heraus; $\overset{\text{\'}}{\varepsilon}\nu\delta\omega$ (endo) = innerhalb, hinein. exotherm = Wärme geht heraus, endotherm = Wärme geht hinein.

[2] 1 kcal ist die Wärmemenge, welche erforderlich ist, um 1 kg Wasser von 14,5° auf 15,5° zu erwärmen.

Ausnahmen von diesem Gesetz, die sich besonders bei zahlreichen Verbindungen des Elements Kohlenstoff finden. So hat z. B. das Cholesterin, ein Bestandteil der Gallensteine, die chemische Formel $C_{27}H_{46}O$. In diesem Stoff kommen also auf ein Sauerstoffatom 27 Kohlenstoffatome und 46 Wasserstoffatome. Diese Ausnahmestellung der Kohlenstoffverbindungen hat ihre Ursache in besonderen Eigenschaften des Kohlenstoffatoms, die sonst bei keinem anderen Element angetroffen werden. Sie ist ein Grund für die große Zahl der Kohlenstoffverbindungen und deren eigentümliches Gepräge. Man sondert daher die Verbindungen des Elements Kohlenstoff von denen der übrigen Elemente ab und betrachtet sie in der *organischen Chemie*.

In der *anorganischen Chemie* herrscht jedoch durchgehend das Prinzip der kleinen Atomzahlen, wodurch die Zahl der möglichen Verbindungen stark eingeschränkt wird.

**Stöchiometrische Wertigkeit.** Es ist schon aus systematischen Gründen sehr wertvoll, in dem Begriff *Wertigkeit* ein ordnendes Prinzip zu besitzen, das die Übersicht über die chemischen Verbindungen der Elemente wesentlich erleichtert. Die Wertigkeit eines Elementes gibt an, mit wieviel Atomen Wasserstoff sich ein Atom des Elementes zu einer Verbindung vereinigt oder wieviel Atome Wasserstoff es in anderen Verbindungen ersetzt. Zur Erläuterung diene Tab. 4.

*Tabelle 4.*

| | Na (1) | Mg (2) | Al (3) | C (4) | N (5) | O  S (6) | Cl (7) |
|---|---|---|---|---|---|---|---|
| Wasserstoffverbindungen (Hydride) | I NaH | — | — | IV $CH_4$ | III $NH_3$ | II $OH_2$ $SH_2$ | I ClH |
| Sauerstoffverbindungen (Oxyde) | I $Na_2O$ | II MgO | III $Al_2O_3$ | IV $CO_2$ | V $N_2O_5$ | VI $SO_3$ | VII $Cl_2O_7$ |
| Chlorverbindungen (Chloride) | I NaCl | II $MgCl_2$ | III $AlCl_3$ | IV $CCl_4$ | — | — | — |

Die erste Zeile zeigt, daß in ihren Wasserstoffverbindungen die Wertigkeiten der Elemente Kohlenstoff = 4, Stickstoff = 3, Schwefel und Sauerstoff = 2 und Chlor = 1 sind. Aus den Oxyden der zweiten Zeile und ebenso aus den Chloriden der dritten Zeile ergeben sich die Wertigkeiten Natrium = 1, Magnesium = 2, Aluminium = 3, Kohlenstoff = 4, Stickstoff = 5, Schwefel = 6 und Chlor = 7.

Während also die ersten 4 Elemente Natrium, Magnesium, Aluminium und Kohlenstoff in den aufgeführten Verbindungen konstante Wertigkeit besitzen, haben die Elemente Stickstoff, Schwefel und Chlor in ihren Wasserstoffverbindungen und Sauerstoffverbindungen verschiedene Wertigkeit. Ihre Wertigkeit gegen Wasserstoff ergänzt sich mit der Wertigkeit gegen Sauerstoff zu der konstanten Zahl 8 (Stickstoff = 3 + 5, Schwefel = 2 + 6, Chlor = 1 + 7). Es gibt also Elemente mit konstanter Wertigkeit und Elemente mit wechselnder Wertigkeit. In der Tabelle sind die Wertigkeiten den Atomsymbolen in römischen Ziffern beigefügt.

Die so definierte Wertigkeit der Elemente ist nur ein anderer Ausdruck für die stöchiometrische Zusammensetzung ihrer Verbindungen. Man nennt sie daher auch stöchiometrische Wertigkeit. Die stöchiometrische Wertigkeit gibt also an, mit wieviel Äquivalentgewichten sich ein Atom eines Elements zu einer Verbindung vereinigt. Schwefel ist im Schwefeldioxyd 4wertig, heißt: Schwefeldioxyd enthält auf ein Atom Schwefel 4 Äquivalentgewichte oder 2 Atome Sauerstoff; seine chemische Formel ist $SO_2$.

**Die Wertigkeit als Bindungswert bei flüchtigen Verbindungen.** Man hat nun versucht, dem zunächst rein stöchiometrischen Begriff Wertigkeit eine Deutung als Eigenschaft der Atome zu geben. Mit besonderem Erfolg ist das bei den flüchtigen Verbindungen gelungen, deren kleinste Teilchen, die Moleküle, selbständige Atomverbände darstellen. Diese Atomverbände sind so zusammengesetzt, wie es die chemischen Formeln ausdrücken. So sind im Molekül des Methans $CH_4$ vier Wasserstoffatome mit einem Kohlenstoffatom in einen in sich abgeschlossenen Verband getreten. Man bringt den Aufbau solcher Atomverbände durch *Strukturformeln*[1] zum Ausdruck. Die flüchtigen Wasserstoffverbindungen Chlorwasserstoff $HCl$, Wasser $H_2O$, Ammoniak $NH_3$ und Methan $CH_4$ haben folgende Strukturformeln:

$$H—Cl; \quad H—O—H; \quad H—N—H; \quad H—\overset{\displaystyle H}{\underset{\displaystyle H}{C}}—H.$$

Man ordnet also jedem Atom eine seiner Wertigkeit entsprechende Zahl von Valenzstrichen[2] zu. Stellt man sich diese Valenzstriche mit Häkchen versehen vor, so käme die Verkettung der Atome im Molekül durch ein gegenseitiges Einhaken von Häkchen zustande. Die Wertigkeit der Atome in den Molekülen flüchtiger Verbindungen erhält auf diese Weise die Eigenschaft eines durch Valenzstriche symbolisierten *Bindungswertes* der Atome.

Die Auffassung der Wertigkeit als Bindungswert der Atome und die Aufstellung von Strukturformeln stammt von KEKULÉ[3]. Sie hat sich besonders bei den Verbindungen der organischen Chemie, die größtenteils Moleküle als Grundbausteine besitzen, als außerordentlich fruchtbar erwiesen.

**Die Wertigkeit als Ladungswert bei salzartigen Stoffen.** Eine Zeitlang hat man die Darstellung der Wertigkeit durch Valenzstriche und die Verwendung von Strukturformeln bedenkenlos auch auf nichtflüchtige, insbesondere salzartige Stoffe

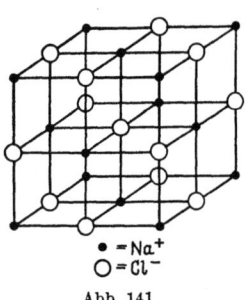

$\bullet = Na^+$
$O = Cl^-$

Abb. 141.

übertragen. Das ist jedoch nach den heutigen durch Untersuchung mit Röntgenstrahlen gewonnenen Kenntnissen über den inneren Aufbau dieser Stoffe nicht erlaubt, wofür als Beispiel das Kochsalz diene. Einen Ausschnitt aus dem Kristallgitter des Kochsalzes vermittelt Abb. 141. Danach sind die Gitterpunkte des Kristallgitters durch Natriumionen $Na^+$ mit einer positiven Ladungseinheit und Chlorionen $Cl^-$ mit einer negativen Ladungseinheit[4] besetzt. Jedes $Na^+$ ist regelmäßig von $6\,Cl^-$ und jedes $Cl^-$ regelmäßig von $6\,Na^+$ umgeben. Nirgends findet sich eine Andeutung dafür, daß ein $Na^+$ mit einem $Cl^-$ in einen engeren Verband getreten wäre, d. h. für die Existenz von gesonderten Molekülen $NaCl$ mit der Strukturformel $Na—Cl$. Schmilzt man den Kristall oder löst ihn in Wasser, so bricht das Kristallgitter zusammen, und als selbständige Teilchen treten jetzt die Gitterbausteine $Na^+$ und $Cl^-$ in Erscheinung, also wieder keine Moleküle $NaCl$.

Ähnlich ist der innere Aufbau anderer salzartiger Stoffe. So besteht das Magnesiumoxyd aus Magnesiumionen $Mg^{2+}$ mit zwei positiven und Sauerstoffionen $O^{2-}$ mit zwei negativen Ladungseinheiten. Allgemein bekommt bei salzartigen Verbindungen die Wertigkeit den Charakter eines *Ladungswertes*. Jedes Atom besitzt so viele positive oder negative Ladungseinheiten, wie seine Wertigkeit angibt. Man sagt daher: im Kochsalz ist die Wertigkeit des Natriums $+1$, die des Chlors $-1$; im Magnesiumoxyd ist die Wertigkeit des Magnesiums $+2$, die des Sauerstoffs $-2$.

---

[1] lat. structura = Bau, Aufbau.
[2] Valenz = Wertigkeit.
[3] AUGUST KEKULÉ (1829—1896), Prof. in Bonn, Begründer der Strukturchemie.
[4] Über den Begriff Ladungseinheit s. später (S. 206).

Die Wertigkeit der Atome in salzartigen Verbindungen hat also mit einem durch Valenzstriche darstellbaren Bindungswert nichts zu tun. Während in den Molekülen der flüchtigen Stoffe die Atome in „chemische Verbindung' 'getreten sind, haben wir es bei den salzartigen Stoffen mit Ionengittern zu tun, deren Bausteine durch elektrostatische Kräfte in einem geordneten Verbande zusammengehalten werden.

**Andere schwerflüchtige Verbindungen.** Außer den Salzen gibt es andere schwerflüchtige Stoffe, deren innerer Aufbau ebenfalls nicht die Existenz selbständiger Moleküle erkennen läßt. Beispiele sind: Korund $Al_2O_3$, Quarz $SiO_2$ und die zahlreichen silikatischen Mineralien der festen Erdrinde. Während die Salze beim Auflösen in Wasser wenigstens die Natur ihrer Bausteine (Ionen) offenbaren, versagt diese Methode bei den genannten Stoffen, weil sie praktisch unlöslich sind. Auf chemischem Wege in den inneren Aufbau schwerflüchtiger Stoffe einzudringen ist grundsäztlich unmöglich. Die quantitative Analyse liefert nur die in der chemischen Formel zum Ausdruck kommende stöchiometrische Zusammensetzung. Erst die Untersuchung mit Röntgenstrahlen hat neuerdings auch bei den genannten schwerflüchtigen Stoffen einen Einblick in ihren Aufbau vermittelt. Dabei hat sich herausgestellt, daß im allgemeinen von der Existenz selbständiger, in ihrer Zusammensetzung der chemischen Formel entsprechender Atomverbände (Moleküle) keine Rede sein kann. Jeder schwerflüchtige Stoff bildet vielmehr ein ihm eigentümliches räumliches Gitter, dessen Gitterpunkte ohne Unterbrechung bis an die Grenzflächen des Kristalls in regelmäßiger Folge von Atomen besetzt sind. Der ganze Kristall bildet ein einziges „Riesenmolekül". Es entfällt daher bei den genannten Stoffen die Möglichkeit der Aufstellung von Molekül-Strukturformeln. Man begnügt sich deshalb mit der Wiedergabe ihrer stöchiometrischen Zusammensetzung durch die chemische Formel und betrachtet die Wertigkeit nur als einen stöchiometrischen Begriff.

## 4. Nomenklatur einfacher Verbindungen.

Für die Benennung einfacher Verbindungen, an deren Aufbau nur *zwei* Elemente beteiligt sind (*binäre* Verbindungen), gelten folgende Regeln:

1. Bei Verbindungen von Metallen mit Nichtmetallen[1] wird im Namen und in der Formel der metallische Bestandteil vorangestellt; der nichtmetallische Bestandteil erhält im Namen der Verbindung die Endung -id. Danach ergeben sich folgende Bezeichnungen:

| Nichtmetalle | Sammelbezeichnung der Verbindungen | Beispiele |
|---|---|---|
| Halogene Chlor, Brom Jod, Fluor | Halogenide Chloride, Bromide Jodide, Fluoride | $NaCl$ Natriumchlorid, $AgBr$ Silberbromid $KJ$ Kaliumjodid, $CaF_2$ Calciumfluorid |
| Sauerstoff | Oxyde | $MgO$ Magnesiumoxyd, $Al_2O_3$ Aluminiumoxyd |
| Schwefel | Sulfide | $Na_2S$ Natriumsulfid, $ZnS$ Zinksulfid |
| Stickstoff | Nitride | $Mg_3N_2$ Magnesiumnitrid, $AlN$ Aluminiumnitrid |
| Phosphor | Phosphide | $Ca_3P_2$ Calciumphosphid |
| Arsen | Arsenide | $NiAs$ Nickelarsenid |
| Kohlenstoff | Carbide | $CaC_2$ Calciumcarbid, $Al_4C_3$ Aluminiumcarbid |
| Silicium | Silicide | $Mg_2Si$ Magnesiumsilicid |
| Wasserstoff | Hydride | $LiH$ Lithiumhydrid, $CaH_2$ Calciumhydrid. |

Besteht eine Verbindung aus zwei Nichtmetallen, so wird dasjenige zuerst genannt, welches in der Reihe

B, Si, C, As, P, N, S, J, Br, Cl, O, F

weiter links steht. Beispiele:

$SiC$ Siliciumcarbid, $NO$ Stickstoffoxyd, $JBr$ Jodbromid usw.

---

[1] Über die Einteilung der Elemente in Metalle und Nichtmetalle vgl. das Periodische System der Elemente.

In den Formeln der flüchtigen Wasserstoffverbindungen steht der Wasserstoff in einigen Fällen an erster, in anderen an zweiter Stelle; die Namen erhalten die Endsilbe -wasserstoff. Beispiele:

| | | | |
|---|---|---|---|
| HCl | Chlorwasserstoff | $PH_3$ | Phosphorwasserstoff |
| $H_2S$ | Schwefelwasserstoff | $SiH_4$ | Siliciumwasserstoff. |

Ausnahmsweise gelten bei den bekannten flüchtigen Wasserstoffverbindungen $H_2O$ Wasser, $NH_3$ Ammoniak, $CH_4$ Methan die konventionellen Namen auch im wissenschaftlichen Sprachgebrauch.

2. Bilden zwei Elemente mehrere Verbindungen miteinander, so bringt man die verschiedenen Mengenverhältnisse ihrer Bestandteile folgendermaßen zum Ausdruck:

a) Verbindungen von Metallen mit Nichtmetallen, insbesondere salzartige Verbindungen, kennzeichnet man, indem man die Wertigkeit des metallischen Bestandteils in eingeklammerten römischen Ziffern hinter den deutschen Namen des Metalles setzt. Beispiele:

| | | | |
|---|---|---|---|
| MnO | Mangan(II)-oxyd | CuCl | Kupfer(I)-chlorid |
| $Mn_2O_3$ | Mangan(III)-oxyd | $CuCl_2$ | Kupfer(II)-chlorid |
| $MnO_2$ | Mangan(IV)-oxyd | SnS | Zinn(II)-sulfid |
| $Mn_2O_7$ | Mangan(VII)-oxyd | $SnS_2$ | Zinn(IV)-sulfid |

gesprochen: Mangan-zwei-oxyd, Kupfer-eins-chlorid usw.

Früher unterschied man die niedere und höhere Wertigkeitsstufe eines Metalles in seinen Verbindungen durch Anhängen der Buchstaben -o- bzw. -i- an seinen lateinischen Namen, oder man benutzte Namen wie Oxydul, Chlorür, Sulfür usw. für Verbindungen der niederen Wertigkeitsstufe. Da solche älteren Benennungen gelegentlich im Handel und in der Technik noch gebräuchlich sind, sollen sie in einigen Beispielen der neuen Bezeichnungsweise gegenübergestellt werden:

| Verbindung | Neue Bezeichnung | Ältere Namen | |
|---|---|---|---|
| HgCl | Quecksilber(I)-chlorid | Mercurochlorid | Quecksilberchlorür |
| $HgCl_2$ | Quecksilber(II)-chlorid | Mercurichlorid | Quecksilberchlorid |
| $FeCl_2$ | Eisen(II)-chlorid | Ferrochlorid | Eisenchlorür |
| $FeCl_3$ | Eisen(III)-chlorid | Ferrichlorid | Eisenchlorid |
| $Cu_2O$ | Kupfer(I)-oxyd | Cuprooxyd | Kupferoxydul |
| CuO | Kupfer(II)-oxyd | Cuprioxyd | Kupferoxyd |
| $Cu_2S$ | Kupfer(I)-sulfid | Cuprosulfid | Kupfersulfür |
| CuS | Kupfer(II)-sulfid | Cuprisulfid | Kupfersulfid. |

b) Eine andere Art der Benennung unterscheidet die verschiedenen Verbindungen zweier Elemente durch Angabe ihrer stöchiometrischen Zusammensetzung. Hierbei wird das Atomzahlverhältnis der Bestandteile durch Vorsetzung griechischer Zahlwörter[1] vor ihre Namen zum Ausdruck gebracht. Das Zahlwort „mono" pflegt man im allgemeinen fortzulassen. Beispiele:

| | | | |
|---|---|---|---|
| $N_2O$ | Distickstoff(mon)oxyd | $N_2O_3$ | Distickstofftrioxyd |
| NO | Stickstoffoxyd | $NO_2$ | Stickstoffdioxyd |

---

[1] Griechische Zahlwörter (abgekürzte Formen):

| 1 | 2 | 3 | 4 | 5 | 6 | 7 | 8 | 9 | 10 |
|---|---|---|---|---|---|---|---|---|---|
| mono | di | tri | tetra | penta | hexa | hepta | okta | ena | deka. |

| | | | |
|---|---|---|---|
| $N_2O_4$ | Distickstofftetroxyd | $PCl_5$ | Phosphorpentachlorid |
| $N_2O_5$ | Distickstoffpentoxyd | $SF_6$ | Schwefelhexafluorid |
| $SiCl_4$ | Siliciumtetrachlorid | $JCl$ | Jodmonochlorid |
| $PCl_3$ | Phosphortrichlorid | $JF_7$ | Jodheptafluorid. |

Wo keine Verwechslung möglich ist, bedient man sich häufig abgekürzter Namen, z. B.:

| | | | |
|---|---|---|---|
| $P_2O_5$ | Phosphorpentoxyd | statt | Diphosphorpentoxyd |
| $As_2O_3$ | Arsentrioxyd | statt | Diarsentrioxyd usw. |

Die Bezeichnungsweise b) findet vorwiegend Anwendung bei den Verbindungen zweier Nichtmetalle. Man benutzt sie jedoch auch bei den nicht ausgesprochen salzartigen Metallverbindungen, z. B.:

| | | | |
|---|---|---|---|
| $MnO_2$ | nach a) Mangan(IV)-oxyd | oder nach b) | Mangandioxyd |
| $CrO_3$ | Chrom(VI)-oxyd | | Chromtrioxyd |
| $SnCl_4$ | Zinn(IV)-chlorid | | Zinntetrachlorid. |

Die vorstehend an einigen Beispielen erläuterte Nomenklatur binärer Verbindungen hat sich im neueren Schrifttum weitgehend durchgesetzt. Immerhin begegnet man gelegentlich noch älteren abweichenden Bezeichnungen, z. B. Chlornatrium, Bromsilber, Schwefelzink statt Natriumchlorid, Silberbromid, Zinksulfid usw. Hinzu kommen dann noch die oft sehr alten volkstümlichen Namen (Trivialnamen), die mit der Gewinnung, der Verwendung oder den speziellen Eigenschaften der Stoffe zusammenhängen, z. B. $CaO$ gebrannter Kalk, $NaCl$ Kochsalz, $HgCl_2$ Sublimat usw.

# IV. Das Periodische System der Elemente.

## 1. Allgemeine Gesetzmäßigkeiten.

**Überblick.** Schon frühzeitig war es aufgefallen, daß es Gruppen von Elementen mit ähnlichen Eigenschaften gibt. Die erste Zusammenfassung von ähnlichen Elementen zu Gruppen stammt von DÖBEREINER (1829). Er stellte jeweils drei nahe verwandte Elemente zu *Triaden* zusammen (Li, Na, K; Ca, Sr, Ba; Cl, Br, J; S, Se, Te).

Im Jahre 1869 fanden dann LOTHAR MEYER[1] und MENDELEJEFF[2] eine außerordentlich zweckmäßige Anordnung: das *Periodische System der Elemente*[3] (vgl. S. 202). In diesem System sind die Elemente nach steigenden Atomgewichten geordnet, wobei darauf Bedacht genommen ist, daß ähnliche Elemente untereinanderstehen. Die waagerechten Reihen des Systems heißen *Perioden*, die senkrechten *Gruppen*. Jede Gruppe bildet eine Reihe verwandter Elemente. Die Perioden sind verschieden lang. Auf eine Vorperiode mit 2 Elementen (H, He) folgen zwei kleine Perioden mit je 8, darauf zwei große Perioden mit je 18 Elementen und schließlich eine Riesenperiode mit 32 Elementen. An die Riesenperiode schließen sich dann noch einige Elemente mit sehr großen Atomgewichten an. Um das System nicht unnötig auseinanderzuziehen, sind die zwischen die Elemente Lanthan (La) und Hafnium (Hf) gehörigen 14 Elemente der Riesenperiode unter dem System in einer gesonderten Familie zusammengestellt (Familie der seltenen Erdmetalle).

---

[1] LOTHAR MEYER (1830—1895), Prof. der Chemie in Tübingen.

[2] DMITRI IWANOWITSCH MENDELEJEFF (1834—1907), Prof. der Chemie in Petersburg.

[3] gr. περιοδος (periodos) = Umlauf, Kreislauf; das System heißt periodisch, weil bei der Aufeinanderfolge der Elemente in regelmäßiger Wiederkehr Elemente mit ähnlichen Eigenschaften erscheinen.

| Periode | 1a | 2a | 3a | 4a | 5a | 6a | 7a | 8 | 1b | 2b | 3b | 4b | 5b | 6b | 7b | 0 |
|---|---|---|---|---|---|---|---|---|---|---|---|---|---|---|---|---|
| 1 Vorperiode | | | | | | | | | | | | | | | 1 H 1,0080 | 2 He 4,003 |
| 2 1.Kleine Periode | 3 Li 6,940 | 4 Be 9,02 | | | | | | | | | 5 B 10,82 | 6 C 12,010 | 7 N 14,008 | 8 O 16,0000 | 9 F 19,00 | 10 Ne 20,183 |
| 3 2.Kleine Periode | 11 Na 22,997 | 12 Mg 24,32 | | | | | | | | | 13 Al 26,97 | 14 Si 28,06 | 15 P 30,98 | 16 S 32,06 | 17 Cl 35,457 | 18 Ar 39,944 |
| 4 1.Große Periode | 19 K 39,096 | 20 Ca 40,08 | 21 Sc 45,10 | 22 Ti 47,90 | 23 V 50,95 | 24 Cr 52,01 | 25 Mn 54,93 | 26 Fe 55,85 · 27 Co 58,94 · 28 Ni 58,69 | 29 Cu 63,57 | 30 Zn 65,38 | 31 Ga 69,72 | 32 Ge 72,60 | 33 As 74,91 | 34 Se 78,96 | 35 Br 79,916 | 36 Kr 83,7 |
| 5 2.Große Periode | 37 Rb 85,48 | 38 Sr 87,63 | 39 Y 88,92 | 40 Zr 91,22 | 41 Nb 92,91 | 42 Mo 95,95 | 43 Tc 93 | 44 Ru 101,7 · 45 Rh 102,91 · 46 Pd 106,7 | 47 Ag 107,880 | 48 Cd 112,41 | 49 In 114,76 | 50 Sn 118,70 | 51 Sb 121,76 | 52 Te 127,61 | 53 J 126,92 | 54 X 131,3 |
| 6 Riesenperiode | 55 Cs 132,91 | 56 Ba 137,36 | 57 La 138,92 → | 72 Hf 178,6 | 73 Ta 180,88 | 74 W 183,92 | 75 Re 186,37 | 76 Os 190,2 · 77 Ir 193,1 · 78 Pt 195,23 | 79 Au 197,2 | 80 Hg 200,67 | 81 Tl 204,39 | 82 Pb 207,21 | 83 Bi 209,00 | 84 Po 210 | 85 At 210 | 86 Rn 222 |
| 7 | 87 Fr 223 | 88 Ra 226,05 | 89 Ac 227 | 90 Th 232,12 | 91 Pa 237 | 92 U 238,07 | 93 Np 237 | 94 Pu 242 · 95 Am 243 · 96 Cm 243 | 97 Bk 245 | 98 Cf 246 | | | | | | |

Familie der seltenen Erdmetalle (Lanthaniden)

| 58 Ce 140,13 | 59 Pr 140,92 | 60 Nd 144,27 | 61 Pm 145 | 62 Sm 150,43 | 63 Eu 152,0 | 64 Gd 156,9 | 65 Tb 159,2 | 66 Dy 162,46 | 67 Ho 163,5 | 68 Er 167,2 | 69 Tm 169,4 | 70 Yb 173,04 | 71 Cp 174,99 |
|---|---|---|---|---|---|---|---|---|---|---|---|---|---|

Abb. 142. Periodisches System der Elemente.

Unter jedem Element steht sein Atomgewicht. Numeriert man die Elemente nach ihrer Aufeinanderfolge im System, so erhält jedes Element eine *Ordnungszahl,* die links oberhalb seines Symbols angeschrieben ist. Will man an dem Grundsatz festhalten, daß ähnliche Elemente in einer Gruppe untereinander stehen sollen, so muß man an vier Stellen (Ar—K; Co—Ni; Te—J; Th—Pa) eine Umstellung vornehmen, so daß dort auf ein Element mit größerem ein solches mit kleinerem Atomgewicht folgt.

Die vier Elemente mit den Nummern 43, 61, 85 und 87 sind in der Natur noch nicht aufgefunden worden[1]. Zur Zeit seiner Aufstellung waren noch ziemlich viele freie Plätze im Periodischen System. Insbesondere waren die Elemente mit den Ordnungszahlen 21 (Scandium), 31 (Gallium) und 32 (Germanium) noch unbekannt. MENDELEJEFF unternahm es, ihre Atomgewichte und ihre physikalisch-chemischen Eigenschaften auf Grund ihrer Stellung im System vorherzusagen. Als dann im Zeitraum von 1875—1886 diese Elemente nacheinander aufgefunden wurden, erfüllten sich die Prophezeiungen MENDELEJEFFS in ganz überraschender Weise.

**Metalle und Nichtmetalle.** Eine diagonale Trennungslinie durch das Periodische System scheidet die Elemente in zwei Klassen: *Metalle* (schwarz) und *Nichtmetalle* (schraffiert).

Die 71 *metallischen Elemente* sind gekennzeichnet durch Oberflächenglanz und Undurchsichtigkeit. Sie sind gute Leiter für Wärme und Elektrizität. Beim Durchgang des elektrischen Stromes erleiden sie keine Zersetzung. Ihre Siedepunkte liegen ziemlich hoch, teilweise sehr hoch. Mit einer Ausnahme (Quecksilber) sind sie bei gewöhnlicher Temperatur fest.

Die Metalle der Gruppen 1a und 2a sowie das Aluminium in Gruppe 3b sind *Leichtmetalle* (Dichte kleiner als 3), die übrigen Metalle haben die Sammelbezeichnung *Schwermetalle.*

In der Klasse der *Nichtmetalle* vereinigen sich 21 Elemente mit recht verschiedenen Eigenschaften. Unter ihnen finden sich elf zum Teil schwer kondensierbare Gase, eine Flüssigkeit (Brom) und neun feste Elemente mit teilweise sehr hohen Schmelz- und Siedepunkten (Kohlenstoff, Silicium, Bor). Einige Nichtmetalle bilden mehrere polymorphe Formarten. Sie sind durchweg schlechte Leiter für Elektrizität und Wärme.

**Weitere Gesetzmäßigkeiten.** Die Bedeutung des Periodischen Systems besteht darin, daß man die Eigenschaften eines Elements aus seiner Stellung im System vorhersagen kann. In jeder Vertikalreihe steht eine Gruppe verwandter Elemente. Besonders im mittleren Teil der großen Perioden findet man verwandtschaftliche Beziehungen auch zwischen Elementen, die in einer Horizontalreihe benachbart stehen. So haben z. B. die Metalle Cr, Mn, Fe, Co, Ni und Cu die gemeinsame Eigenschaft, farbige Verbindungen zu bilden. In einigen Fällen nehmen Elemente der beiden kleinen Perioden eine Ausnahmestellung in ihrer Gruppe ein; sie neigen in ihren Eigenschaften zu Elementen rechts folgender Gruppen hinüber. So zeigt das Lithium (Gruppe 1a) Verwandtschaft mit den Erdalkalimetallen (Ca, Sr, Ba). Ähnlich findet man beim Beryllium (Gruppe 2a) nahe Beziehungen zum Aluminium (Gruppe 3b) und beim Magnesium zum Zink (Gruppe 2b). Das Bor (Gruppe 3b) schließt sich in seinen Eigenschaften eng an das Silicium (Gruppe 4b) an. Es gibt also im Periodischen System Horizontal-, Vertikal- und Schrägbeziehungen.

Die *Alkalimetalle* der Gruppe 1a zeigen in ihrem chemischen Verhalten den metallischen Charakter am ausgeprägtesten, während die *Halogene* (F, Cl, Br, J) in Gruppe 7b die typischen Vertreter der Nichtmetalle sind. Zwischen diesen beiden Extremen schwächt sich der metallische Charakter beim Fortschreiten in einer

---

[1] Man hat sie neuerdings in radioaktiver Form künstlich hergestellt und auch bereits durch Namen und Symbole gekennzeichnet.

Horizontalreihe von links nach rechts von Element zu Element ab. Geht man dagegen in einer Vertikalreihe von oben nach unten, so findet man, daß der metallische Charakter sich immer mehr ausprägt. Am deutlichsten erkennbar ist das in den Gruppen 3b, 4b und 5b, die oben mit Nichtmetallen beginnen und unten mit Metallen enden. Diese Gesetzmäßigkeit findet man, wenn auch nicht ganz so offensichtlich, in allen Vertikalreihen des Periodischen Systems. Man kann demnach sagen, daß der metallische Charakter am stärksten beim Cäsium, der nichtmetallische am stärksten beim Fluor in Erscheinung treten wird.

Einige Elemente, die in der Nähe der diagonalen Grenzlinie zwischen den Metallen und Nichtmetallen stehen, erweisen sich in ihren Eigenschaften als Übergangsglieder zwischen beiden Klassen. Dazu gehören insbesondere die Elemente Arsen, Antimon, Selen und Tellur und in gewisser Hinsicht auch das Aluminium[1].

In jeder Gruppe ändern sich die physikalischen Eigenschaften der Elemente und ihrer Verbindungen in gesetzmäßiger Weise, wofür als Beispiel die *Halogene* (Gruppe 7b) angeführt seien:

|  | Atom-gewicht | Schmp. | Sdp. | Krit. Temp. | Farbe des gasförmigen Elements |
|---|---|---|---|---|---|
| Wasserstoff | 1,008 | —259,2 | —252,8 | —239,9 | farblos |
| Fluor | 19,00 | —220 | —188 | —101 | hellgelbgrün |
| Chlor | 35,46 | —100,5 | — 34 | +144 | grüngelb |
| Brom | 79,92 | — 7,3 | + 58 | +302 | rotbraun |
| Jod | 126,92 | +113,6 | +183 | — | violett. |

Schmelzpunkte, Siedepunkte und kritische Temperaturen steigen in dieser Gruppe mit wachsenden Atomgewichten. Die ersten drei Elemente sind bei gewöhnlicher Temperatur gasförmig, Brom ist flüssig und Jod fest. Interessant ist auch die schrittweise Farbvertiefung vom Wasserstoff zum Jod.

Den Abschluß des Periodischen Systems bilden die auf die Riesenperiode folgenden sechs metallischen Elemente mit den Ordnungszahlen 87 bis 92. Das Element 87 wurde in der Natur noch nicht aufgefunden; nach seiner Stellung müßte es die Eigenschaften eines Alkalimetalles besitzen. Die übrigen haben eine begrenzte Lebensdauer; ihre Atome zerfallen nach bekannten Gesetzen unter Aussendung eigenartiger Strahlen und verwandeln sich dabei in Atome anderer Elemente: sie sind *radioaktiv*. Auf das Uran folgen einige neuerdings künstlich erzeugte Elemente, die den Sammelnamen *Transurane* erhalten haben (vgl. S. 209).

Zu erwähnen wäre noch die zwischen die Elemente 57 (Lanthan) und 72 (Hafnium) gehörige Familie von 14 Elementen, die unterhalb des Systems steht. Sie umfaßt die *seltenen Erdmetalle*, chemisch sehr ähnliche Elemente, die hochschmelzende Oxyde vom Charakter des Magnesium- oder Aluminiumoxyds bilden. Ihre Trennung ist sehr schwierig und gelang erst nach jahrelangen Bemühungen.

**Wertigkeitsbeziehungen im Periodischen System.** Von besonderem Interesse sind die Wertigkeitsbeziehungen, die im Periodischen System ihren Ausdruck finden. Im allgemeinen gilt die Regel, daß die Höchstwertigkeit der Elemente einer Gruppe mit der Gruppennummer übereinstimmt. Ein Element erreicht seine Höchstwertigkeit vorwiegend in seinen Verbindungen mit dem Sauerstoff (Oxyde) und mit dem Fluor (Fluoride). Ein Blick auf Tabelle 4 (S. 197) zeigt die Gültigkeit der Regel für einige Elemente der beiden kleinen Perioden, wenn man auf die stöchiometrische Zusammensetzung der Oxyde achtet.

---

[1] Von Elementen mit solcher Zwitternatur sagt man sie verhalten sich *amphoter*. gr. ἀμφότεροι (amphoteroi) = beide.

Abweichungen von der Regel finden sich besonders im mittleren Teil der großen Perioden. Bis zur Gruppe 7a einschließlich ist die stöchiometrische Wertigkeit der Elemente in der höchsten Oxydstufe gleich der Gruppennummer, z. B. in der ersten großen Periode:

$$K_2O, \quad CaO, \quad Sc_2O_3, \quad TiO_2, \quad V_2O_5, \quad CrO_3, \quad Mn_2O_7.$$

In der Gruppe 8 erreichen nur die Elemente Ruthenium und Osmium in den Oxyden $RuO_4$ und $OsO_4$ sowie in dem Fluorid $OsF_8$ die Wertigkeit 8; die anderen Elemente dieser Gruppe haben Höchstwertigkeiten zwischen 3 und 6. In der Gruppe 1b überschreiten die Elemente Cu und Au die geforderte Höchstwertigkeit 1; Kupfer ist 1- und 2wertig, Gold 1- und 3wertig. Beim weiteren Fortschreiten nach rechts wächst die Höchstwertigkeit den Gruppennummern entsprechend von 3 bis 7. Die *Edelgase* der Gruppe Null bilden keine chemischen Verbindungen, sie sind stöchiometrisch nullwertig.

Hinsichtlich der Höchstwertigkeit besteht zwischen a- und b-Gruppen kein Unterschied, während chemisch die Elemente einer a-Gruppe mit denen einer b-Gruppe kaum miteinander verwandt sind. So kommt es, daß häufig chemisch recht unähnliche Elemente auf Grund ihrer gleichen Höchstwertigkeit Verbindungen mit gleicher stöchiometrischer Zusammensetzung und gleichem inneren Aufbau bilden. Beispiele sind die Paare: Kaliumchromat $K_2CrO_4$ (Gruppe 6a) und Kaliumsulfat $K_2SO_4$ (Gruppe 6b) sowie Kaliumpermanganat $KMnO_4$ (Gruppe 7a) und Kaliumperchlorat $KClO_4$ (Gruppe 7b).

Durchweg konstante Wertigkeit in ihren Verbindungen zeigen folgende Elemente:

*1wertig*: Alkalimetalle, Silber, Wasserstoff.

*2wertig*: Erdalkalimetalle, Zink, Cadmium, Sauerstoff.

*3wertig*: Aluminium, Bor.

*4wertig*: Kohlenstoff, Silicium.

Die übrigen Elemente treten in mehreren Wertigkeitsstufen auf, für die das Periodische System keine Gesetzmäßigkeiten erkennen läßt. Nur die Höchstwertigkeit eines Elements ergibt sich in vielen Fällen aus seiner Gruppennummer, doch kommen auch hier, wie wir sahen, Unterschreitungen und vereinzelt Überschreitungen des geforderten Wertes vor.

## 2. Periodisches System und Atombau. Verschiedene Arten chemischer Bindung.

Ein wirkliches Verständnis für die im Periodischen System zum Ausdruck kommenden Gesetzmäßigkeiten hat man erst gewonnen, nachdem physikalische Forschungen seit Beginn dieses Jahrhunderts zu immer bestimmteren Vorstellungen über den inneren Aufbau der Atome geführt haben.

**Ordnungszahl und Röntgenspektrum.** Untersuchungen über die Röntgenspektren der Elemente führten zur Auffindung einer Beziehung zwischen der Härte (Frequenz) gewisser Röntgenspektrallinien und der Ordnungszahl der Elemente (MOSELEY 1912)[1]. Diese wichtige Beziehung ermöglichte eine eindeutige Bestimmung der Ordnungszahl und damit der Stellung eines Elements im Periodischen System. Das Uran bekam die Ordnungszahl 92; damit war die Gesamtzahl der Elemente, die im System einen Platz finden müssen, festgelegt. Das Gesetz erlaubte ferner eine eindeutige Entscheidung über die damals noch ungewisse Zahl der seltenen Erdmetalle und ihre Einordnung. Da es auch den noch fehlenden Elementen ihren Platz zuwies, wurde es zum wertvollen Führer bei der Suche nach ihnen. So wurden mit Hilfe der Röntgenspektren die Elemente Hafnium 72 (1922 in Zirkonmineralien) und Rhenium 75 (1925 in Molybdänerzen) gefunden. Da nach dem Gesetz von MOSELEY die Ordnungszahlen und nicht die Atomgewichte für die Reihenfolge der Elemente im Periodischen System maßgebend sind, fanden auch die erwähnten vier Umstellungen ihre Rechtfertigung.

---

[1] MOSELEY (1887—1915), engl. Physiker, gefallen im ersten Weltkrieg.

**Elektronen.** Bereits 1881 hatte H. v. HELMHOLTZ[1] aus den Gesetzen der Elektrolyse den Schluß gezogen, daß die Elektrizität aus sehr kleinen unteilbaren Einheiten besteht. Während die positiven Ladungseinheiten stets mit stofflichen Atomen verbunden sind, fand man später die freien negativen Ladungseinheiten in den Kathodenstrahlen und nannte sie *Elektronen*. Die Ladung eines Elektrons hat einen sehr kleinen unveränderlichen Wert (4,77 · $10^{-10}$ elektrostatische Einheiten), sein Durchmesser ist etwa $1/100000$ von dem eines Atoms und sein Gewicht $1/1830$ von dem eines Wasserstoffatoms. Ein Stoff wird positiv elektrisch geladen, wenn man ihm Elektronen entzieht; enthält er Elektronen im Überschuß, so ist er negativ elektrisch geladen. Die Stromleitung der Metalle wird von Elektronen besorgt, die leicht beweglich in ihrem Kristallgitter angeordnet sind.

**Aufbau der Atome.** Optische Erscheinungen führten zu der Überzeugung, daß die Elektronen wesentlich am Aufbau der Atome beteiligt sein müssen. Im Jahre 1903 gelangte LENARD[2] beim Studium des Durchgangs von Kathodenstrahlen durch verschiedene Stoffe zu einer Vorstellung über den *Atombau*, die später von RUTHERFORD[3] weiterentwickelt wurde. Danach besteht ein Atom aus einem sehr kleinen *Kern* mit positiver Ladung, der von einer *Elektronenhülle* umgeben ist. Für jedes chemische Element ist die Zahl der positiven Ladungseinheiten im Atomkern, die *Kernladung*, gleich der *Ordnungszahl* des Elements. Da ein Atom insgesamt elektrisch ungeladen ist, muß die Zahl der den Kern umgebenden Elektronen ebenfalls mit der Ordnungszahl übereinstimmen. Das Wasserstoffatom besteht aus einem Kern mit der Ladung $+1$ und einem Elektron, das Heliumatom (Ordnungszahl 2) aus einem Kern mit der Ladung $+2$ und einer Hülle von zwei Elektronen; das Atom des Urans (Ordnungszahl 92) besitzt einen Kern mit der Ladung $+92$, der von 92 Elektronen umgeben ist. Da die Elektronen praktisch kein Gewicht besitzen, muß das Gewicht eines Atoms in seinem Kern konzentriert sein. Ein Blick auf das Periodische System zeigt, daß bei den leichteren Elementen (etwa bis zum Schwefel) das Atomgewicht annähernd doppelt so groß ist wie die Ordnungszahl, d. h. das Verhältnis von Kerngewicht zu Kernladung ist etwa 2 : 1. Bei den schwereren Atomen wird das Verhältnis größer und erreicht beim Uran den Wert 2,6 : 1.

Will man sich eine anschauliche Vorstellung von den Verhältnissen im Atominneren machen, so muß man bedenken, daß Kern und Elektronen (Durchmesser etwa $10^{-13}$ cm) winzig kleine Gebilde im Vergleich zur Gesamtabmessung des Atoms (Durchmesser etwa $10^{-8}$ cm) sind. Der wirklich von Stoff erfüllte Anteil des Atomraumes ist also sehr klein. In einem Atommodell von 1 m Durchmesser hätten Kern und Elektronen zusammen nur einen Durchmesser von $1/10$ mm.

Für das chemische Verhalten eines Atoms ist ausschließlich die den Kern umgebende Elektronenhülle bestimmend. Da die Elektronen von dem positiv geladenen Kern angezogen werden, sollte man erwarten, daß sie infolge dieser Anziehungskraft in den Kern stürzen. Das geschieht jedoch nicht, weil sie sich in geschlossenen Bahnen um den Kern bewegen. Die Bewegungen der Elektronen sind den Bedingungen der *Quantentheorie* unterworfen. Diese schreiben den Elektronen eines Atoms bestimmte Bahnen vor, die räumlich gedacht werden müssen und von innen nach außen in gesetzmäßig festgelegten Abständen aufeinander folgen. Der Atomkern ist von einer Reihe von Schalen umgeben, auf die sich die Elektronen verteilen.

Die kernnahen Elektronen der inneren Schalen unterliegen am stärksten der Anziehung durch den Kern, besonders bei den schweren Atomen mit hoher Kernladung. Es bedarf eines großen Energieaufwandes, um eines der inneren Elektronen aus dem Atom zu entfernen. Erzwingt man das, so werden die Atome zur Aussendung der kurzwelligen Röntgenstrahlen angeregt. Man erkennt, daß die Härte der Röntgenstrahlen durch die Kernladung (Ordnungszahl) bestimmt sein muß (Gesetz von MOSELEY).

**Valenzelektronen.** Am lockersten gebunden sind die Elektronen der äußersten Schale. Sie sind es, die bei der Verbindungsbildung eines Atoms in Aktion treten. Man kann ihre Zahl aus den optischen Eigenschaften der Elemente ermitteln, und es hat sich herausgestellt, daß sie mit der Höchstwertigkeit der Elemente übereinstimmt. Man nennt daher die Elektronen der äußersten Schale *Valenzelektronen*. Abgesehen vom *Helium* mit zwei Außenelektronen haben alle *Edelgase* acht Außenelektronen. Da sie keine Verbindungen bilden, muß die Anordnung von acht Elektronen auf der äußersten Schale besonders stabil sein. Die *Alkalimetalle* besitzen ein Valenzelektron, die *Erdalkalimetalle* zwei und das *Aluminium* mit seinen Gruppengefährten drei Valenzelektronen. Die *Halogene* in Gruppe 7b besitzen sieben und die Elemente der *Sauerstoffgruppe* sechs Valenzelektronen.

---

[1] HERMANN VON HELMHOLTZ (1821—1894), einer der bedeutendsten deutschen Physiker des 19. Jahrhunderts.

[2] PHILIPP LENARD, geb. 1862, Prof. der Physik in Heidelberg; Nobelpreisträger.

[3] ERNEST RUTHERFORD (1871—1937), bedeutender engl. Physiker und Nobelpreisträger; er ist besonders bekannt durch seine Arbeiten über den radioaktiven Zerfall der Atome. Ihm gelang zuerst die künstliche Umwandlung von Elementen.

Das Prinzip der Verbindungsbildung besteht nun in dem Bestreben der Atome, ihre Elektronenhülle zu stabilisieren. Es gibt dazu zwei Möglichkeiten. Die erste führt zur Ionenbindung der salzartigen Stoffe, die zweite zur chemischen Bindung in den Molekülen der flüchtigen Stoffe.

**Ionenbindung. Oxydation und Reduktion.** Um das Zustandekommen der *Ionenbindung* zu erläutern, betrachten wir die Bildung von Kochsalz aus Natrium und Chlor. Gibt das Natriumatom sein Valenzelektron ab, so entsteht ein Natriumion $Na^+$ mit der stabilen Elektronenhülle des vorangehenden Edelgases Neon (Elektronenzahl 10). Nimmt das Chloratom ein Elektron auf, so entsteht ein Chlorion $Cl^-$ mit der stabilen Elektronenhülle des folgenden Edelgases Argon (Elektronenzahl 18). Man kann die beiden Vorgänge folgendermaßen formulieren:

$$Na\,(11) \rightarrow Na^+\,(10) + \ominus\,; \quad Cl\,(17) + \ominus \rightarrow Cl^-\,(18),$$

wenn man das Elektron mit $\ominus$ bezeichnet. Die eingeklammerten Zahlen bedeuten die Elektronenzahlen der Atome bzw. Ionen. Bringt man Natrium- und Chloratome zusammen, so koppeln sich beide Vorgänge: die Chloratome nehmen die von den Natriumatomen abgegebenen Elektronen auf, und die gebildeten Ionen ordnen sich zum Kristallgitter des Kochsalzes, d. h. wir haben insgesamt den chemischen Vorgang:

$$2\,Na + Cl_2 \rightarrow 2\,NaCl.$$

In entsprechender Weise kann man sich die Bildung anderer salzartiger Verbindungen denken. Die Oxydation von Magnesium wäre folgendermaßen zu formulieren:

$$Mg\,(12) \rightarrow Mg^{2+}(10) + 2\,\ominus\,; \quad O\,(8) + 2\,\ominus \rightarrow O^{2-}(10).$$

Die Stabilisierung der Elektronenhüllen erfolgt hier durch Abgabe bzw. Aufnahme von zwei Elektronen. Zusammengefaßt ergibt sich die Bildungsgleichung des Magnesiumoxyds:

$$2\,Mg + O_2 \rightarrow 2\,MgO.$$

Die Oxydation des Magnesiums besteht also in der Erhöhung seiner stöchiometrischen Wertigkeit von 0 auf $+2$, während sich die stöchiometrische Wertigkeit des Sauerstoffs dabei von 0 auf $-2$ erniedrigt. Allgemein nennt man Zunahme der stöchiometrischen Wertigkeit Oxydation, Abnahme der stöchiometrischen Wertigkeit Reduktion. Im Sinne dieser verallgemeinerten Auffassung der Oxydations- und Reduktionsvorgänge fällt auch die Kochsalzbildung aus Natrium und Chlor unter diese Kategorie chemischer Umwandlungen. Das Natrium wird oxydiert: seine stöchiometrische Wertigkeit wächst von 0 auf $+1$; das Oxydationsmittel Chlor wird reduziert: seine stöchiometrische Wertigkeit sinkt von 0 auf $-1$. Allgemein sind Oxydationsmittel Stoffe, die Elektronen aufnehmen, während Reduktionsmittel Elektronen abgeben. Es findet also eine Elektronenübertragung vom Reduktionsmittel auf das Oxydationsmittel statt. Reduktion und Oxydation sind immer zwangsläufig miteinander gekoppelt. Man nennt daher solche Umwandlungen *Redoxvorgänge*.

**Elektronenpaarbindung.** Außer der *Ionenbindung* gibt es noch eine andere Möglichkeit zur Stabilisierung der Elektronenhüllen, die wir bei den Verbindungen verwirklicht finden, die selbständige Moleküle bilden (flüchtige Verbindungen). Als Beispiel diene das Methan $CH_4$. Sein Molekül besteht aus einem $C$-Atom mit vier Valenzelektronen und vier $H$-Atomen mit je einem Valenzelektron. Bezeichnen wir jedes Elektron durch einen Punkt, so können wir die Anordnung der acht Valenzelektronen im Molekül $CH_4$ folgendermaßen darstellen:

$$\begin{array}{c} H \\ \cdot\cdot \\ H : C : H \\ \cdot\cdot \\ H \end{array} \cdot$$

Durch diese Art der Elektronenverteilung sind dem $C$-Atom acht und jedem $H$-Atom zwei Elektronen zugeordnet. Das $C$-Atom hat die stabile Außenschale des Edelgases Neon, das $H$-Atom die des Heliums bekommen. Die Elektronenhüllen der Atome sind zu einer stabilen Anordnung verschmolzen; die Atome sind chemisch miteinander verbunden. Man teilt die Elektronen paarweise auf und symbolisiert die chemische Bindung jedes $H$-Atoms durch ein *Elektronenpaar*. Die vier Valenzstriche im Methanmolekül sind somit durch vier Elektronenpaare ersetzt. Jedem Valenzstrich entspricht ein Elektronenpaar.

Eine solche *Elektronenpaarbindung* finden wir auch bei anderen flüchtigen Verbindungen. Als Beispiele seien die schon früher (vgl. S. 198) mit Valenzstrichen formulierten Verbindungen $HCl$, $H_2O$, $NH_3$ und die Moleküle $H_2$ und $Cl_2$ aufgeführt:

$$H : \overset{\cdot\cdot}{\underset{\cdot\cdot}{Cl}} : \,; \quad H : \overset{\cdot\cdot}{\underset{\cdot\cdot}{O}} : H\,; \quad H : \overset{H}{\underset{\cdot\cdot}{N}} : H\,; \quad H : H\,; \quad : \overset{\cdot\cdot}{\underset{\cdot\cdot}{Cl}} : \overset{\cdot\cdot}{\underset{\cdot\cdot}{Cl}} :$$

In den Molekülen sind jedesmal die gesamten Valenzelektronen der beteiligten Atome so verteilt, daß jedes Atom von einer stabilen Edelgasschale umgeben ist. Die Bilder der Moleküle $HCl$, $H_2O$, $NH_3$ und $Cl_2$ unterscheiden sich von den früher mit Valenzstrichen dargestellten durch den Gegenwart von Elektronenpaaren, die nicht an einer Bindung beteiligt sind. Diese „einsamen Elektronenpaare" können die Moleküle zu weiteren Bindungen befähigen.

Sind in den Molekülen einer Verbindung die Elektronen nicht ganz symmetrisch angeordnet, so bekommen sie die Eigenschaften kleiner elektrischer Dipole, auf deren elektrostatischer Anziehung zum Teil die Kohäsion beruht. Hierauf wurde bereits an früherer Stelle hingewiesen (vgl. S. 184).

**Zusammenfassung.** Durch die Vorstellungen über den Aufbau der Atome erscheinen die Gesetzmäßigkeiten des Periodischen Systems in neuem Lichte. Bestimmend für die Reihenfolge der Elemente im System sind nicht die Atomgewichte, sondern die aus den Röntgenspektren ableitbaren Ordnungszahlen. Die Ordnungszahl eines Elements stimmt überein mit der Kernladung. Die periodische Wiederkehr der Eigenschaften findet ihre Erklärung in der Periodizität des Aufbaues der Elektronenhüllen. Die Höchstwertigkeit eines Elements ist gleich der Zahl seiner Valenzelektronen. Die chemische Betätigung der Atome ist beherrscht durch das Streben nach Stabilisierung ihrer Elektronenhüllen. Bei der Bildung salzartiger Verbindungen entstehen aus den Atomen Ionen, die sich unter der Wirkung ihrer gegenseitigen elektrostatischen Anziehung zum Kristallgitter ordnen und beim Schmelzen oder Lösen der Salze frei in Erscheinung treten. Bei der Bildung von flüchtigen Verbindungen erfolgt die Stabilisierung durch Verschmelzung der Elektronenhüllen der beteiligten Atome zu einer stabilen Anordnung. Die Atome werden in Atomverbänden (Molekülen) aneinander gekettet, und jeder Bindung zwischen zwei Atomen entspricht ein Elektronenpaar, das man gewöhnlich abkürzend durch einen Valenzstrich darstellt.

## 3. Aufbau der Atomkerne und Elementumwandlungen.

**Isotope Elemente.** Unsere Betrachtungen über den Atombau haben gezeigt, daß die chemischen Eigenschaften eines Atoms nur abhängen von der Zahl und Anordnung seiner Elektronen und damit von der Kernladung. Das Gewicht des Atomkerns spielt dabei keine Rolle. Zwei Elemente mit verschiedenem Atomgewicht aber gleicher Ordnungszahl (gleich Kernladung) müssen demnach die gleichen chemischen Eigenschaften haben. Weil solche Elemente im Periodischen System den gleichen Platz einnehmen, nennt man sie *isotop*[1].

Isotope Elemente hat man zuerst bei den Umwandlungen der radioaktiven Elemente aufgefunden. Später hat sich dann herausgestellt, daß die meisten Elemente *Isotopengemische* sind. So ist das gewöhnliche Element Chlor mit dem Atomgewicht 35,46 eine Mischung von 76% Chlor mit dem Atomgewicht 35 und 24% Chlor mit dem Atomgewicht 37. Der durch Atomgewichtsbestimmung ermittelte Wert 35,46 ist also eine zusammengesetzte Zahl, die sich aus dem Mengenverhältnis und den Atomgewichten der beiden Chlorisotopen ergibt. Zur Unterscheidung isotoper Elemente fügt man dem Elementsymbol links das Atomgewicht über der Ordnungszahl hinzu; das leichte Chlorisotop erhält die Bezeichnung $^{35}_{17}Cl$, das schwere $^{37}_{17}Cl$.

Wegen der nahezu völligen Übereinstimmung der chemischen und physikalischen Eigenschaften isotoper Elemente verhält sich eine Isotopenmischung wie ein einheitliches Element. Die Trennung isotoper Elemente ist langwierig und schwierig. Man kann sie auf Grund des verschiedenen Teilchengewichtes durch die Aufeinanderfolge von Diffusionsprozessen bewirken. Besonders günstig liegen die Verhältnisse beim Wasserstoff, der auf 4500 Teile $^1_1H$ einen Teil des isotopen $^2_1H$ enthält. Da hier der Unterschied der Atomgewichte (Verhältnis 2:1) besonders groß ist, zeigen die beiden Isotopen auch größere Unterschiede im physikalischen und chemischen Verhalten. Man hat daher dem Wasserstoffisotopen $^2_1H$ mit dem Atomgewicht 2 den besonderen Namen *Deuterium*[2] und das Symbol D gegeben. Die Sauerstoffverbindung $D_2O$ heißt schweres Wasser. In folgender Übersicht sind einige seiner physikalischen Eigenschaften denen des gewöhnlichen Wassers $H_2O$ gegenübergestellt:

|  | Spezifisches Gew. (20° C) | Gefrierpunkt | Siedepunkt bei 760 mm |
|---|---|---|---|
| $H_2O$ | 0,9982 | 0,00° | 100,00° |
| $D_2O$ | 1,1059 | 3,82° | 101,42°. |

---

[1] gr. ἴσος (isos) = gleich; τόπος (topos) = Ort.
[2] gr. δεύτερος (deuteros) = der zweite.

**Elementumwandlungen.** Die Atomgewichte reiner isotoper Elemente sind immer praktisch ganzzahlig wie das Beispiel der beiden Chlorisotopen zeigt. Das hängt zusammen mit dem Aufbau der Atomkerne, in denen ja praktisch das gesamte Gewicht des Atoms konzentriert ist. Man stellt sich heute vor, daß die Atomkerne aufgebaut sind aus Wasserstoffkernen $H^+$ (*Protonen*[1]) und *Neutronen*. Ein Neutron ist ein Kern ohne Ladung mit dem Gewicht eines Wasserstoffkerns. Da jedes Proton eine positive Ladungseinheit besitzt, ist die Protonenzahl p eines Atomkerns gleich seiner Ordnungszahl. Die Neutronenzahl n ist dann die Differenz zwischen Atomgewicht und Ordnungszahl. Bei den leichteren Elementen ist n häufig gleich p, während bei den schweren Elementen n größer ist als p. Folgende Beispiele mögen das verdeutlichen:

$$_2^4He: \quad p = 2, \quad n = 2; \quad _{17}^{37}Cl: \quad p = 17, \quad n = 20; \quad _{92}^{238}U: \quad p = 92, \quad n = 146.$$

Man kann heute Neutronen künstlich erzeugen und besitzt in ihnen ein besonders wirksames Mittel, um schwere Elemente umzuwandeln. Bei diesen Umwandlungen entstehen häufig radioaktive Isotope bekannter Elemente, die zum Teil als Indikatoren beim Studium biologischer Vorgänge dienen. Wegen der Kleinheit der Neutronen verlaufen solche Elementumwandlungen im allgemeinen mit sehr geringer Ausbeute. Neuerdings ist es jedoch bei den Uranisotopen $_{92}^{235}U$ und $_{92}^{238}U$ gelungen, Elementumwandlungen in größerem Umfange durchzuführen. Die Kerne des Elements $_{92}^{235}U$ zerfallen bei der Einwirkung von Neutronen unter großer Energieentwicklung in kleinere Bruchstücke, die bei ihrer Stabilisierung neue Neutronen liefern. Die so gebildeten Neutronen bewirken unter geeigneten Bedingungen den Zerfall weiterer Kerne, so daß durch eine sogenannte ,,Kettenreaktion'' der Zerfallsprozeß unter bedeutender Energieentwicklung in größerem Umfange fortschreitet. Durch Einwirkung der Neutronen auf die Kerne des beigemischten Isotopen $_{92}^{235}U$ entstehen die im Periodischen System auf das Uran folgenden *Transurane*, von denen das Plutonium durch Neutronen wiederum eine Spaltung erleidet, die unter Freigabe gewaltiger Energiemengen verläuft (Atombombe).

# V. Säuren, Basen und Salze.

## 1. Sauerstoffhaltige und sauerstofffreie Säuren. Salze.

**Säuren und Säureanhydride.** Nichtmetalloxyde und einige höhere Metalloxyde liefern durch eine chemische Reaktion mit Wasser *Säuren*. Eine Säure schmeckt sauer, entwickelt mit Kreide unter Aufbrausen Kohlendioxyd und färbt den Lackmusfarbstoff rot. Die Rötung von blauem Lackmuspapier ist eine Reaktion auf Säuren.

Beispiele für die Bildung von Säuren aus Oxyden und Wasser sind:

Schwefelsäure aus Schwefeltrioxyd:

$$SO_3 + H_2O \rightarrow H_2SO_4,$$

Phosphorsäure aus Phosphorpentoxyd:

$$P_2O_5 + 3 H_2O \rightarrow 2 H_3PO_4,$$

Kohlensäure aus Kohlendioxyd:

$$CO_2 + H_2O \rightarrow H_2CO_3.$$

Die aus den Oxyden und Wasser gebildeten Verbindungen $H_2SO_4$, $H_3PO_4$ und $H_2CO_3$ lösen sich in Wasser, und die entstehenden Lösungen haben die Eigenschaften von Säuren.

Von den Oxyden, die mit Wasser Säuren bilden, sagt man auch, sie haben sauren Charakter. Viele Säuren spalten beim Erhitzen leicht Wasser ab; bei dieser Anhydrisierung liefern sie die Oxyde zurück, z. B.:

$$H_2SO_4 \rightarrow SO_3 + H_2O.$$

Die säurebildenden Oxyde heißen daher auch *Säureanhydride*; $SO_3$ ist Schwefelsäureanhydrid, $P_2O_5$ Phosphorsäureanhydrid und $CO_2$ Kohlensäureanhydrid.

---

[1] gr. πρῶτος (protos) = der erste.

**Säuren und Metalle. Salze.** Verdünnte Säuren lösen unedle Metalle wie Mg, Al, Zn, Cd, Mn, Fe, Co, Ni und Pb auf. Dabei entwickelt sich Wasserstoff, und es entstehen *Salze*, die beim Verdunsten der Lösungen auskristallisieren. Aus Zink und verdünnter Schwefelsäure bilden sich Zinksulfat $ZnSO_4$ und Wasserstoff:

$$Zn + H_2SO_4 \rightarrow ZnSO_4 + H_2.$$

Diese Reaktion dient zur laboratoriumsmäßigen Gewinnung von Wasserstoff.

Edle Metalle wie Cu, Ag, Hg lösen sich nicht in verdünnten Säuren, doch kann man sie mit konzentrierten Säuren zum Umsatz bringen. Die Säuren wirken dabei als Oxydationsmittel. So oxydiert z. B. konzentrierte Salpetersäure Kupfer zu Kupfer(II)-oxyd:

$$3\,Cu + 2\,HNO_3 \rightarrow 3\,CuO + H_2O + 2\,NO$$

und als Reduktionsprodukt der Salpetersäure entsteht das farblose Gas Stickstoffoxyd (Stickoxyd) NO. Das gebildete Kupferoxyd löst sich in überschüssiger Säure zu Kupfer(II)-nitrat $Cu(NO_3)_2$:

$$CuO + 2\,HNO_3 \rightarrow Cu(NO_3)_2 + 2\,H_2O.$$

Der Gesamtvorgang wäre zu formulieren:

$$3\,Cu + 8\,HNO_3 \rightarrow 3\,Cu(NO_3)_2 + 4\,H_2O + 2\,NO.$$

Das farblose Stickoxyd NO wird durch den Luftsauerstoff sehr schnell zu tiefbraunem Stickstoffdioxyd $NO_2$ oxydiert, und es entwickelt sich eine Mischung von NO und $NO_2$ (nitrose Gase). In ähnlicher Weise reduziert metallisches Kupfer konzentrierte Schwefelsäure zu Schwefeldioxyd $SO_2$ und löst sich dabei zu Kupfer(II)-sulfat $CuSO_4$:

$$Cu + 2\,H_2SO_4 \rightarrow CuSO_4 + H_2O + SO_2.$$

Die sehr edlen Metalle Gold und Platin lösen sich auch in konzentrierten Säuren nicht. Als Lösungsmittel für diese Metalle dient Königswasser, eine Mischung von konzentrierter Salpetersäure (1 Teil) und Salzsäure (3 Teile).

Die auf die beschriebene Weise beim Auflösen der Metalle in Säuren entstehenden *Salze* kann man als Abkömmlinge der Säuren auffassen, indem man die Wasserstoffatome der Säuremoleküle durch Metallatome ersetzt denkt. So leitet sich z. B. von der Schwefelsäure $H_2SO_4$ das Zinksulfat $ZnSO_4$, von der Salpetersäure $HNO_3$ das Kupfernitrat $Cu(NO_3)_2$ ab. Da die Metalle Zink und Kupfer stöchiometrisch 2wertig sind, ersetzt jedes ihrer Atome zwei Wasserstoffatome. Allgemein hat man bei der Formulierung der Salze auf die Wertigkeit der Metalle Rücksicht zu nehmen. So bildet z. B. das 1wertige Kalium die Salze Kaliumnitrat $KNO_3$ und Kaliumsulfat $K_2SO_4$, das 3wertige Aluminium die Salze Aluminiumnitrat $Al(NO_3)_3$ und Aluminiumsulfat $Al_2(SO_4)_3$.

Diese Ableitung der Salze von den Säuren ist sehr nützlich, wenn es sich darum handelt, die stöchiometrische Zusammensetzung der Salze zu ermitteln. Die Ableitung ist jedoch rein formal, denn Salze gehören im allgemeinen einem wesentlich anderem Stofftypus an als die Säuren.

Enthält ein Säuremolekül mehrere ersetzbare Wasserstoffatome (saure Wasserstoffatome), so heißt die Säure *mehrbasig*. Schwefelsäure $H_2SO_4$ ist zweibasig, Phosphorsäure $H_3PO_4$ ist dreibasig, Salpetersäure $HNO_3$ ist dagegen eine einbasige Säure. Von mehrbasigen Säuren leiten sich je nach der Zahl der durch Metalle ersetzten Wasserstoffatome verschiedene Salztypen ab. So bildet die Schwefelsäure die beiden Kaliumsalze:

normales Kaliumsulfat $K_2SO_4$   und   Kaliumbisulfat $KHSO_4$.

Kaliumbisulfat enthält noch ein saures Wasserstoffatom; es ist ein *saures Salz*. Entsprechend leiten sich von der Phosphorsäure drei Reihen von Salzen ab, z. B. die beiden sauren Salze:

primäres Natriumphosphat $NaH_2PO_4$,

sekundäres Natriumphosphat $Na_2HPO_4$

und das normale Salz:

tertiäres Natriumphosphat $Na_3PO_4$.

**Nomenklatur der Säuren und Salze.** Über die Nomenklatur einiger wichtiger anorganischer Säuren und ihrer normalen Salze unterrichtet Tab. 5. Die deutsche

*Tabelle 5.*

| Element und stöchiometr. Wertigkeit | | Zusammensetzung | Deutsche Bezeichnung | | Lateinische Bezeichnung | |
|---|---|---|---|---|---|---|
| | | | Säure | normales Na-Salz | Säure Acidum- | Na-Salz Natrium- |
| Cl | I | $HClO$* | Unterchlorige Säure | Na-hypochlorit | -hypochlorosum | |
| | III | $HClO_2$* | Chlorige Säure | -chlorit | -chlorosum | |
| | V | $HClO_3$* | Chlorsäure | -chlorat | -chloricum | |
| | VII | $HClO_4$ | Überchlorsäure | -perchlorat | -perchloricum | |
| Mn | VI | $H_2MnO_4$* | Mangansäure | -manganat | -manganicum | |
| | VII | $HMnO_4$* | Übermangansäure | -permanganat | -permanganicum | |
| S | IV | $H_2SO_3$* | Schweflige Säure | -sulfit | -sulfurosum | |
| | VI | $H_2SO_4$ | Schwefelsäure | -sulfat | -sulfuricum | |
| Cr | VI | $H_2CrO_4$* | Chromsäure | -chromat | -chromicum | |
| N | III | $HNO_2$* | Salpetrige Säure | -nitrit | -nitrosum | |
| | V | $HNO_3$ | Salpetersäure | -nitrat | -nitricum | |
| As | III | $H_3AsO_3$* | Arsenige Säure | -arsenit | -arsenicosum | |
| | V | $H_3AsO_4$ | Arsensäure | -arsenat | -arsenicicum | |
| P | I | $H_3PO_2$ | Unterphosph. Säure | -hypophosphit | -hypophosphorosum | |
| | III | $H_3PO_3$ | Phosphorige Säure | -phosphit | -phosphorosum | |
| | IV | $H_4P_2O_6$ | Unterphosphorsäure | -subphosphat | -subphosphoricum | |
| | V | $H_3PO_4$ | Phosphorsäure | -phosphat | phosphoricum | |
| C | IV | $H_2CO_3$* | Kohlensäure | -carbonat | -carbonicum | |
| Si | IV | $H_2SiO_3$* | Kieselsäure | -silikat | -silicicum | |
| B | III | $H_3BO_3$* | Borsäure | -borat | -boricum | |

Bezeichnung der Säuren (mit Ausnahme der Salpetersäure) und ihrer Salze schließt sich an die deutschen bzw. lateinischen Namen der Elemente an, von denen sie sich ableiten. Diese Elemente und ihre stöchiometrischen Wertigkeiten in den einzelnen Säuren finden sich in der ersten Spalte. Leiten sich von einem Element mehrere Säuren ab, so unterscheidet man sie nach ihrem Sauerstoffgehalt. Als Basis dient dabei die gebräuchlichste Säure (z. B. Schwefelsäure, Phosphorsäure); ihre Salze bekommen die Endung -at. Eine Säure mit geringerem Sauerstoffgehalt erhält die Endung -ige (z. B. schweflige Säure, phosphorige Säure), ihre Salze die Endung -it. Existiert eine noch sauerstoffärmere Säure, so setzt man ein „unter", bei den Salzen „hypo"[1] vor. Eine Säure mit einem höheren Sauerstoffgehalt als die normale bekommt die Vorsilbe „über", ihre Salze die Vorsilbe „per"[2]. Die lateinische Namensgebung richtet sich nach einem ähnlichen Prinzip.

---

[1] gr. ὑπό (hypo) = unter; (lat. sub).
[2] gr. πέρ (per) = besonders, sehr stark.

Die durch einen Stern gekennzeichneten Säuren sind in reinem Zustande unbekannt, die meisten von ihnen existieren jedoch in wäßriger Lösung. Kohlensäure und schweflige Säure liegen auch in wäßriger Lösung größtenteils als Anhydride $CO_2$ bzw. $SO_2$ vor.

Die Namensgebung der sauren Salze erläutert Tab. 6.

*Tabelle 6.*

| Säure | Salze | Bezeichnungen |
|-------|-------|---------------|
| $H_2SO_4$ | $NaHSO_4$ <br> $Na_2SO_4$ | Na-bisulfat; Na-hydrogensulfat. <br> Na-sulfat. |
| $H_2CO_3$ | $NaHCO_3$ <br> $Na_2CO_3$ | Na-bicarbonat; Na-hydrogencarbonat. <br> Na-carbonat. |
| $H_3PO_4$ | $NaH_2PO_4$ <br><br> $Na_2HPO_4$ <br><br> $Na_3PO_4$ | primäres Na-phosphat; Mononatrium-phosphat; <br> Na-dihydrogenphosphat. <br> sekundäres Na-phosphat; Dinatriumphosphat; <br> Na-hydrogenphosphat. <br> tertiäres Na-phosphat; Trinatriumphosphat; <br> Na-phosphat. |

Für die Bezeichnung von Salzen, in denen verschiedene Wertigkeitsstufen eines Metalles auftreten können, gilt die früher bei den einfachen Stoffen angeführte Regel (vgl. S. 199ff.). Es muß demnach heißen: $HgNO_3$ = Quecksilber(I)-nitrat (Mercuronitrat), $Hg(NO_3)_2$ = Quecksilber(II)-nitrat (Mercurinitrat[1]); $FeSO_4$ = Eisen(II)-sulfat (Ferrosulfat), $Fe_2(SO_4)_3$ = Eisen(III)-sulfat (Ferrisulfat) usw.

**Polysäuren.** Von einigen Elementen leiten sich Säuren ab, die hinsichtlich ihres Wassergehaltes zwischen der normalen Säure und ihrem Anhydrid stehen. Man kann sie sich durch Vereinigung mehrerer Moleküle der normalen Säure unter Wasserabspaltung entstanden denken; sie tragen daher den Namen *Polysäuren*. Man findet die Neigung zur Bildung solcher Polysäuren besonders bei den Elementen S, P, B, Si, Cr, Mo, W. In einigen Fällen entstehen die Polysäuren beim Erhitzen der normalen *Orthosäuren* durch Wasserabspaltung:

$$2\,H_3PO_4 \xrightarrow{-H_2O} H_4P_2O_7 \xrightarrow{-H_2O} 2\,HPO_3$$
Orthophosphorsäure　　　Pyrophosphorsäure　　　Metaphosphorsäure

und ihre Salze auf dieselbe Weise aus den sauren Salzen der normalen Säuren:

$$2\,NaHSO_4 \xrightarrow{-H_2O} Na_2S_2O_7$$
Na-bisulfat　　　　Na-pyrosulfat

$$2\,Na_2HPO_4 \xrightarrow{-H_2O} Na_4P_2O_7$$
sek. Na-phosphat　　　Na-pyrophosphat

$$NaH_2PO_4 \xrightarrow{-H_2O} NaPO_3$$
prim. Na-phosphat　　　Na-metaphosphat.

In anderen Fällen ist die Neigung zur Bildung von Polysäuren so groß, daß sie selbst oder ihre Salze beim Ansäuern der Lösungen der normalen Salze entstehen. So

---

[1] Die Bezeichnungen Mercuro- und Mercurisalze leiten sich von den im Mittelalter gebräuchlichen Symbolen der Metalle ab. Das flüssige, bewegliche Quecksilber erhielt das Zeichen des beweglichen Handelsgottes Merkur ☿; rotspiegelndes Kupfer den Spiegel der Venus ♀; Eisen das Speerzeichen des Kriegsgottes Mars ♂ usw. Das heutige Symbol Hg für Quecksilber ist die Abkürzung des latinisierten Namens Hydrargyrum = flüssiges Silber. gr. ὕδωρ (hydor) = Wasser; ἀργυρός (argyros) = Silber.

schlägt z. B. die gelbe Farbe einer Lösung von Kaliumchromat $K_2CrO_4$ beim Ansäuern unter Bildung von Kaliumdichromat $K_2Cr_2O_7$ in Orangegelb um:

$$2\,K_2CrO_4 + H_2SO_4 \rightarrow K_2Cr_2O_7 + K_2SO_4 + H_2O.$$

Das saure Salz $KHCrO_4$ existiert nicht.

Beim Ansäuern einer Natriumsilikatlösung (Wasserglas), die u. a. das Salz $Na_2SiO_3$ enthält, bilden sich zahlreiche Polykieselsäuren von der allgemeinen stöchiometrischen Zusammensetzung $SiO_2 \cdot xH_2O$, die in reiner Form nicht faßbar sind; von ihnen leiten sich die mannigfachen silikatischen Mineralien der Erdrinde ab. In Tab. 7 sind einige Polysäuren und ihre Salze zusammengestellt.

*Tabelle 7.*

| Element | Stöchiometrische Zusammensetzung | Bezeichnung | | Existenzgebiet in Lösung |
|---|---|---|---|---|
| | | Säuren | Salze | |
| $S^{VI}$ | $H_2SO_4 = SO_3 \cdot H_2O$ <br> $H_2S_2O_7 = 2\,SO_3 \cdot H_2O$ | Schwefelsäure <br> Pyroschwefelsäure | Sulfate <br> Pyrosulfate | |
| $P^{V}$ | $H_3PO_4 = P_2O_5 \cdot 3\,H_2O$ <br> $H_4P_2O_7 = P_2O_5 \cdot 2\,H_2O$ <br> $HPO_3 = P_2O_5 \cdot H_2O$ | Orthophosphorsäure <br> Pyrophosphorsäure <br> Metaphosphorsäure | Orthophosphate <br> Pyrophosphate <br> Metaphosphate | sauer <br> alkalisch <br> alkalisch |
| $B^{III}$ | $H_3BO_3 = B_2O_3 \cdot 3\,H_2O$ <br> $H_2B_4O_7 = 2\,B_2O_3 \cdot H_2O$ | (Ortho) Borsäure <br> Tetraborsäure | (Ortho) Borate <br> Tetraborate <br> ($Na_2B_4O_7$ Borax) | sauer <br> alkalisch |
| $Si^{IV}$ | $H_4SiO_4 = SiO_2 \cdot 2\,H_2O$ <br> $H_2SiO_3 = SiO_2 \cdot H_2O$ <br> zahlreiche Polysäuren <br> $SiO_2 \cdot xH_2O$ | Orthokieselsäure* <br> Metakieselsäure* <br> Polykieselsäuren* | Orthosilikate <br> Metasilikate <br> Polysilikate <br> silikatische Mineralien | alkalisch <br> alkalisch <br> sauer u. <br> alkalisch |
| $Cr^{VI}$ | $H_2CrO_4 = CrO_3 \cdot H_2O$ <br> $H_2Cr_2O_7 = 2\,CrO_3 \cdot H_2O$ | Chromsäure* <br> Dichromsäure* | Chromate <br> Dichromate | alkalisch <br> sauer |
| $Mo^{VI}$ | $H_2MoO_4 = MoO_3 \cdot H_2O$ <br> mehrere Polysäuren <br> $MoO_3 \cdot xH_2O$ | Molybdänsäure* <br> Polymolybdänsäuren* <br> z.B. Hexamolybdänsäure | Molybdate <br> Polymolybdate, z.B. <br> $(NH_4)_{10}(Mo_{12}O_{41}) \cdot 7\,H_2O$ | alkalisch <br> sauer |

**Thiosäuren.** Kurz erwähnt werden sollen noch einige schwefelreiche Säuren:
$H_2S_2O_3$ Thioschwefelsäure, $H_2S_2O_4$ dithionige Säure, $H_2S_nO_6$ ($n = 3$ bis 6) Polythionsäuren.

Die Säuren selbst sind nicht existenzfähig, man kennt aber ihre Salze. Bekannt ist das Natriumthiosulfat $Na_2S_2O_3$, das beim Kochen einer Lösung von Natriumsulfit $Na_2SO_3$ mit Schwefel entsteht:

$$Na_2SO_3 + S \rightarrow Na_2S_2O_3.$$

Es dient als Fixiersalz in der Photographie sowie als maßanalytisches Reagens in der Jodometrie.

Natriumdithionit (Natriumhydrosulfit) $Na_2S_2O_4$ ist als kräftiges Reduktionsmittel ein wichtiger Hilfsstoff für die Küpenfärberei.

Ein organisches Derivat der Dithiokohlensäure $H_2COS_2$ ist die Xanthogensäure $H(C_2H_5)COS_2$[1]; der Celluloseester der Dithiokohlensäure ist ein wichtiges Zwischenprodukt bei der Herstellung von Viskose-Kunstseide.

Allgemein leiten sich *Thiosäuren*[2] von sauerstoffhaltigen Säuren durch Ersatz von Sauerstoff durch Schwefel ab. Man vergleiche die Paare:

$Na_2SO_4$        $Na_2S_2O_3$
Natriumsulfat      Natriumthiosulfat

und

$Na_2CO_3$        $Na_2COS_2$
Natriumkarbonat     Natriumdithiokarbonat.

---

[1] gr. ξανθός (xanthos) = gelb; die Xanthogensäure bildet ein gelbes Kupfer (I)-salz.
[2] gr. ϑεῖον (theion) = Schwefel.

**Sauerstofffreie Säuren.** LAVOISIER glaubte, daß alle Säuren Sauerstoff enthalten; davon leitet sich der Name des Elements Sauerstoff ab. Es gibt jedoch auch sauerstofffreie Stoffe, deren Lösungen in Wasser die Eigenschaften von Säuren haben. Hierher gehören die Halogenwasserstoffe und der Schwefelwasserstoff $H_2S$. Über die Nomenklatur dieser Säuren und ihrer Salze, die zum Teil schon früher besprochen wurde (vgl. S. 199ff.), unterrichtet Tab. 8.

*Tabelle 8.*

| Deutsche Bezeichnung | | | | Lateinische Bezeichnung | |
|---|---|---|---|---|---|
| | | | | Säure Acidum- | Na-Salz Natrium- |
| Säure | | Na-Salz | | | |
| HF | Fluorwasserstoff-säure | NaF | Na-fluorid | -hydrofluoricum | -fluoratum |
| HCl | Chlorwasserstoff-säure | NaCl | -chlorid | -hydrochloricum | -chloratum |
| HBr | Bromwasserstoff-säure | NaBr | -bromid | -hydrobromicum | -bromatum |
| HJ | Jodwasserstoff-säure | NaJ | -jodid | -hydrojodicum | -jodatum |
| $H_2S$ | Schwefelwasser-stoff | NaSH | -hydro(gen)-sulfid | Aqua hydro-sulfurata | -hydrosulfu-ratum |
| | | $Na_2S$ | -sulfid | | -sulfuratum |
| HCN | Cyanwasserstoff-säure | NaCN | -cyanid | -hydrocyanicum | -cyanatum |
| HCNO* | Cyansäure | NaCNO | -cyanat | — | -cyanicum |
| HCNS* | Thiocyansäure od. Rhodan-wasserstoffsäure | NaCNS | -thiocyanat od. -rhodanid | — | -thiocyanicum od. -rhodana-tum |
| $HN_3$ | Stickstoff-wasserstoffsäure | $NaN_3$ | -azid | — | — |

In die Tabelle wurden zusätzlich aufgenommen: Stickstoffwasserstoffsäure $HN_3$, Cyanwasserstoffsäure HCN, Cyansäure HCNO und Rhodanwasserstoffsäure (Thiocyansäure) HCNS. Für einige der aufgeführten Säuren sind *Trivialnamen*[1] gebräuchlich, z. B. Flußsäure HF, Salzsäure HCl, Blausäure HCN.

## 2. Elektrolytische Dissoziation der Säuren. Wasserstoffexponent $p_H$.

**Starke und schwache Säuren.** Es gibt starke Säuren, wie z. B. Salzsäure, Salpetersäure, Schwefelsäure und schwache Säuren wie z. B. Essigsäure, Borsäure, Blausäure, während Phosphorsäure und Flußsäure zu den mittelstarken Säuren zählen. Man kann die Stärke einer Säure qualitativ schätzen nach dem Grade der Rötung von blauem Lackmuspapier. Es ist jedoch außerordentlich wichtig, ein quantitatives Maß für die Säurestärke zu besitzen.

Die wäßrige Lösung einer starken Säure leitet den elektrischen Strom gut, die einer schwachen Säure schlechter und reines Wasser sehr wenig. Zur Erklärung der Leitfähigkeit einer Säurelösung nahm ARRHENIUS (1887)[2] an, daß die gelösten Säuremoleküle sich in elektrisch geladene *Ionen* spalten, die den Stromtransport besorgen. Beim Anlegen einer Spannung wandern die Ionen zu den Elektroden, die

---

[1] lat. trivialis = gewöhnlich. Trivialnamen sind gewöhnliche Namen im Gegensatz zu den wissenschaftlichen Namen.
[2] SVANTE ARRHENIUS (1859—1927), schwed. Chemiker und Physiker; seine Theorie der elektrolytischen Dissoziation gab der Entwicklung der wissenschaftlichen und technischen Elektrochemie einen entscheidenden Anstoß.

positiv geladenen *Kationen* zur Kathode[1] (negative Elektrode) und die negativ geladenen *Anionen* zur Anode (positive Elektrode). An den Elektroden werden die
Ionen entladen. Als Produkt einer solchen Elektrolyse der Säuren entsteht an der
Kathode stets Wasserstoff; die anodischen Produkte sind je nach der Natur der
Säuren verschieden. Sauerstoffhaltige Säuren liefern an der Anode meist Sauerstoff,
während z. B. Salzsäure gasförmiges Chlor entwickelt.

Die Kationen einer Säurelösung bestehen aus *Wasserstoffionen* $H^+$ (Wasserstoffkerne oder Protonen) mit einer positiven Ladungseinheit; die Anionen sind *Säurerestionen* mit negativen Ladungseinheiten (Elektronen), deren Zahl gleich der
stöchiometrischen Wertigkeit des Säurerestes ist. Die Ionen entstehen durch eine
*elektrolytische Dissoziation*[2] der gelösten Säuremoleküle, z. B. bei Salzsäure:

$$HCl \rightleftarrows H^+ + Cl^-$$

oder Salpetersäure:

$$HNO_3 \rightleftarrows H^+ + NO_3^-.$$

Die Schwefelsäure kann eine Dissoziation in zwei Stufen erfahren:

$$H_2SO_4 \rightleftarrows H^+ + HSO_4^-,$$

$$HSO_4^- \rightleftarrows H^+ + SO_4^{2-},$$

doch gilt als Regel, daß die zweite Stufe im Vergleich zur ersten immer nur in geringem Umfange erfolgt.

Starke Säuren leiten den elektrischen Strom gut, weil praktisch alle gelösten
Säuremoleküle in Ionen zerfallen sind. Eine Lösung, die 0,1 Mole einer starken Säure
im Liter enthält (eine 0,1-molare Lösung), enthält somit 0,1 Mole Wasserstoffionen
(etwa 0,1 g) pro Liter. Allgemein bezeichnet man die molare Konzentration oder
*Molarität* = Anzahl Mole pro Liter, indem man die chemische Formel des gelösten
Stoffes in Klammern setzt. Für eine 0,1-molare Salzsäure ist also $(H^+) = 0,1$.

Schwache Säuren leiten den elektrischen Strom schlechter als starke Säuren,
weil sie weniger Ionen enthalten, die ja die Stromleitung besorgen. Nicht alle gelösten Moleküle einer schwachen Säure sind in Ionen zerfallen, sondern nur ein
kleiner Prozentsatz. In einer 0,1-molaren Flußsäure sind nur 4,8% der gelösten
HF-Moleküle dissoziiert; in dieser Lösung ist $(H^+) = 0,0048$. Die Dissoziation einer
schwachen Säure, z. B. Essigsäure $HAc$[3]:

$$HAc \rightleftarrows H^+ + Ac^-$$

ist also unvollständig. Es besteht ein Gleichgewichtszustand zwischen den ungespaltenen Säuremolekülen und ihren Ionen. Man drückt das Bestehen dieses
*Dissoziationsgleichgewichts* durch die beiden gegeneinander gerichteten Pfeile aus.
Bei einer starken Säure liegt das Gleichgewicht praktisch völlig im Sinne des oberen
Pfeils auf der rechten Seite der Gleichung; bei einer schwachen Säure dagegen haben
wir einen großen Anteil undissoziierter Moleküle, und das Gleichgewicht liegt weitgehend links. Mit wachsender Verdünnung nimmt der Anteil undissoziierter Moleküle
ab. Das Dissoziationsgleichgewicht verschiebt sich zugunsten vermehrter Ionenspaltung nach rechts. Will man daher verschiedene Säuren vergleichen, so muß man
äquimolekulare Lösungen betrachten.

In Tab. 9 ist für einige 0,1-molare Säuren ihre Molarität $(H^+)$ an Wasserstoffionen verzeichnet (Spalte 3). Bei den starken Säuren stimmt die Molarität $(H^+)$ mit

---

[1] gr. ὁδός (hodos) = Weg; κατά (kata) = hinab; ἀνά (ana) = hinauf. Die Bezeichnungen
Kathode und Anode gründen sich auf die Vorstellung, daß die positive Elektrizität von der
Anode zur Kathode „hinab" strömt.

[2] lat. dissociatio = Trennung, Spaltung.

[3] Für die einbasige Essigsäure $HC_2H_3O_2$ wird hier und im folgenden abkürzend $HAc$
geschrieben.

der Gesamtmolarität an Säure ($10^{-1}$) überein. Bei den schwachen Säuren ist sie wesentlich kleiner als die Gesamtmolarität. So haben wir in der Wasserstoffionenkonzentration (H+) ein Maß für die Stärke einer Säure gewonnen.

*Tabelle 9[1].*

| Säure | Ionenspaltung | (H+) | (OH−) | PH |
|-------|---------------|------|-------|-----|
| Salzsäure | $HCl \rightleftarrows H^+ + Cl^-$ | $10^{-1}$ | $10^{-13}$ | 1 |
| Schwefelsäure | $H_2SO_4 \rightleftarrows H^+ + HSO_4^-$ | $10^{-1}$ | $10^{-13}$ | 1 |
| Salpetersäure | $HNO_3 \rightleftarrows H^+ + NO_3^-$ | $10^{-1,04}$ | $10^{-12,96}$ | 1,04 |
| Phosphorsäure | $H_3PO_4 \rightleftarrows H^+ + H_2PO_4^-$ | $10^{-1,64}$ | $10^{-12,36}$ | 1,64 |
| Flußsäure | $HF \rightleftarrows H^+ + F^-$ | $10^{-2,32}$ | $10^{-11,68}$ | 2,32 |
| Essigsäure | $HAc \rightleftarrows H^+ + Ac^-$ | $10^{-2,88}$ | $10^{-11,12}$ | 2,88 |
| Borsäure | $H_3BO_3 \rightleftarrows H^+ + H_2BO_3^-$ | $10^{-5,11}$ | $10^{-8,89}$ | 5,11 |
| Blausäure | $HCN \rightleftarrows H^+ + CN^-$ | $10^{-5,09}$ | $10^{-8,91}$ | 5,09 |
| Wasser | $H_2O \rightleftarrows H^+ + OH^-$ | $10^{-7}$ | $10^{-7}$ | 7 |

**Dissoziation des Wassers.** Auch ganz reines Wasser besitzt eine schwache Leitfähigkeit. Man muß daher annehmen, daß auch die Wassermoleküle in Ionen gespalten sind. Die elektrolytische Dissoziation des Wassers erfolgt in dem Sinne:

$$H_2O \rightarrow H^+ + OH^-.$$

Das Wasser enthält also neben H+-Ionen eine gleiche Anzahl der Anionen OH−; diese Anionen heißen *Hydroxylionen*. Die elektrolytische Dissoziation des Wassers ist sehr geringfügig. Aus genauen Leitfähigkeitsmessungen hat sich für ganz reines Wasser ergeben ($t = 25°$ C):

$$(H^+) = (OH^-) = 10^{-7}.$$

Die Werte (H+) und (OH−) für reines Wasser sind in die Tab. 9 mit aufgenommen (letzte Zeile[2]).

Das Produkt $\qquad (H^+) \cdot (OH^-) = 10^{-14}$

heißt das *Ionenprodukt* des Wassers. Es ist nun sehr wichtig, daß dieses Produkt nicht nur in reinem Wasser, sondern auch in sauren (und alkalischen) Lösungen immer den konstanten Wert $10^{-14}$ besitzt. Man hat also in sauren Lösungen außer H+-Ionen auch die Gegenwart von OH−-Ionen anzunehmen; ihre molare Konzentration (OH−) ergibt sich bei bekanntem (H+) aus dem Ionenprodukt. In der vierten Spalte der Tab. 9 findet sich für die verschiedenen Säuren zu jedem (H+) der entsprechende Wert für (OH−). Die Exponenten ergänzen sich jeweils zu der konstanten Zahl 14.

Saure Lösungen enthalten mehr Wasserstoffionen als Hydroxylionen, d. h. für saure Lösungen gilt: (H+) > (OH−)[3]. In reinem Wasser dagegen sind die molaren Konzentrationen der Wasserstoff- und Hydroxylionen gleich, d. h. es ist (H+) = (OH−) = $10^{-7}$.

**Wasserstoffexponent.** In vielen Fällen der Praxis genügt es, sich auf die Betrachtung verdünnter Säuren zu beschränken. Insbesondere in der *Maßanalyse* pflegt man höchstens 1-molare Säuren zu verwenden. Für starke Säuren, die bis zu dieser Molarität völlig dissoziiert sind, gelten dann folgende (H+)-Werte (Tab. 10, 2. Spalte).

---

[1] Über das Rechnen mit den hier verwendeten Zehnerpotenzen vgl. S. 183 Anm. 3.

[2] (H+) = (OH−) = $10^{-7}$ bedeutet also, daß in 10 Millionen Liter reinen Wassers ein Formelgewicht = 1 g H+-Ionen und ebenfalls ein Formelgewicht = 17 g OH−-Ionen vorhanden sind.

[3] Die Zeichen > und < bedeuten „größer als" bzw. „kleiner als".

Die praktisch vorkommenden Säuregrade liegen also in einem Gebiet mit $(H^+) = 10^{-7}$ als unterem und $(H^+) = 1$ als oberem Grenzwert, d. h. es handelt sich meist um sehr kleine Zahlen. Um die unbequeme Schreibweise der $(H^+)$-Werte als Zehnerpotenzen zu vermeiden, hat man den Begriff des *Wasserstoffexponenten* $p_H$[1] als Maß für den Säuregrad eingeführt. Der Wasserstoffexponent einer Lösung ist der negative Logarithmus ihrer molaren Wasserstoffionenkonzentration $(H^+)$:

$$p_H = -\log (H^+).$$

Auf Grund dieser Definition ergeben sich die $p_H$-Werte der Tabellen 9 und 10 (letzte Spalten). Man erhält also den $p_H$-Wert aus dem entsprechenden als Zehnerpotenz geschriebenen $(H^+)$-Wert, indem man den Exponenten mit umgekehrtem Vorzeichen nimmt.

*Tabelle 10.*

| Starke Säuren Molarität | $(H^+)$ | $p_H$ |
|---|---|---|
| 1-molar | $1 = 10^0$ | 0 |
| $^1/_{10}$-molar | $^1/_{10} = 10^{-1}$ | 1 |
| $^1/_{100}$-molar | $^1/_{100} = 10^{-2}$ | 2 |
| $^1/_{1000}$-molar | $^1/_{1000} = 10^{-3}$ | 3 |
| $^1/_{10\,000}$-molar | $^1/_{10\,000} = 10^{-4}$ | 4 |
| reines Wasser | $10^{-7}$ | 7 |

In der $p_H$-Skala liegen die normalerweise vorkommenden Säuregrade zwischen $p_H = 0$ (stark sauer) und $p_H = 7$ (neutral). Man muß bei der Benutzung des $p_H$-Begriffs darauf achten, daß stark saure Lösungen kleine, schwach saure Lösungen große $p_H$-Werte besitzen. Es ist außerdem zu berücksichtigen, daß einer Änderung des $p_H$-Wertes um eine Einheit eine Änderung des $(H^+)$-Wertes um eine Zehnerpotenz entspricht.

**Neuere Anschauungen über die elektrolytische Dissoziation.** Im Sinne der vorstehenden Ausführungen herrscht in den wäßrigen Lösungen ein Dissoziationsgleichgewicht zwischen ungespaltenen Säuremolekülen und Ionen. In nicht allzu konzentrierten Lösungen starker Säuren sind nahezu alle Säuremoleküle in Ionen gespalten, während bei schwachen Säuren ein hoher Prozentsatz ungespaltener Moleküle vorliegt. Man hat früher angenommen, daß auch in Salzlösungen ein solches Dissoziationsgleichgewicht besteht, z. B. bei Kochsalz:

$$NaCl \rightleftarrows Na^+ + Cl^-.$$

Wir haben jedoch gesehen, daß Salze im allgemeinen keine Moleküle bilden. Ein Salzkristall besteht vielmehr aus einem Ionengitter, das beim Lösen in Wasser vollständig in seine Bestandteile (die Ionen) zerfällt. Dabei treten keine Salzmoleküle als selbständige Teilchen in Erscheinung. Es ist daher unangebracht, von einem Dissoziationsgleichgewicht zwischen Salzmolekülen und Ionen zu sprechen.

Neuerdings hat sich eine etwas veränderte Auffassung über den Vorgang bei der Auflösung von Säuren durchgesetzt, die im folgenden kurz skizziert werden soll. Den Ausgangspunkt bildet die Erkenntnis, daß freie Wasserstoffionen $H^+$ (Wasserstoffkerne oder Protonen), deren Vorhandensein in allen Säurelösungen die ältere Theorie annahm, nicht existenzfähig sind. Sie lagern sich vielmehr an andere Moleküle an. In wäßrigen Säurelösungen findet ein *Protonenaustausch* zwischen Säuremolekülen und Wassermolekülen statt. Als Beispiel betrachten wir die Salzsäure, d. h. eine Lösung von $HCl$ in $H_2O$. Wir hatten früher diese beiden Moleküle in Elektronenformeln folgendermaßen geschrieben (vgl. S. 207):

$$H : \overset{\cdot\cdot}{\underset{\cdot\cdot}{Cl}} : \quad \text{und} \quad H : \overset{\cdot\cdot}{\underset{\cdot\cdot}{O}} : H .$$

Der Protonenaustausch erfolgt nun derart, daß das Proton des $HCl$-Moleküls sich an eines der beiden einsamen Elektronenpaare des $H_2O$-Moleküls begibt, d. h. bei der Auflösung von $HCl$ in $H_2O$ spielt sich folgender Vorgang ab:

$$HCl + H_2O \rightleftarrows H_3O^+ + Cl^-.$$

Die Ionen $H_3O^+$ heißen *Hydroniumionen*. Sie bilden sich auch in anderen Säurelösungen durch Protonenaustausch, z. B. bei Salpetersäure:

$$HNO_3 + H_2O \rightleftarrows H_3O^+ + NO_3^-.$$

---

[1] $p_H$ ist die Abkürzung für pondus hydrogenii = „Gewicht des Wasserstoffs"; man meint also eine Maßzahl für die Konzentration der Wasserstoffionen.

Bei Schwefelsäure hat man zwei Stufen:

$$H_2SO_4 + H_2O \rightleftarrows H_3O^+ + HSO_4{}^-,$$

$$HSO_4{}^- + H_2O \rightleftarrows H_3O^+ + SO_4{}^{2-} \text{ (sehr geringfügig).}$$

Bei starken Säuren erfolgt der Protonenaustausch praktisch vollständig, bei schwachen Säuren, wie z. B. Essigsäure $HAc$, liegt das Reaktionsgleichgewicht:

$$HAc + H_2O \rightleftarrows H_3O^+ + Ac^-$$

weitgehend zugunsten der linken Seite der Gleichung.

In reinem Wasser erfolgt der Protonenaustausch zwischen zwei Molekülen $H_2O$ in sehr geringem Umfange folgendermaßen:

$$H_2O + H_2O \rightleftarrows H_3O^+ + OH^-.$$

Im Sinne der neuen Auffassung sind Säuren Stoffe, die Protonen liefern. Wäßrige Lösungen von Säuren enthalten als gemeinsamen Bestandteil nicht Wasserstoffionen $H^+$, sondern Hydroniumionen $H_3O^+$.

Da die neue Anschauung an der quantitativen Seite der Erscheinungen nichts ändert, begeht man keinen Fehler, wenn man aus Gründen der Einfachheit an der älteren Betrachtungsweise festhält.

### 3. Basen[1]. Erweiterung der $p_H$-Skala.

**Starke und schwache Basen.** Besonders die Oxyde der Alkali- und Erdalkalimetalle haben *basischen Charakter*. Bei ihrer Umsetzung mit Wasser bilden sich Lösungen von laugenhaftem Geschmack, die sich schlüpfrig anfühlen und den Lackmusfarbstoff blau färben. Man sagt, die Lösungen reagieren *alkalisch*[2] oder *basisch*. Beispiele für die Reaktion der genannten Metalloxyde mit Wasser sind:

$$Na_2O + H_2O \rightarrow 2\,NaOH,$$

$$CaO + H_2O \rightarrow Ca(OH)_2 \text{ (Löschen des Kalks).}$$

Man nennt die entstehenden Produkte *Hydroxyde*: $NaOH$ ist Natriumhydroxyd, $Ca(OH)_2$ ist Calciumhydroxyd. Die Lösungen heißen Natronlauge bzw. Kalkwasser. Bei der Namensgebung und Formulierung hebt man also die *Hydroxylgruppe* OH als besondere Einheit hervor. Das ist deshalb zweckmäßig, weil in den Lösungen dieser Stoffe die Hydroxylgruppe in Gestalt der *Hydroxylionen* OH⁻ selbständig in Erscheinung tritt. Die Hydroxylionen sind die Träger der basischen Eigenschaften. Natronlauge und Kalkwasser reagieren stark alkalisch, weil ihr Gehalt an Hydroxylionen groß ist.

Magnesiumhydroxyd $Mg(OH)_2$, Aluminiumhydroxyd $Al(OH)_3$ und die Hydroxyde der meisten Schwermetalle sind in Wasser schwerlöslich. Ihre Lösungen können deshalb nur einen geringen Gehalt an Hydroxylionen haben und reagieren daher schwach alkalisch. Man bezeichnet die genannten Hydroxyde als schwache Basen.

**Ammoniak.** Ein Stoff von basischem Charakter ist auch das Ammoniak $NH_3$. Obgleich sein Molekül keine Hydroxylgruppe enthält, reagiert die wäßrige Lösung (Salmiakgeist) alkalisch. Bei der Auflösung von Ammoniak in Wasser müssen daher Hydroxylionen OH⁻ entstehen. Im Sinne der neueren Auffassung bilden sie sich durch einen Protonenaustausch zwischen $NH_3$-Molekülen und $H_2O$-Molekülen, deren Strukturformeln in Elektronenschreibweise folgendermaßen aussehen (vgl. S. 207):

$$
\begin{array}{ccc}
\text{H} & & \\
\overset{..}{\text{H}:\text{N}:} & \text{und} & \text{H}:\overset{..}{\underset{..}{\text{O}}}:\text{H}. \\
\text{H} & &
\end{array}
$$

---

[1] gr. βάσις (basis) = Grundlage. Ein Salz entsteht aus einem Metalloxyd und einer Säure. Beim Erhitzen des Salzes verflüchtigt sich häufig die Säure, und das Metalloxyd bleibt zurück. Das Metalloxyd erscheint demnach als Grundlage des Salzes.

[2] Das Wort Alkali stammt aus dem Arabischen. Es bezeichnete früher Soda und Pottasche, deren Lösungen „alkalisch" reagieren (vgl. Alkalimetalle).

Aus dem $H_2O$-Molekül wandert im Sinne der Gleichung:

$$NH_3 + H_2O \rightleftarrows NH_4^+ + OH^-$$

ein Proton an das einsame Elektronenpaar des $NH_3$-Moleküls; es entstehen die symmetrisch gebauten Ammoniumionen $NH_4^+$ und die für die alkalische Reaktion verantwortlichen Hydroxylionen $OH^-$. In einer wäßrigen Ammoniaklösung erfährt nur ein kleiner Bruchteil der $NH_3$-Moleküle diese Umwandlung in Ammoniumionen; der größte Teil des gelösten Ammoniaks liegt als $NH_3$ vor. Die Lösung besitzt daher auch nur einen geringen Gehalt an Hydroxylionen. Sie reagiert schwach alkalisch: Ammoniak ist eine schwache Base.

Die hydroxylhaltige Verbindung Ammoniumhydroxyd $NH_4OH$ ist unbekannt. Es existieren jedoch zahlreiche Ammoniumsalze, die sich von dieser Verbindung ableiten. Sie enthalten als gemeinsamen Bestandteil die Ammoniumionen $NH_4^+$ und weisen große Ähnlichkeit mit den Kaliumsalzen auf. Bei der Einwirkung starker Basen auf Ammoniumsalze entsteht gasförmiges Ammoniak[1], z. B.:

$$NH_4Cl + NaOH \rightarrow NaCl + H_2O + NH_3.$$

Da sich das Ammoniak durch seinen Geruch und durch die Blaufärbung von feuchtem rotem Lackmuspapier zu erkennen gibt, dient die Reaktion zum analytischen Nachweis von Ammoniumsalzen.

Vom Ammoniak leiten sich zahlreiche stickstoffhaltige Verbindungen der organischen Chemie ab, die ebenfalls meist schwache Basen sind. Einige bekannte Beispiele sind Anilin, Chinolin und die meisten der wegen ihrer Heil- bzw. Giftwirkung wichtigen Alkaloide.

Eine Übersicht über die wichtigsten anorganischen Basen und ihre Namensgebung vermittelt Tab. 11.

*Tabelle 11.*

| Formel | Name | Löslichkeit | Basen-stärke | Name der Lösung |
|---|---|---|---|---|
| NaOH | Natriumhydroxyd Na-hydroxydatum | leicht löslich | stark | Natronlauge Liquor Natri caustici |
| KOH | Kaliumhydroxyd K-hydroxydatum | leicht löslich | stark | Kalilauge Liquor Kali caustici |
| $Ba(OH)_2 \cdot 8 H_2O$ | Bariumhydroxyd Ba-oxydatum hydricum | 34,8 g BaO pro Liter | stark | Barytwasser Aqua Barytae |
| $Sr(OH)_2 \cdot 8 H_2O$ | Strontiumhydroxyd Sr-oxydatum hydricum | 7,0 g SrO pro Liter | stark | Strontianwasser — |
| $Ca(OH)_2$ | Calciumhydroxyd Ca-oxydatum hydricum | 1,18 g CaO pro Liter | stark | Kalkwasser Aqua Calcariae |
| $NH_3$ | Ammoniak | leicht löslich | schwach | Ammoniak Liqu. Ammonii caustici |
| Mg-, Al- und Schwermetallhydroxyde | | schwer löslich | schwach | — |

**Erweiterung der $p_H$-Skala.** Die *Alkalität* oder Basenstärke einer Lösung ist bestimmt durch ihre molare Konzentration $(OH^-)$ an Hydroxylionen. Beschränkt man sich auf die Betrachtung von Lösungen, die höchstens 1-molar sind, so ergeben sich für eine starke Base wie $NaOH$ folgende Werte für $(OH^-)$ (Tab. 12, zweite Spalte):

---

[1] Die „Base" Ammoniak ist also flüchtig. Man bezeichnete daher früher das Ammoniak als „flüchtiges" Alkali, im Gegensatz zu den nichtflüchtigen „fixen" Alkalien wie Natriumhydroxyd und gebrannter Kalk ($CaO$).

Da auch in alkalischen Lösungen

$$(H^+) \cdot (OH^-) = 10^{-14},$$

kann man bei bekanntem $(OH^-)$ das zugehörige $(H^+)$ und damit auch den Wasserstoffexponenten $p_H$ einer Lösung berechnen. So ergeben sich die Zahlen in der dritten und vierten Spalte der Tab. 12. Jede alkalische Lösung hat also ein bestimmtes $p_H$.

*Tabelle 12.*

| Starke Basen Molarität | $(OH^-)$ | $(H^+)$ | $p_H$ |
|---|---|---|---|
| 1-molar | $1 = 10^0$ | $10^{-14}$ | 14 |
| $^1/_{10}$-molar | $^1/_{10} = 10^{-1}$ | $10^{-13}$ | 13 |
| $^1/_{100}$-molar | $^1/_{100} = 10^{-2}$ | $10^{-12}$ | 12 |
| $^1/_{1000}$-molar | $^1/_{1000} = 10^{-3}$ | $10^{-11}$ | 11 |
| $^1/_{10000}$-molar | $^1/_{10000} = 10^{-4}$ | $10^{-10}$ | 10 |
| reines Wasser | $10^{-7}$ | $10^{-7}$ | 7 |

Wie die Tabelle zeigt, liegen die $p_H$-Werte der normalerweise vorkommenden alkalischen Lösungen zwischen $p_H = 14$ (stark alkalisch) und $p_H = 7$ (neutral). Wie ein Blick auf Tab. 10 zeigt, haben dagegen saure Lösungen $p_H$-Werte zwischen $p_H = 7$ (neutral) und $p_H = 0$ (stark sauer). Jede saure oder alkalische Lösung hat also einen Wasserstoffexponenten zwischen $p_H = 0$ und $p_H = 14$; eine Lösung mit $p_H = 7$ ist neutral. Man besitzt also in dem Wasserstoffexponenten ein einheitliches quantitatives Maß für die Acidität bzw. Alkalität einer Lösung. Zur anschaulichen Erläuterung der Zusammenhänge diene Tab. 13.

*Tabelle 13.*

| $p_H =$ | 0 | 1 | 2 | 3 | 4 | 5 | 6 | 7 |
|---|---|---|---|---|---|---|---|---|
| $(H^+) =$ | 1 | $10^{-1}$ | $10^{-2}$ | $10^{-3}$ | $10^{-4}$ | $10^{-5}$ | $10^{-6}$ | $10^{-7}$ |
| $(OH^-) =$ | $10^{-14}$ | $10^{-13}$ | $10^{-12}$ | $10^{-11}$ | $10^{-10}$ | $10^{-9}$ | $10^{-8}$ | $10^{-7}$ |
| | ← stark sauer → | | | ← schwach sauer → | | | | neutral |
| | $\frac{n}{1} \cdot$ | $\frac{n}{10} \cdot$ | $\frac{n}{100} \cdot$ | Essigsäure | | Borsäure Blausäure | | |
| | | Salzsäure | | | | | | |

| $p_H =$ | 8 | 9 | 10 | 11 | 12 | 13 | 14 |
|---|---|---|---|---|---|---|---|
| $(H^+) =$ | $10^{-8}$ | $10^{-9}$ | $10^{-10}$ | $10^{-11}$ | $10^{-12}$ | $10^{-13}$ | $10^{-14}$ |
| $(OH^-) =$ | $10^{-6}$ | $10^{-5}$ | $10^{-4}$ | $10^{-3}$ | $10^{-2}$ | $10^{-1}$ | 1 |
| | ← schwach alkalisch → | | | ← stark alkalisch → | | | |
| | | | | Ammoniak | $\frac{n}{100} \cdot$ | $\frac{n}{10} \cdot$ | $\frac{n}{1} \cdot$ |
| | | | | | | Natronlauge | |

In die $p_H$-Skala sind einige Säuren und Basen mit ihren $p_H$-Werten eingezeichnet (s. Tab. 9).

**$p_H$-Messung. Indikatoren.** Die *Säurestufe*[1] ($p_H$) ist oft von entscheidender Bedeutung für den Ablauf chemischer Reaktionen in wäßrigen Lösungen. Um in der qualitativen und quantitativen Analyse saubere Trennungen zu erzielen, muß man auf die Innehaltung bestimmter $p_H$-Werte achten. Insbesondere spielt die Säurestufe bei biologischen Reaktionen eine wichtige Rolle. Die bei diesen Reaktionen wirksamen biologischen Katalysatoren (Enzyme) entfalten das Optimum ihrer Wirksamkeit in bestimmten $p_H$-Bereichen, die meist eng begrenzt sind.

Zur Herstellung von Lösungen mit bestimmtem $p_H$ bedient man sich sogenannter *Pufferlösungen*. Man hat zwei Stammlösungen von genau festgesetztem Gehalt, die

---

[1] Statt der umständlichen Bezeichnung Wasserstoffexponent verwendet man neuerdings häufig die Bezeichnung Säurestufe oder kurz Stufe.

durch Mischung in geeignetem Verhältnis jeden gewünschten $p_H$-Wert in einem gewissen Bereich einzustellen gestatten. So besitzt z. B. eine Mischung gleicher Raumteile 0,1-molarer Lösungen von Essigsäure und Natriumacetat den $p_H$-Wert 4,76. Solche Puffergemische gibt es für den ganzen Bereich von $p_H = 1$ bis $p_H = 13$. Sie haben die Eigenschaft, ihren $p_H$-Wert gegen geringe Mengen von Säuren oder Basen konstant zu halten.

Um den $p_H$-Wert einer gegebenen Lösung zu bestimmen, kann man sich der *Indikatoren* bedienen. Indikatoren sind farbige organische Stoffe, deren Farbton von dem $p_H$ der Lösung abhängt. In einem bestimmten $p_H$-Bereich, dem *Umschlaggebiet*, schlägt die Farbe eines Indikators um. Es gibt heute Indikatoren mit Umschlaggebieten in allen vorkommenden $p_H$-Bereichen. Tab. 14 gibt eine Auswahl gebräuchlicher Indikatoren.

*Tabelle 14.*

| Indikator | Farbe in | | Umschlaggebiet $p_H$ |
|---|---|---|---|
| | saurer Lösg. | alk. Lösg. | |
| Methylorange | rot | orange | 3,0— 4,4 |
| Methylrot | rot | gelb | 4,4— 6,2 |
| Lackmus | rot | blau | 4,4— 6,4 |
| Neutralrot | rot | orange | 6,8— 8,0 |
| Phenolphthaleïn | farblos | rot | 8,2—10,0 |
| Thymolphthaleïn | farblos | blau | 9,3—10,5 |

Durch Probieren mit verschiedenen Indikatoren (Indikatorpapiere) kann man zunächst feststellen, in welchem Bereich das $p_H$ einer gegebenen Lösung liegt, und darauf durch einen Farbvergleich mit Lösungen von bekanntem $p_H$ den fraglichen Wert *kolorimetrisch*[1] genau ermitteln. Diese Methode ist natürlich nur bei solchen Lösungen anwendbar, die keine Eigenfarbe besitzen. Es gibt jedoch ein allgemein anwendbares Verfahren der $p_H$-Messung, das auf einer elektrischen Spannungsmessung beruht.

**Reaktion von Salzlösungen.** Nicht alle Salzlösungen reagieren neutral. Die Reaktion einer Salzlösung hängt wesentlich ab von der relativen Stärke der in dem Salz vereinigten Säure und Base. Als Regel gilt, daß Salze aus starken Säuren und starken Basen neutrale Lösungen liefern. Dazu gehören die normalen Halogenide, Sulfate und Nitrate der Alkalimetalle.

Salze aus schwachen Säuren und starken Basen geben alkalische Lösungen ($p_H > 7$). Beispiele sind: $Na_2CO_3$, $NaAc$, $KCN$, $Na_2S$, $Na_2B_4O_7$ (Borax). Auch sogenannte saure Salze können alkalische Lösungen liefern, z. B. $Na_2HPO_4$ (sek. Na-Phosphat). Schematisch kann man das Zustandekommen der alkalischen Reaktion erklären durch eine *hydrolytische Spaltung* des gelösten Salzes, z. B.:

$$KCN + H_2O \rightleftarrows K^+ + OH^- + HCN.$$

HCN ist als schwache Säure sehr wenig dissoziiert, KOH als starke Base dagegen vollständig. Die bei der *Hydrolyse* entstehenden Hydroxylionen bewirken die alkalische Reaktion. In 0,1-molarer Lösung sind 1,2% des gelösten Cyankaliums in dem durch die Gleichung angedeutetem Sinne hydrolytisch gespalten (*Hydrolysegrad*).

Entsprechend reagieren Lösungen von Salzen aus starken Säuren und schwachen Basen sauer ($p_H < 7$). Beispiele sind $NH_4Cl$ und die Schwermetallsalze starker Säuren (s. Tab. 10). Die Erklärung ist hier ähnlich wie im vorigen Falle, z. B.:

$$NH_4Cl + H_2O \rightleftarrows NH_3 + H_3O^+ + Cl^-.$$

---

[1] lat. color = Farbe.

Die durch hydrolytische Spaltung entstandenen Hydroniumionen $H_3O^+$ bedingen die saure Reaktion. Der Hydrolysegrad beträgt für Ammoniumchlorid in 0,1-molarer Lösung etwa 0,05%. Bei Antimon- und Wismutsalzen ist die Hydrolyse praktisch vollständig; sie zersetzen sich in Berührung mit Wasser in Säure und schwerlösliches Hydroxyd oder basisches Salz und lösen sich nur in starken Säuren unzersetzt.

Eine sehr weitgehende Hydrolyse erfahren schließlich Salze schwacher Säuren und schwacher Basen, wofür als Beispiel das Aluminiumacetat $AlAc_3$ (essigsaure Tonerde) angeführt sei:

$$AlAc_3 + 3\,H_2O \rightleftarrows Al(OH)_3 + 3\,HAc.$$

Die Hydrolyse gibt sich durch den Geruch nach Essigsäure zu erkennen; außerdem läßt die Lösung beim Stehen einen weißen Niederschlag von wasserhaltiger Tonerde $Al(OH)_3$ fallen. Der Hydrolysegrad beträgt in $1/_{30}$-molarer Lösung 35%.

Über die $p_H$-Werte einiger 0,1-molarer Salzlösungen unterrichtet Tab. 15.

*Tabelle 15.*

| Salz | $p_H$ | Salz | $p_H$ |
|------|------|------|------|
| Na-Acetat | 9 | $Na_2HPO_4$ | 10 |
| $NaHCO_3$ | 9 | KCN | 11 |
| $Na_2CO_3$ | 11 | $NH_4Cl$ | 5 |
| $NaH_2PO_4$ | 4 | | |

## 4. Ionenreaktionen.

Viele Vorgänge in wäßrigen Lösungen sind *Ionenreaktionen*. Sie haben das gemeinsame Merkmal, daß sie praktisch momentan, d. h. in unmeßbar kurzer Zeit verlaufen. Im Gegensatz dazu gehen Reaktionen zwischen Molekülen bei gewöhnlicher Temperatur meist langsam vonstatten. Dazu gehören die Umsetzungen, an denen gasförmige Stoffe beteiligt sind und die meisten Reaktionen zwischen organischen Stoffen. Um Reaktionen zwischen solchen Stoffen in Gang zu bringen, bedarf es daher meist einer Temperaturerhöhung (z. B. Entzündungstemperatur) oder der Anwendung von Katalysatoren.

**Fällungsreaktionen.** Zu den Ionenreaktionen gehören die meisten *Fällungsreaktionen* der analytischen Chemie. So fällt bei Zusatz von Silbernitratlösung zu der Lösung eines Chlorids schwerlösliches Silberchlorid als weißer Niederschlag aus. Die Umsetzung besteht darin, daß sich die Ionen $Ag^+$ und $Cl^-$ zum Kristallgitter des schwerlöslichen AgCl vereinigen:

$$Ag^+ + Cl^- \rightarrow AgCl.$$

Die Reaktion dient zum Nachweis und zur quantitativen Bestimmung von Chlorionen: Silbernitratlösung ist ein Reagens auf Chlorionen. In umgekehrtem Sinne benutzte zuerst GAY-LUSSAC (1830) die Reaktion, um mit Hilfe einer Kochsalzlösung bekannten Gehalts Silber maßanalytisch zu bestimmen.

Viele *Nachweisreaktionen* und *quantitative Bestimmungsmethoden* der analytischen Chemie beruhen auf solchen Fällungsvorgängen. So erkennt man Sulfationen $SO_4^{2-}$ an der Niederschlagsbildung mit Bariumchloridlösung:

$$Ba^{2+} + SO_4^{2-} \rightarrow BaSO_4.$$

Bei der Erzeugung solcher Fällungen kommt es häufig sehr auf den Säuregrad ($p_H$) an. Während die Fällungen von AgCl und $BaSO_4$ auch in sauren Lösungen quantitativ erfolgen, fallen die schwerlöslichen Erdalkalikarbonate, z. B.:

$$Ca^{2+} + CO_3^{2-} \rightarrow CaCO_3$$

nur aus alkalischen Lösungen; die Niederschläge sind säurelöslich.

Die Gruppenfällung mit Schwefelwasserstoff in der qualitativen Analyse dient zur Abtrennung der Schwermetalle in Form ihrer schwerlöslichen Sulfide; z. B.:

$$Pb^{2+} + S^{2-} \rightarrow PbS.$$

Aus stärker sauren Lösungen fallen die Sulfide der Metalle Hg, Pb, Cu, Cd, Bi, As, Sb, Sn; dagegen werden die Metalle Fe, Co, Ni, Mn, Zn nur aus schwachsaurer bzw. alkalischer Lösung gefällt. Zu einer einwandfreien Trennung beider Gruppen ist die Einhaltung des richtigen $p_H$-Wertes bei der Fällung besonders wichtig.

Eine Fällungsreaktion ist für den Nachweis und die quantitative Bestimmung um so besser geeignet, je schwerer löslich der entstehende Niederschlag ist. So betragen z. B. die Löslichkeiten der Erdalkalimetallsulfate pro Liter Wasser bei 20° C:

$$CaSO_4: 2000 \text{ mg}; \quad SrSO_4: 148 \text{ mg}; \quad BaSO_4: 2,4 \text{ mg}.$$

Man kann demnach mit Bariumchloridlösung die Gegenwart von etwa 1 mg $SO_4^{2-}$-Ionen im Liter nachweisen, und die $BaSO_4$-Fällung ist für die quantitative Bestimmung der $SO_4^{2-}$-Ionen (oder der $Ba^{2+}$-Ionen) gut geeignet. Die Fällungen von $SrSO_4$ und besonders von $CaSO_4$ sind dagegen unvollständig und zum Nachweis und für die quantitative Bestimmung unbrauchbar.

Um die Ausfällung eines Ions möglichst vollständig zu gestalten, ist es häufig zweckmäßig, einen Überschuß des Fällungsmittels zu verwenden. Versetzt man eine Silbernitratlösung mit einer genau äquivalenten Menge Kochsalzlösung, so hat man entsprechend der Gleichung

$$Ag^+ + Cl^- \rightarrow AgCl$$

über dem ausgefällten $AgCl$ eine gesättigte Lösung dieses Salzes mit gleicher molarer Konzentration an $Ag^+$-Ionen und $Cl^-$-Ionen. Aus der bekannten Löslichkeit des $AgCl$ ergibt sich ein Gehalt von 1,4 mg $Ag^+$-Ionen pro Liter Lösung. Fährt man jedoch mit dem Zusatz der Kochsalzlösung über den Äquivalenzpunkt hinaus fort bis die Reaktionslösung 0,001-molar an Kochsalz ist, so sinkt der molare Gehalt an $Ag^+$-Ionen auf 0,017 mg pro Liter. Die Ausfällung der Silberionen ist also durch den Überschuß des Fällungsmittels vollständiger geworden[1].

**Reaktion zwischen Säuren und Basen.** Zu den Ionenreaktionen gehört auch die wichtige Umsetzung zwischen starken Säuren und starken Basen. Fügt man zu verdünnter Salzsäure verdünnte Natronlauge, so findet folgende Reaktion statt:

$$NaOH + HCl \rightarrow NaCl + H_2O,$$

d. h. es bilden sich Kochsalz und Wasser. Berücksichtigt man die Ionenspaltung, so kann man schreiben:

$$Na^+ + OH^- + H^+ + Cl^- \rightarrow Na^+ + Cl^- + H_2O.$$

Da die $Na^+$-Ionen und $Cl^-$-Ionen an der Reaktion unbeteiligt sind, vereinfacht sich die Gleichung zu:

$$H^+ + OH^- \rightarrow H_2O.$$

Die Reaktion besteht also einfach in der Bildung von Wasser aus den $H^+$-Ionen der Säure und den $OH^-$-Ionen der Base. Ist die zugesetzte Menge Natronlauge der vorgelegten Säure genau äquivalent, so hat man als Endprodukt eine Kochsalzlösung, die neutral reagiert. Man bezeichnet daher den Vorgang als *Neutralisation*. Auch bei anderen starken Säuren und starken Basen, z. B.:

$$2\,NaOH + H_2SO_4 \rightarrow Na_2SO_4 + 2\,H_2O,$$
$$KOH + HNO_3 \rightarrow KNO_3 + H_2O,$$

herrscht im *Äquivalenzpunkt* neutrale Reaktion, weil die entstehenden Salze $Na_2SO_4$ bzw. $KNO_3$ neutrale Lösungen liefern.

Versetzt man dagegen eine schwache Säure, z. B. Essigsäure, mit Natronlauge, so liegt entsprechend der Gleichung

$$NaOH + HAc \rightarrow NaAc + H_2O \text{ [2]}$$

---

[1] Die quantitativen Verhältnisse ergeben sich, wenn man berücksichtigt, daß in einer gesättigten Silberchloridlösung in Berührung mit festem $AgCl$ das Produkt $(Ag^+) \cdot (Cl^-)$ = 1,61 · $10^{-10}$ konstant ist. Das Produkt heißt Löslichkeitsprodukt des $AgCl$. Qualitativ übersieht man, daß auf Grund dieser Beziehung ein Überschuß der einen Ionensorte zu vermehrter Ausfällung der anderen führen muß.

[2] Da schwache Säuren nur wenig dissoziiert sind, ist ihre Umsetzung mit Natronlauge keine reine Ionenreaktion. Die ungespaltenen Säuremoleküle müssen die für die Reaktion $H^+ + OH^- \rightarrow H_2O$ nötigen $H^+$-Ionen nach Maßgabe des Laugenzusatzes ($OH^-$-Ionenzusatz) erst liefern. Entsprechendes gilt für die Umsetzung schwacher Basen mit Säuren.

im Äquivalenzpunkt eine Lösung von Natriumacetat **NaAc** vor, die nach unseren früheren Betrachtungen über die Reaktion von Salzlösungen alkalisch reagiert ($p_H > 7$) (s. S. 221 und Tab. 15).

Bei der Umsetzung der schwachen Base Ammoniak mit Salzsäure

$$NH_3 + HCl \rightarrow NH_4Cl$$

hat man im Äquivalenzpunkt eine Lösung von Ammoniumchlorid, die sauer reagiert ($p_H < 7$) (s. S. 221 und Tab. 15).

Bei der *maßanalytischen* Bestimmung von Säuren und Basen mit *Normallösungen* kommt es auf eine scharfe Erfassung des Äquivalenzpunktes an. Man bedient sich dazu der Indikatoren. Nach den vorstehenden Ausführungen ist es keineswegs gleichgültig, welchen Indikator man wählt. Die Wahl ist vielmehr so zu treffen, daß das Umschlaggebiet des Indikators im $p_H$-Bereich des Äquivalenzpunktes liegt. Am besten übersieht man die Verhältnisse bei Betrachtung der Abb. 143, in der der $p_H$-Verlauf in der Nähe des Äquivalenzpunktes für die drei typischen Beispiele: Natronlauge — Salzsäure, Natronlauge — Essigsäure und Salzsäure — Ammoniak wiedergegeben ist[1]. Die Mittellinie repräsentiert den Äquivalenzpunkt, links davon ist Säureüberschuß und rechts Basenüberschuß. Die $p_H$-Werte sind senkrecht aufgetragen. In allen drei Fällen erfolgt im Äquivalenzpunkt ein deutlicher $p_H$-Sprung, der im Falle Natronlauge—Salzsäure symmetrisch zu $p_H = 7$ liegt und sich über das Gebiet $p_H = 5$ bis $p_H = 9$ erstreckt.

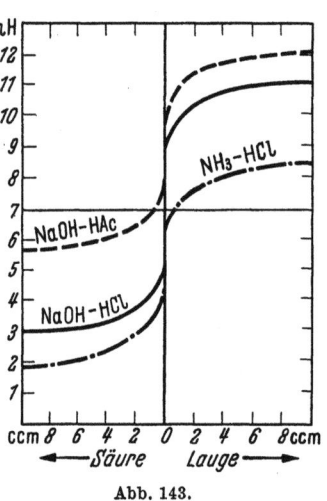

Abb. 143.

Die Indikatoren, deren Umschlagsgebiete in diesem Bereich liegen, d. h. nahezu alle in Tab. 14 aufgeführten, sind zur Bestimmung des Äquivalenzpunktes brauchbar. Im Falle Natronlauge-Essigsäure liegt der Sprung im Gebiet $p_H = 8$ bis $p_H = 10$; am geeignetsten wäre demnach Phenolphthalein. Im Beispiel Salzsäure-Ammoniak erstreckt sich der Sprung von $p_H = 4$ bis $p_H = 6$; hier würde man etwa Methylrot wählen.

### 5. Salzhydrate. Doppelsalze. Komplexsalze.

**Salzhydrate**[2]. Viele Salze verbinden sich beim Auskristallisieren aus ihren wäßrigen Lösungen in stöchiometrischem Verhältnis mit Wasser. Dieses Wasser wird in das Kristallgitter der Salze eingebaut; man nennt es Kristallwasser und die wasserhaltigen Salze *Hydrate*. Beispiele für solche Salzhydrate sind: Kristallsoda $Na_2CO_3 \cdot 10 H_2O$, Glaubersalz $Na_2SO_4 \cdot 10 H_2O$, Kupfervitriol $CuSO_4 \cdot 5 H_2O$, Calciumchlorid $CaCl_2 \cdot 6 H_2O$. Manche Salze bilden mehrere Hydrate, die man durch griechische Zahlwörter unterscheidet. So ist der in Kalisalzlagern vorkommende Kieserit $MgSO_4 \cdot H_2O$ ein Monohydrat, das Bittersalz $MgSO_4 \cdot 7 H_2O$ ein Heptahydrat.

Bei der Formulierung der Hydrate trennt man also das Kristallwasser durch einen Punkt ab. Das ist deshalb berechtigt, weil es als gesonderter Bestandteil im Kristallgitter enthalten ist und manche Hydrate das Kristallwasser beim Erwärmen

---

[1] Die Abbildung gibt die Verhältnisse bei der Umsetzung zwischen 0,01-molaren Säuren und Laugen wieder.

[2] gr. ὕδωρ (hydor) = Wasser.

leicht abgeben. So verliert die Kristallsoda schon beim Liegen an der Luft einen Teil ihres Kristallwassers: sie verwittert. Beim Erwärmen geht sie schließlich in das wasserfreie Salz $Na_2CO_3$, die calcinierte Soda, über.

Einige entwässerte Salze ziehen unter Rückbildung der Hydrate Feuchtigkeit an und zerfließen schließlich zu einer gesättigten Salzlösung. Man benutzt sie daher als *Trockenmittel* für Gase und Flüssigkeiten. Dazu dienen z. B. die wasserfreien Salze $CaCl_2$, $CuSO_4$ und das besonders wirksame Magnesiumperchlorat $Mg(ClO_4)_2$.[1]

**Doppelsalze.** Beim Verdunsten einer gesättigten Lösung, welche die beiden Salze Kaliumsulfat $K_2SO_4$ und Aluminiumsulfat $Al_2(SO_4)_3$ im stöchiometrischen Verhältnis 1 : 1 enthält, scheiden sich in schönen Oktaedern einheitliche Kristalle von der Zusammensetzung $KAl(SO_4)_2 \cdot 12 H_2O$ aus; es ist der bekannte Alaun. Im Kristallgitter des Alauns befinden sich als Bausteine außer Kristallwasser die Ionen $K^+$, $Al^{3+}$ und $SO_4^{2-}$, in die der Alaun beim Lösen in Wasser zerfällt. Er verhält sich also bei der Auflösung wie eine Mischung der beiden Einzelsalze. Der Alaun ist ein typisches *Doppelsalz*. Weitere wichtige Doppelsalze finden sich in Tab. 16.

*Tabelle 16.*

| Doppelsalz | Bezeichnung | Trivialname |
|---|---|---|
| $KAl(SO_4)_2 \cdot 12 H_2O$ | Kaliumaluminiumsulfat | Alaun |
| $KCr(SO_4)_2 \cdot 12 H_2O$ | Kaliumchrom(III)-sulfat | Chromalaun |
| $(NH_4)Fe(SO_4)_2 \cdot 12 H_2O$ | Ammoniumeisen(III)-sulfat | Eisenalaun |
| $(NH_4)_2Fe(SO_4)_2 \cdot 6 H_2O$ | Ammoniumeisen(II)-sulfat | MOHRsches Salz |
| $KCl \cdot MgCl_2 \cdot 6 H_2O$ | Kaliummagnesiumchlorid | Carnallit |
| $KCl \cdot MgSO_4 \cdot 3 H_2O$ | Kaliumchlorid-magnesiumsulfat | Kainit |

Alle Doppelsalze zerfallen beim Auflösen in die Einzelionen. So gibt eine Lösung von MOHRschem Salz die Reaktionen auf die Ionen $NH_4^+$, $Fe^{2+}$ und $SO_4^{2-}$.

**Komplexsalze.** Außer den Doppelsalzen gibt es eine sehr zahlreiche Klasse von Salzen, die zwar rein formal ebenfalls aus zwei einfachen Salzen zusammengesetzt erscheinen, jedoch wesentlich andere Eigenschaften besitzen als die Doppelsalze. Ein typischer Vertreter dieser Klasse ist das gelbe Blutlaugensalz, das früher durch Erhitzen von Blut mit Eisenfeilspänen und Pottasche und Auslaugen der Reaktionsmasse mit Wasser erhalten wurde. Gelbes Blutlaugensalz hat die Zusammensetzung $K_4Fe(CN)_6$. Man kann es rein formal als ein Doppelsalz auffassen, das aus den beiden einfachen Salzen KCN und $Fe(CN)_2$ besteht: $K_4Fe(CN)_6 = 4 KCN \cdot Fe(CN)_2$. Dieser Auffassung entsprechend lautet die ältere Bezeichnung für gelbes Blutlaugensalz Kaliumferrocyanid oder Kaliumeisen(II)-cyanid. Die Eigenschaften des Salzes entsprechen jedoch keineswegs dieser Auffassung.

Eine Lösung von gelbem Blutlaugensalz zeigt keine Reaktionen auf die Ionen $Fe^{2+}$ und $CN^-$, nur $K^+$-Ionen lassen sich nachweisen und quantitativ z. B. als Kaliumperchlorat ausfällen. Man kann die $K^+$-Ionen durch Ionen anderer Metalle ersetzen und gelangt dadurch zu einer Reihe neuer Salze, die alle als gemeinsamen Bestandteil das Ion $[Fe(CN)_6]^{4-}$ enthalten. So fällt z. B. auf Zusatz von Kupfer(II)-Salzlösungen braunes schwerlösliches $Cu_2[Fe(CN)_6]$ und auf Zusatz von Eisen(III)-Salzlösungen das bekannte Berlinerblau von der Zusammensetzung $Fe_4[Fe(CN)_6]_3$. Die Gruppierung $[Fe(CN)_6]^{4-}$ bildet in allen diesen Salzen eine Einheit, in der die sechs $CN^-$-Ionen mit dem $Fe^{2+}$-Ion zu einem innigen Verband zusammengetreten

---

[1] Gebräuchliche Trockenmittel sind ferner wasserfreie Schwefelsäure $H_2SO_4$ und das sehr wirksame Phosphorpentoxyd $P_2O_5$, das bei der Wasseraufnahme zu sirupöser Phosphorsäure zerfließt.

sind. Das Ion $[Fe(CN)_6]^{4-}$ ist mit den $K^+$-Ionen im Kristallgitter des gelben Blutlaugensalzes vereint, und beim Lösen in Wasser zerfällt der Kristall in dem Sinne:

$$K_4[Fe(CN)_6] \rightarrow 4\,K^+ + [Fe(CN)_6]^{4-}.$$

Die Richtigkeit dieser Auffassung ergibt sich aus Messungen der elektrischen Leitfähigkeit
von Lösungen des gelben Blutlaugensalzes. Solche Messungen erlauben eine Entscheidung
über die Zahl der vorhandenen Ionen, und dabei hat sich ergeben, daß das Salz pro Formelgewicht in fünf Ionen zerfallen ist, wie es die dargelegte Ansicht über seinen Aufbau verlangt.
Bei der Auffassung als Doppelsalz $4\,KCN \cdot Fe(CN)_2$ sollte man dagegen pro Formelgewicht
einen Zerfall in elf Ionen erwarten: $4\,K^+ + 1\,Fe^{2+} + 6\,CN^-$.

Man nennt das Ion $[Fe(CN)_6]^{4-}$ ein *komplexes* Ion und das gelbe Blutlaugensalz
$K_4[Fe(CN)_6]$ ein *Komplexsalz*. Das Ion $Fe^{2+}$ heißt das *Zentralion* und die sechs mit
ihm in inniger Verbindung (und räumlich benachbart) stehenden $CN^-$-Ionen seine
*Koordinationspartner*. Die vier $K^+$-Ionen befinden sich in größerer Entfernung vom
Zentrum und heißen *Gegenionen* des Komplexions.

Die hier am Beispiel des gelben Blutlaugensalzes entwickelte Auffassung gilt
allgemein für den Aufbau der sehr zahlreichen Komplexsalze. Mit Ausnahme der
Alkali- und Erdalkalimetalle können fast alle Elemente als Zentralatome in
Komplexsalzen auftreten. Als Koordinationspartner erscheinen außer Ionen wie
$CN^-$, $F^-$, $Cl^-$ und $S^{2-}$ auch neutrale Moleküle wie $H_2O$ und $NH_3$.[1] Die Zahl der um
das Zentralatom gruppierten Koordinationspartner heißt *Koordinationszahl*. Besonders häufig sind die Koordinationszahlen 4 und 6, doch kommen auch die
Zahlen 2, 3 und 8 vor.

Statt der früher üblichen Namensgebung, die auf der Auffassung der Komplexsalze als Doppelsalze beruht, ist neuerdings eine andere getreten, die dem Verhalten
dieser Verbindungsklasse besser gerecht wird. In Tab. 17 sind am Beispiel einiger
wichtiger Komplexsalze beide Bezeichnungsweisen einander gegenübergestellt.

*Tabelle 17.*

| Komplexsalz | ältere Bezeichnung | neue Bezeichnung |
|---|---|---|
| $K_4[Fe(CN)_6]$ | Kaliumeisen(II)-cyanid | Kaliumhexacyanoferrat (II) |
| $K_3[Fe(CN)_6]$ | Kaliumeisen(III)-cyanid | Kaliumhexacyanoferrat (III) |
| $K[Ag(CN)_2]$ | Kaliumsilbercyanid | Kaliumdicyanoargentat |
| $K_2[PtCl_6]$ | Kaliumplatin(IV)-chlorid | Kaliumhexachloroplatinat (IV) |
| $K_2[SiF_6]$ | Kaliumsilicofluorid | Kaliumhexafluorosilikat |
| $Na_3[Co(NO_2)_6]$ | Natriumkobalt(III)-nitrit | Natriumhexanitrokobaltat (III) |
| $[Cu(NH_3)_4]SO_4$ | Kupfer(II)-sulfat (Ammoniakat) | Tetramminkupfer (II)-sulfat |
| $[Cr(H_2O)_6]Cl_3$ | Chrom(III)-chlorid (Hexahydrat) | Hexaaquochrom (III)-chlorid |

Als Grundlage der neuen Bezeichnungsweise dient also das Zentralatom des Komplexsalzes. Die Koordinationspartner und ihre Zahl (in griechischen Zahlwörtern)
stehen davor. Wo es erforderlich ist, setzt man hinter den Namen die stöchiometrische Wertigkeit des Zentralatoms.

Die Ladung eines Komplexions ist gleich der Summe der stöchiometrischen Wertigkeiten
von Zentralion und Koordinationspartnern, beide mit richtigem Vorzeichen genommen. Im
gelben Blutlaugensalz $K_4[Fe(CN)_6]$ hat das Eisen die stöchiometrische Wertigkeit $+2$, jede
CN-Gruppe die stöchiometrische Wertigkeit $-1$; der Ladungswert des Komplexions ist daher
$+2 - 6 = -4$. Im roten Blutlaugensalz $K_3[Fe(CN)_6]$ hat dagegen das Eisen die stöchiometrische Wertigkeit $+3$, und die Ladung des Komplexions ist $+3 - 6 = -3$. Sind die Koordinationspartner neutrale Moleküle wie $H_2O$ oder $NH_3$, so setzt man ihre stöchiometrische Wertigkeit gleich Null; die Ladung des Komplexions ist dann einfach gleich der Ladung des Zen-

---

[1] Die Moleküle $H_2O$ und $NH_3$ erhalten als Koordinationspartner in Komplexsalzen die
Bezeichnungen aquo bzw. ammin (s. Tab. 17).

tralions. So haben wir in dem tiefblauen Salz $[Cu(NH_3)_4]SO_4$ das Komplexion $[Cu(NH_3)_4]^{2+}$ und in dem violetten Salz $[Cr(H_2O)_6]Cl_3$ das Komplexion $[Cr(H_2O)_6]^{33+}$.

Auch die früher behandelten Sauerstoffsäuren und ihre Salze gehören zu den Komplexverbindungen. Als Beispiel diene das normale Kaliumsulfat $K_2SO_4$. Es ist aufgebaut aus den Ionen $K^+$ und $SO_4^{2-}$ und zerfällt beim Lösen in Wasser in drei Ionen:

$$K_2SO_4 \rightarrow 2\,K^+ + SO_4^{2-}.$$

Die richtige Formulierung und Bezeichnung ist demnach

$$K_2[SO_4] = Kalium\ (tetraoxo)sulfat,$$

und nicht nach Art eines Doppeloxyds

$$K_2O \cdot SO_3 = Kaliumoxyd\text{-}Schwefel(VI)\text{-}oxyd.$$

Früher wurden die Sauerstoffsäuren und ihre Salze als zusammengesetzte Oxyde aufgefaßt. Erst nachdem man durch die Entwicklung der Elektrochemie Einblick in den Ionenzerfall gewonnen hatte, setzte sich die heute übliche Auffassung durch. Man beachte, daß sich die neue Bezeichnung der Komplexsalze an die der Salze von Sauerstoffsäuren anschließt.

# VI. Oxydations- und Reduktionsvorgänge.

## 1. Wasserstoffsuperoxyd, Peroxyde und Peroxysäuren.

Einen besonderen Verbindungstyp bildet eine Reihe von Stoffen, die sich vom *Wasserstoffsuperoxyd* (abgekürzt Wasserstoffperoxyd oder Hydroperoxyd) ableiten. Das Wasserstoffperoxyd $H_2O_2$ besteht aus Molekülen, denen die Strukturformel $H-O-O-H$ zugeschrieben wird.

*Peroxyde* sind salzartige Verbindungen, die man sich aus dem Wasserstoffperoxyd durch Ersatz seines Wasserstoffs durch Metalle entstanden denken kann, z. B. Natriumperoxyd $Na_2O_2$ und Bariumperoxyd $BaO_2$. Peroxyde liefern mit eiskalten verdünnten Säuren Lösungen, die Wasserstoffperoxyd enthalten, z. B.:

$$Na_2O_2 + 2\,HCl \rightarrow 2\,NaCl + H_2O_2,$$

$$BaO_2 + H_2SO_4 \rightarrow BaSO_4 + H_2O_2.$$

Da das Bariumperoxyd aus Bariumoxyd und Luftsauerstoff leicht zu erhalten ist, dient die zweite Reaktion zur technischen Gewinnung von Wasserstoffperoxyd. Durch diese Art der Umsetzung sind die Peroxyde scharf zu unterscheiden von den stöchiometrisch gleich zusammengesetzten Dioxyden, z. B. Mangan(IV)-oxyd $MnO_2$ und Blei(IV)-oxyd $PbO_2$, die mit verdünnten Säuren gar nicht und mit konzentrierten Säuren ganz anders reagieren[1]. In den beiden Dioxyden haben die Metalle Mn und Pb die stöchiometrische Wertigkeit $+4$. In den Peroxyden $Na_2O_2$ und $BaO_2$ treten dagegen die Metalle Na und Ba mit ihren normalen stöchiometrischen Wertigkeiten $+1$ bzw. $+2$ auf. Als Verbindungspartner steht ihnen die Gruppierung $O_2$ mit der stöchiometrischen Wertigkeit $-2$ gegenüber.

Außer den salzartigen Peroxyden gibt es Derivate des Wasserstoffperoxyds mit Säureeigenschaften. Die bekanntesten Beispiele sind Peroxydischwefelsäure $H_2S_2O_8$ und Peroxymonoschwefelsäure (CAROsche Säure[2]) $H_2SO_5$, deren Beziehung zum

---

[1] Das braune Blei (IV)-oxyd (Bleidioxyd) $PbO_2$ wird gelegentlich fälschlich als Bleisuperoxyd bezeichnet.

[2] HEINRICH CARO (1834—1910), führender Farbstoffchemiker in der Badischen Anilin- und Sodafabrik.

Wasserstoffperoxyd man durch die Formulierungen:

$$HOO_2S{-}O{-}O{-}SO_2OH \quad \text{und} \quad HOO_2S{-}O{-}O{-}H$$

Peroxydischwefelsäure $\qquad\qquad$ Peroxymonoschwefelsäure
$\qquad\qquad\qquad\qquad\qquad\qquad$ (CAROsche Säure)

zum Ausdruck bringt. Beide Persäuren und ihre Salze liefern bei der Einwirkung von starker Schwefelsäure durch Hydrolyse Wasserstoffperoxyd. Die Hydrolyse der Peroxydischwefelsäure verläuft über die Stufe der CAROschen Säure:

$$H_2S_2O_8 + H_2O \rightleftarrows H_2SO_4 + H_2SO_5,$$
$$H_2SO_5 + H_2O \rightleftarrows H_2SO_4 + H_2O_2.$$

Auch diese Reaktion benutzt man zur technischen Herstellung von Wasserstoffperoxyd[1]. Vom Wasserstoffperoxyd leitet sich auch das praktisch wichtige Natriumperborat ab, das einen Bestandteil moderner Wasch- und Bleichmittel bildet (Persil).

Keine Beziehung zum Wasserstoffperoxyd haben die häufig als Perchlorsäure bezeichnete Überchlorsäure $HClO_4$, ihre Salze die Perchlorate und die Permanganate. Um Mißverständnisse auszuschalten, hat man für die echten Persäuren, die sich vom Wasserstoffperoxyd ableiten, die Bezeichnung *Peroxysäuren* vorgeschlagen.

## 2. Oxydationsmittel.

**Oxydation in wäßriger Lösung.** Wasserstoffperoxyd, Peroxyde und Peroxysäuren sind *Oxydationsmittel*. Zum Nachweis von Oxydationsmitteln in wäßriger Lösung verwendet man häufig angesäuerte Kaliumjodidlösung, die z. B. mit Wasserstoffperoxyd folgendermaßen reagiert:

$$H_2O_2 + 2\,HJ \rightarrow 2\,H_2O + J_2.$$

Das Wasserstoffperoxyd oxydiert also den Jodwasserstoff zu elementarem Jod, das sich durch Braunfärbung der Lösung oder, besonders empfindlich, durch Blaufärbung zugesetzter Stärkelösung zu erkennen gibt. (Nachweis von Oxydationsmitteln durch Jodkaliumstärkepapier.) In Tab. 18 sind einige Oxydationsmittel zusammengestellt, die in wäßriger Lösung mit angesäuerter Kaliumjodidlösung unter Jodausscheidung reagieren.

Entsprechend den früheren grundsätzlichen Erörterungen über Oxydationsvorgänge erfolgt bei ihnen eine Abnahme der stöchiometrischen Wertigkeit des Oxydationsmittels (s. S. 207), wie es in den Gleichungen der zweiten Spalte angedeutet ist.

Die Wirkung der sauerstoffhaltigen Oxydationsmittel kann man als eine Übertragung von Sauerstoff auffassen. Bedenkt man, daß die Oxydation des Jodwasserstoffs schematisch durch die Gleichung:

$$2\,HJ + O \rightarrow H_2O + J_2$$

dargestellt werden kann, so macht es keine Schwierigkeit, die vollständige Reaktionsgleichung für jedes in Tab. 18 aufgeführte sauerstoffhaltige Oxydationsmittel abzuleiten. So ist ohne weiteres klar, daß 2 Formelgewichte Kaliumpermanganat 10 Formelgewichte Jodwasserstoff oxydieren. Arbeitet man in salzsaurer Lösung, so gelangt man zu folgender Reaktionsgleichung:

$$2\,KMnO_4 + 10\,HJ + 6\,HCl \rightarrow 2\,KCl + 2\,MnCl_2 + 8\,H_2O + 5\,J_2$$

---

[1] Die als Ausgangsmaterial dienende Peroxydischwefelsäure bzw. Kaliumperoxydisulfat gewinnt man durch Elektrolyse starker Schwefelsäure bzw. konzentrierter Lösungen von Kaliumsulfat unter Anwendung hoher Stromdichte, d. h. hoher Stromstärke bei verhältnismäßig kleiner Anodenoberfläche.

Tabelle 18.

| Oxydationsmittel | Schematische Formulierung [1] der Oxydationswirkung | Oxydations- äquivalente pro Formelgewicht |
|---|---|---|
| Wasserstoffperoxyd $H_2O_2$ | $\overset{-I}{H_2O_2} \rightarrow \overset{-II}{H_2O} + O$ | 2 |
| Kaliumpermanganat $KMnO_4$ | $\overset{+VII}{Mn_2O_7} \rightarrow 2\overset{+II}{MnO} + 5\,O$ | 5 |
| Kaliumdichromat $K_2Cr_2O_7$ | $2\overset{+VI}{CrO_3} \rightarrow \overset{+III}{Cr_2O_3} + 3\,O$ | 6 |
| Kaliumchlorat $KClO_3$ | $\overset{+V}{HClO_3} \rightarrow \overset{-I}{HCl} + 3\,O$ | 6 |
| Kaliumbromat $KBrO_3$ | $\overset{+V}{HBrO_3} \rightarrow \overset{-I}{HBr} + 3\,O$ | 6 |
| Kaliumjodat $KJO_3$ | $\overset{+V}{HJO_3} \rightarrow \overset{-I}{HJ} + 3\,O$ | 6 |
| Natriumhypochlorit $NaClO$ | $\overset{+I}{HClO} \rightarrow \overset{-I}{HCl} + O$ | 2 |
| Natriumnitrit $NaNO_2$ | $\overset{+III}{N_2O_3} \rightarrow 2\overset{+II}{NO} + O$ | 1 |
| Chlorwasser $Cl_2$ | $\overset{0}{Cl_2} + 2\,\ominus \rightarrow 2\overset{-I}{Cl^-}$ | 2 |
| Bromwasser $Br_2$ | $\overset{0}{Br_2} + 2\,\ominus \rightarrow 2\overset{-I}{Br^-}$ | 2 |
| Eisen(III)-salze $Fe^{3+}$ | $\overset{+III}{Fe^{3+}} + \ominus \rightarrow \overset{+II}{Fe^{2+}}$ | 1 |

oder, wenn man nur die an der Reaktion beteiligten Ionen berücksichtigt:

$$2\,MnO_4^- + 16\,H^+ + 10\,J^- \rightarrow 2\,Mn^{2+} + 8\,H_2O + 5\,J_2\,.$$

Die Wirkung eines sauerstofffreien Oxydationsmittels formuliert man am einfachsten als Elektronenaustausch, z. B.:

$$Cl_2 + 2\,J^- \rightarrow 2\,Cl^- + J_2\,,$$
$$2\,Fe^{3+} + 2\,J^- \rightarrow 2\,Fe^{2+} + J_2\,.$$

Da das ausgeschiedene Jod quantitativ sehr genau erfaßt werden kann, benutzt man die Reaktion zur quantitativen Bestimmung von Oxydationsmitteln (*Jodometrie*).

**Stärke der Oxydationsmittel.** Die Wirksamkeit eines Oxydationsmittels oder seine Stärke[2] ist weitgehend von den Bedingungen (Konzentrationsverhältnisse, Säuregrad) abhängig, unter denen es zur Anwendung gelangt. Unter vergleichbaren Bedingungen wirkt häufig eine sauerstoffärmere Verbindung kräftiger oxydierend als eine sauerstoffreichere. So wirkt z. B. verdünnte Salpetersäure $HNO_3$ nur langsam auf Kaliumjodidlösung, die sauerstoffärmere salpetrige Säure $HNO_2$ scheidet dagegen sofort quantitativ Jod aus:

$$2\,HNO_2 + 2\,HJ \rightarrow 2\,H_2O + 2\,NO + J_2\,.$$

Ebenso erweist sich die oxydierende Wirkung der Sauerstoffsäuren des Chlors in verdünnter Lösung um so stärker, je geringer ihr Sauerstoffgehalt ist: unterchlorige

---

[1] Die Formulierung soll nur die Zahl der pro Formelgewicht des Oxydationsmittels gelieferten Äquivalente Sauerstoff veranschaulichen. Zur Vereinfachung sind in einigen Fällen die Säureanhydride eingesetzt.

[2] Man kann Oxydations- Reduktionsvorgänge durch geeignete Anordnung in galvanischen Elementen zur Gewinnung elektrischer Energie benutzen. Durch Messung der Spannung solcher Elemente gewinnt man einen zahlenmäßigen Ausdruck für die Stärke von Oxydations- und Reduktionsmitteln. Das Verfahren beruht auf einem ähnlichen Prinzip wie das der elektrischen $p_H$-Messung (vgl. S. 221).

Säure HClO ist ein stärkeres Oxydationsmittel als Chlorsäure $HClO_3$ und Überchlorsäure $HClO_4$ zeigt kaum noch oxydierende Eigenschaften. Diese Erscheinung beruht auf der größeren Stabilität der sauerstoffreichen Säuren (Bevorzugung höherer Koordinationszahlen).

Salpetersäure $HNO_3$ und Schwefelsäure $H_2SO_4$ entfalten im allgemeinen nur in konzentrierten Lösungen oder in wasserfreier Form oxydierende Eigenschaften. Beispiele dafür haben wir bei der Einwirkung dieser Säuren auf Metalle kennengelernt (vgl. S. 210). Für den analytischen Nachweis der Salpetersäure wichtig ist ihre oxydierende Wirkung auf Eisen(II)-salze, die dabei in Eisen(III)-salze übergehen:

$$HNO_3 + 3\,Fe^{2+} + 3\,H^+ \rightarrow 3\,Fe^{3+} + NO + 2\,H_2O.$$

Das entstehende Stickoxyd NO löst sich in überschüssiger Eisen(II)-salzlösung unter Bildung einer tiefbraun gefärbten Additionsverbindung[1].

**Oxydationen mit molekularem Sauerstoff.** Wie bereits bei der Besprechung der Verbrennungserscheinungen (s. S. 189) betont wurde, ist der molekulare Sauerstoff $O_2$ bei gewöhnlicher Temperatur ein außerordentlich träges Oxydationsmittel. Um ihn für Oxydationszwecke nutzbar zu machen, bedient man sich entweder der Temperaturerhöhung (Entzündungstemperatur), oder man beschleunigt seine Wirkung durch Verwendung geeigneter Katalysatoren oder Kontaktsubstanzen[2]. Als besonders wirksame Katalysatoren für diesen Zweck haben sich Oxyde des Vanadins erwiesen, die z. B. bei der Gewinnung von Kontaktschwefelsäure:

$$2\,SO_2 + O_2 \rightarrow 2\,SO_3,$$

sowie bei Oxydationsprozessen mit molekularem Sauerstoff in der organischen Chemie Verwendung finden[3].

Im Gegensatz zu der reaktionsträgen Form $O_2$ ist der Sauerstoff in Gestalt des Ozons[4] $O_3$ bei gewöhnlicher Temperatur ein kräftiges Oxydationsmittel.

### 3. Reduktionsmittel.

**Reduktion in wäßriger Lösung.** Mit jeder Oxydation ist zwangsläufig eine Reduktion gekoppelt. So erscheint bei der Oxydation des Jodwasserstoffs dieser Stoff als *Reduktionsmittel*. Außer Jodwasserstoff reduziert eine ganze Reihe von Stoffen in saurer Lösung Kaliumpermanganat zu Mangan(II)-salz. Tab. 19 gibt einige Beispiele für solche Reduktionsmittel.

Man kann die unter Zunahme der stöchiometrischen Wertigkeit erfolgende Wirkung der Reduktionsmittel als eine Aufnahme von Sauerstoff oder eine Abgabe von Elektronen auffassen. Mit Hilfe von Spalte 2 der Tab. 19 gelangt man wieder sehr einfach zur Formulierung der Reaktionsgleichungen. Als Beispiel diene die Reduktion von Kaliumpermanganat durch Schwefeldioxyd $SO_2$, das dabei auf die

---

[1] Praktisch gestaltet sich der Nachweis von Salpetersäure so, daß man die zu prüfende Lösung mit verdünnter Schwefelsäure ansäuert und mit konzentrierter Eisen(II)-sulfatlösung mischt; darauf unterschichtet man vorsichtig mit konzentrierter Schwefelsäure. Bei Gegenwart von Salpetersäure bildet sich an der Berührungsstelle beider Schichten eine braune Zone.

[2] Der Ausdruck „Kontaktsubstanz" entspricht der Vorstellung, daß die reagierenden Stoffe durch bloße Berührung (Kontakt) mit dem Katalysator aktiviert werden. In Wahrheit greift jeder Katalysator in irgendeiner Weise in die Reaktion ein, auch wenn er zum Schluß unverändert erscheint.

[3] Vgl. die Oxydation des Naphthalins zu Phthalsäure und die Oxydation des Anthracens zu Anthrachinon. Org. Chem. S. 313 u. 318.

[4] gr. ὄζειν (ozein) = duften, riechen; Ozon ist selbst in Spuren durch seinen intensiven chlorähnlichen Geruch wahrnehmbar.

*Tabelle 19.*

| Reduktionsmittel | | Schematische Formulierung der Reduktionswirkung | Reduktions-äquivalente pro Formelgewicht |
|---|---|---|---|
| Jodwasserstoff | HJ | $\overset{-I}{2\,HJ} + O \rightarrow H_2O + \overset{0}{J_2}$ | 1 |
| Wasserstoffperoxyd | $H_2O_2$ | $\overset{-I}{H_2O_2} + O \rightarrow H_2O + \overset{0}{O_2}$ | 2 |
| Natriumnitrit | $NaNO_2$ | $\overset{+III}{HNO_2} + O \rightarrow \overset{+V}{HNO_3}$ | 2 |
| Schwefeldioxyd | $SO_2$ | $\overset{+IV}{SO_2} + O \rightarrow \overset{+VI}{SO_3}$ | 2 |
| Arsenik | $As_2O_3$ | $\overset{+III}{As_2O_3} + 2\,O \rightarrow \overset{+V}{As_2O_5}$ | 4 |
| Eisen(II)-salze | $Fe^{2+}$ | $\overset{+II}{Fe^{2+}} \rightarrow \overset{+III}{Fe^{3+}} + \ominus$ | 1 |
| Zinn(II)-salze | $Sn^{2+}$ | $\overset{+II}{Sn^{2+}} \rightarrow \overset{+IV}{Sn^{4+}} + 2\,\ominus$ | 2 |

Stufe der Schwefelsäure oxydiert wird[1]:

$$5\,SO_2 + 2\,KMnO_4 + 2\,H_2O \rightarrow 2\,H_2SO_4 + K_2SO_4 + 2\,MnSO_4$$

oder, wenn man nur die beteiligten Ionen berücksichtigt:

$$5\,SO_2 + 2\,MnO_4^- + 2\,H_2O \rightarrow 5\,SO_4^{2-} + 2\,Mn^{2+} + 4\,H^+.$$

Entsprechend findet man für die Oxydation von Eisen(II)-salz zu Eisen(III)-salz durch Kaliumpermanganat die Gleichung:

$$5\,Fe^{2+} + MnO_4^- + 8\,H^+ \rightarrow 5\,Fe^{3+} + Mn^{2+} + 4\,H_2O.$$

Da bei der Reduktion des Kaliumpermanganats die tiefvioletten $MnO_4^-$-Ionen in die schwach rosafarbigen $Mn^{2+}$-Ionen übergehen, die in verdünnter Lösung praktisch farblos erscheinen, kann man mit einer Permanganatlösung Reduktionsmittel qualitativ erkennen und bei Benutzung einer Permanganatlösung bekannten Gehalts quantitativ bestimmen (*Oxydimetrie*). Nicht ohne weiteres anwendbar ist das Verfahren, wenn gefärbte Reaktionsprodukte entstehen, z. B. braunes Jod bei der Oxydation des Jodwasserstoffs oder gelbe $Fe^{3+}$-Ionen bei der Oxydation von Eisen(II)-salzen.

Für die Wirksamkeit eines Reduktionsmittels kommt es wieder wesentlich auf die Bedingungen an, unter denen es zur Anwendung gelangt.

**Reduktionen mit molekularem Wasserstoff (Hydrierung).** Der molekulare Wasserstoff $H_2$ ist normalerweise ein sehr träges Reduktionsmittel. Man beschleunigt seine Wirkung bei den technisch so außerordentlich wichtigen *Hydrierungsprozessen* durch Temperaturerhöhung und Verwendung geeigneter Katalysatoren. Tab. 20 enthält einige dieser Hydrierungsprozesse und die Bedingungen bei ihrer technischen Durchführung.

**Nascierender Wasserstoff.** Eine für manche Reduktions- bzw. Hydrierungsvorgänge besonders wirksame Form des Wasserstoffs ist der sogenannte *nascierende Wasserstoff*[2]. Er bildet sich vorübergehend bei der Elektrolyse saurer oder alkalischer Lösungen an der Kathode. Auch bei der Einwirkung von unedlen Metallen wie Zink auf verdünnte Säuren und

---

[1] Die Reaktion verläuft nicht ganz einheitlich; neben Schwefelsäure entstehen wechselnde Mengen Dithionsäure. Sie eignet sich daher nicht zur oxydimetrischen Bestimmung von Schwefeldioxyd (schweflige Säure).

[2] Nascierender Wasserstoff oder Wasserstoff in statu nascendi (im Augenblick der Entstehung) ist eine kurzlebige Vorstufe des gewöhnlichen molekularen Wasserstoffs, die chemisch sehr aktiv ist. Formelmäßig läßt sich diese Vorstufe nicht wiedergeben.

*Tabelle 20.*

| Prozeß | Chemischer Vorgang | Bedingungen | | |
|---|---|---|---|---|
| | | Temperatur | Druck | Katalysator |
| Ammoniak-synthese | $N_2 + 3\,H_2 \to 2\,NH_3$ | 500° | 200 at | Eisen + Al-oxyd |
| Methanol-synthese | $CO + 2\,H_2 \to CH_3OH$ | 300—400° | 200 at | Zn-oxyd + Cr-oxyd |
| Fetthärtung | Flüssige Fette $+ H_2 \to$ Feste Fette | 100—200° | 5 at | Nickel |
| Kohlen-hydrierung | Schweröle $+ H_2 \to$ Benzin | 400° | 20—300 at | Wolfram- und Molybdänsulfide |

von Natrium bzw. Natriumamalgam auf Wasser (oder Alkohol) entsteht nascierender Wasserstoff. Der nascierende Wasserstoff findet für Reduktions- bzw. Hydrierungszwecke in der anorganischen und organischen Chemie häufig Verwendung. Er besitzt nur eine sehr kurze Lebensdauer und geht praktisch momentan in die gewöhnliche reaktionsträge Form $H_2$ über. Man muß daher die zu reduzierenden Stoffe unmittelbar an den Ort seiner Entstehung bringen. So entsteht z. B. aus Arsenverbindungen, die in verdünnter Schwefelsäure gelöst oder fein verteilt sind, beim Einbringen von metallischem Zink Arsenwasserstoff $AsH_3$, der sich beim Durchleiten durch ein erhitztes Rohr unter Bildung eines schwarzen Arsenspiegels zersetzt. Hierauf gründet sich ein hochempfindlicher Arsennachweis (Probe nach Berzelius-Marsh).

#### 4. Mittlere Oxydationsstufen. Disproportionierungen.

Es ist bemerkenswert, daß Wasserstoffperoxyd und Natriumnitrit (salpetrige Säure), die in Tab. 18 als Oxydationsmittel aufgeführt sind, in Tab. 19 als Reduktionsmittel erscheinen. Das wird verständlich, wenn man bedenkt, daß beide Stoffe Zwischenstufen darstellen. So steht das Wasserstoffperoxyd $H_2O_2$ in seiner Reduktionsstufe zwischen dem molekularen Sauerstoff $O_2$ und dem Wasser $H_2O$. Geht es unter Übertragung von Sauerstoff in Wasser über, so wirkt es oxydierend:

$$H_2O_2 \to H_2O + O \text{ (schematisch)}[1].$$

So oxydiert Wasserstoffperoxyd Bleisulfid zu Bleisulfat:

$$4\,H_2O_2 + PbS \to 4\,H_2O + PbSO_4,$$

Jodwasserstoff zu Jod:

$$H_2O_2 + 2\,HJ \to 2\,H_2O + J_2,$$

salpetrige Säure zu Salpetersäure:

$$H_2O_2 + HNO_2 \to H_2O + HNO_3.$$

Wasserstoffperoxyd wirkt reduzierend (hydrierend), wenn es unter Übertragung von Wasserstoff in molekularen Sauerstoff übergeht:

$$H_2O_2 \to O_2 + 2\,H \text{ (schematisch)}.$$

So reduziert Wasserstoffperoxyd Silberoxyd zu Silber:

$$H_2O_2 + Ag_2O \to 2\,Ag + H_2O + O_2,$$

Chlorkalk zu Calciumchlorid:

$$H_2O_2 + Ca(OCl)Cl \to CaCl_2 + H_2O + O_2,$$

Permanganat zu Mangan(II)-salz:

$$5\,H_2O_2 + 2\,MnO_4^- + 6\,H^+ \to 2\,Mn^{2+} + 5\,H_2O + 5\,O_2.$$

---

[1] Vgl. S. 229, Anm. 1.

Es kann auch ein Molekül Wasserstoffperoxyd hydrierend auf ein zweites wirken. Man hat dann nacheinander zwei Teilvorgänge:

$$H_2O_2 \rightarrow O_2 + 2H$$
$$2H + H_2O_2 \rightarrow 2H_2O$$

Gesamtvorgang: $2H_2O_2 \rightarrow 2H_2O + O_2$.

Als Gesamtvorgang erscheint die durch viele Katalysatoren (Braunstein, fein verteiltes Platin u. a.) besonders bei Gegenwart von Alkali und im Licht stattfindende Selbstzersetzung des Wasserstoffperoxyds in Wasser und molekularen Sauerstoff. Man kann sie durch Säuren und gewisse organische Stoffe (Harnstoff, Antifebrin) verhindern und so das Wasserstoffperoxyd stabilisieren. Da nach der Reaktion der vorher gleichmäßig auf zwei Moleküle $H_2O_2$ verteilte Wasserstoff ungleichmäßig verteilt ist, nennt man den Vorgang eine *Disproportionierung*.

Im folgenden seien noch einige Beispiele für den häufigen Vorgang der Disproportionierung von Stoffen mittlerer Oxydationsstufe angeführt, die auch praktisch wichtig sind.

Übergang von Kaliumhypochlorit $KClO$ in Kaliumchlorid $KCl$ und Kaliumchlorat $KClO_3$ (in Lösung und in der Wärme):

$$3KClO \rightarrow 2KCl + KClO_3,$$

Bildung von Kaliumperchlorat $KClO_4$ und Kaliumchlorid $KCl$ aus Kaliumchlorat $KClO_3$ beim Erhitzen des reinen Salzes (ohne Katalysator):

$$4KClO_3 \rightarrow KCl + 3KClO_4,$$

Bildung von Salpetersäure $HNO_3$ und Stickoxyd $NO$ beim Einleiten von Stickstoffdioxyd $NO_2$ in Wasser:

$$3NO_2 + H_2O \rightarrow 2HNO_3 + NO.$$

# B. Organische Chemie.

## I. Einleitung.

**Das Gebiet der organischen Chemie.** Die *organische Chemie* behandelt die Verbindungen des Elements Kohlenstoff. Man bezeichnet die Kohlenstoffverbindungen als *organische Verbindungen*, weil die meisten Stoffe, welche von den pflanzlichen und tierischen Organismen gebildet werden, das Element Kohlenstoff enthalten. Als Beispiele seien genannt: Zucker, Stärke, Cellulose, Fette, Eiweißstoffe, Pflanzensäuren, ätherische Öle, Duftstoffe, pflanzliche und tierische Farbstoffe, Alkaloide und viele andere. Anfangs glaubte man, daß nur der lebende Organismus imstande sei, solche Stoffe zu erzeugen. Im Jahre 1824 gelang es jedoch WÖHLER[1], die in vielen Pflanzen vorkommende Oxalsäure und vier Jahre später das tierische Stoffwechselprodukt Harnstoff aus anorganischen Stoffen zu bereiten. Seitdem sind zahlreiche Stoffe des Tier- und Pflanzenreichs künstlich hergestellt und teilweise aus den Elementen aufgebaut worden. Nicht minder groß ist die Zahl der im Laufe der Zeit im Laboratorium des Chemikers gewonnenen Stoffe, die zwar in der Natur nicht vorkommen, aber als Verbindungen des Elements Kohlenstoff ebenfalls in das Gebiet

---

[1] FRIEDRICH WÖHLER (1800—1882), Prof. der Chemie in Göttingen, Schüler von BERZELIUS. Er war in enger Freundschaft mit LIEBIG verbunden. Sie führten beide in jungen Jahren einige wichtige gemeinsame Arbeiten auf dem Gebiet der organischen Chemie aus. Später wandte sich WÖHLER der anorganischen Chemie zu. Wir verdanken ihm u. a. die erstmalige Darstellung von Aluminium, Beryllium und Calciumcarbid.

der *organischen Chemie* gehören. Die gesonderte Behandlung der Kohlenstoffverbindungen ist beibehalten worden, weil sie gegenüber den anorganischen oder
mineralischen Stoffen durch besondere Eigenschaften ausgezeichnet sind. Die Erforschung der organischen Stoffe stellt vielfach andere Probleme und erfordert
andere Methoden als die Erforschung der anorganischen Stoffe. Hinzu kommt, daß
die Zahl der Kohlenstoffverbindungen außerordentlich groß ist; sie ist größer als die
aller übrigen Elemente zusammen, obgleich außer dem Element Kohlenstoff nur
wenige andere Elemente an dem Aufbau organischer Verbindungen beteiligt sind.
Diese enthalten außer Kohlenstoff fast stets Wasserstoff; ferner können Sauerstoff,
Stickstoff, Halogene, Schwefel und Phosphor als Bestandteile organischer Verbindungen auftreten. Andere Elemente sind nur in Ausnahmefällen zugegen. So
enthält z. B. der Blutfarbstoff Hämoglobin das Element Eisen und der Blattfarbstoff
Chlorophyll das Element Magnesium.

**Elementaranalyse.** Organische Verbindungen sind meist bei höheren Temperaturen (500—600° C) wenig beständig; die Mehrzahl zersetzt sich unter teilweiser
Verkohlung. Sorgt man für genügenden Luftzutritt, so verbrennen die meisten
organischen Stoffe bei genügend hoher Temperatur; ihr Kohlenstoff wird zu Kohlendioxyd, ihr Wasserstoff zu Wasser. Auf diesem Verhalten beruht der qualitative
Nachweis organischer Verbindungen und ihre quantitative Analyse. LIEBIG erkannte seinerzeit klar, daß ein erfolgreiches Eindringen in die organische Chemie
ohne ein allgemein anwendbares Verfahren der quantitativen Analyse unmöglich
sei. Er schuf ein solches Verfahren im Jahre 1830 zunächst für die Bestimmung der
Elemente Kohlenstoff und Wasserstoff. Im Prinzip besteht die heute noch geübte
*LIEBIGsche Elementaranalyse* darin, daß eine abgewogene Substanzmenge mit oxydierenden Stoffen (Kupferoxyd, Bleichromat) gemischt und bei 500—600° im Sauer-
stoffstrom verbrannt wird. Die Verbrennungsprodukte Kohlendioxyd und Wasser
werden in zwei Röhrchen, die mit Chlorcalcium bzw. Natronkalk beschickt sind,
gesondert absorbiert und ihre Menge durch Wägung bestimmt. Man erhält auf diese
Weise den Prozentgehalt des Stoffes an Kohlenstoff und Wasserstoff. Viele organische Verbindungen enthalten außer Kohlenstoff und Wasserstoff nur Sauerstoff,
dessen Prozentgehalt sich dann aus der Differenz gegen Hundert ergibt. Eine leichte
Umrechnung führt von den Prozentzahlen zu dem Atomverhältnis und damit zur
stöchiometrischen Zusammensetzung. Das LIEBIGsche Verfahren benötigt für eine
Analyse etwa 200 mg Substanz. Es ist neuerdings zur Erforschung wertvoller
Naturstoffe, die nur in sehr kleinen Mengen verfügbar sind, so abgeändert worden,
daß 2—5 mg Substanz für eine Analyse hinreichen. Auch für den qualitativen
Nachweis und die quantitative Bestimmung anderer Elemente (Stickstoff, Halogene,
Schwefel, Phosphor) in organischen Verbindungen gibt es allgemein anwendbare
Verfahren.

**Molekulargewicht und Bruttoformel.** Wie in der Anorganischen Chemie gezeigt
wurde, bilden viele anorganischen Stoffe (Salze, Metalloxyde, Silikate) keine Moleküle in Gestalt scharf abgegrenzter Atomverbände. Im Gegensatz dazu bestehen die
meisten Verbindungen der organischen Chemie aus Molekülen als Grundbausteinen.
Gerade das Studium der organischen Verbindungen hat zur Einführung des Molekülbegriffs in die Chemie geführt und ihre Erforschung bedeutet im wesentlichen eine
Erforschung ihrer Moleküle. Es bildet daher zunächst die Molekulargewichtsbestimmung organischer Verbindungen eine notwendige Ergänzung zu der durch die
Elementaranalyse ermittelten stöchiometrischen Zusammensetzung. Sie läßt sich
nach den in der Anorganischen Chemie geschilderten Methoden (Gasdichtemessung,
Gefrierpunktserniedrigung, Siedepunktserhöhung) durchführen. Folgende kleine
Übersicht möge die Zusammenhänge an dem Beispiel der bekannten Verbindungen

Acetylen und Benzol verdeutlichen, die beide nur die Elemente Kohlenstoff und Wasserstoff enthalten:

| Ver-bindung | Prozentgehalt (Elementaranalyse) | Atom-verhältnis | Stöchiometrische Zusammensetzung | Molekular-gewicht (Gas-dichte) | Molekular-formel (Brutto-formel) |
|---|---|---|---|---|---|
| Acetylen | 92,26% C; 7,74% H | C : H = 1 : 1 | CH | 26 | $C_2H_2$ |
| Benzol | 92,26% C; 7,74% H | C : H = 1 : 1 | CH | 78 | $C_6H_6$. |

Acetylen und Benzol haben die gleiche stöchiometrische Zusammensetzung CH, aber das Acetylen besteht aus Molekülen $C_2H_2$, das Benzol dagegen aus Molekülen $C_6H_6$. Man nennt $C_2H_2$ die *Bruttoformel* des Acetylens und $C_6H_6$ die Bruttoformel des Benzols.

**Strukturformel. Abbau und Synthese.** Elementaranalyse und Molekulargewichtsbestimmung liefern die Bruttoformel einer organischen Verbindung, d. h. Zahl und Art der in ihrem Molekül vereinigten Atome. Das Hauptinteresse der organischen Chemie richtet sich nun weiterhin auf die Erforschung des inneren Aufbaus der Moleküle, der seinen Ausdruck in einer *Strukturformel* findet. Die Strukturformel vermittelt einen Einblick in die gegenseitige Verkettung der Atome im Molekül. Diese Verkettung wird bewirkt durch Elektronenpaare, die man abkürzend durch Valenzstriche symbolisiert. Außer dem Prinzip der Atomverkettung gilt als Postulat der Strukturchemie, daß in allen organischen Verbindungen das Kohlenstoffatom den konstanten Bindungswert 4 besitzt. Diese beiden Postulate bilden die Grundlage zur Erforschung der Molekülstruktur. Die konstante Vierwertigkeit des Kohlenstoffs im Sinne eines Bindungswerts schränkt die Zahl der möglichen organischen Verbindungen erheblich ein. Wir werden jedoch sehen, daß die Fähigkeit der Kohlenstoffatome, sich unter Bildung von offenen oder geschlossenen Ketten mit beträchtlicher Gliederzahl aneinander zu binden und die Erscheinung der *Isomerie* die Existenz einer sehr großen Zahl von Kohlenstoffverbindungen vorhersehen lassen.

Die Erforschung der Molekülstruktur ist besonders bei Verbindungen von komplizierter Zusammensetzung häufig eine schwierige Aufgabe. Man bedient sich dazu der Methode des *Abbaus* und der *Synthese*[1]. Beim Abbau tastet man zunächst die äußeren Bezirke des Moleküls mit geeigneten Reagenzien ab, um die An- oder Abwesenheit gewisser Atome bzw. Atomgruppen festzustellen und versucht weiterhin durch tiefere chemische Eingriffe Bruchstücke aus dem Gefüge des Moleküls herauszulösen, deren Aufbau bereits bekannt ist. Meist gelingt es dann, aus der Natur der gefundenen charakteristischen Gruppen und Spaltprodukte die Beziehungen von Atom zu Atom, welche im Inneren des Moleküls vorliegen und damit den Aufbau des Moleküls zu enthüllen. Kann man nunmehr umgekehrt kleinere Moleküle von bekanntem Aufbau in übersichtlicher Weise so zusammenfügen, daß eine Verbindung mit der durch den Aufbau erschlossenen Molekülstruktur entsteht und diese Verbindung erweist sich als identisch mit dem gegebenen Stoff, so ist seine Synthese geglückt und seine Struktur erwiesen. Abbau und Synthese ergänzen sich also bei der Erforschung der Molekülstruktur. Darüber hinaus ist die Synthese dazu berufen, der wissenschaftlichen Forschung und praktischen Anwendung immer neue Klassen organischer Verbindungen zu erschließen. Häufig genug sind praktisch wichtige Stoffe, die ursprünglich nur aus pflanzlichem oder tierischem Material zu gewinnen waren, später synthetisch hergestellt bzw. durch gleich- oder höherwertige synthetische Produkte ersetzt worden.

# II. Kohlenwasserstoffe und Halogenide. Einteilung der organischen Verbindungen nach funktionellen Gruppen.

**Paraffinkohlenwasserstoffe.** Auf Grund des Bindungswertes 4 für Kohlenstoff und des Bindungswertes 1 für Wasserstoff waren wir bereits in der Anorganischen Chemie

---

[1] gr. σύνθεσις (synthesis) = Zusammensetzung, Aufbau.

zu folgendem Strukturbild für das Molekül des Methans $CH_4$ gelangt:

$$H-\overset{\displaystyle H}{\underset{\displaystyle H}{\overset{|}{\underset{|}{C}}}}-H\,.$$

Außer dem Methan gibt es zahlreiche weitere Kohlenwasserstoffe, die man nach ihrer Zusammensetzung und ihren Eigenschaften in verschiedenen Reihen zusammenfassen kann. Eine dieser Reihen ist die mit dem Methan als Anfangsglied beginnende Reihe der Paraffinkohlenwasserstoffe:

$$CH_4,\ C_2H_6,\ C_3H_8,\ C_4H_{10},\ C_5H_{12},\ C_6H_{14},\ C_7H_{16},\ C_8H_{18},\ \ldots$$

Aus den Bruttoformeln dieser Kohlenwasserstoffe ist ersichtlich, daß sich jedes Glied der Reihe von seinen Nachbarn in der Zusammensetzung pro Molekül um ein Kohlenstoffatom und zwei Wasserstoffatome, d. h. um die Gruppe $CH_2$ unterscheidet. Man kann die Kohlenwasserstoffe der Paraffinreihe durch die allgemeine Bruttoformel $C_nH_{2n+2}$ darstellen.

Die Hauptquelle der Paraffine ist das pennsylvanische Erdöl, aus dem sie durch fraktionierte Destillation gewonnen werden. Als weitere Quelle ist neuerdings noch das Verfahren der Kohlehydrierung hinzugekommen. Chemisch verhalten sich die einzelnen Glieder der Paraffinreihe sehr ähnlich; sie sind reaktionsträge und insbesondere gegen den Angriff von Säuren sehr widerstandsfähig. Ihrer Reaktionsträgheit verdanken sie den Namen *Paraffine*[1]. Allgemein bezeichnet man eine Reihe chemisch ähnlicher Stoffe, von denen sich jeder von seinen Nachbarn in der Zusammensetzung um die Gruppe $CH_2$ unterscheidet, als *homologe Reihe*[2]. Über die Namensgebung und die physikalischen Eigenschaften der Paraffine bis zum Gliede $C_{16}H_{34}$ unterrichtet Tab. 21.

Tabelle 21. *Normale Paraffine* $C_nH_{2n+2}$.

| Bruttoformel | Name | Schmp. °C | Sdp. °C | Bruttoformel | Name | Schmp. °C | Sdp. °C |
|---|---|---|---|---|---|---|---|
| $CH_4$ | Methan | —183 | —164 | $C_9H_{20}$ | Nonan | —51 | +150 |
| $C_2H_6$ | Äthan | —184 | — 89 | $C_{10}H_{22}$ | Decan | —30 | +174 |
| $C_3H_8$ | Propan | —187 | — 42 | $C_{11}H_{24}$ | Undecan | —26 | +196 |
| $C_4H_{10}$ | Butan | —135 | 0 | $C_{12}H_{26}$ | Dodecan | —10 | +214 |
| $C_5H_{12}$ | Pentan | —130 | + 36 | $C_{13}H_{28}$ | Tridecan | — 6 | +234 |
| $C_6H_{14}$ | Hexan | — 95 | + 69 | $C_{14}H_{30}$ | Tetradecan | + 5 | +253 |
| $C_7H_{16}$ | Heptan | — 91 | + 98 | $C_{15}H_{32}$ | Pentadecan | +10 | +271 |
| $C_8H_{18}$ | Octan | — 57 | +125 | $C_{16}H_{34}$ | Hexadecan | +20 | +288 |

Die Namen der Paraffinkohlenwasserstoffe sind vom fünften Gliede an nach den griechischen Zahlwörtern gebildet, welche die Zahl der Kohlenstoffatome pro Molekül ausdrücken[3].

Wie die Tab. 21 zeigt, steigen die Schmelzpunkte und Siedepunkte der Paraffine mit wachsender Molekülgröße. Die ersten vier Glieder der Reihe sind bei gewöhnlicher Temperatur gasförmig; sie dienen vorwiegend als Heizgase. Das Methan bildet neben Wasserstoff und

---

[1] lat. parum affinis = wenig Verwandtschaft, d. h. geringe Neigung zur Bildung anderer Verbindungen.

[2] gr. ὁμόλογος (homologos) = übereinstimmend.

[3] Über griechische Zahlwörter vgl. Anorg. Chem. S. 200, Anm. 1.

Die Namen der ersten vier Paraffine leiten sich folgendermaßen ab: Methan von Methylalkohol, Äthan von Äther, Propan von Propionsäure und Butan von Buttersäure; s. auch später.

Kohlenoxyd einen wesentlichen Bestandteil des Leuchtgases. Vom fünften Gliede an folgen Flüssigkeiten, die als Treib- und Lösungsmittel Verwendung finden (Benzin, Ligroïn, Paraffinöl). Die höheren mit dem Gliede $C_{16}H_{34}$ beginnenden Kohlenwasserstoffe sind feste Stoffe (Vaseline, Hartparaffin).

**Strukturformeln der Paraffine. Isomerie.** Die Strukturformeln der Paraffinkohlenwasserstoffe ergeben sich, wenn man dem Prinzip der Vierwertigkeit des Kohlenstoffatoms die Annahme hinzufügt, daß die Kohlenstoffatome befähigt sind, sich unter Bildung von Kohlenstoffketten aneinander zu binden:

| | Methan | Äthan | Propan | Butan |
|---|---|---|---|---|
| Bruttoformel: | $CH_4$ | $C_2H_6$ | $C_3H_8$ | $C_4H_{10}$ |

Strukturformel:

$$H-\overset{\overset{\displaystyle H}{|}}{\underset{\underset{\displaystyle H}{|}}{C}}-H \qquad H-\overset{\overset{\displaystyle H}{|}}{\underset{\underset{\displaystyle H}{|}}{C}}-\overset{\overset{\displaystyle H}{|}}{\underset{\underset{\displaystyle H}{|}}{C}}-H \qquad H-\overset{\overset{\displaystyle H}{|}}{\underset{\underset{\displaystyle H}{|}}{C}}-\overset{\overset{\displaystyle H}{|}}{\underset{\underset{\displaystyle H}{|}}{C}}-\overset{\overset{\displaystyle H}{|}}{\underset{\underset{\displaystyle H}{|}}{C}}-H \qquad H-\overset{\overset{\displaystyle H}{|}}{\underset{\underset{\displaystyle H}{|}}{C}}-\overset{\overset{\displaystyle H}{|}}{\underset{\underset{\displaystyle H}{|}}{C}}-\overset{\overset{\displaystyle H}{|}}{\underset{\underset{\displaystyle H}{|}}{C}}-\overset{\overset{\displaystyle H}{|}}{\underset{\underset{\displaystyle H}{|}}{C}}-H$$

abgekürzte Strukturformel: $H_3C-CH_3$  $CH_3-CH_2-CH_3$  $CH_3-CH_2-CH_2-CH_3$.

Formal kann man sich jedes Glied der Reihe aus dem vorhergehenden ableiten, indem man ein Wasserstoffatom durch die einwertige Gruppe $CH_3$ ersetzt. Erfolgt dieser Ersatz am Ende der Kohlenstoffkette, so gelangt man zu den *normalen* Kohlenwasserstoffen der Paraffinreihe mit einer unverzweigten Kette von Kohlenstoffatomen.

Beim Übergang vom Propan zum Butan lassen sich zwei Möglichkeiten voraussehen, je nachdem man den Anbau des vierten Kohlenstoffatoms an einem der beiden endständigen oder am mittelständigen Kohlenstoffatom des Propans vornimmt:

$$CH_3-CH_2-CH_2-CH_3 \qquad und \qquad CH_3-\overset{}{\underset{\underset{\displaystyle CH_3}{|}}{CH}}-CH_3.$$

n-Butan, Sdp. 0°    Iso-butan, Sdp. −12°

Danach wäre die Existenz von zwei verschiedenen Kohlenwasserstoffen $C_4H_{10}$ zu erwarten, deren Moleküle sich bei gleicher atomarer Zusammensetzung durch ihren inneren Aufbau unterscheiden. In der Tat gibt es zwei Butane, von denen das eine bei 0°, das andere bei −12° siedet. Durch eine Reihe geeigneter chemischer Umwandlungen kann man dem höher siedenden n-Butan eindeutig die Strukturformel mit der normalen unverzweigten Kohlenstoffkette und dem tiefer siedenden Isobutan die Strukturformel mit der verzweigten Kette zuweisen. Die hier am Beispiel der beiden Butane aufgezeigte Möglichkeit der Existenz verschiedener Stoffe mit Molekülen gleicher atomarer Zusammensetzung, aber verschiedenem inneren Aufbau, ist eine in der organischen Chemie weit verbreitete Erscheinung. Man nennt sie *Isomerie*[1] und spricht von isomeren Stoffen.

Vom Butan und Isobutan auf die geschilderte Art weiterbauend, gelangt man zu drei strukturisomeren Pentanen:

$$CH_3-CH_2-CH_2-CH_2-CH_3 \qquad CH_3-CH_2-\overset{}{\underset{\underset{\displaystyle CH_3}{|}}{CH}}-CH_3 \qquad CH_3-\overset{\overset{\displaystyle CH_3}{|}}{\underset{\underset{\displaystyle CH_3}{|}}{C}}-CH_3.$$

n-Pentan, Sdp. 36°        Isopentan, Sdp. 28°    Tetramethylmethan, Sdp. 9,5°

---

[1] gr. ἴσος (isos) = gleich; μέρος (meros) = Teil. Den Ausdruck Isomerie hat BERZELIUS zuerst am Beispiel des Isomerenpaares Weinsäure und Traubensäure geprägt.

Die Zahl der möglichen Isomeren nimmt mit wachsender Molekülgröße rasch zu. So gibt es 5 Hexane und 9 Heptane, die alle bekannt sind. Für das Tridecan $C_{13}H_{28}$ läßt die Theorie nicht weniger als 802 Isomere vorhersehen. Von gewissen Feinheiten abgesehen ist das chemische Verhalten isomerer Paraffinkohlenwasserstoffe sehr ähnlich.

**Cycloparaffine.** Hält man an dem Prinzip der Atomverkettung fest und nimmt an, daß die Endkohlenstoffatome einer Kette sich gegenseitig binden können, so gelangt man zu einer homologen Reihe cyclischer (ringförmiger) Kohlenwasserstoffe von der allgemeinen Bruttoformel $C_nH_{2n}$:

$$\begin{array}{cccc}
& & & CH_2 \\
& & & \diagup\diagdown \\
& H_2C—CH_2 & H_2C\quad CH_2 & H_2C\quad CH_2 \\
CH_2 & | \quad\ | & | \quad\ | & | \quad\ | \\
\diagup\diagdown & H_2C—CH_2 & H_2C\quad CH_2 & H_2C\quad CH_2 \ . \\
H_2C—CH_2 & & \diagdown CH_2 \diagup & \diagdown CH_2 \diagup \\
\end{array}$$

Cyclopropan, Sdp.-34°   Cyclobutan, Sdp. 12°   Cyclopentan, Sdp. 49°   Cyclohexan, Sdp. 81°

Kohlenwasserstoffe dieser Reihe sind im kaukasischen Erdöl enthalten. Sie sind ähnlich reaktionsträge wie die Paraffine; man bezeichnet sie daher als *Cycloparaffine*[1]. Auch der Name Naphthene ist gebräuchlich.

**Substitution. Halogenkohlenwasserstoffe.** Während die Paraffine sich gegen den Angriff von Säuren normalerweise sehr widerstandsfähig zeigen, kann man sie mit Chlor oder Brom ziemlich glatt zum Umsatz bringen. Bei der Einwirkung von Chlor auf Methan laufen nacheinander folgende Reaktionen ab:

$$CH_4 + Cl_2 \rightarrow CH_3Cl + HCl$$

$$CH_3Cl + Cl_2 \rightarrow CH_2Cl_2 + HCl$$

$$CH_2Cl_2 + Cl_2 \rightarrow CHCl_3 + HCl$$

$$CHCl_3 + Cl_2 \rightarrow CCl_4 + HCl \ .$$

Da der Angriff des Chlors in jeder Stufe mit annähernd gleicher Geschwindigkeit erfolgt, erhält man neben Chlorwasserstoff eine Mischung der vier Produkte:

| $CH_3Cl$ | $CH_2Cl_2$ | $CHCl_3$ | $CCl_4$ . |
|---|---|---|---|
| Mono-chlormethan | Di-chlormethan | Tri-chlormethan | Tetra-chlormethan |
| Methylchlorid | Methylenchlorid | Chloroform | Tetrachlorkohlenstoff |
| Sdp. —24° | Sdp. +41° | Sdp. +61° | Sdp. +77° |

Auf Grund ihrer verschiedenen Siedepunkte kann man sie durch fraktionierte Destillation voneinander trennen. Bei der Einwirkung des Chlors wird also ein Wasserstoffatom des Methanmoleküls nach dem anderen durch Chlor ersetzt oder substituiert. Der Vorgang ist eine *Substitution*[2].

Ähnlich reagiert das Chlor auch mit anderen Paraffinkohlenwasserstoffen. Dabei ergeben sich wieder Isomeriemöglichkeiten. So ist die Existenz von zwei isomeren Dichloräthanen vorherzusehen:

$$CH_3—CHCl_2 \qquad \text{und} \qquad Cl—CH_2—CH_2—Cl \ .$$

1,1-Dichloräthan                              1,2 Dichloräthan
Äthylenchlorid, Sdp. 83,5°          Äthylidenchlorid, Sdp. 57°

Im Äthylidenchlorid sitzen beide Chloratome an demselben Kohlenstoffatom, im Äthylenchlorid sitzt an jedem Kohlenstoffatom ein Chloratom.

Bei der Chlorierung des Propans gibt es bereits beim Eintritt des ersten Chloratoms zwei Möglichkeiten, je nachdem es an ein endständiges oder an das mittel-

---

[1] gr. κύκλος (kyklos) = Kreis, Ring.
[2] lat. substituere = an die Stelle setzen, ersetzen.

ständige Kohlenstoffatom tritt:

$$CH_3\text{—}CH_2\text{—}CH_2\text{—}Cl$$

1-Chlorpropan
n-Propylchlorid, Sdp. 46,6°

und

$$CH_3\text{—}\overset{\overset{\textstyle H}{|}}{\underset{\underset{\textstyle Cl}{|}}{C}}\text{—}CH_3\,.$$

2-Chlorpropan
Isopropylchlorid, Sdp. 36,5°

**Alkylradikale. Nomenklatur der Halogenkohlenwasserstoffe.** Die Halogensubstitutionsprodukte der Paraffine sind wichtige Ausgangsstoffe zur Gewinnung weiterer *Derivate*[1] dieser Kohlenwasserstoffe. So kann man ausgehend vom Monochlormethan folgende Umsetzungen durchführen:

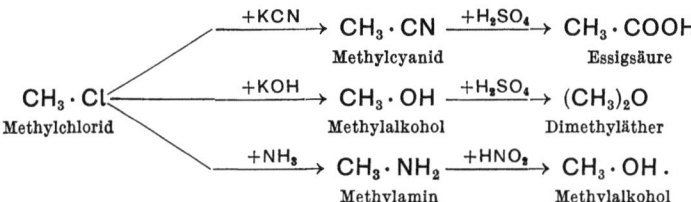

Alle entstehenden Produkte enthalten als gemeinsamen Bestandteil die einwertige Gruppe $-CH_3$. Diese Gruppe ist wie ein einwertiges Element von einer Verbindung in die andere übergetreten, ohne durch den Angriff der verschiedenen Reagenzien verändert zu werden. Man nennt die einwertige Gruppe $-CH_3$ ein *Radikal*[2]. Entsprechende Radikale leiten sich auch von den höheren Paraffinkohlenwasserstoffen ab; man nennt sie allgemein *Alkyle*. Die Namen der einzelnen Alkyle[3] sind nach den Kohlenwasserstoffen gebildet (Ausnahme $C_5H_{11} =$ Amyl statt Pentyl):

$$CH_3 = \text{Methyl}; \quad C_2H_5 = \text{Äthyl}; \quad C_3H_7 = \text{Propyl}; \quad C_4H_9 = \text{Butyl};$$
$$C_5H_{11} = \text{Amyl}; \quad C_6H_{13} = \text{Hexyl}; \quad C_7H_{15} = \text{Heptyl usw.}$$

Frühere Versuche zur Gewinnung einfacher Radikale in freiem, unverbundenem Zustand haben nicht zum Erfolg geführt, weil sie normalerweise nicht existenzfähig sind. Überall wo man ihre Bildung erwartete, entstand unter Zusammenschluß von zwei Radikalen ein Kohlenwasserstoff, z. B. aus Monochlormethan und Natrium statt des erwarteten Methyls $CH_3$ das Äthan $C_2H_6$:

$$CH_3Cl + Na \rightarrow CH_3 + NaCl,$$
$$2\,CH_3 \rightarrow H_3C\text{—}CH_3\,.$$

Nach dem gleichen Verfahren kann man auch in anderen Fällen aus niederen Kohlenwasserstoffen auf dem Wege über ihre Monohalogenderivate höhere Kohlenwasserstoffe synthetisch aufbauen. Diese WURTZsche Synthese[4] führt das Prinzip der Atomverkettung besonders eindringlich vor Augen.

Unter Zugrundelegung des Radikalbegriffs bezeichnet man die Monohalogenderivate der Paraffinkohlenwasserstoffe als *Alkylhalogenide*. Im einzelnen ergeben sich folgende Namen:

$$CH_3\text{—}Cl \qquad CH_3\text{—}CH_2\text{—}Cl \qquad \overset{(3)}{CH_3}\text{—}\overset{(2)}{CH_2}\text{—}\overset{(1)}{CH_2}\text{—}Cl \qquad \overset{(3)}{CH_3}\text{—}\underset{\underset{\textstyle Cl}{|}}{\overset{(2)}{CH}}\text{—}\overset{(1)}{CH_3}\,.$$

Methylchlorid     Äthylchlorid      n-Propylchlorid
Chlormethan     Chloräthan       1-Chlorpropan

Isopropylchlorid
2-Chlorpropan

---

[1] lat. derivare = ableiten.

[2] lat. radix = Wurzel. Wie die Wurzel eines Wortes in zahlreichen abgeleiteten Worten wiederkehrt, so ist ein Radikal als unveränderter Bestandteil in vielen Verbindungen enthalten.

[3] Die Bezeichnung Alkyl kommt von Alkohol. Der abweichende Name Amyl ist nach dem Amylalkohol gebildet (s. später). Die gemeinsame Endung -yl kommt von gr. ὕλη (hyle) = Stoff; man glaubte anfangs, daß die Radikale als selbständige Stoffe existenzfähig seien.

[4] ADOLF WURTZ (1817—1884) aus Straßburg, später in Paris, war ein Schüler LIEBIGS. Seine Arbeiten haben wesentlich zur Entwicklung der Strukturchemie beigetragen.

Die untere Bezeichnungsweise geht aus von dem Namen des Kohlenwasserstoffs. Um die Stellung des Halogens am Kohlenstoffgerüst zu kennzeichnen, numeriert man die Kohlenstoffatome vom Ende der Kette aus fortlaufend. Auf diese Weise ist eine eindeutige Bezeichnung auch bei Anwesenheit mehrerer Halagenatome möglich, wie folgende Beispiele zeigen:

$$\overset{(1)}{Cl}-\overset{(2)}{CH_2}-\overset{(3)}{CH_2}-\overset{(4)}{CH_3} \qquad \overset{(1)}{Br}-\overset{(2)}{CH_2}-\overset{(3)}{CH_2}-\overset{(4)}{CH_2}-Br \qquad \overset{(1)}{CH_3}-\overset{(2)}{CCl_2}-\overset{(3)}{CH_2}-\overset{(4)}{CH_3}.$$

1-Chlorbutan  	1,4-Dibrombutan  	2,2-Dichlorbutan

Nach demselben Prinzip kennzeichnet man die Stellung der Substituenten auch bei anderen Derivaten der Kohlenwasserstoffe. Im übrigen sind für die Halogenkohlenwasserstoffe häufig Sondernamen gebräuchlich, z. B. Methylenchlorid[1] $CH_2Cl_2$, Chloroform $CHCl_3$, Tetrachlorkohlenstoff $CCl_4$, Äthylidenchlorid $H_3C-CHCl_2$, Äthylenchlorid $ClH_2C-CH_2Cl$ usw.

**Ungesättigte Kohlenwasserstoffe mit Doppelbindungen (Olefine).** Unter geeigneten Bedingungen (Einwirkung von methylalkoholischem Kali, Überleiten über erhitzte Tonerde) entstehen aus Alkylhalogeniden unter Abspaltung von Chlorwasserstoff Kohlenwasserstoffe einer homologen Reihe von der allgemeinen Zusammensetzung $C_nH_{2n}$, z. B.:

$$C_2H_5Cl \longrightarrow C_2H_4 + HCl; \qquad C_3H_7Cl \longrightarrow C_3H_6 + HCl.$$

Äthylchlorid      Äthylen      Propyl-      Propylen
oder Isopropylchlorid

Die Kohlenwasserstoffe dieser Reihe sind isomer mit den Cycloparaffinen. Ihre physikalischen Eigenschaften sind nur wenig verschieden von denen der Paraffine und Cycloparaffine mit der gleichen Zahl von Kohlenstoffatomen pro Molekül; sie zeigen jedoch ein wesentlich anderes chemisches Verhalten. So wirken die Halogene nicht substituierend, sondern werden glatt *addiert*:

$$C_2H_4 + Cl_2 \rightarrow C_2H_4Cl_2; \qquad C_2H_4 + Br_2 \rightarrow C_2H_4Br_2.$$

Äthylen      Äthylenchlorid      Äthylen      Äthylenbromid

Da die Halogenadditionsprodukte von ölartiger Beschaffenheit sind (ähnlich wie Chloroform), nennt man die Kohlenwasserstoffe dieser Reihe *Olefine*.

Das Additionsvermögen der Olefine wird durch eine besondere Formulierung zum Ausdruck gebracht. Man hält dabei an dem konstanten Bindungswert 4 für Kohlenstoff fest und erweitert das Prinzip der Atomverkettung durch die Annahme, daß sich zwei Kohlenstoffatome nicht nur durch eine, sondern auch durch zwei Bindungen miteinander verketten können. In den Strukturformeln der Olefine erscheint eine *Doppelbindung*:

$$H_2C=CH_2 \qquad\qquad H_3C-CH=CH_2.$$

Äthylen      Propylen
Methyläthylen

Da jeder Valenzstrich ein Elektronenpaar repräsentiert, sind an der Verknüpfung durch eine Doppelbindung zwei Elektronenpaare beteiligt[2]. Die Doppelbindung zwischen zwei Kohlenstoffatomen ist eine besondere Art chemischer Bindung, die durch Additionsfähigkeit gekennzeichnet ist. Die Addition erfolgt an den beiden durch die Doppelbindung miteinander verknüpften Kohlenstoffatomen; dabei geht die doppelte in eine einfache Bindung über. Die oben schematisch formulierte Addition von Halogen an Äthylen geht also folgendermaßen vor sich:

$$H_2C=CH_2 + Cl_2 \rightarrow Cl-CH_2-CH_2-Cl.$$

Äthylen      1,2-Dichloräthan
Äthylenchlorid

---

[1] Man nennt das zweiwertige Radikal $>CH_2$ Methylen.

[2] Vgl. Anorg. Chemie S. 207.

Außer für Halogene besitzt die olefinische Doppelbindung bei Gegenwart geeigneter Katalysatoren (Nickel, Palladium, Platin) auch Additionsfähigkeit für Wasserstoff:

$$H_2C{=}CH_2 + H_2 \rightarrow H_3C{-}CH_3 .$$

Äthylen         Äthan

Man bezeichnet diesen auch technisch wichtigen Vorgang als *katalytische Hydrierung*. Die technische Fetthärtung ist eine katalytische Hydrierung von Doppelbindungen flüssiger Fette.

Wegen ihrer Fähigkeit zur Anlagerung anderer Stoffe heißen Stoffe mit Doppelbindungen allgemein *ungesättigt*, Stoffe mit lauter einfachen Bindungen dagegen *gesättigt*. Die Paraffine und Cycloparaffine sind gesättigte, die Olefine ungesättigte Kohlenwasserstoffe. Die Namen der Olefine bildet man aus denen der Paraffine mit der gleichen Zahl von Kohlenstoffatomen pro Molekül, indem man die Endung -an gegen die Endung -en vertauscht. Daneben sind jedoch ältere Bezeichnungen gebräuchlich, die aus Tab. 22 einiger Olefine mit normaler (unverzweigter) Kohlenstoffkette zu entnehmen sind.

Tabelle 22. *Normale Olefine* $C_nH_{2n}$.

| Bruttoformel | Neue Bezeichnung | Ältere Bezeichnung | Sdp. °C |
|---|---|---|---|
| $C_2H_2$ | Äthen | Äthylen | $-163$ |
| $C_3H_6$ | Propen | Propylen | $-48$ |
| $C_4H_8$ | Buten | Butylen | $-6,7$ |
| $C_5H_{10}$ | Penten | Amylen | $+30,2$ |
| $C_6H_{12}$ | Hexen | Hexylen | $+63,9$ |

Von den einfachen Olefinen besitzt nur das Äthylen größere Bedeutung. Es ist bis zu 2% im Kokereigas enthalten und wird durch Tiefkühlung daraus gewonnen. Äthylen dient in der Technik zur Synthese wichtiger Produkte (Lösungsmittel, Weichmachungsmittel, Kunststoffe, synthetischer Kautschuk).

In der Olefinreihe gibt es mehr Isomeriemöglichkeiten als in der Paraffinreihe, weil nicht nur das Kohlenstoffgerüst, sondern auch die Lage der Doppelbindungen verschieden sein kann. So existieren drei isomere Butene[1]:

(4) (3) (2) (1)
$CH_3{-}CH_2{-}CH{=}CH_2$
n-Buten-(1), Sdp. $-6°$

(4) (3) (2) (1)
$CH_3{-}CH{=}CH{-}CH_3$
n-Buten-(2), Sdp. $+1°$

$CH_3$
(1)| (2)
$CH_3{-}C{=}CH_2$ .
Isobuten, Sdp. $-7°$
(1, 1-Dimethyläthylen)

Kohlenwasserstoffe mit zwei Doppelbindungen, sogenannte *Diëne*, sind:

$CH_2{=}CH{-}CH{=}CH_2$
Butadiën, Sdp. $+1°$

$CH_3$
|
$CH_2{=}C{-}CH{=}CH_3$ .
Isopren, Sdp. 37°
2-Methyl-butadiën

Das Isopren $C_5H_8$ ist ein in Naturstoffen (Kautschuk, Terpene, Riechstoffe) weitverbreiteter Grundbaustein, Butadiën $C_4H_6$ dient zur Bunaerzeugung. Doppelbindungen, die wie im Butadiën und Isopren durch eine einfache Bindung getrennt sind, heißen *konjugierte* Doppelbindungen. Kohlenwasserstoffe mit einer großen Zahl konjugierter Doppelbindungen sind die Farbstoffe der Mohrrübe (Carotin) und der reifen Tomate (Lycopin) mit der Bruttoformel $C_{40}H_{56}$. Diese *Polyene* stehen in naher Beziehung zum Vitamin A.

Alle ungesättigten Kohlenwasserstoffe gehen bei der katalytischen Hydrierung unter Erhaltung des Kohlenstoffgerüstes in gesättigte Kohlenwasserstoffe über.

---

[1] Die eingeklammerten Zahlen hinter den Namen bedeuten die Nummer des Kohlenstoffatoms, von dem die Doppelbindung ausgeht.

**Kohlenwasserstoffe mit einer dreifachen Bindung (Acetylen).** Ein besonderer Bindungszustand liegt auch in einer weiteren homologen Reihe von Kohlenwasserstoffen mit der allgemeinen Bruttoformel $C_nH_{2n-2}$ vor, die mit dem *Acetylen* $C_2H_2$ als Anfangsglied beginnt. Man schreibt ihre Strukturformel mit einer *dreifachen Bindung* zwischen zwei Kohlenstoffatomen:

$$HC \equiv CH \qquad\qquad HC \equiv C{-}CH_3 \ .$$
$$\text{Acetylen} \qquad\qquad\qquad \text{Methylacetylen}$$

Besondere Bedeutung besitzt neuerdings das Acetylen als Ausgangsprodukt für technisch wichtige Synthesen (vgl. S. 263). Man gewinnt es durch Einwirkung von Wasser auf Calciumcarbid:

$$CaC_2 + 2\ H_2O \rightarrow Ca(OH)_2 + C_2H_2 \ .$$

Auf übersichtlichem Wege entsteht es vom Äthylen ausgehend über das Äthylenbromid durch zweimalige Bromwasserstoffabspaltung:

$$H_2C{=}CH_2 \xrightarrow{+Br_2} Br{-}H_2C{-}CH_2{-}Br \xrightarrow{-HBr} H_2C{=}CH{-}Br \xrightarrow{-HBr} HC \equiv CH \ .$$
$$\text{Äthylen} \qquad\qquad \text{Äthylenbromid} \qquad\qquad \text{Vinylbromid}[1] \qquad\qquad \text{Acetylen}$$

Auch Stoffe mit dreifachen Bindungen sind additionsfähig; sie lagern z. B. Halogen an:

$$HC \equiv CH \xrightarrow{+Cl_2} Cl{-}HC{=}CH{-}Cl \xrightarrow{+Cl_2} Cl_2HC{-}CHCl_2 \ .$$
$$\text{Acetylen} \qquad \text{1,2-Dichloräthylen} \qquad \begin{array}{c}\text{1,1-2,2-Tetrachloräthan}\\ \text{Acetylentetrachlorid}\end{array}$$

Bei der katalytischen Hydrierung liefern sie gesättigte Kohlenwasserstoffe als Endprodukte:

$$HC \equiv CH \xrightarrow{+2\,H} H_2C{=}CH_2 \xrightarrow{+2\,H} H_3C{-}CH_3 \ .$$
$$\text{Acetylen} \qquad\qquad \text{Äthylen} \qquad\qquad \text{Äthan}$$

Technisch wichtig ist die Anlagerung von Wasser an Acetylen, die unter der katalytischen Wirkung von Quecksilbersalzen zu Acetaldehyd führt:

$$HC \equiv CH + H_2O \rightarrow H_3C{-}CHO \ .$$
$$\text{Acetylen} \qquad\qquad \text{Acetaldehyd}$$

**Zusammenfassende Betrachtung der Halogenkohlenwasserstoffe.** Wie die vorstehenden Betrachtungen gezeigt haben, kann man aus den gesättigten Kohlenwasserstoffen durch Substitution und aus den ungesättigten Kohlenwasserstoffen durch Addition mannigfache Halogenderivate gewinnen. Man bezeichnet sie allgemein als *Halogenkohlenwasserstoffe* oder *Halogenide*. Ihre Namensgebung wurde schon erläutert (vgl. S. 239). Die Halogenkohlenwasserstoffe sind durchweg mit Wasser nicht mischbare neutrale Flüssigkeiten. Sie sind gute Lösungsmittel für Fette und fettähnliche Stoffe, wofür insbesondere Tetrachlorkohlenstoff $CCl_4$ (Sdp. 76,7°) und das ungesättigte Trichloräthylen $CHCl{=}CCl_2$ (Sdp. 87°) technische Verwendung finden. Bekannt sind die narkotische Wirkung[2] des Chloroforms $CHCl_3$ (Sdp. 61,4°) und die antiseptischen Eigenschaften[3] des festen Jodoforms $CHJ_3$ (Schmp. 120°). Das Äthylchlorid $C_2H_5Cl$ (Sdp. $-13°$) verdunstet wegen seines niedrigen Siedepunktes beim Aufbringen auf die Haut sehr schnell; die dadurch bewirkte Abkühlung erzeugt Unempfindlichkeit. Äthylchlorid dient deshalb zur örtlichen Betäubung. Das gemischte Halogenid Difluordichlormethan $CF_2Cl_2$ (Sdp. $-30°$) ist als Kältemittel gebräuchlich.

Die einfach substituierten Halogenkohlenwasserstoffe oder Alkylhalogenide finden zur Einführung von Alkylgruppen in andere Verbindungen — *Alkylierung* — vielfach Verwendung (vgl. die Reaktionsschemata S. 230 und S. 245 sowie die späteren Ausführungen). Über die Siedepunkte der Alkylhalogenide, die mit wachsendem Atomgewicht des Halogens in der Reihenfolge Fluoride — Chloride — Bromide — Jodide ansteigen, orientiert die Übersicht auf S. 248.

**Aromatische Kohlenwasserstoffe. Aliphatische und aromatische Verbindungen.** Wegen ihrer genetischen Beziehungen[4] zu den aus den Fetten gewinnbaren Fett-

---

[1] Das einwertige ungesättigte Radikal $H_2C{=}CH{-}$ trägt den Namen Vinyl.

[2] gr. ναρκᾶν (narkan) = gelähmt werden.

[3] gr. σήπειν (sepein) = faulen, verfaulen; ἀντι (anti) = entgegen, gegen.

[4] gr. γένεσις (genesis) = Ursprung, Schöpfung. Die Fettsäuren sind häufig zuerst bekannt geworden und haben zur Erzeugung anderer Verbindungen gedient.

säuren bezeichnet man die bisher behandelten Kohlenwasserstoffe und ihre Derivate als *aliphatische Verbindungen*[1]. Ihnen gegenüber stehen die *aromatischen Verbindungen*, die ihren Namen deshalb tragen, weil einige der zuerst bekannt gewordenen Stoffe dieser Reihe sich durch Wohlgeruch auszeichnen (Bittermandelöl, Vanillin, Cumarin). Chemisch leiten sich die aromatischen Verbindungen von einigen besonders wasserstoffarmen Kohlenwasserstoffen ab, die sich neben vielen anderen wichtigen Stoffen im Steinkohlenteer finden.

Dazu gehören Benzol $C_6H_6$, Naphthalin $C_{10}H_8$ und die beiden Isomeren Anthracen und Phenanthren $C_{14}H_{10}$. Diese Kohlenwasserstoffe und ihre Derivate zeigen in ihrem chemischen Verhalten ein eigentümliches Gepräge, das ihnen gegenüber den gesättigten und ungesättigten Verbindungen der aliphatischen Reihe eine Sonderstellung zuweist.

Die Moleküle der aromatischen Kohlenwasserstoffe sind ringförmig gebaut:

Benzol            Naphthalin            Anthracen

Phenanthren

Die *Sechsringformel* des Benzols wurde im Jahre 1965 von KEKULÉ[2], dem Schöpfer der Strukturchemie, aufgestellt. In den Strukturformeln der aromatischen Kohlenwasserstoffe ist auf die Vierwertigkeit des Kohlenstoffs zunächst keine Rücksicht genommen. Man kann sie zum Ausdruck bringen, indem man in den Ringformeln abwechselnd einfache und doppelte Bindungen schreibt, z. B.:

Benzol            Naphthalin

Man darf jedoch die so schematisch dem Prinzip der Vierwertigkeit des Kohlenstoffs zuliebe eingeführten Doppelbindungen nicht einfach mit den additionsfähigen Doppelbindungen der Olefine in Parallele setzen, da Additionsreaktionen bei aro-

---

[1] gr. ἄλειφαρ (aleiphar) = Fett, Öl, Salbe.
[2] vgl. Anorg. Chem. S. 198 Anm. 3.

16*

matischen Verbindungen im allgemeinen ziemlich träge verlaufen. Überhaupt erweisen sich aromatische Ringsysteme als besonders stabil. Man pflegt daher von einem besonderen *aromatischen Bindungszustand* zu reden und in Ermangelung eines Formelausdrucks, der allen Eigentümlichkeiten dieses aromatischen Bindungszustandes gerecht wird, verzichtet man meist darauf, die aromatischen Ringe mit Doppelbindungen zu schreiben, wenn es nicht auf die Betonung bestimmter Analogien mit ungesättigten Verbindungen ankommt. Häufig läßt man bei der Formulierung aromatischer Verbindungen die Ringkohlenstoffatome ganz fort und deutet die Benzolringe einfach durch Sechsecke an:

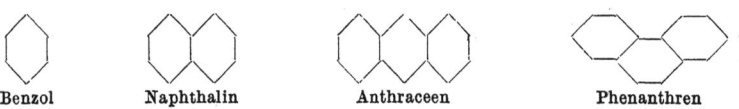

Benzol          Naphthalin          Anthracen          Phenanthren

Vom Benzol $C_6H_6$ leitet sich das einwertige Radikal Phenyl $C_6H_5$ und vom Naphthalin $C_{10}H_8$ das einwertige Radikal Naphthyl $C_{10}H_7$ ab. Im Gegensatz zu den aliphatischen *Alkyl*radikalen bezeichnet man aromatische Radikale allgemein als *Aryl*radikale.

**Einteilung der organischen Verbindungen. Heterocyclische Verbindungen.** Wie sich weiterhin zeigen wird, läßt sich ein großer Teil der organischen Verbindungen von den vorstehend betrachteten Kohlenwasserstoffen dadurch ableiten, daß man in ihren Molekülen ein oder mehrere Wasserstoffatome durch andere Atome oder Atomgruppen ersetzt. Die Kohlenwasserstoffe erscheinen somit als Stammsubstanzen und die übrigen organischen Verbindungen als ihre Abkömmlinge oder *Derivate*. Nach dem Typ der ihnen zugrunde liegenden Stammkohlenwasserstoffe teilt man die organischen Verbindungen folgendermaßen ein:

*1. Aliphatische Verbindungen.*

a) Gesättigte Verbindungen: Derivate der Paraffine und Cycloparaffine;

b) Ungesättigte Verbindungen: Derivate der ungesättigten Kohlenwasserstoffe mit offener Kohlenstoffkette oder mit ringförmigem Bau[1].

*2. Aromatische Verbindungen.* Derivate der aromatischen Kohlenwasserstoffe.

Die Ringe der bisher betrachteten cyclischen Verbindungen enthalten als Ringglieder nur Kohlenstoffatome; man bezeichnet sie daher auch als *carbocyclische* oder *isocyclische* Verbindungen[2]. Es gibt jedoch auch cyclische Verbindungen, deren Ringe außer Kohlenstoffatomen Atome anderer Elemente (Sauerstoff, Schwefel, Stickstoff) als Ringglieder enthalten. Solche Verbindungen heißen *heterocyclische* Verbindungen[3]. Es gibt heterocyclische Ringsysteme von aliphatischem Charakter, z.B.:

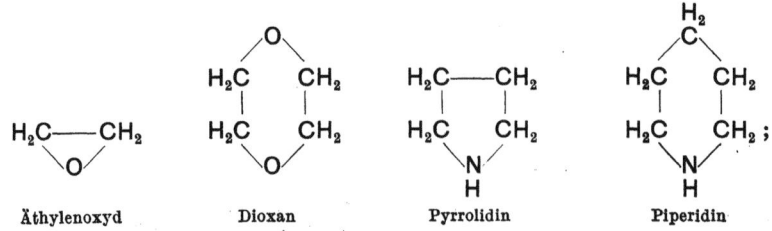

Äthylenoxyd          Dioxan          Pyrrolidin          Piperidin

---

[1] Ringförmig gebaute ungesättigte Verbindungen heißen auch Cycloolefine.

[2] lat. carbo = Kohle; gr. ἴσος (isos) = gleich.

[3] gr. ἕτερος (heteros) = der andere (verschieden).

und solche von aromatischem Charakter, z. B.:

$$
\begin{array}{ccccc}
\text{Thiophen} & \text{Pyridin} & \text{Chinolin} & \text{Isochinolin}
\end{array}
$$

Einige weitere häufig vorkommende heterocyclische Ringsysteme sind:

$$
\begin{array}{ccccc}
\text{Pyrrol} & \text{Indol} & \text{Pyrazol} & \text{Imidazol} & \text{Pyrimidin}
\end{array}
$$

Auch von diesen heterocyclischen Stammsubstanzen, auf die hier zunächst nicht näher eingegangen werden soll, leiten sich zahlreiche Derivate ab. Die oben getroffene Einteilung ist also noch zu ergänzen durch:

*3. Heterocyclische Verbindungen.* Derivate der heterocyclischen Stammsubstanzen.

**Funktionelle Gruppen.** Es wurde bereits angedeutet, wie man von den Paraffinkohlenwasserstoffen ausgehend über die Alkylhalogenide durch geeignete Reaktionen zu Derivaten dieser Kohlenwasserstoffe gelangen kann (vgl. das Schema auf S. 239). Unter Einbeziehung einiger weiterer Reaktionsmöglichkeiten ergeben sich z. B. vom Äthan aus folgende Übergänge:

$CH_3 \cdot CH_2 \cdot Cl$ (Äthylchlorid), gebildet aus $CH_3$ (Äthan) $\xrightarrow{+Cl_2}$

- $\xrightarrow{+K_2S}$ $(CH_3 \cdot CH_2)_2S$ Diäthylsulfid $\xrightarrow{\text{Oxyd.}}$ $(CH_3 \cdot CH_2)_2SO$ Diäthylsulfin $\xrightarrow{\text{Oxyd.}}$ $(CH_3 \cdot CH_2)_2SO_2$ Diäthylsulfon
- $\xrightarrow{+KSH}$ $CH_3 \cdot CH_2 \cdot SH$ Äthylmercaptan $\xrightarrow{\text{Oxyd.}}$ $CH_3 \cdot CH_2 \cdot SO_3H$ Äthylsulfonsäure
- $\xrightarrow{+NH_3}$ $CH_3 \cdot CH_2 \cdot NH_2$ Äthylamin $\xrightarrow{+HNO_2}$ $CH_3 \cdot CH_2 \cdot OH$ Äthylalkohol $\xrightarrow{+H_2SO_4}$ $(CH_3 \cdot CH_2)_2O$ Diäthyläther
- $\xrightarrow{+KOH}$ $CH_3 \cdot CH_2 \cdot OH$ Äthylalkohol $\xrightarrow{-2H}$ $CH_3 \cdot C\!\!\begin{smallmatrix}H\\O\end{smallmatrix}$ Acetaldehyd $\xrightarrow{+O}$ $CH_3 \cdot C\!\!\begin{smallmatrix}OH\\O\end{smallmatrix}$ Essigsäure $\longrightarrow$ $\begin{smallmatrix}CH_3\\CH_3\end{smallmatrix}\!\!C\!=\!O$ Aceton
- $\xrightarrow{+KCN}$ $CH_3 \cdot CH_2 \cdot CN$ Äthylcyanid $\xrightarrow{+H_2SO_4}$ $CH_3 \cdot CH_2 \cdot C\!\!\begin{smallmatrix}OH\\O\end{smallmatrix}$ Propionsäure
- $\xrightarrow{+KNO_2}$ $CH_3 \cdot CH_2 \cdot NO_2$ Nitroäthan $\xrightarrow{\text{Redukt.}}$ $CH_3 \cdot CH_2 \cdot NH_2$ Äthylamin
- $\xrightarrow{+KOH}$ $CH_2\!=\!CH_2$ Äthylen $\xrightarrow{+Br_2}$ $CH_2Br \cdot CH_2Br$ Äthylenbromid $\xrightarrow{\text{Hydrol.}}$ $CH_2OH \cdot CH_2OH$ Glykol

Ähnliche Umwandlungen lassen sich auch von anderen Kohlenwasserstoffen der Paraffinreihe aus denken. Als Derivate der Kohlenwasserstoffe erscheinen dabei bestimmte Klassen von organischen Verbindungen, die durch die Gegenwart von charakteristischen Gruppen gekennzeichnet sind. Diese sogenannten *funktionellen Gruppen* bestimmen in erster Linie das physikalische und chemische Verhalten der organischen Verbindungen. Die wichtigsten funktionellen Gruppen und die Namen der entsprechenden Stoffklassen sind aus Tab. 23 ersichtlich.

*Tabelle 23.*

| Funktionelle Gruppen | | Stoffklassen | | |
|---|---|---|---|---|
| | Name | Sammelbezeichnung | Beispiele | |
| F, Cl, Br, J | Halogene | Halogenide | $C_2H_5 \cdot Cl$ | Äthylchlorid |
| —OH | Hydroxylgruppe | Alkohole | $C_2H_5 \cdot OH$ | Äthylalkohol |
| $\rangle O$ | Äthersauerstoff | Äther | $(C_2H_5)_2O$ | Diäthyläther |
| $-C\langle^H_O$ | Aldehydgruppe | Aldehyde | $CH_3 \cdot C\langle^H_O$ | Acetaldehyd |
| $\rangle C=O$ | Keto-, Carbonylgruppe | Ketone | $(CH_3)_2CO$ | Aceton |
| $-C\langle^{OH}_O$ | Carboxylgruppe | Carbonsäuren | $CH_3 \cdot C\langle^{OH}_O$ | Essigsäure |
| —CN | Nitril-, Cyangruppe | Nitrile, Cyanide | $CH_3 \cdot CN$ | Acetonitril |
| —NC | Isonitril-, Isocyangruppe | Isonitrile, Isocyanide | $CH_3 \cdot NC$ | Methylisocyanid |
| —NH₂ | Aminogruppe | primäre Amine | $CH_3 \cdot NH_2$ | Methylamin |
| $\rangle NH$ | Iminogruppe | sekundäre Amine | $(CH_3)_2NH$ | Dimethylamin |
| $-\!\!\rangle N$ | Gruppe d. tert. Amine | tertiäre Amine | $(CH_3)_3N$ | Trimethylamin |
| —NO | Nitrosogruppe | Nitrosoverbindungen | $C_6H_5 \cdot NO$ | Nitrosobenzol |
| —NO₂ | Nitrogruppe | Nitroverbindungen | $C_6H_5 \cdot NO_2$ | Nitrobenzol |
| —SH | Sulfhydrylgruppe | Thioalkohole, Mercaptane | $C_2H_5 \cdot SH$ | Äthylmercaptan |
| —SO₃H | Sulfonsäuregruppe | Sulfonsäuren | $C_2H_5 \cdot SO_3H$ | Äthylsulfonsäure |
| $\rangle S$ | Gruppe d. Thioäther | Thioäther, Sulfide | $(C_2H_5)_2S$ | Diäthylsulfid |
| $\rangle SO$ | Sulfingruppe | Sulfine, Sulfoxyde | $(C_2H_5)_2SO$ | Diäthylsulfin |
| $\rangle SO_2$ | Sulfongruppe | Sulfone | $(C_2H_5)_2SO_2$ | Diäthylsulfon |

Außer Verbindungen mit einer funktionellen Gruppe gibt es auch solche, die in ihrem Molekül mehrere gleiche oder verschiedene funktionelle Gruppen enthalten. Man spricht dann von Verbindungen mit mehrfachen Funktionen oder kurz von *mehrwertigen* Verbindungen im Gegensatz zu *einwertigen* Verbindungen. So ist der Äthylalkohol $CH_3 \cdot CH_2OH$ ein einwertiger, das Äthylenglykol $CH_2OH \cdot CH_2OH$ ein zweiwertiger und das Glycerin $CH_2OH \cdot CHOH \cdot CH_2OH$ ein dreiwertiger Alkohol. In dem Molekül der Milchsäure $CH_3 \cdot CHOH \cdot COOH$ ist die durch die Hydroxylgruppe bedingte Funktion eines Alkohols mit der durch die Carboxylgruppe —COOH bedingten Funktion einer Carbonsäure vereinigt. Die Gegenwart mehrerer funktioneller Gruppen in einem Molekül ist von nachhaltigem Einfluß auf das Verhalten des Gesamtmoleküls und bedingt je nach der gegenseitigen Stellung der funktionellen Gruppen (an benachbarten oder entfernteren C-Atomen) eine mehr oder weniger starke Wirkung dieser Gruppen aufeinander. Daraus ergibt sich eine große Mannigfaltigkeit in den Eigenschaften organischer Verbindungen.

Wegen ihres gleichartigen Verhaltens faßt man zweckmäßig organische Verbindungen, welche dieselbe funktionelle Gruppe (einfach oder mehrfach) in ihrem Molekül enthalten, zu einer Klasse zusammen. Nach diesem *Einteilungsprinzip* sollen nachstehend zunächst die wichtigsten Verbindungen der aliphatischen Reihe behandelt werden.

## III. Alkohole und Äther.

**Einwertige Alkohole.** Die *Alkohole*[1] enthalten als funktionelle Gruppe die *Hydroxylgruppe* —OH. Über die Namen, Formeln und Siedepunkte einiger einwertiger Alkohole, die sich von den Paraffinen mit normaler (unverzweigter) Kohlenstoffkette ableiten, unterrichtet Tab. 24.

Tabelle 24. *Normale primäre Alkohole* $C_nH_{2n-1}OH$.

| Formel | | Bezeichnung | | Sdp. °C |
|---|---|---|---|---|
| abgekürzt | ausführlich | ältere | neuere | |
| $CH_3 \cdot OH$ | $CH_3 \cdot OH$ | Methylalkohol | Methanol | 65 |
| $C_2H_5 \cdot OH$ | $CH_3 \cdot CH_2 \cdot OH$ | Äthylalkohol | Äthanol | 78,3 |
| $C_3H_7 \cdot OH$ | $CH_3 \cdot CH_2 \cdot CH_2 \cdot OH$ | n-Propylalkohol | Propanol-(1) | 97,4 |
| $C_4H_9 \cdot OH$ | $CH_3 \cdot CH_2 \cdot CH_2 \cdot CH_2 \cdot OH$ | n-Butylalkohol | Butanol-(1) | 117,7 |
| $C_5H_{11} \cdot OH$ | $CH_3 \cdot CH_2 \cdot CH_2 \cdot CH_2 \cdot CH_2 \cdot OH$ | n-Amylalkohol | Pentanol-(1) | 138 |
| $C_6H_{13} \cdot OH$ | $CH_3 \cdot CH_2 \cdot CH_2 \cdot CH_2 \cdot CH_2 \cdot CH_2 \cdot OH$ | n-Hexylalkohol | Hexanol-(1) | 155,5 |

Man bildet die Namen der Alkohole entweder durch Anhängen der Endung -alkohol an das Alkylradikal, oder — nach neuerer Bezeichnungsweise — durch Anhängen der Endung -ol an den Namen des Kohlenwasserstoffs. Die Stellung der alkoholischen Hydroxylgruppe an dem Endkohlenstoffatom der Kette ist nach dem bei den Halogenkohlenwasserstoffen auseinandergesetzten Prinzip (vgl. S. 240) durch Hinzufügen von —(1) gekennzeichnet.

Vom dritten Gliede der Reihe an ergeben sich Isomeriemöglichkeiten durch verschiedene Stellung der Hydroxylgruppe. So leiten sich von den normalen Kohlenwasserstoffen die beiden Propylalkohole:

$$\overset{(3)}{CH_3} \cdot \overset{(2)}{CH_2} \cdot \overset{(1)}{CH_3} \longrightarrow CH_3 \cdot CH_2 \cdot CH_2OH \quad \text{und} \quad CH_3 \cdot CHOH \cdot CH_3$$

Propan        n-Propylalkohol, Sdp. 97,4°     Isopropylalkohol, Sdp. 81°
                   Propanol-(1)             Propanol-(2)
                   (primär)                (sekundär)

und die beiden Butylalkohole:

$$\overset{(4)}{CH_3} \cdot \overset{(3)}{CH_2} \cdot \overset{(2)}{CH_2} \cdot \overset{(1)}{CH_3} \longrightarrow CH_3 \cdot CH_2 \cdot CH_2 \cdot CH_2OH \quad \text{und} \quad CH_3 \cdot CH_2 \cdot CHOH \cdot CH_3$$

n-Butan          n-Buthylalkohol, Sdp. 117,7°     sek. Butylalkohol, Sdp. 99,5°
                   Butanol-(1)              Butanol-(2)
                   (primär)                (sekundär)

ab. Außerdem gibt es noch zwei Butylalkohole, die sich von der verzweigten Kette des Isobutans ableiten:

$$\overset{(3)}{CH_3}—\overset{\overset{\textstyle H}{|}}{\underset{\underset{\textstyle CH_3}{|}}{\overset{(2)}{C}}}—\overset{(1)}{CH_3} \longrightarrow CH_3—\overset{\overset{\textstyle H}{|}}{\underset{\underset{\textstyle CH_3}{|}}{C}}—CH_2OH \quad \text{und} \quad CH_3—\overset{\overset{\textstyle OH}{|}}{\underset{\underset{\textstyle CH_3}{|}}{C}}—CH_3$$

Isobutan      Isobutylalkohol, Sdp. 108°      tertiärer Butylalkohol, Sdp. 83°
               2-Methyl-propanol-(1)         2-Methyl-propanol-(2)
               (primär)              (tertiär)

Diese beiden Butylalkohole kann man als Methylderivate des Propanol-(1) bzw. Propanol-(2) auffassen und gelangt dann zu den unteren Bezeichnungen, in denen die vorgesetzte 2 die Stellung des Methyls fixiert. Alle aufgeführten Alkohole sind bekannt.

---

[1] Der Name Alkohol stammt aus dem Arabischen; er wurde zuerst von PARACELSUS für den Weingeist gebraucht.

Man unterscheidet die Alkohole weiterhin nach der Art des hydroxyltragenden Kohlenstoffatoms. Bei allen in Tab. 24 aufgeführten normalen Alkoholen sowie bei dem 2-Methyl-propanol-(1) ist die Gruppe —$CH_2OH$ an ein benachbartes Kohlenstoffatom geknüpft; diese Alkohole heißen *primäre Alkohole*. Propanol-(2) und Butanol-(2) mit der an zwei benachbarte Kohlenstoffatome geknüpften Gruppe >CHOH sind *sekundäre Alkohole*. Das zuletzt aufgeführte 2-Methyl-propanol-(2), welches die an drei benachbarten Kohlenstoffatomen hängende Gruppe —>COH enthält, ist ein *tertiärer Alkohol*. Wir werden bald sehen, daß man primäre, sekundäre und tertiäre Alkohole durch ihr Verhalten bei der Oxydation leicht unterscheiden kann. Die Oxydation ist daher geeignet, über die *Konstitution*[1] eines vorliegenden Alkohols Auskunft zu geben. Ein Blick auf die Siedepunkte lehrt übrigens, daß primäre Alkohole höher sieden als isomere sekundäre und tertiäre Alkohole (vgl. die isomeren Propanole $C_3H_7OH$ und die isomeren Butanole $C_4H_9OH$).

**Physikalische Eigenschaften der Alkohole.** Von den physikalischen Eigenschaften der Alkohole interessiert zunächst ihr *Siedepunkt*. Die Gegenwart der alkoholischen Hydroxylgruppe bewirkt, daß die Alkohole im Vergleich zu den entsprechenden Kohlenwasserstoffen und Alkylhalogeniden verhältnismäßig hoch sieden. Es besteht hier eine gewisse Parallele zum Wasser und zu den Halogenwasserstoffen, wie folgende Übersicht zeigt:

| Stoff<br>Sdp. °C | $H_2$<br>—253 | HCl<br>—85 | HBr<br>—67 | HJ<br>—35,5 | $H_2O$<br>+100 |
|---|---|---|---|---|---|
| Stoff<br>Sdp. °C | $CH_4$<br>—184 | $CH_3 \cdot Cl$<br>—24 | $CH_3 \cdot Br$<br>+4,5 | $CH_3 \cdot J$<br>+43 | $CH_3 \cdot OH$<br>+65 |
| Stoff<br>Sdp. °C | $C_2H_6$<br>—89 | $C_2H_5 \cdot Cl$<br>+13 | $C_2H_5 \cdot Br$<br>+39 | $C_2H_5 \cdot J$<br>+72 | $C_2H_5 \cdot OH$<br>+78 . |

Die Hydroxylgruppe bedingt auch die *Mischbarkeit* der niederen Alkohole mit Wasser, die bis zum Propyl- und Isopropylalkohol einschließlich *unbeschränkt* ist. Vom Butylalkohol an besteht nur noch *beschränkte* Mischbarkeit und diese nimmt mit wachsender Molekülgröße rasch ab, so daß die höheren Glieder der Alkoholreihe praktisch *unlöslich* in Wasser sind. Macht man die Hydroxylgruppe für die Löslichkeit der Alkohole in Wasser verantwortlich, so ist dies Verhalten verständlich, denn mit wachsender Molekülgröße tritt der Einfluß der Hydroxylgruppe gegen den des Kohlenwasserstoffrestes immer mehr zurück. Das zeigt sich schon rein äußerlich dadurch, daß die höheren Alkohole vom Undecylalkohol $C_{11}H_{23}OH$ an fest und paraffinähnlich sind. Umgekehrt ist die Löslichkeit des Methylalkohols in flüssigen Paraffinkohlenwasserstoffen (Benzin) gering, während die höheren Alkohole mit Benzin in jedem Verhältnis mischbar sind. In den geschilderten Löslichkeitsverhältnissen prägt sich die auch sonst sehr häufig befolgte Regel aus, daß chemische Ähnlichkeit gute gegenseitige Löslichkeit bedingt.

In den mehrwertigen Alkoholen Glykol $CH_2OH \cdot CH_2OH$ (Sdp. 197°) und Glycerin[2] $CH_2OH \cdot CHOH \cdot CH_2OH$ (Sdp. 290°) bewirkt die Häufung der Hydroxyl-

---

[1] Den Ausdruck Konstitution gebraucht man, wenn es sich wie hier um feinere Strukturunterschiede handelt. Eine scharfe Scheidung der Begriffe Struktur und Konstitution besteht jedoch nicht.

[2] gr. γλυκύς (glykys) = süß. Glykol und Glycerin schmecken süß. Diese Eigenschaft haben auch andere Stoffe, die mehrere Hydroxylgruppen in ihrem Molekül enthalten, z. B. die verschiedenen Zuckerarten.

gruppen eine noch größere Wasserähnlichkeit. Diese äußert sich in den hohen Siedepunkten und weiter darin, daß beide Stoffe stark hygroskopisch sind.

Man bezeichnet die wasserähnliche Hydroxylgruppe eines Alkohols als *hydrophile*
Gruppe, den wasserunähnlichen Kohlenwasserstoffrest als *hydrophobe* Gruppe[1].

**Einzelne Alkohole, Alkoholische Gärung.** In dem Reaktionsschema auf S. 245 findet sich
als Gewinnungsmethode für Alkohole die Umsetzung von Alkylhalogeniden mit Alkali
(KOH bzw. NaOH), d. h. die Substitution von Halogen durch Hydroxyl. Diese Substitution
verläuft jedoch nur in wenigen Fällen einigermaßen glatt, weil meist eine Konkurrenzreaktion
nebenher läuft, die unter Abspaltung von Halogenwasserstoff zu einem ungesättigten Kohlenwasserstoff führt, z. B. bei Äthylchlorid:

$$CH_3-CH_2-Cl + NaOH \begin{cases} \nearrow CH_2=CH_2 + NaCl + H_2O \\ \text{Äthylen} \\ \\ \searrow CH_3-CH_2-OH + NaCl. \\ \text{Äthylalkohol} \end{cases}$$

Da die Abspaltungsreaktion meist der Substitutionsreaktion den Rang abläuft, sind die
Alkoholausbeuten so schlecht, daß das Verfahren nicht als rationelle Methode zur Darstellung
von aliphatischen Alkoholen gelten kann. In der Praxis liegen nun die Dinge so, daß viele
Alkohole als Naturprodukte leicht zu gewinnen sind. Solche Alkohole, für die also ein besonderes chemisches Darstellungsverfahren nicht erforderlich ist, dienen vielmehr als Ausgangsmaterial zur Herstellung anderer organischer Verbindungen. Das gilt z. B. für die einfachsten und bekanntesten Glieder der Reihe Methylalkohol und Äthylalkohol.

Der *Methylalkohol*[2], gelegentlich auch Carbinol genannt, wurde als flüchtiger Holzgeist
lange Zeit ausschließlich durch Zersetzungsdestillation des Holzes gewonnen. Er sammelt sich
neben Essigsäure, Aceton und anderen Verbindungen im Holzessig. Der Methylalkohol entsteht aus dem Lignin des Holzes. Neuerdings werden große Mengen Methylalkohol durch
katalytische Hydrierung des Kohlenoxyds bei 300—400° und einem Druck von etwa 200
Atmosphären gewonnen:

$$CO + 2 H_2 \rightarrow CH_3OH, ;$$

als Kontaktsubstanz dient ein Mischkatalysator, der aus Zinkoxyd und Chromoxyd besteht.

Der *Äthylalkohol*, oder kurz Alkohol, ist ein flüchtiger Bestandteil des Weines; er wird
daher auch Weingeist oder Spiritus genannt. Er entsteht bei der Bereitung alkoholischer
Getränke (Wein, Bier, Branntwein) durch einen Gärprozeß aus dem Traubenzucker, dessen
Bruttoformel $C_6H_{12}O_6$ ist, nach der summarischen Gleichung:

$$C_6H_{12}O_6 \rightarrow 2 C_2H_5OH + 2 CO_2.$$

Die Gärung wird durch Hefe in Gang gesetzt. Es hat sich jedoch zeigen lassen, daß der Gärprozeß nicht an die Gegenwart lebender Hefezellen gebunden ist; wirksam sind vielmehr
Stoffe, die in sehr kleinen Mengen von der Hefe erzeugt werden. Man nennt diese Stoffe *Enzyme*
oder *Fermente*[3]. In einer komplizierten Reaktionsfolge bewirken mehrere Enzyme katalytisch
die Spaltung des Traubenzuckermoleküls. Die alkoholische Gärung ist ein enzymatischer
Vorgang und gilt als Typ für zahlreiche wichtige, im lebenden Organismus stattfindende
chemische Umwandlungen, die ebenfalls an die Gegenwart spezifisch wirkender Enzyme
gebunden sind (Fettspaltung, Eiweißverdauung u. a.).

Bei der technischen Gewinnung des Alkohols geht man von Kartoffelstärke aus, welche zunächst durch die in keimender Gerste (Malz) enthaltenen Fermente *Diastase* und *Maltase*[4] in
Traubenzucker verwandelt wird. Darauf leitet man durch Zusatz von Hefe die Gärung ein. Der
so entstehende Kartoffelspiritus ist kein reiner Äthylalkohol; er enthält geringe Mengen höherer
Alkohole — *Fuselöle* —, die aus dem Eiweiß der Stärkekörner und der Hefe gebildet werden.

---

[1] gr. ὕδωρ (hydor) = Wasser; φίλος (philos) = lieb; φόβος (phobos) = Furcht; hydrophil = wasserliebend, hydrophob = wasserscheuend.

[2] Die Namen Methan, Methyl, Methylalkohol gehen zurück auf gr. μέθυ (methy) = Wein,
obgleich der Weingeist keinen Methylalkohol enthält.

[3] gr. ζύμη (zyme) = Sauerteig; lat. fermentum = Sauerteig. Der Sauerteig wirkt durch
seinen Gehalt an Enzymen (Fermenten) gärungserregend.

[4] gr. διάστασις (diastasis) = Trennung, Spaltung. Das Ferment trägt seinen Namen, weil
es Stärke in Malzzucker aufspaltet, der dann weiter von dem Ferment Maltase in Traubenzukker verwandelt wird (vgl. S. 300).

Die Hauptbestandteile des Fuselöles sind:

$$CH_3—CH_2—CH_2OH$$

n-Propylalkohol<br>Propanol-(1)

$$CH_3—\overset{\displaystyle CH_3}{\overset{|}{CH}}—CH_2OH$$

Isobutylalkohol<br>2-Methyl-propanol-(1)

und die beiden primären Amylalkohole[1] (Gärungsamylalkohole):

$$CH_3—\overset{\displaystyle CH_3}{\overset{|}{CH}}—CH_2—CH_2OH$$

3-Methyl-butanol-(1), Sdp. 128°

$$CH_3—CH_2—\overset{\displaystyle CH_3}{\overset{|}{CH}}—CH_2OH .$$

2-Methyl-butanol-(1), Sdp. 128°

Zur Entfernung von Wasser und Fuselöl wird aus der vergorenen Flüssigkeit der Alkohol in wirksamen Kolonnenapparaten sorgfältig herausdestilliert. Man gewinnt so schließlich Alkohol von 95,6 Gewichtsprozent. Eine weitere Anreicherung durch Destillation ist nicht möglich. Durch Zusatz eines geeigneten dritten Stoffes, insbesondere Trichloräthylen $CHCl = CCl_2$ (Sdp. 87°), gelingt es jedoch, aus der azeotropen[2] Alkohol-Wassermischung das Wasser herauszudestillieren und so absoluten Alkohol zu gewinnen.

Durch einen Gärprozeß kann man auch aus der Sulfitlauge, welche bei der Zellstoffherstellung abfällt, Alkohol bereiten. Dieser Sulfitspiritus ist für Genußzwecke unbrauchbar.

Ein Gemisch von höheren Alkoholen entsteht neben anderen Produkten (Paraffine) bei der katalytischen Hydrierung von Kohlenoxyd mit geeigneten Katalysatoren nach dem FISCHER-TROPSCH-Verfahren[3]. Im übrigen sind zur Herstellung von Alkoholen vielfach spezielle Verfahren gebräuchlich, die von leicht zugänglichen und wohlfeilen Stoffen ausgehen. Als Beispiel diene der cyclische sekundäre Alkohol *Cyclohexanol* $C_6H_{11}OH$, der neuerdings als Lösungsmittel (Hexalin) und für synthetische Zwecke technische Bedeutung hat. Man gewinnt ihn durch Hydrierung des im Steinkohlenteer reichlich vorhandenen Phenols $C_6H_5OH$ unter Verwendung geeigneter Nickelkatalysatoren:

$$HC\overset{\displaystyle CH=CH}{\underset{\displaystyle CH—CH}{\Big\langle}}C—OH + 6\,H \rightarrow H_2C\overset{\displaystyle CH_2—CH_2}{\underset{\displaystyle CH_2—CH_2}{\Big\langle}}C\overset{\displaystyle H}{\underset{\displaystyle OH}{\Big\langle}} .$$

Phenol                    Cyclohexanol, Sdp. 161°

Als höhere Alkohole mit normaler Kohlenstoffkette seien noch genannt der *Cetylalkohol*[4] $C_{16}H_{31}OH$ als Bestandteil des Walrats und der *Myricyl*- oder *Melissylalkohol*[5] $C_{31}H_{63}OH$, der im Bienenwachs enthalten ist.

Der einfachste ungesättigte Alkohol ist der *Allylalkohol*[6] $CH_2=CH—CH_2OH$ (Sdp. 96°). Einige höhere ungesättigte Alkohole zeichnen sich durch angenehmen Geruch aus. Sie sind in ätherischen Ölen aufgefunden worden und bilden deren hauptsächlichste Geruchsträger. So bildet das *Geraniol*

$$CH_3—\underset{\displaystyle CH_3}{\underset{|}{C}}=CH \cdot CH_2 \cdot CH_2 \cdot \underset{\displaystyle CH_3}{\underset{|}{C}}=CH \cdot CH_2OH$$

den Hauptbestandteil des Rosenöls, Geraniumöls, Citronellöls und Lemongrasöls. Einen anhaftenden Maiglöckchengeruch besitzt das *Farnesol*:

$$CH_3—\underset{\displaystyle CH_3}{\underset{|}{C}}=CH \cdot CH_2 \cdot CH_2 \cdot \underset{\displaystyle CH_3}{\underset{|}{C}}=CH \cdot CH_2 \cdot CH_2 \cdot \underset{\displaystyle CH_3}{\underset{|}{C}}=CH \cdot CH_2OH .$$

Diese und viele andere wohlriechende Alkohole können auch synthetisch gewonnen werden.

### Alkohole als Alkylderivate der Wassers. Ester anorganischer Säuren (Mineralsäureester).

Wir haben bisher die Alkohole als Hydroxylderivate der Kohlenwasser-

---

[1] gr. ἄμυλον (amylon) = Stärke.

[2] vgl. Anorg. Chem. S. 179.

[3] FRANZ FISCHER, bekannt durch seine Arbeiten über Kohlenveredlung. Das FISCHER-TROPSCH-Verfahren ist eine Quelle vieler technisch wichtiger Stoffe (Treibmittel, Lösungsmittel, Waschmittel).

[4] lat. cetus = Walfisch.

[5] gr. μύρον (myron) = wohlriechendes Öl, Salbe; μέλισσα (melissa) = Biene.

[6] Das Radikal $CH_2=CH—CH_2$ — heißt Allyl, weil Allylderivate in Laucharten (Allium) vorkommen. Der noch einfachere Vinylalkohol $CH_2=CH—OH$ existiert nicht.

stoffe angesehen. Auf Grund ihrer hohen Siedepunkte und der guten Löslichkeit der niederen Glieder in Wasser brachten wir jedoch die Alkohole bereits in Beziehung zum Wasser. In der Tat kann man sie aus dem Wasser H—O—H entstanden denken durch Substitution eines Wasserstoffatoms durch ein Alkylradikal. Die Alkohole erscheinen hiernach als alkyliertes oder — genauer — einfach alkyliertes Wasser. Die Ableitung der Alkohole von dem Typus Wasser und allgemein die Ableitung organischer Verbindungen von anorganischen Typen (HCl, $H_2S$, $NH_3$) ist historisch älter als die Ableitung von den Kohlenwasserstoffen. Sie vermittelte die ersten Einblicke in den Aufbau organischer Moleküle, und wir werden uns dieser Betrachtungsweise auf den folgenden Seiten häufig mit Vorteil bedienen.

Im einfachsten Fall kann man die angedeutete *Alkylierung* des Wassers befriedigend durchführen. So läßt sich Wasser mit Methyljodid entweder direkt

$$CH_3J + HOH \rightleftarrows CH_3OH + HJ,$$

oder auf dem Wege über das Natriumhydroxyd

$$CH_3J + NaOH \rightarrow CH_3OH + NaJ$$

zu Methylalkohol methylieren. Der direkte Weg (Hydrolyse von Methyljodid) verläuft, wie die Pfeile andeuten, unvollständig. Andere Alkylhalogenide reagieren mit Wasser praktisch gar nicht, und ihre Umsetzung mit Alkali (letzte Reaktion) ergibt schlechte Ausbeuten an Alkohol, wie bereits früher (vgl. S. 249) auseinandergesetzt wurde.

Liest man die erste Reaktionsgleichung von rechts nach links, so bedeutet sie eine Umsetzung zwischen Methylalkohol und Jodwasserstoff, bei der als Reaktionsprodukte Methyljodid und Wasser entstehen:

$$CH_3OH + HJ \rightleftarrows CH_3J + H_2O.$$

Ebenso reagieren auch andere Alkohole und Säuren miteinander, z. B. Äthylalkohol und Chlorwasserstoff:

$$C_2H_5OH + HCl \rightleftarrows C_2H_5Cl + H_2O.$$
$$\text{Äthylchlorid}$$

Bei der zweibasigen Schwefelsäure ergeben sich zwei Möglichkeiten:

$$C_2H_5OH + H_2SO_4 \rightleftarrows C_2H_5HSO_4 + H_2O$$
$$\text{Äthylschwefelsäure}$$

und mit überschüssigem Alkohol:

$$C_2H_5OH + C_2H_5HSO_4 \rightleftarrows (C_2H_5)_2SO_4 + H_2O.$$
$$\text{Diäthylsulfat}$$

Die so durch Wechselwirkung von Alkoholen und Säuren entstehenden Stoffe heißen *Ester*: Äthylchlorid $C_2H_5Cl$ ist der Äthylester der Chlorwasserstoffsäure, die Äthylschwefelsäure $C_2H_5HSO_4$ ist der saure und das Diäthylsulfat $(C_2H_5)_2SO_4$ ist der neutrale Äthylester der Schwefelsäure. Der Vorgang der Esterbildung wird *Veresterung* genannt; seine Umkehrung, d. h. die Spaltung (Hydrolyse) der Ester in Säure und Alkohol im Sinne der von rechts nach links gelesenen Gleichungen, heißt *Verseifung*, weil bei der Bereitung von Seifen natürliche Ester (Fette) hydrolytisch in eine alkoholische Komponente (Glycerin) und eine Fettsäure bzw. deren Salz (Seife) gespalten werden.

Man kann die Esterbildung in Parallele setzen zu der Reaktion zwischen anorganischen Basen und Säuren, z. B.:

$$NaOH + HCl \rightarrow NaCl + H_2O$$
$$NaOH + H_2SO_4 \rightarrow NaHSO_4 + H_2O$$
$$NaOH + NaHSO_4 \rightarrow Na_2SO_4 + H_2O.$$

Die Ähnlichkeit zwischen beiden Vogängen ist jedoch rein formal. In der Anorganischen Chemie wurde auseinandergesetzt, daß die Umsetzung zwischen starken Basen und Säuren eine unmeßbar schnell und praktisch vollständig im Sinne der Wasserbildung verlaufende Ionenreaktion ist. Da die Alkohole in reinem Zustand und in wäßriger Lösung neutral reagieren und den elektrischen Strom schlecht leiten, spalten ihre Moleküle praktisch keine Hydroxylionen ab. Der Angriff der Säuren auf die Alkoholmoleküle, d. h. die Esterbildung verläuft daher meist langsam und unvollständig. Das gilt besonders für die Einwirkung der Halogenwasserstoffsäuren auf Alkohole, die allenfalls beim Erhitzen größere Mengen Alkylhalogenid (Ester der Halogenwasserstoffsäuren) liefert. In der Technik bedient man sich des wasserfreien Zinkchlorids $ZnCl_2$ als Katalysator, um aus Äthylalkohol und Chlorwasserstoff Chloräthyl (Äthylchlorid) herzustellen:

$$C_2H_5OH + HCl \rightleftarrows C_2H_5Cl + H_2O.$$

Da das Chloräthyl (Spd. 13°) leicht flüchtig ist, kann man es aus der Gleichgewichtsmischung herausdestillieren und so die Umsetzung vollständig machen.

Sehr glatt bilden sich die Schwefelsäureester der niederen Alkohole. Wie bereits erwähnt, gibt es zwei Reihen: saure Ester (Alkylschwefelsäuren) und neutrale Ester (Dialkylsulfate). Als Beispiele seien genannt:

$$
\begin{array}{cccc}
\begin{matrix} CH_3O \\ \diagdown \\ HO \diagup \end{matrix}\!\!SO_2 &
\begin{matrix} CH_3O \\ \diagdown \\ CH_3O \diagup \end{matrix}\!\!SO_2 &
\begin{matrix} C_2H_5O \\ \diagdown \\ HO \diagup \end{matrix}\!\!SO_2 &
\begin{matrix} C_2H_5O \\ \diagdown \\ C_2H_5O \diagup \end{matrix}\!\!SO_2\,.
\end{array}
$$

| Methylschwefelsäure | Dimethylsulfat | Äthylschwefelsäure | Diäthylsulfat |
|---|---|---|---|
| $CH_3HSO_4$ | $(CH_3)_2SO_4$ | $C_2H_5HSO_4$ | $(C_2H_5)_2SO_4$ |
| schwer flüchtig | Sdp. 186° | schwer flüchtig | Sdp. 208° |

Die Formeln bringen zum Ausdruck, daß die Alkylgruppen nicht an den Schwefel, sondern an den Sauerstoff gebunden sind. Die Alkylschwefelsäuren sind schwerflüchtige, sirupöse Flüssigkeiten, die sich in Wasser leicht lösen. Sie enthalten noch ein saures Wasserstoffatom und sind daher starke Säuren. Diäthylsulfat und besonders Dimethylsulfat sind giftig. Alkylschwefelsäuren und Dialkylsulfate dienen im Laboratorium und in der Technik zur Einführung von Alkylgruppen in andere Verbindungen. So kann man z. B. aus Kaliumbromid, Schwefelsäure und Äthylalkohol das Äthylbromid bereiten. Die Umsetzung verläuft über die Stufe der Äthylschwefelsäure, die zunächst aus Schwefelsäure und Alkohol entsteht:

$$C_2H_5OH + H_2SO_4 \rightleftarrows C_2H_5HSO_4 + H_2O.$$

Die Äthylschwefelsäure reagiert weiterhin mit dem Bromwasserstoff des Kaliumbromids nach der Gleichung:

$$C_2H_5HSO_4 + HBr \rightleftarrows C_2H_5Br + H_2SO_4.$$

Bei der letzten Reaktion konkurrieren zwei Säuren ($H_2SO_4$ und $HBr$) miteinander um das Äthylradikal. Es stellt sich ein Gleichgewichtszustand ein, bei dem alle vier Stoffe (beide Ester und beide Säuren) vorhanden sind. Erwärmt man die Mischung, so gewinnt die Säure die Oberhand, deren Ester leichter flüchtig ist. Das ist in diesem Falle die Bromwasserstoffsäure, denn Äthylbromid (Sdp. 39°) ist bedeutend flüchtiger als Äthylschwefelsäure. Äthylbromid destilliert aus der Mischung heraus und bildet sich bei Gegenwart überschüssigen Alkohols so lange nach, bis der gesamte Bromwasserstoff verbraucht ist. Einen Vorgang dieser Art bezeichnet man als *Umesterung.* Ein analytisch wichtiger Umesterungsprozeß ist die Bildung des leicht flüchtigen *Borsäuremethylesters* $B(OCH_3)_3$ (Sdp. 65°) aus einem Borat (Borax), Schwefelsäure und Methylalkohol. Als Zwischenstufe entsteht Methylschwefelsäure, die mit der Borsäure[1] $B(OH)_3$ des Borats reagiert:

$$3\,CH_3HSO_4 + B(OH)_3 \rightleftarrows B(OCH_3)_3 + 3\,H_2SO_4.$$

---

[1] Die Borsäure $H_3BO_3$ ist hier in der Form $B(OH)_3$ geschrieben.

Beim Erwärmen verflüchtigt sich der mit schön grüner Flamme brennbare Borsäuremethylester.

Ein häufig anwendbares Verfahren zur Darstellung von Alkylhalogeniden ist die Umsetzung von Alkoholen mit den Trihalogeniden des Phosphors ($PCl_3$, $PBr_3$, $PJ_3$), die dabei in phosphorige Säure $P(OH)_3$ verwandelt werden. Als Beispiel diene die Darstellung von Methyljodid:

$$3\ CH_3OH + PJ_3 \rightleftarrows 3\ CH_3J + P(OH)_3 .$$

Die Methode empfiehlt sich besonders zur Bereitung der Alkyljodide. Man braucht in diesem Falle nicht fertiges Phosphortrijodid $PJ_3$ zu benutzen; es genügt vielmehr, roten Phosphor in dem Alkohol aufzuschlämmen und allmählich Jod hinzuzufügen. Beim Erwärmen destilliert das flüchtige Alkyljodid ab.

Auf weitere Methoden zur Darstellung von Estern anorganischer Säuren soll hier nicht eingegangen werden. Dagegen seien noch einige wichtige Mineralsäureester aufgeführt. Als Sprengstoff wichtig ist der Trisalpetersäureester des dreiwertigen Alkohols Glycerin, das *Glycerintrinitrat* $C_3H_5 (ONO_2)_3$, fälschlich oft als Nitroglycerin bezeichnet. Durch Erhitzen sowie auf Stoß und Schlag explodiert das Glycerintrinitrat mit großer Gewalt, wobei der in seinen Molekülen enthaltene Sauerstoff eine innermolekulare Verbrennung zu $CO_2$, $H_2O$ und $N_2$ bewirkt. Zur Milderung der Explosivwirkung läßt man die flüssige Substanz durch Kieselgur aufsaugen (Dynamit). Auch der Tetrasalpetersäureester des vierwertigen Alkohols Pentaerythrit[1] $C(CH_2OH)_4$ dient als Sprengstoff. Ein Salpetersäureester ist auch die aus Cellulose und Salpetersäure entstehende Schießbaumwolle.

In der Medizin hat der Äthylester der salpetrigen Säure, das *Äthylnitrit* $C_2H_5 \cdot ONO$, Verwendung gefunden. Die aus Alkohol, Natriumnitrit und Salzsäure leicht gewinnbare Substanz siedet bereits bei 17°; sie wirkt blutdruck-erniedrigend und puls-beschleunigend (Spiritus Aetheris nitrosi).

Ester der Phosphorsäure spielen eine wichtige Rolle in der Natur. So sind die *Lecithine* Abkömmlinge der Glycerinphosphorsäure. An dem komplizierten Vorgang der alkoholischen Gärung sind Phosphorsäureester als Zwischenglieder beteiligt.

Ein Ester der Rhodanwasserstoffsäure HNCS ist das im Samen des schwarzen Senfs (Brassica nigra L.) enthaltene *Allylsenföl* $CH_2{=}CH \cdot CH_2 \cdot NCS$.

**Spaltung der Mineralsäureester.** Beim Erhitzen auf genügend hohe Temperatur zerfallen manche Mineralsäureester unter Bildung von ungesättigten Kohlenwasserstoffen. Der Vorgang kann häufig zur Darstellung ungesättigter Kohlenwasserstoffe dienen. Ein Beispiel ist die Entstehung von Äthylen aus Äthylschwefelsäure. In der Praxis verfährt man so, daß man eine Mischung von Äthylalkohol und Schwefelsäure auf 170° erhitzt. An die zunächst erfolgende Bildung von Äthylschwefelsäure

$$C_2H_5OH + H_2SO_4 \rightleftarrows C_2H_5HSO_4 + H_2O$$

schließt sich dann die Zerfallsreaktion

$$C_2H_5HSO_4 \rightarrow H_2C{=}CH_2 + H_2SO_4$$

an. Da die zur Bildung des Esters benötigte Schwefelsäure bei seinem Zerfall wieder erscheint, genügt eine kleine Menge Schwefelsäure, um große Mengen Alkohol nach der summarischen Gleichung

$$C_2H_5OH \rightarrow H_2C{=}CH_2 + H_2O$$

in Äthylen zu verwandeln. Die Schwefelsäure katalysiert diese Reaktion, indem sie die Zwischenverbindung Äthylschwefelsäure bildet, durch deren Zerfall sie immer wieder neu entsteht. Wir haben hier ein klares Beispiel für das Eingreifen eines Katalysators in den Reaktionsablauf. Zweifellos beruht auch bei vielen anderen Reaktionen die Wirkung der Katalysatoren auf der intermediären Bildung von *Zwischenverbindungen*. Im vorliegenden Fall schwächt sich die katalytische Wirkung der Schwefelsäure allmählich ab, weil sie durch das entstehende Wasser mehr und mehr verdünnt wird und weil sie zum Teil für Nebenreaktionen (Oxydation des Alkohols) verbraucht wird.

In der Technik gewinnt man heute Äthylen, indem man Alkoholdämpfe über einen auf 300 bis 400° erhitzten Katalysator aus Aluminiumoxyd oder Silicagel ($SiO_2$) leitet. In diesem Falle ist die Wirkungsweise des Katalysators bei der *Dehydratisierung* (Wasserabspaltung) des Alkohols im einzelnen noch unbekannt. Man umschreibt sie als eine Kontaktwirkung.

---

[1] Der Alkohol heißt Pentaerythrit, weil sein Molekül 5 Kohlenstoffatome und ebenso viele Hydroxylgruppen enthält wie der vierwertige Alkohol Erythrit $CH_2OH \cdot CHOH \cdot CHOH \cdot CH_2OH$, der in Flechtenarten vorkommt, die den rotvioletten Lackmusfarbstoffe enthalten; gr. ἐρυθρός (erythros) = rot.

**Äther.** Beim Erhitzen einer Mischung von Äthylalkohol und Schwefelsäure verläuft neben der Äthylenbildung

$$C_2H_5OH \rightarrow C_2H_4 + H_2O$$

in geringem Umfange eine zweite Reaktion, die ebenfalls mit einer Dehydratisierung des Alkohols verbunden ist, an der jedoch zwei Moleküle Alkohol beteiligt sind

$$2\,C_2H_5OH \rightarrow C_4H_{10}O + H_2O,$$

was durch das Molekulargewicht (74) des enstehenden Produkts- — *Äther* — bestätigt wird. Man kann die Ätherbildung zur Hauptreaktion machen, wenn man die Temperatur nicht über 140° steigen läßt. Auch die Ätherbildung nimmt wahrscheinlich ihren Weg über die Stufe der Äthylschwefelsäure

$$C_2H_5OH + H_2SO_4 \rightleftarrows C_2H_5HSO_4 + H_2O$$
$$C_2H_5HSO_4 + C_2H_5OH \rightleftarrows C_2H_5 \cdot O \cdot C_2H_5 + H_2SO_4,$$

und die Schwefelsäure wirkt katalytisch. Der Äther $C_4H_{10}O$ ist isomer mit den Butylalkoholen $C_4H_9OH$. Er zeigt jedoch nicht die Eigenschaften eines Alkohols, sondern ist eine chemisch ziemlich indifferente Substanz und läßt sich insbesondere nicht mit Säuren verestern. Man wird daher vermuten, daß sein Molekül keine Hydroxylgruppe enthält, wie es die in der letzten Reaktionsgleichung gegebene Strukturformel bereits andeutet. Seine Bildung aus dem Äthylalkohol kann man durch folgendes Schema veranschaulichen:

$$\begin{array}{cc} CH_3 \cdot CH_2 \cdot O{\vdots}H & CH_3 \cdot CH_2 \\ CH_3 \cdot CH_2 \cdot {\vdots}OH & CH_3 \cdot CH_2 \end{array} {\Large\rangle} O + H_2O.$$

Diese Strukturformel des Äthers — genauer Diäthyläther — wird bestätigt durch eine übersichtliche Synthese, die es erlaubt, auch Äther mit verschiedenen Alkylgruppen am Sauerstoff — gemischte Äther — zu bereiten. Diese Synthese geht wieder aus von den Alkoholen. In der Hydroxylgruppe eines Alkohols ist ein einzelnes Wasserstoffatom an Sauerstoff gebunden, während die übrigen Wasserstoffatome des Alkohols an Kohlenstoff gekettet sind. Die Sonderstellung des Hydroxylwasserstoffatoms kommt in seiner Ersetzbarkeit durch Metalle, insbesondere Alkalimetalle, zum Ausdruck. Ähnlich wie Wasser reagieren besonders die niederen Alkohole ziemlich lebhaft mit den Alkalimetallen unter Entwicklung von Wasserstoff, z. B.:

$$C_2H_5OH + Na \rightarrow C_2H_5ONa + H_2.$$

Die entstehenden Stoffe heißen *Alkoholate*. Meist verwendet man zu ihrer Bezeichnung nur die Alkyle: $CH_3ONa$ ist Natriummethylat, $C_2H_5ONa$ ist Natriumäthylat. Die Äther bilden sich nun, wenn man die Alkoholate mit Alkylhalogeniden zum Umsatz bringt, z. B. der Dimethyläther aus Natriummethylat und Methyljodid:

$$CH_3 \cdot ONa + J \cdot CH_3 \rightarrow CH_3 \cdot O \cdot CH_3 + NaJ.$$

Der gemischte Methyläthyläther kann auf zweierlei Weise entstehen:

$$CH_3 \cdot ONa + J \cdot C_2H_5 \rightarrow CH_3 \cdot O \cdot C_2H_5$$
$$C_2H_5 \cdot ONa + J \cdot CH_3 \rightarrow C_2H_5 \cdot O \cdot CH_3.$$

Nach ihrer Strukturformel erscheinen die Äther als zweifach alkyliertes Wasser. Man kann diese zweifache Alkylierung statt über die Stufe der Alkoholate auch direkt vollziehen, wenn man den Weg über das Silberoxyd $Ag_2O$ nimmt:

$$2\,C_2H_5 \cdot J + Ag_2O \rightarrow C_2H_5 \cdot O \cdot C_2H_5 + 2\,AgJ.$$

Es wurde bereits bemerkt, daß die Äther mit den Alkoholen gleichen Kohlenstoffgehalts isomer sind. Darüber hinaus läßt die Strukturformel der Äther auch Isomerien innerhalb der Ätherreihe vorhersehen. So sind z. B. folgende Äther mit der

Bruttoformel $C_4H_{10}O$ isomere Verbindungen, die alle bekannt sind:

$$CH_3 \cdot CH_2 \cdot O \cdot CH_2 \cdot CH_3 \qquad CH_3 \cdot O \cdot CH_2 \cdot CH_2 \cdot CH_3 \qquad CH_3 \cdot O \cdot CH(CH_3)_2 .$$

Diäthyläther, Sdp. 34,6°      Methyl-n-propyläther, Sdp. 39°      Methyl-isopropyläther, Sdp. 32°

Infolge des Fehlens der Hydroxylgruppe entfernen sich die Äther in ihren physikalischen Eigenschaften bedeutend weiter vom Wasser als die Alkohole. Der Zusammenhalt zwischen den Äthermolekülen im flüssigen Zustand (die Kohäsion) ist geringer als zwischen den Alkoholmolekülen; die Äther sieden daher wesentlich tiefer als die isomeren Alkohole, wie folgende Übersicht zeigt:

| Strukturformel | Sdp. °C | Bruttoformel | Sdp. °C | Strukturformel |
|---|---|---|---|---|
| $CH_3 \cdot O \cdot CH_3$ <br> Dimethyläther | — 23,6 | $C_2H_6O$ | 78,5 | $CH_3 \cdot CH_2 \cdot OH$ <br> Äthylalkohol |
| $CH_3 \cdot O \cdot CH_2 \cdot CH_3$ <br> Methyläthyläther | + 10,8 | $C_3H_8O$ | 97,4 | $CH_3 \cdot CH_2 \cdot CH_2 \cdot OH$ <br> n-Propylalkohol |
| $CH_3 \cdot CH_2 \cdot O \cdot CH_2 \cdot CH_3$ <br> Diäthyläther | + 34,6 | $C_4H_{10}O$ | 117 | $CH_3 \cdot CH_2 \cdot CH_2 \cdot CH_2 \cdot OH$ <br> n-Butylalkohol . |

Wegen der größeren Wasserunähnlichkeit ist auch die Löslichkeit der Äther in Wasser geringer als die der Alkohole. Umgekehrt sind dagegen die Äther gute Lösungsmittel für Fette und fettähnliche Stoffe.

Der wichtigste Äther ist der *Diäthyläther* $(C_2H_5)_2O$, der meist kurz *Äther*[1] genannt wird. Seine Verwendung als Lösungsmittel und — in sehr reinem Zustande — als Narkosemittel ist allgemein bekannt. Bei längerem Aufbewahren von Äther bilden sich unter Einwirkung des Luftsauerstoffes Peroxyde, die besonders bei der Destillation von Äther explosionsartig zerfallen können. Als Narkoseäther darf peroxydhaltiger Äther nicht verwendet werden. Im übrigen ist Äther wegen seiner Brennbarkeit und leichten Flüchtigkeit ein ziemlich feuergefährlicher Stoff, dessen Dämpfe, mit Luft gemischt, bei Berührung mit Flammen oder Funken heftig explodieren können. Beim Umgang mit Äther ist also Vorsicht geboten, wobei besonders darauf zu achten ist, daß sich Ätherdampf wegen seiner Schwere am Boden ansammelt. Praktische Bedeutung als Lösungsmittel hat der cyclische Äther *Dioxan* (Sdp. 102°):

O<br>
/ \\<br>
$H_2C$     $CH_2$<br>
|         |<br>
$H_2C$     $CH_2$ .<br>
\\ /<br>
O

Das Dioxan leitet sich von dem zweiwertigen Alkohol Glykol $HO \cdot CH_2 \cdot CH_2 \cdot OH$ ab und kann aus Glykol und Schwefelsäure auf die gleiche Weise gewonnen werden wie gewöhnlicher Äther aus Äthylalkohol und Schwefelsäure.

# IV. Thioalkohole (Mercaptane) und Thioäther.

**Thioalkohole und Thioäther als Alkylderivate des Schwefelwasserstoffs.** Wie vom Wasser so leiten sich auch vom Schwefelwasserstoff Alkylderivate ab. Den gewöhnlichen Alkoholen entsprechen die *Thioalkohole* oder *Mercaptane* und den gewöhnlichen Äthern die *Thioäther* oder *Dialkylsulfide:*

$CH_3 \cdot OH$            $CH_3 \cdot SH$<br>
Alkohol                Thioalkohol (Mercaptan)<br>
Methylalkohol Sdp. 65°      Methylmercaptan Sdp. 6°<br><br>

$CH_3 \cdot O \cdot CH_3$          $CH_3 \cdot S \cdot CH_3$ .<br>
Äther                 Thioäther<br>
Dimethyläther Sdp. — 23,6°     Dimethylsulfid Sdp. 38°

---

[1] gr. αἰϑήρ (äther) war bei den Griechen die obere reine Himmelsluft. Der Name Äther deutet an, daß es sich um einen leicht flüchtigen Stoff handelt.

Die Darstellungsmethoden dieser *Thioverbindungen*[1] schließen sich eng an die der Alkohole und Äther an, wie folgende Gegenüberstellungen zeigen:

$$\text{Mercaptan:} \quad CH_3 \cdot J + KSH \rightarrow KJ + CH_3 \cdot SH$$
$$\text{Alkohol:} \quad CH_3 \cdot J + KOH \rightarrow KJ + CH_3 \cdot OH$$

und:

$$\text{Thioäther:} \quad CH_3SK + J \cdot CH_3 \rightarrow KJ + CH_3SCH_3$$
$$\text{Äther:} \quad CH_3OK + J \cdot CH_3 \rightarrow KJ + CH_3OCH_3 .$$

Die Alkylierung des Schwefelwasserstoffs erfolgt also in der ersten Stufe (Mercaptan) über das Alkalihydrosulfid $KSH$, in der zweiten Stufe (Thioäther) über die Alkalimetallverbindungen der Mercaptane ($CH_3SK$), die den Alkoholaten entsprechen und den Namen *Mercaptide* tragen.

Während die niedrigen Alkohole in mancher Hinsicht wasserähnlich sind, verraten die Mercaptane in ihren Eigenschaften deutliche Beziehungen zum Schwefelwasserstoff. Entsprechend der größeren Flüchtigkeit des Schwefelwasserstoffs (Sdp. —62°) gegenüber dem Wasser (Sdp. 100°) sieden die Mercaptane niedriger als die entsprechenden Alkohole. Die niederen Mercaptane sind flüchtige Flüssigkeiten von sehr unangenehmen Geruch. Wasser und Alkohole sind neutrale Stoffe; Schwefelwasserstoff ist dagegen eine allerdings sehr schwache Säure, und entsprechend besitzt auch die *Sulfydrylgruppe* —SH der Mercaptane schwach saure Eigenschaften. Die oben erwähnten Alkalimercaptide zeigen daher im Gegensatz zu den Alkoholaten der Alkalimetalle in wäßriger Lösung keine vollständige hydrolytische Spaltung. Die aus der anorganischen Chemie bekannte Neigung des Schwefels, sich unter Bildung sehr beständiger, schwerlöslicher Sulfide an Schwermetalle zu ketten, findet ihre Parallele bei den Mercaptanen. Diese sind imstande, den Wasserstoff der Sulfhydrylgruppe durch eine ganze Reihe von Schwermetallen auszutauschen. Die glatte Bildung der Schwermetallmercaptide, insbesondere der schwerlöslichen Quecksilbermercaptide z. B. $Hg(SC_2H_5)_2$, hat den Mercaptanen ihren Namen eingetragen[2].

**Oxydationsprodukte der Thioalkohole und Thioäther.** Chemisch interessiert besonders das Verhalten der Mercaptane und Thioäther bei der Oxydation. Sie führt bei den Mercaptanen über die unbeständigen *Alkylsulfinsäuren* zu den *Alkylsulfonsäuren*:

$$\underset{\text{Methylmercaptan}}{CH_3 \cdot SH} \xrightarrow{+2\,O} \underset{\text{Methylsulfinsäure}}{CH_3 \cdot SO_2H} \xrightarrow{+O} \underset{\text{Methylsulfonsäure}}{CH_3 \cdot SO_3H} .$$

In den Alkylsulfonsäuren ist das Alkyl an Schwefel gebunden, im Gegensatz zu den Alkylschwefelsäuren und Dialkylsulfaten, die das Alkyl an Sauerstoff gebunden enthalten:

$$\underset{\text{Methylsulfonsäure}}{CH_3 \cdot SO_2 \cdot OH} \qquad \underset{\text{Methylschwefelsäure}}{CH_3 \cdot O \cdot SO_2 \cdot OH} \qquad \underset{\text{Dimethylsulfat}}{CH_3 \cdot O \cdot SO_2 \cdot O \cdot CH_3} .$$

Alkylschwefelsäuren und Dialkylsulfate sind als Ester der Schwefelsäure verseifbar, Alkylsulfonsäuren dagegen nicht. Wegen ihrer verhältnismäßig umständlichen Gewinnungsweise haben aliphatische Sulfonsäuren nur geringe Bedeutung. In der aromatischen Reihe lassen sich Sulfonsäuren direkt durch Sulfurierung der Kohlenwasserstoffe mit Schwefelsäure gewinnen, z. B. Benzolsulfonsäure:

$$C_6H_6 + HO \cdot SO_2 \cdot OH \rightarrow C_6H_5 \cdot SO_2 \cdot OH + H_2O .$$

Aromatische Sulfonsäuren sind für Trennungszwecke und besonders als Zwischenprodukte für weitere Umsetzungen von großer Bedeutung (vgl. S. 313ff.).

Die ebenfalls leicht durchführbare Oxydation der Thioäther führt über die *Sulfine* (*Sulfoxyde*) mit 4-wertigem Schwefel zu den *Sulfonen* mit 6-wertigem Schwefel:

$$\underset{\text{Dimethylsulfid}}{\overset{H_3C}{\underset{H_3C}{>}}S} \xrightarrow{+O} \underset{\text{Dimethylsulfin}}{\overset{H_3C}{\underset{H_3C}{>}}SO} \xrightarrow{+O} \underset{\text{Dimethylsulfon}}{\overset{H_3C}{\underset{H_3C}{>}}SO_2} .$$

Sulfoxyde und Sulfone sind neutrale Stoffe. Ein Disulfon ist das Schlafmittel *Sulfonal*:

$$\overset{H_3C}{\underset{H_3C}{>}}C\overset{SO_2 \cdot C_2H_5}{\underset{SO_2 \cdot C_2H_5}{<}} .$$

---

[1] gr. θεῖον (theion) = Schwefel.
[2] Mercaptan ist die Abkürzung von Mercurium captans = das Quecksilber einfangend.

Durch milde wirkende Oxydationsmittel, langsam auch durch den Luftsauerstoff, entstehen aus Mercaptanen Disulfide:

$$CH_3 \cdot SH + O + HS \cdot CH_3 \rightarrow H_2O + CH_3 \cdot S \cdot S \cdot CH_3 .$$

Dimethyldisulfid

Die Disulfide sind Alkylderivate des schon lange bekannten Wasserstoffdisulfids $H_2S_2$[1]. Sie lassen sich durch Reduktionsmittel sehr leicht wieder in Mercaptane verwandeln. Dieser wechselseitige Übergang zwischen der Sulfhydrylgruppe —SH in die Disulfidgruppe —S—S— nach dem Schema:

$$2\,SH \underset{+2\,H}{\overset{+O}{\rightleftarrows}} -S-S-$$

spielt eine Rolle in der Natur. Im Organismus sind Stoffe vorhanden, die eine Sulfhydryl- bzw. Disulfidgruppe enthalten. Sie dienen auf Grund der geschilderten Eigenschaften als Regler und Vermittler bei biologischen Oxydations- und Reduktionsvorgängen[2].

Im Pflanzenreich kommen einige Disulfide in verschiedenen Laucharten vor. So findet sich in dem mit Wasserdampf flüchtigen Öl des Knoblauchs (Allium sativum) das Diallyldisulfid $CH_2{=}CH \cdot CH_2 \cdot S \cdot S \cdot CH_2 \cdot CH{=}CH_2$.

# V. Aldehyde und Ketone.

**Aldehyde und Ketone als Oxydationsprodukte primärer bzw. sekundärer Alkohole.**
Von den Alkoholen ausgehend gelangt man durch Oxydation zu weiteren wichtigen organischen Verbindungen. Es wurde bereits erwähnt, daß sich primäre, sekundäre und tertiäre Alkohole bei der Oxydation verschieden verhalten (vgl. S. 248). Folgende Übersicht vermittelt einen Einblick in den Verlauf der Oxydation an konkreten Beispielen:

Äthylalkohol (primär)        Acetaldehyd        Essigsäure

Isopropylalkohol (sekundär)        Aceton        Kein weiteres Oxydationsprodukt unter Erhaltung des Kohlenstoffgerüstes.

Butylalkohol, tertiärer        Kein Oxydationsprodukt unter Erhaltung des Kohlenstoffgerüstes.

Man erkennt, daß die Oxydation an dem hydroxyltragenden Kohlenstoffatom ansetzt. Sie erscheint in den Beispielen Äthylalkohol und Isopropylalkohol in der ersten Stufe als *Dehydrierung* (Wasserstoffabspaltung[3]). Die Dehydrierung erfolgt

---

[1] Das Wasserstoffdisulfid war schon SCHEELE bekannt.

[2] Die Funktionen eines Thioalkohols und einer Carbonsäure besitzt die als Kaltwellmittel gebräuchliche Thioglykolsäure $HS \cdot CH_2 \cdot COOH$.

[3] Daß z. B. im Endeffekt beim Äthylalkohol die Dehydrierung einer Oxydation gleichkommt, erkennt man, wenn man die Endgleichung folgender Reaktionsstufen betrachtet:

$$CH_3 \cdot CH_2 \cdot OH \rightarrow CH_3 \cdot C{\overset{H}{\underset{O}{<}}} + 2\,H$$

$$2\,H + O \rightarrow H_2O$$

$$CH_3 \cdot CH_2 \cdot OH + O \rightarrow CH_3 \cdot C{\overset{H}{\underset{O}{<}}} + H_2O .$$

unter Abspaltung des Wasserstoffatoms der Hydroxylgruppe und eines Wasserstoffatoms am hydroxyltragenden Kohlenstoffatom; sie führt beim primären Äthylalkohol zum Acetaldehyd mit der *Aldehydgruppe* $-C\diagup^H_{\diagdown O}$ und beim sekundären Isopropylalkohol zum Aceton mit der *Ketogruppe* $\diagdown C{=}O$. Der tertiäre Butylalkohol trägt an dem hydroxyltragenden Kohlenstoffatom kein weiteres Wasserstoffatom und kann daher auf die geschilderte Art kein Dehydrierungsprodukt liefern. Die Oxydation des Äthylalkohols kann über die Stufe des Acetaldehyds weiter zur Essigsäure mit der Gruppe $-C\diagup^{OH}_{\diagdown O}$ führen, während die Oxydation des Isopropylalkohols normalerweise mit dem Aceton ihr Ende findet. Durch energisch wirkende Oxydationsmittel können zwar auch das Aceton und der tertiäre Butylalkohol oxydiert werden, doch bleibt dabei das Kohlenstoffgerüst nicht erhalten. Eine Besonderheit bietet das einfachste Glied der Alkoholreihe, der Methylalkohol; seine Oxydation kann über die Stufen Formaldehyd und Ameisensäure weiter zur Kohlensäure führen:

$$H-\underset{\underset{H}{|}}{\overset{\overset{H}{|}}{C}}-OH \xrightarrow{-2H} H-C\diagup^H_{\diagdown O} \xrightarrow{+O} H-C\diagup^{OH}_{\diagdown O} \xrightarrow{+O} HO-C\diagup^{OH}_{\diagdown O} \; (=CO_2 + H_2O).$$

Methylalkohol          Formaldehyd          Essigsäure          Kohlensäure
                                                                (Hydratform)

Auf die geschilderte Art verläuft die Oxydation auch bei anderen Alkoholen. Primäre Alkohole liefern zunächst *Aldehyde* (Abkürzung von Alcohol dehydrogenatus) mit der Gruppe $-C\diagup^H_{\diagdown O}$ und weiterhin *Säuren;* sekundäre Alkohole liefern *Ketone* (abgeleitet von Aceton) mit der Gruppe $\diagdown C{=}O$; tertiäre Alkohole geben keine Oxydationsprodukte mit unverändertem Kohlenstoffgerüst.

Die Namen der Aldehyde sind nach den Namen der Säuren gebildet, in die sie bei der Oxydation übergehen: Formaldehyd → Ameisensäure (lat. formica = Ameise), Acetaldehyd → Essigsäure (lat. acetum = Essig). Der Name des einfachsten Ketons Aceton ist ebenfalls von der Essigsäure hergeleitet, aus der er gewonnen werden kann. Die Namen der übrigen Ketone bildet man, indem man die Endung -keton an die mit der Ketogruppe verbundenen Alkylradikale anhängt, z. B.:

$$\left.\begin{array}{l}CH_3\diagdown\\ CH_3{\cdot}CH_2\diagup\end{array}\right\rangle C{=}O \qquad\qquad \left.\begin{array}{l}CH_3{\cdot}CH_2\diagdown\\ CH_3{\cdot}CH_2\diagup\end{array}\right\rangle C{=}O\;.$$

Methyläthylketon                                       Diäthylketon

Nach neuerer Bezeichnungsweise benennt man Aldehyde und Ketone durch Anhängen der Endungen -al bzw. -on an die Namen der Kohlenwasserstoffe mit der gleichen Zahl von Kohlenstoffatomen pro Molekül. Eine Gegenüberstellung beider Namensgebungen gibt folgende Übersicht:

$$H{\cdot}C\diagup^H_{\diagdown O} \qquad CH_3{\cdot}C\diagup^H_{\diagdown O} \qquad CH_3{\cdot}CH_2{\cdot}C\diagup^H_{\diagdown O} \qquad CH_3{\cdot}CH_2{\cdot}CH_2{\cdot}C\diagup^H_{\diagdown O}$$

Formaldehyd          Acetaldehyd          Propionaldehyd          Butyraldehyd
Methanal, Sdp. −21°   Äthanal, Sdp. 21°   Propanal, Sdp. 49°      Butanal, Sdp. 73°

$$CH_3{\cdot}CO{\cdot}CH_3 \quad CH_3{\cdot}CO{\cdot}CH_2{\cdot}CH_3 \quad CH_3{\cdot}CH_2{\cdot}CO{\cdot}CH_2{\cdot}CH_3 \quad CH_3{\cdot}CO{\cdot}CH_2{\cdot}CH_2{\cdot}CH_3\;.$$

Aceton               Methyläthylketon          Diäthylketon              Methyl-n-propylketon
Propanon, Sdp. 57°   Butanon, Sdp. 79,6°   Pentanon-(3), Sdp. 101°   Pentanon-(2), Sdp. 102°

Ganz entsprechend ist die Bezeichnung bei cyclischen Ketonen, z. B. bei dem aus dem sekundären Alkohol Cyclohexanol durch Oxydation zugänglichen Cyclohexanon:

Cyclohexanol                        .Cyclohexanon, Sdp. 155°

Aldehyde und Ketone enthalten keine Hydroxylgruppe. Ihre Siedepunkte liegen daher tiefer als die der entsprechenden Alkohole. Formaldehyd ist bei gewöhnlicher Temperatur gasförmig. Die niederen Aldehyde sind stechend riechende Flüssigkeiten, die ebenso wie die niederen Ketone mit Wasser mischbar sind. Die höheren Glieder beider Stoffklassen sind fest und paraffinähnlich.

Da die Aldehydgruppe unter Sauerstoffaufnahme in die Carboxylgruppe einer Säure übergehen kann

sind Aldehyde *reduzierende* Substanzen, Ketone dagegen nicht. Aldehyde reduzieren eine ammoniakalische Lösung von Silbernitrat zu metallischem Silber (Silberspiegel). Eine alkalische, weinsäurehaltige Lösung von Kupfer(II)-salz (FEHLINGsche Lösung) wird zu gelbem bzw. rotem Kupfer(I)-oxyd reduziert. Diese empfindliche Reaktion dient auch zum Nachweis von Traubenzucker, dessen Molekül eine Aldehydgruppe enthält.

**Additionsreaktionen der Aldehyde und Ketone.** Aldehyden und Ketonen ist die Keto-gruppe $\diagup$C$=$O gemeinsam; man bezeichnet sie meist als *Carbonylgruppe*. Die Carbonylgruppe ist in den Ketonen mit ihren beiden freien Valenzen an Kohlenstoff gebunden, in den Aldehyden ist eine Valenz durch Wasserstoff besetzt. Um an dem Prinzip des Bindungswertes 4 für Kohlenstoff und des Bindungswertes 2 für Sauerstoff festzuhalten, hat man die Verknüpfung des Kohlenstoffatoms mit dem Sauerstoffatom in der Carbonylgruppe $\diagup$C$=$O ähnlich wie die Verknüpfung zweier Kohlenstoffatome $\diagup$C$=$C$\diagdown$ in den ungesättigten Verbindungen durch eine Doppelbindung ausgedrückt. Wie früher (vgl. S. 240ff.) auseinandergesetzt wurde, ist die Kohlenstoff-Kohlenstoffdoppelbindung durch ihr Additionsvermögen gekennzeichnet und ähnliches trifft auch für die Kohlenstoff-Sauerstoffdoppelbindung der Carbonylgruppe zu. Aldehyde und Ketone addieren daher an die Carbonylgruppe eine ganze Reihe von Stoffen. Die Additionsprodukte dienen teils zur Reinigung und Charakterisierung der Aldehyde und Ketone, teils sind sie wichtig für den synthetischen Aufbau weiterer Verbindungen. Technische Bedeutung hat die Anlagerung von Wasserstoff an die Carbonylgruppe, die bei Aldehyden zu primären, bei Ketonen zu sekundären Alkoholen zurückführt:

Acetaldehyd                  Äthylalkohol

Aceton                Isopropylalkohol

Diese Hydrierung der Aldehyde und Ketone kann katalytisch an geeigneten Metallkontakten und häufig auch mit nascierendem Wasserstoff ausgeführt werden.

Ein Beispiel für eine synthetisch wichtige Additionsreaktion ist die Anlagerung von Blau-säure an die Carbonylgruppe, z. B.:

$$
\begin{array}{ccc}
\underset{\underset{\text{O}}{\parallel}}{\overset{\overset{\text{H}}{|}}{\text{CH}_3\text{—C}}} + \underset{\text{H}}{\overset{}{\text{CN}}} \longrightarrow & \underset{\underset{\text{OH}}{|}}{\overset{\overset{\text{H}}{|}}{\text{CH}_3\text{—C—CN}}} & \xrightarrow{+2\,\text{H}_2\text{O}} & \underset{\underset{\text{OH}}{|}}{\overset{\overset{\text{H}}{|}}{\overset{(\beta)\phantom{x}(\alpha)}{\text{CH}_3\text{—C—}}}}\text{C}\!\!\underset{\text{O}}{\overset{\text{OH}}{<}} + \text{NH}_3\,.
\end{array}
$$

Acetaldehyd         Acetaldehyd-cyanhydrin         Milchsäure α-Oxy-propionsäure

Die Additionsprodukte heißen Cyanhydrine. Durch hydrolytische Abspaltung des Stickstoffs als Ammoniak liefern die Cyanhydrine weiterhin *α-Oxysäuren*[1], die ein Kohlenstoffatom mehr enthalten als der Ausgangsstoff. Die Reaktionsfolge bedeutet also einen synthetischen Aufbau von α-Oxysäuren aus den Aldehyden bzw. Ketonen.

**Kondensation der Aldehyde und Ketone.** An der Oxydation der Aldehyde und an den Additionsreaktionen der Aldehyde und Ketone ist nur die funktionelle Gruppe $—\text{C}\!\!\underset{\text{O}}{\overset{\text{H}}{<}}$ bzw. $\!\!>\!\!\text{C}\!=\!\text{O}$ beteiligt. Weitere Reaktionsmöglichkeiten ergeben sich dadurch, daß die Gegenwart der funktionellen Gruppe nicht ohne Einfluß auf das chemische Verhalten des Gesamtmoleküls ist. Dieser Einfluß erstreckt sich in erster Linie auf die Kohlenstoffatome, welche der Carbonylgruppe benachbart sind. Während gewöhnlich Wasserstoffatome, die an Kohlenstoff gebunden sind, ziemlich fest sitzen und reaktionsträge sind (vgl. die Paraffine), erscheinen sie gelockert und reaktionsfähig, sobald sich eine Carbonylgruppe in Nachbarstellung befindet. Infolge dieses auflockernden Einflusses der Carbonylgruppe lagern sich z. B. unter der Einwirkung von verdünntem Alkali zwei Moleküle Acetaldehyd in folgender Weise aneinander:

$$
\underset{\underset{\text{H}}{|}}{\overset{\overset{\text{O}}{\parallel}}{\text{CH}_3\text{—C}}} + \text{H—CH}_2\text{—C}\!\!\underset{\text{O}}{\overset{\text{H}}{<}} \longrightarrow \overset{(\gamma)\phantom{x}(\beta)\phantom{x}(\alpha)}{\underset{\underset{\text{H}}{|}}{\text{CH}_3\text{—C—CH}_2\text{—C}}}\!\!\overset{\overset{\text{OH}}{|}}{\phantom{x}}\!\!\underset{\text{O}}{\overset{\text{H}}{<}}.
$$

Acetaldehyd      Acetaldehyd         β-Oxybutyraldehyd Aldol

Die Reaktion kommt hinaus auf die Addition eines Aldehydmoleküls an die Carbonylgruppe eines zweiten, wobei sich ein durch die benachbarte Aldehydgruppe gelockertes Wasserstoffatom des ersten Moleküls an den Sauerstoff und der Molekülrest an den Kohlenstoff der Carbonylgruppe bindet. Die beiden Aldehydmoleküle ketten sich so unter Knüpfung einer Kohlenstoff-Kohlenstoffbindung aneinander. Eine solche Verkettung zweier Moleküle bezeichnet man als *Kondensation*. Sie läßt sich im allgemeinen gar nicht oder nur schwierig wieder lösen. Das entstehende Produkt, β-Oxybutyraldehyd, vereinigt in sich die Funktionen eines Aldehyds und eines Alkohols; es trägt daher auch die Bezeichnung *Aldol*. Der Vorgang selbst heißt Aldolkondensation.

Durch Hydrierung der Carbonylgruppe des Aldols gelangt man zu dem zweiwertigen Alkohol Butylenglykol, der weiterhin unter Abspaltung von zwei Molekülen Wasser in das für die Herstellung künstlichen Kautschuks wichtige Butadiën übergeht:

$$
\underset{\underset{\text{H}}{|}}{\overset{\overset{\text{OH}}{|}}{\text{CH}_3\text{—C}}}\!\!-\!\!\underset{\underset{\text{H}}{|}}{\overset{\overset{\text{H}}{|}}{\text{C}}}\!\!-\!\!\underset{\underset{\text{H}}{|}}{\overset{\overset{\text{O}}{\parallel}}{\text{C}}} \xrightarrow{+2\,\text{H}} \text{H}\!\!-\!\!\underset{\underset{\text{H}}{|}}{\overset{\overset{\text{H}}{|}}{\text{C}}}\!\!-\!\!\underset{\underset{\text{H}}{|}}{\overset{\overset{\text{OH}}{|}}{\text{C}}}\!\!-\!\!\underset{\underset{\text{H}}{|}}{\overset{\overset{\text{H}}{|}}{\text{C}}}\!\!-\!\!\underset{\underset{\text{H}}{|}}{\overset{\overset{\text{OH}}{|}}{\text{C}}}\!\!-\!\!\text{H} \xrightarrow{-2\,\text{H}_2\text{O}} \text{CH}_2\!=\!\text{CH—CH}\!=\!\text{CH}_2\,.
$$

Aldol            Butylenglykol Butandiol-(1,3)           Butadiën

Der angedeutete Weg vom Acetaldehyd zum Butadiën wird auch von der Technik beschritten (vgl. die Übersicht auf S. 263).

---

[1] Bei Verbindungen, die außer einer endständigen noch weitere funktionelle Gruppen enthalten, kennzeichnet man deren Stellung, indem man das der endständigen funktionellen Gruppe benachbarte Kohlenstoffatom mit α, das nächste mit β usw. bezeichnet.

Wie viele $\beta$-Oxyverbindungen spaltet das Aldol leicht ein Molekül Wasser ab und geht in den $\alpha$, $\beta$-ungesättigten Crotonaldehyd über:

Aldol                     Crotonaldehyd, Sdp. 102°

Meist faßt man bei der Aldolkondensation das Aldol selbst gar nicht, sondern die Reaktion führt unter Wasserabspaltung direkt zum Crotonaldehyd:

In dieser Form der Wasserabspaltung ist die Aldolkondensation auch bei Ketonen möglich. So kondensieren sich unter der Einwirkung von konzentrierter Schwefelsäure drei Moleküle Aceton unter Wasseraustritt zu dem aromatischen Kohlenwasserstoff Mesitylen (symmetrisches Trimethylbenzol):

Aceton                          Mesitylen
3 Moleküle                   s-Trimethylbenzol

Die Reaktion ist historisch interessant, weil sie der erste Übergang aus der aliphatischen in die aromatische Reihe war.

Da das Molekül des Formaldehyds nur ein Kohlenstoffatom enthält, kann der Formaldehyd keine Aldolkondensation erfahren. Durch Einwirkung alkalischer Mittel (z. B. Kalkmilch) kondensieren sich die Formaldehydmoleküle unter Beteiligung eines Wasserstoffatoms der Aldehydgruppe, das an den Sauerstoff eines zweiten Moleküls tritt. Bei der Kondensation des Formaldehyds bilden sich je nach der Zahl der beteiligten Moleküle und der Art ihrer Verkettung mehrere Verbindungen. Eine Möglichkeit ist die Verkettung von sechs Formaldehydmolekülen nach folgendem Schema:

Das entstehende Produkt ist ein Polyoxaldehyd, d. h. ein Aldehyd, dessen Molekül außer der Aldehydgruppe mehrere Hydroxylgruppen enthält. Die Bruttoformel der Verbindung $C_6H_{12}O_6$ ist charakteristisch für eine Reihe von Naturprodukten, die man allgemein als *Kohlenhydrate* bezeichnet und zu denen insbesondere der Traubenzucker gehört. In mühsamer Arbeit gelang es EMIL FISCHER[1] aus dem Gemisch der Formaldehyd-Kondensationsprodukte eine Verbindung zu gewinnen, die er mit natürlichen Zuckern in Beziehung setzen konnte. Man nimmt daher an, daß der Formaldehyd bei der *Assimilation*[2] der Kohlensäure durch die Pflanzen eine Rolle als Zwischenprodukt spielt. Die Assimilation, welche unter Mitwirkung des Blattgrüns im Sonnenlicht stattfindet, ist eine unter Ausscheidung von Sauerstoff erfolgende Verwandlung von Kohlensäure und Wasser in Kohlenhydrate. Die Kohlenhydrate finden sich teils als verschiedene Zucker in Fruchtsäften, teils als Vorratsstoffe in Knollen und Samen gespeichert (Stärke) und dienen schließlich den Pflanzen als Gerüststoff (Cellulose). In die komplizierte, im einzelnen noch ungeklärte Folge von Umwandlungen würde sich der Formaldehyd nach folgendem Schema einordnen:

$$CO_2 + H_2O \rightarrow H-C\!\!\begin{array}{c} ^H \\ \diagdown O \end{array} + O_2$$

$$H-C\!\!\begin{array}{c} ^H \\ \diagdown O \end{array} \xrightarrow{\text{Kondensation}} \text{Zucker} \rightarrow \text{höhere Kohlenhydrate (Stärke, Cellulose).}$$

**Polymerisation der Aldehyde.** Außer der Kondensation gibt es bei den Aldehyden noch eine andere Möglichkeit der Zusammenlagerung mehrerer Moleküle; sie erfolgt unter der Einwirkung von Säuren. So geht Acetaldehyd auf Zusatz eines Tropfens konzentrierter Schwefelsäure in eine um etwa 100° höher siedende Flüssigkeit über, die den Namen *Paraldehyd* trägt. Das Molekulargewicht des Paraldehyds beträgt das Dreifache von dem des Acetaldehyds, und seine Bildung erfolgt in dem Sinne:

Acetaldehyd, Sdp. 21°                     Paraldehyd, Sdp. 122°
3 Moleküle

Der Paraldehyd ist also eine ätherartige heterocyclische Verbindung. Die Verkettung der Aldehydmoleküle erfolgt unter Knüpfung von Kohlenstoff-Sauerstoffbindungen, die sich im Gegensatz zu Kohlenstoff-Kohlenstoffbindungen häufig leicht wieder lösen lassen. Man bezeichnet eine solche leicht lösbare Verkettung als *Polymerisation*[3]. Um sie rückgängig zu machen, genügt es, den Paraldehyd mit etwas Schwefelsäure zu versetzen und zu destillieren. Wie die Pfeile in der Bildungsgleichung andeuten, herrscht zwischen Acetaldehyd und Paraldehyd ein Gleichgewicht. Dieses Gleichgewicht liegt zwar sehr weit zugunsten des Paraldehyds, aber durch die Destillation wird der leichter flüchtige Acetaldehyd aus der Mischung entfernt. Unter der katalytischen Wirkung der Schwefelsäure stellt sich das gestörte Gleichgewicht rasch wieder ein, und die Nachlieferung des Acetaldehyds erfolgt so lange, bis der gesamte Paraldehyd depolymerisiert ist. Ein festes Polymerisationsprodukt, das den Namen *Metaldehyd* trägt, entsteht aus dem Acetaldehyd bei der Einwirkung von Chlorwasserstoff. In kleine Briketts gepreßt, kommt der Metaldehyd als fester Brennstoff in den Handel.

Auch der Formaldehyd polymerisiert sich unter dem Einfluß von Säuren zu Verbindungen von ringförmigem Bau: Trioxymethylen $(CH_2O)_3$ und Tetraoxymethylen $(CH_2O)_4$; sie sind kristallin und leicht in Formaldehyd spaltbar. Unter geeigneten Bedingungen (Einwirkung von Säuren in wäßriger Lösung) nimmt jedoch die Polymerisation des Formaldehyds einen anderen Verlauf. Dabei entsteht eine Reihe von Stoffen — *Polyoxymethylene* — deren Moleküle aus offenen Ketten von verschiedener Länge bestehen. Sie bilden sich durch Aneinander-

---

[1] EMIL FISCHER (1852-1919), Nobelpreisträger, war einer der bedeutendsten organischen Chemiker der neueren Zeit. Seine Untersuchungen galten vorwiegend der strukturellen Erforschung und Synthese wichtiger Naturstoffe (Zuckerarten, Derivate der Harnsäure, Eiweißstoffe, Gerbstoffe).

[2] lat. assimilare = anähneln, ähnlich machen.

[3] Zwischen schwer lösbarer Kondensation und leicht lösbarer Polymerisation gibt es Übergänge. Die Scheidung beider Begriffe bei der Zusammenlagerung mehrerer Moleküle ist daher nicht immer ganz scharf möglich.

reihung von Formaldehydmolekülen unter Anlagerung der Bestandteile des Wassers an die Enden der Kette nach folgendem Schema:

$$C{=}O + C{=}O + C{=}O + C{=}O + C{=}O + C{=}O$$
$$\ \ H_2 \quad\ \ H_2 \quad\ \ H_2 \quad\ \ H_2 \quad\ \ H_2 \quad\ \ H_2$$

$$+\ HO \ \underline{\hspace{9cm}}\ H$$

$$\longrightarrow\ HO{-}C{-}O{-}C{-}O{-}C{-}O{-}C{-}O{-}C{-}O{-}C{-}OH\,.$$
$$\qquad\quad H_2 \quad\ H_2 \quad\ H_2 \quad\ H_2 \quad\ H_2 \quad\ H_2$$

Die allgemeine Formel der Polyoxymethylene ist $HOCH_2 \cdot O \cdot (CH_2O)_x \cdot CH_2OH$. Auf diese Weise können sich mehr als 100 Formaldehydmoleküle zu einer langen Kette aneinanderlagern. Mit wachsender Kettenlänge werden die Polyoxymethylene immer schwerer flüchtig und schwerer löslich. Die langkettigen Polyoxymethylene gehören zu der umfangreichen Klasse der *hochmolekularen Stoffe*, die als Naturprodukte (Cellulose, Kautschuk, Eiweißstoffe) und neuerdings in Form der zahlreichen Kunststoffe und plastischen Massen eine große Rolle spielen. Die Erforschung der Polyoxymethylene durch STAUDINGER[1] hat zur Aufklärung des Baues hochmolekularer Stoffe wesentlich beigetragen.

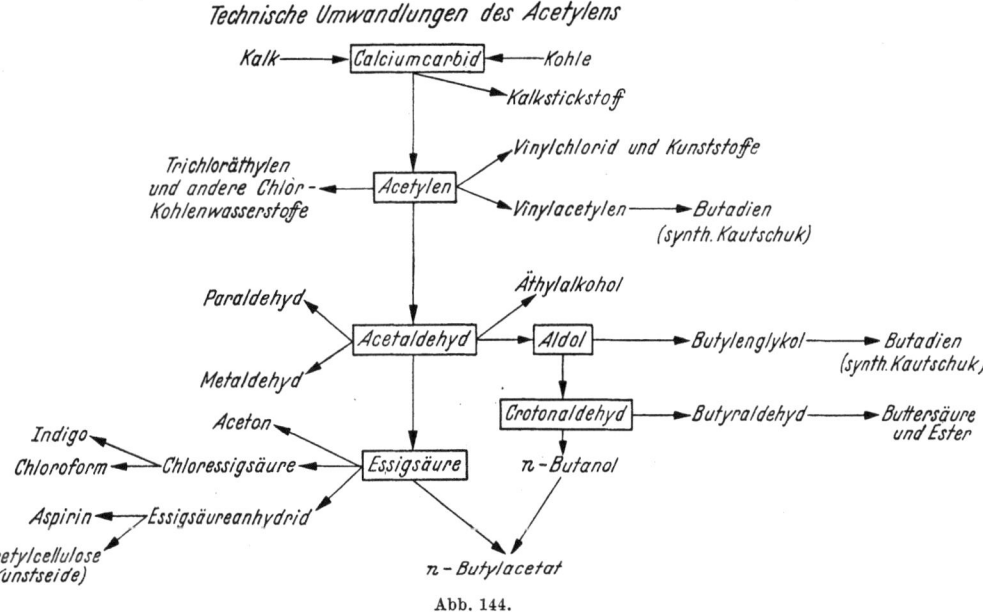

Abb. 144.

**Einzelne Aldehyde.** Der *Formaldehyd* ist ein sehr wichtiges technisches Produkt. Seine Hauptquelle ist das synthetische Methanol, aus dem er durch Oxydation mit Luftsauerstoff bei Gegenwart von Kupfer als Katalysator gewonnen wird:

$$CH_3OH + O \rightarrow CH_2O + H_2O\,.$$

Große Mengen Formaldehyd dienen zur Erzeugung von Kunstharzen, die durch Kondensation von Formaldehyd mit Phenol (Bakelit) oder mit Harnstoff (Aminoplaste) entstehen. Bekannt ist die desinfizierende Wirkung des Formaldehyds; man verwendet als Desinfektionsmittel meist die 30 bis 40 prozentige Lösung (Formalin). Mit Ammoniak vereinigt sich Formaldehyd unter Wasseraustritt zu einer kristallinen Verbindung, dem Hexamethylentetramin $C_6H_{12}N_4$. Die Umsetzung erfolgt nach der summarischen Gleichung:

$$6\,CH_2O + 4\,NH_3 \rightarrow C_6H_{12}N_4 + 6\,H_2O\,.$$

Die Verbindung findet unter dem Namen *Urotropin*[2] als harntreibendes und die Harnwege desinfizierendes Mittel Verwendung in der Medizin.

---

[1] HERMANN STAUDINGER, Prof. d. Chemie in Freiburg, ist bekannt durch seine Untersuchungen über den Bau hochmolekularer Stoffe.

[2] lat. urina = Harn; danach die Bezeichnung Urea für Harnstoff; gr. τρέπειν (trepein) = wenden. Urotropin heißt also soviel wie harntreibende Substanz.

Auch der *Acetaldehyd* ist neuerdings als Zwischenprodukt von großer technischer Bedeutung. Laboratoriumsmäßig kann man ihn durch Oxydation des Äthylalkohols mit Kaliumdichromat und Schwefelsäure darstellen; eine Weiteroxydation zu Essigsäure erfolgt dabei nicht in nennenswertem Umfange. Die Technik gewinnt den Acetaldehyd nach dem bereits auf S. 242 erwähnten Verfahren durch Anlagerung von Wasser an Acetylen unter der katalytischen Wirkung von Quecksilber (II)-sulfat:

$$HC \equiv CH + H_2O \rightarrow CH_3 \cdot C {\overset{H}{\underset{O}{\diagdown}}} \;.$$

Die mannigfachen von Acetaldehyd aus möglichen und technisch durchgeführten Umwandlungen, von denen einige vorstehend besprochen wurden, zeigt Abb. 144 (S. 263). Von Kalk und Kohle ausgehend gelangt man so über Calciumcarbid und Acetylen zu vielen wichtigen Produkten (Lösungsmittel, Weichmachungsmittel, Kunststoffe, künstlicher Kautschuk).

Ein interessantes und wichtiges Derivat des Acetaldehyds ist der Trichloracetaldehyd $CCl_3 \cdot C {\overset{H}{\underset{O}{\diagdown}}}$, der auch den Namen *Chloral* trägt. Das flüssige Chloral (Sdp. 98°) vereinigt sich mit Wasser unter Wärmeentwicklung zu dem kristallisierten *Chloralhydrat* $CCl_3 \cdot CH(OH)_2$ (Schmp. 51°), das früher als Schlafmittel verwendet wurde. Man erhält das Chloral in ziemlich verwickelter Reaktion durch Einwirkung von Chlor auf Äthylalkohol; das Chlor wirkt sowohl oxydierend als auch substituierend (chlorierend) auf das Alkoholmolekül:

$$CH_3 \cdot CH_2OH \xrightarrow{+Cl_2} CCl_3 \cdot C {\overset{H}{\underset{O}{\diagdown}}} \;.$$

Eine sehr eigenartige Umwandlung erfährt das Chloral bei der Einwirkung von Alkali. Während im allgemeinen eine Kohlenstoff-Kohlenstoffbindung sehr fest und daher schwer spaltbar ist, erfolgt beim Chloral diese Spaltung sehr leicht unter Bildung von Chloroform und ameisensaurem Salz (Formiat):

$$CCl_3 {-} \overset{\displaystyle H}{\underset{\displaystyle H\,OK}{|\!\!\underset{C=O}{\phantom{|}}}} \; \div \; CHCl_3 + H \cdot C {\overset{O}{\underset{OK}{\diagdown}}} \;.$$

Chloroform     K-formiat

Man kann so sehr reines Chloroform aus Chloral gewinnen. Zur technischen Darstellung von Chloroform braucht man das Chloral nicht erst zu isolieren. Man erhitzt einfach nach dem Verfahren von LIEBIG, der das Chloroform im Jahre 1831 entdeckte, Äthylalkohol mit Chlorkalk auf 40 bis 60°.

Während Formaldehyd und Acetaldehyd stechend riechen, besitzen einige höhere Aldehyde einen sehr angenehmen Geruch. So verursacht der *Önanthaldehyd* $C_6H_{13}CHO$ als Bestandteil des Weines zum Teil dessen Blume[1]. Die nächst höheren Homologen *Caprylaldehyd* $C_7H_{15}CHO$ und *Pelargonaldehyd* $C_8H_{17}CHO$ kommen in ätherischen Ölen vor; sie dienen nebst einigen anderen künstlich erzeugten Aldehyden als sogenannte Spitzengerüche in Parfümkompositionen.

Der einfachste ungesättigte Aldehyd ist das *Acroleïn* $CH_2 = CH \cdot C {\overset{H}{\underset{O}{\diagdown}}}$ (Sdp. 52°), eine Flüssigkeit von unerträglich stechendem Geruch[2], den man beim Verlöschen einer Kerze wahrnehmen kann, da das Acroleïn sich bei der unvollständigen Verbrennung von Fetten und anderen organischen Stoffen bildet.

Die Bildung des *Crotonaldehyds* $CH_3 \cdot CH{=}CH \cdot C {\overset{H}{\underset{O}{\diagdown}}}$ (Sdp. 102°) durch Wasserabspaltung aus Aldol wurde bereits erwähnt (vgl. S. 261). Der Crotonaldehyd findet sich als Bestandteil des Crotonöls[3] in der Natur. Wie Abb. 144 zeigt, wird er in der Technik

---

[1] gr. οἶνος (önos) = Wein; ἄνθος (anthos) = Blume.
[2] lat. acer = scharf; oleum = Öl.
[3] Das Crotonöl aus dem in China angebauten Strauch Croton tiglium hat abführende Wirkung.

durch Hydrierung in Butyraldehyd und Butanol übergeführt:

$$CH_3-CH=CH-C{\overset{H}{\underset{O}{}}} \xrightarrow{+2\,H} CH_3-CH_2-CH_2-C{\overset{H}{\underset{O}{}}} \xrightarrow[Oxydat.]{+2\,H} CH_3-CH_2-CH_2-CH_2OH$$

Crotonaldehyd          Butyraldehyd          Butanol

$$\xrightarrow{} CH_3-CH_2-CH_2-C{\overset{OH}{\underset{O}{}}}\,.$$

Buttersäure

Aus dem Butyraldehyd gewinnt man weiterhin durch Oxydation Buttersäure (vgl. Abb. 144).

Auch unter den ungesättigten Aldehyden gibt es wohlriechende Stoffe. Genannt seien als Bestandteile ätherischer Öle (Citronenöl u. a.) das *Citronellal* und das dem Alkohol Geraniol (vgl. S. 250) entsprechende *Citral*, beide mit verzweigter Kohlenstoffkette:

$$CH_3-\underset{\underset{CH_2}{\|}}{C}-CH_2-CH_2-CH_2-\underset{\underset{CH_3}{|}}{CH}-CH_2-C{\overset{H}{\underset{O}{}}}$$

Citronellal

$$CH_3-\underset{\underset{CH_3}{|}}{C}=CH-CH_2-CH_2-\underset{\underset{CH_3}{|}}{C}=CH-C{\overset{H}{\underset{O}{}}}\,.$$

Citral

Aldehyde der aromatischen Reihe sind der *Benzaldehyd* (Bittermandelöl) und das *Vanillin*:

Benzaldehyd, Sdp. 179°          Vanillin, Schmp. 83°

**Einzelne Ketone.** Das einfachste Keton ist das *Aceton* $CH_3 \cdot CO \cdot CH_3$ (Sdp. 56°). Seine Bildung durch Oxydation (Dehydrierung) des Isopropylalkohols ist praktisch ohne Bedeutung. Technisch wird er in großen Mengen durch Überleiten von Essigsäuredämpfen über geeignete Katalysatoren (Aluminiumoxyd) bei 300—400° gewonnen:

$$2\,CH_3 \cdot COOH \rightarrow CH_3 \cdot CO \cdot CH_3 + CO_2 + H_2O.$$

Aceton dient als Lösungsmittel, als Quellungsmittel für Schießbaumwolle (rauchloses Pulver) und als Ausgangsmaterial für Synthesen.

Besonders cyclische Ketone kommen als Bestandteile ätherischer Öle in der Natur vor. Im Pfefferminzöl (aus Mentha piperita) ist neben dem cyclischen sekundären Alkohol *Menthol* als Hauptbestandteil in geringerer Menge auch das entsprechende Keton *Menthon* = 1-Methyl-4-isopropyl-cyclohexanon-(3) enthalten. Eine ähnliche Struktur wie das Menthon besitzt das im Kümmelöl vorkommende zweifach ungesättigte *Carvon*[1]:

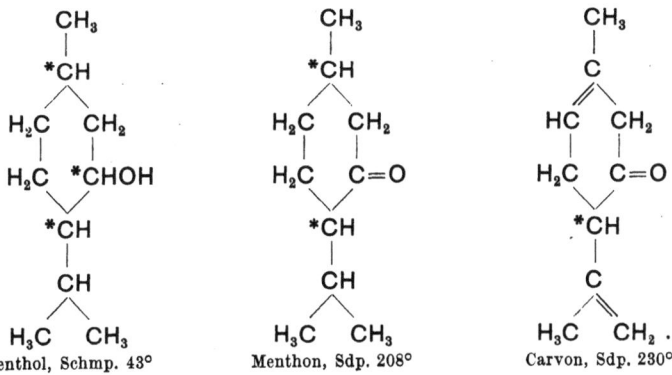

Menthol, Schmp. 43°          Menthon, Sdp. 208°          Carvon, Sdp. 230°

---

[1] gr. καρον (karon) = Kümmel. In den obigen Strukturformeln cyclischer Ketone und Alkohole sind asymmetrische Kohlenstoffatome durch Sterne gekennzeichnet (vgl. S. 292 ff.).

Ein zweifaches (bicyclisches) Ringsystem besitzt der *Campher*, ein Hauptbestandteil des Campheröls, das aus dem Campherbaum (Cinnamomum camphora) gewonnen wird. Dem Campher entspricht der bicyclische sekundäre Alkohol *Borneol*, der im Borneocampherbaum (Dryobalanops camphora) vorkommt:

Borneol, Schmp. 208°          Campher, Schmp. 178°

Die weißen charakteristisch riechenden Kristalle des Camphers sind schon bei Zimmertemperatur stark flüchtig. Campher dient in der Medizin zur Anregung der Herztätigkeit. Er kann vom Terpentinöl aus synthetisch gewonnen werden und gehört ebenso wie die anderen vorstehend aufgeführten cyclischen Ketone und Alkohole zu der in der Natur weit verbreiteten Klasse der *Terpene* und *Campher*. Bedeutende Camphermengen verbraucht die photographische Industrie zur Herstellung von Filmen.

Ein cyclisches Keton ist auch das *Jonon*[1], der Riechstoff des Veilchens; seine Ketogruppe befindet sich nicht im Ring, sondern in der angegliederten Seitenkette:

Ionon

Als ringförmig gebaute Ketone sind neuerdings auch die Geruchsträger des Zibets — *Zibeton* — und des Moschus — *Muscon* — erkannt worden. Ihre Moleküle bestehen aus sehr eigenartigen, vielgliedrigen Kohlenstoffringen. Das Zibeton ist ein ungesättigtes cyclisches Keton mit 17 Ringgliedern, das Muscon ein gesättigtes cyclisches Keton mit 15 Ringgliedern und einer seitenständigen Methylgruppe:

Zibeton          Muscon

Sowohl diese wie auch ähnlich gebaute Stoffe mit Moschusgeruch sind kürzlich synthetisch zugänglich geworden.

# VI. Carbonsäuren.

**Monocarbonsäuren.** Wie im vorigen Abschnitt gezeigt wurde, nimmt die Oxydation der primären Alkohole folgenden Verlauf:

---

[1] gr. *ióv* (ion) = Veilchen.

Über die Stufe der Aldehyde entstehen Stoffe mit der *Carboxylgruppe* $-C\langle^{OH}_{O}$ ,
welche die Eigenschaften von Säuren haben und die allgemeine Bezeichnung *Carbon-säuren* tragen. Der Säurecharakter ist bedingt durch den Hydroxylwasserstoff der Carboxylgruppe. *Monocarbonsäuren*, deren Molekül eine Carboxylgruppe enthält, sind daher einbasig, *Dicarbonsäuren* mit zwei Carboxylgruppen pro Molekül zwei-basig. Carbonsäuren sind durchweg schwache Säuren. Ausnahmen hiervon bilden die Ameisensäure und Oxalsäure.

Die Monocarbonsäuren der aliphatischen Reihe heißen auch *Fettsäuren*, weil einige von ihnen in den Fetten vorkommen. Die wichtigsten gesättigten Fettsäuren mit normaler Kohlenstoffkette sind in Tab. 25 zusammengestellt.

Tabelle 25. *Normale gesättigte Fettsäuren* $C_nH_{2n+1}COOH$.

| | | | Schmp. °C | Sdp. °C | Hauptvorkommen |
|---|---|---|---|---|---|
| $CH_2O_2$ | Ameisensäure | $H \cdot COOH$ | 8,4 | 100,7 | Giftdrüsen der Ameisen, Brennesseln |
| $C_2H_4O_2$ | Essigsäure | $CH_3 \cdot COOH$ | 16,5 | 118,2 | Im Essig und in vielen Pflanzen |
| $C_3H_6O_2$ | Propionsäure | $C_2H_5 \cdot COOH$ | —20,7 | 141,3 | Entsteht in kleiner Menge bei versch. Gärprozessen |
| $C_4H_8O_2$ | n-Buttersäure | $C_3H_7 \cdot COOH$ | — 5,2 | 164,5 | Kuhbutter (Glycerinester) |
| $C_5H_{10}O_2$ | n-Valeriansäure | $C_4H_9 \cdot COOH$ | —34,5 | 186,4 | Isovaleriansäure in der Baldrianwurzel |
| $C_6H_{12}O_2$ | n-Capronsäure | $C_5H_{11} \cdot COOH$ | — 3,9 | 205,0 | Kuh- und Ziegenbutter, Cocosfett (Glycerinester) |
| $C_7H_{14}O_2$ | Önanthsäure | $C_6H_{13} \cdot COOH$ | —12,0 | 221,5 | Kalmusöl (Ester) |
| $C_8H_{16}O_2$ | n-Caprylsäure | $C_7H_{15} \cdot COOH$ | 16,0 | 237,5 | Kuh- und Ziegenbutter, Cocosfett (Glycerinester) |
| $C_9H_{18}O_2$ | Pelargonsäure | $C_8H_{17} \cdot COOH$ | 12,5 | 254 | Im flüchtigen Öl von Pelargonium roseum |
| $C_{10}H_{20}O_2$ | n-Caprinsäure | $C_9H_{19} \cdot COOH$ | 31,5 | 268,4 | Kuh- und Ziegenbutter, Cocosfett (Glycerinester) |
| $C_{12}H_{24}O_2$ | Laurinsäure | $C_{11}H_{23} \cdot COOH$ | 44 | 225 | Lorbeeröl, Cocosfett (Glycerinester) |
| $C_{14}H_{28}O_2$ | Myristinsäure | $C_{13}H_{27} \cdot COOH$ | 53,8 | 250,5 | Muskatbutter, Kuhbutter, Cocosfett (Glycerinester) |
| $C_{16}H_{32}O_2$ | Palmitinsäure | $C_{15}H_{31} \cdot COOH$ | 62,6 | 271,5 | In vielen tier. und pflanzl. Fetten (Glycerinester) |
| $C_{18}H_{36}O_2$ | Stearinsäure | $C_{17}H_{35} \cdot COOH$ | 69,3 | 291 | In vielen tier. und pflanzl. Fetten (Glycerinester). |

(Die letzten vier Sdp.-Werte: bei 100 mm)

Ähnlich wie bei den Alkoholen steigen in der homologen Reihe der normalen Fett-säuren die Siedepunkte mit wachsender Molekülgröße von Glied zu Glied um rund 20°, eine Erscheinung, die auch in anderen homologen Reihen wiederkehrt. Die Schmelzpunkte der Säuren zeigen im ganzen ebenfalls aufsteigenden Gang, wenn man von den ersten drei Gliedern der Reihe absieht. Die Säuren mit einer geraden Anzahl von Kohlenstoffatomen pro Molekül haben einen höheren Schmelzpunkt als ihre beiden Nachbarn; die Aufwärtsbewegung der Schmelzpunkte erfolgt daher nicht gleichmäßig, sondern im Zickzack. Die niederen Säuren bis zur Pelargonsäure ein-schließlich sind bei Zimmertemperatur flüssig. Die drei Anfangsglieder riechen stechend, die folgenden haben unangenehme Eigengerüche. Von der Caprinsäure an begegnen wir festen Säuren, die geruchlos sind und mit wachsender Länge der Kohlenstoffkette schließlich paraffinähnlich werden.

Ebenso wie die Hydroxylgruppe der Alkohole bedingt auch die Carboxylgruppe der Säuren eine Wasserähnlichkeit: die Carboxylgruppe ist eine hydrophile Gruppe (vgl. S. 249). Die niederen Säuren bis zur Buttersäure einschließlich sind daher mit Wasser in jedem Verhältnis mischbar; mit wachsender Länge der hydrophoben Kohlenstoffkette nimmt die Mischbarkeit ab, und die höheren paraffinähnlichen Säuren sind praktisch unlöslich in Wasser.

Die Namen der Fettsäuren[1] leiten sich von ihrem Vorkommen in der Natur ab. Da die Fettsäuren häufig zuerst bekannt geworden sind, sind sie vielfach namengebend für andere Verbindungen gewesen, mit denen sie genetisch zusammenhängen. Nach neuerer Bezeichnungsweise bildet man die Namen der Fettsäuren, indem man an die Namen der Kohlenwasserstoffe mit der gleichen Zahl von Kohlenstoffatomen pro Molekül die Endung -carbonsäure anhängt, z. B.:

$$H \cdot C \underset{O}{\overset{OH}{<}} \qquad CH_3 \cdot C \underset{O}{\overset{OH}{<}} \qquad CH_3 \cdot CH_2 \cdot C \underset{O}{\overset{OH}{<}} .$$

Ameisensäure      Essigsäure      Propionsäure<br>
Methan-carbonsäure     Äthan-carbonsäure     Propan-carbonsäure

Isomeriemöglichkeiten ergeben sich in der Fettsäurereihe durch verschiedene Stellung der Carboxylgruppe und durch Verzweigung der Kohlenstoffkette. So gibt es außer der normalen Buttersäure mit endständiger eine Isobuttersäure mit mittelständiger Carboxylgruppe:

$$CH_3-CH_2-CH_2-COOH \qquad\qquad CH_3-\overset{\overset{\displaystyle H}{|}}{\underset{\underset{\displaystyle CH_3}{|}}{C}}-COOH$$

n-Buttersäure, Sdp. 164,5°      Isobuttersäure, Sdp. 154,7<br>
(Dimethylessigsäure)

Von den vier isomeren Valeriansäuren kommt die Isovaleriansäure (Isopropylessigsäure) in der Wurzel des Baldrians (Valeriana officinalis) vor:

$$\overset{\displaystyle CH_3}{\underset{\displaystyle CH_3}{>}}CH-CH_2-COOH .$$

Isovaleriansäure, Sdp. 174°

**Ameisensäure und Essigsäure.** Die *Ameisensäure*, welche ihren Namen nach dem Vorkommen in den Giftdrüsen der Ameisen trägt, ist im Tier- und Pflanzenreich weit verbreitet. Sie ist wesentlich stärker als die übrigen Fettsäuren. Ihre Salze heißen *Formiate*. Technisch gewinnt man das Natriumformiat durch Einwirkung von Kohlenoxyd auf Natriumhydroxyd bei 120—150° unter einem Druck von 6—8 Atmosphären:

$$NaOH + CO \rightarrow H \cdot COONa .$$

Aus dem Natriumsalz erhält man die freie Säure durch Destillation mit verdünnter Schwefelsäure.

In dem Strukturbild der Ameisensäure $H-C\underset{O}{\overset{OH}{<}}$ erkennt man sowohl die Carboxylgruppe $-C\underset{O}{\overset{OH}{<}}$ als auch die Aldehydgruppe $-C\underset{O}{\overset{H}{<}}$. Die Ameisensäure vereinigt daher in sich die Eigenschaften einer Säure und die eines Aldehyds. Als Aldehyd wirkt sie reduzierend und liefert unter Sauerstoffaufnahme Kohlendioxyd und Wasser:

$$H-C\underset{O}{\overset{OH}{<}} + O \rightarrow HO-C\underset{O}{\overset{OH}{<}} \rightarrow CO_2 + H_2O .$$

---

[1] Über die Namen im einzelnen vgl. die folgenden Seiten.

Die freie Ameisensäure ist eine ziemlich unbeständige Substanz. Bei Gegenwart fein verteilten Platinmetalls zerfällt sie in Wasserstoff und Kohlendioxyd:

$$H \cdot COOH \rightarrow H_2 + CO_2.$$

Wasserabspaltende Mittel zerlegen die Ameisensäure in Wasser und Kohlenoxyd:

$$HCOOH \rightarrow H_2O + CO.$$

So kann man durch Zutropfenlassen von Ameisensäure zu konzentrierter Schwefelsäure Kohlenoxyd gewinnen.

Technisch wichtig ist der Zerfall des Natriumformiats, der bei 400° und bei Gegenwart von Alkali unter Wasserstoffabspaltung zu dem Natriumsalz der Oxalsäure führt:

$$\begin{array}{cc} H \cdot COONa \\ \downarrow \\ H \cdot COONa \end{array} \rightarrow \begin{array}{c} COONa \\ | \\ COONa \end{array} + H_2.$$

Die *Essigsäure* ist wohl die am längsten bekannte Säure. Ihre Salze heißen *Acetate*. Nach dem Schnellessigverfahren gewinnt man verschiedene Sorten von Essig, indem man alkoholische Flüssigkeiten gegen einen aufsteigenden Luftstrom über Buchenholzspäne rieseln läßt. Die Oxydation des Alkohols erfolgt unter der katalytischen Wirkung eines Enzyms der Essigbakterien, die sich auf Buchenholz besonders gut entwickeln. Der Gehalt der so gewonnenen Essigsorten liegt unter 10% Essigsäure. Erhebliche Mengen Essigsäure liefert die Zersetzungsdestillation des Holzes durch eine Zersetzung der Cellulose. Aus dem rohen Holzessig wird die Essigsäure durch Bindung an Kalk herausgenommen und das Calciumacetat (Graukalk) mit Schwefelsäure zerlegt. In neuerer Zeit ist die Gewinnung der Essigsäure durch Oxydation des synthetischen Acetaldehyds zu großer technischer Bedeutung gelangt (vgl. Abb. 144). Man bewirkt die Oxydation katalytisch durch Mangansalze.

Reine wasserfreie Essigsäure heißt *Eisessig*, weil sie etwa bei Zimmertemperatur zu einer eisähnlichen Masse erstarrt (Schmp. 16,7°). Die Essigsäure findet in der chemischen Industrie ausgedehnte Verwendung für synthetische Zwecke. Die Darstellung von Aceton aus Essigsäure wurde bereits erwähnt (vgl. S. 265). Eine sehr wichtige Umwandlung erfährt die Essigsäure bei der Einwirkung von Chlor. Die Carboxylgruppe übt auf die Wasserstoffatome am benachbarten Kohlenstoffatom — ähnlich wie die Carbonylgruppe in den Aldehyden und Ketonen — einen auflockernden Einfluß aus. Diese Wasserstoffatome sind daher besonders reaktionsfähig und werden bei der Einwirkung von Chlor auf Essigsäure glatt durch Chlor ersetzt. Die *Chlorierung* der Essigsäure erfolgt stufenweise und führt über die *Monochloressigsäure* und *Dichloressigsäure* zur *Trichloressigsäure:*

$$CH_3 \cdot COOH \xrightarrow{+Cl_2} CH_2Cl \cdot COOH \xrightarrow{+Cl_2} CHCl_2 \cdot COOH \xrightarrow{+Cl_2} CCl_3 \cdot COOH.$$

| Essigsäure | Monochloressigsäure | Dichloressigsäure | Trichloressigsäure |
|---|---|---|---|
| Schmp. 16,7°, Sdp. 118° | Schmp. 62°, Sdp. 188° | Schmp. 10°, Sdp. 194° | Schmp. 58°, Sdp. 196° |

Mit dem Eintritt der Chloratome in das Molekül der Essigsäure verstärkt sich schrittweise der saure Charakter. Während die Essigsäure zu den schwachen Säuren zählt, ist die Trichloressigsäure eine ätzend wirkende starke Säure. Von den drei chlorierten Essigsäuren ist die Monochloressigsäure, kurz Chloressigsäure genannt, am wichtigsten. Ihr Chloratom ist leicht austauschbar, und diese Eigenschaft ermöglicht die Einführung des Molekülrestes —CH_2·COOH in andere Verbindungen. So bildet z. B. die Chloressigsäure eine Komponente zur Synthese des Indigofarbstoffs (vgl. S. 327).

**Ester der Carbonsäuren.** Ähnlich wie die anorganischen Säuren (Mineralsäuren) reagieren auch die Carbonsäuren mit Alkoholen unter Bildung von *Estern.* Als Beispiel diene die Umsetzung zwischen Essigsäure und Äthylalkohol:

$$CH_3 \cdot CO \cdot \boxed{OH + H}\, O \cdot C_2H_5 \rightarrow CH_3 \cdot CO \cdot O \cdot C_2H_5 + H_2O.$$

Sie führt unter Wasserabspaltung zum Essigsäureäthylester $CH_3COOC_2H_5$ (Sdp. 77°), der meist kurz Essigester genannt wird. Auch bei den Carbonsäuren ist der Vorgang der Esterbildung ein langsam und unvollständig verlaufender Prozeß, der zu einem Gleichgewichtszustand führt[1]. So kommt z. B. bei Verwendung äquivalenter Mengen

---

[1] Daß die Reaktion Säure + Alkohol → Ester + Wasser wesensverschieden ist von der Reaktion Säure + Base → Salz + Wasser, erkennt man bei genauerer Betrachtung der obigen Bildungsgleichung des Essigesters. Nicht das saure Wasserstoffatom der Essigsäure tritt mit der Hydroxylgruppe des Alkohols unter Wasserbildung zusammen, sondern das Wasserstoffatom der alkoholischen Hydroxylgruppe mit dem Hydroxyl der Carboxylgruppe.

von Essigsäure und Äthylalkohol die Umsetzung zum Stillstand, wenn zwei Drittel der Säure und des Alkohols in Ester verwandelt sind. Bis zur Erreichung des Gleichgewichts dauert es jedoch sehr lange. Man beschleunigt die Esterbildung, indem man der Mischung von Säure und Alkohol ein wenig konzentrierte Schwefelsäure (oder Chlorwasserstoff) hinzufügt. Die Gleichgewichtseinstellung wird dadurch katalytisch hinreichend beschleunigt, und man kann den gebildeten Ester auf Grund seiner Flüchtigkeit aus der Mischung herausdestillieren. Verwendet man Alkohol im Überschuß, so gelingt es auf diese Weise, die Säure vollständig in Ester zu verwandeln.

Der Essigester (Äthylacetat) besitzt einen angenehm erfrischenden obstartigen Geruch, und diese Eigenschaft kommt einer ganzen Reihe von Fettsäureestern einwertiger Alkohole zu, obgleich die Komponenten teilweise recht unangenehm riechen[1]. Als *Fruchtäther* finden solche Ester zur Parfümierung von Limonaden, Likören, Essenzen, Bonbons usw. ausgiebige Verwendung. Von den zahlreichen gebräuchlichen Kombinationen niederer und mittlerer Fettsäuren mit entsprechenden Alkoholen gibt Tab. 26 eine Auswahl:

Tabelle 26. *Fruchtäther.*

| Säure | Alkohol | Ester | Verwendung |
|---|---|---|---|
| Ameisensäure $H \cdot COOH$ | Äthylalkohol $C_2H_5 \cdot OH$ | Äthylformiat $H \cdot COOC_2H_5$ Sdp. 55° | Rum, Himbeer-, Johannisbeer, Mirabellen-, Pfirsichäther |
| Essigsäure $CH_3 \cdot COOH$ | | Äthylacetat $CH_3 \cdot COOC_2H_5$ Sdp. 77° | Äpfel-, Birnen-, Erdbeer-, Himbeer-, Johannisbeer-, Mirabellenäther |
| Buttersäure $C_3H_7 \cdot COOH$ | | Äthylbutyrat $C_3H_7 \cdot COOC_2H_5$ Sdp. 120° | Ananas-, Bananen-, Erdbeer-, Himbeer-, Johannisbeeräther |
| Isovalerinsäure $C_4H_9 \cdot COOH$ | | Isovaleriansäureäthylester $C_4H_9 \cdot COOC_2H_5$ Sdp. 134° | Himbeer-, Pfirsichöl |
| Önanthsäure $C_6H_{13} \cdot COOH$ | | Önanthsäureäthylester $C_6H_{13} \cdot COOC_2H_5$ Sdp. 187° | Johannisbeer-, Himbeeröl |
| Pelargonsäure $C_8H_{17} \cdot COOH$ | | Pelargonsäureäthylester $C_8H_{17} \cdot COOC_2H_5$ Sdp. 227° | Quittenäther |
| Essigsäure $CH_3 \cdot COOH$ | Isoamylalkohol $C_5H_{11} \cdot OH$ | Isoamylacetat $CH_3 \cdot COOC_5H_{11}$ Sdp. 142° | Ananas-, Birnen-, Himbeeröl |
| Buttersäure $C_3H_7 \cdot COOH$ | | Isoamylbutyrat $C_3H_7 \cdot COOC_5H_{11}$ Sdp. 178° | Ananas-, Bananen-, Erdbeer-, Himbeer-, Pfirsichäther |
| Isovaleriansäure $C_4H_9 \cdot COOH$ | | Isovaleriansäure-isoamylester $C_4H_9 \cdot COOC_5H_{11}$ Sdp. 190° | Äpfel-, Ananas-, Pfirsichöl |

Einige dieser Ester haben eine erhebliche technische Bedeutung als *Lösungsmittel* (Äthylformiat, Äthylacetat, Äthylbutyrat, Amylacetat).

Ester, die aus höheren Fettsäuren und höheren einwertigen Alkoholen zusammengesetzt sind, bilden die Hauptbestandteile von *Wachsen*. Das Bienenwachs enthält neben freier Cerotinsäure[2] $C_{25}H_{51}COOH$ (10—14%) und Kohlenwasserstoffen (12—17%) vorwiegend den Palmitinsäureester des Myricylalkohols $C_{15}H_{31}COOC_{31}H_{63}$; im Walrat ist die Palmitinsäure mit dem Cetylalkohol zu Cetylpalmitat $C_{15}H_{31}COOC_{16}H_{33}$ vereinigt.

**Fette und Seifen.** Von größter wirtschaftlicher und technischer Bedeutung sind die Fettsäureester des dreiwertigen Alkohols Glycerin $CH_2OH \cdot CHOH \cdot CH_2OH$. *Fette* und *fette Öle* sind Mischungen solcher Ester, die wegen der gemeinsamen

---

[1] So besitzt z. B. die Buttersäure einen sehr unangenehmen anhaftenden Geruch. Ähnliches gilt auch von der Isovaleriansäure.

[2] lat. cera = Wachs. Für die übrigen Namen (vgl. S. 250, Anm. 4 u. 5).

alkoholischen Komponente Glycerin den Namen *Glyceride* oder — genauer — *Triglyceride* tragen, weil alle drei Hydroxylgruppen des Glycerins verestert sind. An der Zusammensetzung der Glyceride von Fetten und Ölen sind alle normalen gesättigten Fettsäuren mit einer geraden Anzahl von Kohlenstoffatomen pro Molekül von der Buttersäure ($C_4$) bis zur Stearinsäure ($C_{18}$), gelegentlich auch noch höhere Säuren beteiligt[1]. Als weitere Säurekomponente kommen noch einige ungesättigte Säuren mit 18 Kohlenstoffatomen hinzu, deren wichtigste die Ölsäure

$$CH_3 \cdot (CH_2)_7 \cdot CH = CH(CH_2)_7 \cdot COOH$$

mit einer, die Linolsäure

$$CH_3 \cdot (CH_2)_4 \cdot CH = OH \cdot CH_2 \cdot CH = CH \cdot (CH_2)_7 \cdot COOH$$

mit zwei und die Linolensäure

$$CH_3 \cdot CH_2 \cdot CH = CH \cdot CH_2 \cdot CH = CH \cdot CH_2 \cdot CH = CH \cdot (CH_2)_7 \cdot COOH$$

mit drei Doppelbindungen sind. Das Vorkommen der genannten Säuren in Fetten und Ölen hat ihnen den Namen Fettsäuren eingetragen, und wegen der engen genetischen Beziehungen der Fettsäuren zu vielen anderen Verbindungen mit offener Kohlenstoffkette nennt man diese insgesamt Verbindungen der Fettreihe oder aliphatische Verbindungen (vgl. S. 243, Anm. 1).

Über die Beteiligung der Fettsäuren an der Zusammensetzung einiger Fette unterrichtet Tab. 27.

*Tabelle 27.*

| | | Schweinefett | Butterfett | Cocosfett | Waltran |
|---|---|---|---|---|---|
| Buttersäure | $C_4$ | — | 3—4 | — | — |
| Capronsäure[2] | $C_6$ | — | 3—4 | 0—1 | — |
| Caprylsäure[2] | $C_8$ | — | 2 | 7—9 | — |
| Caprinsäure[2] | $C_{10}$ | — | 3 | 5—11 | — |
| Laurinsäure[3] | $C_{12}$ | wenig | 4 | 50—60 | — |
| Myristinsäure[4] | $C_{14}$ | wenig | 13 | 18 | 4,5 |
| Palmitinsäure[5] | $C_{16}$ | 33 | 21 | 4—8 | 11,5 |
| Stearinsäure[5] | $C_{18}$ | 8 | 6—7 | 1—3 | 2,5 |
| Ungesättigte S. | $C_{18}$ | 59 | 27 | 5—10 | 37 |
| Höhere Säuren | — | — | 10 | 0—1 | 28 |

An den Triglyceriden des Schweinefettes sind hauptsächlich Palmitin- und Stearinsäure sowie ein auffallend hoher Prozentsatz an ungesättigten Säuren (Ölsäure) beteiligt, Butterfett enthält beträchtliche Mengen der Triglyceride niederer Fettsäuren, im Cocosfett machen Triglyceride von Säuren mittleren Molekulargewichts den Hauptanteil aus, und Waltran ist durch einen hohen Gehalt an Triglyceriden ungesättigter und höherer Säuren ausgezeichnet.

Die Triglyceride der ungesättigten Säuren sind bei Zimmertemperatur flüssig; sie kommen hauptsächlich in halbfesten (Schweineschmalz, Butter) und flüssigen Fetten (Öle, Trane) vor. Einige Öle (Leinöl, Mohnöl, Nußöl, Sonnenblumenkernöl) trocknen in dünner Schicht an der Luft zu einer festen Masse ein und heißen daher *trocknende* Öle im Gegensatz zu den flüssig-

---

[1] Die Reihe der Fettsäuren beginnt also eigentlich erst bei der Buttersäure. Die Propionsäure, welche in der homologen Reihe unmittelbar voraufgeht, verdankt dieser Stellung ihren Namen: gr. προ (pro) = vor; πίων (pion) = fett. Interessant ist, daß nur die Fettsäuren mit einer geraden Anzahl von Kohlenstoffatomen in den natürlichen Fetten vorkommen.

[2] Capron-, Capryl- und Caprinsäure leiten ihre Namen vom Vorkommen in der Ziegenbutter her (lat. capra = Ziege). Capron- und Caprylsäure haben zudem einen unangenehmen, an Ziegenböcke erinnernden Geruch.

[3] Laurinsäure, von lat. laurus = Lorbeer, wegen ihres Vorkommens im Lorbeeröl.

[4] Myristinsäure ist als Glycerinester im Muskatnußöl enthalten (Myristica fragrans = Muskatnußbaum).

[5] Palmitinsäure kommt als Glycerinester im Palmöl (nicht Palmkernöl) vor. Stearinsäure ist vorwiegend in festen Fetten enthalten: gr. στέαρ (stear) = festes Fett, Talg.

bleibenden *nichttrocknenden* Ölen (Olivenöl, Palmöl, Rüböl, Sesamöl). Die trocknenden Öle sind durch ihren Gehalt an den Triglyceriden der höher ungesättigten Säuren Linolsäure und Linolensäure ausgezeichnet, die durch den Luftsauerstoff zu festen harzigen Produkten oxydiert werden. Durch geeignete Vorbehandlung und Zusatz bestimmter Stoffe (Siccative) gewinnt man schnelltrocknendes Leinöl (Firnis).

Für die Margarinefabrikation sind flüssige Fette unbrauchbar. Durch katalytische Hydrierung bei Gegenwart von feinverteiltem Nickel gelingt es jedoch, die flüssigen Triglyceride ungesättigter Säuren in feste Triglyceride gesättigter Säuren zu verwandeln, und man kann durch dieses Verfahren der *Fetthärtung* sonst unverwendbare flüssige Fette, insbesondere Waltran, für Speisezwecke nutzbar machen.

Vorwiegend solche Fette, die als Nahrungsmittel ungeeignet sind (Talg, Palmöl, Abfallfette, gehärtete Öle und Trane usw.), dienen zur Gewinnung von freien *Fettsäuren* für die Kerzenfabrikation und von *Seifen*. Für beide Zwecke ist eine Aufspaltung der Triglyceride (Verseifung) erforderlich. Seifen im engeren Sinne, die für Waschzwecke dienen, sind die Alkalisalze der höheren Fettsäuren[1]. Man unterscheidet feste *Natronseife* und *Kaliseife* von halbfester Konsistenz (Schmierseife). Man kann die Verseifung der Fette mit einer Lösung von Ätznatron (NaOH) oder Ätzkali (KOH) bewirken. Als Beispiel diene die Reaktionsgleichung für die *alkalische* Verseifung von Glycerintristearat (Tristearin):

$$C_3H_5(OOCC_{17}H_{35})_3 + 3\,NaOH \rightarrow C_3H_5(OH)_3 + 3\,C_{17}H_{35}COONa\,.$$

Neben Glycerin entsteht dabei die Seife. Natronseife wird mit Kochsalz ausgesalzen und abgetrennt, Kaliseife dagegen meist mit dem Glycerin und der Lauge gemischt als halbfeste Leimseife verwendet.

Praktisch wichtiger als die *alkalische* ist die *saure* Verseifung, die mit verdünnter Schwefelsäure durchgeführt wird. Der Prozeß liefert nach der Umsetzungsgleichung:

$$C_3H_5(OOCC_{17}H_{35})_3 + 3\,H_2O \rightarrow C_3H_5(OH)_3 + 3\,C_{17}H_{35}COOH$$

Glycerin und freie Fettsäure. Um eine Benetzung des Fettes durch die Säure herbeizuführen, versetzt man die Reaktionsflüssigkeit mit emulgierenden Stoffen (Twitchell-Reagens)[2]. Für die Kerzenfabrikation befreit man das anfallende Fettsäuregemisch durch Erstarrenlassen und Auspressen von der flüssigen Ölsäure und verwendet den Rückstand (*Stearin*). Will man dagegen Seife gewinnen, so überführt man das Fettsäuregemisch durch Umsetzung mit Soda in die Natriumsalze. Das wertvolle Glycerin gewinnt man, indem man die von den Fettsäuren befreite Flüssigkeit nach dem Neutralisieren der Schwefelsäure im Vakuum eindampft. Schwieriger gestaltet sich die Gewinnung des Glycerins aus der stark salzhaltigen Restlauge (Unterlauge) der alkalischen Verseifung.

Die *Waschwirkung* der Seife ist ein komplizierter Vorgang, der noch nicht in allen Einzelheiten geklärt ist. Da die Fettsäuren schwache Säuren sind, reagieren Seifenlösungen, die übrigens einen Teil der Seife in kolloider Form enthalten, alkalisch. Die Waschwirkung ist zwar an die alkalische Reaktion gebunden, aber diese ist nicht entscheidend. Neben physikalischen Ursachen (Oberflächenspannung, elektrische Vorgänge) ist besonders der eigentümliche chemische Aufbau der Seifenmoleküle zu berücksichtigen. Betrachtet man als Beispiel das Molekül des Natriumpalmitats:

$$CH_3CH_2CH_2CH_2CH_2CH_2CH_2CH_2CH_2CH_2CH_2CH_2CH_2CH_2CH_2—COONa,$$

so erkennt man, daß in ihm zwei Komponenten vereinigt sind: die wasserlösliche (hydrophile) Gruppe —COONa und ein langkettiger Kohlenwasserstoffrest mit der wasserabweisenden (hydrophoben), dafür aber fettfreundlichen Eigenschaft eines Paraffins. Infolge dieser zweifachen Natur spielen die Seifenmoleküle beim Waschvorgang die Rolle eines Vermittlers

---

[1] Die Bleisalze der höheren Fettsäuren verwendet man in den Bleipflastern. Bei der Bereitung solcher Pflaster entdeckte SCHEELE im Jahre 1779 das Glycerin als Bestandteil der Fette und nannte es wegen seines süßen Geschmacks Ölsüß (vgl. S. 248 Anm. 2).

[2] Solche emulgierenden Stoffe erhält man durch Behandeln von Fettsäuren und Naphthalin mit konzentrierter Schwefelsäure (Naphthalinstearosulfonsäuren).

zwischen dem fetthaltigen Schmutz und dem Wasser. Der Waschvorgang besteht im wesentlichen in einer Ablösung des durch fettige Bestandteile an einer Unterlage (Haut, Textil, Wäschestoff) haftenden Schmutzes. Die Seifenmoleküle der Waschlauge verankern sich mit ihren fettfreundlichen Paraffinketten im Schmutz und ziehen ihn mittels der zum Wasser gekehrten hydrophilen Molekülenden in die Waschflüssigkeit hinein. Man kann ein Seifenmolekül mit seinen beiden Komponenten abkürzend darstellen durch

—————————○(COONa) und erhält dann für die Anord-

nung der Seifenmoleküle beim Waschvorgang folgendes Bild (Abb. 145). Ähnliche Vorgänge spielen auch bei der Herstellung von *Emulsionen* eine Rolle. Um solche innigen Gemische von Wasser und fettigen Substanzen

Abb. 145.

zu erzeugen, bedient man sich der sogenannten *Emulgatoren*, d. h. Stoffen, die wie Seife hydrophile und hydrophobe Eigenschaften in sich vereinigen und damit als Bindeglieder zwischen Fett und Wasser geeignet sind. Durch richtige Wahl des Emulgators hat man es in der Hand, entweder eine feine Verteilung von Fett in Wasser (Typus Milch) oder eine solche von Wasser in Fett (Typus Butter) zu erzeugen und zu stabilisieren.

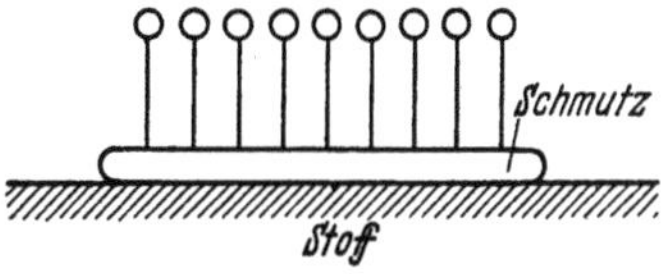

Ein Nachteil der Seife besteht darin, daß ihre Waschwirksamkeit in hartem Wasser durch die Bildung schwerlöslicher Kalk- und Magnesiaseifen beeinträchtigt wird. Die entstehenden Fällungen setzen sich überdies auf der Wäsche ab und erzeugen Kalkflecken. Man muß daher vor Anwendung der Seife die in hartem Wasser gelösten Calcium- und Magnesiumsalze etwa durch Zusatz von Soda beseitigen. Um die Waschmittelerzeugung vom Rohstoff Fett unabhängig zu machen, ist die chemische Industrie neuerdings mit Erfolg bemüht gewesen, unter Wahrung des oben skizzierten Bauprinzips der Seifenmoleküle *synthetische* Waschmittel herzustellen, die auch in hartem Wasser wirksam sind. Von den vielen synthetisch gewonnenen waschaktiven Stoffen seien hier zwei Beispiele aufgeführt:

und: $CH_3CH_2CH_2CH_2CH_2CH_2CH_2CH_2CH_2CH_2C_6H_4—SO_2ONa$

$$CH_3CH_2CH_2CH_2CH_2CH_2CH_2CH_2CH_2CH—O \cdot SO_2ONa \, .$$
$$\underset{CH_3}{|}$$

Beide Moleküle enthalten wie das gewöhnliche Seifenmolekül einen langkettigen hydrophoben Kohlenwasserstoffrest, während die hydrophile Gruppe —COONa im ersten Beispiel durch die hydrophile Gruppe der Sulfonsäuren —SO_2ONa, im zweiten Beispiel durch die hydrophile Gruppe der Alkylschwefelsäuren —O · SO_2ONa ersetzt ist (vgl. S. 256). Der synthetische Aufbau dieser Stoffe, auf den hier im einzelnen nicht eingegangen werden kann, geht aus von den Komponenten Kohlenwasserstoff und Schwefelsäure. Als Quelle der Kohlenwasserstoffkomponente dient entweder das natürliche Erdöl oder das bei der Kohlenhydrierung anfallende Kohlenwasserstoffgemisch.

**Dicarbonsäuren.** Über die Anfangsglieder der homologen *Dicarbonsäurereihe* unterrichtet Tab. 28.

Tabelle 28. *Normale Dicarbonsäuren* $HOOC \cdot (CH_2)_n \cdot COOH$ .

| Bruttoformel | Name | Strukturformel (abgekürzt) | Schmp. °C |
|---|---|---|---|
| $C_2H_2O_4$ | Oxalsäure (wasserfrei) | $HOOC \cdot COOH$ | 189,5 |
| $C_3H_4O_4$ | Malonsäure | $HOOC \cdot CH_2 \cdot COOH$ | 132 |
| $C_4H_6O_4$ | Bernsteinsäure | $HOOC \cdot (CH_2)_2 \cdot COOH$ | 185 |
| $C_5H_8O_4$ | Glutarsäure | $HOOC \cdot (CH_2)_3 \cdot COOH$ | 97,5 |
| $C_6H_{10}O_4$ | Adipinsäure | $HOOC \cdot (CH_2)_4 \cdot COOH$ | 153 |
| $C_7H_{12}O_4$ | Pimelinsäure | $HOOC \cdot (CH_2)_5 \cdot COOH$ | 105 |
| $C_8H_{14}O_4$ | Korksäure | $HOOC \cdot (CH_2)_6 \cdot COOH$ | 144 |
| $C_9H_{16}O_4$ | Azelainsäure | $HOOC \cdot (CH_2)_7 \cdot COOH$ | 106 |
| $C_{10}H_{18}O_4$ | Sebacinsäure | $HOOC \cdot (CH_2)_8 \cdot COOH$ | 133,5 |

Wie die Schmelzpunkte zeigen, sind alle Dicarbonsäuren feste Stoffe. Noch deutlicher als bei den Monocarbonsäuren der Fettsäurereihe ist in der Reihe der Dicarbonsäuren der oszillierende Aufwärtsgang ihrer Schmelzpunkte zu erkennen. Die

Namen der Dicarbonsäuren leiten sich ab von ihrem Vorkommen in der Natur oder von den Naturprodukten, aus denen sie durch Oxydation erstmalig gewonnen wurden.

Das Anfangsglied der Reihe, die *Oxalsäure*, ist ähnlich wie die Ameisensäure eine verhältnismäßig starke Säure; man kann sie als mittelstarke Säure bezeichnen. Die Oxalsäure kommt frei und in Form ihrer Salze (*Oxalate*) in vielen Pflanzen vor, insbesondere als saures Kaliumsalz (*Kleesalz*) im Sauerklee (Oxalis acetosella)[1]. Historisch interessant ist, daß die Oxalsäure die erste organische Substanz war, welche von WÖHLER 1824 aus organischem Material bereitet werden konnte. WÖHLER erhielt die Säure aus dem Cyan (CN)$_2$, dem man die Strukturformel $N\equiv C-C\equiv N$ zuschreibt, durch Einwirkung verdünnter Schwefelsäure (vgl. S. 277):

$$N\equiv C-C\equiv N + 4\,H_2O \rightarrow HOOC-COOH + 2\,NH_3.$$

Die technische Gewinnung von Natriumoxalat aus Natriumformiat wurde bereits erwähnt (vgl. S. 269). Die Oxalsäure kristallisiert aus wäßriger Lösung mit zwei Molekülen Wasser als Dihydrat $H_2C_2O_4 \cdot 2\,H_2O$ (Schmp. 101,5°).

*Bernsteinsäure*, die bereits im Jahre 1550 von AGRICOLA durch Destillation aus dem Bernstein erhalten wurde, ist ebenfalls eine weitverbreitete Pflanzensäure. Verwandt mit der Bernsteinsäure sind die auch in vielen Pflanzen vorkommenden Dicarbonsäuren *Äpfelsäure*[2] und *Weinsäure*. Äpfelsäure ist Oxy-bernsteinsäure, Weinsäure ist Dioxy-bernsteinsäure:

$$HOOC-CH_2-CH_2-COOH$$
Bernsteinsäure, Schmp. 185°

$$HOOC-CH_2-CHOH-COOH$$
Äpfelsäure, Schmp. 100°

$$HOOC-CHOH-CHOH-COOH.$$
Weinsäure, Schmp. 170°

Die Salze der Weinsäure heißen *Tartrate*[3]. Zu den Oxysäuren gehört auch die dreibasige *Citronensäure*, die sowohl in wasserfreier Form (Schmp. 153°) als auch als Monohydrat (Schmp. —100°) bekannt ist:

$$\begin{array}{c} HO \quad COOH \\ \diagdown\diagup \\ HOOC-CH_2-C-CH_2-COOH. \end{array}$$

Von den übrigen Säuren der Dicarbonsäurereihe hat neuerdings die *Adipinsäure*[4] besondere Bedeutung erlangt. Man verwendet sie als Ersatz für Weinsäure zur Bereitung von Backpulvern und Limonaden; vor allem aber braucht man sie zur Erzeugung der Nylon-Kunstseidefaser. Die Adipinsäure ist vom Phenol aus über dessen Hydrierungsprodukt Cyclohexanol und das Cyclohexanon zugänglich (vgl. S. 250 und S. 259). Aus dem Cyclohexanon gewinnt man sie durch Oxydation mit Salpetersäure:

$$\begin{array}{ccc} CH_2 \begin{array}{c} \diagup CH_2-CH_2 \diagdown \\ \\ \diagdown CH_2-CH_2 \diagup \end{array} C=O & \xrightarrow{\text{Oxydation}} & \begin{array}{c} CH_2-CH_2-COOH \\ | \\ CH_2-CH_2-COOH. \end{array} \end{array}$$
Cyclohexanon            Adipinsäure

Wir haben hier ein Beispiel für die Oxydation eines Ketons unter Aufsprengung der Kohlenstoffkette.

Die Anwesenheit von zwei Carboxylgruppen bedingt bei einigen Dicarbonsäuren die Möglichkeit einer innermolekularen Reaktion, die unter Wasserabspaltung zu einem cyclischen Säureanhydrid führt, z. B.:

$$\begin{array}{ccc} \begin{array}{c} CH_2-COOH \\ | \\ CH_2-COOH \end{array} & \longrightarrow & \begin{array}{c} CH_2-CO \diagdown \\ | \qquad\qquad O + H_2O. \\ CH_2-CO \diagup \end{array} \end{array}$$
Bernsteinsäure, Schmp. 185°      Bernsteinsäureanhydrid, Schmp. 120°

---

[1] gr. ὀξύς (oxys) = scharf (sauer).

[2] Durch Oxydation der Äpfelsäure ist erstmalig die Malonsäure erhalten worden (lat. malum = Apfel). Malonsäure dient zu synthetischen Zwecken (vgl. S. 279).

[3] Nach PARACELSUS bezeichnete man in der mittelalterlichen Medizin als Tartarus (Unterwelt) Absetzungen aus Körperflüssigkeiten. Da der Weinstein sich in den Fässern absetzt, heißen die weinsauren Salze Tartrate.

[4] Adipinsäure und Pimelinsäure sind erstmalig durch Oxydation von Fetten erhalten worden; lat. adeps = Fett, Schmalz; gr. πιμελή (pimele) = Fett. Glutarsäure kann aus Eiweißstoffen des Leims — lat. glutinum — gewonnen werden.

Eine ähnliche Reaktion ist bei einer Monocarbonsäure zwischen zwei Molekülen denkbar, z. B.:

$$CH_3—COO\vdots H \qquad \qquad \begin{matrix} CH_3—CO \\ \\ CH_3—CO \end{matrix}\Big> O + H_2O \,.$$

$$CH_3—CO\vdots OH \longrightarrow$$

Essigsäure (2 Moleküle), Sdp. 118°        Essigsäureanhydrid, Sdp. 138°

Während bei den Dicarbonsäuren die innermolekulare Wasserabspaltung unter der Wirkung wasserentziehender Mittel leicht durchführbar ist, erfolgt bei den Monocarbonsäuren die Anhydridbildung schwieriger. In der Technik gewinnt man das für die Fabrikation der Acetatkunstseide wichtige Essigsäureanhydrid aus Essigsäuredampf durch katalytische Wasserabspaltung bei hohen Temperaturen. Man kann das Essigsäureanhydrid aber auch auf einem Umwege darstellen (vgl. S. 276).

## Derivate der Carbonsäuren (Acylderivate) und der Kohlensäure.

**Säurechloride und Säureamide.** Von den Carbonsäuren aus gelangt man besonders bei Abwesenheit von Wasser zu Säurederivaten, in denen das Hydroxyl der Carboxylgruppe durch andere Atome oder Atomgruppen ersetzt ist. So kann man von der Essigsäure ausgehend folgende Übergänge verwirklichen:

$$CH_3 \cdot C \Big\langle {OH \atop O} \longrightarrow CH_3 \cdot C \Big\langle {Cl \atop O} \longrightarrow CH_3 \cdot C \Big\langle {NH_2 \atop O} \,.$$

Essigsäure        Acetylchlorid        Acetamid

Die entstehenden Produkte, Acetylchlorid und Acetamid, enthalten das einwertige Radikal $CH_3CO—$ der Essigsäure. Gleiche Umwandlungen kann man auch mit anderen Carbonsäuren vornehmen, und man gelangt auf diese Weise zu den *Säurechloriden* und *Säureamiden*. In den Säurechloriden ist das Hydroxyl der Carboxylgruppe durch ein Chloratom, in den Säureamiden durch die einwertige Aminogruppe $—NH_2$ ersetzt. Die in beiden Stoffklassen auftretenden einwertigen Säureradikale bezeichnet man allgemein als *Acylradikale*. Im einzelnen ergeben sich folgende Namen:

$HCO—$ Formyl,    $CH_3CO—$ Acetyl,    $C_2H_5CO—$ Propionyl,    $C_3H_7CO—$ Butyryl usw.

Die Acylradikale sind wohl zu unterscheiden von den Alkylradikalen.

Über die Chloride und Amide einiger Carbonsäuren unter Einbeziehung der einfachsten aromatischen Carbonsäure $C_6H_5 \cdot COOH$ (Benzoesäure) orientiert folgende Übersicht:

| Säure | Acylrest | Säurechlorid | Säureamid |
|---|---|---|---|
| $H \cdot COOH$<br>Ameisensäure | $H \cdot CO—$<br>Formyl | $(H \cdot COCl)$<br>Formylchlorid nicht exist. | $H \cdot CONH_2$<br>Formamid, Schmp. $+2°$ |
| $CH_3 \cdot COOH$<br>Essigsäure | $CH_3 \cdot CO—$<br>Acetyl | $CH_3 \cdot COCl$<br>Acetylchlorid, Sdp. 51° | $CH_3 \cdot CONH_2$<br>Acetamid, Schmp. 82° |
| $C_6H_5 \cdot COOH$<br>Benzoesäure | $C_6H_5 \cdot CO—$<br>Benzoyl | $C_6H_5 \cdot COCl$<br>Benzoylchlorid, Sdp. 194° | $C_6H_5 \cdot CONH_2$<br>Benzamid, Schmp. 128°. |

Als Beispiel für die Darstellung der Säurechloride diene die Gewinnung von Acetylchlorid, das man am bequemsten durch Einwirkung von Phosphortrichlorid auf Essigsäure erhält:

$$3\,CH_3 \cdot COOH + PCl_3 \rightleftarrows P(OH)_3 + 3\,CH_3 \cdot COCl\,.$$

Die Reaktion führt zu einem Gleichgewicht, aus dem das Acetylchlorid als flüchtigster Bestandteil herausdestilliert werden kann. Allgemein richten sich die Methoden zur Darstellung von Säurechloriden nach der Flüchtigkeit der beteiligten Stoffe und nach der Reaktionsfähigkeit der Säuren. So kann es in manchen Fällen vorteilhaft sein statt mit Phosphortrichlorid mit Phosphorpentachlorid $PCl_5$ oder mit Thionylchlorid $SOCl_2$ zu arbeiten.

18*

Die Säurechloride sind ziemlich reaktionsfähige Stoffe. Sie werden von Wasser unter Rückbildung der Säuren gespalten; so liefert das Acetylchlorid mit Wasser in lebhafter Reaktion Chlorwasserstoff und Essigsäure:

$$CH_3 \cdot COCl + HOH \rightarrow CH_3 \cdot COOH + HCl.$$

In ganz ähnlicher Weise verläuft die Umsetzung der Säurechloride mit Alkoholen:

$$CH_3 \cdot COCl + HO \cdot C_2H_5 \rightarrow CH_3 \cdot CO \cdot O \cdot C_2H_5 + HCl.$$

Der Acylrest tritt unter Substitution des Hydroxylwasserstoffs in das Alkoholmolekül ein, und es entsteht ein Ester. Man bedient sich dieser Reaktion häufig mit Vorteil zur Gewinnung von Estern. Um die Umsetzung zu befördern und den entstehenden Chlorwasserstoff zu binden, setzt man der Mischung von Säurechlorid und Alkohol eine organische Base (meist Pyridin) zu. Man bezeichnet die Einführung von Acylgruppen in andere Moleküle als *Acylierung*. Die Acylierung ist ein in der organischen Chemie häufig geübtes Verfahren, das sowohl zu präparativen Zwecken als auch zur Charakterisierung von Alkoholen und anderen acylierbaren Stoffen (Amine) durch ihre Acylderivate dient. So gelangt man z. B. durch Acetylierung der Salicylsäure zu dem Fiebermittel Aspirin:

Salicylsäure          Acetylsalicylsäure, Aspirin

Durch Umsetzung der Säurechloride mit den Alkalisalzen der Carbonsäuren entstehen die *Säureanhydride*:

$$CH_3 \cdot COCl + NaO \cdot OC \cdot CH_3 \rightarrow CH_3 \cdot CO \cdot O \cdot OC \cdot CH_3.$$
Acetylchlorid                   Essigsäureanhydrid

Auch die Säureanhydride finden als Acylierungsmittel Verwendung; man bedient sich ihrer mit Vorteil statt der Säurechloride zur Acylierung empfindlicher Stoffe. Als Beispiel diene die Acetylierung des Äthylalkohols mit Essigsäureanhydrid, die zu Essigester führt:

Von den Säurechloriden aus gelangt man durch Umsetzung mit Ammoniak zu den Säureamiden; das Ammoniak wird unter Eintritt des Acylrestes acyliert:

In der Praxis bevorzugt man zur Gewinnung von Säureamiden einen anderen Weg, der von den Ammoniumsalzen der Carbonsäuren ausgeht. Wie die meisten Ammoniumsalze, so zersetzen sich auch die Ammoniumsalze der Carbonsäuren beim Erhitzen in Ammoniak und Säure, z. B. Ammoniumacetat:

Verhindert man jedoch durch Erhitzen in geschlossenen Gefäßen (Autoklaven) das Entweichen des Ammoniaks, so entsteht unter Abspaltung von Wasser das Säureamid:

Im Gegensatz zum Ammoniak haben die Säureamide keine basischen Eigenschaften. Sie bilden mit Säuren keine Salze, und ihre wäßrigen Lösungen reagieren neutral.

**Nitrile und Isonitrile.** Durch Einwirkung wasserabspaltender Mittel (z. B. Phosphorpentoxyd) auf Säureamide kann man diesen ein weiteres Molekül Wasser entziehen und gelangt so von den Carbonsäuren über die Säureamide zu den *Nitrilen* mit der einwertigen Gruppe —C≡N:

$$CH_3 \cdot C {\Large\langle}^{ONH_4}_{O} \xrightarrow{-H_2O} CH_3 \cdot C {\Large\langle}^{NH_2}_{O} \xrightarrow{-H_2O} CH_3 \cdot C \equiv N .$$

Die geschilderte Reaktionsfolge ist umkehrbar; man kann die Nitrile durch Behandeln mit verdünnter Schwefelsäure über die Säureamide in Carbonsäuren (in Form ihrer Ammoniumsalze) zurückverwandeln:

$$CH_3 \cdot C \equiv N \xrightarrow{+H_2O} CH_3 \cdot C {\Large\langle}^{NH_2}_{O} \xrightarrow{+H_2O} CH_3 \cdot C {\Large\langle}^{ONH_4}_{O} .$$

Die Namen der Nitrile bildet man nach den Namen der Säuren, die auf diese Weise aus ihnen entstehen: $CH_3CN$ Acetonitril, $C_2H_5CN$ Propionitril usw.[1]. Als Anfangsglied der Nitrilreihe ist der Cyanwasserstoff $H \cdot CN$ aufzufassen. Er erscheint als das Nitril der Ameisensäure, in die er über die Stufe des Formamids übergeführt werden kann:

$$H \cdot C \equiv N \xrightarrow{+H_2O} H \cdot C {\Large\langle}^{NH_2}_{O} \xrightarrow{+H_2O} H \cdot C {\Large\langle}^{ONH_4}_{O} .$$

Man kann die Nitrile als Alkylderivate des Cyanwasserstoffs ansehen und demnach als Alkylcyanide bezeichnen: $CH_3 \cdot CN$ Methylcyanid (Sdp. 82°), $C_2H_5 \cdot CN$ Äthylcyanid (Sdp. 98°) usw.

Isomer mit den Nitrilen sind die *Isonitrile* oder *Carbylamine*. In ihren Molekülen ist das Alkyl nicht an Kohlenstoff, sondern an Stickstoff gebunden. Die Isonitrile (Carbylamine) tragen auch den Namen Isocyanide: $CH_3 \cdot NC$ Methylisocyanid(Sdp. 60°), $C_2H_5 \cdot NC$ Äthylisocyanid (Sdp. 78°) usw. Die Isonitrile unterscheiden sich von den isomeren Nitrilen durch ihren tieferen Siedepunkt und ihren sehr unangenehmen Geruch (vgl. S. 284).

**Derivate der Kohlensäure. Harnstoff.** Auch die Dicarbonsäuren bilden Säurederivate. Von besonderer Wichtigkeit sind jedoch die Derivate der zweibasischen Kohlensäure, welche sich von der in freier Form nicht existenzfähigen Hydratform der Kohlensäure $H_2CO_3$ ableiten, deren Strukturformel folgendermaßen aussieht:

$$O = C {\Large\langle}^{OH}_{OH} .$$

Denkt man sich eine oder beide Hydroxylgruppen durch Chlor bzw. —$NH_2$ ersetzt, so gelangt man zu folgenden Derivaten der Kohlensäure:

Monosubstitutionsprodukte:

$$O = C {\Large\langle}^{Cl}_{OH} \qquad O = C {\Large\langle}^{NH_2}_{OH}$$

Monochlorid       Mono-amid
Chlorkohlensäure   Carbaminsäure

Disubstitutionsprodukte:

$$O = C {\Large\langle}^{Cl}_{Cl} \qquad O = C {\Large\langle}^{NH_2}_{NH_2} .$$

Dichlorid      Diamid
Phosgen     Harnstoff

Die beiden Monosubstitutionsprodukte der Kohlensäure, *Chlorkohlensäure* und *Carbaminsäure*, sind ebenso wie die Hydratform der Kohlensäure in freiem Zustande nicht existenzfähig; man kennt jedoch ihre Ester und von der Carbaminsäure außerdem Salze. Das bekannteste Salz der Carbaminsäure ist das *Ammoniumcarbaminat;* es entsteht bei der Wechsel-

---

[1] Als einfachstes Dinitril ist das Cyan $(CN)_2$ mit der Strukturformel N≡C—C≡N aufzufassen. Es geht bei der Einwirkung von verdünnter Schwefelsäure in Oxalsäure über (vgl. das Wöhlersche Verfahren auf S. 274).

wirkung der trockenen Gase Ammoniak und Kohlendioxyd über die Stufe der Carbaminsäure:

$$O{=}C{=}O + H{-}NH_2 \rightarrow O{=}C\underset{OH}{\overset{NH_2}{<}} + NH_3 \rightarrow O{=}C\underset{NH_2}{\overset{ONH_4}{<}} .$$

Carbaminsäure          Ammoniumcarbaminat

Ammoniumcarbaminat ist neben dem normalen Ammoniumcarbonat $(NH_4)_2CO_3$ und dem sauren Carbonat $NH_4HCO_3$ im *Hirschhornsalz* enthalten. Der Äthylester der Carbaminsäure

$$O{=}C\underset{NH_2}{\overset{OC_2H_5}{<}}$$

(Schmp. 49°) heißt *Urethan*, und nach ihm haben die Carbaminsäureester allgemein den Namen Urethane[1] erhalten. Die Urethane dienen als Schlaf- und Beruhigungsmittel.

*Phosgen*[2], das Dichlorid der Kohlensäure, entsteht, wenn man die beiden Gase Kohlenoxyd und Chlor bei hellem Licht aufeinander einwirken läßt:

$$CO + Cl_2 \rightarrow COCl_2 .$$

Die Phosgenbildung erfolgt auch sehr glatt bei Gegenwart von aktiver Kohle als Katalysator. Phosgen ist bei Zimmertemperatur gasförmig (Sdp. $+8°$), läßt sich aber leicht verflüssigen; es ist ein starkes Lungengift. Als Säurechlorid wird Phosgen durch Wasser leicht zersetzt:

$$COCl_2 + H_2O \rightarrow CO_2 + 2\,HCl .$$

In der Technik dient Phosgen zu verschiedenen Synthesen.

*Harnstoff*, das Diamid der Kohlensäure (Carbamid), wurde im Jahre 1773 von ROUELLE[3] im Harn entdeckt. Er bildet das Endprodukt des Eiweißstoffwechsels im Säugetierorganismus und wird von einem erwachsenen Menschen täglich in einer Menge von 25 bis 40 g ausgeschieden. Reiner Harnstoff besteht aus farblosen Kristallen (Schmp. 132°), die sich in Wasser sehr leicht lösen.

Der Harnstoff ist für die Geschichte der organischen Chemie von besonderer Bedeutung. WÖHLER konnte dieses tierische Stoffwechselprodukt im Jahre 1828 erstmalig aus anorganischem Material bereiten, nachdem ihm bereits vier Jahre vorher die Gewinnung der pflanzlichen Oxalsäure gelungen war. WÖHLER wollte sich durch Eindampfen einer Lösung, die Ammoniak und Cyansäure $HCNO$ enthielt, das Ammoniumcyanat $NH_4CNO$ herstellen, aber er bekam statt des erwarteten Salzes den Harnstoff als Rückstand. Das Salz hatte sich beim Eindampfen durch eine Umlagerung in den isomeren Harnstoff verwandelt:

$$NH_3 + HCNO \rightarrow NH_4CNO \rightarrow CO(NH_2)_2 .$$

Über ihre allgemeine Bedeutung hinaus lieferte die WÖHLERsche Entdeckung eines der ersten Beispiele dafür, daß durch verschiedenartige Verkettung der gleichen Atome verschiedene isomere Stoffe entstehen können.

Abgesehen von seiner physiologischen Bedeutung ist der Harnstoff auch technisch ein sehr wichtiges Produkt. Man verwendet ihn als hochwertiges stickstoffreiches Düngemittel, für die Herstellung von Kunstharzen und zur Bereitung von Arzneimitteln. Seine Darstellung aus Phosgen und Ammoniak:

$$O{=}C\underset{Cl}{\overset{Cl}{<}} + 2\,NH_3 \rightarrow O{=}C\underset{NH_2}{\overset{NH_2}{<}} + 2\,HCl$$

und die WÖHLERsche Synthese werden in der Technik nicht durchgeführt. Man geht vielmehr aus von Ammoniumcarbaminat, das aus Kohlendioxyd und Ammoniak erhalten wird (s. oben). Bei einfachem Erhitzen zerfällt das Salz rückläufig in Kohlendioxyd und Ammoniak:

$$O{=}C\underset{NH_2}{\overset{ONH_4}{<}} \rightarrow CO_2 + 2\,NH_3 ;$$

---

[1] Der Name Urethan soll die nahe Verwandtschaft zum Harnstoff (urea) ausdrücken.
[2] gr. φῶς (phos) = Licht; γεννᾶν (gennan) = erzeugen.
[3] ROUELLE, ein Lehrer LAVOISIERS, war Apotheker in Paris.

nimmt man jedoch das Erhitzen in einer geschlossenen Apparatur unter Druck vor, so bildet sich unter Wasserabspaltung Harnstoff:

$$O=C\diagdown_{NH_2}^{ONH_4} \rightarrow O=C\diagdown_{NH_2}^{NH_2} + H_2O.$$

Das Verfahren entspricht vollkommen dem der Gewinnung anderer Säureamide aus den Ammoniumsalzen der Carbonsäuren (vgl. S. 276). In der Technik arbeitet man bei 135 bis 150° und setzt soviel Ammoniumcarbaminat ein, daß der Druck auf etwa 60 Atmosphären steigt.

**Derivate des Harnstoffs. Harnsäure.** Wichtige Derivate des Harnstoffs entstehen, wenn man in seine Aminogruppen Säurereste von Dicarbonsäuren, insbesondere das Malonyl $CH_2\diagdown_{CO—}^{CO—}$, den Rest der Malonsäure $CH_2\diagdown_{COOH}^{COOH}$, einführt. Man könnte dazu das Malonylchlorid $CH_2\diagdown_{COCl}^{COCl}$ verwenden; in der Praxis läßt man jedoch den Äthylester der Malonsäure auf Harnstoff einwirken:

$$H_2C\diagdown_{CO\cdot OC_2H_5}^{CO\cdot OC_2H_5} + \diagup_{H_2N}^{H_2N}CO \rightarrow H_2C\diagdown_{CO—NH}^{CO—NH}CO.$$

Malonsäurediäthylester    Harnstoff    Malonylharnstoff, Barbitursäure

Unter Abspaltung von zwei Molekülen Alkohol entsteht der Malonylharnstoff, eine heterocyclische Verbindung, die wegen einer besonderen strukturellen Eigenart sauren Charakter besitzt und den Namen *Barbitursäure* trägt[1]. Von der Barbitursäure leiten sich u. a. das Schlafmittel *Veronal*, ferner *Luminal* und das für Narkosezwecke dienende *Evipan* ab:

$$C_2H_5\diagdown_{C}\diagup^{CO—NH}\diagdown_{CO—NH}CO; \quad C_6H_5\diagdown_{C}\diagup^{CO—NH}\diagdown_{CO—NH}CO;$$

Veronal                 Luminal
Diäthylbarbitursäure    Phenyl-äthyl-barbitursäure

Evipan
N-Methyl-C-methyl-
C-cyclohexenyl-barbitursäure

In naher Beziehung zur Barbitursäure und damit auch zum Harnstoff steht die *Harnsäure.* Sie wurde im Jahre 1776 von BERGMANN[2] und SCHEELE in Blasensteinen entdeckt. Die Harnsäure bildet das Endprodukt des Eiweißstoffwechsels der Vögel und Reptilien, deren Exkremente reich an Harnsäure sind. Der Mensch scheidet täglich nur 0,6 g Harnsäure aus. Bei Gicht lagert sich die Harnsäure in den Gelenken ab.

Im Jahre 1838 unternahmen LIEBIG und WÖHLER gemeinsam eine eingehende chemische Untersuchung der Harnsäure. Durch oxydativen Abbau erhielten sie Produkte, welche bereits die Verwandtschaft der Harnsäure mit dem Harnstoff erkennen ließen. LIEBIG und WÖHLER mußten sich damals mit dieser Einsicht begnügen, weil die Grundlagen der Strukturchemie noch nicht entwickelt waren. Die

---

[1] Der saure Charakter des Malonylharnstoffs ist dadurch bedingt, daß in seinem Sechsring die $CH_2$-Gruppe und die beiden NH-Gruppen zwischen zwei CO-Gruppen eingeschlossen sind. Auf nähere Einzelheiten kann hier nicht eingegangen werden.

[2] TORBERN BERGMANN, ein schwedischer Chemiker, der gelegentlich mit SCHEELE zusammen arbeitete.

chemische Untersuchung der Harnsäure wurde später von anderen Forschern wieder aufgenommen, und auf Grund der im Laufe der Zeit erhaltenen Ergebnisse gelang es schließlich 1875, die Struktur des Harnsäuremoleküls aufzuklären. Die Strukturformel der Harnsäure, welcher zum Vergleich die der Barbitursäure gegenübergestellt sei, läßt erkennen, daß ihr Molekül aus einem zweifachen heterocyclischen Ringsystem besteht:

Barbitursäure                    Harnsäure

An den Sechsring der Barbitursäure mit dem Harnstoffrest (1)—(2)—(3) ist in Gestalt eines Fünfringes ein weiterer Harnstoffrest (7)—(8)—(9) angefügt. Man kann diesen zweiten Harnstoffrest Atom für Atom an das aus den Komponenten Harnstoff und Malonsäure aufgebaute Ringsystem der Barbitursäure angliedern und so den synthetischen Aufbau der Harnsäure verwirklichen. Der hier angedeutete, im einzelnen recht schwierige Weg der Harnsäuresynthese konnte im Jahre 1895 von EMIL FISCHER erstmalig verwirklicht werden.

Mit der Harnsäure nahe verwandt sind einige wichtige Naturstoffe: *Coffein*, *Theobromin, Theophyllin* und die weniger bekannten, aber nicht minder wichtigen *Xanthin, Guanin* und *Adenin*. Die drei zuerst genannten Stoffe rechnet man wegen ihrer physiologischen Wirksamkeit zur Klasse der *Alkaloide* (vgl. später). Kaffee und Tee verdanken ihre anregende Wirkung dem Coffein; rohe Kaffeebohnen enthalten 1—1,5% dieses Alkaloids, der Gehalt der getrockneten Teeblätter an Coffein schwankt je nach der Sorte zwischen 1 und 5%; reich an Coffein sind auch die Colanüsse mit 1,7%. Das Coffein bildet wegen seiner herzbelebenden und diuretischen (harntreibenden) Wirkung einen wertvollen Bestandteil des Arzneischatzes. Wichtige Arzneimittel sind auch die vorwiegend diuretisch wirkenden Alkaloide Theobromin und Theophyllin. Theobromin ist das Alkaloid der Cacaobohnen[1]; die rohen Bohnen enthalten 1,5—1,8% Theobromin. Theophyllin ist in geringen Mengen ein Bestandteil der Teeblätter[2]. Xanthin wurde 1817 in einem Blasenstein entdeckt, Guanin 1845 im Guano aufgefunden und Adenin 1884 aus der Bauchspeicheldrüse gewonnen[3]. Alle drei Substanzen sind weitverbreitete Naturstoffe, die insbesondere als Komponenten am Aufbau der *Nucleinsäuren*[4], komplizierten Bestandteilen der Zellkerne, beteiligt sind.

Von dem engen genetischen Zusammenhang der genannten Harnsäurederivate, die in umfassenden Arbeiten von EMIL FISCHER strukturell aufgeklärt und der Synthese zugänglich gemacht wurden, mögen folgende Strukturbilder einen Begriff geben:

Harnsäure                    Coffein                    Theobromin

---

[1] Theobroma cacao = Cacaobaum.
[2] gr. φύλλον (phyllon) = Blatt.
[3] gr. ἀδήν (aden) = Drüse.

[4] lat. nucleus = Kern. Die Nucleinsäuren enthalten außerdem Zucker und Phosphorsäure als Komponenten.

Theophyllin

Xanthin

Guanin

Adenin

## VII. Amine.

**Alkylierung des Ammoniaks.** Mit Hilfe der Säurechloride oder auf dem Wege über die Ammoniumsalze der Carbonsäuren kann man in das Molekül des Ammoniaks einen Acylrest einführen. Diese *Acylierung* des Ammoniaks führt zu den *Säureamiden* mit der allgemeinen Formel $RCO \cdot NH_2$ (R steht abkürzend für ein Alkylradikal). Die Säureamide sind neutrale Stoffe ohne die basischen Eigenschaften des Ammoniaks. Im Gegensatz dazu führt die *Alkylierung* des Ammoniaks, d. h. die Substitution der Wasserstoffatome des Ammoniakmoleküls durch Alkylgruppen, zu Stoffen von basischem Charakter, die den Namen *Amine* tragen. Wie man Alkohole und Äther als alkyliertes Wasser, Thioalkohole (Mercaptane) und Thioäther als alkylierten Schwefelwasserstoff ansehen kann, so erscheinen die aliphatischen Amine als alkyliertes Ammoniak. Um die Alkylierung des Ammoniaks praktisch durchzuführen, kann man sich der Alkylhalogenide als Alkylierungsmittel bedienen. Wie früher gezeigt wurde (vgl. S. 249 und 251) verläuft die Alkylierung des Wassers in der ersten Stufe (Alkoholbildung)

$$CH_3Cl + H_2O \rightarrow CH_3OH + HCl$$

im allgemeinen unvollständig und ist von Nebenreaktionen begleitet. Die zweite Stufe (Ätherbildung) kann nicht direkt

$$CH_3Cl + HO \cdot CH_3 \rightarrow CH_3 \cdot O \cdot CH_3 + HCl,$$

sondern nur auf dem Umwege über die Alkoholate verwirklicht werden:

$$CH_3Cl + NaO \cdot CH_3 \rightarrow CH_3 \cdot O \cdot CH_3 + NaCl.$$

Die Alkylierung des Ammoniakmoleküls erfolgt dagegen direkt unter stufenweiser Substitution seiner Wasserstoffatome durch Alkyl, z. B.:

$$NH_3 + CH_3Cl \rightarrow CH_3NH_2 + HCl = [CH_3NH_3]Cl, \qquad (1)$$

$$CH_3NH_2 + CH_3Cl \rightarrow (CH_3)_2NH + HCl = [(CH_3)_2NH_2]Cl, \qquad (2)$$

$$(CH_3)_2NH + CH_3Cl \rightarrow (CH_3)_3N + HCl = [(CH_3)_3NH]Cl. \qquad (3)$$

Da die nacheinander ablaufenden Stufenreaktionen sich annähernd gleich schnell vollziehen, erhält man als Reaktionsprodukt eine Mischung der drei Stoffe Methylamin $CH_3NH_2$, Dimethylamin $(CH_3)_2NH$ und Trimethylamin $(CH_3)_3N$. Da die Amine basische Stoffe sind, vereinigen sie sich mit dem bei der Reaktion entstehenden

Chlorwasserstoff zu den Salzen [CH$_3$NH$_3$]Cl, [(CH$_3$)$_2$NH$_2$]Cl und [(CH$_3$)$_3$NH]Cl. Diese Salze erscheinen als Alkylderivate des Ammoniumchlorids [NH$_4$]Cl, und dementsprechend lauten ihre Bezeichnungen: Methyl-ammoniumchlorid [CH$_3$NH$_3$]Cl, Dimethyl-ammoniumchlorid [(CH$_3$)$_2$NH$_2$]Cl und Trimethyl-ammoniumchlorid [(CH$_3$)$_3$NH]Cl. Da die chlorwasserstoffsauren Salze der Amine als Additionsprodukte von Amin und Chlorwasserstoff erscheinen, nennt man sie auch Hydrochloride, z. B.  CH$_3$NH$_2$ + HCl = [CH$_3$NH$_3$]Cl Methylamin-hydrochlorid usw. Außer den drei genannten alkylsubstituierten Ammoniumsalzen wird man noch die Existenz des Tetramethyl-ammoniumchlorids [(CH$_3$)$_4$N]Cl vermuten. In der Tat gibt es dieses Salz; es entsteht als viertes Produkt bei der Reaktion

$$(CH_3)_3N + CH_3Cl \rightarrow [(CH_3)_4N]Cl, \qquad (4)$$

die sich als letzte Stufe an die drei obigen Reaktionen anschließt.

Versetzt man die bei der Alkylierung des Ammoniaks erhaltene Salzmischung mit überschüssigem starkem Alkali (KOH oder NaOH), so werden die drei Amine aus ihren Salzen in Freiheit gesetzt, weil sie ebenso wie das Ammoniak flüchtige Basen sind (vgl. Anorg. Chem. S. 219). Die Trennung der freien Amine ist schwierig, weil ihre Siedepunkte sehr nahe beieinanderliegen, wie nebenstehende Übersicht zeigt, in die zum Vergleich auch das Ammoniak mit aufgenommen ist.

|  |  | Sdp. °C |
|---|---|---|
| NH$_3$ | Ammoniak | —33 |
| CH$_3$ · NH$_2$ | Methylamin | — 6 |
| (CH$_3$)$_2$NH | Dimethylamin | + 7 |
| (CH$_3$)$_3$N | Trimethylamin | + 4 |

Die Aminbasen riechen ganz ähnlich wie Ammoniak, unterscheiden sich aber von ihm durch ihre Brennbarkeit. Die niederen Glieder der Aminreihe lösen sich leicht in Wasser, und ihre Lösungen reagieren etwas stärker alkalisch als wäßriges Ammoniak.

Das nach der Reaktionsgleichung (4) entstandene Tetramethyl-ammoniumchlorid [(CH$_3$)$_4$N]Cl wird durch Zusatz von starkem Alkali nicht angegriffen. Dieses Salz leitet sich von der Base Tetramethyl-ammoniumhydroxyd [(CH$_3$)$_4$N]OH ab, die als vierfach alkyliertes Ammoniumhydroxyd [NH$_4$]OH erscheint. Während jedoch das Ammoniumhydroxyd nur in Form seiner Salze — der Ammoniumsalze — bekannt ist, kennt man die Ammoniumbase [(CH$_3$)$_4$N]OH auch im freien Zustande. Man kann sie aus der wäßrigen Lösung ihres Chlorids durch Umsetzung mit Silberhydroxyd gewinnen:

$$[(CH_3)_4N]Cl + AgOH \rightarrow [(CH_3)_4N]OH + AgCl.$$

Filtriert man von dem ausgeschiedenen schwerlöslichen AgCl und überschüssigem Silberhydroxyd ab und dampft die Lösung vorsichtig (im Vakuum) ein, so hinterbleibt die Base [(CH$_3$)$_4$N]OH als kristallines Hydrat. Sie ist in Wasser leicht löslich, und die Lösung reagiert ebenso stark alkalisch wie Kali- oder Natronlauge. Die *quartäre* Base[1] Tetramethyl-ammoniumhydroxyd ist also eine starke Base. Beim Erhitzen spaltet sie sich in Trimethylamin und Methylalkohol:

$$[(CH_3)_4N]OH \rightarrow (CH_3)_3N + CH_3OH.$$

Nach dem geschilderten Alkylierungsverfahren kann man außer Methyl auch andere Alkylgruppen in das Molekül des Ammoniaks einführen. Bezeichnet man ein Alkylradikal abkürzend mit R, so gelangt man allgemein zu folgenden Verbindungstypen:

---

[1] Die Basen heißen quartäre Ammoniumbasen, weil sie sich vom Ammoniumhydroxyd [NH$_4$]OH durch Ersatz der vier an den Stickstoff geketteten Wasserstoffatome durch Alkylgruppen ableiten.

| Formel | Name | Allgemeine Bezeichnung | Basenstärke |
|---|---|---|---|
| R—NH$_2$ | Alkylamin | primäre Amine | |
| $\begin{matrix} R \\ \phantom{} \\ R \end{matrix}$ $\searrow\!\!\nearrow$ NH | Dialkylamin | sekundäre Amine | schwache Basen |
| $\begin{matrix} R \\ R{-}N \\ R \end{matrix}$ | Trialkylamin | tertiäre Amine | |
| $\left[\begin{matrix} R & R \\ R^{\phantom{}}N & R \end{matrix}\right]$ OH | Tetraalkyl-ammoniumhydroxyd | quartäre Ammoniumbasen | starke Basen |

Primäre Amine sind also gekennzeichnet durch die einwertige Aminogruppe —NH$_2$, sekundäre Amine durch die zweiwertige Iminogruppe $\rangle$NH und tertiäre Amine durch die dreiwertige Gruppe $\rightarrow$N. Die Bezeichnungen *primär, sekundär* und *tertiär* bringen zum Ausdruck, wie viele Alkylgruppen oder — allgemeiner — wie viele Kohlenstoffatome an das basische Stickstoffatom eines Amins gekettet sind. Im Gegensatz hierzu bezieht sich die Unterscheidung primärer, sekundärer und tertiärer Alkohole nicht auf die Zahl der Alkylgruppen, die an den Sauerstoff gebunden sind, sondern auf die Art des hydroxyltragenden Kohlenstoffatoms (vgl. S. 248). Die beiden Alkylierungsstufen des Wassers R—OH und $\begin{smallmatrix} R \\ R \end{smallmatrix}\!\!\rangle$O haben die verschiedenen Namen Alkohol und Äther erhalten, weil sie sich chemisch deutlich voneinander unterscheiden. Die drei Alkylierungsstufen des Ammoniaks R—NH$_2$, $\begin{smallmatrix} R \\ R \end{smallmatrix}\!\!\rangle$NH und $\begin{smallmatrix} R \\ R \end{smallmatrix}\!\!\rangle$R—N verhalten sich als Basen sehr ähnlich und tragen deshalb die gemeinsame Bezeichnung Amine.

Die flüchtigen Aminbasen wurden im Jahre 1848 von Wurtz[1] entdeckt, der sie durch ihre Brennbarkeit vom Ammoniak unterscheiden konnte. Ihre nähere Untersuchung und insbesondere ihre Deutung als Derivate des Ammoniaks durch A. W. v. Hofmann[2] ist für die geschichtliche Entwicklung der organischen Chemie von großer Bedeutung gewesen (vgl. S. 287).

**Gewinnung primärer Amine. Nitroverbindungen.** Das im vorigen Abschnitt geschilderte Alkylierungsverfahren hat den Nachteil, daß dabei ein schwer trennbares Gemisch von primärem, sekundärem und tertiärem Amin entsteht. Es gibt jedoch Verfahren, die in einheitlicher Reaktion zu einem bestimmten Amintypus führen. So kann man z. B. primäre Amine nach einem von A. W. v. Hofmann entdeckten Verfahren aus den Säureamiden gewinnen, indem man auf diese Natriumhypobromit, NaBrO, einwirken läßt. Das Natriumhypobromit wirkt als Oxydationsmittel (NaBrO → NaBr + O), und die Umsetzung, welche im einzelnen über eine Reihe von Zwischenstufen führt, nimmt z. B. beim Acetamid im Endeffekt folgenden Verlauf:

$$CH_3 \cdot CO \cdot NH_2 + O \rightarrow CH_3 \cdot NH_2 + CO_2.$$

Sie kommt also hinaus auf eine oxydative Herausspaltung der CO-Gruppe des Säureamids als Kohlendioxyd CO$_2$; dabei entsteht ein primäres Amin (Methylamin), welches ein Kohlenstoffatom weniger enthält als das Säureamid, von dem man ausgeht. Man bezeichnet die Methode daher als Säureamid-Abbau.

Ein weiteres Verfahren zur Gewinnung von primären Aminen ist die *Reduktion* von *Nitroverbindungen.* Diese enthalten in ihrem Molekül die Gruppe —NO$_2$ durch den Stickstoff an ein Alkylradikal gebunden, z. B. CH$_3$ · NO$_2$ *Nitromethan.* Die Nitroverbindungen sind

---

[1] Vgl. S. 239, Anm. 4.

[2] August Wilhelm von Hofmann (1818—1892), ein Schüler Liebigs, war zunächst Professor in London und von 1865 an in Berlin. Er hat durch seine experimentellen Arbeiten einen großen Teil des Tatsachenmaterials für die Entwicklung der Strukturchemie geliefert und viel zum Aufblühen der deutschen Farbstoffindustrie beigetragen.

isomer mit den Estern der salpetrigen Säure, den *Alkylnitriten*, in deren Molekül die Gruppe —ONO durch Sauerstoff mit dem Alkylrest verbunden ist, z. B. $CH_3 \cdot ONO$ *Methylnitrit*. Die Nitroverbindungen unterscheiden sich von den Alkylnitriten durch ihre Unverseifbarkeit und ihre höheren Siedepunkte:

Nitromethan $CH_3 \cdot NO_2$     Sdp. 101°     Methylnitrit $CH_3 \cdot ONO$     Sdp. —12°

Nitroäthan $C_2H_5 \cdot NO_2$     Sdp. 113°     Äthylnitrit $C_2H_5 \cdot ONO$     Sdp. +17°.

Durch Reduktion der Nitroverbindungen, die man mit Eisen und Salzsäure durchführen kann, gelangt man über eine Reihe von Zwischenprodukten zu primären Aminen, z. B.:

$$C_2H_5NO_2 + 6H \rightarrow C_2H_5NH_2 + 2H_2O.$$

Da die aliphatischen Nitroverbindungen im allgemeinen nur auf Umwegen zugänglich sind, besitzt das Verfahren in der aliphatischen Reihe keine praktische Bedeutung. Von großer Wichtigkeit ist es jedoch in der aromatischen Reihe, da aromatische Nitroverbindungen direkt aus den entsprechenden Kohlenwasserstoffen durch *Nitrierung*, d. h. Einwirkung einer Mischung von Salpetersäure und Schwefelsäure (Nitriersäure), zu gewinnen sind. So führt der Weg vom Benzol über das Nitrobenzol zum Anilin, dem einfachsten und bekanntesten primären Amin der aromatischen Reihe:

$$C_6H_6 \xrightarrow{\text{Nitrierung}} C_6H_5NO_2 \xrightarrow{\text{Reduktion}} C_6H_5NH_2.$$

     Benzol           Nitrobenzol         Anilin

Auf weitere spezielle Verfahren zur Darstellung von Aminen soll hier nicht eingegangen werden.

Eine sehr empfindliche Nachweisreaktion für primäre Amine ist die Isonitril- oder Carbylaminreaktion. Man führt sie aus, indem man eine Mischung von Amin, Chloroform und Natronlauge erwärmt. Liegt ein primäres Amin vor, so entsteht ein flüchtiges Isonitril (vgl. S. 277), daß sich schon in sehr geringen Mengen durch seinen äußerst unangenehmen Geruch verrät:

$$CH_3 \cdot N\overline{H_2} + Cl_2 \overline{C}\,HCl + 3\,NaOH \rightarrow CH_3 \cdot NC + 3\,NaCl + 3\,H_2O.$$

Das Chloroformmolekül liefert das zur Bildung des Isonitrils erforderliche Kohlenstoffatom; die Natronlauge dient zur Bindung des freiwerdenden Chlorwasserstoffs.

**Amine und salpetrige Säure.** In der Reihe der Amine gibt es wieder verschiedene Isomeriemöglichkeiten. So kann es sich z. B. bei einem Amin mit der Bruttoformel $C_3H_9N$ um folgende isomere Verbindungen handeln:

$$CH_3CH_2CH_2{-}NH_2 \qquad \underset{\displaystyle CH_3}{\overset{\displaystyle CH_3}{|}}{-}CH{-}NH_2 \qquad \overset{\displaystyle CH_3}{\underset{\displaystyle CH_3CH_2}{>}}NH \qquad \overset{\displaystyle CH_3}{\underset{\displaystyle CH_3}{\overset{\displaystyle CH_3}{>}}}N,$$

n-Propylamin       Isopropylamin       Methyl-äthylamin      Trimethylamin

   primär            primär           sekundär         tertiär

d. h. es kann ein primäres (zwei Möglichkeiten), sekundäres oder tertiäres Amin vorliegen. Es ist nun häufig sehr wichtig entscheiden zu können, welchem Amintypus eine vorliegende organische Base angehört. Eine Möglichkeit dazu bietet das verschiedene Verhalten primärer, sekundärer und tertiärer Amine bei der Einwirkung von salpetriger Säure $HNO_2$ oder in aufgelöster Schreibweise $HO{-}N{=}O$. Der Angriff der salpetrigen Säure richtet sich gegen den am Aminstickstoff haftenden Wasserstoff. Tertiäre Amine $\overset{\displaystyle R}{\underset{\displaystyle R}{R{-}}}N$ tragen am Aminstickstoff keinen Wasserstoff; der Angriff der salpetrigen Säure kann also höchstens an anderen Teilen des Aminmoleküls erfolgen, was aber im allgemeinen schwierig und dann nur unter Zerstörung des Molekülverbandes möglich ist. Sekundäre Amine reagieren mit salpetriger Säure folgendermaßen:

$$\overset{\displaystyle C_2H_5}{\underset{\displaystyle C_2H_5}{>}}NH + HO{=}N{-}O \rightarrow \overset{\displaystyle C_2H_5}{\underset{\displaystyle C_2H_5}{>}}N{-}NO.$$

     Diäthylamin                    Diäthylnitrosamin

Unter Wasserabspaltung findet eine Substitution des Wasseratoms der Iminogruppe durch die *Nitrosogruppe* —NO statt und es bildet sich ein Nitrosamin. Primäre Amine liefern bei der Einwirkung von salpetriger Säure Alkohole, z. B.:

$$C_2H_5{-}NH_2 + O{=}N{-}OH \rightarrow (C_2H_5{-}N{=}N{-}OH) \rightarrow C_2H_5{-}OH + N_2.$$

   Äthylamin                Diazoverbindung          Äthylalkohol

                           nicht beständig

Die unter Wasserabspaltung entstehende, in Klammern gesetzte Diazoverbindung[1] ist unstabil; sie zerfällt sofort in Alkohol und Stickstoff, der gasförmig entweicht. Im Endeffekt kommt also die Umsetzung hinaus auf den Ersatz der Aminogruppe durch eine alkoholische Hydroxylgruppe. In der aromatischen Reihe kann man die Reaktion auf der Stufe der Diazoverbindung festhalten, wenn man unter Eiskühlung arbeitet. Das ist sehr wichtig, denn die aromatischen Diazoverbindungen sind Zwischenprodukte für die Gewinnung der umfangreichen Klasse der Azofarbstoffe. Beim Erwärmen zerfallen auch die aromatischen Diazoverbindungen unter Stickstoffentwicklung, z. B.

$$C_6H_5\text{---}NH_2 + O\text{=}N\text{---}OH \rightarrow C_6H_5\text{---}N\text{=}N\text{---}OH \rightarrow C_6H_5\text{---}OH + N_2\,.$$

Anilin             Diazoverbindung        Phenol

bei Eiskälte in Lösung beständig

Als Endprodukt erscheint das Hydroxylderivat $C_6H_5 \cdot OH$ des Benzols $C_6H_6$; es ist das bekannte Phenol (Carbolsäure).

**Aliphatische und aromatische Amine.** Von den einfachen aliphatischen Aminen wurden *Methylamin, Dimethylamin* und *Trimethylamin* schon besprochen. Dimethylamin und Trimethylamin sind in der Heringslake enthalten. Das Trimethylamin besitzt in verdünntem Zustande einen anhaftenden fischartigen Geruch, der auch höheren aliphatischen Aminen eigen ist. Die niederen Amine sind ähnlich wie Ammoniak in Wasser sehr leicht löslich; mit wachsender Größe der Alkylradikale sinkt die Löslichkeit der Amine, eine Erscheinung, die dem Verhalten der Alkohole und Carbonsäuren entspricht. Die chlorwasserstoffsauren Salze der einfachen Amine (Hydrochloride) lösen sich in Alkohol, während Ammoniumchlorid darin praktisch unlöslich ist, was für Trennungszwecke manchmal nützlich sein kann.

Es wurde bereits erwähnt, daß die aliphatischen Amine stärkere Basen sind als Ammoniak; der basische Charakter des Ammoniaks wird also durch den Eintritt von Alkylgruppen verstärkt. Im Gegensatz dazu sind aromatische Amine schwächer basisch als Ammoniak. Das gilt schon für das *Anilin* $C_6H_5NH_2$, und mit dem Eintritt weiterer aromatischer Reste (Arylradikale) in das Molekül des Ammoniaks nimmt die Basizität rasch ab; *Diphenylamin* $(C_6H_5)_2NH$ ist bedeutend schwächer basisch als Anilin und *Triphenylamin* $(C_6H_5)_3N$ besitzt kaum noch basische Eigenschaften. Der Eintritt von Arylradikalen schwächt also den basischen Charakter ab.

Für die Gewinnung mancher Farbstoffe wichtig sind gemischte fettaromatische Amine, insbesondere das *Dimethylanilin* $C_6H_5N(CH_3)_2$; man erhält diese tertiäre Base durch Methylierung von Anilin, die in der Technik nicht mit Methylchlorid, sondern mit dem billigeren Methanol durchgeführt wird.

**Amine mit mehreren Funktionen.** Zu erheblicher technischer Bedeutung sind neuerdings einige Amine gelangt, die mit den basischen Eigenschaften eines Amins die Funktionen eines Alkohols vereinigen. Es sind die drei *Aminoalkohole*:

$HO \cdot CH_2 \cdot CH_2\text{---}NH_2$      $\begin{matrix} HO \cdot CH_2 \cdot CH_2 \\ HO \cdot CH_2 \cdot CH_2 \end{matrix}\!\!\Big\rangle NH$      $\begin{matrix} HO \cdot CH_2 \cdot CH_2 \\ HO \cdot CH_2 \cdot CH_2 \\ HO \cdot CH_2 \cdot CH_2 \end{matrix}\!\!\Big\rangle N\,.$

Äthanolamin           Diäthanolamin          Triäthanolamin

Man kann sich die Moleküle dieser Stoffe aus dem Molekül des Ammoniaks durch stufenweise Substitution der Wasserstoffatome durch den einwertigen Rest $\text{---}CH_2 \cdot CH_2 \cdot OH$ des Äthanols (Äthylalkohols) entstanden denken, und dieser Auffassung entsprechen auch ihre Benennungen. Die drei Aminoalkohole sind ziemlich starke Basen; sie ziehen Kohlendioxyd aus der Luft an. Als Alkohole haben sie große Ähnlichkeit mit den mehrwertigen Alkoholen Glykol $CH_2OH \cdot CH_2OH$, und Glycerin $CH_2OH \cdot CHOH \cdot CH_2OH$; sie stellen viscose, hygroskopische Flüssigkeiten dar. Die technische Bedeutung der Äthanolamine ist vor allem darin begründet, daß ihre Salze mit höheren Fettsäuren die Eigenschaften von Seifen haben. Solche Salze finden als alkalifreie Seifen, als Netzmittel für Textilien (Kunstseide) und als Emulgatoren Verwendung.

---

[1] gr. $\zeta\tilde{\omega}$ (zo) = ich lebe; $\alpha$ (a) = Vereinigung. Im Französischen heißt daher der Stickstoff azote, d. h. ein Stoff, in dem Lebewesen ersticken. Diazoverbindungen enthalten die aus zwei Stickstoffatomen zusammengesetzte Gruppe $\text{---}N\text{=}N\text{---}$, einseitig an Kohlenstoff gebunden; bei doppelseitiger Bindung an Kohlenstoff spricht man von Azoverbindungen, z. B. $C_6H_5\text{---}N\text{=}N\text{---}C_6H_5$ Azobenzol (vgl. S. 323).

Vom Diäthylamino-äthanol $HO \cdot CH_2 \cdot CH_2 \cdot N(C_2H_5)_2$ leitet sich das *Novocain* ab (als Ester der para-Aminobenzoesäure). Novocain und die Ester einiger weiterer Aminoalkohole dienen an Stelle des Cocains für die Zwecke der Lokalanästhesie[1].

Zu den Aminoalkoholen gehört auch das im Tier- und Pflanzenreich weitverbreitete *Cholin*[2], aus dem bei Fäulnisvorgängen das sehr giftige ungesättigte *Neurin* entsteht:

$$\left[ HO-CH_2-CH_2-N{\overset{\displaystyle CH_3}{\underset{\displaystyle CH_3}{\big\langle}}} CH_3 \right] OH \qquad \left[ CH_2=CH-N{\overset{\displaystyle CH_3}{\underset{\displaystyle CH_3}{\big\langle}}} CH_3 \right] OH .$$

Cholin                  Neutrin

Beide Stoffe sind quartäre Ammoniumbasen und als solche stark basisch. Cholin ist neben Glycerin, Phosphorsäure und höheren Fettsäuren am Aufbau der zu den *Lipoiden*[3] gehörigen Lecithine[4] beteiligt.

Neuerdings hat sich herausgestellt, daß das Gift des Fliegenpilzes, das *Muscarin*[5], in seinem molekularen Aufbau Ähnlichkeit mit dem Cholin aufweist. Das Muscarin ist das erste Pilzgift, dessen Molekülstruktur aufgeklärt werden konnte; die Lösung dieser Aufgabe war sehr schwierig, weil in 1250 kg Fliegenpilzen nur 3,5 g des Giftes enthalten sind.

## VIII. Alkaloide.

**Allgemeine Charakterisierung.** Die physiologische Wirksamkeit einiger Aminoalkohole leitet über zu der Betrachtung einer Gruppe von pflanzlichen Inhaltsstoffen, deren Gift- oder Heilwirkung schon seit alter Zeit bekannt ist. Jahrhundertelang hat man Gift- und Heilpflanzen in Gestalt von Drogen oder deren Auszügen verwendet, ohne die wirksamen Stoffe rein gewinnen zu können oder gar Kenntnis von ihrer chemischen Natur zu besitzen. Während wir SCHEELE außer vielen anderen wichtigen Entdeckungen die Auffindung einer ganzen Reihe von Pflanzensäuren verdanken, blieb es dem Apotheker SERTÜRNER[6] vorbehalten, erstmalig einen jener physiologisch wirksamen Stoffe aus einer pflanzlichen Droge zu gewinnen. Im Jahre 1817 gelang ihm die Reindarstellung des *Morphins* aus dem Opium, dem eingedickten Milchsaft der unreifen Mohnkapseln. Das Morphin erwies sich als ein Stoff mit basischen Eigenschaften. Der Entdeckung SERTÜRNERS folgte im Jahre 1820 die Gewinnung des *Coffeins* aus den Kaffeebohnen durch RUNGE[7], der den neuen Stoff wegen seiner basischen Natur Kaffeebase nannte. In rascher Folge wurden nun in den nächsten Jahrzehnten die wichtigsten Pflanzenbasen isoliert. Sie erhielten wegen ihrer basischen Eigenschaften den Sammelnamen *Alkaloide*.

Die Alkaloide sind in den Pflanzen nicht in freiem Zustande enthalten, sondern an verschiedene Pflanzensäuren (z. B. Äpfelsäure, Citronensäure, Weinsäure u. a.) gebunden. Zu ihrer Gewinnung müssen sie zunächst durch stärkere Alkalien (Kali-

---

[1] gr. αἴσθησις (ästhesis) = Wahrnehmung, Empfindung; αν (an) = Verneinung. Lokalanästhesie = örtliche Betäubung.

[2] gr. χόλη (chole) = Galle. Das Cholin kann aus der Galle gewonnen werden; mit dem Cholesterin der Gallensteine steht es in keiner Beziehung.

[3] gr. λιπαρός (liparos) = fett. Unter dem Sammelnamen Lipoide faßt man besonders in der Medizin solche Naturstoffe zusammen, die ähnliche Löslichkeitseigenschaften besitzen wie die Fette, also z. B. in Äther, Chloroform, Benzin usw. löslich sind. Chemisch haben sie zum Teil mit den Fetten nichts zu tun.

[4] gr. λήκυθος (lekythos) = Salbengefäß. Lecithine haben salbenartiges Aussehen.

[5] lat. musca = Fliege. (Amanita muscaria = Fliegenpilz).

[6] FRIEDRICH WILHELM SERTÜRNER (1783—1841), Apotheker in Hameln.

[7] FRIEDRICH FERDINAND RUNGE (1795—1867) war einige Zeit Professor in Breslau, dann Direktor einer chemischen Fabrik in Oranienburg bei Berlin. Er arbeitete über organische Farbstoffe und entdeckte das Phenol und Anilin im Steinkohlenteer.

oder Natronlauge, Soda, Kalkmilch usw.) aus ihren Salzen freigemacht werden; ihre Abtrennung erfolgt dann entweder durch Extraktion mit geeigneten Lösungsmitteln (Äther, Paraffinöl u. a.) oder durch Wasserdampfdestillation. Die Reindarstellung der Alkaloide gestaltet sich deshalb besonders schwierig, weil die meisten pflanzlichen Drogen neben einem Hauptalkaloid eine ganze Reihe von Nebenalkaloiden enthalten. So liegt z. B. im Opium ein Gemisch von über 20 Alkaloiden vor, von denen das Morphin den Hauptanteil ausmacht. Die Scheidung einer solchen Alkaloidmischung erfordert die Anwendung komplizierter Trennungsverfahren.

**Struktur der Alkaloide.** Ehe an die Aufklärung der chemischen Natur der Alkaloide oder gar an ihre Synthese gedacht werden konnte, mußten erst in jahrzehntelanger Arbeit die Grundlagen der Strukturchemie geschaffen werden. Besonders wichtig waren die oben angedeuteten Vorarbeiten A. W. v. HOFMANNS über die Amine, weil auch die basischen Eigenschaften der Alkaloide an die Gegenwart von Aminstickstoff gebunden sind. Daneben enthalten die Moleküle der meisten Alkaloide weitere funktionelle Gruppen, und dern Kennzeichnung ist die erste Aufgabe der Strukturbestimmung. So ermittelt man alkoholische Hydroxylgruppen durch Veresterung mit Säuren (Acylierung), saure Carboxylgruppen durch Salzbildung mit Basen, Estergruppen durch Verseifung, Carbonylgruppen durch spezielle Carbonylreagentien, Doppelbindungen durch Addition von Halogen oder durch katalytische Hydrierung usw. Auf Grund der gewonnenen Einsichten versucht man dann das Alkaloidmolekül durch tiefere chemische Eingriffe, z. B. durch Oxydation, in kleinere Teile zu zerlegen, um aus der Natur der entstehenden Spaltprodukte Auskunft über den Bau des Kerngerüstes zu erhalten. Etwa vom Jahre 1880 an drang man so zunächst auf dem Wege des systematischen Abbaus und schließlich auch auf dem Wege der Synthese in das schwierige Gebiet der Alkaloidchemie ein. Der strukturelle Aufbau der Alkaloidmoleküle erwies sich als recht kompliziert und zu seiner Enthüllung bedurfte es in den meisten Fällen jahrelanger mühevoller Forscherarbeit.

Der basische Aminstickstoff ist in den Alkaloidmolekülen meist als Glied gewisser heterocyclischer Ringsysteme enthalten, von denen folgende fünf in vielen Alkaloiden wiederkehren:

Pyrrolidin, Sdp. 87°  Piperidin, Sdp. 106°  Pyridin Sdp. 115°

Chinolin, Sdp. 238°  Isochinolin, Sdp. 242°

Pyrrolidin und Piperidin sind sekundäre Amine von aliphatischem Charakter und daher ziemlich starke Basen. Das Ringsystem des Pyrrolidins findet sich neben dem des Pyridins u. a. im Molekül des Nicotins, während z. B. im Molekül des Coniins das Ringsystem des Piperidins enthalten ist. Die Strukturbilder der beiden genannten Pflanzenbasen mögen einen Begriff von dem Aufbau zweier verhältnismäßig einfacher Alkaloidmoleküle geben:

Coniin, Sdp. 166° (α-n-Propylpiperidin)  Nicotin, Sdp. 240°

*Tabelle 29.*

| Alkaloid | Vorkommen | Wirkung | Größte Einzelgabe g | Größte Tagesgabe g |
|---|---|---|---|---|
| Nicotin | Tabakpflanze Nicotiana tabacum | nervenerregend, sekretionsfördernd, gefäßkontrahierend | — | — |
| Coffein | Kaffeebohnen, Teeblätter, Colanüsse | anregend, diuretisch | — | — |
| Theobromin | Cacaobohnen Theobroma cacao | diuretisch | — | — |
| Theophyllin | Teeblätter Thea sinensis | diuretisch | Alkaloid 0,5 | 0,15 |
| Ephedrin | Somapflanze der Inder Ephedra vulgaris | blutdrucksteigernd, gegen Kreislaufschwäche, Asthma | — | |
| Morphin | Opiumalkaloide Schlafmohn Papaver somniferum | schmerzstillend schlafbringend | Hydrochlorid 0,03 | 0,1 |
| Codein | | schwächer als Morphin Mittel gegen Husten | Phosphat 0,1 | 0,3 |
| Papaverin | | schwächer als Morphin krampfstillend | Hydrochlorid 0,2 | 0,6 |
| Chinin u. Nebenalkaloide | Fieberrindenbäume Cinchona (Südamerika, Indonesien) | fieberherabsetzend Mittel gegen Malaria | — | — |
| Atropin | Tollkirsche Atropa belladonna | pupillenerweiternd Augenheilkunde | Sulfat 0,001 | 0,003 |
| Hyoscyamin | Bilsenkraut Hyoscyamus niger | ähnlich wie Atropin | — | — |
| Cocain | Cocastrauch, Erythroxylon coca (Bolivien, Peru) | lokalanästhesierend, gefäßkontrahierend | Hydrochlorid 0,05 | 0,15 |
| Lobelin | Lobelia inflata | atemerregend | Hydrochlorid 0,02 | 0,1 |
| Strychnin | Brechnußbaum Strychnos nux vomica (Ostindien) | krampferregend | Nitrat 0,005 | 0,01 |
| Brucin | | krampferregend | — | — |
| Mutterkornalkaloide | Mutterkorn des Roggens Secale cornutum | blutstillend, geburtserleichternd | — | — |

*Coniin* ist das Hauptalkaloid des Schierlings (Conium maculatum). Seine Synthese, die im Jahre 1886 LADENBURG[1] von einem Derivat des Pyridins aus gelang, war die erste Alkaloidsynthese. Auch das *Nicotin* konnte synthetisch gewonnen werden.

Pyridin, Chinolin und Isochinolin sind schwache tertiäre Basen, die im Steinkohlenteer vorkommen. Ihre Ringsysteme haben aromatischen Charakter und sind wie die meisten aromatischen Ringsysteme sehr widerstandsfähig gegen Oxydationsmittel; sie bleiben daher beim oxydativen Abbau von Alkaloiden, deren Moleküle einen solchen Ring enthält, meist unangegriffen. So erhielt das Chinolin seinen Namen vom *Chinin*, weil es aus diesem Alkaloid beim Erhitzen mit Ätzkali entsteht. Die Moleküle der Opiumalkaloide *Papaverin*[2] und *Narcotin* und vieler anderer Pflanzenbasen enthalten das Ringsystem des Isochinolins.

Eine gewisse Sonderstellung unter den Alkaloiden nehmen die bereits früher im Zusammenhang mit der Harnsäure betrachteten Pflanzenbasen *Coffein, Theobromin* und *Theophyllin* ein;

---

[1] ALBERT LADENBURG (1842—1911), Prof. der Chemie in Kiel und von 1889 an in Breslau.
[2] Papaver somniferum = Schlafmohn.

ihre Moleküle enthalten die Ringsysteme des Pyrimidins und des Imidazols (vgl. S. 280):

Pyrimidin, Schmp. 21°, Sdp. 124°      Imidazol, Schm. 90°, Sdp. 256°

Nicht zu den Alkaloiden gehören die durch ihre starke Wirkung auf die Herztätigkeit bekannten Inhaltstoffe des Fingerhuts (Digitalis) und einiger anderer Pflanzenarten. Diese Stoffe enthalten keinen Stickstoff. Ihre Moleküle setzen sich aus verschiedenen Zuckerarten und einem komplizierten Ringsystem zusammen, welches mit dem der *Sterine* (Cholesterin) verwandt ist.

Es ist nach neueren Forschungen wahrscheinlich, daß die Pflanzen sich zum Aufbau der Alkaloidmoleküle gewisser stickstoffhaltiger Komponenten der Eiweißstoffe bedienen. Über die eigentliche Aufgabe, welche diesen kompliziert gebauten Pflanzenbasen im Leben der Pflanzen zukommt, herrscht noch Unklarheit.

**Einzelne Alkaloide.** Über Vorkommen und Wirkungsweise der wichtigsten Pflanzenalkaloide orientiert Tab. 29.

Für die Zwecke der praktischen Anwendung benutzt man die Alkaloide meist in Form ihrer Salze (Hydrochloride, Hydrobromide, Sulfate usw.).

# IX. Aminosäuren und Eiweißstoffe.

**Aminosäuren und ihre Eigenschaften.** Wichtige Verbindungen mit einer Doppelfunktion sind die *Aminocarbonsäuren* oder kurz *Aminosäuren*. Zwei einfache Vertreter dieser Stoffklasse sind die Amino-essigsäure und die α-Amino-propionsäure:

$$H_2N—CH_2—COOH \qquad CH_3—CH—COOH.$$
$$\underset{\text{NH}_2}{\qquad\qquad\qquad\qquad\qquad\qquad\quad\;|}$$

Amino-essigsäure, Glykokoll, Schmp. 292°    α-Amino-propionsäure, Alanin, Schmp. 295°

Die Amino-essigsäure entsteht beim Behandeln von Leim mit Säuren und schmeckt schwach süß; sie trägt daher den Namen *Glycokoll* (Leimsüß) oder *Glycin*. Für die α-Amino-propionsäure ist die Bezeichnung *Alanin*[1] gebräuchlich.

Die Aminosäuren vereinigen in sich die basischen Eigenschaften eines Amins mit den sauren Eigenschaften einer Carbonsäure und bilden daher sowohl mit Basen als auch mit Säuren salzartige Verbindungen. So leiten sich z. B. vom Glykokoll ein Natriumsalz und ein Hydrochlorid ab:

$$H_2N \cdot CH_2 \cdot COONa \qquad\qquad Cl[H_3N \cdot CH_2 \cdot COOH].$$
Natriumsalz                     Hydrochlorid

Man nennt die Aminosäuren wegen ihres Doppelcharakters *amphotere* Stoffe[2]. Sie lösen sich mit annähernd neutraler Reaktion in Wasser, weil die von den Carboxylgruppen abdissoziierenden Wasserstoffionen (Protonen) größtenteils zu den basischen Stickstoffatomen der Aminogruppen hinüberwandern:

$$H_2N \cdot CH_2 \cdot COOH \rightleftarrows H_2N \cdot CH_2 \cdot COO^- + H^+ \rightleftarrows H_3^+N \cdot CH_2 \cdot COO^-.$$

---

[1] Der α-Amino-propionsäure wurde von ihrem Entdecker der abkürzende Name Alanin ohne nähere Begründung gegeben.

[2] gr. ἀμφότεροι (amphoteroi) = beide. Die Bezeichnung amphoter drückt allgemein die Zwitternatur von Stoffen aus, die sowohl saure als auch basische Eigenschaften besitzen.

Unter innermolekularer Salzbildung entsteht ein gestrecktes Teilchen mit einer positiven Ladungseinheit an dem einen und einer negativen Ladungseinheit an dem anderen Ende, das man als *Zwitterion* bezeichnet. Da das Teilchen im ganzen elektrisch neutral ist, vermag es in einem elektrischen Felde nicht zu wandern, wohl aber sich auszurichten wie eine Magnetnadel im magnetischen Erdfelde.

**Abbauprodukte der Eiweißstoffe. Eiweißverdauung.** Aminosäuren, und zwar ausschließlich α-Aminosäuren, welche die Aminogruppe an dem der Carboxylgruppe benachbarten Kohlenstoffatom tragen, entstehen als Spaltprodukte beim Abbau der *Eiweißstoffe.* Man kann diesen Abbau bewirken mit starker Salzsäure, mäßig starker Schwefelsäure oder — schwieriger — mit Alkalien. Je nach der Eiweißart bilden sich verschiedene Aminosäuren. Im ganzen hat man aus den verschiedenen Eiweißarten ungefähr 25 verschiedene α-Aminosäuren erhalten, die zum Teil rein aliphatisch sind, zum Teil isocyclische oder heterocyclische Ringe in ihren Molekülen enthalten. Auch schwefelhaltige Aminosäuren mit einer Sulfhydryl- bzw. Disulfidgruppe sind darunter. Gewisse Eiweißarten, die man als verdauliches Eiweiß bezeichnen kann, lassen sich katalytisch durch Fermente abbauen, und dies ist auch der Weg, auf dem im tierischen Organismus die Eiweißverdauung vor sich geht. Der fermentative Eiweißabbau erfolgt schrittweise über eine Reihe von Zwischenstufen:

Eiweißstoffe → Albumosen → Peptone → Polypeptide → Aminosäuren.

Pepsin, Trypsin      Trypsin      Erepsin

Bei der Eiweißverdauung sind Fermentgemische wirksam, deren typische Vertreter in das vorstehende Schema eingezeichnet sind. Diese eiweißspaltenden Fermentgemische, deren Wirksamkeit an einen bestimmten $p_H$-Bereich (Säuregrad) gebunden ist, sind an verschiedenen Stellen des Organismus lokalisiert; der Eiweißabbau wird dort jeweils bis zu einer bestimmten Stufe vorgetrieben. So finden sich: im Magen das Ferment *Pepsin*[1] ($p_H$-Bereich 1—2, entsprechend etwa dem Säuregrad von n/10-Salzsäure), in der Bauchspeicheldrüse neben anderen Fermenten das *Trypsin*[2] ($p_H$-Bereich 8—9, schwach alkalisches Gebiet) und in der Dünndarmschleimhaut neben anderen Fermenten das *Erepsin*[3] ($p_H$-Bereich 7—8, annähernd neutrale Reaktion). Als Endprodukte der Eiweißverdauung erscheinen die Aminosäuren; sie dienen dem Organismus zum Aufbau arteigener Eiweißstoffe und anderer stickstoffhaltiger Substanzen. Als unverwertbare Schlacke des Eiweißstoffwechsels gelangt der Harnstoff zur Ausscheidung.

**Synthetische Versuche. Struktur der Eiweißstoffe.** Die als vorletzte Stufe des fermentativen Eiweißabbaues erscheinenden Polypeptide stehen den Aminosäuren am nächsten. Die Arbeiten E. FISCHERs haben gezeigt, daß die Moleküle der Polypeptide Verkettungen einer großen Zahl von Aminosäuren darstellen. Ähnlich wie bei den Säureamiden (vgl. S. 275ff.) erfolgt diese Verkettung so, daß das Säureradikal einer Aminosäure sich an die Aminogruppe der nächsten knüpft. Folgendes Beispiel eines Tripeptids, das durch Verknüpfung von einem Molekül Glycin mit zwei Molekülen Alanin entstanden gedacht ist, möge zur Veranschaulichung des Bauprinzips der Polypeptidmoleküle dienen:

$$
\begin{array}{ccccccc}
 & & & \overset{\displaystyle CH_3}{|} & & & \overset{\displaystyle CH_3}{|} \\
HOOC-CH_2-NH-CO-CH-NH-CO-CH-NH_2 \cdot
\end{array}
$$

|←——Glycin-Rest——→|←——Alanin-Rest——→|←——Alanin-Rest——→|

---

[1] gr. πέπσις (pepsis) = Verdauung.
[2] gr. θρύπτειν (tryptein) = zerreiben.
[3] gr. ἐρείπειν (ereipein) = niederreißen.

Durch systematischen synthetischen Aufbau gelang es E. FISCHER, zu einem Polypeptid vorzudringen, in dessen Molekül 18 Aminosäurereste säureamidartig miteinander verknüpft waren. Die synthetischen Polypeptide zeigen ganz ähnliche Eigenschaften wie die beim fermentativen Eiweißabbau entstehenden Produkte. Wie das letzte Formelbild zeigt, ist der durch die Gegenwart einer basischen Aminogruppe und einer sauren Carboxylgruppe bedingte Doppelcharakter der Aminosäuren in den Polypeptidmolekülen erhalten geblieben. Polypeptide verhalten sich deshalb ebenfalls amphoter, und diese Eigenschaft kommt auch den Eiweißstoffen zu.

Es leuchtet ein, daß schon eine verhältnismäßig kleine Zahl von Aminosäuren zu einer unabsehbaren Fülle von Kombinationsmöglichkeiten führt. Auf dem von E. FISCHER beschrittenen Wege des synthetischen Aufbaus etwa über die Polypeptide hinaus in das Gebiet der Eiweißstoffe vorzudringen, erscheint daher schon aus diesem Grunde ziemlich aussichtslos. Es kommt hinzu, daß sich bei den Eiweißstoffen die Begriffe reiner Stoff und chemisches Molekül (im Sinne eines wohldefinierten, klar abgegrenzten Atomverbandes) verwischen. Kein Eiweißstoff läßt sich unzersetzt verflüchtigen und, soweit sie löslich sind, bilden Eiweißstoffe kolloide Lösungen. Zwar deutet alles darauf hin, daß die Elementarteilchen der Eiweißstoffe große Gebilde sind, aber ihre Größe ist nicht scharf umrissen. Ist somit die chemische Forschung auf dem Gebiet der hochmolekularen Eiweißstoffe in ihren Möglichkeiten begrenzt, so hat man andererseits versucht, die mannigfachen Erscheinungsformen, in denen uns diese merkwürdige Klasse von Stoffen entgegentritt, unter Zuhilfenahme physikalischer Methoden aufzuklären. Das Gebiet der Eiweißstoffe umfaßt so verschiedenartige Gebilde wie lösliches Hühnereiweiß, Muskeleiweiß, Knorpel und Bindegewebe, Haare und Hornsubstanz, Wolle und Seide. Physikalische Untersuchungen, insbesondere mit Hilfe der Röntgenstrahlen, haben es wahrscheinlich gemacht, daß diese vielfältigen und für ihre Funktion so wichtigen Zustandsformen der Eiweißstoffe verschiedenartige Vernetzungen oder Verkettungen polypeptidartiger Grundbausteine darstellen, die durch besondere Bindungskräfte zusammengehalten werden.

**Zusammengesetzte Eiweißstoffe (Proteide). Übersicht.** Außer einfachen Eiweißstoffen oder *Proteinen*[1] gibt es auch zusammengesetzte Eiweißstoffe oder *Proteide*. An dem Aufbau der Proteide sind außer Eiweiß noch andere Komponenten (Phosphorsäure, Nucleinsäuren, kohlenhydratähnliche Stoffe) beteiligt.

In folgender Übersicht sind die wichtigsten Eiweißstoffe und ihre fermentativen Abbauprodukte mit ihren kennzeichnenden Eigenschaften zusammengestellt.

1. *Einfache Eiweißstoffe (Proteine)*, Endprodukte des Abbaus nur Aminosäuren.

    a) Albumine, in Wasser kolloidal löslich, nur durch konzentrierte Salzlösungen ausfällbar. Beispiele: Serumalbumin, Milchalbumin.

    b) Globuline, unlöslich in Wasser, aber durch verdünnte Lösungen von Salzen, Säuren und Basen in kolloide Lösung zu bringen; leicht ausfällbar (Nachweis von Eiweiß im Harn). Beispiele: Muskeleiweiß, Fribrinogen des Blutes.

    c) Skleroproteine (Gerüsteiweiß), in Wasser und Salzlösungen unlöslich. Beispiele: Horn- und Haarsubstanz (Keratin); Eiweiß der Knochen, des Knorpels und Bindegewebes liefert beim Kochen mit Wasser Gelatine und Leim (Kollagene); Sehneneiweiß (Elastin); Seidenfibroin.

    d) Gliadine. Pflanzliche Eiweißstoffe der Getreidekörner, löslich in 70—80%ig. Alkohol.

2. *Zusammengesetzte Eiweißstoffe (Proteide)*, Endprodukte des Abbaus außer Aminosäuren noch andere Verbindungen (Phosphorsäure, Zucker, Nucleinsäuren).

    a) Phosphorproteide (Eiweiß + Phosphorsäure), unlöslich in Wasser; gehen mit Lauge in kolloide Lösung, aus der sie durch Säuren wieder gefällt werden. Beispiel: Casein der Milch.

    b) Glucoproteide (Eiweiß + Aminozucker), löslich in Alkalien. Beispiele: Speicheleiweiß (Mucin), Eiereiweiß (Ovalbumin).

    c) Nucleoproteide (Eiweiß + Nucleinsäuren), löslich in Wasser, Salzlösungen und Alkalien. Vorkommen: in Zellkernen.

3. *Eiweißabbauprodukte.*

    a) Albumosen, in Wasser kolloidal löslich; durch Salzlösungen umkehrbar auszufällen.

    b) Peptone und Polypeptide, in Wasser kolloidal löslich; nicht ausfällbar.

    c) Aminosäuren sind wasserlöslich; schmelzen sehr hoch, häufig unter Zersetzung (Glykokoll Schmp. 290°).

---

[1] gr. πρῶτος (protos) = der erste. Der Name Proteine soll die Eiweißstoffe als erste, d. h. wichtigste Substanzen des tierischen Organismus kennzeichnen.

## X. Optisch aktive Verbindungen. Räumliche Erweiterung der strukturchemischen Grundlagen durch die Tetraederhypothese.

**Strukturisomere Verbindungen.** Bereits zu Beginn der geschichtlichen Entwicklung der organischen Chemie sind Stoffe bekanntgeworden, die trotz gleicher elementarer Zusammensetzung voneinander verschieden sind. LIEBIG und WÖHLNR kamen 1824 in einer gemeinsamen Untersuchung zu dem Ergebnis, daß zwei so verschiedene Stoffe wie das explosible knallsaure Silber und das harmlose cyansaure Silber die gleiche Zusammensetzung AgCNO besitzen. In der Ausdrucksweise von BERZELIUS waren die beiden Stoffe miteinander *isomer*. Als dann vier Jahre später WÖHLER den Harnstoff aus dem salzartigen cyansauren Ammonium gewann, erkannte er, daß auch diese beiden Stoffe isomere Verbindungen von der gleichen Zusammensetzung $CH_4ON_2$ sind. Diese experimentell gefundenen Fälle von Isomerie blieben zunächst vereinzelt.

Mit der Entwicklung der Strukturchemie ließ dann später umgekehrt die Theorie die Existenz zahlreicher isomerer Verbindungen vorhersehen. So konnte man seinerzeit voraussagen, daß es außer dem zunächst allein bekannten normalen Propylalkohol $CH_3 \cdot CH_2 \cdot CH_2OH$ noch einen Isopropylalkohol $CH_3 \cdot CHOH \cdot CH_3$ geben müsse, und in der Tat wurde dieser bald darauf aus dem Aceton gewonnen. In ähnlicher Weise konnten in der Folgezeit alle aus den Prinzipien der Strukturchemie ableitbaren Isomeriemöglichkeiten, die sich durch verschiedenartige Verkettung der Atome im Molekül (verschiedener Aufbau des Kohlenstoffgerüstes, verschiedene Stellung von Substituenten, verschiedene Lage von Doppelbindungen usw.) ergeben, experimentell verwirklicht werden. Beispiele solcher strukturisomerer Verbindungen sind uns im Verlauf der bisherigen Betrachtungen wiederholt begegnet. Natürlich hat man sich nicht die Mühe gemacht, alle theoretisch möglichen strukturisomeren Verbindungen zu gewinnen; es kann jedoch keinem Zweifel unterliegen, daß man jede von ihnen erhalten kann, sobald es aus wissenschaftlichen oder praktischen Gründen erwünscht ist.

**Verbindungen mit einem asymmetrischen Kohlenstoffatom.** Schon frühzeitig sind Fälle von Isomerie bekanntgeworden, bei denen die gewöhnlichen Ausdrucksmittel der Strukturchemie nicht zur Erklärung hinreichen. Ein Beispiel für einen solchen Fall ist die *Milchsäure*, die im Jahre 1780 von SCHEELE in der sauren Milch entdeckt wurde. Sie bildet sich durch einen Gärprozeß aus dem Milchzucker, kann jedoch auch bei der Gärung anderer Zuckerarten entstehen und wird heute in großen Mengen durch eine unter Mitwirkung der Milchsäurebakterien gelenkte Gärung aus Traubenzucker gewonnen. Diese „Gärungsmilchsäure" mit dem Schmelzpunkt 18° kann auch synthetisch auf verschiedene Weise erhalten werden[1], und Synthese sowie Abbau führen eindeutig zu einer Molekülstruktur, welche die Säure als α-Oxypropionsäure erscheinen läßt:

$$\begin{array}{c} H \\ | \\ CH_3 - \overset{*}{C} - COOH \\ | \\ OH \end{array}$$

Im Jahre 1808 gewann BERZELIUS aus dem Fleischsaft eine zweite Milchsäure. Sie entsteht bei der Muskeltätigkeit aus Traubenzucker, und ihre Anhäufung im Muskel bewirkt dessen Ermüdung. Für diese „Fleischmilchsäure" ergibt sich aus

---

[1] Vgl. die Synthese der Milchsäure vom Acetaldehyd aus (S. 260).

Abbauversuchen ebenfalls die Struktur der α-Oxypropionsäure. Sie unterscheidet sich jedoch von der Gärungsmilchsäure durch ihren höheren Schmelzpunkt 26°, ihre Kristallform, die Löslichkeit ihrer Salze und durch ihre Eigenschaft, die Ebene des linear polarisierten Lichtes nach rechts zu drehen. Wegen ihres optischen Drehungsvermögens nennt[1] man die Fleischmilchsäure einen *optisch aktiven* Stoff und kennzeichnet sie wegen ihrer Rechtsdrehung als d-Milchsäure (dextrogyr = rechtsdrehend). Die Fleischmilchsäure ist sowohl im reinen Zustand (flüssig oder kristallin) als auch in Lösung optisch aktiv. Ihre optische Aktivität ist also nicht an eine bestimmte Formart gebunden, sie ist vielmehr eine Eigenschaft ihrer Moleküle.

Zu den genannten beiden Milchsäuren gesellt sich nun noch eine dritte, welche die Ebene des linear polarisierten Lichtes um ebensoviel nach links dreht wie die d-Milchsäure nach rechts, im übrigen aber in allen Eigenschaften mit der d-Milchsäure übereinstimmt. Die dritte Milchsäure, welche ebenfalls im System der Strukturchemie als α-Oxypropionsäure erscheint, wird als l-Milchsäure (lävogyr = linksdrehend) gekennzeichnet.

Die beiden gleich stark, aber entgegengesetzt drehenden Milchsäuren heißen *optische Antipoden*[2]. Mischt man gleiche Mengen von ihnen, so entsteht eine optisch inaktive Säure, die in ihren Eigenschaften vollkommen mit der Gärungsmilchsäure bzw. der synthetischen Milchsäure übereinstimmt. Zusammenfassend gibt es also folgende drei Milchsäuren mit der gleichen Molekülstruktur der α-Oxypropionsäure:

| d-Milchsäure Fleischmilchsäure | (d + 1)-Milchsäure, synthetische oder Gärungsmilchsäure | l-Milchsäure erhältlich durch Gärung mit besonderen Bakterien |
|---|---|---|
| rechtsdrehend Schmp. 26° | optisch inaktiv Schmp. 18° | linksdrehend Schmp. 26°. |

Die inaktive (d + l)-Milchsäure ist aufzufassen als eine Verbindung gleicher Molekülzahlen der d- und l-Milchsäure. In Anknüpfung an ähnliche Verhältnisse bei der Weinsäure nennt man sie eine *racemische Verbindung* oder kurz ein *Racemat*[3]. Das System der Strukturchemie hat nur Platz für eine α-Oxypropionsäure, während in Wahrheit zwei optisch aktive Formen existieren, deren Drehung entgegengesetzt gleich ist.

Ähnlichen Verhältnissen wie bei der Milchsäure begegnet man bei zahlreichen anderen Verbindungen, von denen folgende als bereits bekannte Beispiele angeführt seien:

$$CH_3CH_2-\overset{\overset{H}{|}}{\underset{\underset{CH_3}{|}}{\overset{*}{C}}}-CH_2OH \qquad CH_3-\overset{\overset{H}{|}}{\underset{\underset{NH_2}{|}}{\overset{*}{C}}}-COOH \qquad HOOC-\overset{\overset{H}{|}}{\underset{\underset{OH}{|}}{\overset{*}{C}}}-CH_2COOH.$$

| Gärungsamylalkohol 2-Methylbutanol-(1) | Alanin α-Aminopropionsäure | Äpfelsäure Oxybernsteinsäure |
|---|---|---|

Auch diese Stoffe existieren in einer rechtsdrehenden d-Form, einer linksdrehenden l-Form und einer inaktiven (d + l)-Form (Racemat). Bei näherer Betrachtung erkennt man, daß alle Verbindungen, die in zwei entgegengesetzt drehenden optisch aktiven Formen auftreten, in ihrem Molekül ein zentrales Kohlenstoffatom enthalten, an welches vier *verschiedene* Atome bzw. Atomgruppen geknüpft sind. Ein solches

---

[1] Vgl. den Abschnitt Opt. Drehungsvermögen in Verfahren zur Prüfung von Drogen usw. (S. 341 ff).

[2] gr. αντι (anti) = entgegen; πούς (pous), Genitiv πόδος (podos) = Fuß. Die Bezeichnung Antipoden (Gegenfüßler) ist für diesen Fall eigentlich nicht ganz passend.

[3] lat. racemus = Traube. Die Traubensäure ist eine racemische Verbindung von d- und l-Weinsäure (vgl. S. 295).

Kohlenstoffatom heißt ein *asymmetrisches Kohlenstoffatom* (in den Strukturformeln durch einen Stern gekennzeichnet). Macht man durch eine geeignete chemische Umwandlung zwei Substituenten am asymmetrischen Kohlenstoffatom gleich, so entsteht aus einer optisch aktiven eine inaktive Verbindung. So kann man z. B. jede der beiden optisch aktiven Milchsäuren über eine ebenfalls aktive α-Chlorpropionsäure in die inaktive Propionsäure verwandeln, die kein asymmetrisches Kohlenstoffatom mehr enthält:

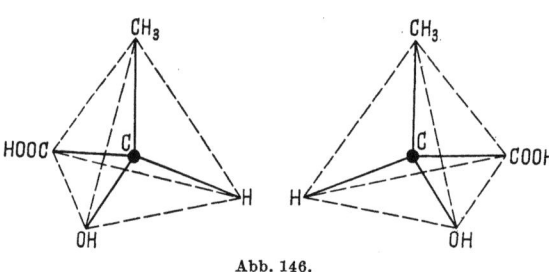

Milchsäure aktiv        α-Chlorpropionsäure aktiv        Propionsäure inaktiv

Eine Verbindung bildet also nur dann zwei entgegengesetzt drehende optisch aktive Formen, wenn ihr Molekül ein asymmetrisches Kohlenstoffatom enthält.

**Die Tetraederhypothese.** Im Jahre 1874 erkannten LE BEL und VAN'T HOFF[1], daß man durch eine Erweiterung der strukturchemischen Grundlagen das Auftreten optisch aktiver Moleküle anschaulich deuten kann. Sie nahmen an, daß die Moleküle räumliche Gebilde sind und daß die unmittelbar an ein asymmetrisches Kohlenstoffatom gebundenen Substituenten feste Lagen im Raume einnehmen.

Ein räumliches Molekülmodell mit einem asymmetrischen Kohlenstoffatom läßt dann die Existenz von zwei spiegelbildlich gleichen Formen vorhersehen, die sich ebensowenig miteinander zur Deckung bringen lassen wie eine linke Hand mit einer rechten Hand. Diese allgemeine Vorstellung wurde von VAN'T

Abb. 146.

HOFF durch die Annahme präzisiert, daß die vier Bindungseinheiten eines Kohlenstoffatoms nach den Ecken eines regulären Tetraeders[2] gerichtet sind; die an das Kohlenstoffatom geknüpften Substituenten sollen in den Ecken des Tetraeders lokalisiert sein, während das Kohlenstoffatom selbst in seinem Mittelpunkt zu denken ist. Im Sinne der VAN'T HOFFschen *Tetraederhypothese* erhält man z. B. für die beiden optisch aktiven Formen der α-Oxypropionsäure, d-Milchsäure und l-Milchsäure, räumliche Molekülmodelle (s. Abb. 146).

Die beiden Modelle verhalten sich wie Bild und Spiegelbild und lassen sich auf keine Weise miteinander zur Deckung bringen. Sie stellen also in der Tat zwei verschiedene Moleküle dar. Unbestimmt bleibt freilich, welches Modell der d- und welches der l-Milchsäure zuzuordnen ist. Die Tetraederhypothese VAN'T HOFFs gibt also eine befriedigende Erklärung dafür, daß Verbindungen, deren Moleküle ein asymmetrisches Kohlenstoffatom enthalten, in zwei optisch aktiven Formen existieren. Diese beiden Formen, welche zu einer inaktiven racemischen Verbindung zusammentreten können, unterscheiden sich nur durch den Sinn ihrer optischen Drehung. Sie stimmen in allen anderen Eigenschaften überein, weil ihre Moleküle strukturchemisch gleich gebaut sind.

[1] ACHILLE LE BEL (1847—1930) lebte als Privatgelehrter in Paris. (VAN'T HOFF, vgl. Anorg. Chem. S. 186, Anm. 2).
[2] Das reguläre Tetraeder ist ein regelmäßig gestalteter Körper, der von vier gleichseitigen ebenen Dreiecksflächen begrenzt ist.

**Verbindungen mit mehreren asymmetrischen Kohlenstoffatomen.** Auch bei Verbindungen mit mehreren asymmetrischen Kohlenstoffatomen steht die Zahl der von der Theorie geforderten raumisomeren Formen in völliger Übereinstimmung mit der Erfahrung. Man kann sie sich an Hand räumlicher Modelle leicht ableiten. So läßt die Tetraederhypothese für eine Verbindung mit zwei asymmetrischen Kohlenstoffatomen die Existenz von zwei Antipodenpaaren vorhersehen, deren entgegengesetzt drehende Formen eine inaktive racemische Verbindung miteinander bilden können. Mit dem Eintritt jedes weiteren asymmetrischen Kohlenstoffatoms verdoppelt sich die Zahl der optisch aktiven Formen. Für einen Zucker von der Struktur des Traubenzuckers

$$HOH_2C-\overset{\overset{\displaystyle H}{|}}{\underset{\underset{\displaystyle OH}{|}}{\overset{*}{C}}}-\overset{\overset{\displaystyle H}{|}}{\underset{\underset{\displaystyle OH}{|}}{\overset{*}{C}}}-\overset{\overset{\displaystyle H}{|}}{\underset{\underset{\displaystyle OH}{|}}{\overset{*}{C}}}-\overset{\overset{\displaystyle H}{|}}{\underset{\underset{\displaystyle OH}{|}}{\overset{*}{C}}}-\overset{*}{C}\overset{\diagup H}{\diagdown O},$$

dessen Molekül vier asymmetrische Kohlenstoffatome enthält, sollte man die Existenz von acht Antipodenpaaren, d. h. 16 optisch aktiven Formen erwarten. Wie sich später zeigen wird, sind alle diese verschiedenen Zuckerarten bekanntgeworden (vgl. S. 297 u. 298).

Die Zahl der möglichen raumisomeren Formen vermindert sich bei einer Verbindung, an deren asymmetrische Kohlenstoffatome die gleichen Atome bzw. Atomgruppen geknüpft sind. So erkennt man im Molekül der Weinsäure

$$HOOC-\overset{\overset{\displaystyle H}{|}}{\underset{\underset{\displaystyle OH}{|}}{\overset{*}{C}}}-\overset{\overset{\displaystyle H}{|}}{\underset{\underset{\displaystyle OH}{|}}{\overset{*}{C}}}-COOH$$

zwei asymmetrische Kohlenstoffatome, die in dem angedeuteten Sinne gleichwertig sind. Für diesen Fall läßt die Tetraederhypothese vorhersehen: ein Antipodenpaar (eine d- und eine l-Form), eine racemische Verbindung (d+l-Form) und eine weitere inaktive Form, die man als *Mesoform* bezeichnet. Dementsprechend kennt man folgende raumisomere Weinsäuren:

| | d-Weinsäure | l-Weinsäure | (d + l)-Weinsäure | Mesoweinsäure |
|---|---|---|---|---|
| Aktivität<br>Schmp.<br>Saures K-Salz | rechtsdrehend<br>170°<br>schwerlöslich | linksdrehend<br>170°<br>schwerlöslich | inaktiv<br>206°<br>schwerlöslich | inaktiv<br>140°<br>gutlöslich |
| Vorkommen<br>Entdeckung | Natürliche Weinsäure d. Traubensaftes, eine der am längsten bekannten org. Säuren | Von PASTEUR 1850 bei Untersuchungen über optische Aktivität entdeckt | Traubensäure, Begleiter in d. natürl. d-Weinsäure. Als isomer erkannt 1826 v. GAY-LUSSAC | Von PASTEUR 1850 bei Untersuchungen über optische Aktivität entdeckt. |

**Natürliche optisch aktive Formen. Stereochemie.** Wie schon die Beispiele der rechtsdrehenden natürlichen Weinsäure, der Fleischmilchsäure und des optisch aktiven Gärungsamylalkohols erkennen lassen, ist die Natur imstande, optisch aktive Molekülformen zu bilden. In der Tat ist das Auftreten optisch aktiver Verbindungen in der Natur weit verbreitet. Natürliche Zucker, ätherische Öle und Campher, Aminosäuren und Eiweißstoffe, Pflanzenalkaloide usw. begegnen uns meist in Gestalt optisch aktiver Formen[1]. Häufig ist die physiologische Wirksamkeit eines Stoffes an seine optische Aktivität gebunden. Verwendet man den optischen Antipoden oder eine synthetisch zugängliche racemische Verbindung, so schwächt sich die physiologische Wirksamkeit eines Stoffes meist ab oder verschwindet sogar vollständig.

Bei Synthesen im Laboratorium entstehen normalerweise keine optisch aktiven Formen, sondern stets inaktive racemische Verbindungen. Am Tetraedermodell läßt sich plausibel machen, daß bei solchen Synthesen die Wahrscheinlichkeit für die Bildung des einen oder des anderen Antipoden gleich groß ist. Sie entstehen daher in gleicher Menge und als Produkt erscheint das inaktive Racemat. Es gibt jedoch spezielle Methoden, die es erlauben, eine racemische Verbindung in ihre beiden optisch aktiven Komponenten zu zerlegen.

Über die Deutung des Auftretens optisch aktiver Molekülformen hinaus hat die Tetraederhypothese VAN'T HOFFS zu weiteren wichtigen Folgerungen geführt, die bis in die letzten Feinheiten durch das Experiment bestätigt werden konnten. Die Erweiterung der Prinzipien der Strukturchemie (Bindungswert 4 des Kohlenstoffatoms, Prinzip der Atomverkettung) durch die Annahme einer festen Lagerung der Atome im Raume und speziell der tetraedrischen Anordnung der Substituenten am Kohlenstoffatom bildet daher eine wertvolle und weitgehend gesicherte räumliche Ergänzung der strukturchemischen Vorstellung. Man bezeichnet den Wissenszweig, der sich mit dem räumlichen Bau der Moleküle beschäftigt, als *Stereochemie*[2].

# XI. Kohlenhydrate.

**Allgemeines.** Im Zusammenhang mit der Assimilation der Kohlensäure wurde bereits früher auf die Bedeutung der *Kohlenhydrate* in ihren verschiedenen Erscheinungsformen — Zucker, Stärke, Cellulose — für den Stoffhaushalt der Pflanzen hingewiesen (vgl. S. 262). Insbesondere sind die verschiedenen Zuckerarten nicht nur in freiem Zustande, sondern auch an zahlreiche andere pflanzliche Stoffe (Farbstoffe, Gerbstoffe u. a.) zu *Glykosiden* gebunden, in der Natur weit verbreitet.

Auf die Bedeutung der Kohlenhydrate, insbesondere der verschiedenen Stärkearten für die menschliche Ernährung, soll nur kurz hingewiesen werden. Historisch bemerkenswert ist, daß die industrielle Rübenzuckergewinnung ihren Aufschwung der Kontinentalsperre Napoleons verdankt. Nachdem MARGGRAF[3] im Jahre 1747 nachgewiesen hatte, daß der Zucker der Runkelrüben mit dem des Zuckerrohrs identisch ist, errichtete sein Schüler ACHARD[4] 1796 die erste Fabrik zur Gewinnung des Rübenzuckers, die jedoch wegen technischer Mängel nicht zur Entwicklung gelangte. Erst zur Zeit der Kontinentalsperre blühte die neue Industrie auf. Nach Aufhebung der Kontinentalsperre erlitt die Rübenzuckergewinnung in Deutschland durch die Konkurrenz des Zuckers aus Zuckerrohr vorübergehend einen Rückschlag; etwa vom Jahre 1825 an begann jedoch eine stete Aufwärtsentwicklung.

Der Name Kohlenhydrate ist geprägt worden, weil viele Vertreter dieser Stoffklasse, z. B. der Traubenzucker $C_6H_{12}O_6$, neben Kohlenstoff die Elemente Wasserstoff und Sauerstoff in demselben stöchiometrischen Verhältnis enthalten wie das Wasser. Es gibt jedoch Verbindungen, die trotz entsprechender stöchiometrischer Zusammensetzung nicht zu den Kohlenhydraten gehören, z. B. die Milchsäure $C_3H_6O_3$. Andererseits gibt es Kohlenhydrate mit abweichender stöchiometrischer Zusammensetzung. Die Zusammengehörigkeit der Kohlenhydrate entspringt also nicht der durch die Bruttoformel zum Ausdruck kommenden stöchiometrischen

---

[1] Man betrachte in diesem Zusammenhange noch einmal die früher gegebenen Strukturformeln der Naturstoffe Campher, Menthol, Carvon und der beiden Alkaloide Coniin und Nicotin (S. 265ff. und S. 287), deren asymmetrische Kohlenstoffatome durch Sterne gekennzeichnet sind.

[2] gr. *στερεός* (stereos) = fest. Die feste Lagerung der Atome bedingt, daß die Moleküle eine bestimmte Gestalt besitzen (Tetraeder).

[3] MARGGRAF (1709—1782), unter Friedrich dem Großen Direktor der Akademie der Wissenschaften in Berlin. Man verdankt ihm neben der Gewinnung von Zucker aus heimischen Pflanzen noch viele andere der Wissenschaft und Technik förderliche Entdeckungen.

[4] FRANZ KARL ACHARD (1753—1821), Nachfolger Marggrafs, geriet durch seine Versuche zur Rübenzuckerfabrikation in wirtschaftliche Not und starb in Armut.

Zusammensetzung; sie ist vielmehr bedingt durch ihren gleichartigen strukturellen Aufbau.

**Monosaccharide.** Zu den einfachsten Kohlenhydraten gehören einige Zuckerarten, die man unter dem Sammelnamen *Monosaccharide*[1] zusammenfaßt. Diese einfachen Zucker enthalten in ihrem Molekül eine Aldehyd- oder eine Ketogruppe und meist mehrere Hydroxylgruppen. Sie stellen also Aldehydalkohole oder Ketonalkohole dar. Ein Beispiel für einen Aldehydalkohol ist der Traubenzucker oder die *Glucose*, während der Fruchtzucker oder die *Fructose* ein Ketonalkohol ist:

$$\begin{array}{c}
\text{H  H  OH OH} \\
\text{HOH}_2\text{C—C—C—C—C—C} \overset{\text{H}}{\underset{\text{O}}{}} \\
\text{(6)(5) (4) (3) (2) (1)} \\
\text{OH OH H  OH}
\end{array}$$

d-Glucose

$$\begin{array}{c}
\text{H  H  OH} \\
\text{HOH}_2\text{C—C—C—C—CH}_2\text{OH} \,. \\
\text{(6)(5) (4) (3)(2) (1)} \\
\text{OH OH H  O}
\end{array}$$

l-Fructose

Aldehydzucker, die man abgekürzt als *Aldosen* bezeichnet, besitzen die reduzierenden Eigenschaften eines Aldehyds, welche den Ketozuckern oder *Ketosen* abgehen. Die Häufung der Hydroxylgruppen in den Molekülen beider Zuckerarten bedingt ihre gute Löslichkeit in Wasser und ihren süßen Geschmack, Eigenschaften, die sie mit anderen hydroxylreichen Stoffen, z. B. den mehrwertigen Alkoholen Glykol $CH_2OH \cdot CH_2OH$ und Glycerin $CH_2OH \cdot CHOH \cdot CH_2OH$ gemein haben, die ja ihre Namen gerade dem süßen Geschmack verdanken[2].

Die Strukturformeln der Glucose und Fructose lassen erkennen, daß die Moleküle beider Zucker mehrere asymmetrische Kohlenstoffatome enthalten. Im Glucosemolekül sind es vier; der natürliche rechtsdrehende Traubenzucker (d-Glucose) ist daher nur eine von den 16 Möglichkeiten optisch aktiver Formen, welche die Tetraederhypothese VAN'T HOFFs nach den Erörterungen des vorigen Abschnitts für eine Aldose mit vier asymmetrischen Kohlenstoffatomen erwarten läßt. In der Tat gibt es genau 16 optisch aktive Aldosen mit der Strukturformel des Traubenzuckers, die durch die Arbeiten E. FISCHERS in der Zuckerchemie alle bekanntgeworden sind. Einige dieser raumisomeren Formen kommen auch in der Natur vor. Als Beispiele seien angeführt die rechtsdrehende *Mannose*, die durch Oxydation des im Saft der Mannaesche enthaltenen sechswertigen Alkohols Mannit gewonnen werden kann, und die bei der hydrolytischen Spaltung des Milchzuckers entstehende *Galaktose*[3], die ebenfalls rechtsdrehend ist:

$$\begin{array}{c}
\text{H  H  OH H} \\
\text{HOH}_2\text{C—C—C—C—C—C} \overset{\text{H}}{\underset{\text{O}}{}} \\
\text{(6)(5) (4) (3) (2) (1)} \\
\text{OH OH H  OH}
\end{array}$$

d-Mannose

$$\begin{array}{c}
\text{H  OH OH H} \\
\text{HOH}_2\text{C—C—C—C—C—C} \overset{\text{H}}{\underset{\text{C}}{}} \,. \\
\text{(6)(5) (4) (3) (2) (1)} \\
\text{OH H  H  OH}
\end{array}$$

d-Galaktose

Die hier gegebenen Strukturformeln der verschiedenen raumisomeren Zuckerarten sind als Projektionsformeln der räumlichen Molekülmodelle aufzufassen; dementsprechend ist die verschiedene räumliche Anordnung der Substituenten (H und OH) an den asymmetrischen Kohlenstoffatomen durch ihre verschiedene Stellung in der Papierebene kenntlich gemacht. Vergleicht man die Molekülmodelle der d-Mannose und der d-Glucose (s. oben), so erkennt man, daß sie sich durch ver-

---

[1] lat. saccharum = Zucker.

[2] Der Name Glucose für Traubenzucker ist eine lateinische Abwandlung des griechischen Wortes γλυκύς (glykys) = süß.

[3] gr. γάλα (gala), Genitiv γάλακτος (galaktos) = Milch.

schiedene räumliche Anordnung der Substituenten am Kohlenstoffatom (2) voneinander unterscheiden; im Molekülmodell der d-Galaktose ist außerdem noch die Anordnung der Substituenten am Kohlenstoffatom (4) vertauscht.

Die bisher behandelten Zucker haben die Bruttoformel $C_6H_{12}O_6$; sie enthalten in ihren Molekülen sechs Kohlenstoffatome und heißen deshalb *Hexosen*. Glucose, Mannose und Galaktose sind Aldohexosen, Fructose ist eine Ketohexose. Entsprechend nennt man Zucker, deren Molekül fünf Kohlenstoffatome enthält, *Pentosen*. Auch solche Zucker kommen in der Natur vor. Zwei Beispiele sind die rechtsdrehenden Aldopentosen *Arabinose* und *Xylose*:

$$
\underset{\text{d-Arabinose}}{\overset{\displaystyle \overset{\text{OH OH H}}{\phantom{x}}}{HOH_2C\underset{(5)}{}-\underset{\underset{\text{H}}{(4)}}{\overset{*}{C}}-\underset{\underset{\text{H}}{(3)}}{\overset{*}{C}}-\underset{\underset{\text{OH}}{(2)}}{\overset{*}{C}}-\underset{(1)}{C}\overset{\text{H}}{\underset{\text{O}}{\diagdown\!\!\!<}}}}
\qquad
\underset{\text{d-Xylose}}{\overset{\displaystyle \overset{\text{H OH H}}{\phantom{x}}}{HOH_3C\underset{(5)}{}-\underset{\underset{\text{OH}}{(4)}}{\overset{*}{C}}-\underset{\underset{\text{H}}{(3)}}{\overset{*}{C}}-\underset{\underset{\text{OH}}{(2)}}{\overset{*}{C}}-\underset{(1)}{C}\overset{\text{H}}{\underset{\text{O}}{\diagdown\!\!\!<}}}}.
$$

Die d-Arabinose kann aus Kirschgummi und aus Gummi arabicum gewonnen werden; d-Xylose entsteht bei der hydrolytischen Spaltung des im Holz und Stroh vorkommenden Kohlenhydrats Xylan[1]. Das Molekül einer Aldopentose enthält drei asymmetrische Kohlenstoffatome und muß daher nach der Tetraederhypothese in 8 verschiedenen optisch aktiven Formen existieren. Außer der d-Arabinose und der d-Xylose gibt es also noch 6 weitere Aldopentosen von gleicher Struktur, die alle bekannt sind.

**Disaccharide und höhere Zucker.** Ähnlich wie die Aminosäuren als Grundbausteine der Polypeptide und Eiweißstoffe erscheinen, so sind die vorstehend betrachteten einfachen Zucker (Monosaccharide) als Komponenten am Aufbau zusammengesetzter Zucker und höherer Kohlenhydrate (Stärke, Glykogen, Cellulose) beteiligt. Wir betrachten zunächst einige aus zwei einfachen Zuckern zusammengesetzte Zuckerarten, die den Sammelnamen *Disaccharide* tragen. Das bekannteste und wichtigste Disaccharid ist der *Rohrzucker* (Saccharose) mit der Bruttoformel $C_{12}H_{22}O_{11}$. Seine zusammengesetzte Natur offenbart sich, wenn man seine wäßrige Lösung mit einer Säure versetzt. Unter Wasseraufnahme erfahren die Rohrzuckermoleküle eine hydrolytische Spaltung in je ein Molekül Traubenzucker (Glucose) und ein Molekül Fruchtzucker (Fructose):

$$\underset{\substack{\text{Rohrzucker}\\ \text{(rechtsdrehend)}}}{C_{12}H_{22}O_{11}} + H_2O \rightarrow \underset{\substack{\text{Glucose}\\ \text{(rechtsdrehend)}}}{C_6H_{12}O_6} + \underset{\substack{\text{Fructose}\\ \text{(linksdrehend)}}}{C_6H_{12}O_6}.$$

Diese Spaltung läßt sich im Polarisationsapparat sehr gut verfolgen. Rohrzucker und Glucose sind rechtsdrehende Zucker, Fructose ist linksdrehend. Die spezifischen Drehungen[2] dieser drei Zucker betragen: Rohrzucker $+66°$, Glucose $+52,5°$, Fructose $-93°$. Bei der Spaltung des Rohrzuckers nimmt die anfänglich starke Rechtsdrehung zunächst ab und geht schließlich in eine Linksdrehung über, weil von den beiden Spaltprodukten die Fructose stärker nach links dreht als die Glucose nach rechts. Wegen dieser Umkehrung der Drehungsrichtung bezeichnet man die Hydrolyse des Rohrzuckers als *Inversion* und das dabei entstehende Gemisch gleicher Teile Glucose und Fructose als *Invertzucker*[3]. Da der Invertzucker geringere Süßkraft besitzt als Rohrzucker und schlecht kristallisiert, muß man bei der Zucker-

---

[1] gr. ξύλον (xylon) = Holz.

[2] Zu dem Begriff vgl. den Abschnitt Opt. Drehungsvermögen in Verfahren zur Prüfung von Drogen usw. (s. S. 341).

[3] lat. invertere = umkehren.

fabrikation darauf achten, daß die Zuckerlösungen im Fabrikationsgange niemals sauer werden.

Weitere wichtige Disaccharide sind der *Milchzucker* (Lactose) und der *Malzzucker* (Maltose). Der Milchzucker ist ein Bestandteil der Milch der Säugetiere; seine hydrolytische Spaltung liefert gleiche Teile der Monosaccharide Glucose und Galactose. Malzzucker entsteht beim Abbau der Stärke; sein Molekül ist aus zwei Molekülen Glucose aufgebaut. Bei der hydrolytischen Spaltung des Malzzuckers entsteht daher nur Glucose:

$$C_{12}H_{22}O_{11} + H_2O \rightarrow C_6H_{12}O_6 + C_6H_{12}O_6.$$

Maltose           Glucose    Glucose

In dem Molekül eines Disaccharids sind zwei gleiche oder verschiedene Monosaccharidmoleküle durch eine ätherartige Bindung —C—O—C— miteinander verknüpft. Die ätherartige Bindung eines Disaccharids unterscheidet sich jedoch wesentlich von der eines gewöhnlichen Äthers. Während gewöhnliche Äther, z. B. Dimethyläther $H_3C$—O—$CH_3$, gegen Säuren sehr beständig sind, wird die ätherartige Bindung eines Disaccharidmoleküls durch Säuren unter Wasseraufnahme und Zerfall in die Komponenten leicht gelöst:

$$—C—O—C— + H_2O \rightarrow HO—C— + —C—OH.$$

Man kann die hydrolytische Spaltung der Disaccharide außer durch Säuren auch mit Hilfe spezifisch wirkender Enzyme durchführen. Die ätherartige Verknüpfung zweier Disaccharidmoleküle bezeichnet man als glykosidische Bindung, weil auch in den oben erwähnten Glykosiden die Zuckermoleküle durch solche leicht lösbaren Bindungen mit den Molekülen anderer Naturstoffe verkettet sind. Man kann daher solche Glykoside ebenfalls leicht in ihre Komponenten aufspalten.

Bei der Strukturbestimmung der Disaccharide und besonders bei ihrem synthetischen Aufbau aus den einfachen Zuckern begegnet man der großen Schwierigkeit, daß die glykosidische Verknüpfung zweier Monosaccharidmoleküle sich auf sehr mannigfaltige Weise vollziehen kann. Ganz roh lassen sich z. B. bei einer Verknüpfung, an der ein Aldehydzucker beteiligt ist, zwei Möglichkeiten unterscheiden. Die Aldehydgruppe kann an der Verknüpfung unbeteiligt sein und ist daher in dem Molekül des Disaccharids erhalten geblieben, d. h. das Disaccharid zeigt reduzierende Eigenschaften. Beispiele für solche Disaccharide sind Milchzucker und Malzzucker. Beteiligt sich jedoch die Aldehydgruppe an der Vereinigung der Monosaccharidmoleküle, so entsteht ein Disaccharid ohne reduzierende Eigenschaften, wofür der Rohrzucker als Beispiel dienen mag. Außer den angedeuteten Möglichkeiten sind jedoch noch weitere in Betracht zu ziehen. So kommt es z. B. sehr darauf an, welche der vielen Hydroxylgruppen einer Monosaccharidkomponente zur Herstellung der glykosidischen Bindung herangezogen wird. Man versteht, daß es schwierig sein muß, die Verknüpfung zweier Monosaccharide so zu lenken, daß ein gewünschtes Disaccharid entsteht[1]. Immerhin ist der Weg zur Synthese bekannter Disaccharide sowohl chemisch als auch unter Mitwirkung von Enzymen mit Erfolg beschritten worden.

Den Disacchariden schließen sich als nächsthöhere Zuckerarten die *Trisaccharide* an, in deren Molekülen drei einfache Zucker durch glykosidische Bindungen miteinander verknüpft sind. Das wichtigste Trisaccharid ist die rechtsdrehende *Raffinose* mit der Bruttoformel $C_{18}H_{32}O_{16}$. Sie findet sich in geringer Menge in den Zuckerrüben und reichert sich bei der Zuckerfabrikation in der Melasse — dem eingedickten nicht mehr kristallisierbaren Zuckersaft — an. Die hydrolytische Aufspaltung des Raffinosemoleküls durch Säuren liefert je ein Molekül der drei einfachen Zucker Galactose, Glucose und Fructose.

Auch *Tetrasaccharide* und *Pentasaccharide* kommen vereinzelt in der Natur vor; sie sind jedoch weniger wichtig.

**Polysaccharide.** Von den einfachen Zuckern (Monosaccharide) führt der Weg über die zusammengesetzten Zucker (Di-, Trisaccharide usw.) zu jenen Kohlen-

---

[1] Die Probleme der Zuckerchemie werden noch dadurch erschwert, daß die Moleküle der einfachen Zucker eigentlich keine offenen Ketten darstellen, sondern ringförmig gebaut sind. Die in den obigen Darlegungen benutzten Kettenformeln genügen jedoch, um die Zusammenhänge in dem hier gesteckten Rahmen zum Ausdruck zu bringen.

hydraten, die man unter dem Namen *Polysaccharide* zusammenfaßt. Die wichtigsten Polysaccharide sind *Stärke* und *Cellulose*. Die Stärke findet sich als Vorratsstoff der Pflanzen vorwiegend in Wurzeln, Knollen und Samen. Verwandt mit der pflanzlichen ist die tierische Stärke oder das *Glykogen*, das besonders in der Leber aufgespeichert wird. Die Cellulose (Zellstoff) dient den Pflanzen als Gerüstsubstanz. Holz besteht zur Hälfte aus Cellulose; die Begleitstoffe, von denen das Lignin den Hauptanteil ausmacht, gehören nicht zu den Kohlenhydraten. Vielfach begegnet man der Cellulose in faserförmiger Gestalt: Baumwolle ist nahezu reine Cellulose, Flachs- und Hanffasern sind reich daran. Durch geeignete chemische Umwandlungsprozesse kann man die Cellulose in die Gestalt des Kunstseidefadens bringen. Während die Stärke neben den Fetten und Eiweißstoffen zu den Grundnahrungsmitteln zählt, liegt die wirtschaftliche Bedeutung der Cellulose vorwiegend auf den Gebieten Papier und Bekleidung.

Einen ersten Einblick in den inneren Aufbau der Polysaccharide vermittelt ihre hydrolytische Spaltung, die man durch Säuren oder geeignete Enzyme bewirken kann. Die Spaltung verläuft bei der Stärke verhältnismäßig rasch, bei der ganz unlöslichen Cellulose erheblich langsamer. Beide Kohlenhydrate liefern als Endprodukt des hydrolytischen Abbaus das Monosaccharid Glucose. Unter geeigneten Bedingungen lassen sich jedoch Zwischenprodukte fassen. So baut das Ferment Diastase die Stärke über die sogenannten *Dextrine* zu dem Disaccharid Maltose ab, dessen Molekül weiterhin durch das Ferment Maltase in zwei Moleküle Glucose gespalten wird. Diese enzymatische Stärkeverzuckerung spielt im Braugewerbe, bei der Spiritusbrennerei und beim Backprozeß eine wichtige Rolle[1]. Auch die hydrolytische Spaltung der Cellulose, die durch Einwirkung von starker Salzsäure, verdünnter Schwefelsäure oder Flußsäure zu dem Endprodukt Glucose führt (Holzverzuckerung), kann auf der Stufe eines Disaccharids, das den Namen *Cellobiose* trägt, festgehalten werden. In der Cellulose haben die alkoholischen Hydroxylgruppen der Zuckerkomponenten ihre Funktion bewahrt. Die Cellulose ist daher zur Esterbildung befähigt. Schießbaumwolle und Kollodium sind Cellulosenitrate, Acetatkunstseide ist Celluloseacetat, und auch die Gewinnung der Viscosekunstseide nimmt ihren Weg über einen Ester der Cellulose (Cellulosexanthogenat).

Die Polysaccharide gehören zu den *hochmolekularen* Stoffen. An ihrem Aufbau ist eine große Zahl von Molekülen der einfachen oder zusammengesetzten Zucker beteiligt, welche bei ihrer hydrolytischen Spaltung in Erscheinung treten. Von wohldefinierten, scharf abgegrenzten Molekülen kann man bei den Polysacchariden ebensowenig sprechen wie bei den Eiweißstoffen und bei gewissen schwerflüchtigen und nicht unverändert löslichen anorganischen Stoffen (Kieselsäure, Silikate, Tonerde). Die stöchiometrische Zusammensetzung der Stärke und Cellulose ist übereinstimmend $C_6H_{10}O_5$. Man bringt den hochmolekularen Charakter dieser Stoffe gelegentlich durch die Formulierung $(C_6H_{10}O_5)_x$ zum Ausdruck, wobei man unter $x$ eine unbestimmte große Zahl versteht. Es ist jedoch offenbar, wie wenig eine solche Formel bedeutet angesichts der so verschiedenen Erscheinungsformen, in denen uns die hochmolekularen Kohlenhydrate gerade in den beiden typischen Vertretern Stärke und Cellulose entgegentreten. Man kann die Stärke — entsprechend ihrem Hauptverwendungszweck — mit den verdaulichen Eiweißstoffen in Parallele setzen; die unverdauliche pflanzliche Gerüstsubstanz Cellulose zeigt dagegen deutliche Anklänge an das tierische Gerüsteiweiß und in ihren faserförmigen Spielarten an die Eiweißfasern Wolle und Seide. Man wird vermuten, daß die Ähnlichkeit der Erscheinungsformen durch eine gleichartige Zusammenfügung der Grundbausteine in den chemisch so verschiedenen hochmolekularen Stoffen bedingt ist. Insbesondere bei der Cellulose hat die Kombination chemischer und physikalischer Untersuchungsmethoden wertvolle Aufschlüsse über ihren inneren Aufbau geliefert.

**Übersicht.** In folgender Übersicht sind noch einmal die wichtigsten Zuckerarten und Polysaccharide von der allgemeinen Bruttoformel $C_x(H_2O)_y$ sowie einige Glykoside zusammengestellt. Wie schon anfangs bemerkt, gibt es auch Kohlenhydrate von anderer Zusammensetzung; sie kommen jedoch seltener vor und sind weniger wichtig.

---

[1] Vgl. S. 249.

1. *Monosaccharide* (Einfachzucker).

   a) Die *Biose* Glykolaldehyd $C_2H_4O_2$ sowie *Triosen* (Glycerinaldehyd, Dioxyaceton) $C_3H_6O_3$ und *Tetrosen* (Erythrosen) $C_4H_8O_4$ nur künstlich erhalten.

   b) *Pentosen* $C_5H_{10}O_5$.
      Aldopentosen (Aldehydzucker).
      Arabinose durch Hydrolyse von Kirschgummi und Gummi arabicum.
      Xylose durch Hydrolyse des Kohlenhydrats Xylan aus Holz und Stroh.
      Ribose, Zuckerkomponente der Nucleinsäuren.

   c) *Hexosen* $C_6H_{12}O_6$.
      Aldohexosen (Aldehydzucker).
      Glucose (Traubenzucker), in süßen Früchten; Blutzucker (Harnzucker bei Diabetes). Komponente des Rohrzuckers und vieler Glykoside (Glucoside).
      Galaktose, Komponente des Milchzuckers und vieler Glykoside (Galaktoside).
      Mannose, Bestandteil der Mannane im Saft der Mannaesche, im Johannisbrot, Seetang. Komponente vieler Glykoside (Mannoside).
      *Ketohexosen* (Ketonzucker).
      Fructose (Fruchtzucker), in süßen Früchten und im Honig. Komponente des Rohrzuckers und des Kohlenhydrats Inulin der Dahlienknollen.

2. *Disaccharide* (Zweifachzucker) $C_{12}H_{22}O_{11}$.
      Rohrzucker (Saccharose), sehr verbreitet im Pflanzenreich (Zuckerrüben, Zuckerrohr). Hydrolyse: Glucose + Fructose.
      Malzzucker (Maltose), enzymatisches Abbauprodukt der Stärke (Enzymdiastase besonders reichlich im Malz, daher der Name Malzzucker). Hydrolyse: Glucose + Glucose.
      Milchzucker (Lactose), in der Milch der Säugetiere. Hydrolyse: Glucose + Galaktose.
      Gentiobiose, Zuckerkomponente des Glykosids Amygdalin der bitteren Mandeln. Hydrolyse: Glucose + Glucose.
      Cellobiose, Abbauprodukt der Cellulose. Hydrolyse: Glucose + Glucose.

3. *Trisaccharide* (Dreifachzucker) $C_{18}H_{32}O_{16}$.
      Raffinose, in Zuckerrüben wenig, reichlich im Eukalyptusmanna. Hydrolyse: Glucose + Galaktose + Fructose.

4. *Polysaccharide* (Hochpolymere Kohlenhydrate). Stöchiometrische Zusammensetzung $C_6H_{10}O_5$.
      Stärke, Reservestoff der Pflanzen. Endprodukt des Abbaus: Glucose.
      Inulin, Reservestoff einiger Pflanzen (Compositae), besonders in den Knollen der Dahlien. Endprodukt des Abbaus: Fructose.
      Glykogen, Kohlenhydratreservestoff des tierischen Organismus; in der Leber, im Muskelgewebe und in vielen anderen Zellen. Endprodukt des Abbaus: Glucose.
      Cellulose, Gerüstsubstanz der Pflanzen. Endprodukt des Abbaus: Glucose.

5. *Glykoside*.
      Amygdalin der bitteren Mandeln. Komponenten: Benzaldehyd + Blausäure + Gentiobiose (vgl. S. 312).
      Salicin, in Blättern und Rinde einiger Weidenarten. Komponenten: Saligenin + Glucose (vgl. S. 316).
      Sinigrin im schwarzen Senf. Komponenten: Allylsenföl + Glucose + Kaliumbisulfat.
      Tannin und verwandte Gerbstoffe. Komponenten: Gallussäuren + Glucose.
      Eine Reihe von Blütenfarbstoffen und viele andere pflanzliche Farbstoffe kommen mit Zuckerkomponenten (meist Glucose) vereinigt in Form von Glykosiden in der Natur vor (vgl. Alizarin S. 324 u. Indigo S. 326).
      Digitalisglykoside und Saponine enthalten außer verschiedenen Zuckerkomponenten (Glucose, Digitoxose) Stoffe, die den Sterinen nahestehen (Cholesterin).

Verwandt mit den hochmolekularen Polysacchariden sind die *Pektinstoffe*, die als Begleiter der Cellulose vor allem in fleischigen Früchten und Wurzeln vorkommen; sie tragen ihren Namen wegen der Eigenschaft, leicht gelatinierende kolloide Lösungen zu bilden[1].

---

[1] gr. πήκτος (pektos) = geronnen.

# XII. Aromatische Verbindungen.

**Der Steinkohlenteer und seine Bestandteile.** Die Chemie der aromatischen Verbindungen hat ihren Ausgang von der Erforschung des *Steinkohlenteers* genommen, der sich bei der Zersetzungsdestillation der Steinkohlen bildet. In den ersten Jahrzehnten des 19. Jahrhunderts wurde diese Zersetzungsdestillation zuerst in größerem Umfange zum Zweck der Leuchtgasgewinnung betrieben. Die Steinkohle wird dabei in geschlossenen Kammern (Retorten) auf 1000—1300° erhitzt, wodurch die organischen Inhaltsstoffe der Kohle eine durchgreifende chemische Umwandlung erfahren. An gasförmigen Produkten entstehen neben dem eigentlichen Leuchtgas (Wasserstoff, Methan, Kohlenoxyd, Stickstoff) stickstoff- und schwefelhaltige Gase (Ammoniak, Cyan, Cyanwasserstoff, Schwefelwasserstoff, Schwefelkohlenstoff). Durch Waschen mit Wasser befreit man das Kohlengas von Ammoniak und durch geeignete Absorptionsmittel (Eisenoxydhydrat) von den übrigen stickstoff- und schwefelhaltigen Gasen. Etwa die Hälfte des organisch gebundenen Stickstoffs der Steinkohlen entweicht als elementarer Stickstoff und ist als wertloser Ballast (ca. 10 Volumprozent) dem Leuchtgas beigemischt. Außer den genannten gasförmigen Produkten erhält man bei der Zersetzungsdestillation der Steinkohlen etwa 5% ihres Gewichts an Teer. Als Rückstand hinterbleibt in den Retorten der *Koks*. Mit der Entwicklung der Eisenindustrie trat ein ständig wachsender Bedarf an Hüttenkoks ein, wodurch sich zwangsläufig auch der Anfall an Gas und Steinkohlenteer steigerte, und bald übertraf die Gas- und Teererzeugung der Kokereien um ein Vielfaches die Erzeugung der Leuchtgasfabriken. Seit dem Aufkommen der elektrischen Beleuchtung hat das Steinkohlengas seine Rolle als Leuchtgas ziemlich ausgespielt; es dient heute vorwiegend für Heizzwecke, und dieser Verwendung werden auch die gewaltigen Gasmengen der Kokereien nutzbar gemacht. Ein weitverbreitetes Leitungsnetz führt den nicht im Kokereibetriebe benötigten Anteil der Gase als Ferngas vom Orte der Erzeugung zu den Stätten des Groß- und Kleinverbrauchs. Die an den Koksbedarf gebundene und daher etwas schwankende Erzeugung von Steinkohlenteer belief sich vor dem zweiten Weltkriege in Deutschland auf über eine Million Tonnen.

Die chemische Erforschung des Steinkohlenteers begann schon sehr frühzeitig. Nachdem im Jahre 1825 FARADAY[1] das Benzol als leuchtenden Bestandteil des damals aufkommenden Leuchtgases erkannt hatte, fand RUNGE 1834 im Steinkohlenteer die beiden Stoffe Phenol und Anilin. Das Phenol erhielt von RUNGE wegen seiner sauren Eigenschaften den Namen Carbolsäure. Das Anilin, dem RUNGE wegen der blauvioletten Färbung, die es mit Chlorkalk gibt, den Namen Kyanol[2] beilegte, war bereits 1826 von UNVERDORBEN[3] bei der Destillation von Indigo mit Kalk erhalten worden. Im Jahre 1834 gewann A. W. v. HOFMANN erstmalig eine größere Menge Anilin aus dem Steinkohlenteer, und zwei Jahre später erkannte er auch das Benzol[4] als einen Teerbestandteil. Im Laufe der Zeit wurden immer neue Stoffe im Steinkohlenteer entdeckt, und heute beträgt die Zahl der sicher nachgewiesenen über 150, von denen die meisten allerdings nur in geringen Mengen zugegen sind. Im ganzen stellt sich der Teer dar als ein Gemisch von vorwiegend aromatischen Kohlenwasserstoffen, Phenolen und aromatischen Basen. Als Hauptbestandteile

---

[1] vgl. Anorg. Chem. S. 187.

[2] gr. *κυάνεος* (kyaneos) = blau. Vgl. auch Cyanverbindungen (Berlinerblau).

[3] UNVERDORBEN (1806—1873) war erst Apotheker, später Kaufmann. Der Name Anilin stammt von FRITZSCHE (1808—1871), der es später ebenfalls aus dem Indigo gewann (portugiesisch: anil = Indigopflanze).

[4] Über die Namensgebung von Benzol, Phenol usw. vgl. später.

erscheinen das Benzol und seine Homologen (Toluol, Xylole), Phenol, Naphthalin und Anthracen[1]. Von dem Benzol, das im Kokereibetriebe anfällt, findet sich übrigens nur $1/10$ im Teer; der größte Teil geht wegen seiner leichten Flüchtigkeit (Sdp. 80°) in das Kokereigas und wird aus diesem mit geeigneten Lösungsmitteln (Waschöl) herausgewaschen. Die Abtrennung der Teerbestandteile erfolgt durch fraktionierte Destillation, wobei als Rückstand 50 bis 60% des Teers als Pech hinterbleiben. Zur weiteren Scheidung unterwirft man die zunächst entstehenden Rohdestillate (Leichtöl, Mittelöl, Schweröl und Grünöl) wiederholten fraktionierten Destillationen. Trennung und Reinigung werden durch Anwendung chemischer Mittel unterstützt. Insbesondere werden Carbolsäure und andere Phenole durch Behandeln mit Natronlauge, Aminbasen (Pyridin, Chinolin u. a.) durch Behandeln mit Säuren gewonnen. Im Durchschnitt stellt sich die Stoffbilanz bei der Verarbeitung von 2 t (2000 kg) Steinkohle wie Abb. 147 dar.

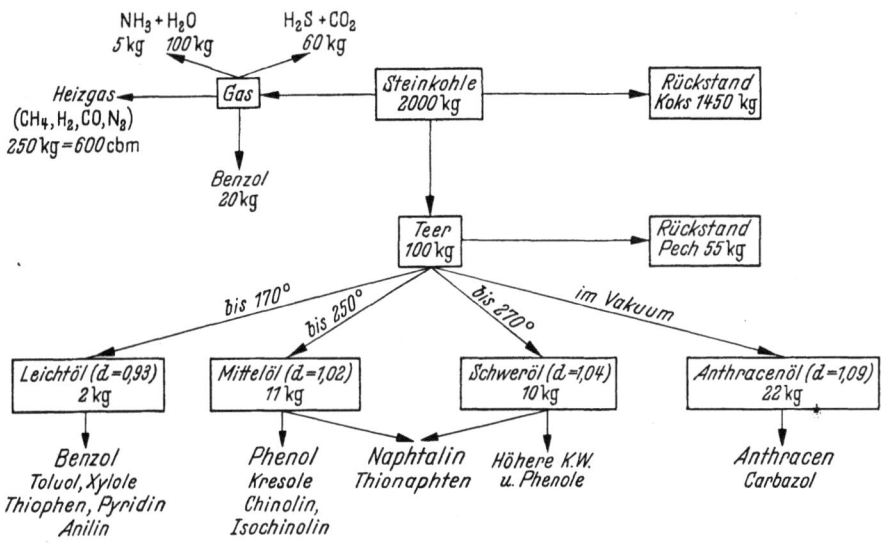

Abb. 147.

Wegen seines Gehaltes an aromatischen Verbindungen ist aus dem anfangs sehr lästigen Steinkohlenteer ein technisch außerordentlich wichtiges Produkt geworden. Durch chemische Umwandlungen gelangt man von den Teerbestandteilen zu den sogenannten *Zwischenprodukten*, aus denen weiterhin wertvolle Stoffe gewonnen werden. So geht insbesondere die Erzeugung der organischen *Farbstoffe* von den Zwischenprodukten aus, und gerade die ersten Entdeckungen auf diesem Gebiet waren der Anlaß dazu, daß die organische Chemie sich eine ganze Zeitlang vorwiegend dem Studium der aromatischen Verbindungen zuwandte. Eine feste Grundlage erhielten diese Forschungen durch die Aufstellung der Sechsringformel des Benzols durch KEKULÉ im Jahre 1865. Planmäßig konnte man nun die Struktur der aromatischen Verbindungen aufklären, und ebenso planmäßig konnte die Synthese vorangetrieben werden. Der erste große und praktisch sehr bedeutende Erfolg auf diesem Gebiet war die im Jahre 1869 von GRAEBE und LIEBERMANN[2] vom Anthracen des Steinkohlenteers ausgehende Synthese des Krappfarbstoffs *Alizarin*. Es gelang sehr bald (1871) diese Synthese auf den großtechnischen Betrieb zu übertragen, und in der Folgezeit nahm die Industrie der Teerfarben durch die synthetische Erschließung immer neuer Farbstoffklassen einen großartigen Aufschwung. Etwa vom Jahre 1880 an wandte sich die Farbstoffindustrie auch der Erzeugung synthetischer

---

[1] gr. ἀνϑρακιά (anthrakia) = Kohle, nach dem Vorkommen im Steinkohlenteer. Die übrigen Namen vgl. später.

[2] CARL GRAEBE (1841—1927) und CARL LIEBERMANN (1842—1914) waren organische Chemiker, deren Namen durch ihre damals Aufsehen erregende Entdeckung sehr berühmt wurden.

*Arzneimittel* zu. Die ersten Fiebermittel (Aspirin, Antipyrin) wurden synthetisch aus den Zwischenprodukten der organischen Farbstoffe hergestellt. Außer Farbstoffen und Arzneimitteln werden heute viele andere wertvolle Stoffe (Lösungsmittel, Riechstoffe, Schädlingsbekämpfungsmittel u. a.) durch chemische Umwandlungen aus den Bestandteilen des Steinkohlenteers gewonnen.

**Allgemeine Charakterisierung der aromatischen Verbindungen. Addition und Substitution.** In der einleitenden Betrachtung über die aromatischen Kohlenwasserstoffe (vgl. S. 242ff.) haben wir gesehen, daß ihre Moleküle *ringförmig* gebaut sind. Insbesondere kommt dem Benzol $C_6H_6$ die Sechsringformel von KEKULÉ zu:

Im Molekül des Naphthalins $C_{10}H_8$ sind zwei Benzolringe an benachbarten Kohlenstoffatomen zu einem *kondensierten* Ringsystem miteinander verknüpft:

Um das Prinzip des Bindungswertes 4 für das Kohlenstoffatom aufrecht zu erhalten sind die Ringformeln mit Doppelbindungen geschrieben. Es wurde bereits früher darauf hingewiesen, daß diese Art der Formulierung das chemische Verhalten der aromatischen Kohlenwasserstoffe und ihrer Derivate nur unvollkommen wiedergibt. Stoffe mit Doppelbindungen zwischen zwei Kohlenstoffatomen (ungesättigte Verbindungen) sind ja durch ihr Additionsvermögen gekennzeichnet. Die Additionen verlaufen bei den ungesättigten Verbindungen im allgemeinen sehr glatt und führen zu gesättigten Verbindungen. So addiert z. B. der ungesättigte Kohlenwasserstoff Äthylen Chlor unter Bildung von Äthylenchlorid (1,2-Dichloräthan):

$$H_2C{=}CH_2 + Cl_2 \rightarrow Cl \cdot H_2C{-}CH_2 \cdot Cl$$

und Wasserstoff unter Bildung von Äthan (katalytische Hydrierung):

$$H_2C{=}CH_2 + H_2 \rightarrow H_3C{-}CH_3.$$

Auch das Benzol und das Naphthalin lassen sich katalytisch hydrieren, aber die Anlagerung des Wasserstoffs erfolgt wesentlich träger als bei den gewöhnlichen ungesättigten Verbindnngen. Die katalytische Hydrierung des Benzols führt unter Anlagerung von sechs Wasserstoffatomen zum Cyclohexan $C_6H_{12}$ (Hexahydrobenzol):

Benzol, Sdp. 80°                    Cyclohexan, Sdp. 81°

Beim Naphthalin erfolgt die Hydrierung in zwei Stufen. In der ersten Stufe entsteht unter Anlagerung von vier Wasserstoffatomen an den einen aromatischen Ring das *Tetralin* $C_{10}H_{12}$ (Tetrahydronaphthalin); anschließend wird unter Anlagerung von sechs weiteren Wasserstoffatomen auch der zweite aromatische Ring unter Bildung von *Dekalin* $C_{10}H_{18}$ (Dekahydronaphthalin) hydriert:

Naphthalin, Schmp. 80°, Sdp. 208°    Tetralin, Sdp. 205°    Dekalin, Sdp. 190°

Die katalytische Hydrierung des Naphthalins wird technisch in großem Maßstabe durchgeführt, und so ein ziemlich wertloser Bestandteil des Steinkohlenteers in die wertvollen Lösungsmittel Tetralin und Dekalin umgewandelt, von denen insbesondere letzteres als Waschöl zum Herauswaschen des wertvollen Benzols aus dem Steinkohlengas dient.

Unter besonderen Bedingungen (im Sonnenlicht) läßt sich an das Ringsystem des Benzols auch Chlor unter Bildung von *Hexachlorcyclohexan* $C_6H_6Cl_6$ anlagern[1]. Im allgemeinen verlaufen jedoch die Additionen bei aromatischen Verbindungen ziemlich träge. Dieses Verhalten führt zu der Überzeugung, daß die aromatischen Ringsysteme besonders stabile Gebilde sind, die chemischen Angriffen gegen ihr inneres Gefüge beträchtlichen Widerstand entgegensetzen. Dafür spricht auch, daß selbst bei energischem Abbau von Naturstoffen, deren Moleküle aromatische Ringsysteme enthalten, diese Ringsysteme häufig unverändert bleiben, was für Strukturbestimmungen gelegentlich von Bedeutung sein kann. Auch die Bildung aromatischer Verbindungen unter den extremen Bedingungen, welche bei der Zersetzungsdestillation der Steinkohlen herrschen, spricht für ihre Stabilität. Im Steinkohlenteer sind höhere aromatische Kohlenwasserstoffe mit Siedepunkten über 400° enthalten, die sich bei Atmosphärendruck ohne Zersetzung destillieren lassen. Es besteht also eine ausgesprochene Tendenz zur Bildung und Aufrechterhaltung des aromatischen Bindungszustandes[2].

Leichter und glatter als Reaktionen, die wie z. B. Additionen zu einer Aufhebung des aromatischen Bindungszustandes führen, vollziehen sich im allgemeinen *Substitutionsreaktionen*. Bei diesen bleibt das aromatische Kerngerüst unangetastet; es findet lediglich ein Austausch der am aromatischen Kern haftenden Substituenten (oder Wasserstoffatome) durch andere statt. So lassen sich z. B. vom Benzol aus folgende auch technisch wichtige Substitutionsreaktionen durchführen:

---

[1] Vom Hexachlorcyclohexan gibt es acht raumisomere Formen; eine davon, das γ-Isomere (Gammexan), dient als Schädlingsbekämpfungsmittel (Insekticid).

[2] Zu dem Begriff vgl. S. 244.

Ähnliche Übergänge sind auch vom Naphthalin und von anderen aromatischen Kohlenwasserstoffen aus möglich; sie führen zu einigen der oben erwähnten Zwischenprodukte. In dem Reaktionsschema sind die bei den Substitutionen intakt bleibenden Benzolringe einfach durch Sechsecke dargestellt und nur die am Austausch beteiligten Substituenten besonders herausgehoben. Auf den ersten Blick verhalten sich also die aromatischen Kohlenwasserstoffe und ihre Derivate bei den Substitutionsreaktionen wie die gesättigten Verbindungen der aliphatischen Reihe. Die nähere Betrachtung lehrt jedoch, daß auch hier die Übereinstimmung nicht vollkommen ist. So lassen sich gesättigte Kohlenwasserstoffe nur in Ausnahmefällen direkt nitrieren oder sulfurieren (vgl. S. 256 u. 284); andererseits erfolgt die Chlorsubstitution (Chlorierung) bei aliphatischen Kohlenwasserstoffen im allgemeinen ziemlich glatt (vgl. S. 238), während die Heranführung von Chlor an den aromatischen Kern im Austausch gegen Wasserstoff nur unter Mitwirkung von Katalysatoren gelingt.

Zusammenfassend ergibt sich also, daß die aromatischen Verbindungen in ihrem chemischen Verhalten weder mit den ungesättigten noch mit den gesättigten Verbindungen vollkommen in Parallele zu setzen sind; die aromatischen Verbindungen zeigen vielmehr ein eigentümliches Gepräge, und diese Tatsache bedingt — abgesehen von systematischen Gründen — ihre gesonderte Behandlung.

**Isomere Benzol- und Naphthalinderivate.** Die gewöhnlichen Ausdrucksmittel der Strukturchemie reichen zwar nicht hin, um alle Besonderheiten des aromatischen Bindungszustandes hervortreten zu lassen; doch sind die Sechsringformel des Benzols und die entsprechenden Strukturformeln anderer aromatischer Kohlenwasserstoffe wohl geeignet, die Zahl ihrer isomeren Derivate in völliger Übereinstimmung mit der Erfahrung vorherzusagen, wenn man von dem Vorhandensein von Ringdoppelbindungen absieht und z. B. den Ring des Benzols $C_6H_6$ in Form eines Sechsecks darstellt:

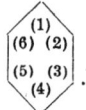

Da die sechs Wasserstoffatome, welche an den durch Zahlen gekennzeichneten Kohlenstoffatomen des Benzolringes zu denken sind, völlig gleichberechtigt erscheinen, existieren Monosubstitutionsprodukte des Benzols nur in einer Form. Beispiele für solche Verbindungen sind:

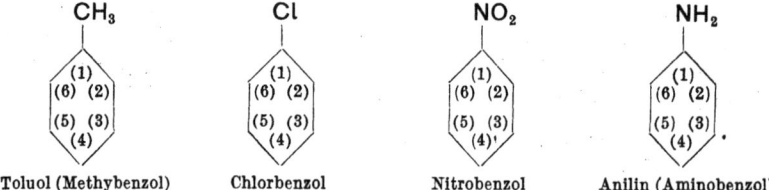

| Toluol (Methybenzol) | Chlorbenzol | Nitrobenzol | Anilin (Aminobenzol) |

Legt man auf die besondere Hervorhebung des Benzolringes keinen Wert, so schreibt man die Formeln dieser Verbindungen abkürzend: $C_6H_5 \cdot CH_3$ Toluol, $C_6H_5 \cdot Cl$ Chlorbenzol, $C_6H_5 \cdot NO_2$ Nitrobenzol, $C_6H_5 \cdot NH_2$ Anilin usw. Zur Namensgebung sei noch bemerkt, daß im Gegensatz zur aliphatischen Reihe Bezeichnungen wie Phenylchlorid für Chlorbenzol oder Phenylamin für Anilin nicht üblich sind.

Beim Eintritt eines zweiten Substituenten ergeben sich je nach seiner Stellung zum ersten, der am Kohlenstoffatom 1 gedacht sei, drei Möglichkeiten: *ortho*-Stellung (1,2) bzw. (1,6), *meta*-Stellung (1,3) bzw. (1,5) und *para*-Stellung (1,4).

Beispiele:

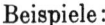

| ortho- | meta- | para- | ortho- | meta- | para- |

Xylol (Dimethylbenzol)                    Dichlorbenzol

Die Vorsilben ortho-, meta-, para- für die isomeren Disubstitutionsprodukte des Benzols pflegt man durch die Anfangsbuchstaben o-, m-, p- abzukürzen. Formelmäßig kann man die verschiedene Stellung der Substituenten auch folgendermaßen zum Ausdruck bringen: o-Xylol $C_6H_4(CH_3)_2$ (1,2), m-Xylol $C_6H_4(CH_3)_2$ (1,3), p-Xylol $C_6H_4(CH_3)_2$ (1,4) usw.

Ein Trisubstitutionsprodukt des Benzols mit drei gleichen Substituenten existiert ebenfalls in drei isomeren Formen; die drei Substituenten können *benachbart* (*vicinal*) (1, 2, 3), *asymmetrisch* (1, 2, 4) oder *symmetrisch* (1, 3, 5) zueinander stehen, z. B.:

| vic-Trioxybenzol | as-Trioxybenzol | s-Trioxybenzol |
| Pyrogallol, Schmp. 132° | Oxyhydrochinon, Schmp. 140° | Phloroglucin, Schmp. 218° |

Die Zahl der Isomeren erhöht sich auf 6, wenn von den drei Substituenten nur zwei gleich sind; sind alle drei Substituenten verschieden, so sind 10 Isomere möglich.

Das kondensierte Ringsystem des Naphthalins $C_{10}H_8$

läßt die Existenz von zwei isomeren Monoderivaten vorhersehen. Man numeriert die Kohlenstoffatome in dem angedeuteten Sinne und bezeichnet die gleichwertigen Stellungen 1, 4, 5, 8 als α-Stellungen, die ebenfalls gleichwertigen Stellungen 2, 3, 6, 7 als β-Stellungen. Es gibt also z. B. folgende Monoderivate des Naphthalins:

| α-Naphthol | β-Naphthol | α-Naphthylamin | β-Naphthylamin |

Bei mehrfach substituierten Naphthalinderivaten kennzeichnet man häufig die Stellung der Substituenten, indem man die Numerierung der Kohlenstoffatome des

20*

Naphthalingerüstes zu Hilfe nimmt, z. B.:

1-Amino-naphthalin-4-sulfonsäure
α-Naphthylaminsulfonsäure, Naphthionsäure

2-Oxy-naphthalin-3-carbonsäure
β-Naphtholcarbonsäure, 2,3-Oxynaphthoesäure

Auf die Zahl der Isomeren mehrfach substituierter Naphthalinderivate braucht hier nicht eingegangen zu werden. Die Voraussagen der Theorie stehen in dieser Hinsicht auch bei den aromatischen Verbindungen überall in Übereinstimmung mit der Erfahrung.

**Aromatische Kohlenwasserstoffe.** Über die physikalischen Eigenschaften der wichtigsten im Steinkohlenteer enthaltenen aromatischen Kohlenwasserstoffe und ihre Hauptverwendung orientiert Tab. 30.

*Tabelle 30.*

| Kohlen-wasserstoff | Formel | Schmp. °C | Sdp. °C | Hauptverwendung |
|---|---|---|---|---|
| Benzol | $C_6H_6$ | 5,5 | 80 | Treibstoff u. Lösungsmittel, Farbenindustrie |
| Toluol | $C_6H_5 \cdot CH_3$ | — | 110 | Sprengstoff- und Farbenindustrie |
| o-Xylol | $C_6H_4(CH_3)_2$ (1,2) | — | 142 | } Lösungsmittel u. f. versch. techn. Zwecke |
| m-Xylol | $C_6H_4(CH_3)_2$ (1,3) | — | 138 | |
| p-Xylol | $C_6H_4(CH_3)_2$ (1,4) | — | 139 | |
| Äthylbenzol | $C_6H_5 \cdot C_2H_5$ | — | 135 | Gewinnung von Styrol |
| Naphthalin | $C_{10}H_8$ | 80 | 218 | Tetralin, Dekalin. Farbenindustrie |
| Anthracen | $C_{14}H_{10}$ | 216 | 360 | Farbenindustrie |
| Phenanthren | $C_{14}H_{10}$ | 100 | — | Geringe Verwendung |

Zur Namensgebung sei bemerkt, daß der Name *Benzol* sich von der Benzoesäure ableitet, aus der es gewonnen werden kann (vgl. S. 312). Die ursprüngliche Bezeichnung Benzin, die heute für Gemische niedrig siedender Paraffine ($C_5H_{12}$, $C_6H_{14}$ u. a.) gilt, wurde von LIEBIG in Benzol abgeändert. Wegen seiner Eigenschaft einer nichtleuchtenden Gasflamme Leuchtkraft zu verleihen, ist früher gelegentlich für das Benzol der Name *Phen*[1] vorgeschlagen worden; dieser Name hat sich in den Bezeichnungen Phenol, Phenyl, Thiophen, Phenanthren usw. erhalten. Das *Toluol* hat seinen Namen vom Tolubalsam, aus dem es neben anderen Stoffen beim Erhitzen entsteht.

Von dem bei der Verkokung der Steinkohlen anfallenden Benzol dient in Deutschland 90% als Treibstoff, der Rest geht zur Weiterverarbeitung in die chemische Industrie. Teerbenzol enthält etwa 0,5% einer schwefelhaltigen heterocyclischen Verbindung $C_4H_4S$, die den Namen *Thiophen* trägt und der folgende Strukturformel zukommt:

Das Thiophen (Sdp. 84°) verhält sich chemisch ganz ähnlich wie Benzol. Wegen des geringen Siedepunktunterschiedes von 4° lassen sich beide Stoffe nicht durch fraktionierte Destillation

---

[1] gr. φαίνεσθαι (phänesthä) = scheinen, leuchten.

voneinander scheiden. Durch Schütteln mit Schwefelsäure gelingt es, das Thiophen abzutrennen und so thiophenfreies Benzol zu gewinnen[1].

Auch das Naphthalin ist von einer schwer zu entfernenden schwefelhaltigen Substanz, dem *Thionaphthen* $C_8H_6S$ (Schmp. 32°, Sdp. 221°), begleitet. Thionaphthen und Thiophen beeinträchtigen die Wirkung der Hydrierungskatalysatoren: sie sind Katalysatorgifte. Die Durchführung der technisch so wichtigen Hydrierung des Naphthalins zu Tetralin und Dekalin (vgl. S. 305) ist nur möglich, wenn zuvor das Naphthalin von seinem schwefelhaltigen Begleiter befreit wird. Die Reinigung des Naphthalins erfolgt durch Erhitzen mit metallischem Natrium.

Von den homologen Alkylderivaten des Benzols ist außer den in der Übersicht aufgeführten (Toluol, Xylole, Äthylbenzol) noch das p-Cymol = 1-Methyl-4-isopropylbenzol (Sdp. 175°), erwähnenswert:

Es hat seinen Namen vom Vorkommen im Kümmelöl, ist jedoch auch in anderen ätherischen Ölen enthalten. Das p-Cymol steht strukturchemisch in naher Beziehung zu vielen in der Natur vorkommenden Stoffen vom Typus der Terpene und Campher.

**Chlorierung im Kern und in der Seitenkette.** Es wurde schon erwähnt, daß die Substitution von Kernwasserstoff durch Chlor nur bei Gegenwart von Katalysatoren erfolgt. Als wirksame *Halogenüberträger* erweisen sich u. a. Eisen, Jod, Aluminiumchlorid und Antimonpentachlorid. Die *Chlorierung* des Benzols führt in der ersten Stufe unter Abspaltung von Chlorwasserstoff zum Monochlorbenzol, $C_6H_5Cl$, das meist kurz Chlorbenzol genannt wird:

Die Substitution weiterer Wasserstoffatome erfolgt so langsam, daß man das Monoderivat bequem fassen kann. Bei fortgesetzter Einwirkung von Chlor schreitet die Reaktion jedoch unter Ersatz eines zweiten Wasserstoffatoms fort. Von den drei möglichen Dichlorbenzolen $C_6H_4Cl_2$ bildet sich in ganz überwiegender Menge die p-Verbindung, weniger o- und ganz wenig m-Dichlorbenzol. Das erste Chloratom *dirigiert* also das neu hinzutretende vorwiegend nach der para-Stellung weniger stark nach der ortho-Stellung, während die meta-Stellung praktisch unbesetzt bleibt. Auch andere Substituenten werden von einem bereits vorhandenen Chloratom vorwiegend in die para- und ortho-Stellung gelenkt. So entsteht bei der Nitrierung von Chlorbenzol eine Mischung von p- und o-Chlornitrobenzol und praktisch kein m-Chlornitrobenzol. Man nennt das Chlor einen nach para- und ortho-Stellung dirigierenden Substituenten; dieselbe dirigierende Wirkung wie das Chlor besitzen auch die anderen Halogene, Alkylgruppen, die Hydroxylgruppe —OH und die Aminogruppe —NH$_2$.

In den Molekülen der Halogenbenzole haften die Halogenatome sehr fest am Benzolkern und lassen sich daher nicht leicht durch andere Substituenten austauschen. So gelingt z. B. die Umwandlung von Chlorbenzol in Phenol mit Alkali

---

[1] Thiophen läßt sich leichter sulfurieren als Benzol.

erst beim Erhitzen auf etwa 300°. Der Austausch des Chloratoms gegen die Hydroxylgruppe erfolgt dagegen leicht bei den durch Nitrierung des Chlorbenzols erhältlichen Verbindungen o- und p-Chlornitrobenzol, wobei die entsprechenden Nitrophenole entstehen, z. B.:

$$O_2N\text{---}\langle\ \rangle\text{---}Cl + NaOH \rightarrow O_2N\text{---}\langle\ \rangle\text{---}OH + NaCl.$$

p-Chlornitrobenzol                              p-Nitrophenol

Einige *Halogenbenzole* sind in Tab. 31 zusammengestellt:

Tabelle 31.

| Halogenbenzol | Formel | Schmp. °C | Sdp. °C |
|---|---|---|---|
| Chlorbenzol | $C_6H_5Cl$ | — | 132 |
| Brombenzol | $C_6H_5Br$ | — | 156 |
| Jodbenzol | $C_6H_5J$ | — | 188 |
| o-Dichlorbenzol | $C_6H_4Cl_2$ (1,2) | —17,6 | 179 |
| m-Dichlorbenzol | $C_6H_4Cl_2$ (1,3) | —24,8 | 172 |
| p-Dichlorbenzol | $C_6H_4Cl_2$ (1,4) | 53 | 173 |
| Hexachlorbenzol | $C_6Cl_6$ | 227 | 326 |

Die Halogenbenzole besitzen zum Teil Bedeutung als Zwischenprodukte für technische Synthesen. Das p-Dichlorbenzol dient unter der Bezeichnung *Globol* als Mottenschutzmittel[1].

Bedeutend leichter als die Kernchlorierung des Benzols und ohne Mitwirkung von Katalysatoren[2] vollzieht sich der Eintritt von Chloratomen in die *seitenständige* Methylgruppe des Toluols, wobei als Chlorierungsprodukte nacheinander die drei Verbindungen Benzylchlorid, Benzalchlorid[3] und Benzotrichlorid entstehen:

$$C_6H_5 \cdot CH_3 \xrightarrow{+Cl_2} C_6H_5 \cdot CH_2Cl \xrightarrow{+Cl_2} C_6H_5 \cdot CHCl_2 \xrightarrow{+Cl_2} C_6H_5 \cdot CCl_3.$$

| Toluol | Benzylchlorid | Benzalchlorid | Benzotrichlorid |
|---|---|---|---|
| Sdp. 110° | Sdp. 176° | Sdp. 205° | Sdp. 220° |

Man kann diese Chlorierung der aliphatischen Seitenkette, die besonders bei erhöhter Temperatur und im Sonnenlicht sehr glatt verläuft, mit der Chlorierung aliphatischer Kohlenwasserstoffe in Parallele setzen. Während jedoch z. B. die Chlorierung des Methans (vgl. S. 238)

$$CH_4 \xrightarrow{+Cl_2} CH_3Cl \xrightarrow{+Cl_2} CH_2Cl_2 \xrightarrow{+Cl_2} CHCl_3 \xrightarrow{+Cl_2} CCl_4$$

in jeder Stufe mit annähernd gleicher Geschwindigkeit vor sich geht und somit eine Mischung der Chlorierungspunkte entsteht, vollzieht sich die Substitution in der Seitenkette des Toluols von Stufe zu Stufe immer langsamer, so daß man bei rechtzeitiger Unterbrechung der Chlorierung die Chlorverbindungen einzeln fassen kann.

Benzylchlorid, Benzalchlorid und Benzotrichlorid sind stechend riechende Flüssigkeiten, deren Dämpfe stark reizend auf die Schleimhäute und auf die Augen wirken.

**Aromatische Alkohole, Aldehyde und Carbonsäuren.** Bei der Einwirkung von Alkali auf die bei der Chlorierung des Toluols entstehenden Produkte Benzylchlorid, Benzalchlorid und Benzotrichlorid findet ein glatter Austausch der Chloratome

---

[1] Eine aromatische Halogenverbindung ist auch das neuerdings zur Verwendung gelangte Insektengift DDT.
[2] Bei Gegenwart von Katalysatoren tritt das Chlor in den Kern ein.
[3] Das einwertige Radikal $C_6H_5CH_2$— heißt Benzyl, das zweiwertige Radikal $C_6H_5CH<$ Benzal oder Benzyliden. Das dem Phenyl $C_6H_5$— entsprechende Radikal $H_3C \cdot C_6H_4$— trägt den Namen Tolyl.

gegen Hydroxyl statt:

$$C_6H_5 \cdot CH_2Cl \xrightarrow{+NaOH} C_6H_5 \cdot CH_2OH$$

Benzylchlorid — Benzylalkohol, Sdp. 206°

$$C_6H_5 \cdot CH_3$$
Teluol

$$C_6H_5 \cdot CHCl_2 \xrightarrow{+2\,NaOH} [C_6H_5 \cdot CH(OH)_2] \rightarrow C_6H_5 \cdot C\!\!\!\begin{array}{c}H\\O\end{array}$$

Benzalchlorid — Benzaldehyd, Sdp. 179°

$$C_6H_5 \cdot CCl_3 \xrightarrow{+3\,NaOH} [C_6H_5 \cdot C(OH)_3] \longrightarrow C_6H_5 \cdot C\!\!\!\begin{array}{c}OH\\O\end{array}.$$

Benzotrichlorid

Benzoesäure
Schmp. 121°, Sdp. 250°

Es entstehen die wichtigen Verbindungen Benzylalkohol, Benzaldehyd und Benzoesäure, die auf diese Weise vom Toluol aus zugänglich sind. Die in Klammern gesetzten Verbindungen mit zwei bzw. drei Hydroxylgruppen an demselben Kohlenstoffatom sind nicht existenzfähig; statt ihrer erscheinen die um ein Molekül Wasser ärmeren Verbindungen Benzaldehyd bzw. Benzoesäure[1].

Der *Benzylalkohol* $C_6H_5 \cdot CH_2OH$ ist der einfachste Alkohol der aromatischen Reihe. Im Gegensatz zu den später zu besprechenden Phenolen, in deren Molekülen die Hydroxylgruppe unmittelbar an den Kern geknüpft ist, verhält sich der Benzylalkohol ganz ähnlich wie ein aliphatischer Alkohol. Er enthält die Gruppe $-CH_2OH$ der primären Alkohole und liefert dementsprechend bei der Oxydation Benzaldehyd und weiterhin Benzoesäure:

$$C_6H_5 \cdot CH_2OH \xrightarrow{-2\,H} C_6H_5 \cdot C\!\!\!\begin{array}{c}H\\O\end{array} \xrightarrow{+O} C_6H_5 \cdot C\!\!\!\begin{array}{c}OH\\O\end{array}.$$

Benzylalkohol, besonders aber einige seiner Ester (Essigsäure-, Benzoesäure-, Zimtsäureester), riechen angenehm und finden in der Parfümerie Verwendung. Einen besonders feinen Geruch besitzt der im Rosenöl und Neroliöl vorkommende *Phenyläthylalkohol* $C_6H_5 \cdot CH_2CH_2OH$; auch dieser Alkohol ist synthetisch leicht zugänglich.

Der nach obigem Reaktionsschema aus dem Toluol über das Benzalchlorid entstehende *Benzaldehyd* $C_6H_5 \cdot C\!\!\!\begin{array}{c}H\\O\end{array}$ ist stets schwach chlorhaltig. Chlorfreien Benzaldehyd erhält man durch Oxydation unmittelbar aus Toluol:

$$C_6H_5 \cdot CH_3 + 2\,O \longrightarrow C_6H_5 \cdot C\!\!\!\begin{array}{c}H\\O\end{array} + H_2O.$$

Durch geeignete Wahl der Reaktionsbedingungen verhindert man die Weiteroxydation des Aldehyds zur Benzoesäure, die schon durch den Luftsauerstoff sehr leicht erfolgt. Der Benzaldehyd und andere aromatische Aldehyde zeigen viel Ähnlichkeit mit den aliphatischen Aldehyden.

Eine eigenartige Umwandlung erleidet der Benzaldehyd bei der Einwirkung von Alkali; er verwandelt sich dabei in eine Mischung gleicher Teile Benzoesäure und Benzylalkohol:

$$2\,C_6H_5 \cdot CHO + H_2O \longrightarrow C_6H_5 \cdot CH_2OH + C_6H_5 \cdot COOH.$$

Benzaldehyd — Benzylalkohol — Benzoesäure

Die Reaktion, welche nach ihrem Entdecker CANNIZZAROsche Reaktion[2] genannt wird, stellt eine *Disproportionierung*[3] des Benzaldehyds dar: ein Molekül Benzaldehyd (mittlere Oxyda-

---

[1] Verbindungen mit mehr als einer Hydroxylgruppe an einem Kohlenstoffatom existieren nur in Ausnahmefällen; ein Beispiel ist das Chloralhydrat $CCl_3 \cdot CH(OH)_2$ (vgl. S. 263).
[2] Über CANNIZZARO vgl. Anorg. Chem. S. 193 Anm. 2.
[3] vgl. Anorg. Chem. S. 232.

tionsstufe) oxydiert ein zweites zu Benzoesäure (höhere Oxydationsstufe) und geht selbst in Benzylalkohol (niedere Oxydationsstufe) über. Die CANNIZZAROsche Reaktion verläuft bei aliphatischen Aldehyden einigermaßen glatt nur unter besonderen Bedingungen, die sich häufig bei biologischen Reaktionen verwirklicht finden (z. B. alkoholische Gärung).

Der Benzaldehyd kommt mit Blausäure und einer Zuckerart (Gentiobiose) zu dem Glykosid *Amygdalin*[1] vereinigt in den bitteren Mandeln und als Komponente ähnlicher Glykoside in den Kernen vieler Früchte (Zwetschgen, Kirschen, Pfirsiche u. a.) vor. Infolge geringer Zersetzung des Amygdalins durch Enzyme werden geringe Mengen Benzaldehyd und Blausäure frei; sie bewirken den Geruch und Geschmack der bitteren Mandeln. Das *Bittermandelöl* ist reiner Benzaldehyd.

*Benzoesäure* $C_6H_5 \cdot COOH$ gewinnt man in der Technik durch energische Oxydation des Toluols mit Chromsäure als Oxydationsmittel; die seitenständige Methylgruppe des Toluols verwandelt sich dabei in die Carboxylgruppe[2]:

$$C_6H_5 \cdot CH_3 + 3\,O \longrightarrow C_6H_5 \cdot COOH + H_2O.$$

Die Benzoesäure ist die einfachste aromatische Carbonsäure und gehört zu den am längsten bekannten organischen Säuren; sie wurde schon um 1600 durch Sublimation aus dem Benzoeharz gewonnen und erhielt danach ihren Namen.

Eingehend untersucht wurde die Benzoesäure zuerst von LIEBIG und WÖHLER, die 1832 in einer gemeinsamen Arbeit nachwiesen, daß das Radikal *Benzoyl* $C_6H_5CO—$ in einer ganzen Reihe von Verbindungen als unveränderter Bestandteil enthalten ist: Benzaldehyd $(C_6H_5CO)H$, Benzoesäure $(C_6H_5CO)OH$, Benzoylchlorid $(C_6H_5CO)Cl$ und Benzamid $(C_6H_5CO)NH_2$. Damit war die Bedeutung des Radikalbegriffs für die organische Chemie zum ersten Male klar erkannt. Benzoylchlorid (Sdp. 198°) dient häufig zur Einführung des Benzoylradikals in andere Verbindungen (Benzoylierung von Alkoholen und Aminen).

Benzoesäure bildet weiße, sublimierbare Kristalle, die sich in Alkohol und Äther leicht, in Wasser schwer lösen. Die Säure ist etwas stärker als Essigsäure. Sie findet Verwendung als schwach wirkendes Antiseptikum und als Komponente zum Aufbau synthetischer Farbstoffe.

Aus dem Molekül der Benzoesäure läßt sich durch Erhitzen mit überschüssigem Kalk (CaO) die Carboxylgruppe entfernen; die Benzoesäure wird unter Abspaltung von Kohlendioxyd, das sich an den Kalk bindet, decarboxyliert und es entsteht Benzol:

$$C_6H_5COOH + CaO \longrightarrow C_6H_6 + CaCO_3.$$

Nach diesem Verfahren der *Decarboxylierung* von Benzoesäure erhielt MITSCHERLICH[3] erstmalig im Jahre 1833 das Benzol, während es im Steinkohlenteer erst zwölf Jahre später von A. W. v. HOFMANN aufgefunden wurde.

Ganz entsprechend der Oxydation des Toluols verläuft auch die Oxydation der drei isomeren Xylole (Dimethylbenzole) unter Bildung der entsprechenden Benzoldicarbonsäuren $C_6H_4(COOH)_2$. So führt die Oxydation des o-Xylols zur Benzol-o-dicarbonsäure oder *Phthalsäure*:

o-Xylol          Phthalsäure, Schmp. 191°
                 Benzol-o-dicarbonsäure

Während die beiden anderen Dicarbonsäuren des Benzols (Iso-, Terephthalsäure) praktisch ohne Bedeutung sind, ist die Phthalsäure eine sehr wichtige Substanz. Man gewinnt sie in der Technik aus dem Naphthalin des Steinkohlenteers durch

---

[1] gr. ἀμύγδαλος (amygdalos) = Mandelbaum.

[2] Auch längere Seitenketten werden oxydativ zur Carboxylgruppe abgebaut; so liefert z. B. auch das Äthylbenzol $C_6H_5 \cdot CH_2CH_3$ bei der Oxydation Benzoesäure.

[3] EILHARD MITSCHERLICH (1794—1865), Prof. der Chemie in Berlin, der vor allem durch seine Untersuchungen über die Kristalle (Isomorphie) bekannt ist, gewann aus dem Benzol zuerst das Nitrobenzol und die Benzolsulfonsäure.

einen oxydativen Abbau:

Wie das Reaktionsschema andeutet, werden aus einem der beiden Sechsringe des Naphthalinmoleküls zwei Kohlenstoffatome herausgesprengt. Die Oxydation des Naphthalins zu Phthalsäure wurde von der *Badischen Anilin- und Sodafabrik* jahrzehntelang mit rauchender Schwefelsäure als Oxydationsmittel bei Gegenwart von (katalytisch wirkenden) Quecksilbersalzen durchgeführt. Neuerdings oxydiert man Naphthalindampf bei 300 bis 400° mit Luftsauerstoff an Katalysatoren, die Vanadinpentoxyd enthalten.

Die ortho-Stellung der beiden Carboxylgruppen im Molekül der Phthalsäure bedingt, daß die Säure leicht unter innermolekularer Wasserabspaltung in ihr Anhydrid, das *Phthalsäureanhydrid*, übergeht[1]:

Phthalsäure          Phthalsäureanhydrid, Schmp. 128°

Da die Wasserabspaltung schon beim Erhitzen erfolgt, entsteht bei dem zuletzt genannten technischen Verfahren der Phthalsäuregewinnung größtenteils das Anhydrid. Das Phthalsäureanhydrid dient zur Synthese verschiedener Farbstoffe, insbesondere gründete sich die erste technische Indigosynthese auf Phthalsäureanhydrid als Ausgangsmaterial (vgl. S. 328). Einige Ester der Phthalsäure haben Verwendung als Lösungsmittel und — wegen ihrer hohen Siedepunkte — als Pumpenöle für Hochvakuumpumpen gefunden. Phthalsäurediäthylester dient zur Vergällung von Alkohol.

Eine ungesättigte aromatische Carbonsäure ist die *Zimtsäure* $C_6H_5 \cdot CH{=}CH \cdot COOH$ (Schmp. 133°). Sie findet sich in der Natur teils frei, besonders aber mit verschiedenen Alkoholen verestert in ätherischen Ölen und Harzen. Zimtsäureester des Methyl-, Äthyl- und Benzylalkohols finden als Riechstoffe in der Parfümerie Verwendung. Der charakteristische Zimtgeruch kommt dem *Zimtaldehyd* $C_6H_5 \cdot CH{=}CH \cdot CHO$ (Sdp. 252°) zu, der ebenfalls in vielen ätherischen Ölen (Zimtöl, Cassiaöl, Patschouliöl) vorkommt. Die Zimtsäure ist synthetisch leicht zugänglich auf Grund einer Reaktion, die auf eine Aldolkondensation des Benzaldehyds mit Essigsäure (genauer Natriumacetat) hinauskommt[2]:

$$C_6H_5 \cdot CH{|}O + H_2{|}CH \cdot COONa \longrightarrow C_6H_5 \cdot CH{=}CH \cdot COONa + H_2O.$$

Die Kondensation vollzieht sich bei Gegenwart von Essigsäureanhydrid.

Beim langsamen Destillieren geht die Zimtsäure unter Abspaltung von Kohlendioxid (Decarboxylierung) in den gesättigten Kohlenwasserstoff *Styrol* $C_6H_5 \cdot CH{=}CH_2$ (Sdp. 146°) über, der in verschiedenen Balsamarten, insbesondere im Storax, vorkommt. Das Styrol polymerisiert sich leicht zu den hochmolekularen *Polystyrolen*, aus denen wichtige Kunststoffe hergestellt werden. Das als Ausgangsmaterial dienende Styrol wird technisch aus Äthylbenzol $C_6H_5 \cdot CH_2{-}CH_3$ durch Dehydrierung (Wasserstoffabspaltung) gewonnen.

**Sulfonsäuren.** Schon früher wurde auf die Bedeutung der aromatischen *Sulfonsäuren* hingewiesen (vgl. S. 256). Sie bilden sich bei der Einwirkung von starker (ev. rauchender) Schwefelsäure auf aromatische Kohlenwasserstoffe. So entsteht

---

[1] Man benutzt häufig ortho-Disubstitutionsprodukte des Benzols, um dem Benzolring einen Fünf- oder Sechsring anzugliedern; meta- und para-Derivate sind nicht zum Ringschluß befähigt.

[2] Vgl. die Bildung des Crotonaldehyds durch Kondensation von 2 Molekülen Acetaldehyd S. 261.

durch *Sulfurierung* des Benzols die Benzolsulfonsäure $C_6H_5SO_3H$:

Naphthalin bildet zwei Monosulfonsäuren:

α-Naphthalin-sulfonsäure           β-Naphthalin-sulfonsäure

Welche der beiden Säuren entsteht, hängt von der Temperatur ab: unter 100° tritt die Sulfonsäuregruppe vorwiegend in die α-Stellung, über 100° in die β-Stellung.

Verwendet man rauchende Schwefelsäure, so kann man auch Di- und Trisulfonsäuren erhalten.

Die aromatischen Sulfonsäuren sind kristalline, hygroskopische Stoffe mit stark sauren Eigenschaften, die sich sehr leicht in Wasser lösen; auch ihre Alkalisalze sind wasserlöslich. Durch Einführung der hydrophilen Sulfonsäuregruppe kann man also wasserunlösliche organische Verbindungen (Kohlenwasserstoffe und ihre Derivate, Farbstoffe) in lösliche Form bringen. Zum Teil aus diesem Grunde sind aromatische Sulfonsäuren als Komponenten synthetischer Farbstoffe von großer Bedeutung.

**Einwertige Phenole und Naphthole. Salicylsäure.** Beim Zusammenschmelzen der Alkalisalze aromatischer Sulfonsäuren mit Kalium- oder Natriumhydroxyd findet ein Austausch des Sulfonsäureesters gegen die Hydroxylgruppe statt. Monosulfonsäuren liefern bei dieser *Alkalischmelze* Verbindungen, in deren Molekül eine Hydroxylgruppe am aromatischen Kern haftet. So entsteht aus dem benzolsulfonsauren Natrium durch Schmelzen mit Ätznatron bei 300° das *Phenol* $C_6H_5 \cdot OH$ (neben Natriumsulfit):

Phenol ist zwar in beträchtlicher Menge im Steinkohlenteer enthalten, doch genügt diese Quelle nicht, um den Bedarf der Industrie an dem wichtigen Produkt ganz zu decken. Es werden daher zusätzliche Mengen nach dem geschilderten Verfahren vom Benzol aus über die Benzolsulfosäure gewonnen. Nach dem Phenol heißen Benzolderivate mit Hydroxylgruppen am aromatischen Kern (Oxyderivate) allgemein *Phenole*. Im Steinkohlenteer sind außer Phenol die drei isomeren Methylphenole oder Oxytoluole $C_6H_4{<}^{CH_3}_{OH}$ enthalten; sie tragen wegen ihres Vorkommens im Kreosot, einem Destillat des Buchenholzteers, den Namen *Kresole*.

Die Abtrennung der Phenole aus den Destillaten des Steinkohlenteers gründet sich auf ihren *sauren* Charakter. Die Phenole lösen sich in Natronlauge unter Bildung von *Phenolaten*, z. B. Natriumphenolat $C_6H_5 \cdot ONa$, und können durch Säuren aus diesen Lösungen wieder ausgeschieden werden. Der aromatische Kern verleiht also den an ihn geketteten phenolischen Hydroxylgruppen saure Eigenschaften, und hierdurch unterscheiden sich die Phenole ganz wesentlich von den Hydroxylderivaten der aliphatischen Kohlenwasserstoffe, den durchaus neutralen Alkoholen. Kennzeichnend für Phenole sind die blauen, roten und violetten Färbungen, die bei ihrer Wechselwirkung mit Eisen(III)-chloridlösung auftreten. Ebenso wie die alkoholischen Hydroxylgruppen sind auch die phenolischen Hydroxylgruppen zur Ester- und Ätherbildung befähigt. Erwähnt sei der Methyläther des Phenols, das *Anisol*

$C_6H_5 \cdot O \cdot CH_3$ (Sdp. 154°), das durch Methylierung von Phenol mit Dimethylsulfat in alkalischer Lösung leicht gewonnen werden kann.

Über die physikalischen Eigenschaften einiger wichtiger Phenole gibt Tab. 32 Auskunft.

Tabelle 32.

| Monooxyderivat | Formel | | Schmp. °C | Sdp. °C |
|---|---|---|---|---|
| Phenol | $C_6H_5 \cdot OH$ | | 43 | 181 |
| o-Kresol | $C_6H_4(CH_3)OH$ | $(1,2)$ | 31 | 191 |
| m-Kresol | $C_6H_4(CH_3)OH$ | $(1,3)$ | 4 | 203 |
| p-Kresol | $C_6H_4(CH_3)OH$ | $(1,4)$ | 36,5 | 203 |
| Thymol | $C_6H_4(CH_3)(OH)C_3H_7$ | $(1,3,4)$ | 51 | 232 |

Bekannt sind die *desinfizierenden* Eigenschaften des Phenols und der Kresole (Kresolseifen, Lysol).

Ein Phenol ist auch das im Thymian vorkommende *Thymol*, das als Antisepticum in Mundwässern Verwendung findet. Es leitet sich von dem früher erwähnten Kohlenwasserstoff p-Cymol ab (vgl. S. 309) und steht in naher Beziehung zum *Menthol* (Hexahydrothymol), das durch katalytische Hydrierung des Thymols erhalten werden kann:

p-Cymol　　　　　　　Thymol, Schmp. 51°　　　　　Menthol, Schmp. 43°

Da das Mentholmolekül drei asymmetrische Kohlenstoffatome enthält, gibt es 8 verschiedene optisch aktive Formen des Menthols (4 raumisomere Antipodenpaare). Bei der katalytischen Hydrierung des Thymols entsteht eine Mischung raumisomerer Menthole, während das natürliche Menthol des Pfefferminzöls eine einheitliche linksdrehende Form ist.

Als wichtigstes Oxyderivat des Benzols erscheint das *Phenol*, von dem große Mengen zur Gewinnung von Kunstharzen dienen, die aus Phenol und Formaldehyd unter geeigneten Bedingungen entstehen; auch die Farbstoff- und Arzneimittelindustrie verbrauchen viel Phenol.

In diesem Zusammenhang sei auf die technisch wichtige Synthese der *Salicylsäure* hingewiesen, die sich des Phenols als Ausgangsmaterial bedient. Man behandelt Natriumphenolat im Druckgefäß mit Kohlendioxyd zunächst bei gewöhnlicher Temperatur und erhitzt dann auf 150°. Die Reaktion, deren Mechanismus im einzelnen noch ungeklärt ist, läuft im Endeffekt auf die Anknüpfung eines Moleküls Kohlendioxyd an den Benzolkern in ortho-Stellung zur phenolischen Hydroxylgruppe hinaus:

Natriumphenolat　　　　　　　　　Salicylsäure (Na-Salz)

Es entsteht das Natriumsalz der Salicylsäure $C_6H_4\big\langle\begin{smallmatrix}COOH(1)\\OH\quad(2)\end{smallmatrix}$, die demnach als

o-Oxybenzoesäure oder Phenol-o-carbonsäure erscheint.

Die Salicylsäure (Schmp. 159°) bildet weiße Kristalle, die bei vorsichtigem Erhitzen sublimieren, bei stärkerem Erhitzen in Phenol und Kohlendioxyd zerfallen (Decarboxylierung). Salicylsäure vereinigt in sich die Funktionen eines Phenols und einer Carbonsäure. Als Phenol wirkt sie antiseptisch und dient wegen dieser Eigenschaft als viel gebrauchtes Konservierungsmittel. Die phenolische Hydroxylgruppe der Salicylsäure läßt sich mit Säuren verestern. So führt die Acetylierung der Salicylsäure zur Acetylsalicylsäure (Essigsäureester), dem bekannten Fiebermittel *Aspirin* $C_6H_4\big\langle\begin{smallmatrix}COOH\quad(1)\\O\cdot COCH_3(2)\end{smallmatrix}$ (Schmp. 135°). Als Carbonsäure bildet die Salicylsäure auch mit Alkoholen Ester. Der wohlriechende Salicylsäuremethylester (Methylsalicylat) $C_6H_4\big\langle\begin{smallmatrix}COOCH_3(1)\\OH\quad(2)\end{smallmatrix}$ (Sdp. 222°) bildet den Hauptbestandteil einiger ätherischer Öle (Wintergrünöl) und ist ein wichtiger Riechstoff.

Der Salicylsäure entspricht der Alkohol *Saligenin* $C_6H_4\big\langle\begin{smallmatrix}CH_2OH(1)\\OH\quad(2)\end{smallmatrix}$. Mit Traubenzucker zu dem Glykosid *Salicin* vereinigt bildet das Saligenin einen Bestandteil der Rinde und Blätter einiger Weidenarten (Salix).

Technisch wichtige aromatische Hydroxylderivate sind auch die beiden *Naphthole* (Oxynaphthaline):

α-Naphthol
Schmp. 94°, Sdp. 280°

β-Naphthol
Schmp. 123°, Sdp. 286°

Das β-Naphthol gewinnt man durch Alkalischmelze der β-Naphthalinsulfonsäure, die durch Sulfurierung des Naphthalins leicht zugänglich ist. Die Darstellung des α-Naphthols erfolgt nach einem besonderen Verfahren (vgl. S. 320). Sulfonsäuren des α- und β-Naphthols dienen als Komponenten bei der Synthese von Azofarbstoffen.

**Dioxybenzole. Chinone.** Die Namen der drei isomeren *Dioxybenzole* ergeben sich aus folgender Formelübersicht:

o-Dioxybenzol, Brenzcatechin
Schmp. 104°

m-Dioxybenzol, Resorcin
Schmp. 111°

p-Dioxybenzol, Hydrochinon
Schmp. 169°

Das *Brenzcatechin*[1] entsteht beim Erhitzen aus dem natürlichen Catechin, das in vielen pflanzlichen Produkten (Catechu, Gambir, gewissen Gerbstoffen) vorkommt und in seinem Molekül einen Brenzcatechinrest enthält. Das Brenzcatechin ist auch im Buchenholzteer enthalten. Synthetisch gewinnt man es durch Alkali-

---

[1] Durch die Vorsilbe Brenz- kennzeichnet man gelegentlich solche Stoffe, die beim Erhitzen organischer Verbindungen entstehen, weil dabei meist ein brenzlicher Geruch auftritt. So bildet sich z. B. die Brenztraubensäure $CH_3 \cdot CO \cdot COOH$, durch eine Brenzreaktion aus Traubensäure oder Weinsäure.

schmelze der Phenol-o-Sulfonsäure. Das Brenzcatechin hat reduzierende Eigenschaften.

Strukturell in naher Beziehung zum Brenzcatechin stehen einige wichtige Naturstoffe: *Guajakol* (Brenzcatechinmonomethyläther), ein Destillationsprodukt des Guajakharzes, das neben Brenzcatechin und Kresol im Buchenholzteer enthalten ist und wegen seiner antiseptischen Eigenschaften Verwendung findet; *Eugenol*, der Geruchsträger der Gewürznelken (Eugenia caryophyllata); *Isoeugenol*, ein Bestandteil des Muskatnußöls, und schließlich der Riechstoff *Vanillin*, ein Phenolaldehyd, der durch Oxydation des Isoeugenols erhältlich ist. Den strukturellen Zusammenhang der genannten Stoffe lassen folgende Strukturformeln erkennen:

Guajakol
Schmp. 32°, Sdp. 205°

Eugenol
Sdp. 254°

Isoeugenol
Schmp. 34°, Sdp. 251°

Vanillin
Schmp. 83°

Das *Resorcin* erhielt seinen Namen nach dem Orcin (Methylresorcin), der Muttersubstanz der Flechtenfarbstoffe Orseille und Lackmus. Man gewinnt es durch Alkalischmelze der Benzol-m-disulfonsäure.

Noch ausgeprägter als beim Brenzcatechin sind die reduzierenden Eigenschaften beim *Hydrochinon*. Darauf gründet sich seine Verwendung als Entwickler in der Photographie. Zwei andere strukturell ähnlich gebaute Entwickler sind das p-Aminophenol (Rodinal) und das p-Methylaminophenol (Metol):

Hydrochinon     p-Aminophenol     p-Methyl-aminophenol

Schon milde wirkende Oxydationsmittel führen das farblose Hydrochinon in das gelbe, stechend riechende und mit Wasserdämpfen leicht flüchtige *p-Chinon* (Schmp. 116°) über:

Hydrochinon     p-Chinon

Umgekehrt erhält man aus dem p-Chinon durch Reduktion leicht Hydrochinon. Das p-Chinon, meist kurz Chinon[1] genannt, wird durch Oxydation von Anilin mit Chromsäure gewonnen.

Das Chinon ist keine aromatische Verbindung; nach seiner Strukturformel erscheint es als ein Diketon, das sich von einem zweifach ungesättigten cyclischen Kohlenwasserstoff

---

[1] Es gibt auch ein o-Chinon, das bei vorsichtiger Oxydation des Brenzcatechins entsteht; es ist jedoch unbeständig und weniger wichtig. Der Name Chinon leitet sich von der Chinasäure ab, aus der das p-Chinon zuerst erhalten wurde. Die Chinasäure ist ein Bestandteil der Chinarinde.

(Cyclohexadien) ableitet:

p-Chinon                    Cyelohexadien

In der Tat zeigt das Chinon manche Eigenschaften eines Diketons. Gewisse Besonderheiten haben jedoch zu der Überzeugung geführt, daß die gewöhnlich benutzte Strukturformel des Chinons sein Verhalten ebensowenig vollkommen zum Ausdruck bringt wie die mit Doppelbindungen geschriebene Sechsringformel das Verhalten des Benzols. Ähnlich wie von einem besonderen *aromatischen* Bindungszustand spricht man daher auch von einem *chinoiden* Bindungszustand. Man nimmt an, daß das Vorhandensein eines solchen chinoiden Bindungszustandes in den Molekülen gewisser synthetischer Farbstoffe deren Farbigkeit bedingt.

Ein Chinon, das sich von dem aromatischen Kohlenwasserstoff Anthracen (vgl. S. 243) ableitet, ist das für die Farbenindustrie wichtige *Anthrachinon*. In der Technik gewann man es lange Zeit aus dem Anthracen des Steinkohlenteers durch Oxydation mit Chromsäure; neuerdings oxydiert man das Anthracen mit Luftsauerstoff bei Gegenwart von Vanadinsalzen als Katalysatoren bei 300°:

Anthracen, Blättchen            Anthrachinon, Nadeln
Schmp. 216°, Sdp. 360°          Schmp. 285°, Sdp. 382°

Das Anthrachinon dient als Ausgangsmaterial für die Gewinnung wertvoller synthetischer Farbstoffe (Alizarin, Indanthren).

**Nitroverbindungen.** Sehr wichtige Zwischenprodukte sind die aromatischen *Nitroverbindungen*, die man durch Nitrierung aromatischer Kohlenwasserstoffe oder ihrer Derivate erhält. Man bewirkt die Nitrierung meist durch eine Mischung von konzentrierter Salpetersäure und Schwefelsäure (Nitriersäure), gelegentlich genügt auch Salpetersäure allein; bei schwer nitrierbaren Verbindungen oder zur Erzielung höherer Nitrierungsstufen kann die Anwendung rauchender Salpetersäure erforderlich werden.

Beim Benzol führt die Einwirkung von Nitriersäure unter Ersatz eines Wasserstoffatoms durch die Nitrogruppe $-NO_2$ fast ausschließlich zum *Nitrobenzol* $C_6H_5 \cdot NO_2$:

Die Substitution weiterer Kernwasserstoffatome erfolgt unter diesen Bedingungen sehr träge. Um höher nitrierte Produkte zu erhalten, muß man rauchende Salpetersäure anwenden; es bildet sich zunächst vorwiegend m-Dinitrobenzol (91 bis 94%), daneben einige Prozent o- und sehr wenig p-Dinitrobenzol. Fortgesetzte Nitrierung führt schließlich zum symmetrischen Trinitrobenzol:

Nitrobenzol              m-Dinitrobenzol              s-Trinitrobenzol
Schmp. 5,7°, Sdp. 211°   Schmp. 91°, Sdp. 303°        Schmp. 122°

Die Nitrogruppe dirigiert also einen neu hinzutretenden Substituenten vorwiegend in die meta-Stellung; denselben dirigierenden Einfluß besitzen auch die Carboxylgruppe und die Sulfonsäuregruppe.

Leichter als beim Benzol erfolgt die Nitrierung beim Toluol. Da die Methylgruppe zu den vorwiegend nach ortho- und para-Stellung dirigierenden Substituenten gehört (vgl. S. 209), entsteht zunächst eine Mischung von o- und p-Nitrotoluol, die über das 2,4-Dinitrotoluol zum 2, 4, 6-Trinitrotoluol weiternitriert werden kann:

Das 2,4,6-*Trinitrotoluol* dient unter dem Namen *Trotyl* als Sprengstoff; die gefahrlos zu handhabende und ruhig abbrennende Substanz detoniert erst bei energischem Anstoß (Initialzündung).

Entsprechend dem gleichen dirigierenden Einfluß der Methyl- und Hydroxylgruppe nimmt die Nitrierung des Phenols einen ganz ähnlichen Verlauf wie die des Toluols. Über eine Mischung von o- und p-Nitrophenol bildet sich weiterhin 2,4-Dinitrophenol, und als Endprodukt erscheint das 2,4,6-Trinitrophenol. Auch das 2,4,6-*Trinitrophenol* besitzt Sprengstoffeigenschaften. Wegen seines bitteren Geschmackes und seiner sauren Eigenschaften trägt die Substanz den Namen *Pikrinsäure*[1]. Die Häufung der Nitrogruppen im Molekül der Pikrinsäure verstärkt den sauren Charakter der phenolischen Hydroxylgruppe so sehr, daß die Pikrinsäure als verhältnismäßig starke Säure erscheint. Sie bildet gelbe Kristalle (Schmp. 122°), die sich in Wasser mit intensiv gelber Farbe lösen; die Lösung färbt Wolle und Seide gelb. Die Salze der Pikrinsäure (Pikrate) explodieren auf Schlag.

Einige aromatische Trinitroderivate mit einer tertiären Butylgruppe $-C \big\langle {}^{CH_3}_{CH_3}$ als Seiten-

kette sind durch einen starken moschusartigen Geruch ausgezeichnet und dienen als künstlicher Moschus in der Parfümerie. Beispiele solcher Verbindungen sind:

Die Nitrierung des Naphthalins liefert fast ausschließlich α-Nitronaphthalin (Schmp. 61,5°).

---

[1] gr. πιϰρός (pikros) = bitter.

Die meisten aromatischen Nitroverbindungen dienen nur als Zwischenprodukte zur Gewinnung von aromatischen Aminen. Ihre Siedepunkte liegen im Vergleich zu den entsprechenden Kohlenwasserstoffen sehr hoch (vgl. Benzol Sdp. 80°, Nitrobenzol Sdp. 221°). Ähnlichen Verhältnissen begegnen wir auch bei den aliphatischen Nitroverbindungen.

**Aromatische Amine.** Aromatische *Amine* gewinnt man meist durch Reduktion der Nitroverbindungen mit verschiedenen Reduktionsmitteln (Eisen und Salzsäure, Zinn und Salzsäure, elektrolytische Reduktion). So führt die Reduktion des Nitrobenzols zum *Anilin* (Aminobenzol) $C_6H_5 \cdot NH_2$:

$$\langle \rangle{-}NO_2 + 6H \longrightarrow \langle \rangle{-}NH_2 + 2H_2O.$$

Im Steinkohlenteer ist nur sehr wenig Anilin enthalten; der große Bedarf der Farbenindustrie wird daher fast ausschließlich vom Benzol aus über das Nitrobenzol gedeckt. Entsprechend gewinnt man die ebenfalls wichtigen Aminoderivate des Toluols o-, m- und p-Toluidin $C_6H_4{<}^{CH_3}_{NH_2}$ durch Reduktion der entsprechenden Nitrotoluole.

Von einer Dinitroverbindung aus gelangt man über die Zwischenstufe einer Nitroaminoverbindung zu einem Diamin, z. B. von dem durch Nitrierung des Benzols leicht zugänglichen m-Dinitrobenzol $C_6H_4{<}^{NO_2(1)}_{NO_2(3)}$ über das m-Nitranilin $C_6H_4{<}^{NO_2(1)}_{NH_2(3)}$ zum m-Phenylendiamin [1] $C_6H_4{<}^{NH_2(1)}_{NH_2(3)}$.

Eine Besonderheit bietet die Gewinnung des β-Naphthylamins. Im vorigen Abschnitt wurde erwähnt, daß die Nitrierung des Naphthalins nahezu ausschließlich α-Nitronaphthalin liefert, aus dem durch Reduktion α-Naphthylamin entsteht. Um das β-Naphthylamin zu erhalten, geht man von β-Naphthol aus. Durch Einwirkung von Ammoniak unter Druck bei 150° läßt sich die Hydroxylgruppe des β-Naphthols durch die Aminogruppe ersetzen. Umgekehrt kann man die Aminogruppe des α-Naphthylamins durch längere Einwirkung von verdünnter Schwefelsäure bei 200° unter Druck durch die Hydroxylgruppe ersetzen und so zum α-Naphthol gelangen. Die einzelnen technisch wichtigen Übergänge sind aus folgendem Schema ersichtlich:

Sulfonsäuren der beiden Naphthylamine sind wie die Naphtholsulfonsäuren wichtige Komponenten zur Bereitung von Azofarbstoffen.

Über die physikalischen Eigenschaften einiger aromatischer Amine gibt Tab. 33 Auskunft.

Der Siedepunkt des Anilins (184°) stimmt ungefähr mit dem des Phenols (181°) überein. Dagegen sieden die aliphatischen Amine erheblich tiefer als die entsprechenden Alkohole (vgl. Methylamin Sdp. — 6°, Methylalkohol Sdp. 66°). In einer vergleichenden Betrachtung wurde bereits früher (vgl. S. 285) darauf hingewiesen, daß die aromatischen Amine ziemlich schwache Basen sind; sie sind schwächer basisch als die aliphatischen Amine und sogar schwächer als Ammoniak. Immerhin

---

[1] Das zweiwertige Radikal $C_6H_4{<}$ trägt den Namen Phenylen (o-, m- und p-Phenylen).

Tabelle 33.

| Amin | Formel | Schmp. °C | Sdp. °C |
|---|---|---|---|
| Anilin | $C_6H_5NH_2$ | — 6 | 184 |
| o-Toluidin | $C_6H_4(CH_3)NH_2$ (1,2) | —20 | 199 |
| m-Toluidin | $C_6H_4(CH_3)NH_2$ (1,3) | —44 | 203 |
| p-Toluidin | $C_6H_4(CH_3)NH_2$ (1,4) | 45 | 200 |
| α-Naphthylamin | $C_{10}H_7NH_2$ (α) | 50 | 300 |
| β-Naphthylamin | $C_{10}H_7NH_2$ (β) | 112 | 294 |

bilden auch die aromatischen Amine mit den stärkeren anorganischen Säuren wohldefinierte Salze, z. B. das Anilin ein gut kristallisierendes Hydrochlorid $C_6H_5NH_2 \cdot HCl = [C_6H_5NH_3]Cl$ und ein (saures) Sulfat $C_6H_5NH_2 \cdot H_2SO_4 = [C_6H_5NH_3]HSO_4$.

Durch Reduktion der Nitroverbindungen erhält man nur *primäre* aromatische Amine mit der Gruppe —$NH_2$. Durch Einführung weiterer aromatischer Reste (Arylierung) gelangt man von den primären zu den *sekundären* und *tertiären* aromatischen Aminen, z. B. vom Anilin $C_6H_5NH_2$, zu den sehr schwachen Basen *Diphenylamin* $(C_6H_5)_2NH$, und *Triphenylamin* $(C_6H_5)_3N$. Die Einführung aliphatischer Reste (Alkylierung) führt zu gemischten fettaromatischen Aminen. Technisch bedeutsam ist insbesondere die Methylierung des Anilins; man führt sie aus, indem man Methylalkohol unter Druck auf Anilinhydrochlorid oder Anilinsulfat einwirken läßt und gelangt auf diese Weise über das sekundäre *Monomethylanilin* $C_6H_5 \cdot NH \cdot CH_3$ (Sdp. 194)° zu der wichtigen tertiären Base *Dimethylanilin* $C_6H_5 \cdot N(CH_3)_2$ (Sdp. 192°), die für Farbstoffsynthesen viel gebraucht wird.

Während die durchgreifende Reduktion aromatischer Nitroverbindungen in stark saurer Lösung unmittelbar zu primären Aminen führt, gelingt es, durch geeignete Abänderung des Reduktionsverfahrens eine ganze Reihe von Zwischenprodukten zu fassen. In der Technik hat sich die elektrolytische Reduktion der Nitroverbindungen zur Gewinnung solcher Zwischenprodukte als besonders geeignet erwiesen. Vom Nitrobenzol aus gelangt man auf diese Weise u. a. zu folgenden Verbindungen: *Nitrosobenzol* $C_6H_5 \cdot NO$ (weiße Kristalle, die bei 68° zu einer grünen Flüssigkeit schmelzen), *Azobenzol* $C_6H_5 \cdot N{=}N \cdot C_6H_5$ (rote Kristalle, Schmp. 68°, Sdp. 293°) und *Hydrazobenzol* $C_6H_5 \cdot NH{-}NH \cdot C_6H_5$ (farblos, Schmp. 131°). Das Hydrazobenzol bildet die letzte Zwischenstufe auf dem Reduktionswege vom Nitrobenzol $C_6H_5NO_2$ zum Anilin $C_6H_5NH_2$. Unterwirft man das Hydrazobenzol der Einwirkung starker Säuren, so erleidet es eine eigenartige innermolekulare Umlagerung und geht in die wichtige Base *Benzidin* über (Schmp. 127°):

Hydrazobenzol → Benzidin

Das Benzidin leitet sich von dem aromatischen Kohlenwasserstoff Diphenyl ab, der durch Verknüpfung zweier Phenylradikale nach einem früher geschilderten Verfahren (vgl. die WURTZsche Synthese des Äthans S. 239) aus Chlorbenzol und metallischem Natrium erhalten werden kann:

Diphenyl
Schmp. 70°, Sdp. 254°

Benzidin ist demnach p, p'-Diaminodiphenyl. Die Base ist durch ihr schwerlösliches Sulfat gekennzeichnet und bildet eine wichtige Komponente zur Synthese vieler Azofarbstoffe.

Primäre und sekundäre aromatische Amine lassen sich durch Einführung verschiedener Säurereste (Acylradikale) in Stoffe vom Typus der Säureamide überführen. Man kann diese *Acylierung* der Amine mit den bekannten Acylierungsmitteln (Säurechloride, Säureanhydride) bewirken, häufig genügt jedoch bereits die Einwirkung der wasserfreien Säure auf das Amin. So bildet sich aus Anilin und

Eisessig bei längerem Kochen das Acetanilid (Schmp. 114°):

$$C_6H_5 \cdot NH_2 + HO \cdot CO \cdot CH_3 \longrightarrow C_6H_5 \cdot NH \cdot CO \cdot CH_3 + H_2O.$$

Unter dem Namen *Antifebrin* diente das Acetanilid früher als antipyretisches Mittel[1], ist aber wegen seiner unerwünschten Nebenwirkungen heute kaum noch in Gebrauch. Ein Anilid ist auch das ähnlich zusammengesetzte *Phenacetin* (p-Äthoxyacetanilid)[2], $C_2H_5O \cdot C_6H_4 \cdot NH \cdot COOH_3$ (Schmp. 135°).

Bereits früher (vgl. S. 276) wurde auf die allgemeine Bedeutung der *Acylierung* von Alkoholen (Esterbildung) und Aminen (Säureamidbildung) für präparative Zwecke und als Mittel zur Charakterisierung der genannten Stoffe hingewiesen. Darüber hinaus ist die Acylierung der Amine häufig ein nützliches Verfahren zum Schutze der empfindlichen Aminogruppen gegen chemische Angriffe. Will man z. B. vom Anilin aus o- und p-Nitranilin bereiten, so nitriert man nicht das Anilin selbst, weil seine Aminogruppe von der Salpetersäure des Nitriergemisches oxydativ angegriffen würde. Man blockiert vielmehr zunächst die Aminogruppe durch Einführung des Acetylrestes, d.h. man überführt das Anilin nach dem soeben beschriebenen Verfahren in Acetanilid, nitriert dieses und spaltet dann aus dem Nitrierungsprodukt (o- und p-Nitroacetanilid) den Acetylrest hydrolytisch als Essigsäure wieder ab. Einen noch besseren Schutz als die Acetylierung gewährt häufig die Benzoylierung eines Amins.

# XIII. Synthetische Farbstoffe.

Durch die Verfahren der Chlorierung und Reduktion, Sulfurierung und Alkalischmelze sowie der Oxydation gelangt man von den Hauptbestandteilen des Steinkohlenteers zu den sogenannten Zwischenprodukten. Die genannten Verfahren haben den Zweck, die Moleküle aromatischer Verbindungen mit funktionellen Gruppen auszustatten, welche sie für weitere chemische Umsetzungen geeignet machen. Als letztes Ziel gilt der synthetische Aufbau von Verbindungen mit besonders wertvollen Eigenschaften, die demnach als die eigentlichen Endprodukte anzusehen sind. Unter diesen Endprodukten nehmen an Zahl und Bedeutung die synthetischen *Farbstoffe* zweifellos den ersten Platz ein und ihnen soll daher nachstehend eine kurze Betrachtung gewidmet werden.

**Farbigkeit und Farbstoffcharakter. Färbeverfahren.** Farbstoffe sind farbige Verbindungen, welche die Eigenschaft haben, Gewebe aus tierischen oder pflanzlichen Fasern anzufärben. Man hat wohl zu unterscheiden zwischen einer farbigen Verbindung und einem Farbstoff. Wie die folgenden Betrachtungen am Beispiel der Azofarbstoffe zeigen werden, sind die Farbstoffmoleküle gekennzeichnet durch die Gegenwart von gewissen Atomgruppen. Man unterscheidet *chromophore* Gruppen, welche die Farbigkeit bedingen und *auxochrome* Gruppen[3], welche einer farbigen Verbindung Farbstoffcharakter, d. h. Färbevermögen verleihen.

Die tierischen Fasern Wolle und Seide sind Eiweißstoffe, die sich wegen ihres amphoteren Charakters sowohl mit Säuren als auch mit Basen zu salzartigen Verbindungen vereinigen können (vgl. S. 289 ff.). Man versteht daher, daß *saure* oder *basige* Farbstoffe Wolle und Seide leicht anfärben. Pflanzliche Fasern und Kunstseide bestehen dagegen aus neutraler Cellulose. Um solche Fasern direkt anzufärben, bedarf es besonderer Farbstoffe, die man als *substantive* Farbstoffe bezeichnet. Man kann jedoch auch die Fasern durch geeignete Vorbehandlung mit gewissen Metallsalzen (Al-, Fe-, Cr-, Sn-Salze) beizen und den Farbstoff auf die gebeizten Faser als beständigen Farblack fixieren; Farbstoffe, welche nach diesem Verfahren gefärbt werden, heißen *Beizenfarbstoffe*. Häufig läßt man den Farbstoff direkt auf der Faser aus seinen Komponenten entstehen, indem man die Fasern mit der einen Komponente tränkt und darauf in einem Bade mit der zweiten Komponente den Farbstoff entwickelt (*Entwicklungsfarbstoffe*). Eine weitere Färbemethode ist die Ausfärbung der ganz unlöslichen *Küpenfarbstoffe*; sie werden durch Reduktionsmittel in lösliche Form gebracht (verküpt), die Faser mit der Farbstoffküpe getränkt und schließlich durch Oxydation (meist mit Luftsauerstoff) der Farbstoff in feinverteilter Form auf der Faser erzeugt[4].

---

[1] gr. πῦρ (pyr) = Feuer, Hitze. Ein antipyretisches Mittel ist ein Fiebermittel.
[2] Man bezeichnet die Gruppen —OCH$_3$, —OC$_2$H$_5$ als Methoxy- bzw. Äthoxygruppe.
[3] gr. χρῶμα (chroma) = Farbe; φέρειν (pherein) = tragen; αὐξάνειν (auxanein) = vermehren.
[4] Unter Küpe verstand man ursprünglich das Gefäß, in dem die Reduktion des Farbstoffs (Verküpung) und seine Ausfärbung vorgenommen wurden.

**Azofarbstoffe.** Bereits früher wurde auf das unterschiedliche Verhalten primärer aliphatischer und aromatischer Amine bei der Einwirkung von salpetriger Säure hingewiesen (vgl. S. 285). Während ein aliphatisches Amin unter Stickstoffentwicklung und Ersatz der Aminogruppe gegen die Hydroxylgruppe den entsprechenden Alkohol liefert, z. B.

$$C_2H_5-NH_2 + O=N-OH \longrightarrow C_2H_5-OH + N_2 + H_2O,$$

läßt sich bei einem aromatischen Amin eine Diazoverbindung als Zwischenprodukt fassen, wenn man unter Eiskühlung arbeitet, z. B.

$$C_6H_5-NH_2 + O=N-OH \longrightarrow C_6H_5-N=N-OH + H_2O.$$

Erwärmt man die erhaltene Lösung, so zerfällt die *Diazoverbindung* unter Stickstoffentwicklung, und die Hydroxylgruppe tritt an den aromatischen Kern; das Reaktionsprodukt ist ein Phenol:

$$C_6H_5-N=N-OH \rightarrow C_6H_5-OH + N_2.$$

Man bezeichnet die Operation, welche zur Bildung der Diazoverbindung aus einem primären aromatischen Amin und salpetriger Säure führt, als *Diazotierung*. Man arbeitet beim Diazotieren eines Amins in saurer Lösung und kann unter geeigneten Vorsichtsmaßregeln die Diazoverbindung $C_6H_5N_2OH$ in Gestalt eines Diazoniumsalzes, z. B. Diazoniumchlorid $C_6H_5N_2Cl$ als reines kristallisiertes Produkt abscheiden. Die Diazoniumsalze sind meist explosible Verbindungen; in Lösung sind sie jedoch gefahrlos und verhalten sich ähnlich wie Ammoniumsalze.

Die Diazotierung primärer aromatischer Amine ist ein außerordentlich wichtiger Vorgang, weil die gelösten Diazoverbindungen sich unter Wasseraustritt mit aromatischen Aminen und Phenolen zu *Azofarbstoffen* vereinigen (kuppeln) können, in deren Molekülen die *Azogruppe* $-N=N-$ beiderseits an je einen aromatischen Rest geknüpft ist. Zwei einfache Beispiele für solche Kuppelungsvorgänge sind:

Die *Kuppelung* der Diazoverbindung mit dem Amin (Anilin) und der Oxyverbindung (Phenol) erfolgt also in para-Stellung zu den vorhandenen Substituenten $-NH_2$ bzw. $-OH$. Die entstehenden Verbindungen, das basische p-Aminoazobenzol (Anilingelb) und das saure p-Oxyazobenzol, erscheinen als Derivate des Azobenzols $C_6H_5 \cdot N=N \cdot C_6H_5$. Das Azobenzol bildet rote Kristalle, läßt sich jedoch nicht auf Textilfasern fixieren und ist daher kein Farbstoff. Auf den Eintritt der basischen Aminogruppe bzw. der phenolischen und daher sauren Hydroxylgruppe in das Molekül der farbigen Verbindung Azobenzol ist der Farbstoffcharakter der beiden einfachsten Azofarbstoffe p-Aminoazobenzol und p-Oxyazobenzol zurückzuführen. Man kann mit ihnen Wolle und Seide färben, die Färbungen sind allerdings säure- und alkaliempfindlich und daher praktisch nicht verwendbar.

Azofarbstoffe sind seit der Entwicklung der Teerfarbenindustrie in unabsehbarer Zahl synthetisch gewonnen worden, und viele von ihnen haben — nach gehöriger Prüfung auf ihre färberischen Qualitäten — den Weg aus dem Laboratorium in die Praxis gefunden. Daß die Zahl der Möglichkeiten auf dem Gebiet der Azofarbstoffe in der Tat sehr groß sein muß, leuchtet ein, wenn man bedenkt, daß sich einerseits jede aromatische Verbindung mit einer diazotierbaren primären Aminogruppe in eine Diazoverbindung verwandeln läßt und andererseits zahlreiche Oxy- und Aminoderivate des Benzols, Naphthalins und anderer aromatischer Kohlenwasserstoffe zur Kupplung befähigt sind. Besonders geeignete Kupplungskomponenten sind die Sulfonsäuren und Carbonsäuren der genannten Derivate. Als Ursache der Farbigkeit betrachtet man die Gegenwart der chromophoren Gruppe —N = N— (Azogruppe) in den Molekülen der Azofarbstoffe. Ihre Anwesenheit genügt jedoch nicht, um einer Verbindung Farbstoffeigenschaften zu verleihen, wie das Beispiel des Azobenzols $C_6H_5 \cdot N = N \cdot C_6H_5$ lehrt. Erst durch den Eintritt saurer Gruppen (—$SO_3H$, —COOH, —OH) oder basischer Aminogruppen gewinnt eine farbige Verbindung Farbstoffcharakter, d. h. die Fähigkeit Textilfasern anzufärben. Der Eintritt solcher auxochromer Gruppen bewirkt außerdem meist gegenüber der Ausgangsfarbe eine Verschiebung des Farbtons, die sowohl in der Richtung Gelbgrün → Gelb → Rot → Blau (farbvertiefend) als auch im umgekehrten Sinne (farbaufhellend) erfolgen kann. Die ersten synthetischen Azofarbstoffe überdeckten vorwiegend das Gebiet der helleren Farbtöne Gelb, Orange, Rot. Erst mit der Herstellung von Azofarbstoffen, die mehr als eine chromophore Gruppe —N = N— in ihrem Molekül enthalten, erzielte man auch die tieferen Töne Blau, Grün, Schwarz. Solche komplizierteren Azofarbstoffe haben überdies die Eigenschaft, aus salzhaltigen Lösungen Baumwolle direkt anzufärben (substantive Baumwollfarbstoffe, Salzfarben). Die schönsten und echtesten Färbungen erzielt man mit Azofarbstoffen, die sich auf der Faser erzeugen (entwickeln) lassen. Als wertvolle Komponente für solche Entwicklungsfarbstoffe gilt das Anilid der 2-Oxy-naphthalin-3-carbonsäure:

Die Verbindung heißt in der Technik kurz Naphthol AS. Man tränkt die Faser mit Naphthol AS und kuppelt noch feucht mit der Diazoverbindung eines Amins (Nitraniline, nitrierte und chlorierte Toluidine, Benzidinderivate usw.). Die erzielbaren Farbtöne variieren von Gelbrot bis Blau, und die Färbungen sind so echt, daß die blauen Entwicklungsfarbstoffe selbst den Indigo aus einigen seiner Anwendungsgebiete verdrängt haben.

Zu den Azofarbstoffen gehören auch die bekannten *Indikatoren* Methylorange und Methylrot. Sie zeigen in saurer Lösung rötliche, in alkalischer Lösung gelbliche Farbe und dienen zur Erkennung des Titrationsendpunktes bei der maßanalytischen Bestimmung von Säuren und Basen[1]. *Methylorange* ist das Natriumsalz der p-Dimethylamino-azobenzolsulfonsäure

*Methylrot* ist p-Dimethylamino-azo-benzol-o-carbonsäure:

Beide Indikatoren sind schwache Basen, die in alkalischer Lösung als freie Aminbasen, in saurer Lösung als deren Salze vorliegen. Ihr Farbwechsel ist nicht durch die Salzbildung, sondern durch eine damit einhergehende Änderung der Molekülstruktur bedingt.

**Alizarin. Anthrachinonfarbstoffe. Indanthren.** Ein Markstein in der Geschichte der Teerfarbenindustrie war die synthetische Gewinnung des natürlichen Krappfarbstoffs *Alizarin* durch GRAEBE und LIEBERMANN[2] im Jahre 1869. Das Alizarin bildet in Form eines Glykosids den färbenden Bestandteil der Krappwurzel. Zur

---

[1] Über die Umschlagsgebiete und den Anwendungsbereich dieser Indikatoren vgl. Anorg. Chem. S. 221.

[2] vgl. S. 303 Anm. 2.

Gewinnung des Krappfarbstoffes wurden die Färberröte (Rubia tinctorum) und verwandte Pflanzenarten schon seit den ältesten Zeiten im Orient und seit dem Mittelalter auch in Europa (Frankreich, Elsaß, Holland) angebaut. Mit der Übertragung der Alizarinsynthese aus dem Laboratorium in den technischen Betrieb wurde der natürliche Krappfarbstoff sehr bald vom synthetischen Alizarin verdrängt und die früher mit Krapp bebauten Nutzflächen für andere Kulturpflanzen frei.

Bei ihren Versuchen die Molekülstruktur des Alizarins aufzuklären, unterwarfen GRAEBE und LIEBERMANN den Farbstoff einer Destillation mit Zinkstaub und erhielten dabei den Kohlenwasserstoff Anthracen. Daraus ergab sich, daß in dem Molekül des Alizarins das Ringsystem des Anthracens enthalten sein muß. Weitere Versuche führten dann zu der Erkenntnis, daß das Alizarin ein Dioxyderivat des Anthrachinons (1,2-Dioxyanthrachinon) ist:

Alizarin

Nachdem die Strukturformel des Alizarins festgelegt war, wurde vom Anthracen aus der Weg zur Synthese beschritten, den glückliche Umstände sehr bald zum Erfolg führten. Bei dem schließlich ausgearbeiteten Verfahren wird Anthrachinon (durch Oxydation des Anthracens erhältlich vgl. S. 318) zunächst mit Schwefelsäure sulfuriert; dabei tritt ein Sulfonsäurerest in die 2-Stellung. Die erhaltene Anthrachinon-2-sulfonsäure wird weiterhin bei Gegenwart eines Oxydationsmittels der Alkalischmelze unterworfen, wodurch in üblicher Weise die Sulfonsäuregruppe durch die Hydroxylgruppe ersetzt, und außerdem durch Oxydation eine zweite Hydroxylgruppe in 1-Stellung geschaffen wird:

Anthrachinon          Anthrachinon-2-Sulfonsäure                          Alizarin

Die Synthese ließ sich sehr schnell in den technischen Betrieb übertragen; im Jahre 1871 erschien in Deutschland das erste synthetische Alziarin auf dem Markt.

Die Molekülstruktur des Alizarins bedingt seine Eigenschaft als *Beizenfarbstoff*[1]. Die Farbe der auf den gebeizten Fasern entstehenden Farblacke fällt je nach der verwendeten Beize verschieden aus: Eisenbeize gibt violette, Chrombeize braunrote, Zinn- und Aluminiumbeize rote Farbtöne.

Der große Erfolg, den die Teerfarbenindustrie mit der synthetischen Erzeugung des Alizarins errungen hatte, gab die Anregung zur Suche nach weiteren Anthrachinonfarbstoffen. Durch Abwandlung von Zahl und Stellung der Hydroxylgruppen im Anthrachinonmolekül, Angliederung stickstoffhaltiger Ringsysteme und Einführung von Amino- und Sulfon-

---

[1] Nur solche Farbstoffe der Anthrachinonreihe sind Beizenfarbstoffe, die in ihrem Molekül eine phenolische Hydroxylgruppe in 1-Stellung tragen.

Im Mittelalter galten als wichtigste rote Beizenfarbstoffe der Anthrachinonreihe außer dem Krappfarbstoff der Kermesfarbstoff und die Cochenille. Die beiden letzteren wurden aus verschiedenen Schildlausarten gewonnen.

säuregruppen gelangte man zu zahlreichen Beizenfarbstoffen sowie zu direkt auf die Faser ziehenden sauren Farstoffen der Anthrachinonreihe.

Ein Vorstoß in eine ganz neue Richtung gelang im Jahre 1901 R. BOHN in der Badischen Anilin- und Sodafabrik mit der Auffindung wertvoller *Küpenfarbstoffe* der Anthrachinonreihe. Durch Erhitzen von 2-Aminoanthrachinon mit Ätzkali auf 200—250° verketten sich zwei Moleküle des Ausgangsstoffes zu *Indanthrenblau*:

2-Amino-anthrachinon (2 Moleküle)          Indanthrenblau

Ausfärbungen mit Indanthrenblau zeichnen sich durch eine hervorragende Wasch- und Lichtechtheit aus. Auch das Gebiet der Anthrachinonküpenfarbstoffe ist in der Folgezeit sehr stark ausgebaut worden. Man faßt sie meist unter der Sammelbezeichnung *Indanthrenfarbstoffe* zusammen, und wegen ihrer wertvollen Eigenschaften ist dieser Name zu einem Inbegriff für besonders lichtechte Farbstoffe geworden.

**Indigo und indigoähnliche Farbstoffe. Schwefelfarbstoffe.** Ungleich viel mühsamer und langwieriger als beim Krappfarbstoff gestalteten sich die Wege, welche zur Strukturaufklärung und schließlich zu einer technisch brauchbaren Synthese des *Indigos* führten. Die Kunst der Indigofärberei war schon den alten Kulturvölkern bekannt. Zur Gewinnung des Farbstoffs baute man in tropischen Ländern (Britisch-Indien, Java) Pflanzen der Gattung Indigofera und seit dem 9. Jahrhundert in Europa den Waid (Isatis tinctoria) als Färbepflanzen an[1]. Der Farbstoff ist als Bestandteil eines Glykosids (Indican) in den Blättern der genannten Pflanzen enthalten. Durch einen enzymatischen Gärprozeß wird das Glykosid gespalten, wobei der Farbstoff in ein lösliches Reduktionsprodukt verwandelt wird, das farblos ist und den Namen Indigweiß trägt. Beim Einblasen von Luft in die Gärküpe fällt der unlösliche blaue Farbstoff aus. Der Indigo ist das Vorbild der heute sehr zahlreichen Küpenfarbstoffe, die zwecks Ausfärbung durch einen Reduktionsprozeß in lösliche Form gebracht werden müssen, wobei als Reduktionsmittel meist Natriumhydrosulfit $Na_2S_2O_4$ dient. Das zu färbende Gut wird je nach der gewünschten Farbstärke ein- oder mehrmals mit der Farbküpe getränkt und der Farbstoff durch Oxydation auf der Faser zurückgebildet.

Die Färbungen mit dem blauen Indigofarbstoff waren seit altersher wegen ihrer hervorragenden Echtheit sehr geschätzt, und es bestand daher ein großer Anreiz, die Bemühungen auf seine synthetische Darstellung zu richten. Im Jahre 1866 nahm A. v. BAEYER[2] dieses Problem in Angriff und 1880 wurde seine Arbeit durch eine technisch durchführbare Synthese des Indigos gekrönt, die allerdings noch nicht zu einem rentablen Verfahren ausgebaut werden konnte. Ergebnisse älterer Abbau-

---

[1] Mit dem Ausbau der überseeischen Handelsbeziehungen erlag der heimische Waid im Ausgang des Mittelalters infolge seines geringen Farbstoffgehaltes der Konkurrenz des tropischen Indigos.

[2] ADOLF VON BAEYER (1835—1917), Nobelpreisträger, dessen Name für immer mit der Indigosynthese verknüpft sein wird, führte sehr viele wichtige experimentelle und theoretische Arbeiten auf verschiedenen Gebieten der organischen Chemie aus. Er war als Nachfolger LIEBIGS Professor der Chemie in München.

versuche deuteten darauf hin, daß im Molekül des Indigos $C_{16}H_{16}O_2N_2$ die Gruppierung

d. h. ein Benzolring mit den beiden angedeuteten, in ortho-Stellung befindlichen Seitenketten vorhanden sein müsse. Von hier aus durch abbauende und synthetische Versuche Schritt um Schritt weiter vordringend gelang es A. v. BAEYER nach mehrjährigen Bemühungen, den Aufbau des Indigomoleküls zu enthüllen. Er kommt in folgender Strukturformel zum Ausdruck:

Indigo

Das Indigomolekül besteht demnach aus zwei gleichen Teilen, die um einen Winkel von 180° gegeneinander verdreht sind. Im Jahre 1880 konnte A. v. BAEYER von einem Derivat des Benzols aus eine Verbindung synthetisch aufbauen, welche die Atomanordnung der einen Hälfte des Indigomoleküls vorgebildet enthält. Von dieser Verbindung, dem Indoxyl

lassen sich zwei Moleküle oxydativ (schon durch den Luftsauerstoff) zum Indigomolekül verketten:

Indoxyl (2 Moleküle)          Indigo

Nachdem auf diese Weise die Durchführbarkeit der Indigosynthese im Laboratorium dargetan war, setzten auch in der deutschen chemischen Industrie die Bemühungen um eine Gewinnung synthetischen Indigos ein. Es vergingen jedoch nahezu 20 Jahre, ehe das erste synthetische Produkt auf den Markt gebracht werden konnte, welches mit dem natürlichen Farbstoff konkurrenzfähig war. Die heutige technische Synthese geht aus von Anilin und Chloressigsäure, die miteinander unter Chlorwasserstoffabspaltung Phenylglycin (Phenylaminoessigsäure) liefern; durch Verschmelzung des Natriumsalzes dieser Säure mit Natriumamid $NaNH_2$ bei 180 bis 200° bildet sich das Indoxyl:

Anilin          Chloressigsäure          Phenylglycin          Indoxyl

Das geschilderte Verfahren ruht demnach rohstoffmäßig auf dem Benzol des Steinkohlenteers, der Essigsäure und dem Chlor:

Benzol $\longrightarrow$ Nitrobenzol $\longrightarrow$ Anilin $\searrow$
Phenylglycin $\rightarrow$ Indoxyl (Indigo).
Essigsäure $+$ Chlor $\rightarrow$ Chloressigsäure $\nearrow$

Die Probleme, welche die technische Indigosynthese aufwarf, konnten nur durch engste
Zusammenarbeit zwischen Wissenschaft und Technik gelöst werden. Diese Zusammenarbeit
gestaltete sich auch in der Folgezeit außerordentlich fruchtbar und sicherte der deutschen
chemischen Industrie, die zur Zeit der Alizarinsynthese noch weitgehend von England abhängig gewesen war, auf Jahrzehnte hinaus den Vorsprung. Insbesondere die technische Erzeugung des Chlors durch Elektrolyse von Kochsalzlösung (Chloralkalielektrolyse) und
die Gewinnung der Schwefelsäure nach dem Kontaktverfahren verdanken ihre Inangriffnahme
und Durchführung den Anforderungen, welche zwecks rentabler Gestaltung der technischen
Indigosynthese an die anorganische Großindustrie gestellt werden mußten[1].
   Durch systematische Abwandlung des Indigomoleküls gelang es im Laufe der Zeit eine ganze
Anzahl weiterer Küpenfarbstoffe von indigoähnlichem Bau synthetisch zu gewinnen, die
teilweise den Indigo an Echtheit noch übertreffen (Thioindigo und Derivate). Interessant ist,
daß der antike Purpurfarbstoff sich als Tetrabromindigo erwiesen hat. Färbungen mit diesem
Farbstoff, die im Altertum sehr geschätzt waren, können mit der Farbenpracht der heutigen
synthetischen Erzeugnisse keinen Vergleich aushalten.
   Küpenfarbstoffe ganz anderer Art mit teilweise hervorragenden Echtheitseigenschaften
sind die *Schwefelfarbstoffe*, deren Moleküle ein heterocyclisches Ringsystem enthalten, in
welchem Stickstoff und Schwefel als Ringglieder auftreten (Ringsystem des Thiazins).
Schwefelfarbstoffe bilden sich bei der Einwirkung von Schwefel und Schwefelalkali auf Amine,
Aminophenole und ähnliche Verbindungen. Besonders wichtig sind schwarze und blaue
Schwefelfarbstoffe (Vidalschwarz, Hydronblau).
   **Weitere Farbstoffklassen. Übersicht.** Infolge der steigenden Anforderungen an die färberischen Qualitäten haben die Farbstoffe anderer Klassen gegenüber den vorstehend behandelten meist sehr an Bedeutung verloren. Viele synthetische Farbstoffe, die einst in der
Geschichte der Teerfarbenindustrie eine große Rolle gespielt haben, werden heute teils gar
nicht mehr benutzt, teils ist ihre Anwendung auf spezielle Gebiete beschränkt.
   Zu den *Triphenylmethanfarbstoffen*, welche sich von dem Kohlenwasserstoff Triphenyl-
methan $(C_6H_5)_3CH$ ableiten (durch Eintritt von Aminogruppen bzw. phenolischen Hydroxylgruppen und Oxydation) gehört das bekannte Fuchsin. Durch Zusammenschmelzen von
Phthalsäureanhydrid mit Phenolen, Naphtholen oder Aminen entstehen die ebenfalls zu den
Triphenylmethanfarbstoffen zählenden *Phthaleine*, zu denen außer dem bekannten Phenolphthalein einige weitere Indikatoren gehören, die neuerdings zur kolorimetrischen Bestimmung
der Säurestufe ($p_H$-Messung) Verwendung finden (o-Kresolphthalein, Thymolphthalein, $\alpha$-
Naphtholphthalein). Bekannte Phthaleinfarbstoffe sind ferner Fluorescein, Eosin und die
basischen Rhodamine. Schließlich seien noch erwähnt die *Chinolinfarbstoffe* oder *Cyanine*, in
deren Molekül mehrere Chinolinringe miteinander verkettet sind. Die Bedeutung der Cyanine
liegt auf dem Gebiete der Photographie. Sie machen die Bromsilbergelatine für grünes und
rotes Licht empfindlich und dienen wegen dieser Eigenschaft als *Sensibilisatoren* zur Herstellung panchromatischer Platten und Filme.
   Die Betrachtung der aromatischen Verbindungen sei abgeschlossen mit einer Übersicht,
die noch einmal im Rahmen der hier betrachteten Umwandlungen die Wege vor Augen führt,
welche von den Hauptbestandteilen des Steinkohlenteers über die Zwischenprodukte zu den
verschiedenen synthetischen Farbstoffen führen (Abb. 147a).

---

[1] Die erste technische Indigosynthese ging von Phthalsäureanhydrid aus, das durch
Oxydation von Naphthalin mit rauchender Schwefelsäure gewonnen wurde (vgl. S. 313), daher
der Bedarf an Schwefelsäure. Heute wird nur noch nach dem oben beschriebenen Verfahren
gearbeitet.

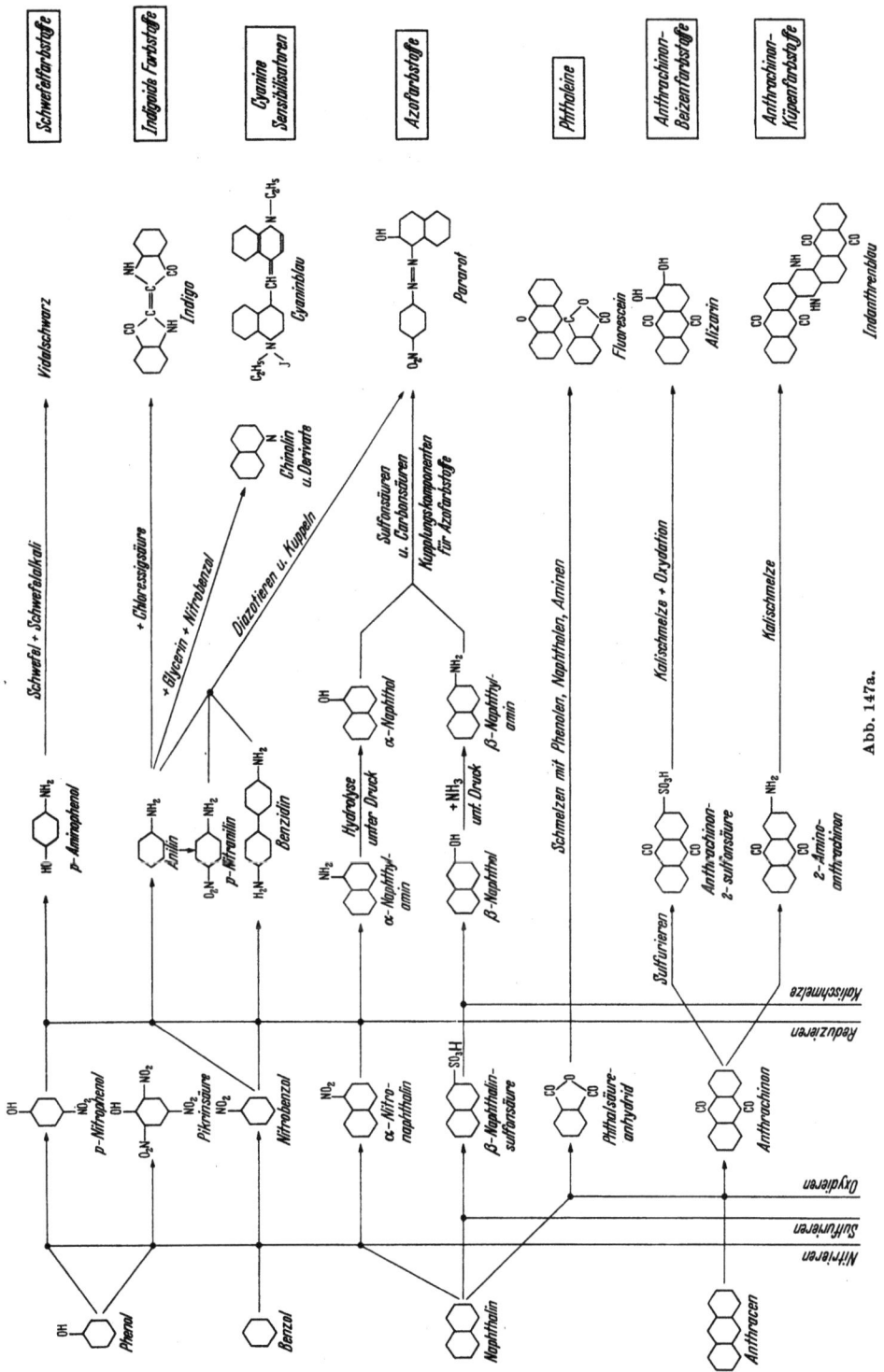

Abb. 147a.

# C. Verfahren zur Prüfung der Arzneistoffe und Arzneizubereitungen.

## Einleitung.

Nur selten wird in der drogistischen Praxis die Aufgabe zu lösen sein, ganz allgemein die qualitative und quantitative Zusammensetzung eines beliebigen Untersuchungsmaterials festzustellen. Viel häufiger wird es sich darum handeln, bekannte und gebräuchliche Präparate (Drogen, chemische Präparate, Arzneizubereitungen) zu identifizieren, ihren Reinheitsgrad zu ermitteln und gegebenenfalls ihren Gehalt zu bestimmen. Man braucht in diesem Falle nicht auf die Methoden der systematischen chemischen Analyse zurückzugreifen; es genügt vielmehr, sich auf die Anwendung ausgewählter Prüfungsverfahren zu beschränken. Entscheidend für die Beschaffenheit eines Präparates sind im allgemeinen die Anforderungen des *Deutschen Arzneibuches* (Ausgabe 6), in dem auch für eine Reihe allgemeiner und spezieller Prüfungsverfahren Vorschriften gegeben sind, die in der folgenden Darstellung vorwiegend Berücksichtigung finden sollen.

Wichtig bei allen Prüfungsverfahren ist es, Durchschnittsproben des Untersuchungsmaterials zu verwenden. Bei kleinen Mengen gewinnt man solche leicht durch sorgfältiges Mischen; soll dagegen ein größerer Vorrat untersucht werden, so kann die Gewinnung einer guten Durchschnittsprobe schwierig werden. Man muß dann z. B. von einer Sack- oder Faßpackung Stichproben aus verschiedenen Tiefen entnehmen und diese entweder mischen oder einzeln untersuchen.

Nach der Art der zur Anwendung gelangenden Prüfungen unterscheidet man: I. Beurteilung der Beschaffenheit nach äußeren Merkmalen — II. Physikalische Prüfungsverfahren — III. Chemische Prüfungsverfahren.

## I. Äußere Merkmale.

Jeder weiteren Untersuchung eines Präparates geht stets eine genaue Beobachtung und Beschreibung seiner äußeren, sinnlich wahrnehmbaren Eigenschaften voraus. Dazu gehören Farbe, Geruch, Geschmack, Aggregatzustand, strukturelle Beschaffenheit (grob- oder feinkristallin), Hygroskopizität, Löslichkeit in verschiedenen Lösungsmitteln. Über diese Prüfungen, die wichtige Hilfsmittel zur Feststellung der Identität sind, findet sich Näheres bei den einzelnen Präparaten im speziellen Teil dieses Handbuches.

Insbesondere bei pflanzlichen Drogen ist zur Identifizierung eine eingehende mikroskopische Untersuchung erforderlich, für die auf den botanischen Teil dieses Handbuches verwiesen werden muß.

## II. Physikalische Prüfungsverfahren.

### 1. Allgemeines.

Physikalische Prüfungsverfahren dienen dazu, ein Präparat durch zahlenmäßige Festlegung seiner physikalischen Eigenschaften zu charakterisieren. Für den hier in Rede stehenden Zweck kommen dafür einige mechanische, thermische und optische Eigenschaften in Betracht, deren Messung auch sonst im chemischen Laboratorium allgemein geübt wird. Je nach den Ansprüchen, die man an die Genauigkeit stellt, wird man die Meßmethoden und Meßgeräte auswählen.

Die physikalischen Eigenschaften eines Stoffes hängen ab von den äußeren Bedingungen, z. B. die Dichte einer Flüssigkeit von ihrer Temperatur und ihr Siedepunkt vom äußeren Luftdruck (Barometerstand). Man muß daher auf Einhaltung konstanter Bedingungen während der Messungen achten und jedem Resultat eine Angabe über die äußeren Bedingungen hinzufügen.

Physikalische Prüfungsverfahren können sowohl zur Feststellung der Identität als auch zur Reinheitsprüfung und Gehaltsbestimmung dienen. So ist die Bestimmung des Schmelzpunktes ein wichtiges Hilfsmittel zur Erkennung eines organischen Präparates und bildet zugleich ein wertvolles Kriterium für seine Reinheit. Die Dichte einer Flüssigkeit gibt einen Anhaltspunkt für ihre Beschaffenheit; bei Flüssigkeitsgemischen und Lösungen dienen Dichtemessungen häufig zur Bestimmung des Gehalts. Ähnliches gilt auch für andere physikalische Prüfungsverfahren, worauf bei der Beschreibung der einzelnen Verfahren jeweils hingewiesen werden soll. Gerade wegen ihrer vielseitigen Verwendbarkeit und bequemen Ausführung bedient man sich neuerdings in steigendem Maße physikalischer Meßmethoden, insbesondere optischer Verfahren zur Gehaltsbestimmung. Es sollen daher im folgenden auch solche Methoden kurz besprochen werden, deren Anwendung vom Deutschen Arzneibuch nicht ausdrücklich gefordert wird (Bestimmung der Viscosität, Bestimmung des optischen Drehungsvermögens, Kolorimetrie, Refraktometrie).

## 2. Bestimmung des spezifischen Gewichtes (Dichte).

**Definition. Temperaturabhängigkeit.** Von einigen Sonderfällen abgesehen kommt praktisch nur die Bestimmung des spezifischen Gewichtes von Flüssigkeiten in Betracht. Das *spezifische Gewicht* einer Flüssigkeit ist das Gewichtsverhältnis gleicher Raumteile Flüssigkeit und Wasser von $4°$ C; es ist also eine unbenannte Verhältniszahl.

Außer dem spezifischen Gewicht spricht man häufig auch von der *Dichte* einer Flüssigkeit. Diese ist definiert als die in der Volumeinheit enthaltene Masse der Flüssigkeit. Bei Benutzung der Einheiten Kubikzentimeter (ccm) für das Volumen und Gramm (g) für die Masse, erhalten Dichteangaben die Bezeichnung g pro ccm. Da Wasser von $4°$ C die Dichte 1 g pro ccm besitzt, stimmen spezifisches Gewicht und Dichte zahlenmäßig überein[1]. In nicht ganz korrekter Weise verwendet man daher häufig die Bezeichnung Dichte, obgleich die Messungen eigentlich das spezifische Gewicht liefern. Im folgenden soll konsequent an dem Ausdruck spezifisches Gewicht festgehalten werden.

Das spezifische Gewicht einer Flüssigkeit hängt ab von ihrer Temperatur; jeder Angabe des spezifischen Gewichts ist also die Meßtemperatur hinzuzufügen. Beträgt diese $t°$ C, so erhält das spezifische Gewicht die Bezeichnung $d_{4°}^{t°}$, wobei der untere Index andeutet, daß das spezifische Gewicht auf Wasser von $4°$ C bezogen ist. Die Angaben des Arzneibuches (dort als Dichten bezeichnet) gelten für $20°$ C und wären demnach mit $d_{4°}^{20°}$ zu bezeichnen[2].

Das DAB. 6 gibt für die Bestimmung des spezifischen Gewichtes keine besonderen Vorschriften. Im folgenden soll die Bestimmung mit dem Pyknometer, mit der MOHR-WESTPHALschen Waage und mit dem Aräometer beschrieben werden.

---

[1] Genau ist die Dichte des Wassers bei $4°$ C etwas kleiner, nämlich 0,999972 g pro ccm. Die Abweichung rührt daher, daß das in Paris aufbewahrte Standardkilogramm, welches ursprünglich als Masse von 1000 ccm Wasser bei $4°$ C galt, sich später etwas größer, nämlich als Masse von 1000,028 ccm Wasser bei $4°$ C erwies.

[2] Unter den Tabellen am Schluß des Bandes findet sich eine solche, in der die spez. Gewichte der Flüssigkeiten des DAB. 6 und Erg.-B. 6 im Bereich von $10°$ bis $25°$ von Grad zu Grad angegeben sind. Man kann die Tabelle benutzen, um das bei einer bestimmten Temperatur gemessene spezifische Gewicht auf eine andere Temperatur umzurechnen.

**Bestimmung des spezifischen Gewichts mit dem Pyknometer.** Das pyknometrische Verfahren liefert die genauesten Werte des spezifischen Gewichts. Da es jedoch etwas zeitraubend ist und Wägungen auf der analytischen Waage erfordert, wird es in der drogistischen Praxis kaum Verwendung finden.

*Pyknometer*[1] sind Glasgefäße, die bis zu einer Marke mit Flüssigkeit gefüllt werden können. Ein gebräuchliches Modell zeigt Abb. 148. Das Fläschchen hat ein Fassungsvermögen von 25 bis 50 g Wasser; es ist durch ein eingeschliffenes Thermometer verschließbar und besitzt ein seitliches Ansatzröhrchen mit Schliffstopfen, das in seinem engen Teil mit einer Strichmarke versehen ist. Man bestimmt zunächst das Leergewicht L und darauf das Gewicht W des mit Wasser und das Gewicht F des mit Flüssigkeit bis zur Strichmarke gefüllten Pyknometers. Zur Bestimmung von W füllt man das Fläschchen mit ausgekochtem destilliertem Wasser, verschließt es vorsichtig unter Vermeidung von Luftblasen mit dem Thermometer und hängt es bei geöffnetem Seitenröhrchen in ein Wasserbad von 20° C. Wenn der Inhalt die Badtemperatur angenommen hat, wird durch Fortsaugen des überstehenden Wassers mit einem Filtrierpapierröllchen der Meniskus auf die Strichmarke eingestellt, das Seitenröhrchen verschlossen und das Pyknometer aus dem Bad genommen; nach sorgfältigem Abtrocknen wägt man. Entsprechend verfährt man zur Bestimmung des Gewichtes Pyknometer + Flüssigkeit, nachdem man das Fläschchen zuvor innen peinlich getrocknet hat. Ein *Beispiel* möge das Verfahren verdeutlichen:

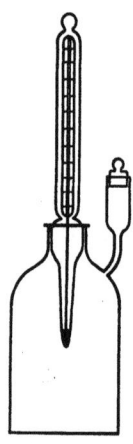

Abb. 148.

Leergewicht des Pyknometers (L) . . . . . . . . . . . . . . . . . 16,348 g
Pyknometer + Wasser von 20° C (W) . . . . . . . . . . . 43,629 g
Wassergewicht des Pyknometerinhalts (W—L) . . . . . . . . 27,281 g
Pyknometer + Flüssigkeit von 20° C (F) . . . . . . . . . . 50,140 g
Flüssigkeitsgewicht des Pyknometerinhalts (F—L) . . . . . . 33,792 g.

Man bildet das Verhältnis:

$$\frac{\text{Flüssigkeitsgewicht } (20°)}{\text{Wassergewicht } (20°)} = \frac{33,792}{27,281} = 1,2387.$$

Da sich Flüssigkeit und Wasser beide auf 20° C befanden, stellt die erhaltene Zahl das spezifische Gewicht der Flüssigkeit, bezogen auf Wasser, von 20° C dar, d. h. man würde schreiben:

$$d_{20°}^{20°} = 1,2387.$$

Will man auf $d_{4°}^{20°}$ umrechnen, so ist die Zahl 1,2387 noch mit dem spezifischen Gewicht des Wassers bei 20° C (bezogen auf Wasser von 4° C) zu multiplizieren. Da das spezifische Gewicht des Wassers bei 20° C 0,9982 beträgt, folgt somit als spezifisches Gewicht der Flüssigkeit bei 20° C:

$$d_{4°}^{20°} = 1,2387 \cdot 0,9982 = 1,2365.$$

**Bestimmung des spezifischen Gewichts mit der MOHR-WESTPHALschen Waage.** Die MOHR-WESTPHALsche Waage (Abb. 149) hat einen Waagebalken, dessen Arme verschieden lang sind; der längere Arm ist durch Einkerbungen in 10 gleiche Teile geteilt; der kurze Arm trägt an seinem Ende ein Gegengewicht mit waagerechter Spitze, die bei Gleichgewicht gegen eine am Stativ angebrachte Spitze einspielt. Zu der Waage gehört ein als Thermometer ausgebildeter Senkkörper aus Glas, der an einem sehr feinen Platindraht in die Öse am Ende des langen Balkenarmes gehängt wird; die Waage befindet sich dann im Gleichgewicht. Kleine Abweichungen korrigiert man mit der am Stativ befindlichen Fußschraube, größere mit der am kurzen Balkenarm angebrachten Laufschraube.

Um das spezifische Gewicht einer Flüssigkeit zu messen, taucht man den Senkkörper in die Flüssigkeit ein. Er erfährt dann einen Auftrieb, welcher gleich ist dem Gewicht der von ihm verdrängten Flüssigkeitsmenge (ARCHIMEDIsches Prinzip). Der Auftrieb hebt den Senkkörper und bringt die Waage aus dem Gleichgewicht. Zur Kompensierung des Auftriebs dient ein Satz von Reitergewichten; die beiden großen Reiter *a* sind gleich schwer, die Gewichte der kleineren *b, c, d,* betragen $^1/_{10}$, $^1/_{100}$, $^1/_{1000}$ von *a*. Ein großer Reiter kompensiert den Auftrieb des Senkkörpers in

---

[1] gr. πυκνός (pyknos) = dicht.

Wasser von 4° C (spez. Gewicht = 1), d. h. man muß einen großen Reiter in die Öse des geteilten Armes hängen, um die Waage wieder ins Gleichgewicht zu bringen, wenn der Senkkörper in Wasser von 4° C eintaucht. Taucht der Senkkörper in eine Flüssigkeit, deren spezifisches Gewicht bestimmt werden soll, so braucht man nur durch geeignete Anordnung der Reitergewichte auf dem geteilten Arm die Waage ins Gleichgewicht zu bringen. Man schreitet dabei systematisch von den großen zu den kleinen Gewichten fort und kann das Resultat unmittelbar aus ihrer Größe und Stellung ablesen, z. B. bei der Anordnung in Abb. 149 das spezifische Gewicht 1,825 (vgl. Reiterablesung auf der analytischen Waage).

Zur Erlangung guter Resultate muß der Senkkörper freischwebend vollständig eintauchen. Man achte besonders darauf, daß sich am Senkkörper und am Aufhängedraht keine Luftbläschen festsetzen, da sie ohne merkliches Eigengewicht den Auftrieb vergrößern und somit das spezifische Gewicht zu groß erscheinen lassen. Bei sorgfältiger Ausführung liefert das Verfahren Werte, die in der dritten Dezimale sicher, in der vierten etwas unsicher sind.

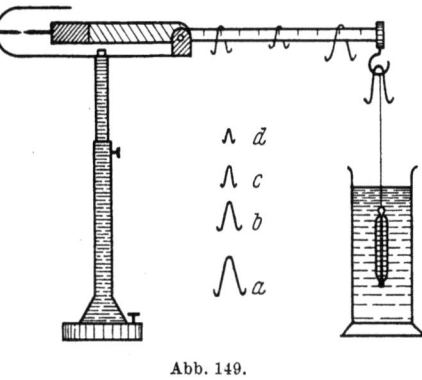

Abb. 149.

**Bestimmung des spezifischen Gewichts mit dem Aräometer.** Am bequemsten und schnellsten bestimmt man das spezifische Gewicht von Flüssigkeiten mit dem *Aräometer*[1]. Ein Aräometer ist ein länglicher Hohlkörper aus Glas, der an beiden Enden zugeschmolzen ist. Der kurze und weite Unterteil enthält zur Beschwerung Schrot oder Quecksilber; er läuft nach oben in eine lange enge, zylindrische Spindel aus, in der sich eine Skala befindet. Infolge der Beschwerung stellt sich das Instrument beim Eintauchen in eine Flüssigkeit senkrecht. In Flüssigkeiten mit verschiedenen spezifischen Gewichten sinkt es verschieden tief ein, verdrängt also verschiedene Flüssigkeitsvolumina, die aber nach dem ARCHIMEDISchen Prinzip immer das gleiche Gewicht des schwimmenden Aräometers besitzen. Bezeichnet man das verdrängte Flüssigkeitsvolumen mit $v$, das spezifische Gewicht mit $d$, so gilt:

$$\text{Auftrieb} = v \cdot d = \text{Aräometergewicht.}$$

Teilt man die Skala nach den verdrängten Volumina, so kann man im Prinzip zu jedem abgelesenem $v$ den zugehörigen Wert des spezifischen Gewichts $d$ berechnen[2]. Um diese Umrechnung zu vermeiden, sind die Skalen der heute gebräuchlichen Aräometer direkt nach spezifischen Gewichten geteilt.

Die eigentliche Messung gestaltet sich sehr einfach. Man füllt die Flüssigkeit in einen genügend hohen und weiten Glaszylinder und senkt das Aräometer vorsichtig ein. Das Instrument muß allseits frei schwimmen. Man liest das spezifische Gewicht auf der Skala an der Stelle ab, wo der waagerechte Flüssigkeitsspiegel die Spindel schneidet. Um die fragliche Schnittlinie scharf zu ermitteln, blickt man ein wenig schräg von unten gegen die Flüssigkeitsoberfläche. Die Schnittlinie erscheint dann als dunkler Strich, der sich beiderseits der Spindel gut abhebt (Abb. 150b).

---

[1] gr. ἀραιός (aräos) = dünn; dem Begriff liegt die Vorstellung zugrunde, daß Flüssigkeiten, deren spezifisches Gewicht mit dem Aräometer gemessen wird, im Gegensatz zu dichten festen Stoffen etwas Dünnes darstellen. Statt Aräometer braucht man auch den Ausdruck Senkwaage.

[2] Während bei der Messung mit dem Pyknometer und der MOHR-WESTPHALschen Waage das Gewicht eines gegebenen Flüssigkeitsvolumens (Pyknometer-, Senkkörpervolumen) bestimmt wird, läuft die aräometrische Messung umgekehrt auf die Bestimmung des Volumens eines gegebenen Flüssigkeitsgewichts (gleich Aräometergewicht) hinaus.

Bringt man das Auge mit dem Flüssigkeitsspiegel auf gleiche Höhe, so ist eine genaue Ablesung nicht möglich, weil sich infolge Kapillarwirkung die Flüssigkeit wulstartig an der Spindel emporzieht (Abb. 150 a).

Die aräometrischen Dichtewerte sind im allgemeinen ungenauer als die durch Wägung ermittelten. Es kommt hinzu, daß die Aräometerskala nicht gleichteilig ist, es drängen sich vielmehr die Teilstriche nach dem unteren Ende der Skala zunehmend zusammen, so daß die Ablesegenauigkeit dort geringer ist. Für anspruchsvollere Messungen empfiehlt es sich, einen Satz mehrerer Aräometer vorrätig zu halten, deren Meßbereich ein nicht allzu großes Intervall umfaßt. Im übrigen ist die Genauigkeit eines Aräometers wesentlich bedingt durch die Zuverlässigkeit seiner Eichung. Hegt man in dieser Hinsicht an einem Instrument Zweifel, so prüft man es mit einigen Flüssigkeiten von bekanntem spezifischem Gewicht auf seine Richtigkeit.

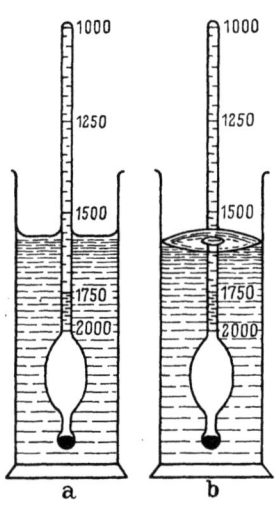

Abb. 150.

Die Angaben eines Aräometers stimmen grundsätzlich nur bei der auf dem Instrument vermerkten Eichtemperatur. Mißt man bei höherer oder tiefer Temperatur, so ist strenggenommen eine Korrektur wegen der Volumenänderung des Instruments anzubringen. Bei manchen Aräometern ist zur Bestimmung der Meßtemperatur der Unterteil als Thermometer ausgebildet.

**Gehaltsbestimmungen. Spezialinstrumente.** Wie bereits einleitend angedeutet wurde, können Messungen des spezifischen Gewichts außer zur allgemeinen Charakterisierung von Flüssigkeiten auch häufig mit Vorteil zu Gehaltsbestimmungen dienen. Für die gebräuchlichen anorganischen Säuren und Laugen sowie zahlreiche Salzlösungen gibt es ausführliche Tabellen über die Abhängigkeit ihres spezifischen Gewichts vom Gehalt, mit deren Hilfe man auf Grund einer einfachen aräometrischen Messung eine für praktische Zwecke häufig hinreichende Gehaltsbestimmung durchführen kann[1].

Zur Bestimmung des Weingeistgehaltes von Alkohol-Wassermischungen gibt es Spezialaräometer (Alkoholometer), deren Skala eine direkte Ablesung der Alkoholprozente nach Volumen und Gewicht erlaubt. Die *Alkoholometer* haben eine beträchtliche Länge (etwa 50 cm) und man kann daher noch Bruchteile von Prozenten ablesen. Die vorgeschriebene Meßtemperatur (meist 15° C) kontrolliert man mit dem im Bauch der Instrumente befindlichen Thermometer. Mißt man bei abweichender Temperatur, so ist an den abgelesenen Werten eine Korrektur anzubringen. Zweckmäßig bedient man sich amtlich geeichter Geräte.

Für manche Spezialzwecke, z. B. Milch- und Harnuntersuchungen, gibt es Aräometer besonderer Konstruktion.

**Baumé-Skala.** In diesem Zusammenhang sei bemerkt, daß gelegentlich in der Technik noch Aräometer gebräuchlich sind, die nach Baumé-Graden geteilt sind. Die Baumé-Skala ist eine gleichteilige Skala, auf der Wasser den Gradwert Null, reine konzentrierte Schwefelsäure (sog. Monohydrat $= H_2SO_4$) den Gradwert 66 besitzt. Für eine Flüssigkeit von n Grad Baumé berechnet man das spezifische Gewicht bei 15° C nach der Umrechnungsformel:

$$d = \frac{144,3}{144,3-n}.$$

**Bestimmung des spezifischen Gewichtes fester und dickflüssiger Stoffe.** Diese verhältnismäßig selten vorkommende Aufgabe (Beispiele: Bienenwachs, Perubalsam, Rizinusöl) erledigt man im Prinzip dadurch, daß man sich geeignete Flüssigkeitsmischungen (Weingeist-Wassermischungen, Kochsalzlösungen) bereitet, in denen das Untersuchungsmaterial ohne aufzusteigen oder unterzusinken schwebt. Man braucht dann nur das spezifische Gewicht der durch Probieren gefundenen Flüssigkeitsmischung zu messen.

---

[1] Solche Tabellen finden sich z. B. in D'Ans-Lax: Taschenbuch für Chemiker und Physiker Berlin/Göttingen/Heidelberg: Springer 1949.

### 3. Bestimmung der Zähigkeit (Viscosität).

Besonders für technische Zwecke (Schmieröle, Glycerin) benutzt man zur Charakterisierung von Flüssigkeiten häufig ihre *Zähigkeit* oder *Viscosität*[1]. Die Zähigkeit gibt bei Bewegungen in Flüssigkeiten Veranlassung zur Entstehung einer als innere Reibung bezeichneten Kraft. Während eine Kugel im Vakuum und annähernd auch in Luft infolge ihres Gewichts mit wachsender Geschwindigkeit (gleichförmig beschleunigt) fällt, sinkt sie in einer zähen Flüssigkeit mit gleichbleibender Geschwindigkeit, weil nach kurzdauernder Anfangsbeschleunigung der durch die innere Reibung der Flüssigkeit bewirkte Widerstand das Gewicht der Kugel kompensiert. Je zäher eine Flüssigkeit ist, um so langsamer sinkt die Kugel, und man kann durch Messung der Sinkgeschwindigkeit in verschiedenen Flüssigkeiten deren relative Zähigkeit bestimmen. Auf diesem Prinzip beruht das Viscosimeter von HÖPPLER, bei dem mit einer Stoppuhr die Zeit gemessen wird, in der eine geeignet dimensionierte Metallkugel um eine markierte Strecke sinkt.

Auch die Strömungsgeschwindigkeit von Flüssigkeiten durch Kapillaren ist bedingt durch die Zähigkeit und kann zu ihrer Messung benutzt werden. Das erfolgt z. B. in dem Kapillarviscosimeter von OSTWALD, bei dem die Durchflußzeit eines bestimmten Flüssigkeitsvolumens durch eine Kapillare gemessen wird, die den einen Schenkel eines U-förmigen Apparates bildet.

Da die Zähigkeit einer Flüssigkeit sich mit der Temperatur sehr stark verändert, ist bei den Messungen sorgfältig auf Temperaturkonstanz zu achten und man kommt daher nicht ohne Temperaturregler (Thermostaten) aus. Im übrigen muß für Einzelheiten der Messungen und Handhabung der Geräte auf die Spezialliteratur verwiesen werden.

Man bezeichnet die Zähigkeit einer Flüssigkeit mit $\eta$. Als Maßeinheit dient meist das Centipoise (cP)[2]. Wasser von $20°C$ hat ziemlich genau die Zähigkeit $\eta_{20°} = 1$ cP. Zum Vergleich seien in Tab. 34 die Zähigkeiten einiger Flüssigkeiten in Centipoise aufgeführt.

*Tabelle 34.*

| Flüssigkeit | $\eta_{20}°$ | Flüssigkeit | $\eta_{20}°$ |
|---|---|---|---|
| Äther | 0,24 | Anilin | 4,40 |
| Aceton | 0,32 | Leinöl | 52,1 |
| Benzol | 0,65 | Olivenöl | 80,8 |
| Wasser | 1,00 | Rizinusöl | 950 |
| Alkohol abs. | 1,19 | Glycerin 100% | 1500 |

### 4. Bestimmung des Schmelzpunkts.

**Allgemeines. Mischschmelzpunkt.** Ein vorzügliches Hilfsmittel zur Identitäts- und Reinheitsprüfung einheitlicher organischer Stoffe ist die *Bestimmung des Schmelzpunkts* (Schmp.), d. h. der Temperatur, bei der sie aus dem kristallinen in den flüssigen Zustand übergehen. Ein reiner Stoff besitzt einen scharfen Schmelzpunkt; die Anwesenheit von Verunreinigungen bewirkt meist eine Erniedrigung des Schmelzpunkts und der Schmelzvorgang wird unscharf.

Besitzt ein Präparat den richtigen Schmelzpunkt, so genügt diese Feststellung allein noch nicht zur eindeutigen Identifizierung, da es meist ähnlich aussehende Stoffe mit gleichem oder nahezu gleichem Schmelzpunkt geben wird. Man erhöht die Sicherheit ganz wesentlich, indem man einen *Mischschmelzpunkt* nimmt, d. h. man mischt das Präparat mit etwa der gleichen Menge eines Vergleichspräparates, dessen Identität und Reinheit einwandfrei feststehen und bestimmt den Schmelzpunkt der Mischung. Besitzt die Mischung denselben Schmelzpunkt wie das Präparat allein, so sind beide Stoffe mit großer Wahrscheinlichkeit identisch, da sonst der eine als Verunreinigung des anderen den Schmelzpunkt erniedrigen müßte.

---

[1] lat. viscum = Mistel; die Bezeichnung rührt her von dem zähen, klebrigen Saft der Mistelfrüchte (Vogelleim).

[2] Die Einheit erhielt ihren Namen nach dem französischen Arzt POISEUILLE, der durch Versuche das Gesetz ermittelte, welches die Strömungsgeschwindigkeit von Flüssigkeiten durch Kapillaren bestimmt. Das Gesetz ist u. a. auch von Bedeutung für die Zirkulation des Blutes in den Körperkapillaren.

Da auch aus der Luft aufgenommenes Wasser als Verunreinigung wirkt, trocknet man vor Ausführung der Schmelzpunktbestimmung eine kleine Probe (50 bis 100 mg) des gepulverten Präparates auf einem Uhrgläschen mindestens 24 Stunden im Exsikkator über Schwefelsäure.

**Ausführung der Schmelzpunktsbestimmung nach dem DAB. 6.** Das Verfahren ist eine Abwandlung des gewöhnlichen im organisch-chemischen Laboratorium üblichen; es ist für alle Stoffe brauchbar, deren Schmelzpunkte etwa im Bereich von 60 bis 300° C liegen. Man be-

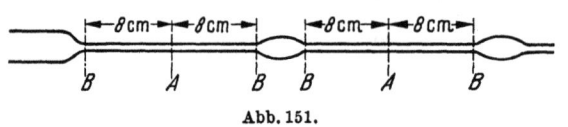

Abb. 151.

nötigt zu seiner Ausführung Schmelzpunktsröhrchen, ein Heizbad und ein möglichst geeichtes Thermometer (Meßbereich bis 360° C)[1].

Als *Schmelzpunktsröhrchen* dienen dünnwandige Glasröhrchen von etwa 1 mm Weite und etwa 8 cm Länge, die an einem Ende geschlossen sind. Man stellt sie sich durch Ausziehen gewöhnlichen Glasrohrs (Durchmesser etwa 5 mm) leicht selbst her (Abb. 151). Beim Abschmelzen achte man darauf, daß kein Wasserdampf aus der Bunsenflamme in die Röhrchen gelangt, da er sich beim Abkühlen zu Tröpfchen kondensieren und die Substanz verunreinigen würde. Man schmelze also das auf passende Weite ausgezogene Rohr mit der Sparflamme unter Abziehen bei *A* zu und breche nach leichtem Einritzen bei *B—B* unter Ziehen ab. Man erhält so jeweils 2 Schmelzpunktsröhrchen. Zweckmäßig verwahrt man einen Vorrat davon im Exsikkator über Schwefelsäure.

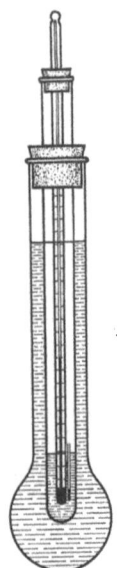

Abb. 152.

Als *Heizbad* (Abb. 152) dient ein Rundkolben, dessen Hals etwa 3 cm weit und 20 cm lang ist und dessen Kugel etwa 80 bis 100 ccm faßt. In den Rundkolben ragt ein von einem Korkstopfen gehaltenes, etwa 15 mm weites und 30 cm langes Probierrohr, das mit einem Korkstopfen versehen ist, durch dessen Bohrung das Thermometer bis fast auf den Boden führt. Das Probierrohr wird mit einer 5 cm hohen Schicht und der Rundkolben mit soviel konzentrierter Schwefelsäure[2] beschickt, daß diese nach dem Einsetzen des Probierrohrs den Kolbenhals zu etwa $^2/_3$ anfüllt. Man versehe beide Korkstopfen seitlich mit einer Kerbrinne, damit beim Erwärmen Luft und Schwefelsäuredämpfe entweichen können.

Zur Ausführung der Bestimmung beschickt man ein Schmelzpunktsröhrchen mit einer etwa 3 mm hohen Schicht der trockenen gepulverten Substanz. Zu dem Zwecke schabt man mit dem offenen Ende ein wenig Substanz in das Röhrchen und befördert sie durch energisches Aufstoßen des geschlossenen Endes auf die Tischplatte nach unten; nötigenfalls wiederholt man diese Prozedur einige Male. Man klebt nun das Röhrchen an das unten mit konzentrierter Schwefelsäure befeuchtete Thermometer, und zwar so, daß die Substanz sich in gleicher Höhe mit dem Quecksilber des Thermometers befindet. Bei vorsichtigem Einführen des Thermometers in das Probierglas haftet das Röhrchen durch Adhäsion am Thermometer[2]. Durch vorsichtiges Erhitzen des Kolbens mit kleiner Flamme steigert man die Temperatur

---

[1] Das DAB. 6 schreibt für alle Temperaturmessungen die Verwendung geeichter Thermometer vor.

[2] Statt konz. Schwefelsäure kann man als Badflüssigkeit auch hochsiedendes weißes Paraffinöl benutzen. In diesem Falle genügt jedoch einfaches Ankleben des Schmelzpunktröhrchens an das Thermometer nicht; man befestigt es dann mit einem dünnen Gummiring.

bis 10° unterhalb des zu erwartenden Schmelzpunktes und von nun an weiter so langsam, daß eine Erhöhung um 1° mindestens eine halbe Minute dauert. Die Temperatur, bei der das undurchsichtige Kristallpulver zu durchsichtigen Tröpfchen zusammenfließt, gilt als Schmelzpunkt. Vorteilhaft schließt man nach dem Abkühlen der Apparatur um einige Grade unterhalb des Schmelzpunkts sogleich eine zweite Bestimmung mit einem vorher präparierten neuen Röhrchen an.

Bei hochschmelzenden Stoffen führt man grundsätzlich das Schmelzpunktsröhrchen mit der Substanz erst ein, nachdem man das Heizbad auf eine Temperatur gebracht hat, die etwa 10° unterhalb des zu erwartenden Schmelzpunktes liegt. Man kürzt dadurch die Erhitzungsdauer der Substanz ab und vermeidet ihre Zersetzung.

Um den Schmelzvorgang gut beobachten zu können, sorge man für geeignete Beleuchtung und betrachte ihn gegebenenfalls durch eine Lupe oder durch einen als Lupe wirkenden, mit Wasser gefüllten Rundkolben.

**Andere Verfahren. Korrigierter Schmelzpunkt.** Die beschriebene Schmelzpunktsapparatur des DAB. 6 ist gekennzeichnet durch den doppelten Heizmantel. Im chemischen Laboratorium sind meist einfachere Apparate im Gebrauch; ein vielfach benutztes Modell zeigt Abb. 6. Der zur Aufnahme der Heizflüssigkeit dienende Kolben besitzt 2 seitliche Ansatzröhrchen, durch die die Schmelzpunktsröhrchen eingeführt werden. Im übrigen ist der Gang des Verfahrens genauso wie oben beschrieben.

Die Angaben eines Thermometers sind nur richtig, wenn sich der Quecksilberfaden in seiner ganzen Länge auf der zu messenden Temperatur befindet. Bei der Anordnung der Abb. 153 ragt jedoch der Quecksilberfaden um so weiter aus der heißen Badflüssigkeit heraus, je höher die Substanz schmilzt. Man wird daher mit dieser Anordnung besonders bei höher schmelzenden Substanzen etwas niedrigere Werte finden als mit der Anordnung der Abb. 152, bei der durch den doppelten Heizmantel der Fehler geringer ist. Will man also seine gemessenen Schmelzpunkte mit den Angaben des DAB. 6 vergleichen, so muß man die vorgeschriebene Apparatur (Abbildung 152) benutzen. In der Literatur findet man gelegentlich Schmelzpunktsangaben mit dem Zusatz (*corr.*), der bedeutet, daß die gemessenen Werte wegen des herausragenden Quecksilberfadens korrigiert sind. Meist unterbleibt jedoch diese Korrektion.

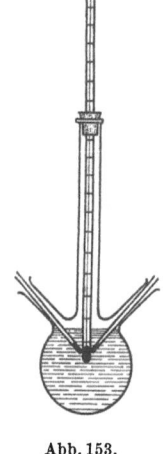

Abb. 153.

Neuerdings gibt es ein Verfahren (nach KOFLER) zur Schmelzpunktsbestimmung unter dem Mikroskop, bei dem Heizung und Temperaturmessung elektrisch erfolgen. Es hat den Vorteil, sehr wenig Substanz zu benötigen; außerdem erlaubt die mikroskopische Betrachtung, Umwandlungsvorgänge oder Sublimation unterhalb des Schmelzpunktes zu verfolgen, was zu Identifizierungszwecken manchmal wertvoll sein kann. Wegen des hohen Anschaffungspreises der Apparatur kommt das Verfahren wohl nur für Forschungszwecke in Betracht.

**Schmelzpunktsbestimmung von Fetten und fettähnlichen Stoffen.** Für diese meist niedrig schmelzenden Stoffe schreibt das DAB. 6 ein etwas abgeändertes Verfahren vor. Man benutzt ein gewöhnliches Schmelzpunktsröhrchen, das jedoch an beiden Enden offen ist. Durch Einbohren in das feste Fett oder Wachs füllt man eine etwa 1 cm hohe Schicht ein, befestigt das Röhrchen mit einem Gummiring (Herstellbar durch Abschneiden eines schmalen Stückchen Gummischlauchs von passender Weite) am Unterteil des Thermometers und taucht es in ein 30 mm weites Probierrohr, das mit etwa 50 ccm Wasser als Badflüssigkeit beschickt ist. Man erwärmt langsam unter häufigem Umrühren des Wassers. Die Temperatur, bei der das Fettsäulchen durchsichtig wird und durch Eindringen des Wassers in das Röhrchen emporschnellt, gilt als Schmelzpunkt.

Ist das Fett so hart, daß man es auf die beschriebene Art nicht in das Röhrchen bringen kann, so muß man es aufschmelzen und flüssig einfüllen. Vor der Bestimmung läßt man es dann durch Aufbewahren an einem kühlen Ort (mindestens 24 Stunden bei 10° C) wieder erstarren.

## 5. Bestimmung des Erstarrungspunktes.

**Definition. Unterkühlung.** Aus praktischen Gründen bestimmt man bei Stoffen, die niedrig schmelzen (Beispiel: Phenol, Schmp. etwa 40° C) oder bei gewöhnlicher Temperatur flüssig sind (Beispiel: Eisessig, Schmp. 16,7° C), nicht den Schmelzpunkt, sondern den *Erstarrungspunkt*, d. h. die Temperatur, bei der sie aus dem flüssigen in den kristallinen Zustand übergehen.

Während es niemals gelingt, einen Kristall über seine Schmelztemperatur zu erhitzen, ohne daß er schmilzt, lassen sich die meisten Flüssigkeiten unterkühlen, d. h. unter ihren Erstarrungspunkt abkühlen, ohne zu kristallisieren. Bewegt man jedoch die unterkühlte Flüssigkeit oder „impft" sie mit einem Kriställchen derselben Substanz, so wird die Unterkühlung aufgehoben, und die Kristallisation beginnt. Erfolgt die Kristallisation hinreichend schnell und war die Unterkühlung nicht allzu stark, so steigt die Temperatur rasch auf den Erstarrungspunkt und bleibt dort stehen, bis die gesamte Flüssigkeit erstarrt ist.

**Ausführung der Bestimmung.** Die Apparatur besteht zweckmäßig aus einem doppelwandigen Gefäß (Abb. 154). Das innere Probierrohr dient zur Aufnahme der Substanz und des Thermometers; es wird mit einem durchbohrten Korkstopfen in das weitere Probierrohr eingesetzt. Der Zwischenraum dient als Luftmantel und soll eine zu schnelle Abkühlung verhindern. Man füllt etwa 10 g Substanz in das innere Rohr, schmilzt sie vorsichtig durch Eintauchen in warmes Wasser auf, setzt das Thermometer ein (Quecksilbergefäß in der Mitte der Substanz) und bringt das Mantelrohr an. Man taucht jetzt den Apparat in ein Wasserbad, dessen Temperatur etwa 5° niedriger als der zu erwartende Erstarrungspunkt liegt, und kühlt ab, bis das Thermometer eine Unterkühlung von etwa 2° anzeigt.

Abb. 154.     Durch Reiben der Gefäßwand mit dem Thermometer oder durch Einbringen eines Impfkriställchens löst man die Kristallisation aus. Die Temperatur steigt, und als Erstarrungspunkt notiert man den höchsten Stand des Thermometers während der Kristallisation.

Das Verfahren des DAB. 6 arbeitet ohne Luftmantel. Es besteht dann die Möglichkeit, daß wegen zu rascher Abkühlung der Gefäßwand die Unterkühlung ausbleibt oder nach ihrer Aufhebung die Temperatur wegen zu starker Wärmeableitung vor Erreichung des Erstarrungspunktes bereits wieder zu sinken beginnt.

## 6. Bestimmung des Siedepunkts.

**Allgemeines. Einfluß des Barometerstandes.** Der *Siedepunkt* (Sdp.) einer Flüssigkeit ist die Temperatur, bei der ihr Dampfdruck gleich dem Luftdruck ist. Im allgemeinen gelten Siedepunktsangaben für einen äußeren Druck von 760 mm Quecksilber[1]. Bei abweichendem Barometerstande ist eine Umrechnung der gemessenen Siedetemperatur auf normalen Druck vorzunehmen, wozu die in Anlage VII des DAB. 6 enthaltene Tabelle dienen kann. Mit hinreichender Genauigkeit gilt die Regel, daß eine Erhöhung des Barometerstandes um 10 mm Quecksilber den Siedepunkt einer Flüssigkeit um 0,4° ansteigen läßt.

Eine gewisse Schwierigkeit bei Siedepunktsmessungen ist der Umstand, daß die meisten Flüssigkeiten zur Überhitzung neigen und daher stoßweise sieden. Als Hilfsmittel zur Erzielung gleichmäßigen Siedens dienen poröse Tonstückchen (Siede-

---

[1] Bei Flüssigkeiten, die sich vor Erreichung des normalen Siedepunktes zersetzen, bestimmt man den Siedepunkt unter vermindertem Druck, dessen Größe dann der Siedepunktsangabe hinzugefügt werden muß; so gilt z. B. für Palmitinsäure Sdp. = 271,5° (100 mm).

steine), Siedegranaten oder haarfein ausgezogene Glasröhrchen, die man mit der Öffnung nach unten in die Flüssigkeit stellt.

**Siedepunktsbestimmung zur Feststellung der Identität (rohes Verfahren).** Handelt es sich lediglich um die Feststellung der Identität einer Flüssigkeit, so benutzt man den oben beschriebenen Apparat zur Bestimmung des Schmelzpunktes (Abb. 152). Man füllt 2 Tropfen der zu untersuchenden Flüssigkeit in ein dünnwandiges, an einem Ende zugeschmolzenes Glasröhrchen von 3 mm Weite und etwa 8 cm Länge, in das man zur Verhütung des Siedeverzuges ein unten offenes Kapillarröhrchen hineinstellt, welches 2 mm vom eintauchenden Ende entfernt eine zugeschmolzene Stelle hat. Man befestigt das Röhrchen am Thermometer, setzt dieses in die Apparatur ein und erwärmt vorsichtig. Die Temperatur, bei der aus der Flüssigkeit eine ununterbrochene Folge von Bläschen aufzu-steigen beginnt, ist als Siedepunkt anzusehen.

Das geschilderte Verfahren gibt keine genauen Resultate. Insbesondere bei niedrig siedenden Flüssigkeiten ist es schwierig, die Temperatur des Bades einigermaßen konstant auf der Höhe des Siedepunktes zu halten. Auf jeden Fall soll man die Be-stimmung mehrere Male wiederholen und aus den beobachteten Werten das Mittel nehmen.

**Siedepunktsbestimmung zur Reinheitsprüfung (genaues Ver-fahren).** Das Verfahren besteht darin, daß eine größere Menge (etwa 15 ccm) der Flüssigkeit in der nachstehend beschriebenen Apparatur destilliert wird. An einem geeichten Thermometer, dessen Quecksilbergefäß sich im Dampfraum befindet, wird dabei die Destillationstemperatur beobachtet. Fast die gesamte Flüssigkeitsmenge muß innerhalb enger, in jedem Einzelfall vom DAB. 6 vorgeschriebener Temperaturgrenzen überdestil-lieren; Vorlauf[1] und Rückstand dürfen nur ganz gering sein.

Je nachdem die zu untersuchende Flüssigkeit unterhalb oder oberhalb 100° C siedet, benutzt man als Siedegefäß ein starkwandiges Probierrohr (Länge 180 mm, lichte Weite 20 mm) oder einen Siedekolben, der aus einem ähnlichen Rohr besteht, aber unten zu einer Kugel von etwa 5 cm Durchmesser er-weitert ist (Abb. 155a u. 155b). Die Siedegefäße werden mit einer etwa 2 cm hohen Schicht trockener, gereinigter Tarier-granaten[2] (Durchmesser etwa 2 mm) beschickt und ungefähr 15 ccm der zu untersuchenden Flüssigkeit eingefüllt. Man destil-

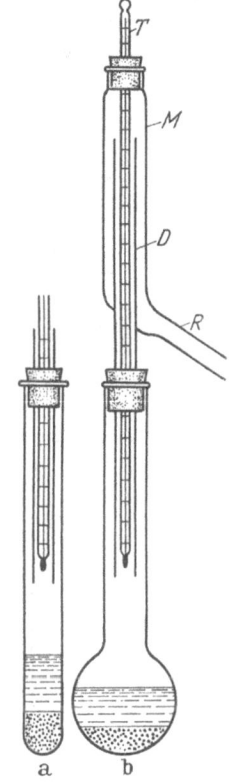

Abb. 155.

liert unter Verwendung eines Siedeaufsatzes. Dieser besteht aus einem Dampfrohr $D$ (Länge 210 mm, lichte Weite 9 mm), dessen oberer Teil von dem angeschmolzenen Dampfmantel $M$ (Länge 140 mm, lichte Weite 20 mm) umgeben ist. Das obere verjüngte Ende des Dampfmantels ist mit einem Korkstopfen verschlossen, durch dessen Bohrung das Thermometer $T$ führt. An dem unteren Ende des Dampf-mantels befindet sich das Abflußrohr $R$ (Länge 210 mm), welches bei der Destil-lation mit einem LIEBIGschen Kühler oder — bei höher siedenden Flüssigkeiten — mit einem Kühlrohr verbunden wird.

---

[1] Unter Vorlauf versteht man die unterhalb des normalen Siedepunktes übergehenden leichtflüchtigen Anteile, die als Verunreinigungen in der Flüssigkeit enthalten sind bzw. sich beim Aufbewahren gebildet haben.

[2] Zur Reinigung behandelt man die Tariergranaten mit konzentrierter Salzsäure, spült sie gehörig mit destilliertem Wasser und trocknet im Trockenschrank.

22*

Bei Flüssigkeiten, die unterhalb 100° sieden, stellt man das Siederohr (Abb. 155 a) in die Mitte einer Asbestplatte, die an dieser Stelle eine runde Öffnung von 20 mm Durchmesser hat. Die Öffnung ist von unten durch ein Messingdrahtnetz von etwa 1 mm Maschenweite verschlossen. Bei der Destillation regelt man die Flammenhöhe so, daß Äther in schwachem, die übrigen Flüssigkeiten in lebhaftem Sieden erhalten werden.

Bei Flüssigkeiten, die oberhalb 100° sieden, stellt man den Siedekolben (Abb. 155 a) auf ein Messingdrahtnetz von 3 mm Maschenweite und regelt die Flammenhöhe so, daß nach vorsichtigem Anwärmen die Flüssigkeiten zu außerordentlich lebhaftem Sieden erhitzt werden. Sobald die ersten Tropfen übergehen, verkleinert man die Flamme so weit, daß etwa 60 Tropfen pro Minute überdestillieren.

Tab. 35 unterrichtet über die Siedepunkte einiger Flüssigkeiten nach dem DAB. 6.

*Tabelle 35.*

| Flüssigkeit | Sdp. | Flüssigkeit | Sdp. |
|---|---|---|---|
| Äthylchlorid | 12,0—12,5° | Alkohol abs. | 78,0— 79,0° |
| Äther | 34,5° | Benzol | 80,0— 82,0° |
| Schwefelkohlenstoff | 46,0° | Parldehyd | 123,0—125,0° |
| Chloroform | 60,0—62,0° | Bromoform | 148,0—150,0° |
| Tetrachlorkohlenstoff | 76,0—77,0° | Phenol | 178,0—182,0° |
| Essigäther | 74,0—77,0° | Methylsalicylat | 221,0—225,0° |

**Prüfungsverfahren bei zusammengesetzten Flüssigkeiten.** Flüssigkeiten, die auf Grund ihrer Herkunft oder Gewinnung aus mehreren Bestandteilen zusammengesetzt sind, haben keinen konstanten Siedepunkt. Sie werden in der Regel bei der Destillation unter Ansteigen des Siedepunktes in ihre Bestandteile zerlegt. Man kann ihre Beschaffenheit kontrollieren, indem man feststellt, welcher Prozentsatz von einer gegebenen Menge Flüssigkeit innerhalb gewisser Siedegrenzen überdestilliert. Für eine solche Prüfung auf Grund fraktionierter Destillation

Abb. 156.

benutzt man als Siedegefäße gewöhnliche Fraktionierkolben von passendem Fassungsvermögen. Man erhitzt auf dem Wasserbad oder über freier Flamme auf dem Drahtnetz, je nachdem es sich um tiefer oder höher siedende Flüssigkeiten handelt. Die Versuchsanordnung zeigt Abb. 156 (Siedesteinchen!).

Über die Anforderungen, die das DAB. 6 an einige zusammengesetzte Flüssigkeiten stellt, orientiert Tab. 36.

*Tabelle 36.*

| Flüssigkeit | Verhalten bei der Destillation |
|---|---|
| Petroleumbenzin | Bei der Destillation von 50 ccm müssen zwischen 50° und 75° mindestens 40 ccm übergehen |
| Kresol, roh | Bei der Destillation von 50 g müssen zwischen 199° und 204° mindestens 46 g übergehen |
| Terpentinöl | Bei der Destillation von 50 ccm müssen zwischen 155° und 165° mindestens 40 ccm übergehen |
| Eukalyptusöl | Bei der Destillation müssen zwischen 170° und 185° mindestens 50% des Öles übergehen |

**Vorsichtsmaßregeln bei der Destillation feuergefährlicher Flüssigkeiten.** Hat man größere Mengen solcher Flüssigkeiten (Äther, Benzin usw.) zu destillieren, so sorge man zur Verhütung von Bränden dafür, daß die Dämpfe nicht mit offenem Feuer in Berührung kommen. Zweckmäßig verbindet man den Kühler über einen Vorstoß mit einem Saugkolben, dessen Ansatz mit einem längeren Gummischlauch versehen ist (vgl. Abb. 156). Man sorge im übrigen für gute Lüftung und halte gegebenenfalls Löschmittel bereit. Vorteilhaft ist bei der Destillation feuergefährlicher Flüssigkeiten die Verwendung elektrischer Heizgeräte.

## 7. Bestimmung des optischen Drehungsvermögens.

**Drehungsvermögen von Flüssigkeiten und Lösungen. Spezifisches Drehungsvermögen.** Organische Stoffe, deren Moleküle asymmetrisch gebaut sind, haben die Eigenschaft, die Schwingungsebene linear polarisierten Lichtes zu drehen, wenn sie in flüssigem oder gelöstem Zustande von solchem Licht durchstrahlt werden. Stoffe mit dieser Eigenschaft heißen *optisch aktiv*. Beispiele sind: Weinsäure, Campher, Zuckerarten, ätherische Öle u. a. Man kann das Drehungsvermögen optisch aktiver Stoffe zu ihrer Charakterisierung benutzen.

Der optische Drehungswinkel $\alpha$ ist für eine gegebene Substanz um so größer, je länger die durchstrahlte Schicht ist. Vereinbarungsgemäß bezieht man den Drehungswinkel auf eine Schichtlänge von 1 Decimeter. Gelangt ein Stoff im flüssigen Zustande zur Untersuchung, so genügt die Angabe seines Drehungswinkels pro Decimeter Schichtlänge, wie es z. B. im DAB. 6 erfolgt.

Befindet sich der optisch aktive Stoff in Lösung, so hängt der Drehungswinkel außer von der Schichtlänge noch von der Konzentration der Lösung ab. Man charakterisiert den Stoff dann durch sein *spezifisches Drehungsvermögen* $[\alpha]$, d. h. den Drehungswinkel, der durch eine Lösung mit dem Gehalt 1 g pro ccm Lösung bei einer Schichtlänge von 1 Decimeter bewirkt wird[1].

Das Drehungsvermögen einer Substanz ist abhängig von der Wellenlänge (Farbe) des benutzten Lichtes und von der Temperatur. In der Praxis arbeitet man mit dem einfarbigen gelben Natriumlicht (*D*-Linie) bei 20° C. Unter diesen Bedingungen gemessene Drehungswinkel erhalten die Bezeichnung $\alpha_D^{20°}$ und die entsprechenden Werte des spezifischen Drehungsvermögens die Bezeichnung $[\alpha]_D^{20°}$. Zu dem spezifischen Drehungsvermögen gehört dann noch die Angabe des Lösungsmittels und der Konzentration.

Je nach dem Sinn der optischen Drehung unterscheidet man *rechtsdrehende* und *linksdrehende* Stoffe. Eine Rechtsdrehung erhält das Vorzeichen $+$, eine Linksdrehung das Vorzeichen $-$.

---

[1] Auch bei Flüssigkeiten findet man meist die Angabe des spezifischen Drehungsvermögens. Man erhält es, indem man den Drehungswinkel pro Decimeter Schichtlänge durch die Dichte der Flüssigkeit dividiert.

Zur Erläuterung diene Tab. 37, in der das optische Drehungsvermögen einiger Stoffe nach dem DAB. 6 wiedergegeben ist.

*Tabelle 37.*

| Flüssigkeiten | Drehungswinkel $a_D^{20°}$ im 1 dm-Rohr | Feste Stoffe Drehung in Lösung | Spez. Drehung $[a]_D^{20°}$ |
|---|---|---|---|
| Anisöl | $+\ 0{,}6°$ bis $-\ 2°$ | Weinsäure | |
| Kümmelöl | $+70°$ ,, $+81°$ | (20%ige wäßrige Lösung) | $+11{,}98°$ |
| Nelkenöl | bis $-1{,}6°$ | Rohrzucker | |
| Zitronenöl | $+55°$ bis $+65°$ | (10%ige wäßrige Lösung) | $+66{,}5°$ |
| Eukalyptusöl | $+\ 0{,}1°$ ,, $+15°$ | Traubenzucker | |
| Fenchelöl | $+11°$ ,, $+24°$ | (10%ige wäßr. Lösg. $+1$ Tr. $NH_3$) | $+52{,}5°$ |
| Lavendelöl | $-\ 3°$ ,, $-\ 9°$ | Campher | |
| Pfefferminzöl | $-20°$ ,, $-34°$ | (Lösg. in abs. Alk. 2 g in 100 ccm) | $+44{,}22°$ |

**Gewöhnliches und linear polarisiertes Licht.** Das Licht pflanzt sich in transversalen Wellen fort, d. h. seine Schwingungen erfolgen senkrecht zur Strahlrichtung. In gewöhnlichem Licht gibt es keine bevorzugte Schwingungsebene, die Schwingungen sind im Mittel gleichmäßig auf alle Ebenen senkrecht zur Strahlrichtung verteilt. In linear polarisiertem Licht dagegen erfolgen die Schwingungen nur in einer Ebene. Um aus gewöhnlichem Licht linear polarisiertes Licht herzustellen, benutzt man am besten doppelt-brechende Kristalle, insbesondere Kalkspat. Trifft ein paralleles Bündel gewöhnlichen Lichtes einen solchen Kristall, so spaltet es sich im allgemeinen in zwei linear polarisierte Bündel, deren Schwingungsebenen senkrecht aufeinander stehen. Sie durcheilen den Kristall in verschiedener Richtung und mit verschiedener Geschwindigkeit. Durch geeignetes Anschleifen des Kristalls gelingt es, das eine Bündel durch Reflexion im Kristall zu beseitigen, während das andere Bündel den Kristall durchsetzt und linear polarisiert austritt. Seine Schwingungsebene fällt in den Hauptschnitt des Kristalls[1]. Ein zur Erzeugung linear polarisierten Lichtes hergerichteter Kalkspatkristall heißt NICOL-sches Prisma oder kurz Nicol.

**Messung des optischen Drehungsvermögens. Polarisationsapparate.** Die Messung der optischen Drehung erfolgt mit dem *Polarisationsapparat* (Schema Abb. 157). Jeder Polarisationsapparat enthält zwei Nicols $P$ und $A$. Der Polarisator $P$ dient zur Erzeugung des polarisier-

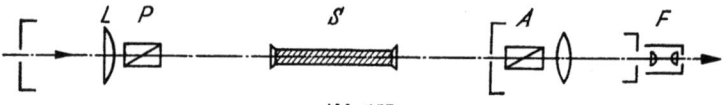

Abb. 157.

ten Lichtes; er steht fest. Der Analysator $A$ ist um die Längsachse des Apparates drehbar, und der Winkelbetrag der Drehung kann an einem Teilkreise abgelesen werden. Das von links einfallende Licht (gelbes Natriumlicht) wird durch die Linse $L$ auf den Polarisator konzentriert, durchsetzt ihn und trifft als linear polarisiertes Licht auf den Analysator. Liegt der Hauptschnitt des Analysators parallel zur Schwingungsebene des Lichtes (Parallelstellung beider Nicols), so geht das Licht ungeschwächt durch den Analysator, und das Gesichtsfeld erscheint im Fernrohr $F$ maximal hell. Dreht man den Analysator aus der Parallelstellung heraus, so verdunkelt sich das Gesichtsfeld, weil nur noch ein Teil des auftreffenden Lichtes hindurchgeht. Hat man den Analysator um 90° gedreht, steht also die Schwingungsebene des Lichtes auf seinem Hauptschnitt senkrecht (gekreuzte Nicols), so läßt er gar kein Licht durch, und das Gesichtsfeld erscheint maximal dunkel.

Bei der Messung verfährt man im Prinzip so, daß man zunächst auf maximale Dunkelheit einstellt und den zugehörigen Winkelwert am Teilkreis abliest (Nullpunktsbestimmung). Man bringt darauf die optisch aktive Substanz in den Strahlengang zwischen Polarisator und Analysator (S. in Abb. 157). Die Schwingungsebene des Lichtes wird um einen bestimmten Winkel nach rechts oder links[2] gedreht und steht daher nicht mehr senkrecht zum Hauptschnitt des Analysators. Das Gesichtsfeld hellt sich auf, und um wieder auf maximale Dunkelheit einzu-

---

[1] Der Hauptschnitt des Kristalls ist eine durch das Einfallslot und die kristallographische Hauptachse des Kristalls gelegte Ebene.

[2] Der Drehsinn ist vom Standpunkt eines Beobachters aus zu verstehen, der dem ankommenden Lichtstrahl entgegenblickt.

steilen, muß man den Analysator um einen Winkel drehen, der mit den durch die optisch aktive Substanz bewirkten Drehungswinkel übereinstimmt. Die Differenz der am Teilkreis abgelesenen Winkelwerte für maximale Dunkelheit mit und ohne Substanz liefert den Drehungswinkel.

Da die Stellung maximaler Dunkelheit schwer genau zu erfassen ist, sind die Polarisationsapparate mit optischen Zusatzeinrichtungen versehen, die eine wesentlich genauere Einstellung ermöglichen. Auf die Konstruktion soll hier im einzelnen nicht eingegangen werden. Für die meisten praktischen Zwecke kommt man mit einem einfachen Apparat aus. Genannt seien der ältere LAURENTsche *Halbschattenapparat* und das nach dem Drittelschattenprinzip gebaute *Kreispolarimeter* von *Zeiss* mit elektrischer Natriumlampe. Im übrigen wird jedem Apparat von der Herstellerfirma eine eingehende Behandlungs- und Gebrauchsvorschrift beigegeben.

Zur Aufnahme der flüssigen oder gelösten Substanz dient ein *Polarisationsrohr* (Länge meist 2 dm) mit Schraubverschlüssen, das zweckmäßig zur Aufnahme einer bei der Füllung etwa verbleibenden Luftblase an einem Ende erweitert ist (Abb. 158). Man darf die Verschlüsse nicht zu stark anziehen, da die zur Abdichtung dienenden Glasplättchen durch Druck doppeltbrechend werden, wodurch der Drehungswinkel gefälscht wird.

Abb. 158.

Eine ruhige, gleichmäßige Beleuchtung erzielt man am bequemsten durch Verwendung einer elektrischen Natriumspektrallampe. Es genügt jedoch auch eine Bunsenflamme, in die man eine mit Soda beschickte Tonrinne bringt. Die Lichtquelle ist in dem Abstand aufzustellen, der für den jeweils verwendeten Apparat vorgeschrieben ist. Es versteht sich, daß polarimetrische Messungen im verdunkelten Raume auszuführen sind.

**Berechnung des spezifischen Drehungsvermögens aus dem gemessenen Drehungswinkel.** Beträgt der am Instrument abgelesene Drehungswinkel $\alpha$, die Schichtlänge 1 dm und die Konzentration der gelösten optisch aktiven Substanz $c$ Gramm auf 100 ccm Lösung, so berechnet sich das spezifische Drehvermögen nach der Formel:

$$[\alpha] = \frac{100 \cdot \alpha}{c \cdot 1}.$$

*Beispiel.* Angenommen, es sei das spezifische Drehungsvermögen von Raffinose zu bestimmen, und man habe 3,430 g Raffinose bei 20° C im Meßkolben zu 100 ccm gelöst. Rohrlänge 2 dm. Natrium-Licht. Meßtemperatur 20° C. Ablesungen der Nullstellung an der Kreisteilung:

| | ohne Rohr | mit gefülltem Rohr | |
|---|---|---|---|
| | —0,6° | +6,5° | |
| | —0,5° | +6,6° | |
| | —0,6° | +6,6° | Drehungswinkel: |
| | —0,5° | +6,7° | $\alpha = +6,60 - (-0,56) = +7,16°.$ |
| | —0,6° | +6,6° | |
| | —0,6° | +6,6° | |
| Mittel: | —0,56° | +6,60° | |

In die obige Formel mit $c = 3,430$; $1 = 2$; $\alpha = 7,16$ eingesetzt, ergibt sich:

$$\text{Raffinose: } [\alpha]_D^{20°} = \frac{100 \cdot 7,16}{3,430 \cdot 2} = +104,4°.$$

**Polarimetrische Gehaltsbestimmungen.** Ist das spezifische Drehungsvermögen $[\alpha]$ eines optisch aktiven Stoffes bekannt, so kann man den Gehalt $c$ einer Lösung dieses Stoffes durch Messung ihres Drehungswinkels bestimmen[1]. Aus der Formel des vorigen Abschnitts ergibt sich nämlich:

$$c = \frac{100 \cdot \alpha}{1 \cdot [\alpha]}.$$

Als *Beispiel* diene die Bestimmung des Gehaltes einer Rohrzuckerlösung. Ihr Drehungswinkel im 2 dm-Rohr betrage $\alpha = +13,41°$. Mit der bekannten spezifischen Drehung des Rohr-

---

[1] Diese Art der Gehaltsbestimmung ist nur bei solchen Stoffen durchführbar, deren spezifisches Drehungsvermögen von der Konzentration der Lösung unabhängig ist, eine Voraussetzung, die für Rohrzucker und Traubenzucker mit großer Annäherung erfüllt ist.

zuckers $[\alpha]_D^{20°} = +66,5°$ ergibt sich dann:

$$c = \frac{100 \cdot 13,41}{2 \cdot 66,5} = 10,08$$

d. h. die Lösung enthält auf 100 ccm 10,08 g Rohrzucker.

Besonders in der Zuckerindustrie verwendet man für solche Bestimmungen besonders konstruierte Polarisationsapparate (*Saccharimeter*), die eine unmittelbare Ablesung des Zuckergehalts der Lösungen gestatten. Auch im klinischen Laboratorium (Traubenzucker im Harn) bedient man sich polarimetrischer Gehaltsbestimmungen.

## 8. Bestimmung der Brechungszahl (Refraktometrie).

**Das Brechungsgesetz von SNELL.** Eine optische Eigenschaft, die besonders zur Kennzeichnung von Fetten, fetten Ölen und ätherischen Ölen Verwendung findet, ist die Lichtbrechung (Refraktion). Man mißt sie durch die *Brechungszahl*.

Dringt ein Lichtstrahl aus Luft in eine Flüssigkeit ein, so erleidet er im allgemeinen eine Richtungsänderung. Ist $L$ das Lot, welches im Auftreffpunkt $O$ des einfallenden Lichtstrahls auf der Grenzfläche Luft-Flüssigkeit errichtet ist (Einfallslot), so wird der gebrochene Strahl dem Einfallslot genähert; die Brechung erfolgt zum Einfallslot hin (Abb. 159). Man sagt,

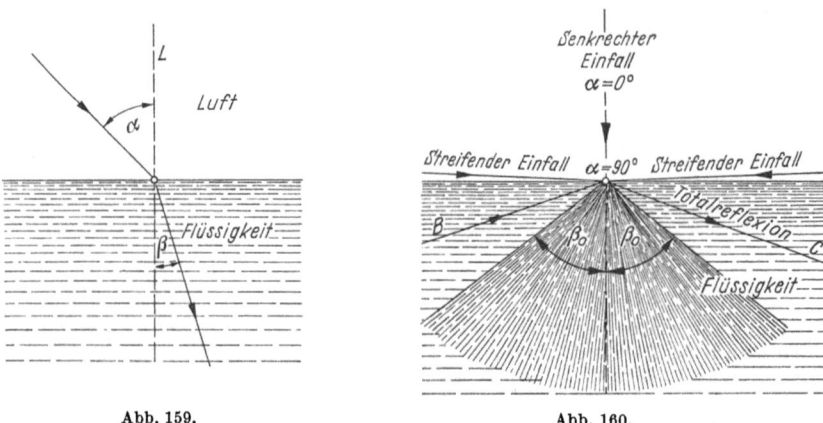

Abb. 159.    Abb. 160.

die Flüssigkeit ist optisch dichter als Luft. Die genaue Beziehung zwischen der Richtung des einfallenden und gebrochenen Strahls kommt in dem Brechungsgesetz von SNELL zum Ausdruck[1]. Danach liegen einfallender und gebrochener Strahl in derselben Ebene, und das Verhältnis der Sinus von Einfallswinkel $\alpha$ und Brechungswinkel $\beta$

$$n = \frac{\sin \alpha}{\sin \beta} \tag{1}$$

hängt nur von der Natur der Flüssigkeit ab. Dieses konstante Verhältnis $n$ heißt Brechungsverhältnis oder Brechungszahl der Flüssigkeit, bezogen auf Luft.

**Prinzip der Messung. Refraktometer.** Im Prinzip gründet sich die Messung von Brechungszahlen auf das Brechungsgesetz von SNELL. Man benutzt dazu *Refraktometer*. Diese Instrumente sind so konstruiert, daß man nicht zwei Winkel (Einfalls- und Brechungswinkel), sondern nur einen zu messen braucht. Wächst nämlich der Einfallswinkel $\alpha$ von 0° (senkrechter Einfall) bis 90° (streifender Einfall), so wächst der Brechunswinkel $\beta$ von 0° bis zu einem Grenzwinkel $\beta_0$, der sich nach dem Brechungsgesetz (1) aus

$$n = \frac{1}{\sin \beta_0} \tag{2}$$

ergibt, denn für $\alpha = 90°$ ist $\sin \alpha = 1$ (Abb. 160). Alle Lichtstrahlen, die aus einer beliebigen Richtung aus der Luft kommend in $O$ auftreffen, werden also in den schraffierten Winkelraum der Flüssigkeit hineingebrochen. Umgekehrt gelangt jeder aus diesem Winkelraum der Flüssigkeit in $O$ eintreffende Lichtstrahl in die Luft. Zu einem etwa in der Rich-

---

[1] Das Gesetz wurde von W. SNELL im Jahre 1621 entdeckt.

tung *BO* außerhalb des schraffierten Winkelraumes aus der Flüssigkeit kommenden Strahl, gibt es jedoch keinen zugehörigen Strahl in der Luft, d. h. jeder Strahl, welcher unter einem Winkel größer als $\beta_0$ aus der Flüssigkeit gegen die Grenzfläche trifft, kann nicht in die Luft austreten; er wird vielmehr in der Richtung *OC* in die Flüssigkeit zurückgeworfen, oder total reflektiert. Der Winkel $\beta_0$ heißt Grenzwinkel der Totalreflexion, und auf der Messung dieses Winkels beruht die Bestimmung der Brechungszahl mit dem Refraktometer. Bei der praktischen Durchführung grenzt die Flüssigkeit nicht an die Luft, sondern an ein Glasprisma. Die Flüssigkeit übernimmt dann die Rolle des optisch dünneren Mediums, die bei der vorstehenden Betrachtung der Luft zufiel. An die Stelle der Beziehung (2) tritt dann:

$$\frac{n_P}{n_F} = \frac{1}{\sin \beta_0},$$

worin $n_F$ die gesuchte Brechungszahl der Flüssigkeit, $n_P$ die bekannte Brechungszahl des Glasprismas und $\beta_0$ der mit dem Instrument gemessene Grenzwinkel der Totalreflexion ist.

Auf Einzelheiten der Konstruktion von Refraktometern kann hier nicht eingegangen werden. Gebräuchliche Geräte sind das Refraktometer von ABBE und das besonders für Reihenmessungen geeignete Eintauchrefraktometer der Firma *Zeiss*. Über die Handhabung der Instrumente findet man näheres in den beigegebenen Gebrauchsanweisungen.

Das Brechungsvermögen einer Flüssigkeit ist für Licht verschiedener Wellenlänge (Farbe) verschieden groß, im allgemeinen für violettes Licht größer als für rotes Licht (Farbenzerstreuung oder Dispersion). Die genannten Refraktometer sind so konstruiert, daß von dem weißen Tageslicht nur die gelbe Natriumlinie für die Messung wirksam wird. Da die Brechungszahl temperaturempfindlich ist, muß durch besondere Einrichtungen (Thermostaten) die Temperatur konstant gehalten werden. Wenn es die Beschaffenheit der Flüssigkeit zuläßt, hält man die Meßtemperatur auf 20° C. Man bezeichnet die Brechungszahl für gelbes Natriumlicht bei 20° C mit $n_D^{20°}$.

Außer zur Identitäts- und Reinheitsprüfung dient in Sonderfällen die Refraktometrie auch zu Gehaltsbestimmungen (Zuckergehalt in Obstsäften und Marmeladen, Eiweißgehalt im Blutserum). Für spezielle Zwecke gibt es besonders gebaute Refraktometer (Butterrefraktometer).

## 9. Kolorimetrische Gehaltsbestimmungen.

**Prinzip des Verfahrens. Lambert-Beersches Gesetz.** Das Verfahren beruht auf dem Vergleich der Farbtiefen zweier Lösungen: einer Lösung, deren Gehalt bestimmt werden soll, und einer Vergleichs- oder Standardlösung von bekanntem Gehalt. Die Farbe kann von dem zu bestimmendem Stoff selbst herrühren (z. B. Permanganat, Farbstoffe) oder durch einen chemischen Umsatz mit einem geeigneten Reagens erzeugt werden (z. B. die blutrote Farbe, welche Kaliumrhodanid in einer Eisen (III) -Salzlösung hervorruft).

Eine Lösung erscheint um so stärker gefärbt, je länger die durchstrahlte Schicht und je größer die Konzentration des färbenden Bestandteils ist. Im allgemeinen sind zwei Lösungen mit dem gleichen färbenden Bestandteil farbgleich, wenn ihre Schichtdicken $d_1$ und $d_2$ sich umgekehrt verhalten wie ihre Konzentration $c_1$ und $c_2$, d. h. für Farbgleichheit gilt:

$$c_1 \cdot d_1 = c_2 \cdot d_2.$$

Ist diese Beiehung (LAMBERT-BEERsches Gesetz) erfüllt, so kann man darauf eine *kolorimetrische*[1] *Gehaltsbestimmung* gründen. Ist nämlich $c_2$ der bekannte Gehalt der Vergleichslösung, so braucht man nach Einstellung beider Lösungen auf Farbgleichheit nur ihre Schichtdicken $d_1$ und $d_2$ zu messen; der gesuchte Gehalt $c_1$ läßt sich dann berechnen.

**Kolorimeter.** Apparate, die dazu dienen, zwei Lösungen durch meßbare Veränderungen der Schichtdicke auf Farbgleichheit einzustellen, heißen *Kolorimeter*. Ein sehr einfaches Gerät dieser Art, das für viele Zwecke hinreicht, besteht aus einem Paar gleich weiter Glaszylinder mit plangeschliffenem Boden und einer Teilung nach ccm oder cm-Schichthöhe (HEHNER-Zylinder). Dicht über dem Boden dieser Zylinder ist ein Glashahn angesetzt. Man füllt den einen Zylinder mit der Versuchslösung, den anderen mit der Vergleichslösung. Durch Ausfließenlassen aus dem Zylinder, dessen Inhalt stärker gefärbt ist, stellt man auf Farbgleichheit ein und liest die Schichthöhen ab. Dabei beleuchtet man die nebeneinander stehenden Zylinder gleichmäßig von unten her und beobachtet von oben durch die ganze Flüssigkeitsschicht hindurch.

Eine genauere Einstellung auf Farbgleichheit erlauben Kolorimeter, bei denen durch besondere optische Einrichtungen dafür gesorgt ist, daß die zu vergleichenden Farbflächen dicht

---

[1] lat. color = Farbe.

aneinander grenzen. Erwähnt seien das besonders im klinischen Laboratorium vielfach verwendete Kolorimeter nach AUTHENRIETH-KÖNIGSBERGER und — für anspruchsvollere Messungen — Kolorimeter nach DUBOSQ, die von mehreren optischen Werken in verschiedenen Ausführungen gebaut werden.

**Anwendungen.** Kolorimetrische Gehaltsbestimmungen erlauben die quantitative Erfassung geringer Stoffmengen. Man bedient sich ihrer u. a. in der Wasseranalyse (Bestimmung von Eisen mit Rhodankalium, Bestimmung von Ammoniak mit Nesslers Reagens) und besonders häufig im klinischen Laboratorium. Das DAB. 6 benutzt in einigen Fällen Farbreaktionen, um nach der auftretenden Farbtiefe angenähert (halbquantitativ) den Gehalt eines Präparates an einer Verunreinigung zu bestimmen[1].

Ein besonderes Anwendungsgebiet der Kolorimetrie ist die *Bestimmung des Wasserstoffexponenten* ($p_H$). Der Wasserstoffexponent kennzeichnet den Säuregrad oder die Säurestufe einer Lösung. Man bezeichnet ihn neuerdings kurz als ,,*Stufe*" und seine Messung als *Stufenmessung* oder *Bathmometrie*[2]. Über die Definition des Begriffs und seine allgemeine Bedeutung vgl. Allgemeine Chemie S. 214ff. Dort wurde auch bereits angedeutet, wie man mit einem geeigneten Indikator unter Verwendung von Pufferlösungen mit bekanntem $p_H$ das unbekannte $p_H$ einer Lösung kolorimetrisch bestimmen kann. Ein Kolorimeter ist für solche Messungen nicht unbedingt erforderlich; man kann den Farbvergleich einfach in gleichweiten Reagensgläsern vornehmen. Durch einen Vorversuch (mit Indikatorpapier) sei zunächst roh festgestellt, daß der Wasserstoffexponent einer Lösung zwischen $p_H = 5$ und $p_H = 6$ liegt. Man fülle in 6 gleichweite Reagensgläser Puffergemische[3] mit den $p_H$-Werten 5,0; 5,2; 5,4 usw. bis 6,0 und versetze jede Mischung mit 1 Tropfen Indikatorlösung (Methylrot). Durch Farbvergleich, der mit dem gleichen Indikator versetzten Versuchslösung mit der Reihe der Pufferlösungen sei festgestellt, daß die Farbnuance der Versuchslösung zwischen die der Puffergemische mit $p_H = 5,4$ und $p_H = 5,6$ fällt. Das gesuchte $p_H$ beträgt demnach 5,5. Wünscht man den $p_H$-Wert der Versuchslösung genauer festzulegen, so bereite man sich eine Reihe von Puffermischungen mit $p_H$-Werten zwischen 5,4 und 5,6 (etwa 5,40; 5,42; 5,44 usw. bis 5,60) und bestimme durch einen Farbvergleich mit der Versuchslösung die Grenzen genauer.

Da das Ansetzen und Vorrätighalten der Standard-Pufferlösungen etwas lästig ist, sind neuerdings Verfahren zur $p_H$-Bestimmung ausgearbeitet worden, bei denen man keine Pufferlösungen benötigt. Dazu gehört das *Folienkolorimeter* nach WULF. Es ist mit einem Satz von 7 Indikatoren ausgerüstet, die in Cellophanfolien eingelagert sind. Diese Indikatorfolien ($p_H$-Bereich 1,6 bis 12,2) werden in die Untersuchungslösung eingelegt und nach 1 bis 2 Minuten der Farbton mit beigegebenen Standardfolien verglichen. Die Methode soll auf 0,2 $p_H$-Einheiten genau sein.

Verschiedene Firmen bringen *Universalindikatoren* in den Handel, die durch Mischung verschiedener Indikatoren hergestellt werden und zur angenäherten $p_H$-Bestimmung dienen können. Zur rohen Bestimmung ganzer $p_H$-Stufen eignet sich Reagenzpapier, das mit einem Universalindikator getränkt ist.

Das kolorimetrische Verfahren der $p_H$-Messung ist nätürlich nicht anwendbar, wenn die Untersuchungslösung eine Eigenfarbe besitzt. Man muß dann auf das elektrometrische Verfahren zurückgreifen.

# III. Chemische Prüfungsverfahren.

## 1. Identitätsnachweise.

Zu den chemischen *Identitätsnachweisen* dienen insbesondere bei anorganischen Präparaten die üblichen Erkennungsreaktionen der qualitativen Analyse (Flammenfärbung, Fällungs- und Farbreaktionen). Organische Präparate identifiziert man am besten physikalisch durch Bestimmung des Schmelzpunkts, doch gibt es auch für sie häufig spezielle chemische Nachweise. Näheres über die Ausführung der Identitätsnachweise findet sich bei den einzelnen Präparaten im speziellen Teil dieses Handbuches.

---

[1] Vgl. auch den Begriff Trübungsgrad S. 347.

[2] gr. $\beta\alpha\vartheta\delta\varsigma$ (bathos) = Tiefe, Stufe.

[3] Aus Raumgründen ist es nicht möglich, ein ausführliches Verzeichnis von Pufferlösungen hier wiederzugeben. Man findet ein solches z. B. in D'ANS-LAX, Taschenbuch für Chemiker und Physiker und in der einschlägigen Spezialliteratur.

## 2. Reinheitsprüfungen.

**Allgemeines.** Jedes chemische Präparat enthält auf Grund seiner Herstellung gewisse *Verunreinigungen,* deren völlige Beseitigung oft mühsam und schwierig ist. Sieht man von absichtlichen Verfälschungen ab, so können auch unsachgemäße Behandlung und Aufbewahrung zur Verunreinigung eines zunächst reinen Präparates führen, z. B. Aufnahme von Wasser durch hygroskopische Präparate oder Aufnahme von Kohlensäure durch Ammoniak und Natronlauge. Da Verunreinigungen ein Präparat für seinen Verwendungszweck unbrauchbar machen oder bei innerem Gebrauch gesundheitsschädigend wirken können, ist es wichtig, sich von dem Reinheitsgrad eines Präparates zu überzeugen.

**Ausführung der Prüfungen.** Das DAB. 6 schreibt für jedes Präparat *Reinheitsprüfungen* vor, deren Vorschriften so gehalten sind, daß das Prüfungsergebnis zugleich ein Urteil über die ungefähre Menge einer Verunreinigung erlaubt. Speziell bei den Nachweisreaktionen in wäßriger Lösung wird eine solche „halbquantitative" Prüfung dadurch erreicht, daß eine vorgeschriebene Menge (meist 1 g) des Präparates in einer ebenfalls vorgeschriebenen Menge Wasser gelöst wird. Das Mengenverhältnis von Präparat und Lösungsmittel in Gewichtsteilen (Gramm) wird durch die Zusätze: $(1 + 9)$, $(1 + 19)$, $(1 + 49)$, $1 + 99)$ usw. bezeichnet. Man kann ohne großen Fehler statt der vorgeschriebenen Gewichtsteile Lösungsmittel (9 g, 19 g, 49 g, 99 g usw.) eine runde Zahl von Raumteilen (10 ccm, 20 ccm, 50 ccm, 100 ccm usw.) mit einer Pipette oder einem Meßzylinder abmessen und erspart dann das lästige Abwägen.

Die Prüfungen werden meist in Reagenzgläsern von 15 mm lichter Weite mit 5 ccm der nach Vorschrift bereiteten Untersuchungslösung vorgenommen. Man beurteilt den Ausfall der Prüfungen, indem man den Reagenzglasinhalt von oben her durch die ganze Flüssigkeitsschicht hindurch betrachtet. Die Konzentration und Menge der Reagenzlösung (ccm oder Tropfenzahl[1]) sind ebenfalls meist vorgeschrieben. Auch die sonstigen Ausführungsvorschriften, z. B. Ansäuern der Lösung, sind in jedem Fall genau zu beachten.

Sehr häufig wiederkehrende Reinheitsprüfungen sind: Prüfung auf *Eisen* mit Kaliumferrocyanidlösung (Berlinerblaureaktion), Prüfung auf *Schwermetalle* mit Natriumsulfidlösung (Sulfidfällung), Prüfung auf *Arsen* mit Natriumhypophosphitlösung (Reduktion zu elementarem Arsen), Prüfung auf Schwefelsäure und Sulfate mit Bariumnitratlösung (Fällung von schwerlöslichem $BaSO_4$) und Prüfung auf Chloride mit Silbernitratlösung (Fällung oder Trübung von schwerlöslichem $AgCl$).

**Trübungsgrad.** Besonders bei der Prüfung auf Chloride mit Silbernitratlösung wird häufig die Menge der Verunreinigung nach dem Trübungsgrad beurteilt, der durch das gebildete Chlorsilber in der Lösung hervorgerufen wird. Zur feineren Abgrenzung hat das DAB. 6 die Begriffe „*Opalescenz*", „*opalescierende Trübung*" und „*Trübung*" geschaffen. Man versteht darunter das Höchstmaß der Trübung, die 5 Minuten nach dem Zusatz von 0,5 ccm n/10-Silbernitratlösung zu folgenden Lösungen wachsenden Chlorgehalts entsteht:

5 ccm einer Mischung von 1 ccm n/100-Salzsäure + 99 ccm Wasser
5 ccm    „         „    „ 2 ccm n/100-Salzsäure + 98 ccm    „
5 ccm    „         „    „ 4 ccm n/100-Salzsäure + 96 ccm    „    .

---

[1] Das Tropfengewicht einer Flüssigkeit ist abhängig von der Größe und Form der Abtropffläche. Wo es, wie bei Arzneistoffen, auf sehr genaue Dosierung ankommt, benutzt man einen *Normal-Tropfenzähler* mit enger Ausflußöffnung und eben geschliffener Abtropffläche von 3 qm Größe, der für Wasser und wäßrige Lösungen pro Gramm 20 Tropfen liefert (Tropfengewicht = 50 mg). Für einige andere Flüssigkeiten betragen die Tropfenzahlen pro Gramm: Alkohol 65, Äther 84, Olivenöl 42. S. Tropfentabelle.

Man bereite sich also im Bedarfsfalle die angegebenen Mischungen und stelle durch Vergleich fest, welchem Trübungsgrad die Untersuchungsprobe entspricht. (Beobachtung gegen eine dunkle Unterlage bei auffallendem Licht.)

**Reinheitsprüfung organischer Präparate.** Wie bereits früher betont wurde, ist bei organischen Präparaten die Bestimmung des Schmelzpunkts ein ausgezeichnetes Hilfsmittel zur Prüfung auf Reinheit (vgl. S. 335).

**Verzeichnis der Reagentien**[1]. Nachstehend sind sämtliche zu den Identitäts- und Reinheitsprüfungen nach dem DAB. 6 erforderlichen *Reagentien* aufgeführt. Wo es zur näheren Kennzeichnung angebracht erschien, wurden kurze Angaben über physikalische Eigenschaften bzw. Konzentration der Lösungen hinzugefügt. Bemerkt sei noch, daß zur Bereitung der Reagenslösungen destilliertes Wasser zu verwenden ist.

Es sei darauf hingewiesen, daß — sofern nicht anders bemerkt ist — unter Teilen *Gewichtsteile* und unter Prozenten *Gewichtsprozente* zu verstehen sind.

*Alkohol, absoluter.* Gehalt 99,66 bis 99,46 Volumprozent. $d = 0,791$ bis 0,792. Sdp. 78 bis 79°.
*Alkohol, 96 Volumprozent.* $d = 0,808$.
*Alkohol, 90 Volumprozent.* $d = 0,829$.
*Alkohol, 70 Volumprozent.* $d = 0,886$.
*Ammoniakflüssigkeit.* Gehalt 9,94 bis 10 Volumprozent $NH_3$. $d = 0,957$ bis 0,958.
*Ammoniumcarbonat.*
*Ammoniumcarbonatlösung.* 1 Teil Ammoniumcarbonat ist in einer Mischung von 4 Teilen Wasser und 1 Teil Ammoniakflüssigkeit zu lösen.
*Ammoniumchlorid.*
*Ammoniumchloridlösung.* 1 Teil Ammoniumchlorid ist in 9 Teilen Wasser zu lösen.
*Ammoniummolybdatlösung.* 15 g Ammoniummolybdat werden unter Erwärmen in 65 ccm Wasser gelöst. Man gibt dann 40 g Ammoniumnitrat hinzu, löst unter Umschwenken und gießt die Lösung sofort in 135 ccm Salpetersäure (Gehalt 25% $HNO_3$). Die Mischung bleibt 24 Stunden stehen und wird dann filtriert.
*Ammoniumoxalatlösung.* 1 Teil neutrales Ammoniumoxalat $(NH_4)_2C_2O_4 \cdot H_2O$ ist in 24 Teilen Wasser zu lösen.
*Amylalkohol.* $d = 0,810$. Sdp. 129 bis 131° (Gärungsamylalkohol $C_5H_{11}OH$).
*Äther.* $d = 0,713$. Sdp. 34,5°.
*Ätherweingeist.* Eine Mischung von 1 Teil Äther und 3 Teilen Weingeist.
*Aceton.* $d = 0,790$ bis 0,793. Sdp. 55 bis 56°.

*Bariumchlorid.*
*Bariumnitratlösung.* 1 Teil Bariumnitrat $Ba(NO_3)_2$ ist in 19 Teilen Wasser zu lösen.
*Barytwasser.* 1 Teil kristallisiertes Bariumhydroxyd $Ba(OH)_2 \cdot 8 H_2O$ ist in 19 Teilen Wasser zu lösen.
*Benzidin.* Schmp. 128°.
*Benzol.* $d = 0,874$ bis 0,884. Sdp. 80 bis 82°.
*Bleiacetatlösung.* 1 Teil Bleiacetat $Pb(CH_3COO)_2 \cdot 3 H_2O$ ist in 9 Teilen Wasser zu lösen.
*Bleiacetatlösung, weingeistige.* Bei Bedarf ist 1 Teil Bleiacetat in 29 Teilen Weingeist von 30 bis 40° zu lösen.
*Bleiessig.* 3 Teile Bleiacetat werden mit 1 Teil Bleiglätte verrieben und das Gemisch mit 10 Teilen Wasser unter häufigem Umschütteln etwa 1 Woche stehen gelassen, bis es gleichmäßig weiß oder rötlichweiß geworden ist und die festen Stoffe ganz oder bis auf einen kleinen Rückstand gelöst sind. Man läßt die trübe Flüssigkeit im verschlossenen Gefäß absitzen und filtriert.
*Borax.*
*Borsäure.*
*Braunstein* $MnO_2$.
*Bromwasser.* Die gesättigte Lösung von Brom in Wasser.

*Calciumchlorid, entwässertes.* Gekörntes oder geschmolzenes $CaCl_2$.
*Calciumchloridlösung, verdünnte.* 1 Teil Calciumchloridlösung mit einem Gehalt von etwa 50% kristallisiertem Calciumchlorid $CaCl_2 \cdot 6 H_2O$ wird mit 4 Teilen Wasser verdünnt.
*Calciumhydroxyd.* Bei Bedarf sind 2 Teile gebrannter Kalk mit 1 Teil Wasser zu löschen.

---

[1] Soweit die Reagentien im DAB. 6 Aufnahme gefunden haben, müssen sie den dort vorgeschriebenen Anforderungen an Reinheit genügen.

*Calciumsulfatlösung.* Die gesättigte wäßrige Lösung von Calciumsulfat $CaSO_4 \cdot 2 H_2O$.

*Chloralhydrat.*

*Chloralhydratlösung.* 7 Teile Chloralhydrat sind in 3 Teilen Wasser zu lösen.

*Chloraminlösung.* Bei Bedarf ist 1 Teil Chloramin in 19 Teilen Wasser zu lösen.

*Chlorkalk.* Gehalt mindestens 25% wirksames Chlor.

*Chlorkalklösung.* Bei Bedarf ist 1 Teil Chlorkalk mit 9 Teilen Wasser anzureiben und das Gemisch zu filtrieren.

*Chloroform.* $d = 1,474$ bis $1,478$. Sdp. 60 bis 62°.

*Chlorzinkjodlösung.* Eine Lösung von 66 Teilen Zinkchlorid $ZnCl_2$ in 34 Teilen Wasser ist mit 6 Teilen Kaliumjodid und so viel Jod zu versetzen, als die Lösung aufnimmt.

*Chromsäurelösung.* Bei Bedarf sind 3 Teile Chromsäure $CrO_3$ in 97 Teilen Wasser zu lösen.

*Dimethylaminoazobenzol.*

*Diphenylamin-Schwefelsäure.* Bei Bedarf ist 1 Teil Diphenylamin (Schmp. etwa 53°) in 200 Teilen Schwefelsäure ($d = 1,829$ bis $1,834$) und 40 Teilen Wasser zu lösen. Die Lösung muß farblos sein.

*Eisen (III)-chloridlösung.* Gehalt 9,8 bis 10,3% Eisen. $d = 1,275$ bis $1,285$. Die Lösung ist bei Bedarf nach Vorschrift zu verdünnen.

*Eisenpulver.* Gehalt mindestens 97,6% Eisen.

*Eisen (II)-sulfat* (Ferrosulfat) $FeSO_4 \cdot 7 H_2O$.

*Eisen (II)-sulfatlösung* (Ferrosulfatlösung). Bei Bedarf ist 1 Teil Ferrosulfat in einer Mischung von 1 Teil Wasser und 1 Teil verdünnter Schwefelsäure (etwa 16%) zu lösen.

*Eiweißlösung.* Bei Bedarf ist frisches Eiereiweiß in 9 Teilen Wasser zu lösen und die Lösung zu filtrieren.

*Essigäther.* $d = 0,896$ bis $0,900$. Sdp. 74 bis 77°.

*Essigsäure.* Gehalt mindestens 96% $CH_3COOH$. $d =$ höchstens $1,058$. Erstarrungspunkt nicht unter 9,5°.

*Essigsäure,* verdünnte. Gehalt 29,7 bis 30,6% $CH_3COOH$.

*Essigsäureanhydrid.*

*Formaldehydlösung.* Gehalt mindestens 35% Formaldehyd. $d = 1,075$ bis $1,086$.

*Formaldehyd-Schwefelsäure.* Bei Bedarf sind 2 Tropfen Formaldehydlösung und 3 ccm Schwefelsäure ($d = 1,829$ bis $1,834$) zu mischen.

*Fuchsin.* Diamantfuchsin I, große Kristalle.

*Furfurollösung, weingeistige.* 2 Teile frisch destilliertes Furfurol sind in 98 Teilen Weingeist zu lösen.

*Gerbsäurelösung.* Bei Bedarf ist 1 Teil Gerbsäure in 19 Teilen Wasser zu lösen.

*Glycerin.* Gehalt 84 bis 87% wasserfreies Glycerin. $d = 1,221$ bis $1,231$.

*Glycerin-Jodlösung.* Bei Bedarf sind 6 Teile Glycerin, 4 Teile Wasser und so viel $n/10$-Jodlösung zu mischen, daß die Mischung eine weingelbe Farbe hat.

*Guajakol, kristallisiertes.* Schmp. etwa 28°.

*Holzkohle, gepulverte.*

*Jod.* Gehalt mindestens 99%.

*Jodbenzin.* 0,1 g Jod ist in 100 ccm Petroleumbenzin ($d = 0,661$ bis $0,681$) zu lösen.

*Jodlösung, 1/10-normal.*

*Jodtinktur.* (7 Teile Jod, 3 Teile Kaliumjodid und 90 Teile Weingeist).

*Jodzinkstärkelösung.* 4 g lösliche Stärke und 20 g Zinkchlorid $ZnCl_2$ werden in 100 g siedendem Wasser gelöst. Nach dem Erkalten setzt man eine farblose, durch Erwärmen frisch bereitete Lösung von 1 g Zinkfeile und 2 g Jod in 10 ccm Wasser hinzu. Man verdünnt die Mischung auf 1 Liter und filtriert.

*Kalilauge.* Gehalt 14,8 bis 15% Kaliumhydroxyd $KOH$. $d = 1,135$ bis $1,137$. Bei Bedarf nach Vorschrift zu verdünnen.

*Kalilauge, weingeistige.* Bei Bedarf ist 1 Teil Kaliumhydroxyd (Gehalt mindestens 85% $KOH$) in 9 Teilen Weingeist zu lösen.

*Kaliumacetatlösung.* Gehalt 33,3% Kaliumacetat.

*Kaliumbicarbonat.*

*Kaliumbisulfat.*

*Kaliumbromid.*

*Kaliumcarbonat.*

*Kaliumchlorat.*

*Kaliumdichromat.*

*Kaliumdichromatlösung.* 1 Teil Kaliumdichromat ist in 19 Teilen Wasser zu lösen.

*Kaliumferricyanid* $K_3Fe(CN)_6$.

*Kaliumferricyanidlösung.* Bei Bedarf ist 1 Teil des zuvor mit Wasser gewaschenen Kalium-ferricyanids in 19 Teilen Wasser zu lösen.

*Kaliumferrocyanidlösung.* 1 Teil Kaliumferrocyanid $K_4Fe(CN)_6 \cdot 3\,H_2O$ ist in 19 Teilen Wasser zu lösen.

*Kaliumhydroxyd.* Gehalt mindestens 85% KOH.

*Kaliumjodatstärkepapier.* Bestes Filtrierpapier wird mit einer Lösung von 0,1 Teil Kalium-jodat $KJO_3$ und 1 Teil löslicher Stärke in 100 Teilen Wasser getränkt und dann getrocknet.

*Kaliumjodid.*

*Kaliumjodidlösung.* Bei Bedarf ist 1 Teil Kaliumjodid in 9 Teilen Wasser zu lösen.

*Kaliumnitrat.*

*Kaliumpermanganat.*

*Kaliumpermanganatlösung.* Wenn bestimmte Konzentrationsverhältnisse nicht vorgeschrieben sind, so ist eine Lösung von 1 Teil Kaliumpermanganat in 999 Teilen Wasser zu verwenden.

*Kaliumsulfat.*

*Kalk, gebrannter.*

*Kalkwasser.* 1 Teil gebrannter Kalk wird mit 4 Teilen Wasser gelöscht und der entstandene Kalkbrei in einem gut verschlossenen Gefäß zweimal mit je 50 Teilen Wasser kräftig durch-geschüttelt. Man sammelt die nach der Klärung vom Bodensatz abgegossenen Flüssig-keiten und filtriert vor dem Gebrauch.

*Kollodium.* Am besten fertig zu beziehen.

*Kongopapier.* Am besten fertig zu beziehen.

*Königswasser.* Bei Bedarf mischt man 1 Teil Salpetersäure (25%) mit 3 Teilen Salzsäure (25%).

*Kupfer.* Blech- oder Drehspäne.

*Kupferacetatlösung.* 1 Teil Kupferacetat $Cu(CH_3COO)_2 \cdot H_2O$ ist in 999 Teilen Wasser zu lösen.

*Kupfersulfatlösung.* 1 Teil Kupfersulfat $CuSO_4 \cdot 5\,H_2O$ ist in 49 Teilen Wasser zu lösen.

*Kupfertartratlösung, alkalische.* (FEHLINGsche Lösung).

    I.  3,5 g Kupfersulfat sind in Wasser zu 50 ccm zu lösen.

    II. 17,5 g Kaliumnatriumtartrat (Seignette-Salz) und 5 g Natriumhydroxyd sind in Was-ser zu 50 ccm zu lösen. Bei Bedarf mischt man gleiche Raumteile von I und II.

*Kurkumapapier.* Am besten fertig zu beziehen. Kurkumapapier ist vor Licht geschützt in gut verschlossenen Gefäßen aufzubewahren.

*Kurkumatinktur.* Man zieht 10 Teile grobgepulverte Kurkumawurzel mit 75 Teilen Weingeist 24 Stunden unter wiederholtem Umschütteln bei 30 bis 40° aus; der Auszug wird nach dem Absetzen filtriert.

*Kurkumawurzel.* Der getrocknete Wurzelstock von Curcuma longa Linné.

*Lackmuspapier, blau und rot.* Am besten fertig zu beziehen. Lackmuspapier ist vor Licht ge-schützt in gut verschlossenen Gefäßen aufzubewahren.

*Lackmuslösung, wäßrige.* 1 Teil Lackmus wird dreimal mit je 5 Teilen Weingeist ausgekocht. Der Rückstand wird mit 10 Teilen Wasser 24 Stunden bei Zimmertemperatur ausgezogen und die Flüssigkeit filtriert.

*Leim, weißer.* Bei Bedarf ist 1 Teil weißer Leim in 99 Teilen Wasser von 30 bis 40° zu lösen und die Lösung warm zu verwenden.

*Magnesia, gebrannte.*

*Magnesiamixtur.* 1 Teil Magnesiumchlorid $MgCl_2 \cdot 6\,H_2O$ und 1,4 Teile Ammoniumchlorid sind in einer Mischung von 7 Teilen Ammoniakflüssigkeit (10% $NH_3$) und 15 Teilen Wasser zu lösen.

*Magnesiumsulfatlösung.* 1 Teil Magnesiumsulfat $MgSO_4 \cdot 7\,H_2O$ ist in 9 Teilen Wasser zu lösen.

*Mayers Reagens.* 1,335 g Quecksilber (II)-chlorid $HgCl_2$ und 5 g Kaliumjodid sind in etwa 30 ccm Wasser zu lösen; die Lösung ist mit Wasser auf 100 ccm zu verdünnen.

*Medizinische Kohle.*

*Methylenblaulösung.* 0,15 Teile Methylenblau sind in 100 Teilen Wasser zu lösen.

*β-Naphthol.* Schmp. 122°.

*Narkotinhydrochlorid.*

*Natriumacetat, wasserfreies.*

*Natriumacetatlösung.* 1 Teil kristallisiertes Natriumacetat $Na(CH_3COO) \cdot 3\,H_2O$ ist in 4 Teilen Wasser zu lösen.

*Natriumbicarbonat.*

*Natriumbicarbonatlösung.* Bei Bedarf ist 1 Teil gepulvertes Natriumbicarbonat unter Ver-meidung von starkem Schütteln in 19 Teilen Wasser von Zimmertemperatur zu lösen.

*Natriumbisulfitlösung.* Gehalt etwa 30% Natriumbisulfit $NaHSO_3$.

*Natriumcarbonat* $Na_2CO_3 \cdot 10\,H_2O$. Gehalt mindestens 37% $Na_2CO_3$.

*Natriumcarbonat, getrocknetes.* Gehalt mindestens 74% $Na_2CO_3$.

*Natriumcarbonatlösung.* 1 Teil kristallisiertes Natriumcarbonat $Na_2CO_3 \cdot 10\,H_2O$ ist in 2 Teilen Wasser zu lösen.

*Natriumchlorid.*

*Natriumchloridlösung.* 1 Teil Natriumchlorid ist in 9 Teilen Wasser zu lösen.

*Natriumchloridlösung, gesättigte.*

*Natriumhydroxyd.* Gehalt mindestens 90% $NaOH$.

*Natriumhypophosphitlösung.* (THIELES Reagens zum Arsennachweis.) Eine Lösung von 20 g Natriumhypophosphit $NaH_2PO_2 \cdot H_2O$ in 40 ccm Wasser wird in 108 ccm rauchende Salzsäure ($d = 1,19$) eingegossen. Nach dem Absetzen des ausgeschiedenen Natriumchlorids wird die Lösung klar abgegossen. Sie muß farblos sein.

*Natriumkobaltnitritlösung.* Bei Bedarf ist 1 Teil Natriumkobaltnitrit $Na_3Co(NO_2)_6$ in 9 Teilen Wasser zu lösen.

*Natriumnitrat.*

*Natriumnitrit.* Gehalt mindestens 96,3% $NaNO_2$.

*Natriumnitritlösung.* Bei Bedarf ist 1 Teil Natriumnitrit in 9 Teilen Wasser zu lösen.

*Natriumnitritlösung, gesättigte.* Bei Bedarf frisch herzustellen.

*Natriumphosphat.* Sekundäres Natriumphosphat $Na_2HPO_4 \cdot 12\,H_2O$.

*Natriumphosphatlösung.* 1 Teil sekundäres Natriumphosphat ist in 9 Teilen Wasser zu lösen.

*Natriumsulfat.* Glaubersalz $Na_2SO_4 \cdot 10\,H_2O$.

*Natriumsulfat, getrocknetes.* Gehalt mindestens 88,6% $Na_2SO_4$.

*Natriumsulfid, kristallisiertes* $Na_2S \cdot 9\,H_2O$.

*Natriumsulfidlösung.* 5 g kristallisiertes Natriumsulfid werden in einer Mischung von 10 ccm Wasser und 30 ccm Glycerin gelöst. Die Lösung wird in einer gut verschlossenen Flasche einige Tage stehen gelassen, wobei sich in der Regel Spuren von Ferrosulfid ausscheiden. Man filtriert wiederholt durch einen kleinen mit Wasser angefeuchteten Wattebausch. Die Lösung ist in kleinen, etwa 5 ccm fassenden Tropffläschchen aufzubewahren. Eine Mischung von 5 ccm Wasser, 3 Tropfen verdünnter Essigsäure und 3 Tropfen Natriumsulfidlösung darf sich innerhalb 10 Minuten nicht verändern.

Bei der Prüfung auf Schwermetallsalze mit Natriumsulfidlösung ist, wenn nichts anderes vorgeschrieben ist, die Dauer der Beobachtung auf $^1/_2$ Minute zu beschränken.

*Natriumsulfit* $Na_2SO_3 \cdot 7\,H_2O$.

*Natriumsulfitlösung.* Bei Bedarf ist Natriumsulfit in Wasser nach Vorschrift zu lösen.

*Natriumthiosulfat* $Na_2S_2O_3 \cdot 5\,H_2O$.

*Natronlauge.* Gehalt 14,8 bis 15% Natriumhydroxyd $NaOH$. $d = 1,165$ bis 1,169.

*Nesslers Reagens.* 5 g Kaliumjodid werden in 5 g siedendem Wasser gelöst und mit einer konzentrierten Lösung von Quecksilber(II)-chlorid in siedendem Wasser versetzt, bis der dabei entstehende Niederschlag sich nicht mehr löst, wozu 2 bis 2,5 g Quecksilber(II)-chlorid erforderlich sind. Nach dem Abkühlen wird filtriert, das Filtrat mit einer Lösung von 15 g Kaliumhydroxyd in 30 ccm Wasser versetzt und die Mischung mit Wasser auf 100 ccm aufgefüllt. Hierauf gibt man nochmals etwa 0,5 ccm der konzentrierten Quecksilber(II)-chloridlösung hinzu, läßt den gebildeten Niederschlag absitzen und gießt die überstehende Flüssigkeit klar ab.

Nesslers Reagens ist in Flaschen mit gut schließendem Gummistopfen aufzubewahren.

*Nitroprussidnatriumlösung.* Bei Bedarf ist 1 Teil Nitroprussidnatrium $Na_2Fe(NO)(CN)_5$ $\cdot\,2\,H_2O$ in 39 Teilen Wasser zu lösen.


*Olivenöl.* $d = 0,911$ bis 0,914.

*Oxalsäure.* $H_2C_2O_4 \cdot 2\,H_2O$.

*Oxalsäurelösung.* 1 Teil Oxalsäure ist in 9 Teilen Wasser zu lösen.

*Oxalsäurelösung, gesättigte.*


*Paraffin, flüssiges.* Farblos. $d$ mindestens 0,881. Sdp. nicht unter 360°.

*Pentan.* $d$ etwa 0,623. Sdp. etwa 32°. 50 ccm Pentan müssen bei einer Temperatur bis 32° ohne wägbaren Rückstand flüchtig sein.

*Pepsin.*

*Petroläther.* $d = 0,645$ bis 0,655. Sdp. 40 bis 60°.

*Petroleumbenzin.* $d = 0,661$ bis 0,681. Bei der Destillation von 50 ccm Petroleumbenzin müssen mindestens 40 ccm zwischen 50 und 75° übergehen.

*Phenol.* Erstarrungspunkt 39 bis 41°. Sdp. 178 bis 182°.

*Phenol, verflüssigtes.* 10 Teile Phenol werden bei gelinder Wärme geschmolzen und dann mit 1 Teil Wasser gemischt.

*Phenollösung.* Bei Bedarf ist 1 Teil Phenol in 19 Teilen Wasser zu lösen.

*Phenolphthaleinpapier.* Am besten fertig zu beziehen.

*Phloroglucin.* Schmp. bei raschem Erhitzen 217 bis 219°, bei langsamem Erhitzen 200 bis 209°.

*Phloroglucinlösung.* 2 Teile Phloroglucin sind in 100 Teilen Weingeist zu lösen.

*Phloroglucin-Salzsäure.* Die zu untersuchenden Schnitte oder Drogenpulver werden auf dem Objektträger mit 1 Tropfen Phloroglucinlösung durchfeuchtet. Nach 1 Minute werden 1 bis 2 Tropfen Salzsäure (25%) zugesetzt und das Präparat mit dem Deckglas bedeckt.
*Phosphorsäure.* Gehalt 24,8 bis 25,2% $H_3PO_4$. $d = 1,150$ bis $1,153$.
*Phosphorsäure, konzentrierte.* Gehalt annähernd 84% $H_3PO_4$. $d$ etwa $1,70$.
*Pikrinsäurelösung.* Die kalt gesättigte Lösung von Pikrinsäure in Wasser.

*Quecksilber (II)-chlorid* $HgCl_2$. (Sublimat.)
*Quecksilber (II)-chloridlösung.* 1 Teil Quecksilber(II)-chlorid ist in 19 Teilen Wasser zu lösen.
*Quecksilber (I)-chlorid* $HgCl$. (Kalomel.)
*Quecksilber (II)-oxyd* $HgO$, rot.
*Quecksilber (II)-oxyd* $HgO$, gelb. (Gefälltes Quecksilberoxyd.)
*Quecksilber (II)-acetat* $Hg(CH_3COO)_2$.
*Quecksilber (II)-sulfatlösung.* 1 g Quecksilber(II)-oxyd ist in 4 ccm Schwefelsäure ($d = 1,829$ bis $1,834$) und 20 ccm Wasser zu lösen.

*Resorcin.* Schmp. 110 bis 111°.
*Resorcin-Salsäure.* 1 Teil Resorcin ist in 99 Teilen rauchender Salzsäure ($d = 1,19$) zu lösen.

*Salicylaldehyd.* $d = 1,164$ bis $1,167$. Sdp. 195 bis 198°.
*Salpetersäure.* Gehalt 24,8 bis 25,2% $HNO_3$. $d = 1,145$ bis $1,148$.
*Salpetersäure, rauchende.* Gehalt mindestens 86% $HNO_3$. $d$ mindestens $1,476$.
*Salpetersäure, rohe.* Gehalt 61 bis 65% $HNO_3$. $d = 1,372$ bis $1,392$.
*Salpetersäure, verdünnte.* Bei Bedarf durch Mischen von 1 Teil Salpetersäure (25%) und 1 Teil Wasser zu bereiten.
*Salzsäure.* Gehalt 24,8 bis 25,2% $HCl$. $d = 1,22$ bis $1,123$.
*Salzsäure, rauchende.* Gehalt etwa 38% $HCl$. $d = 1,19$. Die Säure muß farblos sein und hinsichtlich ihres Reinheitsgrades der 25%igen Säure gleichkommen.
*Salzsäure, verdünnte.* Durch Mischen gleicher Teile 25%iger Säure und Wasser zu bereiten. Gehalt 12,4 bis 12,6% $HCl$. $d = 1,059$ bis $1,061$.
*Schiffs Reagens.* Man leitet in eine Lösung von 0,25 g Fuchsin in 1 Liter Wasser so lange Schwefeldioxyd ein, bis die Lösung gerade entfärbt ist.
*Schwefel.* Es ist gefällter Schwefel zu verwenden.
*Schwefeldioxyd (schweflige Säure).* Bei Bedarf durch Ansäuern einer frisch bereiteten Lösung von Natriumsulfit (1 + 9) mit verdünnter Schwefelsäure zu bereiten.
*Schwefelkohlenstoff.* $d = 1,263$. Sdp. 46°.
*Schwefelsäure.* Gehalt 94 bis 98% $H_2SO_4$. $d = 1,829$ bis $1,834$.
*Schwefelsäure, 80%* $H_2SO_4$. 4 Teile der konzentrierten Schwefelsäure sind mit 1 Teil Wasser zu mischen.
*Schwefelsäure, 70%* $H_2SO_4$. 7 Teile der konzentrierten Schwefelsäure sind mit 3 Teilen Wasser zu mischen.
*Schwefelsäure, verdünnte.* 1 Teil der konzentrierten Schwefelsäure ist mit 5 Teilen Wasser zu mischen. Gehalt 15,6 bis 16,3% $H_2SO_4$. $d = 1,106$ bis $1,111$.
*Schwefelwasserstoffgas.* Bei Bedarf durch vorsichtiges Eintropfen einer gesättigten wäßrigen Lösung von kristallisiertem Natriumsulfid in verdünnte Schwefelsäure zu bereiten.
*Silberlösung, ammoniakalische.* Bei Bedarf ist Silbernitratlösung (1 + 19) tropfenweise mit Ammoniakflüssigkeit zu versetzen, bis sich der entstandene Niederschlag eben wieder gelöst hat.
*Silbernitratlösung.* 1 Teil Silbernitrat ist in 19 Teilen Wasser zu lösen.
*Stärke, lösliche.*

*Talk.*
*Terpentinöl.* $d = 0,855$ bis $0,872$. Bei der Destillation von 50 ccm Terpentinöl müssen mindestens 40 ccm zwischen 155 und 165° übergehen.
*Tetrachlorkohlenstoff.* $d = 1,594$. Sdp. 76 bis 77°.
*Ton, weißer.* (Bolus alba).
*Traganth.*
*Tusche.* Es ist flüssige schwarze Ausziehtusche zu verwenden, die bei mikroskopischer Betrachtung gleichmäßig tiefschwarz und optisch leer erscheinen muß.

*Vanadin-Schwefelsäure.* 0,1 g Vanadinpentoxyd $V_2O_5$ ist in 2 ccm Schwefelsäure ($d = 1,829$ bis $1,834$) zu lösen und die Lösung mit Wasser auf 50 ccm zu verdünnen.
*Vanillin.* Schmp. 81 bis 82°.
*Vanillin-Salzsäure.* Bei Bedarf ist 1 Teil Vanillin in 99 Teilen Salzsäure (25%) zu lösen.

*Wachs, weißes.* $d = 0,956$ bis $0,961$. Schmp. 62 bis 66,5°.
*Wasserstoffsuperoxydlösung.* Gehalt 3,0 bis 3,2% $H_2O_2$.
*Wasserstoffsuperoxydlösung, konzentrierte.* Gehalt mindestens 30% $H_2O_2$.

*Weingeist.* Gehalt 91,29 bis 90,09 Volumprozent Alkohol. $d = 0,824$ bis 0,828.
*Weingeist, verdünnter.* Gehalt 69 bis 68 Volumprozent Alkohol. $d = 0,887$ bis 0,891.
*Weinsäure.*
*Weinsäurelösung.* Bei Bedarf ist 1 Teil Weinsäure in 4 Teilen Wasser zu lösen.

*Xylol.* Sdp. 140°.

*Zinkacetatlösung, weingeistige, gesättigte.* Bei Bedarf ist zerriebenes Zinkacetat $Zn(CH_3COO)_2$ $\cdot 2 H_2O$ mit Weingeist bis zur Sättigung zu schütteln und das Gemisch zu filtrieren.
*Zinkfeile.*
*Zinn (II)-chlorid, kristallisiertes* $SnCl_2 \cdot 2 H_2O$.
*Zucker.* (Rohrzucker.)

## 3. Quantitative Prüfungen und Gehaltsbestimmungen.

### a) Gewichtsanalytische Untersuchung chemischer Präparate.

**Allgemeines. Wägen. Einwaage.** Bei den nachstehend beschriebenen Prüfungsverfahren handelt es sich nicht um Gewichtsanalysen im strengen Sinne, sondern um einfache *Wertbestimmungen* chemischer Präparate, zu deren Ausführung Wägungen auf der analytischen Waage erforderlich sind. Die Wägungen sind auf 1 mg genau auszuführen; Auswaagen, die weniger als 1 mg betragen, gelten als unwägbar.

Für die einzelnen Bestimmungen ist eine bestimmte Einwaage (meist 1 g Substanz) vorgeschrieben. Da einige Übung dazu gehört, eine vorgegebene Menge (z. B. 1,000 g) auf der analytischen Waage einzuwägen, verfährt man zweckmäßig so, daß man die verlangte Menge zunächst roh auf der Tarierwaage einwägt und anschließend das genaue Gewicht auf der analytischen Waage bestimmt. Die Resultate sind dann natürlich auf die vorgeschriebene Substanzmenge umzurechnen.

Die zu den einzelnen Bestimmungen erforderlichen Gefäße (Wägegläschen, Kölbchen, Porzellantiegel) sind vor Ingebrauchnahme zur Gewichtskonstanz zu bringen; z. B. ein Porzellantiegel, der zu einer Glührückstandsbestimmung dienen soll, wäre zunächst leer auszuglühen, nach halbstündigem Abkühlen im Exsikkator zu wägen und diese Prozedur so oft zu wiederholen, bis zwei aufeinanderfolgende Wägungen das gleiche Resultat ergeben.

**Bestimmung des Wassergehalts.** In einem flachen Wägegläschen (Abb. 161) wird die vorgeschriebene Substanzmenge abgewogen und das Gläschen ohne Deckel im Trockenschrank $^1/_2$ Stunde auf die vorgeschriebene Temperatur (meist 105°) erhitzt. Nach dem Erkalten im Exsikkator verschließt man das Gläschen und wägt. Man wiederholt das Erhitzen, bis sich keine Gewichtsabnahme mehr zeigt. Der Wassergehalt der Einwaage ist gleich dem durch die Trocknung bewirkten Gewichtsverlust.

Abb. 161.

**Abdampf- und Glührückstand flüchtiger Stoffe.** Bei leichtflüchtigen Präparaten, z. B. Äther, Aceton, Menthol, verdampft man die vorgeschriebene Menge in einem gewogenen Porzellanschälchen auf dem Wasserbad, läßt im Exsikkator erkalten und wägt.

Schwerer flüchtige Stoffe (z. B. Quecksilberverbindungen, Ammoniumsalze) erhitzt man in einem gewogenen Porzellantiegel über freier Flamme und steigert die Temperatur allmählich bis zur dunklen Rotglut.

Die genannten Stoffe sollen entweder vollkommen flüchtig sein (Auswaage geringer als 1 mg), oder ihr Abdampf- bzw. Glührückstand darf nur gering sein.

Einige Präparate hinterlassen beim Glühen eine größere Menge schwerflüchtigen Rückstandes. Dazu gehören Natriumbicarbonat, Kaliumbicarbonat und basisches Magnesiumcarbonat; diese Präparate verlieren beim Glühen Kohlendioxyd. Die beiden Bicarbonate

gehen dabei in glühbeständige normale Carbonate, das basische Magnesiumcarbonat in glüh-
beständiges Oxyd über. Nach dem DAB 6 sollen die Glührückstände für Natriumbicarbonat
0,638 g, für Kaliumbicarbonat 0,69 g bei 1 g Einwaage und für basisches Magnesiumcarbonat
0,08 g bei 0,2 g Einwaage betragen.

**Verbrennungsrückstand organischer Präparate.** Eine dem Einzelfall angemessene
Menge der Substanz wird in einem gewogenen, schräggestellten Porzellantiegel durch
eine mäßig starke Flamme verascht. Bildet sich dabei schwer verbrennliche Kohle,
so wird zur Beschleunigung der Verbrennung die Flamme mehrmals für kurze Zeit
entfernt. Wird auf diese Weise keine völlige Veraschung erzielt, so übergießt man
den Tiegelinhalt mit wenig heißem Wasser, zerdrückt ihn mit einem kleinen Pistill[1]
und filtriert durch ein Filter mit bekanntem Aschegehalt. Man wäscht mit möglichst
wenig Wasser nach, bringt Filter samt Inhalt wieder in den Tiegel und führt nach
vorsichtigem Trocknen die Veraschung zu Ende. Sobald keine Kohle mehr sichtbar
ist, läßt man den Tiegel erkalten und dampft das Filtrat in dem Tiegel vorsichtig
ein. Der Rückstand wird schwach geglüht und nach dem Erkalten des Tiegels im
Exsikkator gewogen. Von dem ermittelten Gewicht ist der Aschegehalt des Filters
abzuziehen.

### b) Quantitative Untersuchung von Drogen und Zubereitungen.

**Vorbemerkung.** Für die nachstehend beschriebenen quantitativen Wertbestimmungen von Drogen ist lufttrockenes Material zu verwenden.

**Aschegehalt von Drogen.** Da es sich meist um schwerverbrennliches Material
handelt, mischt man zur Beförderung der Veraschung die zerkleinerte Droge mit
gereinigtem Seesand[2].

Ein Porzellantiegel wird zu etwa einem Drittel mit Seesand gefüllt und bis zur
Gewichtskonstanz geglüht. Man schichtet 0,5 bis 2 g der Droge auf den Sand, wägt
genau, mischt die Droge mit einem Glasstab unter den Sand und wischt die am
Glasstab hängengebliebenen Teilchen mit einer Federfahne in den Tiegel. Die Ver-
brennung wird bei schräggestelltem Tiegel eingeleitet, indem man zunächst den
Tiegelrand mit möglichst kleiner Flamme beheizt. Allmählich vergrößert man die
Flamme und schiebt den Brenner nach dem Boden des Tiegels hin. In den meisten
Fällen geht auf diese Weise die Veraschung glatt und rasch vor sich, was an der
Farbe des Sandes leicht zu erkennen ist. Verascht die Substanz sehr träge, so läßt
man erkalten und bringt durch Schräghalten des Tiegels und leichtes Gegenklopfen
den Inhalt in eine solche Lage, daß er einen Teil des Tiegelbodens freiläßt. Auf
diesen träufelt man nun 5 bis 10 Tropfen rauchende Salpetersäure und bringt den
Sand wieder in horizontale Lage. Durch Erhitzen mit ganz kleiner Flamme auf einer
Asbestplatte verjagt man die Salpetersäure und glüht dann über freier Flamme.
Nach dem Erkalten mischt man den Tiegelinhalt mit etwas gepulverter Oxalsäure,
glüht nochmals kurze Zeit und wägt nach halbstündigem Abkühlen im Exsikkator.

Bei Safran wird empfohlen, diesen erst auf dem Sande zu verkohlen und dann nach genügender Abkühlung die Kohle unter den Sand zu mischen.

Den Seesand kann man wiederholt zu Veraschungen benutzen.

**Extraktgehalt von Drogen.** Man stellt mit dem vorgeschriebenen Lösungsmittel
(kaltes oder heißes Wasser, Weingeist) einen Auszug der Droge her, wenn nicht
bereits ein fertiger Auszug (Tinktur, Fluidextrakt) zur Untersuchung vorliegt.

---

[1] Man stellt sich den Pistill leicht selbst her, indem man einen Glasstab an einem Ende in
der Flamme erweicht und plattdrückt.

[2] Zur Reinigung behandelt man den Seesand mit konzentrierter Salzsäure und wäscht ihn
mit Wasser gehörig aus; darauf trocknet und glüht man ihn.

Zur Bestimmung des Extraktgehalts verwendet man zweckmäßig ein weites Wägegläschen mit Schliffstopfen, das einen ebenen Boden besitzt[1]. Man wägt eine geeignete Menge des Auszuges ein, verdampft auf dem Wasserbade und trocknet im Wasserdampftrockenschrank — wenn nicht eine höhere Temperatur als 100° vorgeschrieben ist — bis zur Gewichtskonstanz. Man läßt das Gläschen offen im Exsikkator erkalten und wägt, nachdem man den Schliffstopfen aufgesetzt hat.

Die Einwaage soll so bemessen sein, daß die Menge des trockenen Extrakts etwa 0,2 bis 0,5 g beträgt, d. h. bei einem Auszug mit einem Gehalt von 2 bis 5% etwa 10 g.

Wichtig ist, daß der Boden des Wägegläschens eben ist, damit der Extrakt den Boden in gleichmäßig dünner Schicht bedeckt. Gefäße mit unebenem Boden sind nicht geeignet, weil die beim Eindampfen konzentrierter werdende Flüssigkeit sich an den tiefsten Stellen sammelt, wodurch sich dort eine dicke Extraktschicht bildet, die sich nicht völlig austrocknen läßt.

**Bestimmung des ätherischen Öles in Drogen.** Das Verfahren beruht auf der Flüchtigkeit der ätherischen Öle mit Wasserdampf. Zur Ausführung bedient sich das DAB. 6 einer Apparatur, die in Abb. 162 wiedergegeben ist. Ein Rundkolben von 1 Liter Inhalt wird mit einem gewöhnlichen, zweimal rechtwinklig gebogenen Destillationsrohr von insgesamt 30 cm Länge versehen, das durch ein kurzes Stück Gummischlauch mit einem senkrecht absteigenden Kühler (Länge des Kühlrohrs etwa 55 cm, Länge des Kühlmantels etwa 22 cm) verbunden ist. Als Vorlage dient ein Scheidetrichter von etwa 300 ccm Inhalt, den man bei 150 und 200 ccm mit einer Marke versieht.

Der Kolben wird mit 10 g des Drogenpulvers oder der grobgepulverten Droge und 300 ccm Wasser beschickt und einige gereinigte Tariergranaten hinzugefügt. Man verbindet den Kolben mit der Apparatur und erhitzt auf dem Drahtnetz mit einem kräftigen

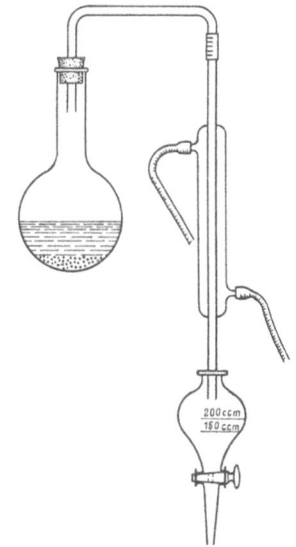

Abb. 162.

Brenner. Sobald 150 ccm Destillat übergegangen sind, unterbricht man das Erhitzen und versetzt nach dem Aufhören des Siedens den Kolbeninhalt durch vorsichtiges Umschwenken in drehende Bewegung, bis die an der Kolbenwand haftenden Drogenteilchen wieder in der Flüssigkeit verteilt sind. Darauf setzt man die Destillation fort, bis weitere 50 ccm übergegangen sind. Falls durch Abscheidung von ätherischem Öl im Kühlrohr Trübungen auftreten, ist das Kühlwasser vorübergehend bis eben zum Verschwinden der Trübung abzustellen. Das Kühlrohr soll nicht in das Destillat eintauchen.

Das erhaltene Destillat — etwa 200 ccm — wird im Scheidetrichter mit 60 g Natriumchlorid versetzt und die Lösung dreimal mit je 20 ccm Pentan ausgeschüttelt. Nach jedem Ausschütteln scheidet man Salzlösung und Pentanausschüttelung durch getrenntes Ablassen aus dem Scheidetrichter. Die vereinigten Ausschüttelungen läßt man einige Minuten stehen und überführt sie dann in ein gewogenes Kölbchen von 100 ccm Inhalt, wobei genau darauf zu achten ist, daß keine Tröpfchen der Salzlösung mit in das Kölbchen gelangen. Durch vorsichtiges Abdestillieren auf einem mäßig warmen Wasserbade entfernt man die Hauptmenge des Pentans. Die letzten Anteile beseitigt man durch sehr vorsichtiges Einblasen (besser Durchsaugen) von

---

[1] Nach Art der Abb. 161.

trockener Luft[1], setzt das Kölbchen $1/2$ Stunde in den Exsikkator und wägt. Die Wägung wird nach jeweils viertelstündigem Aufbewahren im Exsikkator so oft wiederholt, bis zwei aufeinanderfolgende Wägungen um höchstens 2 mg differieren. Nach Abzug des Kolbengewichts erhält man die Menge ätherischen Öls, die in der eingewogenen Drogenprobe enthalten ist.

In Tab. 38 sind für einige Drogen die vom DAB. 6 geforderten Mindestgehalte an ätherischem Öl wiedergegeben.

*Tabelle 38.*

| Droge | Mindestgehalt an äther. Öl Gew.-% | Droge | Mindestgehalt an äther. Öl Gew.-% |
|---|---|---|---|
| Cortex Cinnamomi (Ceylonzimt) | 1,0 | Fructus Foeniculi (Fenchel) | 4,5 |
| Flores Caryophylli (Gewürznelken) | 16,0 | Fructus Juniperi (Wacholderbeer.) | 1,0 |
| Flores Chamomillae (Kamillen) | 0,4 | Rhizoma Calami (Kalmus) | 2,5 |
| Folia Menthae pip. (Pfefferminzbl.) | 0,7 | Rhizoma Galangae (Galgant) | 0,5 |
| Folia Salviae (Salbeiblätter) | 1,5 | Rhizoma Zedoariae (Zitwerwurzel) | 0,8 |
| Fructus Anisi (Anis) | 1,5 | Rhizoma Zingiberis (Ingwer) | 1,5 |
| Fructus Carvi (Kümmel) | 4,0 | | |

Außer der gravimetrischen Methode des DAB. 6 sind neuerdings Verfahren vorgeschlagen worden, bei denen das Volumen des mit Wasserdampf überdestillierten ätherischen Öles in einer engen kalibrierten Röhre gemessen wird. Zur Ermittlung der Gewichtsprozente muß dann das gemessene Volumen mit dem spezifischen Gewicht des ätherischen Öles multipliziert werden. Aus Raumgründen kann hier keine Beschreibung der zahlreichen von verschiedenen Autoren (CLEVENGER, UNGER, MORITZ) konstruierten Apparate gegeben werden. Empfehlenswert erscheinen besonders solche Verfahren, bei denen die Droge nicht mit dem kochenden Wasser in Berührung kommt, sondern durch strömenden Wasserdampf extrahiert wird (Wasserdampfdestillation).

**Alkoholgehalt in Tinkturen (Alkoholzahl).** Zur Bestimmung des Alkoholgehalts in weingeistigen Tinkturen unterwirft man eine bestimmte Menge (meist 10 g) der Destillation und fängt eine vorgeschriebene Anzahl ccm des Destillats in einem graduierten Zylinder auf. Aus dem wasserhaltigen Destillat wird der Alkohol durch Zusatz von Kaliumcarbonat abgeschieden und sein Volumen gemessen.

Zur praktischen Ausführung der Bestimmung benutzt man den Siedekolben mit Aufsatz, der zur Bestimmung des Siedepunkts dient (Abb. 155b). Man verbindet das Abflußrohr des Aufsatzes mit einem Kühler, dessen unteres Ende mit einem Vorstoß versehen wird (Abmessungen des Vorstoßes: oberer Teil lichte Weite 1,3 cm, Länge 2,5 cm; unterer Teil lichte Weite 0,5 cm, Länge 15 cm). Die Apparatur wird so aufgebaut, daß der absteigende Teil des Vorstoßes senkrecht steht. Als Vorlage dient ein Glaszylinder von 25 ccm Inhalt, der in Zehntelkubikzentimeter eingeteilt ist. Zweckmäßig verwendet man einen Zylinder mit Schliffstopfen.

Der Siedekolben wird, sofern die Vorschriften nichts anderes bestimmen, mit einer Mischung von 10 g der zu prüfenden Tinktur und 5 g Wasser beschickt. Zur Verhütung des Siedeverzuges gibt man ein Siedestäbchen oder einige Siedesteinchen in den Kolben. Man beginnt die Destillation, indem man das Drahtnetz in der Mitte der Asbestplatte mit exzentrisch gestellter Flamme so erhitzt, daß es in seiner ganzen Ausdehnung rotglühend wird. Nach Eintritt des Siedens ist die Höhe der Flamme so zu regeln, daß die Flüssigkeit gleichmäßig und stark siedet. Bei den mit verdünntem Weingeist bereiteten Tinkturen sind etwa 11 ccm, bei den mit unverdünntem Weingeist bereiteten etwa 13 ccm Destillat aufzufangen.

---

[1] Man trocknet die Luft, indem man sie durch ein mit wasserfreiem Calciumchlorid beschicktes Trockenrohr leitet.

Das in dem Meßzylinder aufgefangene Destillat wird mit so viel festem Kalium-carbonat kräftig durchgeschüttelt, daß eine mindestens 0,5 cm hohe Schicht des Salzes ungelöst bleibt. Hierzu sind bei den mit verdünntem Weingeist bereiteten Tinkturen etwa 6 bis 7 g, bei den mit unverdünntem Weingeist bereiteten etwa 3 bis 4 g Kaliumcarbonat erforderlich. Tritt infolge zu reichlichen Zusatzes an Kaliumcarbonat keine scharfe Scheidung der Flüssigkeiten ein, so schüttelt man nach Zusatz einiger Tropfen Wasser erneut durch, bis bei ruhigem Stehen die Trennung scharf ist. Nach halbstündigem Einstellen des Meßzylinders in Wasser von 20° wird die Anzahl ccm der oberen alkoholischen Schicht abgelesen. Die Zahl ist die *Alkoholzahl* der Tinktur. Durch Multiplikation der Alkoholzahl mit 7,43 er-hält man den *Alkoholgehalt* der Tinktur in Gewichtsprozenten.

In Tab. 39 finden sich für einige Tinkturen die vom DAB. 6 geforderten Mindest-alkoholzahlen und die daraus berechneten Mindestalkoholgehalte.

*Tabelle 39.*

| Tinktur | Mindestalkoholzahl | Mindestalkoholgehalt Gew.-% |
|---|---|---|
| Arnikatinktur | 7,7 | 57,2 |
| Baldriantinktur | 7,5 | 55,7 |
| Benzoetinktur | 9,0 | 66,9 |
| Myrrhentinktur | 10,2 | 75,8 |

**Prüfung auf Methylalkohol und Aceton in Tinkturen.** Da sich die Prüfung auf Methyl-alkohol und Aceton unmittelbar an die Bestimmung der Alkoholzahl anschließen läßt, so soll sie an dieser Stelle beschrieben werden, obgleich es sich eigentlich um einen qualitativen Nachweis handelt.

Zur Ausführung der Prüfung unterwirft man die bei der Bestimmung der Alkoholzahl gewonnene alkoholische Schicht noch einmal in derselben (zuvor gereinigten) Apparatur der Destillation und fängt die ersten 2 ccm des Destillats auf. Davon dient die eine Hälfte zur Prüfung auf Methylalkohol, die andere zur Prüfung auf Aceton.

α) *Prüfung auf Methylalkohol.* Man mischt 1 ccm des Destillats mit 4 ccm verdünnter Schwefelsäure und gibt unter guter Kühlung und stetem Umschütteln nach und nach 1 g fein zerriebenes Kaliumpermanganat hinzu. Das Kaliumpermangant oxydiert etwa vorhandenen Methylalkohol zu Formaldehyd. Sobald die Violettfärbung verschwunden ist, wird durch ein kleines trockenes Filter filtriert und das meist etwas rötlich gefärbte Filtrat einige Sekunden schwach erwärmt, bis es farblos geworden ist. Zum eigentlichen Nachweis bereitet man sich eine Lösung von 0,02 g Guajakol in 100 ccm Schwefelsäure (konzentriert) und gibt von dieser Lösung 0,5 ccm auf ein Uhrglas, das sich auf einer weißen Unterlage befindet. Aus einer Pipette tropft man jetzt 3 bis 5 Tropfen des gewonnenen farblosen Filtrats zu der Guajakol-lösung, wobei man die Ausflußöffnung der Pipette soweit als möglich der Oberfläche der Lösung nähert. Bei Gegenwart von Formaldehyd tritt innerhalb von 2 Minuten eine rosarote Färbung auf, womit die Gegenwart von Methylalkohol in der Untersuchungsprobe erwiesen ist.

β) *Prüfung auf Aceton.* Der restliche Kubikzentimeter des Destillats wird mit 1 ccm Natronlauge (15%) und 5 Tropfen Nitroprussidnatriumlösung (1 + 39) versetzt und dann so-gleich 1,5 ccm verdünnte Essigsäure zugefügt. Bei Anwesenheit von Aceton geht eine nach dem Zusatz der Nitroprussidnatriumlösung entstandene Rotfärbung nach Zugabe der Essig-säure in violett über.

Bei *Jodtinktur* entfällt die Bestimmung der Alkoholzahl. Man prüft sie auf Methylalkohol und Aceton, indem man 10 g der Tinktur mit 3 g einer Lösung von Natriumthiosulfat (1 + 1) zur Bindung des Jods mischt und die Mischung ohne Wasserzusatz in der beschriebenen Appara-tur destilliert. Die zuerst übergegangenen 2 ccm des Destillats verwendet man zu den Prüfun-gen a) und b).

Will man *Alkohol* (absolut) und *Weingeist* auf Methylalkohol und Aceton prüfen, so unter-wirft man 20 ccm der genannten Flüssigkeiten der Destillation und verfährt mit den ersten 2 ccm des Destillats nach a) und b).

**Mikrosublimation von Drogen.** Der Vollständigkeit halber soll in diesem Zusammenhange das zur Identifizierung und Reinheitsprüfung einiger Drogen wertvolle Verfahren der *Mikro-sublimation* beschrieben werden.

Einige kleine Schnitzel der Droge oder einige Milligramm Drogenpulver bringt man auf einen Objektträger und legt diesen auf ein mit Asbesteinlage versehenes Drahtnetz oder auf eine Asbestplatte. Auf das eine Ende des Objektträgers legt man ein oder mehrere Stückchen Glas und bedeckt mit einem zweiten Objektträger so, daß er mit dem einen Ende auf den Glasstückchen, mit dem anderen auf dem ersten Objektträger ruht. Seine Unterseite muß sich etwa 1 mm über dem Präparat befinden. Man erhitzt mit einem kleinen etwa 1 cm hohen Gasflämmchen, dessen Spitze sich einige Zentimeter unter der Asbestplatte befindet. Der obere Objektträger, an dessen Unterseite sich das Sublimat ansammelt, wird so oft nach 1 bis 2 Minuten durch einen anderen ausgewechselt, bis kein Sublimat mehr entsteht. Die Untersuchung ist nach 24 Stunden zu wiederholen.

Einige Beispiele für das Verhalten von Drogen bei der Mikrosublimation gibt Tab. 40.

*Tabelle 40.*

| Droge | Verhalten bei der Mikrosublimation |
|---|---|
| Cortex Frangulae (Faulbaumrinde) | Gelbes, kristallinisches Sublimat; in einem Tröpfchen Kalilauge mit roter Farbe löslich. |
| Lichen Islandicus (Isländisches Moos) | Weiße, sehr feinkörnige, mikrokristalline Sublimate; leicht und farblos in Ammoniak löslich. Aus der Lösung scheiden sich bald nadelförmige Kristalle aus, die oft zu zweigartigen Gebilden zusammentreten. |
| Radix Gentianae (Enzianwurzel) | Farbloses Sublimat, das sich in einem Tröpfchen Kalilauge nicht mit roter Farbe lösen darf. |
| Radix Ononidis (Hauhechelwurzel) | Feine, meist gebogene oder gewundene Nädelchen oder feinkörnige Anflüge, farblos; sofort löslich in einem Tröpfchen Weingeist. Beim Verdunsten Ausscheidung prismatischer Kristalle, die sich in einem Tröpfchen Schwefelsäure mit roter Farbe lösen. |
| Rhizoma Rhei (Rhabarber) | Gelbe, z. T. nadelförmige Kriställchen; in einem Tröpfchen Kalilauge mit roter Farbe löslich. |
| Radix Pimpinellae (Bibernellwurzel) | Kristallnädelchen oder winzige Körnchen von Pimpinellin neben kleinen Tröpfchen. Auf Zusatz von einem Tropfen Petroläther nach dem Verdunsten Wiederausscheidung des Pimpinellins in gut ausgebildeten Kristallen neben Tröpfchen. |

### c) Maßanalytische Bestimmungen.

**Allgemeines.** *Maßanalytische Verfahren* finden bei Gehaltsbestimmungen von Arzneistoffen und Arzneizubereitungen ausgedehnte Verwendung. Ihre Bevorzugung gegenüber gewichtsanalytischen Verfahren verdanken sie hier wie auch sonst dem Umstande, daß sie bei hinreichender Genauigkeit besonders schnell arbeiten. Es kommt hinzu, daß jedes maßanalytische Verfahren meist die quantitative Bestimmung einer ganzen Gruppe von Stoffen ermöglicht. So kann man maßanalytisch nach dem gleichen Verfahren zahlreiche Säuren quantitativ bestimmen, während gewichtsanalytisch in jedem Einzelfall ein besonderes Verfahren erforderlich wäre. Diese Unspezifität bedingt die vielseitige Anwendbarkeit maßanalytischer Verfahren.

Die Maßanalyse arbeitet mit Lösungen geeigneter maßanalytischer Reagentien von genau bekanntem Gehalt und mißt die Anzahl Kubikzentimeter einer solchen *Meßlösung*, die zum vollständigen chemischen Umsatz mit dem zu bestimmenden Stoff verbraucht wird. Eine einfache stöchiometrische Rechnung ergibt dann die Menge des zu bestimmenden Stoffes. Voraussetzung dabei ist, daß der chemische Umsatz eindeutig in dem durch eine Gleichung darstellbaren Sinne verläuft. Außerdem muß der Umsatz hinreichend schnell erfolgen und der Punkt des vollständigen Umsatzes, der sogenannte *Endpunkt*, scharf erkennbar sein.

Da die Maßanalyse mit Lösungen von bestimmtem Gehalt (Meßlösungen oder volumetrische Lösungen) arbeitet, bezeichnet man sie auch als *Titrieranalyse*[1] und den Arbeitsvorgang bei der Analyse als *Titrieren*.

---

[1] Franz. titre = Gehalt.

**Übersicht über die wichtigsten maßanalytischen Verfahren.** Man teilt die maßanalytischen Verfahren nach den verschiedenen Reaktionsarten ein, deren sie sich
bedienen. Im folgenden soll zunächst eine kurze Übersicht über die wichtigsten
maßanalytischen Verfahren gegeben werden, die das DAB. 6 zu Gehaltsbestimmungen verwendet.

α) *Bestimmung von Säuren und Basen (Neutralisationsverfahren). Normallösungen.* Soll der Gehalt einer vorgelegten Probe von Salzsäure bestimmt werden,
so bedient man sich ihrer Reaktion mit Kalilauge, die man allmählich der Säure
hinzufügt, wobei der Umsatz im Sinne der Gleichung

$$KOH + HCl \rightarrow KCl + H_2O$$

erfolgt. Man verwendet eine Kalilauge mit bekanntem Gehalt an Kaliumhydroxyd
$KOH$ und mißt das Volumen dieser Meßlösung, welches zum völligen Umsatz,
d. h. zum Verbrauch der vorgelegten Säure erforderlich ist. Aus dem bekannten
Gehalt der Meßlösung ergibt sich dann die verbrauchte Menge Kaliumhydroxyd
und hieraus durch eine einfache stöchiometrische Rechnung die Menge der vorgelegten Säure. Man erkennt leicht, daß die chemische Reaktion zwischen Säuren
und Basen ganz allgemein die Möglichkeit ihrer gegenseitigen maßanalytischen
Bestimmung eröffnet.

Weil im Endpunkt des Umsatzes zwischen Säure und Base beide Stoffe einander
äquivalent sind, bezeichnet man ihn als *Äquivalenzpunkt.* Zu seiner scharfen Erfassung setzt man der Flüssigkeit einen geeigneten Indikator zu, dessen Farbumschlag im Äquivalenzpunkt erfolgt[1].

Der *Gehalt der Meßlösungen* kann im Prinzip beliebig gewählt werden. So könnte
man z. B. im obigen Falle den Gehalt der Kalilauge so einstellen, daß 1 ccm genau
10 mg Salzsäure ($HCl$) entspricht, was für diesen Sonderfall rechnungsmäßig sehr
bequem wäre. Wegen ihrer vielseitigen Verwendbarkeit bevorzugt man jedoch in der
Maßanalyse den Gebrauch von *Normallösungen*, d. h. von Meßlösungen, die pro Liter
1 *Grammäquivalent* enthalten. Unter einem Grammäquivalent eines Stoffes versteht man die Menge in Gramm, die in ihrer Wirkung 1 Gramm Wasserstoff bzw.
8 Gramm Sauerstoff entspricht. Bei einer einbasigen Säure, z. B. $HCl$, ist das
Grammäquivalent gleich dem Formelgewicht in Gramm, bei einer zweibasigen
Säure z. B., $H_2SO_4$, gleich dem halben Formelgewicht in Gramm. Normal-Salzsäure
enthält pro Liter 36,46 g $HCl$, Normal-Schwefelsäure $1/2 \cdot 98,08 = 94,04$ g $H_2SO_4$.
Entsprechendes gilt für Normallösungen von Basen. Normal-Kalilauge enthält pro
Liter 56,11 g $KOH$, Normal-Natronlauge 40,4 g $NaOH$, Normal-Bariumhydroxyd-
lösung $1/2 \cdot 171,4 = 85,7$ g $Ba(OH)_2$.

Gleiche Volumina verschiedener Normallösungen entsprechen sich in ihrer
Wirkung. So kann man mit einer beliebigen Normalsäure den Gehalt einer beliebigen Lauge bestimmen. 1 ccm Normalsäure entspricht z. B.: 56,11 mg $KOH$;
40,04 mg $NaOH$; 85,7 mg $Ba(OH)_2$. Umgekehrt zeigt der Verbrauch von 1 ccm
Normallauge die Gegenwart von: 36,46 mg $HCl$; 60,05 mg $CH_3COOH$ (Essigsäure);
49,04 mg $H_2SO_4$ an. Die Verwendung von Normallösungen vereinfacht somit die
Berechnungen ganz wesentlich: man erhält die Menge des zu bestimmenden Stoffes
in Milligramm, indem man sein Äquivalentgewicht mit der Zahl der verbrauchten
Kubikzentimeter Normallösung multipliziert.

Der prozentische Fehler einer maßanalytischen Bestimmung ist bei gleicher
Ablesegenauigkeit um so kleiner, je mehr Meßlösung verbraucht wird. Man benutzt
daher in der Praxis meist keine Normallösungen, sondern Zehntel-Normallösungen

---

[1] Über den Verlauf der Reaktion zwischen Säuren und Basen, die Verhältnisse im Äquivalenzpunkt und die Wahl des geeigneten Indikators vgl. Anorg. Chem. S. 223 ff.

(n/10-Lösungen), die im Liter $^1/_{10}$ Grammäquivalent des maßanalytisch wirksamen Stoffes enthalten. Nach Möglichkeit richtet man es so ein, daß der Verbrauch an Meßlösung nicht unter 20 ccm liegt. Wenn die Endpunktsbestimmung genügend empfindlich ist, kann man zur Erfassung kleiner Mengen auch noch mit n/20-, n/50- oder n/100-Lösungen arbeiten.

β) *Oxydimetrie.* Die gebräuchlichste Meßlösung der Oxydimetrie ist eine *n/10-Kaliumpermanganatlösung.* Wie in dem Abschnitt Anorganische Chemie (S. 228ff.) gezeigt wurde, oxydiert Kaliumpermanganat in saurer Lösung eine ganze Reihe von Stoffen und geht dabei in Mangan(II)-salz über. Man kann die oxydierende Wirkung des Kaliumpermanganats durch die schematische Gleichung

$$2\,KMnO_4 + 3\,H_2SO_4 \rightarrow K_2SO_4 + 2\,MnSO_4 + 3\,H_2O + 5\,O$$

zum Ausdruck bringen. Ein Formelgewicht $= 158{,}03$ g $KMnO_4$ liefert also 5 Äquivalente Sauerstoff. Demnach enthält eine Normallösung von Kaliumpermanganat $^1/_5 \cdot 158{,}03 = 31{,}65$ g $KMnO_4$ und eine n/10-Kaliumpermanganatlösung 3,165 g $KMnO_4$ pro Liter.

Man kann mit einer Meßlösung von Kaliumpermanganat z. B. den Gehalt von Wasserstoffsuperoxydlösung oder von Natriumnitrit bestimmen. Diese Stoffe werden durch den vom Permanganat gelieferten Sauerstoff oxydiert:

$$H_2O_2 + O \rightarrow H_2O + O_2$$
$$NaNO_2 + O \rightarrow NaNO_3\,.$$

Man rechnet leicht aus, daß 1 ccm n/10-Kaliumpermanganatlösung 1,701 mg $H_2O_2$ und 3,45 mg $NaNO_2$ entspricht.

Bei Titrationen mit Kaliumpermanganatlösung braucht man keinen Indikator, denn sobald die Oxydation des vorgelegten Stoffes beendet ist, bewirkt ein überschüssiger Tropfen der Meßlösung eine Rosafärbung der Titrierflüssigkeit.

γ) *Jodometrie.* Ein sehr vielseitiges maßanalytisches Verfahren ist die Jodometrie. Man kann zunächst solche Stoffe jodometrisch bestimmen, die aus angesäuerter Kaliumjodidlösung Jod frei machen (Oxydationsmittel). Beispiele sind: Chlor, Chlorkalk, Eisen(III)-salze, Wasserstoffperoxyd, Kaliumpermanganat, Kaliumdichromat. Die Reaktionsgleichungen lauten:

$$Cl_2 + 2\,J^- \rightarrow 2\,Cl^- + J_2$$
$$CaCl(OCl) + 2\,HJ \rightarrow CaCl_2 + H_2O + J_2$$
$$2\,Fe^{3+} + 2\,J^- \rightarrow 2\,Fe^{2+} + J_2$$
$$H_2O_2 + 2\,HJ \rightarrow 2\,H_2O + J_2\,.$$

Bei den sauerstoffliefernden Oxydationsmitteln Kaliumpermanganat und Kaliumdichromat kann man abkürzend schreiben:

$$O + 2\,HJ \rightarrow H_2O + J_2\,.$$

Bei der Ausführung der Bestimmungen verfährt man so, daß man die Probe des gelösten Oxydationsmittels ansäuert (meist mit Salzsäure) und überschüssiges festes Kaliumjodid zugibt. Es erfolgt sogleich unter Braunfärbung der Lösung die Abscheidung einer äquivalenten Menge elementaren Jods, die man mit *n/10-Natriumthiosulfatlösung* quantitativ bestimmt. Das Natriumthiosulfat verbraucht das Jod nach der Gleichung:

$$2\,Na_2S_2O_3 + J_2 \rightarrow Na_2S_4O_6 + 2\,NaJ\,.$$

Die braune Farbe des Jods hellt sich beim Zusatz der Natriumthiosulfatlösung mehr und mehr auf. Ist die Lösung nur noch schwach gelb gefärbt, so fügt man einige Kubikzentimeter Stärkelösung als Indikator hinzu. Die Flüssigkeit färbt sich tiefblau (Jodstärke), und man erkennt den Endpunkt jetzt sehr gut durch den scharfen

Farbumschlag, den 1 Tropfen überschüssiger Natriumthiosulfatlösung bewirkt. Da ein Formelgewicht = 248,19 g $Na_2S_2O_3 \cdot 5H_2O$ ein Grammäquivalent Jod ($^1/_2 J_2$) bindet, enthält eine n/10-Natriumthiosulfatlösung pro Liter 24,819 g kristallisiertes Natriumthiosulfat. 1 ccm n/10-Natriumthiosulfatlösung entspricht dann folgenden Mengen obiger Oxydationsmittel: 3,546 mg $Cl$, 5,585 mg $Fe^{3+}$ (Eisen), 1,701 mg $H_2O_2$, 3,165 mg $KMnO_4$ und 4,902 mg $K_2Cr_2O_7$[1].

Man kann jodometrisch nicht nur oxydierende Stoffe bestimmen, sondern auch jodverbrauchende (reduzierende) Stoffe. Das Jod wird von diesen Stoffen unter geeigneten Bedingungen (alkalische Reaktion) im Sinne der Gleichung

$$J_2 + H_2O \rightarrow 2 HJ + O \, [2]$$

zu Jodwasserstoff reduziert und sie selbst (durch den Sauerstoff) oxydiert. So kann man in bicarbonatalkalischer Lösung Arsenik und in stärker alkalischer Lösung Formaldehyd jodometrisch bestimmen. Die Vorgänge lassen sich schematisch durch die Gleichungen

$$As_2O_3 + 2 O \rightarrow As_2O_5$$

$$HCHO + O \rightarrow HCOOH$$

darstellen. Arsenik wird zu Arsenpentoxyd (Arsensäure), Formaldehyd zu Ameisensäure oxydiert.

Zu den Bestimmungen bedient man sich einer *n/10-Jodlösung*, die $^1/_{10}$ Grammäquivalent = 12,692 g Jod pro Liter enthält und in ihrem Oxydationswert $^1/_{10}$ Grammäquivalent Sauerstoff entspricht. 1 ccm n/10-Jodlösung entspricht 4,945 mg Arsenik und 1,502 mg Formaldehyd. Bei der Ausführung verfährt man so, daß man eine überschüssige genau abgemessene Menge n/10-Jodlösung zu der vorgelegten Lösung hinzufließen läßt und dann das nichtverbrauchte Jod mit n/10-Natriumthiosulfatlösung „zurücktitriert". Durch Subtraktion der bei der Rücktitration verbrauchten Anzahl Kubikzentimeter n/10-Natriumthiosulfatlösung von der zugegebenen Anzahl Kubikzentimeter n/10-Jodlösung ergibt sich die zur Oxydation der vorgelegten Probe benötigte Anzahl Kubikzentimeter n/10-Jodlösung.

Auf dem gleichen Prinzip beruht die Jodzahlbestimmung von Fetten (vgl. S. 371 ff.).

Jodometrische Verfahren sind nicht nur sehr vielseitig verwendbar, sie sind auch sehr genau. Der Jodstärke-Indikator ist so empfindlich, daß man auch sehr kleine Mengen mit n/50- oder n/100-Lösungen mikromaßanalytisch bestimmen kann.

δ) *Fällungsverfahren.* GAY-LUSSAC war der erste Chemiker, der im Jahre 1830 auf den Gedanken kam, eine Analyse nicht durch Wägung, sondern durch Raummessung auszuführen. Er bestimmte den Silbergehalt einer Lösung durch Messung des Volumens einer Natriumchloridlösung von bekanntem Gehalt, das gerade ausreicht, um das vorhandene Silber als Chlorid auszufällen:

$$Ag^+ + Cl^- \rightarrow AgCl \, .$$

In umgekehrtem Sinne kann dieses Fällungsverfahren dazu dienen, lösliche Chloride, Bromide und Jodide mit *n/10-Silbernitratlösung* zu bestimmen. n/10-Silbernitratlösung enthält pro Liter $^1/_{10}$ Grammäquivalent = 16,989 g $AgNO_3$; 1 ccm entspricht 3,546 mg Chlor, 7,992 mg Brom und 12,692 mg Jod.

Wenn man durch Umschütteln der Titrierflüssigkeit dafür sorgt, daß das ausgefällte Halogensilber sich zusammenballt, kann man die Vollständigkeit der Fällung

---

[1] Als weiterer Vorteil der Verwendung von Normallösungen erweist sich hier, daß man aus ihrem Kubikzentimeterverbrauch ohne Zwischenrechnung die Menge des zu bestimmenden Stoffes angeben kann.

[2] Die Reaktion $O + 2 HJ \rightleftarrows H_2O + J_2$ verläuft also je nach den Bedingungen im Sinne des oberen oder unteren Pfeils.

an dem Ausbleiben einer weiteren Fällung in der überstehenden klaren Flüssigkeit erkennen. Besser ist es jedoch, der (neutralen) Flüssigkeit einige Tropfen Kaliumchromatlösung als Indikator zuzusetzen (Verfahren nach MOHR). Nach vollständiger Ausfällung der Halogenionen bewirkt ein Tropfen überschüssiger n/10-Silbernitratlösung eine Rotbraunfärbung durch Bildung von Silberchromat.

Das beschriebene Verfahren nach MOHR ist nur in neutraler Lösung anwendbar[1]. Meist liegt jedoch eine salpetersaure Lösung zur Analyse vor. Man arbeitet dann nach dem Verfahren von VOLHARD, indem man mit einer überschüssigen gemessenen Menge n/10-Silbernitratlösung fällt und den nicht zur Fällung beanspruchten Teil des Silbernitrats nach dem Abfiltrieren und Auswaschen des Halogensilbers mit *n/10-Ammoniumrhodanidlösung* zurücktitriert. Das überschüssige Silber wird als schwerlösliches Silberrhodanid gefällt:

$$Ag^+ + (SCN)^- \rightarrow AgSCN.$$

Als Indikator setzt man eine reichliche Menge Eisenalaunlösung zu. Ein Überschuß an Rhodanid wird durch eine rötlichbraune Färbung der Flüssigkeit erkannt, die von gebildetem Eisen(III)-rhodanid herrührt. n/10-Ammoniumrhodanidlösung enthält pro Liter 7,618 g Ammoniumrhodanid $NH_4SCN$.

**Meßgeräte.** α) *Allgemeines.* Die Maßanalyse bedient sich zur Raummessung besonderer Meßgeräte: Meßkolben, Pipetten, Büretten. Als Einheit des Raummaßes gilt das *Liter*, d. h. der Raum, den 1 kg Wasser von 4° C einnimmt. Für alle praktischen Zwecke kann man 1 Liter gleich 1000 ccm setzen[2]. Eine sichere Gewähr für die Richtigkeit seiner Meßgeräte besitzt man, wenn man amtlich geeichte Geräte verwendet, was z. B. vom DAB. 6 vorgeschrieben ist. Man kann jedoch auch die ungeeichten „Normalgeräte" des Handels benutzen und sie durch Auswägen mit Wasser von bekannter Temperatur selbst prüfen. Besondere Tabellen ermöglichen die Umrechnung der ermittelten Wassergewichte in Raummaß[3].

Die Inhaltsangabe der Meßgeräte gilt streng genommen nur für die auf den Geräten vermerkte Eichtemperatur (meist 20° C). Solange jedoch die Temperatur der abzumessenden Flüssigkeiten (Raumtemperatur) sich nicht allzu weit von 20° C entfernt, kann man den begangenen Fehler vernachlässigen. Unstatthaft ist es aber, heiße oder gekühlte Flüssigkeiten abzumessen.

*Meßkolben* sind dünnwandige Stehkolben mit eingeschliffenem Glasstopfen und engem Hals, in dem eine Ringmarke den Inhalt abgrenzt. Die gebräuchlichsten Kolbengrößen sind 1000, 500, 250, 100 ccm. Die Halsweite eines Meßkolbens soll seinem Inhalt angepaßt sein. Sie soll für Kolben von

|  | 50—200 | 200—500 | 500—1000 ccm Inhalt |
|---|---|---|---|
| nicht mehr als | 13 | 15 | 18    cm betragen. |

Meßkolben von 1000 ccm Inhalt dienen vorwiegend zur Einstellung von Normallösungen. Besonders praktisch für diesen Zweck sind Kolben, deren Hals oberhalb der Marke zu einer Erweiterung aufgeblasen ist, über der sich noch eine zweite Marke befinden kann (*Kugelhalskolben*, Abb. 163).

Meßkolben dürfen nicht erhitzt werden, weil sich ihr Inhalt dabei verändert und nach dem Abkühlen nur sehr langsam den richtigen Wert wieder annimmt. Ist also zur Bereitung einer Lösung Erhitzen erforderlich, so stellt man sie in einem anderen Gefäß her und spült sie erst nach dem Abkühlen in den Meßkolben.

---

[1] Silberchromat ist säurelöslich.

[2] Genau ist 1 Liter gleich 1 000,028 ccm; vgl. den Unterschied zwischen spezifischem Gewicht und Dichte S. 331, Anm. 1.

[3] Vgl. d'ANS-LAX, Taschenbuch für Chemiker und Physiker (Springer-Verlag, Berlin).

*Büretten* sind Glasröhren von überall gleicher Weite (12 bis 15 mm) und etwas über 50 ccm Inhalt, die in ganze und zehntel Kubikzentimeter geteilt sind (Abb. 164). Den Ausfluß einer Bürette regelt man mit einem am unteren Ende befindlichen Glashahn, der mit einer Spur Vaseline eingefettet wird. Zum Abmessen alkalischer Flüssigkeiten ist es zweckmäßig, statt einer Glashahnbürette eine Bürette zu verwenden, an die unten ein Gummischlauch mit Quetschhahn und Auslaufspitze angesetzt ist. Zum Einklammern der Büretten in senkrechter Stellung dient ein Bürettengestell, dessen Fußplatte bei manchen Ausführungen mit Milchglas als Unterlage beim Titrieren ausgelegt ist, doch leisten ein gewöhnliches Laboratoriumsstativ und ein Bogen weißes Papier dieselben Dienste.

Die Ablesegenauigkeit beträgt bei den normalen 50 ccm-Büretten $^1/_{20}$ ccm, was etwa dem Raume eines Tropfens entspricht. Beim Ablesen muß sich das Auge in gleicher Höhe mit dem Flüssigkeitsmeniskus befinden. Erleichtert wird die Ablesung, wenn die Teilstriche um das Rohr herumlaufen (Ringteilung). Man bringt dann den vorderen und hinteren Teil der Marke zur Deckung. Bei durchsichtigen Flüssigkeiten liest man den tiefsten Punkt des unteren, bei dunklen Flüssigkeiten den des oberen Meniskus ab. Es soll hier nicht auf die verschiedenen Kunstgriffe eingegangen werden, die zur Erleichterung der Ablesung dienen können; die Hauptsache beim Ablesen ist, daß es immer in gleicher Weise geschieht. Bei Büretten mit „SCHELLBACH-Streifen" erscheint der Meniskus in zwei sichelförmige Teile zerlegt, deren Berührungspunkt abgelesen wird.

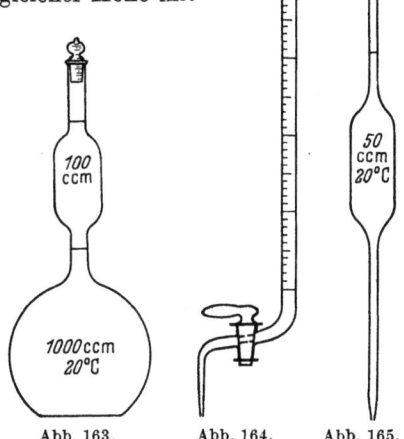

Abb. 163.   Abb. 164.   Abb. 165.

Will man eine Titration ausführen, so füllt man die Meßlösung bis über die oberste Marke der Bürette ein. Man öffnet und schließt den Ablaufhahn mehrere Male ruckartig, wobei der scharfe Flüssigkeitsstrahl die im Ablauf und in der Hahnbohrung befindliche Luft fortreißt. Um Irrtümer bei der Ablesung zu vermeiden, stellt man zweckmäßig bei jeder Titration den Meniskus der Meßlösung auf die Nullmarke ein. Läßt man die Flüssigkeit sehr schnell ausfließen, so muß man so lange mit der Ablesung warten, bis die an der Wand haftengebliebenen Anteile der Flüssigkeit nachgelaufen sind. Zur Ausschaltung des „Nachlauffehlers" läßt man bei einer Titration den Hauptanteil der Meßlösung mit mäßiger Geschwindigkeit und den zur Erreichung des Endpunktes erforderlichen Rest tropfenweise in das Titriergefäß einlaufen. Auf alle Fälle aber überzeuge man sich vor Notierung des Endvolumens, daß kein Nachlauf mehr stattfindet.

Für mikroanalytische Zwecke benutzt man *Feinbüretten* mit langem, engem Meßrohr, die 10 ccm fassen und in $^1/_{50}$ ccm eingeteilt sind; dementsprechend ist das Ablaufrohr des Hahnes so fein ausgezogen, daß 1 ccm in etwa 50 Tropfen unterteilt wird.

*Vollpipetten* sind zylindrische Glasgefäße mit einem engen zugespitzten Abflußrohr unten und einem engen Ansaugrohr oben. Im unteren Teil des Ansaugrohres ist die Inhaltsmarke angebracht (Abb. 165). Für den normalen Bedarf der Maßanalyse braucht man Pipetten zu 100, 50, 25, 20, 10 ccm. Pipetten von kleinerem Rauminhalt sind zu ungenau.

Zum Abmessen füllt man die Pipette durch Ansaugen bis über die Marke, stellt den Flüssigkeitsmeniskus genau auf die Marke ein und läßt jetzt die Flüssigkeit bei völlig geöffnetem Ansaugrohr in das Aufnahmegefäß einfließen, wobei die Spitze des Abflußrohres an der Gefäßwand anliegen soll. Nach 15 Sekunden entfernt man den Nachlauf durch Abstreichen der Pipettenspitze an der Gefäßwand. Das „Ausblasen" der Pipette ist unstatthaft, da Vollpipetten „auf Abstrich" geeicht sind.

*Meßpipetten* sind länglich gestaltete Pipetten mit graduiertem Meßrohr, deren Füllung wie bei gewöhnlichen Pipetten durch Ansaugen erfolgt. Für die Ablesung gilt das unter Büretten Gesagte.

Als *Titriergefäße* dienen zweckmäßig weithalsige Erlenmeyerkolben von passenden Abmessungen, die man während der Titration bequem umschwenken kann. Doch sind auch Bechergläser und in gewissen Fällen Porzellankasserollen brauchbar, bei deren Verwendung man die Titrierflüssigkeit mit einem Glasstab umrührt.

β) *Reinigung der Meßgefäße.* Besondere Sorgfalt ist auf die *Reinigung* der auf Ausfluß geeichten Büretten und Pipetten zu verwenden. Ist die Innenwand dieser Gefäße durch Schmutz, insbesondere durch einen Fettüberzug, verunreinigt, so erzielt man keinen sauberen Ausfluß. Die Flüssigkeit benetzt dann in unkontrollierbarer Weise die Wandfläche, beim Ablaufen bleiben Tropfen hängen, und das ausgelaufene Flüssigkeitsvolumen stimmt nicht mit dem Eichvolumen überein.

Zum Entfetten und vollständigen Reinigen füllt man Büretten und Pipetten nach dem Spülen mit Wasser mit Chrom-Schwefelsäure[1] oder besser mit einer durch Natronlauge alkalisch gemachten Kaliumpermanganatlösung. Man läßt die Geräte über Nacht mit der Reinigungsflüssigkeit gefüllt stehen; Pipetten füllt man durch Ansaugen und verschließt die Ansaugöffnung durch einen Gummischlauch mit Quetschhahn. Am nächsten Tage entleert man die Geräte und säubert sie mit destilliertem Wasser. Bei Verwendung von alkalischer Permanganatlösung als Reinigungsflüssigkeit läßt man der Spülung mit Wasser eine Behandlung mit Salzsäure vorangehen, um einen Anflug von Braunstein zu entfernen, der sich an den verschmutzten Wandstellen gebildet hat.

Man kann die Geräte trocknen, indem man mit der Wasserstrahlpumpe trockene Luft durchsaugt[2]. Dabei ist es notwendig, die Luft durch eine Watteschicht zu filtrieren, um Staub- und Fetteilchen zu entfernen. In den meisten Fällen ist eine Trocknung der Geräte ganz überflüssig. Man läßt sie nach der Reinigung gut austropfen und spült sie vor dem Füllen einige Male mit der Lösung, die man abmessen will.

Ganz unzulässig ist die Verwendung von organischen Flüssigkeiten wie Alkohol und Äther zum Reinigen und Trocknen der Geräte, da solche Flüssigkeiten meist fetthaltig sind.

**Meßlösungen (Volumetrische Lösungen).** α) *Käufliche Meßlösungen.* Volumetrische Lösungen für die Zwecke der Maßanalyse sind heute im Handel erhältlich. Der Bezug solcher Lösungen ist jedoch ziemlich kostspielig. Es kommt hinzu, daß der Wirkungswert einer Meßlösung häufig je nach dem Verwendungszweck etwas verschieden ist und sich überdies beim Aufbewahren ändert. Auf keinen Fall soll man daher darauf verzichten, den Wirkungswert einer bezogenen Lösung nachzuprüfen. Vorteilhafter und sicherer ist es, wenn man sich seine Meßlösungen selbst bereitet.

β) *Urmeßlösungen.* Ist ein maßanalytisches Reagens in genügender Reinheit zugänglich und bequem abwägbar, so kann man es als *Ursubstanz* direkt zur Bereitung einer genauen Meßlösung (*Urmeßlösung*) verwenden.

Will man z. B. eine n/10-Silbernitratlösung herstellen, so wägt man $^1/_{10}$ Grammäquivalent = 16,9890 g chemisch reinen Silbernitrats $AgNO_3$ in einem Wägegläschen auf der analytischen Waage genau ab (auf Zehntel Milligramm), spült die Einwaage in einen geeichten Meßkolben zu 1 Liter und füllt mit Wasser bis zur Marke auf.

---

[1] Chrom-Schwefelsäure bereitet man sich, indem man eine wäßrige Lösung von Kaliumdichromat oder — billiger — Natriumdichromat mit konzentrierter Schwefelsäure versetzt. Zweckmäßig verwendet man zur Reinigung die noch warme Mischung.

[2] Zur Trocknung saugt man die Luft durch ein mit wasserfreiem Calciumchlorid beschicktes Trockenrohr.

Will man der Gefahr entgehen, die analytische Waage durch genaue Dosierung der vorgeschriebnen Einwaage zu verschmutzen, so wägt man auf der Tarierwaage etwas mehr Ursubstanz, als erforderlich ist, ab und bestimmt das genaue Gewicht auf der analytischen Waage. Man spült dann in einen Kugelhalskolben, füllt auf 1 Liter auf und fügt die dem Überschuß an Einwaage entsprechende Menge Wasser aus einer Bürette zu. *Beispiel:* Statt 16,9890 g **AgNO₃** betrug die Einwaage 17,1374 g **AgNO₃**, d. h. 0,1484 g oder $\frac{0,1484}{16,9890} \cdot 100 = 0,87\%$ zuviel; um den gleichen prozentischen Mehrbetrag muß auch das Lösungsvolumen (1000 ccm) vergrößert werden, d. h. man muß aus der Bürette 8,7 ccm Wasser hinzufügen.

Auf die beschriebene Weise könnte man auch verfahren, wenn man eine n/10-Lösung von Kaliumdichromat **K₂Cr₂O₇** herstellen wollte, da auch diese Substanz in hoher Reinheit zugänglich und daher als Ursubstanz geeignet ist.

*γ) Angenäherte Meßlösungen. Bestimmung ihres Wirkungswertes (Faktor).* Manche zur Bereitung von maßanalytischen Lösungen dienenden Stoffe sind nicht so rein erhältlich, daß das unter β) beschriebene Verfahren zum Ziele führen würde. So verändert sich selbst reinstes Natriumhydroxyd an der Luft durch Aufnahme von Wasser und Kohlensäure, Ammoniumrhodanid ist stark hygroskopisch, und kristallisiertes Natriumthiosulfat hat wegen teilweiser Verwitterung keinen definierten Wassergehalt. Andere Stoffe, z. B. gasförmiger Chlorwasserstoff, lassen sich nicht bequem dosieren.

Man hilft sich in diesen Fällen dadurch, daß man zunächst eine annähernd richtige Meßlösung herstellt und deren genauen Gehalt (Titer) mit einer geeigneten Ursubstanz bestimmt. Zweckmäßig macht man die Lösung ein wenig stärker als die richtige Meßlösung. Man kann dann entweder durch Zugabe von Wasser die Lösung auf den richtigen Gehalt einstellen oder man verzichtet auf die genaue Einstellung und berechnet den *Faktor* der Lösung, d. h. die Zahl, mit der man ihren Kubikzentimeter-Verbrauch multiplizieren muß, um den Kubikzentimeter-Verbrauch der richtigen Lösung zu erhalten.

*Beispiel:* Herstellung von Normal-Salzsäure. Die genaue Normallösung enthält pro Liter ein Formelgewicht = 36,46 g **HCl**. Man geht aus von reiner Salzsäure mit 25 Gewichtsprozent **HCl**, deren spezifisches Gewicht 1,123 beträgt. Von dieser Säure enthalten etwa 130 ccm ein Formelgewicht **HCl**. Arbeitet man mit einem Kugelhalskolben von 1100 ccm Inhalt, so benötigt man 143 ccm (10% mehr). Man messe im Meßzylinder 150 ccm der Säure ab, spüle mit destilliertem Wasser in den Kolben und fülle bis zur oberen Marke (1100 ccm) auf. Zur Bestimmung des genauen Gehaltes der so gewonnenen Säure kann Kaliumbicarbonat **KHCO₃** als Ursubstanz dienen. Gemäß der Reaktionsgleichung

$$\text{KHCO}_3 + \text{HCl} \rightarrow \text{KCl} + \text{H}_2\text{O} + \text{CO}_2$$

benötigt ein Formelgewicht = 100,11 g **KHCO₃** zum völligen Umsatz 1000 ccm Normal-Salzsäure (36,46 g **HCl**), d. h. 1 g **KHCO₃** benötigt 9,989 ccm Normal-Salzsäure. Man wägt auf der analytischen Waage 3 Proben der Ursubstanz in Mengen von 2,0 bis 2,5 g genau ab, überführt jede Probe in einen 300-ccm-Erlenmeyerkolben, löst in etwa 100 ccm Wasser, setzt 2 Tropfen Methylrotlösung als Indikator hinzu und titriert mit der roh eingestellten Säure bis zum Farbumschlag von Hellgelb nach Rot. Folgende Ergebnisse seien erhalten worden:

| Einwaage (E) | Kubikzentimeterverbrauch | | Faktor (F) | Mittel |
|---|---|---|---|---|
| | beobachtet (a) | berechnet (b) | $\frac{b}{a}$ | |
| 2,0105 g | 19,50 ccm | 20,08 ccm | 1,030 | — |
| 2,3593 g | 22,85 ccm | 23,56 ccm | 1,031 | — |
| 2,4836 g | 24,10 ccm | 24,81 ccm | 1,029 | 1,030 |

Als Mittelwert aus den drei Bestimmungen ergibt sich als Faktor F = 1,030, d. h. 1 ccm der roh eingestellten Säure entspricht 1,030 ccm Normal-Salzsäure. Will man die Säure ohne genaue Einstellung als Meßlösung benutzen, so vermerkt man den Faktor mit dem Datum seiner Bestimmung auf dem Etikett der Vorratsflasche und multipliziert bei der Berechnung einer Analyse den Kubikzentimeter-Verbrauch der Säure mit ihrem Faktor. Wünscht man die Säure genau normal zu machen, so stellt man den Vorrat im Kugelhalskolben (durch Abgießen der überschüssigen Menge) auf die untere Marke (1000 ccm) ein und gibt aus der Bürette

30 ccm Wasser hinzu. Nach dem Mischen kontrolliert man sicherheitshalber den Gehalt mit einer eingewogenen Probe von Kaliumbicarbonat.

Man kann natürlich die Einstellung der Säure auch mit einer Normallösung der Ursubstanz Kaliumbicarbonat vornehmen. Das oben geschilderte Verfahren mit verschiedenen Einwaagen der Ursubstanz verdient jedoch in verschiedener Hinsicht den Vorzug. Es ist sparsamer, macht die Einstellung unabhängig von der Richtigkeit einer Urmeßlösung und schaltet einen möglichen subjektiven Fehler aus. Legt man nämlich, wie es meist geschieht, stets die gleiche Menge (etwa 20 ccm) der Urmeßlösung bei der Einstellung vor, so ist man leicht geneigt, den Endpunkt stets bei dem gleichen Kubikzentimeter-Verbrauch der Säure zu suchen.

δ) *Verzeichnis der volumetrischen Lösungen.* Das folgende Verzeichnis enthält Anweisungen zur Bereitung und Einstellung (Faktorbestimmung) der wichtigsten volumetrischen Lösungen, die man zu Gehaltsbestimmungen nach dem DAB. 6 benötigt. In einigen Fällen erschien es angebracht, von den in Anlage III des DAB. 6 gegebenen Vorschriften abzuweichen[1].

Grundsätzlich sei bemerkt, daß man jede Wertbestimmung mindestens zweimal und bei ungenügender Übereinstimmung der Resultate noch ein drittes Mal ausführt.

Vor der Entnahme der Meßlösungen aus den Vorratsflaschen sind diese stets umzuschütteln, da sich bei ungleichmäßiger Temperierung im oberen Teil der Flaschen Wasser aus den Lösungen kondensiert.

*Normal-Salzsäure.* Als Ursubstanz dient nach folgender Vorschrift besonders gereinigtes Kaliumbicarbonat (Formelgewicht 100,11): 1 Teil Kaliumbicarbonat wird in 4,5 Teilen Wasser von Zimmertemperatur gelöst und die filtrierte Lösung mit 2 Teilen Weingeist versetzt. Die abgeschiedenen Kristalle werden abgesaugt und im Exsikkator über Schwefelsäure getrocknet. Sie werden sodann fein gepulvert und die Trocknung wiederholt. Das Präparat ist in gut verschlossenen Gefäßen aufzubewahren. Wird etwa 1 g des Präparates in einem Porzellantiegel bis zum gleichbleibenden Gewicht geglüht, so muß der auf 1 g berechnete Rückstand 0,6903 g betragen. Etwa 150 g (134 ccm) Salzsäure mit 25% $HCl$ werden mit Wasser zu 1 Liter aufgefüllt. Zur Einstellung werden etwa 2 g Kaliumbicarbonat genau gewogen (E), in 20 ccm Wasser gelöst und nach Zusatz von 2 Tropfen Methylorangelösung als Indikator mit der einzustellenden Säure titriert. Der Faktor der Normal-Salzsäure ist dann:

$$F_{HCl} = 9,989 \, \frac{E}{\text{Kubikzentimeter-Verbrauch}}.$$

*n/2-Salzsäure.* 500 ccm Normal-Salzsäure werden mit Wasser auf 1 Liter verdünnt. Der Faktor dieser Lösung ist gleich dem Faktor der Normal-Salzsäure.

*n/10-Salzsäure.* 100 ccm Normal-Salzsäure werden mit Wasser auf 1 Liter verdünnt. Der Faktor dieser Lösung ist gleich dem Faktor der Normal-Salzsäure.

*n/100-Salzsäure.* 100 ccm n/10-Salzsäure werden bei Bedarf mit Wasser auf 1 Liter verdünnt. Der Faktor dieser Lösung ist gleich dem Faktor der Normal-Salzsäure.

*Normal-Kalilauge.* Etwa 70 g Kaliumhydroxyd (Formelgewicht 56,11) werden zur Entfernung der äußeren Schicht von Kaliumcarbonat mit Wasser abgespült und dann zu 1 Liter gelöst.

Zur Einstellung werden mit dieser Lösung 20 ccm Normal-Salzsäure nach Zusatz von 2 Tropfen Methylorange- oder Methylrot- oder Phenolphthaleinlösung titriert. Wegen des unvermeidlichen Carbonatgehaltes der Kalilauge sind hierzu bei den einzelnen Indikatoren verschiedene Mengen Kalilauge erforderlich. Der Faktor der Kalilauge ist:

$$F_{KOH} = F_{HCl} \, \frac{20}{\text{Kubikzentimeter-Verbrauch}}.$$

Zur Anwendung gelangt derjenige Faktor, der dem bei der betreffenden Titration benutzten Indikator entspricht[2].

---

[1] Nicht aufgeführt wurden die Meßlösungen, welche nur für die Jodzahlbestimmung nach WINKLER dienen, weil später (vgl. S. 371ff.) das einfacher arbeitende Verfahren nach HANŮS beschrieben werden soll, zu dessen Ausführung nur *eine* Meßlösung (n/10-Thiosulfatlösung) erforderlich ist.

[2] Die Einstellung der Normal-Kalilauge gründet sich also auf die Richtigkeit der Normal-Salzsäure. Will man sich davon unabhängig machen, so kann man die Lauge gegen Pyridinperchlorat (Äquivalentgewicht 179,51) als saure Ursubstanz einstellen.

*n/10-Kalilauge.* 100 ccm Normal-Kalilauge werden mit Wasser auf 1 Liter verdünnt. Der Faktor ist in der gleichen Weise wie bei Normal-Kalilauge, jedoch durch Titration von 20 ccm n/10-Salzsäure zu ermitteln.

*n/2-Kalilauge, weingeistige.* Etwa 32 g Kaliumhydroxyd werden in 30 ccm Wasser gelöst. Die erkaltete Lösung wird in 1 Liter Alkohol (96 Volumprozent) eingegossen und die Mischung nach kräftigem Durchschütteln einen Tag stehen gelassen. Sodann wird die von den ausgeschiedenen Kristallen klar abgegossene Flüssigkeit weitere 3 Tage stehen gelassen. Der Faktor der Lauge wird durch Titration gegen 20 ccm *n/2*-Salzsäure nach Zusatz von 1 ccm Phenolphthaleinlösung als Indikator ermittelt.

*n/10-Natriumthiosulfatlösung.* Als Ursubstanz dient besonders gereinigtes Kaliumdichromat (Formelgewicht 294,22), das nach folgender Vorschrift bereitet wird: 1 Teil Kaliumdichromat wird in 3 Teilen siedendem Wasser gelöst. Die heißfiltrierte Lösung wird bis zum Erkalten gerührt, das abgeschiedene Kristallmehl abgesaugt und mit wenig kaltem Wasser gewaschen. Das Umkristallisieren wird nochmals wiederholt. Die Kristalle werden nach dem Trocknen an der Luft zu einem feinen Pulver zerrieben, mehrere Stunden bei 130° getrocknet und im Exsikkator erkalten gelassen. Das gereinigte Kaliumdichromat ist in gut verschlossenen Gefäßen aufzubewahren.

Zur Bereitung der n/10-Natriumthiosulfatlösung werden 25 g kristallisiertes Natriumthiosulfat $Na_2S_2O_3 \cdot 5H_2O$ (Formelgewicht 248,22) in ausgekochtem, erkaltetem Wasser zu 1 Liter gelöst. Zweckmäßig setzt man 0,1 bis 0,2 g Natriumcarbonat zu, um die Lösung haltbarer zu machen. Der Faktor der Lösung wird durch Titration der Jodmenge ermittelt, die eine genau abgewogene Menge Kaliumdichromat aus angesäuerter Kaliumjodidlösung freimacht. Etwa 0,15 g gereinigtes Kaliumdichromat wird genau gewogen (E) und in einem Erlenmeyerkolben in wenig Wasser gelöst. Hierzu fügt man eine mit 5 ccm verdünnter Salzsäure angesäuerte Lösung von 2 g Kaliumjodid in 50 ccm Wasser, bedeckt mit einem Uhrglas und läßt die Mischung etwa 15 Minuten im Dunkeln stehen. Man verdünnt jetzt mit Wasser etwa aufs Doppelte und titriert unter lebhaftem Umschwenken mit der Natriumthiosulfatlösung, bis die Farbe auf Schwachhellgelb zurückgegangen ist. Nach Zusatz von 2 ccm Stärkelösung titriert man weiter bis zum Verschwinden der tiefblauen Färbung. Der Faktor der Natriumthiosulfatlösung berechnet sich zu:

$$F_{Na_2S_2O_3} = 203{,}9 \cdot \frac{E}{\text{Kubikzentimeter-Verbrauch}}.$$

Da die Natriumthiosulfatlösung ihren Wirkungswert anfangs manchmal etwas ändert, bestimmt man zweckmäßig ihren Gehalt erst zwei oder drei Tage nach der Herstellung. Die Lösung ist gelegentlich zu kontrollieren.

*n/10-Jodlösung.* In einem Kolben von 1 Liter Inhalt werden 13 g Jod (Atomgewicht 126,92) und 20 g Kaliumjodid in etwa 30 ccm Wasser gelöst und die Lösung auf 1 Liter aufgefüllt.

Zur Einstellung werden 20 ccm der Lösung nach Zusatz von 30 ccm Wasser mit n/10-Natriumthiosulfatlösung auf Schwachhellgelb titriert, 2 ccm Stärkelösung hinzugefügt und bis zum Verschwinden der Blaufärbung weitertitriert. Der Faktor der Jodlösung ist:

$$F_J = F_{Na_2S_2O_3} \frac{\text{Kubikzentimeter-Verbrauch}}{20}.$$

*n/10-Kaliumpermanganatlösung.* Etwa 3,3 g Kaliumpermanganat (Formelgewicht 158,03) werden in frisch ausgekochtem, abgekühltem Wasser zu 1 Liter gelöst. Nach 10- bis 14tägigem Stehen wird die Lösung durch einen feinporigen Glasfrittentiegel gesaugt[1]. 

Zur Einstellung bereitet man in einem Erlenmeyerkolben eine Lösung von 1 g Kaliumjodid in 50 ccm Wasser, säuert mit 5 ccm verdünnter Salzsäure an und fügt zu dieser Mischung mit der Pipette 20 ccm Kaliumpermanganatlösung. Man bedeckt den Erlenmeyerkolben mit einem Uhrglas und läßt ihn 10 Minuten im Dunkeln stehen. Jetzt wird etwa aufs Doppelte verdünnt und unter lebhaftem Umschwenken mit $\frac{n}{10}$ -Natriumthiosulfatlösung auf Schwachhellgelb titriert, 2 ccm Stärkelösung hinzugefügt und bis zum Verschwinden der Blaufärbung zu Ende titriert. Der Faktor der Kaliumpermanganatlösung ist:

$$F_{KMnO_4} = F_{Na_2S_2O_3} \frac{\text{Kubikzentimeter-Verbrauch}}{20}.$$

Die Lösung ist in einer sorgfältig gesäuberten Flasche mit ungefettetem Glasstöpsel im Dunkeln aufzubewahren (Flasche aus braunem Glas).

*n/10-Silbernitratlösung.* Man trocknet reines Silbernitrat bei 150° bis zur Gewichtskonstanz, wägt davon etwas mehr als $^1/_{10}$ Formelgewicht (16,989 g) genau ab, löst in einem

---

[1] Das Filtrieren der Lösung hat den Zweck, den Braunstein aus der Lösung zu entfernen, der sich bei der Oxydation der etwa im Wasser vorhandenen organischen Bestandteile durch Kaliumpermanganat gebildet hat.

Kugelhals-Literkolben, füllt auf 1000 ccm auf und gibt aus einer Bürette soviel Wasser hinzu, wie dem Überschuß an Einwaage entspricht (vgl. das Beispiel S. 364).

*n/10-Ammoniumrhodanidlösung.* Man löst etwa 8 g möglichst wenig zerflossene Kristalle von Ammoniumrhodanid (Formelgewicht 76,12) in Wasser zu 1 Liter.

Zur Einstellung werden 20 ccm n/10-Silbernitratlösung mit 10 ccm Salpetersäure (25%) und 120 ccm Wasser versetzt. Man gibt 10 ccm Eisenalaunlösung als Indikator hinzu und titriert unter Umrühren mit der Ammoniumrhodanidlösung, bis ein rötlicher Farbton der Lösung bestehen bleibt. Der Faktor der Lösung ist:

$$F_{NH_4SCN} = \frac{20}{\text{Kubikzentimeter-Verbrauch}}.$$

Zweckmäßig führt man die Titration in einer geräumigen Porzellankasserolle aus.

ε) *Verzeichnis der Indikatoren.*

In Tab. 41 sind zunächst einige *Indikatoren für die maßanalytische Bestimmung von Säuren und Basen* zusammengestellt. Über die Wahl des geeigneten Indikators vgl. Anorganische Chemie S. 223 ff. Für die meisten praktischen Zwecke kommt man mit den drei Indikatoren Phenolphthalein, Methylrot und Methylorange aus. Von den in der letzten Spalte der Tabelle angegebenen Vorratslösungen verwendet man bei jeder Titration nur wenige Tropfen.

*Tabelle 41.*

| Indikator | Umschlags-gebiet ($p_H$) | Farbänderung | Herstellung der Vorratslösung |
|---|---|---|---|
| Tropäolein 00 | 1,3— 2,2 | rot—gelb | 0,1 g in 100 ccm Wasser |
| Dimethylgelb | 2,9— 4,0 | rot—gelb | 0,1 g in 100 ccm 90proz. Alkohol |
| Methylorange | 3,0— 4,4 | rot—orange | 0,1 g in 100 ccm Wasser |
| Methylrot | 4,4— 6,2 | rot—schwachgelb | 0,2 g in 100 ccm 60proz. Alkohol |
| Chlorphenolrot | 5,0— 6,6 | gelb—rot | 0,1 g in 100 ccm 20proz. Alkohol |
| Lackmus | 4,4— 6,4 | rot—blau | 0,2 g in 100 cmm Alkohol |
| Neutralrot | 6,8— 8,0 | rot—gelborange | 0,1 g in 60 ccm Alkohol lösen, mit Wasser auf 100 ccm verdünnen |
| α-Naphthol-phthalein | 7,3— 8,7 | rosa—grün | 0,1 g in 50 ccm Alkohol lösen, mit Wasser auf 100 ccm verdünnen |
| Phenolphthalein | 8,2—10,0 | farblos—rot | 1 g in 60 ccm Alkohol lösen, mit Wasser auf 100 ccm verdünnen |
| Thymolphthalein | 9,3—10,5 | farblos—blau | 0,1 g in 100 ccm 75proz. Alkohol |
| Alizaringelb | 10,1—12,1 | gelb—lila | 0,1 g in 100 ccm Wasser |
| Tropäolein 0 | 11,0—13,0 | gelb—orangebraun | 0,1 g in 100 ccm Wasser |

Die übrigen in der Maßanalyse gebräuchlichen Indikatorlösungen werden folgendermaßen bereitet:

*Stärkelösung.* In einem Kolben erhitzt man 225 ccm Wasser nach Zusatz von etwa 0,05 g Quecksilber(II)-jodid zum Sieden und gibt eine Anreibung von 2,5 g löslicher Stärke in 25 ccm Wasser hinzu. Nach dem Umschwenken kühlt man den Kolben unter der Wasserleitung auf 15 bis 20° ab und filtriert die Lösung durch ein Faltenfilter. Der Zusatz von Quecksilber(II)-jodid dient zur Erhöhung der Haltbarkeit. Bei jodometrischen Titrationen verwendet man einige Kubikzentimeter der Stärkelösung.

*Eisenalaunlösung.* Man löst 1 Teil Eisenlaun (Ammoniumeisen(III)-sulfat Fe(NH$_4$)(SO$_4$)$_2$ · 12 H$_2$O) in einer Mischung von 8 Teilen Wasser und 1 Teil Salpetersäure (25%). Die Menge der bei Silberbestimmungen mit n/10-Ammoniumrhodanidlösung als Indikator dienenden Eisenalaunlösung ist reichlich zu bemessen (mindestens 10 ccm); man erzielt sonst keinen sicheren Farbumschlag.

*Kaliumchromatlösung.* 1 Teil chloridfreies gelbes Kaliumchromat K$_2$CrO$_4$ ist in 19 Teilen Wasser zu lösen. Man verwendet etwa 1 ccm der Indikatorlösung.

### d) Maßanalytische Verfahren zur Kennzeichnung von Fetten und fettähnlichen Stoffen.

Ein spezielles Anwendungsgebiet der Maßanalyse ist die Bestimmung der für die Beurteilung von Fetten und fettähnlichen Stoffen (Wachse, Harze, Balsame) wichtigen *Kennzahlen*: Säuregrad, Säurezahl, Esterzahl, Verseifungszahl und Jodzahl.

**Bestimmung des Säuregrades von Fetten und Ölen.** Der *Säuregrad* eines Fettes oder Öles ist ein konventionelles Maß für seinen Gehalt an freier Säure; er gibt an, wieviel Kubikzentimeter Normal-Kalilauge zur Bindung der in 100 g Fett oder Öl vorhandenen freien Säuren nötig sind.

Der Säuregrad eines Fettes oder Öles gibt einen Anhaltspunkt zur Beurteilung seiner Güte. Freie Säuren bilden sich besonders in wasserhaltigen Fetten und Ölen durch einen Zersetzungsprozeß und machen sie für die Verwendung unbrauchbar. Der Säuregrad eines Fettes oder Öles darf daher eine gewisse Grenze nicht überschreiten. Im wesentlichen sind es Stearinsäure, Ölsäure und Linolsäure, die als freie Säuren in Fetten und Ölen auftreten können. Die Molekulargewichte dieser einbasigen Säuren liegen sehr nahe beieinander: Stearinsäure 284, Ölsäure 282, Linolsäure 280. Man kann daher im Durchschnitt rechnen, daß ein Verbrauch von 1 ccm Normal-Kalilauge die Gegenwart von 282 mg freier Säure anzeigt, d. h. ein Fett mit dem Säuregrad 1 enthält 0,282% freie Säure.

Zur Bestimmung des Säuregrades werden 5 bis 10 g Fett oder Öl auf der Handwaage abgewogen und in 30 bis 40 ccm einer säurefreien Mischung gleicher Raumteile Äther und absoluten Alkohols gelöst. Nach Zugabe von 1 ccm Phenolphthaleinlösung als Indikator titriert man mit n/10-Kalilauge. Scheidet sich während der Titration ein Teil des Fettes oder Öles aus, so gibt man zu seiner Auflösung eine weitere Portion der Äther-Alkohol-Mischung zu. Beträgt die Einwaage $E$ (Gramm), der Kubikzentimeter-Verbrauch an n/10-Kalilauge (Faktor F) $a$, so ist:

$$Säuregrad = \frac{F \cdot a}{E} \cdot 10.$$

Da die zur Lösung des Fettes dienende Alkohol-Äthermischung Spuren von Säure enthalten kann, neutralisiert man sie vor der Benutzung, indem man sie nach Zusatz von Phenolphthaleinlösung vorsichtig tropfenweise mit n/10-Kalilauge bis zur schwachen Rosafärbung versetzt.

**Bestimmung der Säurezahl.** Die *Säurezahl* gibt an, wieviel Milligramm Kaliumhydroxyd nötig sind, um die in 1 g Wachs, Harz, Balsam oder ätherischem Öl vorhandenen freien Säuren zu binden.

Die Ausführung der Bestimmung ist bei den einzelnen Präparaten etwas verschieden. Meist löst man eine genau gewogene Menge in einem geeigneten Lösungsmittel und titriert die freie Säure mit weingeistiger n/2-Kalilauge. In einigen Fällen (Tolubalsam, Kolophonium) bestimmt man den Verbrauch an Kalilauge durch Rücktitration, d. h. man gibt zu der Untersuchungsflüssigkeit eine überschüssige abgemessene Menge weingeistiger n/2-Kalilauge und ermittelt den Überschuß durch Titration mit n/2-Salzsäure.

*Beispiel:* Säurezahl von Walrat. Man löst 3 g Walrat in 20 ccm Petroleumbenzin. Die Lösung wird nach Zusatz von 5 ccm absolutem Alkohol und 1 ccm Phenolphthaleinlösung mit weingeistiger n/2-Kalilauge bis zur schwachen Rosafärbung titriert. Der Verbrauch betrage 0,20 ccm n/2-Kalilauge (Faktor 1,030); dann ergibt sich:

$$Säurezahl = \frac{1,030 \cdot 0,20 \cdot 28,055}{3} = 1,9.$$

(1 ccm n/2-Kalilauge enthält $1/_2 \cdot 58,11 = 28,055$ mg KOH.)

**Bestimmung der Esterzahl.** Die *Esterzahl* dient zur Charakterisierung von Wachsen, Harzen, Balsamen und ätherischen Ölen. Sie gibt an, wieviel Milligramm Kaliumhydroxyd nötig sind, um die in 1 g der genannten Präparate vorhandenen Ester zu verseifen.

Die Bestimmung der Esterzahl schließt sich im allgemeinen an die Bestimmung der Säurezahl an, d. h. man bindet zunächst die freie Säure des Präparats mit weingeistiger n/2-Kalilauge (Bestimmung der Säurezahl) und bewirkt dann die Verseifung der Ester mit einer überschüssigen gemessenen Menge weingeistiger n/2-Kalilauge; nach Zerlegung der Ester titriert man die überschüssige Kalilauge mit n/2-Salzsäure zurück.

*Beispiel:* Esterzahl von Walrat. Die austitrierte Lösung des vorigen Beispiels wird in einem Kölbchen aus Jenaer Glas mit weiteren 25 ccm weingeistiger n/2-Kalilauge versetzt und das Kölbchen 24 Stunden verschlossen stehen gelassen. Man titriert jetzt mit n/2-Salzsäure bis zum Verschwinden der Rotfärbung. Der Verbrauch betrage 11,55 ccm n/2-Salzsäure (Faktor 1,013); die Verseifung der Ester hat dann $1,030 \cdot 25 - 1,013 \cdot 11,55 = 13,05$ ccm n/2-Kalilauge benötigt, und es ergibt sich:

$$Esterzahl = \frac{13,05 \cdot 28,055}{3} = 122,0.$$

Häufig genügt zur Verseifung der Ester nicht einfaches Stehenlassen mit überschüssiger Kalilauge, sondern man muß die Mischung $1/2$ bis 1 Stunde unter Rückflußkühlung auf dem Wasserbad erhitzen (s. Verseifungszahl). Im übrigen gelten für die Bestimmung der Esterzahl bei den einzelnen Präparaten Sondervorschriften.

Zur Erläuterung sind in Tab. 42 die vom DAB. 6 geforderten Säure- und Esterzahlen einiger Präparate wiedergegeben.

*Tabelle 42.*

| Präparat | Säurezahl | Esterzahl | Verhältnis Säurezahl : Esterzahl |
|---|---|---|---|
| Cinnamein in Perubalsam | — | 235 —255 | — |
| Bienenwachs (weiß und gelb) | 16,8—22,1 | 65,9— 82,1 | 1 : 3,0 bis 1 : 4,3 |
| Walrat | bis 2,3 | 116 —132,8 | — |
| Kolophonium | 151,5—179,6 | — | — |

**Bestimmung der Verseifungszahl.** Die *Verseifungszahl* dient vorwiegend zur Kennzeichnung von Fetten und Ölen. Sie gibt an, wieviel Milligramm Kaliumhydroxyd nötig sind, um die in 1 g Fett vorhandenen freien Säuren zu binden und die Ester zu verseifen. Aus dieser Definition folgt: Verseifungszahl = Säurezahl + Esterzahl. Hat man also Säurezahl und Esterzahl eines Präparates bestimmt, so braucht man nur beide Zahlen zu addieren, um die Verseifungszahl zu erhalten. Man führt jedoch meist eine gesonderte Bestimmung der Verseifungszahl durch und verfährt dabei im allgemeinen in folgender Weise.

Man wägt 1 bis 2 g Fett oder Öl in einem Kölbchen aus Jenaer Glas von 150 ccm Inhalt genau ab, setzt 25 ccm weingeistige n/2-Kalilauge hinzu und verschließt das Kölbchen mit einem durchbohrten Korken, durch dessen Bohrung ein 75 cm langes Kühlrohr aus Jenaer Glas führt. Die Mischung wird auf dem Wasserbad erhitzt und etwa $1/2$ Stunde in schwachem Sieden gehalten, bis die Flüssigkeit klar geworden ist. Um die Verseifung zu vervollständigen, mischt man den Kolbeninhalt durch wiederholtes vorsichtiges Umschwenken, wobei darauf zu achten ist, daß die Flüssigkeit nicht an den Kork oder an das Kühlrohr spritzt. Man titriert dann in der noch heißen Lösung nach Zusatz von 1 ccm Phenolphthaleinlösung sofort mit n/2-Salzsäure den Überschuß an Kalilauge zurück. Zweckmäßig setzt man mehrere Bestimmungen gleichzeitig an.

Bei jeder Versuchsreihe läßt man parallel zur Bestimmung der Verseifungszahl mehrere Blindversuche ohne Substanz aber unter sonst gleichen Bedingungen laufen und berechnet den Wirkungswert der weingeistigen Kalilauge nach dem Verbrauch der Blindversuche an n/2-Salzsäure.

*Beispiel:* Verseifungszahl von Mandelöl. Nach der gegebenen Vorschrift seien 1,853 g Mandelöl mit 25 ccm weingeistiger n/2-Kalilauge verseift und zur Rücktitration 12,70 ccm n/2-Salzsäure (Faktor 1,012) verbraucht worden, während bei zwei Blindversuchen ohne Substanz der Verbrauch im Mittel 25,12 ccm n/2-Salzsäure betragen habe. Zur Verseifung wurden demnach $1,012 \cdot (25,12 - 12,70) = 12,61$ ccm n/2-Kalilauge verbraucht, und die Verseifungszahl wäre:

$$Verseifungszahl = \frac{12,61 \cdot 28,055}{1,853} = 122.$$

**Bestimmung der Jodzahl.** Die *Jodzahl* gibt an, wieviel Gramm Jod von 100 g Fett oder Öl unter genau festgelegten Bedingungen gebunden werden. Wird bei der praktischen Ausführung der Jodzahlbestimmung statt Jod ein anderes Halogenreagens ($Br_2$, JCl, JBr) verwendet, so rechnet man dessen auf 100 g Fett oder Öl gebundene Menge auf die äquivalente Menge Jod um.

Das durch die Jodzahl gemessene Bindungsvermögen eines Fettes oder Öles für Jod (oder ein anderes Halogen) ist bedingt durch seinen Gehalt an Glycerinestern ungesättigter Fettsäuren. Während feste Fette (Talg) hauptsächlich aus Glycerinestern der gesättigten Fettsäuren Palmitinsäure und Stearinsäure bestehen, enthalten halbfeste (Schmalz) und besonders flüssige Fette (Öle, Trane) außerdem Glycerinester ungesättigter Fettsäuren. Die Jodzahl eines Fettes ist um so größer, je mehr Glycerinester ungesättigter Säuren es enthält und je stärker ungesättigt diese sind. Glycerinester gesättigter Fettsäuren haben die Jodzahl Null.

Ein sehr häufiger Bestandteil von Fetten und Ölen ist der Glycerinester der Ölsäure, das Triolein. Die Ölsäure $C_{17}H_{33}COOH$ ist eine einfach ungesättigte Säure, d. h. sie enthält in ihrem Molekül eine Doppelbindung und addiert daher nach dem Schema:

$$—CH = CH— + J_2 \rightarrow —CHJ—CHJ—$$

pro Molekül 2 Atome Jod[1]. Da das Triolein $C_3H_5(OCOC_{17}H_{33})_3$ drei Ölsäurereste mit je einer Doppelbindung enthält, addiert es pro Molekül 6 Atome Jod. Auf 1 Mol $= 884$ g Triolein würden demnach $6 \cdot 127 = 762$ g Jod verbraucht, d. h. ein aus reinem Triolein bestehendes Fett hätte die Jodzahl $\frac{762}{884} \cdot 100 = 86,2$.

Der Glycerinester der zweifach ungesättigten Linolsäure $C_{17}H_{31}COOH$ ist der Hauptbestandteil des Leinöls und anderer trocknender Öle, kommt aber auch in nichttrocknenden Ölen vor. Die Zahl seiner Doppelbindungen ist genau doppelt so groß als die des Trioleins, sein Molekulargewicht nur wenig kleiner (um 6 H); entsprechend berechnet sich für seine Jodzahl der annähernd doppelt so hohe Wert 173,6.

In einigen Ölen, besonders aber in Tranen, kommen außer den Glycerinestern der Ölsäure und Linolsäure auch Ester höher ungesättigter Säuren (z. B. der dreifach ungesättigten Linolensäure) vor, deren Jodzahlen entsprechend höher liegen.

Fette und Öle sind im allgemeinen Gemische, die neben Glycerinestern gesättigter Fettsäuren mehrere Glycerinester ungesättigter Fettsäuren von verschiedenem Sättigungsgrade enthalten. Die Jodzahl allein vermag daher keine Auskunft über die quantitative Zusammensetzung eines Fettes oder Öles zu geben. Da jedoch ein bestimmtes unverfälschtes Fett nur geringe Schwankungen in seiner Zusammensetzung aufweist, ist die Jodzahl ein wertvolles Hilfsmittel zur Beurteilung seiner Beschaffenheit.

Wie bereits angedeutet, unterscheiden sich die verschiedenen Methoden zur Bestimmung der Jodzahl durch die Natur des benutzten Halogens. Dementsprechend sind auch die Bedingungen, unter denen gearbeitet wird, verschieden. Zur Erlangung richtiger Ergebnisse ist es wesentlich, die Arbeitsvorschriften genau einzuhalten. Hier soll das *Verfahren von* HANŮS beschrieben werden, das mit einer Lösung von *Jodmonobromid* JBr in Eisessig arbeitet. Das Jodmonobromid wird an die Doppel-

---

[1] Die Addition von Jod erfolgt nicht immer glatt; sie ist hier nur als Beispiel genommen. Für die folgende Berechnung der Jodzahl ist das Atomgewicht des Jods auf 127 abgerundet.

24*

bindungen der ungesättigten Glycerinester addiert; man verwendet einen Überschuß und titriert die nichtverbrauchte Menge nach Zugabe von Kaliumjodid mit n/10-Natriumthiosulfatlösung zurück.

*Herstellung der Jodmonobromidlösnng.* 12,8 g zerriebenes Jod werden in einem Kölbchen mit 60 g Essigsäure (96 bis 100%) übergossen. Man wägt 8 g Brom hinzu, schwenkt die Flüssigkeit einige Minuten leicht um, bis das Jod gelöst ist, und verdünnt dann die Lösung auf etwa 1000 ccm oder mischt sie einfach mit 1000 g Essigsäure. Die Lösung ist sofort verwendbar und lange Zeit haltbar, wenn sie in dichtschließenden Flaschen kühl aufbewahrt wird und wenn die Essigsäure rein war. Alte Lösungen prüft man auf ihre Brauchbarkeit, indem man 10 ccm der Lösung mit 0,5 g Kaliumjodid und etwa 50 ccm Wasser versetzt und dann mit n/10-Natriumthiosulfatlösung titriert. Beträgt der Verbrauch an n/10-Natriumthiosulfatlösung mehr als 18 ccm, so ist die Jodmonobromidlösung noch ohne weiteres verwendbar; ist der Verbrauch geringer als 18 ccm n/10-Natriumthiosulfatlösung auf 10 ccm Jodmonobromidlösung, so erhöht man den Gehalt an Jodmonobromid wieder durch Zusatz von Jod und Brom im richtigen Verhältnis, oder man nimmt bei der Bestimmung der Jodzahl mehr, statt 25 ccm z. B. 30 ccm.

*Ausführung der Bestimmung..* Man wägt das Fett in einem kleinen Glasbecherchen auf der analytischen Waage ab (Uhrgläschen als Unterlage), bringt das Becherchen in eine Flasche mit eingeschliffenem Stopfen von etwa 200 ccm Inhalt und löst das Fett in 15 ccm Chloroform oder reinem Tetrachlorkohlenstoff. Dann fügt man 25 ccm Jodmonobromidlösung hinzu, verschließt die Flasche und läßt die Mischung unter mehrmaligem Umschwenken 15 Minuten, bei trocknenden Ölen 30 Minuten vor Sonnenlicht geschützt stehen. Nach Zusatz von 1,5 g Kaliumjodid und etwa 50 ccm Wasser titriert man unter gelindem Umschwenken mit n/10-Natriumthiosulfatlösung. Gegen Ende der Titration fügt man etwa 10 ccm Stärkelösung hinzu und titriert unter kräftigem Umschütteln vorsichtig tropfenweise zu Ende. In gleicher Weise wird ein blinder Versuch (ohne Fett) durchgeführt. Aus der Differenz der bei beiden Versuchen verbrauchten Anzahl Kubikzentimeter n/10-Natriumthiosulfatlösung ergibt sich die auf die eingewogene Fettmenge gebundene Menge Jod. (1 ccm n/10-Natriumthiosulfatlösung entspricht 12,7 mg Jod.)

Die Einwaage des Fettes richtet sich nach der Höhe seiner Jodzahl: Talg, Kakaobutter, Cocosfett 0,5 bis 0,6 g; Schweineschmalz 0,30 bis 0,35 g; Olivenöl 0,20 bis 0,25 g; Mandel-, Erdnuß-, Sesamöl 0,15 bis 0,18 g; Lebertran, Leinöl, Mohnöl und andere trocknende Öle 0,09 bis 0,11 g.

*Beispiel:* Jodzahl von Sesamöl. Die Einwaage betrage 0,1637 g Sesamöl, der Verbrauch an n/10-Natriumthiosulfatlösung für den Überschuß an Jodmonobromid 35,05 ccm und beim blinden Versuch 48,83 ccm. Die gebundene Jodmenge beträgt dann (48,83—35,05) · 12,7 = 174,8 mg Jod, und es ergibt sich:

$$Jodzahl = \frac{0,1748}{0,1637} \cdot 100 = 106,9.$$

In Tab. 43 sind die Kennzahlen einiger Fette und Öle nach dem DAB. 6 zusammengestellt.

*Tabelle 43.*

| Präparat | Säuregrad | Verseifungszahl | Jodzahl |
|---|---|---|---|
| Walrat | — | — | bis 8 |
| Hammeltalg | nicht über 5 | — | 33— 42 |
| Schweineschmalz | ,,   ,, 2 | — | 46— 44 |
| Kakaobutter | ,,   ,, 4 | — | 34— 38 |
| Olivenöl | ,,   ,, 8 | 187—196 | 80— 88 |
| Erdnußöl | ,,   ,, 8 | 188—197 | 83—100 |
| Mandelöl | ,,   ,, 8 | 190—195 | 85—100 |
| Pfirsichkernöl | ,,   ,, 8 | 190—195 | 95—100 |
| Rüböl | ,,   ,, 8 | 168—179 | 94—106 |
| Sesamöl | ,,   ,, 8 | 187—193 | 103—112 |
| Lebertran | ,,   ,, 5 | 184—197 | 150—175 |
| Leinöl | ,,   ,, 8 | 187—195 | 168—190 |

**Die Elaidinreaktion.** Im Anschluß an die Bestimmung der Kennzahlen von Fetten und Ölen soll noch kurz eine Reaktion erwähnt werden, die zur Unterscheidung von trocknenden und nichttrocknenden fetten Ölen dienen kann.

Nichttrocknende fette Öle (Mandelöl, Olivenöl, Pfirsichkernöl, Erdnußöl) enthalten als Hauptbestandteil den Glycerinester der Ölsäure. Bei der Einwirkung von salpetriger Säure erleidet die flüssige Ölsäure (Schmp. 14°) eine räumliche Umlagerung und geht in feste Elaidinsäure[1] (Schmp. 45°) über, deren Glycerinester ebenfalls fest ist. Salpetrige Säure verwandelt daher nichttrocknende fette Öle in eine feste Masse.

Trocknende fette Öle (Leinöl, Mohnöl, Walnußöl, Lebertran), die beträchtliche Menge von Glycerinestern höher ungesättigter Säuren (Linolsäure, Linolensäure) enthalten, bleiben bei der Elaidinprobe flüssig.

Das DAB. 6 benutzt die *Elaidinreaktion*, um nichttrocknende Öle auf einen unzulässigen Gehalt an trocknenden Ölen zu prüfen. Zur Ausführung der Probe bringt man in ein Reagenzglas 2 g Öl und 10 ccm Salpetersäure (25%), gibt in kleinen Anteilen etwa 1 g Natriumnitrit zu und läßt an einem kühlen Orte stehen. Das Öl muß nach 4 bis 10 Stunden zu einer weißen Masse erstarrt sein.

---

[1] gr. ἐλαι(F)α (elai(v)a) = Ölbaum; ἐλαι(F)ον (elai(v)on) = Öl. Daraus lat. oliva = Olive und oleum = Öl.

# Desinfektion und Desinfektionsmittel.

Von Apotheker **H. IRION**, Berlin.

Seit Menschengedenken haben Krankheiten und Seuchen Millionen Menschen dahingerafft. Deshalb ist die Entseuchung, *Desinfektion*, eines der wesentlichsten Gebiete der öffentlichen Gesundheitspflege. Ohne sie sind alle Anstrengungen zur Erhaltung und Förderung der Gesundheit des Volkes nutzlos. Bei der überragenden Bedeutung der Desinfektion für die Allgemeinheit muß diese wenigstens in ihren Grundlagen Gemeingut des Volkes werden. Hier fallen dem Drogisten als Verkäufer von *Entseuchungsmitteln, Desinfektionsmitteln*, große Aufgaben zu. Er hat im ständigen Verkehr mit seinen Kunden häufig Gelegenheit, auch hier aufklärend und erziehend zu wirken und muß deshalb selbst über das Wesen der Bakterien, der Ansteckung und Entseuchung sowie über die Entseuchungsmittel, ihre Eigenschaften und ihre Anwendung gute Kenntnisse besitzen.

## A. Bakterien.

Bakterien sind Kleinlebewesen, Mikroorganismen. Ihre Größe beträgt nur bei wenigen über 1 μ, Mikron. Diese kleinen Ausmaße verlangen zu ihrer Betrachtung ein gutes Mikroskop mit starker, 500- bis 700facher Vergrößerung. Während man früher die Bakterien als einen Teil der Botanik betrachtete, da die meisten einzellige, pflanzliche Lebewesen, und zwar Spaltpilze (Schizomyzeten) sind, werden sie neuerdings vom Tier- und Pflanzenreich abgesondert, als Bakterienreich für sich behandelt. Die Lehre von den Bakterien, die *Bakteriologie*, geht in ihrer Arbeitsweise völlig eigenartige Wege im Gegensatz zur Botanik und Zoologie.

Das geschichtliche Verdienst, Bakterien erkannt und damit die Grundlage der heutigen Bakteriologie (im engeren Sinne = Lehre von den Erregern ansteckender Krankheiten) geschaffen zu haben, gebührt dem französischen Forscher LOUIS PASTEUR (1822 bis 1895) und dem deutschen Arzt ROBERT KOCH (1843 bis 1910). PASTEUR bewies als erster, daß Bakterien die Erreger von Gärung und Fäulnis sind, während ROBERT KOCH feststellte, daß die von dem Arzt POLLENDER 1849 gefundenen Milzbrandstäbchen Lebewesen und keine Kristalle sind. Es gelang ihm zu beweisen, daß die Milzbrandbakterien Sporen besitzen, deren Auskeimen unter dem Mikroskop beobachtet werden kann. Im Jahre 1881 erfand ROBERT KOCH die Nährgelatine, einen Nährboden zur Züchtung von Bakterienreinkulturen. Seine überragendste Tat aber war der berühmte Vortrag am 24. März 1882 in der Berliner Physiologischen Gesellschaft „Über Tuberkulose". Seit dieser Zeit sind auf dem Gebiet der Krankheits- und Seuchenbekämpfung gewaltige Fortschritte erzielt worden.

In der Natur üben gewisse Bakterien eine für den Kreislauf der Stoffe höchst wichtige, segensreiche Tätigkeit aus. Derartige Vorgänge sind die alkoholische Gärung, die Essigsäure- und Milchsäuregärung, die Stickstoffassimilation durch die Knöllchenbakterien der Leguminosen u. a. Auch in der Mundhöhle und im Darm wirken Bakterien beim Abbau der Nährmittel an der Verdauung mit. Im Gegensatz zu den nützlichen stehen die schädlichen, krankheitserregenden, pathogenen Bakterien, die anschließend abgehandelt werden.

Nach der äußeren Gestalt unterscheidet man drei Grundformen von Bakterien:

1. *kugelförmige* oder *Kokken*, z. B. Eitererreger (Staphylokokken und Streptokokken), Erreger der Lungenentzündung (Pneumokokken), Erreger des Trippers (Gonokokken), Erreger der epidemischen Genickstarre (Meningokokken);

2. *stäbchenförmige* oder *Bazillen*, z. B. diejenigen von Diphtherie, Typhus, Ruhr, Pest, Milzbrand und Starrkrampf;

3. *schraubenförmige* oder *Vibrionen, Spirillen, Spirochäten*, z. B. der Erreger der asiatischen Cholera und Spirochaeta pallida, der Erreger der Syphilis.

Trotz dieses Unterschieds in der Form bezeichnete man im allgemeinen die drei Formarten mit dem Sammelbegriff Bakterien. Neuerdings unterscheidet man jedoch sporenbildende Mikroorganismen = Bazillen und stäbchenförmige ohne Sporen = Bakterien. Einige Arten der Mikroorganismen haben nämlich die Fähigkeit, unter ungünstigen Lebensbedingungen sehr widerstandsfähige Dauerformen, sog. *Sporen* zu bilden, die sich mit einer äußeren Einflüssen sehr widerstandsfähigen Membran umgeben. Mit diesen Sporen überdauert der Spaltpilz längere Zeiträume, um dann bei Eintritt gebesserter Lebensbedingungen auszukeimen und wieder vermehrungsfähige Zellen zu bilden.

Die *Lebensäußerungen* der Bakterien sind sehr eigenartige. So sind die Sporen der Bazillen die einzigen Lebewesen im Bakterienbereich wie überhaupt, die bei Siedehitze nicht absterben. Alle Krankheitserreger, die keine Sporen bilden, und die meisten sporenbildenden gehen schon bei feuchter Hitze von 60° bis 70° in einer halben Stunde zugrunde. *Kälte* dagegen *schadet* den meisten Bakterien *nicht:* Sie hemmt nur ihre Vermehrung. Licht und im besonderen ultraviolette Strahlen schädigen bei Anwesenheit von freiem Sauerstoff die Mehrzahl der Bakterien, während sie trockene Nährböden nicht lieben, sondern Flüssigkeiten oder feuchte Stoffe bevorzugen. Sie entwickeln, wachsen und vermehren sich am besten auf einem geeigneten Nährboden und bei einer Temperatur von 37° (Körperwärme). Bei ungehemmtem Wachstum und unter günstigen Bedingungen können sie sich innerhalb 24 Stunden auf viele Millionen vermehren.

Ernährung und Stoffwechsel der Bakterien erfolgt durch Osmose. Man unterscheidet Bakterien, die sich durch Aufbau ernähren und in der Natur wichtige Arbeit leisten, und solche, die sich durch Abbau ernähren. Die letzten leben von Kohlenstoff- und Stickstoffverbindungen, die sie bei der Zersetzung lebender oder toter Tier- und Pflanzenkörper aufnehmen. Sie vernichten die organische Natur und leben auf Kosten anderer Lebewesen. Sie sind also Zersetzungs- oder Krankheitsbakterien.

### Einteilung der Bakterien nach ihrer Wirkung.

Nach ihrer Wirkung teilt man die wichtigsten Bakterien ein in Faul- und Gärbakterien und krankheitserregende Bakterien.

1. *Faul-* und *Gärbakterien — Saprophyten —* zersetzen tote organische Stoffe. Sie scheiden chemische Stoffe, Enzyme, ab und lösen dann die organischen Verbindungen, z. B. von Nahrungsmitteln oder von Leichen, auf. Die *Fäulnis* geht meist bei alkalischer Reaktion und unter Entwicklung übelriechender Gase (Ammoniak, Schwefelwasserstoff, Indol) vor sich; daneben bilden sich Wasserstoff und Kohlendioxyd. Die Anwesenheit von Säure verhindert die Fäulnis (Magensalzsäure, Gärbottiche, saure Milch, Sauerkraut, Futtersilos). Die sogenannte Mineralisierung vollendet den Fäulnisvorgang. Dabei werden die organischen Stoffe in wasserlösliche

Chloride, Nitrate, Phosphate, und die gasförmigen Stoffe zu Kohlendioxyd, Wasserstoff, Schwefelwasserstoff, Ammoniak und Methan abgebaut.

2. *Krankheitserregende Bakterien — Parasiten.* Diese sogenannten pathogenen Bakterien schädigen bzw. zersetzen nach ihrem Eindringen in den lebenden Körper diesen durch ihre Stoffwechselerzeugnisse. Sie stören den antiseptisch wirkenden Stoffwechsel der Zellen oder heben ihn ganz auf und schädigen dadurch den Organismus mehr oder weniger. Unter Umständen führen sie sogar den Tod herbei. Diese kleinen Lebewesen sind die Erreger der Infektionskrankheiten (s. Gesundheitslehre).

# B. Ansteckung — Infektion.

Infektion (lat. inficere, etwas [Schädliches] hineintun) oder Ansteckung erfolgt durch das Eindringen einer vermehrungsfähigen tierischen oder pflanzlichen Krankheitserregers in den Körper, der die Fähigkeit hat, durch seine Lebenstätigkeit örtlich begrenzte oder bestimmte allgemeine Störungen, sogenannte *Infektionskrankheiten*, hervorzurufen. Man unterscheidet bei der Infektion die *Berührungsinfektion*, die *Staubinfektion*, bei der gewisse Krankheitskeime lange Zeit in Staubform am Leben bleiben, wie die Sporen von Milzbrand und Tuberkelbakterien und die *Tröpfcheninfektion*. Die letzte kann beim Sprechen, Husten, Niesen dadurch zustandekommen, daß der Mensch dabei Keime mit Speicheltröpfchen in die Luft verspritzt. Dabei bleiben die meisten Krankheitserreger auch nach dem Verdunsten des Speichels noch lange Zeit am Leben. Durch Tröpfchenübertragung werden Grippe, Keuchhusten, Diphtherie, Genickstarre, Pocken, Scharlach, Masern, Tuberkulose, wahrscheinlich auch die spinale Kinderlähmung, die Maul- und Klauenseuche u. a. übertragen. Auch ins Auge gespritzte infizierte Tröpfchen können durch den Tränen-Nasenkanal in die Nase gelangen und von dort aus eine Infektion hervorrufen. Der Satz: „Huste oder niese nicht anderen Leuten ins Gesicht!" hat also seinen tiefen Sinn.

**Körperliche Veranlagung** neben dem Vorhandensein von kleinen Lebewesen ist Voraussetzung zur Ansteckung und darauffolgender Erkrankung eine körperliche Veranlagung, *Disposition*. Der Körper muß empfänglich, *disponiert*, sein. Der unempfängliche Körper bleibt gesund, auch dann, wenn er der Ansteckungsgefahr ausgesetzt ist. Diese Unempfänglichkeit bezeichnet man mit *Immunität*. Die Umstände, die einer Ansteckung entgegenwirken, sind Reinlichkeit von Körper, Kleidung und Wohnung, gesunde gemischte Nahrung, Leibesübungen, genügende Erholung und genügender Schlaf, gesunde Arbeitsstätten. Die körperliche Widerstandskraft gegen Ansteckung wird geschwächt durch Unterernährung, ungeregelte Verdauung, Erkältungen, Aufregungen und Kummer, übermäßigen Alkoholgenuß und ausschweifendes Leben.

**Ansteckungsquellen.** Die Ansteckungsquellen können bestehen in Ausscheidungen oder Absonderungen von kranken Menschen, wie Schweiß, Hautschuppen, Speichel, Nasen- und Rachenschleim, Auswurf, Erbrochenem, Urin, Kot, Eiter, oder in angesteckten (infizierten) Nahrungsmitteln oder Gegenständen, wie Eß- und Trinkgeräten, Kämmen, Schwämmen, Haar- und Zahnbürsten, Taschentüchern, Leib- oder Bettwäsche, Möbeln, Aborten, Badewannen usw.

Häufig sind aber auch Leichtkranke, die nicht bettlägerig sind, oder auch gesunde Menschen die Ansteckungsquellen. Es gibt Personen, die krankheitserregende Bakterien (z. B. Diphtherie, Typhus, Parathypus oder Ruhr) beherbergen, ohne selbst zu erkranken. Sie scheiden diese Bakterien, ohne es selbst zu wissen, aus und stecken ihre Umgebung an. Andere, sogenannte *Dauerausscheider*, scheiden noch monate- oder gar jahrelang nach ihrer Genesung, z. B. Typhusbakterien, aus. Auch Tiere können die Ansteckungsquelle sein, so bei Milzbrand, Tuberkulose, Rotlauf, Papageienkrankheit, Malaria und Fleckfieber. In der Mehrzahl der Fälle jedoch ist der kranke Mensch oder bei Krankheiten, die Mensch und Tier befallen können, das kranke Tier der Ausgangspunkt einer Ansteckung und der Weiterverbreitung einer ansteckenden Krankheit.

**Ansteckungswege.** Wie schon angeführt, unterscheidet man Berührungsansteckung oder Kontaktansteckung, Staubansteckung und Tröpfchenansteckung. Auch angesteckte Nahrungs- und Genußmittel, Wasser und ungewaschenes Obst sind Träger von Krankheitserregern. Fliegen, Stechfliegen, Flöhe, Wanzen, Kleiderläuse, Anophelesmücken und Rattenflöhe können die Überträger sein.

**Eintrittswege.** Die Eintrittswege für Krankheitserreger können sein: Mund, Rachen, Nase, die Schleimhäute von Luftröhre, Augen und Geschlechtsorganen, besonders wenn die Organe entzündet sind, Magen, Darm oder die verletzte Haut. Während die unverletzte Haut durch ihren Talgüberzug und die saure Reaktion ihrer Ausscheidungen, den sogenannten Säuremantel, gegen Ansteckung im allgemeinen widerstandsfähig ist, genügen oft schon unscheinbare Verletzungen oder kleinste Hauteinrisse, um eine Infektion zu ermöglichen. Mund, Atemwege und die Lunge sind besonders durch Staub- und Tröpfcheninfektion gefährdet. Bei den Erkrankungen des Verdauungsapparates ist häufig die Beschmutzung der Finger mit Krankheitsabsonderungen *(Schmierinfektion)* die Ursache der Infektion. Die Geschlechtsorgane sind die hauptsächlichste Eingangspforte für die Erreger der Geschlechtskrankheiten.

Nicht sofort nach dem Eindringen der Erreger in den Körper treten Krankheitserscheinungen auf. Sie machen sich erst einige Zeit nach der Ansteckung bemerkbar. Man bezeichnet die Zeit, die von der Aufnahme der Erreger bis zum Ausbruch der Krankheit verstreicht, als *Inkubationszeit* (lat. incubare, brüten). Sie ist bei den einzelnen ansteckenden Krankheiten verschieden lang und schwankt auch noch in gewissen Grenzen, je nach der Menge des Erregers und der Empfänglichkeit des Angesteckten.

**Menge und Giftigkeit des Erregers.** Sind nur vereinzelte Erreger in den Körper gelangt, werden sie durch die im gesunden Körper vorhandenen Abwehrstoffe, *Antitoxine*, vernichtet. Eine weitere Voraussetzung für eine Ansteckung ist das Vorhandensein von Krankheitserregern in ausreichender Zahl und von genügend großer Giftigkeit bzw. Ansteckungskraft, sogenannter *Virulenz* (lat. virus, Gift).

# C. Entseuchung — Desinfektion.

Man unterscheidet bei der Desinfektion im weiteren Sinne folgende Begriffe:

1. *Entkeimung, Sterilisation* (lat. sterilis, unfruchtbar). Darunter versteht man die völlige Befreiung eines Körpers von Lebewesen: Krankheitserregenden, nicht krankheitserregenden und Bazillensporen. Die Entkeimung findet Anwendung bei Verbandstoffen, Instrumenten, Arzneimitteln und Nahrungsmitteln.

2. *Entseuchung, Desinfektion* dient der Beseitigung von Infektionsgefahr und hat den Zweck der Zerstörung von Krankheitserregern mit ihren Sporen. Das Ziel der Desinfektion ist, den zu desinfizierenden Gegenstand in einen Zustand zu versetzen, in dem er nicht mehr infizieren kann. Die Desinfektion bezweckt, vorbeugend Infektionen zu vermeiden bzw. bei eingetretener Infektion die Umgebung des Kranken vor Infektion zu schützen und dadurch die Ausbreitung der Krankheit zu verhindern.

3. *Entwesung, Entziejerung, Desinfektion* umfaßt die Ungeziefer- und Schädlingsbekämpfung (s. „Schädlinge und Schädlingsbekämpfungsmittel").

Im folgenden werden nur die Desinfektion und die Desinfektionsmittel abgehandelt.

## I. Desinfektionsarten.

Die Desinfektion kann auf verschiedene Arten erfolgen: mechanisch, physikalisch
und chemisch.

Die *mechanische* Desinfektion hat mehr den Zweck einer Beseitigung als den
einer Abtötung der Erreger. Eine *trockene Reinigung* ist wegen der Gefahr des Ver-
stäubens nicht zu empfehlen. Das Auskehren von Zimmern, in denen ansteckend
Kranke untergebracht sind, ist deshalb zu unterlassen. Zahlreiche Bakterien,
Sporen und Viren ertragen ohne Schädigung die Austrocknung bis zur Staubform
(z. B. Diphtherie-, Tuberkel-, Influenzabakterien), auch Madenwurmeier. Dichtschließende Staubsauger können ohne Bedenken Verwendung finden.

*Feuchtes Abwaschen* und *Aufwischen*, die sogenannte *Scheuerdesinfektion*, beseitigt auch ohne Zusatz von Chemikalien viele Keime. Aus diesem Grunde sollen
auch Rohkostlebensmittel wie Obst, Salate, Gemüse mit reinem Wasser abgewaschen
werden. Der Oberfläche von Gemüsen und Obst haften Kotbakterien und Wurmeier
an, die dabei entfernt werden. Die Wirkung der Scheuerdesinfektion beim Aufwischen
von Räumen wird erhöht, wenn man dabei 50 g Schmierseife auf 1 l heißes Wasser
nimmt. Das Waschen der Hände in fließendem Wasser mit Seife entfernt neun Zehntel der anhaftenden Bakterien. Deshalb ist das Waschen der Hände nach dem Benützen der Toiletten und vor dem Essen ein *wichtiges Gebot der Gesunderhaltung*.

*Physikalische Desinfektion durch Strahlen.* Die meisten Krankheitserreger werden
durch ungeschwächt und länger einwirkendes Sonnenlicht bzw. dessen ultravioletten
Strahlen bei Anwesenheit von Sauerstoff schnell getötet. Selbst Sporen von Milzbrand gehen dabei nach einigen Stunden zugrunde. Die Sonnenwirkung ist jedoch
nur oberflächlich. Stärker als Sonnenlicht wirken die Strahlen der Quarzlampe
(künstliche Höhensonne) mit ihren kurzwelligen UV-Strahlen unter 289 mμ.

*Austrocknung* und *Kälte* sind keine zuverlässigen Desinfektionssarten, weil sie
von vielen Bakterien ertragen werden. Während die Eier von Spulwürmern durch
Trockenheit zugrunde gehen, ist dies bei Madenwurmeiern nicht der Fall. Wirksamer
ist die feuchte Hitze.

*Verbrennen* und *Glühen* sind die gründlichsten Arten, Krankheitserreger zu zerstören. Das Verbrennen ist auch im Haushalt der gegebene Weg, um gebrauchte
Verbände, verbrauchte Unterlagen oder andere wertlos gewordene und infizierte
Stoffe unschädlich zu machen. Arzneimittel dürfen wegen etwaiger Explosionsgefahr infolge eines Gehaltes an Alkohol, Äther oder sonstigen feuergefährlichen oder
explosiven Stoffen nicht verbrannt werden.

*Kochen*, also Erhitzen in Wasser von 100°, genügt zwar für die Seuchendesinfek-
tion, nicht aber zur Sterilisation von Verbandstoffen und Instrumenten. Wasser
von 100° tötet alle nichtsporenden Bakterien, nicht aber z. B. Tetanus-Sporen.
Wirksamer ist einfaches Abkochen in 1% Sodalösung während einer halben Stunde
oder halbstündiges Behandeln in strömendem Wasserdampf, wobei die meisten
Bakterien abgetötet werden.

Dabei keimen pathogene Sporen aus, die erst durch eine zweite Behandlung
*(fraktionierte Sterilisation)* völlig abgetötet werden. Beim *Pasteurisieren* wird z. B.
Milch bei Wasserhitze unter 100° (50° bis 60°) wiederholt eine halbe Stunde erhitzt.

*Strömender Wasserdampf* über 100°, bei dem man vollkommene Keimfreiheit
erzielt, wird bei Verbandstoffen, chirurgischen Geräten und Nährböden in der

Bakteriologie verwendet. Hierbei wird im Autoklaven bei $^1/_2$ bis 2 atü Dampf-spannung gearbeitet.

Mit Arzneiflecken, Blut, Eiter oder Kot beschmutzte Wäsche darf nie trocknen, sondern muß bis zum Waschen stets in Desinfektionslösung aufbewahrt werden. Sie darf nicht gekocht werden, weil sonst die Flecke „einbrennen". Sie muß erst mit desinfizierenden Lösungen kalt ausgewaschen werden.

## II. Desinfektionsmittel — Chemische Desinfektion.

Desinfektionsmittel oder Entseuchungsmittel sind Mittel zur Zerstörung von Krankheitskeimen. Sie müssen folgenden Anforderungen gerecht werden: 1. sich leicht in Wasser lösen; — 2. auch noch in möglichst starker Verdünnung wirken und ihre Wirkung beibehalten; — 3. Haut und Gewebe nicht ätzen; — 4. in den üblichen Verdünnungen ohne Giftwirkung sein.

Soweit sie in der Medizin Anwendung finden, dürfen sie Gummi, Instrumente und Gebrauchsgegenstände nicht angreifen. Die meist bevorzugten Desinfektions-mittel sind die geruchlosen bzw. die mit nicht unangenehmem Geruch. Zum Des-infizieren bei Tieren, in Stallungen und zur Sachdesinfektion gelten die vorgenannten Anforderungen nicht. Hier entscheidet über die Eignung eines Mittels seine sichere Wirkung und der Preis.

Die Wirkung von Desinfektionsmitteln wird teilweise oder ganz aufgehoben, wenn zu ihrer Lösung konzentrierter Alkohol, Öle, Fette oder konzentriertes Glycerin verwendet wird. Die Gegenwart von Eiweißstoffen erschwert ihre Wirkung. Im Eiter, Auswurf und Kot sind die Bakterien in Eiweißstoffe eingehüllt. Hier müssen Mittel Anwendung finden, die lösende und aufschließende Eigenschaften besitzen; man benützt hier alkalische Desinfektionsmittel.

**Freiverkäuflichkeit der Desinfektionsmittel.** Desinfektionsmittel zur Entkeimung von Gegenständen, Räumen usw. sind nur mit der Einschränkung freiverkäuflich, daß sie nicht Stoffe des Verzeichnisses B sein dürfen. Sie dürfen aber Stoffe des Ver-zeichnisses B enthalten, Zubereitungen dieser Stoffe sind also als Desinfektionsmittel freiverkäuflich. Desinfektionsmittel, die als *Heilmittel* Verwendung finden, dürfen weder rezeptpflichtige Stoffe sein noch rezeptpflichtige Stoffe enthalten.

**Verwendung der Desinfektionsmittel.** Desinfektionsmittel finden Verwendung zur Desinfektion der Haut und Schleimhaut, der Mundhöhle, des Darmes, der Harn-wege, von Wunden, in der Chirurgie zur Desinfektion der Hände des Operateurs, des Operationsfeldes, der Instrumente, des Verbandmaterials, ferner zur Desinfektion der Luft, von Räumen, Kleidungsstücken, Gebrauchsgegenständen, Transport-mitteln und -behältern (Milchkannen), von Auswurf, Kot, Harn, von Stallungen und Stallgeräten. Ferner finden Desinfektionsmittel als Desodorantien zur Beseitigung des üblen Geruches bei eitrigen und jauchigen Prozessen auf der Haut und den Schleimhäuten Verwendung.

### 1. Die wichtigsten Desinfektionsmittel anorganischer Natur.

**Ätzkalk,** frisch gelöschter, ist das billigste und daher für die Großdesinfektion besonders geeignete Desinfektionsmittel für sporenfreie Bakterien, Milzbrand- und Tuberkelbazillen werden nicht getötet. Mit Wasser bildet er zunächst ein Pulver bzw. Kalkbrei oder Kalkmilch. 1 kg frisch gebrannter Ätzkalk wird mit etwa $^3/_4$ l Wasser in einem geräumigen Gefäß vorsichtig besprengt. Dabei erwärmt er sich stark, bläht sich auf und zerfällt zu Pulver. Durch weiteres vorsichtiges Bei-mengen von Wasser (1 : 3) erhält man *Kalkbrei*, durch Beimengen von Wasser (1 : 20)

erhält man *Kalkmilch. Vorsicht!* Kalk ins Auge gespritzt, ätzt gefährlich, Erblindungs-
gefahr! *Erste Hilfe:* Mit reinem, fließendem Wasser sofort und sorgfältig ausspülen,
bis alle Kalkreste entfernt sind, Arzt zu Rate ziehen! Kalkmilch ist ein geeignetes
Desinfektionsmittel für Erbrochenes, Urin, Kot usw. (gleiche Teile mit der zu desinfizierenden Menge zu vermischen). Die Einwirkungsdauer muß mindestens
2 Stunden betragen, für Abortgruben auf 4 T. Grubeninhalt 1 T. Kalkmilch, bei
einer Einwirkungsdauer von wenigstens 24 Stunden, für Schmutz- und Waschwässer
auf 20 T. etwa 1 T. Kalkmilch. Düngerstätten, Rinnsteine, Kanäle, Höfe usw.
werden reichlich mit Kalkmilch übergossen.

Nach dem Deutschen Viehseuchengesetz findet Kalkbrei zu Anstrichen, Kalkmilch zum Abschwemmen des Fußbodens und als desinfizierender Zusatz zur Jauche
Verwendung. Einmaliger dünner Kalkanstrich (1 : 20) tötet Hühnercholerabakterien,
ein dreimaliger Rotzbazillen, während ein einmaliger dicker Kalkanstrich (1 : 3) die
Erreger von Schweinerotlauf, Schweineseuche und Milzbrandbazillen tötet. *Voraussetzung der Wirkung ist stark alkalische Reaktion!*

**Chlor und Chlorpräparate.** Entsprechend seiner Umsetzung mit Wasser:
$Cl_2 + H_2O \rightarrow 2HCl + O$ übt Chlor eine stark oxydierende, säuernde, toxinzerstörende und antiseptische Wirkung aus. Das Chlorgas findet zur Sterilisation
von Trink- und Badewasser Verwendung, hat aber wegen seiner umständlichen und
gefährlichen Anwendung in Form von Chlorgasräucherungen keine Bedeutung. Die
Verwendung von Chlorwasser als Desinfektionsmittel ist seit der Einführung anderer
Chlorpräparate obsolet. SEMMELWEIS hat den Chlorkalk zur Vorbeugung gegen
Wundfieber eingeführt.

**Chlorkalk** ist das wichtigste Desinfektionsmittel. In 1%iger wäßriger Lösung
tötet er in einer Minute Milzbrandbazillen und die Bakterien von Hühnercholera,
Schweinerotlauf, Schweineseuche und die meisten anderen sporenfreien Bakterien.
Bei Rotz- und Tuberkelbazillen ist die Wirkung auch in starker Konzentration un-
gewiß. Chlorkalk findet wie Ätzkalk als dicke (1 : 3) und dünne (1 : 20) *Chlorkalk-
milch* als Desinfektionsmittel für Stallungen Verwendung. Diese dürfen aber erst
wieder nach tagelanger Lüftung und Verschwinden des Chlorgeruchs mit Schlacht-
vieh belegt werden. Zur Jauchedesinfektion genügt 2%iger Chlorkalkzusatz ohne
Schädigung des Düngerwertes.

**Chloramin** enthält etwa 25% wirksames Chlor und 5,9% aktiven Sauerstoff.
Chloramin ist luftbeständiger als Chlorkalk und hält sich, in braunen Flaschen
aufbewahrt, auch in Lösungen 2 bis 3 Wochen lang. Es ist völlig ungiftig und ausgesprochen gewebefreundlich. Seine Wirkung beruht auf der Bildung nichtionisierter
unterchloriger Säure. Chloramin eignet sich auch für den Haushalt zum Keimfreimachen von Eß- und Trinkgeräten, Einmachgefäßen und zur Händedesinfektion
in 1%iger Lösung. Zur Entseuchung von Trinkwasser läßt man 1 Tablette (0,5 g)
eine Viertelstunde lang auf 10 l Wasser einwirken. → Chloramin eignet sich auch
zu desinfizierenden Bädern und Spülungen.

**Rohchloramin** enthält 80% Reinchloramin, entsprechend 20% wirksamem Chlor.
Es ist das ausgesprochene Desinfektionsmittel zur Grobdesinfektion in 2%iger
Lösung. Auch zum Abwaschen von Steinsockeln an Häusern eignet sich Rohchlor-
aminlösung, um der Verunreinigung durch Hunde vorzubeugen (3 bis 5%). Zur Entkeimung von Auswurf Tuberkulöser gebraucht man 6%ige Lösungen.

**Jod** ist ein starkes Desinfektionsmittel, das die meisten pathogenen Bakterien
tötet. Seine Wirkung ist eine doppelte: eine desinfizierende, toxinzerstörende und
eine Abwehrvorgänge im Wundgebiet steigernde. Besonders zur sofortigen Desinfektion kleiner verschmutzter Wunden findet es als Jodtinktur oder als Jod-
kollodium, das gleichzeitig die Wunde nach außen verschließt, Verwendung. Der

Jodkaliumzusatz erhöht ihre Haltbarkeit und verhindert die Ausfällung von Jod in den oberen Gewebeschichten. Dadurch wird eine besondere Tiefenwirkung gewährleistet. Zweckmäßig kommt Jodtinktur zu gleichen Teilen mit Weingeist (90%) verdünnt als Desinfektionsmittel zur Anwendung. Auf die Jodempfindlichkeit vieler Personen sei besonders hingewiesen.

**Kaliumchlorat,** chlorsaures Kalium, wurde früher als Desinfektionsmittel der Mundhöhle angewandt, ist aber wegen Vergiftungsgefahr besonders bei Kindern unbedingt zu vermeiden. Die wäßrige Lösung gibt im übrigen keinen Sauerstoff ab.

**Kaliumpermanganat** ist ein Desinfektionsmittel mit guter desodorisierender und antitoxischer Wirkung und findet zur Desinfektion der Mund- und Rachenhöhle, bei Hand- und Fußschweiß (1 : 3000) Verwendung. Die 2- bis 3%ige Lösung wird zum Geruchlosmachen von Kot angewandt.

**Quecksilberchlorid,** *Sublimat,* findet in Pastillen zu 1 und 2 g mit 50% Natriumchlorid gemischt und mit Eosin gefärbt hauptsächlich zur Händedesinfektion, in 0,1% Lösung Verwendung. Für eiweiß- und fetthaltige Stoffe, wie Auswurf, Kot usw., kommt Sublimat als Desinfektionsmittel nicht in Frage, weil Eiweiß seine Wirkung aufhebt. Dasselbe gilt auch für Seife.

**Quecksilberoxycyanid** kommt zum Unterschied von Sublimat in blaugefärbten Pastillen in den Handel, greift die Haut und Metalle weniger an, wirkt aber in Lösungen wie Sublimat und wird wie dieses angewandt.

**Wasserstoffsuperoxydlösung** 3% (s. dort) ist ein starkes, desodorisierendes, toxinzerstörendes und entfärbendes, besonders zur Mund- und Rachendesinfektion geeignetes Mittel, das mit lauwarmem Wasser verdünnt zur Anwendung kommt.

## 2. Die wichtigsten Desinfektionsmittel organischer Natur.

**Alkohol** 70%, Spiritus dilutus, desinfiziert stärker als konzentrierter. Konzentrierter Alkohol dringt schlecht in die Bakterienleiber ein und wirkt auf Mikroorganismen austrocknend, während zum Eindringen in dieselben und zum Töten derselben ein Quellen notwendig ist. Die Vorteile von Alkohol 70% sind gutes Eindringen in die Hautspalten, gute Benetzung auch der fettigen Teile der Haut, z. B. der Ausführungsgänge der Talgdrüsen und rasches restloses Verdunsten und Trocknen ohne Handtuch. Auch Seifenspiritus eignet sich zur Händedesinfektion.

**Chinosol** (s. dort) ist ein in Wasser leicht lösliches, lose und in Tablettenform (0,5 und 1 g) und als Gurgelwasser-Tabletten (0,04 g) im Handel befindliches Präparat.

**Chlorphenole** (s. dort) sind stärkere und weniger giftige Desinfektionsmittel als Phenol. p-Chlorphenol (s. dort) ist 3- bis 5mal stärker als Phenol.

**Chlorkresole** haben stärker desinfizierende Wirkung als die Kresole, sind aber weniger giftig und riechen nicht unangenehm. Hierher gehören Baktol, Parmetol, Sagrotan.

**Creolin** ist ein emulsionsartiges Desinfektionsmittel, bestehend aus Kresolen, neutralen Teerölen und Harzseife als Emulgierungsmittel. Die leichten Teeröle machen das Erzeugnis auf Wasser schwimmend. Creolin findet hauptsächlich Anwendung in der Tiermedizin zu Bädern, z. B. bei Schafräude, zur Wunddesinfektion bei Tieren, in der Veterinärchirurgie und -geburtshilfe, sowie zur Entseuchung von Stallungen und Stallgeräten. Die desinfizierende Wirkung von Creolin ist derjenigen von Phenol und Sublimat überlegen (s. Bd. II, Creolin).

**Formaldehyd** ist ein brauchbares Desinfektionsmittel, das auch Bazillensporen vernichtet, wenn seine Einwirkung zusammen mit Wasserdampf genügend lange andauert. Es findet in Gasform zur Raumdesinfektion (Schlußdesinfektion) weitgehende Verwendung. Diese erfolgt entweder durch Verdampfen von Formaldehydlösung in besonderen Apparaten oder durch Vernebelung von Formaldehyd mit Kaliumpermanganat. Gegenstände, die ein Auskochen nicht vertragen, wie Holz, Metalle, Möbelüberzüge, desinfiziert man durch Einlegen während 2 Stunden in Formalinlösung (1 bis 3%, 30 bis 90 ccm Formaldehydlösung DAB. 6 ad 1000 ccm Wasser). Bei der Raumdesinfektion ist es wichtig, daß gleichzeitig mit dem Formaldehydgas reichlich Wasserdampf entwickelt wird, damit sich das erste darin lösen kann. Seifenzusatz verbessert die Wirkung von Formaldehyd. Flüssige Formaldehyd-Kaliseifen sind Formalinseifenlösung (s. dort) und Lysoform, die beide in 1- bis 3%iger Lösung zur Händedesinfektion und zu Ausspülungen Verwendung finden.

Bei der Raumdesinfektion müssen alle Gegenstände im Raum frei hängen oder stehen. Sämtliche Möbel müssen von der Wand abgerückt, Türen von Schränken und Kommoden weit geöffnet und der Inhalt herausgenommen sein. Der Gesamtinhalt des Zimmers muß so ausgebreitet werden, daß jeder Gegenstand von dem Formaldehydgas getroffen werden kann.

Bei der apparatelosen Raumdesinfektion werden die Formalindämpfe auf chemischem Wege durch Kaliumpermanganat entwickelt. In ein reichlich großes Gefäß (es muß mindestens die 15fache Flüssigkeit fassen, die tatsächlich benötigt wird) werden erst Wasser und Formaldehydlösung, hierauf fein kristallisiertes Kaliumpermanganat gegeben. 1 cbm Raum erfordert 20 ccm Formalinlösung (35%), 20 ccm Wasser und 20 g Kaliumpermanganat.

Nach der durchgeführten Raumdesinfektion wird zur Bindung der Formaldehyddämpfe starker Salmiakgeist verdampft und die Ammoniakdämpfe durch das Schlüsselloch in den Raum eingeblasen. Dabei entsteht das geruchlose, nicht gasförmige Hexamethylentetramin.

**Kresole** sind Methylphenole und desinfizieren 2- bis 3fach stärker als Phenole. Außerdem sind sie weniger ätzend und giftig als diese. Ihr Nachteil besteht in der schweren Löslichkeit in Wasser. Sie müssen deshalb in lösliche Form gebracht werden, durch Säuren oder Seifen (→ Kresolseifenlösung) bzw. in lösliche Salze übergeführt werden.

**Kresolseifen** enthalten im Gegensatz zu Creolin keine Teeröle. In ihnen sind die Kresole durch Schmierseife in wasserlösliche Form übergeführt. Kresolseifen werden in 5%iger Lösung verwendet. Kresolwasser DAB. 6 enthält 10% Kresolseifenlösung.

**Phenol,** früher Carbolsäure genannt, findet als Phenolwasser (5% Phenol enthaltend) zur Desinfektion sporenloser Bakterien Verwendung, Sporen tötet es nicht. Zur Wundbehandlung eignet sich Phenol wegen seiner gewebeschädigenden Wirkung und seiner Giftigkeit nicht und wird deshalb, ebenso wegen seiner beschränkten desinfizierenden Wirkung, außer zur Desinfektion von Stallungen und Eisenbahnwagen als Desinfektionsmittel nur selten verwendet.

### 3. Acridinfarbstoffe.

Acridinderivate, die als wichtige Desinfektionsmittel Anwendung finden, sind *Trypaflavin* (s. dort) und *Rivanol* (s. dort). Trypaflavin ist in wäßriger Lösung 80mal, in Gegenwart von Serum 800mal stärker als Phenol. Trypaflavin und Rivanol sind in hohem Maße ungiftig und finden auf der gesunden Haut und Schleimhaut 1%ig, auf kranker Haut $^1/_2$%ig, auf Wunden 1$^0/_{00}$ig mit Zusatz von 0,9% Natriumchlorid Verwendung. Sie sind sehr gut verträglich und üben trotz sehr starker Desinfektionswirkung eine sehr geringe örtliche Reizung aus.

## III. Durchführung der Desinfektion.

**Händedesinfektion.** Sorgfältige Händedesinfektion ist die wichtigste Voraussetzung, um der Übertragung ansteckender Krankheiten durch Berührung vorzubeugen. Die Gefahr, sich mit den Händen zu infizieren, besteht nicht nur beim Essen, sondern auch bei der Berührung von Lippen, Augen- und Nasenschleimhäuten. Die Hände sind ganz besonders der Infektion ausgesetzt durch die ständige Berührung mit Türklinken und anderen Gegenständen, die durch zahlreiche andere Menschen angefaßt werden müssen. Besondere Sorgfalt muß der Händedesinfektion entgegengebracht werden bei ansteckenden Darmkrankheiten, wie Typhus, Paratyphus und Ruhr, ferner bei Furunkeln, Wundrose, Eiterungen, Kindbettfieber, Pocken, Scharlach, Diphtherie, Augentripper und Körnerkrankheit. Der laienhaften Auffassung, daß zur Desinfektion der Hände ein kurzes Eintauchen in eine Desinfektionslösung genüge, muß entgegengetreten werden. Nur längere Einwirkung des Desinfektionsmittels, wenigstens 5 Minuten lang, kann eine Wirkung haben. Die Desinfektion hat auf alle Fälle der Reinigung mit Seife voranzugehen.

**Desinfektion am Krankenbett.** Die Desinfektion am Krankenbett ist von größter Bedeutung für die Mitbewohner des Erkrankten. Eine sofort bei Beginn der Erkrankung eingeleitete und planmäßig durchgeführte Desinfektion aller von dem Kranken herrührenden Ausscheidungen sowie aller Gegenstände, mit denen er in Berührung kommt, verhindert die Ansteckung.

Die Desinfektion am Krankenbett erstreckt sich außerdem auf den Kranken selbst, das Krankenzimmer, den von ihm benutzten Abort und u. U. die Badewanne. Aber auch die den Kranken pflegende Person muß ihre Kleidung und die von ihr im Krankenzimmer berührten Gegenstände sorgfältig und ständig desinfizieren. Hierzu ist eine praktische Einrichtung des Krankenzimmers und die Bereitstellung der notwendigen Geräte unerläßlich. Siehe „Krankenpflege"!

## IV. Zusammenstellung der wichtigsten Desinfektionsmittel

zur Desinfektion der Mundhöhle, der Haut, von Gegenständen und Räumen.

*Spezialpräparate der Industrie.*

Alfridol-Seife
Alkalysol
Angina-Merzetten
Anginos
Autan
Azojod-Lösung
Bacillol
Baktol
Baktolan
Chinosol-Gurgeltabletten
Chinosoltabletten
Clorina
Coryfin-Bonbons
Coryfinchen
Cutasept
DBS-Mundpastillen
Debacil „Hoechst"
Debacil W „Hoechst"
Delegol
Desontan-Raschig
Dibromol
Dijozol

Dijozolseife
Dontalol
Fluomint-Lysoform
Formamint
Gyneclorina
Jodo-Muc jodfrei
Kamillozon-Tabletten
Kodan-Tinktur
Korsyl-Bacillol
Lusept 50
Lysoform
Lysol
Lysolin
Mallebrin
Medizinal-Praecutan
Merfen-Tinktur
Mucidan-Tinktur
Optiform
Ormicetten
Ortizon-Mundwasserkugeln
Ortizon-Pastillen

Panflavin-Pastillen „Hoechst"
Parmetol
Perflamint
Pergenol
Perhydrit
Peritonan
Quartamon
Revasa-Pastillen „Hoechst"
Rivanol „Hoechst"
Rhodobazid
Rhodocrema
Sagrotan
Satina
Sepso-Tinktur
Surfen „Hoechst"
Tb-Bacillol
Tb-Lusept-Raschig
Tebintan-Raschig
Tego 103 G
Tego 103 S
Zephirol

# Drogenkunde — Pharmakognosie.

Von Apotheker **H. IRION,** Berlin.

Die sprachliche Erklärung des Wortes Droge wird teils auf das niederdeutsche Wort „drög" = trocken, teils auf das slawische Wort „dorogo" = teuer, kostbar zurückgeführt. Teilweise wird auch die Auffassung vertreten, das Wort sei orientalischen Ursprungs.

Man unterscheidet Drogen zur arzneilichen Verwendung, *Arzneidrogen,* und Drogen für technische Zwecke, *technische Drogen.* Zahlreiche Drogen finden sowohl arzneiliche als auch technische Verwendung, so z. B. die Eichenrinde als Adstringens und zum Gerben von Leder, die Stärke zur Herstellung von Unguentum Glycerini und als diätetisches Nährmittel sowie zur Herstellung von Klebstoffen.

Die Wissenschaft, die sich mit den Arzneipflanzen und ihren Erzeugnissen, den *Drogen,* befaßt, die *Drogenkunde, Pharmakognosie* (g. pharmakon = Heilmittel, Heilkraut, g. gnosis = Kunde) ist *angewandte Botanik.* Sie beschreibt die medizinisch oder technisch gebrauchten Drogen nach ihrer geographischen Herkunft, ihrer Kultur und Gewinnung (Sammelgut, Sammelzeit, Trocknung, Aufbewahrung), ihren botanischen bzw. zoologischen Merkmalen und ihrer chemischen Zusammensetzung, besonders in Hinsicht auf die in ihnen enthaltenen arzneilich wirksamen Stoffe.

Die *Arzneimittellehre, Pharmakologie,* untersucht die Einwirkung aller Arzneimittel einschließlich der Arzneidrogen auf die Funktionen des Organismus, ihre therapeutische Anwendung und Dosierung.

Die Drogen teilt man ein in die Drogen des Pflanzenreiches und die Drogen des Tierreiches.

## A. Drogen des Pflanzenreiches.

Die Drogen des Pflanzenreiches können sein ganze Pflanzen, Pflanzenteile oder Pflanzenstoffe.

### 1. Ganze Pflanzen.

Ganze Pflanzen stellen Kulturen von einzelligen Pflanzen, kryptogamische Lager (Thallus) oder Kräuter dar.

**Kryptogamische Einzelldrogen und kryptogamische Thallusdrogen.** Drogen, die kryptogamische Einzelldrogen darstellen, sind die Hefen (medizinische Hefe, Bierhefe, Weinhefe, Nährhefe), Kefir, Yoghurt. Kryptogamische Thallusdrogen sind Blasentang, Hirschbrunst, Carrageen, Isländisches Moos. Thallusteile sind der Lärchenschwamm und Wundschwamm.

**Kräuter — Herbae.** Unter Kräutern versteht man Drogen, die aus Pflanzenstengeln mit Blättern, Blüten, teilweise auch mit Früchten bestehen. Dickere

Stengelteile sind bei Kräutern, die als Arzneidrogen Verwendung finden, zu entfernen. Die Sammelzeit von Kräutern fällt gewöhnlich mit der Blütezeit zusammen bzw. erfolgt zu Beginn derselben. Zur Erkennung und Unterscheidung von Kräutern sind meist ihre morphologischen Merkmale ausreichend, teilweise müssen jedoch auch die anatomischen Eigenschaften herangezogen werden. Als Kräuterdrogen finden Verwendung (Beispiele jeweils in Klammern):

> ganze Pflanzen (Löwenzahn, Sonnentau)
> oberirdische Pflanzenteile (Hirtentäschel, Schafgarbe, Tausendgüldenkraut)
> Zweige (Quendel)
> jüngere Zweige (Mistel)
> Zweigspitzen (Beifuß)
> Blätter und Blüten (Majoran, Thymian)
> Blätter und Blütenstände (Steinklee)
> Blätter und Blütenschäfte mit Blüten (Maiglöckchenkraut)

## 2. Pflanzenteile.

Drogen, die aus Pflanzenteilen bestehen, können sein: *Achsenteile*, wie Hölzer, Rinden und Wurzeln, oder *Anhangsorgane*, wie Blätter, Blüten und Früchte, oder *Epidermisgebilde*, wie Haare und Drüsenhaare. Im einzelnen unterscheidet man:

| | |
|---|---|
| Blätter, Folia | Samen, Semina |
| Blüten, Flores | Stengel, Stipites |
| Früchte, Fructus | Triebe, Turiones |
| Haare und Drüsenhaare | Wurzeln, Radices |
| Hölzer, Ligna | Wurzelstöcke, Rhizomata |
| Knollen, Tubera | Zweigspitzen, Summitates |
| Knospen, Gemmae | Zwiebeln, Bulbi |
| Rinden, Cortices | |

Die wichtigsten Drogen, die Pflanzenteile darstellen, werden nachstehend in alphabetischer Reihenfolge kurz besprochen. Beispiele sind jeweils in Klammern angeführt.

**Blätter,** die als Drogen Verwendung finden, sind Laubblätter, mitunter Fiederblättchen geteilter Blätter. Die Sammelzeit von Blattdrogen fällt meist mit der Blütezeit zusammen. Kleine (Sennesblätter) und fleischige Blätter (Bitterklee) und solche mit lederartiger Beschaffenheit (Bärentraubenblätter) sind nach dem Trocknen oft wenig verändert. Dagegen sind große, dünne Blätter infolge starker Schrumpfung beim Trocknen meist stark zerknittert. Derartige Blätter werden zu ihrer einwandfreien Erkennung erst in Wasser eingeweicht und dann auf einer Glasplatte ausgebreitet. Blätter sind häufig mehr oder weniger behaart. Die Formen ihrer Haare sind oft kennzeichnend und mit der Lupe erkennbar. Bei geschnittenen Blattdrogen sind die Blattnerven wichtige Unterscheidungsmerkmale. Blätter, welche ätherische Öle enthalten, zeigen teils schon mit bloßem Auge, teils mit der Lupe Drüsenhaare, Ölzellen, Ölgänge oder kugelige Ölräume.

**Blüten.** Die mit „Flores" bezeichneten Drogen können sein: *Einzelblüten* (Malven, Maiglöckchen), *nicht völlig entfaltete Blüten* (Lavendel), *Blütenknospen* (Gewürznelken, Pomeranzenblüten), *Teile von Einzelblüten* (Blumenkrone mit Staubblättern: Schlüsselblume, Taubnessel, Wollblume), *einzelne Kronblätter* (Rosenblütenblätter, Klatschrosenblüten), *Blütenstände* (Kamille, Linde, Schafgarben- und Rainfarnblüten). Narben des Griffels sind Safran und Maisgriffel.

**Früchte.** Als Drogen finden *ganze Einzelfrüchte* (Anis, Fenchel, Kümmel, Koriander, Heidelbeeren) oder *Fruchtteile* (Bohnenhülsen, Citronenschalen, Mohnköpfe, Pomeranzenschalen), *nicht ganz reife Früchte* (Schwarzer Pfeffer), *unreife Früchte* (unreife Pomeranzen), *geschälte Früchte* (Weißer Pfeffer), *zusammengesetzte Früchte* (Hagebutten) und *Scheinfrüchte* (Wacholderbeeren) Verwendung.

**Haare und Drüsenhaare** sind Gebilde der Epidermis. Hierher gehören die Samenhaare der Baumwolle, Drüsenhaare sind Kamala und Hopfendrüsen.

**Hölzer** sind aus dem Holzteil von Stämmen dikotyler Pflanzen oder von Coniferen gewonnene Drogen mit Gefäßbündeln und Holzfasern. Während das Holz als Rohstoff in der modernen Holzchemie eine große Rolle spielt, ist die Bedeutung der Hölzer drogenkundlich nur noch gering. Auch die Farbhölzer, die früher in der Färberei von großer Bedeutung waren, sind durch synthetische Farbstoffe verdrängt worden. Hölzer, die durch Raspeln zerkleinert sind, werden *geraspelt* gehandelt. Pulverisierte Hölzer dürfen weder Siebröhren noch Rindenbastfasern enthalten. Holzdrogen sind: Blauholz, Bitterholz, Guajakholz, Sassafrasholz und Wacholderholz.

**Knollen** sind örtliche Verdickungen von Wurzelstöcken oder Wurzeln, die zur Blütezeit gesammelt werden. Werden Mutter- und Tochterknollen ausgebildet, so werden zum Teil nur die gehaltreicheren Tochterknollen verwendet. Knollendrogen sind: Eisenhut-, Jalapen- und Salepknollen. Die letzten werden vor dem Trocknen gebrüht.

**Rinden** sind aus dem Rindenteil dikotyler Stämme, seltener von Wurzeln gewonnene ungeschälte (Faulbaum-, Eichenrinde) oder durch Schälen von der Borke befreite Drogen (Ceylonzimt). Anatomisch kennzeichnend für die Rinden ist das Vorhandensein von Siebröhren und Bastfasern. In Rindenpulvern dürfen Gefäßteile nicht enthalten sein. Da sich die inneren wasserreichen Gewebe beim Trocknen stärker zusammenziehen als die äußeren, trockenen, sind Rinden stets nach innen eingerollt. Junge Rinden ohne Borke haben eine glatte Außenseite (Spiegelrinde der Eiche). Ältere Rinden sind häufig rissig, grubig und zeigen Borkenbildung. Stammrinden sind vielfach mit Flechten bedeckt. Die Innenseite von Rinden ist meist glatt. Haften auch Holzsplitter an ihr, so ist dies für die Droge kennzeichnend. Je nach ihrer Form unterscheidet man bei Rindendrogen *Bänder* (Seidelbast), *Platten* (Quebracho), *Rinnen* (Eiche), *Röhren* (Condurango) und *Doppelröhren* (Faulbaum). Das Sammeln erfolgt meist vor Eintritt der neuen Vegetationsperiode im Frühjahr. Auf Rindenquerschnitten sind drei Zonen erkennbar:

a) das Hautgewebe: Korkgewebe, teilweise auch mit Borke,

b) das Grundgewebe: Außenrinde (primäre Rinde),

c) das Leitgewebe: Innenrinde (Bast- oder sekundäre Rinde).

In der Außenrinde sind Markstrahlen nicht vorhanden, während sich solche im Bast vorfinden (Unterschied von Bast und primärer Rinde), s. a. Kap. „Mikroskopie".

**Samen,** die als Drogen Verwendung finden, sind meist *ganze Samen* (Arekanuß, Kürbissamen, Leinsamen, Mandeln, Quittensamen), nur wenige sind *Samenteile* (Muskatnuß, Samenkern ohne Samenschale, Muskatblüte, die trockene Samenhülle, Kolasamen, die Keimblätter des Samens). Geröstete und fermentierte Samendrogen sind: Eichelkaffee, Kaffee, Kakao.

**Sporen** sind als einzige Droge die Bärlappsporen.

**Stengel** sind verholzte und getrocknete Sproßstücke von Halbsträuchern oder Stauden (Bittersüßstengel) oder Bäumen (Kirschenstiele).

**Triebe, Knospen, Zweigspitzen** sind Sproßachsenteile mit Blättern, die bei Knospen und Trieben als Schuppen auftreten (Pappelknospen, Kiefernsprosse, Sadebaumspitzen).

**Wurzeln** besitzen im Gegensatz zu den Wurzelstöcken keine Blattorgane, aber Wurzelhaare. Die letzten sind jedoch in der Droge meist nicht erkennbar. Als Droge stellen die Wurzeln Haupt- und Nebenwurzeln (Alantwurzel, Eberwurzel, Klettenwurzel, Schlüsselblumenwurzel) oder zusammengesetzte Wurzeln dar, bei denen der Wurzelstock stark zurücktritt (Baldrianwurzel, Engelwurzel, Liebstöckelwurzel). Die Wurzeln kommen ungeschält (Seifenwurzel), geschält (Eibischwurzel, Süßholz), gespalten, teilweise in Scheiben geschnitten, geschnitten oder ganz klein geschnitten in den Handel. Das Einsammeln von Wurzeldrogen erfolgt zu einem Zeitpunkt, an dem in der Wurzel die meisten Wirkstoffe gespeichert sind, im Frühjahr bzw. Herbst.

**Wurzelstöcke** tragen als unterirdische Stammteile meist Niederblätter oder deren Narben, Knospen usw. Als Speicherorgane der Pflanzen enthalten sie besonders reichlich Wirkstoffe. Die Wurzelstöcke der Monokotylen und Dikotylen unterscheiden sich schon im primären Bau voneinander (s. Botanik). Die meisten Wurzelstöcke kommen als Drogen ungeschält in den Handel (Arnika-, Galgant-, Tormentill-, Veilchenwurzelstock). Wurzelstockdrogen, die geschält in den Handel kommen, sind Ingwer-, Kalmus- (zum Bad ungeschält), Rhabarber- und Veilchenwurzelstock. Gelbwurzelstock kommt gebrüht in den Handel.

**Zwiebeln.** Als Zwiebeldrogen finden Verwendung frische ganze Zwiebeln (Knoblauch, Meerzwiebel, die letzte auch zerschnitten und getrocknet).

Bei der Ernte fallen nach dem ersten Aufbereitungsprozeß die Drogen als unzerkleinerte Drogen, *„Ganzdrogen"*, an. Diese sind zum Teil tatsächlich ganze, unzerkleinerte Drogen wie die Blätter, Blüten, Früchte, Samen usw., oder aber sie sind bei größeren Pflanzenteilen (z. B. großen Rinden- und Holzstücken) nur zu kleineren, handlicheren, aber nicht für den Kleinhandel bestimmten Aufbereitungsformen hergerichtet.

Das Zerkleinern der Ganzdroge zur *Schnittdroge* und die Herstellung von Drogen in Pulverform erfolgt heute gewöhnlich durch die mit Spezialmaschinen ausgerüsteten Drogengroßhandlungen. Größeren Drogerien ist jedoch die Anschaffung einer kleineren, leistungsfähigen Drogenmühle sehr zu empfehlen. Bei der Selbstverarbeitung der Drogen zum Zwecke der Tinkturenherstellung usw. ist dann die Gewähr für einwandfreie und wirkungsstarke Drogenpulver gegeben.

Maßgeblich für den Zerkleinerungsgrad für Drogen, Arzneimittel und Zubereitungen des DAB. 6 und Erg.-B. 6 sind die sechs verschiedenen Siebe des DAB. 6, mittels deren das Maß der Zerkleinerung bestimmt wird.

|        | *Maschenweite* | *für* |
|--------|----------------|-------|
| Sieb 1 | 4 mm | grob zerschnittene Drogen |
| Sieb 2 | 3 mm | mittelfein zerschnittene Drogen |
| Sieb 3 | 2 mm | fein zerschnittene Drogen |
| Sieb 4 | etwa 0,75 mm | grob gepulverte Arzneimittel |
| Sieb 5 | etwa 0,3 mm | mittelfein gepulverte Arzneimittel |
| Sieb 6 | etwa 0,15 mm | fein gepulverte Arzneimittel |

(Weitere Siebe s. Bd. III unter „Sieben".)

### 3. Pflanzenstoffe.

Die als Drogen verwendeten Pflanzenstoffe können sein: *Ausscheidungen* der Pflanze, wie ätherische Öle, Balsame, Harze, Gummiharze, Gummi, Wachse und Zucker, oder *Speicherstoffe*, wie fette Öle und Stärke. An weiteren Pflanzenstoffen

finden als Drogen Verwendung Farbstoffe, eingedickte Säfte und eingedickte Milchsäfte und Extrakte.

**Ätherische Öle** (s. dort) kommen in den Pflanzen teilweise nur in bestimmten
Organen (Blüten, Blättern, Früchten, Samen, Hölzern, Rinden, Wurzeln und
Wurzelstöcken), teils auch in allen Pflanzenteilen vor. Sie werden jeweils aus den
betreffenden Pflanzenteilen gewonnen. Es liefern

### *Blätter und Kräuter:*

| | | |
|---|---|---|
| Basilicumöl | Kiefernnadelöl | Pfefferminzöl |
| Bayöl | Krauseminzöl | Pimentöl |
| Beifußöl | Latschenkiefernöl | Quendelöl |
| Bohnenkrautöl | Löffelkrautöl | Rainfarnöl |
| Citronellöl | Lemongrasöl | Rautenöl |
| Cypressenöl | Lorbeeröl | Rosmarinöl |
| Dillöl | Majoranöl | Sadebaumöl |
| Fichtennadelöle | Melissenöl | Salbeiöl |
| Fichtennadelöle, sib. | Palmarosaöl | Spanisch Hopfenöl |
| Geraniumöl | Pappelknospenöl | Thymianöl |
| Hamamelisöl | Patschouliöl | Wermutöl |
| Kajeputöl | Petitgrainöl | Wintergrünöl |

### *Blüten:*

| | | |
|---|---|---|
| Arnikaöl | Lavendelöl | Resedaöl |
| Cassieöl | Lilienöl | Ringelblumenöl |
| Geißblattöl | Maiglöckchenöl | Rosenöl |
| Goldlacköl | Mimosenöl | Schafgarbenöl |
| Hyazinthenöl | Narzissenöl | Spiköl |
| Jasminöl | Nelkenöl | Tuberosenöl |
| Johannisöl | Neroliöl | Veilchenöl |
| Kamillenöl | Pomeranzenblütenöl | Ylang-Ylang-Öl |

### *Früchte und Samen:*

| | | |
|---|---|---|
| Angelicaöl | Kardamomenöl | Petersilienöl |
| Anisöl | Korianderöl | Pfefferöl |
| Baybeerenöl | Kubebenöl | Pimentöl |
| Bergamottöl | Kümmelöl | Pomeranzenschalenöl |
| Bittermandelöl | Lorbeeröl | Schwarzkümmelöl |
| Citronenöl | Moschuskörneröl | Sellerieöl |
| Cuminöl | Muskatblütenöl | Sternanisöl |
| Fenchelöl | Muskatnußöl | Wacholderöl |

### *Hölzer:*

| | |
|---|---|
| Cedernholzöl | Sandelholzöl |
| Kampferöl | Sassafrasöl |
| Linaloeöl | Wacholderholzöl |

### *Rinden:*

| | |
|---|---|
| Cassienzimtöl | Wintergrünöl |
| Birkenrindenöl | Zimtöl |

*Wurzeln und Wurzelstöcke:*

| | | |
|---|---|---|
| Alantöl | Ingweröl | Moschuswurzelöl |
| Angelicaöl | Irisöl | Nelkenwurzöl |
| Baldrianöl | Kalmusöl | Sassafrasöl |
| Eberwurzöl | Knoblauchöl | Vetiveröl |
| Galgantöl | Liebstöckelöl | |

*Ausscheidungen:*

| | |
|---|---|
| Labdanumöl | Terpentinöl |
| Myrrhenöl | —, gereinigt |
| Opopanaxöl | Weihrauch |

Öle von Gurjun-, Kapaiva-, Peru- und Tolubalsam.

**Balsame** sind Lösungen von Harzen in ätherischen Ölen, die teils in den Pflanzen schon vorgebildet in Balsamgängen vorkommen oder erst durch natürliche oder künstliche Verletzungen in deren Gewebe entstehen. Ihrer Zusammensetzung entsprechend sind die Balsame in Wasser unlöslich, löslich dagegen in Weingeist, Äther, Terpentinöl und anderen organischen Lösungsmitteln. Durch die Verdunstung des ätherischen Öles an der Luft bzw. durch Verharzung entsteht aus dem weichen Balsam ein Hartharz. Teilweise treten die Balsame von selbst aus Einrissen der Oberhaut oder der Rinde aus der Pflanze aus, teils werden sie durch künstliche Verletzungen zum Ausfluß gebracht. Balsamdrogen sind: Kanadabalsam, Kopaivabalsam, Perubalsam, Terpentin, Lärchenterpentin, Storax und Tolubalsam.

**Extrakte, eingedickte,** erhält man durch kaltes oder heißes Ausziehen zerkleinerter Pflanzenteile und Eindampfen des Auszuges. Auf diese Weise werden hergestellt: Agar-Agar, Holundermus, Katechu, Malzextrakt, Süßholzsaft.

**Fette Öle** (s. Bd. II). Die fetten Öle sind in den Samen der Pflanzen als Nährstoffe gespeichert und werden je nach ihrem Verwendungszweck durch kaltes oder warmes Auspressen, durch Extraktion mit bestimmten Lösungsmitteln oder durch Auskochen der zerquetschten oder gemahlenen Samen gewonnen.

Die wichtigsten fetten Öle sind:

| | | |
|---|---|---|
| Baumwollsamenöl | Lorbeeröl | Pfirsichkernöl |
| Erdnußöl | Mandelöl | Ricinusöl |
| Hanföl | Mohnöl | Rüböl |
| Kakaobutter | Muskatöl | Sesamöl |
| Kokosöl | Nußöl | Sojabohnenöl |
| Kürbiskernöl | Olivenöl | Sonnenblumenöl |
| Leinöl | Palmöl | |

**Gummischleime und Gummisäfte** sind Pflanzenstoffe, die ebenso wie die Balsame aus natürlichen Rissen oder durch künstliche Einschnitte aus gewissen Pflanzenteilen austreten. Sie sind in Wasser unlöslich, quellen jedoch darin auf und bilden dann zähflüssige Gemenge. Durch ein besonders gutes Bindevermögen für in Wasser unlösliche bzw. mit Wasser nicht mischbare Stoffe finden sie als Emulgatoren zu Emulsionen des Ö/W-Typs Verwendung. Eine Gummischleimdroge ist der Traganth. Ein in Wasser kolloid löslicher Gummisaft ist Gummi arabicum.

**Harze und Gummiharze.** *Harze* stellen Ausscheidungen (Sekrete) von Pflanzen dar, die entweder aus natürlichen Einrissen an der Pflanzenoberfläche austreten oder aber durch künstliche Einschnitte bzw. durch Schwelen zum Ausfluß kommen. Ihre Gewinnung erfolgt teilweise aus Balsamen durch Abdestillieren des ätherischen Öles, in dem sie gelöst sind (Fichtenharz, Kolophonium), oder durch Eindampfen eines weingeistigen Auszuges der Droge (Jalapenharz). Außer den genannten Drogen zählen zu den Harzdrogen: Benzoe, Dammar, Drachenblut, Elemi, Guajakharz, Mastix, Sandarak und Weihrauch. Bernstein ist ein fossiles Harz.

*Gummiharze* kommen ebenso wie die Harze teils in der Pflanze vorgebildet in Sekreträumen, Harzgängen und Milchsaftschläuchen vor und treten aus natürlichen Rissen oder nach Verletzung der Pflanze unmittelbar aus ihr aus. Gummiharze sind kompliziert zusammengesetzte Sekrete, die zum Unterschied der Gummischleime und -säfte aus einem in Weingeist löslichen Harz und einem in Wasser löslichen gummiartigen Stoff bestehen. Mit Wasser geben sie Emulsionen. Gummiharze sind: Ammoniakgummi, Galbanum, Gummigutt, Myrrhe, Stinkasant, Weihrauch.

**Milchsäfte** befinden sich in besonderen Milchröhren gewisser Pflanzen und treten aus Verletzungen der Rinde oder Oberhaut, die natürlich oder künstlich erfolgen kann, aus. An der Luft erhärten sie und werden durch bestimmte Behandlungsweise zur Droge verarbeitet. Im Gegensatz zu den Gummiarten und Gummiharzen, die durch Eintrocknung und Verhärtung entstehen, scheiden sich Kautschuk und Guttapercha aus den Milchsäften durch Gerinnen ab. Chemisch bestehen die Kautschukkörper aus einem Kohlenwasserstoff. Milchsaftdrogen sind: Euphorbium, Opium, Guttapercha, Parakautschuk.

**Wachse, pflanzliche,** sind Pflanzenausscheidungen, die teils innerhalb des Pflanzenkörpers, teils an dessen Oberfläche abgeschieden werden. Ihre Gewinnung erfolgt durch Auspressen oder durch Abklopfen. Wichtige pflanzliche Wachse sind: Japanwachs und Carnaubawachs.

**Zuckersäfte** sind Pflanzenstoffe, die von selbst oder durch geeignete Maßnahmen aus den betreffenden Pflanzen austreten. Zuckersaftdrogen sind: Manna und Zucker.

**Farbstoffe** pflanzlichen Ursprungs spielen seit der Entdeckung der synthetischen Farbstoffe und den enormen Fortschritten der Farbstoffchemie keine große Rolle mehr. Lediglich die natürlich vorkommenden Farbstoffe Alkannin und Chlorophyll spielen als Färbemittel für medizinische und kosmetische Präparate, das Chlorophyllin in reinster Form auch als innerliches und äußerliches Arzneimittel eine Rolle. Durch besondere Behandlung aus Pflanzen gewonnene Farbstoffe sind Haematoxylin, Lackmus und Indigo.

# B. Drogen des Tierreichs.

Im Gegensatz zum Pflanzenreich liefert das Tierreich bedeutend weniger Drogen. Drogen des Tierreichs können sein ganze Tiere, Tierteile und tierische Speicher- bzw. Ausscheidungsstoffe.

*Ganze Tiere* sind Ameisenpuppen, Kochenille, Spanische Fliegen.

*Tierteile* sind Austernschalen, Hausenblase, Sepiaknochen und Schwämme (die Horngerüste der Meeresschwämme).

*Tierische Speicherdrogen* sind Fette (Schweineschmalz, Talg), fette Öle (Lebertran) und Honig.

*Tierische Ausscheidungsstoffe,* die fest oder flüssig in Körperhöhlen oder an inneren Organen vorkommen, werden durch Drüsen ausgeschieden oder von besonderen Verdauungsorganen aus dem Körper entfernt. Solche Ausscheidungsstoffe sind Ambra, Bibergeil, Moschus, Ochsengalle, Schellack, Wachs, Walrat, Wollfett, Zibet.

*Tierische Fermente* oder fermenthaltige Auszüge sind Pepsin und Labessenz.

*Tierische Abfälle* liefern bei der Zersetzungsdestillation rohes und ätherisches Tieröl. Aus tierischen Stoffen gewonnene Kohlen sind: Medizinische Kohle (auch aus pflanzlichen Stoffen), Knochenkohle und Schwammkohle.

# C. Das Sammeln und Trocknen von Heil-, Duft- und Gewürzpflanzen.

## 1. Sammelkalender für wichtige Heilpflanzen.

Nach der Zeitschrift „Die deutsche Heilpflanze".

### *März/April.*

*Kalmus* (Acorus calamus); der Wurzelstock im Monat März.
*Echter Rhabarber* (Rheum palmatum); der Wurzelstock im Frühjahr.
*Vogelmiere* (Stellaria media); das Kraut im Monat März bis September.
*Brunnenkresse* (Nasturtium officinale); von Februar bis Herbst.
*Schwarzdorn* (Prunus spinosa); die Blüte März/April.
*Deutsches Süßholz* (Glycyrrhiza glabra); die Wurzel März/April.
*Echter Sellerie* (Apium graveolens); Blätter Frühjahr bis Herbst.
*Gartenpetersilie* (Petroselinum hortense); die Wurzel März bis Mai.
*Echte Engelwurz* (Angelica archangelica); Wurzelstock im Frühjahr oder Herbst.
*Meisterwurz* (Peucedanum ostruthium); der Wurzelstock im Frühjahr oder Herbst.
*Huflattich* (Tussilago farfara); Blütenköpfe März/April. (Voll entfaltete und bereits abfallende
   Blüten nicht mit sammeln! Blätter April bis Juni.
*Gemeiner Löwenzahn* (Taraxacum officinale); junge Blätter im Frühjahr, Wurzel Frühjahr oder
   Herbst.
*Hirtentäschelkraut* (Capsella bursa pastoris); blühendes Kraut ohne Wurzel von März bis
   Oktober.

### *Mai.*

*Brennesselkraut* (Urtica dioica); bis 20 cm langes, junges Kraut.
*Hirtentäschel* (Capsella bursa pastoris); blühendes Kraut ohne Wurzel.
*Huflattichblüten* (Tussilago farfara); junge, eben sich entfaltende Blütenkörbchen ohne Stiele.
   Voll entfaltete und bereits abblühende Blüten nicht mit sammeln!
*Katzenpfötchenblüten* (Gnaphalium dioicum); junge, eben sich entfaltende Blütenkörbchen
   ohne Stiele. Voll entfaltete und bereits abblühende Blüten nicht mit sammeln!
*Lungenkraut* (Pulmonaria officinalis); blühendes Kraut ohne Wurzel. Der Sammler merke sich
   reiche Standorte, da die Sammlung der später erscheinenden Sommerblätter in den
   Monaten Juni bis August lohnend ist.
*Schlehenblüten* (Prunus spinosa); Blüten ohne Holzteile.
*Schlüsselblumenblüten* (Primula veris); Blüten mit Kelch ohne Stengel oder auch nur reine
   Blumenkronen ohne Kelch. Nicht mit der hohen, nichtduftenden blaßgelben Schlüssel-
   blume verwechseln. Sammlung nur dort gestattet, wo Freigabe durch die Höheren Natur-
   schutzbehörden erfolgte.
*Stiefmütterchen* (Viola tricolor); blühendes Kraut ohne Wurzel. Gelbblühendes und blau-
   blühendes Kraut getrennt halten.
*Weißdornblüten* (Crataegus oxyacantha); Blüten.

### *Juni.*

*Arnikablüten* (Arnica montana); Blüten ohne Stiele. Mit Kelchen, aber ohne Stiele.
*Bärentraubenblätter* (Arctostaphylos uva ursi); reine Blätter. Nur grünfarbige Blätter.
*Birkenblätter* (Betula verrucosa); Blätter mit Stielen.
*Bitterklee* (Menyanthes trifoliata); Blätter mit Stielen. Keine Krautstengel.
*Brennesselblätter* (Urtica dioica); reine Blätter oder junges Kraut. Keine verholzten Stengel
   oder Blütenrispen.
*Brombeerblätter* (Rubus fruticosus); Blätter mit Stielen. Ohne Ranken.
*Ehrenpreis* (Veronica officinalis); oberirdischer Teil. Blühendes Kraut.
*Erdbeerblätter* (Fragaria vesca); Blätter mit Stielen, ohne Ausläufer. Garten- und Walderd-
   beerblätter getrennt halten.
*Faulbaumrinde* (Rhamnus frangula); Rinde in Röhrenform.
*Feldthymian, Quendel* (Thymus serpyllum); oberirdische Teile. Blühendes Kraut.
*Frauenmantel* (Alchemilla vulgaris); Blätter mit Stielen. Ohne Blütenstände.
*Gänseblumen* (Bellis perennis); Blütenköpfchen ohne Stiele.
*Gänsefingerkraut* (Potentilla anserina); oberirdischer Teil.
*Gundelrebenkraut* (Glechoma hederacea); oberirdischer Teil.

*Haselwurz* (Asarum europaeum); oberirdischer Teil, auch ganze Pflanzen. Mit und ohne Wurzeln getrennt halten.

*Hirtentäschelkraut* (Capsella bursa pastoris); oberirdischer Teil ohne Wurzeln.

*Holunderblüten* (Sambucus nigra); Blütentrauben ohne Zweig- und Blatteile.

*Holunderblätter* (Sambucus nigra); Blätter mit Stielen.

*Huflattichblätter* (Tussilago farfara); grüne Blätter ohne Stiele.

*Isländisches Moos* (Cetraria islandica); die ganze Flechte.

*Johanniskraut* (Hypericum perforatum); in Bündeln ca. 30 cm lang. Blühendes Kraut.

*Kamillenblüten* (Matricaria chamomilla); nur Blütenköpfe der Echten Kamille ohne Stiele.

*Katzenpfötchenblüten* (Gnaphalium dioicum); nur Blütenköpfe ohne Stiele. Nicht voll entfaltete Blüten.

*Klatschmohnblüten* (Papaver rhoeas); nur Blütenblätter ohne Stiele und Kapseln.

*Kornblumenblüten* (Centaurea cyanus); Blütenköpfe ohne Stiele oder nur blaue Randblütenblätter. Getrennt halten.

*Bittere Kreuzblumen* (Polygala amara); oberirdischer blühender Teil ohne Wurzeln.

*Lindenblüten* (Tilia cordata und T. platyphyllos); voll erblühte Blüten mit Flügelblatt, keine Fruchtansätze.

*Löwenzahnblätter* (Taraxacum officinale); Blätter ohne Blütenstengel oder Blütenköpfe.

*Lungenkraut* (Pulmonaria officinalis); blühendes Kraut, später Rosettenblätter.

*Odermennigkraut* (Agrimonia eupatoria); blühendes Kraut ohne starke Stengelteile.

*Sanikelblätter* (Sanicula europaea); Blätter mit Stielen.

*Schachtelhalmkraut* (Equisetum arvense); grüne Teile, nicht Wald- oder Sumpfschachtelhalm.

*Spitzwegerichblätter* (Plantago lanceolata); nur grüne Blätter ohne Blütenstengel. Nicht drücken.

*Stiefmütterchenkraut* (Viola tricolor); blühendes Kraut. Blau- und gelbblühendes Kraut getrennt halten.

*Taubnesselblüten* (Lamium album); ausgezupfte Blüten. Nicht drücken.

*Vogelknöterich* (Polygonum aviculare); ganzes oberirdisches Kraut.

*Waldmeister* (Asperula odorata); oberirdische Teile.

*Wundkleeblüten* (Anthyllis vulneraria); nur Blütenstände ohne Stengel.

## *Juli.*

*Arnikablüten* (Arnica montana); Blüten mit Kelchen, aber ohne Stiele.

*Augentrostkraut* (Euphrasia officinalis); blühendes Kraut.

*Birkenblätter* (Betula verrucosa); Blätter mit Stielen.

*Bitterklee* (Menyanthes trifoliata); Blätter mit Stielen, aber ohne Krautstengel.

*Brennesselblätter* (Urtica dioica); reine Blätter, keine verholzten Stengel oder Blütenrispen.

*Dost* (Origanum vulgare); blühendes Kraut in kleinen Bündeln.

*Ehrenpreis* (Veronica officinalis); oberirdischer Teil des blühenden Krautes.

*Erdbeerblätter* (Fragaria vesca); Blätter mit Stielen, ohne Ausläufer. Garten und Walderdbeerblätter getrennt halten.

*Feldthymian*, Quendel (Thymus serpyllum); oberirdische Teile des blühenden Krautes.

*Fingerhutblätter* (Digitalis purpurea); Blätter der blühenden Pflanze, Vorsicht: Gift!

*Frauenmantel* (Alchemilla vulgaris); Blätter mit Stielen ohne Blütenstände.

*Gänseblumen* (Bellis perennis); Blütenköpfchen ohne Stiele.

*Gänsefingerkraut* (Potentilla anserina); Kraut ohne Wurzel.

*Gundelrebenkraut* (Glechoma hederacea); Kraut ohne Wurzel.

*Haselwurz* (Asarum europaeum); ganze Pflanze mit Wurzelstock.

*Hirtentäschelkraut* (Capsella bursa pastoris); oberirdischer Teil ohne Wurzeln.

*Holunderblüten* (Sambucus nigra); Blütentrauben ohne Zweig- und Blatteile.

*Holunderblätter* (Sambucus nigra); Blätter mit Stielen.

*Huflattichblätter* (Tussilago farfara); grüne Blätter ohne Stiele.

*Isländisches Moos* (Cetraria islandica); die ganze Flechte.

*Johanniskraut* (Hypericum perforatum); blühendes Kraut, in Bündeln ca. 30 cm lang.

*Kamillenblüten* (Matricaria chamomilla); nur Blütenköpfe der Echten Kamille ohne Stiele.

*Klatschmohnblüten* (Papaver rhoeas); nur Blütenblätter ohne Stiele und ohne Kapseln.

*Kornblumenblüten* (Centaurea cyanus); Blütenköpfe ohne Stiele oder nur blaue Randblüten. Getrennt halten.

*Lindenblüten* (Tilia cordata und T. platyphyllos); voll erblühte Blüten mit Flügelblatt, ohne Fruchtansätze.

*Löwenzahnblätter* (Taraxacum officinale); Blätter ohne Blütenstengel oder Blütenköpfe.

*Lungenkraut* (Pulmonaria officinalis); Rosettenblätter.

*Odermennigkraut* (Agrimonia eupatoria); blühendes Kraut ohne unterste Stengelteile, deshalb abschneiden!

*Rainfarnblätter* (Tanacetum vulgare); nur die Blätter ohne Stengel.

*Rainfarnblüten* (Tanacetum vulgare); Blütendolden ohne Stengel oder stielfreie Blütenkörbchen.

*Rainfarnkraut* (Tanacetum vulgare); blühendes Kraut in Bündeln von ca. 25 bis 30 cm Länge.

*Sanikelblätter* (Sanicula europaea); Blätter mit Stielen.

*Schachtelhalmkraut* (Equisetum arvense); grüne Teile, nicht Wald- oder Sumpfschachtelhalm.

*Schafgarbenblüten* (Achillea millefolium); Blütendolden ohne Stengel.

*Schafgarbenkraut* (Achillea millefolium); blühendes Kraut in Bündeln von ca. 23 bis 30 cm Länge.

*Schafgarbenblätter* (Achillea millefolium); nur Blätter ohne Stengelteile.

*Spitzwegerichblätter* (Plantago lanceolata); nur grüne Blätter ohne Blütenstengel. Nicht drücken!

*Stiefmütterchenkraut* (Viola tricolor); blühendes Kraut. Blau- und gelbblühendes Kraut getrennt halten.

*Taubnesselblüten* (Lamium album); ausgezupfte Blüten. Nicht drücken!

*Vogelknöterich* (Polygonum aviculare); blühendes Kraut ohne Wurzeln.

*Waldmeister* (Asperula odorata); oberirdische Teile.

*Wundkleeblüten* (Anthyllis vulneraria); nur Blütenstände ohne Stengel.

## August.

*Arnikablüten* (Arnica montana); Blüten mit Kelchen, aber ohne Stiele.

*Augentrostkraut* (Euphrasia officinalis); blühendes Kraut.

*Birkenblätter* (Betula verrucosa); Blätter mit Stielen.

*Bitterklee* (Menyanthes trifoliata); Blätter mit Stielen, aber ohne Krautstengel.

*Brennesselblätter* (Urtica dioica); reine Blätter, keine verholzten Stengel oder Blütenrispen.

*Brombeerblätter* (Rubus fruticosus); Blätter mit Stielen, ohne Ranken.

*Dost* (Origanum vulgare); blühendes Kraut in kleinen Bündeln.

*Ehrenpreis* (Veronica officinalis); oberirdischer Teil des blühenden Krautes.

*Erdbeerblätter* (Fragaria vesca); Blätter mit Stielen, ohne Ausläufer. Garten- und Walderdbeerblätter getrennt halten.

*Erdrauchkraut* (Fumaria officinalis;) ganzes blühendes Kraut ohne Wurzeln.

*Feldthymian*, Quendel (Thymus serpyllum); oberirdische Teile des blühenden Krautes.

*Fingerhutblätter* (Digitalis purpurea); Blätter der blühenden Pflanzen. Vorsicht: Gift!

*Frauenmantel* (Alchemilla vulgaris); Blätter mit Stielen, ohne Blütenstände.

*Gänseblumen* (Bellis perennis); Blütenköpfchen ohne Stiele.

*Gänsefingerkraut* (Potentilla anserina); Kraut ohne Wurzeln.

*Gundelrebenkraut* (Glechoma hederacea); Kraut ohne Wurzeln.

*Himbeerblätter* (Rubus idaeus); Blätter mit Stielen ohne Zweige.

*Hirtentäschelkraut* (Capsella bursa pastoris); oberirdischer Teil ohne Wurzeln.

*Holunderblätter* (Sambucus nigra); Blätter mit Stielen.

*Huflattichblätter* (Tussilago farfara); grüne Blätter ohne Stiele.

*Isländisches Moos* (Cetraria islandica); die ganze Flechte.

*Kamillenblüten* (Matricaria chamomilla); nur Blütenköpfe der Echten Kamille ohne Stiele.

*Klatschmohnblüten* (Papaver rhoeas); nur Blütenblätter.

*Kornblumenblüten* (Centaurea cyanus); Blütenköpfe ohne Stiele oder nur blaue Randblüten. Getrennt halten.

*Löwenzahnblätter* (Taraxacum officinale); Blätter ohne Blütenstengel oder Blütenköpfe.

*Lungenkraut* (Pulmonaria officinalis); Rosettenblätter.

*Rainfarnblätter* (Tanacetum vulgare); nur die Blätter ohne Stengel.

*Rainfarnblüten* (Tanacetum vulgare); Blütendolden ohne Stengel oder stielfreie Blütenkörbchen.

*Rainfarnkraut* (Tanacetum vulgare); blühendes Kraut in Bündeln von ca. 25 bis 30 cm Länge.

*Sanikelblätter* (Sanicula europaea); Blätter mit Stielen.

*Schachtelhalmkraut* (Equisetum arvense); grüne Teile, nicht Wald- oder Sumpfschachtelhalm.

*Schafgarbenblüten* (Achillea millefolium); Blütendolden ohne Stengel.

*Schafgarbenkraut* (Achillea millefolium); blühendes Kraut in Bündeln von ca. 25 bis 30 cm Länge.

*Schafgarbenblätter* (Achillea millefolium); nur Blätter ohne Stengelteile.

*Spitzwegerichblätter* (Plantago lanceolata); nur grüne Blätter ohne Blütenstengel. Nicht drücken.

*Stiefmütterchenkraut* (Viola tricolor); blühendes Kraut. Blau- und gelbblühendes Kraut getrennt halten.

*Vogelknöterich* (Polygonum aviculare); blühendes Kraut ohne Wurzeln.

*Waldmeister* (Asperula odorata); oberirdische Teile.

## September.

*Ackerschachtelhalm* (Equisetum arvense); nicht Sumpf- oder Waldschachtelhalm.
*Augentrost* (Euphrasia officinalis); blühendes Kraut.
*Bibernellwurzel* (Pimpinella major); nur dicke Wurzeln.
*Braunwurzwurzel* (Scrophularia nodosa); Wurzelstöcke von kräftigen Pflanzen.
*Brennesselwurzel* (Urtica dioica); ohne Stengelreste.
*Bruchkraut* (Herniaria glabra oder H. hirsuta); blühendes Kraut ohne Wurzeln.
*Eisenkraut* (Verbena officinalis); blühendes Kraut.
*Erdrauch* (Fumaria officinalis); blühendes Kraut.
*Feldthymian*, Quendel (Thymus serpyllum); blühendes Kraut ohne holzige Teile.
*Gänseblumen* (Bellis perennis); Blütenköpfe ohne Stiele.
*Gänsefingerkraut* (Potentilla anserina); Blätter mit Stielen.
*Hagebutten* (Rosa species); hochrote Früchte mit Samen.
*Hauhechelwurzel* (Ononis spinosa); derbe lange Wurzeln.
*Heidekraut* (Calluna vulgaris); blühendes nicht holziges Kraut.
*Heidekrautblüten* (Calluna vulgaris); nur abgestreifte Blüten ohne Stengelteile.
*Himbeerblätter* (Rubus idaeus); Blätter mit Stielen ohne Zweige.
*Hirtentäschelkraut* (Capsella bursa pastoris); blühendes Kraut ohne Wurzeln.
*Huflattichblätter* (Tussilago farfara); Blätter ohne Stiele.
*Kalmuswurzel* (Acorus calamus); Wurzeln längs spalten.
*Kamillenblüten* (Matricaria chamomilla); Blütenköpfchen ohne Stiele.
*Königskerze* (Verbascum phlomoides und Verbascum thaphsiforme); voll entfaltete, goldgelbe
    Blüten.
*Kornblumenblüten* (Centaurea cyanus); Blütenkörbchen ohne Stiele.
*Kreuzdornbeeren* (Rhamnus cathartica); reife Früchte.
*Löwenzahnwurzel* (Taraxacum officinale); Wurzeln ohne Krautreste.
*Mistel* (Viscum album); ganzes Kraut.
*Preißelbeerblätter* (Vaccinium vitis idaea); abgestreifte Blätter.
*Queckenwurzel* (Triticum repens); gut gewaschene, strohgelbe Wurzeln.
*Rainfarnkraut* (Tanacetum vulgare); blühendes Kraut.
*Rainfarnblätter* (Tanacetum vulgare); abgestreifte Blätter.
*Rainfarnblüten* (Tanacetum vulgare); Blütendolden, über der Verzweigung schneiden.
*Rittersspornblüten* (Delphinium consolida); Blüten ohne Stiele.
*Schwarzwurzel* (Symphytum officinale); fleischige Wurzeln.
*Seifenkrautwurzel* (Saponaria officinalis); gut gewaschene Wurzeln.
*Tausendgüldenkraut* (Erythraea centaurium); blühendes Kraut in 25 cm Länge; Pflanze steht
    unter Naturschutz.
*Tormetillwurzel* (Potentilla tormentilla); Wurzelstöcke ohne Stengelreste.
*Veilchenwurzel* (Viola odorata); Wurzelstöcke ohne Blattreste.
*Vogelbeeren* (Sorbus aucuparia); abgebeerte, reife Früchte.
*Vogelknöterich* (Polygonum aviculare); ganzes blühendes Kraut.
*Walnußblätter* (Juglans regia); Blätter ohne Blattspindel.
*Weißdornfrüchte* (Crataegus oxyacantha); reife Früchte ohne Stiele.
*Wurmfarnwurzel* (Dryopteris filix mas); ganze Wurzelstöcke mit Fingern.
*Zwergholunderwurzel* (Sambucus ebulus); starke Wurzeln.

## Oktober.

*Augentrostkraut* (Euphrasia officinalis); blühendes Kraut ohne Wurzel.
*Bibernellwurzel* (Pimpinella major); nur dicke Wurzeln.
*Bittersüß-Stengel* (Solanum dulcamara); lange Ruten.
*Brennesselwurzel* (Urtica dioica); ohne Stengelreste.
*Hauhechelwurzel* (Ononis spinosa); derbe lange Wurzeln.
*Heidekraut* (Calluna vulgaris); blühendes Kraut ohne holzige Stengelteile.
*Heidekrautblüten* (Calluna vulgaris); abgestreifte Blüten ohne Stengelteile.
*Kalmuswurzel* (Acorus calamus); Wurzeln längs spalten.
*Kreuzdornbeeren* (Rhamnus cathartica); reife Früchte.
*Löwenzahnwurzeln* (Taraxacum officinale); Wurzeln ohne Krautreste.
*Mistelkraut* (Viscum album); ganzes Kraut.
*Queckenwurzel* (Triticum repens); gut gewaschene, strohgelbe Wurzeln.
*Schwarzwurzel* (Symphytum officinale); fleischige Wurzeln.
*Tausendgüldenkraut* (Erythraea centaurium); blühendes Kraut in ca. 25 cm Länge, Pflanze
    steht unter Naturschutz.
*Tormentillwurzel* (Potentilla tormentilla); Wurzelstöcke ohne Stengelreste.

*Veilchenwurzel* (Viola odorata); Wurzelstöcke ohne Blattreste.
*Weißdornfrüchte* (Crataegus oxyacantha); reife Früchte ohne Stiele.
*Zwergholunderwurzel* (Sambucus ebulus); starke Wurzeln.

Zur Sicherung des Ernteguts von Heil-, Duft- und Gewürzpflanzen dient die Haltbarmachung der geernteten Pflanzenteile durch Trocknung. Dadurch treten in den Pflanzen Umwandlungen und Veränderungen ein. Vor allem unterscheidet sich der Wassergehalt getrockneter Pflanzen wesentlich von demjenigen frischer Pflanzen. Der hierbei entstehende Gewichtsverlust beträgt durchschnittlich bei unterirdischen Pflanzenorganen 65%, bei Rinden und Hölzern 45 bis 60%, bei Kräutern 70 bis 80%, bei Blättern 80%, bei Blüten 75 bis 85%.

Die Trocknung kann erfolgen durch 1. natürliche Trocknung im Schatten, 2. künstliche Trocknung (Blau-Gel, Vacuumtrocknung).

## 2. Richtlinien zum Sammeln von Kräutern.

Voraussetzung zum Sammeln von Kräutern ist die Beschaffung der notwendigen Ausweise durch die Polizei bzw. die Forstbehörde. Die Verordnung zum Schutze der wildwachsenden Pflanzen (Naturschutzverordnung, s. dort) ist sorgfältig zu beachten. Erfolg oder Mißerfolg des Kräutersammelns hängt in hohem Maße von der sorgfältigen Einhaltung nachgehender Erfahrungsrichtlinien ab:

a) Schone beim Sammeln tunlichst die Pflanzen und die Bestände. Nur dann bleibt der Kräuterschatz auch für kommende Jahre erhalten.

b) Sammle vornehmlich verbreitet vorkommende Kräuter. Zur Erhaltung der Art dürfen niemals alle Pflanzen geerntet werden.

c) Sammle nur frischgrüne Kräuter und naturfarbige, nicht verwelkte Blätter und Blüten. Abgewelkte Kräuter, Blätter und Blüten ergeben kein brauchbares Trockengut. Kräuter an Straßenrändern sind häufig stark durch Staub oder andere Stoffe verunreinigt und deshalb unbrauchbar.

d) Tau- und regennasse Pflanzen oder Pflanzenteile dürfen niemals geerntet werden, sondern nur *vollkommen trockene*. Man sammle deshalb nur an trockenen Tagen. Naßgepflückte Kräuter lassen sich schwer trocknen, verderben leicht und gehen in Fäulnis über. Sie geben mindestens eine minderwertige Droge von unschönem Aussehen.

e) Zum Abschneiden der Pflanzen oder Pflanzenteile wird ein scharfes Messer mit gebogener Klinge, für weichere Pflanzenteile eine Schere verwendet.

f) Grüne Pflanzen oder Pflanzenteile dürfen weder *gedrückt* noch *gestapelt* werden, da sie sich hierbei erwärmen und dann ein mißfarbiges oder gar schwarzes Trockengut ergeben. Geerntete Kräuter dürfen auch nicht länger in der Hand gehalten werden, sondern sind sofort in einem geeigneten Sammelbehälter (Körbchen, Schachteln, geräumigen Taschen) abzulegen und das Erntegut raschmöglich zur Trockenanlage zu bringen. Größere Mengen werden besser in Weidenkörben, Kisten oder Fässern statt in Säcken transportiert.

g) Grundsätzlich darf täglich nur so viel geerntet werden, wie einwandfrei getrocknet werden kann.

## 3. Die Trocknung.

Natürliche Trocknung kann bei *gutem* Wetter im *Freien* auf Tüchern, mit Papier ausgelegten zementierten Hofplätzen oder auf Speicherböden durchgeführt werden. Im letzten Fall finden *Horden*, rechteckige Rahmen aus Latten, etwa 1,5 m lang, 75 cm breit, die mit Nessel oder Jute bespannt sind, oder solche mit Bindfaden oder Drahtgeflecht Verwendung. Die letzten sind mit Papier zu belegen, etwa mit Packpapier, besser noch mit Filtrierpapier, grauem Fließ- oder Löschpapier. Im Notfall kann auch unbedrucktes Zeitungspapier Verwendung finden. Ungeeignet hierzu ist geleimtes (Schreib-) Papier. Die Horden sollen in den Gestellen mit einem Zwischenraum von 20 cm aufgestellt werden, damit genügend große Luftzirkulation zum Verdunsten des Wassergehaltes der Pflanzen vorhanden ist.

Der *Trockenraum* soll nicht zu niedrig, sauber, staubfrei, luftig, doch nicht zugig sein wegen der Gefahr des Verwehens trockener Kräuter. Beim Ausbreiten zum Trocknen ist das Sammelgut vorher sorgfältig auf *Fremdkörper* (Tannennadeln,

Holzstückchen, Grashalme, Steinchen usw.) und fleckige, vom Ungeziefer befallene oder sonst verdorbene Pflanzen durchzusehen. Zur Erreichung eines einwandfreien Trockenguts sind folgende Richtlinien zu beachten:

a) Die Trockeneinrichtung muß betriebsfertig vorhanden sein.

b) Niemals bei unmittelbarer Sonnenbestrahlung trocknen, da diese die natürliche Pflanzenfarbe und teilweise die Inhaltsstoffe verdirbt. Einwandfrei getrocknete Drogen besitzen auch in diesem Zustand die natürliche Farbe.

c) Blattdrogen werden während der Trocknung nicht gewendet. Sie müssen in so *dünner* Lage ausgebreitet werden, daß ihre Trocknung in kurzer Zeit ohne Wenden möglich ist. Andere Drogen werden vorsichtig hin und wieder gewendet.

d) Drogen mit verschiedenen ätherischen Ölen dürfen nicht zusammen getrocknet werden, um das Vermengen der verschiedenen Gerüche zu vermeiden. Stark duftende Pflanzen müssen *getrennt* von anderen getrocknet werden.

e) Einwandfreie Trocknung verlangt neben *Wärme* (am besten 30° bis 40°) genügende *Luftbewegung* zur Entfernung des aus dem Trockengut verdampfenden Wassers. Dadurch wird die Trocknung beschleunigt. Genügend zu lüftende Trockenböden oder Speicher oder andere gut zu lüftende, gegen Regen und Sonne geschützte Räume sind für die Trocknung sehr geeignet.

f) Bei Eintritt von Regenwetter müssen die Fenster bzw. Dachluken *sofort*, während der Nacht *stets* geschlossen werden.

g) Zu starke Trocknung mit künstlicher Wärme ist zu vermeiden, da die Pflanzenzellen dabei zu stark ausgedörrt, die Drogen strohig werden und ihre Geschmacksstoffe vollkommen verlieren.

h) Getrocknete Kräuter sind sofort in Säcke zu verpacken, die nicht gedrückt werden dürfen. Ihr Inhalt ist von Zeit zu Zeit darauf zu überprüfen, ob er nicht wieder Feuchtigkeit angezogen hat und dadurch eine Nachtrocknung nötig geworden ist. Zur Aufbewahrung getrockneter Kräuter kommen nur absolut trockene Lagerräume in Frage.

Außer dieser einfachen Art der Trocknung von Drogen soll hier noch auf eine Trockentechnik eingegangen werden, die Dr. H. GUBITZ, Heidenheim a. d. Brenz[1], empfiehlt. Sie eignet sich gleichermaßen zur Trocknung von Frischdrogen wie zur Trockenaufbewahrung von Drogen.

Zur Aufbewahrung von besonders feuchtigkeitsempfindlichem Drogenmaterial wird empfohlen, *Schubladen* mit Doppelboden zu verwenden. Dabei wird das Blau-Gel nicht unmittelbar auf dem Holzboden des Schubfachs ausgebreitet, sondern auf einem offenen Blechrahmen, auf dem ein zweiter Boden mit grober Durchlöcherung (s. Abb. 12, S. 10) liegt, der zur Vermeidung des Durchfallens von Drogenteilen in das Blau-Gel mit Gaze bespannt ist. Das gut getrocknete Drogenmaterial wird auf diesem zweiten Boden locker aufgeschichtet. Nach außen ist die Schublade durch den Deckel verschlossen. Diese Anordnung gewährleistet eine ständige Trockenhaltung der Droge. Es genügt, nach längeren Zeitabständen das Blau-Gel auszuwechseln und wieder zu aktivieren.

Das Einlegen von mit Blau-Gel gefüllten Gazesäckchen in die betreffenden *Blech-* oder *Hartpappedosen* genügt bei Drogenmaterial, das weniger feuchtigkeitsempfindlich ist. Sinngemäß läßt sich Blau-Gel unter gleichzeitiger Durchblasung von Trockenluft auch in *Trockenschränken* verwenden, soweit diese luftdicht sind. Dabei wird das Blau-Gel in einem Schubladenzug am Grunde des Schrankes, wenn nötig auch in einem oder mehreren Schubladenzügen zwischen den einzelnen Trockenhürden, eingebracht. Um feuchtigkeitsfreie Luft in den Trockenschrank einzublasen, geht diese zweckmäßig durch einen Blau-Gel-Trockenluftförderer, ein eingebautes Hygrometer zeigt den Feuchtigkeitsgehalt der Luft innerhalb des Trockenschrankes an. Näheres über Trockenschränke für größere Mengen erfährt man zweckmäßig durch die Fa. Gebr. Herrmann, Köln-Ehrenfeld.

Die Regeneration des Blau-Gels erfolgt durch einfaches Erwärmen bis zum Farbumschlag. Durch die Wasseraufnahme geht das Blau-Gel in Rot-Gel über, so

---

[1] SAZ, 1942, 83/84, 339 ff.

daß durch erneuten Farbumschlag von Rot nach Blau die Regeneration deutlich festgestellt werden kann. Bei der Regeneration wird das Blau-Gel auch von etwa adsorbierten ätherischen Ölen und anderen Geruchsstoffen wieder völlig befreit und verwendungsfähig.

### 4. Heil-, Duft- und Gewürzpflanzenanbau.

Auf dieses Gebiet soll im Rahmen dieses Werkes nicht eingegangen werden. Von der zahlreichen einschlägigen Literatur wird Interessenten empfohlen:

LIMBACH-BOSHART: Der Anbau von Heil-, Duft und Gewürzpflanzen, 1939; — E. SCHRATZ: Praktische Anleitung zur sachgemäßen Anlage und Pflege von Arznei- pflanzenkulturen, 1949; — STEIGERWALD-BORNTRÄGER: Heil-, Duft- und Gewürz- pflanzenanbau. Herausgeber in Gemeinschaft: Westdeutsche Arbeitsvereinigung für Heilpflanzenkunde und Heilpflanzenbeschaffung, Darmstadt. Bayrischer Landes- verband für Heilpflanzenbeschaffung, München.

Zum Bezug von Samen für Heilpflanzen wird die Firma Heinrich Bornträger, Offstein Rheinhessen, Krs. Worms, empfohlen.

# D. Tabellen und Gruppeneinteilung der Heilpflanzen.

## I. Übersicht über die Drogen liefernden Stammpflanzen[1].

(Sind bei einer Droge mehrere Stammpflanzen aufgeführt, so sind sie alle Lieferant derselben).

### I. Abteilung: Thallophyta.

#### IX. Klasse: Phaeophyceae.

| | | | Bd. II, Seite |
|---|---|---|---|
| *Laminariaceae.* | Laminaria cloustoni | Laminaria . . . . . . . . . | 791 |
| | | (Stipites Laminariae) | |
| *Fucaceae.* | Fucus vesiculosus | Fucus vesiculosus . . . . . | 202 |

#### X. Klasse: Rhodophyceae.

| | | | |
|---|---|---|---|
| | Chondrus crispus | Carrageen . . . . . . . . . | 612 |
| | Gigartina mamillosa | | |
| | Gelidium amansii | Agar-Agar . . . . . . . . . | 17 |

#### XII. Klasse: Eumycetes.
##### 1. Unterklasse: Ascomycetes.

| | | | |
|---|---|---|---|
| *Saccharomycetaceae.* | Saccharomyces- und Toru- | Faex medicinalis . . . . . | 567 |
| | la-Arten | Bierhefe, Weinhefe . . . . . | 565 |
| | | Kefir . . . . . . . . . . | 701 |
| Plectascales: | | | |
| *Elaphomycetaceae.* | Elaphomyces cervinus | Fungus cervinus . . . . . . | 580 |
| Pyrenomycetales: | | | |
| *Hypocreaceae.* | Claviceps purpurea | Secale cornutum . . . . . . | 911 |

##### 2. Unterklasse: Basidiomycetes.

| | | | |
|---|---|---|---|
| Hymenomycetales: | | | |
| *Polyporaceae.* | Fomes fomentarius | Fungus Chirurgorum . . . . | 1414 |
| | Fomes officinalis | Fungus Laricis . . . . . . | 795 |

#### XIII. Klasse: Lichenes.
##### 2. Basidiolichenes.

| | | | |
|---|---|---|---|
| *Parmeliaceae.* | Cetraria islandica | Lichen islandicus . . . . . | 614 |
| | | Lichen islandicus examaratus | 615 |
| *Roccellaceae.* | Roccella tinctoria | Lackmus . . . . . . . . . | 790 |

---

[1] Einteilung der Pflanzenfamilien nach MIEHES Taschenbuch der Botanik. 10. Aufl. 1950.

## II. Abteilung: Archegoniatae.

### 2. Unterabteilung: Pteridophyta.

#### II. Klasse: Lycopodiinae.

| | | | Bd. II, Seite |
|---|---|---|---|
| *Lycopodiaceae.* | Lycopodium clavatum | Lycopodium . . . . . . . | 163 |
| | | Herba Lycopodii . . . . . | 163 |

#### IV. Klasse: Equisetinae.

| | | | |
|---|---|---|---|
| *Equisetaceae.* | Equisetum arvense | Herba Equiseti . . . . . . | 1142 |

#### V. Klasse: Filicinae.

| | | | |
|---|---|---|---|
| *Polypodiaceae.* | Adiantum capillus-veneris | Herba Capilli Veneris . . . | 466 |
| | Dryopteris filix-mas | Rhizoma Filicis . . . . . . | 1414 |
| | Polypodium vulgare | Rhizoma Polypodii . . . . | 406 |
| | Scolopendrium vulgare | Herba Scolopendrii . . . . | 581 |

## III. Abteilung: Spermatophyta.

### 1. Unterabteilung: Gymnospermae.

#### VI. Klasse: Coniferae.

| | | | |
|---|---|---|---|
| *Pinaceae.* | Pinus alba | Oleum Abietis albae . . . . | 365 |
| | Abies balsamea u. a. | Balsamum canadense . . . . | 685 |
| | Abies sibirica | Oleum Pini sibiricum . . . . | 463 |
| | Larix decidua | Terebinthina laricina (veneta) | 794 |
| | Pinus montana | Oleum Pini pumilionis . . . | 463 |
| | Pinus pinaster | Resina Pini . . . . . . . . | 461 |
| | Picea excelsa, | | |
| | (Picea abies) | | |
| | Pinus silvestris | Turiones Pini . . . . . . . | 462 |
| | | Oleum Pini silvestris . . . . | 463 |
| | | Pix liquida . . . . . . . . | 590 |
| | | Pix navalis . . . . . . . . | 1148 |
| | Pinus-Arten | Colophonium . . . . . . . | 737 |
| *Cupressaceae.* | Cupressus sempervirens | Oleum Cupressi . . . . . . | 339 |
| | Juniperus communis | Fructus Juniperi . . . . . | 1336 |
| | | Lignum Juniperi . . . . . | 1337 |
| | | Oleum Juniperi . . . . . . | 1337 |
| | | Pix Juniperi . . . . . . . | 1338 |
| | Juniperus sabina | Summitates Sabinae . . . . | 1107 |
| | Juniperus virginiana | Oleum Ligni Cedri . . . . . | 271 |
| | | Lignum Cedri (für Zigarren- | |
| | | kisten, Bleistifte) . . . . . | 271 |
| | Tetraclinis articulata | Resina Sandaraca . . . . . | 1123 |
| | Thuja occidentalis | Summitates Thujae . . . . | 798 |

#### VII. Klasse: Gnetinae.

| | | | |
|---|---|---|---|
| *Gnetaceae.* | Ephedra sinica (E. she-<br>nungiana) | Herba Ephedrae . . . . . . | 410 |

### 2. Unterabteilung: Angiospermae.

### I. und II. Reihengruppe, Dicotyledoneae.

#### I. Reihengruppe.

#### 2. Reihe: Piperales.

| | | | |
|---|---|---|---|
| *Piperaceae.* | Piper angustifolium u. a. | Folia Matico . . . . . . . | 865 |
| | Piper cubeba | Fructus Cubebae . . . . . | 769 |
| | | Oleum Cubebae . . . . . . | 770 |
| | Piper methysticum | Rhizoma Kava-Kava . . . . | 700 |
| | Piper nigrum | Fructus Piperis nigri . . . . | 1012 |
| | | Fructus Piperis albi . . . . | 1012 |
| | | Oleum Piperis nigri . . . . | 1013 |

### 3. Reihe: Salicales.

Bd. II, Seite

| | | |
|---|---|---|
| *Salicaceae.* | Populus nigra, | Cortex Populi . . . . . . . 992 |
| | P. balsamifera, | Gemmae Populi . . . . . . 992 |
| | P. monilifera u. a. | |
| | Salix alba, | Cortex Salicis . . . . . . . 1383 |
| | S. fragilis, | |
| | S. purpurea u. a. | |

### 5. Reihe: Juglandales.

| | | |
|---|---|---|
| *Juglandaceae.* | Juglans regia | Cortex Juglandis Fructus . . 1349 |
| | | Folia Juglandis . . . . . . 1348 |
| | | Oleum Juglandis . . . . . 1350 |

### 6. Reihe: Fagales.

| | | |
|---|---|---|
| *Betulaceae.* | Alnus glutinosa | Cortex Alni . . . . . . . . 420 |
| | Betula pendula, | Gemmae Betulae . . . . . 199 |
| | Betula pubescens, | Cortex Betulae. . . . . . . 199 |
| | B. verrucosa | Folia Betulae . . . . . . . 198 |
| | | Succus Betulae . . . . . . 200 |
| | | Oleum Betulae . . . . . . 200 |
| | | empyreumaticum rectificatum |
| | | Pix betulina . . . . . . . 199 |
| | Corylus avellana | Folia Coryli avellanae. . . . 560 |
| | | Fructus Coryli avallenae . . 560 |
| | | Cortex Coryli avellanae . . 560 |
| | | Oleum Coryli avellanae . . 560 |
| *Fagaceae.* | Castanea sativa | Folia Castaneae . . . . . . 694 |
| | Fagus silvatica | Folia Fagi . . . . . . . . 234 |
| | | Fructus Fagi . . . . . . . 234 |
| | | Oleum Fagi silvaticae . . . 234 |
| | | Pix Fagi . . . . . . . . . 234 |
| | Quercus pedunculata | Cortex Quercus . . . . . . 371 |
| | Q. robur | Semen Quercus tortum . . 372 |

### 7. Reihe: Urticales.

| | | |
|---|---|---|
| *Ulmaceae.* | Ulmus campestris, | Cortex Ulmi . . . . . . . 1310 |
| | U. effusa | |
| *Moraceae.* | Chlorophora tinctoria | Lignum citrinum . . . . . 506 |
| | Ficus carica | Caricae . . . . . . . . . . 445 |
| | Morus nigra | Folia Mori nigrae. . . . . . 866 |
| | | Fructus Mori . . . . . . . 866 |
| *Cannabinaceae.* | Cannabis sativa | Fructus Cannabis . . . . . 553 |
| | | Oleum Cannabis . . . . . . 555 |
| | Cannabis sativa var. indica | Herba Cannabis indicae . . . 554 |
| | Humulus lupulus | Glandulae Lupuli . . . . . 594 |
| | | Strobuli Lupuli . . . . . . 594 |
| *Urticeae.* | Parietaria officinalis | Herba Parietariae . . . . . 520 |
| | Urtica dioica, | Herba Urticae . . . . . . . 227 |
| | U. urens | |

### 9. Reihe: Polygonales.

| | | |
|---|---|---|
| *Polygonaceae.* | Polygonum aviculare | Herba Polygoni avicularis . 1333 |
| | Polygonum bistorta | Herba Bistortae . . . . . . 1397 |
| | | Rhizoma Polygoni (Bistortae) 1397 |
| | Polygonum hydropiper | Herba Polygoni hydropiperis 1371 |
| | Polygonum persicaria | Herba Polygoni persicariae . 479 |
| | Rheum. palmatum | Rhizoma Rhei . . . . . . . 1090 |
| | var. tanguticum | |
| | Rumex acetosa | Herba Rumicis acetosae. . . 1138 |

### 10. Reihe: Centrospermae.

| | | |
|---|---|---|
| *Chenopodiaceae.* | Beta vulgaris var. altissima | Saccharum . . . . . . . . 1449 |
| | Chenopodium ambrosioides | Herba Chenopodii ambrosioi- |
| | | dis . . . . . . . . . . . 883 |
| | | Oleum Chenopodii anthelmin- |
| | | thici . . . . . . . . . . 883 |

Bd. II, Seite

*Caryophyllaceae.*  Herniaria glabra,  Herba Herniariae . . . . . 233
H. hirsuta
Saponaria officinalis  Radix Saponariae (rubra) . . 1187
Gypsophila paniculata  Radix Saponariae alba . . . 1188

### 12. Reihe: Primulales.

*Primulaceae.*  Anagallis arvensis  Herba Anagallidis . . . . . 502
Lysimachia nummularia  Herba Nummulariae . . . . 1016
Primula elatior,  Radix Primulae . . . . . . 1151
P. veris
Primula veris  Flores Primulae cum und sine
calycibus . . . . . . . . 1150

### 13. Reihe: Euphorbiales.

*Euphorbiaceae.*  Aleurites fordii,  Chinesisches Holzöl (Tungöl). 589
A. montana
Croton eluteria  Cortex Cascarillae . . . . . 693
Croton tiglium  Oleum Crotonis . . . . . . 768
Euphorbia resinifera  Euphorbium . . . . . . . 437
Hevea brasiliensis und an-  Kautschuk . . . . . . . 697
dere H.-Arten
Mallotus philippinensis  Kamala . . . . . . . . . 679
Mercurialis annua  Herba Mercurialis . . . . . 197
Pedilanthes pavonis,  Candelillawachs . . . . . 265
Euphorbia antisyphilitica
Ricinus communis  Oleum Ricini . . . . . . 1096
Sapium sebiferum  Chinesischer Talg . . . . . 288
*Buxaceae.*  Buxus sempervirens  Folia Buxi . . . . . . . 235

### 14. Reihe: Columniferae.

*Tiliaceae.*  Corchorus capsularis  Jute . . . . . . . . . . 634
Tilia cordata,  Flores Tiliae . . . . . . . 812
T. platyphyllos
*Malvaceae.*  Abelmoschus moschatus  Semen Abelmoschi . . . . . 1
Oleum Abelmoschi seminis. . 1
Althaea officinalis  Folia Althaeae . . . . . . 370
Flores Althaeae . . . . . . 370
Radix Althaeae . . . . . . 370
Althaea rosea  Flores Malvae arboreae . . . 1245
Gossypium herbaceum  Gossypium depuratum . . . 169
Cortex Gossypii Radicis . . . 169
Oleum Gossypii . . . . . 170
Malva silvestris,  Flores Malvae . . . . . . 846
M. neglecta  Folia Malvae . . . . . . . 845
*Sterculiaceae.*  Cola vera  Semen Colae . . . . . . . 735
Sterculia-Arten  Tragacantha . . . . . . . 1302
Indischer Karaya . . . 687
Theobroma cacao  Semen Cacao . . . . . . 641
Testae Cacao . . . . . . 642
Oleum Cacao . . . . . . 642
Kakaopulver, Schokolade . . 643

### 15. Reihe: Thymelaeales.

*Thymelaeaceae.*  Daphne mezereum  Cortex Mezerei . . . . . 1177
*Elaeagnaceae.*  Hippophae rhamnoides  Fructus Hippophaeae . . . 1124

### 16. Reihe: Gruinales.

*Linaceae.*  Linum usitatissimum  Semen Lini . . . . . . . 805
Placenta Seminis Lini . . . 805
Oleum Lini . . . . . . . 806
Herba Lini . . . . . . . 804

Bd. II, Seite

| | | | |
|---|---|---|---|
| *Geraniaceae.* | Geranium robertianum | Herba Geranii robertiani . . | 1103 |
| | Pelargonium odoratissi-mum | Oleum Geranii . . . . . . | 509 |
| *Polygalaceae.* | Polygala amara subspec. amarella | Herba Polygalae amarae cum radicibus. . . . . . . . . | 762 |
| | | Radix Polygalae . . . . . . | 763 |
| | Polygala senega | Radix Senegae . . . . . . | 1191 |
| *Zygophyllaceae.* | Gujacum officinale | Lignum Guajaci . . . . . . | 537 |
| | G. sanctum | Resina Guajaci . . . . . . | 537 |

### 17. Reihe: Terebinthales.

| | | | |
|---|---|---|---|
| *Rutaceae.* | Barosma betulinum | Folia Bucco . . . . . . . . | 235 |
| | Citrus aurantium subspec. amara | Flores Aurantii . . . . . . | 323 |
| | | Folia Aurantii . . . . . . | 323 |
| | | Fructus Aurantii immaturi . | 324 |
| | | Pericarpium Aurantii . . . . | 325 |
| | | Albedo Fructus Aurantii . . | 325 |
| | | Oleum Aurantii Floris . . . | 324 |
| | | Oleum Aurantii pericarpii. . | 325 |
| | Citrus bergamium | Oleum Bergamottae . . . . | 320 |
| | Citrus mandurensis | Oleum Mandarinae . . . . . | 322 |
| | Citrus medica subspec. cedra | Confectio Citri (Citronat) . . | 321 |
| | Citrus medica subspec. limonum | Fructus Citri . . . . . . . | 321 |
| | | Pericarpium Citri . . . . . | 321 |
| | | Succus Citri . . . . . . . . | 321 |
| | | Oleum Citri . . . . . . . . | 322 |
| | Dictamnus albus | Radix Dictamni . . . . . . | 353 |
| | Galipea officinalis | Cortex Angosturae . . . . . | 98 |
| | Pilocarpus microphyllus | Folia Jaborandi . . . . . . | 619 |
| | Ruta graveolens subspec. hortensis | Folia Rutae . . . . . . . . | 1086 |
| | | Herba Rutae . . . . . . . | 1087 |
| | | Oleum Rutae . . . . . . . | 1087 |
| *Simarubaceae.* | Picrasma excelsa, Quassia amara | Lignum Quassiae . . . . . | 1062 |
| | Simaruba amara | Cortex Simarubae radicis . . | 1208 |
| *Burseraceae.* | Boswellia carteri, B. bhau-dajiana | Gummi Olibanum . . . . . | 1384 |
| | | Oleum Olibani . . . . . . . | 1384 |
| | Bursera-Arten | Oleum Linaloes . . . . . . | 810 |
| | Canarium luzonicum | Resina Elemi . . . . . . . | 397 |
| | | Oleum Elemi . . . . . . . | 397 |
| | Commiphora erythraea | Opopanax. . . . . . . . . | 978 |
| | | Oleum Opopanax . . . . . | 978 |
| | Commiphora molmol u. a. | Myrrha . . . . . . . . . . | 913 |
| *Anacardiaceae.* | Anacardium occidentale | Fructus Anacardii occidentalis | 394 |
| | Anacardium officinarum | Fructus Anacardii orientalis . | 394 |
| | Pistacia lentiscus | Mastix . . . . . . . . . . | 864 |
| | Pistacia vera | Semen Pistaciae . . . . . . | 1040 |
| | Rhus aromatica | Cortex Rhois aromaticae radi-cis . . . . . . . . . . | 517 |
| | Rhus toxicodendron | Folia Toxicodendri . . . . . | 517 |
| | Rhus vernicifera | Japanlack . . . . . . . . | 622 |
| | Rhus semialata (durch Schlechtendalia chinensis) | Gallae, chinesische und japa-nische . . . . . . . . . | 497 |
| | Rhus succedanea, R. vernicifera | Cera Japonica . . . . . . . | 622 |
| *Hippocastanaceae.* | Aesculus hippocastanum | Amylum Hippocastani . . . | 1101 |
| | | Cortex Hippocastani . . . . | 1101 |
| | | Flores Hippocastani . . . . | 1101 |
| | | Semen Hippocastani . . . . | 1101 |

### 18. Reihe: Celastrales.

Bd. II, Seite

| | | | |
|---|---|---|---|
| *Aquifoliaceae.* | Ilex aquifolium | Folia Ilicis aquifolii . . . . . | 1234 |
| | Ilex paraguariensis | Folia Mate . . . . . . . . | 864 |

### 19. Reihe: Rhamnales.

| | | | |
|---|---|---|---|
| *Rhamnaceae.* | Rhamnus cathartica | Cortex Rhamni catharticae . | 764 |
| | | Fructus Rhamni catharticae . | 763 |
| | | Fructus Rhamni catharticae recentes . . . . . . . . | 763 |
| | Rhamnus frangula | Cortex Frangulae . . . . . | 443 |
| | | Fructus Frangulae . . . . . | 444 |
| | Rhamnus purshiana | Cortex Rhamni purshianae . . | 444 |
| *Vitaceae.* | Vitis vinifera | Fructus Vitis viniferae (Korinthen) . . . . . . . . | 732 |

### 20. Reihe: Umbelliflorae.

| | | | |
|---|---|---|---|
| *Araliaceae.* | Hedera helix | Folia Hederae helicis . . . . | 366 |
| | Panax ginseng | Radix Ginseng . . . . . . | 518 |
| *Umbelliferae.* | Angelica archangelica (=Archangelica officinalis) | Radix Angelicae . . . . . . | 97 |
| | | Oleum Angelicae (aus Samen oder Wurzeln) . . . . . | 98 |
| | | Oleum Angelicae herbae. . . | 98 |
| | Anethum graveolens | Fructus Anethi . . . . . . | 351 |
| | | Oleum Anethi . . . . . . | 351 |
| | Anthriscus cerefolium | Herba Cerefolii . . . . . | 705 |
| | Apium graveolens | Herba Apii graveolentis . . | 1191 |
| | | Radix Apii graveolentis . . | 1191 |
| | | Semen Apii graveolentis . . | 1191 |
| | | Oleum Apii graveolentis. . . | 1191 |
| | Carum carvi | Fructus Carvi . . . . . . | 772 |
| | | Oleum Carvi . . . . . . | 772 |
| | Conium maculatum | Herba Conii . . . . . . . | 1147 |
| | Coriandrum sativum | Fructus Coriandri . . . . | 751 |
| | | Oleum Coriandri . . . . . | 752 |
| | Cuminum cyminum | Fructus Cumini . . . . . | 765 |
| | Dorema ammoniacum | Ammoniacum . . . . . . | 88 |
| | Eryngium campestre | Radix Eryngii campestris . . | 857 |
| | Ferula assa-foetida | Asa foetida . . . . . . . | 127 |
| | Ferula galbaniflua | Galbanum. . . . . . . . | 495 |
| | Foeniculum vulgare | Fructus Foeniculi . . . . | 447 |
| | | Radix Foeniculi . . . . . | 448 |
| | | Oleum Foeniculi . . . . . | 448 |
| | Levisticum officinale | Herba Levistici . . . . . | 809 |
| | | Radix Levistici . . . . . | 810 |
| | | Oleum Levistici . . . . . | 810 |
| | Oenanthe aquatica | Fructus Phellandri . . . . | 1368 |
| | Pastinaca sativa | Fructus Pastinacae . . . . | 898 |
| | Petroselinum hortense | Fructus Petroselini . . . . | 1008 |
| | | Radix Petroselini . . . . | 1009 |
| | Peucedanum officinale | Radix Peucedani officinalis . | 546 |
| | Peucedanum ostruthium | Rhizoma Imperatoriae . . . | 870 |
| | Pimpinella anisum | Fructus Anisi . . . . . . | 100 |
| | | Oleum Anisi . . . . . . | 101 |
| | Pimpinella saxifraga, P. magna (= Pimpinella major) | Radix Pimpinellae . . . . . | 193 |
| | Sanicula europaea | Herba Saniculae . . . . . | 1132 |
| | | Rhizoma Saniculae . . . . | 1132 |

### 21. Reihe: Diospyrales.

Bd. II, Seite

| | | |
|---|---|---|
| *Sapotaceae.* | Mimusops- und Palaquium-Arten | Balata . . . . . . . . . . 151 |
| | | Guttapercha . . . . . . . 544 |
| *Styracaceae.* | Styrax tonkinense | Benzoe (Siam) . . . . . . 179 |
| | Styrax benzoin | Benzoe (Sumatra) . . . . . 180 |

### 22. Reihe: Ligustrales.

| | | |
|---|---|---|
| *Oleaceae.* | Fraxinus chinensis (durch Coccus ceriferus) | Cera Chinensis . . . . . . 289 |
| | Fraxinus excelsior | Cortex Fraxini . . . . . . 422 |
| | | Folia Fraxini . . . . . . . 422 |
| | Fraxinus ornus | Manna . . . . . . . . . . 856 |
| | Jasminum grandiflorum | Oleum Jasmini . . . . . . 623 |
| | Lyriosma ovata | Lignum Muira-puama . . . 1053 |
| | Oleum europaeum | Oleum Olivarum. . . . . . 976 |

### 23. Reihe: Contortae.

| | | |
|---|---|---|
| *Loganiaceae.* | Gelsemium sempervirens | Rhizoma Gelsemii . . . . . 507 |
| | Strychnos nux-vomica | Semen Strychni. . . . . . 225 |
| *Gentianaceae.* | Erythraea centaurium (= umbellatum) | Herba Centaurii. . . . . . 1268 |
| | Gentiana lutea, G. purpurea, G. punctata, G. pannonica | Radix Gentianae . . . . . 408 |
| | Menyanthes trifoliata | Folia Trifolii fibrini . . . . 201 |
| *Apocynaceae.* | Apocynum cannabinum | Radix Apocyni . . . . . . 555 |
| | Aspidosperma quebracho-blanco | Cortex Quebracho. . . . . 1063 |
| | | Lignum Quebracho . . . . 1063 |
| | Nerium oleander | Folia Nerii . . . . . . . . 974 |
| | Strophantus gratus | Semen Strophanti. . . . . 1248 |
| | Strophantus kombé | Semen Strophanti kombé. . 1248 |
| *Asclepiadaceae.* | Marsdenia condurango | Cortex Condurango . . . . 739 |

### 24. Reihe: Tubiflorae.

| | | |
|---|---|---|
| *Convolvulaceae.* | Convolvulus arvensis, C. sepium | Herba Convolvuli . . . . . 1399 |
| | Exogonium purga | Tubera Jalapae . . . . . . 620 |
| | | Resina Jalapae . . . . . . 621 |
| | Ipomoea orizabensis | Radix Scammoniae . . . . 1209 |
| | | Resina Scammoniae . . . . 1209 |
| *Hydrophyllaceae.* | Eriodictyon glutinosum | Folia Eriodictyonis . . . . 419 |
| *Boraginaceae.* | Alkanna tinctoria | Radix Alkannae. . . . . . 972 |
| | | Alkanninum . . . . . . . 972 |
| | Anchusa officinalis | Flores Buglossi . . . . . . 972 |
| | | Herba Buglossi . . . . . . 972 |
| | Borago officinalis | Flores Boraginis. . . . . . 220 |
| | | Herba Boraginis. . . . . . 220 |
| | Pulmonaria officinalis | Herba Pulmonariae . . . . 827 |
| | Symphytum officinale | Radix Consolidae . . . . . 173 |
| *Solanaceae.* | Atropa belladonna | Folia Belladonnae . . . . . 1296 |
| | | Radix Belladonnae . . . . 1297 |
| | Capsicum annuum | Fructus Capsici . . . . . . 1221 |
| | Datura stramonium | Folia Stramonii . . . . . . 1233 |
| | | Herba Stramonii recens . . 1234 |
| | | Semen Stramonii . . . . . 1234 |
| | Fabiana imbricata | Herba Fabianae. . . . . . 440 |
| | | Lignum Fabianae . . . . . 440 |
| | Hyoscyamus niger | Folia Hyoscyami . . . . . 195 |
| | | Radix Hyoscyami . . . . . 196 |
| | | Semen Hyoscyami . . . . 196 |

|  |  |  | Bd. II, Seite |
|---|---|---|---|
|  | Nicotiana tabacum, N. rustica | Folia Nicotianae | 1261 |
|  | Physalis alkekengi | Fructus Alkekengi | 634 |
|  | Solanum dulcamara | Stipites Dulcamarae | 202 |
|  | Solanum tuberosum | Amylum Solani | 690 |
|  |  | Kartoffelwalzmehl | 691 |
| *Scrophulariaceae.* | Digitalis purpurea | Folia Digitalis | 465 |
|  | Digitalis lanata | Folia Digitalis lanatae | 466 |
|  | Digitalis lutea | Folia Digitalis luteae | 466 |
|  | Euphrasia officinalis, E. stricta E. rostkoviana | Herba Euphrasiae | 147 |
|  | Gratiola officinalis | Herba Gratiolae | 533 |
|  | Linaria vulgaris | Herba Linariae | 807 |
|  | Scrophularia nodosa | Herba Scrophulariae | 225 |
|  | Verbascum phlomoides, V. thapsiforme | Flores Verbasci | 1410 |
|  |  | Folia Verbasci | 1410 |
|  | Veronica officinalis | Herba Veronicae | 367 |
| *Lentibulariaceae.* | Pinguicula vulgaris | Herba Pinguiculae | 460 |
| *Pedaliaceae.* | Sesamum indicum | Oleum Sesami | 1199 |
| *Verbenaceae.* | Verbena officinalis | Herba Verbenae | 393 |
| *Labiatae.* | Galeopsis ochroleuca | Herba Galeopsidis | 582 |
|  | Glechoma hederacea | Herba Hederae terrestris | 542 |
|  | Hyssopus officinalis | Herba Hyssopi | 1419 |
|  |  | Oleum Hyssopi | 1419 |
|  | Lamium album | Flores Lamii albi | 1268 |
|  | Lavandula latifolia | Oleum Spicae | 798 |
|  | Lavandula officinalis (spica) | Flores Lavandulae | 796 |
|  |  | Oleum Lavandulae | 797 |
|  | Leonurus cardiaca | Herba Leonuri cardiacae | 575 |
|  | Leonurus lanatus | Herba Ballotae lanatae | 1409 |
|  | Majorana hortensis | Herba Majoranae | 844 |
|  |  | Oleum Majoranae | 845 |
|  | Marrubium vulgare | Herba Marrubii | 95 |
|  | Melissa officinalis | Folia Melissae | 871 |
|  |  | Oleum Melissae citratum | 872 |
|  | Mentha aquatica | Folia Menthae aquaticae | 1370 |
|  | Mentha piperita | Folia Menthae piperitae | 1014 |
|  |  | Oleum Menthae piperitae | 1015 |
|  |  | Menthol | 1015 |
|  | Mentha pulegium | Herba Pulegii | 1045 |
|  |  | Oleum Pulegii (Poleyöl) | 1045 |
|  | Mentha spicata var. crispata | Folia Menthae crispae | 758 |
|  |  | Oleum Menthae crispae | 759 |
|  | Nepeta cataria | Herba Nepetae catariae | 696 |
|  | Ocimum basilicum | Herba Basilici | 166 |
|  |  | Oleum Basilici | 167 |
|  | Origanum vulgare | Herba Origani | 355 |
|  |  | Oleum Origani | 355 |
|  | Origanum vulgare var. creticum | Herba Origani cretici | 1220 |
|  |  | Oleum Origani cretici | 1220 |
|  | Orthosiphon stamineus | Folia Orthosiphonis staminei | 980 |
|  | Perilla ocymoides | Perillaöl | 1003 |
|  | Pogostemon patschouli | Folia Patschouli | 998 |
|  |  | Oleum foliorum Patschouli | 999 |
|  | Rosmarinus officinalis | Folia Rosmarini | 1099 |
|  |  | Oleum Rosmarini | 1100 |
|  | Salvia officinalis | Folia Salviae | 1111 |
|  |  | Oleum Salviae | 1111 |

Bd. II, Seite

| | | |
|---|---|---|
| Salvia sclarea | Herba Salviae sclareae . . . | 911 |
| | Oleum Salviae sclareae . . . | 911 |
| Satureja hortensis | Herba Saturejae . . . . . . | 218 |
| Scutellaria galericulata | Herba Scutellariae . . . . . | 572 |
| Stachys officinalis | Herba Betonicae . . . . . . | 192 |
| Teucrium chamaedrys | Herba Chamaedryos . . . . | 364 |
| Teucrium marum | Herba Mari veri . . . . . . | 67 |
| Thymus vulgaris | Herba Thymi . . . . . . . | 1291 |
| | Oleum Thymi . . . . . . . | 1292 |
| | Thymol . . . . . . . . | 1292 |
| Thymus serpyllum | Herba Serpylli . . . . . . . | 1078 |
| | Oleum Serpylli . . . . . . . | 1078 |

**25. Reihe: Plantaginales.**

| | | |
|---|---|---|
| *Plantaginaceae.* | Plantago lanceolata | Herba Plantaginis lanceolatae 1380 |
| | Plantago major | Herba Plantaginis majoris . . 1380 |
| | Plantago psyllium | Semen Psyllii . . . . . . . 479 |

**26. Reihe: Rubiales.**

| | | |
|---|---|---|
| *Rubiaceae.* | Asperula odorata, | Herba Asperulae . . . . . . 1348 |
| | Cinchona calisaya | Cortex Chinae calisayae . . . 288 |
| | Cinchona succirubra | Cortex Chinae . . . . . . . 287 |
| | Coffea arabica, | Semen Coffeae . . . . . . . 635 |
| | C. liberica, | Carbo Coffeae . . . . . . 640 |
| | C. robusta | |
| | Galium verum | Herba Galii lutei . . . . . . 789 |
| | Pausinystalia yohimbe | Cortex Yohimbehe . . . . . 1418 |
| | Rubia tinctorum | Radix Rubiae tinctorum . . 758 |
| | Uncaria gambir | Gambir (Gambir-Catechu) . 695 |
| | Uragoga ipecacuanha | Radix Ipecacuanhae . . . . 226 |
| *Caprifoliaceae.* | Sambucus ebulus | Fructus Ebuli . . . . 146, 1451 |
| | | Radix Ebuli . . . . 146, 1451 |
| | Sambucus nigra | Cortex Sambuci . . . . . . 585 |
| | | Flores Sambuci . . . . . . 583 |
| | | Folia Sambuci . . . . . . . 584 |
| | | Fructus Sambuci . . . . . 584 |
| | | Radix Sambuci . . . . . . 585 |
| | | Fungus Sambuci . . . . . . 585 |
| | | Medulla Sambuci . . . . . . 585 |
| | Sambucus racemosa | Fructus Sambuci racemosae . 1304 |
| | Viburnum opulus | Cortex Viburni opuli . . . . 1153 |
| | Viburnum prunifolium | Cortex Viburni prunifolii . . 1324 |
| *Valerianaceae.* | Valeriana officinalis | Radix Valerianae . . . . . 151 |
| *Dipsacaceae.* | Knautia arvensis | Herba Scabiosae . . . . . . 11 |
| | Succisa pratensis | Herba Morsus Diaboli . . . 1282 |
| | | Radix Morsus Diaboli . . . 1282 |

**27. Reihe: Synandrae (Campanulatae).**

| | | |
|---|---|---|
| *Lobeliaceae.* | Lobelia inflata | Herba Lobeliae . . . . . . 818 |
| *Compositae.* | Achillea millefolium | Flores Millefolii . . . . . . 1144 |
| | | Herba Millefolii . . . . . . 1145 |
| | Achillea moschata, | Herba Ivae moschatae . . . 906 |
| | A. nana, | Oleum Ivae moschatae . . . 907 |
| | A. atrata u. a. | |
| | Anacyclus pyrethrum | Radix Pyrethri . . . . . . 189 |
| | Antenaria dioica | Flores Gnaphalii (Weiße oder |
| | | rote Katzenpfötchen) . . . 696 |
| | Anthemis nobilis | Flores Chamomillae Romanae 682 |
| | Arctium lappa, | Radix Bardanae . . . . . . 717 |
| | A. minus, | |
| | A. tomentosum | |

Bd. II, Seite

| | | |
|---|---|---|
| Arnica montana | Flores Arnicae | 117 |
| | Herba Arnicae | 118 |
| | Rhizoma Arnicae | 118 |
| Artemisia abrotanum | Herba Abrotani | 363 |
| Artemisia absinthium | Herba Absinthii | 1394 |
| | Oleum Absinthii | 1395 |
| Artemisia cina | Flores Cinae | 1445 |
| Artemisia dracunculus | Oleum Dracunculi | 432 |
| Artemisia vulgaris | Herba Artemisiae | 172 |
| | Radix Artemisiae | 172 |
| Bellis perennis | Flores Bellidis | 499 |
| Calendula officinalis | Flores Calendulae sine calyci-bus | 1095 |
| Carlina acaulis | Radix Carlinae | 364 |
| Carthamus tinctorius | Flores Carthami | 1108 |
| Centaurea cyanus | Flores Cyani | 755 |
| Chrysanthemum cinerarii-folium | Flores Chrysanthemi cinerarii-folii | 608 |
| Cichorium intybus | Folia (Herba) Cichorii | 1381 |
| | Radix Cichorii | 1381 |
| Cnicus benedictus | Herba Cardui benedicti | 688 |
| Erigeron canadensis | Herba Erigerontis canadensis | 686 |
| Eupatorium cannabinum | Herba Eupatorii cannabini | 1369 |
| Grindelia robusta, G. squarrosa | Herba Grindeliae | 536 |
| Helianthus annuus | Fructus Helianthi | 1213 |
| | Oleum Helianthi | 1213 |
| Helichrysum arenarium | Flores Stoechados (citrinae) (Gelbe Katzenpfötchen) | 1102 |
| Hieracium pilosella | Herba Auriculae muris | 547 |
| Inula helenium | Rhizoma Helenii | 22 |
| Liatris odoratissima | Folia Liatris odoratissimae | 808 |
| Matricaria chamomilla | Flores Chamomillae | 679 |
| | Herba Chamomillae | 681 |
| | Oleum Chamomillae | 681 |
| Petasites officinalis | Folia Petasitidis | 1007 |
| | Radix Petasitidis | 1007 |
| Scorzonera hispanica | Radix Scorzonerae | 1160 |
| Senecio jacobaea | Herba Senecionis jacobaeae | 619 |
| Senecio vulgaris | Herba Senecionis vulgaris | 764 |
| Silybum marianum | Fructus Cardui Mariae | 860 |
| | Herba Cardui Mariae | 860 |
| Solidago virgaurea | Herba Virgaureae | 532 |
| Spilanthes oleracea | Herba Spilanthis oleraceae | 697 |
| Tanacetum balsamita | Herba Balsamitae | 467 |
| Tanacetum vulgare (= Chrysanthemum vul-gare) | Flores Tanaceti | 1081 |
| | Herba Tanaceti | 1082 |
| | Oleum Tanaceti | 1083 |
| Taraxacum officinale | Radix Taraxaci cum herba | 823 |
| Tussilago farfara | Folia Farfarae | 596 |
| | Flores Farfarae | 597 |

## II. *Reihengruppe.*

### 28. Reihe: Polycarpicae (Ranales).

| | | | |
|---|---|---|---|
| *Magnoliaceae.* | Illicium verum | Fructus Anisi stellati | 1240 |
| | | Oleum Anisi | 1240 |
| *Anonaceae.* | Cananga odorata | Oleum Canangae (Ylang-Ylang-Öl) | 1417/18 |

Bd. II, Seite

| | | | |
|---|---|---|---|
| *Myristicaceae.* | Myristica fragrans | Semen Myristicae . . . . . | 909 |
| | | Macis. . . . . . . . . . . | 909 |
| | | Oleum Nucistae . . . . . . | 910 |
| | | Oleum Myristicae aethereum . | 910 |
| *Lauraceae.* | Cinnamomum cassia | Cortex Cinnamomi chinensis | 1427 |
| | | Oleum Cinnamomi cassiae . . | 1428 |
| | Cinnamomum camphora | Camphora . . . . . . . . . | 683 |
| | | OleumCamphorae(technisch!) | 684 |
| | Cinnamomum ceylanicum | Cortex Cinnamomi ceylanici . | 1425 |
| | | Oleum Cinnamomi (ceylanici) | 1426 |
| | Nectandra coto | Cortex Coto . . . . . . . . | 757 |
| | Laurus nobilis | Folia Lauri . . . . . . . . | 819 |
| | | Fructus Lauri . . . . . . . | 820 |
| | | Oleum Lauri (expressum) . . | 820 |
| | | Oleum Lauri aethereum . . | 820 |
| | Sassafras officinale | Lignum Sassafras . . . . . | 1136 |
| | | Cortex Sassafras radicis . . | 1136 |
| | | Oleum Sassafras . . . . . | 1137 |
| *Menispermaceae.* | Anamirta cocculus | Fructus Cocculi indici. . . . | 732 |
| | Jatrorrhiza palmata | Radix Colombo . . . . . . | 736 |
| *Ranunculaceae.* | Aconitum napellus | Tubera Aconiti . . . . . . | 392 |
| | Adonis vernalis | Herba Adonidis vernalis . . | 14 |
| | Anemone hepatica | Folia Hepaticae . . . . . . | 798 |
| | Anemone pulsatilla, A. pratensis | Herba Pulsatillae . . . . . | 770 |
| | Cimicifuga racemosa | Rhizoma Cimicifugae . . . . | 1425 |
| | Delphinium consolida | Flores Calcatrippae. . . . . | 446 |
| | Delphinium staphisagria | Semen Staphisagriae . . . | 1239 |
| | Helleborus niger, H. viridis | Rhizoma Hellebori . . . . . | 913 |
| | Nigella sativa | Semen Nigellae . . . . . . | 1159 |
| | Paeonia officinalis | Flores Paeoniae . . . . . . | 1017 |
| | (= Paeonia peregrina) | Radix Paeoniae . . . . . . | 1017 |
| | | Semen Paeoniae . . . . . . | 1017 |
| *Berberidaceae.* | Berberis vulgaris | Fructus Berberidis . . . . . | 186 |
| | Hydrastis canadensis | Rhizoma Hydrastis . . . . | 599 |
| | Podophyllum peltatum | Podophyllinum . . . . . . | 1044 |

**29. Reihe:** Aristochiales.

| | | | |
|---|---|---|---|
| *Aristolochiaceae.* | Aristolochia clematitis | Herba Aristolochiae . . . . | 981 |
| | Asarum europaeum | Radix Asari . . . . . . . . | 560 |

**30. Reihe:** Santales.

| | | | |
|---|---|---|---|
| *Santalaceae.* | Santalum album | Lignum Santali albi . . . . | 1126 |
| | | Oleum Santali . . . . . . . | 1126 |
| *Loranthaceae.* | Viscum album | Herba Visci albi . . . . . . | 896 |

**32. Reihe:** Rosales.

| | | | |
|---|---|---|---|
| *Saxifragaceae.* | Ribes nigrum | Folia Ribis nigri . . . . . . | 630 |
| | | Fructus Ribis nigri . . . . . | 630 |
| | Ribes rubrum | Fructus Ribis rubri . . . . | 630 |
| *Rosaceae.* | Agrimonia eupatoria | Herba Agrimoniae . . . . . | 973 |
| | Alchemilla alpina | Herba Alchemillae alpinae. . | 467 |
| | Alchemilla vulgaris | Herba Alchemillae . . . . . | 467 |
| | Crataegus oxyacantha | Flores Crataegi . . . . . . | 1393 |
| | | Fructus Crataegi oxyacan- thae . . . . . . . . . | 1392 |
| | Cydonia vulgaris | Fructus Cydoniae . . . . . | 1079 |
| | | Semen Cydoniae . . . . . . | 1079 |
| | Filipendula ulmaria | Flores Spiraeae (ulmariae). . | 1224 |
| | Fragaria vesca | Folia Fragariae . . . . . . | 412 |

Bd. II, Seite

| | | |
|---|---|---|
| Geum urbanum | Rhizoma Caryophyllatae | 998 |
| Hagenia abyssinica | Flores Koso | 756 |
| Pirus malus | Cortex Piri mali fructus | 111 |
| Potentilla anserina | Herba Anserinae | 501 |
| Potentilla reptans | Herba Pentaphylli | 466 |
| Potentilla silvestris (=P. erecta) | Rhizoma Tormentillae | 1300 |
| Prunus amygdalus var. amara | Semen Amygdalae amarae | 848 |
| | Oleum Amygdalarum amararum sine Acido hydrocyanico | 849 |
| Prunus amygdalus var. dulcis | Amygdalae dulces (Semen Amygdalae dulcis) | 850 |
| | Oleum Amygdalarum | 850 |
| Prunus armeniaca | Oleum Persicarum | 1018 |
| Prunus cerasus | Folia Cerasorum | 713 |
| | Fructus Pruni cerasi | 713 |
| | Pedunculi Cerasorum | 713 |
| | Gummi Cerasorum | 714 |
| Prunus padus | Cortex Pruni padi | 1304 |
| Prunus spinosa | Flores Pruni spinosae | 1149 |
| | Fructus Pruni spinosae | 1149 |
| Quillaia saponaria | Cortex Quillaiae | 1188 |
| Rosa canina | Fructus Cynosbati cum semine | 549 |
| | Fructus Cynosbati sine semine | 550 |
| | Semen Cynosbati | 550 |
| Rosa centifolia, R. gallica | Flores Rosae | 1098 |
| | Oleum Rosae | 1099 |
| Rubus fruticosus | Folia Rubi fruticosi | 230 |
| Rubus idaeus | Folia Rubi idaei | 579 |
| | Fructus Rubi idaei | 579 |
| | Fructus Rubi idaei siccati | 580 |
| Sanguisorba officinalis, S. minor | Herba Sanguisorbae | 1397 |
| Sorbus aucuparia | Fructus Sorbi aucupariae | 1333 |

*Leguminosae.*

a) *Mimosaceae.*

| | | |
|---|---|---|
| Acacia bambola | Bablah | 149 |
| Acacia catechu | Catechu | 695 |
| Acacia senegal | Gummi arabicum | 113 |

b) *Caesalpiniaceae.*

| | | |
|---|---|---|
| Bäume (fossil oder halbfossil, oder von lebenden Pflanzen) | Kopale | 750 |
| Caesalpinia coriaria | Dividivi | 353 |
| Caesalpinia echinata | Lignum Fernambuci | 451 |
| Cassia acutifolia, C. angustifolia | Folia Sennae | 1196 |
| | Folliculi Sennae | 1197 |
| Cassia fistula | Fructus Cassiae fistulae | 1097 |
| Ceratonia siliqua | Fructus Ceratoniae | 631 |
| Copaifera jacquinii, C. langsdorffii, C. guayanensis u. a. | Balsamum Copaivae | 749 |
| Haematoxylon campechianum | Lignum Campechianum | 203 |
| Krameria triandra | Radix Ratanhiae | 1084 |
| Tamarindus indica | Pulpa Tamarindorum cruda und depurata | 1265 |

c) *Papilionaceae.*

| | | |
|---|---|---|
| Andira araroba | Chrysarobinum | 317 |
| Anthyllis vulneraria | Flores Anthyllidis | 1413 |
| Arachis hypogaea | Oleum Arachidis | 1414 |

|  |  | Bd. II, Seite |
|---|---|---|
| Astragalus-Arten | Tragacantha . . . . . . . | 1302 |
| Derris elliptica | Radix Derridis . . . . . . | 343 |
| Dipterix odorata,<br>D. oppositifolia | Semen Tonco . . . . . . . | 1299 |
| Galega officinalis | Herba Galegae . . . . . . | 503 |
| Genista tinctoria | Herba Genistae tinctoriae . . | 441 |
| Glycyrrhiza glabra   var.<br>typica | Radix Liquiritiae hispanica . | 1257 |
| Glycyrrhzia glabra var.<br>glandulifera | Radix Liquiritiae<br>(russica) DAB. 6 . . . . . | 1257 |
|  | Beide Drogen liefern auch<br>Succus Liquiritiae und Suc-<br>cus Liquiritiae depuratus. | 1258/59 |
| Lupinus luteus,<br>L. polyphyllus,<br>L. angustifolius,<br>L. albus | Früchte entbittert als Vieh-<br>futter . . . . . . . . . | 827 |
| Melilotus officinalis,<br>M. altissimus | Herba Meliloti . . . . . . . | 1235 |
| Myroxylon balsamum | Balsamum peruvianum . . . | 1005 |
|  | Oleum Balsami peruviani . . | 1006 |
| Myroxylon balsamum var.<br>genuinum | Balsamum tolutanum   . . . | 1298 |
| Ononis spiosa | Radix Ononidis . . . . . . | 561 |
|  | Herba Ononidis . . . . . . | 562 |
| Phaseolus vulgaris | Fructus Phaseoli sine semine. | 217 |
|  | Farina Fabarum . . . . . . | 217 |
| Physostigma venenosum | Semen Calabar. . . . . . . | 644 |
| Piscidia erythrina | Cortex Piscidiae radicis . . . | 1041 |
| Pterocarpus marsupium | Kino . . . . . . . . . . . | 712 |
| Pterocarpus santalinus | Lignum Santali rubri . . . . | 1125 |
| Sarothamnus scoparius | Flores Genistae . . . . . . | 191 |
|  | Herba Sarothamni scoparii . | 191 |
| Trigonella foenum-graecum | Semen Foenugraeci   . . . . | 216 |

**33. Reihe:** Hamamelidales.

| Hamamelidaceae. | Hamamelis virginiana | Cortex Hamamelidis . . . . | 551 |
|---|---|---|---|
|  |  | Folia Hamamelidis . . . . . | 551 |
|  | Liquidambar orientalis | Styrax liquidus . . . . . . | 1251 |
|  |  | Styrax depuratus . . . . . | 1251 |

**34. Reihe:** Myrtales.

| Lythraceae. | Lavsonia alba,<br>L. inermis | Folia Henna . . . . . . . . | 573 |
|---|---|---|---|
|  | Lythrum salicaria | Herba Salicariae . . . . . . | 1384 |
| Myrtaceae. | Eucalyptus globulus | Folia Eucalypti . . . . . . | 435 |
|  |  | Oleum Eucalypti . . . . . . | 436 |
|  | Jambosa caryophyllus | Flores Caryophylli . . . . . | 514 |
|  |  | Oleum Caryophylli . . . . . | 515 |
|  | Melaleuca-Arten | Oleum Cajeputi rectificatum . | 243 |
|  | Pimenta acris | Oleum Bay . . . . . . . . | 170 |
|  | Pimenta officinalis | Fructus Pimentae . . . . . | 1039 |
|  |  | Oleum Pimentae . . . . . . | 1040 |
|  | Psidium guayafa | Cortex Djamboe . . . . . . | 354 |
|  |  | Folia Djamboe   . . . . . . | 354 |
|  |  | Fructus Djamboe . . . . . . | 354 |
|  |  | Radix Djamboe . . . . . . | 354 |
|  | Syzygium jambolanum | Cortex Syzygii jambolani . . | 622 |
|  |  | Fructus Syzygii jambolani . . | 621 |
| Punicaceae. | Punica granatum | Cortex Granati . . . . . . | 533 |
|  |  | Cortex Granati fructus . . . | 534 |
|  |  | Flores Granati   . . . . . . | 534 |

## 35. Reihe: Guttiferales.

Bd. II, Seite

| | | |
|---|---|---|
| *Theaceae.* | Camellia sinensis | Folia Theae nigrae . . . . . 1270 |
| *Guttiferae.* | Carcinia hamburyi | Gutti . . . . . . . . . . 540 |
| | Hypericum perforatum | Flores Hyperici recentes . . 633 |
| | | Herba Hyperici . . . . . . 632 |
| *Dipterocarpaceae.* | Dipterocarpus alatus, | Balsamum Gurjunae . . . . 543 |
| | D. turbinatus u. a. | Oleum Balsami gurjunae . . 543 |
| | Dryobalanops camphora | Borneokampfer . . . . . . 220 |
| | Shorea wiesneri u. a. | Resina Dammar . . . . . . 340 |

## 36. Reihe: Ericales.

| | | |
|---|---|---|
| *Pirolaceae.* | Pirola umbellata | Herba Pirolae umbellatae . . 1399 |
| *Ericaceae.* | Arctostaphylos uva-ursi | Folia Uvae Ursi . . . . . . 155 |
| | Calluna vulgaris | Flores Callunae (Ericae) . . 568 |
| | | Herba Callunae (Ericae). . . 567 |
| | Gaultheria procumbens | Folia Gaultheriae . . . . . 502 |
| | | Oleum Gaultheriae . . . . . 503 |
| | Ledum palustre | Herba Ledi palustris . . . . 1053 |
| | Rhododendron ferrugineum | Folia Rhododendri . . . . . 48 |
| | Vaccinium myrtillus | Folia Myrtilli . . . . . . . 568 |
| | | Fructus Myrtilli . . . . . . 569 |
| | Vaccinium vitis-idaea | Folia Vitis idaeae . . . . . 1054 |

## 37. Reihe: Rhoeadales.

| | | |
|---|---|---|
| *Papaveraceae.* | Chelidonium majus | Herba Chelidonii recens . . 1153 |
| | Fumaria officinalis | Herba Fumariae . . . . . . 416 |
| | Papaver rhoeas | Flores Rhoeados . . . . . . 899 |
| | Papaver somniferum | Folia Papaveris . . . . . . 898 |
| | | Fructus Papaveris maturi . . 898 |
| | | Fructus Papaveris immaturi . 898 |
| | | Semen Papaveris . . . . . 899 |
| | | Oleum Papaveris . . . . . . 899 |
| | | Opium . . . . . . . . . 977 |
| *Cruciferae.* | Brassica nigra | Semen Sinapis . . . . . . 1193 |
| | | Oleum Sinapis aethereum . . 1194 |
| | | Oleum Sinapis pingue. . . . 1195 |
| | Brassica rapa, | Semen Rapae . . . . . . . 1083 |
| | B. napus | Oleum Rapae . . . . . . . 1084 |
| | Capsella bursa-pastoris | Herba Bursae pastoris . . . 581 |
| | Cardamine pratensis | Herba Cardaminis pratensis . 1398 |
| | Cochlearia armoracia | Radix Armoraciae . . . . . 868 |
| | Cochlearia officinalis | Herba Cochleariae . . . . . 819 |
| | Erysimum officinale | Herba Erysimi . . . . . . 1085 |
| | Lepidium sativum | Herba Lepidii sativi . . . . 501 |
| | Nasturtium officinale | Herba Nasturtii . . . . . . 233 |
| | Sinapis alba | Semen Erucae . . . . . . . 1195 |

## 38. Reihe: Parietales.

| | | |
|---|---|---|
| *Cistaceae.* | Cistus ladaniferus, | Resina Ladanum . . . . . . 791 |
| | C. polymorphus | Oleum Ladani . . . . . . . 791 |
| *Droseraceae.* | Drosera rotundifolia | Herba Droserae . . . . . . 1215 |
| *Violaceae.* | Viola odorata | Flores Violae odoratae . . . 1320 |
| | | Herba Violae odoratae . . . 1320 |
| | | Rhizoma Violae . . . . . . 1320 |
| | Viola tricolor | Herba Violae tricoloris . . . 1244 |

**39. Reihe:** Cucurbitales. Bd. II, Seite

| | | |
|---|---|---|
| *Cucurbitaceae.* | Bryonia alba, B. dioica | Radix Bryoniae . . . . . . 1420 |
| | Citrullus colocynthis | Fructus Colocynthidis . . . 738 |
| | Cucurbita pepo, C. maxima, C. moschata | Semen Cucurbitae . . . . . 788 |
| | Luffa aegyptica | Luffa-„Schwämme" . . . . 824 |

*III. Reihengruppe* Monocotyledoneae.

**41. Reihe:** Spadiciflorae.

| | | |
|---|---|---|
| *Palmae.* | Areca catechu | Semen Arecae . . . . . . . 116 |
| | Cocos nucifera | Oleum Cocos . . . . . . . 732 |
| | Copernicia cerifera | Cera Palmarum (Carnauba-wachs) . . . . . . . . . 268 |
| | Daemonorops-Arten | Resina Draconis . . . . . . 356 |
| | Elaeis guineensis | Oleum Palmae . . . . . . . 988 |
| *Araceae.* | Acorus calamus | Rhizoma Calami . . . . . . 676 |
| | | Oleum Calami . . . . . . . 677 |
| | | Confectio Calami . . . . . 677 |

**44. Reihe:** Enantioblastae.

| | | |
|---|---|---|
| *Bromeliaceae.* | Ananas sativus | Ananas . . . . . . . . . . 94 |

**45. Reihe:** Glumiflorae.

| | | |
|---|---|---|
| *Gramineae.* | Agropyrum repens | Rhizoma Graminis . . . . . 1064 |
| | Andropogon squarrosus | Radix Ivarancusae (=Veti-veriae) . . . . . . . . . 1324 |
| | | Oleum Vetiveriae . . . . . 1324 |
| | Avena sativa | Fructus Avenae excorticatus . 547 |
| | Cymbopogon flexuosis | Oleum Andropogonis citrati (Lemongras-Öl) . . . . . . 510 |
| | Cymbopogon martini | Oleum Palmarosae . . . . . 509 |
| | Cymbopogon winterianus | Oleum Citronellae . . . . . 318 |
| | Panicum- und Setaria-Arten | Panicum miliaceum (Echte Hirse) . . . . . . . . . . 581 |
| | Phalaris canaricnsis | Fructus Canariensis . . . . 686 |
| | Oryza sativa | Amylum Oryzae . . . . . . 1088 |
| | Triticum sativum (= Triticum aestivum) | Amylum Tritici . . . . . . 1393 |
| | Wiesenkräuter | Flores Graminis . . . . . . 576 |
| | Zea mays | Amylum Maydis . . . . . . 843 |
| | | Stigmata Maydis . . . . . . 842 |
| | | Oleum Maydis . . . . . . . 843 |

**46. Reihe:** Liliiflorae.

| | | |
|---|---|---|
| *Liliaceae.* | Allium cepa | Bulbus Cepae . . . . . . . 1452 |
| | Allium sativum | Bulbus Allii sativi . . . . . 719 |
| | Allium ursinum | Herba Allii ursini . . . . . 154 |
| | | Oleum Allii ursini . . . . . 154 |
| | Aloe ferox u. andere Aloe-Arten | Aloe . . . . . . . . . . . 46 |
| | Asparagus officinalis | Rhizoma Asparagi . . . . . 1223 |
| | Colchicum autumnale | Semen Colchici . . . . . . 574 |
| | | Tubera Colchici . . . . . . 574 |
| | Convallaria majalis | Flores Convallariae . . . . 841 |
| | | Herba Convallariae . . . . 842 |
| | Polyganatum officinale | Rhizoma Polygonati . . . . 1116 |
| | Schoenocaulon officinale | Semen Sabadillae . . . . . 1104 |
| | Smilax utilis | Radix Sarsaparillae . . . . 1135 |

Bd. II, Seite

Urginea maritima          Bulbus Scillae . . . . . . .   869
Veratum album             Rhizoma Veratri . . . . . .   692
Xanthorrhoea australis    Resina Acaroidis . . . . . .    19
  und andere X.-Arten
Xanthorrhoea hastilis     Resina Xanthorrhoeae flava .    19

*Iridaceae.*              Crocus sativus            Crocus . . . . . . . . . . . 1108
                          Iris florentina,          Rhizoma Iridis . . . . . . . 1321
                          I. germanica,             Rhizoma Iridis pro infantibus 1322
                          I. pallida                Oleum Iridis . . . . . . . . 1322

### 47. Reihe: Cyperales.

*Juncaceae.*              Juncus effusus,           Radix Junci . . . . . . . .   197
                          J. conglomeratus
*Cyperaceae.*             Carex arenaria            Rhizoma Caricis . . . . . . 1131

### 48. Reihe: Scitamineae.

*Zingiberaceae.*          Alpinia officinarum       Rhizoma Galangae . . . . .   496
                          Curcuma longa             Rhizoma Curcumae. . . . .   506
                          Curcuma zedoaria          Rhizoma Zedoariae . . . . . 1421
                          Elettaria cardamomum      Fructus Cardamomi  . . .   687
                                                    Oleum Cardamomi  . . . .   688
                          Zingiber officinale       Rhizoma Zingiberis  . . . .   607
                                                    Confectio Zingiberis  . . . .   608
                                                    Oleum Zingiberis . . . . . .   608
*Marantaceae.*            Maranta arundinacea       Amylum Marantae . . . . .   858

### 49. Reihe: Gynandrae.

*Orchidaceae.*            Orchis-Arten              Tubera Salep . . . . . . .  1112
                          Vanilla planifolia        Fructus Vanillae . . . . . . 1315

# II. Übersicht über die Drogen liefernden Tiere.

*Schwämme.*     Euspongia officinalis,      Spongiae . . . . . . . . .  1156
                Hippospongia equina         Carbo Spongiae . . . . . .  1159
*Würmer.*       Hirudo (Sanguisuga) medi-   Hirudines . . . . . . . . .   215
                cinalis und officinalis
*Weichtiere.*   Ostrea edulis               Conchae praeparatae . . . .   148
                Sepia officinalis           Ossa Sepiae . . . . . . . .  1198
                                            Sepia  . . . . . . . . .  1198
*Krebse.*       Astacus fluviatilis         Lapis Cancrorum  . . . .   759
*Insekten.*     Apis mellifica              Mel. . . . . . . . . . . .   591
                                            Cera alba . . . . . . . .  1340
                                            Cera flava  . . . . . . .  1339
                Carteria lacca              Resina lacca . . . . . . .  1145
                Cynips tinctoria            Gallae . . . . . . . . . .   497
                Dactylopius coccus          Coccionella . . . . . . .   329
                Lytta vesicatoria           Cantharides . . . . . . .  1219
*Fische.*       Acipenser (Stör)-Arten      Colla piscium . . . . . . .   563
                Gadus callarias (Dorsch),   Oleum Jecoris Aselli . . .   799
                G. morrhua (Kabeljau),
                G. aeglefinus (Schellfisch)
                Fossile Fische und andere   Balingol . . . . . . . . .   154
                  Lebewesen jurasischer     Ichthyol . . . . . . . . .   601
                  Erdzeiten                 Karwendol . . . . . . . .   692
*Vögel.*        Hühner, Gänse, Enten        Ova . . . . . . . . . . .   373
                                            Albumen Ovi . . . . . . .   374
                                            Vitellium Ovi . . . . . . .   373
                                            Oleum Ovorum . . . . . . .   374

Bd. II, Seite

*Säugetiere.*

| | | | |
|---|---|---|---|
| | Bos taurus | Kasein | 693 |
| | | Pepsinum | 1061 |
| | | Liquor seriparus | 789 |
| | | Fel Tauri | 971 |
| | | Fel Tauri dep. sicc. | 971 |
| | | und inspiss. | 972 |
| | | Oleum Pedum Tauri | 715 |
| | | Sebum | 1263 |
| | Castor fiber | Castoreum (canadense) | 192 |
| | | Castoreum (sibiricum) | 192 |
| | Moschus moschiferus | Moschus | 905 |
| | Ovis aries | Adeps Lanae anhydricus | 1411 |
| | | Sebum ovile | 552 |
| | Physeter macrocephalus | Ambra | 67 |
| | | Cetaceum | 1351 |
| | | Oleum Cetacei | 1352 |
| | Sus scrofa var. domesticus | Adeps suillus | 1176 |
| | Viverra civetta | Zibethum | 1424 |
| | Knochen, Füße, Hautabfälle von Kälbern | Gelatina alba | 504 |
| | Tierische Abfälle | Carbo animalis | 1293 |
| | | Carbo ossium | 720 |
| | Tierische Abfälle (auch aus pflanzlichen Stoffen) | Carbo medicinalis | 867 |
| | Aus tierischen Abfällen durch Zersetzungs-Destillation | Oleum animale aethereum | 1294 |
| | | Oleum animale crudum | 1293 |

## III. Einteilung der wichtigsten Drogen auf Grund ihrer chemischen Hauptbestandteile[1] und Gruppeneinteilung der Heilpflanzen.

Näheres über die einzelnen Gruppen s. Abschn. IV.

Bd. II, Seite

*1. Jodhaltige Drogen*
Carbo Spongiae . . . . . . . 1159
Fucus vesiculosus . . . . . . 202

*2. Calciumcarbonathaltige Drogen*
Conchae praeparatae . . . . . 148
Lapides Cancrorum . . . . . . 759
Ossa Sepiae . . . . . . . . 1198

*3. Kieselsäurehaltige Drogen*
Herba Equiseti . . . . . . . 1142
Herba Galeopsidis . . . . . . 582
Herba Polygoni avicularis . . . 1333
Herba Pulmonariae . . . . . . 826

*4. Membrandrogen*
Fungus Chirurgorum . . . . . 1414
Gossypium depuratum . . . . 169

*5. Zucker oder andere verwandte Süßstoffe enthaltende Drogen*
Caricae . . . . . . . . . . 445
Manna. . . . . . . . . . . 856
Mel . . . . . . . . . . . . 591

Bd. II, Seite

*6. Schleim- oder gummihaltige Drogen*

a) Abführende Drogen
Agar-Agar . . . . . . . . . 17
Semen Lini . . . . . . . . . 805
Tragacantha . . . . . . . . 1302

b) Stopfende Drogen
Tubera Salep . . . . . . . . 1112

c) Hustenstillende Drogen
Carrageen . . . . . . . . . 612
Flores Malvae . . . . . . . . 846
Flores Malvae arboreae . . . . 1245
Folia Althaeae . . . . . . . . 370
Folia Farfarae . . . . . . . . 596
Folia Malvae . . . . . . . . 845
Gummi arabicum . . . . . . . 113
Herba Pulmonariae arboreae . . . 826
Lichen islandicus . . . . . . 614
Radix Althaeae . . . . . . . 370
Semen Cydoniae . . . . . . . 1079

d) Hautmittel
Semen Foenugraeci . . . . . . 216

---

[1] In Anlehnung an R. JARETZKY: Lehrbuch der Pharmakognosie 1949.

Bd. II, Seite

*7. Stärkedrogen*

| | |
|---|---|
| Amylum Marantae | 858 |
| Amylum Maydis | 843 |
| Amylum Oryzae | 1088 |
| Amylum Solani | 691 |
| Amylum Tritici | 1393 |
| Dextrin | 345 |
| Fructus Hordei decorticatus | 513 |

*8. Gerüsteiweißstoffhaltige Drogen*

| | |
|---|---|
| Colla piscium | 563 |
| Gelatina alba | 504 |

*9. Niedere Fettsäure enthaltende Drogen*

| | |
|---|---|
| Fructus Cerasi acidi | 713 |
| Fructus Mori | 866 |
| Fructus Rubi idaei | 579 |
| Pulpa Tamarindorum | 1265 |

*10. Fett- und wachshaltige Drogen*

a) Abführende Öle

| | |
|---|---|
| Oleum Ricini | 1096 |

b) Stoffwechselmittel

| | |
|---|---|
| Oleum Jecoris Aselli | 799 |

c) Indifferente Drogen

| | |
|---|---|
| Adeps Lanae anhydricus | 1411 |
| Adeps suillus | 1176 |
| Cera alba | 1340 |
| Cera chinensis | 289 |
| Cera flava | 1339 |
| Cera Japonica | 622 |
| Cera Palmarum | 268 |
| Cetaceum | 1351 |
| Lycopodium | 163 |
| Oleum Arachidis | 414 |
| Oleum Helianthi | 1213 |
| Oleum Olivarum | 975/6 |
| Oleum Papaveris | 899 |
| Oleum Persicarum | 1018 |
| Oleum Rapae | 1084 |
| Oleum Sesami | 1199 |
| Sebum ovile | 552 |
| Semen Papaveris | 899 |

*11. Aromatische Säuren und deren Ester enthaltende Drogen*

| | |
|---|---|
| Balsamum peruvianum | 1005 |
| Balsamum tolutanum | 1297 |
| Benzoe (Siam) | 179 |
| Benzoe (Sumatra) | 180 |
| Styrax | 1251 |

*12. Glykosidhaltige Drogen*

A. Drogen mit Cyanglykosiden

| | |
|---|---|
| Amygdalae amarae | 849 |
| Amygdalae dulces | 850 |
| Flores Acaciae | 1149 |

B. Drogen mit Phenolglykosiden

| | |
|---|---|
| Cortex Salicis | 1383 |
| Folia Uvae ursi | 155 |
| Folia Vitis idaei | 1054 |
| Gemmae Populi | 992 |
| Herba Asperulae | 1348 |
| Herba Meliloti | 1235 |
| Semen Tonco | 1299 |

Bd. II, Seite

C. Drogen mit Anthrachinon- und Anthranolglykosiden

a) Abführmittel

| | |
|---|---|
| Aloe | 46 |
| Cortex Frangulae | 443 |
| Cortex Rhamni purshianae | 444 |
| Folia Sennae | 1196 |
| Folliculi Sennae | 1197 |
| Fructus Cassiae fistulae | 1097 |
| Fructus Rhamni catharticae | 763 |
| Rhizoma Rhei | 1090 |

b) Hautreizdrogen

| | |
|---|---|
| Chrysarobinum | 317 |

c) Färbedrogen

| | |
|---|---|
| Coccionella | 329 |

D. Drogen mit harzartigen Glykosiden

| | |
|---|---|
| Fructus Colocynthidis | 738 |
| Radix Bryoniae | 1420 |
| Tubera Jalapae | 620 |

E. Drogen mit Saponinglykosiden

a) Auswurffördernde Drogen

| | |
|---|---|
| Cortex Quillaiae | 1188 |
| Flores Primulae | 1150/51 |
| Flores Verbasci | 1410 |
| Herba Polygalae amarae cum Radicibus | 762 |
| Radix Liquiritiae | 1257 |
| Rhizoma Polypodii | 406 |
| Radix Primulae | 1151 |
| Radix Saponariae | 1187 |
| Radix Senegae | 1191 |
| Succus Liquiritiae | 1258 |

b) Harntreibende Drogen

| | |
|---|---|
| Folia Betulae | 198 |
| Herba Herniariae | 233 |
| Herba Violae tricoloris | 1244 |
| Herba Virgaureae | 532 |
| Stigmata Maydis | 842 |

c) Stoffwechseldrogen

| | |
|---|---|
| Lignum Guajaci | 537 |
| Radix Ginseng | 518 |
| Radix Sarsaparillae | 1135 |
| Rhizoma Caricis | 1131 |
| Rhizoma Graminis | 1014 |
| Stipites Dulcamarae | 201 |

F. Drogen mit schweißtreibenden Glykosiden

| | |
|---|---|
| Flores Sambuci | 584 |
| Flores Tiliae | 812 |

G. Drogen mit Bitterstoffglykosiden

| | |
|---|---|
| Cortex Condurango | 739 |
| Folia Trifolii fibrini | 201 |
| Herba Cardui benedicti | 688 |
| Herba Centauri | 1268 |
| Radix Gentianae | 408 |

*13. Bitterstoffhaltige (nicht glykosidische) Drogen*

| | |
|---|---|
| Lignum Quassiae | 1062 |
| Radix Taraxaci cum herba | 824 |

Bd. II, Seite

14. *Gerbstoffhaltige Drogen*

Catechu . . . . . . . . . . . 695
Cortex Hamamelidis . . . . . . 551
Cortex Quercus . . . . . . . . 371
Cortex Rhois aromaticae Radicis . 517
Cortex Simarubae . . . . . . . 1208
Cortex Syzygii jambolani . . . . 622
Flores Rosae . . . . . . . . . 1098
Folia Djamboe . . . . . . . . 354
Folia Hamamelidis . . . . . . . 551
Folia Juglandis . . . . . . . . 1348
Folia Myrtilli . . . . . . . . . 568
Folia Rubi fruticosi . . . . . . 230
Fructus Cynosbati . . . . . . . 549
Fructus Myrtilli . . . . . . . . 569
Gallae . . . . . . . . . . . 497
Gambir . . . . . . . . . . . 695
Herba Agrimoniae . . . . . . . 973
Herba Anserinae . . . . . . . 501
Herba Hederae terrestris . . . . 542
Herba Hyperici . . . . . . . 632
Herba Marrubii . . . . . . . 95
Kino . . . . . . . . . . . . 712
Lignum campechianum . . . . . 203
Lignum Fernambuci . . . . . . 451
Radix Ratanhiae . . . . . . . 1084
Rhizoma Polygoni . . . . . . . 1397
Rhizoma Tormentillae . . . . . 1300
Semen Quercus . . . . . . . . 372
Semen Quercus tostum . . . . 372

15. *Glukokinine enthaltende Drogen*

Fructus Phaseoli sine semine . . . 217
Fructus Syzygii jambolani . . . . 621
Herba Galegae . . . . . . . . 503

16. *Alkaloiddrogen*

a) Beruhigende, schmerzstillende und betäubende Drogen
Flores Rhoeados . . . . . . . 899
Herba Chelidonii . . . . . . . 1153
Herba Fumariae . . . . . . . 416

b) Drogen gegen bronchiales Asthma
Cortex Quebracho . . . . . . 1063
Herba Ephedrae . . . . . . . : 410

c) Nervenanregende und belebende Drogen
Folia Theae . . . . . . . . . 1270
Mate . . . . . . . . . . . . 864
Semen Coffeae . . . . . . . . 635
Semen Colae . . . . . . . . . 735

d) Harntreibende Drogen
Semen Cacao . . . . . . . . 641

e) Herzregulierende Drogen
Flores Sarothamni scoparii . . . . 191
Herba Sarothamni scoparii . . . . 191
Radix Sarothamni scoparii . . . . 191
Herba Visci . . . . . . . . . 896

f) Magenwirksame Drogen
Cortex Angosturae . . . . . . . 98
Folia Boldo . . . . . . . . . 218
Fructus Capsici . . . . . . . . 1221

Bd. II, Seite

Fructus Piperis albi . . . . . . . 1012
Fructus Piperis nigri . . . . . 1012

g) Drogen gegen Uterusblutungen
Herba Bursae pastoris . . . . 581

h) Antiparasitische Drogen
gegen Eingeweidewürmer
Semen Arecae . . . . . . . . 116
zur Ungeziefervertilgung
Semen Sabadillae . . . . . . . 1104
Rhizoma Veratri . . . . . . . 962

17. *Drogen mit ätherischen Ölen*

a) Beruhigend und krampflindernd wirkende Riechstoffdrogen
Asa foetida . . . . . . . . . 127
Castoreum . . . . . . . . . 192
Cortex Viburni . . . . . . . . 1153
Crocus . . . . . . . . . . 1108
Folia Rutae . . . . . . . . . 1086
Glandulae Lupuli . . . . . . . 594
Radix Valerianae . . . . . . . 151

b) Anregende Riechstoffdrogen
Camphora . . . . . . . . . . 683
Moschus . . . . . . . . . . 905

c) Als Magenmittel dienende Riechstoffdrogen
Aromatische Drogen
Cortex Cinnamomi . . . . . 1425/27
Flores Caryophylli . . . . . . . 514
Flores Cassiae . . . . . . . . 1428
Folia Melissae . . . . . . . . 871
Folia Menthae crispae . . . . . 758
Folia Menthae piperitae . . . . 1014
Fructus Cardamomi . . . . . 687
Fructus Carvi . . . . . . . . 772
Fructus Coriandri . . . . . . . 751
Fructus Cumini . . . . . . . 765
Fructus Pimentae . . . . . . . 1039
Herba Majoranae . . . . . . . 844
Herba Origani . . . . . . . . 1220
Herba Saturejae . . . . . . . 218
Macis . . . . . . . . . . . 909
Semen Myristicae . . . . . . . 909
Bittere aromatische Drogen
Cortex Cascarillae . . . . . . . 693
Flores Aurantii . . . . . . . 323
Folia Aurantii . . . . . . . . 323
Fructus Aurantii . . . . . . . 324
Herba Absinthii . . . . . . . 1394
Herba Artemisiae . . . . . . . 172
Herba Millefolii . . . . . . . 1145
Pericarpium Aurantii . . . . . 325
Pericarpium Citri . . . . . . 321
Radix Angelicae . . . . . . . 97
Rhizoma Calami . . . . . . . 676
Rhizoma Imperatoriae . . . . . 870
Scharfe aromatische Drogen
Rhizoma Curcumae . . . . . . 506
Rhizoma Galangae . . . . . . 496
Rhizoma Zedoariae . . . . . . 1421
Rhizoma Zingiberis . . . . . . 607

Bd. II, Seite

d) Auswurffördernde Riechstoffdrogen
Fructus Anisi . . . . . . . . . 100
Fructus Anisi stellati . . . . . 1240
Fructus Foeniculi . . . . . . . 447
Fructus Phellandrii . . . . . . 1368
Herba Cochleariae . . . . . . 819
Radix Helenii . . . . . . . . 22

e) Keuchhustenlindernde Riechstoff-
drogen
Herba Serpylli . . . . . . . . 1078
Herba Thymi . . . . . . . . . 1291

f) Sekretionseinschränkende Riech-
stoffdrogen, auch gegen asthmati-
sche Beschwerden
Folia Eucalypti . . . . . . . 435
Oleum Cajeputi . . . . . . . 243
Oleum Pini pumilionis . . . . . 463

g) Mund- und rachendesinfizierende
Riechstoffdrogen
Folia Salviae . . . . . . . . 1111
Herba Hyssopi . . . . . . . . 1419
Myrrha . . . . . . . . . . . 913
Radix Pimpinellae . . . . . . 193

h) Harn- und Geschlechtsorgane des-
infizierende Riechstoffdrogen
Balsamum Copaivae . . . . . 750
Folia Matico . . . . . . . . . 865
Herba Fabianae . . . . . . . 440

i) Harntreibende Riechstoffdrogen
Cortex Sassafras . . . . . . . 1136
Flores Stoechados . . . . . . . 1102
Folia Bucco . . . . . . . . . 235
Folia Orthosiphonis . . . . . . 980
Fructus Juniperi . . . . . . . 1336
Fructus Petroselini . . . . . . 1008
Lignum Juniperi . . . . . . . 1337
Lignum Sassafras . . . . . . . 1136
Radix Asari . . . . . . . . . 560
Radix Carlinae . . . . . . . . 364
Radix Levistici . . . . . . . . 810
Radix Ononidis . . . . . . . . 561
Radix Petroselini . . . . . . . 1008
Semen Nigellae . . . . . . . . 1159

k) Gegen Eingeweidewürmer wirksame
Riechstoffdrogen
Bulbus Allii sativi . . . . . . 719
Flores Tanaceti . . . . . . . . 1081
Herba Tanaceti . . . . . . . . 1082

l) Hautreizende Riechstoffdrogen
Flores Arnicae . . . . . . . . 117
Flores Lavandulae . . . . . . 796
Folia Rosmarini . . . . . . . 1099
Fructus Lauri . . . . . . . . 820
Radix Arnicae . . . . . . . . 118

Bd. II, Seite

Semen Erucae . . . . . . . . 1195
Semen Sinapis . . . . . . . . 1193
Terebinthina . . . . . . . . . 1276
Terebenthina laricina . . . . . 794
Turiones Pini . . . . . . . . 707

m) Entzündungswidrige Riechstoffdro-
gen
Flores Chamomillae . . . . . . 679
Flores Chamomillae Romanae . . 682

n) Geruchs- und geschmacksverbes-
sernde Riechstoffdrogen
Fructus Vanillae . . . . . . . 1315
Oleum Bergamottae . . . . . . 320
Oleum Citri . . . . . . . . . 322
Oleum Citronellae . . . . . . . 318
Oleum Geranii . . . . . . . . 509
Oleum Rosae . . . . . . . . 1099
Rhizoma Iridis . . . . . . . . 1321

18. Harzhaltige Drogen
zur Herstellung von Wundver-
schlüssen und Pflastern
Ammoniacum . . . . . . . . 88
Colophonium . . . . . . . . . 738
Dammar . . . . . . . . . . 340
Elemi . . . . . . . . . . . 397
Galbanum . . . . . . . . . . 495
Mastix . . . . . . . . . . . 864
Olibanum . . . . . . . . . . 1384
Resina Pini . . . . . . . . . 461
Sandaraca . . . . . . . . . . 1123

19. Fermentdrogen
Faex medicinalis . . . . . . . 567
Kefir . . . . . . . . . . . . 701
Pepsinum . . . . . . . . . . 1002

20. Drogen mit organischen Wirkstoffen,
die nicht zu den vorstehenden Gruppen
gehören
Cortex Coto . . . . . . . . . 757
Flores Pyrethri . . . . . . . . 608
Lignum Santali rubrum . . . . . 1125

21. Drogen mit unbekannten Wirkstoffen
Cortex Gossypii Radicis . . . . 169
Cortex Piscidiae Radicis . . . . 1041
Folia Castaneae . . . . . . . 694
Flores Lamii albi . . . . . . . 1268
Fungus cervinus . . . . . . . 580
Herba Capilli veneris . . . . . 788
Herba Droserae . . . . . . . 1215
Radix Bardanae . . . . . . . 717
Rhizoma Cimicifugae . . . . . 1425
Semen Cucurbitae . . . . . . 788
Semen Paeoniae . . . . . . . 1017

# IV. Gruppeneinteilung der Arzneipflanzen auf Grund ihrer hauptsächlichen Wirkstoffe[1].

Näheres über die einzelnen hier aufgeführten Drogen s. unter dem betreffenden Stichwort im Bd. II.

## 1. Jodhaltige Drogen.

Jodhaltige Drogen finden volkstümliche Verwendung als Entfettungsmittel: so der Blasentang in Entfettungstees. In den jodhaltigen Drogen ist das Jod in organischer und anorganischer Bindung enthalten. Die Meerespflanzen (Meeresalgen) nehmen ebenso wie Meerestiere (Schwämme) größere Mengen Jod aus dem Meerwasser auf. Im menschlichen Körper wird Jod in der Schilddrüse gespeichert, die es zur Bildung der lebenswichtigen Schilddrüsenhormone verwendet. Fehlt das notwendige Jod, kommt es zur Bildung eines Kropfes, der bei Jodzufuhr durch Rückbildung des Gewebes wieder verschwindet. Zur große Gaben von Joddrogen oder langandauernder Gebrauch derselben *kann zu schweren Gesundheitsschädigungen führen*, weil dadurch eine Überproduktion von Schilddrüsenhormonen und eine abnorme Steigerung des Stoffwechsels eintritt, die zu krankhafter Abmagerung führt.

*Jodhaltige Drogen* sind: Blasentang und Schwammkohle.

## 2. Kieselsäuredrogen.

Kieselsäurehaltige Drogen wurden durch KOBERT im Jahre 1918 gegen Tuberkulose in die Therapie eingeführt. Er glaubte, daß die Tuberkulose auf einer Verarmung der Lunge an Kieselsäure beruhe, wodurch das Stützgewebe der Lunge leide. Diese Auffassung hat sich nicht bestätigt. Es ist aber nachgewiesen, daß Kieselsäuredrogen bei länger andauernder Verabfolgung den Verlauf gewisser Erkrankungen und die Neigung zur Heilung begünstigen und das Allgemeinbefinden heben. Insofern ist die innerliche Anwendung von Kieselsäuredrogen auch bei Tuberkulose nützlich. Durch jahrelange Kieselsäurezufuhr wird vermutlich durch die resorbierte Kieselsäure das Lungengewebe vor weiterem tuberkulösem Gewebszerfall geschützt. Die diuretische Wirkung der Kieselsäure, die noch durchaus ungeklärt ist, ist umstritten. Auch zur Wundbehandlung und bei Hautkrankheiten und als Bäderzusatz, wodurch die Hautdurchblutung gesteigert wird, finden Kieselsäuredrogen Anwendung. Zur Wirkung kommen nur die wasserlöslichen Kieselsäureverbindungen der Droge. Das übliche Dekokt führt nicht zu einem therapeutisch wirksamen Präparat, man muß eine Abkochung durch Kochen auf freiem Feuer während wenigstens $1/2$ Stunde herstellen.

Die wichtigsten Kieselsäuredrogen sind: Hohlzahn, Lungenkraut, Schachtelhalm und Vogelknöterich.

## 3. Membrandrogen.

Membrandrogen sind Drogen, welche die Fähigkeit haben, infolge ihrer Kapillarität Flüssigkeiten aufzusaugen. Solche sind: Verbandwatte, Wundschwamm.

## 4. Zuckerhaltige oder andere Süßstoffe enthaltende Drogen.

Dies sind: Feigen, Honig, Manna.

## 5. Schleimdrogen und Gummen — Mucilaginosa.

Schleime sind kohlenhydrathaltige Stoffe, welche die Eigenschaft haben, mit Wasser stark zu quellen und eine viscose Flüssigkeit zu geben, die weder Fäden

---

[1] In Anlehnung an R. JARETZKY, Lehrbuch der Pharmakognosie 1949, KARSTEN-WEBER, Lehrbuch der Pharmakognosie für Hochschulen 1946 und R. SCHMIDT-WETTER, Taschenbuch der Pharmakognosie 1950.

zieht noch klebt. Ihre chemische Zusammensetzung ist äußerst verschieden; alle sind jedoch Polysaccharide. Die Schleime geben wie die *Gummen* ebenfalls mit Wasser viscose Lösungen, ihre Lösungen bilden aber im Gegensatz zu den Schleimen Fäden und kleben. Die therapeutische Verwendung der Mucilaginosa beruht auf ihren vorgenannten physikalisch-chemischen Eigenschaften, die sie befähigen, Schleimhäute vor mechanischen und chemischen Reizen zu schützen, örtlich reizende Stoffe einzuhüllen und dadurch ihre Reizwirkung auf die Schleimhäute wesentlich zu mindern oder aufzuheben. Diese Wirkung ist experimentell bewiesen. Wird z. B. eine wäßrige Natriumchloridlösung (6%) auf eine Wunde gebracht, entstehen fast unerträgliche Schmerzen; wird dieser Lösung ein Mucilaginosum zugesetzt, entstehen keine oder fast keine Schmerzen.

Mucilaginosa finden deshalb Anwendung: *innerlich* bei *Reizzuständen* und *Entzündungen* der Schleimhäute, von Rachen und Hals; *äußerlich:* zu Umschlägen auf der Haut, zu Spülungen bei Reizzuständen und Entzündungen der Mundhöhle, der Scheide und Harnröhre, zu Einläufen bei Darmentzündungen. Dabei werden sie nicht resorbiert. Als *Hustenmittel* wirken sie lediglich bei solchen Hustenarten, die durch Reizzustände des Rachens und Kehlkopfes zustande kommen. Infolge ihrer starken Quellung werden beim Durchgang durch den Darm reichliche Wassermengen gebunden und dadurch die Kotmassen aufgelockert und vermehrt. In kleinen Mengen wirken sie *stopfend*, in großen Mengen dagegen *abführend*. Als *Geschmackskorrigens* haben die Mucilaginosa die Fähigkeit, den Geschmack saurer oder scharfer Arzneimittel wesentlich zu dämpfen. Diese Tatsache ist bei den Himbeeren offensichtlich, die im Gegensatz zu den Johannisbeeren weit mehr Säure enthalten und trotzdem, infolge ihres höheren Gehaltes an schleimbildenden Stoffen, süßer schmecken.

Nach JARETZKY teilt man die Mucilaginosa nach ihren vorwiegenden Verwendungszwecken ein in:

*abführende Mucilaginosa:* Agar-Agar, Leinkuchen, Leinsamen und Traganth; *hustenberuhigende Mucilaginosa:* Arabisches Gummi, Eibischblätter, Eibischwurzel, Huflattichblätter, Irländisches Moos, Isländisches Moos, Lungenmoos, Malvenblätter, Malvenblüten, Quittensamen, Stockrosenblüten; *Hautmittel:* Bockshornsamen.

## 6. Stärkedrogen.

Die technisch und medizinisch zur Verwendung kommende Stärke ist Reservestärke und besteht aus möglichst weitgehend von anderen Zellbestandteilen gereinigten Stärkekörnern. Die verschiedenen Stärkearten finden als Streupuder zur Isolierung der Hautpartien und bei Entzündungen der Haut zur Fernhaltung von Reizen Verwendung. Da kleinkörnige Stärkearten (Weizen-, Reis- und Maisstärke) mit ihrer die Oberfläche vergrößernden Wirkung die Verdunstung fördern, wirken sie kühlend und sind deshalb für therapeutische und kosmetische Puder besser geeignet als die großkörnigen Stärkearten. Daneben saugen die Stärkepuder Sekrete und Hautfett auf. Teilweise kommen die Stärken auch in dextrinierter Form als Nährpräparate in den Handel. Weitere Verwendung der einzelnen Stärkearten s. lexikal. Teil unter dem jeweiligen Stichwort und ANM-Pudergrundlage.

## 7. Drogen mit Gerüsteiweißstoffen.

Gerüsteiweißstoffe, Skleroproteine (g. skleros = hart) bilden die Gerüstsubstanzen des tierischen Körpers. Von ihnen werden die Zellen zusammengehalten. Die Knochen und Knorpeln enthalten als Grundmasse Kollagen, eine Leim gebende Substanz. Die Gerüsteiweißstoffe sind in kaltem Wasser, in Salzlösungen, vielfach auch in verdünnten Säuren und Alkalien unlöslich. Drogen mit Gerüsteiweißstoffen sind:

Hausenblase und weiße Gelatine. Der als chirurgisches Nähmittel Verwendung findende *Catgut*, der aus dem Darm gesunder Schafe gewonnen wird, gehört hierher.

## 8. Drogen mit niederen aliphatischen Fettsäuren.

Pflanzen und Pflanzenteile, welche die niederen aliphatischen Fettsäuren (Äpfel-, Bernstein-, Citronen- und Weinsäure) enthalten, zeichnen sich durch einen angenehm säuerlich erfrischenden Geschmack aus. Früchte, welche diese Säuren enthalten, finden deshalb als Geschmackskorrigens in der Arzneimittelherstellung und zur Herstellung von Fruchtsäften und Fruchtsirupen Verwendung. Ihre Wirkung beruht auf der langsamen Resorption durch den Darm. Aus diesem Grunde verweilen sie lange im Darm und verhindern dadurch die normale Aufnahme von Wasser durch den Darm und die Eindickung des Kots. Der Kot wird dadurch aufgelockert, die Darmperistaltik erhöht. Hierher gehörige Drogen sind: Himbeeren, Maulbeeren, Tamarindenmus, Weichselkirschen.

## 9. Fett- und Wachsdrogen.

Die Fette und fetten Öle (s. dort) und die Wachse (s. dort) sind pharmakologisch indifferente Stoffe und finden weitgehende Verwendung in der Medizin und Kosmetik als Deckmittel zum Schutze von entzündeten oder wunden Hautstellen gegen schädliche Einwirkungen von außen. Flüssige Fette und feste Fette mit niedrigem Schmelzpunkt dringen leicht in die Haut ein, machen sie weich und geschmeidig und erhalten sie durch Verhinderung der Wasserverdunstung gleichzeitig feucht. Da der Wassergehalt der Haut für ihre Schönheit von ausschlaggebender Bedeutung ist, spielen die flüssigen und festen Fette mit niedrigem Schmelzpunkt auch in der Kosmetik eine bedeutende Rolle. Die Eigenschaft der Fette, in die Haut einzudringen, benützt man in der Therapie und Kosmetik, um in den Fetten lösliche Stoffe auch in tiefere Schichten der gesunden Haut zu bringen. Außerdem wirken die Fette der Krustenbildung entgegen und bewirken die Erweichung schon gebildeter Krusten. Bei der innerlichen Anwendung von Fetten werden diese im Dünndarm verseift, erst die dabei freigewordenen Fettsäuren können vom Darm resorbiert werden. In größeren Mengen innerlich angewendet, bleibt ein Großteil des Fettes unverdaut und wirkt dann als Gleitmittel und schwaches Abführmittel. Die Anwendung von Olivenöl in großen Dosen beruht wahrscheinlich auf einer Glättung des Gallenganges durch das Öl. Dadurch wird den dort festsitzenden Steinen bei Gallensteinkolik der Durchgang durch den Gallengang erleichtert. Technische Verwendung der einzelnen fetten Öle, Fette und Wachse s. lexikal. Teil unter dem jeweiligen Stichwort.

**Abführende Öle:** das giftige Kroton-Öl, Rizinusöl. *Stoffwechselmittel:* Lebertran.

**Indifferente Öle, Fette und Wachse:** Carnaubawachs, Chinesisches Wachs, Erdnußöl, Hammeltalg, Japanwachs, Kakaobutter, Leinöl, Lorbeeröl, Mandelöl, Mohnöl, Muskatbutter, Olivenöl, Pfirsichkernöl, Rüböl, Schweineschmalz, Sesamöl, Wachs (gelbes und weißes), Walrat, Wollfett, Bärlappsporen enthalten reichlich fettes Öl.

## 10. Drogen mit aromatischen Säuren und ihren Estern.

Zu dieser Gruppe gehören Benzoe, Perubalsam, flüssiger Styrax und Tolubalsam.

## 11. Glykosiddrogen.

Mit Glykosiden bezeichnet man organische, aus Kohlenstoff, Wasserstoff und Sauerstoff bestehende Verbindungen; einzelne enthalten auch Stickstoff und Schwefel. Glykoside sind kristallisierte oder amorphe Verbindungen, die durch verdünnte Säuren oder Alkalien, teilweise auch schon beim Kochen mit Wasser, infolge Hydrolyse in Zucker und einen oder mehrere andere Stoffe zerfallen.

**Drogen mit Cyanglykosiden** sind: Bittere und süße Mandeln, Schlehenblüten.

**Drogen mit Phenolglykosiden** sind: Bärentraubenblätter, Pappelknospen, Preiselbeerblätter, Steinklee, Tonkabohnen, Waldmeister, Weidenrinde.

**Drogen mit Anthraglykosiden.** Mit Anthraglykosiden bezeichnet man glykosidische Pflanzenstoffe, deren Aglukone Anthrachinonabkömmlinge sind. Sie können jedoch auch frei oder in Form des Methyläthers teilweise auch als Tannide im Pflanzenkörper vorkommen. Anthrachinondrogen sind ausgesprochene den Dickdarm erregende Abführmittel, während der Dünndarm kaum oder gar nicht von ihnen beeinflußt wird. Ihre volle Wirksamkeit entfalten sie erst bei der Spaltung des Glykosids im Dickdarm. Gleichzeitig wirken sie auch erregend auf die Sexualorgane, so daß sie auch als Abortivmittel wirken können. Aus diesem Grunde ist ihre Verwendbarkeit bei Schwangeren eingeschränkt. Größere Gaben der Drogen können Übelkeit, Erbrechen und Kolikschmerzen und starken Durchfall auslösen. Anthraglykosid-Drogen, die als *Abführmittel* zur Verwendung kommen, sind: Aloe, amerikanische Faulbaumrinde, Faulbaumrinde, Kreuzdornbeeren, Rhabarber, Röhrenkassie, Sennesbälge, Sennesblätter. Als *Hautreizmittel* findet Verwendung: Chrysarobin, als *Färbemittel*: Cochenille.

**Drogen mit harzartigen Glykosiden (Glukoretinen).** Hierher gehören: Jalapenharz, Jalapenknollen, Koloquinthen, Paeoniawurzel, Skammonium, Skammoniumwurzel, die bis auf die letzte durch die PHG. erfaßt bzw. Stoff B. der AV. sind.

**Drogen mit Saponinglykosiden.** Saponine sind im Pflanzenreich sehr verbreitet vorkommende, im allgemeinen wasserlösliche Glykoside. Die Schwerlöslichkeit der sauren Saponine kann man durch Zusatz von Natriumhydrogencarbonat bei der Herstellung des Drogenauszuges erhöhen. Saponine haben die Eigenschaft, Hämolyse auszulösen, d. h. den Austritt des roten Blutfarbstoffes (Hämoglobin) aus den Blutkörperchen in die umgebende Flüssigkeit zu bewirken. Dadurch nimmt das Blut das Aussehen einer roten Farbstofflösung an. In kleinen Gaben wirken die Saponine innerlich reizend auf die Schleimhäute von Mund und Rachen, der Speiseröhre, des Magens und Darmes. Dabei werden die Bronchialdrüsen reflektorisch zur Abgabe eines dünnflüssigen Sekrets angeregt, wodurch die therapeutische Anwendung der Saponindrogen als *Expectorantia* begründet ist. Auch die Darmbewegung (Peristaltik) wird durch Saponindrogen angeregt, die Sekretion im Magen-Darm-Kanal erhöht, der Stoffwechsel begünstigt, und dadurch ist die therapeutische Anwendung von Saponindrogen als *Stoffwechselmittel* (Blutreinigungstee) bedingt.

Außerdem wirken Saponine resorptionssteigernd besonders bei Calciumverbindungen und anderen Salzen. Ihre Wirkung als *Diuretica* beruht wahrscheinlich auf einer Reizwirkung auf die Nieren.

In großen Dosen verursachen die Saponindrogen bei innerlichem Gebrauch Erbrechen, Durchfall, Magen- und Darmentzündungen. *Man halte sich deshalb sorgfältig an die jeweiligen Normdosen.*

Als *Expectorantia* wirkende Saponindrogen sind: Engelsüßwurzel, Kreuzblumenkraut, Schlüsselblumenblüten und -wurzel, Seifenrinde, rote und weiße Seifenwurzel, Senegawurzel, Süßholz, Süßholzsaft, Wollblumen.

*Harntreibende* Saponindrogen sind: Birkenblätter, Bruchkraut, Goldrute, Maisgriffel, Stiefmütterchen. Saponindrogen, die als *Stoffwechselmittel* Anwendung finden, sind: Bittersüßstengel, Ginsengwurzel, Guajakholz, Queckenwurzel, Sandridgraswurzel, Sarsaparillwurzel.

**Drogen mit herzwirksamen Glykosiden** sind zum großen Teil Stoffe des Verz. B oder in der PHG. als Gifte aufgeführt, also dem freien Verkehr entzogen. Aber auch die nicht dort aufgeführten herzwirksamen Drogen dürfen, um schwere Gesundheitsschädigungen vorzubeugen, *nur unter ärztlicher Kontrolle* angewendet werden.

**Drogen mit schweißtreibenden Glykosiden.** Häufig wurde behauptet, die hauptsächliche Wirkung schweißtreibender Tees beruhe lediglich auf der angewandten heißen Flüssigkeit. Es ist jedoch pharmakologisch eindeutig bewiesen worden, daß die Wirkung der üblichen schweißtreibenden Tees auf ihrem Inhalt an spezifisch schweißtreibenden Glykosiden beruht. Außer den eigentlich schweißtreibenden Drogen Holunder- und Lindenblüten wirken auch Kamillenblüten und Birkenblätter schweißtreibend.

**Drogen mit Bitterstoffglykosiden.** Die Drogen mit Bitterstoffglykosiden unterscheiden sich von denjenigen, die herzwirksame Glykoside enthalten, dadurch, daß sie außer ihrem bitteren Geschmack eine andere ausgesprochene Wirkung nicht ausüben. Ihre Wirkung ist wie die der Drogen mit nichtglykosidischen Bitterstoffen ausgesprochen appetitanregend und verdauungsfördernd (s. oben). Drogen mit Bitterstoffglykosiden sind: Bitterklee, Enzianwurzel, Kardobenediktenkraut, Kondurangorinde, Tausendgüldenkraut.

## 12. Bitterstoffdrogen, nichtglykosidische.

Während man früher mit „Bitterstoffdrogen" auch die Glykoside enthaltenden Drogen bezeichnete, enthalten die Bitterstoffdrogen nach neuerer Auffassung lediglich bitterschmeckende, indifferente Verbindungen, die keine Glykoside sind. Ihre Wirkung beruht jedoch, wie diejenige der Drogen mit Bitterstoffglykosiden, auf ihrem bitteren Geschmack. Durch diesen wird reflektorisch der Appetit gesteigert und die Verdauung gefördert. Die Wirkung ist jedoch nur gewährleistet, wenn sie *vor* dem Essen ($^1/_2$ bis 1 Std.) gegeben werden. Die übliche Einnahme von Bittermitteln (Bitterlikören und Bitterschnäpsen) nach dem Essen ist widersinnig, da hierdurch die Verdauung gehemmt wird.

Bitterstoffe nichtglykosidischer Natur sind: Löwenzahnwurzel und Quassiaholz.

## 13. Gerbstoffdrogen.

Mit Gerbstoffen bezeichnet man pflanzliche Stoffe, deren wäßrige Lösung die Fähigkeit hat, tierische Haut in Leder zu verwandeln. Sie sind im Pflanzenkörper ungleichmäßig auf die einzelnen Organe verteilt und finden sich vornehmlich in den Stammrinden, aber auch in Wurzelrinden, Wurzelstöcken, Blättern und Früchten. Bestimmte Pflanzenfamilien (Betulaceae, Fagaceae u. a. sind besonders reich an Gerbstoffen). Nach ihrer chemischen Konstitution kann man die Gerbstoffe in *Gallotannine*, Ester der Gallussäure mit Zucker und *Katechingerbstoffe*, Kondensationsprodukte von Katechinen, einteilen. Die meist in Wasser leicht mit saurer Reaktion löslichen Gerbstoffe vermögen Alkaloide und Schwermetallsalze aus ihren Lösungen zu fällen und mit diesen unlösliche Reaktionsprodukte einzugehen. Aus diesem Grunde finden Gerbstoffdrogen als Gegengift bei Vergiftungen mit Alkaloiden und Metallsalzen Verwendung. Mit Eiweiß und Leim verbinden sich die Gerbstoffe zu widerstandsfähigen Verbindungen, die der Fäulnis widerstehen. Auf dieser Tatsache beruht ihre Verwendung als adstringierende Mittel bei der Behandlung der Haut, von Schleimhäuten und Wundflächen; technisch bei ihrer Verwendung zum Gerben.

Die Verwendung von Gerbstoffdrogen als stopfende Mittel beruht neben der Vernichtung der abnormen, bei gewissen Darmerkrankungen auftretenden Bakterienflora und Adsorption von Toxinen und Fäulnisprodukten auf einer Verdichtung der gelockerten und gequollenen Darmschleimhaut. Dadurch wird die Sekretion des Darmes gehemmt. Die gute Wirkung der Gerbstoffdrogen beruht auf der Tatsache, daß die Gerbstoffe in der getrockneten Droge chemisch und physikalisch gebunden vorliegen und aus diesen Verbindungen beim Durchgang durch den Körper auch die unteren Dickdarmpartien ganz allmählich und gleichmäßig von kleinsten Gerbstoffmengen getroffen werden.

Gerbstoffdrogen finden weitgehende Verwendung zur Behandlung von Entzündungen, zu Gurgelungen und Pinselungen bei Schleimhautentzündungen des Urogenitalapparates, in Form des Klistiers bei Katarrhen des Dickdarmes, bei der Behandlung hartnäckiger Ekzeme, Geschwüre, Wunden, vor allem Brandwunden. Dabei wird die Wundfläche desinfiziert, das Wundsekret eingeschränkt, die Heilung beschleunigt. Bei der Behandlung von Brandwunden scheinen die Gerbstoffe die durch die Verbrennung entstandenen Eiweißtoxine zu binden und zu entgiften. Bei Fußschweiß wirken Gerbstoffdrogen, als Fußbäder angewandt, dichtend auf die Schweißdrüsen. Zur Stillung leichterer Blutungen und als Schutzmittel gegen Sonnenbrand finden Gerbstoffdrogen ebenfalls Verwendung.

Die wichtigsten Gerbstoffdrogen sind: Andornkraut, Blauholz, Brombeerblätter, Djambublätter, Eicheln (Eichelkaffee, Eichelkakao), Eichenrinde, Fernambukholz, Gänsefingerkraut, Galläpfel, Gambir, Gewürzsumachrinde, Gundelrebe, Hagebutten, Hamamelisblätter, Hamamelisrinde, Heidelbeerblätter, Heidelbeeren, Johanniskraut, Kino, Knöterichwurzel, Odermennigkraut, Ratanhiawurzel, Rosenblätter, Rosenblüten, Simarubarinde, Syzygiumrinde, Tormentillwurzel, Walnußblätter.

## 14. Drogen mit Glukokininen.

Glukokinine haben eine dem Insulin ähnliche Wirkung und setzen den Zuckergehalt des Blutes herab. Sie finden sich in verschiedenen Gemüsen (Kartoffeln, den Schalen von Erbsen und Linsen), in der Hefe, in Champignons, der Kleie von Hafer, Roggen und Weizen, in Apfelsinen, Citronen, Weintrauben und in den Heidelbeerblättern. Glukokinine enthaltende Drogen sind: Geißrautenkraut und Bohnenschalen.

## 15. Alkaloid-Drogen.

Alkaloide (s. dort) enthaltende Drogen sind zum größten Teil stark giftig, deshalb in den Verzeichnissen der PHG. erfaßt, bzw. Stoffe des Verz. B der AV. Aus diesem Grunde sind sie als Handelsartikel für den Drogisten nur bedingt wichtig. Freiverkäuflich sind: Angosturarinde, Boldoblätter, Erdrauchkraut, Hirtentäschelkraut, Kaffeebohnen, Kakaobohnen, Klatschrosenblüten, Kolanüsse, Misteltee, Schwarzer, Weißer und Spanischer Pfeffer, schwarzer Tee. Kosmetisch wichtig ist noch die Chinarinde. Alkaloid-Drogen finden Verwendung vor allem als *beruhigende, schmerzstillende* und *betäubende* Mittel, so: Bilsenkrautblätter und -samen, Eisenhutknollen, Mohnköpfe, Opium, Stechapfelblätter und -wurzel; als *nervenanregende* und *belebende* Mittel: Brechnüsse und Ignatiusbohnen und die freiverkäuflichen Drogen; Mate, Kaffeebohnen, Kolanüsse und schwarzer Tee. Als *harntreibendes* Mittel: Kakaobohnen, als *herzregulierendes* Mittel: Misteltee, als *Magenmittel:* Schwarzer und Weißer Pfeffer, Boldoblätter, Angosturarinde, während der Spanische Pfeffer als *Hautreizmittel* in Form von Linimenten und Pflastern bei Rheumatismus usw. Verwendung finden. Als Mittel gegen Uterusblutungen findet Hirtentäschelkraut Verwendung.

## 16. Drogen mit ätherischen Ölen.

In den Drogen mit ätherischen Ölen, *Riechstoffdrogen*, finden sich diese meist fertig gebildet, nur wenige sind in den Pflanzen als Glykoside enthalten und werden bei der hydrolytischen Spaltung frei, z. B. das Allylsenföl aus Sinigrin und das Eugenol aus Gein. Im Pflanzenkörper werden die ätherischen Öle in besonderen Zellen, den Sekretzellen oder Drüsen gebildet und finden sich in Drüsenhaaren, Drüsenschuppen und Drüsenzotten (s. Botanik und „Ätherische Öle"). Die therapeutische Anwendung der Drogen mit ätherischen Ölen beruht auf der antiseptischen und desinfizierenden Wirkung aller ätherischen Öle und auf ihrer örtlich reizenden Wirkung, wobei eine erhöhte Durchblutung und Erwärmung der Haut eintritt. Hierbei können bei längerer Einwirkung schmerzhafte Entzündungen entstehen, die unter Bildung von Blasen bis zur Zerstörung der Haut führen können. Besonders deutlich reizend wirken die ätherischen Öle auf die Schleimhäute; sie können daher bei zu hoher Dosierung die Schleimhäute des Magen-Darm-Kanals stark entzünden und Schmerzen, Erbrechen und Durchfälle hervorrufen. Jede *Überdosierung* ist daher innerlich und äußerlich sorgfältig zu *vermeiden*. Da hierbei eine Blutüberfüllung auch der gesamten Unterleibsorgane eintreten kann, ist eine Überdosierung der Drogen mit ätherischen Ölen bei schwangeren Frauen gefährlich, weil dies zu Fehlgeburten führen kann. Auf der Mundschleimhaut erhöhen ätherische Öle den Speichelfluß, reflektorisch bewirken sie eine Verbesserung der Magensaftsekretion und der Magenperistaltik. Dadurch wird der Magen schneller entlastet, eine Tatsache, die man sich beim Gebrauch von Gewürzen bzw. von aromatischen Drogen zunutze macht. Größere Dosen von ätherischen Ölen können infolge Resorption aus dem Magen-Darm-Kanal aber auch durch die unverletzte Haut zu Vergiftungen, die sogar tödlich verlaufen können, führen. Die Ausscheidungen resorbierter ätherischer Öle erfolgt hauptsächlich durch die Lungen. Dabei wirken sie auf die Bronchien antiseptisch und sekretionssteigernd, teilweise auch sekretionshemmend (Eucalyptusöl). Die Ausscheidung durch die Hautdrüsen ist unerheblich. Beim Durchgang durch die Nieren werden die Nierengefäße erweitert, worauf die diuretische Wirkung z. B. von Wacholderbeeren beruht (s. dort, große Dosen von Wacholder können schwere Nierenschädigungen hervorrufen). Drogen mit ätherischen Ölen finden weitgehende Verwendung als Geschmacks- und Geruchskorrigentien.

Nach JARETZKY können die Drogen mit ätherischen Ölen wie folgt eingeteilt werden:

*1. Beruhigend und krampflindernd wirkende Riechstoffdrogen:* Baldrianwurzel, Bibergeil, Hopfendrüsen, Rautenblätter, Safran, amerikanische Schneeballbaumrinde, Teufelsdreck.

*2. Anregend wirkende Riechstoffdrogen:* Kampfer, Moschus.

*3. Als Magenmittel wirkende Riechstoffdrogen:* a) *Aromatische Riechstoffdrogen — Aromatica:* Bohnenkraut, Dostenkraut, Gewürznelken, Kardamomen, Koriander, Krauseminzblätter, Kümmel, Majoran, Melissenblätter, Muskatblüte, Muskatnüsse, Mutterkümmel, Mutternelken, Pfefferminzblätter, Piment, Ceylon- und chinesischer Zimt, Zimtblüten.

*b) Aromatische und bittere Riechstoffdrogen — Aromatica amara.* Bei diesen wird die appetitanregende Wirkung der ätherischen Öle durch Bitterstoffe unterstützt (s. Bitterstoffdrogen). Aromatische Bitterstoffdrogen sind: Angelikawurzel, Beifußkraut, Citronenschale, Kalmus, Kaskarille, Meisterwurzel, unreife Pomeranzen, Pomeranzenblüten, Pomeranzenblätter, Schafgarbenblüte, Schafgarbenkraut, Wermut.

*c) Scharfschmeckende Riechstoffdrogen — Aromatica acria.* Bei diesen wird die appetitanregende Wirkung der ätherischen Öle durch scharfschmeckende Stoffe unterstützt. Zu ihnen gehören: Galgant, Ingwer, Kurkuma, Zedoaria.

*4. Riechstoffdrogen als auswurffördernde Hustenmittel — Expectorantia* sind: Alantwurzel, Anis, Fenchel, Sternanis, Wasserfenchel.

*5. Riechstoffdrogen* als *Keuchhustenmittel* sind: Gartenthymian, Quendel, Sonnentau.

*6. Sekretionsbeschränkende Bronchitis-* und *Asthmamittel* sind: Cajeputöl, Eukalyptusblätter und -öl, Latschenkiefernöl.

*7. Riechstoffdrogen* zur *Desinfektion* der *Mund-* und *Rachenhöhle* sind: Bibernell-wurzel, Myrrhe, Salbeiblätter, Ysop. Besonders *entzündungswidrig* wirken Kamille und Römische Kamille.

*8. Riechstoffdrogen* zur *Desinfektion* der *Harnwege* sind: Fabianakraut, Kopaiva-balsam, Kubeben, Maticoblätter, Sandelholz.

*9. Harntreibende Riechstoffdrogen — Diuretica* sind: Buccoblätter, Eberwurz, Haselwurz, Hauhechelwurzel, Indischer Nierentee, Liebstöckelwurzel, Katzen-pfötchen (gelbe), Petersilienfrüchte, Petersilienwurzel, Sassafrasholz, Sassafrasrinde, Schwarzkümmel, Wacholderbeeren, Wacholderholz.

*10. Riechstoffdrogen* gegen *Eingeweidewürmer — Anthelmintica* sind: Knoblauch, Rainfarnblüten, Rainfarnkraut, Zitwerblüten.

*11. Hautreizende Riechstoffdrogen* sind: Arnikablüten, Arnikawurzel, Lavendel-blüten, Löffelkraut, Lorbeerfrüchte, Lorbeeröl, Rosmarinblätter, Senf (schwarzer und weißer), Terpentin, Terpentinöl, Venetianischer Terpentin.

*12. Verbessernde Riechstoffdrogen* als *Geruchs-* und *Geschmacks-Corrigentia* sind: Bergamottöl, Citronellöl, Geraniumöl, Rosenöl, Vanille, Veilchenwurzel.

## 17. Harzdrogen.

Die Harzdrogen enthalten Harze (s. dort), Gemische zahlreicher Substanzen, insbesondere von Harzsäuren (Resinolsäuren), Harzalkoholen, Harzestern und in-differenten Stoffen mit geringer Reaktionsfähigkeit, die man als *Resene* bezeichnet. Ihre therapeutische Verwendung ist durch ihre physikalischen Eigenschaften be-dingt. Sie finden Anwendung zum Festhalten von Wundverbänden, zur Herstellung von Pflastern und als schützender Überzug von Wunden gegen äußere Einflüsse. Dabei üben sie einen milden Reiz aus, der wahrscheinlich auf einem geringen Gehalt von ätherischem Öl beruht und die Heilung begünstigt. Während die meisten Harze pharmakologisch indifferent sind, wirken einzelne durch besondere Wirkstoffe sogar stark, z. B. Gutti, Euphorbium, Jalapenknollen. Manche Harze bzw. Gummiharze üben ihre arzneiliche Wirkung durch einen hohen Gehalt an ätherischen Ölen aus, z. B. Myrrhe und Stinkasant. Benzoe, Perubalsam, flüssiger Styrax und Tolubalsam wirken durch ihren Gehalt an cyklischen Säuren und deren Ester. Außer den ge-nannten zählen zu den Harzdrogen: Ammoniakgummi, Dammarharz, Elemi, Galbanum, Kawawurzel, Kolophonium, Kiefernharz, Lärchenschwamm, Mastix, Podophyllin, Sandarak, Weihrauch.

## V. Die wichtigsten Pflanzenfamilien.

In alphabetischer Reihenfolge ihres deutschen Namens mit den lateinischen Namen. Die Betonung der lateinischen Namen der Pflanzenfamilie liegt stets auf dem ersten a der Endung „-aceae." Bei den Ausnahmen ist der betonte Buchstabe durch einen darunter-stehenden Punkt bezeichnet.

| Deutscher Familienname | Lateinischer Familienname | Deutscher Familienname | Lateinischer Familienname |
|---|---|---|---|
| Ahorngewächse | Aceraceae | Buchengewächse | Fagaceae |
| Amarantgewächse | Amarantaceae | Buchsbaumgewächse | Buxaceae |
| Aronstabgewächse | Araceae | Dickblattgewächse | Crassulaceae |
| Baldriangewächse | Valerianaceae | Doldengewächse | Umbelliferae |
| Balsambaumgewächse | Burseraceae | Efeugewächse | Araliaceae |
| Bärlappgewächse | Lycopodiaceae | Eisenkrautgewächse | Verbenaceae |
| Binsengewächse | Juncaceae | Enziangewächse | Gentianaceae |
| Birkengewächse | Betulaceae | Erdrauchgewächse | Fumariaceae |
| Blatt-Tange | Laminariaceae | Fichtengewächse | Pinaceae |
| Brennesselgewächse | Urticaceae | Froschlöffelgewächse | Alismataceae |

| Deutscher Familienname | Lateinischer Familienname | Deutscher Familienname | Lateinischer Familienname |
|---|---|---|---|
| Gallert-Tange | Gelidiaceae | Ölbaumgewächse | Oleaceae |
| Gänsefußgewächse | Chenopodiaceae | Ölweidengewächse | Elaeagnaceae |
| Geißblattgewächse | Caprifoliaceae | Orchideen | Orchidaceae |
| Glockenblumengewächse | Campanulaceae | Osterluzeigewächse | Aristolochiaceae |
| Granatapfelgewächse | Punicaceae | Palmen | Palmae |
| Gräser, echte (Süßgräser) | Gramineae | Pfeffergewächse | Piperaceae |
| Hahnenfußgewächse | Ranunculaceae | Platanengewächse | Platanaceae |
| Hanfgewächse | Cannabinaceae | Primelgewächse | Primulaceae |
| Hartheugewächse | Gutiferae (= Hypericaceae) | Rachenblütler | Scrophulariaceae |
| | | Rauhblättrige Gewächse | Boraginaceae |
| Heidekrautgewächse | Ericaceae | Rautengewächse | Rutaceae |
| Hundsgiftgewächse | Apocynaceae | Resedagewächse | Resedaceae |
| Ingwergewächse | Zingiberaceae | Riedgräser (Sauergräser) | Cyperaceae |
| | | Rohrkolbengewächse | Typhaceae |
| Jochblattgewächse | Zygophyllaceae | Rosengewächse | Rosaceae |
| Kardengewächse | Dipsaceae | Roßkastaniengewächse | Hippocastanaceae |
| Kerntange | Gigartinaceae | Sandelholzgewächse | Santalaceae |
| Kieferngewächse | Pinaceae | Sauerdorngewächse | Berberidaceae |
| Knöterichgewächse | Polygonaceae | Sauerkleegewächse | Oxalydaceae |
| Korbblütler | Compositae | Seerosengewächse | Nymphaeaceae |
| Krappgewächse | Rubiaceae | Seidelbastgewächse | Thymelaeaceae |
| Kreuzblumengewächse | Polygalaceae | Sesamgewächse | Pedaliaceae |
| Kreuzblütler | Cruciferae | Simarubengewächse | Simarubaceae |
| Kreuzdorngewächse | Rhamnaceae | Sonnentaugewächse | Droseraceae |
| Kuchenflechten | Lecanoraceae | Sumachgewächse | Anacardiaceae |
| Kugelblumengewächse | Globulariaceae | Schachtelhalmgewächse | Equisetaceae |
| Kürbisgewächse | Cucurbitaceae | Schmetterlingsblütler | Papilionaceae |
| Labkrautgewächse | Rubiaceae | Schüsselflechten | Parmeliaceae |
| Ledertange | Fucaceae | Schwalbenwurzgewächse | Asclepiadaceae |
| Leingewächse | Linaceae | Schwertliliengewächse | Iridaceae |
| Liliengewächse | Liliaceae | Stechpalmengewächse | Aquifoliaceae |
| Lindengewächse | Tiliaceae | Steinbrechgewächse | Saxifragaceae |
| Lippenblütler | Labiatae | Storchschnabelgewächse | Geraniaceae |
| Lobeliengewächse | Lobeliaceae | Strychnosgewächse | Loganiaceae |
| Lorbeergewächse | Lauraceae | Styraxgewächse | Styracaceae |
| Magnoliengewächse | Magnoliaceae | Teegewächse | Theaceae |
| Malvengewächse | Malvaceae | Tüpfelfarne | Polypodiaceae |
| Marantagewächse | Marantaceae | Ulmengewächse | Ulmaceae |
| Maulbeergewächse | Moraceae | Veilchengewächse | Violaceae |
| Mimosengewächse | Mimosaceae | Walnußgewächse | Juglandaceae |
| Mistelgewächse | Loranthaceae | Wasserlauchgewächse | Lentibulariaceae |
| Mohngewächse | Papaveraceae | Wegerichgewächse | Plantaginaceae |
| Mondsamengewächse | Menispermaceae | Weidengewächse | Salicaceae |
| Muskatgewächse | Myristicaceae | Weiderichgewächse | Lythraceae |
| Myrtengewächse | Myrtaceae | Weinrebengewächse | Vitaceae |
| Nachtkerzengewächse | Oenotheraceae | Windengewächse | Convolvulaceae |
| Nachtschattengewächse | Solanaceae | Wintergrüngewächse | Pirolaceae |
| Narzissengewächse | Amaryllidaceae | Wolfsmilchgewächse | Euphorbiaceae |
| Nelkengewächse | Caryophyllaceae | Zaubernußgewächse | Hamamelidaceae |
| Nesselgewächse | Urticaceae | Zypressengewächse | Cupressaceae |

# Farbwarenkunde.

Von Dr.-Ing. O. HEFTER, Braunschweig.

## Vorbemerkung.

Die „Farbwarenkunde" ermöglicht es dem ausübenden Drogisten, sich in bei weitem ausreichendem Maße über die von ihm in seiner Farbenabteilung vertriebenen Waren zu unterrichten. Die ersten Abschnitte geben Aufschluß über die Farbe, unter anderem die verschiedene Bedeutung des Wortes „Farbe", die Ordnung der Farben, Farbenharmonie und Farbenlehre. Besonders umfangreich ist die Werkstoffkunde. In einer Übersicht wird die Einteilung der natürlichen und künstlichen Körperfarben nach Grundstoffen gegeben. Sehr wichtig ist die Zusammenstellung der allgemeinen praktischen Prüfungen der Trockenfarben. Hier und bei allen an anderen Stellen der „Farbwarenkunde" gegebenen Prüfungen sind in erster Linie Prüfverfahren berücksichtigt, die der Drogist selbst mit einfachen Mitteln durchführen kann. Bei der Besprechung der Körperfarben ist aus praktischen Gründen die Einteilung nach dem Ton vorgenommen. Es schließen sich an, um nur die wichtigsten zu nennen, die Abschnitte Bindemittel, Lackrohstoffe, Lacke und Werkstoffe zur Arbeitstechnik. Der Drogist vertreibt aber auch Werkzeuge und Geräte zur Verarbeitung der Farben; diese mußten deshalb gleichfalls besprochen werden.

Der Drogist kommt aber heute mit werkstoffkundlichen Kenntnissen über Farben allein nicht mehr aus. Für die Beratung seiner Kundschaft muß er vor allem die Anstrichtechnik genau kennen und über die bei der Durchführung von Anstrichen möglichen Fehler Bescheid wissen.

Schließlich folgt noch der wichtige Abschnitt „Die Einrichtung der Farbenabteilung einer Drogerie". Eine ausführliche Zusammenstellung des einschlägigen Fachschrifttums nennt Fachbücher, deren Studium ein vertieftes Eindringen in die „Farbwarenkunde" und ihre Sondergebiete ermöglicht.

## A. Die Farbe.

**Vom Licht.** Das Licht ermöglicht uns mit unserem Auge zu sehen. Ein Körper wird erst dann für uns sichtbar, wenn von ihm Licht ausgeht. In einem vollkommen dunklen Zimmer sind alle Gegenstände unsichtbar, weil von ihnen kein Licht ausgeht. Manche Körper leuchten selbst (z. B. Sonne, elektrisches Licht, Kerze usw.). Andere Körper werden erst sichtbar, wenn sie von Lichtquellen beleuchtet werden.

**Vom farbigen Sehen.** Das Sonnenlicht und das Licht vieler Lichtquellen sind farblos. Trotzdem erscheinen unserem Auge die meisten Gegenstände farbig. Das von den beleuchteten Körpern zurückgeworfene Licht hat also eine Veränderung erfahren. Das „weiße" Sonnenlicht scheint sich also aus verschieden gefärbten Lichtsorten zusammenzusetzen. Daß dies tatsächlich der Fall ist, erfahren wir, wenn wir Licht durch ein Glasprisma fallen lassen. Das weiße Licht wird in Farben zerlegt, es entsteht ein sogenanntes Spektrum. Die farbigen Lichtstrahlen haben eine verschiedene Wellenlänge: Rotes Licht hat die längsten und violettes Licht die kürzesten Wellen. Kehren wir wieder zu den unserem Auge farbig erscheinenden Körpern zurück, so kommen wir zu dem Ergebnis, daß auch von diesen das weiße Licht zerlegt wird. Ein Teil des Lichtes wird verschluckt und nur der der Farbe des Gegenstandes entsprechende Teil wird zurückgeworfen.

**Die verschiedene Bedeutung des Wortes Farbe.** a) *Farbe als körperlicher Gegenstand.* Farbe kommt in fester Form, als Farbpulver oder in Stücken, teigig oder flüssig vor. Sie wird in entsprechender Verpackung unter den verschiedensten Namen in den Farbenabteilungen der Drogerien und Farbenhandlungen verkauft. Mit dieser „Farbe" werden Gegenstände mit einem dünnen Farbfilm überzogen, oder man färbt damit, indem andere Gegenstände mit flüssiger Farbe durchtränkt werden. Die Körperfarben, Bindemittel usw. lernen wir in der „Werkstoffkunde" (S. 429) kennen, und mit den Verwendungsmöglichkeiten und der Art der Verarbeitung der Farben werden wir in der „Anstrichtechnik" (S. 496) vertraut gemacht.

b) *Farbe als Eigenschaft.* Alle uns umgebenden Gegenstände erscheinen unserem Auge farbig. Jeder Gegenstand hat eine ihm eigentümliche Farbe, die er auch nicht verliert, wenn man ihn in einen dunklen Raum bringt. Aus der Dunkelheit ins helle Licht gebracht, stellen wir fest, daß der Gegenstand seine Farbe unverändert beibehalten hat. Farbe ist also nicht nur ein allseitig begrenzter Körper, sondern das Wort Farbe ist in seiner zweiten Bedeutung eine Eigenschaft der uns umgebenden körperlichen Gegenstände, die wir *Erscheinungsfarbe* nennen wollen.

c) *Vom Wesen der Farbe.* In einer weiteren Bedeutung ist Farbe etwas, das durch Sehen und Erleben des einzelnen Menschen zustande kommt. Betrachten wir z. B. einen allseitig mit der gleichen Farbe überzogenen Würfel wie ein Maler, der diesen Gegenstand malen will, so stellen wir fest, daß die drei Flächen, die wir gleichzeitig sehen können, die Farbe des Würfels in drei Abstufungen erkennen lassen. Die drei in einem Blick erfaßbaren, nach b) mit der gleichen Erscheinungsfarbe überzogenen Würfelflächen werden verschieden empfunden.

Die Wahrnehmung einer Farbe löst in uns verschiedene Empfindungen aus. Hierbei spielt die persönliche Veranlagung des einzelnen Menschen eine entscheidende Rolle. Der eine bevorzugt grelle Farben, während ruhige und gedämpfte Farbtöne der Wesensart anderer Menschen entsprechen. Das Wesen der Farbe ist das von ihr ausströmende Leben und Wirken.

d) *Farbengattung.* Alle Körper haben eine Eigenfarbe. Nehmen wir z. B. rote Gegenstände, so stellen wir fest, daß Rot in den verschiedensten Abstufungen vorhanden ist. Es können aber ebensogut gleiche rote Töne vorhanden sein. Das Wort Farbe hat also eine weitere Bedeutung erhalten, indem es auf die Zugehörigkeit zu einer gleichen Farbengattung hinweist.

e) *Eigentliche Farben.* Das weiße Licht wird durch ein Glasprisma in seine farbigen Bestandteile zerlegt. Außerdem gibt es noch als Farbe Weiß und Schwarz sowie Grau aus der Mischung beider. Weiß, Schwarz und Grau sind im physikalischen Sinne keine Farben, obwohl z. B. Weiß für die Praxis die wichtigste Farbe ist.

**Die Ordnung der Farben.** Wenn wir uns die Umwelt betrachten, so sehen wir eine Fülle von Farben. Es mag schwierig oder gar aussichtslos erscheinen, Ordnung in diese Vielfalt zu bringen. Befaßt man sich aber näher damit, so stellt man fest, daß alle Farben nach der Helligkeit sich zwischen Weiß und Schwarz bewegen. Wir haben also die Möglichkeit, die Farben zwischen den beiden Gegenpolen, dem hellsten Pol Weiß und dem dunkelsten Pol Schwarz, einzuordnen. Diese Anordnung kommt der Wirklichkeit sehr nahe, weil die praktisch verwendeten Farben meistens keine reinen Spektralfarben sind, sondern stets einen gewissen Weiß- oder Schwarzgehalt aufweisen.

Eine weitere natürliche Ordnung der Farben ist in den bei der Zerlegung des Lichtes durch ein Glasprisma entstehenden Spektralfarben gegeben (der Regenbogen beruht auf der gleichen Erscheinung). Das Spektrum besteht aus den Farben Rot, Orange, Gelb, Grün, Blau, Indigo und Violett. Die Spektralfarben lassen sich einteilen in die nicht durch Mischung erzeugbaren *Grund-, Haupt- oder Primärfarben* Rot, Gelb und Blau und ferner in deren Übergänge die *Neben-, Zwischen- oder Sekundärfarben* Orange, Violett und Grün. Durch Mischen von Rot und Gelb erhält man Orange, aus Gelb und Blau Grün und aus Blau und Rot Violett. Durch weiteres Mischen kommt man zu Rotorange, Gelborange, Gelbgrün, Blaugrün, Blauviolett und Rotviolett. Aus den drei Grundfarben Rot, Gelb und Blau lassen sich sämtliche Farbtöne herstellen, die mit Weiß aufgehellt oder mit Schwarz gedunkelt sein können. Mischungen sind trüber und haben nicht die Leuchtkraft der Grundfarben.

**Der Farbenkreis.** Ordnet man die Regenbogenfarben in ihrer natürlichen Reihenfolge in einem Kreis in gleichgroßen Kreisausschnitten an, so erhält man den sog. Farbenkreis. Über Rot, Orange, Gelb, Grün, Blau und Violett kommen wir wieder zum Rot. Zwischen zwei Grundfarben steht die durch Mischung beider entstehende Sekundärfarbe. Beim genaueren Betrachten des Farbenkreises erkennen wir, daß die über dem Mittelpunkt gegenüberliegenden beiden Farben sich am wenigsten ähnlich sind. Man nennt sie *Gegenfarben* oder *Ergänzungsfarben* (Komplementärfarben), weil sie sich zu Weiß ergänzen. Zu Rot gehört als Ergänzungsfarbe Grün. Dieses ist aus Blau und Gelb entstanden. Unser Auge fordert stets die drei Grundfarben; zu Rot erstrebt es Grün. Dieses Naturgesetz kann jeder selbst nachprüfen. Wir richten unseren Blick eine Zeitlang auf rotes Papier und sehen plötzlich auf weißes Papier, dann erscheint dieses Grün. Wird ein Versuch mit anderen Farben durchgeführt, so entsteht immer die Gegenfarbe. Es fordert also Rot Grün, Gelb Violett, Blau Orange und umgekehrt.

Ursprüngliche Farbe und Ergänzungsfarbe bestehen aus den drei Grundfarben des Spektrums. Dreht man den aus reinsten Farben bestehenden Farbenkreis, so verschwinden allmählich die einzelnen Farben, und bei rascher Drehung vereinigen sie sich wieder und ergeben den ursprünglichen hellen Ton des Lichts.

**Über Farbenharmonie.** Es gibt Farbenzusammenstellungen, die unserem Auge angenehm sind, und solche, die ihm weh tun. Wir wissen bereits, daß das Auge nach Möglichkeit alle drei Grundfarben zusammen empfinden möchte. In den drei Grundfarben Rot, Gelb und Blau ist also der einfachste Farbendreiklang gegeben. Sollen zwei Farben in einem angenehmen Kontrast zueinander stehen, so müssen sie die drei Grundfarben Rot, Gelb und Blau enthalten. Im einfachsten Fall haben wir folgende harmonische Farbenzusammenstellungen:

> Rot und Grün (= Blau + Gelb)
> Gelb und Violett (= Blau + Rot)
> Blau und Orange (= Rot + Gelb)

Diese Farbenzusammenstellungen liegen sich im Farbenkreis gegenüber und bilden den stärksten Kontrast. Aus den Grundfarben können wir durch entsprechendes Mischen Zwischenfarben herstellen, die ebenfalls harmonisch zueinander stehen. Durch Mischen der Farben des sechsteiligen Farbenkreises erhalten wir die nachstehenden Zusammenstellungen:

> Gelborange und Blauviolett
> Rotorange und Blaugrün
> Rotviolett und Gelbgrün.

Allgemein kommen wir zu dem Ergebnis, daß alle rötlich- oder bläulichvioletten Farben als Kontrastfarben harmonisch zu Gelb stehen, alle gelben oder gelblichen

Farben zu Violett, alle grünen oder grünlichen Farben zu Rot, alle roten und rötlichen Farbtöne zu Grün, orangefarbige Farbtöne wirken als Kontrastfarben harmonisch zu Blau, und schließlich wirken alle blauen oder bläulichen Farbtöne harmonisch zu Orange. Wenn wir nun die gewonnenen Erkenntnisse praktisch verwerten wollen, so stellen wir fest, daß zwei Komplementärfarben gleicher Leuchtkraft in gleicher Flächenausdehnung nebeneinander hart wirken. Obwohl die beiden Farben sich für unser Auge ergänzen, bilden sie für dieses doch einen zu starken Gegensatz. Man kann einen Ausgleich schaffen, indem man das Verhältnis der Farbflächen ändert oder den Farbton der einen Farbe etwas tiefer und den Ton der anderen Farbe lichter einstellt. Im Farbenkreis nebeneinander liegende Töne werden von unserem Auge als Dissonanz empfunden. Als warme Farbtöne werden alle stärker auf das Auge wirkenden Farben bezeichnet, also Farben, die Gelb oder Orange enthalten. Kalte Farben sind die mehr zurücktretenden blauen Farben, z. B. Rotviolett, Blauviolett und Blaugrün. Rot und Grün liegen zwischen den warmen und kalten Farben. Weiß, Schwarz und Grau sind neutrale Farben. Sie passen zu jeder Farbe und heben ihre Brillanz. Man kann also die Kontrastwirkung zweier Farben durch Zwischenschalten von Weiß, Schwarz und Grau noch heben. Eine Erhöhung des Gegensatzes von Farbenzusammenstellungen kann man aber auch erzielen, wenn man der einen Farbe Grau zumischt. Hierdurch wirkt die andere Farbe lebhafter. Hohe oder lichte Farbtöne nennt man diejenigen Farben, die mit Weiß gelichtet sind, und tiefe Farbtöne, die mit Schwarz gedunkelt sind. Farbenabstufungen vom hellsten bis zum tiefsten Ton nennt man Farbenskala.

**Farbenlehre und Farbensysteme.** Das Bestehen der in den vorhergehenden Abschnitten besprochenen Gesetzmäßigkeiten und Regeln hat schon vor langer Zeit zur Aufstellung von Farbenlehren und Farbensystemen geführt. Farbenlehren haben für den ausübenden Drogisten kein Interesse, und wir können deshalb auf ihre Besprechung verzichten. Für die Praxis sind jedoch in verschiedener Hinsicht Farbensysteme und Farbtonkarten von großer Bedeutung. Auch hier ist es nicht möglich, alle Systeme zu beschreiben. Die Farbensysteme haben den Zweck, Farbtöne möglichst genau festzulegen. Ihre Grundlage ist meistens der aus den reinen Tönen gebildete Farbenkreis. Aus den reinen Tönen des Farbenkreises erhält man durch Mischen mit Weiß die hellen und mit Schwarz (oder statt dessen mit anderen geeigneten dunkleren Körperfarben) die verdunkelten und durch gleichzeitige Mischung mit Schwarz und Weiß hellere oder dunklere, mehr oder weniger getrübte Töne.

# B. Werkstoffkunde.

## I. Die Körperfarben.

Die zum Anrühren von Anstrichfarben verwendeten Körperfarben sind verschiedener Herkunft. Einmal haben wir die natürlichen und die künstlichen Körperfarben, die anorganischer oder organischer Herkunft sein können. Für den praktischen Gebrauch spielt der Farbton eine ausschlaggebende Rolle, und daher haben wir die Einteilung der Körperfarben nach dem Farbton vorgenommen. Wir wollen uns darauf beschränken, eine kurze Übersicht über die Möglichkeiten der Herkunft der einzelnen Körperfarben zu geben und wichtige Sammelbezeichnungen zu nennen.

*Natürliche Körperfarben.* Diese werden von der Natur geliefert (z. B. Ocker, Grüne Erde, Kreide, Umbra usw.) und werden nur aufbereitet. Als *Erdfarben* bezeichnet man einige erdige bzw. aus der Erde gewonnene natürliche Körperfarben, z. B. Gips, Kalk, Kreide, Schwerspat usw., die aber infolge geringen Färbevermögens und schlechter Deckkraft zum Verschneiden von teuren hochwertigen Farben mit großem Färbevermögen und Deckkraft dienen.

*Künstliche Körperfarben.* Die größere Zahl der Körperfarben wird künstlich auf chemischem Wege hergestellt (Bleiweiß, Chromgelb, Lithopone usw.). Die *Metallfarben* werden künstlich gewonnen und enthalten ein Metall, nach dem sie bezeichnet werden. Metallfarben s. unten „Einteilung der Farben nach Grundstoffen".

*Anorganische Farben* sind entweder natürlicher Herkunft oder werden künstlich aus Metallen oder Metallsalzen gewonnen.

*Organische Farben.* Natürliche organische Farben sind tierischen (Kochenille, Purpur, Sepia usw.) oder pflanzlichen Ursprungs (Indigo, Kasselerbraun, Rebschwarz, Ruß, Schüttgelb usw.). Künstliche organische Farben sind die Teerfarbstoffe. Der weitaus größte Teil der organischen Farbstoffe sind keine Körperfarben. Von den verschiedenen Klassen der organischen Farbstoffe seien genannt: Anilinfarben, Azofarbstoffe (und -farblacke), Beizenfarbstoffe, Fanalfarben, Heliogenfarben, Küpenfarbstoffe usw.

*Substrat- und Verschnittfarben.* Reine Körperfarben werden vor allem ihres hohen Preises wegen selten in reiner Form angewandt. Bei Verschnittfarben ist es ratsam, diese auf ihre Ausgiebigkeit und Deckkraft zu prüfen. Mikroskopisch läßt sich eine Verschnittfarbe sofort erkennen. Vergleichsproben geben Aufschluß über die Preiswürdigkeit. Praktische Prüfung s. S. 431.

Zahlreiche Farben müssen auf ungefärbten Unterlagen niedergeschlagen werden, z. B. viele anorganische Farben. Aus den organischen Farblacken lassen sich Körperfarben nur durch Ausfällen auf ein Substrat herstellen. Man nennt sie *Substratfarben.* Aus verschiedenen Gründen ist es oft erforderlich, den Farben nachträglich Substrate beizumischen. Man bezeichnet diese Farben als *Verschnittfarben.*

Wichtig sind noch einige Sammelbezeichnungen, die über die Verwendung der betreffenden Farben Auskunft geben. Man unterscheidet z. B. *Fassadenfarben, Kalkfarben, Signalfarben* und *Universalfarben.*

## II. Einteilung der Farben nach Grundstoffen.

### (Natürliche und künstliche anorganische Farben.)

*Aluminiumsilikat-Verbindungen*
a) natürliche:
    Grüne Erde
    Roter Bolus
    Schiefergrau
    Mineralschwarz
    Weißerde
*Bariumverbindungen*
a) natürliche:
    Schwerspat
b) künstliche:
    Baryt (Blanc fixe)
*Chromverbindungen*
b) künstliche:
    (reine Chromverbindungen)
    Chromoxydgrün
    Chromoxydhydratgrün
    (in Verbindung mit Barium)
    Bariumgelb
    (in Verbindung mit Blei)
    Chromgelb
    Chromorange
    Chromrot
    (in Verbindung mit Zink)
    Zinkgelb
    (gemischte Chrom-Eisenverbindung)

Chromgrün (Mischung von Chromgelb mit
    Pariser Blau)
Zinkgrün (Mischung von Zinkgelb mit
    Pariser Blau)
*Bleiverbindungen*
b) künstliche:
    Bleiglätte
    Bleimennige
    Bleiweiß
*Eisenverbindungen*
a) natürliche:
    Eisenglimmer
    Erdocker
    Terra di Siena natur
    Terra di Siena gebrannt
    (in Verbindung mit Mangan)
    Umbra natur
    Umbra gebrannt
b) künstliche:
    Caput mortuum
    Eisenblau (Miloriblau oder Pariser Blau)
    Eisenoxydrot
    Marsbraun
    Marsgelb
    Marsrot
    Metallocker

*Calciumverbindungen*
a) natürliche:
  Gips (Lenzin oder Leichtspat)
  Kalk
  Kreide (natürliche und künstliche)

*Cadmiumverbindungen*
b) künstliche:
  Cadmiumgelb
  Cadmiumorange
  Cadmiumrot

*Kobaltverbindungen*
b) künstliche:
  Kobaltblau
  Kobaltgrün
  Kobaltrot
  Kobaltviolett

*Kohlenstoff und Kohlenstoffverbindungen*
a) natürliche:
  Graphit
  Kasseler Braun
  Mineralschwarz
b) künstliche:
  Knochenschwarz
  Rebschwarz
  Ruß

*Kupferverbindungen*
b) künstliche:
  Bremer Blau

(in Verbindung mit Arsen)
  Schweinfurter Grün

*Manganverbindungen*
a) natürliche:
  Manganschwarz
b) künstliche:
  Manganviolett

*Quecksilber-Schwefel-Verbindungen*
b) künstliche:
  Zinnober

*Titanverbindungen*
a) natürliche:
  Ilmenitschwarz
b) künstliche:
  Titandioxyd
  Titanweiß

*Tonerde-Natrium-Schwefel-Verbindungen*
b) künstliche:
  Ultramarinblau
  Ultramaringrün
  Ultramarinrot
  Ultramarinviolett

*Zinkverbindungen*
b) künstliche:
  Lithopone
  Zinkgrau
  Zinkoxyd
  Zinkweiß

## III. Allgemeine praktische Prüfungen der Trockenfarben.

**Ausgiebigkeit.** Die Ausgiebigkeit wird mit streichfertiger Farbe bestimmt. Ein einwandfreier Pinsel wird mit Farbe und Gefäß gewogen, eine möglichst große, genau ausgemessene Fläche gestrichen und Pinsel mit übrigbleibender Farbe zurückgewogen. Aus den ermittelten Zahlen läßt sich leicht berechnen, wieviel Quadratmeter man mit 1 kg streichfertiger Farbe einmal streichen kann. Der Untergrund muß der Art der Farbe entsprechend gewählt werden. Für Kalk-, Leim- und Wasserglasfarben ist ein Putzgrund und für Ölfarben grundiertes Holz zu verwenden.

**Benetzbarkeit.** Nicht alle Trockenfarben lassen sich mit wäßrigen Bindemitteln gleich gut benetzen. Diese unerwünschte Erscheinung ist bei geölten Farben zu beobachten oder hat ihre Ursache in physikalischen Eigenschaften. Die Benetzbarkeit wird verbessert mit Spiritus oder Benetzungsmitteln, z. B. *Nekal B X* bei wäßrigen Bindemitteln, *Emulphor F M* öllöslich für Emulsionen u. a. Schlechte Benetzbarkeit verursacht leicht eine Verhärtung des Bodensatzes. Stark verschnittene Trockenfarben werden des öfteren mit Mineralöl geschönt, um ihnen einen kräftigeren Farbton zu geben. Solche Farben lassen sich schwer benetzen. Mit Mineralöl geschönte Farben erkennt man beim Verbrennen durch Rauchentwicklung und Petroleumgeruch.

**Bindemittelbedarf.** *a) Ölverbrauch.* Zur Herstellung einer Farbpaste, die nicht von selbst auseinanderfließt, braucht man etwa die gleiche Gewichtsmenge Öl. Zum Anrühren einer streichfertigen Farbe werden für die einzelnen Trockenfarben verschiedene Ölmengen benötigt. Zur Ermittlung des Ölverbrauchs wird aus gewogenen Mengen Farbpulver und Leinöl eine streichfertige Farbe angerührt. Übrigbleibende Farbe und Leinöl werden zurückgewogen, und aus den Gewichtsunterschieden läßt sich der Ölbedarf für 100 Gewichtsteile streichfertiger Farbe leicht berechnen. Mit

Farbspat, Leichtspat oder Kaolin verschnittene Farben benötigen mehr Bindemittel als mit Schwerspat verschnittene Farben.

*b) Leimverbrauch.* Hier wird diejenige Leimmenge ermittelt, die notwendig ist, um 100 Teile Trockenfarbe wischfest zu binden. Bei der Bestimmung des Leimverbrauchs stellt man sich aus Leimpaste, die mit der gleichen Menge Wasser (Gewichtsteile) verdünnt wird, oder aus Trockenleim (Pflanzenleim), den man mit 12 Gewichtsteilen Wasser anrührt, eine Leimlösung her. Die Leimlösung wird mit Büchse und Rührholz gewogen. Aus 100 g Trockenfarbe und Wasser wird ein klumpenfreier Brei angerührt. Man gibt nun so lange Leimlösung in kleinen Portionen zum Farbbrei, bis Wischfestigkeit erreicht ist. Die Wischfestigkeit wird durch Probeaufstriche auf geleimtes Papier festgestellt. Das Leimgefäß wird wieder gewogen und aus dem Gewichtsunterschied der Leimverbrauch berechnet. Der Leimverbrauch der einzelnen Trockenfarben bewegt sich zwischen 5 und 7% Trockenleim oder 15 bis 20% Leimpaste.

**Deckfähigkeit.** Unter Deckfähigkeit versteht man die Eigenschaft einer Farbe, den Untergrund mehr oder weniger zum Verschwinden zu bringen. Sie hängt davon ab, ob die Farbe das Licht durchläßt oder mehr oder weniger aufschluckt oder zurückwirft. Farben, die das Licht durchlassen, nennt man *Lasur- oder Transparenzfarben.* Farben, die das Licht zurückwerfen (z. B. Bleiweiß) oder aufschlucken (z. B. Ruß), nennt man *Deckfarben.* Zur Prüfung auf Deckfähigkeit streicht man die mit Öl streichfertig angerührte Trockenfarbe auf eine weiß angestrichene Tafel, die in der Mitte mit einem schwarzen Streifen versehen ist. Wird der schwarze Streifen bereits durch den ersten Anstrich zum Verschwinden gebracht, so hat man eine Farbe mit sehr guter Deckfähigkeit. Sind zwei Anstriche erforderlich, so ist die Deckfähigkeit gering. Die Lichtdurchlässigkeit (Transparenz) von Farben wird durch Aufstreichen der mit Öl (Leinölfirnis) angeriebenen Farben auf einer Glasplatte bestimmt. Man legt eine zweite Glasplatte darauf und hält sie gegen das Licht. Die meisten Farben decken in wäßrigen Bindemitteln sehr gut. Die Prüfung auf Deckfähigkeit bzw. Lichtdurchlässigkeit wird daher im allgemeinen nur in öligen Bindemitteln durchgeführt.

**Färbe- und Mischvermögen.** Hierunter versteht man die Eigenschaft von Farben in Mischung mit anderen Farben deren Farbton zu ändern. Als *Mischvermögen* bezeichnet man die Fähigkeit einer Weißfarbe, in Mischung mit einer Bunt- oder Schwarzfarbe diese aufzuhellen. *Färbevermögen* einer Buntfarbe ist die Fähigkeit, eine Weißfarbe farbig zu machen. Für die Prüfung von Weißfarben werden 20 g Weißfarbe mit 1 g Ruß gemischt, mit Öl angerieben und mit den zu vergleichenden Farben aufgestrichen. Buntfarben (1 g) werden mit Zinkweiß (20 g) gemischt und ebenfalls im Aufstrich verglichen.

**Farbton.** Nach OSTWALD ist eine Farbe gekennzeichnet durch ihren Weiß-, Schwarz- und Buntgehalt. Man kann den Farbton festlegen mit Hilfe eines Farbsystems. In der Praxis wird meist nur der Vergleich mit Farbmustern erforderlich sein. Von der zu prüfenden Farbe und der Vergleichsfarbe werden je nach Farbton auf eine weiße oder schwarze Unterlage kleine Häufchen aufgeschüttet, glattgestrichen und im zerstreuten Licht verglichen. Der Weiß-, Schwarz- und Buntgehalt von Farben kann exakt mit dem Photometer, bei Buntfarben unter Einhaltung entsprechender Filter gemessen werden.

**Laugenechtheit** ist die Eigenschaft einer Buntfarbe, in alkalischen Bindemitteln ihren Farbton nicht zu verändern.

*a)* Am wichtigsten ist die Prüfung der *Kalkechtheit.* Diese wird folgendermaßen durchgeführt: Man rührt die Farbe mit Wasser an (ohne Bindemittelzusatz) und streicht sie auf frischen Kalkputz auf. Zum Vergleich wird ein Anstrich auf Papier durchgeführt. Nicht kalkechte Farben sind an der Änderung des Farbtones zu erkennen. Die Trockenfarbe kann auch mit Kalkbrei (eingesumpftem Kalk) auf den gewünschten Farbton zu einem Brei angerührt werden. Die Farbpaste wird in einem Reagensglas mit Wasser übergossen und verschlossen aufbewahrt. Nach 3 Tagen haben kalkechte Farben ihren Farbton nicht verändert und sich nicht gelöst. Ist die Farbe nicht kalkecht, so zeigt sich meistens schon nach einigen Stunden eine Entfärbung. Die als „bedingt kalkecht" bezeichneten Teerfarben ändern ihren Farbton nicht, gehen aber teilweise in Lösung. Man kann sie auf Kalk verwenden, aber nicht für Fresko.

*b) Wasserglasechtheit.* Die kalkunechten Farben dürfen in Wasserglas nicht verwendet werden. Es gibt aber auch kalkechte Farben, die sich mit Wasserglas nicht vertragen. Bei der Prüfung rührt man die Farbe mit Kaliwasserglas an. Läßt sich das Farbpulver nicht anrühren oder treten Verdickungen ein, so ist die Farbe mit Wasserglas nicht verwendbar. Wenn die Farbe sich glatt rühren läßt, streicht man sie auf eine Kalkputz- oder isolierte Zementputzplatte auf, hängt die Platte ins Freie und beobachtet, ob nach mehreren Tagen Zerstörungen oder Ausblühungen auftreten. Zur Kontrolle, ob die Ausblühungen vom Bindemittel oder der Farbe herrühren, wird ein Streifen nur mit dem Bindemittel gestrichen. Sulfat- oder gipshaltige Farben sind mit Wasserglas nicht verträglich.

*c) Zementechtheit.* Der im Zement befindliche Kalk bindet erst nach sehr langer Zeit vollständig ab. Dieses Kalziumhydroxyd kann kalkechten Farben gefährlich werden durch die Bildung von Ausblühungen (sog. „Salpeter", s. S. 511). Zur Prüfung stellt man sich auf Glasscheiben Zementplatten mit Farbzusatz und eine Platte ohne Farbe her. Nach dem Erhärten werden die Platten sechs bis zehn Tage lang in Wasser gelegt, und nach dem Trocknen stellt man fest, ob Änderungen im Farbton oder Ausblühungen auftreten.

*d) Laugenechtheit.* Diese Prüfung ist notwendig, weil viele Bindemittel auf Grund ihrer Herstellung mit Laugen eine alkalische Reaktion zeigen: z. B. Emulsionsbindemittel, Kaseinlösungen und viele Pflanzenleime. Eine Gefährdung der Farben durch das meistens in geringer Menge vorhandene Alkali ist in der Regel nicht zu befürchten. Trotzdem soll man vorsichtig sein und mit den genannten Bindemitteln nur kalkechte Farben abbinden. Andere Farben sind zweckmäßig auf Laugenechtheit zu prüfen. Zu diesem Zweck wird die Trockenfarbe mit dem alkalischen Bindemittel angerührt und in geschlossenem Gefäß drei Tage lang stehengelassen. Tritt innerhalb dieser Zeit keine Farbänderung ein, so kann die betreffende Farbe mit dem Bindemittel verarbeitet werden.

**Lichtechtheit.** Als Lichtechtheit bezeichnet man die Eigenschaft einer Farbe, durch die Einwirkung des Lichtes ihren Farbton nicht zu ändern. Farben können durch die Einwirkung des Lichtes ausbleichen oder nachdunkeln. Während alle Teerfarben im Laufe der Zeit ausbleichen, werden Mineralfarben dunkler. Die Prüfung auf Lichtechtheit wird in folgender Weise durchgeführt. Man rührt die Farbe mit dem für die jeweilige Verwendung vorgeschriebenen Bindemittel an und macht einen Probeaufstrich. Nach dem Trocknen wird ein Streifen schwarzes Papier in der Mitte des Anstriches befestigt und im Tageslicht belichtet. In entsprechenden Zeitabständen kann man sich durch Abnehmen des schwarzen Papiers über eine etwaige Veränderung des belichteten Anstriches unterrichten. Bei Sonnenbestrahlung wird rascher eine Veränderung eintreten als bei dauernd bedecktem Himmel. Man muß also bei der Beurteilung des Versuches Witterung und Jahreszeit berücksichtigen. Das Bindemittel ist von entscheidendem Einfluß auf die Haltbarkeit der Farben im Licht. Wäßrige Bindemittel sind ungünstig, Öl und Lackbindemittel ergeben die günstigsten Bedingungen.

**Löseechtheit.** Wenn eine Farbe sich im Bindemittel löst, so kann das unangenehme Folgen haben. Die Farbe schlägt durch oder blutet; ferner können Ausblühungen auftreten. Nicht löseecht sind die meisten Teerfarben. Man muß zwischen folgenden Löseechtheiten unterscheiden:

*a) Wasserechtheit.* Wasserecht sind diejenigen Farben, die beim Schütteln mit Wasser gar nicht und beim einmaligen Aufkochen höchstens spurenweise gelöst werden. Man wartet, bis die Farbe sich abgesetzt hat, und stellt bei dem überstehenden klaren Wasser eine etwaige Verfärbung fest. Geölte Farben müssen bei dieser Prüfung selbstverständlich erst entfettet werden. Wenn sich die Farbe schwer absetzt (z. B. Berliner Blau), so wird die sog. *Auslaufprobe* angewandt. Man gießt etwas von der Farbsuspension auf weißes Filtrierpapier. Bei wasserechten Farben darf kein gefärbter Rand auf dem Filtrierpapier entstehen. Eine weitere Möglichkeit zur Prüfung auf Wasserechtheit ist durch die Anfertigung eines *Probeaufstriches* gegeben: Die betreffende Farbe wird in Leim angerührt und auf Papier gestrichen. Nach dem Trocknen wird die Hälfte des Anstriches mit weißer Leimfarbe überstrichen. Wasserechtheit liegt vor, wenn die untere Farbe nicht durchschlägt.

*b) Spritechtheit* wird geprüft durch Übergießen der Farbe mit Spiritus. Es ist zweckmäßig, im Wasserbade zu erwärmen. Man kann die Farbe auch in Leim anrühren, aufstreichen und nach dem Trocknen mit Spirituslack überstreichen. Der ausgelaufene Rand darf nicht gefärbt sein.

*c) Zaponechtheit* ist die Eigenschaft einer Farbe, von Zaponlacken (Nitrozelluloselacke) und ihren Lösungsmitteln (Aceton, Ester usw.) nicht aufgelöst zu werden. Die praktische Prüfung wird mit dem zu verwendenden Zaponlack durchgeführt, indem man damit die unter b) beschriebene Überstreichprobe macht.

*d) Ölechtheit.* Zahlreiche Teerfarben sind in fetten Ölen und Verdünnungsmitteln von Ölfarben und Lacken mehr oder weniger löslich. Zur Prüfung wird wieder die Überstreichprobe angewandt. Die zu prüfende Farbe wird in Öl oder Lack angerieben und aufgestrichen. Nach dem oberflächlichen Trocknen wird weiße Ölfarbe darübergestrichen, in welche die untere Farbe nicht durchschlagen darf. Kurze Vorprüfung auf Ölechtheit: Etwas Trockenfarbe wird in einem Reagensglas mit Benzol oder Benzin aufgeschüttelt. Nach dem Absetzen der Farbe darf die klare Flüssigkeit nicht angefärbt sein. Auch in Öl oder Lack angeriebene Farben kann man auf diese Art prüfen.

**Säureechtheit.** In Städten werden die Anstriche durch saure Rauchgase gefährdet. Saure Grundiermittel, wie z. B. Alaun und Fluate, können ebenfalls schädigen. Die Prüfung auf Säureechtheit wird am besten durch den Chemiker festgestellt. Zur Feststellung der Einwirkung von Rauchgasen kann aber ein einfacher, orientierender Versuch durchgeführt werden, indem man die mit Wasser befeuchtete Anstrichprobe unter eine Glasglocke bringt und darunter etwas Schwefel verbrennt. Nach dem Stehen über Nacht kann man eine etwa eingetretene Veränderung im Farbton erkennen.

# C. Einteilung der Farben nach dem Ton.

## I. Weiße Farben.

### 1. Bariumweiß.

*Beinamen.* Barytweiß, Bariumsulfat, künstlicher Schwerspat, Blanc fixe.
*Zusammensetzung.* Schwefelsaures Barium, $BaSO_4$.
*Herstellung.* Durch Fällen von wasserlöslichen Bariumsalzen (Bariumchlorid, $BaCl_2$, Bariumsulfid, $BaS$) mit Natriumsulfatlösung, $Na_2SO_4$. Der Niederschlag wird

ausgewaschen, in Filterpressen vom Wasser befreit und teigförmig mit 15 bis 30% Wasser in Fässer abgefüllt oder getrocknet.

*Handelssorten, Handelsform, Aufbewahrung.* Bariumweiß wird unter den oben genannten Namen teigförmig in Fässern oder pulverförmig in Papiersäcken oder Fässern gehandelt. Künstlicher Schwerspat muß möglichst trocken aufbewahrt werden.

*Verwendung.* In Kalk, Leim, Kasein, Wasserglas, Öl und Lack. Künstlicher Schwerspat wird selten für sich allein als Farbe verwendet. Dagegen hat er große Bedeutung bei der Herstellung der Lithopone- und Titanweißsorten und als Fällungsunterlage (Substrat) für Teerfarben.

*Mischbarkeit mit anderen Farben.* Mit allen Farben mischbar.

*Beständigkeit.* Lichtbeständig, wetterbeständig, hitzebeständig.

*Wirkung auf die Gesundheit.* Unschädlich.

*Prüfung.* Unlöslich in Laugen und Säuren. Die Unterscheidung von natürlichem Schwerspat ist unter dem Mikroskop möglich. Eine bedingte Unterscheidungsmöglichkeit ist in folgender Prüfung gegeben: Zersetzt man Farben, die natürlichen oder künstlichen Schwerspat enthalten, im Reagensglas mit Säure, so bleibt das Substrat zurück. Beim Reiben mit einem Glasstab hört man bei Anwesenheit des grobkristallinen Schwerspats ein Knirschen, das bei gefälltem Bariumsulfat fehlt. Bei Erdfarben kann man bei der gleichen Probe ebenfalls ein von Quarz herrührendes Knirschen feststellen.

## 2. Bleiweiß. ☠ 3.

**Beinamen.** a) Karbonat-Bleiweiß: Kammerbleiweiß, Kremser Weiß. — b) Sulfat-Bleiweiß: Sulfobleiweiß.

**Zusammensetzung.** a) *Karbonat-Bleiweiß* besteht aus basisch kohlensaurem Blei von nicht ganz gleichbleibender Zusammensetzung, z. B. der Formel $2(PbCO_3)$ $\cdot Pb(OH)_2$. — b) Sulfat-Bleiweiß ist basisch schwefelsaures Blei, $2PbSO_4 \cdot PbO$.

**Herstellung.** a) *Karbonat-Bleiweiß* wird nach zwei Verfahren gewonnen.

α) Beim *Kammerverfahren* werden in gemauerten Kammern Bleilappen der Einwirkung von Essigsäure-, Kohlensäure-Wasserdämpfen und Luft ausgesetzt. Zunächst bildet sich basisches Bleiacetat, das durch Umsetzung mit Kohlensäure basisches Bleicarbonat ergibt.

β) Beim *Fällungsverfahren* werden metallisches Blei und Bleiglätte in Essigsäure gelöst. Durch Einleiten von Kohlendioxyd in die Lösung wird das basische Bleiacetat in basisches Bleicarbonat umgewandelt.

*b) Sulfat-Bleiweiß* wird bei der oxydierenden Röstung von Bleiglanz (Bleisulfid) erhalten.

**Handelssorten, Handelsform, Aufbewahrung.** a) *Karbonat-Bleiweiß* wird in vier Qualitäten in den Handel gebracht:

1. Sorte: Bleiweiß rein
2. Sorte: Bleiweiß V I    mit 20% Schwerspat
3. Sorte: Bleiweiß V II   mit 40% Schwerspat
4. Sorte: Bleiweiß Z      mit 30% Zinkweiß.

*b)* Von *Sulfat-Bleiweiß* gibt es nur eine Sorte, garantiert rein nach RAL 844 F. Die Bleiweißsorten werden pulverförmig und als Ölpaste in Hobbocks oder Holzfässern in den Handel gebracht. Bleiweiß muß trocken und gut gekennzeichnet aufbewahrt werden. *Giftig!*

**Verwendung.** In Leim, Öl und Kalk. Das Bindemittel darf jedoch keine freien Harzsäuren enthalten. Besondere Verwendung findet Bleiweiß für wetterbeständige

Außenanstriche. Für Innenanstriche ist die Verarbeitung von Bleiweiß durch die Verordnung vom 27. 5. 1930 mit gewissen Ausnahmen verboten.

**Mischbarkeit mit anderen Farben.** Mit fast allen Farben mischbar. Mischungen mit Zinnober (Schwefelquecksilber) und Bremer Blau führen häufig zu Verfärbungen. Desgleichen sind Mischungen mit Ultramarin und Schweinfurter Grün unangebracht.

**Beständigkeit.** Lichtbeständig, wetterbeständig, hitzebeständig.

**Wirkung auf die Gesundheit.** Schädlich! Bei der Verarbeitung von Bleiweiß und bleihaltigen Farben sind die „Verordnung zum Schutze gegen Bleivergiftung bei Anstricharbeiten" vom 27. 5. 1930 und das „Bleimerkblatt" vom 31. 5. 1930 zu beachten.

**Prüfung.** *a) Reines Karbonat-Bleiweiß* ist in verd. Salpetersäure (d = 1,15) in der Wärme restlos löslich. Die Lösung wird mit der 3- bis 4fachen Menge Wasser verdünnt. Man gibt Ammoniak bis zum Auftreten einer Trübung zu, nimmt diese wieder mit einigen Tropfen Salpetersäure weg und leitet Schwefelwasserstoff ein. Das erhaltene schwarze Bleisulfid wird abfiltriert. Im Filtrat wird durch Zugabe von Ammoniak und Ammoniumoxalat auf Kalk geprüft. Wasserlösliche Bleisalze werden durch Kochen mit Wasser gelöst und durch Einleiten von Schwefelwasserstoff gefällt. Es darf höchstens eine schwache, diffuse Trübung entstehen.

*b) Sulfat-Bleiweiß* ist in Natronlauge oder besser noch in einem Gemisch von Essigsäure und Ammoniumacetat löslich.

### 3. Gips.

*Beinamen.* Lenzin, Leichtspat (= ungebrannter Gips), Putzgips (= gebrannter Gips).

*Zusammensetzung.* Natürlich vorkommender Gipsstein ist wasserhaltiges schwefelsaures Calcium, $CaSO_4 \cdot 2H_2O$.

*Herstellung.* a) *Ungebrannter Gips* (Leichtspat) wird durch Mahlen von natürlich vorkommendem Gipsstein erhalten. — b) *Gebrannter Gips.* Beim Erhitzen (Brennen) von Gips wird Wasser abgegeben. *Stuckgips* wird gewonnen bei 150 bis 170° C. Hierbei entsteht Halbhydrat, $CaSO_4 \cdot \frac{1}{2}H_2O$. Mit Wasser angerührt erhärtet dieser sehr rasch, indem das beim Brennen ausgetriebene Wasser wieder aufgenommen wird. *Estrichgips* wird bei Brenntemperaturen von 1000 bis 1300° C hergestellt. Er ist fast wasserfrei und erhärtet sehr langsam. Bei Brenntemperaturen zwischen 300 bis 800° C gibt der Gips fast sein ganzes Wasser ab, und man erhält den sog. *totgebrannten Gips.*

*Handelssorten, Handelsform, Aufbewahrung.* Leichtspat wird verwendet zum Strecken von Farben, als Unterlage für Teerfarbstoffe bei der Herstellung von Farblacken. *Stuckgips.* Putzgips, Modellgips, Form- oder Alabastergips, Estrichgips und Marmorzement. Gips wird in Säcken gehandelt und muß möglichst trocken aufbewahrt werden.

*Verwendung. Ungebrannter Gips* kann verwendet werden in Kalk, Leim, Öl und Lack. Da er in Wasser merklich löslich ist (0,24%), ist er für Außenanstriche nicht geeignet. Ungebrannter Gips ist ferner Streckmittel für Erd-, Mineral- und Teerfarben. Zu stark „laufende" Leimfarben werden durch Leichtspat verdickt. *Gebrannter Gips* wird nur als Gipsmörtel verwendet und findet besondere Anwendung zum Ausbessern schadhafter Putzflächen.

*Mischbarkeit mit anderen Farben.* Mit allen Farben mischbar, jedoch nicht immer vorteilhaft.

*Beständigkeit.* Lichtbeständig und hitzebeständig.

*Wirkung auf die Gesundheit.* Ungebrannter und gebrannter Gips sind unschädlich.

*Prüfung.* Der Gips wird in Salzsäure aufgelöst, Kieselsäure und Ton bleiben zurück; mit wäßrigem Alkohol wird der Gips wieder ausgeschieden.

## 4. Kalk. S. S. 466.

### *Calciumcarbonat (Kreide).*

*Beinamen.* Kalkspat, Kalksteinmehle, Kreide: Schlämmkreide.

*Zusammensetzung.* Kohlensaures Calcium, $CaCO_3$.

*Herstellung.* **Kalkspat** wird durch Mahlen von natürlichem kohlensaurem Kalk gewonnen. Gemahlener Kalkstein ergibt die vielfach als Kreide bezeichneten *Kalksteinmehle*. Die eigentliche Kreide wird durch Schlämmen von Verunreinigungen befreit (Schlämmkreide).

*Handelssorten, Handelsform, Aufbewahrung.* Rügener Kreide, Schwedische Kreide, Champagner-Kreide, Söhlder Kreide. Stücke werden in Fässern, Pulver in Säcken geliefert. Kreide ist vor Feuchtigkeit zu schützen.

*Verwendung.* In Kalk, Leim, Öl, Lack, Wasserglas, Kasein, Emulsionen (nicht immer günstig), auch in ölfreien Bindemitteln. Besondere Anwendung findet Kreide als Leimfarbe, Spachtelmasse, Kitt, Maluntergrund, Untergrund für Vergoldungen; außerdem auch als Wandtafelkreide. Kreide ist für Außenanstriche nicht geeignet, weil sie „kreidet", d. h. abwischbar wird. Kalkspat wird vielfach als Farbsubstrat als Gipsersatz gebraucht.

*Mischbarkeit mit anderen Farben.* Mit allen Farben mischbar.

*Beständigkeit.* Lichtbeständig, bedingt luftbeständig, hitzebeständig.

*Wirkung auf die Gesundheit.* Kreide ist völlig unschädlich.

*Prüfung.* Calciumcarbonat ist in verd. Salzsäure unter lebhafter Kohlendioxydentwicklung klar löslich.

## 5. Lithopone.

*Zusammensetzung.* Gemenge von Bariumsulfat, $BaSO_4$, und Zinksulfid, $ZnS$.

*Herstellung.* Lithopone entsteht bei der chemischen Umsetzung von Zinksulfatlösungen mit Schwefelbarium.

*Handelssorten, Handelsform, Aufbewahrung.* Je nach dem Gehalt an Zinksulfid (nach RAL 844) unterscheidet man zwischen folgenden Sorten:

| | | | |
|---|---|---|---|
| Gelbsiegel | mit | 15% | Schwefelzink |
| Rotsiegel | ,, | 30% | ,, |
| Lilasiegel | ,, | 35% | ,, |
| Grünsiegel | ,, | 40% | ,, |
| Bronzesiegel | ,, | 50% | ,, |
| Silbersiegel | ,, | 60% | ,, |

Es gibt auch ungenormte Sorten, deren Schwefelzinkgehalt schwankt. Lithopone kommt pulverförmig oder in Öl angerieben in Fässern in den Handel. Die Sorten des Lithoponekontors haben einen Siegelaufdruck. Trockenfarbe ist vor Feuchtigkeit geschützt aufzubewahren. Angebrochene Packungen der Ölpaste dürfen nicht mit Wasser abgedeckt werden, weil Entmischung und Erhärtung eintreten kann. Man deckt mit reinem Leinöl oder Halböl (nicht mit Firnis) ab.

*Verwendung.* In Leim, Kasein, Lack (für Spirituslack eine besondere Sorte). Ausgedehnte Anwendung findet Lithopone als Öl- und Lackfarbe und als Zusatzmittel für Emulsionsöl- und Lackspachtelmassen.

*Mischbarkeit mit anderen Farben.* Mit fast allen Farben mischbar. Mit Chromgelb und Neapelgelb können Verfärbungen eintreten. Ungünstig ist das Mischen mit Bleimennige, Zinkgrün und Chromgrün.

*Beständigkeit.* Die besten Lithoponesorten sind lichtbeständig, allein nicht sehr wetterbeständig. Als wetterbeständige Farbe für den Außenanstrich wird eine besondere Lithopone in angeriebenem Zustand unter dem Namen „Lithoweiß" geliefert. Lithopone ist hitzebeständig.

*Wirkung auf die Gesundheit.* Unschädlich.

*Prüfung.* Beim Übergießen mit Salzsäure-Schwefelwasserstoff. Die Bestimmung des Schwefelzinkgehaltes (Siegel) ist nur durch den Chemiker möglich. (Vgl. RAL 844 T.)

## 6. Schwerspat (natürlich).

*Beinamen.* Malerweiß, Baryt.

*Zusammensetzung.* Schwefelsaures Barium, $BaSO_4$, mit geringen Verunreinigungen.

*Herstellung.* Schwerspat wird durch Aufbereiten von natürlichem Schwerspat gewonnen.

*Handelssorten, Handelsform, Aufbewahrung.* Natürlicher Schwerspat, Malerweiß Ba-ko-la. Schwerspat wird pulverförmig in Papiersäcken gehandelt. Die 6 Handelssorten (Klasse 1 bis 6) sind nach dem Weißgehalt geordnet. Schwerspat muß möglichst trocken aufbewahrt werden.

*Verwendung.* In Kalk, Leim, Kasein, Emulsion, Öl und Lack verwendbar. Besondere Bedeutung hat Schwerspat als Unterlage für Teerfarbstoffe und zur Herstellung von Spachtelmassen.

*Mischbarkeit mit anderen Farben.* Schwerspat ist mit allen Farben mischbar.

*Beständigkeit.* Lichtbeständig, luftbeständig, hitzebeständig.

*Wirkung auf die Gesundheit.* Unschädlich.

*Prüfung.* Chemische Untersuchung kaum erforderlich. Schwerspat ist in Säuren und Wasser unlöslich. Feststellung von Qualitätsmerkmalen: Zur Prüfung auf Weißgehalt werden Vergleichsmuster mit Terpentinöl befeuchtet. Unreine Sorten haben ein schmutziggraues Aussehen und eignen sich daher nur zum Verschneiden dunkler Buntfarben. Ein Leim-Schwerspat-Aufstrich auf Glas gibt Aufschluß über die Kornfeinheit. Man gleitet mit dem Handballen über den trockenen Aufstrich und vergleicht mit Gegenmustern. Genauere Ergebnisse erhält man durch Sieben oder durch mikroskopische Messungen.

## 7. Titanweiß.

*Beinamen.* Keine.

*Zusammensetzung.* Titandioxyd, $TiO_2$, rein oder mit Barytweiß (Blanc fixe), $BaSO_4$, für Anstrichzwecke auch mit Zinkweiß, ZnO.

*Herstellung.* Ausgangsmaterial zur Herstellung von Titandioxyd ist das Mineral „Ilmenit". Dieses wird mit Schwefelsäure aufgeschlossen und aus der anfallenden Lösung das Titandioxyd durch Kochen ausgefällt.

*Handelssorten, Handelsform, Aufbewahrung.* Die Titanweißsorten sind genormt durch RAL 844 H. Sie kommen unter folgenden Markenbezeichnungen in den Handel:

*a) Industrie-Qualitäten.*

„Kronos"-Titandioxyd (Anatas-Form),

„Kronos"-Titandioxyd S 1314 (Rutil-Form).

*b) Anstrich-Qualitäten.*

„Kronos"-Titanweiß R (25% $TiO_2$ S 1314, 5% $ZnO$, 30% $BaSO_4$ und 40% $CaCO_3$) für Innen- und Außenanstriche. Auch als Paste mit etwa 16% reinem Leinöl geliefert.

„Kronos"-Titanweiß E 1 (25% $TiO_2$ normal, 75% $CaCO_3$) für Innenanstriche.

„Kronos"-Titanweiß Em-Paste (50% $TiO_2$ S 1314 und 50% $CaCO_3$) angerieben mit ölfreier Kunststoffdispersion.

*Verwendung.* In Kalk, Leim, Kasein, Wasserglas, Öl und Lack. Besondere Verwendung findet Titanweiß als reinweiße Farbe.

*Mischbarkeit mit anderen Farben.* Mit allen Farben mischbar. Die Aufhellung von Mischungen mit Teerfarben (Ausbleichen) wird durch Zusätze von Zinkweiß behoben.

*Beständigkeit.* Sehr lichtbeständig, sehr widerstandsfähig gegen atmosphärische Einflüsse sowie verdünnte Säuren und Laugen, hitzebeständig. Die Neigung zur Kreidung wird durch Zinkweißzusätze und bindemittelreiche Verarbeitung ausgeglichen. Neuerdings werden Titandioxyde mit hoher und höchster Kreidungsresistenz hergestellt.

*Wirkung auf die Gesundheit.* Unschädlich.

*Prüfung.* Im Titanweiß kann das Titandioxyd nach folgendem Verfahren nachgewiesen werden: Man schmilzt Titanweiß mit Kaliumbisulfat und laugt aus, oder man erhitzt im Reagensglas mit Schwefelsäure. Bei Zugabe von Wasserstoffsuperoxyd entsteht Gelbfärbung. Quantitative Bestimmung des Titanweiß erfolgt nach RAL 844 H.

## 8. Weißerde.

*Beinamen.* Tonerde, Kaolin, Bleicherde, Bolus, Glanzton, Porzellanerde, China clay.

*Zusammensetzung.* Wasserhaltiges Aluminiumsilikat, $Al_2O_3 \cdot 2SiO_2 \cdot 2H_2O$, mit natürlicher Beimengung von Quarz, Feldspat usw.

*Herstellung.* Natürlicher Ton wird durch Schlämmen und Mahlen aufbereitet.

*Handelssorten, Handelsform, Aufbewahrung.* Weißerde, Porzellanerde, China clay, Asmanit. Weißerde kommt pulverförmig in Papier- oder Jutesäcken in den Handel. Sie muß möglichst trocken aufbewahrt werden.

*Verwendung.* In Kalk, Leim, Kasein, Emulsion, Öl und Lack. Besondere Verwendung findet Weißerde als Unterlage für Teerfarbstoffe. Kaolin wird in großen Mengen zur Herstellung von künstlichen Ockern und Kalkfarben verwendet.

*Mischbarkeit mit anderen Farben.* Mit allen Farben mischbar, jedoch nicht immer vorteilhaft.

*Beständigkeit.* Lichtbeständig, luftbeständig, hitzebeständig.

*Wirkung auf die Gesundheit.* Unschädlich.

*Prüfung.* Beim Glühen mit Kobaltsalzen (Kobaltsulfat oder -nitrat) tritt Blaufärbung auf.

## 9. Zinkoxyd.

*Beinamen.* Zinkoxydweiß.

*Zusammensetzung.* Zinkoxyd, $ZnO$, bleihaltig.

*Herstellung.* Man gewinnt Zinkoxyd aus der aus Bleizinkerzen gewonnenen Zinkschlacke und aus dem bei der Kupferschieferverhüttung anfallenden Flugstaub.

*Handelssorten, Handelsform, Aufbewahrung.* Zinkoxyd ist durch RAL 844 C2 genormt. Es wird unter Firmenbezeichnungen mit 5 bis 20% Bleigehalt pulverförmig und als Ölpaste in den Handel gebracht. Es muß trocken und luftdicht abgeschlossen aufbewahrt werden.

*Verwendung.* In Kalk, Leim, Kasein, Öl und Lack. Zinkoxyd ist nicht verwendbar als Spirituslackfarbe und in Bindemitteln mit freien Harzsäuren. Bleiarme Sorten werden für Innenanstriche bevorzugt, während die Sorten mit höherem Bleigehalt nur für Außenanstriche verwendet werden.

*Mischbarkeit mit anderen Farben.* Mit allen Farben mischbar. Teerfarben werden mit der Zeit leicht aufgehellt.

*Beständigkeit.* Lichtbeständig, wetterbeständig, hitzebeständig.

*Wirkung auf die Gesundheit.* Wenn stark bleihaltig, ☠ *3!*

*Prüfung.* Blei wird durch die beim Übergießen von Zinkoxyd mit Schwefelnatriumlösung auftretende Schwarzfärbung erkannt.

## 10. Zinkweiß.

*Beinamen.* Chinesischweiß, Schneeweiß, Echtweiß, Metallzinkweiß.

*Zusammensetzung.* Zinkoxyd, ZnO.

*Herstellung.* Zinkweiß wird durch Verbrennen von metallischem Zink gewonnen.

*Handelssorten, Handelsform, Aufbewahrung.* Zinkweiß wird in drei, nach RAL 844 C 2 genormten Sorten, gehandelt, und zwar nach der Feinheit.

1. Sorte: Weißsiegel (bestes Weiß für Emaillelacke);
2. Sorte: Grünsiegel (Weiß für letzte Ölfarbenanstriche);
3. Sorte: Rotsiegel (mittleres Weiß als Mischfarbe).

Zinkweiß wird pulverförmig und als Ölpaste in Fässern gehandelt und muß trocken und luftdicht abgeschlossen aufbewahrt werden. Bei offener und feuchter Lagerung wird Zinkweiß körnig und verliert an Deckkraft. Unter Aufnahme von Kohlendioxyd bildet sich zum Teil Zinkkarbonat.

*Verwendung.* In Leim, Kasein, Öl, Lack und Wasserglas. Bedenklich für Kalk. Nicht verwendbar als Spirituslack und in Bindemitteln mit freien Harzsäuren.

*Mischbarkeit mit anderen Farben.* Mit allen Farben mischbar, mit Eisenblau ungünstig. Teerfarben werden häufig mit der Zeit stark aufgehellt.

*Beständigkeit.* Lichtbeständig, nicht sehr wetterbeständig.

*Wirkung auf die Gesundheit.* Bei Bleigehalt giftig, dann ☠ *3.*

*Prüfung.* Gelbfärbung in der Hitze, die beim Erkalten wieder verschwindet. Zinkweiß ist in Salzsäure, Salpetersäure sowie in Natron- und Kalilauge löslich. Quantitative Bestimmung durch Chemiker. Prüfung auf Bleigehalt siehe bei Zinkoxyd, Seite 439.

## II. Gelbe Farben.

### 1. Bariumgelb. ☠ *3.*

*Beinamen.* Barytgelb, Ultramaringelb, gelber Ultramarin.

*Zusammensetzung.* Chromsaures Barium, BaCrO$_4$.

*Herstellung.* Fällt als gelber Niederschlag beim Zusammenbringen von Chlorbarium- und Natriumdichromat aus.

*Handelssorten, Handelsform, Aufbewahrung.* Bariumgelb wird unter verschiedenen Phantasienamen (Firmenbezeichnung) gehandelt. Bekannte Handelssorten sind: Steinbühler Gelb und Ultramaringelb. Es kommt pulverförmig in Fässern in den Handel und muß trocken aufbewahrt werden.

*Verwendung.* In Leim und Öl. Bariumgelb wird wegen seiner geringen Ergiebigkeit selten angewandt. Neuerdings wird es für Fassaden empfohlen. In Emulsion und anderen wäßrigen Bindemitteln können Ausblühungen auftreten.

*Mischbarkeit mit anderen Farben.* Mit allen Farben mischbar, außer Farben mit Quecksilberverbindungen.

*Beständigkeit.* Lichtbeständig, wetterbeständig, hitzebeständig.

*Wirkung auf die Gesundheit.* Schädlich!

*Prüfung.* In verd. Salzsäure löslich, auf Zugabe von Schwefelsäure fällt weißes Bariumsulfat aus.

## 2. Cadmiumgelb.

*Beinamen.* Schwefelcadmium, Brillantgelb.

*Zusammensetzung.* Schwefelcadmium, $CdS$.

*Herstellung.* Cadmiumgelb entsteht bei der Fällung von Cadmiumsalzlösungen mit Schwefelwasserstoff oder Sulfidlösungen. *Cadmiumorange* bildet sich beim Fällen von mit Salzsäure angesäuerter Cadmiumsulfatlösung. Beim Zusammenbringen von Bariumsulfidlösungen mit Cadmiumsulfat entstehen Gemenge von Cadmiumsulfid und Bariumsulfat, die sog. *Kadmopone.*

*Handelssorten, Handelsform, Aufbewahrung.* Cadmiumgelb und Cadmiumorange werden selten unter Phantasienamen gehandelt. Sie kommen pulverförmig in Fässern in den Handel und sind möglichst trocken aufzubewahren.

*Verwendung.* In Leim, Öl und Lack (in Kalk, Wasserglas und Kasein nicht immer günstig). Wegen des hohen Preises wird Cadmiumgelb hauptsächlich als Aquarell- und Künstlerfarbe verwendet.

*Mischbarkeit mit anderen Farben.* Mit fast allen Farben mischbar. Nicht mischbar mit Kupferverbindungen: Schweinfurter Grün, Bremer Blau, Grünspan. Cadmium- farben sollen nicht mit bleihaltigen Farben gemischt werden.

*Beständigkeit.* Lichtbeständig, reine Sorten auch wetterbeständig. Die Wetter- beständigkeit hängt auch vom Bindemittel ab.

*Wirkung auf die Gesundheit.* Unschädlich.

*Prüfung.* Cadmiumgelb löst sich in Säuren unter Schwefelwasserstoffentwicklung vollständig auf.

## 3. Chromgelb. ⚖ 3.

*Beinamen.* Bleichromgelb, Postgelb, Kaisergelb, Neugelb, Pariser Gelb, Königs- gelb.

*Zusammensetzung.* Chromsaures Blei, $PbCrO_4$.

*Herstellung.* Durch Fällen von wasserlöslichen Bleisalzen (Acetat, Nitrat, Chlorid) mit Lösungen von Chromsalzen (Natrium- und Kaliumchromat, Natrium- und Kaliumdichromat).

*Handelssorten, Handelsform, Aufbewahrung.* Chromgelb rein und verschiedene Verschnitte, mit Postgelb und sonstigen Phantasienamen bezeichnet. Chromgelb wird pulverförmig in Fässern und in Stücken gehandelt. Es ist trocken und als giftige Farbe den Vorschriften entsprechend aufzubewahren.

*Verwendung.* In Leim, Öl und Lack. Nicht verträglich mit alkalischen Binde- mitteln wie Kalk und Kasein. Auch der Grund darf nicht alkalisch reagieren, da sonst Flecke auftreten. Man prüfe daher den Grund auf Alkalität mit Phenol- phthaleinpapier. Manche unangenehme Überraschung bleibt dadurch erspart. Besondere Anwendung findet Chromgelb als Grund für Blattvergoldungen.

*Mischbarkeit mit anderen Farben.* Mit fast allen Farben mischbar, ungünstig sind schwefel- und kupferhaltige Farben.

*Beständigkeit.* Lichtbeständig, gute Sorten auch wetterbeständig, hitzebeständig.

*Wirkung auf die Gesundheit.* Schädlich!

*Prüfung.* In 10%iger Natronlauge ist reines Bleichromat bei Zimmertemperatur oder schwachem Erwärmen restlos löslich. Mit Ausnahme von Bleiweiß und Zink- oxyd bleiben Streckmittel zurück. Zusatz von Bleiweiß wird bei Zugabe von verd. Salpetersäure am Aufbrausen erkannt. Schwarzfärbung durch Schwefelbleibildung bei Einwirkung von Schwefelwasserstoff oder Schwefelnatriumlösung. Teerfarben werden durch Spiritus oder Benzol gefunden.

### 4. Erdocker.

*Beinamen.* Gelbocker, Goldocker, gelbe Erde, Satinocker, Leimocker, Ölocker, Metallocker, Eisenocker.

*Zusammensetzung.* Tonhaltiges Eisenoxydhydrat.

*Herstellung.* Ocker kommt natürlich vor und wird bergmännisch im Tage- oder Untertagebau gewonnen und durch Schlämmen und Mahlen aufbereitet.

*Handelssorten, Handelsform, Aufbewahrung.* Ocker wird in verschiedenen Farbtönen gehandelt, z. B. Goldocker, heller Ocker, oder nach RAL nach dem Eisengehalt als Eisenocker mit mindestens 15% Eisenoxyd, $Fe_2O_3$, und kalkarmer Eisenocker mit mindestens 15% Eisenoxyd und höchstens 5% Kalk ($CaO + MgO$). Als *künstlicher Ocker* kommt ein Verschnitt von künstlichem Eisenoxyd mit Kaolin, Farbspat und Schwerspat in den Handel. Der Eisenoxydgehalt muß mindestens 15% betragen. Da die einzelnen Ockerarten sehr verschieden sind, kauft man am besten nur nach Muster. Ocker wird ferner nach Fundorten gehandelt: Amberger Ocker, Kitzinger Ocker, Französischer Ocker u. a. Er kommt pulverförmig in Fässern zum Verkauf und muß trocken aufbewahrt werden. Eisenocker ist genormt in RAL 844 E.

*Verwendung.* In Kalk, Leim, Kasein, Wasserglas. Für Öl kommen nur die eisenreichen Ölocker in Betracht. Für Außenarbeiten darf nur gipsfreier Ocker verwendet werden.

*Mischbarkeit mit anderen Farben.* Mit allen Farben mischbar.

*Beständigkeit.* Licht- und luftbeständig, wenn nicht geschönt.

*Wirkung auf die Gesundheit.* Unschädlich.

*Prüfung.* Die sehr schwierige quantitative Untersuchung wird selten durchgeführt. Ocker wird von Säure zersetzt. Beim Erwärmen mit Salzsäure entsteht Eisenchlorid, das mit gelbem Blutlaugensalz als blaues Berliner Blau ausfällt. Gegen Alkalien und Schwefelwasserstoff ist Ocker unempfindlich.

### 5. Kalkgelb.

*Beinamen.* Brillantocker.

*Zusammensetzung.* Kalkgelb besteht aus gelben Teerfarbstoffen und Substraten.

*Herstellung.* Kalkgelb wird meistens durch Mischen von licht- und kalkechten Teerfarbstoffen (z. B. Hansagelb) mit Substraten (Schwerspat, Weißerde, Kaolin, Ocker) hergestellt. Eine zweite Herstellungsart besteht im Niederschlagen von Farblacken (z. B. Auramin auf Grünerde).

*Handelssorten, Handelsform, Aufbewahrung.* Kalkgelb wird in den verschiedensten Tönungen gehandelt, vom hellen Gelb bis zum Altgoldton (beste Sorten aus „Hansagelb"). Wichtig ist völlige Kalkechtheit. Kalkunechte Sorten sollen als „Wandgelb" bezeichnet werden. Kalkgelb kommt pulverförmig in Fässern in den Handel und soll möglichst trocken aufbewahrt werden.

*Verwendung.* In Kalk, Leim und Kasein, Wandgelb nur in Leim.

*Mischbarkeit mit anderen Farben.* Mit sog. Kalk- und Leimfarben mischbar. Die Mischung mit Farben für ölige Bindemittel ist unwirtschaftlich.

*Prüfung.* Beim Glühen hinterbleibt nach Zerstörung der organischen Substanz das Substrat. Durch Lösungsmittel läßt sich der Teerfarbstoff herauslösen. Kalkgelb ist stets auf Ausgiebigkeit zu prüfen zur Feststellung der Preiswürdigkeit.

## 6. Marsgelb.

*Beinamen.* Eisenoxydgelb, Ferritgelb.

*Zusammensetzung.* Eisenoxydhydrat, $Fe_2O_3 \cdot 3H_2O$.

*Herstellung.* Durch Fällen von Eisensalzlösungen (Eisenchlorür, Eisenvitriol) mit Calciumhydroxyd, $Ca(OH)_2$, Soda, $Na_2CO_3$, oder Salmiakgeist, $NH_4OH$. Bei der Herstellung von Anilin durch Reduktion mit Nitrobenzol mit Eisenfeilspänen, Salzsäure und Wasser entsteht als Nebenprodukt Eisenoxydhydrat, das als Farbstoff verwendet wird.

*Handelssorten, Handelsform, Aufbewahrung.* Marsgelb kommt in verschiedenen Tönungen, gipsfrei und gipshaltig, pulverförmig in Fässern in den Handel. Es muß trocken aufbewahrt werden.

*Verwendung.* In Kalk, Leim und Öl, in Wasserglas nur gipsfreie Sorten. Einige Sorten sind in Öl leicht blutend.

*Mischbarkeit mit anderen Farben.* Mit allen Farben mischbar.

*Beständigkeit.* Lichtbeständig, wetterbeständig sind nur gipsfreie Sorten.

*Wirkung auf die Gesundheit.* Unschädlich.

*Prüfung.* In verd. heißer Schwefelsäure löslich. Auf Zusatz von gelbem Blutlaugensalz blaue Fällung.

## 7. Terra di Siena natur.

*Beinamen.* Braunerde, Italienischer Ocker, Gelber Bolus.

*Zusammensetzung.* Kolloidale Kieselsäure und Eisenoxydhydrat mit Ton und Calciumkarbonat.

*Herstellung.* Die natürlich vorkommende Sienaerde (deutsche Sienaerde wird in Bayern — Oberpfalz — gewonnen) wird bergmännisch abgebaut und durch Schlämmen und Mahlen aufbereitet.

*Handelssorten, Handelsform, Aufbewahrung.* Terra di Siena kommt als italienische und deutsche Erde unterschiedlich nach Tönen in den Handel. Sie wird pulverförmig in Fässern und teigförmig als Aderlasurfarbe in kleineren Gebinden verkauft. Die Trockenfarbe muß trocken aufbewahrt werden, die Lasurfarbe ist feucht zu halten und luftdicht abzuschließen.

*Verwendung.* In Kalk und Leim in Öl und Lack lasierend; in Kasein und Wasserglas nur gipsfreie Sorten. Besondere Verwendung findet Terra di Siena als Aderfarbe für Holzimitationen, in Essig-, Öl- und ähnlichen Lasuren.

*Mischbarkeit mit anderen Farben.* Mit allen Farben mischbar.

*Beständigkeit.* Licht- und wetterbeständig, wenn nicht geschönt.

*Wirkung auf die Gesundheit.* Unschädlich.

*Prüfung.* Beim Kochen mit Salzsäure wird das Eisenoxydhydrat aufgelöst, und es hinterbleibt Kieselsäuregallerte. Die quantitative Analyse ist schwierig und kann nur durch Chemiker durchgeführt werden. Die Terra di Siena unterscheidet sich von Ocker durch ihre geringere Deckkraft, und sie verbraucht mehr Öl. Die Prüfung auf Schönung durch Teerfarbstoffe wird mit Lösungsmitteln (Benzol usw.) durchgeführt.

## 8. Zinkgelb. ⚯ 3.

*Beinamen.* Zitronengelb, Zinkchromgelb, Samtgelb.

*Zusammensetzung.* Chromsaures Zink, $ZnCrO_4$.

*Herstellung.* Zinkoxyd wird in Wasser fein verteilt und bei etwa 50° durch Zugabe konzentrierter Schwefelsäure zum Teil in Zinksulfat umgewandelt. Unter Umrühren wird mit Kaliumdichromat gefällt. Säure- und Salzreste müssen gut ausgewaschen werden, um Veränderungen der streichfertigen Farbe zu vermeiden.

*Handelssorten, Handelsform, Aufbewahrung.* Zinkgelb kommt fast nur rein in den Handel. Es wird pulverförmig in Fässern gehandelt und muß trocken und als giftige Farbe den Vorschriften entsprechend aufbewahrt werden.

*Verwendung.* In Leim, Öl und Lack, nicht in alkalischen Bindemitteln. Besondere Verwendung findet Zinkgelb zur Aufbereitung von Zinkgrünen (Viktoriagrün).

*Mischbarkeit mit anderen Farben.* Mit allen Farben mischbar.

*Beständigkeit.* Gut licht- und wetterbeständig, hitzebeständig.

*Wirkung auf die Gesundheit.* Schwach giftig!

*Prüfung.* In Natronlauge löslich unter Bildung von Zinkhydroxyd. Beim Kochen mit Sodalösung geht die Chromsäure in Lösung. Verschnitt wird als unlöslicher Rückstand beim Lösen in Salzsäure gefunden. Schönung mit Teerfarben wird durch den Löseversuch mit Spiritus oder Benzol festgestellt.

## III. Rote Farben.

### 1. Bleimennige. ☠ 3.

*Beinamen.* Mennige, Bleirot, Saturnrot, Saturnzinnober, Minium.

*Zusammensetzung.* Bleiorthoplumbat $Pb_2[PbO_4]$, $Pb_3O_4$.

*Herstellung.* Mennige entsteht beim Erhitzen von Bleioxyd, Bleiglätte, $PbO$, auf etwa 500° an der Luft.

*Handelssorten, Handelsform, Aufbewahrung.* Bleimennige kommt in verschiedenen Sorten in den Handel. Diese sind genormt nach RAL 844 D und unterscheiden sich durch den Gehalt an Bleidioxyd, $PbO_2$, und die Feinheit:

Gewöhnliche Bleimennige      mit 26% $PbO_2$
Orangemennige               mit 27% $PbO_2$
Bleimennige hochprozentig    mit 31,5% $PbO_2$
Hochdisperse Bleimennige     mit 32,5% $PbO_2$

„Bundesbahnmennige" ist verschnitten mit 40% Schwerspat oder 40% Eisenoxyd.

Bleimennige kommt als Pulver und die beiden zuletztgenannten Sorten auch als Ölpaste in den Handel. In Öl angeriebene Mennige darf nicht lange lagern, da sich die bildende Bleiseife nur noch schwer oder gar nicht mehr gebrauchsfertig machen läßt. Bleimennige daher immer erst kurz vor dem Gebrauch mit Firnis anrühren!

Bleimennige wird in Fässern und Hobbocks gehandelt; sie muß trocken und die Ölpaste mit Öl überschichtet nach den Vorschriften für Giftfarben aufbewahrt werden.

*Verwendung.* In Öl. Besondere Bedeutung hat die Bleimennige als Rostschutzfarbe und -kitt. Mennige wird auch als Farbunterlage für rote Farben verwendet.

*Mischbarkeit mit anderen Farben.* Mit fast allen Farben mischbar. Die Mischung mit schwefel- und kupferhaltigen Farben ist ungünstig.

*Beständigkeit.* Wenig lichtbeständig. Als letzte Anstrichfarbe wenig wetterbeständig. Als Grundfarbe auf Eisen sehr guter Rostschutz; hitzebeständig.

*Wirkung auf die Gesundheit.* Schädlich!

*Prüfung.* Mennige wird von Schwefelwasserstoff und Natriumsulfidlösung infolge Bildung von Bleisulfid schwarz gefärbt. Salzsäure löst Mennige unter Chlorentwicklung auf. Durch die Einwirkung von Salpetersäure entsteht braunes Bleidioxyd.

### 2. Chromrot. ☠ 3.

*Beinamen.* Chromzinnober, Wiener Rot, Viktoriarot, Persischrot (helle Sorten Chromorange).

*Zusammensetzung.* Basisches Bleichromat, $PbCrO_4 \cdot Pb(OH)_2$.

*Herstellung.* Durch Fällung von Natriumchromat (nicht Dichromat) mit Lösungen von Bleisalzen (z. B. Bleiacetat) in Gegenwart einer Base (z. B. Natronlauge oder Sodalösung). Der dabei erzielte Farbton hängt von der Alkalimenge ab. Auch Chromgelb färbt sich bei Zusatz von Basen rot.

*Handelssorten, Handelsform, Aufbewahrung.* Man unterscheidet zwischen (nicht genormten) reinen und verschnittenen Sorten in verschiedenen Tönen. Chromrot kommt pulverförmig in den Handel und soll trocken und als Giftfarbe entsprechend den Vorschriften aufbewahrt werden.

*Verwendung.* In Kalk, Leim, Kasein, Öl und Lack. Des hohen Preises wegen wird Chromrot fast nur als Künstlerfarbe verwendet.

*Mischbarkeit mit anderen Farben.* Mit fast allen Farben mischbar; Schwefelverbindungen sind ungünstig.

*Beständigkeit.* Lichtbeständig, wetterbeständig, hitzebeständig.

*Wirkung auf die Gesundheit.* Schädlich!

*Prüfung.* Siehe Chromgelb S. 441.

### 3. Eisenoxydrot.

*Beinamen.* Pompejanischrot, Indischrot, Eisenrot, Eisenmennige, Eisenzinnober, Caput mortuum, Morellensalz, Englischrot, Oxydrot.

*Zusammensetzung.* Eisenoxyd, $Fe_2O_3$, rein oder mit Substrat.

*Herstellung.* Eisenoxydrot wird entweder durch Rösten von eisenhaltigen Stoffen (Eisenerze, Kiesabbrände) oder direktes Aufbereiten von natürlich vorkommenden Gesteinen (Eisenglimmer, Roteisenstein, roter Ocker, roter Bolus usw.) oder auf nassem Wege durch Fällen und anschließendes Brennen hergestellt.

*Handelssorten, Handelsform, Aufbewahrung.* Es befinden sich eine große Zahl von Eisenoxydrotsorten am Markt: Reine Sorten als Eisenoxydrot, Eisenmennige und Oxydrot, violettstichige als Caput mortuum. Verschnittene und geschönte Sorten: Englischrot. Substrathaltige Sorten: Marsrot; außerdem auch Sorten unter Phantasienamen. Eisenoxydrot gelangt pulverförmig in Fässern oder Papiersäcken in den Handel und ist trocken aufzubewahren.

*Verwendung.* In Kalk, Leim, Kasein, Öl und Lack; mit Wasserglas sind nur gipsfreie Sorten verträglich.

*Mischbarkeit mit anderen Farben.* Mit allen Farben mischbar.

*Beständigkeit.* Lichtbeständig, wetterbeständig, hitzebeständig.

*Wirkung auf die Gesundheit.* Unschädlich.

*Prüfung.* Wird Eisenoxydrot mit Salzsäure 1:3 gekocht, geht das $Fe_2O_3$ in Lösung. Ungelöster weißer Rückstand läßt auf Verschnitt schließen. Beim Anreiben mit Wasserglas stocken diejenigen Sorten, die freie Säure oder Sulfate enthalten.

### 4. Kalkrot.

*Beinamen.* Moderot, Zinnoberersatz, Karminersatz.

*Zusammensetzung.* Teerfarblack.

*Herstellung.* Aus licht- und kalkechten organischen Pigmentfarblacken durch Verkollern mit Schwerspat.

*Handelssorten, Handelsform, Aufbewahrung.* Kalkrot kommt in verschiedenen Tönungen in den Handel. Mit Kalkrot bezeichnete Sorten müssen kalkecht sein. Kalkunechte Sorten sollen als „Wandrot" bezeichnet werden. Kalkrot kommt pulverförmig in Fässern in den Handel. Es muß trocken aufbewahrt werden.

*Verwendung.* In Kalk, Leim, Kasein. Kalkrot wird als Fassadenfarbe, Wandrot als Leimfarbe verwendet.

*Mischbarkeit mit anderen Farben.* Mit sog. Kalk- und Leimfarben mischbar. Mischung mit teuren Mineralfarben unwirtschaftlich.

*Beständigkeit.* Lichtbeständig, bedingt wetterbeständig.

*Wirkung auf die Gesundheit.* Unschädlich.

*Prüfung.* Siehe Kalkgelb S. 442.

## 5. Signalrot.

*Beinamen.* Solidrot, Echtrot, Permanentrot, Zinnoberersatz, Schilderrot.

*Zusammensetzung.* Teerfarbstoff, der gegebenenfalls Mennige enthält.

*Herstellung.* Signalrot wird z. B. durch Mischen von Helioechtrot RL mit Blei-mennige als Substrat im Kollergang erhalten.

*Handelssorten, Handelsform, Aufbewahrung.* Signalrot nach den Vorschriften der Deutschen Bundesbahn. Es wird in verschiedenen Tönen unter Phantasienamen in den Handel gebracht. Signalrot wird pulverförmig in Fässern abgepackt und muß trocken aufbewahrt werden.

*Verwendung.* In Lack, Öl und Leim. Signalrot wird besonders für Verkehrs-zeichen verwendet.

*Mischbarkeit mit anderen Farben.* Mit allen Farben mischbar. Die mit Blei-mennige geschönten Farben sind nur bedingt mischbar.

*Beständigkeit.* Je nach verwendetem Teerfarbstoff mehr oder weniger lichtecht, wetterbeständig.

*Wirkung auf die Gesundheit.* Wenn bleifrei, unschädlich.

*Prüfung.* Durch Glühen wird Teerfarbstoff zerstört, und es hinterbleibt das Sub-strat. Blei wird durch die Reaktion mit Sulfidlösungen gefunden.

## 6. Terra di Siena, gebrannt.

*Beinamen.* Keine.

*Zusammensetzung.* Tonhaltiges Eisenoxyd, $Fe_2O_3$, mit Kalk und Quarz.

*Herstellung.* Durch Brennen von natürlicher Terra di Siena.

*Handelssorten, Handelsform, Aufbewahrung.* Gebrannte Terra di Siena wird nur in einer Sorte pulverförmig in Fässern oder teigförmig in Büchsen als Aderfarbe gehandelt. Die Trockenfarbe ist trocken, die Lasurfarbe feucht zu halten und muß möglichst luftdicht aufbewahrt werden.

*Verwendung.* In Kalk, Leim, Kasein, Wasserglas, Öl und Lack. Besondere An-wendung findet Terra di Siena gebrannt als Aderfarbe für Mahagoniholzimitation oder andere Edelholzimitationen in Essig-, Öl- oder Lacklasur.

*Mischbarkeit mit anderen Farben.* Mit allen Farben verträglich.

*Beständigkeit.* Lichtbeständig, wenn nicht geschönt, wetterbeständig, hitze-beständig.

*Wirkung auf die Gesundheit.* Unschädlich.

*Prüfung.* In heißer verd. Schwefelsäure geht Eisenoxyd in Lösung, und die Beimengungen bleiben zurück. Alkalische Reaktion wird mit rotem Lackmuspapier festgestellt.

## 7. Ultramarinrot.

Siehe Ultramarinviolett S. 456.

## 8. Zinnober.

*Beinamen.* Karminzinnober, Quecksilber-Sulfidrot.

*Zusammensetzung.* Quecksilbersulfid, $HgS$ (Schwefelquecksilber).

*Herstellung.* Zinnober wird aus dem natürlich vorkommenden Mineral Bergzinnober oder aus Schwefel und Quecksilber auf trockenem und nassem Wege gewonnen.

*Handelssorten, Handelsform, Aufbewahrung.* Im Handel befinden sich echter Zinnober (Quecksilbersulfid) und Zinnoberersatz (mit Mennige gemischte oder auf Mennige gefällte Teerfarblacke). Bergzinnober ist wegen seines hohen Preises selten im Handel. Die Zinnobersorten werden pulverförmig in Fässern gehandelt und müssen trocken aufbewahrt werden.

*Verwendung.* Zinnober echt in Kalk, Leim, Kasein, Öl und Lack. Wegen des hohen Preises wird echter Zinnober hauptsächlich nur als Künstlerfarbe in Tuben verwendet. Bei Zinnoberersatz hängt die Verwendbarkeit von der Zusammensetzung ab.

*Mischbarkeit mit anderen Farben.* Reiner Zinnober ist mit allen Farben mischbar, mit Blei- und Kupferfarben jedoch bedenklich. Zinnober ist besonders gegen saure Bindemittel empfindlich.

*Beständigkeit.* Zinnober echt ist bedingt lichtbeständig und dunkelt leicht nach; wetterbeständig.

*Wirkung auf die Gesundheit.* Unschädlich, wenn nicht mit Bleimennige aufbereitet.

*Prüfung.* Beim Erhitzen verbrennt Zinnober mit blauer Flamme und entwickelt am Geruch erkennbares Schwefeldioxyd. Im Glühröhrchen verflüchtigt sich Zinnober restlos, und es hinterbleibt das Substrat. An der kalten Reagensglaswand scheidet sich Quecksilber in Form feiner Tropfen oder als Spiegel ab. Färbt sich der Rückstand mit Schwefelnatrium schwarz, so ist Blei anwesend. Schönung mit Teerfarben wird durch den Löseversuch mit Alkohol oder Benzol erkannt.

## IV. Blaue Farben.

### 1. Bremer Blau. ☠ 3.

*Beinamen.* Braunschweiger Blau, Bremer Grün, Bergblau, Lasurblau, Neuwieder Blau (Mineralblau).

*Zusammensetzung.* Wasserhaltiges Kupferhydroxyd, $Cu(OH)_2$.

*Herstellung.* Bremer Blau wird erhalten beim Fällen von Kupfervitriollösung mit Natronlauge.

*Handelssorten, Handelsform, Aufbewahrung.* Die reine Sorte Bremer Blau echt (Kupferblau); Bremer Blau Verschnitt, mehr oder weniger verschnitthaltig, auch geschönt; als Bremer Blau imitiert kommen auch Teerfarblacke in den Handel aus verschiedenen Teerfarbstoffen mit Substraten. Bremer-Blau-Sorten werden pulverförmig, Bremer Blau echt auch in Stücken gehandelt; sie müssen trocken aufbewahrt werden. Bremer Blau echt als Giftfarbe entsprechend den Vorschriften.

*Verwendung.* In Kalk, Leim, Wasserglas; in Öl lasiert es grünlich. Besondere Anwendung findet Bremer Blau echt in der Theatermalerei und außerdem wegen seiner Giftigkeit zum Anstrich von Schiffsaußenwänden.

*Mischbarkeit mit anderen Farben.* Bedingt mischbar mit fast allen Farben; ungünstig mit schwefelhaltigen Farben.

*Beständigkeit.* Nicht lichtbeständig, bedingt wetterbeständig, bedingt hitzebeständig.

*Wirkung auf die Gesundheit.* Schädlich!

*Prüfung.* In Salmiakgeist unter Bildung eines tiefblauen Komplexsalzes löslich. Verschnitt bleibt ungelöst zurück. Schwefelwasserstoff färbt schwarz unter Bildung von Kupfersulfid. Schönung mit Teerfarben wird durch Lösungsversuch mit Spiritus oder Benzol erkannt.

## 2. Eisenblau.

*Beinamen.* Berliner Blau, Preußischblau, Pariser Blau, Miloriblau, Diesbacher Blau, Stahlblau, Modeblau.

*Zusammensetzung.* Ferriferrocyanid $Fe_4[Fe(CN)_6]_3$.

*Herstellung.* Durch Fällen von Ferrosalzlösungen (Eisenvitriol, Eisenchlorür) mit gelbem Blutlaugensalz. Das entstehende weiße Ferroferrocyanid wird mit Oxydationsmitteln zu Ferriferrocyanid oxydiert. Aus Eisenchlorid ($FeCl_3$) und gelbem Blutlaugensalz wird das Berliner Blau direkt erhalten.

*Handelssorten, Handelsform, Aufbewahrung.* Eisenblau (Berliner Blau) rein; viele Sorten mit hohem Verschnittgehalt oder mit Lithopone vermischt unter Phantasienamen. Eisenblausorten kommen pulverförmig, reine Sorten auch in Stücken in Fässern in den Handel und müssen trocken aufbewahrt werden.

*Verwendung.* In Leim, Öl und Lack; nicht in alkalischen Bindemitteln. Besondere Anwendung findet Eisenblau als Öl- und Lacklasurfarbe. Zinkgelb mit Eisenblau gekollert ergibt die beliebten licht- und wetterbeständigen Zinkgrüne.

*Mischbarkeit mit anderen Farben.* Mit allen Farben mischbar.

*Beständigkeit.* Lichtbeständig, wetterbeständig, bei hohen Temperaturen zerstört.

*Wirkung auf die Gesundheit.* Unschädlich.

*Prüfung.* Bei Zusatz von Laugen Braunfärbung; Salzsäure bewirkt wieder Blaufärbung. Berliner Blau färbt sich beim Erhitzen unter Blausäure-Entwicklung braun. (Vorsicht!) Teerfarbstoffe werden mit Spiritus oder Benzol herausgelöst. Das Berliner Blau setzt sich in der Lösung sehr langsam ab. Man gießt daher einen Teil der Flüssigkeit auf Filtrierpapier. Wenn der auslaufende Rand blaugefärbt ist, liegt Schönung mit Teerfarbstoffen vor.

### 3. Kalkblau.

*Beinamen.* Wandblau, Ultramarinersatz.

*Zusammensetzung.* Teerfarbstoffe mit Substraten.

*Herstellung.* Teerfarben werden auf Grünerde oder Weißerde (Wandblau) fixiert. Kalkblau wird auch aus unlöslichen Teerfarben, z. B. auch aus Indanthrenblau hergestellt.

*Handelssorten, Handelsform, Aufbewahrung.* Kalkblau wird in verschiedenen Tönungen gehandelt. Kalkunechte Sorten werden als „Wandblau" bezeichnet. Diese sind vielfach unter Phantasienamen im Handel. Kalkblau wird pulverförmig gehandelt. Es muß trocken aufbewahrt werden.

*Verwendung.* In Kalk, Leim, Kasein. Besonders für Fassaden- und Wandanstriche verwendet.

*Mischbarkeit mit anderen Farben.* Mit sog. Kalk- und Leimfarben mischbar. Mischung mit Farben für ölige Bindemittel unwirtschaftlich.

*Beständigkeit.* Bedingt lichtbeständig, bedingt wetterbeständig.

*Wirkung auf die Gesundheit.* Unschädlich.

*Prüfung.* Beim Glühen wird der Teerfarbstoff zerstört, das Substrat bleibt zurück.

### 4. Kobaltblau.

*Beinamen.* Cölinblau, Thénardsblau, Azurblau, Königsblau.

*Zusammensetzung.* Kobaltaluminat, $CoO \cdot Al_2O_3$.

*Herstellung.* Kobaltblau wird durch Glühen von Kobaltsalzen mit Tonerde oder Alaun gewonnen.

*Handelssorten, Handelsform, Aufbewahrung.* Kobaltblau echt; gestreckte Sorten in verschiedenen Tönen unter Phantasienamen. Kobaltblau imitiert (Teerfarblack) ebenfalls in verschiedenen Tönen unter Phantasiebezeichnungen. Die Kobaltblausorten kommen pulverförmig in den Handel und sind trocken aufzubewahren. Für arsenhaltige Sorten gelten die Giftvorschriften.

*Verwendung.* In Kalk, Leim, Kasein, Wasserglas, Öl und Lack; bei imitiertem Kobaltblau hängt die Verwendung vom Substrat ab. Reines Kobaltblau wird als Künstler- und Porzellanfarbe verwendet, in Öl und Lack ist es ein guter Trockner (vgl. Seite 484).

*Mischbarkeit mit anderen Farben.* Mit allen Farben mischbar.

*Beständigkeit.* Lichtbeständig, Imitationen bedingt lichtbeständig, wetterbeständig, hitzebeständig.

*Wirkung auf die Gesundheit.* Unschädlich; *arsenhaltige Sorten* ⚕ *1.*

*Prüfung.* Reines Kobaltblau wird nur in der Hitze durch Salzsäure zersetzt. Gegen sonstige Säuren und Laugen beständig. Die Boraxperle wird blau gefärbt. Durch Glühen wird reines Kobaltblau, im Gegensatz zu verschnittenen Sorten, nicht verändert.

### 5. Ultramarinblau (Ultramaringrün).

*Beinamen.* Neublau, Permanentblau.

*Zusammensetzung.* Natrium-Aluminium-Kieselsäure-Schwefel-Verbindungen.

*Herstellung.* Durch Brennen von Kaolin und Quarz mit Natriumsulfat und Kohle (Sulfatverfahren) oder mit Soda, Schwefel und Kohle (Sodaverfahren).

*Handelssorten, Handelsform, Aufbewahrung.* Ultramarinblau rein und verschnitten in verschiedenen Tönen, selten unter Phantasienamen. Ultramarinsorten kommen pulverförmig in Fässern in den Handel und müssen trocken aufbewahrt werden.

*Verwendung.* Reine Sorten in Kalk, Leim, Kasein, Wasserglas, Öl und Lack. Bei verschnittenen Sorten richtet sich die Verwendbarkeit nach dem Streckmittel.

*Mischbarkeit mit anderen Farben.* Mit fast allen Farben mischbar; bedingt mischbar mit blei- und kupferhaltigen Farben. Ultramarin in Öl dick angerieben ist nicht lange lagerfähig. Es dickt ein und läßt sich unter Umständen unter Zusatz von Leinölfirnis nur noch in der Farbenreibmaschine wieder brauchbar zurechtrichten.

*Beständigkeit.* Reine Sorten und die meisten verschnittenen Sorten lichtbeständig, wetterbeständig und hitzebeständig. Bei Ultramarinölanstrichen auf Steinplatten konnte beobachtet werden, daß die Anstriche Risse zeigten.

*Wirkung auf die Gesundheit.* Unschädlich.

*Prüfung.* In Säuren unter Schwefelwasserstoffentwicklung teilweise löslich.

## V. Graue Farben.

### 1. Graue Erde.

*Beinamen.* Erdgrau.

*Zusammensetzung.* Eisenhaltige kieselsaure Tonerde.

*Herstellung.* Die Graue Erde wird gegraben, gemahlen und geschlämmt.

*Handelssorten, Handelsform, Aufbewahrung.* Graue Erde wird unter verschiedenen Namen, meist Hessische Erde, pulverförmig in Säcken und Fässern in den Handel gebracht. Sie muß trocken aufbewahrt werden.

*Verwendung.* In Kalk, Leim, Kasein und Öl. Graue Erde wird nur selten und als billige Grundierfarbe verwendet.

*Mischbarkeit mit anderen Farben.* Mit allen Farben mischbar.

*Beständigkeit.* Lichtbeständig.

*Wirkung auf die Gesundheit.* Unschädlich.

*Prüfung.* Graue Erde ist in Säuren und Laugen unlöslich. Beim Glühen färbt sie sich schmutzig-braun.

## 2. Schiefergrau.

*Beinamen.* Mineralgrau, Steingrau, Silbergrau.

*Zusammensetzung.* Kohlenstoffhaltiger Tonschiefer.

*Herstellung.* Schiefergrau wird durch Mahlen und Sichten von Tonschiefer gewonnen.

*Handelssorten, Handelsform, Aufbewahrung.* Schiefergrau kommt fast nur als Farbe für Spachtelmassen unter der Bezeichnung „Fillingup" pulverförmig in Fässern in den Handel. Der Kauf erfolgt am besten nach Muster, weil kein Anspruch auf bestimmte Zusammensetzung besteht. Sie muß trocken aufbewahrt werden.

*Verwendung.* In Kalk, Leim, Kasein, Wasserglas, Öl und Lack. Schiefergrau wird als billige Grundierfarbe verwendet.

*Mischbarkeit mit anderen Farben.* Mit allen Farben mischbar.

*Beständigkeit.* Lichtbeständig, bedingt wetterbeständig, hitzebeständig.

*Wirkung auf die Gesundheit.* Unschädlich.

*Prüfung.* Schiefergrau ist in Laugen und Säuren unlöslich. Bei Fillingup-Arten des Handels, die aus Gemischen von Lithopone-Abfall, weißem Ton, Zinkgrau u. a. bestehen, empfiehlt sich eine Zinkbestimmung.

## 3. Zinkgrau.

*Beinamen.* Zinkoxydgrau, Brückengrau, Diamantgrau, Eisengrau, Metallgrau, Silbergrau, Zinkblende, Zinkstaub.

*Zusammensetzung.* Verschieden; z. B. bleihaltiges graues Hüttenzinkoxyd, Mischungen von Zinkfarben (Zinkweiß oder Lithopone) mit Schwarz (Ruß, Kohleschwarz), Zinkstaub, gemahlene Zinkblende, $ZnS$ (Schwefelzinkgrau).

*Herstellung.* Je nach der Zusammensetzung (siehe diese) verschieden.

*Handelssorten, Handelsform, Aufbewahrung.* Zinkgrau kommt unter Markenbezeichnungen und Phantasienamen in den Handel. Es wird pulverförmig in Fässern abgepackt und muß trocken, möglichst unter Luftabschluß aufbewahrt werden.

*Verwendung.* In Öl. Zinkgrau wird als Ölgrundfarbe für Maschinen usw. verwendet. Seine rostschützende Wirkung ist vom Zinkgehalt abhängig.

*Mischbarkeit mit anderen Farben.* Echtes Zinkgrau ist mit fast allen Farben mischbar. Bei zusammengesetzten Sorten hängt die Mischbarkeit von den Einzelbestandteilen ab.

*Beständigkeit.* Schwach lichtbeständig.

*Wirkung auf die Gesundheit.* Schwach giftig, häufig auch bleihaltig.

*Prüfung.* Metallisches Zink und Zinkweiß werden von Salzsäure restlos aufgelöst. Ruß und andere schwarze Farben bleiben ungelöst zurück (oben schwimmend oder am Boden). Lithopone ist am Schwefelwasserstoffgeruch erkennbar. Zinkblende kann nur mit Hilfe von Salpetersäure restlos aufgelöst werden unter Abscheidung von Schwefel.

## VI. Grüne Farben.

### 1. Chromgrün. ☠ 3.

*Beinamen.* Bleichromgrün, Russischgrün, Deckgrün, Resedagrün, Zinnobergrün, Ölgrün, Moosgrün, Olivgrün, Laubgrün, Seidengrün.

*Zusammensetzung.* Mischung aus Chromgelb, Bleichromat, $PbCrO_4$ (s. S. 441) und Berliner Blau, Ferriferrocyanid, $Fe_4[Fe(CN)_6]_3$ (s. S. 448).

*Herstellung.* Chromgelb und Berliner Blau werden trocken oder naß in Koller-gängen gemischt.

*Handelssorten, Handelsform, Aufbewahrung.* Chromgrün rein hell, mittel und dunkel; verschnittene Chromgrüne in verschiedenen Tönen unter Phantasienamen. Chromgrünsorten werden pulverförmig gehandelt, müssen trocken und als Gift-farben entsprechend den Vorschriften aufbewahrt werden.

*Verwendung.* In Leim, Öl und Lack; nicht in alkalischen Bindemitteln.

*Mischbarkeit mit anderen Farben.* Mit fast allen Farben mischbar, bedingt mischbar mit schwefelhaltigen Farben.

*Beständigkeit.* Lichtbeständig, wetterbeständig, hitzebeständig, aber nicht alle Sorten; daher vorher prüfen.

*Wirkung auf die Gesundheit.* Schädlich!

*Prüfung.* Schwache Laugen färben rot. Schwefelwasserstoff oder Schwefel-natriumlösung färben schwarz durch die Bildung von Schwefelblei. Die qualitative Prüfung auf Verschnitt läßt sich auf folgendem Wege durchführen: Chromgrün wird mit der 30fachen Menge 10%iger Kalilauge erwärmt. Hierbei geht Bleichromat in Lösung, und das Eisen des Berliner Blaus wird in braunes Hydroxyd umgewandelt. Die überstehende Lösung wird abgegossen und der Rückstand wiederholt aus-gewaschen. Nun wird das Eisenhydroxyd mit verd. Schwefelsäure in der Wärme gelöst. Ein zurückbleibender Rückstand ist das Substrat (Gips, Schwerspat, Ton). Die Prüfung auf Schönung mit Teerfarben wird mit dem Lösungsversuch mit Spiri-tus oder Benzol durchgeführt.

## 2. Chromoxydgrün.

*Beinamen.* Smaragdgrün, Mittlasgrün, Beinamen für Chromoxydhydratgrün: Chromoxydgrün feurig, Guignetgrün.

*Zusammensetzung.* Chromoxydgrün besteht aus Chromoxyd, $Cr_2O_3$; Chrom-oxydhydratgrün ist wasserhaltiges Chromoxyd, $Cr_2O(OH_4)$.

*Herstellung.* Chromoxydgrün entsteht beim Glühen von Natriumdichromat mit Schwefel. Chromoxydhydratgrün bildet sich beim Glühen von Natriumdichromat mit Borsäure und nachfolgendem Ausziehen mit Wasser.

*Handelssorten, Handelsform, Aufbewahrung.* Chromoxydgrün rein, hell und dunkel; Verschnitte in verschiedenen Tönen unter Phantasienamen. Chromoxyd-grün feurig mit Chromoxydhydratgrün rein; Chromoxydhydratgrün verschnitten wird unter Phantasienamen Permanentgrün und Viktoriagrün in den Handel ge-bracht. Chromoxydgrünsorten werden pulverförmig gehandelt und müssen trocken und, soweit die Verschnitte bleihaltig sind, als Giftfarbe entsprechend den Vor-schriften aufbewahrt werden.

*Verwendung.* In Kalk, Leim, Kasein, Wasserglas, Öl und Lack. Verschnitte sind nur bedingt in allen Bindemitteln verwendbar. Besondere Anwendung finden Chromoxydgrüne als Öl- und Lacklasurfarben.

*Mischbarkeit mit anderen Farben.* Mit allen Farben mischbar, bleihaltige Ver-schnittsorten bedingt mischbar.

*Beständigkeit.* Lichtbeständig, wetterbeständig, hitzebeständig. Verschiedene Verschnitte bedingt wetterbeständig.

*Wirkung auf die Gesundheit.* Unschädlich. Verschnitte je nach Bleigehalt.

*Prüfung.* Chromoxydgrün wird an seiner Beständigkeit gegen Säuren und Laugen erkannt. Beim Glühen verändert es sich nicht. Chromoxydhydratgrün ist ebenfalls gegenüber Reagentien beständig. Beim Erhitzen verfärbt es sich dunkel-olivgrün.

29*

### 3. Grüne Erde.

*Beinamen.* Grünerde, Böhmische Erde, Tiroler Erde, Tiroler Grün, Steingrün, Veroneser Erde, Veroneser Grün.

*Zusammensetzung.* Gemisch von Ton und kieselsaurem Eisen.

*Herstellung.* Die durch bergmännischen Abbau aus der Grube gewonnenen Stücke von Grüner Erde werden durch Trocknen, Schlämmen und Mahlen aufbereitet.

*Handelssorten, Handelsform, Aufbewahrung.* Grüne Erde wird in verschiedenen Tönen nach Fundorten bezeichnet, selten unter Phantasienamen; pulverförmig gehandelt und muß trocken aufbewahrt werden.

*Verwendung.* In Kalk, Leim, Kasein, Wasserglas; ungünstig in Öl und Lack. Grüne Erde wird besonders für billige Leimfarbenanstriche verwendet. Hauptsächlich ist sie Substrat für basische Teerfarbstoffe (Kalkfarben).

*Mischbarkeit mit anderen Farben.* Mit allen Farben mischbar.

*Beständigkeit.* Lichtbeständig, wetterbeständig.

*Wirkung auf die Gesundheit.* Unschädlich.

*Prüfung.* Beim Glühen Braunfärbung infolge Entstehung von Eisenoxyd; Schönung mit Teerfarben wird mit Alkohol oder Benzol durchgeführt.

### 4. Kalkgrün.

*Beinamen.* Wandgrün, Modegrün, Resedagrün.

*Zusammensetzung.* Teerfarbstoffe, die auf Substrate niedergeschlagen sind.

*Herstellung.* Lösliche basische Teerfarbstoffe werden auf Grünerde oder anderen Substraten niedergeschlagen.

*Handelssorten, Handelsform, Aufbewahrung.* In verschiedenen Sorten, blau oder gelblich, je nach Substrat. Kalkgrün soll kalkecht sein. Kalkunechte Sorten sind als Wandgrün zu bezeichnen. Wandgrüne sind vielfach unter Phantasienamen im Handel. Die besten Sorten sind auf Grünerde fixiert. Kalkgrün wird pulverförmig gehandelt und muß trocken aufbewahrt werden.

*Verwendung.* In Kalk, Leim, Kasein. Nicht alle Sorten sind kalkecht. Kalkgrün wird vor allem für Fassadenanstriche und Putzanstriche in Innenräumen verwendet.

*Mischbarkeit mit anderen Farben.* Mit allen sog. Kalk- und Leimfarben mischbar. Mit Farben für ölige Bindemittel unwirtschaftlich.

*Beständigkeit.* Bedingt licht- und wetterbeständig.

*Wirkung auf die Gesundheit.* Unschädlich.

*Prüfung.* Mit Spiritus läßt sich der Teerfarbstoff herauslösen. Beim Glühen wird der Teerfarbstoff zerstört, und es hinterbleibt Substrat.

### 5. Schweinfurter Grün. ☠ 1.

*Beinamen.* Arsenkupfergrün, Emeraldgrün, Neuwieder Grün, Mitisgrün, Kaisergrün, Smaragdgrün, Scheelesgrün, Braunschweiger Grün, Deckgrün.

*Zusammensetzung.* Kupferarsenitacetat $Cu(CH_3COO)_2 \cdot 3Cu(AsO_2)_2$.

*Herstellung.* Es entsteht beim Zusammengießen von heißer Kupferacetatlösung mit heißer Arseniklösung.

*Handelssorten, Handelsform, Aufbewahrung.* Schweinfurter Grün kommt echt und verschnitten in verschiedenen Tönen vielfach unter Phantasienamen in den Handel, auch Teerfarblacke als Schweinfurter Grün imitiert. Es wird pulverförmig, meist in kleinen besonderen Gebinden gehandelt und muß als Giftfarbe entsprechend den Vorschriften aufbewahrt werden.

*Verwendung.* Nur als Öl- und Lackfarbe. In wäßrigen Bindemitteln ist Schweinfurter Grün durch Gesetz verboten. In Kalk und Wasserglas ist es nicht zu gebrauchen. Besondere Anwendung findet es der Giftigkeit wegen für Schiffsanstriche.

*Mischbarkeit mit anderen Farben.* Bedingt mischbar mit allen Farben, ungünstig in Verbindung mit schwefelhaltigen Farben.

*Beständigkeit.* Licht-, wetter- und hitzebeständig bis 120°. Schweinfurter Grün kommt für hitzebeständige Anstriche nicht in Frage, da Arsenverbindungen giftige Dämpfe entwickeln.

*Wirkung auf die Gesundheit.* Sehr giftig!

*Prüfung.* Schweinfurter Grün wird von Salmiakgeist mit tiefblauer Farbe gelöst. Substrate bleiben ungelöst zurück. Teerfarbstoffe lassen sich durch den Löseversuch mir Alkohol oder Benzol nachweisen.

## 6. Zinkgrün. ☠ 3.

*Beinamen.* Zinkchromgrün.

*Zusammensetzung.* Mischung aus Zinkchromat (Zinkgelb $ZnCrO_4$ und Ferriferrocyanid, Berliner Blau, $Fe_4[Fe(CN)_6]_3$).

*Herstellung.* Zinkgrün wird in Kollergängen aus Zinkgelb und Berliner Blau durch Mischen auf trockenem und nassem Wege hergestellt.

*Handelssorten, Handelsform, Aufbewahrung.* Die Zinkgrünsorten des Handels werden nach dem Ton, Zinkgrün hell, mittel und dunkel, und nach der Reinheit, Zinkgrün rein und Zinkgrün (Verschnitt) unterschieden. Zinkgrün wird pulverförmig in Fässern gehandelt und muß trocken und als Giftfarbe entsprechend den Vorschriften aufbewahrt werden.

*Verwendung.* In Leim, Öl und Lack, nicht in alkalischen Bindemitteln. Für Anstrichzwecke werden meistens die Verschnittsorten verwendet.

*Mischbarkeit mit anderen Farben.* Mit allen Farben mischbar.

*Beständigkeit.* Lichtbeständig, wetterbeständig, hitzebeständig bis 120°. Für Heizkörper weniger zu empfehlen.

*Wirkung auf die Gesundheit.* Schädlich!

*Prüfung.* Zinkgrün wird im Gegensatz zum Chromgrün durch Schwefelnatriumlösung nicht geschwärzt. Salzsäure löst das Zinkchromat heraus, und es hinterbleibt Berliner Blau. Dieses wird abfiltriert und dem Filtrat eine Lösung von gelbem Blutlaugensalz zugegeben. Es entsteht ein grauweißer Niederschlag von Zinkferrocyanid.

## VII. Braune Farben.

### 1. Asphalt.

*Beinamen.* Bitumen, Erdpech, Gilsonit.

*Zusammensetzung.* Kohlenwasserstoffverbindungen.

*Herstellung.* Bitumen kommt entweder natürlich vor oder es hinterbleibt als Rückstand bei der Destillation des Erdöls. Als Asphalt werden fälschlicherweise auch die Destillationsrückstände Teerpech, Stearinpech und Wollpech bezeichnet.

*Handelssorten, Handelsform, Aufbewahrung.* Asphalt kommt in braunem bis braunschwarzem Farbton in wechselnder Zusammensetzung in Stücken oder breiartig in den Handel. Naturasphalt (Trinidadasphalt), Erdpech (syrische und amerikanische Asphaltite, Bitumen (Erdölpech), Teer-, Stearin- und Wollpech. Die Aufbewahrung richtet sich nach der Form. Seiner Unempfindlichkeit wegen sind keine besonderen Maßnahmen zu treffen.

*Verwendung.* In Öl und Lack. Hauptsächlichste Verwendung zur Herstellung von Asphaltlacken, Bitumenfirnissen und als Isoliermittel gegen Feuchtigkeit.

*Mischbarkeit mit anderen Farben.* Nicht mischbar mit anderen Farben.
*Beständigkeit.* Nicht licht-, luft- und wetterbeständig.
*Wirkung auf die Gesundheit.* Unschädlich.
*Prüfung.* Prüfung und Unterscheidung der einzelnen Asphalt- und Bitumensorten nur durch den Chemiker.

## 2. Kasseler Braun.

*Beinamen.* Kasseler Erde, Kölner Erde, Maserierbraun, Kesselbraun, Spanischbraun.
*Zusammensetzung.* Erdige Braunkohle.
*Herstellung.* Die bergmännisch gewonnene Braunkohle wird getrocknet und gemahlen, bei größerem Sandgehalt gesiebt und geschlämmt.
*Handelssorten, Handelsform, Aufbewahrung.* Im Handel befindet sich nur eine Sorte in verschiedener Feinheit; beste Sorte unter der Bezeichnung Van-Dyck-Braun. Kasseler Braun wird pulverförmig und teigförmig gehandelt. Die Trockenfarbe muß trocken aufbewahrt werden; die Lasurfarbe ist feucht zu halten und muß möglichst luftdicht abgeschlossen werden.
*Verwendung.* In Leim, Öl und Lack. Kasseler Braun ist eine ausgesprochene Lasurfarbe und wird deshalb als Aderfarbe für Holzimitation in Essig-, Öl- und Lacklasuren verwendet.
*Mischbarkeit mit anderen Farben.* Mit allen Farben mischbar.
*Beständigkeit.* Lichtbeständig, wetterbeständig, hitzebeständig.
*Wirkung auf die Gesundheit.* Unschädlich.
*Prüfung.* Kasseler Braun glimmt beim Anzünden von selbst weiter und hinterläßt eine weiße Asche. Es ist in Sodalösung restlos mit brauner Farbe löslich.

## 3. Marsbraun.

*Beinamen.* Keine.
*Zusammensetzung.* Gipshaltiges Eisenoxyd.
*Herstellung.* Beim Fällen von Eisenvitriollösung mit Kalkmilch entsteht Eisenoxydulhydrat und Calciumsulfat (Marsgelb). Beim Erhitzen des Umsetzungsgemenges entstehen je nach den Bedingungen (Temperatur und Dauer) verschiedene Farbtöne: orange, rot, braun, violett.
*Handelssorten, Handelsform, Aufbewahrung.* Marsbraun wird in verschiedenen Tönen vom Gelbbraun bis Rotbraun pulverförmig gehandelt. Es muß trocken aufbewahrt werden.
*Verwendung.* In Kalk, Leim, Kasein, Öl und Lack. Für die Wasserglastechnik nicht zu empfehlen, weil gipshaltig.
*Mischbarkeit mit anderen Farben.* Mit allen Farben mischbar.
*Beständigkeit.* Lichtbeständig je nach Gipsgehalt mehr oder weniger, wetterbeständig, bedingt hitzebeständig (wird leicht bei größerer Hitze rötlicher).
*Wirkung auf die Gesundheit.* Unschädlich.
*Prüfung.* Siehe Eisenoxydrot (S. 445).

## 4. Metallocker.

*Beinamen.* Fußbodenocker, Eisenocker, Ölocker, Schlamm- und Vitriolocker.
*Zusammensetzung.* Natürliche und künstliche Ocker meist rötlicher Tönung mit oder ohne Zusatz von Chromgelb oder Mennige.
*Herstellung.* Durch Mischen von Ocker mit den betreffenden Bleifarben im Kollergang oder Fällen von Bleichromat auf Ocker.

*Handelssorten, Handelsform, Aufbewahrung.* Metallocker kommt in verschiedenen Tönen mit mehr oder weniger Eisengehalt, vielfach mit Chromgelb oder Bleifarben (Mennige) geschönt, in den Handel. Sorten genormt nach RAL 844 E. Er wird pulverförmig gehandelt und muß trocken aufbewahrt werden.

*Verwendung.* Sorten mit hohem Eisengehalt in Öl und Lack; Sorten mit geringem Eisengehalt vorwiegend in Leim. In Kalk, Kasein und Wasserglas nur bedingt zu verwenden, da viele Sorten mit Gips gestreckt sind.

*Mischbarkeit mit anderen Farben.* Mit allen Farben mischbar; wenn blei- und chromhaltig, bedingt mischbar.

*Wirkung auf die Gesundheit.* Unschädlich, wenn kein Blei- und Chromgehalt vorhanden ist.

*Prüfung.* Siehe Erdocker S. 442.

## 5. Umbra.

*Beinamen.* Umbraun, Manganbraun, Mineralbraun, Kastanienbraun, Rehbraun, Sandbraun, Mahagonibraun, Umbra natur und Umbra gebrannt.

*Zusammensetzung.* Tonhaltiges Eisen- und Manganoxyd wechselnder Zusammensetzung.

*Herstellung.* Durch Aufbereiten natürlich vorkommender Umbraerde. Umbra gebrannt wird durch Brennen von natürlicher Umbra erhalten.

*Handelssorten, Handelsform, Aufbewahrung.* Umbra naturrein grünliche und rötliche Töne; Umbra gebrannt rein in verschiedenen Tönen; gestreckte Sorten unter Phantasienamen. Umbrasorten werden pulverförmig gehandelt und müssen trocken aufbewahrt werden.

*Verwendung.* Reine Sorten in Kalk, Leim, Kasein, Wasserglas, Öl und Lack.

*Mischbarkeit mit anderen Farben.* Mit allen Farben mischbar.

*Beständigkeit.* Lichtbeständig, wetterbeständig, bedingt hitzebeständig, bei großer Hitze werden gelbe und grüne Sorten leicht rötlich.

*Wirkung auf die Gesundheit.* Unschädlich.

*Prüfung.* Verfälschung mit Kasseler Braun wird daran erkannt, daß Umbra in Sodalösung unlöslich ist. Bei Anwesenheit von Kasseler Braun ist die überstehende Lösung braun gefärbt. Beim Glühen wird Umbra dunkler im Gegensatz zu Kasseler Braun, das verbrennt und eine helle Asche hinterläßt. Schönung mit Teerfarben wird durch den Lösungsversuch mit Alkohol oder Benzol festgestellt.

## VIII. Violette Farben.

### 1. Kalkviolett.

*Beinamen.* Lila, Wandviolett.

*Zusammensetzung.* Teerfarbstoff und Substrat.

*Herstellung.* Kalkviolett entsteht durch Niederschlagen von Teerfarbstoffen auf Substraten, z. B. Methylviolett auf Grünerde.

*Handelssorten, Handelsform, Aufbewahrung.* Unter Kalkviolett kommen verschiedene Sorten unterschiedlich nach Ton und Zusammensetzung in den Handel. Wichtig ist völlige Kalkechtheit. Kalkunechte Sorten sind als „Wandviolett" zu bezeichnen. Kalkviolettsorten kommen pulverförmig in Fässern in den Handel und sollen möglichst trocken aufbewahrt werden.

*Verwendung.* In Kalk, Leim, Kasein. Wandviolett nur in Leim.

*Mischbarkeit mit anderen Farben.* Mit sog. Kalk- und Leimfarben mischbar, unwirtschaftlich mit Farben für ölige Bindemittel.

*Beständigkeit.* Wenig lichtbeständig (von Teerfarbstoff abhängig), schwach wetterbeständig.

*Wirkung auf die Gesundheit.* Unschädlich.

*Prüfung.* Beim Glühen wird die Teerfarbe zerstört, und es bleibt das Substrat zurück. Der Teerfarbstoff läßt sich mit geeigneten Lösungsmitteln (Alkohol, Benzol usw.) herauslösen.

## 2. Kobaltviolett.

*Beinamen.* Kobaltrosa.

*Zusammensetzung.* Kobaltphosphat, $Co_3(PO_4)_2$.

*Herstellung.* Versetzt man eine Lösung von Kobaltsulfat mit Natriumphosphatlösung, so erhält man einen rosa gefärbten Niederschlag. Dieser wird abfiltriert, geschmolzen und gemahlen.

*Handelssorten, Handelsform, Aufbewahrung.* Kobaltviolett echt wird nur in einer Sorte gehandelt. Daneben gibt es im Handel imitiertes Kobaltviolett in verschiedenen Tönen mit verschiedenen Substraten pulverförmig in Fässern. Es muß trocken aufbewahrt werden.

*Verwendung.* In Kalk, Leim, Kasein, Wasserglas, Öl und Lack. Besondere Verwendung findet Kobaltviolett echt als Lasurfarbe (Künstlerfarbe). Imitationen sind nicht immer in allen Bindemitteln zu verwenden und dementsprechend auf ihre Eignung zu prüfen.

*Mischbarkeit mit anderen Farben.* Kobaltviolett echt ist mit allen Farben mischbar.

*Beständigkeit.* Kobaltviolett echt ist lichtbeständig, wetterbeständig und hitzebeständig.

*Wirkung auf die Gesundheit.* Unschädlich.

*Prüfung.* Die Boraxperle wird von Kobalt blau gefärbt. Kobaltviolett ist in Säure löslich. Verschnitt mit Ultramarin ist am Geruch nach Schwefelwasserstoff beim Übergießen mit verd. Salzsäure zu erkennen. Schönung mit Teerfarben wird durch den Lösungsversuch mit Alkohol oder Benzol nachgewiesen.

## 3. Ultramarinviolett.

*Beinamen.* Keine.

*Zusammensetzung.* Natrium-Aluminium-Kieselsäure-Schwefel-Verbindungen.

*Herstellung.* Durch Einwirkung von Salzsäuregas-Luft-Gemisch oder Chlorgas-Wasserdampf-Gemisch auf Ultramarinblau in der Hitze. Bei der Behandlung von Ultramarinviolett mit Salpetersäuredämpfen in der Wärme entsteht das hellviolette Ultramarinrot.

*Handelssorten, Handelsform, Aufbewahrung.* Ultramarinviolett wird nur in einer Sorte verschieden nach Ton und Substratgehalt pulverförmig in Fässern gehandelt und muß trocken aufbewahrt werden.

*Verwendung.* In Kalk, Leim, Kasein, Wasserglas, Öl und Lack. Besonders zum Färben von Kalk- und Zementputz verwendet.

*Mischbarkeit mit anderen Farben.* Mit fast allen Farben mischbar, nicht mit bleihaltigen Farben. Die Verwendung in Verbindung mit Zinnober oder kupferhaltigen Farben ist ungünstig.

*Beständigkeit.* Lichtbeständig, wetterbeständig, hitzebeständig.

*Wirkung auf die Gesundheit.* Unschädlich.

*Prüfung.* In Säuren unter Schwefelwasserstoffentwicklung teilweise löslich.

# IX. Schwarze Farben.

## 1. Anilinschwarz.

*Beinamen.* Diamantschwarz, Pigmentschwarz, Tiefschwarz, Neutralschwarz.

*Zusammensetzung.* Oxydiertes salzsaures Anilin mit Metallverbindungen.

*Herstellung.* Salzsaures Anilin wird mit Metallverbindungen (Kaliumdichromat, Mangandioxyd usw.) zu Anilinschwarz oxydiert.

*Handelssorten, Handelsform, Aufbewahrung.* Anilinschwarz kommt im allgemeinen als sehr tiefschwarze Farbe in den Handel, billigere Sorten mehr oder weniger schwarz unter Phantasienamen. Es wird pulverförmig gehandelt und muß trocken aufbewahrt werden.

*Verwendung.* In Öl und Lack; in wäßrigen Bindemitteln unwirtschaftlich. Anilinschwarz wird besonders zur Herstellung schwarzer Emaillefarben verwendet.

*Mischbarkeit mit anderen Farben.* Mit allen Farben mischbar.

*Beständigkeit.* Licht- und wetterbeständig.

*Wirkung auf die Gesundheit.* Unschädlich.

*Prüfung.* Konz. Schwefelsäure bewirkt einen Umschlag des Farbtones nach Rotviolett. Beim Veraschen tritt ein brenzliger Geruch auf, und es hinterbleiben Metallverbindungen.

## 2. Eisenglimmer.

*Beinamen.* Schuppenpanzerfarbe, Schuppenbrokatfarbe.

*Zusammensetzung.* Eisenoxyd, $Fe_2O_3$.

*Herstellung.* Natürlich vorkommender Eisenglimmer wird aufbereitet.

*Handelssorten, Handelsform, Aufbewahrung.* Eisenglimmer wird unter verschiedenen Namen meist nach Fund- oder Herstellungsorten benannt, mit bis zu 90% Eisenoxydgehalt pulverförmig in den Handel gebracht und muß trocken aufbewahrt werden.

*Verwendung.* In Kalk, Leim, Kasein, Wasserglas und Öl. Besondere Anwendung findet Eisenglimmer zu Rostschutzanstrichen.

*Mischbarkeit mit anderen Farben.* Mit allen Farben mischbar.

*Beständigkeit.* Lichtbeständig, wetterbeständig, hitzebeständig.

*Wirkung auf die Gesundheit.* Unschädlich.

*Prüfung.* Beim Zerreiben im Mörser Rotfärbung. Eisenglimmer ist in heißer verdünnter Salzsäure unter Bildung von gelbem Eisenchlorid löslich. Die unlöslichen Verunreinigungen bleiben zurück.

## 3. Eisenoxydschwarz.

*Beinamen.* Eisenschwarz.

*Zusammensetzung.* Eisenoxyduloxyd, $Fe_3O_4$.

*Herstellung.* Eisenoxydschwarz wird nach verschiedenen Verfahren hergestellt, z. B. durch Fällen von Eisensalzlösungen mit Ammoniakgas und teilweises Oxydieren des entstandenen Hydroxyds durch Einleiten von Luft. Es wird auch als Nebenprodukt bei der Anilinfabrikation gewonnen.

*Handelssorten, Handelsform, Aufbewahrung.* Eisenoxydschwarz kommt meist nur rein und als tiefschwarze Farbe pulverförmig in den Handel. Es muß trocken aufbewahrt werden.

*Verwendung.* In Kalk, Leim, Kasein, Wasserglas, Öl und Lack. Besonders zum Färben von Kalk- und Zementputz verwendet. Außerdem als Rostschutzfarbe.

*Mischbarkeit mit anderen Farben.* Mit allen Farben mischbar.

*Beständigkeit.* Licht- und wetterbeständig.

*Wirkung auf die Gesundheit.* Unschädlich.

*Prüfung.* Löslichkeit in verd. heißer Salz- und Schwefelsäure restlos ist kein Beweis für Reinheit, da Gips- und Kalkspat auch in Lösung gehen. Die mikroskopische Untersuchung gibt dem Geübten Aufschluß über Verschnitt.

## 4. Graphit.

*Beinamen.* Ofenschwärze, Reißblei, Graphitschwarz.

*Zusammensetzung.* Kristalliner Kohlenstoff mit natürlichen Beimengungen.

*Herstellung.* Der bergmännisch gewonnene Graphit wird aufbereitet und gemahlen.

*Handelssorten, Handelsform, Aufbewahrung.* Graphit kommt in verschiedenen Sorten mehr oder weniger gestreckt oder mit anderen Schwärzen gemengt in den Handel. Graphit rein wird pulverförmig in verschnittenen Mischungen je nach Kohlenstoff gehandelt, sog. amorpher Graphit für schwarzgraue Anstriche, kristalliner Graphit großschuppig und feinschuppig als Rostschutzfarbe. Er soll möglichst trocken aufbewahrt werden.

*Verwendung.* In Leim und Öl. Hochprozentiger, nicht gestreckter Graphit wird als Rostschutzfarbe verwendet.

*Mischbarkeit mit anderen Farben.* Mit allen Farben mischbar.

*Beständigkeit.* Lichtbeständig, wetterbeständig, hitzebeständig.

*Wirkung auf die Gesundheit.* Unschädlich.

*Prüfung.* Graphit ist in Laugen und Säuren unlöslich und wird beim starken Erhitzen nicht verändert.

## 5. Ilmenitschwarz.

*Beinamen.* Ohne Beinamen.

*Zusammensetzung:* Titandioxydhaltiges ($TiO_2$) Eisenoxyduloxyd $Fe_3O_4$.

*Herstellung:* Ilmenitschwarz wird aus dem natürlich vorkommenden Titaneisenerz (Ilmenit) durch Mahlen gewonnen.

*Handelssorten, Handelsform, Aufbewahrung:* Ilmenitschwarz kommt nur in einer Sorte in den Handel. Es muß trocken aufbewahrt werden.

*Verwendung.* In Kalk, Leim, Kasein, Wasserglas, Öl und Lack.

*Mischbarkeit mit anderen Farben.* Mit allen Farben mischbar.

*Beständigkeit.* Lichtbeständig, wetterbeständig.

*Wirkung auf die Gesundheit.* Unschädlich.

*Prüfung.* Ilmenitschwarz ist in heißer konzentrierter Salzsäure löslich. Eisen wird mit Blutlaugensalz als Berliner Blau nachgewiesen, und Titan ist auf Zusatz von 3%igem Wasserstoffsuperoxyd zur sauren Lösung durch das Auftreten einer orangegelben Farbe zu erkennen.

## 6. Knochenschwarz.

*Beinamen.* Beinschwarz, Elfenbeinschwarz, Tiefschwarz, Pariser Schwarz, Kölner Schwarz, Lackschwarz.

*Zusammensetzung.* Knochenkohle, bestehend aus Kohlenstoff und phosphorsaurem Kalk.

*Herstellung.* Knochen werden gemahlen, mit Benzin entfettet, unter Luftabschluß verkohlt und fein gemahlen.

*Handelssorten, Handelsform, Aufbewahrung.* Knochenschwarz kommt in verschiedenen Sorten mehr oder weniger tiefschwarz unter Phantasienamen pulverförmig in den Handel. Es muß trocken aufbewahrt werden.

*Verwendung.* In Kalk, Leim, Kasein, Wasserglas, Öl und Lack. Die beste Sorte wird zum Herstellen von Lackfarben verwendet. Mit Eisenblau geschönte Sorten dürfen nicht in alkalischen Bindemitteln Verwendung finden.

*Mischbarkeit mit anderen Farben.* Mit allen Farben mischbar.

*Beständigkeit.* Lichtbeständig, wetterbeständig.

*Wirkung auf die Gesundheit.* Unschädlich.

*Prüfung.* Der Kohlenstoff verbrennt beim Glühen, und es bleibt eine grauweiße Asche zurück, in der Phosphorsäure nachgewiesen werden kann.

### 7. Manganschwarz.

*Beinamen.* Putzschwarz, Zementschwarz.

*Zusammensetzung.* Mangandioxyd, $MnO_2$, mit Beimengungen (etwa 30%) von Kalkstein, Ton und Eisenoxyd.

*Herstellung.* Durch Aufbereiten des Minerals Braunstein.

*Handelssorten, Handelsform, Aufbewahrung.* Manganschwarz kommt fast nur in einer Sorte in mehr oder weniger schwarzem Ton pulverförmig in den Handel. Es muß trocken aufbewahrt werden.

*Verwendung.* In Kalk, Leim, Kasein, Wasserglas, Öl und Lack. Manganschwarz wird besonders zum Färben von Putz, Zement und Kunststein verwendet.

*Mischbarkeit mit anderen Farben.* Mit allen Farben mischbar.

*Beständigkeit.* Lichtbeständig, wetterbeständig, hitzebeständig.

*Wirkung auf die Gesundheit.* Unschädlich.

*Prüfung.* Bei Zugabe von Salzsäure bildet sich Chlor.

### 8. Mineralschwarz.

*Beinamen.* Schieferschwarz, Erdschwarz, Schwarze Kreide, Leimschwarz.

*Zusammensetzung.* Kohlenstoffhaltiger Tonschiefer.

*Herstellung.* Bergmännisch gewonnener schwarzer Tonschiefer wird aufbereitet.

*Handelssorten, Handelsform, Aufbewahrung.* Mineralschwarz kommt mit wechselndem Kohlenstoffgehalt unter verschiedenen Phantasienamen pulverförmig in den Handel und muß trocken aufbewahrt werden.

*Verwendung.* In Kalk, Leim, Kasein, Wasserglas und Öl. Mineralschwarz wird vor allem für einfache Kalk- und Leimfarbenanstriche verwendet.

*Mischbarkeit mit anderen Farben.* Mit allen Farben mischbar.

*Beständigkeit.* Licht- und wetterbeständig.

*Wirkung auf die Gesundheit.* Unschädlich.

*Prüfung.* Beim Übergießen mit Salzsäure entsteht kein Chlor (Unterscheidung von Manganschwarz), das Mineralschwarz wird nicht aufgelöst. In der beim Glühen hinterbleibenden Asche läßt sich keine Phosphorsäure nachweisen.

### 9. Rebschwarz.

*Beinamen.* Frankfurter Schwarz, Kohlenschwarz, Korkschwarz, Grudeschwarz, Braunkohlenschwarz.

*Zusammensetzung.* Aschehaltiger Kohlenstoff.

*Herstellung.* Rebschwarz wird durch Verkohlen von pflanzlichen Stoffen oder aus Grudekoks hergestellt.

*Handelssorten, Handelsform, Aufbewahrung.* Rebschwarz wird in verschiedenen Sorten unter Phantasienamen je nach Grundstoffen pulverförmig gehandelt. Es muß trocken aufbewahrt werden.

*Verwendung.* In Kalk, Leim, Kasein, Wasserglas, Öl und Lack. Rebschwarz wird besonders in der Kalk- und Freskotechnik verwendet.

*Mischbarkeit mit anderen Farben.* Mit allen Farben mischbar.

*Beständigkeit.* Lichtbeständig, wetterbeständig, wenn keine wasserlöslichen Salze vorhanden sind.

*Wirkung auf die Gesundheit.* Unschädlich.

*Prüfung.* Beim Glühen verbrennt der Kohlenstoff. In der Asche läßt sich keine Phosphorsäure nachweisen.

## 10. Ruß.

*Beinamen.* Rußschwarz, Ölschwarz, Lampenschwarz, Ofenschwarz, Ofenruß, Gasruß, Flammruß, Kienruß, Lampenruß.

*Zusammensetzung.* Kohlenstoff.

*Herstellung.* Wie schon die Beinamen sagen, wird Ruß durch die Verbrennung von Kohlenstoffverbindungen verschiedenster Art gewonnen.

*Handelssorten, Handelsform, Aufbewahrung.* Ruß kommt in verschiedenen Sorten je nach der Herstellung unter Fabrik- und Phantasienamen pulverförmig in den Handel und muß trocken aufbewahrt werden. Wegen der großen Gefahr der Selbstentzündung muß Ruß von Zeit zu Zeit umgelagert werden.

*Verwendung.* In Kalk, Leim, Kasein, Wasserglas, Öl und Lack. Ruß wird als Schriftschwarz in Öl und Lack verwendet.

*Mischbarkeit mit anderen Farben.* Mit allen Farben mischbar. Ruß trocknet sehr langsam in Öl.

*Beständigkeit.* Licht- und wetterbeständig.

*Wirkung auf die Gesundheit.* Unschädlich.

*Prüfung.* Ruß verbrennt aschefrei.

## X. Spezialfarben.

### 1. Bronzefarben.

*Beinamen.* Siehe Zusammensetzung und Handelssorten.

*Zusammensetzung.* Bronzefarben bestehen aus reinen Metallen und Metalllegierungen. — *Goldbronze:* Reines Kupfer, Kupfer-Zink-Legierungen. *Silberbronze:* Reines Aluminium, Kupfer-Nickel-Zink-Legierungen. *Anlaufbronzen:* Metallbronzen, deren Oberfläche durch Erhitzen oxydiert ist. *Patentbronzen:* Mit basischen Farbstoffen gefärbte Bronzen.

*Herstellung.* Die Metallbronzen werden durch Zerstampfen kleiner Metallplättchen hergestellt. Anlaufbronzen erhält man beim Erhitzen von Metallbronzen und Patentbronzen durch Anfärben mit Anilinfarben.

*Handelssorten, Handelsform, Aufbewahrung.* Metallbronzen werden in vielen Sorten unter den verschiedensten Namen gehandelt, z. B. reine Kupferbronze als *Naturkupfer.* Legierungen aus Kupfer mit einem bis zu 30% ansteigenden Zinkgehalt werden bezeichnet als *Bleichgold, Reichbleichgold, Reichgold, Gelbgold* und *Grüngold. Imitierte Silberbronze* besteht aus Kupfer-Nickel-Zink-Legierungen. *Aluminiumbronze,* auch *Silberbronze* genannt, ist reines Aluminium. *Anlaufbronzen:* Goldfarbe, *Dukatengold, Orange, Feuerrot, Karmin. Anlaufbronzen* (Patentbronzen) nach dem Ton: *Amaranth, Violett, Purpur, Hellblau, Dunkelblau, Olivgrün, Smaragdgrün* u. a. Der Feinheitsgrad wird von den Herstellern durch Nummernbezeichnung unterschieden. Bronzefarben werden in Blechbüchsen und Briefen gehandelt und müssen trocken aufbewahrt werden.

*Verwendung.* Mit allen nichtsauren oder alkalischen Bindemitteln verwendbar. Kupferhaltige Bronzen werden durch saure Bindemittel grün, Aluminiumbronze entwickelt mit sauren Bindemitteln Wasserstoff. Besonders verwendet werden die Bronzefarben für Dekorationstechniken. Die Bronzefarben sind, mit Ausnahme der Aluminiumbronzen, im allgemeinen nur für Innenanstriche verwendbar. Die Aluminiumbronzen werden besonders für Außenanstriche (durch gute Reflexion der Lichtstrahlen wärmeabweisend) und Schutzanstriche (Rostschutzfarbe) für Holz und Metall, in hitzeechten Lackbindemitteln (Vinylharzen, Albertolen) zu Heizkörperlacken verwendet.

*Mischbarkeit mit anderen Farben.* Untereinander mit allen Farben mischbar.

*Beständigkeit.* Lichtecht, mit Ausnahme der Patentbronzen, gering wetterbeständig, Aluminiumbronze ausgenommen, die eine sehr gute Wetterbeständigkeit hat; Hitzebeständigkeit gering, mit Ausnahme der Aluminiumbronze.

*Wirkung auf die Gesundheit.* Unschädlich.

*Prüfung.* Erkennungsprüfungen werden am besten vom Chemiker durchgeführt.

## 2. Leuchtfarben.

*Beinamen.* Siehe Handelssorten.

*Zusammensetzung.* Leuchtfarben bestehen aus drei Komponenten: Der *Grundsubstanz* (Erdalkalisulfide, Zinksulfid, Schwefelcadmium oder Magnesiumsulfid), dem *Schmelzmetall* (Alkalisulfat, Alkali- oder Erdalkalihalogenid) und dem *Erregermetall* (Wismut-, Kupfer- oder Thornitrat oder Manganchlorid). Die selbstleuchtenden Leuchtfarben enthalten radioaktive Substanzen (Radium, Radiothor, Mesothorium).

*Herstellung.* Die Leuchtfarben werden durch Zusammenschmelzen der betreffenden Sulfide oder von Schwefel mit den Oxyden oder Carbonaten von Erdalkalien gewonnen. Den selbstleuchtenden Farben werden geringe Mengen radioaktiver Stoffe zugesetzt.

*Handelssorten, Handelsform, Aufbewahrung.* Es gibt zwei Gruppen von Leuchtfarben. Die nachleuchtenden Farben leuchten erst nach vorangegangener Belichtung. Bei den selbstleuchtenden wird die Erregung durch radioaktive Stoffe besorgt. Die Leuchtfarben werden ferner nach dem Farbton unterschieden. Leuchtfarben werden pulverförmig in den Handel gebracht und müssen luftdicht und trocken aufbewahrt werden.

*Verwendung.* Die Leuchtfarben werden zur Kennzeichnung verschiedenster Gegenstände im Dunkeln verwendet. Selbstleuchtende Farben zur Herstellung von selbstleuchtenden Zifferblättern, Lichtschaltern usw.

*Mischbarkeit mit anderen Farben.* Im allgemeinen werden Leuchtfarben unvermischt verwendet. Durch den Zusatz von Körperfarben wird die Leuchtkraft herabgesetzt.

*Beständigkeit.* Hitzebeständig, Wetterbeständigkeit je nach Sorte verschieden.

*Wirkung auf die Gesundheit.* Unschädlich.

*Prüfung.* Es wird im allgemeinen nur auf Leuchtfähigkeit geprüft.

## 3. Warn- oder Heißlaufanmeldefarben.

Mit diesen aus Jodquecksilber und Jodkupfer bestehenden Farben werden Gegenstände angestrichen, die nicht über eine bestimmte Temperatur erhitzt werden sollen. Im Handel gibt es zwei Sorten, von denen die gelbe bei 100° rot und die rote bei 60 bis 70° braun wird. Dem gleichen Zweck dienen die „Thermochromstifte", mit denen die Temperaturen heißer Gegenstände bis zu 300° festgestellt werden können.

## XI. Blattmetalle.

*Beinamen.* Siehe Handelssorten.

*Zusammensetzung.* Reine Metalle: Aluminium, Gold, Silber oder Legierungen: Silber-Kupfer, Kupfer-Zink.

*Herstellung.* Dünne Metallblättchen werden zu großen, dünnen Folien ausgeschlagen.

*Handelssorten, Handelsform, Aufbewahrung. 1. Blattaluminium:* Blatt- und Schlagaluminium. — *2. Blattgold:* Der Handel unterscheidet die Blattgoldsorten nach dem Feingehalt (Farbe), der Blattstärke und Blattgröße. Die reinste Sorte ist das *Rosenobelgold* ($23^1/_2$ bis $23^3/_4$ Karat), dem sich mit abnehmendem Goldgehalt anschließen: Dukatengold, Orangeblattgold, Citrongold, Dunkelgrüngold ($16^1/_2$ Karat). Nach der Dicke werden unterschieden: *Einfachgold* (dünnste Sorte), *Doppelgold* (Mittelsorte) und *Dreifachgold* (dickste Sorte). — *3. Kompositionsgold:* Legierung aus Kupfer und Zink in den Farbtönen Orange, Gelborange und Citron. Mit zunehmendem Zinkgehalt heller. In einer Blattstärke im Handel. — *4. Blattsilber:* Reines Silber in einer Dicke. Die Blattmetalle werden in Büchlein in verschiedener Blattgröße in den Handel gebracht. Blattgold und Blattsilber müssen möglichst vor Luft und Feuchtigkeit geschützt aufbewahrt werden. Blattaluminium ist nicht so empfindlich und bedarf daher keiner besonderen Vorsichtsmaßnahmen.

*Verwendung.* Zum Überziehen von Gegenständen und Flächen aller Art.

*Beständigkeit. 1. Blattaluminium* ist sehr gut beständig und daher ein wertvoller Ersatz für Blattsilber. — *2. Blattgold:* Für Innen- und Außenvergoldungen. — *3. Kompositionsgold:* Ersatz für echtes Blattgold, besonders für Innenvergoldungen. — *4. Blattsilber* ist gegen Schwefelwasserstoff empfindlich und wird daher unter Bildung von Schwefelsilber geschwärzt. Ein Überzug von Zaponlack, Schellack oder Spirituslack schützt Versilberungen vor dem Schwarzwerden.

*Wirkung auf die Gesundheit.* Unschädlich.

*Prüfung.* In konz. Schwefelsäure werden in der Hitze Kupfer, Silber, Zink aufgelöst, das Gold bleibt zurück. Blattaluminium wird von Natronlauge aufgelöst. Blattsilber wird durch Schwefelwasserstoff geschwärzt. Es ist in Salpetersäure unter Bildung von Silbernitrat löslich. Auf Zugabe von Kochsalzlösung fällt weißes Chlorsilber aus.

## XII. Holzbeizen.

Holzbeizen werden zum Einfärben von Holz verwendet. Nach der Zusammensetzung sind zu unterscheiden:

*a) Farbbeizen* sind Lösungen natürlicher oder künstlicher organischer Farbstoffe. Man unterscheidet zwischen Wasser-, Salmiak-, Spiritus- und Terpentinölbeizen.

*b) Wachsbeizen* sind Wasserbeizen mit Zusatz von Wachsseife oder Terpentinölbeizen mit gelöstem Wachs.

*c) Entwicklungsbeizen.* Bei diesen Beizen entsteht der Farbton erst nach dem Auftragen. Ammoniak (Salmiakgeist), flüssig oder gasförmig angewandt, färbt gerbstoffhaltige Hölzer, und man spricht hier von *Räucherbeizen.* Chemische Entwicklungsbeizen setzen sich aus der Vor- und Nachbeize zusammen. Die Vorbeizen bestehen aus Metallsalzen (Aluminiumacetat, Eisenchlorid, Kaliumdichromat, Kupfervitriol, Kupferchlorid usw.) und gerbstoffhaltige Verbindungen (Brenzkatechin, Tannin usw.). Als Nachbeizen werden verwendet: Pottasche, Soda, Ammoniak.

Holzbeizen kommen in einer großen Zahl von Spezialfabrikaten in den Handel. Man kann Holz mit Beizen beliebig färben, nur nicht weiß. Die Wasserbeizen können für alle Holzarten verwendet werden. Salmiakbeizen werden für gerbstoffhaltige

Hölzer (z. B. Eiche) bevorzugt. Spiritusbeizen ergeben infolge ihrer schnellen Trocknung leicht Ansätze. Kleinere Holzgegenstände werden damit im Tauchverfahren behandelt. Die chemischen Entwicklungsbeizen ergeben gleichmäßige Farbtöne.

# D. Bindemittel.

Die Bindemittel haben den Zweck, die Einzelteilchen der Körperfarben untereinander so zusammenzuhalten, daß sie sich nach dem Trocknen nicht abwischen lassen und die nötige Haftung auf dem Untergrund gewährleisten. Diese Bindung kann man mit den verschiedenartigsten Stoffen erreichen. Im einfachsten Fall hat man ein völlig einheitliches Bindemittel, wie z. B. bei den reinen, unverdünnten Ölfarben. Der Trocknungsvorgang beruht auf chemischen Vorgängen, wir haben ein *nichtflüchtiges* Bindemittel. In anderen Fällen, wie bei Leimfarben oder Spirituslacken, muß das Bindemittel in einem Lösungsmittel gelöst werden. Die Trocknung kommt durch das Verdunsten des Lösungsmittels (Wasser bei Leimfarbe, Spiritus bei Spirituslacken) zustande, und man spricht von *flüchtigen* Bindemitteln. Hierdurch ist eine zweckmäßige Einteilung in nichtflüchtige und flüchtige Bindemittel gegeben.

## I. Eigenschaften der Bindemittel.

*a) Ausgiebigkeit.* Diese wird durch den praktischen Versuch ermittelt. Das Bindemittel wird mit Trockenfarbe zu einer streichfertigen Farbe angerührt und auf dem jeweiligen Untergrund ein Probeanstrich durchgeführt. Man muß so lange das nach der Gebrauchsvorschrift verdünnte Bindemittel zugeben, bis der trockene Anstrich wischfest geworden ist. Soll die Ausgiebigkeit wäßriger Bindemittel zahlenmäßig verglichen werden, so wird soviel streichfertiges Bindemittel zu einer Mischung aus gleichen Teile Kreide und Wasser zugegeben, bis Wischfestigkeit auf Glas erreicht ist. Die Ausgiebigkeit ist dann der Quotient aus Kreide und Wasser geteilt durch das benötigte Bindemittel.

*b) Elastizität.* Das Bindemittel wird auf schwach saugendem Karton aufgestrichen. Nach dem Trocknen soll die Schicht beim Biegen des Kartons nicht reißen.

*c) Haftfähigkeit.* Das reine Bindemittel wird auf Glas aufgestrichen. Aus dem Verhalten des hinterbleibenden trockenen Bindemittelfilmes lassen sich wertvolle Schlüsse ziehen. Bindemittel mit geringer Haftfähigkeit lösen sich von selbst los. Gute Bindemittel ergeben beim Ritzen mit dem Messer lange, dünne Späne. Zu spröde Schichten splittern ab, und feuchte Schichten schmieren. Das Aufstreichen der Bindemittel bietet vor allem eine einfache Vergleichsmöglichkeit verschiedener Produkte. Allgemein gültige Beurteilungen lassen sich aber durch Aufstreichen der Bindemittel auf Glas nicht erzielen, denn es kann z. B. ein auf dem Glas schlecht haftendes Bindemittel für einen saugenden Untergrund sehr gut geeignet sein.

*d) Konsistenz.* Die Konsistenz (der physikalische Zustand) der einzelnen Bindemittel ist sehr verschieden. Manche sind dünnflüssig, andere dickflüssig und wieder andere pastenförmig oder salbenartig. Für die einzelnen Arbeitstechniken müssen die Farben eine verschiedene Konsistenz haben. Beim Aufstrich mit dem Pinsel dürfen die streichfertigen Farben weder zu dick- noch zu dünnflüssig sein. Zur Spritztechnik kann man nur dünnflüssige Farben gebrauchen. Wer viel mit Farben arbeitet, weiß, welche Konsistenz diese für die einzelnen Anstrichtechniken haben müssen. Soll die Konsistenz verschiedener Farben verglichen werden, so streicht man eine bestimmte Menge auf eine Glasplatte. Diese wird senkrecht oder unter einem Winkel von 45° aufgestellt, und man kann beobachten, ob und wie die Farbe abläuft.

*e) Mischbarkeit.* Beim Anrühren des Bindemittels mit den Farben muß man eine einwandfreie Mischung erhalten. Die Farbe darf nicht stocken, grießig oder gallertig werden. Der Farbton der Körperfarben darf durch irgendwelche Einwirkungen des Bindemittels keine Veränderungen erfahren. Das Bindemittel soll nicht schäumen. Es muß gut benetzen. Um geölte Farben einwandfrei mit wäßrigen Bindemitteln rühren zu können, muß man sie mit Spiritus benetzen.

*f) Optisches Verhalten.* Das Bindemittel übt einen entscheidenden Einfluß auf den Farbton aus. In wäßrigen Techniken erzielt man deckende Anstriche, während in Öl die Lasurfarben diese ihnen eigentümliche lasierende Wirkung entfalten. Zur Prüfung einer etwaigen Veränderung des Farbtones durch das Bindemittel rührt man die Farbe eben wischfest an und eine zweite Probe mit einem Bindemittelüberschuß. An den aufgestrichenen Farben kann man nach dem Trocknen sehen, ob eine Beeinflussung des Farbtones durch das Bindemittel stattfindet.

*g) Reaktion.* Säure und alkalische Bindemittel verändern viele Farben. Man prüft mit Lackmus- oder Phenolphthaleinpapier. Die selten vorkommenden sauren Bindemittel sind gefährlich und werden daher zweckmäßig nicht angewandt. Bei alkalischen Bindemitteln bewahrt man sich vor unangenehmen Überraschungen, indem man laugenechte Farben (z. B. kalkechte) nimmt.

*h) Streichfähigkeit.* Nur richtig angerührte Farben lassen sich auch einwandfrei verstreichen. Die streichfertige Farbe darf keine Farbklümpchen usw. enthalten.

*i) Trockenfähigkeit.* Die Prüfung der Trockenfähigkeit von Bindemitteln wird durch Probeaufstriche auf Glasplatten vorgenommen. Man hat hier wieder eine einfache Möglichkeit, die Trockenfähigkeit von Bindemitteln zu vergleichen. Praktisch verfolgt man den Vorgang des Trocknens durch vorsichtiges Betasten mit dem Finger. Es werden folgende Stufen unterschieden: 1. Anziehen (Antrocknen): Der Finger erfährt einen fühlbaren Widerstand. 2. Klebende Trocknung: Beim Gleiten über die Oberfläche des Anstriches bleibt der Finger kleben. 3. Staubfreie Trocknung ist erreicht, wenn der Finger ohne Widerstand über den Anstrich gleitet. Der Vorgang des Durchtrocknens des Anstrichfilmes wird verfolgt, indem man von Zeit zu Zeit mit immer stärkerem Druck mit dem Finger über die Fläche streicht, oder man legt Filtrierpapierstreifen gleicher Größe nach gewissen Zeitabständen auf die zu prüfende Fläche und beobachtet das Ankleben. Die Trockenzeit ist für die einzelnen Bindemittel verschieden. Bei flüchtigen Bindemitteln trocknen die Anstriche bereits nach $^1/_4$ bis 3 Stunden. Ölfarben und Lacke benötigen zur Trocknung ein bis mehrere Tage.

*k) Wasserechtheit.* Auf Glas oder entrostetem Blech aufgebrachte Anstriche werden nach dem Trocknen zur Hälfte in Wasser eingestellt. In das Wasser werden einige Tropfen alkoholischer Phenolphthaleinlösung gegeben. Lösliches Alkali färbt das Wasser rot. Man erkennt hieran, ob das Bindemittel schon durch das Trocknen unlöslich wird, und erfährt hierdurch, daß gegebenenfalls Ausblühungen zu befürchten sind. Nach zwei Stunden wird die Probe aus dem Wasser herausgenommen, und man kann nach dem Trocknen sehen, ob der Anstrich noch in Ordnung ist.

## II. Übersicht über die Verwendung der Bindemittel.

### 1. Wäßrige Bindemittel.

**Mineralische Bindemittel.** Der Kalk wird zu Putz (ungefärbt und gefärbt) und zur Kasein-Kalk-Technik verwendet. *Wasserglas* ist Isolier- und Flammschutzmittel, zusammen mit Farbe wird es in der Wasserglas- und Silikattechnik verwendet. In der Wasserglastechnik verdient das Kaliwasserglas den Vorzug, da Natron-Wasserglasfilme ausblühen.

**Organische Bindemittel.** *Albumin* wird verwendet zum Anlegen von Blattgold, Albumindruck, zu Eiweißlasuren und photographischen Retuschierfarben.

*Dextrin* wird sehr vielseitig verwendet, z. B. zu Aquarell-, Dekorations-, Leim-, Plakat-, Skizzen- und Tuschfarben, vielen Spezialfarben (Bronze-, Buchbinder-, Marmorier-, Retuschier-, Stempelfarben usw.), Grundiermassen und Porenfüller.

*Emulsionen* (Ei, Gummi, Kleister und Leim) zu Druckfarben, Grundiermitteln, Innenanstrich, Lederappreturen, Spachteln und Temperafarben.

*Kaseinemulsionen* außerdem zusammen mit Kautschuk, Lacken, Ölen und Wachs zu Leimfarben für innen und außen. *Gummi* wird wie Dextrin verwendet.

*Harzseife* (Harzleim) ist ein wichtiges Mittel zum Leimen von Papier, wird ferner verwendet als Appretur, Klebemittel und zu Temperafarben. *Kasein* ist ein Klebemittel, dient zur Herstellung von Kaltleimen, Kunstmassen, Lederappreturen und Tiefdruckfarben. Sehr wichtig für die verschiedenen Kaseintechniken (Emulsionen, Kasein, Kaseinkalk und Kaseintempera).

*Lederleim* zu Leimfarben für innen und Leimgründen, ferner für viele Spezialfarben (Buntpapier, Tapeten, Tiefdruck usw.).

*Pflanzenleime* werden zu Grundiermitteln, Kunstmassen, zum Kleben, zu Verdickungen, zu Leim- und Dekorationsfarben, Buntpapier- und Tapetenfarben verwendet.

*Schellackseife* als Bindemittel für Bronzen, zu Stoffmalfarben, Spachteln, als abwaschbarer Überzug von Wänden; ferner erhöht sie die Wasserechtheit von Leimfarben.

*Stärkekleister.* Siehe Pflanzenleim.

*Traganth.* Siehe Pflanzenleim.

*Celluloseleim* (Glutolin, Tylose) zum Leimanstrich, Grundieren, Kleben, Spachteln und zu Dekorationsfarben.

## 2. Nichtwäßrige, flüchtige Bindemittel.

*Asphaltlacke* als Lacke (Ofenlackierung, Isolierung von Mauerwerk gegen Feuchtigkeit), Ätzgrund, zu Tiefdruckfarben.

*Cellitlacke* (Cellon) zu wasserfesten Überzügen.

*Chlorkautschuklacke* zu hochwertigen Anstrichen (wasser- und wetterbeständig, fest gegen Chemikalien, Rostschutz) und zum Imprägnieren.

*Harzlacke* ohne Farbe, zu Gemäldefirnis und zum Lackieren; Bronzefarben.

*Kunstharzlacke* (z. B. Alkydal- und Vinylharzlacke) als Grundier- und Isoliermittel, zu wetterbeständigen Anstrichen.

*Nitrolacke* sind ohne Farbe Grundiermittel und sog. Celluloidlacke; mit Farbe, Decklacke besonders für Spritz- und Tauchtechnik, Flugzeuglacke, Porenfüller.

*Spritlacke* ohne Farbe, Gemäldefirnis, zu Polituren und Mattierungen; mit Farbstoffen zu Transparentlacken; mit Körperfarben zu Metall-, Modell- und Spielwarenlacken.

## 3. Ölbindemittel.

*Karbolineum* zur Holzkonservierung.

*Trocknende Öle* zu fetten Lacken, Ölfarben, zum Innen- und Außenanstrich auf den verschiedensten Untergründen, Druckfarben.

*Wachs* zur Konservierung von Steinen und zur Wachseinbrenntechnik (Enkaustik).

# III. Bindemittel.

## 1. Wäßrige Bindemittel.

### a) Mineralische Bindemittel.

**Kalk.** *Beinamen.* Ätzkalk, gebrannter Kalk (Calciumoxyd), gelöschter Kalk, Löschkalk (Calciumhydroxyd).

*Zusammensetzung.* Gebrannter Kalk = Calciumoxyd, $CaO$; gelöschter Kalk = Calciumhydroxyd, $Ca(OH)_2$.

*Herstellung.* Durch Brennen von Kalkstein entsteht Ätzkalk. Zur Herstellung von Löschkalk wird der gebrannte Kalk mit Wasser gelöscht.

*Handelssorten, Handelsform, Aufbewahrung.* Gebrannter Kalk in Stücken oder gemahlen, in Tüten oder Papiersäcken; gelöschter Kalk (Kalkbrei, Kalkmilch) in Büchsen, Eimern, Kübeln, Fässern. Gebrannter Kalk muß unter Luftabschluß aufbewahrt werden, gelöschter Kalk in Gefäßen unter Wasser.

*Verwendung.* Kalk wird in Form von Kalkmilch als Bindemittel verwendet. Ergibt in Verbindung mit Leinöl, Leinölfirnis, Kasein oder Glutolin eine wetterfeste Anstrichfarbe und läßt sich mit Leimfarbe mischen. Besondere Anwendung findet Kalk zur Herstellung von Kalkmörtel zur Putzbereitung.

*Mischbarkeit mit Farben und Bindemitteln.* Gut mit allen Erdfarben und allen kalkechten Farben; *nicht* mischbar mit alkaliempfindlichen Farben, z. B. Eisenblau, Chromgelb, Chromorange, Cadmiumgelb und Cadmiumorange; verträglich mit eiweißhaltigen Bindemitteln (Kasein). *Nicht* mischbar mit Wasserglas, da sofort Eindickung erfolgt, und Ölen und Fetten infolge Bildung unlöslicher Kalkseifen.

*Beständigkeit.* Sehr lichtbeständig.

*Wirkung auf die Gesundheit.* Ätzt (Schutzbrille); beim Löschen von gebranntem Kalk entsteht leicht große Hitze, die zu Verbrennungen der Haut führen kann.

*Prüfung.* Rotes Lackmuspapier wird durch angefeuchteten Kalk blau gefärbt. Ton bleibt beim Versetzen mit Salzsäure ungelöst zurück.

**Wasserglas.** *Beinamen.* Farbenwasserglas, Natronwasserglas, Kaliwasserglas.

*Zusammensetzung.* Natrium- bzw. Kaliumsilikat, $Na_2SiO_3$, und $K_2SiO_3$; Farbenwasserglas besteht aus Mischungen beider.

*Herstellung.* Quarzsand wird mit Soda bzw. Pottasche zusammengeschmolzen. Die Schmelze wird in Wasser aufgelöst.

*Handelssorten, Handelsform, Aufbewahrung.* Handelssorten sind Natron- und Kaliwasserglas. Wasserglas kommt flüssig in Blechkannen, Glasballons und Eisenfässern in den Handel. Das pulverförmige Wasserglas ist für Malzwecke weniger geeignet. Wasserglas muß luftdicht verschlossen und frostfrei aufbewahrt werden.

*Verwendung.* Wasserglas dient als Bindemittel für waschfeste Innenanstriche und wetterfeste Außenanstriche auf Putz, Stein, Glas, Holz und Zink. Wasserglas wird ferner als Tränkungsmittel zum Feuersichermachen von Holz und Gewebe verwendet. Wasserglas und Kreide ergeben einen Kitt für Glas. Zusammen mit Kalk und sogenannten Wasserglasfarben wird es in der Wasserglas- und Silikattechnik verwendet (s. S. 503).

*Natronwasserglas ist für Anstrichzwecke nicht verwendbar*, da die Anstriche weiße Ausblühungen von Soda zeigen. Wasserglas ist auf Ölfarbenanstrichen ungeeignet, da es diese verseift. Hierauf beruht die Verwendung von Wasserglas zum Entfernen alter Ölfarbenanstriche.

*Mischbarkeit mit Farben und anderen Bindemitteln.* Nur mit wasserglasechten Farben mischbar. Mit anderen Bindemitteln nicht verträglich.

*Trocknung.* Das Wasser verdunstet, und in der hinterbleibenden glasartigen Schicht wird durch chemische Umsetzung Kieselsäure ausgeschieden. Kalk und Spezialfarben bilden Silikate.

*Beständigkeit.* Auf Kalk- und Zementputz, wo unlösliche Verbindungen entstehen, sehr wetterbeständig. Hitzebeständig (Flammschutz).

*Wirkung auf die Gesundheit.* Infolge Alkaligehalt Ätzwirkung auf die Haut. Die Augen sind beim Verstreichen von Wasserglas zu schützen! Sonst ungiftig.

*Prüfung.* Die nichtleuchtende Bunsenbrennerflamme wird durch Natronwasserglas gelb und Kaliwasserglas violett gefärbt. Auf Zusatz von Alkohol scheidet sich Kieselsäure aus.

### b) Organische Bindemittel.

#### α) Tierleime.

**Albumin** ist ein tierisches Eiweiß, das in zwei Sorten, aus Blut oder aus Ei gewonnen, in den Handel kommt. Es wird zum Anlegen von Blattgold, in der Buchbinderei, zum Zeugdruck und zur Herstellung von Spezialfarben verwendet.

**Kasein.** *Beinamen.* Keine.

*Zusammensetzung.* Kasein ist Milcheiweiß (Käsestoff); *Kaseinleim* ist durch Aufschluß mit Alkalien oder Ätzkalk löslich gemachtes Kasein.

*Herstellung.* Kasein wird aus Magermilch durch Säuerung (Säurekasein) oder Zusatz von Lab (Labkasein) ausgefällt. Kaseinleim wird aus Säurekasein, nach voraufgehendem Quellen des Kaseinpulvers, durch Zugabe von Laugen aller Art (Pottasche, Soda, Salmiakgeist, Borax, Natriumphosphat, Kalk usw.) hergestellt.

*Handelssorten, Handelsform, Aufbewahrung.* Kasein kommt pulverförmig in den Handel. Milchsäurekasein ist durch RAL 093 B genormt. Kaseinleime befinden sich in großer Zahl am Markt. Es wird zwischen Kalk- und Alkalikasein unterschieden. Es gibt auch sogenanntes wasserlösliches Kasein (kurz *lösliches Kasein* genannt), ein Gemisch aus Kaseinpulver und dem zum Aufschluß erforderlichen Alkali. Die pulverförmigen Präparate werden in Kartons, Blechdosen und Fässern, die pastenförmigen in Dosen, Eimern und Kannen gehandelt. Kasein und Kaseinleim müssen kühl und trocken gelagert werden. Mit zunehmendem Alter tritt eine Verminderung der Lösefähigkeit und damit der Klebkraft ein.

*Verwendung.* Kalkkasein ergibt wetterfeste Anstriche für außen. Alkalikasein erreicht nur auf frischem Putz eine ausreichende Wetterfestigkeit. Kaseinleim wird ferner verwendet für wisch- und waschfeste Leimanstriche für innendekorative Malereien. Spachtelmassen, als Zusatz zu Kalkfarben und als Holzkaltleim.

*Mischbarkeit mit Farben und anderen Bindemitteln.* Kalkkasein ist nur mit kalkechten Farben mischbar. Alkalikasein ist mit fast allen Farben mischbar. Gipshaltige Farben geben mit Kaseinleim grießige Ausscheidungen. Kaseinleim ist mit anderen Leimen mischbar. Mit Ölen und Öllacken bildet er haltbare Emulsionen und ist daher wichtiger Bestandteil der meisten Emulsionsbindemittel.

*Trocknung.* Bei der Trocknung verdunstet zunächst das Wasser. Die Durchhärtung dauert einige Zeit. Kalkkasein wird schon nach kurzer Zeit durch die Bildung von Calciumkaseinat fest.

*Beständigkeit.* Kalkkaseinanstriche sind durch die Unlöslichkeit des entstehenden Kalksalzes wetterbeständig. Alkalikaseinanstriche erreichen nur auf frischem Putz eine ausreichende Wetterbeständigkeit.

*Wirkung auf die Gesundheit.* Unschädlich. Nur die Fluorsalze enthaltenden Holzkaltleime sind giftig.

*Prüfung.* Kalk- und Alkalikasein können durch die Wasserlöslichkeit unterschieden werden. Trockene Probeaufstriche von Kalkkasein sind auch bei längerer

Wasserlagerung unlöslich, während Alkalikaseinanstriche löslich sind. Kasein wird auf Boraxlöslichkeit nach RAL 093 A 2 geprüft.

**Tierleim.** *Beinamen.* Tischlerleim.

*Zusammensetzung.* Wasserlösliches Eiweiß (Glutin).

*Herstellung.* Tierleim wird durch Kochen von Häuten, Knochen und Lederabfällen hergestellt.

*Handelssorten, Handelsform, Aufbewahrung.* Es wird unterschieden je nach den Rohstoffen: 1. Hautleim, 2. Lederleim, 3. Knochenleim, 4. Mischleim. Der Tierleim kommt als Tafelleim, Körnerleim, Perlenleim, Pulverleim, Flockenleim (nur bei Haut- und Lederleim) und als Leimgallerte in den Handel. Gelatine ist ein reiner Tierleim und kommt in dünnen, farblosen Tafeln in den Handel. Tierleim muß trocken aufbewahrt werden. Leimgallerte ist zur Verhinderung des Eintrocknens kühl aufzubewahren.

*Verwendung.* Tierleim wird verwendet als Bindemittel zur Herstellung von Leimfarben, Spezialfarben und Spachtelmassen, als Grundiermittel zum Abdichten saugender Untergründe, als Klebemittel, zu Kunstmassen usw. Gelatine wird zum Anlegen von Blattgold verwendet.

*Mischbarkeit mit Farben und anderen Bindemitteln.* Säure- und laugenfreier Tierleim ist mit allen Farben verträglich. Tierleim ist mit anderen Leimen (z. B. Kasein-, Pflanzenleim und Stärkekleister) mischbar. Man muß jedoch hierbei vorsichtig sein, da bei Verwendung derartiger Mischungen infolge Auftretens von Spannungsunterschieden der Farbfilm leicht abplatzt.

*Trocknung.* Sie tritt durch Verdunsten des Wassers ein.

*Beständigkeit.* Die Wetterbeständigkeit ist gering, da der Leim auch im Anstrich unter Quellung Wasser aufnimmt und dann durch Bakterien leicht zerstört wird.

*Wirkung auf die Gesundheit.* Ungiftig.

*Prüfung.* Unterscheidung der einzelnen Sorten nicht ohne weiteres möglich. Fettgehalt zeigt sich durch „Fettaugen" auf der Oberfläche der Leimlösung. Säure und Alkali werden mit Lackmuspapier nachgewiesen. Die quantitative Prüfung auf Säure-, Alkali-, Wassergehalt und fremde Beimengungen wird nach RAL 093 A 2 vorgenommen.

β) Pflanzenleime.

**Celluloseleime.** *Beinamen.* Siehe Handelssorten.

*Zusammensetzung.* Celluloseäther, z. B. Methylcellulose und celluloseglykolsaures Natrium.

*Herstellung.* Aus Zellstoff wird durch Behandeln mit Natronlauge Alkalicellulose hergestellt und diese mit Chlormethylgas bzw. mit chloressigsaurem Natrium umgesetzt.

*Handelssorten, Handelsform, Aufbewahrung.* Es werden unterschieden: Cellulose-Kleister und Cellulose-Leime. Beide sind unter Phantasienamen im Handel und unterscheiden sich nur durch eine verschiedene Dickflüssigkeit. Sie kommen in Paketen in den Handel und müssen kühl und trocken aufbewahrt werden.

*Verwendung.* Cellulosekleister dient als Klebemittel für Tapeten, Makulatur und Linkrusta. Celluloseleim ist Bindemittel für Leimfarben, Mischbinderfarben und Spachtelmassen.

*Mischbarkeit mit Farben und anderen Bindemitteln.* Mit allen Farben verträglich. Celluloseleim ist mit anderen Leimen mischbar. Mit Wasserglas entstehen Ausflockungen. Mit öligen Bindemitteln und Lacken mischbar.

*Trocknung.* Diese geht durch Verdunsten des Wassers vor sich.

*Beständigkeit.* Wetterbeständigkeit gering. In Feuchtigkeit quillt der Celluloseleim. Da eine Zersetzung durch Mikroorganismen nicht eintritt, erfahren die Bindekraft und Wischfestigkeit keine Beeinträchtigung.

*Wirkung auf die Gesundheit.* Unschädlich.

*Prüfung.* Cellulosekleister und Celluloseleim werden durch Jodlösung nicht blau gefärbt.

**Dextrin** ist ein Abbauprodukt von Stärke und wird durch Rösten oder Säurebehandlung aus dieser hergestellt. Im Handel werden Kartoffel- und Maisdextrin unterschieden. Ferner gibt es eine gelbe und eine weiße Sorte.

Dextrin wird als Farbenbindemittel verwendet. Die Anstriche dürfen aber nicht feucht werden, weil das Dextrin sonst zerstört würde. Dextrin wird ferner zu Klebstoffen, flüssigen Leimen usw. verwendet (s. lexikalischer Teil).

**Gummiarabicum** tritt aus Bäumen aus. Es kommt in Stücken oder als Pulver in den Handel und wird zur Herstellung von Spezialfarben und als Klebemittel verwendet. Die helleren Sorten sind wertvoller und werden zur Herstellung von Büroleim verwendet (s. Bd. III).

**Stärkeleime.** *Beinamen.* Siehe Handelssorten.

*Zusammensetzung.* Kohlenhydrate.

*Herstellung.* Stärkeleime werden durch Quellen von Stärke oder stärkehaltigen Stoffen erhalten.

*Handelssorten, Handelsform, Aufbewahrung. Stärkekleister* durch einfaches Aufquellen von Stärke hergestellt und *Pflanzenleime,* die aus mit Alkalien aufgeschlossener Stärke unter Zusatz von Harzseife entstehen.

Stärkekleister und Pflanzenleime sind durch RAL 280 A genormt. Stärkeleime werden pasten- oder pulverförmig unter Phantasienamen in den Handel gebracht. Pastenförmige Leime werden in Holzfässern, Emaille- oder Tongefäßen und die pulverförmigen Präparate in Paketen oder Kisten verpackt. Leimpasten sind in kühlen und luftigen Räumen vor Frost geschützt und Leimpulver trocken aufzubewahren.

*Verwendung.* Stärkekleister ist ein wichtiges Bindemittel für Farben und Spachtel und Klebemittel für Tapeten, Makulatur und Linkrusta, Pflanzenleim wird zur Herstellung von Leimfarben verwendet.

*Mischbarkeit mit Farben und anderen Bindemitteln.* Neutrale Stärkeleime sind mit allen Farben verträglich. Säurehaltige Zubereitungen verändern säureempfindliche Farben (z. B. Ultramarinblau), und alkalische Stärkeleime verändern kalkempfindliche Farben (z. B. Berliner Blau, Chromgelb). Stärkeleime können mit anderen Leimen verarbeitet werden, soweit nicht durch das Auftreten von Spannungsunterschieden die Gefahr des Abplatzens des Farbfilmes besteht. Stärkeleime werden auch in Verbindung mit öligen Bindemitteln als Emulsionen (s. S. 470) verarbeitet.

*Trocknung.* Der Vorgang der Trocknung besteht in der Abgabe des Wassers.

*Beständigkeit.* Stärkeleime haben eine geringe Wetterbeständigkeit. Außenanstriche mit Pflanzenleimen, die nicht unmittelbar dem Regen ausgesetzt sind, haben eine befriedigende Haltbarkeit. Bei Feuchtigkeit werden nicht konservierte Kleister sauer und durch Schimmelpilze zerstört. Pflanzenleime werden durch dauernde Feuchtigkeit ebenfalls durch Schimmelpilze und Bakterien zerstört. Die Wischfestigkeit der damit hergestellten Leimfarbenanstriche läßt dadurch nach; auch können Stockflecke entstehen.

*Wirkung auf die Gesundheit.* Unschädlich.

*Prüfung.* Die chemische Prüfung wird nach RAL 280A durchgeführt. Stärke und stärkehaltige Zubereitungen werden durch Jodjodkaliumlösung (Jodtinktur) tiefblau gefärbt. Die Prüfung auf Alkali wird mit Phenolphthaleinlösung vorgenommen.

### γ) Emulsionen.

*Beinamen.* Siehe Handelssorten.

*Zusammensetzung.* Emulsionen sind Mischungen aus wäßrigen und öligen Bindemitteln.

*Herstellung.* Die wäßrigen und öligen Bindemittel werden gegebenenfalls unter Zusatz von Emulgierungs- und Konservierungsmitteln gemischt.

*Handelssorten, Handelsform, Aufbewahrung.* Emulsionen befinden sich in großer Zahl unter Markenbezeichnungen im Handel. Nach der Zusammensetzung sind die nachstehenden wichtigen Emulsionsarten zu unterscheiden: *Milch* und *Eigelb* sind *natürliche Emulsionen.* Von den *künstlichen Emulsionen* seien folgende Sorten genannt:

*Bitumenemulsionen.* Sie bestehen aus Bitumen, das mit geeigneten Emulgatoren (z. B. Kasein, Harzseife usw.) in Wasser emulgiert ist.

*Ei-Emulsionen (Tempera).* Man unterscheidet Ei-Öl-Tempera und Ei-Milch-Tempera.

*Kalkemulsionen* bestehen aus gelöschtem Kalk, dem Firnis zugesetzt wird.

*Kaseinemulsionen* enthalten Kaseinleim in Mischung mit Firnis, Holzöl, Kautschukemulsionen, Kopallack, Kunstharzlack, Leinöl, Mohnöl, Schellacklösung oder Standöl. Die daraus entstehenden Bindemittel haben sehr verschiedene Eigenschaften. Fettstoffreiche Kaseinemulsionen ergeben Mattölfarben entsprechende Anstriche.

*Kautschukemulsionen* enthalten Kautschukmilch (Latex) und Kaseinleim.

*Lackemulsionen (Wasserlacke)* sind unter Zusatz von Schutzkolloiden mit Wasser emulgierte Lacke oder Lackrohstoffe (Leinöl, Standöl, Holzöl, Harze [natürliche und künstliche]).

*Leimemulsionen* bestehen aus Tier- oder Pflanzenleim und Leinölfirnis.

*Ölemulsionen.* Hier werden trocknende Öle (Firnis, Leinöl, Standöl, Holzöl) mit Leimlösung (Tierleim, Kaseinleim, Pflanzenleim) emulgiert.

*Wachsemulsionen* enthalten als Hauptbestandteil natürliche oder künstliche Wachse sowie Leim und Öl.

Die Emulsionen kommen flüssig oder pastenförmig in Kannen, Büchsen oder Hobbocks in den Handel und müssen vor Hitze und Frost geschützt aufbewahrt werden.

*Verwendung.* Bindemittel für Innen- und Außenanstriche, Spachtelmassen, Grundier- und Isoliermittel.

*Mischbarkeit mit anderen Farben.* Mit allen Farben mischbar. Laugenhaltige Emulsionen sollen nur mit kalkechten Farben verarbeitet werden. Emulsionen können im allgemeinen mit allen öligen und wäßrigen Bindemitteln verarbeitet werden.

*Trocknung.* Der Trocknungsvorgang besteht einmal im Verdunsten des Wassers und bei ölhaltigen Emulsionen im Trocknen des Öles.

*Beständigkeit.* Wetterbeständigkeit mit steigendem Ölgehalt besser, kommt reinen Ölfarben nicht gleich. Beständigkeit gegen Feuchtigkeit höher als bei reinen Leimfarben.

*Wirkung auf die Gesundheit.* Ungiftig.

*Prüfung.* Chemische Prüfungen sind nicht üblich; es wird nur die Eignung für den jeweiligen Verwendungszweck festgestellt.

## 2. Nichtwäßrige, flüchtige Bindemittel.

In der „Übersicht über die Verwendung der Bindemittel" (S. 464) ist bereits eine Aufstellung der zu den Lacken gehörenden nichtwäßrigen, flüchtigen Bindemitteln gegeben. Sie werden im Abschnitt „Lacke" (S. 479) besprochen.

## 3. Ölbindemittel.

**Karbolineum.** *Beinamen.* Ohne Beinamen.

*Zusammensetzung.* Anthracenöl = hochsiedende Fraktion des Steinkohlenteeres.

*Herstellung.* Die bei der Destillation des Steinkohlenteeres zuletzt (über 300°) übergehende Anthracenölfraktion wird für sich aufgefangen und daraus in der Kälte das Anthracen ausgeschieden.

*Farbige Karbolineen* erhält man durch Zusatz von Körperfarben (reines Eisenoxydrot, Eisenoxydgelb, Berliner Blau) oder öllöslichen Teerfarbstoffen (Sudanfarbstoffe) oder Resinatfarbstoffen (= auf Harz niedergeschlagene basische Teerfarbstoffe, in Benzol gelöst).

*Handelssorten, Handelsform, Aufbewahrung.* Man unterscheidet braunes und farbiges Karbolineum. *Obstbaumkarbolineum* ist bereits emulgiert oder durch Zusatz von Seifen in mit Wasser emulgierfähige Form gebracht. Es wird ausschließlich in der Schädlingsbekämpfung verwendet.

*Imprägnieröle* sind leichtere Teeröle und werden zum Tränken von Holz verwendet. Karbolineum ist flüssig und kommt in Kannen und Fässern in den Handel. Es muß frostfrei gelagert werden.

*Verwendung.* Karbolineum wird für konservierende Anstriche auf Holz verwendet. Ölfarbenanstriche können erst, nachdem die Gefahr des Durchschlagens des Karbolineumanstriches durch Isolieren mit einem geeigneten Mittel (s. S. 487) beseitigt ist, aufgetragen werden.

*Mischbarkeit mit anderen Farben.* Mit Farben und Bindemitteln nicht mischbar.

*Trocknung.* Kein Trocknungsvorgang im eigentlichen Sinne, sondern Einziehen in das Holz.

*Beständigkeit.* Wetterbeständigkeit gut; lichtecht; gefärbtes Karbolineum ist je nach Zusatz mehr oder weniger lichtecht.

*Wirkung auf die Gesundheit.* Keine Gesundheitsgefährdung.

*Prüfung.* Physikalische und chemische Prüfungen werden am zweckmäßigsten vom Chemiker durchgeführt.

### *Trocknende Öle und Firnisse.*

**AL-Firnis** ist die Abkürzung für Außen-Lack-Firnis. Im Handel befinden sich zwei Sorten: AL-Firnis (M) und AL-Firnis (S). Er wird auf ähnlicher Grundlage wie der frühere EL-Firnis hergestellt und enthält neben Ölen (Leinöl, Holzöl, Oiticicaöl) lackartige Stoffe (Kunstharz), Lösungsmittel (Testbenzin) und Sikkativ. AL-Firnis wird für Innen- und Außenanstriche verwendet und in praktisch derselben Weise wie Leinölfirnis verarbeitet (s. S. 473).

**Bitumenfirnisse** sind bitumenhaltige Binde- und Anstrichmittel. Sie bestehen aus Erdölbitumen und flüchtigen Lösungsmitteln (Benzol, Schwerbenzin) oder fetten Ölen (Holzöl, Leinöl) und Sikkativen. Sie befinden sich als Spezialfabrikate unter Phantasienamen im Handel und werden für Schutzanstriche auf Beton, Holz und Eisen verwendet.

**Faktisierte Firnisse** (Faktor-Firnis) sind geschwefeltes Leinöl und werden durch Einwirkung von Schwefelchlorür auf voroxydiertes Leinöl erhalten. Sie sind widerstandsfähiger als Leinölfirnis und werden als Bindemittel für Innen- und Außenanstriche (Holz, Metall, Putz, Pappe usw.) verwendet.

**Holzöl.** *Beinamen.* Tungöl.

*Zusammensetzung.* Glycerinester der Holzölfettsäure.

*Herstellung.* Die Samen des Holzölbaumes (Heimat Ostasien; China, Japan) werden ausgepreßt.

*Handelssorten, Handelsform, Aufbewahrung.* Im Handel befinden sich zwei Sorten chinesisches Holzöl: Hankow-Holzöl und in geringerer Menge das weniger wertvolle Hongkong-Holzöl. Holzöl wird in Fässern gehandelt und muß kühl und gut verschlossen aufbewahrt werden.

*Verwendung.* Holzöl wird nicht direkt als Bindemittel verwendet, dagegen ist es ein wichtiger Rohstoff für die Herstellung von Lacken, Hart- und Schnelltrocken-ölen und Emulsionen. Holzöllacke zeichnen sich durch Sodabeständigkeit aus und werden für Fußboden- und Außenanstriche vielfach gebraucht.

*Mischbarkeit mit Farben und anderen Bindemitteln.* Mit allen Farben, Firnis und Leinöl sowie Emulsionen verträglich.

*Trocknung.* Holzöl trocknet matt und milchig unter sogenannter „Eisblumen-bildung" auf. Im Licht gerinnt das Holzöl, das dann infolge Sauerstoffaufnahme durchtrocknet.

*Beständigkeit.* Durch Wasser nicht quellbar, daher zunächst besser wetter-beständig als Leinöl, wird aber durch Verwitterung spröde und neigt zum Abplatzen.

*Wirkung auf die Gesundheit.* Unschädlich. Manche besonders empfindliche Personen bekommen Hautausschlag.

*Prüfung.* Holzöl ist leicht an seinem typischen Geruch nach ranzigem Schweine-fett erkennbar. Reines Holzöl gelatiniert leicht in der Hitze.

**Holzöl-Standöl** wird durch Kochen des Holzöles gewonnen. Der Holzöl-Standöl-Film quillt bei weitem nicht so stark wie Leinöl- und Leinöl-Standöl-Filme und hat daher eine bessere Wetterbeständigkeit. Es sind auch sogenannte Misch-standöle im Handel, die aus Leinöl mit einem größeren oder geringeren Gehalt an Holzöl (Leinöl-Holzöl-Standöl) bestehen.

**Leinöl.** *Beinamen.* Ohne Beinamen.

*Zusammensetzung.* Glycerinester der Leinölfettsäure.

*Herstellung.* Leinöl wird durch kalte oder warme Auspressung von Leinsamen gewonnen.

*Handelssorten, Handelsform, Aufbewahrung.* Leinöl ist genormt durch RAL 848 A. Es werden folgende Sorten unterschieden: Rohes Leinöl, gebleichtes Leinöl, raffinier-tes Leinöl, Lackleinöl. Leinöl wird in Fässern gehandelt und soll zur Verhütung der Hautbildung gut verschlossen aufbewahrt werden.

*Verwendung.* Leinöl trocknet langsam und wird deshalb nur wenig als Farben-bindemittel verwendet. Wichtig ist das Leinöl aber zur Herstellung von Leinölfirnis, Leinölstandöl und Öllacken.

*Mischbarkeit mit Farben und anderen Bindemitteln.* Leinöl ist mit allen Farben mischbar. Es verträgt sich mit neutralen, wäßrigen Bindemitteln (Bildung von Emulsionen); mit alkalischen Bindemitteln (Kalk und Wasserglas) tritt Verseifung ein. Mit Leinölfirnis und Leinöl-Standöl ist Leinöl in jedem Verhältnis mischbar. Bei Öllacken ist die Verträglichkeit durch den Mischversuch und einen Probe-aufstrich festzustellen.

*Trocknung.* Unter Aufnahme von Sauerstoff aus der Luft trocknet das Leinöl. Es bildet einen Film. Hierbei entsteht *Linoxyn*.

*Trockendauer.* Im Sommer höchstens 4 Tage, im Winter 6 Tage bei 18° auf Glas.

*Beständigkeit.* Wetterbeständigkeit gut; im Licht wird Leinöl gebleicht; durch Laugen wird Leinöl verseift.

*Wirkung auf die Gesundheit.* Unschädlich.

*Prüfung.* Nach RAL 848 A.

**Leinölfirnis.** *Beinamen.* Firnis.

*Zusammensetzung.* Leinöl, dem Trockenstoffe zugesetzt sind.

*Herstellung.* Leinölfirnis wird nach drei Verfahren hergestellt:

a) Auflösen von Metalloxyden in der Hitze (heute kaum noch üblich);

b) Erhitzen von Leinöl mit Trockenstoffen (wichtigste Herstellungsart);

c) Vermischen von Leinöl mit Lösungen von Trockenstoffen (Sikkativen) in der Kälte.

*Handelssorten, Handelsform, Aufbewahrung.* Nach der Art der Trockenstoffe unterscheidet man zwischen Oleatfirnis, Resinatfirnis und Naphthenatfirnis (Soligenfirnis). Nach der Art der in den Trockenstoffen enthaltenen Metalle sind zu unterscheiden: Blei-, Mangan-, Kobalt-, Bleimanganfirnisse usw. Wichtigstes Handelsprodukt ist der Bleimanganfirnis. Leinölfirnis wird in Fässern geliefert und soll gut verschlossen aufbewahrt werden.

*Verwendung.* Leinölfirnis wird zur Herstellung der sogenannten „Ölfarben" (s. S. 481) verwendet.

*Mischbarkeit mit Farben und anderen Bindemitteln.* Mit allen Farben verträglich. Nur bei Resinatfirnissen ist Vorsicht geboten, weil diese mit basischen Farben (z. B. Bleiweiß, Mennige, Zinkweiß) eindicken können. Leinölfirnis bildet mit neutralen wäßrigen Bindemitteln (Leimen) Emulsionen. In der Mischung mit alkalischen Bindemitteln (Kalk, Wasserglas) tritt Verseifung ein. Leinöl und Standöl lassen sich mit Leinölfirnis in jedem Verhältnis mischen, während bei Öllacken zweckmäßig durch den Mischversuch und Probeaufstrich die Verträglichkeit festgestellt wird.

*Trocknung.* Trocknungsvorgang wie bei Leinöl. Trockendauer 24 Stunden. Trockenstoffe wirken als Sauerstoffüberträger. Trocknung erfolgt von außen nach innen.

*Beständigkeit.* Durch Feuchtigkeit quellen die Leinölfirnisfilme. Bei dauernder Einwirkung von Feuchtigkeit quillt der Film auf und verliert sein Haftvermögen. Laugen verseifen, Rauchgase (schweflige Säure) greifen an. Licht bleicht aus, die Hitzebeständigkeit ist nicht sehr groß (für Heizkörperanstriche ungeeignet). Wetterbeständigkeit immerhin so groß, daß Außenanstriche normalerweise mehrere Jahre halten.

*Wirkung auf die Gesundheit.* Nur *bleihaltige* Firnisse sind *giftig.*

*Prüfung.* Die Trocknungsprüfung wird nach RAL 848 A durchgeführt (s. S. 464). Von den Metallen der Trockenstoffe wird Kobalt durch die Blaufärbung der Boraxperle und Blei durch die nach Verdünnen mit Terpentinöl und Zugabe von Schwefelnatriumlösung auftretende Schwarzfärbung erkannt. Harz wird durch die Storch-Morawskische Reaktion nachgewiesen: Man löst im Reagensglas einige Tropfen Firnis in einigen ccm Essigsäureanhydrid und gibt vorsichtig einen Tropfen Schwefelsäure 1,53 zu. Bei Anwesenheit von Harz (Kolophonium) tritt eine bald verschwindende Violettfärbung auf.

**Leinöl-Standöl.** *Beinamen.* Standöl, Dicköl (holzölhaltig).

*Zusammensetzung.* Eingedicktes (polymerisiertes) Leinöl.

*Herstellung.* Lackleinöl wird in geschlossenen Aluminiumkesseln mehrere Stunden lang auf 300° erhitzt. Auch durch Einblasen von Luft in Leinöl erhält man Produkte, die dem Standöl ähnliche Eigenschaften haben.

*Handelssorten, Handelsform, Aufbewahrung.* Im Handel werden die folgenden Sorten unterschieden:

*Standöl* (ohne Zusätze), *Standölfirnis* mit Zusatz von Sikkativen und *Dicköl* bestehend aus Leinöl- und Holzöl-Standöl (s. S 472). Standöl wird in Fässern gehandelt und soll gut verschlossen aufbewahrt werden.

*Verwendung.* Leinöl-Standöl wird Ölfarben zugesetzt, um deren Glanz und Wetterbeständigkeit zu erhöhen. Ferner wird es verwendet zur Herstellung von Öllacken (Emaillelacken) und Druckfarben.

*Mischbarkeit mit Farben und anderen Bindemitteln.* Beim Anrühren mit basischen Farben (Bleiweiß, Bleimennige, Zinkweiß) kann Eindicken eintreten. Titanweiß-Ölfarben bedürfen zur Herabsetzung des Abkreidens eines Standölzusatzes. Zu Leinöl und Firnis können bis zu 15% Standöl zugemischt werden. Die Mischung mit Lacken muß jeweils durch den Versuch ermittelt werden.

*Trocknung.* Wie bei Leinöl durch Oxydation. Hierbei verläuft das Standöl lackartig und mit hohem Glanz. Trockendauer 4 bis 9 Tage. Standöle mit Holzöl- und Firniszusatz trocknen schneller.

*Beständigkeit.* Sehr gut wetterbeständig; lichtechter als Leinöl und Leinölfirnis; weniger empfindlich gegen Feuchtigkeit als Leinöl und Leinölfirnis.

*Wirkung auf die Gesundheit.* Unschädlich.

*Prüfung.* Die praktische Prüfung erstreckt sich auf die Feststellung der Trockenfähigkeit und die Verträglichkeit mit Firnis und basischen Farben.

**Mohnöl** wird aus den Samen des Schlafmohnes gewonnen, ist sehr hell und trocknet langsamer als Leinöl. Vor allem wird es zum Anreiben weißer und hellbunter Farben für die Kunstmalerei verwendet. Durch Erhitzen erhält man Mohnöl-Standöl.

**Oiticicaöl** wird aus den Früchten des in Südamerika (hauptsächlich Brasilien) wild wachsenden Baumes Licania rigida Beth. durch Auspressen gewonnen. Es hat ähnliche Eigenschaften wie das Holzöl und wird demzufolge zu den gleichen Produkten verarbeitet.

**Perillaöl** wird aus den Perillanüssen von Perilla ocymoides, Labiatae (China, Japan, Indien, Mandschukuo) gewonnen. Es ist dem Leinöl sehr ähnlich, läßt sich sehr leicht bleichen und zu Standöl verkochen. Für weiße Farben ist es nicht zu gebrauchen, weil die Anstriche leicht gelb werden. Zu sonstigen Verwendungszwecken, zur Firnis- und Lackbereitung ist es aber sehr gut zu gebrauchen und ergibt harte Filme von hoher Wasserbeständigkeit.

**Sojabohnenöl** wird aus den hauptsächlich in der Mandschurei angebauten Sojabohnen gepreßt. Es wird meistens gemeinsam mit Leinöl verarbeitet.

**Synourinöl** wird nach dem Erfinder Professor SCHEIBER durch Wasserentzug aus Rizinusöl hergestellt. In seinen Eigenschaften liegt es zwischen Leinöl und Holzöl. Es ist sehr wasserfest und hat eine hohe Wetterbeständigkeit. Die Anstriche haben einen guten Glanz und geringe Neigung zum Vergilben. Da Synourinöl langsam trocknet, wird es mit Leinölfirnis bis zu gleichen Teilen oder mit Holzöl verschnitten. Ein weiterer Zusatz von Sikkativ beschleunigt das Trocknen. Synourinöl mit Firnis eignet sich auch zur Herstellung von Glaserkitt.

**Tallöl** ist ein Nebenprodukt der Zellstoffgewinnung. Es besteht aus Fettsäuren, Harzsäuren und unverseifbaren Anteilen. Durch Veresterung mit Glycerin erhält man brauchbare Anstrichstoffe.

**Tran.** Aus Fischölen gewonnene Trane sind Ausgangsprodukte zur Gewinnung von Speziallacktranen und Transtandölen. Diese verbesserten Produkte werden zu Anstrichen oder in Verbindung mit Leinöl zur Herstellung von Lacken verwendet.

**Wachse.** Verschiedene natürliche Wachse, z. B. Bienenwachs, Karnaubawachs, Erdwachs, Montanwachs, Paraffin und künstliche Wachse, z. B. IG-Wachse, Rilan-Wachs usw., werden im emulgierten Zustand zu wäßrigen Bindemitteln, als Zusatz zu Farben und zum Mattmachen von Lacken, ferner zur Herstellung von Abbeizmitteln verwendet (vgl. auch Lackrohstoffe S. 479).

# E. Lackrohstoffe.

## I. Asphalte und Peche.

Siehe S. 453.

## II. Fette Öle.

Siehe S. 471—474.

## III. Harze.

### 1. Naturharze.

*a) Akaroid* stammt von Liliengewächsen, die in Australien und auf der Insel Tasmanien beheimatet sind. Es wird zur Herstellung von roten Transparent-Lacken sowie für billige Mattierungen, Polituren und Spirituslacke verwendet. Es kommen rotes und gelbes Akaroidharz in den Handel. Das rote Akaroidharz ist die billigere Ware.

*b) Benzoe.* Nach der Herkunft wird unterschieden zwischen den von Siam, Sumatra, Palembang und Penang stammenden Sorten. Zur Fabrikation wird hauptsächlich die Sumatra-Benzoe zur Herstellung von Polituren und Politurlacken verwendet.

*c) Bernstein* ist das Harz längst ausgestorbener Koniferen. Es wird an der ehemals preußischen Ostseeküste gewonnen. Die Betriebe der dortigen Bernsteinwerke bringen für die Lackindustrie geschmolzenen Bernstein in den Handel. Die Verarbeitung von Bernstein ist in den letzten Jahren auf Kosten der steigenden Verwendung von Kopalen und öllöslichen Kunstharzen mehr und mehr zurückgegangen.

*d) Dammar* kommt in vielen nach Gewinnungsgebieten oder Ausfuhrhäfen benannten Sorten in den Handel. Haupthandelssorte ist der Batavia-Dammar. Durch seine große Helligkeit ist das Dammar-Harz für die Herstellung von Weißlacken besonders geeignet. Allerdings sind die Dammar-Sorten nicht so widerstandsfähig wie die Kopale.

*e) Elemi* ist ein Weichharz, das angenehmen, würzigen Geruch hat. In der Lackindustrie wird nur das harte und weiche Manila-Elemi verarbeitet. Es wird verwendet als Weichmachungsmittel für Spirituslacke und zur Herstellung von Celluloselacken.

*f) Kolophonium* („Harz") ist nicht reines Naturprodukt wie die vorstehend aufgeführten Harze, sondern es wird aus Koniferenbalsam gewonnen. Der Handel unterscheidet die zahlreichen Kolophoniumsorten nach dem Ursprungsland, die nach der Helligkeit mit Buchstaben oder Zahlen gekennzeichnet werden. Hauptlieferant für Harz ist Amerika, dann kommen Frankreich, Spanien, Portugal und Griechenland. Auch in Deutschland wird in steigenden Mengen Kolophonium gewonnen. Kolophonium ist ein billiges Harz und wird mit anderen Sorten verschnitten zur Herstellung von Lacken verwendet, an deren Haltbarkeit keine besonderen Ansprüche gestellt werden. Kolophonium ist aber ein sehr wichtiger Rohstoff zur Herstellung von Harzestern (s. S. 476) und Kombinationsharzen (s. S. 477).

*g) Die Kopale* stammen vom Harz untergegangener Bäume, sind aber bei weitem nicht so alt wie der Bernstein. Man unterscheidet die Kopale nach geographischen Namen (Fundorten und Ausfuhrhäfen). Für die Lackherstellung sind die folgenden Kopalsorten wichtig:

*α) Harte Sorten. Sansibar-* (härtester Kopal) und *Kongokopal.* Der erste wird für feine Kutschenlacke und der letzte für Schleiflacke und gute Außenlacke verwendet.

*β) Mittelharte Sorten.* *Kaurikopal*, aus Neuseeland stammend, wird für Öllacke verwendet. *Harte Manilakopalsorten* werden ebenfalls zu Öllacken verarbeitet.

*γ) Weiche Sorten.* *Manila-Kopale*, von lebenden Bäumen stammend, sind bereits in Alkohol löslich und werden daher hauptsächlich zur Herstellung von Spirituslacken verwendet.

*h) Mastix.* Wichtigste Handelssorte ist der „Chios-Mastix". Mastix stellt weingelbe Tränen dar und findet Verwendung zur Herstellung von Mastixfirnissen, Vergolderfirnissen, Spirituslacken, Polituren, Mattierungen, Negativlacken, Strohhutlacken und dergleichen.

*i) Sandarak* ist das Harz einer afrikanischen Konifere. Er wird bei der Herstellung von Spirituslacken mitverwendet. In der Güte stehen die Sandaraklacke zwischen den aus Schellack und Manilakopal hergestellten Lacken.

*k) Schellack* ist im Gegensatz zu den vorgenannten Naturharzen tierischen Ursprungs. Er stammt aus den Ausscheidungen der Lacklaus. Die Larven der Lacklaus saugen den Saft aus den Ästen und Zweigen bestimmter Bäume und scheiden eine harzartige Masse aus. Es entsteht der sogenannte „Stocklack", das Ausgangsprodukt des Schellacks. Wichtigste Handelssorte ist der Blätterschellack, der nach der Farbe in zahlreichen Sorten unterschieden wird (Lemon-, Orange-, Rubinschellack usw.). Der Zopf- oder Stangenschellack muß unter Wasser aufbewahrt werden, damit er spirituslöslich bleibt. Dabei nimmt er viel Wasser auf und macht die Politur minderwertiger. Eine weitere Sorte ist der *wachsfreie Schellack*. Schließlich muß noch der *gebleichte Schellack* genannt werden, der pulverförmig oder in Zöpfen in den Handel kommt. Schellack wird hauptsächlich zur Herstellung von Spirituslacken verwendet (Ästelack, Mattine, Polituren), gebleichter Schellack ergibt Spirituslacke für helle Hölzer und zum Fixieren von Kohlezeichnungen.

## 2. Verbesserte Naturharze.

Kolophonium ist in reiner Form für die Herstellung guter Lacke ungeeignet. Durch Veresterung wird es wesentlich verbessert. Man unterscheidet zwischen Kalkharz und Harzester. Das Kalkharz wird durch Auflösung von Calciumhydroxyd in geschmolzenem Harz gewonnen und zur Herstellung billiger Öllacke (Dekorations-, Fußboden- und Möbellacke) verwendet. Esterharz erhält man, wenn an Stelle von Kalk dem geschmolzenen Kolophonium Glycerin zugegeben wird. Aus Esterharz werden Nitro- und Öllacke hergestellt.

## 3. Kunstharze.

### a) Polymerisationsharze.

**Kumaronharze** enthalten *Kumaron-* und *Indenverbindungen*, die als Verunreinigungen im Rohbenzol (Solventnaphtha) enthalten sind. Bei der Reinigung des Rohbenzols werden die Kumaronharze mittels Schwefelsäure, Aluminium- oder Eisenchlorid abgeschieden. Die anfallenden Produkte haben eine verschiedene Helligkeit und Härte. Kumaronharze fallen in großen Mengen an und sind daher billig. Sie haben eine geringe Luft- und Lichtbeständigkeit. Trotzdem erhält man bei geeigneter Anwendung brauchbare Überzugslacke. Kumaronharze werden ferner zur Herstellung von Isolierlacken und Linoleumkitt verwendet.

**Vinylpolymerisate** enthalten eine in entsprechender Weise aktivierte Äthylengruppe, $CH_2 = CHX$. Es sind folgende Untergruppen zu unterscheiden:

*α) Vinylchloridprodukte.* Vinylchlorid, $CH_2 = CH \cdot Cl$, entsteht bei der Anlagerung von Chlorwasserstoff an Acetylen. Die Polymerisationsprodukte haben

bereits die für Lackzwecke erforderliche Löslichkeit nicht mehr. Sie sind Ausgangsprodukte wichtiger plastischer Massen (Vinylith, Troluloid, Igelit, Vinifol).

*Vinylacetatpolymerisate.* Das Vinylacetat wird gleichfalls über das Acetylen gewonnen. Man kann die Polymerisation so leiten, daß Produkte verschiedener Löslichkeit und Viskosität entstehen. Handelserzeugnisse sind Mowilith und Vinnapas.
Die Vinylacetatpolymerisate sind durchsichtig und wasserhell und haben eine hohe
Lichtechtheit. Sie werden sehr vielseitig verwendet, z. B. für wasserhelle Lacke,
benzinfeste Anstriche (Tankstellen), Kitte, Klebstoffe, ölfreie Grundiermittel,
Nitrocelluloselacke und Spachtelböden.

γ) *Acrylsäureesterprodukte.* Die Acrylsäure, $CH_2 = CH \cdot COOH$, und die Metha-
crylsäure, $CH_2 = C(CH_3) \cdot COOH$, bilden Ester, die sich leicht polymerisieren. Man
erhält Produkte von großer Wasserbeständigkeit. Handelserzeugnisse sind *Plexigum*
und *Acronal*. Man stellt daraus wasserhelle und absolut lichtbeständige, ferner
benzin- und mineralölbeständige Lacke her.

δ) *Styrolpolymerisate.* Die Polymerisate des Styrols (Vinylbenzol, $CH_2 = CH$
$\cdot C_6H_5$) werden als plastische Massen (Trolitul) und für Lacke (Romilla L) mit hoher
Lichtbeständigkeit verwendet.

ε) *Kautschukprodukte.* Naturkautschuk ist ebenfalls ein Vinylpolymerisat. Er
ist für Lackzwecke weniger geeignet. Dagegen wird der Chlorkautschuk (s. S. 478) in
ständig wachsendem Umfang für die Herstellung von Lacken verwendet.

### b) Kondensationsharze.

Sie entstehen durch Kondensation verschiedener Ausgangsstoffe.

**Aldehydkondensate.** Aus Acetaldehyd, $CH_3$—$CHO$, bilden sich durch Selbst-
kondensation harzartige Stoffe. Der Wackerkunstschellack (Syntellac) ist ein derartiges Produkt.

**Ketonkondensate.** Cyklische Ketone, z. B. *Cyklohexanon* und *Methylcyklohexanon*,
ergeben unter der Einwirkung von Alkalien harzartige Produkte (z. B. Kunstharz
AW 1 der früheren IG), die für die Herstellung nicht gilbender Öl- und Nitrolacke
verwendet werden.

**Phenolaldehydharze.** *a)* Bei der Umsetzung von Phenolen (Phenol, Kresol,
Xylenolen und höher alkylierten Phenolen) und Aldehyden (Formaldehyd und Acetaldehyd) erhält man Produkte mit den verschiedensten Eigenschaften. Die Zahl der
im Handel befindlichen Phenolaldehydharze ist daher sehr groß. *Schellackersatzprodukte* sind reine, in Spiritus lösliche Phenol-Aldehydharze (z. B. Laccain, Cello-
resen, Albertolschellack, Alnovole 320 K und 429 K).

*Härtbare Phenolformaldehydharze* (reguläre Resole) sind den Schellackersatz-
produkten weitgehend ähnlich, zeichnen sich diesen gegenüber aber dadurch aus,
daß sie sich durch Erhitzen in unlösliche, unschmelzbare Massen überführen lassen.
Handelsformen: Bakelite, Phenodure, Resinole.

*Alkylphenolharze* sind Polymerisationsprodukte höher alkylierter Phenole
(Butyl-, Amyl- und Hexylphenole) mit Aldehyden. Man bezeichnet sie auch als
100%ige Phenolharze. Sie sind in Holzöl leicht löslich und waren die ersten Kopal-
ersatzprodukte. In Kombination mit Holzöl oder Holzöl-Synourinöl werden die Alkylphenolharze zu Bootslacken, Luftlacken usw. verarbeitet. Handelsformen der Alkylphenolharze: Super-Beckacite 1001 und 2000, Alresene, Diphen, Alkyphen.

*b) Kombinationsharze.* Die Schellackersatzprodukte und die härtbaren Phenol-
aldehydharze haben eine ungenügende Löslichkeit in Kohlenwasserstoffen und lassen
sich nur schwer mit fetten Ölen verarbeiten. Durch Zusammenschmelzen mit Naturharzen werden diese schlechten Eigenschaften beseitigt. Auf diesem Gebiet haben
die Chem. Werke *Albert*, Wiesbaden-Biebrich, maßgebliche Arbeit geleistet und

bringen ihre Kombinationsharze unter der Bezeichnung *Albertole* und *Talphenate* in den Handel. Auf gleicher Basis hergestellt werden die *Beckaciteprodukte* und die *Beckopole*. Die Kombinationsharze werden in ähnlicher Weise wie die Naturharze verarbeitet.

**Kondensationsprodukte aus mehrwertigen Alkoholen und mehrbasischen Säuren.** Die einfachsten Kondensationsprodukte dieser Art sind die aus Phthalsäure und Glycerin hergestellten *Glyptale*. Für die Lackindustrie haben diese aber kaum eine Bedeutung, weil sie in Kohlenwasserstoffen unlöslich sind und sich nicht zu Öllacken verarbeiten lassen. Wird die Kondensation von Phthalsäure und Glycerin in Gegenwart von Harz- oder Fettsäure durchgeführt, so erhält man die sogenannten *Alkydharze*. Man muß zwischen folgenden Handelszubereitungen unterscheiden:

1. Harzsäuremodifizierte Alkyde: Alresate, Beckacite K, KM und KMP-Harze (frühere IG-Farben), Makopal.

2. Fettsäuremodifizierte Alkyde: Alkydale, Alftalate, Beckosole, Duxalkyde, Superduxalkyde, Resenoplast, Poliplast usw. Die Alkydharze werden in der Lackindustrie sehr vielseitig verwendet. Ihre Anstrichfilme haften gut, sind sehr zähe, dabei elastisch, licht-, luft- und wärmebeständig und vergilben kaum.

**Harnstoff-Formaldehyd-Kondensate.** Durch Kombination von Harnstoff mit Formaldehyd erhält man Produkte (Plastopale, Uresin), die hauptsächlich als Zusatz zu Nitrowollen verwendet werden, sonst aber bisher kaum Eingang in die Lackindustrie gefunden haben.

## IV. Kautschuk und Chlorkautschuk.

*Kautschuk* wird als Lackrohstoff kaum verwendet (s. S. 477). Dagegen ist es gelungen, aus *Chlorkautschuk* hochwertige Lacke herzustellen. Der Chlorkautschuk wird durch Chlorieren von Kautschuk erhalten.

*Handelssorten.* Dartex, Pergut, Tegofan, Tornesit. Chlorkautschuk ist sehr widerstandsfähig gegenüber Säuren und Laugen. Er ist ferner elastisch und hat eine gute Schlag- und Biegefestigkeit. Man kann damit wasser- und gasfeste Anstriche herstellen. Der Chlorkautschuk ist löslich in Benzol und dessen Homologen Toluol und Xylol, in Solventnaphtha und verschiedenen Estern. Außerdem ist er löslich in Leinöl, Holzöl und Standöl. Der Chlorkautschuk wird entweder für sich allein oder in Kombination mit trocknenden Ölen, Celluloseestern, Natur- und Kunstharzen und Pigmenten verarbeitet. Chlorkautschuklacke müssen einen Zusatz von Weichmachungsmitteln erhalten.

## V. Celluloseprodukte.

Die Cellulose selbst ist unlöslich. Durch Überführung in Celluloseester und Celluloseäther wird sie in lösliche, lacktechnisch verwendbare Form gebracht.

*a) Celluloseester.* Hier müssen wir unterscheiden zwischen *Nitro-* und *Acetylcellulose.* Die Nitrocellulose (chem. Cellulosenitrat) entsteht bei der Einwirkung eines Gemisches von Salpetersäure-Schwefelsäure auf Cellulose. Je nach dem Stickstoffgehalt unterscheidet man zwischen niedrig nitrierten (Kollodiumwolle) und hoch nitrierten (Schießbaumwolle) Produkten. Die Kollodiumwolle wird durch Nachbehandlung in verschiedenviskose Sorten umgewandelt. Zur Herstellung von Lacken (Zaponlacke) werden mittel- und niedrigviskose Sorten verwendet. Durch Einwirkung eines Gemisches von Essigsäureanhydrid und Schwefelsäure auf Cellulose erhält man die *Acetylcellulose.* Sie ist im Gegensatz zur Kollodiumwolle unbrennbar und wird zur Herstellung von Lacken, Kunstseide und Cellon verwendet.

*b) Celluloseäther.* Bei der Einwirkung von Äthylchlorid bzw. Benzylchlorid auf Alkalicellulose entstehen die *Äthyl-* bzw. *Benzylcellulose.* Beide Produkte haben sehr gute lacktechnische Eigenschaften, konnten aber wegen des zu hohen Preises noch keinen Eingang in die Lackindustrie finden.

*Methylcellulose* entsteht bei der Einwirkung von *Methylchlorid* auf Alkalicellulose. Die Methylcellulose wird als Bindemittel (Glutolin, Tylose) verwendet (s. S. 468).

## VI. Wachse.

Siehe auch S. 474.

*a) Naturwachse.* Die echten Wachse (Bienenwachs, Karnaubawachs) sind Ester hochmolekularer organischer Säuren. Unechte Wachse (Paraffin, Zeresin) sind Kohlenwasserstoffe. Die Wachse werden zur Herstellung von Mattlacken, Ölwachsfarben, Wachsbeizen, Wachsemulsionen und Bohnerwachs verwendet.

*b) Kunstwachse* sind auf künstlichem Wege hergestellte wachsartige Produkte. Sie werden zu den bei den Naturwachsen genannten Erzeugnissen verarbeitet. Paraffin ist außerdem noch in manchen Abbeizmitteln enthalten.

## VII. Weichmachungsmittel.

Manche Lacke (Chlorkautschuk- und Nitrocelluloselacke) ergeben einen spröden Film. Durch Zusatz gewisser Stoffe, sogenannter Weichmacher, gelingt es, diesen Übelstand zu beheben. Als Weichmachungsmittel werden nichtflüchtige Stoffe verschiedenster Art verwendet: Rizinusöl, Trikresylphosphat, Palatinole, Sipalin, Clophen, Kampfer, Mollit und viele andere Handelsprodukte.

# F. Lacke.

Allgemein bestehen Lacke aus Auflösungen nichtflüchtiger, filmbildender Stoffe in flüchtigen organischen Lösungsmitteln. Durch die Lackierung sollen zusammenhängende Überzüge entstehen, die den betreffenden Gegenstand schützen und verschönern. Den nichtflüchtigen, nach dem Trocknen hinterbleibenden Teil nennt man Lackkörper. Die Lacke werden hergestellt durch Auflösen der gegebenenfalls geschmolzenen Rohstoffe in den geeigneten Lösungsmitteln. Nach der Art des Lackkörpers kann man die Lacke einteilen in *flüchtige Lacke* (z. B. Lösungen von Harzen oder Zellulosederivaten in leicht verdunstenden Lösungsmitteln) und *fette Lacke* (Öllacke). Ferner ist eine Einteilung in lufttrocknende und ofentrocknende Lacke möglich. Eine strenge Unterteilung ist aber hierdurch nicht möglich, und wir wollen die allgemein übliche Einteilung nach den wesentlichen Bestandteilen vornehmen.

*a) Asphaltlacke* sind Lösungen von Asphalt (Bitumen) in Lösungsmitteln. Die besseren Sorten erhalten noch einen Zusatz von fetten Ölen, Harzen und Sikkativen. Die Asphaltlacke befinden sich unter verschiedenen Namen im Handel: Asphaltlack, Bitumenlack, Eisenlack, Isolierlack, Ofenrohrlack. Sie werden verwendet zum Schutz von Mauerwerk gegen Feuchtigkeit und zum Streichen von Eisen.

*b) Cellitlacke.* Siehe Celluloselacke S. 481.

*c) Chlorkautschuklacke.* Die zwei wichtigsten Gruppen von Chlorkautschuklacken sind die *ölfreien* und *ölhaltigen* Sorten. Die ölfreien Lacke bestehen aus Chlorkautschuk, Harz, Weichmachern, Lösungsmitteln und Pigmenten. *Ölhaltige Chlorkautschuklacke* enthalten außer den bereits bei den ölfreien Lacken genannten Bestandteilen noch trocknende Öle. Die Chlorkautschuklacke sind sehr vielseitig anwendbar, z. B. für säure- und laugenfeste Anstriche, Flugzeuglacke, Isolierlacke, Schiffsanstriche, wasserdichte Lacke; ölfreie Typen sind wertvolle Anstrichmittel für Putz und Mauerwerk sowie Holz und Metalle.

*d) Dachlacke* enthalten Bitumen, Peche, Harz, Lösungsmittel und Trocken-farben. Sie kommen nach Farbton und Verwendungszweck unterschieden in den Handel. Hauptverwendung ist der Anstrich von Dachpappen, außerdem wird un-gestrichenes Mauerwerk damit angestrichen.

*e) Harzlacke* sind Lacke, deren Hauptbestandteil Kolophonium ist und andere Naturharze enthalten (s. Spirituslacke S. 481). Ferner werden die Naturharze ent-haltenden Öllacke (s. unten) ebenfalls als Harzlacke bezeichnet.

*f) Kautschuklacke.* Lösungen von Kautschuk werden Ölfarben und Öllacken zur Verbesserung der Elastizität und Widerstandsfähigkeit zugesetzt (s. auch S. 477). Es hat auch nicht an Versuchen gefehlt, den Kautschuk chemisch so zu verändern, daß er brauchbare Lacke ergibt. Am wichtigsten sind die aus dem Chlorierungs-produkt des Kautschuks, dem Chlorkautschuk, hergestellten Lacke (s. S. 479). Sie finden als Bootslacke vielfache Verwendung.

*g) Kombinationslacke* enthalten verschiedene Lackgrundstoffe, z. B. Nitro-cellulose und Natur- oder Kunstharze oder Chlorkautschuk und Natur- oder Kunst-harze. Am wichtigsten sind heute die Nitrocellulose-Alkydharzkombinationen. Je nach dem Überwiegen des einen oder anderen Bestandteils nimmt der Lack dessen Eigenschaften an. Kombinationslacke, welche z. B. vorwiegend Nitrocellulose ent-halten, sind eigentlich zu den Celluloselacken zu rechnen.

*h) Kunstharzlacke* sind entweder Auflösungen von Kunstharzen in geeigneten Lösungsmitteln, gegebenenfalls unter Zusatz von Weichmachungsmitteln (ölfreie Kunstharzlacke) oder Lacke, die Kunstharze in Kombination mit Ölen enthalten. Für Anstrich- und Lackierzwecke besonders wichtig sind die *Alkydharzlacke* (Klar-lacke und Emaillen), die in einer großen Zahl von Einzelfabrikaten unter Phantasie-namen im Handel sind (z. B. Adleral, Cewesal, Deltal, Ducolux, Finital, Glassomax, Herbol-Schlagfest, Idovernol, Titanol usw.). Die Alkydharzlacke zeichnen sich durch hohe Haftfestigkeit und Stoßfestigkeit aus, verlaufen gut und lassen sich leicht ver-arbeiten. Schon nach 2 bis 4 Stunden sind sie staubtrocken, trocknen hart durch und behalten trotzdem eine hohe Elastizität. Die Wetter- und Wasserfestigkeit ist sehr gut, ebenso sind sie beständig gegen schwache Laugen, Säuren und Gase.

*i) Lackfarben* sind Mischungen aus Lacken und Trockenfarben. Sie ergeben ent-weder glänzende oder mehr oder weniger matte (Mattlackfarben) Anstriche. Lack-farben haben Öllacke, ölarme Lacke und ölfreie Lacke als Lackkomponente. Die Lackfarben werden meistens deckend hergestellt. Nur für besondere Verwendungs-arten (Glasschilder, Lampenschirme, Papierlaternen usw.) werden mit Lasurfarben die sogenannten *Transparentlacke* hergestellt.

*k) Nitrolacke* (s. Celluloselacke S. 481).

*l) Öllacke.* Nach dem öligen Bestandteil kann man unterscheiden zwischen Lein-öl- und Holzöllacken. Wichtiger ist die Unterscheidung in *fette Öllacke* mit viel Öl und *magere Öllacke* mit wenig Öl. Ferner werden die Öllacke unterschieden nach dem harzigen Bestandteil (Asphaltlack, Dammarlack, Harzlack, Kopallack, Kunstharz-lack usw.) oder nach dem Verwendungszweck (Fußbodenlack, Luftlack, Möbellack usw.). Die Öllacke setzen sich zusammen aus trocknenden Ölen, Natur- oder Kunst-harzen, Trockenstoffen, Weichmachern und Lösungsmitteln. Die Öllacke ergeben in Mischung mit geeigneten Trockenfarben Emaillelacke (für innen und außen, weiß und buntfarbig, Grundemaille, Schleifemaille, Seidenglanzemaille) und *Lack-farben* (Fußbodenlacke, Schultafellacke usw.).

*m) Ölfreie Lacke* sind allgemein alle Lacke, die kein Öl enthalten. Neuerdings kommen als „ölfreie Lacke" Harzlacke in den Handel. Es sind entweder farblose oder farbige Anstrichmittel. Sie setzen sich zusammen aus Harzen (Kolophonium, Harzester und Kalkharz für billige Sorten; Dammar, Kopalester und modifizierte Phenolharze [Albertole, Beckacite] für die besseren Sorten), Weichmachern und flüchtigen Lösungsmitteln. Sie werden vor allem für Innenanstriche verwendet. Ferner gehören zu den ölfreien Lacken die sehr wichtigen ölfreien Chlorkautschuklacke (S. 479) und die Zapon- und Zellitlacke (s. unten).

*n) Speziallacke.* Hier sollen nur einige besondere Lackarten namentlich aufgeführt werden: Einbrennlacke, Lack für Leuchtfarben und die sogenannten Effektlacke: Reiß- oder Krakelierlacke; eine Lackschicht, Schellack- oder Dammarharzlack, erhält einen Leimüberzug. Hierdurch reißt die Lackschicht nach dem Trocknen. *Eisblumenlacke* (Harzlacke mit rohem Holzöl), *Kristallisierlacke* (Nitrolacke mit Zusatz von Naphthalin usw.), *Spinnwebenlacke* (hochviskose Vinylacetatlösungen).

*o) Spirituslacke* bestehen aus Lösungen von Harzen in Spiritus. Als Harze kommen vor allem Naturharze (Kolophonium, Akaroidharz, Schellack, Manilakopal, Dammar, Sandarak usw.) und nur für gewisse Zwecke in Spiritus lösliche Kunstharze, z. B. Kunstschellack, in Betracht. Durch Zusatz von Weichmachungsmitteln (Elemi, Kampfer, Leinölfettsäure, Rizinusöl usw.) kann die Sprödigkeit der Spirituslacke herabgesetzt werden. Dem Spiritus können auch geringe Mengen anderer Lösungsmittel beigegeben werden (Äther, Aceton, Amylalkohol, Amylacetat). Die Spirituslacke kommen als Klar- und Mattlacke sowie deckende und lasierende farbige Spirituslacke in den Handel. Wegen ihrer geringen Wetterbeständigkeit kommen die Spirituslacke nur für Innenlackierungen in Frage. Spirituslacke werden sehr vielseitig verwendet als Überzugslack für Holzwaren (Möbel, Spielwaren, Fässer, Särge), Etiketten, Polituren und Mattinen, Schulwandtafeln, Strohhüte, photographische Zwecke, Fixativ für Zeichnungen usw.

*p) Celluloselacke. α) Nitrocelluloselacke.* Der älteste Typ der Nitrocelluloselacke ist der „Zaponlack". Er wird durch Auflösen von Kollodiumwolle in geeigneten Lösungsmitteln oder Gemischen (Aceton, Amylacetat, Butylacetat usw.) hergestellt. Die Nitrocellulose kann aber auch mit Harzen, Ölen und Pigmenten unter Zusatz von Weichmachern kombiniert werden und ergibt dann hochwertige Decklacke von sehr vielseitiger Verwendungsfähigkeit. Die Zaponlacke werden als Überzugslacke für Gewebe, Glas, Holz, Kunstmassen, Metalle, Papier, Porzellan usw., Spritz- und Tauchlacke, Porenfüller, Grundiermittel, Poliermittel, Fixativ usw. verwendet. Nitrocellulosedecklacke werden für die Autolackierung, zur Herstellung von Effekt- lacken (Reißlacke und Kristallisierlacke), Stoffmalfarben, Lederdeckfarben, Tauch- und Spritzlacke, Porenfüller, Spachtelmassen usw. verwendet.

*β) Acetylcelluloselacke.* Die Acetylcellulose ist im Gegensatz zur Nitrocellulose nicht brennbar. Man löst für Lackzwecke geeignete Acetylcellulose (Cellon, Cellit) in Aceton, Acetonöl oder anderen geeigneten Lösungsmitteln. Decklacke mit Trockenfarben werden mit Acetylcellulose kaum hergestellt. Acetylcelluloselacke werden für Außenanstriche, als Flugzeuglacke usw. verwendet.

*γ) Celluloseätherlacke.* Die Benzylcellulose ergibt hochwertige Lacke, die wasserfest und beständig gegen Säuren und Laugen sind.

# G. Ölfarben.

Der Ölfarbenanstrich ist der wichtigste und universellste aller Farbenanstriche. Dabei ist er sehr leicht durchzuführen. Ölfarben sind Mischungen von Trockenfarben und trocknenden Ölen, welchen Verdünnungsmittel und gegebenenfalls Trockenstoff zugesetzt werden. Zur Herstellung von Ölfarbe werden in einem Gefäß Firnis mit Trockenfarbe gemischt, Trockenstoff zugegeben und mit dem Verdünnungsmittel auf die richtige Streichfähigkeit gebracht. Zur Beseitigung von Klumpen wird die fertige Farbe durch ein Sieb gegeben. Zur Herstellung größerer Mengen verwendet man Trichtermühlen oder Walzenstühle. Das Anrühren kleinerer Ölfarbenmengen wird durch die Verwendung von mechanischen Rührvorrichtungen vereinfacht. Öl-farben sind für alle Innen- und Außenanstriche geeignet, wenn sie nicht dauernd Feuchtigkeit oder angreifenden Chemikalien ausgesetzt sind.

# H. Lösungs- und Verdünnungsmittel.

**Terpentinöl.** Man unterscheidet nach der Herkunft und Gewinnung folgende Terpentinölarten:

*a) Balsamterpentinöl.* (Unter Terpentinöl ohne besondere Bezeichnung ist stets Balsamterpentinöl zu verstehen.) Es wird aus dem Balsam von Nadelhölzern durch Destillation mit Wasserdampf gewonnen. Ursprungsländer sind Amerika, Frank-reich, Griechenland, Portugal, Spanien.

*b) Holzterpentinöle* werden aus Holz und Holzabfällen durch Dampfdestillation oder nach Auslaugeverfahren gewonnen.

*c) Sulfat- oder Celluloseterpentinöl* ist ein Abfallprodukt der Cellulosefabrikation. Das Rohprodukt hat einen sehr widerlichen Geruch und wird, bevor es in den Handel kommt, desodorisiert.

*d) Kienöle* werden bei der trockenen Destillation harzhaltigen Holzes gewonnen. Zu den Kienölen gehören die als polnisches und russisches Terpentinöl im Handel befindlichen Erzeugnisse.

*e) Nebenprodukte und synthetische Produkte.* Bei der Herstellung von synthe-tischem Kampfer aus Terpentinöl erhält man Nebenprodukte, die unter den ver-schiedensten Namen in den Handel gebracht werden: Entkampfertes Terpentinöl, oxydiertes Terpentinöl, Terpentinölrückstände. Da hier Abfallprodukte vorliegen, die nicht immer gleichmäßig anfallen, ist beim Kauf eine gewisse Vorsicht an-gebracht. Dagegen sind die folgenden Handelszubereitungen von gleichmäßiger Be-schaffenheit: Depanol, Dipenten, Hydroterpin, Mittel L 30 u. a.

Terpentinöl wird verwendet als Verdünnungsmittel für Ölfarben, Lacke, Spachtel-massen und als Lösungsmittel für Harze und Wachse, bei der Lackbereitung, zum Reinigen von Pinseln und Geräten und zur Herstellung von Poliermitteln, Bohner-wachs und Schuhcreme. Die Lieferbedingungen für Terpentinöl sind im RAL-Blatt 848 C niedergelegt.

**Kohlenwasserstoffe.** Nach der chemischen Zusammensetzung sind drei Gruppen von Kohlenwasserstoffen zu unterscheiden:

a) Benzine; — b) Benzole; — c) hydrocyklische Kohlenwasserstoffe.

*a) Benzine.* In der Lackindustrie werden verschiedene Benzinfraktionen (Leicht- und Schwerbenzin) verwendet. *Lack-* oder *Testbenzin* (Flammpunkt mindestens 21° C) ist ein vollwertiger Ersatz für echtes Terpentinöl. Es wird daher auch als „Terpentinölersatz" angeboten. Die Benzine werden bei der fraktionierten Destil-lation des Erdöls gewonnen. In den Siedegrenzen und in der Verdunstungs-geschwindigkeit soll sich Lackbenzin möglichst dem Terpentinöl angleichen. Es darf beim Verdunsten kein Rückstand hinterbleiben. Lackbenzin wird wie das Terpentin-öl verwendet (s. oben). Lieferbedingungen für Lackbenzin siehe RAL 848 E.

*b) Benzole.* Unter „Benzol" versteht man im Handel nicht nur das reine Produkt, sondern auch seine Homologen bzw. Mischungen derselben. Im handelsüblichen Benzol befinden sich also neben Benzol noch Toluol, Xylol usw. Benzole kommen entweder unter Markenbezeichnungen in den Handel oder werden nach dem Siede-verhalten unterschieden, z. B. 50er oder 90er Benzol, d. i. Benzol, von welchem bis 100° 50 bzw. 90 Vol.-% überdestillieren. Benzol hat große Bedeutung für die Lackindustrie.

*c) Hydrocyklische Kohlenwasserstoffe.* Durch Anlagerung von Wasserstoff an Naphthalin erhält man *Tetralin*, $C_{10}/H_{12}$, und *Dekalin*, $C_{10}H_{18}$. Tetralin ist in seinen Eigenschaften den Benzolkohlenwasserstoffen weitgehend ähnlich, während Dekalin benzinähnlich ist. Verwendung in der Lackindustrie.

**Chlorkohlenwasserstoffe.** Harze und Öle werden von chlorierten Kohlenwasserstoffen leicht aufgelöst. Ein weiterer Vorteil dieser Lösungsmittel ist ihre Unentflammbarkeit, und man kann damit den Flammpunkt von Lösungen erhöhen.

*a) Methylenchlorid,* $CH_2Cl_2$, hat einen niedrigen Siedepunkt und ist deshalb ein ausgezeichnetes Extraktionsmittel. Die Lackindustrie verwendet es zur Herstellung von Abbeizmitteln.

*b) Tetrachlorkohlenstoff,* „Tetra", $CCl_4$, wird zur Herstellung von Mattlacken und zum Einfetten von Metallen verwendet.

*c) Trichloräthylen,* „Tri", $CCl_2 = CHCl$, ist Extraktions- und Entfettungsmittel.

**Alkohole.** *a) Methanol, Methylalkohol,* $CH_3OH$, wird auf synthetischem Wege hergestellt. Da es sehr giftig ist (führt zum Erblinden!), ist es nicht ratsam, Methanol für sich allein oder in größeren Mengen zu Lacken zu verwenden.

*b) Äthanol, Äthylalkohol,* Spiritus, „Alkohol", $C_2H_5OH$, ist der in der Lackindustrie am meisten verarbeitete Alkohol (Herstellung s. Äthylalkohol). Reiner Alkohol wird nur zu Spezialzwecken, z. B. zu Lebensmittellacken, verwendet. Die Lackindustrie verwendet sonst nur den billigen, mit verschiedenen Vergällungsmitteln denaturierten Alkohol. Die Monopolverwaltung läßt folgende Vergällungsmittel zu:

*Pyridin.* Brennspiritus ist mit Methanol und Pyridinbasen vergällt. Für Nitrocelluloselacke ist er ungeeignet, weil Pyridin die Festigkeit der Filme herabsetzt.

*Schellack.* Der Alkohol darf durch Zugabe von 20% einer 33%igen Schellackspirituslösung vergällt werden und ist dann zur Herstellung von Schellackpolituren und bestimmter Nitrocelluloselacke verwendbar.

*Terpentinöl.* Der mit 1% Terpentinöl vergällte Alkohol ist zur Herstellung mancher Lacke und Polituren geeignet.

*Toluol.* Mit 2% Toluol vergällter Alkohol ist für alle Lacke verwendbar und für Celluloselacke besonders geeignet.

Der Alkohol soll möglichst wasserfrei sein (mindestens 95- bis 96%ig), weil er mit zunehmendem Wassergehalt seine Löseeigenschaften verliert. Die Rückgewinnung von Alkohol aus Lackresten und Waschflüssigkeiten durch Destillation darf nur unter Überwachung durch die Zollbehörde erfolgen.

*c) Butanol, Butylalkohol,* $C_5H_9OH$, wird synthetisch und durch Gärung gewonnen. Er ist ein gutes Harzlösungsmittel. Obwohl er Nitrocellulose nicht auflöst, wird er bei der Herstellung von Nitrocelluloselacken zugesetzt.

*d) Diacetonalkohol,* Pyranton, $CH_3CO \cdot CH_2C(CH_3)_2 \cdot OH$, und

*e) Benzylalkohol,* $C_6H_5CH_2OH$, sind schwerer flüchtig und werden daher in geringen Mengen den Lacken zugesetzt, um die Streichfähigkeit zu verbessern und die Gefahr des Weißanlaufens herabzusetzen.

*f) Isopropylalkohol,* $CH_3 \cdot CHOH \cdot CH_3$, wird in Celluloseester- und Celluloseätherlacken an Stelle von Äthylalkohol verwendet. Er ist ein besseres Lösungsmittel für Farbstoffe, Fette, Harze und Öle als der Äthylalkohol.

**Äther.** *Äthyläther,* $C_2H_5OC_2H_5$, wird im Gemisch mit Alkohol zur Herstellung von Kollodiumlösungen verwendet. Der Äthyläther (kurz Äther genannt) ist sehr flüchtig. Seine Dämpfe „kriechen" sehr weit und bilden mit Luft explosive Gemische.

**Ketone.** *a) Aceton,* $CH_3 \cdot CO \cdot CH_3$. Technisches Aceton befindet sich in verschiedener Reinheit im Handel. Es verdunstet sehr schnell, ist eines der besten Lösungsmittel und löst Nitro- und Acetylcellulose sehr leicht auf.

*b) Acetonöle I und II* sind die bei der Gewinnung von Aceton anfallenden in zwei Fraktionen getrennten Destillationsnachläufe. Sie haben einen unangenehmen Geruch und werden daher nur für billige Lacke verwendet.

**Ester.** Bei den Estern zeichnen sich die Acetate durch ein gutes Lösevermögen für Nitrocellulose aus.

*a) Methylacetat*, $CH_3COOCH_3$, hat als Lösungsmittel ähnliche Eigenschaften wie Aceton und kann an seiner Stelle verwendet werden. Es ist ein gutes Lösungsmittel für Acetylcellulose, Nitrocellulose, Celluloseäther, Harze und Öle.

*b) Äthylacetat, Essigäther, Essigester*, $CH_3 \cdot COOC_2H_5$, hat größte Bedeutung für die Herstellung von Nitrocelluloselacken.

*c) Butylacetat*, $CH_3COOC_4H_9$, ist das wichtigste mittelflüchtige Lösungsmittel für Nitrocelluloselacke.

Außer den vorgenannten befinden sich noch eine große Zahl von Lösungsmitteln z. T. unter Phantasienamen im Handel.

# I. Trockenstoffe und Sikkative.

*Trockenstoffe* sind in Ölen oder Ölharzgemischen lösliche Verbindungen des Bleis, Mangans und Kobalts oder deren Mischungen. Die genannten Metalle sind im allgemeinen gebunden an Ölsäure, Harzsäure oder Naphthensäure. Wir müssen also unterscheiden zwischen:

Blei-, Mangan- und Kobaltoleat,
Blei-, Mangan- und Kobaltresinat,
Blei-, Mangan- und Kobaltnaphthenat.

Ferner gibt es noch Trockenstoffe, die zwei Metalle enthalten. Es ergeben sich also noch Blei-Mangan-, Blei-Kobalt- und Mangan-Kobalt-Oleate, -resinate und -naphthenate.

Die Trockenstoffe sind genormt im Normblatt deutscher Trockenstoffabrikanten. Sie sollen den Trockenvorgang von Ölen beschleunigen und auf eine praktisch tragbare Zeit abkürzen. Die Trockenstoffe können nach zwei Verfahren hergestellt werden: durch Schmelzen oder Fällen. Metalloxyde werden in geschmolzenem Harz bzw. in heißem Leinöl bei bestimmter Temperatur aufgelöst. Beim zweiten Herstellungsverfahren werden wäßrige Lösungen von Salzen der Metalle Blei, Mangan und Kobalt mit Harzseifen- bzw. Leinölseifenlösung zusammengebracht. Die ausfallenden Schwermetallseifen werden ausgewaschen, getrocknet und gemahlen. Die naphthensauren Metallverbindungen (*Soligene*) werden von den Höchster Farbwerken nach einem Geheimverfahren hergestellt. Trockenstoffe sind stets pulverförmige oder stückige, feste Massen. Werden sie in einem geeigneten Lösungsmittel (Terpentinöl oder Terpentinersatz) aufgelöst, so erhält man die

*Sikkative.* Die Sikkative sind nicht genormt. Sie werden nach der Zusammensetzung unterschieden in:

Linoleat-Sikkative (Ölsikkative),
Resinat-Sikkative (Harzsikkative),
Soligen-Sikkative.

Die jeweiligen Einzelsorten enthalten die Metalle Blei, Mangan, Kobalt oder die Metallkombinationen Blei-Mangan, Blei-Kobalt, Mangan-Kobalt. Der Verkauf der Sikkative erfolgt jedoch in der Regel nicht nach der Zusammensetzung, sondern unter Phantasiebezeichnungen. Trockenstoffe und Sikkative werden in der Firnis- und Lackfabrikation zur Herstellung von Leinölfirnis und Öllacken und zur Beschleunigung der Trocknung von öligen Bindemitteln, Ölfarben und Spachtelmassen verwendet. Bei der Herstellung von Leinölfirnis (auf kaltem Wege) darf man dem reinen Leinöl höchstens 4 bis 5% Sikkativ zusetzen. Reiner Leinölfirnis darf keinen weiteren Sikkativzusatz erhalten, da er bereits den erforderlichen Sikkativgehalt aufweist. Auch zu Öllacken soll man kein Sikkativ geben. Zusatz von Sikkativen zu Spachtelmassen ist möglich, da diese meist sehr mager sind.

*Terebine (Japangrund, Japantrockner)* sind Stoffe verschiedener Zusammensetzung, z. B. Ölsikkative, Kopallacke, die einen großen Zusatz von Trockenstoffen enthalten. Sie haben die Eigenschaft, schnell und hart zu trocknen, und werden vor allem als Bindemittel für Spachtel- und Grundiermittel verwendet.

# K. Harttrockenöle.

Harttrockenöle sind Mischungen von öligen Bindemitteln, Trockenmitteln, Lösungsmitteln und gegebenenfalls Harzen. Man unterscheidet zwei Hauptsorten, die in einer großen Zahl unter Phantasienamen in den Handel gebracht werden.

*a) Harttrockenglanzöle* werden aus Holzöl und Harz mit geringem Zusatz von Leinöl, Sikkativ und Terpentinöl hergestellt.

*b) Mischhärteöle* bestehen aus Holzöl-Leinöl-Gemischen mit größerem Zusatz von Sikkativ und Terpentinöl. Die Trocknung der Harttrockenöle kommt durch Verdunsten des Lösungsmittels, Festwerden des Harzes und Oxydation des Öles zustande. Die Holzöl-Leinöl-Gemische haben eine bessere Wetterbeständigkeit als die Holzöl-Harz-Gemische. Die Harttrockenglanzöle werden hauptsächlich für Innenanstriche verwendet und sollen den Glanz und die Härte der Anstriche erhöhen. Folgende Einzelverwendungen der Harttrockenglanzöle sind wichtig: Sie werden als Schnelltrockenlacke und für Vorstrichfarben bei Fußboden- und Treppenlackierungen verwendet. Große Bedeutung haben die Harttrockenglanzöle als Trockenbeschleuniger für ölige Bindemittel (Ölfarben und Lacke), die dadurch hart auftrocknen. Ölfarbenanstriche trocknen hart und glänzend auf und erhalten dadurch ein lackartiges Aussehen. Im Gegensatz zu Sikkativen können die Harttrockenöle in jeder beliebigen Menge zugesetzt werden. Klebende Anstriche und Lackierungen werden durch dünnes Überstreichen mit Harttrockenglanzöl gehärtet, und man erhält hierbei gleichzeitig meistens einen harten Untergrund für Neuanstriche. Schließlich finden die Harttrockenöle auch als Binde- und Härtungsmittel bei Spachtelmassen Verwendung. Man nimmt sie entweder in entsprechender Verdünnung für sich allein für Spachtelmassen oder setzt sie Öl-, Lack- und Leimspachteln zu. In Kombination mit Pflanzenleim erhält man hartauftrocknende Emulsionen. Mischhärteöle sind auch für Außenanstriche geeignet. Sie beschleunigen die Trocknung und erhöhen die Wetterbeständigkeit.

# L. Werkstoffe zur Arbeitstechnik.

**Abbeizmittel.** Abbeizmittel, „Laugen", werden zum Entfernen von alten Ölfarbenanstrichen und Lackierungen verwendet. Man muß unterscheiden zwischen alkalischen und lösenden Abbeizmitteln.

*a) Die alkalischen Abbeizmittel* enthalten als wirksame Substanz alkalisch wirkende Stoffe (Laugen). Man verwendet Natron- und Kalilauge, Ätzkalk, Salmiakgeist, Soda, Wasserglas. Um das Ablaufen zu verhindern, werden Verdickungsmittel zugesetzt: Bimssteinpulver, Kaseinlösung, Kieselgur, Sägemehl, Seife, Stärkekleister, Talkum, Traganthschleim usw. Die alkalischen Abbeizmittel wirken verseifend auf Linoxyn- und Harz-Öl-Schichten. Die alkalischen Abbeizer sind billig. Sie haben aber den Nachteil, daß sie die Hände angreifen. Ferner wird das Holz gelb gefärbt, so daß dieses besonderer Nachbehandlung bedarf. Ferner ist darauf zu achten, daß man nach dem Abbeizen das Alkali durch Abwaschen möglichst restlos entfernt, da sonst der darauf folgende Anstrich frühzeitig abblättert.

*b) Lösende Abbeizmittel (Abbeizfluide)* haben als wirksamen Bestandteil Lösungsmittel, welchen Verdickungsmittel zugegeben sind. Als Lösungsmittel kommen in Frage: Aceton, Benzin, Benzol, chlorierte Kohlenwasserstoffe (z. B. Methylenchlorid), Spiritus, Tetralin usw. Verdickungsmittel sind Paraffin, Wachs, Zeresin, Cellulosenitrat und -acetat. Die lösenden Abbeizer werden zum Entfernen von ölfreien Anstrichen und laugenfesten Kunstharzlacken verwendet. Die mit chlorierten Kohlenwasserstoffen hergestellten Präparate sind unbrennbar.

Bei den wachshaltigen Abbeizmitteln besteht die Gefahr, daß Wachs im Holz zurückbleibt. Der darauf folgende Anstrich trocknet dann schlecht. Gründliches Abwaschen mit Benzin ist daher erforderlich. Die Abbeizmittel kommen flüssig, pasten- und pulverförmig unter Phantasienamen in den Handel.

**Anlegeöl** (Mixtion, Goldgrundöl) ist ein langsam trocknender Leinölfirnis mit großer Klebkraft und Elastizität. Es wird als Klebgrund für Blattmetalle (S. 462) verwendet.

**Dichtungsmittel.** Putz und Mauerwerk werden gegen das Eindringen von Feuchtigkeit (Regen) mit Lösungen von Paraffin oder Wachsen in geeigneten Lösungsmitteln abgedichtet. Die gleiche Wirkung erzielt man durch die Anwendung von Paraffin- und Wachsemulsionen und fettsauren Metallsalzen. Die Dichtungsmittel befinden sich unter Phantasienamen im Handel. Die damit erzielten Überzüge haben eine ausgezeichnete Widerstandsfähigkeit gegen äußere Einflüsse aller Art. Zur Erzielung einer guten Abdichtung ist eine zweimalige Behandlung erforderlich. Die Dichtungsmittel werden im Anstrich- oder Spritzverfahren aufgebracht. Späteres Überstreichen mit Ölfarbe ist nicht ratsam, weil Ölfarben auf Paraffingrund schlecht trocknen.

**Faserstoffe** (flüssige Makulatur) setzen sich aus Pflanzenfasern und Füllstoffen zusammen. Einige Fabrikate kommen bereits streichfertig in Pastenform mit dem nötigen Leimzusatz in den Handel. Faserstoffe werden verwendet zu Wandanstrichen für innen. Unebenheiten der Wände lassen sich damit leicht ausgleichen, und man erhält einen einwandfreien Klebgrund für Tapeten. Faserstoffe verbessern die Wisch- und Haftfestigkeit von Leimfarben. Durch wiederholtes Übereinanderlegen von Faserstoffanstrichen erhält man sogenannte Rauhfaseranstriche. Faserstoffe werden nicht nur im Anstrich verwendet, sie können auch als Paste mit dem Spachtel aufgetragen werden. Zusatz von Buntfarben ist möglich.

**Flammschutzmittel.** Es ist nicht möglich, Holz und andere entflammbare Substanzen unverbrennlich zu machen. Man kann aber eine Sicherung vor dem Entflammen erzielen und hat dadurch eine erleichterte Löschmöglichkeit. Die Sicherung der Dachstühle durch Behandeln mit geeigneten Flammschutzmitteln hat besondere Bedeutung im Luftschutz.

Holz und andere brennbare Gegenstände (Stoffe, Kulissen, Vorhänge, Papier usw.) werden entweder mit Anstrich- oder Imprägnierungsmitteln unentflammbar gemacht. Als Anstrichmittel wird hauptsächlich Wasserglas (Kali- und Natronwasserglas, „Kiesin") verwendet. Das Wasserglas hat den großen Vorteil, daß es gemeinsam mit wasserglasechten Mineralfarben verarbeitet werden kann. Auf den behandelten Gegenständen entsteht ein mineralischer Überzug. Für farbige Flammschutzanstriche soll nur Kali- oder Spezialwasserglas verwendet werden, weil Natronwasserglas Ausblühungen zeigt. Imprägnierungsmittel sind hauptsächlich anorganische Salze. Hierbei haben sich vor allem Ammonsalze (Sulfat, Chlorid, Phosphat, Carbonat, Borat) bewährt. Ferner kommen für den Flammschutz noch folgende Salze in Betracht: Natriumphosphat und -acetat, Fluornatrium, Calciumchlorid, Magnesiumchlorid, Magnesiumsulfat, Alaun usw. Nach dem *Lokron*-Verfahren werden Flammschutzüberzüge mit Formaldehyd-Harnstoff-Kondensaten hergestellt. Die Anstrichmittel können innen und außen, die Imprägnierungsmittel nur innen angewandt werden. Wasserglasanstriche haften am besten auf rohem Holz. Zur Erzielung einer guten Flammschutzwirkung sind zwei Anstriche erforderlich. Imprägnierungsmittel werden auch im Tauchverfahren angewandt.

**Fluate** sind Salze der Kieselfluorwasserstoffsäure (Silicofluoride von Aluminium, Blei, Magnesium, Zink). Man verwendet die Fluate in Form ihrer wäßrigen Lösungen zum Härten und Abdichten von Steinen und Putz, zum Neutralisieren von frischem Kalk- und Zementputz, zur Isolierung von Ruß- und Wasserflecken und zur Imprägnierung von Holz (Schutz gegen Zerstörung durch Hausschwamm und andere Pilze sowie Insekten, wie Holzwurm usw., auch kommt den Fluaten eine Flammschutzwirkung zu).

Die Fluatlösungen dringen in die Poren der damit behandelten Untergründe ein und bilden mit dem Ätzkalk unlösliches Calciumfluorid, und die Kieselsäure wird ausgeschieden. Die obersten Putz- und Steinschichten werden verfestigt, und die Poren werden abgedichtet, Feuchtigkeit kann nicht mehr eindringen. Die Fluate kommen in großer Zahl unter Phantasienamen in den Handel.

Die Kieselfluorwasserstoffsäure und ihre Salze sind giftig (☙ 2), ebenso die z. B. bei der Behandlung von Holz freiwerdende Flußsäure.

**Isoliermittel** haben den Zweck, Rauch-, Ruß- und Wasserflecke abzudichten. Sie bestehen meistens aus schnelltrocknenden mageren Öllacken oder Spirituslacken und Weißfarben (Lithopone, Schwerspat). Mit den ölhaltigen Isoliermitteln werden verräucherte Decken, Ruß- und Wasserflecke, Gipsstellen, Kalk und Zementputz isoliert. Die ölfreien Spirituslack-Isoliermittel werden zum Isolieren von Asphalt, Karbolineum und Teer (geteerte Abfallrohre) verwendet. Man muß mindestens zwei, gegebenenfalls drei oder vier Anstriche nach jeweiligem guten Durchtrocknen aufbringen.

**Kitte** sind pastenförmige, knetbare Massen, die zum Ausfüllen von Löchern und zum Beseitigen von Unebenheiten von Anstrichflächen dienen. Es gibt eine große Anzahl verschieden zusammengesetzter Kitte.

*Ölkitt* (Glaserkitt) wird aus Kreide (85 Teile) und Leinöl (15 Teile) hergestellt. Er wird zum Ausfüllen von Löchern in Holz verwendet. Damit der Kitt nicht nachträglich herausfällt, muß vorgeölt oder grundiert werden.

*Fußbodenkitt* ist mit Fußbodenocker vermischter Ölkitt. Er wird zum Verkitten von Fußböden verwendet.

*Lackkitt* besteht aus Kreide und Firnis, dem zum rascheren Durchhärten Schleiflack zugesetzt ist. Er wird an Stelle von Ölkitt bei Gegenständen, die lackiert werden sollen, verwendet.

*Leimkitt* wird aus Kreide und Haut- oder Knochenleim hergestellt und zum Verkitten von Rissen und Astlöchern im rohen Holz verwendet.

*Lasurkitt* ist mit Farben (Umbra, Terra di Siena, Kasseler Braun) nach bestimmtem Holzton gefärbter Ölkitt. Die damit verkitteten Hölzer können lasiert werden, ohne daß die Kittstellen auffallen.

*Mennigekitt* ist ein Ölkitt, der Bleimennige enthält. Er wird zum Verkitten von Eisenteilen und Abdichten der Verschraubungen von Eisenrohren verwendet.

*Glycerinkitt.* Bleimennige oder Bleiglätte wird mit Glycerin zu einem Brei angerührt. Er ist zum Kitten auf öligem Grund besonders geeignet.

**Ölfreie Grundiermittel** bestehen aus Nitrocellulose, Harzen und flüchtigen Lösungsmitteln und werden zum Grundieren der verschiedensten saugenden Untergründe (alte Anstriche, Holz, Papier, Pappe, Putz, Stoffe usw.) verwendet. Sie bilden eine festhaftende, dabei elastische und gut abdichtende Schicht. Bei Innenanstrichen ersetzen sie die Grundierung mit Firnis. Da sie schnell trocknen, wird eine erhebliche Zeitersparnis erzielt. Die ölfreien Grundiermittel kommen unter Phantasienamen in den Handel (Kellergrund, Kronengrund usw.).

**Poliermittel** sollen fertigen Anstrichen, vor allem Lackierungen, Glätte und Glanz geben. Ferner werden sie zum Auffrischen von Lackierungen verwendet. Die in großer Zahl im Handel befindlichen Poliermittel sind ganz verschieden zusammengesetzt. Man kann folgende Hauptgruppen unterscheiden:

*a) Polierpasten* bestehen aus Wachslösungen und feinsten Schleifmitteln. Man poliert damit neue Nitrolackierungen auf Hochglanz und frischt, vor allem in der Autopflege, alte Nitrolackierungen damit auf.

*b) Poliertinkturen* sind Wachsemulsionen mit Schleifmitteln. Sie werden wie die Polierpasten verwendet.

*c) Polierwasser* sind säurehaltige, wäßrige Dispersionen von Ölen, mit Zusatz feinster Schleifmittel. Sie sind dabei sehr vielseitig verwendbar. Zum Beispiel werden damit neue Schleiflackierungen auf Hochglanz poliert, neue und alte Nitrolackierungen werden behandelt; ferner werden blindgewordene Polituren damit aufgefrischt.

*d) Schleifpoliermittel* sind Wachslösungen mit einem größeren Gehalt an schärfer angreifenden Schleifmitteln. Sie werden hauptsächlich zum Vorschleifen von Nitrolackierungen verwendet.

**Schleifmittel.** Das wichtigste Schleifmittel des Malerhandwerks ist der *Bimsstein*. Es wird natürlicher und künstlicher Bimsstein in Stücken oder pulverförmig angewandt. Der natürliche Bimsstein besteht in der Hauptsache aus Kieselsäure mit geringem Gehalt an Tonerde und anderen Beimengungen. Der künstliche Bimsstein wird durch Brennen von gemahlenem und geschlämmtem Quarz gewonnen. Naturbimssteinpulver wird in drei Feinheitsgraden gehandelt. Beim künstlichen Bimsstein werden die Handelssorten nach der Kornfeinheit (1 bis 4) und der Härte (I bis III) unterschieden.

Naturbimssteinstücke werden zum Vorschleifen, z. B. von Spachtelungen, verwendet. Mit Naturbimssteinpulver werden Voranstriche, Vor- und Fertiglackierungen geschliffen. Man schleift naß mit Filz oder auf Seidenglanz mit dem Modler.

Kunstbimsstein wird für Vor- und Feinschliffe verwendet.

*Roßhaare* werden zum Schleifen gebeizter weicher Hölzer benutzt.

**Schleifpapiere** werden maschinell durch Aufkleben von Schleifmitteln auf Papier hergestellt. Man unterscheidet folgende Sorten mit zunehmender Härte:

1. Glaspapier (Glaspulver); — 2. Flintpapier (Feuersteinpulver); — 3. Granatpapier (Granatabfälle); — 4. Schmirgelpapier (Korundpulver); — 5. Karborundpapier (Siliciumkarbidpulver).

Die Schleifmittel können auch auf Gewebe (Schmirgelleinen) aufgeklebt werden. Eine weitere Sorte sind die wasserfesten Schleifpapiere. Bei diesen werden die Schleifmittel auf geöltes Papier nach besonderen Verfahren aufgeklebt. Die Schleifpapiere werden nach der Feinheit der Körnung der Schleifmittel mit Nummern versehen in den Handel gebracht.

Mit Glas- und Flintpapier werden rohes Holz, Grundierungen, Anstriche und Spachtelungen trocken geschliffen. Die Granat- und Siliciumkarbidpapiere dienen zum Naßschleifen von Anstrichen, Lackierungen und Spachtelungen.

**Spachtelmassen.** Spachtel sind dicke Farben verschiedener Zusammensetzung. Sie werden mit dem Stahlspachtel, Pinsel oder der Spritzpistole verarbeitet. Man verwendet die Spachtel hauptsächlich zum Glätten unebener Untergründe. Spachtel dürfen nur dünn aufgetragen werden. Zur Erzielung einer zum nachfolgenden

Schleifen ausreichend dicken Schicht ist gegebenenfalls mehrmaliges Spachteln erforderlich. Die Spachtelschichten werden naß oder trocken (je nach Sorte) mit geeigneten Schleifpapieren glattgeschliffen. Fast alle Spachtelarten benötigen einen vorgrundierten Untergrund. Es sind folgende Spachtelsorten zu unterscheiden:

*Emulsionsspachtel* enthalten als Bindemittel Emulsionen und als Füllstoffe Kreide, Leicht- und Schwerspat. Sie werden auf Holz und Putz bei Innenanstrichen verwendet.

*Kombinationsspachtel* bestehen aus Nitrospachtel und Öl- oder Lackspachtel. Sie werden für Spachtelungen auf Holz und Metallen verwendet.

*Lackspachtel* enthalten Schleiflack, Leinöl- und Holzölfirnis und Sikkativ. Als Füllstoffe kommen in Frage: Bleiweiß, Lithopone, Zinkweiß, Schiefermehl, Bolus und Trockenfarben. Die Lackspachtel können für alle Untergründe bei Innen- und Außenanstrichen verwendet werden.

*Leimspachtel* haben als Bindemittel Tierleim, Kaseinleim, Pflanzen- und Celluloseleim und als Füllstoffe Kreide, Leicht- und Schwerspat. Sie können ohne Vorgrundierung mit der Ziehklinge oder dem Pinsel aufgetragen werden. Hauptsächliche Anwendung auf Holz.

*Nitrospachtel* sind Mischungen aus Nitrocelluloselack und Weißfarben (Leichtspat, Titanweiß). Sie können mit Buntfarben abgetönt werden. Nitrospachtel werden in der Automobil- und Möbelindustrie verwendet. Die Verarbeitung erfolgt meistens mit der Spritzpistole.

*Ölspachtel* bestehen aus Leinölfirnis und Kreide oder Weißfarben (Bleiweiß, Lithopone, Titan- oder Zinkweiß). Durch Zusatz geeigneter Farben können sie abgetönt werden. Ölspachtel werden für Innen- und Außenarbeiten auf Holz, Metallen und Putz verwendet.

# M. Werkzeuge und Geräte zur Verarbeitung der Farbe.

*Abbrennlampen* (Lötlampen) werden zur Beseitigung alter Ölfarben- und Lackfarbenanstriche, zum Austrocknen von feuchtem Putz und Ausbrennen von Ungeziefernestern verwendet. Meistens sind Benzinlampen im Gebrauch. Unvorsichtiger Umgang mit Lötlampen kann leicht Unglücksfälle im Gefolge haben.

*Abfüllgeräte* sind z. B. Pumpen oder Hähne, die das Abfüllen von Fässern vereinfachen. Die Geräte müssen immer sauber gehalten werden, Hähne müssen stets dicht sein.

*Abkehrpinsel* und Handfeger werden zum Entfernen von Staub von zu streichenden Flächen benutzt. Beim Abkehren darf kein Staub aufgewirbelt werden! Die Vergolder verwenden bei Vergoldearbeiten als Abkehrpinsel einen weichen Haarpinsel zum Abkehren des Goldstaubes.

*Abziehbilder* werden als Ersatz für Handmalereien sehr vielseitig angewandt (z. B. Schriften, Blumen, Wappen usw.).
Man unterscheidet zwischen positiven und negativen Abziehbildern.

*Abziehpapiere* werden in der Holz- und Marmormalerei als Ersatz für Handarbeit für billige Arbeiten gebraucht.

*Aderpinsel* sind flache Pinsel, bei welchen die Borsten in dünnen Bündeln zusammengefaßt sind. In der Holzmalerei werden damit die Jahresringe eingezogen.

*Aderstifte* dienen dem gleichen Zweck wie die Aderpinsel.

*Anschießer*, ein Vergolderwerkzeug, wird zum Anlegen von Blattmetallen verwendet.

*Annetzer* (Maurerpinsel) werden zum Anfeuchten von Mauerwerk und zum Abpinseln von Mörtel benutzt. Es sind billige Pinsel mit Fiberborsten.

*Aquarellpapier* ist eine besondere Papiersorte für die Aquarellmalerei.

*Aquarellpinsel* (Verwaschpinsel) haben weiche, in Blechzwingen gefaßte Haare (Marder, Iltis).

*Bandmaße* in verschiedenen Ausführungen und Längen gebraucht man zum Ausmessen größerer Flächen.

*Bandzieher* s. Strichzieher.

*Berliner Strichzieher* s. Strichzieher.

*Bimsstein (Bimssteinmehl)* s. S. 488.

*Blechschablonen* s. Schablonen.

*Borstenpinsel* werden aus Schweineborsten in verschiedenen, nach dem Verwendungszweck benannten Ausführungen hergestellt.

*Bürsten.* Mit *Scheuerbürsten* (wie im Haushalt verwendet) werden Decken und Wände, Fassaden usw. gereinigt. Sie haben Fiberborsten. Siehe auch Deckenbürsten.

*Dachsvertreiber (Dachspinsel)* sind teure Dachshaarpinsel von verschiedener Form. Man verwendet sie zum Feinvertreiben von Lasuren und in der Holz- und Marmormalerei.

*Deckenbürsten,* auch Streichbürsten, sind ein sehr wichtiges Werkzeug der Anstrichtechnik. Man kennt verschiedene Sorten, die sich noch nach Größe und Güte unterscheiden. Gute Deckenbürsten für Anstricharbeiten haben reine Borsten. Für billigere Bürsten werden Fiberborsten und geringwertige Borsten verwendet. Deckenbürsten müssen immer gut gereinigt werden. Bei billigeren Streich- und Deckenbürsten verwendet man innen zur Füllung Ersatzstoffe, für außen Borsten. Haar- und Borstenmaterial muß vor Motten geschützt werden.

*Dekorierapparate* werden zur Erzielung der verschiedensten Dekorationswirkungen in der Leim- und Ölfarbentechnik verwendet. Es sind meistens Rollen, auf welchen die in Filz, Gummi, Leder oder Schwamm ausgeführten Muster befestigt sind.

*Drahtbürsten* werden zum Entrosten von Eisen und Reinigen von Metallen benutzt.

*Durchziehbürsten* (Durchzieher, Durchziehpinsel, Zackenpinsel) werden zum Bemustern größerer Flächen und von Wänden verwendet. In der Holzmalerei werden damit die Jahresringe eingezogen.

*Eimer* sind unentbehrlich für das Ansetzen von Leim- und Wasserfarben.

*Fächerpinsel* sind Vertreiber mit fächerförmig angeordneten Borstenbündeln.

*Farbkessel, Farbtöpfe.* Farben (Leim-, Öl- und Lackfarben) werden in Blechbüchsen (Dosen mit Eindruckdeckel oder alte Konservendosen) abgefüllt aufbewahrt und verkauft. Für größere Farbmengen werden entsprechend größere Gebinde (Blecheimer, Hobbocks usw.) verwendet.

*Farbsiebe.* Streichfertige Farben und Farbreste werden zur Abscheidung von Klumpen und sonstigen Verunreinigungen durch feinmaschiges Drahtgewebe gegeben. Bei der Verwendung von Stoffen besteht die Gefahr, daß Stoffasern in die Farbe gelangen.

*Fässer.* Größere Farbmengen können in Fässern angerührt werden.

*Fiberpinsel* (s. auch Laugenpinsel) haben an Stelle der Borsten Holzfiber und werden zum Annetzen und Ablaugen benutzt.

*Filz.* Harter Filz wird mit Polierrot zum Polieren von Glas verwendet. Weicher Filz wird mit Bimssteinpulver zum Naßschleifen von Lackierungen benutzt.

*Filzbretter* werden zum Glattreiben des Mörtels bei Putzausbesserungen verwendet.

*Fischpinsel* sind flache, runde, stumpfe oder spitze Fischotterhaarpinsel. Sie werden zu feineren Arbeiten und in der Ölmalerei verwendet.

*Flachpinsel* (s. auch Plattpinsel) nennt man alle flachen Pinsel mit Borsten oder Haaren.

*Greizer Strichzieher* s. Strichzieher.

*Gummikämme* werden in verschiedenen Formen und Zahnungen hergestellt und sind wichtige Werkzeuge der Holzmalerei und Lasurtechnik.

*Gummitupfer* (-roller, -schläger) sind Werkzeuge der Dekorationstechnik. Man kann damit die verschiedensten Musterungen auf Leim- und Ölfarbenanstrichen herstellen.

*Haarpinsel* haben keine Borsten, sondern Tierhaare (Rinder-, Marderhaar usw.). Sie werden sehr vielseitig für feinere Arbeiten verwendet.

*Handfeger* s. Abstauber.

*Heizkörperpinsel* werden in verschiedenen Ausführungsformen zum Streichen von Heizkörpern benutzt. Es sind in Blechzwingen gefaßte gerade oder gebogene Borstenpinsel mit langem Stiel. Es gibt auch an einen gebogenen Metallgriff anschraubbare kleine Ringpinsel.

*Holzspachteln* werden aus hartem Holz in quadratischer oder rechteckiger Form hergestellt und dienen zum Auftragen von Spachtelmassen auf größeren Flächen.

*Hornkämme* werden in der Holzmalerei und Lasurtechnik zum Abteilen der Ziehpinsel in einzelne Borstenbündel verwendet.

*Jahrziehpinsel (Kammpinsel)* sind Pinsel mit feinen Borstenbündeln. Sie werden über Hornkämme gezogen und so in einzelne Borstenbündel aufgeteilt. In der Holzmalerei werden damit die Jahresringe eingezogen.

*Kanister* sind viereckige Blechkannen für Öl und Lack.

*Kapselpinsel.* Bei diesen Pinseln sind Borsten und Stiel in Blechkapseln (rund, flach, oval) eingepreßt. Sie werden als Anstrich- und Lackierpinsel verwendet.

*Kellen* werden zum Aufbringen von Mörtel und zum Ausbessern von Putzflächen verwendet.

*Kittmesser* dienen zum Verarbeiten von Kitt. Sie sind zweiseitig und vorne zugespitzt. An ihrer Stelle werden vielfach schmale Stahlspachtel verwendet.

*Konturierpinsel* haben lange Haare. Es werden damit Konturen gezogen.

*Kratzeisen* werden zum Entfernen festhaftender, harter Anstriche benutzt.

*Lackierpinsel* werden in der Lackiertechnik benutzt. Es sind entweder Ringpinsel oder die vorzuziehenden ovalen oder flachen Kapselpinsel mit geschliffenen Borsten. Die Lackierpinsel müssen stets sehr sauber gehalten und zur Verhütung von Verschmutzung und Verstaubung verschlossen aufbewahrt werden.

*Lackmuspapier* wird in der Anstrichtechnik zur Feststellung von Säuren und Alkalien benutzt. Rotes Lackmuspapier wird durch Laugen blau und blaues Lackmuspapier durch Säuren rot gefärbt. Zur Prüfung auf Laugen nimmt man vorteilhaft eine 1%ige Lösung von Phenolphthalein in 70%igem Alkohol. Färbt sich ein auf den zu prüfenden Gegenstand gebrachter Tropfen dieser Lösung rot, so sind alkalische Stoffe vorhanden.

*Laugenpinsel* nennt man die beim Ablaugen alter Anstriche verwendeten Pinsel, Borstenpinsel werden durch die Lauge zerstört. Man nimmt an ihrer Stelle Pinsel mit den etwas härteren Fiberborsten.

*Lederkämme* werden in der Holzmalerei verwendet.

*Lineale* dienen zum Ziehen von Strichen und Bändern.

*Locheisen* benutzt man bei der Anfertigung von Schablonen.

*Lyoner Strichzieher* s. Strichzieher.

*Malpinsel* nennt man alle Borsten- und Haarpinsel, mit denen Malarbeiten ausgeführt werden.

*Malstock* dient als Handauflage beim Malen von Schriften, Schildern usw.

*Marderpinsel* werden aus Marderhaaren in verschiedener Länge, rund und flach hergestellt. Sie werden hauptsächlich in der Schildermalerei verwendet.

*Maserpinsel* sind die in der Holzmalerei verwendeten Pinsel (Jahrziehpinsel, Zackenpinsel, Modler usw.).

*Maurerpinsel* s. Annetzer.

*Modler* sind flache Borstenpinsel. Mit dem *Schleifmodler* wird mit Bimssteinpulver und Wasser Lackierungen sogenannter Seidenglanz beigebracht. Modler werden ferner in der Holzmalerei zur Erzielung der Flammenwirkung verschiedener Hölzer (z. B. Birke) verwendet.

*Ölstrichzieher* s. Strichzieher.

*Paletten* sind viereckige oder ovale Platten aus Blech, Holz oder Porzellan. Auf ihnen werden in der Kunstmalerei die Farbvorräte aufgebracht und die Farben gemischt.

*Pausbeutel* werden bei der Übertragung gestochener Zeichnungen gebraucht. Sie bestehen aus nicht zu dichtem Leinen. Die Füllung besteht aus Gips, Kreide, Talkum oder Holzkohle für dunkelfarbige Übertragungen.

*Pauspapier.* Schrift- und sonstige Zeichnungen werden auf dünnes, durchscheinendes Papier aufgezeichnet, gestochen und mit dem Pausbeutel auf den zu bemalenden Gegenstand übertragen.

*Pausenstechvorrichtungen.* Die einfachste Vorrichtung zum Stechen von Pausen ist eine in einem Holzstiel befestigte Nadel. Rascher arbeiten die Pausrädchen.

*Phenolphthalein* s. Lackmuspapier.

*Pinsel* (s. die einzelnen Stichworte) *und ihre Pflege.* Die richtige Behandlung und Pflege sind von ausschlaggebender Bedeutung für die Lebensdauer der Pinsel. Nur mit Pinseln, die sich in einem einwandfreien Zustand befinden, lassen sich gute Anstrich- und Malarbeiten ausführen. Leimfarbenpinsel sind nach dem Gebrauch gut auszuwaschen, auszuspritzen und luftig und trocken aufzubewahren. Ölfarbenstreichpinsel werden nach dem Gebrauch gut ausgestrichen und bis zum Vorband in Wasser eingehängt. Lackierpinsel werden in Firnis oder Leinöl aufbewahrt. In Wasser dürfen sie nicht kommen, weil sie darin weiß werden und „Läuse" bekommen. Kleinere, nicht oft gebrauchte Pinsel, in Terpentin gut ausgewaschen, werden in Kästen eingelegt. Neue Pinsel sind vor Motten geschützt aufzubewahren.

*Pinselhalter* und *Klammern* dienen zum Befestigen von Pinseln an Leitern und Eimern.

*Plattpinsel* sind flache, in Blech gefaßte Borstenpinsel.

*Porenroller* werden in der Holzmalerei zum Übertragen oder Eindrücken der Poren in das Holz verwendet.

*Rasierklingen* werden in den sogenannten Glasschaben zum Entfernen von Schmutz, Papier, Farbe usw. von Glasplatten benutzt.

*Rindshaarpinsel* s. Haarpinsel.

*Ringpinsel* sind neben den Streichbürsten die wichtigsten Geräte für Anstricharbeiten aller Art. Sie bestehen aus Borsten, Ring und Stiel. Die Borsten stammen von Haus- und Wildschweinen. Nach der Farbe unterscheidet man blonde, graue und schwarze Borsten. Sie werden in ihrer ganzen Länge verwendet. Da die Pinsel dann zum Streichen zu lang sind, müssen die Borsten mit Bindfaden vorgebunden werden. In dem Maße der Abnützung der Borsten wird der Vorband entfernt. Dieser kann auch aus Metallstreifen hergestellt werden.

Die Ringpinsel werden nach Qualitäten, Sorten und Nummern unterschieden. Für Anstrichzwecke kommen nur beste Qualitäten in Frage, denn nur damit lassen sich einwandfreie Anstriche erzielen. Billige Pinsel nützen sich unverhältnismäßig schnell ab. Die Ringpinsel werden für Leim-, Öl- und Lackfarbenanstriche verwendet.

*Roßhaare* werden zum Abreiben feiner Anstriche und Lackierungen benutzt. Ferner sind sie ein Schleifmittel (s. S. 488).

*Sandstrahlgebläse.* Mit Preßluft wird ein scharfer Strahl von Quarzsand aus einer geeigneten Düse geschleudert. Das Sandstrahlgebläse leistet wertvolle Dienste beim Reinigen von Metallen und Entrosten von Eisen. Auch Steinfassaden können damit gereinigt werden.

*Schablonen* werden aus besonderem Schablonenpapier ausgeschnitten oder gestanzt. Sie werden in der Dekorationstechnik zur Vervielfältigung von Borden, Friesen, Wandbemusterungen verwendet.

*Schablonierpinsel.* Zum Schablonieren werden meistens neue Ringpinsel verwendet.

*Schläger* sind flache Pinsel mit bis zu 20 cm langen Borsten. Sie werden in der Holzimitation zum Schlagen der Wasserlasuren verwendet.

*Schleifpapier* s. S. 488.

*Schleifmodler* s. S. 492.

*Schreibpinsel* werden in der Schriften- und Schildermalerei verwendet und sind Marder- und Rindshaarpinsel.

*Schwämme* werden zum Reinigen von gestrichenen und lackierten Flächen verwendet. In der Leimfarbentechnik benutzt man grobporige Schwämme zum Betupfen der gestrichenen Flächen. Die Schwämme sind nach Gebrauch sorgfältig auszuwaschen und luftig aufzubewahren.

*Spachtelmesser,* kurz *Spachtel* genannt, sind wichtige Schabe- und Kratzwerkzeuge. Man entfernt damit alte Leimfarbenanstriche von Putzflächen. Ferner nimmt man sie zum Verkitten und zum Auftragen von Spachtelmassen. Man unterscheidet verschiedene Arten von Spachtelmessern, die aus Blatt und Heft bestehen, ferner Holzspachtel und die zum Auftragen von Spachtelmassen dienenden Quadratspachtel.

*Spritzeinrichtungen* sind Geräte, die das Verarbeiten von Farben und Lacken ermöglichen. Bekannt sind die mit Druckluft arbeitenden Spritzpistolen. Es gibt aber schon einfache Spritzgeräte, bei welchen die dünnflüssigen Farben mit einem Zerstäuber zerteilt werden und der erforderliche Luftdruck mit einem Gummiball erzeugt wird. Mit dem Spritzverfahren werden nicht nur Anstriche und Lackierungen, sondern auch Dekorationen durchgeführt.

*Staffeleien* sind dreibeinige Böcke, auf welchen in der Kunstmalerei die Bilder und in der Schildermalerei die Schilder aufgestellt werden.

*Stahlkämme* sind kammförmig gezähnte Stahlbleche, die vorwiegend in der Holzmalerei benutzt werden.

*Stahlspäne* werden in verschiedenen Stärken zum Schleifen von Holz verwendet. Bekannt ist die Anwendung der Stahlspäne zum Reinigen von Fußböden. Stahlspäne von weniger als 1 mm Breite werden *Stahlwolle* genannt. Sie eignen sich vorzüglich zum Schleifen von Lackierungen. Mit ganz feiner Stahlwolle können Lackierungen auf Seidenglanz geschliffen werden.

*Streichbürsten* (s. Deckenbürsten).

*Strichzieher* sind Pinsel, die zum Ziehen von feinen und starken Strichen und Bändern benutzt werden. Man muß unterscheiden zwischen Strichziehern für Leimfarbe (Greizer Art) und solchen für Ölfarbe (Berliner und Lyoner Strichzieher). Zum Ziehen von Bändern werden die starken Nummern der Strichzieher oder die niedrigen Nummern der Ringpinsel, die längere Borsten haben, verwendet.

*Tupfbürsten* werden zum Vertupfen der sichtbaren Pinselstriche bei Ölfarbenanstrichen benutzt. Tupfbürsten müssen sofort nach der Benutzung gereinigt werden.

*Vertreiber* s. Dachsvertreiber.

*Waschleder* werden zum Reinigen von Lackierungen, Schildern usw. benutzt.

*Weißquast* s. Maurerpinsel.

*Zeichenkohle* wird zum Entwerfen von Zeichnungen, Ornamenten usw. verwendet.

# N. Maschinen zur Aufbereitung der Farbe.

Vielfach werden Farben, vor allem Ölfarben, in den Drogerien einfach von Hand in Blechgefäßen angerieben. Dieses Verfahren ist, besonders wenn größere Farbmengen angesetzt werden müssen, sehr zeitraubend und führt nicht zu sehr guten Ergebnissen. Es ist daher immer ratsam, sobald es der Umfang des Farbengeschäftes erlaubt bzw. erfordert, wenigstens für das Anrühren von Ölfarben einen elektrisch betriebenen Kleinmischer anzuschaffen.

*Farbenmühlen* gibt es in den verschiedensten Ausführungen und Größen. Für den Drogisten kommen kleinere Typen der sogenannten Trichtermühlen in Frage. Damit lassen sich leicht größere Mengen von Ölfarben einwandfreier Qualität herstellen. Die Trichtermühlen bestehen aus einem gußeisernen, innen weißemaillierten Trichter. Unten befindet sich ein Konus, über den seitlich die Farbe in die Mahlscheiben läuft. Die Mahlscheiben sind verstellbar, und man kann dadurch Farben von verschiedener Feinheit erhalten. Die Trockenfarben werden mit Firnis oder Leimwasser dick angerührt, in den Trichter der Farbenmühle gebracht und gemahlen. Erforderlichenfalls läßt man die Farbe wiederholt durch die Mühle gehen. Durch Zugabe von Verdünnungsmitteln wird die Farbe schließlich auf streichfertige Konsistenz gebracht. Die Farbenmühlen müssen stets nach Gebrauch sorgfältig gereinigt werden. Nach dem Abstreichen der anhaftenden Farbe mit dem Pinsel werden Farbreste durch Abreiben mit Sägemehl entfernt. Die Mahlscheiben werden durch Nachgießen von Wasser bei Leimfarben und Terpentinersatz bei Ölfarben gereinigt.

Die Farbenmühlen müssen auf einer festen Unterlage aufgebaut werden. Sie werden von Hand oder besser mit einem Elektromotor angetrieben. In Farbenfabriken werden außer den Trichtermühlen sogenannte Walzenstühle, das sind Mühlen mit meist mehreren, verschieden schnell laufenden, einstellbaren Walzen, zum Mahlen der Farben verwendet.

*Laboratoriumsmischer.* Bei den Farbenmühlen erfährt das Mahlgut eine weitere Zerkleinerung. Die Trockenfarben werden aber heute bereits in so großer Feinheit geliefert, daß eine nachträgliche Mahlung im allgemeinen nicht erforderlich ist. Trotzdem ist eine gute Durchmischung von Farbpulver und Bindemittel unerläßlich. Laboratoriumsmischer leisten hierbei wertvolle Dienste.

# O. Die Einrichtung der Farbenabteilung einer Drogerie.

Sobald es die Lage einer Drogerie zuläßt, ist es unbedingt ratsam, eine Farbenabteilung innerhalb der Drogerie aufzumachen. Hierzu ist kein großes Anlagekapital erforderlich.

Vor allem haben Land- und Außenstadtdrogerien besonders gute Aussichten auf einen lebhaften Absatz von Farben und Hilfsmitteln zur Verarbeitung der Farben. Damit soll aber nicht gesagt sein, daß z. B. inmitten einer Großstadt sich die Einrichtung einer Farbenabteilung in der Drogerie nicht lohnt. Durch die Belieferung der Selbststreicher, Handwerker und Industrie kann die Farbenabteilung zu einem sehr guten Geschäftszweig werden. Weiter bietet die Einrichtung einer Farbenabteilung eine günstige Gelegenheit, bei der Beratung dem Kunden auch persönlich näherzukommen, was natürlich auch auf den Absatz anderer Artikel einen günstigen Einfluß haben wird. Besondere Beachtung beansprucht in diesem Zusammenhang die Gewinnung von Handwerkern und größeren Betrieben als Kunden, da diese meist laufend einen größeren Bedarf an streichfertigen Farben und sonstigen Farbwaren haben. Sehr viel kann in dieser Beziehung durch eine wirksame Reklame und vor allem den persönlichen Besuch der in Frage kommenden Handwerker erreicht werden.

Es ist nicht möglich, Normen für die Einrichtung der Farbenabteilung einer Drogerie aufzustellen. Man kann nicht sagen, welche Artikel unbedingt geführt werden müssen. Die nachstehenden Aufstellungen für die einzelnen Warengattungen der Farbenabteilung sollen nur Richtlinien darstellen. Man wird bald einen Überblick über den örtlichen Farbenbedarf haben und kann dann die entsprechende Ergänzung des Warenlagers vornehmen.

**Trockenfarben** (Körperfarben) werden zweckmäßig in Schiebfächern im Laden oder einem angrenzenden Raum, wo sie schnell zur Hand sind, aufbewahrt. Auf dem Etikett wird vermerkt, mit welchen Bindemitteln die Farben mischbar sind. Größere Vorräte der gängigsten Farben werden im Lager aufbewahrt. Die Einordnung der Trockenfarben geschieht am besten nach den Farbtönen. Für giftige Trockenfarben gelten die Bestimmungen über die Aufbewahrung von Giften der betreffenden Giftabteilung. Bei Farben, die zur Giftabteilung 2 oder 3 gehören, müssen die Schiebladen mit Deckeln versehen werden, von festen Füllungen umgeben sein und so beschaffen sein, daß ein Verschütten oder Verstäuben des Inhalts ausgeschlossen ist. Der Inhalt muß mit roter Schrift auf weißem Grunde und der Aufschrift „Gift" bezeichnet sein.

Die nachstehend aufgeführten Farben genügen den hauptsächlichsten Anforderungen einer Farbenabteilung. Für besondere Zwecke sind gegebenenfalls Spezialfarben einzuordnen. Es ist zweckmäßig, z. B. die hauptsächlich für Öl verwendeten Körperfarben mit Ölgelb, Ölgrün usw. zu bezeichnen.

*a) Weiße Farben.* Lithopone (mittlere gute Qualität), Zinkweiß, Titanweiß, Bleiweiß, Kreide, Schwerspat, Kalk.

*b) Gelbe Farben.* Heller, mittlerer und dunkler Ocker gut deckender Qualität für Ölfarben, billigere helle und mittlere Sorte für Leimfarben, Chromgelb hell und dunkel, Chromorange, Kalkgelb, Terra di Siena natur.

*c) Rote Farben.* Bleimennige, Chromrot, Englischrot, Eisenoxydrot, Terra di Siena gebrannt, Signalrot, Moderot, Kalkrot, Ferrogenmennige, Mennigeersatz.

*d) Blaue Farben.* Ultramarinblau (bessere und billigere Sorte), Ultramaringrün, Echtlichtblau, Kalkblau.

*e) Graue Farben.* Zinkgrau, Schiefergrau.

*f) Grüne Farben.* Chromgrün (drei Töne), Schweinfurtergrün-Ersatz, Zinkgrün, Kalkgrün.

*g) Braune Farben.* Kasseler Braun, Metallocker, Umbra, Marsbraun.

*h) Violette Farben.* Ultramarinviolett, Kalkviolett.

*i) Schwarze Farben.* Ruß, Rebenschwarz, Graphit.

**Bindemittel.** *a) Ölige Bindemittel.* Leinölfirnis, Standöl und Harttrockenöle (Harttrockenglanzöl und Mischhärteöl). Zum Anrühren von Ölfarben wird zweckmäßig eine fertige Mischung von 2 Raumteilen Firnis, 1 Raumteil Terpentinersatz und ca. 10% Harttrockenöl vorrätig gehalten.

*b) Lacke.* Wichtigster Verkaufsartikel sind hier die streichfertigen Lackfarben in den gangbarsten Tönen, weißer Emaillelack, klarer Fußbodenlack (sog. Bernsteinlack) und Fußbodenlackfarben in mehreren Tönen. Es kommen noch hinzu Möbellack, Heizkörperlack, heller Überzugslack, Mattlack. Als schwarzer Eisenlack wird ein Asphaltlack verwendet. Je nach Gegend sind auch Bootslacke vorrätig zu halten. Speziallacke werden nach Bedarf eingekauft.

Spirituslacke können selbst hergestellt werden, z. B. Strohhutlack. Schwarzer, glänzender Spritlack wird oft von Handwerkern verlangt und muß deshalb in größeren Mengen vorhanden sein. Auch Schellack mit und ohne Zusatz von Kolophonium ergibt in Spiritus gelöst einen lackartigen, schnelltrocknenden, spröden Überzug. Diese Schellacklösung (hauptsächlich für Treppen verwendet) bildet einen guten Verkaufsartikel für den Drogisten.

c) *Wäßrige Bindemittel.* Hierfür kommen vor allem in Frage: Knochenleim (in Tafeln und als Perlleim), Kaseinleim, Pflanzenleime, Celluloseleime und Kleister.

**Lösungsmittel und Trocknungsmittel.** Als Lösungsmittel sind in der Farbenabteilung unentbehrlich: Balsamterpentinöl und Terpentinersatz. Sie werden zur eigenen Herstellung der Farben und zum Einzelverkauf gebraucht. Als Trocknungsmittel sind Sikkative hell und dunkel sowie das bereits oben erwähnte Harttrockenöl ausreichend.

**Abbeizmittel.** Neben verkaufsfertigen Handelszubereitungen (Abbeizsalben, -pasten, -pulver und Abbeizfluiden) sind Salmiakgeist, Natron- und Kalilauge (die beiden zuletztgenannten in 10%iger Lösung) zu nennen.

**Beizen und Polierhilfsmittel.** Holzbeizen in den verschiedensten Tönen und Möbelpolituren zum Auffrischen von Möbeln sind ebenfalls vielgefragte Artikel.

**Sonstige Präparate.** Tubenfarben für Kunst- und Plakatmalerei, Autopflegeartikel, Lederfarben (schwarz und in Modetönen), Artikel für Reißlack (Krakeliermalerei), Anlegeöl für Vergoldung, Streumaterial für plastische Stoffmalerei, Kitte (Fußboden- und Fensterkitt) usw.

**Werkzeuge und Hilfsmittel.** Ringpinsel und Deckenbürsten sowie verschiedene andere Pinselsorten müssen als wichtigste Werkzeuge zum Streichen in allen Größen zur Auswahl vorhanden sein; ferner Spachtel in verschiedenen Breiten.

Alles in der Farbenabteilung muß darauf gerichtet sein, den Kunden zufriedenzustellen, mag er sich seine Farbe selbst anrühren und nur die Zutaten kaufen oder sich die Farbe anrühren lassen. Für die gängigsten Farbtöne wird man sich zweckmäßig Farbentafeln herstellen. Hierdurch wird dem Kunden die Auswahl wesentlich erleichtert.

Die Fußbodenlacke werden auf einer besonderen Farbtafel zusammengestellt. Auf Musterbrettern werden die verschiedenen Anstrichtechniken so ausgeführt, daß man ihren Aufbau genau sehen kann. Der Kunde hat dann die Möglichkeit, die einzelnen Anstricharten zu vergleichen, und sieht, aus wieviel einzelnen Arbeitsgängen sich die Anstriche zusammensetzen. In einer Tabelle wird der Ölverbrauch der einzelnen Körperfarben zusammengestellt.

Schließlich ist Wert darauf zu legen, daß gute Eigenfabrikate dem Kunden besonders empfohlen werden, da der Verdienst an selbst hergestellten Artikeln durchweg höher liegt als bei den Markenfabrikaten. Außerdem ist ein gutes Eigenfabrikat immer eine wertvolle Werbung für das Geschäft.

# P. Anstrichtechnik.

Der Drogist kann und darf sich nicht darauf beschränken, Farben und Hilfsmittel zur Durchführung von Anstrichen zu verkaufen. Er muß auch seine Kunden beraten können. Hierzu sind Kenntnisse über die Anwendung der von ihm verkauften Farben eine unerläßliche Voraussetzung. Fehler lassen sich bei der Verarbeitung der Farben nur dann vermeiden, wenn eine genaue Kenntnis der Anwendungsart vorhanden ist.

Dauerhaftigkeit hat nur der Anstrich, der auf einwandfreiem, richtig vorbereitetem Untergrund mit guter Farbe und in der richtigen Arbeitstechnik ausgeführt wird. In den folgenden Abschnitten lernen wir daher die wichtigsten Untergründe, ihre Vorbehandlung und die hauptsächlichsten Anstrichtechniken kennen.

# I. Untergrund.

Die wichtigsten Untergründe, auf welchen Anstriche durchgeführt werden, sind Putz, Steine, Holz, Metalle, Glas, Stoffe und Pappe. Unbeschadet der Art des Untergrundes und der Anstrichtechnik gilt folgender oberster Grundsatz: *Anstriche dürfen nur auf einem einwandfreien, d.h. festen, trockenen und harten Untergrund aufgetragen werden.* Man kann die Untergründe einteilen in chemisch wirksame und neutrale. Zu den ersten gehören die alkalisch wirkenden neuen Kalkputze, Zementputze, Putze die beide genannte Bestandteile enthalten, Kunststeine und Kunstplatten. Mit Alaun behandelte Gipswände wirken sauer. Neutral sind alter Putz, Gips, Naturstein, Holz, Metalle, Glas, Kunstmassen, Papier, Pappe, Stoffe usw. Ferner unterscheiden sich die Untergründe durch ihre Saugfähigkeit. Gute Saugfähigkeit besitzen alter Putz, Gips, Weichholz, Pappe, Karton, Stoffe. Nichtsaugende Untergründe sind Glas, Metalle, Kunstmassen. Dabei gibt es Übergänge, und es besitzen z. B. eine geringe Saugfähigkeit: Harthölzer und geleimte Papiere und Pappen. Holz hat noch die besondere Eigenschaft, daß es gewissen Veränderungen unterliegt. Näheres hierüber s. S. 498.

**Putz.** Die wichtigsten Putzarten sind Gips, Kalk und Zement.

*a) Gips* wird in Form von Gipsputz, Stuckarbeiten und Gipsfiguren mit Anstrichen versehen. Durch seine merkliche Wasserlöslichkeit kann er nur für innen verwendet werden. Gipsputz muß stets gut ausgetrocknet sein, bevor er mit Anstrichen versehen werden kann. Die Trockendauer beträgt mehrere Wochen. Nur Celluloseleim- und Kaseinleimanstriche können auf feuchtem Gipsgrund aufgetragen werden.

Kalk-, Silikat- und Wasserglasfarbenanstriche halten auf Gips nicht, sie platzen ab. Ölfarbenanstriche halten auf feuchtem Gipsgrund nicht, sie werden von dem nach außen dringenden Wasserdampf abgedrückt. Gips ist sehr saugfähig und muß daher für Anstrichzwecke eine besondere Vorbehandlung erhalten. Soll Gips z. B. einen Ölfarbenanstrich erhalten, so muß vorgeschellackt werden. Beschädigungen in Gipsputz müssen stets mit Gips ausgebessert werden.

*b) Der Kalkputz* (Kalkmörtel) ist der bekannteste Putzgrund. Er wird aus Kalk (Ätzkalk), Sand und Wasser hergestellt. Es darf nur einwandfreier Kalk, der zur Mörtelbereitung geeignet ist, verwendet werden. Folgende Kalksorten sind zu unterscheiden: *Weißkalk, Grau-* und *Schwarzkalk.* Die zuletzt genannten Kalkarten werden hauptsächlich für die Herstellung von Unterputz verwendet.

Mit Weißkalk wird feiner Mörtel zum Überziehen der Putzflächen bereitet. Von ausschlaggebendem Einfluß auf die Haltbarkeit ist die Güte des zur Mörtelherstellung verwendeten Sandes. Gewaschener Flußsand ist am besten geeignet. Reiner Quarzsand ergibt den besten und widerstandsfähigsten Putz. Ferner kommt es auf das Mischungsverhältnis von Kalk und Sand an. Mit Zunahme des Kalkzusatzes wird der Putz mürber und trockener.

Auf mürbem Putz halten Anstriche nicht. Sie reißen und platzen ab, unter Beschädigung der obersten Putzschicht.

Putz mit zu hohem Kalkgehalt (fetter Kalkmörtel) bekommt leicht Schwindrisse. Solche Risse bilden sich auch durch Erschütterungen und Wärme. Ungelöschter Kalk bildet die als *Kalkknoten* bezeichnete unangenehme Erscheinung. Der Kalk löscht allmählich ab. Dieser Vorgang ist mit einer Vergrößerung des Volumens verknüpft. Der davorsitzende Putz platzt ab, und es entstehen Löcher.

Für Kalkfarbenanstriche ist frischer Putz der beste Untergrund. Silikat- und Wasserglasfarbenanstriche erfordern einen gleichmäßigen, wenigstens lufttrockenen Putzgrund. Auch für Emulsionsfarbenanstriche muß der Putz lufttrocken sein. Ölfarbenanstriche dürfen nur auf völlig trockenem Kalkputz aufgebracht werden.

*c) Zementputz, Beton, zementhaltige Kunststeine* haben gegenüber Anstrichen das gleiche Verhalten, obwohl sie sehr verschieden zusammengesetzt sind. Zement enthält Ätzkalk, der die Anstriche zerstört, sie klebrig macht und verseift. Mit Neutralisierungs- und Isoliermitteln wird dieser Fehler weitgehend aufgehoben. Ölfarbenanstriche sollen wegen der Gefahr des Verseifens nur auf völlig neutralem Zementgrund aufgetragen werden. Das kann erst nach Ablauf von $1^1/_2$ bis 2 Jahren geschehen, weil erst nach dieser langen Zeit die alkalischen Bestandteile so weit neutralisiert sind, daß sie Ölfarben nicht mehr angreifen.

**Holz** ist ein sehr wichtiger Untergrund für Öl- und Lackfarben. Nach der Härte werden die Hölzer in *Hart-* und *Weichhölzer* eingeteilt. Weichhölzer sind: Fichte, Kiefer, Lärche, Tanne, Linde, Pappel usw. Zu den Harthölzern gehören: Ahorn, Birke, Buche, Eiche, Esche, Nußbaum und ausländische Hölzer. Man kann die Hölzer auch in harzarme und harzreiche einteilen. Harzarm sind: Birke, Buche, Eiche, Fichte, Tanne, Linde, Pappel usw. Harzreich sind: Kiefer, Pitchpine usw.

Qualität und Eigenschaften des Holzes werden weitgehend beeinflußt vom Alter und der Herkunft. Die Behandlung des Holzes richtet sich nach den Anstrichen, mit welchen es versehen werden soll. Man muß unterscheiden zwischen Außen- und Innenanstrichen, also ob das Holz den Witterungseinflüssen ausgesetzt ist oder nicht. Schließlich können deckende und lasierende Anstriche ausgeführt werden oder das Holz wird gebeizt. Das Holz ist kein einheitlicher Anstrichgrund. Im Frühjahr wächst es schneller als im Sommer, und dadurch entsteht das stärker saugende Frühholz. Später werden nur kleine Zellen gebildet, das dichte, weniger saugfähige Spätholz. Diese Erscheinung wird im Querschnitt der Hölzer durch die Jahresringe sichtbar.

Jedes Holz (ungestrichen oder gestrichen) nimmt in feuchter Luft unter Volumenvergrößerung Feuchtigkeit auf und gibt diese bei Trockenheit wieder ab, das Holz „arbeitet". Das ist sehr wichtig, denn feuchtes Holz ist als Anstrichgrund nicht geeignet.

Anstriche auf feuchtem Holz werden leicht blasig. Ferner soll Holz harzfrei sein. Da die Anstriche sonst kleben, muß das Harz entweder durch längere Einwirkung von Lauge oder mit Aceton entfernt werden. Harzgallen sind auszuschneiden. Die entstehenden Fehlstellen werden verkittet. Alles Holz, das einen Anstrich erhalten soll, muß glatt sein. Auf rauhem und ungehobeltem Holz (z. B. Balken, Planken, Zäunen usw.) soll man mit Ölfarbe nicht streichen, weil der Farbenverbrauch sehr groß ist. Äste sind zu isolieren, wenn sie nicht schon vom Tischler entfernt und durch anderes Holz ersetzt sind. Gerbsäurehaltige Hölzer (z. B. Eiche) werden durch Alkalien, z. B. beim Entfernen alter Anstriche mit Laugen braun gefärbt. Diese unerwünschte Braunfärbung kann mit verdünnter Schwefelsäure beseitigt werden. Selbstverständlich ist hinterher gut nachzuwaschen. Fettflecke und Fingerabdrücke entfernt man mit einem geeigneten Lösungsmittel (Aceton, Benzin, Terpentinöl usw.). Dunkle Hölzer bleicht man mit ammoniakhaltigem Wasserstoffsuperoxyd aus und wäscht gut nach.

**Metalle.** *a) Eisen und Stahl* sind die wichtigsten Vertreter der Metalle, die Anstriche erhalten. Ungeheure Werte gehen dauernd durch das Rosten von Eisen und Stahl verloren.

Man schützt das Eisen gegen Zerstörung durch Anstriche. Vor dem Streichen muß der Rost entfernt werden (z. B. mit Sandstrahlgebläse, Drahtbürste usw.). Öl und Fett werden mit einem Lösungsmittel, z. B. Terpentinöl, beseitigt. Ferner muß das Eisen beim Streichen gut trocken sein, da der Anstrich sonst nicht haftet. Glattes und poliertes Eisen sind ein weniger geeigneter Anstrichgrund.

*b) Zink* hat einen hohen Ausdehnungskoeffizienten. Es besteht daher die Gefahr des Abplatzens des Anstrichfilmes. Um das zu vermeiden, wird die glatte Oberfläche von Zinkblech mit dem Sandstrahlgebläse, Schmirgelpapier oder durch Behandeln mit verdünnter Salzsäure (1 : 5 bis 1 : 10) aufgerauht. Fett wird mit Terpentinöl, Benzin, Tetrachlorkohlenstoff usw. abgewaschen. Oxydschichten müssen vor dem Aufbringen des Anstriches beseitigt werden. Es kommen für Zink vor allem fette Öl- und Lackfarben in Betracht. Für Voranstriche dürfen Bleiweiß und Chromgelb nicht verwendet werden, weil sie hart und spröde werden. Man nimmt hierfür Lithopone, Titan- und Zinkweiß. Für Blechdächer eignen sich Mischungen aus Zinkgrau mit Graphit und Bleiweiß. Neue Zinkblechdächer läßt man vor dem Anstreichen etwas verwittern. Hierdurch werden Fette abgeschwemmt, und die Oberfläche erfährt eine leichte Anrauhung.

*c) Aluminium* hat meistens eine ganz dünne Oxydschicht. Diese wird wie beim Zink mit Säure oder auf mechanischem Wege mit Schmirgelpapier oder dem Sandstrahlgebläse beseitigt. Gleichzeitig erhält man einen rauhen Untergrund, auf dem die Anstriche gut haften. Auf Aluminium können aufgetragen werden Öl- und Lackfarben, Zaponlack usw.

*d) Leichtmetalle* werden wie Aluminium behandelt.

*e) Kupfer* und *Messing* werden durch Behandlung mit Salpetersäure aufgerauht, entfettet und erhalten einen Ölfarbenanstrich oder werden lackiert. Zur Verhinderung des Anlaufens werden Kupfer- und Messinggegenstände mit Zaponlack gestrichen.

*f) Blei* wird nach dem Entfernen der Oxydschicht mit fetter Ölfarbe angestrichen.

**Glas** wird entfettet und von Schmutz befreit. Da es eine glatte Oberfläche hat, muß man mit fetten Ölfarben oder Öllacken arbeiten. Magere Anstrichfilme platzen ab. Eine sehr gute Haftfähigkeit auf Glas besitzen Wasserglasanstriche.

**Natursteine** erhalten am besten Wasserglasanstriche. Stein kann auch Öl- und Lackfarbenanstriche erhalten. Es ist jedoch zweckmäßig, durch vorangehende Fluatierung den Stein zu härten.

**Kunstmassen,** die auf verschiedener Grundlage (Kasein, Kunstharz, Cellulose usw.) hergestellt, in großer Zahl in neuester Zeit eine große Bedeutung erhalten haben, werden meistens schon durch entsprechende Zusätze gefärbt. Eine Oberflächenbehandlung kann mit farblosen oder gefärbten Spiritus- und Zaponlacken durchgeführt werden. Ölfarben trocknen langsam, und man verwendet an ihrer Stelle schnelltrocknende Lackfarben.

**Stoffe,** die als Wandbehang in Innenräumen dienen, werden zweckmäßig mit Ölfarben angestrichen. Außerdem können auch andere Techniken angewandt werden. Hier muß auch noch das Imprägnieren von Geweben erwähnt werden. Stoffe werden wasserfest gemacht mit essigsaurer Tonerde, Alaunlösung, Chlorkautschuklack, Kautschuk- oder Wachslösung. Die Sicherung von Geweben gegen das Entflammen wird mit Wasserglas, Ammoniumphosphat und anderen Flammschutzmitteln erreicht.

**Pappe** und Papier können nach entsprechender Vorbereitung mit den verschiedensten Anstrichen versehen werden.

**Dachpappe** wird mit schwarzen oder farbigen Dachlacken angestrichen.

## II. Vorbereitung des Untergrundes.

Nicht immer ist der mit einem Anstrich zu versehende Untergrund einwandfrei. Vielfach bedarf er einer gewissen Vorbereitung. Häufig sind alte Anstriche zu entfernen. Bei der Vorbereitung des Untergrundes muß man zwischen verschiedenen Arbeiten unterscheiden:

*a) Entfernen alter Ölfarbenanstriche.* Hierzu hat man mehrere Möglichkeiten. Alte Ölfarbenanstriche können mit der Lötlampe abgebrannt werden. Dieses Verfahren führt in allen Fällen, wo andere Mittel versagen, zum Erfolg. In der Hitze wird selbst der härteste Ölfarbenanstrich weich und kann leicht mit dem Spachtel abgeschoben werden. Hierbei darf die Farbe nicht verbrennen, weil sie sich dann kaum noch entfernen läßt. Das Abbrennen hat verschiedene Nachteile. In geschlossenen Räumen ist es durch das Auftreten des lästigen Brandgeruches kaum anwendbar. Bei Profilen und Kehlleisten (z. B. bei Türen) hat man große Schwierigkeiten, die alte Farbe einwandfrei zu beseitigen. Bei harzhaltigen Hölzern dringt durch die Wärme das Harz nach außen. Ihre Bearbeitung mit der Abbrennlampe ist also nicht empfehlenswert, weil harzige Untergründe für den Ölfarbenanstrich nicht geeignet sind. Da beim Abbrennen leicht Brandflecke im Holz entstehen, können nur Deckanstriche oder günstigenfalls noch dunkle Lasuren aufgebracht werden.

Das Abbrennen ist mühsam und zeitraubend. Man entfernt daher alte Ölfarbenanstriche zweckmäßiger mit chemischen Mitteln, die in der Drogerie vorrätig zu halten sind.

Hierzu stehen Laugen und lösende Abbeizmittel zur Verfügung (s. S. 485).

Die Präparate (Pasten, Salben oder Pulver) werden, gegebenenfalls nach dem vorschriftsmäßigen Anrühren mit Wasser, in nicht zu dünner Schicht gleichmäßig auf die zu entfernende Farbe aufgetragen. Hierzu dürfen Borstenpinsel keinesfalls verwendet werden, weil die Borsten durch das Alkali zerstört werden. Man nimmt vielmehr die gegen Laugen weit widerstandsfähigeren Fiberpinsel. Mit einem Spachtel wird von Zeit zu Zeit nachgeprüft, wie weit der Anstrich aufgeweicht ist und ob er sich restlos entfernen läßt. Alle Farbreste werden sorgfältig abgeschabt. Hinterher muß mit Wasser sehr gut nachgewaschen werden. Die Lauge muß restlos entfernt werden. Durch die Einwirkung der Lauge wird Holz gelb und bei Anwesenheit von Gerbsäure (z. B. bei Eiche, Mahagoni usw.) sogar braun. Es ist daher eine Nachbehandlung mit verdünnter Schwefelsäure (1 : 10) oder Oxalsäure erforderlich. Diese Säurebehandlung ist aber mit größter Vorsicht durchzuführen. Man sollte deshalb das Ablaugeverfahren für Metalle bevorzugen und auf Holz die lösenden Abbeizmittel verwenden. Diese bestehen aus Lösungsmittelgemischen, welchen noch Verdickungsmittel zugesetzt sind. Auch sie werden auf den abzubeizenden Anstrich mit dem Spachtel oder Pinsel aufgetragen. Nachdem der alte Farbfilm aufgeweicht ist, wird die ganze Masse mit dem Spachtel entfernt und hinterher mit Terpentinersatz oder Spiritus nachgewaschen.

*b) Entfernen von Wasserfarbenanstrichen.* Alte Leimfarbenschichten an Decken und Wänden werden mit Wasser, gegebenenfalls unter Zusatz von Seife, aufgeweicht und dann mit einem breiten Stahlspachtel abgestoßen. Das ist eine Arbeit, die mit viel Schmutz verbunden ist. Deshalb ist es zweckmäßig, den Boden abzudecken. Die alte Farbe muß sich leicht abstoßen lassen, damit das nachfolgende Abwaschen nicht erschwert wird. Hierzu sind abgestrichene Streichbürsten geeignet. Die alte Leimfarbe muß restlos entfernt werden, es muß der reine, blanke Putzgrund erscheinen. Alte Farbreste sitzen lose auf dem Untergrund. Hierauf findet der neue Anstrich keine ausreichende Haftung. Es entstehen leicht Spannungen, und die Farbe platzt ab.

Bei sehr fest auf dem Untergrund haftenden Anstrichen, wie Kasein-, Kalk- und Wasserglasanstrichen, muß gegebenenfalls ein Teil des Putzgrundes mit abgeschlagen werden. Nur hierdurch ist eine richtige Säuberung zu erzielen. Will man einen einwandfreien Untergrund haben, muß nachgeputzt werden.

*c) Ausbessern.* Zur Vorbereitung des Untergrundes gehört auch das Ausbessern. Fehlstellen und Unebenheiten kann der Selbststreicher ausgleichen. Größere Ausbesserungsarbeiten werden vom Handwerker ausgeführt. Das Ausbessern von Putzflächen geschieht mit Kalkmörtel oder Gips. Vor dem Auftragen des Mörtels oder Gipsbreies werden die schadhaften Stellen mit Wasser gut angefeuchtet. Die Ausbesserung wird mit einem Filzbrett glattgerieben. Gips soll nur für Ausbesserungen in Innenräumen verwendet werden. Gipsgrund soll stets nur mit Gips ausgebessert werden. Die Verhärtung von Gips ist mit einer Volumenvergrößerung verbunden. Man sagt, der Gips wächst. Ausbesserungen mit Gips zeigen nach dem Erhärten und Trocknen deutliche Erhöhungen. Man glättet die betreffenden Stellen mit einer Ziehklinge oder reibt sie mit einem Brett ab. Auf Zementputz werden Ausbesserungen mit Zement durchgeführt. Gips darf hierfür nicht verwendet werden.

Zur Durchführung von Ausbesserungen in Holz stehen verschiedene Materialien zur Verfügung. Altbekannt ist der Ölkitt als ausgezeichnetes Mittel für Ausbesserungen in Holz. Gleichfalls sehr gut bewährt hat sich das sogenannte *flüssige Holz.* Dieses besteht aus Celluloselack, Holzmehl, mineralischem Füllstoff und Farbe. Das flüssige Holz wird in die vorher gründlich von Schmutz und Staub befreiten Löcher eingedrückt. Die Masse schrumpft meistens zusammen. Man nimmt hierauf Rücksicht, indem man so viel flüssiges Holz in die auszubessernden Stellen einbringt, daß die Masse eine kleinen Buckel bildet. Nach dem Trocknen über Nacht wird dann mit dem Hobel oder einer Feile geglättet. Metalle werden mit Spachtelmasse, Ölkitt oder Lackkitt ausgebessert.

*d) Isolieren.* Es gibt für die verschiedenen Untergründe zahlreiche Isoliermittel. Putz wird mit derartigen Präparaten gegen das Eindringen von Feuchtigkeit geschützt. Man verwendet hierzu Bitumenlacke und andere Anstrichmittel. Mit Anstrichen kann man nur geringe Feuchtigkeit zurückhalten. Dauernd feuchter Putz wird entfernt und durch Zementputz ersetzt.

Rauch-, Ruß- und Wasserflecke werden mit Handelspräparaten isoliert. Man kann hierzu auch Leimlösung, Schellack, matte Lackfarbe usw. nehmen oder mit Papier oder Nessel überkleben. Anilinfarben werden mit Schellack, ölfreien Isoliermitteln, Leimlösung oder Faserstoff isoliert.

Auf feuchtem Holz sind Isoliermittel nicht anwendbar. Äste werden mit Schellacklösung, ölfreien Isoliermitteln oder Leimlösung isoliert. Harzstellen schneidet man aus und verkittet sie mit Ölkitt.

*e) Imprägnieren.* Hierdurch soll ein Schutz gegen das Eindringen schädlicher Stoffe erzielt werden. Trockener Putz und Steine werden mit Fluaten wasserdicht gemacht. Holz wird gegen Feuchtigkeit und damit gegen Fäulnis, Pilzbefall (Hausschwamm) und Verwitterung durch die Imprägnierung mit Fluaten und anderen Salzen, Holzteer, Karbolineum usw. geschützt. Zur Herabsetzung der Entflammbarkeit wird das Holz (auch Stoffe) mit Wasserglas, Salzlösungen oder entsprechenden Handelspräparaten behandelt. Stoffe werden wasserfest gemacht durch Imprägnieren mit Lösungen von Alaun, essigsaurer Tonerde, Kautschuk oder Chlorkautschuk.

*f) Spachteln.* Mit Hilfe von Spachtelmassen werden glatte Untergründe hergestellt. Vor dem Spachteln müssen erst die Ausbesserungsarbeiten (Ausfüllen von Löchern usw.) vorgenommen werden. Die Art des zu verwendenden Spachtels richtet sich nach der angewandten Anstrichtechnik (s. S. 502—509).

A 32

*g) Grundieren.* Durch die Grundierung soll ein gleichmäßiger Untergrund geschaffen werden. Vor allem muß die Saugfähigkeit ausgeglichen werden. Das Grundiermittel richtet sich nach dem Bindemittel des daraufkommenden Anstriches. Es ist vorteilhaft, dem Grundiermittel etwas Körperfarbe zuzusetzen.

## III. Anstrichtechniken.

**Kalkfarbenanstriche** werden häufig durchgeführt. Man verwendet dazu verdünnte Kalkmilch, die gegebenenfalls mit geeigneten Buntfarben abgetönt wird. Näheres über Kalk ist auf S. 466 nachzulesen.

*a) Untergrund.* Der wichtigste Untergrund für Kalkfarbenanstriche ist Kalkputz, daneben kommen noch Zementputz und Stein in Betracht. Auf alten Leimfarbenanstrichen und Holz platzen Kalkfarbenanstriche ab. Alte Ölfarbenanstriche werden durch den Ätzkalk verseift, Eisen rostet. Diese Untergründe sind also für die Kalkfarbentechnik ungeeignet. Bester Untergrund ist frischer Kalkputz. Auf diesem noch nicht trockenen und noch nicht abgebundenen, also noch Calciumhydroxyd enthaltenden Untergrund verbinden sich Kalk und Putz chemisch. Es entsteht ein derartig fest haftender Anstrich, daß er sich ohne Beschädigung des Putzgrundes nicht mehr entfernen läßt. Alte festsitzende Kalkfarbenanstriche sind ebenfalls als Untergrund geeignet.

*b) Vorbereitung des Untergrundes.* Staub wird durch Abwaschen der Putzflächen entfernt, alte Ölfarbenanstriche werden mit einem geeigneten Mittel abgelaugt oder abgebeizt (s. S. 485), alte Ölfarbenanstriche auf Wänden werden am besten durch Abschleifen mit Bimsstein entfernt, Leimfarbenanstriche wäscht man ab (s. S. 500). Nicht festsitzende oder gar abblätternde alte Kalkfarbenanstriche werden mit der Drahtbürste oder dem Spachtel beseitigt. Alter, ausgetrockneter Putz erhält eine neue, dünne Kalkmörtelschicht. Frischer Putz wird mit dünner Kalkmilch vorgeschlämmt.

*c) Anrühren der Farben.* Gut eingesumpfter, das heißt monatelang in der Grube gelagerter Kalk, wird mit 1 bis 2 Teilen Wasser (möglichst Regen-, Brunnen- oder Flußwasser) gut verrührt und kann in dieser Form schon zum Vorschlämmen und Weißen verwendet werden. Für getönte Kalkanstriche werden geeignete Trockenfarben mit wenig Wasser auf Streichfähigkeit verdünnt. Es dürfen höchstens bis 15 Gewichtsprozent Trockenfarbe dem Kalkbrei zugesetzt werden. Größere Mengen von Buntfarben werden nicht mehr wischfest abgebunden. In diesem Fall müssen noch Zusatzbindemittel verwendet werden. Hierzu eignen sich Kasein und Leim, auch Kasein-Ölemulsionen können zugesetzt werden. Zur Verhinderung des zu schnellen Austrocknens des Anstriches werden wasseranziehende Stoffe zugesetzt, z. B. Alaun, Heringslake, Salz und Seife.

Die zum Abtönen verwendeten Farben müssen absolut kalkecht sein und vor allem für den Außenanstrich eine sehr gute Lichtechtheit aufweisen. Die Prüfung auf Kalkechtheit ist auf S. 432 angegeben. Folgende Mineralfarben sind für den Kalkfarbenanstrich geeignet: Ocker, Marsgelb und Marsrot, Eisenrot, Chromoxydgrün, Ultramarin (blau, grün, rot, violett, sogenanter gelber Ultramarin [Bariumchromat] ist nicht zu empfehlen), Umbra, Mangan- und Rebschwarz. Da der Kalkmilch nur verhältnismäßig wenig Buntfarbe zugesetzt werden darf, sind Kalkfarbenanstriche stets hell. Man nimmt daher gerne ausgiebige Farben zum Abtönen. Hierzu sind viele organische Farbstoffe geeignet (Fassaden-, Universal- und Kalkfarben).

*d) Anstrich.* Der Anstrichgrund muß feucht sein. Der Kalk soll langsam trocknen, damit er Zeit hat, die zur Bildung von Calciumkarbonat erforderliche Kohlensäure aus der Luft aufzunehmen. Kalkfarbenanstriche werden daher zweckmäßig bei feuchtem, sonnenlosem Wetter durchgeführt. Die Kalkfarben müssen sehr dünnflüssig angesetzt werden. Dicke Kalkfarben bilden einen dicken Anstrichfilm, der nicht fest haftet und bald abplatzt. Die Kalkfarben werden mit Fiberbürsten oder (sofort nach Gebrauch gut auszuwaschenden) Streichbürsten verarbeitet, man kann aber auch das Spritzverfahren anwenden. Zur Vermeidung der Bildung von Ansätzen muß man naß in naß arbeiten.

Das Calciumhydroxyd der Kalkfarben übt eine verseifende und ätzende Wirkung aus. Gestrichene Möbel werden abgedeckt, Glas (Spiegel und Fensterscheiben) werden abgedeckt und eingefettet. Die Hände sind einzufetten. Gelangen Kalkspritzer ins Auge, so werden diese mit Öl oder Zuckerwasser beseitigt. In jedem Falle ist ein Arzt aufzusuchen.

*e) Anwendung.* Kalkfarbenanstriche sind nach einwandfreiem Abtrocknen in Wasser unlöslich. Man bevorzugt sie deshalb für feuchte Räume, wo die Anstriche feucht werden können und der Leim von Leimfarbenanstrichen fault. Wände und Decken in Küchen, Badezimmern, Kellern, Aborten, Ställen, Höfen usw. werden daher vorteilhaft mit Kalkfarben gestrichen.

**Wasserglasfarbentechnik (Silikatfarbentechnik).** Für Anstrichzwecke werden Kaliwasserglas, Mischungen aus Kali- und Natronwasserglas und Spezialfabrikate verwendet (s. S. 466). Zur Durchführung von Wasserglasfarbenanstrichen, vor allem zum Ansetzen der Wasserglasfarben gehören gewisse Erfahrungen. Man schützt sich vor Fehlschlägen, indem man die von den Herstellern gelieferten Farben und Bindemittel verwendet. Beide enthalten besondere Zusätze, die eine einwandfreie Verbindung zwischen Farbe und Wasserglas und eine gute Haftung auf dem Untergrunde gewährleisten. Diese verbesserte Wasserglasfarbentechnik wird auch *Silikatfarbentechnik* genannt. Hierbei ist die Gebrauchsvorschrift der Hersteller genauestens zu beachten. Das Selbstanrühren der Wasserglasfarben aus Wasserglas und Farben ist höchstens für Innenanstriche zu empfehlen.

*a) Untergrund.* Wasserglasanstriche können auf ungestrichenem Kalk- und Zementputz, Beton, Naturstein, ungehobeltem Holz, Glas und Zink durchgeführt werden. Auf alten Leim- und Ölfarbenanstrichen dürfen Wasserglasanstriche nicht aufgebracht werden.

*b) Vorbereitung des Untergrundes.* Alte Leimfarbenanstriche werden abgewaschen. Mit einer Drahtbürste werden auch die letzten Farbreste beseitigt. Gipsstellen werden mit Ätzbarytlösung (5 Teile in 100 Teilen heißem Wasser lösen) so lange behandelt, bis ihre Saugfähigkeit aufgehoben ist. Auch alte Emulsionsanstriche sind als Untergrund nicht geeignet und müssen restlos entfernt werden. Glatte, alte Putzflächen werden aufgerauht. Bester Anstrichgrund für Wasserglasfarben ist neuer ungeschlämmter Putz. Stark saugende und ungleichmäßig saugende Untergründe müssen mit verdünntem Wasserglas (1:1) vorgestrichen werden.

*c) Anrühren der Farben.* Die verwendeten Farben müssen laugenbeständig, säure- und gipsfrei sein. Folgende reine Farben kommen in Frage: Kreide und Schwerspat mit geringem Zinkweiß- oder Zinkgrauzusatz (2 bis 3%), Eisenoxydrot (gipsfrei), Ocker, Umbra, Grüne Erde, Chromoxydgrün, Ultramarin (blau und grün), Mineralschwarz usw.

Die Farben werden mit Wasser dick angerührt. Dabei wird der gewünschte Farbton gemischt und dann das Wasserglas zugesetzt. Die Verdünnung auf Streichfähigkeit muß mit weichem Wasser (dest. Wasser oder Regenwasser) erfolgen, weil der Kalk harten Wassers Calciumsilikat bildet. Die Silikatfarben werden nach der Gebrauchsvorschrift verarbeitet. Wasserglasfarben werden nach kurzer Zeit dick. Deshalb soll stets nur die Menge Wasserglasfarbe angesetzt werden, die an einem Tag verbraucht werden kann.

*d) Anstrich.* Durch einen Probeanstrich prüft man nach, ob der Untergrund nicht zu sehr saugt und die Anstriche hierdurch nicht wischfest sind, also die Bindung mit dem Untergrund nicht ausreicht. In diesem Falle ist eine Grundierung erforderlich. Der eigentliche Anstrich besteht aus dem Grundanstrich und dem Deckanstrich. Zwischen jedem Anstrich ist eine Trockendauer von 24 Stunden erforderlich.

*e) Anwendung.* Die wichtigsten Anwendungsarten der Wasserglasfarben sind Fassadenanstriche, abwaschbare Innenanstriche auf Putz und Flammenschutzanstriche auf ungehobeltem Holz.

**Leimfarbentechnik.** Zur Leimfarbentechnik gehört die Verarbeitung aller unter Verwendung von Leim (tierischer Leim und Pflanzenleim) und Körperfarben hergestellten deckenden Anstrichfarben. Über die betreffenden Bindemittel lese man S. 467 nach. Die in den Leimfarben angewendeten Bindemittel sind nicht wetterecht, der Leimfarbenanstrich kommt daher nur für innen in Frage.

*a) Untergründe.* Der wichtigste Untergrund für Leimfarben ist Putz. Hierfür ist die Leimfarbe das billigste Anstrichmittel. Weitere Untergründe für Leimfarben sind Holz, Papier, Pappe und Stoffe.

*b) Vorbereitung des Untergrundes.* Staub und Schmutz wird von den zu streichenden Flächen abgewaschen. Alte Leimfarbenanstriche werden ebenfalls abgewaschen oder nach dem Aufweichen abgestoßen. Neue Putzflächen werden mit Kalkmilch vorgeschlämmt. Stark saugende Putzgründe werden mit verdünnter Leimlösung vorgrundiert. Hierdurch werden die Poren des Putzes geschlossen und das Wasser wird nicht mehr aus der Leimfarbe herausgesaugt. Zum Vorgrundieren wurde früher auch Seifenlösung verwendet. ($^1/_4$ kg Schmierseife auf 1 Eimer Wasser.) Die gleiche Wirkung erreicht man durch das *Alaunisieren.* Beim Überstreichen des Putzes mit einer Alaunlösung werden die Poren gleichfalls geschlossen. Die Wirkung wird erhöht, wenn man die noch nasse Fläche mit Seifenlösung überstreicht.

*c) Anrühren der Farben.* Es ist allgemein üblich, die zum Ansetzen von Leimfarben verwendeten Trockenfarben vorher mit Wasser einzuweichen. Kreide wird mit Wasser angeteigt und bleibt mit wenig Wasser überschichtet bis zur Zugabe des Leimes 2 Stunden lang stehen. Auch die zum Abtönen verwendeten Buntfarben sollen mindestens $^1/_4$ Stunde lang eingeweicht werden. Schlecht benetzende Farben werden direkt mit Leimwasser angerührt, oder man versetzt das Anrührwasser mit etwas Spiritus. Für Leimfarbenanstriche können fast alle Körperfarben verwendet werden. Natürlich spielt hierbei vor allem der Preis eine Rolle. Die Grundlage für Leimfarbenanstriche sind Kreide und Schwerspat (Malerweiß), auch Ton wird verwendet. In der Mischung mit Schwerspat werden die Buntfarben weniger aufgehellt als bei Kreide. Man benötigt einen geringeren Buntfarbenzusatz und erhält reinere Töne. Leichtspat (Lenzin, Gips) wirkt verdickend und kann daher zur Verbesserung der Konsistenz von zu sehr fließenden Leimfarben verwendet werden. Bei der Auswahl der Buntfarben hat man fast unbegrenzte Möglichkeiten. Obwohl der Leimfarbenanstrich eine Innentechnik ist, sollte man auf eine gewisse Lichtechtheit nicht verzichten.

Beim Ansetzen der Leimfarben wird durch Mischen der angeteigten Kreide und Buntfarbenpaste der gewünschte Farbton hergestellt. Dann wird so lange Leimlösung zugesetzt, bis die Farbe wischfest abgebunden ist. Die Prüfung auf Wischfestigkeit wird nach dem auf S. 432 angegebenen Verfahren durchgeführt. Zu hoher Leimgehalt ist schädlich; die Farben platzen ab. Die Leimlösung darf nicht zu dick und nicht zu dünn sein. Die verwendeten Leime weisen Unterschiede auf. Diesem Umstand ist beim Ansetzen der Leimfarben Rechnung zu tragen. Tierischer Leim ergibt eine dünnflüssige Leimfarbe, die Trockenfarben müssen hierfür also dick eingeweicht werden, weil zu dünne Leimfarben leicht ihre Deckfähigkeit verlieren. Tafelleim wird über Nacht in Wasser eingeweicht, mit dem Wasser geschmolzen und dann mit der gleichen Menge heißem Wasser versetzt. Perlleim wird in derselben Weise behandelt. Er bietet den Vorteil verkürzter Einweichzeit.

Pflanzenleim ist dickflüssig-sämig zu verarbeiten. Leimpaste wird schlank geschlagen und mit der gleichen, in kleinen Portionen zugesetzen Menge Wasser verdünnt.

Pulverförmiger Leim wird nach den Vorschriften der Hersteller verarbeitet. Die Farbpaste wird mit dem Leim gut durchgearbeitet und mit Leimwasser auf streichfähige Konsistenz gebracht.

Celluloseleime erfordern wieder eine andere Verarbeitung. Die Trockenfarben werden in stark verdünntem Celluloseleim eingeweicht und einige Stunden lang stehengelassen (mindestens 4 Stunden, besser über Nacht). Unter gutem Rühren wird dicker Celluloseleim zugesetzt. Im Gegensatz zu Tier- und Pflanzenleim wird der Celluloseleim auch bei längerem Stehen durch Faulen und Gären nicht zerstört. Im verschlossenen Gefäß sind Celluloseleimfarben lange Zeit haltbar.

Bereits abgebundene Farben dürfen nicht durch Zugabe von Trockenfarbe oder wäßriger Farbpaste im Farbton verändert werden. Zur Erzielung einer einwandfreien Mischung muß die Farbe ebenfalls bereits geleimt sein.

*d) Anstrich.* Zur guten Deckung werden zwei Anstriche benötigt. Für den ersten Anstrich wird die Farbe etwas stärker geleimt. Es soll damit verhindert werden, daß der erste Anstrich bei der Durchführung des Deckanstriches aufgerieben wird. Zur Vermeidung des Entstehens von Ansätzen ist die Leimfarbe naß in naß zu verarbeiten.

Tierleimfarben werden im warmen Zustand verarbeitet, weil sie in der Kälte dick werden. Mehrere Tage alte Leimfarbenreste müssen nachgeleimt werden. Bereits in Fäulnis übergegangene Leimfarben sind nicht mehr zu gebrauchen. Auch durch Nachleimen ist hier nichts mehr zu retten.

*e) Anwendung.* Der Leimfarbenanstrich ist der am meisten angewandte Innenanstrich für Wände und Decken. Auf feuchten Untergründen und in feuchten Räumen zersetzt sich das Bindemittel.

Der Anstrich verliert seine Wischfestigkeit und platzt ab. Eine Ausnahme bilden die nicht faulenden Celluloseleimfarbenanstriche. Diese sind also vielseitiger anwendbar. Für Außenanstriche sind Leimfarben nicht zu gebrauchen.

**Kaseinfarbentechnik.** Die Kaseinfarbentechnik ist eigentlich auch eine Leimfarbentechnik. Kaseinfarben haben aber gegenüber gewöhnlichen Leimfarben gewisse Vorteile, so daß ihre getrennte Besprechung angebracht erscheint. Sehr wichtig ist die bessere Wetterbeständigkeit der Kaseinfarben. Ferner zeichnen sie sich durch größere Leuchtkraft und Festigkeit aus. Man muß zwischen Alkali- und Kalkkasein unterscheiden (vgl. S. 467).

*a) Untergrund.* Bester Untergrund für Kaseinfarbenanstriche ist frischer Putz. Das Kasein verbindet sich chemisch mit dem Calciumhydroxyd zu dem beständigen Kalkkasein (wasserunlöslich und wetterecht). Für Alkalikasein kommen auch alte Ölfarbenanstriche als Untergrund in Betracht. Das Calciumhydroxyd der Kalkkaseinfarben verseift Ölfarben, so daß diese hierfür als Untergrund nicht geeignet sind.

*b) Vorbereitung des Untergrundes.* Alte Farbreste werden abgewaschen, der Untergrund ist gründlich zu reinigen. Bei altem Putzgrund ist zur Erzielung einer besseren Haftfestigkeit ein Vorschlämmen oder Durchreiben mit Kalk anzuraten. Kaseinfarben neigen leicht zum Abblättern, und aus diesem Grunde ist der Untergrund besonders sorgfältig vorzubereiten. Stark und ungleichmäßig saugende

Stellen (z. B. Gipsausbesserungen) werden mit einer Lösung aus 15 Teilen Alaun und 85 Teilen Wasser getränkt.

*c) Anrühren der Farben.* Die Trockenfarben werden mit Wasser zu einem dicken Brei angerührt und abgetönt. Gebrauchsfertige Kaseinleimpaste wird mit dem Farbteig vermischt und mit Wasser auf Streichfähigkeit verdünnt. Pulverförmige Handelszubereitungen, welche die zum Aufschluß erforderlichen Zusätze bereits enthalten, werden nach der Anwendungsvorschrift mit Wasser angerührt und, nachdem das Kasein in der vorgeschriebenen Zeit (1 bis 2 Stunden) aufgeschlossen ist, mit der Farbpaste gemischt. Der Kaseinleim kann auch aus eingeweichtem Kaseinpulver unter Zusatz von Kalk (Kalkkasein) oder Borax, Laugen (Alkalikasein) hergestellt werden. Auch aus Käsequark und Kalkbrei entsteht Kalkkasein. Der Bindemittelgehalt darf nicht zu hoch genommen werden, weil die Kaseinfarben sonst abplatzen.

Im allgemeinen können die für Leim verwendeten Farben benutzt werden. Nur für Kalkkasein müssen die Farben kalkecht und gipsfrei sein. Kaseinfarben verderben beim Stehen; Kalkkasein wird fest. Man soll daher nie mehr Kaseinfarbe ansetzen, als auf einmal verarbeitet werden kann. Kalkkasein erhält zur Verbesserung sehr oft einen geringen Zusatz von Firnis, es entstehen Kasein-Ölemulsionen.

*d) Anstrich.* Kaseinfarbenanstriche werden in derselben Weise wie die Leimfarbenanstriche durchgeführt. Es wird mit der gleichen Farbe ein Grund- und ein Deckanstrich vorgenommen. Der Grundanstrich wird mit einer kurzen Streichbürste oder mit dem Pinsel mager aufgetragen. Bei Putz muß die Farbe richtig in das Putzkorn eingerieben werden. Nach einer Trockenzeit von mindestens 12 Stunden wird der Fertiganstrich aufgebracht.

*e) Anwendung.* Alkalikaseinanstriche werden vor allem innen durchgeführt. Durch Behandeln mit Formalin werden sie gehärtet und können dann auch für Außenanstriche verwendet werden. Kalkkaseinfarben sind wetterfest und daher für Außenanstriche geeignet. Kalkkaseinanstriche kommen vor allem für den Anstrich von Kalk- und Zementputz sowie Beton in Frage.

**Emulsionsfarbentechnik.** Emulsionen bestehen aus wäßrigen Bindemitteln und wasserunlöslichen Stoffen verschiedenster Art (z. B. Ölen, Natur- und Kunstharzen, Wachsen usw.). Die Emulsionsfarbentechnik steht also zwischen den Leim- und Ölfarbentechniken. Besondere Bedeutung haben im Hinblick auf die Einsparung von fetten Ölen die neuerdings immer stärker hervortretenden „ölfreien Mischbinder". Die in großer Zahl von den Herstellern herausgebrachten Emulsionsbinder müssen stets nach der Gebrauchsvorschrift verarbeitet werden. Bei der Vielzahl und Verschiedenartigkeit der Zubereitungen erscheint es ausgeschlossen, eine allgemein gültige Anweisung für die Emulsionsfarbentechnik zu geben. In der Verarbeitung der Emulsionsbinder bestehen trotzdem gewisse Übereinstimmungen, so daß wir in aller Kürze auch eine Beschreibung dieser Anstrichtechnik bringen können.

*a) Untergrund.* Wichtigster Untergrund für Emulsionfarbenanstriche sind die verschiedenen Putzarten. Hinzu kommen noch alte Ölfarbenanstriche und Holz, Während Metalle als Unterrund nicht geeignet sind. Der Untergrund muß fest und einwandfrei sein.

*b) Vorbereitung des Untergrundes.* Die verschiedenen Untergründe werden in bekannter Weise vorbereitet (vgl. für Putzgrund Leimfarbentechnik S. 504 und für Holz Ölfarbentechnik S. 507). Die Grundierung wird mit dem verdünnten oder unverdünnten Emulsionsbinder oder mit Firnis oder mit ölfreien Grundiermitteln durchgeführt; bei Innenanstrichen kann Leim oder Faserstoff verwendet werden. In jedem Fall ist nach der Gebrauchsanweisung zu arbeiten.

*c) Anrühren der Farben.* Die Trockenfarben werden mit Wasser oder verdünntem Emulsionsbindemittel angeteigt, mit Buntfarben der gewünschte Farbton gemischt und mit dem Bindemittel in bekannter Art wischfest abgebunden (Gebrauchsvorschrift einhalten!).

*d) Anstrich.* Die streichfertigen Emulsionsfarben werden mit der Streichbürste oder dem Pinsel naß in naß zur Vermeidung von Ansätzen verarbeitet. Auch die Anwendung des Spritzverfahrens ist möglich.

*e) Anwendung.* Emulsionsbinder können je nach ihrer Zubereitung für innen und außen verwendet werden. Die für außen in Betracht kommenden Zubereitungen sind von den Herstellern besonders gekennzeichnet. Die Emulsionsfarben ergeben gut haltbare, vielfach abwaschbare Anstriche. Sie dürfen also auf ungestrichenem Putz und Stein nicht verwendet werden. Die ölfreien Emulsionen können uneingeschränkt verarbeitet werden und sind ein wertvoller Austauschstoff für ölhaltige Anstrichmittel.

**Ölfarbentechnik.** Die Ölfarbentechnik ist die wichtigste und am vielseitigsten anwendbare Anstrichtechnik.

*a) Untergrund.* Ölfarben können auf allen neutralen Untergründen aufgetragen werden; alter Putz, Stein, Metalle, Holz, Glas, Kunststoffe, Stoffe usw. Auf feuchten Untergründen haften die Ölfarben nicht, und auf frischem Putzgrund wird das Öl durch das Calciumhydroxyd verseift.

*b) Vorbereitung des Untergrundes.* Der Untergrund muß sauber und glatt sein. Holz wird abgeschliffen und vom Schleifstaub befreit. Harzgallen werden ausgeschnitten und verkittet. Äste müssen mit Schellacklösung oder ölfreien Grundiermitteln isoliert werden. Kalk- und Zementputze, die noch nicht abgebundenes Alkali enthalten, werden für Außenanstriche mit Fluaten und Innenanstriche mit Alaunlösung behandelt. Metalle werden entfettet und von Oxydschichten (Rost) befreit.

Saugende Untergründe müssen grundiert werden. Für stark saugende Untergründe, z. B. Weichhölzer, wird der (mit wenig Farbe angerührte) Leinölfirnis unverdünnt verwendet. Zum Grundieren (Vorölen) von schwach saugenden Untergründen, z. B. Harthölzern, nimmt man sogenanntes *Halböl* (eine Mischung aus gleichen Teilen Leinölfirnis und Terpentinersatz). Nicht saugende Untergründe (Metalle, Glas usw.) benötigen keine Grundierung.

*c) Anrühren der Farbe.* In ein sauberes Gefäß wird etwas Leinölfirnis gegeben, mit den Trockenfarben im gewünschten Farbton zu einem dicken Brei angerührt und durch Zusatz von Firnis und Verdünnungsmittel auf streichfertige Konsistenz gebracht. Von Hand mit dem Rührholz angerührte Ölfarben werden zweckmäßig durch ein Sieb gegeben. Am besten ist es jedoch, sich zum Anrühren von Ölfarben eines mechanischen Mischers zu bedienen. Das Abtönen der Ölfarben, besonders heller Farbtöne, kann auch mittels Tubenfarben geschehen. Zur Erhöhung der Wetterfestigkeit erhalten die Ölfarben einen geringen Standölzusatz.

*d) Anstrich.* Mit Ölfarben werden stets nur deckende Anstriche hergestellt. Hierzu genügen im allgemeinen zwei Anstriche. Die Grundanstriche sind mager und die Deckanstriche fett einzustellen. Zu Außenanstrichen darf den Ölfarben niemals Verdünnungsmittel zugesetzt werden. Hierdurch wird die Trockendauer etwas erhöht. Die einzelnen Anstriche müssen gut durchgetrocknet sein, bevor jeweils der nächste Anstrich aufgetragen werden darf. Zur Abkürzung der Trockenzeit wird den für Innenanstriche bestimmten Ölfarben häufig etwas Harttrockenöl zugesetzt. Auch durch Sikkativzusatz wird die Trocknung beschleunigt. Man muß aber hierbei vorsichtig sein und kann höchstens 3% Sikkativ zugeben (sonst Kleben und Reißen!), während Harttrockenöl in beliebiger Menge zugesetzt werden kann. Ölfarben werden mit Pinsel verarbeitet. Sie können aber auch mit der Spritzpistole aufgetragen werden. Die Ölfarben müssen gleichmäßig und nicht zu dick verteilt werden. Zunächst wird die Farbe durch senkrechte Pinselstriche aufgebracht, dann wird sie durch Querstreichen seitlich verteilt, anschließend senkrecht verteilt, nochmals quergestrichen und schließlich in senkrechter Richtung durch leichtes Überstreichen verschlichtet.

*e) Anwendung.* Ölfarben können für alle Innen- und Außenanstriche, die nicht dauernder Feuchtigkeit oder angreifenden Chemikalien ausgesetzt sind, verwendet werden.

**Lack- und Lackfarbentechnik.** Bei der Lacktechnik werden Anstriche mit Klarlacken überzogen. In der Lackfarbentechnik bestehen die Anstriche aus Lackfarben. Die Zahl der im Handel befindlichen Lacke und Lackfarben ist sehr groß, und demzufolge bestehen gewisse Unterschiede in der Verarbeitung.

*a) Untergrund.* Die Lacktechniken erfordern einen glatten, nicht saugenden Untergrund.

*b) Vorbereitung des Untergrundes.* Die Untergründe müssen durch Schleifen oder Spachteln und nachfolgendes Schleifen geglättet werden. Die Saugkraft von Putz und Holz wird durch Grundieren mit Firnis, ölfreien Grundiermitteln, Schellackieren oder Vorstreichen mit magerer Öl- oder Lackfarbe aufgehoben.

*c) Anrühren der Farben.* Im allgemeinen werden gebrauchsfertige Lacke und Lackfarben verarbeitet. Das Selbstansetzen von Lackfarben aus Farbenmischlacken und Trockenfarben ist nicht empfehlenswert, weil die Durchmischung nicht so gut ist wie bei den in Walzenstühlen in den Farbenfabriken hergestellten Lackfarben. Sollte sich die Abtönung von Klarlacken als notwendig erweisen, so werden die Trockenfarben mit verdünntem Lack angerieben und mit dem Klarlack verrührt. Das Abtönen von Weißlacken und Lackfarben läßt sich am einfachsten mit Tubenfarben durchführen. Die Verträglichkeit mit Ölfarben muß jeweils durch den Mischversuch und Probeaufstriche nachgeprüft werden. Das gleiche gilt für das Mischen von Lacken und Lackfarben miteinander.

*d) Anstrich.* In höherem Maße noch als bei Ölfarben muß bei Lackierungen die Grundregel, fette Deckanstriche auf magerem Untergrund, beachtet werden. Auf zu fetten Grundanstrichen reißen die Lackierungen. Die Lacke werden mit Ringpinseln oder besser mit Lackierpinseln dünn aufgetragen. Man soll lieber zweimal dünn lackieren als einmal zu dick; es besteht sonst die Gefahr, daß die Lackierung klebt und Runzeln bildet. Unebenheiten des Untergrundes und schlechte Deckung dürfen nicht mit dicken Lackschichten ausgeglichen werden.

*e) Anwendung.* Die Lackierung ist ein hochwertiger Anstrich von großer Beständigkeit und Schönheit. Lackierungen haben eine gute Widerstandsfähigkeit gegen mechanische Beanspruchungen und sind abwaschbar. Ihre Bedeutung für den Anstrich von Möbeln, Türen, Fenstern, Fußböden, Fahrzeugen usw. ist damit dargelegt.

Neben den Öllacken haben sich in neuester Zeit die ölarmen und vor allem die ölfreien Lacke immer mehr durchgesetzt.

**Beizen.** Beim Beizen wird Holz eingefärbt. Hierbei entstehen keine Überzugsschichten wie bei den Anstrichen, sondern die Beizen ziehen in das Holz ein.

*a) Untergrund* sind die verschiedenen Holzarten.

*b) Vorbereitung des Untergrundes.* Das Holz muß besonders sorgfältig vorbereitet werden. Die zu beizenden Holzflächen werden mit reinem, warmem Wasser mit einem Schwamm eingestrichen. Hierbei quellen alle durch die Bearbeitung des Holzes zusammengepreßten Teile und werden hochgezogen. Man läßt trocknen und schleift mit grobem Glaspapier und Korkklotz senkrecht zur Faserrichtung und anschließend in der Längsrichtung. Nachdem alle hochstehenden Holzteile entfernt sind, wird mit feinem Schleifpapier und Korkklotz in der gleichen Weise nachgeschliffen. Hierbei müssen alle quer verlaufenden, beim Schleifen entstandenen Kratzer beseitigt werden. Nun werden mit einer Messing- oder Kupferbürste der Schleifstaub und die Porenspitzen und Porenränder durch Bürsten in der Längs-richtung entfernt. Das Nachschleifen muß unbedingt in der Längsrichtung durch-geführt werden, weil zurückbleibende schräg oder quer verlaufende Schleifkratzer nach dem Beizen sichtbar werden. Harz wird mit Soda- oder Seifenlösung entfernt bzw. in Harzseife verwandelt, die die Beize aufnimmt. Nach der Behandlung mit der Alkalilösung muß gut nachgewaschen werden. Verunreinigungen im Holz sind zu beseitigen, z. B. Fettflecke durch Abreiben mit Benzin. Leimstellen werden ab-geschliffen und abgewaschen, Kalkspritzer mit verdünnter Salzsäure, Eisenflecke mit Oxalsäure entfernt.

*c) Ansetzen der Beizen.* Die Beizen werden in dem vom Hersteller angegebenen Mengenverhältnis in Wasser aufgelöst. Konzentrierte Lösungen von Wasserbeizen werden mit Wasser, Spiritusbeizen mit Spiritus und Wachsbeizen mit Terpentinöl entsprechend verdünnt. Die Lösungen dürfen nur in Glas- oder Tongefäßen an-gesetzt werden. Metallgefäße sind zu vermeiden, weil der Farbton der Beize durch Metalle, besonders durch Eisen, ungünstig verändert wird. Wasserbeizen werden in abgekochtem oder Regenwasser aufgelöst.

*d) Auftragen der Beize.* Die Beizen werden mit Pinseln und Schwämmen (Natur- und Gummischwämme) aufgetragen. Die Pinsel sollen keine Metallringe haben, weil durch das Metall leicht Verfärbungen auftreten. Die Beizen müssen mit sattem Pinsel und gleichmäßig aufgetragen werden. Es ist empfehlenswert die Beize auf einem Probebrettchen aufzutragen und abzuwarten, bis sich der Farbton entwickelt hat. Nur mit diesem Verfahren ist es möglich, bestimmte Töne zu erzielen. Dunkle Töne erhält man durch mehrmaliges Beizen. Weichholz wird vielfach vor dem Auf-tragen der Beizlösung mit einem nassen Schwamm gewässert. Sofort nach dem Ein-ziehen des Wassers folgt die Behandlung mit der Wasserbeize.

*e) Nachbehandlung der Beizungen.* Vor der Durchführung der Nachbehandlung der Beizungen müssen diese gut durchgetrocknet sein. Weichholzflächen werden mit Roßhaaren, Fiber oder feiner Stahlwolle geschliffen oder gebürstet. Gebeiztes Hartholz muß nicht unbedingt geschliffen oder gebürstet werden. Durch das Schlei-fen wird aber die Wirkung der Beizung wesentlich verbessert, und man sollte deshalb in jedem Fall schleifen. Bei der nun folgenden eigentlichen Nachbehandlung werden die Beizungen mit Wachslösungen, Schellackmattierungen usw. überzogen. Hier-durch wird vor allem die Wasserechtheit verbessert.

# Q. Anstrichfehler.

Es gibt sehr viele Möglichkeiten, bei der Durchführung von Anstrichen Fehler zu machen. Selbst dem Fachmann können Fehler unterlaufen. Oft sind es un-bedeutend erscheinende Kleinigkeiten, die sich auf den Anstrich ungünstig auswirken. Grundbedingung für das Vermeiden von Fehlern bei Anstrichen sind die sachgemäße Vorbereitung des Untergrundes und die werkgerechte Verarbeitung der Werkstoffe. Es ist leichter, Fehler zu vermeiden, als sie zu beheben. Wenn Schäden auftreten, so muß man ihre Ursache aufdecken und sie zu beseitigen versuchen. Hierbei ist aber zu bedenken, daß es nicht möglich ist, allgemein gültige Regeln zur Vermeidung von Fehlern und Beseitigung der Schäden aufzustellen.

*Abblättern.* Anstriche lösen sich nach vorangegangenem Zerreißen des Anstrich-filmes los, wenn der Untergrund nicht einwandfrei ist oder der Anstrich selbst fehlerhaft zusammengesetzt ist. Auf staubigem, fettigem, unsauberem, nicht festem oder gar fauligem Untergrund können Anstriche nicht haften. Auf stark saugenden

Untergründen (z. B. Gipsputz) ist eine feste Verbindung zwischen Anstrichfilm und Untergrund erschwert. Die Anstriche platzen ab. Auch das Vorhandensein von Feuchtigkeit im Untergrund begünstigt das Loslösen des Anstrichfilmes. Mit Tierleim überleimte Leimfarbenanstriche platzen leicht ab. Bei Ölfarben können Spannungen zwischen den einzelnen Anstrichfilmen zum Abplatzen führen. Die Anstrichfilme können sich in kleinen oder großen Stücken oder bei elastischen Schichten in zusammenhängenden Platten vom Untergrund loslösen.

*Anlaufen von Lackierungen.* Magere Lacke laufen in feuchter Luft an. Die Feuchtigkeit kann aber auch bereits beim Trocknen der Lackierungen aufgenommen werden.

*Ausbleichen.* Bei Verwendung nicht lichtechter Körperfarben ist stets die Gefahr des Ausbleichens der Anstriche gegeben.

*Blasen* entstehen beim Anstreichen feuchter Untergründe. In der Wärme entsteht Wasserdampf, der nicht entweichen kann und infolgedessen den Anstrichfilm blasig abhebt. In den Blasen sammelt sich Wasser an. Bei Lackierungen treten Blasen auf, wenn sie schnell und stark trocknen. Die Blasen enthalten dann Lösungsmitteldampf. In großer Hitze (z. B. Ofen) werden Lackierungen leicht blasig.

„*Bluten.*" Manche Teerfarbstoffe schlagen durch neue Anstriche durch und verfärben sie. Das sicherste Gegenmittel ist das Entfernen der alten, das Bluten verursachenden Anstrichstellen.

*Durchschlagen alter Karbolineumanstriche.* Es ist nicht möglich, auf Holz, das mit Karbolineum behandelt war, später Ölfarbenanstriche aufzutragen. Das Karbolineum schlägt durch. Man vermeidet dieses, indem man vor dem Aufbringen des Ölfarbenanstriches mit einem ölfreien Grundiermittel isoliert.

*Färben* (Abfärben, Kreiden, Wischen) ist bei Leim- und Kaseinfarben, die zu wenig Bindemittel enthalten, zu beobachten. Im dauernden Wechsel von Feuchtigkeit und Trockenheit wird der Leim zerstört, und die Anstriche kreiden ebenfalls. Das Kreiden von Ölfarbenanstrichen hat seine Ursache in zu großem Terpentinölgehalt der Anstrichfarbe oder in Alterserscheinungen des Anstrichfilmes. Von den Körperfarben hat das Titanweiß die unerwünschte Eigenschaft des Kreidens (s. S. 438).

*Fehlerhafter Farbauftrag.* Zu dünne Farben haben eine nicht ausreichende Deckfähigkeit. Zu dicke Ölfarbenanstriche trocknen schlecht durch und neigen zum Kleben und zur Runzelbildung. Lackierungen sollen verlaufen und dürfen daher nicht zu dünn aufgetragen werden.

*Fette Voranstriche* verursachen Kleben und Reißen der daraufgebrachten Ölanstriche.

*Kleben.* Ölfarben mit zu geringem oder zu hohem Trockenstoffgehalt können leicht kleben. Fetter Untergrund führt zur gleichen Erscheinung. Bei zu rascher Aufeinanderfolge der Anstriche haben die einzelnen Anstriche nicht genügend Zeit zum guten Durchtrocken, und es tritt Kleben auf. Fußbodenanstriche kleben, wenn die Bohnermassen nicht vorher gründlich entfernt werden. Schließlich kann die unerwünschte Erscheinung auch durch Feuchtigkeit im Untergrund bewirkt sein. Das Kleben kann vielfach durch Überstreichen mit ölfreien Grundiermitteln behoben werden.

*Kreiden* s. oben: Färben.

*Rissebildung.* Risse entstehen bei unrichtiger Aufeinanderfolge der Einzelaufstriche, z. B. wenn ein magerer Anstrich auf einen fetten Grund gebracht wird. Die Risse können bis zum Untergrund durchgehen oder zeigen sich nur in den oberen Anstrichschichten. Verschiedene Ausdehnung von Untergrund und Anstrichfilm führt ebenfalls zum Reißen des Anstriches.

*Runzelbildung.* Fette, mit zu wenig Körperfarbe angerührte und zu dick aufgetragene Ölfarben- und Lackanstriche ergeben Runzeln.

*Schwitzen von Lackierungen.* Es wird verursacht durch fehlerhafte Zusammensetzung der Lacke oder das Verarbeiten von Mischungen verschiedener Lacke. Schwitzen ist auch zu beobachten beim Streichen kalter Lacke auf warmen Flächen und umgekehrt.

*Striemige Anstriche* entstehen bei Verwendung schlechter Pinsel. Dieses wird vermieden, wenn man nur gute Pinsel nimmt und die Anstriche verschlichtet.

*Ungleichmäßiges Auftrocknen* von Leimfarbenanstrichen ist stets bei ungleichmäßig saugenden Untergründen zu befürchten. Ölfarbenanstriche können ungleichmäßig auftrocknen, wenn der vorhergehende Anstrich noch nicht genügend getrocknet war.

*Vergilben.* In dunklen Räumen vergilben infolge Lichtarmut weiße Anstriche leicht dadurch, daß das Bindemittel unter Braunfärbung oxydiert.

*Verseifung.* Alkalische Untergründe verseifen das Bindemittel und machen Ölfarbenanstriche wasserlöslich.

*Wischen* s. Färben S. 510.

# R. Über die Anstriche zerstörenden Einflüsse.

Anstriche werden durchgeführt, um die verschiedensten Gegenstände zu verschönern und zu schützen. Nur solange der Anstrich unversehrt ist, kann er seine Schutzwirkung erfüllen. Alle Anstriche haben aber eine begrenzte Lebensdauer, und es gibt verschiedene Einflüsse, die die Anstriche zerstören. Die wichtigsten dieser die Anstricharbeiten bedrohenden Einflüsse werden nachstehend genannt:

*Alkalien.* Besonders gefährdet sind Ölfarbenanstriche auf alkalischen Untergründen, wie z. B. frischem Kalk- und Zementputz. Das Bindemittel wird verseift. Auch nicht laugenechte Körperfarben werden durch Alkalien angegriffen.

*Bakterien* siedeln sich auf in Zersetzung begriffenen organischen Stoffen an. In feuchten Räumen überziehen sich Leim- und Ölfarbenanstriche mit Schimmelpilzen. Die Pilze können in den Anstrich eindringen und ihn zerstören.

*Frost.* Bei Temperaturen unter Null Grad sind Anstricharbeiten einzustellen. Leimfarbenanstriche verlieren im gefrorenen Zustand ihre Bindekraft. Ölfarbenanstriche können zwar bei trockenem Frostwetter auch außen noch durchgeführt werden. Man muß aber berücksichtigen, daß die Trocknung erst nach dem Auftauen und auch dann nur langsam vor sich geht. Deshalb ist es nicht ratsam, bei Frost mehrere Ölfarbenanstriche in rascher Folge übereinander aufzutragen.

*Gase.* Schwefelwasserstoff färbt Bleifarbenanstriche (z. B. Bleiweiß, Chromgelb, Mennige) unter Bildung von schwarzem Schwefelblei allmählich dunkel. Durch die Einwirkung von Leuchtgas blättern Leimfarbenanstriche in Küchen ab.

*Licht.* Unter der Einwirkung von Tageslicht und vor allem direkter Sonnenbestrahlung bleichen nicht lichtechte Farben aus. Für Außenanstriche sind daher nur Körperfarben von guter Lichtbeständigkeit zu verwenden. Bei Weißfarben bringt das Ausbleichen durch Lichteinwirkung den Vorteil, daß sie immer weiß bleiben.

*Ruß.* Anstriche werden durch Ruß nicht direkt zerstört. Ihr Aussehen erfährt aber auch durch Rauch eine unerwünschte Beeinträchtigung.

*Salze.* Wasserlösliche Salze, z. B. Mauersalpeter, können in feuchtem Mauerwerk durch den Putz hindurch nach außen gelangen und zerstören die Anstriche. Wird Holz, nach dem Entfernen alter Anstriche mit Laugen, nicht gründlich nachgewaschen, so können sich nach einiger Zeit Ausblühungen von Salzen auf den Anstrichen zeigen.

*Säuren.* Je nach Art und Stärke können Säuren den verschiedensten Anstrichen sehr gefährlich werden. Überall da, wo Anstriche der Einwirkung von Säuren oder ihren Dämpfen ausgesetzt sind, z. B. in chemischen Fabriken, Laboratorien usw., verwendet man Spezialfarben. Auch viele Körperfarben sind nicht säureecht, und man muß diesen Umstand bei der Herstellung säurefester Anstriche berücksichtigen.

*Schmutz und Staub* setzen sich auf frischen Anstrichen und Lackierungen ab (Fassaden- und Möbelanstriche usw.), verschmutzen sie und nehmen ihnen das gute Aussehen.

*Wärme* fördert zwar das Trocknen von Anstrichen. Das Wasser verdunstet schneller aus Leimfarbenanstrichen, Ölfarbenanstriche trocknen in der Wärme rascher. Zu große Wärme kann Anstrichen aber gefährlich werden. Heißer Putzgrund saugt die Farbe zu rasch auf. Die Folge ist ein ungleichmäßiges Aufziehen des Anstriches. Holz zieht sich in der Hitze durch das Austrocknen zusammen und reißt. Metalle und Glas dehnen sich beim Erwärmen aus. Die Anstriche müssen daher eine gewisse Elastizität aufweisen, damit sie der im Wechsel von Wärme und Kälte stattfindenden Ausdehnung und Zusammenziehung der Untergründe folgen können und nicht abplatzen.

*Wasser* ist einer der größten Feinde von Anstricharbeiten. Es tritt auf als flüssiges Wasser, Regen, Feuchtigkeit von Mauerwerk, Tau usw. Feuchtigkeit im Anstrichgrund ist nur bei Kalkanstrichen erwünscht, weil nur auf feuchtem Grund der Kalkanstrich eine ausreichende Festigkeit erhält. Mit allen übrigen Anstrichtechniken lassen sich auf dauernd feuchtem Untergrund keine haltbaren Anstriche herstellen. Geringe Feuchtigkeit in noch nicht ganz ausgetrocknetem Mauerwerk ist Leim-, Kasein- und Emulsionsfarbenanstrichen nicht gefährlich, weil das Wasser durch den Anstrich nach außen dringen und verdunsten kann. Bodenfeuchtigkeit wird durch die Kapillarität des Mauerwerkes hochgezogen und gelangt in die Räume der unteren Wohnungen.

Die Anstriche an den dauernd feuchten Wänden werden zerstört, und die Tapeten lösen sich ab. Abhilfe wird geschaffen durch Isolieren des Grundmauerwerkes und das Auftragen von wasserabweisenden Anstrichen an den Wänden. Auf nassem Holz bilden Ölfarbenanstriche Blasen. Wasserdampf schlägt sich in Küchen und Badezimmern an den Decken und Wänden nieder (sogenanntes Schwitzwasser), dringt in die Anstriche ein und zerstört sie; Leimfarben kreiden, Ölfarben verlieren die feste Haftung auf dem Untergrund und lassen sich leicht ablösen. Eisenteile von Brücken rosten an den direkt über dem Wasserspiegel befindlichen Stellen.

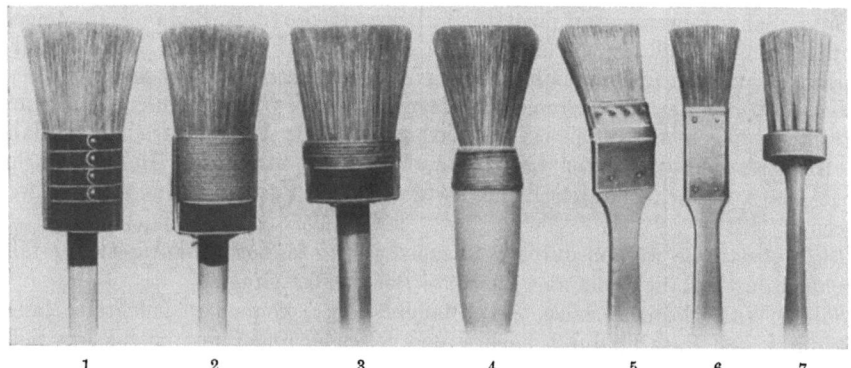

Abb. 166. Die wichtigsten Maler- und Haushaltpinsel[1].

1 Maler-Ringpinsel mit Metallvorband; — 2 Maler-Ringpinsel mit Bindfadenvorband; — 3 Fassadenpinsel; — 4 Kluppenpinsel; — 5 Heizkörperpinsel, gebogen; — 6 Heizkörperpinsel, gerade; — 7 Back- oder Butterpinsel;

---

[1] Aus dem Katalog der Schwanenpinselfabrik, Gustav Goldbohm, Stockelsdorf-Lübeck.

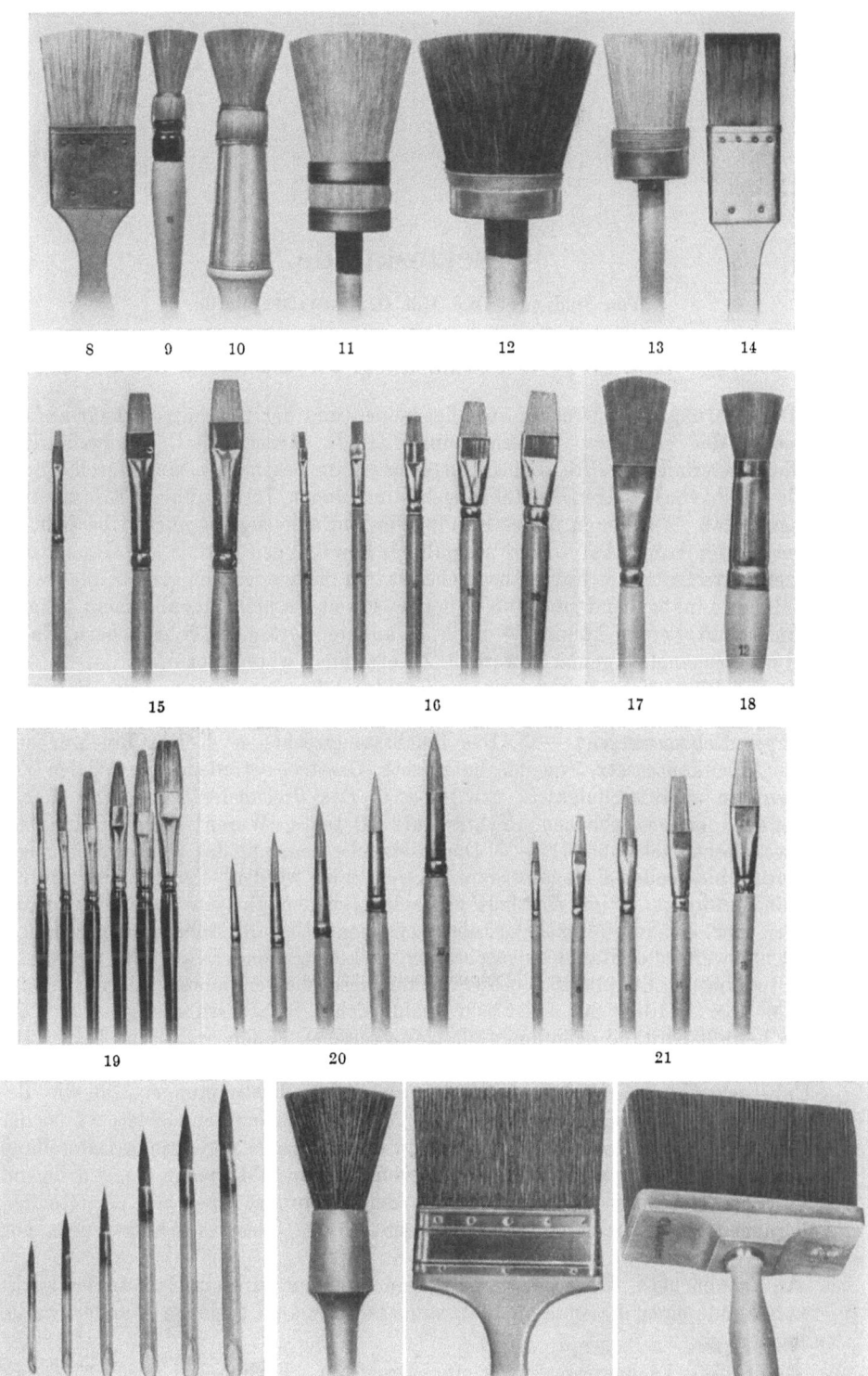

8 Lackierpinsel; — 9 Leimpinsel, mit Draht vorgebunden; — 10 Leimpinsel in Blechhülse; — 11 Kaltleim-
pinsel: — 12 Karbolineumpinsel; — 13 Haushalt-Ringpinsel; — 14 Lackierpinsel (reine Chinaborsten); —
15 Gussowpinsel; — 16 Künstlerpinsel; — 17 Emaillackpinsel; — 18 Schablonierpinsel; — 19 Plakatschreib-
pinsel; — 20 Strichzieher, rund; — 21 Strichzieher, flach; — 22 Haarpinsel; — 23 Flächenstreicher; — 24 Benzin-
pinsel, kurzschlußsicher, Kluppenform; — 25 Deckenbürste.

# Gesetzeskunde.

Von Studienrat Dipl.-Hdl. **O. ENGWICHT**, Berlin.

## Einleitung.

Die Führung einer Drogerie im allgemeinen und der Geschäftsverkehr auf den Gebieten der einzelnen Warengattungen (z. B. Arzneimittel, feuergefährliche Stoffe, Futtermittel, Gifte, Lebensmittel usw.) im besonderen sind durch eine so große Anzahl von Gesetzen, Ausführungsbestimmungen, Verordnungen, Erlassen usw. geregelt, daß im Rahmen dieses Handbuches nur eine eng begrenzte Übersicht geboten werden kann. Auf Grund sorgfältiger Erwägungen wurden alle Gesetze usw. betriebswirtschaftlicher Natur ausgeschaltet, die mehr oder weniger für alle Zweige des Handels maßgebend sind und daher — soweit sie nicht als allgemein bekannt vorausgesetzt werden können — auch an anderen Orten, in Jahrbüchern, Kalendern usw. zugänglich gemacht werden. Zu erwähnen wären hier u. a.:

1. Das Bürgerliche Recht, insbesondere der Allgemeine Teil und das Recht der Schuldverhältnisse; — 2. Das Handelsrecht mit Wechsel- und Scheckrecht sowie sonst'gen Nebengesetzen; — 3. Das Reichssteuerrecht; — 4. Das Reichsarbeitsrecht (Arbeitszeitgesetz, Jugendschutzgesetz, Gesetze, betreffend die sozialen Versicherungen, Berufsschulgesetz usw.); — 5. Das Preisrecht; — 6. Das Recht, betreffend den gewerblichen Rechtsschutz (Patente, Warenzeichen, Gebrauchsmuster, Geschmacksmuster); — 7. Die gesetzliche Regelung des Werbewesens; usw.

Die verbleibenden Fachgesetze im engeren Sinne werden — soweit dies ihre Bedeutung erfordert — im Wortlaut gebracht. Bei den übrigen Gesetzen, Verordnungen usw. ist der wesentliche Inhalt systematisch dargestellt worden, wodurch nicht nur wertvoller Raum eingespart werden konnte, sondern auch für viele Leser das Studium und die praktische Auswertung wesentlich erleichtert sein dürften.

Von dem Abdruck der meist sehr ausführlichen Strafbestimmungen ist in der Regel bewußt Abstand genommen, da sie in seltenen Fällen praktische Bedeutung erlangen.

Unberücksichtigt geblieben sind alle gesetzlichen Bestimmungen, die die Bewirtschaftung der Drogeriewaren betreffen. Mehr als alle anderen Gebiete ist das der Gesetzeskunde einem ständigen Wandel unterworfen. Die vorliegende Darstellung gibt die Gesetzgebung nach ihrem Stande vom Januar 1954 wieder. Es ist dringend geboten, sich ständig und sorgfältig aus der Fachpresse über alle eintretenden Änderungen zu unterrichten, denn Unkenntnis des Gesetzes schützt nicht vor Strafe.

An Fachbüchern, die in der drogistischen Literatur auf dem Gebiete der Fachgesetzeskunde einen besonderen Platz einnehmen, wären folgende Standardwerke zu nennen:

ENGWICHT: Fachgesetzeskunde für Drogisten, Berlin: Technischer Verlag Herbert Cram.

ENGWICHT: Der Gifthandel und Handel mit giftigen Pflanzenschutzmitteln, Köln-Braunsfeld: Verlagsgesellschaft Rudolf Müller.

# A. Arzneimittel.

Der Verkehr mit Arzneimitteln in Drogerien wird geregelt

I. reichsrechtlich hinsichtlich der zum Verkehr zugelassenen Arzneimittel durch die „Verordnung, betr. den Verkehr mit Arzneimitteln, vom 22. Oktober 1901";

II. landesrechtlich hinsichtlich der Handhabung des Arzneimittelverkehrs, also der Art der Aufbewahrung, Abgabe, Beaufsichtigung usw. durch landesgesetzliche Verordnungen.

Weiter werden in diesem Abschnitt berücksichtigt:

III. Sonderregelungen über Herstellung und Abgabe von Arzneimitteln;

IV. die Arzneimittelgesetzgebung seit 1945;

V. der Vertrieb von Mitteln gegen Schwangerschaft.

## I. Die Verordnung, betreffend den Verkehr mit Arzneimitteln.

Diese Verordnung zieht die Grenze zwischen den Verkaufsrechten der Apotheker und Drogisten. Sie ist ergangen auf Grund des § 6 der RGO., die eigentlich die Regelung des Arzneimittelverkehrs hätte enthalten müssen. Die RGO. hat den Kaiser bzw. später den Reichspräsidenten ermächtigt, die Regelung im Verordnungswege zu treffen. Durch die Verordnung des Ministerrats für die Reichsverteidigung vom 23. Dezember 1939 wurde der § 6 Abs. 2 der RGO. geändert: „Der Reichsminister des Innern bestimmt im Einvernehmen mit dem Reichswirtschaftsminister, welche Apothekerwaren dem freien Verkehr zu überlassen sind." Die reichsgesetzlichen Verordnungen über den Arzneimittelverkehr sind im wesentlichen negativ gefaßt; sie besagen nicht, was freiverkäuflich ist, sondern führen auf, was verboten ist. Von den Verboten werden jedoch eine Anzahl Ausnahmen gemacht.

### Verordnung, betreffend den Verkehr mit Arzneimitteln.

Kaiserliche VO. vom 22. Oktober 1901 (RGBl. S. 380)

Mit Änderungen der Verordnungen vom 31. März 1911 (RGBl. S. 181), 18. Februar 1920 (RGBl. S. 253), 21. April 1921 (RGBl. S. 490), 31. Juli 1922 (RGBl. I S. 710), 13. Januar 1923 (RGBl. I S. 68), 21. Juni 1923 (RGBl. I S. 511), 16. November 1923 (RGBl. I S. 1117), 9. Dezember 1924 (RGBl. I S 772), 24. Dezember 1924 (RGBl. I S. 966), 27. März 1925 (RGBl. I S. 40), 26. Januar 1929 (RGBl. I S. 19), 30. September 1932 (RGBl. I S. 492) und 4. Oktober 1933 (RGBl. I S. 721).

§ 1. Die in dem angeschlossenen Verzeichnisse A aufgeführten Zubereitungen dürfen, ohne Unterschied, ob sie heilkräftige Stoffe enthalten oder nicht, als Heilmittel (Mittel zur Beseitigung oder Linderung von Krankheiten bei Menschen und Tieren) außerhalb der Apotheken nicht feilgehalten oder verkauft werden.

Dieser Bestimmung unterliegen von den bezeichneten Zubereitungen, soweit sie als Heilmittel feilgehalten oder verkauft werden,

a) kosmetische Mittel (Mittel zur Reinigung, Pflege oder Färbung der Haut, des Haares oder der Mundhöhle), Desinfektionsmittel und Hühneraugenmittel nur dann, wenn sie Stoffe enthalten, welche in den Apotheken ohne Anweisung eines Arztes, Zahnarztes oder Tierarztes nicht abgegeben werden dürfen, kosmetische Mittel außerdem auch dann, wenn sie Kreosot, Phenylsalizylat oder Resorzin enthalten;

b) künstliche Mineralwässer nur dann, wenn sie in ihrer Zusammensetzung natürlichen Mineralwässern nicht entsprechen und zugleich Antimon, Arsen, Barium, Chrom, Kupfer, freie Salpetersäure, freie Salzsäure oder freie Schwefelsäure enthalten.

Auf Verbandstoffe (Binden, Gazen, Watten u. dgl.), auf Zubereitungen zur Herstellung von Bädern sowie auf Seifen zum äußerlichen Gebrauche findet die Bestimmung im Absatz 1 nicht Anwendung.

§ 2. Die in dem angeschlossenen Verzeichnis B aufgeführten Stoffe dürfen außerhalb der Apotheken nicht feilgehalten oder verkauft werden.

§ 2a. Die in dem Verzeichnis C aufgeführten Stoffe und Zubereitungen dürfen außerhalb der Apotheken nicht feilgehalten oder verkauft werden (V. vom 9. Dezember 1924).

§ 2b. Soweit nach den §§ 1, 2, 2a Zubereitungen und Stoffe dem Verkehr außerhalb der Apotheken entzogen sind, dürfen sie auch von Krankenkassen, Genossenschaften, Vereinen oder ähnlichen Personengesamtheiten an ihre Mitglieder nicht verabfolgt werden (V. vom 27. März 1925).

§ 3. Der Großhandel unterliegt den vorstehenden Bestimmungen nicht. Gleiches gilt für den Verkauf der im Verzeichnis B aufgeführten Stoffe an Apotheken oder an solche öffentliche Anstalten, welche Untersuchungs- oder Lehrzwecken dienen und nicht gleichzeitig Heilanstalten sind.

§ 4. ist aufgehoben durch V. vom 31. März 1911.

§ 5. Die gegenwärtige Verordnung tritt mit dem 1. April 1902 in Kraft. Mit demselben Zeitpunkte treten die Verordnungen, betreffend den Verkehr mit Arzneimitteln, vom 27. Januar 1890, 31. Dezember 1894, 25. November 1895 und 19. August 1897 außer Kraft.

*Verzeichnis A.*

1. Abkochungen und Aufgüsse (decocta et infusa);

2. Ätzstifte (styli caustici);

3. Auszüge in fester oder flüssiger Form (extracta et tincturae),
   ausgenommen:
   Arnikatinktur,
   Baldriantinktur, auch ätherische,
   Benediktineressenz,
   Benzoetinktur,
   Bischofessenz,
   Eichelkaffee-Extrakt,
   Fichtennadelextrakt,
   Fleischextrakt,
   Himbeeressig,
   Kaffee-Extrakt,
   Lakritzen (Süßholzsaft), auch mit Anis,
   Malzextrakt, auch mit Eisen, Lebertran oder Kalk,
   Myrrhentinktur,
   Nelkentinktur,
   Tee-Extrakt von Blättern des Teestrauchs,
   Vanillentinktur,
   Wacholderextrakt;

4. Gemenge, trockene, von Salzen oder zerkleinerten Substanzen, oder von beiden untereinander, auch wenn die zur Vermengung bestimmten einzelnen Bestandteile gesondert verpackt sind (pulveres, salia et species mixta), sowie Verreibungen jeder Art (triturationes),
   ausgenommen:
   Brausepulver aus Natriumbikarbonat und Weinsäure, auch mit Zucker oder ätherischen Ölen gemischt,
   Eichelkakao, auch mit Malz,
   Hafermehlkakao,
   Riechsalz,
   Salizylstreupulver,
   Salze, welche aus natürlichen Mineralwässern bereitet oder den solchergestalt bereiteten Salzen nachgebildet sind,

Schneeberger Schnupftabak mit einem Gehalte von höchstens 3 Gewichtsteilen Nieswurzel in 100 Teilen des Schnupftabaks;

5. Gemische, flüssige, und Lösungen (mixturae et solutiones) einschließlich gemischte Balsame, Honigpräparate und Sirupe,
   ausgenommen:
   Ätherweingeist (Hoffmannstropfen),
   Ameisenspiritus,
   Aromatischer Essig,
   Bleiwasser, mit einem Gehalte von höchstens 2 Gewichtsteilen Bleiessig in 100 Teilen der Mischung,
   Eukalyptuswasser,
   Fenchelhonig,
   Fichtennadelspiritus (Waldwollextrakt),
   Franzbranntwein mit Kochsalz,
   Kalkwasser, auch mit Leinöl,
   Kampferspiritus,
   Kamelitergeist,
   Lebertran mit ätherischen Ölen,
   Mischungen von Ätherweingeist, Kampferspiritus, Seifenspiritus, Salmiakgeist und Spanischpfeffertinktur, oder von einzelnen dieser fünf Flüssigkeiten untereinander zum Gebrauche für Tiere, sofern die einzelnen Bestandteile der Mischungen auf den Gefäßen, in denen die Abgabe erfolgt, angegeben werden,
   Obstsäfte, mit Zucker, Essig oder Fruchtsäuren eingekocht,
   Pesinwein,
   Rosenhonig, auch mit Borax,
   Seifenspiritus,
   Weißer Sirup;

6. Kapseln, gefüllte, von Leim (Gelatine) oder Stärkemehl (capsulae gelatinosae et amylaceae repletae), ausgenommen solche Kapseln, welche

   Brausepulver der unter Nr. 4 angegebenen Art,

Copaivabalsam,
Lebertran,
Natriumbikarbonat,
Rizinusöl oder
Weinsäure
enthalten;

7. Latwergen (electuaria);

8. Linimente (linimenta), ausgenommen
flüchtiges Liniment;

9. Pastillen (auch Plätzchen und Zeltchen),
Tabletten, Pillen und Körner (pastilli,
rotulae et trochisci, tabulettae, pilulae et
granula),
ausgenommen:
aus natürlichen Mineralwässern oder aus
künstlichen Mineralquellsalzen bereitete
Pastillen,
einfache Molkenpastillen, Pfefferminzplätzchen,
Salmiakpastillen, auch mit Lakritzen und
Geschmackszusätzen, welche nicht zu
den Stoffen des Verzeichnisses B gehören,
Tabletten aus Saccharin, Natriumbikarbonat oder Brausepulver, auch mit

Geschmackzusätzen, welche nicht zu
den Stoffen des Verzeichnisses B gehören;

10. Pflaster und Salben (emplastra et ungu-
enta),
ausgenommen:
Bleisalbe zum Gebrauche für Tiere,
Borsalbe zum Gebrauche für Tiere,
Cold-Cream, auch mit Glyzerin, Lanolin
oder Vaselin,
Pechpflaster, dessen Masse lediglich aus
Pech, Wachs, Terpentin und Fett oder
einzelnen dieser Stoffe besteht,
Englisches Pflaster,
Heftpflaster,
Hufkitt,
Lippenpomade,
Pappelpomade,
Salizyltalg,
Senfleinen,
Senfpapier,
Terpentinsalbe zum Gebrauche für Tiere,
Zinksalbe zum Gebrauche für Tiere;

11. Suppositorien (suppositoria) in jeder
Form (Kugeln, Stäbchen, Zäpfchen oder
dgl.) sowie Wundstäbchen (cereoli).

*Verzeichnis B.*

Bei den mit * versehenen Stoffen sind auch die Abkömmlinge der betreffenden Stoffe sowie
die Salze der Stoffe und ihrer Abkömmlinge inbegriffen.

| | | | |
|---|---|---|---|
| *Acetanilidum | *Antifebrin | *Acidum valeriani- | *Baldriansäure |
| Acida chloracetica | Die Chloressigsäu- | cum | |
| | ren | *Aconitinum | *Akonitin |
| Acidum acetylosali- | Acetylsalizylsäure | Actolum | Aktol |
| cylicum (Aspiri- | (Aspirin) | Adonidinum | Adonidin |
| num) | | Aether bromatus | Äthylbromid |
| *— aethylphenyl- | *Äthylphenylbarbi- | — chloratus | Äthylchlorid |
| barbituricum | tursäure | — jodatus | Äthyljodid |
| — benzoicum e re- | Aus dem Harze sub- | Aethyleni präpara- | Die Äthylenpräpa- |
| sina sublimatum | limierte Benzoe- | ta | rate |
| | säure | Aethylidenum bi- | Zweifachchlor- |
| — camphoricum | Kampfersäure | chloratum | äthyliden |
| — cathartinicum | Kathartinsäure | Agaricinum | Agarizin |
| — cinnamylicum | Zimtsäure | Airolum | Airol |
| — chrysophanicum | Chrysophansäure | Aleudrin | Aleudrin |
| *— diaethylbarbi- | *Diäthylbarbitur- | Aluminium acetico | Essigweinsaures |
| turicum | säure | tartaricum | Aluminium |
| *— diallylbarbituri- | *Diallylbarbitursäu- | Ammonium chlora- | Eisensalmiak |
| cum | re | tum ferratum | |
| *— dibrompropyl- | *Dibrompropyldiä- | Amylenchloralum | Amylenchloral |
| diaethylbarbi- | thylbarbitursäure | Amylenum hydra- | Amylenhydrat |
| turicum | | tum | |
| *— dipropylbarbitu- | *Dipropylbarbitur- | Amylium nitrosum | Amylnitrit |
| ricum | säure | Anthrarobinum | Anthrarobin |
| — hydrobromicum | Bromwasserstoff- | | |
| | säure | Antiaton, Antigravid, Aretus, Interrup- | |
| — hydrocyanicum | Cyanwasserstoff- | tin, Interruptin-Neu, Paste Paul Heisers, | |
| | säure(Blausäure) | Provocol und andere Zubereitungen pasten-, | |
| *— lacticum | *Milchsäure | salbenartiger oder ähnlicher Beschaffenheit, | |
| *— osmicum | *Osmiumsäure | die zur Einführung in die Gebärmutter | |
| — sclerotinicum | Sklerotinsäure | (Uterus) bestimmt sind. | |
| *— sozojodolicum | *Sozojodolsäure | | |
| — succinicum | Bernsteinsäure | *Apomorphinum | *Apomorphin |
| *— sulfocarbolicum | *Sulfophenolsäure | AquaAmygdalarum | Bittermandelwasser |
| | | amararum | |

A 33

| | | | |
|---|---|---|---|
| Aqua Lauro-cerasi | Kirschlorbeer-wasser | Cortex Granati | Granatrinde |
| — Opii | Opiumwasser | — Mezerei | Seidelbastrinde |
| — vulneraria spiri-tuosa | Weiße Arquebusade | Cotoinum | Kotoin |
| *Arecolinum | *Arekolin | Cubebae | Kubeben |
| Argentaminum | Argentamin | Cuprum alumina-tum | Kupferalaun |
| Argentolum | Argentol | Cuprum salicylicum | Kupfersalizylat |
| Argoninum | Argonin | Curare | Kurare |
| Aristolum | Aristol | *Curarinum | *Kurarin |
| Arsenium jodatum | Jodarsen | | |
| *Atropinum | *Atropin | Delphininum | Delphinin |
| | | *Dial | *Dial |
| Betolum | Betol | *Dicodid (Dihydro-kodeinon) | *Dicodid (Dihydro-kodeinon) |
| Bismutum broma-tum | Wismutbromid | *Digitalinum | *Digitalin |
| — oxyjodatum | Wismutoxyjodid | *Digitoxinum | *Digitoxin |
| — subgallicum (Dermatolum) | Basisches Wismut-gallat (Derma-tol) | Dihydromorphinum | Dihydromorphin |
| | | *Diogenal | *Diogenal |
| | | *Duboisinum | *Duboisin |
| — subsalicylicum | Basisches Wismut-salizylat | | |
| | | *Emetinum | *Emetin |
| — tannicum | Wismuttannat | *Eucainum | *Eukain |
| Blatta orientalis | Orientalische Scha-be | Eucodal | Eucodal |
| | | Euphorbium | Euphorbium |
| Bromalum hydra-tum | Bromalhydrat | Europhenum | Europhen |
| Bromoformium | Bromoform | Fel tauri depuratum siccum | Gereinigte trockene Ochsengalle |
| *Brucinum | *Brucin | Ferratinum | Ferratin |
| Bulbus Scillae sic-catus | Getrocknete Meer-zwiebel | Ferrum arsenicicum | Arsensaures Eisen |
| | | — arsenicosum | Arsenigsaures Eisen |
| Butylchloralum hydratum | Butychloralhydrat | — carbonicum sac-charatum | Zuckerhaltiges Fer-rokarbonat |
| | | — citricum am-moniatum | Ferri-Ammonium-zitrat |
| Camphora mono-bromata | Einfach-Brom-kampfer | — jodatum saccha-ratum | Zuckerhaltiges Ei-senjodür |
| Cannabinonum | Kannabinon | — oxydatum dialy-satum | Dialysiertes Eisen-oxyd |
| Cannabinum tanni-cum | Kannabintannat | — oxydatum sac-charatum | Eisenzucker |
| Cantharides | Spanische Fliegen | — peptonatum | Eisenpeptonat |
| Cantharidinum | Kantharidin | — reductum | Reduziertes Eisen |
| Cardolum | Kardol | — sulfuricum oxy-datum ammoni-atum | Ferri-Ammonium-sulfat |
| Castoreum canaden-se | Kanadisches Biber-geil | | |
| — sibiricum | Sibirisches Biber-geil | — sulfuricum sic-cum | Getrocknetes Ferro-sulfat |
| Cerium oxalicum | Ceriumoxalat | Flores Cinae | Zitwersamen |
| *Chinidinum | *Chinidin | — Koso | Kosoblüten |
| *Chininum | *Chinin | Folia Belladonnae | Belladonnablätter |
| Chinoidinum | Chinoidin | — Bucco | Buccoblätter |
| Chloralose | Chloralose | — Cocae | Kokablätter |
| Chloralum form-amidatum | Chloralformamid | — Digitalis | Fingerhutblätter |
| | | — Jaborandi | Jaborandiblätter |
| — hydratum | Chloralhydrat | — Rhois toxicoden-dri | Giftsumachblätter |
| Chloroformium | Chloroform | | |
| Chrysarobinum | Chrysarobin | — Stramonii | Stechapfelblätter |
| *Cinchonidinum | *Cinchonidin | Fructus Papaveris immaturi | Unreife Mohnköpfe |
| Cinchoninum | Cinchonin | | |
| *Cocainum | *Kokain | — — maturi ad usum humanum | Reife Mohnköpfe zum Gebrauch für Menschen |
| *Coffeinum | *Koffein | | |
| Colchicinum | Kolchizin | | |
| *Coniinum | *Koniin | Fungus Laricis | Lärchenschwamm |
| Convallamarinum | Konvallamarin | | |
| Convallarinum | Konvallarin | | |
| Cortex Chinae | Chinarinde | | |
| — Condurango | Kondurangorinde | | |

| | | | |
|---|---|---|---|
| Galbanum | Galbanum | Losophanum | Losophan |
| Glycopon | Glycopon | *Luminal | *Luminal |
| *Guajacolum | *Guajakol | | |
| | | Magnesium citri- | Brausemagnesia |
| Hamamelis virgi- | Hamamelis | cum effervescens | |
| nica | | — salicylicum | Magnesiumsalizylat |
| Haemalbuminum | Hämalbumin | Manna | Manna |
| Hedonal | Hedonal | Medinal | Medinal |
| Herba Aconiti | Akonitkraut | Methylenum | Methylenbichlorid |
| — Adonidis | Adoniskraut | bichloratum | |
| — Cannabis indicae | Indischer Hanf | Methylsulfonalum | Methylsulfonal |
| — Cicutae virosae | Wasserschierling | (Trionalum) | (Trional) |
| — Conii | Schierling | Muscarinum | Muskarin |
| — Gratiolae | Gottesgnadenkraut | | |
| — Hyoscyami | Bilsenkraut | Narcophin | Narcophin |
| — Lobeliae | Lobelienkraut | Natrium aethyla- | Natriumäthylat |
| Holopon | Holopon | tum | |
| *Homatropinum | *Homatropin | — benzoicum | Natriumbenzoat |
| Hydrargyrum ace- | Quecksilberazetat | — jodatum | Natriumjodid |
| ticum | | — pyrophosphori- | Natrium-Ferripy- |
| — bijodatum | Quecksilberjodid | cum ferratum | rophosphat |
| — bromatum | Quecksilberbromür | — salicylicum | Natriumsalizylat |
| — chloratum | Quecksilberchlorür | — santoninicum | Santoninsaures |
| | (Kalomel) | | Natrium |
| — cyanatum | Quecksilberzyanid | — tannicum | Natriumtannat |
| — formamidatum | Quecksilberform- | Nirvanol | Nirvanol |
| | amid | *Nosophenum | *Nosophen |
| — jodatum | Quecksilberjodür | | |
| — oleinicum | Ölsaures Quecksil- | Oleum Chamomillae | Ätherisches Kamil- |
| | ber | aethereum | lenöl |
| — oxydatum via | Gelbes Quecksilber- | — Chenopodii ant- | Amerikanisches |
| humida paratum | oxyd | helminthici | Wurmsamenöl |
| — peptonatum | Quecksilberpepto- | — Crotonis | Krotonöl |
| | nat | — Cubebarum | Kubebenöl |
| — praecipitatum | Weißes Quecksilber- | — Matico | Matikoöl |
| album | präzipitat | — Sabinae | Sadebaumöl |
| — salicylicum | Quecksilbersalizy- | — Santali | Sandelöl |
| | lat | — Sinapis | Senföl |
| — tannicum oxy- | Quecksilbertannat | — Valerianae | Baldrianöl |
| dulatum | | Opium, ejus alcaloi- | Opium, dessen Al- |
| *Hydrastininum | *Hydrastinin | da eorumque sa- | kaloide, deren |
| *Hyoscyaminum | *Hyoscyamin | lia et derivata | Salze und Ab- |
| | | eorumque salia | kömmlinge so- |
| Isopral | Isopral | (Codeinum, He- | wie deren Salze |
| Itrolum | Itrol | roinum, Morphi- | (Kodein, Heroin, |
| | | num, Narceinum | Morphin, Nar- |
| Jodoformium | Jodoform | Narcotinum, | cein, Narkotin, |
| Jodolum | Jodol | Peroninum, | Peronin, Theba- |
| | | Thebainum et | in und andere) |
| Kairinum | Kairin | alia) | |
| Kairolinum | Kairolin | *Optochin | *Optochin |
| Kalium jodatum | Kaliumjodid | *Orexinum | *Orexin |
| Kamala | Kamala | *Orthoformium | *Orthoform |
| Kosinum | Kosin | | |
| Kreosotum (e ligno | Holzkreosot | Pantopon omniaque | Pantopon und alle |
| paratum) | | similia praepara- | ähnlichen Opi- |
| | | ta, quae alcaloi- | umalkaloide ent- |
| Lactophenium | Laktophenin | dea Opii conti- | haltenden Zube- |
| Lactucarium | Giftlattichsaft | nent (Glycopon, | reitungen (z. B. |
| Larginum | Largin | Holopon etc.) | Glycopon, Holo- |
| Laudanon | Laudanon | | pon) |
| Lithium benzoicum | Lithiumbenzoat | Paracodin | Paracodin |
| — salicylicum | Lithiumsalizylat | Paracotoinum | Parakotoin |

| | |
|---|---|
| Paralaudin | Paralaudin |
| Paraldehydum | Paraldehyd |
| Paramorfan | Paramorfan |
| Pasta Guarana | Guarana |
| *Pelletierinum | *Pelletierin |
| *Phenacetinum | *Phenacetin |
| *Phenocollum | *Phenokoll |
| *Phenylum salicyli-cum (Salolum) | *Phenylsalizylat (Salol) |
| *Physostigminum (Eserinum) | *Physostigmin (Ese-rin) |
| Picrotoxinum | Pikrotoxin |
| *Pilocarpinum | *Pilokarpin |
| *Piperazinum | *Piperazin |
| Plumbum jodatum | Bleijodid |
| — tannicum | Bleitannat |
| Podophyllinum | Podophyllin |
| Praeparata organo-therapeutica | Therapeutische Or-ganpräparate |
| *Proponal | *Proponal |
| Propylaminum | Propylamin |
| Protargolum | Protargol |
| *Pyrazolonum phe-nyldimethyli-cum (Antipyri-num) | *Phenyldimethyl-pyrazolon (Anti-pyrin) |
| | |
| Radix Belladonnae | Belladonnawurzel |
| — Colombo | Colombowurzel |
| — Gelsemii | Gelsemiumwurzel |
| — Ipecacuanhae | Brechwurzel |
| — Rhei | Rhabarber |
| — Sarsaparillae | Sarsaparille |
| — Senegae | Senegawurzel |
| Resina Jalapae | Jalapenharz |
| — Scammoniae | Scammoniaharz |
| Resorcinum purum | Reines Resorzin |
| Rhizoma Filicis | Farnwurzel |
| — Hydrastis | Hydrastisrhizom |
| — Veratri | Weiße Nieswurzel |
| | |
| Salia glycerophos-phorica | Glyzerinphosphor-saure Salze |
| Salophenum | Salophen |
| *Salvarsan | Salvarsan |
| Santoninum | Santonin |
| *Scopolaminum | *Skopolamin |
| Secale cornutum | Mutterkorn |
| Semen Calabar | Kalarbarbohne |
| — Colchici | Zeitlosensamen |
| — Hyoscyami | Bilsenkrautsamen |
| — St. Ignatii | Sankt-Ignatius-Bohne |
| — Stramonii | Stechapfelsamen |
| — Strophanthi | Stropanthussamen |
| — Strychni | Brechnuß |
| Sera therapeutica, liquida et sicca, et eorum prae-parata ad usum humanum | Flüssige und trocke-ne Heilsera so-wie deren Prä-parate zum Ge-brauche für Men-schen |
| *Sparteinum | *Spartein |

Stifte, Sonden oder Meißel aus Laminaria, Tupeloholz oder anderen quellfähigen Stoffen.

| | |
|---|---|
| Stipites Dulcamarae | Bittersüßstengel |
| *Strychninum | *Strychnin |
| *Sulfonalum | *Sulfonal |
| Sulfur jodatum | Jodschwefel |
| Summitates Sabi-nae | Sadebaumspitzen |
| | |
| Tannalbinum | Tannalbin |
| Tannigenum | Tannigen |
| Tannoformium | Tannoform |
| Tartarus stibiatus | Brechweinstein |
| Terpinum hydra-tum | Terpinhydrat |
| Tetronalum | Tetronal |
| *Thallinum | *Thallin |
| *Theobrominum | *Theobromin |
| Thioformium | Thioform |
| *Tropacocainum | *Tropakokain |
| Tubera Aconiti | Akonitknollen |
| — Jalapae | Jalapenwurzel |

Tuberkulin (Flüssige und trockene Tuber-kuline sowie alle anderen aus oder unter Ver-wendung von Tuberkelbazillen gewonnenen Zubereitungen, soweit diese Tuberkuline und Zubereitungen zum Gebrauche beim Men-schen bestimmt sind).

| | |
|---|---|
| *Urea aethylphenyl-malonylica | *Äthylphenylmalo-nylharnstoff |
| *— diaethylmalo-nylica | *Diäthylmalonyl-harnstoff |
| *— diallylmalonyl-ica | *Diallylmalonyl-harnstoff |
| *— dibrompropyldi-aethylmalonyli-ca | *Dibrompropyldi-äthylmalonylharn-stoff |
| *— dipropylmalo-nylica | *Dipropylmalonyl-harnstoff |
| *Urethanum | *Urethan |
| *Urotropinum | *Urotropin |
| | |
| Vasogenum et ejus praeparata | Vasogen und dessen Präparate |
| *Veratrinum | *Veratrin |
| *Veronal | *Veronal |
| | |
| Xeroformium | Xeroform |
| | |
| *Yohimbinum | *Xohimbin |
| | |
| Zincum aceticum | Zinkazetat |
| — chloratum pu-rum | Reines Zinkchlorid |
| — cyanatum | Zinkzyanid |
| — permanganicum | Zinkpermanganat |
| — salicylicum | Zinksalizylat |
| — sulfoichthyoli-cum | Ichthyosulfosaures Zink |
| — sulfuricum pu-rum | Reines Zinksulfat |

*Verzeichnis C.*

Abteilung A.

1. Adlerfluid.
2. Amarol (auch als Ingestol).
3. American coughing cure Lutzes.
4. Anticeltatabletten (auch als Anticelta-Tablets oder Fettreduzierungstabletten der Anticelta-Association).
5. Antidiabeticum Bauers.
6. Antiépileptique Uten.
7. Antigichtwein Duflots (auch als Antigichtwein Oswald Niers oder Vin Duflot).
8. Antihydropsin Bödikers (auch als Wassersuchtelixier oder Hydrops-Essenz Bödikers).
9. Antimellin (auch als Essentia Antimellini composita).
10. Antineurasthin (auch als Nervennahrung Hartmanns).
11. Antipositin Wagners (auch als Mittel des Dr. Wagner und Malier gegen Korpulenz).
12. Asthmamittel Hairs (auch als Asthma cure Hairs).
13. Asthmapulver Zematone, auch in Form der Asthmazigaretten Zematone (auch als antiasthmatisches Pulver und Zigaretten des Apothekers Escouflaire).
15. Augenwasser Whites (auch als Dr. Whites Augenwasser).
16. Ausschlagsalbe Schützes (auch als Universalheilsalbe oder Universalheil- und Ausschlagsalbe Schützes).
17. Balsam Bilfingers.
18. Balsam Pagliano (auch als Tripperbalsam Pagliano).
19. Balsam Thierrys (auch als allein echter Balsam Thierrys, englischer Wunderbalsam oder englischer Balsam Thierrys).
20. Bede-Cur.
21. Beinschäden Indian Bohnertz.
22. Blutreinigungspulver Hohls.
23. Blutreinigungspulver Schützes.
25. Bräune-Einreibung Lamperts (auch als Universal Bräune-Einreibung und Diphtheritistinktur).
26. Bruchbalsam Tanzers.
27. Bruchsalbe des pharmazeutischen Büros Valkenberg (Valkenburg) in Holland auch als Pastor Schmits Bruchsalbe).
28. Chromonal-Erzeugnisse (auch als Neo-Chromonal).
29. Corliber
30. Djoeat Bauers.
31. Elixir Godineau.
32. Embrocation Ellimans (auch als Universal embrocation oder Ellimans Universal-Einreibemittel für Menschen), ausgenommen Embrocation etc. for horses.
33. Entfettungstee Grundmanns.
34. Epilepsieheilmittel Quantes (auch als Spezificum oder Gesundheitsmittel Quantes).
35. Epilepsiepulver Cassarinis (auch als Polveri antiépiletiche Cassarinis).
36. Eubasol (auch als Radikalmittel Dr. Dammanns gegen Gonorrhoe).
37. Euergon.
38. Eukalyptusmittel Heß' (Eukalyptol und Eukalyptusöl Heß').
39. Eusanol (auch als Epilepsiemittel Dr. H. Seemanns oder Ueckers).
40. Excedol.
41. Ferrolin Lochers.
42. Frauenwohl Dr. Heys.
43. Fulgural (auch als Blutreinigungsmittel Steiners und Schulzes).
44. Gehöröl Schmidts (auch als verbessertes oder neu verbessertes Gehöröl Schmidts).
45. Gloria tonic Smiths.
46. Glycosolvol Lindners (auch als Antidiabeticum Lindners).
46a. Haemasal (auch als Dr. Schultheiß' blutreinigendes und nervenstärkendes Haemasal).
47. Haematon Haitzemas.
48. Heilgetränkte Jakobis (auch als Heiltrankessenz, insbesondere Königtrank Jakobis).
49. Homeriana (auch als Brusttee Homeriana oder russischer Knöterich Polygonum aviculare Homeriana).
50. Hustentropfen Lausers.
51. Injection Brou (auch als Brousche Einspritzung).
52. Injection au matico (auch als Einspritzung mit Matiko).
54. Kalosin Lochers.
55. Kava Lahrs (auch als Kavakapseln Lahrs, Sanatol Lahrs mit Kavaharz oder Kavaharz Lahrs mit Sanatol).
56. Knöterichtee; russischer, Weidemanns (auch als russischer Knöterich- oder Brusttee Weidemanns).
57. Kräutergeist Schneiders (auch als wohlriechender Kräutergeist oder Luisafluid Schneiders).
58. Kräuterpillen Burkharts.
59. Krebsmittel Dr. Heys (auch als Krebskur Dr. Heys).
60. Kronessenz, Altonaer (auch als Kronessenz oder Menadiesche oder Altonaische Wunder-Kronessenz).
61. Kropfkur Haigs (auch als Goitre-cure oder Kropfmedizin Haigs).
62. Kurmittel Mayers gegen Zuckerkrankheit.
63. Lungenelixir Dr. Heys.
64. Magenpillen Tachts.
66. Magolan (auch als Antidiabeticum Braemers).
67. Margonal-Erzeugnisse (auch als Erzeugnisse der Margolan-Compagnie), und zwar: Boldo-Tee, Frauen- und Mutter-

kraut-Tee, Menstruations-, Badekraut-Tee, 63 Tees gegen 63 Krankheiten, Breboral-, Blut- und Nervennahrung (Breboral-Tabletten und -Tropfen), Injektion Trio, Kaspeln gegen Harn- und Blasenleiden, Margoglykose, Mittel gegen chronischen Magenkatarrh und Schutzstäbchen.

68. Mother Seigels pills (auch als Mutter Seigels Abführungspillen oder operating pills).

69. Mother Seigels syrup (auch als Mother Seigels curative syrup for dyspensia, Extract of American roots oder Mutter Seigels heilender Syrup).

71. Nervenfluid Dressels.

72. Nervenkraftelixier Liebers.

73. Nervenstärker Pastor Königs (auch als Pastor Königs Nerven Tonic).

75. Nervicin.

76. Nervol Rays.

77. Orffin (Baumann Orffsches Kräuternährpulver).

78. Oxallo (auch als Oxalka).

79. Pektoral Bocks (auch als Hustenstiller Bocks).

80. Pillen Beechams (auch als Patent pills Beechams).

81. Pillen, indische (auch als Antidysentericum).

82. Pillen Rays (auch als Darm- und Leberpillen Rays).

83. Pilules du Docteur Laville (auch als Pillen Lavilles).

84. Polypec (auch als Naturkräutertee Weidemanns).

85. Rad-Jo (auch als Radjovis-Gonie).

87. Regenerator Dr. Heys.

88. Regenerator Liebauts (auch als Regenerator nach Liebaut).

89. Renascin (auch als verbessertes Renascin).

90. Retterspitzwasser Schecks (auch als Heilwickelbäder von M. Retterspitz).

91. Rongosalbe.

92. Saccharosalvol.

93. Safe remedies Warners (Safe cure, Safe diabetic, Safe nervine, Safe pills).

94. Sanjana-Präparate (auch als Sanjana-Spezifika).

95. Sarsaparillian Ayers (auch als Ayers zusammengesetzter und gemischter Sarsaparilleextrakt).

96. Sauerstoffpräparate der Sauerstoffheilanstalt Vitafer.

98. Schlagwasser Weißmanns.

99. Sirup Pagliano (auch als Sirup Pagliano Blutreinigungsmittel, Blutreinigungs- und Bluterfrischungssirup Pagliano des Prof. Girolamo Pagliano oder Sirup Pagliano von Prof. Ernesto Pagliano).

100. Spermatol (auch als Stärkungselixier Gordons).

101. Spezialtees Lücks (auch als Spezialkräutertees Lücks).

102. Sterntee Weidhaas (auch als Sterntee des Kurinstituts „Spiro-Spero").

103. Stroopal (auch als Heilmittel Stroops gegen Krebs-, Magen- und Leberleiden oder Stroops Pulver).

105. Tuberkeltod (auch als Eiweiß-Kräuterkognak-Emulsion Stickes).

106. Vater Philipp-Salbe.

107. Venecin (auch als Venecin-Brunnen).

108. Vin Mariani (auch als Mariani-Wein).

109. Visnervin (auch in abgeänderter Form als Nervisan).

110. Vulneralcreme (auch als Wundercreme Vulneral).

111. Wunderbalsam jeder Art.

112. Zambakapseln Lahrs.

## Abteilung B.

1. Antineon Lochers.

2. Asthmamittel Tuckers (auch als Asthma-Heilmethode [Specific] Tuckers).

3. Asthmapulver M. Schiffmanns.

4. Augenheilbalsam, vegetabilischer, Reichels (auch als Ophthalmin Reichels).

5. Bandwurmmittel Friedrich Horns.

6. Bandwurmmittel Theodor Horns.

7. Bandwurmmittel Konetzkys (auch als Konetzkys Helminthenextrakt).

8. Bandwurmmittel Schneiders (auch als Granatkapseln Schneiders).

9. Bandwurmmittel Violanis.

10. Bromidia Battle und Komp.

11. Cathartic pills Ayers (auch als Reinigunspillen oder abführende Pillen Ayers).

12. Diphtherietropfen der Marie Osterberg (auch als Universaltropfen der Marie Osterberg oder des Laboratoriums Osterberg).

13. Diphtheritismittel Noortwycks (auch als Noortwycks antiseptisches Mittel gegen Diphtherie).

14. Gesundheitshersteller, natürlicher, Winters (auch als Nature health restorer Winters).

15. Gicht- und Rheumatismuslikör, amerikanischer, Latons (auch als Remedy Latons).

16. Gout and rheumatic pills Blairs.

18. Heilmittel Kidds (auch als Heilmittel der Davis Medical Co.).

19. Kolkodin Heuschkels (auch als Mittel Heuschkels gegen Pferdekolik).

21. Kräutersaft, wunderbar wirkender, Sprengels.

22. Krebspulver Frischmuths (auch als Mittel Frischmuths gegen Krebsleiden).

23. Liqueur du Docteur Laville (auch als Likör des Dr. Laville).

24. Limphol Rices (auch als Bruchheilmittel Rices).
25. Magalia-Erzeugnisse Krahes (auch als Heilpräparate oder Medizinen Krahes), einschließlich Antitoxinal und Pulmersal.
26. Nalther-Tabletten.
27. Noordyl (auch als Noordyltropfen Noortwycks).
28. Oculin Carl Reichels (auch als Augensalbe Oculin).
29. Panchymagogum Dr. Heys.
30. Pillen Morisons.

31. Pillen Redlingers (auch als Redlingersche Pillen).
32. Pink-Pillen Williams (auch als Pilules Pink pour personnes pâles du Dr. Williams).
33. Reinigungskuren Konetzkys (auch als Reinigungskuren der Kuranstalt Neuallschwil, Schweiz).
34. Remedy Alberts (auch als Rheumatismus- und Gichtheilmittel Alberts).
36. Vixol (auch als Asthmamittel der Vixol-Syndikate).

Abteilung C.

1. Mittel gegen Blutstockung und zwar auch dann, wenn sie als Mittel gegen Regel-, Perioden- oder Menstruationsstörungen angekündigt werden (z. B. die Margonol-Erzeugnisse Frauen- und Mutterkraut-Tee, Menstruations-, Badekraut-Tee).

2. Mittel gegen Trunksucht (z. B. Mittel des Alkolin-Instituts, Mittel Burghardts — auch als Diskohol —, Mittel August Ernsts, Franks, Theodor Heintz', Konetzkys — auch als Kephalginpulver oder Mittel der Privatanstalt Villa Christina —, Mittel der Gesellschaft Sanitas, Josef Schneiders, Wessels, Cozapulver. Trinkerhilfe Richard Oldenburgs Kasankha).

## II. Die Vorschriften über die Handhabung und Beaufsichtigung des Arzneimittelverkehrs außerhalb der Apotheken.

Die Verordnung vom 22. Oktober 1901 trifft keine Regelung darüber, in welcher Form der Arzneimittelhandel zu handhaben ist. Dieses Gebiet ist landesrechtlich geregelt. In den einzelnen Ländern sind Verordnungen ergangen, und zwar

1. über den Betrieb der Drogenhandlungen und
2. über die amtliche Beaufsichtigung dieses Betriebes.

In Preußen sind diese Vorschriften ergangen auf Grund der Ministerialerlasse, betreffend Grundzüge über die Regelung des Verkehrs mit Arzneimitteln außerhalb der Apotheken, vom 22. Dezember 1902, vom 13. Januar 1910 und vom 17. Oktober 1912 (Min. Bl. f. Medizinal-Angelegenheiten 1903 S. 4, 1910 S. 65 und 1912 S. 344).

Die preußischen Vorschriften stimmen im allgemeinen mit denen der anderen Länder überein und weichen nur unwesentlich ab (fast nur in der Vorschrift über Bezeichnung der Vorratsbehälter). Die Vorschriften betreffen zugleich die Handhabung des Giftverkehrs.

### 1. Die polizeilichen Vorschriften über den Betrieb der Drogenhandlungen.

1. Wer den Verkauf von Arzneimitteln außerhalb der Apotheken betreiben will, hat in Zukunft zugleich mit der durch § 35 Abs. 7 der RGO. vorgeschriebenen Anzeige einen Lageplan und eine genaue Angabe der Betriebsräume einschließlich des Geschäftszimmers zu den Akten der Ortspolizeibehörde einzureichen.

Auch die Aufstellung von sog. Drogenschränken ist genau anzugeben.

Andere als die bezeichneten Räume dürfen weder als Betriebs- noch als Vorrats- oder Arbeitsräume benutzt werden. In den Räumen dürfen, abgesehen von Warenproben, nur Waren vorhanden sein, die feilgehalten werden.

2. Sämtliche Betriebsräume müssen geräumig, während der Benutzung genügend erhellt sein, und ebenso wie die Behälter für Arzneimittel stets ordentlich und sauber gehalten werden.

3. Die Vorräte von Arzneimitteln müssen sich in dichten, festen Behältern befinden, die mit festen, gutschließenden Deckeln oder Stöpseln versehen sind, oder, soweit sie Schiebladen vorstellen, von festen Füllungen umgeben sind oder dichtschließende Deckel besitzen.

Die Behälter sind mit fest an ihnen haftenden lateinischen und deutschen Bezeichnungen, in gleicher Schriftgröße, die dem Inhalt entsprechen, in haltbarer schwarzer Schrift auf weißem Grunde zu versehen. Als festhaftende Bezeichnungen genügen für Ballons und ähnliche Gefäße auch sicher mit dem Aufnahmebehältnis verbundene Anhängeschilder. Bezeichnungen in anderen Sprachen sind unzulässig.

Arzneimittel, die lediglich für den Gebrauch in der Tierbehandlung als Heilmittel dem freien Verkehr überlassen sind, müssen auf den Vorratsbehältern und Abgabegefäßen oder -umhüllungen über oder unter der sonstigen Aufschrift mit dem deutlich lesbaren Vermerk „Tierheilmittel" versehen sein.

4. Die Behälter sind im Verkaufsraume wie in den Vorratsräumen nach dem lateinischen Alphabet in Gruppen, die der Art der Behälter entsprechen, übersichtlich einreihig und von anderen Waren getrennt zu ordnen.

5. Arzneimittel, die gleichzeitig als Nahrungs- oder Genußmittel dienen oder technische Verwendung finden, brauchen, wenn dieser Verwendungszweck überwiegt, nicht wie Arzneimittel bezeichnet und diesen nicht eingereiht werden.

6. Verschiedene Arzneimittel in einem Behälter aufzubewahren, ist verboten. Dagegen darf dasselbe Arzneimittel in ganzer, zerkleinerter oder gepulverter Ware in gesonderten Fächern desselben Behälters aufbewahrt werden, und zwar auch in abgeteilten Mengen, falls die Ware in besondere Umhüllungen oder in bezeichnete Papierbeutel eingeschlossen ist.

7. Auf den Umhüllungen oder Gefäßen, in denen die Abgabe von Arzneimitteln erfolgt, ist spätestens bei der Abgabe der deutsche Name des darin abgegebenen Arzneimittels deutlich zu verzeichnen. Werden Arzneimittel in abgefaßter Form vorrätig gehalten, so müssen sie übersichtlich geordnet, ohne daß jedoch die einreihige Aufstellung erforderlich ist, und vor Staub geschützt aufbewahrt werden und auf jedem einzelnen Gefäß oder jeder sonstigen Packung deutlich die deutsche Aufschrift des Inhalts tragen.

8. Die vorhandenen Arzneimittel müssen echt, zum bestimmungsmäßigen Gebrauch geeignet, nicht verdorben und nicht verunreinigt sein.

9. Den Besichtigungsbevollmächtigten steht das Recht der Probeentnahme von Waren zu.

10. Auf Geschäfte, die ausschließlich Großhandel treiben, finden die vorstehenden Vorschriften keine Anwendung.

Die Verordnung des Berliner Polizeipräsidenten vom 2. Juli 1936 über den Arzneimittelverkehr außerhalb der Apotheken bringt gegenüber den preußischen Bestimmungen wesentliche Änderungen und Ergänzungen, weshalb sie im Wortlaut wiedergegeben ist:

*Polizeiverordnung betreffend Regelung des Verkehrs mit Arzneimitteln außerhalb der Apotheken. Vom 2. Juli 1936.*

Auf Grund des Polizeiverwaltungsgesetzes vom 1. Juni 1931 wird mit Zustimmung des Oberbürgermeisters der Hauptstadt Berlin für den Ortspolizeibezirk Berlin folgendes verordnet:

§ 1. Wer den Handel mit Arzneimitteln, die dem freien Verkehr überlassen sind, außerhalb der Apotheken betreiben will, hat zugleich mit der durch § 35 Abs. 7 der Reichsgewerbeordnung vorgeschriebenen Anzeige eine Zeichnung der Betriebsräume, die im Sinne dieser Polizeiverordnung auch die Vorrats- und Arbeitsräume sowie das Geschäftszimmer umfassen, mit genauer Beschreibung in doppelter Ausfertigung dem Polizeipräsidenten (Polizeirevier) einzureichen. In der Zeichnung und der Beschreibung ist auch die Aufstellung von sogenannten Drogenschränken genau anzugeben.

Eine Ausfertigung der Zeichnung verbleibt bei der Polizeibehörde, die zweite erhält der Einsender abgestempelt zurück. Er ist verpflichtet, sie in dem Geschäftszimmer seiner Drogenhandlung aufzubewahren und auf Verlangen des revidierenden Beamten vorzulegen.

Andere als die bezeichneten Räume dürfen nicht als Betriebsräume benutzt werden. Bei jeder Änderung der Betriebsräume ist eine neue Zeichnung in doppelter Ausfertigung einzureichen.

In den Räumen dürfen, abgesehen von Warenproben, nur Waren vorhanden sein, die feilgehalten werden.

§ 2. Die Betriebsräume müssen geräumig sein und während der Benutzung genügend erhellt, sauber und aufgeräumt gehalten werden. Die Anordnung der Waren muß übersichtlich sein.

§ 3. Die Arzneimittel müssen sich in dichten, festen Behältern befinden, die mit festen, gut schließenden Deckeln oder Stöpseln versehen oder, soweit sie Schiebladen darstellen, von festen Füllungen umgeben sein oder dichtschließende Deckel besitzen.

Die Behälter sind mit dauerhaft gefertigten deutschen Bezeichnungen in schwarzer Schrift auf weißem Grunde zu versehen, die den Inhalt genau bezeichnen. Als dauerhafte Bezeichnungen genügen für die Ballons und ähnliche Gefäße auch sicher mit dem Aufnahmebehältnis verbundene Anhängeschilder. Bezeichnungen in lateinischer Sprache sind neben den deutschen Bezeichnungen zulässig. Die Behälter der Arzneimittel sind von anderen Waren getrennt sowie ordentlich und sauberzuhalten.

Arzneimittel, die lediglich für den Gebrauch in der Tierbehandlung als Heilmittel dem freien Verkehr überlassen sind, müssen auf den Vorratsbehältern und Abgabefässern oder Umhüllungen über oder unter der sonstigen Aufschrift mit dem deutlich lesbaren „Tierheilmittel" versehen sein.

§ 4. Lichtempfindliche Arzneimittel sind in vor Licht schützenden Standgefäßen aufzubewahren und gleichfalls in vor Licht schützenden Gefäßen abzugeben.

Feuergefährliche Stoffe enthaltende Gefäße sind während der Aufbewahrung und bei der Abgabe mit der Aufschrift „feuergefährlich" zu versehen (vgl. die PolVerordn. vom 10. Februar 1931 betreffend den Verkehr mit brennbaren Flüssigkeiten).

§ 5. Verschiedene Arzneimittel in einem Behälter aufzubewahren, ist verboten. Es ist jedoch gestattet, arzneiliche Kräuter, sofern sie sich nicht im Geruch oder Geschmack gegenseitig verändern, in bezeichneten Tüten, Beuteln oder dgl. eingeschlossen, gemeinsam in einem festen und verschlossenen Behälter aufzubewahren. Dieser Behälter muß eine dauerhafte Bezeichnung sämtlicher in ihm enthaltenen arzneilichen Kräuter tragen. Auch darf dasselbe Arzneimittel in ganzer, zerkleinerter oder gepulverter Ware in gesonderten Fächern desselben Behälters aufbewahrt werden, und zwar auch in abgeteilten Mengen, falls die Ware in besonderen Umhüllungen oder in bezeichneten Papierbeuteln eingeschlossen ist.

§ 6. Auf den Umhüllungen oder Gefäßen, in denen die Abgabe von Arzneimitteln erfolgt, ist spätestens bei der Abgabe der deutsche Name des darin abzugebenden Arzneimittels deutlich zu verzeichnen. Werden Arzneimittel in abgefaßter Form vorrätig gehalten, so müssen sie übersichtlich geordnet, ohne daß jedoch einreihige Aufstellung erforderlich ist, und vor Staub geschützt aufbewahrt werden. Jedes einzelne Gefäß oder jede sonstige Packung muß die deutliche Bezeichnung des Inhalts tragen.

§ 7. Die Arzneimittel müssen echt, zum bestimmungsmäßigen Gebrauch geeignet, nicht verdorben und nicht verunreinigt sein. Verdorbene Arzneimittel müssen vernichtet werden.

Unter Bezeichnungen, die im Deutschen Arzneibuch für Waren bestimmter Art angeführt worden sind, dürfen Waren anderer Art nicht feilgehalten, verkauft oder sonst an andere überlassen werden.

§ 8. Den Besichtigungsbevollmächtigten steht das Recht der Probeentnahme von Waren zu.

§ 9. Auf Geschäfte, die ausschließlich Großhandel betreiben, findet diese Anordnung keine Anwendung.

§ 10. Unberührt bleiben die Vorschriften der Landespolizeiverordnung vom 22. Februar 1906 betreffend den Handel mit Giften nebst Ergänzungen.

§ 11. Für jeden Fall der Nichtbefolgung dieser Polizeiverordnung wird hiermit die Festsetzung eines Zwangsgeldes in der Höhe bis zu 50 RM., im Nichtbeitreibungsfalle die Festsetzung von Zwangshaft bis zu einer Woche angedroht.

§ 12. Diese Verordnung tritt mit dem Tage der Verkündung in Kraft. Gleichzeitig wird die Polizeiverordnung vom 2. Mai 1928 betreffend Regelung des Verkehrs mit Arzneimitteln außerhalb der Apotheken außer Kraft gesetzt.

## 2. Die polizeilichen Vorschriften über die Besichtigung (Revision) der Drogenhandlungen.

Die 3. Durchführungsverordnung vom 30. März 1935 zum Gesetz über die Vereinheitlichung des Gesundheitswesens vom 3. Juli 1934 bestimmt folgendes:

§ 10. Besichtigung der Drogen- und ähnlichen Handlungen. (1) Das Gesundheitsamt hat darüber zu wachen, daß die Bestimmungen über den Verkehr mit Arznei- und Geheimmitteln sowie über den Handel mit Giften außerhalb der Apotheken beobachtet werden. Zuwiderhandlungen hat es zur Kenntnis der zuständigen Behörden zu bringen (vgl. § 367 Nr. 3, 5 Strafgesetzbuch, § 6 Abs. 2, § 56 Gewerbeordnung, Kaiserliche Verordnung, betreffend den Verkehr mit Arzneimitteln, vom 22. Oktober 1901).

(2) Wegen der Beteiligung der Ärzte des Gesundheitsamts an den Besichtigungen derjenigen Verkaufsstellens, in denen Arzneimittel, Gifte oder giftige Farben feilgehalten werden — Drogen-, Material-, Farben- und ähnlicher Handlungen —, bleibt es bis zu einer reichsrechtlichen Regelung bei den landesrechtlichen Bestimmungen.

§ 11. Berichterstattung. Eine Zusammenstellung der besichtigten Drogen- usw. Handlungen, der festgestellten Übertretung und der erfolgten Bestrafungen ist der Aufsichtsbehörde mit dem Jahresbericht einzureichen.

Da eine reichsrechtliche Regelung bis jetzt nicht erfolgt ist, bleibt es also bei den landesrechtlichen Bestimmungen. Nach den preußischen Bestimmungen auf Grund der erwähnten Ministerialerlasse ergibt sich für die Besichtigung der Drogenhandlungen deshalb folgendes:

1. Verkaufsstellen, in denen Arzneimittel, Drogen, Gifte oder giftige Farben feilgehalten werden, sind nebst den zugehörigen Vorrats- und Arbeitsräumen sowie dem Geschäftszimmer des Inhabers der Handlung unvermuteten Besichtigungen zu unterziehen.

Wenigstens einmal jährlich, nach Bedarf aber auch häufiger, sind zu besichtigen alle Handlungen, in denen die genannten Waren allein oder vorzugsweise feilgehalten werden, ferner solche Verkaufsstellen, deren letzte Besichtigungen gröbere Mängel ergeben haben oder deren Geschäftsbetrieb das Vorhandensein von Vorschriftswidrigkeiten vermuten läßt, und endlich die Drogenschränke. Bei kleineren Handlungen, namentlich bei solchen, in denen die genannten Waren nur vereinzelt neben anderen feilgehalten werden, keine Drogenschränke vorhanden sind und der Verdacht von Ordnungswidrigkeiten nicht vorliegt, darf ein Zeitraum von zwei, ausnahmsweise auch von drei Jahren zwischen zwei Besichtigungen liegen.

2. Zu Beginn jedes Jahres haben die Ortspolizeibehörden sich mit dem zuständigen Amtsarzt darüber ins Einvernehmen zu setzen, welche Verkaufsstellen im Laufe des Jahres besichtigt werden sollen. Der streng vertraulich zu behandelnde Besichtigungsplan darf bestimmte Termine, an denen die Besichtigungen im Laufe des Jahres stattfinden sollen, nicht festsetzen.

3. Die Besichtigungen erfolgen durch die Ortspolizeibehörde unter Mitwirkung des Amtsarztes, der die Besichtigung leitet. Auf dessen Erfordern ist zu der Besichtigung größerer Handlungen von der Ortspolizeibehörde ein approbierter, nicht im Drogenhandel tätiger oder tätig gewesener Apotheker zuzuziehen. In geeigneten Fällen kann seitens der Ortspolizeibehörde von der Beteiligung des Amtsarztes an der Besichtigung mit dessen Einverständnis abgesehen werden und statt seiner ein approbierter Apotheker als Sachverständiger beteiligt werden.

Approbierte Apotheker, die eine Drogenhandlung besitzen oder besessen haben, können als Sachverständige zugelassen werden, wenn ihre Geschäftsführung bei wiederholten Besichtigungen zu keinerlei Tadel Anlaß gegeben hat.

Besichtigungen an Orten außerhalb seines Wohnsitzes hat der Amtsarzt tunlichst gelegentlich der Anwesenheit aus anderweiter Veranlassung vorzunehmen.

Ein Apotheker darf an dem Orte, in dem er eine Apotheke besitzt oder in einer solchen tätig ist, an der Besichtigung nur teilnehmen, wenn der Ort über 20000 Seelen zählt; auch in solchen Orten ist von der Mitwirkung eines dort geschäftlich angesessenen oder in einer Apotheke tätigen Apothekers in den Fällen abzusehen, in denen die zu besichtigende Handlung als Konkurrenzgeschäft für dessen Apotheke zu betrachten ist.

4. Über die Besichtigung ist unter Zuziehung des Geschäftsinhabers oder seines Beauftragten an Ort und Stelle eine Niederschrift aufzunehmen, von welcher dem Geschäftsinhaber auf Antrag kostenpflichtig Abschrift zu erteilen ist.

5. Die Entscheidung darüber, ob den zur Tragung einer Uniform verpflichteten Polizeibeamten für die Mitwirkung bei der Besichtigung die Anlegung von Zivilkleidern aufzuerlegen oder zu gestatten ist, wird dem Ermessen der Behörde überlassen. Soweit angängig, ist darauf zu achten, daß die Polizeibeamten bei den Besichtigungen Zivilkleidung tragen. Die Polizeibehörde wird zweckmäßig durch Hilfsbeamte der Staatsanwaltschaft vertreten werden, um erforderlichenfalls sofort Beschlagnahmen ausführen zu können.

6. Bei der Besichtigung ist festzustellen:

a) Ob der Betrieb nur in den der Polizeibehörde angezeigten Räumen stattfindet. Die Durchsuchung anderer Räume darf nur unter Beachtung der Vorschriften der §§ 102 und folg. der Reichs-Strafprozeßordnung erfolgen.

b) Ob die Bestimmungen der Kais. Verordnung betr. den Verkehr mit Arzneimitteln vom 22. Oktober 1901 — RGBl. S. 380 — innegehalten sind, insbesondere ob etwa in den Nebenräumen, namentlich der Drogenhandlungen, Arzneien auf ärztliche Verordnungen angefertigt werden.

c) Ob die Aufbewahrung der Gifte und der Verkehr mit denselben den Vorschriften der Polizeiverordnung über den Handel mit Giften entsprechen.

Auch die Konzession zum Gifthandel ist einzusehen und das Giftbuch nebst Giftscheinen auf ordnungsmäßige Führung zu prüfen.

d) Die Besichtigung hat sich ferner auf die Aufstellung und Aufbewahrung sämtlicher Arzneimittel, der indirekten Gifte und der giftigen Farben und Trennung der arzneilichen Stoffe von den Nahrungs- und Genußmitteln zu erstrecken.

e) Auch ist festzustellen, ob die vorgeschriebenen Sondergeräte für die Gifte und differenten Mittel (Waagen, Löffel, Mörser) vorrätig, gehörig bezeichnet und sauber gehalten sind.

Präzisierte Waagen und Gewichte sowie besondere Waagen für unschädliche Arzneimittel sind nicht erforderlich.

Die Vorschriften der Polizeiverordnung über den Handel mit Giften bleiben für die Bezeichnung der Gefäße sowie auch im übrigen unberührt.

7. Bei der Beurteilung der Güte der Waren in denjenigen Handlungen, in welchen Arzneistoffe feilgehalten werden, sind nicht so strenge Anforderungen zu stellen wie an die Beschaffenheit der Arzneistoffe in Apotheken.

8. Vorschriftswidrige Waren sind mit zu Protokoll gegebener Zustimmung des Geschäftsinhabers oder seines Vertreters zu vernichten; falls die Zustimmung versagt wird, sind sie in geeigneter Weise, z. B. durch amtliche Versiegelung, bis zur richterlichen Entscheidung aus dem Verkehr zu ziehen.

In dem Strafverfahren ist für den Fall der Verurteilung die Einziehung der vorschriftswidrigen Ware nach Maßgabe der gesetzlichen Bestimmungen zu beantragen.

Für die Beseitigung kleiner, offenbar auf Unwissenheit oder Irrtum beruhender Mängel, geringer Unordnung und Unsauberkeit in den Verkaufs- und Nebenräumen hat die Polizeibehörde unter Hinweis auf den Befund der Besichtigung Sorge zu tragen. Gröbere Verstöße, erhebliche Unordnung und Unsauberkeit sind ernstlich zu rügen und im Wiederholungsfalle zur Bestrafung zu bringen.

Wegen der Übertretung der Vorschriften der Kais. Verordnung vom 22. Oktober 1901 und der Polizeiverordnung, betr. den Verkehr mit Giften, hat die Polizeiverwaltung auf Grund des Gesetzes vom 23. April 1883 — GS. S. 75 — in Verbindung mit der Ausführungsanweisung vom 8. Juni desselben Jahres — Min.-Bl. f. d. inn. Verw. S. 152 — die Strafe festzusetzen, wenn nicht nach Beschaffenheit der Umstände eine die Zuständigkeit der Ortspolizei überschreitende Strafe angemessen erscheint, in welchem Falle die gerichtliche Verfolgung durch den Amtsanwalt zu veranlassen ist.

Mit besonderer Strenge sind Fälle der Anfertigung von Arzneien zu verfolgen; auch ist gegebenenfalls auf Grund des § 35 Abs. 4 der Gewerbeordnung für das Deutsche Reich (in der Fassung der Bekanntm. des Reichskanzlers vom 26. Juli 1900 — RGBl. S. 871 —) zu verfahren.

9. Der Amtsarzt hat eine Zusammenstellung der unter seiner Leitung stattgehabten Besichtigungen in Gemäßheit der Vorschrift der Dienstanweisung für die Amtsärzte der Aufsichtsbehörde mit dem Jahresbericht einzureichen.

Gelegentlich der Apothekenbesichtigungen haben die Bevollmächtigten auch hier die gedachten Verkaufsstellen einer Besichtigung nach vorstehenden Grundsätzen zu unterwerfen und die darüber aufgenommenen Verhandlungen ihnen einzureichen.

10. Die durch die Besichtigung der Verkaufsstellen usw. entstehenden Ausgaben sind als Kosten der örtlichen Polizeiverwaltung zu betrachten und fallen denjenigen zur Last, welche diese Kosten nach dem bestehenden Rechte zu tragen haben.

11. Auf Geschäfte, welche ausschließlich Großhandel betreiben, finden die vorstehenden Vorschriften keine Anwendung.

## III. Sonderregelungen über Herstellung und Abgabe von Arzneimitteln.

### 1. Jodhaltige Arzneimittel oder mit Jod angereicherte Lebensmittel.
Warnung des RMdI. vom 17. November 1938 (MBliV. S. 1912).

Da Jod und seine Verbindungen bei jodempfindlichen Menschen selbst in kleinsten Mengen zu einer mehr oder weniger ernsten, selbst lebenbedrohenden Störung der Schilddrüsentätigkeit und damit des Stoffwechsels und der Herztätigkeit führen können, wird vor einem wahllosen Gebrauch
jodhaltiger Arzneimittel, z. B. Jodbonbons,
jodhaltiger kosmetischer Präparate, z. B. Badezusätze, Zahnpasten,
jodhaltiger Mittel zur Vorbeugung gegen Schnupfen und Erkältung
sowie mit Jod angereicherter Lebensmittel, z. B. Jodspeisesalz,
gewarnt.

Diesen Tatsachen ist sinngemäß bei der Werbung für diese Erzeugnisse und ihrem Verkauf Rechnung zu tragen.

### 2. Verordnung über den Verkehr mit Arzneimitteln usw., die der ärztlichen Verschreibungspflicht unterliegen.
Vom 13. März 1941 (RGBl. I S. 136).

Stoffe, Zubereitungen und Gegenstände, deren Abgabe zu Heil- oder sonstigen Zwecken in den Apotheken auf Grund von Polizeiverordnungen oder anderen Vorschriften des Reichs oder der Länder an die Vorlage einer schriftlichen, mit Datum und Unterschrift versehenen Anweisung (Rezept) eines Arztes, Zahnarztes oder Tierarztes gebunden ist, dürfen unabhängig von ihrem Verwendungszweck außerhalb der Apotheken nicht feilgehalten oder verkauft werden.

Die Vorschriften des Reichs und der Länder über den Verkehr mit Giften und giftigen Pflanzenschutzmitteln werden durch diese Bestimmungen nicht berührt.

Die auf Landesrecht beruhenden Befugnisse der Tierärzte zur Abgabe von Arzneimitteln in Ausübung ihrer Praxis werden durch diese Vorschriften nicht berührt.

Die Bestimmungen der Verordnung, betreffend den Verkehr mit Arzneimitteln, vom 22. Oktober 1901 (RGBl. S. 380) treten, soweit sie den vorstehenden Vorschriften entgegenstehen, außer Kraft.

## 3. Polizeiverordnung über die Abgabebeschränkung für weibliche Geschlechtshormone und andere Arzneimittel.

Vom 13. März 1941 (RGBl. I S. 136) mit Änderungen der Verordnung vom 27. Februar 1942 (RGBl. I S. 99) und des Gesetzes über die Aufhebung einiger Polizeiverordnungen auf dem Gebiete des Verkehrs mit Arzneimitteln vom 30. Juni 1952 (BGBl. I S. 349).

Weibliche Geschlechtshormone (Follikelhormon, Corpus-luteum-Hormon), Pflanzenstoffe sowie synthetische und halbsynthetische Stoffe mit den Wirkungen der weiblichen Geschlechtshormone (z. B. Abkömmlinge des Östrons und des Stilbens, ferner Di-(p-oxyphenyl)-hexen) sowie Zubereitungen, die die genannten Stoffe enthalten, dürfen in den Apotheken nur auf eine mit Datum, Gebrauchsanweisung und Unterschrift versehene Verschreibung eines Arztes, Zahnarztes oder Tierarztes abgegeben werden.

Von der Vorschrift sind weibliche Geschlechtshormone enthaltende kosmetische Mittel (Mittel zur Reinigung, Pflege oder Färbung der Haut, des Haares oder der Mundhöhle) und weibliche Geschlechtshormone enthaltende Zubereitungen nur zur Verfütterung an Geflügel ausgenommen.

Stoffe und Zubereitungen in Form von Fertigwaren, die zur Behebung der Amenorrhoe (Blutstockung) bestimmt sind, auch wenn sie als Mittel gegen Regel-, Perioden- oder Menstruationsstörungen angekündigt werden, dürfen in den Apotheken zur Anwendung am Menschen nur auf eine mit Datum, Gebrauchsanweisung und Unterschrift versehene Verschreibung eines Arztes abgegeben werden.

## 4. Verordnung über die Herstellung von Arzneifertigwaren.

Vom 11. Februar 1943 (RGBl. I S. 99).
Verbot der Herstellung neuer Arzneifertigwaren.
RdErl. d. RMdI. vom 17. Mai 1943 (RMBliV. S. 865).

Infolge der Kriegsverhältnisse gelangte das Arzneimittelgesetz nicht zur Verabschiedung. Einzelne Rechtsgrundsätze des künftigen Arzneimittelrechtes, die besonders dringlich und ohne große Belastung von Verwaltung und Wirtschaft erschienen, wurden in Einzelverordnungen vorweggenommen. So läßt sich auch die obengenannte Verordnung als ein solches Teilgebiet der neuen Arzneimittelgesetzgebung betrachten. Sie stellt die erste Rechtsordnung auf dem Gebiet der industriellen Arzneiproduktion dar.

Die Herstellung neuer Arzneifertigwaren (Spezialitäten) ist seit dem Inkrafttreten der obengenannten Verordnung verboten.

Arzneifertigwaren (Spezialitäten) im Sinne der Verordnung sind Stoffe und Zubereitungen, die zur Verhütung, Linderung oder Beseitigung von Krankheiten, Leiden, Körperschäden oder Beschwerden bei Mensch oder Tier bestimmt sind, in abgabefertiger Packung in den Verkehr gelangen und durch besondere Bezeichnung oder Aufmachung als Erzeugnisse bestimmter Hersteller gekennzeichnet sind.

Eine Arzneifertigware ist neu, wenn sie bei Inkrafttreten dieser Verordnung nicht im Verkehr war.

Da trotzdem Forschung und Fortschritt auf dem Gebiete der Arzneimittelherstellung nicht gedrosselt werden sollten, sah die Verordnung Ausnahmen von dem Verbot vor.

Die Verordnung bringt zum ersten Male die gesetzliche Begriffsbestimmung für Arzneifertigwaren oder Spezialitäten. Der obenerwähnte Runderlaß bringt zu dieser Begriffsbestimmung nähere Ausführungen. Diese Begriffsbestimmungen kehren in dem nach 1946 in Ostberlin und in der Ostzone erlassenen Arzneimittelgesetz (s. S. 532) wieder.

Die Ausnahmegenehmigung für die Herstellung neuer Arzneifertigwaren muß beantragt werden. Hierbei sind Angaben über die Bezeichnung, Zusammensetzung, Darreichungsform, Packungsgröße, Einzelgabe, Gebrauchsanweisung und Zweckbestimmung des Mittels mit etwaigen Unterlagen über die pharmakologische und klinische Wirkung beizufügen sowie Name und Sitz der Herstellerfirma anzugeben. Die Mitteilung des Herstellungsverfahrens kann, wenn erforderlich, verlangt werden.

## IV. Die Arzneimittelgesetzgebung seit 1945.

### 1. Die Arzneimittelgesetzgebung in Groß-Berlin und in der Ostzone.

Auf Grund der vor dem zweiten Weltkriege im Reichsgesundheitsamt ausgearbeiteten Entwürfe eines Arzneimittelgesetzes wurden 1946 sowohl von der Gesundheitsbehörde von Groß-Berlin (Landesgesundheitsamt) als auch von der Deutschen Zentralverwaltung für das Gesundheitswesen in der sowjetischen Besatzungszone (später: Deutsche Wirtschaftskommission, Hauptverwaltung Gesundheitswesen; seit 7. Oktober 1949: Ministerium für Arbeit und Gesundheitswesen der Deutschen Demokratischen Republik) für die fünf Länder der Ostzone je ein Arzneimittelgesetzentwurf aufgestellt.

In Groß-Berlin kam die Entwicklung rascher zum Abschluß. Am 21. November 1946 hatte der Magistrat eine „Anordnung über die Herstellung von Arzneifertigwaren" (VOBl. Berlin 1946, Nr. 46, S. 431) erlassen und in dieser die sogenannte Stoppverordnung vom 11. Februar 1943 (Verordnung über die Herstellung von Arzneifertigwaren; RGBl. I, Nr. 16, S. 99) wieder in Kraft gesetzt. Unter dem 10. Mai 1947 wurde dann die 1946 fertiggestellte und von der Alliierten Kommandantur genehmigte „Verordnung über Arzneimittel und Schönheitsmittel" (VOBl. Berlin 1947, Nr. 9, S. 130) veröffentlicht. Diese Verordnung kann man als das erste deutsche Arzneimittelgesetz bezeichnen. Zur gleichen Zeit wurde auch der Entwurf des Arzneimittelgesetzes für die sowjetische Besatzungszone bekannt, das seitens der Zentralverwaltung für das Gesundheitswesen den fünf Länderparlamenten zur Beratung und Beschlußfassung überwiesen wurde. 1947/48 sind darauf in diesen Ländern die Arzneimittelgesetze in Kraft getreten.

Die neuen Arzneimittelgesetze bringen zunächst die wesentlichen Begriffsbestimmungen über Arzneimittel, Arzneien, Arzneifertigwaren, Stoffe, Zubereitungen und Schönheitsmittel. Für die Herstellung von Arzneimitteln wird eine Erlaubnispflicht und für Arzneifertigwaren eine Registrierung eingeführt. Groß- und Kleinhandel mit Arzneimitteln sind auch erlaubnispflichtig. Der Gesundheitsbehörde werden weitgehende Aufsichtsbefugnisse eingeräumt. Obgleich die Berliner Arzneimittelverordnung und der Entwurf der Zentralverwaltung auf die gleichen früheren Arzneimittelgesetzentwürfe zurückgehen, zeigen sie, abgesehen von den Begriffsbestimmungen, doch wesentliche Abweichungen, die sich nicht nur aus der Verschiedenheit der zuständigen Behörden, sondern auch aus anderen Ursachen erklären. Bei der Beratung der Entwürfe der Zentralverwaltung durch die Länderparlamente der sowjetischen Besatzungszone gab es dann weitere neue Abweichungen, die sich nicht nur auf die Stilistik, sondern auch auf manche materielle Dinge erstrecken. Auch in den Ausführungsbestimmungen gingen die einzelnen Länder vielfach verschiedene Wege, so daß beim Arzneimittelhandel zwischen den einzelnen Ländern Schwierigkeiten auftreten werden. In West-Berlin sind die erforderlichen Durchführungsbestimmungen zu der Arzneimittelverordnung im Hinblick auf die westdeutsche Entwicklung nicht erschienen. Es würde über den Rahmen des Buches hinausgehen, auf die Verschiedenheit der Verordnungen in den einzelnen Ländern einzugehen. Die Angabe der Gesetz- und Verordnungsblätter ermöglicht jedem Interessenten die Beschaffung der im folgenden aufgeführten Bestimmungen:

*Brandenburg:* Gesetz über den Verkehr mit Arzneimitteln (Arzneimittelgesetz). Vom 10. Oktober 1948 (GVBl. Brandbg. 1948, Teil I, Nr. 8, S. 21, und Nr. 9, S. 26).
1. Durchführungsverordnung vom 19. Mai 1949 und
2. Durchführungsverordnung vom 29. Dezember 1949 (GVBl. Brandbg. 1950, Nr. 2, S. 43).
3. Durchführungsverordnung vom 20. Juni 1951 (GVBl. Brandbg. 1951, Nr. 16, S. 241).
4. Durchführungsverordnung vom 15. Juli 1952.
Bekanntmachung über die Regelung und Überwachung des Verkehrs mit Arzneifertigwaren vom 10. Dezember 1949 (GVBl. Brandbg. 1949, Teil II, Nr. 24, S. 499).

*Mecklenburg:* Gesetz über den Verkehr mit Arzneimitteln (Arzneimittel-Gesetz). Vom 27. Juni 1947 (RegBl. Mecklbg. 1947, Nr. 15, S. 137).
1. Verordnung zum Gesetz über den Verkehr mit Arzneimitteln (Arzneimittel-Verordnung). Vom 28. Juni 1947 (RegBl. Mecklbg. 1947, Nr. 15, S. 139).

*Sachsen:* Gesetz über den Verkehr mit Arzneimitteln (Arzneimittelgesetz). Vom 27. Februar 1948 (GVBl. Sa. 1948, Nr. 7, S. 137).
1. Durchführungsverordnung vom 19. März 1948 (GVBl. Sa. 1948, Nr. 8, S. 157).
2. Durchführungsverordnung vom 18. Mai 1948 (GVBl. Sa. 1948, Nr. 14, S. 328).
3. Durchführungsverordnung vom 20. Oktober 1951 (GVBl. Sa. 1951, Nr. 22, S. 508).
Anordnung über die Meldepflicht von Arzneifertigwaren vom 31. Oktober 1949 (GVBl. Sa. 1949, Nr. 31, S. 746).
Anordnung über die Anmeldepflicht von Tierarzneifertigwaren vom 12. November 1949 (GVBl. Sa. 1949, Nr. 31, S. 746).

*Sachsen-Anhalt:* Gesetz über den Verkehr mit Arzneimitteln (Arzneimittelgesetz) vom 28. Juni 1948 (GVBl. Sa.-Anh. 1948, Nr. 15, S. 83).
Bekanntmachung über die Unterstellung aller mechanischen Mittel zur Schwangerschaftsverhütung unter das Arzneimittelgesetz vom 28. Juni 1948 vom 20. Dezember 1951 (GVBl. Sa.-Anh. 1952, Nr. 1, S. 1).
Bekanntmachung über die Unterstellung medizinischer Seifen und Pflaster unter das Arzneimittelgesetz vom 28. Juni 1948 vom 6. Februar 1952.

*Thüringen:* Gesetz über den Verkehr mit Arzneimitteln (Arzneimittelgesetz) vom 4. Juni 1948 (RegBl. Thür. 1948, Teil I, Nr. 10, S. 71).
1. Ausführungsverordnung vom 11. November 1948 (RegBl. Thür. 1948, Teil I, Nr. 17, S. 108).
2. Ausführungsverordnung vom 10. Dezember 1948 (RegBl. Thür. 1948, Teil I, Nr. 19, S. 115).
3. Ausführungsverordnung vom 20. Dezember 1948 (RegBl. Thür. 1949, Teil I, Nr. 1, S. 1).
4. und 5. Ausführungsverordnung vom 4. April 1949 (RegBl. Thür. 1949, Teil I, Nr. 6, S. 27/28) mit Änderung vom 28. Juli 1950 (RegBl. Thür. 1950, Teil I, Nr. 24, S. 238).
Bekanntmachung über die Unterstellung aller mechanischen Mittel zur Schwangerschaftsverhütung unter das Arzneimittelgesetz vom 4. Juni 1948 vom 22. Mai 1951 (RegBl. Thür. 1951, Nr. 18, S. 139).

*Berlin (Ost):* Verordnung über Arzneimittel und Schönheitsmittel. Vom 10. Mai 1947 (VOBl. Bln. 1947, Nr. 9, S. 130).
Durchführungsbestimmung zur Verordnung über Arzneimittel und Schönheitsmittel. Vom 2. November 1949 (VOBl. Bln. O. Teil I, 1949, Nr. 51, S. 391).

Verordnung über den Verkehr mit Arzneifertigwaren.
Vom 21. April 1951 (VOBl. Bln. O. Teil I, 1951, Nr. 25, S. 164).
Durchführungsbestimmung zur Verordnung über den Verkehr mit Arzneifertigwaren.
Vom 7. August 1951 (VOBl. Bln. O. 1951, Nr. 58, S. 414).
   *Deutsche Demokratische Republik (Ostzone):* Anordnung der DWK über die Regelung und Überwachung des Verkehrs mit Arzneimitteln.
Vom 5. Oktober 1949 (ZVOBl. Teil I, 1949, Nr. 89, S. 766).
Hierzu:
Erste Durchführungsverordnung zur Anordnung über die Regelung und Überwachung des Verkehrs mit Arzneimitteln.
Vom 30. Juni 1950 (BGl. DDR, 1950, Nr. 78, S. 668).
Zweite Durchführungsverordnung zur Anordnung über die Regelung und Überwachung des Verkehrs mit Arzneimitteln.
Vom 31. Oktober 1950 (GBl. DDR, 1950, Nr. 126, S. 1131).
Dritte Durchführungsverordnung zur Anordnung über die Regelung und Überwachung des Verkehrs mit Arzneimitteln.
Vom 13. Mai 1952 (GBl. DDR, 1952, Nr. 61, S. 370).
Zweite Bekanntmachung über das Verzeichnis der rezeptpflichtigen Arzneimittel.
Vom 17. Oktober 1952 (GBl. DDR. 1952, Nr. 149, S. 1084).
Bekanntmachung über das zweite Verzeichnis der Arneifertigwaren.
Vom 7. April 1953 (Zentral-Bl. DDR. 1953, Nr. 12, S. 156).
Bekanntmachung über das erste Verzeichnis der Tierarzneifertigwaren.
Vom 10. Oktober 1951 (GBl. DDR. 1951, Nr. 123, S. 923).

### Berliner Verordnung über Arzneimittel und Schönheitsmittel.

#### Vom 10. Mai 1947 (VOBl. 1947, Nr. 9, S. 130).

#### A. Begriffsbestimmungen und Geltungsbereich.

§ 1. (1) Arzneimittel im Sinne dieser Verordnung sind Stoffe und Zubereitungen, die dazu bestimmt sind, Krankheiten, Leiden oder Körperschäden bei Mensch oder Tier zu verhüten, zu lindern oder zu beseitigen.

(2) Arzneien sind zur Abgabe an den Verbraucher hergerichtete Arzneimittel.

(3) Arzneifertigwaren (Spezialitäten) sind Arzneien, die in abgabefertiger Packung in den Verkehr gebracht werden und durch besondere Bezeichnung oder Aufmachung als Erzeugnisse bestimmter Hersteller gekennzeichnet sind.

(4) Stoffe im Sinne dieser Verordnung sind chemische Grundstoffe und chemische Verbindungen sowie unbearbeitete oder bearbeitete Naturerzeugnisse.

(5) Zubereitungen sind Erzeugnisse aus Stoffen, die in den Erzeugnissen noch ganz oder teilweise enthalten sind.

(6) Verbraucher im Sinne dieser Verordnung ist, wer Arzneimittel erwirbt, um sie an sich, an anderen oder an Tieren anzuwenden. Dem Verbraucher stehen gleich Einrichtungen der Gesundheits- und Krankenfürsorge, in denen Arzneimittel verwendet werden.

§ 2. Stoffe und Zubereitungen, die überwiegend Lebensmittel oder Futtermittel sind, unterliegen dieser Verordnung nur dann, wenn sie im Einzelfalle als Arzneimittel vorrätig gehalten oder abgegeben werden oder soweit dies §§ 4, 5 angeordnet wird.

§ 3. (1) Schönheitsmittel (kosmetische Mittel, Körperpflegemittel) sind Stoffe und Zubereitungen, die zur Reinigung, Pflege, Färbung oder Verschönerung der Haut, des Haares, der Nägel oder der Mundhöhle bestimmt sind.

(2) Schönheitsmittel unterliegen dieser Verordnung nur, soweit die Abteilung Gesundheitswesen des Magistrats von Groß-Berlin dies bestimmt.

§ 4. Den Arzneimitteln stehen Stoffe und Zubereitungen gleich, die dazu bestimmt sind, bei Mensch oder Tier

1. eine allgemeine oder örtliche Empfindungslosigkeit herbeizuführen,
2. Beschwerden der Schwangerschaft zu verhüten, zu lindern oder zu beseitigen, die Geburt zu erleichtern, den Geburtsvorgang zu beeinflussen oder die Schwangerschaft zu beseitigen,
3. durch Anwendung am Körper Krankheiten, Leiden, Körperschäden oder sonstige körperliche und seelische Zustände zu erkennen,
4. eine Schwangerschaft oder Trächtigkeit zu erkennen,
5. Erscheinungen des vorzeitigen oder natürlichen Alterns zu verhüten, zu lindern oder zu beseitigen oder den Körper zu verjüngen,
6. besondere körperliche oder seelische Zustände zu verhüten, zu lindern oder zu beseitigen oder die Leistung zu beeinflussen,
7. die Geschlechtstätigkeit zu beeinflussen,

8. vom Tabak- oder Alkoholgenuß oder von Betäubungsmitteln zu entwöhnen,

9 eine Abmagerung herbeizuführen, die Magerkeit zu beheben oder die Körperform zu verbessern,

10. Ungeziefer, das den Körper befällt, zu beseitigen oder den Befall zu verhüten.

§ 5. Die Abteilung Gesundheitswesen des Magistrats von Groß-Berlin kann den Arzneimitteln gleichstellen

1. Stoffe und Zubereitungen, die dazu bestimmt sind, außerhalb des Körpers Krankheiten, Leiden oder Körperschäden zu erkennen,

2. Stoffe und Zubereitungen, die dazu bestimmt sind, physiologische Eigenschaften von Organen, Geweben und Körperflüssigkeiten zu erkennen,

3. diätetische Mittel,

4. Stoffe und Zubereitungen, die dazu bestimmt sind, für Mensch oder Tier gefährliche Krankheitserreger abzutöten (Entseuchungsmittel),

5. Verbandsmittel, chirurgische Nähmittel,

6. sonstige Stoffe und Zubereitungen, die zur Anwendung am Körper zu anderen als den in § 1 Abs. 1, § 4 oder den unter Nrn. 1, 2, 4, 5 genannten Zwecken bestimmt sind,

7. Gegenstände, die zu den in § 1 Abs. 1, § 4 oder den unter Nrn. 1, 2, 4, 5 genannten Zwecken bestimmt sind.

Die weiteren Teile dieser Verordnung (B bis D) enthalten Bestimmungen über die Erlaubnispflicht für die Herstellung und das Inverkehrbringen der Arzneimittel, Überwachungsvorschriften und schließlich strafrechtliche und Schlußbestimmungen.

## 2. Die Arzneimittelgesetzgebung in den Westzonen.

Als erstes Land erließ Bayern ein Arzneimittelgesetz: „Gesetz zur Lenkung der Herstellung und des Verkaufs medizinischer Erzeugnisse und Ausrüstungen in Bayern" vom 6. März 1946 (GVBl. Bayern 1946, Nr. 11, S. 177). Nach diesem Gesetz ist für die Herstellung, die Einfuhr und den Verkauf medizinischer Erzeugnisse eine schriftliche Genehmigung des Staatsministeriums d. I. notwendig, weiter wird Inhaltsangabe vorgeschrieben, eine Auswechslung der Bestandteile ohne vorherige Erlaubnis verboten usw. In diesem Gesetz fehlen vor allem die notwendigen Begriffsbestimmungen. Das Gesetz erwies sich in der Praxis als undurchführbar und die Bayer. Regierung erließ deshalb auch keine der in dem Gesetz angekündigten Ausführungsbestimmungen, nachdem der Hauptausschuß „Gewerbliche Wirtschaft" und der Gesundheitsausschuß des Länderrates der US-Zone die Zurückziehung des Gesetzes und statt dessen die Anwendung der Verordnung über die Herstellung von Arzneifertigwaren vom 11. Februar 1943 gefordert hatten.

In den Westzonen ist am 1. Juli 1948 im Zuge der Lockerung der Bewirtschaftung auch die Anordnung III/43 der Reichsstelle Chemie betreffend Absatzregelung für Arznei- und Desinfektionsmittel vom 14. Januar 1943 außer Kraft gesetzt worden.

Durch die verkündete Bonner Verfassung sind nun die Voraussetzungen für den Aufbau einer Gesundheitsverwaltung des Bundes geschaffen und die Befugnisse zwischen Bund und Ländern abgegrenzt worden.

*Auszug aus dem Grundgesetz für die Bundesrepublik Deutschland.*

Vom 23. Mai 1949 (BGBl. 1949 Nr. 1).

*II. Der Bund und die Länder.*

Artikel 31. Bundesrecht bricht Landesrecht.

*VII. Die Gesetzgebung des Bundes.*

Artikel 70. (1) Die Länder haben das Recht der Gesetzgebung, soweit dieses Grundgesetz nicht dem Bunde Gesetzgebungsbefugnisse verleiht.

(2) Die Abgrenzung der Zuständigkeit zwischen Bund und Ländern bemißt sich nach den Vorschriften dieses Grundgesetzes über die ausschließliche und die konkurrierende Gesetzgebung.

Artikel 71. Im Bereiche der ausschließlichen Gesetzgebung des Bundes haben die Länder die Befugnis zur Gesetzgebung nur, wenn und soweit sie hierzu in einem Bundesgesetze ausdrücklich ermächtigt werden.

Artikel 72. (1) Im Bereiche der konkurrierenden Gesetzgebung haben die Länder die Befugnis zur Gesetzgebung, solange und soweit der Bund von seinem Gesetzgebungsrechte keinen Gebrauch macht.

(2) Der Bund hat in diesem Bereiche das Gesetzgebungsrecht, soweit ein Bedürfnis nach bundesgesetzlicher Regelung besteht, weil

1. eine Angelegenheit durch die Gesetzgebung einzelner Länder nicht wirksam geregelt werden kann oder

2. die Regelung einer Angelegenheit durch ein Landesgesetz die Interessen anderer Länder oder der Gesamtheit beeinträchtigen könnte oder

3. die Wahrung der Rechts- oder Wirtschaftseinheit, insbesondere die Wahrung der Einheitlichkeit der Lebensverhältnisse über das Gebiet eines Landes hinaus sie erfordert.

Artikel 73. Der Bund hat die ausschließliche Gesetzgebung über:

1. bis 11. .....

(Gebiete des Gesundheitswesens sind hier nicht erwähnt.)

Artikel 74. Die konkurrierende Gesetzgebung erstreckt sich auf folgende Gebiete:

.....

19. die Maßnahmen gegen gemeingefährliche und übertragbare Krankheiten bei Menschen und Tieren, die Zulassung zu ärztlichen und anderen Heilberufen und zum Heilgewerbe, den Verkehr mit Arzneien, Heil- und Betäubungsmitteln und Giften;

20. den Schutz beim Verkehr mit Lebens- und Genußmitteln sowie Bedarfsgegenständen, mit Futtermitteln, mit land- und forstwirtschaftlichem Saat- und Pflanzgut und den Schutz der Bäume und Pflanzen gegen Krankheiten und Schädlinge;

.....

Artikel 80. (1) Durch Gesetz können die Bundesregierung, ein Bundesminister oder die Länderregierungen ermächtigt werden, Rechtsverordnungen zu erlassen. Dabei müssen Inhalt, Zweck und Ausmaß der erteilten Ermächtigung im Gesetze bestimmt werden. Die Rechtsgrundlage ist in der Verordnung anzugeben. Ist durch Gesetz vorgesehen, daß eine Ermächtigung weiter übertragen werden kann, so bedarf es zur Übertragung der Ermächtigung einer Rechtsverordnung.

(2) .....

## VIII. Die Ausführung der Bundesgesetze und die Bundesverwaltung.

Artikel 83. Die Länder führen die Bundesgesetze als eigene Angelegenheit aus, soweit dieses Grundgesetz nichts anderes bestimmt oder zuläßt.

Das Schwergewicht der Gesetzgebung liegt also bei den Ländern. Da also keine Fragen des Gesundheitswesens nach Art. 73 zu der ausschließlichen Gesetzgebung des Bundes gehören, kann sich der Bund in den Fragen des Gesundheitswesens, die nach Art. 74 zu der konkurrierenden Gesetzgebung gehören, nur auf Grund des Art. 72 gesetzgeberisch betätigen.

Im Bundesministerium für das Innere wurde eine Gesundheitsabteilung gebildet. Eine Arbeitsgemeinschaft der Gesundheitsminister der Länder wurde beratendes Organ für das Bundesministerium. Im Bundestag ist ein Gesundheitsausschuß gebildet worden, der für die der Bundesrepublik gemäß Art. 72 und 74 des Grundgesetzes obliegenden Aufgaben auf dem Gebiete des Gesundheitswesens zuständig sein soll.

Am 12. September 1950 beschloß die Bonner Bundesregierung die Bildung eines Bundesgesundheitsrates, der bei der Vorbereitung der Gesundheitsgesetzgebung mitwirken soll (GMBl. 1950, Nr. 13, S. 95).

Die Gründung eines Bundesgesundheitsamtes, einer beratenden und begutachtenden Stelle nach Art des früheren Reichsgesundheitsamtes, erfolgte durch Gesetz über die Errichtung eines Bundesgesundheitsamtes vom 27. Februar 1952 (BGBl. Teil I, Nr. 9, S. 121). Für Gutachten sollen dem Bund das Georg-Speyer-Haus und das Paul-Ehrlich-Institut in Frankfurt am Main und das Robert-Koch-Institut, das Institut für Wasser-, Boden- und Lufthygiene und das Max-von-Pettenkofer-Institut in Berlin zur Verfügung stehen. Die gesetzlichen Grundlagen und die notwendigen Behörden sind also für die Gestaltung eines Arzneimittelgesetzes in der Bundesrepublik gegeben.

## V. Der Vertrieb von Mitteln gegen Schwangerschaft.

Polizeiverordnung über Verfahren, Mittel und Gegenstände zur Unterbrechung und Verhütung von Schwangerschaften. Vom 21. Januar 1941 (RGBl. I, S. 63).

Ausführungsbestimmungen (Runderlaß) vom 9. Februar 1941 (MBliV. Nr. 8, S. 257).

Nach § 1 der Verordnung ist es verboten, die nachstehenden Mittel und Gegenstände zu geschäftlichen Zwecken herzustellen, aus dem Ausland einzuführen, anzukündigen, anzupreisen, zum Verkauf vorrätig zu halten, zu verkaufen, abzugeben oder sonstwie in den Verkehr zu bringen:

1. Mutterrohre (für sich allein oder in Verbindung mit Spritzen, Irrigatoren usw.), sofern sie nicht einen Durchmesser von mindestens 12 Millimeter besitzen und mit einem nicht unter 15 Millimeter starken, abgerundeten oder olivartig erweiterten Mundstück mit mindestens 6 Öffnungen versehen sind,

2. Intrauterinpessare jeder Art, auch Steriletts und Silkwormpessare,

3. Stoffe und Zubereitungen in Form von Fertigwaren, die zur Einführung in die Scheide bestimmt und zur Verhütung der Schwangerschaft geeignet sind.

Das Reichsgesundheitsamt entscheidet, welche Mittel im einzelnen unter die Bestimmungen dieser Vorschrift (Nr. 3) fallen.

Der Runderlaß vom 9. Februar 1941 bringt hierzu folgende Erläuterung:

Unter „Mutterrohre" sind entsprechend dem allgemeinen Sprachgebrauch Spülrohre aller Art, die zur Einführung in die weiblichen Geschlechtsteile bestimmt sind, zu verstehen. Katheter fallen nicht hierunter. Der Kopf der noch zugelassenen Rohre darf nicht abnehmbar sein.

Alle Pessare, die so beschaffen sind, daß ein Teil von ihnen in den Gebärmuttermund oder die Gebärmutter hineinragt, fallen unter das Verbot.

Ernst zu nehmende Mittel, die vornehmlich Heilzwecken dienen, fallen nicht unter diese Vorschriften. In Zweifelsfällen ist die vorgesehene Entscheidung des Reichsgesundheitsamtes herbeizuführen.

Nach § 2 der Verordnung dürfen die in § 1 bezeichneten Mittel oder Gegenstände weder durch Ärzte noch durch andere Personen bei Frauen eingesetzt, eingelegt, eingeführt oder in einer anderen ihrer Bestimmung entsprechenden Weise angewandt werden.

Nach § 3 ist es verboten, zum Zwecke der Empfängnisverhütung Bestrahlungen oder Injektionen zu verabfolgen sowie sonst geeignet erscheinende Behandlungen durchzuführen, es sei denn, daß es sich um gesetzlich ausdrücklich erlaubte oder angeordnete Maßnahmen handelt.

Nach § 4 fallen die im § 1 bezeichneten Mittel und Gegenstände auch dann unter die Vorschriften dieser Polizeiverordnung, wenn sie künftig andere Zwecke erfüllen sollen, obwohl sie bisher vorwiegend der Schwangerschaftsverhütung dienten.

### Die gesetzliche Regelung in den einzelnen Ländern seit 1945.

**In den Westzonen** (Bundesrepublik Deutschland) und West-Berlin ist die Verordnung vom 21. Januar 1941 im allgemeinen noch in Kraft. Nur in wenigen Ländern wurde sie durch Verordnung direkt aufgehoben, durch neue Verordnung ersetzt oder die Verordnung von 1941 wurde teilweise abgeändert.

Im allgemeinen decken sich die neuen Verordnungen mit der Verordnung vom 21. Januar 1941, mit Ausnahme des § 1 Nr. 3. An Stelle des früheren Reichsgesundheitsamtes entscheiden die für die Länder in Frage kommenden Stellen, welche Mittel unter die Vorschrift des § 1 Nr. 3 fallen, und erteilen Herstellungs- und Vertriebsgenehmigungen. Stoffe und Zubereitungen in Form von Fertigwaren, die zur Einführung in die Scheide bestimmt und zur Verhütung der Schwangerschaft geeignet sind, dürfen nur dann zu geschäftlichen Zwecken hergestellt, aus dem Ausland eingeführt, zum Verkauf vorrätig gehalten, verkauft, abgegeben oder sonst irgendwie in den Verkehr gebracht werden, wenn sie von den entsprechenden Stellen der Länderregierung nach vorheriger Prüfung zugelassen sind. In einzelnen Ländern sind auf Grund der neuen Bestimmungen von den zuständigen Landesgesundheitsbehörden die Herstellungs- und Vertriebsgenehmigungen für verschiedene Antikonzeptionsmittel teilweise schon erteilt worden. Die in den einzelnen Ländern erlassenen Gesetze und Verordnungen sind aus der folgenden Zusammenstellung ersichtlich:

*Bremen:* Gesetz über Verfahren, Mittel und Gegenstände zur Verhütung von Schwangerschaften. Vom 26. September 1950 (GBl. Brem. Nr. 36/1950, S. 103) und 20. März 1951 (GBl. Brem. 1951, S. 33).

*Baden-Württemberg:* Verordnung Nr. 316 des Innenministeriums über die Aufhebung des Herstellungsverbotes von empfängnisverhütenden Mitteln. Vom 16. Januar 1947 (RegBl. Württ.-Bad. Nr. Nr. 4/1947, S. 28).

*Hamburg:* Aufhebung der Polizeiverordnung des RMdI. über Verfahren, Mittel und Gegenstände zur Unterbrechung und Verhütung von Schwangerschaften. Vom 12. Mai 1948 (GVBl. Hbg. Nr. 10/1948, S. 25).

Gesetz über Schwangerschaftsverhütungsmittel. Vom 28. Juli 1949 (GVBl. Hbg. 1949, Nr. 28, S. 129).

Polizeiverordnung über Mutterrohre. Vom 30. Juni 1953 (GVBl. Hbg. 1953, S. 115).

*Niedersachsen:* Verordnung zur Änderung der Polizeiverordnung über Verfahren, Mittel und Gegenstände zur Unterbrechung und Verhütung von Schwangerschaften. Vom 21. Januar 1949 (GVBl. Ndsa., 1949, Nr. 5, S. 32).

Erlaß des Ministers für Arbeit, Aufbau und Gesundheit über Abgabe von Schwangerschaftsverhütungsmitteln. Vom 22. März 1949 (Amtsblatt Ndsa. 1949, Nr. 9, S. 127).

*Schleswig-Holstein:* Polizeiverordnung über Verfahren, Mittel und Gegenstände zur Unterbrechung und Verhütung von Schwangerschaften. Vom 1. September 1952 (GVBl. SchlH. 1952, Nr. 25, S. 144).

**In der Ostzone** (Deutsche Demokratische Republik) ist die Verordnung vom 21. Januar 1941 nicht mehr anzuwenden (Rundschreiben der Deutschen Zentralverwaltung für das Gesundheitswesen in der sowjetischen Besatzungszone über die Unanwendbarkeit der Polizeiverordnung über Verfahren, Mittel und Gegenstände zur Unterbrechung und Verhütung von Schwangerschaften vom 21. Januar 1941 vom 26. August 1946 — „Das Deutsche Gesundheitswesen" 1947, Heft 6, S. 204). Die Herstellung und der Verkauf der genannten Mittel ist daher unter Beachtung der allgemeinen Bestimmungen, z. B. der §§ 184 und 219 StGB., zulässig.

# B. Gifte.

## I. Die Konzession zum Handel mit Giften.

*Reichsgesetzlich* kommen für den *Gifthandel* folgende Bestimmungen in Betracht: §§ 34 Abs. 3, 40, 42a Abs. 1, 47 Abs. 1, 53 Abs. 1 und 2, 56 Abs. 2, 143 Abs. 1, 147 Abs. 1, 148 Abs. 1 und 2, 151 und 155 Abs. 1 der Reichsgewerbeordnung (RGO) und 367 Ziff. 3 und 5 des Strafgesetzbuches (StGB).

Durch Bundesratsbeschlüsse von 1894, 1901 und 1906 wurde der Wortlaut einer Giftverordnung festgelegt, der meist wörtlich in die einzelnen deutschen Länderverordnungen übernommen wurde. Die *Giftverordnungen* sind also *Landesgesetze*. Die Giftverordnungen haben seit 1906 mehrfach Änderungen (Erweiterungen bzw. Streichungen) erfahren. Im folgenden Abschnitte ist die Verordnung des Reichs-

und Preußischen Ministers des Innern vom 11. Januar 1938 abgedruckt. Die Verordnungen der anderen Länder weichen nur geringfügig davon ab[1].

Das Reichsstrafgesetzbuch bedroht in § 367 Ziff. 3 und 5 denjenigen mit Geldstrafe bis zu 150 RM oder Haft, der ohne polizeiliche Erlaubnis Gift oder Arzneien, soweit der Handel mit denselben nicht freigegeben ist, zubereitet, feilhält, verkauft oder sonst an andere überläßt oder bei der Aufbewahrung oder Beförderung von Giftwaren oder bei Ausübung der Befugnis zur Zubereitung oder Feilhaltens dieser Gegenstände sowie Arzneien die deshalb ergangenen Verordnungen nicht befolgt.

Die Frage der Erlaubnis ist in Deutschland jedoch nicht gleichmäßig geregelt. Mit Rücksicht auf die Gefahren für die Volksgesundheit sieht der § 34 der Gewerbeordnung vor, den Handel mit Giften von einer Erlaubnis abhängig zu machen, die die Zuverlässigkeit des Gewerbetreibenden voraussetzt. Der § 34 Abs. 3 bestimmt: „Die Landesgesetze können vorschreiben, daß zum Handel mit Giften besondere Genehmigung erforderlich ist." Dieses den Landesregierungen zugestandene Vorrecht, den Handel mit Giften von einer *Sondererlaubnis* der Behörde abhängig zu machen, haben die meisten deutschen Länder in Anspruch genommen. Einzelne machten davon keinen Gebrauch. Nur eine *Anzeige* von der Eröffnung des Gifthandels ist notwendig in Baden und Württemberg, weiter in Bayern und Braunschweig für die Gifte der Abt. 3. Die Behörden erteilen in diesen Ländern auf Grund der Anzeige eine schriftliche Bescheinigung. In den anderen deutschen Ländern (und in Bayern und Braunschweig für den Handel mit Giften der Abt. 1 und 2) ist die Ausübung des Gifthandels dagegen an eine besondere behördliche *Genehmigungserteilung* gebunden, welche auch *Giftkonzession* genannt wird. Diese Genehmigung wird dann in diesen Ländern von dem *Nachweis* der *Zuverlässigkeit* des Nachsuchenden in Beziehung auf den beabsichtigten Gewerbebetrieb abhängig gemacht.

Außer dem Nachweis der Zuverlässigkeit verlangen aber manche Länder noch ein *Befähigungszeugnis*. Der *Nachweis der Befähigung* besteht in den einzelnen Ländern im Vorweisen der Approbation als geprüfter Nahrungsmittelchemiker oder Apotheker, oder im Nachweis fachmännischer Kenntnisse, oder durch Vorweisen des Drogisten-Prüfungszeugnisses in Verbindung mit dem Giftprüfungszeugnis.

Die Erlaubnis ist nicht abhängig von der sogenannten *Bedürfnisfrage*.

Das *Befähigungszeugnis* wird erworben durch Bestehen der *Giftprüfung*. Die Art der *Durchführung der Prüfung und die erforderlichen Kenntnisse* sind in der *Dienstordnung für die Gesundheitsämter* (3. Durchführungsverordnung zum Gesetz über die Vereinheitlichung des Gesundheitswesens vom 30. März 1935) festgelegt. Die Abnahme der Giftprüfung geschieht durch die Amtsärzte und Leiter der Gesundheitsämter und auf eigene Meldung des Antragstellers oder auch auf Antrag der Polizeibehörde. Nicht der Geschäftsort, sondern der Wohnort ist für die Ablegung der Giftprüfung zuständig.

Es wird unterschieden zwischen 1. einem *Befähigungsnachweis für den uneingeschränkten Gifthandel* und 2. einem *Befähigungsnachweis für den beschränkten Gifthandel*.

Die *Giftprüfung* erstreckt sich bei Bewerbern um eine uneingeschränkte Genehmigung zum Gifthandel auf die allgemeine Kenntnis der Vorschriften des Strafgesetzbuches, der Gewerbeordnung und der Polizeiverordnungen über den Handel mit Giften, auf die Kenntnis der Zusammensetzung der hauptsächlich gehandelten

---

[1] Nähere Ausführungen über die Verordnungen der einzelnen deutschen Länder und ausführliche Erläuterungen zu der Polizeiverordnung über den Handel mit Giften siehe Eng-wicht, Der Gifthandel und der Handel mit giftigen Pflanzenschutzmitteln, Verlagsgesellschaft Rud. Müller, Köln-Braunsfeld.

Gifte und giftigen Farben, ihrer landesüblichen Bezeichnung und der Gefahren, die beim Umgang mit ihnen drohen (Feuergefährlichkeit, Ätzwirkung, Schädlichkeit der Verstäubung u. dgl.). Die Bestimmung einiger Proben von besonders gearteten Giften und giftigen Farben ist zu verlangen. Bei Bewerbern um eine beschränkte Genehmigung zum Gifthandel genügt außer der Kenntnis der erwähnten Rechtsvorschriften die Kenntnis der Zusammensetzung derjenigen Stoffe, für welche die Genehmigung beantragt wird, und der beim Umgang mit ihnen drohenden Gefahren. Die Bestimmung einiger Proben von diesen Stoffen ist zu verlangen.

Über das Bestehen der Prüfung wird ein Zeugnis ausgestellt.

Wenn die Landesgesetze eine Genehmigung zum Handel mit Giften vorschreiben, so ist die Einreichung eines Gesuches zur Erlaubniserteilung (Konzessionsgesuches) erforderlich. Je nachdem, ob in dem betreffenden Lande die Erlaubniserteilung von der Zuverlässigkeit und Befähigung abhängig ist, sind dem *Konzessionsgesuch* als Anlage die dementsprechenden Nachweise (polizeiliches Führungszeugnis oder dergleichen, Giftprüfungszeugnis) beizufügen.

In Preußen erteilt die Erlaubnis für die Gemeinden und die zu einem Landkreis gehörigen Städte mit einer Einwohnerzahl unter 10 000 die Kreispolizeibehörde bzw. der Landrat, und in den nicht zu einem Landkreis gehörigen Städten, die einen eigenen Stadtkreis bilden, der staatliche Polizeiverwalter bzw. der Oberbürgermeister, in dessen Bezirk der Gifthandel ausgeübt werden soll. (In anderen Ländern: Bezirksamt, Amtshauptmannschaft, Oberamt, Bezirksrat oder Kreisamt.) Nach der Prüfung des Konzessionsgesuches und des Zuverlässigkeitsnachweises wird dem Antragsteller die Erlaubnis zum Handel mit Giften erteilt. *Versagt* muß die Genehmigung demjenigen Antragsteller werden, welcher den geforderten Nachweis der Zuverlässigkeit bzw. der Fachkenntnisse nicht zu erbringen vermag. Als unzuverlässig ist derjenige anzusehen, der nicht befähigt erscheint, die Leitung und Verwaltung des Geschäftes so auszuüben, daß Gefahren für die Volksgesundheit ausgeschlossen sind. Wird die Erlaubnis ohne Grund versagt, so kann das Verwaltungsstreitverfahren angestrengt werden (Einspruch bei der abweisenden Instanz und dann Beschwerde bei der zweiten Instanz).

Über die erteilte Erlaubnis wird eine *Konzessionsurkunde* ausgestellt. Der Drogist ist verpflichtet, diese Urkunde jederzeit im Geschäftslokal für die Revisionsbeamten bei Besichtigung zur Verfügung zu halten. Die Giftkonzession ist persönlich, d. h. sie gilt nur für diejenige Person, auf deren Namen sie erteilt wurde.

Die *Zurücknahme von erteilten Genehmigungen* behandelt § 53 Abs. 2 der RGO.

Konzessionen können in Gemäßheit des § 53 der Reichsgewerbeordnung zurückgezogen werden, wenn die Unrichtigkeit der Nachweise dargetan wird, auf Grund deren solche erteilt worden sind, oder wenn aus Handlungen des Konzessionsinhabers der Mangel derjenigen Eigenschaften, die bei der Erteilung der Genehmigung nach der Vorschrift des Gesetzes vorausgesetzt werden mußten, hervorgeht.

Zur *Entziehung der Genehmigung* kann z. B. führen Mißbrauch des Gewerbes, die Unrichtigkeit oder Fälschung der vorgelegten Atteste oder Leumundszeugnisse usw.

Die Handlung oder Unterlassung des Gewerbeinhabers, die zur Konzessionsentziehung führt, muß aber eine schuldbare, d. h. eine solche sein, für die er verantwortlich gemacht werden kann.

Ist der Konzessionsinhaber durch Krankheit, durch zeitweise Abwesenheit oder dergleichen verhindert, den Gifthandel selbst auszuüben oder zu überwachen, so muß er einen *Stellvertreter* anstellen. Der Stellvertreter muß nach § 45 der RGO den für das betreffende Gewerbe vorgeschriebenen Erfordernissen genügen. Als Stellvertreter im Gifthandel muß er demnach die Zuverlässigkeit und die Befähigung zum Gifthandel nachweisen können. Die Bestellung eines Stellvertreters muß ebenfalls behördlich bestätigt werden.

Die *Überwachung des Gifthandels* geschieht durch die zuständige Polizeibehörde. Mit den Überwachungsfunktionen sind die Amtsärzte und Leiter der Gesundheitsämter betraut.

Der Großhandel mit Giften unterliegt den gesetzlichen Bestimmungen mit gewissen Erleichterungen (s. §§ 4, 11 und 14 der Giftverordnung).

Im gesamten Reichsgebiet ist nach § 56 Abs. 2 RGO. der *Gifthandel* im *Umherziehen* (Hausierhandel) aufs strengste untersagt. Somit gelten die nachfolgenden Bestimmungen der Polizeiverordnung hauptsächlich für den ansässigen, gewerbsmäßigen Kleinhandel mit Giften.

## II. Polizeiverordnung über den Handel mit Giften.

Vom 11. Januar 1938. (Preuß. Gesetzsammlung Nr. 1 S. 1; Druckfehlerberichtigung Nr. 9 S. 58.)

Auf Grund des Preußischen Polizeiverwaltungsgesetzes vom 1. Juni 1931 (Gesetzsamml. S. 77) wird für Preußen die nachstehende Polizeiverordnung erlassen:

§ 1. Der gewerbsmäßige Handel mit Giften unterliegt den Bestimmungen der §§ 2 bis 18. Als Gifte im Sinne dieser Bestimmungen gelten die in Anlage I aufgeführten Drogen, chemischen Präparate und Zubereitungen.

*Aufbewahrung der Gifte.*

§ 2. Vorräte von Giften müssen übersichtlich geordnet, von anderen Waren getrennt und dürfen weder über noch unmittelbar neben Nahrungs- oder Genußmitteln aufbewahrt werden.

§ 3. Vorräte von Giften, mit Ausnahme der auf abgeschlossenen Giftböden verwahrten giftigen Pflanzen und Pflanzenteile (Wurzeln, Kräuter usw.) müssen sich in dichten, festen Gefäßen befinden, welche mit festen, gut schließenden Deckeln oder Stöpseln versehen sind.

In Schiebladen dürfen Farben sowie die übrigen in den Abt. 2 und 3 der Anlage I aufgeführten festen, an der Luft nicht zerfließenden oder verdunstenden Stoffe aufbewahrt werden, sofern die Schiebladen mit Deckeln versehen, von festen Füllungen umgeben und so beschaffen sind, daß ein Verschütten oder Verstäuben des Inhalts ausgeschlossen ist.

Außerhalb der Vorratsgefäße darf Gift, unbeschadet der Ausnahmebestimmung im Abs. 1, sich nicht befinden.

§ 4. Die Vorratsgefäße müssen mit der Aufschrift „Gift" sowie mit der Angabe des Inhalts unter Anwendung der in der Anlage I enthaltenen Namen, außer denen nur noch die Anbringung der ortsüblichen Namen in kleiner Schrift gestattet ist, und zwar bei Giften der Abt. 1 in weißer Schrift auf schwarzem Grunde, bei Giften der Abt. 2 und 3 in roter Schrift auf weißem Grunde, deutlich und dauerhaft bezeichnet sein. Vorratsgefäße für Mineralsäuren, Laugen, Brom und Jod dürfen mittels Radier- und Ätzverfahrens hergestellte Aufschriften auf weißem Grunde haben.

Diese Bestimmung findet auf Vorratsgefäße in solchen Räumen, welche lediglich dem Großhandel dienen, nicht Anwendung, sofern in anderer Weise für eine Verwechslungen ausschließende Kennzeichnung gesorgt ist. Werden jedoch aus derartigen Räumen auch die für eine Einzelverkaufsstätte des Geschäftsinhabers bestimmten Vorräte entnommen, so müssen, abgesehen von der im Geschäft sonst üblichen Kennzeichnung, die Gefäße nach Vorschrift des Abs. 1 bezeichnet sein.

§ 5. Die in Abt. 1 der Anlage I genannten Gifte müssen in einem besonderen, von allen Seiten durch feste Wände umschlossenen Raume (Giftkammer) aufbewahrt werden, in welchem andere Waren als Gifte sich nicht befinden. Dient als Giftkammer ein hölzerner Verschlag, so darf derselbe nur in einem vom Verkaufsraum getrennten Teile des Warenlagers angebracht sein.

Die Giftkammer muß für die darin vorzunehmenden Arbeiten ausreichend durch Tageslicht erhellt und auf der Außenseite der Tür mit der deutlichen und dauerhaften Aufschrift „Gift" versehen sein.

Die Giftkammer darf nur dem Geschäftsinhaber und dessen Beauftragten zugänglich und muß außer der Zeit des Gebrauchs verschlossen sein.

§ 6. Innerhalb der Giftkammer müssen die Gifte der Abteilung I in einem verschlossenen Behältnisse (Giftschrank) aufbewahrt werden.

Der Giftschrank muß auf der Außenseite der Tür mit der deutlichen und dauerhaften Aufschrift „Gift" versehen sein.

Bei dem Giftschranke muß sich ein Tisch oder eine Tischplatte zum Abwiegen der Gifte befinden.

Größere Vorräte von einzelnen Giften der Abt. 1 dürfen außerhalb des Giftschrankes aufbewahrt werden, sofern sie sich in verschlossenen Gefäßen befinden.

§ 7. Phosphor und mit solchem hergestellte Zubereitungen müssen außerhalb des Giftschrankes, sei es innerhalb oder außerhalb der Giftkammer, unter Verschluß an einem frost-
freien Orte in einem feuerfesten Behältnis, und zwar gelber (weißer) Phosphor unter Wasser,
aufbewahrt werden. Ausgenommen sind Phosphorpillen; auf diese finden die Bestimmungen
der §§ 5 und 6 Anwendung.

Kalium und Natrium sind unter Verschluß, wasser- und feuersicher und mit einem sauerstofffreien Körper (Paraffinöl, Steinöl oder dgl.) umgeben, aufzubewahren.

§ 8. Zum ausschließlichen Gebrauch für die Gifte der Abt. 1 und zum ausschließlichen
Gebrauch für die Gifte der Abt. 2 und 3 sind besondere Geräte (Waagen, Mörser, Löffel u. dgl.)
zu verwenden, welche mit der deutlichen und dauerhaften Aufschrift „Gift" in dem § 4
Abs. 1 entsprechenden Farben versehen sind. In jedem zur Aufbewahrung von giftigen Farben
dienenden Behälter muß sich ein besonderer Löffel befinden. Die Geräte dürfen zu anderen
Zwecken nicht gebraucht werden und sind mit Ausnahme der Löffel für giftige Farben stets
rein zu halten. Die Geräte für die im Giftschrank befindlichen Gifte sind in diesem aufzubewahren. Auf Gewichte finden diese Vorschriften nicht Anwendung.

Der Verwendung besonderer Waagen bedarf es nicht, wenn größere Mengen von Giften
unmittelbar in den Vorrats- oder Abgabegefäßen gewogen werden.

§ 9. Hinsichtlich der Aufbewahrung von Giften in den Apotheken greifen nachfolgende
Abweichungen von den Bestimmungen der §§ 4, 5 und 8 Platz.

(Zu § 4.) Die Bestimmungen im § 4 gelten für Apotheken nur insoweit, als sie sich auf die
Gefäße für Mineralsäuren, Laugen, Brom und Jod beziehen. Im übrigen bewendet es hinsichtlich der Bezeichnung der Gefäße bei den hierüber ergangenen besonderen Anordnungen.

(Zu § 5.) Die Giftkammer darf, falls sie in einem Vorratsraum eingerichtet wird, auch durch
einen Lattenverschlag hergestellt werden. Kleinere Vorräte von Giften der Abt. 1 dürfen in
einem besonderen, verschlossenen und mit der deutlichen und dauerhaften Aufschrift „Gift"
oder „Venena" oder „Tabula B" versehenen Behältnisse im Verkaufsraum oder in einem geeigneten Nebenraum aufbewahrt werden. Ist der Bedarf an Gift so gering, daß der gesamte
Vorrat in dieser Weise verwahrt werden kann, so besteht eine Verpflichtung zur Einrichtung
einer besonderen Giftkammer nicht.

(Zu § 8.) Für die im vorstehenden Absatz bezeichneten kleineren Vorräte von Giften der
Abt. 1 sind besondere Geräte zu verwenden und in dem für diese bestimmten Behältnisse zu
verwahren. Für die in den Abt. 2 und 3 bezeichneten Gifte sind besondere Geräte nicht erforderlich.

*Abgabe der Gifte.*

§ 10. Gifte dürfen nur von dem Geschäftsinhaber oder den von ihm hiermit Beauftragten
abgegeben werden.

§ 11. Über die Abgabe der Gifte der Abt. 1 und 2 sind in einem mit fortlaufenden Seitenzahlen versehenen, gemäß Anlage II eingerichteten Giftbuche die daselbst vorgesehenen Eintragungen zu bewirken. Die Eintragungen müssen sogleich nach Verabfolgung der Waren von
dem Verabfolgenden selbst und zwar immer in unmittelbarem Anschluß an die nächst vorhergehende Eintragung ausgeführt werden. Das Giftbuch ist zehn Jahre lang der letzten Eintragung aufzubewahren.

Die vorstehenden Bestimmungen finden nicht Anwendung auf die Abgabe der Gifte,
welche von Großhändlern an Wiederverkäufer, an technische Gewerbetreibende oder an staatliche Untersuchungs- oder Lehranstalten abgegeben werden, sofern über die Angabe dergestalt
Buch geführt wird, daß der Verbleib der Gifte nachgewiesen werden kann.

§ 12. Gift darf nur an solche Personen abgegeben werden, welche als zuverlässig bekannt
sind und das Gift zu einem erlaubten gewerblichen, wirtschaftlichen, wissenschaftlichen oder
künstlerischen Zwecke benutzen wollen. Sofern der Abgebende von dem Vorhandensein dieser
Voraussetzungen sichere Kenntnis nicht hat, darf er Gifte nur gegen Erlaubnisschein abgeben.

Die Erlaubnisscheine werden von der Ortspolizeibehörde nach Prüfung der Sachlage
gemäß Anlage III ausgestellt. Dieselben werden in der Regel nur für eine bestimmte Menge,
ausnahmsweise auch für den Bezug einzelner Gifte während eines ein Jahr nicht übersteigenden Zeitraums gegeben. Der Erlaubnisschein verliert mit dem Ablaufe des vierzehnten Tages
nach dem Ausstellungstage sein Gültigkeit, sofern auf demselben etwas anderes nicht vermerkt ist.

An Kinder unter vierzehn Jahren dürfen Gifte nicht ausgehändigt werden.

§ 13. Die in Abt. 1 und 2 verzeichneten Gifte dürfen nur gegen schriftliche Empfangsbescheinigung (Giftschein) des Erwerbers verabfolgt werden. Wird das Gift durch einen Beauftragten abgeholt, so hat der Abgebende (§ 10) auch von diesem sich den Empfang be-
scheinigen zu lassen. Die Bescheinigungen sind nach dem in Anlage IV vorgeschriebenen

Muster auszustellen, mit den entsprechenden Nummern des Giftbuchs zu versehen und zehn Jahre lang aufzubewahren.

Die Empfangsbestätigung desjenigen, welchem das Gift ausgehändigt wird, darf auch in einer Spalte des Giftbuchs abgegeben werden.

Im Falle des § 11 Abs. 2 ist die Ausstellung eines Giftscheins nicht erforderlich.

§ 14. Gifte müssen in dichten, festen und gut verschlossenen Gefäßen abgegeben werden; jedoch genügen für feste, an der Luft nicht zerfließende oder verdunstende Gifte der Abt. 2 und 3 dauerhafte Umhüllungen jeder Art, sofern durch dieselben ein Verschütten oder Verstäuben des Inhalts ausgeschlossen wird.

Die Gefäße oder die an ihre Stelle tretenden Umhüllungen müssen mit der im § 4 Abs. 1 angegebenen Aufschrift und Inhaltsangabe sowie mit dem Namen des abgebenden Geschäfts versehen sein. Bei festen, an der Luft nicht zerfließenden oder verdunstenden Giften der Abt. 3 darf an Stelle des Wortes „Gift" die Aufschrift „Vorsicht" verwendet werden.

Bei der Abgabe an Wiederverkäufer, technische Gewerbebetriebe und staatliche Untersuchungs- oder Lehranstalten genügt indessen jede andere, Verwechslungen ausschließende Aufschrift und Inhaltsangabe; auch brauchen die Gefäße oder die an ihre Stelle tretenden Umhüllungen nicht mit dem Namen des abgebenden Geschäfts versehen zu sein.

§ 15. Es ist verboten, Gifte in Trink- oder Kochgefäßen oder in solchen Flaschen oder Krügen abzugeben, deren Form oder Bezeichnung die Gefahr einer Verwechslung des Inhalts mit Nahrungs- oder Genußmitteln herbeiführen geeignet ist.

§ 16. Auf die Abgabe von Giften als Heilmittel in den Apotheken finden die Vorschriften der §§ 11 bis 14 nicht Anwendung.

### Besondere Vorschriften über Farben.

§ 17. Auf gebrauchsfertige Öl-, Harz- oder Lackfarben, soweit sie nicht Arsenfarben sind, finden die Vorschriften der §§ 2 bis 14 nicht Anwendung. Das gleiche gilt für andere giftige Farben, welche in Form von Stiften, Pasten oder Steinen oder in geschlossenen Tuben zum unmittelbaren Gebrauch fertiggestellt sind, sofern auf jedem einzelnen Stücke oder auf dessen Umhüllung entweder das Wort „Gift" bzw. „Vorsicht" und der Name der Farbe oder eine das darin enthaltende Gift erkennbar machende Bezeichnung deutlich angebracht ist.

### Ungeziefermittel.

§ 18. Bei der Abgabe der unter Verwendung von Gift hergestellten Mittel gegen schädliche Tiere (sog. Ungeziefermittel) ist jeder Packung eine Belehrung über die mit einem unvorsichtigen Gebrauche verknüpften Gefahren beizufügen. Der Wortlaut der Belehrung kann von der zuständigen Behörde vorgeschrieben werden.

Arsenhaltiges Fliegenpapier darf nur mit einer Abkochung von Quassiaholz oder Lösung von Quassiaextrakt zubereitet in viereckigen Blättern von 12 : 12 cm, deren jedes nicht mehr als 0,01 g arsenige Säure enthält und auf beiden Seiten mit drei Kreuzen, der Abbildung eines Totenkopfes und der Aufschrift „Gift" in schwarzer Farbe deutlich und dauerhaft versehen ist, feilgehalten oder abgegeben werden. Die Abgabe darf nur in einem dichten Umschlag erfolgen, auf welchem in schwarzer Farbe deutlich und dauerhaft die Inschriften „Gift" und „Arsenhaltiges Fliegenpapier" und im Kleinhandel außerdem der Name des abgebenden Geschäfts angebracht ist.

Andere arsenhaltige Ungeziefermittel dürfen nur mit einer in Wasser leicht löslichen grünen Farbe vermischt feilgehalten oder abgegeben werden; sie dürfen nur gegen Erlaubnisschein (§ 12) verabfolgt werden.

Kieselfluorwasserstoffsaure oder fluorwasserstoffsaure (flußsaure) Salze enthaltende Ungeziefermittel dürfen nur feilgehalten oder abgegeben werden, wenn sie mindestens mit 2 Hundertteilen Berliner Blau vermischt sind. Die Abgabe darf nur in dichten, festen und gut verschlossenen Behältnissen erfolgen, die mit der Aufschrift „Gift", dem Totenkopfzeichen sowie mit der Inhaltsangabe (z. B. Natriumsilikofluorid-Zubereitung, natriumfluoridhaltig) deutlich und dauerhaft versehen sind.

Kieselfluorwasserstoffsaure oder fluorwasserstoffsaure Salze enthaltende Ungeziefermittel, die mit einem anderen Farbstoff als Berliner Blau oder mit weniger als 2 Hundertteilen Berliner Blau versetzt sind, ferner thalliumhaltige Ungeziefermittel, die weniger als 1 Hundertteil eines wasserlöslichen blauen Farbstoffs enthalten, dürfen noch bis zu einer Frist von drei Monaten nach Inkrafttreten dieser Verordnung feilgehalten oder abgegeben werden.

Thalliumhaltige Ungeziefermittel dürfen nur feilgehalten oder abgegeben werden, wenn sie in 100 Gewichtsteilen höchstens 3 Gewichtsteile lösliche Thalliumsalze enthalten und mit Ausnahme thalliumhaltigen Giftgetreides (s. Abs. 7) mit mindestens 1 Hundertteil eines wasserlöslichen blauen Farbstoffs vermischt sind. Die Abgabe darf nur in dichten, festen und gut verschlossenen Behältnissen erfolgen, die mit der Aufschrift „Gift", dem Totenkopfzeichen sowie mit der Inhaltsangabe (z. B. thalliumhaltige Zubereitung) deutlich und dauerhaft versehen sind.

Strychninhaltige Ungeziefermittel dürfen nur in Form von vergiftetem Getreide, welches in 1000 Gewichtsteilen höchstens 5 Gewichtsteile salpetersaures Strychnin enthält und dauerhaft dunkelrot gefärbt ist, feilgehalten oder abgegeben werden. Ebenso darf sonstiges Giftgetreide, das zur Ungeziefervertilgung verwendet werden soll, nur in dauerhaft dunkelrot gefärbtem Zustande feilgehalten oder abgegeben werden.

Vorstehende Beschränkungen können zeitweilig außer Wirksamkeit gesetzt werden, wenn und soweit es sich darum handelt, unter polizeilicher Aufsicht außerordentliche Maßnahmen zur Vertilgung von schädlichen Tieren, z. B. Feldmäusen, zu treffen.

### Gewerbebetrieb der Kammerjäger.

§ 19. Personen, welche gewerbsmäßig schädliche Tiere vertilgen (Kammerjäger), müssen ihre Vorräte von Giften und gifthaltigen Ungeziefermitteln unter Beachtung der Vorschriften in den §§ 2, 3, 4, 7 und, soweit sie die Vorräte nicht bei Ausübung ihres Gewerbes mit sich führen, in verschlossenen Räumen, welche nur ihnen und ihren Beauftragten zugänglich sind, aufbewahren. Sie dürfen die Gifte und die Mittel an andere nicht überlassen.

§ 20. Die für Apotheken über den Handel mit Giften bestehenden weitergehenden Vorschriften bleiben auch ferner in Kraft.

§ 21. Für jeden Fall der Nichtbefolgung dieser Polizeiverordnung wird hiermit die Festsetzung eines Zwangsgeldes in Höhe bis zu 150 RM, im Nichteintreibungsfall die Festsetzung von Zwangshaft bis zu zwei Wochen angedroht. Soweit die Nichtbefolgung dieser Polizeiverordnung durch § 367 Nr. 5 des StGB. mit Strafe bedroht ist, bleibt die Androhung der Strafe unberührt.

Berlin, den 11. Januar 1938.

Der Reichs- und Preußische Minister des Innern.

## 1. Verzeichnis der Gifte[1].

### Abteilung 1.

Akonitin, dessen Verbindungen und Zubereitungen

*Arsen, dessen Verbindungen und Zubereitungen, auch Arsenfarben*

Atropin, dessen Verbindungen und Zubereitungen

Brucin, dessen Verbindungen und Zubereitungen

Curare und dessen Präparate

Cyanwasserstoffsäure (Blausäure), *Cyankalium, die sonstigen cyanwasserstoffsauren Salze und deren Lösungen*

Daturin, dessen Verbindungen und Zubereitungen

Digitalin, dessen Verbindungen und Zubereitungen

Emetin, dessen Verbindungen und Zubereitungen

Erythrophlein, dessen Verbindungen und Zubereitungen

*Fluorwasserstoffsäure (Flußsäure)*

Homatropin, dessen Verbindungen und Zubereitungen

Hyoscin (Duboisin), dessen Verbindungen und Zubereitungen

Hyoscyamin (Duboisin), dessen Verbindungen und Zubereitungen

(*Insektizide Ester der Phosphorsäuren usw.* s. hinter Position Phosphor)

Kantharidin, dessen Verbindungen und Zubereitungen

Kolchicin, dessen Verbindungen und Zubereitungen

Koniin, dessen Verbindungen und Zubereitungen

*Nikotin, dessen Verbindungen und Zubereitungen*

Nitroglyzerinlösungen

*Phosphor (auch roter, sofern er gelben Phosphor enthält) und die damit bereiteten Mittel zum Vertilgen von Ungeziefer sowie Phosphorwasserstoff entwickelnde Verbindungen (z. B. Phosphorkalzium, Phosphorzink) und Zubereitungen mit Ausnahme solcher, die den Anforderungen an die Position „Phosphorwasserstoff entwickelnde Zubereitungen . . ." der Abteilung 3 entsprechen*

*Insektizide Ester der Phosphorsäuren, Polyphosphorsäuren und substituierten Phos-*

---

[1] Die nicht kursiv gesetzten Stoffe und Zubereitungen dieses Verzeichnisses stehen entweder im Verzeichnis B der Arzneimittelverordnung oder sind für den Gifthandel bedeutungslos. Kursivsatz kennzeichnet also die für den Gifthandel wichtigen Stoffe, Verbindungen und Zubereitungen.

Die in dem Verzeichnis der Gifte hinter den einzelnen Positionen angegebenen eingeklammerten Zahlen beziehen sich auf die auf S. 546 aufgeführten Verordnungen, durch die das Giftverzeichnis seit 1945 erweitert wurde.

phorsäuren (z. B. *Thiophosphorsäure*), einschließlich der Ester mit Nitrophenol und Methyloxycumarin und deren Zubereitungen, ausgenommen: Zubereitungen dieser Ester der Abteilungen 2 und 3 (3, 5, 10, 17)

Physostigmin, dessen Verbindungen und Zubereitungen

Pikrotoxin

*Quecksilberpräparate, auch Farben, außer Quecksilberchlorür (Kalomel) und Schwefelquecksilber (Zinnober)*

*Salzsäure, arsenhaltige* *

*Schwefelsäure, arsenhaltige* *

Skopolamin, dessen Verbindungen und Zubereitungen

Strophantin

Strychnin, dessen Verbindungen und Zubereitungen, mit Ausnahme von strychninhaltigem Getreide

*Uransalze, lösliche, auch Uranfarben*

Veratrin, dessen Verbindungen und Zubereitungen

## Abteilung 2.

Acetanilid (Antifebrin)

Adoniskraut

Aethylenpräparate

Agaricin

Akonit-extrakt, -knollen, -kraut, -tinktur

*Alpha-Naphthylthioharnstoff und dessen Zubereitungen, ausgenommen: Alpha-Naphthylthioharnstoff enthaltende Zubereitungen der Abteilung 3 (3, 5, 10, 17)*

Amylenhydrat

Amylnitrit

Apomorphin

Belladonna-blätter, -extrakt, -tinktur, -wurzel

Bilsen-kraut, -samen, -extrakt, -tinktur

*Bittermandelöl, blausäurehaltiges*

Brechnuß (Krähenaugen) sowie die damit hergestellten Ungeziefermittel, Brechnußextrakt, -tinktur

Brechweinstein

*Brom*

*Bromäthyl*

*Bromalhydrat*

*Bromoform*

Butylchloralhydrat

Calabar-extrakt, -samen, -tinktur

Cardol

Chloräthyliden, zweifach

Chloralformamid

Chloralhydrat

Chloressigsäuren

Chloroform

*Chromsäure*

Convallamarin, dessen Verbindungen und Zubereitungen

Convallarin, dessen Verbindungen und Zubereitungen

Elaterin, dessen Verbindungen und Zubereitungen

Erythrophleum

Euphorbium

Fingerhut-blätter, -essig, -extrakt, -tinktur

*Fluoressigsäuren, deren Verbindungen und Zubereitungen (3, 5, 10, 17)*

*Fluorwasserstoffsaure (flußsaure) Salze, neutrale, lösliche und deren Zubereitungen*

*Fluorwasserstoffsaure (flußsaure) Salze, saure und deren Zubereitungen, ausgenommen Stifte, die den Anforderungen an die Po-*

*sition ,,Fluorwasserstoffsaure (flußsaure) Salze, saure, in Form von Stiften . . .'' der Abteilung 3 entsprechen (siehe dort)*

Gelsemium-wurzel, -tinktur

Giftlattich-extrakt, -kraut, -saft (Laktukarium)

Giftsumach-blätter, -extrakt, -tinktur

Gottesgnaden-kraut, -extrakt, -tinktur

*Gummigutti, dessen Lösungen und Zubereitungen*

Hydroxylamin, dessen Verbindungen und Zubereitungen

*(Insektizide Ester der Phosphorsäuren usw., s. hinter Position Pental) (10, 17)*

Jalapen-harz, -knollen, -tinktur

*Kieselfluorwasserstoffsäure (Kieselflußsäure), deren Salze und Zubereitungen*

Kirschlorbeeröl

Kokkelskörner

Kotoin

Krotonöl

Narcein, dessen Verbindungen und Zubereitungen

Narkotin, dessen Verbindungen und Zubereitungen

Nieswurz (Helleborus), grüne, -extrakt, -tinktur, -wurzel

Nieswurz (Helleborus), schwarze, -extrakt, -tinktur, -wurzel

*Nitrobenzol (Mirbanöl)*

*Oxalsäure (Kleesäure, sog. Zuckersäure)*

Paraldehyd

Pental

*Insektizide Ester der Phosphorsäuren, Polyphosphorsäuren und substituierten Phosphorsäuren — ausgenommen Diäthylphosphorsäure-p-nitrophenylester — enthaltende Zubereitungen in abgabefertigen Packungen mit nicht mehr als 10 Hundertteilen dieser Ester, soweit diese Zubereitungen einen vom Genuß abschreckenden Geruch und Geschmack aufweisen, ausgenommen: Zubereitungen der Abteilung 3 (3, 5, 10, 17)*

Pilokarpin, dessen Verbindungen und Zubereitungen

*Sabadill-extrakt, -früchte, -tinktur*

Sadebaum-spitzen, -extrakt, -öl

Sankt Ignatius-samen, -tinktur

Santonin
Scammonia-harz (Scammonium), -wurzel
Schierling (Konium) -kraut, -extrakt,
  -früchte, -tinktur
Senföl, ätherisch
Spanische Fliegen und deren weingeistige und
  ätherische Zubereitungen
Stechapfel-blätter, -extrakt, -samen, -tink-
  tur — ausgenommen zum Rauchen oder
  Räuchern —
Strophanthus-extrakt, -samen, -tinktur

*Strychninhaltiges Getreide*
Sulfonal und dessen Ableitungen
Thallin, dessen Verbindungen und Zubereitungen
*Thalliumverbindungen und deren Zubereitungen*
Urethan
Veratrum (weiße Nießwurz) -tinktur, -wurzel
Wasserschierling-kraut, -extrakt
Zeitlosen-extrakt, -knollen, -samen, -tinktur,
  -wein

## Abteilung 3.

*Alpha-Naphthylthioharnstoff enthaltende Zubereitungen mit nicht mehr als 30 Hundertteilen Alpha-Naphthylthioharnstoff (3, 5, 10, 17)*
*Antimonchlorür, fest oder in Lösung*
*Baryumverbindungen außer Schwerspat (schwefelsaurem Baryum)*
Bittermandelwasser
*Bleiessig*
*Bleizucker*
Brechwurzel (Ipecacuanha) -extrakt, -tink-
  tur, -wein
*Chlorsäure und die sonstigen chlorsauren Salze (4, 8)*
*Chlorsäure, deren Salze und Zubereitungen (1, 15)*
*Farben, welche Antimon, Baryum, Blei, Chrom, Gummigutti, Kadmium, Pikrinsäure, Zink oder Zinn enthalten, mit Ausnahme von: Schwerspat (schwefelsaurem Baryum), Chromoxyd, Zink, Zinn und deren Legierungen als Metallfarben, Schwefelkadmium, Schwefelselenkadmium, Schwefelzink, Schwefelzinn (als Musivgold), Zinkoxyd, Zinnoxyd*
*Fluorwasserstoffsaure (flußsaure) Salze, saure, in Form von Stiften mit einem Höchstgewichte von 8 g und einem Höchstgehalte von 50 vom Hundert saurem flußsauren Salze, soweit diese in geschlossenen Behältern mit der Aufschrift „Gift" zur Abgabe an das Publikum gelangen und sofern die Packungen außerdem folgenden Anforderungen entsprechen:*
*1. die Stifte müssen an ihrem unteren Ende mit dem Behälter fest verbunden sein;*
*2. die Behälter dürfen keine reklamehaften Aufdrucke und reklamehaften Bilder aufweisen;*
*3. die Packungen sind mit einer Gebrauchsanweisung zu versehen, die den Vermerk „Vorsicht! Stift nicht anlecken!" tragen muß*
*Goldsalze*
*(Insektizide Ester der Phosphorsäuren usw., s. hinter Position Phenacetin) (10, 17)*
*Jod und dessen Präparate, ausgenommen zuckerhaltiges Eisenjodür und Jodschwefel*
Jodoform
*Kadmium und dessen Verbindungen, auch mit Brom oder Jod*

*Kalilauge, in 100 Gewichtsteilen mehr als 5 Gewichtsteile Kaliumhydroxyd enthaltend*
*Kalium*
*Kaliumbichromat (rotes chromsaures Kalium, sogenanntes Chromkali)*
*Kaliumbioxalat (Kleesalz)*
*Kaliumchlorat (chlorsaures Kalium)*
*Kaliumchromat (gelbes chromsaures Kalium)*
*Kaliumhydroxyd (Ätzkali)*
*Karbolsäure, auch rohe, sowie verflüssigte und verdünnte, in 100 Gewichtsteilen mehr als 3 Gewichtsteile Karbolsäure enthaltend*
Kirschlorbeerwasser
Koffein, dessen Verbindungen und Zubereitungen
*Koloquinthen, -extrakt, -tinktur*
Kreosot
*Kresole und deren Zubereitungen (Kresolseifenlösungen, Lysol, Lysosolveol usw.) sowie deren Lösungen, soweit sie in 100 Gewichtsteilen mehr als ein Gewichtsteil der Kresolzubereitung enthalten*
Lobelien, -kraut, -tinktur
*Meerzwiebel, -extrakt, -tinktur, -wein*
*Meerzwiebel und deren Zubereitungen, Meerzwiebelglykoside und deren Zubereitungen (7, 11, 13, 18)*
*Metaldehyd und dessen Zubereitungen, ausgenommen: Brennstofftabletten in abgabefertiger Packung, soweit die Tabletten einen vom Genuß abschreckenden Geschmack aufweisen und die Packungen den deutlich erkennbaren Hinweis tragen: Vorsicht! Metaldehyd! Unter Verschluß und für Kinder unzugänglich aufzubewahren! (3, 5, 10, 17)*
*Methanol (Methylalkohol), Brennmethanol auch als Zubereitung, ausgenommen: Brennmethanol, das als Warnstoffe 2 Liter 90%iges Handelsbenzol und 0,05 g Methylviolett auf 100 Liter enthält und auf den abgabefertigen Packungen die deutlich erkennbare Aufschrift trägt: Methanol (Methylalkohol)! Vorsicht Gift! Nur für Brennzwecke! Benetzte Hautstellen sofort gründlich mit Wasser reinigen! \*\*) (2)*
*Methylalkohol (Methanol) 1)*
*Methylalkohol (Methanol, auch gefärbtes, Holzgeist) (14)*
Mutterkorn, -extrakte (Ergotin)

*Natrium*
*Natriumbichromat*
*Natriumhydroxyd (Ätznatron, Seifenstein)*
*Natronlauge, in 100 Gewichtsteilen mehr als 5 Gewichtsteile Natriumhydroxyd enthaltend*
*Nitrite (salpetrigsaure Salze) (14)*
*Paraphenylendiamin, dessen Salze, Lösungen und Zubereitungen*
Phenacetin
*Insektizide Ester der Phosphorsäuren, Polyphosphorsäuren und substituierten Phosphorsäuren — ausgenommen Diäthylphosphorsäure-p-nitrophenylester — enthaltende Zubereitungen als Stäubemittel in abgabefertigen Packungen mit nicht mehr als 5 Hundertteilen dieser Ester, soweit diese Zubereitungen einen vom Genuß abschrekkenden Geruch und Geschmack aufweisen (3, 5, 6, 10, 17)*
*Phosphorwasserstoff entwickelnde Zubereitungen, soweit diese in 100 Gewichtsteilen höchstens 7 Gewichtsteile Phosphorwasserstoff entwickelnde Verbindungen enthalten, dauerhaft gefärbt sind und in festen, geschlossenen Behältnissen mit der Aufschrift „Gift" und mit einer Belehrung gemäß § 18 Abs. 1 versehen zur Abgabe an das Publikum gelangen*
*Pikrinsäure und deren Verbindungen*
Quecksilberchlorür (Kalomel)
*Salpetersäure (Scheidewasser), auch rauchende*
*Salpetrigsaure Salze (1, 16)*
*Salpetrigsaure Salze (Nitrite) und deren Zubereitungen** (2, 9, 12, 19)*
*Salzsäure, arsenfreie, auch verdünnte, in 100 Gewichtsteilen mehr als 15 Gewichtsteile wasserfreie Säure enthaltend**)*

*Schwefelkohlenstoff*
*Schwefelsäure, arsenfreie, auch verdünnte, in 100 Gewichtsteilen mehr als 15 Gewichtsteile Schwefelsäuremonohydrat enthaltend**)*
*Silbersalze, mit Ausnahme von Chlorsilber*
Stephans (Staphisagria)-körner
*Zinksalze, mit Ausnahme von Zinkkarbonat*
*Zinnsalze*

**\*) Anmerkung:** Salzsäure und Schwefelsäure gelten als arsenhaltig, wenn 1 ccm der Säure mit 3 ccm Zinnchlorürlösung versetzt innerhalb 15 Minuten eine dunklere Färbung annimmt.

Bei der Prüfung auf den Arsengehalt ist, sofern es sich um konzentrierte Schwefelsäure handelt, zunächst 1 ccm durch Eingießen in 2 ccm Wasser zu verdünnen und 1 ccm von dem erkalteten Gemische zu verwenden. Die Zinnchlorürlösung ist aus 5 Gewichtsteilen kristallisiertem Zinnchlorür, die mit 1 Gewichtsteile Salzsäure anzurühren und vollständig mit trockenem Chlorwasserstoffe zu sättigen sind, herzustellen, nach dem Absetzen durch Asbest zu filtrieren und in kleinen, mit Glasstopfen verschlossenen, möglichst angefüllten Flaschen aufzubewahren.

**\*\*)** Die Bestimmungen des Gesetzes über die Verwendung salpetrigsaurer Salze im Lebensmittelverkehr (Nitritgesetz) vom 19. Juni 1934 (RGBl. I S. 513), die Bestimmungen der Polizeiverordnung über Kühlwasserzusatzmittel vom 11. Dezember 1941 (RGBl. I S. 764) sowie die Verordnung über die Verwendung von Methanol in Lacken und Anstrichmitteln vom 6. August 1942 (RGBl. I S. 498) werden hierdurch nicht berührt.

## 2. Giftbuch.

*Anlage II*

| Laufende Nr. | Bezeichnung des Erlaubnisscheins und Behörde und Nr. | Tag der Abgabe | Des Giftes | | Zweck, zu welchem das Gift vom Erwerber benutzt werden soll | Des Erwerbers | | Des Abholenden | | Name des Verabfolgenden | Eigenhändige Namensschrift des Empfängers |
|---|---|---|---|---|---|---|---|---|---|---|---|
| | | | Name | Menge | | Name und Stand | Wohnort (Wohnung) | Name und Stand | Wohnort (Wohnung) | | |
| | | | | | | | | | | | |

Name der auszustellenden Behörde Nr. .......          *Anlage III*

### Erlaubnisschein zum Erwerb von Gift

Der usw. (Name, Stand) ........... zu (Wohnort und Wohnung) ........
Die (Firma) ........ wünscht (Menge) ...... (Name des Giftes) .... zu erwerben, um damit ........... (Zweck, zu welchem das Gift benutzt werden soll) ......
Gegen dieses Vorhaben ist diesseits nach stattgefundener Prüfung nichts zu erinnern

.............................

............, den ..ten ......... 19..
(Bezeichnung der ausstellenden Behörde)
(Namensunterschrift)
(Siegel)

Dieser Schein macht die Ausstellung einer Empfangsbescheinigung (Giftschein) gemäß § 13 nicht entbehrlich. Er verliert mit dem Ablaufe des 14. Tages nach dem Ausstellungstage seine Gültigkeit, sofern etwas anderes oben nicht ausdrücklich vermerkt ist.

Nr. ........ (des Giftbuches)                                          *Anlage IV.*

*Giftschein.*

Von (Firma des abgebenden Geschäfts) .......... zu (Ort) .......... bekenne ich hierdurch ........ (Menge) .......... (Name des Giftes) ............ zum Zwecke de........ wohlverschlossen und bezeichnet erhalten zu haben.

Der aus einem unvorsichtigen Gebrauche des Giftes entstehenden Gefahren wohl bewußt, werde ich dafür Sorge tragen, daß dasselbe nicht in unbefugte Hände gelangt und nur zu dem vorgedachten Zwecke verwendet wird.

Das Gift soll durch ............ abgeholt werden.

(Wohnort, Tag, Monat, Jahr und Wohnung)
(Name und Vorname, Stand oder Beruf des Erwerbers)
(Eigenhändig geschrieben)

(Zusatz, falls das Gift durch einen anderen abgeholt wird)

Das oben bezeichnete Gift habe ich im Auftrag des ............ (Name des Erwerbers) in Empfang genommen und verspreche, dasselbe alsbald unversehrt an meinen Auftraggeber abzuliefern.

(Name und Vorname, Stand oder Beruf des Abholenden)

(Ort, Tag, Monat, Jahr)                                (Eigenhändig geschrieben)

### 3. Änderungen der Giftverordnung seit 1945.

Das Verzeichnis der Gifte wurde in den einzelnen Ländern durch die folgenden Verordnungen erweitert:

1. *Bayern:* Bekanntmachung vom 18. Juli 1949. (GVBl. 1949, Nr. 20, S. 206.)
2. *Berlin* (West-Berlin): Polizeiverordnung vom 10. März 1952. (GVBl. 1952, Nr. 18, S. 146.)
3. *Berlin* (West-Berlin): Polizeiverordnung vom 22. Oktober 1952. (GVBl. 1952, Nr. 76, S. 956.)
4. *Bremen:* Verordnung vom 18. September 1946. (GBl. 1952, Nr. 31, S. 92.)
5. *Bremen:* Verordnung vom 27. Mai 1952. (GBl. 1952, Nr. 14, S. 40.)
6. *Bremen:* Verordnung vom 27. Februar 1953. (GBl. 1953, Nr. 5, S. 11.)
7. *Bremen:* Verordnung vom 27. November 1953. (GBl. 1953, S. 115.)
8. *Hamburg:* Verordnung vom 22. Juli 1947. (GVBl. 1947, Nr. 16, S. 39.)
9. *Hamburg:* Verordnung vom 12. Februar 1952. (GVBl. 1952, Nr. 6, S. 16.)
10. *Hamburg:* Verordnung vom 6. Mai 1952. (GVBl. 1952, Nr. 23, S. 91.)
11. *Hamburg:* Verordnung vom 15. September 1953. (GVBl. 1953, S. 227.)
12. *Nordrhein-Westfalen:* Polizeiverordnung vom 25. Mai 1951. (GVBl. 1951, Nr. 26, S. 71.)
13. *Nordrhein-Westfalen:* Verordnung vom 22. September 1953. (GVBl. 1953, S. 371.)

14. *Rheinland-Pfalz:* Landesverordnung vom 22. September 1951. (GVBl. 1951, Nr. 42, S. 178.)

15. *Schleswig-Holstein:* Verordnung vom 13. Juli 1947. (GVBl. 1947, Nr. 6, S. 14.)

16. *Schleswig-Holstein:* Verordnung vom 2. August 1949. (GVBl. 1949, Nr. 24, S. 174.)

17. *Schleswig-Holstein:* Verordnung vom 8. Dezember 1952. (GVBl. Nr. 35, S. 183.)

18. *Schleswig-Holstein:* Verordnung vom 5. September 1953. (GVBl. 1953, S. 121.)

19. *Württemberg-Hohenzollern:* Verordnung vom 11. April 1949. (RegBl. 1949, Nr. 21, S. 141.)

Für die Gebiete der Deutschen Demokratischen Republik (Ostdeutschland einschließlich Berlin-Ost) ist durch das Giftgesetz vom 15. September 1950 eine Neuregelung des gesamten Giftverkehrs erfolgt. Dieses Gesetz bringt wesentliche Abweichungen gegenüber den früheren Bestimmungen, Änderungen und Neuerungen in bezug auf die Normativbestimmungen und das Verzeichnis der Gifte. Von einem Abdruck dieser Bestimmungen ist abgesehen worden. Die für Ostdeutschland geltenden gesetzlichen Bestimmungen über den Verkehr mit Giften sind folgende:

a) Gesetz über den Verkehr mit Giften vom 6. September 1950. (GBl. DDR 1950, Nr. 105, S. 977.)

Berichtigung: (GBl. 1951, Nr. 57, S. 420.)

b) 1. Durchführungsbestimmung zum Giftgesetz vom 26. November 1951. (GBl. DDR 1951, Nr. 141, S. 1107.)

c) Bekanntmachung über das Verzeichnis der Gifte vom 28. Juni 1952. (GBl. DDR 1952, Nr. 89, S. 548.)

d) 2. Durchführungsbestimmung zum Giftgesetz vom 23. Juli 1952. (GBl. DDR 1952, Nr. 102, S. 629.)

e) 3. Durchführungsbestimmung zum Giftgesetz — Ablegen der Prüfung im Umgang mit Giften — vom 15. Oktober 1953. (GBl. DDR 1953, Nr. 124, S. 1169.)

## III. Das Farbengesetz.

### Gesetz, betreffend die Verwendung gesundheitsschädlicher Farben bei der Herstellung von Nahrungsmitteln, Genußmitteln und Gebrauchsgegenständen.

#### Vom 5. Juli 1887. (RGBl. Nr. 23 S. 277.)

§ 1. Gesundheitsschädliche Farben dürfen zur Herstellung von Nahrungs- und Genußmitteln, welche zum Verkauf bestimmt sind, nicht verwendet werden.

Gesundheitsschädliche Farben im Sinne dieser Bestimmung sind diejenigen Farbstoffe und Farbzubereitungen, welche Antimon, Arsen, Baryum, Blei, Cadmium, Chrom, Kupfer, Quecksilber, Uran, Zink, Zinn, Gummigutti, Korallin, Pikrinsäure enthalten.

§ 2. Zur Aufbewahrung oder Verpackung von Nahrungs- und Genußmitteln, welche zum Verkauf bestimmt sind, dürfen Gefäße, Umhüllungen oder Schutzbedeckungen, zu deren Herstellung Farben der im § 1 Abs. 2 bezeichneten Art verwendet sind, nicht benutzt werden.

Auf die Verwendung von schwefelsaurem Baryum (Schwerspat, blanc fixe), Barytfarblacken, welche von kohlensaurem Baryum frei sind, Chromoxyd, Kupfer, Zinn Zink und deren Legierungen als Metallfarben, Zinnober, Zinnoxyd, Schwefelzinn als Musivgold sowie auf alle in Glasmassen, Glasuren oder Emails eingebrannte Farben und auf den äußeren Anstrich von Gefäßen aus wasserdichten Stoffen findet diese Bestimmung nicht Anwendung.

§ 3. Zur Herstellung von kosmetischen Mitteln (Mitteln zur Reinigung, Pflege oder Färbung der Haut, des Haares oder der Mundhöhle), welche zum Verkauf bestimmt sind, dürfen die im § 1 Abs. 2 bezeichneten Stoffe nicht verwendet werden.

Auf schwefelsaures Baryum (Schwerspat, blanc fixe), Schwefelkadmium, Chromoxyd, Zinnober, Zinkoxyd, Zinnoxyd, Schwefelzink, sowie auf Kupfer, Zinn, Zink und deren Legierungen in Form von Puder findet diese Bestimmung nicht Anwendung.

§ 4, Abs. 1. Zur Herstellung von zum Verkauf bestimmten Spielwaren (einschließlich der Bilderbogen, Bilderbücher und Tuschfarben für Kinder), Blumentopfgittern und künstlichen Christbäumen dürfen die im § 1 Abs. 2 bezeichneten Farben nicht verwendet werden.

§ 6. Tuschfarben jeder Art dürfen alst rei von gesundheitsschädlichen Stoffen bzw. giftfrei nicht verkauft oder feilgehalten werden, wenn die den Vorschriften im § 4 Abs. 1 und 2 nicht entsprechen.

§ 8, Abs. 2. Die Herstellung der Oblaten unterliegt den Bestimmungen in § 1, jedoch sofern sie nicht zum Genusse bestimmt sind, mit der Maßgabe, daß die Verwendung von schwefelsaurem Baryum (Schwerspat, blanc fixe), Chromoxyd und Zinnober gestattet ist.

§ 9. Arsenhaltige Wasser- oder Leimfarben dürfen zur Herstellung des Anstrichs von Fußböden, Decken, Wänden, Türen, Fenstern der Wohn- oder Geschäfträume, von Roll-, Zug- oder Klappläden oder Vorhängen, von Möbeln und sonstigen häuslichen Gebrauchsgegenständen nicht verwendet werden.

§ 10. Auf die Verwendung von Farben, welche die im § 1 Abs. 2 bezeichneten Stoffe nicht als konstituierende Bestandteile, sondern nur als Verunreinigungen, und zwar höchstens in einer Menge enthalten, welche sich bei den in der Technik gebräuchlichen Darstellungsverfahren nicht vermeiden läßt, finden die Bestimmungen der §§ 2 bis 9 nicht Anwendung.

§ 11. Auf die Färbung von Pelzwaren finden die Vorschriften dieses Gesetzes nicht Anwendung.

§ 12. Mit Geldstrafe bis zu 150 RM oder mit Haft wird bestraft:
1. wer den Vorschriften der §§ 1 bis 5, 7, 8 und 10 zuwider Nahrungsmittel, Genußmittel oder Gebrauchgegenstände herstellt, aufbewahrt oder verpackt oder derartig hergestellte, aufbewahrte oder verpackte Gegenstände gewerbsmäßig verkauft oder feilhält;
2. wer der Vorschrift des § 6 zuwiderhandelt;
3. wer der Vorschrift des § 9 zuwiderhandelt, imgleichen wer Gegenstände, welche dem § 9 zuwider hergestellt sind, gewerbsmäßig verkauft oder feilhält.

§ 13, Abs. 1. Neben der im § 12 vorgesehenen Strafe kann auf Einziehung der verbotswidrig hergestellten, aufbewahrten, verpackten, verkauften oder feilgehaltenen Gegenstände erkannt werden, ohne Unterschied, ob sie dem Verurteilten gehören oder nicht.

Über die Auslegung des für den Drogisten wichtigen § 3 gab es verschiedene Auffassungen. Aus dem § 3 ist geschlossen worden, daß das Farbengesetz nur dann Anwendung finden soll, wenn die im § 1 Abs. 2 genannten Stoffe als Farbstoffe, also zum Zwecke der Färbung von kosmetischen Erzeugnissen, Verwendung finden, nicht aber, wenn sie einem anderen Zweck dienen. Da z. B. der Zusatz von Quecksilberpräzipitat bei den Sommersprossencremes nicht zum Zwecke des Färbens gemacht worden ist, hat man deshalb die Anwendbarkeit des Farbengesetzes auf diese Zubereitungen bestritten. Die Gerichte haben sich jedoch überwiegend auf den Standpunkt gestellt, daß das Farbengesetz die Stoffe schlechthin meint, ohne Rücksicht darauf, ob sie zum Zwecke der Färbung zugesetzt werden oder färbende Kraft haben oder nicht. Kosmetische Mittel dürfen also nicht so hergestellt werden, daß sie z. B. eine Quecksilber- oder Bleiverbindung enthalten.

Die Frage der *Freiverkäuflichkeit von Sommersprossensalben* mit einem Quecksilberpräzipitatgehalt (Hydrargyrum praecipitatum album) bis zu 5% ist jedoch durch den Runderlaß des Reichs- und Preußischen Ministers des Innern vom 15. November 1935 im bejahenden Sinne entschieden worden, sofern die Sommersprossensalben ausschließlich als Mittel zur Beseitigung von Sommersprossen feilgehalten werden und als solche ausdrücklich kenntlich gemacht sind.

## IV. Blei- und zinkhaltige Gegenstände.

### Gesetz, betr. den Verkehr mit blei- und zinkhaltigen Gegenständen.
Vom 25. Juni 1887. (RGBl. Nr. 22 S. 273.)

(§ 1). Eß-, Trink- und Kochgeschirr, sowie Flüssigkeitsmaße dürfen nicht
1. ganz oder teilweise aus Blei oder einer in 100 Gewichtsteilen mehr als 10 Gewichtsteile Blei enthaltenden Metallegierung hergestellt,
2. an der Innenseite mit einer in 100 Gewichtsteilen mehr als einen Gewichtsteil Blei enthaltenden Metallegierung verzinnt oder mit einer in 100 Gewichtsteilen mehr als 10 Gewichtsteile Blei enthaltenden Metallegierung gelötet,
3. mit Email oder Glasur versehen sein, welche bei halbstündigem Kochen mit einem in 100 Gewichtsteilen 4 Gewichtsteile Essigsäure enthaltendem Essig an den letzteren Blei abgeben.

Auf Geschirre und Flüssigkeitsmaße aus bleifreiem Britanniametall findet die Vorschrift in

Ziffer 2 betreffs des Lotes nicht Anwendung.

Zur Herstellung von Druckvorrichtungen zum Ausschank von Bier sowie von Siphons für kohlensäurehaltige Getränke und von Metallteilen für Kindersaugflaschen dürfen nur Metalllegierungen verwendet werden, welche in 100 Gewichtsteilen nicht mehr als einen Gewichtsteil Blei enthalten.

(§ 2) Zur Herstellung von Mundstücken für Saugflaschen, Saugringen und Warzenhütchen darf blei- oder zinkhaltiger Kautschuk nicht verwendet sein.

Zur Herstellung von Trinkbechern und von Spielwaren, mit Ausnahme der massiven Bälle, darf bleihaltiger Kautschuk nicht verwendet sein.

Zu Leitungen für Bier, Wein oder Essig dürfen bleihaltige Kautschukschläuche nicht verwendet werden.

(§ 3) Geschirre und Gefäße zur Verfertigung von Getränken und Fuchtsäften dürfen in denjenigen Teilen, welche bei dem bestimmungsgemäßen oder vorauszusehenden Gebrauche mit dem Inhalt in unmittelbare Berührung kommen, nicht den Vorschriften des § 1 zuwider hergestellt sein.

Konservenbüchsen müssen auf der Innenseite den Bedingungen des § 1 entsprechend hergestellt sein.

Zur Aufbewahrung von Getränken dürfen Gefäße nicht verwendet sein, in welchen sich Rückstände von bleihaltigem Schrote befinden. Zur Packung von Schnupf- und Kautabak sowie Käse dürfen Metallfolien nicht verwendet sein, welche in 100 Gewichtsteilen mehr als einen Gewichtsteil Blei enthalten.

# V. Giftige Pflanzenschutzmittel.

Der Verkehr mit giftigen Pflanzenschutzmitteln ist durch die Polizeiverordnung des Reichsministers des Innern vom 13. Februar 1940 reichseinheitlich neu geregelt worden. Die reichseinheitlichen Vorschriften bringen erstens Erleichterungen im Verkehr mit giftigen Pflanzenschutzmitteln gegenüber den Vorschriften über den Gifthandel, insbesondere bei ihrem Bezug durch den Verbraucher, und zweitens weitgehende Sicherung des Gesundheitsschutzes im Verkehr mit giftigen Pflanzenschutzmitteln.

## Polizeiverordnung über den Verkehr mit giftigen Pflanzenschutzmitteln.

Vom 13. Februar 1940. (RGBl. I Nr. 29 S. 349.) Ergänzungsverordnungen vom 13. August 1940 (RGBl. I S. 1121), 3. Juli 1941 (RGBl. I S. 373), 30. September 1941 (RGBl. I S. 611) und 3. Juli 1942 (RGBl. I S. 427).

Auf Grund der Verordnung über die Polizeiverordnungen der Reichsminister vom 14. November 1938 (Reichsgesetzbl. I S. 1582) wird im Einvernehmen mit dem Reichsminister für Ernährung und Landwirtschaft folgendes verordnet:

*Geltungsbereich.*

§ 1. Giftige Pflanzenschutzmittel sind die in Anlage I aufgeführten Stoffe und Zubereitungen sowie die diese Stoffe enthaltenden sonstigen Zubereitungen, soweit sie zur Bekämpfung (Vertilgung und Abwehr) von Pflanzenschädlingen bestimmt sind.

§ 2. (1) Diese Vorschriften gelten für den Verkehr mit giftigen Pflanzenschutzmitteln in abgabefertigen Packungen (Giftfertigwaren), sofern die Abgabebehältnisse dem § 3 und der Inhalt dem § 4 entsprechen.

(2) Für den Verkehr mit giftigen Pflanzenschutzmitteln, die diesen Voraussetzungen nicht entsprechen, sowie für den Großhandel gelten die Vorschriften über den Verkehr mit Giften.

(3) Auf Zubereitungen, die in Anlage I von diesen Vorschriften ausgenommen sind, finden jedoch die Vorschriften über den Verkehr mit Giften keine Anwendung.

*Abgabebehältnisse.*

§ 3. (1) Die Abgabebehältnisse müssen gut geschlossen und genügend fest und dicht sein, so daß ein Verschütten oder Verstäuben auch bei stärkerer Inanspruchnahme (Stoß, Druck usw.) ausgeschlossen ist. Ihre Beschriftung muß folgende Angaben aufweisen:

a) den Namen des Mittels und des Herstellers,
b) bei Pflanzenschutzmitteln der Abteilungen 1 und 2 der Anlage I das Totenkopfzeichen und das Wort „Gift",
c) bei Pflanzenschutzmitteln der Abt. 3 der Anlage I das Wort „Vorsicht",
d) die Angabe des Inhalts, aus der die Art des Giftes eindeutig ersichtlich ist (z. B. Arsenzubereitung, Nikotinzubereitung oder Kalkarsenstäubemittel, Kupferarsenspritzmittel, Nikotinspritzmittel).

(2) Die Abgabebehältnisse müssen ferner eine eingehende Gebrauchsanweisung sowie eine Belehrung über die mit einem unvorsichtigen Gebrauch verknüpften Gefahren enthalten. Gebrauchsanweisung und Belehrung können den Abgabebehältnissen aufgedruckt sein. Der Wortlaut der Gebrauchsanweisung und der Belehrung kann vorgeschrieben werden.

(3) Die Angaben im Abs. 1 unter Buchst. a bis d müssen auf der Vorderseite der Abgabebehältnisse an auffallender Stelle angebracht sein, und zwar

a) für giftige Pflanzenschutzmittel der Abt. 1 der Anlage I in weißer Schrift auf schwarzem Grunde,

b) für giftige Pflanzenschutzmittel der Abt. 2 und 3 der Anlage I in roter Schrift auf weißem Grunde.

Weitere Angaben können in schwarzer Schrift auf weißem Grunde angebracht sein.

(4) Darüber hinaus dürfen Farben auf den Abgabebehältnissen nur als einfarbige Streifen zur Kennzeichnung verschiedener Erzeugnisse derselben Firma verwendet werden.

(5) Das Wort „Gift" und das Totenkopfzeichen oder das Wort „Vorsicht" müssen sich auf dem Verschluß oder auf der Oberseite (Deckel usw.) und an einer dritten auffallenden Stelle des Abgabebehältnisses befinden und dürfen von Fabrikmarken weder unmittelbar begleitet noch umgeben sein.

(6) Die Worte „Gift" und „Vorsicht" müssen mindestens halb so große Buchstaben wie der Name des Mittels und das Totenkopfzeichen die gleiche Größe wie die Buchstaben des Namens aufweisen. Die Mindestgröße für die Buchstaben der Worte „Gift" und „Vorsicht" ist 5 mm, für das Totenkopfzeichen 10 mm.

(7) Bilder und sonstige Darstellungen (ausgenommen Fabrikmarken und Zeichen für die amtlich anerkannten Pflanzenschutzmittel — Ährenschlange —) dürfen auf den Abgabebehältnissen nicht angebracht sein.

(8) Bleihaltige Pflanzenschutzmittel müssen an auffallender Stelle den deutlich erkennbaren Hinweis tragen, daß ihre Verwendung im Weinbau verboten ist.

*Warnstoffe.*

§ 4 (1) Folgende giftige Pflanzenschutzmittel müssen, sofern sie nicht von der Natur eine ausgesprochen dunkle Eigenfarbe besitzen, deutlich gefärbt sein, und zwar:

arsenhaltige Pflanzenschutzmittel . . . . . . . . . . . . . . . . . grün,
quecksilberhaltige Pflanzenschutzmittel . . . . . . . . . . . . . blau oder rot,
fluorhaltige Pflanzenschutzmittel . . . . . . . . . . . . . . . . . blau oder violett.

(2) Außerdem müssen die genannten Pflanzenschutzmittel beim Zusammenbringen mit Wasser dieses, je nach dem enthaltenen Gift, deutlich grün, blau, rot oder violett anfärben. Dies gilt nicht für Zubereitungen, die, wie z. B. Giftpasten, Fett oder sonstige wasserabstoßende Stoffe enthalten.

(3) Saatbeizmittel müssen einen Farbstoff (ausgenommen Weiß) enthalten, der das gebeizte Getreide kennzeichnet.

(4) Phosphorwasserstoff entwickelnde Zubereitungen müssen dauerhaft blau oder rot gefärbt sein. Getreide, das mit Phosphorwasserstoff entwickelnden Verbindungen zubereitet ist, und strychninhaltiges oder als Krampfgift wirkende Pyrimidin-Derivate enthaltendes Getreide müssen dauerhaft dunkelrot gefärbt sein.

(5) Pflanzenschutzmittel der Abteilungen 1 und 2 der Anlage I müssen einen vom Genuß abschreckenden Geschmack aufweisen; ausgenommen hiervon sind Pflanzenschutzmittel, deren Verwendungszweck dies ausschließt (z. B. Fraßgifte, Ködermittel).

*Abgabestellen.*

§ 5. (1) Apotheken und zum allgemeinen Handel mit Giften berechtigte Drogengeschäfte dürfen giftige Pflanzenschutzmittel ohne besondere Erlaubnis abgeben.

(2) Pflanzenschutz- und Düngemittelhandlungen, Samenhandlungen, Gartenbaubetriebe und deren Zweigstellen, Siedler- und Kleingärtnerverbände und deren Untergruppen, landwirtschaftliche Genossenschaften und deren Zweigstellen sowie Lagerhäuser usw. dürfen giftige Pflanzenschutzmittel nur abgeben, wenn deren Besitzer oder Leiter eine Erlaubnis der unteren Verwaltungsbehörde erhalten haben.

(3) Die Erlaubnis darf nur an zuverlässige Personen erteilt werden, die den Nachweis der erforderlichen Sachkunde durch Ablegung einer Prüfung beim Gesundheitsamt erbracht haben. Die Prüfung hat sich auf allgemeine Kenntnisse über giftige Pflanzenschutzmittel, insbesondere über die darin enthaltenen Gifte und ihre wesentlichen Gifteigenschaften, sowie auf die genaue Kenntnis dieser Vorschriften zu erstrecken.

(4) Wer vorwiegend mit Lebensmitteln oder Futtermitteln handelt, darf die Erlaubnis nur erhalten, wenn hierfür ein örtliches Bedürfnis anzuerkennen ist und die Abgabe der giftigen Pflanzenschutzmittel von der Aufbewahrung und Abgabe von Lebensmitteln oder Futtermitteln räumlich getrennt ist.

### Aufbewahrung.

§ 6. (1) Giftige Pflanzenschutzmittel müssen in einem von dichten, widerstandsfähigen Wänden umschlossenen und mit einer dichten Tür versehenen Raum (Giftraum) aufbewahrt werden, in dem sich keine Lebensmittel oder Futtermittel oder sonstige Waren befinden. Kleinere Vorräte von giftigen Pflanzenschutzmitteln können jedoch in einem dichten, gut verschließbaren Vorratsbehälter (Schrank, festgefügte Kiste) in einem Raume aufbewahrt werden, in dem sich keine Lebensmittel oder Futtermittel befinden.

(2) Der Giftraum oder der Raum, in dem sich der Vorratsbehälter befindet, muß durch künstliches Licht genügend zu beleuchten sein. Auf der Außenseite der Tür des Giftraumes muß die deutlich erkennbare und dauerhafte Aufschrift angebracht sein „Giftraum." „Unbefugten ist der Zutritt untersagt." Der Vorratsbehälter ist außen mit der deutlich erkennbaren und dauerhaften Aufschrift „Giftige Pflanzenschutzmittel" zu versehen. Der Giftraum oder der Vorratsbehälter dürfen nur dem Geschäftsinhaber oder dem Leiter der Abgabestelle oder den von diesen Beauftragten zugänglich sein und müssen außer der Zeit des Gebrauchs verschlossen gehalten werden.

### Abgabe.

§ 7. Giftige Pflanzenschutzmittel dürfen nur von dem Geschäftsinhaber oder dem Leiter der Abgabestelle oder den von diesen Beauftragten abgegeben werden. Als Abgabe gilt auch die Zusendung, z. B. durch die Post, Bahn oder durch einen von der Abgabestelle beauftragten Boten.

§ 8. (1) Giftige Pflanzenschutzmittel dürfen nur abgegeben werden, wenn der Abgebende anzunehmen berechtigt ist, daß der Abnehmer die giftigen Pflanzenschutzmittel zur Bekämpfung von Pflanzenschädlingen und in zuverlässiger Weise benutzen wird. Erforderlichenfalls hat sich der Abgebende hierüber durch Befragen des Abnehmers zu vergewissern. Kann er die erforderliche Gewißheit nicht erlangen, so darf er giftige Pflanzenschutzmittel nur gegen polizeilichen Erlaubnisschein abgeben.

(2) Den Erlaubnisschein zum Bezug von giftigen Pflanzenschutzmitteln nach Anlage II stellt die Ortspolizeibehörde nach Prüfung der Sachlage aus. Der Erlaubnisschein wird, falls nichts anderes angegeben ist, 14 Tage nach der Ausstellung ungültig.

(3) Die Erlaubnisscheine sind, nach dem Ausstellungstag geordnet, zehn Jahre lang aufzubewahren.

(4) Genossenschaften und Verbände, die eine Erlaubnis zur Abgabe von giftigen Pflanzenschutzmitteln besitzen, dürfen diese Mittel nur an ihre Mitglieder und nur in den vorschriftsmäßigen abgabefertigen Packungen unter Einhaltung dieser Vorschriften abgeben.

Jedoch ist den Genossenschaften innerhalb ihres satzungsgemäßen örtlichen Tätigkeitsbereichs die Abgabe auch an Nichtmitglieder gestattet.

(5) An Kinder unter 14 Jahren dürfen giftige Pflanzenschutzmittel nicht ausgehändigt werden.

§ 9. Die Abgabe von giftigen Pflanzenschutzmitteln der Abteilungen 1 und 2 der Anlage I hat der Abgebende selbst sofort in ein mit fortlaufenden Seitenzahlen versehenes, nach Anlage III eingerichtetes Abgabebuch für giftige Pflanzenschutzmittel einzutragen, und zwar unmittelbar an die vorhergehende Eintragung. Das Abgabebuch ist zehn Jahre lang nach der letzten Eintragung aufzubewahren.

§ 10. Die §§ 7 bis 9 können zeitweise außer Wirksamkeit gesetzt werden, wenn unter behördlicher Aufsicht außerordentliche Maßnahmen zur Bekämpfung von Pflanzenschädlingen zu treffen sind.

### Sonstige Bestimmungen.

§ 11. Vorsätzliche oder fahrlässige Zuwiderhandlungen gegen diese Polizeiverordnung werden, sofern andere Gesetze nicht höhere Strafen vorsehen, mit Geldstrafe bis zu 150 Reichsmark, in besonders schweren Fällen mit Haft bis zu sechs Wochen bestraft.

§ 12. (1) Die Polizeiverordnung tritt mit dem 1. April 1940 in Kraft, gleichzeitig treten die Vorschriften der Länder über den Vertrieb von giftigen Pflanzenschutzmitteln hiermit außer Kraft.

(2) Diejenigen Leiter oder Besitzer von Abgabestellen (mit Ausnahme der Apotheken und der zum allgemeinen Gifthandel berechtigten Drogengeschäfte), die bei Veröffentlichung dieser Polizeiverordnung eine Erlaubnis zum Vertrieb von giftigen Pflanzenschutzmitteln auf Grund der bisherigen landesrechtlichen Vorschriften über den Vertrieb von giftigen Pflanzenschutzmitteln usw. oder auf Grund anderer landesrechtlicher Vorschriften besitzen, müssen zu einem vom Reichsminister des Innern noch zu bestimmenden Zeitpunkt eine Erlaubnis gemäß § 5 nachholen.

(3) Soweit nicht an arsenhaltige Pflanzenschutzmittel durch bereits bestehende Reichsverordnung bestimmte Voraussetzungen gestellt sind, können vorrätige giftige Pflanzenschutzmittel in abgabefertigen Packungen, die den §§ 3 und 4 nicht entsprechen, noch bis zum 1. Oktober 1941 abgegeben werden.

§ 13. Der Reichsminister des Innern erläßt im Einvernehmen mit dem Reichsminister für Ernährung und Landwirtschaft die zur Durchführung und Ergänzung dieser Polizeiverordnung erforderlichen Rechts- und Verwaltungsvorschriften.

Berlin, den 13. Februar 1940.

Der Reichsminister des Innern.

Anlage I. (Zu § 1 vorstehender Polizeiverordnung.)

Abteilung 1.

Arsenverbindungen.

Bleiverbindungen.

Nikotin und seine Verbindungen, *ausgenommen:* 1. Tabakextrakt der Abteilung 3; — 2. Zubereitungen in fester Form mit nicht mehr als 4 Hundertteilen Nikotin (z. B. Nikotinstäubemittel, wie Erdflohpulver, Blattlauspulver, ferner Räuchermittel), soweit sie einen vom Genuß abschreckenden Geruch und Geschmack aufweisen und die deutlich erkennbare Aufschrift tragen: ,,Schwach nikotinhaltiges Pflanzenschutzmittel."

Phosphorwasserstoff entwickelnde Verbindungen, *ausgenommen:* Phosphorwasserstoff entwickelnde Zubereitungen der Abteilung 2.

Quecksilberverbindungen.

Abteilung 2.

Chromsäure und ihre Verbindungen.

Fluorverbindungen.

Giftgetreide, das höchstens 0,5 Hundertteile salpetersaures Strychnin oder als Krampfgift wirkende Pyrimidin-Derivate enthält.

Nitrokresole und ihre Verbindungen.

Phosphorwasserstoff entwickelnde Zubereitungen, die höchstens 7 Hundertteile Phosphorwasserstoff entwickelnde Verbindungen enthalten.

Anlage II. (Zu § 8 Abs. 2 vorstehender Polizeiverordnung.)

-------------------------------------------------------------------------

(Name der ausstellenden Behörde)

Nr. ........................

## Erlaubnisschein zum Bezuge von giftigen Pflanzenschutzmitteln.

Herr, Frau, Frl., Firma\*) ----------------------------------------------------------

(Name, Stand oder Firmenbezeichnung, Ort, Straße, Hausnummer)

beabsichtigt:

1.\*) ------------------------------------           ------------------------------------

2.\*) ------------------------------------           ------------------------------------

(Menge)                                (Name des giftigen Pflanzenschutzmittels)

zu erwerben, um damit

1.\*)---------------------------------------------------------------------------

2.\*)---------------------------------------------------------------------------

(Zweck, zu dem das Pflanzenschutzmittel benutzt werden soll, zur Bekämpfung welcher Pflanzenschädlinge oder welcher Pflanzenkrankheit)

Hiergegen bestehen nach Prüfung keine Bedenken.

Dieser Schein wird 14 Tage nach der Ausstellung ungültig\*).

Dieser Schein hat Gültigkeit bis ------------------------------- \*).

------------------------------, den ------------------------ 195....

----------------------------------           -----------------------------------

(Bezeichnung der ausstellenden Behörde)           (Namensunterschrift, Stempel)

---

\*) Nichtzutreffendes ist zu streichen.

*Abteilung 3.*

Bariumverbindungen.

Kresole, auch sogenannte rohe Karbolsäure, Kresolschwefelsäuren, Kresolsulfosäuren, *ausgenommen:* Lösungen von Zubereitungen (Kresolseifenlösungen usw.), die nicht mehr als 1 Hundertteil Kresol enthalten.

Oxalsaure Salze.

Phenol (Karbolsäure), auch verflüssigtes und verdünntes, *ausgenommen:* 1. Verdünnungen und sonstige Zubereitungen, die nicht mehr als 3 Hundertteile Phenol enthalten; — 2. Obstbaumkarbolineen und Teeröl-Emulsionen, die nicht mehr als 10 Hundertteile Phenole enthalten und die deutlich erkennbare Aufschrift tragen: „Beim Arbeiten mit dem Mittel sind Hände und Gesicht zum Schutze gegen Hautschädigungen gut einzufetten sowie Schutzbrillen zu tragen.

Schwefelkohlenstoff.

Tabakextrakt, der nicht mehr als 10 Hundertteile Nikotin enthält.

Zinksalze."

*Anlage III.* (Zu § 9 vorstehender Polizeiverordnung.)

## Abgabebuch für giftige Pflanzenschutzmittel
### der Abteilungen 1 und 2.

| Tag der Ab- gabe | Name des Pflanzenschutzmittels | Menge | Name des Empfängers | Wohnort (Wohnung) | Bemerkungen (z. B. Bezeichnung des Erlaubnisscheins nach Behörde und Nummer; Versand durch die Post, Bahn usw.) |
|---|---|---|---|---|---|
|  |  |  |  |  |  |

# VI. Giftige Stoffe zur Schädlingsbekämpfung und Ungeziefervertilgung.
## 1. Schädlingsbekämpfung mit hochgiftigen Stoffen.

Verordnung über die Schädlingsbekämpfung mit hochgiftigen Stoffen. Vom 29. Januar 1919 (RGBl. Nr. 31, S. 165).

Verordnung zur Ausführung der Verordnung über die Schädlingsbekämpfung mit hochgiftigen Stoffen. Vom 29. März 1928 (RGBl. I, Nr. 16, S. 137).

Verordnungen zur Ausführung der Verordnung über Schädlingsbekämpfung mit hochgiftigen Stoffen.

a) Vom 22. August 1927 (RGBl. I, Nr. 41, S. 297) und 25. März 1931 (RGBl. I, Nr. 12, S. 83), letztere in der Fassung der V. vom 29. November 1932 (RGBl. I, Nr. 78, S. 539), 6. Mai 1936 (RGBl. I, Nr. 49, S. 444) und 6. April 1943 (RGBl. I, Nr. 36, S. 179).

b) Vom 17. Juli 1934 (RGBl. I, Nr. 84, S. 712), in der Fassung der V. vom 24. April 1935. (RGBl. I, Nr. 47, S. 571), 15. Juni 1938 (RGBl. I, Nr. 93, S. 673) und 26. Februar 1942 (RGBl. I, Nr. 23, S. 116).

Gebrauch von Blausäure zur Schädlingsbekämpfung.

RdErl. d. RMfEuL. u. d. RMdI. vom 4. November 1941 (LwRMBl. 1941, Nr. 53, S. 1069 und MBliV. 1942, S. 84).

RdErl. d. RMfEuL. vom 24. November 1943 u. d. RMdI. vom 10. Februar 1944 (LwRMBl. 1943, S. 963 u. MBliV. 1944, Nr. 7, S. 204).

RdErl. d. RMfEuL. vom 7. Juni 1944 u. d. RMdI. vom 18. Juli 1944 (MBliV. Nr. 30, S. 719).

Bekanntmachung, betreffend die Schädlingsbekämpfung mit hochgiftigen Stoffen. Vom 20. Oktober 1934.

Verordnung über den Gebrauch von Äthylenoxyd zur Schädlingsbekämpfung. Vom 25. August 1938 (RGBl. I, Nr. 133, S. 1058), in der Fassung der V. vom 2. Februar 1941 (RGBl. I, Nr. 14, S. 69).

Gebrauch von Äthylenoxyd zur Schädlingsbekämpfung.

RdErl. d. RMfEuL. u. d. RMdI. vom 26. März 1941 (LwRMBl. Nr. 14, S. 229) und 17. November 1942 (MBliV. Nr. 51, S. 2350).

Verordnung über den Gebrauch von Tritox (Trichloracetonitril) zur Schädlingsbekämpfung. Vom 2. Februar 1941 (RGBl. I, Nr. 14, S. 72).

Richtlinien über den Gebrauch von Tritox (Trichloracetonitril) zur Schädlingsbekämpfung.

Richtlinien d. RMfEuL. u. d. RMdI. vom 2. Februar 1941 (LwRMBl. Nr. 8, S. 107) mit
Änderungen nach dem RdErl. d. RMdI. vom 30. September 1942 (MBliV. Nr. 40, S. 1937).
    Gebrauch von Nitrilen zur Schädlingsbekämpfung.
RdErl. d. RMfEuL. vom 3. August 1942 (LwRMBl. Nr. 32, S. 841).
    Gebrauch von Ventox zur Schädlingsbekämpfung.
RdErl. d. RMEuL. u. d. RMdI. vom 26. Januar 1943 (MBliV. Nr. 8, S. 315).

Die Verordnung der Reichsregierung vom 29. Januar 1919 schafft die gesetzliche
Grundlage, um die Verwendung von hochgiftigen Stoffen zur Bekämpfung tierischer
und pflanzlicher Schädlinge zu regeln.

Nach der Verordnung vom 22. August 1927 ist zur Bekämpfung pflanzlicher und
tierischer Schädlinge der Gebrauch von Zyanwasserstoff und sämtlicher Stoffe,
Verbindungen und Zubereitungen, welche zur Entwicklung oder Verdampfung von
Zyanwasserstoff oder leicht flüchtiger Zyanverbindungen dienen, verboten. Das
Verbot erstreckt sich nicht auf die wissenschaftliche Forschung in Anstalten des
Reiches und der Länder. Die Abgabe darf nur in widerstandsfähigen Gefäßen er-
folgen, die für Zyanwasserstoff völlig undurchlässig sind.

Die Verordnung vom 25. März 1931 enthält dann Vorschriften für die Erteilung
der Erlaubnis über die Durchgasung von Räumen mit Blausäure, über die Anforderungen, die an solche Personen zu stellen sind, die eine Erlaubnis beantragen, über
die Ausrüstung der Personen und über die Durchführung der Durchgasung. Die
Verordnung findet keine Anwendung auf die Verwendung von Kalziumzyanid für
Gewächshausdurchgasungen. Nach den Ausführungsverordnungen vom 17. Juli 1934
dürfen arsenhaltige Verbindungen und deren Zubereitungen als Spritzbrühen zur
Schädlingsbekämpfung nur in Verdünnungen angewendet werden, deren Gehalt an
Arsen 0,10 Hundertteile nicht übersteigt. Arsenhaltige Verbindungen und deren
Zubereitungen dürfen als trockene Stäubemittel zur Schädlingsbekämpfung nur
angewendet werden, wenn sie von der Biologischen Reichsanstalt für Land- und
Forstwirtschaft anerkannt worden sind und ihr Gehalt an Arsen 8 Hundertteile
nicht übersteigt. Zur Bekämpfung tierischer und pflanzlicher Schädlinge im Wein-
bau dürfen diese Spritzbrühen nur bis zum Ablauf des 31. Juli und die trockenen
Stäubemittel nur bis zum Ablauf des 30. Juni jedes Kalenderjahres angewendet
werden. Arsenhaltige Verbindungen und deren Zubereitungen für Zwecke der
Schädlingsbekämpfung dürfen nur feilgehalten, verkauft oder sonst in den Verkehr
gebracht werden, wenn weitere Vorschriften der Verordnung innegehalten werden
(Angabe des Arsengehaltes in Hundertteilen auf der Packung oder dem Behältnis;
Aufdruck einer genauen, leicht verständlichen und befolgbaren Anweisung für die
Herstellung der vorgeschriebenen Verdünnung der Spritzbrühen; Beifügung eines
Abdruckes der vom Reichsgesundheitsamt gemeinsam mit der Biologischen Reichs-
anstalt für Land- und Forstwirtschaft aufgestellten Vorsichtsmaßregeln; Genehmi-
gung der Beschriftungen vor Ausgabe durch die Biologische Reichsanstalt und das
Reichsgesundheitsamt).

Zur Bekämpfung des großen braunen Rüsselkäfers dürfen staatliche, kommunale
und private Forstverwaltungen arsenhaltige Spritzbrühen mit einem Gehalt von
Arsen bis zu 1,0 Hundertteilen anwenden. Zur Bekämpfung pflanzlicher und tierischer Schädlinge ist der Gebrauch von Äthylenoxyd, Tritox und Ventox, rein oder
in Mischungen und Lösungen, verboten.

## 2. Verwendung bakterienhaltiger Mittel.

Verordnung zur Ergänzung der Vorschriften über Krankheitserreger, vom 16. März 1936
(RBGl. I Nr. 24, S. 178).

Die Verwendung bakterienhaltiger Mittel zur Schädlingsbekämpfung ist verboten.

### 3. Verwendung von Phosphorwasserstoff.

Verordnung über die Verwendung von Phosphorwasserstoff zur Schädlingsbekämpfung, vom 6. April 1936 (RGBl. I, Nr. 37, S. 360) mit Änderung vom 15. August 1936 (RGBl. I, Nr. 74, S. 633). — Erleichterung für die Anwendung von Phosphorwasserstoff entwickelnden Mitteln zur Kornkäferbekämpfung. RdErl. d. RuPrMfEuL. u. d. RuPrMdI. vom 18. April 1936 (LwRMBl. S. 43).

Die Verwendung von Phophorwasserstoff oder von Phosphorwasserstoff entwickelnden Verbindungen oder Zubereitungen zur Schädlingsbekämpfung ist verboten. Die Verwendung derselben als Fraßgifte zur Ungezieferbekämpfung fällt nicht unter dieses Verbot. Nach der Verordnung kann weiter auf Antrag die Erlaubnis zur Anwendung der verbotenen Stoffe unter bestimmten Bedingungen erteilt werden. Die Verordnung bringt dann auch Einzelvorschriften für die Durchgasung.

Der Runderlaß weist auf die Notwendigkeit der Bekämpfung des Kornkäfers hin. Phosphorwasserstoff wird als wirksames Bekämpfungsmittel angeführt. Die Anwendung dieses giftigen Mittels kann aber nur unter den Bedingungen der Verordnung über die Verwendung von Phosphorwasserstoff vom 6. April 1936 erfolgen. Der Runderlaß empfiehlt das von der Firma Freyberg in Delitzsch hergestellte „Delicia"-Präparat und bringt gewisse Erleichterungen des Verfahrens in bäuerlichen Betrieben.

### 4. Auslegen von Gift. Gifteier.

Verordnung zur Ausführung des Reichsjagdgesetzes, vom 27. März 1935 (RGBl. I, Nr. 35, S. 431), mit Änderung vom 5. Februar 1937 (RGBl. I, Nr. 17, S. 179). — Anordnung über Verwendung von Gifteiern zum Vergiften von Nebel-, Rabenkrähen und Elstern. Erl. d. Rjm. vom 10. Februar 1937 (RMBlFv. S. 45) und vom 10. Februar 1939 (RMBlFv. S. 59).

Der § 35 dieser Verordnung enthält in Abs. 4 und 5 Bestimmungen über das Auslegen von Gift in Feld und Flur.

Zum Vergiften von Mäusen, Bisamratten, Hamstern und Ratten dürfen Giftgetreide (ausgenommen thalliumhaltiges Getreide), ferner Phosphorlatwerge, Zinkphosphidzubereitungen, Meerzwiebelpräparate und damit behandelte Köder ausgelegt werden; außerdem dürfen Gaspatronen und Schwefelkohlenstoff zum Vergiften der genannten Schädlinge verwendet werden. In besonderen Fällen können thalliumhaltige Mittel für den gleichen Zweck zugelassen werden. Das Giftgetreide muß durch auffällig rote und dauerhafte Färbung kenntlich gemacht werden. Es ist entweder in die Baue (Erdlöcher) der Tiere selbst einzubringen (z. B. mittels Legeflinte) oder so verdeckt (z. B. in Röhren) auszulegen, daß andere Tiere nicht daran gelangen können. Phosphorlatwerge und damit behandelte Köder dürfen nur in die Erdlöcher selbst eingebracht werden. Auch die übrigen Gifte müssen so ausgelegt werden, daß sie anderen Tieren nicht zugänglich sind. Ist das Gift nicht in die Baue eingebracht, so sind die Auslegestellen mindestens jeden zweiten Tag nachzusehen. Außerhalb der Baue (Erdlöcher) herumliegendes Gift ist sofort zu beseitigen.

Zum Vergiften von Nebel-, Rabenkrähen und Elstern dürfen nur die zugelassenen Gifteier ausgelegt werden; das Auslegen ist rechtzeitig in ortsüblicher Weise bekanntzugeben. Spätestens drei Tage nach dem Auslegen sind die nicht aufgenommenen Eier und die vergifteten Tiere einzusammeln und zu vernichten. Die Vergiftung der der Niederjagd schädlichen Krähen und Elstern kann einheitlich an bestimmten Tagen in allen in Betracht kommenden Revieren angeordnet werden. Das Auslegen von Gifteiern in Landschaften, in denen andernfalls die Gefahr besteht, daß der Kolkrabe ausgerottet wird, kann verboten werden.

Das Feilbieten von Vergiftungsmitteln anderer als der vorstehend erlaubten Art zur Verwendung in Feld und Flur ist verboten.

Die Anordnung von 1937 befaßt sich mit den Anforderungen, die an Gifteier zu stellen sind:

1. Als Gifteier dürfen lediglich Hühnereier, Enteneier und künstliche Eier verwendet werden, die ein Mindestgewicht von 55 g haben. Bei künstlichen Eiern muß die Widerstandsfähigkeit der Schale der eines Natureies entsprechen. Der Verschluß der Einfüllöffnung muß luftdicht und wetterfest sein und ein Auslaufen des Eiinhalts unbedingt verhindern.

2. Die Farbe der Gifteier ist weiß mit der haltbaren Aufschrift „Gift".

3. Der Inhalt der Gifteier besteht aus dem natürlichen Eiinhalt oder aus einem künstlichen, der Krähe zusagenden Gemisch von der Konsistenz des natürlichen Eiinhaltes. Das Ei ist mindestens zu drei Viertel zu füllen; es muß jedoch stets ein kleiner Hohlraum erhalten bleiben.

4. Der Phosphor ist gleichmäßig und fein verteilt mit dem Einhalt zu vermischen. Die Phosphormenge muß mindestens 0,1 v. H. des Eigewichts betragen, darf aber 0,3 v. H. nicht übersteigen.

## 5. Rattenbekämpfung.

### *Rattenbekämpfung in den Gemeinden.*

RdErl. d. RuPrMdI. vom 6. August 1936 (RMBliV. S. 1093), RdErl. d. RuPrMdI. vom 15. Januar 1937 (RMBliV. S. 108p), RdErl. d. RuPrMdI. vom 19. Mai 1937 (RMBliV. S. 794), RdErl. d. RuPrMdI. vom 11. Januar 1938 (RMBliV. S. 141), RdErl. d. RMdI. vom 25. Mai 1938 (RMBliV. S. 921), RdErl. d. RMdI. vom 3. Juli 1939 (RMBliV. S. 1437), RdErl. d. RMdI. vom 7. November 1944 (RMBliV. S. 1117).

Die Runderlasse bringen allgemeine Richtlinien zur Rattenbekämpfung (Zeitpunkt der Durchführung; Dauer der Durchführung; die Betrauung fachkundiger Einzelpersonen oder Gesellschaften; Durchführung von Laien ausschließlich mit Meerzwiebelpräparaten; Zulassung der von der Landesanstalt für Wasser-, Boden- und Lufthygiene in Berlin-Dahlen als brauchbar erklärten Präparate; Anforderungen, die an die Verkaufspackung zu stellen sind; Kontrolle der Giftauslegung; Beteiligung des ortsansässigen Fachhandels; Bildung von örtlichen Arbeitsgemeinschaften; Richtlinien für die Art der Durchführung).

Alle von der Landesanstalt für Wasser-, Boden- und Lufthygiene geprüften Präparate können zugelassen werden. Verwendung von Bakterienkulturen ist verboten. Falls die Polizei die angeordnete Bekämpfung als Polizeimaßnahme durch eine eigene Organisation durchführt, müssen die entstehenden Kosten von ihr selbst getragen werden. Andernfalls muß die Entrattung als Maßnahme zur Abstellung eines polizeiwidrigen Zustandes nach § 20 des PVG. dem Grundbesitzer unter Vorschrift geeigneter Mittel auferlegt werden.

Seit 1945 sind fast in jedem Land und jedes Jahr Verordnungen und Erlasse über die Rattenbekämpfung ergangen. Da diese Verordnungen jährlich erneuert werden, ist hier auf die Aufzählung verzichtet worden. Es dürfen jetzt nur Mittel zur Rattenbekämpfung verwendet werden, die von der Biologischen Bundesanstalt für Land- und Forstwirtschaft in Braunschweig geprüft und anerkannt sind.

## 6. Schutz der landwirtschaftlichen Kulturpflanzen.

Gesetz zum Schutze der landwirtschaftlichen Kulturpflanzen. Vom 5. März 1937 (RGBl. I, Nr. 29, S. 271).
Gesetz zur Änderung des Gesetzes zum Schutze der landwirtschaftlichen Kulturpflanzen vom 18. August 1949 (WiGBl. S. 257) sowie die Bekanntmachung der neuen Fassung dieses Gesetzes vom 26. August 1949 (WiGBl. S. 308).

Auf Grund des Gesetzes zum Schutze der landwirtschaftlichen Kulturpflanzen wurden zahlreiche Verordnungen erlassen, so u. a. über die Schädlingsbekämpfung im Obstbau, über die Anwendung von Pflanzenschutzmitteln, zum Schutze der

Bienen, über die Bekämpfung der Feldmäuse, der San-José-Schildlaus, der Rübenblattwanze und der Pfirsichblattlaus.

Es würde über den Rahmen dieses Handbuches hinausgehen, auf die vielen Verordnungen der einzelnen Länder einzugehen. Näheres s. ENGWICHT, „Fachgesetzeskunde für Drogisten". Nur auf die wichtige Bienenschutzverordnung sei noch im folgenden hingewiesen.

Die Verheerungen, die die unsachgemäße Schädlingsbekämpfung mit Kontaktgiften unter den Bienenbeständen in Deutschland angerichtet hat, haben die Bundesregierung veranlaßt, für die Herstellung, den Vertrieb und die Anwendung von Insektengiften in der folgenden Verordnung Beschränkungen und Anweisungen vorzuschreiben.

### *Verordnung über bienenschädliche Pflanzenschutzmittel.*
#### Vom 25. Mai 1950 (Bundes-Anzeiger 1950, Nr. 131).

Diese Bienenschutzverordnung verbietet, blühende Obstbäume und -sträucher sowie andere von Bienen besuchte blühende gärtnerische und landwirtschaftliche Kulturpflanzen mit Pflanzenschutzmitteln zu behandeln, die bei Nahrungsaufnahme oder bei Berührung mit Bienen tödlich wirken (bienenschädliche Pflanzenschutzmittel), ferner eine Behandlung vorzunehmen, daß benachbarte oder abseits stehende Bestände von blühenden Pflanzen der genannten Art getroffen werden.

Als blühend ist ein Pflanzenbestand anzusehen, wenn die ersten Blüten erschienen sind.

Vor Anwendung von bienenschädlichen Pflanzenschutzmitteln müssen blühende Unkräuter in zu behandelnden Garten- und Feldkulturen entfernt werden.

Verschüttete Reste von bienenschädlichen Pflanzenschutzmitteln sind zu entfernen oder unschädlich zu machen, so daß sie die Bienen nicht gefährden.

Die Verordnung gilt nicht für die Behandlung von Reben, Kartoffeln und Hopfen. Hopfen wird von den Bienen nicht beflogen. Kartoffelfelder dürfen aber nur behandelt werden, wenn keine blühenden Unkräuter vorhanden sind oder seine Blüten vorher vernichtet wurden. Auf die Raine und Grenzstreifen darf, sofern auf ihnen blühende Pflanzen (Klee, Hederich) stehen, kein Gift fallen. Die Verordnung schreibt weiter vor, daß alle bienenschädlichen Pflanzenschutzmittel auf der Verpackung mit dem Aufdruck: „Achtung! Bienengefährlich!" deutlich lesbar gekennzeichnet sein müssen. Ebenso ist in den Gebrauchsanweisungen und Ankündigungen auf die Bienenschädlichkeit in geeigneter Form hinzuweisen.

### 7. Bekämpfung sonstiger Schädlinge.

Verschiedene Erlasse und Polizeiverordnungen befassen sich auch mit der Bekämpfung der Kleidungs-, Wohnungs- und Nahrungsmittel-Schädlinge, mit der Bekämpfung der Fliegen und der Wanzen; s.a. ENGWICHT „Fachgesetzeskunde für Drogisten".

### VII. Sonstige giftgesetzliche Bestimmungen.
#### 1. Verkehr mit Kaliumchlorat.
##### RdErl. d. RuPrMdI. vom 19. November 1934 (MBliV. S. 1510).

Nach diesem Runderlaß ist u. a. die Verwendung von Kaliumchlorat zum Sprengen von Baumstubben und dgl. nicht als ein erlaubter Zweck im Sinne der Giftvorschriften anzusehen.

Seitens der Ortspolizeibehörde ist vor Ausstellung eines Erlaubnisscheines für den Bezug von mehr als 100 g Kaliumchlorat eine besonders genaue Prüfung anzustellen, ob das Gift nicht zu unerlaubten Zwecken Verwendung finden könnte.

## 2. Polizeiverordnung über den Verkehr mit Trikresylphosphat.

Vom 16. September 1934 (RGBl. I, Nr. 86, S. 541).

Trikresylphosphat, das Orthotrikresylphosphat enthält, darf nur dann in den Verkehr gebracht werden, wenn es mit mindestens 0,0012 v. H. Zaponechtblau BL. gefärbt ist.

Behälter, die Trikresylphosphat, auch in Mischung mit anderen Flüssigkeiten, enthalten, müssen mit dem Gefahrzettel „Gift" (Totenkopf, schwarz, einmal umrahmt) versehen sein. Diese Vorschrift gilt nicht für Mischungen mit Farbpigmentlacken.

Trikresylphosphat und seine Mischungen müssen bei Lagerung, bei der Verarbeitung und beim Versand von Lebens- und Futtermitteln räumlich getrennt gehalten werden.

Trikresylphosphat wird auch zur Herstellung der Igelite (Polyvinylchlorid) verwendet. Während das Hartigelit unschädlich ist, kann das Trikresylphosphat enthaltende Weichigelit Gesundheitsschädigungen verursachen, so z. B., wenn es in Berührung mit Lebensmitteln und Arzneimitteln kommt oder bei längerer ununterbrochener Einwirkung auf die Haut resorptiv aufgenommen wird. Solange ein orthofreies Produkt noch nicht hergestellt ist, ist äußerste Vorsicht notwendig.

## 3. Verordnung über Orthotrikresylphosphat enthaltende Kunststoffe.

Vom 27. Oktober 1950 (GBl. DDR 1950, Nr. 734, S. 1170).

Aus Kunststoffen, bei deren Herstellung Weichmacher mit einem 6% übersteigenden Orthotrikresylphosphatgehalt verwendet worden sind, dürfen Gebrauchsgegenstände und auch Bedarfsgegenstände, die innerhalb industrieller und gewerblicher Lebensmittel-, pharmazeutischer und kosmetischer Betriebe Verwendung finden, nicht hergestellt werden.

So dürfen aus solchen Kunststoffen z. B. Wunddrains, Folien für Verbände und Pflaster, Konservendosenringe, Flaschenscheiben, Verschlußeinlagen, Kindersauger und Pessare nicht hergestellt werden.

Auch Stopfen und Einwickelfolien aus orthotrikresylphosphathaltigen Kunststoffen dürfen im Verkehr mit Lebensmitteln, pharmazeutischen und kosmetischen Mitteln nicht verwendet werden.

# C. Explosive und feuergefährliche Stoffe.

Die Lagerung, Aufbewahrung und der Vertrieb explosiver und feuergefährlicher Stoffe ist überwiegend landesgesetzlich bzw. durch Polizeiverordnungen geregelt. Im Prinzip stimmen alle diese Verordnungen miteinander überein. Es werden deshalb hier die für Preußen geltenden Bestimmungen wiedergegeben.

Über die Aufbewahrung von Phosphor, Kalium und Natrium siehe die Vorschriften der Giftverordnung.

## I. Sprengstoffe und Feuerwerkskörper.

In zahlreichen Drogerien werden u. a. auch Feuerwerkskörper verkauft, und es ist daran zu denken, daß für den Transport, die Lagerung und die Abgabe derartiger Mittel besondere Vorschriften eingehalten werden müssen.

Nach § 35 Abs. 1 und 2 der RGO. ist der Handel mit Sprengstoffen zu untersagen, wenn Tatsachen vorliegen, welche die Unzuverlässigkeit des Gewerbetreibenden in bezug auf diesen Gewerbebetrieb dartun. Nach § 35 Abs. 7 der RGO. ist von der Eröffnung dieses Gewerbebetriebs der zuständigen Behörde eine Anzeige zu machen. Die Herstellung von Feuerwerkskörpern ist genehmigungspflichtig. Die Anlagen zur Herstellung und Erzeugung von Feuerwerkskörpern und ähnlichen Erzeugnissen sind „Anlagen zur Feuerwerkerei und Bereitung von Zündstoffen aller Art" im Sinne des § 16 RGO. und unterliegen daher den Vorschriften der §§ 14, 16 bis 22 und 25 der RGO.

Nach § 56 Abs. 2 sind explosive Stoffe, insbesondere Feuerwerkskörper, vom Ankauf oder Feilbieten im Umherziehen ausgeschlossen.

Über die Beförderung von Feuerwerkskörpern sind die Bestimmungen der Eisenbahnverkehrsordnung vom 8. September 1938 (RGBl. II S. 663) mit ihren Nachträgen zu beachten.

Die Strafbestimmungen des Strafgesetzbuches § 367 Ziff. 8 und § 368 Ziff. 7 dürften ausreichen, um Unfug im Umgang mit Feuerwerkskörpern zu unterbinden.

Im folgenden werden nur die für die Drogisten wichtigen Paragraphen der in Frage kommenden Gesetze und Verordnungen (Sprengstoffgesetz, Sprengstoffverkehrsordnung, Verordnung über das Abbrennen von Feuerwerkskörpern, Verordnung über den Verkehr mit pyrotechnischen Gegenständen) wiedergegeben. Erläuterungen sind dazu nicht notwendig.

## 1. Sprengstoffgesetz (Gesetz gegen den verbrecherischen und gemeingefährlichen Gebrauch von Sprengstoffen).

Vom 9. Juni 1884 (RGBl. S. 61) mit Änderungen der Verordnung vom 8. August 1941 (RGBl. I, S. 531).

§ 1. Die Herstellung, der Vertrieb und der Besitz von Sprengstoffen ..... ist ..... nur mit polizeilicher Genehmigung zulässig.

.....

§ 9. Wer der Vorschrift in dem ersten Absatz des § 1 zuwider es unternimmt, ohne polizeiliche Ermächtigung Sprengstoffe herzustellen ..... feilzuhalten, zu verkaufen oder sonst an andere zu überlassen, oder wer im Besitz derartiger Stoffe betroffen wird, ohne polizeiliche Erlaubnis hierzu nachweisen zu können, ist mit Gefängnis von drei Monaten bis zu zwei Jahren zu bestrafen.

.....

Die vorstehenden Bestimmungen aus dem Sprengstoffgesetz sind hier wiedergegeben, weil sie anwendbar sind auf den bloßen Besitz (!) von *Pikrinsäure*, die bekanntlich zur Herstellung des zur Harnuntersuchung dienenden ESBACHschen Reagenzes gebraucht wird. Es empfiehlt sich, nicht Pikrinsäure, sondern nur eine Lösung davon vorrätig zu halten.

In der Bundesrepublik ist in einigen Ländern auf Grund von 1950 ergangenen Ministerialerlassen Apotheken, Ärzten, wissenschaftlich geleiteten Instituten und Laboratorien allgemein die Genehmigung zum Bezug, zum Besitz und zur Verwendung (Untersuchungszwecke) von Pikrinsäure bis zu einer Höchstmenge von 100 Gramm erteilt worden. Es ist nur eine Anzeige an die Kreisverwaltungsbehörde zu erstatten.

## 2. Polizeiverordnung über den Verkehr mit Sprengstoffen (Sprengstoffverkehrsordnung).

Vom 4. September 1935 (Preuß. Gesetzsammlung Nr. 22, S. 119).

### § 2. Zum Verkehr zugelassene Sprengstoffe.

(1) Zum Verkehr sind folgende Sprengstoffe zugelassen:

a) alle Sprengstoffe (Spreng- und Schießmittel, Munition, Feuerwerkskörper u. dgl.), soweit sie nach der Anlage C zur Eisenbahnverkehrsordnung zur Versendung auf den Eisenbahnen Deutschlands zugelassen sind;

b) .....

c) .....

### § 24. Anzeige und Buchführung beim Vertrieb.

(1) Wer Sprengstoffe vertreiben will, die den Bestimmungen des § 1 Abs. 1 und 2 des Reichsgesetzes gegen den verbecherischen und gemeingefährlichen Gebrauch von Sprengstoffen vom 9. Juni 1884 (Reichsgesetzbl. S. 61) nicht unterliegen, muß dies der Ortspolizeibehörde anzeigen.

(2) Wer Sprengstoffe der im Abs. 1 bezeichneten Art herstellt oder vertreibt, ist verpflichtet, über alle An- und Verkäufe dieser Stoffe in Mengen von mehr als 1 kg ein Buch zu führen, welches den Namen der Verkäufer und der Abnehmer, den Zeitpunkt des Ankaufs und der Abgabe, die Mengen der gekauften und abgegebenen Stoffe angibt. Dieses Buch ist auf Verlangen der Ortspolizeibehörde zur Einsicht vorzulegen.

(3) . . . . .

(4). . . . .

### § 25. Abgabe an Personen unter 16 Jahren.

(1) Die Abgabe der im § 24 Abs. 1 bezeichneten Sprengstoffe an Personen, von welchen ein Mißbrauch derselben zu befürchten ist, insbesondere an Personen unter 16 Jahren, ist verboten. Dies gilt insbesondere auch von solchen Feuerwerkskörpern (Kanonenschlägen und dgl.), Knallkörpern (Knallkorken, Knallscheiben und dgl.) und pyrotechnischen Artikeln, mit deren Verwendung erhebliche Gefahr für Personen oder Eigentum verbunden ist. Diese Vorschrift findet keine Anwendung auf Spielwaren, welche ganz geringe Mengen von Sprengstoffen enthalten. Zündblättchen (Amorces) und Zündbänder (Amorcesbänder) für Spielzeugpistolen, welche mehr als 7,5 Gramm Sprengmischung (Knallsatz) auf 1000 Blättchen enthalten, dürfen als Spielwaren nicht in den Verkehr gebracht werden. Die Orstpolizeibehörde ist berechtigt, über die Zusammensetzung und Gefährlichkeit der Feuerwerkskörper, Knallkörper und pyrotechnischen Artikel Gutachten von Sachverständigen oder sonstige glaubwürdige Nachweise von denjenigen zu verlangen, welche diese Gegenstände vertreiben wollen.

(2) Knallkorken dürfen im Inland nur in Schachteln von je 20 Stück vertrieben werden, und zwar darf der Verkauf nur in ganzen Schachteln erfolgen. Jede Schachtel muß in deutlich lesbarer Schrift die nachstehende Aufschrift tragen:

Vorsicht! Knallkorken!

Verkauf nur in ganzen Schachteln und nur an Personen über 16 Jahre gestattet. Der Verkauf einzelner Knallkorken ist verboten. Bei Herausnahme der Knallkorken darf das Holzmehl nicht entfernt werden.

### § 26. Aufbewahrung und Lagerung kleiner Mengen von Sprengstoffen.

(1) Wer mit den im § 24 Abs. 1 bezeichneten Sprengstoffen und aus diesen hergestellten Gegenständen (Feuerwerkskörpern, pyrotechnischen Artikeln und dgl.) Handel treibt, darf davon

1. im Verkaufsraum oder in einem Nebenraume nicht mehr als insgesamt 2,5 kg,
2. im Hause außerdem nicht mehr als insgesamt 10 kg und zwar in der Versandpackung vorrätig halten.

(2) Bei Nachweis eines besonderen Bedürfnisses kann die zeitweilige Erhöhung des Vorrats im Abs. 1 Ziffer 2 bis auf 15 kg durch die Ortspolizeibehörde gestattet werden.

(3) Bei Feuerwerkskörpern beziehen sich die Mengenabgaben der Abs. 1 und 2 auf das Gewicht der in den Feuerwerkskörpern enthaltenen brennbaren Masse, und zwar ist ein Drittel des Rohgewichts als brennbare Masse in Rechnung zu setzen. Bei Zündblättchen (Amorces), Zündbändern (Amorcesbändern) und Knallkorken gelten für die Berechnung der Menge des Knallsatzes die im § 25 Abs. 1 der Verordnung und im § 3 der Verordnung über die Herstellung von Knallkorken vom 27. Dezember 1928 (RGBl. 1929 I S. 9)/6. Februar 1934 (RGBl. I, S. 88) getroffenen Bestimmungen. Feuerwerkskörper dürfen in Verkaufsräumen nur in verschlossenen Kisten aufbewahrt oder unter Glas ausgelegt werden. Kanonenschläge und solche Feuerwerkskörper, die mit besonderen Abschußvorrichtungen abgefeuert werden, dürfen in Verkaufräumen nicht aufbewahrt werden.

(4) Personen, welche nicht unter die Bestimmung des Abs. 1 fallen, dürfen mehr als insgesamt 2,5 kg, höchstens aber 10 kg der daselbst bezeichneten Sprengstoffe und der daraus hergestellten Gegenstände nur mit Erlaubnis der Ortspolizeibehörde lagern.

(5) Die Lagerung muß in einem gegen Diebstahl und Brandgefahr gesicherten Raume erfolgen, der nicht zum dauernden Aufenthalt von Menschen dient und nicht unter oder neben solchen Räumen liegt.

*Neuere Gesetzesbestimmungen über den Verkehr mit Feuerwerkskörpern*, die inhaltlich aber nicht von den bisherigen Bestimmungen abweichen, sind u. a. ergangen in:

*Bayern:* Bek. d. Bayer. Staats-Min. d. Inn. vom 24. November 1950 über den Verkehr mit Feuerwerkskörpern und ähnlichen Erzeugnissen (Bayer. Staats-Anz. 1950, Nr. 49).

*Berlin (West):* Polizeiverordnung über den Verkehr mit Sprengstoffen (Sprengstoff-verkehrsverordnung) vom 2. März 1953 (GVBl. BlnW. 1953, Nr. 14, S. 156).

*Niedersachsen:* Verordnung über den Verkehr mit Sprengstoffen (Sprengstoffverkehrs-verordnung) vom 26. Oktober 1951 (GVBl. Ndsa. 1951, Nr. 37, S. 181).

*Nordrhein-Westfalen:* Polizeiverordnung über den Verkehr mit Sprengstoffen (Sprengstoff-verkehrsverordnung) vom 27. Oktober 1950 (GVBl. Nrdrh.W. 1950, Nr. 46, S. 182).

*Rheinland-Pfalz:* Polizeiverordnung über den Verkehr mit Sprengstoffen (Sprengstoffverkehrs-verordnung) vom 4. April 1951 (GVBl. RhPf. 1951, Nr. 18, S. 81).

*Schleswig-Holstein:* Verordnung (Polizeiverordnung) über den Verkehr mit Sprengstoffen (Sprengstoffverkehrverordnung) vom 20. August 1952 (GVBl. SchlH. 1952, Nr. 24, S. 134).

*Hessen:* Gesetz über den Verkehr mit Sprengstoffen und ihre Lagerung vom 11. September 1950 (GVBl. Hess. 1950, Nr. 35, S. 168), V. über den Verkehr mit Sprengstoffen (Sprengstoff-verkehrsverordnung) vom 4. Oktober 1950 (GVBl. Hess. 1950, Nr. 42, S. 216).

*Berlin (Ost):* V. über Handel und Lagerung von Feuerwerkskörpern und anderen pyro-technischen Erzeugnissen vom 20. März 1950 (VOBl. BlnO. I, 1950, Nr. 11, S. 63).

## 3. Polizeiverordnung über das Abbrennen von Feuerwerkskörpern und ähnlichen Erzeugnissen.

Vom 27. November 1939 (RGBl. I, S. 2345), in der Fassung der Verordnung vom 10. Mai 1940 (RGBl. I, S. 784).

§ 1. (1) Das Abbrennen und Abfeuern von Feuerwerkskörpern, pyrotechnischen Artikeln und ähnlichen Erzeugnissen im Freien ist verboten.

(2), (3) . . . . .

§ 2. (1) Der Verkauf und die unentgeltliche Abgabe im Handel von Gegenständen der im § 1 Abs. 1 bezeichneten Art an jugendliche Personen unter 18 Jahren sind verboten.

(2) An über 18 Jahre alte Personen dürfen, soweit nicht Ausnahmen nach § 1 Abs. 3 zu-gelassen sind, im Einzelhandel nur solche Gegenstände abgegeben werden, die zur Verwendung in geschlossenen Räumen geeignet sind (pyrotechnische Scherzgegenstände, wie Boskozylinder, Konfettibomben, Kotillonfrüchte, Zündblättchen [Amorces], Zündbänder [Amorcesbänder] und Zündringe [Amorcesringe] sowie ähnliche Gegenstände). Bei der Abgabe ist auf das Verbot des § 1 Abs. 1 aufmerksam zu machen.

In vielen Ländern hat die vorstehende Verordnung heute keine Rechtsgültigkeit mehr, so z. B. in Bayern (V. vom 5. Dezember 1951), Bremen (V. vom 26. September 1950), Hamburg (Senatsbeschluß vom 9. Dezember 1949), Hessen (Sprengstoff-verkehrsordnung vom 4. Oktover 1950), Niedersachsen (V. vom 29. Juli 1949), Rheinland-Pfalz (V. vom 2. September 1949), Schleswig-Holstein, Württemberg-Hohenzollern (V. vom 26. Februar 1949) und in der Dtsch. Demokratischen Republik (V. vom 24. November 1949).

## 4. Verordnung über den Verkehr mit pyrotechnischen Gegenständen.

Außer den Sprengstoffverkehrsverordnungen sind in einigen Ländern in neuerer Zeit besondere Verordnungen über den Verkehr mit pyrotechnischen Gegenständen erlassen worden, so z. B. in Bayern, Niedersachsen und Rheinland-Pfalz:

*Bayern:* Verordnung über den Verkehr mit pyrotechnischen Gegenständen vom 20. Okto-ber 1952 (Bayer. GVBl. 1952, Nr. 30 v. 8. 11. 1952, S. 297).

*Niedersachsen:* Verordnung über den Verkehr mit pyrotechnischen Gegenständen vom 11. Dezember 1952 (Nds. GVBl. 1952, S. 187).

*Rheinland-Pfalz:* Landesverordnung über den Verkehr mit pyrotechnischen Gegenständen vom 22. Dezember 1952 (GVBl. RhPf. 1952, Nr. 45 v. 24. 12. 52, S. 178).

Die Verordnungen sind in den einzelnen Ländern gleichlautend, ebenso die dazu in diesen Ländern erschienenen Ausführungsbestimmungen.

Durch diese Verordnungen werden einzelne Bestimmungen der Sprengstoff-verkehrsverordnungen geändert bzw. aufgehoben. Es ist anzunehmen, daß in allen anderen Ländern gleichlautende Verordnungen erscheinen.

### § 1. Begriffsbestimmung.

Pyrotechnische Gegenstände im Sinne dieser Verordnung sind Gegenstände, die dazu bestimmt sind, unter Ausnutzung der in ihren Sätzen enthaltenen Energie Licht-, Schall-, Rauch- oder Bewegungswirkungen zu erzeugen und Vergnügungs- oder technischen, einschließlich Signalzwecken dienen. Den pyrotechnischen Gegenständen sind die noch losen Sätze, Gemische und Gemenge sowie die pyrotechnischen Zündmittel, die zur Verarbeitung in pyrotechnischen Gegenständen oder zum unmittelbaren Gebrauch bestimmt sind, gleichgestellt.

### § 2. Einteilung der pyrotechnischen Gegenstände.

Die pyrotechnischen Gegenstände werden in folgende Klassen eingeteilt:

Klasse  I: Feuerwerksspielwaren

„     II: Kleinfeuerwerk

„    III: Gartenfeuerwerk

„    IV: Pyrotechnische Gegenstände für technische Zwecke

„     V: Großfeuerwerk

### § 3. Zulassung der pyrotechnischen Gegenstände.

(1) Pyrotechnische Gegenstände der Klassen I bis III dürfen für den Gebrauch im Inland nur in den Verkehr gebracht werden, wenn sie hierfür besonders zugelassen sind und das von der nach Abs. 2 zuständigen Behörde erteilte Zulassungszeichen tragen.

(2) Die Zulassung und das Zulassungszeichen werden für Antragsteller mit dem Betriebssitz im Lande ..... vom ..... erteilt. Dieses trifft seine Entscheidung nach Prüfung des Antrags durch die zuständige Bundesanstalt. Die in einem anderen Bundesland erteilte Zulassung wird anerkannt. Die Kosten der Prüfung trägt der Antragsteller.

(3) Der Antragsteller hat den Zulassungsbescheid aufzubewahren und den zuständigen Beamten der Polizei, des Gewerbeaufsichtsamtes und der Berufsgenossenschaft auf Verlangen vorzuzeigen.

(4) Für die Prüfung, Zulassung, Klasseneinteilung und Kennzeichnung der pyrotechnischen Gegenstände sowie für die an ihre Beschaffenheit und Verpackung zu stellenden Anforderungen gelten die in der Anlage enthaltenen technischen Grundsätze.

### § 4. Vertrieb und Besitz pyrotechnischer Gegenstände.

(1) § 1 Abs. 1 des Gesetzes gegen den verbrecherischen und gemeingefährlichen Gebrauch von Sprengstoffen vom 9. 6. 1884 (RGBl. S. 61) (Sprengstoffgesetz) findet vorbehaltlich der nachfolgenden Bestimmungen auf den Vertrieb und Besitz von pyrotechnischen Gegenständen der Klassen I, II und IV sowie auf den Besitz von pyrotechnischen Gegenständen der Klasse III des Verbrauchers oder seines Beauftragten keine Anwendung. § 1 Abs. 2 des Sprengstoffgesetzes findet auf pyrotechnische Gegenstände keine Anwendung.

(2) Ein in einem anderen Bundesland ausgestellter Sprengstofferlaubnisschein für den Vertrieb und den Besitz von pyrotechnischen Gegenständen wird anerkannt.

### § 5. Anzeige des Vertriebs von pyrotechnischen Gegenständen.

(1) Wer pyrotechnische Gegenstände der Klassen I, II und IV vertreiben will, hat dies der für den Vertriebsort zuständigen Kreisverwaltungsbehörde vorher schriftlich anzuzeigen.

(2) Ergeben sich Tatsachen, welche die Unzuverlässigkeit des Gewerbetreibenden für diese Tätigkeit dartun, so kann die Kreisverwaltungsbehörde den Vertrieb untersagen.

### § 6. Aufbewahrung und Lagerung pyrotechnischer Gegenstände beim Vertrieb.

(1) Die Lagerung und Aufbewahrung von pyrotechnischen Gegenständen ist nur in der den technischen Grundsätzen entsprechenden Ursprungsverpackung des Herstellers zulässig. Angebrochene Verpackungen sind nach Gebrauch wieder zu verschließen. Pyrotechnische Gegenstände dürfen in Schaufenstern und Verkaufräumen nicht zur Schau gestellt werden; Attrappen sind zugelassen.

(2) Pyrotechnische Gegenstände der Klassen I und II dürfen im Verkaufsraum bis zu einem Bruttogewicht von insgesamt 10 kg, in einem Nebenraum außerdem bis zu einem Bruttogewicht von insgesamt 20 kg aufbewahrt werden. Pyrotechnische Gegenstände der Klassen III und IV dürfen nur in einem Nebenraum aufbewahrt werden. Das Bruttogewicht der in einem Nebenraum aufbewahrten pyrotechnischen Gegenstände der Klassen I bis IV darf insgesamt 20 kg nicht überschreiten. Handelsüblich verpacktes Blitzlichtpulver dürfen bis zu einem Bruttogewicht von 500 g auch im Verkaufsraum aufbewahrt werden. Unter Bruttogewicht ist das Gewicht einschließlich der Ursprungsverpackung zu verstehen. Von Feuerstellen ist ein Abstand von mindestens 3 m einzuhalten, im Nebenraum darf eine Feuerstelle während der Aufbewahrung nicht in Betrieb sein.

(3) Außerhalb des Verkaufs- oder Nebenraumes dürfen mit Genehmigung der für den Vertriebsort zuständigen Kreisverwaltungsbehörde pyrotechnische Gegenstände der Klassen

I bis IV bis zu einem Bruttogewicht von höchstens 50 kg in einem besonderen, gegen Feuchtigkeit geschützten Raum des Hauses gelagert werden, wenn dieser Raum gegen Diebstahl gesichert und von angrenzenden Räumen feuerbeständig getrennt ist, keine Feuerstelle enthält und nicht zum dauernden Aufenthalt von Menschen dient.

(4) Die Aufbewahrung und Lagerung von pyrotechnischen Gegenständen der Klassen I bis IV in einem größeren als dem in Abs. 3 bezeichneten Gewicht sowie von pyrotechnischen Gegenständen der Klasse V ist nur in besonderen, von der zuständigen Behörde nach den Vorschriften über die Lagerung von Sprengstoffen genehmigten Lagern gestattet.

(5) Das Betreten der Aufbewahrungs- und Lagerräume mit offenem Feuer und Licht sowie das Rauchen in diesen Räumen ist verboten.

(6) Die Kreisverwaltungsbehörde kann im Einvernehmen mit dem Gewerbeaufsichtsamt im Einzelfall von den Vorschriften der Absätze 2 bis 4 abweichende Anordnungen treffen, sowie dies zum Schutze von Leben, Gesundheit oder Eigentum ausreichend oder erforderlich ist.

### § 7. *Abgabe von pyrotechnischen Gegenständen.*

(1) Pyrotechnische Gegenstände mit Ausnahme solcher der Klasse I dürfen nur an Personen über 18 Jahre abgegeben werden.

(2) Pyrotechnische Gegenstände der Klasse III, die für den Gebrauch noch hergerichtet werden müssen, dürfen in nichtmontiertem Zustand nur an Personen abgegeben werden, die über einen Sprengstofferlaubnisschein verfügen, der zum Besitz von pyrotechnischen Gegenständen der Klasse V berechtigt. Im übrigen dürfen pyrotechnische Gegenstände der Klasse III an Verbraucher nur gegen Aushändigung einer von der zuständigen Behörde ausgestellten Zweitschrift der Erlaubnis zum Abbrennen abgegeben werden. Die Zweitschrift hat der Lieferant ein Jahr aufzubewahren.

(3) Pyrotechnische Gegenstände der Klasse IV, mit Ausnahme von Blitzlichtpulvern, dürfen nur gegen Vorlage einer schriftlichen Auftragserteilung mit Angabe des Verwendungszweckes abgegeben werden. Die Auftragserteilung hat der Lieferant ein Jahr aufzubewahren.

(4) Die Abgabe von pyrotechnischen Gegenständen, mit Ausnahme von Wunderkerzen, Amorces und Amorcesbändern ist auf Volksfesten, Messen und Märkten verboten.

### § 8. *Übergangsbestimmungen.*

(1) Wer beim Inkrafttreten dieser Verordnung pyrotechnische Gegenstände der Klassen I, II und IV vertreibt, hat binnen eines Monats vom Tage des Inkrafttretens dieser Verordnung an die nach § 5 Abs. 1 erforderliche Anzeige zu erstatten. Wer beim Inkrafttreten dieser Verordnung pyrotechnische Gegenstände der Klassen III und V vertreibt, hat binnen eines Monats vom Tage des Inkrafttretens dieser Verordnung an um die nach § 1 Abs. 1 des Sprengstoffgesetzes erforderliche Genehmigung nachzusuchen. Bis zur endgültigen Entscheidung über den Antrag kann . . . . . den Vertrieb und Besitz von Gegenständen der Klasse III widerruflich gestatten.

(2) Pyrotechnische Gegenstände der Klassen I bis III, die das nach § 3 Abs. 1 erforderliche Zulassungszeichen nicht tragen, sind noch innerhalb eines Jahres nach Inkrafttreten dieser Verordnung zum Verkehr zugelassen.

### § 9. *Strafbestimmungen.*

Zuwiderhandlungen werden nach § 367 Abs. 1 Nr. 5 StGB bestraft, soweit nicht nach dem Sprengstoffgesetz höhere Strafen verwirkt sind.

### § 10. *Aufhebung von Vorschriften der Sprengstoffverkehrsordnung bzw. Änderung entgegenstehender Vorschriften.*

. . . . .

### § 11. *Inkrafttreten.*

. . . . .

Diese Verordnung enthält eine längere Anlage mit technischen Grundsätzen zur Verordnung über den Verkehr mit pyrotechnischen Gegenständen. Die technischen Grundsätze enthalten:

I. Allgemeine Bestimmungen über Beschaffenheit der pyrotechnischen Sätze und Gegenstände und Verpackung der pyrotechnischen Gegenstände.

II. Klasseneinteilung der pyrotechnischen Gegenstände mit ausführlichen Begriffsbestimmungen und Anforderungen, die an die Zusammensetzung zu stellen sind.

III. Kennzeichnung der pyrotechnischen Gegenstände.

IV. Prüfung und Zulassung.

## II. Brennbare Flüssigkeiten.

Der Verkehr mit brennbaren Flüssigkeiten ist im ganzen Reiche durch Polizeiverordnungen geregelt, die nach einem einheitlichen Muster erlassen worden sind.
Nicht nur die sogenannten Mineralöle (Benzin, Petroleum usw.), sondern alle brennbaren Flüssigkeiten bis zu den alkoholstarken Parfüms sind durch die gesetzliche
Regelung erfaßt.

### 1. Polizeiverordnung über den Verkehr mit brennbaren Flüssigkeiten.

(Normalentwurf nach dem Erlaß der Herren Min. f. H. u. Gew. vom 26. November 1930 — III c
8271 Wm. — Va 14059 — Vb 4272 — IG 2319 —, des Innern — IID 356 X/29 — und für
Volkswohlfahrt—II C 2558/30—und den bis 6. Februar 1935 ergangenen Abänderungerlassen.)
(In allen damaligen deutschen Ländern am 1. Januar 1931 in Kraft getreten.)

### Abschnitt I.

#### *Allgemeines.*

##### *§ 1. Anwendungsgebiet der Polizeiverordnung.*

(1) Diese Polizeiverordnung findet Anwendung auf die Aufbewahrung und Lagerung aller
brennbaren Flüssigkeiten und der damit oder daraus hergestellten Mischungen, die bei 15° C
nicht fest oder salbenförmig, sondern flüssig sind. Sie findet gleichfalls Anwendung auf den
Verkehr zu Lande mit diesen Stoffen. Ausgenommen sind:

1. solche Mischungen, die einen Flammpunkt von 21° C oder mehr und einen Gehalt an
festen, in den Flüssigkeiten gelösten Stoffen von mehr als 30 v. H. des Gesamtgewichts
haben; den festen Stoffen sind hierbei flüssige Stoffe mit einem Flammpunkt über 100° C
gleichzuachten;
2. alle brennbaren Flüssigkeiten, deren Flammpunkt über 100° C liegt;
3. alle mit Wasser in jedem Verhältnis mischbaren, brennbaren Flüssigkeiten, deren Flammpunkt bei 21° C und darüber liegt.

(2) Der Polizeiverordnung sind alle leeren Transport- und Lagergefäße von mehr als 5 l
Fassungsvermögen unterstellt, in denen sich bei der letzten Füllung Flüssigkeiten, die dieser
Polizeiverordnung unterworfen sind, befunden haben.

##### *§ 2. (1) Gruppen und Gefahrklassen.*

Die der Polizeiverordnung durch § 1 unterworfenen brennbaren Flüssigkeiten werden in
zwei Gruppen eingeteilt:

A. Flüssigkeiten und Mischungen oder Lösungen, die sich mit Wasser nicht oder nur teil-
weise vermischen lassen. Sie gehören zur
Gefahrklasse I, wenn sie einen Flammpunkt unter 21° C haben;
Gefahrklasse II, wenn sie einen Flammpunkt von 21° bis 55° C haben;
Gefahrklasse III, wenn sie einen Flammpunkt von mehr als 55° bis 100° C haben.

B. Flüssigkeiten und Mischungen oder Lösungen, die sich mit Wasser in beliebigem Verhältnis vermischen lassen und einen Flammpunkt unter 21° C haben.

(2) *Ermittlung des Flammpunktes.* Als Flammpunkt gilt die Temperatur, bei der brennbare Flüssigkeiten bei einem Barometerstand von 760 mm entflammbare Dämpfe entwickeln.
Der Flammpunkt wird mittels des Petroleumprobers von Abel-Pensky festgestellt.

(3) *Nachweis der Gefahrklasse.* Wer brennbare Flüssigkeiten lagert oder verkauft, hat auf
Verlangen der Ortspolizeibehörde durch Vorlegung einer schriftlichen Versicherung des Herstellers oder Lieferers oder in Zweifelsfällen durch ein von einem anerkannten Sachverständigen
ausgestelltes Zeugnis einen Nachweis über den Flammpunkt der brennbaren Flüssigkeit und
deren Mischbarkeit mit Wasser zu erbringen. Wird ein solcher Nachweis nicht erbracht, so
gelten die brennbaren Flüssigkeiten als zu Gruppe A Gefahrklasse I gehörig.

##### *§ 3. Durchführung der Polizeiverordnung.*

(1) Die Anlagen zur Aufbewahrung und Lagerung von brennbaren Flüssigkeiten und zur
Lagerung von gebrauchten leeren Fässern sowie die Straßentankwagen zur Beförderung brenn-
barer Flüssigkeiten müssen den folgenden Bestimmungen und den anerkannten Regeln der
Wissenschaft und Technik entsprechend ausgeführt, betrieben und unterhalten werden.

(2) Außer den allgemeinen Regeln gelten bis auf weiteres die Grundsätze für die Durchführung dieser Verordnung. Die Weiterbildung der Grundsätze Ziffer II wird einem nach
Maßgabe der Anlage 1 von dem Reichsminister des Innern berufenen Ausschuß übertragen.

### § 4. Lager-, Aufbewahrungs- und Versandgefäße.

1. *Berechnung des Fassungsvermögens.* Die Berechnung der Mengen der Flüssigkeiten geschieht für alle Gefäße, auch für die nur teilweise gefüllten, nach ihrem vollen Fassungsvermögen. Das Fassungsvermögen leerer Gefäße zählt bei der Berechnung der Lagermengen nicht mit.

2. *Füllungsgrad der Gefäße.* Dichtverschlossene Gefäße dürfen nicht ganz (d. h. nur bis zu etwa 95 v. H. des Fassungsvermögens) gefüllt sein.

3. *Beschaffenheit der Lager-, Aufbewahrungs- und Versandgefäße.* Lager-, Aufbewahrungs- und Versandgefäße für brennbare Flüssigkeiten müssen dicht und — abgesehen von Lagertanks — auch dicht verschlossen sein. Brennbare Flüssigkeiten der Gruppe A Gefahrklasse I dürfen nicht in Behältern aus brennbaren Stoffen aufbewahrt oder gelagert werden.

4. *Aufschriften an ortsfesten und an Versandgefäßen.* (1) An ortsfesten Gefäßen muß, abgesehen von den Fällen des § 7 Abs. 2, Buchstabe a und b, und des § 8 Abs. 2, Buchstabe a und b, an leicht sichtbarer Stelle — bei unterirdischer Lagerung an oder in der Zapfeinrichtung — deutlich und dauerhaft die handelsübliche Bezeichnung des Inhalts, seine Gruppe und Gefahrklasse (§ 2) und der Fassungsraum der Gefäße oder ihrer einzelnen Abteilungen verzeichnet sein.

(2) Gefäße, in denen brennbare Flüssigkeiten der Gruppe A Gefahrklasse 1 aufbewahrt, gelagert, abgegeben und befördert werden, sind mit der deutlichen, haltbaren Aufschrift „Feuergefährlich" zu versehen.

(3) Schutzbehälter für Ton- und Glasgefäße müssen außerdem mit der deutlichen, dauerhaften Aufschrift „Vorsichtig tragen" versehen sein.

5. *Lagerhöfe. Vorübergehende Aufbewahrung gefüllter Fässer auf Tanklagerhöfen.* Als Lagerhof gilt jede Lagerstätte, auf der — wenn auch nur vorübergehend — mehr als 10000 Liter brennbarer Flüssigkeiten oberirdisch aufbewahrt oder gelagert werden. Auf Lagerhöfen mit Tanklagerung dürfen brennbare Flüssigkeiten in gefüllten, zum Versand und zur Entleerung bestimmten Fässern, Behältern und Kesselwagen bis zu deren Abfuhr oder Entleerung unter Aufsicht oder sicherer Verwahrung nur auf den von der Ortspolizeibehörde genehmigten Plätzen und nur bis zu der von ihr zugelassenen Höchstmenge verbleiben.

6. *Leere gebrauchte Fässer.* Leere gebrauchte Fässer aus nicht brennbarem Baustoff dürfen nur mit dichtverschlossenem Spundloch gelagert werden. Leere Fässer aus brennbarem Baustoff, die mit brennbaren Flüssigkeiten der Gruppe A Gefahrklasse II und mit Flüssigkeiten der Gruppe B gefüllt waren, dürfen, wenn nicht von der Ortspolizeibehörde Ausnahmen zugelassen sind, nur außerhalb der Lagerhöfe gelagert werden. Diese Lagerplätze bedürfen der Erlaubnis der Ortspolizeibehörde, wenn mehr als 50 Fässer gelagert werden.

7. *Aufstellung von Tankwagen.* Die regelmäßige Aufstellung von Tankwagen darf nur auf Lagerhöfen, in geeigneten abgeschlossenen Räumen oder auf eingefriedigten Grundstücken erfolgen. Bei Aufstellung im Freien ist ein Abstand von mindestens 5 m von Wohngebäuden und Nachbargrenzen einzuhalten.

### § 5. Zapfstellen.

Zapfstellen müssen unter Verschluß gehalten werden, solange nicht durch ausreichende Aufsicht oder durch eine sicher wirkende Vorrichtung (Verriegelung des Pumpenhebels u. dgl.) ihre mißbräuchliche Benutzung unmöglich gemacht ist. Beim Abzapfen etwa verschüttete brennbare Flüssigkeiten dürfen nicht in Abwasserleitungen, in Keller oder in Brunnen gelangen können.

### § 6. Verbot von Feuer und Licht. Feuerlöschvorrichtungen.

(1) Das Anzünden von Feuer und Licht, das Umgeben mit offenem Licht, das Rauchen und das Mitführen von Zündwaren ist überall da, wo brennbare Flüssigkeiten der Gruppen A und B gelagert, gemischt oder abgefüllt werden, verboten. Auf das Verbot ist durch augenfälligen, dauerhaften Anschlag hinzuweisen; an Zapfstellen genügt die Aufschrift: „Rauchen verboten." Künstliche Beleuchtung muß bei dem Verkehr mit brennbaren Flüssigkeiten der Gruppe A Gefahrklasse I und II und der Gruppe B entweder als Außenbeleuchtung hinter dicht schließenden, nicht zum Öffnen eingerichteten Fenstern oder als explosionssichere elektrische Beleuchtung ausgeführt werden; diese Beleuchtungsvorschrift gilt nicht für den Kleinhandel mit Leuchtpetroleum. Muß in der Nähe von Zapfstellen mit offenem Feuer gearbeitet werden, so ist während der Dauer dieser Arbeiten der Zapfbetrieb einzustellen. Während des Tankens müssen Lampen mit Flammenlicht gelöscht werden.

(2) Das Bereithalten geeigneter Feuerlöschvorrichtungen kann gefordert werden.

## Abschnitt II.

### § 7. Vorschriften für die Flüssigkeiten der Gruppe A Gefahrklasse I.

(1) In Treppenhäusern, Haus- und Stockwerksfluren, Durchgängen und Durchfahrten ist jede Aufbewahrung und Lagerung verboten.

(2) Es dürfen aufbewahrt oder gelagert werden:

a) in Wohnräumen und in Räumen, die mit diesen in unmittelbarer, nicht feuerbeständig abschließbarer Verbindung stehen, sowie in Gast- und Schankstuben bis zu 2 Liter;

b) in gewerblichen Arbeitsräumen sowie in den Verkaufsräumen der Einzelhändler bis zu 30 Liter; diese Bestimmung erstreckt sich nicht auf diejenigen Mengen brennbarer Flüssigkeiten, die im regelmäßigen Betrieb gewerblicher Anlagen verwendet werden und sich im Arbeitsgang befinden oder die zur Sicherstellung der ungestörten Durchführung des Arbeitsganges an der Betriebsstätte in Betriebsbehältern aufbewahrt werden;

c) in nicht dem regelmäßigen Verkehr dienenden Vorratsräumen gewerblicher Anlagen oder der Einzelhändler bis zu 200 Liter;

d) in Räumen, die ausschließlich zur Lagerung feuergefährlicher Flüssigkeiten bestimmt sind und nicht unter Räumen liegen, die dem dauernden Aufenthalt oder dem regelmäßigen Verkehr von Menschen dienen, bis zu 1000 Liter;

e) auf abgeschlossenen Höfen, die nur von Gebäudeteilen in feuerbeständiger Bauweise eingeschlossen werden, sowie auf eingefriedigten, auf mindestens 2 Seiten nicht umbauten Grundstücken oder Grundstückteilen, oberirdisch in bruchsicheren Gefäßen bis zu 1000 Liter, ferner in unterirdisch allseitig mindestens 1 m eingebetteten Tanks bis zu 10000 Liter. Die Tanks dürfen in Kellern, jedoch nicht in Kellern von Wohngebäuden eingebettet werden, wenn sie nur von außen gefüllt und entleert werden.

(3) Die Entnahme aus Tanks oder anderen großen Gefäßen darf nur mittels Pumpen, Schutzgas oder eines anderen gleichwertigen Entnahmeverfahrens, das Füllen nur durch geschlossene Rohrleitungen erfolgen.

(4) Mengen über 2 Liter dürfen nur in bruchsicheren, unverbrennlichen Gefäßen, Mengen über 1000 Liter nur in eisernen Fässern oder Tanks aufbewahrt oder gelagert werden.

(5) Von Schwefelkohlenstoff darf nur jeweils ein Fünftel der in Abs. 2 angegebenen Mengen, höchstens jedoch 100 Liter aufbewahrt oder gelagert werden.

(6) Jede Lagerung von mehr als 200 Liter, bei Schwefelkohlenstoff von mehr als 10 Liter, ist vor Einrichtung des Lagers der Ortspolizeibehörde anzuzeigen.

(7) Der Erlaubnis der Ortspolizeibehörde bedürfen

a) die Lagerung größerer Mengen als:

1000 Liter in oberirdischen Gefäßen,

10000 Liter in unterirdisch allseitig eingebetteten Tanks,

100 Liter von Schwefelkohlenstoff;

b) jede Lagerung, soweit damit Zapfstellen des öffentlichen Verkehrs zum Füllen von Betriebsstoffbehältern an Kraftfahrzeugen verbunden sind. Die Errichtung von Zapfstellen in Wohngebäuden ist unzulässig. Im übrigen entscheiden über die Zulässigkeit des Platzes für ihre Aufstellung die allgemeinen bau-, verkehrs- und sicherheitspolizeilichen Gesichtspunkte. Die zugehörigen Tanks können auch unter dem Bürgersteig oder unter öffentlichen Straßen und Plätzen liegen. Etwa verschüttetes Benzin u. dgl. darf nicht in die Kanalisation hineinfließen können;

c) fahrbare Zapfstellen; sie werden nur in ganz besonderen Fällen genehmigt.

(8) Dem Gesuch um Erlaubnis zur Lagerung sind eine Beschreibung und eine Zeichnung der Lagerstätte und der darauf befindlichen Bauwerke in je dreifacher Ausfertigung beizufügen. Die Gesuchsunterlagen müssen alle zur Prüfung des Gesuches erforderlichen Angaben enthalten.

(9) Tankwagen sind vor ihrer Inbetriebnahme bei der für den Standort des Wagens zuständigen Ortspolizeibehörde auf Vordruck Muster 1 anzumelden (vgl. Anlage Nr. 2). Sie dürfen erst in Betrieb genommen werden, nachdem die Ortspolizeibehörde eine Anmeldebescheinigung nach Vordruck Muster 2 (Anlage Nr. 3) ausgestellt hat und durch die Abnahmebescheinigung eines von der Landespolizeibehörde anerkannten Sachverständigen bestätigt worden ist, daß die Einrichtung des Tankwagens den Grundsätzen für die Durchführung dieser Polizeiverordnung genügt. Diese Bescheinigungen sind vom Wagenführer in Urschrift oder in beglaubigter Abschrift mitzuführen. Den bei den Fuhrwerken beschäftigten oder mitfahrenden Personen ist das Rauchen verboten. Bescheinigungen, die von einer zuständigen außerpreußischen Dienststelle ausgestellt sind, haben auch in Preußen Gültigkeit.

(10) Die Aufbewahrung und Beförderung von zur Eisenbahn- oder zur Wasserbeförderung bestimmten Mengen ist in der für diese Zwecke vorgeschriebenen Verpackung zulässig.

## Abschnitt III.

§ 8. *Vorschriften für die Flüssigkeiten der Gruppe A Gefahrklasse II und für die Flüssigkeiten der Gruppe B.*

(1) In Treppenhäusern, Haus- und Stockwerksfluren, Durchgängen und Durchfahrten ist jede Aufbewahrung und Lagerung verboten.

(2) Es dürfen aufbewahrt oder gelagert werden:

a) in Wohnräumen und in Räumen, die mit diesen in unmittelbarer, nicht feuerbeständig abschließbarer Verbindung stehen, sowie in Gast- und Schankstuben bis zu 35 Liter;

b) in gewerblichen Arbeitsräumen sowie in den Verkaufsräumen der Einzelhändler bis zu 100 Liter, in bruchsicheren Gefäßen bis zu 1000 Liter; diese Bestimmung erstreckt sich nicht auf diejenigen Mengen brennbarer Flüssigkeiten, die im regelmäßigen Betriebe gewerblicher Anlagen verwendet werden und sich im Arbeitsgang befinden, oder die zur Sicherstellung der ungestörten Durchführung des Arbeitsganges an der Betriebsstätte in Betriebsbehältern aufbewahrt werden;

c) in nicht dem regelmäßigen Verkehr dienenden Vorratsräumen gewerblicher Anlagen oder der Einzelhändler bis zu 400 Liter. Geschieht die Lagerung in widerstandsfähigen Blechgefäßen mit daran fest angebrachter Abfüll- und Meßvorrichtung und liegt der Vorratsbehälter im Keller oder in einem dem allgemeinen Verkehr nicht dienenden Nebenraume, so darf die Lagermenge auf 3000 Liter erhöht werden;

d) auf abgeschlossenen Höfen oder sonstigen dem Verkehr nicht zugänglichen Grundstücken oder Grundstückteilen sowie in besonders eingerichteten Kellern, jedoch nicht unter Räumen, die dem dauernden Aufenthalt oder dem regelmäßigen Verkehr von Menschen dienen, bis zu 10000 Liter, in unterirdisch — auch in Kellern, sofern das Füllen und Abzapfen von außen erfolgt — allseitig mindestens 1 m eingebetteten Tanks bis zu 30000 Liter.

e) Jede Lagerung von mehr als 3000 Liter ist vor Einrichtung des Lagers der Ortspolizeibehörde anzuzeigen.

(3) Die Lagerung größerer Mengen als 30000 Liter ist nur mit Erlaubnis der Ortspolizeibehörde zulässig.

(4) Für die dem Gesuch um Erlaubnis zur Lagerung beizufügenden Unterlagen gelten die Vorschriften im § 7 Abs. 8

(5) Die Aufbewahrung und Beförderung von zur Eisenbahn- oder zur Wasserbeförderung bestimmten Mengen ist in der für diese Zwecke vorgeschriebenen Verpackung zulässig.

## Abschnitt IV.

### § 9. *Vorschriften für die Flüssigkeiten der Gruppe A Gefahrklasse III.*

Für die Aufbewahrung, Lagerung, Abgabe und Beförderung gelten nur für die in den §§ 3 und 4 Ziff. 1 bis 6 und in den Grundsätzen für die Durchführung der Polizeiverordnung Abschnitt I F enthaltennen Bestimmungen. Für die Zusammenlagerung mit anderen brennbaren Flüssigkeiten gelten die Vorschriften des § 10.

## Abschnitt V.

### § 10. *Allgemeine Bestimmungen über die Zusammenlagerung und -aufbewahrung von brennbaren Flüssigkeiten verschiedener Gruppen und Gefahrklassen miteinander und bei verschiedenen Besitzern.*

Werden brennbare Flüssigkeiten verschiedener Gruppen und Gefahrklassen in derselben Lagerstätte gelagert, so finden die für die brennbaren Flüssigkeiten der Gruppe A Gefahrklasse I geltenden Vorschriften mit der Maßgabe Anwendung, daß für jedes Liter der Gruppe A Gefahrklasse I, das hinter der zugelassenen Höchstmenge zurückbleibt, 2 Liter der Gruppe A Gefahrklasse II, 2 Liter der Gruppe B oder 200 Liter der Gruppe A Gefahrklasse III aufbewahrt oder gelagert werden dürfen. Werden nur brennbare Flüssigkeiten der Gruppe A Gefahrklasse II und III und der Gruppe B aufbewahrt oder gelagert, so gelten die Höchstsätze des Abschnitts III dieser Verordnung mit der Maßgabe, daß für jedes Liter brennbarer Flüssigkeiten, das hinter der zugelassenen Höchstmenge zurückbleibt, 100 Liter der Gruppe A Gefahrklasse III aufbewahrt oder gelagert werden dürfen.

### § 11. *Prüfungen und Untersuchungen.*

(1) Tankanlagen und Tankwagen sowie elektrische Einrichtungen und Blitzschutzanlagen der Lager-, Misch- und Abfüllräume sind durch einen anerkannten Sachverständigen vor der Inbetriebnahme einer Abnahmeprüfung und in regelmäßigen Fristen wiederkehrenden Untersuchungen nach den Grundsätzen für die Durchführung dieser Polizeiverordnung zu unterwerfen.

Die Sachverständigen für die vorgeschriebenen Prüfungen und Untersuchungen der Tankanlagen und Tankwagen sind von der Landespolizeibehörde anzuerkennen.

(2) Der Besitzer der Anlage hat die in Absatz 1 vorgeschriebenen Prüfungen und Untersuchungen zu veranlassen, die nötigen Arbeitskräfte und Vorrichtungen bereitzustellen und die Kosten zu tragen. Die Berechnung der Kosten erfolgt nach einer Gebührenordnung, die von dem Minister für Wirtschaft und Arbeit festgesetzt und im Ministerialblatt für Wirtschaft und Arbeit veröffentlicht wird. Die Kosten können im Verwaltungszwangsverfahren beigetrieben werden.

## Abschnitt VI.

### *§ 12. Gültigkeitsdauer erteilter Erlaubnisse.*

(1) Die für eine Lagerung erteilte Erlaubnis bleibt so lange in Kraft, als keine wesentliche Änderung der Lagerstätte oder keine die Gefahren der Lagerung wesentlich erhöhende Veränderung des Betriebes eintritt. Unter dieser Voraussetzung bedarf es beim Wechsel des Inhabers keiner neuen Erlaubnis. Die erteilte Erlaubnis erlischt, wenn von ihr innerhalb eines Jahres kein Gebrauch gemacht wird.

(2) Wechselt ein erlaubnispflichtiges Lager den Inhaber, so hat der neue Inhaber hiervon binnen 8 Tagen nach dem Besitzwechsel der Ortspolizeibehörde Anzeige zu erstatten.

## Abschnitt VII.

### *§ 13. Ausnahme-, Übergangs- und Schlußbestimmungen.*

Ausschluß der Anwendung dieser Polizeiverordnung.

(1) Diese Polizeiverordnung findet keine Anwendung auf:

a) die der Aufsicht der Bergbehörden unterstehenden Betriebe und die Betriebe an den Gewinnungsstätten der Rohstoffe,

b) Lager und Anlagen der Heeres- und Marineverwaltung sowie auf Privatlager, die unter ausdrücklich erklärter Überwachung dieser Verwaltungen stehen,

c) Zollhöfe, Freihäfen und Kaianlagen,

d) sämtliche Anlagen der Deutschen Reichsbahn-Gesellschaft und der übrigen Bahnen des allgemeinen Verkehrs, die der Beaufsichtigung durch das Reich unterliegen; für die Kleinbahnen und die Privatanschlußbahnen sind zuständige Behörden im Sinne der §§ 2, 4, 7, 8, 9,11 und 12 die zuständigen technischen Aufsichtsbehörden,

e) den Verkehr mit brennbaren Flüssigkeiten beim Kraftfahrwesen der staatlichen Polizei, der Deutschen Reichspost und der Reichsfinanzverwaltung,

f) die Mitnahme von brennbaren Flüssigkeiten in Kraftfahrzeugen oder Flugzeugen, falls sie lediglich als Betriebsstoff für das betreffende Kraftfahrzeug oder Flugzeug dienen,

g) die Beförderung von brennbaren Flüssigkeiten mit Kauffahrteischiffen, Binnenschiffen, auf Eisenbahnen, Luftfahrzeugen und durch die Post.

(2) Auf Anlagen, die nach § 16 der Gewerbeordnung genehmigungspflichtig sind, findet diese Verordnung nur insoweit Anwendung, als dies in der Genehmigungsurkunde ausdrücklich bestimmt ist; hinsichtlich der in ihnen betriebsmäßig verwendeten Mengen brennbarer Flüssigkeiten gelten insbesondere die Bestimmungen des § 7 Abs. 2 Buchstabe b und des § 8 Abs. 2 Buchstabe b.

(3) In denjenigen Hafenbezirken, für die eine besondere Hafenpolizei besteht, hat die Ortspolizeibehörde bei der Prüfung von Anträgen auf Lagerung, Verarbeitung oder Gewinnung von brennbaren Flüssigkeiten diese Behörde zu beteiligen.

(4) Weitergehende Bestimmungen über den Verkehr mit brennbaren Flüssigkeiten in Vorschriften für Kailager, Petroleumhäfen, Theater, Versammlungsräume, Kraftwagenhallen und dgl., ferner in der Verordnung über das gewerbsmäßige Verkaufen und Feilhalten von Petroleum vom 24. Februar 1882 (Reichsgesetzbl. S. 40) sowie in den Vorschriften über den Verkehr mit Arzneimitteln und über den Verkehr mit Giften bleiben durch diese Polizeiverordnung unberührt.

### *§ 14. Anwendung der Polizeiverordnung auf bestehende Anlagen.*

(1) In den beim Inkrafttreten dieser Polizeiverordnung bestehenden, nach ihr nicht erlaubnispflichtigen Anlagen dürfen die in dieser Verordnung festgesetzten Höchstmengen ohne weiteres aufbewahrt und gelagert werden. Bestehende Aufbewahrungs- und Lagerstätten dieser Art sind innerhalb zweier Jahre nach dem Inkrafttreten dieser Verordnung den darin gegebenen Vorschriften entsprechend einzurichten.

(2) An Lagerstätten, die vor Erlaß dieser Verordnung mit Erlaubnis errichtet worden sind, können, solange nicht eine Erweiterung, ein Umbau oder eine wesentliche Änderung in der Benutzung der Lagerstätte eintritt, nur solche Anforderungen gestellt werden, die zur Beseitigung erheblicher, das Leben oder die Gesundheit der Arbeitnehmer oder der Nachbarschaft oder die Sicherheit des Verkehrs gefährdender Mißstände erforderlich oder ohne unverhältnismäßige Aufwendungen ausführbar sind.

(3) An die bei Erlaß dieser Verordnung bestehenden Lagerstätten brennbarer Flüssigkeiten, die nunmehr erlaubnispflichtig werden, können, solange nicht eine Erweiterung oder ein Umbau eintritt, nur solche Anforderungen gestellt werden, die zur Beseitigung erheblicher, das Leben oder die Gesundheit der Arbeitnehmer oder der Nachbarschaft oder die Sicherheit des Verkehrs gefährdender Mißstände erforderlich oder ohne unverhältnismäßige Aufwendungen ausführbar sind.

### § 15. Ausnahmen in Einzelfällen.

Ausnahmen von den Bestimmungen dieser Polizeiverordnung können auf Antrag des Unternehmers in begründeten Einzelfällen durch die Landespolizeibehörden genehmigt werden.

### § 16. Strafen.

Übertretungen dieser Polizeiverordnung und der Anordnungen, die auf Grund dieser Polizeiverordnung und der zu ihrer Duchführung erlassenen Grundsätze von den zuständigen Behörden verfügt worden sind, werden, sofern nicht die Bestimmungen des Strafgesetzbuchs Anwendung finden, mit Geldstrafen bis zu 150 RM oder mit entsprechender Haft bestraft.

### § 17.

Diese Polizeiverordnung tritt am 1. Januar 1931 in Kraft. Mit diesem Zeitpunkt treten alle ihr entgegenstehenden Verordnungen, soweit sie nicht unter § 13 Abs. 4 fallen, sowie die frühere, diesen Gegenstand betreffende Polizeiverordnung (Mineralölverkehrsverordnung) außer Wirksamkeit.

## 2. Grundsätze für die Durchführung der Polizeiverordnung über den Verkehr mit brennbaren Flüssigkeiten.

### (Auszugsweise)

Zu § 7. A. 1. Brennbare Flüssigkeiten in eisernen Fässern oder in hartgelöteten, geschweißten oder genieteten Metallgefäßen sowie Lacke und ähnliche Mischungen in den üblichen Blechgefäßen mit dichtem Verschluß können gemäß § 7 Abs. 2 Buchstaben d und e in Räumen gelagert werden, deren Fußboden etwa in Höhe der Erdoberfläche liegt, ausnahmsweise auch in Kellern, die nicht unter Räumen liegen, die dem dauernden Aufenthalt oder dem regelmäßigen Verkehr von Menschen dienen, im übrigen im Freien auf eingefriedeten Grundstücken oder in besonderen Schuppen (vgl. Abschnitt C).

2. Die Lagerräume müssen gut gelüftet und gut erhellt sein. Von anstoßenden Räumen müssen sie durch Wände und Decken in feuerbeständiger Bauweise getrennt sein. Sie dürfen keine Abflüsse nach außen (auf Straßen, Höfe, in die Abwasserleitung usw.) und keine Öffnungen haben, die nach heizbaren Schornsteinen oder Abzugskanälen für Gasöfen führen. Zur Beheizung dürfen nur Warmwasserheizungen oder Heizungen mit mindestens gleicher Sicherheit gegen Brandgefahr verwendet werden.

3. Für die Lagerung in beliebigen Gefäßen gilt Abschnitt C.

4. Räume mit unmittelbarer Verbindung zu Treppenhäusern, die den Zugang zu Räumen bilden, die zum regelmäßigen Aufenthalt oder zum Verkehr von Menschen dienen, sowie Räume zum Aufbewahren oder Lagern von leicht- oder selbstentzündlichen Stoffen sowie von Zündwaren, Feuerwerkskörpern oder Sprengstoffen dürfen zur Lagerung von brennbaren Flüssigkeiten nicht benutzt werden. Kellerräume dürfen zur Lagerung von brennbaren Flüssigkeiten nur benutzt werden, wenn sie eine dauernde, kräftige — nötigenfalls künstliche — Lüftung unter Absaugung der Luft vom Fußboden aus und ausreichende Beleuchtung haben.

Alle zur Lagerung von brennbaren Flüssigkeiten dienenden Räume müssen mit einem undurchlässigen, gegen Anbrennen gesicherten Fußboden — auch Hartholzfußboden — versehen sein; sie müssen so eingerichtet sein, daß im Falle des Ausfließens der Lagerbehälter keine brennbaren Flüssigkeiten ins Freie austreten können. Die Türen der Lagerräume müssen nach außen aufschlagen, verschließbar, rauchdicht, selbstschließend und bei feuerbeständiger Bauart des Raumes auch feuerbeständig sein.

B. 1. Das Umfüllen darf nur mittels Hahnes oder Pumpe oder unter dem Druck flammenerstickender Gase oder geeigneter Flüssigkeiten geschehen. Die Metallrohre zum Füllen oder Entleeren der Aufbewahrungsbehälter müssen geerdet sein.

2. Lager-, Misch- und Abfüllräume für brennbare Flüssigkeiten gelten als explosionsgefährdete Räume im Sinne der Vorschriften des Verbandes deutscher Elektrotechniker. Kohlenstiftbogenlampen dürfen auch im Freien nicht verwendet werden. Für Lagerschuppen, Abfüllhallen und dergleichen kann die Anbringung von Blitzableitern gefordert werden. Elektrische Einrichtungen und Blitzschutzanlagen sind in Zeitabständen von zweieinhalb Jahren durch einen anerkannten Sachverständigen auf ihre Zuverlässigkeit zu prüfen.

C. 1. Die Lagerung von brennbaren Flüssigkeiten in anderen als in Abschnitt A bezeichneten bruchsicheren Behältern ist auf eingefriedeten Grundstücken zulässig, und zwar entweder im Freien oder in besonderen Schuppen oder Gelassen; die Einfriedungen sind unter Verschluß zu halten.

2. Im Innern von Ortschaften ist die Lagerung im Freien — ohne Schuppen — nur zulässig in undurchlässigen Gruben oder Umwehrungen, die ein Versickern oder Wegfließen etwa ausgelaufener Flüssigkeiten verhindern; für die Herstellung der Gruben, der Umwehrungen, der Deckklappen und der Türen müssen unverbrennliche Baustoffe verwendet werden.

3. Lagerstellen der unter 1 und 2 erwähnten Art müssen von Türen und Fenstern benachbarter Räume, in denen sich offenes Licht, Feuerstellen oder leichtentzündliche Gegenstände usw. befinden, mindestens 5 m entfernt sein. Auf die Schuppen finden die vorstehenden Abschnitte A und B sinngemäß Anwendung.

## 3. Zusammenstellung einiger im Handel vorkommender brennbarer Flüssigkeiten nach ihrer Zugehörigkeit zu den in § 2 der Polizeiverordnung abgegrenzten Gruppen und Gefahrklassen.

### Gruppe A.

*Gefahrklasse I.*

1. Rohpetroleum (Rohnaphtha, Erd- und Steinöl), Petroleumäther, Petroleumbenzin, Leichtbenzin;
2. Benzol, Toluol;
3. Äther (Äthyläther, Schwefeläther);
4. zahlreiche Lacke, z. B. Benzinlacke, Zaponlacke usw.;
5. Schwefelkohlenstoff.

*Gefahrklasse II.*

1. Leucht- und Heizpetroleum und die meisten anderen Leuchtöle, Putzöle, Schwerbenzin (zur Herstellung von Lacken u. dgl.);

2. Xylol, Kumol, Solventnaphtha;
3. Terpentinöl;
4. Amylacetat;
5. Chlorbenzol, Chlortoluol.

*Gefahrklasse III.*

1. Einige Arten hochsiedender Leuchtöle, manche Solaröle, die meisten Gasöle;
2. mehrere Heizöle, Treiböle, z. B. für Dieselmotoren, sowie schwere Teeröle, Tetralin;
3. hochsiedende Putzöle, Vaselinöle, helle und dunkle Paraffinöle;
4. Nitrobenzol, Anilin, Toluidin.

### Gruppe B.

Methylalkohol, Äthylalkohol, Acetaldehyd, Aceton, Pyridin.

## III. Petroleum.

Außer der hier erwähnten Verordnung finden auf den Verkehr mit Petroleum alle Bestimmungen der „Polizeiverordnung über den Verkehr mit brennbaren Flüssigkeiten" Anwendung.

### 1. Verordnung über das gewerbsmäßige Verkaufen und Feilhalten von Petroleum.

Vom 24. Februar 1882. (RGBl. S. 40.)

§ 1. Das gewerbsmäßige Verkaufen und Feilhalten von Petroleum, welches, unter einem Barometerstande von 760 Millimeter, schon bei einer Erwärmung auf weniger als 21 Grade des hundertteiligen Thermometers entflammbare Dämpfe entweichen läßt, ist nur in solchen Gefäßen gestattet, welche an in die Augen fallender Stelle auf rotem Grunde in deutlichen Buchstaben die nicht verwischbare Inschrift „*Feuergefährlich*" tragen.

Wird derartiges Petroleum gewerbsmäßig zur Abgabe in Mengen von weniger als 50 Kilogramm feilgehalten oder in solchen geringen Mengen verkauft, so muß die Inschrift in gleicher Weise noch die Worte: „*Nur mit besonderen Vorsichtsmaßregeln zu Brennzwecken verwendbar*" enthalten.

§ 2. Die Untersuchung des Petroleums auf seine Entflammbarkeit im Sinne des § 1 hat mittels des Abelschen Petroleumprobers . . . . . . zu erfolgen.

Abs. 2 . . . . . .

§ 3. Diese Verordnung findet auf das Verkaufen und Feilhalten von Petroleum in den Apotheken zu Heilzwecken nicht Anwendung.

§ 4. Als Petroleum im Sinne dieser Verordnung gelten das Rohpetroleum und dessen Destillationsprodukte.

### 2. Die Verwendung von brennbaren Flüssigkeiten zu Koch-, Heiz- und Beleuchtungszwecken.

(Polizeiverordnung vom 6. November 1939, RGBl. I S. 2173.)

1. Die Verwendung von bleitetraäthylhaltigen Flüssigkeiten ist allgemein verboten.

2. Brennbare Flüssigkeiten und die damit oder daraus hergestellten flüssigen Mischungen, die bei einem Barometerstande von 760 mm und bei einer Temperatur von weniger als 21° C

entflammbare Dämpfe entwickeln und sich mit Wasser nicht oder nur teilweise mischen lassen — z. B. Benzin und Benzol — dürfen nur in den von der Chemisch-Technischen Reichsanstalt geprüften und zugelassenen Apparaten benutzt werden.

3. Die Verwendung der unter 2. gekennzeichneten Flüssigkeiten zur Beleuchtung von Wohnräumen und feuergefährdeten Räumen (z. B. Scheunen, Sälen, Ställen, Schaubuden usw.) ist verboten.

4. Alle nach dem 1. Dezember 1939 in den Verkauf gelangenden Koch- und Heizgeräte müssen gekennzeichnet sein: „Nur für Benzin (bzw. Benzol)", „Nur für Spiritus" oder „Nur für Petroleum".

## IV. Karbid.

Die einzelnen Polizeiverordnungen über den Verkehr mit Karbid sind überall im wesentlichen dieselben. Die folgenden Bestimmungen sind aus dem Preußischen Entwurf der Polizeiverordnung (Min. Bl. der Handels- und Gewerbeverwaltung 1923 Nr. 22 S. 387) entnommen.

### Polizeiverordnung über die Herstellung, Aufbewahrung und Verwendung von Azetylen sowie über die Lagerung von Calciumkarbid.

#### Anzeigepflicht für Acetylenanlagen und Calciumkarbidlager.

§ 1. I. Wer Azetylen herstellen oder *Kalziumkarbid* (im folgenden abgekürzt: „*Karbid*") lagern will, hat dies spätestens beim Betriebsbeginn der Polizeibehörde des Ortes anzuzeigen, an dem der Betrieb oder die Lagerung stattfinden soll.

#### Lagerung von Karbid.

##### a) *im allgemeinen.*

§ 12. I. Karbid darf nur in trockenen, wasserdicht verschlossenen Gefäßen gelagert werden. Die Gefäße müssen gegen Zutritt von Feuchtigkeit geschützt sein; sie müssen die Aufschrift tragen: „Karbid! Vor Nässe zu schützen!"

II. Die Anwendung von Entlötungsgeräten oder von funkenreißenden Werkzeugen zum Öffnen der Gefäße ist verboten.

III. Im allgemeinen darf in jedem Lagerraum nur ein Karbidgefäß geöffnet sein. Zwei oder mehr geöffnete Gefäße sind zulässig, soweit ihr Karbidinhalt den voraussichtlichen Tagesbedarf nicht übersteigt. Geöffnete Gefäße sind mit wasserdicht schließenden oder übergreifenden wasserundurchlässigen Deckeln verdeckt zu halten.

##### c) *in Verkaufsräumen.*

§ 14. Mengen bis zu 100 kg Karbid dürfen unter Beachtung der Vorschriften des § 12 ohne weitergehende Beschränkungen gelagert werden. Die Lagermenge kann ausnahmsweise bis auf 200 kg erhöht werden, wenn der über 100 kg hinausgehende Vorrat in luft- und wasserdicht verschlossenen Gefäßen aufbewahrt wird und diese Gefäße nur verschlossen abgegeben werden.

## D. Branntwein und Wein.

### I. Branntwein.

(Gesetz über das Branntweinmonopol vom 8. April 1922 — RGBl. I, S. 405 mit Änderungen vom 11. August 1923 — RGBl. I, S. 772, vom 13. Februar 1924 — RGBl. I, S. 68, vom 21. Mai 1929 — RGBl. I, S. 99, vom 15. April 1930 — RGBl. I, S. 138, vom 23. Dezember 1931 — RGBl. I, S. 781, vom 20. April 1932 — RGBl. I, S. 181, vom 18. März 1933 — RGBl. I, S. 112, vom 18. Mai 1933 — RGBl. I, S. 273, vom 13. September 1933 — RGBl. I, S. 620, vom 13. September 1934 — RGBl. I, S. 830, vom 26. September 1934 — RGBl. I, S. 847, vom 24. September 1935 — RGBl. I, S. 1177, vom 25. März 1939 — RGBl. I, S. 604, vom 4. September 1939 — RGBl. I, S. 1609 u. 1700 —, vom 18. September 1940 — RGBl. I, S. 1254, vom 30. Oktober 1941 — RGBl. I, S. 665 und 7. Dezember 1944 — RGBl. I, S. 336. Branntweinverwertungsordnung — Anlage 2 der Grundbestimmungen zum Gesetz über das Branntweinmonopol vom 8. April 1922,
Technische Bestimmungen zu den Ausführungsbestimmungen zum Gesetz über das Branntweinmonopol vom 8. April 1922.

Gaststättengesetz vom 28. April 1930 — RGBl. I, S. 146 mit Änderungen vom 3. Juli 1934 —
RGBl. I, S. 567, vom 9. Oktober 1934 — RGBl. I, S. 913, vom 27. September 1938 — RGBl. I,
S. 1245, vom 9. Oktober 1941 — RGBl. I, S. 635 und vom 24. November 1941 — RGBl. IS.769
Verordnung zur Ausführung des Gaststättengesetzes vom 21. Juni 1930 — RGBl. I, S. 191,
      mit Änderung der Verordnung vom 19. Januar 1938 — RGBl. I, S. 37.)
Bundesrepublik Deutschland: Gesetz über die Errichtung der Bundesmonopolverwaltung
      für Branntwein vom 8. August 1951 — BGBl. I, S. 491.
Deutsche Demokratische Republik: Anordnung über Umwandlung der Spiritus-Inspektion
(Direktion), Berlin, in eine VVB Spiritus-Zentrale vom 5. Januar 1951 — GBl. DDR, S. 28.
In den folgenden Gesetzesbestimmungen sind an die Stelle der dort erwähnten Reichs-
behörden analog die heute in den Gebieten in Frage kommenden Behörden einzusetzen.
Vorläufiger Sitz der Bundesmonopolverwaltung ist Bad Homburg v. d. H.

### 1. Unverarbeiteter Branntwein zum regelmäßigen Verkaufspreis.

Unverarbeiteter Branntwein ist der handelsübliche Weingeist-Spiritus vini, roh
und rektifiziert, absolut und in Verdünnung.

#### a) Unverarbeiteter Branntwein als Heilmittel.

α) Der Verkauf von unverarbeitetem Branntwein — Alcohol absolutus DAB 6
99,46 bis 99,66%, Spiritus DAB 6 91,29 bis 90,09%, Spiritus dilutus DAB 6 69 bis
68% — zu medizinischen Zwecken fällt nicht unter das Gaststättengesetz (vgl.
Runderlaß des Preußischen Ministers des Innern vom 13. Juni 1930 — II E 359 —
Ministerialblatt für die innere Verwaltung S. 546) und bedarf daher keiner Konzession. Diese Tatsache ergibt sich auch zwangsläufig daraus, daß der Handel mit
Branntwein zu Arzneizwecken nach § 6 der Reichsgewerbeordnung keinerlei Einschränkung unterliegt, zumal er in den obengenannten Stärkegraden auch in das
Deutsche Arzneibuch aufgenommen worden ist. Voraussetzung ist naturgemäß,
daß sich der Drogist vor der Abgabe einwandfrei vergewissert, ob und zu welchen
medizinischen Zwecken der Branntwein verwendet werden soll, und das Abgabegefäß entsprechend etikettiert:
            Spiritus — Weingeist — 90grädig — nur zu Heilzwecken!
oder Spiritus dilutus — Verdünnter Weingeist — 70grädig — nur zu Heilzwecken!
Die Abgabe zusammen mit Reichel-Essenzen ist daher als nicht in gutem Glauben
erfolgend unzulässig!

β) Nach § 106 des Reichsmonopolgesetzes ist zum Handel mit Branntwein die
Genehmigung der Reichsmonopolverwaltung — Verwertungsstelle — Abt. Verkauf
erforderlich. Sie erfolgt nach Unterzeichnung der Bezugsbedingungen (A — Groß-
verkauf — für Mengen über 280 Liter oder B — Kleinverkauf — für Mengen unter
280 Liter) und eines besonderen Verpflichtungsscheines. Nach diesem ist der bezogene
Branntwein in erster Linie zur Verarbeitung im eigenen Betriebe (Herstellung von
Tinkturen usw.) bestimmt. Es ist jedoch gestattet, den unverarbeiteten Branntwein mit einem Weingeistgehalt von 95% an Privatpersonen für häusliche Zwecke
in Mengen bis zu $^{1}/_{2}$ Liter im Einzelfalle abzugeben. Diese Begrenzung des Verkaufs soll die Hinterziehung der Branntweinzuschlagsteuer vom 18. Mai 1933 —
RGBl. I S. 273 — unmöglich machen, da die Inhaber neuer Spirituosenfabriken
gezwungen werden, den Branntwein direkt von der Monopolverwaltung zu kaufen
und dort die vorgesehene Sondersteuer zu zahlen. Nach einer Entscheidung der
Reichsmonopolverwaltung ist der Verkauf von unverarbeitetem Branntwein in
Mengen bis zu $^{1}/_{2}$ Liter auch für medizinische Zwecke ohne ärztliche Verordnung
zulässig. Werden hierfür größere Mengen benötigt, so muß in jedem Falle eine ärztliche Verordnung vorgelegt werden. Ärzte, Tierärzte, Zahnärzte, Krankenanstalten
und wissenschaftliche Institute erhalten außerdem auf Anforderung für berufliche
Zwecke einen zollamtlichen Ausweis für den Bezug größerer Mengen von der
Reichsmonopolverwaltung oder deren Lieferstellen.

γ) Nach § 45 des Reichsmonopolgesetzes ist jeder Betrieb, der den Handel mit Branntwein zum Gegenstande hat, bei der Eröffnung oder Übernahme schriftlich unter Angabe der Betriebs- und Lagerräume bei der Finanzbehörde anzumelden.

*b) Unverarbeiteter Branntwein zu häuslichen und zu Genußzwecken.*

α) Nach dem Gaststättengesetz § 1 ist zum Kleinhandel mit Branntwein eine Erlaubnis notwendig, allgemein Branntwein-Konzession genannt. Branntwein im Sinne dieses Gesetzes ist Trinkbranntwein jeder Art sowie unverarbeiteter Branntwein jeden Prozentgehaltes, auch wenn er nur zu gewerblichen oder wissenschaftlichen Zwecken verwendet werden soll.

Die Branntwein-Konzession wurde früher in Preußen von den Kreis- bzw. Stadtverwaltungsgerichten erteilt. In den anderen Ländern war die Zuständigkeit verschieden geregelt. Da die Zuständigkeiten durch die kriegs- und landesgesetzliche Nachkriegsgesetzgebung teilweise unübersichtlich geworden sind, ist es am besten, bei der Ortspolizeibehörde Auskunft darüber einzuholen. Der Antrag ist in drei Ausfertigungen einzureichen unter Beifügung von Lageplänen und Raumbeschreibungen für das Geschäftslokal.

Die Erteilung der Konzession ist nach § 1 Abs. 2 des Gaststättengesetzes abhängig von dem Nachweis eines Bedürfnisses. Daher werden die Gemeindebehörde und die Ortspolizeibehörde gutachtlich gehört. Die Frage, ob für die Eröffnung einer neuen Branntweinverkaufsstelle ein Bedürfnis besteht oder nicht, läßt sich naturgemäß nur von Fall zu Fall beurteilen und entscheiden. Nach § 6 der Ausführungsverordnung zum Gaststättengesetz ist die Zahl der bereits vorhandenen Kleinhandelsbetriebe einschließlich der Filialbetriebe ohne Rücksicht auf die Art des in ihnen gehandelten Branntweins in Betracht zu ziehen. Eine für Drogerien günstigere Richtlinie gibt § 7, wonach bei Anträgen auf Erteilung der Erlaubnis zum Kleinhandel mit „Branntwein in fest verschlossenen, mit der Firma des Herstellers oder Händlers versehenen Flaschen" das Bedürfnis ohne Rücksicht auf die Zahl der vorhandenen Kleinhandelsbetriebe anzuerkennen ist, wenn der Kleinhandel mit Branntwein einen der örtlich herrschenden Übung entsprechenden und notwendigen Bestandteil der Art des in Betracht kommenden Handelsbetriebes darstellt.

Für Groß-Berlin hat die Industrie- und Handelskammer in einem Gutachten vom 30. Dezember 1932 zu dieser Frage Stellung genommen und erklärt, daß zu den Handelsbetrieben im Sinne des § 7 auch Apotheken und Drogerien gehören, die letzteren jedoch nur insoweit, als sie sich nicht ausschließlich mit dem Handel mit technischen Drogen, Farben und dgl. befassen, und es sich um die Führung von reinem Alkohol, Rum, Arrak, Weinbrand und magenstärkenden Bitterlikören handelt. Dieses Gutachten wird damit begründet, daß es in Berlin vielfach üblich sei, in den gewöhnlichen, nicht auf Farben und technische Drogen spezialisierten Drogerien bestimmte Arten von Spirituosen in verschlossenen Flaschen zu führen und das Publikum gewöhnt sei, in derartigen Geschäften gewisse Spirituosen kaufen zu können. Es wird von Fall zu Fall festzustellen sein, ob und inwieweit diese Gesichtspunkte auch an anderen Orten anwendbar sind.

Auch beim Vorliegen eines Bedürfnisses kann der Antrag abgelehnt werden, wenn

1. der Antragsteller nicht die für den Gewerbebetrieb erforderliche Zuverlässigkeit aufweist,

2. der Antragsteller als Betriebsführer ungeeignet erscheint,

3. die Räume für den Betrieb und die Angestellten den polizeilichen Anforderungen nicht genügen,

4. die Verwendung der Räume für den beabsichtigten Gewerbebetrieb den öffentlichen Interessen widerspricht.

Die Erlaubnis wird erteilt für eine bestimmte Person und ein bestimmtes Geschäftslokal. Sie kann auch für einen bestimmten Stellvertreter erteilt werden. Sie erlischt, wenn der Betrieb nicht innerhalb eines Jahres begonnen wird oder ein Jahr hindurch nicht mehr ausgeübt wird.

Nach dem Gaststättengesetz darf die Abgabe nur in Mengen von nicht mehr als 3 Litern in einem oder mehreren Gefäßen und nur an Verbraucher erfolgen. Ungeachtet dieser Bestimmung bleibt die Anordnung des Reichsmonopolamtes bestehen, nach der im Einzelfall nur $1/_2$ Liter unverarbeiteter Branntwein verabfolgt werden darf. Die Konzession befreit jedoch den Geschäftsinhaber von der einengenden Pflicht, den Branntwein ausschließlich zu medizinischen Zwecken abzugeben und ihn entsprechend zu signieren. Liegt die Konzession vor, so kann Weingeist unbedenklich auch zusammen mit Reichel-Essenzen verabfolgt werden.

Der Kleinhandel mit Branntwein darf nicht vor 7 Uhr beginnen. Er kann für bestimmte Tagesstunden sowie für höchstens zwei Tage jeder Woche (z. B. Lohntage usw.) ganz oder teilweise verboten werden. An Personen unter 18 Jahren und an Betrunkene darf Alkohol überhaupt nicht verkauft werden. Forderungen aus dem Verkauf von Branntwein können nicht gerichtlich geltend gemacht werden, wenn der Schuldner eine frühere Schuld gleicher Art noch nicht bezahlt und trotzdem weiteren Kredit gewährt erhalten hat.

$\beta$) Binnen einer Woche ist gemäß § 4 Abs. 3 des Gaststättengesetzes der Ortspolizeibehörde schriftlich Anzeige zu machen, daß der Betrieb eröffnet ist.

$\gamma$) Nach § 106 des Reichsmonopolgesetzes ist die Genehmigung der Reichsmonopolverwaltung einzuholen. Anerkennung der Bezugsbedingungen und Unterzeichnung des Verpflichtungsscheines wie unter 1 $a\beta$.

$\delta$) Nach § 45 des Reichsmonopolgesetzes ist die Eröffnung des Branntwein-Kleinhandels schriftlich der Finanzbehörde anzumelden — vgl. 1 $a\gamma$.

## 2. Trinkbranntwein.

### a) Trinkbranntwein zu medizinischen Zwecken.

Spiritus e vino = Weinbrand, aus Wein gewonnener und nach Art des Kognaks hergestellter Trinkbranntwein mit einem Gehalt von mindestens 38% Alkohol ist in das Deutsche Arzneibuch aufgenommen und damit als Heilmittel anerkannt. Sofern sich daher der Drogist vergewissert hat, daß der Weinbrand medizinischen Zwecken dienen soll, steht dem Verkauf nichts entgegen. Eine Konzession ist nicht erforderlich. Die Signierung ist wie folgt vorzunehmen:
(Bezeichnung) — den Anforderungen des DAB 6 entsprechend — nur für medizinische Zwecke!

Unter den gleichen Voraussetzungen können auch Arrak und Rum sowie deren Verschnitte abgegeben werden.

### b) Trinkbranntwein fremder Herstellung für Genußzwecke.

$\alpha$) Für den Handel mit Trinkbranntwein zu Genußzwecken ist in jedem Falle eine Konzession erforderlich — vgl. 1 $b\alpha$.

Die Erlaubnis erstreckt sich in der Regel auf den Kleinhandel mit Branntwein und Spirituosen in fest verschlossenen, versiegelten oder verkapselten Flaschen. Trotzdem ist es zulässig, den Trinkbranntwein in größeren Gebinden zu beziehen, selbst abzufüllen und dann in fest verschlossenen, versiegelten oder verkapselten Flaschen in den Handel zu bringen. Als fest verschlossen können nur Flaschen und sonstige Gefäße angesehen werden, die sich nicht ohne Hilfsmittel (z. B. Korkenzieher u. dgl.) öffnen lassen. Diese Voraussetzung ist z. B. bei den bekannten Reiseflaschen mit Schraubverschluß nicht gegeben. Ebenso ist es unzulässig, den Trinkbranntwein in die vom Kunden mitgebrachten Gefäße abzufüllen.

$\beta$) Schriftliche Anmeldung des Handels mit Trinkbranntwein bei der Ortspolizeibehörde (§ 4 Abs. 3 des Gaststättengesetzes).

$\gamma$) Anmeldung des Handels mit Trinkbranntwein beim Finanzamt (§ 45 des Reichsmonopolgesetzes).

Besondere Bestimmungen regeln den Vertrieb der Trinkbranntweine der Reichsmonopolverwaltung. Diese darf nur Erzeugnisse in den Handel bringen, die dem Massenverbrauch dienen, und zwar in Gefäßen von mindestens 0,25 Liter. Die von der Reichsmonopolverwaltung vorgeschriebenen Preise müssen innegehalten werden. Es ist verboten

1. den Weingeistgehalt, Geruch, Geschmack oder das Aussehen der Monopolerzeugnisse zu verändern,

2. die Verschlüsse der Kleinverkaufsbehältnisse oder die zu ihrer Sicherung angebrachten Vorkehrungen zu entfernen,

3. die Monopolerzeugnisse anders als in den verschlossenen Kleinverkaufsbehältnissen der Reichsmonopolverwaltung abzugeben.

### c) Trinkbranntwein eigener Herstellung für Genußzwecke.

$\alpha$) Antrag auf Erteilung der Konzession (vgl. 1 b $\alpha$).

$\beta$) Antrag auf Genehmigung der Trinkbranntweinherstellung an den Beauftragten des Reichsnährstandes für die Trinkbranntweinwirtschaft (Anordnung 1 vom 31. Januar 1939). Er ist auch ständig zu unterrichten, sobald Erweiterungen des Geschäftsbetriebes, eine Steigerung seiner Leistungsfähigkeit oder sonstige Betriebsumstellungen geplant sind, durch die die Erzeugung oder Herstellung wesentlich beeinflußt werden, außerdem über Verkauf, Verpachtung oder Verlegung des Betriebs.

$\gamma$) Antrag auf Genehmigung des Branntweinhandels an die Reichsmonopolverwaltung gemäß § 106 des Reichsmonopolgesetzes. Anerkennung der Lieferungsbedingungen und Unterzeichnung des Verpflichtungsscheines wie unter 1a$\beta$.

$\delta$) Schriftliche Anmeldung des Betriebes bei der Ortspolizeibehörde gemäß § 4 Abs. 3 des Gaststättengesetzes.

$\varepsilon$) Anmeldung des Betriebes bei der Finanzbehörde gemäß § 45 des Reichsmonopolgesetzes.

Der Fabrikationsbetrieb unterliegt gemäß § 43 des Reichsmonopolgesetzes der amtlichen Aufsicht. Sie wird sowohl von den Beamten der Reichsmonopolverwaltung wie von denen des zuständigen Zollamtes ausgeübt und erstreckt sich auf Gebäude, befriedete Besitztümer, Fahrzeuge, in denen sich Branntwein oder Branntweinerzeugnisse befinden oder befinden können sowie auch auf die Geschäftsbücher, Aufzeichnungen, Verzeichnisse und sonstigen Schriftstücke. Die Nachschau kann, wenn Gefahr im Verzuge liegt, jederzeit erfolgen und muß von dem Betriebsinhaber und dessen Angestellten durch Gewährung von Raum, Geräten und Hilfsdiensten unterstützt werden.

Die Kennzeichnung der Trinkbranntweinerzeugnisse ist nach folgenden Richtlinien vorzunehmen:

1. Der Weingeistgehalt ist in Raumhundertteilen anzugeben, und zwar bei der Lieferung in Behältnissen von mehr als 1 Liter auf der Rechnung, bei kleineren Gefäßen auf dem Flaschenschild. Dabei ist auf ganze und halbe Raumhundertteile nach oben abzurunden. Die Angaben müssen sich an auffallender Stelle auf dem Flaschenschilde oder auf einem bandförmigen Streifen befinden, in deutscher Sprache

abgefaßt und in mindestens 3 mm hohen, deutlichen und nicht verwischbaren Buchstaben aufgedruckt sein.

2. Die Bezeichnung muß erkennen lassen, ob es sich um ein deutsches oder ein ausländisches Erzeugnis handelt. Die Aufschriften müssen auf weißen, bandförmigen Streifen an der Vorderseite der Flasche angebracht sein, und zwar in deutscher Sprache und deutlicher, unverwischbarer, schwarzer, lateinischer Schrift, z. B.

Deutsches Erzeugnis     oder     Ausländisches Erzeugnis.

Im Auslande erzeugter Branntwein, der im Inlande nur zur Herabsetzung des Weingeistgehaltes auf die übliche Trinkstärke mit Wasser versetzt worden ist, muß bezeichnet werden:

Ausländisches Erzeugnis — in Deutschland fertiggestellt

oder Ausländisches Erzeugnis — in Deutschland auf Trinkstärke herabgesetzt.

3. Auf dem Etikett ist der Fertigsteller und der Ort der Fertigstellung sowie der Sitz der Firma anzugeben. Auch für diese Angaben ist vorgeschrieben: Auffallende Stelle auf dem Flaschenschilde oder bandförmiger Streifen, deutsche Sprache, deutliche, nicht verwischbare, mindestens 3 mm hohe Buchstaben.

4. Trinkbranntweine, die nicht vom Hersteller selbst abgefüllt worden sind, können entweder die Firma des Herstellers oder die des Abfüllers tragen. Es ist auch gestattet, beide Firmen anzugeben, indem hinter die Firma des Herstellers gesetzt wird: Von . . . . . . . . . . . auf Flaschen gefüllt.

5. Trinkbranntwein, der nicht von der Reichsmonopolverwaltung hergestellt ist, darf auf den Etiketten und sonstigen Werbedrucksachen nicht die Bezeichnung Monopol allein oder in irgendwelchen Verbindungen tragen. Auch die Ausstattung muß so gewählt werden, daß Verwechslungen mit den Erzeugnissen der Monopolverwaltung ausgeschlossen sind.

6. Die Ausstattung darf nicht so beschaffen sein, daß der Käufer irgendwie über die Herkunft des Fabrikates irregeführt werden kann.

7. Als „Kornbranntwein" darf nur Branntwein bezeichnet werden, der ausschließlich aus Roggen, Weizen, Buchweizen, Hafer oder Gerste hergestellt und nicht im Würzeverfahren gewonnen ist. Wird Kornbranntwein mit weingeisthaltigen Erzeugnissen anderer Art gemischt, so dürfen für das Erzeugnis nicht mehr Bezeichnungen wie Kornverschnitt usw. benutzt werden, die auf die Herstellung aus Korn schließen lassen.

8. Als „Heidelbeergeist", „Kernobstbranntwein", „Kirsch", „Kirschbranntwein", „Kirschwasser", „Steinobstbranntwein", „Zwetschenbranntwein", „Zwetschengeist" usw. dürfen nur Branntweine bezeichnet werden, die ausschließlich aus den betreffenden Beeren- und Obstarten hergestellt worden sind. Sinngemäß ist auch die Bezeichnung „Verschnitt" für Mischungen irgendwelcher Art verboten (vgl. unter 7).

9. Als „Steinhäger" darf nur Branntwein bezeichnet werden, der ausschließlich durch Abtrieb unter Verwendung von Wacholderlutter aus vergorener Wacholderbeermaische hergestellt ist.

Der Gehalt an Weingeist muß mindestens betragen:

bei Arrak und Rum sowie ihren Verschnitten . . . . . . . 38 Raumhundertteile
bei Steinhäger und Obstbranntweinen . . . . . . . . . . 38      „
bei sonstigen Trinkbranntweinen . . . . . . . . . . . . . 32      „
bei Weinbrand und dessen Verschnitten . . . . . . . . . 38      „
bei Likören, d. h. süßen Trinkbranntweinen, die mindestens
    22 g Extrakt einschließlich Zucker in 100 ccm enthalten,

z. B. Eier-, Milch-, Schokoladenlikör . . . . . . . . . 20 Raumhundertteile
z. B. Kaffee-, Kakao-, Teelikör und Schwedenpunsch. . 25 ,,
z. B. Bitterlikören und Cherry Brandy . . . . . . . . 30 ,,
bei Creme-Likören . . . . . . . . . . . . . . . . . 30 ,,
bei Doppel-Branntweinen (Korn und Kümmel) und Enzian. 38 ,,
bei deutschem und ausländischem Whisky . . . . . . . 43 ,,

Die Verwendung von Branntweinschärfen, d. h. Stoffen, welche durch ihre Einwirkung auf die Geschmacksnerven einen höheren Weingeistgehalt vortäuschen, ist verboten. Daher ist auch der Verkauf von Koloquinthen, Meerrettich, Meerzwiebel, Mineralsäuren, Oxalsäure, Pfeffer, Seidelbast, Senf, Spanischen Fliegen, Spanischem Pfeffer und ähnlichen Stoffen für diesen Zweck unzulässig.

### 3. Branntwein zum allgemeinen ermäßigten Verkaufspreis.

#### a) Brennspiritus.

Als Spiritus denaturatus = Brennspiritus wird Branntwein bezeichnet, der von der Reichsmonopolverwaltung nach § 92, 1 des Branntweinmonopolgesetzes und § 79 der Branntweinverwertungsordnung für Genußzwecke unbrauchbar gemacht = vollständig vergällt worden ist und zum allgemeinen ermäßigten Verkaufspreis abgegeben wird. Er darf nach § 83ff. der Branntweinverwertungsordnung nur verwendet werden:

1. zu Desinfektions-, Putz-, Reinigungs- und Waschzwecken; — 2. zu Beleuchtungs-, Heizungs- und Kochzwecken; — 3. zu gewerblichen Zwecken aller Art; — 4. zum Ansetzen von Chemikalien und Lösungen, soweit dadurch nicht eine Entgällung, d. h. eine Entziehung des Vergällungsmittels, herbeigeführt wird; — 5. zu chemischen und physikalischen Untersuchungen aller Art unter den gleichen Voraussetzungen; — 6. zur Herstellung von Heilmitteln, die in fertigem Zustande nicht mehr Branntwein, Ameisenester oder Essigester enthalten; — 7. zur Herstellung von halbfesten und flüssigen Seifen zur Reinigung und Pflege des Körpers, sofern sie in Kleinverkaufspackungen mit einem Einzelgewicht von nicht mehr als 200 g oder aber in gleichartigen Packungen bestimmter Beschaffenheit (Typenpackungen) mit einem Nettogewicht von nicht mehr als 200 g in den Handel gebracht werden.

Unzulässig ist jede Verwendung von Brennspiritus zu Heilzwecken, da die unter 6. genannte Erlaubnis praktisch einem Verbot gleichkommt. Da Brennspiritus infolge der Vergällung stets Methylalkohol enthält, ergibt sich die Unzulässigkeit auch aus § 115 des Branntweinmonopolgesetzes. Die Abgabe und Verarbeitung von Brennspiritus zu Heilzwecken ist daher nicht nur aus steuertechnischen und finanzgesetzlichen, sondern auch aus gesundheitlichen Gründen (Vergiftungen!) zu unterlassen.

Außerdem ist die Verwendung von Brennspiritus verboten bei der Fabrikation von:

1. Nahrungs- und Genußmitteln einschließlich des Speiseessigs und solcher weingeisthaltigen Erzeugnisse, die zum menschlichen Genuß dienen können; — 2. Erzeugnissen, die als Ersatz für Branntwein genossen werden können; — 3. Heilmitteln, die in fertigem Zustande Branntwein, Ameisen- oder Essigester enthalten (vgl. oben unter 6!); — 4. Riech- und Schönheitsmitteln aller Art.

Um jeden Mißbrauch des Brennspiritus und damit Hinterziehungen von Steuern zu verhindern, ist es verboten:

1. das Vergällungsmittel ganz oder teilweise auszuscheiden; — 2. Stoffe zuzusetzen, die die Wirksamkeit des Vergällungsmittels in bezug auf Geschmack,

Geruch oder Aussehen vermindern; — 3. Mittel oder Einrichtungen anzubieten, anzupreisen und zu verkaufen, mit denen die Wirkung der Vergällungsmittel beseitigt oder abgeschwächt werden kann.

Der Handel mit Brennspiritus ist nach § 27 Ziffer 4 des Gaststättengesetzes nicht an eine Konzession gebunden. Erforderlich sind nach § 91 der Branntweinverwertungsordnung nur

a) die Anmeldung bei der Ortspolizeibehörde,

b) die Anmeldung beim Zollamt, über die eine Bescheinigung ausgestellt wird.

Der Brennspiritus wird von der Reichsmonopolverwaltung nur in Monopolbehältnissen von 50, 20, 10, 5 und 1 Liter Inhalt geliefert. Diese sind mit einem besonderen Verschluß versehen, auf dem die Weingeiststärke und der Verkaufspreis angegeben sind. Für den Verkauf in Mengen unter 1 Liter ist eine besondere Genehmigung erforderlich, die vom Zollamt nur unter der Bedingung erteilt wird, daß jeweils für diesen Zweck nur ein Monopolbehältnis von 1 Liter Inhalt angebrochen wird, aus dem der Brennspiritus im Verkaufsraum unter den Augen des Käufers abzufüllen ist.

Eine Bekanntmachung, die die genannten Verkaufsbedingungen und das Entgällungsverbot enthält, muß im Verkaufsraum an auffallender Stelle aushängen.

### b) Unvollständig vergällter Branntwein.

Mit besonderer Genehmigung des Hauptzollamtes kann für bestimmte, von der Reichsmonopolverwaltung zugelassene Zwecke Branntwein unvollständig vergällt werden, so daß noch weitere Maßnahmen zur Verhütung mißbräuchlicher Verwendung, insbesondere zu Trinkzwecken, erforderlich sind. Es sind zugelassen

a) zu gewerblichen (technischen) Zwecken mit Ausnahme der Herstellung von Brauglasur und Lacken für Nahrungs- und Genußmittel (z. B. für Schokolade und Marzipan): 2,5 Liter Vergällungsholzgeist oder 2 Liter Toluol oder 2 Liter gereinigtes Lösungsbenzol II oder 1 Liter Pyridinbasen oder 0,025 Liter Tieröl auf je 100 Liter Weingeist,

b) zur Herstellung von Brauglasur: 6 kg Schellack oder 1 kg Fichtenkolophonium auf je 100 Liter Weingeist,

c) zur Herstellung von Lacken für Nahrungs- und Genußmittel: 10 kg Benzoeharz oder 5 kg Sandarakharz auf je 100 Liter Weingeist.

Außerdem sind noch zugelassen:

d) zur Herstellung von Lacken, Polituren sowie Verdünnungsmitteln für diese: 1 Liter Terpentinöl,

e) zur Herstellung von Seifen: 1 kg Rizinusöl und 0,4 kg Kali- oder Natronlauge 33%,

f) zur Herstellung von Zelluloid, Lederersatzstoffen, Kunstseide und synthetischem Kampfer: 1 kg Kampfer,

g) zur Herstellung von photographischen Emulsionen, Lichtdrucken und Lichtpausen: 1 Liter verflüssigte Karbolsäure oder 10 Liter Äthyläther,

h) zur Herstellung von Spiegelbelag: 1 Liter Petroleumbenzin,

i) zur Herstellung von wissenschaftlichen Präparaten zu Lehrzwecken, zur Vornahme von chemischen Untersuchungen aller Art und zum Ansetzen von Chemikalien und Reagenzien: 1 Liter Petroleumbenzin oder 1 Liter verflüssigte Karbolsäure,

k) zur Herstellung von Bromoform, Chloroform, Jodoform, Bromäthyl und Chloräthyl: 0,3 kg Chloroform oder 0,2 kg Jodoform oder 0,5 kg Chloräthyl oder 0,3 kg Bromäthyl,

l) zu Wasch- und Desinfektionszwecken in Krankenanstalten und Kliniken — jedoch unter Ausschluß jeder Heilwirkung, wie sie bei Einreibungen, Spülungen und Umschlägen beabsichtigt ist: 0,5 kg Kampfer oder 0,3 kg Kampfer zusammen mit 0,3 kg Chloroform oder 1 Liter Petroleumbenzin oder 1 Liter verflüssigte Karbolsäure,

m) zur Herstellung, Aufbewahrung und Sterilisation von medizinischem Nähmaterial: 1 Liter Petroleumbenzin,

n) zur Herstellung von Verbandstoffen mit Ausnahme von Kollodium: 10 Liter Äthyläther.

Die angegebenen Mengen beziehen sich jeweils auf 100 Liter Weingeist.

Die Genehmigung des Hauptzollamtes zu einer unvollständigen Vergällung wird auf besonderen Antrag erteilt und bestimmt,

1. mit welchen Mitteln und Mengen der Branntwein zu vergällen ist,

2. zu welchen Zwecken und in welcher Art und Weise der vergällte Branntwein verwendet werden darf,

3. an welchem Orte der vergällte Branntwein gelagert werden muß.

In den Lager- und Fabrikationsräumen sind Bekanntmachungen auszuhängen, in denen die Verarbeitung des unvollständig vergällten Branntweins auf den bestimmten Betrieb und den bestimmten Zweck beschränkt wird. Außerdem wird auf das Verbot hingewiesen, das Vergällungsmittel ganz oder teilweise zu entziehen oder seine Wirkung durch Zusatz anderer Stoffe zu vermindern.

Soweit der Branntwein nicht schon unvollständig vergällt von der Reichsmonopolverwaltung geliefert wird, erfolgt die Vergällung im Betriebe des Fabrikanten. Die erforderlichen Vergällungsmittel müssen den Vorschriften des Reichsmonopolamtes entsprechen und sind bis zu ihrer Verwendung unter Monopolverschluß aufzubewahren. Die Lagerung des unvollständig vergällten Branntweins muß entweder in den Versandgefäßen der Reichsmonopolverwaltung erfolgen oder aber in genau gekennzeichneten Behältern, die amtlich gewogen oder gemessen und mit einer amtlich geprüften, gegen Veränderungen gesicherten Vorrichtung zum Ablesen des Flüssigkeitsbestandes versehen sind.

Über die Verwendung des unvollständig vergällten Branntweins ist ein Aufsichtsbuch nach Muster 20 fortlaufend zu führen, dem die Genehmigung als Beleg beizuheften ist. Mindestens einmal jährlich findet eine amtliche Aufnahme der Vorräte statt.

#### 4. Branntwein zum besonderen ermäßigten Verkaufspreis.

Nach § 92 Abs. 2, des Branntweinmonopolgesetzes und § 115 der Branntweinverwertungsordnung wird von der Reichsmonopolverwaltung Branntwein zu dem besonderen ermäßigten Verkaufspreis abgegeben:

1. zur Herstellung von Heilmitteln, die vorwiegend zum äußerlichen Gebrauch dienen, d. h. zur Aufbringung auf die Haut bestimmt sind. Soweit es sich dabei um Heilmittel des Deutschen Arzneibuches handelt, müssen die dort gegebenen Vorschriften genau innegehalten werden. Zur Herstellung sogenannter Geheimmittel darf dieser Branntwein nicht verwendet werden,

2. zur Herstellung von Riech- und Schönheitsmitteln, d. h.

a) Parfümerien; — b) Mitteln zur Reinigung, Pflege und Färbung der Haut, der Haare, der Mundhöhle und der Nägel; — c) Mitteln zur Verbesserung der Luft geschlossener Räume; — d) Seifen zur Reinigung und Pflege des Körpers, soweit sie nicht mit Branntwein zum allgemeinen ermäßigten Verkaufspreis hergestellt werden dürfen (vgl. 3 a 7).

Branntwein, der zur Herstellung von Heilmitteln dienen soll, muß in allen Fällen zu Genußzwecken unbrauchbar gemacht werden. § 29 der Technischen Bestimmungen nennt hierfür die folgenden Stoffe, jeweils berechnet auf 100 Liter Branntwein:

a) zur Herstellung von Heilmitteln zum vorwiegend äußerlichen Gebrauch im allgemeinen: 1 kg Kampfer oder 0,5 kg Thymol,

b) zur Herstellung von Tinctura Benzoes: 18 kg Benzoeharz,

c) zur Herstellung von Tinctura Myrrhae: 18 kg Myrrhenharz,

d) zur Herstellung von Spiritus camphoratus: 1 kg Kampfer,

e) zur Herstellung von Liquor Cresoli saponatus, von Sapo glycerinatus liquidus, von Spiritus saponatus und Spiritus Saponis kalini: 30 kg Kaliseife oder 18 kg Olivenöl, Leinöl oder andere Fette zusammen mit 21 kg Kalilauge 15%,

f) zur Herstellung von Desinfektionsmitteln, die nicht im DAB 6 aufgeführt sind und auch zu Heilzwecken dienen können: 1 kg Kampfer oder 0,5 kg Thymol oder 30 kg Kaliseife oder 18 kg Olivenöl, Leinöl oder andere fette Öle zusammen mit 21 kg Kalilauge 15%,

g) zur Herstellung von Franzbranntwein: 1 kg Kampfer oder 0,5 kg Thymol.

Branntwein, der zur Herstellung von Riech- und Schönheitsmitteln dienen soll, kann mit 1 Liter Phthalsäurediäthylester oder 0,5 kg Thymol (auf 100 Liter Weingeist) unvollständig vergällt werden. Er kann aber auch unvergällt unter ständiger amtlicher Überwachung verarbeitet werden.

Für den Bezug von Branntwein zum besonderen ermäßigten Verkaufspreis ist die Genehmigung des zuständigen Hauptzollamtes erforderlich. Der in zwei Ausfertigungen einzureichende Antrag muß enthalten:

1. Namen, Firma und Sitz des Betriebes, in dem der Branntwein verwendet werden soll, sowie Namen des verantwortlichen Betriebsleiters; — 2. den Verwendungszweck des Branntweins unter genauer Bezeichnung der herzustellenden Erzeugnisse; — 3. die Zusammensetzung und die Herstellung der Erzeugnisse, insbesondere den Weingeistgehalt in 100 kg der Fertigerzeugnisse; — 4. die Bezeichnung der Lagerräume für den Branntwein und die fertigen Erzeugnisse sowie der Fabrikationsräume; — 5. bei Heilmitteln: Angabe des Zusatzstoffes; — bei kosmetischen Präparaten: Angabe des Zusatzstoffes oder die Erklärung, daß die Verarbeitung unter ständiger amtlicher Überwachung erfolgen soll.

Für neue Erzeugnisse und jede Änderung in der Fabrikation der bereits genehmigten Fabrikate ist ein neuer Antrag zu stellen. Über die Genehmigung werden zwei Bescheide vom Hauptzollamt ausgefertigt, von denen der eine beim ersten Bezug der Verwertungsstelle einzureichen ist, während der zweite dem Aufsichtsbuch beizuheften ist, in das alle Zugänge und Abgänge einzutragen sind.

### 5. Methylalkohol.

Es ist verboten, Zubereitungen mit einem Gehalt an Methylalkohol herzustellen, in den Verkehr zu bringen oder aus dem Auslande einzuführen, die Verwendung finden als

1. Nahrungs- und Genußmittel, insbesondere als weingeisthaltige Getränke,

2. Heil-, Kräftigungs- und Vorbeugungsmittel,

3. Riechmittel oder Mittel zur Reinigung, Pflege und Färbung der Haut, des Haares, der Mundhöhle und der Nägel.

Ausnahmen:

1. Formaldehydlösungen und Formaldehydzubereitungen, deren Gehalt an Methylalkohol auf die Verwendung von Formaldehydlösungen zurückzuführen ist,

2. Zubereitungen, in denen sich technisch nicht vermeidbare geringe Mengen von Methylalkohol aus darin enthaltenen Methylverbindungen gebildet haben oder durch andere, mit der Herstellung verbundene, natürliche Vorgänge entstanden sind.

Als Methylalkohol im Sinne dieser Vorschriften des § 115 des Branntweinmonopolgesetzes gilt auch Holzgeist.

## II. Wein — Traubensaft,
### Weinähnliche Getränke — Weinhaltige Getränke,
### Schaumwein und schaumweinähnliche Getränke,
### Weinbrand und Weinbrandverschnitt.

(Weingesetz vom 25. Juli 1930 — RGBl. I, S. 356 in der Fassung vom 15. Juli 1951 — BGBl. I, S. 450 mit Ausführungsverordnungen vom 16. Juli 1932 — RGBl. I, S. 358, vom 6. Mai 1936 — RGBl. I, S. 443, vom 22. Oktober 1936 — RGBl. I, S. 906 und vom 14. August 1951 — BGBl. S. 525, 3. Anordnung des Reichsbeauftragten für die Regelung des Absatzes von Weinbauerzeugnissen vom 10. September 1935 — Verkündungsblatt des Reichsnährstandes 78 vom 12. September 1935). (Verordnung über Wermutwein und Kräuterwein vom 20. März 1936 — RGBl. I, S. 196.)

### 1. Wein.

Das Gesetz unterscheidet:

1. *Wein,* d. h. das durch alkoholische Gärung aus dem Safte frischer Weintrauben gleicher Herkunft hergestellte Getränk.

2. *Weinverschnitt,* d. h. Wein aus Erzeugnissen verschiedener Herkunft oder verschiedener Jahre, wobei jedoch Dessertwein nur mit Dessertwein und Rotwein nur mit Rotwein verschnitten werden darf. Deutschem Rotwein darf ausländischer Rotwein nur in begrenztem Umfange, bis zu 25% der Gesamtmenge, zugesetzt werden.

3. *Schillerwein,* der durch gemeinsames Keltern in gemischtem Satz angebauter blauer oder weißer Trauben (Württemberg) oder durch kurzes Angären blauer Trauben auf der Maische (Baden) gewonnen wird.

4. *Dessertwein,* Süd- oder Süßwein aus Griechenland, Portugal oder Spanien, bei dessen Herstellung der Most von Muskattrauben „stummgemacht" wird, indem man die Gärung durch einen entsprechenden Zusatz von Sprit verhindert. Er zeichnet sich durch ein duftiges Bukett, einen hohen natürlichen Zuckergehalt (etwa 200 g im Liter) und geringen Säuregehalt aus.

5. *Hybridenwein,* gewonnen aus den nach dem Weltkriege zur Bekämpfung der Reblaus eingeführten amerikanischen Ertragskreuzungen. Er darf nach § 13 Abs. 1 in Verbindung mit § 34 Abs. 3 des Weingesetzes seit dem 1. September 1935 nicht mehr in den Verkehr gebracht werden.

6. *Haustrunk,* der in der Zeit vom Beginn der Traubenernte bis zum Jahresschluß in Weinbaubetrieben aus Traubenmaische, Traubenmost oder frischen Trestern hergestellt wird und nur im eigenen Haushalt des Herstellers verwendet oder unentgeltlich an die im Betriebe beschäftigten Personen abgegeben werden darf.

Bei der *Kellerbehandlung,* d. h. nach der Gewinnung der Trauben auf die Herstellung, Erhaltung und Zurichtung des Weins bis zur Abgabe an den Verbraucher gerichteten Tätigkeit, sind zulässig:

1. der Zusatz frischer, gesunder, flüssiger Weinhefe (Drusen) oder flüssiger Reinhefe zur Einleitung oder Förderung der Gärung, sofern er 2% des Rauminhalts nicht übersteigt und vorschriftsmäßig gewonnen und behandelt worden ist,

2. der Zusatz frischer, gesunder, flüssiger Weinhefe zur Beseitigung von Mängeln der Farbe oder des Geschmacks, sofern er 15% des Rauminhalts nicht übersteigt,

3. Zusätze von technisch reinem, nicht färbendem Rüben-, Rohr-, Invert- oder Stärkezucker sowie wässerigen Lösungen derselben bis zu 25% der Gesamtmenge zur Behebung eines natürlichen Mangels an Zucker oder Alkohol oder eines natürlichen Übermaßes an Säure. Sie dürfen diese Mängel nur in dem Maße beheben,

daß der Wein in seiner Beschaffenheit den Erzeugnissen entspricht, die in guten Jahren aus Trauben gleicher Art und Herkunft ohne Zusätze gewonnen worden sind. Zucker darf nur in der Zeit vom Beginn der Traubenlese bis zum 31. Januar des folgenden Jahres zugesetzt werden. Bei ungezuckerten Weinen früherer Jahrgänge kann die Zuckerung zwischen dem 1. Oktober und dem darauffolgenden 31. Januar nachgeholt werden,

4. die Entsäuerung mit reinem gefälltem kohlensaurem Kalk,

5. das Schwefeln mittels Dämpfen von Schwefel oder Schwefelschnitten, schwefliger Säure in Gasform oder in wässeriger Lösung oder durch Zusatz von technisch reinem Kaliumpyrosulfit, sofern nur kleine Mengen von schwefliger Säure oder Schwefelsäure in die Flüssigkeit gelangen,

6. die Einleitung reiner gasförmiger oder verdichteter Kohlensäure oder der bei der Gärung entstehenden Kohlensäure,

7. die Klärung und Schönung mit in Wein gelöster Hausen-, Stör- oder Welsblase, Agar-Agar, Gelatine, Tannin, Eiereiweiß, spanischer Erde, weißer Tonerde (Kaolin), mechanisch wirkenden Filterdichtungsstoffen (Asbest, Zellulose usw.),

8. die Schönung mit Kaliumferrocyanid, sofern keine Cyanverbindungen gelöst zurückbleiben,

9. die Filtration mittels gereinigter Holz- oder Knochenkohle zur Klärung und Beseitigung von Fehlern und Krankheiten, wobei jedoch keine Entfernung des Farbstoffes von Rotweinen (besonders solchen ausländischer Herkunft!) eintreten darf,

10. die Behandlung mit Sauerstoff zur Verhütung späterer Trübungen durch Eisensalze, die in unlösliche überführt und durch nachfolgende Filtration entfernt werden,

11. die Klärung (Schönung) des Traubensüßmostes mit Filtrationsenzym,

12. die Behandlung der Rotweinmaische mit Vinibon.

Die *Bezeichnung* und *Aufmachung*, unter der Wein zum Verkaufe vorrätig gehalten, feilgehalten, verkauft oder sonst in den Verkehr gebracht wird, darf nach § 5 des Weingesetzes und Artikel 5 der 1. Ausführungsverordnung nicht geeignet sein, den Konsumenten irgendwie irrezuführen. Daher ist bei der Etikettierung und Anpreisung auf folgende Punkte zu achten:

1. Auf die Bezeichnungen „Gewächs“, „Kreszenz“, „Wachstum“ und ähnliche mit oder auch ohne Angabe eines bestimmten Weingutes oder dessen Besitzers haben nur naturreine Weine Anspruch. Diese Voraussetzung ist nur dann als gegeben anzusehen, wenn das Erzeugnis

a) nicht mit Zucker versetzt worden ist; — b) nicht vor vollendeter Gärung durch Filtration entkeimt oder mit so entkeimtem Traubenmost versetzt worden ist, sofern nicht diese Behandlung ausdrücklich angegeben wird; — c) nicht verschnitten worden ist.

2. Phantasiebezeichnungen in Verbindung mit dem Namen einer bestimmten Gemarkung oder Lage sowie mit Zusätzen, wie „Marke“, „Handelsmarke“, „Hausmarke“ usw., sind unzulässig.

3. Als „Originalabzug“ oder „Originalabfüllung“ sind nur Weine zu bezeichnen, die

a) nicht gezuckert sind; — b) im Keller des Erzeugers ausgebaut und abgefüllt worden sind.

4. Bezeichnungen wie z. B. „Naturwein“, „ungezuckerter Wein“, „rein“, „naturrein“, „echt“, „Originalwein“, „Kellerabfüllung“, „Kellerabzug“, „Schloßabzug“, „Eigengewächs“, „Faß Nr. ...“, „Fuder Nr. ...“, „Spätlese“, „Auslese“,

„Ausbruch", „Beerenauslese", „Trockenbeerenauslese", „Hochgewächs", „Spitzen-gewächs", „Edelgewächs", „Edelwein", „Edelauslese", „Cabinetwein" usw. dürfen nicht für gezuckerte Weine verwendet werden, da sie auf die Reinheit des Weins oder auf besondere Sorgfalt bei der Gewinnung der Trauben hindeuten. Für diese Weine ist lediglich die Angabe des Namens oder der Firma des Erzeugers ohne einen auf die Reinheit des Erzeugnisses hindeutenden Zusatz zulässig.

5. Bezeichnungen, die einem Wein besondere heilende oder stärkende Wirkungen beilegen, sind verboten, z. B.:

a) „Gesundheitswein", „Kraftwein", „Krankenwein", „Medizinalwein", „Wein für Kranke", „Wein für Rekonvaleszenten", „Stärkungswein" usw.; — b) „Wein gegen Blutarmut", „Wein gegen Influenza", „Wein gegen Rheuma" usw.; — c) „Wein für Diabetiker", sofern es sich nicht tatsächlich um ein Erzeugnis mit niedrigstem Zuckergehalt handelt; — d) Zusätze, wie blutbildend, gesundheits-fördernd, heilspendend, magenstärkend, nervenbelebend, nervenstärkend, ver-dauungfördernd, verjüngend usw.; — e) Etiketten mit Abbildungen, Anerkennungs-schreiben, Ausschmückungen, Gedichten, Gutachten usw., die auf eine spezifisch medizinische Wirkung hindeuten; — f) Etiketten, auf denen irgendwo oder irgend-wie das Rote Kreuz abgebildet ist.

6. Die Herkunft des Weines muß im Handel wie folgt gekennzeichnet werden:

a) Für reine Weine deutscher Herkunft müssen der Ort und die Lagebezeichnung oder das Gebiet oder Untergebiet ihrer Herkunft angegeben werden. Die Namen einzelner Gemarkungen oder Weinbergslagen, die mehr als einer Gemarkung an-gehören, können benutzt werden, um gleichwertige und gleichartige Erzeugnisse benachbarter oder nahegelegener Gemarkungen oder Lagen zu bezeichnen. Die Traubensorte darf nur dann beigefügt werden, wenn sie ausschließlich oder aber mindestens zu zwei Dritteln der Gesamtmenge verwendet worden ist. — b) Für aus-ländische Weine ist das Herkunftsland anzugeben, z. B. Bordeaux (Frankreich), Madeira (Portugal), Malaga (Spanien), Marsala (Italien), Samos (Griechenland) usw. — c) Für Verschnitte sind im allgemeinen die Bezeichnungen „Deutscher Weiß-wein" usw. zu wählen. — d) Die Bezeichnung nach der Gemarkung oder der Lage eines bestimmten Anteils ist nur dann zulässig, wenn dieser mindestens zwei Drittel der Gesamtmenge beträgt, die Art des Weines bestimmt und nicht gezuckert ist.

Die Herkunftsbezeichnung sowie der Name oder die Firma und der Ort der gewerblichen Niederlassung des Abfüllers müssen in deutlicher, leicht lesbarer und unverwischbarer Schrift auf dem Hauptetikett der Flasche, einem besonderen Streifen oder auf einer Halsschleife angegeben sein. Hierbei muß die Herkunft bei $^1/_1$-Flaschen in mindestens 0,5 cm großen Buchstaben aufgedruckt sein. Wird der Wein durch einen Dritten unter seinem Namen oder seiner Firma in den Handel gebracht, so muß in jedem Falle angegeben werden: Abgefüllt durch ..... Da der Abfüller die Verantwortung für den Flascheninhalt trägt, legt § 5 Absatz 4 des Weingesetzes demjenigen, der den Wein gewerbsmäßig in den Handel bringt, eine Auskunftspflicht gegenüber seinem Abnehmer auf, ob es sich um eine gezuckerte, verschnittene, vor vollendeter Gärung entkeimte oder mit entkeimtem Traubenmost versetzte Ware handelt. Andererseits ist auch der Weinhändler verpflichtet, sich über die Herkunft und Kellerbehandlung des gekauften Weines zu unterrichten.

Nach § 19 des Weingesetzes besteht eine Buchführungspflicht für den gewerbs-mäßigen Handel mit Trauben zur Weinbereitung, mit Traubenmaische, Trauben-most und Wein. Auf der Eingangsseite des Weinbuches sind aufzuzeichnen: der Tag des Eingangs, die Bezeichnung des Getränks, die Bezugsfirma, der Tag des Geschäfts-abschlusses, die deklarationspflichtige Kellerbehandlung (Zuckerzusatz, Verschnitt,

Entkeimung, Versetzung mit entkeimtem Traubenmost usw.) und die Zahl der ab-
gefüllten oder bezogenen Liter-, $1/_2$- und $1/_4$-Flaschen. Auf der Ausgangsseite sind
zu verbuchen: der Tag des Ausgangs, die Bezeichnung, die Art des Ausgangs (Verkauf, Verbrauch im eigenen Haushalt usw.) und die Menge. Die Belege hierzu sind
zu sammeln und fünf Jahre lang sorgfältig aufzubewahren. Von dieser Buchführungspflicht sind nur die Betriebe ausgenommen, die den Wein ausschließlich
abgefüllt in Flaschen beziehen und unverändert wieder abgeben, sofern ihr jährlicher
Umsatz im Durchschnitt nicht mehr als 1500 Flaschen beträgt.

## 2. Süßmost oder Traubensaft.

Süßmost ist Trauben- oder Obstsaft, dessen Gärung durch Lagern bei niedriger
Temperatur, durch Kohlensäure, durch Pasteurisieren oder durch Entkeimungs-
filtration unterbunden wird. Er ist daher alkoholfrei.

Nach § 12 des Weingesetzes unterliegen die Herstellung und der Verkauf von
Traubenmost den gleichen Vorschriften wie die des Weins. Es wird daher auf die
Ausführungen im vorigen Abschnitt verwiesen. Die 3. Ausführungsverordnung vom
6. Mai 1936 erlaubt für Traubenmost auch die Klärung mit Hilfe von Filtrations-
enzymen, z. B. Filtragol, Pectinol usw. Es handelt sich hierbei um Gemische pflanzliche Enzyme (Pectolase, Propektinase sowie Diastase und Protease), die mit Hilfe
von Schimmelpilzen (Aspergillus) auf einem Trägerstoff (meist Kleie) gezogen worden
sind und in frisch gekeltertem Most die trübenden Bestandteile flockig ausscheiden,
so daß sie in erheblich kürzerer Zeit ausfiltriert werden können.

Eine Buchführung ist für den Vertrieb von Traubensaft in keinem Falle erforderlich.

## 3. Weinähnliche Getränke.

§ 9 des Weingesetzes verbietet, Wein nachzumachen. Ausgenommen von diesem
Verbot sind die weinähnlichen Getränke aus dem Safte von frischem Beeren-, Kern-
und Steinobst, aus Hagebutten oder Schlehen, aus frischen Rhabarberstengeln,
aus Malzauszügen oder aus Honig. Zu ihrer Herstellung darf in keinem Falle Wein
verwendet werden. Dagegen ist es auch bei der gewerblichen Herstellung gestattet:

1. die Gärung einzuleiten oder zu fördern durch Zusatz frischer, gesunder
flüssiger Hefe von weinähnlichen Getränken oder auch von flüssiger Reinhefe, die
jedoch nicht unter Verwendung von Traubenmost oder Wein vermehrt werden darf,

2. die Auffrischung kohlensäurearmer weinähnlicher Getränke durch Zusatz
frischer, gesunder oder gereinigter flüssiger Hefe von weinähnlichen Getränken oder
von flüssiger Reinhefe in Verbindung mit einem 10 g im Liter nicht übersteigenden
Zusatz von Zucker,

3. die Anregung und Förderung der Gärung durch Zusatz von chemisch reinen
Ammoniumsalzen in Form von Chloriden, Karbonaten, Phosphaten oder Sulfaten
bis zur Höchstmenge von 40 g auf 100 Liter der zu vergärenden Flüssigkeit.

Außerdem können die weinähnlichen Getränke in gleicher Weise wie Wein ent-
säuert, geschwefelt und geschönt werden.

Die Verwendung von Trockenhefen, z. B. Vierka, ist nur zulässig für die nicht
gewerbsmäßige Hausweinzubereitung.

Aus der Kennzeichnung der weinähnlichen Getränke muß in jedem Falle hervorgehen, aus welchem Stoff sie hergestellt sind: Apfelwein, Erdbeerwein, Hagebutten-
wein, Honigwein, Johannisbeerwein, Kirschwein, Malzwein usw. Sofern sie unter
Phantasienamen in den Handel gebracht werden, muß ebenfalls aus der Aufschrift
erkenntlich sein, welche Rohstoffe verwendet worden sind.

## 4. Weinhaltige Getränke.

Weinhaltige Getränke sind solche, deren Bezeichnung die Verwendung von Wein zu ihrer Herstellung andeutet. Sie dürfen auch mit reinem Alkohol versetzt werden, jedoch darf das fertige Erzeugnis nicht mehr als 140 g Alkohol in 1 Liter enthalten. Folgende Stoffe dürfen bei der Herstellung nicht verwendet werden:

lösliche Aluminiumsalze (Alaun u. dgl.) — Ameisensäure — Bariumverbindungen — Benzoesäure — Borsäure — Eisencyanverbindungen'(Blutlaugensalze) — Farbstoffe — Fluorverbindungen — Formaldehyd und alle Stoffe, die bei ihrer Verwendung Formaldehyd abgeben — Glyzerin — Kermesbeeren — Magnesiumverbindungen — Oxalsäure — Salizylsäure — unreiner, freien Amylalkohol enthaltender Sprit — nicht technisch reiner Stärkezucker — Stärkesirup — Strontiumverbindungen — Wismutverbindungen — Zimtsäure — Zinksalze — Salze, Verbindungen und Abkömmlinge der genannten Säuren sowie der schwefligen Säure (Sulfite u. dgl.).

Bedingt sind zur Fabrikation zugelassen:

1. chemisch reines Kaliumferrocyanid zur Klärung, sofern der Zusatz so bemessen wird, daß in den geklärten Getränken keine Ferrocyanverbindungen gelöst verbleiben,

2. kleine Mengen gebrannten Zuckers (Zuckercouleur),

3. technisch reines Kaliumpyrosulfit in Substanz wie in Tablettenform, sofern durch seine Verwendung nur kleine Mengen von schwefliger Säure oder Schwefelsäure in die Flüssigkeit gelangen.

Eine besondere Regelung haben die Herstellung und der Vertrieb von Wermutwein und Kräuterwein durch die Verordnung vom 25. März 1936 erfahren.

### a) Wermutwein.

Wermutwein ist ein Getränk, das unter Verwendung von Wermutkraut aus Wein hergestellt ist und demgemäß den dem Wermutkraut eigentümlichen Geschmack deutlich hervortreten läßt. Es enthält in einem Liter mindestens 750 ccm Wein und insgesamt 119 bis 145 g Alkohol. Wermutwein darf zur Herstellung von weinhaltigen Getränken anderer Art, mit Ausnahme von Trinkbranntweingemischen (Mixgetränken, Cocktails usw.), nicht verwendet werden.

Zur Herstellung von Wermutwein dürfen außer Wein nur folgende Stoffe verwendet werden:

a) Wermutkraut, allein oder im Gemisch mit anderen würzenden Pflanzenteilen, in Substanz oder in Auszügen. Sofern ein wässeriger Auszug verwendet wird, dürfen auf einen Liter Wein höchstens 50 ccm zugesetzt werden; — b) reiner Sprit mit einem Alkoholgehalt von mindestens 90 Raumhundertteilen; — c) technisch reiner Rüben- oder Rohrzucker in Substanz oder in wässeriger Lösung (zur Lösung von 1 kg Zucker dürfen höchstens 2 Liter Wasser verwendet werden); — d) kleine Mengen gebrannten Zuckers (Zuckercouleur); — e) Zitronensäure; — f) zur Klärung: Hausen-, Stör- oder Welsblase in Wein gelöst, Gelatine, Agar-Agar, Tannin (bis zu 10 g auf 100 Liter), Eiereiweiß, spanische Erde, weiße Tonerde (Kaolin), Filterdichtungsstoffe (Asbest, Zellulose).

Für den gewerbsmäßigen Verkauf muß das Gefäß (Flasche oder dergleichen) mit einem Schild versehen sein, das in deutlicher und dauerhafter Schrift angibt:

a) das Land der Herstellung (z. B. Deutscher Wermutwein, Italienischer Wermutwein usw.); — b) den Namen oder die Firma des Herstellers oder desjenigen, der das Getränk in den Verkehr bringt; — c) den Ort der gewerblichen Hauptniederlassung bei inländischen Erzeugnissen, den Ort der Herstellung bei ausländischen Erzeugnissen.

Die Kennzeichnung von Wermutwein ist als irreführend anzusehen, wenn sie
enthält:

a) Anpreisungen, wie Blut-, Gesundheits-, Kraft-, Kranken-, Magen-, Medizinal-
Stärkungs-Wermutwein oder ähnliches; — b) Andeutungen einer heilenden oder
stärkenden Wirkung in Worten oder Bildern. Dieser Tatbestand liegt auch vor,
wenn auf dem Flaschenschild eine Empfehlung „Wermutwein regt die Magen- und
Verdauungssäfte an" oder aber eine rezeptartige Anweisung „Täglich ein kleines
Gläschen vor und bei dem Essen zu nehmen" angebracht wird; — c) einen Hinweis
auf Trinkbranntwein, auch in versteckter Form durch Zusätze, wie Aroma, Art,
Essenz, Geschmack, Gewürz, Typ usw.; — d) den Gehalt an Alkohol; — e) eine
italienisch klingende Bezeichnung für deutschen Wermutwein, durch die ein
italienisches Erzeugnis vorgetäuscht werden soll; — f) eine sich an italienische Vor-
bilder anlehnende äußere Gestaltung des Flaschenschildes bei deutschen Fabrikaten.

Jeder Erzeuger von Wermutwein ist verpflichtet, ein besonderes Lagerbuch zu
führen (Anweisung der Hauptvereinigung der deutschen Weinbauwirtschaft), in
dem folgende Aufzeichnungen enthalten sein müssen:

a) Tag des Ansatzes; — b) Angaben über die verwendeten Weine nach Menge,
Art und Herkunft; — c) Menge des verwendeten Zuckers, der Kräuter- und Gewürzauszüge; — d) Gesamtmenge des hergestellten Wermutweins; — e) der Ausgang
an fertigem Wermutwein; — f) Lagerbestandsnachweis über gefüllte Flaschen und
Faßware.

### b) Kräuterwein.

Kräuterweine sind Getränke, die unter Verwendung von würzenden Stoffen aus
Wein hergestellt werden, mit Ausnahme von Arzneiweinen (China-, Kola-, Kondu-
rango-, Pepsinwein), Bowlen, Glühweinen und Pünschen, Trinkbranntweinen aller
Art sowie Wermutwein. In 1 Liter dürfen höchstens 140 g Alkohol und nicht weniger
als 750 ccm Wein enthalten sein.

Bei der Herstellung von Kräuterweinen dürfen nur die bei Wermutwein genannten Stoffe verwendet werden. An die Stelle von Wermutkraut treten würzende
Kräuter in Substanz oder auch in wässerigen Auszügen, wobei jedoch zu 1 Liter
Wein höchstens 50 ccm Auszug zugesetzt werden dürfen. Wermutkraut und Auszüge daraus dürfen nicht verarbeitet werden.

Kräuterwein ist für den Verkauf deutlich und haltbar zu signieren als „Kräuterwein" und mit Namen oder der Firma des Herstellers oder Händlers und dem Orte
der gewerblichen Hauptniederlassung zu versehen.

Die für Wermutwein als irreführend verbotenen Bezeichnungen sind sinngemäß
auch für Kräuterwein als unzulässig anzusehen.

### 5. Schaumwein und dem Schaumwein ähnliche Getränke.

Schaumweine sind leichte, liebliche, mehr oder weniger süße Weine mit einem
hohen Gehalt an Kohlensäure, den sie beim Entkorken in schäumenden Gasbläschen
freigeben. Sie werden hergestellt mittels Gärverfahrens oder durch künstliche Zuführung der Kohlensäure (Imprägnierverfahren). Werden weinähnliche Getränke
diesen Verfahren unterworfen, so erhält man dem Schaumwein ähnliche Getränke.
Bei der Herstellung von Schaumweinen und schaumweinähnlichen Getränken ist
die Verwendung aller Stoffe verboten bzw. beschränkt zugelassen, die bereits im
Abschn. 4 bei den weinhaltigen Getränken genannt sind.

Für die Kennzeichnung sind folgende Richtlinien zu beachten:

1. Es muß das Land angegeben werden, in dem das Erzeugnis auf Flaschen
gefüllt worden ist, z. B. Deutscher Schaumwein, Französischer Schaumwein usw.

2. Ein Zusatz fertiger Kohlensäure (Imprägnierung) ist zu deklarieren: mit Zusatz von Kohlensäure.

3. Für die dem Schaumwein ähnlichen Getränke sind als Bezeichnungen zu wählen: Beerenschaumwein, Fruchtschaumwein, Obstschaumwein, Johannisbeerschaumwein usw.

Bei echtem Schaumwein müssen diese Angaben erfolgen auf einem weißen Streifen, der mit dem Hauptetikett zusammenhängt, aber durch einen mindestens 1 mm breiten Strich deutlich abgegrenzt ist. Die Buchstaben müssen lateinisch, schwarz, deutlich und nicht verwischbar sein. Die Typen sind so zu wählen, daß die Höhe mindestens 0,5 cm beträgt und 10 Buchstaben mindestens eine 3,5 cm lange Fläche einnehmen.

Bei schaumweinähnlichen Getränken muß die Aufschrift in gleicher Art, Farbe und Größe erfolgen. Sie kann jedoch auch auf dem Flaschenschild selbst untergebracht werden, sofern sie sich von den anderen Inschriften (Firma, Sorte usw.) und den Verzierungen deutlich abhebt.

## 6. Weinbrand — Kognak — Cognac.

Weinbrand ist ein Trinkbranntwein, der in 100 Raumteilen mindestens 38 Raumteile aus Wein gewonnenen Alkohols enthält und nach Art des französischen Kognaks hergestellt ist. Die Bezeichnung Weinbrand darf für andere Getränke und Grundstoffe zu Getränken (= Essenzen) nicht benutzt werden. (Ausnahme: Eierweinbrand.)

Zur Herstellung von Weinbrand dürfen nur verwendet werden:

a) Weindestillat, dem die den Weinbrand kennzeichnenden Bestandteile des Weines nicht entzogen worden sind, mit einem Alkoholgehalt von höchstens 86 Raumhundertteilen. Es ist auch zulässig, das Destillat aus verstärktem Weine herzustellen, der in 1 Liter nicht mehr als 2 g flüchtige Säure (als Essigsäure berechnet) und nicht weniger als 12 g zuckerfreies Extrakt enthält. Er darf nur hergestellt werden aus verkehrsfähigem Weine durch Zusatz von Weindestillat mit 65 oder von Armagnac-Weindestillat mit 52 Raumhundertteilen Alkohol; — b) reines Wasser; — c) technisch reiner Rüben- oder Rohrzucker. Das fertige Erzeugnis darf insgesamt nicht mehr als 2 g Zucker in 100 ccm enthalten; — d) aus technisch reinem Rüben- oder Rohrzucker hergestellter gebrannter Zucker (Zuckercouleur); — e) Auszüge, die im eigenen Betriebe auf kaltem Wege durch Lagerung von Weindestillat auf Eichenholz oder Eichenholzspänen hergestellt worden sind; — f) geringe Mengen von Auszügen, die im eigenen Betriebe auf kaltem Wege durch Lagerung von Weindestillat auf Pflaumen, unreifen Walnüssen oder getrockneten Mandelschalen hergestellt worden sind; — g) bis zu 1% Dessertwein; — h) mechanisch wirkende Filterdichtungsstoffe (Asbest, Zellulose usw.); — i) technisch reine Gelatine, Hausenblase, Eiereiweiß, Kasein zur Klärung; — k) Sauerstoff oder Ozon zur Schönung.

Flaschen und sonstige Gefäße, die in Deutschland hergestellten Weinbrand enthalten, müssen für den Verkauf an auffallender Stelle mit einem bandförmigen Streifen versehen werden, der auf weißem Grunde in schwarzer, mindestens 0,5 cm hoher lateinischer Schrift die Herkunftsbezeichnung „Deutscher Weinbrand" trägt. Das Flaschenschild selbst muß außer dem Inhalt auch die Herstellerfirma erkennen lassen.

Als Kognak oder Cognac darf nur Weinbrand bezeichnet werden, der in Frankreich trinkfertig auf Flaschen gefüllt worden ist. Die Signaturen lauten:

Französischer Weinbrand
oder Kognak (Cognac) — Französisches Erzeugnis.

Ist französischer Kognak in Deutschland durch Zusatz von Wasser auf die übliche Trinkstärke herabgesetzt worden, so muß die Signierung lauten: Französischer Weinbrand — in Deutschland fertiggestellt.

### 7. Weinbrand- und Kognak-Verschnitt.

Weinbrand-Verschnitt ist ein Trinkbranntwein, der in 100 Raumteilen mindestens 38 Raumteile Alkohol enthält. Von diesen müssen mindestens 3,8 Raumteile aus Weinbrand stammen.

Zur Herstellung von Weinbrand-Verschnitt dürfen außer Weinbrand und Sprit mit mindestens 90 Raumhundertteilen Alkohol nur noch die in Abschn. 6 (Weinbrand) unter b) bis k) genannten Stoffe verwendet werden.

Die Herkunft des Weinbrand-Verschnitts ist in gleicher Form anzugeben wie die von Weinbrand, jedoch in roter Schrift auf weißem Grunde, z. B.

Deutscher Weinbrand-Verschnitt

Französischer Weinbrand-Verschnitt — in Deutschland fertiggestellt.

# E. Lebens- und Genußmittel.

## I. Das Gesetz über den Verkehr mit Lebensmitteln und Bedarfsgegenständen — Lebensmittelgesetz. —

(In der Fassung vom 17. Januar 1936 — RGBl. I, S. 17, mit Änderungen der V. vom 14. August 1943 — RGBl. I, S. 488.)

### 1. Lebensmittel.

Lebensmittel im Sinne des Gesetzes sind alle Stoffe, die dazu bestimmt sind, in unverändertem oder zubereitetem oder verarbeitetem Zustande von Menschen gegessen oder getrunken zu werden sowie auch Tabak, tabakhaltige oder tabakähnliche Erzeugnisse zum Rauchen, Kauen oder Schnupfen. Soweit Stoffe überwiegend zur Beseitigung, Linderung oder Verhütung von Krankheiten bestimmt sind, unterliegen sie diesem Gesetze nicht. Von den in der Drogerie gehandelten Artikeln sind daher zu erwähnen: Backpulver, Bonbons, diätetische Nährmittel, Essig, Fruchtsäfte und Fruchtsirupe, Gelatine, Gewürze, Kakaoerzeugnisse, Kindermehle, kondensierte Milch, Speisefarben, Speiseöle, Spirituosen, Süßstoff, Tee (deutscher und schwarzer), Wein, Zuckersirup usw.

Es ist verboten:

1. Lebensmittel für andere derart zu gewinnen, herzustellen, zuzubereiten, zu verpacken, aufzubewahren, zu befördern, daß ihr Genuß die menschliche Gesundheit zu schädigen geeignet ist,

2. Gegenstände, deren Genuß die menschliche Gesundheit zu schädigen geeignet ist, als Lebensmittel anzubieten, zum Verkauf vorrätig zu halten, feilzuhalten, zu verkaufen oder sonst in den Verkehr zu bringen.

Es liegt mithin bereits eine strafbare Handlung vor, wenn nach der Art der Herstellung oder des Vertriebs bei sachgemäßer Verwendung eine Gesundheitsschädigung im Bereich der Möglichkeiten liegt, ohne Rücksicht darauf, ob sie tatsächlich jemals eintritt.

Zum Schutze des Konsumenten gegen Übervorteilungen ist es verboten:

1. Lebensmittel nachzumachen oder zu verfälschen,

2. verdorbene, nachgemachte oder verfälschte Lebensmittel ohne ausreichende Kenntlichmachung anzubieten, feilzuhalten, zu verkaufen oder sonst in den Verkehr zu bringen. Dieses Verbot gilt auch bei einer Kenntlichmachung, sofern für die betreffenden Lebensmittel in einer besonderen Ministerialverordnung Begriffsbestimmungen sowie Vorschriften über ihre Herstellung, Zubereitung, Zusammensetzung und Bezeichnung erlassen sind oder werden,

3. Lebensmittel unter irreführender Bezeichnung, Angabe oder Aufmachung anzubieten, zum Verkauf vorrätig zu halten, feilzuhalten, zu verkaufen oder sonst in den Verkehr zu bringen. Dieses Verbot erfaßt alle unzutreffenden Angaben über die Herkunft, die Zeit der Herstellung, die Menge, das Gewicht und alle sonstigen Umstände, die im Handel als Wertmaßstäbe betrachtet werden.

## 2. Bedarfsgegenstände.

Zu den unter das Gesetz fallenden Bedarfsgegenständen gehören:

1. Eß-, Koch-, Trinkgeschirr und andere Gegenstände, die dazu bestimmt sind, bei der Gewinnung, Herstellung, Zubereitung, Abmessung, Auswägung, Verpackung, Aufbewahrung, Beförderung oder dem Genuß von Lebensmitteln verwendet zu werden und dabei mit diesen in Berührung zu kommen; — 2. Mittel zur Reinigung, Pflege, Färbung und Verschönerung der Haut, des Haares, der Nägel und der Mundhöhle; — 3. Bekleidungsgegenstände, Spielwaren, Tapeten, Masken, Kerzen, künstliche Pflanzen und Pflanzenteile; — 4. Petroleum; — 5. Farben, soweit sie nicht zu den Lebensmitteln gehören; — 6. sonstige vom Reichsminister des Innern bestimmte Gegenstände.

Für den Drogisten kommen praktisch nur in Frage: Farben in Substanz oder streichfertig angerührt, Kerzen, kosmetische Präparate, Petroleum und Tapeten.

Es ist verboten:

1. Die Bedarfsgegenstände so herzustellen oder zu verpacken, daß sie bei bestimmungsgemäßem oder vorauszugehendem Gebrauch durch ihre Bestandteile oder Verunreinigungen die menschliche Gesundheit zu schädigen geeignet sind,

2. so hergestellte oder verpackte Bedarfsgegenstände anzubieten, zum Verkauf vorrätig zu halten, feilzuhalten, zu verkaufen oder sonst in den Verkehr zu bringen.

Um nicht mit dem Gesetz in Konflikt zu geraten, empfiehlt es sich, insbesondere den kosmetischen Präparaten, die bei ungeschickter Verwendung eine Gesundheitsschädigung herbeiführen können (z. B. Haarfarben, Haarentfernungsmitteln, Hühneraugenmitteln, Warzenmitteln usw.), eine ausführliche, klare und gemeinverständliche Gebrauchsanweisung beizulegen. Außerdem ist der Kunde über den sachgemäßen Gebrauch eingehend zu beraten. Deutliche Hinweise auf die Gefährlichkeit dürfen dabei nicht unterbleiben.

Zur Überwachung des Verkehrs mit Lebensmitteln und Bedarfsgegenständen ist die Polizei berechtigt:

1. Fabrikations- und Geschäftsräume zu kontrollieren; — 2. Proben zu entnehmen; — 3. unaufschiebbare Anordnungen zu treffen; — 4. Beschlagnahmungen vorzunehmen,

wobei sie von den Inhabern der Betriebe oder deren bevollmächtigten Angestellten zu unterstützen ist.

Zuwiderhandlungen werden mit Geld- und Gefängnisstrafen, in schwereren Fällen mit Zuchthaus bestraft. Daneben kann auf Verlust der bürgerlichen Ehrenrechte, Zulässigkeit von Polizeiaufsicht und Untersagung des Geschäftsbetriebes erkannt werden.

## II. Die äußere Kennzeichnung von Lebensmitteln.

(Verordnung vom 8. Mai 1935 — RGBl. I, S. 590, mit Änderungen der Verordnungen vom
16. April 1937 — RGBl. I, S. 456, vom 20. Dezember 1937 — RGBl. I, S. 1391 und vom
16. März 1940 — RGBl. I, S. 517.)

Eine große Anzahl von Lebensmitteln unterliegt einer besonderen Kenn-
zeichnungspflicht, wenn sie in Packungen oder Behältnissen in die Hände des Verbrauchers gelangen. Davon sind für die Drogerie von Bedeutung:
1. Obstsäfte, Obstsirupe, Obst- und Traubenmost; — 2. Honig und Kunsthonig;
— 3. diätetische Lebensmittel; — 4. Fleischextrakt; — 5. Backpulver; — 6. Gewürze
und ihre Ersatzmittel sowie Gewürzauszüge; — 7. Schokolade und Schokoladen-
waren, Schokoladen- und Kakaopulver; — 8. Kaffee, Kaffee-Ersatz und Zusatz-
stoffe, Tee und seine Ersatzmittel, Mate; — 9. Speiseöle.

Für die vorgeschriebene Kennzeichnung ist der Hersteller oder derjenige verantwortlich, der die Lebensmittel aus dem Zollauslande einführt. Es kann jedoch
auch eine andere Person oder Firma die Verpackung und Kennzeichnung unter
ihrem Namen vornehmen.

Die Kennzeichnung muß an auffallender Stelle angebracht, in deutscher Sprache,
in deutlich sichtbarer, leicht lesbarer Schrift gehalten sein und enthalten:

1. Namen oder Firma und Ort der gewerblichen Hauptniederlassung des Herstellers, Importeurs oder einer anderen Person oder Firma, die das Lebensmittel
unter ihrem Namen in den Handel bringen will. Inländische Fabrikate ausländischer
Hersteller müssen außerdem den Vermerk tragen: hergestellt in ......,

2. den Inhalt nach handelsüblicher Bezeichnung,

3. den Inhalt nach deutschem Maß oder Gewicht zur Zeit der Füllung oder nach
der Stückzahl. Hierfür sind anzugeben:

a) bei Backpulver: die Mehlmenge, zu deren Verarbeitung der Inhalt der
Packung auch noch nach der im Verkehr vorauszusehenden Lagerzeit ausreicht; —
b) bei Puddingpulver: das Gewicht zur Zeit der Füllung sowie die Menge Flüssigkeit,
die zur Herstellung des Puddings erforderlich ist; — c) bei Schokolade und Schoko-
ladenpulver: das Gewicht zur Zeit der Füllung und die Menge der Kakaobestandteile
in Gewichtshundertteilen; — d) bei Kaffee-Ersatz- und Zusatzstoffen: das Gewicht
im Zeitpunkt des Verkaufs.

Die Gewichtsangabe kann vollständig fehlen:

a) bei Gratisproben, die als solche bezeichnet sind,

b) bei Gewürzen und ihren Ersatzmitteln in Packungen von weniger als 25 g
Inhalt.

## III. Essigsäure.

(Verordnung vom 24. Januar 1940 — RGBl. I, S. 235 — Amtliche Begründung zu der Verordnung im Deutschen Reichsanzeiger 1940/47.)

Die Verordnung regelt den Verkehr mit Essigsäure, die in 100 g mehr als 15,5 g
wasserfreie Essigsäure enthält (Essigessenz: mindestens 50 g) und zur Herstellung
von Essig für die menschliche Ernährung bestimmt ist. Der Verkauf von Essigsäure
zu medizinischen, wissenschaftlichen oder technischen Zwecken unterliegt ihr mithin
nicht.

Es muß damit gerechnet werden, daß in den Haushaltungen den aus einer unvorsichtigen Lagerung und unsachgemäßen Verwendung entspringenden Gefahren
nicht immer das nötige Verständnis entgegengebracht wird. Daher darf diese Essigsäure nur in Flaschen vorrätig gehalten und in den Verkehr gebracht werden, die
folgenden Vorschriften entsprechen:

1. Material: weißes oder halbweißes Glas,

2. Größe: höchstens 3 Liter,

3. Form: länglichrund, an einer Breitseite in der Längsrichtung gerippt,

4. Sicherheitsausguß: in oder an dem Flaschenhalse. Er darf ohne Zerbrechen der Flasche nicht zu entfernen sein. Damit der Inhalt auch aus teilweise entleerten oder nicht waagerecht gehaltenen Flaschen nicht zu schnell ausfließt, dürfen von dem ersten Drittel nicht mehr als 30 ccm, von den beiden letzten Dritteln nicht mehr als 50 ccm in einer Minute den Ausguß verlassen,

5. Flaschenschild: auf der glatten (nicht gerippten) Breitseite der Flasche. Aufschrift in deutscher Sprache, deutlich sichtbar und leicht lesbar,

6. erforderliche Angaben:

a) Art des Inhalts (z. B. Essigsäure, Essigessenz); — b) Gehalt an wasserfreier Essigsäure in Gewichtshundertteilen; — c) Menge nach deutschem Maß oder Gewicht; — d) Firma (Herstellerin oder Abfüllerin) mit Ort der Hauptniederlassung; — e) Gebrauchsanweisung für die Verwendung zu Speisezwecken; — f) die Warnung: „Vorsicht! Unverdünnt genossen lebensgefährlich!" in roter Schrift auf weißem Grunde am oberen Ende des Flaschenschildes.

Verboten sind alle weiteren Aufschriften, Abbildungen aller Art, sonstiger Rotdruck.

Für den Verkauf an Händler und Großverbraucher, z. B. Gaststätten, Gemeinschaftsküchen, Kantinen und Küchen von Kasernen, Krankenanstalten, Lagern, Wohlfahrtsanstalten, Erziehungsanstalten, Strafanstalten usw. gelten erleichterte Vorschriften:

1. Die Behälter dürfen mehr als 3 Liter fassen.

2. Die Behälter müssen aus dauerhaftem Material hergestellt sein. Glasflaschen sind durch ein Eisen- oder Korbgeflecht oder in sonst geeigneter Weise vor Bruch zu schützen.

3. Dauerhafte, deutlich sichtbare Aufschrift in großen roten Buchstaben auf weißem Grunde: „Vorsicht! Unverdünnt genossen lebensgefährlich!"

4. Gebrauchsanweisung für die Verwendung zu Speisezwecken.

Wie bereits erwähnt, sind nur die Bezeichnungen Essigsäure oder Essigessenz zulässig. Verboten ist nach § 3 die Bezeichnung „Essig". Diese ist allein den Erzeugnissen vorbehalten, die entweder durch Essiggärung aus weingeisthaltigen Flüssigkeiten oder durch Verdünnen von Essigsäure bzw. Essigessenz oder aber durch Mischen beider hergestellt sind und in 1 Liter 35 bis 150 g wasserfreie Essigsäure enthalten.

## IV. Gewürze und Ersatzgewürze.
Verordnung über Ersatzgewürze. Vom 4. Mai 1942 (RGBl. I, S. 278).

Erzeugnisse, die an Stelle von Gewürzen verwendet werden sollen (Ersatzgewürze, Kunstgewürze), auch in Mischungen untereinander oder mit echten Gewürzen, dürfen nur mit Genehmigung gewerbsmäßig hergestellt, aus dem Ausland eingeführt, zum Verkauf vorrätig gehalten oder in den Verkehr gebracht werden. Die Genehmigung kann jederzeit zurückgenommen werden.

Diese Erzeugnisse dürfen nur in Packungen oder Behältnissen in den Verkehr gebracht werden, auf denen angegeben ist, bis zu welchem Zeitpunkt bei geeigneter Aufbewahrung eine ausreichende Würzkraft erhalten bleibt.

Nach Erlaß des Reichsministers des Innern vom 25. Juni 1942 wird die auf Grund der Verordnung über Ersatzgewürze vom 4. Mai 1942 zu erteilende Genehmigung unter Beachtung der im Reichsgesundheitsblatt Nr. 34/1942 erschienenen

Richtlinien für die Herstellung und den Vertrieb von Ersatzgewürzen und Ersatz-
gewürzmischungen nebst Begründung erfolgen.

Nach dem Kriege erschienen noch folgende Verordnungen über Gewürze:

Verordnung über Gewürze. V. des Magistrats von Groß-Berlin vom 1. Juli 1948 (VOBl.
Bln. I, 1948, Nr. 28, S. 367).

Bestimmungen der DWK zur Regelung des Verkehrs mit Gewürzen vom 2. April 1949
(ZVOBl. I, 1949, Nr. 35, S. 275).

Gewürze sind Pflanzenteile, die wegen ihres aromatischen oder scharfen Geschmacks oder Geruchs als würzende Zutaten zur menschlichen Nahrung dienen.
Würzkräuter sind Kräuter, die diesem Zweck dienen. Gewürzsalze sind Gemenge
von Gewürzen, einschließlich der Würzkräuter, mit mindestens 50%, jedoch
höchstens 70% Kochsalz.

Bohnenkraut, Basilikum, Dill, Estragon, Melisse, Beifuß, Petersilie, die beim
Rebeln von Würzkräutern jeder Art abfallenden Stengelteile, getrocknete Würzkräuter jeder Art, die nicht gerebelt sind, dürfen in gemahlenem Zustand im Kleinhandel nicht in den Verkehr gebracht werden.

Würzkräuter jeder Art, zur Würzung dienende Wurzeln und Wurzelstöcke, wie
die vom Liebstöckel, Engelwurz, Sellerie, Petersilie, Kalmus, die Früchte von Anis,
Fenchel, Kümmel, Koriander und Sellerie dürfen in feingemahlenem Zustande ebenfalls nicht in den Verkehr gebracht werden.

Gemenge von Gewürzen dürfen höchstens 20% Kochsalz enthalten. Gewürzsalze müssen mindestens 30% Gewürze, einschließlich der Würzkräuter, enthalten.

Gemahlene Gewürze dürfen nur in ausreichend geruchsdichten Packungen oder
Behältnissen aufbewahrt und in den Verkehr gebracht werden. Auf den Packungen
oder Behältnissen der gemahlenen Gewürze, der Gewürzgemenge und Gewürzsalze
muß der Zeitpunkt angegeben sein, bis zu dem ihr Inhalt bei sachgemäßer Lagerung
einen ausreichenden Würzwert behält. Bei kochsalzhaltigen Gewürzgemengen und
bei Gewürzsalzen muß außerdem der Kochsalzgehalt in Gewichtshundertteilen angegeben sein.

Als verfälscht sind insbesondere anzusehen und auch bei Kenntlichmachung
vom Verkehr ausgeschlossen: ausgezogene Gewürze und Würzkräuter, Gewürze
und Würzkräuter, deren Gehalt an Sand und Ton 3%, bei Majoran 5% übersteigt,
Gewürzgemenge und Gewürzsalze, die Streckmittel enthalten, kochsalzhaltige
Gewürzsalze und Gewürzgemenge, deren Kochsalzgehalt nicht den Vorschriften
entspricht, und Gewürzgemenge, Würzkräuter und Gewürzsalze, die Nitritpökelsalz enthalten.

Als verdorben sind insbesondere anzusehen und auch bei Kenntlichmachung
vom Verkehr ausgeschlossen Gewürze, einschließlich der Würzkräuter, Gewürzgemenge und Gewürzsalze, die infolge zu langer oder mangelhafter Lagerung ihren
Würzwert größtenteils eingebüßt haben.

## V. Honig und Kunsthonig.

### 1. Honig.

(Verordnung vom 21. März 1930 — RGBl. I, S. 101, Verordnung vom 22. Oktober 1935 —
RGBl. I, S. 1253.)

Honig ist der süße Stoff, den die Bienen erzeugen, indem sie Nektariensäfte oder
auch andere, an lebenden Pflanzenteilen sich vorfindende süße Säfte aufnehmen,
durch körpereigene Stoffe bereichern, in ihrem Körper verändern, in Waben auf-
speichern und dort reifen lassen.

Die Kennzeichnung für den Verkauf darf erfolgen:

1. nach der geographischen Herkunft: deutscher Honig, ungarischer Honig; — 2. nach der Art der Gewinnung: Laufhonig, Leckhonig, Preßhonig, Scheibenhonig, Schleuderhonig, Seimhonig, Senkhonig, Tropfhonig, Wabenhonig; — 3. nach dem Verwendungszweck: Backhonig, Speisehonig; — 4. nach der pflanzlichen Herkunft:

| | a) Blütenhonig<br>(Akazien-, Klee-, Lindenhonig) | b) Blütentauhonig<br>(Blatt-, Fichten-, Tannenhonig usw.) |
|---|---|---|
| Aschenrückstand . . . . . . | 0,1 bis 0,35% | 0,4 bis 1% |
| Wasser . . . . . . . . . . | bis 22% | bis 22% |
| Glukose oder Fruktose . . . | 70 bis 80% | 60 bis 70% |
| Saccharose. . . . . . . . . | bis 5% | 5 bis 10% |
| zuckerfreier Trockenrückstand<br>(organische Säuren) . . . | 3% und mehr | 3% und mehr |
| Stickstoffverbindungen . . . | 0,3% und mehr | 0,3% und mehr |

Verboten sind irreführende Angaben, Aufmachungen und Bezeichnungen, z. B. 1. die Anpreisung von Kunsthonig als Honig; — 2. wahrheitswidrige Angaben über die pflanzliche oder geographische Herkunft, die Gewinnung und die Verwendungsmöglichkeit; — 3. wahrheitswidrige Angaben über eine besonders gute Beschaffenheit oder eine besonders sorgfältige Herstellung; — 4. die Hervorhebung einer besonderen diätetischen oder gesundheitlichen Wirkung.

Vom Verkehr sind völlig ausgeschlossen:

1. Honig, der durch Essigsäuregärung, Milchsäuregärung oder auf andere Weise sauer geworden ist, so daß der Säuregrad die Grenze von 4° erheblich übersteigt; — 2. Honig, der Brut enthält, verschimmelt oder stark verunreinigt ist oder ekelerregend riecht oder schmeckt; — 3. Honig, der aus verdorbenem Honig zubereitet ist, wobei jedoch eine Erhitzung zur Unterdrückung einer leichten Gärung gestattet ist; — 4. Honig, der durch Einstampfen der nicht brutfreien Waben oder durch Ausschmelzen gewonnen ist.

Dagegen können mit ausdrücklicher Kennzeichnung als Backhonig gehandelt werden:

1. Honig, der in starke Gärung übergegangen ist; — 2. treibender Honig, der einen dem Honig nicht eigenen Geruch oder Geschmack angenommen hat; — 3. Honig, der angebrannt = karamelisiert oder so stark erhitzt worden ist, daß die diastatischen Fermente stark geschwächt oder zerstört sind.

Als Verfälschungen sind vom Handel ausgeschlossen:

1. Erzeugnisse, die von Bienen ganz oder teilweise aus Zucker oder zuckerhaltigen Zubereitungen gewonnen sind; — 2. Honig, dem mittelbar oder unmittelbar Wasser zugesetzt worden ist; — 3. Honig, der mehr als 22% (Heidehonig: mehr als 25%) Wasser enthält.

Als Nachahmungen sind zu betrachten:

1. honigähnliche Zubereitungen, deren Zuckergehalt nicht oder nur zum Teil dem Honig entstammt; — 2. Honig, dem Säuren, Alkalien, Farbstoffe, Aromastoffe oder sonstige Stoffe mittelbar oder unmittelbar zugesetzt worden sind.

Derartige Erzeugnisse müssen Oxymethylfurfurol enthalten und dürfen dann deutlich gekennzeichnet als Kunsthonig gehandelt werden.

Die Verkaufspackungen für Honig können aus Glas oder anderen Materialien bestehen, müssen jedoch, sofern der Inhalt mehr als 50 g beträgt, genau $\frac{1}{8}$, $\frac{1}{4}$, $\frac{1}{2}$ oder $\frac{1}{4}$ kg enthalten. Kleinere Mengen unter 50 g können in beliebigen Behältnissen in den Handel gebracht werden. Im übrigen gelten die Bestimmungen der Lebensmittel-Kennzeichnungsverordnung vom 8. Mai 1935.

## 2. Kunsthonig.

(Verordnung vom 21. März 1930 — RGBl. I, S. 102, Verordnung vom 16. Mai 1941 —
RGBl. I, S. 278).

Kunsthonig ist ein in Aussehen, Geruch und Geschmack dem Bienenhonig ähnliches Erzeugnis von fester oder dickflüssiger Konsistenz und weißer, hellgelber bis braungelber Farbe. Er wird aus mehr oder weniger stark invertierter Saccharose (Rüben- oder Rohrzucker) mit oder ohne Verwendung von Stärkesirup oder Stärkezucker hergestellt und mit Aromastoffen und künstlichen Farbstoffen versetzt. Von der Fabrikation bleiben meist organische Nichtzuckerstoffe, Mineralstoffe und Saccharose (Rüben- oder Rohrzucker) und stets Oxymethylfurfurol zurück.

Als Kunsthonig sind auch zu bezeichnen:

1. honigähnliche Zubereitungen, deren Zuckergehalt nicht oder nur zum Teil dem Honig entstammt, sowie

2. Honig, dem Säuren, Alkalien, Aroma- und Farbstoffe oder sonstige fremde Stoffe unmittelbar oder mittelbar zugesetzt worden sind.

Bei der Herstellung von Kunsthonig dürfen von Säuren nur verwendet werden: chemisch reine Ameisensäure, Kohlensäure, Milchsäure, Phosphorsäure, Salzsäure, Schwefelsäure, Weinsäure und Zitronensäure.

Als Verfälschungen sind alle Erzeugnisse anzusehen und damit vom Verkehr ausgeschlossen, die mehr als 22% Wasser und mehr als 30% Saccharose (Rüben- und Rohrzucker) enthalten, die mehr als 0,4% Asche hinterlassen, deren Säuregrad die Zahl 4 übersteigt und bei deren Herstellung auf 100 Teile des fertigen Erzeugnisses mehr als 20 Teile Stärkezucker oder Stärkesirup einzeln oder zusammen verwendet worden sind.

Als für den menschlichen Genuß unbrauchbar werden alle Erzeugnisse vom Verkehr ausgeschlossen, die in starke Gärung übergegangen sind, deren Säuregrad die Zahl 4 erheblich übersteigt, die verschimmelt oder stark verunreinigt sind oder ekelerregend riechen oder schmecken, sowie alle Fabrikate, die aus verdorbenem Honig oder Kunsthonig hergestellt worden sind.

Für den Handel müssen alle Erzeugnisse, die den gesetzlichen Anforderungen entsprechen, deutlich als Kunsthonig gekennzeichnet werden. Ein etwa vorhandener Zusatz von echtem Bienenhonig muß in unmittelbarem Zusammenhange mit dem Worte Kunsthonig genau zahlenmäßig angegeben werden. Im übrigen dürfen auf der Verpackung weder das Wort Honig noch irgendwelche Hinweise in Wort und Bild auf eine pflanzliche Herkunft oder die Gewinnung von Bienenhonig, auf Bienen, bienenähnliche Insekten, Bienenzucht usw. angebracht werden.

Verboten sind auch alle wahrheitswidrigen Hinweise auf eine besonders gute Beschaffenheit oder eine besonders sorgfältige Art der Herstellung sowie auf eine besondere diätetische oder gesundheitliche Wirkung.

Die Handelspackungen für Kunsthonig müssen jeweils 250 g oder ein Mehrfaches davon enthalten, wobei Abweichungen von höchstens 2% zulässig sind. Im übrigen muß die Kennzeichnung nach der Verordnung vom 8. Mai 1935 erfolgen.


# VI. Konservierungsmittel.

Der im Jahre 1932 veröffentlichte Entwurf einer Verordnung über Konservierungsmittel mit den im Jahre 1936 nicht veröffentlichten Änderungen ist bis 1942 nicht als geltendes Recht verkündet worden. 1946 wurde im ehemaligen Reichsgesundheitsamt ein überarbeiteter neuer Entwurf weiter erörtert. Aber bis jetzt sind in Deutschland gesetzliche Bestimmungen, durch die die Verwendung von Konservierungsmitteln bei Lebensmitteln allgemein geregelt wäre, erst in der Ostzone erlassen worden (s. am Schluß dieses Abschnittes).

Grundsätzliche Vorschriften bringt das Lebensmittelgesetz. Nach § 3 LMG. ist die Verwendung von Konservierungsmitteln verboten, wenn dadurch das betreffende Lebensmittel geeignet wird, die menschliche Gesundheit zu schädigen. Weiter ist ein Konservierungsmittel, rechtlich betrachtet, als ein das Lebensmittel verfälschender Fremdstoffzusatz anzusehen, der nach § 4 Nr. 2 LMG. zwar nicht verboten, aber ausreichend kenntlich zu machen ist.

Als allgemeine Richtlinien für die Zulassung von Konservierungsmitteln können heute noch die in der Begründung des Entwurfs von 1932 mitgeteilten und vom Reichsgesundheitsamt aufgestellten Leitsätze gelten:

1. Konservierungsmittel dürfen in der Lebensmittelindustrie nur dann verwendet werden, wenn aus gesundheitlichen, technischen und wirtschaftlichen Gründen die Notwendigkeit der Zulassung für ein bestimmtes Lebensmittel nachgewiesen ist.
2. Lebensmittel, die vom Verbraucher in berechtigter Erwartung als „frische Lebensmittel" gekauft werden (wie Milch, frisches Fleisch), sollen einen Konservierungsmittelzusatz nicht erhalten.
3. Ein Konservierungsmittel ist allgemein nur dann als zulässig zu erachten, sofern nachgewiesen ist, daß durch den Zusatz dem Lebensmittel nicht der Anschein einer Beschaffenheit verliehen wird, die geeignet ist, den Verbraucher über den wirklichen Zustand zu täuschen.
4. Vor Zulassung eines neuen Konservierungsmittels für Lebensmittel ist es notwendig, daß der Antragsteller zuvor die gesundheitliche Unbedenklichkeit dieses Mittels nachgewiesen hat.
5. Die gebräuchlichen Konservierungsstoffe, wie Speisesalz, Speisefette, Speiseöle, Zuckerarten, Essigsäure u. dgl., sollen von den Bestimmungen der Konservierungsmittelverordnung ausgenommen werden.

Solange eine allgemeine gesetzliche Regelung über Konservierungsmittel nicht stattgefunden hat, gelten die Sondervorschriften weiter, die in einzelnen Gesetzen oder Verordnungen über bestimmte Lebensmittel enthalten sind.

Von den im Reichsrecht für bestimmte Lebensmittel enthaltenen Sondervorschriften über Konservierungsmittel sind hier folgende erwähnt:

a) die Verbote in § 1 der V. über unzulässige Behandlungsverfahren bei Fleisch und dessen Zubereitungen,
b) die Verbote in § 3 der V. über Honig,
c) das Verbot in § 1 der V. über Fleischbrühwürfel und ähnliche Erzeugnisse,
d) die Zulassungen in Art. 4 und 7 und die Verbote in Art. 13 der Ausführungs-V. zum Weingesetz.

### An neueren Erlassen und Anordnungen sind zu erwähnen:

1. RdErl. d. RMdI. vom 25. März 1941 (MBliV. S. 575): *Betr. Para-Oxybenzoesäureester und Para-Chlorbenzoesäure als Konservierungsmittel.* (Zugelassen bei einer Anzahl von Lebensmitteln in festgelegten Höchstmengen ohne besondere Kenntlichmachung.)

2. Anordnung Nr. 40 der Reichsstelle „Chemie" *über chemische Konservierungsmittel für Lebensmittel* vom 23. Juli 1942 (Deutscher Reichsanzeiger Nr. 172 vom 25. Juli 1942).

Nach dieser Anordnung dürfen chemische Konservierungsmittel (das sind im Sinne dieser Anordnung Chemikalien sowie Mischungen oder Zubereitungen, die zur Haltbarmachung von Lebensmitteln bestimmt sind) nur in Packungen oder Behältnissen und nur dann in den Verkehr gebracht werden, wenn ihre Unbedenklichkeit zur Haltbarmachung von Lebensmitteln geprüft und bescheinigt ist. Die Anwendung dieser Anordnung ruht aber zur Zeit, da die in der Anordnung vorgesehenen Prüfungsstellen (Deutsches Frauenwerk, Reichsgesundheitsamt) weggefallen sind.

3. Verwendung von Salizylsäure zur Konservierung von Lebensmitteln. Nach Mitteilungen der Versuchsstelle für Hauswirtschaft des früheren Dtsch. Frauenwerks war in Übereinstimmung mit dem Reichsgesundheitsamt Salizylsäure zum Aufstreuen bzw. Einrühren, gleichviel, ob es sich um Obst oder Gemüse handelt, zur Verwendung im Haushalt nicht mehr zugelassen. Die Mitteilung bezog sich gleichzeitig auf den Entwurf der Konservierungsmittelverordnung, wonach Salizylsäure zur gewerblichen Lebensmittelkonservierung nicht zulässig ist.

Salizylsäure darf mit Wirkung vom 1. November 1942 in Packungen als Konservierungsmittel für den Haushalt nicht mehr in den Verkehr gebracht werden. Gegen die Verwendung von mit Salizylsäure präparierten Einmachpapier zum Auflegen auf Einmachgut oder zum Verschließen von Einmachgefäßen bestehen dagegen keine Bedenken.

4. Bestimmungen der Hauptverwaltung Gesundheitswesen der DWK zur Regelung des Verkehrs mit Konservierungsmitteln. Vom 22. April 1949 (ZVOBl. 1949, Nr. 35, S. 280). Die zuletzt genannten Bestimmungen vom 22. 4. 1949 stimmen inhaltlich mit dem anfangs erwähnten Entwurf einer Konservierungsmittelverordnung überein.

Auf eine Behandlung der Einzelheiten wurde hier verzichtet, da der sachliche Inhalt der Bestimmungen in den Abschnitt „Konservierung" im Band II übernommen worden ist.

## VII. Mineralöle und mineralölhaltige Stoffe zur Herstellung von Lebensmitteln.

(Verordnung vom 22. Januar 1938 — RGBl. I, S. 45, Runderlaß des Reichsministers des Innern vom 13. September 1938 — Reichsministerialblatt für die innere Verwaltung Nr. 39 Spalte 1571.)

Obwohl Mineralöle für die Ernährung wertlos sind, in kleinen Mengen (etwa 0,5 g) bereits Störungen des Wohlbefindens hervorrufen und in größeren Mengen leicht Durchfall, Erbrechen und Kolik herbeiführen und daher gesundheitsschädlich wirken, wurden sie offen oder unter Phantasiebezeichnungen zur Verwendung bei der Herstellung von Lebensmitteln angeboten, z. B. zum Einfetten von Backformen und Kuchenblechen, zum Trennen angeschobener Brote usw. Nunmehr dürfen Mineralöle und mineralölhaltige Stoffe für die Verwendung bei der Herstellung von Lebensmitteln nicht hergestellt, angeboten, feilgehalten, verkauft oder sonst in den Verkehr gebracht werden. Die mit Mineralölen oder mineralölhaltigen Stoffen hergestellten Lebensmittel gelten als verfälscht oder dürfen ebenfalls nicht in den Verkehr gebracht werden.

Ausnahmsweise darf Paraffinum liquidum — Paraffinöl DAB. 6 verwendet werden:

1. als Trennmittel bei der Herstellung von Dauerbackwaren und Bonbons,
2. bei der Behandlung von getrockneten Weinbeeren, insbesondere Rosinen, Sultaninen und Korinthen,
in beiden Fällen jedoch unter der Voraussetzung, daß nur unerhebliche, für die Gesundheit unschädliche Mengen in das Erzeugnis gelangen.

## VIII. Obsterzeugnisse.

(Verordnung vom 15. Juli 1933 — RGBl. I, S. 495, Verordnung vom 17. August 1938 — RGBl. I, S. 1048.)

Die Verordnung regelt die Herstellung und den Vertrieb aller Obsterzeugnisse: Konfitüren, Marmeladen, Muse, Säfte, Sirupe, Gelees und Kraut. Für den Drogisten sind nur die Bestimmungen über Obstsäfte und Obstsirupe sowie die über die Gelierstoffe von praktischer Bedeutung.

### 1. Obstsäfte.

Obstsäfte, auch Fruchtsäfte, Fruchtrohsäfte oder Fruchtmuttersäfte genannt, sind Zubereitungen, die durch Pressen von frischem oder vergorenem Obst einer bestimmten Obstart mit oder ohne nachfolgende Filtration hergestellt sind. Soweit es sich um Obstsäfte aus Zitrusfrüchten handelt, wird meist etwas Schalenaroma zugesetzt.

Die Obstsäfte werden regelmäßig nach der verwendeten Obstart bezeichnet, so daß zu unterscheiden sind: Apfel-, Birnen-, Erdbeer-, Himbeer-, Johannisbeer-, Kirsch-, Orangen- und Zitronensaft.

Bei Kirschsaft unterscheidet man nach der verwendeten Fruchtart und Herstellungsmethode:

1. den nur aus dunklen Sauerkirschen (mit Ausnahme von Schattenmorellen) gewonnenen Kirschsaft = dunkler Sauerkirschsaft = Sauerkirschmuttersaft; — 2. den nur aus hellen Sauerkirschen und Schattenmorellen gewonnenen hellen Sauerkirschsaft oder hellen Sauerkirschmuttersaft; — 3. den nur aus vergorenen dunklen Sauerkirschen gewonnenen, gespriteten Kirschsaft mit einem Gehalt von höchstens 18 Raumhundertteilen Alkohol, von denen bis zu 15% in Form von Sprit zugesetzt sind; — 4. den aus Süßkirschen aller Art gewonnenen Süßkirschsaft oder Süßkirschmuttersaft.

Obstsäfte gelten als verfälscht, wenn bei ihrer Herstellung Aromastoffe, Auszüge aus getrocknetem Obst, Farbstoffe, Mineralstoffe, Obstrückstände oder eingedickte Obstsäfte verwendet, wenn Säuren oder Wasser zugesetzt und wenn sie aus mehreren Obstarten oder unter Verwendung von Nachpresse hergestellt sind. Bei Kirschsaft sind außerdem alle Erzeugnisse als verfälscht anzusehen, die nicht ausschließlich aus der ihrer Bezeichnung entsprechenden Kirschsorte hergestellt sind.

## 2. Obstsirupe.

Obstsirupe oder Fruchtsirupe sind dickflüssige Zubereitungen, die entweder durch Aufkochen des Obstsaftes einer bestimmten Obstart mit technisch reinem weißem Verbrauchszucker (Saccharose) oder auf kaltem Wege durch unmittelbares Behandeln von frischem Obst oder Obstsäften mit Verbrauchszucker hergestellt sind. Zuweilen werden geringe Mengen Weinsäure oder Milchsäure zugesetzt. Der Zuckergehalt beträgt höchstens 68 Hundertteile.

Alle Obstsirupe werden mit dem Namen der verwendeten Obstart bezeichnet.

Obstsirupe gelten als verfälscht, wenn bei ihrer Herstellung

a) Mineralstoffe, Obstrückstände oder eingedickter Obstsaft verwendet sind; — b) Aromastoffe, Wasser oder andere zuckerhaltige Erzeugnisse als technisch reiner weißer Verbrauchszucker (Saccharose) zugesetzt sind; — c) Säfte verschiedener Obstarten verwendet sind.

Als Konservierungsmittel dürfen bis zu 0,3% Milch- oder Weinsäure ohne Deklaration zugesetzt werden. Mengen von 0,3 bis 1% müssen kenntlich gemacht werden durch die Worte „mit Milchsäure" oder „mit Weinsäure". Obstsirupe, die mehr als 1% Milch- oder Weinsäure enthalten, gelten als verfälscht.

Es ist auch unzulässig, Obstsirupe unter Zusatz von Farbstoffen herzustellen, selbst wenn diese aus Säften anderer Obstarten oder sonstigen Pflanzensäften bestehen. Ausgenommen ist hier ausdrücklich die handelsübliche Nachdunkelung von Himbeersirup mit Kirschsaft im Verhältnis 9 : 1, die jedoch durch die Aufschrift „Himbeersirup mit Zusatz von Kirschsaft" kenntlich zu machen ist.

### Gemeinsame Bestimmungen.

Zum Schutze der Gesundheit ist es verboten, Obstsäfte und Obstsirupe so herzustellen, anzubieten, zum Verkauf vorrätig zu halten, feilzuhalten, zu verkaufen oder sonst in den Verkehr zu bringen, die Arsen, Blei, Zink und mehr als technisch nicht vermeidbare Mengen von Antimon und Kupfer enthalten.

Als verdorben sind aus dem Verkehr zu ziehen:

a) Obstsäfte, die aus verdorbenen Früchten hergestellt, stark verunreinigt oder verschimmelt sind, fremdartig oder ekelerregend riechen oder schmecken oder in stark saure Gärung übergegangen sind.

b) Obstsirupe, die aus verdorbenen Früchten hergestellt oder beim Kochen angebrannt sind, die stark verunreinigt oder verschimmelt sind, fremdartig oder ekelerregend riechen oder schmecken oder aber in starke alkoholische oder saure Gärung
übergegangen sind.

Erzeugnisse, die ganz aus Obstrückständen oder ganz oder teilweise aus anderen
als in der Verordnung zugelassenen Stoffen hergestellt sind, sind Nachahmungen und
somit verboten. Zum Handel zugelassen sind jedoch — entsprechende Kenntlichmachung vorausgesetzt —

1. Säfte aus anderen Pflanzenteilen,

2. Kunsterzeugnisse aus anderen Stoffen.

Eine irreführende Kennzeichnung liegt vor, wenn

a) Erzeugnisse als Obstsäfte und Obstsirupe oder als bestimmte Obstsäfte und
Obstsirupe bezeichnet werden, die den in der Verordnung gestellten Anforderungen
nicht in allen Punkten entsprechen; — b) einem Phantasienamen nicht die Obst-
sorte zugesetzt wird, aus der der Saft oder Sirup hergestellt ist; — c) wahrheitswidrige Angaben über das Herkunftsgebiet, eine besonders gute Beschaffenheit oder
eine besonders sorgfältige Art der Herstellung gemacht werden; — d) einem Erzeugnis entgegen den Tatsachen eine besondere diätetische Wirkung zugeschrieben wird.

Dieser Verordnung unterliegen nicht:

1. Die unter den Bezeichnungen Most, Obstmost, Süßmost, alkoholfreier Obstsaft usw. zum unmittelbaren Genuß bestimmten Säfte aus frischem Obst,

2. eingedickte Säfte,

3. von eingedickten Säften hergestellte Sirupe.

Für den Verkauf müssen Obstsäfte und Obstsirupe entsprechend der Lebensmittel-Kennzeichnungsverordnung etikettiert werden.

### 3. Gelierstoffe.

Als Gelier- oder Verdickungsmittel für die häusliche oder gewerbliche Herstellung von Obsterzeugnissen dürfen nur Obstpektin oder Obstgeliersäfte hergestellt, angeboten, feilgehalten, verkauft oder sonst in den Verkehr gebracht
werden. Gelierpräparate, die Agar-Agar, Gelatine oder Tragant enthalten, dürfen
nur zur Herstellung von Grützen, Obstgallerten, Puddings und sonstigen Nach-
speisen verwendet werden. Die Packungen müssen dementsprechend den Vermerk
tragen, daß der Inhalt nicht zur Herstellung von Marmeladen und Obstgelees verwendet werden darf.

Obstpektine sind flüssige oder pulverförmige Zubereitungen aus Obstrückständen, denen meist geringe Mengen von Milch- oder Weinsäure als Konservierungsmittel zugesetzt werden. Flüssiges Obstpektin ist in 3 cm hoher Schicht
durchscheinend und enthält mindestens 2,5% Pektinstoff (berechnet als Kalziumpektat). Der Pektingehalt beträgt mindestens 25% der Trockenmasse. Pulverförmiges Pektin entspricht in 10%iger wässeriger Lösung den gleichen Bedingungen.

Obstpektin wird nach der zur Herstellung verwendeten Obstart bezeichnet.

Obstgeliersäfte sind Zubereitungen, die aus frischen Früchten einer bestimmten
pektinreichen Obstart durch Behandeln mit Wasser hergestellt werden. Die Obstgeliersäfte enthalten höchstens 2% Pektinstoff (berechnet als Kalziumpektat) und
höchstens 15% Trockenmasse.

Obstgeliersäfte werden ebenfalls nach der zur Herstellung verwendeten Obstart
bezeichnet, z. B. als Apfelgeliersaft, Stachelbeergeliersaft.

Gelierstoffe, die Arsen, Blei, Zink oder mehr als technisch nicht vermeidbare Mengen Antimon oder Kupfer enthalten, dürfen weder hergestellt noch angeboten, zum Verkauf vorrätig gehalten, feilgehalten, verkauft oder sonst in den Verkehr gebracht werden.

Obstpektine und Obstgeliersäfte, die den genannten Anforderungen auch nur in einem einzigen Punkte nicht entsprechen, die zellige Elemente in makroskopisch wahrnehmbarer Menge enthalten, oder denen fremde Stoffe, insbesondere Mineralstoffe, zugesetzt worden sind, gelten als verfälscht und dürfen daher nicht gehandelt werden.

## IX. Salpetrigsaure Salze — Nitrite — zur Verwendung im Lebensmittelverkehr.
### (Gesetz vom 19. Juni 1934 — RGBl. I, S. 513.)

1. Salpetrigsaure Salze — Nitrite — und
2. Gemische und Lösungen, die salpetrige Säure frei oder gebunden enthalten oder bei deren bestimmungsgemäßer Verwendung sich infolge eines Gehaltes an reduzierenden Stoffen salpetrige Säure bilden kann,

dürfen nicht für die Herstellung, Gewinnung oder Zubereitung von Lebensmitteln hergestellt, abgepackt, vorrätig gehalten, angeboten, feilgehalten, verkauft oder sonst in den Verkehr gebracht werden. Sie dürfen nicht in die Räume von Lebensmittelbetrieben gebracht oder in ihnen aufbewahrt werden. Sie dürfen auch nicht zur Gewinnung, Herstellung oder Zubereitung von Lebensmitteln verwendet werden.

Von diesen Verboten sind ausgenommen:

1. *Salpetrigsaures Natrium* (Natriumnitrit) zur Herstellung von Nitritpökelsalz. Es darf nur in dichten, festen, gut verschlossenen Behältnissen oder dauerhaften Umhüllungen aufbewahrt, befördert, zum Verkauf vorrätig gehalten, angeboten, feilgehalten, verkauft oder sonst in den Verkehr gebracht werden. Diese müssen an mindestens zwei in die Augen fallenden Stellen die deutliche, nicht verwischbare Aufschrift: „Salpetrigsaures Natrium. Vorsicht! Trocken aufbewahren!" tragen.

2. *Nitritpökelsalz* zur Verwendung bei der Zubereitung von Fleisch sowie von Fleisch- und Wurstwaren mit Ausnahme von zerkleinertem frischem Fleisch (Schabefleisch, Hackfleisch, Hackepeter). Es darf nur mit ausdrücklicher Genehmigung des Reichsministers des Innern und nur unter Verwendung von Mischmaschinen hergestellt werden aus Speisesalz (Steinsalz, Siedesalz) und salpetrigsaurem Natrium (Natriumnitrit) und soll mindestens 0,5 und höchstens 0,6% salpetrigsaures Natrium $NaNO_2$ enthalten. Es muß in dichten, festen, gut verschlossenen Behältnissen oder dauerhaften Umhüllungen aufbewahrt, befördert, zum Verkauf vorrätig gehalten, angeboten, feilgehalten, verkauft oder sonst in den Verkehr gebracht werden. An mindestens zwei auffallenden Stellen muß die Verpackung die deutliche, nicht verwischbare Aufschrift „Nitritpökelsalz. Trocken aufzubewahren!" tragen. Außerdem müssen der Name oder die Firma des Herstellers und der Ort seiner gewerblichen Hauptniederlassung angegeben sein. Die besondere Kennzeichnung erfolgt durch zwei bandförmige, rote Streifen, die bei Packungen bis zu 50 cm Höhe mindestens 2 cm, sonst mindestens 5 cm breit sein müssen.

Gleichzeitig mit Nitritpökelsalz darf noch Salpeter verwendet werden, wenn es sich um Fleisch in großen Stücken handelt und auf 100 kg Nitritpökelsalz höchstens 1 kg Salpeter zugesetzt wird.

3. *Pökellaken*, hergestellt unter Verwendung von Nitritpökelsalz oder von Kochsalz und Salpeter.

**Unzulässige Zusätze und Behandlungsverfahren bei Fleisch und dessen Zubereitungen.**

(Verordnung vom 31. Oktober 1940 — RGBl. I, S. 1470.)

Diese Verordnung ist keine Ausführungsbestimmung zum Lebensmittelgesetz. Sie ist auf Grund des § 21 des Fleischbeschaugesetzes vom 29. Oktober 1940 erlassen worden. Nach § 21 des Fleischbeschaugesetzes dürfen bei der gewerbsmäßigen Behandlung oder Zubereitung von Fleisch Stoffe oder Verfahren, die der Ware eine gesundheitsschädliche Beschaffenheit zu verleihen vermögen, nicht angewendet werden.

Die Vorschriften des § 21 Abs. 1 des Gesetzes finden Anwendung

1. auf die folgenden Stoffe sowie auf die solche Stoffe enthaltenden Zubereitungen: a) Alkali-, Erdalkali- und Ammoniumhydroxyde und -karbonate; — b) Aluminiumverbindungen; — c) Borsäure und ihre Verbindungen; — d) Chlorsäuren und ihre Verbindungen; — e) Farbstoffe jeder Art, ausgenommen gesundheitsunschädliche Farbstoffe zur Gelbfärbung der Hüllen der Wurstarten, bei denen die Gelbfärbung herkömmlich und als solche ohne weiteres erkennbar ist; — f) Fluorwasserstoffsäuren und ihre Verbindungen; — g) Formaldehyd und Stoffe, die bei ihrer Verwendung Formaldehyd abgeben; — h) organische Säuren und ihre Verbindungen, ausgenommen Essigsäure, Milchsäure, Weinsäure, Zitronensäure und deren Natriumverbindungen; — i) Phosphorsäuren und ihre Verbindungen; — k) Räuchermittel, ausgenommen frisch entwickelter Rauch; — l) schweflige Säuren und ihre Verbindungen;

2. auf Verfahren, die zur Befreiung tierischer Fette von Geruchsstoffen, Geschmacksstoffen, Farbstoffen und freien Fettsäuren dienen.

## X. Speiseeis-Halberzeugnisse.

(Verordnung über Speiseeis vom 15. Juli 1933 — RGBl. I, S. 510.)

Halberzeugnisse für Speiseeis sind Zubereitungen, die nicht zum unmittelbaren Genuß bestimmt und geeignet sind, sondern zur Weiterverarbeitung auf Speiseeis dienen sollen, insbesondere die Speiseeispulver. Sie enthalten:

1. technisch reinen weißen Verbrauchszucker (Saccharose) oder dafür Milchzucker oder Magermilchpulver; — 2. Stärkemehl, Tragant, Obstpektin, Gelatine; — 3. natürliche oder künstliche Geschmack- und Geruchstoffe; — 4. Weinsäure, Zitronensäure; — 5. Farbstoffe; — 6. in Ausnahmefällen Ei.

Verboten ist die Herstellung und der Vertrieb von Erzeugnissen, die Arsen, Blei, Zink oder mehr als technisch nicht vermeidbare Mengen von Antimon, Kadmium oder Kupfer enthalten.

Speiseeispulver müssen in Behältnissen oder Packungen in den Handel gebracht werden, auf denen in deutscher Sprache, in deutlich sichtbarer, leicht lesbarer Schrift angegeben sind:

1. der Name oder die Firma und der Ort der gewerblichen Hauptniederlassung des Herstellers; — 2. der Inhalt nach Art und Gewicht; — 3. die Speiseeissorte, für die das Erzeugnis seiner Zusammensetzung nach bestimmt ist; — 4. die erforderlichen Zutaten nach deutschem Maß oder Gewicht.

Als irreführende Kennzeichnungen sind anzusehen:

1. Hinweise auf Vanille, sofern zur Herstellung nur Vanillin oder der ihm entsprechende Äthyläther verwendet worden ist. Gestattet ist dagegen die Angabe „mit Vanillegeschmack". — 2. Hinweise auf eine besondere diätetische oder gesundheitliche Wirkung.

Erzeugnisse, die künstliche Farb-, Geruch- oder Geschmackstoffe enthalten, müssen stets als „Speiseeispulver für Kunstspeiseeis" kenntlich gemacht werden.

## XI. Speisesenf = Mostrich.

(Anordnung 14 der Hauptvereinigung der Deutschen Gartenbauwirtschaft betreffend Normativbestimmungen für Speisesenf [Mostrich] vom 8. Juli 1935 — Verkündungsblatt des Reichsnährstandes 1935, S. 379.)

Speisesenf, der in Deutschland hergestellt und gehandelt wird, muß den Normativbestimmungen der Anordnung entsprechen.

Speisesenf oder Mostrich im Sinne der Anordnung ist eine breiartige Zubereitung, die hergestellt wird aus entölten oder nicht entölten, braunen, gelben oder braunen und gelben Senfsamen unter Zusatz von Essig und Speisesalz sowie den Geschmack verfeinernden Stoffen, z. B. Gewürzen, Sardellen, feinen Kräutern, Zuckerarten.

Nur unter Kenntlichmachung dürfen außerdem zugesetzt werden:
natürliche oder künstliche, unschädliche Farbstoffe = Lebensmittelfarben (Kennzeichnung: gefärbt),
Konservierungsmittel, soweit sie gesetzlich zulässig sind.

Verboten sind Zusätze von:

Maismehl, Weizenmehl, Weizenkleie, Kartoffelmehl, Erbsenmehl, Sojamehl und anderen Füllstoffen; — natürlichem oder künstlichem Senföl; — künstlichen Süßstoffen (Dulcin oder Saccharin); — Essig mit Zusatz von künstlichem Süßstoff.

Als irreführende Kennzeichnungen sind verboten:

1. die Bezeichnung „Weinsenf" für einen Speisesenf, dessen Essigsäure nicht ausschließlich aus Wein gewonnen ist; — 2. die Bezeichnung „rein", „naturrein" usw. für Speisesenf, der mit Farbstoffen oder Konservierungsmitteln versetzt ist; — 3. den Tatsachen widersprechende Hinweise in Wort und Bild auf eine besondere Güte des Erzeugnisses.

## XII. Süßstoff.

(Gesetz vom 1. Februar 1939 — RGBl. I, S. 112, Verordnung vom 27. Februar 1939 — RGBl. I, S. 336, Verordnung vom 8. Februar 1939 — Reichsministerialblatt S. 139.)

Süßstoff sind alle auf künstlichem Wege gewonnenen Stoffe, die als Süßmittel dienen können und eine höhere Süßkraft als Saccharose (reiner Rüben- oder Rohrzucker), aber nicht einen entsprechenden Nährwert aufweisen. Im Handel befinden sich

Saccharin = Benzoesäuresulfimid = $C_6H_4 \cdot CO \cdot SO_2 \cdot NH$ und

Dulcin = p-Phenetylcarbamid, das jedoch im Einzelhandel nur von den Apotheken verkauft werden darf und in Mengen über 1 g rezeptpflichtig ist.

Unter das Gesetz fallen auch süßstoffhaltige Zubereitungen, die nicht zum unmittelbaren Genuß bestimmt sind, sondern nur als Mittel zur Süßung von Lebensmitteln dienen.

Zur Herstellung von Benzoesäuresulfimid waren früher nur die Firmen Fahlberg-List A G., Magdeburg, Chemische Fabrik Heyden, Radebeul, und die Vereinigten Chemischen Fabriken Kreidl, Heller & Co. Nf., Wien, ermächtigt, während Dulcin nur von der J. D. Riedel-E. de Haen, Berlin, fabriziert werden durfte. Die Einfuhr von Süßstoff aus dem Auslande ist verboten.

Süßstoff darf im Inlande nur in den vom Reichsministerium des Innern genehmigten Fabrikpackungen gehandelt werden. Sie tragen an auffallender Stelle in deutscher Sprache und in deutlich sichtbarer, leicht lesbarer und unverwischbarer Schrift die Inhaltsangabe („Süßstoff-Benzoesäuresulfimid" oder „Süßstoff-Saccharin") und den Vermerk „Genehmigte Inlandspackung". Außerdem müssen die in der Packung enthaltene Menge nach deutschem Gewicht oder nach der Stückzahl der Tabletten und die Süßkraft des Inhalts gegenüber Zucker angegeben sein.

Süßstoff darf zu allen häuslichen Zwecken unbeschränkt verwendet werden. Dagegen dürfen Arznei- und Lebensmittel mit einem Zusatz von Süßstoff weder hergestellt noch in den Verkehr gebracht werden:

Ausnahmen:

1. Kunstlimonaden, Limonadengrundstoffe, Brauselimonadenpulver und -tabletten; — 2. Essig oder Essigsäure; — 3. obergäriges Bier mit höchstens 4% Stammwürzegehalt; — 4. Eßoblaten; — 5. Kautabak und Kaugummi; — 6. Röntgenkontrastmittel; — 7. diätetische Lebensmittel für Zuckerkranke; — 8. von Ärzten, Tier- und Zahnärzten verordnete Arzneimittel; — 9. Arzneimittel, die als wesentlichen Bestandteil Lebertran enthalten; — 10. sonstige diätetische Arznei- und Lebensmittel mit Genehmigung des Reichsministeriums des Innern.

Während der Zusatz von Benzoesäuresulfimid gesetzlich nicht begrenzt ist, darf Dulcin nur in einer Menge verwendet werden, die höchstens 0,3 g auf 1 Liter oder 1 kg des gebrauchsfertigen Erzeugnisses entspricht. Ein höherer Gehalt an Dulcin in Arzneimitteln (6., 8., 9., 10.) bedarf in allen Fällen der ärztlichen Verordnung.

Süßstoffhaltige Lebensmittel mit Ausnahme solcher, die nur mit süßstoffhaltigem Essig oder Essigsäure hergestellt sind, müssen durch eine deutlich sichtbare, leicht lesbare und unverwischbare Aufschrift „Mit künstlichem Süßstoff zubereitet" versehen werden.

Bei Arzneimitteln und diätetischen Lebensmitteln muß auf den Packungen und in den Werbeschriften Name und Menge des zugesetzten Süßstoffs und gegebenenfalls auch die außerdem noch zugesetzte Menge Zucker angegeben werden.

## XIII. Tafelwässer.

(Verordnung vom 12. November 1934 — RGBl. I, S. 1183, Verordnung vom 11. Februar 1938 — RGBl. I, S. 199.)

Die Verordnungen regeln die Herstellung und den Vertrieb von Tafelwässern und den zur Herstellung von Tafelwässern bestimmten Solen. Tafelwässer im Sinne der Verordnungen sind

1. die natürlichen Versandwässer, d. h. a) die Mineralwässer, Säuerlinge und Sprudel und b) die mineralarmen Wässer,

2. die künstlichen Mineralwässer einschließlich der zu ihrer Herstellung verwendeten Sole,

3. die Heilwässer, sofern sie als Tafelwasser angeboten, zum Verkauf vorrätig gehalten, feilgehalten, verkauft oder sonst in den Verkehr gebracht werden.

Alle Tafelwässer, die nicht unmittelbar nach ihrer Gewinnung oder Herstellung zum Verbrauch gelangen, dürfen zur Abgabe an den Verbraucher nur in verschlossenen Gefäßen in den Verkehr gebracht werden. Alle im einzelnen vorgeschriebenen Angaben müssen auf diesen an einer in die Augen fallenden Stelle in deutscher Sprache und in gut lesbarer Schrift angebracht werden.

Zur Gewinnung oder Herstellung darf nur gesundheitlich unbedenkliches Wasser verwendet werden. Sie dürfen kein Blei, Kadmium, Kupfer oder Zink enthalten, sofern es sich nicht um natürliche Bestandteile oder um technisch nicht vermeidbare Verunreinigungen handelt. Sie sind als verdorben vom Verkehr ausgeschlossen, wenn sie in Holzgefäßen aufbewahrt oder befördert worden sind oder aber in undichten Gefäßen so erhebliche Mengen Kohlensäure verloren haben, daß sie schal geworden sind.

### 1. Mineralwässer.

*Mineralwässer* sind natürliche Wässer, die aus natürlichen oder künstlich erschlossenen Quellen gewonnen werden und in 1 kg mindestens 1000 Milligramm gelöste Salze oder 250 Milligramm freies Kohlendioxyd enthalten. Es ist zulässig, sie durch Belüftung zu enteisen und entschwefeln sowie mit Kohlensäure zu versetzen. Sie sind am Quellort in die für den Verbraucher bestimmten Gefäße abzufüllen.

*Säuerlinge* oder Sauerbrunnen sind Mineralwässer mit einem natürlichen Gehalt von mindestens 1000 Milligramm freiem Kohlendioxyd in 1 kg. Sie dürfen keiner willkürlichen Veränderung unterzogen werden mit Ausnahme eines Zusatzes von Kohlensäure.

*Sprudel* sind Säuerlinge, die aus einer natürlichen oder künstlich erschlossenen Quelle im wesentlichen unter natürlichem Kohlensäuredruck hervorsprudeln. Sie dürfen auch unter Kohlensäurezusatz abgefüllt und durch Belüftung enteisent und entschwefelt werden.

Mineral-Tafelwässer sind in erster Linie Genußmittel und müssen dies in Aufmachung, Werbung und Vertrieb erkennen lassen. Auf Heilwirkungen darf nur dann hingewiesen werden, wenn sie durch ausreichende klinische Gutachten oder solche anerkannter ärztlicher Sachverständiger belegt werden können und in ausschließlich wissenschaftlichen Abhandlungen beschrieben worden sind. Bei manipulierten Tafelwässern müssen sich die Gutachten ausdrücklich auf die zum Versand gelangende Form beziehen. Die so nachgewiesenen Heilwirkungen können in Anzeigen und Prospekten sowie auf den Flaschenschildern angegeben werden, jedoch sind dabei der Name und die Anschrift des betreffenden Institutes oder Wissenschaftlers sowie Datum und Art der Veröffentlichung anzugeben. Aber selbst dann ist nur die Bezeichnung „Diätetisches Wasser" zulässig. Die Kennzeichnungen „ärztlich empfohlen", „ärztlich empfohlen bei …", „Biologisch wirksames Wasser", „Blutverbesserndes Wasser", „Gesundbrunnen", „Gesundheitsförderndes Wasser", „Gesundheitswasser", „Heilbrunnen", „Heilwasser" usw. sind verboten. Ebenso darf auf den Flaschen nicht für Heilbäder geworben werden, damit nicht der Anschein erweckt wird, das Tafelwasser ersetze ganz oder teilweise die Heilwirkung des betreffenden Heilbades.

Für die Beschriftung der Flaschenschilder gelten im übrigen folgende Vorschriften:

1. Auf den Gefäßen sind der Name und der Ort der Quelle und der Name des Quelleneigentümers oder die Firma des Vertriebsunternehmens anzugeben.

2. Ein Zusatz von Kohlensäure ist anzugeben, indem hinter dem Quellennamen in gleicher Schriftart und -farbe vermerkt wird „mit Kohlensäure versetzt".

3. Die Entziehung von Eisen oder Schwefel unter Zusatz von Kohlensäure ist gleichfalls unmittelbar hinter dem Quellnamen in gleicher Schriftart und -farbe anzugeben: „enteisent und mit Kohlensäure versetzt" bzw. „entschwefelt und mit Kohlensäure versetzt".

4. Die Bezeichnung „natürliches Mineralwasser" bleibt im allgemeinen den weder über noch unter Tage veränderten Quellwässern vorbehalten. Sie ist außerdem zulässig in den vorstehend unter 2. und 3. aufgeführten Fällen.

Eine irreführende Bezeichnung liegt vor,

1. wenn wahrheitswidrige Angaben über die chemische Zusammensetzung der Mineralwässer gemacht werden. Derartige analytische Angaben müssen stets in Milligramm, bezogen auf 1 kg Wasser, gemacht und mit Monat und Jahr der Untersuchung versehen werden,

2. wenn Mineralwässer als „natürliche Sprudel" bezeichnet werden, die nicht aus einer natürlich oder künstlich erschlossenen Quelle unter Kohlensäuredruck hervorsprudeln und ohne willkürliche Veränderung in den Handel kommen,

3. wenn wahrheitswidrig auf eine gesundheitliche oder diätetische Wirkung hingewiesen wird.

## 2. Mineralarme Wässer.

Mineralarme Wässer sind aus natürlichen oder künstlich erschlossenen Quellen gewonnene Wässer, die, abgesehen von einem Kohlensäurezusatz, keine willkürliche Veränderung erfahren haben und am Quellort in die für den Verbraucher bestimmten Gefäße abgefüllt sind.

Die Ausführungen über die Bezeichnung von Mineralwässern im vorigen Abschnitt gelten sinngemäß auch für die mineralarmen Wässer. Außerdem sind folgende Vorschriften zu beachten:

1. Auf dem Gefäß ist der Abfüllort und der Name des Betriebsinhabers oder die Firma des Vertriebsunternehmens anzugeben.

2. Die bereits seit dem Jahre 1910 benutzten Quellnamen dürfen weiter verwendet werden, sofern nicht durch sonstige Bezeichnungen oder Angaben oder durch die Aufmachung der Eindruck erweckt wird, es handele sich um ein Mineralwasser. Ein Zusatz von Kohlensäure muß in unmittelbarem Zusammenhang mit dem Quellnamen, und zwar in gleicher Schriftart und -farbe kenntlich gemacht werden. Bei jeder sonstigen willkürlichen Veränderung muß das Wasser in unmittelbarem Zusammenhange mit dem Quellnamen die Aufschrift „Künstliches Mineralwasser" tragen, und zwar in mindestens halb so großen Buchstaben von gleicher Schriftart und -farbe.

3. Es darf weder auf die chemische Zusammensetzung (mit Ausnahme des Kohlensäuregehalts) noch in Wort oder Bild auf besondere Heilwirkungen hingewiesen werden.

4. Mit Ausnahme der bereits seit 1910 benutzten Quellnamen dürfen keinerlei geographische Bezeichnungen verwendet werden.

5. Bezeichnungen, wie Bronn, Brunnen, Quelle, Säuerling, Sprudel usw., dürfen weder einzeln noch in Wortverbindungen noch in Phantasienamen noch in Abbildungen noch in der Firma des Herstellers oder Verkäufers verwendet werden.

6. Es darf den Wässern nicht entgegen den Tatsachen eine gesundheitliche oder diätetische Wirkung zugeschrieben werden.

## 3. Künstliche Mineralwässer.

Künstliche Mineralwässer sind Erzeugnisse aus Wasser, Mineralwasser oder mineralarmem Wasser oder einem Gemisch aus diesen einerseits und Salzen oder Sole oder Kohlensäure oder mehreren dieser Zusätze andererseits. Sie können auch durch Auslaugen von Mineralstoffen mit chemisch reinem oder kohlensäurehaltigem Wasser hergestellt werden.

Auf der Flasche ist der Name oder die Firma und der Ort der gewerblichen Niederlassung des Herstellers oder des Händlers anzugeben.

Ein Zusatz von Mineralwasser oder Sole darf unauffällig angegeben werden: „unter Zusatz von … Mineralwasser (Sole)".

Künstliche Mineralwässer, die Antimon, Arsen, Barium, Brom, Chrom, Jod, radioaktive Stoffe, freie Salpetersäure, freie Salzsäure, freie Schwefelsäure oder Strontium enthalten, dürfen nicht hergestellt, angeboten, zum Verkauf vorrätig gehalten, feilgehalten, verkauft oder sonst in den Verkehr gebracht werden. Soll ein bestimmtes Mineralwasser nachgebildet werden, so dürfen Barium, Brom, Jod und Strontium ausnahmsweise in einer dem natürlichen Vorbild entsprechenden Menge zugesetzt werden.

Die zur Herstellung künstlicher Mineralwässer dienenden Salze, insbesondere das kristallisierte und das getrocknete Natriumkarbonat und das Natriumbikarbonat, müssen bestimmten Anforderungen entsprechen, die der Anlage zu der Verordnung zu entnehmen sind.

Als irreführende Bezeichnungen werden angesehen:

1. wahrheitswidrige Hinweise auf eine gesundheitliche oder diätetische Wirkung,

2. Hinweise auf die chemische Zusammensetzung mit Ausnahme des Gehaltes an Kohlensäure,

3. Ortsnamen mit Ausnahme von Selters oder Selterwasser. Künstliche Mineralwässer, die natürlichen Mineralwässern nachgebildet sind, müssen in unmittelbarem Zusammenhange mit dem Namen in Buchstaben von gleicher Schriftart, -farbe und -größe als künstlich gekennzeichnet werden, z. B. als „Künstliches Fachinger",

4. Hinweise auf die Verwendung von Sole, sofern nicht ein aus der Sole stammender Gehalt von mindestens 1000 Milligramm Natriumchlorid in 1 kg vorhanden ist,

5. Hinweise auf eine bestimmte Herkunft in Form von Landschaften, Wappen oder anderen Abbildungen,

6. Bezeichnungen, wie Bronn, Brunnen, Quelle, Säuerling, Sprudel usw., einzeln, in Wortverbindungen, in Phantasienamen, in Abbildungen oder in der Firma des Herstellers oder Verkäufers.

## 4. Sole.

Sole ist ein natürliches, salzreiches Wasser oder ein Mineralwasser, das durch Wasserentziehung im Gehalt an Salzen angereichert worden ist. Sie muß in 1 kg mindestens 14 g gelöste, überwiegend aus Natriumchlorid bestehende Salze enthalten.

Eine irreführende Bezeichnung liegt vor, wenn eine Sole als „Mineralbrunnensole" oder trotz willkürlicher Veränderung als „natürliche Sole" oder als „Natursole" in den Handel gebracht wird.

## 5. Heilwässer.

Heilwässer sind natürliche Versandwässer, die sich auf Grund ihrer hygienisch einwandfreien Beschaffenheit sowie ihres chemischen oder physikalischen Charakters nach ärztlicher Erfahrung als Heilmittel bewährt haben, ausschließlich zur Beseitigung, Linderung und Verhütung von Krankheiten bestimmt sind und in Aufmachung, Werbung und Vertrieb einwandfrei erkennen lassen, daß sie nichts anderes als Heilmittel sein sollen. Sie dürfen daher auch nicht als Tafelwasser oder Tafelgetränk bezeichnet werden.

Heilwässern dürfen weder Bestandteile (z. B. Eisen) entzogen noch fremde Stoffe zugesetzt werden mit Ausnahme von Kohlensäure, die das Ausfällen des wertvollen Eisengehaltes verhindern soll.

Auf den Etiketten von Heilwässern dürfen Heilanzeigen angegeben werden, ohne daß im einzelnen ausreichende Gutachten zur Verfügung stehen. Sie werden durch die jahrelange Erfahrung der Badeärzte ersetzt. Nur bei einem Zusatz von Kohlensäure sind entsprechende Gutachten erforderlich.

Heilwässer dürfen nur durch die Brunnenfirma, anerkannte Heilbrunnengroßhändler oder durch Apotheken und Drogerien verkauft werden. Sollen Quellwässer sowohl als Heilwasser wie als Tafelwasser Verwendung finden, so müssen sie auch in Werbung, Vertrieb und Aufmachung deutlich unterscheidbar in den Verkehr gebracht werden.

Für Heilwässer sind durch die Anordnung des Reichskommissars für die Preisbildung vom 31. Juli 1939 Festpreise festgesetzt worden. Die Heilwässer sind in 5 Preisgruppen eingeteilt. Für jede derselben sind die Verbraucherpreise bei geschlossener Abnahme von 1 bis 9, 10 bis 24 und 25 oder mehr Flaschen von je 750 ccm Inhalt festgelegt. Die Flaschen müssen die Aufschrift Heilwasser und den Verbraucherpreis deutlich sichtbar tragen.

## XIV. Tee und teeähnliche Erzeugnisse.

Verordnung über Tee und teeähnliche Erzeugnisse. Vom 12. Dezember 1942 (RGBl. I, S. 707).

Als Tee oder als Teemischung dürfen im gewerblichen Verkehr nur die nach dem in den Ursprungsländern üblichen Verfahren zubereiteten Blattknospen, jungen Blätter und jungen Triebe des Teestrauches (Gattung Thea) bezeichnet werden.

Andere Erzeugnisse, die in der Art wie Tee verwendet werden sollen (teeähnliche Erzeugnisse), dürfen nur mit Genehmigung ...... gewerbsmäßig hergestellt, zum Verkauf vorrätig gehalten oder in den Verkehr gebracht werden. Die Genehmigung kann jederzeit zurückgenommen werden.

Teeähnliche Erzeugnisse dürfen nur mit solchen Bezeichnungen, Aufmachungen und Angaben in den Verkehr gebracht werden, die jede Verwechselung mit Tee ausschließen.

Teeähnliche Erzeugnisse, die nur aus Bestandteilen einer einzigen Pflanzenart hergestellt und keiner chemischen Behandlung unterzogen worden sind, unterliegen nicht der Genehmigungspflicht. Sie dürfen als Tee nur in solchen Wortverbindungen bezeichnet werden, welche die verwendeten Pflanzen oder Pflanzenbestandteile kennzeichnen, z. B. als Brombeerblättertee, Apfelschalentee, Apfeltrestertee.

Tee und teeähnliche Erzeugnisse dürfen nicht mit solchen Bezeichnungen, Aufmachungen oder Angaben angeboten oder in den Verkehr gebracht werden, die auf eine diätetische oder gesundheitliche Wirkung hinweisen.

Teeähnliche Erzeugnisse dürfen nur in Packungen oder Behältnissen in den Verkehr gebracht werden.

Erzeugnisse, die überwiegend als Arzneimittel verwendet werden, fallen nicht unter die Vorschriften dieser Verordnung.

Zur Verordnung über Tee und teeähnliche Erzeugnisse erschienen im Februar 1943 Richtlinien des Präsidenten des Reichsgesundheitsamtes, die im folgenden teilweise wiedergegeben sind:

1. Teeähnliche Erzeugnisse sind zum Genuß bestimmte Ersatztees aus Kräutern und Früchten, künstliche Tees, Tee-Ersatz-Extrakte, -Essenzen, -Pulver, -Tabletten und ähnliche Erzeugnisse.

2. Die Konservierung teeähnlicher Erzeugnisse mit chemischen Mitteln sowie ihre künstliche Färbung ist unzulässig, abgesehen von der Färbung durch Karamel (Zuckercouleur), die jedoch ausreichend kenntlich zu machen ist.

3. Die Verarbeitung größerer Mengen von Stoffen mit arzneilicher Wirkung oder von Bestandteilen, die für die Beschaffenheit des Erzeugnisses wertlos sind, zu teeähnlichen Erzeugnissen ist unzulässig.

4. Werden Abfälle oder Teile von Früchten zu teeähnlichen Erzeugnissen verarbeitet, so darf der Name der Frucht nur mit einem dies zum Ausdruck bringenden Zusatz gebraucht werden, z. B. Apfeltrester, Apfelschalen.

5. Bezeichnungen wie Brombeerblätter-Mischung und dgl. sind nur gestattet, wenn der namengebende Bestandteil mehr als 50 Gewichtshundertteile der verkaufsfertigen Mischung ausmacht.

6. Außer den im § 4 der Verordnung genannten Beispielen kann die Bezeichnung „Tee" auch bei gemischten teeähnlichen Erzeugnissen in den Wortverbindungen „Kräutertee", „Alpenkräutertee" und „Fruchttee" in zutreffenden Fällen genehmigt werden. Bezeichnungen wie „Tee-Ersatz", „Ersatztee" und „Kunsttee" verstoßen nicht gegen die §§ 1 und 3 der Verordnung.

7. Eine chemische Behandlung im Sinne des § 4 der Verordnung ist z. B. eine mit Hilfe chemischer Zusätze herbeigeführte Fermentation oder der Zusatz einer den Geruch oder Geschmack beeinflussenden Essenz oder die Färbung mit Karamel

(Zuckercouleur), nicht aber eine Fermentation, die ohne irgendwelche Zusätze, abgesehen von Wasser, erfolgt.

8. Da teeähnliche Erzeugnisse nur in Packungen oder Behältnissen in den Verkehr gebracht werden dürfen, müssen sie vom Hersteller auch an Abpackbetriebe und Großverbraucher in Behältnissen, z. B. geschlossenen Säcken, Kisten, Kartons geliefert werden.

## XV. Vitaminisierte Lebensmittel.

Verordnung über vitaminisierte Lebensmittel. Vom 1. September 1942 (RGBl. I, S. 538).

Lebensmittel, deren Vitamingehalt ganz oder teilweise auf einem Zusatz von natürlichen oder synthetischen Vitaminen oder von besonders vitaminreichen Stoffen oder auf der Anwendung von chemischen, physikalischen oder biologischen Verfahren beruht (vitaminisierte Lebensmittel), dürfen mit einem Hinweis auf ihren Vitamingehalt nur dann angeboten, feilgehalten, verkauft oder sonst in den Verkehr gebracht werden, wenn sie beim Reichsgesundheitsamt angemeldet worden sind. Zu den Vitaminen im Sinne dieser Verordnung gehören auch die Provitamine.

Vitaminisierte Lebensmittel dürfen nur in Packungen oder Behältnissen feilgehalten oder in den Verkehr gebracht werden, auf denen die durch chemische, physikalische oder biologische Verfahren erzeugten Vitamine nach ihrer Art, die zugesetzten Vitamine nach Art und Menge, außerdem in allen Fällen der Name oder die Firma des Herstellers sowie Ort und Zeit der Herstellung deutlich sichtbar angegeben sind.

## XVI. Verwendung von Glykolen, von Propyl- und Isopropylalkohol.

*Verwendung von Glykol und Glykolverbindungen im Lebensmittelverkehr.*

RdErl. d. RMdI. vom 10. August 1942 (MBliV. 1942, Nr. 33, S. 1687).

Es ist wiederholt festgestellt worden, daß bei der Herstellung von Limonadenessenzen, Liköressenzen, Backaromen und anderen Erzeugnissen als Lösungsmittel an Stelle des Alkohols Glykol oder Glykolverbindungen, insbesondere Äthylglykol, Diäthylenglykolmonoäthyläther (APV., Solutol) und 1,2-Propylenglykol, verwendet werden. Es wir darauf hingewiesen, daß diese Stoffe giftig oder doch zum mindesten gesundheitlich bedenklich sind und deren Verwendung bei der Herstellung von Lebensmitteln nach LMG. verboten und strafbar ist.

*Verwendung von Isopropylalkohol bei der Herstellung von Arzneimitteln, kosmetische Mitteln, Lebensmitteln usw.*

RdErl. d. Min. f. Volkswohlfahrt vom 17. Juni 1926.

Nach diesem RdErl. ist gegen die Verwendung von Isopropylalkohol für die Herstellung von Duftstoffen und Riechmitteln und für die übrigen kosmetischen Mittel, wie Mund-, Zahn- und Haarwässer, nichts einzuwenden, soweit es sich nicht um kosmetische, Krankenpflege- und Einreibemittel handelt, die, wie Bayrum, Franzbranntwein, Sportmassagemittel, zur Einreibung großer Körperflächen dienen. Für Arzneimittel soll allgemein nur Äthylalkohol verwandt werden. Auch für die Hände-Desinfektion dürfte Isopropylalkohol abzulehnen sein, nachdem hierfür in dem mit Holzgeist vergälltem Branntwein und dem Brennspiritus befriedigende und billige Form des Äthylalkohols den Ärzten zur Verfügung stehen.

Die Verwendung von Isopropylalkohol für die Herstellung von Lebensmitteln, insbesondere von berauschenden Getränken, kann nicht verantwortet werden.

*Verwendung von Propylalkohol zu Heilzwecken.*

Preuß. Min. Erl. vom 10. März 1926.

Nach dem Erlaß wird vor dem Ersatz des Weingeistes bei der Herstellung von Arzneimitteln durch Propylalkohol (auch Isopropylalkohol) dringend gewarnt.

*Verwendung von Propyl- und Isopropylalkohol zu kosmetischen Zwecken.*

Anordnung Nr. 31 d. Reichsstelle Chemie vom 17. März 1941 (Dtsch. Reichsanzeiger Nr. 64).

Nach § 2 der Anordnung dürfen Propyl- und Isopropylalkohol zur Herstellung von Haarwasser, Gesichtswasser, Kölnischem Wasser, sowie anderen Körperpflegemitteln nicht verwendet werden.

## XVII. Verschiedenes.

Verordnung über Backpulver, Hirschhornsalz und Pottasche für Backzwecke.

Verordnung des Magistrats von Groß-Berlin vom 1. Juli 1948 (VOBl. Bln. I, 1948, Nr. 28, S. 367).

Verordnung über Essenzen.

Verordnung des Magistrats von Groß-Berlin vom 2. Februar 1949 (VOBl. Berlin-West I, 1949, Nr. 5, S. 62).

Verordnung über Fleischbrühwürfel und ähnliche Erzeugnisse. Vom 27. Dezember 1940 (RGBl. I, S. 1672).

Verordnung über Kaffee. Vom 10. Mai 1930 (RGBl. I, S. 169).

Verordnung über Kaffee-Ersatzstoffe und Kaffee-Zusatzstoffe. Vom 10. Mai 1930 (RGBl. I, S. 171) mit Änderungen der Verordnung vom 27. Juni 1941 (RGBl. I, S. 359).

Verordnung über Kakao und Kakaoerzeugnisse. Vom 15. Juli 1933 (RGBl. I, 504).

Verordnung über Kakaoschalen. Vom 31. Dezember 1940 (RGBl. I, 1941, S. 17).

Verordnung über koffeinhaltige Erfrischungsgetränke und Zubereitungen zu ihrer Herstellung. Vom 24. Juli 1938 (RGBl. I, 1938, S. 691).

Verordnung über die Verwendung von Zelluloseäthern im Lebensmittelverkehr. Vom 18. April 1942 (RGBl. I, S. 240).

# F. Futtermittel.

## I. Das Gesetz über den Verkehr mit Futtermitteln
### — Futtermittelgesetz. —
(Gesetz vom 22. Dezember 1926 — RGBl. I, S. 525.)

Futtermittel im Sinne des Gesetzes sind die für die Verfütterung an Tiere im Inlande bestimmten organischen und mineralischen Stoffe sowie Mischungen derselben. Zu ihnen gehören z. B. die auch in Drogerien gehandelten Eierlegepulver, Fischfutter, Mausersalze, Milch- und Nutzenpulver, Vogelmischfutter sowie die mineralischen Beifutter, z. B. Freßpulver, kohlensaurer und phosphorsaurer Futterkalk und Mineralsalzmischungen, die der Hebung der Freßlust und somit der besseren Mast dienen sollen.

Alle Stoffe, die ausschließlich oder überwiegend zur Beseitigung und Linderung von Krankheiten dienen sollen, fallen nicht unter das Gesetz.

Über alle im Handel befindlichen Futtermittel wird bei der vom Reichsministerium für Ernährung und Landwirtschaft beauftragten Reichsregisterstelle für Futtermittel ein Register geführt. Bevor ein Futtermittel neu in den Verkehr gebracht wird, muß es schriftlich zur Eintragung in das Register angemeldet werden, wozu folgende Angaben erforderlich sind:

1. Benennung des Futtermittels für den Handel,

2. Gehalt an wertbestimmenden Bestandteilen,

3. Art der Herstellung.

Bei Mischungen müssen außerdem die Gemengteile und das Mischungsverhältnis der Gemengteile in Hundertsätzen angegeben werden. Als Unterlage ist eine Gesamtanalyse einer deutschen Kontroll-(Versuchs-)Station oder eines deutschen vereidigten Handelschemikers beizufügen. Aus der Benennung des Futtermittels müssen die Herkunft, die verarbeiteten Rohstoffe und die Art der Herstellung deutlich hervorgehen. Mischungen, die überwiegend oder ganz aus mineralischen Stoffen bestehen, müssen außerdem als Mischungen bezeichnet werden, Mischungen, in denen die organischen Bestandteile überwiegen, dagegen als Mischfutter. Als Beispiele seien genannt:

„Gewürzte Futterkalkmischung" für eine aus kohlensaurem und phosphorsaurem Futterkalk sowie Würzstoffen bestehende Mischung,

„Fisch-Mischfutter" für ein aus getrockneter Magermilch, Milchzucker, Kasein, Blutalbumin und Vollei bestehendes Fischfutter.

Als Gehalt an wertbestimmenden Bestandteilen ist nach den Ausführungsbestimmungen zum Futtermittelgesetz der an Protein und Fett zu verstehen. Außerdem ist der Gehalt an Sand anzugeben, sofern er 1% übersteigt. Bei Mischfuttermitteln, die nur aus unzerkleinerten Körnern und Samen oder aus anorganischen Bestandteilen zusammengestellt sind, entspricht der Gehalt an wertbestimmenden Bestandteilen den einzelnen Bestandteilen selbst und deren Hundertsätzen, doch ist auch bei ihnen ein 1% übersteigender Gehalt an Sand anzugeben.

Beim Verkauf von Futtermitteln besteht eine Auskunftspflicht über die Benennung, den Gehalt an wertbestimmenden Bestandteilen und bei Mischungen auch über die Gemengteile und das Mischungsverhältnis in Hundertsätzen. Bei Mengen von 50 kg und mehr müssen diese Angaben schriftlich erfolgen, z. B. auf Anhängern, Etiketten, Lieferscheinen, Rechnungen usw., bei kleineren Mengen sind sie auf der Verpackung anzubringen. Die Auskunftspflicht besteht jedoch nicht bei Rauhfutter und Häcksel, Körnern, Samen, Ölfrüchten, unzerkleinerten Wurzeln und Knollen sowie Abfällen der Müllerei (Dust, Futtermehl, Kleie), der Stärkefabrikation (Pülpe), der Zuckerfabrikation (Schnitzel), des Gärungsgewerbes (Treber, Trester, Malzkeime, Schlempe, Trub), der Küche und tierischen Erzeugnissen (Milch, Molken). Ferner sind ausgenommen Ausputz, Eicheln, Heidemehl, Johannisbrot, Kaff, Kakaoschalen, Kartoffelflocken, Kartoffelschnitzel, Kartoffelflockenmehl, Kartoffelflockengrieß, Keime von Gerste, Mais, Roggen, Weizen, Maiskleie, Malzkleie, Schalen und Schoten, Spreu, Futter-, Trocken-, und Zuckerrüben sowie Trockenmöhren.

Strafbar sind

1. Nachahmungen und Verfälschungen,

2. der Vertrieb verdorbener, nachgemachter oder verfälschter Futtermittel,

3. das Feilhalten, Anbieten, Veräußern von Stoffen, deren Verfütterung an Tiere bei sachgemäßer Verwendung ihre Gesundheit zu schädigen geeignet ist.

## II. Die Futtermittelanordnung.

Bekanntmachung des Bundesministers für Ernährung, Landwirtschaft und Forsten der Neufassung der Anordnung über Futtermittel, Mischfuttermittel und Mischungen (Futtermittelanordnung) vom 24. Oktober 1951 in der Fassung vom 27. November 1951 (BAnz. Nr. 213 vom 2. 11. 1951 und Nr. 231 vom 29. 11. 1951; für Berlin: GVBl. 1952, Nr. 64, S. 737).

Durch das in der Bundesrepublik erlassene *Gesetz über den Verkehr mit Getreide und Futtermitteln (Getreidegesetz)* vom 4. November 1950 (BGBl. 1950, Nr. 46, S. 721) bleiben die Vorschriften des Futtermittelgesetzes vom 22. Dezember 1926 nebst den dazu erlassenen Ausführungsbestimmungen unberührt. Die Futtermittelanordnung vom 21. Juni 1949 (Amtsbl. VELF. S. 148) ist durch oben angeführte Bekanntmachung in der nunmehr geltenden Fassung veröffentlicht worden.

Die Anordnung klärt zuerst die Begriffe Futtermittel, Mischfuttermittel und Mischungen analog dem § 1 des Futtermittelgesetzes. Diese Erzeugnisse dürfen nur hergestellt, angeboten, zum Verkauf vorrätig gehalten, feilgehalten, abgegeben oder sonst in den Verkehr gebracht werden, wenn sie den Bestimmungen des Futtermittelgesetzes von 1926 und dessen Durchführungsbestimmungen sowie den Bestimmungen dieser neuen Anordnung entsprechen. Der Zusatz von Wasser ist nur bei Dorschlebertranemulsion (Mischung) gestattet, im übrigen verboten.

Die Erzeugnisse sind vor dem Inverkehrbringen zur Eintragung in ein Register anzumelden (analog dem § 2 des Futtermittelgesetzes).

Mischfuttermittel und Mischungen müssen hinsichtlich ihrer Zusammensetzung und des Gehaltes an wertbestimmenden Bestandteilen den Anforderungen der dieser Anordnung als Anlage beigefügten Normentafel für Mischfuttermittel entsprechen. Mischfuttermittel oder Mischungen, die in ihrer Zusammensetzung von den Bestimmungen der Normentafel abweichen, dürfen künftig nur mit Genehmigung des Direktors der Verwaltung für Ernährung, Landwirtschaft und Forsten hergestellt werden. Mischfuttermittel dürfen nur in durch Plomben oder Verschlußstreifen verschlossenen Packungen in den Verkehr gebracht werden. Plomben und Verschlußstreifen müssen Namen und Anschrift des Herstellers tragen, ausgenommen Hundekuchen, die mit einem Warenzeichen des Herstellers gekennzeichnet sind. In der Anordnung wird weiterhin festgelegt, daß jede Mischfutterpackung eine genaue Deklaration des Inhaltes tragen muß. Für die Packungen beim Versand von Mischfutter und für Kleinpackungen gibt die Anordnung bestimmte zulässige Gewichtsmengen an. Das Auspfunden von Mischfuttermitteln ist unzulässig. Mischfuttermittel für Sing- und Ziervögel und Zierfische sind von den vorher erwähnten Bestimmungen ausgenommen.

Die Anordnung bringt weiter Bestimmungen über Futterknochenschrot, Knochenfuttermehl und Futterkalk; ferner werden diejenigen Stoffe aufgeführt, die künftig zu Futterzwecken nicht angeboten oder in den Verkehr gebracht werden dürfen.

Hersteller und Handelsbetriebe sind verpflichtet Bücher zu führen, aus denen die Einzelheiten der Herstellung, des Bezuges, der Be- und Verarbeitung, der Lagerung und des Absatzes ersichtlich sind. Die Aufsicht über die Herstellung und den Verkehr mit Futtermitteln obliegt den Obersten Landesbehörden, die auch die erforderlichen Durchführungsbestimmungen erlassen.

Die in der Anlage beigefügte Normentafel für Mischfuttermittel gibt Aufschluß über die Anzahl der zulässigen Gemengteile, über Mindest- und Höchstgehalte, über Gemengteile, die enthalten sein müssen oder nur beschränkt enthalten sein können und über Vorschriften für die technische Bearbeitung für Mischfutter. Danach muß z. B. Dorschlebertranemulsion, die als Beifuttermittel verwendet werden soll, mindestens 40% reinen Veterinärdorschlebertran mit höchstens 2% freier Fettsäure, ferner 1% wasserlösliche Mineralsalze enthalten; diese Mischungsteile dürfen nicht unterschritten werden; die Emulsionen müssen so hergestellt sein, daß sie mindestens 6 Monate haltbar sind; sie dürfen in dieser Zeit weder Wasser noch Öl noch andere Bestandteile ausscheiden, auch müssen sie in Wasser gut verteilbar sein.

Durch die Anordnung soll die Voraussetzung dafür geschaffen werden, daß der Verbraucher künftig wieder ohne Mißtrauen die Futtermittel und Mischfuttermittel kaufen kann, die den Bestimmungen dieser Anordnung entsprechen.

# G. Arzneimittelwerbung.

Für diesen Abschnitt haben in gewissem Sinne folgende Bestimmungen Bedeutung:
§ 56 der Reichsgewerbeordnung und §§ 184, 218, 219 und 367 des Strafgesetzbuches (s. u. K).

## I. Schutz des Genfer Neutralitätszeichens und des Wappens der schweizerischen Eidgenossenschaft.

Gesetz zum Schutze des Genfer Neutralitätszeichens vom 22. März 1902 (RGBl. Nr. 18, S. 125).

Gesetz zum Schutze des Wappens der Schweizerischen Eidgenossenschaft vom 27. März 1935 (RGBl. I, Nr. 39, S. 501).

Verordnung zur Durchführung und Ergänzung des Gesetzes zum Schutze des Wappens der Schweizerischen Eidgenossenschaft vom 29. Dezember 1936 (RGBl. I, Nr. 125, S. 1155).

Das in der Genfer Konvention zum Neutralitätszeichen erklärte Rote Kreuz auf weißem Grunde, sowie die Worte „Rotes Kreuz" dürfen zu geschäftlichen Zwecken (z. B. als Kennzeichen von Drogerien, Sanitätsgeschäften und von Waren, die in diesen Geschäften geführt werden) nicht gebraucht werden. Dieses Zeichen soll lediglich gemeinnützigen Organisationen vorbehalten bleiben.

Das Weiße Kreuz auf rotem Grunde, das Wappen der Schweizerischen Eidgenossenschaft, darf ebenfalls nicht verwendet werden. Das gleiche gilt von Nachahmungen, die geeignet sind, Verwechslungen hervorzurufen. Ein aufrechtes, gleicharmiges, gradliniges weißes Kreuz auf grünem Grunde gilt nicht als Nachahmung des Schweizerischen Wappens. In Schwarzweißdruck hat die Wiedergabe der grünen Farbe in schrägrechter Schraffierung nach allgemein anerkannten Grundsätzen zu erfolgen.

## II. Gesetz zur Bekämpfung der Geschlechtskrankheiten.

Seit 1945 wurden die bestehenden Gesetze durch Zusatzbestimmungen ergänzt oder ganz aufgehoben und durch neue Gesetze ersetzt, die in den einzelnen Ländern und Zonen verschieden sind. Die Neuregelung der Bekämpfung der Geschlechtskrankheiten erfolgte auf Grund der Kontrollratsdirektive Nr. 52 vom 7. Mai 1947.

In der Ostzone (Deutsche Demokratische Republik) gilt der Befehl Nr. 273 der Sowjet. Militär-Administration und Verordnung d. Dtsch. Verwaltung für das Gesundheitswesen in der sowjet. Besatzungszone zur Bekämpfung der Geschlechtskrankheiten unter der deutschen Bevölkerung vom 11. Dezember 1947 (DDG. 1948, Heft 1). 1. Verordnung zur Durchführung und Ergänzung der V. zur Bekämpfung der Geschlechtskrankheiten vom 30. Juli 1948 (DDG. 1948, Heft 23).

In Westdeutschland (Bundesrepublik Deutschland) ist jetzt ein neues Gesetz verabschiedet worden, das das Gesetz zur Bekämpfung der Geschlechtskrankheiten von 1927 mit Nachträgen und Durchführungsverordnungen und alle Ländergesetze und -verordnungen seit 1945 außer Kraft setzt.

*Gesetz zur Bekämpfung der Geschlechtskrankheiten.*

Vom 23. Juli 1953. (BGBl. I, Nr. 41, S. 700.) Gilt auch für Berlin (West): Gesetz zur Übernahme des Gesetzes zur Bekämpfung der Geschlechtskrankheiten vom 3. August 1953. (GVBl. für Berlin 1953, Nr. 54, S. 733.)

§ 1: Geschlechtskrankheiten im Sinne des Gesetzes sind:
1. Syphilis (Lues); — 2. Tripper (Gonorrhoe); — 3. Weicher Schanker (Ulcus molle); — 4. Venerische Lymphknotenentzündung (Lymphogranulomatosis inguinalis Nicolas und Favre), ohne Rücksicht darauf, an welchen Körperteilen die Krankheitserscheinungen auftreten.

§ 9: (1) Die Untersuchung auf Geschlechtskrankheiten und Krankheiten oder Leiden der Geschlechtsorgane sowie ihre Behandlung ist nur den in Deutschland bestallten oder zugelassenen Ärzten gestattet.

(2) Verboten ist: 1. Geschlechtskrankheiten anders als auf Grund eigener Untersuchungen zu behandeln (Fernbehandlung);

2. in Vorträgen, Schriften, Rundbriefen, Abbildungen oder Darstellungen sowie durch Rundfunk oder Film Ratschläge zur Selbstbehandlung zu erteilen;

3. sich zu einer Behandlung von Geschlechtskrankheiten und Krankheiten oder Leiden der Geschlechtsorgane durch Vorträge, Verbreitung von Schriften, Briefen, Abbildungen oder Darstellungen, sowie durch Rundfunk oder Film, wenn auch in verschleierter Weise, zu erbieten, soweit es sich dabei nicht um den üblichen Hinweis eines Arztes auf die Ausübung seines Berufes handelt.

(3) Erlaubt sind Vorträge, Verbreitung von Schriften, Briefen oder Abbildungen, Filme und Darstellungen die der Aufklärung und Belehrung über Geschlechtskrankheiten, insbesondere über deren Erscheinungsformen, dienen, soweit sie nicht in Widerspruch zu Abs. 2, Nummern 2 und 3 stehen.

(4) Wer Geschlechtskranke oder Personen, die von Krankheiten oder Leiden der Geschlechtsorgane befallen sind, behandelt, ohne nach Abs. 1 hierzu berechtigt zu sein, oder wer gegen ein Verbot des Absatzes 2 verstößt, wird mit Gefängnis bis zu zwei Jahren und mit Geldstrafe oder mit einer dieser Strafen bestraft.

§ 20: (1) Gegenstände, die zur Verhütung, Heilung oder Linderung von Geschlechtskrankheiten oder von Krankheiten oder Leiden der Geschlechtsorgane dienen sollen, dürfen nur mit Genehmigung des Bundesgesundheitsamtes in den Verkehr gebracht werden. Die Genehmigung ist zu versagen, wenn der Gegenstand für den genannten Zweck ungeeignet oder seine Verwendung gesundheitsschädlich ist.

(2) Wer die in Abs. 1 bezeichneten Gegenstände ohne Genehmigung in den Verkehr bringt, wird mit Gefängnis bis zu zwei Jahren oder mit Geldstrafe bestraft.

(3) Die Gegenstände, auf die sich die strafbare Handlung bezieht, können eingezogen werden. Ist die Verfolgung oder Verurteilung einer bestimmten Person nicht ausführbar, so kann auf die Einziehung selbständig erkannt werden.

§ 21: Für Mittel, Gegenstände, Verfahren und Behandlungen, die zur Heilung oder Linderung von Geschlechtskrankheiten oder von Krankheiten oder Leiden der Geschlechtsorgane bestimmt sind, darf nur bei Ärzten, Apothekern und Personen, die mit solchen Mitteln oder Gegenständen erlaubterweise Handel treiben, sowie in Fachzeitschriften, die sich an die genannten Berufskreise richten, geworben werden, es sei denn, daß das Bundesgesundheitsamt eine andere Form der Werbung zuläßt.

## Erläuterungen.

Der wichtigste Grundsatz des Gesetzes geht dahin, daß Geschlechtskrankheiten *ausschließlich* durch in Deutschland approbierte *Aerzte* behandelt werden sollen. Es soll weder eine Behandlung durch sogenannte *Laien-Heilkundige* noch eine *Selbstbehandlung* ohne Mitwirkung eines Arztes geben. Um diesen Grundsatz durchzuführen, macht das Gesetz jedem, der an einer Geschlechtskrankheit leidet oder den Umständen nach annehmen muß, daß er an einer solchen leidet, zur *Pflicht*, sich unverzüglich in die Behandlung eines *Arztes* zu begeben. Die Verletzung dieser Pflicht wird freilich nicht unter Strafe gestellt.

Dagegen wird *bestraft, wer einen Geschlechtskranken behandelt*, ohne in Deutschland als Arzt approbiert zu sein. Als Behandlung gilt nach der Rechtsprechung schon die *Untersuchung*, mag sie eine körperliche sein oder *sich nur auf eine Fragestellung* beschränken. Erst recht fällt unter den Begriff der unerlaubten Behandlung jede *Beratung*, z. B. die *Empfehlung eines Mittels* oder die Erteilung von *Auskünften* über die Wirkung von Mitteln *derart*, daß dem Fragesteller die Wahl eines Mittels zur Selbstbehandlung *ermöglicht* oder *erleichtert* wird.

Aber auch jede *mittelbare* Förderung einer Selbstbehandlung ist verboten, so die *Verbreitung von Druckschriften*, in den *Verfahren zur Selbstbehandlung* von Geschlechtskrankheiten angegeben werden, wie das in vielen *ärztlichen Hausbüchern* bis zum Inkrafttreten des Gesetzes der Fall war. Aber auch *Gebrauchsanweisungen* oder *Ankündigungen* von Mitteln gegen Geschlechtskrankheiten dürfen nicht verbreitet werden. Dazu gehören auch die in manchen *Kräuterbüchern* anzutreffenden Bemerkungen über die Wirkung von an sich freiverkäuflichen Drogen, etwa bei Sarsaparille: „Gegen Syphilis" und ähnliches.

Weiter ist verboten auch das bloße *Ausstellen* von Mitteln gegen Geschlechtskrankheiten, z. B. der sogenannten Tripperspritzen und der Gelatinekapseln mit Copaivabalsam.

Der *Verkauf* dieser Waren — soweit sie dem freien Verkehr überlassen sind — wird vom Gesetz *nicht verboten*, sofern sie nicht zur Behandlung von Geschlechtskrankheiten verlangt werden. Soweit nach den Umständen angenommen werden muß, daß der Käufer sich in unerlaubter Behandlung durch einen *Nichtarzt* befindet, muß der Verkauf *abgelehnt* werden, weil man darin Beihilfe zur verbotenen Behandlung durch einen Nichtarzt sehen könnte.

Damit ist die Bedeutung dieses Gesetzes für den Drogisten *erschöpft*.

## III. Polizeiverordnung
### über die Werbung auf dem Gebiete des Heilwesens.
#### Vom 29. September 1941 (RGBl. I, S. 587).

Auf Grund der Verordnung über die Polizeiverordnungen der Reichsminister vom 14. November 1938 (RGbl. 1, S. 1582) wird folgendes verordnet:

### Abschnitt I.

*Anwendungsbereich.*

§ 1. (1) Dieser Polizeiverordnung unterliegt die Werbung
a) für Arzneimittel (Abs. 2); — b) für Mittel und Gegenstände, die den Arzneimitteln gleichstehen (Abs. 3); — c) für Verfahren und Behandlungen (Abs. 4).

(2) Arzneimittel im Sinne dieser Polizeiverordnung sind Mittel, die dazu bestimmt sind, Krankheiten, Leiden, Körperschäden oder Beschwerden bei Mensch oder Tier zu verhüten, zu lindern oder zu beseitigen.

(3) Den Arzneimitteln stehen gleich Gegenstände, die zu denselben Zwecken bestimmt sind wie die Arzneimittel. Das gleiche gilt für die durch Abs. 2 nicht getroffenen Mittel und Gegenstände, soweit diese dazu bestimmt sind,
a) eine allgemeine oder örtliche Empfindungslosigkeit bei Mensch oder Tier herbeizuführen; — b) zur Verhütung, Linderung oder Beseitigung von Schwangerschaftsbeschwerden, zur Erleichterung der Geburt oder beim Geburtsvorgang bei Mensch oder Tier angewendet zu werden; — c) Krankheiten, Leiden, Körperschäden oder sonstige körperliche oder seelische Zustände bei Mensch oder Tier erkennen zu lassen; — d) Erscheinungen des vorzeitigen oder natürlichen Alterns, ferner besondere körperliche oder seelische Zustände bei Mensch oder Tier zu verhüten, zu lindern oder zu beseitigen, insbesondere der Verjüngung, geschlechtlichen Anregung, Entwöhnung von Tabak- oder Alkoholgenuß, Abmagerung oder Behebung der Magerkeit, Verbesserung der Körperform oder Beeinflussung der Leistung zu dienen; — e) Ungeziefer, mit dem Mensch oder Tier behaftet ist, zu beseitigen.

(4) Unter Verfahren und Behandlungen sind solche Maßnahmen zu verstehen, die zu denselben Zwecken bestimmt sind wie die Arzneimittel.

(5) Sofern Mittel, wie z. B. Lebensmittel, Futtermittel, Körperpflegemittel (Mittel zur Reinigung, Pflege, Färbung oder Verschönerung der Haut, des Haares, der Nägel oder der Mundhöhle des Menschen oder der entsprechenden Teile des Tierkörpers), Entseuchungsmittel (Desinfektionsmittel), auch als Arzneimittel zu dienen bestimmt sind, unterliegen sie insoweit dieser Polizeiverordnung.

§ 2. Eine Werbung liegt auch dann vor, wenn in Ankündigungen oder Anpreisungen auf Druckschriften oder auf sonstige Mitteilungen verwiesen wird, die eine dieser Polizeiverordnung unterliegende Werbung enthalten oder vermitteln.

### Abschnitt II.

*Ausführung der Werbung.*

**Unzulässige Werbung.**
§ 3. (1) Unzulässig ist jede irreführende Werbung.
(2) Eine Irreführung liegt vor allem dann vor, wenn
a) falsche Angaben über die Zusammensetzung eines Mittels oder über die Beschaffenheit eines Gegenstandes gemacht werden,

b) den Mitteln, Gegenständen, Verfahren oder Behandlungen über ihren wahren Wert hinausgehende Wirkungen beigelegt werden oder fälschlich der Eindruck erweckt wird, daß ein Erfolg regelmäßig mit Sicherheit oder Wahrscheinlichkeit erwartet werden kann, oder fälschlich ein Erfolg auf einem und demselben Wege bei verschiedenartigen Krankheiten in Aussicht gestellt wird,

c) über Vorbildung, Befähigung oder Erfolge des Werbungtreibenden oder der für ihn tätigen Personen zur Irreführung geeignete Angaben gemacht werden,

d) fälschlich, insbesondere durch vorgeschobene Personen, der Eindruck erweckt wird, daß die Werbung uneigennützig erfolgt.

§ 4. (1) Unzulässig ist ferner eine Werbung

a) für eine Behandlung, die nicht auf eigener Wahrnehmung an dem zu behandelnden Menschen oder Tier beruht (Fernbehandlung); — b) mit Angaben, die Angstgefühle, insbesondere durch Hinweise auf lebensgefährliche oder sonstige besorgniserregende Zustände oder Erscheinungen hervorrufen und dadurch beunruhigen; — c) mit Preisausschreiben; — d) mit Selbstbehandlungsschriften und Behandlungsschriften für Tiere; — e) mit Hauszeitschriften für Laien; — f) mit Angaben wie „ärztlich (tierärztlich) empfohlen", „ärztlich (tierärztlich) geprüft", soweit sich die Werbung an Laien richtet; — g) mit Angaben wie „bei Nichterfolg Geld zurück"; — h) durch Werbevorträge vor Laien; — i) durch Hausbesuche bei Laien; — k) gegenüber Kindern.

(2) Der Werberat der deutschen Wirtschaft kann nach Ziff. 4 Abs. 2 seiner Bekanntmachung vom 25. Juli 1941 (Deutscher Reichsanz. u. Preuß. Staatsanz. Nr. 171) Preisausschreiben, Angaben wie „ärztlich (tierärztlich) empfohlen", Werbevorträge vor Laien, Hausbesuche bei Laien und Werbung gegenüber Kindern in besonderen Fällen ausnahmsweise und befristet zulassen.

## Auf Fachkreise beschränkte Werbung.

§ 5. (1) Für die nachstehenden Mittel, Gegenstände, Verfahren und Behandlungen darf nur bei Ärzten, Tierärzten, Apothekern und bei Personen, die mit diesen Mitteln und Gegenständen erlaubterweise Handel treiben sowie in Fachzeitschriften, die sich an die genannten Berufskreise richten, geworben werden:

Mittel, Gegenstände, Verfahren und Behandlungen,

a) die nur auf ärztliche, zahnärztliche oder tierärztliche Verschreibung verabfolgt werden dürfen;

b) die bestimmt sind zur Verhütung, Linderung oder Beseitigung der nachstehenden Krankheiten des Menschen oder zur Behebung ihrer Begleiterscheinungen:

bösartige Geschwulstkrankheiten,

anzeigepflichtige übertragbare Krankheiten (Reichsseuchengesetz vom 30. Juni 1900, RGBl. S. 306, Gesetz zur Bekämpfung der Papageienkrankheit [Psittacosis] und anderer übertragbarer Krankheiten vom 3. Juli 1934, RGBl. I, S. 532, Verordnung zur Bekämpfung übertragbarer Krankheiten vom 1. Dezember 1938, RGBl. I, S. 1721),

Erbkrankheiten (Gesetz zur Verhütung erbkranken Nachwuchses vom 14. Juli 1933, RGBl. I, S. 529),

ernste Erkrankungen des Herzens und der Nieren,

Zuckerkrankheit;

c) die bestimmt sind zur Verhütung, Linderung oder Beseitigung der nachstehenden Krankheiten der Tiere:

Tierseuchen (Viehseuchengesetz vom 26. Juni 1909, RGBl. S. 519, mit der Ergänzung des Gesetzes vom 18. Juli 1928, RGBl. I, S. 289, und der Änderung des Gesetzes vom 2. April 1940. RGBl. I, S. 606),

seuchenhaftes Verwerfen der Haustiere (infolge bakterieller oder parasitärer Infektion, wie z. B. durch Abortusbazillen oder Trichomonaden),

ansteckender Scheidenkatarrh der Rinder,

Unfruchtbarkeit der Rinder und Pferde (Nichtaufnehmen, Nichtträchtigwerden),

Lähme (septisch-pyämische Gelenkentzündung) der Jungtiere, insbesondere der Fohlen, Kälber und Lämmer,

Ruhr (ansteckender Durchfall) der Jungtiere, insbesondere der Kälber, Ferkel und Küken,

bakterielle Euterkrankheiten,

Kolik der Pferde.

(2) Auf die im Abs. 1 genannten Fachkreise ist auch die Werbung beschränkt für

a) Schlafmittel und Schlafmittel enthaltende Zubereitungen; — b) Bromverbindungen und ihre Zubereitungen; — c) Dimethylamino-phenyldimethyl-pyrazolon und seine Verbindungen sowie Zubereitungen dieser Stoffe; — d) Jod und Jodverbindungen sowie diese Stoffe enthaltende Erzeugnisse; — e) Mittel und Gegenstände, deren Wirkung ganz oder teilweise auf

Radium oder andere radioaktive Stoffe zurückgeführt wird; — f) Abmagerungsmittel, die Borverbindungen enthalten; — g) Erektionsmittel, Sexualkräftigungsmittel und Büstenmittel; — h) männliche und weibliche Geschlechtshormone, Pflanzenstoffe und synthetische und halbsynthetische Stoffe mit den Wirkungen dieser Hormone, Hypophysen-Vorderlappen-Hormone sowie Zubereitungen, die die genannten Stoffe enthalten.

(3) Für die im Abs. 1 Buchst. b und Abs. 2 genannten Mittel usw., soweit sie nicht verschreibungspflichtig sind, darf auch bei Heilpraktikern (§ 1 Abs. 3 des Gesetzes über die berufsmäßige Ausübung der Heilkunde ohne Bestallung vom 17. Februar 1939, RGBl. I, S. 251) und in deren amtlich zugelassenen Fachzeitschriften geworben werden.

(4) Für die im Abs. 1 Buchst. a und Abs. 2 genannten Mittel usw. darf auch bei Dentisten und in deren Fachzeitschriften geworben werden, soweit die Mittel zu ihrer Berufsausübung erforderlich sind.

§ 6. (1) Für die nachstehenden Mittel, Gegenstände, Verfahren und Behandlungen darf nur bei Ärzten, Apothekern und Personen, die mit solchen Mitteln oder Gegenständen erlaubterweise Handel treiben, sowie in Fachzeitschriften, die sich an die genannten Berufskreise richten, geworben werden:

Mittel, Gegenstände, Verfahren und Behandlungen, die bestimmt sind

a) zur Heilung oder Linderung von Geschlechtskrankheiten (Gesetz zur Bekämpfung der Geschlechtskrankheiten vom 18. Februar 1927, RGBl. I, S. 61),

b) zur Heilung oder Linderung von Krankheiten oder Leiden der Geschlechtsorgane (Gesetz zur Bekämpfung der Geschlechtskrankheiten vom 18. Februar 1927, RGBl. I, S. 61),

c) zur Verhütung oder Beseitigung der Schwangerschaft bei Menschen.

(2) Die Werbung für Mittel, Gegenstände, Verfahren und Behandlungen, die zur Verhütung oder Beseitigung der Schwangerschaft bei Menschen bestimmt sind, sowie für Scheidenspülmittel und sonstige Mittel und Gegenstände, die zur Einführung in die weibliche Scheide bestimmt sind, ist nur gestattet, wenn die in Ziffer 6 Abs. 2 der Bekanntmachung des Werberats der deutschen Wirtschaft vom 25. Juli 1941 (Deutscher Reichsanz. u. Preuß. Staatsanz. Nr. 171) vorgesehene Genehmigung des Werberats der deutschen Wirtschaft vorliegt.

(3) § 184 Nrn. 3 und 3a sowie § 219 des Reichsstrafgesetzbuchs, § 14 des Gesetzes zur Verhütung erbkranken Nachwuchses vom 14. Juli 1933 (RGBl. I, S. 529) in der Fassung des Gesetzes vom 26. Juni 1935 (RGBl. I, S. 773) und die §§ 7 und 11 des Gesetzes zur Bekämpfung der Geschlechtskrankheiten vom 18. Februar 1927 (RGBl. I, S. 61) bleiben unberührt.

## Ausnahmen von den §§ 5 und 6.

§ 7. In Ausnahme von den §§ 5 und 6 darf ohne Beschränkung auf einen bestimmten Personenkreis geworben werden

a) für Heilbäder, Kurorte und Kuranstalten bei den im § 5 Abs. I Buchst. b und § 6 Abs. 1 Buchst. b genannten Krankheiten,

b) für diätetische Lebensmittel für Zuckerkranke sowie mit der Angabe „zur Unterstützung der Behandlung der Zuckerkrankheit" bei hierzu geeigneten Mitteln,

c) für natürliche Heilwässer, deren Wirkung ganz oder teilweise auf Radium oder andere radioaktive Stoffe zurückgeführt wird, oder für natürliche Heilwässer bei Nierenerkrankungen,

d) für Zubereitungen für eine behördlich empfohlene Jodprophylaxe des Kropfes, soweit sich die Werbung auf Kropfgebiete beschränkt, für Stoffe sowie Zubereitungen, die in 1 kg nicht mehr als 5 mg Jod oder einer Jodverbindung enthalten, mit Ausnahme von jodidhaltigem Speisesalz, für solche Verbandstoffe, Seifen und Mittel, die zur Anwendung auf der äußeren Haut bestimmt sind und Jod oder eine Jodverbindung enthalten, mit Ausnahme von Kropfmitteln und Badezusätzen,

e) für jodhaltige Naturerzeugnisse (z. B. natürliche, jodhaltige Heilwässer, Lebertran) und die daraus hergestellten Zubereitungen. Ausgenommen sind Blasentang (Fucus vesiculosus), Schwammkohle (Spongiae ustae), sogenannte Quellsalze aus natürlichen Heilwässern und die Zubereitungen dieser Stoffe, soweit sie mehr als 5 mg Jod oder einer Jodverbindung in 1 kg enthalten. Natürliche jodhaltige Heilwässer, die mehr als 5 mg Jod im Liter enthalten, haben bei Abfüllung aus Versandwässer auf dem Flaschenschild die in die Augen fallende Angabe zu führen: „Jodhaltig! nur auf ärztlichen Rat zu nehmen!",

f) in Reedereien und ihren Zweigstellen, auf Seeschiffen, in Flughäfen und Flugzeugen für See- und Luftkrankheitsmittel, die verschreibungspflichtig sind (§ 5 Abs. 1 Buchst. a) oder Schlafmittel oder Schlafmittel enthaltende Zubereitungen enthalten.

## Gestaltung der auf Fachkreise beschränkten Werbung.

§ 8. Die nur gegenüber bestimmten Personen zugelassene Werbung (§§ 5 und 6) darf nicht so gestaltet werden, daß sie erfahrungsgemäß zur Selbstbehandlung oder zur Behandlung durch dafür nicht gesetzlich berufene oder zugelassene Personen führen kann.

**Dank- und Empfehlungsschreiben, Fachgutachten.**

§ 9. (1) Dank- und Empfehlungsschreiben und sonstige anerkennende oder empfehlende Äußerungen dürfen zur Werbung nicht verwendet werden. Auch mit der Zahl solcher Äußerungen darf nicht geworben werden.

(2) Gutachten dürfen nur veröffentlicht oder erwähnt werden, wenn sie von wissenschaftlich oder fachlich hierzu berufenen Personen erstattet worden sind. Gleichzeitig sind Name und Beruf des Sachverständigen sowie der Zeitpunkt der Ausstellung des Gutachtens anzugeben.

(3) Gutachten oder Zeugnisse von Ausländern dürfen nur mit Genehmigung des Werberats der deutschen Wirtschaft zur Werbung verwendet werden.

(4) Wird auf das Schrifttum verwiesen oder eine Stelle aus dem Schrifttum angeführt, so ist anzugeben, ob sich die Veröffentlichung auf die Frage allgemein oder auf die betreffenden Mittel, Gegenstände, Verfahren oder Behandlungen besonders bezieht.

## Abschnitt III.

### Sonstige Bestimmungen.

§ 10. Wer den Bestimmungen dieser Polizeiverordnung vorsätzlich oder fahrlässig zuwiderhandelt, wird mit Geldstrafe bis zu 150 Reichsmark oder mit Haft bis zu sechs Wochen bestraft.

§ 11. Soweit reichsrechtliche Vorschriften, auf welche in dieser Polizeiverordnung hingewiesen wird, in einzelnen Gebietsteilen nicht gelten, erhält dieser Hinweis seinen Inhalt aus dem in den betreffenden Gebieten bisher geltenden Recht. Im übrigen sind Bestimmungen dieser Polizeiverordnung, wenn sie nicht unmittelbar angewendet werden können, sinngemäß anzuwenden.

§ 12. Bei Feststellung von Zuwiderhandlungen gegen die Bestimmungen des § 3 Abs. 2 Buchst. b, c und d, der §§ 4, 5 Abs. 1 Buchst. b und c und Abs. 2 und der §§ 6, 8 und 9 dieser Polizeiverordnung soll vor Erlassung eines Straferkenntnisses die Stellungnahme des zuständigen Gesundheitsamts bzw. des beamteten Tierarztes sowie außerdem bis auf weiteres die Zustimmung des Präsidenten des Werberats der deutschen Wirtschaft eingeholt werden.

§ 13. (1) Diese Polizeiverordnung tritt am 1. Oktober 1941 in Kraft. Gleichzeitig treten die landesrechtlichen Vorschriften über die Werbung auf dem Gebiete des Heilwesens und über den Verkehr mit Geheimmitteln und ähnlichen Arzneimitteln, desgleichen der Runderlaß zur Polizeiverordnung über die Werbung auf dem Gebiete des Heilwesens vom 5. Mai 1936 (Ministerialbl. d. Reichs- u. Preuß. Min. d. Innern [RMBliV.] S. 656) und der nichtveröffentlichte Runderlaß des Reichsministers des Innern vom 5. Mai 1936 — IV B 2050/36/4114 — außer Kraft.............

(2) Für nachweisbar bei Veröffentlichung dieser Polizeiverordnung vorhandenes Werbematerial, das gegen die Bestimmungen des § 4 Abs. 1 Buchst. c, d, e, f, g und § 9 Abs. 1 und 3 verstößt, im übrigen aber nicht zu beanstanden ist, wird eine Aufbrauchfrist, für Bezeichnungen, die auf Grund neu enthaltener Bestimmungen nicht mehr zulässig sind, eine Umstellungsfrist gewährt. Beide Fristen enden am 1. Oktober 1942.

# IV. Verschiedenes.

## 1. Werbung für Mittel zur Verhütung von Geschlechtskrankheiten.

Grundsätzliche Bestimmung: § 184 Ziff. 3 und 3a des Reichsstrafgesetzbuches. Ebenso dürfen nach dem Runderlaß des RMdI. vom 9. Mai 1933 (MBliV. I, S. 589) die Mittel oder Gegenstände, die zur Verhütung von Geschlechtskrankheiten dienen, insbesondere Präservative, nicht öffentlich angekündigt werden, da hierin eine Verletzung von Sitte und Anstand zu erblicken wäre. Entsprechend ist es nicht statthaft, Werbedrucksachen für derartige Erzeugnisse unaufgefordert ins Haus zu senden.

## 2. Werbung für Trinkbranntweinerzeugnisse.

Der Runderlaß des RMdI. vom 18. Juli 1939 (RMBliV. S. 1551) bringt darüber Richtlinien.

In der Werbung für Trinkbranntweinerzeugnisse aller Art darf nicht auf gesundheitliche Wirkungen hingewiesen werden. Zu den gesundheitlichen Hinweisen sind auch die Behauptungen über die vielfach als diätetisch bezeichneten Wirkungen wie „verdauungsfördernd", „appetitanregend", „bekömmlich" usw. zu rechnen. Desgleichen sind Bezeichnungen und Abbildungen, die auf gesundheitliche Wirkungen schließen lassen, unzulässig.

Lediglich bei Bitteren und Bitterlikören, die einen genügend hohen Gehalt an Kräuterauszügen und Bitterstoffen besitzen und dadurch eine günstige Wirkung auf Magen und Darm ausüben können, darf in bescheidenem Umfange auf diese Wirkung in der Werbung hingewiesen werden.

Es sollen keine Bedenken dagegen erhoben werden, daß diese Erzeugnisse in der Werbung als „appetitanregend", „verdauungsfördernd", „verdauungsanregend" bezeichnet werden oder auch auf andere Art und Weise auf diese Wirkungen hingewiesen wird. Weitergehende Wirkungen, als sie durch vorstehende Wendungen zum Ausdruck gebracht werden, darf der Werbungtreibende für sein Erzeugnis in keinem Falle in Anspruch nehmen.

Den gleichen Grundsätzen muß bei Bezeichnungen und Abbildungen Rechnung getragen werden. Demnach sind unzulässige Bezeichnungen wie „Magendoktor", „Doktor", „Sanitätsrat", „Blutlikör", „Mageninspektor" o.ä. Zulässig bleiben Bezeichnungen wie „Magenbitter", „Magenlikör", „Bitterlikör", „Bittere Tropfen" o. ä. Die Verwendung des Doktorgrades — auch mit Fakultätsangabe — sowie der Berufsbezeichnungen, die den Gebieten der Gesundheitsfürsorge entnommen sind, ist in jedem Falle unzulässig.

Hersteller von Bitteren oder Bitterlikören, die von der Befugnis zur Verwendung der oben besonders zugelassenen gesundheitlichen Hinweise Gebrauch machen wollen und können, müssen deutlich sichtbar und in die Augen fallend auf dem Flaschenschild und sonst in der Werbung zum Ausdruck bringen, daß es sich um ein Bittererzeugnis handelt.

### 3. Anwendung der Bezeichnung „Alpenkräutertee".

Mitunter sind Kräuterpackungen als „Alpenkräutertee" im Verkehr, obwohl so gut wie keine Kräuter, die aus den Alpen stammen, in ihnen enthalten sind. Nach den von den Firmen auf den Packungen gemachten Angaben enthalten diese Teepackungen häufig mehrere verschiedene Bestandteile, von denen die wenigsten als Alpenpflanzen angesprochen werden können. Der Käufer eines derartigen Alpenkräutertees wird aber im allgemeinen der Ansicht sein, daß der Tee aus Kräutern zusammengesetzt ist, die der Alpenflora entstammen. In dieser Ansicht wird er sehr oft noch durch die auf den Packungen aufgedruckten bildlichen Darstellungen bestärkt. Infolgedessen ist die Bezeichnung „Alpenkräutertee" für Kräuter-Spezialitäten, die mit Alpenkräutern wenig oder gar nichts gemein haben, offensichtlich irreführend. Die Annahme, daß der Name „Alpenkräutertee" ein feststehender Begriff für einen diätetischen Haustee mit „blutreinigenden" Eigenschaften geworden sei und somit einen Gattungsbegriff darstelle, ist nicht richtig. Die Bezeichnung „Alpenkräutertee" ist somit nur noch für Erzeugnisse gestattet, die ausschließlich aus Alpenkräutern bestehen. Diese Klarheit in der Bezeichnung ist um so notwendiger, als auch Alpenkräuter zur Verfügung stehen, die blutreinigende Eigenschaften enthalten und mit Recht die Bezeichnung „Alpenkräuter" verdienen.

### 4. Verwendung der Bezeichnung „Deutscher Tee".

1. Die Verwendung der Bezeichnung „Deutscher Tee" oder ähnlicher Bezeichnungen wie „Deutscher Edeltee", „Schwarzer deutscher Tee" ist unzulässig.

2. Die Bezeichnung „Deutscher Haustee" ist solchen Erzeugnissen vorbehalten, die aus deutschen Pflanzen und deren Teilen bestehen, und zwar aus solchen, deren Verwendung zu arzneilichen Zwecken bisher in größeren Mengen nicht in Betracht kam und die in ausreichender Menge und gleichbleibender Güte zur Verfügung stehen. Ein „Deutscher Haustee" muß ferner der Anforderung genügen, einen Aufguß zu ergeben, dessen Farbe und Geschmack zusagt und auch bei dauerndem Gebrauch keine Schädigung oder starke arzneiliche Wirkung zeigt.

### 5. Werbung für borsäurehaltige Abmagerungsmittel.

Die Werbung für diese Mittel ist nur noch gestattet bei Ärzten, Zahnärzten, Apothekern usw. Der Borsäuregehalt der Erzeugnisse muß klar und in die Augen fallend angegeben werden. Hinweise, die auf eine Unschädlichkeit oder gute Verträglichkeit von borsäurehaltigen Abmagerungsmitteln hinweisen, dürfen nicht gebracht werden.

Betr. Warnung vor dem Gebrauch borsäurehaltiger Abmagerungsmittel s. a. RdErl. des RMdI. vom 17. November 1938 — IVe 5916/38 — 4117 — (RMBliV. S. 1911). Dieser Erlaß warnt davor, Abmagerungsmittel, die Borsäure frei oder gebunden enthalten, ohne ärztliche Überwachung anzuwenden. Borsäure und ihre Verbindungen, die sich bei wiederholter Zufuhr wegen ihrer langsamen Ausscheidung im Körper anreichern, sind, auch in Zubereitungen mit Harnstoff oder Dextrose, für den Menschen keinesfalls gefahrlos, sofern sie in Mengen von mehr als einigen Bruchteilen eines Grammes aufgenommen werden.

# H. Das Bremer Drogistengesetz.

Das „Bremer Drogistengesetz" ist kein Gewerbezulassungsgesetz, sondern ein Gesetz zum Schutze der Berufsbezeichnung „Drogist und Drogerie". Inwieweit gleiche Gesetze in den anderen Ländern Gesetzeskraft erhalten werden, hängt mit der kommenden Neuregelung des Arzneimittelverkehrs in der Bundesrepublik zusammen.

### 1. Gesetz über die Führung der Berufsbezeichnung „Drogist" und „Drogerie".

#### Vom 6. August 1946. (GBl. Brem. 1946, Nr. 33, S. 101.)

Nach erfolgter Zustimmung der Militärregierung wird das nachfolgende Gesetz veröffentlicht, das der Senat am 6. August 1946 beschlossen hat:

§ 1. Die Berufsbezeichnung „Drogist" dürfen nur Personen führen, die

a) durch die Ablegung einer Drogisten-Gehilfenprüfung und der Giftprüfung ihre Sachkunde nachgewiesen haben, und

b) in einer mehrjährigen Tätigkeit als Gehilfe in einer Drogerie oder anerkannten Drogen-Großhandlung die notwendige Praxis zur selbständigen Führung einer Drogerie erworben haben.

§ 2. Die Firmenbezeichnung „Drogerie" dürfen nur solche Einzelhandelsunternehmen führen, die ein vorwiegend drogistisches Warensortiment führen und bei denen mindestens ein geschäftsführender Inhaber oder bei juristischen Personen mindestens ein Geschäftsführer Drogist im Sinne dieses Gesetzes ist.

§ 3. Die Zulassung zur Drogisten-Gehilfenprüfung und zur Giftprüfung ist von der Ableistung einer mehrjährigen Lehrzeit in einer Drogerie abhängig.

Von der in § 1b geforderten Gehilfenzeit muß ein Teil in einer Drogerie abgeleistet sein.

§ 4. Der Senator für Wirtschaft, Häfen und Verkehr erläßt nach Anhörung des Senators für das Gesundheitswesen, sowie der Handelskammer, die erforderlichen Durchführungsverordnungen zu diesem Gesetz.

Im Wege der Durchführungsverordnung hat er insbesondere Bestimmungen zu treffen:

a) über die Dauer der in § 1b dieses Gesetzes festgelegten Gehilfenzeit,

b) über die Dauer der in § 3, Abs. 1, dieses Gesetzes festgelegten Lehrzeit,

c) über die Dauer des Teils der Gehilfenzeit, der gemäß § 3, Abs. 2, dieses Gesetzes mindestens in einer Drogerie abgeleistet sein muß.

Er hat im Wege der Durchführungs-Verordnung auch Bestimmungen über die Drogisten-Gehilfenprüfungen und die Giftprüfung zu erlassen.

§ 5. Unternehmen, die beim Inkrafttreten dieses Gesetzes die Bezeichnung „Drogerie" führen, kann die Weiterführung dieser Bezeichnung auf Antrag erlaubt werden. Der Antrag ist bis zum 31. Dezember 1946 beim Senator für Wirtschaft, Häfen und Verkehr zu stellen, der nach Anhörung des Senators für das Gesundheitswesen und der Handelskammer entscheidet.

Die Erlaubnis kann unter Bedingungen und Auflagen erteilt werden.

§ 6. Dieses Gesetz tritt am Tage seiner Verkündung in Kraft.

## 2. Durchführungsverordnung zu dem Gesetz über die Führung der Berufsbezeichnung „Drogist" und „Drogerie".

### Vom 20. Juni 1952. (GBl. Brem. 1952, Nr. 23, S. 66.)

§ 1. 1. Die in § 1 b des Gesetzes verlangte mehrjährige Gehilfenzeit beträgt 6 Jahre. Als Gehilfenzeit rechnet die Zeit der Tätigkeit als Angestellten nach erfolgter Ablegung der Drogisten-Gehilfenprüfung und der Giftprüfung.

2. Von der 6jährigen Gehilfenzeit sind mindestens 4 Jahre in einer Drogerie abzuleisten.

3. Bei Antragstellern, die das 25. Lebensjahr vollendet und eine mindestens dreijährige Gehilfenzeit in einer Drogerie abgeleistet haben, kann der Senator für die Wirtschaft nach Anhörung der Handelskammer und der drogistischen Fachorganisation Ausnahmen zulassen.

§ 2. 1. Zum drogistischen Warensortiment im Sinne des § 2 des Gesetzes gehören folgende Warengattungen:

Drogen und Chemikalien, Heilkräuter, freiverkäufliche Arzneimittel, Artikel der Körper-, Gesundheits- und Schönheitspflege, Vorbeugungsmittel, Nähr- und Stärkungsmittel, Verbandsmaterial und Krankenpflegeartikel, Pflanzenschutz- und Schädlingsbekämpfungsmittel.

2. Das Recht zur Führung der Firmenbezeichnung „Drogerie" setzt das dauernde Vorhandensein des drogistischen Warensortiments voraus. Die Genehmigungsbehörde kann unter Hinzuziehung von Sachverständigen, die Drogisten im Sinne des Gesetzes sein sollen, überprüfen, ob diese Voraussetzung erfüllt ist. Wenn vorhandene Mängel trotz Aufforderung innerhalb einer angemessenen Frist nicht beseitigt werden, kann die Genehmigung zur Führung der Firmenbezeichnung „Drogerie" entzogen werden.

§ 3. Die im § 3, Abs. 1 des Gesetzes geforderte mehrjährige Lehrzeit beträgt in der Regel drei Jahre. Mit Zustimmung der im § 4 dieser Verordnung genannten Prüfungskommission kann in besonders gelagerten Fällen eine Verkürzung der Lehrzeit auf zwei Jahre vereinbart werden, wenn der Lehrling die Gewähr dafür bietet, daß auch bei abgekürzter Lehrzeit eine gründliche fachliche Ausbildung erreicht wird.

§ 4. 1. Die Drogisten-Gehilfenprüfung wird von einer Prüfungskommission in Gegenwart des zuständigen Amtsarztes abgenommen. Voraussetzung für die Zulassung zur Drogisten-Gehilfenprüfung ist neben der in § 3 Abs. 1 des Gesetzes geforderten Lehrzeit der Nachweis eines gleich langen Besuches der Drogistenfachschule (Berufsschule für den Einzelhandel, Abt. Drogisten-Fachklassen).

2. Die Prüfungskommission setzt sich zusammen aus:

dem Präsidenten der Landesgesundheitsverwaltung als Staatskommissar, dem Vorsitzer, einem von der Fachorganisation vorgeschlagenen Beisitzer (Drogisten), einem von der Angestelltenorganisation vorgeschlagenen Beisitzer (Drogistengehilfen), einem von der Drogistenfachschule vorgeschlagenen Fachlehrer.

3. Die Mitglieder der Prüfungskommission werden vom Senator für das Gesundheitswesen berufen.

4. Der Staatskommissar kann ungeachtet der grundsätzlichen Leitung der Prüfung durch den Vorsitzer auf die Gestaltung der Prüfung Einfluß nehmen.

5. Ein Beauftragter der zentralen drogistischen Fachorganisation ist jederzeit berechtigt an der Prüfung mit beratender Stimme teilzunehmen.

6. Über die Durchführung der Prüfung erläßt der Senator für das Gesundheitswesen nach Anhörung der Handelskammer eine besondere Prüfungsordnung.

7. Über das Bestehen der Prüfung wird dem Prüfling ein Zeugnis erteilt.

8. Die Prüfung ist gebührenpflichtig.

§ 5. Bei der Neuerrichtung und Übernahme von Drogeneinzelhandelsunternehmen entscheidet die für die Zulassung zuständige Behörde auf Antrag auch über die Zulässigkeit der Berufsbezeichnung „Drogist" und „Drogerie".

§ 6. Der Senator für die Wirtschaft kann nach Anhörung der Handelskammer und der drogistischen Fachorganisation auf Antrag gestatten, daß die Firmbezeichnung „Drogerie" nach dem Tode des Inhabers durch einen Stellvertreter, der Drogist im Sinne des Gesetzes sein muß, weitergeführt wird, solange das Einzelhandelsunternehmen betrieben wird

a) für Rechnung der Witwe während des Witwenstandes, oder

b) für Rechnung der minderjährigen Erben bis zur Erreichung der Volljährigkeit, oder

c) wenn einer der Erben sich in einer drogistischen Berufsausbildung befindet, bis dieser Erbe die Voraussetzungen zur Führung der Berufsbezeichnung „Drogist" erfüllt.

§ 7. Nach Erteilung der Genehmigung zur Führung bzw. Weiterführung der Firmenbezeichnung „Drogerie" ist die Führung der Bezeichnung „Fachdrogerie", „Medizinaldrogerie" oder einer ähnlichen Bezeichnung nicht mehr zulässig. Dies gilt auch, wenn der Antrag auf Erteilung der Genehmigung zur Führung bzw. Weiterführung der Firmenbezeichnung „Drogerie" abgelehnt wird.

§ 8. Diese Verordnung tritt am Tage nach ihrer Verkündung in Kraft.

## 3. Prüfungsordnung für die staatliche Drogistengehilfen-Prüfung im Lande Bremen.

### (GBl. Brem. 1952, Nr. 41, S. 137.)

Auf Grund des § 4 Abs. 6 der Durchführungsverordnung zum Gesetz über die Führung der Berufsbezeichnung „Drogist" und „Drogerie" vom 25. November 1946 (Brem. Ges.-Bl. S. 106) in der Fassung der Verordnung vom 20. Juni 1952 (Brem. Ges.-Bl. S. 66) wird verordnet:

§ 1. Die Drogistengehilfen-Prüfung ist eine Abschlußprüfung, welche die erfolgreiche Drogistenlehre abschließt und die Ablegung der Kaufmannsgehilfen-Prüfung und Giftprüfung einschließt.

§ 2. (1) Die Drogistengehilfen-Prüfung besteht aus einem kaufmännischen und einem fachlichen Teil.

(2) Der kaufmännische Teil der Drogistengehilfen-Prüfung wird nach den Richtlinien des Deutschen Industrie- und Handelstages ein Jahr vor Beendigung der Lehrzeit von einer Prüfungskommission der Handelskammer und der drogistischen Fachorganisation durchgeführt.

(3) Der fachliche Teil der Drogistengehilfen-Prüfung wird durch eine Prüfungskommission durchgeführt, deren Mitglieder vom Senator für das Gesundheitswesen auf Vorschlag der Handelskammer und der drogistischen Fachorganisation berufen werden. (§ 4, Abs. 2 der Durchführungsverordnung vom 20. Juni 1952 (Brem. Ges.-Bl. S. 66).

(4) Der Staatskommissar, sowie der Prüfungsbeauftragte der drogistischen Fachorganisation können ungeachtet der grundsätzlichen Leitung der Prüfung durch den Vorsitzer auf die Gestaltung der Prüfung Einfluß nehmen, der Prüfungsbeauftragte jedoch nur mit beratender Stimme.

§ 3. (1) Der fachliche Teil der Drogistengehilfen-Prüfung wird jährlich im Monat März abgenommen.

(2) Der fachliche Teil der Drogistengehilfen-Prüfung wird aufgeteilt in die Vorprüfung, die schriftliche und mündliche Prüfung. Die mündliche Prüfung ist öffentlich.

a) Die *Vorprüfung* besteht in der Anlegung eines Herbariums, welches mindestens 80 selbst gesammelte und gepreßte Pflanzen enthalten muß, und in einer praktischen Arbeit in Photographie.

Außerdem können noch freiwillige praktische Arbeiten aus anderen Fachgebieten, wie z.B. Herstellung von pharmazeutischen Eigenspezialitäten, Kosmetik, Schädlingsbekämpfung oder Farbwarenkunde angefertigt werden.

b) Die *schriftliche* Prüfung besteht in der Anfertigung von Klausurarbeiten in Chemie, Botanik, Drogenkunde, Fachgesetzeskunde.

c) Die *mündliche* Prüfung erstreckt sich auf die Fachgebiete:

| | |
|---|---|
| Chemie und Chemikalienkunde, | Gesundheitslehre, |
| Botanik und Drogenkunde, | Photographie, |
| Drogisten-Praxis, | Farbwarenkunde, |
| Fach- und Giftgesetzeskunde, | Schädlingsbekämpfung. |

(3) Der Termin für die schriftliche und mündliche Prüfung wird von der Prüfungskommission festgesetzt und ist den Prüflingen mindestens 8 Wochen vor Beginn der Prüfung mitzuteilen.

§ 4. (1) Zum fachlichen Teil der Drogistengehilfen-Prüfung wird zugelassen, wer eine Lehre in einer Drogerie nach § 3 des Gesetzes über die Führung der Berufsbezeichnung „Drogist" und „Drogerie" vom 25. November 1946 (Brem. Ges.-Bl. S. 106), den Besuch der Drogistenfachschule und die erfolgreiche Ablegung des kaufmännischen Teils der Drogistengehilfen-Prüfung nachweist.

(2) Die Anmeldung zur Prüfung muß spätestens 6 Wochen vor dem gemäß § 3 (3) bekanntgegebenen Prüfungstermin bei dem Vorsitzer der Prüfungskommission auf vorgeschriebenem Vordruck eingereicht werden unter Beifügung der folgenden Unterlagen:

a) Drogisten-Lehrvertrag; — b) Beurteilung des Lehrlings durch den Lehrherrn im versiegelten Umschlag; — c) selbst verfaßter, handgeschriebener Lebenslauf; — d) ein polizeiliches Führungszeugnis.

(3) Gleichzeitig mit der Anmeldung sind die Prüfungsgebühren zu entrichten.

(4) Die Prüfungsgebühr ist vom Prüfling bzw. gesetzlichen Vertreter zu tragen. Bei nachgewiesener finanzieller Notlage des Prüflings bzw. dessen gesetzlichen Vertreters kann die Prüfungsgebühr durch die Prüfungskommission teilweise oder ganz erlassen werden.

(5) Über die Zulassung zur Prüfung entscheidet die Prüfungskommission. Gegen die Zurückweisung kann innerhalb 8 Tagen nach Empfang des Bescheides beim Senator für das Gesundheitswesen Einspruch erhoben werden. Dieser entscheidet endgültig.

§ 5. (1) Bei der schriftlichen Prüfung haben mindestens zwei Mitglieder der Prüfungskommission die Aufsicht zu führen. Erläuterungen zu den schriftlichen Prüfungsaufgaben dürfen den Prüflingen nicht gegeben werden.

(2) Der Zeitraum, der für die schriftliche Prüfung zu gewähren ist, beträgt 6 Stunden.

(3) Der Umschlag mit den schriftlichen Prüfungsfragen wird nur vom Vorsitzer der Prüfungskommission bei Beginn der Prüfung in Gegenwart der Prüfungskommission und des Prüflings geöffnet.

(4) Die schriftlichen Prüfungsarbeiten sind von sämtlichen Mitgliedern der Prüfungskommission in folgender Reihenfolge durchzusehen und zu zensieren:

1. vom Fachlehrer; — 2. vom Vorsitzer; — 3. vom 1. Beisitzer; — 4. vom 2. Beisitzer; — 5. vom Staatskommissar.

§ 6. (1) Alle schriftlichen und mündlichen Leistungen werden mit den Zensuren:

1 = sehr gut; 2 = gut; 3 = befriedigend; 4 = ausreichend; 5 = nicht ausreichend

bewertet. Die Bewertung ist nach folgenden Gesichtspunkten vorzunehmen:

Die Zensur 1 *sehr gut*
wird nur bei fehlerfreier, völlig erschöpfender und gänzlich selbständiger Beantwortung einer Frage erteilt.

Die Zensur 2 *gut*
wird für eine wirklich gute, auf die Einzelheiten der Fragen eingehende Beantwortung erteilt, die in freiem Vortrag mit nur vereinzelten Hilfsbemerkungen des Prüfenden erfolgt.

Die Zensur 3 *befriedigend*
wird erteilt bei Prüflingen, die, obwohl sie im allgemeinen gute Schüler waren, ihre Kenntnisse nicht in freier Rede vortragen, aber mit Anleitung des Prüfenden zu richtigen Antworten gebracht werden können.

Die Zensur 4 *ausreichend*
muß erteilt werden, wenn der Prüfling die Prüfungsfragen nur lückenhaft, aber noch ausreichend beantwortet.

Die Zensur 5 *nicht ausreichend*
wird erteilt bei Nichtbeantwortung oder völlig unrichtiger Beantwortung.

(2) Prüflinge, welche von den *schriftlichen* Prüfungsarbeiten zwei Arbeiten mit der Zensur 5 — nicht ausreichend — liefern, werden zur mündlichen Prüfung nicht zugelassen.

§ 7. (1) Die Fragenserien für die mündliche Prüfung befinden sich in geschlossenen Umschlägen, die je 5 Exemplare einer Serie von je 21 Fragen enthalten. Jeder Prüfling zieht einen Umschlag. Der gezogene Umschlag ist, ohne daß der Prüfling Einsicht in seine Fragenserie genommen hat, an den Vorsitzer zurückzugeben. Dieser verteilt die 5 gleichlautenden Exemplare der Fragenserien an die Mitglieder der Prüfungskommission.

(2) Der Staatskommissar ist verpflichtet, vor Beginn der mündlichen Prüfung die „Zensierungsvorschriften" für die Drogistengehilfen-Prüfung zu verlesen, um sie den Mitgliedern der Prüfungskommission in das Gedächtnis zurückzurufen und darauf hinzuweisen, daß genau nach den Vorschriften zensiert werden muß.

(3) Die Fragestellung in der mündlichen Prüfung hat in den Fächern Chemie und Chemikalienkunde, Botanik und Drogenkunde sowie Fachgesetzeskunde durch den Fachlehrer zu erfolgen. Die Fragestellung in Giftgesetzeskunde und Gesundheitslehre erfolgt durch den Staatskommissar und wird erweitert entsprechend den einschlägigen gesetzlichen Bestimmungen über die Giftprüfung für Gifte der Abteilungen I, II, III. In der Fragestellung der weiteren Fächer teilen sich die Mitglieder der Prüfungskommission auf Vorschlag des Vorsitzers.

(4) Der Staatskommissar und der Prüfungsbeauftragte sind verpflichtet, sich in allen Fällen einzuschalten, in denen die Beantwortung einer Prüfungsfrage nicht erschöpfend war.

(5) Es ist unstatthaft, daß der Prüfende, falls eine Frage nicht erschöpfend beantwortet ist, zur nächsten Frage überspringt.

(6) Wenn eine Frage falsch beantwortet wird, ist der Prüfling in angemessener Form auf seinen Fehler aufmerksam zu machen. Der Prüfende darf unter keinen Umständen Fehler durchgehen lassen.

(7) Jeder Prüfling wird einzeln geprüft. Nach Beendigung der Prüfung ist die Zensur dem Prüfling baldmöglichst mitzuteilen. An der Zensierung beteiligen sich

1. der Staatskommissar; — 2. der Vorsitzer; — 3. der 1. Beisitzer; — 4. der 2. Beisitzer; — 5. der Fachlehrer.

(8) Wird ein Lehrling eines Mitgliedes der Prüfungskommission geprüft, ist eine Zensierung durch den Lehrchef unstatthaft. Entweder muß an seiner Stelle ein anderer selbständiger Drogist zur Zensierung berufen werden oder die Zensierung wird von vier Mitgliedern der Prüfungskommission vorgenommen. Das gleiche gilt sinngemäß, wenn der Prüfling im gleichen Betrieb wie der 2. Beisitzer (angestellter Drogist) beschäftigt ist.

§ 8. (1) Bei der mündlichen Prüfung sind die Zensuren nach Beantwortung jeder Frage sogleich durch die Mitglieder der Prüfungskommission in die Zensierbogen einzutragen. Bei der Zensierung der Leistungen in der mündlichen Prüfung ist die praktische Arbeit in Photographie und ggf. freiwillige praktische Arbeiten aus anderen Fachgebieten gebührend zu berücksichtigen.

(2) Wenn die Zensuren in dem Prüfungsfach „Drogistenpraxis" schlechter als 3 bewertet werden, also mit 4 bzw. 5, so sind diese Zensuren zu verdoppeln.

(3) Nach Beantwortung und Zensierung sämtlicher mündlichen Fragen hat der Prüfungsbeauftragte die Mitglieder der Prüfungskommission in Abwesenheit des Prüflings zu fragen, welchen persönlichen Eindruck der Prüfling auf sie bei der Prüfung gemacht hat (Gesamtbeurteilung). Erst dann werden jedem Mitglied der Prüfungskommission, mit Ausnahme des Prüfungsbeauftragten, die von ihm erteilten 21 Zensuren zusammengezählt. Ergeben sich bei der Zensierung einer Prüfungsfrage wesentliche Unterschiede, in der Bewertung durch die einzelnen Prüfer, so sind diese Einzelzensuren von allen Mitgliedern der Prüfungskommission aufeinander abzustimmen. Sodann sind die von den einzelnen Mitgliedern der Prüfungskommission errechneten Summen zu addieren und durch 5 zu teilen.

(4) Die Zensuren der 3 schriftlichen Prüfungsarbeiten werden addiert, mit 3 mulipliziert, mit der Punkzahl der mündlichen Prüfung zusammengezählt und die Hauptzensur festgestellt.

(5) Für die Hauptzensur werden gewertet:
bis 30 Punkte = sehr gut; — von 31 bis 67 Punkte = gut; — von 68 bis 96 Punkte = befriedigend; — von 97 bis 120 Punkte = ausreichend; — über 120 Punkte = nicht bestanden.

§ 9. Über die Prüfungen werden Protokolle in dreifacher Ausfertigung geführt, in welche die Namen der Prüflinge, die Zensuren in der schriftlichen und mündlichen Prüfung sowie die Hauptzensuren eingetragen werden. Die Protokolle werden von sämtlichen Mitgliedern der Prüfungskommission unterzeichnet. Je 1 Exemplar des Prüfungsprotokolls erhält der Staatskommissar, das Referat Fachschul- und Prüfungswesen des Verbandes Deutscher Drogisten und die örtliche Fachorganisation.

§ 10. Über die bestandene Drogistengehilfen-Prüfung (kaufmännischer und fachlicher Teil) und über die bestandene Giftprüfung wird auf vorgeschriebenen Zeugnisvordrucken ein gemeinsames Zeugnis ausgestellt, das von der Industrie- und Handelskammer, der Prüfungskommission und dem Staatskommissar unterzeichnet wird. Die Industrie- und Handelskammer, die Prüfungskommission und der Staatskommissar setzen ihrer Unterschrift ihr Dienstsiegel bei.

§ 11. Prüflinge, die während der Prüfung unerlaubte Hilfsmittel gebrauchen und sonstige Täuschungsmanöver versuchen, werden von der Prüfung ausgeschlossen. Die Prüfung gilt dann als nicht bestanden. Ebenso gilt die Prüfung als nicht bestanden, wenn die Zensur in Giftgesetzeskunde schlechter als 4 bewertet wird.

§ 12. Nur aus dringenden Gründen kann ein Prüfling von der Prüfung zurücktreten. Hiervon hat der Prüfling dem Vorsitzer spätestens drei Tage vor Beginn der Prüfung Mitteilung zu machen unter Angabe der Gründe. Nur in diesem Falle und nachgewiesen wird, daß der Prüfling unverschuldet an der Ableistung der Prüfung verhindert war, werden die entrichteten Prüfungsgebühren in voller Höhe zurückerstattet, im anderen Falle werden ein Drittel der Prüfungsgebühren als Verwaltungskosten einbehalten.

§ 13. Eine Wiederholung der Drogistengehilfen-Prüfung ist nur einmal nach Ablauf eines Jahres möglich. Während dieses Jahres kann von dem Prüfling die Drogisten-Fachschule besucht werden.

§ 14. (1) Das benötigte Prüfungsmaterial (Anmeldevordruck, Frageserien für die schriftliche und mündliche Prüfung, Prüfungsprotokolle) ist vom Vorsitzer der Prüfungskommission nach Möglichkeit vom Referat Fachschul- und Prüfungswesen des Verbandes Deutscher Drogisten zu beschaffen. Das gesamte Prüfungsmaterial und je ein Prüfungsprotokoll können dem Referat Fachschul- und Prüfungswesen des Verbandes Deutscher Drogisten zur Verfügung gestellt werden.

(2) Die Prüfungsgebühren einschließlich für die Giftprüfung betragen 60 DM.

15 §. Diese Prüfungsordnung tritt einen Tag nach ihrer Verkündung in Kraft.

Bremen, den 26. November 1952.

Der Senator für das Gesundheitswesen

# I. Maß- und Gewichtsgesetz.

## I. Maß- und Gewichtsgesetz.

Vom 13. Dezember 1935 (RGBl. I, S. 1499).

Mit Änderungen der Verordnungen vom 12. März 1940 (RGBl. I, S. 497), 31. Dezember 1940 (RGBl. I, 1941, S. 17), 9. Oktober 1941 (RGBl. I, S. 635), 30. November 1942 (RGBl. I, S. 669), 19. Januar 1944 (RGBl. I, S. 39) und 22. September 1944 (RGBl. I, S. 227/343).

### 1. Gesetzliche Einheiten.

§ 1. (1) Die gesetzlichen Einheiten der Länge und der Masse sind das Meter und das Kilogramm.

(2) Das Meter ist der Abstand zwischen den Endstrichen des internationalen Meter-Urmaßes bei der Temperatur des schmelzenden Eises.

(3) Das Kilogramm ist die Masse des internationalen Kilogramm-Urgewichts.

§ 2. Als deutsches Urmaß gilt der mit dem internationalen Meter-Urmaß verglichene Maßstab aus Platin-Iridium, den die Internationale Generalkonferenz für Maß und Gewicht dem Deutschen Reich als nationales Urmaß überwiesen hat. Es wird von der Physikalisch-Technischen Reichsanstalt aufbewahrt.

§ 3. Aus dem Meter wird die Einheit des Flächenmaßes — das Quadratmeter — und die Einheit des Körpermaßes — das Kubikmeter — gebildet.

§ 4. Als deutsches Urgewicht gilt das mit dem internationalen Kilogramm-Urgewicht verglichene Gewichtsstück aus Platin-Iridium, das die Internationale Generalkonferenz für Maß und Gewicht dem Deutschen Reich als nationales Urgewicht überwiesen hat. Es wird von der Physikalisch-Technischen Reichsanstalt aufbewahrt.

§ 5. Für die Teile und die Vielfachen der Maße und Gewichte gelten folgende Bezeichnungen:

#### a) Längenmaße.

| | |
|---|---|
| Der zehnte Teil des Meters | heißt das Dezimeter. |
| Der hundertste Teil des Meters | heißt das Zentimeter |
| Der tausendste Teil des Meters | heißt das Millimeter. |
| Der tausendste Teil des Millimeters | heißt das Mikron. |
| Der tausendste Teil des Mikrons | heißt das Millimikron. |
| Tausend Meter | heißen das Kilometer. |

#### b) Flächenmaße.

| | |
|---|---|
| Der hundertste Teil des Quadratmeters | heißt das Quadratdezimeter. |
| Der hundertste Teil des Quadratdezimeters | heißt das Quadratzentimeter. |
| Der hundertste Teil des Quadratzentimeters | heißt das Quadratmillimeter. |
| Hundert Quadratmeter | heißen das Ar. |
| Hundert Ar | heißen das Hektar. |
| Hundert Hektar | heißen das Quadratkilometer. |

#### c) Körpermaße.

| | |
|---|---|
| Der tausendste Teil des Kubikmeters | heißt das Kubikdezimeter. |
| Der tausendste Teil des Kubikdezimeters | heißt das Kubikzentimeter. |
| Der tausendste Teil des Kubikzentimeters | heißt das Kubikmillimeter. |

Dem Kubikdezimeter gleich gilt im Verkehr der Raum, den ein
    Kilogramm reines Wasser bei seiner größten Dichte unter
    dem Druck einer Atmosphäre einnimmt. Diese Raumgröße heißt  das Liter.
Der hundertste Teil des Liters . . . . . . . . . . . . heißt  das Zentiliter.
Der tausendste Teil des Liters . . . . . . . . . . . . heißt  das Milliliter.
Hundert Liter . . . . . . . . . . . . . . . . . . heißen das Hektoliter.

### d) Gewichte.

Der tausendste Teil des Kilogramms . . . . . . . . . heißt  das Gramm.
Der tausendste Teil des Grammes . . . . . . . . . . heißt  das Milligramm.
Der fünfte Teil des Grammes . . . . . . . . . . . . heißt  das metrische Karat.
Hundert Gramm . . . . . . . . . . . . . . . . . heißen das Hektogramm.
Hundert Kilogramm . . . . . . . . . . . . . . . . heißen der Doppelzentner.
Tausend Kilogramm . . . . . . . . . . . . . . . . heißen die Tonne.

§ 6. Im öffentlichen und amtlichen Verkehr dürfen nur die folgenden Abkürzungen angewendet werden:

### a) Längenmaße.

| | |
|---|---|
| Kilometer . . . . . . . . | km |
| Meter . . . . . . . . . | m |
| Dezimeter . . . . . . . . | dm |
| Zentimeter . . . . . . . | cm |
| Millimeter . . . . . . . . | mm |
| Mikron . . . . . . . . . | μ |
| Millimikron . . . . . . . | mμ |

### c) Körpermaße.

| | |
|---|---|
| Kubikmeter . . . . . . | cbm oder m³ |
| Kubikdezimeter . . . . | cdm oder dm³ |
| Kubikzentimeter . . . . | ccm oder cm³ |
| Kubikmillimeter . . . . | cmm oder mm³ |
| Hektoliter . . . . . . . | hl |
| Liter . . . . . . . . | l |
| Zentiliter . . . . . . . . | cl |
| Milliliter . . . . . . . | ml |

### b) Flächenmaße.

| | |
|---|---|
| Quadratkilometer . . . . | qkm oder km² |
| Hektar . . . . . . . . | ha |
| Ar . . . . . . . . . . | a |
| Quadratmeter . . . . . | qm oder m² |
| Quadratdezimeter . . . . | qdm oder dm² |
| Quadratzentimeter . . . . | qcm oder cm² |
| Quadratmillimeter . . . . | qmm oder mm² |

### d) Gewichte.

| | |
|---|---|
| Tonne . . . . . . . . . | t |
| Doppelzentner . . . . . | dz |
| Kilogramm . . . . . . . | kg |
| Hektogramm . . . . . . | hg |
| Gramm . . . . . . . . | g |
| Milligramm . . . . . . . | mg |
| Metrisches Karat . . . . | k |

§ 7. Der Reichswirtschaftsminister ist ermächtigt, im Einvernehmen mit dem Reichsminister für Wissenschaft, Erziehung und Volksbildung über die Bezeichnung und Abkürzung abgeleiteter Einheiten, ihrer Vielfachen und Teile ergänzende Bestimmungen zu erlassen.

§ 8. (1) Alle Leistungen nach Maß und Gewicht innerhalb des Deutschen Reichs dürfen nur nach den gesetzlichen Einheiten oder den daraus abgeleiteten Einheiten angeboten, verkauft und berechnet werden.

(2) Davon ausgenommen ist der Verkehr von und nach dem Ausland. Der Reichswirtschaftsminister wird ermächtigt, weitere Ausnahmen zuzulassen.

## 2. Eichung und Beglaubigung.

### A. Eichpflicht.

#### 1. Neueichung.

##### a) Meßgeräte im öffentlichen Verkehr.

§ 9. (1) Der Eichpflicht unterliegen die folgenden Meßgeräte, wenn sie im öffentlichen Verkehr zur Bestimmung des Umfangs von Leistungen angewendet oder bereitgehalten werden:
1. die zum Messen der Länge, der Fläche odes des Raumes dienenden Maße, Meßwerkzeuge und Meßmaschinen; — 2. die Gewichte und Waagen einschließlich der Zählwaagen, Wäge- und Abfüllmaschinen; — 3. die Meßgeräte für wissenschaftliche und technische Untersuchungen, die zur Gehaltsermittlung dienen.
(2) Eichpflichtig sind auch die Meßgeräte,
1. mit denen Lieferungen für An- oder Verkauf geprüft werden.

§ 11. Fässer, in und mit denen Bier, Wein, verstärkter Wein, dem Wein ähnliche Getränke, weinhaltige Getränke, Trinkbranntwein aller Art, Traubenmost, Obstmost, Traubensüßmost, Obstsüßmost, Obstsaft oder alkoholfreie kohlensaure Getränke verkauft werden, müssen auf ihren Raumgehalt geeicht sein, nicht aber, wenn die Erzeugnisse aus dem Ausland eingeführt sind und in Gebinden des Ursprungslandes in den Verkehr kommen.

### b) Meßgeräte im Gesundheitswesen.

§ 13. Der Eichpflicht unterliegen ferner:
Personenwaagen, die
1. von Ärzten und anderen Personen, die die Heilkunde, Krankenpflege, Geburtshilfe und Gesundheitspflege berufsmäßig ausüben, angewandt oder bereitgehalten werden.

§ 14. (1) Fieberthermometer dürfen nur nach amtlicher Prüfung verkauft oder sonst in den Verkehr gebracht werden. Für den Vertrieb im Inland müssen sie geeicht sein[1].

(2) Jedes Fieberthermometer muß ein Herstellerzeichen tragen, das vom zuständigen Prüfamt bestimmt wird. Es besteht aus einem Buchstaben und einer Zahl und ist nicht übertragbar. Außerdem darf darauf ein Name, eine Firmenbezeichnung oder ein patentamtlich eingetragenes Warenzeichen angebracht sein.

(3) Der Hersteller von Fieberthermometern ist verpflichtet, die amtliche Prüfung und Eichung zu veranlassen. Als Hersteller gilt, wer Fieberthermometer
1. als Unternehmer in seinem Betrieb gebrauchsfertig herstellen läßt oder
2. als Schreiber mit Teilung und Bezifferung versieht.

(4) Haarröhrchen und Röhrchen, die zur Herstellung von Fieberthermometern geeignet sind und dazu benutzt werden, darf nur abgeben
1. die Glashütte an die staatlichen, bei den Prüfämtern errichteten Röhrenlager;
2. das Prüfamt
   a) an Fieberthermometerbläser oder deren Arbeitgeber und nur in der Menge, die das Prüfamt nach Anhörung des Fachausschusses für die Hausarbeit in der Glasindustrie (Verordnung vom 19. November 1931 — RGBl. I, S. 688) jeweils festsetzt);
   b) an Personen, die Fieberthermometer als Schreiber oder Unternehmer im eigenen Betrieb innerhalb des Geltungsbereiches dieses Gesetzes fertigstellen.

(5) Die obersten Landesbehörden bestimmen Näheres über die Einrichtung der Röhrenlager und die Zuteilung der Haarröhrchen und Röhren.

(6) Nicht gebrauchsfertige (rohgeblasene) Fieberthermometer dürfen nicht an Händler, sondern nur an die im Abs. 4 Nr. 2b Genannten angeben werden. Der Reichswirtschaftsminister oder eine von ihm bestimmte Stelle kann Ausnahmen hiervon zulassen.

### 2. Nacheichung.

§ 16. Die eichpflichtigen Gegenstände sind innerhalb bestimmter Fristen zur Nacheichung zu bringen, verspätet vorgelegte gelten als ungeeicht.

§ 17. (1) Die Nacheichfrist beträgt
1. zwei Jahre
   für alle eichpflichtigen Gegenstände, für die dieses Gesetz nicht ausdrücklich eine andere Frist festsetzt;
2. drei Jahre
   a) .....
   b) bei den Fässern für Wein, verstärkten Wein, dem Wein ähnliche Getränke, weinhaltige Getränke, Trinkbranntwein aller Art, Traubenmost, Obstmost, Traubensüßmost, Obstsüßmost und Obstsaft;
3. vier Jahre
   bei den Personenwaagen, die der Eichpflicht nach § 13 unterliegen.

§ 18. (1) Die Nacheichfrist beginnt mit dem Ablauf des Kalenderjahres, in dem die letzte Eichung vorgenommen worden ist.

(2) Bei den im § 17 Nr. 2b genannten Fässern endet die Frist erst mit der Entleerung.

§ 19. Von der Nacheichung sind befreit
1. ganz aus Glas hergestellte Meßgeräte.

### B. Eichung.

#### 1. Prüfung und Stempelung.

§ 25. Als geeicht dürfen nur Gegenstände bezeichnet werden, die von der Eichbehörde geprüft und gestempelt worden sind.

---

[1] Näheres über die Eichung der Fieberthermometer s. §§ 891—900 der Eichordnung vom 24. Januar 1942 (RGBl. I, S. 63, und Amtsblatt der Physikalisch-Technischen Reichsanstalt v. 14. März 1942, Beilage zu Nr. 10, S. 309—312).

## 2. Eichfähigkeit.

§ 27. Eichfähig sind nur Meßgeräte, die von der Physikalisch-Technischen Reichsanstalt zur Eichung zugelassen werden.

§ 28. Zur Eichung sind nur zuzulassen:
1. die Längenmaße, die dem Meter oder seinen ganzen Vielfachen oder seine Hälfte, seinem fünften oder seinem zehnten Teil entsprechen;
2. die Körpermaße, die dem Kubikmeter, dem halben Kubikmeter, dem Hektoliter oder dem halben Hektoliter oder den ganzen Vielfachen dieser Maßgrößen oder dem Liter, seinem Zwei-, Fünf-, Zehn- oder Zwanzigfachen oder seiner Hälfte, seinem vierten, fünften, zehnten, zwanzigsten, fünfzigsten, hundertsten oder tausendsten Teil entsprechen;
3. die Gewichte, die dem Kilogramm, dem Gramm oder dem Milligramm oder dem Zwei-, Fünf-, Zehn-, Zwanzig- oder Fünfzigfachen dieser Größen oder der Hälfte, dem vierten, fünften, dem achten oder dem zehnten Teile des Kilogramms oder der Hälfte, dem fünften oder dem zehnten Teile des Grammes entsprechen.

§ 30. (1) Keinem eichfähigen Meßgerät darf die Eichung versagt werden.

(2) Über die Eichfähigkeit entscheidet die Eichaufsichtsbehörde und auf Beschwerde endgültig die Physikalisch-Technische Reichsanstalt.

### 3. Verkehrsrichtigkeit.

§ 31. Gegenstände, die der Eichpflicht unterliegen, müssen auch nach der Eichung richtig bleiben, sonst ist ihre Anwendung und Bereithaltung im eichpflichtigen Verkehr untersagt. Sie gelten als unrichtig, wenn sie über die Verkehrsfehlergrenze hinaus von ihrem Nennwert abweichen.

§ 32. Die Physikalisch-Technische Reichsanstalt setzt die Eichfehlergrenzen und die Verkehrsfehlergrenzen fest.

§ 33. (1) Die Eichfehlergrenze bezeichnet das größte Mehr oder Minder, bis zu dem ein Gegenstand bei der Eichung vom Eichnormal abweichen darf.

(2) Die Verkehrsfehlergrenze bezeichnet das größte Mehr oder Minder, bis zu dem im eichpflichtigen Verkehr ein eichpflichtiger Gegenstand vom Eichnormal abweichen darf.

## 3. Flaschen.

§ 52. Die nach dem Inkrafttreten dieses Gesetzes neu hergestellten Flaschen für die im § 54 genannten Lebensmittel müssen mit einer Bezeichnung des Raumgehaltes (Nenninhaltes) nach Litermaß und mit einer Fabrikmarke versehen sein und den im § 54 bezeichneten Maßgrößen entsprechen.

§ 53. Die Bezeichnung des Raumgehaltes ist außen am Flaschenboden oder auf dem Zylindermantel in der Nähe des Bodens durch Schnitt, Schliff, Ätzung, Brand, Einpressen, Einblasen oder Anblasen anzubringen und muß leicht erkennbar sein.

§ 54. (1) Als Maßgrößen der Flaschen sind nur zugelassen für

1. Milch, Milcherzeugnisse und Milchmischgetränke . . 0,5 l   0,25 l   0,2 l
2. Obstsaft und Obstsirup, Gemüse- und anderen
   Pflanzensaft . . . . . . . . . . . . . . . 0,7 l   0,35 l   0,25 l
3. Trinkbranntwein jeder Art . . . . . . . . . . . 0,7 l   0,5 l   0,35 l      0,25 l  0,2 l
4. Schaumwein und dem Schaumwein ähnliche Getränke 0,75 l   0,375 l  0,2 l
5a. Wein, weinähnliche und weinhaltige Getränke, Traubenmost, Obstmost. Traubensüßmost, Obstsüßmost . . 0,7 l   0,35 l   0,25 l
5b. Ungar- und Tokayerwein außerdem . . . . . . . . 0,5 l
5c. Traubensüßmost, Obstsüßmost außerdem . . . . . 0,2 l
6a. Limonaden und diesen ähnliche Getränke, Brause-
   limonaden, Kunstbrauselimonaden, Tafelwässer und
   Heilwässer . . . . . . . . . . . . . . . . . 0,75 l   0,5 l   0,35 l   0,25 l
6b. Kolagetränke (koffeinhaltig oder koffeinfrei) außerdem 0,2 l
7. Bier und dem Bier ähnliche Getränke. . . . . . . 0,7 l   0,5 l   0,33 l

(2) Außerdem sind für alle unter Nr. 1 bis Nr. 7 aufgeführten Flüssigkeiten als Maßgrößen zugelassen 1 l, 1,5 l, 2 l, 3 l und 5 l.

(3) . . . . .

(4) Flaschen von einem Raumgehalt bis zu 0,125 l und von mehr als 5 l sind unbeschränkt zugelassen und brauchen mit der Bezeichnung des Raumgehalts und mit einer Fabrikmarke nicht versehen zu sein.

## 4. Strafbestimmungen.

## II. Ausführungsverordnung zum Maß- und Gewichtsgesetz.

Vom 20. Mai 1936 (RGBl. I, S. 459).

Mit Änderungen der Verordnungen vom 11. März 1937 (RGBl. I, S. 296), 17. Juni 1937 (RGBl. I, S. 651), 26. Februar 1938 (RGBl. I, S. 225), 28. Dezember 1938 (RGBl. I, S. 2012), 31. Dezember 1940 1940 (RGBl. I, 1941, S. 17) und 19. Dezember 1941 (RGBl. I, S. 798).

### 1. Aufstellung der Maß- und Gewichtsgeräte.

§ 1. Meßgeräte in Verkaufsstellen sind vollkommen frei und übersichtlich aufzustellen. Sie dürfen von anderen Gegenständen oder vom Verkäufer weder ganz noch teilweise verdeckt werden, damit Käufer und Verkäufer Begrenzungsmarken, Schalt- und Rücklaufhähne an Meßwerkzeugen, Einspielmarken der Waagen (Zeiger, Zunge, Skala), beide Schalen, Gewichte, usw. stets ohne wesentliche Umstände beobachten können.

§ 2. (1) Meßgeräte müssen waagerecht nach dem Augenmaß auf festen Unterlagen stehen und, soweit sie mit Lot oder einer Wasserwaage (Libelle) versehen sind, nach diesen eingestellt sein.

(2) Jede Waage in offenen Verkaufsstellen muß bei Nichtbenutzung unbelastet sein und vor den Augen der Käufer einspielen.

§ 3. Waagen, Gewichte und alle sonstigen Meßgeräte sind dauernd in sauberem Zustande zu erhalten.

### 2. Pflichten der Besitzer von Meßgeräten.

§ 4. Die Besitzer eichpflichtiger Meßgeräte haben diese zum Zwecke der Neueichung oder Nacheichung an eine Amtsstelle der Eichbehörden zu bringen und nach der Eichung dort wieder in Empfang zu nehmen.

§ 5. Die eichpflichtigen Meßgeräte sind zur Eichung gehörig hergerichtet und gereinigt vorzulegen.

§ 6. Es ist verboten, an geeichten Meßgeräten nachträglich Maße oder Teilungen oder Nebeneinrichtungen anzubringen. Meßgeräte, an denen solche Änderungen vorgenommen worden sind, gelten als ungeeicht.

§ 7. Die Besitzer von Meßgeräten sind verpflichtet, bei der polizeilichen Nachschau Auskunft über alle in ihrem Besitz befindlichen Meßgeräte zu geben und sie vorzuzeigen; sie haben erforderlichenfalls die Einsichtnahme in Geschäftsbücher zu gestatten. Für die Hersteller von Schankgefäßen und Flaschen gilt dies entsprechend.

§ 8. bis 74. .....

# K. Bestimmungen aus RGO., RStGB. und StPO.

## I. Reichsgewerbeordnung (RGO.).

Vom 26. Juli 1900 (RGBl. S. 871) mit zahlreichen Änderungen.

§ 1. Der Betrieb eines Gewerbes ist jedermann gestattet, soweit nicht durch dieses Gesetz Ausnahmen oder Beschränkungen vorgeschrieben oder zugelassen sind.

Wer gegenwärtig zum Betrieb eines Gewerbes berechtigt ist, kann von demselben nicht deshalb ausgeschlossen werden, weil er den Erfordernissen dieses Gesetzes nicht genügt.

§ 6. (auszugsweise) ..... Auf ..... den Verkauf von Arzneimitteln findet ..... das gegenwärtige Gesetz nur insoweit Anwendung, als dasselbe ausdrückliche Bestimmungen darüber enthält.

Der Reichsminister des Innern bestimmt im Einvernehmen mit dem Reichswirtschaftsminister, welche Apothekerwaren dem freien Verkehr zu überlassen sind (Änderung des § 6 Abs. 2 durch Verordnung des Ministerrats für die Reichsverteidigung vom 23. Dezember 1939).

§ 11. Das Geschlecht begründet in Beziehung auf die Befugnis zum selbständigen Betriebe eines Gewerbes keinen Unterschied.

§ 14. Abs. 1. Wer den selbständigen Betrieb eines stehenden Gewerbes anfängt, muß der für den Ort, wo solches geschieht, nach den Landesgesetzen zuständigen Behörde gleichzeitig Anzeige davon machen. Diese Anzeige liegt auch demjenigen ob, welcher zum Betrieb eines Gewerbes im Umherziehen befugt ist.

§ 15. Die Behörde bescheinigt innerhalb dreier Tage den Empfang der Anzeige.

Die Fortsetzung des Betriebes kann polizeilich verhindert werden, wenn ein Gewerbe, zu dessen Beginn eine besondere Genehmigung erforderlich ist, ohne diese Genehmigung begonnen wird.

§ 15a Abs. 1 und 2. Gewerbetreibende, die einen offenen Laden haben oder ..... betreiben, sind verpflichtet, ihren Familiennamen mit mindestens einem ausgeschriebenen Vornamen an der Außenseite oder am Eingang des Ladens oder ..... in deutlich lesbarer Schrift anzubringen.

Kaufleute, die eine Handelsfirma führen, haben zugleich die Firma in der bezeichneten Weise an dem Laden ..... oder anzubringen; ist aus der Firma der Familienname des Geschäftsinhabers mit dem ausgeschriebenen Vornamen zu ersehen, so genügt die Anbringung der Firma.

§ 34. Abs. 3. Die Landesgesetze können vorschreiben, daß zum Handel mit Giften ..... besondere Genehmigung erforderlich ist .....

Hier ist einzuschalten § 49 des Gesetzes betr. Abänderung einiger Bestimmungen der GO. vom 22. Juni 1861 (für Preußen): „Denjenigen, welche Gifte ..... feilhalten wollen, ist der Beginn des Gewerbebetriebes erst dann zu gestatten, wenn sich die Behörden von ihrer Zuverlässigkeit in Beziehung auf den beabsichtigten Gewerbebetrieb überzeugt haben."

§ 35. Abs. 1, 2, 4, 6, 7. Abs. 1. Die Erteilung von Tanz-, Turn- und Schwimmunterricht als Gewerbe sowie ..... ist zu untersagen, wenn Tatsachen vorliegen, welche die Unzuverlässigkeit des Gewerbetreibenden in bezug auf diesen Gewerbebetrieb dartun.

Abs. 2. Unter derselben Voraussetzung sind zu untersagen: ....., der Handel mit Dynamit oder anderen Sprengstoffen .....

Abs. 4. Der Handel mit Drogen und chemischen Präparaten, welche zu Heilzwecken dienen, ist zu untersagen, wenn die Handhabung des Gewerbetriebes Leben und Gesundheit von Menschen gefährdet.

Abs. 6. Ist die Untersagung erfolgt, so kann die Landeszentralbehörde oder eine andere von ihr zu bestimmende Behörde die Wiederaufnahme des Gewerbebetriebes gestatten, sofern seit der Untersagung mindestens ein Jahr verflossen ist.

Abs. 7. Personen, welche die in diesen Paragraphen bezeichneten Gewerbe beginnen, haben bei Eröffnung ihres Gewerbebetriebes der zuständigen Behörde hiervon Anzeige zu machen.

§ 35b. Die Ausübung des Handels mit Gegenständen des täglichen Bedarfs kann untersagt werden, wenn sich aus einer rechtskräftigen Verurteilung des Handeltreibenden wegen Betruges oder einer anderen strafbaren Verletzung fremden Vermögens oder wegen Wuchers oder aus wiederholter Verurteilung des Handeltreibenden wegen schweren Verstoßes gegen das Gesetz gegen den unlauteren Wettbewerb seine Unzuverlässigkeit in bezug auf den Gewerbebetrieb ergibt.

Die Landeszentralbehörde oder die von ihr bestimmte Behörde kann die Wiederaufnahme des Handels gestatten, wenn seit der Untersagung mindestens ein Jahr verflossen ist.

§ 40. Die in den §§ 29 bis 33a, 34 und 34a erwähnten Approbationen und Genehmigungen dürfen weder auf Zeit erteilt, noch vorbehaltlich der Bestimmungen in den §§ 33a, 53 und 143 widerrufen werden.

Gegen Versagung der Genehmigung zum Betrieb eines der in den §§ 30, 30a und b, 32, 33a, 34 und 34a sowie gegen Untersagung des Betriebes der in den §§ 33a, 35, 35b und 37 erwähnten Gewerbe ist der Rekurs zulässig. Wegen des Verfahrens und der Behörden gelten die Vorschriften der §§ 20 und 21.

§ 42a. Abs. 1. Gegenstände, welche von dem Ankauf oder Feilbieten im Umherziehen ausgeschlossen sind, dürfen auch innerhalb des Gemeindebezirkes des Wohnortes oder der gewerblichen Niederlassung von Haus zu Haus oder auf öffentlichen Wegen, Straßen, Plätzen oder an anderen öffentlichen Orten nicht feilgeboten oder zum Wiederverkauf angekauft werden .....

§ 42b. Abs. 1. Durch die höhere Verwaltungsbehörde nach Anhörung der Gemeindebehörde oder durch Beschluß der Gemeindebehörde mit Genehmigung der höheren Verwaltungsbehörde kann für einzelne Gemeinden bestimmt werden, daß Personen, welche in dem Gemeindebezirk einen Wohnsitz oder eine gewerbliche Niederlassung besitzen, und welche innerhalb des Gemeindebezirks auf öffentlichen Wegen, Straßen, Plätzen oder anderen öffentlichen Orten, oder ohne vorgängige Bestellung von Haus zu Haus

1. Waren feilbieten, oder

2. Waren bei anderen Personen als bei Kaufleuten oder solchen Personen, welche die Waren produzieren, oder an anderen Orten als in offenen Verkaufstellen zum Wiederverkauf ankaufen, oder Warenbestellungen bei Personen, in deren Gewerbebetrieben Waren der angebotenen Art keine Verwendung finden, aufsuchen, oder

3. gewerbliche Leistungen, hinsichtlich deren dies nicht Landesgebrauch ist, anbieten oder Bestellungen auf solche aufsuchen wollen,
der Erlaubnis bedürfen. Dabei kann angeordnet werden, daß die Erteilung der Erlaubnis von dem Nachweis eines Bedürfnisses abhängt; vor Erlaß einer solchen Bestimmung soll die zuständige gesetzliche Berufsvertretung gehört werden. Diese Bestimmungen können auf

einzelne Teile des Gemeindebezirks sowie auf gewisse Gattungen von Waren und Leistungen beschränkt werden.

§ 44. Abs. 1. Wer ein stehendes Gewerbe betreibt, ist befugt, auch außerhalb des Gemeindebezirks seiner gewerblichen Niederlassung persönlich oder durch in seinem Dienste stehende Reisende für die Zwecke seines Gewerbebetriebes Waren aufzukaufen und Bestellungen auf Waren zu suchen. Diese Vorschrift gilt auch für die Handelsagenten, die ein stehendes Gewerbe betreiben, in Ansehung der Befugnis, als Vermittler oder Vertreter des Geschäftsherrn den Ankauf von Waren vorzunehmen oder Bestellungen auf Waren zu suchen.

§ 44a. Abs. 1 und 2. Wer in Gemäßheit des § 44 Warenbestellungen aufsucht oder Waren aufkauft, bedarf hierzu einer Legitimationskarte, welche auf den Antrag des Inhabers des stehenden Gewerbebetriebes von der für dessen Niederlassungsort zuständigen Verwaltungsbehörde für die Dauer des Kalenderjahres und den Umfang des Reichs ausgestellt wird. Die Legitimationskarte enthält den Namen des Inhabers derselben, den Namen der Person oder der Firma, in deren Diensten er handelt, und die nähere Bezeichnung des Gewerbebetriebes.

Der Inhaber der Legitimationskarte ist verpflichtet, dieselbe während der Ausübung des Gewerbebetriebs bei sich zu führen, auf Erfordern der zuständigen Behörden oder Beamten vorzuzeigen und, sofern er hierzu nicht imstande ist, auf deren Geheiß den Betrieb bis zur Herbeischaffung der Legitimationskarte einzustellen.

§ 45. Die Befugnisse zum stehenden Gewerbebetriebe können durch Stellvertreter ausgeübt werden; diese müssen jedoch den für das in Rede stehende Gewerbe insbesondere vorgeschriebenen Erfordernissen genügen.

§ 47. Inwiefern für die den nach §§ 34 und 36 konzessionierten oder angestellten Personen eine Stellvertretung zulässig ist, hat in jedem einzelnen Falle die Behörde zu bestimmen, welcher die Konzessionierung oder Anstellung zusteht.

§ 53. Abs. 1 und 2. Die in dem § 29 bezeichneten Approbationen können von der Verwaltungsbehörde nur dann zurückgenommen werden, wenn die Unrichtigkeit der Nachweise dargetan wird, auf Grund deren solche erteilt worden sind, oder wenn dem Inhaber der Approbation die bürgerlichen Ehrenrechte aberkannt sind, im letzteren Falle jedoch nur für die Dauer des Ehrenverlustes.

Außer diesen Gründen können die in den §§ 30, 30a und b, 32, 34, 34a und 36 bezeichneten Genehmigungen und Bestallungen in gleicher Weise zurückgenommen werden, wenn aus Handlungen oder Unterlassungen des Inhabers der Mangel derjenigen Eigenschaften, welche bei der Erteilung der Genehmigung oder Bestallung nach der Vorschrift dieses Gesetzes vorausgesetzt werden mußten, klar erhellt. Inwiefern durch die Handlungen oder Unterlassungen eine Strafe verwirkt ist, bleibt der richterlichen Entscheidung vorbehalten.

§ 55. Abs. 1. Wer außerhalb des Gemeindebezirks seines Wohnorts oder der durch besondere Anordnung der höheren Verwaltungsbehörde dem Gemeindebezirke des Wohnorts gleichgestellten nächsten Umgebung desselben ohne Begründung einer gewerblichen Niederlassung und ohne vorgängige Bestellung in eigener Person

1. Waren feilbieten,
2. Warenbestellungen aufsuchen oder Waren bei anderen Personen als bei Kaufleuten oder an anderen Orten als in offenen Verkaufstellen zum Wiederverkauf ankaufen,
3. gewerbliche Leistungen anbieten,
4. ..... will,

bedarf eines Wandergewerbescheines, soweit nicht für die in Ziff. 2 bezeichneten Fälle in Gemäßheit des § 44a eine Legitimationskarte genügt.

§ 56. Abs. 1 und 2 Ziff. 1, 6, 7, 9. Beschränkungen, vermöge deren gewisse Waren von dem Feilhalten im stehenden Gewerbebetriebe ganz oder teilweise ausgeschlossen sind, gelten auch für deren Feilbieten im Umherziehen.

Ausgeschlossen vom Ankauf oder Feilbieten im Umherziehen sind:

1. Geistige Getränke, soweit nicht das Feilbieten derselben von der Ortspolizeibehörde im Falle besonderer Bedürfnisse vorübergehend gestattet ist;
6. explosive Stoffe, insbesondere Feuerwerkskörper, Schießpulver und Dynamit;
7. solche mineralische oder andere Öle, welche leicht entzündlich sind, insbesondere Petroleum sowie Spiritus;
9. Gifte und gifthaltige Waren, Arznei- und Geheimmittel sowie Bruchbänder.

§ 56a. Abs. 1 Ziff. 1 und 3. Ausgeschlossen vom Gewerbebetrieb im Umherziehen sind ferner:

1. die Ausübung der Heilkunde, insoweit der Ausübende für dieselbe nicht approbiert ist;
3. das Aufsuchen von Bestellungen auf Branntwein und Spiritus bei Personen, in deren Gewerbebetriebe dieselben keine Anwendung finden.

§ 66. Gegenstände des Wochenmarktverkehrs sind:

1. rohe Naturerzeugnisse mit Ausschluß des größeren Viehes sowie der bewurzelten Bäume und Sträucher;

2. Fabrikate, deren Erzeugung mit der Land- und Forstwirtschaft, dem Garten- und Obstbau oder der Fischerei in unmittelbarer Verbindung steht oder zu den Nebenbeschäftigungen der Landleute der Gegend gehört, oder durch Tagelöhnerarbeit bewirkt wird, mit Ausschluß der geistigen Getränke;
3. frische Lebensmittel aller Art.

Die zuständige Verwaltungsbehörde ist auf Antrag der Gemeindebehörde befugt, zu bestimmen, welche Gegenstände außerdem nach Ortsgewohnheit und Bedürfnis in ihrem Bezirk überhaupt, oder an gewissen Orten zu den Wochenmarktartikeln gehören.

§ 143. Abs. 1. Die Berechtigung zum Gewerbebetrieb kann, abgesehen von den in den Reichsgesetzen vorgesehenen Fällen ihrer Entziehung, weder durch richterliche, noch administrative Entscheidung entzogen werden.

§ 147. Abs. 1 Ziff. 1 bis 3. Mit Geldstrafe bis zu 300 M. und im Unvermögensfalle mit Haft wird bestraft:
1. wer den selbständigen Betrieb eines stehenden Gewerbes, zu dessen Beginn eine besondere polizeiliche Genehmigung (Konzession, Approbation, Bestallung) erforderlich ist, ohne die vorschriftsmäßige Genehmigung unternimmt oder fortsetzt oder von den in der Genehmigung festgesetzten Bedingungen abweicht;
2. wer eine Anlage, zu der mit Rücksicht auf die Lage oder Beschaffenheit der Betriebsstätte oder des Lokals eine besondere Genehmigung erforderlich ist (§§ 16 und 24), ohne diese Genehmigung errichtet, betreibt, oder die wesentlichen Bedingungen, unter welchen die Genehmigung erteilt worden, nicht innehält, oder ohne neue Genehmigung eine wesentliche Veränderung der Betriebsstätte oder eine Verlegung des Lokals oder eine wesentliche Veränderung in dem Betriebe der Anlage vornimmt;
3. wer, ohne hierzu approbiert zu sein, sich als Arzt (Wundarzt, Augenarzt, Geburtshelfer, Zahnarzt, Tierarzt) bezeichnet oder sich einen ähnlichen Titel beilegt, durch den der Glauben erweckt wird, der Inhaber desselben sei eine geprüfte Medizinalperson.

§ 148. Abs. 1 Ziff. 1, 4, 7a, Abs. 2. Mit Geldstrafe bis zu 150 M. und im Unvermögensfalle mit Haft bis zu 4 Wochen wird bestraft:
1. wer außer den im § 147 vorgesehenen Fällen ein stehendes Gewerbe beginnt, ohne dasselbe vorschriftsmäßig anzuzeigen;
4. wer der nach § 35 gegen ihn ergangenen Untersagung eines Gewerbebetriebes zuwiderhandelt oder die im § 35 vorgeschriebene Anzeige unterläßt;
7a. wer dem § 56 Abs. 1, Abs. 2 Ziff. 1 bis 5, 7 bis 11, Abs. 3, den §§ 56a oder b zuwiderhandelt.

Enthält in den Fällen des Abs. 1 die strafbare Handlung zugleich eine Zuwiderhandlung gegen ein Steuergesetz (§ 73 StGB.), so ist die nach Abs. 1 verwirkte Strafe neben der etwa verwirkten Steuerstrafe besonders zu verhängen; bei Bemessung der Steuerstrafe ist jedoch die nach Abs. 1 verhängte Strafe zu berücksichtigen. Soweit die Vorschriften der Reichsabgabenordnung entgegenstehen, finden sie keine Anwendung.

§ 151. Sind bei der Ausübung des Gewerbes polizeiliche Vorschriften von Personen übertreten worden, welche der Gewerbetreibende zur Leitung des Betriebes oder eines Teiles desselben oder zur Beaufsichtigung bestellt hatte, so trifft die Strafe diese letzteren. Der Gewerbetreibende ist neben denselben strafbar, wenn die Übertretung mit seinem Vorwissen begangen ist oder wenn er bei der nach den Verhältnissen möglichen eigenen Beaufsichtigung des Betriebs oder bei der Auswahl oder der Beaufsichtigung der Betriebsleiter oder Aufsichtspersonen es an der erforderlichen Sorgfalt hat fehlen lassen.

Ist an eine solche Übertretung der Verlust der Konzession, Approbation oder Bestallung geknüpft, so findet derselbe auch als Folge der von dem Stellvertreter begangenen Übertretung statt, wenn diese mit Vorwissen des verfügungsfähigen Vertretenen begangen wurde. Ist dies nicht der Fall, so ist der Vertretene bei Verlust der Konzession, Approbation usw. verpflichtet, den Stellvertreter zu entlassen.

§ 155. Abs. 1. Wo in diesem Gesetze auf die Landesgesetze verwiesen ist, sind unter den letzteren auch die verfassungs- oder gesetzmäßig erlassenen Verordnungen verstanden.

## II. Reichsstrafgesetzbuch (RStGB.).

Vom 15. Mai 1871
(in der nach der Bekanntmachung des Wortlautes des Strafgesetzbuches vom 25. August 1953 geltenden Fassung).
(BGBl. I, 1953, S. 1083).

§ 47. Wenn mehrere eine strafbare Handlung gemeinschaftlich ausführen, so wird jeder als Täter bestraft.

§ 48. Als Anstifter wird bestraft, wer einen anderen zu der von demselben begangenen mit Strafe bedrohten Handlung durch Geschenke oder Versprechen, durch Drohung, durch Mißbrauch des Ansehens oder der Gewalt, durch absichtliche Herbeiführung oder Beförderung eines Irrtums oder durch andere Mittel vorsätzlich bestimmt hat.

Die Strafe des Anstifters ist nach demjenigen Gesetze festzusetzen, welches auf die Handlung Anwendung findet, zu welcher er wissentlich angestiftet hat.

§ 49. Als Gehilfe wird bestraft, wer dem Täter zur Begehung einer als Verbrechen oder Vergehen mit Strafe bedrohten Handlung durch Rat oder Tat wissentlich Hilfe geleistet hat.

Die Strafe des Gehilfen ist nach demjenigen Gesetz festzusetzen, welches auf die Handlung Anwendung findet, zu welcher er wissentlich Hilfe geleistet hat, kann jedoch nach den über die Bestrafung des Versuches aufgestellten Grundsätzen ermäßigt werden.

§ 123. Wer in die Wohnung, in die Geschäfträume oder in das befriedete Besitztum eines anderen oder in abgeschlossene Räume, welche zum öffentlichen Dienst oder Verkehr bestimmt sind, widerrechtlich eindringt, oder wer, wenn er ohne Befugnis darin verweilt, auf die Aufforderung des Berechtigten sich nicht entfernt, wird wegen Hausfriedensbruches mit Geldstrafe oder mit Gefängnis bis zu 3 Monaten bestraft.

Ist die Handlung von einer mit Waffen versehenen Person oder von mehreren gemeinschaftlich begangen worden, so tritt Geldstrafe oder Gefängnis bis zu einem Jahre ein.

Die Verfolgung tritt nur auf Antrag ein. Die Zurücknahme des Antrags ist zulässig.

§ 184. Mit Gefängnis bis zu einem Jahre und mit Geldstrafe oder mit einer dieser Strafen wird bestraft, wer

3. Gegenstände, die zu unzüchtigem Gebrauche bestimmt sind, an Orten, welche dem Publikum zugänglich sind, ausstellt oder solche Gegenstände dem Publikum ankündigt oder anpreist;

3a. in einer Sitte oder Anstand verletzenden Weise Mittel, Gegenstände oder Verfahren, die zur Verhütung von Geschlechtskrankheiten dienen, öffentlich ankündigt, anpreist oder solche Mittel oder Gegenstände an einem dem Publikum zugänglichen Orte ausstellt.

§ 218. Eine Frau, die ihre Leibesfrucht abtötet oder die Abtötung durch einen anderen zuläßt, wird mit Gefängnis, in besonders schweren Fällen mit Zuchthaus bestraft.

Der Versuch ist strafbar.

Wer sonst die Leibesfrucht einer Schwangeren abtötet, wird mit Zuchthaus, in minder schweren Fällen mit Gefängnis bestraft.

Wer einer Schwangeren ein Mittel oder einen Gegenstand zur Abtötung der Leibesfrucht verschafft, wird mit Gefängnis, in besonders schweren Fällen mit Zuchthaus bestraft.

§ 219. Wer zu Zwecken der Abtreibung Mittel, Gegenstände oder Verfahren öffentlich ankündigt oder anpreist oder solche Mittel oder Gegenstände an einem allgemein zugänglichen Ort ausstellt, wird mit Gefängnis bis zu zwei Jahren oder mit Geldstrafe bestraft.

Die Vorschrift des Absatzes 1 findet keine Anwendung, wenn Mittel, Gegenstände oder Verfahren, die zu ärztlich gebotenen Unterbrechungen der Schwangerschaft dienen, Ärzten oder Personen, die mit solchen Mitteln oder Gegenständen erlaubter Weise Handel treiben, oder in ärztlichen oder pharmazeutischen Fachschriften angekündigt oder angepriesen werden.

§ 222. Wer durch Fahrlässigkeit den Tod eines Menschen verursacht, wird mit Gefängnis bestraft.

§ 223. Wer vorsätzlich einen anderen körperlich mißhandelt oder an der Gesundheit beschädigt, wird wegen Körperverletzung mit Gefängnis bis zu drei Jahren oder mit Geldstrafe bestraft.

Ist die Handlung gegen Verwandte aufsteigender Linie begangen, so ist auf Gefängnis nicht unter einem Monat zu erkennen.

§ 229. Wer vorsätzlich einem anderen, um dessen Gesundheit zu beschädigen, Gift oder andere Stoffe beibringt, welche die Gesundheit zu zerstören geeignet sind, wird mit Zuchthaus bis zu zehn Jahren bestraft.

Ist durch die Handlung eine schwere Körperverletzung verursacht worden, so ist auf Zuchthaus nicht unter fünf Jahren und, wenn durch die Handlung der Tod verursacht worden, auf Zuchthaus nicht unter zehn Jahren oder auf lebenslanges Zuchthaus zu erkennen.

§ 230. Wer durch Fahrlässigkeit die Körperverletzung eines anderen verursacht, wird mit Geldstrafe oder mit Gefängnis bis zu drei Jahren bestraft.

§ 263. Wer in der Absicht, sich oder einem Dritten einen rechtswidrigen Vermögensvorteil zu verschaffen, das Vermögen eines anderen dadurch beschädigt, daß er durch Vorspiegelung falscher oder durch Entstellung oder Unterdrückung wahrer Tatsachen einen Irrtum erregt oder unterhält, wird wegen Betruges mit Gefängnis bestraft, neben welchem auf Geldstrafe sowie auf Verlust der bürgerlichen Ehrenrechte erkannt werden kann.

Sind mildernde Umstände vorhanden, so kann ausschließlich auf die Geldstrafe erkannt werden.

Der Versuch ist strafbar.

In besonders schweren Fällen tritt an die Stelle der Gefängnisstrafe Zuchthaus bis zu zehn Jahren.

§ 302e. Dieselbe Strafe (Gefängnis nicht unter drei Monaten und zugleich Geldstrafe) trifft denjenigen, welcher mit Bezug auf ein Rechtsgeschäft anderer als der im § 302a bezeichneten Art gewerbs- oder gewohnheitsmäßig unter Ausbeutung der Notlage, des Leichtsinns oder der Unerfahrenheit eines anderen sich oder einem Dritten Vermögensvorteile versprechen oder gewähren läßt, welche den Wert der Leistung dergestalt überschreiten, daß nach den Umständen des Falles die Vermögensvorteile in auffälligem Mißverhältnis zu der Leistung stehen.

§ 324. Wer vorsätzlich Brunnen- oder Wasserbehälter, welche zum Gebrauche anderer dienen, oder Gegenstände, welche zum öffentlichen Verkaufe oder Verbrauche bestimmt sind, vergiftet oder denselben Stoffe beimischt, von denen ihm bekannt ist, daß sie die menschliche Gesundheit zu zerstören geeignet sind, ingleichen wer solche vergiftete oder mit gefährlichen Stoffen vermischte Sachen wissentlich oder mit Verschweigung dieser Eigenschaft verkauft, feilhält oder sonst in Verkehr bringt, wird mit Zuchthaus bis zu zehn Jahren und, wenn durch die Handlung der Tod eines Menschen verursacht worden ist, mit Zuchthaus nicht unter zehn Jahren oder mit lebenslangem Zuchthaus bestraft.

§ 326. Ist eine der in den §§ 321 und 324 bezeichneten Handlungen aus Fahrlässigkeit begangen worden, so ist, wenn durch die Handlung ein Schaden verursacht worden ist, auf Gefängnis bis zu einem Jahr und, wenn der Tod eines Menschen verursacht worden ist, auf Gefängnis nicht unter einem Monat zu erkennen.

§ 342. Ein Beamter, der in Ausübung oder in Veranlassung der Ausübung seine Amtes einen Hausfriedensbruch (§ 123) begeht, wird mit Gefängnis bis zu einem Jahre oder mit Geldstrafe bestraft.

§ 367. Mit Geldstrafe bis zu 150 DM. oder mit Haft wird bestraft,

3. wer ohne polizeiliche Erlaubnis Gift oder Arzneien, soweit der Handel mit denselben nicht freigegeben ist, zubereitet, feilhält, verkauft oder sonst an andere überläßt;

4. wer ohne die vorgeschriebene Erlaubnis Schießpulver oder andere explodierende Stoffe oder Feuerwerke zubereitet;

5. wer bei der Aufbewahrung oder bei der Beförderung von Giftwaren, Schießpulver oder Feuerwerken oder bei der Aufbewahrung, Beförderung, Verausgabung oder Verwendung von Sprengstoffen oder anderen explodierenden Stoffen oder bei Ausübung der Befugnis zur Zubereitung dieser oder Feilhaltung dieser Gegenstände sowie der Arzneien die deshalb ergangenen Verordnungen nicht befolgt;

5a. wer bei Versendung oder Beförderung von leicht entzündlichen oder ätzenden Gegenständen durch die Post die deshalb ergangenen Verordnungen nicht befolgt;

6. wer Waren, Materialien oder andere Vorräte, welche sich leicht von selbst entzünden oder leicht Feuer fangen, an Orten oder in Behältnissen aufbewahrt, wo ihre Entzündung gefährlich werden kann, oder wer Stoffe, die nicht ohne Gefahr einer Entzündung beieinanderliegen können, ohne Absonderung aufbewahrt;

8. wer ohne polizeiliche Erlaubnis an bewohnten oder von Menschen besuchten Orten Selbstgeschosse, Schlageisen oder Fußangeln legt oder an solchen Orten mit einer Schußwaffe schießt oder Feuerwerkskörper abbrennt, . . .

§ 368. Mit Geldstrafe bis zu 150 DM. oder mit Haft bis zu 14 Tagen wird bestraft,

7. wer in gefährlicher Nähe von Gebäuden oder feuerfangenden Sachen mit Feuerwaffen schießt oder Feuerwerke abbrennt.

# III. Strafprozeßordnung.

## (StPO.)

(Anlage 3 zu dem Gesetz zur Wiederherstellung der Rechtseinheit auf dem Gebiete der Gerichtsverfassung, der bürgerlichen Rechtspflege, des Strafverfahrens und des Kostenrechts. Vom 12. September 1950. BGBl. 1950, Nr. 40, S. 455.)

(Für Berlin West: Gesetz v. 9. 1. 1951, VOBl. Bln. I, 1951, Nr. 8, S. 99.)

§ 94. Gegenstände, die als Beweismittel für die Untersuchung von Bedeutung sein können oder der Einziehung unterliegen, sind in Verwahrung zu nehmen oder in anderer Weise sicherzustellen.

Befinden sich die Gegenstände in dem Gewahrsam einer Person und werden sie nicht freiwillig herausgegeben, so bedarf es der Beschlagnahme.

§ 98. Beschlagnahmen dürfen nur durch den Richter, bei Gefahr im Verzug auch durch die Staatsanwaltschaft und ihre Hilfsbeamten (§ 152 des Gerichtsverfassungsgesetzes) angeordnet werden.

Der Beamte, der einen Gegenstand ohne richterliche Anordnung beschlagnahmt hat, soll binnen drei Tagen die richterliche Bestätigung nachsuchen, wenn bei der Beschlagnahme weder der davon Betroffene noch ein erwachsener Angehöriger anwesend war, oder wenn der Betroffene und im Falle seiner Abwesenheit ein erwachsener Angehöriger des Betroffenen gegen die Beschlagnahme ausdrücklichen Widerspruch erhoben hat. Der Betroffene kann jederzeit die richterliche Entscheidung nachsuchen. Solange die öffentliche Klage noch nicht erhoben ist, entscheidet der Amtsrichter, in dessen Bezirk die Beschlagnahme stattgefunden hat.

Ist nach erhobener öffentlicher Klage die Beschlagnahme durch die Staatsanwaltschaft oder einen ihrer Hilfsbeamten erfolgt, so ist binnen drei Tagen dem Richter von der Beschlagnahme Anzeige zu machen; die beschlagnahmten Gegenstände sind ihm zur Verfügung zu stellen.

§ 102. Bei dem, welcher als Täter oder Teilnehmer einer strafbaren Handlung oder als Begünstigter oder Hehler verdächtig ist, kann eine Durchsuchung der Wohnung und anderer Räume sowie seiner Person und der ihm gehörenden Sachen, sowohl zum Zweck seiner Ergreifung als auch dann vorgenommen werden, wenn zu vermuten ist, daß die Durchsuchung zur Auffindung von Beweismitteln führen würde.

§ 103. Bei anderen Personen sind Durchsuchungen nur zur Ergreifung des Beschuldigten oder zur Verfolgung von Spuren einer strafbaren Handlung oder zur Beschlagnahme bestimmter Gegenstände und nur dann zulässig, wenn Tatsachen vorliegen, aus denen zu schließen ist, daß die gesuchte Person, Spur oder Sache sich in den zu durchsuchenden Räumen befindet.

Diese Beschränkung gilt nicht für Räume, in denen der Beschuldigte ergriffen worden ist, oder die er während der Verfolgung betreten hat, oder in denen eine unter Polizeiaufsicht stehende Person wohnt oder sich aufhält.

§ 104. Zur Nachtzeit dürfen die Wohnung, die Geschäftsräume und das befriedete Besitztum nur bei Verfolgung auf frischer Tat oder bei Gefahr im Verzug oder dann durchsucht werden, wenn es sich um die Wiederergreifung eines entwichenen Gefangenen handelt.

Diese Beschränkung gilt nicht für Wohnungen von Personen, die unter Polizeiaufsicht stehen, sowie auf Räume, die zur Nachtzeit jedermann zugänglich, oder die der Polizei als Herbergen oder Versammlungsorte bestrafter Personen, als Niederlagen von Sachen, die mittels strafbarer Handlungen erlangt sind, oder als Schlupfwinkel des Glücksspiels oder gewerbsmäßiger Unzucht bekannt sind.

Die Nachtzeit umfaßt in dem Zeitraum vom 1. April bis 30. September die Stunden von 9 Uhr abends bis 4 Uhr morgens und in dem Zeitraum vom 1. Oktober bis 31. März die Stunden von 9 Uhr abends bis 6 Uhr morgens.

§ 105. Durchsuchungen dürfen nur durch den Richter, bei Gefahr im Verzug auch durch die Staatsanwaltschaft und ihre Hilfsbeamten (§ 152 des Gerichtsverfassungsgesetzes) angeordnet werden.

Wenn eine Durchsuchung der Wohnung, der Geschäftsräume oder des befriedeten Besitztums ohne Beisein des Richters oder des Staatsanwalts stattfindet, so sind, wenn möglich, ein Gemeindebeamter oder zwei Mitglieder der Gemeinde, in deren Bezirk die Durchsuchung erfolgt, zuzuziehen. Die als Gemeindemitglieder zugezogenen Personen dürfen nicht Polizeibeamte oder Hilfsbeamte der Staatsanwaltschaft sein.

Die in den vorstehenden Absätzen angeordneten Beschränkungen der Durchsuchung gelten nicht für die im § 104 Abs. 2 bezeichneten Wohnungen und Räume.

§ 106. Der Inhaber der zu durchsuchenden Räume oder Gegenstände darf der Durchsuchung beiwohnen. Ist er abwesend, so ist, wenn möglich, sein Vertreter oder ein erwachsener Angehöriger, Hausgenosse oder Nachbar zuzuziehen.

Dem Inhaber oder der in dessen Abwesenheit zugezogenen Person ist in den Fällen des § 103 Abs. 1 der Zweck der Durchsuchung vor deren Beginn bekanntzumachen. Diese Vorschrift gilt nicht für die Inhaber der im § 104 Abs. 2 bezeichneten Räume.

§ 107. Dem von der Durchsuchung Betroffenen ist nach deren Beendigung auf Verlangen eine schriftliche Mitteilung zu machen, die den Grund der Durchsuchung (§§ 102, 103) sowie im Falle des §§ 102 die strafbare Handlung bezeichnen muß. Auch ist ihm auf Verlangen ein Verzeichnis der in Verwahrung oder in Beschlag genommenen Gegenstände, falls aber nichts Verdächtiges gefunden wird, eine Bescheinigung hierüber zu geben.

§ 108. Werden bei Gelegenheit einer Durchsuchung Gegenstände gefunden, die zwar in keiner Beziehung zu der Untersuchung stehen, aber auf die Verübung einer anderen strafbaren Handlung hindeuten, so sind sie einstweilen in Beschlag zu nehmen. Der Staatsanwaltschaft ist hiervon Kenntnis zu geben.

§ 109. Die in Verwahrung oder in Beschlag genommenen Gegenstände sind genau zu verzeichnen und zur Verhütung von Verwechselungen durch amtliche Siegel oder in sonst geeigneter Weise kenntlich zu machen.

§ 110. Eine Durchsicht der Papiere des von der Durchsuchung Betroffenen steht nur dem Richter zu.

Andere Beamte sind zur Durchsicht der aufgefundenen Papiere nur dann befugt, wenn der Inhaber die Durchsicht genehmigt. Andernfalls haben sie die Papiere, deren Durchsicht sie für geboten erachten, in einem Umschlage, der in Gegenwart des Inhabers mit dem Amtssiegel zu verschließen ist, an den Richter abzuliefern.

Dem Inhaber der Papiere oder dessen Vertreter ist die Beidrückung seines Siegels gestattet; auch ist er, falls demnächst die Entsiegelung und Durchsicht der Papiere angeordnet wird, wenn möglich, zur Teilnahme aufzufordern.

Der Richter hat die zu einer strafbaren Handlung in Beziehung stehenden Papiere der Staatsanwaltschaft mitzuteilen.

§ 111. Gegenstände, die durch die strafbare Handlung dem Verletzten entzogen wurden, sind, falls nicht Ansprüche Dritter entgegenstehen, nach Beendigung der Untersuchung und geeignetenfalls schon vorher von Amts wegen dem Verletzten zurückzugeben, ohne daß es eines Urteils hierüber bedarf.

Dem Beteiligten bleibt vorbehalten, seine Rechte im Zivilverfahren geltend zu machen.

§ 153. Übertretungen werden nicht verfolgt, wenn die Schuld des Täters gering ist und die Folgen der Tat unbedeutend sind, es sei denn, daß ein öffentliches Interesse an der Herbeiführung einer gerichtlichen Entscheidung besteht.

Ist bei einem Vergehen die Schuld des Täters gering und sind die Folgen der Tat unbedeutend, so kann die Staatsanwaltschaft mit Zustimmung des Amtsrichters von der Erhebung der öffentlichen Klage absehen.

Ist die Klage bereits erhoben, so kann das Gericht mit Zustimmung der Staatsanwaltschaft das Verfahren einstellen; der Beschluß kann nicht angefochten werden.

# L. Verschiedenes.

Neuaufnahme von Arzneimitteln in Einzelhandelsgeschäften.

Gesetz zum Schutze des Einzelhandels § 3, Ziff. 6 (Ergänzungsverordnung vom 13. Dezember 1934, RGBl. I, S. 1241).

RdErl. d. RWiM. u. PrMfWuA. vom 11. März 1935 — V 2555/35 —.

RdErl. d. RuPrWiM. vom 27. März 1935 — IV B 4791/35 (MBliV. 1935, Nr. 15, S. 560).

RdErl. d. RuPrWiM. vom 10. Januar 1936 — V 26152/35 —.

Wandergewerbe mit Arzneimitteln.

RdErl. d. RuPrMdI. u. d. RuPrWiM. betr. Wandergewerbe mit Arznei- oder Geheimmitteln vom 29. August 1935 — IV b 7696/35 u. V 12193/35 — (MiBliV. S. 1078).

Polizeiverordnung über die Abgabe von Chemikalien, die zur Herstellung von Sprengstoffen geeignet sind.

Ost-Berliner Polizeiverordnung vom 31. Januar 1950 (VOBl. Bln. O I, 1950, Nr. 5, S. 20).

Verordnung über das Kleben von Gummi, Leder und ähnlichen Werkstoffen in der Heimarbeit. Vom 2. Juli 1942 (RGBl. I, S. 441).

Verordnungen über die Verwendung von Benzol.

VO. d. Hessischen Staatsmin. vom 6. Mai 1949. (GVBl. Hess. 1949, Nr. 11/13, S. 39).

VO. der Landesregierung Württemberg-Baden Nr. 1037 vom 14. März 1949 (RegBl. Württ/Bad. 149, Nr. 8, S. 60).

Polizeiverordnung über Kühlwasserzusatzmittel. Vom 11. Dezember 1941 (RGBl. I, S. 764).

Verordnung über die Verwendung von Methanol in Lacken und Anstrichmitteln. Vom 6. August 1942 (RGBl. I, S. 498).

Verordnung über Denaturierung von Methylalkohol (Methanol) (Methanolverordnung).

VO. d. Dtsch. Zentralverwaltung für das Gesundheitswesen in der sowjet. Besatzungszone vom 11. Dezember 1946 (DDG. S. 112).

Salzsteuergesetz. Vom 23. Dezember 1938 (RGBl. I, S. 1969).

Verordnung über die Anmeldepflicht von Ersatzmitteln und neuen Erzeugnissen. Vom 27. Januar 1941 (RGBl. I, S. 75).

Gesetz über den Verkauf von Waren aus Automaten. Vom 6. Juli 1934 (RGBl. I, S. 585), Ausführungsverordnung vom 14. August 1934 (RGBl. I, S. 814).

Bekanntmachung betr. den Kleinhandel mit Kerzen. Vom 4. Dezember 1901 (RGBl. I, S. 494) und 25. September 1926 (RGBl. I, S. 471).

Zündwarensteuergesetz. Vom 9. Juli 1923 in der Fassung vom 26. Januar 1939 (RGBl. I, S. 92).

Verwendung ölfreier Anstriche für Lebensmittelräume. RdErl. d. RuPrMdI. vom 16. Mai 1938 (MBliV. S. 891).

Polizeiverordnung über den Vertrieb von natriumsuperoxydhaltigen Waschmitteln. Vom 16. September 1938 (PrGS. 1938, Nr. 19 und RdErl. d. RMdI. im RM-BliV. 1938, Nr. 40, Sp. 1589).

Warnung des Reichsgesundheitsamts vor der Verwendung von Wasserstoffsuperoxyd zur Auffrischung von Fischen (RGesundBl. 1939, S. 129).

Verordnung über die Gewinnung von Lärchenharz (Lärchenterpentin). Vom 13. Juni 1942 (RGBl. I, S. 455).

Verordnung über die Herstellung und die Anwendung von Kesselsteingegenmitteln, Kesselsteinlösemitteln und Kesselinnenanstrichmitteln. Vom 17. Dezember 1942 (RGBl. I, S. 727) mit Änderungen vom 19. April 1944 (RGBl. I, S. 144).

Verordnung über das Verbot der Herstellung und Verpackung von Zahnpulver in Heimarbeit. Vom 15. Dezember 1942 (RGBl. I, S. 726).

Verordnung über das Verbot der Herstellung und Verpackung von Verbandmitteln und Verbandstoffen in Heimarbeit. Berliner V. vom 11. Januar 1946 (VOBl. Bln. 1946, S. 27).

Bekanntmachungen und Erlasse über Präparate zur Herstellung von Kaltdauerwellen.

Bek. des Bayer. Staatsministerium d. I. vom 10. März 1950 und 27. September 1950 (Staatsanzeiger 1950, Nr. 12 und Nr. 39). Hessischer Erlaß vom 17. August 1949.

# Gesundheitslehre – Hygiene.

Von Apotheker **H. IRION**, Berlin.

## Einleitung.

Die Lehre von der Erhaltung der Gesundheit, *Gesundheitslehre* oder *Hygiene*, hat nicht nur die Aufgabe, die Gesundheit zu erhalten, sondern darüber hinaus auch Krankheiten zu verhüten. Sie sucht dies durch Vorbeugung bzw. Heilung zu erreichen. Da mit der Gesundheit und damit der Leistungsfähigkeit jedes einzelnen Volksangehörigen die Gesamtleistung eines Volkes steht und fällt, hat auch der Drogist auf diesem Gebiet einen wesentlichen Beitrag zu leisten. Voraussetzung hierzu ist neben der Kenntnis der wichtigsten Umweltgefahren, welche die Gesundheit des Menschen bedrohen, vor allem die Kenntnis vom Bau des menschlichen Körpers und seinen Lebenserscheinungen. Es ist unmöglich, vorbeugende Maßnahmen zum Schutze irgendeines Organes einzuleiten, wenn man die drohenden Umweltgefahren und ihre Vermeidung, Zweck und normale Arbeitweise des Organs nicht kennt. Deshalb ist in den folgenden Ausführungen ein Abriß der Hygiene im engeren Sinne und über den Bau und die Leistungen des menschlichen Körpers gegeben. Der vorliegende Teil Gesundheitslehre soll den Drogisten in die Lage versetzen, nicht nur durch „Verkaufen", sondern auch auf dem Gebiet der Gesundheitsberatung der Kunden an der Erhaltung der Volksgesundheit mitzuwirken. Dieser Pflicht gegenüber der Allgemeinheit in noch umfangreicherem Maße nachzukommen als bisher, ist der Sinn der nachstehenden Ausführungen. Die wichtigsten Erkrankungen der einzelnen Organe und die Infektionskrankheiten sind daher kurz aufgeführt. Krankheiten zu erkennen und zu behandeln ist jedoch ausschließlich *Sache des Arztes*.

## A. Aufbau des menschlichen Körpers.

Die Tafel „Die Lagebezeichnungen der Organe zueinander und zur Körperoberfläche" (Abb. 167) soll einen allgemeinen Überblick geben, wie diese im menschlichen Körper eingeordnet sind. Die Abbildungen entsprechen dem Körper eines Erwachsenen.

Wie die pflanzliche Zelle besteht auch die tierische aus Zelleib und Zellkern. Der Zelleib stellt ein winziges Klümpchen, das sogenannte *Protoplasma*, dar. Seine chemische Zusammensetzung ist sehr verwickelt, der wichtigste Bestandteil ist gallertartiges Eiweiß. Während bei der pflanzlichen Zelle der Zellinhalt von einer dünnen, aber festen Celluloseschicht umgeben ist, wird der Zellinhalt der tierischen Zelle nur von einer feinen, sehr dünnen Haut umschlossen. Der wesentlichste Teil des Zellinhalts ist der *Zellkern*, der den Kernsaft und die Kernkörperchen enthält. Er besteht aus der Kernmembran und dem Kerngerüst. In seiner Nähe befindet sich das sogenannte *Zentralkörperchen*, das bei der Zellteilung in Tätigkeit tritt und diese einleitet. Dabei bilden sich Kernschleifen, sogenannte *Chromosomen*, die in den Keimzellen die Träger der erblichen Eigenschaften sind.

Die kleinsten Lebewesen sind die Wechseltierchen oder Amöben. Ihr Körper besteht nur aus einer einzigen Zelle, die imstande ist, die Leistungen zu vollbringen, die man als Leben bezeichnet: Sie bewegt und ernährt sich, scheidet nicht verwertbare Stoffe aus und pflanzt sich durch Zellteilung fort. Es ist selbstverständlich,

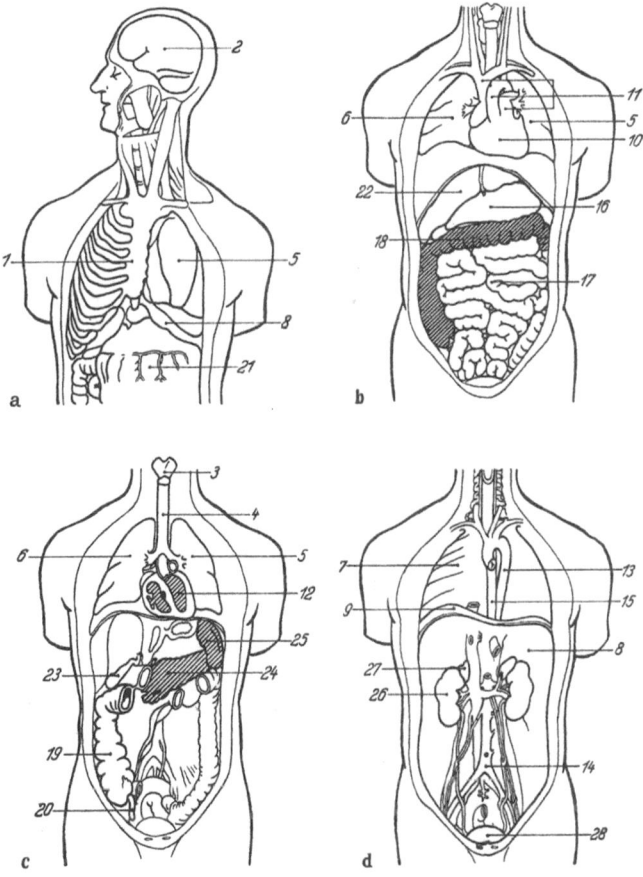

Abb. 167. Die Lagebeziehungen der Organe zueinander und zur Körperoberfläche. *a* Kopf und Brust; *b* Brust und Bauchhöhle; *c* Brust und Bauchhöhle mittlere Schicht; *d* Brust- und Bauchhöhle Hinterwand. *1* Brustbein; *2* Gehirn; *3* Kehlkopf; *4* Luftröhre; *5* linke Lunge; *6* rechte Lunge; *7* rechte Brusthöhle; *8* Zwerchfell; *9* rechte Zwerchfellkuppel; *10* Herz; *11* Große Herzblutgefäße; *12* Herzhöhlen (schraffiert); *13* Große Brustschlagader; *14* Große Bauchschlagader; *15* Speiseröhre; *16* Magen; *17* Dünndarm; *18* Dickdarm (schraffiert); *19* Blinddarm; *20* Wurmfortsatz des Blinddarms; *21* Netz; *22* Leber; *23* Gallenblase; *24* Bauchspeicheldrüse (schraffiert); *25* Milz (schraffiert); *26* rechte Niere; *27* Nebenniere; *28* Harnblase.

daß diese Vorgänge beim Einzeller nur auf niedrigster Stufe stehen, aber sie erfüllen den Zweck, die Ernährung und Fortpflanzung. Vereinigen sich viele Zellen zu einem Zellverband, dann tritt eine Arbeitsteilung der verschiedenen Zellen ein. Dadurch unterscheiden sich die höheren Lebewesen von den niederen.

Verbinden sich gleichartig ausgebildete Zellen und ihre Abkömmlinge zu einem Verbande, so entsteht ein *Gewebe*. Die wichtigsten Gewebe im menschlichen Körper sind:

a) Das *Oberflächen-* oder *Deckzellengewebe*, Epithel; — b) das *Stützgewebe*, zu dem auch das weiche und faserige *Bindegewebe*, das aus großen, kugeligen Fettzellen bestehende *Fettgewebe* und das elastische Zellen enthaltende *Knorpelgewebe* gehören; — c) das *Muskelgewebe*; — d) das *Nervengewebe*.

Aus den Geweben bilden sich die *Organe*. Diese können aus einer oder mehreren Gewebearten bestehen, haben eine bestimmte Form und einen bestimmten Zweck. Unter *Organsystem* versteht man die Aneinandergliederung mehrerer Organe zwecks Ausübung gemeinsamer Leistungen, z. B. Atmung und Verdauung. Als *Organismus* bezeichnet man ein Lebewesen, dessen einzelne Arbeitsleistungen von besonderen dafür geschaffenen Organsystemen vollbracht werden. Der Ablauf der Leistungen wird durch ein Zentralorgan, das *Nervensystem*, geregelt. Der Mensch besitzt von allen Lebewesen das höchstentwickelte Nervensystem, seine Zentrale ist das *Gehirn*.

# B. Bewegungsorgane.

## I. Knochengerüst.

Das Knochengerüst des Menschen entwickelt sich schon im Mutterleibe durch Bildung einer aus Knorpel bestehenden Anlage, die dann fortschreitend verknöchert. Bei der Geburt des Kindes ist die Verknöcherung keineswegs abgeschlossen, vielmehr bestehen beim Neugeborenen die Gelenkenden noch ganz aus Knorpel. Beim Erwachsenen dagegen ist an diesen nur noch ein Überzug aus Knorpel vorhanden. Die Verknöcherung des Knochengerüstes ist erst etwa mit dem 7. Lebensjahr beendet.

Das *Knochengerüst* oder *Skelett* (g. skeletos = Gerippe) (Abb. 168) gibt dem Körper Halt und Stütze und beeinflußt maßgeblich seine Form. Aus seiner Zusammensetzung ergibt sich die Gliederung des menschlichen Körpers. Am Knochengerüst sind 222 Knochen beteiligt. Durch Zusammenwirken von Knochengerüst und Muskeln erfolgen die aufrechte Haltung, Stehen, Gehen, Sitzen, Bücken, Laufen, Springen. Außerdem haben Teile des Knochengerüstes die Aufgabe, lebenswichtigen Organen (z. B. der Schädel dem Gehirn, das Brustbein dem Herzen) Schutz zu bieten.

**Aufbau und Form der Knochen.** Die Knochen besitzen ein Grundgerüst aus leimgebenden Fasern, in das zum Zwecke der Festigung Kalkverbindungen, insbesondere Calciumphosphat und Calciumcarbonat eingelagert sind. Die Verkittung dieser anorganischen mit organischer Substanz ist so sinnreich, daß der Knochen äußerste Festigkeit besitzt. Durch die Verschiedenartigkeit der Aufgaben, die den einzelnen Knochen zufallen, haben sich gewisse Formen herausgebildet, die auffallend oft wiederkehren. So sind platte Knochen ausgesprochene Schutzknochen (z. B. Brustbein, Schädelknochen), während die Säulenform der Röhrenknochen für die stützenden Knochen die gegebene Bauart darstellen.

**Knochenhaut, Knochenmark, Knochenverbindungen.** Die Knochen sind nicht etwa tote Bestandteile des Körpers, sie erfüllen vielmehr über ihre bisher beschriebenen Leistungen hinaus noch sehr lebenswichtige Aufgaben. Der lebende Knochen ist mit einer besonderen Bindegewebeschicht, der *Knochenhaut*, überzogen. Diese ist reich an Blutgefäßen und Nerven und für die Blutzufuhr des Knochens notwendig. Bei ihrer Entfernung „verhungert" der Knochen. Aus diesem Grunde wird bei Operationen sorgfältig auf die Erhaltung der Knochenhaut geachtet.

Die zentrale Markhöhle der Röhrenknochen ist mit einer fetthaltigen, weichen, gelblichen Masse, dem *gelben Knochenmark*, ausgefüllt. In den kleinen Höhlungen der kurzen Plattenknochen, der Wirbelknochen, der Rippen- und Schädelknochen dagegen findet sich das *rote Knochenmark*, das als Blutbildungsstätte der ständigen Erneuerung des im Körper kreisenden Blutes dient.

Die einzelnen Teile des Knochengerüstes werden durch Weichteile verbunden und fügen es so zu einem einheitlichen Ganzen zusammen. So werden z. B. die gegenüberstehenden Knochen des Schädels, die durch unregelmäßige, zackige Vorsprünge ineinander greifen, durch faseriges Bindegewebe fest miteinander verbunden. An anderen Stellen des Körpers werden die Verbindungen benachbarter Knochen durch Knorpel bewerkstelligt. Die Beckenknochen Darmbein und Sitzbein, sind knöchern verbunden, zwischen den beiden Schambeinen findet sich faseriger Knorpel.

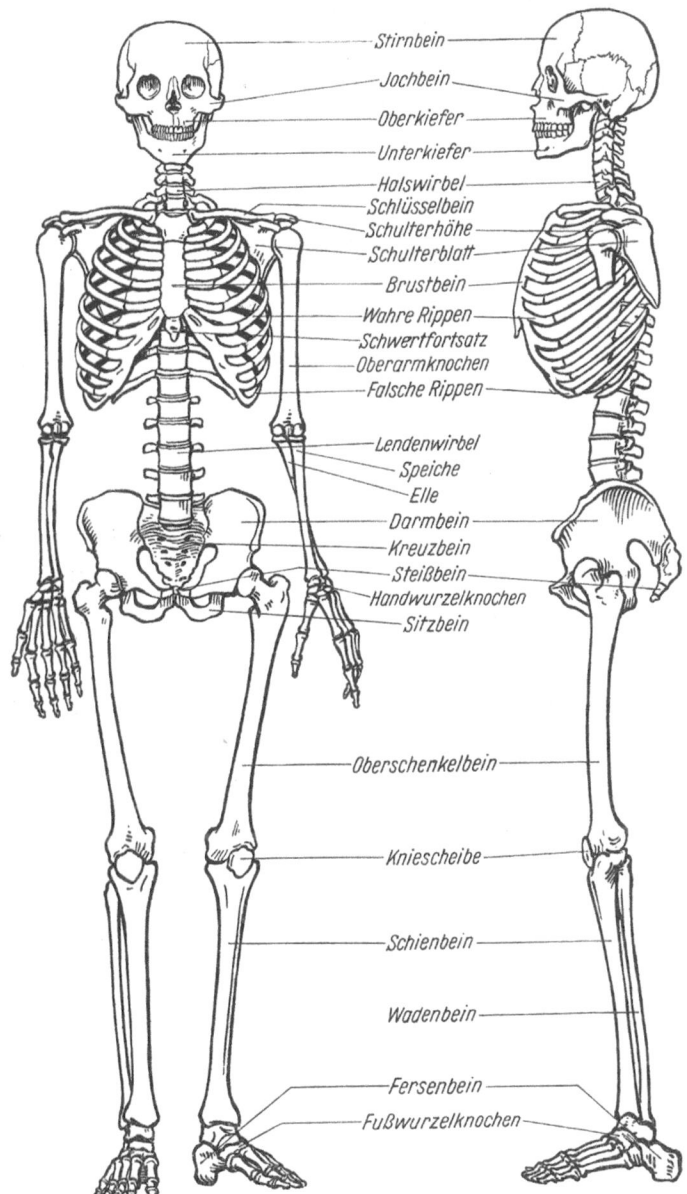

*Stirnbein*
*Jochbein*
*Oberkiefer*
*Unterkiefer*
*Halswirbel*
*Schlüsselbein*
*Schulterhöhe*
*Schulterblatt*
*Brustbein*
*Wahre Rippen*
*Schwertfortsatz*
*Oberarmknochen*
*Falsche Rippen*
*Lendenwirbel*
*Speiche*
*Elle*
*Darmbein*
*Kreuzbein*
*Steißbein*
*Handwurzelknochen*
*Sitzbein*
*Oberschenkelbein*
*Kniescheibe*
*Schienbein*
*Wadenbein*
*Fersenbein*
*Fußwurzelknochen*

Abb. 168. Das Knochengerüst des Menschen (Vorder- und Seitenansicht).

**Gelenke.** Im Gegensatz zu den vorgenannten Knochenverbindungen stehen die *Gelenke*, bewegliche Verbindungen der Knochen. An den Berührungsstellen befinden sich Knorpelüberzüge, die einerseits eine glatte Bewegungsfläche zwischen den Knochen schaffen und andererseits die Verbindungsstelle elastisch machen.

Die Gelenke werden von einer festen Kapsel, der *Gelenkkapsel*, die sich von einem zum anderen Knochen über das Gelenk hinweg erstreckt, um- und nach außen abgeschlossen. Drüsen in der Gelenkkapsel scheiden die *Gelenkschmiere* ab, die dazu dient, die Reibung innerhalb des Gelenkes zu verringern. Der Zusammenhalt und die Festigkeit im Gelenk rühren einmal von den an gewissen Gelenkstellen vorhandenen *Gelenkbändern*, zum anderen von dem in den Gelenken bestehenden pneumatischen Unterdruck her. Hat sich ein Gelenk ausgerenkt, darf bei dem Versuch, es wieder einzurenken, niemals Gewalt angewendet werden. Es besteht sonst die Gefahr einer Verletzung der Gelenkkapsel, die dauernde Beeinträchtigung des Gelenkes herbeiführen kann.

**Schädel.** Man unterscheidet am Schädel (Abb. 169, 170) den *Gehirn-* und *Gesichtsschädel*. Der Gehirnschädel setzt sich zusammen aus 1 Stirnbein, 2 Scheitelbeinen, 2 Schläfenbeinen, 1 Hinterhauptsbein, 1 Keilbein und 1 Siebbein.

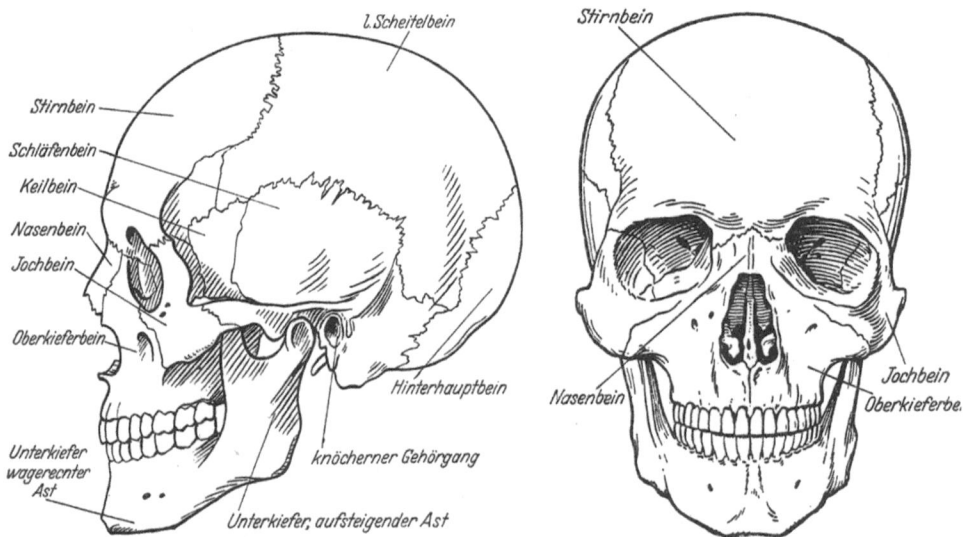

Abb. 169. Schädel (Seitenansicht).          Abb. 170. Schädel (Vorderansicht).

Der Gesichtsschädel setzt sich zusammen aus den beiden Oberkiefern (Träger der oberen Zahnreihe), dem beweglichen Unterkiefer (Träger der unteren Zahnreihe), 2 Gaumenbeinen, 2 Jochbeinen (Backenknochen), 2 Nasenbeinen, 2 Nasenmuscheln, 1 Pflugscharbein und 2 Tränenbeinen.

Bei der Geburt des Menschen ist die Schädelentwicklung nicht vollendet; vielmehr finden sich vorn und hinten am Schädel noch weiche, offene Stellen, die *Fontanellen*, die sich erst bis zum dritten Lebensjahr vollständig schließen. Die Fontanellen ermöglichen bei der Geburt die Verschiebung der Schädelknochen des Kindes gegeneinander, wodurch der Kopfumfang während der Geburt wesentlich verringert werden kann.

Der Schädel beherbergt wichtige Organe, so wohlverwahrt hinter den kräftigen Schädelknochen das Gehirn, außerdem das Seh-, Geruchs- und Geschmacksorgan. Hinter dem Stirnbein liegt die Stirnhöhle.

**Wirbelsäule und Brustkorb.** Die Hauptstütze des Rumpfes ist die *Wirbelsäule* oder das *Rückgrat*. Sie besteht aus 33 übereinander gelagerten einzelnen Knochen, sog. *Wirbeln*, die durch Gelenke verbunden und durch Bänder zusammengehalten sind. Zwischen allen Wirbeln, außer dem zusammengewachsenen Steißbein, liegt eine Knorpelscheibe, wodurch die Biegsamkeit wesentlich erhöht wird. Die Wirbelsäule setzt sich zusammen aus 7 Halswirbeln, 12 Brustwirbeln, 5 Lendenwirbeln, 5 Kreuzbeinwirbeln und 4 Steißbeinwirbeln. Die beiden letzten sind zu einem einheitlichen Knochen, dem *Kreuzbein*, verwachsen, das auch mit dem Becken fest verbunden ist. Von der Seite gesehen hat die Wirbelsäule eine Krümmung, die der Form zweier übereinanderstehender S entspricht.

Die größte Beweglichkeit besitzen die Halswirbel. Sie ermöglichen die weitgehende Drehbarkeit des Kopfes. Weniger beweglich sind die Brustwirbel, wodurch sie den in der Brust liegenden Organen, Herz und Lunge, Schutz vor Druck bieten. Die Lendenwirbel sind wieder beweglicher und gestatten Beugung und Drehung des Rumpfes im beschränkten Maße.

Der *Brustkorb* wird durch Brustwirbel, die Rippen und das Brustbein gebildet. Von den Brustwirbeln aus führen reifenartige Knochenspangen, die *Rippen*, bogenförmig nach vorn und treffen sich auf der Mittellinie der Brust im *Brustbein*. Der Brustkorb besteht aus 12 Rippenpaaren, von denen die 7 oberen bis zum Brustbein reichen und als wahre Rippen bezeichnet werden. Von den 5 unteren, den falschen Rippen, sind die 8., 9. und 10. Rippe knorpelig untereinander und mit der 7., der untersten wahren Rippe, verbunden. Die 11. und 12. Rippe sind stummelartig und endigen in der Muskulatur des Rumpfes.

**Knochen des Schultergürtels und der Arme.** Die Arme sind durch den sog. *Schultergürtel* mit dem Rumpf in Verbindung. Der Schultergürtel besteht beiderseits aus einem Schlüsselbein und einem Schulterblatt. Das Schlüsselbein ist mit dem Brustbein verwachsen. An der Stelle, an welcher Schlüsselbein und Schulterblatt zusammenstoßen, befindet sich das *Schultergelenk*. Hier wölbt sich das lange, röhrenförmige Oberarmbein zu einem halbkugeligen Gelenkkopf (Abb. 171). Das untere Ende des Oberarmbeines ist durch zwei seitliche Vorsprünge, den inneren und äußeren *Gelenkknorren*, verdickt und bildet mit den Unterarmbeinen das *Ellenbogengelenk*. Die beiden röhrenförmigen Unterarmbeine heißen *Elle*, in der Verlängerung des kleinen Fingers, und *Speiche*, in der Verlängerung des Daumens gelegen. Der Arm besteht aus Oberarm, Unterarm und Hand. Der Oberarm ist mit dem Oberarmbein durch das Schultergelenk mit dem Schulterblatt verbunden. Arme und besonders die Hand sind außerordentlich beweglich. Bei der Hand unterscheidet man Handwurzel, Mittelhand und Finger.

**Knochen des Beckengürtels und der Beine.** Das Becken bildet einen aus den beiden Hüftbeinen bestehenden, hinten durch das Kreuzbein, vorn durch die Schambeinkugel zusammengehaltenen festen Knochenring. Die Hüftbeine setzen sich je aus dem Darm-, Sitz- und Schambein zusammen. Das Becken dient zur Aufnahme der Baucheingeweide und hat daher einen kräftigen Bau. Die Beine (Abb. 172) sind in den Hüftgelenken mit beiden Seiten des Beckens verbunden und bestehen aus Oberschenkel mit dem Oberschenkelknochen, Unterschenkel mit Schien- und Wadenbein und dem Fuß (Abb. 173), bei dem man Fußwurzel, Mittelfuß und Zehen unterscheidet. Das Hüftgelenk ist ein Kugelgelenk. Ober- und Unterschenkel sind durch das Kniegelenk miteinander verbunden. Dieses ist vorne durch einen platten, runden Knochen, die *Kniescheibe*, gegen Verletzung gesichert.

Das Knochengerüst von Armen und Beinen ähnelt sich weitgehend. Bei beiden bilden je ein Knochen den oberen und je zwei Knochen den unteren Teil. Hand und Fuß unterscheiden sich wesentlich durch die verschiedene Beweglichkeit; die Finger sind länger und weit beweglicher als die Zehen.

**Erkrankungen des Knochengerüstes.** Die wichtigsten Erkrankungen des Knochengerüstes sind: *Englische Krankheit, Rachitis*, befällt hauptsächlich Säug-

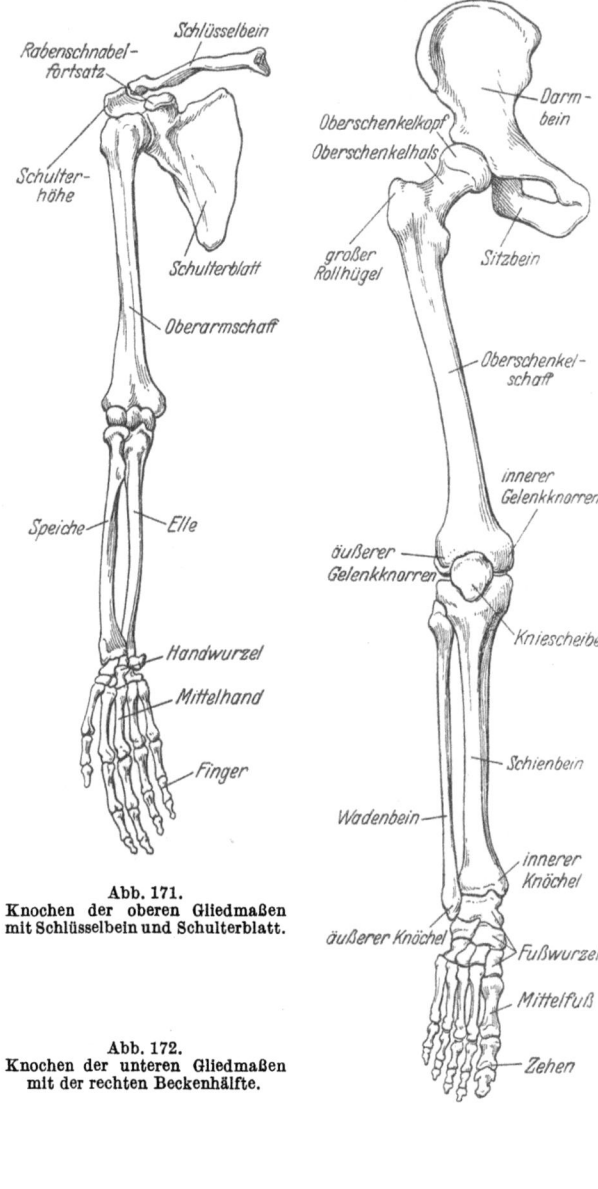

Abb. 171.
Knochen der oberen Gliedmaßen
mit Schlüsselbein und Schulterblatt.

Abb. 172.
Knochen der unteren Gliedmaßen
mit der rechten Beckenhälfte.

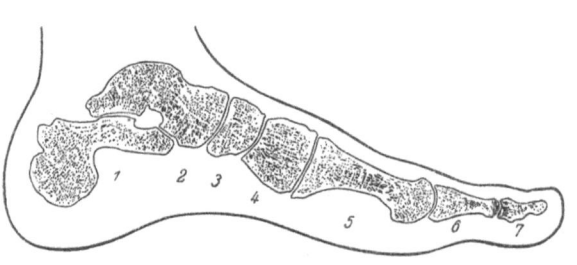

Abb. 173. Längsschnitt durch das knöcherne Fußskelett (Fußgewölbe).
*1* Fersenbein; *2* Sprungbein; *3* Kahnbein; *4* Keilbein; *5* Mittelfußknochen;
*6* und *7* Zehenknochen der großen Zehe.

linge und Kleinkinder. Ihre Ursache beruht auf Störungen des Stoffwechsels, insbesondere im Kalkstoffwechsel durch falsche künstliche oder zu reichliche, aber vitaminarme Kost (Vitamin-D-Mangel). Am Skelett beobachtet man mangelhafte Verkalkung des Knorpels, aus fertigen Knochen wird Kalk entnommen, die Fontanellen werden größer, die Hinterhauptsknochen weich. Bildung von O- oder X-Beinen, Hühnerbrust, seitliche Verbiegung der Wirbelsäule, Buckelbildung. Die Zahnbildung ist in der Regel verzögert und unregelmäßig, die Zähne sind schlecht entwickelt und stehen häufig falsch. Die beste Vorbeugung ist die Ernährung durch Muttermilch, bei künstlicher Ernährung frühzeitige Beigabe von Gemüsen, reichlicher Aufenthalt im Freien, sonniges, luftiges Schlafzimmer.

*Knochenerweichung.*
Die Ursachen sind Störungen der Drüsen mit innerer Sekretion, normal ausgebildete Knochen werden ihrer Kalksalze beraubt. Es besteht Biegsamkeit der Knochen, Knochenkrümmungen, Einknickungen und Verkürzungen; seitliche Verbiegung und Buckelbildung der Wirbelsäule sowie Verkrümmung der Beine treten auf.

*Gelenkrheumatismus.*
Fieberhafte, wahrscheinlich durch Streptokokken

ausgelöste Infektionskrankheit. Eine Erkältung ist imstande, die Widerstandskraft des Organismus zu schwächen und dadurch ursächlich eine Rolle zu spielen. Ausgangspunkte der Krankheit können entzündliche Prozesse im Rachen, vornehmlich an den Mandeln, im Nervenbereich und an den Zahnwurzeln sein. Ein oder mehrere Gelenke schwellen an, es tritt Fieber und starke Schmerzhaftigkeit bei Bewegungen auf. Ein chronischer Gelenkrheumatismus kann sich aus dem akuten entwickeln, indem einzelne Gelenke dauernd verändert und schmerzhaft bleiben; er kann aber auch schleichend beginnen.

## II. Muskeln.

Die Muskeln (Abb. 174) machen gewichtsmäßig den größten Teil aller Gewebe des menschlichen Körpers aus. Sie betragen etwa 40% des Körpergewichts beim Mann und etwa 36% des Körpergewichts der Frau. Daraus ergibt sich die große Bedeutung, welche der Muskulatur beim Stoffwechsel zukommt. Die gesamte im Organismus zu

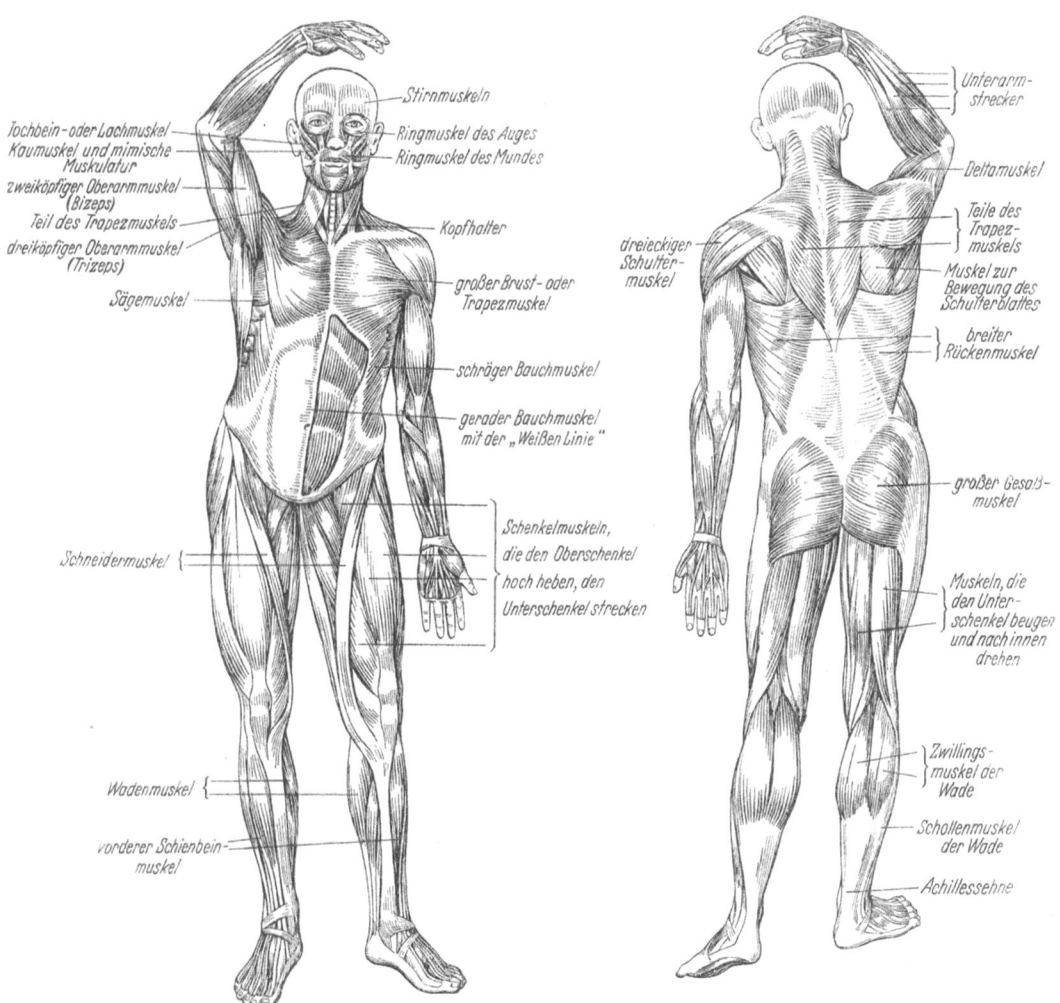

Abb. 174. Skelettmuskeln, obere Schicht; an der linken Bauchseite ist bindegewebige Scheide des geraden Bauchmuskels abgetragen.

leistende mechanische Arbeit wird vom Muskelgewebe bewältigt. Muskeln sind Kraftmaschinen, die chemische Spannkraft in mechanische Arbeit umsetzen, und Träger der Bewegungen.

Man unterscheidet *quergestreifte* oder *willkürliche Muskeln* und *glatte* oder *unwillkürliche Muskeln*. Quergestreifte Muskeln zeigen unter dem Mikroskop eine feine Querstreifung. Zu ihnen gehören alle am Knochengerüst befindlichen Muskeln, die sich durch den Willen willkürlich bewegen lassen, wie Hand-, Arm- und Beinmuskeln. Glatte Muskeln besitzen spindelförmige, glatte Fasern, ihre Bewegungen sind unwillkürlich und vom Willen unbeeinflußt. Sie üben ihre Funktionen in der Speiseröhre, im Magen, Darm, in der Blase und Gebärmutter durch Zusammenziehung aus, die sich in einer *wellenförmigen Bewegung*, der *Peristaltik*, äußert. Im Gegensatz zu den quergestreiften Muskeln erfolgt ihre Tätigkeit langsamer. Nur der Herzmuskel ist trotz seiner unwillkürlichen Bewegung quergestreift.

**Bau der Muskeln.** Die Muskeln setzen sich zusammen aus *Muskelfasern* als wichtigstem Bestandteil, außerdem enthalten sie Blutgefäße, Nerven, Bindegewebe und einen roten Farbstoff. An beiden Muskelenden befindet sich meistens ein kräftiger Strang, die *Sehne*, die der Befestigung des Muskels an den Knochen dient und die vom Muskel ausgeübten Kräfte auf das Knochengerüst überträgt.

**Muskelstoffwechsel, Muskelarbeit, Muskelermüdung.** Die Energiequelle für die Muskeln sind die Kohlenhydrate. Diese werden der Nahrung entnommen und den Muskeln in Form von Traubenzucker über das Blut zugeführt. Der ruhende Muskel hat einen geringen Stoffwechsel. Er entnimmt Traubenzucker dem ihn durchströmenden Blut und speichert ihn neben Sauerstoff als Glykogen. Beim Arbeiten des Muskels werden Kohlenhydrate und Sauerstoff verbraucht und die chemischen Spannkräfte in mechanische Arbeit, Bewegung umgesetzt. Dabei entsteht Kohlendioxyd, das vom Blut aufgenommen wird, neben Milchsäure und Phosphorsäure. Diese Stoffe, besonders aber die Milchsäure, gelten als die Ermüdungsstoffe. Treten sie im Muskel zu konzentriert auf, so vermögen selbst stärkste Reize den Muskel nicht mehr zusammenzuziehen, er ist „erschöpft". Um diesem Zustand möglichst vorzubeugen, hat die Natur durch die Durchblutung des Muskels vorgesorgt. Muskeln sind mit Blutgefäßen reichlich durchsetzt. Im ruhenden Zustand ist die Durchblutung schwach, während bei Muskelarbeit durch den Einfluß der Nerven die Durchblutung gesteigert wird. Durch das Blut werden einerseits die zur Bildung von Glykogen notwendigen Stoffe dem Muskel zugeführt, andererseits die sich bei der Muskelarbeit bildenden Ermüdungsstoffe beseitigt.

Die Muskelfasern verkürzen sich bei der Arbeit. Ihre Verkürzung erfolgt durch vom Nervensystem kommende Reize, dabei entstehen die Muskelzuckungen. Neben der mechanischen Arbeit entsteht bei der Muskelarbeit Wärme. Das Verhältnis von Arbeitsleistung zu Wärmeleistung ist dabei wie $^1/_3 : ^2/_3$. Die bei der Muskelarbeit entstehende Wärme hält den Körper unabhängig von der Außenwärme gleichmäßig auf 37° und unterstützt damit die im Körper sich abwickelnden chemischen Vorgänge, die in der Wärme lebhafter vor sich gehen als bei niederen Wärmestufen.

Die Muskelarbeit läßt sich schematisch wie folgt darstellen:

*Arbeit — Ermüdung — Erholung — Gleichgewicht.*

Bei der Erholung wird der durch die Arbeit sich bildende Ermüdungsstoff Milchsäure wieder in Glykogen, Kohlendioxid und Wasser zerlegt, der Glykogen- und Sauerstoffvorrat aufgeladen.

Bei der üblichen Arbeitsleistung des Menschen gleichen sich Ermüdung und Erholung bei Einschaltung kurzer, regelmäßiger Ruhepausen aus, dabei werden die

Ermüdungsstoffe beseitigt. Auch der ruhende Muskel ist nicht völlig entspannt. Diese Muskelspannung, sog. *Muskeltonus*, beeinflußt im hohen Maße die Haltung unseres Körpers.

**Muskelerkrankungen.** *Muskelrheumatismus.* Ursache: Erkältung, Durchnässung, Zugluft. Die Erkrankung tritt verschiedenartig auf, auch als „steifer Hals", „Hexenschuß", bei dem die Lendenmuskulatur in Mitleidenschaft gezogen ist.

# C. Stoffwechsel und Stoffwechselorgane.

## I. Der Stoffwechsel.

Die vom Menschen eingeatmete Luft ist beim Ausatmen ebenso verändert, wie sich die vom Körper aufgenommenen Nahrungsmittel verändern, bevor sie von den Ausscheidungsorganen ausgestoßen werden. Der Körper vermag die körperfremden Stoffe, die er mit der Nahrung aufnimmt, durch die Verdauung zu einfacher gebauten Stoffen abzubauen und diese dann zu körpereigenen Stoffen aufzubauen. Er verwendet sie teils als *Baustoffe* für das Körperwachstum oder als *Brennstoffe* zu chemischen oder mechanischen Arbeitsleistungen unter Bildung von Wärme. Die dabei entstehenden, vom Körper nicht verwertbaren Zersetzungsstoffe werden durch besondere Organe wieder ausgeschieden. Die Gesamtheit der Vorgänge der ununterbrochenen Stoffaufnahme — Stoffumsetzung — Stoffabgabe bezeichnet man als *Stoffwechsel.*

Beim Stoffwechsel im menschlichen Körper werden aufgenommen: Kohlenhydrate, Fette, Eiweißkörper, Wasser- und Mineralstoffe. Die Beförderung der Nährstoffe zu den Zellen erfolgt durch das Blut, die Lymphe oder die Gewebesäfte. In den Zellen werden die Nährstoffe unter Freiwerden von Energie, Wärme und Arbeit zu einfacheren abgebaut und die Zerfallstoffe auf demselben Wege den Ausscheidungsorganen zugeleitet. So wird Eiweiß durch Fermente zu Aminosäuren abgebaut, welche dann durch die Darmschleimhaut aufgenommen werden, während die Fette durch die Lipasen des Darms in Fettsäure und Glycerin (s. S. 664, Abb. 188) gespalten und dann aufgesaugt werden. Die Kohlenhydrate werden durch die Verdauungsfermente in Einfachzucker zerlegt, von der Darmschleimhaut aufgenommen, durch die Pfortader in die Leber geleitet und dort zu Glykogen verarbeitet. Von hier aus wird es je nach dem Zuckerbedarf im Körper wieder zu Traubenzucker abgebaut, in den Blutkreislauf abgegeben. Blutumlauf, Atmung, Verdauung und Ausscheidung sind die Formen, unter denen sich der Stoffwechsel vollzieht. Die genügende Entfernung der Abfallstoffe (*Stoffwechselschlacken*) aus dem Körper ist für die Gesundheit von größter Bedeutung. Erfolgt sie nicht, sind Erkrankungen die Folge.

### 1. Blut und Kreislauf.

**Aufgaben des Blutes.** Das Blut ist im Körper des Menschen besonders lebenswichtig und dient als Mittler für den Stoffaustausch zwischen Umwelt und Zelle. Es führt Nährstoffe, wie Eiweiß, Fett, Zucker, Mineralstoffe, aus den Verdauungsorganen und Sauerstoff aus den Lungen den einzelnen Zellen der Gewebe zu. Die in den Organen entstehenden Abfallstoffe, Milchsäure, Kohlensäure, Harnsäure, Schwefelsäure, Phosphorsäure und Harnstoff, nimmt es auf, befreit davon die Organe und befördert sie zu den Ausscheidungsorganen. Die Hauptaufgabe des Blutes besteht also einerseits in der Beförderung im Sinne der Ernährung, andererseits im Sinne der Entgiftung. Bei der Arbeit der Organe entsteht Wärme. Das sie durchfließende Blut erwärmt sich dabei, an der Körperoberfläche kühlen sich die Gewebe ab. Die hierbei entstehenden Wärmeunterschiede gleicht das Blut aus. Außerdem nimmt es lebenswichtige Stoffe auf, teils für andere Organe, teils für den ganzen Körper, wie Hormone, weiße Blutkörperchen und Abwehrstoffe, und trägt sie durch den ganzen Körper.

**Zusammensetzung des Blutes.** Die Blutmenge des Menschen beträgt etwa $^1/_{13}$ des Körpergewichts. Ein Mensch von 70 kg Gewicht besitzt also etwa 5 Liter Blut. Davon befindet sich nur ein Teil in Zirkulation, ein Drittel des Gesamtblutes befindet sich in den Blutspeichern Milz und Leber. Aus diesen entnimmt der Körper, wenn nötig, weitere Blutmengen. Das spezifische Gewicht des Blutes ist etwa 1,050 bis 1,060, $p_H$ im Mittel 7,36. Das Blut besteht zu 56% aus *Blutflüssigkeit* oder *Blutplasma*, das 91% Wasser, 7,5% Eiweiß und etwa 0,95% Mineralsalze, 70 bis 120 mg-% Glykose, Cholesterin, Lecithin u. a. enthält, ferner aus den festen Blutbestandteilen, roten und weißen Blutkörperchen und den Blutplättchen, die im Blutplasma suspendiert sind; ihr Anteil beträgt etwa 44%. Plötzliche starke Verminderung der Blutmenge kann Störungen in der Blutverteilung auslösen, so daß lebenswichtige Organe dann nicht mehr genügend mit Blut versorgt werden. Beträgt der Blutverlust mehr als ein Drittel der Blutmenge, tritt der Tod infolge schlechter Gefäßfüllung ein. Der bei starkem Blutverlust drohenden Lebensgefahr begegnet man durch Bluttransfusion oder intravenöse Injektionen mit physiologischer Kochsalzlösung, Ringerscher Lösung u. a. Schon im normalen Blut befinden sich Schutzstoffe gegen das Eindringen körperfremder Eiweißstoffe, körperfremder Zellen und Toxine. Teilweise bilden sie sich auch erst nach dem Eindringen der Fremdkörper. Die Schutzstoffe, *Antikörper*, zu denen auch die Antitoxine gehören, haben verschiedene Aufgaben. Reichlich mit Sauerstoff beladenes Blut ist rot gefärbt (arterielles Blut), sauerstoffarmes und mit Kohlendioxyd beladenes ist dunkelblau-rot gefärbt (venöses Blut).

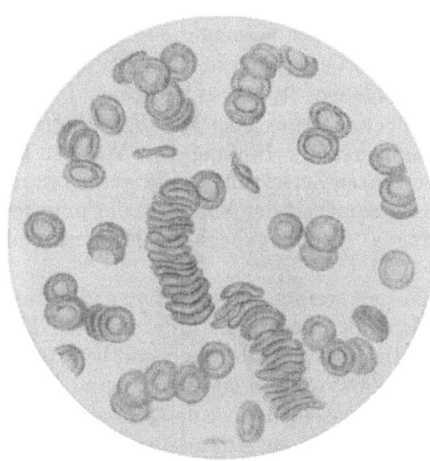

Abb. 175. Rote Blutkörperchen, teilweise geldrollenartig zusammengelagert. Mikroskopisches Bild.

*Rote Blutkörperchen — Erythrocyten.* Die roten Blutkörperchen (Abb. 175) werden beim Erwachsenen dauernd im roten Knochenmark der kleinen Knochen gebildet und erscheinen unter dem Mikroskop als kleine, blaßgelbe, kernlose Scheiben mit wulstigem Rand und einem Durchmesser von etwa 8 μ. Ihre Zahl beträgt im Kubikmillimeter etwa $4^1/_2$ bis $5^1/_2$ Millionen. Bei Zusatz von einem Tropfen Essigsäure zum mikroskopischen Blutpräparat lösen sie sich auf. Ihre Lebensdauer ist auf 28 Tage beschränkt, dann werden sie in der Leber abgebaut. Die Gesamtoberfläche der roten Blutkörperchen beträgt beim Erwachsenen etwa 3000 qm. Bei Anämien ist die Zahl der roten Blutkörperchen und der Hämoglobingehalt vermindert. Der Hämoglobingehalt der roten Blutkörperchen macht 34% aus. Das Hämoglobin hat bei der Atmung wichtige Aufgaben zu erfüllen und ist ein äußerst verwickelt aufgebauter Eiweißfarbstoff, der in einem Molekül mit etwa 2000 Atomen 1 Atom Eisen enthält. Dem Hämoglobin fällt der Transport des Sauerstoffs und der Kohlensäure sowie die Regulation der Blutreaktion zu. Das Hämoglobineisen kann zwei- oder dreiwertig sein, im Hämoglobin ist es zweiwertig und hat die Fähigkeit, durch Nebenvalenzen ein Molekül Sauerstoff anzulagern und dabei in Oxyhämoglobin überzugehen. Dabei bleibt das Eisen zweiwertig. Oxyhämoglobin ist eine äußerst lockere Verbindung, die sich leicht unter Sauerstoffabgabe zurückbildet. Mit Kohlenoxyd verbindet sich das Hämoglobin zu dem kirschroten *Kohlenoxyd-hämoglobin*, in dem sich ein Ferroeisen mit einem CO verbindet. Dieser Vorgang tritt bei der Vergiftung durch Kohlenoxydgas ein und ist die Vergiftungsursache.

Die blutbildenden Organe werden durch Eisen, Arsen und Phosphor in kleinsten Mengen angeregt.

Wird Blut dem lebenden Körper entnommen, so scheidet sich die Blutflüssigkeit von den Blutkörperchen, die nach unten sinken. Diese Tatsache wird bei der sog. *Blutsenkung* diagnostisch verwertet. Mit Natriumcitrat versetztes, frisch entnommenes Blut wird dabei in graduierten Röhren von 2,5 mm lichter Weite sich selbst überlassen und die Senkung in Millimeter-Stunden festgestellt.

*Weiße Blutkörperchen — Leucocyten.* Die weißen Blutkörperchen sind farblose, kugelige Gebilde verschiedener Form, die kein Hämoglobin enthalten und hauptsächlich im Knochenmark, in den Lymphknoten und der Milz gebildet werden. Im Zusammenhang mit Infektionskrankheiten bereiten die Blutbildungsstätten weiße Blutkörperchen in erhöhtem Maße, bisweilen schwillt dabei die Milz an und bietet dann dem Arzt einen wichtigen Anhaltspunkt. Die Größe der weißen Blutkörperchen schwankt zwischen 9 bis 15 μ, ihre Zahl im Kubikzentimeter zwischen 6000 bis 8000. Im Gegensatz zu den roten Blutkörperchen haben sie einen Kern, besitzen Eigenbeweglichkeit, können die Adern verlassen und zwischen den Gewebezellen umherwandern. In den Körper eingedrungene Bakterien und Protozoen werden von ihnen geschwächt und dann aufgefressen. Weiße Blutkörperchen finden sich besonders angehäuft in entzündeten Geweben und bilden hier den Hauptbestandteil des entstehenden Eiters. Sie stellen gewissermaßen die Sicherheitspolizei im Körper dar. Stoffe, welche die Leucocytenzahl vermindern, sind Benzol und die Urethane.

*Blutplättchen — Thrombocyten.* Auch die Blutplättchen werden im roten Knochenmark gebildet. Sie sind bei der *Blutgerinnung* von größter Bedeutung. Die Blutgerinnung ist ein lebenswichtiger Vorgang, auf dem die physiologische Blutstillung beruht, die den Verschluß von Wunden bewirkt. Da sie besonders klein, 1 bis 3 μ, sind, können sie nur bei Anwendung besonderer Kunstgriffe im Mikroskop erkannt werden. Ihre Lebensdauer beträgt nur wenige Tage, und bei ihrem Tode scheiden sie Stoffe ab, die zur Blutgerinnung nötig sind und diese einleiten. Durch ihre Klebrigkeit haften sie an Wundrändern und helfen damit zum Wundverschluß. Bei der Blutgerinnung wirkt außer den Blutplättchen auch noch der *Faserstofferzeuger* oder *Fibrinogen* mit. Dieser Stoff entsteht erst, wenn das Blut gerinnt, und verhindert das Verbluten bei Verletzungen, indem er die Blutkörperchen in seinen Maschen einschließt und so den Schorf bildet.

**Blutkreislauf.** Stofftransport, Stoffaustausch, Wärmeausgleich sowie die lebenswichtige Verteilung der Hormone durch das Blut sind nur möglich, wenn verbrauchende und aufbauende Gewebsverbände in ständigem Kreislauf durchblutet werden (Abb. 176). Der Motor, der diese Leistung vollbringt, ist das Herz, das in seiner Leistungsfähigkeit nur als Glied des Gesamtkreislaufes verständlich ist. Im Grunde genommen liegt nicht *ein* „Kreislauf" vor, sondern eine Summe von Parallelkreisläufen. Im Hauptschluß für das Gesamtsystem angeordnet, nämlich zwischen rechter und linker Herzkammer, liegt lediglich der Hauptregenerationsort für das Blut, die Lunge. Den kürzesten der verschieden langen Parallelkreisläufe stellt das Kranzsystem des Herzmuskels selbst dar. Das vom Herzmuskel verbrauchte Blut kehrt am raschesten, von der Lunge erneuert, zur Verbrauchsstelle im Herzmuskel zurück. Es folgt, durch seine Kürze ausgezeichnet, der Kreislauf der Nieren. Sehr kurz sind ferner die Kreislaufwege durch Nebennieren und Schilddrüse. Etwas länger ist der Kreislauf für das Darm-Pfortader-Gebiet, während die Muskel-, Hautusw. Gefäße der Extremitäten, des Kopfes usw., den längsten Kreislauf besitzen.

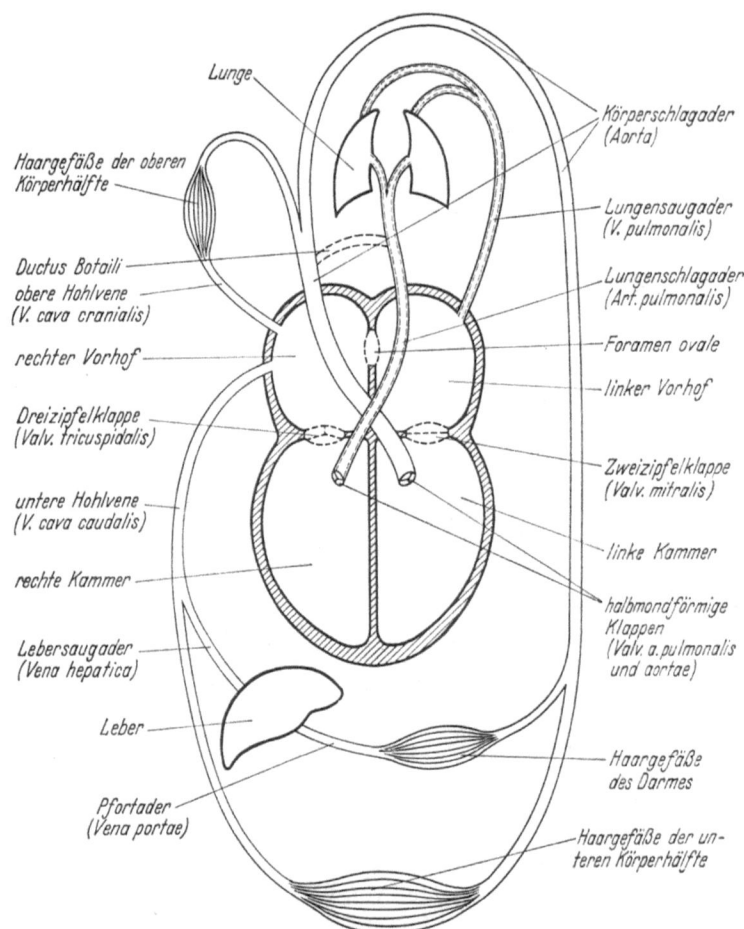

Abb. 176. Schematische Darstellung des Blutkreislaufes.
(Nach *Bücker:* Anatomie und Physiologie, Stuttgart: Thieme 1949).

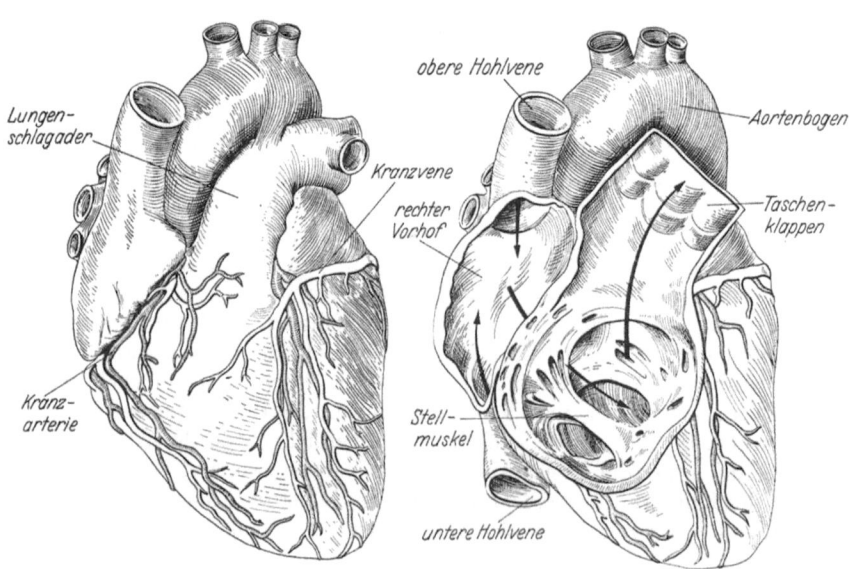

Abb. 177. Herz, von vorn gesehen, mit den Blutgefäßen des Herzmuskels (Kranzgefäßen).

Herz und Gewebe stehen durch die Blutgefäße in Verbindung. Durch sie fließt der Blutstrom durch den ganzen Körper von einem Gewebe zum anderen. Zwischen den Zellen führt ein feinmaschiges Netz von Haargefäßen vorbei. Sie erhalten den Blutstrom von stärkeren Blutgefäßen, die vom Herzen kommen, den *Schlagadern*, *Pulsadern* oder *Arterien*. Die Gefäße, welche das Blut zum Herzen zurückführen, heißen *Blutadern* oder *Venen*.

**Das Herz.** Das Herz (Abb. 177) ist ein etwa faustgroßer Hohlmuskel, der in der linken Brusthälfte, dicht hinter dem Brustbein im *Herzbeutel*, eingeschlossen liegt. Seine Spitze zeigt nach links unten und endet im fünften Zwischenrippenraum. Das Herz wird von einer Längswand in zwei annähernd gleiche Hälften geteilt. An diesen unterscheidet man wieder einen kleinen oberen Abschnitt, die *Vorkammer*, und einen größeren unteren, die *Kammer*. Die linke Herzkammer besteht aus besonders kräftigen Muskeln, sie hat den Körperblutkreislauf zu versorgen, während die rechte Herzkammer den Lungenblutkreislauf betätigt. An den Öffnungen zwischen den Vorkammern und Kammern befinden sich häutige *Klappen*, welche bei der Zusammenziehung der Kammern die Öffnungen wie ein Ventil verschließen. In die rechte Vorkammer münden die Körpervenen, in die linke die Lungenvenen.

Die *Schlagadern, Arterien*, entspringen aus den Kammern, die große Körperschlagader, *Aorta*, aus der linken, die *Lungenschlagader* aus der rechten Herzkammer. Die Aorta beschreibt zunächst einen nach oben gerichteten Bogen und führt dann vor der Wirbelsäule nach unten. Ihren Teil in der Brusthöhle bezeichnet man als *Brustschlagader*. Am Bogen der Aorta zweigen die zum Kopf und den Armen führenden Schlagadern ab, die *Halsschlagadern*, die *Oberarmschlagadern*, die sich unterhalb der Ellenbeuge in die *Speichen-* und *Ellenschlagader* teilen. Die Schlagadern verlaufen zum größten Teil von Muskulatur geschützt in der Tiefe des Körpers.

Die *Blutadern, Venen*, verlaufen teilweise neben den Schlagadern, zum Teil aber auch oberflächlich unter der Haut und sind dann als bläuliche, netzartige, durchscheinende Stränge erkennbar. Sie sammeln sich in zwei große, in die rechte Vorkammer mündende *Hohlvenen*, die obere und die untere. Die obere Hohlvene nimmt das venöse Blut von Kopf, Hals und Armen auf, die untere Hohlvene dasjenige der Beine, des Bauches und Rumpfes. Die Venen von Milz, Magen und Darm vereinigen sich dagegen in der in die Leber einmündenden *Pfortader*, das Blut fließt erst von da durch die Lebervenen zur Hohlvene zurück.

In jeder Minute schlägt das Herz des Erwachsenen 70- bis 80mal und mit größter Regelmäßigkeit. Der Arbeitsgang des Herzmuskels zerfällt in Zusammenziehen (Systole), Erweiterung (Diastole), Pause. Das Kinderherz schlägt bedeutend häufiger, dasjenige eines Kindes im ersten Lebensjahr bis 130mal in der Minute. Bei körperlicher Arbeit hat das Herz erhöhte Leistungen zu vollbringen. Die Muskeln verbrauchen mehr Nahrung, es wird mehr Kohlendioxyd gebildet, der Blutbedarf wird dadurch größer, der Herzschlag beschleunigt und kräftiger. Durch Körperarbeit oder Leibesübungen wird der Herzmuskel gekräftigt, während Überanstrengung immer schadet. Der nervöse Ausgleich der Herztätigkeit erfolgt einerseits durch den *Hemmungsnerv* (Nervus vagus) und den *fördernden Herznerv* (Nervus accelerans cordis).

Den Schlag des Herzens spüren wir beim Auflegen der Hand direkt auf das Herz oder der Fingerspitzen auf die größeren, an der Körperoberfläche verlaufenden Körperschlagadern. Bei jeder Zusammenziehung der linken Kammer wird Blut in die Körperschlagader gepreßt. Der dadurch erzeugte Druck pflanzt sich *wellenförmig* in den Adern fort und wird an den Stellen der Schlagadern, die dicht unter der Haut liegen, als *Puls* wahrgenommen. Zur Feststellung des Pulsschlages, also der Zahl der Herzschläge, bedient man sich gewöhnlich der Schlagader am Handgelenk.

**Lymphe und Lymphknoten.** Die Wände der Haargefäße, durch die das Blut durch die Gewebe fließt, sind äußerst dünn und für Flüssigkeiten durchlässig. Durch sie tritt aus dem Blut die *Gewebsflüssigkeit* oder *Lymphe*, eine beinahe farblose Flüssigkeit, von der alle Zellen des Körpers umspült werden. Ihre Zusammensetzung entspricht der eines verdünnten Blutplasmas und enthält weiße, aber keine roten Blutkörperchen. Die Lymphe ist durch die Lymphkanäle (Abb. 178) in ständiger Bewegung. Sie dient wie das Blut dem An- und Abtransport von Nährstoffen sowie Spalt- und Endprodukten des Stoffwechsels. An gewissen Stellen des Körpres, so am Hals, in den Achselhöhlen, in den Leisten usw., befinden sich *Lymphknoten*. Dies sind Filtrierapparate, die fähig sind, die Lymphe zu entgiften, schädliche Stoffe abzufangen und neue Wanderzellen in die Lymphflüssigkeit zu entsenden. Auch die Mandeln, die den Anfangsteil von Luft- und Speiseröhre umschließen, sind Anhäufungen von Lymphknoten. Beim Eindringen von Krankheitserregern in den Körper schwellen die benachbarten Lymphknoten an und sperren somit den Weg. Die Schutzpolizei des Körpers, die weißen Blutkörperchen, treten nun in Tätigkeit. Die entzündeten Lymphbahnen werden u. U. als rote Stränge sichtbar. In diesem Falle besteht Lebensgefahr für den Erkrankten, ärztliche Hilfe ist dringend. Die Gliedmaßen, an denen ein solcher roter Strang sichtbar ist, sind völlig still zu legen und Alkoholumschläge anzuwenden. Vermögen die Lymphknoten die eingedrungenen Krankheitserreger oder Giftstoffe nicht unschädlich zu machen, droht eine Lymphstrangentzündung, laienhaft und fälschlich mit „Blutvergiftung" bezeichnet. Auch im Darm üben die Lymphgefäße eine wichtige Tätigkeit aus. Hier nehmen sie das Fett auf und vereinigen sich im *Milchbrustgang*, der die Lymphe dem Blutkreislauf zuführt.

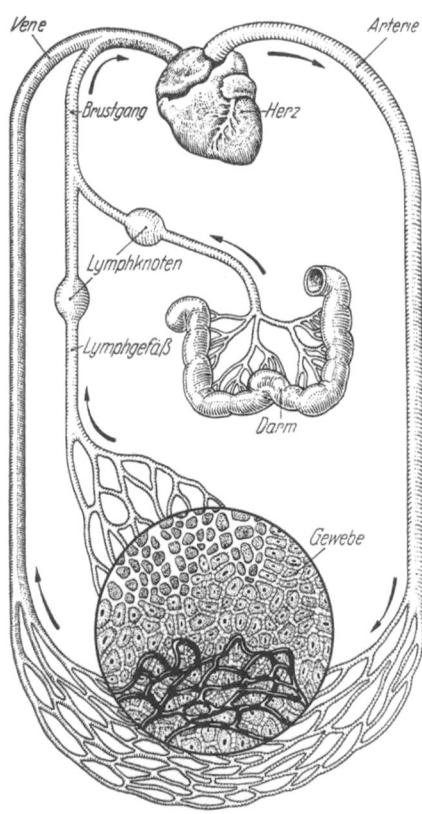

Abb. 178. Der Lymphkreislauf des Menschen in grobschematischer Darstellung (Zeichnung von *E. Haferkorn*). Der äußere Ring stellt den Blutkreislauf (links Venen, rechts Arterien, unten Feinstgefäße) dar. Aus den Feinstgefäßen sickert die Lymphe (weiß) in die Saftlücken der Gewebe (Mikrobild), sammelt sich in den Lymphgefäßen und fließt durch die Lymphknoten durch den Milchbrustgang in die Hohlvene zurück. Außerdem kommt ein starker Lymphstrom von den Darmkanalzotten her und befördert diejenigen Bestandteile des Speisebreis, die nicht unmittelbar in den Blutkreislauf gelangen sollen, zum Brustgang und damit zum Blutkreislauf.

**Blutdruck.** In den großen Schlagadern steht das Blut unter hohem Druck, daher spritzt bei ihrer Öffnung das hellrote Blut im Bogen heraus, während der Druck in den Blutadern stark abgesunken ist. Der Organismus ist bestrebt, den Blutdruck konstant zu halten und gleichzeitig die Blutverteilung den Bedürfnissen der einzelnen Organe anzupassen. Auch bei veränderter Blutverteilung bleibt der Blutdruck annähernd konstant. Wird in einem Gefäßgebiet mehr Blut benötigt, verengt sich ein anderes zum Ausgleich automatisch. *Kreislaufstörungen*, bei denen die normale Regulation zu diesem Ausgleich nicht mehr ausreicht, können vom Herzen, den Gefäßen, dem Gefäßzentrum oder von der Blutmenge ausgehen. Zu ihrer Behandlung muß der Arzt feststellen, durch welchen dieser Faktoren die Störung bedingt ist. Der Blutdruck eines Menschen ergibt sich aus der Herzarbeit, dem Widerstand und der Spannung der Gefäße und der Blutmenge. Er wird mit einem besonderen Apparat nach RIVA-ROCCI u. a. an der Oberarmschlagader gemessen und gibt bei gewissen Erkrankungen dem Arzt wichtige Anhaltspunkte. Gewöhnlich ist eine dauernde Blutdruckerhöhung ein Zeichen organischer Erkrankung.

**Blutgruppen.** Bei starken Blutverlusten versucht der Arzt, diesen durch *Blutübertragung, Bluttransfusion*, auszugleichen. Dabei hat man festgestellt, daß der erwünschte Erfolg, das Leben zu erhalten, nicht immer eintrat. Dies beruht auf der Tatsache, daß das Blut verschiedener Menschen verschiedene Eigenschaften hat. Während sich Blutserum und Blutkörperchen mancher Menschen vertragen, vermag das Blutserum eines anderen die Blutkörperchen wieder anderer zu Klumpen zusammenzuballen. Dies erklärt sich aus dem Vorhandensein oder Fehlen zweier verschiedener Stoffe im menschlichen Blut, die man mit A und B bezeichnet hat. Durch Untersuchungen wurde festgestellt, daß diese Stoffe entweder allein oder miteinander oder gar nicht im Blut vorhanden sind. Demnach werden die Menschen nach ihren Bluteigenschaften in vier Gruppen eingeteilt:

Gruppe 0 (Null)          Gruppe B
Gruppe A                 Gruppe A + B

mit Untergruppen der A-Gruppe und verschiedenen Faktoren.

Die Einführung der klassischen Blutgruppen im Jahre 1901 und der Faktoren M und N und anderer Merkmale ist grundlegend für die gefahrlose Durchführung von Blutübertragungen von Mensch zu Mensch. In Ausnahmefällen haben auch $A_1$-, $A_2$-Untergruppen Bedeutung. Neuerdings spielt der *Rh-Faktor* eine wichtige Rolle, um Schäden bei Bluttransfusionen zu verhüten. Vor dessen Entdeckung kamen doch noch Zwischenfälle mit tödlichem Ausgang vor. Dieses Blutkörperchenmerkmal ist für bestimmte Erkrankungen Neugeborener verantwortlich, wie Blutarmut, schwere Gelbsucht, angeborene allgemeine Wassersucht bzw. Tod der Frühgeburt mit Leberschrumpfung. Mit der Entdeckung des *Rh*-Merkmals sind die Ursachen der vorgenannten Erkrankungen geklärt und der Medizin Mittel zur Heilung und Verhütung derselben in die Hand gegeben.

**Blutgifte.** Blutgifte sind Kohlenoxyd und Nitrite, jedoch können giftige Wirkungen auf die Blutkörperchen bzw. das Blutplasma auch durch andere chemische Verbindungen ausgeübt werden, z. B. durch Benzol, Anilin und seine Derivate, Pyrogallol, Chlorate, Salicylsäure und Saponine.

*Kohlenoxyd* verbindet sich mit dem Hämoglobin des Blutes zu dem kirschroten *Kohlenoxydhämoglobin*, wobei sich ein Ferroeisen mit einem $CO$ verbindet. Diese Verbindung ist unfähig, Sauerstoff zu befördern. Die Gefährlichkeit des Kohlenoxyds beruht darauf, daß es weit größere Affinität zum Hämoglobin hat als der Sauerstoff. Schon beim Einatmen eines Sauerstoff-Kohlenoxyd-Gemischs, das nur 0,1% Kohlenoxyd enthält, wird etwa die Hälfte des Hämoglobins an Kohlenoxyd gebunden und geht der Sauerstoffbeförderung verloren. Danach genügen schon 0,2 bis 0,3% Gehalt an Kohlenoxyd in der Atemluft, um Erstickung herbeizuführen. Das Gas ist deshalb besonders gefährlich, weil es geruchlos ist und weil im Schlaf damit Vergiftete erst erwachen, wenn die Lähmungserscheinungen beginnen und sie nicht mehr die Kraft haben, sich zu retten.

*Nitrite*, also die Salze und Ester der salpetrigen Säure, $HNO_2$, sind Blut- und Gefäßgifte. Sie bilden mit dem Blut *Methämoglobin, Hämiglobin*, eine ebenfalls für die Sauerstoffbeförderung ungeeignete Verbindung.

## 2. Atmung und Atmungsorgane.

In den Zellen wird durch Oxydation die chemische Energie der Nährstoffe für die Arbeit der Zelle nutzbar gemacht. Dabei wird Kohlenstoff zu Kohlendioxyd oxydiert. Die Zellen haben nur einen geringen Sauerstoffvorrat, der zur Durchführung der notwendigen Oxydationen nicht ausreichen würde. Größere Mengen von Kohlendioxyd können sie aber ohne Schädigungen nicht speichern. Deshalb muß ständig Sauerstoff angeliefert und Kohlendioxyd fortgeschafft werden. Da beide Gase sind, kann dies auf dem gleichen Wege durch die Atmungsorgane erfolgen. Unter Atmung versteht man die Aufnahme von Sauerstoff und die Abgabe von Kohlendioxyd von Zellen bzw. Geweben.

Während Blut und Blutkreislauf die Voraussetzung für den geregelten Ablauf des Stoffwechsels in den Körperzellen sind, ist die Atmung ein anderer Weg des Stoffwechsels durch Gasaustausch. Aber auch bei der Atmung ist das Blut und der Blutkreislauf von größter Bedeutung. Die Atmung ist einer der wichtigsten Lebensvorgänge; setzt sie nur wenige Minuten aus, erstickt der Mensch. Ist sie unvollkommen, drohen schwere Erkrankungen.

Die Atmung erfolgt durch den Atemmechanismus: Durch die Wirkung der Zwischenrippenmuskeln und durch das Zwerchfell wird der Brustkorb während der Einatmung erweitert. Dabei wird wie bei einem sich öffnenden Blasebalg Luft angesogen. Bei der Ausatmung verringert sich durch die Erschlaffung der Atemmuskeln das Brustkorbvolumen, und dabei wird die Luft ausgestoßen. Die Atmung wird vom *Atemzentrum* reguliert, das seinerseits entweder direkt vom Blut oder reflektorisch über das Nervensystem, etwa durch die Hautnerven oder andere Nerven, angeregt wird.

*Atemluft.* Der Luftbedarf eines Erwachsenen beträgt in der Stunde etwa 30 cbm, dabei ist die Luft das Beförderungsmittel des Sauerstoffs. Es enthält die

|  | eingeatmete Frischluft | ausgeatmete Luft |
|---|---|---|
| Stickstoff . . . . . | 79,03% | 79,6% |
| Sauerstoff. . . . . | 20,94% | 16,5% |
| Kohlendioxyd . . . | 0,03% | 3,9% |

Die Sauerstoffabnahme und Kohlensäurezunahme beträgt also je etwa 4%.

*Innere Atmung.* Unter innerer Atmung versteht man den Austausch der beiden Gase Sauerstoff und Kohlendioxyd zwischen den Zellen und ihrer Umgebung. In der Zelle wird Sauerstoff chemisch gebunden. Dadurch entsteht eine Störung des Gleichgewichts, und frischer Sauerstoff strömt aus den die Zelle umgebenden Körpersäften nach. Derselbe Vorgang findet mit Kohlendioxyd in umgekehrter Richtung statt. Bei Kohlendioxydüberschuß in der Zelle gegenüber ihrer Umgebung tritt dieses Gas in die Körpersäfte über. Da der Sauerstoffvorrat in den Zellen gering ist, wäre dieser rasch erschöpft und die Zellen mit Kohlendioxyd überladen, wenn nicht im Organismus für zweckmäßige Zufuhr von Sauerstoff und Abfuhr von Kohlendioxyd gesorgt wäre. Das Beförderungsmittel ist das Blut, das die Fähigkeit hat, beide Gase in großer Menge sehr schnell aufzunehmen und ebenso rasch wieder abzugeben. Das Blut verbindet alle Gewebe mit dem eigentlichen Atmungsorgan, der Lunge (Abb. 179).

*Äußere Atmung.* Die äußere Atmung, also der Gasaustausch zwischen Lungenbläschen und Blut, vollzieht sich in der Lunge. Die Einatmung erfolgt durch die Arbeit der Atemmuskulatur, die Ausatmung weitgehend passiv durch die elastischen Kräfte von Brustkorb und Lungen. Das die Lunge durchfließende Blut entnimmt hier den Sauerstoff der eingeatmeten Luft, bringt ihn zu den Orten des Verbrauchs in den Geweben und gibt das in diesen aufgenommene Kohlendioxyd an die Atmungsluft ab. Störungen der Atmung können eintreten: 1. durch Lähmung des Atemzentrums, 2. durch Behinderung der Bewegung der Atmungsmuskulatur infolge Schmerzen oder Lähmung derselben, 3. durch mechanische Behinderung in den oberen Luftwegen durch Sekret- oder Schleimmassen, durch Schwellung der Schleimhäute oder durch Fremdkörper, durch Lungenödem als Folge einer Kreislaufstörung oder Einwirkung die Lungen schädigender Gase, 4. durch Krampf der Bronchialmuskulatur.

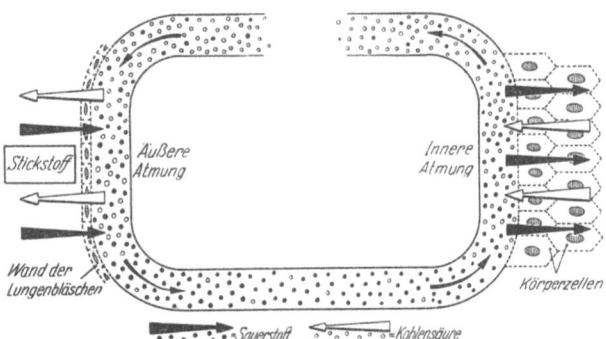

Abb. 179. Aufgaben des Blutes bei der Atmung.

### a) Atmungsorgane.

Die Organe, welche der Lunge die Atemluft zuführen, Nase, Rachen, Kehlkopf, faßt man zusammen unter der Bezeichnung *obere Luftwege*. Sie dienen nicht nur als Atemwege, sondern haben wichtige Aufgaben zu erfüllen, um die Atemluft in einem Zustand in die Lunge zu befördern, der dem feinen Bau derselben nicht schädlich ist. Am Beginn des Atemweges steht die Nase, die hierbei besondere Arbeit leistet.

*Nase.* Die Nase hat vier Aufgaben zu erfüllen: 1. die Reinigung der Einatmungsluft von Staubteilchen, die im Nasenschleim haftenbleiben und durch das Flimmerepithel wieder nach außen befördert werden, 2. die Erwärmung der Einatmungsluft, damit diese nicht zu kalt und nicht zu trocken in die Lungen kommt und diese reizt, 3. Sättigung der eingeatmeten Luft mit Wasser und 4. Prüfung der eingeatmeten Luft. Diesen Aufgaben ist ihr Bau angepaßt. Die Nasenwurzel besteht aus Knochen, der vorspringende untere Teil der Nase aus Knorpel. In den Nasenlöchern befinden sich starke, sich überkreuzende Haare, die Staub, Bakterien, Insekten usw. wie ein Rechen aufhalten. Durch die *Nasenscheidewand* wird die Nase in eine rechte und eine linke *Nasenhöhle* geteilt, die tief in den Gesichtsschädel hinein verlaufen und sich tiefer innen durch die *Nasenmuscheln* verengen. Die letzten sind so gebaut, daß die einströmende Luft beim Auftreffen auf sie gebrochen wird, sich Wirbel bilden und die Luft so ausgiebig mit ihnen in Berührung kommt. Nasenhöhlen und Nasenmuscheln sind mit einer stark mit Blutadern durchzogenen Schleimhaut überzogen. Diese Blutadern fassen unverhältnismäßig große Mengen Blut und erwärmen dadurch die eingeatmete Luft auf 32 bis 33°. Die Nase ist also der Ort, an dem der Wärmeunterschied zwischen Außenluft und Körperinnerem ausgeglichen wird.

Die in der obersten Nasenmuschel gelegene *Riechschleimhaut* prüft die Luft auf Gerüche. Kommen hier reizende oder erstickende Geruchstoffe zur Wahrnehmung, wird das Atemzentrum beeinflußt und je nachdem völliger Atemstillstand ausgelöst oder die Atmung verlangsamt, die Atemtiefe verringert.

Auf der feuchten Nasenschleimhaut verdunstet Wasser. Der hier entstehende Wasserdampf wird von der Atemluft aufgenommen. Unter normalen Verhältnissen (mittlerer Wärmegrad und mittlerer Feuchtigkeitsgehalt der Luft) wird dabei von der Nasenschleimhaut reichlich Wasser in Dampfform abgegeben.

Obwohl die Nase nur etwa ein Fassungsvermögen von 35 ccm hat, verarbeitet sie an einem Tage allein in der Einatmungsrichtung etwa 8000 l Luft.

*Nasenrachenraum.* Der Nasenrachenraum leitet von der Nase zum Kehlkopf über. Hier endigen die Nasengänge, und der Luftstrom verläuft nach abwärts. Am Dach

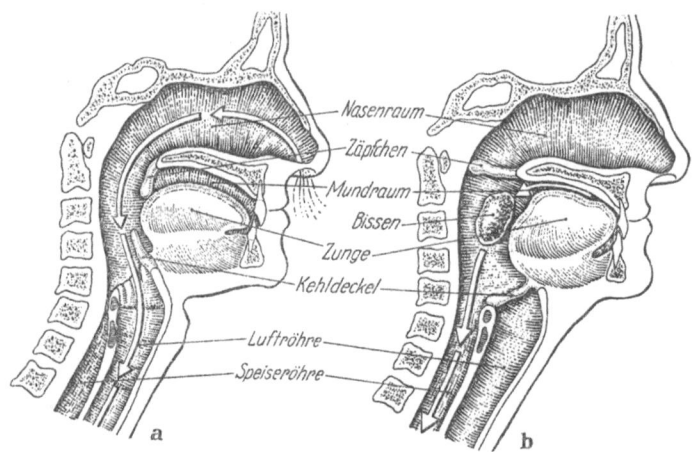

Abb. 180. Der Mund-Nasen-Rachen-Raum, a beim Atmen; — b) beim Schlucken.

des Rachengewölbes befindet sich im Kindesalter die *Rachenmandel,* die sich bei der Geschlechtsreife zurückbildet. Sie ist bei krankhafter Vergrößerung häufig bei

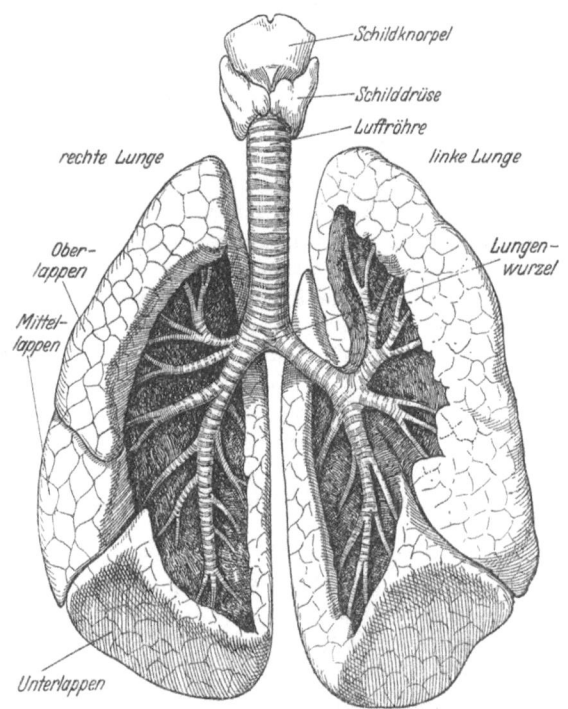

Abb. 181. Die Lungen.

Kindern die Ursache behinderter Nasenatmung, die sich dann durch Atmen durch den Mund oder sogar durch Schwerhörigkeit ausdrücken kann. Daran leidende Kinder sind meist blaß, nervös, mit schlechtem Appetit. Die dauernde Mundatmung ist ein häufiger Anlaß zu Infektionen.

*Mundhöhle.* Mundhöhle und Nase sind durch den Nasenrachenraum (siehe Abb. 180) miteinander verbunden und durch den *knöchernen Gaumen* teilweise getrennt. Bei der Atmung durch die Nase legen sich der *weiche Gaumen* und das *Zäpfchen* am Zungenrücken an und verschließen die Mundhöhle gegen den Rachen. Links und rechts vom Zäpfchen ziehen sich Schleimhautfalten zum Mundboden herab, in denen die *Gaumenmandeln* liegen. Das am Zungengrund befindliche Lymphgewebe bildet mit den Mandeln den *lymphatischen Schlundring,* der dauernd weiße Blutkörperchen in Mund- und Rachenhöhle entsendet und dadurch der Vernichtung eindringender Keime dient. Denselben Zweck hat der Gehalt an Rhodansalzen des Speichels. Da bei der Mundatmung die Atemluft nicht genügend von Staub und Bakterien gereinigt wird, soll diese nach Möglichkeit vermieden werden. Bei sehr großem Luftbedarf, z. B. bei besonders starken körperlichen Anstrengungen, reicht die durch die Nase eingeatmete Luft nicht aus, und Mundatmung muß mithelfen, die benötigten großen Luftmengen zu beschaffen.

*Kehlkopf.* Der Kehlkopf liegt unterhalb der Zunge und stellt den verschließbaren Eingang zur Luftröhre dar. Hier überschneiden sich der Weg der Luft, der zur Luftröhre führt, mit dem Weg der Speisen, der zur Speiseröhre führt (s. Abb. 180). Beim Schluckakt verschließt einerseits der Kehlkopf die Luftröhre, andererseits wird auch der Nasenrachenraum durch den weichen Gaumen gegen die Mundhöhle abgeschlossen. Mitunter kommt es vor, daß trotzdem Speiseteilchen in den Kehlkopf eindringen (sog. Verschlucken). Dieser Vorgang erregt heftige Hustenstöße bis zur Windstärke eines Orkans, wodurch der Fremdkörper wieder herausgestoßen wird. Der Kehlkopf ist die engste Stelle der oberen Luftwege und daher bei gewissen Erkrankungen besonderen Gefahren durch völligen Verschluß des Atemweges und dadurch bedingter Erstickungsgefahr ausgesetzt (z. B. Diphtherie).

*Luftröhre.* Die Luftröhre ist ungegliedert, biegsam, beweglich, hinten abgeplattet und führt im geraden Verlauf vom Hals in die Lungen. Hufeisenförmige Knorpelspangen halten sie offen. Sie ist wie alle Atemwege mit Schleimhaut ausgekleidet, deren Zellen an der Oberfläche feinste Härchen, sog. *Flimmerhärchen*, tragen. Diese sind in ständiger wogender Bewegung, ähnlich einem Ährenfeld. Dadurch entsteht ein Flimmerstrom, der etwa eingedrungene Staubteilchen, die in die Luftröhre gelangt sind, mit Schleim zum Rachen hin befördert. Diese Schutzeinrichtung für die Lunge arbeitet so rasch, daß eingedrungene Fremdkörper schon innerhalb 6 Minuten durch die etwa 12 cm lange Luftröhre nach außen befördert werden. In der Brusthöhle teilt sich die Luftröhre an ihrem unteren Ende in zwei Luftröhrenäste für die rechte bzw. linke Lunge, die Bronchien.

*Bronchien.* Die Bronchien verzweigen sich in immer weitere und kleinere Zweige, deren feinste nur etwa $^{1}/_{2}$ mm dicken Endästchen in den Lungenbläschen der Lunge enden.

*Die Lunge.* Die Lunge (Abb. 181) besteht aus etwa 300 Millionen Lungenbläschen (Abb 182), in denen sich der Gasaustausch zwischen der Luft und dem Blut vollzieht. Jedes einzelne Lungenbläschen ist von einem Netz feinster Blutgefäße umsponnen. Die

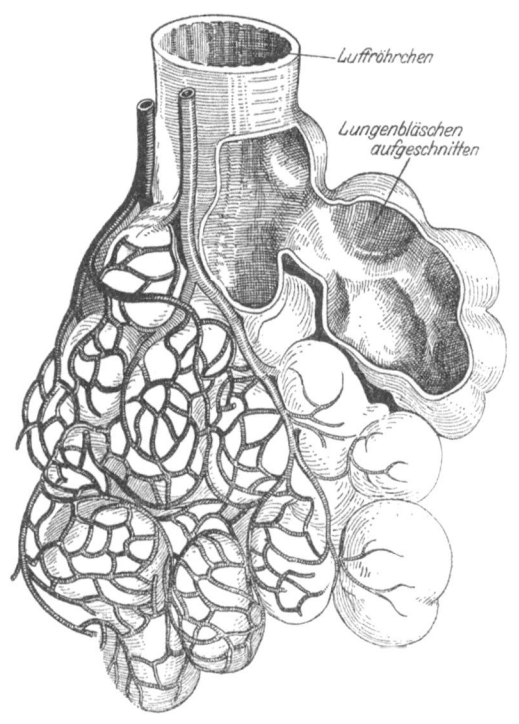

Abb. 182. Luftröhrchenast mit den traubenartig daranhängenden, reich von Blutgefäßen umsponnenen Lungenbläschen.

Stärke der Lungenbläschen, die zusammenfallen oder sich wie ein Ballon ausdehnen können, beträgt nur 4 µ und bietet dem Gasaustausch nur ganz geringen Widerstand. Durch die sinnvolle Unterteilung der Lunge erhält das Organ trotz des ihm zur Verfügung stehenden kleinen Raumes erst die Oberfläche, die es benötigt, um die für den Körper erforderlichen Gasmengen aufzunehmen. Die Oberfläche der Lunge beträgt bei normaler Atmung etwa 130 qm, bei tiefer Atmung sogar 150 qm. Welch gewaltige Fläche dies darstellt, wird klar, wenn man die Oberfläche des menschlichen Körpers zum Vergleich heranzieht, die nur 2 qm ausmacht. Herz, Blutgefäße, Speise- und Luftröhre hängen durch Bindegewebe miteinander zusammen und teilen die Brusthöhle in zwei ungleich große Teile, in denen rechte und linke Lunge untergebracht sind. Die rechte Lunge setzt sich daher aus drei, die linke, eingeengt durch das Herz, aus zwei *Lappen* zusammen.

Die oberen Enden der Lungen sind kegelförmig und heißen *Lungenspitzen*. Sie sind der von Tuberkelbazillen bevorzugte Sitz im Frühstadium der Erkrankung. Dies beruht wahrscheinlich darauf, daß die Lungenspitzen gegenüber dem anderen Lungengewebe schwächer infolge ungenügender Sauerstoffzufuhr durchblutet werden. Die Brusthöhle ist ausgekleidet mit dem *Brust-* oder *Rippenfell*, das die ganze Lungenoberfläche überzieht.

### b) Atemmuskeln, Atembewegungen.

Durch die Erweiterung des Brustraumes dehnt sich auch die Lunge aus, und dadurch wird die Luft von ihr angesogen. Die mechanische Arbeit bei der Atmung wird von den Atemmuskeln geleistet. Brusthöhle und Bauchhöhle sind durch das *Zwerchfell* getrennt. Dies ist eine derbe Muskelplatte, die in der Mitte durch Sehnen verstärkt ist. Das Zwerchfell (Abb. 183) ist mit dem unteren Teil des knöchernen Brustkorbes verwachsen und nach oben kuppelförmig gewölbt. Es bestreitet den größten Teil der Atmung. Beim Einatmen tritt das Zwerchfell nach unten, schiebt die Eingeweide nach unten, der Bauch wird gewölbt. Beim Ausatmen tritt der Bauch wieder zurück und unterstützt durch seine Muskeltätigkeit die Aufwärtsbewegung des Zwerchfells.

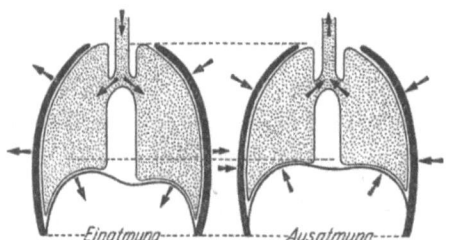

Abb. 183. Mechanismus der Atmung.

Für die Lufterneuerung in der Lunge ist tiefes Ausatmen wichtig. Die Lunge eines gesunden Menschen faßt etwa 5 l Luft, von denen bei tiefen Atemzügen bis 3$\frac{1}{2}$ l ein- bzw. ausgeatmet werden können. Die Fähigkeit, mehr Luft durch die Lunge aufzunehmen, wird durch Leibesübungen wesentlich erhöht. So atmen Menschen, die keinen Sport treiben, etwa 3,3 l Luft mit einem Atemzuge ein, während z. B. Leichtathleten etwa 4,7, Schwimmer etwa 5 und Ruderer etwa 5$\frac{1}{2}$ l Luft einatmen. Richtiges Atmen setzt eine gute Dehnungsfähigkeit des Brustkorbes voraus. Diese wird durch Feststellung des Brustumfanges zwischen äußerster Aus- und Einatmung gemessen. Dabei wird bei lose herabhängenden Armen das Bandmaß unter den Schulterblättern hoch durch die Achselhöhlen und dicht über den Brustwarzen herumgeführt. Dabei gelten als Durchschnitt für den gesunden Menschen:

| Körpergröße | Äußerste Brustdehnung |
|---|---|
| 157 bis 165 cm | 6,5 cm |
| 166 bis 170 cm | 7,0 cm |

| Körpergröße | Äußerste Brustdehnung |
|---|---|
| 171 bis 175 cm | 7,5 cm |
| 176 bis 180 cm | 8,0 cm |
| 181 bis 190 cm | 8,5 cm |

Bei Männern ist die äußere Brustdehnung größer als bei Frauen.

### c) Erkrankungen der Atmungswege.

Die wichtigsten Erkrankungen der Atmungswege sind:

*Luftröhrenkatarrh.* Erscheinungen: Husten mit Auswurf, Gefühl des Wundseins hinter dem Brustbein. Chronisch kommt der Katarrh bei älteren Männern vor.

*Keuchhusten. Stickhusten. Blauer Husten.* Oft über mehrere Monate dauernde ansteckende Krankheit, die anfangs nur mit Husten auftritt, um dann in krampfhafte Hustenanfälle mit pfeifender Einatmung überzugehen.

*Bronchialasthma.* Häufige nächtliche Anfälle von Atemnot mit bläulicher Gesichtsfärbung. Erschwertes Ausatmen mit pfeifenden Geräuschen.

*Lungenerweiterung — Emphysem.* Kurzatmigkeit mit Hustenreiz und angestrengter, beschleunigter Atmung.

*Lungenentzündung.* Beginnt mit plötzlichem Schüttelfrost, hohem Fieber und Seitenstechen. Erreger sind verschiedene Bakterien.

*Lungenschwindsucht.* Erreger Tuberkelbacillus. Die Krankheit beginnt meist schleichend, aber auch akut als Grippe oder Luftröhrenkatarrh. Leichte Ermüdbarkeit, geringe Temperaturerhöhung, Appetitlosigkeit, Nachtschweiße und Gewichtsverlust. Chronisch erstreckt sich die Krankheit über mehrere Jahre, akut führt sie in wenigen Wochen oder Monaten zum Tode. Die galoppierende Schwindsucht ist eine mit rasch verlaufendem Zerstörungsprozeß, Höhlenbildung in der Lunge und Blutungen verlaufende Schwindsucht. Vorbeugende Maßnahmen: Abhärtung, vernünftige Lebensweise. Erhaltung eines guten Ernährungs- und Kräftezustandes, Licht, Luft, Sonne, Leibesübungen.

*Brust-* oder *Rippenfellentzündung.* Die Erkrankung tritt trocken oder mit Erguß auf. Dieser kann wäßrig, eitrig, blutig oder jauchig sein. Erscheinungen: Stechen in der Brust, Hustenreiz, Kurzatmigkeit, Fieber mit Appetitlosigkeit.

## 3. Verdauung und Verdauungsorgane.

### a) Die Verdauung.

Der Körper braucht ständig neue Brenn- und Baustoffe, da sie durch den Stoffwechsel fortgesetzt verbraucht werden. Er entnimmt sie der Nahrung durch die Verdauungsorgane und führt sie über das Blut dem Körper zu. Nur Anfang und Ende der Verdauung sind unter normalen Umständen unserem Willen unterworfen, während der eigentliche Verdauungsvorgang und die Aufsaugung der gelösten Nahrungsstoffe durch das Blut unbewußt vor sich gehen.

Die vom Körper hauptsächlich benötigten Aufbauelemente sind Kohlenstoff, Wasserstoff, Sauerstoff, Stickstoff, Schwefel und Phosphor, ferner in kleineren Mengen Chlor, Jod, Natrium, Calcium, Eisen und Mangan.

Die Nährstoffe kann man in sechs Gruppen einteilen:

*1. Eiweißstoffe,* die einzigen stickstoffhaltigen Stoffe der Nahrung, die sich vornehmlich in Fleisch, Fisch, Eiern, Milch und Milchprodukten finden,

*2. Kohlenhydrate,* Zucker- und Stärkearten,

*3. Fette* und *Öle* tierischer und pflanzlicher Herkunft,

*4. Ergänzungsnährstoffe* oder *Vitamine,* die in geringen Mengen lebenswichtig sind,

*5. Mineralstoffe,* die hauptsächlich für den Aufbau des Knochengerüstes und den Stoffwechsel wichtig sind,

*6. Wasser,* das als Lösungs- und Beförderungsmittel für andere Stoffe dient und die Hauptmasse des Körpers ausmacht.

Diese Nährstoffe sind teils fest, teils flüssig und kommen über die Verdauungsorgane in den Körper. Ihre übrigbleibenden Reste werden teils als Kot, teils als Harn, in kleinem Umfang auch durch die Haut ausgeschieden. Der Sauerstoff gelangt mit der Atemluft über die Lunge in das Blut.

Der Energiegehalt der Nährstoffe wird gemessen mit einer Maßeinheit, der *Kalorie.* Sie ist die Wärmemenge, welche die Wärmestufe von einem Liter destillierten Wassers um ein Grad zu erhöhen vermag.

Für das Bestmaß der Nahrungszufuhr ist das Mengenverhältnis aller Nährstoffe untereinander maßgebend. Kein notwendiger Nährstoff kann durch noch so große Mengen eines anderen ersetzt werden, auf keinen Fall Vitamine und Mineralstoffe. Auch die Aufgaben, welche die Nährstoffe im Körper zu erfüllen haben, sind von Bedeutung. So sind Eiweiß- und Mineralstoffe hauptsächlich Baustoffe, während Fette und Kohlenhydrate Brennstoffe oder Betriebsstoffe sind.

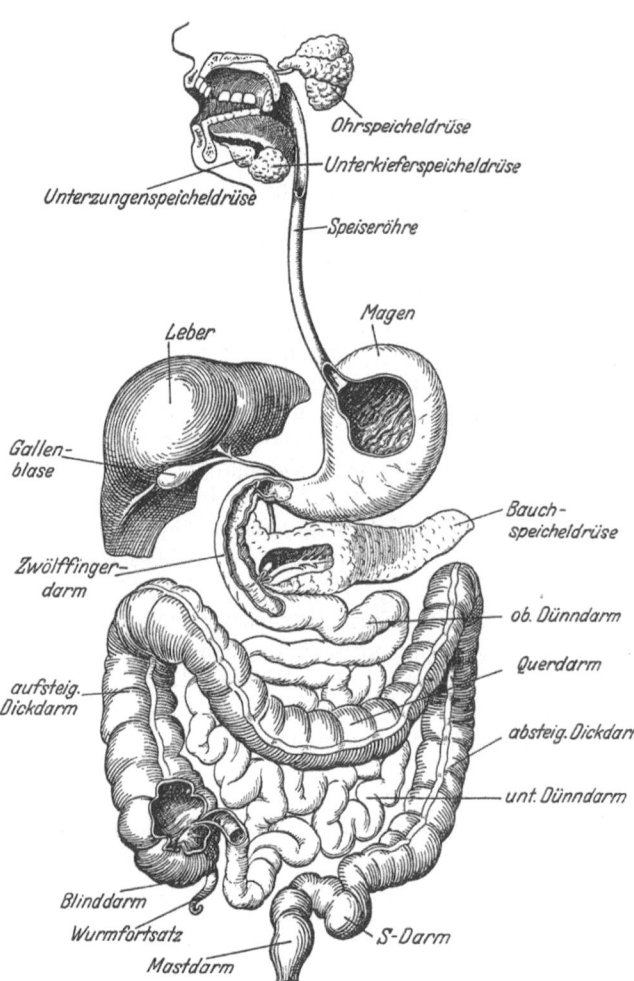

Ohrspeicheldrüse
Unterkieferspeicheldrüse
Unterzungenspeicheldrüse
Speiseröhre
Leber
Magen
Gallenblase
Gallenblase
Zwölffingerdarm
Bauchspeicheldrüse
ob. Dünndarm
Querdarm
aufsteig. Dickdarm
absteig. Dickdarm
unt. Dünndarm
Blinddarm
Wurmfortsatz
Mastdarm
S-Darm

Abb. 184. Lage der Verdauungsorgane.

## b) Lage und Bau der Verdauungsorgane.

Der sogenannte *Verdauungskanal* durchzieht vom Mund bis zum After den ganzen Körper. Seine einzelnen Abschnitte haben ganz verschiedene mechanische und chemische Aufgaben zu erfüllen. Deshalb ist der Bau der Verdauungsorgane ihren Aufgaben angepaßt und daher verschieden. Den Verdauungskanal kann man in drei Abschnitte gliedern:

1. Mundhöhle, Schlund, Speiseröhre mit der Hauptaufgabe der Zerkleinerung der Nährstoffe und deren Beförderung zum Magen,

2. Magen und Dünndarm, in denen sich die eigentliche Verdauung durch die Verdauungssäfte abspielt,

3. Dickdarm, der die unverwertbaren Nährstoffreste zur Ausscheidung vorbereitet und ausstößt.

Die Verdauungsorgane (Abb. 184) mit Ausnahme des Mundes zeigen eine gewisse Einheitlichkeit in ihrem Bau. Innen sind sie mit Schleimhaut ausgekleidet, deren Absonderung sie besonders schlüpfrig macht. Außerdem sind im Magen und Dünndarm Zellen, welche die Verdauungssäfte absondern. Unter der Schleimhaut befindet sich glatte Muskulatur, nur Schlund und Anfangsteil der Speiseröhre haben quergestreifte, also dem Willen unterworfene Muskeln.

**Mund.** Der Mund überwacht mit seinen feinen Organen für Geschmack-, Tast- und Schmerzempfindung die Auswahl der Speisen, die dem Magen zugeführt werden sollen. Zähne, Muskeln und Zunge helfen bei der Zerkleinerung, dem Durchmischen mit Speichel und der Weiterbeförderung der Nährstoffe mit. Die Mundhöhle (Abb. 185) besteht aus einem knöchernen Gerüst, das mit dem Schädel verbunden ist, dem *Oberkiefer* mit dem *harten* oder *knöchernen Gaumen* und dem gegen ihn beweglichen *Unterkiefer*. Letzter trägt eine quergestreifte Muskelplatte, über die sich die Zunge wölbt.

Auch die Mundhöhle ist mit Schleimhaut ausgekleidet, in sie münden die Speicheldrüsen: Ohrspeicheldrüsen, Schleimdrüsen des Zungengrundes und Unterzungendrüsen. Je nachdem trockene oder feuchte Nährstoffe gekaut werden, scheidet vor allem die Ohrspeicheldrüse den dünnflüssigen *Speichel* ab. Dieser enthält

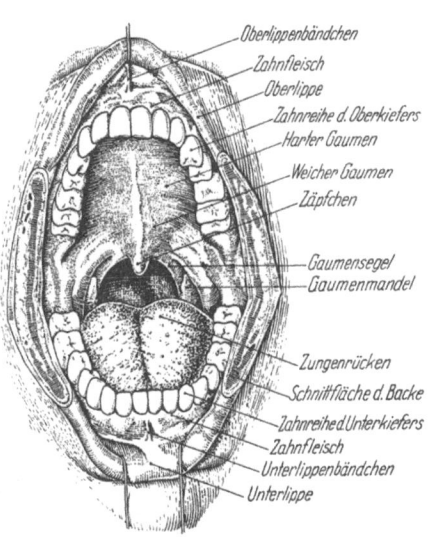

Abb. 185. Blick in die geöffnete Mundhöhle. (Der Öffnungswinkel ist durch Einschnitte in die Backen vergrößert.) (Nach *Spalteholz*.)

das Ferment *Ptyalin*, das Stärke in Dextrine und weiter zur Maltose abbaut. Durch das Wasser des Speichels wird ein Teil der löslichen Nahrungsbestandteile gelöst, während das *Mucin* den Bissen schlüpfrig macht. Die Speichelsekretion an einem Tage beträgt normalerweise etwa 1000 g. Durch den Schluckakt werden dann die vorbereiteten Nährstoffe willkürlich in die Speiseröhre und den Magen befördert.

**Zähne.** Ein sehr wichtiges Organ des Mundes sind die Zähne. Auch sie sind wie die Knochen keine toten Gebilde, sondern von Nervensträngen und Blutgefäßen durchzogen. Sie stehen deshalb mit dem Blutkreislauf in Verbindung, weil sie wie jeder andere Körperteil einen Stoffwechsel haben und der ständigen Erneuerung der meisten ihrer Bestandteile bedürfen. Die Zähne bestehen aus dem *Zahnbein*, das im Innern das *Zahnmark (Pulpa)* führt. Das Zahnbein ist mit dem *Zahnschmelz*, dem härtesten Stoff im menschlichen Körper, überzogen. Die Wurzelspitze wird durch Blut- und Lymphgefäße und Nerven durchbohrt und damit die Verbindung mit dem Körper hergestellt. Mit dem unteren Teil der *Zahnwurzel* sind die Zähne in die *Zahnfächer* des Kiefers eingelassen, während der aus dem Kiefer hervorragende Teil die *Krone* heißt. Zwischen Wurzel und Zahnfach ist die *Wurzelhaut*. Bei Beschädigung des Zahnschmelzes siedeln sich Spaltpilze an, die Säuren abscheiden und die *Zahnfäule* (Caries dentium, kurz Caries) verursachen. Dabei wird der Zahn „hohl".

Schon in den Kiefern der Neugeborenen sind die Anlagen des Milchgebisses, das 20 Zähne enthält, die nacheinander erscheinen.

*Der normale Durchbruch der Milchzähne* (nach „Deutscher Ärztekalender 1948").

| Reihenfolge der Zähne nach der Zeit des Durchbruches | Zeit des Durchbruches |
|---|---|
| Medialer unterer Schneidezahn............ | 6. bis 9. Monat |
| Obere Schneidezähne ................. | 7. bis 10. Monat |
| 1. oberer Backenzahn................<br>Lateraler unterer Schneidezahn.......... &#125;<br>1. unterer Backenzahn ............... | 12. bis 15. Monat |
| 1. oberer Eckzahn ................<br>1. unterer Eckzahn................. &#125; | 18. bis 24. Monat |
| 2. oberer Backenzahn...............<br>2. unterer Backenzahn............... &#125; | 30. bis 36. Monat |

(Die Reihenfolge ist nicht immer genau wie oben angegeben, indem manchmal die oberen, manchmal die unteren Zähne derselben Kategorie zuerst durchbrechen.)

Etwa vom siebenten Lebensjahr ab wird das Milchgebiß durch das bleibende, aus 32 Zähnen bestehende Gebiß ersetzt. Im bleibenden Gebiß unterscheidet man nach ihrer Gestalt die *Schneidezähne*, von denen sich im Ober- und Unterkiefer je 2 Paar vorn in der Mitte befinden. Ihre Krone ist platt, meißelförmig, ihre Wurzel einfach. Nach außen folgt in jeder Kieferhälfte ein *Eckzahn*, dessen Krone länger, dicker und pyramidenförmig ist, mit einfacher Wurzel. Den Eckzähnen folgen zur Zermahlung der festen Nahrung in jeder Kieferhälfte 2 *Backenzähne* (Prämolaren), deren Krone niedrig und zweihöckerig ist, mit doppelten oder einfachen Wurzeln. Anschließend finden sich in jeder Kieferhälfte 3 *Mahlzähne* (Molaren), deren Krone breit, vier- bis fünfhöckerig ist. Die oberen Mahlzähne haben 3, die unteren 2 auseinanderlaufende Wurzeln.

Die Zähne sind zur Zerkleinerung der Nahrung und dadurch für die Verdauung sehr wichtig. Der Magen ist nicht in der Lage, unzerkaute Nahrung zu verdauen. Für die Gesundheit eines Menschen ist es deshalb von größter Bedeutung, für ein gesundes Milch- und bleibendes Gebiß zu sorgen. Die einwandfreie Entwicklung des Gebisses ist weitgehend abhängig vom Mineralstoffwechsel, besonders vom Kalkstoffwechsel in der Zeit, in welcher sich die Anlage der Zähne im Kiefer bildet. Da aber die Anlage des Milchgebisses schon vom fünften Schwangerschaftsmonat ab erfolgt, müssen schwangere Frauen in dieser Zeit genügend Kalk mit der Nahrung erhalten. Kalkmangel schwächt die Widerstandsfähigkeit der Zähne und setzt sie der Zahnfäule aus.

**Zahnpflegemittel** bilden einen beachtlichen Teil des Umsatzes in der Drogerie. Aus diesem Grunde ist es wichtig, sich über die Notwendigkeit einer regelmäßigen Zahnpflege klarzuwerden. Als erste Aufgabe einer sinngemäßen Zahnpflege ist das Freihalten des Gebisses von schädlichen Stoffen zu betrachten. Als solche sind Nahrungsmittel anzusehen, die Kohlenhydrate (Zucker, Stärke) enthalten, welche durch Einwirkung von Fermenten zu organischen Säuren, Milchsäure, Brenztraubensäure, Essigsäure, u. a. vergären. Die Speisereste setzen sich besonders in den Kaufurchen und den Zwischenräumen der Zähne ab. Die entstandenen Säuren entkalken den Zahnschmelz. Dadurch können Krankheitserreger eindringen, welche die entkalkten Zahnbestandteile auflösen. Es entsteht die *Zahnfäule* (Caries). Da der erste Grad dieser Zahnerkrankung nicht schmerzhaft ist, wird er vielfach von den

Befallenen nicht wahrgenommen. Um so mehr muß gerade in diesem Stadium der Zahn wiederhergestellt werden, weil dies bei Beginn der Erkrankung in den meisten Fällen ohne Schmerzempfindung vor sich geht. Erfolgt die Wiederherstellung nicht, macht die Zerstörung des Zahnes im Innern rasche Fortschritte, wodurch die bekannten Zahnschmerzen entstehen. Wird der Zerstörung nicht Einhalt geboten, geht schließlich der ganze Zahninhalt in Fäulnis über, durch Verjauchung des Zahnmarks bilden sich Gase, durch deren Druck auf die sie umschließende Kiefernknochenhaut gesteigerte Schmerzen und Entzündungen eintreten. Sucht der dabei sich gebildete Eiter Abfluß in das Zahnfleisch und die Mundhöhle, entsteht die sog. *Zahnfleischfistel.*

Um der Zahnfäule vorzubeugen, müssen die natürlichen und künstlichen Schlupfwinkel für Speisereste und Bakterien im Munde besonders reingehalten werden. Haben sich bereits krankhafte Schlupfwinkel gebildet, muß ihrer Reinigung besondere Sorgfalt gewidmet werden. Besonders durch Zahnfäule gefährdet sind die Zahnzwischenräume, Füllungsränder, Kronenränder, Prothesenränder und -klammern, Prothesenplatten, Bügel usw.

*Zur Reinigung der Zähne* und des Zahnfleisches bedient man sich der Zahnbürste, Zahnstocher, Zahnseide und des Spülwassers. Als unterstützende Hilfsmittel werden verwendet Zahnpulver, Zahnpasten, Mundwässer. Die Zahnbürste dient der Reinigung der Zähne, der Zahnzwischenräume, der Zahnfleischrandfurche und des Zahnfleisches von Speiseresten und anderem Belage. Durch den Bürstvorgang wird der Keimgehalt auf den Zähnen herabgesetzt, ebenso etwa vorhandener Mundgeruch gemildert oder beseitigt. Darüber hinaus wird bei richtiger Anwendung der Zahnbürste eine Massage des Zahnfleisches erreicht. Durch Bürsten und Spülen der Zähne unter Verwendung einer Zahnpaste wird eine starke Verminderung der Keimzahl hervorgerufen. Diese beruht jedoch nicht auf ihrem Gehalt an chemischen oder desinfizierenden Stoffen, sondern auf ihrer Scheuerwirkung. Voraussetzung dazu ist, daß Zahnbürsten zur Verwendung kommen, die als Reinigungsbürsten geeignet sind, d. h. deren Bau und Größe den anatomischen Verhältnissen des Gebisses angeglichen sind. Bei einer zweckmäßigen Zahnbürste ist das Borstenbündel entlang dem Stiel kurz (bei der Herrenbürste höchstens 3 cm lang), während die einzelnen Borstenbündel isoliert stehen. Erfahrungsgemäß sind die Zahnbürsten mit schwarzen Wildschweinborsten am besten, weil ihre Borsten am längsten hart bleiben. Roßoder Dachshaarborsten sind für Zahnbürsten viel zu weich, auch Perlonborsten sind nach REBEL für Zahnbürsten ungeeignet, während Gummibürsten überhaupt keine Reinigungswirkung ausüben und höchstens zur Zahnfleischmassage Verwendung finden können.

Von größter Wichtigkeit ist die richtige *Bürsttechnik.* Zweckmäßig wird zunächst mit der unbefeuchteten Bürste leicht und locker abwechselnd mit der linken und rechten Hand gebürstet. Es ist wichtig, daß die Zahnbürste so geführt wird, daß die glatten Zahnflächen, die Zahnzwischenräume und Zahnhälse gründlich gereinigt werden und gleichzeitig dabei das Zahnfleisch massiert wird. Dazu genügt selbstverständlich ein einmaliges Durchbürsten nicht. Der Reinigungsvorgang muß wenigstens 4- bis 6mal über das ganze Gebiß hinweg durchgeführt werden. Da die Zahnzwischenräume hierbei in der Tiefe nicht erreicht werden, muß auch parallel zur Längsachse der Zähne von außen und innen gebürstet werden. Besondere Sorgfalt muß auf die Reinigung der Rückseiten der Backenzähne und die Kauflächen der Mahlzähne gelegt werden. Damit alle Stellen bei der Zahnreinigung nicht vergessen werden, muß man sich hierbei an eine bestimmte Reihenfolge gewöhnen. Auf diese Weise muß die Mundhöhle täglich nach dem Aufstehen, nach jeder Mahlzeit und unmittelbar vor dem Schlafengehen gereinigt werden. Besonders am Abend ist dies von größter Bedeutung. Wird die Reinigung übergangen, haben krankheitserregende Keime — nicht nur diejenigen, welche die Zahnfäule hervorrufen — Gelegenheit, ihre zerstörende Arbeit während der ganzen Nacht fortzusetzen.

Bekanntlich wird jede Borste beim Benetzen mit Wasser weicher und erhärtet erst wieder beim vollständigen Trocknen. Bei richtiger Verwendung und Anwendung der Zahnbürste beträgt ihre Lebensdauer höchstens 2 Monate. Bei 3mal täglichem Gebrauch ist sie deshalb stets feucht und nicht hart genug. Aus diesem Grunde empfiehlt sich der Gebrauch von gleichzeitig 2 Zahnbürsten mit Stielen in verschiedenen Farben, deren eine als Morgenbürste, die andere als Abendbürste Verwendung findet. Damit ist gewährleistet, daß stets für die wichtigste abendliche Zahnreinigung eine genügend harte Bürste zur Verfügung steht. Aus hygienischen Gründen sollten nach dem Vorschlag von REBEL nur keimfrei gemachte und in Cellophan verpackte Zahnbürsten in den Handel gebracht werden. Sonst müssen frisch gekaufte Zahnbürsten durch 2stündiges Einlegen in eine Lösung aus 30 ccm Formaldehydlösung DAB. 6 und 970 ccm Wasser desinfiziert werden. Anschließend wird gründlich mit Wasser ausgespült.

Die Zahnpflegemittel (Zahnpulver, Zahnpasten) verstärken die mechanische Reinigung mit der Zahnbürste, wirken polierend und desinfizierend. Neben einer anregenden und gerbenden Wirkung auf die Weichteile der Mundschleimhaut regen sie die Speichelabsonderung an und neutralisieren infolge ihres Gehaltes an Carbonaten entstandene Säuren. Außerdem lösen sie den Schleimstoff-(Mucin-)belag und dienen zur Mineralanreicherung von Zahnschmelz und Zahnbein.

Die Aufgabe der Mundwässer ist, zu desodorisieren, zu erfrischen, zu desinfizieren und daneben gerbend und anregend zu wirken. Ihre Hauptaufgabe ist jedoch, die durch das Bürsten und die Putzmittel gelockerten und zerteilten Stoffe, wie Speisereste, Zahnbelag, Bakterien, durch Ausspülen zu entfernen. Dem *Spülakt* nach der Reinigung mit der Zahnbürste und dem Putzmittel ist größte Bedeutung zuzumessen, da er in außerordentlicher Weise zur Keimverminderung beiträgt. Die handelsüblichen aromatischen Mundwässer wirken adstringierend. Wird eine schleimlösende Wirkung gewünscht, empfiehlt sich der Zusatz einer Messerspitze von Natriumhydrogencarbonat. Wasserstoffsuperoxydlösung eignet sich mitunter gut zur Mundspülung. Es dauernd hierzu zu verwenden, hat den Nachteil, daß es dann die Schleimhaut auflockert, diese schwammig wird und leicht blutet. Beim Ausspülen des Mundes ist es wichtig, daß dieses durch energische Kau- und Saugbewegungen des Mundes durchgeführt wird. Anschließend wird die Zahnbürste unter fließendem Wasser gründlich ausgewaschen und frei zum Trocknen aufgestellt.

**Speiseröhre.** Mundhöhle und Nasenhöhlen münden in die Rachenhöhle ein. Die letzte kann gegen die Nasenhöhlen durch die vom weichen Gaumen herabhängenden *Gaumensegel* abgeschlossen werden, was durch den Schluckakt (s. Abb. 180) eintritt. Dabei werden diese nach hinten und oben gedrückt und Bissen oder Flüssigkeit über den herabgeschlagenen Kehlkopfdeckel hinweg in die Speiseröhre gedrückt und so der Einwirkung unseres Willens entzogen. Die Speiseröhre ist ein etwa 30 cm langer glatter, kräftiger Schlauch. Sie führt erst hinter der Luftröhre, dann hinter dem Herzen durch den Brustraum abwärts, durchbohrt das Zwerchfell und führt zum Magen. Die Muskulatur der Speiseröhre verengt sich dabei fortschreitend, es entsteht eine Bewegung, die etwa der Fortbewegung des Regenwurms entspricht und mit *Peristaltik* bezeichnet wird.

**Magen.** Der Magen legt sich mit seinem sackförmig ausgestülpten Anfangsteil an das Zwerchfell an. Dadurch, daß er nur am Eintritt der Speiseröhre, dem *Magenmund* und am Magenausgang, dem *Magenpförtner*, fest mit der Umgebung verbunden ist, verfügt er über eine beträchtliche Erweiterungsmöglichkeit und besitzt vor allem für seine Ausdehnung nach unten großen Spielraum.

Der Magen dient gewißermaßen als Staubecken der Verdauungsorgane. In ihm wird der bisher ungleichmäßige Zustrom der Speisen in einen gleichmäßigen Abfluß umgewandelt. Während Flüssigkeiten den Magen wieder sehr schnell verlassen, ist der Aufenthalt fester Nahrung je nach ihrer leichteren oder schwereren Verdaulichkeit verschieden und beträgt bis zu 6 Stunden. Die Schleimhaut des Magens ist mit vielen Falten versehen, welche Drüsen beherbergen. Ein Teil derselben sondert das Ferment *Pepsin* ab, ein anderer Teil die *Salzsäure*, wieder ein anderer Teil *Schleim*. Pepsin, Salzsäure und Schleim sind die Hauptbestandteile des *Magensaftes*, der bei der Spaltung der Eiweißarten von Bedeutung ist (Abb. 186). Durch die Tätigkeit der Magenmuskulatur werden die Speisen mit dem Magensaft innig vermengt. Die Salzsäure stammt aus dem Kochsalz der Nahrung; der Schleim, der die Schleimhaut des Magens überzieht, schützt diese gegen Selbstverdauung. Die Salzsäure wirkt außerdem auf Bakterien vernichtend und schafft das für die Wirkung des Pepsins notwendige $p_H$-Optimum. Die beim Eiweißabbau entstehenden Produkte, *Peptone*, sind gut wasserlöslich.

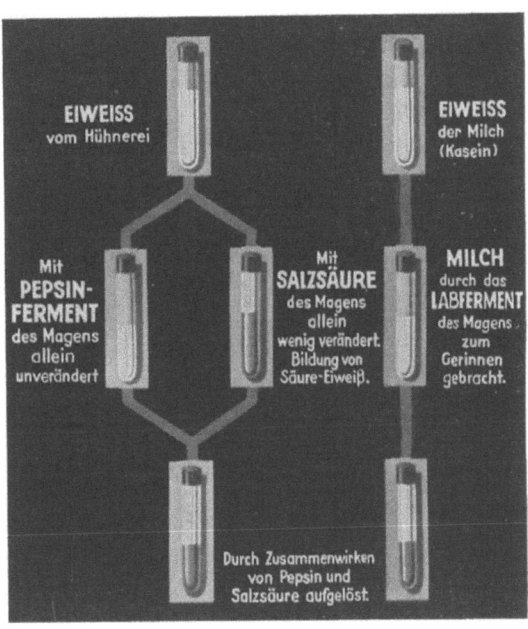

Abb. 186. Die Verdauung des Eiweißes.

Kurze Zeit nach dem Eintreffen des Speisebreies im Magen setzt eine wellenartige Bewegung des Mageninhalts ein. Dabei wird der Speisebrei mit dem Magensaft innig vermischt und wandert in regelmäßigen Abständen zum Magenpförtner hin. Endlich wird ein kleiner Teil des Mageninhalts abgeschnürt und in bestimmten Zwischenräumen durch den Magenpförtner in den Dünndarm befördert.

**Dünndarm.** Der Anfangsteil des Dünndarms ist der *Zwölffingerdarm* (s. Abb. 184). Seine Länge entspricht etwa der Breite von 12 Fingern (20 bis 25 cm), er sondert wie der Magen durch Drüsen Verdauungssäfte ab. Im Gegensatz zum übrigen Dünndarm, der frei beweglich ist, ist der Zwölffingerdarm in der Form eines Hufeisens mit der Rückwand der Bauchhöhle verbunden. Der Dünndarm macht während der Verdauung kräftige Bewegungen. Der bewegliche Dünndarmteil ist an dem sogenannten *Gekröse* aufgehängt, das vom Bauchfell ausgeht. Während der obere Teil des Dünndarms noch besonders der Verdauung dient, hat der untere vornehmlich die Aufgabe,

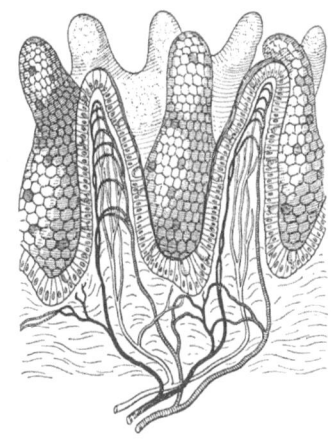

Abb. 187. Darmzotten, zum Teil aufgeschnitten, mit Blut- und Lymphgefäßen.

die gelösten Nährstoffe ins Blut aufzunehmen. Um dieser Aufgabe rasch gerecht werden zu können, ist die Dünndarmoberfläche in Falten gelegt und mit einer Unzahl *Zotten* (Abb. 187) besetzt, die eine gewaltige Vergrößerung seiner Oberfläche ausmachen, beim Erwachsenen 8000 qcm.

Außerhalb des Dünndarms liegen noch zwei wichtige Verdauungsdrüsen, die Leber und die Bauchspeicheldlrüse.

**Leber.** Die Leber ist das größte und blutreichste innere Organ. Sie füllt mit ihrer gewölbten Oberseite die rechte Kuppel des Zwerchfells vollständig aus und reicht über den Oberteil des Magens hinweg bis in die linke Leibeshälfte. An ihrer Unterseite trägt sie die *Gallenblase*, in der sich die von der Leber abgeschiedene und in den Verdauungspausen angesammelte *Galle* befindet. Sie ist eine olivgrüne, bittere und alkalische Flüssigkeit. Der Hauptausführungsgang für die Galle endet im Zwölffingerdarm und ist durch eine eigenartige spiralige Klappe gesichert. Wird dieser Ausführungsgang etwa durch einen Gallenstein versperrt, entsteht eine Stauung von Galle, und Gallenfarbstoff tritt ins Blut über, wodurch die Gelbsucht entsteht. Außer Gallenfarbstoff enthält die Galle auch Gallensäuren. Durch sie werden die Fette emulgiert (Abb. 188) und zur Verdauung durch die Bauchspeicheldrüse vorbereitet. Aber auch als Stoffwechselorgan vollbringt die Leber wichtige Arbeit. Das mit aufgesogenen Nährstoffen beladene Darmblut durchfließt zur Entgiftung die Leber, während sie andererseits als Vorratsorgan für die Muskeltätigkeit Glykogen speichert. Außerdem hat die Leber die Fähigkeit, bei zu geringer Zufuhr von Kohlenhydraten durch die Nahrung Glykogen wieder zu Zucker abzubauen.

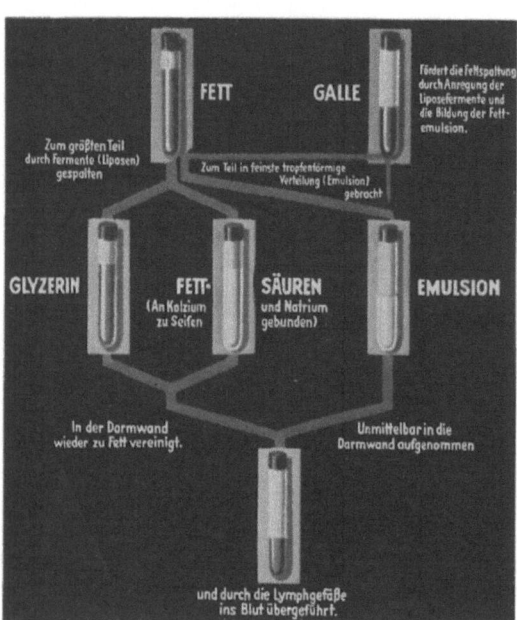

Abb. 188. Die Verdauung des Fettes.

**Bauchspeicheldrüse.** Die Bauchspeicheldrüse liegt in der hufeisenförmigen Wölbung des Zwölffingerdarms und scheidet den *Bauchspeichelsaft* ab. Dieser enthält verschiedene Fermente, von denen

*Trypsin* Eiweißstoffe zu Aminosäuren,
*Steapsin* Neutralfette zu Fettsäuren und Glycerin,
*Amylase* Polysaccharide zu Maltose,
*Maltase* Maltose zu Traubenzucker

abbaut. Die Tätigkeit der Bauchspeicheldrüse als Drüse mit innerer Sekretion siehe dort.

Die feste Anheftung des Zwölffingerdarms dient zwei Zwecken, 1. dem gesicherten Übertritt des Speisebreies vom Magen in den Darm, 2. dem Schutze vor Abknickung der Ausführungsgänge von Leber bzw. Gallenblase und Bauchspeicheldrüse.

**Bauchfell.** Das Bauchfell kleidet die Bauchhöhle aus und ist gewissermaßen ein Sack, in dem der Darm geschützt untergebracht ist.

**Dickdarm.** Der Endabschnitt des Darmes ist der Dickdarm (s. Abb. 184). In ihn mündet der Dünndarm in der unteren rechten Bauchhöhle. An der Übergangsstelle bildet der Dickdarm einen nach abwärts gerichteten sackartigen Teil, den sogenannten *Blinddarm*, dem ein fingerartiges Gebilde, der *Wurmfortsatz*, anhängt. Von hier aus steigt der Dickdarm nach oben bis zur Leber, um dann unterhalb des Magens quer bis zu einer zweiten Knickungsstelle zu verlaufen. Hier wendet er sich auf der linken Seite abwärts, um nach einer S-förmigen Krümmung als *Mastdarm* zu endigen. Im Dickdarm werden etwa noch vorhandene Nährstoffe, vor allem aber Wasser, von der Darmschleimhaut aufgenommen und der Darminhalt eingedickt. Dann werden die unverdaulichen Reste, die reichlich Bakterien enthalten, durch den After als Kot entleert.

**Darmgase** entstehen beim Abbau von unzersetzt gebliebenen Kohlenhydraten und Eiweißstoffen durch Mikroorganismen vorwiegend im Dickdarm. Sie sind Gasgemische von Wasserstoff, Schwefelwasserstoff, Methan, Kohlendioxyd, Merkaptan usw. .

*c) Erkrankungen der Verdauungsorgane.*

Die wichtigsten Erkrankungen der Verdauungsorgane sind:

**Krankheiten von Mund und Hals.** *Schleimhautkatarrh* des *Mundes*. Ursache: Scharfkantige, cariöse Zähne, chemische oder Hitzeeinflüsse, auch durch Ansteckung nach Genuß von Milch und Käse bei Maul- und Klauenseuche.

*Schwämmchen — Soor*, weißliche Pilzwucherungen auf der Mundschleimhaut, besonders bei Säuglingen.

*Mandelentzündung — Angina* tritt als katarrhalische oder eitrige Entzündung der Mandeln auf. Scharlach pflegt mit einer eitrigen Mandelentzündung zu beginnen. Eine Sonderform stellt die Diphtherie dar.

**Krankheiten des Magens.** *Magenkatarrh*. Ursache: Diätfehler, Erkältungen, zu heiße oder zu kalte Nahrung, Infektionen. Es treten Übelkeit, Erbrechen und Kopfschmerz bei belegter Zunge und starker Gasbildung auf. Chronisch entsteht die Krankheit durch hastiges Essen, Zähnemangel, Tabakmißbrauch, nervöse Erschöpfung, Blutarmut und Mangel an Bewegung. Dabei zeigen sich Aufstoßen, Sodbrennen, Verstopfung und Blähung des Leibes.

*Magenkrampf*. Ursache: Meist Magengeschwür, Krebs oder nervöse Erschöpfung, allgemeine Blutarmut und Bleichsucht. Häufig tritt Übelkeit und Erbrechen ein, unter Umständen Anfälle mit heftigen Leibschmerzen.

*Magengeschwür*. Es treten Magenschmerzen auf, meist $1/_2$ bis 2 Stunden nach der Mahlzeit, bei Säureüberschuß und saurem Erbrechen. Gefahr von Magenblutung und Durchbruch des Geschwürs mit Bauchfellentzündung.

**Krankheiten des Darmes.** *Darmkatarrh*. Ursache: Diätfehler, Erkältungen, kalte Getränke oder verdorbene Speisen. Die Krankheit äußert sich in plötzlichen Durchfällen mit Schleimbeimengung, Leibschmerzen, sehr übelriechendem Stuhl und Erbrechen.

*Stuhlverstopfung*. Ursache: Sitzende Lebensweise, falsche Ernährung, Nervosität, chronischer Magen- und Darmkatarrh.

*Nervöse Darmstörungen* können sich äußern in Durchfällen, Verstopfungen und Kolik.

*Eingeweidewürmer.*

*a) Bandwürmer*: 1. Kopf ohne Hakenkranz, Infektion durch Genuß von rohem, finnigem Rindfleisch; — 2. Kopf mit Hakenkranz, Infektion durch ungenügend gebratenes finniges Schweinefleisch; — 3. Grubenkopf, breiter Bandwurm, Infektion durch finniges Fischfleisch.

*b) Spulwürmer — Askariden*, leben im Dünndarm, 15 bis 20 cm lang;

*c) Maden-* oder *Springwürmer — Oxyuren*, 3 bis 12 mm lang, leben im Dickdarm;

*d) Fadenwürmer*, Infektion erfolgt durch die im Wasser lebenden Larven. Die Würmer verursachen auch perniciöse Anämie und die Wurmkrankheit der Bergleute.

### 4. Drüsen mit innerer Sekretion.

Man unterscheidet Drüsen mit *äußerer* Absonderung (Sekretion), d. h. Drüsen, die ihre Absonderung (Sekrete) in Hohlräume des Körpers abgeben, wie die Drüsen von Mund, Magen, Darm und Haut, und Drüsen mit *innerer* Absonderung, welche ihre abgesonderten Stoffe unmittelbar in das Blut abgeben. Die Absonderungsstoffe der letzten sind die äußerst lebenswichtigen *Hormone* (g. hormao = ich rege an). Diese üben auf gewisse Organe eine ausgesprochene chemische, teils fördernde, teils hemmende Wirkung aus. Hormone werden von bestimmten Organen dauernd oder von Zeit zu Zeit gebildet, so durch die

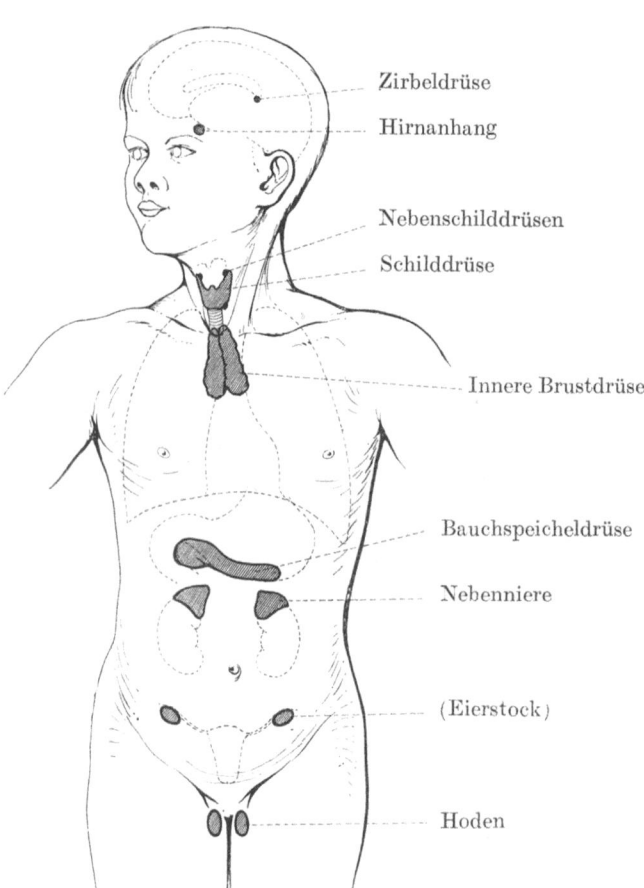

Zirbeldrüse
Hirnanhang
Nebenschilddrüsen
Schilddrüse
Innere Brustdrüse
Bauchspeicheldrüse
Nebenniere
(Eierstock)
Hoden

Abb. 189. Die Drüsen mit innerer Sekretion.

Zirbeldrüse,
Hirnanhang,
Schilddrüse,
Nebenschilddrüsen,
innere Brustdrüse,
Nebennieren,
Bauchspeicheldrüse,
Keimdrüsen.

Alle diese Drüsen (Abb. 189) stehen in engen Wechselbeziehungen untereinander und mit dem Nervensystem. Ihre nervöse Steuerung erfolgt vom Gehirn aus über unwillkürliche Nerven. Jede einzelne der Drüsen erhält auf diese Weise die entsprechenden Reize zur Tätigkeit bzw. Ruhe. Bei Hormonmangel treten, ähnlich wie bei Vitaminmangel, bezeichnende Ausfallkrankheiten auf, aber auch zu starke Absonderung von Hormonen führt zu Erkrankungen. Besonders schwerer Art sind Erkrankungen, die im Verfolg des gänzlichen Verlustes einer Drüse mit innerer Sekretion auftreten.

Alle Drüsen mit innerer Sekretion sind im Verhältnis zu ihrer wichtigen Tätigkeit klein.

Zwei Drüsen mit innerer Sekretion liegen im Kopf: Hirnanhang und Zirbeldrüse; beide sind Gehirndrüsen.

*Hirnanhang* oder *Hypophyse*. Die Drüse hat etwa die Größe einer Bohne und setzt sich aus drei Teilen, dem Vorder-, Mittel- und Hinterlappen zusammen. Die Hormone des Vorderlappens haben besondere Wirkungen auf die Geschlechtsorgane. Dieser Teil der Drüse vergrößert sich während der Schwangerschaft auf das Dreifache seines Umfanges. Auch der Beginn der Pubertät bei der Frau, die Reifung des Eies und die Keimdrüsen stehen unter dem Einfluß des Hirnanhanges. Ferner übt das Vorderlappenhormon Einfluß auf das Wachstum aus. Sondert dieser Drüsenteil nicht genügend Hormone ab, bleibt der Mensch klein (Zwergwuchs), während zu reichliche Absonderung zum Riesenwuchs führt. Auch verminderter Geschlechtstrieb in Verbindung mit Fettsucht sind Folgen des nicht richtigen Arbeitens des Hirnanhanges.

Der Hinterlappen der Drüse steigert den Blutdruck, während die Hormone des Vorderlappens fördernd, diejenigen des Hinterlappens hemmend auf die Harnabsonderung einwirken. Die Tatsache, daß der Hirnanhang während der Schwangerschaft besondere Stoffe bildet und an das Blut abgibt, ist der Ausgangspunkt zu einer Untersuchungsart, die dem Nachweis der Schwangerschaft im frühen Stadium dient.

*Zirbeldrüse* oder *Epiphyse*. Zwischen den Hälften des Großhirns liegt ein sehr kleines Organ, die Zirbeldrüse oder Epiphyse. Ihr Hormon wirkt im Gegensatz zu denen des Hirnanhangs hemmend auf die Keimdrüsen ein. Erzeugt die Zirbeldrüse zu wenig Hormon, tritt Frühreife ein.

*Schilddrüse*. Die Schilddrüse ist eine der wichtigsten Drüsen mit innerer Sekretion. Ihr Hormon, das *Thyroxin*, ist jodhaltig. Ihren Namen führt die Drüse von ihrer Lage, sie liegt auf dem unteren Teil des Schildknorpels des Kehlkopfes. Die Schilddrüse ist das jodreichste und am stärksten durchblutete Organ des Körpers. An einem einzigen Tage fließt das gesamte menschliche Blut 16mal durch sie hindurch. Das Schilddrüsenhormon wirkt anregend auf den Stoffwechsel und erhöht die nervöse Erregbarkeit. Darüber hinaus ist das Wachstum und die gesamte körperliche und geistige Entwicklung des Menschen von der richtigen Arbeit der Schilddrüse abhängig.

Hochgradiger Mangel an Schilddrüsenhormon führt im jugendlichen Alter zu Kretinismus, einer Art Idiotie, die mit körperlichen Mißbildungen (Zwergwuchs), Kropf und Entwicklungshemmung der Geschlechtsorgane einhergeht, im späteren Alter zu Myxödem, einer Schilddrüsenerkrankung, die gekennzeichnet ist durch teigige Schwellung der Haut, insbesondere von Gesicht und Kopf, aber auch der Gliedmaßen, ferner durch allgemeinen Kräfteverfall, seelische Störungen, krankhafte Teilnahmlosigkeit vom einfachen Schwachsinn bis zur völligen Verblödung. Übermäßige Absonderung von Schilddrüsenhormon führt zur sogenannten *Basedowschen Krankheit* (benannt nach dem Merseburger Kreisarzt BASEDOW, der die Krankheit 1840 ausführlich beschrieb), die im Volksmund als Glotzaugenkrankheit bezeichnet wird. Diese ist bei Frauen besonders häufig und äußert sich u. a. durch auffälliges Heraustreten der Augen aus dem Gesicht, die dadurch einen starren Ausdruck erhalten. Als *Kropf* bezeichnet man eine Vergrößerung der Schilddrüse, Zustände von Überfunktion gehen oft mit einer Vergrößerung einher.

*Nebenschilddrüsen* oder *Epithelkörperchen*. An der Rückseite der Schilddrüse liegen an beiden Seiten je zwei ovale, winzige Drüsen von wenigen Millimetern Durchmesser, die Nebenschilddrüsen. Sie regeln im Körper den Kalkstoffwechsel, besonders das Gegenspiel von Natrium und Calcium, von denen das erste erregt, das zweite beruhigend auf Nerven und Muskeln einwirkt. Während des Wachstums verursachen sie die Kalkablagerung im Knorpel. Fehlt das Hormon der Nebenschilddrüse, so sinkt der Calciumgehalt des Blutes, die Erregbarkeit der Nerven wird gesteigert, und es kommt zu starrkrampfartigen Zusammenziehungen der Muskulatur. Eine vollständige Entfernung der Nebenschilddrüsen führt unter schweren Erkrankungen zum Tode. Bei Kropfoperationen, bei denen ein Teil der Schilddrüse entfernt wird, wird deshalb sorgfältig auf die Erhaltung der Nebenschilddrüsen geachtet.

*Innere Brustdrüse* oder *Thymusdrüse*. Die innere Brustdrüse oder Thymusdrüse, auch Bries genannt, liegt unter dem Brustbein vor den großen Adern, die zum Herzen führen. Ihr Gewicht schwankt während der Lebensjahre von 15 g bei der Geburt auf 40 g zur Reifezeit, um dann abzunehmen. Beim 45jährigen Mann beträgt ihr Gewicht nur noch etwa 10 g. Die innere Brustdrüse regelt in erster Linie das Längenwachstum und bildet sich nach dessen Abschluß zurück.

*Nebennieren*. Die Nebennieren sitzen an der oberen Rundung beider Nieren und sind halbmondförmig. Ihr Gewicht liegt zwischen 11 und 18 g. Man unterscheidet bei ihnen eine Rindenschicht und eine Markschicht. Die erste regelt den Kohlenhydratstoffwechsel, den Salz- und Wasserhaushalt im Körper, während das Hormon des Nebennierenmarkes, das *Adrenalin*, hauptsächlich nachstehende Aufgaben erfüllt:

1. Bereitstellung von Zucker aus dem Glykogen der Leber,

2. Regelung der Durchblutung der arbeitenden Organe,

3. Übertragung der Erregung des Sympathicus (s. dort) auf alle von diesem beeinflußten Organe.

Fast alle wesentlichen Organe des Körpers werden vom sympathischen Nervensystem mitversorgt. Auf diese Weise hat das Adrenalin einen bedeutenden Einfluß auf alle Lebensvorgänge. Adrenalin war das erste synthetisch hergestellte Hormon.

Die Nebennieren heben die Wirkungen des Insulins der Bauchspeicheldrüse auf und halten durch ihr Gegenspiel mit dieser den Zuckerstoffwechsel im Gleichgewicht.

*Bauchspeicheldrüse* oder *Pankreas*. Die Bauchspeicheldrüse wirkt sowohl als Drüse mit innerer Sekretion wie als äußere Drüse. In ihrer letzten Wirkung entläßt sie den der Eiweißverdauung dienenden Saft in den Dünndarm. Als Drüse mit innerer Sekretion erzeugt sie in besonderen inselartig liegenden Gebilden (nach ihrem Entdecker LANGERHANSsche Inseln genannt) das Bauchspeichelhormon *Insulin*, das für den geregelten Ablauf des Kohlenhydratstoffwechsels nötig ist. Insulinmangel löst die Zuckerkrankheit (Diabetes mellitus), eine häufig vorkommende Stoffwechselkrankheit, aus.

*Keimdrüsen*. Die Keimdrüsen, die Hoden des Mannes und die Eierstöcke des Weibes, sind die Bildungsstätten des männlichen Keimes oder *Samenfadens* und des weiblichen Keimes oder *Eies*. Besondere Zellen der Keimdrüsen, das sogenannte Pubertätsdrüsengewebe, erzeugen die *Geschlechts-* oder *Sexualhormone*, welche die *sekundären Geschlechtsmerkmale*, wie die Bildung der Brust, der Stimme und der Geschlechtseigenart bedingen. Auch für die Bildung von männlichen und weiblichen Körperformen sind die Sexualhormone mit ausschlaggebend und beeinflussen das Gesamttemperament.

Aus den vorstehenden Ausführungen ergibt sich die außerordentliche Wichtigkeit der Drüsen mit innerer Sekretion im gesamten Lebensablauf. Sie sind von höchster Bedeutung nicht nur für die Ausbildung und die Leistungen des Körpers, sondern auch der Seele.

## 5. Harnorgane.

Der Wassergehalt des menschlichen Körpers beträgt 64%. Seine Erhaltung ist lebenswichtig, da Wasser als Beförderungsmittel innerhalb des Körpers dient und bei der Entfernung der überflüssigen oder gar schädlichen Stoffe aus dem Körper mitwirkt. Die Harnorgane haben die Aufgabe, den Körper von überschüssigem Wasser zu entlasten, soweit es nicht durch Schweiß, Schleim, Stuhlgang usw. geschieht. Dabei werden unverwertbare oder schädliche Stoffe aus dem Blut ausgeschieden und, im Harn gelöst, entleert. Die Organe, welche die Ausscheidung vollziehen, sind die Nieren. Von hier gelangt der Harn durch den Harnleiter in einen Stauweiher, die Harnblase, und wird durch die Harnröhre entleert.

*Nieren.* Die Nieren (Abb. 190) sind längliche, bohnenförmige, drüsige Organe, die rechts und links der Wirbelsäule in der Höhe des 11. Brustwirbels außerhalb der Bauchfellhöhle liegen und durch Fettansammlung (Nierenfett) in ihrer Lage gehalten werden. Ist die Einbettung der Niere unzulänglich, kann sie sich senken, dadurch ihre Lage ändern und so starke Beschwerden hervorrufen (Wanderniere). Die Nieren sind von einer festen Haut umschlossen. An der Innenbiegung ist eine Einbuchtung, durch welche Blutgefäße ein- und austreten und durch die auch der Harnleiter zur Blase führt. Die Nieren werden dauernd von Blut durchflossen, das dort filtriert wird. Dabei werden durch einen höchst feinen Filtrierapparat über-

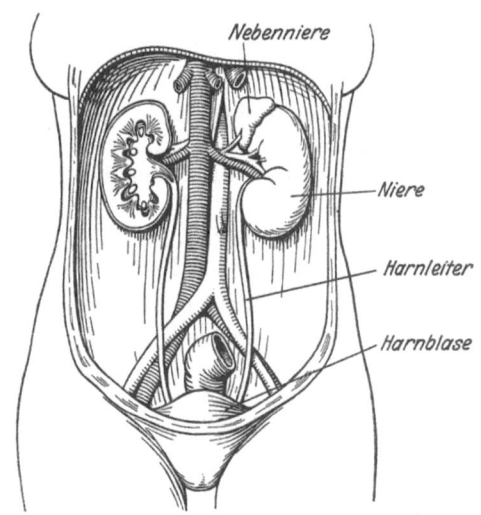

Abb. 190. Die Harnorgane, linke und rechte Niere (die letzte im Längsschnitt).

flüssiges Wasser und andere Abfallstoffe ausgeschieden, während Zucker, Eiweiß und Fett normalerweise im Blut verbleiben. Hieraus ergibt sich, daß die Niere ein höchst wichtiges Ausscheidungsorgan ist. Ihre Erkrankung muß zu schweren Schädigungen des Körpers führen. Ist die Erkrankung ernster Art und können die Nieren nicht mehr ausscheiden, geht der Mensch an innerer Vergiftung (Urämie) zugrunde. Mit einer voll arbeitenden Niere ist der Mensch noch lebensfähig.

An der mittleren Einbuchtung der Niere vereinigen sich die Ausführungswege in einem Hohlraum, dem *Nierenbecken*, von dem aus ein dünner, dehnbarer Kanal, der *Harnleiter*, von beiden Nieren zur Harnblase führt.

*Harnblase.* Die Harnblase, kurz Blase genannt, liegt hinter der Schambeinfuge und ist eiförmig bis rund. Innen ist sie mit Schleimhaut, außen mit Muskulatur aus glatten Muskelfasern überzogen, die ihre Zusammenziehung bewirken. Im Alter verliert die Blase ihre Dehnbarkeit, daher müssen ältere Personen öfter Harn lassen als jüngere. Die Entleerung der Blase erfolgt entweder willkürlich oder bei zu starker Füllung unwillkürlich. Im Gegensatz zu den Schleimhäuten der Verdauungsorgane saugt die Blasenschleimhaut nicht oder nur ganz wenig auf.

*Harnröhre.* Der Ableitungskanal für den Harn aus der Blase ist die mit faltiger Schleimhaut ausgekleidete Harnröhre. Sie ist bei der Frau verhältnismäßig weit, nur etwa 3 bis 5 cm lang und mündet oberhalb der Scheidenöffnung nach außen. Die männliche Harnröhre ist dagegen 16 bis 20 cm lang und eng. Nach dem Austritt aus der Blase durchbohrt sie die *Vorsteherdrüse*, in welche die beiden von den Hoden kommenden Samenleiter münden. Von hier ab dient die Harnröhre als Kanal entweder für Harn oder für Samen. Dann tritt sie in den Schwellkörper ein und durchläuft ihn bis zu ihrer Mündung in der Eichel.

### *Erkrankungen der Harnorgane.*

Die wichtigsten Erkrankungen der Harnorgane sind:

*Akute Nierenentzündung.* Ursache: Infektionskrankheiten wie Halsentzündungen, Scharlach, Lungenentzündung, Typhus, auch Gelenkrheumatismus. Die Krankheit kann als leichte Nierenreizung bis zur schwersten Erkrankung mit Lebensgefahr verlaufen. Im letzten Falle tritt Vergiftung des Körpers durch nicht ausgeschiedene Harnbestandteile ein (Urämie).

*Schrumpfniere.* Ursache: Ausgedehnter Schwund der Nierensubstanz infolge chronischer Entzündung, auch infolge von Schädigungen durch Blei und Alkohol.

*Albuminurie.* Auftreten von Eiweiß im Harn. Die Krankheit wird ausgelöst durch Überanstrengung, zu kalte Bäder, Diätfehler und Gemütsbewegungen; sie kommt hauptsächlich bei Jugendlichen vor.

*Nierensteinkrankheit.* Ursache: Erbliche Veranlagung zu Stoffwechselstörungen, zu reichliche Fleischkost, Alkohol. Die Krankheit verläuft oft jahrelang ohne Erscheinungen, wenn nur Sand und Grieß bzw. glatte, größere Steine auftreten.

*Nierensteinkolik* tritt bei Steinwanderung durch den Harnleiter und deren Einklemmung auf und löst heftige Schmerzen, Erbrechen, Schüttelfrost und kalten Schweiß aus.

*Entzündung* des *Nierenbeckens.* Ursache: Colibazillen oder Eiterkokken. Die Krankheit entsteht durch eine aufsteigende Infektion bei Erkrankungen der Harnröhre und Blase. Im Harn finden sich reichlich Eiter und rote Blutkörperchen.

*Blasenkatarrh.* Ursache: Colibazillen, Eiter und Gonokokken, auch Tuberkelbazillen. Die Krankheit verursacht Harndrang, Schmerz in der Blasengegend und beim Wasserlassen. Der Harn ist trüb und schleimig.

*Vergrößerung* der *Vorsteherdrüse* verursacht erschwerte Harnentleerung und häufiges Urinlassen besonders bei Nacht.

## D. Die Haut.

### 1. Aufgaben der Haut.

Die Haut, der Überzug des Körpers, ist kein so einfaches Organ, wie es bei oberflächlicher Betrachtung erscheint. Ihr Bau wird bestimmt durch die vielseitigen physiologischen Aufgaben, die sie zu erfüllen hat. Die Haut umschließt nicht nur den Körper nach außen hin, um sein Austrocknen zu verhindern, sie dient auch als *Schutzorgan* für alles, was sie bedeckt. Sie schützt den Körper vor dem Eindringen von Fremdstoffen, wie Schmutz, Flüssigkeiten usw. und vor vielen Bakterien. Eine gesunde Haut ist deshalb von größter Wichtigkeit. Sie setzt eine vernünftige Hautpflege und planmäßige Hautabhärtung voraus. In der gesunden Haut bilden sich wichtige Abwehrstoffe gegen Krankheitserreger.

Als *Sinnesorgan* ist die Haut durch die in ihr eingelagerten Tastkörperchen befähigt, Berührung wahrzunehmen, Wärme, Kälte, Schmerz und Wohlbehagen zu empfinden. Dadurch wird die Haut oft zum Warner, z. B. bei zu kalten oder zu heißen Getränken usw.

Die Haut dient auch als *Ausscheidungsorgan* für Schweiß und Talg. Der letzte hat den Zweck, die Haut und die Haare, Anhangsgebilde der Haut, geschmeidig zu erhalten. Die Bedeutung der Haut als Organ und ihre Lebenswichtigkeit beweist am besten die Tatsache, daß ihre Ausschaltung um mehr als $1/_3$ etwa durch Verbrennung, sogar oberflächlicher Art, für den Betroffenen den Tod zur Folge hat.

Die Hautfarbe ist bei den verschiedenen Rassen verschieden. Beim Europäer ist sie weiß-rötlich mit einem Schuß ins Gelbliche. Bei anderen Rassen tritt bräunliche bzw. gelblich-bräunliche Färbung auf bis zum Schwarzbraun bzw. fast Schwarz der Neger. Die Hautfarbe schwankt aber auch nach dem Blutgehalt der Haut. Bekannt ist die durch Kälte hervorgerufene blasse und durch Hitze hervorgerufene rote Hautfarbe.

Die Dehnbarkeit und Dicke der Haut ist an verschiedenen Körperstellen verschieden. Am Bauch, der Brust, an den Armen und Beinen kann man die Haut zu einer Falte aufheben, während sie z. B. an der Stirn fester mit der Unterlage verwachsen ist. Die Dicke der Haut ist jeweils den Zwecken angepaßt, denen sie zu dienen hat. An den Fußsohlen und an den Händen, den Orten der stärksten Beanspruchung, ist sie dicker als z. B. im Gesicht.

Handteller, Fußsohlen, Finger und Zehen tragen parallele Streifen, sog. Papillarlinien, die besonders an der sog. *Fingerbeere*, der Unterseite des Endgliedes der Finger, Schleifen, Doppelschleifen, Wirbel und Bögen aufweisen, die bei jedem Menschen verschieden sind. Diese Tatsache findet in der neuzeitlichen Kriminalistik bei Fingerabdrücken (Daktyloskopie) weitestgehende Verwendung.

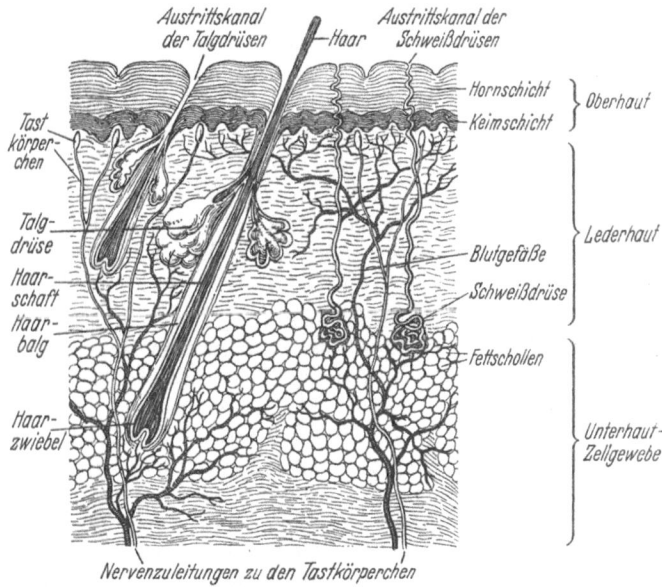

Abb. 191. Querschnitt durch die menschliche Haut in starker Vergrößerung.

## 2. Bau der Haut.

Man unterscheidet an der Haut:

1. Oberhaut mit Hornschicht und Keimschicht; — 2. Lederhaut; — 3. Unterhautzellgewebe (Abb. 191).

Die *Oberhaut* oder *Epidermis* besteht in ihrer obersten Schicht aus Hornzellen, die allmählich austrocknen und dann als kleine, dünne Schüppchen abgestoßen werden. In der von Blutgefäßen freien *Hornschicht* geht von unten nach oben eine ständige Neubildung vor sich. Die Bildung neuer Hautzellen erfolgt in der *Keimschicht*. Diese wird deshalb von ernährenden Blutgefäßen durchzogen. Die neugebildeten Hautzellen rücken nach oben, trocknen aus, verhornen und werden dann durch Waschen oder Reiben abgestoßen. An Stellen, die dauerndem Druck ausgesetzt sind, tritt die Verhornung besonders deutlich und stark auf, so bei Schwielen und Hühneraugen. Die Keimschicht wird von der noch stärker durchbluteten *Lederhaut* mit Blut versorgt. Diese besteht aus festen, aber geschmeidigen Bindegewebsfasern, die der Haut Festigkeit und Dehnbarkeit verleihen. Die Blutverteilung erfolgt reichlich durch Haargefäße, ebenso der Austausch der Gewebsflüssigkeit durch Lymphgefäße. Die *Schweißdrüsen* liegen zwischen der Lederhaut und dem *Unterhautzellgewebe*. Sie durchziehen die Leder- und Oberhaut bis zur Oberfläche in korkzieherartigen Kanälen. Schweißdrüsen finden sich auf der ganzen Haut verbreitet, ihre Zahl beträgt auf der Körperoberfläche 2 bis 3 Millionen. Die Verteilung der Schweißdrüsen schwankt in den verschiedenen Hautbezirken stark, daher auch die Schweißmenge. Am reichlichsten finden sich die Schweißdrüsen an den Handflächen und Fußsohlen, zwischen den Zehen und in den Achselhöhlen.

Das Sekret der Schweißdrüsen, der *Schweiß*, ist eine trübe, farblose, salzig schmeckende Flüssigkeit, die infolge ihres Gehaltes an niederen Fettsäuren einen eigenartigen, oft unangenehmen durchdringenden Geruch hat. Er setzt sich zusammen aus 99% Wasser, 1% anorganischen Salzen, davon 0,3 bis 0,4% Kochsalz und Fettsäuren. An organischen Stoffen enthält der Schweiß wenig Eiweiß und Harnstoff, die beide stickstoffhaltig sind und bei ihrer Zersetzung zusammen mit den Fettsäuren den widerlichen Geruch erzeugen. Auch Milchsäure als Ermüdungsstoff des Muskels findet sich im Schweiß, besonders reichlich im Schweiß der Sportler nach Wettkämpfen. Die täglich durch die Haut abgegebene Wassermenge in Form von Schweiß beträgt 800 bis 1000 ccm. Ein Drittel davon verdampft unmerklich. Die Menge der Schweißabsonderung kann durch starke Erwärmung der Umgebung von 33° an oder durch angestrengte körperliche Tätigkeit ausgelöst werden. Die Schweißabsonderung wird vom Zentralnervensystem aus beeinflußt.

Die *Talgdrüsen* liegen an der Hautoberfläche und befinden sich meistens an einem Haarschaft. Sie münden in den Austrittskanal des Haares, im Gesicht auch frei auf der Hautoberfläche. Das Sekret der Talgdrüsen, der *Hauttalg*, dient vornehmlich der Einfettung der Oberhaut (Epidermis) und der Haare, um sie weich und geschmeidig zu machen, aber auch um die Haut vor Benetzungen und zu starker Eintrocknung durch Wasserverdunstung zu schützen. Der Hauttalg ist bei seiner Entleerung flüssig, erstarrt aber bereits beim Verweilen innerhalb des Ausführungsganges der Drüse zu einer weißen, talgigen Masse. Kommt es hierbei zu einer Stauung von Talg, entstehen *Mitesser*, die auf Druck wurstförmig entleert werden. Die *Tastkörperchen*, die mit feinsten Nervenfäserchen in Verbindung stehen, liegen an der Grenze zwischen Lederhaut und Oberhaut.

Die Schicht unter der Lederhaut ist das *Unterhautzellgewebe*, das von einem vielverzweigten Netz von Blutgefäßen durchzogen ist und reichlich Fett enthält. Die Fettanhäufung ist an verschiedenen Körperstellen verschieden, sie ist am Bauch und Leib stärker als etwa an den Händen; übermäßig stark ist sie bei Fettleibigen. Das netzartige System von Blutgefäßen im Unterhautzellgewebe kann bis zu ein Drittel des gesamten Körperblutes aufnehmen und so beim Ansteigen der Körperwärme im Innern durch Abkühlung Wärmeausgleich schaffen, während bei Kälte das Blut durch nervöse Einwirkung ins Körperinnere fließt, um Wärmeverlust zu vermeiden.

## 3. Haare.

Haare sind besonders ausgebildete Anhangsgebilde der Haut aus verhornten Zellen, die zu einem Faden verwachsen sind. Sie sitzen gewöhnlich schräg in der Haut (s. Abb. 191 menschliche Haut), werden aber durch besondere Muskeln bei Schreck, Schmerz, Wut oder Kälte senkrecht aufgerichtet, dadurch entsteht die sog. Gänsehaut.

Der *Haarschaft* ist in den *Haarbalg*, eine Einstülpung der Haut, eingelassen. Am unteren Ende des Haarschaftes befindet sich die becherartige *Haarzwiebel*, welche die blutgefäßführende *Haarpapille* umschließt. Von ihr aus erfolgt die Ernährung des Haares und die Neubildung von Hornzellen. Um das ungehinderte Gleiten des Haares zu gewährleisten, scheiden die Talgdrüsen Talg ab, mit dem das Haar eingefettet wird. Dies erhält dadurch seinen Glanz und seine Biegsamkeit. Zu häufiges Waschen des Kopfhaares, besonders mit stark fettlösenden Waschmitteln, ist daher zu vermeiden.

Die Lebensdauer der Haare ist begrenzt, sie schwankt bei den Kopfhaaren zwischen etwa 1 bis 4 Jahren, bei den Augenwimpern zwischen 3 bis 5 Monaten. Hat das Haar eine bestimmte Länge erreicht, wächst das neue Haar nach und stößt das alte heraus. Die Zahl der Kopfhaare schwankt zwischen 90000 und 140000. Die Haardichte ist am Körper sehr verschieden, so kommen am Scheitel etwa 300 bis 320, am Kinn etwa 44 und auf dem Handrücken nur etwa 18 auf den Quadratzentimeter. Die Haarfarbe ist vom Farbstoffgehalt des Haares abhängig. Sie schwankt vom weißlichen Gelb bis Schwarzbraun. Der Farbstoffgehalt des Haares entspricht meist demjenigen der Haut. Er nimmt im Alter ab, gleichzeitig wird das Haar brüchig, es dringt Luft in seine Zellen ein, wodurch das Haar seinen bekannten hellgrauen Schimmer erhält (s. auch Bd. III).

## 4. Nägel.

Die Nägel sind wie die Haare Anhangsgebilde der Haut. Sie bedecken die Rückenflächen der Endglieder von Fingern und Zehen und stellen eine rosig durchscheinende, gebogene Hornplatte dar. Diese besteht aus einer weichen, unverhornten Zellschicht, der sog. *Nagelmutterschicht*, und der *Hornschicht*. Das Dickenwachstum des Nagels erfolgt von der Mutterschicht, das Längenwachstum vom Nagelfalz aus. Man unterscheidet am Nagel die *Nagelplatte*, eine viereckige, gewölbte, von hinten nach vorn an Dicke zunehmende Schicht, die bis auf ihren freien Rand einem Hautpolster, dem *Nagelbett*, aufliegt. Dieses wird von leistenförmigen, in der Richtung der Fingerachsen verlaufenden Hautfalten gebildet. In diese falten sich die Leistchen der Nagelplatte zackenartig ein. Am Beginn des sichtbaren Nagelteils befindet sich ein halbmondförmiges, weißliches Gebilde, das *Möndchen* (Lunula), das besonders deutlich am Daumen auftritt. Von den Seiten her zieht sich die Epidermis in Form eines Wulstes über den Nagelrand und bildet den sog. *Nagelwall*. Vom Nagelwall schiebt sich ein kleines Häutchen etwas über die Nagelplatte vor. Die Bildungsstätte des Nagels ist die *Nagelwurzel*. Das tägliche *Nagelwachstum* schwankt nach dem Alter und beträgt zwischen 30 und 60 Jahren etwa 0,1 mm täglich, Zehennägel wachsen langsamer. Ein Nagel braucht zum Sichtbarwerden etwa 5 Wochen und von da an bis zum freien Rande etwa 6 Monate.

*Veränderungen an den Nägeln* können Ausdruck und Begleiterscheinungen von fieberhaften Erkrankungen, Vergiftungen und Hautkrankheiten sein oder aber in Erkrankungen des Nagelbettes und der Nagelwurzel ihre Ursache haben, die sich wieder in Veränderungen der Nagelplatte äußern. Die letzte kann auch durch Pilzerkrankungen geschädigt werden. Nach schweren Infektionskrankheiten bilden sich *Querfurchen* der Nagelplatte infolge einer vorübergehenden Verhornungsstörung.

*Teilweise Weißfärbung* der Nägel führt man auf eine Schädigung der Nagelwurzel, bei der Luft zwischen die Hornlamellen eindringt, zurück. *Eingewachsene Nägel* beruhen meist auf einem unsachgemäßen Abschneiden, besonders der große Zeh wird häufig davon betroffen. Durch das Einwachsen entstehen sekundäre Entzündungen, Rötung, Schwellung, Abscheiden von Sekret, Geschwürsbildung, die zu Lymphknotenentzündung und schließlich zu einem bedrohlichen Zustand führen kann, der ärztliche Hilfe erfordert. Man behandelt zweckmäßig durch Einlage von Watte derart, daß durch diese der Nagelfalz vom Nagelbett getrennt wird. Gegen die Entzündung sind feuchte Kamillenverbände das beste. In schweren Fällen muß der Nagel operativ entfernt werden. Nagelverletzungen durch Quetschungen oder andere Verletzungen sind sehr schmerzhaft, Nagelerkrankungen langwierig. *Niednägel*, auch Neidnägel genannt, sind oberflächliche, spaltförmige Einrisse der Hornschicht der Nagelwälle und Eintrittsstellen für Infektionen. Sie sind deshalb sorgfältig zu vermeiden und zu pflegen. Sind sie aufgetreten, behandelt man sie durch vorsichtiges Abschneiden (s. auch Bd. III).

# E. Nervensystem.

Im menschlichen Körper geht nichts vor sich, was unabhängig vom Nervensystem geschehen könnte. Damit ist die Wichtigkeit dieses Systems geklärt. Im Gegensatz zu anderen Organen, die eine ganz bestimmte Lage im Körper haben, durchzieht das Nervensystem, ähnlich wie die Blutgefäße, den ganzen Körper. Die Organe des Nervensystems sind Nerven, Rückenmark und Gehirn.

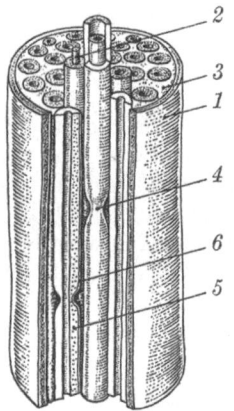

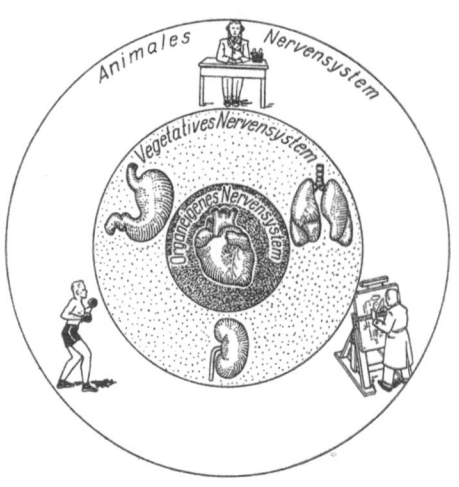

Abb. 192. Aufbau eines Nerven (schematisch). *1* Bindegewebige Außenhülle; — *2* Achsenzylinder (eigentliche Leitungsbahn); — *3* Bindegewebige Scheidewand; — *4* „Ranviersche" Einschnürung der Nervenfaser; — *5* Markscheide (umhüllt den Achsenzylinder); — *6* Nervenfaser.

Abb. 193. Die Funktionen des animalen und des vegetativen Nervensystems.

**Nerven.** Die Nerven (Abb. 192) bestehen aus Bündeln von einzelnen Nervenfasern. Die Bündel sind kabelartig angeordnet und durch Bindegewebe voneinander getrennt. Die Nervenbündel sind von einer Schutzhülle, sog. *Nervenscheiden* oder *Markscheiden*, umgeben. Diese dienen teils der Isolierung, teils der Ernährung. Man unterscheidet bei den Nerven:

*1. Bewegungsnerven* oder *motorische Nerven*, das sind solche, die vom Gehirn und Rückenmark aus nach der Oberfläche des Körpers Reize zu den Muskeln leiten und deren Bewegung veranlassen,

*2. Empfindungsnerven* oder *sensible Nerven*, welche die Reize, wie Schmerz usw., von der Körperoberfläche zum Rückenmark und Gehirn leiten.

Das Nervensystem (Abb. 193) teilt man nach seinen Leistungen ein in

1. das *bewußte* Nervensystem, auch *animales* Nervensystem genannt, das zu den quergestreiften, willkürlichen Muskeln führt,

2. das *unbewußte* Nervensystem, auch *vegetatives* oder *autonomes* Nervensystem genannt, welches die Vorgänge im Organismus beeinflußt, die ohne unseren Willen ablaufen, wie den Herzschlag, den Blutkreislauf, die Verdauung, die Drüsenarbeit, den Stoffwechsel und die Wärmebildung. Das Organ der bewußten Leistungen ist das Gehirn, im besonderen das Großhirn. Als *Zentralnervensystem* (Abb. 194) bezeichnet man Gehirn- und Rückenmark.

Ein Teil des unbewußten (autonomen) Nervensystems ist das *sympathische* Nervensystem. Auf beiden Seiten der Wirbelsäule verläuft der Grenzstrang des Sympathicus vom Kopf bis zum Steißbein. Von ihm aus gehen zahlreiche Nervenzweige zu den Brust- und Baucheingeweiden. Nach seinen Wirkungen teilt man das autonome Nervensystem in zwei Gruppen, in das sympathische und das parasympathische. Die beiden Gruppen stehen häufig in Wechselwirkung. So wird z. B. die Darmtätigkeit vom Parasympathicus angeregt, während sie der Sympathicus hemmt. Der Herzschlag dagegen wird vom Sympathicus angeregt, vom Parasympathicus gehemmt.

**Rückenmark.** Die Sammel- und Umschaltestelle für die Nerven ist das Rückenmark, das in der Wirbelsäule als stark fingerdicker, zylinderförmiger und von einer häutigen Schicht überzogener Strang verläuft. Das Rückenmark ist von einem Flüssig-

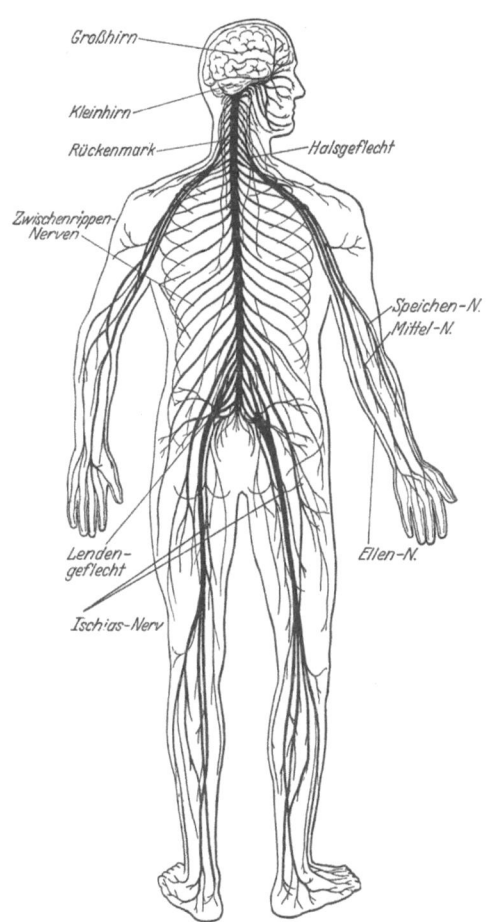

Abb. 194. Übersicht über das Zentralnervensystem.

keitsmantel umgeben, der Gehirn-Rückenmarkflüssigkeit, Cerebrospinalflüssigkeit (lat. cerebrum = Gehirn, lat. spina = Wirbelsäule), die mit dem Gehirn in Verbindung steht. Die Cerebrospinalflüssigkeit wird bei bestimmten Krankheiten in eigenartiger Weise verändert und dient deshalb nach der chirurgischen Entnahme mit einer dünnen Hohlnadel zu diagnostischen Zwecken. Die Körpernerven münden in das Rückenmark ein. Dieses verdickt sich nach oben zum *verlängerten Mark* (Nackenmark). Von hier aus werden lebenswichtige Organtätigkeiten zentral gesteuert, wie Atmung, Herzschlag, Blutdruck, Körpertemperatur usw.

*Verlängertes Mark.* Das verlängerte Mark tritt nach oben durch das Hinter-hauptsloch in die Schädelkapsel ein. In ihm liegen wichtige sog. *Zentren*, Gruppen von Nervenzellen, die bestimmte Leistungen in den Organen auslösen, so das Atem-zentrum, das Wärmezentrum und die Zentren für Herzschlag, Blutdruck usw. Diese Zentren erhalten ihre Reize durch chemische Stoffe wie etwa das Atemzentrum durch die Kohlensäure, andere durch Hormone. Durch die Kohlensäure werden die Nervenzellen des Atemzentrums gereizt und übertragen den Reiz auf die Atemmuskeln. Hierdurch wird die Atmung ausgelöst.

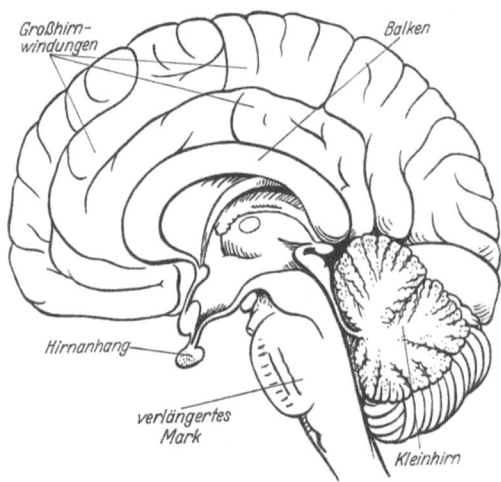

Abb. 195. Das Großhirn.

*Gehirn.* Unmittelbar über dem verlängerten Mark liegt das *Klein-hirn*, es steht mit dem verlän-gerten Mark und dem Großhirn in vielseitiger Verbindung durch Nerven. Die Hauptaufgabe des Kleinhirns ist die Regelung der Muskeltätigkeit der Körperbewe-gungen und die Erhaltung des Gleichgewichtes. Andere Gehirn-abschnitte leiten vom Kleinhirn zum Großhirn über. Das Klein-hirn ist durch zahlreiche Nerven-verbindungen mit dem Großhirn und mit dem verlängerten Mark verbunden, stellt also einen Mittelpunkt der Nervenbahnen dar. Das Kleinhirn regelt vor allem die Zusammenarbeit der Muskeln, die Körperbewegungen, und erhält das Gleichgewicht.

*Großhirn.* Das Großhirn (Abb. 195) füllt den nach oben kugelig gewölbten Hohl-raum des vorderen Schädels aus und liegt über den vorgenannten Gehirnteilen. Es ist mit einer Haut, der *Hirnhaut*, überzogen und wird in der Mitte durch einen lang verlaufenden Spalt in zwei Hälften geteilt. Diese sind durch den sog. *Balken*, ein starkes Bündel von Nervenfasern, miteinander verbunden. In der Rindenschicht des Großhirns setzen Nervenzellen Reize (Abb. 196), die von außen kommen, in Empfindungen und Gefühle um, es bilden sich Vorstellungen, die in unser Unter-bewußtsein übergehen. Aber auch Erinnerung, Denken, Gedächtnis, Wille und geistige Leistung haben hier ihren Sitz.

*Erkrankungen des Nervensystems.*

Die wichtigsten Erkrankungen des Nervensystems sind:

**Krankheiten der peripheren Nerven.** Bewegungs- oder Empfindungsstörungen. *Lähmung.* Ursache: Erkältungen, Verletzungen, Vergiftungen, auch durch Infek-tionskrankheiten.

Die Nervenerkrankung kann in Form einer *Nervenentzündung* auftreten, wobei Vergiftungen durch Blei, Arsenik, Kohlenoxyd oder Alkohol eine ursächliche Rolle spielen können. Auch im Anschluß an Infektionskrankheiten wie Diphtherie, Pocken, Typhus usw. können sich Nervenentzündungen einstellen, die sich durch Schmerz entlang der Nervenbahn oder durch Beeinträchtigung der Empfindung äußern können. Sehr oft findet man bei Zuckerkranken eine Nervenentzündung.

*Nervenschmerz-Neuralgie.* Unter Nervenschmerz oder Neuralgie versteht man dauernde oder anfallsweise auftretende bohrende oder reißende Schmerzen, die dem

Verlauf eines Nervenstammes folgen. Neuralgien finden sich häufig im Bereich des Gesichts, des Hinterhaupts, der Zwischenrippennerven und im Verlauf des Ischiasnervs. Ursächlich kommen Erkältungen, Infektionsherde, Vergiftungen und Verletzungen in Betracht.

*Reizbare Nervenschwäche — Neurasthenie.* Die Krankheit geht mit gesteigerter Erregbarkeit neben verminderter Leistungsfähigkeit einher. Mangelndes Selbstvertrauen, Zwangsvorstellungen, Angstzustände werden von Kopfschmerz, Schwindel, Schlaflosigkeit, Rücken- und Gliederschmerzen usw. begleitet.

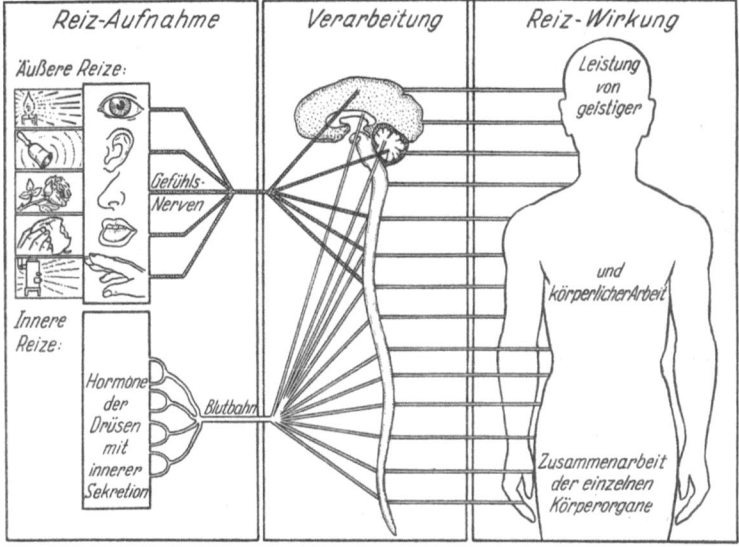

Abb. 196. Reiz-Aufnahme, Reiz-Verarbeitung, Reiz-Wirkung.

*Fallsucht — Epilepsie* kann angeboren sein oder durch Störungen der Drüsen mit innerer Sekretion hervorgerufen werden. Auch Gehirn-, Herz- und Gefäßerkrankungen, Verletzungen und Vergiftungen können Epilepsie auslösen. Anfälle vollziehen sich unter Verdrehen der Augen, Schaum vor dem Mund, auch Zungenbiß, Bewußtlosigkeit, Krämpfen. Der Ausgang erfolgt im Schlaf. Der Kranke weiß infolge Gedächtnisverlustes vom Anfall nichts.

**Krankheiten des Rückenmarks und des verlängerten Marks.** *Spinale Kinderlähmung.* Ursache: Ein filtrierbares Virus. Die Übertragung erfolgt entweder durch Tröpfcheninfektion vom Kranken selbst, häufig aber indirekt durch gesunde Zwischenträger. Größere Körperteile sind gelähmt, vorwiegend Beine, Rumpf, obere Extremitäten, Hals und Kopf. Am zweiten oder dritten Krankheitstage oder am Ende der ersten Woche tritt das Lähmungsstadium ein. Die eingetretenen Lähmungen pflegen nicht in dem vollen Umfange bestehenzubleiben, den sie auf ihrem Höhepunkt haben. Nach den ersten zwei Monaten vollzieht sich im allgemeinen eine allmähliche Besserung, jedoch kann man erst etwa nach einem Jahr feststellen, wo die Lähmung bestehen bleibt und wo sie wieder aufgehoben wird. Im allgemeinen werden vorwiegend Kinder in den ersten drei Lebensjahren, aber auch Minderjährige von der Krankheit betroffen, sie kann aber auch bei Erwachsenen bis ins hohe Alter auftreten. Die Krankheit tritt epidemisch, am häufigsten im Juli und August, auf.

*Rückenmarkschwindsucht.* Ursache: Syphilis. Bei der Erkrankung fallen mit der Zeit zahlreiche vom Rückenmark beeinflußte Leistungen aus. Ermüdung und Unsicherheit beim Gehen, Schmerzen in den Beinen, Blasenschwäche, Sehstörungen und weitere schwere Erscheinungen kennzeichnen das Krankheitsbild. Der Erkrankte ist schließlich völlig auf fremde Hilfe angewiesen und kann sich kaum mehr bewegen.

**Krankheiten des Gehirns und seiner Häute.** *Tuberkulöse Hirnhautentzündung* ist eine häufig im Kindesalter im zweiten bis fünften Lebensjahr auftretende Erkrankung und meist eine Teilerscheinung einer allgemeinen Tuberkulose. Heilung der früher als unheilbar angesehenen Krankheit mit Streptomycin und anderen Stoffen, denen gegenüber der Tuberkelbacillus empfindlich ist.

*Halbseitige Lähmung.* Die Lähmung einer ganzen Körperhälfte kann entstehen durch Hirnblutung infolge Zerreißung von Hirngefäßen, oder dadurch, daß ein Gefäßast verstopft wird. Meist entsteht die halbseitige Lähmung schlagartig (Schlaganfall), wobei der Erkrankte plötzlich das Bewußtsein verliert und zu Boden stürzt. Die Bewußtlosigkeit kann Stunden oder Tage andauern. Es bleibt ganze oder teilweise Lähmung einer Körperhälfte zurück; völlige Heilung ist selten.

*Multiple Sklerose.* Ursache: Unbekannt, Krankheitsherde sind regellos über Gehirn und Rückenmark verstreut. Die Erkrankung tritt mit den verschiedenartigsten Erscheinungen auf, so mit Seh-, Sprach- und Gehstörungen, Lähmungserscheinungen und Empfindungsstörungen. Die Krankheit verläuft in Schüben und kann sich über viele Jahre erstrecken.

# F. Sinnesorgane.

## 1. Sehorgan.

Von den Sinnesorganen ist das *Auge* das wichtigste und vollkommenste. Mit ihm nimmt man Licht und Farbe, Flächen und Körper, Ausdehnungen, Entfernungen und Bewegungen wahr. Diese Vielseitigkeit der Leistungen bedingt einen feinen und sinnreichen Bau.

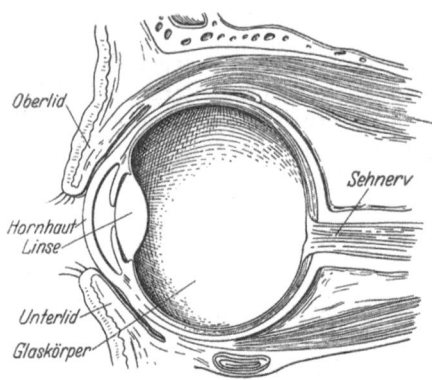

Oberlid

Sehnerv

Hornhaut

Linse

Unterlid

Glaskörper

Abb. 197. Auge, senkrechter Durchschnitt.

Das Auge (Abb. 197) ist sorgfältig in das umgebende Fettgewebe eingebettet und liegt in der Tiefe der Augenhöhle des Gesichtsschädels. Durch eine Anzahl Augenmuskeln ist es nach allen Richtungen beweglich. Beide Augen sind jeweils gleichzeitig auf den zu betrachtenden Punkt eingestellt. Die Augenoberfläche wird geschützt durch die jederzeit zum Schließen bereiten *Lider*, die von einer besonders empfindlichen Haut überkleidet und mit *Wim-*pern besetzt sind. Im *Bindehautsack* liegende Drüsen schaffen die nötige Feuchtigkeit und gewährleisten ein reibungsloses Gleiten der Lider.

Unter dem oberen äußeren Rand der Augenhöhle liegt die *Tränendrüse*, die bei Gemütserregungen, Verletzungen und Reizungen durch Gase oder den kleinsten Fremdkörper Tränenflüssigkeit absondert. Ähnlich wie die Kamera in der Photographie arbeitet auch das Auge. Die Lichtstrahlen fallen durch die gleich einem Uhrglas gebogene, in die *Lederhaut* eingefalzte, durchsichtige, äußerst glatte *Horn-*

*haut* in das Innere des Auges und werden hier von einer bikonvexen Linse gesammelt und gebrochen. Dabei entsteht ein Bild, das durch den durchsichtigen Glaskörper hindurch auf die lichtempfindliche Netzhaut geworfen wird. Das Auge hat die Form einer Kugel, seine äußere Schicht gibt dem Auge seine Form, sie besteht aus Lederhaut und Hornhaut.

Zwischen Hornhaut und *Regenbogenhaut* oder *Iris* liegt die vordere Augenkammer, die mit Flüssigkeit gefüllt ist. Die Regenbogenhaut wirkt wie die Blende an einem photographischen Apparat. Sie ist verschieden gefärbt und gibt dem Auge seine Farbe. Die Pupillenöffnung der Regenbogenhaut wird von der Linsenoberfläche abgeschlossen. Die *Pupille* kann sich durch eigene Muskeln verengen oder erweitern. Sie verengt sich bei grellem Lichteinfall, um die Netzhaut vor zu starker Belichtung zu schützen und erweitert sich bei Dunkelheit. Diese Tatsache verwendet die Medizin beim sog. *Pupillenreflex*.

Die *Linse* ist an vielen feinen Fäden hinter der Regenbogenhaut aufgehängt. Ihre Form wird durch einen kreisrunden Muskel verändert; dadurch wird ihr Brechungsvermögen erhöht und so das Auge auf die Nähe eingestellt (sog. Akkommodation).

Die *Netzhaut* ist der lichtempfindliche Teil des Auges. Sie ist höchst verwickelt gebaut und weist etwa zehn verschiedene Schichten auf. Die innerste davon besteht aus vielen zarten Fäserchen, die sich am hinteren Teil des Auges zu einem Strang, dem *Sehnerv*, vereinigen. Dieser durchbohrt die Lederhaut und leitet die Lichteindrücke in die Hinterhauptsrinde des Gehirns, das *Sehzentrum*. Erst hier erfolgt das bewußte Sehen. In der Netzhaut finden sich *Stäbchenzellen*, die der Wahrnehmung von Hell-Dunkel, und *Zapfenzellen*, die der Wahrnehmung von Farben dienen. Zwischen Netzhaut und Lederhaut liegt die *Aderhaut*, in ihr verlaufen größere Gefäße, außerdem ist sie durch Farbstoff schwarz gefärbt.

*Kurzsichtigkeit.* Kurzsichtigkeit des Auges entsteht, wenn dieses verhältnismäßig zu lang gebaut ist. Dadurch wird die Wölbung der Linse zu stark, die einfallenden Lichtstrahlen werden so stark gebrochen, daß das Bild eines betrachteten Gegenstandes in der Ferne *vor* die Netzhaut fällt und daher unscharf gesehen wird. Diesem Übel wird durch eine hohlgeschliffene, bikonkave Zerstreuungslinse (Brillenglas) entgegengetreten, die dem Auge vorgesetzt wird. Durch sie wird das Brechungsvermögen der Augenlinse vermindert und das Bild weiter nach hinten auf die Netzhaut verlegt.

*Weitsichtigkeit.* Weitsichtigkeit ist das Gegenteil der Kurzsichtigkeit. Hier ist die Achse des Auges zu kurz, die Linse zu wenig gewölbt, ihr Brechungsvermögen zu gering. Dadurch fällt das Bild *hinter* die Netzhaut. Zur Behebung dieses Mangels muß eine das Brechungsvermögen der Linse unterstützende, gewölbte bikonvexe Linse angewandt werden.

## 2. Gehörorgan.

Das *Ohr* (Abb. 198) ist nächst dem Auge das wichtigste Sinnesorgan. Es zerfällt in drei Abschnitte: äußeres Ohr, Mittelohr und inneres Ohr. Sichtbar sind nur die *Ohrmuschel* und der Eingang zum *Gehörgang*. Das Vorhandensein von zwei Ohren befähigt zum sogenannten Richtungshören, durch das festgestellt werden kann, aus welcher Richtung Geräusche kommen. Der äußere Gehörgang, durch den die Schallwellen dem Gehör zugeführt werden, wird durch das *Trommelfell* nach dem *Mittelohr* oder der *Paukenhöhle* hin abgeschlossen. Als Regler des Luftdrucks im Mittelohr und damit für das Trommelfell dient die *Ohrtrompete*, ein in den Rachenraum hinter den Gaumenmandeln mündender Gang. Wie wichtig ein Luftdruckausgleich durch die Ohrtrompete ist, zeigt sich bei plötzlicher und starker Luftdruckerhöhung,

z. B. beim Abschießen eines Geschützes. Hier wird zum Luftdruckausgleich der Mund geöffnet und dadurch der Luftdruck durch die Ohrtrompete auf der Innenseite des Trommelfells ausgeglichen. Wird diese Vorsichtsmaßregel außer acht gelassen, zerreißt das Trommelfell.

Durch die Verbindung von Mittelohr und Rachenraum sind auf diesem Wege Infektionen des Mittelohrs möglich, sog. *Mittelohrentzündung*. Die hierbei früher oft notwendige Operation ist durch Penicillinbehandlung verdrängt.

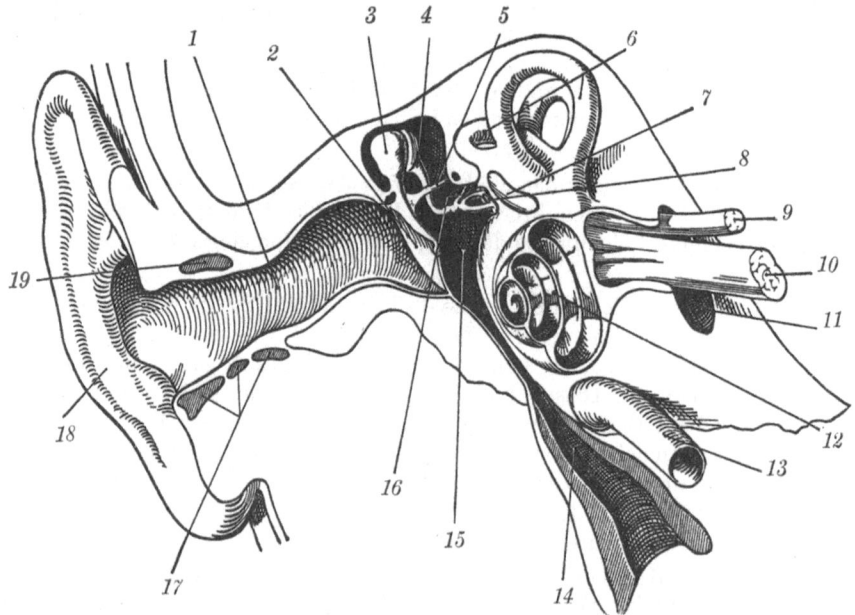

Abb. 198. (Nach Körner-Steurer, Lehrbuch der Ohren-, Nasen-, Rachen- und Kehlkopf-Krankheiten, 14. Aufl., München 1944.)
*1* Äußerer Gehörgang; — *2* Trommelfell; — *3* Hammer; — *4* Amboß; — *5* Trommelfellmuskel; — *6* Knöcherne Bogengänge; — *7* Nerv der Ohrmuskeln; — *8* Steigbügel; — *9* Nerv der Ohrmuskeln; — *10* Gehörnerv; — *11* Innerer Gehörgang; — *12* Schnecke; — *13* Innere Kopfschlagader; — *14* Ohrtrompete; — *15* Paukenhöhle; — *16* Steigbügelmuskel; — *17* Gehörgangknorpel; — *18* Ohrläppchen; — *19* Gehörgangknorpel.

Das Trommelfell steht durch die *Gehörknöchelchen*, drei äußerst kleine Knochengebilde, mit dem *inneren Ohr* in Verbindung. Nach ihrer Gestalt führen sie die Namen *Hammer, Amboß, Steigbügel*. Während das Trommelfell Schallwellen aufnimmt, leiten sie die Gehörknöchelchen weiter, der Hammer ist mit dem Trommelfell verwachsen. Dadurch werden alle auf das Trommelfell gelangenden Schwingungen auf den Amboß bzw. den Steigbügel übertragen. In der knöchernen Kapsel des inneren Ohrs befindet sich ein mit einer dünnen Haut überzogenes kleines Loch, auf dem die Grundplatte des Steigbügels sitzt. Die auf ihn treffenden Schwingungen werden auf die im Innern des Ohrs befindliche Gehörflüssigkeit und von hier auf die *Schnecke* des inneren Ohrs oder *Labyrinths* übertragen. Die Schnecke ist der eigentliche Sitz des Gehörs und stellt ein äußerst verwickelt gebautes Organ dar. Im Innern hat die Schnecke eine Saitenanordnung, ähnlich der eines Klaviers. Gehörwasser und Sinneshärchen vermitteln Geräusche oder Töne auf den Gehörnerv. Die Empfindungen des Gehörs kommen dann im Gehörzentrum der Großhirnrinde zum Bewußtsein.

Über seine Aufgabe als Gehörorgan hinaus erfüllt das Ohr auch die eines *Gleichgewichtsorgans*. Die Bogengänge des inneren Ohrs sind mit Flüssigkeit gefüllt, in den drei Richtungen des Raumes angeordnet und stehen mit dem Gleichgewichtsnerv in Verbindung. Wird einer der drei Bogengänge aus seiner Normallage gebracht, verändert die Flüssigkeit ihre Lage, die Veränderung wird auf den Gleichgewichtsnerv übertragen und im Gleichgewichtszentrum des Gehirns empfunden.

### 3. Geruchsorgan.

Neben dem Seh- und Gehörorgan sind die übrigen Sinnesorgane von untergeordneter Bedeutung. Während die ersten als höhere Sinnesorgane bezeichnet werden, bezeichnet man Geruch, Geschmack und Gefühl als niedere Sinne.

Der *Geruchssinn* liegt in der *Riechschleimhaut* der obersten Nasenmuscheln. Diese stellt ein gegenüber ausgesprochenen Nasentieren stark geschrumpftes Organ von nur 2,5 qcm Umfang dar. Die Riechschleimhaut liegt außerhalb des gewöhnlichen durch die Nase gehenden Luftstromes. Aus diesem Grunde muß zur Wahrnehmung eines Geruches der Luftstrom stoßweise eingeatmet werden, ein Vorgang, den man als Schnüffeln bezeichnet. Eine Einteilung der verschiedenen Gerüche ist schwierig. Durch Untersuchungen ist festgestellt, daß der Mensch nur die folgenden sechs Grundgerüche unterscheiden kann:

faulig, wie faulende Eier oder Schwefelwasserstoff,
brenzlig, wie angebranntes Holz oder Pyridin,
fruchtig, wie Obst oder Fruchtäther,
harzig, wie Räucherharze, z. B. Myrrhe beim Verbrennen,
blumig, wie duftende Blumen, wohlriechende ätherische Öle oder andere Duftstoffe,
würzig, wie die ätherischen Öle der Gewürzdrogen.

Der Geruchssinn ist für den Drogisten von größter Bedeutung zum Erkennen von Drogen und Chemikalien, bei vielen chemischen Umsetzungen und für die Parfümerie.

### 4. Geschmacksorgan.

Geruchs- und Geschmackssinn stehen in enger Beziehung. Die auf der Zunge in großer Zahl (2000 bis 3000) sitzenden Geschmacksknospen sind das Organ des Geschmacks. Mit ihm kann man die Geschmacksarten süß, sauer, salzig, bitter unterscheiden. Die Geschmacksknospen, mit denen die verschiedenen Geschmacksarten wahrgenommen werden, sind auf der Zunge verschieden angeordnet. Mit der Zungenspitze wird süß und salzig, am Zungenrand sauer und am Zungengrund bitter empfunden.

### 5. Gefühlsorgan.

Die verschiedenen Arten des Gefühls sind der Tastsinn und die Sinne für Schmerz, Kälte und Wärme. Über den menschlichen Körper verteilt sind etwa eine halbe Million *Tastkörperchen* und etwa vier Millionen *Schmerzpunkte*. Von den letzten entfallen auf den Quadratzentimeter etwa 180 bis 200. Die Tastkörperchen sind am dichtesten auf der Zunge und an den Fingerspitzen. Die letzten können bis zu sechs verschiedene Reize wahrnehmen, eine Tatsache, die bei den Symbolen der Blindenschrift angewandt wird. Schmerzpunkte finden sich nicht nur in der Haut, sondern über den ganzen Körper verteilt. Schmerz ist oft ein Warner, der Unregelmäßigkeiten im Körperhaushalt anzeigt. Durch rechtzeitige Feststellung der Schmerzursachen können Leiden frühzeitig erkannt und behoben, unter Umständen frühzeitiger Tod verhindert werden.

*Kälte* und *Wärme* werden durch Kälte- und Wärmepunkte wahrgenommen. Das Empfinden für warm oder kalt richtet sich nach der Anzahl der Wärme- und Kältepunkte an der betreffenden Körperstelle.

# G. Geschlechtsorgane.

## 1. Männliche Geschlechtsorgane.

Die wichtigsten männlichen Geschlechtsorgane (Abb. 199) sind zwei im *Hodensack* liegende, etwa 25 bis 30 g schwere Drüsen, die *Hoden*. Sie sind durch eine Scheidewand voneinander getrennt; der linke Hoden liegt etwas tiefer als der rechte. Sie enthalten ein besonderes Keimgewebe, in dessen Zellen sich die männlichen Keimzellen, die Samenzellen, bilden. Diese werden in großer Zahl vom Mann nach der Geschlechtsreife hervorgebracht und betragen bei einer einzigen Samenentleerung 200 bis 300 Millionen. Ein einziger Samenfaden genügt zur Befruchtung des weiblichen Eies. Aber auf dem Wege durch die Gebärmutter zum Ei geht eine große Zahl Samenfäden zugrunde. Die Vielzahl von Samenfäden ist deshalb nötig, um eine Befruchtung und die Erhaltung des Menschengeschlechtes möglichst sicherzustellen. Die Samenfäden sind mikroskopisch klein und erst bei vielhundertfacher Vergrößerung sichtbar. Der Kern der Samenzelle sitzt im Kopf des Samenfadens, ein langer Schwanz gibt ihm die Fähigkeit, sich fortzubewegen. Bei der Befruchtung des weiblichen Eies dringen nur der Kopf und das Mittelstück des Samenfadens in das Ei ein; der Schwanz löst sich auf. Der *Nebenhoden* ist das Sammelbecken für die im Hoden gebildeten Samenfäden.

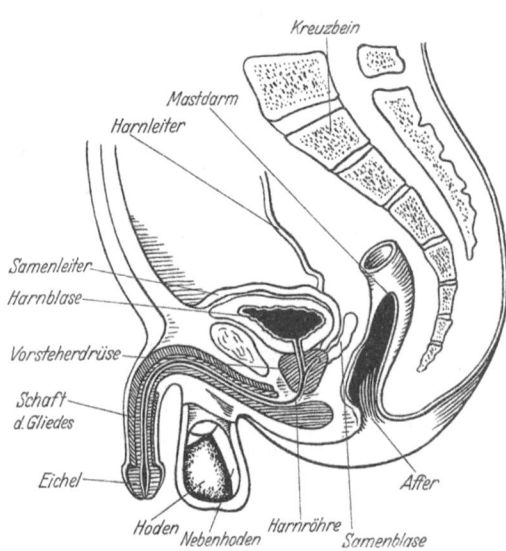

Abb. 199. Die Beckenorgane des Mannes, senkrechter Schnitt in der Mittelebene.

Der *Samenleiter* leitet die Samenfäden weiter; aus den Samenblasen wird eine dicke, zähe Flüssigkeit in den Samenleiter gegeben. Dieser wird zusammen mit der Absonderung der *Vorsteherdrüse, Prostata*, einer Drüse von der Form und Größe einer Kastanie, die Fähigkeit gegeben, sich fortzubewegen. Die Absonderung der Vorsteherdrüse ist beim Geschlechtsverkehr die Flüssigkeit, in der die Samenfäden fortgeschwemmt werden. Nach dem Durchgang durch die Vorsteherdrüse münden die Samenleiter in den Anfangsteil der Harnröhre. Von hier ab ist der Weg des männlichen Samens und des Harns der gleiche.

Die *Geschlechtsreife* oder *Pubertät* des Knaben erfolgt in unseren Breitengraden zwischen dem 13. und 15. Lebensjahr. Sie geht mit einer starken Vergrößerung der Hoden, Stimmwechsel und beginnendem Bartwuchs einher. Der Hoden ist nicht nur Bildungsstätte der Samenfäden, sondern auch eine Drüse mit innerer Sekretion, die z. B. das Längenwachstum, Eintritt und Dauer der Geschlechtsreife und den Beginn des Alterns beeinflußt.

## 2. Weibliche Geschlechtsorgane.

Die äußeren weiblichen Geschlechtsorgane sind große und kleine Schamlippen, Kitzler und Scheideneingang, die inneren Geschlechtsorgane Eierstöcke, Eileiter und Gebärmutter mit Scheide. Die letzten liegen tief im knöchernen Becken und sind so vor Gefährdung von außen geschützt (Abb. 200).

Die *Eierstöcke* sind die weiblichen Keimdrüsen und somit das wichtigste der weiblichen Geschlechtsorgane. Sie sind flache, ovale, etwa 3 bis 5 cm lange Körper und sind im Gegensatz zu den Hoden ohne Ausführungsgang. Das Ei ist die größte, der Samenfaden die kleinste Zelle im menschlichen Körper.

Von den vielen Tausenden im Eierstock vorhandenen Eiern kommen während der Zeit der Fruchtbarkeit einer Frau höchstens 400 bis 500 für die Befruchtung in Betracht. Das Ei macht einen Reifungsvorgang durch. Alle 28 Tage wird ein reifes Ei in die Bauchhöhle zum *Eileiter* ge-schwemmt, der vom Eierstock in die Gebärmutter einleitet. Der Eileiter ist 10 bis 16 cm lang und mündet in den oberen Teil der Gebärmutter.

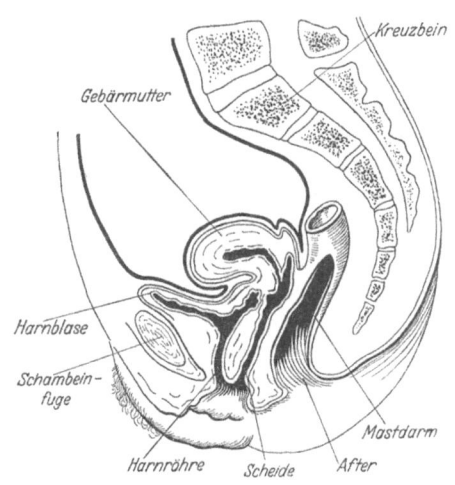

Abb. 200. Die Beckenorgane des Weibes, senkrechter Schnitt in der Mittelebene.

Die *Gebärmutter — Uterus* ist im In-nern mit Schleimhaut ausgekleidet und stellt einen etwa birnengroßen Hohlmus-kel dar. Sie ernährt das befruchtete Ei, erhält sein Wachstum und stößt das reife Kind bei der Geburt aus. Während der Schwangerschaft verlängert sie sich von 7 auf 39 cm, ihr Gewicht erhöht sich auf das Dreißigfache. Dieser Wandel ihrer Größenverhältnisse setzt eine ziemliche Beweglichkeit voraus. Nur durch die unbewegliche Scheide, das runde und das breite Mutterband, hat die Gebärmutter ihren Halt.

Nach der Scheide hin öffnet sich die Gebärmutter mit dem *Muttermund*, der die Scheide nach obenhin abschließt. Bei der Geburt wird er durch Wehen geöffnet, damit der Kopf des Kindes durchgepreßt werden kann.

Die *Scheide — Vagina* verbindet die inneren und äußeren Geschlechtsorgane als muskelhaltiger, äußerst dehnbarer Schlauch. Nach unten wird sie teilweise durch das *Jungfernhäutchen — Hymen* abgeschlossen. Der *Kitzler* liegt vorne an den kleinen Schamlippen und entspricht etwa der Eichel und dem Schwellkörper des männ-lichen Gliedes. Er ist mit zahlreichen Tastkörperchen und Nervenendungen durch-setzt, die beim Geschlechtsakt einen großen Teil der Empfindungen auslösen. Die großen Schamlippen schließen nach hinten mit einer Hautleiste, dem *Damm*, ab, der bei schweren Geburten einreißen kann (Dammriß).

*Fortpflanzungsbereitschaft.* Das äußere Zeichen für die Geschlechtsreife beim Mädchen ist die erste *Monatsblutung* oder *Menstruation*, die man auch als Unwohl-sein, Periode bezeichnet. Sie wiederholt sich regelmäßig alle vier Wochen unter Ausscheidung von Blut und Schleim aus den weiblichen Geschlechtsteilen und dauert durchschnittlich drei bis fünf Tage. Die Monatsblutung ist das letzte Glied einer Anzahl von Veränderungen, die von den Eierstöcken ausgehen. Die sogenannten GRAAFschen *Bläschen* der Eierstöcke bringen nicht nur alle vier Wochen ein Ei zur Reife, sondern ihre Hormone wandeln die Gebärmutterschleimhaut um und be-reiten sie zur Aufnahme eines befruchteten Eies vor. Ist das vorhandene Ei un-befruchtet, so tritt die Monatsblutung ein, ist es befruchtet, nistet sich dieses in die vorbereitete Gebärmutterschleimhaut ein, die Schwangerschaft beginnt.

# H. Infektionskrankheiten.

Nachstehend werden die wichtigsten Infektionskrankheiten kurz abgehandelt. Unter Inkubationszeit versteht man die Zeit von der Übertragung bis zum Ausbruch der Krankheit.

*Diphtherie.* Inkubationszeit 2 bis 5 Tage. Erreger: LÖFFLERscher Diphtheriebazillus, der weiße bzw. grauweiße Beläge im Bereich des Rachens erzeugt. Beginn mit Fieber, Kopf- und Halsschmerzen, Schluckbeschwerden und Erbrechen bei gerötetem Rachen, Mundgeruch. D. ist eine der schwersten Infektionskrankheiten und kann Rachen, Nase, Nasenrachenraum, Kehlkopf und Luftröhre befallen. Die Übertragung erfolgt durch Tröpfcheninfektion, seltener durch Gegenstände.

*Vorbeugung.* Sorgfältige Isolierung des Kranken und gründliche Desinfektion seines Auswurfs und der mit ihm in Berührung gekommenen Eß- und sonstigen Geräte. Das Krankenzimmer muß nach Überstehen der Krankheit desinfiziert werden.

*Genickstarre, epidemische — Meningitis cerebrospinalis epidemica.* Inkubationszeit 1 bis 4 Tage. Die Infektion erfolgt im Nasenrachenraum. Die Krankheit wird durch besondere Kokken hervorgerufen und beginnt plötzlich mit heftigen Kopf- und Nackenschmerzen, Schwindel und Erbrechen. Nach 1 bis 2 Tagen tritt Nackensteifigkeit, sog. *Genickstarre,* auf.

*Grippe — Influenza.* Inkubationszeit 1 bis 4 Tage. Erreger: Virus (der PFEIFFERsche Influenzabazillus löst wie andere Kokken eine Sekundärinfektion aus). Die Übertragung erfolgt durch Tröpfcheninfektion von Mensch zu Mensch. Die Krankheit beginnt meist plötzlich mit Fieber, Kopf-, Augen- und Gliederschmerzen, Mattigkeit. Im weiteren Verlauf können die Atmungsorgane, der Magen-Darmkanal oder Glieder und Kreuz besonders in Mitleidenschaft gezogen werden. Bei Grippe sind Rückfälle häufig, die Erholung erfolgt langsam. Vorsicht vor Nachkrankheiten!

*Keuchhusten — Pertussis, Stickhusten, Blauer Husten.* Inkubationszeit 4 bis 15 Tage. Erreger: BORDET-GENGOUscher Bazillus. Übertragung erfolgt auch durch Berührung mit Bazillenträgern und Gegenständen. Seuchenartig auftretender, ansteckender Katarrh der Luftwege mit krampfhaften Hustenanfällen unter Entleerung von zähem Schleim. Häufig tritt gleichzeitiges Erbrechen auf. Vor allem Kinder von 2 bis 4 Jahren werden vom K. befallen. Da bei den Hustenanfällen die Stimmritze verengt wird, entsteht beim Einziehen der Luft ein pfeifendes Geräusch. Dauer: Gewöhnlich 4 bis 10 Wochen. K. ist nicht unmittelbar lebensgefährlich, kann es aber durch Komplikationen werden. Strenge Trennung kranker Kinder von gesunden.

*Vorbeugung.* Isolierung.

*Masern — Morbilli.* Inkubationszeit 10 bis 14 Tage. Erreger: Virus. Übertragung durch Berührung. Meist zeigen sich die katarrhalischen Erscheinungen nach 10 Tagen, während der Ausschlag erst nach 14 Tagen erscheint. Die Krankheit beginnt mit Schnupfen, Husten und Fieber, nach einigen Tagen Hautausschlag am Gesicht und am ganzen Körper. Sie wird am leichtesten im schulpflichtigen Alter überstanden. Säuglinge und Kleinkinder sollen sorgfältig vor Infektion geschützt werden, da bei ihnen die Krankheit sehr schwer verlaufen und durch Komplikationen an den Atmungsorganen gefährlich werden kann.

*Mumps — Parotitis epidemica.* Inkubationszeit 14 bis 20 Tage. Erreger: Vermutlich ein Virus. Meist einseitige, sehr schmerzhafte Schwellung der Ohrspeicheldrüse mit kennzeichnendem Abheben des Ohrläppchens, auch mit Ohrenschmerzen, Schwerhörigkeit und Fieber.

*Paratyphus.* Inkubationszeit 5 bis 8 Tage. Erreger: Verschiedene Paratyphusbazillen (BRESLAU, GÄRTNER u. a.). Die Übertragung erfolgt von Mensch zu Mensch, durch Nahrungsmittel und Trinkwasser.

*Vorbeugung.* Isolierung des Kranken, gründliche Desinfektion von Stuhl und Harn sofort am Krankenbett. Peinlichste Sauberkeit des Pflegepersonals.

*Rose — Erysipel.* Inkubationszeit 1 bis 5 Tage. Erreger: Vermutlich Streptokokken. Übertragung erfolgt durch Berührung. Es entsteht entzündliche Rötung und Schwellung der Haut. Infektion erfolgt meist nach oberflächlichen Haut- oder Schleimhaut- (Nase-)Verletzungen, häufig im Gesicht. Die Krankheit beginnt plötzlich mit Schüttelfrost, Erbrechen und hohem Fieber. Besonders gefährlich ist die Krankheit am Schädel, am Brustkorb und an der Bauchwand.

*Vorbeugung.* Isolierung.

*Ruhr — Dysenterie* (Bazillenruhr). Inkubationszeit 2 bis 7 Tage. Erreger: Verschiedene Bazillen. Die Übertragung erfolgt von Mensch zu Mensch, durch schmutzige Hände, infizierte Nahrungsmittel sowie durch verunreinigtes, ungekochtes Wasser und Gebrauchsgegenstände. Auch Fliegen sind Ruhrüberträger. Die Krankheit beginnt mit Verdauungsstörungen, Übelkeit mit belegter Zunge und Leibschmerzen. Im weiteren Verlauf treten Fieber, Erbrechen, Durchfall, heftiger Stuhlzwang mit unerträglichen Leibschmerzen und blutig-schleimigen Stühlen auf.

*Vorbeugung.* Strenge Isolierung.

*Scharlach — Scarlatina.* Inkubationszeit 2 bis 7 Tage. Erreger: Streptokokken und Virus. Akute Infektionskrankheit durch Angina, kleinfleckigen Hautausschlag und Neigung zu einem zweiten Kranksein gekennzeichnet. Übertragung erfolgt durch Berührung (Spielzeug, Kleider). Die Krankheit beginnt plötzlich mit hohem Fieber, Erbrechen, Angina und stark belegter Zunge. Der Scharlachausschlag erscheint innerhalb des ersten und zweiten Krankheitstages auf Brust und Hals und fließt dann zu einer diffusen Röte zusammen. Dabei bleiben Lippen und Kinn frei. Die an sich gefürchtete Krankheit ist vor allem auch wegen der Nachkrankheiten gefürchtet.

*Vorbeugung.* Isolierung des Kranken und der Kinder des Haushalts. Sorgfältige Desinfektion von Gebrauchsgegenständen, Eßgeschirr und Wäsche. Nach Ablauf der Krankheit gründliche Raumdesinfektion.

*Starrkrampf — Tetanus.* Inkubationszeit (1) 6 bis 14 Tage. Erreger: Der in den oberen Erdschichten lebende Tetanusbazillus, der besonders durch mit Staub, Erde oder Holzsplitter verunreinigte Wunden in den Körper eindringt. Die Krankheit löst Krämpfe der Gesichtsmuskeln, der Nacken- und Rumpfmuskeln, besonders aber der Rückenmuskeln, mit sehr hohem Fieber aus.

*Syphilis — Lues.* Inkubationszeit 2 bis 7 Wochen. Erreger: Spirochaeta pallida. Übertragung erfolgt gewöhnlich durch Geschlechtsverkehr, seltener durch Kuß oder andere Berührung. Vorhandene Haut- und Schleimhautdefekte erleichtern die Infektion. Man unterscheidet erworbene und angeborene S. Bei der erworbenen unterscheidet man primäre, sekundäre und tertiäre S. Im primären Stadium entsteht etwa 3 Wochen nach der Ansteckung an der Infektionsstelle der sogenannte *Primäraffekt,* in dessen Nähe die Lymphknoten (meist die Leistendrüsen) schmerzlos anschwellen. Die Krankheit ist wegen ihrer weitgehenden Folgen als *schwer* anzusehen und erfordert sofortige und dauernde fachärztliche Behandlung.

*Tripper — Gonorrhöe.* Inkubationszeit 1 bis 3 (5) Tage. Erreger: Gonokokkus. Fast nur durch Geschlechtsverkehr übertragene Geschlechtskrankheit. Erste Folge der Ansteckung ein akuter Harnröhrenkatarrh (leichtes Stechen und Brennen in der Harnröhre 2 bis 4 Tage nach der Infektion). Harnentleerung zunächst schleimig, dann eitrig, im Harn sind Gonokokken mikroskopisch nachweisbar. Sofortige Behandlung durch Facharzt nötig.

*Typhus, Unterleibstyphus — Typhus abdominalis.* Inkubationszeit 1 bis 3 Wochen. Erreger: Typhusbazillus. Epidemisch auftretende Infektionskrankheit. Die Ansteckung erfolgt durch Aufnahme des Bazillus in den Verdauungskanal durch infizierte Nahrungsmittel, Wasser oder durch Berührung, auch durch Fliegen, durch Bazillenträger (etwa 3% der ehemals T.-Kranken). Die Krankheit beginnt meist drei Wochen nach der Ansteckung mit Kopfschmerzen, Schwindel, Gliederschmerzen, Stuhlverstopfung und leichtem Fieber, das etwa eine Woche hindurch treppenförmig ansteigt. Etwa am 9. Tage entstehen kleine blaßrote Flecke am Rumpf, besonders am Bauch. Milzschwellung, Auftreiben des Leibes, hellgelbe Durchfälle treten auf. Sofortige Isolierung.

*Windpocken — Varicellen, Spitzblattern, Spitzpocken, Schafpocken.* Inkubationszeit 14 bis 21 Tage. Erreger: Virus. Die Übertragung erfolgt von Mensch zu Mensch und durch Gegenstände. Leicht ansteckende, harmlose Kinderkrankheit, meist ohne Fieber. 2 bis 3 Wochen nach der Ansteckung kommt der Ausschlag, kleine rote, voneinander getrennte Flecke mit linsen- bis erbsengroßen, erst wasserhellen, dann trüb werdenden Bläschen zur Erscheinung. Die Bläschen trocknen unter Borkenbildung schon am 4. Tage ein und fallen ohne Narbenbildung ab.

### Körpergewicht und Körpergröße von Erwachsenen und Kindern.

Die nachstehenden Tabellen (Tab. 44 und 45) dienen *lediglich zur ungefähren Orientierung*. Abweichungen, selbst in großen Grenzen, sind keinesfalls ein Beweis für das Vorhandensein von Krankheiten, da bei einer schematischen Darstellung zahlreiche beim Körpergewicht und bei der Körpergröße mitwirkende Faktoren nicht berücksichtigt werden können. Auch für Säuglinge gilt dies. Ein Untergewicht derselben braucht deshalb nicht der Anlaß zur Sorge zu sein. Säuglinge nehmen in den ersten 4 Tagen bis zu $1/15$ des ursprünglichen Gewichtes ab. Bei normaler Ernährung ist der Gewichtsverlust bis zum 18. Tage wieder ausgeglichen.

Tabelle 44. *Erwachsene*[1].

| Körpergröße in cm | Männer | | | | | Körpergröße in cm | Frauen | | | | |
|---|---|---|---|---|---|---|---|---|---|---|---|
| | Lebensjahre | | | | | | Lebensjahre | | | | |
| | 15–24 | 25–34 | 35–44 | 45–59 | 60–69 | | 15–24 | 25–34 | 35–44 | 45–59 | 60–69 |
| 150 | 54,0 | 58,0 | 60,5 | 61,5 | 60,0 | 150 | 45,0 | 48,0 | 50,0 | 51,5 | 50,0 |
| 152 | 55,0 | 58,0 | 61,0 | 62,0 | 61,0 | 152 | 45,5 | 48,5 | 51,0 | 52,0 | 51,0 |
| 154 | 55,5 | 58,5 | 62,0 | 63,0 | 62,5 | 154 | 46,0 | 49,0 | 52,0 | 52,5 | 52,5 |
| 156 | 56,0 | 59,5 | 63,0 | 64,0 | 64,0 | 156 | 46,5 | 49,5 | 53,0 | 53,0 | 53,5 |
| 158 | 57,0 | 60,5 | 64,0 | 65,0 | 65,0 | 158 | 47,0 | 50,5 | 53,5 | 54,0 | 54,5 |
| 160 | 58,0 | 61,5 | 64,8 | 66,5 | 66,0 | 160 | 47,5 | 51,5 | 53,8 | 55,5 | 55,0 |
| 162 | 59,5 | 62,5 | 66,0 | 68,0 | 67,0 | 162 | 49,5 | 52,0 | 55,0 | 56,5 | 56,0 |
| 164 | 60,5 | 64,0 | 67,5 | 69,5 | 69,0 | 164 | 50,5 | 53,5 | 56,5 | 57,5 | 57,5 |
| 166 | 62,0 | 65,8 | 69,8 | 71,2 | 70,0 | 166 | 51,5 | 54,8 | 57,8 | 59,3 | 58,0 |
| 168 | 63,5 | 67,3 | 70,5 | 73,0 | 72,0 | 168 | 52,5 | 55,8 | 59,0 | 61,0 | 60,0 |
| 170 | 65,0 | 68,8 | 72,2 | 74,7 | 73,5 | 170 | 54,0 | 56,8 | 62,0 | 62,7 | 61,5 |
| 172 | 66,5 | 70,3 | 74,0 | 76,5 | 75,5 | 172 | 55,5 | 57,8 | 61,0 | 64,0 | 62,5 |
| 174 | 67,8 | 71,8 | 75,7 | 78,2 | 77,5 | 174 | 56,3 | 58,8 | 63,2 | 65,7 | 65,0 |
| 176 | 69,0 | 73,3 | 77,8 | 80,0 | 79,5 | 176 | 57,0 | 59,8 | 64,5 | 67,0 | 66,5 |
| 178 | 70,4 | 75,0 | 79,2 | 81,7 | 81,5 | 178 | 58,4 | 62,0 | 66,2 | 68,2 | 68,5 |
| 180 | 71,8 | 76,7 | 81,0 | 83,5 | 83,5 | 180 | 60,3 | 63,7 | 67,5 | 70,0 | 70,0 |
| 182 | 73,5 | 78,4 | 82,7 | 85,2 | 85,5 | | | | | | |
| 184 | 74,8 | 80,2 | 84,5 | 87,0 | 87,0 | | | | | | |
| 186 | 76,5 | 82,2 | 86,2 | 89,0 | 88,5 | | | | | | |

---

[1] Modifiziert nach FENEIS: Med. Klinik 1947, 21/22, 814; nach einem Prospekt der Südmedica G.m.b.H., München.

Tabelle 45. *Kinder*[1].

| Alter | Knaben | | Mädchen | |
|---|---|---|---|---|
| | Länge cm | Gewicht kg | Länge cm | Gewicht kg |
| Bei der Geburt | 50— 53 | 3,48— 4,10 | 49— 52 | 3,24— 3,90 |
| 1. Monat | 54— 56 | 4,40— 5,00 | 53— 55 | 4,10— 4,50 |
| 2. ,, | 57— 59 | 5,30— 5,90 | 56— 58 | 4,80— 5,40 |
| 3. ,, | 60— 61 | 6,20— 6,50 | 59— 60 | 5,70— 6,00 |
| 4. ,, | 62— 63 | 6,80— 7,00 | 61— 62 | 6,30— 6,60 |
| 5. ,, | 64— 65 | 7,30— 7,60 | 63— 64 | 6,90— 7,10 |
| 6. ,, | 66— 67 | 7,90— 8,20 | 65— 66 | 7,40— 7,60 |
| 7. ,, | 68— 69 | 8,50— 8,70 | 67— 68 | 7,80— 8,00 |
| 8. ,, | 70 | 8,90 | 69 | 8,20 |
| 9. ,, | 71 | 9,20 | 70 | 8,50 |
| 10. ,, | 72— 73 | 9,50— 9,70 | 71— 72 | 8,80— 9,10 |
| 11. ,, | 74 | 9,90 | 73 | 9,40 |
| 1 Jahr | 75 | 10,20 | 74 | 9,70 |
| 1 ,, 1. bis 6. Mon. | 76— 80 | 10,45—11,45 | 75— 79 | 9,95—10,95 |
| 1 ,, 7. bis 11. ,, | 81— 84 | 11,70—12,45 | 80— 83 | 11,20—11,95 |
| 2 Jahre | 85 | 12,70 | 84 | 12,20 |
| 2 ,, 1. bis 6. ,, | 86— 89 | 12,95—13,70 | 85— 88 | 12,45—13,20 |
| 2 ,, 7. bis 11. ,, | 90— 92 | 13,95—14,45 | 89— 91 | 13,45—13,95 |
| 3 ,, | 93 | 14,70 | 92 | 14,20 |
| 3 ,, 1. bis 6. Mon. | 94— 96 | 15,00—15,60 | 93— 95 | 14,45—14,95 |
| 3 ,, 7. bis 10. ,, | 97— 98 | 15,90—16,20 | 96— 97 | 15,30—15,45 |
| 4 ,, | 99 | 16,50 | 98 | 15,70 |
| 4 ,, 2. bis 10. ,, | 100—103 | 16,80—17,70 | 99—102 | 15,95—16,70 |
| 5 ,, | 104 | 18,00 | 103 | 17,00 |
| 5 ,, 2. bis 10. Mon. | 105—108 | 18,50—20,00 | 104—106 | 17,50—18,50 |
| 6 ,, | 109 | 20,50 | 107 | 19,00 |
| 7 ,, | 115 | 23,00 | 113 | 21,00 |
| 8 ,, | 120 | 25,00 | 118 | 23,00 |
| 9 ,, | 125 | 27,50 | 123 | 25,00 |
| 10 ,, | 130 | 30,00 | 128 | 27,00 |
| 11 ,, | 135 | 32,50 | 133 | 29,00 |
| 12 ,, | 140 | 35,00 | 139 | 32,00 |
| 13 ,, | 145 | 37,50 | 146 | 37,00 |
| 14 ,, | 151 | 41,00 | 153 | 43,00 |
| 15 ,, | 157 | 45,00 | 158 | 48,00 |

**Quellenverzeichnis der Abbildungen im Abschnitt „Gesundheitslehre".**

Die im Abschnitt „Gesundheitslehre" verwendeten Abbildungen haben nachstehende Quellen:

1. BRAEMER, von KRESS, SEEFISCH: Krankenpflege-Lehrbuch, 18. Aufl. Berlin/Göttingen/Heidelberg: Springer 1951, die Abbildungen 169, 170, 171, 172, 177, 181, 182, 184, 187, 190, 194, 195, 197, 199, 200.

2. H. GIERSBERG: Die Hormone, 3. Aufl. Verständliche Wissenschaft, Band 32 Berlin/Göttingen/Heidelberg: Springer 1953, die Abbildung 189.

3. Deutsches Hygiene-Museum, Dresden, die Abbildungen, 179, 183, 186, 188, 192, 193, 196.

4. KÖRNER-STEURER: Lehrbuch der Ohren-, Nasen-, Rachen- und Kehlkopf-Krankheiten, 14. Aufl. München 1944, die Abbildung 198.

5. G. VENZMER: Der Mensch und sein Leben, 4. Aufl. Kevelaer: Butzon und Bercker, 1951, die Abbildung 178.

6. M. VOGEL: Der Mensch, Leipzig: Johann Ambrosius Barth, 1930, die Abbildungen 167, 173, 175.

---

[1] Modifiziert nach G. BANZER, Klinisches Rezept-Taschenbuch, Berlin/München/Wien; Urban & Schwarzenberg, 1946.

# Giftlehre – Toxikologie[1].

Von Apotheker **H. IRION**, Berlin.

## Einleitung.

Der Drogist als gewerbsmäßiger Kleinhändler mit vielfach giftigen Chemikalien und Drogen, giftigen Farben und giftigen Schädlingsbekämpfungsmitteln muß über das wichtige Gebiet der Gifte, über die Polizeiverordnung über den Handel mit Giften (s. dort) hinaus umfassende Kenntnisse besitzen, um einerseits seine Kunden vor mißbräuchlicher Verwendung von Giften zu warnen, andererseits bei Vergiftungsfällen, bei denen ein Arzt nicht sofort zur Stelle ist, als Nothelfer dem Vergifteten Hilfe zu leisten. Dies ist um so mehr seine Pflicht, weil er durch richtige Aufklärung Vergiftungen verhüten, durch rasche Hilfsmaßnahmen aber sehr wohl in die Lage kommen kann, Menschenleben zu erhalten. Wenn der Drogist die selbstverständliche Pflicht der Aufklärung gegenüber seiner Kundschaft sorgfältig ausübt, so besteht für ihn auch die gesetzliche Verpflichtung, seine Mitarbeiter und Lehrlinge vor Schäden durch Gifte zu bewahren. Dies erreicht er am besten dadurch, daß er sie, insbesondere aber die Berufsanwärter, immer wieder auf die Gefahren hinweist, die sich aus leichtsinnigem oder fahrlässigem Verhalten beim Arbeiten mit oder bei der Abgabe von Giften ergeben können. Welche Bedeutung der Staat dem Handel mit Giften beimißt, zeigen die immer wieder erlassenen Polizeiverordnungen über den Handel mit Giften (s. Gesetzeskunde).

In der nachstehenden Abhandlung werden nicht nur die in der Polizeiverordnung über den Handel mit Giften aufgeführten Gifte, sondern auch solche Stoffe behandelt, die unter Umständen auf den menschlichen Körper giftige Wirkungen ausüben, ohne im Sinne der genannten Verordnung ,,Gift'' zu sein. Gerade bei der Abgabe dieser Stoffe ist der Drogist auch verpflichtet, auf die Gefahren bei unzweckmäßiger Verwendung aufmerksam zu machen. Im Schadenfalle kann er auch hier auf Grund der Bestimmungen des Strafgesetzbuches wegen Körperverletzung bzw. fahrlässiger Tötung zur Verantwortung gezogen werden.

## A. Gifte.

### 1. Begriff der Gifte.

Unter Gift versteht der Laie feste, flüssige oder gasförmige Stoffe, die eingenommen oder eingeatmet schon in kleinen Mengen die Gesundheit stören, ja sogar den Tod herbeiführen können. Beim genaueren Studium der Gifte erkennt man, daß die Begriffsbestimmung des Wortes ,,Gift'' nicht so einfach ist. Giftigkeit ist keine Eigenschaft der Stoffe. Unter Umständen können als Gift bezeichnete Stoffe ohne Giftwirkung sein, z. B. die als Heilmittel verwendeten kleinen Gaben der Alkaloide, oder aber für den Körper lebenswichtige Stoffe gesundheitsschädigend sein, also

---

[1] Toxikologie = Lehre von den Giften und den Vergiftungen.

Giftwirkung haben, z. B. Kochsalz, Kohlensäure, Wasser und gewisse Nahrungsmittel. Es spielen also besondere Umstände bei der Einwirkung auf den Organismus mit, die erst einen Stoff zum Gift machen.

Jede Zelle im lebenden Organismus besitzt durch ihre eigenartige Beschaffenheit, ihre Reizbarkeit einen Stoffwechsel. Hierunter versteht man die Fähigkeit des Organismus, ständig körperfremde Stoffe aufzunehmen, sie in körpereigene Stoffe oder Energie zu verwandeln und überflüssig gewordene körpereigene in körperfremde Stoffe umzuwandeln. Die letzten werden durch die Ausscheidungsorgane wieder ausgestoßen. Bei diesem Stoffwechsel kommt es immer wieder vor, daß das Gleichgewicht im Organismus gestört wird. Körperzellen, Gewebsflüssigkeit, das autonome Nervensystem, die Drüsen mit innerer Sekretion (Hormone) und die Vitamine sorgen im Zusammenwirken für die Wiederherstellung des Gleichgewichts. FÜHNER definiert den Begriff „Gift" wie folgt: *„Gift ist jeder Stoff (Substanz), sobald er durch Wirksamwerden seiner chemischen, physikalisch-chemischen oder physikalischen Kräfte, unter Ausschluß grob mechanischer Kraft, auf die Lebensvorgänge eines Individuums schädigend einwirkt."* Als Typ eines chemischen Giftes nennt er Arsenik, als Typ eines physikalisch-chemischen Kochsalz, als Typ eines physikalischen Giftes Radium.

## 2. Wirkungsweise der Gifte.

Gifte lösen im Organismus eine Giftwirkung aus, die man als *Vergiftung* oder *Intoxikation* bezeichnet. PFEFFER[1] gibt für die Giftwirkung folgende Begriffsbestimmung:

„Eine giftige Wirkung schreiben wir einem jeden Körper zu, der vermöge seiner chemischen Qualität (zu ergänzen: physikalisch-chemischen oder pysikalischen, der Verf.) schon in geringer oder erst in größerer Dosis im Organismus eine funktionelle Störung hervorruft, die mit der Zeit oder bei Einführung einer größeren Menge des Stoffes sehr bald eine Schädigung bzw. den Tod des Organismus zur Folge hat."

Die Wirkung eines Giftes setzt sich teils aus chemischen Reaktionen, teils aus physikalischen Vorgängen wie Lösung, Absorption, Quellung und Diffusion zusammen.

Ätzgifte, wie Säuren, Alkalien, Schwermetallsalze geben mit Proteinen lebensunfähige Gebilde. Organische Säuren werden im Organismus verbrannt, die Oxalsäure entzieht den Gewebezellen den Kalk. Häufig treten die Gifte auch als Protoplasmagifte auf, indem sie das Protoplasma schädigen bzw. abtöten. Andere sind Nervengifte usw. (s. Einteilung der Gifte).

Man unterscheidet bei der Wirkung der Gifte zwei Möglichkeiten. Bei der örtlich begrenzten, *lokalen* Giftwirkung beschränkt sich die Schädigung auf die vom Gifte unmittelbar berührten Körperstellen, z. B. bei der oberflächlichen Zerstörung von Hautzellen oder Schleimhautzellen durch Säuren oder Alkalien. Hierbei entsteht infolge der Ätzwirkung dieser Chemikalien eine Zerstörung der Zellen, sog. *Nekrose*. Dagegen ist die Giftwirkung nach Aufnahme des Giftes in den Blutkreislauf, *resorptive* Giftwirkung, derart, daß sie an Stellen auftritt, die von der Eintrittsstelle des Giftes entfernt liegen, aber giftempfindlich sind (Einatmen gas- oder dampfförmiger Gifte, z. B. Blausäure).

Die Aufnahme von Giften im Organismus setzt voraus, daß das betreffende Gift, wenn es nicht schon wasserlöslich ist, sich in den im Körper vorhandenen Flüssigkeiten (Magensaft, Darmsaft, fettähnlichen Stoffen) löst bzw. in einen giftig wirkenden Stoff umgewandelt wird. Die Auffassung, daß wasserunlösliche Stoffe, z. B. Paraffin, Bariumsulfat, Silicate (Asbest) und Kohle ungiftig sind, ist überholt, da Paraffin in kleinen Mengen in den Lungen als physikalisches Gift, ebenso Barium-

---

[1] Erg. d. Physiologie 1907, Bd. 6, 58.

sulfat in der Bauchhöhle giftig wirkt. Das Einatmen von kieselsäurehaltigem Staub ruft bei den meisten Menschen eine langsam verlaufende Vergiftung hervor. Die Aufhebung der Löslichkeit der Gifte gehört zu den wichtigsten Aufgaben der bei Vergiftungen zu ergreifenden Maßnahmen.

Sehr wesentlich für die Wirkung von Giften ist die Menge, in der sie dem Organismus zugeführt wird. Sie ist vielfach maßgebend für die eintretende Giftwirkung. Darüber hinaus ist die Konzentration, in der die Lösung eines Giftes zur Anwendung kommt, bei manchen Giften noch die Zeitdauer der Einwirkung von Bedeutung für die Giftwirkung. Die Wirkungsweise der Gifte kann bei verschiedenen Organismen sehr verschieden sein, so spielen der allgemeine Gesundheitszustand, die Konstitution, das Alter, die Gewöhnung usw. eine Rolle. Manche Organismen leiden gegenüber gewissen Giften an einer Überempfindlichkeit, *Allergie*, während andere für bestimmte Gifte unempfänglich, *immun* sind.

Gewisse Gifte vermag der Körper nicht vollständig zu entgiften und auszuscheiden, wodurch jeweils von der zugeführten Menge ein kleiner, nicht krankheitmachender Rest zurückbleibt. Bei weiterer Zuführung des Giftes kann dann plötzlich eine Vergiftung durch *Anhäufung*, *Kumulation* (lat. cumulus = Haufen), eintreten mit dem Bilde, als wäre sie durch eine einmalige größere Gabe des Giftes entstanden.

### 3. Eintrittswege der Gifte in den Körper.

Die Eintrittswege der Gifte in den Körper sind verschiedener Art, je nachdem, ob es sich bei der Vergiftung um eine beabsichtigte oder um eine unbeabsichtigte handelt. Als Eintrittswege der Gifte in den Körper kommen in Frage:

1. Verdauungskanal; — 2. Atmungsorgane; — 3. Haut und Schleimhaut; — 4. Auge; — 5. Geschlechtsorgane; — 6. Blase.

Der *Verdauungskanal* nimmt Gifte in seinen einzelnen Teilen verschieden gut auf. Am leichtesten werden Gifte durch den Dünndarm und den Mastdarm resorbiert; der Magen und der obere Teil des Dickdarms resorbieren weniger gut. Bei der Aufnahme von Giften durch den Mastdarm wird das wichtigste Entgiftungsorgan, die Leber, umgangen. Auf diese Weise gelangen die Gifte direkt in den Blutkreislauf.

Die *Atemorgane* spielen bei der Aufnahme von dampf-, gas- und staubförmigen Giften eine große Rolle. Hierbei wirken die Schleimhäute von Nase und Rachen, Bronchien und Lunge mit. Diese Gifte gelangen über die Lungen in die Lymphgefäße und von hier aus in die Blutbahn. Die Aufnahme von Giften durch die Lunge geht am raschesten vor sich, während diejenigen Gifte, die durch den Dünndarm aufgenommen werden, erst durch die Leber gehen, die sie teilweise zurückhält bzw. chemisch verändert.

Die *Haut* ist durch die Hornschicht von dem Eindringen wässeriger Lösungen geschützt. Bei dauernder Einwirkung besteht jedoch die Gefahr des Eindringens durch die Haarkanäle und die Ausführungsgänge der Schweißdrüsen. Dagegen können fettlösliche Gifte die Haut leichter durchdringen. Gase können mit Ausnahme der Blausäure die unverletzte Haut nicht durchdringen. Die *Schleimhäute* sind auf Grund ihrer feinen Struktur besonders geeignet, Gifte zu resorbieren, z. B. die Augen und die Genitalschleimhäute. Das Auge bietet durch die Augenbindehaut die Möglichkeit der Aufnahme von Gift. Durch Abfließen in den Tränenkanal erfolgt von hier aus die weitere Resorption.

Die *Geschlechtsorgane* und die *Blase* sind ebenfalls geeignet, Gifte zu resorbieren. So kamen nach Vaginalspülungen mit Sublimatlösung tödliche Vergiftungen vor.

## 4. Ausscheidung und Ablagerung der Gifte.

Die Organe zur Ausscheidung von Giften aus dem Körper sind:

1. der Magen; — 2. der Darm; — 3. die Mundhöhle (Speicheldrüsen); — 4. die Nieren; — 5. die Gallengänge; — 6. die Lungen; — 7. die Milchdrüsen; — 8. die Haut (Schweiß- und Talgdrüsen).

Die Giftausscheidung durch die Milch ist bei stillenden Müttern von Wichtigkeit, da Säuglinge mit Alkohol, Schlafmitteln, Nikotin, Morphium und anderen Substanzen auf diese Weise vergiftet werden können.

Nicht resorbierte Gifte werden durch den Magen durch Erbrechen oder mit dem Kot durch den Darm wieder ausgeschieden. Resorbierte Gifte werden durch die Wirkung der Drüsen entfernt, von denen die Nieren das wichtigste Ausscheidungsorgan darstellen. Die Geschwindigkeit der Ausscheidung bei den verschiedenen Giften schwankt sehr. Sie kann z. B. bei Arsen und Blei durch Monate hindurch dauern. Die Galle spielt ebenfalls als Ausscheidungsorgan eine bedeutende Rolle. Aber auch die Drüsen des Darms, die Schleim- und Speicheldrüsen, wirken mit. Gase und andere flüchtige Stoffe werden durch die Lungen meist nur in geringer Menge ausgeschieden, während gewisse Gifte, wie die Halogene, Salicylsäure und Phenole, durch den Schweiß ausgeschieden werden. Die Ausscheidung der Gifte geht teils in unveränderter, meist aber in chemisch veränderter Form vor sich. Dabei erfolgt meist eine *Entgiftung*. So wird die Blausäure durch Schwefelanlagerung in die weniger giftige Rhodanwasserstoffsäure umgewandelt, während Phenole und andere Gifte sich mit Schwefelsäure oder Glucuronsäure paaren.

Die Ablagerung der Gifte im Organismus ist nicht gleichmäßig, sondern in den einzelnen Zellen und Organen sehr verschieden. Die Gifte können unter Umständen im Organismus auch gespeichert werden, so in der Leber, in den Knochen und den Haaren. Durch Unfälle oder Erkrankungen können auf diese Weise gespeicherte Gifte wieder in Tätigkeit treten.

## 5. Giftgier — Giftsucht.

Mit *Giftgier* bezeichnet man das krankhafte Verlangen nach häufiger Zufuhr eines bestimmten Giftes (Opium, Morphium, Cocain u. a.), das auf dem Wunsch nach den kennzeichnenden körperlichen und psychischen Wirkungen des betreffenden Giftes beruht. Bei fortgesetzter Giftzufuhr wird die Giftgier nach kurzer Zeit zur *Giftsucht, Toxikomanie*, die bereits mit einer Zustandsveränderung des Organismus verbunden ist. Bei Entzug des Giftes treten bei den betreffenden Personen *Abstinenzerscheinungen*, Kreislauf-*Kollaps* (Reizbarkeit, Verstimmungen usw.) auf. Zur Einschränkung der Giftsüchtigkeit nach Genußgiften ist die Verordnung über das Verschreiben Betäubungsmittel enthaltener Arzneien und ihre Abgabe in den Apotheken am 19. Dezember 1930 und entsprechende Nachträge erlassen worden.

## 6. Einteilung der Gifte.

Man kann die Gifte nach chemischen Gesichtspunkten oder nach ihrem Hauptangriffsort einteilen. Nach chemischen Gesichtspunkten unterscheidet man:

1. Anorganische Gifte:

a) Metalle und ihre Verbindungen; — b) Nichtmetalle und ihre Verbindungen.

2. Organische Gifte.

3. Pflanzengifte.

a) Alkaloide; — b) Glykoside; — c) besonders giftige Bestandteile ätherischer Öle.

Nach dem Hauptangriffsort ihrer Wirkung teilt man die Gifte ein in:

*Ätzgifte*, die örtliche Verätzungen der von ihnen berührten Körperstellen hervorrufen.

*Blutgifte*, welche die Blutbildungsstätten schädigen, den Blutfarbstoff verändern oder die roten Blutkörperchen auflösen (Hämolyse).

*Magen-Darmgifte*, welche Erbrechen, Koliken und Brechdurchfall hervorrufen.

*Lebergifte*, welche Leberschwellungen, Leberverfettung, Degeneration der Leber usw. hervorrufen.

*Nierengifte*, welche zu schweren Nierenschädigungen führen.

*Herzgifte*, welche herzlähmende Wirkung besitzen.

*Nervengifte*, welche Betäubung, Delirien und Psychosen auslösen.

*Augengifte*, welche Sehstörungen bis zur Erblindung bewirken.

# B. Vergiftungen.

## 1. Begriff der Vergiftung.

Die Folgen der Einwirkung von giftigen Stoffen bezeichnet man als *Vergiftung* oder *Intoxikation*. Ohne Zweifel stellt eine Vergiftung eine Krankheit dar, da es sich bei ihr um Störungen der normalen Funktionen im Organismus mit krankhaften Symptomen handelt. Wie schon bei der Behandlung des Begriffes der Gifte betont, machen erst besondere Umstände einen Stoff zum Gift. Diese besonderen Umstände sind es auch, welche die Voraussetzung für das Zustandekommen einer Vergiftung sind.

## 2. Einteilung der Vergiftungen.

**Akute und chronische Vergiftungen.** Bei den Vergiftungen unterscheidet man wie bei den Krankheiten *akute*, plötzlich beginnende, schnell verlaufende und *chronische*, sich langsam entwickelnde, lang andauernde. Bei der akuten Vergiftung treten durch Zufuhr hoher Einzelgaben von Gift plötzlich bei gesunden Menschen ungewöhnliche Erscheinungen auf. Bei der chronischen Vergiftung kann aber auch infolge Anreicherung des Giftes durch kleine, schwach oder gar nicht wirksam erscheinende Einzelgaben von Gift eine akute Vergiftung eintreten. Absichtliche Vergiftungen werden in den meisten Fällen akute sein, während bei den gewerblichen Vergiftungen chronische im Vordergrund stehen.

**Vergiftungen im täglichen Leben.** Vergiftungen dieser Art entstehen meist durch Unwissenheit, Fahrlässigkeit oder Verwechslung. Diesen Vergiftungen tunlichst vorzubeugen, ist *eine der wichtigsten Aufgaben des Drogisten*. Er muß deshalb bei der Abgabe von Giften und anderen gesundheitsschädlichen Stoffen, wie Laugen, Mineralsäuren, Wasserglas usw. das Gefäß deutlich beschriften und sorgfältig mit den vorgeschriebenen Vorsichtsmaßnahmen versehen (s. PHG.). Vergiftungen durch Säuren, Laugen, Salmiakgeist, Wasserglas, Chlorkalk, Kleesalz, Lysol usw. sind viel häufiger als angenommen wird. Sie entstehen durch Verwechslung oder unsachgemäße Verwendung im Haushalt. Die Vergiftungsmöglichkeiten durch Kohlenoxyd bei unzweckmäßig gebauten Öfen und die Schädigungen durch ausströmendes Leuchtgas sind genügend bekannt. Giftige Ungeziefermittel (Strychninweizen, Phosphorpillen, Zeliopräparate, arsenhaltiges Fliegenpapier usw.), von denen noch ein Rest unsachgemäß aufbewahrt im Haushalt vorhanden war, haben vielfach zu tödlichen Vergiftungen von Kindern geführt. Auch Schädlingsbekämpfungsmittel, die teilweise Nikotin oder andere stark wirkende Substanzen enthalten, können zu Vergiftungen im Haushalt führen.

**Gewerbliche Vergiftungen.** Die gewerblichen Vergiftungen spielen in vielen Gewerben, in denen mit mehr oder weniger giftigen Stoffen dauernd gearbeitet wird, eine große Rolle. Besonders häufig kommen gewerbliche Vergiftungen durch Blei-, Quecksilberverbindungen bzw. durch Chlorkohlenwasserstoffe, Benzol, Benzolderivate usw. vor. Auch beim Drogisten können gewerbliche Vergiftungen beim häufigen Umgang mit ein und demselben Gift eintreten.

**Vergiftungen im Laboratorium.** Vergiftungen im Laboratorium können vor allem erfolgen durch reizende Gase, wie Säuredämpfe, Dämpfe von Halogenen, Ammoniak und Stickoxyden, ferner durch die Wasserstoffverbindungen von Schwefel, Arsen und Phosphor, durch Quecksilberdämpfe und Dämpfe der flüchtigen Quecksilberverbindungen. Grundsätzlich müssen Arbeiten, bei denen diese oder andere giftige Gase entstehen, unter dem Abzug ausgeführt werden.

**Vergiftungen durch Arzneimittel.** Der ohne Zweifel bestehende Arzneihunger erhöht die Möglichkeit der Vergiftungen durch Arzneimittel. Verwechslungen, falsche Dosierung oder Abgabe stark wirkender Mittel an Kinder können zu Arzneimittelvergiftungen führen. Hierher gehören auch Vergiftungen durch giftige Stoffe enthaltende Heilpflanzen (z. B. morphiumhaltige Mohnköpfe), sowie das dauernde Einnehmen von Kopfschmerz- oder Schlafmitteln usw.

**Vergiftungen durch Genußmittel.** Die wichtigsten Genußmittel, die zu Vergiftungen führen können, sind Alkohol, Kaffee und Tabak. Die akute Vergiftung durch Alkohol (Äthylalkohol), die über eine angeregte Stimmung, unüberlegte Handlungen zum ausgesprochenen Rausch führt, bei der die ursprüngliche Lebhaftigkeit durch Mattigkeit und Neigung zum Schlaf abgelöst wird, ist allgemein bekannt. Häufig stellt sich dann Übelkeit und Erbrechen ein. Werden sehr große Dosen Äthylalkohol getrunken, so kann vollständige Bewußtlosigkeit, Temperaturabfall, bläuliche Verfärbung der Haut, ja sogar der Tod infolge Atmungslähmung eintreten. Die genannten Wirkungen des Äthylalkohols beruhen auf seiner ausgesprochenen Wirkung als Schlafmittel. Er wirkt auf das Zentralnervensystem. Alkohol hat sowohl auf die psychischen wie auf die Muskelleistungen bedeutenden Einfluß, beide werden durch Alkoholgenuß ungünstig beeinflußt.

Die Wirkung des im *Kaffee* enthaltenen Coffeins ist ähnlich wie die des Alkohols, aber in entgegengesetzter Richtung. Coffein wirkt auf das Zentralnervensystem und die quergestreifte Muskulatur, auch die Herzmuskulatur erregend und erweitert auch die Herz-, Hirn- und Nierengefäße. In kleinen Dosen wird das Zentralnervensystem erregt. Darauf beruht die belebende Wirkung des Kaffees. Größere Mengen Coffein rufen Erhöhung der Pulsfrequenz und Unruhe hervor, begleitet von Herzklopfen, Ohrensausen und Rauschzuständen. Nach großen Dosen können Krämpfe auftreten. Der Tod tritt durch Lähmung des Atemzentrums ein.

Das im *Tabak* enthaltene Alkaloid *Nikotin* ähnelt an Giftigkeit der Blausäure. Trotz der großen Giftigkeit des Nikotins können sich starke Raucher an unverhältnismäßig große Dosen Nikotin gewöhnen. Mäßiges Tabakrauchen ist kaum schädlich, während langandauernder starker Tabakgenuß, insbesondere beim sogenannten „Inhalieren", zu chronischer Vergiftung führen kann. Die Resorption von Nikotin erfolgt sowohl durch alle Schleimhäute als auch durch die Haut. Seine Ausscheidung erfolgt verhältnismäßig schnell durch die Nieren. Die hauptsächlichsten Symptome einer akuten Nikotinvergiftung sind Kopfschmerzen und Erbrechen, erschwerte Atmung und Mattigkeit mit Durchfall und Ohnmachtsanfällen. Bei größerer Dosis des reinen Alkaloids tritt der Tod nach wenigen Minuten ein.

### 3. Erkennung einer Vergiftung.

Die rasche Erkennung einer Vergiftung und des sie verursachenden Giftes ist von größter Bedeutung und die erste Voraussetzung für die Anwendung richtiger

Gegenmaßnahmen. An lokalen Vergiftungserscheinungen kommen in Frage: Rötung, Blasenbildung oder Verschorfung der Mundschleimhaut, Erbrechen, Magen- und Darmkrämpfe, Durchfälle und Kollaps. Bei durch Gase verursachten Vergiftungen, Niesen und Husten mit schleimigem oder blutigem Auswurf, Atemnot, Zwerchfellkrampf. Ferner sind bei Vergiftungen folgende Allgemeinerscheinungen häufig: Bewußtlosigkeit und Krämpfe, Fieber, Kopfschmerz, Schwindel, Lähmungen.

Bei Bewußtlosigkeit des Vergifteten oder bei beabsichtigter Vergiftung ist es wichtig, aus der Umgebung des Vergifteten schnell zu erfahren, welches Gift in Frage kommt, vor allem auch im Aufenthaltsraum und in den Taschen des Vergifteten nach einem etwaigen Behältnis des Giftes (Flasche, Tablettenröhrchen) zu fahnden.

## 4. Behandlung von Vergiftungen.

*Grundsatz bei Vergiftungen muß sein: Sofortige Überführung des Vergifteten zum Arzt oder in die nächste Krankenanstalt.* Nur bei bestimmten Vergiftungen ist der Transport des Vergifteten ausgesprochen untersagt.

Ist eine Vergiftung eingetreten, so muß eine sachgemäße Behandlung so früh wie möglich einsetzen. Daß die Behandlung von Vergiftungen wie auch anderer Erkrankungen Sache des Arztes ist, ist selbstverständlich. Aus den in der Einleitung aufgeführten Gründen ist aber auch im Notfall der Drogist auf Grund seiner fachlichen Kenntnisse in der Lage und als Nothelfer verpflichtet, die nötigen Maßnahmen zu ergreifen, um einen Vergifteten zu retten. Er muß deshalb auch das Wichtigste über die Behandlung von Vergifteten wissen.

Die Behandlung akuter Vergiftungen hat folgende Aufgaben:

a) Das Gift ist aus dem Körper bzw. von der Eintrittsstelle in den Körper zu beseitigen. Ist dies nicht möglich, muß tunlichst seine weitere Resorption verhindert werden. Wenn das Gift eingenommen worden ist, ist sein Übertritt aus dem Magen-Darmkanal in den Organismus möglichst zu verhindern.

Bei Wunden kann dies durch Ausdrücken oder durch Auswaschen mit antiseptischen Mitteln geschehen. Gift aus dem Magen wird durch Erbrechen entfernt, in dem man den Gaumen mit einer Feder oder mit dem Finger reizt.

b) Ist die Entfernung des Giftes unmöglich, muß das Gift womöglich in eine unschädliche Form übergeführt werden. Hierzu verwendet man die sehr gut adsorbierende Tierkohle, Carbo medicinalis: 50 g Tierkohle in 500 ccm reinem Wasser aufgeschwemmt. Gleichzeitig dürfen aber andere Getränke, Speisen oder Arzneimittel nicht gegeben werden, da sonst die Wirkung aufgehoben wird. Lediglich die Verabreichung eines Abführmittels, 10 g Magnesiumsulfat oder Natriumsulfat in Wasser gelöst ist angezeigt, um die Tierkohle möglichst rasch durch den Darm zu treiben. Bei Vergiftungen mit Metallsalzen gibt man Eiweißwasser, bei Säuren gebrannte (nicht kohlensaure!) Magnesia 10 g in 200 bis 250 ccm Wasser, bei Alkalien gibt man Essigwasser, Citronensaft oder 1%ige Citronensäurelösung, bei Alkaloiden Tanninlösung, bei Phenol Kalkwasser. Lösliche Fluoride, Oxalsäure und Oxalate, werden durch Calciumsalze ($CaCl_2$) in unlösliches, ungiftiges Calciumsalz übergeführt, lösliche Barium- und Bleisalze durch Natriumsulfat in ihre unlöslichen Sulfate, Phosphor durch Kupfersulfatlösung in schwarzes, unlösliches Kupferphosphid übergeführt.

c) Die Wiederherstellung der durch die Giftwirkung erschwerten Funktionen der lebenswichtigen Organe, besonders Lunge, Herz unter Berücksichtigung von Kreislauf und Körpertemperatur. Dies kann durch Reiben und Kneten der Glieder, durch heißen Kaffee, Tee oder Alkohol geschehen. Ferner ist die Zufuhr frischer Luft, wenn nötig künstliche Atmung, oder Zufuhr von reinem Sauerstoff angezeigt. Im einzelnen s. S. 695 ff.

## 5. Vorbeugung gegen Vergiftungen.

In bezug auf die Vorbeugung hat der Drogist ein weites und dankbares Betätigungsfeld. Seine Aufgabe ist es, das Gifte kaufende Publikum in geeigneter Weise auf Vergiftungsmöglichkeiten hinzuweisen. Aber nicht nur auf das Gebiet der ausgesprochenen Gifte, sondern auch der üblichen, *unter Umständen giftig wirkenden* Stoffe und Arzneimittel, hat der Drogist seine Kundschaft aufmerksam zu machen. So muß, z. B. auch beim Kauf von technischen Artikeln, wie Hypochloritlauge, Salmiakgeist, Wasserglas usw. ausdrücklich auf die Gefahren hingewiesen werden, die bei unsachgemäßer Verwendung, z. B. versehentlichem Einnehmen, drohen. Wie bei allen Erkrankungen, ist auch bei Vergiftungen die Vorbeugung und eingehende und zweckmäßige Aufklärung das beste Mittel, um sie zu verhindern. Die sorgfältige Beachtung der gesetzlichen Bestimmungen über den Gifthandel ist selbstverständlich.

# C. Die wichtigsten Vergiftungen mit Symptomen und die anzuwendenden Gegenmaßnahmen.

*Wichtig!* Zur Erläuterung der nachstehenden Gegenmaßnahmen diene:

*1. Medizinische Kohle* (med. Kohle). Bei allen innerlichen Vergiftungen wird zweckmäßig zur Adsorption des Giftes erst reichlich in Wasser aufgeschwemmte med. Kohle (50 g bis 60 g in $^1/_2$ l reinem Wasser, nicht in Kaffee oder Tee!), zweckmäßig kurz darauf 10 g Bittersalz in Wasser gelöst als Laxans gegeben.

*2. Eiweiß.* Das Eiweiß von 2 bis 3 Hühnereiern wird gut mit 1 l Wasser verrührt. Keine Enteneier verwenden!

*3. Magnesia usta.* 2 bis 3 Eßlöffel mit 1 l Wasser verrührt.

*4. Schwach angesäuertes Wasser.* 1 Teelöffel voll krist. Citronen- oder Weinsäure oder 2 bis 3 Eßlöffel voll Haushaltessig auf 1 l Wasser.

*5. Brechmittel.* Innerl.: Lauwarmes Wasser mit Zusatz von etwas Seife oder einigen Körnchen Kupfersulfat.

*6. Abführmittel.* Magnesium- oder Natriumsulfat je DAB. 6, stündlich 1 Eßlöffel voll in Wasser gelöst bis zur Wirkung.

Obgleich die Magenspülung selbstverständlich Sache des Arztes ist, sind die hierzu verwendeten Arzneimittel nachstehend angegeben, so daß der Drogist im Notfall in der Lage ist, diese bis zum Eintreffen des Arztes vorzubereiten. Oft entscheiden Sekunden bei der Rettung Vergifteter.

| Gift | Symptome | Gegenmaßnahmen |
|---|---|---|
| *Alkalien* (Kalium- und Natriumhydroxyd und deren Laugen, Ammoniak, gelöschter Kalk, Soda, Pottasche, Wasserglas, Seife) | *Innerl.:* Verätzte Mund- und Rachenschleimhaut, oft mit weißem, zerfließlichem Schorf, heftige Schmerzen, Schlingbeschwerden, Erbrechen alkalischer blutiger Massen, Kolik, Durchfälle | *Äußerl.:* Spülen mit viel schwach angesäuertem Wasser, an den Augen nur mit Borsäurelösung. *Innerl.:* viel schwach angesäuertes Wasser |
| *Alkohol* a) Äthylalkohol, Weingeist | Rötung des Gesichts, Rauschzustand, Erbrechen, Neigung zu Herzschwäche, Alkoholgeruch des Atems. In schweren Fällen Bewußtlosigkeit, Untertemperatur (bis unter 30°) | Schwarzer Kaffee (nicht bei Bewußtlosigkeit!), kurze Einatmung von Ammoniakdämpfen, kalte Umschläge auf den Kopf, künstliche Atmung |

| Gift | Symptome | Gegenmaßnahmen |
|------|----------|----------------|
| b) Methanol, (Methylalkohol, Holzgeist) | Rauschzustand mit schmerzhaften Krämpfen, Übelkeit, Erbrechen, Sehstörungen bis zur Blindheit | Med. Kohle, reichliche Flüssigkeitszufuhr, starker Kaffee |
| Ammoniak | Ammoniakgeruch des Atems, schmerzhafte Verätzung und Rötung von Mund- und Rachenschleimhaut, Husten, Schlingbeschwerden, Erbrechen, Muskelzittern, Krämpfe, Lähmung, Kollaps | Im *Auge:* Borsäurelösung. Bei Vergiftung durch *Einatmung:* Einatmen von Wasser- oder Essigdämpfen. Bei *innerl.* Vergiftung: schwach angesäuertes Wasser, gegen Kollaps schwarzen Kaffee, Äther |
| Amylnitrit | s. Nitrite | |
| Anilin | Blaufärbung von Haut- und Schleimhäuten, Schwindel, Erbrechen, Schläfrigkeit, Atemnot, Bewußtlosigkeit | Bei *Inhalationsvergiftung:* Frische Luft, Kaffee, Tee, kalte Waschungen. Bei *innerl.* Vergiftung: Brechmittel, Bitter- oder Glaubersalz, *kein* Ricinusöl!, künstliche Atmung, Sauerstoffatmung |
| Antimonverbindungen (Brechweinstein) | Blutiges Erbrechen, Kolik, Durchfall, Wadenkrämpfe, allgemeine Lähmung, Bewußtlosigkeit | 2%ige Tanninlösung, starke schwarze *Teeabkochung*, Eiweiß, Milch, schleimige Getränke, med. Kohle |
| Arsenverbindungen (Arsenige Säure, Schweinfurter Grün, Scheeles Grün) | Einige Zeit nach Aufnahme Metallgeschmack, Brennen im Mund und Rachen, heftige Schmerzen im Magen und Darm, Erbrechen, Schlingbeschwerden, Blässe und Blaufärbung der Haut, Wadenkrämpfe, Atemnot, Herzschwäche, Bewußtlosigkeit, Kollaps | Brechmittel, keine kohlensauren Alkalien, keine sauren Getränke, keine Mineralwässer! Milch, Eiweißlösung, Magnesia usta, als dünner Brei alle 10 Min. 2 bis 4 Eßlöffel, in gleicher Form med. Kohle |
| Arsenwasserstoff | Kältegefühl, Kopfschmerz, Ohrensausen, Erbrechen, Ohnmacht | Reichlich Flüssigkeit und harntreibende Mittel, Sauerstoffeinatmung |
| Äther | Bei *Inhalation:* Rauschähnlicher Zustand, Narkose, Erbrechen; bei *innerer* Vergiftung: Äthergeruch des Atems, Magen- und Darmschmerzen, Auftreibung des Unterleibs, Kollaps | Frische Luft, künstliche Atmung |
| Atropin (Tollkirsche) | Trockenheit im Mund und Rachen, Schlingbeschwerden, Kratzen im Hals, Durst, scharlachartiger Hautausschlag, Pupillenerweiterung | Viel med. Kohle in Wasser, 2%ige Tanninlösung alle 5 Min. 1 Eßlöffel, schwarzer Kaffee, Eis auf den Kopf |
| Ätzkalk | siehe Kalk | |
| Automobilabgase | siehe Kohlenoxyd | |
| Barbitursäurederivate (Veronal u. a.) | Benommenheit, Schlafsucht, Schwindelgefühl, Erbrechen, Reaktionslosigkeit der Pupillen, Cyanose | Starker schwarzer Kaffee, künstliche Atmung, Magenspülung mit med. Kohle, viel Natriumsulfat in Wasser gelöst, harntreibende Mittel, künstliche Atmung |
| Bariumverbindungen | Übelkeit, Erbrechen, Durchfall, Krämpfe, Muskelschwäche und -lähmung in den Beinen beginnend | Magnesiumsulfat oder Natriumsulfatlösung (20:150) alle 5 Min. 1 Eßlöffel voll |

| *Gift* | *Symptome* | *Gegenmaßnahmen* |
|---|---|---|
| *Benzin* | Rausch, Übelkeit, Erbrechen, Kopfschmerz, Benommenheit, Empfindungslosigkeit, Herzschwäche, Muskelzuckungen | Frische Luft, künstliche Atmung, anregende Mittel, Wärmezufuhr |
| *Benzol und Homologe* (Toluol, Xylol) | Rausch, Muskelzuckungen, Krämpfe, blasse Hautfarbe, Herzschwäche, Delirien, Bewußtlosigkeit | Frische Luft, Sauerstoffinhalation, innerl.: med. Kohle |
| *Blausäure* (Kaliumcyanid, Natriumcyanid, Bittermandelwasser) | Atem riecht nach Blausäure, Kratzen in Hals und Nase, Druckgefühl in der Hirngegend, Kopfschmerz, Schwindel, Bewußtlosigkeit, Atemnot, Blaufärbung der Haut, rasch eintretende allgemeine Lähmung; der Vergiftete fällt wie vom Blitz getroffen zu Boden | *Innerl.:* Reichlich med. Kohle, künstliche Atmung, Sauerstoffeinatmung, med. Kohle |
| *Blei* (Bleilegierungen, Bleifarben, Bleizucker, Bleiessig, Mennige) | Akute Vergiftung: Starker Speichelfluß, süßlich-metallischer Geschmack im Munde, Übelkeit, Brennen im Munde und Schlunde, Erbrechen weißlicher Massen, starke Magen- und Leibschmerzen | Med. Kohle, Magnesium- oder Natriumsulfatlösung (10 : 100), Brechmittel, viel Milch oder Eiweißlösung |
| *Bleiacetat* *Bleiessig* *Bleiglätte* *Bleiweiß* | s. Blei | |
| *Brechweinstein* | s. Antimonverbindungen | |
| *Brom und Bromverbindungen* | Reizung der Atemschleimhäute, Husten, Erstickungsanfälle, Übelkeit, Erbrechen nach Brom riechender Massen, Durchfall, Schwindel, Kollaps, Bromausschlag | Frische Luft, Abkochung von Stärke oder Mehl mit Wasser oder Milch (1 : 10), Eiweißlösung, Inhalieren von Wasserdämpfen oder $1/_2$%iger Phenollösung |
| *Carbolsäure* | s. Phenol | |
| *Chlor* a) *Chlorgas* | Heftiger Husten, blutiger Auswurf, Atemnot, Niesen, Stechen in der Brust, Blaufärbung der Haut, starke Schleimabsonderung der oberen Luftwege und der Augen, Kollaps | Zufuhr frischer Luft, keine künstliche Atmung! Einatmen von Wasserdämpfen oder 1%iger Natriumthiosulfatlösung, *innerl.:* Natriumthiosulfat (10 : 250 ccm) Eiweiß, Milch |
| b) *Chlorwasser* | Gereizte Mund- und Rachenschleimhaut, Erbrechen nach Chlor riechender Massen | *Innerl.:* Natriumthiosulfatlösung (s. Chlorgas), Eiweißlösung, schleimige Getränke, Milch |
| *Chloroform* | *Eingenommen:* Starkes Brennen im Mund, Schlund und Magen, Erbrechen, Durchfall, Betäubung. *Eingeatmet:* Chloroformgeruch des Atems, Betäubung, Kollaps | Bei *innerer* Vergiftung: Brechmittel, künstliche Atmung, Natriumthiosulfat (10 : 250 ccm Wasser), Eiweißlösung, Milch. Bei Vergiftung durch *Einatmung:* frische Luft, lang fortgesetzte künstliche Atmung, Hautreize |
| *Chlorsaures Kali* | s. Kaliumchlorat | |

| *Gift* | *Symptome* | *Gegenmaßnahmen* |
|---|---|---|
| *Chromsäure, Chrom-saure Salze* | Gelbrötliche Verfärbung und Entzündung der Mund- und Rachenschleimhaut, Speichel-fluß, Blasenbildung auf der Zunge, Erbrechen gelbroter Massen, Durchfall, Gelbsucht, Kollaps | Magnesia usta in Wasser, alle 10 Min. $1/_2$ Teelöffel, Eiweiß-lösung, Magenspülung |
| *Cocain* | Blässe und Trockenheit im Mund und Rachen, Schlingbeschwer-den, rauschartiger Zustand, Pupillenerweiterung, Krämpfe | Kalte Übergießungen, künstliche Atmung. Magenspülung mit med. Kohle |
| *Colchicin* (Herbst-zeitlose) | Übelkeit, Durchfall, Zittern, Zuckungen im Gesicht, an Armen und Beinen, Krämpfe, Kollaps | Viel Flüssigkeit, Abführmittel, Magen- und Darmspülung, Vitamin-C-Lösung 1 : 200 |
| *Coniin* (Schierling, Hunds-petersilie) | In den Beinen beginnende, auf Arme, später auf die Atemmus-kulatur übergreifende Lähmung, Blaufärbung der Haut, Krämp-fe, Absinken von Temperatur und Puls | Künstliche Atmung, harntrei-bende Mittel, Anregungsmittel, *innerl.:* Tanninlösung (2%) alle 10 Min. 1 Eßlöffel, Schleim |
| *Creolin* | s. Phenol | |
| *Cyankali* | s. Blausäure | |
| *Digitalis* (alle Arten) | Übelkeit, Kopfschmerz, Erbre-chen, auffällig langsamer, un-regelmäßiger Puls, Trockenheit im Halse, Ohrensausen, Seh-störungen, Bewußtlosigkeit | Med. Kohle, reichlich Ricinusöl, starker schwarzer Kaffee, Ma-genspülung mit $1/_2$%iger Tan-ninlösung |
| *Essigsäure* *Essigessenz* | Schwere Verätzung von Mund-Rachenschleimhaut mit hefti-gen Schmerzen im Mund, Ra-chen und Unterleib | Aufschlämmung von reichlich Magnesia usta, Carbonate und Bicarbonate dürfen nicht ver-wendet werden wegen Ber-stungsgefahr des Magens! |
| *Fingerhut* | s. Digitalis | |
| *Fischgift* *Fleischgift* (Wurst, Käse, Kon-serven) | Übelkeit, Erbrechen, Magen- und Kopfschmerz, Durchfall, Schwindel, Fieber, Sehstörungen | Reichlich med. Kohle (3 bis 4 Eßlöffel als dünner Brei), an-schließend Ricinusöl |
| *Fliegenpilz* | s. Pilzvergiftungen | |
| *Fluorverbindungen* | Übelkeit, Magenschmerzen, Er-brechen, Leibschmerzen, bluti-ge Durchfälle, Muskelkrämpfe, Atem- und Herzstörungen | *Innerl.:* Kalksalze zur Ausfällung des Giftes, Magnesia usta, Ma-genspülung mit löslichen Kalk-salzen, als Abführmittel Rici-nusöl |
| *Formaldehyd* (Lysoform) | Als *Gas:* Starke Reizwirkungen auf die Augen, Hustenreiz, Reizung und Entzündung der Lunge<br>*Innerl.:* Absterben der Magen-schleimhaut | Entfernung des Giftes durch Ab-waschen bzw. Magenspülung.<br><br>*Innerl.:* Verdünnter Salmiakgeist tropfenweise in Wasser (letztes *nicht* bei Lysoform), 6 bis 12 rohe Hühnereier |
| *Glasätztinte* | s. Fluorverbindungen | |
| *Giftpilze* | Speichelfluß, Übelkeit, Erbre-chen, Durchfälle, Durst, Angst, Leibschmerzen, Krämpfe. Bei Fliegen- und Pantherpilzver-giftung Tobsuchtsanfälle | Unbedingte Erzielung von Er-brechen, med. Kohle und Ma-genspülungen mit dieser, Rici-nusöl |

| Gift | Symptome | Gegenmaßnahmen |
|---|---|---|
| Goldregen | Speichelfluß, Schwindel, Brechdurchfall, Zuckungen | Brech- und Abführmittel, Magenspülung mit med. Kohle, künstliche Atmung |
| Grünspan | s. Kupfer | |
| Herbstzeitlose | s. Colchicin | |
| Holzgeist | s. Alkohol (b) Methanol | |
| Hundspetersilie | s. Coniin | |
| Insektenstiche | Lokale Entzündung und Fieber, Schüttelfrost, Kopfschmerzen, teilweise Erbrechen | Stachel vorsichtig entfernen. Anhängende Giftdrüse dabei nicht ausdrücken! Betupfen mit Salmiakgeist, kühlende Umschläge, innerl.: Kalkpräparate |
| Jod, Jodtinktur | Joddämpfe: Ähnliche Erscheinungen wie bei Chlor. Bei innerl. Vergiftung: Brennen im Munde und Rachen, Erbrechen dunkelgelber, bei Anwesenheit von Stärke blaugefärbter Massen, Kopfschmerzen, Schwindel, Jodschnupfen und Jodakne | Stärkekleister, Eiweiß, Milch, Natriumthiosulfat (5:100) $^1/_3$ auf einmal, dann alle 10 Min. 1 Eßlöffel |
| Kaliumbioxalat | s. Oxalsäure | |
| Kaliumchlorat $KClO_3$ | Übelkeit, Erbrechen, Magenschmerz, Durchfall, Atemnot, Verfärbung von Haut und Schleimhäuten (Methämoglobinbildung), Dunkelfärbung des Harns | Brechmittel, Magenspülung mit med. Kohle, keine kohlensaure Getränke! |
| Kaliumchromat | s. Chromsäure | |
| Kaliumcyanid | s. Blausäure | |
| Kaliumdichromat | s. Chromsäure | |
| Kaliumhydroxyd | s. Alkalien | |
| Kaliumnitrit | s. Nitrite | |
| Kaliumpermanganat | Braune Verfärbung von Mund- und Rachenschleimhaut. Brennen im Munde und in der Speiseröhre, Magenkrämpfe, Erbrechen | Brechmittel, Magenspülung. Innerl.: Citronensaft in Wasser, Aufschwemmungen von Vitamin-C-Tabletten in Wasser, als Abführmittel Ricinusöl |
| Kalkstickstoff | s. Phosphorwasserstoff | |
| Kalomel | s. Quecksilber | |
| Karbolsäure | s. Phenol | |
| Kieselfluornatrium | s. Fluorverbindungen | |
| Kleesalz | s. Oxalsäure | |
| Kohlenoxyd Leuchtgas | Brennen der Gesichtshaut, Schwindel, Kopfschmerz, Ohrensausen, Augenflimmern, Magendrücken, Erbrechen, Angstgefühl, Muskelschwäche, Lähmungen, Bewußtlosigkeit. Kirschrote, später blaue Verfärbung der Haut | Zufuhr frischer Luft, künstliche Atmung, Sauerstoffinhalation, anregende Mittel |
| Koniin | s. Coniin | |

| Gift | Symptome | Gegenmaßnahmen |
|------|----------|----------------|
| *Koloquinthen* | Heftige Schmerzen im Unterleib, blutige Darmentleerungen | Milch, schleimige Stoffe, reichliche Flüssigkeitszufuhr |
| *Kreosot*<br>*Kresol*<br>*Kresolpräparate* | } s. Phenol | |
| *Kupfer- und Kupferverbindungen* (Grünspan, Kupfersulfat) | Metallischer Geschmack, Erbrechen grünlicher und bläulicher Massen, Kolik, blutiger Durchfall, Schwindel, Kollaps | *Innerl.:* Ferrocyankaliumlösung (1%) $^1/_4$ stündlich 1 Eßlöffel |
| *Laugen* | s. Alkalien | |
| *Leuchtgas* | s. Kohlenoxyd | |
| *Lysoform* | s. Formaldehyd | |
| *Lysol* | s. Phenol | |
| *Mandeln, bittere* | s. Blausäure | |
| *Mennige* | s. Blei | |
| *Methanol*<br>*Methylalkohol* | } s. Alkohol | |
| *Mirbanöl* | s. Nitrobenzol | |
| *Mohnkapseln* | s. Morphium | |
| *Morphium* Opium, Mohnkapseln | Erbrechen, Schwindel, Schlafsucht, Bewußtlosigkeit | Magenspülung mit med. Kohle, 2%ige Tanninlösung, künstliche Atmung, Sauerstoffinhalation |
| *Natriumfluorid* | s. Fluor | |
| *Natriumnitrit* | s. Nitrite | |
| *Natronlauge* | s. Alkalien | |
| *Nikotin* | Kalter Schweiß, Übelkeit, Speichelfluß, Erbrechen, Durchfall, Sehstörungen, kleiner, unregelmäßiger Puls, Kollaps | Schwarzer Kaffee, Magenspülung mit 2%iger Tanninlösung, künstliche Atmung |
| *Nitrite* Kaliumnitrit, Natriumnitrit, Amylnitrit, Nitroglycerin | Blaugraue Verfärbung der Haut infolge Methämoglobinbildung, Übelkeit, Schwindel, Schwäche, Sehstörungen, Erbrechen | Zufuhr frischer Luft, Sauerstoffatmung, Magenspülung mit Natriumsulfatlösung |
| *Nitrobenzol* Mirbanöl | Atem riecht nach bitteren Mandeln, Übelkeit, Erbrechen, Kopfschmerzen, Benommenheit, Bewußtlosigkeit, Atmungsstörungen, Lähmungserscheinungen | Vermeide Öle und Alkohol! Künstliche Atmung, Anregungsmittel, Magenspülung |
| *Nitroglycerin* | s. Nitrite | |
| *Nitrose Gase* | Stechender Schmerz im Rachen, Hustenreiz, auch Erbrechen und Kopfschmerzen, blaugraue Verfärbung der Haut infolge Methämoglobinbildung, schaumiger Auswurf, Erstickungsgefühl | Zufuhr frischer Luft, Sauerstoffinhalation |
| *Opium* | s. Morphium | |

| Gift | Symptome | Gegenmaßnahmen |
|---|---|---|
| Oxalsäure<br>Oxalate | Ätzung (weißer Schorf) der Schleimhäute, Schlingbeschwerden, Magenschmerzen, Erbrechen saurer Massen, Schmerzen im Magen und Unterleib, Krämpfe, Lähmungen, Kollaps | Lösliche Kalksalze, oder präzipitierte Kreide, reichlich Getränke, harntreibende Mittel |
| Phenol<br>(Carbolsäure, Lysol, Creolin) | Weiße Verätzung der Mundschleimhaut, Atem und erbrochene Massen riechen nach Phenol oder Kresol, Krämpfe, Herzschwäche, Urin ist dunkelgrün gefärbt | Trinken von viel Milch oder Öl, die aber durch Ricinusöl oder Magnesiumsulfat rasch wieder aus dem Magen-Darmkanal entfernt werden müssen. Kein Brechmittel! Künstliche Atmung |
| Phosphor, gelber<br>Phosphorpaste | Magenschmerzen, Übelkeit, Aufstoßen, Erbrechen von knoblauchartig riechenden, im Dunkeln leuchtender Massen, Durchfall, Gelbsucht | Vermeide Fette, fette Öle und Milch! Med. Kohle, Kupfersulfat (2:100) teelöffelweise bis zum Erbrechen. Kaliumpermanganatlösung (1 bis 2⁰/₀₀) oder Wasserstoffsuperoxydlösung (1%) trinken lassen. *Brandwunden der Haut* mit viel dünner Natriumbicarbonatlösung oder Wasser mit Wasserstoffsuperoxydzusatz von Phosphorteilen reinigen |
| Phosphorwasserstoff | Angstzustände, Atemnot, Schmerzen auf der Brust, Schwindel, Ohnmacht | Sauerstoffzufuhr, Herz- und Kreislaufmittel |
| Pilzvergiftungen | s. Giftpilze | |
| Quecksilber und Quecksilberverbindungen, ätzende: Quecksilbersublimat, Quecksilberoxycyanid u. a. | Speichelfluß, Metallgeschmack, Verätzung der Mund- und Rachenschleimhaut, Erbrechen weißer bis blutiger Massen, Leibschmerzen, Durchfall | Reichlich Milch und Eiweißlösung, reichlich med. Kohle (60,0) mit Magensiumsulfat als Abführmittel, kein Kochsalz! |
| Rauchgase | s. Kohlenoxyd | |
| Sabadillessig<br>Sabadillsamen | s. Veratrin | |
| Salmiakgeist | s. Ammoniak | |
| Salpetersäure<br>Salzsäure | } s. Säuren | |
| Säuren, anorganische | Verätzung von Mund- und Rachenschleimhaut, zunächst weißer, später schwarzwerdender Ätzschorf, Benommenheit, heftige Leibschmerzen, qualvolles Würgen und Erbrechen | Kein Brechmittel! Reichlich Zufuhr von Eiweißwasser, Milch und Aufschlämmung von Magnesia usta. Carbonate und Bicarbonate dürfen nicht zur Anwendung kommen wegen Berstungsgefahr des Magens |
| Säuren, organische | s. Essigsäure bzw. Oxalsäure | |
| Schierling | s. Coniin | |
| Schlangengift<br>(Kreuzotter) | Örtliche Schwellung und Rötung der Bißstelle, später Übelkeit, Erbrechen, Kopfschmerz, Schwindel, Angst- und Schwächegefühl | Abbinden oberhalb der Bißstelle. *Innerl.* reichlich Alkohol (Weinbrand), Ausschneiden oder Ausbrennen der Wunde und Ausspülen mit 2%iger Kaliumpermanganatlösung |

| *Gift* | *Symptome* | *Gegenmaßnahmen* |
|---|---|---|
| *Schwefelkohlenstoff* | Bei *Einatmung:* Rauschähnliche Zustände, Schwindel, Kopfschmerz. Bei *innerl.* Vergiftung: Rettigartiger Geruch des Atems, Schwindel, blaue Lippen | Frische Luft, künstliche Atmung, Sauerstoffeinatmung, Anregungsmittel. Bei *innerl. Vergiftung:* Brechmittel, Magenspülung |
| *Schwefelsäure* | s. Säuren | |
| *Schwefelwasserstoff* (Kloakengas, Latrinenluft) | Brennende Reizung der Schleimhäute von Atmungswegen und Augen, Kopfschmerz, Schwindel, Atemnot, Erbrechen, Bewußtlosigkeit | Frische Luft, künstliche Atmung, Sauerstoffatmung |
| *Schweinfurter Grün* | s. Arsen | |
| *Seife* | s. Alkalien | |
| *Silbernitrat* Höllenstein | Verätzung von Mund- und Rachenschleimhaut mit erst weißem, dann schwarzem Schorf, Magenschmerzen, Erbrechen weißer, käsiger, am Licht sich dunkel färbender Massen, Durchfall, Schwindel | Verdünnte Kochsalzlösung (20:1000), Milch, Eiweiß, Ricinusöl. |
| *Soda* | s. Alkalien | |
| *Stickoxyde* | s. nitrose Gase | |
| *Strychnin* | Muskelschmerzen, Steifigkeit und Krämpfe der Muskeln, Starrkrampf, Atemnot, Erstickungsgefühl | Brechmittel, med. Kohle, Magenspülung mit 2%iger Tanninlösung, künstliche Atmung |
| *Sublimat* | s. Quecksilber | |
| *Thallium* Zeliopräparate | Appetitlosigkeit, Abmagerung, Haarausfall, Herzschwäche | Brechmittel, med. Kohle, Magnesiumsulfat, viel Milch, ausgiebige Magenspülung, reichlich harntreibender Tee |
| *Tollkirsche* | s. Atropin | |
| *Toluol* | s. Benzol | |
| *Veratrin* (Sabadillessig, Sabadillsamen) | Brennen im Mund und Schlund, Erbrechen, Durchfall mit Blut, Schwindel, Sehstörungen, Kollaps | Med. Kohle und Magnesiumsulfat, Brechmittel, Magenspülung, Wärmezufuhr, reichlich warmer Tee mit Weinbrand, harntreibende Mittel |
| *Veronal* | s. Barbitursäurederivate | |
| *Xylol* | s. Benzol | |
| *Zeliopräparate* | s. Thallium | |
| *Zink und Zinkverbindungen* Zinkchlorid, Zinksulfat | Metallischer Geschmack, weiße Verfärbung der Mundschleimhaut, Erbrechen weißlicher bis blutiger Massen, Durchfälle, Atemnot, Kollaps | Reichlich Eiweißlösung und warme Milch, Magenspülung, Natrium- oder Kaliumcarbonat |
| *Zyankali* | s. Blausäure | |

# Krankenpflege und Artikel zur Krankenpflege.[1]

Von Apotheker **H. Irion**, Berlin.

## A. Begriff der Krankheit.

Unter Krankheit versteht man den Zustand, bei dem der gewöhnliche gesunde Lebensablauf entweder körperlich oder seelisch gestört ist. Der Kranke fühlt sich matt und elend, seine Leistungsfähigkeit ist beschränkt, bedingt durch Fehlleistung eines oder mehrerer Organe. Die Ursache der Fehlleistung kann entweder in zu geringer Leistung (z. B. Salzsäuremangel des Magens) oder in einer erhöhten Leistung eines Organes (z. B. Überfunktion der Schilddrüse bei BASEDOWscher Krankheit) bestehen. Beim Kranken laufen die Lebensvorgänge nicht normal, sondern verändert, gesteigert oder gehemmt ab. Die Folgen davon sind Beschwerden, die sich bis zum *Schmerz* steigern können.

Zweckmäßige Gesundheitspflege kann wohl die Anzahl von Erkrankungen beschränken, sie aber nicht vollkommen vermeiden. Stets wird es Kranke und Verletzte geben, deren Gesundheit wieder hergestellt und deren Leiden gelindert werden müssen. Dies ist im allgemeinen Sache des Arztes, aber auch der Drogist kann als Händler mit Artikeln zur Krankenpflege hierzu einen wesentlichen Beitrag leisten und durch zweckmäßige Aufklärung seiner Kunden viel zu einer sorgfältigen Pflege von Kranken und für die Erleichterung ihrer Beschwerden tun. Dazu gehören neben genauen Kenntnissen des Körperbaues und seiner Lebensvorgänge (s. Gesundheitslehre) auch Kenntnisse über die Art, die Anwendungs- und Wirkungsweise der Artikel zur Krankenpflege.

## B. Begriff und Bedeutung der Krankenpflege.

Unter Krankenpflege versteht man die Versorgung von Kranken mit den zur Genesung notwendigen Mitteln und Handreichungen. Die private Krankenpflege wird in der Wohnung des Kranken, die öffentliche in den Krankenhäusern, Kliniken, Sanatorien usw. ausgeübt. Die private Krankenpflege ist nach Anordnung des Arztes Sache der Angehörigen des Kranken, während in öffentlichen Krankenanstalten diese vom Pflegepersonal durchgeführt wird. Die öffentlichen Krankenanstalten bieten, insbesondere bei schweren Erkrankungen, den Vorteil, daß neben geschultem Pflegepersonal jederzeit ein Arzt erreichbar ist und alle notwendigen Einrichtungen vorhanden sind. Eine zweckmäßige Krankenpflege kann die Dauer von Krankheiten unter Umständen abkürzen, auf alle Fälle aber die Beschwerden des Kranken erleichtern.

---

[1] Die Abb. 201, 220, 235 und 240 sind dem Katalog G 10 der Paul Hartmann-AG, Heidenheim/Brenz, alle übrigen Abbildungen dem bebilderten Katalog der Lohmann-KG, Fahr/Rhein, Ausgabe März 1951, entnommen.

# C. Voraussetzungen für eine zweckmäßige Krankenpflege.

## I. Das Krankenzimmer.

Die erste Voraussetzung für eine zweckmäßige Krankenpflege ist die Bereitstellung eines geeigneten, möglichst sonnigen Krankenzimmers. Da jeder Kranke vor allem Ruhe nötig hat, wählt man hierzu ein möglichst ruhig gelegenes, geräumiges und leicht zu lüftendes, sonniges Zimmer. Sonne und frische Luft sind wichtige Helfer im Kampf gegen die Bakterien. Zu kleine oder niedrige Räume bedrücken den Kranken und erschweren die Verrichtungen der Krankenpflege. Für reichlichen Zugang von Tageslicht ist zu sorgen, ebenso wie für die Abhaltung von direkter Sonnenbestrahlung, wenn letztes der Krankheitsverlauf verlangt. In diesem Falle ist der Kranke durch Lichtschirme, Fenstervorhänge u. dgl. vor Zugluft oder lästiger Sonnenhitze zu schützen. Für die Abend- und Nachtstunden muß der Raum gut beleuchtbar sein, als Nachtbeleuchtung genügt eine kleine, abgeblendete Lampe. Die Temperatur des Krankenzimmers ist bei durchschnittlich 18° zu halten. Bei lästiger Sonnenhitze schafft nasses Aufwischen des Fußbodens eine angenehme Temperatursenkung im Zimmer (Abkühlung durch Verdunstung).

Von besonderer Wichtigkeit ist die Reinlichkeit im Krankenzimmer. Deshalb sind alle überflüssigen und etwa als Staubfänger dienenden Gegenstände und Möbel, die den Raum einengen und seine Reinigung erschweren, vor allem Teppiche und Polstermöbel, zu entfernen. Der Fußboden muß täglich einmal feucht, bei Infektionskrankheiten mit Lysoformzusatz, aufgewischt werden. Besen dürfen im Krankenzimmer nicht benutzt werden. Das Staubwischen darf nur mit einem feuchten Tuch oder unter Verwendung eines Möbelöles durchgeführt werden. Das Zimmer ist mehrmals täglich gründlich zu lüften, insbesondere nach jeder Mahlzeit und Stuhlentleerung des Kranken sowie nach der Nacht. Dabei ist Zugluft unbedingt zu vermeiden. Der Kranke wird gut zugedeckt, die Kopfkissen zum Schutze des Kopfes seitlich aufgerichtet und die Zudecke dicht am Kopfkissen unter die Schultern des Kranken gesteckt. Als Behelf kann ein aufgespannter Regenschirm mit einer darübergelegten Decke dienen. Bei sehr großer Kälte empfiehlt sich, das Lüften durch ein anschließendes Zimmer vorzunehmen, das jedoch erst seinerseits gründlich zu lüften ist. Erst wenn sich die Zimmerluft wieder genügend erwärmt hat, darf der Kranke wieder normal zugedeckt werden. Schlechte Gerüche dürfen nicht durch Räucherungen verdeckt werden, da diese die Luft noch verschlechtern und außerdem den Kranken belästigen. Keinesfalls dürfen Speisereste, benützte Geschirre oder gar Ausscheidungen und gebrauchte Verbandstoffe, schmutzige Leib- oder Bettwäsche des Kranken im Raume verbleiben. Alle Arbeiten im Krankenzimmer sind schnell und möglichst geräuschlos und, besonders am Krankenbett, mit aller Rücksicht auszuführen.

## II. Das Krankenbett, die Lagerung des Kranken.

Die richtige Lagerung des Kranken ist eine weitere wichtige Voraussetzung für die Krankenpflege. Das Krankenbett wird, besonders bei Schwerkranken, so aufgestellt, daß es nur mit dem Kopfende die Wand berührt, so daß von den übrigen drei Seiten frei an den Kranken herangetreten werden kann. Zu niedrige Bettstellen erschweren die Krankenpflege sehr. Das Bett ist so zu stellen, daß weder unmittelbare Ofenwärme noch lästiger Luftzug von Türen oder Fenster den Kranken treffen. Nötigenfalls ist dieser durch Bettschirme davor zu schützen. Gut gepolsterte Matratzen und glatte, nahtlose Laken sind zu verwenden. Die letzten müssen um die

Matratzenkante so fest umgeschlagen werden, daß die Faltenbildung ausgeschlossen ist. Zum Bedecken des Kranken ist eine nach der Jahreszeit leichtere oder schwerere Steppdecke oder eine bis zwei Wolldecken mit waschbaren Bezügen zu benützen. Die Bettwäsche ist häufig zu wechseln. Das Bett ist wenigstens zweimal am Tage frisch zu richten, und dabei sind die Kopfkissen gut aufzuschütteln, Brotkrümel und Falten sorgfältig zu entfernen. In Fällen, in denen von Kranken Ausleerungen erfolgen, schützt man die Matratze durch eine unter das Laken gelegte Unterlage aus Gummi, Billrothbatist oder Mosetigbatist im Format 75 : 100 cm und eine aufsaugende Unterlage aus Barchent oder Molton oder einem Badetuch. Alle Unterlagen werden handbreit unter das Kopfkissen gelegt, straff gespannt und an den Seiten fest unter die Matratze geschoben und dort mit großen Sicherheitsnadeln festgesteckt, um Faltenbildung zu verhindern. Ist der Kranke nicht in der Lage, für die Zeit der Herrichtung des Bettes dieses zu verlassen, so bettet man ihn zuvor auf ein anderes angewärmtes Bett, eine Couch oder ähnliches um.

Der Kopf und — wenn notwendig — der Oberkörper wird durch gut gefüllte Kissen, am besten Roßhaarkissen, unterstützt. Zur Vermeidung des Abgleitens von den Kissen verwendet man gepolsterte Kissen oder Holzklötze, die dem Kranken als Stütze dienen. Um das Aufrichten schwacher Kranker zu vermeiden, wird am Fußende des Bettes ein Strick befestigt, an dessen dem Kranken zunächst liegenden Ende ein Querholz als Handhabe befestigt wird, an dem er sich emporziehen kann. Wenn eine elektrische Klingel nicht zur Verfügung steht, ist unbedingt für eine Handglocke im Reichbereich des Kranken zu sorgen, mit der er sich bemerkbar machen kann.

## 1. Beobachtung des Kranken.

Die sorgfältige Beobachtung des Kranken ist für die zur Bekämpfung der Krankheit anzuordnenden Maßnahmen von größter Bedeutung. Deshalb müssen die den Kranken Pflegenden die nachstehenden Vorgänge sorgfältig beobachten und hierüber den Arzt gewissenhaft unterrichten.

**Aussehen.** Schon das Aussehen des Kranken ist ein Hinweis auf seinen Zustand. So ist seine Gesichts- und Körperfarbe festzustellen, ob die Haut rot, blaß, gelb, bläulich ist, ob sie sich heiß oder kühl anfühlt oder ob auf der Haut irgendwelche Ausschläge zu erkennen sind. Der Gesichtsausdruck zeigt die Stimmung des Kranken an und ob er etwa an Schmerzen leidet.

**Atmung.** Die Atmung beträgt normal 16 bis 20 ruhige, gleichmäßige Züge in der Minute. Man zählt die Atemzüge an der Bewegung des Brustkorbes. Dabei ist darauf zu achten, ob die Atmung oberflächlich, tief, schnell, langsam, hastig oder schnappend ist. Bei Fieber ist die Zahl der Atemzüge stets vermehrt. Bei Asthmakranken ist die Atmung so mühsam, daß zu ihrer Durchführung die Hals- und Brustmuskeln mitarbeiten müssen. Tritt beim Atmen ein Rasseln auf, das von einer Ansammlung von Schleim in den Luftwegen herrührt, empfiehlt es sich, den Kranken von Zeit zu Zeit aufzurichten, um ein Aushusten des Schleimes zu ermöglichen.

**Herzschlag, Puls, Körperwärme.** Die Zahl der Herzschläge des Kranken werden durch Zählung des Pulses festgestellt. Ein gesunder Mensch hat in der Ruhe etwa 72 Pulsschläge in der Minute, Kinder 90 bis 100. Ihre Zählung erfolgt an der Schlagader der Innenfläche des Unterarmes (Daumenseite) etwa drei Finger breit oberhalb des Handgelenkes. Das Pulsfühlen wird mit dem Zeige- und dem Mittelfinger durchgeführt, die man mit leichtem Druck auf die Haut auflegt. Die gezählten Pulsschläge werden sofort handschriftlich vermerkt.

*Körperwärme.* Die Körperwärme mißt man mit einem amtlich geeichten *Fieberthermometer*, dem *Maximalthermometer*. Bei diesem bleibt die Quecksilbersäule auf dem erreichten Höhepunkt stehen, auch wenn das Thermometer aus der warmen Achselhöhle entfernt ist. Die Körperwärme ist morgens niedriger als abends und bewegt sich beim Erwachsenen zwischen 36,2° und 37°. Wenn vom Arzt nicht anders vorgeschrieben ist, wird täglich zweimal, um 7 und um 17 Uhr, gemessen.

Vor der Anwendung des Fieberthermometers muß man sich überzeugen, daß seine Quecksilbersäule 36° nicht übersteigt. Ist dies der Fall, muß die Quecksilbersäule erst durch kräftiges, wenn nötig mehrfaches Schwenken des am oberen Ende festgehaltenen Thermometers herabgeschleudert werden. Um ein Abreißen der Quecksilbersäule zu verhindern, führt man dies mit ausgestrecktem Arm in großem Bogen aus. Man unterscheidet bei der Fiebermessung eine solche in der Achselhöhle bzw. im Mastdarm. Bei der Messung in der Achselhöhle wird das Thermometerende, welches das Quecksilber enthält, in die sorgfältig ausgetrocknete Achselhöhle des Kranken gelegt, worauf dieser den Arm fest an den Körper anlegt. Wird die Achselhöhle nicht erst ausgetrocknet, sind Fehlmessungen durch verdunstenden Schweiß möglich. In Fällen von Schwäche und Bewußtlosigkeit des Kranken muß dieser beim Messen, insbesondere beim Anlegen des Armes, unterstützt werden. Nach etwa 10 Minuten wird der Stand der Quecksilbersäule abgelesen und schriftlich vermerkt. Die normale Achselhöhlentemeratur liegt zwischen 36,4° und 36,8°. Bei der Messung im Mastdarm, die weniger Fehlerquellen aufweist, wird ebenfalls erst festgestellt, daß die Quecksilbersäule 36° nicht übersteigt und dann zweckmäßig das Quecksilberende des Thermometers mit Vaseline eingefettet. In diesem Falle erfolgt die Einführung des Thermometers zweckmäßig in Seitenlage durch langsames Drehen in Parallelrichtung zum Rückgrat. Um eine genaue Messung zu gewährleisten, wird das Thermometer bis reichlich über die Hälfte eingeführt. Die normale Temperatur im Mastdarm beträgt 37° bis 37,5°. Höhere Temperaturen bezeichnet man als Fieber, und zwar bis 38,5° als leichtes, bis 39,5° als mäßiges, darüber als hohes Fieber. Die Temperatur ist bei Messungen im Munde oder im Darm im allgemeinen 5 Teilstriche höher als in der Achselhöhle. Nach der Messung ist das Fieberthermometer mit einer desinfizierenden Flüssigkeit gründlich zu reinigen, bei Achselhöhlenmessungen mittels eines mit Alkohol benetzten Wattebausches, bei Darmmessungen mit Lysoform- oder ähnlicher Lösung. Die festgestellte Temperatur ist sofort auf der Fiebertafel durch einen Punkt einzutragen, auf alle Fälle für den Arzt zu notieren. Die Verbindung der verschiedenen Punkte auf der Fiebertafel durch einen Strich ergibt die *Fieberkurve*.

Mit *Untertemperatur* bezeichnet man einen plötzlichen Abfall hohen Fiebers unter 36°. Dies kann nach starken Blutungen, Operationen oder bei bedrohlicher Herzschwäche eintreten und erfordert sofortiges Eingreifen des Arztes.

**Stuhl und Harn.** Die Beobachtung des *Stuhls* des Kranken erstreckt sich auf die Farbe, die Konsistenz und den Geruch. Normal erfolgt ein- bis zweimal täglich eine geformte oder dickbreiige Entleerung.

Die Farbe des Stuhls wird durch die aufgenommene Nahrung beeinflußt und ist bei gewöhnlicher gemischter Kost bräunlich. Gewisse Nahrungsmittel haben auf die Farbe des Stuhls Einfluß, so färbt ihn reichlicher Milchgenuß gelblich, Heidelbeeren und bluthaltige Nahrung schwarzbraun, grüne Gemüse schwarzgrün. Auch durch Arzneimittel kann die Farbe des Stuhls beeinflußt werden. So geben Wismut und Eisen durch die im Darm entstehenden Sulfide dieser Metalle dem Stuhl eine schwarze Farbe. Ist die Farbe weißlich bis grau, deutet dies auf unverdautes Fett infolge fehlender Gallenzufuhr im Darm hin. Blutbeimengungen aus dem Magen und den oberen Darmabschnitten färben den Stuhl teerartig schwarz, während Blut aus den unteren Darmabschnitten, z. B. aus Hämorrhoiden, sich in seiner ursprünglichen roten Farbe zeigt.

Bei der Festigkeitsfeststellung (Konsistenz) unterscheidet man außer der genannten normalen Form dünn, wäßrig, sehr hart und in bezug auf die Form bandförmig, bleistiftförmig, schafkotartig.

Der Geruch des Stuhls, der von der Zersetzung der Eiweißstoffe durch Darmbakterien herrührt, kann sauer bis stechend oder aber übermäßig übelriechend sein.

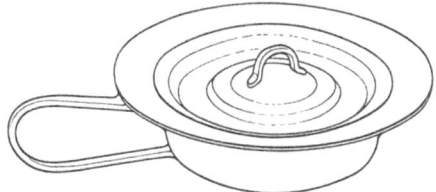

Abb. 201. Stechbecken (Bettschüssel).

Bei Schwerkranken muß die Stuhlentleerung mittels eines angewärmten *Stechbeckens* (Abb. 201) erfolgen.

Zur Beförderung des Stuhlgangs werden verschiedene Methoden angewendet (s. Einspritzungen in den Mastdarm und Darmeinläufe). *Nicht normale Stühle* werden gut bedeckt zur Besichtigung durch den Arzt *außerhalb* des Krankenzimmers zurückgestellt.

Die normale *Harnentleerung* beträgt pro Tag ein bis eineinhalb Liter. Der normale Harn ist klar, bernsteingelb, ein geringer Satz ist als normal anzusehen. Bei reichlicher Flüssigkeitsaufnahme erhöht sich die tägliche Harnmenge naturgemäß.

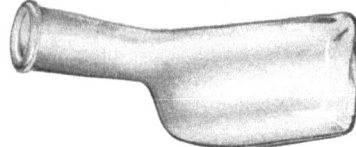

Abb. 202. Urinflasche für Männer.

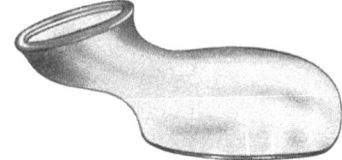

Abb. 203. Urinflasche für Frauen.

Eine auffallende Verminderung oder Vermehrung der Harnmenge bei gewöhnlicher Flüssigkeitsaufnahme deuten auf krankhafte Vorgänge hin; rötlich gefärbter Harn z. B., soweit er nicht durch Einnahme bestimmter Medikamente bedingt ist, kann auf Blut beruhen. Trübungen des Harns können durch ausgeschiedene Harnsalze oder Harnsäure oder aber durch Eiterbeimengungen bedingt sein. Bei Zuckerkrankheit kann Zucker im Harn chemisch nachgewiesen werden. Bei Schwerkranken erfolgt die Entleerung des Harns durch ein für Männer und Frauen verschiedenartiges Uringlas, „Ente" (Abb. 202, 203). Sie werden mit einer besonderen Urinflaschenbürste (Abb. 204) gereinigt.

Abb. 204. Urinflaschenbürste.

Harn, der zur Untersuchung bereitgestellt werden muß, ist in einem völlig reinen Arzneiglas von 200 ccm aufzubewahren. Kommt er nicht sofort zur Untersuchung, fügt man zur Konservierung ein Körnchen Thymol, das feinst zerrieben wird, zu.

**Erbrechen.** Das Erbrechen stellt für den Kranken eine körperliche Leistung dar, bei dem ihm zweckmäßig durch eine Unterstützung des Kopfes an der Stirn geholfen wird. Brechreiz soll möglichst lange unterdrückt werden, weil dadurch der Brechvorgang abgekürzt und das quälende Würgen vermindert wird. Nach dem Erbrechen sind Nase und Mund zu reinigen und der Kranke zweckmäßig mit etwas kühlendem Getränk zu erquicken. Das Erbrochene ist zur Besichtigung durch den Arzt außerhalb des Krankenzimmers bedeckt aufzubewahren.

**Blutungen.** Stärkere Blutungen sind in jedem Falle eine ernstere Krankheitserscheinung, welche die schnelle Herbeirufung eines Arztes bedingen. Bis zu seiner Ankunft muß sich der Kranke in ruhiger Lage mit etwas erhöhtem Oberkörper möglichst ruhig verhalten und darf keinesfalls sprechen. Stärkere Blutungen aus dem Mund kommen meist aus der Lunge, soweit sie unter Husten erfolgen und hellrotes, mit Luftbläschen gemischtes Blut entleeren. Dunkelrot erbrochenes Blut dagegen stammt meist aus einem Blutgefäß des Magens, das sich durch geschwürige Vorgänge geöffnet hat. Innere Blutungen erkennt man durch plötzliche Leichenblässe des Kranken und unnatürliches Fallen der Körpertemperatur. Auch hier ist ruhige Lage und unverzügliche ärztliche Hilfe nötig.

**Ohnmacht.** Durch Blutleere des Gehirns hervorgerufene Bewußtlosigkeit bezeichnet man als Ohnmacht. Ohnmächtige haben kleinen, meist langsamen Puls und oberflächliche Atmung. Der Kopf Ohnmächtiger ist *tief* zu legen, um die Blutzufuhr zum Gehirn zu begünstigen. Wird so verfahren, erholt sich der Kranke rasch, und das Bewußtsein kehrt bald zurück. Zu Ohnmachten neigen vor allem schwache und blutarme Personen, Genesende, die zum ersten Male aufstehen, und Kranke, die große Blutverluste hatten.

**Kollaps.** Bei schweren Krankheiten oder im Anschluß an innere Blutungen kann infolge Versagens des Blutkreislaufs bzw. eines lebenswichtigen Organs ein plötzlicher Verfall der Kräfte auftreten, den man mit Kollaps bezeichnet. Seine Erscheinungen sind: kleiner und schneller Puls, beschleunigte Atmung, Gesichtsblässe, Abkühlen der Körperhaut und Sinken der Temperatur. Bei Schwerkranken kann eine geringe Anstrengung Kollaps hervorrufen.

Abb. 205. Spuckflasche aus blauem     Abb. 206. Spucknapf (Spucktasse)
Glas mit Metallschraubdeckel.          (emailliert) mit Trichtereinsatz.

**Entzündungen.** Diese können sowohl an den Organen, aber auch an äußeren Wunden durch Eindringen von Krankheitskeimen in den Körper entstehen. Durch Rötung, Hitze, Schwellung und Schmerz sucht der Körper die eingedrungenen Krankheitserreger oder ihre Gifte aufzufangen und unschädlich zu machen (Näheres s. Wundkrankheiten).

**Auswurf.** Kranke, die einen Auswurf ausscheiden, müssen diesen ausspeien. Dies mittels eines Taschentuches durchzuführen, ist zu verwerfen, vielmehr ist der Auswurf in besonderen Gefäßen, *Spuckbechern, Spuckgläsern, Spucknäpfen* (Abb. 205, Abb. 206) zu sammeln und von Zeit zu Zeit dem Arzt zu zeigen. Von Bedeutung ist die Menge, Farbe, Beschaffenheit und der Geruch des Auswurfs. Unbedingt muß der Arzt den Auswurf zu sehen bekommen, wenn dieser Blut oder sonstige auffallende Merkmale zeigt.

Zweckmäßig werden die Behälter mit einer 1 cm hohen, stark desinfizierenden Flüssigkeit beschickt.

**Schweiß.** Schweißausbrüche sind bei Kranken häufig die Zeichen besonderer körperlicher Schwäche. Durch starken Schweißausbruch wird der Kranke erneut sehr geschwächt, die Körpertemperatur sinkt stark ab, und dadurch wird die Erkältungsgefahr erhöht. Deshalb ist nach Schweißausbrüchen der Kranke sofort und gründlich mit angewärmten Tüchern *unter* der Bettdecke abzutrocknen, wenn nötig mit angewärmter frischer Wäsche zu bekleiden.

**Schüttelfrost.** Manche Krankheiten beginnen mit einem Schüttelfrost. Dabei ziehen sich die Körpermuskeln in krampfhaften Zuckungen zusammen. Da hiervon besonders die Kiefermuskeln betroffen werden, klappern die Zähne, der Körper wird geschüttelt. Schüttelfrost kann aber auch das Zeichen von plötzlichem Fieberanstieg während einer Krankheit sein.

**Schlaf.** Der Schlaf ist von außerordentlicher Wichtigkeit für Kranke. Seine Störung muß auf alle Fälle vermieden werden. Grundsätzliche Voraussetzungen für einen guten Schlaf sind ein gut gelüftetes Zimmer, ein frisch gemachtes Bett und bei fiebernden Kranken die Verabreichung von kühlendem Getränk. Ausreichender und guter Schlaf sind die beste Vorbedingung für die schnelle Gesundung. Der Schlaf ist, namentlich bei mit Fieber einhergehenden Krankheiten, oft gestört und unruhig. Stark fiebernde Kranke sprechen oft in Delirien vor sich hin, phantasieren und sind unruhig.

**Achtsamkeit auf Verbände.** Die Achtsamkeit auf Verbände ist ein wichtiges Gebiet der Krankenpflege. Stets muß darauf geachtet werden, ob etwa durch eine eintretende Rötung des Verbandes sich eine stärkere Blutung anzeigt, die sofort dem Arzt zu melden wäre. Auch die Verschiebung von Verbänden operierter Kranker kann von großem Nachteil sein.

## 2. Körperpflege des Kranken.

Absolute Reinlichkeit und sorgfältige Körperpflege ist bei Kranken besonders wichtig. Für schwache, bettlägerige Kranke ist das Waschen von Gesicht und Hals, Körper und Gliedern mit lauwarmem Wasser und weichem Schwamm eine sichtliche Erquickung und sollte täglich einmal durchgeführt werden. Auch die Fingernägel sind zu reinigen. Täglich sind der Mund zu spülen, die Zähne zu reinigen und die Haare zu kämmen. Kranken, die zur Zahn- und Mundpflege selbst nicht in der Lage sind, wischt die Pflegeperson von Zeit zu Zeit den Mund mit einem angefeuchteten Tuch aus, während fiebernde Kranke es wohltuend empfinden, wenn die trockenen Lippen mit Olivenöl, Lanolin oder einer Fettcreme benetzt werden. Dadurch wird Borkenbildung an den Lippen vorgebeugt. Bei der Durchführung der Waschungen empfiehlt es sich, kleine Flächen zu waschen und diese Zug um Zug mit dem Frottiertuch zu trocknen. Beim Wechseln von Bettwäsche und Nachtzeug müssen diese angewärmt werden. Bei allen diesen Maßnahmen ist sorgfältig darauf zu achten, daß sich der Kranke dabei weder erkältet noch überanstrengt. Künstliche Gebisse sind sauber zu halten und bei Kranken, die nicht bei voller Besinnung sind, nach den Mahlzeiten zu entfernen und in eine geeignete desinfizierende Lösung zu legen.

Bei Schwerkranken ist besonderes Augenmerk darauf zu richten, daß die auf dem Lager aufliegenden Körperstellen nicht wund werden. Bei Kranken, die lange Zeit bettlägerig sind, besteht die Gefahr des *Durchliegens*, hauptsächlich an Körperstellen, die besonderem Druck ausgesetzt sind, wie Fersen, Kreuz, Gesäß und Schulterblätter. Die Gefahr zeigt sich zunächst durch Rötung und Empfindlichkeit der Haut, die allmählich wund wird. Die rasch sich vergrößernden wunden Stellen sind äußerst schmerzhaft und können besonders gefährlich werden durch etwaige Wundinfektion. Das gefürchtete Durchliegen kann nur vermieden werden bei peinlichster Körperpflege und peinlichster Sauberhaltung von Leib- und Bettwäsche. Außerdem muß die Unterlage glatt und ohne Falten sein. Die Lagerung des Kranken muß, um dem Durchliegen vorzubeugen, so oft wie möglich gewechselt werden (abwechselnd auf die linke und rechte Seite, auch auf den Bauch). An vorbeugenden Maßnahmen empfiehlt sich das Einreiben der gefährdeten Stellen mit Zitronensaft, Kampfergeist oder Franzbranntwein, die die Haut beleben und sie widerstandsfähig machen. Ist ein Durchliegen erfolgt, werden die Beschwerden des Kranken durch Kranzkissen, Luftkissen oder Wasserkissen (Abb. 207, Abb. 208) erleichtert und die betreffenden Stellen mit entsprechenden Salben behandelt.

### 3. Ernährung des Kranken.

Eine zweckmäßige Ernährung ist für Kranke von maßgeblicher Bedeutung, sie wird vom Arzt bestimmt. Sie soll dazu helfen, daß der Kranke wieder zu Kräften kommt und muß deshalb mit größter Sorgfalt durchgeführt werden. Grundsätzlich sind Speisen und Getränke nicht zu heiß zu geben, kleine Portionen sind großen vorzuziehen, da sie erfahrungsgemäß den Appetit reizen, der den meisten Kranken fehlt.

Abb. 207. Luftkissen aus Gummi rot, rund.    Abb. 208. Luftkissen aus Gummi rot, eckig.

Auch das Anrichten der Speisen in gefälliger Form ist für Kranke von großer Bedeutung. Für Fieberkranke empfiehlt sich als erfrischendes Getränk gekühltes Wasser mit etwas Citronen- oder Fruchtsaft und Zucker oder kalter Tee in kleinen Mengen. Die Speisen dürfen weder zu heiß noch zu kalt sein und müssen dem Kranken ohne Hast angeboten werden. Keineswegs darf er zum Essen gedrängt werden. Es ist darauf zu achten, daß Schwache und Schwerkranke die Mahlzeiten in bequemer Haltung einnehmen können, weil sie sonst aus Angst vor der Anstrengung die Mahlzeit verweigern. Notfalls wird ein Rückenpolster geschaffen oder der Kranke in halbsitzender Stellung mit dem linken Arm gestützt. Auch Kranke müssen die Speisen

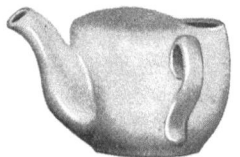 

Abb. 209. Krankentasse, Einnehmetasse, Schnabeltasse.

gut kauen. Ein weiterer Grundsatz muß der sein, daß Kranke grundsätzlich nicht aus dem Schlaf geweckt werden dürfen, es sei denn, daß der Arzt dies ausdrücklich angeordnet hat. Kranken, die schlecht essen, müssen

bei Nahrungsverweigerung die vorgeschriebenen Speisen in kurzer Pause in kleineren Mengen angeboten werden. Das Trinken wird durch Trinkröhrchen aus Glas erleichtert oder mit einer Krankentasse (Schnabeltasse) (Abb. 209) durchgeführt.

### 4. Darreichung von Arzneimitteln.

Beim Einnehmen von Arzneimitteln kann nur mit einem Erfolg gerechnet werden, wenn diese ganz regelmäßig zu den vorgeschriebenen Zeiten und in der vorgeschriebenen Menge eingenommen werden. Sinnlos ist die Unterbrechung der Gaben, wenn nicht sofort eine für den Kranken und seine Umgebung sichtbare Wirkung eintritt, selbst wenn unter Umständen nach dem Eingeben eine Verschlechterung des Kranken festzustellen wäre. Es kann möglich sein, daß das Arzneimittel eine *Erstverschlechterung* hervorruft, um dann um so deutlicher eine Besserung herbeizuführen. Völlig zu verwerfen ist es, von „klugen Basen" verordnete Mittel neben den vom Arzt verordneten anzuwenden, da diese häufig die Wirkung der letzten aufheben. Wenn der Arzt nicht anders vorschreibt, wird mit dem Eingeben der Arznei beim schlafenden Kranken bis zu seinem Erwachen gewartet. In der Regel gibt man Arzneien nach dem Essen, gewisse Arzneien werden jedoch kurz vor oder mit dem Essen verabreicht. Da Metallöffel unter Umständen von Arzneimitteln angegriffen werden, sind Einnehmelöffel (Abb. 210) aus Porzellan oder graduierte Einnehmegläser (Abb. 211, Abb. 212) zu empfehlen.

**Pillen und Kapseln.** Von den meisten Patienten können Pillen und Kapseln unzerkaut mit einem Schluck Wasser geschluckt werden. Bei Personen, denen das Verschlucken selbst kleiner Stücke schwerfällt, drückt man Pillen in eine Semmelkrume oder gibt sie in einer Oblate mit einem Schluck Wasser.

Abb. 210. Einnehmelöffel.

**Tropfen.** In Tropfenform werden vor allem flüssige Arzneimittel, häufig stark wirkende, verabfolgt. Ihre Tropfenzahl ist deshalb sorgfältig abzuzählen. Beim Tropfen ohne Tropfglas oder Tropfenzähler befeuchtet man den Rand der Arzneiflasche mit Hilfe des mit dem Arzneimittel benetzten Korkes und tropft über den benetzten Flaschenhals vorsichtig die notwendige Zahl der Tropfen auf ein Stück Zucker oder in einen Eßlöffel mit etwas Flüssigkeit ab.

**Mixturen.** In dieser Arzneiform werden flüssige Arzneimittel in größerer Menge löffelweise verabreicht. Es entsprechen

|  |  |  |  |
|---|---|---|---|
| 1 Eßlöffel | etwa | 15 ccm | Flüssigkeit |
| 1 Kinderlöffel | ,, | 10 ccm | ,, |
| 1 Teelöffel | ,, | 5 ccm | ,, |
| 1 Likörglas | ,, | 20 ccm | ,, |
| 1 Weinglas | ,, | 125 ccm | ,, |
| 1 Wasserglas | ,, | 250 ccm | ,, |

Abb. 211. Einnehmeglas, graduiert mit Kubikzentimeter- und Löffeleinteilung.

Abb. 212. Einnehmebecher aus Kunststoff.

Schlecht schmeckende Mixturen oder solche, die Verfärbungen der Zähne hervorrufen können, werden mittels Einnehmeröhre direkt aus dem Einnehmegläschen eingenommen. Dabei wird das Ende des Mundstückes der Einnehmeröhre im Mund bis zur Zungenwurzel vorgeschoben und durch Saugen das Arzneimittel eingenommen. Auf diese Weise gelangt das Arzneimittel direkt in die Speiseröhre, ohne mit den Zähnen oder den Geschmacksnerven in Berührung gekommen zu sein.

**Pulver.** Hier unterscheidet man *Schachtelpulver* oder *abgeteilte* Pulver, die in Pulverkapseln abgegeben werden. Die ersten werden messerspitzenweise oder teelöffelweise verordnet. Während lösliche Pulver in Wasser aufgelöst werden, werden unlösliche, z. B. Magnesiumcarbonat, in Wasser aufgeschwemmt. Besonders schlecht schmeckende Pulver werden in Oblaten genommen. Dabei wird die Oblate auf einem Löffel festgehalten, durch rasches Eintauchen in Wasser erweicht, das einzunehmende Pulver daraufgegeben und dann die Oblatenränder kreuzweise übereinandergelegt, so daß sich ein walzenförmiges, kleines Paket ergibt. Dieses wird dann an die Spitze des Löffels gelegt, von dort auf die Zunge gerollt und mit einem Schluck Wasser verschluckt. Gefährlich ist es, pulverförmige Arzneimittel, zumal besonders leichte wie Magnesia, direkt auf die Zunge zu geben, weil hierbei durch ungeschicktes Atmen des Kranken das Arzneimittel in den Kehlkopf kommen und hierdurch starke Reizungen auslösen kann, die unter Umständen Erstickungsgefahr hervorrufen können.

**Ölige Arzneimittel** haften verhältnismäßig lange im Mund und werden häufig ungern eingenommen. Durch Erwärmen des Öles (Einstellen in warmes Wasser) und Anwärmen des Löffels wird dies dünnflüssiger und ist angenehm einzunehmen. Nachessen von etwas Schwarzbrot entfernt die Ölreste rasch aus dem Munde.

**Suppositorien** werden dann angewandt, wenn Magen und Darm mit dem Arznei-mittel nicht belastet werden sollen. Bei ihrem Einführen ist darauf zu achten, daß sie bis hinter den Afterschließmuskel eingeführt werden, um ein Herausgleiten zu vermeiden.

## 5. Sonstige Heilverfahren.

**Gurgeln.** Das Gurgeln und damit verbundenes Mundspülen hat den Zweck, Mundhöhle und Rachen mit ungiftigen und desinfizierenden Mitteln zu behandeln. Zur Verwendung kommen: Alaun (2%ig), Wasserstoffsuperoxydlösung (3%, zehnfach verdünnt) und Chinosol-Gurgeltabletten (1 Tablette auf ein Glas Wasser). Die Flüssig-keit zum Gurgeln kommt lauwarm zur Anwendung und darf nicht geschluckt werden.

**Inhalieren.** Die einfachste Art, dem Körper flüchtige Arzneimittel durch Ein-atmen (Inhalieren) zuzuführen, ist, diese auf ein Stück Mull zu tropfen und von hier

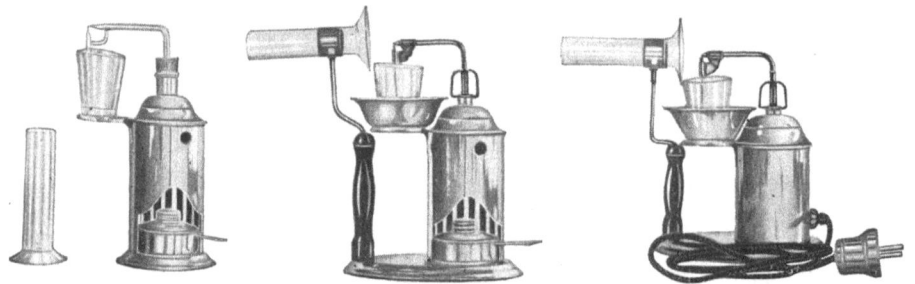

Abb. 213.  Inhalationsapparat (Dampfinhalator) aus Weißblech, mit Glaswinkel und Korkenver-schluß.

Abb. 214.  Inhalationsapparat aus Weißblech, mit Fuß und Holzgriff, Metallwinkel, Federventil und Mund-glashalter.

Abb. 215.  Inhalationsapparat, elektrisch, für 220 Volt.

aus durch Nase und Mund einzuatmen. Eine andere Methode ist es, ätherische Öle in einer Tasse auf heißes Wasser zu geben, darauf einen umgekehrten Trichter zu stülpen, aus dessen Spitze die mit den Wasserdämpfen flüchtigen Öle direkt ein-

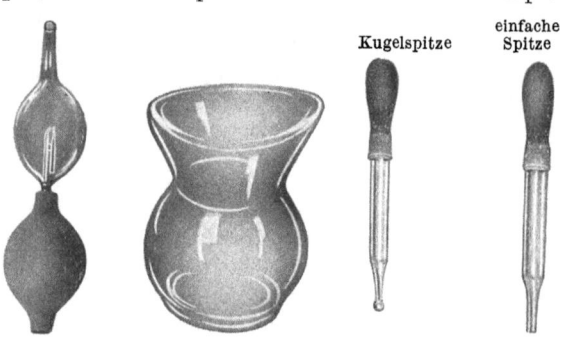

Kugelspitze   einfache Spitze

Abb. 216. Taschenin-halator, Glaszerstäu-ber mit Gummiball.

Abb. 217. Augenbadewanne aus Glas, Vasenform.

Abb. 218. Augentropfengläser (Tropfenzähler, Pipetten).

geatmet werden. Durch Inhalieren zugeführte Arzneimittel sollen auf die Schleimhäute von Nase, Rachen, Kehlkopf und der Bronchien wir-ken. Wasserdämpfe und mit ihnen Lösungen von Kochsalz oder Quellsal-zen (2%) wie Emser, Kreuznacher, Nauheimer Salz u. a., werden durch Inhalationsapparate (Abb. 213, Abb. 214, Abb. 215) zerstäubt. In das als Vorlage dienende Glasgefäß wird die einzuatmende Lösung gebracht, die dann durch den darüberstreichenden Dampf aus dem Steigrohr gesaugt und mit diesem versprüht wird. Dabei sind Haare, Hals und das Bett des Kranken durch Leinen-, Bade- oder Gummitücher vor Durchfeuchtung durch das entstehende Kon-denswasser zu schützen. Mischungen von ätherischen Ölen, wie Eucalyptus- und Latschenkiefernöl mit flüssigem Paraffin, werden in *Inhalationsapparaten zur Kalt-inhalation* (Abb. 216) zerstäubt.

**Augen- und Nasenduschen, Augentropfen und -salben.** Augenduschen werden mit kleinen gläsernen Augenbadewannen (Abb. 217), die nach Art eines Monokels bei geöffnetem Auge eingesetzt werden, durchgeführt. Augentropfen tropft man mittels einer *Augenpipette* (Abb. 218) in das Auge, Augensalben werden mittels eines Augenglasstabes (Abb. 219) in den Bindehautsack gestrichen, die Augenlider über Glasstab und Salbe geschlossen und der Glasstab vorsichtig zurückgezogen. Die Salbe wird dann durch sorgfältige kreisende Bewegung mit dem Zeigefinger auf dem geschlossenen Augenlid verteilt. Zur Pflege der Nase verwendet man den FRÄNKELschen Nasenspüler aus Jenaer Glas (Abb. 220).

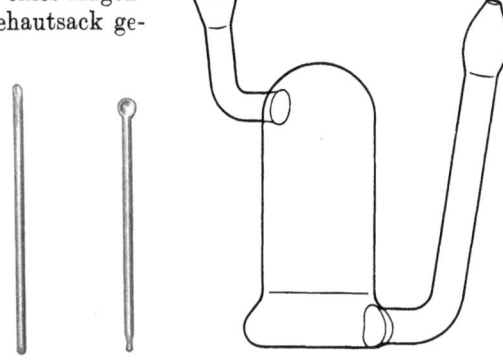

Abb. 219. Augenstäbchen als Tropfstäbchen oder zum Einbringen von Augensalbe verwendbar.

Abb. 220. Nasendusche aus Glas, nach *Fränkel*, mit etwa 30 und 50 ccm Inhalt lieferbar.

**Ohrentropfen, Ohrenspülungen.** Einträufelungen ins Ohr werden zweckmäßig mit Augenpipetten, bei besonderer Übung auch aus dem Tropfglas direkt durchgeführt. Die Flüssigkeit, die eingeträufelt wird, muß lauwarm sein und wird in der kalten Jahreszeit durch Einstellung des Glases in gut warmes Wasser temperiert. Die Öffnung des Gehörganges muß beim Einträufeln nach oben gerichtet sein, anschließend wird der Gehörgang mit einem Wattebausch lose verschlossen. Das Ausspülen des Ohres erfolgt mit einer Ohrenspritze (Abb. 221), deren Ansatzrohr durch eine kugelförmige Ausbuchtung das Einführen in den Gehörgang und eine dadurch mögliche Verletzung des Trommelfells verhindert. Auch Ballspritzen aus rotem Weichgummi, mit langer Weichgummikanüle, finden als Ohrenspritzen Verwendung (Abb. 222).

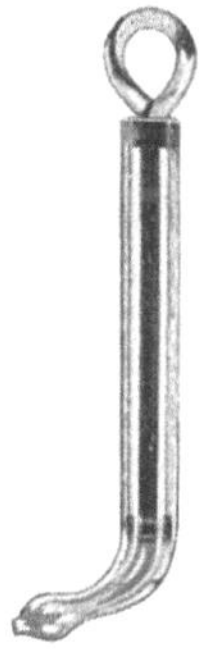

**Einreibungen in die Haut.** Vor jeder Einreibung ist die Haut mit lauwarmem Wasser und Seife zu waschen und sorgfältig abzutrocknen. Zweckmäßig kann sie vor der Waschung zu ihrer Entfettung noch mit Äther oder Benzin abgerieben werden. Zur Einreibung in die Haut kommen wäßrige, weingeistige oder ölige Flüssigkeiten, Emulsionen und Salben zur Verwendung. Das einzureibende Mittel wird zweck-

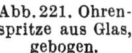

Abb. 221. Ohrenspritze aus Glas, gebogen.

Abb. 222. Ballspritze aus rotem Weichgummi.

mäßig, in der kalten Jahreszeit auf alle Fälle, durch Eintauchen der Flasche unter leichtem Umschwenken in einem Gefäß mit heißem Wasser erwärmt. Die Einreibung erfolgt mit gründlich gereinigten Händen durch kreisförmige Bewegung der flachen Hand unter mäßigem Druck. Soll dabei eine kräftige Durchknetung der Haut und des Unterhautzellgewebes stattfinden, wird mit den Fingerspitzen eingerieben. Bei feuergefährlichen Einreibemitteln, auch alkoholischen, ist die nötige Vorsicht zu beachten. Die beim Einreiben notwendige Massage ist so lange fortzusetzen, bis das Einreibungsmittel von der Haut resorbiert worden und diese wieder trocken ist.

Bei öligen und fetthaltigen Einreibemitteln darf auf der Haut nur noch schwacher Fettglanz sichtbar sein. Entstehen bei der Durchführung der Einreibung Schmerzen, ist diese zu unterbrechen.

**Einspritzungen unter die Haut, in die Muskulatur oder die Blutbahn.** Zu Einspritzungen in das Unterhautgewebe (subcutan), in die Muskulatur (intramuskulär) oder die Blutbahn, Venen (intravenös) verwendet man die *Pravaz-Spritze*. Diese besitzt als Kanüle eine Hohlnadel aus Metall und kann aus Glas oder aus einem Glaszylinder mit Metallkolben bestehen. Die Spritzen sind auskochbar und deshalb

Abb. 223. Glycerinspritze aus Glas mit Hartgummigarnitur, lieferbar mit 10, 15, 20, 30, 50 und 100 ccm Inhalt.    Abb. 224. Injektionsspritze aus Glas mit Hartgummimontur, 10 ccm Inhalt.

leicht zu sterilisieren. *Record-Spritzen* können hierzu vor dem Sterilisieren auseinandergenommen werden. Um die Hohlnadel durchgängig und rostfrei zu halten, wird in sie nach Gebrauch ein feiner Draht, sogenannter Mandrin, eingeführt. Die Spritzen tragen auf dem Zylinder eine Graduierung, aus der die einzuspritzende Menge genau zu kontrollieren ist.

**Einspritzungen in den Mastdarm.** Die früher häufig verwendete Klistierspritze wird heute meist durch den Irrigator ersetzt (s. Darmeinläufe). Glycerin wird in den Mastdarm mittels *Glycerinspritze* (Abb. 223) eingespritzt, die eine gebogene, etwas verlängerte Kanüle mit olivenförmiger Spitze besitzt. Bei Kleinkindern werden Einspritzungen in den Mastdarm mittels *Gummiballspritzen* (s. Abb. 222) durchgeführt.

Abb. 225. Pinsel. Oben Augenpinsel, unten Rachenpinsel.

Abb. 226.
Pulverbläser. Oben roter Gummiball mit geradem Glasrohr, unten roter Gummiball mit gebogenem Hartgummirohr.

**Einspritzungen in die Harnröhre.** Zu Einspritzungen in die Harnröhre werden Spritzen mit kurzer und stumpfer Spitze, *Injektionsspritze*, verwendet (Abb. 224). Die Einspritzung hat unter gelindem Druck zu erfolgen; vor ihrer Durchführung ist stets Harn zu lassen.

**Pinselungen.** Je nach dem Zweck der Pinselung finden verschieden geformte Haarpinsel (Abb. 225) Verwendung. Zur Behandlung von Wunden dürfen diese nicht verwendet werden, weil sie sich nicht einwandfrei desinfizieren lassen. Für ätzende Flüssigkeiten werden Glasstäbchen mit verbreitertem Ende, für Jodtinktur besondere Jodtinktur-Pinsel verwendet.

**Pudern.** Das einfachste Mittel, pulverförmige Arzneimittel aufzutragen, sind kleine Wattebäusche oder Mullbeutelchen, die ähnlich wie Puderquasten verwendet werden. Viele handelsübliche Puder kommen in Streubüchsen in den Handel, die zum direkten Aufstreuen geeignet sind. *Pulverbläser* (Abb. 226) gebraucht man zur Verwendung von Pulvern in der Nase und im Rachen. Sie besitzen am Ansatzrohr eine Öffnung zur Einbringung des Pulvers, das in diese lose eingeschüttet werden muß.

**Darmeinläufe, Scheidenspülungen.** *Darmeinläufe, Klistiere,* sind Einspritzungen von Flüssigkeit in den Mastdarm und dienen der Beförderung des Stuhlganges. Sie werden entweder mit dem *Irrigator* (Abb. 227, 228, 230) oder mit *Clysos* (Abb. 229) ausgeführt. Irrigatoren sind aus Glas oder emailliertem Blech hergestellt, besitzen einen 1,5 m langen Schlauch, an dessen Ende sich ein Hahn aus Hartgummi befindet, in den für Darmein- läufe das *Klistierrohr* (Abb. 231, 232) eingesteckt wird. Dies ist aus Glas oder Hartgummi. Der Irrigator ist nach dem Kauf vor

Abb. 227. Irrigator, komplett. Blechgefäß, 1 Liter, mit rotem Wulstschlauch und Mutter- und Klistierrohr aus Glas.

Abb. 228. Irrigator im Blechgestell mit Glaseinsatz, mit rotem Wulstschlauch und dreiteiliger Hartgummigarnitur.

der Anwendung gründlich zu reinigen und mit einer desinfizierenden Flüssigkeit durchzuspülen. Auch nach jeder Benutzung sind er und das Ansatzrohr sorg- fältig zu reinigen, ebenso vor erneuter Benutzung. Zur Durchführung von Darm- einläufen wird der Kranke in die linke Seitenlage gelegt, da diese das Einführen des Darmrohres erleichtert. Die Spülkanne wird dann bis 50 cm hoch gehoben, der Hahn geöffnet, die im Schlauch befindliche Luft herausgelassen und der Hahn wieder verschlossen. Nun wird das zweckmäßig leicht eingefettete Kli- stierrohr durch drehende Bewegung vorsichtig in

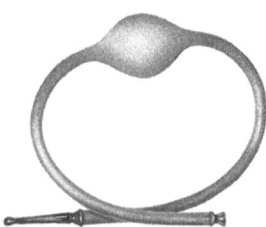

Abb. 229. Klistierspritze (Clyso) aus rotem Weichgummi mit Hart- gummi-Klistierrohr.

Abb. 230. Reise-Irrigator.

Abb. 231. Klistierrohre. Oben aus Hartgummi, unten aus Glas.

den After eingeführt, die Spülkanne bis 50 cm hochgehoben und der Hahn geöff- net. Läuft die Flüssigkeit zu langsam oder gar nicht in den Darm ein, versucht man, die Spülflüssigkeit durch Höherheben der Kanne oder durch leichtes Hin- und Herbewegen und Drehen des Klistierrohres in Fluß zu bringen. Ist die Flüs- sigkeit eingelaufen, wird das Klistierrohr vorsichtig herausgezogen, der Kranke in die Rückenlage gebracht und ihm ein Stechbecken untergeschoben. Bei Kranken, die nicht bewegt werden dürfen, wird das Klistierrohr in Rückenlage mit ange- zogenen Beinen eingeführt. In allen Fällen ist das Bett durch eine Gummiunterlage vor Nässe und Beschmutzung zu schützen. Die Menge der Einlaufflüssigkeit be- trägt für Erwachsene $^1/_2$ bis 1 Liter, für Kinder je nach dem Alter 200 bis 300 ccm, für Säuglinge 50 bis 60 ccm. Zum letzten Zweck finden *Birnspritzen* mit ein- gestecktem Hartgummiklistierrohr (Abb. 232b) oder *Ballspritzen* (Abb. 222) Verwendung. Als Einlaufflüssigkeit für ein Reinigungsklistier wird lauwarmes (25° bis 30°), reines Wasser, dem man etwas Seife zusetzen kann, bei krampf- artiger Verstopfung lauwarmer Kamillientee (1 Eßlöffel Kamillen auf 1 Liter Wasser) verwendet. *Nähreinläufe* in den Darm haben den Zweck, den Kranken künstlich zu ernähren, wenn Nahrungsmittel durch den Mund nicht zugeführt

werden dürfen. Vor Nährklistieren muß der Darm durch ein Wasserklistier gereinigt
werden.

*Ausspülungen der Scheide* werden ebenfalls mit dem Irrigator oder einem Clyso,
jedoch unter Verwendung eines auskochbaren *Mutterrohres* (Abb. 233) durchgeführt. Scheidenspülungen sollten möglichst selten vorgenommen werden, da sie

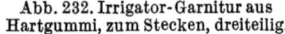

Abb. 232. Irrigator-Garnitur aus          Abb. 232a. Irrigator-Schlauchhahn          Abb. 232b. Ballspritze mit Hart-
Hartgummi, zum Stecken, dreiteilig.                mit Doppelolive.                         gummikanüle.

bei zu häufiger Durchführung Erkrankung der Vaginalschleimhaut hervorrufen
können. Sie sollen nur unter geringem Druck ausgeführt werden, deshalb ist der
Irrigator der Frauendusche (Abb. 234) vorzuziehen. Die Fallhöhe soll 1 m nicht übersteigen. Vor Anwendung muß das Mutterrohr ausgekocht und der Schlauch in

Abb. 233. Mutterrohr aus Glas mit Schlaucholive.

Abb. 235. Leibwärmer aus Weißblech, etwa 20 × 30 cm.

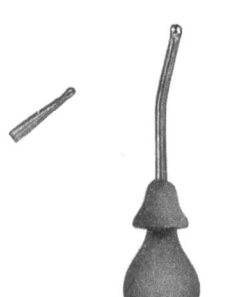

Abb. 234. Reisedusche, links Klistierrohr.

Abb. 236. Wärmflasche aus rotem Gummi.

einer desinfizierenden Flüssigkeit durchgespült werden. Als Spülmittel finden Verwendung Kaliumpermanganat 1 $^0/_{00}$, Milchsäure $^1/_2$ bis 1%, essigsaure Tonerdelösung $1^1/_2$ Eßlöffel auf 1 Liter Wasser, Holzessig 1 Eßlöffel auf 1 Liter Wasser,
Kamillentee 1 Eßlöffel auf 1 Liter Wasser.

**Umschläge und Wickel.** Feuchte Umschläge werden in allen Fällen mit Flanell
bzw. Wolle abgedeckt und darüber Billroth- bzw. Mosetig-Batist bzw. Guttaperchapapier gelegt. Nur so kommt die durch die Körperwärme verdampfende Flüssigkeit
richtig zur Wirkung. Wegen Kurzschlußgefahr ist es gefährlich und deshalb verboten, bei feuchten Umschlägen oder Wickeln gleichzeitig ein elektrisches Heizkissen zu benützen. In diesem Falle werden, wenn nötig, Wärmeflaschen, bei Umschlägen auf den Magen oder den Bauch flache Wärmeflaschen (Karlsbader Deckel)
(Abb. 235) oder Gummiwärmeflaschen (Abb. 236) verwendet.

Praktisch sind Umschläge oder Wickel mittels eines mehrfach zusammen-
gefalteten Tuches (je nach Größe der zu bedeckenden Fläche frische Serviette,

frisches Handtuch oder frisches Laken), das in Wasser oder in die vorgeschriebene Lösung eingetaucht und dann so ausgedrückt wird, daß es noch gut feucht, aber nicht tropfend zur Auflage kommt. Der bedeckende wasserdichte Stoff soll das feuchte Tuch allseitig um einige Zentimeter überragen. Beim Anlegen vom Umschlägen und Wickeln ist wegen drohender Erkältungsgefahr auch im Sommer das Fenster zu schließen.

Man unterscheidet zwischen *feuchten Wickeln* und *Prißnitzwickeln.* Beim feuchten Wickel kommt der wasserdichte Stoff direkt auf das feuchte Tuch, dann wird mit einem Wolltuch bedeckt. Beim Prißnitzwickel bleibt die wasserdichte Einlage fort, dadurch verdunstet die Feuchtigkeit schneller, und die Haut wird weniger angegriffen als beim feuchten Wickel. Umschläge und Wickel müssen fest anliegen, ohne zu strangulieren, die trockene Auflage die nasse nach allen Seiten um einige Fingerbreiten überragen, da sonst die locker oder unbedeckt liegenden Stellen sich zu rasch abkühlen und ein unangenehmes Kältegefühl beim Kranken auslösen und Erkältungen zur Folge haben können. Wickel bleiben, wenn vom Arzt nicht anders verordnet ist, höchstens 1 bis 2 Stunden liegen, während der Kranke bis über die Schultern bedeckt bleibt. Nach dem Abnehmen des Umschlages

Abb. 237.
Eisbeutel (Leibeisbeutel). Links aus rotem Gummi, rechts aus gummiertem Stoff, je mit Metallverschraubung.

oder des Wickels, der zweckmäßig erst unter der Zudecke gelockert wird, werden erst die Gliedmaßen mittels eines Frottiertuches einzeln rasch trockengerieben, anschließend der ganze Körper, dann soll der Kranke gut bedeckt noch wenigstens eine Stunde liegen bleiben.

*a) Örtliche Kälteanwendungen* haben den Zweck, die Durchblutung eines Körperteiles zu drosseln oder Entzündungen zum Abklingen zu bringen. Zunächst bewirken sie eine starke Gefäßverengung, die nach Erwärmung des Wickels in Gefäßerweiterung und dadurch eintretende Erwärmung umschlägt. Hierdurch wirken sie anregend. Praktisch führt man sie mit kalten *Kompressen* oder *Eisbeuteln* (Abb. 237) durch. Bei der kalten Kompresse kann dem zur Verwendung kommenden Wasser oder der vorgeschriebenen Lösung, besonders in der heißen Jahreszeit, ein Stückchen Eis zugefügt werden. Eisbeutel dürfen höchstens bis zur Hälfte mit Eis gefüllt werden. Da dies meist scharfkantig ist, muß der Eisbeutel beim Einbringen des Eises aufgelegt und die Eisstücke vorsichtig eingelegt werden (nicht freihängend in den Eisbeutel einwerfen), da sonst die gummierte Schicht verletzt und der Eisbeutel undicht werden kann. Vor dem Verschließen des Eisbeutels mit dem Schraubverschluß wird die überflüssige Luft herausgedrückt. Um eine Hautschädigung durch Erfrierung zu vermeiden, wird zwischen den Eisbeutel und die Haut ein Stück Leinwand gelegt. Der Eisbeutel soll nicht direkt auf dem Körper des Kranken liegen und wird deshalb zweckmäßig so aufgehängt, daß er die Haut des Kranken mit der vorgenannten Stoffzwischenlage eben berührt und nicht durch sein Gewicht Schmerzen hervorrufen kann.

*b) Örtliche Wärmeanwendung.* Trockene oder feuchte örtliche Wärmeanwendungen wirken infolge gesteigerter Durchblutung der Haut und der darunterliegenden Organe (Hyperämie) besonders stark schmerz- und krampfstillend und finden daher vor allem bei schmerzhaften Erkrankungen Anwendung.

*α) Bettflasche* (Abb. 238), *Bauchflasche, elektrisches Heizkissen.* Bettflaschen eignen sich nur zur Betterwärmung, als Magen- und Bauchwärmeflaschen sind sie wegen ihres Eigengewichtes nicht zu empfehlen.

Die *Bauchflasche* (s. Abb. 235) ist wegen ihrer flachen und gewölbten Form zu warmen und feuchtwarmen Umschlägen auf Magen und Bauch besonders geeignet.

Beim Füllen derselben ist darauf zu achten, daß sie nicht ganz gefüllt wird, weil sonst trotz guten Verschlusses die Gefahr des Leckens besteht. Sie wird vor der Auflage sorgfältig in ein Tuch (zweckmäßig Frottiertuch) eingeschlagen zur Vermeidung von Brandblasen.

Abb. 238. Bettwärmer, Bettflasche. Oval, aus Zinkblech, mit massivem Messinggewinde.

*Elektrisches Heizkissen.* Es dürfen nur solche elektrischen Heizkissen zur Verwendung kommen, die zur Vermeidung von Kurzschluß eine wasserdichte Einlage haben. Schon durch Schweiß oder geringe andere Feuchtigkeit besteht Kurzschlußgefahr. Darüber hinaus besteht die Gefahr von Verbrennungen, wenn der Kranke einschläft und das Heizkissen nicht rechtzeitig abgestellt wird.

*β) Feuchte Wärme.* Feuchte Wärme ist der trockenen in der Wirkung überlegen. Sie findet teils als warmer oder heißer Umschlag, teils als Kataplasma mit Leinsamen, Leinsamenkuchenmehl, Bockshornkleesamen, Hafergrütze, Roggenkleie, Kamillen u. a. Anwendung. Die Masse wird mit Wasser zu einem dicken Brei angerührt und bis zum Kochen erhitzt, dann wird der heiße Brei gut fingerdick auf ein Tuch gestrichen. Beim Auflegen von heißen Umschlägen und Kataplasmen ist sorgfältig darauf zu achten, daß keine Verbrennungen eintreten. Der zur Auflage bereitete Umschlag bzw. das Kataplasma muß auf dem Handrücken während einiger Zeit ertragen werden können, sonst besteht Verbrennungsgefahr und Blasenbildung. Auch heiße Umschläge und Kataplasmen werden erst mit wasserdichtem Stoff und dann mit einem wollenen Tuch überdeckt, um die Wärme längere Zeit zu halten. Nach ihrer Entfernung wird die betreffende Stelle mit einem erwärmten Tuch bedeckt.

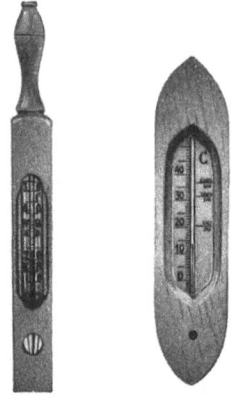

Abb. 239. Badethermometer. Links in viereckiger Holzzwinge, rechts in Schiffchenform.

*Schwitzkuren.* Zu Schwitzkuren wird der Kranke erst in ein Laken, dann in ein Wolltuch vollkommen und gut anliegend eingehüllt und bis zur Nase gut zugedeckt. Unter das Kinn wird ein Handtuch gelegt. Um den Schweißaustritt zu begünstigen, werden heiße Getränke, wie Fliedertee, Lindenblütentee, heiße Citronenlimonade, wenn der Kranke schon zum Schwitzen eingepackt ist, zweckmäßig mit der Schnabeltasse verabreicht. Die Dauer der Packung wird vom Arzt bestimmt. Bei ihrem Abnehmen ist größte Vorsicht nötig, um eine Erkältung des Kranken zu vermeiden. Es wird hierbei genau so verfahren wie bei der Abnahme des Wickels.

**Bäder.** Bäder haben neben dem Reinigungszweck infolge des Wasserdrucks und durch ihre Temperatur eine Reizwirkung auf den Körper. Die letzte ist bei den medizinischen Bädern durch die zugesetzten Arzneimittel erhöht. Man unterscheidet Vollbäder und örtliche Bäder (Halb-, Sitz-, Arm-, Hand- und Fußbäder). Nach der mit einem Badethermometer (Abb. 239) festzustellenden Temperatur unterscheidet man:

1. Kalte Bäder      15 bis 20°.

2. Kühle Bäder      21 ,, 25°.

    (Regen an und der Blutdruck steigt. Da das Herz dadurch belastet wird, nicht für Herzkranke.)

3. Lauwarme Bäder    26 bis 30°.

4. Warme Bäder    34 ,, 36°.

(Das übliche Reinigungsbad, findet aber auch nach Zusatz von Arzneimitteln Verwendung und wirkt beruhigend.)

5. Heiße Bäder    37 bis 40°.

(Als Vollbad unpassend oder gar schädlich, findet hauptsächlich als Teilbad für Arme und Füße Verwendung.)

**Medizinische Bäder.** *Kohlensäurebad.* Das Kohlensäurebad übt einen Hautreiz aus und löst selbst bei Badetemperaturen von 30° ein ausgesprochenes Wärmegefühl aus. Die Haut wird stark durchblutet und dadurch gerötet, die Atmung vertieft, der Blutdruck erhöht, der Puls wird verlangsamt. Das Kohlensäurebad bewirkt eine Entlastung des Kreislaufes und wirkt auch äußerst wohltätig auf das Gefäßsystem, das Nerven- und Muskelsystem. Die Wirkung von Kohlensäurebädern ist um so stärker, je niedriger ihre Temperatur ist, die zwischen 27 und 33° C schwankt. Man beginnt zweckmäßig mit wärmeren Bädern und geht allmählich mit der Temperatur herab. Dauer des Bades 5 bis 20 Min. Während des Bades soll man sich ruhig verhalten, um den Gasansatz am Körper zu begünstigen. Nach dem Bad abtrocknen und längere Zeit eingepackt ruhen. 2- bis 3mal wöchentlich ein Bad, am besten vormittags.

*Sauerstoffbad.* Das Sauerstoffbad wirkt beruhigend auf das Nervensystem und reguliert den Kreislauf. Seine Wirkung ist ähnlich, aber schwächer auf das Herz wie das des Kohlensäurebades. Bei Personen, die Kohlensäurebäder zunächst nicht vertragen, können sie als Vorbereitung für diese benützt werden.

*Salzbäder.* Die natürlichen Salzbäder in See- und Natursolbädern sind die besten. Das Nordseewasser enthält 3 bis 4%, das Ostseewasser ca. 2% Salze.

*Solbad.* Zur Herstellung von Solbädern findet Kochsalz, Kreuznacher Badesalz, Reichenhaller Badesalz, Staßfurter Salz oder Seesalz Verwendung. Für ein schwaches Bad nimmt man auf eine Badewanne (200 Liter) 4 kg Salz, das eine 2%ige Lösung ergibt, für ein mittelstarkes Bad 6 kg Salz (3%). Zur Herstellung stärkerer Bäder, die 4 bis 6% Salzgehalt aufweisen, sind 8 bis 12 kg Salz notwendig. Für *Solesitzbäder* nimmt man auf 30 Liter Wasser für 2%ige 600 g Salz, für 4%ige 1200 g Salz. An Stelle der Salze können auch Mutterlaugen (z. B. Kreuznach, Reichenhall usw.) genommen werden, die 30- bis 40%ig sind und alle löslichen Salze der natürlichen Quelle enthalten. Zu einem Vollbad werden 3 Liter Mutterlauge und 3 kg festes Salz verwendet. Diese Menge entspricht dann einem Gesamtsalzgehalt von 2%. Die Temperatur der Solbäder soll 33 bis 36°, bei Nervenschmerzen und Rheuma bis 38°, die Badezeit 15 bis 20 Minuten betragen. Wöchentlich 2 bis 3 Bäder. Das Abspülen mit reinem Wasser nach dem Bad ist zu vermeiden.

Die Wirkung des Solbades beruht wahrscheinlich nicht auf einer Aufnahme des Salzes durch die Haut, sondern auf dem Hautreiz, der durch die Salzteilchen bei deren Auskristallisieren auf der Haut ausgeübt wird. Durch diesen Reiz wird eine Erhöhung der Hautdurchblutung herbeigeführt. Solbäder sind angezeigt bei Blutarmut, Skrofulose, Rachitis, rheumatischen Erkrankungen, gewissen Schwächezuständen des Herzens mit niedrigem Blutdruck, in der Reconvaleszenz, für schlecht essende, zarte Kinder usw. Nicht zu empfehlen sind Solbäder bei Personen mit erhöhtem Blutdruck.

*Schwefelbäder.* Zu Schwefelbädern dürfen Metallwannen nicht benutzt werden, da sie durch den entstehenden Schwefelwasserstoff angegriffen werden. Auf ein Schwefelvollbad (200 Liter) werden 150 bis 200 g Schwefelleber, Kalium sulfuratum DAB. 6, verwendet und durch Umrühren gelöst. Soll das bei der Schwefelwasserstoffentwicklung entstehende Alkali neutralisiert werden, so können 20 ccm konz. reine Schwefel- oder Salzsäure in das Bad eingerührt werden. Temperatur des Bades 35 bis 37°, Badedauer 20 Minuten. Ist während des Bades Schwefel auf dem Körper des Patienten abgeschieden worden, wird dieser zweckmäßig mit einem trockenen Tuch abgerieben.

Schwefelbäder sind von guter Wirkung bei Rheuma, Gicht, Neuralgien und gewissen Hauterkrankungen.

a) Aromatische Bäder wirken durch ihren angenehmen, erfrischenden Geruch auch reflektorisch und wirken anregend und beruhigend auf die Atmungsorgane und die Haut, auf die sie einen milden Reiz ausüben. Ihre psychische Wirkung ist offensichtlich. Man stellt sie durch Abkochungen von 200 bis 1000 g aromatischer Drogen in 2 bis 3 l Wasser her, die dem Badewasser zugesetzt werden, oder verwendet die käuflichen Badeextrakte der Industrie. Aromatische Bäder werden bei Temperaturen von 34 bis 37° genommen.

*Fichtennadelbad.* Das therapeutisch wirksame Fichtennadelbad wird durch Auflösen von 150 bis 200 g auf ein Vollbad der käuflichen Fichtennadelextrakte hergestellt. Dieser enthält ätherische Öle, u. a. Terpentinöl, Gerbstoffe, Harze und Pflanzensäuren, wirkt beruhigend auf das Nervensystem und anregend auf den Kreislauf (Durchblutung) und Stoffwechsel (Nierentätigkeit). Die mit der Atmungsluft zugeführten ätherischen Öle wirken schleimabsondernd und schleimlösend. Dauer 10 bis 30 Minuten, 2- bis 3mal wöchentlich, abends als Schlafmittel für Nervöse besonders bewährt.

*Latschenkiefernbad.* Wirkung ähnlich der des Fichtennadelbades, nur kräftiger.

*Arnikabad.* Auf ein Bad 2 bis 4 Eßlöffel voll Arnikatinktur DAB. 6. Arnikabäder wirken gut bei entzündlichen Zuständen, Verletzungen und Quetschungen.

*Rosmarinbad.* Auf ein Vollbad werden 1 bis 2 Eßlöffel Rosmarinbadezusatz verrührt. Bewährt gegen Kreislaufstörungen, die durch krampfhafte Gefäßkontraktionen hervorgerufen sind, im Klimakterium, bei Zuckerkrankheit.

*Kamillenbad.* $1/_2$ bis 1 kg Kamillen werden mit 4 bis 6 Liter kochendem Wasser überbrüht, rasch durchgerührt und zugedeckt. Nach halbstündigem Ziehen wird koliert, ausgepreßt und der ablaufende Auszug dem Bad zugesetzt. Das Kamillenbad hat sich bei katarrhalischen Zuständen und stark juckenden Ekzemen bewährt, Kamillensitzbad gegen Hämorrhoiden, Pruritus, Blasen- und Unterleibsleiden wird aus 100 g Kamillen durch Aufbrühen mit 1 Liter Wasser und Verdünnen auf 30 Liter durchgeführt.

*Kalmusbad.* $1/_2$ kg Kalmuswurzel conc. wird mit 3 Liter Wasser kalt angesetzt und bedeckt zum Kochen gebracht, die Kolatur auf ein Vollbad, für ein Kinderbad 30 g mit $1/_2$ Liter ansetzen auf 30 Liter. Kalmusbad wirkt hautreizend und anregend und ist bei Bleichsucht und Rachitis bewährt. Gegen Rachitis und Skrofulose der Haut und des Drüsensystems Kalmuswurzel und Walnußblätter zu gleichen Teilen $1/_2$ kg auf 5 Liter Wasser 1 Stunde kochen, davon 3 bis 4 Tassen auf ein Kinderbad, 4 bis 6 Tassen auf ein Erwachsenenbad.

*Heublumenbad.* 1 bis $1^1/_2$ kg Heublumen werden mit 4 bis 6 Liter Wasser kalt angesetzt, bedeckt zum Kochen gebracht, koliert und mit heißem Wasser nachgewaschen. Heublumenbäder wirken gefäßerweiternd und krampflösend gegen Gicht, Rheumatismus, Nieren- und Gallensteine, Flüssigkeitsansammlungen in den Gelenken, in der Bauch- und Brusthöhle.

b) Adstringierende Bäder wirken, ohne daß man sich ihren Wirkungsmechanismus erklären kann, erfahrungsgemäß bei rheumatischen und neuralgischen Leiden.

*Lohtannin-Bäder.* 1 kg Gerberlohe wird mit 4 bis 6 Liter kaltem Wasser einige Stunden angesetzt, dann $^1/_2$ Stunde gekocht, die Kolatur dem Badewasser zugesetzt. Temperatur des Bades 37°, Dauer 15 Minuten.

*Eichenrindebad.* 1 bis 3 kg Eichenrinde conc. werden mit 1 Liter Wasser abgekocht, die Kolatur dem Bade zugesetzt, Teilbäder mit entsprechenden Mengen. Eichenbäder finden bei nässenden Ausschlägen Anwendung, Sitzbäder bei Fluor albus.

*Zinnkrautbad.* Auf ein Vollbad werden 500 g Droge mit 2 Liter Wasser kalt aufgesetzt, zum Kochen gebracht, $^1/_2$ Stunde gekocht und die Kolatur dem Badewasser zugefügt. Für Teilbäder und zu Umschlägen 100 g Droge mit 1 Liter Wasser verwenden. Zinnkrautbäder haben sich bei mangelnder Diurese, als Sitzbäder bei Blasenkatarrh, Blasenschwäche, Nierenkoliken, Hämorrhoiden, Darmfisteln u. a. bewährt. Fußbäder bei schlecht heilenden Wunden.

c) Bäder mit mildernden und anderen Zusätzen. *Kleiebad.* 1 bis 2 kg Weizenkleie werden mit 4 bis 6 Liter Wasser zum Kochen erhitzt und die Kolatur dem Badewasser zugegeben. Temperatur des Bades 30°, Dauer ‵20 Minuten. Bei Hauterkrankungen mit Neigung zu Entzündungen.

*Haferstrohbad.* 1 bis 1$^1/_2$ kg gehäckseltes Haferstroh werden mit 4 bis 6 Liter kaltem Wasser angesetzt, $^1/_2$ Stunde gekocht, die Kolatur dem Vollbad zugesetzt. Als Sitzbad $^1/_4$ kg Haferstroh auf 30 Liter Wasser, bei Unterleibs-, Nieren- und Blasenleiden.

d) Bäder mit Reizwirkung. *Senfbad.* 200 g schwarzes Senfmehl mit lauwarmem (nicht über 50°!) Wasser zu einem Brei anrühren, $^1/_2$ Stunde bedeckt stehenlassen, dann mit dem Badewasser gut verrühren. Temperatur des Bades 37°, Dauer 10 Minuten. Anschließend mit warmem Wasser abwaschen. Bei Störungen in der Lunge, bei Grippe und Bronchitis.

*Teilsenfbad* als Fußbad bei Neigung zu kalten Füßen, Blutandrang, Kopfschmerzen, erhöhtem Blutdruck und gewissen Formen von Schlaflosigkeit. 30 g Senfmehl (2 gehäufte Eßlöffel voll) mit warmem Wasser (nicht über 50°) wie vorstehend anrühren, auf einen Eimer Wasser. Nach dem Bad mit lauwarmem Wasser abwaschen. Senfmehlarmbäder gegen kalte Hände, Absterben der Finger und Kopfschmerzen werden in gleicher Weise bereitet.

*Dulgon-Bad.* Dulgon ist eine Kombination polymerer Phosphate mit spezifischer Wirkung auf die gesunde und kranke Haut. Es hat die Eigenschaft, die im Wasser natürlich vorkommenden Kalk- und Metallsalze komplex zu binden und dadurch die Bildung unlöslicher Kalk- und Metallseifen zu verhindern. D. macht die Haut widerstandsfähiger gegen Entzündungen aller Art und verhindert übermäßige Absonderung der Schweiß- und Talgdrüsen. Bei Brandwunden bindet Dulgon die toxischen Eiweißprodukte und verhindert durch Koagulierung der pathogenen Erreger und des Nährsubstrats das Auftreten von Infektionen. Auf ein Vollbad 1 bis 4 Eßlöffel, für Teilbäder auf ein Waschbecken $^1/_4$ bis 1 Teelöffel Dulgon. Zur Behandlung von Brandwunden auf 1 Liter Wasser 2 Eßlöffel Dulgon S und 1 Eßlöffel Kochsalz, das die Wirkung beschleunigt. Die Wunden kommen am besten ohne weitere Vorbehandlung in das Bad, in dem sie 30 bis 45 Minuten verbleiben.

*Moorbäder* enthalten Salicylsäure, Humussäuren und Sulfate, finden bei Rheuma, Gicht, Ischias und Neuralgien Anwendung. Der Salicyl-Moorextrakt *Salhumin* enthält 3 Vollbäder.

**Hautreizende Maßnahmen.** Als hautreizendes Mittel für örtliche Anwendung wird Senfpapier benutzt, das vor der Benutzung mit warmem Wasser (s. oben „Senfbad") zu befeuchten ist. Für größere Flächen wird schwarzes Senfmehl mit

warmem Wasser zu einem dicken Brei verrührt und dieser etwa doppelt messerrückendick auf Leinwand aufgestrichen und mit einem Stück Mull bedeckt. Mit
dieser Seite wird der Senfbreiumschlag noch warm auf die kranke Stelle gelegt. Die
Haut wird stark gereizt, was sich durch lebhaftes Brennen bemerkbar macht. Ist
dies eingetreten (nach 5 bis höchstens 8 Min.), wird der Senfbreiumschlag wieder
entfernt und die Stelle mit lauwarmem Wasser abgewaschen. Durch den Senfbreiumschlag dürfen Blasen nicht entstehen. Tritt dieser Zustand ein, müssen sie mit
einem Salbenverband bedeckt werden. Tritt zu heftiges Brennen der Haut auf,
kann dies durch kalte feuchte Kompressen gemildert werden.

**Salbenverbände.** Die verordneten Salben werden nicht auf die Haut aufgetragen,
sondern mit einem Spatel etwa messerrückendick auf Verbandmull gestrichen
und dann der Salbenlappen auf die zu behandelnde Hautstelle gelegt.

### 6. Krankenwache.

Schwerkranke erfordern dauernd eine Pflegeperson, die sie beobachtet und die
notwendigen Handreichungen leistet. Dies ist besonders bei aufgeregten oder durch
Fieberwahn geplagten Kranken unerläßlich, da diese sich und anderen Schaden
zufügen können. Die Pflegeperson soll möglichst still und geräuschlos ihre Arbeit
verrichten und Hilfeleistungen sorgfältig und sanft ausführen. Sehr wichtig ist der
eingehende Bericht über alle Wahrnehmungen und das Verhalten des Kranken an
den behandelnden Arzt. Bei übertragbaren Krankheiten darf die Pflegeperson im
Krankenzimmer weder essen noch trinken und auch die Hände nicht zum Munde
führen. Nach Berührung mit dem Kranken sind die Hände sorgfältig mit Seife und
Bürste zu reinigen und möglichst vor Verlassen des Krankenzimmers die Kleidung
zu wechseln.

## D. Schutzmaßnahmen bei ansteckenden Krankheiten.

Bei übertragbaren Krankheiten ist die Verhütung weiterer Übertragung derselben ein wichtiges Gebot. Dies einwandfrei durchzuführen, ist im Privathaushalt
äußerst schwierig, weshalb die Überführung ansteckender Kranker in eine Isolier-
abteilung einer Krankenanstalt zu empfehlen ist. Ist dies undurchführbar, so muß
der Kranke in einem besonderen Zimmer untergebracht werden, aus dem alle überflüssigen Gegenstände, wie Teppiche, Polstermöbel, Vorhänge, entfernt werden
müssen. Zum täglichen Aufwischen des Fußbodens und Staubwischen müssen desinfizierende Lösungen Verwendung finden. Ansteckende Kranke dürfen nur ihr
besonderes Geschirr für Speisen und Getränke verwenden. Besuche sind zu untersagen. Die Pflegeperson muß sorgfältigste Sauberkeit beachten, darf mit den Händen
nicht ihr Gesicht berühren, im Krankenzimmer nicht essen und muß nach jeder
Berührung des Kranken oder jeder Verrichtung ihre Hände in einer bereitstehenden
Lösung desinfizieren. Zum Schutz der Kleidung wird zweckmäßig ein waschbarer
Mantel während des Aufenthaltes im Krankenzimmer getragen, der vor Verlassen
des Zimmers abgelegt wird. Besonders vor dem Essen ist gründliches Waschen und
Desinfizieren der Hände dringend geboten. Grundsätzlich sollen Speisen, auch die
sonst nicht üblichen, stets mit Messer und Gabel gegessen werden, um jegliche Be-
rührung mit den Händen zu vermeiden. Soweit möglich, soll die Pflegeperson
Schutzimpfungen erhalten. Überanstrengung und schlechte Ernährung erhöht die
Empfänglichkeit für die Ansteckung und muß deshalb durch genügende Ablösung
peinlich vermieden werden. Alle Gegenstände, bei denen die Möglichkeit besteht,

daß sie mit Krankheitskeimen behaftet sind, müssen fortlaufend desinfiziert werden. Je nach der Krankheit sind die Krankheitskeime in den verschiedenen Absonderungen des Kranken enthalten, so im Mund- und Nasenschleim, Auswurf, Stuhl, Harn und Eiter.

# E. Wunden und ihre Behandlung.

Ehe die Ursachen der Wundinfektion bekannt waren, entstanden nach blutenden Verletzungen oft schwere Eiterungen. Zur Vorbeugung und Bekämpfung der Wundkrankheiten wurde die *antiseptische* Wundbehandlung — *Antisepsis* — eingeführt. Dabei wurden die Krankheitserreger durch *keimtötende* — *antiseptische* — Mittel nach Möglichkeit vernichtet. Die Tatsache, daß die antiseptischen Mittel vielfach durch Reizung des Gewebes auf den Wundverlauf ungünstig einwirkten, führte zur *keimfreien* Behandlung — *Asepsis*. Bei ihr wird mit keimfreien — *sterilen* — Händen und Instrumenten auf der keimfrei gemachten Haut operiert. Damit entfallen die keimtötenden Mittel. Die Asepsis ist die wesentlichste Grundlage der modernen Chirurgie.

**Wunden.** Mit *Wunde* bezeichnet man jede Verletzung, bei der eine Durchtrennung der Haut erfolgt ist. Sie kann entstehen durch

1. scharfe Gegenstände: Stich, Schnitt, Hieb- und Schußwunden,
2. stumpfe Gegenstände: Quetsch-, Biß-, Rißwunden,
3. chemische Mittel: Ätzwunden,
4. Hitze oder Strahlen: Brandwunden,
5. Kälte: Frostschäden.

An jeder Wunde unterscheidet man die Wundöffnung, Wundränder, Wundfläche und den Wundkanal. Von ihrem Zustand wird die Behandlung der Wunde bestimmt. Bei jeder Wunde sind außer der Haut und mindestens dem Unterhautzellgewebe stets Blutgefäße und Nerven verletzt. Die Folge davon ist Blutung bzw. Schmerz.

**Wundversorgung.** Der erste Grundsatz bei der Versorgung einer Wunde ist strengste Keimfreiheit. Das „Auswaschen" von Wunden ist schädlich und gefährlich und hat deshalb zu unterbleiben. Ihre Versorgung muß stets mit desinfizierten Händen und auch dann noch *ohne jede Berührung* der Wunde mit den Fingern durchgeführt werden. Geräte und Verbandstoffe sollen steril sein. Auch verunreinigte Wunden dürfen niemals mit Wasser oder einer Desinfektionslösung gespült werden. Zur Entfernung grober Verunreinigungen wird vorsichtig mit Pinzette oder Mulltupfer gearbeitet. Die *Umgebung* von Wunden und Wundrändern kann dagegen mit sterilem Mull, der mit Benzin, Äther oder Alkohol benetzt ist, gereinigt und zweckmäßig mit Jodtinktur desinfiziert werden. Die Wunde selbst wird mit sterilem Mull bedeckt, auf den steriler Zell-

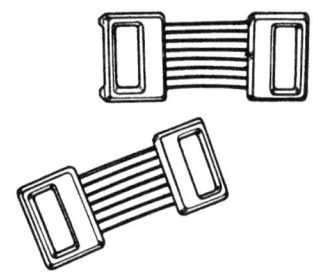

Abb. 240. Verbandklammern.

stoff oder sterile Verbandwatte gelegt wird, und die Auflage mit einer Binde befestigt, deren Ende mittels Verbandklammern (Abb. 240) gesichert wird. Dieses Verfahren hat den Zweck, eine Verunreinigung der Wunde zu verhüten, bis sie vom Arzt versorgt wird.

**Wundverlauf.** Je näher die Wundränder aneinander liegen, um so rascher tritt Heilung und Vernarbung ein. Die Lücke zwischen den Wundrändern wird bald durch neugebildetes Gewebe ausgefüllt. Bei größeren Wunden klaffen die Wund-

ränder auseinander, es entsteht zwischen ihnen ein neugebildetes Gewebe — *Granulationsgewebe* —, welches das Wundsekret abscheidet. Das Granulationsgewebe füllt
allmählich die durch die Wunde entstandenen Gewebelücken aus. Die Wunde wird
vom Wundrand her mit neuer Haut bedeckt, bis allmählich die ganze Wunde vernarbt
ist. Dabei geht das weiche Granulationsgewebe wieder in festes Bindegewebe über.

**Wundkrankheiten.** Zweck der Asepsis ist es, Wundkrankheiten nach Möglichkeit
zu vermeiden, die durch Krankheitskeime, die in die Wunde gelangt sind, hervorgerufen werden können. Die Möglichkeit, daß Krankheitskeime in die Wunde gelangen, ist durch den verletzten Gegenstand oder andere Fremdkörper, wie Kleider-
fetzen, Erde, Holzsplitter, Rost usw., gegeben. Sie können aber auch schon vor der
Verwundung auf der verletzten Haut vorhanden gewesen sein und so bei der Verletzung in die Wunde gelangt sein. Jede Berührung der Wunde mit Fremdkörpern
gibt hierzu die Möglichkeit. Beim Verbinden muß deshalb sorgfältigste Keimfreiheit
**walten.**

Die gefährlichsten Überträger von Erregern der Wundkrankheiten sind Personen
mit eiternden Wunden und an Infektionskrankheiten leidende Personen, besonders
gefährlich sind Diphtherie, Scharlach und Wundrose. Die Eitererreger, Staphylokokken und Streptokokken, vermehren sich beim Eindringen in die Wunde außerordentlich schnell und sondern Toxine (s. dort) ab. Diese reizen das Gewebe, das
seinerseits sich als Abwehr des Körpers entzündet. Die *Entzündung* zeigt eine Erweiterung der Blutgefäße an den Wundrändern und ihrer Umgebung, die stark gerötet werden. Da der Körper erhöhte Blutmengen an den Ort der Gefahr bringt,
entsteht im Gewebe durch den erhöhten Blutumlauf ein *Hitzegefühl.* Weiße Blutkörperchen in großer Anzahl versuchen, der eingedrungenen Keime und der von
ihnen abgesonderten Gifte Herr zu werden, während aus den überfüllten Blutgefäßen die Blutflüssigkeit in das Gewebe übertritt und dadurch eine *Schwellung*
entsteht. Diese ruft ihrerseits eine erhöhte Spannung des Gewebes hervor, die einen
Reiz auf die Empfindungsnerven als *Schmerz* auslöst. Die durch den Entzündungs-
vorgang gekennzeichnete Abwehrtätigkeit des Körpers gegen eingedrungene Krankheitserreger bzw. deren Toxine zeigt daher die Merkmale: Rötung, Hitze, Schwellung
und Schmerz. Entstehender *Eiter* bildet sich aus der abgeschiedenen Gewebsflüssigkeit mit den weißen Blutkörperchen. Bei oberflächlicher Verwundung und
in gutartigen Fällen bleibt die Eiterung auf die Wunde beschränkt und erfolgt rasche
Heilung. Sammelt er sich jedoch in der Tiefe des Gewebes, entsteht ein *Eiterherd-
abszeß.*

Häufig treten bei Wundinfektionen Schwellungen an den zum Herzen laufenden
Lymphgefäßen und Lymphdrüsen auf. Die ersten scheinen dann als rote, druck-
empfindliche Stränge durch die Haut, während die Lymphdrüsen schmerzhaft ge-
schwollene Knoten darstellen. Dies ist ein Zeichen höchster Gefahr. Tritt der
Krankheitserreger in die Blutbahn über, so werden die eitererregenden Keime durch
den ganzen Körper getragen. Es entsteht eine *Blutvergiftung.* Diese wird meist
durch einen Schüttelfrost eingeleitet. *Furunkel* ist eine eitrige Entzündung einer
Talgdrüse der Haut. Durch Vereiterung mehrerer benachbarter Talgdrüsen entsteht
der *Karbunkel*, der bis faustgroß werden kann und operativ entfernt werden muß.
*Wundrose* wird durch Streptokokken hervorgerufen und kann schon an kleinsten
Hautverletzungen entstehen; sie beginnt häufig mit Schüttelfrost, dem hohes Fieber
folgt. Ihren Namen führt sie von der dabei entstehenden lebhaft roten Färbung der
Haut. Gesichtsrose entsteht meist von unscheinbaren Wunden am Naseneingang,
vielfach durch Berührung mit den Erreger tragenden Fingern. *Wundstarrkrampf*
— *Tetanus* —, dessen Erreger sich besonders in gedüngter Erde, Gartenerde und vor
allem im Pferdemist befindet, scheidet ein besonders schweres Gift ab, das über

die Nervenbahnen zum Gehirn gelangt und schwere Krämpfe und Starre der Muskulatur hervorruft. Die Krankheit beginnt mit Steifheit des Nackens und Schwierigkeiten beim Kauen oder dem Versuch, den Mund zu öffnen. Wundkrankheiten, die von kranken Tieren auf Menschen übertragen werden können, sind der *Milzbrand* der Schafe, *Rotz* der Pferde, *Rotlauf* der Schweine und *Tollwut* der Hunde oder anderer Haustiere. Bei allen diesen schweren Erkrankungen kann nur schnellmögliche Schutzimpfung das Leben retten.

**Wundverband.** Verbandstoff und Instrumente, die nicht steril sind, sind stets, auch wenn sie noch so sauber sind, mit Keimen behaftet, also im Sinne der Asepsis unsauber. Beim Anlegen und Wechseln des Verbandes darf die Wunde *niemals mit den Fingern* berührt werden. Beim Berühren eiternder Wunden oder mit Eiter verunreinigter Verbandstoffe läuft man selbst Gefahr, infiziert zu werden. Auch eitrige Verbandstoffe dürfen deshalb niemals mit den Händen berührt werden. Kleinere Wunden werden mit den üblichen Schnellverbänden der Industrie bedeckt (s. Verbandstoffe). Werden hierzu Pflasterstreifen an Gliedern verwendet, dürfen diese nie um das ganze Glied herumgeführt werden, weil dadurch bei zu festem Anziehen Blutstauungen entstehen können. Zur Erhöhung der Haltbarkeit derartiger Verbände wird die Haut mit Benzin oder Äther entfettet, wenn nötig der betreffende Körperteil rasiert und sorgfältig abgetrocknet. Auch eine Lösung von Mastix in Chloroform kann zur Befestigung eines Verbandes verwendet werden. Näheres über die anzuwendenden Verbandstoffe s. dort.

# F. Artikel zur Krankenpflege.

Abb. 243. Bandmaß.

Abb. 241. Armtragegurte. a) Aus schwarzem Gurtband, 35 mm breit, mit Schnalle, einfach; — b) dasselbe mit Doppelschlinge.

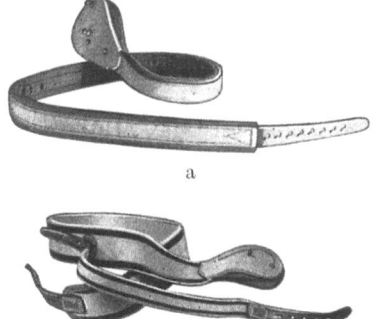

Abb. 242. Augenklappe. Schwarz, gewölbt, steif, mit Gummiband.

Abb. 244. Bruchbänder. a) Mit ovaler Pelotte (für Leistenbruch), mit Gurtdecke und Feder, einseitig (rechts oder links); — b) Gummigurt ohne Feder, mit Gummischenkelriemen.

A 46

Abb. 245.
Doppelgebläse aus rotem Gummi mit grünem Netz.

Abb. 246. Gelenkriemen aus Leder, gefüttert oder un-
gefüttert, mit 2 Schnallen, 5 cm breit.

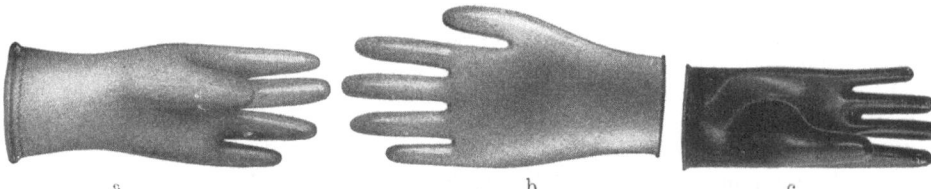

a                                     b                                     c

Abb. 247. a) Haushalthandschuhe. Fleischfarben, nahtlos, in sortierten Größen; — b) Operationshandschuhe aus
Gummi, nahtlos, in leichter und kräftiger Qualität lieferbar; — c) Säure-Fingerhandschuhe.

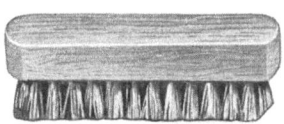

Abb. 248. Handwaschbürsten mit Fibre- oder reinen Borsten, 4- und 5reihig lieferbar.

Abb. 249. Insektenpulverspritze.
Gummiball mit Holzmontur.

Abb. 250. Kälbersauger. 142 mm
lang, 42 mm ∅, mit Wulstrand.

Abb. 251. Migränestift in Bakelit-
hülse, auch in Holzhülse lieferbar.

Abb. 252. Ohrenbinde, rund,
schwarz, nach *Trautmann*.

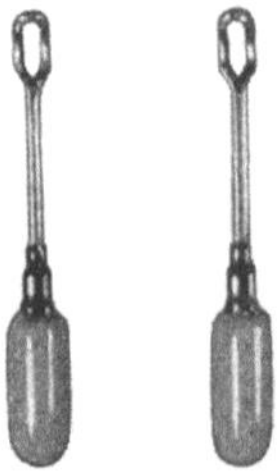

Abb. 253. Ohrenreiniger „Maya"
mit Kunsthorngriff, versilbert.

Abb. 254. Ohrenschützer mit ver-
stellbarem Stahlbügel und schwarzer Stoffklappe.

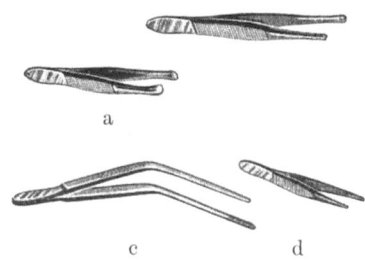

Abb. 255. Ohrenschwämmchen mit Beingriff und Ohrlöffel.

Abb. 256. Pinzetten aus Stahl, vernickelt. a) Haar-(Cilien-)Pinzette; — b) Hakenpinzette; — c) Ohrpinzette; — d) Splitterpinzette.

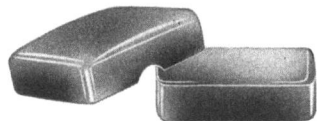

Abb. 257. Schmißbinde aus schwarzem Stoff in verschiedenen Größen.

Abb. 258. Seifendose aus Celluloid oder Preßstoff. Klein, groß und in Farben sortiert.

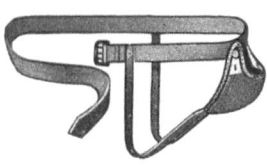

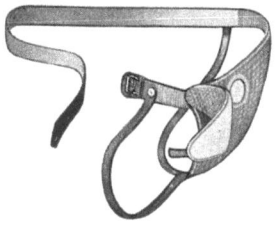

Abb. 259. Suspensor mit Trikotbeutel, Schenkelriemen, in 4 Größen.

Abb. 260. Teufels-Olympia-Suspensor. Größen 1 bis 6.

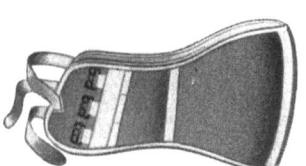

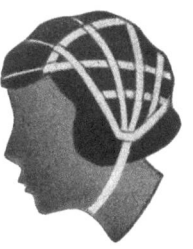

Abb. 261. Wärmeleibbinde.

Abb. 262. Bambino-Ohrenbinde gegen abstehende Ohren, für Kinder, weiß.

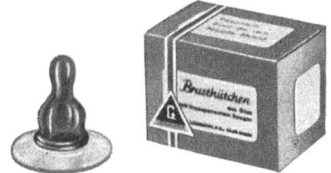

Abb. 263. Brusthütchen, skandinavisches Modell.

Abb. 264. Brusthütchen für Mutter und Kind.

Abb. 265. Milchflaschen aus Jenaer Glas, unempfindlich gegen Hitze und Kälte, mit verschmolzenem Rand.
200 oder 250 ccm Inhalt.

Abb. 266. Milchflaschenbürste auf Draht, gebogen
mit Holzstiel.

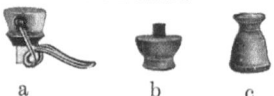

a　　　　　　b　　　　　　c

Abb. 267. Milchflaschenverschlüsse. a) Aus Porzellan,
mit Bügelverschluß und Gummischeibe; — b) aus
rotem Gummi nach *Ollendorf*; — c) aus rotem Gummi
nach *Stutzer*, mit Ventilsaugball.

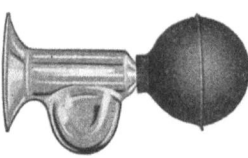

Abb. 268. Milchpumpe mit Gummiball und Kugelglas.

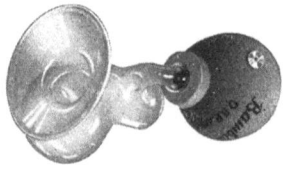

Abb. 269. Milchpumpe. Bambino-Milchpumpe zum
fortlaufenden schmerzfreien Abpumpen der Brust.

Abb. 270. Nabelbinde aus rotem Gummi.

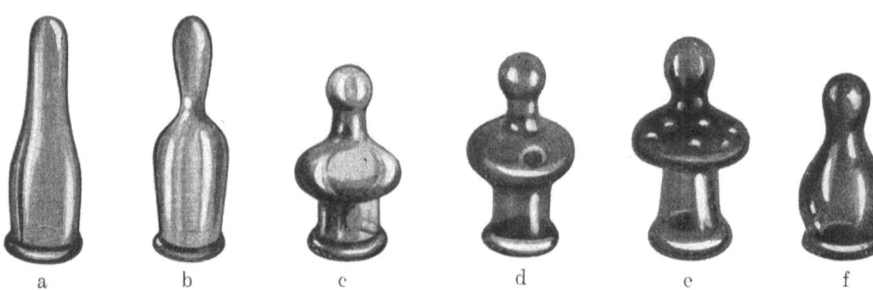

a　　　　b　　　　c　　　　d　　　　e　　　　f

Abb. 271. Sauger. a) Flaschensauger, transparent, lange Form; — b) Kappensauger, transparent; — c) Spezialsauger, transparent; — d) Spezialsauger, transparent, mit Ventil; — e) Naturasauger, transparent; — f) Reform-
sauger, transparent.

Abb. 272. Saugerlocher aus Metall.

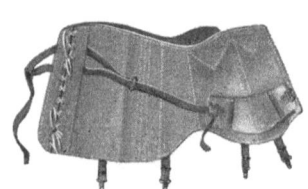

Abb. 273. Umstandsleibbinde.

# Medizinische Fachausdrücke.

Von Apotheker **H. Irion**, Berlin.

a̅a̅: ana = je zu gleichen Teilen; auf Rezepten verwendeter Ausdruck, wenn von verschiedenen Stoffen gleiche Gewichtsmengen verwendet werden sollen.

Abdomen = Bauch, Unterleib.

Abdominaltyphus s. Typhus.

Abführmittel = Mittel zur Erleichterung der stockenden oder mangelhaften Darmentleerung.

Ablactatio = Entwöhnung des Säuglings von der Muttermilch.

Ableitende Mittel s. Derivantia.

Ablepsie = Fehlen der Sehkraft, Blindheit.

Abort (abortus) = Geburt, bevor die Frucht lebensfähig ist.

Abortiva = Mittel zur Herbeiführung eines Abortus. (Der Verkauf derselben ist dem Drogisten bei schweren Strafen verboten!)

Abscessus, Abszeß = umschriebene Eiteransammlung in Geweben. Man unterscheidet akuten oder heißen A. und chronischen oder kalten A.

Absorbentia = aufsaugende oder Säuren neutralisierende Mittel.

Abstinenz = Enthaltung z. B. von Alkohol, Nikotin usw.

Absud = Abkochung.

Abweichen = Durchfall.

Acarus scabiei = Krätzemilbe, der Erreger der Krätze.

Aceta medicata = Arzneiessige.

Acetonaemie (auch Acetonurie) = krankhaftes Vorkommen von Azeton im Blute und Harn.

Achromatopsie = Farbenblindheit.

Achylia gastrica (Achylie) = Fehlen der Magensaftabsonderung.

Acidosis = Säurevergiftung durch Stoffwechselstörung.

Acria = scharfe, reizende, z. B. Niesen oder Entzündung hervorrufende Mittel.

Aderlaß = Öffnung einer Armvene zum Zwecke der Blutentziehung.

Adiposis (Adipositas) = Fettleibigkeit.

Adjuvantia = Hilfsmittel, welche die Wirkung anderer Wirkstoffe einer Arznei unterstützen.

Ad. l.: ad libitum = nach Belieben beizufügen; auf Rezepten statt der Mengenangabe verwendeter Ausdruck.

Adsorbentia = adsorbierende Mittel = Mittel, die an ihrer Oberfläche Darmgase, organische und anorganische Gifte sowie Krankheitserreger und deren Toxine binden.

Adstringentia = auf Gewebe und Gefäße zusammenziehend wirkende Mittel.

Ad us. propr.: Ad usum proprium = zum eigenen Gebrauch des Arztes; dient als Vermerk auf Rezepten.

Aerobier = Bakterienarten, die zum Wachstum Luftsauerstoff benötigen.

Aesculapius = Gott der Heilkunde.

Aeskulapstab = mit einer Schlange umwundener Stab, Symbol der Ärzteschaft.

Aetherismus = Aethervergiftung.

Aetheromanie = Aethervergiftung durch gewohnheitsmäßiges Trinken von Aether.

Aetiologie = Lehre von den Krankheitsursachen.

Affekt = starke, plötzlich eintretende Gemütsbewegung von kurzer Dauer.

Affektion = Ergriffensein von einer Krankheit.

Agalaktie = Fehlen oder zu frühes Ausbleiben der Milchabsonderung nach einer Geburt.

Agrypnie = Schlaflosigkeit.

Akklimatisation = Gewöhnung an ein Klima.

Akkomodation = Einstellungsvermögen des Auges auf verschiedene Entfernungen.

Akme = Höhepunkt einer Krankheit.

Akne = Hautfinne, Pickel, Knötchen, entstanden durch Entzündung der Talgdrüsen der Haut bzw. der Haarbälge infolge Comedonenbildung.

Aktinische Krankheiten = Krankheiten, die durch übermäßige, schädigende Einwirkung von Sonnen-, Licht-, Röntgen- oder Radiumstrahlen auf die Körpergewebe entstehen (Sonnen- und Gletscherbrand, Schneeblindheit, Röntgenverbrennung usw.).

Aktinische Strahlen = chemisch besonders wirksame Lichtstrahlen mit kurzen Wellen (blau, violett, ultraviolett).

Aktinomyces = Strahlenpilz.

Aktinomykose = Strahlenpilzerkrankung.

Akustisch = das Gehör (den Schall) betreffend.

Akut = plötzlich auftretend, schnell verlaufend; Gegensatz: chronisch.

Albuminimeter = Instrument zur Bestimmung der Eiweißmenge im Harn.

Albuminurie = krankhaftes Ausscheiden von Eiweiß mit dem Harn.

Alexine = eiweißartige Abwehrstoffe des Blutes gegen Bakterien.

Algesie = Schmerzempfindung.

Alkalinurie = Absonderung alkalischen Harnes.

Alkoholica = alkoholische Getränke.

Alkoholismus = Trunksucht, Alkoholmißbrauch bzw. krankhafte Sucht nach Alkohol.

Allergene = Stoffe, die allergische Krankheiten hervorrufen.

Allergie = Überempfindlichkeit gegen Arzneimittel und andere Stoffe.

Allopathie = das Heilverfahren, das Mittel anwendet, welche eine entgegengesetzte Wirkung wie die Krankheit hervorrufen; Gegensatz: Homoeopathie.

Alopecia = Haarschwund, Haarausfall.

Alpdrücken = Angstgefühl oder Beklemmung im Schlaf.

Alteration = Gemütserregung, Aufregung.

Alternierend = abwechselnd.

Amara = Bittermittel.

Amoebenruhr = durch Amoeben verursachte Ruhr.

Ampulle = Arzneifläschchen aus Glas für keimfreie Arzneiflüssigkeiten, dessen leicht abzubrechende, spitze Öffnung nach der Füllung zugeschmolzen wird.

Amputation = Ablösung von Körperteilen (Gliedmaßen) auf chirurgischem Wege.

Anacidität = Säuremangel.

Anaemie = Blutarmut, Blutmangel.

Anaemisch = blutarm.

Anaerob = ohne Luft bzw. Sauerstoff lebend, Anaerobier entnehmen ihren Nährsubstraten Sauerstoff.

Anaesthesie = Empfindungslosigkeit.

Anaesthetica = Mittel, welche die Empfindung allgemein (totale Anaesthesie) oder örtlich (lokale Anaesthesie) aufzuheben vermögen.

Anal(is) = zum After gehörend.

Analeptica (auch Excitantia) = belebende, das Zentralnervensystem und den Kreislauf erregende Mittel.

Analgesie = Aufhebung der Schmerzempfindung.

Analgetica = schmerzlindernde Mittel.

Anaphrodisiaca = Mittel zur Herabsetzung des Geschlechtstriebes.

Anaphylaxie = Überempfindlichkeit gegen artfremdes Eiweiß.

Angina = Halsentzündung, Entzündung der Mandeln und des weichen Gaumens mit Schlingbeschwerden.

Angina pectoris = Herzbräune, schmerzhafte und mit beklemmender Angst einhergehende Herzanfälle.

Anhidrosis = mangelhaft oder fehlende Schweißabsonderung.

Animales Nervensystem = die vom Gehirn und Rückenmark zu den quergestreiften, willkürlichen Muskeln verlaufenden Nerven; s. auch autonomes Nervensystem.

Ankylostoma duodenale = Hakenwurm, Parasit des Dünndarms, der dem Organismus Blut entzieht.

Anodyna = schmerzstillende Mittel.

Anomalie = von der Regel abweichender Zustand.

Anopheles = Stechmückengattung, welche die Malariaparasiten übertragen.

Anorexie = Appetitlosigkeit.

Anosmie = Fehlen des Geruchsvermögens.

Anostose = Knochenschwund.

Antacida = Mittel gegen Säureüberschuß.

Antagonismus = Wirkungsverminderung durch Gegenwirkung, z. B. bei zwei Arzneimitteln; Antagonist = Gegenwirker.

Antarthritica = Gichtmittel.

Antasthmatica = Mittel gegen Asthma.

Antemetica = Mittel gegen Erbrechen.

Anthaemorrhoidalia = Mittel gegen Haemorrhoiden.

Anthelmintica = Wurmmittel.

Anthidrotica = Schweißsekretion hemmende Mittel.

Antibakteriell = gegen Bakterien wirksam.

Antibechica = Hustenmittel.

Antibiotica s. Bd. II.

Antidiabetica = Mittel gegen Zuckerkrankheit.

Antidiarrhoica = Mittel gegen Durchfall.

Antidiuretica = Harnsekretion hemmende Mittel.

Antidotum = Gegengift.

Antidysenterica = Mittel gegen Ruhr.

Antidysmenorrhoica = Mittel gegen schmerzhafte Menstruation.

Antiepileptica = Mittel gegen Fallsucht.

Antifebrilia = Mittel gegen Fieber.

Antifermente = Stoffe, welche die Wirkung von Fermenten hemmen oder aufheben.

Antigene = Stoffe, welche im Blut Antikörper (s. diese) erzeugen.

Antigonorrhoica = Mittel gegen Tripper.

Antikörper = Schutzstoffe, die im Blutserum nach Einverleibung von Antigenen entstehen. Gegenstoffe der Antigene, deren Wirkung sie aufheben. Auf der Anwendung der Antikörper beruht die Heilserumtherapie.

Antimenorrhagica = Mittel gegen übermäßige Menstruation.

Antinephritica = Mittel gegen Nierenentzündung.

Antineuralgica = schmerzstillende Mittel.

Antiparasitica = Mittel gegen Schmarotzer (Parasiten).

Antipediculosa = Mittel gegen Läuse.

Antipertussica = Keuchhustenmittel.

Antiphlogistica = Mittel gegen örtliche Entzündungen.

Antipruriginosa = juckreizstillende Mittel.

Antipyretica = Mittel gegen Fieber.

Antirachitica = Mittel gegen Rachitis.

Antirheumatica = Mittel gegen Rheumatismus.

Antirhinitica = Mittel gegen Schnupfen.

Antiscabiosa = Mittel gegen Krätze.

Antiseborrhoica = Mittel gegen zu starke Talgabsonderung der Haut.

Antiseptica = Mittel zur äußerlichen Bekämpfung von Krankheitskeimen, die sie abtöten oder in der Entwicklung hemmen.

Antiseptik = Verfahren, das die Krankheitserreger durch chemische Stoffe zu vernichten sucht (keimtötende Wundbehandlung); Gegensatz: Aseptik, s. d.

Antispasmodica = krampfstillende Mittel.

Antitoxine = Gegengifte, die sich im menschlichen und tierischen Körper zur Abwehr bzw. Unschädlichmachung von eingedrungenen Bakteriengiften (s. Toxine) bilden.

Antitussica = Hustenmittel.

Anurie = fehlende Harnabsonderung.

Anus = After.

Aorta = große Körperschlagader.

Apathie = krankhafte Teilnahmslosigkeit, Gleichgültigkeit.

Apepsie s. Dyspepsie.

Aperientia = leichte Abführmittel.

Aperitiva = leichte Abführmittel mit appetitanregender Wirkung.

Aphagie = Unvermögen zu schlucken.

Aphonie = Stimmlosigkeit, Tonlosigkeit.

Aphrodisiaca = Geschlechtstrieb anregende Mittel.

Apoplektisch = zum Schlaganfall geneigt.

Apoplexie = Schlaganfall.

Appendicitis = Entzündung des Wurmfortsatzes des Blinddarms und seiner Umgebung.

Applikation = Anwendung.

Appretiert = mit Stärke imprägniert, z. B. Verbandstoffe.

Approximativmaße = annähernde, nicht genau bestimmte Maße, z. B. Weinglas, Eßlöffel, Kinderlöffel, Teelöffel usw. (s. Krankenpflege S. 711)

Arteria, Arterien = Pulsadern, Schlagadern, Adern, durch die das Blut vom Herzen wegfließt (s. auch Venen).

Arteriosklerose = Adernverkalkung.

Arthritis = Gelenkentzündung, Gelenkrheumatismus.

Arthritis urica = Gicht.

Arthropathie = Gelenkleiden.

Ascariden = Spulwürmer, 20 bis 30 cm lange Darmparasiten des Menschen.

Aseptik = Verfahren der Wundbehandlung, bei dem alles, was mit der Wunde in Berührung kommt (Unterlage des Patienten, Hände, Instrumente, Verbandstoffe) keimfrei sein muß.

Aseptisch = keimfrei.

Askariden s. Ascariden.

Asomnie = Schlaflosigkeit.

Asthenie = Kraftlosigkeit, Schwäche.

Astheniker = Mensch mit schwächlichem Körperbau.

Asthma = Atemnot, die anfallsweise auftritt (Bronchialasthma, Herzasthma usw.).

Astigmatismus = Brechungsfehler des Auges infolge abnormer Krümmungsverhältnisse.

Atonie = Erschlaffung der Gewebe infolge mangelndem Tonus.

Atrophie = Schwund des Körpers oder einzelner Organe oder Gewebe infolge mangelhafter Ernährung bzw. im Alter.

Auskultation = Abhorchen der im Körper entstehenden Geräusche (im Herz und in den Lungen).

Autoinfektion = Selbstansteckung durch im Körper vorhandene Krankheitserreger.

Autointoxikation = Selbstvergiftung durch im Körper gebildete Stoffwechselprodukte, die nicht genügend ausgeschieden werden oder giftig sind.

Autonomes Nervensystem = Eigenmächtiges Nervensystem (auch vegetatives N. genannt), das die vom Willen unabhängigen Nerven umfaßt.

Avitaminosen = durch Vitaminmangel in der Nahrung hervorgerufene Krankheiten (z. B. Skorbut, Rachitis, Beri-Beri u. a.).

Bakterien = Spaltpilze, mikroskopisch kleine einzellige Lebewesen.

Bakteriologie = Bakterienkunde.

Balneologie = Heilbäderlehre.

Balneotherapie = Anwendung von Bädern zu Heilzwecken.

Basedow' Krankheit (auch Basedowsche Krankheit) = Glotzaugenkrankheit, deren Ursache eine Schilddrüsenerkrankung ist.

Bauhinsche Klappe = ventilartige Klappe zwischen Dünn- und Dickdarm.

Bazillen = Stäbchenbakterien.

Bazillenträger = Personen, die nach einer überstandenen Infektionskrankheit, ohne selbst darunter zu leiden, Bazillen ausscheiden und dadurch andere Personen gefährden und infizieren können.

Bechica = Hustenmittel.

Beri-Beri = Avitaminose (Mangel von Vitamin $B_1$) mit Lähmungen und anderen schweren Symptomen.

Biceps = zweiköpfiger Muskel am Oberarm und Oberschenkel.

Bidet = Sitzbadewanne auf einem Gestell.

Bilis = Galle, synonym Fel.

Bilirubin = roter Gallenfarbstoff.

Biliverdin = grüner Gallenfarbstoff.

Biochemie =

1. Lehre von der chemischen Zusammensetzung der Lebewesen und den chemischen Vorgängen in diesen;

2. ein von SCHÜSSLER begründetes Heilverfahren, das Krankheiten als Folge eines Mangels von gewissen anorganischen Salzen annimmt.

Biologie = Lehre von den Lebewesen.

Biologische Heilkunde = Heilverfahren, das weniger auf einzelne Krankheitserscheinungen und Krankheitsvorgänge eingeht, sondern durch natürliche Mittel die Abwehrkräfte im ganzen erkrankten Körper fördert.

Blepharitis = Lidentzündung, besonders Lidrandentzündung.

Botulismus = Nahrungsmittelvergiftung, hervorgerufen durch Toxine des Bacillus botulinus.

Bronchial = die Bronchien betreffend.

Bronchien = Hauptverzweigungen der Luftröhre.

Bronchiektasie = Erweiterung der Bronchien.

Bronchitis = Bronchialkatarrh.

Broncho-blennorrhoe = chron. Bronchitis mit eitrigem Auswurf.

Carbunculus = Karbunkel, bösartiger Furunkel.

Carcinom = Krebsgeschwulst.

Cardia = Magenmund.

Cardiaca = Herzmittel.

Cardial = das Herz betreffend.

Cardialgie = Magenkrampf.

Cardiogramm = Aufzeichnung der Herztätigkeit durch eine besondere Schreibvorrichtung.

Cardiotonica = herzkräftigende Mittel.

Caries = Knochenfraß.

Caries dentium = Zahnfäule.

Carminativa = blähungtreibende Mittel.

Catgut = chirurgisches Nähmaterial aus Schafsdärmen.

Cathartica = Abführmittel.

Caustica = Ätzmittel.

Cave! = Vorsicht!

Cavernen = Höhlen, besonders in den Lungen bei Tuberkulose.

Cellulitis = Zellgewebsentzündung.

Cephalalgie = Kopfschmerz.

Cerealien = Getreidefrüchte.

Cerebellum = Kleinhirn.

Cerebrospinal = zu Gehirn und Rückenmark gehörig.

Cerebrum = Großhirn.

Cerumen = Ohrenschmalz.

Cervix = Hals, Nacken.

Chalazion = Gerstenkorn, Hagelkorn am Auge.

Charta = Papier.

Chemotherapie = Behandlung von Infektionswegen mit chemischen Mitteln natürlichen und synthetischen Ursprungs.

Chloasma = Pigmentflecke der Haut, Leber-, Mutterflecke.

Chlorose = besonders beim weiblichen Geschlecht in der Pubertätszeit auftretende Bleichsucht mit stark vermindertem Haemoglobingehalt des Blutes.

Cholaemie = Übertritt von Galle in das Blut, die Folge ist Ikterus.

Cholagoga = Gallenabsonderung anregende Mittel.

Cholangitis = Entzündung der Gallenblase und Gallengänge.

Chole = Galle.

Cholecystitis = Gallenblasenentzündung.

Cholecystopathie = Erkrankung der Gallenblase.

Cholelithiasis = Gallensteinkrankheit.

Cholera asiatica = echte (asiatische) Cholera, epidemische Infektionskrankheit, Erreger: Kommabacillus.

Choleretica = Gallenabsonderung befördernde Mittel.

Choleriker = leicht erregbarer, jähzorniger, aufbrausender Mensch.

Chronisch = sich langsam entwickelnd, langsam verlaufend; Gegensatz: akut, s. d.

Circulation = Kreislauf.

Clavus = Hühnerauge.

Colatur = das Durchgeseihte.

Coli-Bacillus = stäbchenförmiges Bakterium im menschlichen Darm.

Colitis = Dickdarmentzündung.

Collemplastrum = aufgestrichenes Kautschukpflaster.

Collum = Hals.

Colon = Grimmdarm, mittlerer Teil des Dickdarms.

Combustio = Verbrennung.

Comedonen = Mitesser, an der Oberfläche oft durch Schmutz dunkelgefärbte Talganhäufungen in den Talgdrüsen der Haut, die auf Druck herausquellen.

Comedonen-Quetscher = Instrument zum Ausdrücken der Mitesser.

Condimenta = Gewürze.

Congelatio = Erfrierung.

Conjunctiva = Augenbindehaut.

Conjunctivitis = Augenbindehautentzündung.

Conspergentia = Streumittel.

Constipation = Stuhlverstopfung.

Constituens = Unwirksamer Bestandteil eines Heilmittels, der als Lösungs- oder Füllmittel dient.

Contagiös = ansteckend.

Contusio = Quetschung.

Cor = Herz.

Corium = Lederhaut.

Corrigentia = Arzneizusätze zum Zwecke der Geschmacks- bzw. Geruchsverbesserung.

Coryza = Schnupfen, Katarrh der Nasenschleimhaut.

Cosmetica = Schönheitsmittel (Mehrzahl) Körperpflegemittel.

Crinis = Haar.

Cruralis = zum Unterschenkel gehörig.

Cutis = Haut.

Cyanose = Blausucht, bläuliche Verfärbung der Haut und Schleimhäute infolge venöser Stauung oder mangelhafter Oxydation des Blutes.

Cystis = Blase.

Cystitis = Blasenkatarrh, Entzündung der Blasenschleimhaut.

**D.**: Da = gib! (Schreibweise in Rezepten).

D. tal. dos. V: dentur tales doses quinque = gib von den Gaben fünf (Schreibweise in Rezepten).

Dakinsche Lösung = frisch bereiteter Liquor Natrii hypochlorosi mit 4 $^0/_{00}$ Borsäure zur antiseptischen Wundspülung.

Darmirrigation = Ausspülung des Darmes mittels Einlauf.

Darmparasiten = Eingeweidewürmer.

Dauerpräparate = durch Einschluß z. B. in Kanadabalsam haltbar gemachte mikroskopische Präparate.

Decubitus = Aufliegen, Wundliegen.

Defaecation = Kotentleerung.

Defatigatio = Ermüdung, Überanstrengung.

Defluvium capillorum = Haarausfall.

Degeneration = Entartung.

Degeneriert = entartet.

Delirium = Wahnzustand.

Delirium tremens = Säuferwahnsinn.

Dementia = Blödsinn.

Demulcentia = reizlindernde Mittel.

Dens = Zahn.

Dental = zu den Zähnen gehörig.

Dentes = Zähne.

Dentifikation = Zahnbildung.

Dentifricia = Zahnpflegemittel.

Depilation = künstliche Entfernung von Haaren durch chemische Mittel.

Depilatoria = Enthaarungsmittel.

Depression = Gemütsverstimmung, Niedergeschlagenheit.

Depurantia = Reinigungs-, Abführmittel.

Derivantia = ableitende Mittel.

Derma = Haut.

Dermalgie, Dermatalgie = Hautnervenschmerz.

Dermatica = Hautmittel.

Dermatitis = Hautentzündung.

Dermatologie = Lehre von den Hautkrankheiten.

Dermatomykose = durch Fadenpilze hervorgerufene Hauterkrankung.

Dermatophyten = Haut- und Haarpilze.

Dermatosen = Hautkrankheiten.

Dermatrope Wirkung = Wirkung auf die Haut.

Dermatozoen = Hautschmarotzer.

Dermatozoenosen = durch Hautschmarotzer verursachte Krankheit.

Desinfektion = Vernichtung von Krankheitserregern, Entseuchung, Entkeimung.

Desinficientia = chemische Mittel zur Desinfektion.

Desodorantia = Mittel zur Beseitigung schlechter Gerüche.

Detergentia = wundreinigende Mittel.

Dextrose = Traubenzucker.

Diabetes mellitus = Zuckerkrankheit.

Diabetiker = Zuckerkranker.

Diaet = Ernährungs- und Lebensweise, welche die Gesundheit erhält und fördert.

Diaet, absolute = fasten.

Diaetetik = Diätlehre.

Diagnose = Erkennung von Krankheiten.

Diagnostik = Lehre von der Erkennung von Krankheiten.

Diaphorese = Hautausdünstung, Schweiß.

Diaphoretica = schweißtreibende Mittel.

Diaphragma = (Scheidewand), Zwerchfell.

Diarrhoe = Durchfall.

Diastole = rhythmische Erweiterung des Herzens und der Gefäße.

Diathermie = Anwendung besonderer elektrischer Ströme zur Erwärmung der Gewebe im Innern des Körpers.

Diathese = Krankheitsbereitschaft, Anlage zu bestimmten Krankheiten.

Digestion = Verdauung, Auszug in der Wärme.

Digestiva = Mittel zur Förderung der Verdauung.

Diphtherie = durch den Diphtheriebazillus hervorgerufene gefährliche, ansteckende, seuchenhafte Krankheit, die vornehmlich die Schleimhaut des Rachens und der oberen Luftwege befällt.

Disposition = Anlage, Empfänglichkeit für Krankheiten.

Diurese = Harnabsonderung.

Diuretica = harntreibende Mittel.

Div.: Divide = teile, in Rezepten übliche Schreibweise z. B. div. i. part. aeq. V: divide in partes aequales quinque = teile in fünf gleiche Teile.

Dosieren = Abwägen oder Abmessen eines Arzneimittels.

Dosis = Einzelgabe eines Arzneimittels.

Drastica = stark wirkende Abführmittel.

Duodenum = Zwölffingerdarm.

Dysmenorrhoe = schmerzhafte Monatsblutung.

Dysenterie = Ruhr (Infektionskrankheit).

Dyspepsie = Verdauungsstörung.

Dysphagie = Schlingstörung.

Dyspnoe = erschwerte Atmung.

Dystrophie = Degeneration durch Ernährungsstörung.

Dysurie = Harnzwang.

Echinococcus = Bandwurmfinne.

Ekstase = Verzückung.

Ekzem = juckende, nicht ansteckende Entzündung der Haut.

Elektrotherapie = Anwendung des elektrischen Stromes zu Heilzwecken.

Emanation = Ausstrahlung z. B. beim Zerfall von Radium.

Embolie = Verstopfung von Blutgefäßen, meist durch Pfröpfe von Blutgerinnsel (sog. Thromben) hervorgerufen, s. Thrombose.

Emetica = Brechmittel.

Emmenagoga = menstruationsfördernde Mittel.

Emollientia = erweichende Mittel.

Emphysem = Aufblähung, Emphysem pulmonum = Lungenblähung.

Empyem = Eiteransammlung in Körperhöhlen.

Encephalitis = Gehirnentzündung.

Endemie = Ortsseuche, Landeskrankheit.

Endemisch = auf gewisse Gegenden beschränkt (e Krankheit).

Endocarditis = Entzündung der Herzinnenhaut.

Energie = Leistungsfähigkeit.

Englische Krankheit, s. Rachitis.

„Ente" = Uringlas für Bettlägerige.

Enteralgie = Darm-, Leibschmerz, Kolik.

Enteritis = Darmentzündung, Darmkatarrh.

Enthelminthen = Eingeweidewürmer, Darmparasiten.

Ephelides = Sommersprossen.

Epidemie = Seuche, Infektionskrankheit, die plötzlich in einer Gegend ausbricht und sich rasch verbreitet.

epidemisch = gehäuft auftretend.

Epidermis = Oberhaut.

Epilepsie = Fallsucht.

Epispastica = Mittel, die Hautrötung bzw. Hautentzündung hervorrufen (ableitende Mittel).

Erysipel = Wundrose, Rotlauf, Erreger meist Streptokokken.

Erythem = Hautrötung infolge Hyperämie.

Erythrocyt = rotes Blutkörperchen.

Exaltation = krankhafte Aufregung.

Exanthem = Hautausschlag.

Excitantia = Herz und Nervensystem anregende Mittel, belebende Mittel, s. auch Analeptica.

Exitus letalis = Tod.

Exkremente = Kot.

Exkrete = für den Körperhaushalt bedeutungslose Absonderungsprodukte von Drüsen, wie Harn, Schweiß usw.

Expectorantia = Auswurf befördernde Mittel.

Expectoration = Herausbeförderung des Auswurfes.

Exsiccantia = austrocknende Mittel.

Exspiration = Ausatmung.

Exsudat = bei Entzündungen ausgetretene Flüssigkeit, sog. Ausschwitzung.

Extraktion = Ausziehen z. B. der Zähne.

Extremitäten = Gliedmaßen.


f.: fac = mache.

f. l. a.: fiat lege artis = es soll kunstgerecht gemacht werden.

f. p.: fiat pulvis = es werde ein Pulver.

Facies = Gesicht.

Faeces = Kot.

Faex = Hefe.

Fäkalien = menschliche Entleerungen (Kot, Harn).

Fango = feinschlammige Ablagerung heißer Quellen, z. B. in Neuenahr der Eifelfango; zu Bädern und heißen Umschlägen.

Febrifuga = Mittel gegen Fieber.

Febris = Fieber.

Fibrin = Faserstoff des Blutes, ein unlösliches Protein.

Fissur = Spalte, Furche oder Schrunde, häufig sehr schmerzhaft.

Fistula, Fistel = krankhafter Kanal zwischen Körperhöhlen und der Oberfläche, durch den Flüssigkeit (Eiter usw.) abfließt.

Flatulenz = Darmblähungen.

Fluor albus = weißer Fluß.

Foetor ex ore = übler Mundgeruch.

Foetus = die Leibesfrucht vom 3. Monat an.

Fomentatio = Bähung, Umschlag.

Fontanelle = Lücke zwischen den Schädelknochen Neugeborener.

Forensisch = gerichtlich.

Fraktur = Bruch, besonders Knochenbruch.

Frigidität = Geschlechtskälte.

Friktion = Reibung, Einreibung, speziell Hautmassage mit den Fingern.

Furunculosis = Furunkulose, Auftreten zahlreicher Furunkel.

Furunculus = Furunkel, Blutgeschwür, akute, erst harte und gerötete, später eitrige Entzündung eines Haarbalges und seiner Umgebung, hauptsächlich im Nacken, am Rücken und Gesäß auftretend.


Galaktagoga = Milchabsonderung fördernde Mittel.

Galaktostase = Milchstauung.

Galenische Mittel = medizinische Zubereitungen, wie Extrakte, Tinkturen, Salben usw., im Gegensatz zu Drogen und chemischen Erzeugnissen.

Gangraen = Brand, langsames Absterben von Gliedern unter Schmerzen und Fäulnis.

Gargarisma = Gurgelmittel.

Gaster = Magen.

Gastralgie = Magenschmerz, Magenkrampf.

Gastrektasie = Magenerweiterung.

Gastrisches Fieber = fieberhafter Magenkatarrh.

Gastritis = Magenentzündung, Magenkatarrh.

Gastropathie = Magenleiden.

Gastrospasmus = Magenkrampf.

Genetik = Vererbungswissenschaft, Erblehre.

Genitale, Genitalien = Geschlechtsorgane.

Gingiva = Zahnfleisch.

Gingivitis = Zahnfleischentzündung.

Glandula = Drüse.

Glaukom = „grüner Star".

Gletscherbrand = Entzündung der Haut und Augenbindehaut durch ultraviolette Strahlen im Hochgebirge.

Glykogen = Leber- und Muskelzuckersubstanz.

Glykosurie = Ausscheidung von Traubenzucker im Harn.

Gonorrhoe = Tripper, durch Infektion übertragene Geschlechtskrankheit, Erreger: Gonococcus.

Graviditas, Gravidität = Schwangerschaft.

Gynaekologie = Lehre von den Frauenkrankheiten.

Habituell = gewohnheitsgemäß.

Haematica = blutbildende Mittel.

Haematin = Farbstoff des sauerstoffhaltigen Haemoglobins.

Haematom = Blutgeschwulst, Blutbeule.

Haematurie = Blutharnen.

Haemoglobin = Blutfarbstoff, der den roten Blutkörperchen die Farbe gibt und als Sauerstoffüberträger bei der Atmung dient.

Haemolyse = Auflösung der roten Blutkörperchen, dabei wird ihr Haemoglobin frei.

Haemophilie = Bluterkrankheit.

Haemopoetica = Mittel gegen Blutkrankheiten.

Haemorrhagisch = mit Blutungen zusammenhängend.

Haemorrhoiden = krankhafte, knotenförmige Erweiterungen der Venen des Mastdarmens außerhalb und innerhalb des Mastdarmes.

Haemostatica, Haemostyptica = blutstillende Mittel.

Haemotoxine = Blutgifte, besonders Toxine mit haemolytischer Wirkung.

Halluzinationen = Wahnvorstellungen.

Heilserum = nach besonderem Verfahren gewonnenes Blutserum von Tieren, das zur Heilung gewisser Infektionskrankheiten dient (s. Bd. II, Sera).

Heliotherapie = Behandlung mit Sonnenlicht und Sonnenwärme.

Helminthagoga = wurmabtreibende Mittel.

Helminthes = Eingeweidewürmer.

Hemicranie = Migräne, halbseitiger Kopfschmerz.

Hepar = Leber.

Hereditär = erblich.

Heredität = Erblichkeit.

Hernia = Eingeweidebruch.

Herpes = Bläschenflechte.

Herzinsuffizienz = Herzschwäche.

Hidrotica = schweißtreibende Mittel.

Hirudines = Blutegel.

Homoeopathie = Heilverfahren, bei dem Krankheiten mit Mitteln behandelt werden, die bei Gesunden ähnliche Erscheinungen hervorrufen.

Hormone = Stoffe, die durch innere Sekretion bestimmter Organe in das Blut übergehen und besondere physiologische Wirkungen, Reize oder Hemmungen, auslösen.

Horror = Schauder.

Hydragoga = wassertreibende Mittel.

Hydrophil = „wasserliebend" nennt man Kolloide, die zum Wasser große Verwandtschaft haben, z. B. Gummi, Dextrin, Traganth, Eiweißkörper (Gelatine).

Hydrophob = wasserscheu.

Hydrops = Wassersucht.

Hydrotherapie = Wasserheilkunde.

Hygiene = Gesundheitslehre, Gesundheitspflege.

Hyperacidität = zu hoher Säuregehalt des Magensaftes.

Hyperaemie = vermehrte Durchblutung in einem begrenzten Körperbezirk.

Hyperemesis = unstillbares Erbrechen.

Hyperglykaemie = vermehrter Zuckergehalt des Blutes.

Hyperhidrosis = übermäßiges Schwitzen.

Hyperkeratose = übermäßige Verhornung.

Hyperplasie = Vermehrung einzelner Gewebsbestandteile über die Norm.

Hypertonie = hoher Blutdruck.

Hypertrophie = gesteigertes Wachstum von Geweben und Organen.

Hypnose = schlaf- oder halbschlafähnlicher Zustand, der durch gleichförmige Sinneseindrücke bei manchen Personen hervorgerufen werden kann.

Hypnotica = Schlafmittel, auch schmerzstillende Mittel.

Hypochondrie = übersteigerte Beschäftigung mit dem Gesundheitszustand des eigenen Körpers und grundloses Gefühl körperlicher oder geistiger Krankheit.

Hypomnesie = Gedächtnisschwäche.

Hypopepsie = mangelhafte Verdauung.

Hypophyse = Hirnanhang.

Hypovitaminosen = durch Vitaminmangel bedingte Anfälligkeit gegen gewisse Krankheiten, s. auch Avitaminosen.

Hysterie = krankhaftes seelisches Verhalten mit Vortäuschung verschiedener körperlicher Krankheitserscheinungen im Zusammenhang mit Charakterveränderungen.

Hysteriker = an Hysterie Leidender.

Hysterisch = an Hysterie leidend.

Idiosynkrasie = ungewöhnliche Reaktion auf gewisse Stoffe und Reize, Arzneimittel oder Speisen (z. B. Nesselsucht nach Genuß von Erdbeeren).

Idiotie = angeborener Schwachsinn schwerster Form.

Ikterus = Gelbsucht.

Ileus = Darmverschluß, Darmverschlingung.

Immersion = Deckglas und Objektivlinse des Mikroskopes verbindende Flüssigkeit zur Erreichung eines besseren mikroskopischen Bildes (Zedernöl, auch Wasser).

Immunisierung = Herbeiführung eines Schutzes gegen Krankheiten und Krankheitserreger sowie Gifte durch Impfung.

Immunität = Unempfindlichkeit gegen Krankheitserreger und bestimmte Gifte.

Incubationszeit = Zeitspanne zwischen der Ansteckung durch Krankheitskeime und den ersten Krankheitserscheinungen. Die Incubationszeit schwankt bei den einzelnen Infektionskrankheiten von wenigen Stunden bis zu mehreren Wochen.

Indication = Grund zur Anwendung eines bestimmten Heilverfahrens.

Indifferent = ohne Wirkung, harmlos.

Indigestion = Verdauungsstörung.

Indisposition = Unpäßlichkeit.

Indiziert = angezeigt.

Infektion = Ansteckung, Übertragung von Krankheiten durch Eindringen von pathogenen Kleinlebewesen.

Infektionskrankheiten = Krankheiten, die durch Infektion entstehen.

Inferiorität = Minderwertigkeit.

Infizieren = anstecken.

Influenza = akute, epidemische Infektionskrankheit mit verschiedenartigen Symptomen, vornehmlich Katarrhen der Luftwege mit Fieber, heute mit Grippe bezeichnet.

Ingredientien = Bestandteile einer Arznei.

Inhalation = Einatmung.

Injektion = Einspritzung.

Inkrete = die von den Blutdrüsen (Drüsen mit innerer Sekretion) abgegebenen Stoffe, sog. Hormone; Gegensatz: Sekrete.

Inkretion = Innere Sekretion.

Insolation = Sonnenbestrahlung.

Insomnie = Schlaflosigkeit.

Instinkt = Naturtrieb.

Instinktiv = triebhaft, unbewußt.

Insuffizienz = verminderte Leistung.

Insufflation = Einblasen von feinen Arzneipulvern, z. B. in die Nase.

Insulin = Hormon der Bauchspeicheldrüse.

Intensität = Wirksamkeit, Wirkungsstätte.

Intern = Innerlich.

Intertrigo = Wundsein der Haut, entstanden durch Reibung durch andere Hautstellen, sog. „Wolf".

Intestinum = Darm.

Intoxikation = Vergiftung.

Intravenöse Injektion = Einspritzung ins Innere einer Vene.

Irrigation = Ausspülung, Abspülung.

Irritantia = Reizmittel der Haut.

Ischias = Schmerz des Hüftnervs.

Kachexia = schlechter Ernährungszustand, Kräfteverfall bei gewissen Allgemeinleiden.

Kakostomie = übler Mundgeruch.

Kalktherapie = regelmäßige Zufuhr löslicher Kalksalze.

Kalorie = Wärmeeinheit (abgekürzt W. E.), das ist diejenige Wärmemenge, die nötig ist, um 1 kg Wasser um 1° zu erwärmen.

Kanüle = Röhre zum Durchleiten von Flüssigkeit oder Luft, Hohlnadel bei Injektionsspritzen.

Karzinom s. Carcinom.

Kastration = Entfernung von Hoden oder Eierstöcken.

Kataplasma = Breiumschlag.

Katarrh = Schleimhautentzündung mit Abscheidung von wässrigem Schleim.

Katgut s. Catgut.

Kathartica = Abführmittel.

Katheter = röhrenförmiges Instrument zur Einführung in Körperhöhlen, z. B. in die Harnblase, um den Inhalt zu entnehmen oder Flüssigkeit hineinzuleiten.

Keratin = Hornstoff.

Keratitis = Hornhautentzündung.

Keratolytisch = hornstofflösend (Erweichung und Spaltung des Keratins unter Wasseraufnahme).

Keratoplastisch = Hornhaut bildend, verhornend.

Keratosis = Verhornung.

Kinderlähmung, spinale = akute Infektionskrankheit mit Fieber und allgemeiner Lähmung.

Kleienbad = Wasserbad mit Zusatz von Weizenkleienabkochung als hautreizmilderndes Mittel.

Klimakterium = Wechseljahre der Frau.

Klistier s. Klysma.

Klysma = Klistier, Darmeinlauf, Einführung von Flüssigkeiten in den Mastdarm mittels Irrigator oder Klistierspritze.

Kokken = kugelförmige Spaltpilze.

Koli s. Coli.

Kolik = anfallartig auftretende Schmerzen in den Därmen.

Kollabieren = plötzlich schwach werden, zusammenfallen.

Kollaps = Verfall, Zusammensinken, z. B. infolge plötzlichen Versagens des Blutkreislaufes oder eines lebenswichtigen Organes (Herz usw.).

Koma = tiefste Bewußtlosigkeit.

Komedonen s. Comedonen.

Komplikation = Hinzutreten einer neuen Krankheit zu einer vorhandenen.

Kompresse = Verband aus mehrfach zusammengelegtem Verbandmull, auch feuchter Umschlag.

Kompressionsverband = Druckverband.

Konkremente = in Körperhöhlen abgeschiedene feste Massen, z. B. Nieren-, Gallensteine.

Konstitution = angeborene Körperbeschaffenheit, die Leistungsfähigkeit und Neigung zu Erkrankungen bedingt.

Konstitutionell = durch die Konstitution bedingt.

Konsultation = ärztliche Beratung.

Kontrastmittel = Aufschwemmungen von Barium- und Wismutsalzen, die in Körperhöhlen eingeführt, diese im Röntgenbild sichtbar machen.

Kontusion = Quetschung.

Konzeption = Empfängnis.

Koronargefäße = Kranzgefäße (Arterien) des Herzens für die Bluternährung.

Korrigentien s. Corrigentia.

Kosmetika s. Cosmetica.

Kretin = Mensch mit angeborenem Blödsinn, Idiot.

Kretinismus = angeborener Blödsinn.

Krisis = entscheidender Wendepunkt im Verlauf einer akuten Krankheit.

Kumulation = verstärkte Wirkung von über längere Zeit in kleinen Dosen eingenommenen Arzneimitteln.

Kupieren = eine Krankheit im Anfangsstadium unterdrücken bzw. zu abgekürztem Verlauf bringen.

**L. a.**: lege artis = nach den Regeln der Kunst (Schreibweise in Rezepten).

Labil = schwankend, unbeständig.

Lactagoga = Mittel zur Steigerung der Milchabsonderung.

Lactation = Milchabsonderung aus der Brustdrüse.

Lagena = Arzneiflasche.

Laryngitis = Kehlkopfkatarrh.

Larynx = Kehlkopf.

Lavipedium = Fußbad.

Laxantia = Abführmittel.

Laxieren = abführen.

Lenitiva = milde Abführmittel.

Letal = tödlich.

Lethargie = Schlafsucht, anhaltende Bewußtlosigkeit, Abgestumpftheit.

Leukaemie = Weißblütigkeit, krankhafte Vermehrung der weißen Blutkörperchen.

Leukocyten = weiße Blutkörperchen.

Libido (sexualis) = Geschlechtstrieb.

Lipasen = fettspaltende Fermente.

Lipoide = chem. den Fetten verwandte Stoffe, löslich in organischen Lösungsmitteln.

Lipoidlöslichkeit = in fettähnlichen Stoffen der Haut und Schleimhaut löslich.

Lipolyse = Spaltung von Fett durch Lipasen.

Lipophil = fettliebend. Lipophile Stoffe lösen sich leicht in Fetten, Ölen und anderen fettähnlichen Substanzen, sowie in Kohlenwasserstoffen.

Liquor cerebrospinalis = Gehirn und Rückenmarkflüssigkeit.

Lokal = örtlich.

Lokalanästhesie = durch örtliche Maßnahmen hervorgerufene Unempfindlichkeit eines Körperteils.

Lotio = Waschung, Waschmittel.

Lues = Syphilis.

Lumbago = Hexenschuß.

Lumbalanästhesie = Rückenmarkanästhesie.

Lupus = Hauttuberkulose.

Luxation = Verrenkung.

Luxieren = verrenken.

Lymphangitis = Lymphgefäßentzündung.

Lymphdrüsen = aus Lymphknötchen zusammengesetzte Organe, die in die Lymphbahnen eingeschaltet sind, den Lymphstrom filtrieren und so der Entgiftung der Lymphe und der Neubildung der Leukocyten dienen.

Lymphe = Gewebsflüssigkeit.

Lyophil = lösungsmittelliebend.

Lyophob = lösungsmittelfürchtend.

**M.**: Misce = mische!

**M. D. S.**: Misce, Da, Signa = mische, verabreiche und bezeichne!

**M. f. pulv.**: Misce fiat pulvis = mische, es gebe eine Pulvermischung!

Maceration = Auszug auf kaltem Wege.

Makroskopisch = mit bloßem Auge sichtbar; Gegensatz: mikroskopisch.

Malaria = Wechselfieber, Sumpffieber.

Maligne = bösartig (oft gleichbedeutend mit Krebs).

Mamma = weibliche Brustdrüse.

Manie = krankhafte Stimmung, Teil des manisch-depressiven Irreseins.

Maniluvium = Handbad.

Maximaldosis = Höchstgabe eines stark wirkenden Arzneimittels.

Medication = Arzneiverordnung.

Melancholie = Schwermut.

Meningitis = Hirnhautentzündung.

Menstruation = Monatsblutung der Frau.

Meteorismus = Gasbildung im Darm, Aufblähung.

Migräne s. Hemicranie.

Mikroorganismen = Kleinste Lebewesen, Spaltpilze.

Mikrotom = hobelartiges Instrument zur Herstellung von sehr dünnen Schnitten (bis 0,001 mm Dicke) pflanzlicher und tierischer Gewebe für mikroskopische Untersuchungen.

Milben = schmarotzende Gliederfüßler, z. B. Krätzemilben.

Mineralstoffwechsel = Umwandlungen der aufgenommenen oder im Körper vorhandenen anorganischen Stoffe.

Minimaldosis = die kleinste wirksame Menge eines Arzneimittels.

Mixtura = flüssige Arzneimischung.

Morbilli = Masern.

Morpio = Filzlaus.

Mortalität = Sterblichkeit, Verhältnis der Zahl der Todesfälle zur Zahl der Gesamtbevölkerung.

Mosetig-Batist = weicher, wasserdichter Verbandstoff.

Mucilaginosa = schleimige Mittel.

Mumps = Ziegenpeter, Bauernwetzel, Entzündung der Ohrspeicheldrüse.

Myalgia, Myalgie = Muskelschmerz, Muskelrheumatismus.

Myalgia lumbalis = Hexenschuß.

Myelitis = Rückenmarkentzündung.

Mykosis, Mykose = durch Pilze (im weiteren Sinne) hervorgerufene Krankheit.

Mykotisch = durch Pilze verursacht.

Myocard = Herzmuskulatur.

Myom = Muskelgeschwulst.

Myositis = Muskelentzündung.
Myospasmus = Muskelkrampf.

Nährklistier = Zuführung von Nährstoffen in flüssiger Form durch den Darm.
Narcotica = betäubende, einschläfernde Mittel.
Narkose = allgemeine Betäubung, bei der Bewegung und Empfindung aufgehoben sind bei gleichzeitiger Bewußtlosigkeit.
Naupathie, Nausea = Seekrankheit.
Nekrose = Absterben eines Teiles am lebenden Körper, Brand.
Nekrotisch = abgestorben, brandig.
Nelaton-Katheter = weicher Katheter aus vulkanisiertem Kautschuk.
Nematoden = Fadenwürmer.
Nephritis = Nierenentzündung.
Nephrolitiasis = Nierensteinkrankheit.
Nephropathien = Nierenkrankheiten.
Nervi = Nerven.
Nervina = Nervenheilmittel.
Nervosität = Nervenschwäche, Reizbarkeit.
Neuralgia, Neuralgie = anfallsweise auftretender Nervenschmerz.
Neurasthenie = hochgradige Nervosität mit besonderer Erregbarkeit des Gemüts, die mit starken und nachhaltigen seelischen Eindrücken einhergeht und die verschiedensten körperlichen Erkrankungen als Begleiterscheinung haben kann.
Neuritis = Nervenentzündung.
Neuropathie = Nervenleiden.
Neurosen = Krankheiten des Nervensystems.
Neurotoxine = Nervengifte.
Nicotinismus = Tabakvergiftung, Nicotinvergiftung.
Niphablepsie = Schneeblindheit.
Nissen = Läuseeier.
Nomenklatur = Benennung.
Noxe = Schädlichkeit, krankheitserregende Ursache.
Nutrientia = ernährungsfördernde Mittel.
Nutrimenta = Nahrungsmittel.

Obduktion = Leichenöffnung zur Feststellung der Todesursache, Sektion.
Obsolet = veraltet, nicht mehr gebräuchlich.
Obstipantia = stopfende Mittel.
Obstipatio = Verstopfung.
Occultismus = Lehre vom Übersinnlichen, Spiritismus.
Odontalgie = Zahnschmerz.
Odontolith = Zahnstein.
Odor hircinus = Schweißgeruch der Achselhöhle.
Oedem = Ansammlung von wäßriger Flüssigkeit in Gewebslücken.
Offizinell = in das amtliche Arzneibuch aufgenommen.
Oleosa = ölige Mittel.
Olfactorium = Riechmittel.
Oligotrichie = mangelhafter Haarwuchs.
Oligurie = verminderte Harnmenge.

Onanie = Selbstbefriedigung, Selbstbeflekkung.
Onychia = Entzündung des Nagelbettes.
Onychitis = Nagelentzündung.
Ophthalmica = Augenheilmittel.
Ordination = ärztliche Verordnung.
Organische Krankheiten = Krankheiten, bei denen im erkrankten Körperteil anatomische Veränderungen vorliegen.
Organotherapie = therapeutische Verwendung tierischer Organe, ihrer Gewebesäfte oder Sekrete.
Osteomalacie = Knochenerweichung.
Otitis media = Mittelohrentzündung.
Oxyuris vermicularis = Madenwurm, Springwurm, 3,5 bis 10 mm langer, weißer Dickdarmschmarotzer beim Menschen.
Ozaena = Stinknase.

Paediatrie = Kinderheilkunde.
Palliativa = lindernde Mittel gegen Krankheitssymptome, nicht gegen die Krankheit selbst.
Panaritium = Nagelgeschwür, Umlauf.
Pankreas = Bauchspeicheldrüse.
Paradentose = chronische Entzündung in der Umgebung der Zähne, durch die Zahnlockerung eintritt.
Paralysis = Lähmung.
Paralysis progressiva = schwere syphilitische Gehirnerkrankung, die erst viele Jahre nach der Ansteckung auftritt (im Volksmund „Gehirnerweichung").
Paralytiker = an progressiver Paralyse Leidender.
Parasiten = Schmarotzer, Lebewesen, die sich auf oder in einem anderen Lebewesen ansiedeln und dieses durch Nahrungsentnahme schädigen.
Parenteral = außerhalb des Darms.
Parenterale Applikation = Arzneimittelanwendung durch subkutane oder intravenöse Einspritzung.
Pathogen = krankheitserregend.
Pathologie = Lehre von den Krankheiten.
Pectoralis = auf die Brust bezüglich.
Pectus = Brust.
Pediculus = Laus.
Pediculus capitis = Kopflaus.
Pediculus pubis = Filzlaus.
Pediluvium = Fußbad.
Penis = männliches Glied.
Per anum = durch den After.
Percutan = durch die Haut.
Per os = durch den Mund.
Per rectum = durch den Mastdarm.
Pericarditis = Herzbeutelentzündung.
Periode = Menstruation.
Periost = Knochenhaut.
Peristaltik = den Inhalt vorwärtsbewegende Zusammenziehung von Magen und Darm.
Peritonitis = Bauchfellentzündung.
Perkolation = Verfahren zur Herstellung von Drogenauszügen (Tinkturen usw.) mittels des Perkolators.

Perkussion = Beklopfen der Körperoberfläche, um durch den entstandenen Schall Schlüsse auf Lage und Beschaffenheit der inneren Organe zu ziehen.

Perlinguale Applikation = Arzneimittelanwendung auf der Zunge.

Perniciös = bösartig.

Perniones = Frostbeulen.

Perorale Applikation = die Aufnahme von Arzneimitteln durch den Mund (per os).

Perspiration = Hautatmung.

Pertussis = Keuchhusten.

Pes = Fuß.

Pes planus = Plattfuß.

Phagozyten = Freßzellen, die Fremdkörper aufnehmen und vernichten können.

Phagozytose = Tätigkeit der Phagozyten.

Phantasie = Einbildungskraft.

Phantasieren = irre reden.

Pharmakodynamik = Lehre von den Wirkungen der Arzneimittel auf den Körper.

Pharmakognosie = Drogenkunde.

Pharmakologie = Arzneimittellehre.

Pharmakopoe = amtliches Arzneibuch.

Pharmakotherapie = Lehre vom Verhalten und der Wirkung der Arzneimittel.

Pharyngitis = Entzündung der Rachenschleimhaut.

Phlegmone = akute, eitrige Zellgewebsentzündung.

Phthisis = Schwindsucht, die durch Tuberkelbazillen bedingte allgemeine Gewichtsabnahme.

Physikalische Therapie = Krankheitsbehandlung mit physikalischen Methoden: Elektrizität, Licht, Mechanik, Wärme, Wasser usw.

Physiognomie = Gesichtsbildung, Gesichtsausdruck.

Physiologie = Lehre von den normalen Lebensvorgängen im Körper von Lebewesen.

Phytotherapie = Pflanzenheilkunde.

Pinzette = Zangenartiges Instrument mit federnden Armen zum Fassen und Halten von kleinen Gegenständen.

Pipette = als Saug- oder Stechheber dienende graduierte Glasröhre, Tropfglas mit Gummikappe.

Pistill = Mörserkeule.

Pleura = Brust- und Rippenfell.

Pleuritis = Rippenfellentzündung.

Plv. = Abkürzung für Pulvis.

Pneumonia = Lungenentzündung.

Podagra = Gicht der großen Zehe, Zipperlein.

Podalgie = durch Plattfuß bedingter Fußschmerz.

Polarisationsapparat = Apparat zum Bestimmen des Gehaltes von Traubenzukker im Harn.

Poliklinik = Klinik, in welcher in der Stadt wohnende Kranke behandelt werden.

Poliomyelitis = Entzündung bzw. Entartung der grauen Rückenmarksubstanz.

Poliomyelitis anterior acuta infantium = spinale Kinderlähmung.

Pollution = Samenergießung im Traum.

Polyneuritis = Entzündung in mehreren Nervengebieten.

Polyurie = Vermehrung der Harnmenge.

Polyp = gutartige knotige und gestielte Geschwulst, die in der Schleimhaut wurzelt.

Porta = Pfortader (Abkürzung für Vena Portae)

Potator = Trinker.

Potio = Trank.

Praedisposition = Disposition.

Praedestivmittel = Vorbeugungsmittel.

Pro die = für den Tag.

Pro dosi = für die einzelne Gabe.

Profus = überreichlich (Schweiß).

Prognose = Vorhersage über den Verlauf einer Krankheit.

Prophylactica = vorbeugende Mittel.

Prophylaxe = Vorbeugung.

Prostata = Vorsteherdrüse.

Prostitution = gewerbsmäßige Unzucht.

Proteolytisch = eiweißverdauend.

Proteolytische Fermente = Pepsin, Trypsin.

Prothese = künstliches Glied, Gebißplatte.

Prurigo = Juckflechte.

Pruritus = Hautjucken.

Psoriasis = Schuppenflechte.

Psychisch = auf das Seelenleben bezüglich, seelisch.

Psychologie = Seelenlehre.

Psychopatisch = geistig abnorm.

Psychose = Geistesstörung, Irresein.

Ptyalin = amylolytisches Enzym des Speichels.

Pubertät = Geschlechtsreife.

Puerperalfieber = Wochenbettfieber.

Pulex irritans = Menschenfloh.

Pulmo = Lunge.

Purgantia, Purgativa = kräftig wirkende Abführmittel, Reinigungsmittel.

Purgieren = abführen.

Pyelitis = Nierenbeckenentzündung.

Pylorus = Magenpförtner.

Pyogen = eiterbildend.

Pyretica = Fiebermittel = Antipyretica.

Pyurie = Entleerung von eiterhaltigem Urin.

**Q.** s.: Quantum satis = so viel wie nötig (in Rezepten).

Quaddeln = umschriebene Erhebungen der Haut, hervorgerufen durch Brennessel- oder Insektenstich und bei Nesselsucht.

Quarantaine = Beobachtungszeit für Reisende aus verseuchten Häfen als Schutz gegen das Einschleppen von Seuchen.

**R.,** Rp.: recipe = nimm! (in Rezepten).

Rachitis = Englische Krankheit.

Rassenhygiene = Rassenpflege, Eugenik, Pflege, Erhaltung und Verbesserung der Erbgesundheit und der rassischen Eigenart eines Volkes für folgende Geschlechter.

Recidiv = Rückfall.

Rectal = zum Rectum gehörig.

Rectum = Mastdarm.

Reflektorisch = durch einen Reflex bedingt.

Reflex = unwillkürliche, durch einen Sinnesreiz ohne Mitwirkung des Bewußtseins ausgelöste Reaktion, z. B. die Tätigkeit eines Muskels oder einer Drüse.

Refrigerantia = abkühlende, entzündungswidrige Mittel.

Rekonvaleszent = Genesender.

Rekonvaleszenz = Genesung.

Remedia = Heilmittel (Mehrzahl).

Resolventia = lösende Mittel.

Resorbentia = resorptionsfördernde Mittel.

Resorption = Aufnahme flüssiger oder gasförmiger Stoffe in der Lymph- und Blutbahn, z. B. Aufsaugung der Nährstoffe durch Magen- und Darmschleimhaut.

Respiration = Atmung.

Retina = Netzhaut des Auges.

Rhagaden = Schrunden, kleine, meist schmerzhafte Hautrisse.

Rheumatismus = Sammelbezeichnung für schmerzhafte Krankheiten der Gelenke und Muskeln, die durch Erkältung oder andere Ursachen entstanden sind.

Rhinitis = Reizzustand der Nasenschleimhaut durch Entzündung, Schnupfen.

Rhino-blenorrhoe = schleimig-eitriger Nasenkatarrh.

Rhinopharyngitis = Nasen-Rachenkatarrh.

Rhinorhagie = starkes Nasenbluten.

Roborantia = Stärkungsmittel.

Rubefacientia = hautrötende, hautreizende Mittel.

Rubeolae = Röteln, Infektionskrankheit.

S.: Signa = bezeichne! (in Rezepten).

Salinische Abführmittel = abführende Salze (Bitter-, Glauber-, Karlsbader Salz).

Salinische Wässer = Mineralwässer, die Glauber- oder Bittersalz enthalten.

Salivatio = Speichelfluß.

Sanitär = auf die Gesundheit bezüglich.

Sanitätswesen = Gesundheitswesen.

Saprogen = fäulniserregend.

Sarkom = bösartige, krebsähnliche Fleischgeschwulst.

Sarkoptes scabiei = Krätzemilbe des Menschen.

Scabies = Krätze.

Scarlatina = Scharlach.

Schinnen = Kopfschuppen.

Schizophrenie = Spaltungsirresein, Zerfahrenheit des Denkens

Schrunden s. Rhagaden.

Scrofulös = an Scrofulose leidend.

Scrofulosis (Scrofulose) = konstitutionelle Erkrankung bei Kindern, wahrscheinlich durch Tuberkelinfektion hervorgerufen (sog. Drüsenkrankheit).

Scrotum = Hodensack.

Scrotal = den Hoden betreffend.

Seborrhoea = Talgfluß, Schmerfluß, krankhaft vermehrte Absonderung von Hauttalg. Bei S. sicca = trockener S. Absonderung in fettiger, aber trockener, schuppiger Form, bei S. oleosa Absonderung in ölartiger Form.

Sedativa = Beruhigungsmittel.

Sekrete = Absonderungsprodukte von Drüsen, denen besondere Aufgaben im Körperhaushalt obliegen (Speichel, Magensaft, Galle, Schleim usw.).

Sekretion = Absonderung von Sekreten.

Sekretorisch = auf Sekretion bezüglich.

Sektion = Leichenöffnung zur Feststellung der Todesursache oder aus kriminellen Gründen.

Sensibilisieren = empfindlich machen.

Sensible Nerven = Gefühls-, Empfindungsnerven.

Sensitiv = sehr empfindlich.

Sensorische Nerven = Sinnesnerven.

Sepsis = Allgemeine Ansteckung des Körpers mit eiterbildenden Bakterien, die meist von einem örtlichen eitrigen Entzündungsherd ausgeht, begleitet von hohem Fieber und Schüttelfrost.

Serum, Blutserum = die von Blutkörperchen und Faserstoff (Fibrin) befreite, nicht mehr gerinnende Blutflüssigkeit.

Sezieren = eine Sektion (s. d.) ausführen.

Signatur, Signatura = Bezeichnung, Aufschrift auf Arzneigefäßen.

Silicosis = Kiesellunge, Steinstaublunge.

Simulant = Scheinkranker; Gesunder, der eine Krankheit vortäuscht.

Sinapismus = Senfteig und seine Anwendung in Form von Senfpapier.

Skelett = Knochengerüst.

Skorbut = Avitaminose, entsteht durch Mangel von Vitamin C, das in frischem Gemüse und Obst enthalten ist.

Sol.: Solution = Lösung. } Schreibweise
Solv.: Solve = löse!     } in Rezepten.

Solventia = lösende Mittel.

Somnifera = Schlafmittel.

Somnolenz = krankhafte Schläfrigkeit, Benommenheit.

Soor = Belag der Mundschleimhaut mit Soorpilzen, Mundschwämmchen.

Spasmolytica = krampflösende Mittel.

Spasmophilie = tonische Krämpfe bei rachitischen Kindern.

Spasmus = Krampf.

Spastisch = krampfhaft.

Spec.: Species = Teegemisch (in Rezepten).

Species diureticae = harntreibender Tee.

Species pectorales = Brusttee.

Specificum = bei einer bestimmten Krankheit als besonders wirksam geltendes Mittel.

Sperma = Samen.

Spermatorrhoe = Samenfluß.

Spinalis = zur Wirbelsäule oder zum Rükkenmark gehörig.

Spirochaeta pallida = Erreger der Syphilis.

Splenomegalie = Milzvergrößerung.

Sporadisch = vereinzelt auftretend.

Sporen (von Bakterien) = gegen Desinfektionsmittel usw. sehr widerstandsfähige Dauerform.

Sputum = Auswurf.

Stagnation = Stillstand.

Staphylokokken = traubenförmig oder haufenförmig vorkommende Kugelbakterien, häufige Eitererreger.

Stechbecken = Bettschüssel für Kranke.

Stenose = Verengung von Kanälen und Mündungen.

Steril = unfruchtbar, keimfrei.

Sterilisation = Entkeimung, Unfruchtbarmachung.

Sterilisieren = keimfrei, unfruchtbar machen.

Sternutatio = Niesen.

Sternutatoria = Niesmittel.

Stethoskop = Höhrrohr zum Abhören von Herz- und Lungengeräuschen.

Stimulantia = Excitantia, s. d.

Stockschnupfen = chronischer, mit Verstopfung der Nase einhergehender Schnupfen.

Stoffwechsel = sämtliche mit dem Zerfall und Ersatz der Körperbestandteile zusammenhängende Vorgänge.

Stoffwechselkrankheiten = Krankheiten, deren Ursache zu geringer oder zu starker Stoffwechsel ist.

Stomachica = magenstärkende, Appetit und Verdauung fördernde Mittel.

Stomachus = Magen.

Stomatitis = Entzündung der Mundschleimhaut.

Stomatomykosis = Soor, s. d.

Streptokokken = Kokken, die in Ketten angeordnet vorkommen, Erreger schwerer Infektionskrankheiten, wie Kindbettfieber, Wundrose usw.

Struma = Kropf.

Styptica = blutstillende Mittel.

Subacidität = verminderter Salzsäuregehalt des Magens.

Subcutane Einspritzung = Einspritzung unter die Haut mit der Pravaz-Spritze.

Sudor = Schweiß.

Suggestion = Beeinflussung des Seelenlebens durch eine fremde Person (= Fremdsuggestion) oder aber durch eigene Vorsätze (= Autosuggestion).

Superacidität = Vermehrter Säuregehalt des Magensaftes.

Suppurantia = eitererregende Mittel.

Suppuratio = Eiterung.

Suspensorium = Tragbeutel für den Hodensack.

Sykosis = Bartflechte.

Symptome = Erscheinungen, aus denen der Arzt eine vorliegende Krankheit erkennt.

Syphilis, Lues = ansteckende, beim Geschlechtsverkehr übertragene Infektionskrankheit, gefährlichste Geschlechtskrankheit, die den ganzen Körper in Mitleidenschaft zieht; Erreger: Spirochaeta pallida.

Systole = rhythmische Zusammenziehung eines Organs, speziell der Herzkammern (vgl. Diastole).

Tabes (dorsalis) = Rückenmarkschwindsucht.

Tachycardie = abnorm beschleunigte Herztätigkeit.

Taenia = Bandwurm.

Taenifuga = bandwurmabtreibende Mittel.

Tampon = Verbandstoff oder Wattebausch bzw. Streifen.

Tb., Tbc. = Abkürzung für Tuberkulose.

T. B. = Abkürzung für Tuberkelbazillen.

Tct. = Abkürzung für Tinctura in Rezepten.

Temperantia = beruhigende Mittel.

Testis, Testiculus = Hoden.

Tetanus = Starrkrampf, akute Infektionskrankheit.

Therapie = Lehre von der Behandlung von Krankheiten und der Anwendung der Heilmittel.

Thermen = warme Quellen.

Thorax = Brustkorb.

Thrombin = Fibrinferment.

Thrombocyten = Blutplättchen.

Thrombogen (Prothrombin) = Vorstufe des Fibrinferments.

Thrombose = Erkrankung, bei der sich Pfröpfe von Blutgerinsel (Thromben) in einem Blutgefäß des Körpers bilden und dieses mehr oder weniger verstopfen. Bei T. besteht die Gefahr einer Embolie.

Thymus = innere Brustdrüse.

Thyroxin = Hormon der Schilddrüse.

Tonica = Kräftigungsmittel für den ganzen Körper oder einzelne Organe.

Tonsilla = Mandel.

Tonsillitis = Mandelentzündung.

Tonus = Spannungszustand der lebenden Gewebe.

Toxalbumine = Eiweißgifte.

Toxica = Gifte.

Toxication = Vergiftung.

Toxikologie = Lehre von den Giften und den Vergiftungen.

Toxine = spezifische Giftstoffe, Stoffwechselprodukte von Bakterien, gewissen Pflanzen und Tieren.

Toxisch = giftig.

Toxizität = Giftigkeit.

Trachea = Luftröhre.

Tracheitis = Luftröhrenkatarrh.

Transfusion = Blutübertragung.

Transpiration = Schwitzen.

Trauma = Wunde, Verletzung.

Tremor = Zittern.

Trichinose = Trichinenkrankheit.

Trigeminus = sensibler Gesichtsnerv.

Tripper s. Gonorrhoe.

Tröpfchen-Infektion = Infektion, die durch Husten oder Niesen infizierter und dabei herausgeschleuderter Tröpfchen erfolgt.

Tuberkulose = jede durch Tuberkelbazillen hervorgerufene Krankheit, insbesondere Lungenschwindsucht.
Tumor = Geschwulst.
Tupfer = Bausch aus Verbandmull.
Tussis = Husten.
Typhlitis = Blinddarmentzündung.
Typhus abdominalis = Unterleibstyphus.

Ulcus = Geschwür.
Ulcus cruris = Unterschenkelgeschwür.
Ulcus duodeni = Zwölffingerdarmgeschwür.
Ulcus durum = harter Schanker.
Ulcus ventriculi = Magengeschwür.
Uraemie = Selbstvergiftung des Körpers durch nicht ausgeschiedene Harnbestandteile mit schweren Erscheinungen.
Ureteritis = Harnleiterentzündung.
Urethritis = Harnröhrenentzündung.
Urometer = Aerometer zur Bestimmung des spez. Gewichtes des Harns.
Urticaria = Nesselausschlag, -fieber, -sucht.
Uterus = Gebärmutter.

Vaccina = Impfstoffe.
Vagina = Scheide.
Vagus = 10. Gehirnnerv, Lungen-Magen-Nerv.
Varicen = Krampfadern.
Varicellae = Windpocken.
Vasomotoren = Gefäßnerven.
Vegetatives Nervensystem = System, dessen Nerven dem Einfluß des Willens entzogen sind.
Vena, Vene = Blutader, Blutgefäß, das zum Herzen führt.

Venaesectio = Aderlaß.
Venerische Krankheiten = Geschlechtskrankheiten.
Ventriculus = Magen.
Vermes = Würmer.
Vermicida = Wurmmittel.
Vermifuga = wurmabtreibende Mittel.
Verruca = Warze.
Verrucosus = warzenartig.
Vesicantia, Vesicatoria = blasenziehende Mittel.
Virulent = giftig, ansteckend.
Virulenz = Giftigkeit und Infektionskraft von Bakterien.
Virus (das, Mehrzahl: Viren) = durch bakteriendichte Filter filtrierbarer, nur ultramikroskopisch sichtbarer Krankheitserreger.
Vitalität = Lebenskraft, -fähigkeit.
Vitamine = Ergänzungsstoffe zur Nahrung, die für den Organismus lebenswichtig sind und deren Fehlen schwere Störungen hervorruft, s. Avitaminosen.
Vitrum = Arzneiglas.
Vivisektion = Versuch am lebenden Tier zu wissenschaftlichen Zwecken.
Vomitiva (auch Emetica) = Brechmittel.
Vomitus = Erbrechen.
Vulva = weibliche Scham, äußere weibliche Geschlechtsteile.
Vulvitis = Entzündung der Schamteile.

Zymase = Enzym der Hefepilze.
Zymosis = krankhafte Gärung im Magen.
Zyste = abgeschlossener Sack mit flüssigem Inhalt.

# Mikroskopie.

Von Dr. phil. EVA POTZTAL, Berlin.

## A. Einführung in die Mikroskopie.

### Einleitung.

Der nachfolgende Abschnitt soll dem Drogisten die nötigen botanisch-anatomischen Voraussetzungen für das selbständige praktische Arbeiten mit dem Mikroskop bei der Untersuchung der aus dem Pflanzenreich stammenden Drogen, Nahrungs- und Genußmittel geben.

Dabei ist weniger auf Vollständigkeit der einzelnen Abschnitte geachtet worden als darauf, daß alle die Gebiete, auch praktische, behandelt werden, deren Kenntnis auch für den Anfänger beim mikroskopischen Arbeiten erforderlich sind. Diejenigen, die ihre Kenntnisse auf diesem oder jenem Gebiete vertiefen wollen, verweise ich auf das Fachbuchregister. Um die behandelten Themen recht anschaulich zu machen, wurden möglichst viele Abbildungen in den Text eingefügt. Am Ende des Abschnittes „Botanik" findet der Leser ein ausführliches Fachwortregister.

### 1. Aufgaben und Möglichkeiten der Mikroskopie.

Das Arbeiten mit dem Mikroskop ist nicht nur für den reinen Wissenschaftler erforderlich, sondern auch für alle die Fachleute, die die Feinstrukturen der Materialien, mit denen sie ständig umgehen, erkennen müssen, um ein Urteil über deren Güte abgeben zu können; mit bloßem Auge ist das nicht immer möglich. Zu nennen wären hier die mikroskopischen Untersuchungen von Ingenieuren und Architekten, die die Zusammensetzung ihrer Baustoffe feststellen wollen, oder die von Maschinenbauern, die Legierungen oder Bruchstellen im Material begutachten müssen, oder die von Textilfachleuten, die die Mischung von Geweben beurteilen sollen. Ebenso muß der Drogist in der Lage sein, seine Warenbestände an Drogen, Gewürzen oder auch Chemikalien (Mikrosublimation) auf Güte und insbesondere Reinheit prüfen und Verfälschungen sofort feststellen zu können; das einzig mögliche Hilfsmittel hierzu ist die mikroskopische Untersuchung der betreffenden Objekte.

### 2. Das Mikroskop und seine Benutzung.

Die Vergrößerungen, die für die mikroskopische Untersuchung von Drogen, Lebens- und Genußmitteln erforderlich sind, liegen zwischen 50- und 500facher Vergrößerung. Es genügen daher für diese Zwecke Mikroskope relativ einfacher Bauart (Abb. 274).

Das *Stativ* ist der Träger aller optischen und mechanischen Einrichtungen; es besteht aus einem schweren hufeisenförmigen Fuß, der die Standfestigkeit des Mikroskops bedingt, und einem *Stativbügel*, an dem der Objekttisch und der Tubus befestigt sind. Durch ein Gelenk kann man den Stativbügel in Schrägstellung bringen.

Der *Tubus* ist mittels Triebeinstellung beweglich, die eine grobe Einstellung durch
Zahn und Trieb (Makrometerschraube) und eine Feineinstellung (Mikrometerschraube) ermöglichen. Er trägt an seinen beiden Enden die *optische* Ausrüstung
des Mikroskops, oben die *Okulare* (lat. oculus = Auge; das dem Auge zugekehrte
Linsensystem), unten, in einem drehbaren, meist 3fachen Revolver eingeschraubt,
die *Objektive* (das dem Objekt zugekehrte Linsensystem). Bei der Auswahl der
Okulare und Objektive ist zu berücksichtigen, daß mit ihnen Vergrößerungen
zwischen 50- und 500fach erzielt werden sollen; man wählt also drei verschiedene
Objektive und zwei verschiedene Okulare,
die in Kombination miteinander sechs
verschiedene Vergrößerungen ergeben.
Diese sind entweder einer Vergrößerungs-
tabelle, die jedem Mikroskop beigefügt
wird, zu entnehmen oder, da die Eigen-

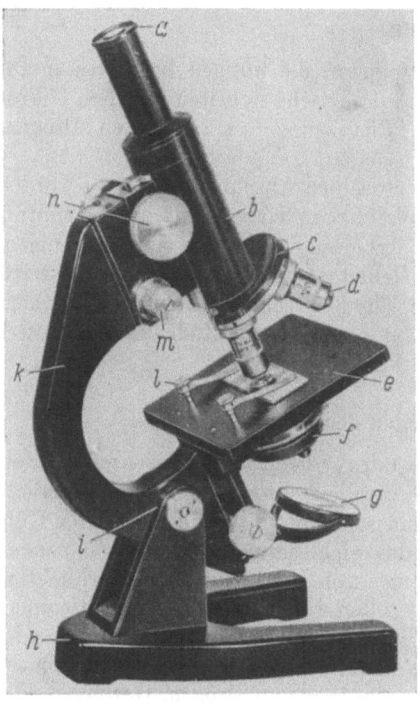

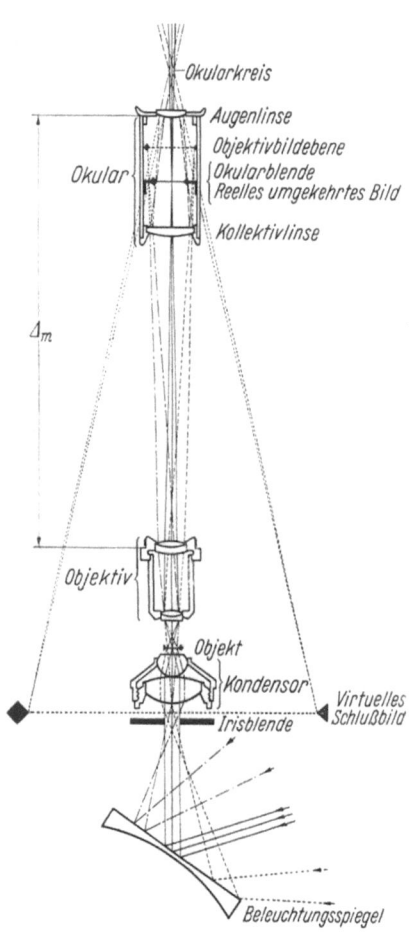

Abb. 274. *a* Okular; *b* Tubus; *c* Revolver für 3 Objekte;
*d* Objektiv; *e* Objekttisch; *f* Beleuchtungsapparat;
*g* Spiegel; *h* Mikroskopfuß; *i* Gelenk zum Kippen des In-
strumentes; *k* Stativbügel; *l* Klammer; *m* Mikrometerschraube; *n* Makrometerschraube.

Abb. 275.
Strahlengang im Mikroskop (nach *Ehringhaus*).

vergrößerung auf den Okularen und Objektiven angegeben ist, zu errechnen aus
dem Produkt von Okular- und Objektiveigenvergrößerung. Benutzt man z. B. ein
Okular von 8facher und ein Objektiv von 50facher Eigenvergrößerung, so beträgt
die Gesamtvergrößerung $8 \times 50 = 400$fach. Der *Objekttisch*, rund oder viereckig,
muß so groß sein, daß die Präparate bequem darauf hin und her bewegt werden
können; mit Hilfe zweier Klammern kann man sie auch auf ihm befestigen, besonders dann, wenn man bei schräger Stellung des Stativbügels arbeitet. In der
Mitte des Objekttisches findet sich eine Öffnung zum Beleuchten der Präparate.

Die eigentliche *Beleuchtungseinrichtung* ist unter dem Objekttisch angebracht; sie besteht aus einem beweglichen *Spiegel*, dessen konkave Seite im allgemeinen benutzt wird, und einem Beleuchtungsapparat, dem *Kondensor*. Die Lichtintensität reguliert eine am Kondensor angebrachte *Irisblende*.

### 3. Der Strahlengang am Mikroskop.

Den Strahlengang im Mikroskop bei mittlerem Okular und Objektiv zeigt Abb. 275. Das vom Spiegel zur Beleuchtung des Präparates reflektierte Tages- oder künstliche Licht tritt durch den Kondensor mit seinem Linsensystem und das Präparat in das Objektiv ein. Durch das Objektiv und die untere Linse des Okulars (Kollektivlinse) wird das Objekt als reelles umgekehrtes Bild in der Ebene der Okularblende abgebildet. Die Augenlinse dient dem Auge als Lupe zur weiteren Vergrößerung und Betrachtung dieses Bildes. Das Auge des Beobachters muß der Augenlinse des Okulars so weit genähert werden, bis die Augenpupille sich in der Ebene des Okularkreises befindet. Alle Strahlenbündel, die durch den Okularkreis austreten, laufen rückwärts verlängert in Bildpunkten zusammen, die sich zu dem virtuellen, vom Mikroskop entworfenen Schlußbild zusammenreihen.

Beim Mikroskopieren beachte man als oberstes Gesetz *Behutsamkeit* und *Sauberkeit*. Alle Triebe und Schrauben am Mikroskop sollen leicht beweglich sein, Gewalt darf beim Drehen der Getriebeteile, insbesondere der Mikrometerschraube, niemals angewendet werden. Macht sich eine selbsttätige oder zu leichte Bewegung der Getriebeteile bemerkbar, so muß man ebenso wie bei zu schwerem Gang der Mikrometerschraube eine Reparaturwerkstätte zu Rate ziehen.

*Nach Gebrauch* schütze man das Mikroskop vor Staub und stelle es also sofort in den dazugehörigen Schrank oder unter eine Glasglocke.

Zum *Reinigen* nehme man ein weiches, nicht faserndes Tuch, niemals aber Alkohol oder dergleichen, da hierunter die Lackierung des Stativs und die Fassungen der Objektivlinsen leiden würden.

Verschmutzte Linsen werden möglichst trocken mit einem Leinen- oder Lederläppchen oder, wenn erforderlich, mit einem etwas mit Wasser oder Benzin angefeuchteten Lappen gereinigt.

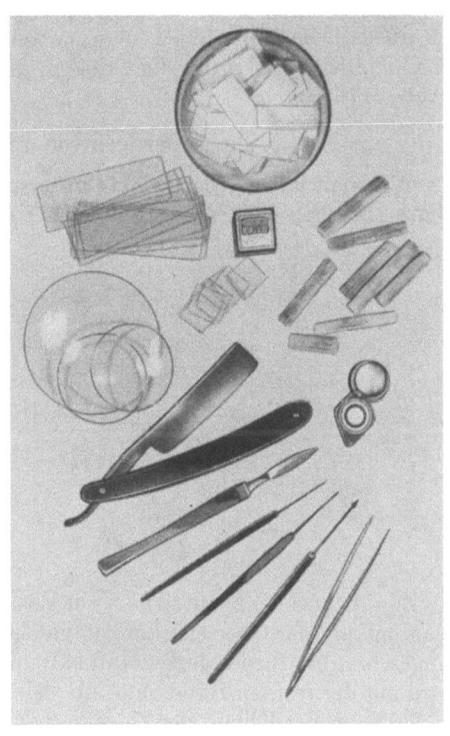

Abb. 276.

### 4. Hilfsmittel und Reagentien zur mikroskopischen Untersuchung.

Zur Durchführung mikroskopischer Untersuchungen sind außer dem Mikroskop weiter erforderlich (Abb. 276):

Rasiermesser: plankonkav; evtl. Ersatz durch unbenutzte Rasierklingen in einem Halter.

Streichriemen: zum Abziehen der Rasiermesser.

Skalpell: zum Zurechtschneiden und Zerlegen der Objekte.

Spatel.

Präpariernadeln: spitze und lanzenförmige.

Pinzetten: größere und kleinere.

Kleine Schere.

Uhrgläser: 8 cm Durchmesser; zur Vorbereitung der Präparate.

Glasstab: zur tropfenweisen Übertragung von Flüssigkeiten auf die Objektträger.

Holundermark: zum besseren Schneiden der Objekte.

Filtrierpapierstreifen: ca. 1,5 × 5 cm; zum Absaugen von Flüssigkeiten.

Objektträger: 76 × 20 mm, 1 mm dick.

Deckgläschen: gewöhnlich 18 × 18 mm, 0,1 bis 0,2 mm dick.

Leinenlappen: zum Reinigen von Objektträgern und Deckgläschen.

Wünschenswert ist außerdem das Vorhandensein einer guten Einschlaglupe,
8- bis 12fach.

Um die mikroskopischen Präparate entweder durchsichtiger oder bestimmte
chemische Stoffe in den Pflanzenteilen sichtbar zu machen, sind möglichst die in
Tab. 46 aufgeführten Reagenzien vorrätig zu halten.

Zur Aufbewahrung der Flüssigkeiten und Reagenzien verwende man möglichst
Stöpselflaschen, aus denen man mittels einer Hebevorrichtung (am Stöpsel an-
geschmolzener Glasstab) die Tropfen direkt auf den Objektträger bringen kann
(Abb. 277).

### 5. Das Anfertigen von mikroskopischen Präparaten.

Will man pflanzliche Objekte untersuchen, die nicht als Pulver vorliegen, z. B.
Blatt-, Stengel- oder Wurzelteile oder Samen und Früchte, so muß man von ihnen
feine Schnitte anfertigen.
Sind diese Objekte nicht
große genug, um sie
während des Schneidens
bequem zwischen den
Fingern zu halten, oder
sind sie, wie z. B. Blät-
ter, zu dünn, so werden
sie in gespaltenes Ho-
lundermark eingeklemmt
und auf diese Weise ge-
schnitten.

Abb. 277.

Zum Schneiden benutze man ein Rasiermesser, dessen Klinge auf der Unterseite
plan und auf der Oberseite konkav geschliffen ist, oder eine scharfe, in einen Halter
eingeschraubte Rasierklinge. Man halte das Objekt in der linken Hand. Das Messer
wird mit der rechten Hand nahe am Gelenk gefaßt; dabei liegt der Daumen bequem
in der Kehle der Klinge, der Zeigefinger ihm gegenüber auf dem Rücken des Messers.
Das Heft des Messers wird so weit zurückgeklappt, daß es fest, aber bequem in der
Hand liegt. Der Zeigefinger regelt den beim Schneiden anzuwendenden Druck;
man halte das Messer aber niemals krampfhaft fest, sondern leicht und locker. Nun
zieht man das Messer ohne Druck mit der ganzen Länge der Klinge durch das Objekt.
Dabei setzt man das Messer an der linken Ecke des zu schneidenden Objektes
an und zieht es von links nach rechts langsam und ohne Druck durch das Objekt, bis
sich dieses von allein vom Messer abheben läßt.

Um das Messer in gutem Zustand zu erhalten, wische man es stets nach jedem
Gebrauch mit einem Lappen sorgfältig ab.

*Tab. 46.*

| Art | Zusammensetzung | Verwendung |
| --- | --- | --- |
| Äther | | Entfettungsmittel für Schnitte und Pulver. |
| Alkannin | Alkannintinktur 50, Wasser 50, vor Gebrauch zu filtrieren. | Nachweis von Fetten, Ölen, Harzen (rot). |
| Alkohol, absoluter | | Zur Entfernung von Luftblasen in Präparaten. Zur Verhinderung von Quellung, Verschleimung und Auflösung von Membranen und Zellinhaltsstoffen. |
| Ammoniak (0,960) | | Aufhellungs- u. Bleichmittel. |
| Chloralhydrat | Chloralhydrat 80, Wasser 20. | Aufhellungsmittel, löst Stärke. |
| Chlorzinkjod | Chlorzink 50, Jodkali 16, Jod 3, Wasser 20. | Nachweis von Cellulose (blauviolett). Nachweis von Cutin (gelbbraun). |
| Chromsäure | Chromsäure 20, Wasser 20. | Nachweis verkorkter Membranen (unlöslich). |
| Eisenchloridlösung | Eisenchlorid 10, Wasser 100. | Nachweis von Gerbstoffen (grünblau). |
| Glycerin (75%) | | Aufhellungsmittel |
| Jodkaliumlösung | Wasser 100, Jodkali 2, Jod 1. | Stärkenachweis (blau bis blauschwarz), Eiweißnachweis (gelb) |
| Kalilauge (Natronlauge) | 20—50% | Starkes Aufhellungsmittel, Lösungsmittel für Stärke und Eiweiß, Verseifungsmittel von Fetten. |
| Phloroglucin | Phloroglucin 2 bis 5, Alkohol (96%) 100. Auf dem Objektträger Salzsäure zugeben. | Nachweis verholzter Membranen (rot). |
| Salzsäure rein, DAB 6 | | Lösungsmittel (und s. Phloroglucin). |
| Schwefelsäure, konz., rein DAB 6 | | Nachweis von Kork (unlöslich). |
| Sudanglycerin | Sudan III in Alkohol (96%) heiß bis zur Sättigung gelöst; filtriert; dazu gleiches Volumen Glycerin. | Nachweis von verkorkten Membranen und von Fetten (orangerot). |
| Tusche, Chinesische | | Nachweis von Schleim. |

Die Schnitte oder geringe Mengen des zu untersuchenden Drogenpulvers werden auf die Mitte eines Objektträgers übertragen (Pinzette, Spatel), der zuvor mit einem Tropfen Wasser versehen wurde.

Zum Schutze der Präparate und zur Verhinderung des Austrocknens der verwendeten Flüssigkeit legt man ein Deckglas darüber. Das geschieht so, daß man das

Deckglas zwischen Daumen und Zeigefinger an zwei Kanten faßt und mit der dritten Kante seitlich neben das Objekt auf den Objektträger setzt. Dann senkt man es allmählich auf den Flüssigkeitstropfen mit dem Objekt. Ein direktes Fallenlassen des Gläschens auf die Flüssigkeit würde zum Auftreten zahlreicher störender Luftblasen führen.

Ist das Präparat soweit fertiggestellt und war der auf den Objektträger gebrachte Flüssigkeitstropfen zu groß und quillt unter dem Deckglas hervor, so legt man einen Filtrierpapierstreifen neben das Deckglas auf den Objektträger und saugt den Überschuß ab. War andererseits die Flüssigkeitsmenge zu gering und füllt den Raum zwischen Objektträger und Deckglas nicht aus, so taucht man einen Glasstab in die benutzte Flüssigkeit und setzt mit ihm kleine Tropfen an den Rand des Deckglases, die sich dann darunter sofort ausbreiten. Die Oberfläche des Deckglases muß immer trocken und sauber bleiben.

Gebrauchte Objektträger und Deckgläser werden in Wasser und anschließend in Alkohol gereinigt, mit Daumen und Zeigefinger der linken Hand an den Kanten gefaßt und mit einem Leinenlappen blankpoliert.

## 6. Das Einstellen der Präparate im Mikroskop.

Vor der eigentlichen Betrachtung des Objektes im Mikroskop stellt man zunächst das Licht mit Hilfe des Spiegels, der um zwei Achsen beweglich ist, ein und benutzt dazu im allgemeinen die konkave Seite desselben. Niemals drehe man das Mikroskop selbst zur Lichtquelle hin. Dann legt man das Präparat über die Öffnung des Objekttisches, und zwar so, daß sich die zu beobachtenden Teile genau darüber befinden. Zur ersten Betrachtung wähle man das schwächste Objektiv, das bei kleiner Vergrößerung ein gutes Übersichtsbild gewährleistet. Man schraubt den Tubus so weit herunter, bis sich die Frontlinse des Objektivs nur wenig über dem Deckglas befindet, und sieht mit dem linken Auge in das Okular. Dann wird der Tubus langsam wieder mit Hilfe der Makrometerschraube hochgeschraubt, bis das Bild erscheint. Die Feineinstellung wird mit der Mikrometerschraube vorgenommen.

Man nehme die Einstellung des Tubus *nur von unten nach oben* vor, da man im umgekehrten Falle leicht mit dem Objektiv auf das Deckglas aufstoßen und dabei die Frontlinse des Objektivs beschädigen kann.

Durch Schwenken des Revolvers stelle man dann die stärkere Vergrößerung ein und reguliere wieder mit der Mikrometerschraube die Schärfe des Bildes.

Beim Mikroskopieren gewöhne man sich von Anfang an daran, *beide* Augen offenzuhalten. Dadurch ermüden sie bei längerer Arbeit nicht so schnell, und es ist auch möglich, durch bloße Änderung der Blickrichtung mit dem freien Auge die zeichnende Hand zu kontrollieren. Das Zeichenblatt liegt rechts vom Mikroskop, beobachtet wird mit dem linken Auge.

Während des Mikroskopierens und Zeichnens liegt die freie linke Hand ständig an der Mikrometerschraube, um durch Heben und Senken des Tubus ein Durchmustern der verschiedenen Tiefen des Objektes zu ermöglichen. Es ist ja im allgemeinen erwünscht, in der Zeichnung die Einzelbeobachtungen aus den verschiedenen optischen Ebenen des Objektes zu einem Gesamtbild zu vereinigen. (Näheres s. Abschnitt über das Zeichnen.)

## 7. Die mikroskopische Größenmessung.

Um mikroskopische Objekte auf ihre Größe miteinander vergleichen oder aber ähnlich aussehende Objekte, wie Stärken, voneinander unterscheiden zu können, greift man zu ihrer Messung. Das Messen erfolgt mit dem sogenannten Okularmikrometer; dieses besteht aus einem Okular, in das ein Glasplättchen mit einem eingeätzten Maßstab (1 cm in 100 Teile) gelegt wird. Bei der Betrachtung des mikroskopischen Bildes sieht man dann gleichzeitig diesen Maßstab. Aus der Angabe der Teilstriche, die ein Objekt bei der Betrachtung mißt, kann man mit Hilfe des „Mikrometerwertes", der für jedes Objektiv und für eine bestimmte Tubuslänge charakteristisch ist, durch Multiplizieren die Größe des mikroskopischen Objektes berechnen. Die Größe dieses Mikrometerwertes wird im allgemeinen von den optischen Firmen angegeben und ist im übrigen leicht *selbst* festzustellen. Hierzu betrachtet man durch das mit dem Mikrometerokular versehene Mikroskop statt eines Präparates zunächst ein sogenanntes Objektmikrometer. Das ist ein Objektträger, der einen feinen Maßstab (1 mm in 100 Teile) trägt. Man orientiert nun beide Skalen übereinander und zählt, wieviel Teilstriche des Okularmikrometers wievielen Teilstrichen des Objektmikrometers entsprechen. In dem in Abb. 278 wiedergegebenen

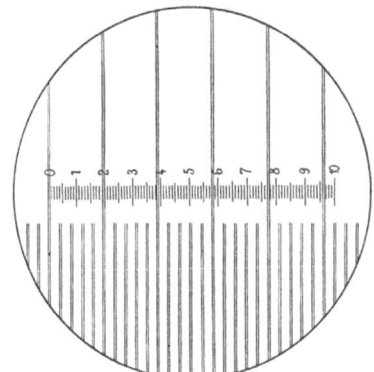 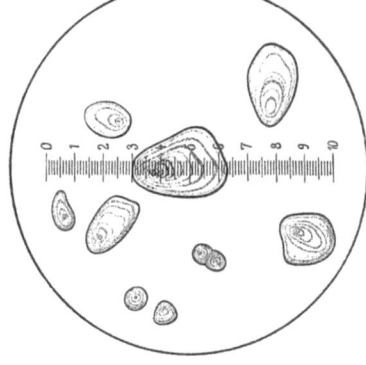

Abb. 278. Feststellung des Mikrometerwertes eines Okularmikrometers. In der Mitte die 100teilige Skala des Okulars, darüber die Skala des Objektmikrometers (1 Teilstrich = $^1/_{100}$ mm) (nach *Gassner*).

Abb. 279. Messung der Größe mikroskopischer Objekte mit dem Okularmikrometer bei gleicher Vergrößerung wie in Abb. 278 (nach *Gassner*).

Falle entsprechen 96 Teilstriche des Okularmikrometers 25 Teilstrichen des Objektmikrometers. Da jeder Teilstrich des Objektmikrometers $^1/_{100}$ mm darstellt, so bedeutet ein Teilstrich des Okularmikrometers $^{25}/_{96} \times ^1/_{100}$ mm = 2,6 μ (1 μ = 1 Mikron = $^1/_{1000}$ mm). Betrachtet man nun anschließend ein mikroskopisches Objekt, z. B. Kartoffelstärke (Abb. 279), und es deckt sich die Längenausdehnung eines Stärkekornes mit 33 Teilstrichen des Okularmikrometers, so ist seine wirkliche Länge 33 × 2,6 μ = 85,8 μ.

### 8. Das Zeichnen und die Mikrophotographie.

Die zeichnerische Wiedergabe der im Mikroskop beobachteten Objekte ist von großem Wert. Sie zwingt den Betrachter, genau auf alle Einzelheiten zu achten und das Präparat mit der genügenden Sorgfalt zu durchmustern. So wird auch in der Praxis die bildliche Darstellung der untersuchten Objekte meist nicht zu umgehen sein. Im allgemeinen finden sich in jedem Präparat Bestandteile, die nicht sofort bestimmbar, aber später in ihrer Gesamtheit und im Zusammenhang bewertbar sind.

Beim *Zeichnen* kommt es vor allen Dingen darauf an, die Größenverhältnisse der einzelnen Teile zueinander möglichst naturgetreu wiederzugeben. Es ist günstig, die Zeichnung von vornherein groß anzulegen, da sich dann alle Einzelheiten im Bau oder Inhalt der Zellen leichter einzeichnen lassen. In der Regel genügt es, eine schematische Darstellung zu geben. Zellwände, die ja eine gewisse Dicke besitzen, werden meist doppelt konturiert gezeichnet. Die einzelnen Linien sollen mit einem nicht zu harten Bleistift klar und deutlich gezogen und nicht aus einzelnen Teilen zusammengesetzt sein. Eine andere Möglichkeit, mikroskopische Bilder festzuhalten, ist durch die *Mikrophotographie* gegeben. Auf die Einzelheiten kann hier nicht eingegangen werden, da es eine ganze Reihe von verschiedenen Einrichtungen hierzu gibt. Abb. 280 zeigt eine solche Mikrophotographie-Einrichtung, die aus einem Aufsatz zum Mikroskop und der eigentlichen Kamera, einer Leica, besteht. Interessenten an der Mikrophotographie wird empfohlen:

HEUNERT, H.-H.: Praxis der Mikrophotographie, Berlin / Göttingen / Heidelberg: Springer 1953.

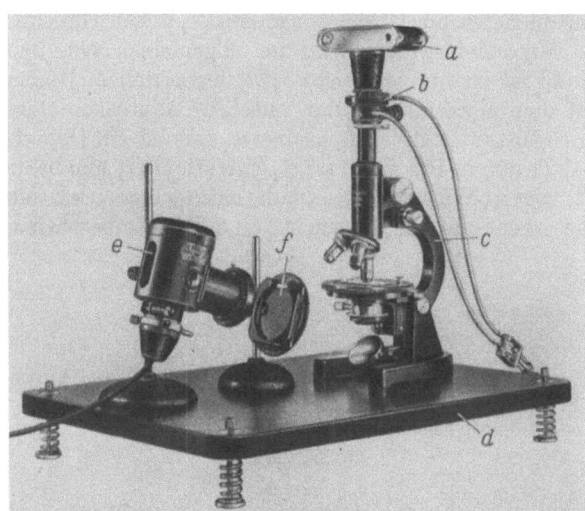

Abb. 280. *a* Leica; *b* Mikroansatz; *c* Mikroskop; *d* erschütterungsfreies Brett; *e* Lampe; *f* Lichtfilter.

# B. Anatomie der Pflanzen.

Wie schon in der Einleitung zur Botanik geschildert wurde, ist die Anatomie ein Teilgebiet dieser Wissenschaft und beschäftigt sich mit dem *inneren Aufbau* der Pflanzen. Sie betrachtet einmal die Elementarbausteine der Organismen, die *Zellen*, in ihrer ursprünglichen und in Anpassung an verschiedene Funktionen abgewandelten Form (*Zytologie = Zellenlehre*), zum anderen den Zusammenschluß von Zellen gleicher Gestalt zu Funktionseinheiten, den Geweben (*Histologie = Gewebelehre*). Die verschiedenen Gewebe schließen sich ihrerseits in der Pflanze wieder zu Funktionseinheiten höherer Ordnung, den *Organen*, zusammen: Wurzel, Sproß und Blatt. Mit dem inneren und äußeren Bau der Pflanzenorgane endlich beschäftigt sich die *Organlehre = Organographie*.

## I. Zellenlehre.

Die Entdeckung, daß die Pflanzen aus winzig kleinen, Bienenwaben ähnlichen Räumen zusammengesetzt sind, machte ROBERT HOOKE 1667 an Flaschenkork. Die Erkenntnis, daß diese „Zellen" nur ein Gehäuse, der lebende Inhalt aber der eigentliche Träger des Lebens ist, kam erst in der Mitte des 19. Jahrhunderts.

Die Zellen der Pflanzen sind meist mikroskopisch klein und ihre Formen mannigfaltig: kugelig, würfelförmig und polyedrisch oder langgestreckt und häufig an den Enden zugespitzt. Der Durchmesser der Zellen liegt meist zwischen 0,2 und 50 μ, die Längenausdehnung dagegen schwankt beträchtlich; man denke nur z. B. an die Länge eines Baumwollhaares von 5 cm!

Bei der Pflanze ist der Innenraum der Zellen = *Lumen* meist umhäutet, also von einer *Zellwand* umgeben. Sie umschließt den wichtigsten Bestandteil der Zelle, den lebenden *Protoplasten*. Dieser ist ein kompliziertes, zusammengesetztes System feinster Strukturen. Man unterscheidet: den *Zellkern = Nucleus* mit dem *Kern-körperchen = Nucleolus* und das *Zytoplasma* oder kurz *Plasma*, das als feinkörnige Masse den Raum zwischen Zellkern und Zellwand ausfüllt. Im Plasma findet

man zahlreiche kleine, verschieden ausgebildete Körperchen, die *Plastiden.* Eine junge,
embryonale Zelle einer höheren
Pflanze besteht aus Zellwand,
Zytoplasma, Zellkern und Plastiden (Abb. 281, *A*). Das ganze
Lumen ist also von Proto-
plasma erfüllt. Im Verlauf des
Wachstums der Zelle vermehrt
sich das Plasma nur unwesentlich. Es werden in den heranwachsenden Zellen eine Anzahl
von Hohlräumen = *Vakuolen*
sichtbar, die von einer wässerigen Flüssigkeit, dem *Zellsaft,*
erfüllt sind (Abb. 281, *B*).
Diese Hohlräume werden immer
größer, so daß bei der ausgewachsenen Zelle das Innere nur
noch mit Zellsaft gefüllt ist; das
Plasma liegt als dünne Schicht
auf der Zellwand *(Plasma-*

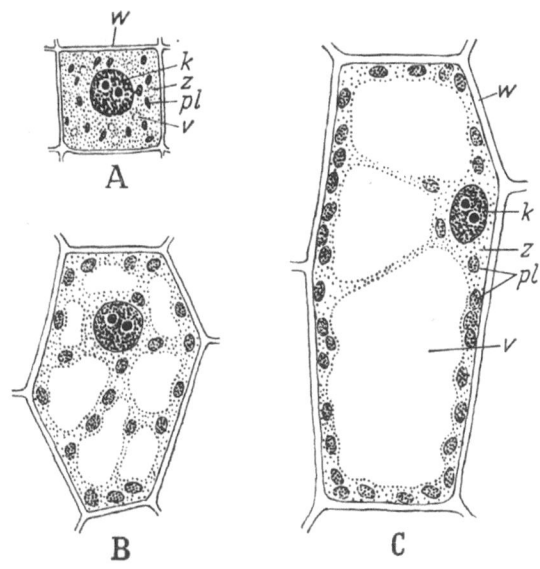

Abb. 281. Aufbau der Zelle. *A* embryonale Zelle. *B* wachsende Zelle.
*C* ausgewachsene Zelle. *z* Zytoplasma. *k* Zellkern mit zwei Ducleolen.
*pl* Plastiden. *c* Vakuole. *w* Zellwand (nach *Stocker*).

*schlauch)* und schickt Stränge oder feine Fäden durch die Vakuole hindurch. Der Zellkern und die Plastiden bleiben aber immer vom Plasma umschlossen (Abb. 281, *C*).

## 1. Das Zytoplasma.

In vielen Zellen höherer Pflanzen ist das Plasma in Bewegung; oft ist diese Bewegung jedoch so langsam, daß sie selbst im Mikroskop bei starker Vergrößerung
kaum wahrzunehmen ist. Die an der Zellwand anliegende Schicht von Plasma

(Hyaloplasma) verharrt meist
in Ruhe, während die darüber
liegenden Schichten über sie
hinweggleiten und die von
ihnen eingeschlossenen Teile
(Kern, Plastiden) mit fortbewegen. Bewegt sich das gesamte
Plasma kreisend in gleichför-
migem Strom entlang der Zellwand, so spricht man von
*Rotationsströmung.* Sind aber
innerhalb des Plasmaschlauches

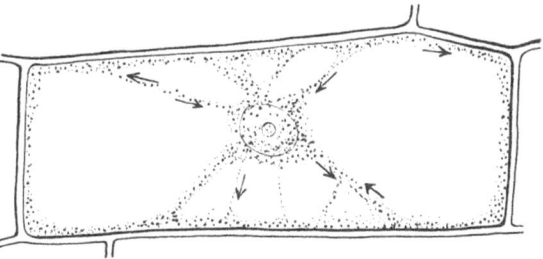

Abb. 282. Zirkulationsströmung in einer Epidermiszelle des Stengels der Fetthenne (Sedum spectabile) (nach *Biebl/Germ*).

kleine, in gegensätzlicher Richtung verlaufende Lokalströmungen ausgebildet, die
besonders dann deutlich werden, wenn Stränge von bewegtem Plasma quer durch
die Vakuole gespannt sind, so bezeichnet man die Strömung als *Zirkulationsströmung* (Abb. 282).

Das Protoplasma ist nur innerhalb ziemlich enger Temperaturgrenzen strömungs-
und auch aktiv lebensfähig. Es stirbt im allgemeinen bei Kälte und bei Temperaturen

über + 50° ab; ebenso wird es durch Chemikalien wie Alkohol, konzentrierte Säuren, Sublimatlösung usw. getötet. Im physikalisch-chemischen Sinne ist das Zytoplasma ein Kolloid, d. h. es ist eine wasserreiche, sehr plastische, aber doch noch elastische Gallerte, einmal dünnflüssig, einmal zähflüssig oder vorübergehend sogar fest (wasserarm) wie in ruhenden Samen. Teils in Wasser gelöst, teils fest besteht das Plasma aus einem Gemisch verschiedener chemischer Verbindungen. Dieses Gemisch verändert sich fortwährend chemisch im lebenden Protoplasten. Die wichtigsten Bestandteile sind wohl die Eiweißkörper, daneben sind Kohlenhydrate, Fette, Sterine, Phosphatide und viele andere für die Lebensfunktionen wichtige Stoffe zu finden.

## 2. Der Zellkern.

Der Zellkern kann nur aus sich selbst durch Teilung neu gebildet werden. Seine Form ist meist linsen-, ei- oder kugelförmig, und die durchschnittliche Größe beträgt 10 bis 20 μ. Im allgemeinen besitzt die Pflanzenzelle einen Zellkern, jedoch treten bei niederen Pflanzen und z. B. in Nährgewebszellen Abweichungen von dieser Regel auf.

Vom angrenzenden Zytoplasma ist der Zellkern durch eine *Kernmembran* getrennt; sein Inneres wird von einer Flüssigkeit, der *Kernlymphe*, und den Kernschleifen oder *Chromosomen*, den wichtigsten Bestandteilen des Kernes, ausgefüllt. Sie sind die Träger der individuellen Eigenarten der Pflanze überhaupt. Diese Kernschleifen sind im ruhenden, also sich nicht teilenden Kern unsichtbar; hier bilden sie nur ein anscheinend wirres Fadenknäuel, zwischen denen die Nucleolen liegen. Dieses Fadenwerk ist reich an Chromatin; das sind phosphorhaltige, in Pepsin unlösliche Eiweißverbindungen.

Die *Form* und der Feinbau der *Chromosomen* ist nur in dem sich teilenden Kern, wie schon gesagt wurde, sichtbar und wechselt im Verlauf der Kernteilung vom lose spiralig gewundenen Faden (Ruhekern) bis zu den eng spiralisierten Chromosomen, die mehr oder weniger zylindrisch aussehen (beginnende Metaphase bis zur frühen Telophase). Durch Veränderung der Ganghöhe der Spirale zeigen sich nicht nur Form-, sondern auch Längenänderungen an den Chromosomen. Der Chromosomenfaden *(Chromonema)* ist durch einen mehr oder weniger offenen Längsspalt in zwei, zeitweise auch in vier genau gleiche Parallelfäden getrennt *(Chromatiden)* und liegt wahrscheinlich in einer Hülle, der *Matrix*, die im Bereich des Mittelstückes *(Centromer)* des Chromosoms fehlt. Am Centromer ist das Chromosom mehr oder weniger eingeschnürt. Das Chromonema bildet keinen einheitlichen Faden, vielmehr ist das Chromatin auf zahlreiche mehr oder weniger scheibenförmige Verdickungen, die *Chromomeren*, beschränkt, die durch achromatische Teile, wie Perlen in einer Kette, miteinander verbunden sind (Abb. 283). Jeder Zellkern besitzt normalerweise einen einfachen (n), aus lauter verschiedenen Chromosomen bestehenden oder einen doppelten (2n) Chromosomensatz. Im letztem ist also jede Chromosomenart zweifach vorhanden (homologe Chromosomen). Dabei ist die Chromosomenzahl des Satzes für jedes Individuum, ob Pflanze oder Tier, charakteristisch und konstant, ebenso die Form der Chromosomen selber und die darauf sich befindenden Chromomeren (Abb. 284).

**Kernteilung.** Wie schon vorher erwähnt, wird die Spiralisation der Chromosomen im sich teilenden Zellkern außerordentlich verstärkt (Abb. 285, *II*); dabei bilden die beiden Chromatiden zwei ineinanderliegende, aber seitlich trennbare Spiralen. Durch die Verkürzung der Chromosomen besteht die Möglichkeit, sie so im Kern anzuordnen, daß eine gleichmäßige Verteilung auf die beiden Tochterkerne erfolgen kann. Werden die *Chromatiden* voneinander getrennt und auf die Tochterzellen verteilt, entstehen Tochterkerne mit *gleicher* Chromosomenzahl wie der Mutterkern;

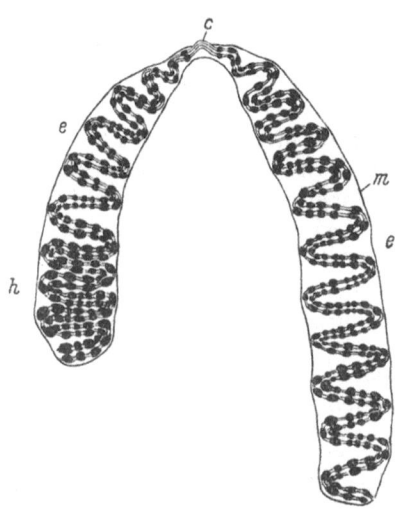

Abb. 283.
Schema eines spiralisierten Chromosoms. *m* Matrix.
*c* Centromer. *e* und *h* Chromomeren (nach *Stocker*).

Abb. 284. Diploider Chromosomensatz $2n = 6$. Die
homologen Chromosomen sind mit gleichen Buchstaben bezeichnet (nach *Stocker*).

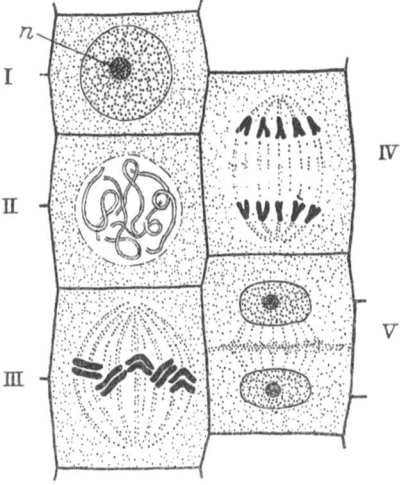

Abb. 285. Kern- und Zellteilungsphasen. *I* Ruhe-
kern mit Nucleolus *n*. *II* Prophase. *III* Metaphase.
*IV* Anaphase. *V* Telophase (nach *Stocker*).

*Mitose*      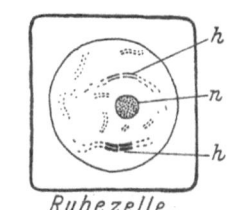      *Meiose*

Ruhezelle

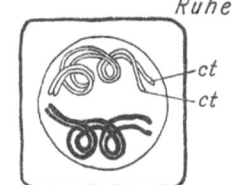

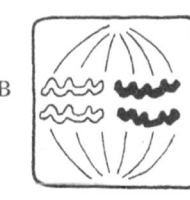

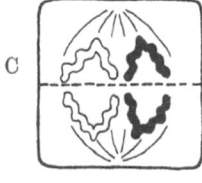

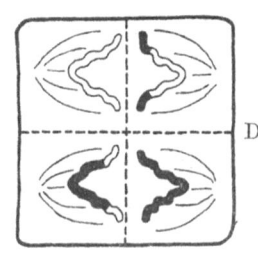

Abb. 286. Schema der mitotischen und meiotischen Kernteilung für
*ein* homologes Chromosomenpaar. Die von Vater und Mutter ererbten
Chromosomen sind weiß und schwarz gekennzeichnet. In der Meiose
ist 2facher chromatiden-Stückaustausch angenommen. *A* Prophase.
*B* Metaphase. *C* Anaphase. *D* Zweite meiotische Teilung. *n* Nucleolus,
*h* heterochromatische Chromosomenteile im Ruhekern. *ct* Chromatiden
(nach *Stocker*).

es handelt sich also um eine reine Kern- und Zellvermehrung *(Mitose)*. Erhalten die Tochterzellen nur die *halbe Chromosomenzahl* der Mutterzelle (Reduktions-teilung = *Meiose*), so dient die Teilung zur Überführung der diploiden $(2n)$ in die haploide $(n)$ Phase des Generationswechsels. Schematisch sind diese Vorgänge in Abb. 286 dargestellt. Im allgemeinen ist mit der Kernteilung eine *Zellteilung* ver-bunden; die die beiden Tochterkerne voneinander trennende neue Zellwand wird entweder im Äquator der Kernspindel (Abb. 285, *V*) oder von den Seitenwänden her neu angelegt.

*α) Mitose.* In der *Prophase* (Abb. 285, *II*) wird das feine Fadenwerk des Ruhe-kerns leicht spiralisiert und entwirrt sich immer mehr zu den mehr oder weniger stäbchenförmigen Chromosomen, die aus zwei Chromatiden bestehen. Die Nucleolen verschwinden. Dann erfolgt unter starker Verkürzung die volle Spiralisation der Chromosomen, die zur Mitte der Zelle befördert werden. Sie liegen dort in der Äquatorialebene einer aus dem Zytoplasma gebildeten Kernspindel (*Metaphase*, Abb. 285, *III*). Die Pole der Kernspindel verschieben sich mehr und mehr zu den Enden der Zelle, und Spindelfasern setzen am Centromer der einzelnen Chromatiden an. Durch Verkürzung der Spindelfasern werden sie zu den Polen hingezogen (*Anaphase*, Abb. 285, *IV*), und zwar so, daß die beiden Chromatiden eines Chromo-soms zu verschiedenen Polen gelangen. Nun entspiralisieren sich die Tochter-chromosomen wieder und zeigen bereits einen neuen Längsspalt für die nächste Kernteilung. Sie ballen sich zusammen und bilden die beiden neuen Tochterkerne (*Telophase*, Abb. 285, *V*), die mit Nucleolus und Kernmembran ausgestattet sind. Zwischen den beiden neugebildeten Zellkernen entsteht eine Zellwand.

*β) Meiose* (Reduktionsteilung). Bei der Reduktionsteilung spiralisieren sich die Chromosomen in der Prophase nicht gleich auf, sondern es legen sich die homo-logen Paare der ganzen Länge nach aneinander (Abb. 286, $A_2$). Die vier Chromatiden des homologen Chromosomenpaares schlingen sich umeinander (Abb. 286, $A_3$), so daß Überkreuzungsstellen auftreten können. Bei der Trennung der Chromatiden treten an solchen Stellen häufig Zerreißungen ein; sie verwachsen zwar, jedoch können Bruchstücke zweier Chromatiden vertauscht werden und somit Chromatiden aus Teilen zweier ursprünglich verschiedener entstehen (Abb. 286, *B, x, y*). Diesen Austausch von Chromatidenbruchstücken bezeichnet man als Crossing over; er ist für die Neukombination von Erbanlagen, wie wir noch später sehen werden, von entscheidender Bedeutung. Wie bei der Mitose wandern nun die Chromosomen mit Hilfe der Spindelfasern zu den Polen der Kernspindel. Es wird jedoch *kein* Ruhe-kern gebildet, sondern es trennen sich in einer zweiten Teilung die beiden Chroma-tiden eines jeden Chromosoms voneinander. Diese zweite Teilung verläuft ganz nach der Art einer Mitose (Meta-, Ana-, Telophase); an ihrem Ende sind vier neue Zellen entstanden. Während also der erste Teilungsschritt die eigentliche Reduktion des diploiden Chromosomensatzes auf den haploiden darstellt, dient der zweite nur zur Vermehrung der hervorgebrachten Zellen.

## 3. Die Plastiden.

Auch die Plastiden entstehen wie der Zellkern nur durch Teilung aus sich selbst. Sie fehlen lediglich bei Bakterien, Blaualgen, farblosen Flagellaten und Pilzen und bestehen aus einer Grundsubstanz *(Stroma)*, in die verschiedene Farbstoffe ein-gelagert sein können. Man unterscheidet: grüne *Chloroplasten*, gelb oder orange gefärbte *Chromoplasten* und farblose *Leucoplasten*.

**Chloroplasten.** Bei den Algen bilden die Chloroplasten mannigfaltige Formen aus (Netze, Spiralen, Platten, Sterne), jedoch ist ihre Gestalt bei den Moosen, Farnen, Gymnospermen und Angiospermen mehr oder weniger linsenförmig

(Abb. 287). Der grüne Farbstoff, das Blattgrün oder Chlorophyll, ist in bestimmter Weise in das Stroma eingebettet und spielt eine wichtige Rolle bei der Photosynthese (s. Physiologie). Die Chloroplasten können vorübergehend kleine Stärkekörnchen (Assimilationsstärke) enthalten.

**Chromoplasten.** Die Chromoplasten tragen gelbe bis orangerote Farbstoffe (Karotine, Xanthophylle); häufig gehen sie aus Chloroplasten hervor. Sie geben vielen gelben und orangeroten Blüten und Früchten ihre Farbe, wie z. B. dem Hahnenfuß, dem Stiefmütterchen, der Kapuzinerkresse, der Tomate, der Hagebutte; ebenso trifft man sie in der Möhre wieder. Sind die Karotinoide in reichlichem Maße vorhanden, kristallisieren sie aus und liegen in Kristallform in der plasmatischen Umhüllung (Abb. 288).

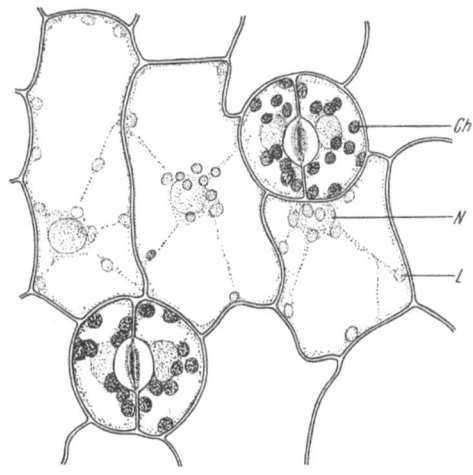

Abb. 287. *Ch* Chloroplasten. *L* Leucoplasten. *N* Nucleolus. Blattunterseite von Listera cordata (nach *Biebl/Germ*)

**Leucoplasten.** Die Leucoplasten entsprechen in ihrem Bau wahrscheinlich den Chloroplasten, jedoch fehlt ihnen der Farbstoff. In manchen Fällen sind sie nicht zur Farbstoffbildung befähigt, in anderen können sie grüne oder gelb-rote Farbstoffe

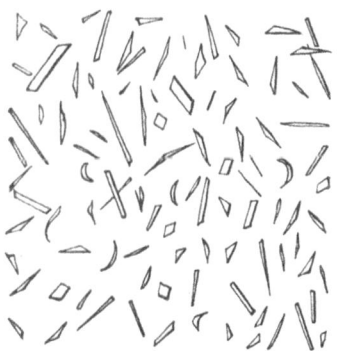

Abb. 288. Chromoplasten von Daucus carota, Möhre (nach *Biebl/Germ*).

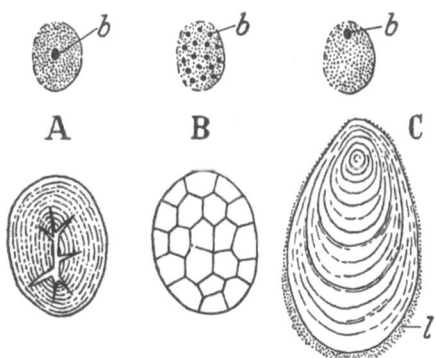

Abb. 289. Bildung von Reserve-Stärke. *b* Bildungszentren in den Leucoplasten. Fertig ausgebildete Stärke: *A* zentrische Stärke der Bohne. *B* zusammengesetzte Stärke des Hafers. *C* exzentrische Stärke der Kartoffel (nach *Stocker*).

ausbilden. Sie sind meist sehr klein, von kugeliger oder eiförmiger Gestalt und oft schwer zu erkennen (Abb. 287). Die Aufgabe der Leucoplasten in Speichergeweben (z. B. Kartoffelknolle, Getreidekörner) besteht darin, in ihrem Inneren Reservestärke aus den zugeführten Zuckern zu bilden. Dieser Vorgang geht von einem oder mehreren Bildungszentren aus (Abb. 289). Die Stärkekörner füllen schließlich den ganzen Innenraum der Leucoplasten aus, so daß diese sich nur noch als feines Häutchen um die Stärkekörner ziehen.

Bei der Bildung der Stärkekörner kann man je nach Vorhandensein eines oder vieler Bildungszentren einfache und zusammengesetzte Stärkekörner unterscheiden

(Abb. 289); bei den einfachen Stärkekörnern wiederum kann man je nach Lage des Bildungszentrums zentrische und exzentrische beobachten (Bohnenstärke, Kartoffelstärke).

## 4. Der Zellsaft.

Wie schon vorher erwähnt, besitzen ausgewachsene Zellen Vakuolen, die von Zellsaft erfüllt sind. Dieser besteht aus einer wässerigen Lösung, enthält stets Salze, Zucker, Eiweiße, organische Säuren, oft Farbstoffe (Anthocyane), Gerbstoffe, Alkaloide usw. und reagiert normalerweise sauer. Häufig finden sich im Zellsaft feste Körper (Aleuronkörner und Kristalle) und Fette. Die *Aleuronkörner* entstehen aus kleinen Eiweißvakuolen, in denen die Konzentration der Eiweiß-

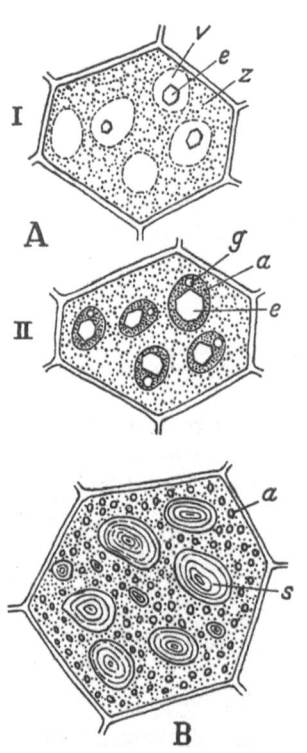

Abb. 290. Bildung von Reserve-Eiweiß. *A* (*I* und *II*) Ricinus: *v* Vakuole mit Eiweißkristall *e*; *z* Zytoplasma; *a* Aleuronkorn, bestehend aus fettreicher Grundmasse, Eiweißkristall *e* und Globoid *g*. *B* Zelle aus dem Keimblatt der Erbse: *a* Aleuron; *s* Stärke (nach *Stocker*).

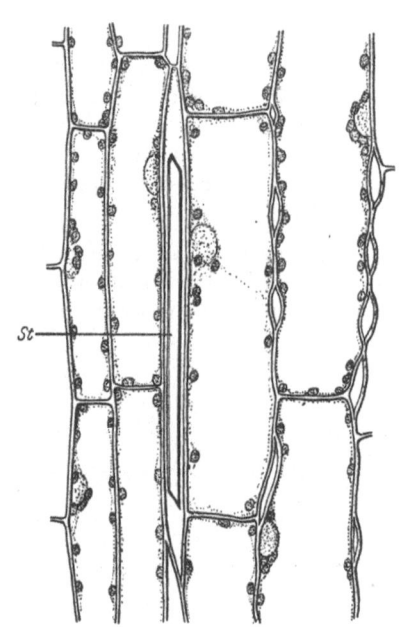

Abb. 291. Kristallspieß oder Styloid aus dem Grundgewebe des Irisblattes (nach *Biebl/Germ*).

stoffe bis zur Ausfällung der Aleuronkörner oder Eiweißkristalle führt (Abb. 290). In der Zelle vorkommende *Öltröpfchen* kann man als Fettvakuolen ansprechen. Sie dienen der Pflanze wie die Stärke als Speichersubstanzen.

Die Bildung von *Kristallen* bedeutet für die Pflanze eine Inaktivierung der im Stoffwechsel abfallenden Oxalsäure. Neben Einzelkristallen (Abb. 291, Abb. 292) findet man morgensternartige Kristalldrusen (Abb. 293), feinen Kristallsand oder büschelig gelagerte Nadeln (Rhaphiden).

## 5. Die Zellwand.

Im Gegensatz zu tierischen sind die pflanzlichen Zellen im allgemeinen von einer mehr oder weniger festen Wand umgeben. Die Wandungen einer jungen Zelle sind fein und dünn; sie vergrößern sich mit zunehmendem Alter der Zelle, wachsen also mit und gewinnen allmählich größere Festigkeit und Dicke. Auf die bei einer Zellteilung gebildete *Primärwand* (Abb. 285, *V*) wird vom Plasma während des Wachstums der Zelle eine *Sekundärwand* ausgeschieden und aufgelagert. Die Ablagerung dieser Wand erfolgt rhythmisch, so daß man besonders bei dicken Zellwänden eine Schichtung beobachten kann (z. B. Steinzellen, vgl. Abb. 307). Die Primärwand bezeichnet man als *Mittellamelle;* sie besteht hauptsächlich aus Pektinen. Die sekundäre Wand dagegen besteht in der Hauptsache aus Cellulose.

Um nun den einzelnen Zellen in einem Gewebe die Möglichkeit des Stoffaustausches und der Reizleitung untereinander zu geben, erfolgt die Ablagerung der sekundären Zellwand nicht regelmäßig; es bleiben scharf umgrenzte Bezirke der

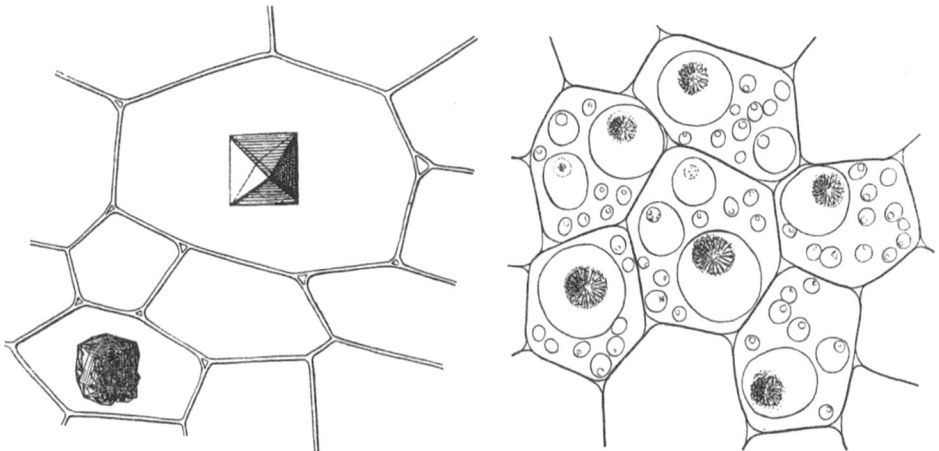

Abb. 292. Ca-oxalatkristalle aus dem Stengel von Begonia vitifolia = Schiefblatt (nach *Biebl/Germ*).     Abb. 293. Aleuronkörner aus dem Samen von Vitis vinifera = Weinstock. Die großen enthalten je eine Ca-oxalatdruse (nach *Biebl/Germ*).

Zellwand unverdickt. Solche von der Auflagerung ausgeschlossenen Stellen bezeichnet man als *Tüpfel*. Die Protoplasten sind also nur durch die Mittellamelle, hier als *Schließhaut* bezeichnet, voneinander getrennt, da an benachbarten Zellen die Tüpfel der einen Zelle der der anderen Zelle genau gegenüber liegen.

Während die Tüpfel bei dünnwandigen Zellen manchmal schwer zu erkennen sind, nehmen sie bei dickwandigen Zellen den Charakter von *Tüpfelkanälen* an (Abb. 307, Steinzellen). Durch die Schließhaut hindurch sind die Protoplasten benachbarter Zellen durch feine Plasmastränge oder -fäden = *Plasmodesmen* miteinander verbunden.

In den einzelnen Geweben der Pflanze kann die aus Cellulose bestehende Zellwand durch Einlagerung verschiedener Substanzen in ihren Eigenschaften verändert werden. Wasserundurchlässig wird die Wand zum Beispiel, wenn *Cutin-* oder *Kork*substanzen auf- oder eingelagert werden; druckfester, wenn *Lignin* eingelagert wird, also eine Verholzung eintritt. Weiter kann man Einlagerungen von *Kalk* und *Kiesel*säure beobachten oder auch eine *Verschleimung* der Zellmembranen.

## II. Gewebelehre.

In den höheren Pflanzen schließen sich die einzelnen Zellen zu Funktionseinheiten, den Geweben, zusammen; dabei erfahren sie in Verbindung mit den von ihnen in der Pflanze zu erfüllenden Aufgaben und Funktionen Abwandlungen ihrer ursprünglichen Gestalt. Zellverbände von einem bestimmten anatomischen Bauplan und gleicher Funktion bilden die einzelnen *Gewebe*, die ihren Namen nach der von ihnen zu erfüllenden Aufgabe erhalten haben. So unterscheidet man ein *Grundgewebe* oder *Parenchym,* das sich aus mehr oder weniger isodiametrischen Zellen zusammensetzt. Weiter unterscheidet man *Hautgewebe, Stützgewebe* (mechanisches Gewebe), *Leitungsgewebe* und *Sekretionszellen.* Alle diese Gewebe sind *Dauergewebe,* deren Elemente oft teilungsunfähig geworden sind. Daneben gibt es in jeder höheren Pflanze Gewebe, die fortlaufend neue Zellen hervorbringen, die *Bildungsgewebe* oder *Meristeme.* Wie schon im Abschnitt über die Zellwand erwähnt wurde, stehen die Protoplasten der Zellen durch Tüpfel miteinander im Stoffaustausch. Um nun die Zellen auch mit dem zu ihrem Leben nötigen gasförmigen Sauerstoff zu versorgen, entstehen Lücken im Gewebe, die die ganze Pflanze durchziehen und mit Luft gefüllt sind. Diese Lücken bezeich-

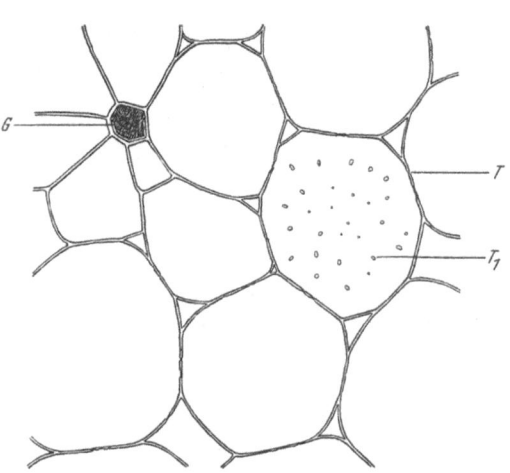

Abb. 294. Parenchymatische Zellen aus dem Holundermark. T Tüpfel; bei T₁ in der Aufsicht. G Gerbstoff (nach *Biebl/Germ*).

net man als *Intercellularräume* (Intercellularen) = Zellzwischenräume. Sie entstehen u. a. durch Auflösung der Mittellamelle zwischen zwei benachbarten Zellen und Auseinanderweichen der beiden Zellwände (Abb. 294).

### 1. Das Parenchym (Grundgewebe).

Das Grundgewebe besteht aus wenig differenzierten Zellen, die im allgemeinen isodiametrisch und dünnwandig sind (Abb. 294). Ihre Funktionen sind in den einzelnen Teilen der Pflanze sehr unterschiedlich. In Blättern und genügend dem Licht ausgesetzten Teilen von Stengel und Stamm bilden sie Chlorophyllkörner aus und dienen der Assimilation der Pflanze. Bei Pflanzen trockener Standorte oder mit unregelmäßiger Wasserversorgung bilden große, farblose Parenchymzellen ein Wasserspeichergewebe, und bei Wasser- oder Sumpfpflanzen werden von den Grundgewebszellen Luftspeichergewebe (Aerenchyme) erzeugt. Im Aerenchym findet man zwischen den Zellen außerordentlich viele und große Interzellularen, die mit Luft gefüllt sind und somit den Sauerstoffbedarf der Pflanze decken können. In Samen, Keim-

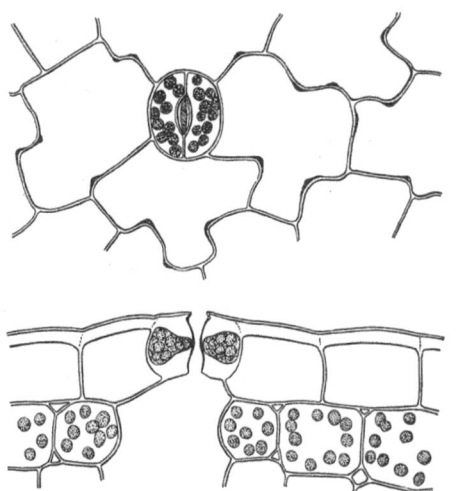

Abb. 295. Aufsicht und Querschnitt der Epidermis von Helleborus niger (Nieswurz) mit Spaltöffnung (nach *Biebl/Germ*).

blättern und vegetativen Speicherorganen wie Wurzeln, Knollen, Rhizomen und Zwiebeln usw. dienen die Grundgewebszellen der Speicherung organischer Stoffe (Stärke, Eiweiß, Fette).

## 2. Das Hautgewebe.

Die Haut oder *Epidermis* bildet mit ihren Überzügen und Anhangsgebilden im allgemeinen das äußere Abschlußgewebe der Pflanze. Sie gibt den einzelnen Organen nach außen hin eine gewisse Widerstandsfähigkeit und wirkt gleichzeitig bei Ein-

oder Auflagerung was-
serundurchlässiger Stoffe
(Cutin) einer zu großen
Wasserverdunstung ent-
gegen.

Die Epidermis besteht
aus lückenlos ineinander-
gefügten Zellen, deren
Zusammenhalt häufig
noch durch mehr oder
weniger stark gewellte
Radialwände verstärkt
wird (Abb. 295). Diese
Zellen besitzen meist re-
lativ dicke Außenwände
und geben damit eine
gewisse mechanische
Festigkeit und Verdun-
stungsschutz. Durch Auf-
lagerung einer feinen oder
auch starken Cutinmem-

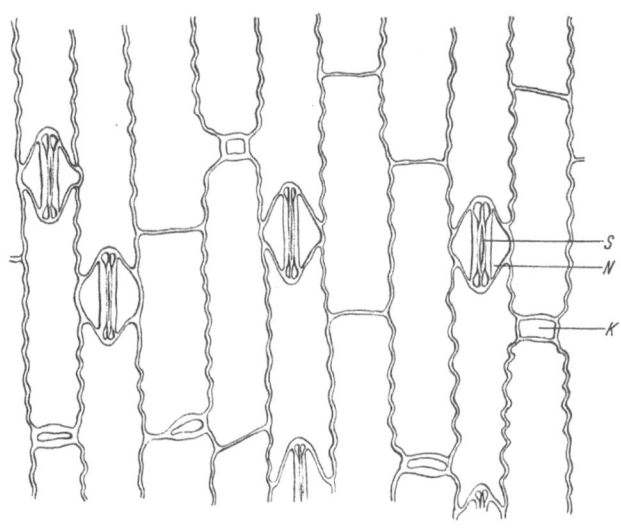

Abb. 296. Aufsicht auf die Epidermis des Mais. *S* Schließzellen. *N* Neben-zellen. *K* Kieselzelle (nach *Biebl/Germ*).

bran = *Cuticula* wird letzter noch erhöht (Abb. 297). Diese Cutinstoffe können außerdem in die Außenwand der Epidermiszellen eingelagert sein. Auch gelegent-lich auftretende Wachsüberzüge der Epidermis verringern die Transpiration der

Pflanze (z. B. bei Pflaumen,
Weinbeeren, Äpfeln). Um den
Gasaustausch der Pflanze zwischen dem Interzellularensystem und der Außenwelt zu
ermöglichen, sind sogenannte
*Spaltöffnungen* in die Epidermis eingefügt (Abb. 295 u. 296).
Sie führen als einzige Zellen
der Epidermis Chloroplasten
und stehen direkt durch sogenannte *Atemhöhlen,* die sich
unter jeder Spaltöffnung in
mehr oder weniger großer
Ausbildung befinden, mit den
Interzellularräumen in Verbindung. Die Spaltöffnungen fehlen primär nur bei Wurzeln

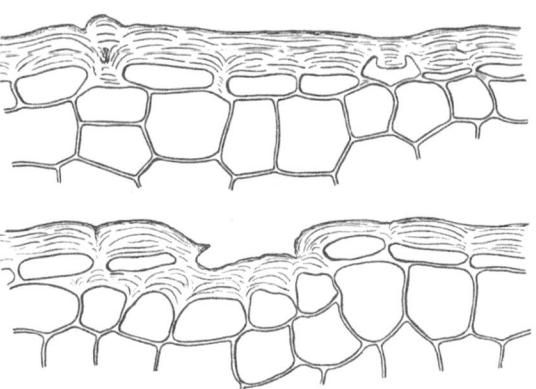

Abb. 297. Besonders stark ausgebildete Cuticula vom Stamm der Mistel. Die Außenwände der darunterliegenden Rindenparenchym-zellen sind ebenfalls cutinisiert (nach *Biebl/Germ*).

und in das Wasser getauchten Pflanzenteilen. Sonst findet man sie im allgemeinen auf der Blattunterseite, bei aufrecht stehenden Blättern jedoch an beiden Seiten und bei Schwimmblättern auf der Oberseite. Pflanzen trockener Standorte zeigen zur weiteren Herabsetzung ihrer Transpiration tief in die Epidermis eingesenkte und Pflanzen extrem feuchter Standorte über die Epidermis hinausgehobene Spaltöffnungen, damit die darüberstreichende Luft den Wasserdampf schnell wegzuführen vermag.

Im allgemeinen liegen die Spaltöffnungen unregelmäßig zwischen den Epidermiszellen (Abb. 295), bei den Monocotylen jedoch mit den Epidermiszellen gemeinsam in Reihen, die in der Längsrichtung des Blattes verlaufen (Abb. 296).

Die Spaltöffnungen bestehen aus zwei nierenförmigen Zellen, den *Schließzellen*, die an ihrer konkaven Seite durch eine mehr oder weniger große Spalte voneinander getrennt sind. Durch Volumenveränderung der Schließzellen kann die Spalte aktiv geöffnet oder geschlossen werden. Bei einer Vergrößerung des Zellvolumens öffnet sich die Spalte, da durch lokale Verdickung der Wände der Schließzellen ihre Dehnbarkeit gerichtet ist; sie schließt sich bei Verkleinerung des Volumens.

Die Volumenzunahme der Schließzellen wird bedingt durch ihre Assimilationsfähigkeit bei genügender Licht- und Wasserzufuhr; dabei werden Zucker gebildet; durch die erhöhte Zellsaftkonzentration wird osmotisch Wasser aufgenommen und damit das Volumen der Zelle größer, die Spalte öffnet sich. Bei Nacht und Wassermangel wandeln sich die gebildeten Zucker in osmotisch unwirksame Stärke um, die angrenzenden Zellen entziehen den Schließzellen Wasser, ihr Volumen wird kleiner, und die Spalte schließt sich.

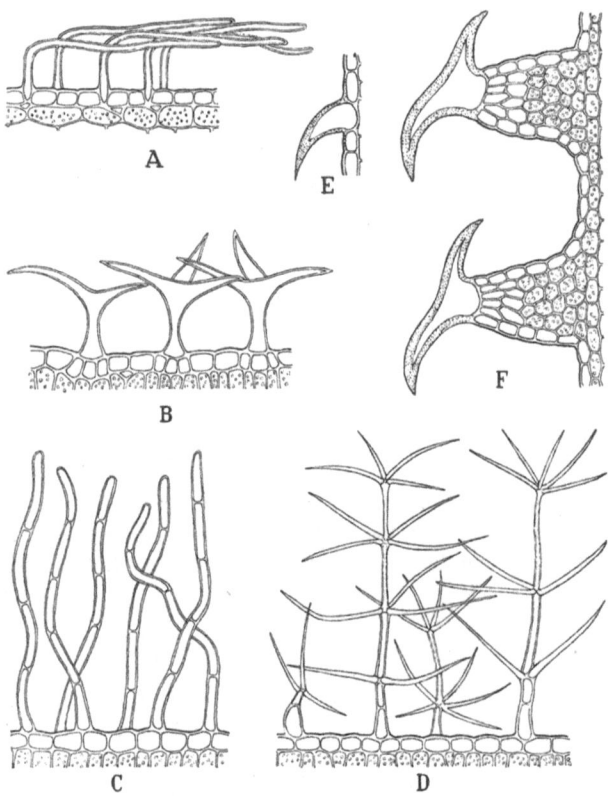

Abb. 298. **Haarbildungen.** *A* Seidenhaare. *B* Sternhaare. *C* Wollhaare. *D* Etagenhaare. *E* Stachelhaare. *F* Kletterhaare des Hopfens (nach *Stocker*).

Wie Abb. 296 zeigt, besitzen Spaltöffnungen der monocotylen Pflanzen außerdem noch laterale oder polare Nebenzellen.

Epidermale Anhangsgebilde sind die *Haare;* sie entstehen aus Epidermiszellen und haben verschiedene Aufgaben zu erfüllen.

*a) Tote Haare.* Die toten Haare stehen wohl meist im Dienste des Transpirationsschutzes und werden auch als Deckhaare bezeichnet. Sie können einzellig oder vielzellig ausgebildet und von mannigfaltiger und kennzeichnender Gestalt sein (Abb. 298). Auch zum Festhaften von Pflanzenteilen an einer Unterlage können sie dienen, wie z. B. die Kletterhaare des Hopfens.

*b) Lebende Haare.* Lebende Haare besitzen noch, wie schon ihr Name sagt, einen lebenden Zellinhalt. Sie können u. a. als *Saughaare* zur Aufnahme von Wasser eingerichtet sein oder als *Brenn-* und *Drüsenhaare* fungieren oder als handschuhfingerartige *Papillen* vielen Blüten ihr samtartiges Aussehen verleihen (z. B. Stiefmütterchen). Abb. 299c zeigt ein solches *Brennhaar* der Brennessel. In einen vielzelligen, becherförmigen Sockel, an dessen Bildung auch subepidermale Schichten beteiligt sind, ist das eigentliche lang flaschenförmige Brennhaar eingelassen. Sein oberes Ende ist zu einem kleinen, kugeligen Köpfchen umgebogen. Während sonst die Wand des Haares aus Cellulose besteht, ist sie an der Biegungsstelle durch Verkieselung spröde und außerdem auch dünnwandig. Bei Berührung bricht hier das Köpfchen ab, so daß die kanülenartige Spitze in die Haut eindringen kann und hautreizende Stoffe in die Wunde übertreten.

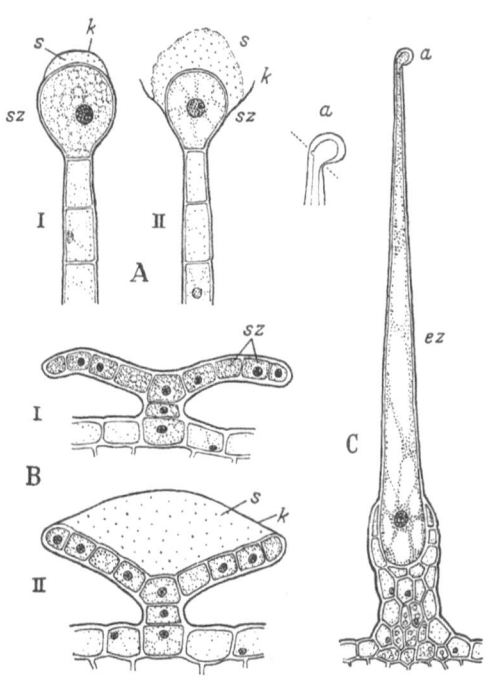

Auch die *Drüsenhaare* und *-schuppen* sind Bildungen der Epidermis (Abb. 299, *A, B*). Sie bestehen aus einer unterschiedlichen Zahl von Stielzellen und einem Köpfchen, das auch aus einer oder mehreren Zellen gebildet werden kann. Die Köpfchenzellen produzieren ätherische Öle, die zwischen Außenwand und Cuticula abgeschieden werden. Schon bei leichter Berührung zerplatzt die Cuticula, und die Öle werden frei. Beim Hopfen bilden die Sekretzellen statt eines Köpfchens eine trichterförmige Drüsenschuppe.

Abb. 299. Drüsenhaare. *A* Drüsenhaar. *B* Drüsenschuppe des Hopfens. *C* Brennhaar der Brennessel. *sz* Sekretzelle; *k* Cuticula; *s* ausgeschiedenes Sekret; *ez* Sekretionszelle mit unten verkalkter, oben verkieselter Zellwand; *a* verkieselte Spitze (nach *Stocker*).

Aus Ansammlungen dicht gedrängt stehender Drüsenhaare werden auch manche *Nektarien* gebildet. Sie sondern statt ätherischer Öle einen zuckerhaltigen Saft ab und finden sich im allgemeinen in der Blütenregion.

### 3. Sekretions- und Exkretionsgewebe.

Nicht nur Haare, sondern auch andere Teile der Pflanze können Sekrete und Exkrete erzeugen. Die Stoffe können dann im Zellsaft abgelagert (z. B. Ölzellen, Milchsaftröhren) oder aus den Zellen entfernt werden.

*Ölzellen* sind z. B. beim Kalmus (Abb. 327) oder Ingwer (Abb. 328) zu beobachten. *Ölgänge* und auch *Harzgänge* (Abb. 300) entstehen durch *Auseinanderweichen* von Drüsenzellen; es entsteht so ein großer Interzellulargang, der von Drüsenepithel umgeben ist. In ihn werden die gebildeten ätherischen Öle oder Harze ausgeschieden. Solche Ölgänge findet man z. B. bei Apfelsinen und Citronen und Harzkanäle bei vielen Coniferen. Auch durch *Auflösung* der Wände der Drüsenzellen können Gänge entstehen, die man als *lysigene Ölräume*, wie z. B. bei den Myrtaceen, bezeichnet (Abb. 326).

Exkretionsgewebe anderer Art, nämlich *Milchsaftröhren*, sind bei einigen anderen Pflanzenfamilien zu beobachten. Bei den Euphorbiaceen (Wolfsmilchgewächsen) bestehen sie aus einer einzigen, schon in der Keimpflanze vorhandenen Meristemzelle, die zu langen, oft verzweigten, die ganze Pflanze durchziehenden Schläuchen auswächst = *ungegliederte Milchsaftröhren* (Abb. 301). Bei manchen Compositen (Korbblütler) dagegen kommen die Milchröhren durch Auflösung von Zellwänden und netzige Zellfusion zustande = *gegliederte Milchsaftröhren* (Abb. 302). Über die physiologische Bedeutung der Milchröhren ist bisher wenig bekannt.

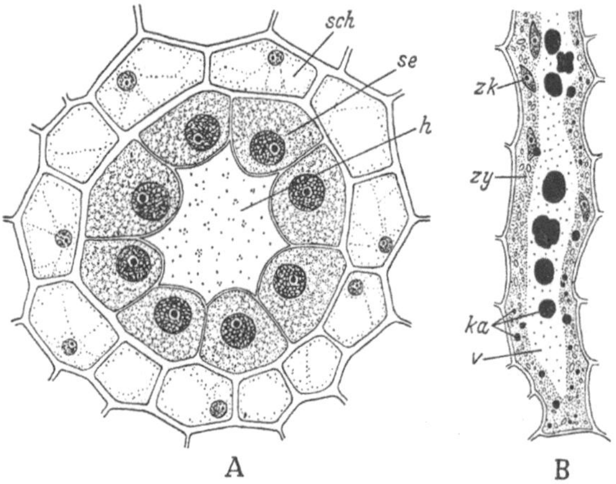

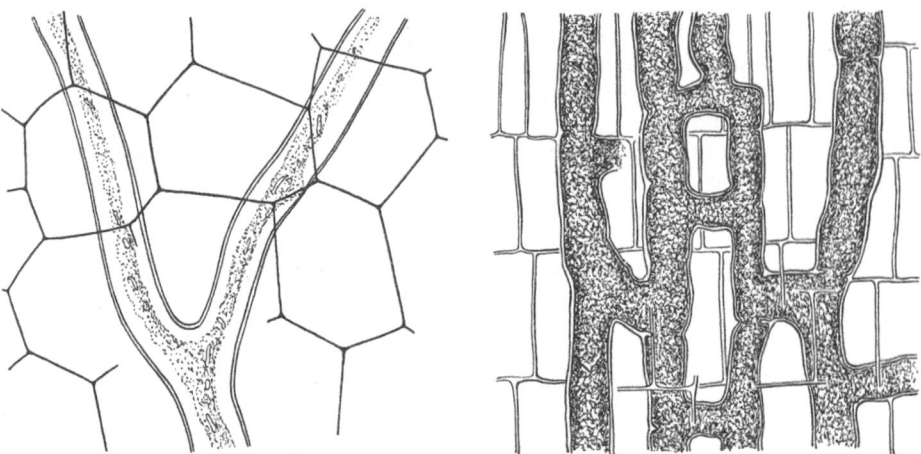

Abb. 300. *A* Harzgang aus dem Blatt der Kiefer. *h* Harzgang; *se* Sekretzelle; *sch* Scheide. *B* Milchröhre des Feigenbaumes. *zk* Zellkerne; *zy* Zytoplasma; *ka* Kautschuktröpfchen; *v* Vakuole mit Milchsaft (nach *Stocker*).

## 4. Das Korkgewebe.

Während krautige Pflanzen Zeit ihres Lebens die Epidermis als äußeres Abschlußgewebe des Stengels behalten, wird diese bei Pflanzen mit Dickenwachstum im Laufe der Entwicklung gesprengt. Es muß daher ein neues Abschlußgewebe gebildet werden; dieses bezeichnet man als *Periderm*.

Bei Gymnospermen und Dicotylen geht dieses Ersatzgewebe von einem sekundären Meristem, dem *Korkkambium* = *Phellogen* aus. Subepidermale Zellen beginnen sich zu teilen; sie sind bipolar tätig, geben also sowohl nach außen als auch nach innen Zellen ab. Die in größerer Zahl

Abb. 301. Gegliederte Milchsaftröhren der Schwarzwurzel (nach *Biebl/Germ*).

Abb. 302. Ungegliederte Milchsaftröhren der Wolfsmilch (nach *Biebl/Germ*).

nach außen abgegebenen Zellen strecken sich, ihre Wände verkorken und die Protoplasten sterben infolge der Verkorkung ab (*Korkzellen* = *Phellem*). Die in geringerer Zahl nach dem Innern des Stammes hin abgegebenen Zellen bleiben lebend und parenchymatisch (*Phelloderm*), Abb. 303a.

Bei fortschreitender Verkorkung des äußeren Stammteiles können die Spaltöffnungen nicht mehr ihren Aufgaben gerecht werden. Sie werden durch schon äußerlich sichtbare, warzenförmige Gebilde, die *Lentizellen*, ersetzt (Abb. 303 b). Diese entstehen dadurch, daß aus den die Atemhöhle umgrenzenden Zellen Teilungs-

gewebe hervorgehen, die laufend neue Zellen bilden, deren Wände verkorken. Sie sterben ab, lösen sich aus dem Verband und füllen locker die Atemhöhlen unter den Spaltöffnungen und sprengen diese schließlich. Die lockere Anordnung der Zellen in den Lentizellen gewährleistet eine ausreichende Durchlüftung der darunterliegenden Gewebe.

**Borkenbildung.** Im allgemeinen stirbt das Korkkambium nach einer gewissen Tätigkeitsdauer ab. In tiefer gelegenen Schichten entsteht ein neues Phellogen, das nach einiger Zeit wieder durch ein drittes usw. ersetzt wird. Zwischen den einzelnen Korkschichten liegen auch Zellen des Rindengewebes, die durch den Kork von der Wasser- und Nahrungszufuhr abgeschnitten werden; sie sterben ebenfalls ab.

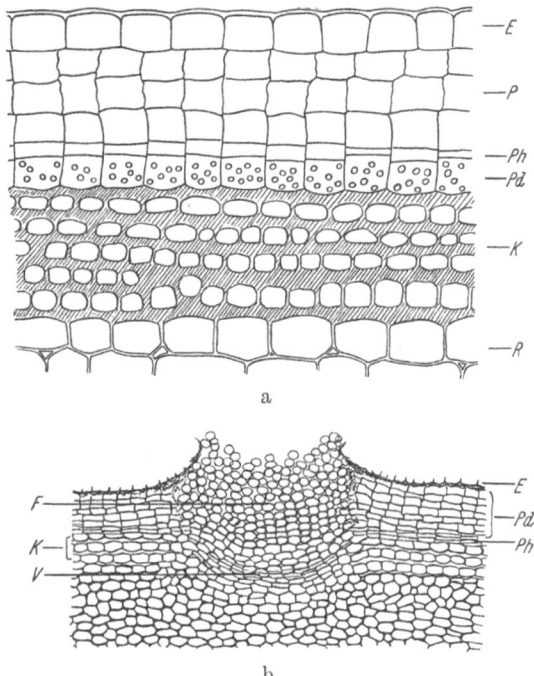

Abb. 303. Kork- und Lentizellenbildung beim Holunder. *E* Epidermis. *P* Phellem. *Ph* Phellogen. *Pd* Phelloderm. *K* Kollenchyp. *R* Rindenparenchym (nach *Biebl/Germ*).

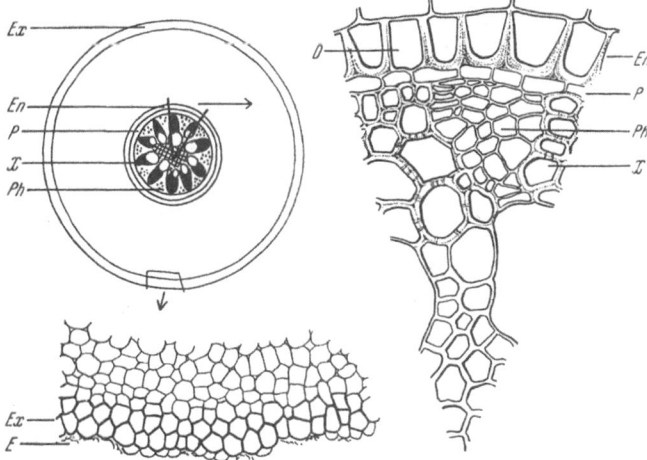

Abb. 304. Querschnitt durch die Wurzel von Iris. *E* Epidermis. *Ex* Exodermis. *En* Endodermis. *P* Perizykle. *Ph* Phloem. *X* Xylem. *D* Durchlaßzelle in der Endodermis (nach *Biebl/Germ*).

Durch Ablagerung von Gerbstoffen erhält das Gewebe eine dunkle Färbung; es hüllt als **toter Mantel** den Stamm ein und wird als *Borke* bezeichnet. An besonders dünnwandigen Trennungsschichten lösen sich alte Borkenteile ab.

**Exodermis.** Nach dem Absterben der Epidermis an Wurzeln höherer Pflanzen übernehmen einige unter derselben gelegene Zellschichten als *Exodermis* die Aufgaben eines Hautgewebes. Sie verkorken, bleiben aber lebend (Abb. 304). Häufig bleiben sogenannte *Durchlaßzellen* zur Stoffaufnahme unverkorkt.

## 5. Mechanische Gewebe.

Da die Pflanzen, besonders in ihren oberirdischen Teilen, starken mechanischen Belastungen ausgesetzt sind, müssen sie ihren Organen zum Schutz gegen diese eine gewisse Festigkeit verleihen. Diese Festigkeit kann einmal durch eine straffe Spannung der Zellwände durch hohen Flüssigkeitsinnendruck (Turgor) in den Zellen erzielt werden, der aber von einer ausreichenden Wasserversorgung der Zellen abhängt, oder zum anderen durch eine dauerhafte Verstärkung der Zellwände selbst.

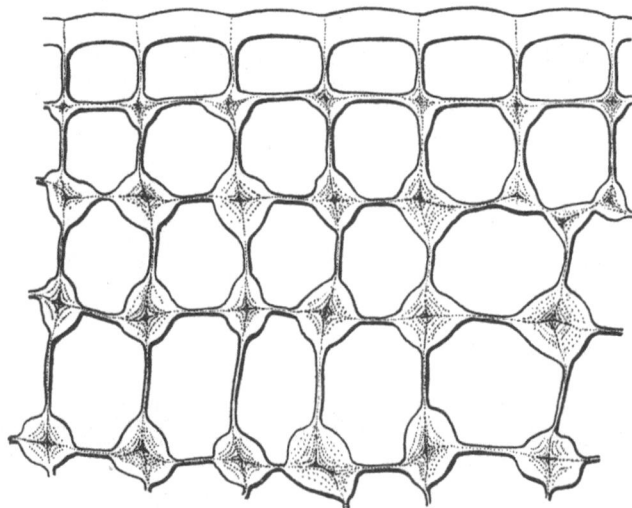

Abb. 305. Kantenkollenchym (nach *Biebl/Germ*).

Auf diese Weise entstehen mechanische Zellen und Gewebe. Ihre Anordnung in der Pflanze entspricht im Prinzip vielfach der Konstruktionsidee des I-Trägers in der Technik. Die beiden Gurtungen bestehen aus festem Material, da sie bei Druck am stärksten beansprucht werden, während die Füllung geringeren Belastungen ausgesetzt ist und daher aus weniger festem Material bestehen kann. In der Pflanze werden die Gurtungen aus Kollenchym oder Sklerenchym gebildet, während die Füllungen aus einem Leitbündel oder Grundgewebe bestehen. Die Art der Anordnung der mechanischen Gewebe in der Pflanze ist außerordentlich mannigfaltig.

**Kollenchym.** Kollenchymzellen entstehen durch eine mehr oder weniger elastische Wandverstärkung *lebender* Zellen. Dabei werden meist nur gewisse Teile der Zellwand verdickt, z. B. die Längskanten der Zellen = *Kantenkollenchym* (Abb. 305) oder die tangentialen Wände der Zellen = *Plattenkollenchym* (Abb. 306). Kollenchyme finden sich in noch wachsenden Pflanzenteilen, z. B. in Stengeln oder Rinden.

**Sklerenchym.** Sklerenchymatische Zellen entstehen durch allseitige Verdickung der Zellwände, so daß das Lumen der Zellen sehr klein wird und der Protoplast schließlich abstirbt. Je nach der Gestalt der Zellen unterscheidet man *Sklerenchymzellen* = *Steinzellen* und *Sklerenchymfasern.*

*a) Sklerenchymzellen* = *Steinzellen* bestehen aus rundlichen, isodiametrischen Zellen, die in der Jugend lebend sind und Zellwände aus Cellulose besitzen. Auf diese

Primärwand werden weitere sekundäre Wandschichten aufgelagert, die auch später
noch deutlich sichtbar sind. Dabei werden Tüpfelkanäle ausgespart, die benachbarte
Zellen untereinander verbinden. Die Wände verholzen, und das Zellumen ist nur

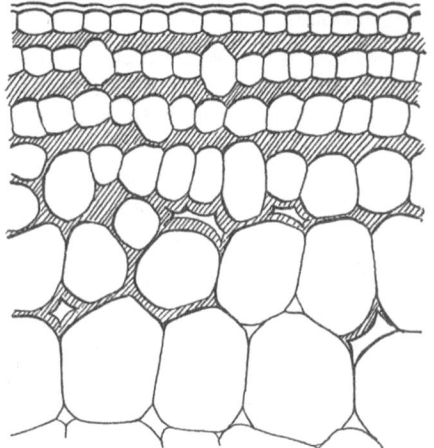

Abb. 306. Plattenkollenchym im Blattstiel des Huflattich (nach *Biebl/Germ*).

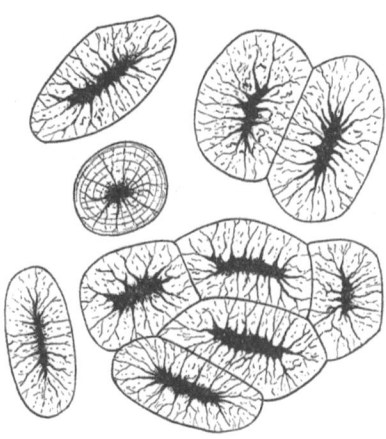

Abb. 307.  Steinzellen der Quitte (nach *Biebl/Germ*).

noch ein kleiner Rest des ursprünglichen (Abb. 307). Diese rundlichen Steinzellen
kommen meist in Gruppen zu mehreren vor (*Steinzellnester*) und sind ein guter
Schutz gegen Druck.

Daneben gibt es gelegentlich auch Steinzellen von Stab- oder Säulenform oder
sternförmig verzweigte, wie man sie in den Blättern des Tees oder bei Camellia
japonica (Abb. 308) beobachten kann (*Idioblasten*).

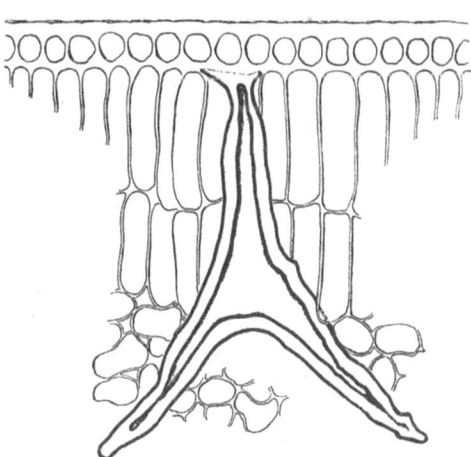

Abb. 308. Idioblast, Camelia japonica (nach *Biebl/Germ*).

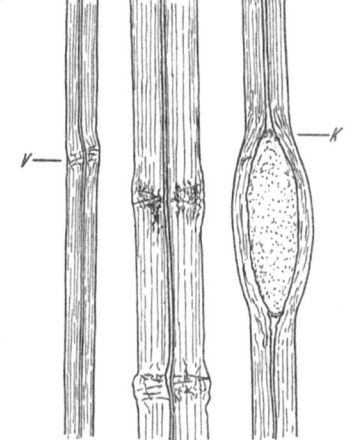

Abb. 309. Bastfaser des Leins; *K* knotenförmige
Bruchlinie. *V* Verschiebungslinie, durch Schräg-
lagerung der Micellen in der Zellwand entstanden
(nach *Biebl/Germ*).

*b*) *Sklerenchymfasern* bestehen aus langgestreckten Zellen, deren Zellenden zugespitzt sind. Ihre Zellwände sind durch sekundäre Auflagerungen verdickt und
ihr Lumen somit klein. Sie liegen in Gruppen fest ineinandergefügt zusammen und
verleihen der Pflanze eine hohe Biegefestigkeit. Beim Lein (Abb. 309) bestehen die
*Bastfasern* aus fast reiner Cellulose und sind daher technisch besonders wertvoll.

Bei anderen Pflanzen dagegen sind sie meist mehr oder weniger verholzt. Auch in den Holzkörpern der Pflanzen treten Fasern auf, die jedoch stets stark verholzt sind; man bezeichnet sie als *Holzfasern.*

## 6. Das Leitungsgewebe.

Während bei den niederen Pflanzen das Leitungsgewebe entweder fehlt oder doch sehr einfach ausgebildet ist, zeigt es, in Verbindung mit der höheren Organisation der Pflanzen, von den Farnen ab eine starke Differenzierung und Spezialisierung und damit eine größere Leistungsfähigkeit.

Das von der Pflanze aus dem Boden aufgenommene Wasser mit den Nährsalzen muß von der Wurzel zur Sproßspitze befördert werden und umgekehrt die gebildeten organischen Nahrungsstoffe zum Verbrauch oder zur Speicherung von den Blättern hinunter in die Pflanze. Daher werden von der Pflanze zwei Leitungssysteme ausgebildet, die zusammen als *Leitbündel* bezeichnet werden. Der *Siebteil* (Phloem) ist die Leitungsbahn für die organischen Substanzen, der *Holzteil* (Xylem) dagegen die für das Wasser mit den gelösten Nährsalzen.

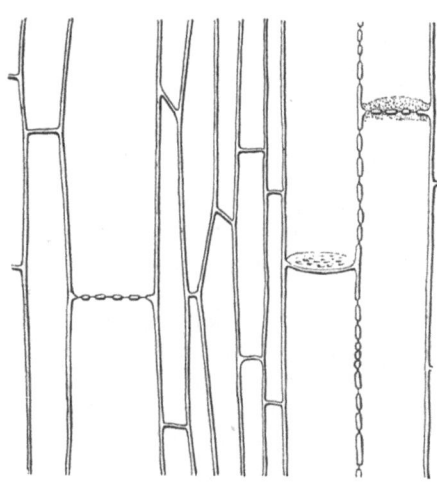

Abb. 310. Siebröhren im Längsschnitt (Kürbis) (nach *Biebl/Germ*).

**Der Siebteil.** Die Leitungselemente des Siebteils (*Phloem*) sind die *Siebröhren* (Abb. 310). Sie bestehen aus hintereinander liegenden, lang gestreckten Zellen, deren Querwände siebartig durchlöchert sind (Siebplatten). Ihre Zellwände sind dünn und unverholzt; sie bleiben für die Dauer ihrer Funktionsfähigkeit *lebend*, d. h. gewöhnlich für ein Jahr. Dann werden die Siebplatten mit einer schleimartigen Substanz, der Kallose, verstopft und damit die Siebröhren außer Funktion gesetzt. Die Siebröhren sind umgeben von plasmareichen, wohl der Speicherung von Stoffen dienenden, aber nicht leitenden Zellen, den *Geleitzellen.* Diese entstehen durch inäquale Längsteilungen aus einer Siebröhrenmutterzelle. Außerdem kann man häufig parenchymatische Zellen (*Siebparenchym*) innerhalb des Siebteiles beobachten.

**Der Holzteil.** Im Holzteil findet man zwei verschiedene leitende Elemente: die *Tracheiden* und die *Tracheen.* Diese sind zur Zeit ihrer Funktionsfähigkeit, nämlich der Wasser- und Nährsalzleitung, *tot* (Abb. 312). Die *Tracheiden* bestehen aus langgestreckten, an den Enden zugespitzten Zellen, die in langen Reihen aneinander liegen. Ihre Wände verholzen und zeigen zur Erhöhung ihrer Druckfestigkeit gegen angrenzende lebende Zellen, die ja einen hohen Turgor haben, häufig charakteristische ring- oder schraubenförmige Verdickungsleisten, die die Aussteifung der Tracheiden übernehmen. Zwischen diesen Verdickungsleisten liegen in der Zellwand Tüpfel, die den Stoffaustausch der Zellen untereinander ermöglichen. In den sogenannten Tüpfeltracheiden, die man in reichem Maße in Nadelhölzern beobachten kann, haben die Tüpfel eine besondere Bauweise (s. Abb. 320, 321, 322). In der Aufsicht erscheinen sie als zwei konzentrische Kreise, im Schnitt erkennt man jedoch ihren eigentlichen Bau. Am Rande des sogenannten *Hoftüpfels* löst sich die Sekundärwand beiderseits von der Schließhaut und wölbt sich in der Form eines durchlöcherten Uhrglases auf. Die blendenartige Öffnung bezeichnet man als *Porus.*

Sie führt in den erweiterten Raum zwischen Sekundär- und Primärwand (Schließhaut), den *Hof*. Dem Porus gegenüber liegt meist eine kreisförmige, verdickte Stelle in der Schließhaut, die als *Torus* bezeichnet wird. Die Bewegung des Torus gegen die Öffnungen des Hoftüpfels ermöglicht eine ventilartige Regulierung des Wasserstromes in radialer Richtung. Grenzen zwei Tracheiden aneinander, so sind die Tüpfel doppelt behöft, grenzen Tracheiden an nicht verholzte Zellen, so sind die Tüpfel nur auf der Seite der Tracheide behöft.

Leistungsfähiger als die Tracheiden sind die *Tracheen* oder Gefäße, die erst von den Angiospermen an ausgebildet werden. Sie entstehen aus weitlumigen Zellen, deren Querwände später bis auf einen ringförmigen, wandständigen Wulst aufgelöst werden; sie bilden also lang durchgehende Röhren. Bei der Auflösung der Querwände sterben die einzelnen Zellen ab, so daß die fertig ausgebildeten Tracheen wie die Tracheiden tote Leitungselemente darstellen. Um den Wänden auch hier eine erhöhte Druckfestigkeit zu geben, sind wieder Verdickungsleisten in Ring- oder Schraubenform ausgebildet (*Ringgefäße*, *Schraubengefäße*). Sie lassen eine

gewisse Dehnung der Tracheenwand zu. Widerstandsfähiger gegen Druck sind die *Netz-* und *Leitergefäße*, bei denen die ganzen Wände bis auf netzig oder treppenartig angeordnete Aussparungen verdickt sind. Noch widerstandsfähiger sind die *Tüpfelgefäße;* hier werden die gesamten Gefäßwände verdickt und nur durch Hoftüpfel unterbrochen. Diese zeigen nicht nur die von den Tracheiden her bekannten runden Höfe, sondern auch langgestreckte.

Alle Verdickungen der Gefäßwände sind verholzt. Zwischen den toten Tracheiden und Tracheen findet man im Holzteil stets auch lebende Elemente, das *Holzparenchym*.

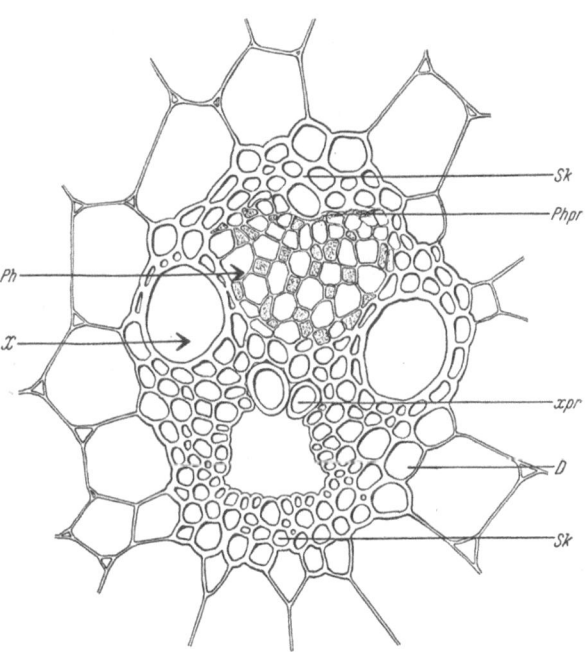

Abb. 311. Geschlossen kollaterales Leitbündel (Mais). *Ph* Phloem. *X* Xylem. *Sk* Sklerenchym. *Phpr* Phloemprimanen. *xpr* Xylemprimanen. *D* Durchlaßstreifen der Gefäßbündelscheide (nach *Biebl/Germ*).

**Die Leitbündel.** Holz- und Siebteil liegen in den Organen der Pflanzen gewöhnlich zusammen und sind häufig noch von einer Schutzscheide oder Bündelscheide aus Bastfasern umgeben. Sie durchziehen als Leitbündel die gesamte Pflanze von der Wurzel bis in die Sproßspitze und enden als feine Aufzweigungen, „Nerven", in den Blättern. Je nachdem, wie Holz- und Siebteil im Leitbündel zueinander angeordnet sind, kann man verschiedene Leitbündeltypen unterscheiden.

*a) Kollaterale Leitbündel.* Im kollateralen Leitbündel liegen Holz- und Siebteil „Seite an Seite", und zwar so, daß der Holzteil im Stengel oder Stamm nach innen und der Siebteil nach außen zu liegen kommt. Im *geschlossen kollateralen* Leitbündel grenzen Holz- und Siebteil unmittelbar aneinander (Abb. 311), beim *offen kolla-*

*teralen* Leitbündel bleibt zwischen beiden eine Zone dünnwandiger, teilungsfähiger
Zellen, das Kambium (Abb. 312).

Geschlossen kollaterale Leitbündel finden wir nur bei monocotylen, offen
kollaterale Leitbündel nur bei dicotylen Pflanzen. Bei einigen wenigen Familien

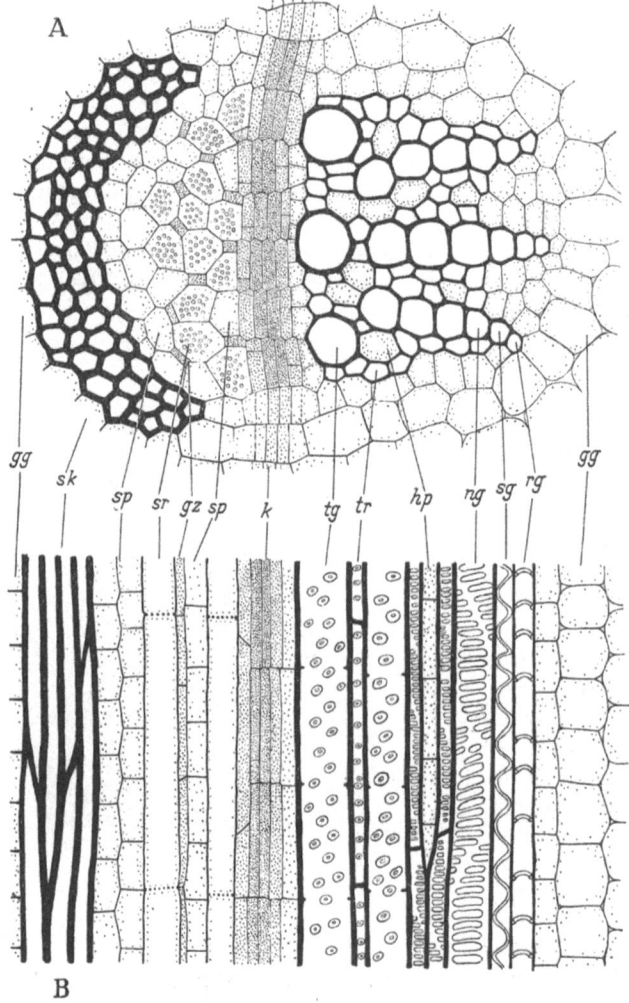

Abb. 312. Offen kollaterales Leitbündel einer Dicotylen. *A* Querschnitt. *B* Längsschnitt. *gg* Grundgewebe.
*sk* Bastfaser. *sr* Siebröhren. *sp* Siebparenchym. *gz* Geleitzellen. *k* Kambium. *tg* Tüpfelgefäß. *ng* Netzgefäß. *sg* Spi-
ralgefäß. *rg* Ringgefäß. *tr* Tracheïden. *hp* Holzparenchym (nach *Stocker*).

(Curcurbitaceae = Kürbisgewächse und Solanaceae = Nachtschattengewächse) gibt
es Leitbündel, die *bikollateral* gebaut sind, d. h. es gibt hier zwei Siebteile, einen
äußeren und einen inneren.

*b) Konzentrische Leitbündel.* In den konzentrischen Leitbündeln wird das eine
Leitungsgewebe von dem anderen ringförmig umschlossen. Bei den *leptozentrischen*
Bündeln (Abb. 313) wird der Siebteil vom Holzteil umgeben. Diesen Leitbündeltyp
findet man nur in Rhizomen von Monocotylen (Iris, Kalmus, Maiglöckchen usw.).
*Hadrozentrische* Leitbündel sind nur bei Farnen vertreten; hier wird der Holzteil
vom Siebteil umschlossen (Abb. 314).

c) *Radiäre Leitbündel.* Die Wurzeln zeigen einen weiteren Leitbündeltyp. Die Holzteile liegen radiär in der Mitte des Bündels angeordnet (Abb. 315), man könnte sagen sternförmig; zwischen ihnen befinden sich die Siebteile. Die Wurzeln der Monocotylen zeigen viele dieser Holzradien, die der Gymnospermen und Dicotylen nur wenige. Pflanzen mit Dickenwachstum (z. B. Nadel- und Laubhölzer) besitzen auch in ihren Wurzeln ein Kambium, und zwar liegt dieses in einer Wellenlinie zwischen Holz- und Siebteilen, so daß alle Holzteile innerhalb und alle Siebteile außerhalb dieser Linie angeordnet sind.

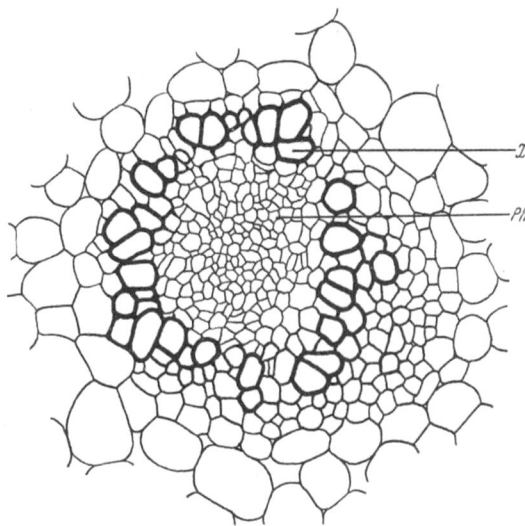

Abb. 313. Leptozentrisches Leitbündel (Kalmus). *X* Xylem. *Ph* Phloem (nach *Biebl/Germ*).

## III. Die Anatomie der Organe der höheren Pflanzen.

Wie die Zellen zu Geweben zusammengefügt sind, so bauen die Gewebe wiederum die Organe auf, die im harmonischen Zusammenspiel ihrer Funktionen das einheitliche Ganze, nämlich die Pflanze bilden. Die Vielgestaltigkeit der Organbildungen,

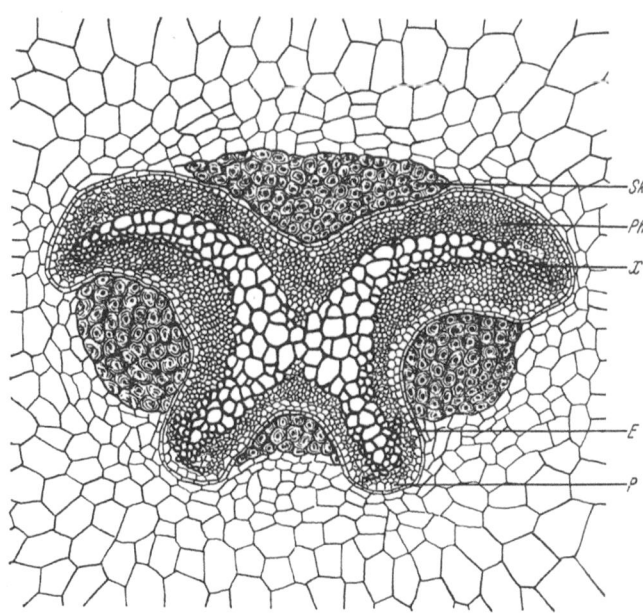

Abb. 314. Hadrozentrisches Leitbündel eines Farnes (Hirschzunge). *Sk* Sklerenchym. *Ph* Phloem. *X* Xylem. *E* Endodermis. *P* Perizykel (nach *Biebl/Germ*).

die von zahlreichen Faktoren abhängt, läßt sich bei den höheren Pflanzen auf einige wenige Grundorgane zurückführen, und zwar auf die *Wurzel*, den *Stengel* oder *Stamm* und das *Blatt*.

## 1. Die Wurzel.

Die Wurzeln der höheren Pflanzen setzen sich aus folgenden Geweben zusammen: Epidermis, Exodermis, Grundgewebe und Zentralzylinder. Das Grundgewebe oder

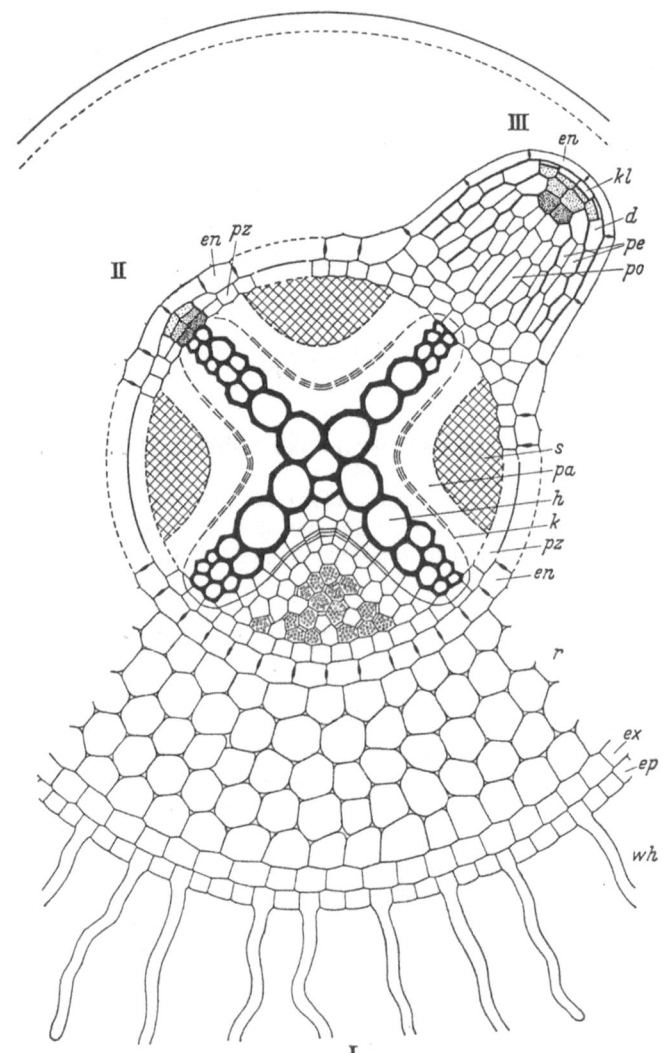

Abb. 315. Radiäres Gefäßbündel einer Wurzel. *wh* Wurzelhaar. *ep* Epidermis. *ex* Exodermis. *r* Rindenparenchym. *en* Endodermis. *pz* Perizykel. *k* Kambium. *h* Holzteil. *pa* Zwischenparenchym. *s* Siebteil. *II* und *III* zeigen die Anlage einer Seitenwurzel aus dem Perizykel. *po* Plerom. *pe* Periblem. *d* Dermatogen. *kl* Kalyptrogen (nach *Stocker*).

Rindenparenchym wird gegen den Zentralzylinder durch die *Endodermis* abgegrenzt (Abb. 304). Diese besteht primär aus dünnwandigen Parenchymzellen, deren radiale Längs- und Querwände durch Verholzung oder Verkorkung verdickt sind. Sekundär treten diese Verkorkungen in allen Wänden der Endodermiszellen auf, zu denen außerdem noch starke Wandauflagerungen hinzukommen. Diese Wandverdickungen können allseitig oder nur auf der Innenseite der Zellen auftreten (vgl. Abb. 304). Zwischen den stark verdickten Endodermiszellen bleiben stets einige unverdickt (Durchlaßzellen), die dem Stoffaustausch zwischen Rinde und Zentralzylinder dienen. Unter der Endodermis liegt das *Perizykel*, das stets aus *einer* Reihe dünnwandiger Parenchymzellen besteht; es enthält häufig Stärke. Aus ihm gehen *endogen* (also von innen her), im Gegensatz zum Sproß, die Seitenwurzeln hervor (Abb. 315). Das Perizykel umschließt das radiäre Leitbündel, das *nur* für Wurzeln charakteristisch ist.

Die dünnwandige Epidermis dient mit ihren Wurzelhaaren zur Aufnahme des Wassers und der Nährsalze aus dem Boden. An älteren Wurzelteilen stirbt sie jedoch ab und wird durch die verkorkte, aber lebende Exodermis ersetzt.

Das Wachstum der Wurzel erfolgt durch ein Bildungsgewebe oder Meristem an ihrer Spitze. Die Wurzelspitze (Abb. 316) ist von einer *Wurzelhaube* oder *Kalyptra* bedeckt zum Schutze des Meristems. Sie entsteht bei den höheren Pflanzen entweder aus einem eigenen Bildungsgewebe, dem *Kalyptrogen*, oder wird in verschiedener Weise vom Bildungsgewebe des Wurzelkörpers selber hervorgebracht. Da sich die Wurzelhaube an ihrer Spitze durch das Einbohren in den Boden ständig abnutzt, wird sie von den Initialzellen fortlaufend erneuert. Die eigentliche Wurzelspitze wächst auch aus parenchymatischen, undifferenzierten Zellen hervor, die ebenfalls ständig Tochterzellen abgeben. Schon wenig über den Initialzellen der Wurzelspitze kann man eine gewisse Differenzierung der gebildeten

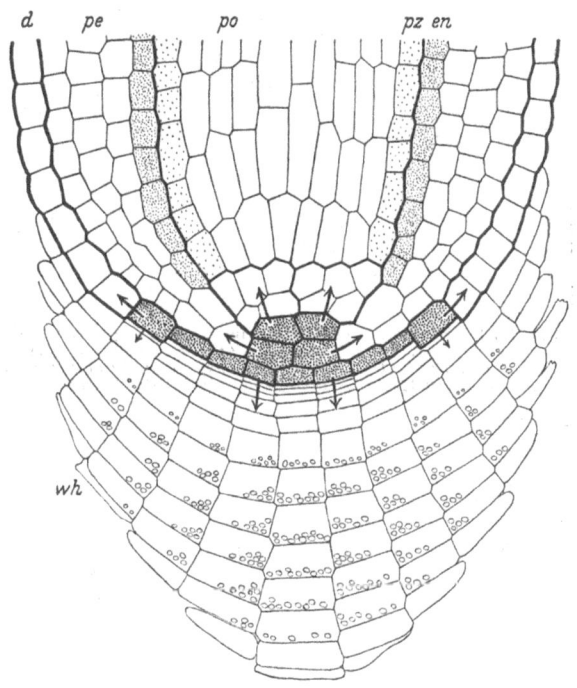

Abb. 316. Wurzelspitze einer Dicotylen. Die Pfeile geben die Richtung der Abgliederung der Tochterzellen an. *d* Dermatogen. *pe* Periblem. *po* Plerom. *pz* Perizykel. *en* Endodermis. *wh* Wurzelhaube (nach *Stocker*).

Zellen und auch Schichtung wahrnehmen, aus der später die Gewebe der Wurzel hervorgehen. Man unterscheidet von außen nach innen: *Dermatogen* (bildet das Hautgewebe), *Periblem* (bildet das Grundgewebe und die Exodermis) und *Plerom* (bildet den Zentralzylinder). Dermatogen und Periblem werden zusammen häufig als *Tunica* und das Plerom als *Corpus* bezeichnet.

Die Kennzeichen der echten Wurzeln sind die radiaren Leitbündel, die endogene Verzweigung aus dem Perizykel, das Auftreten von Wurzelhaaren, das Vorhandensein einer Kalyptra am Vegetationskegel und das Fehlen von Blättern.

## 2. Die Sproßachse.

Wie die Wurzel geht der Sproß aus einem Vegetationskegel hervor. Man kann an ihm wiederum Dermatogen, Periblem und Plerom oder Tunica und Corpus unterscheiden. Im großen ganzen geht aus der Tunica Epidermis und Rinde und aus dem Corpus der Zentralzylinder hervor. Blätter und Verzweigungen entstehen aber *exogen* (also von außen her) aus der Tunica; sie werden als kleine Höcker außen am Vegetationskegel angelegt. Dabei entstehen die Knospen für die Seitenzweige stets in der Achsel von Blattanlagen. Eine besondere Schutzhaube wie bei der Wurzel fehlt hier, vielmehr übernehmen ältere Blätter die Deckung und den Schutz der Vegetationskegelspitze.

Bei krautigen (einjährigen) Pflanzen bezeichnet man die Sproßachse als *Stengel*, bei holzigen (mehrjährigen) Pflanzen als *Stamm*.

Der *Stengel* ist von einer Epidermis mit Spaltöffnungen und eventuell auch Haarbildungen umgeben. Unter

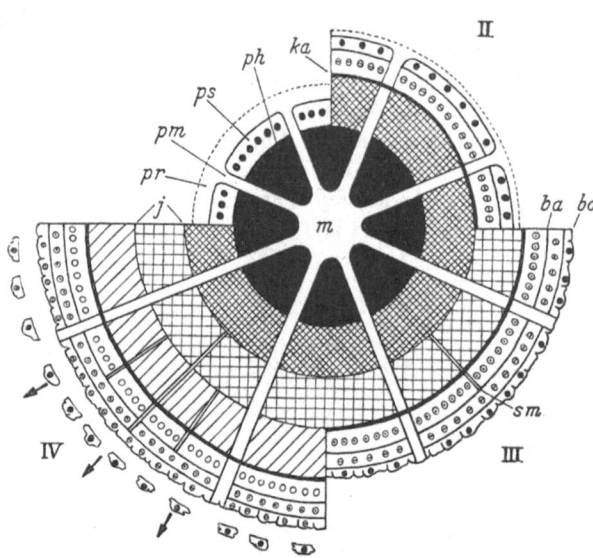

Abb. 317. Sekundäres Dickenwachstum im 2.—4. Jahr. *pr* Primäre Rinde. *ps* Primärer Siebteil. *ph* Primärer Holzteil. *pm* Primärer Markstrahl. *m* Mark. *ka* Kambium. *ba* Bast (sekundärer Rinde). *bo* Borke (in *IV* abgeworfen). *sm* sekundärer Markstrahl. *j* Jahresring im Holzteil (nach *Stocker*).

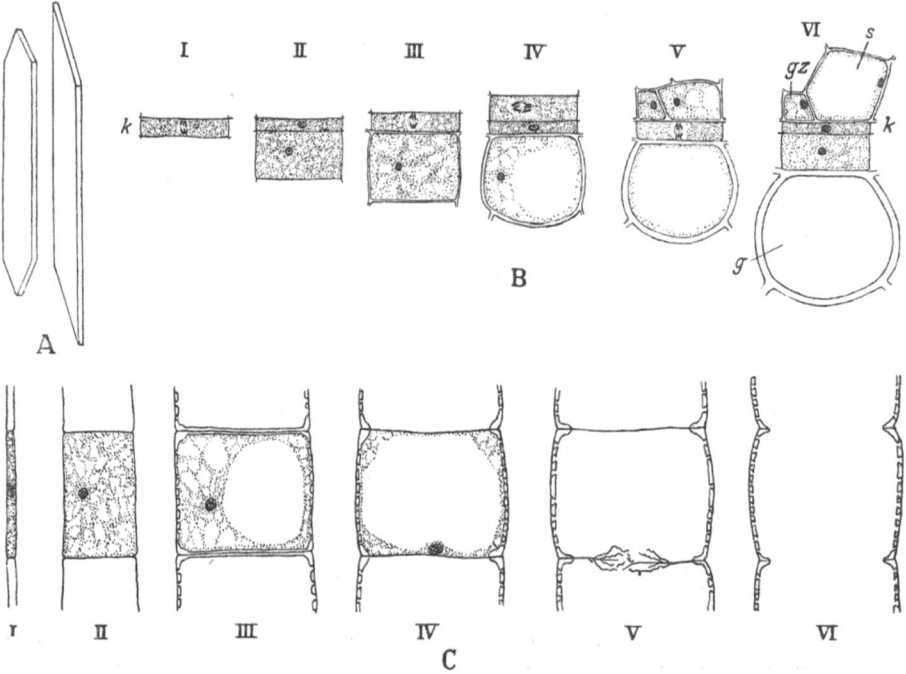

Abb. 318. Tätigkeit des Holzkambiums. *A* einzelne Kambiumzellen. *B I-VI* Entwicklung von Siebröhren (*s*) mit Geleitzellen (*gz*) und von Gefäßen (*g*) aus einer Kambiumzelle (*k*) im Querschnitt. *C* Entwicklung eines Gefäßes aus einer Kambiumzelle im Längsschnitt; *I* Kambiumzelle, *II* Wachstum der Tochterzelle, *III* Wandverstärkung und Hoftüpfelbildung, *IV* und *V* Auflösung des Protoplasmas und der Querwand, *VI* fertiges Gefäß (nach *Stocker*).

dieser liegen entweder kollenchymatische Zellen oder Bastfasergruppen oder auch beide. Das gesamte Innere des Stengels ist von Grundgewebe erfüllt, in das die Leitbündel in bestimmter Anordnung eingebettet sind. Bei den Monocotylen liegen sie unregelmäßig über den ganzen Stengelquerschnitt verstreut, bei den Gymnospermen und Dicotylen dagegen zu einem Ring angeordnet; dabei ist der Holzteil stets nach innen, der Siebteil dagegen nach außen gerichtet. Die Leitbündel sind häufig von einer mehr oder weniger starken Scheide aus Bastfasern umgeben. Die außerhalb der Leitbündel liegenden Gewebe faßt man als *Rinde* zusammen, das innerhalb des Gefäßringes befindliche Grundgewebe bezeichnet man als *Mark*. Die Zellen der Rinde assimilieren gewöhnlich, die des Marks dienen vielfach zur Speicherung von Stärke. Brücken aus Grundgewebe, die zwischen den Leitbündeln von der Rinde zum Mark verlaufen, bezeichnet man als *primäre Markstrahlen*. Sie dienen dem radialen Stoffaustausch und der Stoffspeicherung für den Winter.

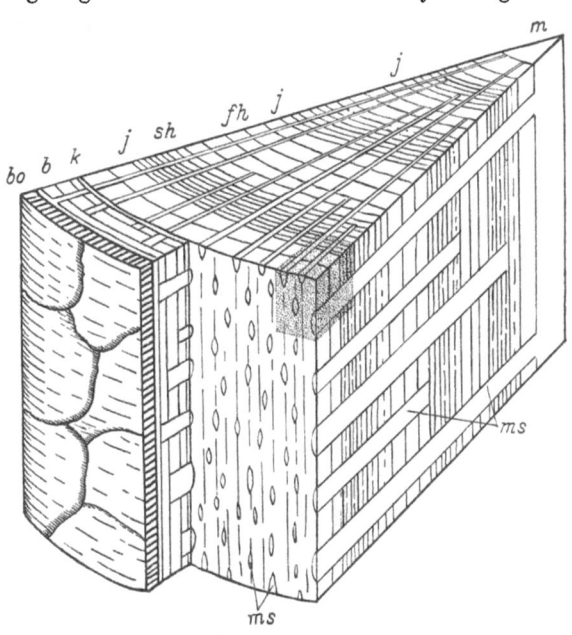

Abb. 319. Schematischer Aufbau eines Nadelholzstammes. Oben Querschnitt, rechts Radialschnitt, vorn Tangentialschnitt. *m* Mark. *ms* Markstrahl. *fh* Frühholz. *sh* Spätholz. *j* Jahresringgrenze. *k* Kambium. *b* Bast (sekundäre Rinde). *bo* Borke (nach *Stocker*).

Zwischen Holz- und Siebteil bleiben bei Gymnospermen und Dicotylen embryonale Zellen als *Leitbündelkambium* erhalten (offen kollaterale Leitbündel). Die dünnwandigen Kambiumzellen teilen sich fortwährend nach innen und außen und schieben damit den ursprünglichen Holz- und Siebteil auseinander. Sie geben nach außen Zellen

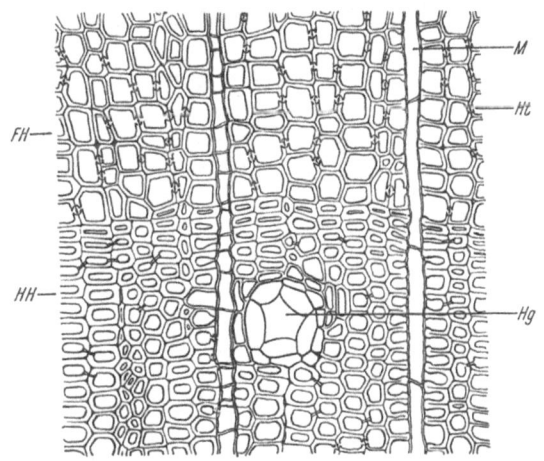

Abb. 320. Holz von Pinus silvestris, Kiefer, quer. *FH* Frühholz. *HH* Herbstholz. *M* Markstrahl. *Ht* Hoftüpfel. *Hg* Harzgang (nach *Biebl/Germ*).

des Siebteils und nach innen solche des Holzteils ab. Auch in den Markstrahlen erfolgen Teilungen des Kambiums.

Die gesamte Erscheinung der Neubildung von Zellen aus dem Kambium wird als *sekundäres Dickenwachstum* bezeichnet (Abb. 317, 318) und ist bei allen Pflanzen zu beobachten, die länger als ein Jahr ihre oberirdischen Teile behalten; besonders schön bei Nadel- und Laubhölzern, die ja während ihres Lebens außerordentlich in ihrem Stammumfang zunehmen.

Während des Winters ruht in unserem Klima das Kambium; es setzt jedoch im Frühling mit seinen Teilungen ein und bildet zunächst sehr große Gefäße, um den Anforderungen des überhöhten Wasserverbrauchs beim Laubaustrieb gerecht werden zu können. Zum Sommer und besonders gegen Ende desselben entstehen engere und dickwandigere Gefäße. Die unvermittelten Grenzen zwischen dem englumigen Herbstholz und dem darauf folgenden weitlumigen des Frühholzes des folgenden Jahres (Abb. 319, 320) erzeugen die auf einem Stammquerschnitt sichtbaren *Jahresringe*.

Die primären Markstrahlen werden durch eingeschaltete sekundäre ergänzt, wobei das Kambium statt Holz- und Siebzellen indifferenzierte parenchymatische Markstrahlzellen abscheidet (Abb. 319).

Bei *Nadelhölzern* findet man im Holzkörper nur Tracheiden und Holzparenchym (Abb. 315, 321, 322). Die Tracheiden übernehmen sowohl Leit- als auch Festigungsfunktionen. Bei den *Laubhölzern* dagegen findet man neben diesen beiden Elementen auch Tracheen und Holzfasern; die ersten sind weit bessere Wasserleiter als die Tracheiden, da sie ja durchgehende, oft mehrere Meter lange Röhrensysteme bilden, die letzten übernehmen die Stützfunktionen. Auch Gefäße leiten nur einige Jahre das Wasser; später werden sie außer Funktion gesetzt, indem benachbarte parenchymatische Zellen durch Tüpfel in sie hineinwachsen und

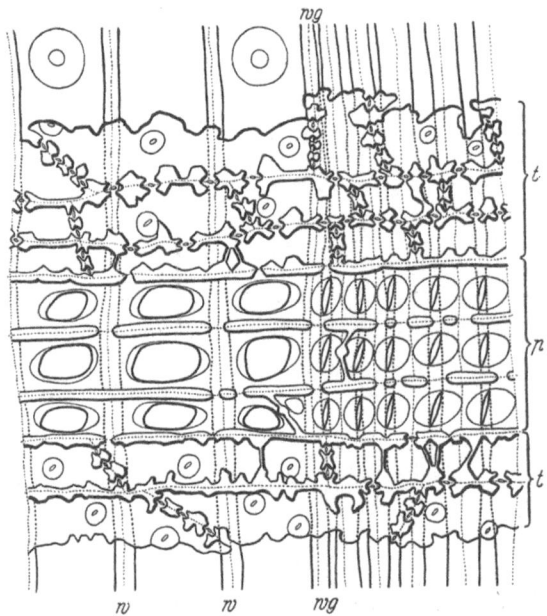

Abb. 321 Pinus silvestris, Kiefer, Radialschnitt. *w* Durchschnittene Wände von Trachaeiden; *wg* Grenze eines Jahresringes, links davon Frühholz, rechts Spätholz; *t* Markstrahltracheiden; *p* Markstrahlparenchym (nach *Wiesner*).

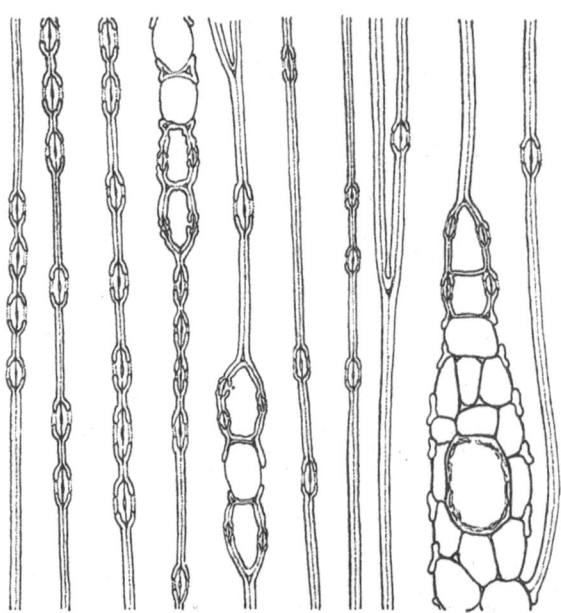

Abb. 322. Holz von Pinus silvestris, Kiefer, tangential (nach *Biebl/Germ*).

verstopfen. Es werden dann in ihnen Gerbstoffe, Harze usw. abgelagert, dabei färbt sich das Holz dunkler. Schon an der Färbung eines durchgesägten Stammes kann man das dunklere *Kernholz* von dem noch hellen und weichen *Splintholz* unterscheiden. Das Kernholz dient im Stamm nur noch der Festigung, während das Splintholz die Aufgabe der Leitung des Wassers mit den Nährsalzen hat.

Bei dem jährlichen Dickenzuwachs wird auch der *Siebteil* mit seinen Zellelementen ständig erneuert; er ist nur während einer Vegetationsperiode in Tätigkeit und stirbt dann ab. Während bei den Nadelhölzern Bastfasern in der Rinde fehlen, sind sie bei den Laubhölzern im reichem Maße ausgebildet. Siebteil und Bastfasern faßt man als *sekundäre Rinde* oder „*Bast*" zusammen.

Durch das Dickenwachstum wird die *Epidermis* und die primäre Rinde immer mehr gedehnt und schließlich gesprengt und abgestoßen. Als neues Abschlußgewebe des Stammes dient dann das vom Korkkambium gebildete *Korkgewebe*. Dieses ist durch die Verkorkung der Zellen weitgehend wasserundurchlässig. Alle aus dem Korkkambium entstandenen Gewebe (Kork oder Phellem und Phelloderm) bezeichnet man als Periderm. Da in mehr oder weniger regelmäßigen Abständen in tieferen Schichten ein neues Phellogen entsteht und wiederum Korkzellen bildet, sterben alle außerhalb desselben gelegen Schichten ab. Häufig werden dabei auch die jeweils äußeren Schichten des „Bastes" mitbetroffen. Durch Einlagerung von Gerbstoffen färbt sich dieser tote Gewebemantel rings um den Stamm dunkel; gewöhnlich löst er sich von Zeit zu Zeit vom Stamm. Man bezeichnet ihn als *Borke*.

### 3. Das Blatt.

Wie schon erwähnt, gehen die Blätter exogen aus der Tunica des Sproßvegetationskegels hervor. Sie werden auf ihrer Ober- und Unterseite von der chlorophyllfreien *Epidermis* begrenzt. Diese ist von einer mehr oder weniger dicken Cuticula überzogen und trägt überwiegend auf der Unterseite des Blattes Spaltöffnungen,

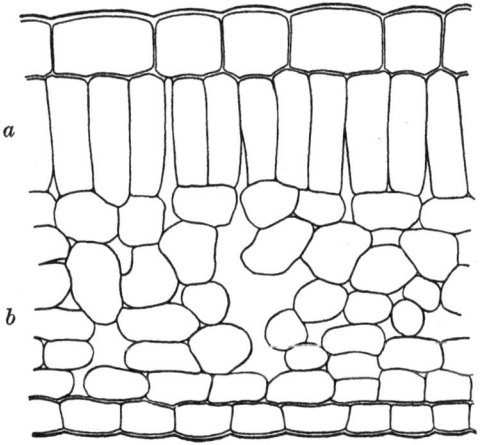

Abb. 323. Schematischer Querschnitt durch ein Blatt *a* Palisadenparenchym; — *b* Schwammparenchym (nach *Biebl/Germ*).

die als einzige Zellen der Epidermis mit Chlorophyllkörnern versehen sind. Zwischen der oberen und unteren Epidermis liegt das *Grundgewebe* des Blattes, das im allgemeinen in zwei Schichten differenziert und als Assimilationsgewebe ausgebildet ist. Zur Blattoberseite liegen ein bis zwei Reihen langgestreckter, sehr chlorophyllreicher Zellen, die man als *Palisadenparenchym* bezeichnet (Abb. 323). Darunter befindet sich das *Schwammparenchym*, das aus unregelmäßig gebauten und sehr locker angeordneten Zellen zusammengesetzt ist. Seine zahlreichen Interzellularräume stehen in direkter Verbindung mit den Atemhöhlen der Spaltöffnungen; sie dienen dem Gasaustausch bei der Assimilation und Atmung. In das Grundgewebe eingebettet liegen die *Leitbündel* des Blattes; ihr Holzteil ist der Ober- und ihr Siebteil der Unterseite zugewendet. Häufig sind sie von mehr oder weniger starken Bastbelägen umgeben. Auch an den Blatträndern kann man Sklerenchymfasergruppen beobachten. Sie sollen das Blatt vor dem seitlichen Einreißen bei heftigen Windbewegungen bewahren.

# C. Die Mikroskopie einiger Drogen und Genußmittel.

Will man Drogenpulver oder dgl. mikroskopisch untersuchen, so fertigt man stets mehrere Präparate an, um die Gewißheit zu haben, daß man alle Bestandteile, die darin vorkommen können, mit Sicherheit erhält. Außerdem besteht die Möglichkeit, Vergleichspräparate heranzuziehen, von denen man weiß, daß sie in einwandfreier Form vorliegen; diese kommen als Dauerpräparate von einschlägigen Firmen in den Handel.

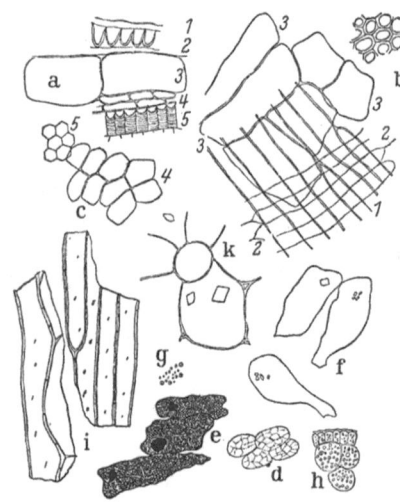

Abb. 324. Pulver von Fructus Cardamomi. *a* Samenschale, quer; *1* Epidermis; *2* Querzellenschicht; *3* Sekretzellen; *4* Dünnwandige Zellen; *5* Steinzellen. *b, c* Samenschale, Flächenbilder; *1—5* wie *a*. *d* Perisperm in Jod. *e* Endosperm in Jod. *f* Endosperm in Chloralhydrat. *g* Einzelne Stärkekörnchen. *h* Keimlingszellen mit Aleuron und Fett. *j* Fruchtwandfasern. *k* Fruchtwandparenchym mit Ölzelle (nach *Karsten/Weber*).

**Cardamomen** (Fructus Cardamomi), Abb. 324. Das bräunlich- bis rötlichgraue Pulver besteht nur aus Teilen des Samens und seiner Schale. Charakteristisch sind besonders die Perispermzellen, die länglich-polyedrisch und mit Stärkekörnern von 1 bis 5 $\mu$ Größe vollgestopft sind. Sie sind mit warzenförmigen Ausbuchtungen und entsprechenden Vertiefungen dicht aneinandergefügt und tragen jede in einem kleinen Hohlraum einen oder mehrere kleine Kristalle. Daneben finden sich auch reichlich freie Stärkekörner und Endospermstücke ohne Stärke und Kristalle und Teile der Samenschale. Diese sind an den gestreckten Epidermiszellen, der Querzellenschicht und den braunen Steinzellen zu erkennen.

**Eibisch** (Radix Althaeae), Abb. 325. Einen Hauptbestandteil des gelblich-weißen Pulvers bilden Stärkekörner von etwas unregelmäßiger, länglicher Form (3 bis 25 $\mu$) und mit einem Längsspalt in der Mitte. Daneben finden sich Bruchstücke von Gefäßen, von Parenchymzellen (zum Teil mit Oxalatdrusen) und von Bastfasern, deren Wände kennzeichnenderweise nicht verholzt sind, also keine Reaktion mit Phloroglucin-Salzsäure geben. Weiter sieht man Schleimzellen, aus den Zellen herausgefallene Schleimballenstücke und einzelne Oxalatdrusen. Die Schleimmassen lassen sich mit chinesischer Tusche sichtbar machen.

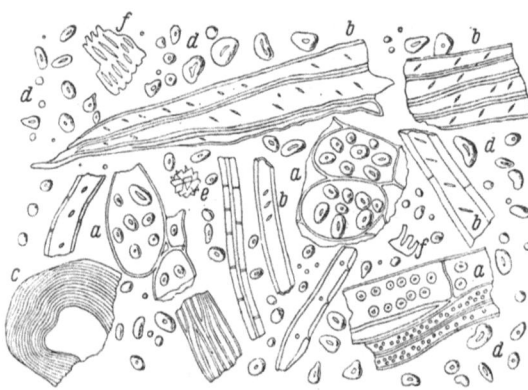

Abb. 325. Pulver von Radix Althaeae. *a* Parenchym mit Stärke. *b* Sklerenchymfasern. *c* Schleimzelle. *d* Stärkekörner. *e* Oxalatdruse. *f* Gefäßfragmente (nach *Karsten/Weber*).

**Gewürznelken** (Flores Caryophylli), Abb. 326. Das Pulver enthält neben Epidermis- und Parenchymbruchstücken mit Ölbehältern Fetzen des luftführenden Gewebes aus dem unteren Teile des Fruchtknotens. Daneben finden sich Gefäß-

teile, Bastfasern und Oxalatdrusen, Reste der Antheren und zahlreiche etwa 15 μ
große Pollenkörner; diese sind in der Aufsicht von rundlich-dreieckiger Gestalt,
in der Seitenansicht oval.

**Ingwer** (Rhizoma Zingiberis), Abb. 327. Das graugelbliche Pulver enthält
typische Stärkekörner von 15 bis 40 μ Durchmesser. Sie sind flach-länglich und
zeigen ihr Schichtungszentrum am Ende in einem kleinen vorstehenden Höckerchen.
Außerdem findet man Bruchstücke von Parenchym, Ölzellen, Gefäßen und Sklerenchymfasern. Kork soll fehlen, da die Droge geschält ist. Als Verfälschung wird
Curcumapulver verwendet; obwohl die Stärke hier ähnlich gebaut ist, kann man
sie von Ingwerstärke dadurch unterscheiden, daß sie stark verkleistert.

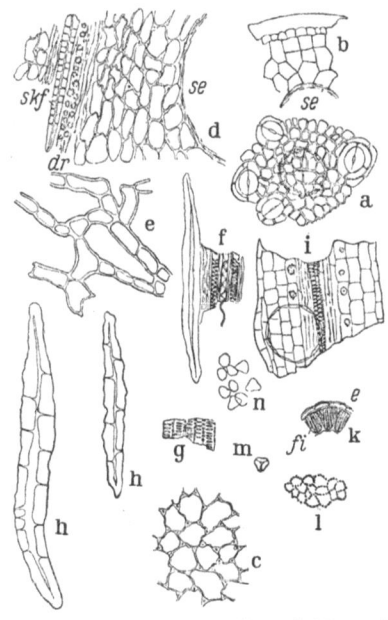

Abb. 326. Pulver von Flores Caryophylli. *a* und *b*
Epidermis in Flächen- und Querlage mit Spaltöffnungen und durchschimmerndem Ölbehälter.
*c* Kollenchym. *d* Gewebefetzen mit zum Teil
kollenchymatischen Zellen; *se* Ölbehälter; *skf* Sklerenchymfasern; *dr* Drusen. *e* Lockeres Parenchym.
*f* Faser mit Gefäßbruchstücken. *g* Gefäßbruchstück. *h* Sklerenchymfasern. *i* Staubfadenfragment. *k* Stückchen der Antherenwand quer;
*e* Epidermis; *fi* Fibröse Schicht. *l* Faserzellen
der Antherenwand, Aufsicht. *m, n* Pollenkörner
(nach *Karsten/Weber*).

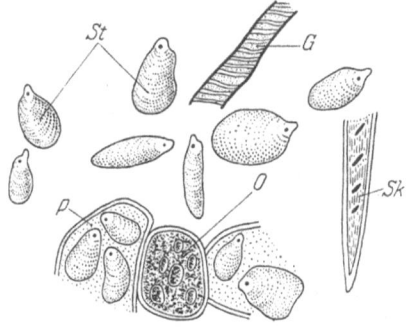

Abb. 327. Pulver von Rhizoma Zingiberis. *St* Stärke.
*Sk* Stück einer Sklerenchymfaser. *P* Parenchymfragmente.
*Ö* Ölzelle. *G* Gefäßbruchstück.

**Iris** (Rhizoma Iridis), Abb. 328. Das
gelblichweiße Pulver enthält überwiegend
große Stärkekörner, die durch einen hufeisenförmigen Spalt charakterisiert sind.
Daneben sind Bruchstücke von Gefäßen,
von Oxalatkristallen und Fetzen von dickwandigen, stark getüpfelten Parenchymzellen zu sehen.

**Kalmus** (Rhizoma Calami), Abb. 329.
Neben einzelnen Parenchymzellen findet
man im weißgrauen Kalmuspulver größere Gewebestücke derselben, die gut die
lockere und interzellularenreiche Struktur
und auch Ölzellen erkennen lassen. Viele
kleine Stärkekörner (1 bis 10 μ), Bruchstücke von Gefäßen und einzelne Ölzellen
sind weiterhin zu sehen. Teile von Epidermis und Kork lassen auf die Verwendung
ungeschälter Droge schließen.

**Kakao** (Semen Cacao), Abb. 330. Unter dem Mikroskop findet man im Kakaopulver eigenartige länglich-wurmförmige Gebilde, die nach ihrem Entdecker
MITSCHERLICHsche Körperchen genannt werden; dabei handelt es sich um Haare
der Epidermis der Keimblätter. Weiter sind zu beobachten Parenchymfetzen,
vollgestopft mit Aleuron, Fetten und kleinen Stärkekörnern; einzelne Stärkekörner, die 2 bis 16 μ groß und einzeln oder zu zweien und dreien zusammengesetzt
sind; Pigmentzellen. Auch Teile der Samenschale können vorhanden sein.

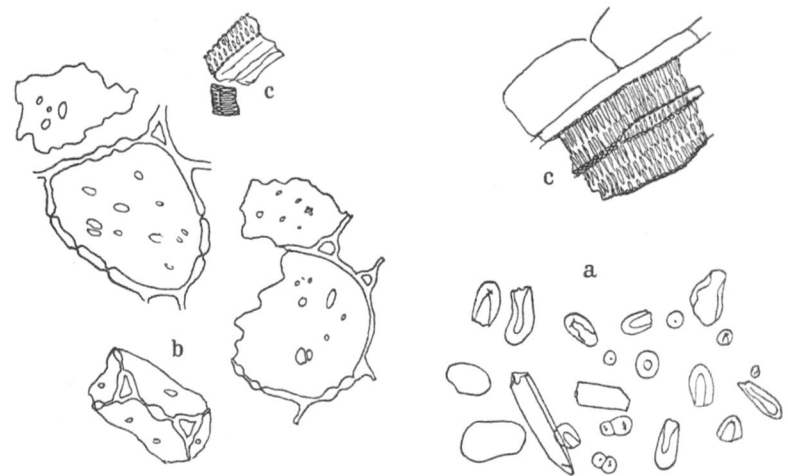

Abb. 328. Pulver von Rhizoma Iridis. *a* Stärkekörner und Kristallstücke. *b* Parenchymzellen mit Tüpfeln. *c* Gefäßstücke. — *a* Wasser-, *b* und *c* Chloralhydratpräparate (nach *Karsten/Weber*).

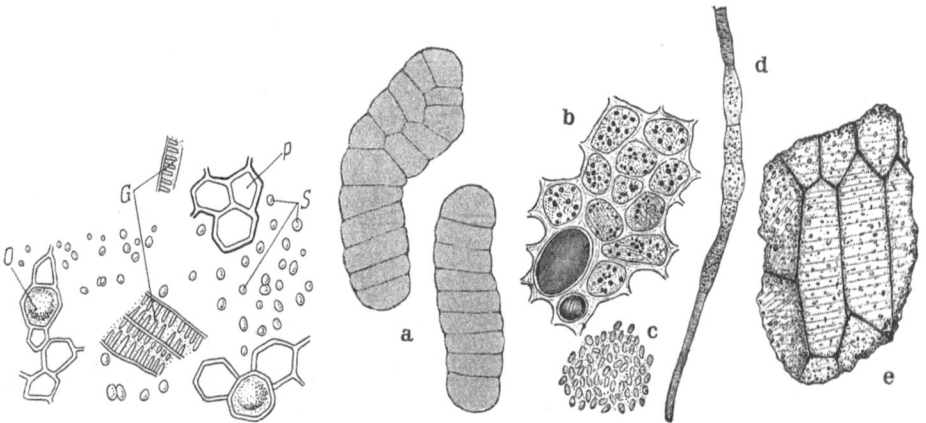

Abb. 329. Pulver von Rhizoma Calami. *P* Parenchymzellen. *O* Ölzelle. *S* Stärke. *G* Gefäßbruchstücke.

Abb. 330. Pulver von Semen Cacao. *a Mitscherlich*sche Körperchen. *b* Parenchymfetzen mit Aleuron, Fett, Stärke und Pigmentzellen. *c* Hefezellen. *d* Pilzfäden. *e* Samenschalenreste (nach *Karsten/Weber*).

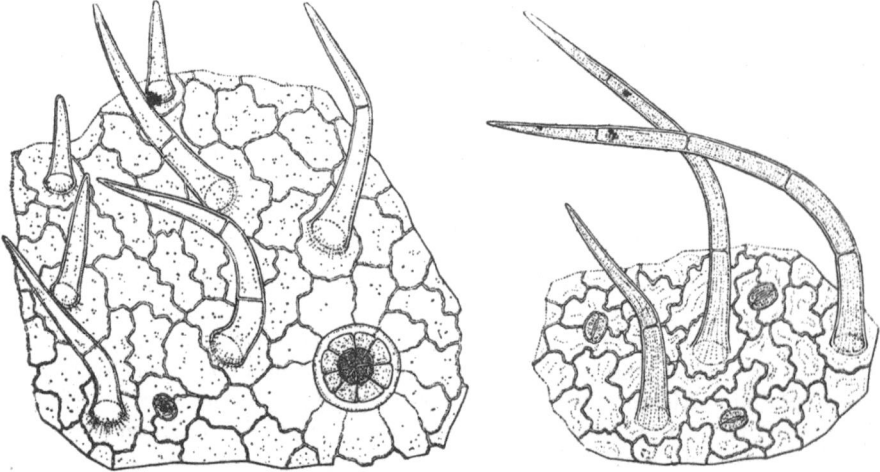

Abb. 331. Epidermis der Oberseite des Majoranblattes mit Haaren und Drüsenschuppe, Flächenansicht (nach *Gassner*).

Abb. 332. Epidermis und Haare der Unterseite des Majoranblattes (Flächenansicht) (nach *Gassner*).

An der Gegenwart von Pilzhyphen oder Hefezellen erkennt man gerotteten Kakao.

Als Verfälschungen werden Mehle oder Stärken verwendet, so z. B. Hafer- oder Eichelstärke, die aber schon, abgesehen von ihrem abweichenden Bau, an ihren bedeutend größeren Stärkekörnern zu erkennen sind.

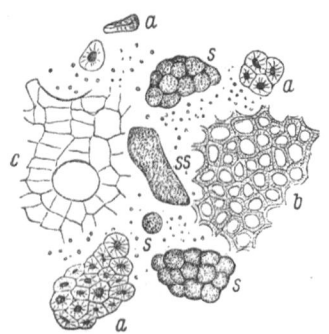

Abb. 333. **Pfefferpulver.** *a* Äußere Steinzellen. *b* Innere Steinzellen. *c* Parenchym mit Sekretzelle. *s* Perispermgewebe mit Stärkekörnern. *ss* Stärkeklumpen (nach *Karsten/Weber*).

**Majoran** (Herba Majoranae), Abb. 331 u. 332. Die Epidermis der Blattoberseite besteht aus Zellen mit wellig verlaufenden Wänden. Sie enthält nur sehr wenige Spaltöffnungen und gebogene, dünnwandige, 1- bis 3 zellige Deckhaare mit verbreitertem Fuß. Außerdem sind große Drüsenschuppen und kleine Drüsenhaare mit 1- bis 2 zelligem Köpfchen zu beobachten.

Die Epidermis der Blattunterseite zeigt einen ähnlichen Bau, jedoch sind die Spaltöffnungen viel zahlreicher und nur 3- bis 4 zellige Deckhaare vorhanden. Sie sind viel größer als die der Blattoberseite und haben eine körnig-rauhe Oberfläche.

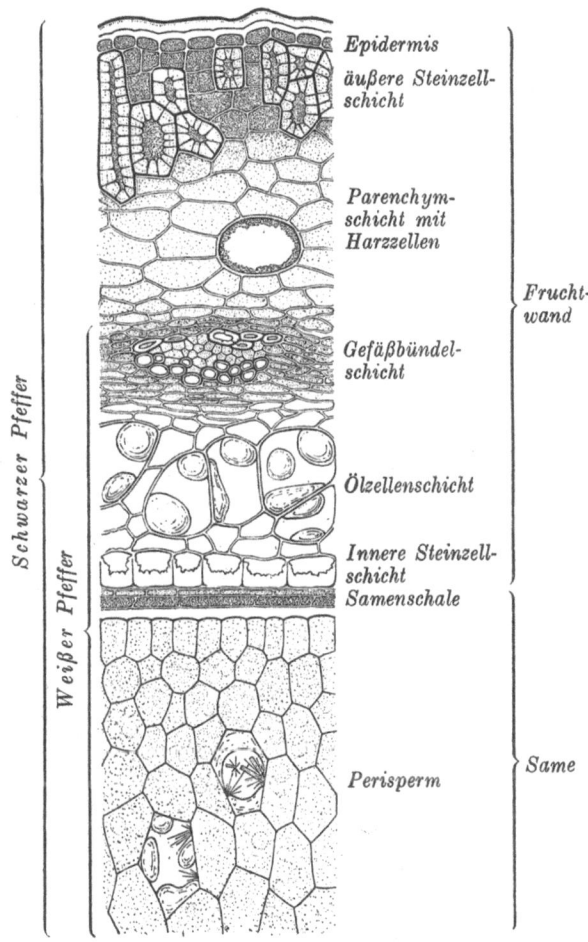

Abb. 334.
Querschnitt durch den Randteil der Pfefferfrucht (nach *Gassner*).

**Pfeffer** (Fructus Piperis nigri und Fructus Piperis albi), Abb. 333 u. 334. Das aus schwarzem Pfeffer hergestellte Pulver zeigt eine bräunlichgraue, das aus weißem Pfeffer eine ziemlich hellgraue Farbe. Im mikroskopischen Bild beobachtet man mit Stärke vollgestopfte Perispermzellen und viele winzige, einzelne Stärkekörner (2 bis 6 µ). Daneben findet man vor allem braune und gelbbraune Bestandteile, die aus der Frucht- und Samenschale stammen. Sowohl im schwarzen als auch im weißen Pfeffer finden sich Bruchstücke der inneren, fast farblosen Steinzellschicht. Dagegen sind die braun gefärbten Teile der äußeren Steinzellschicht der Fruchtwand reichlich im schwarzen, aber nur vereinzelt im weißen Pfeffer zu beobachten. Sie liegen niemals in geschlossener Schicht, sondern als Zellgruppen zusammen. Weiter findet man im schwarzen Pfeffer Teile von Gefäßbündeln, von dunkler Epidermis und in größeren Gewebestücken auch Sekretbehälter.

Die häufigste Verfälschung des Pulvers besteht aus einem Zusatz gemahlener Pfefferschalen, die bei der Herstellung des weißen Pfeffers als Rückstand bleiben. Außerdem dienen zur Verfälschung gemahlene Pfefferspindeln, verschiedene Mehle, Brotkrumen, Kleie, Sägespäne usw.

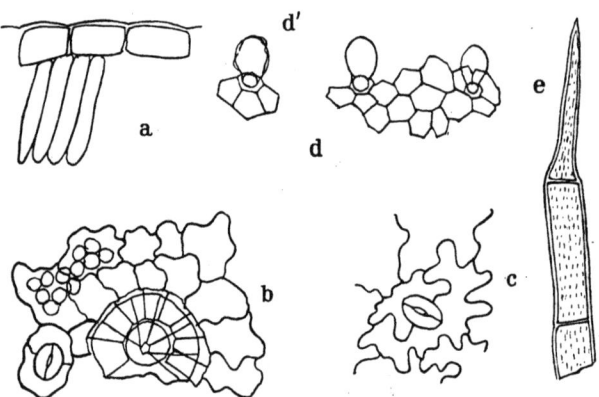

Abb. 335. Pulver von Folia Menthae piperitae. *a* Epidermis der Oberseite mit Palisaden. *b* Epidermis der Oberseite mit Drüsenschuppe und Spaltöffnung. *c* Epidermis der Unterseite. *d, d'* Epidermisfetzen mit Köpfchenhaaren, bei *d'* Kutikula abgehoben. *e* Borstenhaar (nach *Karsten/Weber*).

**Pfefferminze** (Folia Menthae piperitae), Abb. 335. Wie schon beim Majoran beschrieben, hat auch die Pfefferminze auf der Blattoberseite vereinzelte Spaltöffnungen. Drüsenschuppen finden sich sowohl auf der Ober- als auch Unterseite des Blattes. An jungen Blättern sind viele sehr lange, zarte, 6- bis 8 zellige Haare mit „kurzlängsgestreifter Cuticula" zu beobachten, die jedoch an ausgewachsenen Blättern sehr selten sind. Drüsenhaare sind in verschiedener Größe und Ausbildung, ein- und auch mehrzellig, zu sehen.

**Piment** (Fructus Pimentae), Abb. 336 u. 337. Bei der Untersuchung von Pimentpulver ist auf folgende Bestandteile zu achten: braune Epidermiszellen mit darunter liegenden Ölbehältern, Steinzellen mit anhaftenden braunen Parenchymfetzen, kleine, dickwandige Haare und Zellen mit Kristalldrusen aus der Fruchtwand; Pigmentzellen und herausgefallene Pigmentkörper aus der Samenschale; Bruchstücke des Keimlings mit Stärke- und Gerbstoffzellen und Ölbehältern; zahlreiche kleine, rundlich-kantige Stärkekörner (5 bis 12 µ) mit Kernhöhlen und ohne Schichtung.

**Salbei** (Folia Salviae), Abb. 338. Besonders charakteristisch für das Pulver sind die vielen Deckhaare mit dicken Wänden und besonders stark verdickter Basalzelle. Die anderen Bestandteile sind weniger charakteristisch, da sie in ähnlicher Form in vielen Labiaten-Pulvern vorkommen: Drüsenhaare und -schuppen, Gefäßteile, Parenchymfetzen.

**Senf** (Semen Sinapis und Semen Erucae), Abb. 339. Gute Kennzeichen für das grünlichgelbe, mit rotbraunen Teilchen durchsetzte Pulver des schwarzen Senfs bilden die Palisadenzellen der Samenschale mit daranhängenden Stücken der Pigmentschicht und das Fehlen von Kristallen. Die Schleimepidermis besteht aus langen, gestreckten Zellen. Parenchymatisches Gewebe des Keimlings ist reichlich vorhanden und führt fettes Öl und große Aleuronkörner, jedoch keine Stärke. Im Gegensatz dazu sind beim weißen Senf die Schleimzellen der Epidermis kurz und deutlich geschichtet. Unter der Epidermis liegen zwei Reihen kollenchymatischer Zellen, und die Schichten unter den Palisaden haben keine Farbstoffeinlagerung.

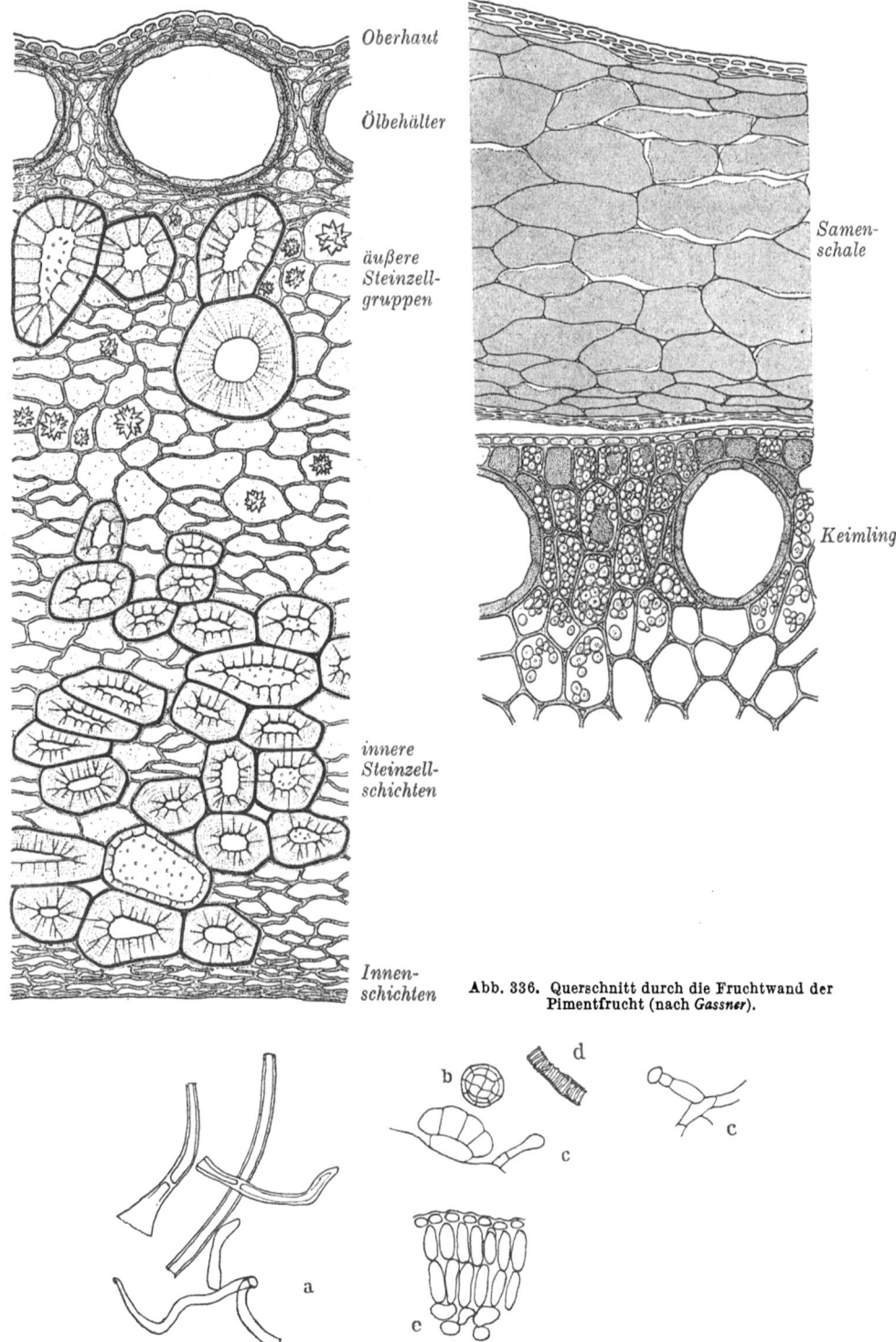

Oberhaut

Ölbehälter

äußere
Steinzell-
gruppen

innere
Steinzell-
schichten

Innen-
schichten

Samen-
schale

Keimling

Abb. 336. Querschnitt durch die Fruchtwand der
Pimentfrucht (nach *Gassner*).

Abb. 338. Pulver von Folia Salviae. *a* Stücke von Wollhaaren. *b* Drüsenschuppen in Quer- und Flächenansicht.
*c* Drüsenhaare. *d* Stück einer Tracheïde. *e* Blattfetzen mit oberer Epidermis und Palisaden im Querschnitt
(nach *Karsten/Weber*).

Die Form der Schleimzellen, das Kollenchym und das Fehlen der Pigmente sind charakteristisch für den weißen Senf, dessen Bau sonst in keiner Weise von dem des schwarzen abweicht.

Die Verfälschungen sind ähnliche wie die des Pfeffers.

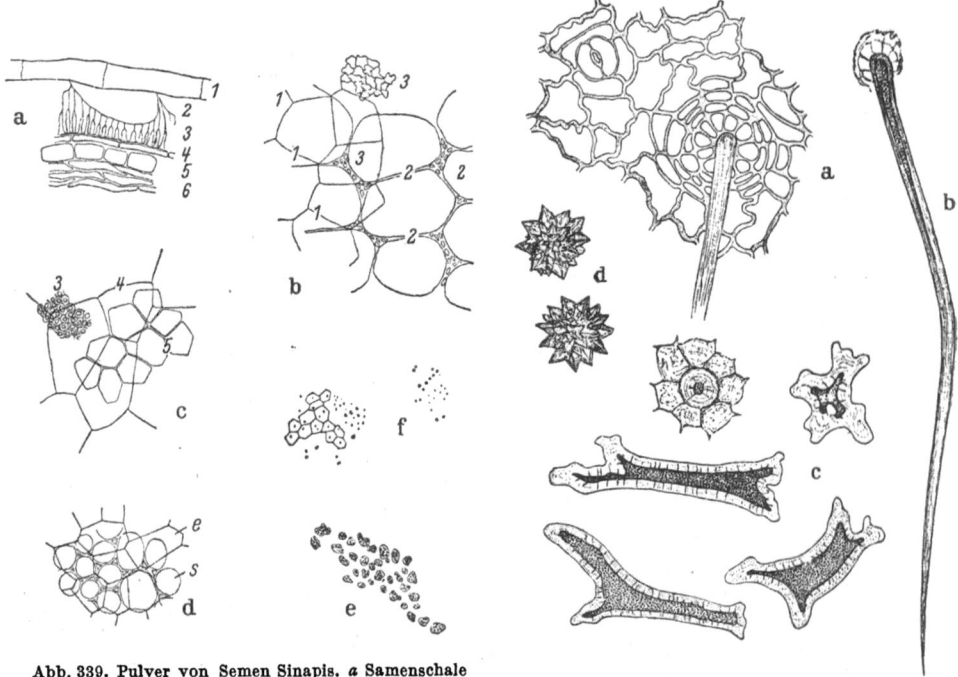

Abb. 339. Pulver von Semen Sinapis. *a* Samenschale quer; *1* Epidermis; *2* „Großzellen". *b, c* Samenschale von der Fläche. *d* Flächenansicht eines Keimblattes; *e* Epidermis; *s* subepidermale Schicht. *e* Aleuronkörner aus dem Keimling in Alkohol. *f* Stärkekörner aus dem Keimling (nach *Karsten/Weber*).

Abb. 340. Charakteristische Bestandteile gepulverter Teeblätter. *a, b* Haare junger Blätter und Spaltöffnung mit drei Nebenzellen. *c* Idioblasten. *d* Oxylatdruse (nach *Karsten/Weber*).

**Tee** (Folia Theae), Abb. 340. Im Mörser gepulverte Teeblätter zeigen als charakteristische Bestandteile große, eigentümlich verzweigte Steinzellen, die Idioblasten, daneben Oxalatdrusen und rundliche Spaltöffnungen mit drei Nebenzellen. Junge Teeblätter besitzen außerdem einzellige, dickwandige und scharf zugespitzte Haare, die über ihrer Ansatzstelle eine Knickung aufweisen.

Treten entweder diese charakteristischen Elemente nicht auf oder aber Kristall- und Haarformen anderer Art, so handelt es sich um Verwendung oder Beimengung anderer Blätter.

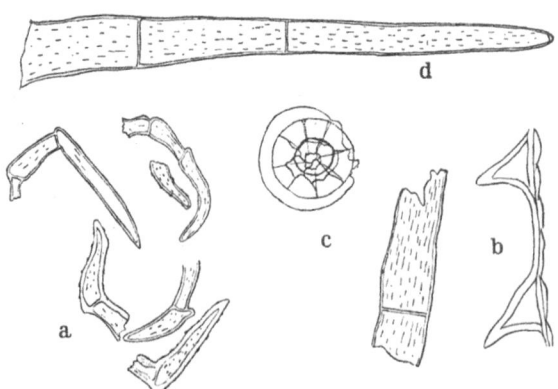

Abb. 341. Haarformen aus dem Pulver von Herba Thymi. *a* Hakig gekrümmte Haare. *b* Blattrand. *c* Drüsenschuppe. *d* Haar von Kelchaußenrand (nach *Karsten/Weber*).

**Thymian** (Herba Thymi), Abb. 341. Typisch für das Thymianpulver sind die knieförmig gebogenen Haare der Blattunterseite. Daneben findet man Drüsenschuppen mit oft bräunlichem Inhalt, kurze zahnartige Haare und Spaltöffnungen mit zwei polaren Nebenzellen.

**Zimt** (Cortex Cinnamomi cassiae und Cortex Cinnamomi ceylanici). Der chinesische Zimt (Abb. 342), stammt von Cinnamomum cassia; bei seiner Gewinnung wird der Kork nur oberflächlich entfernt. Das dunkelbraune Pulver ist charakterisiert durch Bastfasern von 250 bis 700 µ Länge und 15 bis 45 µ Breite. Daneben finden sich in geringer Zahl Bastfasern aus dem Steinzellring, die schmaler, aber länger sind. Vorzufinden sind weiter kleinere Steinzellen mit meist einseitig dünnen Wänden, Korkzellgruppen und braunes Parenchym mit Stärke (20 bis 30 µ) und kleine Oxalatkristalle.

Der Ceylonzimt stammt von Cinnamomum ceylanicum; bei seiner Gewinnung wird das Korkgewebe und die Außenrinde abgeschält. Das hell-

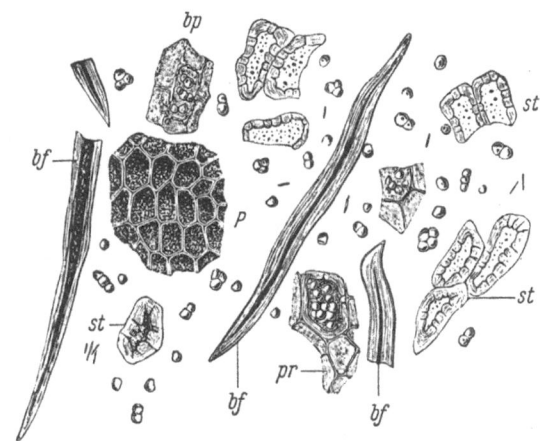

Abb. 342. Chinesisches Zimtpulver. *bf* Bastfasern. *bp* Markstrahlzellen. *pr* Parenchym. *st* Steinzellen. *p* Kork, Stärkekörner und Kristallnadeln (nach *Karsten/Weber*).

braune Pulver enthält zahlreiche einzeln liegende Bastfasern, die bis 600 µ lang und 10 bis 30 µ breit sind, und deren Bruchstücke. Daneben findet man dickwandige große Steinzellen, dickwandiges Parenchym mit kleinen Stärkekörnern (12 bis 20 µ). Vom chinesischen Zimt unterscheidet es sich durch das Fehlen von Kork und weniger zahlreiche, kleine Stärkekörner. Findet man Gefäßbruchstücke, so stammen sie von mitgepulvertem Holz. Häufige Verfälschungen sind Stärken, Mehle, gemahlenes Brot, diverse Hölzer, Kakaoschalen usw.

# Photographie.

Von Redakteur **H. REUTER**, Köln.

Oft ist man geneigt anzunehmen, der Photo-Spezialhandel habe sein Entstehen den Photoateliers zu verdanken. Daß dem nicht so ist, kann man aus dem Lebenslauf des an Berufsjahren wohl ältesten Photohändlers der Bundesrepublik entnehmen, der kürzlich über sein reiches Arbeitsleben berichtete. AUGUST LEISTEN-SCHNEIDER — um den es sich hier handelt — verdiente seine photographischen Sporen vor fast 60 Jahren, nicht etwa, was damals durchaus naheliegend gewesen wäre, in einem Photoatelier, sondern in einer *Drogerie*. Aus den Ausführungen ist weiter zu entnehmen, daß zu Anfang dieses Jahrhunderts aus den Drogerien bzw. den ihnen angegliederten Photoabteilungen immer mehr Photo-Spezialhandlungen entstanden. Wir ersehen hieraus, daß die Photo-Drogerie den eigentlichen Ausgangspunkt für den sich später zur Hochblüte entwickelnden deutschen Photohandel bildete. — Eine Feststellung, auf die unser Berufsstand gewiß mit Recht stolz sein darf. Im edlen Wettstreit mit den Photospezialhändlern müssen wir die in ihren Wünschen grundverschieden gearteten Käufermassen für das photographische Bild interessieren. Dies bedingt, daß wir neben unserer nicht gerade einfachen Fachausbildung als Drogist auch die photographischen Disziplinen beherrschen müssen, um die vielen auf uns einstürmenden Fragen beantworten zu können. Es genügt aber bei weitem nicht die gebräuchlichsten Kameras und photographischen Zubehörteile zu kennen, vielmehr muß sich unser Wissen auch auf die gängigsten Filmsorten und ihre speziellen Eigenschaften erstrecken. Manches andere kommt noch hinzu, wie z. B. die problemgeladene Farbenphotographie. Auch wird, wenn wir unseren Absichten entsprechend unsere Photoabteilung auf lohnenden Umsatz hinsteuern wollen, von uns eine zuverlässige Negativ- und Positivarbeit erwartet.

Es liegt im Sinne des Buches der Drogistenpraxis, einmal in gedrängter Form auf die wesentlichsten Gebiete der photographischen Tätigkeit des Drogisten einzugehen. Im Interesse einer besseren Übersicht stellen wir den eigentlichen Ausführungen jeweils die Titel der einzelnen Abschnitte voran.

# A. Die wichtigsten Photoerzeugnisse.

## I. Aufnahme-Kameras.

### Unter besonderer Berücksichtigung der Kleinbild-Kameras.

Wie die jüngsten Leistungsschauen erkennen lassen, steht unter den photographischen Aufnahmegeräten die Kleinbild-Kamera an der Spitze. So waren auf der letzten Photokina nicht weniger als 47 Modelle der 24 × 24- bzw. 24 × 36-mm-Gruppe vertreten; wenn wir hierzu noch die 4 × 6,5-Kameras hinzuzählen, ändert sich das Verhältnis noch weiter zugunsten der Kleinbild-Kameras.

Auffallend ist die Produktionssteigerung in Kameras unter 150 DM. Wenn wir den Gründen nachgehen, so machen wir die Entdeckung, daß die Minderung des Lebensstandards im Zuge der wirtschaftlichen Gesetzmäßigkeit sich auch auf die

Absatzmöglichkeiten photographischer Erzeugnisse, insonderheit der Kameras, auszuwirken beginnt. So ist in Anpassung an die neue Marktlage zu verstehen, daß Aufnahmegeräte unter 150 DM in der Produktion und im Absatz an der Spitze stehen, soweit der Inlandmarkt in Frage kommt.

Die Kameraindustrie scheint einen ähnlichen Weg wie die Radioapparate herstellenden Firmen zu beschreiten. Hier wie dort ist man sichtlich bemüht, durch konstruktive Maßnahmen Vereinfachungen in der Bedienung und Steigerung der Leistung herbeizuführen, dabei aber die Preise auf einen Stand zu halten, der es auch dem kleinen Mann gestattet, sich in den Genuß der Vorzüge anerkannter Markengeräte zu setzen. Mit einfachen Worten gesagt: Wer heute eine Kamera zu 150 DM ersteht, verfügt über ein Gerät, das noch vor 10 Jahren doppelte bzw. mehrfache Aufwendungen verursacht hätte. Ganz abgesehen von den vielen Verbesserungen konstruktiver Art, die erst in jüngster Zeit Allgemeingut wurden.

| Gruppe (mm) | Zahl der Modelle |
|---|---|
| 24×36 | |
| 24×24 | } 47 |
| 4×6,5 | 14 |
| 6×6 | |
| 6×9 | } 69[1] |
| 9×12 und mehr | } 13 |

Eine der wichtigsten Neuerungen ist der Einbau eines Entfernungsmessers in die Kamera. Die Kupplung des Entfernungsmessers mit dem Objektiv setzt ein hohes Maß an feinmechanischer Präzision voraus. Auf eine einfache Formel gebracht heißt dies: Apparate dieser Art können nicht billig sein. Der moderne Photoamateur besteht aber auf eine Kamera mit Entfernungsmesser. Eine neuartige Lösung, die diesem Wunsch ohne erhebliche Preissteigerung entgegenkommt, hat eine Münchener Kamerafabrik gefunden. In den Billy-Record-Modellen (um diese handelt es sich hier) läßt der eingebaute Meßsucher die „Einblick"-Beurteilung von Schärfe und Bildausschnitt in Augenhöhe zu. Da es bei einer 6 × 9-Kamera auf sorgfältige Einstellung der Entfernung ankommt, bedeutet der Einbau eines Entfernungsmessers eine beachtliche Wertsteigerung der bekannten Billy. Und das Erfreuliche für unsere Kunden: Der durch die bedeutsame Verbesserung bedingte Mehrpreis hält sich in durchaus erträglichen Grenzen. Aber auch die einfachste Gattung der Rollfilmapparate, die *Box-Kamera* — heute längst kein Spielzeug mehr —, hat sich überall Geltung verschafft. Durch Verwendung von farbkorrigierten Objektiven und Blitzlicht-Synchronkontakten wurden die Anwendungsgebiete dieses äußerst preiswerten Kameratyps wesentlich erweitert. An Stelle der früher verwendeten einfachen Periskope finden wir jetzt in Anpassung der Box an das panchromatische Aufnahmematerial häufig Achromate.

Zu Beginn des Starts der photographischen Tätigkeit unserer Kunden, besonders der jüngeren, steht in der Regel ein Box-Apparat, er wird mit dem Fortschreiten des photographischen Könnens in der Regel abgelöst durch eine Rollfilm-Kamera. Der sehnlichste Wunsch der meisten Amateure ist es aber eine Kleinbild-Kamera mit allen Schikanen zu besitzen. Diese Kameragattung wurde dank ihrer vollendeten Automatik immer mehr zur ausgesprochenen Schnellschuß-Kamera. Einzelne Typen haben besonders in der Nachkriegszeit dazu beigetragen, der deutschen Photoindustrie — im weiten Abstand zu anderen Industrien ebenfalls hochqualifizierter Gebrauchsgüter — wieder Weltgeltung zu verschaffen. Natürlich hat auch die außergewöhnliche Verbesserung des Aufnahmematerials und die Vereinfachung der Bearbeitungsmethoden im Photolabor mit Hilfe der Entwicklungs- und Vergrößerungsmaschinen sehr zu ihrer Verbreitung beigetragen. Die hohe Lichtstärke der meist auswechselbaren Objektive, große Bildzahl des Kleinbildfilms — dazu die bequeme Bedienung, das unauffällige Mitführen, all dies sind Vor-

---

[1] Inkl. 17 Box.

teile, die man unmöglich übersehen kann. Jetzt kommen noch die neuen Möglichkeiten der Farbenphotographie hinzu.

Für manchen Verbraucher ist allerdings die hohe Bildzahl hinderlich, es dauert
oft zu lange, ehe alle 36 Aufnahmen durchbelichtet sind, die 12er- bzw. 20er-Patrone
hat hierin erfreulicherweise Wandlung geschaffen. Für den Kleinbildamateur ist es
natürlich von Bedeutung, zu wissen, daß er seine Arbeiten einem Photolabor an-
vertrauen kann, das die Entwicklung der Kleinbildfilme und die Herstellung der
Vergrößerungen einschließlich Wahl der bildmäßig am besten wirkenden Ausschnitte
durch gutgeschultes Personal ausführen läßt. — Besondere Aufmerksamkeit müssen
wir den noch im Anfang ihrer photographischen Tätigkeit stehenden Kleinbild-
kunden entgegenbringen. Das gute Gelingen einer Kleinbildaufnahme ist von vielen
Faktoren abhängig: Film, Korn, Filmführung, Scharfeinstellung, Verwacklungs-
freiheit, Negativ- und Positivprozeß. Eine kleine Unachtsamkeit, z. B. Nichtaus-
stauben der Kamera, rächt sich — ein winziges Staubkorn wird in 10facher Vergrößerung zu einer nicht zu übersehbaren Störung. Dieses eine Beispiel läßt bereits
erkennen, wie sehr gerade die Kleinbild-Photographie zu sauberem Arbeiten erzieht.
Dies gilt gleicherweise für die Kameraarbeit wie auch für die Ausarbeitung im
Händlerlabor. Manchmal hat es den Anschein, als ob die Kleinbild-Kameras ihren
Vorsprung gegenüber den größeren Aufnahmeformaten einbüßen würden, besonders
jetzt mit Aufkommen der Farbenphotographie. Wir haben aber schon öfters vor
ähnlichen Situationen gestanden. Bedenken wir, wieviel neue Möglichkeiten auf
dem Gebiet der Vergrößerung- und Projektionstechnik geschaffen wurden, nicht
zu reden von den zahlreichen Verbesserungen optischer und anderer Ergänzungs-
geräte. Verbesserungen, wie sie nur der Kleinbild-Photographie zugute kommen.
Trotzdem wird es angebracht sein, unseren Kunden immer wieder klar zu machen,
daß Kleinbild-Photographie keineswegs eine „bequeme" Photographie ist. Eine
der ersten Forderungen ist: an das Aufnahmematerial die höchsten Anforderungen
zu stellen. Es ist erfreulich, daß hinsichtlich einer gleichbleibenden Beschaffenheit
der photographischen Emulsionen eine Stabilisierung im guten Sinne festzustellen
ist — in der Frage des Aufnahmematerials darf es in der Kleinbild-Photographie
keinerlei Kompromisse geben.

## II. Das Aufnahmematerial.

Die photochemische Industrie ist heute wieder in der Lage, unsere Wünsche
hinsichtlich des photographischen Aufnahmematerials nach jeder Richtung hin
zu erfüllen. Nach wie vor bildet das Negativmaterial die eigentliche Grundlage der
photographischen Verfahren. Unbekümmert um die Fortschritte des Negativ-
materials ist es auch heute noch so: ob eine Aufnahme phototechnisch einwandfrei
ist und damit gefällt, hängt einzig und allein von der Beschaffenheit des Negativs
ab. Das fertige Bild erhält seine Vollkommenheit erst durch schöne und richtige
Tonwerte, hervorragender Abstufung der Helligkeitswerte, gute Auflösung und
manches andere mehr. Diese Vorzüge schlummern in der Emulsionsschicht von
Film und Platte. Der Filmstreifen beherrscht heute die Photographie der ganzen
Welt. Es wäre aber ungerecht, die photographische Platte unerwähnt zu lassen.
Seit mehr als einem Jahrhundert hat sich die Platte bewährt, und sie ist auch heute
für einige Sondergebiete, bei denen es auf eine absolute Maßhaltigkeit ankommt,
z. B. Astronomie, sowie in der Architektur (die Staatliche Meßbildstelle bevorzugte
24 × 30 cm-Platten) unentbehrlich. — Aus erklärlichen Gründen dominiert auf
den meisten Aufnahmegebieten natürlich der unzerbrechliche und an Gewicht
leichte Film. Die bewährten Markenfabrikate sind mit Lichthofschutzschicht versehen und liegen dank höchster Gußpräzision vollkommen plan.

## 1. Die grundlegenden Eigenschaften der Markenfilme.

Der Verwendungszweck und die Ansicht unserer Kunden sind bei der Beurteilung, welches Aufnahmematerial empfohlen werden soll, entscheidend. Hohe Empfindlichkeit, gute Farbwiedergabe und feines Korn der Negative sind in jedem Falle zu fordern. Selbstverständlich, und dies gilt vor allem für das Kleinbild-Aufnahmematerial, wird außer den genannten Vorzügen ein besonders hohes Auflösungsvermögen gefordert. Allgemeinempfindlichkeit: Schon seit geraumer Zeit wird die Allgemeinempfindlichkeit des Negativmaterails in DIN-Graden angegeben. Es zeigt sich, daß niedrige DIN-Grade (etwa 10/10 Grad DIN) charakteristisch sind für feinkörnigste Emulsionen, Filme mit Höchstempfindlichkeit weisen höhere Gradzahlen auf. Auf eine Formel gebracht: die Körnigkeit steigt mit der Empfindlichkeit des Filmes an. Die gute Mitte liegt bei Filmen mit einer Empfindlichkeit von etwa 16/10 Grad DIN bis 17/10. Geringempfindliche Filme höchster Feinkörnigkeit sollen überall da eingesetzt werden, wo es auf höchste Vergrößerungsfähigkeit ankommt. Die DIN-Bezeichnung gibt den betreffenden Fabrikanten die Verpflichtung auf, ein Material herzustellen, dessen Empfindlichkeit während der normalen Laufzeit keinesfalls geringer sein darf als 3/10 Grad DIN gegenüber der auf der Packung angegebenen Wertangabe. Markenlose Filmfabrikate dürfen die DIN-Bezeichnung nicht tragen.

## 2. Ortho- oder panchromatisch.

Im Gegensatz zu unseren Augen sieht die Bromsilberemulsion des Schwarzweiß-Aufnahmematerials nicht die Farben, sondern nur deren Helligkeitsgrad. Die Farbwiedergabe wird dann ausgezeichnet sein, wenn die Grauwerte eines Bildes im richtigen Verhältnis zueinanderstehen. Eine vollkommene Erfüllung dieser Forderung wird mit Orthofilm allein nur dann möglich sein, wenn keine ausgesprochenen Rotflächen vorhanden sind. Wir erreichen zwar im Vergleich zu den früheren farbenblinden Filmen eine bessere Wiedergabe grüner und gelber Töne gegenüber den blauen und violetten, jedoch rotempfindlich ist der Orthofilm nicht. Blau und Grün werden, was meist als ein Vorzug gewertet werden darf, heller dargestellt als andere Farben. Verbesserungen, z. B. betonteres Abheben der Wolken, läßt sich durch Filtervorschaltung erreichen. Panchromatische Filme wurden durch geeignete Sensibilisatoren für grüne, gelbe und rote Strahlen empfindlich gemacht. Natürlich besteht auch eine Empfindlichkeit für Violett und Blau. Wichtig ist, daß der panchromatische Film die Farbtöne in weitgehend richtigem Verhältnis zueinander

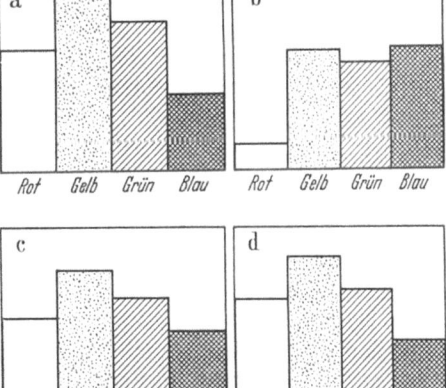

Abb. 343. Was leistet das photographische Aufnahmematerial? a) Tonwertrichtiges Farbverhältnis. b) So sieht der orthochromatische Film die Farben bei Tageslicht. c) So sieht der panchromatische Film die Farben bei Tageslicht. d) So sieht der panchromatische Film die Farben bei Kunstlicht.

festhält. Zu beachten ist, daß es im Handel unterschiedliche Sorten mit höherer, mittlerer und geringerer Rotempfindlichkeit gibt. Dem universellen panchromatischen Film mit ausgeglichener Rotempfindlichkeit (von der Agfa „orthopanchromatisch" bezeichnet), steht der Film mit sehr hoher Rotempfindlichkeit gegenüber, der als „höchstpanchromatisch" ausgegeben wird (s. Abb. 343).

Wie steht es nun mit der Verarbeitung des panchromatischen Aufnahmematerials? In früheren Jahren glaubte mancher Photohändler seinen Kunden
Panchromaterial nicht empfehlen zu können: die Verarbeitung sei zu umständlich.
Der eigentliche Stein des Anstoßes war die Dunkelkammerbeleuchtung. Wir sind
heute darin einen guten Schritt weiter gekommen. Vieles ist natürlich auch eine
Gewohnheitssache, so haben sich unsere Laboranten jetzt an das wenig Licht durch-
lassende dunkelgrüne Dunkelkammerlampen-Filter gewöhnt. Allerdings darf man
die photographische Schicht nicht unnütz lange dem Dunkelkammerlicht aussetzen,
weder beim Einlegen noch bei der Entwicklung. Je weniger die außerordentlich
hochempfindliche Schicht des panchromatischen Materials dem Dunkelkammerlicht
ausgesetzt wird, desto eher ist mit einem klaren Negativ zu rechnen. Im übrigen
gibt es ja auch bei der Entwicklung nicht allzuviel zu sehen. Verdünnung des Entwicklers, Temperatur und Entwicklungszeit sind bekannte Tatsachen. Eine Kontrolle der Entwicklung nach Zeit sowie die Einhaltung der Bädertemperatur von
18° C sind die besten Mittel zur Erreichung einer bestimmten Negativdichte. Von
der Beurteilung des Negativs durch Vorhalten gegen die Dunkelkammerlampe darf
man sich nicht viel versprechen; denn nach dem Fixieren sehen die Negative (und
dies gilt auch für orthochromatisches Material bei Rotlicht) doch anders aus. Auch
die gleichzeitige Verarbeitung von ortho- und panchromatischem Material macht
keinerlei Schwierigkeiten. Zunächst ist in der üblichen Weise der Tank mit ortho-
chromatischem Material bei Rotlicht oder auch bei grünem Panlicht zu beschicken.
Dann geht man von Rotlicht auf Grünlicht über, jetzt werden die panchromatischen
Filme eingehängt. Natürlich darf in diesem Moment keinerlei Rotlicht mehr brennen,
Die Entnahme des orthochromatischen Materials aus dem Tank bei Grünlicht,
Abspülen und Übertragen in den Tank sind ohne schädigenden Einfluß möglich.

Geeignete Dunkelkammerlampen sind mit einer 15- bzw. 25-Watt-Birne aus-
zurüsten; stärkere Birnen dürfen nicht verwendet werden. Um bei einem Beispiel
zu bleiben: Eine Universal-Arbeitsplatz-Beleuchtung für orthochromatische
und orthopanchromatische Schichten ist mit folgenden Mitteln zu erreichen:

1. Agfa Dunkelkammerfilter Nr. 105 (dunkelgrün-matt); — 2. Wandlampe; —
3. Beleuchtungsart: indirekt, Lampe zur Wand gekehrt; — 4. Wattzahl: 15; —
5. 0,75 m Mindestabstand vom Arbeitstisch.

Auf dieses Dunkelkammer-Beleuchtungsschema möchten wir besonders hinweisen, weil hierdurch der ganze Entwicklungsbetrieb bedeutend vereinfacht wird
und unangenehme Versehen (bei Rotlicht verschleiert panchromatischer Film) vermieden werden. Allerdings besteht eine Garantie für die Sicherheit der Beleuchtung
nur für 3 Minuten. Sobald das Negativmaterial dem Grünlicht (auch dem indirekten)
länger ausgesetzt wird, muß man mit Schleierbildung rechnen. Das übliche Zwei-
Lampen-System ist natürlich auch weiterhin zu empfehlen, wenn Interesse an
einer helleren Beleuchtung und an einer getrennten Verarbeitung von ortho- und
panchromatischem Material besteht.

## III. Kunstlichtquellen.

Licht bedeutet heute kein Problem mehr. Schritthaltend mit der Steigerung der
Empfindlichkeit des Aufnahmematerials wurden auch auf dem Gebiet der Be-
leuchtungstechnik außerordentliche Fortschritte erzielt, die den Photo- und Schmal-
filmfreund völlig unabhängig vom Tageslicht machen. Kunstlicht und Blitzlicht
höchster Leuchtkraft treten an Stelle des Sonnen- und Tageslichtes, und zwar so
vollkommen, daß man auch bei größter Dunkelheit photographieren, ja selbst filmen
kann. Um mit dem einfachsten zu beginnen: die moderne Blitzlichtphotographie
ist für viele Drogisten noch Neuland. Sie beschränken sich darauf, ihren Kunden

Blitzpulver in Beutel- oder Kapselform anzubieten. Es ist dies absolut nicht rückständig. Das weiche Licht des Kapselblitzes, der denkbar preiswert auch dem minderbemittelten Käufer zu gut ausgeleuchteten Aufnahmen verhilft, gibt bildtechnisch ein angenehmeres, vor allem weicheres Licht, als das gerichtete Licht der Blitzlampe. Gewiß hat es seinen guten Grund, daß der zeitweilig vernachlässigte Kapselblitz, wie überhaupt das Blitzpulver, so beachtlich wieder aufgeholt hat. Mancher unserer Kunden mag in Erinnerung an Rauch und Staub erzeugendem Blitzpulver gewisse Bedenken haben, Blitzpulver im Heim zu verwenden. Das moderne Blitzpulver ist praktisch rauchlos und rückstandsfrei (trockene Lagerung wichtige Voraussetzung). Es wurden verschiedene Formen entwickelt, u. a. eine Vorrichtung, die ein Nebeneinanderabbrennen mehrerer Blitze gleichzeitig gestattet. Die konservativen Amateure geben nach wie vor der Heimlampe den Vorzug. Als Lichtquelle dienen die auf das Photographische abgestimmten Osram-Nitraphot- und Philips-Photolita-Lampen. Reflektoren sind meist aus Leichtmetall mit Schwenkvorrichtung in den verschiedensten Ausführungen hergestellt. Verkaufsmäßig gesehen liegt das Schwergewicht im Vertrieb von Blitzlampen und -birnen. Anpassend an diese Entwicklung finden wir fast bei jeder neuen Kamera den Verschluß synchronisiert (Abb. 344). Diese Synchronisierung hat den Zweck, im Moment der Aufnahme die mit dem Verschluß durch ein Kabel verbundene Blitzlampe den Glaskolbenblitz für den Bruchteil einer Sekunde gleichzeitig aufflammen zu lassen. Die Röhrenblitzgeräte, die in Anbetracht ihrer beachtlichen hohen Anschaffungspreise nur für einen kleinen Kreis von Interessenten in Betracht kommen, ermöglichen die Auslösung vieler tausend Blitze höchster Lichtstärke und bieten verblüffende Möglichkeiten für Reportage, Sport, technische und wissenschaftliche Aufnahmen. Wie dem auch sei, der eigentliche Impuls zur Belebung der Kunstlichtphotographie geht im wesentlichen von der Blitzlampe aus. Die Preisherabsetzung der Blitzlampen seitens Os-

Abb. 344. Die für Blitzlicht synchronisierte Rollfilm-Kamera.

ram und Philips und das Herausbringen preiswerter Leuchten hat dazu beigetragen, daß in erheblich größerem Umfang als früher Blitzlampen und -birnen am Umsatz beteiligt waren. Günstige Verkaufserfolge hängen allerdings wesentlich von der richtigen Beratung der Käufer ab. So muß der Photodrogist wissen, daß die einfache Stabbatterie z. Z. am gebräuchlichsten und nur im frischen Zustand in der Lage ist, den feinen Draht zum Glühen zu bringen und damit die Zündung einzuleiten. Ferner ist besonders bei Eintritt der kühleren Jahreszeit daran zu erinnern, daß die Stromlieferung der Batterien temperaturabhängig ist. Ein 100%ig sicheres Arbeiten eines Blitzgerätes wird davon abhängig sein, daß mindestens 2 Stabbatterien je 3 Volt, oder noch ratsamer wären 3 Monozellen zu je 1,5 Volt, zur Verfügung stehen. Ein zweiter ebenfalls wesentlicher Faktor ist die einwandfreie Synchronisation. In falscher Einschätzung der Belichtungstabellen glaubt mancher Amateur auf den Spuren der Reporter wandeln zu können und läßt sich zu kürzesten

Verschlußgeschwindigkeiten verleiten. Das Aufflammen des Blitzes erfolgt erst nach einer gewissen Übertragungszeit. Die verschiedenen Sorten haben unterschiedliche Vorzündzeiten. Der Verschluß öffnet sich

Abb. 345. Aufsetzen eines Synchro-Blitzers auf eine Box-Kamera.

aber fast sofort nach der Auslösung. Praktisch bedeutet dies, daß ein auf $1/_{100}$ Sekunde eingestellter Verschluß bereits wieder geschlossen ist, ehe überhaupt der Blitz seine höchste Helligkeitsstufe erreicht hat. Daher ist es ratsam, den Kunden eine Belichtungszeit ($1/_{25}$ Sekunden) zu empfehlen, die wirklich eine Gewähr bietet, da der Verschluß noch zur Abbrennzeit des Blitzes offensteht. Bei den mechanischen Synchronisationen fallen bei Zeiten bis zu $1/_{100}$ Sekunden Blitz und offener Verschluß genau zusammen. Trotzdem bietet eine Geschwindigkeit von $1/_{25}$ Sekunde eine größere Gewähr. Die Box-Synchrogeräte (Abb. 345), verlieren zuweilen dadurch, daß sie durchweg mit zu kleinen Batterien ausgestattet sind, was ja, wie vorhin erwähnt, oft zu Fehlresultaten führen muß. Blitzlichtphotographie und Synchronisation werfen Probleme auf, die eine gründliche Schulung des Verkaufspersonals verlangen. Die Firmen Osram und Philips liefern hierzu ausreichendes Prospektmaterial.

## IV. Aufnahmezubehör.

Bezeichnenderweise steht in den für den Amateur bestimmten Katalogen unter Zubehör der „Belichtungsmesser" stets an erster Stelle. Es gibt auch kaum ein Lehrbuch, das sich nicht ausführlich mit der Anwendung der Belichtungsmesser beschäftigt. Verkaufspsychologisch wird allerdings von den meisten Photohändlern ein grundsätzlicher Fehler darin gemacht, den Belichtungsmesser als ein Gerät hinzustellen, das dem Amateur jede Arbeit abnimmt. Sehr bald aber entdeckt der Käufer, daß seine ersten Meßergebnisse absolut nicht mit den optimistischen Angaben des Photohändlers übereinstimmen. Es ist stets zu bedenken, daß die elektrischen Belichtungsmesser ihrer Konstruktion entsprechend nur die für einen bestimmten Normalfall geeignete Belichtungszeit angeben. Mit Rücksicht darauf, daß die Messung niemals eine gleichmäßige Helligkeit des gesamten Aufnahmefeldes antrifft, ist die Messung nur als Durchschnittsergebnis zu bewerten.

Die subjektive Behandlung gibt den Ausschlag. So bleibt auch die Photographie in Verbindung mit einem elektrischen Belichtungsmesser trotz der scheinbaren automatischen Feststellung der Resultate immer noch eine persönliche Angelegenheit. Der Erfolg: ein einwandfreies Negativ ist vom Grad des Vertrautseins und dem sachgemäßen Gebrauch des Gerätes abhängig.

Ein anderes Gebiet, dessen sich der Photohändler annehmen sollte, sind die optischen Zusatzgeräte, Vorsatzlinsen, Entfernungsmesser, Naheinstellgeräte. Eine Erweiterung der Aufnahmemöglichkeiten besteht auch durch Selbstauslöser. Mit Hilfe der *Vorsatzlinsen* wird die vorhandene Brennweite verlängert (Distarlinse) oder verkürzt (Proxarlinse). Verwendung der Distarlinsen nur bei Kameras mit doppeltem Auszug. Durch die Brennweitenverlängerung erzielt man vom gleichen Aufnahmestandpunkt aus einen größeren Abbildungsmaßstab als ohne Distarlinse.

Proxarlinsen werden in der Hauptsache für Nahaufnahmen bei Rollfilmkameras mit einfachem Auszug verwendet. Durch Verkürzung der Brennweite wird eine

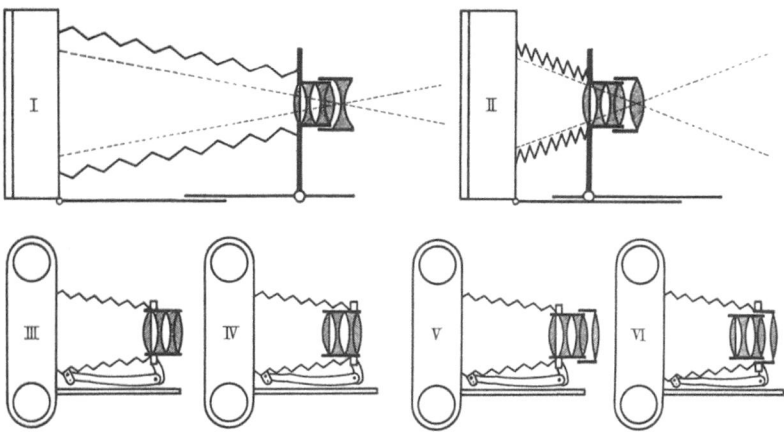

Abb. 346. Wirkung der Vorsatzlinsen. I. Bei Laufbodenkameras: wesentliche Verlängerung der Brennweite. Porträts können aus größerer Entfernung aufgenommen werden, dadurch eine bessere Perspektive. II. Verkürzung der Brennweite durch eine starke Positivlinse. Bei Raumbeschränkung wird größerer Bildwinkel erfaßt (übertriebene Weitwinkelperspektive). III.—VI. Bei Kameras mit Schneckengangeinstellung oder Vorderlinseneinstellung Spielraum für die Einstellung zu gering, daher Heranziehung schwacher Positivlinsen, um auf kurze Entfernungen einstellen zu können.

scheinbare Verlängerung des Auszuges erreicht: Näheres Herangehen an das Objekt, Aufnahme kleiner Gegenstände (siehe Abbildung 346).

*Entfernungsmesser* tragen zur Wertsteigerung der Rollfilmapparate bei. Sie lassen sich auf jede Kamera aufstecken. Genaue Schärfe auf den Punkt. Die Preiswürdigkeit der Geräte (um DM 15,—) läßt bei geschickter Propagierung starken Absatz erwarten.

*Bessere Aufnahmeresultate durch Lichtfilter!* Wir leben zwar im Zeitalter des panchromatischen Aufnahmematerials. Leider reichen dessen Vorzüge nicht aus, um z. B. den Unterschied zwischen Wolken und Himmel immer deutlich genug festzuhalten oder Unschärfen, die sich bei Fernaufnahmen durch das U.-V.-Licht im Hochgebirge einstellen, zu vermeiden. Die immerhin schon recht beachtliche tonwertrichtige Wiedergabe des panchromatischen Aufnahmematerials wurde erst

a

b    Abb. 347. Bessere Aufnahmeresultate durch Filter!
a) ohne Filter; — b) mit Filter.

durch Filter zu ihrer höchsten Vollkommenheit gebracht. Am überzeugendsten wirken wir auf unsere Kunden, wenn wir ihnen an Hand leicht herzustellender Vergleiche die Filteranwendung demonstrieren. Bei der Aufnahme ohne Filter ist von einem schönen Wolkenhimmel und stimmungsvoller Kontrastierung kaum etwas wahrzunehmen. In der Aufnahme des gleichen Motivs mit Filter hingegen ist das Fehlende vorhanden. Für Personen- und Landschaftsaufnahmen genügt meistens ein gelbes oder gelbgrünes Filter. Es gibt aber auch Fälle, in denen andere Spezialfilter notwendig werden: zur Erleichterung der Feststellung, welche Filter für die einzelnen Aufnahmefälle zweckmäßig zu empfehlen sind, soll die nachfolgende Aufstellung dienen (s. auch Abb. 347):

| Motiv | Filter | Bel.-Faktor |
|---|---|---|
| Moment-, Landschafts-, Schnee-, Hochgebirgs- und Wolkenaufnahmen | Hellgelb | 2fach |
| Landschaft mit viel Farbe, an der See, Landschaft mit betonten Wolken | Mittelgelb | 3fach |
| Moment- und Landschaftsstudien | Gelbgrün | 2fach |
| Ferne ohne Vordergrund, gegen Dunst, Wolkeneffekte, panchrom. Film | Orange | 5fach |
| Nacht- und Mondscheineffekte. Fernmotive mit starkem Dunst (panchrom. Aufn.-Material) | Hellrot | 10fach |
| Kunstlichtmotive, Personen mit bleicher Hautfarbe | Blau | 2fach |
| Im Hochgebirge über 2000 m. Schutzfilter gegen U.-V.-Strahlen | U.-V. | 1,5fach |

Zur Vermeidung von Spiegelungen, z. B. bei Schaufensteraufnahmen, Gegenständen aus Glas, reflektierenden Metallteilen ist ein Polarisationsfilter angebracht.

Gegenlicht- bzw. Sonnenblende ist ebenfalls von Bedeutung. Vor allem diejenigen unserer Kunden, die sich mit der Farbenphotographie befassen, wollen wir auf die Gegenlichtblende hinweisen.

# B. Labor.

## I. Kontrolle der Arbeitsgeräte.

Kopier- und Vergrößerungsgeräte sind für jeden modernen Betrieb zu einem geradezu unersetzlichen Helfer geworden. Vielerlei Arbeiten werden mechanisch ausgeführt, verlangen aber eine gleichmäßige Kontrolle der Geräte, denn die oft übermäßige Inanspruchnahme führt sehr leicht dazu, daß gerade die Stabilität der mechanischen Teile abgenutzt wird.

Auf die Vorzüge der einzelnen modernen Geräte soll hier nicht näher eingegangen werden, doch möchten wir empfehlen, bei Vergrößerungsapparaten unbedingt weniger auf ein elegantes Äußere zu sehen, sondern auf eine wirklich strapazierfähige Ausführung, zumal wir es ja hier mit Anschaffungen zu tun haben, die viele Jahre vorhalten müssen. In erhöhtem Maße gilt dies von den Kopiergeräten. Hier gibt es äußerst praktische Verbesserungen. Bequeme Masken aus dünnem, nicht rostendem Stahlband, Fußbetrieb, der spielend leicht den Kopierdeckel schließt und gleichzeitig die vorher eingestellte Beleuchtung auslöst.

Aber auch der Tageslichtraum ist wichtig. Gute Durchlüftung und Wärme beschleunigen wesentlich die Trocknung. Der Fußboden kann hier aus Holz bestehen. Ein gut geölter Fußboden bindet den Staub, der sich sonst leicht auf die feuchte Gelatine der Platten und Filme sowie Abzüge niederschlägt. In den Tageslichtraum gehört auch aus wärmetechnischen Gründen der Trockenschrank, der in der Negativ-

Dunkelkammer wegen der hier ja unvermeidlichen Luftfeuchtigkeit seine Leistungsfähigkeit nicht voll entfalten könnte, ganz abgesehen davon, daß es hier auch an
der nötigen Übersicht fehlt. Eine gründliche Reinigung des Schrankes innen und
außen muß vorgenommen werden. Unter Umständen kann man sich auch überlegen,
noch ein kleines Gerät zu dem großen Trockenschrank hinzuzukaufen, um bei
weniger großer Belastung des Betriebes nur mit dem kleinen Gerät zu arbeiten.
Es ist dies immerhin rentabler, als wenn man in geschäftsflauen Zeiten ausschließlich
auf das große Gerät angewiesen ist. — Gut 90% sämtlicher Abzüge werden heute
auf Hochglanz gemacht. Aus diesem Grunde versteht es sich von selbst, der Hoch-
glanzherstellung mehr Beachtung zu schenken als in früheren Jahren, in denen
man zum Teil noch mit Ochsengalle und anderen Behelfsmitteln auskam. Die
Hochglanzpressen werden ja heute meist elektrisch betrieben. Dabei wird oft außer
acht gelassen, daß durch Anschaffung mehrerer neuer elektrischer Geräte leicht eine

Abb. 348. Hilfsmittel für den Negativ- und Positivprozeß.

Überlastung des Lichtnetzes eintritt und so durch die viel zu stark belasteten Ab-
zweigungen nicht mehr genügend Strom bis zur Hochglanzpresse gelangt. Material-
und Zeitverluste sind auch hier die Folge. Die Heranziehung eines Elektromonteurs
ist empfehlenswert. Eventuell kann Abhilfe durch Einbau einer Schalttafel geschaffen werden.

Wie aber werden die dauernd im Gebrauch befindlichen Geräte laufend behandelt?

Ein Schmerzenskind sind die Entwicklungstanks und Fixierbecken aus Steingut.
Diese sollen unbedingt vor dem Einfüllen frischer Bäder mit verdünnter Salzsäure
ausgespült und ausgescheuert werden. Zur Not ist dies auch schon mit einer stark
konzentrierten Essiglösung möglich. Zu beachten ist, daß die feinen Risse, die sich
im Steingut sehr bald zeigen, kleine und kleinste Teilchen des Entwicklers bzw.
des Fixiernatrons aufnehmen und besonders bei Verwechselung der Behälter
unangenehme Fehlerscheinungen auslösen. Wässerungstanks, besonders hölzerne,
neigen in vielen Gegenden dazu, Algen anzusetzen. Es hängt dies mit der Beschaffenheit des Wassers zusammen. Man kann hier durch öfteres Auswaschen und
Spülen mit 1%iger Karbolsäurelösung Abhilfe schaffen. Manches Gerät, das dauernd
mit dem Wasser in Berührung steht, ist von Rostbildungen zu befreien. Mit einer
Stahlbürste scheuert man die Eisenteile blank und nach Grundierung und sehr

sorgfältiger Trocknung ist ein wetterfester Emaillelack aufzutragen. Metallteile der Kopiergeräte sind wöchentlich mit einem Putzmittel zu bearbeiten, während kleine Stangen, Federn, Gelenke usw. trocken abgerieben werden müssen. Anschließend ist säurefreies Paraffinöl aufzutragen. Desgleichen sind alle beweglichen Teile, wie Scharniere, Achsen, Hebel regelmäßig zu reinigen und einzufetten. Lockere Schrauben sind selbstverständlich nachzuziehen. Der Lichtkasten ist zu entstauben (besonders wichtig bei Vergrößerungsgeräten), die Kopierscheibe auf Kratzer und Unreinigkeiten zu prüfen. Maskenbänder sind nachzuziehen und erlahmte Andruckfedern zu erneuern.

Trockenschränke sind wöchentlich gründlich zu entstauben. Der Staubfangfilter ist jedoch täglich zu reinigen. Die elektrischen Anlagen des Trockenschrankes sind von einem fachkundigen Elektrotechniker alle 1 bis 2 Monate zu überprüfen. Waschgeräte müssen wöchentlich mit der Wurzelbürste von Schlamm und Algen

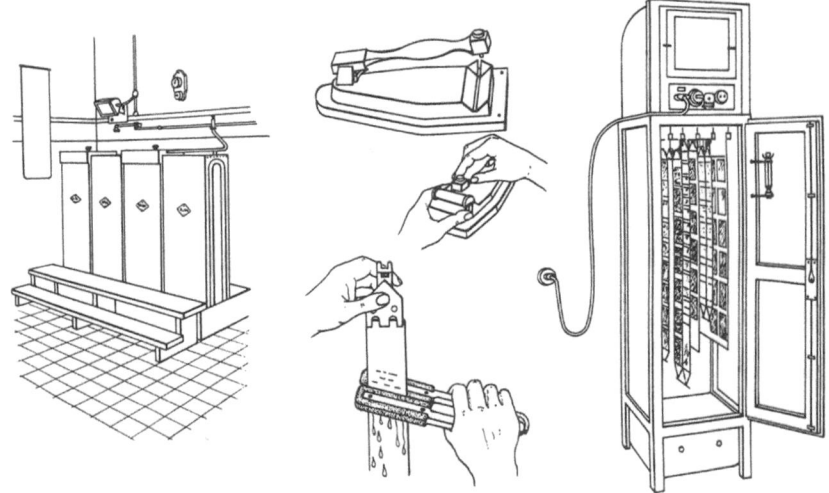

Abb. 349. Geräte für den Negativprozeß.

befreit werden. Lackierte Wannen dürfen nicht dauernd mit Wasser gefüllt stehen; der Lack verliert sonst an Festigkeit. Zinkgeräte sind, sofern sie keinen korrosionsfesten Dauerbezug haben, blank zu scheuern und eventuell mit Zaponlack vor Einwirkung des Wassers zu schützen. Viscoseschwämme kann man auswaschen, so daß der angesammelte Schmutz leicht entfernt werden kann. Zum Reinigen der Hochglanzplatten, zum Abstreifen nasser Rollfilme soll man unbedingt zwei verschiedene Schwämme benutzen, damit nicht wechselseitig Verunreinigungen übertragen werden können.

Auf diese Weise überprüfen wir nach und nach sämtliche Geräte. Wir erleichtern dann nicht allein unsere Arbeit und tragen zur Unkostenverringerung bei, vielmehr üben wir hier vornehmsten Dienst am Kunden, denn durch die Leistungssteigerung unseres Labors und Sorgfältigkeit in der Ausführung der uns anvertrauten Arbeiten vermeiden wir Mißerfolge.

## II. Die Pflege des Tankentwicklers.

Im Bereich des Photolabors geht es nicht ausschließlich darum, mit dem Material hauszuhalten. Wir müssen vielmehr unsere Arbeitsmethoden so einrichten, daß die zur Verfügung stehenden Materialien auf das beste ausgenutzt werden.

Die Tankentwicklung ist eine der am meisten verbreiteten Methoden, um die Bearbeitung von Amateuraufnahmen im großen Umfang durchzuführen. Eine genaue Beobachtung der Arbeitsvorschriften bei der Tankentwicklung führt dazu, daß diese Entwicklungsmethode der „individuellen" Hervorrufung der Einzelaufnahme in Schalen zum mindesten gleichwertig ist. Dieser beachtliche Fortschritt hängt natürlich mit einer Reihe anderer Faktoren zusammen, so z. B. mit dem erweiterten Belichtungsspielraum der modernen Negativmaterialien. Auch blieb die Verwendung der Entwicklungspapiere mit ihrem reichhaltigen Gradationsaufgebot nicht ohne entscheidenden Einfluß auf die Verbreitung der Tankentwicklung.

**Die Beschickung der Tankanlage.** Sämtliche Hilfsgeräte zum Einhängen der Platten und Filme müssen aus einem nichtrostenden Material sein, das von den in der Photographie üblichen Chemikalien nicht angegriffen werden darf.

Das Anheften der Rollfilme an die Klammern bzw. das Einsetzen der Platten in die Körbe wird an einem sauberen, trockenen und entsprechend beleuchteten Arbeitstisch vorgenommen. Das hochempfindliche Material darf nicht unnötig dem Dunkelkammerlicht ausgesetzt werden. (Es gibt streng genommen kein unbedingt sicheres Dunkelkammerlicht.) Die Beschickung erfolgt durch das nacheinander Einhängen in den Tank. Dies soll langsam erfolgen, um die Bildung von Luftblasen zu verhindern. Die Dauer der Entwicklung im Tank beträgt in der Regel 7 bis 15 Minuten. Sie richtet sich nach den in den Gebrauchsanweisungen der betreffenden Entwickler gemachten Angaben.

**Welcher Entwickler?** Es ist ein Trugschluß, anzunehmen, das Selbstansetzen von Entwicklerlösungen sei wesentlich billiger als die Benutzung konfektionierter Entwickler. Die Annahme mag stimmen, wenn man die reinen Chemikalienpreise in Betracht zieht. Da aber beim Selbstansatz mit einem erhöhten Arbeitsaufwand zu rechnen ist und jedes Labor nicht über alle der Industrie zugänglichen Stoffe und Prüfungsmethoden verfügen kann, so ergeben sich beim Selbstansetzen eine Reihe von Unsicherheitsfaktoren, die auf die Dauer das Arbeiten mit konfektionierten Entwicklern nicht nur bequemer, sondern auch billiger erscheinen lassen.

**Die hauptsächlichsten Fehler.** Harte und zu dichte Negative, wie grobes Korn, sind zurückzuführen auf übermäßig lang ausgedehnte Entwicklung oder zu hohe Temperatur der Entwicklerlösung. Flaue Negative lassen eine zu kurze Entwicklung oder zu niedrige Temperaturen vermuten.

Grauschleier: Hier ist die Ursache in einer erheblichen Überschreitung der vorgeschriebenen Entwicklungszeit, stark angestiegener Temperatur oder Verunreinigung des Entwicklers zu suchen.

Gelbschleier, auch dichroitischer Schleier genannt, tritt auf bei Verunreinigung des Entwicklers durch Fixiersalz oder größere Mengen verschleppten Entwicklers im verbrauchten Fixierbad. Luftblasen, erkennbar an der Bildung runder Flecken mit scharfen Konturen, lassen sich auf einfache Weise vermeiden, indem das Entwicklungsgut nach dem erstmaligen Einsenken in den Tank noch ein- bis zweimal herausgehoben wird. Unscharfe Flecken oder wolkenartige Bildungen deuten auf schlammige Verunreinigungen und auf die Anwesenheit von Zersetzungsprodukten faulender Gelatine hin. Abhilfe nur durch gründliche Entschlammung des Tanks möglich. (Anwendung von Agfa-Tankkugeln zur Fäulnisvermeidung.)

Entwicklungsfahnen. In einer süddeutschen Tageszeitung wurde unlängst das Bild eines Mahnkreuzes für den deutschen Osten veröffentlicht. Die Konturen des Querbalkens sowie der obere Rand des Längsbalkens zeigten eine heiligenscheinartige Umrandung. Dieses Bild erregte großes Aufsehen. Man vermutete eine überirdische Erscheinung. Auf die Presseveröffentlichung hin meldete sich ein alter Photograph, der eine plausible Erklärung abgab, nach der es sich hier um einen klassischen Fall von Entwicklungsfahnen handele.

Ursache: Ungenügende Bewegung der Negative, wobei sich durch unterschiedliche Ausnutzung des Entwicklers an der Oberfläche kontrastreiche Stellen des Negativs Strömungserscheinungen ausbilden.

**Einwandfreies Wasser.** In älteren Rezeptbüchern wird das einwandfreie Arbeiten eines Entwicklers von der Verwendung destillierten Wassers abhängig gemacht. Abgesehen davon, daß abgekochtes Wasser zum Ansetzen der Tankbäder vollkommen genügt, ist destilliertes Wasser auf die Dauer viel zu kostspielig. Mancherorts muß mit einem kalkhaltigen Leitungswasser gerechnet werden. Kalk vermag einen trüben Niederschlag zu erzeugen, von dem schließlich auch ein Teil auf der Negativschicht verbleibt. Nach dem bekannten Photochemiker LUEPPO-CRAMER kann die Kalkausscheidung vor dem Ansetzen durch Zusatz von Natrium-Meta-

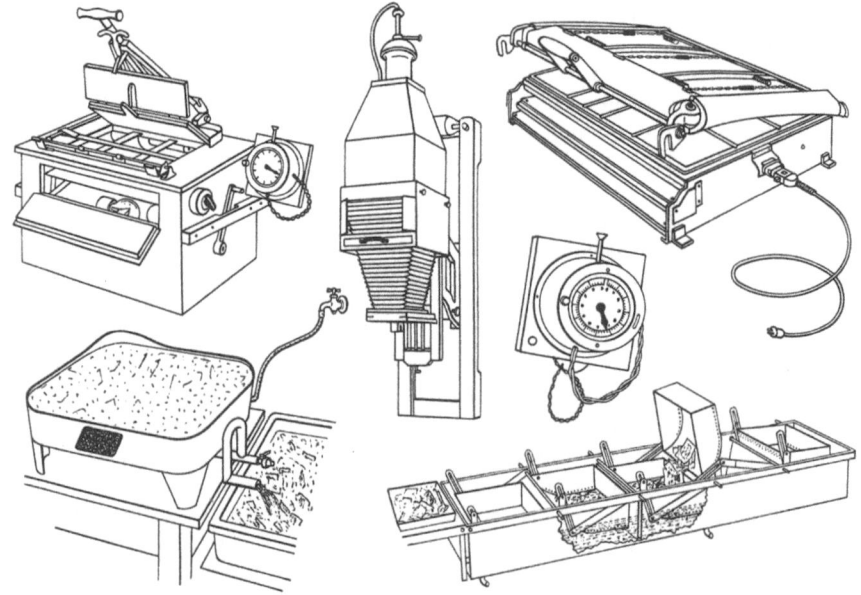

Abb. 350. Arbeitsgeräte für den Positivprozeß.

phosphat verhindert werden. Man gibt dem kalhaltigen Wasser pro Liter 5 ccm Phosphatlösung 1:10 zu und setzt damit sowohl die Entwickler-Sulfitlösung wie auch die Carbonatlösung an. Brunnenwasser ist mit Rücksicht auf die oft vorhandenen Salze oder suspendierenden Verunreinigungen anderer Art wie Algen, Bakterien nur im äußersten Notfall zu verwenden. Rotbraune Punkte auf dem Negativ lassen auf Rostpartikel schließen. Falls nichtrostendes Material durch irgendwelche Einwirkungen Rosterscheinungen zeigt, ist es empfehlenswert, die Stahlgeräte in einem 20%igen Salpetersäurebad zu reinigen. Die Behandlung und das Abscheuern müssen so lange durchgeführt werden, bis auch die letzten Rostreste entfernt sind. Es ist dies unbedingt zu beachten, da sonst sich immer wieder neue Ausgangspunkte für den Rostansatz bilden können.

Heizgeräte zur Erreichung der erforderlichen Temperatur liefert die einschlägige Elektroindustrie in den verschiedensten Ausführungen. In der Regel handelt es sich um große Tauchsieder, die tief in den Tank hineinreichen und mit ihren gut gesicherten Heizelementen die Bäder erwärmen.

**Reinigung des Tanks.** Bei der Reinigung des Tanks sind zunächst alle beweglichen Metallteile, wie Sieb, Boden, Gestänge, Kästen usw. zu entfernen. Alle

Geräte, die in den Tank zu hängen kommen, sind gründlich zu desinfizieren, dieses geschieht am besten in einer Chlorkalklösung, jedoch ohne Salzsäure, da diese zu leicht Gegenstände angreift. Nach Dr. W. TRIEBEL sind 5 g Chlorkalk in 1 Liter Wasser aufzulösen. In diese Lösung werden die Klammern usw. gelegt und gründlich abgebürstet. Auch hier wieder gründliches Nachspülen mit reinem Wasser. Durch diese Behandlungsweise werden alle den Geräten noch anhaftenden Fixierbadreste ebenso vollkommen vernichtet, wie etwa vorhandene Bakterien. Zur Reinigung des Tanks sei noch folgende Lösung empfohlen:

20 g Kaliumpermanganat werden in
20 Liter Wasser aufgelöst und mit
20 ccm konzentrierter Schwefelsäure versetzt.

Mit dieser Lösung soll der vorher noch gut ausgespülte Tank nochmals gescheuert und ausgefüllt werden. Zur Entfernung des überschüssigen Permanganats ist schließlich noch mit einer 5%igen Kalium- oder Natriumbisulfitlösung zu reinigen und mit Wasser nachzuspülen. Gewiß ist auch eine Reinigung mit Chlorkalk und anderen Waschmitteln möglich. Zu bedenken ist, daß hier eine Reinigung nur durch kräftiges Scheuern, also auf rein mechanischem Wege, erfolgen kann, während in Verbindung mit Schwefelsäure der Reinigungsprozeß auf chemischem Wege erfolgt und die kleinsten Verstecke durchdrungen werden.

## III. Die Lebensdauer des Fixierbades.

### Wann ist das Fixierbad erschöpft?

Eine der betrüblichsten Überraschungen für den Photohändler ist, feststellen zu müssen, daß unersetzliche Negative seiner Kunden Zersetzungserscheinungen aufweisen, die oft zu einem vollständigen Verlust führen. Aber auch bei Vergrößerungen haben wir plötzlich einen starken Ausfall durch Gelb- und Braunschleier. Dies ist besonders bedauerlich, sobald es sich um eilige Aufträge handelt und die Fehler sich erst nach der Ablieferung einstellen. Verärgerungen der Kundschaft bleiben nicht aus, ganz abgesehen davon, daß jede unbrauchbare Vergrößerung in Zeiten der Papierverknappung dem Verlust kostbarer Rohstoffe gleichkommt.

**Wo ist die Schuld zu suchen?** Unsachgemäße Durchführung des Fixierprozesses, Unkenntnis des Erschöpfungsgrades des Fixierbades — und zuweilen auch falsche Sparsamkeit durch Weiterverwendung längst überfälliger Fixierbäder. Negative sind bekanntlich nach dem Entwickeln sorgfältig abzuspülen, um sie dann zu fixieren, d. h. gegen Tageslicht unempfindlich zu machen. Durch die Erzeugung des schwarzen metallischen Silberbildes wird ja nur ein geringer Teil des Bromsilbers verbraucht, der größte Teil, etwa 75%, bleibt als gelblichweißes, lichtempfindliches Bromsilber zurück, das durch Fixiernatron aus der Schicht entfernt werden muß. Das Fixiersalz unserer Markenfirmen ist äußerst preiswürdig. Trotz der Billigkeit gibt es aber auch heute noch Photolabors, in denen das Fixierbad angesetzt wird, und zwar durchweg nach folgendem Rezept:

Wasser 1 Liter
Natriumthiosulfat 200 g;

zum Ansäuren wird hinzugefügt:

Natriumbisulfit 20 g
oder die gleiche Menge Kaliummetabisulfit.

Statt dieser Salze können auch zum Ansäuren 50 ccm flüssige Bisulfitlauge zugesetzt werden.

Das saure Salz des Handels ist ein Gemisch von entwässertem Fixiernatron und einem Bisulfit. Hier ergibt sich nach dem Lösen in Wasser ohne jeden weiteren Zusatz ein saures Bad. Die Säure hat den Zweck, die Lösung klar zu halten. Eine ihrer wesentlichsten Eigenschaften ist nämlich, die ausgeschiedenen Entwicklerreste zu zerstören; so wird das Bad vor Braunfärbung geschützt und auch die Schicht der Negative klar gehalten. Außerdem tritt auch schon im einfachen Fixierbad durch die Säure eine leichte Gerbung der Gelatineschicht ein, wodurch diese eine größere Widerstandsfähigkeit erhält. Durch die schnelle Vernichtung der in der Schicht zurückgebliebenen alkalischen Entwicklerreste durch das saure Fixierbad kann während des Fixierens in der Dunkelkammer gelbes Licht angedreht werden. Nicht angesäuerte Fixierbäder zersetzen

Abb. 351. Kopie eines Negativs, das durch Bakterienfraß verdorben wurde.

sich durch übertragene, eingeschleppte Entwicklerreste sehr bald — eine der Hauptfehlerquellen —, werden braun und können in Negativen leicht Gelbfärbungen oder dichroitische Schleier verursachen. Beides ist dann nicht mehr zu entfernen.

**Erschöpfung des Fixierbades.** Ein oft gebrauchtes, also ausgenutztes Fixierbad läßt unlösliches Silberthiosulfat in der Schicht der Negative zurück, das auch durch längeres Waschen nicht mehr beseitigt werden kann. Dieses Salz zersetzt sich allmählich und erzeugt dadurch Flecke und andere Veränderungen. Um Vergilben und andere Schäden der Negativ- bzw. Positivschicht mit Sicherheit zu vermeiden, dürfen in 1 Liter Fixierbad z. B. nicht mehr als 50 Negative 9 × 12 oder 200 Kopien oder 15 Rollfilme B 2 oder entsprechende Mengen anderer Formate fixiert werden. Stark verbrauchte, mit Silbersalzen gesättigte oder nicht mehr klare, sondern bereits gelb-bräunlich aussehende Bäder sind, besonders wenn sie eine opalisierende Trübung des Negativs verursachen, unter keinen Umständen mehr weiter zu benutzen. Die Untugend, frisches Fixiernatron zu einem gebrauchten Bad hinzuzusetzen, um es wieder leistungsfähig zu machen, ist unbedingt abzulehnen. Um den Grad der Erschöpfung festzustellen, können folgende Methoden angewandt werden:

Zu 100 ccm des fraglichen Fixierbades sind 2,5 ccm einer Lösung Kaliumjodid (16 : 100) hinzuzugeben. Sobald sich ein Niederschlag einstellt, ist dies ein Zeichen für das Unbrauchbarwerden des Fixierbades. — Aber noch einfacher ist die Prüfung der Konzentration des Fixierbades in Verbindung mit der Agfa-Fixierhilfe.

**Die Dauer der Fixage.** Auch die Dauer des Fixierens kann die Beschaffenheit des Photomaterials beeinflussen. So wird ein mehrstündiges Verweilen — etwa über Nacht — sich schädlich auswirken, weil dann der feinverteilte Silberniederschlag angegriffen wird und das Negativ bzw. Positiv an Dichte verlieren muß und außerdem bei Negativen die Gelatine stark gelockert oder durch Aufweichen empfindlich gegen äußere Einflüsse wird.

Das Fixieren in einem frischen Bad bei normaler Temperatur von 18 bis 20° ist nach etwa $^1/_4$ Stunde beendet. Jedoch ist es vorteilhafter, Negative und Positive etwas länger zu fixieren. Untertemperatur verzögert die Fixage und verursacht leichten Gelbschleier. Mit Alaun oder Formalin gehärtete Gelatineschichten erfordern natürlich ein längeres Fixieren. Zu beachten ist auch, daß das Fixierbad niemals tagelang in Schalen oder Tanks offen stehenbleiben darf. Die Verdunstung ist dann zu groß, die Lösung wird zu stark konzentriert und greift die Gelatineschicht an, trocknet schließlich ein, wodurch Schalen und Tanks leiden. Über die zerstörende Wirkung von Fixiernatronlösungen auf Tanks wird immer wieder geklagt, selbst dann, wenn es sich um an sich handfeste Tanks aus Holz oder Steingut handelt. Holzkübel, deren Innenwände dauernd durch einen undurchlässigen Überzug hinreichend geschützt werden, haben eine beachtliche lange Lebensdauer. Für Holztröge und zumeist auch für Steingut wendet man asphalthaltige Schichten an, die allerdings bei Steingut nicht sicher halten. Die zerstörende Wirkung des Fixierbades ist auf Auskristallisieren der Salze in den Poren der Tankwände zurückzuführen. Steingut verliert sehr bald den Glanz. Bei porösem Material zeigt sich die Wirkung auch an den Außenflächen. Es ist nichts Außergewöhnliches, daß ein Steinkübel schon nach einigen Jahren so gut wie unbrauchbar wurde, während andere Steingutkübel bei entsprechend sorgfältiger Behandlung 10 und noch mehr Jahre ihren Dienst versehen.

**Vorsicht.** Mit Rücksicht darauf, daß es sich bei Fixiernatron um ein Lösungsmittel für Brom- und Chlorsilber handelt, muß mit Fixierbad jederzeit vorsichtig umgegangen werden. Fixierbad darf nur an einem bestimmten Platz stehen. Negative und Kopien abtropfen lassen, nicht verspritzen. Hände, die mit Fixierbadlösung in Berührung gekommen sind, müssen vor Beginn anderer Arbeiten abgespült und gut abgetrocknet werden, andernfalls wird es nie zu umgehen sein, daß Negative und Kopien irgendwelche Schäden bekommen. Milchiger Niederschlag bei Zersetzung des im Fixierbad enthaltenden Natriumthiosulfats (Fixiernatron) entsteht unter Abscheidung von kolloidem Schwefel. Dies ist allerdings nur dann möglich, wenn die Vorschriften beim Ansetzen nicht genau eingehalten wurden. Der Belag stellt sich ebenfalls ein, wenn bei der Herstellung von Abzügen nach der Entwicklung ein saures Unterbrecherbad (Klärbad) mit Eisessig eingeschaltet wurde. Der feine Schwefelniederschlag setzt sich in feinster Verteilung auf der Schichtoberfläche der in dem Fixierbad behandelten Negative bzw. Positive fest und läßt sich meist nur durch mühevolles Reiben entfernen.

**Spuren von Fixiernatron im Entwickler beeinflussen den Bildton.** Trotz Verwendung geeigneter Blauschwarz-Entwickler erhält man auf Chlorsilberpapieren an Stelle des gewünschten blauschwarzen einen ausgesprochenen warmschwarzen Bildton. Diese Umwandlung steigert sich mit zunehmendem Verbrauch des Entwicklers. Wie Versuche einwandfrei ergeben haben, ist diese Fehlerscheinung auf Spuren von Fixiernatron zurückzuführen, die bei Verarbeitung in den Entwickler eingeschleppt wurden. Es erklärt sich dies daraus, daß die Blauschwarz-Entwickler bestimmte Stoffe enthalten, und zwar patentierte organische Zusätze, die bereits in sehr geringer Konzentration 0,05 bis 0,1 g auf 1 Liter Entwickler) den Bildton von Chlorsilberpapieren auffällig nach blau hin verändern. Diese Bildtonveränderung beruht auf Vergröberung des entwickelten Silberkornes und ist auf die Entstehung von Silbersalzen des Nitrobenzimidazols usw. zurückzuführen, die im Entwickler (alkalisch) schwer löslich sind. Da Fixiernatron der Bildung dieser Silbersalze entgegenwirkt, d. h. sie in leichter lösliche Komplexe überführt, hebt es, schon in geringer Menge von 0,3 bis 0,5 g je Liter dem Entwickler zugesetzt, die Wirkung des Nitrobenzimidazols und anderer Substanzen auf und man erhält statt des blauschwarzen Bildtones einen warmschwarzen.

Ganz ähnliche Bildtonveränderungen lassen sich auch bei Verwendung der üblichen Papierentwickler feststellen. So genügen z. B. bei manchen Papiersorten bereits 0,02 g Fixiernatron auf je 1 Liter Entwickler, um den Bildton wesentlich zu verändern. Bei den meisten Chlorsilberpapieren des Handels erhält man bei einem Zusatz von 0,5 g Natriumthiosulfat auf 1 Liter Entwickler den wärmsten Bildton, während ihn höhere Zusätze wieder nüchterner werden lassen. Wir sehen hieraus, daß also geringe Mengen Fixiernatron schon genügen, um die vorgeschriebene Veränderung des Bildtones hervorzurufen. Eine geringe Unachtsamkeit genügt z. B., durch die Hände Fixiernatronmengen in den Entwickler gelangen zu lassen. Die üblichen Fixierbäder sind in bezug auf Natriumthiosulfat = 20%ig, d. h. jeder Tropfen enthält etwa 0,01 bis 0,02 g dieses Salzes. Damit ist der Beweis erbracht, daß bereits bei einem geringen Mehr etwa 0,03 g Fixiernatron in 100 ccm² Entwickler die spezifische Mischung des Blauschwarz-Entwicklers aufgehoben wird. Es kann schon ein einziger Tropfen Fixierbad den Fehler verursachen. Wer also auf einen einwandfreien Bildton Wert legt, muß größte Sauberkeit walten lassen.

## IV. Retusche im Händlerlabor.

In der neuzeitlichen Photographie hat lediglich die Zweckretusche Berechtigung. Die großen Fortschritte auf dem Gebiet der Emulsionstechnik, die uns das ausgezeichnete orthopanchromatische Aufnahmematerial bescherten, machten die „flotte" Überzeichnung der Photographie und die verschönernde Feinkornretusche überflüssig. Diese Verschönerungsversuche wurden zudem auch überwiegend an Portraitaufnahmen vorgenommen und führten in der „Retuschzeit" der Photographie zu mancherlei Auswüchsen. So gibt es z. B. Gruppenbilder aus den 70er und 80er Jahren, in denen nur die Köpfe photographischen Ursprungs waren, alles andere aber Malerei und Klebarbeit. — Retuscheingriffe, die zu einer Veränderung oder Beschönigung des photographischen Bildes führen, werden mit Recht von dem modernen Photohändler wie auch dem Photoamateur unserer Tage abgelehnt. Im Zusammenhang mit dem vorstehenden Thema werden wir uns daher nur mit der einfachen Zweckretusche innerhalb der Grenzen des unbedingt Notwendigen befassen.

Das photographische Bild ist — wie wir täglich beobachten können — weit über seine Bedeutung als Erinnerungsphoto hinausgewachsen. Viele Bilder unserer Amateurkunden finden als Wandschmuck Verwendung, werden zu Ausstellungen und Wettbewerben eingesandt oder sogar zu irgendwelchen Illustrationszwecken angekauft. Die Qualität dieser Arbeiten wird wesentlich durch eine saubere Technik bestimmt. Diese setzt aber eine Beseitigung mancherlei Mängel durch die Retusche voraus. Es ist zu bedenken, daß wir trotz des zur Verfügung stehenden ausgezeichneten Negativ- und Positivmaterials niemals ganz auf Retusche verzichten können, vor allem im Bereich der Kleinbild-Photographie nicht, da hier die kleinsten Unsauberkeiten auf dem Negativ in der stets notwendigen Vergrößerung überlebensgroß herauskommen und auch beträchtlich den Bildeindruck stören können.

**Retusche auf das geringste Maß einschränken!** Dies wird möglich sein, wenn wir von vornherein auf saubere Negativentwicklung Wert legen. Beim Ansetzen des Entwicklers ist eine gewisse Reihenfolge unbedingt zu beachten. Eine neue Substanz darf erst dann zugesetzt werden, wenn die vorhergehende genügend aufgelöst ist, sonst besteht zu leicht die Gefahr, daß sich ungelöste Entwicklerteilchen nach längerem Ausruhen des Entwicklers vor Gebrauch auf die Negative setzen. Günstigen Einfluß auf die Sauberkeit eines Photonegativs und damit auch gleichzeitig Ersparung von Retuscharbeiten wird durch entsprechende Behandlung des Films nach der Wässerung erreicht. Das oberflächlich auf der Gelatine anhaftende, stellenweise 0,5 bis 0,8 mm starke Schichtwasser enthält zahlreiche Unreinigkeiten. Hinzu kommt in manchen Gegenden die Einwirkung des kalkhaltigen Wassers, das sich in Form feiner Kalkniederschläge auf den Negativen nach dem Trocknen zeigt. Eine Reinigung, nahezu fast restlose Entfernung des Schichtwassers wird durch die für Photolabors eigens zur Verfügung stehenden Abstreifzangen mit Viskoseschwammeinlage erreicht. Wir beschleunigen mit diesem Gerät nicht nur den Trockenprozeß, vielmehr ersparen wir durch die Beseitigung von Unreinigkeiten mancherlei zeitraubende Retuschierarbeit.

**Die Positivretusche ist wichtiger** als die viel Zeitaufwand und Mühe erfordernde Negativretusche. Positivretusche beschränkt sich überwiegend auf einfache Ausfleckarbeit. Von der Notwendigkeit der Positivretusche kann man sich sehr leicht an Hand einer großformatigen Vergrößerung überzeugen, die nach einem Kleinbildnegativ 24/36 mm hergestellt wurde. Auch bei sorgsamster Durchführung des

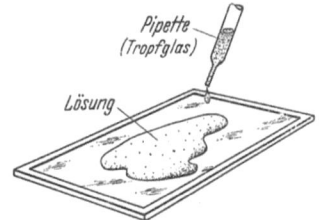

Abb. 352. Selbstgemachte Palette mit aufgeklebten Knopffarben für Retusche.

Abb. 353. Auftragen einer Lösung für Neucoccin-Retusche auf eine selbst hergestellte Palette.

Negativ- und Positivprozesses treten in 13/18 cm und noch deutlicher in einer wesentlich größer gehaltenen Vergrößerung die mit dem bloßen Auge im Originalnegativ kaum erkennbaren geringfügigen Beschädigungen, Staubpartikel usw. überaus unangenehm in Erscheinung. Vorbeugend wirken die kornschluckenden rauhen Oberflächen, bei deren Verwendung sich viele Fehler unterdrücken lassen. Außerdem bieten die rauhen Papieroberflächen (das gleiche gilt für die rein matten, glatten Oberflächen) für eine ausfleckende Retusche bessere Arbeitsbedingungen, als dies bei glänzenden oder halbmatten Papieren der Fall ist. Die Ausfleckarbeit erstreckt sich im wesentlichen auf Beseitigung kleiner heller und dunkler Punkte und Striche. Es empfiehlt sich, nach einem bestimmten System vorzugehen. So wäre es eine nerventötende Arbeit, wollte man an einer Ecke der Vergrößerung beginnen, alle erkennbaren Punkte hübsch der Reihe nach zu entfernen. Viel vernünftiger ist es zunächst einmal, die großen Flecke fortzubringen, die kleinen sorgen dann für sich selbst. Dies ist wirklich so, denn sobald die gröbsten Flecke beseitigt wurden, fallen die kleinen nicht mehr so stark auf. Den Hauptteil der Retuschierarbeiten bildet die Entfernung der hellen Fleckstellen, die überwiegend durch Staubpartikel, die auf dem Negativ lagerten, entstanden. Ihre Beseitigung setzt ein Auftragen von Farbe voraus, die sich dem Farbton der Umgebung angleichen muß. Die Arbeitsgeräte sind denkbar einfach:

1. Retuschierstifte; — 2. Pinsel; — 3. Palette; — 4. Retuschierfarbe; — 5. Lanzette oder Schabefeder.

Für Retuschierstifte sind gewöhnliche Bleistifte nicht zu benutzen, weil sie zu viel Glanz haben und damit die Retusche erkennbar machen. Es stehen besondere Retuschierstifte in mehreren Härtegraden zur Verfügung. Mit einer stets scharf gehaltenen Spitze ist die Retuschierarbeit aufzunehmen, und zwar die weichsten Stifte für die dunklen Partien und die härteren für die hellsten. Die einzelnen Papieroberflächen reagieren auf die Stifte ganz verschieden; auf mattem glattem Papier wird ein harter Stift sich sehr deutlich bemerkbar machen. Daher dürfen die zart gedeckten Teile nur ganz leicht überarbeitet werden. In die schwärzesten

Tiefen wird es zuweilen selbst mit den weichsten Stiften nicht immer gelingen, genügend Deckung hineinzutragen. Hier kann man sich durch leichtes Überfahren der betreffenden Partien mit einem Radiergummi helfen, oder man retuschiert zunächst feucht und macht die Schlußarbeit mit dem Stift. Die Stiftretusche ist in der Mehrzahl der Fälle ausreichend und bequemer durchführbar als die sogenannte feuchte Retusche.

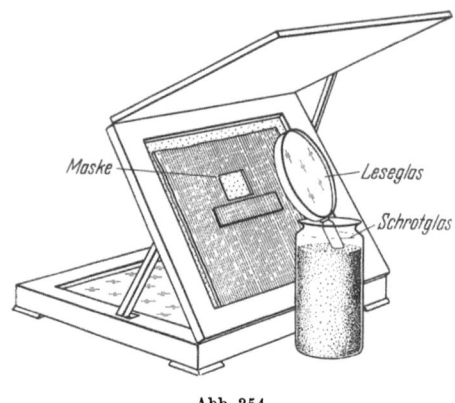

Abb. 354.

**Die feuchte Retusche** mittels Farbe hat gegenüber der Stiftretusche den Vorteil, daß sie jedem Farbton des Druckes angepaßt werden kann und unverwischbar ist. Das wichtigste dürfte aber sein, daß sie auch bei seitlichem Lichteinfall kaum bemerkbar wird. Erforderlich ist ein guter Marderhaarpinsel, der kurzhaarig und elastisch sein soll. Die auf der Palette aus Porzellan (eine mit weißem Papier unterlegte Glasplatte ist unvorteilhaft, da die entstehenden Schatten den wahren Ton der Farbe nicht genau erkennen lassen) angeriebene Farbe wird mit halbtrockenem Pinsel unter kreisender Bewegung von der Palette genommen und Punkt für Punkt auf die zu retuschierende Stelle aufgetragen. Die Drehung des Pinsels ergibt eine feine Spitze. Die Aufeinanderfolge der Punkte ist bestimmend auf den Dunkelgrad der zu retuschierenden Stelle. Beispiel: helle Flächen: Farbe möglichst dünn. Punkte weit auseinander; dunkle Partien: kräftige Farbe, Punkte dicht nebeneinander. Einwandfreie Retuschierfarben anerkannter Firmen stehen hinreichend zur Verfügung. Bemerkenswert ist, daß die nicht vorhandenen Farbtöne sich leicht

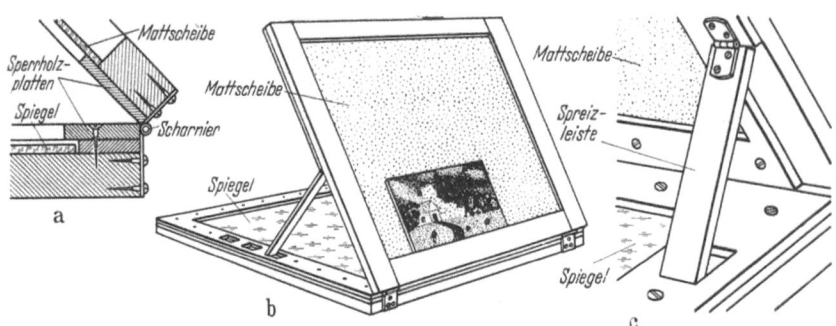

Abb. 355. a) Wie man sich ein einfaches Retuschierpult herstellen kann.
a) Die Spreizleisten, die das Pult halten. — b) Fertige Retusche. — c) Spiegelbefestigung, Anbringen der Scharniere.

durch Mischen herstellen lassen. Für Hochglanz und Halbmatt gibt es besondere Farben. Auch wurde eine Spezialfarbe zur Retusche von Hochglanzpapier berücksichtigt. Zum Ausflecken von Hochglanzbildern wird am besten eine Maske angefertigt, damit der Hochglanz nicht durch Fingerabdrücke leidet. Die Technik des Ausfleckens mit Stift und Pinsel sollte jeder Photolaborant beherrschen. Durch diese kleinen Arbeitsleistungen läßt sich der Wert einer Vergrößerung beträchtlich steigern.

**Positiv- und Negativretusche durch Schaben.** Ein Sonderzweig der Retuschierkunst, über den sich in Worten schwerlich etwas sagen läßt. Nur geübte Hände

vermögen durch Schaben eine Verbesserung zu erzielen. Bei der Positiv- wie Negativretusche darf vor allen Dingen nicht versucht werden, das geschwärzte Silber mit
einigen kräftigen Strichen zu beseitigen. Es geschieht vielmehr durch strichartiges,
ganz vorsichtiges Schaben (nicht kratzen).

**Retusche auf nassem Wege.** Diese unterscheidet sich kaum vom Abschwächen
bzw. Verstärken. Es werden lediglich durch entsprechende Vorkehrungen die Einwirkungen der Bäder auf ganz bestimmte Negativpartien beschränkt. So verfügen
wir z. B. über ein Negativ mit einer an sich guten Durchbelichtung, bei dem nur der
Himmel eine übertrieben starke Deckung aufweist, so daß sich die Wolken nicht
mehr mitkopieren lassen. Nach einer Wässerungsdauer von zehn Minuten ist das
Negativ in Schräglage (Himmel nach unten) mit dem FARMERschen Abschwächer
in den Partien des Himmels vorsichtig zu behandeln. In ähnlicher Weise können
auch einzelne Negativteile mit Verstärker beeinflußt werden.

**Abdecken einzelner Negativstellen,** die gegenüber dichten Partien nur wenig
Deckung aufweisen. Beim Kopieren bzw. Vergrößern laufen diese Stellen gern zu.
Um sie zurückzuhalten, verwenden wir ein Färbemittel, z. B. Agfa-Neu-Coccin,
mit dem es leicht gelingt, große Flächen eines Negativs zu bearbeiten, damit diese
Stellen im Positiv heller werden. So werden z. B. in einer Gegenlichtaufnahme zu
schwere Schatten mit einer stark verdünnten Neu-Coccin-Lösung überstrichen. Dann
wird je nach Erfordernis das Verfahren wiederholt und eventuell noch eine stärkere
Neu-Coccin-Lösung verwandt. Die Lösung ist immer so zu halten, daß eine endgültige Deckung erst durch mehrfaches Übergehen erreicht wird. Da die Anfärbung
der Gelatine völlig strukturlos ist, kann man von ihr auf der Kopie nichts merken.
Sofern in der Anwendung von Neu-Coccin ein Fehler unterlaufen ist, läßt sich das
Färbemittel durch Auswässern jederzeit wieder ausscheiden.

**Retuschiergestell.** Die Arbeit des Retuschierens wird ungemein erleichtert durch
ein Retuschiergestell. In der Hauptsache handelt es sich um zwei Rahmen, etwa
50 cm hoch, 20 cm breit, die oben durch Scharniere miteinander verbunden sind
und seitlich durch lange Haken in gespreizter Stellung gehalten werden. Das zu
retuschierende Negativ wird mit der Schichtseite nach oben auf das Retuschierpult
gelegt. Nachdem die Beleuchtung so eingerichtet wurde, daß alle Einzelheiten
leicht zu erkennen sind, wird eine Spur Matolein auf eine Fingerkuppe gebracht und
verrieben. Natürlich darf hierbei nicht die Schicht des Negativs mit dem Nagel zer-
kratzt werden. Hauchdünn ist die Retuschiermasse aufzutragen. Sollte aber hierbei
zu viel Matolein auf die Negativschicht kommen, so genügt ein Verreiben mit dem
Handballen. Es empfiehlt sich, ein bearbeitetes Negativ mehrere Minuten trocknen
zu lassen. Es gibt Film- und Plattenmaterial, das bereits von der Fabrik mit einer
retuschierbaren Mattschichtemulsion versehen ist. Hierbei gestaltet sich das Retu-
schieren natürlich einfacher.

Eine wesentliche Erleichterung bei allen Negativretusche-Arbeiten gibt eine
entsprechende Maske, die am besten aus einem nicht zu dicken Karton besteht und
in dem ein entsprechender Ausschnitt für das Negativ eingeschnitten wird. Damit
die Kleinbild-Negative genügend Halt finden, ist es gut, unter dem Ausschnitt einen
kleinen rechteckigen Steg aufzukleben. Auf diese Weise kann man sehr bequem
arbeiten. Gute Dienste leistet auch ein Vergrößerungsglas, dessen Griff man in ein
mit groben Glasperlen gefülltes Glas steckt. Die Perlen halten den eingesteckten
Griff und damit die Linse in jeder gewünschten Lage zuverlässig fest. Eine Linse
wird man allerdings für Retuschearbeiten mit Rücksicht auf die Schonung der
Augen nur bei kleinformatigen Negativen heranziehen.

## V. Rettung durch Vergrößern.

Es liegt im Wesen unserer Zeit, alle Vorrichtungen, die der Mensch sich als Hilfe auserkoren hat, handlich und frei von jeder Kompliziertheit zu machen. Natürlich spielen hierbei auch die Ausmaße der betreffenden Werkzeuge eine Rolle. So wurden die Formate der Kameras von Jahr zu Jahr immer kleiner, und noch vor 20 Jahren war eine Kamera von der Größe 13/18 cm für den Bildberichterstatter durchaus nichts Ungewöhnliches — Apparate, die sich neben unseren heutigen Kleinbild-Kameras wie Ungetüme ausnehmen. Nun wird aber die Wirkung eines Bildes stets von der Einhaltung eines Mindestformates abhängig sein. Vor allem ist das Großbild dem Kleinbild stets überlegen, sobald es sich um eine praktische Verwendung handelt. Man will sich also die Bequemlichkeiten und Schußsicherheit der Kleinbild-Kamera zunutze machen, ohne aber in bezug auf Schaffung großformatiger Bilder auf die Vorzüge der Großkamera zu verzichten. Hieraus kann schon gefolgert werden, daß in Verbindung mit der kleinen Kamera der Weg zum vollkommenen Bild stets eine Vergrößerung voraussetzt. Dieser Weg wird um so lieber eingeschlagen, da sich beim Vergrößern noch lange nicht die Kosten ergeben, die z. B. bei einer $18 \times 24$ cm-Aufnahme mit einem entsprechend großen Apparat zusammengekommen wären. Zu berücksichtigen ist weiter, daß eine ganze Reihe von Bildthemen aus vielerlei Gründen oft nur mit der Unendlichkeitseinstellung gemacht werden kann, da beim näheren Herangehen mit der Kamera mit einem nur ganz geringen Ausdehnen der Tiefenschärfen zu rechnen ist. Damit wächst aber auch die Gefahr, daß unsere Objekte schon bei geringfügigen Bewegungen aus dem Bereich der Schärfe herauskommen. Die jetzt entstehenden unscharfen Bilder sind dann zu nichts mehr zu verwenden. Wesentlich einfacher und sicherer ist es, von einem entfernter liegenden Aufnahmestandpunkt die Aufnahme zu machen, sich mit einer kleineren Wiedergabe zu begnügen und dann das Fehlende nachträglich durch entsprechendes Vergrößern wieder einzuholen. Soweit ist der einzuschlagende Weg klar vorgezeichnet. Wir brauchen von den betreffenden Aufnahmen nur geringe Ausschnitte zu vergrößern, und die Arbeit ist getan. Es werden auch nicht allzu große geistige Anforderungen an uns gestellt, denn die gedankliche Arbeit wurde im wesentlichen bereits im Augenblick der Aufnahme geleistet. Neben diesen Momentaufnahmen von besonderen Ereignissen oder auch Photos, die von vornherein bewußt auf das wirkungsvolle Einzelbild hin gestaltet wurden, gibt es in jedem Archiv sehr viele Bilder, die bei irgendwelchen Gelegenheiten so nebenher gemacht wurden oder in Verbindung mit Serien entstanden, mit denen man in Anbetracht der Erdrückung des Bildwichtigen durch Nebensächlichkeiten nichts Rechtes anzufangen wußte. Bei solchen Bildern kommt es nun darauf an, den wertvollsten Teil der Aufnahme, gewissermaßen der Extrakt, zu retten und zu einer selbständigen Bildhandlung werden zu lassen. Es ist dann nicht ausgeschlossen, daß man aus einer einzigen Aufnahme, die z. B. anläßlich einer Kundgebung entstand, bis zu sieben wirkungsvolle Einzelmotive herauszaubern kann. Die sich ergebenden Komponierversuche vermögen auch dadurch lehrreich zu werden, daß man die hohe Kunst des Weglassens alles Überflüssigen und bildmäßig Unwichtigen dabei lernen kann. Ein Umstand, der namentlich für die fachliche Erziehung des Nachwuchses nicht hoch genug anzuschlagen ist, denn es zeigt sich immer wieder, daß auch bei dem besten technischen Können die elementarsten Voraussetzungen in bezug auf bildmäßige und interessante Erfassung eines Vorganges nur ungenügend erfüllt werden. Ebenso wichtig wie die sichere Erfassung der Aufnahmevorgänge ist, aus einem im Gesamtbild belanglosen Photo die Perle durch Vergrößern herauszuholen. Damit vermögen wir nicht allein manche Aufnahmeschwierigkeiten zu überbrücken, können vielmehr Bildserien durch Einstreuung novellistischer Einzelszenen ungemein wirksam beleben. Vergrößern kleiner Teilausschnitte war allerdings bisher mit Erfolg nur den Besitzern von Großkameras möglich. Dies ist wohl einer der wesentlichsten Gründe, weshalb der Kleinkameramann sich einseitig für das einfache Vergrößern der Originalaufnahme interessiert.

Wir verfügen aber über brillant- und feinkörnig arbeitende Emulsionen, die bei kurzer Entwicklung bereits kräftige Negative ergeben. Durch jahrelange Versuche hat man nämlich herausbekommen, daß, je länger und kräftiger man einen Film

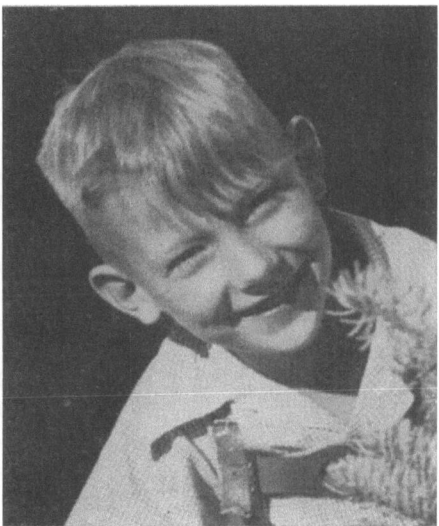

Abb. 356. Rettung durch Vergrößern.

entwickelt, um so dichter die einzelnen Silberpartikel zusammenwachsen. Hier haben wir auch eine Erklärung dafür, daß selbst bei Verwendung von Feinkornemulsionen manches stark ausvergrößerte Bild durch große Kornhaufen, trübe Weißen und verwaschene Zeichnung unbrauchbar wurde. Des weiteren ist es für uns interessant zu wissen, daß einige Kleinbildfilme nicht allein in der Feinkörnigkeit, sondern auch in der Empfindlichkeit wesentlich gesteigert wurden. Durch diese neuen Feinkornemulsionen werden unseren Kunden ganz neue Arbeitsgebiete erschlossen. Diesesmal geht eine bedeutende Unterstützung der Arbeiten also von seiten des Materials aus. Bisher war es ja so, daß der richtige Einsatz einer guten Kamera den Erfolg sicherte; aber wir waren an die unmittelbare Nähe unserer Motive gebunden. Jetzt können dank der enormen Vergrößerungsfähigkeit der modernen Aufnahmematerialien entfernter liegende Schußstellungen bezogen werden und gut aufgefaßte, eng begrenzte Bilder nachträglich durch Vergrößern der betreffenden Bildausschnitte erzielt werden.

Rettung durch Vergrößern wird man ebenfalls auf andere Gebiete ausdehnen können. So kann man auch bei Architekturaufnahmen die stürzenden Linien (hervorgerufen durch ungenaues Ausrichten der Kamera nach oben oder nach unten) wieder aufheben, indem man auf dem Vergrößerungswege das betreffende Bild entzerrt. Dies geschieht, indem man die Vergrößerung zunächst scharf einstellt und dann das Papier in die Schräglage bringt, wodurch die Entzerrung aufgehoben wird. Die Unschärfen, die allerdings bei diesem Prozeß entstehen, können durch kräftiges Blenden aufgehoben werden.

**Wie weit sollen wir vergrößern?** Der Grundgedanke dieser Ausführungen ist, sich frei von dem Originalausschnitt des Negatives zu machen und möglichst groß das Bildwichtige zu vergrößern. Allerdings gilt dies mit der Einschränkung, daß die Vergrößerung nur bis zur Erreichung einer unserem natürlichen Empfinden ansprechenden Größe gehen darf. Schon ein geringes Mehr läßt ein Bild grotesk und unverständlich werden. Auch dem besten Willen nach der Vergrößerung sind

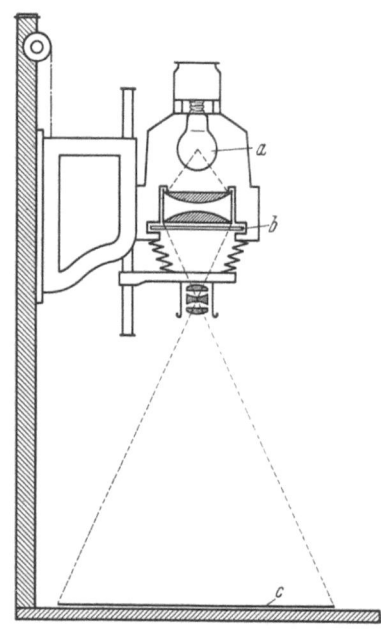

Grenzen gesetzt. Für viele Motive haben wir ganz bestimmte Anhaltspunkte. Es gilt dies vor allem für große Porträts, Köpfe, Pflanzen und Kleintiere. Es bestätigt sich aber immer wieder, daß z. B. ein Bildnis in zweifacher Lebensgröße denkbar unangenehm wirkt, daß Einzelheiten wie Augen, Nase, Mund usw. geradezu unästhetisch aussehen können, während wiederum eine Außenaufnahme, ohne an Wert zu verlieren, in einem Großformat 1 × 2 m eine unerwartet plastische Wirkung erhält. Wir sehen aus diesen beiden Beispielen, daß gewisse Motive nach einer ganz bestimmten Mindestgröße verlangen, sofern sie zur Wirkung kommen sollen. Gedacht ist hier vor allen Dingen an Architektur- und industrielle Photos, Darstellungen von Menschenmassen und in beschränktem Umfange auch Landschaftsaufnahmen. Gewaltige, monumentale Bauten verlangen in jedem Falle auch außergewöhnliche Mittel zu einer wirkungsvollen Übertragung in die Photographie. Das beste Beispiel haben wir an den anläßlich der großen Ausstellungen in

Abb. 357. Arbeitsweise eines Vergrößerungs-apparates. *a* Mattierte Glühlampe. — *b* Negativ. — *c* Photopapier.

Berlin zum Aushang kommenden Großphotos.

**Bildschnitt ohne Schere.** Auch diese Kunst erlernen wir bei der Herstellung von Teilausschnittvergrößerungen. Denken wir nur an eine Gruppe von prominenten Persönlichkeiten, aus der uns ein bestimmter Kopf interessiert. Der Blick geht nach links und gibt damit dem ganzen Bild seine Richtung. Wie kann man nun den Kopf ins richtige Format setzen? Der übliche Weg wäre, den Kopf so nach rechts zu setzen, daß der Blick nach links genügend Raum erhält. Wir machen uns die Arbeit etwas schwerer und bringen den Kopf nach links. Der Blick greift jetzt über das Format hinaus und zwingt den Betrachter, der durch keinerlei Raum mehr abgelenkt wird, auf sich. Derartig gesteigerte Wirkungen lassen sich durch gut überlegte Kompositionen erzielen und bringen einen viel nachhaltigeren Kontakt mit dem Leser, als dies bei den landläufigen Auffassungen der Fall ist. Ein anderes Bild: Wir photographieren Segelboote mit scharfer Drehung nach rechts. Wie sollen wir sie herausvergrößern? Die Boote am linken Rand besagen: sie kommen, nach rechts: sie sind da! Ein weiteres Beispiel: Während einer Kundgebung sind wir nicht in der Lage, aus den verschiedensten Gründen von dem Hauptredner eine Nahaufnahme zu machen. Es bleibt uns also auch hier nur die Rettung durch Vergrößern. Mit einem nur Herausvergrößern ist es aber diesmal nicht getan. Die Bedeutung der Persönlichkeit soll gewissermaßen auch aus dem Bilde zu uns sprechen. Unser Ausschnitt geht mehr in Richtung nach oben, also nur zu einem Teil der Rednertribüne und nur von einigen Köpfen der Menge. Die Beschränkung des Vordergrunds und Betonung der Richtung nach oben spricht für sich selbst.

## VI. Gesundheitliche Schäden in der Dunkelkammer.

Im Sinne der Schadenverhütung ist es notwendig, den Gefahren, die mancher Beruf mit sich bringt, besondere Aufmerksamkeit zu schenken. Gewiß, es gibt gefährliche und harmlose Berufe. Bei den gefährlichen ist der Berufstätige durch vielerlei Schutzvorrichtungen gesichert. Aber auch die vermeintlich „harmlosen" Berufe können „gefährlich" werden, wie dies z. B. von der Photographie zu sagen ist. Da die Photographie weit über das rein Berufsmäßige hinaus von einem großen Heer von Amateuren ausgeübt wird, ist der Gefahrenherd von einer beträchtlichen Ausdehnung.

Die Entstehung eines photographischen Bildes und die verschiedenen Nebenverfahren setzen die Anwendung bestimmter Chemikalien und Arbeitsvorgänge voraus, die in vielen Fällen nicht ganz ungefährlich sind. Allerdings ist mit dem plötzlichen Auftreten akuter Vergiftungen selten zu rechnen, jedoch besteht die Gefahr, daß durch regelmäßiges Einatmen oder durch Eindringen in die Haut gewisse Chemikalien sich im Laufe der Zeit gesundheitsschädlich auszuwirken vermögen. Gerade die gleichmäßigen und ständigen Nachwirkungen der Gifte können dem Photolaboranten verhängnisvoll werden. Ferner ist die durchaus verschiedene Widerstandsfähigkeit der einzelnen Menschen zu berücksichtigen. Sehr häufig werden die Vergiftungen als solche nicht richtig oder zu spät erkannt, da sie in ihren Auswirkungen (Schwindelanfällen, Hustenreiz, Atemnot, Kopfschmerzen, Sehstörungen) anderen Erkrankungen unserer Organe ähneln. Eine der häufigsten Hautschäden ist das *Schwitzen der Hände.*

Der meist starke Alkaligehalt der Entwicklerlösungen bewirkt ein Öffnen der Hautporen. Der oftmalige Wechsel zwischen Alkalien und den stark angesäuerten Fixierbädern muß ebenfalls zum Schwitzen führen, das auch bei Übergang zu anderen Arbeiten, wie Kopieren oder Vergrößern, fortdauert und sehr lästig ist.

Gegenmittel: Von dem vielfach empfohlenen Einreiben mit Talkum ist abzuraten. Beim Eintauchen der Finger in die Lösung sondert sich Talkum ab und schwimmt als feine Staubschicht an der Oberfläche, jedes Negativ nimmt beim Herausnehmen Talkumreste mit. Behandlung in Kali-Alaun-Lösung ist nur dann ratsam, wenn sich nach 1- bis 2maliger Anwendung ein Erfolg einstellt, sonst werden die Hände zu stark angegriffen. Am besten ist es, die Hände in einer leichten Boraxlösung zu baden oder aber nach der Arbeit regelmäßig die Hände mit einer hochfetthaltigen Seife (Praecutan) zu waschen; sobald kräftiger Schaum vorhanden, nochmals diesen in Verbindung mit Glycerin einreiben. Nützen alle diese Vorbeugungsmittel nichts, dann sind die Hände durch Gummihandschuhe (auch der beste Schutz gegen Metolentwickler-Vergiftung) zu schützen. Zunächst ist zwar das Arbeiten mit Gummihandschuhen ungewohnt, mit der Zeit wird man sich aber an diese gewöhnen. Fingerlinge aus Gummi sind, da sie nur die Finger abschließen, den übrigen Teil der Hand aber freilassen, viel unbequemer als Handschuhe, ganz abgesehen davon, daß bei Fingerlingen ein Benetzen der Hand sich nicht immer vermeiden läßt. Bei dieser Gelegenheit sei noch auf eine Unart hingewiesen, die man oft beobachten kann. Zum Säubern der Hände dürfen niemals Taschentücher oder Handtücher des täglichen Gebrauchs verwandt werden. Dies ist unverantwortlich gegenüber der übrigen Umgebung, weil die mit Chemikalien vollgesaugten Tücher immer wieder schädliche Hautstörungen hervorrufen. Zweckmäßig ist je ein Handtuch für Hände, die mit Entwickler, Fixierbad und Wasser in Berührung kamen.

### 1. Gifte, die durch die Atmungsorgane zum Organismus Zutritt erhalten.

Hier ist zunächst die schweflige Säure zu erwähnen, deren Salze zum Ansetzen der Fixierbäder Verwendung finden. Eine stark giftige Wirkung geht von dem sich hierbei gasförmig verbreitenden Schwefelwasserstoff oder Sulfid aus. Die Vornahme von Schwefeltonungen und das Ausfällen von Silber sollen daher zum mindesten in gut durchlüfteten Räumen vor sich gehen, Silberausfällungen aber unbedingt im Freien. Einmal wegen des fauligen Geruches, außerdem führt der sich bildende Schwefelwasserstoff zu einem Verschleiern der Negativ- und Positivmaterialien und erzeugt bei dem Menschen Atemnot und Lungenstiche.

Gegenmittel: Einatmen von Ammoniakdämpfen. Hierdurch wird die schweflige Säure neutralisiert. Ein ebenfalls schädlich wirkender gasförmiger Körper ist Formaldehyd (Formalin), ein Härtungsmittel für Negative und Kopien. Auch hier ist ein Arbeiten am offenen Fenster ratsam. Wird an Stelle von Formalin als Härtungsmittel das gänzlich ungefährliche Alaun verwandt, dann muß nach der Fixage eine gründliche Wässerung vorgenommen werden, da sonst Alaun im Gegensatz zu dem gasförmig sich verflüchtigenden Formalin die Neigung hat, in der Schicht zu verbleiben. Andere gasförmige Gifte finden wir heute nicht mehr im Gebrauch einer modernen Dunkelkammer. Nur muß man sich vor Einatmen von Chemikalienstaub, der sich beim Abwiegen oder durch Verschütten von Chemikalien bildet, hüten. Aus diesem Grunde sind verschüttete Chemikalienlösungen sofort aufzuwischen. Nach dem Eintrocknen genügt ein kleiner Luftzug, um gleichzeitig winzige Staubteilchen mit aufzuwirbeln, die dann durch die Atmung ungehindert zu dem Organismus Zutritt erhalten.

### 2. Vergiftung durch Photochemikalien, die durch die Haut eindringen.

Personen, die in Anbetracht einer übernormalen Methol-Empfindlichkeit der Haut ekzemartige Hautentzündungen zu befürchten haben, sobald ihre Haut mit photographischen Entwicklern in Berührung kommt, empfehlen wir, entsprechende Vorkehrungen zu treffen. Die Metol-Vergiftung kündigt sich zunächst durch Spannen der Haut an den Fingerkuppen an. Die entstehenden kleinen Bläschen scheiden eine wässerige Flüssigkeit aus. Im vorgeschrittenen Stadium greift die Hautentzündung auch auf Körperstellen über, die nicht mit Entwickler in Berührung kamen.

Gegenmittel: Ständiges Bereithalten einer Schale mit 1%iger Essigsäure, in welche die Hände einzutauchen sind, sobald eine Benutzung mit Entwicklerlösung erfolgte. Waschen mit Praecutan-Seife (flüssig). Einfetten der Hände mit Praecutan-Salbe oder Hautpflegemittel Quimbo (Hersteller Fa. Gebr. Tromsdorf, Aachen). Gute Heilerfolge stellen sich auch mit dem alten Hausmittel Terpentin ein (unter Verband). In hartnäckigen Fällen ist natürlich nach wie vor das beste Gegenmittel: Anwendung von Gummihandschuhen.

Eine ebenfalls gefährliche Substanz mit ähnlichen Folgeerscheinungen wie Metol finden wir in den Entwicklern in der Art des Paraphenylendiamins. Diese Substanz fand früher Verwendung zur Herstellung von Haarfärbemitteln und wurde bezeichnenderweise wegen der giftigen Wirkung gesetzlich verboten. Abgesehen davon, daß Paraphenylendiamin durch die Bildung eines bräunlichen Silberbildes an Stelle des gewohnten Grauschwarz-Silberbildes eine Beurteilung des Negativs erschwert, besteht auch heute kein Anlaß mehr, diese Entwicklersubstanz für die Feinkornentwicklung zu bevorzugen, da genügend ungefährliche Feinkornentwickler, z. B. das bewährte Agfa-Atomal, zur Verfügung stehen, die vollste Gewähr für Erhalt ausreichender Kornfreiheit bei der Entwicklung der Feinkornfilme bieten.

### 3. Schädigung der Augen.

Im Rahmen dieser Ausführungen soll auch noch kurz auf die Schädigungen der Augen bei Arbeiten im Bereich der Dunkelkammer eingegangen werden. In der Frühzeit der Photographie konnte das verhältnismäßig gering empfindliche Aufnahmematerial noch beim trauten Schein einer Kerze entwickelt werden. Heute er-

fordert die enorm gesteigerte Allgemeinempfindlichkeit des Platten- und Film-
materials ganz besonders Vorkehrungen durch spezielle Dunkelkammerfilter, die
eine gewisse Bewegungssicherheit gewährleisten. Es läßt sich jedoch nicht vermeiden,
daß die ungenügende Helligkeit die Sehschärfe unserer Augen wesentlich vermindert.
Um den Fortgang einer Entwicklung genau festzustellen, werden häufig die Negative
möglichst nah an das Auge gebracht und damit eine angestrengte Akkommodation
ausgelöst, die zu Ermüdung, Kopfschmerzen, Nervosität, Kurz- bzw. Schwach-
sichtigkeit führt. Ferner ist bei stundenlangem Arbeiten mit anderen Belästigungen
zu rechnen, die sich durch Wärme, Staub, Verschlechterung der Atemluft, Feuchtigkeit ergeben.

### 4. Betriebsunfälle durch elektrische Geräte.

Die Elektrizität ist in Verbindung mit den verschiedensten Geräten — wie
Dunkelkammerlampen, Kopier- und Vergrößerungsapparaten — im Bereich der
Dunkelkammer zu einem unentbehrlichen Helfer geworden. Der ständige Gebrauch
der elektrischen Apparate hat eine besonders starke Abnutzung der Anschluß-
leitungen zur Folge. So werden die Schalter für die Belichtungen von Vergrößerungen
unablässig betätigt. Mit der Zeit müssen sich an den Leitungen und Schaltern
Isolationsfehler einstellen; hier liegt eine der Hauptgefahrenquellen, die selten beachtet werden. Begünstigt werden Unfälle auch durch das Arbeiten der Photographen mit den üblichen photographischen Lösungen, die durch Erweichen der
Haut den elektrischen Widerstand des Körpers stark herabsetzen. Bei der schwachen
Beleuchtung in der Dunkelkammer kommt es zudem leicht vor, daß schadhafte
Leitungsstellen, in denen der stromführende Draht ungeschützt liegt, berührt
werden und man zum mindesten einen kräftigen Schlag erhält; abgesehen von den
unangenehmen Begleiterscheinungen, die eine Reflexbewegung durch Fallenlassen
von Schalen usw. hervorrufen, sind dann in den allermeisten Fällen ernstliche
gesundheitliche Schäden zu befürchten. Besonders wichtig ist, vor Anbringung neuer
Geräte diese durch einen Fachmann auf etwaige Schalterfehler untersuchen zu lassen.
Ist die Zuleitung vom Gerät trennbar, so muß die Kupplung, wie beim Bügeleisen eingerichtet sein, also die Stifte am Gerät, die Steckdose an der Schnur sich befinden.

### 5. Fahrlässige Brandstiftung.

Rauchen in der Dunkelkammer soll stets unterbleiben, nicht allein wegen der
Verschlechterung der Atemluft, sondern weil auch allzu leicht die Gefahr besteht,
daß ein Streichholz, achtlos hingeworfen, möglicherweise mit Filmnegativresten in
Verbindung kommt, die ja sehr leicht brennbar sind. Gewiß hat man den schwer
entflammbaren Film in Erinnerung. Es handelt sich aber hier nur um den Schmal-
film. Der Normalkinofilm, der speziell für die Kleinbild-Photographie Verwendung
findet, hat genau wie die übrigen Roll- und Packfilme eine sehr leicht brennbare
Celluloidunterlage. Celluloid brennt sogar unter Wasser noch weiter und entwickelt
dabei äußerst giftige Gase. Man soll daher innerhalb der Dunkelkammer das
Rauchen, welches nur zu sach- und gesundheitlichen Schäden führt, unbedingt
unterlassen.

# VII. Projektion.

Mit dem Aufkommen der Farbenphotographie hat sich ein vollkommen neuer
Kreis von Photointeressenten eingestellt, von denen viele bisher wenig oder gar
nicht photographierten. Jeder Photohändler wird diesen Zuwachs begrüßen. Unsere
neuen Kunden wissen genau, worauf es ankommt, nämlich daß zur vollkommenen
Auswertung der Farbenaufnahmen unbedingt ein Projektions-, zum mindesten ein

Betrachtungsgerät gehört. Damit aber nicht genug, es werden auch Dia-Rähmchen zur Einfassung und Deckgläser, Lupen, Aufbewahrungskästen und Lichtbildwände benötigt.

Auch dann, wenn unsere Kunden über farbige Papierbilder verfügen, ist die Projektion das einzige Verfahren, mit dessen Hilfe die Schönheit und Leuchtkraft der Farbe zur vollsten Wirkung kommt. Gerade dieses Argument ist beim Verkauf eines Projektors von Bedeutung. Farbenfilm und Projektion verhalten sich etwa so wie in der Schwarzweiß-Photographie Negativ und Positiv. Genau wie die Auswertung eines Negativs von der zur Anwendung kommenden Positivtechnik abhängig ist, so ist in der Farbenphotographie für die Güte der Wiedergabe die richtige Projektionstechnik verantwortlich. Von größter Bedeutung ist hierbei eine auskömmliche Helligkeit des Projektionsbildes. Letzteres wird bestimmt durch

1. die Lichtleistung des Projektors; — 2. den Grad der Vergrößerung; — 3. das Reflexionsvermögen der Bildwand; — 4. durch die Durchsichtigkeit des Farbenphotos.

Die Lichtleistung ist je nach den Verlusten, die z. B. im Kondensorsystem liegen, recht unterschiedlich. Man darf die Lichtleistung keineswegs nur nach der Wattzahl beurteilen.

### 1. Grad der Vergrößerung.

Neben dem Abstand des Projektors zur Bildwand hat die Brennweite des Objektivs auf Größe und Helligkeit eines Farbenbildes Einfluß. Längere Brennweite bringt hellere und größere Bilder. Wer bei einem großen Projektionsabstand große

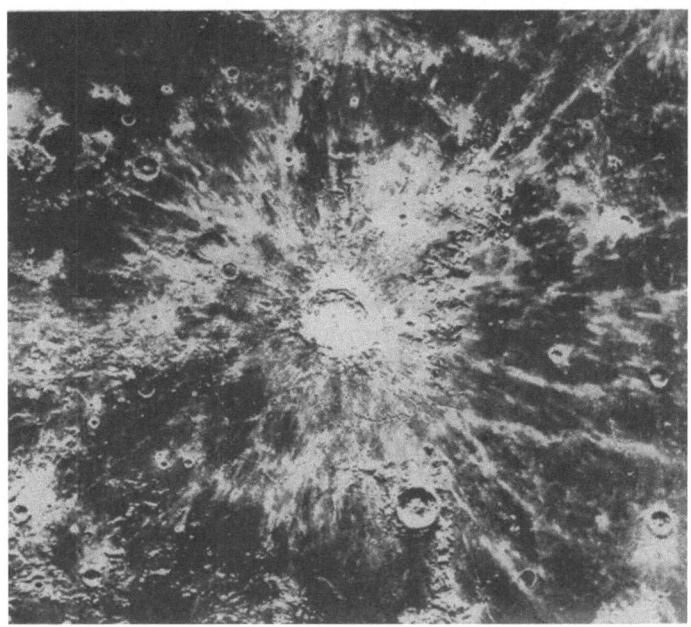

Abb. 358. Beispiel für Anwendung der Photographie auf wissenschaftlichem Gebiet: Mondkrater Kopernikus und Umgebung. — Astronomisches Bild.

und zugleich helle Bilder erreichen will, wird mit einem Projektor längerer Brennweite von 10 cm ab und mit 150 bis 250 Watt Lichtquelle arbeiten. Kleinere Wiedergaben mit kurzbrennweitigen Geräten (von 5 bis 7,5 cm) und Lampen von 100 bis 150 Watt.

## 2. Das Reflexionsvermögen der Bildwand.

Wird als Basis das Reflexionsvermögen einer Papierwand mit 1 angesetzt, so ergeben sich folgende Resultate:

| | | | | |
|---|---|---|---|---|
| Schirting | 0,7 | 164° | Reflexwand | 1,5 | 165° |
| Zwirn | 0,8 | 156° | Silberwand | 2,6 | 66° |
| Zellwolle | 1,1 | 156° | Kristallperlwand | 5,7 | 43° |

Wir erkennen hieraus, daß Perl- und Silberwände unter Berücksichtigung eines zwar engen Streuwinkels die hellsten Bilder ergeben. Von Amateuren werden trotzdem die Bildschirme mit nichtpräparierten Wänden in Betracht zu ziehen sein, da die hier hauptsächlich zur Verwendung kommenden kleinen Projektionen mit Lampen von 100 bis 150 Watt keine stark reflektierenden Bildwände benötigen. Projektoren mit einer Optik von längerer Brennweite (über 10 cm) kommen speziell für Vortragsräume, wo größere Projektionsentfernungen möglich sind, in Betracht und sind am vollkommensten auszunutzen, wenn eine Kristall-Perlwand mit hohem Reflexionsvermögen herangezogen wird.

## 3. Durchsichtigkeit des Farbenphotos.

In der Schwarzweiß-Photographie vermag man auch größere Serien von Diapositiven durch entsprechende Haltung der Entwicklung fast auf eine gleiche Dichte zu bringen. In der Farbenphotographie stehen wir hierin vor einer andersgearteten Situation. Es ist neben der gleichmäßig richtigen Belichtung entscheidend, inwieweit je nach Motivcharakter die hellen bzw. die dunklen Partien in einer Aufnahme vorherrschen. Hier liegt auch die Ursache für das Versagen manchen Vortrages, dessen Farbendias im einzelnen betrachtet zufriedenstellen, aber im Rahmen des betreffenden Vortrages gesehen durch ungeschickte Anordnung sich gegenseitig stören. In einem solchen Vortrag hat der Betrachter den Eindruck, daß viele Bilder zu hell oder zu dunkel seien. In Wirklichkeit wird schon durch eine stärkere Berücksichtigung der Durchsichtigkeit des Bildes, durch eine geschlossene Folge der hellen bzw. dunklen Motive viel zu verbessern sein. Das Auge des Menschen gewöhnt sich bei gleichmäßiger Aufeinanderfolge heller bzw. dunkler Bilder leichter an den jeweiligen Grad der Durchlässigkeit, als wenn willkürlich helle und dunkle Farbendias miteinander wechseln. Sofern sich das letzte nicht umgehen läßt, kann der Lichtüberfluß und dessen Abschwächung mit Hilfe eines Graufilters erreicht werden.

**Das Bändern von Farbendias.** Die Hersteller der meisten Dia-Rähmchen haben leider zum Nachteil der Photoamateure das wesentlichste, nämlich eine staubsichere Montage, außer acht gelassen. Ja, ein Metallrahmen ist außerdem großen Schwankungen in der Stärke unterworfen, so daß manche Dias oft genug im Diafallschacht steckenbleiben. Die Staubsammler unter den Dia-Rähmchen mögen preislich günstiger liegen, sind aber nur im Notfall und dann nur für eine kurzfristige Unterbringung zu benutzen, keinesfalls aber für längere Zeit, da sonst unweigerlich die Güte der Farbenbilder durch den Staub gefährdet wird.

Das Thema Montage von Farbenaufnahmen interessiert auch den Photohändler persönlich, zumal er für Demonstrationszwecke sehr viel seiner eigenen Aufnahmen verwenden wird.

Eine Kleinigkeit, nämlich das richtige Einlegen der Farbendias, wird in den seltensten Fällen richtig beachtet. Die Folge hiervon sind massenhaft seitenverkehrte Bilder bei der Projektion, was sich besonders bei Personenaufnahmen, Architekturphotos mit Schriften usw. störend bemerkbar macht. Das Farbdia ist so auf die Kleinbildmaske zu legen, daß die Schichtseite nach oben zu liegen kommt, also gerade umgekehrt wie beim Schwarzweiß-Dia. Bei Masken, die eine blanke und eine matte Seite haben, ist das Bild stets auf die matte Seite zu legen. Die Schichtseite des Farbendias ist leicht an der Randsignierung zu erkennen, die bei der Montage beim Auflegen der Maske in Spiegelschrift lesbar ist.

# VIII. Wir reproduzieren.

Die photographische Wiedergabe irgendwelcher Abbildungen (Zeichnungen, Schriftstücke, Photos, Gemälde) nennt man Reproduktionen. Im erweiterten Sinne kann man natürlich auch die Wiedergabe kleiner Gegenstände, wie Münzen, kleine Skulpturen usw., hierzu zählen. Wir wollen uns aber bei unseren Betrachtungen auf Strichreproduktionen und Halbtonvorlagen beschränken, da nur diese den Begriff Reproduktionen vollkommen rechtfertigen.

Eine Strichreproduktion setzt sich, wie das Wort „Strich" vermuten läßt, aus Strichen zusammen, die auf einem rein weißen Grund ohne jeden Mittelton stehen. Es braucht sich hierbei nicht unbedingt um eine Zeichnung zu handeln, auch das Schriftbild eines gedruckten Blattes ist eine Strichvorlage. Zu Strichreproduktionen wird ein möglichst hart arbeitendes Material genommen und zur Entwicklung ein hart und gut deckender Repro-Entwickler. Werden diese beiden grundsätzlichen Forderungen erfüllt, dann erhält man ein Negativ, in dem die weißen Flächen des Originals völlig geschwärzt erscheinen, während die schwarzen Striche des betreffenden Bildes sich im Negativ hell und klar ohne Übergang zeigen.

Abb. 359. Beispiel einer Strichreproduktion.

Bei der Reproduktion von Halbtonvorlagen müssen wir im Gegensatz zu Strichvorlagen auf Erhalt der Grauwerte bedacht sein. Der phototechnische Film B ist das richtige Aufnahmematerial für die Reproduktion photographischer Vorlagen. Bei der Wiedergabe farbiger Bilder sind orthopanchromatische Platten bzw. Filme mit dem dazu passenden Filter zu verwenden, da nur dann eine tonwertrichtige Wiedergabe zu erwarten ist. Lediglich bei Originalen, die frei von roten Tönen sind, kann eine orthochromatische Schicht mit entsprechendem Gelbfilter benutzt werden.

## 1. Behandlung der Vorlagen.

Strichzeichnungen auf transparentem Papier werden im Interesse einer einwandfreien Wiedergabe mit einem undurchsichtigen festen Bogen weißen Papiers unterlegt.

Ölgemälde sind, falls notwendig, einer Reinigung zu unterziehen, wobei man natürlich größte Vorsicht beachten muß. In den meisten Fällen wird es genügen, das Bild mit einem weichen Schwamm, der in lauwarmes Wasser getaucht wurde, abzuwaschen.

Reinigung alter Photographien. Es braucht sich hierbei nicht unbedingt um stark vergilbte Silberbilder (Albumin oder Zelloidin) zu handeln, auch viele Photos aus unserer Zeit wurden durch Verlagerung und jahrelanges Herumtragen in der Brieftasche unansehnlich. Schmutz läßt sich durch vorsichtiges Abreiben mit Knetgummi entfernen. Vergilbte oder stockfleckige Drucke wird man mit einem orthopanchromatischen Material in Verbindung mit Rotfilter photographieren, um einen absolut weißen Papiergrund auf dem Positiv zu erhalten. Das Ideale wäre in diesem Falle Anwendung der Infrarotphotographie, dieses Material steht aber heute nicht zur Verfügung.

**Verbesserung durch Positivretusche.** Bei unsachgemäß aufbewahrten Photos werden Schäden vor der eigentlichen Aufnahme durch Positivretusche beseitigt.

Schwarze Punkte lassen sich mit einem scharfen Messer leicht wegschaben. Weiße Punkte werden mit Retuschierfarben entfernt, diese Spezialwasserfarben in verschiedenen Tönungen sind meist noch verfügbar. Soweit die allgemeinen Hinweise für Retusche auf Mattpapieren. Wesentlich schwieriger ist die Retusche von Hochglanzabzügen. Schaben oder auch eine zeichnerische Überarbeitung mit Positivretu-

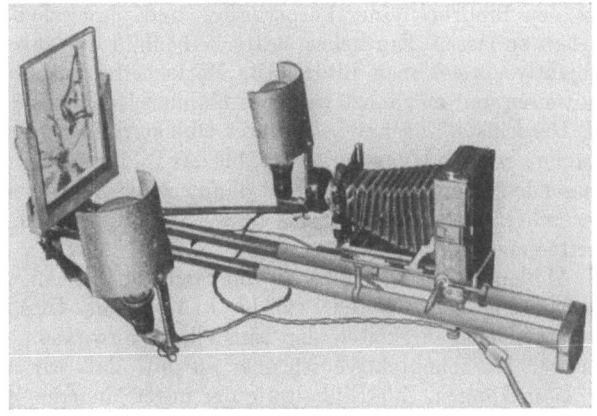

Abb. 360. Ein einfaches — überall leicht aufstellbares Reproduktionsgerät mit den dazugehörenden Lampen.

schierstiften, die bei Mattkopien zweckmäßig sind, ist auf Hochglanz nicht ratsam. Unsichtbar kann man nur mit Eiweiß-Lasurfarben ausflecken. Fetthaltigen Schmutz, wie Fingerabdrücke, entfernen wir durch vorsichtiges Überreiben mit Benzin oder Tetrachlorkohlenstoff, dem 5% Trichloräthylen zugesetzt wurde. Stempelfarbe kann durch Baden des Bildes in Sulfitlauge 10 ccm, Wasser 5000 ccm zum Verschwinden gebracht werden. Tintenflecke lassen sich gewöhnlich in einer 10%-Lösung von Oxalsäure oder Citronensäure ausbleichen. Bei Flecken, die auf chemische Ursachen zurückzuführen sind, machen wir einen Versuch mit einem Bleichbad: Wasser 100 ccm, Jodkalium 10 g, Jod 1 g. Diese Lösung wird zum Gebrauch im Verhältnis 1 : 100 verdünnt. Die Bilder sind in diesem Bad solange zu baden, bis sie ein bläuliches Aussehen erhalten. Nach kurzem Abspülen und Einbringen in ein frisches Fixierbad werden die Flecken verschwunden sein.

## 2. Bildausschnitt.

Für das Ausrichten der Vorlage bzw. Festlegung des Bildausschnittes helfen wir uns mit einem Pappbogen, der ein in Zentimeter eingeteiltes Netz enthält, auf dem die Mitte des Bogens markiert ist. Dieser Bogen soll sich immer in der gleichen Lage auf dem Reißbrett befinden, damit wir ohne Umstände die Vorlage mit Hilfe des Netzes schnell ausrichten können.

## 3. Aufnahme.

Anbringen und Beleuchtung der Vorlage. Einstellung der Kamera, Belichtung. Die flachen Originale werden plan am Reißbrett befestigt. Sofern die Gefahr einer Wellung besteht oder es sich um Originale handelt, die Schonung verlangen, ist ein Befestigen unter Glas angebracht. Praktisch ist ein größerer Kopierrahmen. Entscheidend für die richtige Beleuchtung ist eine gleichmäßige Verteilung des Lichtes über die ganze Bildfläche und Vermeidung störender Reflexe. Für die gleichmäßige Ausleuchtung genügen im allgemeinen zwei Lampen, bei deren Anordnung eine vollkommene Ausleuchtung der Ecken anzustreben ist. Die Ausleuchtung ist wie folgt zu kontrollieren: In der Mitte der Bildfläche wird ein Bleistift senkrecht aufgesetzt. Die dann entstehenden Schatten sind bei richtiger Lampenstellung gleich lang und dunkel. Reflexe, die von der Oberfläche des Originals oder der Deckscheibe ausgehen, werden durch ein seitliches Aufstellen der Lampen vermieden. Bei der Mitaufnahme eines Bildrahmens wird man die eine Seite der Beleuchtung verstärken, um den Eindruck einer körperhaften und plastischen Wirkung des Rahmens entstehen zu lassen. Ein helles Mattscheibenbild erleichtert die Betrachtung des vom Objektiv entworfenen Bildes. Die Mattscheibe soll ein feines, gleichmäßiges Korn aufweisen und möglichst von zwei blanken Diagonalstreifen durchkreuzt sein.

Die Einstellung hat bei größter Objektivöffnung zu erfolgen. Der Standort der Kamera wird so lange verändert, bis das Bild ungefähr scharf und in der annähernd passenden Größe erscheint. Erst dann erfolgt die Feineinstellung. Nach Beendigung der Scharfeinstellung wird das Bild seitlich und in der Höhe auf der Mattscheibenmitte eingestellt.

Abblendung: Für Halbton- und Strichaufnahmen wird die höchste Schärfe und Brillanz mit den Blenden 1 : 25 bis 1 : 32 erzielt. Durch Abblendung vermögen wir gewisse Ungenauigkeiten der Einstellung unwirksam zu machen. Die Korrektur unserer Markenobjektive ist aber so gut, daß wir auch mit größeren Blenden arbeiten können. Zur Einhaltung der meist längeren Belichtungszeiten eignen sich vorzugsweise Schaltuhren, die nach Ablauf der vorher eingestellten Zeit automatisch die Lampen ausschalten.

Um die für jeden Abbildungsmaßstab sich ändernden Belichtungszeiten genau zu erhalten, machen wir uns die Angaben der nachfolgenden Tabelle zunutze, die, ausgehend von der Belichtungszeit, bei Aufnahmen in gleicher Größe (diese ist gleich 1 gesetzt) die einzelnen Belichtungszeiten unter Beachtung der verschiedenen Abbildungsmaßstäbe anführt:

| Verkleinerung | Relative Belichtungszeit | Vergrößerung | Relative Belichtungszeit |
|:---:|:---:|:---:|:---:|
| $1/1$ | 1 | $1/1$ | 1 |
| $3/4$ | $3/4$ | 1,5 | 1,5 |
| $2/3$ | $3/4$ | 2 | 2,25 |
| $1/2$ | $3/5$ | 2,5 | 3 |
| $1/3$ | $2/5$ | 3 | 4 |
| $1/4$ | $2/5$ | 4 | 6 |
| $1/5$ | $2/5$ | 10 | 30 |

Bei der Anfertigung von Halbtonaufnahmen ist im Interesse einer guten Durchbelichtung der Schattenpartien die Belichtungszeit reichlich zu halten. Gerade hier zeigt es sich, daß die Blendengröße die Kontraste im Negativ beeinflußt. Große Blenden ergeben weichere Bilder.

#### 4. Reproduktionen in Verbindung mit Kleinbild-Kameras.

In unserer auf Rationalisierung eingestellten Zeit bedeutet die Einbeziehung des Kleinbildwesens in die Reprophotographie auf vielen Gebieten einen beachtlichen Fortschritt. Es handelt sich heute darum, größere Mengen an Negativen oder Dias nicht nur mit denkbar geringen Kosten herzustellen, sondern auch darum, auf kleinstem Raum eine bequeme Aufbewahrung zu ermöglichen. Für die Anwendung der Reprophotographie in Verbindung mit der Kleinbild-Photographie wurden Spezial-Reprogeräte geschaffen, die mit ihren Zusatzeinrichtungen schnelle und einwandfreie Resultate ermöglichen.

### 5. Aufnahmeapparate und Zubehör.

Wir unterscheiden drei Hauptteile unserer Apparatur — die eigentliche Aufnahmekamera, den Originalhalter zum Anbringen der Originale und das Stativ. Da wir versuchen müssen, mit mehr oder weniger vereinfachten Mitteln zurechtzukommen, werden wir uns für eine Einrichtung entscheiden, bei der sich Kamera und Original auf einem gemeinsamen Träger befinden. Wir nähern uns damit einer primitiven Ausführung der in den großen Reproduktionsanstalten gebräuchlichen Horizontal-Reproduktionsapparate auf Metallschwingstativ. Auf diese Weise erreichen wir annähernd die Hauptforderungen: Durchbiegungsfestigkeit (Parallelität zwischen der Ebene des Originals und derjenigen der Mattscheibe, somit verzerrungsfreie Wiedergabe) und Verwindungsfreiheit des Stativs (Vermeidung von Verwacklungen durch Bodenerschütterungen). Während des Belichtungsvorganges im Raume nicht gehen oder Türen schlagen! Der Originalhalter besteht aus dem Reißbrettgestell und dem eigentlichen Reißbrett, an dem die Originale befestigt werden (seitlich und in der Höhe verstellbar).

### 6. Aufnahmelampen.

Die zur Anwendung kommenden Glühlampen (Nitraphot) bieten mancherlei Vorzüge: Sauberkeit, leichtes Gewicht, sofortiges Angehen beim Einschalten des Stromes, gleichmäßige Lichtleistung, unmittelbarer Anschluß ans Lichtnetz und schließlich im Gegensatz zu Bogen- und Quecksilberdampflampe Fortfall jeder Wartung. Bei Überspannungen wird allerdings die Lebensdauer der Glühlampen stark herabgesetzt. Einstell-Lupen: Diese werden zur Kontrolle der Bildschärfe auf die Mattscheibe aufgesetzt.

## C. Die Farbenphotographie.

### I. Das komplementärfarbige Negativ als Ausgangspunkt der farbigen Papierkopie.

Auf farbenphotographischem Gebiet haben sich im letzten Jahrzehnt große Umwälzungen vollzogen, die sich in ihrer Art nur mit der Ablösung des stummen Films durch den Tonfilm vergleichen lassen, allerdings mit der Einschränkung, daß der Tonfilm friedvolle Zeiten vorfand und in seiner Ausbreitung durch nichts gehemmt wurde, während der Start des Agfacolor-Negativ-Positiv-Verfahrens im Kriegsjahr 1942 wenig glückliche Bedingungen vorfand. Erstmalig wurde im Herbst 1942 anläßlich einer in Dresden stattgefundenen Tagung „Film und Farbe" der Deutschen Kinetechnischen Gesellschaft auf die Verwirklichung der farbigen Papierkopie nach einem Agfacolor-Negativ hingewiesen. In der nachfolgenden Abhandlung soll auf die wesentlichsten Seiten dieses Verfahrens eingegangen werden.

Jahrzehntelang wurde versucht, auf einfache und wirtschaftlich tragbare Weise farbige Papierbilder herzustellen. Manches Verfahren erschien auch im ersten Augenblick vielversprechend, aber auf die Dauer konnten sich selbst die aussichtsreichsten Verfahren nicht durchsetzen. Vor allen Dingen scheiterte ihre allgemeine Einführung an der übergroßen Kompliziertheit der Arbeitsgänge. Allerdings hatte

man nie die Hoffnung aufgegeben, eines Tages trotz aller Schwierigkeiten über ein
Verfahren verfügen zu können, mit dem man auf einfache Weise das lang ersehnte
farbige Papierbild erhalten könnte, und wirklich, der Erfolg blieb nicht aus. Eine
der ersten Angaben in der Literatur über Herstellung farbiger Papierbilder finden
wir in den Veröffentlichungen des Wissenschaftlichen Zentrallabors der Agfa aus
dem Jahre 1937. Es wird hier ausgesprochen, daß wir nicht mehr auf ein Unikat
angewiesen seien und die farbigen Papierabzüge bzw. Vergrößerungen bald ebenso
selbstverständlich würden wie die einfache Schwarzweiß-Kopie bzw. -Vergrößerung.

Wie fast alle umwälzenden Neuerungen auf technischem Gebiet, verdankt auch
das Agfacolor-Verfahren mancherlei den Arbeiten früherer Forscher. So hatte
B. HOMOLKA bereits 1907 Entwicklersubstanzen entdeckt, die bei der Entwicklung
Farbstoffe bilden, und RUD. FISCHER, Berlin, hat in den Jahren 1910 bis 1914
zur Schaffung eines Entwicklers beigetragen, der, mit einer anderen Substanz ge-
kuppelt, zum Farbstoffbild führt. Trotz allem war es beiden Forschern nicht ver-
gönnt, praktisch brauchbare Dreifarbenfilme und -papiere zu schaffen, deren Herstellung wesentlich von den zur Farbstoffbildung unbedingt notwendigen ,,diffusions-
echten" Komponenten abhängig ist. Von entscheidendem Einfluß ist hierbei die
Durchführung der Emulsions- und Begießtechnik. Diese Voraussetzungen, auf denen
die praktische Durchführung des Agfacolor-Verfahrens beruht, wurden erst durch
die von seiten der Agfa zu einem glücklichen Abschluß geführten Arbeiten erreicht,
d. h. ein komplementärfarbiges Negativ liefert auf einfachem Wege in Verbindung
mit einem entsprechenden Dreischichtenpapier naturfarbige Kopien oder Vergrößerungen.

Das Zustandekommen der Farbstoffbildung setzt farbstoffbildende Komponenten
voraus, die nicht nur löslich, vielmehr auch so schwer beweglich sein müssen, daß
eine Diffusion von der einen Schicht in die andere (es liegen drei Schichten übereinander) oder das Herausdiffundieren aus der Schicht im Entwickler nicht möglich
ist. Die Besonderheit der Lösung liegt darin, daß sie zwar die Reaktionsfähigkeit
der Farbstoffbilder bewahrt, ihnen aber die Beweglichkeit nimmt. Die vorerwähnten
diffusionsechten Komponenten sind zur Ausarbeitung eines Farbenpapiers wie auch
des Farbenfilms unumgänglich erforderlich.

Ein Nachteil der bisher bekanntgewordenen Papierverfahren lag in ihrer umständlichen und zeitraubenden Durchführung. Eine Methode, die sich durchsetzen
sollte, mußte hinsichtlich der Abwicklung der einzelnen Arbeitsgänge zum mindesten
die Einfachheit bieten, wie wir sie von der Schwarzweiß-Photographie her gewöhnt
sind. Diese wesentliche Voraussetzung ist bei Agfacolor-Negativ-Positiv-Verfahren
erfüllt. Von einem komplementärfarbigen Negativ erhalten wir auf dem Wege des
Kontaktdruckes bzw. durch die Vergrößerung ein farbiges Positiv. Die Herstellung
der Agfacolor-Umkehrfilme ergab eine Reihe Erfahrungen, die dem Agfacolor-Papier
natürlich zugute kamen. Trotzdem stellt die Schaffung des Farbenpapiers ganz besondere Anforderungen. Die Emulsionsschicht darf z. B. nur halb so dünn sein wie
beim Film. Dementsprechend ist die Gußdicke der drei Papiereinzelschichten außerordentlich gering, so daß der Gießtechnik viele Probleme aufgegeben werden; die
Gleichmäßigkeit des Begusses beeinflußt die Gleichmäßigkeit des Endresultates.
Ferner müssen die weißen Stellen einwandfrei farblos sein. Beim Papier ist dies
sehr wichtig, während bei einem farbigen Durchsichtsbild in der Projektion ein
leichter Farbschleier kaum wahrnehmbar ist. Von Bedeutung ist ferner die Einwirkung der farbigen Durchsichtsbilder auf das menschliche Eindrucksvermögen,
Projektionsbilder wirken stets brillanter als Papierbilder, die ja in der Aufsicht betrachtet werden.

Die Voraussetzung für farbige Kopien bzw. Vergrößerungen ist ein Agfacolor-
Negativfilm. Dieses Aufnahmematerial wird in allen bekannten gängigen Konfek-

tionierungen: als Kleinbildfilm, Rollfilm und Planfilm in den üblichen Formaten sowohl für Kunstlicht als auch für Aufnahmen bei Tageslicht geliefert.

In seinem Schichtaufbau gleicht der Agfacolor-Negativfilm dem Agfacolor-Kine-Negativfilm, während beim Agfacolor-Papier eine Vergleichsstellung mit dem Agfacolor-Kine-Positivfilm angebracht ist. Demnach sind Negativ- und Positiv-Filmschichten grundsätzlich voneinander verschieden.

Beim Negativmaterial ist die Erfassung des ganzen Spektrums von der Überschneidung der drei Sensibilisierungsbereiche abhängig. Im Gegensatz hierzu reagiert das Positivmaterial optimal auf die Stellen des Spektrums, in denen die Absorptionen der Negativfarbstoffe ihre Maxima haben. Es folgt hieraus, daß es nicht zu einer Überschneidung der Sensibilisierungsbezirke des Positivmaterials kommen darf, diese müssen vielmehr ausgesprochene Maxima mit dazwischenliegenden Lücken aufweisen.

Bei dem Agfacolor-Papier liegen ebenfalls wie beim Agfacolor-Negativfilm drei, je für eine der Grundfarben Blau, Grün und Rot empfindliche Schichten übereinander. In diesen entstehen durch die Entwicklung gleichzeitig drei verschiedene Farbstoffe. Als Ergebnis — nach Durchführung der verschiedenen Prozesse — liegt dann, genau wie beim Agfacolor-Kinefilm, ein komplementärfarbiges Negativ vor. Der Belichtungsspielraum des Agfacolor-Negativfilms ist zwar größer als der des Agfacolor-Umkehrfilms, trotzdem empfiehlt es sich, auf Einhaltung der annähernd richtigen Belichtungszeit zu achten, dabei ist zu beherzigen, daß ein leichtes Überbelichten sich nicht so schädlich auswirken kann wie eine Unterexposition.

Um ein einwandfreies Ergebnis zu sichern, muß mit größter Sorgfalt bei der Abwicklung der einzelnen Arbeitsvorgänge unter genauer Beachtung der Vorschriften verfahren werden. Vor allem gilt dies in bezug auf Einhaltung der Bäderzeiten und Temperaturen. Zur Herstellung der Positive sind allerdings Apparate erwünscht, die so eingerichtet sind, daß durch Einschaltung geeigneter Agfacolor-Filtersätze eine eventuell erforderliche Farbsteuerung durchführbar ist. Letzteres wird in den meisten Fällen angebracht sein, weil die Aufnahmeverhältnisse, die Materialien und die Entwicklungsbedingungen, sowohl vom Negativ wie auch vom Positiv, gewisse Unterschiede zeigen, die in ihrer Summe zu Abweichungen im Farbton des Papierbildes Anlaß geben. Das menschliche Auge nimmt bekanntlich gewisse Farbstimmungen gar nicht auf, weil nach der Erinnerung der betreffende Gegenstand eine ganz bestimmte Farbe hat. Im farbigen Bild, das vor uns liegt, kann man sich voll und ganz konzentrieren, wobei man selbst geringfügige Farbstiche sehr bald wahrnimmt. Diese den Bildeindruck störenden Farbverschiebungen vermag man durch Filtern des Kopierlichtes auszugleichen. Bestimmte Vergrößerungsapparate, z. B. das Agfa-Varioskop, sind bereits mit einer Filterschublade für Farbvollfilter, mit denen die Farbsteuerung vollzogen wird, versehen.

**Agfacolor ist farbig und schwarzweiß zugleich!** Dies stimmt — und nicht nur in der Theorie —, an Hand von Beispielen aus der Praxis läßt sich dies beweisen. Wie oft werden uns aus dem Kundenkreis Farbaufnahmen vorgelegt, die durch vorher schwer bestimmbare Faktoren ungünstig beeinflußt wurden und die daher farblich nicht sonderlich zusagen. In solchen Fällen ist es ohne weiteres möglich, einwandfreie Schwarzweiß-Kopien bzw. -Vergrößerungen zu erhalten. — Es kann auch der Fall eintreten, daß ein Kunde von farblich einwandfreien Aufnahmen nicht sofort Color-Positive benötigt, wir werden dann in der Lage sein, umgehend Kopien oder Vergrößerungen (Schwarzweiß) in jedem Format zu liefern. Viele Photohändler sind auch dazu übergegangen, zur Erleichterung der motivlichen Auswahl von den Agfacolor-Negativen zunächst Schwarzweiß-Kopien herzustellen, um dann nach erfolgter Auswahl und Festlegung der Ausschnitte die Color-Aufträge entgegenzunehmen.

**Sind Agfacolor-Photos lichtecht?** Eine Frage, die immer wieder gestellt wird, zumal man häufig dazu übergeht, Vergrößerungen als Wandschmuck oder zu Werbezwecken zu verwenden. Da die Farbstoffe, die zur Bildung der Farbschichten in der Entwicklung geeignet sind, nicht genügend Lichtechtheit aufweisen, um ungestraft dem direkten Sonnenlicht ausgesetzt werden zu können, empfiehlt es sich, einen Platz mit zerstreutem Licht auszuwählen bzw. die Bilder in Alben aufzubewahren. Die in den Agfacolor-Bildern enthaltenen Farbstoffe sind von sich

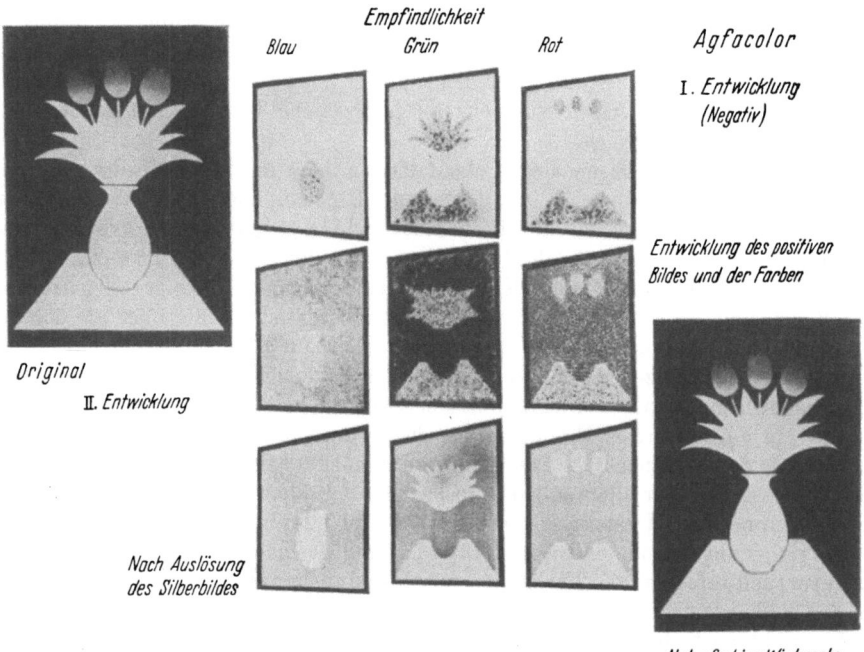

Abb. 361. Schematische Darstellung des Agfacolor-Negativ- und -Positivprozesses.

aus nicht lichtecht. Es wurde versucht, durch eine geeignete Behandlung die Lichtechtheit zu erhöhen. Seit Frühjahr 1951 werden in den Kopieranstalten die Agfacolor-Positive in einer Lichtschutzlösung nach der Schlußwässerung gebadet. Mit diesem Prozeß ist gleichzeitig ein zweiter Fortschritt verbunden: die Bilder werden heißtrommelfest, d. h. sie können jetzt in den üblichen heißen Pressen, Trockentrommeln u. dgl. auf Hochglanz getrocknet werden. Damit ist eine erhebliche Zeitersparnis verbunden.

## II. Farbenaufnahmen nicht ohne Belichtungsmesser.

Dieser Satz sollte jedem Amateur von uns eingehämmert werden. Der moderne lichtelektrische Belichtungsmesser ist weit davon entfernt, eine Spielerei zu sein. Allerdings muß der Photodrogist verstehen, sich für ihn einzusetzen. Es ist ja nicht leicht, ein solches Präzisionsgerät an den Mann zu bringen, wenn z. B. die Kamera sich in der gleichen Preislage oder sogar in einer niedrigeren bewegt. Man sagt, die Farbenphotographie sei genau so leicht wie die Schwarzweiß-Photographie. Dies mag für solche Amateure zutreffen, die frisch in die Farbenphotographie einsteigen. Alle anderen, die sich ihre Sporen auf dem Feld der Schwarzweiß-Photographie bereits redlich verdient haben, sollen nicht versuchen, lediglich umzulernen.

Es trifft sich gut, daß Amateure und auch Händler sich mit dem rein technischen Werden der Farbphotographie nicht zu befassen brauchen. Das ist die Aufgabe der Kopieranstalten, von denen die komplizierten Prozesse in eigener Regie durchgeführt werden. Der Amateur kann sich somit für die Aufnahme freihalten. Wir aber sind in der Lage, uns restlos einzusetzen, um bei unseren Kunden die Freude an der Farbenphotographie durch entsprechende persönliche und indirekte Werbung wachzuhalten. Natürlich hängt hierbei viel von dem Geschick des Händlers ab, da gerade die Farbenphotographie dazu verleitet, einfache Vorgänge problematisch zu gestalten. Die Erschwerung an sich einfacher Vorgänge unter Berufung auf die gewagtesten physikalischen Lehrsätze macht den Amateur leicht mißtrauisch, und er überlegt sich ernstlich, ob er es wagen soll, sich mit der Farbenphotographie anzufreunden.

Gleich zu Anfang eine grundsätzliche Unterscheidung: Im Gegensatz zu Schwarzweiß besteht beim Farbfilm noch keine genormte Methode zur Bestimmung der Empfindlichkeit. Wir können Schwarzweiß- und Farbenfilm schon wegen des unterschiedlichen Belichtungsspielraumes nicht gut auf einen Nenner bringen. In der Schwarzweiß-Photographie kann man ungestraft um ein Vielfaches überbelichten, während der Farbfilm nach oben und unten wesentlich exaktere Arbeit verlangt. Da dies aber nicht wie weiland in der Schwarzweiß-Photographie so einfach aus dem Handgelenk möglich ist, muß wohl oder übel ein Hilfsmittel herangezogen werden. Hierbei kann es sich nur um einen modernen elektrischen Belichtungsmesser handeln. Aber auch auf dieses Gerät besteht strenggenommen kein bedingungsloser Verlaß, denn schematische Benutzung ohne persönliche „Einflußnahme" ergibt Fehlresultate.

**Der Kunde soll seinen Belichtungsmesser selbst eichen,** ein wesentlicher Umstand, auf den bei jedem Verkauf eines Belichtungsmessers hingewiesen werden sollte. Bevor mit der Arbeit begonnen wird, muß man sich darüber klar sein, daß die elektrischen Belichtungsmesser in erster Linie den Bedürfnissen der Schwarzweiß-Photographie angepaßt sind und die durch Messung ermittelten Zeiten eine Versicherung gegen Unterbelichtung sein soll. Bekanntlich ist bei Unterbelichtung kaum noch etwas zu retten, während bei beträchtlicher Überbelichtung von den betreffenden Negativen durch Anpassung der Papiergradation an den Negativcharakter noch einwandfreie Abzüge bzw. Vergrößerungen zu erreichen sind. Hier ist einzuschalten, daß letzteres nur für die Schwarzweiß-Photographie gilt, da wir vorerst bei dem Color-Papier nur über zwei Gradationen verfügen (normal und hart) — schon aus diesem Grunde ist das Treffen der richtigen Belichtungszeit unumgänglich notwendig. Sollen von den Color-Negativen Schwarzweiß-Positive hergestellt werden, so geht dies ja ohne weiteres, auch dann, wenn die betreffenden Negative farblich nicht in Ordnung oder unter- bzw. überbelichtet sind. — Der Schutz gegen Unterbelichtung hat nun dazu geführt, daß die meisten elektrischen Belichtungsmesser höhere Werte anzeigen. Dieses sich dann ergebende Mehr an Belichtungszeit ist für Schwarzweiß günstig, auch bleiben geringe Schwankungen ohne nachteilige Folgen. Jeder Amateur ist in der Lage, sobald er wirklich mit seinem Gerät vertraut wurde, auch den Vorteil des Belichtungsspielraumes bei Farbfilm auszunutzen, der beim Agfacolor-Negativfilm größer ist als beim Umkehrfilm. Um das Aufeinandereinspielen von Kameramann, Belichtungsmesser und Farbfilm recht bald und auch nachhaltig zu erreichen, ist eine Eichung mit entsprechenden Versuchsaufnahmen unbedingt vorzunehmen. Allerdings gehen über die Form, in der die Eichung vorgenommen werden soll, die Meinungen auseinander:

*Entweder:* Von jedem Motiv sind drei Aufnahmen zu machen — und zwar die erste mit der angezeigten Belichtungszeit, die zweite mit der Hälfte und die dritte mit dem Zweifachen der angezeigten Zeit.

*Oder:* Die zuerst ermittelte Belichtungszeit bleibt bei allen drei Versuchsaufnahmen unverändert. Das Weitere wird durch entsprechende Blendenregulierung erreicht.

Die zuletzt geschilderte Methode ist die gangbarste. Ohne zeitraubendes Umrechnen bildet sich bald eine bestimmte Technik heraus, die gegenüber der Verschlußgeschwindigkeits-Veränderung einfacher ist und größere Sicherheit bietet.

Da der Belichtungsmesser im Hauptberuf „Lichtmesser" ist, darf die Eichung nicht auf das Gerät beschränkt werden, vielmehr soll auch eine Eichung des menschlichen Verstandes in Richtung auf die besonderen Belange der Farbenphotographie hin erfolgen. Wurde z. B. ausgehend von der durch die Eichungsversuche ermittelten Zeit für einen hellfarbigen Gegenstand (etwa eine im kräftigen Licht stehende Architektur, Vordergrund heller Steinbelag) als richtige Belichtungszeit bei Blende F/5,6 $^1/_{50}$ Sekunde festgestellt, so müßte in einer ganz ähnlichen Aufnahme — allerdings bei Vorhandensein einer dunklen Fläche als Vordergrund — ein entsprechender Verlängerungsfaktor (durch längere Belichtungszeit oder größere Blende) in Rechnung gesetzt werden.

Zur Eichung des Verstandes gehören aber auch noch die Berücksichtigung einer Reihe anderer Faktoren, die im nachfolgenden Erwähnung finden.

**Beleuchtung.** Schöne klare Sonne ist für Farbaufnahmen die sicherste Gewähr, brillante und effektvolle Bilder zu erhalten. Mit „ohne" Sonne geht es natürlich ebenfalls. Anfängern in der Farbenphotographie ist zu raten, mit „Sonne im Rücken" zu beginnen. Diese Beleuchtungsart ist auch dann vorzuziehen, sobald es wünschenswert erscheint, Schattenwirkungen zu unterdrücken — z. B. in Blumenaufnahmen, weil hier der Hauptreiz bereits durch die Farbigkeit des Motivs bestimmt wird. Ganz besonders in Blumenaufnahmen ist zur Feststellung der Belichtungszeit mit dem Belichtungsmesser sehr dicht an das Aufnahmeobjekt heranzugehen, um möglichst aus geringer Entfernung zu messen, damit nicht hellere oder dunklere Gegenstände, die sich in der Nähe befinden, die Messung fälschen.

**Seitliches Licht** bringt Kontraste durch das Wechselspiel von Licht und Schatten. In Anbetracht des großen Belichtungsspielraumes des Agfacolor-Negativfilmes versprechen auch Seiten- und Gegenlichtaufnahmen (doppelte Belichtungszeit wie bei Vorderlicht) Erfolg. Bei Feststellung der Belichtungszeit sind natürlich die Schatten mit zu berücksichtigen.

**Gegenlicht.** Die reizvollste, aber auch zugleich schwierigste Beleuchtungsart, wenn man die genauen Bedingungen nicht kennt. Ein Motiv, das arm an Farben ist, kann durch Gegenlicht ungemein belebt werden. Bei diesen Aufnahmen ist es vor allen Dingen wichtig, den Einfluß der im steilen Winkel auf den Messer plötzlich einfallenden Lichtmenge durch Überhalten der Hand zu verhüten, da sonst ein Zeigerausschlag vor sich geht, der zu unwahrscheinlich kurzen Belichtungszeiten führt. Die am meisten Licht erhaltenden Partien werden bestenfalls durchgezeichnet, die Schatten dagegen, obwohl sie auch von Farbe durchspült sind, bleiben nüchtern und leer.

**Die Helligkeit der Umgebung.** Sie übt gerade in der Farbenphotographie einen entscheidenden Einfluß aus — weil mancherlei Helligkeitsunterschiede weder von unseren Augen noch vom Meßgerät aufgenommen, aber vom Farbfilm registriert werden. In schwierigen Fällen dann zu einer richtigen Belichtungszeit zu kommen, setzt natürlich mancherlei Erfahrungen voraus. Für die Helligkeit ist außer der Reflexkraft des Bodens die Begrenzung der Weite des Raumes bestimmend.

**Auswirkung von Kontrasten.** Die Praxis zeigt, daß der Farbfilm bei richtiger Belichtung sogar in der Lage ist, größere Kontraste zu überbrücken. Die bildwichtige Farbe ist natürlich die Hauptsache. Die Auswirkung der Überbelichtung wird gemildert, wenn eine solche Aufnahme am Vormittag oder am Nachmittag gemacht wird. Auch in farbigen Pflanzen- und Blütenaufnahmen sind fast immer starke Farbkontraste vorhanden. Überwiegend handelt es sich hier um Nahaufnahmen, bei denen zur Vermeidung zu schwerer Schatten mit Aufhellern (Silberschirme) gearbeitet werden kann. Am stärksten überzeugt man seine Kunden von dem Wert der richtigen Belichtungszeit (und damit von der Notwendigkeit einer Anschaffung eines elektrischen Belichtungsmessers), wenn man zur Vorführung drei Aufnahmen ein und desselben Motivs bereithält, in denen die Folgen der Unterbelichtung und Überbelichtung gezeigt werden und als letztes das normale, richtig belichtete Bild. Auf diese Weise gelingt es dann auch am ersten, die Kunden davon zu überzeugen, daß die Farbveränderungen in der Regel nicht auf das Material, sondern auf falsche Belichtung zurückzuführen sind.

# D. Etwas über Werbung.

## I. Werbung durch das Schaufenster (Außenwerbung).

**Der Photodrogist mit eigenen Ideen.** Die Zeiten des Warenhungers sind vorbei. Die Kunden kommen nicht mehr von selbst in den Laden. Es gilt jetzt zu überlegen, wie wir unser Geschäft beleben und neue Käufer heranziehen können. Wir erreichen dies aber nicht, wenn wir unsere Schaufenster vollpfropfen. Jegliche Übersicht fehlt. Der flüchtig hinsehende Passant wird nicht angeregt, stehenzubleiben.

Das moderne Schaufenster ist weit davon entfernt, wie das Innere eines Musterschrankes auszusehen. Viel richtiger ist es, sich mit wenigem zu bescheiden. Auf Kameras angewandt heißt dies: es darf nur eine kleine Zahl der Modelle, an deren Verkauf uns besonders gelegen ist, aufgestellt werden, und jeder Kamera sind einige Photos als Leistungsausweis beizugeben.

Erfolgversprechend sind insbesondere Wettbewerbsthemen, die auf bestimmte lokale Verhältnisse hindeuten. Das wichtigste im Schaufenster ist und bleibt die Kamera und das photographische Bild. Der Kunde, insbesondere der ausgesprochene Photoanalphabet, muß davon überzeugt werden, daß er sich in Anpassung seiner Einkommenverhältnisse den oder den Apparat wirklich leisten kann.

Wechselnde Spezialdekoration, die sich an ganz bestimmte Verbraucher richtet, wird ihren Eindruck nicht verfehlen. In diesem Zusammenhang interessieren uns die jüngsten Absatzangaben der deutschen photographischen Industrie.

Als Bezieher treten auf:

39,5% Arbeiter (bis 150,— DM),
24,5% Angestellte (bis 300,— DM),
10,5% Beamte (bis 300,— DM),
6% Institute, Behörden (über 300,— DM),
8% Schüler, Studenten (bis 150,— DM),
11% freie Berufe (bis 300,— DM).

Die eingeklammerten DM-Beträge geben die Höhe derjenigen Preisklasse an, in der die meisten Kameras gekauft werden.

Wir erkennen hieraus, daß z. B. eine auf den Arbeiter abgestimmte Dekoration am ersten ihren Erfolg hat, wenn wir in der Mehrzahl Kameras in der Preislage bis 150,— DM ausstellen. Oder aber wir wenden uns durch direkte Werbemaßnahmen an die Jugend, die auch an Demonstrationen praktischer Vorgänge sehr interessiert ist. Selbstverständlich darf die Großvergrößerung einer Box-Aufnahme nicht fehlen, die zeigen soll, daß zur Schaffung ansprechender Erinnerungsbilder aus Schulwanderungen usw. nicht unbedingt eine teure Kamera für die Vergrößerung notwendig ist.

Die gesamte Außenwerbung in Form von Fahnen muß sich natürlich an das Straßenbild anpassen.

Wie wäre es mit einer Sonderausstellung unter der Devise: „Zur guten Kamera die gute Tasche!" Man sollte endlich einmal mit der leider weitverbreiteten Ansicht aufräumen: Ledertaschen und Bereitschaftstaschen seien nur eine Angelegenheit für die Reisezeit. Gewiß, in den Ferienmonaten gehen diese Artikel am besten. Sie werden aber auch in der übrigen Zeit des Jahres, besonders zu Weihnachten und Ostern, viel verlangt. Deshalb wollen wir immer bereit sein, unseren Kunden ein wohlgeordnetes und vielseitiges Angebot zu machen. Das immer wiederkehrende Argument, die Taschen seien zu teuer, müssen wir versuchen zu entkräften. Schließlich ist ja eine gute, wirklich haltbare Tasche, aus Qualitätsleder angefertigt (Kernleder), von dem vor allem die Flanken abgeschnitten sind, von Wert. Die deutsche Kameraindustrie hat Weltruf. Die deutsche Lederwarenindustrie ist sich ebenfalls ihrer Verantwortung bewußt. Sie hat sich zur Aufgabe gemacht, den Kameraerzeugnissen aus unserem Lande ein würdiges und dauerhaftes Gewand zu schaffen.

## II. Werbung durch Photo-Prospekte.

Von seiten der Werbeberater wird sofort die Meinung vertreten, Prospekte seien überlebt. Dies trifft auch unbedingt zu, und zwar für alle Fälle, in denen man durch Masse wirken will. Eine sparsame Verteilung hebt stets den Wert eines Prospektes. Nicht immer wird der Umfang unseres Geschäftes die Herausgabe eines eigenen Prospektes zulassen. Wir haben aber im Rahmen der Gemeinschaftswerbung, deren Erfolg ausnahmslos von der positiven Einschaltung des Photohändlers abhängt, die Möglichkeit, einen Industrieprospekt durch Beifügung eines gut abgefaßten Begleitschreibens auf spezielle Leistungsfähigkeit unseres Geschäftes hinzuweisen. Die soeben beschriebene Prospektart erhält ihre stärkste Wirkung durch Postwurfsendungen, die sich in größerem Umfange an bestimmte Verbrauchergruppen, nämlich Haushalte, wendet. Diese Postwurfsendungen werden wir unter Benutzung der Tabelle über Angaben der Kamerabezieher an eine bestimmte Empfängergruppe richten. Auf diese Weise erreichen wir, daß die Kunden von dem besonderen Wert der angebotenen Apparate und Geräte überzeugt werden. Nicht nur für Photoapparate, auch für alle anderen Zweige unseres Geschäftes läßt sich die Einrichtung der wenig Geld kostenden, aber an Wirkung weitreichenden Postwurfsendungen nutzbringend verwenden.

Die Ergebnisse unserer Aktion sollen natürlich in der bereits vorhandenen bzw. unbedingt anzulegenden Kundenkartei vermerkt werden. Wir werden hierbei von folgenden Überlegungen ausgehen:

1. Welche Personen interessieren sich ernsthaft für die Photographie?
2. Wer ist bereits im Besitze eines Box-Apparates? Wie erwecken wir in diesem Fall den Wunsch nach einer besseren Kamera?
3. Wer verfügt über Photoapparate mittlerer und bester Ausführung? (Werbung für wertvolle Zusatzgeräte.)

Nach diesen Feststellungen lassen wir eigens auf die betreffende Käufergruppe abgestimmte Werbebriefe abgehen, die im Gegensatz zu einem Inserat frei von überfüllten Schlagwörtern sein müssen. Je mehr ein solcher Brief den Eindruck eines echten Briefes hervorruft, um so größer sind die Erfolgsaussichten. Die großen weltbekannten Versandgeschäfte verdanken den wesentlichsten Teil ihres Erfolges den geschickt abgefaßten, durch Postwurfsendung verbreiteten Werbebriefen.

## III. Kundenerziehung.

Die fachliche Erziehung des Amateurs beschränkt sich in der Hauptsache auf das Erlernbare, nämlich Beherrschung der Handwerksgeräte und Abwicklung der Negativ- und Positivherstellung. Gewiß ist auch der Inhalt eines Bildes gegeben, aber das eben kommt nicht von selbst, ist vielleicht abhängig von der Art und Weise, in der die Kamera die Dinge sah und durch das Objektiv so und nicht anders aufnahm. Und wer sorgte für die richtige Wahl des Blickpunktes? Natürlich der Mann hinter der Kamera. Hier beginnt nun die geistige Leistung.

Abb. 362. Das Zentralgebäude der Vereinten Nationen in New York.

Die vor uns liegende plastische Welt verwandelt das Auge unserer Kamera in eine flächige. Größenverhältnisse verändern sich, und eine Umkehrung der in der Natur in reichlichem Maße vorhandenen Farbwerte in einfache schwarzweiße Tonwerte tritt ein — eine grundlegende Veränderung, die wir in Betracht ziehen müssen. Diese Sparsamkeit der Mittel führt zu einer seltenen Eindringlichkeit der Darstellung. Es ist daher ein vollkommen falscher Ehrgeiz, es der Malerei gleichzutun. „Wie ein Gemälde" ist ein gefährliches Lob für einen Photomann.

**Photographie muß Photographie bleiben.** Das Schlagwort „Jeder kann photographieren", das im bedingten Sinne für den Knipser Berechtigung hat, führt leider dazu, daß für die Berufswahl vieler Photographen mehr die Aussicht auf einen guten Verdienst als eine besondere Befähigung maßgebend ist. Die Photographie ist letzten Endes keine gewerbliche, sondern eine künstlerische Tätigkeit. Dies gilt für alle, gleich, ob sie haupt- oder nebenberuflich mit der Photographie zu tun haben —

der Photohandel selbstverständlich nicht ausgenommen. Jeder Beruf setzt Veranlagung voraus, wenn etwas wirklich Tüchtiges geleistet werden soll. Und gerade die schon in das Künstlerische gehenden Berufe — wie die Photographie — stellen Anforderungen, von denen die meisten Außenstehenden keine Vorstellung haben.

Wie viele Amateure, die gern gute Photos machen möchten, wissen nicht so recht, welche Wege sie hierzu einschlagen sollen! Sie werden stets der Anregung und Nachhilfe bedürfen.

Hier kommt es sehr auf den Unterweisenden an, ob dieser Photohändler wirklichen Geschmack hat und gefühlsmäßig versteht, entsprechend dem Grad der Fortentwicklung dem strebsamen Amateur im richtigen Augenblick neue Wege zu weisen. Es wird sich sehr bald zeigen, daß nur auf solche Weise eine dauernde Freude am Photographieren wachgehalten werden kann. Wer immer darauflos knipst, wird mit dem landläufigen Motiv schnell fertig sein und eines Tages seine Kamera nur noch zu besonderen Gelegenheiten — etwa in den Ferien — hervorholen.

Die Kamera hat für die Photographie die gleiche Bedeutung wie etwa der Pinsel für die Malerei. Der Apparat ist Handwerkszeug, er ist Mittel zum Zweck. Die Treue und innere Wahrheit, die wir von einer guten Aufnahme verlangen, setzt voraus, daß wir das Wesentliche in der Photographie auch wirklich verstanden haben. Die Voraussetzung hierfür ist z. B. nicht gegeben, wenn das Gefühl für Feinheiten der Tonwerte oder das Empfinden für Bildgestaltung durch Licht und Schatten, Bildaufbau und Linienführung fehlt. Hieran müssen wir festhalten mit dem Endziel: Qualität der Leistung.

Es imponiert nur der Mann, der beweist, daß er etwas mit seinem Material und den Ausdrucksmöglichkeiten anzufangen versteht. „Können" heißt im photographischen Sinn den Beweis erbringen, daß man gelernt hat, auf seine Umwelt zu achten und daß man vermöge seines Könnens die Gabe hat, sogar unscheinbare Motive herauszuheben. Dieses *Betrachten- und Sehenlernen* ist der Prüfstein unseres photographischen Wissens und der Beherrschung des Technischen. Aber in den Negativen wird begreiflicherweise nur das stecken, was uns im Augenblick der Aufnahme am Objekt interessierte; ob es im Vorbeigehen gefunden wurde oder — Verständnis und Geschick vorausgesetzt — schließlich auch einmal zurechtgemacht wurde (Stilleben, Beleuchtungseffekte usw.), braucht keine ausschlaggebende Rolle zu spielen. Wichtig ist nur das eine: Der Photograph muß sein Objekt bildwirksam sehen, ehe er das gleiche von dem Auge der Kamera erwartet und verlangen kann. Auf diese Weise kann also die Photographie durchaus eine Kunst sein — denn schon in der Wahl des Stoffes verrät sich das schöpferische Können des Kameramannes. Der schöpferische Vorgang erstreckt sich bei jeder anderen Kunst bis in die letzten Fasern des Werkprozesses, bei der Photographie ist er — streng genommen — mit dem Finden und Festhalten des Motives beendet. Alles Weitere — auch die schönsten technischen Verfeinerungen — sind erlernbar, und nur das erste, freilich eigentlich Wesentlichste — die Erstrebung von Qualität auch in künstlerischem Sinne — ist entweder vorhanden oder nicht. Und damit sind für jeden einzelnen die Grenzen seines photographischen Bemühens festgelegt.

## IV. Auswertung der Fachliteratur.

Ein handfestes Lehrbuch darf im Bücherschrank eines Photohändlers nicht fehlen. Man hat so ständig ein Nachschlagewerk zur Hand, das über grundlegende Fragen Auskunft gibt. Aber es bleiben noch eine Menge von Dingen übrig, die nicht in einem Lehrbuch enthalten sein können. Die Photographie steht in einem ewigen Wechsel, stets werden neue Arbeitsmethoden entdeckt, neue Aufnahmegeräte, Materialien kommen in den Handel. Für den einzelnen wird es ein Ding der Unmöglichkeit sein, sich stets auf dem laufenden zu halten. Diese Aufgabe wird von einer guten Photofachzeitschrift übernommen, in der aus dem Kreis bewährter Mitarbeiter ein reger Austausch von Erfahrungen erfolgt. Hinweise von Bedeutung soll man in eine Fachregistratur aufnehmen, die leicht anzulegen ist.

## V. Bildkritik, Wettbewerbe und Ausstellungen.

Die kritische Würdigung eines Photos geht von der Feststellung aus, inwieweit den allgemeinen Richtlinien in technischer und bildmäßiger Hinsicht entsprochen wurde. Die technischen Bedingungen sind heute durchweg erfüllt dank der Qualität des Aufnahmematerials und dem hohen Stand der Entwicklungstechnik. Alle technischen Fortschritte können uns aber nicht von der Überlegung vor der Aufnahme befreien. Gute geistige Durcharbeitung einer photographischen Aufnahme ist von jeher die Grundlage für das gute Photo gewesen. Diese Voraussetzungen werden aber heute in den meisten Fällen nicht erfüllt. Das Gros der Amateure glaubt, schon eine Leistung vollbracht zu haben, wenn das Bild möglichst stark vergrößert wurde. Sobald aber zufällig eine Aufnahme zum Bilde wurde, das wirklich ästhetische Werte besitzt, hofft man den großen Sprung getan zu haben. Es ist dies aber ein Trugschluß, denn eine einzige Arbeit gibt nie volle Gewißheit, ob das betreffende Bild ein Werk zielbewußter Arbeit oder lediglich ein Ergebnis des Zufalls darstellt. Es wird vielmehr notwendig sein, auch die anderen Arbeiten kennenzulernen und einer eingehenden Kritik zu unterziehen. Nur so besteht die Möglichkeit, Ideenzusammenhänge unter den übrigen Arbeiten festzustellen, was wiederum auf Vorhandensein einer Originalität, einer persönlichen Note schließen läßt. Ein solch logischer Zusammenhang heißt eben Stil, der einem echten Künstler der Kamera sogar ein lichtbildnerisches Knipsen gestattet — vorausgesetzt natürlich, daß er sich hierbei in den Grenzen seines Stils bewegt. Nur durch eine schonungslose Selbstkritik ist es möglich, zu einer wirklichen Steigerung zu kommen. Wer keine Kritik verträgt, wird letzten Endes in Mittelmäßigkeiten versinken — ganz abgesehen davon, daß auch nicht die Menge der Aufnahmen, das Äußere der Aufmachung entscheidet, vielmehr wird sich auf die Dauer, uralten Gesetzen folgend, nur die Qualität durchsetzen. Nur solche Photos, die frisch, lebendig und natürlich sind, deren Inhalt uns ohne Umschweife sofort fesselt, verdienen, zu Wettbewerben eingesandt zu werden. Würde dies immer rechtzeitig bedacht, so bliebe manche bittere Enttäuschung aus.

**Bei Ausstellungseinsendungen kann der Photohändler beraten.** Die gleichen Bedingungen gelten für die Beteiligung an photographischen Ausstellungen. Auch hier kann der Photohändler beratend eingreifen. Natürlich sollen nur die besten Arbeiten eingeschickt werden — schon im Interesse der schwierigen Arbeit der Preisrichter, von denen ja verlangt wird, aus einer riesigen Auswahl von Vorlagen in einer verhältnismäßig kurzen Zeit ein endgültiges Urteil darüber fällen zu können, ob dieser oder jener ein hohes künstlerisches Verdienst errungen hat. Das Aufhängen von auszustellenden Arbeiten ist schon Anerkennung genug für den betreffenden Bildautor; denn die Zulassung als solche muß für alle übrigen an schönen Photos Interessierten eine Aufforderung sein, die Ausstellung zu besuchen und zu gleichen Leistungen anzuspornen.

Jedem Photographierenden kann nicht genug empfohlen werden, jede sich bietende Gelegenheit auszunützen, denn gerade hierin liegt einer der wesentlichsten Teile der Selbstschulung. Die vielen unter den Amateuren, die nicht die Möglichkeit haben, ihre Bilder einer Kritik unterziehen zu lassen, werden aber in ihrem Photohändler einen vertrauensvollen Berater suchen, und sie werden ihm ganz besonders treu bleiben, wenn er es verstand, einem Kunden Freund und Berater zu sein.

# E. Die Glaubwürdigkeit der Photokopie.

Der Beweiswert der Photokopie ist ohne Zweifel höher als bei der abgeschriebenen Urkunde, weil die Photokopie das Original in natürlichem Zustand wiedergibt. Trotz Verbreitung der Photokopie gibt es noch weite Kreise, die nicht oder nur ungenügend über die Möglichkeit der Photokopie unterrichtet sind. Man spricht von Photokopien oder von Photopausen. Eine Photokopie ist die originalgetreue photographische Wiedergabe einer flachen, dukomentarischen Vorlage, sei es eines Schriftstückes, einer Drucksache, Zeichnung, Tabelle, mit anderen Worten all dessen, was geschrieben, gezeichnet und gedruckt ist.

Im Zuge der Verbreitung der verschiedenen Anwendungsarten der Photokopie haben die Herstellerfirmen der Aufnahmegeräte und des Aufnahme- und Kopiermaterials durch Herausbringen neuer Spitzenleistungen Schritt gehalten. Besonders auf dem Gebiet der technischen Photopapiere wurde Erstaunliches geleistet, indem neue Spezialsorten für die ohne Dunkelkammer ablaufende Arbeit bei geringsten Kosten und Zeitaufwand geschaffen wurden. So lassen sich heute in weniger als zwei Minuten von Schriftstücken aller Art originalgetreue ein- oder zweiseitig beschriftete Positive mit seitenrichtiger schwarzer Schrift auf weißem Grunde ohne die Notwendigkeit einer Dunkelkammer nach dem Copyrapid-Verfahren erzielen.

Die Einführung dieser neuartigen Photokopiermethoden hat manchem Unternehmen umwälzende Fortschritte gebracht. Besonders hat die Technik bei der Archivierung und der Neuanfertigung von Konstruktionszeichnungen aus maßstäblich verschiedenen Elementen sich die großen Vorteile des Photokopierens zunutze gemacht. Man nennt dies das „photographische Umzeichnen" und versteht hierunter eine Maßstabvereinheitlichung durch photographische Zwischenaufnahmen (Verkleinerung und Vergrößerung).

Wir unterscheiden drei Verfahren:

*1. Kontaktverfahren*, bei dem die Dokumente in der Durchsicht photokopiert werden, mit der Untergliederung Reflexverfahren, das zum Photographieren doppelseitiger Schriftstücke verwendet wird. Hierbei entsteht zunächst ein seitenverkehrtes, also in der Aufsicht nicht lesbares Negativ, von dem auf die gleiche photographische Papiersorte in demselben Photokopiergerät eine positive, seitenrichtige Kopie mit schwarzer Schrift auf weißem Grund angefertigt wird. Das bereits erwähnte Copyrapidverfahren stellt unter den Kontaktverfahren das z. Z. höchsterreichbare dar.

*2. Optisches Aufnahmeverfahren*, bei dem mittels eines optischen, also mit einem Objektiv versehenen Photokopiergerätes die Vorlage unmittelbar auf ein hochempfindliches orthochromatisches Papier reproduziert wird. Der Umkehrspiegel bzw. das Umkehrprisma hat die Aufgabe, die Kopien seitenrichtig zu bringen. Normalerweise entsteht schwarze Schrift auf weißem Grund, die sich wieder photokopieren läßt, um eine schwarze Schrift auf weißem Grund zu erhalten. Es gibt aber auch Reproduktionsautomaten, die, nach dem Umkehrverfahren arbeitend, auf direktem Wege schwarze Schrift auf weißem Grund liefern.

*3. Filmverfahren.* Hier wird das Original bis zu höchstens 1:20 verkleinert, meist allerdings nur 1:15 und bei technischen Zeichnungen 1:10. Für die Dokumentation wird neben dem Planfilm der 35 mm breite Rollfilm bevorzugt. Das Filmnegativ wird zur Herstellung des Positivs vergrößert oder kann in Lesegeräten direkt gelesen werden. Die Aufbewahrung der Filmkopien an Stelle der Orginale, besonders bei großen Zeichnungen, ist sehr raumsparend. In einem Raum von 1 cbm lassen sich 1 Million Einzelaufnahmen der Bildgröße 24 × 36 mm unterbringen.

Für die verschiedenen Verfahren stehen entsprechende Aufnahmegeräte, Platten-, Film- und besonders Papiermaterial zur Verfügung. Die unter der Sammelbezeichnung „Dokumentenpapiere" zusammengestellten Sorten für Kontaktkopien, für das Reflexverfahren, für die optischen Aufnahmen und Vergrößerungen des verkleinerten Filmnegativs tragen wesentlich zur erfolgreichen Anwendung und Verbreitung der Photokopieverfahren bei.

**Photokopie in 30 Sekunden.** Die Entwicklung des neuen, zweiseitig benutzbaren Copyrapid-Papiers, das in der Emulsionsschicht auch die Entwickler und Fixier-Chemikalien enthält, ermöglicht die Konstruktion des Develop-Blitzkopierers, mit dem einzelne, originalgetreue Photokopien, schwarz auf hellem Grund, in 30 Sekunden ohne Dunkelkammer und ohne zeitraubendes Trocknen hergestellt werden können.

Abb. 365 zeigt die Arbeit am Gerät, auf welche Weise das auf dem dahinterstehenden üblichen Kopierrahmen hergestellte Negativ zusammen mit dem Positivpapier eingeführt wird. Eine sich drehende Gummiwalze zieht das Papier durch eine Spezialflüssigkeit, die das Positiv in einem Arbeitsgang entwickelt, fixiert und trocknet.

Abb. 363. Herstellung des Positivs durch Kontaktkopie von untenstehendem Negativ.

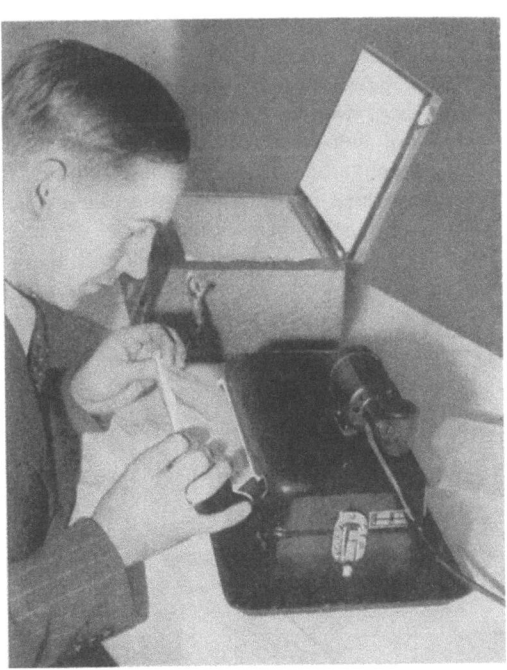

Abb. 364. Optisches Aufnahmeverfahren der Photokopie (Negativ).

Abb. 365. Der Develop-Blitzkopierer.

# F. Wissenschaftliche Photographie.

Wir dürfen heute rückblickend feststellen, daß die Einbeziehung der Photographie in die geplante Aufwandsteuer die Gemüter besonders erregte. In Verbindung mit der Protestaktion lehnten rund $1/2$ Million Menschen durch ihre Unterschrift die durch nichts zu rechtfertigende Besteuerung deutscher Wertarbeit ab. Wäre diese Steuer durchgekommen, dann hätte sie besonders empfindlich den Einsatz der Photographie im Dienste der Wissenschaft, Kultur und Unterricht gestört. Bedeutend ist der Anteil der Photographie an vielen wissenschaftlichen Arbeiten; die Photographie wurde immer mehr zu einem der vornehmsten Hilfsmittel bei Forschungsarbeiten, als Lehrmittel für jede Art der Vorbildung und des Unterrichts. Die Photographie liefert in einer durch kein anderes Darstellungsmittel erreichbaren Anschaulichkeit überzeugendes Anschauungsmaterial. Es ist nicht unbedingt erforderlich, ein großer Forscher zu sein, um die Bedeutung der Photographie zu erkennen. Auch ein junger Dorfschullehrer vermag mit Hilfe eigener Aufnahmen die verschiedenen Sparten des Unterrichts (Zoologie, Botanik, Geographie usw.) überaus interessant zu gestalten. Er wird seinen Kindern erzählen, daß die Herstellung von Landkarten vom photographischen Bild abhängig ist. Was hier im Großen geschieht, könnte man auch auf den kleineren Kreis einer Stadt oder eines Dorfes anwenden. In der praktischen Heimatkunde wird man besonders gern die Hilfe der Photographie in Anspruch nehmen. Die Zeit wird hoffentlich nicht mehr allzu fern sein, daß die im Frieden begonnene Versorgung der Schulen mit Projektionsgeräten und Lichtbildschirmen zum Abschluß gebracht wird. Die damalige Reichsanstalt für Film und Bild und Wissenschaft und Unterricht hat innerhalb der Jahre 1934—1944 insgesamt 876 Filme herausgegeben und mehr als 600000 Kopien geliefert. Gleichzeitig erfolgte die Ausstattung der Unterrichtsanstalten bis hinab zur Dorfschule mit mehr als 45000 Schmalfilmprojektoren. Ein kleiner Anfang wurde wieder gemacht. Dem Institut für Film, Bild und Funk in Wissenschaft und Unterricht in München ist die Landesbildstelle Düsseldorf unterstellt, die z. Z. 40 Kreis- bzw. Stadtbildstellen beliefert. Durch diese Einrichtungen wird ohne Zweifel das Interesse der Jugend für die Photographie geweckt. Aus unserer Jugend rekrutieren sich die zukünftigen Käufer der Photoapparate, deren Betreuung sich jeder Photohändler zu einer ernsten Aufgabe machen sollte.

Unbestritten ist die Bedeutung der medizinischen Photographie, es gibt heute kaum noch eine größere Krankenanstalt ohne Röntgenstation. Vielseitig sind auch die Aufgaben des photographischen Bildes in der hygienischen Aufklärung. Die Verfeinerung der photographischen Methoden auf dem Gebiet der Materialprüfung hat die Photographie auch für technisch-wissenschaftliche Zwecke unentbehrlich gemacht.

# Schädlinge und Schädlingsbekämpfungsmittel.

Privatdozent Dr. phil. **W. Madel** und Dr. phil. **G. Geisthardt**, Ingelheim/Rhein.

## Einführung.

In den letzten 15 bis 20 Jahren wurde, aus den Erfordernissen der Zeit heraus, die Schädlingsbekämpfung auf allen Gebieten der Landwirtschaft, der Vorratshaltung, der Materialpflege, der Tier- und Humanhygiene von amtlicher und privater Seite stark gefördert. Universitäten und Schulen nehmen sich mehr und mehr der Forschung und der Lehre an, um die aus den verschiedensten Wissensgebieten stammenden Grundlagen zu studieren und gewonnene Erkenntnisse zu verbreiten.

Es steht ganz außer Zweifel, daß dem Drogisten in nahezu allen Schädlingsbekämpfungsfragen eine sehr wichtige Mittlerrolle in Stadt und Land zufällt.

Die vorliegende Bearbeitung des Teiles ,,Schädlingsbekämpfung'' soll in gedrängter Lexikonform als Nachschlagewerk dienen, um anfallende Fragen richtig beantworten zu können. Den Bearbeitern ist völlig klar, daß die Zusammenstellung Lücken aufweist und Fachbücher nicht ersetzen kann.

Neu wird für den aufmerksamen Benutzer des ,,Handbuches'' sein, daß er nur wenige Hinweise für die Selbstherstellung von Bekämpfungsmitteln findet. Diese Zeit ist nach Auffassung der Verfasser vorbei! Der Drogist soll sich den Bestrebungen der Regierung nicht entgegenstellen, die durch Schaffung von Instituten, Pflanzenschutzämtern usw. aus Gründen höchster Verantwortung in Zusammenarbeit mit einer leistungsfähigen chemischen Industrie nur solche Bekämpfungsmittel anerkennen will, die den Erfordernissen der Praxis entsprechen. Jeder Benutzer des Handbuches sollte erkennen, wie wichtig die Verbindung zu den amtlichen Stellen ist, die ihn mit jeder möglichen Auskunft unterstützen werden. Und der aufgeschlossene Drogist wird — sofern er nicht schon längst diesen Weg der Zusammenarbeit ging — gern alle aufgezeigten Verbindungen zu seinem und damit zum Nutzen seiner Kunden aufnehmen.

Zum Gebrauch des Schädlingsbekämpfungsteiles:

**A. Schädlinge und Krankheiten von A bis Z.** Hier sind aus den Gebieten: Acker-, Feld-, Gemüse-, Zierpflanzen-, Obst-, Weinbau, Vorratshaltung, Materialschutz, Tierhaltung, Körperungeziefer und Wohnungshygiene die wichtigsten tierischen Schädlinge, bei den Pflanzen auch die wesentlichsten Krankheiten und Mangelerkrankungen, zusammengestellt. Die Bekämpfungshinweise beziehen sich fast nur auf die Wirkstoffgruppen, die nach derzeitigem Wissensstand in den — dem anfragenden Kunden anzubietenden — Präparaten enthalten sein können oder müssen. Forstschädlinge blieben unberücksichtigt.

**B. Bekämpfungsmittel und -verfahren von A bis Z.** Einleitend werden der Chemismus und Wirkungsmechanismus der neuartigen Insektenmittel erläutert. Anschließend folgen die anerkannten Präparate nach Gruppen, z. B.: Ameisenmittel, Mottenmittel usw. mit gegebenenfalls notwendigen Erläuterungen. Zu den beiden am meisten gebrauchten synthetischen Insektengiften DDT und Hexachlorcyclohexan kamen in den letzten Jahren noch weitere Wirkstoffe, z. B. Aldrin, Chlordan,

Dieldrin u. a., hinzu. Diese werden mit den erstgenannten auch als Kombinationen zur Erzielung besonderer Wirkungen in den Handel gebracht, wie wir auch Mischpräparate von DDT und Hexachlorcyclohexan kennen. Um Verwirrungen zu vermeiden, wurde im Teil A meist nur auf die Wirkstoffe DDT und Lindan, d. i. das chemisch reine Gamma-Hexachlorcyclohexan, verwiesen.

Bei den Pilzmitteln sind nicht so umwälzende Neuerungen zu verzeichnen; die Gruppe der organischen Fungizide ist gegenüber den Kupfer-, Schwefel- und Quecksilberpräparaten noch klein.

**C. Herstellerfirmen und Dienststellen von A bis Z.** Eine Aufstellung aller z. Z. mit der Herstellung anerkannter Präparate beschäftigten Firmen mit entsprechender Adressenangabe s. Bd. III. In Bd. I, S. 1036/1038, sind die Dienststellen des Pflanzenschutzes und der Hygiene sowie die Institute genannt, welche mit der Erprobung der Mittel und mit der wissenschaftlichen Forschung zu tun haben.

# A. Schädlinge und Krankheiten von A bis Z.

**Ameisen.** *Schaden.* Abgesehen von gewissen räuberisch im Forst lebenden Ameisen, die durch Vertilgung von Schadinsekten nützlich sind, können die meisten

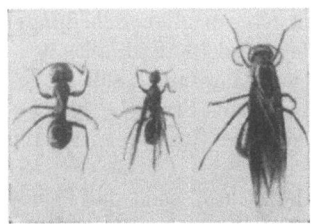

Ameisenarten im Hause oder im Freien gelegentlich schädlich werden. Im Garten werden durch die Anlage von Nestern und Gängen Pflanzen und Steine unterwühlt. Grüne Pflanzenteile, Wurzeln, selbst Blütenknospen leiden oft durch Fraß. Durch eine sorgfältige Pflege wird die Vermehrung der Blattläuse begünstigt, weil die süßen Ausscheidungen, der „Honigtau", von den Ameisen begehrt sind. Im Hause sind die Ameisen durch Fraß an Zucker, Marmelade, Honig, Früchten usw. lästig. Die Pharaoameise bevorzugt dagegen Fleischwaren. Die großen

Abb. 366. Große Holzameise, v. l. Arbeiterin, Männchen, Weibchen (nat. Gr.).

Holzameisen höhlen Bretter und Balken aus, wodurch deren Tragfähigkeit beeinträchtigt wird.

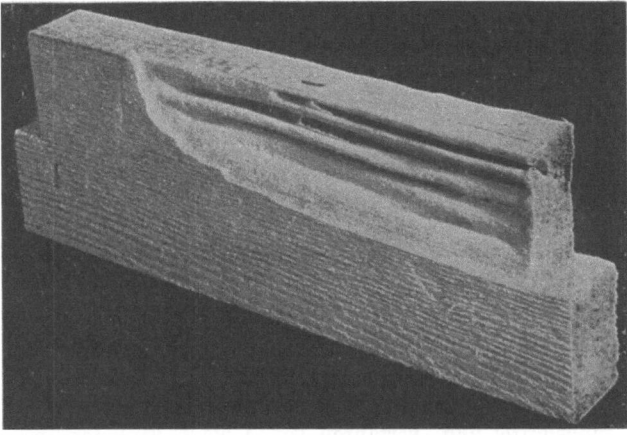

Abb. 367. Von Holzameisen zerfressenes Fichtenbrett (Photo Desowag).

*Schädlinge.* Es gibt eine große Zahl von Arten, die alle zu den staatenbildenden Insekten gehören. Wie bei den Bienen gibt es Arbeiterinnen (flügellose Weibchen mit verkümmerten Geschlechtsanlagen), Männchen und Weibchen (Königinnen), deren Befruchtung während des „Hochzeitsfluges" im Sommer erfolgt. Wenige Tage später werden die Flügel abgeworfen. Jedes Weibchen sucht ein eigenes Nest zu gründen, worin die ersten Larven ohne Hilfe zu ungeflügelten Arbeiterinnen herangezogen werden. Die Königin legt dann nur noch Eier und überläßt den Arbeiterinnen die Pflege der Brut, die Nahrungssuche und den Ausbau des sich vergrößernden Nestes.

In Gärten kommen vorwiegend drei Arten vor: die Schwarze Gartenameise (Lasius niger), die Gelbe Wiesenameise (Lasius flavus) und die Rasenameise (Tetramorium caespitosum). Die letztgenannte Form ist es meist, die zur Nahrungssuche in die Häuser eindringt oder sich sogar dort unter Dielen oder in ähnlichen Schlupfwinkeln einnistet. Die bei uns eingeschleppte tropische Pharaoameise (Monomorium pharaonis) ist sehr wärmebedürftig und in ihrem Vorkommen an ständig warme Gebäudeteile wie Bäckereien, Gastwirtschaften, Heizungsanlagen u. dgl. gebunden. Durch ihre verborgene Lebensweise, ihre Kleinheit (2 mm lang, hellgelb gefärbt), ihre Wanderlust und nicht zuletzt durch ihre Vorliebe für Fleisch kann sie besonders unangenehm werden. In Krankenhäusern dringt sie sogar bis unter die Verbände der

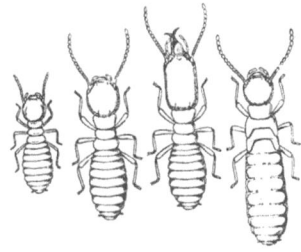

Abb. 368. Verschiedene Stände der Termite R. flavipes. V.l. Larve, Arbeiter, Soldat, Nymphe mit Flügelanlagen (2 mal vergr., nach *Weidner*).

Kranken vor; sie kann auch zur Überträgerin ansteckender Krankheiten werden. Als Holzameisen kommen Camponotus herculeanus und C. ligniperda in Häusern vor, beides große Formen, die im Bauholz schädlich werden, ohne aber dessen Oberfläche zu zerstören. Dadurch können ihre Nester lange Zeit verborgen bleiben.

Abb. 369. Von Termiten zerfressener Eichenbalken aus Hamburg.

*Bekämpfung.* Am wirksamsten ist bei allen Ameisenarten stets die Beseitigung der Nester. Im Erdboden sind sie verhältnismäßig leicht zu finden und zu vernichten (z. B. durch heißes Wasser, Schwefelkohlenstoff [Vorsicht!], Tetrachlorkohlenstoff oder Räuchermittel). In Häusern ist dies weit schwieriger. Gerade die Zugänge zu den Nestern der Pharaoameisen sind gewöhnlich so schmale Ritzen im Mauerwerk in der Nähe der Heizungsanlagen, daß sie kaum bemerkt werden. In solchen Fällen muß zur indirekten Bekämpfung durch Fraßgifte geschritten werden,

die von den Arbeiterinnen aufgenommen und auch an die Nestarbeiterinnen, die
Königin und die Larven verfüttert werden. Allizol und Rodax-Freßlack sind Arsen-
präparate. Ebenfalls verdienen die Berührungsgifte, besonders Lindan und in
neuester Zeit auch das hochwirksame Chlordan, im Kampf gegen Ameisen aller Art
starke Beachtung (s. Ameisenmittel S. 1003). Pharaoameisen lassen sich am besten
durch begiftetes Pferdefleisch ködern; doch wird man ihre Vernichtung vorteilhaft
einem Schädlingsbekämpfer übertragen, weil es sich um eine sehr langwierige Bekämpfung handelt, die besondere Sorgfalt erfordert.

Abb. 370. Termitenfraß an Pappelbrett (Photo Bayer).

Der Vollständigkeit halber seien hier die auch als „weiße Ameisen" bezeichneten
Termiten genannt. Diese nicht in die Verwandtschaft der Ameisen gehörenden, aber
ähnlich lebenden Holzzerstörer sind besonders in den Tropen und Subtropen gefürchtet. Seit einigen Jahren sind nun nachweislich im Stadtgebiet von Hamburg
Termiten der nordamerikanischen Art Reticulitermes flavipes eingeschleppt und
in ständiger Verbreitung begriffen. Wahrscheinlich werden diese Termiten später
auch noch in anderen Städten als Holzschädlinge auftreten. Eine Bekämpfung mit
den gleichen Mitteln wie gegen die Ameisen oder mit speziellen, Pentachlorphenol
enthaltenden Termitenpräparaten ist verhältnismäßig schwer, weil die Termiten
sehr verborgen leben und man erst beim Bruch befallener Holzteile auf den Schaden
aufmerksam wird. Vorbeugender Holzschutz (s. S. 1011) in Befallsgebieten ist das
Beste, nach entspr. Anweisung einer Holzschutzdienststelle (s. S. 1036).

**Apfelbaumgespinstmotte (Hyponomeuta malinella).** *Schaden.* Im Frühjahr bemerkt man an Obstbäumen, besonders an Apfel, weiße, lockere Gespinste. Darinnen
gelbe Raupen von 2 cm Länge mit schwarzem Kopf, schwarzem Nackenschild und
2 Reihen schwarzer Pünktchen auf dem Rücken. Die Nestgespinste sind vor allem
an den Zweigspitzen und werden mit dem Heranwachsen der Raupen ständig vergrößert. Bei zum Kahlfraß führendem Massenbefall können Baumkronen, Äste und
Stämme umsponnen sein.

*Schädling.* Im Juni erscheinen die etwas über $1/2$ cm langen Falter, deren reinweiße Vorderflügel mit 3 Reihen feiner, schwarzer Punkte besetzt sind. Die Eier
werden in Häufchen bis zu 80 Stück auf die Rinde gelegt und mit einer schildartigen, weißlichen Ausscheidung des Weibchens bedeckt. Nach 3 bis 4 Wochen
schlüpfen bereits die Räupchen, die unter dem Eischild überwintern. Erst im März
des nächsten Jahres beginnen die Raupen zu fressen, die — wenn noch keine Blätter
getrieben sind — sich in die Knospen einbohren. Blätter werden zuerst miniert,
dann skelettiert. Die Verpuppung erfolgt in dichten, weißen Kokons, die zu vielen
nebeneinander in den Gespinsten liegen. Außer an Apfel können gleiche Schäden
auch an Quitte, Pfirsich, Aprikose, Weiß- und Rotdorn angerichtet werden. Ähnliche
Arten finden wir auf Kirsche, Pflaume und Schlehe.

*Bekämpfung.* Mechanisch durch Ausbrennen und Ausschneiden der Nester. Vernichtung der Eigelege bzw. der Eiraupen nur durch sorgfältige Winterspritzung mit Gelbspritzmitteln; Obstbaumkarbolineum ist nicht ausreichend. Im zeitigen Frühjahr kommt außerdem die Bekämpfung der Jungraupen vor Anfertigung der Nester mit Berührungsgiften in Frage. Die Gespinste schützen dank ihrer Dichte die Raupen weitgehend vor dem Angriff chemischer Bekämpfungsmittel.

**Apfelblattsauger (Psylla mali).** *Schaden.* Im Frühjahr kommt es nur zu einem langsamen und unvollständigen Aufbrechen der Blattknospen, deren Schuppen durch Honigtau verklebt sind, der von den Apfelblattsaugern ausgeschieden wird. Das Saugen der Larven am Grunde der Blattstiele hat starken Saftentzug, Vertrocknen der Blüten und Verkrüppelung junger Früchte zur Folge. Später gibt es auch auffallende Blattschäden durch die weißen Stichstellen der heranwachsenden Larven. Die befallenen Bäume haben nur schwache Belaubung, und es entsteht durch Verhinderung der Fruchtholzbildung oft mehrjähriger Schaden.

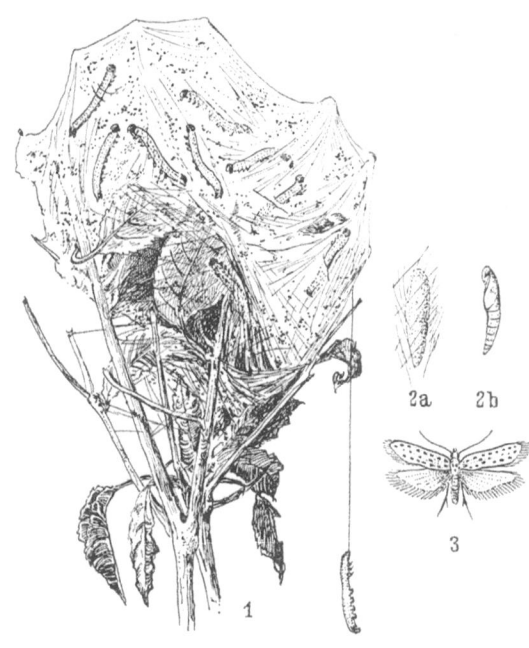

Abb. 371. Apfelbaumgespinstmotte. *1* Raupennest, *2 a* Puppenkokon, *2 b* Puppe, *3* Falter.

*Schädling.* Im August werden in die Rinde junger Zweige von jedem Weibchen etwa 100 Eier gelegt. Nach Überwinterung der Eier schlüpfen die Larven, die sich zunächst unter den Knospenschuppen aufhalten, im März/April. Der Apfelblattsauger ist nach mehreren Häutungen ausgewachsen und dann 3 bis 4 mm groß, mit glashellen, langen Flügeln. Der Sprungbeine wegen wird er auch ,,Blattfloh" genannt. Im Gegensatz zu den Larven sind die erwachsenen Blattsauger für den Baum ungefährlich.

*Bekämpfung* ist durch die übliche Winterspritzung (S. 967), die sich

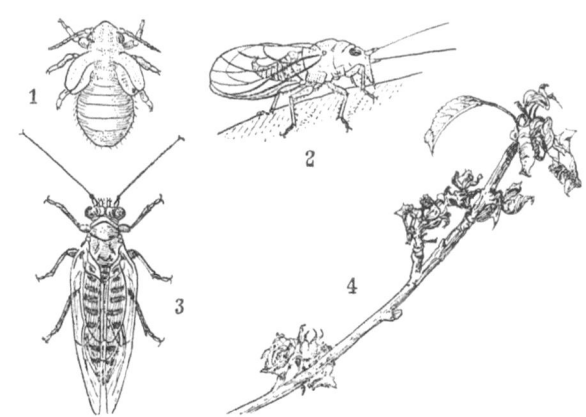

Abb. 372. Apfelblattsauger. *1* Larve m. Flügelanlagen, *2* Männchen, *3* Weibchen (8 × vergr.), *4* Saugschäden an Blättern und Knospen.

gegen die Eier richtet, am wirksamsten. Die Frühjahrsspritzung mit Berührungsgiften muß rechtzeitig erfolgen (s. S. 1021).

**Apfelblütenstecher (Anthonomus pomorum).** *Schaden.* Während der Blüte und kurz danach fallen an Apfel-, weniger an Birnbäumen, vertrocknete Blütenknospen auf, die wie erfroren oder verbrannt aussehen („rote Mützen").

*Schädling.* Beim Öffnen einer trockenen Knospe findet man eine weißlich-gelbe Made mit schwarzem Kopf, die Larve des Apfelblütenstechers. Dieser kleine, grau-braune Rüsselkäfer mit der hellen Querbinde auf den Flügeldecken wird im Volks-munde auch „Brenner" genannt. Der Käfer selbst verursacht im Sommer nur un-bedeutenden Blattfraß, überwintert in Rindenrissen der Obstbäume oder am nahen Waldrand. Ab Mitte März erscheint der Blütenstecher wieder auf den Bäumen, die Knospen werden angebohrt, und nach der Begattung und Reife legt das Weibchen die Eier einzeln in die Blütenknospen ab. Die Larve frißt im Schutze der Knospe Staubgefäße und Stempel, um sich nach 3 bis 4 Wochen zu verpuppen. Nach ca. 8tägiger Puppenruhe schlüpft der etwa 4 mm lange, flugfähige Käfer. Name der Larve in manchen Gegenden auch „Kaiwurm".

*Bekämpfung.* In Gegenden mit starkem Befall richtige Sortenwahl treffen. Geschützt sind meist spät austreibende Apfelsorten, die schnell durchblühen. Abklopfen der Käfer ab Mitte März am frühen Morgen auf helle Tücher, um sie einsammeln und verbrennen zu können. Späte mit Gelbmitteln in der Zeit des Knospen-schwellens ausgeführte Winterspritzungen sind gegen den Käfer sehr wirksam. Sonderspritzun-gen mit Kontaktmitteln (DDT, Lindan) sind erfolgreich, wenn der Höhepunkt des Auf-tretens der Käfer durch Fallenfänge festge-stellt und so der Spritztermin bestimmt wer-

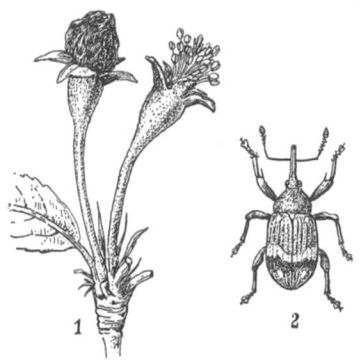

den kann (meist nur durch Obstbaumwarte möglich). Mechanisches Abfangen durch Anlage von Wellpappgürteln ist anzuraten. Oft wird der Schaden durch den Apfel-blütenstecher zu hoch eingeschätzt, andererseits kann dieser Käfer in manchen Jahren den Fruchtansatz erheblich beeinträchtigen.

**Apfelmehltau (Podosphaera leucotricha).** *Schaden.* Im Frühjahr gibt es an Trie-ben und Blättern der Apfelbäume, seltener an Birnen und Quitten, weiß-mehlige Überzüge. Als Folge vertrocknen die jüngsten Blätter und Blüten, so daß mitunter das ganze Triebende abstirbt. Es kommt zur Verhinderung der Bildung neuen Fruchtholzes. Bei starkem Befall werden auch die Früchte mit dem Myzel über-zogen.

*Erreger.* Die Sporenverbreitung erfolgt durch den Wind. Ältere Blätter sind unanfällig; im Sommer gibt es daher nur eine Knospeninfektion. Überwinterung als Myzel in den Knospen, aber auch als Sporen.

*Bekämpfung.* Durch zeitiges Abschneiden und Verbrennen der im Frühjahr er-scheinenden Triebe oft kaum durchführbar. Die Ausbreitung ist durch 1 bis 2 Vor-blütenspritzungen zu verhindern, wobei Netzschwefelpräparate unter Zusatz von 0,8% Eisenvitriol am wirksamsten sind. Sorten sind sehr unterschiedlich anfällig (besonders empfindlich ist die Landsberger Reinette), und zwar landschaftlich recht verschieden. Am gefährdetsten sind Apfelbäume in geschlossener Lage mit geringer Luftbewegung. Der Apfelmehltau wird durch trockenes, warmes Frühjahrswetter begünstigt (s. S. 1025).

**Apfelmotte (Argyresthia conjugella).** *Schaden.* An Äpfeln, seltener an Birnen, bemerkt man auf der Schale eingesunkene, dunkle Flecke mit einem Bohrloch in der Mitte; im Innern sind es zahlreiche, unregelmäßig im Fruchtfleisch verlaufende Fraßgänge, dünner als die Gänge der Obstmade. Auffallend ist ein bitterer Geschmack und somit völlige Entwertung der Äpfel.

*Schädling.* Kleine, weiße oder rötliche Raupen leben zu mehreren in einem Apfel; zur Verpuppung gehen sie im Herbst in den Erdboden. Der unscheinbare Schmetterling erscheint im Juni; die Eiablage erfolgt außen an den jungen Früchten.

Abb. 374. Apfelmotte. Fraßgänge der Larven im Fruchtfleisch. (Zchg. *Brunner*.)

In den letzten Jahren beobachtete man die Umgewöhnung des Schädlings in immer größerem Umfange von der Eberesche („Ebereschenmotte") auf den Apfel. Anscheinend sind Äpfel in jenen Jahren besonders gefährdet, in denen die Ebereschen keine Früchte tragen.

*Bekämpfung.* Bisher wenig Erfahrung. Spritzen mit Lindanmitteln oder Phosphoresterpräparaten wird empfohlen. Zeitpunkt des Spritzens etwa 30 Tage nach dem Erscheinen der Falter, das durch Beobachtung von im Herbst gesammelten Ebereschenfrüchten festgestellt wird; vgl. Kirschfruchtfliege S. 902.

Abb. 375. Apfelsägewespe. Larve im aufgeschn. Apfel; Einbohrstellen an jungen Äpfeln. (Zchg. *Brunner*.)

**Apfelsägewespe (Hoplocampa testudinea).** *Schaden.* An jungen Äpfeln gibt es oberflächliche Miniergänge, die häufig zu einem Korkband vernarben; innen sind die Kerngehäuse ausgefressen. Ein so befallener, innen verjaucht erscheinender Apfel riecht, wenn man ihn aufschneidet, nach Wanzen.

*Schädling.* In einer Frucht findet man eine oder mehrere weiße Larven mit grauem Kopf und 10 Beinpaaren, die ausgewachsen bis 1 cm lang werden und an einem typischen Wanzengeruch kenntlich sind.

Das Ausbohrloch der Larve, die im Boden in einem Kokon überwintert und sich darin im folgenden Frühjahr verpuppt, ist gleichförmig rund. Die Wespe ist ca. 7 mm lang, schwarz und gelbbraun; die durchsichtigen Vorderflügel haben schwarzbraunes Geäder. Bauch und Beine sind gelb. Bereits an den Kelchblättern werden die Eier abgelegt. Von den Larven werden mehrere Früchte nacheinander befallen.

*Bekämpfung.* Wie bei der Obstmade durch die Nachblütenspritzung, doch nur mit Berührungsgiften; Fraßgifte (Arsen) sind ohne Erfolg (s. S. 1021).

**Apfelschalenwickler (Capua reticulana).** *Schaden.* Ab Ende April Raupenfraß an Jungtrieben und Blättern von Kern- und Steinobst, auch an anderem Laubholz und Weinreben. Im Sommer wird die Schale von Früchten befressen, so daß diese leicht faul werden (Monilia).

*Schädling.* Dieser in ganz Europa verbreitete Schmetterling ist erst in den letzten Jahren in Belgien und Holland als Schädling beobachtet worden, während er vorher nur vereinzelt auf Wildbäumen auftrat. Die Raupen überwintern — ähnlich wie die Obstmaden — in Gespinsten unter der Rinde oder an Knospen. Sie sind im Mai ausgewachsen und verpuppen sich am Fraßort. Die Falter fliegen im Juni und legen ihre Eihäufchen mit 100 und mehr Eiern auf die Oberseite der Blätter. Bereits nach 10 Tagen schlüpfen die gelbgrünen Raupen mit schwarzem Kopf. Sie werden 20 mm lang und sind zuletzt schmutziggrün bis braun.

Seit 1951 sind stellenweise in West- und Süddeutschland Massenauftreten festgestellt worden.

*Bekämpfung.* Durch die Spätsommerspritzung mit E-Mitteln ist eine wirksame Bekämpfung möglich. DDT ist nur gegen Jungraupen befriedigend. Für die Winterspritzung eignen sich Gelbspritzmittel am besten (vgl. Spritzkalender S. 967).

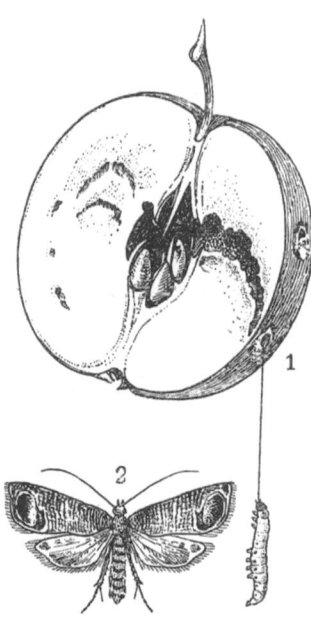

Abb. 376. Apfelwickler. *1* Fraßbild und sich abspinnende Raupe; *2* Falter mit den charakteristischen Kupferflecken auf den Vorderflügeln.

**Apfelwickler, Obstmade [Carpocapsa (Laspeyresia) pomonella].** *Schaden.* Fruchtfleisch und Kerngehäuse sind zerfressen, Äpfel werden frühreif, fallen „madig" ab.

*Schädling.* Die rötliche „Made" im Innern eines befallenen Apfels oder einer Birne ist die Raupe des Apfelwicklers. Der Falter ist bräunlich und durch je einen deutlichen Kupferfleck auf den Enden der Vorderflügel kenntlich. Die Wickler fliegen Mai-Juli, dann werden an den etwa haselnußgroßen Äpfeln die Eier abgelegt, auch an Blättern und Zweigen. Die jungen Raupen dringen meist durch die Kelchgrube in die Äpfel ein, von denen vor allem die Kerne gefressen werden. Krümeliger Kot wird durch ein seitliches Fraßloch ausgeworfen; oft sind Blätter an diese Öffnung gesponnen, mitunter noch der benachbarte Apfel. Außer Kernobst kann noch Steinobst befallen werden. Ende Juni lassen sich die verpuppungsreifen Raupen an Spinnfäden auf den Boden herunter. In Borkenritzen, Rissen der Baumpfähle usw. spinnen sich die Raupen ein. In kälteren Gebieten überwintern sie auf diese Weise. Die Verpuppung erfolgt erst im nächsten Frühjahr. Im Südwesten kommt es meist zur zweiten Generation, d. h. die Raupen verpuppen sich, und im Juli schlüpfen die neuen Falter, welche an den nun größeren Äpfeln Eier ablegen. Die Raupen sind etwa zur Reifezeit des Obstes ausgewachsen, so daß sie oft mit dem Erntegut in das Lager kommen. Den Obstbauern macht die zweite Generation wegen des rechtzeitigen Bekämpfungstermins und des Mittels oft mehr Sorgen als die erste Apfelwickler.

*Bekämpfung.* Wichtigste Maßnahme ist die Zumischung von Bleiarsen oder DDT bei der zweiten Nachblütenspritzung. E-Präparate bedingen wegen der kürzeren Wirkungsdauer eine häufigere Spritzfolge. Muß Ende Juli—Anfang August eine zweite Obstmadengeneration bekämpft werden, dann nur mit DDT oder E, weil Arsen kurz vor der Ernte nicht mehr angewandt werden darf. Gute Baumpflege, das Aufsammeln von Fallobst, das Anlegen von „Madenfallen" (Wellpappgürtel, Strohseile) von Ende Juni bis Ende Juli sind empfehlenswert, aber zur Bekämpfung nicht ausreichend.

Der Apfelwickler ist der bedeutendste Apfel- und Birnenschädling. Um wegen der richtigen Termine und Mittel für die gute Kundenberatung stets auf dem laufenden zu sein, empfiehlt sich enge Fühlungnahme mit dem zuständigen Pflanzenschutzamt und dem Kreisobstbauberater.

**Asseln (Porcellio scaber).** *Schaden.* Die kleinen, bis etwa 1 cm langen grauen Tierchen werden mitunter im Garten, in Gewächshäusern und im Keller („Kellerassel") lästig und durch Fraß an eingelagerten Kartoffeln, Gemüse usw. schädlich. Nahrung vorwiegend aus verwesenden pflanzlichen und auch tierischen Stoffen.

*Schädlinge.* Ihre gleichförmige Körperringelung und die Vielzahl der Beine lassen die Asseln als zu den Krebstieren gehörig erkennen. Am bekanntesten die Kellerassel (Porcellio scaber), die auch im Freien unter Steinen, Holz und Laub zu finden ist. Sie liebt feuchte, dunkle Plätze. Der Fraß im Keller an Gemüse und Obst fördert die Fäulnis. Im Garten kommt es zu Lochfraß an Blättern und Früchten. Ähnliche Schäden auch durch andere Asselarten, z. B. Mauerassel (Oniscus asellus) und Kugelassel (Armadillidium vulgare). In Gewächshäusern stärker lästig

Abb. 377. Kellerassel. (vergr.)

durch Beschädigung der Keimlinge von Gurken, Tomaten und Salat. Besonders unangenehm an kostbaren Blüten (Orchideen) und in Champignonkellern. Vermeidung ihrer Ansiedlung und Vermehrung durch Sauberhaltung der Gartenkulturen und durch Entfernung aller Abfälle. Ebenso begegnet man den Tieren mit Ordnunghalten im Keller am besten. Fester Fußboden und glatter Verputz wirken hier dem Auftreten der Asseln in gleicher Weise entgegen wie anderem Ungeziefer. Die *Bekämpfung* wird zweckmäßig mit einem der Stäubemittel (s. Schabenmittel S. 1030) durchgeführt. Diese Maßnahme wirkt durchschlagender und ist ungefährlicher als das früher empfohlene Auslegen von Kartoffelscheiben, die mit Arsen vergiftet wurden.

**Asternsterben (Fusarium-Welke).** *Schaden.* Blätter und Blütenknospen der Astern werden welk, färben sich braun und sterben ab. Am Wurzelhals und an den unteren Stengelteilen sind schwärzliche Stellen. Das Gewebe unter der Rinde ist ebenfalls dunkel verfärbt. Später erscheinen am Stengelgrund weiße bis hellrote Beläge, die Sporenlager. Mitunter werden ganze Asternbeete vernichtet.

*Erreger.* Die Ursache sind zwei Fusariumarten, welche die Welke und die Stengelgrundfäule zur Folge haben und die oft nebeneinander in der gleichen Pflanze vorkommen. Bei der Welke geht die Infektion von der Wurzel aus, bei der Stengelgrundfäule zerstört der Pilz die Rinde und gelangt auf diese Weise ins Gewebe. Die Sporen können durch Wind auf gesunde Samen gelangen und werden mit diesem verbreitet. Außerdem werden Dauersporen gebildet, die in den abgestorbenen Pflanzenteilen überwintern.

*Bekämpfung.* Dem Auftreten der Krankheiten ist durch Wechsel der Anbaufläche und durch Vermeidung von Bodennässe zu begegnen. Es gibt widerstandsfähige, welkefeste Sorten, die weißen sollen allgemein am anfälligsten sein. Samen ist nur aus gesunden Beständen zu nehmen und wird zweckmäßig gebeizt (s. S. 1005). Mit frischem Stallmist soll nicht gedüngt werden, dagegen wirkt sich Kalken des Bodens günstig aus. Befallene Pflanzen mit Wurzelballen herausnehmen und verbrennen.

**Azaleenmotte (Gracilaria azaleella).** *Schaden.* In den Blättern verlaufen blasenartig aufgetriebene braune Minen. An anderen Blättern sind die Spitzen oder der Rand nach unten umgeschlagen und festgesponnen, sie werden trocken und fallen schließlich ab.

*Schädling.* Die Erscheinungen an den Blättern werden durch die bis 1 cm langen hellgrünen Raupen der Azaleenmotte verursacht, die anfangs minieren und später die Blattunterseiten befressen, wo sie sich auch in einem weißen, seidig glänzenden Kokon verpuppen. Der Falter ist an einem breiten goldgelben, glänzenden Streifen auf dem schwarzbraunen gefransten Vorderflügel kenntlich. Seine Größe beträgt ungefähr 5 mm. Die Eier werden auf der Blattunterseite abgelegt. Es treten bei uns in Gewächshäusern zwei Generationen auf, die eine im Sommer, die zweite im Winter.

*Bekämpfung.* Außer dem mechanischen Zerdrücken der Räupchen in den Blättern kommen von den chemischen Mitteln DDT und Lindan in Frage. Auch durch Räuchern von Nikotin- oder Lindanmitteln (s. S. 1022) sind gute Bekämpfungserfolge zu erwarten. Die Einfuhr von befallenen Azaleen nach Deutschland ist verboten.

**Bakterienkrebs, Wurzelkropf (Pseudomonas tumefaciens).** *Schaden.* Am Wurzelhals vieler Zierpflanzen Wucherungen, z. B. an Dahlien, Geißblatt, Liguster, Pelargonie, Chrysanthemum, Rose, ferner auch an Pappel und Weide. Heranwachsen der Wucherungen bis Faustgröße, anfangs knollig, später blumenkohlartig zerklüftet. Am höheren Stammteil weniger häufig. Unterbindung der Nährstoffzufuhr durch diese Geschwülste und Kümmerwuchs als deren Folge. Übergehen der Auswüchse in Fäulnis und Verseuchung des Bodens durch die Bakterien. Eindringen in die Wurzeln gesunder Pflanzen vom Boden aus. Auch Befall von Obstbäumen, Sträuchern, Hopfen, Wein und Futterrüben kommt vor.

*Bekämpfung.* Vermeidung von verseuchten Böden für anfällige Kulturpflanzen. Begünstigung der Ausbreitung der Krankheit durch Bodennässe.

Bekämpfung von Bodenschädlingen, wie z. B. Engerlingen und Drahtwürmern, zur Vermeidung von Wurzelverletzungen. Bodendesinfektion durch Beizmittel in Zuchtkästen; vgl. Bodenentseuchung S. 1007.

**Baumschwämme (Polyporus).** *Schaden.* An Stämmen oder Ästen der Obstbäume wachsen konsolartige Pilzfruchtkörper, in Gestalt und Farbe wechselnd. Das darunterliegende Holz ist von feinem, weißem Pilzgeflecht durchzogen, das sich immer mehr ausbreitet und das Holz vermorscht. Oft jahrelang unbemerktes Wachstum des Pilzes im Baum, bis die sporentragenden Fruchtkörper hervorbrechen. Die Übertragung der Sporen geschieht durch Wind oder Tiere auf frische Baumwunden. Durch Absterben des Holzes kommt es zur Ernährungsstörung des Baumes und durch Verlust der Festigkeit zur Gefährdung bei Wind und Schneedruck. — *Der rauhhaarige Porling (Polyporus hispidus)* vor allem auf Apfelbäumen. Fruchtkörper schwammig dunkelbraun mit borstigen Haaren. Einjährige Reifezeit. — *Der schwefelgelbe Porling (Polyporus sulfurius)* vorwiegend an Kirsch- und Birnbäumen mit Fruchtkörpern bis zu 40 cm Durchmesser aus dachziegelartig übereinanderstehenden Lappen. In jungem Stadium eßbar, später ledertrocken. — *Der unechte Feuerschwamm (Polyporus ignearius)* an Steinobst mit mehrere Jahre wachsenden Fruchtkörpern. Oberseits grau bis schwärzlich, unterseits rotbraun. — *Der Hallimasch (Armillaria mellea)* besonders gefährlich. Wachstum am Stammgrund und in den Wurzeln unter der Rinde. Ansteckung benachbarter Bäume durch starke, braungefärbte Myzelstränge, die im Boden große Strecken wachsen können. Erst einige Jahre nach der Infektion am Stammgrund hutförmige, braungelbe

Fruchtkörper, jung vorzüglich schmeckend. Infektion auch durch Sporen, doch offenbar nur bei geschwächten Bäumen.

*Bekämpfung.* Sorgfältige Wundpflege mit Baumteer. Ausfüllen größerer Wunden mit Lehm und Teer. Rechtzeitige Entfernung der Fruchtkörper zur Verhinderung der Sporenbildung. Kräftigung der Bäume durch gute Pflege. An Hallimasch erkrankte Bäume abhauen und Wurzelwerk ausgraben. Neupflanzung von Bäumen an gleicher Stelle fürs erste vermeiden.

**Baumweißling (Aporea cratacgi).** *Schaden.* Normalerweise geringe Verbreitung und Jahre hindurch seltenes Vorkommen. Durch plötzlich einsetzende Massenvermehrung starke Schäden in Obstanlagen durch Kahlfraß.

*Schädling.* Die Raupen sind behaart, grauschwarz mit zwei orangeroten Längsstreifen, und werden bis zu 5 cm lang. Sie leben in dichten Gespinsten. Die Puppen werden ähnlich wie vom Kohlweißling mit einem Spinnfaden befestigt. Falter im Juni-Juli, kenntlich an den weißen Flügeln mit schwarzer Äderung, ohne Flecke. Die spindelförmigen, gelben Eier werden in kleinen Haufen auf Blättern abgelegt, auf denen sich die nach zwei bis drei Wochen schlüpfenden Raupen gesellig einspinnen. Diese eintrocknenden Blätter bleiben den Winter über nur an einem Spinnfaden in den Zweigen hängen („kleine Raupennester"). Der starke Fraß beginnt im Frühjahr, wenn die jungen Raupen die Nester verlassen. Gelegentlich werden schon die schwellenden Knospen angefressen; auch Blüten bleiben nicht verschont.

*Bekämpfung.* Abschneiden oder Abbrennen der Winternester (Raupenfackel) ist am wirksamsten. Falls zu schwierig, muß rechtzeitig beim Austreiben der Knospen gespritzt werden (DDT, Lindan-Chlordan). Gegen Eier und Jung-

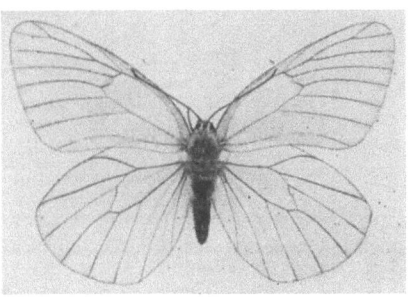

Abb. 378. Baumweißling.
(Photo Cela.)

Abb. 379. Winternester („kleine Raupennester")
der Baumweißlingsraupen.

raupen sind ebenfalls Spritzungen — etwa Anfang Juli — anzuraten, was wegen des Spritztermines nur in gut unter Beobachtung stehenden Anlagen Erfolg verspricht.

**Bettwanze (Cimex lectularius).** *Schaden.* Die Vollinsekten (erwachsene Tiere) und ihre Larven saugen Blut; eine andere Nahrungsaufnahme ist nicht möglich. Wanzenstiche sind durch ihren Juckreiz für die meisten Menschen äußerst lästig und verursachen eine erhebliche Störung der Nachtruhe. Durch zahlreiche Stiche kommt es bei empfindlichen Personen zu Herz- und Kreislaufbeschwerden (Antifibrin im Wanzenspeichel). Das Aufkratzen der Quaddeln um die Einstiche hat oft Hautentzündungen und Geschwüre zur Folge. Manchen Menschen ist der penetrante Wanzengeruch derart zuwider, daß sie von Kopfschmerzen geplagt werden. Länger andauernde Verwanzung führt zu starker Verschmutzung von Betten und sonstigen

Niststätten der Wanzen an den Wänden und Einrichtungsgegenständen durch den dunklen Kot. Die Rolle der Wanzen als Krankheitsüberträger ist noch nicht endgültig geklärt, jedoch in unseren Breiten wahrscheinlich wenig bedeutungsvoll.

Abb. 380. Bettwanze. (vergr.)

*Schädling.* Körper flach, etwa 5 mm lang, rundlich, rotbraune Färbung. Frisch gehäutete Wanzen sind weiß und erlangen im Laufe der ersten Stunden nach der Häutung die dunkelbraune Farbe. Die Männchen sind etwas kleiner und schlanker als die Weibchen. Nach der Blutmahlzeit sind die Wanzen dick angeschwollen, nach langer Hungerzeit aber wieder pergamentartig dünn. Tagsüber halten sie sich in Schlupfwinkeln verborgen, ebenso nachts, solange Licht brennt. Alle Altersstufen leben vergesellschaftet in Bettstellen, Matratzen, hinter Tapeten, Scheuerleisten, Bildern, Türrahmen, Lichtschaltern usw., wobei die warmen Plätze in den Räumen bevorzugt werden. Holzuntergrund wird als Ruheplatz bevorzugt, Stein und Metall dagegen gemieden. Trotzdem können aber eiserne Bettstellen in Ermangelung besserer Schlupfwinkel stark verwanzt sein. Wanzen bohren sich nicht durch Wände; sie wissen aber auf der Nahrungssuche die

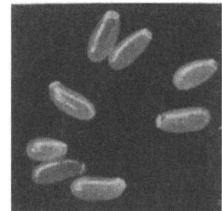

Abb. 381. Bettwanzeneier. (3 × vergr.)

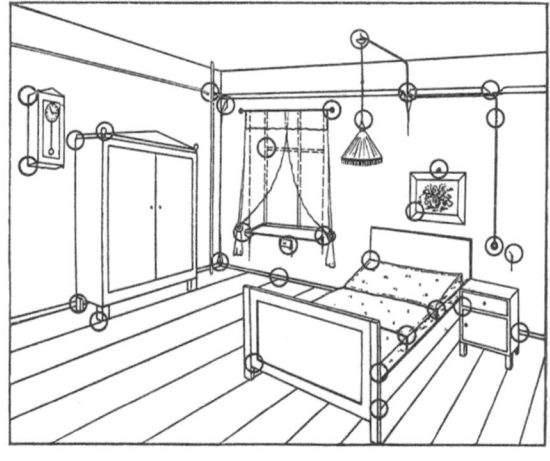

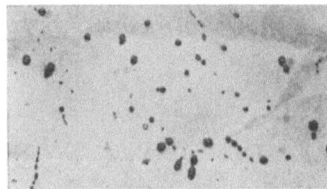

Abb. 382. Die charakteristischen Kotspuren der Wanzen auf Papier.

Abb. 383. Die Kreise zeigen die häufigsten Wanzenschlupfwinkel. (Zchg. *Laabs.*)

kleinsten Ritzen und Spalten zu finden. Die Wanderungen gehen von verwanzten Räumen aus auch durch geöffnete Fenster zu benachbarten Wohnungen und von Stockwerk zu Stockwerk. Die Wanzen werden etwa 1 Jahr alt, normale Bedingungen vorausgesetzt. Die Vermehrung ist von der Wärme abhängig. Ein Weibchen legt 300 Eier und mehr bei genügender Nahrung, jedoch nicht mehr als bis 2 pro Tag. Die gedeckelten Eier werden in den Schlupfwinkeln festgekittet. Frisch geschlüpfte Larven sind gelb, die leeren Eihüllen weiß. Sie fallen in den längere Zeit besiedelten Schlupfwinkeln am meisten auf. Die Entwicklungsdauer der den erwachsenen Tieren schon ähnlichen Larven beträgt in gleichmäßig warmen Räumen 1 bis 2 Monate, kommt aber im Winter in ungeheizten Räumen fast zum Stillstand. Wanzen aller Stadien werden leicht verschleppt, z. B. durch alte Betten oder Möbel. So sind die Möbelwagen oft die Gefahrenquellen für bisher unbesiedelte Möbelstücke. Die Hungerfähigkeit der Wanzen wird meistens überschätzt. Einen Winter können sie ohne Nahrung auskommen, einen Sommer hingegen überstehen sie normalerweise nicht, ohne Blut zu saugen. Es gibt kein Erfrieren in leerstehenden Wohnungen, wie oft vermutet wird, da sie selbst strenge Kälte ohne Schaden überstehen. Feuchtigkeit ist den Wanzen aber abträglich und wird, ebenso wie Zugluft, möglichst gemieden.

Die Dauer einer Verwanzung kann von einem versierten Fachmann nach dem Befallsbild (Alter der Wanzen und Kotspuren, Schlupfwinkel, Larvenhäute, Eier und Eihüllen) ungefähr ermittelt werden. Bei Rechtsstreitigkeiten zwischen Mieter und Vermieter spielt ein „Wanzengutachten" oft die entscheidende Rolle.

*Bekämpfung.* Eine radikale Entwanzung war in früheren Jahren nur durch gasförmig wirkende Mittel möglich. „Totsicher" wirkende Wanzenmittel sind oft von nur geringem Nutzen. Amtlich anerkannte Mittel schützen nur dann vor Enttäuschungen, wenn die Gebrauchsanweisungen genau befolgt werden. Beim Verkauf solcher Präparate hat der Drogist größte Verantwortung walten zu lassen und auf die Besonderheiten (z. B. bei Schwefelpräparaten) hinzuweisen, die er besser versteht als der Käufer. Durch Berührungsgifte wird heutzutage die Wanzenbekämpfung am erfolgreichsten, weil die Abtötung des Ungeziefers noch auf mehrere Wochen bis Monate altem Giftbelag gewährleistet ist. Solche Mittel gibt es flüssig oder in Pulverform zur Behandlung kleinerer Bruterde, daneben auch als Nebellösungen oder als Giftrauch zur Entwesung ganzer Wohnungen, Baracken u. dgl. (s. Wanzenmittel S. 1034).

**Bienenschutz.** Jede Intensivierung der Schädlingsbekämpfung mit den neuen, hochwirksamen Berührungsgiften in Feld und Garten bedroht während der Hauptwachstumszeit auch die Bienen, sofern die Spritz-, Stäube- und Nebelmittel nicht mit entsprechender Vorsicht zur Anwendung gelangen.

Damit der Drogist sich über die neuen Verordnungen zum Schutze der Bienen orientieren kann, sind diese nachstehend abgedruckt. Wir glauben, daß die Kenntnis der Bestimmungen über bienenschädliche Pflanzenschutzmittel für die Kundenberatung wertvoll sein kann.

*Verordnung über bienenschädliche Pflanzenschutzmittel.*
Vom 25. Mai 1950.
(Bundesanzeiger Nr. 131 vom 12. Juli 1950.)

Auf Grund des § 2 Abs. 1 Nr. 7 und 15 des Gesetzes zum Schutze der Kulturpflanzen in der Fassung vom 26. August 1949[1] (WiGBl. S. 308) in Verbindung mit Artikel 129 des Grundgesetzes wird mit Zustimmung des Bundesrats verordnet:

§ 1. (1) Soweit diese Verordnung nichts anderes bestimmt, ist es verboten,
1. blühende Obstbäume und -sträucher sowie andere von Bienen besuchte blühende gärtnerische und landwirtschaftliche Kulturpflanzen mit Pflanzenschutzmitteln zu behandeln, die bei Nahrungsaufnahme oder bei Berührung auf Bienen tödlich wirken (bienenschädliche Pflanzenschutzmittel),
2. eine Behandlung so vorzunehmen, daß benachbarte oder abseits stehende Bestände von blühenden Pflanzen der in Nr. 1 genannten Art getroffen werden.

Als blühend ist ein Pflanzenbestand anzusehen, wenn die ersten Blüten erschienen sind.

(2) Vor Anwendung von bienenschädlichen Pflanzenschutzmitteln müssen blühende Unkräuter in zu behandelnden Garten- und Feldkulturen entfernt werden.

(3) Verschüttete Reste von bienenschädlichen Pflanzenschutzmitteln sind zu entfernen oder unschädlich zu machen, so daß sie die Bienen nicht gefährden.

§ 2.
(1) Abweichend von § 1 Abs. 1 Nr. 1 und Abs. 2 kann verfahren werden, wenn es zur Verhütung schwerer Verluste durch Schädlinge notwendig ist, blühende Bestände oder Feldbestände mit blühenden Unkräutern unverzüglich zu behandeln. In diesem Falle sind die Eigentümer der in einem Umkreis von drei Kilometern befindlichen Bienenstöcke rechtzeitig

---

[1] Durch die Zweite Verordnung über die Erstreckung von Landwirtschaftsrecht vom 12. Mai 1950 (BGBl. S. 180) auf die Länder Baden, Rheinland-Pfalz, Württemberg-Hohenzollern und den bayrischen Kreis Lindau erstreckt.

zu verständigen. Zu diesem Zweck hat der Nutzungsberechtigte der zu behandelnden Grundstücke den Beauftragten der Imker in dem nach § 6 Abs. 2 zu bildenden Ausschuß spätestens 24 Stunden vor der Behandlung zu benachrichtigen. Der Beauftragte der Imker ist zur rechtzeitigen weiteren Verständigung der betroffenen Bienenhalter verpflichtet.

(2) Eine Behandlung im Sinne des Abs. 1 ist nur insoweit zulässig, als die Behandlung außerhalb der Blütezeit auch unter Beachtung der erforderlichen Sorgfalt nicht möglich war.

### § 3.

§ 1 Abs. 1 Nr. 1 gilt nicht für die Behandlung von Reben, Kartoffeln und Hopfen sowie für die mit Zustimmung des Bundesministers für Ernährung, Landwirtschaft und Forsten oder der zuständigen Obersten Landesbehörden durchgeführten wissenschaftlichen Forschungen und Versuche.

### § 4.

Obstbäume und -sträucher sowie andere gärtnerische und landwirtschaftliche Kulturpflanzen, die in einem Abstand bis zu dreißig Metern von Bienenständen stehen, dürfen auch vor und nach der Blüte nur außerhalb der täglichen Flugzeit mit bienenschädlichen Pflanzenschutzmitteln behandelt werden, wenn die Eigentümer der Bienenstände mindestens bis zwölf Uhr des Tages vor der Behandlung benachrichtigt wurden.

### § 5.

Vom 1. Januar 1951 ab haben die Hersteller von bienenschädlichen Pflanzenschutzmitteln auf den Verpackungen den Aufdruck: „Achtung! Bienengefährlich!" deutlich lesbar anzubringen. Ebenso ist in den Gebrauchsanweisungen und Ankündigungen auf die Bienenschädlichkeit in geeigneter Form hinzuweisen.

### § 6.

Um für die notwendige Aufklärung im Sinne dieser Verordnung zu sorgen, die Eigentümer von Bienenständen zur Mitwirkung bei der Verhütung von Schäden zu veranlassen und Streitigkeiten vorzubeugen, werden nach näherer Bestimmung der zuständigen Obersten Landesbehörden Ausschüsse eingesetzt, denen je ein Beauftragter des Pflanzenschutzdienstes und der Imker sowie im Bedarfsfalle des Obst- und Gartenbaues und der Landwirtschaft angehören.

### § 7.

Wer den Vorschriften dieser Verordnung zuwiderhandelt, wird nach § 13 des Gesetzes zum Schutze der Kulturpflanzen bestraft.

Abb. 384. Birnprachtkäfer-Larve („Blitzwurm") und freigelegte Fraßgänge. (Photo Cela.)

**Birnprachtkäfer (Agrilus sinuatus).** *Schaden.* Im Splint von Stamm und Ästen sind zickzackförmig verlaufende Gänge („Blitzwurm") und unregelmäßige Längsrisse in der Rinde mit großen, nassen Flecken, die durch ausströmenden Saft verletzter Leitungsbahnen im Mai und Juni verursacht werden. Größere Äste sterben ab.

*Schädling.* In den Fraßgängen finden wir eine fußlose, weiße Larve, deutlich geringelt und mit verbreitertem Kopfteil. Der Käfer ist 1 cm lang und kupferrot glänzend. Für die Eiablage wird die Südseite des Stammes bevorzugt. Die Entwicklung vom Ei über das Larven- und Puppenstadium zum fertigen Käfer dauert zwei Jahre. Die Verpuppung findet unter der Rinde im Splintholz statt. In den Tropen farbprächtige, glänzende Arten der gleichen Familie. Daher der Name Prachtkäfer!

*Bekämpfung.* Nach Flugbeginn der Käfer mit Berührungsgiften auf DDT-Basis Stämme und Äste spritzen. Zwei Wochen später wiederholen. In Gegenden mit stärkerem Befall wird wegen der richtigen Spritztermine das Pflanzenschutzamt befragt.

**Birnen-Blattbräune (Stigmatea mespili).** *Schaden.* Auf jungen Blättern bilden sich rote Flecke. Bei starkem Befall sind alle Blätter ganz rot und braun punktiert. Ein muldenförmiges Einkrümmen des Laubes geht dem Abfall voraus. Der Pilz wächst im Innern der Blattflecke, wo die Sporen zur Weiterverbreitung gebildet werden. Die Krankheit hat eine gewisse Ähnlichkeit mit Schorf, jedoch werden meist die Früchte nicht befallen. Das Auftreten wird vor allem in Baumschulen an Wildlingen beobachtet.

*Bekämpfung.* Im Kleinbetrieb Abschneiden und Vernichten der erkrankten Triebe sowie Auflesen der abgefallenen Blätter. Spritzen mit 1%iger Kupferkalkbrühe hat vorbeugend zu geschehen.

**Birnengallmücke (Contarinia pirivora).** *Schaden.* Junge Früchte sind kugelig verdickt oder unregelmäßig verbeult, erscheinen größer als unbefallene und sind zunächst noch grün. Bald erfolgt aber ihre Schwarzfärbung, und sie fallen ab.

*Schädling.* Das Innere einer verdickten Birne ist ausgehöhlt und mit zahlreichen gelben Maden besetzt. Die Mücke — etwa 3 mm lang — legt ihre Eier bereits in die Blütenknospen. Während der Blütezeit bohren sich dann die Maden in den Fruchtknoten ein. Bereits vor dem Abfallen der verdickten, jungen Birnen kriechen die Maden heraus. Sie fallen zu Boden, wo sie in 5 bis 10 cm Tiefe in kleinen gelben Gespinsten überwintern und sich im folgenden Frühjahr verpuppen. Besonders schaden die Gallmücken an Spalierobst.

*Bekämpfung.* Die befallenen Birnen müssen — wo möglich — rechtzeitig vernichtet werden. Die versuchsweise Spritzung in die volle Blüte (Bienengefährdung!) mit den neuen Berührungsgiften auf E-Basis ist höchstens am Abend zu empfehlen und sollte nur bei wirklicher Dringlichkeit im Einverständnis mit dem zuständigen Pflanzenschutzamt ausgeführt werden. Eine Bodenbearbeitung unter Verwendung von Ätzkalk zur Vernichtung der überwinternden Larven ist anzuraten.

**Birnengespinstwespe (Neurotoma flaviventris).** *Schaden.* Die Blätter werden befressen und dicht zusammengesponnen. Diese Nester, in denen etwa 2 cm lange, dunkelgelbe und schwarzköpfige raupenähnliche Larven fressen, sind mit Kot („Kotsackwespe") durchsetzt.

*Schädling.* Das fliegende Insekt ist schwarz mit gelben Flecken und bräunlichem Hinterleib. Die Flügel sind durchsichtig mit dunkler Querbinde. Eier werden auf den Blattunterseiten in Reihen im Mai und Juni abgelegt. Sind Nester von den Larven leergefressen, dann werden sie verlassen, und neue Gespinste werden angelegt. Die Verpuppung der Larven erfolgt in Erdkokons nach der Überwinterung im Boden. Im allgemeinen seltenes Auftreten, gelegentlich Kahlfraß, besonders auf jungen Bäumen.

*Bekämpfung* durch Ausschneiden und Verbrennen der Nester. Im Frühjahr Spritzung oder Stäubung gegen die jungen Larven mit E- oder Lindan-Präparaten.

**Birnengitterrost (Gymnosporangium sabinae).** *Schaden.* Im Sommer erscheinen auf den Birnenblättern orangerote Flecke, oval, schwarzpunktiert und von klebriger Beschaffenheit. An der Blattunterseite und an Blattstielen wachsen warzenartige Geschwülste mit Becherfrüchten, welche ein gelbes Pulver, die Sommersporen, enthalten. Frühzeitiger Blattverlust ist die Folge.

*Erreger.* Der Gitterrost ist ein wirtswechselnder Rostpilz. Die Sommersporen von den Birnenblättern können nur auf Zweigen des Sadebaumes (Juniperus sabina) keimen. Das Pilzgeflecht lebt im Innern der Zweige und verursacht spindelförmige Verdickungen. Im Frühjahr wachsen die Wintersporen in Warzen auf den Zweigen, die bei Regen zu gallertigen Zapfen anschwellen. Die Weiterverbreitung der Krankheit erfolgt durch Übertragung dieser Wintersporen auf die Birnbäume.

*Bekämpfung.* Am einfachsten und wirkungsvollsten ist die Ausrottung der Sadebäume in der Nähe der gefährdeten Birnbäume. Sind größere Juniperusbestände in Parkanlagen vorhanden, so wäre die Aufgabe der Birnbäume in Erwägung zu ziehen. Außerdem ist die Verhinderung der Blattinfektion durch regelmäßige Bespritzung mit Kupfermitteln zu versuchen.

**Birnenknospenstecher (Anthonomus cinctus).** *Schaden.* Blatt- und Blütenknospen von Birnbäumen bleiben zur Zeit des Knospenaustriebes geschlossen. Diese Knospen sind angebohrt oder ausgefressen, im Innern sind oft fußlose, weißgelbe Larven. Die befallenen Blütenknospen fallen meist ab.

*Schädling.* Der Birnenknospenstecher ist ein etwa 5 mm großer bräunlicher Rüsselkäfer. Die Flügeldecken sind durch eine graue Binde gezeichnet. Der Käfer legt seine Eier im Herbst, weniger im Frühjahr, in die Winterknospen. Eine Larve zerfrißt mehrere Knospen, so daß der Schaden durch den Birnenknospenstecher oft größer ist als bei dem verwandten Apfelblütenstecher, wo eine Larve jeweils nur eine Blütenknospe ausfrißt (s. S. 834). Die Verpuppung der Larve erfolgt in einer Knospe.

*Bekämpfung.* In den letzten beiden Septemberwochen muß mit DDT- oder Lindanmitteln gespritzt werden, um die Käfer vor der Eiablage zu bekämpfen. Die übliche Winterspritzung ist nutzlos, weil die Larven dann schon viele Knospen zerstört haben und im Schutze der Knospen überwintern, ebenso wie spät abgelegte Eier.

**Birnenpockenmilbe (Eriophyes piri).** *Schaden.* Auf der Oberseite von Birnenblättern entstehen anfangs gelbgrüne, später braune bis schwarze Pocken, auf den Blattunterseiten helle Filzflecke. Die Vergrößerung der Pocken mit dem Blattwachstum hat zur Folge, daß schließlich ein großer Teil der Blattfläche bedeckt wird. Die Ernährung des Baumes wird wesentlich gestört. Der Schaden ist vor allem in Baumschulen und jungen Anlagen von Bedeutung.

*Schädling.* Im Innern der kleinen Blattgallen leben winzige Milben, durch deren Reiz die krankhafte Verdickung des Blattes verursacht wird. Nach Absterben des von dem Schädling bewohnten Gewebes wandern die Milben auf junge, unbefallene Blätter über. Die Milben überwintern in den Knospen.

*Bekämpfung.* Vernichtung der befallenen Blätter und Spritzung im Frühjahr zur Zeit des Knospenschwellens mit 2,5%iger (genormter) Schwefelkalkbrühe. Eine gründliche Spritzung reicht normalerweise aus.

**Blasenfüße, Fransenflügler (Thrips).** *Schaden.* Auf den Blättern vieler Kulturpflanzen bilden sich helle gelbliche Flecke, die auf das Saugen von winzigen, auf der Blattunterseite sitzenden Insekten zurückzuführen sind.

*Schädling.* Die Blasenfüße, in vielen Arten bei uns vertreten, sind durch Haftblasen an den Füßen, die sie an Stelle der Endklauen tragen, gekennzeichnet. Außerdem haben sie 4 schmale Fransenflügel. Die Größe der Tiere liegt zwischen 1 und 2 mm. Häufig ist ihr Vorkommen artmäßig auf bestimmte Pflanzen beschränkt. So lebt auf Getreide eine Form, durch deren Saugtätigkeit man früher ausschließlich die Flissigkeit des Hafers hervorgerufen glaubte. Heute weiß man, daß Flissigkeit auch durch andere Ursachen, besonders durch ungünstige Wachstumsbedingungen, bewirkt werden kann. Der Nährstoffentzug durch die Blasenfüße kann aber die gleichen Folgen haben.

Auf anderen Pflanzen, namentlich auf Zierpflanzen, verursachen einige Arten bei massenhaftem Befall Verkümmern und Verkrüppeln der Blätter und Blüten. Das Laub kann vorzeitig abgeworfen werden.

Die Eier werden in das Pflanzengewebe abgelegt. Die Entwicklung der Larven dauert 3 bis 4 Wochen. Die Überwinterung der erwachsenen Tiere erfolgt im Freien unter dürrem Laub. Im Gewächshaus geht die Vermehrung ununterbrochen weiter und wird durch trockene Wärme beschleunigt. Hier trifft man am häufigsten den Schwarzen Gewächshausblasenfuß (Heliothrips haemorrhoidalis), die „Schwarze Fliege", die an fast allen Pflanzen vorkommen kann.

*Bekämpfung.* Die befallenen Pflanzen werden mit Insektengiften auf DDT- oder Lindanbasis wiederholt gespritzt (s. S. 1021), wobei besonders die Blattunterseiten zu behandeln sind. In Gewächshäusern führt auch Räuchern (Lindan, Nikotin) oder Begasen (Calcyan) zum Erfolg (s. S. 1004). Die Pflanzen sollen nicht zu trocken gehalten, sondern des öfteren überbraust werden. Durch Düngung sind die Pflanzen zu kräftigen, damit sie den Befall ohne schwerwiegende Schäden überstehen.

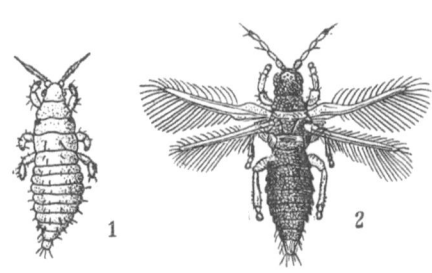

Abb. 385. Blasenfuß.
*1* Larve; *2* Vollinsekt („Fransenflügler"), vergr.

**Blattälchen (Aphelenchus-Arten).** *Schaden.* Die Blätter zahlreicher Zierpflanzen haben gelbbraune bis schwärzliche Flecke, die oft von den Blattadern begrenzt sind. Die Pflanzen können bei starkem Befall eingehen.

*Schädling.* Die Älchen sind 1 bis 1,2 mm lange Fadenwürmer (Nematoden). Sie wandern vom Boden aus außen an den Pflanzen empor und bohren sich durch die Spaltöffnungen in das Blattgewebe ein. Durch ihre starke Vermehrung in den Blättern wird deren Verfärbung verursacht. Die Verbreitung der Blattälchen geschieht außer durch aktive Wanderung auch durch Regen- oder Gießwasser. Ein Überbrausen der Pflanzen muß bei Ansteckungsgefahr vermieden werden. Vielfach werden die Würmer auch durch verseuchte Erde oder durch kranke Pflanzenteile verschleppt, in denen sie sich auch in trockenem Zustande lange Zeit halten können.

*Bekämpfung.* Befallene Pflanzen sind zu entfernen und zu verbrennen, niemals jedoch auf den Komposthaufen zu werfen. Erde im Gewächshaus muß erneuert oder entseucht werden (s. Bodenentseuchung S. 1007). Im Freien ist die Anbaufläche zu wechseln. Einseitige Stickstoffdüngung vermeiden. Da Feuchtigkeit auf den Pflanzen die Voraussetzung für das Überwandern der Älchen ist, sollen Pflanzen nur gegossen, nicht aber überbraust werden. In den Blättern können die Würmer durch Eintauchen in warmes Wasser abgetötet werden (5 Minuten in Wasser von 50° C oder 10 Minuten bei 43° C). Durch E- oder Nikotinspritzungen sollen sich die herauskommenden Älchen auf den Pflanzen abtöten lassen.

**Blattfallkrankheit der Rebe oder Peronospora (Plasmopara viticola).** *Schaden.* Weinlaub wird durchscheinend fleckig; es bilden sich gelbliche „Ölflecke". Die Blattunterseiten sind mit weißem Pilzrasen bedeckt. Wie das Laub, so können alle anderen grünen Teile des Weinstockes erkranken, die Gescheine krümmen sich und kümmern, junge Weinbeeren werden bläulich, schrumpfen ein und sind dann hart: sog. „Lederbeeren". Bei starker Infektion fallen die Blätter ab („Blattfallkrankheit"), und die Triebe verdorren.

*Erreger.* Der Pilz überdauert den Winter in am Boden liegendem Reblaub. Die Wintersporen sind gegen Witterungsunbilden sehr widerstandsfähig. Bei rund 10° C keimen diese Sporen aus und bilden Sporangien, welche durch Regentropfen oder Wind auf junge Weinblätter gelangen müssen, um dort Schwärmsporen zu bilden, die dann die Ansteckung weitertragen. Je nach den Wetterverhältnissen kann es im Laufe des Sommers dann zu 6 bis 8 Pilzgenerationen kommen. Die „Peronospora" — wie die Krankheit in Winzerkreisen meist genannt wird — befällt alle

Europäerreben. Die Sorten Gutedel, Müller-Thurgau und Portugieser sind sehr anfällig, die Sorten Rießling und Traminer wenig. Die übrigen bekannten Edelreb-
sorten stehen in bezug auf ihre Anfälligkeit zwischen den genannten Gruppen.

*Bekämpfung.* Mit Kupfervitriolbrühe, die selbst wie folgt herzustellen ist:
1 kg Kupfervitriol wird in 20 bis 50 l Wasser gelöst. In einem zweiten Behälter
werden 1 kg Speckkalk oder 400 bis 500 g Branntkalk (diesen vorher langsam
löschen!) mit 80 bzw. 50 l Wasser angerührt. Danach wird die Kupfervitriollösung
unter dauerndem Rühren langsam der Kalkmilch beigemischt (nicht umgekehrt!).
Rotes Lackmuspapier muß von der nun fertigen 1%igen Brühe blau oder weißes
Phenolphthaleinpapier rot gefärbt werden. Wenn nicht, dann muß man noch etwas

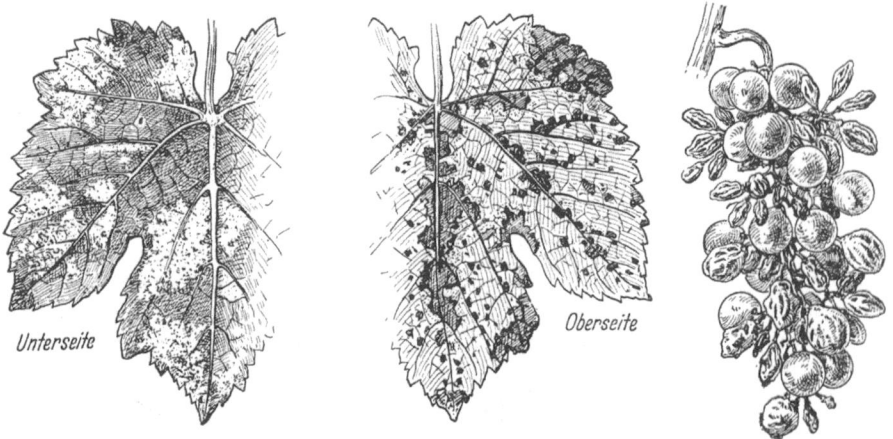

*Unterseite*　　　　　　　　　　　　　*Oberseite*

Abb. 386. Blattfallkrankheit der Rebe (Falscher Mehltau, Peronospora).

Kalkmilch zugeben. Da die beschriebene Brühe wenig haltbar ist (nur 1 Tag),
sollte man, besonders bei unbeständigem Wetter, je 100 l Brühe 50 g Zucker oder
1 l Magermilch zugeben, um die Haltbarkeit zu verlängern. Die Konzentration
von 1% Kupfervitriol reicht im Durchschnitt aus, nur bei regnerischem Wetter
sollte man auf 1,5% heraufgehen. Die käuflichen Kupferkalk-Fertigpräparate enthalten Kupfer in Oxychlorid- oder Oxydulform (s. S. 1026). Diese leichter zu handhabenden Mittel rufen normalerweise bei Reben keine Verbrennungen hervor, was
bei kühlem Wetter bei der Verwendung von Kupfervitriolbrühe geschehen kann.
Kupferstäubemittel (s. S. 1027) sind wenig regenbeständig, können aber bei schnell
notwendigen Zwischenbehandlungen gut verwendet werden, was wegen der leichteren Handhabe einen Vorteil zeigt. Kupferfreie Mittel auf Thiocarbamatbasis
(s. S. 1029) eignen sich ebenfalls zur Peronosporabekämpfung, amtlich anerkannt.

Die Zahl der Spritzungen während des Sommers ist alljährlich verschieden.
Wenn es bei ca. 8 bis 10° C tüchtig geregnet hat (in 3 Tagen ca. 10 mm) und die
Rebstöcke vordem 3 bis 4 Blätter entwickelten, dann muß die erste Spritzung vorgenommen werden. Je nach dem Wetter ist eventuell vor der Blüte noch 1 bis 2mal
zu spritzen. Die wichtigste Behandlung ist die erste Nachblütenspritzung, weil mit
ihr die jungen Beeren vor Ansteckung bewahrt bleiben sollen. Junge Reben in
Rebschulen müssen allwöchentlich gespritzt werden, um sie vollkommen gesund
zu erhalten.

Um den Winzern für die Peronosporabekämpfung Sicherheit zu geben, werden
von Weinbaufachbeamten des Rebschutzdienstes auf Grund der Beobachtungen
der Infektionen die Spritzzeiten öffentlich bekanntgegeben. Inwieweit hier eine

Zusammenarbeit der Drogisten mit dem Rebschutzdienst in Frage kommt, wenn es sich um Empfehlung und Vertrieb der geprüften Rebschutzmittel handelt, muß je nach den örtlichen Verhältnissen entschieden werden.

**Blattgallmilbe (Eriophyes vitis).** *Schaden.* Reblaub wird „pockig" („Pocken-milbe"). Den pockenartigen Wülsten auf der Blattoberseite entsprechen verfilzte Vertiefungen auf der Blattunterseite. Fühlbare Wachstumsstörungen des Reb-stockes sollen durch Blattgallmilbenbefall nicht eintreten, weshalb man mehr von einem Schönheitsfehler spricht.

*Schädling.* Die Milbe ist nur 0,15 mm groß und regt durch ihre Saugtätigkeit auf der Blattunterseite das Wachstum jenen feinen Haarfilzes an, der vom Blatt gebildet wird. Die unter Knospenschuppen überwinternden Milben befallen im Frühjahr die unteren Blätter der Rebe, die im Hochsommer kommende zweite Generation besiedelt dann das obere Reblaub.

*Bekämpfung.* Die überwinternden Milben sind durch Winterspritzung mit Obstbaumkarbolineum oder mit Gelbspritzmitteln zu bekämpfen. Spritzungen während der Vegetationszeit bringen mit E- oder mit Nikotinpräparaten Erfolg (s. S. 1020).

**Blattläuse (Aphidae).** In zahlreichen Arten leben sie auf fast allen Kulturpflanzen. Die Eier überwintern, aus ihnen schlüpfen im Frühjahr die „Stammmütter",

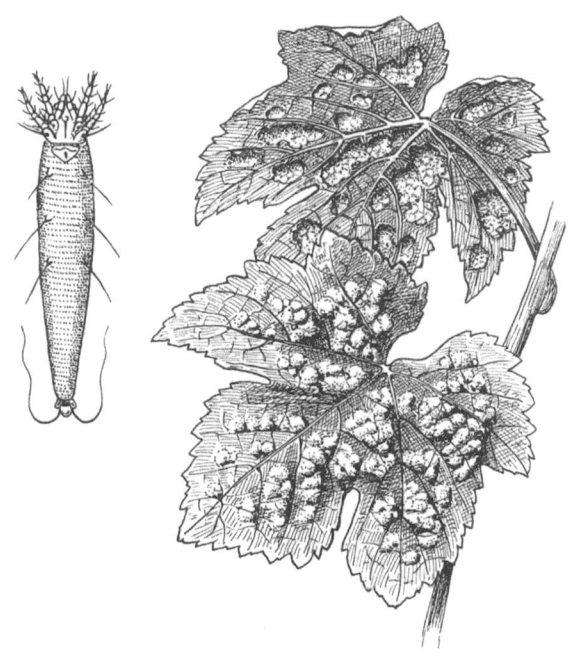

Abb. 387. Blattgallmilbe (Milbe sehr stark vergr.).

die sich ohne Befruchtung lebend gebärend vermehren. Deren ungeflügelte Nach-kommen pflanzen sich auf dieselbe Weise fort. Bei gutem Wetter kommt es zur schnellen Generationsfolge und sehr raschem Anwachsen der Bevölkerungsdichte auf der befallenen Pflanze. Später im Sommer treten geflügelte Weibchen auf, die für die Weiterverbreitung der Blattläuse sorgen. Die Wintereier werden stets von ungeflügelten, befruchteten Weibchen gelegt. Es gibt wirtswechselnde und nichtwirtswechselnde Arten. Die wichtigsten Obstbaumblattläuse haben krautige Nebenwirtspflanzen, auf denen aber nur einige Sommergenerationen leben.

*Der Schaden* entsteht durch Saftentzug an Blättern und jungen Sprossen, ferner durch Giftstoffe des Speichels mancher Formen, die eine abnorme, für die einzelnen Blattlausarten charakteristische Verbildung der Blätter verursachen (Kräuselung, Gallenbildung). Befallenes Laub zeigt stärkere Empfindlichkeit gegen Spritzmittel (Verbrennungen durch Kupfermittel). „Honigtau" ist der zuckerhaltige Kot der Blattläuse und eine unangenehme Folgeerscheinung starken Befalls, die Blätter sehen oft wie lackiert aus. Außer den Ameisen fressen auch noch andere Insekten den Honigtau gern und sorgen für Schutz und Pflege der Blattlauskolonien. Die

Ansiedlung von Rußtaupilzen auf den zuckerhaltigen Ausscheidungen der Blattläuse bewirkt die Schwarzfärbung der Oberfläche von Blättern und Früchten. Als Beispiele nennen wir einige besonders schädliche Blattläuse und deren Erkennungsmerkmale in Stichworten:

A. *Im Obstbau.* 1. Die grüne Apfellaus (Doralis pomi). Eier glänzend schwarz. Auch an Birne und Quitte. Ohne Wirtswechsel. Einrollung der Blätter ohne Laubverfärbung, Triebstauchung, Verkümmern ganzer Fruchtstände.

2. Die mehlige Apfelfaltenlaus (Yezabura communis). Einrollung und gallenartige Verdickung der Blattränder, Blätter gelb werdend mit roten Flecken. Nur im Frühjahr am Apfel, später auf Kräutern, daher meist weniger schädlich.

3. Die mehlige Apfellaus (Anuraphis roseus). Färbung rosa, braun bis blauschwarz. Schadbild zunächst wie bei voriger Art, dann Blätter trocken werdend. Befallene Früchte verkrüppeln. Schädlichste Art auf Apfelbäumen, oft große Verluste verursachend.

Abb. 388.
Starker Blattlausbefall ist an den verbildeten Blättern der Endtriebe schon von weitem kenntlich.

4. Die mehlige Birnenblattlaus (Aphis piri). Starke Blattrollung, sehr viel Honigtau, auch am Apfel. Vertrocknen der Blätter mancher Sorten und Schwarzwerden. Läuse mit rotem Körpersaft. Im Sommer auch auf Labkraut. An Birnen die schädlichste Blattlaus.

5. Die schwarze Kirschenblattlaus (Myzus cerasi). An Süß- und Sauerkirschen verschiedene Formen. Starke Kräuselung der Blätter und Wachstumsstockung der Triebe im Frühjahr. Nach Abwanderung der Blattläuse auf Labkraut im Sommer Erholung der befallenen gewesenen Triebe möglich. Nur Junganlagen durch die Triebstockung ernster gefährdet.

6. Die schwarzgefleckte Pfirsichblattlaus (Appelia schwartzi). Starke Einrollung der Blätter und Laubfall, leicht mit dem Erscheinungsbild der Kräuselkrankheit zu verwechseln. Ohne Nebenwirtspflanzen.

7. Die mehlige Pflaumenlaus (Hyalopterus arundinis). Auch auf Pfirsich und Schlehe. Mehlige Wachsausscheidungen auf den Läusen und Blättern. Geringe Verunstaltung der Blätter, doch reichliche Honigtau- und Rußtaubildung, besonders auf den Früchten lästig. Wachstumshemmung. Stärkstes Auftreten im Hochsommer. Nebenwirtspflanzen sind Gräser und Schilf.

8. Die grüne Pfirsichblattlaus (Myzus persicae). Am Pfirsich von geringer Bedeutung, doch als Überträger von Viruskrankheiten auf den Nebenwirten, besonders auf Kartoffeln, ab Juni sehr gefährlich. Ihre Bekämpfung ist in Kartoffel-Hochzuchtgebieten zur Unterdrückung der Abbau-Krankheit entscheidend wichtig und wird durch Winterspritzung der Pfirsichbäume erreicht oder sogar durch deren Beseitigung.

9. Die Johannisbeerblattlaus (Doralis grossulariae). In den Triebspitzen von roten und schwarzen Johannisbeeren viel Honigtau und Rußtau. Der Fruchtansatz leidet, auch die Früchte werden von Rußtau befallen. Ohne Wirtswechsel.

10. Die Gallenblattlaus der Johannisbeere (Cryptomyzus ribis). Blasige Beulen auf den Blättern, bei roten Johannisbeeren rot gefärbt, sonst keine Schäden. Nebenwirte ab Juni sind verschiedene Lippenblütler.

B. *Im Gemüse- und Ackerbau.* 1. Die schwarze Bohnenblattlaus (Doralis fabae). An Ackerbohnen, Rüben, Mohn, Dahlien, an angepflanzten und wild wachsenden Kräutern; diese alle sind Nebenwirtspflanzen, auf denen nur die Sommergenerationen leben. Hauptwirte, an denen die Wintereier abgelegt werden, sind Spindelbaum und seltener der Schneeball.

2. Die Erbsenblattlaus (Macrosiphon pisi). Größte Gemüselaus, bis 6 mm lang, hellgrün. An Erbsen, Bohnen, Linsen, Klee u. a. Nicht wirtswechselnd.

3. Die Kohlblattlaus (Brachycolus brassicae). Grün, mit Wachs weiß bepudert. Außer auf Kohl noch auf zahlreichen anderen Cruciferen. Ohne Wirtswechsel. Helle Sprenkelung der befallenen Blätter verursachend.

4. Die grüne Gurkenblattlaus (Doralis frangulae). Die schädlichste Laus an Gurken, besonders im Gewächshaus, da wärmeliebend. Dort auch an anderen Pflanzen, meist ohne Geschlechtsgeneration.

5. Die Kartoffelkellerlaus (Rhopalosiphoninus latysiphon). Aus USA eingeschleppt, wird an Trieben vorgekeimter Kartoffeln schädlich, besonders in feuchten Kellern. Die Laus ist an den auffallend großen und dunkel gefärbten Hinterleibsröhren (Syphonen) kenntlich.

*C. Im Zierpflanzenbau* ist die grünen Rosenblattläuse (Macrosiphon rosae, Amphorophora avenae) am bekanntesten.

*Die Bekämpfung* der Blattläuse ist durch die Winterspritzung am erfolgreichsten durchzuführen. Obstbaumkarbolineum oder Gelbspritzmittel vernichten den größten Prozentsatz der Wintereier. Mit Obstbaumkarbolineum wegen Knospenschäden nicht zu spät spritzen. Diese Vorsichtsmaßnahme ist bei Di-nitro-kresol nicht nötig. Mit den Gelbspritzmitteln ist die Winterspritzung auch am Pfirsich möglich, Karbolineum verursacht hier Knospenschäden. Die Bekämpfung der Blattläuse im Sommer wird mit den neuen Berührungsgiften ausgeführt, unter denen die Phosphorsäureesterpräparate die früher ausschließlich verwandten Nikotinspritzmittel verdrängt haben. Von den Lindanpräparaten sind neben den Spritzmitteln auch Stäube mit Aussicht auf Erfolg anwendbar. Dagegen wirkt DDT weit geringer. Wichtig ist das rechtzeitige Bekämpfen der Blattläuse, bevor z. B. Blattrollungen und Kräuselungen anfangen. In diesen Mißbildungen ist die Masse der Läuse der Wirkung der chemischen Bekämpfungsmittel entzogen. Mechanisches

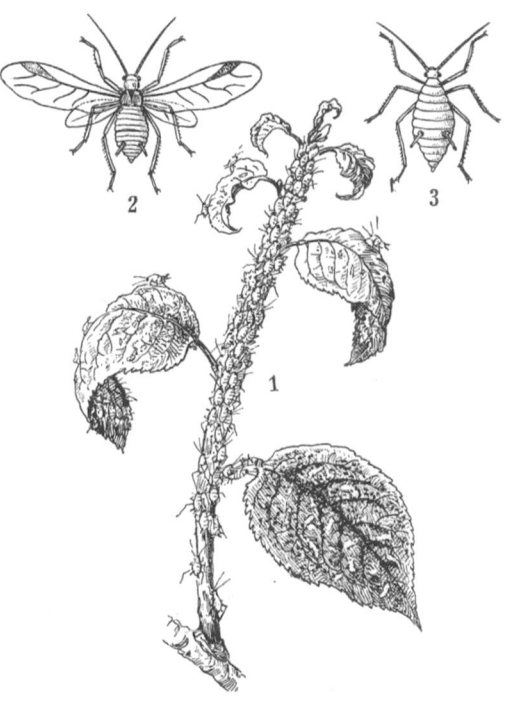

Abb. 389. Pflaumenblattlaus. *1* stark besiedelter Zweig; *2* geflügeltes Weibchen; *3* ungeflügeltes Weibchen (vergr.).

Entfernen der Kolonien durch Abschneiden der befallenen Triebe ist nur bei Befallsbeginn durchführbar. In Gewächshäusern sind Räucherungen mit Lindan- und Nikotinmitteln oder Begasungen mit Calcyan (Blausäurekonzession erforderlich!) am einfachsten im Kampf gegen Blattläuse, ebenso in Vorratslagern (Kartoffelkellern).

**Blattrandkäfer (Sitona spec.).** *Schaden.* In die Blätter von Klee, Luzerne, Erbse, Bohne, Kletterrose und Wicke sind am Rande halbmondförmige Kerben gefressen. Größere Schäden entstehen bei starkem Befall an jungen Saaten.

*Schädling.* Mehrere Rüsselkäfer der Gattung Sitona (z. B. S. grisea, S. lineata) sind für das charakteristische Fraßbild verantwortlich zu machen. Sie sind 5 bis 7 mm groß und unscheinbar graubraun gefärbt. Ihre Larven entwickeln sich im Boden an den Wurzelknöllchen von Leguminosen. Im August erscheinen die jungen Käfer, die unter Erdschollen überwintern. Im Frühjahr stellen sie sich auf den Luzerneschlägen usw. ein. Tagsüber halten sie sich gern im Erdboden verborgen.

*Bekämpfung.* Die Käfer werden durch Stäubungen mit DDT- oder Lindanmitteln vernichtet.

**Blattwanzen.** *Schaden.* An Getreide, an verschiedenen Zierpflanzen und an Obstgehölzen werden mehrere Arten von Wanzen durch Saugen schädlich. Infolge des giftigen Speichels mancher Formen treten Mißbildungen an Blättern, Blüten und Früchten auf.

*Schädlinge.* Auf Getreide bewirken Wanzen der Gattungen Aelia, Carpocoris u. a. Welken der Blätter und Absterben der Triebe, besonders an jüngeren Pflanzen. Auch die Weizenkörner werden angestochen, schrumpfen dadurch ein und verschlechtern die Backfähigkeit des Mehles. Die Wanzen überwintern. Die Eier werden an Gräsern abgelegt, von wo aus oft die Zuwanderung auf die Getreideschläge erfolgt. An Zierpflanzen saugen einige Lygusarten, wodurch z. B. Endtriebe von

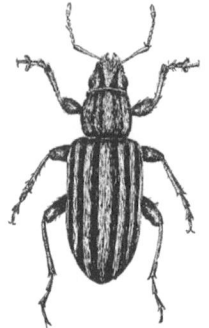

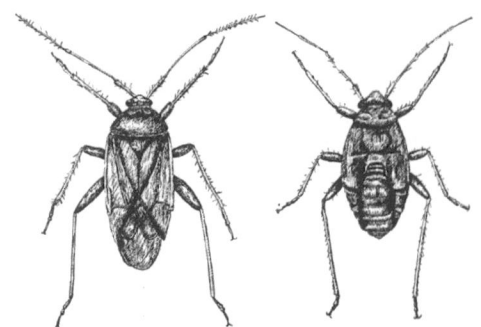

Abb. 390. Blattrandkäfer.
(8 × vergr., Zchg. *Brunner*.)

Abb. 391. Blattwanze, links geflügeltes Vollinsekt, rechts Larve.
(8 × vergr., Zchg. *Brunner*.)

Azaleen, Chrysanthemen verkümmern. Durch die Stiche vergilben Blätter und werden gesprenkelt, Knospen sterben ab, Blüten bekommen braune Flecken. Diese „Schmalwanzen" wandern häufig in Massen von benachbarten Wiesen zu. Im Obstbau schadet neben anderen in letzter Zeit besonders die Nordische Apfelwanze (Plesiocoris rugicollis) durch Anstechen junger Früchte, wodurch diese verkrüppeln und unansehnlich werden. Angestochene Birnen werden steinig, das Wachstum der Triebe durch das Saugen gestört. Blattwanzen gehören wie viele andere saugende Insekten zu den Überträgern von Viruskrankheiten.

*Bekämpfung.* Gegen Wanzen haben sich DDT- und Lindanpräparate (s. S. 1021) allgemein bewährt und dürften bei wertvollen Kulturen mit der besten Aussicht auf Erfolg zu empfehlen sein. Im Obstbau treten bei regelmäßigen Winterspritzungen die Wanzen erfahrungsgemäß kaum in Erscheinung, da ihre überwinternden Eier gleichzeitig mit den anderen Schädlingen vernichtet werden. — Im Gewächshaus kommen auch Räucherverfahren (Lindan) in Frage (s. S. 1010). Die Bekämpfung von Getreidewanzen ist unmittelbar nach der Ernte durch Stäuben der Stoppeln mit DOC-, DDT- oder Lindanmitteln durchzuführen (s. S. 1021).

**Bläue, Kiefernbläue (Ceratostomella).** *Schaden.* Frisch verbautes Holz ist blaustreifig verfärbt, Farbanstriche werden blauschwarz, rissig und abgehoben.

*Erreger.* Die Bläuepilze leben im Splint frisch geschlagenen und feucht verarbeiteten Holzes, wo sie in den äußeren Schichten die Zellinhaltsstoffe verbrauchen. Eine Schwächung befallenen Holzes tritt praktisch nicht auf, dagegen können durch die schwarzblauen Sporenlager beträchtliche Verfärbungen als Schönheitsfehler in Neubauten zu Beanstandungen Anlaß geben. Außerdem können vorzeitig aufgebrachte Farbanstriche zerstört werden.

*Bekämpfung.* Schwammschutzmittel sind allgemein wirksam. Spezielle Präparate sind die Grundiermittel mit Bläueschutzwirkung (s. S. 1006).

**Blausieb (Zeuzera pyrina).** *Schaden.* Die Stämme junger Obstbäume oder dünnere Äste alter Bäume vertrocknen und sterben ab.

*Schädling.* Im Mark befindet sich eine hellgelbe, bis 6 cm lange Raupe mit schwarzen, behaarten Warzen. Am Körperende ist ein dunkelbraunes „Afterschild"

Abb. 392. Kiefernbläue. Durchbruch der blau-schwarzen Fruchtkörper zerstört den Farbanstrich. (Photo Desowag.)

Abb. 393. Raupe des Blausiebs in aufgeschnittenem Ligusterstämmchen.

auffallend. Im zweiten Jahr der Entwicklung erfolgt die Verpuppung. Die Puppe schiebt sich aus dem Bohrloch heraus, um dem schlüpfenden Schmetterling, der nachts im Juni und Juli fliegt, den Weg freizugeben. Der weiße Falter hat eine auffallende Sprenkelung der Flügel mit blau-schwarzen Punkten, was ihm den Namen eingetragen hat.

*Bekämpfung* durch Absägen der befallenen Zweige und Äste; vgl. Weidenbohrer S. 986.

**Blutlaus (Eryosoma lanigerum).** *Schaden.* An jungen Trieben von Apfelbäumen und an altem Holz, vorzugsweise an alten Wunden, weiße, watteähnliche Kolonien der braunroten Läuse, die flockige Wachsfäden ausscheiden. Beim Zerdrücken dieser Läuse fällt die blutrote Färbung des Körpersaftes auf. An den befallenen Stellen entstehen Beulen, die zu krebsartigen Wucherungen auswachsen. Es kommt zu Stoffwechselstörungen, die das Ausreifen des Holzes verhindern, zum Absterben ganzer Kronenteile, bei schwerem Befall schließlich zum Eingehen des Baumes.

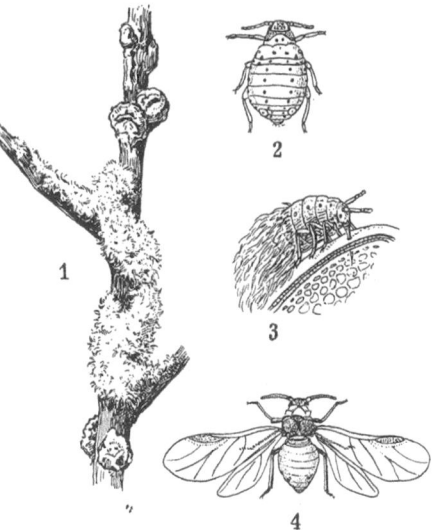

Abb. 394. Blutlaus. *1* befallener Zweig; *2* Laus ohne Wachsfäden; *3* saugende Laus mit Wachsfäden; *4* geflügelte Blutlaus. (2—4 × vergr.)

54 *

*Schädling.* Die ungeschlechtliche Vermehrung in der warmen Jahreszeit geschieht durch unbefruchtete Weibchen, die bis zu 130 lebende Junge hervorbringen. Im Sommer gibt es 6 bis 10 Generationen, was die unheimlich schnelle Vermehrung erklärt. Weiterverbreitung wird durch geflügelte Läuse besorgt, die gleichzeitig mit den ungeflügelten auftreten. Das plötzliche Absinken der Vermehrung im Hochsommer ist bisher ungeklärt, im Herbst nimmt die Zahl der Läuse dann wieder zu. Den Winter überdauern nur Jungläuse, die Temperaturen bis — 25° C aushalten. Die am Wurzelhals in Erdspalten überwinternden Tiere gehen auch bei kältestem Wetter nicht ein. Im Herbst wandern geflügelte Läuse auf die Ulme über, wo Geschlechtstiere entstehen. Dieser Wirtswechsel ist bei uns bedeutungslos, da alle Wintereier zugrunde gehen. In den USA hingegen, der Heimat der Blutlaus, erfolgt die Weiterentwicklung der Wintereier.

Die *Bekämpfung* beginnt mit der Verhinderung der Verschleppung durch verseuchtes Baumschulenmaterial. Eine Zuwanderung von geflügelten Läusen ist jedoch über mehrere Kilometer möglich. Die Entfernung von Blutlauskolonien kann weitgehend beim Beschneiden und Reinigen der Bäume geschehen. Winterspritzungen allein sind ungenügend; chemische Mittel werden vorzugsweise gepinselt. Pinselmittel aus Leinöl oder Brennspiritus mit 1% Schellack sind üblich.

Geprüfte Handelspräparate s. S. 1006. Petroleum und Maschinenöl vermeiden. Spritzmittel sind bei altem Befall weniger wirksam, doch bei Befallsbeginn ausreichend, so z. B. Präparate auf E- und Lindanbasis, sorgfältige Spritzungen allerdings vorausgesetzt.

Ein natürlicher Feind ist die Zehrwespe, Aphelinus mali, deren Larven die Blutläuse leerfressen. Außer in Südeuropa bedeutete die Einführung dieses Parasiten im Jahre 1920 keine vollwirksame Hilfe gegen die Blutlaus. Bei Neupflanzungen soll man die anfälligen Sorten (z. B. Goldparmäne und Klarapfel) in verseuchten Lagen vermeiden. Auch Umpfropfungen der Bäume können Abhilfe schaffen.

**Bohnen-Brennfleckenkrankheit (Colletotrichum lindemuthianum).**
*Schaden.* Auf den Hülsen bilden sich eingesunkene Flecke mit auffallend rot gefärbtem Rand, die als Brennflecken bezeichnet werden. Auf ihnen bilden sich die Sporenlager des Pilzes als braune Punkte, in denen in rötlich-grauen Schleimtröpfchen die Sporen entstehen. Auch die Samen im Innern der Hülse werden befallen und verlieren an Keimkraft. Die Blätter zeigen rundliche Flecke und braune Rippen, vertrocknen und fallen frühzeitig ab.

*Erreger.* Der Pilz wuchert im Innern der Pflanze. Die Verbreitung der Sporen aus den weißlichen Schleimtröpfchen erfolgt durch Regen. Auch durch Menschen oder Tiere ist eine Verschleppung der Krankheit möglich. Die Überwinterung der Sporen auf dem kranken Laub ist von geringer Bedeutung. Dagegen spielt die Sameninfektion für die Verbreitung der Krankheit die größte Rolle. Starke Verheerungen richtet die Brennfleckenkrankheit in feuchten Sommern an, in denen oft die ganze Ernte durch die Verunstaltung der Bohnen vernichtet wird. Für die Gewinnung von Trockenbohnen hat die Krankheit nicht die gleiche Bedeutung, doch werden bei frühzeitigem, starkem Befall auch die Früchte durch Brennflecke verunziert.

Abb. 395.
Brennflecken-
kranke Bohne.

Die Verwendung derartigen Saatgutes ist unbedingt zu vermeiden. Bei braunen und dunkler gefärbten Bohnen ist das Auslesen derartig beschädigter Samen nicht leicht.

*Bekämpfung.* Die Beizung des Saatgutes bringt nicht immer vollen Erfolg, da das Pilzgewebe bis in die tieferen Schichten der Samen eindringt. Doch ist eine Verminderung des Krankheitsherdes im Feld durch die Beizung auf jeden Fall zu erreichen. Zur Vermeidung der Infektion durch krankes Bohnenstroh ist ein regelmäßiger Fruchtwechsel empfehlenswert. In den letzten Jahren sind mehr und mehr resistente Sorten gezüchtet worden, die in gefährdeten Gebieten zu bevorzugen sind. Im Gegensatz zu Buschbohnen sind die Stangenbohnen weniger anfällig, was nicht auf physiologische Resistenz der Pflanzen, sondern auf die ungünstigeren Infektionsbedingungen in der trockeneren, stärker bewegten Luft 1 bis 2 m über dem Erdboden zurückgeführt wird. Es ist bekannt, daß der Pilz verschiedene Rassen bildet, die sich durch ihre verschieden starke Angriffsfähigkeit gegen die Bohnen unterscheiden. Man muß deswegen beim Anbau die für die Gegend als am widerstandsfähigsten befundenen Sorten wählen (Nachfrage beim zuständigen Pflanzenschutzamt! s. S. 1037).

**Bohnen-Fettfleckenkrankheit (Pseudomonas medicaginis var. phaseolicola).** *Schaden.* Auf den Blättern bilden sich kleine, durchscheinende Flecke mit breiten, gelblichen Rändern. Im weiteren Verlauf der Krankheit werden die Blätter braun und sterben ab. Bei starkem Befall kann es zur schnellen Vernichtung ganzer Kulturen kommen. Die Krankheit erfaßt auch die Hülsen, auf denen rundliche, dunkle Flecke entstehen. Sie sind wasserdurchtränkt und haben der Krankheit den Namen gegeben. Auf diesen „Fettflecken" wachsen gern Fäulnispilze, so daß eine weitere Entwertung der Bohnen eintritt. Eine starke Ausbreitung der Krankheit erfolgt bei nassem Wetter, solange die Hülsen noch nicht ausgewachsen sind.

*Erreger.* Die Krankheit wurde 1928 von Amerika nach Deutschland eingeschleppt. Sie ist zur gefährlichsten aller Bohnenkrankheiten geworden. Der Erreger ist ein Bakterium, dessen Ausbreitung durch Regen und Wind erfolgt. Auf den „Fettflecken" entstehen die Bakterien in einem weißlichen Schleim. Sie dringen auch in die Samen ein, die die gleichen braunen, etwas eingesunkenen Flecke aufweisen. Eine Überwinterung des Erregers auf abgestorbenen Pflanzenteilen kommt wahrscheinlich nicht in Frage, so daß eine Verbreitung der Krankheit von Jahr zu Jahr nur durch die infizierten Samen stattfindet.

Abb. 396. Fettfleckenkranke Bohne.

Bei für die Krankheit günstigem Wetter genügen wenige kranke Pflanzen in einem Bestand zur schnellen Verseuchung des gesamten Feldes.

*Bekämpfung.* Es gibt eine Anzahl resistenter Bohnensorten, die man in gefährdeten Anbaugebieten bevorzugen sollte. Kranke Samen sind oft äußerlich nicht zu erkennen, so daß eine Auslese des Saatgutes nicht den gewünschten Erfolg bringt. Durch die Saatgutbeizung werden die Erreger im Innern der Samen nur zum Teil abgetötet. Doch ist die Beizung zur Begrenzung der Krankheit anzuraten. Die wirksamste Maßnahme scheint Beizung und Spritzung (Kupferkalk oder Dithane, s. S. 1029) zu sein; bis zur Blüte sind 2 bis 3 Spritzungen notwendig. Den Erfahrungen nach ist der Befall mit der Kombination Samenbeizung und Pflanzenspritzung zu verhindern.

**Bohnenkäfer (Pferdebohnenkäfer — Bruchus rufimanus, Speisebohnenkäfer — Bruchidius obtectus).** *Schaden.* Weiße und bunte Speisebohnen haben viele runde Löcher, die zum Teil noch gedeckelt sind. In den Bohnen fressen weiße Maden, mitunter stecken auch fertige Käfer unter den Deckeln. Die großen Puff- oder Pferdebohnen haben je Bohne nur ein rundes Bohrloch. Die Keimkraft befallenen Bohnensaatgutes ist beeinträchtigt, ebenso der Handels- und Speisewert.

*Schädlinge.* Die ca. 5 mm langen, ovalen Speisebohnenkäfer sind gelbgrau und haben auffallend lange Hinterbeine. Sie legen die Eier außen an die Bohnen, die schlüpfenden Larven bohren sich ein und zerfressen den Bohneninhalt. Vor der Verpuppung nagt die Larve von innen her ein kreisrundes Deckelchen aus, das dann vom später aus der Puppe schlüpfenden Käfer nur abgestoßen zu werden braucht, wenn er die Bohne verlassen will. In lagernden Bohnen können mehrere Generationen

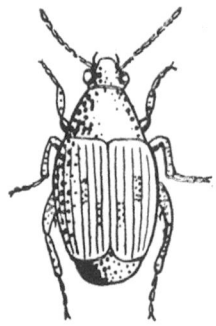

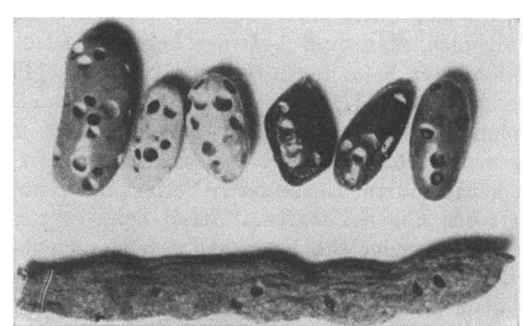

Abb. 397. Speisebohnenkäfer.  
(10 × vergr.)

Abb. 398. Bohnenhülse und Bohnen mit Ausbohrlöchern  
der Speisebohnenkäfer.

im Jahr aufeinanderfolgen, in einer Bohne entwickeln sich bis zu zehn und mehr Larven. Die aus dem warmen Südamerika eingeschleppten Speisebohnenkäfer haben sich seit ca. 15 Jahren so weit eingebürgert, daß sie die Bohnen schon auf dem Felde befallen und nun Freiland- und Speicherschädlinge zugleich sind.

Der größere Pferde- oder Saubohnenkäfer ist dunkler gefärbt, befällt die Bohnen nur auf dem Felde und wird mit dem Erntegut im Larvenstadium in die Speicher eingeschleppt. Je nach den Temperaturbedingungen schlüpfen dann früher oder später die Käfer aus den Bohnen, können sich aber in ihnen nicht vermehren. Zur Eiablage müssen sie im nächsten Sommer zu den im Garten oder auf dem Feld wachsenden Bohnen fliegen.

*Bekämpfung.* DDT- oder Lindanstaub wird unter die lagernden Bohnen gemischt (s. S. 1015), was in der Hauptsache zum Schutz von Saatgut empfehlenswert ist. Im Haushalt soll man Bohnen ins Wasser schütten, die befallenen schwimmen oben und werden verfüttert. Größere Vorräte werden begast (s. S. 1004).

**Bohnenrost (Uromyces phaseoli).** *Schaden.* Im Frühjahr entstehen auf den Blattunterseiten weiße Pusteln, im Sommer braune und im Herbst schwarze, letzte auch auf den Hülsen. Dadurch werden die Hülsen entwertet. Auch bei geringerem Befall werden die Pflanzen erheblich geschwächt.

*Erreger.* Die Pusteln stellen die Sporenlager des Pilzes dar. Im Gegensatz zu anderen Rostpilzen, die meistens gelbe oder orangerote Becherfrüchte haben, ist der Bohnenrost nicht wirtswechselnd. Der Pilz befällt nur Stangenbohnen; Buschbohnen bleiben ohne Schaden. Er tritt nur in Gegenden mit hohen Niederschlägen stark auf und steht an wirtschaftlicher Bedeutung hinter der Brennfleckenkrankheit und Fettfleckenkrankheit der Bohne zurück. Das befallene Pflanzengewebe wird gelb und stirbt ab.

*Bekämpfung.* Die Ansteckung der Pflanzen erfolgt stets durch die Reste von kranken Pflanzen aus dem Vorjahre. Deshalb ist die Saatgutbeizung zwecklos. Wichtiger ist die Vernichtung des kranken Bohnenstrohs und ein regelmäßiger Wechsel der Anbaufläche. Man sollte die resistenten Sorten bevorzugen, die jedoch nicht einheitlich festgelegt werden können, sondern je nach den örtlichen Verhältnissen zu wählen sind. Durch mehrmaliges vorbeugendes Spritzen mit Kupferkalk ist Schutz vor dem Befall zu erreichen.

**Borkenkäfer (Rindenbrüter — Eccoptogaster mali und E. rugulosus, Holzbrüter — Anisandrus dispar und Xyleborus saxeseni).** *Schaden.* Die Rinde von Obstbäumen weist zahlreiche kleine Löcher auf, die wie durch Schrotschuß entstanden aussehen. Unter der Rinde findet man Fraßgänge, die zum Teil bis in das Holz hineinführen. In den Gängen sitzen kleine, fußlose Larven mit braunem Kopf oder 2 bis 4,5 cm lange dunkelbraune bis schwarze Käferchen. Mit Vorliebe werden kränkelnde Bäume befallen, doch sind gesunde ebenfalls gefährdet.

*Schädlinge. 1. Der Große oder glänzende Obstbaumsplintkäfer (E. mali).* Er ist 3 bis 4,8 mm lang und glänzend dunkelbraun. Die Weibchen legen ab Juni sogenannte Muttergänge zwischen Rinde und Holz an, die 5 bis 12 cm lang sind. In kleinen Ausbuchtungen des Mutterganges werden 50 bis 80 Eier abgelegt. Die schlüpfenden Larven fressen Gänge senkrecht zum Muttergang, wodurch ein charakteristisches regelmäßiges, strahlenförmiges Fraßbild entsteht. Die Larvengänge verbreitern sich mit dem Wachstum der Larven, die sich vom Rindengewebe ernähren. Am Ende des Larvenganges wird die Puppenwiege angelegt. Der Jungkäfer frißt sich durch die Rinde nach außen durch und fliegt aus. In den meisten deutschen Gebieten treten wahrscheinlich zwei Käfergenerationen auf; die Larven überwintern. — *2. Der Kleine oder runzelige Obstbaumsplintkäfer (E. rugulosus).* Er ist nur 1,8 bis 3 mm lang und matt dunkelbraun gefärbt. Die Lebensweise ist die gleiche wie beim Großen Splintkäfer. Seine Flugzeit fällt bereits in den Mai.

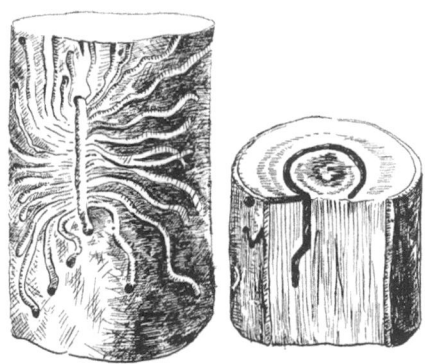

Abb. 399. Borkenkäfer. Links Rindenbrüter, Fraßbild nach Abheben der Rinde (Muttergang in der Mitte, Larvengänge); rechts Holzbrüter.

Der Muttergang ist kürzer, bis 3 cm lang und hat nur 25 bis 40 unregelmäßig verlaufende Larvengänge, die tiefer in das Holz hineingehen. Vermutlich treten auch zwei Bruten im Jahre auf. — *3. Der Ungleiche Holzbohrer (Anisandrus dispar).* Die Weibchen sind 3 mm, die Männchen nur 2 mm lang. Die Färbung ist dunkelbraun bis schwarz. Der Bohrgang des Weibchens wird waagerecht durch die Rinde bis tief ins Holz geführt. Der Gang macht dann eine scharfe Wendung und folgt einem Jahresring, oft fast um den ganzen Baum herum. Senkrecht zu diesem runden Gang werden nach oben und unten kurze Gänge gefressen, in denen die Eier abgelegt werden. Die Larven fressen kein Holz, sondern Pilzgewebe, das vom Weibchen im Magen mitgeführt und ausgesät wurde (Ambrosia-Pilze). Die Käfer überwintern im Holz. Die Männchen sind flugunfähig. Die Begattung erfolgt vor dem Ausschwärmen der Weibchen im April in den Larvengängen. Die Jungkäfer bohren keine eigenen Fluglöcher, sondern verlassen das Gangsystem durch das Einbohrloch des Muttertieres. Es tritt nur eine Generation im Jahr auf. Der durch den Holzbohrer verursachte Schaden ist infolge der schnellen Zerstörung des sich verfärbenden Holzes größer als durch die rindenbrütenden Splintkäfer. — *4. Der Kleine Holzbohrer (Xyleborus saxeseni).* Er ist seltener als der große Holzbohrer. Seine Larven fressen außer den Pilzen auch am Holz. Der Fraßgang ist zylindrisch und hat flache Brutkammern.

Da alle vier Käferarten auch in anderen Laubbäumen vorkommen, bedeutet die Nähe von Laubwald eine Gefahr für den Bestand von Obstbäumen. Der Schaden wird durch Zerstörung der Leitungsbahnen im Stamm hervorgerufen. Es kommt anfangs zum Vertrocknen von Ästen, später kann der ganze Baum eingehen.

*Bekämpfung.* Alle Brutstätten der Schädlinge, wie Baumruinen und gefällte Bäume, müssen beseitigt werden. Jede Schwächung der Bäume durch Wunden, Frostplatten oder durch Wühlmausfraß an den Wurzeln muß vermieden werden. Schlecht entwickelte Bäume sollten gedüngt und gewässert werden, besonders nach dem Umpflanzen. Jungbäume können in gefährdeten Lagen während der Flugzeit der Käfer mit Papier umwickelt werden, das einen gewissen Schutz bietet. Eine direkte Bekämpfung der Käfer im Baum ist durch Einführen von Watte, die mit Schwefelkohlenstoff getränkt ist, in die Bohrgänge und durch sofortiges Verschließen der Baumlöcher mit Baumwachs möglich, eine Maßnahme, die nur bei wertvollen Bäumen (z. B. Formobst) durchführbar ist. Während der Flugzeit können die Käfer dadurch bekämpft werden, daß die Stämme mit Berührungsgiften auf DDT- und Lindanbasis in starker Konzentration im Abstand von zwei Wochen gespritzt werden. Für solche Empfehlungen ist es ratsam, die Erfahrungen des zuständigen Pflanzenschutzamtes zu verwerten, da den Borkenkäferbekämpfungen in den letzten Jahren große Aufmerksamkeit geschenkt werden mußte.

**Bremsen (Tabaniden).** *Schaden.* Durch die schmerzhaften Stiche der Bremsen wird das Vieh im Freien stark beunruhigt, besonders während der Erntezeit. Bei massenhaftem Auftreten entstehen außerdem durch das Saugen dieses lästigen Ungeziefers erhebliche Blutverluste, wodurch Rückgänge in der Milch- und Fleischerzeugung des Weideviehs eintreten. In tropischen Ländern stellen die Bremsen als Überträger verschiedener Viehseuchen eine ernste Gefahr für die Viehwirtschaft dar. Menschen werden nur aushilfsweise als Blutspender angenommen und meist nur beim Baden belästigt.

Abb. 400. Bremse (vergr., Photo Cela).

*Schädling.* Es gibt eine große Zahl von Bremsen, die alle den typischen Fliegenbau haben und ausgezeichnete Flieger sind. Ihre Größe kann 3 cm erreichen (Rinderbremse). Der Kopf trägt mächtige Facettenaugen. Nur die Weibchen saugen Blut, während die Männchen Blütenbesucher sind. Die Larven leben im Wasser oder in feuchter Erde. Sie fressen Schlamm oder leben räuberisch von Insektenlarven.

*Bekämpfung.* Es kommen nur Abwehrmaßnahmen in Frage, um die Tiere vor den Quälgeistern zu schützen. Bei Zugvieh können Bremsenschleier benutzt werden. Bremsenöle gewähren im allgemeinen nur für wenige Stunden Schutz, so daß ihre Anwendung laufend wiederholt werden muß. Bei bedrohlichen wirtschaftlichen Schäden wird heute versucht, die Bremsen durch Bestäubung ganzer Geländestreifen auszurotten, was unter Zuhilfenahme von DDT- und Hexa-Mitteln zu guten Erfolgen geführt hat (Afrika).

**Brotkäfer, Brotbohrer (Stegobium paniceum).** *Schaden.* Dauerteigwaren weisen viele kleine runde Löcher auf, oft auch die Verpackungen. Gleiche Schäden auch in den verschiedensten Drogen aus pflanzlichen oder tierischen Substanzen. In seltenen Fällen sind Tapetenteile, z. B. in Zimmerecken oder über Fußbodenleisten, durchlöchert.

*Schädling.* Der Brotbohrer ist ein kleiner, nur 2 bis 4 mm langer, stumpfbrauner Käfer. Mitunter ist er in Wohn- und Speicherräumen zahlreich an den Fenstern zu finden. Die Eiablage erfolgt an die verschiedensten lagernden Waren: Kekse, altes Brot, Nudeln, Waffeln, Suppenwürfel, Teetabletten usw. Auch trockener Tapetenkleister kann den Larven zur Ernährung dienen; die Speisekarte ist sehr groß. Im Jahre kommt eine Generation zur Entwicklung. Wenn die Käfer aus den Puppen schlüpfen, dann nagen sie sich — wenn notwendig — durch Verpackungsmaterial, das dann wie mit Schrot durchschossen aussieht.

*Bekämpfung.* Befallene Vorräte sind genau zu mustern. Bei verpackt lagernden Suppenwürfeln oder Keksen achte man auf etwa sich zeigende Löcher sowie auf die kleinen Käfer, die sich an Fenstern oder künstlichen Lichtquellen ansammeln. Für Läger verschiedener Art wird bei Brotbohrerbefall eine Vergasung (s. S. 1004) dann erforderlich, wenn eine Durchsicht der Vorräte und das Aussondern befallener Pakkungen nicht möglich ist. Die Käfer in Räumen sind leicht mit Sprühmitteln auf DDT- oder Lindanbasis oder mit Räuchermitteln auf Lindanbasis zu bekämpfen. Diese Käferbekämpfung allein beseitigt aber nicht die Gefahr eines weiteren Schadens, wenn nicht die Brutstellen gefunden und vernichtet werden.

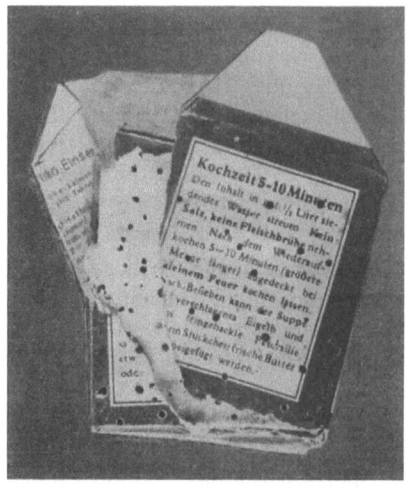

Abb. 401. Brotkäfer-Ausfluglöcher in Suppenwürfel.

**Champignon - Springschwanz (Collembolen).** *Schaden.* Die Stiele der Pilze weisen Löcher und Gruben auf. Dadurch wird der Verkaufswert der Champignons herabgesetzt.

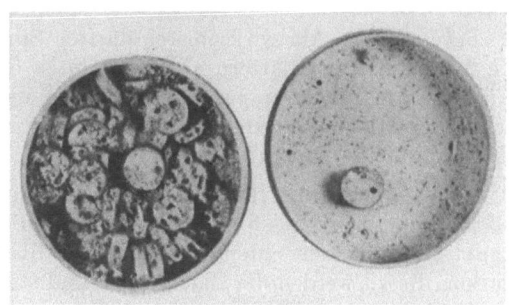

Abb. 402. Brotkäferbefall in Pillenschachtel.

*Schädling.* Außer Milben sind Springschwänze für die Schäden verantwortlich zu machen, die mitunter massenhaft in Gewächshäusern unter Blumentöpfen oder auf Saatkästen vorkommen, aber hier im allgemeinen nicht schädlich werden. Sie ernähren sich vorwiegend von toten organischen Stoffen. Gelegentlich fressen sie auch an zarten Wurzeln und Keimlingen. Es sind winzige, 1 bis 4 mm lange, flügellose Insekten, die sich durch eine unter dem Leib einschlagbare Springgabel weit fortschnellen können. Ihre Farbe ist weißlich oder grau bis braunschwarz.

Abb. 403.
Champignonspringschwanz (10 × vergr., nach *v. Lengerken*) und Fraßschaden.

*Bekämpfung.* Die Kulturen sind nicht zu feucht zu halten. Stalldünger fördert die Entwicklung der Schädlinge, wasseraufsaugende Mittel, wie Kalk, Asche, Ruß, hemmt sie. Die Tiere sind sehr empfindlich gegen Lindan. In der Champignonzucht kann deshalb der für die Deckerde zu verwendende Kompost zur Erzielung eines Dauerschutzes mit einem Lindanstreumittel (s. S. 1008) vermischt werden. Stäuben von Lindanmitteln (s. S. 1023) ist gleichfalls wirksam, ebenso gegen Milben.

**Chlorose oder Gelbsucht.** Wenn die Blätter des Weinstocks (auch anderer Kulturpflanzen) vergilben oder aber bereits gelb gefärbt austreiben, ohne daß erkennbare Schädlinge oder Pilze die Ursache sind, so leidet der Rebstock Mangel. Entweder fehlt im Boden Kalk oder Eisen. Es kann aber auch stauende Nässe die Ursache für die Vergilbung sein (Schlechtwetterchlorose). In allen Fällen sollte über das nächste zuständige Weinbauinstitut oder Pflanzenschutzamt eine genaue Feststellung der Gelbsuchtursachen erbeten werden, um durch richtige Bodenbearbeitung bzw. Düngung die Schäden ausgleichen zu können.

**Chrysanthemenminierfliege (Phytomyza atricornis).** *Schaden.* In den Blättern sind helle, sich schlängelnde Minen gefressen. Bei starkem Befall wird das ganze Blattgewebe zerstört. Die übrig bleibenden Häute der Blattober- und -unterseite trocknen dann zusammen. Die Pflanzen werden unansehnlich, Stecklinge können eingehen.

*Schädling.* In den Minen finden sich bis 3 mm lange Larven einer nur 2 bis 3 mm großen grauen Fliege, die ihre Eier einzeln in die Oberhaut junger Blätter legt. Die Maden verpuppen sich im Fraßgang oder in der Erde. Der gleiche Befall findet sich auf Margueriten, Zinnerarien und anderen Korbblütlern, aber auch auf Pflanzen aus anderen Familien.

*Bekämpfung.* Am wirksamsten dürften Spritzungen mit E-Mitteln sein, welche die Maden in den Blättern abtöten. Unter Glas können die Fliegen durch Verräuchern von Lindanpräparaten vernichtet werden. Durch luftigen Standort läßt sich der Befall weitgehend einschränken, den kräftige Pflanzen leichter überstehen als geschwächte (Düngung!).

**Chrysanthemenrost (Puccinia chrysanthemi).** *Schaden.* Auf der Unterseite der Blätter entstehen 2 bis 5 mm breite, braune Pusteln, aus denen Sporenpulver ausstäubt. Den Pusteln entsprechen auf der Blattoberseite fahle, gelbe Flecke. Bei starkem Befall werden die Blätter gelb und sterben ab.

*Erreger.* Der Rostpilz bildet in den Pusteln die Uredosporen aus. Äzidiosporen sind nicht bekannt. Seltener werden bei uns auch die Teleutosporen entwickelt, was in der Heimat der Pilze in Japan regelmäßig der Fall ist. Die Übertragung von Jahr zu Jahr geht durch infizierte Wurzelschößlinge vor sich, die als Stecklinge benutzt werden. Uredosporen sollen ebenfalls den Winter über am Leben bleiben. In nassen Jahren tritt die Krankheit besonders heftig auf und kann erhebliche wirtschaftliche Schäden verursachen.

*Bekämpfung.* Die Sorten sind sehr unterschiedlich anfällig. In gefährdeten Lagen sind die widerstandsfähigsten Sorten zu bevorzugen. Bei der Stecklingsvermehrung müssen rostbefallene Mutterpflanzen ausgeschieden werden. Zur Verhinderung des Befalls der Pflanzen in regelmäßigen Abständen mit Fungiziden spritzen (s. S. 1025). Schwefelhaltige Mittel sind wirksamer als Kupfermittel. Wichtig ist, die Blattunterseiten zu treffen. Das Pflanzenwachstum muß allgemein gefördert werden, um keine günstigen Voraussetzungen für den Pilzbefall zu schaffen. Einzelne erkrankte Blätter befallener Pflanzen werden abgesondert und bei stärkerem Befall am besten verbrannt.

**Cyclamenmilbe (Tarsonemus).** *Schaden.* Die Blätter der Alpenveilchen sind durch Einrollungen und Knicke verunstaltet, ihr Rand ist gekräuselt. Die Blüten, soweit sie überhaupt noch entwickelt werden, bleiben klein und sind in ähnlicher Weise verkrüppelt. Oft vertrocknen schon die Knospen, und die Blütenstiele sind verbogen.

*Schädling*. Verschiedene Milben der Gattung Tarsonemus verursachen durch ihr Saugen diese Schäden. Es sind kleine Formen, etwa $^1/_2$ mm lang, kugelig oder oval, grau durchscheinend. Zu den Spinnentieren gehörig, besitzen sie 8 Beine; die Larven haben nur 6 Beine. Außer der Erdbeermilbe (T. fragariae) (s. S. 866), die auch an jungen Cyclamen schädlich auftritt, kommt neuerdings die amerikanische Art T. pallidus bei uns vor. Die Übertragung erfolgt mit den Knollen.

Abb. 404. Saugschäden durch Cyclamenmilbe.

*Bekämpfung*. Die Pflanzen müssen wiederholt mit Nikotinseifenlösungen gespritzt oder im Tauchbad mit dem gleichen Mittel behandelt werden. Die Verwendung von Lindanspritz- und -räuchermitteln und von E-Spritz- und -stäubemitteln verspricht ebenfalls gute Erfolge. Der Wert von Calcyanbegasungen wird nicht einheitlich beurteilt. Pflanzen mit starkem Befall werden am besten verbrannt. Verseuchte Erde muß mit Heißdampf oder durch chemische Mittel desinfiziert werden (s. S. 1007). Hohe Luftfeuchtigkeit hemmt die Entwicklung der Milben.

**Dasselfliegen (Oestridae).** *Schaden*. Die auf unseren Haustieren parasitierenden Dasselfliegen oder Biesfliegen verursachen erhebliche wirtschaftliche Schäden. Das Vieh magert bei starkem Befall ab, die Milchleistungen werden gering, das Fleisch ist nicht mehr vollwertig, und die Felle sind durch die Löcher oder Narben entwertet.

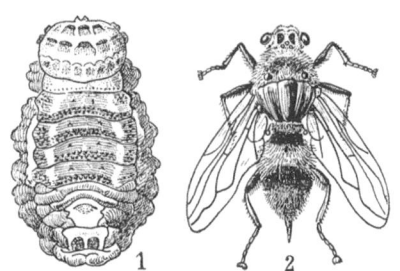

Abb. 405. Dasselfliege und Larve. (Vergr.)

*Schädlinge*. Die Dasselfliegen sind kräftige, stark bepelzte, dunkelgefärbte Insekten mit verkümmerten Mundteilen. Sie sind kurzlebig und werden deshalb im Freien nicht häufig gefunden. Die Larven sind durchweg Innenschmarotzer in verschiedenen Säugetieren, besonders in Wiederkäuern. Sie bohren sich meist durch die Haut in den Körper des Wirtstieres ein, den sie durchwandern, um schließlich wieder unter der Haut zu landen, hauptsächlich am Rücken. Hier entstehen die als Dasselbeulen bekannten Geschwüre, die immer dicker werden. Die herangewachsene Larve kommt aus der Beule heraus und läßt sich zu Boden fallen, um sich dort zu verpuppen. Auf Rindern kommen zwei Arten vor: Hypoderma bovis und H. lineatum. Der Name Biesfliegen rührt von dem unruhigen Verhalten der Rinder her („Biesen"), wenn sie von den Dasselfliegen umschwärmt werden, die ihre Eier an die Haare der Wiederkäuer ablegen wollen. Manche Arten entwickeln sich auch im Nasenrachenraum der Schafe, wohin sie durch das Maul der Tiere gelangen.

*Bekämpfung.* Sie ist durch Bundesgesetz geregelt. Im Frühjahr müssen alle Dasselbeulen am Rindvieh durch Abtötung der darin befindlichen Larven zur Abheilung gebracht werden. Nur abgedasseltes Vieh darf auf die Weide getrieben werden. Die Abdasselung geschieht durch Abtöten der Larven in den Beulen mit einem spitzen Draht, Herausholen mit dem „Dasselhaken" oder durch chemische Mittel, mit denen die befallenen Hautpartien eingerieben werden. Außer den Derrispräparaten werden heute auch bevorzugt Lindanmittel für diesen Zweck empfohlen, die auch durch wiederholte Spritzungen des Weideviehs im Sommer einen guten Schutz vor Dasselbefall gewährleisten.

**Dickmaulrüßler (Otiorrhynchus sulcatus u. a.).** *Schaden.* Die Käfer mehrerer sich ähnlich sehender Arten fressen im Frühjahr an austreibenden Knospen und

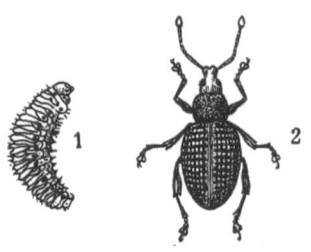

Abb. 406. Dickmaulrüßler und Larve.
(2 × vergr.)

später an Blättern der verschiedensten Kulturpflanzen. Große Schäden sind z. B. im Weinbau bekannt, wo durch Anfressen der Knospen besonders Junganlagen und Rebschulen erhebliche Ausfälle erleiden. Neben den Käfern schaden auch die im Boden lebenden Larven, welche junge und ältere Wurzeln befressen, so daß die befallenen Pflanzen absterben. Schäden dieser Art sind auch wieder im Weinbau besonders empfindlich, wenn z. B. Junganlagen in frisch umgebrochenen Äckern, die vorher mit Klee bestanden waren, angelegt werden. Dickmaulrüßlerlarven können aber auch am Wurzelwerk alter Rebstöcke sowie an vielen anderen Kulturpflanzen schaden.

*Schädling.* Der gefurchte Dickmaulrüßler (O. sulcatus) oder Lappenrüßler ist rund 1 cm lang, schwarz und hat tief gefurchte Deckflügel. Der breit vorgezogene Kopf, der auch den verwandten Käferarten eigen ist, führte zum Namen „Dickmaulrüßler". Die bis zu 3 Jahren lebenden Käfer fressen besonders in Kleeschlägen und Ödland, von wo aus sie benachbarte Anpflanzungen heimsuchen. Leichte Lehm- und Sandböden werden bevorzugt, schwere, bindige Böden gemieden. Die Weibchen legen die Eier während des Sommers am Boden ab, bis zu 500 Stück im ersten und bis 700 Stück im zweiten Lebensjahr. Die fußlosen weißen Larven leben im Boden von Pflanzenwurzeln, überwintern und verpuppen sich im darauffolgenden Frühjahr, nachdem sie rund 1 cm Länge erreicht haben. Im späten Frühjahr, Anfang Sommer schlüpfen dann die Käfer. Zu erwähnen sind hier noch der Fliederblattrüßler (O. rotundatus) und der Fliederknospenrüßler (O. lugdunensis), die beide dem oben beschriebenen Dickmaulrüßler ähnlich sehen und besonders an Flieder gelegentlich durch Knospen- und Blattfraß schädlich werden.

*Bekämpfung.* Die Käfer können durch rechtzeitige Stäubungen oder Spritzungen mit DDT-Mitteln oder mit Kombinationen DDT-Lindan bzw. Lindan-Chlordan bekämpft werden. Sind Schäden durch die Käfer schon aus dem Vorjahre bekannt, dann müssen die beabsichtigten Bekämpfungsmaßnahmen zum Schutze der Knospen früh genug durchgeführt werden. Gegen die Larven im Boden sind u. U. Gießungen mit Lindan- oder Lindan-Chlordan-Mitteln anzuwenden. Lindangießungen zum Schutze von Alpenveilchensämlingen in Pikierkästen oder getopften Alpenveilchen werden in Gärtnereien schon seit Jahren erfolgreich angewendet. In stark befallenen Böden könnten auch Lindanstreumittel bzw. Kombinationen Lindan-Chlordan wirksamen Schutz geben (vgl. Engerlingsbekämpfung S. 863).

**Diebkäfer, Gemeiner (Ptinus fur), D., Australischer (P. tectus).** *Schaden.* Die Larven zerfressen Dauerteigwaren, die verschiedensten Dauerlebensmittel wie Hartwurst, Suppenwürfel etc. genau wie die des Brotkäfers. Die aus den Puppen schlüpfenden Käfer verlassen Verpackungen aus Papier, Karton, u. U. dünnem Holz unter Hinterlassung kreisrunder Bohrlöcher wie die Brotkäfer.

*Lebensweise.* Die Diebkäfer sind 2 bis 4 mm lang. Beim Gem. Diebkäfer, der auch als „Kräuterdieb" bezeichnet wird, ist das Männchen schmal und lang, hellbraun gefärbt, das Weibchen oval, kleiner, dunkel mit weißen Flecken. Der Austral. Diebkäfer ist gelblich bis messingfarben. Bezüglich der Lebensweise gilt im Prinzip das für den Brotkäfer Gesagte. Bemerkenswert beim Kräuterdieb ist, daß die Käfer im Winter in kühlen Räumen, z. B. in Speichern und Aborten, nächtlicherweile herumkriechen, kleinen Spinnen nicht unähnlich.

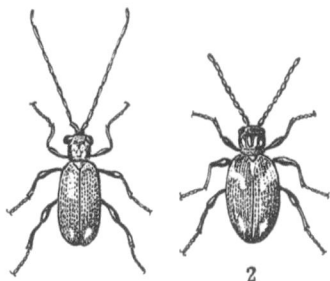

Abb. 407. Diebkäfer. *1* Männchen; *2* Weibchen. (5 × vergr.)

*Bekämpfung.* Vgl. Brotkäfer (s. S. 857).

**Dörrobstmotte (Plodia interpunctella).** *Schaden.* Dörrobst, getrocknetes Gemüse, Getreide, Nüsse, Teigwaren, Schokolade, Tee, Mahlprodukte u. a. werden befressen. Der Schaden wird erheblich vergrößert durch die sehr rege Spinntätigkeit der Larven und Verunreinigung des befallenen Gutes durch Kot. In Lagerhäusern bilden sich mitunter ganze Vorhänge und dichte Knäuel an der Decke, besonders nach der Abwanderung der Raupen aus den befallenen Nahrungsmitteln, um geeignete Verpuppungsplätze aufzusuchen.

*Schädling.* Der Falter ist 1 cm lang, mit kupferroten Flügeln, darüber eine hellgraue Binde. Die gelblichen oder rosafarbenen Raupen sind ausgewachsen, d. h. vor der Verpuppung, bis 1,5 cm lang. Bevor die Raupen sich verpuppen, wandern sie vom Nährsubstrat ab und spinnen unter Decken, in Ritzen von Wandverkleidungen, hinter Rohren, Regalen usw. kleine Kokons, in denen die Umwandlung zu den Puppen vor sich geht. Bei Massenbefall kann es, wenn die abwandernden Raupen sich gegenseitig stören, sogar vorkommen, daß sie Lagerräume durch Türen, Fenster, Luftschächte verlassen.

Abb. 408. Dörrobstmotte. Befallene Nüsse, Raupe und Falter.

*Bekämpfung* ähnlich wie bei der Mehlmotte, jedoch oft schwieriger wegen der Widerstandsfähigkeit der Raupen gegen chemische Bekämpfungsmittel. Im Haushalt einfache Bekämpfung durch Erhitzen des befallenen Gutes und Verhinderung der Ausbreitung durch schnellen Verbrauch.

**Drahtwürmer (Agriotes obscurus, A. lineatus u. a.).** *Schaden.* In den Gemüsebeeten kränkeln und welken einzelne Pflanzen. An den Wurzeln findet man mehlwurmähnliche Larven von gelber bis brauner Farbe. Sie haben 3 Beinpaare; ihr Chitinpanzer ist hart und glatt, wodurch sie ihren Namen erhielten. Ihr Auftreten ist besonders auf Wiesenumbruch häufig. Außer an Salat und Tomatenwurzeln fressen die Larven auch in Kartoffelknollen, Mohrrüben usw., wodurch diese entwertet werden.

*Schädling.* Die Drahtwürmer sind die Larven von Schnellkäfern. Diese Käfer haben ihren Namen durch das Emporschnellen erhalten, das sie zeigen, wenn sie auf den Rücken zu liegen kommen. Die ca. 1 cm langen, braunen Käfer sind im allgemeinen harmlos. Die Eier werden im Boden abgelegt. Zuerst nähren sich die Larven von Humus, dann gehen sie zum Fraß an Wurzeln und Knollen über. Ihre

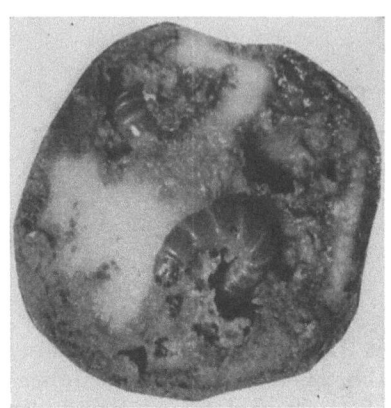

Entwicklung dauert mehrere Jahre. Sie bleiben aus diesem Grunde z. B. in frisch umgebrochenem Wiesenboden noch längere Zeit schädlich, selbst wenn kein neuer Befall eintritt.

*Bekämpfung.* Die älteren Verfahren zur Vernichtung der Drahtwürmer mit Kartoffelstücken als Köder, Salat als Fangpflanzen oder durch Bodenentseuchung mit Schwefelkohlenstoff gelten heute als überholt, seitdem durch die Lindanbodenstreumittel eine einfache und wirtschaftlich tragbare Bekämpfung ermöglicht wurde. Außer den Streumitteln, die je nach Bodenart und Stadium des zu bekämpfenden Schädlings in Aufwandmengen von 0,5 bis 1 kg/ar ge-

Abb. 409. Drahtwürmer in Kartoffel.

braucht werden, können auch Gießmittel mit den gleichen Wirkstoffen Anwendung finden. Die Streumittel werden breitwürfig ausgebracht und durch Harken, Eggen oder Fräsen in den oberen Bodenschichten verteilt. Dies kann durchaus im Herbst geschehen, weil die Wirkungsdauer bis zum folgenden Jahr reicht. Wenn Kartoffeln in behandeltem Boden angebaut werden, dann ist die Herbstbehandlung wichtig, um zwischen Anwendung und Anbau einen genügend langen Zwischenraum zu haben, der jede geschmackliche Beeinflussung ausschließt.

Abb. 410. Engerlingsschaden im Wiesenland.

**Engerlinge.** *Schaden.* An den Wurzeln aller möglichen krautigen und holzigen Pflanzen fressen die Larven verschiedener Käfer aus der Familie der Blatthornkäfer (Lamellicornier). Durch Schädigung des Wurzelwerkes kommt es zu schweren

Schäden, z. B. Vertrocknen von Wiesen und Absterben von Bäumen, besonders von Setzlingen und Jungbäumen in Baumschulen.

*Schädlinge.* Engerlinge folgender Käferarten werden regelmäßig schädlich:

1. Feldmaikäfer (Melolontha melolontha) s. auch Maikäfer,
2. Waldmaikäfer (Melolontha hippocastani) s. auch Maikäfer,
3. Junikäfer (Rhizotrogus solstitialis) s. Junikäfer,
4. Gartenlaubkäfer (Phyllopertha horticola) s. Gartenlaubkäfer.

Die Gestalt der Engerlinge ist bei allen Arten gleich, von gelblichweißer Färbung, weich, plump, mit 3 Paar Brustfüßen, stumpfem Hinterleibsende und kräftigen Fraßzangen. Entwicklungsdauer bei den kleineren Formen 1 bis 2 Jahre, bei den Maikäfern 3 bis 5 Jahre. Verpuppung im Erdkokon.

*Bekämpfung.* Außer dem Einsammeln der Engerlinge hinter dem Pflug war früher nur Schwefelkohlenstoff zur Bodendesinfektion gebräuchlich, ein teures und umständliches Verfahren; außerdem pflanzenschädigend oder bei schonenderer Dosierung nicht genügend wirksam. Heute kann durch den Einsatz von Hexamitteln im Forst und auf Wiesen, bzw. Aldrin-, Chlordan- oder Lindanpräparaten in Feld- und Gartenkulturen die Bekämpfung wirtschaftlich ausgeführt werden. Mit durchschnittlich 100 kg/ha, als Streumittel nach breitwürfigem Ausbringen mit der Hand oder Düngerstreuer mit Harke, Egge oder Fräse eingearbeitet, ist eine erfolgreiche Vernichtung gewährleistet (vgl. Bodenentseuchung, s. S. 1007), sofern die jungen Entwicklungsstadien erfaßt werden.

Abb. 411. Engerlinge. (409—411 Photo Cela.)

Die großen, vor der Verpuppung stehenden Engerlinge sind sehr widerstandsfähig. Die Benutzung von Lindanbrühen ist beim Schutze bereits stehender Kulturen (z. B. junge Bäume) ebenfalls erfolgreich. Die Gebrauchshinweise der betreffenden Erzeugnisse sind zu beachten (vgl. auch Maikäfer S. 918). Neuerdings haben auch Kombinationen von Chlordan bzw. Lindan mit Kunstdünger (Superphosphat) Eingang in die Praxis gefunden.

**Erbsenblasenfuß (Kakothrips robustus).** *Schaden.* An Erbsenhülsen entstehen braune, verkorkte Flecke, die oft mit einem silbernen Häutchen überzogen sind. Die Hülsen erleiden Wachstumsstörungen, in deren weiterem Verlauf sie verkümmern und verkrüppeln. Auch an Blättern und Triebspitzen können die gleichen Flecke auftreten.

*Schädling.* Ende Mai sieht man auf den Erbsen kleine, etwa 1,8 mm lange Insekten mit 4 gefransten Flügeln. Statt der üblichen Endkrallen haben die Tiere

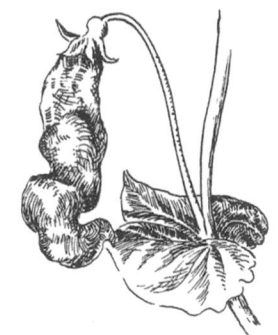

Abb. 412.
Schadbild des Erbsenblasenfußes.

Haftscheiben an den Füßen. Die Eier werden im Juni abgelegt, und zwar vornehmlich in die Erbsenblüten. Die Larven saugen wie die erwachsenen Tiere an den Hülsen, wodurch die charakteristischen Flecke entstehen. Die Larve geht im Sommer in den Boden, wo sie bis zum nächsten Frühjahr ruht. Erst im Mai erfolgt die Verpuppung. Es tritt nur eine Generation des Schädlings auf.

*Bekämpfung.* Gebietsweise verursachen die Blasenfüße einen erheblichen
Schaden und stellen in manchen Gegenden die gefährlichsten Schädlinge für den
Erbsenanbau dar. Die früher gebräuchlichen Nikotinmittel hatten nur eine beschränkte Wirksamkeit. Dagegen ist mit DDT- und Lindanstäubemitteln heute eine
erfolgreiche Bekämpfung möglich. Durch Wechselwirtschaft kann die Ausbreitung
des Schädlings ebenfalls bekämpft werden.

**Erbsen-Brennfleckenkrankheit (Ascochyta pisi).** *Schaden.* Die Krankheit hat
starke Ähnlichkeit mit der Brennfleckenkrankheit der Bohne. Auf allen Pflanzenteilen entstehen braune Flecke, die besonders für die Hülsen schädlich sind.

*Erreger.* Außer dem angeführten Pilz A. p. werden auch durch A. pinodella
und Mycosphaerella pinodes die gleichen Krankheitserscheinungen hervorgerufen.
Die Unterscheidung der Erreger an den Sporenlagern ist möglich, doch für den
Praktiker ohne Bedeutung. Es kommen auch mehrere Pilze gleichzeitig auf einer
Pflanze vor. Bei feuchtem Wetter ist der Befall der Erbsen besonders stark. Wie
bei den Bohnen werden die Samen in den Hülsen entwertet. Sie bekommen graugelbe
bis braunschwarze Flecke. Keimpflanzen aus kranken Samen verkümmern oft
völlig, so daß die Krankheit dem Bilde einer Fußkrankheit gleicht.

*Bekämpfung.* Die Vermeidung der Krankheit ist vor allem durch die Verwendung
einwandfreien Saatgutes möglich, das besonders in trockenen Gebieten gewonnen
wird. Es sollte darüber hinaus stets gebeizt werden, obwohl durch diese Maßnahme
— ähnlich wie bei den brennfleckenkranken Bohnen — nur die wenig infizierten
Samen gesunde Pflanzen ergeben werden. Ein regelmäßiger Fruchtwechsel sichert
eine gute Ernte.

**Erbsenkäfer (Bruchus pisorum).** *Schaden.* Die Erbsen haben Löcher. Im Gegensatz zum Bohnenkäfer findet sich jedoch in jeder Erbse nur ein Schlupfloch.

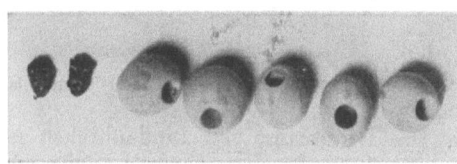

Abb. 413. Von Erbsenkäfern befallene Samen.
Links 2 Käfer.

*Schädling.* Der Käfer ist 5 mm
lang, von ovaler Gestalt, schwarz mit
grünlichgelben Flecken auf den Flügeldecken. Die Eiablage geschieht an
der Pflanze, solange die Erbsen grün
sind. Die Larve bohrt sich durch die
Hülse und frißt die Erbse aus, in der
dann die Verpuppung erfolgt. Die
schlüpfenden Käfer bleiben über Winter in den Erbsen. Im Haushalt kommen die
Käfer jedoch auch in der kalten Jahreszeit zum Vorschein, sobald die Erbsen in
geheizten Räumen aufbewahrt werden. Vermehrung in trockenen Erbsen ist nicht
möglich. Im Frühjahr suchen die Käfer fliegend die neuangelegten Erbsenbeete
auf, falls sie nicht schon durch die Aussaat dorthin gelangt sind. Die Keimschädi-
gung befallener Erbsen ist meist unerheblich.

*Bekämpfung.* Im Haushalt Auslese des vermadeten Vorrats durch Einschütten
in Wasser; die befallenen Früchte schwimmen oben. Verhinderung des Abfliegens
der Käfer ins Freie. In Samenlagern kann verdächtiges Erbsensaatgut mit DDT- oder
lindanhaltigen Stäubemitteln (s. S. 1015) behandelt werden, um alle schlüpfenden
Käfer abzutöten.

**Erbsenmehltau (Erysiphe polygoni).** Die Ausbreitung des Pilzes findet meist erst
gegen Ende der Vegetationszeit statt. In den weißen, mehlähnlichen Überzügen auf
den Blättern werden winzige, gelbe, später schwarze Kügelchen gebildet, die Überwinterungsformen des Pilzes. Eine Bekämpfung ist nur bei frühem Auftreten notwendig und mit den gleichen Mitteln durchzuführen wie beim Kohl. Durch Verbrennen des stark erkrankten Erbsenstrohs wird die Weiterverbreitung verhindert.

**Erbsenrost (Uromyces pisi).** *Schaden.* Auf den grünen Pflanzenteilen der Erbse entstehen im Sommer rundliche, kleine Pusteln, die anfangs hellbraun sind und später schwarzbraun werden. Das Gewebe stirbt ab, und die Blätter werden vorzeitig zerstört.

*Erreger.* Der Erbsenrostpilz ist wirtswechselnd. Außer den Sommersporen, die in den braunen Pusteln auf den Erbsen entstehen und die Krankheit in den Erbsenkulturen weiterverbreiten, werden in den schwärzlichen Pusteln Sporen hervorgebracht, die nur auf einem Zwischenwirt zur Weiterentwicklung kommen. Dies ist die Zypressenwolfsmilch (Euphorbia cyparissias), neben einigen anderen Wolfsmilcharten. Der Wuchs der Sprosse der Wolfsmilch wird durch den Pilzbefall verändert. Die Stengel werden länger und die Blätter kürzer, meist fehlt die Blütenbildung. Der Pilz überwintert in der Wurzel der Wolfsmilch. Im Frühjahr entstehen die Sporen auf der Blattunterseite der Wolfsmilch, von denen die Übertragung auf die Erbsen erfolgt. Neben diesem Rostpilz kommen auf der Wolfsmilch auch andere Rostarten vor, die keine Gefährdung für die benachbart stehenden Erbsen bedeuten.

*Bekämpfung.* Die wirksamste Bekämpfungsmaßnahme ist die Entfernung aller in der Nähe von Erbsen lebenden Wolfsmilchpflanzen. Eine vorbeugende Spritzung der Erbsen mit Kupferkalkbrühe ist zu empfehlen.

**Erbsenwickler (Grapholitha nigricana).** *Schaden.* In den Monaten Juli bis September fressen in den Erbsenhülsen kleine Raupen, die die Samen beschädigen und Kotkrümel hinterlassen.

*Schädling.* Der Falter hat olivbraune, graugelb gesprenkelte Vorderflügel und dunkelbraune Hinterflügel mit hellen Fransen. Die Eier werden einzeln an die Blüte oder Hülse abgelegt. Die Larven bohren sich in die Hülse ein. Zur Überwinterung verlassen die gelblichen 12 bis 13 mm langen Larven die Hülse, in die sie ein rundes Loch fressen, und spinnen sich im Boden einen Kokon. Die Verpuppung erfolgt erst im Frühjahr.

*Bekämpfung.* Die befallenen Flächen sollen tief umgegraben oder gepflügt werden. Frühblühende Sorten werden weniger befallen und sind deshalb zu bevorzugen.

**Erdbeerblütenstecher (Anthonomus rubi).** *Schaden.* An Erdbeeren und Himbeeren abgeknickte, welk herabhängende, vertrocknete Blütenknospen.

*Schädling.* Im Innern der Knospe lebt eine schmutzigweiße Larve mit hellbraunem Kopf, die sich von den welkenden Blütenanlagen ernährt. Die Verpuppung erfolgt ebenfalls in der Knospe, aus welcher im Sommer der kleine Rüsselkäfer schlüpft, dessen

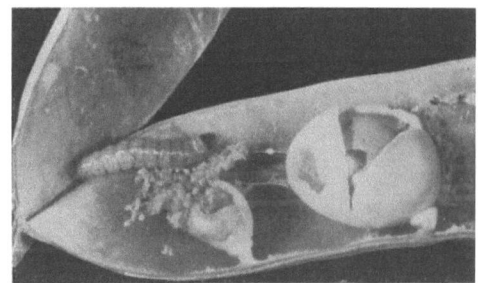

Abb. 414. Raupe des Erbsenwicklers. (Photo Cela.)

Abb. 415. Erdbeerblütenstecher (5 × vergr.) und durch Fraß abgeknickte Knospen.

Fraß an Blättern ohne Bedeutung ist. Der Käfer überwintert in der Erde. In manchen Anbaugebieten kommt es zu erheblichem Ernteausfall durch die Brutpflege des Käfers, der die Blütenknospen mit Eiern belegt und dann die Stiele durchbeißt, damit sie abknicken, welken und abfallen.

*Bekämpfung.* Durch Anwendung staubförmiger Berührungsgifte auf DDT- und Lindanbasis, sobald die ersten Schäden bemerkbar werden.

**Erdbeeren-Weißfleckenkrankheit (Mycosphaerella fragariae).** *Schaden.* Auf den Blättern, meist erst nach der Ernte, bilden sich runde, dunkelrote Flecke, die an Zahl bei nassem Wetter schnell zunehmen. Durch das Absterben der Gewebe im Mittelpunkt der Flecke tritt eine Weißfärbung ein. Das Laub geht vorzeitig zugrunde, und die Pflanzen werden erheblich geschwächt. Der Pilz überwintert in den abgestorbenen Blättern, auf denen die Winterfrüchte als winzige schwarze Pünktchen zu erkennen sind. Im Sommer erfolgt die Verbreitung durch eine andere Sporenart.

*Bekämpfung.* Die „Erdbeerfleckenkrankheit" braucht im allgemeinen nicht bekämpft zu werden, da sie selten gefährlich wird. Notfalls ist vorbeugend mit Kupfer- oder Schwefelkalkbrühe zu spritzen. Feuchtigkeit und stärkere Gaben von Dung fördern die Krankheit. Im Herbst sollten die befallenen Blätter eingesammelt und verbrannt werden. Bestimmte Erdbeersorten werden besonders befallen, deshalb widerstandsfähige Sorten anpflanzen.

**Erdbeermilbe (Tarsonemus fragariae).** *Schaden.* Die jungen Blätter im Herzen der Pflanze sind vom Hochsommer an gekräuselt und entfalten sich nicht. Ganze Erdbeerstauden kümmern und gehen ein, wobei es sogar zur Vernichtung von Anlagen in warmen, trockenen Lagen kommen kann.

*Schädling.* In Falten und Haaren der jüngsten Blätter sitzen die Milben, welche mehrere Bruten im Jahr haben. Die Überwinterung der Weibchen erfolgt in den Blattscheiden.

*Bekämpfung.* Die stärkere Verbreitung der Erdbeermilbe in Deutschland geschah in den letzten Jahren. Durch Spritzungen mit E- und Lindanmitteln werden gute Erfolge erzielt. Das früher übliche Tauchen der Setzlinge in Warmwasser kann durch das einfachere Tauchen in Lindanemulsion ersetzt werden.

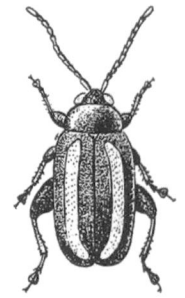

Abb. 416. Gestauchtes Wachstum durch Erdbeermilbenbefall. (Photo Cela.)

Abb. 417. Gestreifter Erdfloh und Larve. (10 × vergr.)

**Erdflöhe (Phyllotreta u. a.).** *Schaden.* Die meisten Kreuzblütler (Kohl, Rettich, Raps), Hopfen und viele andere Gewächse werden von Erdflöhen befressen, worunter besonders die jungen Pflanzen zu leiden haben. Ihre Blätter weisen zahlreiche kleine Löcher auf.

*Schädling.* Erdflöhe sind kleine, meist glänzende Blattkäfer (Chrysomelidae). Das letzte Beinpaar ist zu kräftigen Sprungbeinen entwickelt, mit denen die Erdflöhe gut springen können, was ihnen zu ihrem Namen verholfen hat. Auf Kohlgewächsen finden sich mehrere Arten der Gattung Phyllotreta, so der Schwarze (Ph. atra) und der Blauseidige Erdfloh (Ph. nigripes), ferner der Große, gelbstreifige (Ph. nemorum) und der Geschweiftstreifige Erdfloh (Ph. undulata). Alle Arten sind das ganze Jahr über vertreten. Ihre hellgrauen Larven leben an den Wurzeln, im Wurzelhals oder in Blattminen. Die Verpuppung erfolgt im Boden. Die jungen Käfer fressen gern ab Juni/Juli die Keimlinge der Ölsaaten und gehen dann frühzeitig in die Winterquartiere.

Der 4 mm lange, glänzend schwarze Rapserdfloh (Psylloides chrysocephala) schadet im Herbst und Frühjahr am Winterraps, wo durch den Fraß seiner Larven in den Blattstielen die Pflanzen vergilben und eingehen, so daß Fehlstellen entstehen. Die Käfer selbst fressen in den Sommermonaten an Kohlpflanzen und deren Blüten, ohne großen Schaden zu stiften. Die Eier werden im Herbst auf Rapsfeldern im Boden abgelegt. Die Larven beginnen noch im gleichen Jahr mit dem Fraß und überwintern in den Blattresten. Die befallenen Rapspflanzen können noch Schoten bilden, doch brechen ihre ausgefressenen Stengel leicht um.

Am Hopfen schädigen Flohkäfer aus den Gattungen Chaetocnema, Psylloides und Haltica. Sie fressen im Frühjahr nach der Überwinterung an den jungen Trieben. Ende Mai werden die Eier in den Boden abgelegt. Im Hochsommer erscheinen die Käfer der zweiten Generation und benagen die jüngsten Blätter und die Blüten.

Abb. 418. Erdflohschaden an Radieschen. (Photo Cela.)

Die Erdflohplage macht sich besonders in einem warmen, trockenen Frühjahr oft verheerend bemerkbar.

*Bekämpfung.* Spritzungen oder Stäubungen mit Präparaten auf der Grundlage von Nikotin, Pyrethrum und Derris sind schon lange als wirksam bekannt. Heute werden vor allem DDT- und Lindanmittel verwendet, letztere wegen ihrer Tiefenwirkung besonders zur Bekämpfung der minierenden Rapserdflohlarven. Von feucht gehaltenen Beeten wandern die Käfer ab. Vielfach bieten Ackerunkräuter den überwinterten Käfern die erste Nahrung. Deswegen sollten Ackersenf, Hederich usw. nicht geduldet werden.

**Erdraupen (Agrotisarten).** *Schaden.* Die unteren Blätter, Stiele und die Wurzeln vieler Pflanzen, besonders Knollen, erleiden starke Fraßschäden. Ursache sind erdgraue Raupen, die tagsüber flach unter der Erde liegen und nur nachts zum Vorschein kommen.

*Schädlinge.* Es sind die Raupen verschiedener Erdeulenarten, z. B. der Wintersaateule (Agrotis segetum). Die Falter sind unscheinbar braun und grau gefärbt und fliegen in der Dämmerung. Die Eier werden an niedrigen Pflanzen abgelegt. Zuerst leben die jungen Raupen nur oberirdisch, später fressen sie vorwiegend oder ausschließlich an den Wurzeln. Die ausgewachsenen Raupen sind bis 5 cm lang. In warmen Gegenden gibt es zwei Generationen im Jahre. Die Raupen der letzten Generation überwintern im Boden und verpuppen sich erst im Frühjahr. Fast alle Gemüsearten werden befressen, außerdem richten sie auf Kartoffeläckern und Rübenschlägen sowie in jungen Weinbergen und Rebschulen schwerste Schäden an.

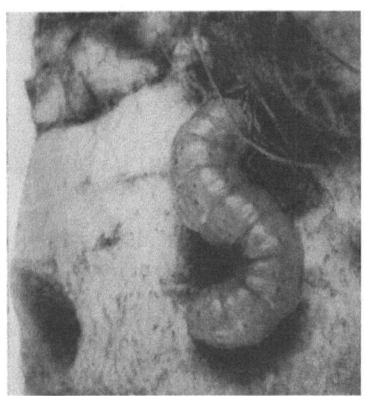

Abb. 419. Erdraupe an Zuckerrübe.
(Photo Cela.)

*Bekämpfung.* Außer mit Fraßgiften (s. S. 1008) können die unteren Pflanzenteile vorteilhaft mit DDT- und Lindanstäubemitteln oder der Boden mit Lindanstreumitteln behandelt werden. Ferner wird das Ausstreuen eines krümeligen Giftköders empfohlen, hergestellt aus 6 kg Weizenkleie, 3—4 l Wasser, 2 l Melasse oder 200 g Zucker, mit einem Zusatz von 250 g Schweinfurter Grün oder 200 g Fluornatrium. Es werden 25 bis 30 kg/ha benötigt. Ungefährlicher für den Kunden sind fertige Lindan-Köder. — Tiefes Pflügen, mehrmaliges Schälen und reichliche Gaben von Kalkstickstoff und Kali sind wichtige Maßnahmen, die noch durch Walzen und Eggen unterstützt werden können. Außer von ihren natürlichen Feinden wie Maulwurf, Igel, Kröte, Star werden die Erdraupen auch von Hühnern gefressen, die man beim Graben oder Pflügen eintreiben kann. Stark verseuchte Felder sollen nicht mit Kartoffeln oder Rüben bestellt werden. Der Anbau anderer Pflanzen muß so zeitig erfolgen, daß die Pflanzen beim Auftreten der Erdraupen schon kräftig sind.

**Essigfliege (Drosophila funebris und andere Arten).** *Schaden.* Viele kleine, lebhafte Fliegen finden sich im Sommer an faulendem Obst, gärendem Fruchtsaft, altem Essig und in Weinkellern.

*Schädling.* Die Fliegen sind nur 3 bis 4 mm lang, mit braunrotem Kopf, rötlicher Brust, im ganzen schmutzigrot. Die Eiablage erfolgt an den schon genannten Stoffen, wo sich die Maden entwickeln. Außer an gärenden Substanzen gedeihen die Fliegenlarven auch an Hefe und Schimmelpilzen bei hoher Temperatur schnell. Die Verpuppung geschieht in stacheligen Kokons, die dann in großer Zahl an der Glaswandung oder dem Deckel von Marmeladentöpfen, Saftflaschen usw. kleben. Die Essigfliegen suchen ebenso wie die Stubenfliegen auch Exkremente auf und können dadurch zu Verbreitern von Krankheiten, wie z. B. Typhus, werden.

*Bekämpfung.* Die Abwehr dieser Fliegen im Haushalt geschieht am einfachsten dadurch, daß man kein faules Obst duldet und Marmelade, Essig u. dgl. unter Verschluß hält. So verschwindet auch ein Massenauftreten bald ohne Bekämpfungsmaßnahmen. Durch Abbrennen eines Fliegenspans oder einer Räuchertablette (beides Lindanpräparate) sofortige Vernichtung der Fliegen, was u. U. in Weinkellern vor dem Abziehen auf Flaschen empfehlenswert ist.

**Feldmaus (Microtus arvalis).** *Schaden.* In manchen Jahren („Mäusejahre") kommt es zur Massenvermehrung der Feldmäuse und dann auch zu empfindlichen Schäden auf Wiesen und Feldern.

*Schädling.* Die kurzschwänzige Feldmaus variiert sehr in der Färbung, je nach Ort des Vorkommens und Alter. Der Rücken ist gelbgrau, zu den Seiten hin heller behaart; der Bauch ist weißlich. Ein Mäusepaar kann theoretisch bis zu 500 Nachkommen haben. Wenn auch diese Zahl in der Praxis nicht zutrifft, dann erkennt man doch daran, daß bei 3 bis 4 Würfen und schnellem Heranwachsen der Jungen die Zahl der Mäuse besorgniserregend zunehmen kann. Kälte und Schnee dezimieren die Mäuse nicht, dagegen ist Frühjahrsnässe gefährlich für sie. Wenn die ersten Würfe hochkommen und das Sommerwetter günstig ist, dann können die Feldmäuse schnell zur Plage werden.

*Bekämpfung.* Sie ist bei starkem Mäusebefall eine Frage der Organisation. Mit Giftgetreide (meist auf Zinkphosphidbasis) ausgerüstete Kolonnen belegen unter Führung eines Ortskundigen große Teile der befallenen Gemarkung, wobei sie sich der Legerohre oder „Legeflinten" bedienen, um die Körner in die Löcher zu bringen. Diese planmäßige Giftauslage kann im Frühjahr und im Spätsommer bis Herbst erfolgen. Räucherpatronen mit oder ohne Apparate sind kostspielig und im Effekt fraglich, weil das weitverzweigte, unterirdische Gangsystem wohl oft ein Ausweichen vor den Giftgasen ermöglicht. Fallen haben nur einen örtlichen Wert; auf großen Mäuseflächen nutzen sie wenig.

**Filzlaus (Phthirius pubis).** Im Gegensatz zur Kopflaus hält sich die Filzlaus an den von Kleidern bedeckten behaarten Körperstellen auf. Zu ihrer Bekämpfung wurden früher Graue Salbe und Cuprex mit gutem Erfolg angewandt, doch haben sich auch gegen diesen Schmarotzer die verträglicheren Spezialpräparate auf Lindangrundlage durchgesetzt. Zur Sicherung des Erfolges müssen auch Leib- und Bettwäsche gewechselt werden. Die Filzlaus zeigt von allen Läusen die größte Abhängigkeit von der Körperwärme und Ernährungsmöglichkeit. Ohne diese Voraussetzungen bleibt sie nur kurze Zeit am Leben.

**Fleischfliegen, Schmeißfliegen (Lucilia, Calliphora u. a.).** *Schaden.* In Haushaltungen werden die fetten Maden lästig und schädlich, wenn sie frisches Fleisch, Dauerfleisch oder Fische in kurzer Zeit ungenießbar machen.

*Schädling.* Die blauglänzenden, grünen oder auch grauen „Brummer" sind allgemein bekannt. Die Weibchen legen Eier in großer Zahl in Haufen ab, mitunter schlüpfen sofort die Maden. Bei günstiger Sommertemperatur sind die Fliegenmaden schon nach 7 bis 8 Tagen so weit, um in der letzten, hartwerdenden Larvenhaut, dem sogenannten „Tönnchen", die Verpuppung durchzumachen. Es kommt also schnell zur Entstehung neuer Fliegen, wenn genügend Brutstätten vorhanden sind.

*Bekämpfung.* Wie bei der Stubenfliege. Schnelle Kadaverbeseitigung und fliegensichere Aufbewahrung von Fleisch und Fleischprodukten in Gazeschränken, Kühlschränken oder unter Drahtglocken ist wichtig.

**Fliedermotte (Gracilaria syringella).** *Schaden.* Im Sommer bis zum Herbst haben die Blätter infolge Minierfraßes große vertrocknete Stellen, durch die sie geschrumpft und verunstaltet sind. Manche Blätter sind von der Spitze aus zur Hälfte oder mehr nach unten eingerollt und dort befressen. Man findet in den Wickeln oder Blattminen kleine hellgrüne Raupen. Auch Liguster und Esche werden befallen.

*Schädling.* Die Fliedermotte ist ein Falter von 12 bis 14 mm Spannweite. Seine Vorderflügel sind goldglänzend braun mit schwarzweißer Fleckung. Die gefransten Hinterflügel sind braun. Die Eier werden ab Mai an die jungen Blätter abgelegt, in deren Gewebe sich die Raupen zu mehreren einbohren und die Minen anlegen. Die Verpuppung erfolgt im Juni in Kokons an den Zweigen oder in der Erde. Erst die Raupen der 2. Generation treten so zahlreich auf, daß ein auffälliger Schaden entsteht. In manchen Jahren können die Fliedersträucher durch die trockenen Blätter wie verbrannt aussehen. Die Raupen der 2. Generation verpuppen sich im Oktober in der Erde. Nach der Überwinterung der Puppe schlüpft der Falter im Mai. In klimatisch günstigen Gebieten oder in einem sehr warmen Sommer sind auch 3 Generationen möglich.

Abb. 420. Fliedermottenbefall.

*Bekämpfung.* Die mechanische Vernichtung durch Zerdrücken der Raupen oder durch Abpflücken der befallenen Blätter bietet nur bei der 1. Generation im Frühjahr Aussicht auf Erfolg. Läßt sich der Zeitpunkt des Schlüpfens der Raupen aus den Eiern gut erfassen, also bei Beobachtung der ersten Blattminen, ist durch E-Spritzmittel (s. S. 1025) eine Abtötung der Raupen zu erwarten. Die Puppen kann man im Herbst nach Lockerung des Bodens durch Hühner aufpicken lassen, die restlichen anschließend durch tiefes Umgraben vernichten.

**Flöhe (Pulex irritans).** *Schaden.* Flohplagen sind heute seltener, da die bessere Wohnhygiene (Staubsauger, Bohnerwachs) die Entwicklung der Flohlarven erschwert. Aber ausgestorben sind die Flöhe nicht! In Wohnungen werden neben dem Menschenfloh gelegentlich Hunde- und Katzenflöhe, in besonderen Fällen auch Hühner- und Mäuseflöhe, lästig.

*Schädlinge.* Unterscheidung der einzelnen Arten ist nur dem Fachmann möglich. Die Färbung und Gestalt aller Flöhe ist einheitlich: Körper seitlich platt-

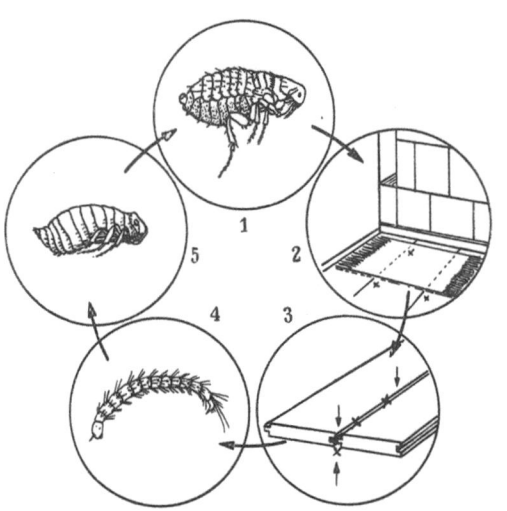

Abb. 421. Entwicklungskreislauf des Hundeflohes.
(Zchg. *Laabs.*)

gedrückt, braun bis schwarz gefärbt, mit langen Sprungbeinen. „Auflesen“ einzelner Flöhe kann überall geschehen, besonders in Verkehrsmitteln, im Theater, Kino usw. Zahlreiche Flöhe sind in einer Wohnung nur, wenn an einer geeigneten Stelle eine Brutstätte ist, z. B. infolge Eiablage eines eingeschleppten Weibchens. Sehr oft sind Hunde- oder Katzenlager („Körbchen“) die Entstehungsorte. Aus den Eiern schlüpfen die kleinen Larven, die Ähnlichkeit mit Fliegenmaden haben und in Dielenritzen oder verstaubten Ecken von organischen Resten aller Art leben. Die Flohlarve verpuppt sich im Kokon, und nach kurzer Puppenruhe schlüpft der Floh. Zu seiner Ernährung braucht er Blut lebender Warmblütler. Viele Säugetiere haben ihre eigene Flohart, die dem Wirtstier im allgemeinen treu bleibt. Nur durch besondere Umstände, z. B. Sterben des blutspendenden Wirtes, kommt es zum zeitweiligen Übergehen auf andere Tierarten oder den Menschen. Die Haustierflöhe haben sich so weitgehend dem Menschen angepaßt und belästigen ihn heute wohl öfter, als es früher der Fall war. Die ärgste Flohzeit ist bei uns der Nachsommer, wenn infolge der hohen Temperaturen während der warmen Jahreszeit eine starke Eiablage und schnelle Larvenentwicklung erfolgt sind. Flöhe hungern, wenn es sein muß, monatelang! Durch Leerstehenlassen von Räumen erreicht man deshalb keine Austilgung von Flöhen, im Gegenteil, eine Flohplage wirkt sich dann bei Neubezug solcher Räume als sehr unangenehm aus, so daß eine Bekämpfung notwendig wird.

Die hygienische Bedeutung der Flöhe ist groß, da sie endemisches Fleckfieber und die Pest (Rattenfloh) übertragen können. Außerdem sind zahlreiche Tierflöhe Zwischenwirte von Bandwürmern.

*Bekämpfung.* Die Verwendung flüssiger oder staubförmiger Kontaktgifte auf DDT- oder Lindanbasis führt bei gründlicher Behandlung der Räume zur Vernichtung der Flöhe mitsamt ihrer Brut, ohne daß eine Wiederholung der Maßnahme erforderlich wird. Treten trotzdem Flöhe auf, dann ist auf Grund der beschriebenen Lebensweise nach dem vielleicht versteckten, ausserhalb der Wohnräume gelegenen Brutherd zu suchen, der meist ein verlassenes Tierlager (Hund, Katze) sein wird.

**Fritfliege (Oscinis frit).** *Schaden.* Die Herzblätter der jungen Getreidepflanzen sind im Frühjahr vergilbt und abgestorben, während die äußeren Blätter grün bleiben. Die Herzblätter lassen sich leicht herausziehen, weil sie unten abgefressen sind.

*Schädling.* An der Stelle, wo das Herzblatt abgenagt wurde, sitzt eine gelblich-

Abb. 422. Fritfliege (20 × vergr.) und Schaden. (Zchg. *Brunner.*)

weiße Made. Sie hat weder Kopf noch Füße und wird 3 bis 4 mm lang. Das Hinterende des Körpers ist etwas verdickt und trägt zwei warzenförmige Höcker. Später liegt am Fraßort eine etwa 3 mm lange, glänzend braune Tönnchenpuppe. Die ausschlüpfende Fliege ist schwarz, metallisch glänzend und 2 bis 3 mm groß. Im Laufe des Jahres entwickeln sich 3 Generationen. Die auf der Wintersaat herangewachsenen Fliegen erscheinen April/Mai und legen ihre Eier an die Sommersaat ab, besonders an Hafer. Bereits im Juni folgt die nächste Brut. Die Eier dieser zweiten Generation werden nicht nur am Wurzelhals abgelegt, wo die Seitentriebe befressen werden, sondern auch in die Ähren. Hier fressen die Larven die Körner aus und verpuppen sich darin. Ab August legen die Fliegen der dritten Generation ihre Eier an die junge Wintersaat ab. Die Larven überwintern an den Pflanzen und verpuppen sich meist erst im Frühjahr. Der Hauptschaden wird durch die erste und die dritte Generation verursacht.

*Bekämpfung* mit Lindan-Saatschutz oder -Streumitteln (s. S. 1007). Die Schäden lassen sich aber weitgehend vermeiden, sofern das Getreide zu einer Zeit gesät wird, wenn keine Fritfliegen vorhanden sind. Die Wintersaat ist deshalb spät (nach dem 20. September) und die Sommersaat früh in den Boden zu bringen. Ferner spielt die Sortenwahl eine große Rolle. Schnellwüchsige Sorten leiden weniger unter dem Befall und sind deshalb vorzuziehen. Grasraine sind eine ständige Gefahrenquelle, da sich in ihnen ebenfalls Fritfliegen entwickeln und von hier aus in die Getreidefelder überwandern. Daher sind die Randpflanzen meist am stärksten betroffen. Grasraine sollten demzufolge möglichst beseitigt werden.

**Frostschutz.** Zur Vereinfachung der allgemein bekannten Frostabwehrbemühungen in Wein-, Obst- und Frühgemüsegebieten durch Feuer mit starker Rauchentwicklung, Papierkappen für einzelne Gemüsepflanzen, Erdbeeren usw. versucht man von seiten der Industrie Frostschutzpatronen in den Handel zu bringen. Die Erfahrungen mit den künstlichen Nebeln, die durch Abbrennen dieser Patronen zur Verhütung von Spätfrostschäden erzeugt werden, sind noch nicht abgeschlossen.

**Frostspanner, Großer (Hibernia defoliaria).** *Schaden.* Lebensweise und Bekämpfungsmöglichkeit wie beim Kleinen Frostspanner (s. S. 873). Das Auftreten dieser Art ist weit seltener zu beobachten. Die Flügelspannweite des Männchens beträgt etwa 4 cm, das flügellose Weibchen wird ca. 1 cm lang. Die bis 3,5 cm lange Raupe ist hellgelb mit dunkelbraunen Rückenstreifen und im ganzen lebhafter gefärbt als die Raupe des Kleinen Frostspanners. Der Falterflug beginnt etwas früher, weshalb das Anlegen der Leimringe zeitiger geschehen muß, wenn man mit dem Auftreten zu rechnen hat.

**Frostspanner, Kleiner (Cheimatobia brumata).** *Schaden.* Der Schadfraß der Frostspannerraupen ist vielfältig: Lochfraß an jungen Blättern, ältere Blätter sind bis auf die Mittelrippe und den Stiel vernichtet, Blütenknospen werden ausgefressen, wodurch der Fruchtansatz unterbleibt. Auch Früchte sind beschädigt, Kirschen z. B. ausgehöhlt. Auf Birnbäumen werden nur die Früchte befressen, nicht das Laub. Befressene Früchte überwinden zwar den Schaden durch Verwachsung, sind aber für den Verkauf wertlos. Noch im darauffolgenden Jahr sieht man die Auswirkung von Frostspannerschäden.

*Schädling.* Außer an Pfirsich finden wir Frostspannerraupen an jedem Obst und an vielen Laubhölzern, so daß auch im Forst Schäden zu verzeichnen sind. Die Raupe bewegt sich spannend, wird bis 2,5 cm lang und ist grün bis bräunlich gefärbt mit einem dunkelgrünen Mittel- und 3 weißen Seitenstreifen. Zur Verpuppung spinnt sie sich schon Anfang Juni ab, kriecht in den Boden und fertigt einen Kokon. Der Falter erscheint im Spätherbst, wenn die ersten Nachtfröste auftreten. Diese sind jedoch nicht Bedingung für das Schlüpfen der Schmetterlinge. In Norddeutschland beginnt das Schwärmen der Faltermännchen Mitte Oktober, in West- und Süddeutschland etwa Ende Oktober. Starker Frost wirkt tödlich auf die Falter. Das Weibchen ist 6 bis 7 mm lang, grau, nur mit Flügelstummeln versehen und daher flugunfähig. Das Männchen hat hellbraune Vorderflügel mit dunklerer Wellenzeichnung; die Hinterflügel sind grau, 3 cm Spannweite. Tagsüber sitzen die Männchen am Boden im Laub, in der ersten Nachthälfte fliegen sie lebhaft und suchen die Weibchen auf, die behende an den Stämmen emporkriechen. Die Eiablage erfolgt in der Krone, in Rindenspalten der Zweigenden und in Nähe der Knospen, je Weibchen ca. 200 Eier. Diese sind erst grün und werden später dunkelrot, wenn sie befruchtet sind. Das Schlüpfen der Raupen beginnt im März zur Zeit des Laubaustriebes.

*Bekämpfung.* 1. Vernichtung der Eier durch die Winterspritzung mit emulgiertem Obstbaumkarbolineum ist nicht ganz sicher. Schweröle sind erfolgreicher, sofern sie zeitig im Frühjahr angewendet werden. Später sind die Eier widerstandsfähiger.

2. Abtötung der Raupen im Frühjahr durch rechtzeitige Vorblütenspritzung. Durch Verwendung von Berührungsgiften (DDT-, E- oder Lindanmittel) wird Arsen entbehrlich, was im Hinblick auf empfindliche Unterkulturen wesentlich ist.

3. Zum Fang der Weibchen sind Leimringe sehr erfolgreich. Wegen des hohen Arbeitsaufwandes meist nur in Gärten und kleineren Anlagen zu empfehlen. Vor dem Anlegen der Leimringe muß die Rinde geglättet werden, damit die Weibchen nicht darunter hinwegkriechen können. Gutes, regenfestes, nicht saugfähiges Papier und anerkannte Raupenleime benutzen! Die Breite der Ringe soll 6 bis 8 cm betragen. Direktes Auftragen des Leimes ohne Papier führt leicht zur Schädigung der Rinde. Sind Baumpfähle vorhanden, so müssen sie auch mit Ringen versehen werden. Leimringe sind unter Beobachtung zu halten, um Brückenbildung durch Laub, Staub oder massenhaften Anflug von Männchen zu verhindern. Bei nachlassender Fangkraft ist der Leim zu erneuern. Bequem und arbeitssparend sind fertig käufliche Leimringe in Rollenform.

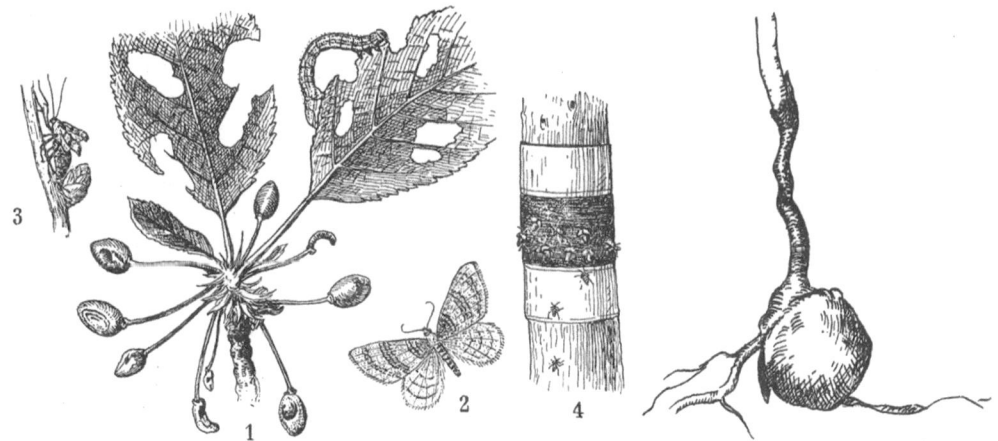

Abb. 423. Kleiner Frostspanner. *1* Raupenschaden an Blättern und Kirschen; *2* Faltermännchen; *3* Eierlegendes Weibchen; *4* Leimring, am Stamm hochkriechende Weibchen.

Abb. 424. Fußkrankheit der Erbse. (Zchg. *Brunner.*)

**Fußkrankheiten (Fusarium).** *Schaden.* An verschiedenen Kulturpflanzen entstehen am Stengelgrund oder Wurzelhals, dem „Fuß der Pflanze", braune oder schwarze Flecke, die durch Zersetzung des Pflanzengewebes verursacht werden. Infolge Unterbindung der Leitungsbahnen welkt die ganze Pflanze und geht zugrunde.

*Erreger.* Es kommen verschiedene Pilze der Gattungen Fusarium in Frage. An *Erbsen* z.B. tritt *Fusarium vasinfectum* auf, der die sogenannte „St. Johannis-Krankheit" hervorruft. Die Erbsen werden gewöhnlich Ende Juni befallen (24. Juni = Johanni). Die Erbsenpflanzen werden einzeln oder nesterweise gelb und verdorren. Das Trockenwerden geschieht von unten nach oben. Die Wurzeln sind braun verfärbt und bergen im Innern das Pilzgewebe und die Sporen des Erregers. Außer der genannten Pilzart rufen auch andere Arten der Gattung Fusarium das gleiche Krankheitsbild hervor. Die Infektion der Pflanzen geschieht durch die Wurzelhaare. Der Befall tritt auf schweren, lehmigen Böden oft verheerend auf. Ungünstig wirken sich Bodennässe und starke Stickstoffgaben aus. Die Übertragung der Sporen, die sich außen am Wurzelhals in weißlichgelben oder hellroten Belägen bilden, kann durch Wind, Regen oder Insekten erfolgen. Auch die Samen werden von der Krankheit erfaßt.

*Bekämpfung.* Die kranken Pflanzen müssen zeitig entfernt und vernichtet werden. Durch entsprechende Bodenbearbeitung ist eine Lockerung des Erdreiches und damit eine Austrocknung anzustreben. Die Saatgutbeizung bringt nur Teilerfolge. Widerstandsfähige Sorten sind nicht bekannt. Fruchtwechsel ist ebenfalls eine wichtige Maßnahme. Neuerdings wird Dithane (s. S. 1029) empfohlen.

**Gartenlaubkäfer (Phyllopertha horticola).** *Schaden.* Das Laub von Bäumen und Sträuchern, auch deren Früchte, sind von Käfern befressen. Der Schädling ist ein kleiner, in der Form dem Maikäfer ähnlicher Käfer mit metallisch grünem Kopf und Halsschild (Abb. S. 919). Im Hochsommer befällt er manchmal massenhaft Laubhölzer, Obstbäume, Brombeeren, Himbeeren und Reben. Aus den im Boden abgelegten Eiern schlüpfen Engerlinge, die sich von zarten Wurzeln im Grasland, an Getreide und Hackfrüchten ernähren und dort bedingt schaden.

Die *Bekämpfung* richtet sich einmal gegen den Käfer (vgl. Maikäferbekämpfung, s. S. 919), zum anderen gegen die Engerlinge im Boden (vgl. Engerlingsbekämpfung, s. S. 863).

**Gerstenstreifenkrankheit (Helminthosporium gramineum).** *Schaden.* Mehrere Wochen nach dem Auflaufen findet man Gerstenpflanzen, deren Blätter helle, parallel verlaufende Längsstreifen zeigen. Die Streifen färben sich allmählich dunkelbraun, platzen auf und lassen die Sporen des Pilzes in Form eines braunen Pulvers (Sporenpulver) zutage treten. Die Pflanzen bleiben in ihrer Entwicklung zurück; wenn noch Ähren gebildet werden, so bringen diese keine Körner, höchstens sogenannte Schmachtkörner.

*Erreger.* Die Sporen gelangen durch den Wind auf gesunde Ähren. Zwischen Spelzen und Samenanlage keimen sie aus, und der Pilz setzt sich in den äußeren Schichten fest. Befallene Körner sind oft an ihrer braunen Farbe zu erkennen. Der Pilz wird also mit dem Saatgut übertragen und geht nach dem Keimen auf die jungen Gerstenpflanzen über. Infektion der Blätter gesunder Pflanzen durch Sporen findet nicht statt.

*Bekämpfung.* Durch Saatbeize (s. S. 1005). Widerstandsfähige Gerstensorten sind zu bevorzugen.

Abb. 425. Streifen-krankheit der Gerste.

**Gerstenhartbrand (Ustilago hordei).** *Schaden.* Neben den gesunden Ähren findet man andere, deren Fruchtanlagen mit der Fruchtwand zerstört sind. An Stelle der Körner schimmern dunkle Brandbutten durch die Spelzen.

*Erreger.* Da die Brandbutten immer härter werden, verstäuben die Sporen nicht. Erst beim Dreschen werden die Sporenmassen frei und haften auf den gesunden Körnern, so daß die jungen Keimpflanzen infiziert werden.

*Bekämpfung.* Für die Bekämpfung sind die gleichen wie für den Weizenstinkbrand empfohlenen Beizverfahren durchzuführen.

**Getreideblumenfliege, Brachfliege (Hylemyia coarctata).** *Schaden.* Der Schaden an jungem Getreide ist dem durch die Fritfliege verursachten ähnlich. Zuerst werden auch die Herzblätter gelb und lassen sich leicht herausziehen, doch sterben die Keimpflanzen schließlich ganz ab. Am Grunde der Pflanzen sitzt eine Made, die nacheinander mehrere Pflanzen zerstört und dadurch schädlicher wird als die Made der Fritfliege. Die Brachfliege wird vor allem an Weizen und Roggen schädlich.

*Schädling.* Die Fliegen schlüpfen Ende Juni und sind bis zum Herbst zu finden. Es tritt nur eine Generation im Jahr auf. Die Eier werden größtenteils im August auf Brachfelder mit leichtem Boden abgelegt. Im Frühjahr schlüpfen die Larven und bohren sich in junge Weizen- oder Roggenpflanzen ein. Im Mai sind sie erwachsen und verlassen ihre letzte Fraßpflanze, um sich im Boden zu verpuppen. Im Gegensatz zur Fritfliege liegen demnach bei Befall durch die Blumenfliege niemals die Puppen dicht an der Fraßpflanze. Die Brachfliege ähnelt in Aussehen und Größe einer kleinen Stubenfliege. Sie ist gelblichgrau und schwarz behaart. Die Larve ist gelblich, walzenförmig und wird bis 8 mm groß.

*Bekämpfung.* Da die Eier nur auf offene Felder abgelegt werden, besteht die einfachste Bekämpfungsmaßnahme darin, die für die Aussaat von Wintergetreide bestimmten Felder während der Zeit der Eiablage (Mitte Juli bis Ende August) nicht brach liegen zu lassen. Schon durch Eggen und Walzen, besser noch durch Zwischenfruchtbau, wird die Eiablage der Getreideblumenfliege auf solchen Flächen verhindert. Lindan-Saatschutzmittel oder -Streumittel anwenden (s. S. 1007).

**Getreidefußkrankheiten,** Weizenhalmtöter (Ophiobolos graminis); Halmbruchkrankheit (Cercosporella herpotrichoides). *Schaden.* Die unteren in der Erde befindlichen Halmteile sind von Pilzen befallen, der Halmgrund wird morsch und braun, und die Pflanzen sterben frühzeitig ab. Die Wurzeln verfaulen, so daß sich die Pflanzen leicht herausziehen lassen.

Bei Befall durch den *Weizenhalmtöter* sterben die Pflanzen nach der Blüte ab. Die Ähren werden bleich (Weißährigkeit) und werden dann oft von Schwärzepilzen befallen. Für diese Krankheit ist auch der Name Schwarzbeinigkeit üblich.

Bei der *Halmbruchkrankheit* werden nicht die Wurzeln befallen, sondern nur der Halmgrund. Der Schaden zeigt sich vor allem an Winterweizen und Gerste, aber auch an Roggen; bei stärkerem Winde brechen besonders die befallenen Roggenpflanzen ab.

*Erreger.* Die Ursache sind die genannten, sich durch Sporen verbreitenden Pilze.

*Bekämpfung.* Zur Verhütung des Auftretens von Fußkrankheiten spielt die Fruchtfolge eine große Rolle. Gerste ist ungünstig als Vorfrucht. Hafer, Kartoffeln und Rüben sind vorzuziehen. Die Getreidestoppeln sind tief umzupflügen, doch sind die Pilzsporen im folgenden Jahre noch lebensfähig, wenn sie beim Pflügen erneut an die Oberfläche gelangen sollten. Eine weitgestellte Fruchtfolge ist deshalb von größtem Wert. Späte Wintersaaten sind vor den Fußkrankheiten besser geschützt als frühe.

**Getreidehähnchen (Lema cyanella und L. melanopus).** *Schaden.* Die Blätter von Getreidepflanzen, besonders von Hafer, zeigen ab Mai auffällige längliche Fraßstellen, die den Schabefraßspuren von Schnecken ähnlich sehen. Oft findet man auch die Urheber des Schadens, schwarzbraune, feuchtglänzende Käferlarven. Die Käfer selbst fressen Löcher in die Blätter.

*Schädling.* Die blauen, metallisch glänzenden Käfer sind 4 mm lang. L. cyanella schillert einfarbig stahlblau und hat schwarze Fühler und Beine. Bei L. melanopus sind Halsschild und Beine gelbrot. Die Käfer überwintern und legen im Frühjahr ihre Eier perlschnurartig an die Blätter ab. Nach etwa einer Woche schlüpfen die Larven, die sich Ende Mai in einem schaumigen Kokon an den Pflanzen (L. cyanella) oder im Boden (L. melanopus) verpuppen.

*Bekämpfung.* Der angerichtete Schaden ist im allgemeinen unbedeutend. Sollte eine Bekämpfung erforderlich werden, so kann mit Fraßgiften gespritzt oder mit den bequemeren Kontaktstäubemitteln vorgegangen werden (s. S. 1022).

**Getreidehalmwespe (Cephus pygmaeus).** *Schaden.* Der obere Teil der Getreidehalme ist abgestorben, die Ähren sind weiß und taub. Am meisten sind Roggen und Weizen betroffen. Im Halm sitzt eine bis 1 cm lange, gelblichweiße, deutlich quergefurchte Larve mit bräunlichem Kopf. Die Knoten sind durchgefressen, und der Halm enthält Kotkrümel und Fraßreste.

*Schädling.* Die Getreidehalmwespe hat eine Länge von 7 mm, ihr Körper ist schlank und schwarz gefärbt mit gelber Zeichnung. Die Eier werden im Mai/Juni einzeln oben im Getreidehalm abgelegt. Die nach etwa 10 Tagen ausschlüpfenden Larven fressen den Halm aus. Kurz vor der Getreideernte ist die Larve ausgewachsen und wandert bis zum Wurzelhals. Dort spinnt sie sich einen Kokon, überwintert und verpuppt sich im Frühjahr. Etwa 14 Tage später schlüpfen die Wespen.

*Bekämpfung.* Nach der Ernte müssen die Stoppeln zusammengeeggt und verbrannt werden. Durch tiefes Unterpflügen der Stoppeln gehen die Larven nicht sicher zugrunde. Es kann vorkommen, daß sich die Larven zur Erntezeit noch weiter oben im Halm aufhalten. In diesem Falle ist das Getreide möglichst dicht über dem Boden zu mähen. Das anfallende Stroh muß dann im Laufe des Winters verbraucht werden, um dadurch die eingesponnenen Larven zu vernichten. Bodenbehandlung mit Lindanstreumitteln soll Halmwespenbefall in Grenzen halten.

**Getreidelaufkäfer (Zabrus tenebrioides).** *Schaden.* Die Blätter und Halme der jungen Getreidepflanzen, besonders von Weizen und Roggen, erscheinen eigenartig zerzaust; sie sind von den Larven des Getreidelaufkäfers zerbissen, die den Saft aussaugen. Die Käfer fressen die noch weichen Körner in den Ähren.

*Schädling.* Der glänzend schwarze Käfer ist etwa 15 mm lang und 6 mm breit. Seine Fühler und Beine sind bräunlich. Tagsüber sind Käfer und Larven verborgen, nachts gehen sie auf Nahrungssuche. Die Käfer sind ab Juni den ganzen Sommer über zu finden. Die Eier werden dicht unter der Erdoberfläche in kleinen Haufen abgelegt. Die Larven schlüpfen nach etwa 2 Wochen. Da sich die Eiablage über einen längeren Zeitraum erstreckt, sind gleichzeitig verschiedene Larvenstadien vorhanden. Die Entwicklung zum Käfer dauert ein Jahr.

Abb. 426. Getreidelaufkäfer.

*Bekämpfung.* Außer dem Abfangen der Käfer am frühen Morgen kommen bei Massenauftreten Spritzungen mit Fraßgiften oder Stäubungen mit DDT-, Hexa oder Lindanpräparaten (20 kg/ha) in Frage (s. S. 1022). Gegen die in senkrechten Erdröhren sitzenden Larven ist mit Hexa- oder Lindanstreumitteln (ca. 100 kg/ha) vorzugehen.

**Getreidemehltau (Erysiphe graminis).** *Schaden.* Bei dicht stehendem Getreide findet man besonders auf den unteren Blättern weiße filzige Überzüge. Die befallenen Gewebeteile sterben ab. Frühzeitiger Befall schadet sehr, da der Stoffwechsel in den kranken Blättern gestört ist.

*Erreger.* Die weißlichen Überzüge auf den Blättern sind dicht verflochtene Pilzfäden, die durch Saugorgane (Haustorien) ihre Nahrung dem Blattgewebe entnehmen. Die Vermehrung geschieht durch Abschnürung von Konidien an der Oberfläche des Fadengeflechtes. Durch den Wind verweht, bewirken sie neue Infektionen auf gesunden Blättern. Später werden Schlauchfrüchte gebildet, in den Mehltaupolstern als schwarze Pünktchen erkennbar. Sie überwintern und bergen in den Kapseln die Sporen für die Neuansteckung des Getreides im kommenden Frühjahr.

*Bekämpfung.* Die sonst übliche Mehltaubekämpfung mit fein gemahlenem Schwefel ist nur in Getreidezuchtbetrieben wirtschaftlich. Um dem Pilz die Entwicklungsmöglichkeiten zu nehmen, darf nicht zu dicht ausgesät werden. Getreidemehltau hat mehrere biologische Rassen, die nicht ohne weiteres von einer Getreideart auf die andere übergehen, Fruchtwechsel ist also zu empfehlen.

**Getreiderostkrankheiten.** *Schaden.* Befall durch Rostkrankheiten zeigt sich durch kleine, gelbe Flecke auf den Blättern, Halmen oder Spelzen, auf welchen bald die braunen, stäubenden Rostpusteln entstehen.

*Erreger.* Der Staub besteht aus unzähligen einzelligen Uredosporen (Sommersporen) der Rostpilze. Dieselben werden vom Winde verweht und können bei ausreichender Feuchtigkeit auf anderen Getreidepflanzen auskeimen und neue Rostpusteln bilden. Gegen Ende der Vegetationszeit stellt der Pilz die Bildung der Uredosporen ein, und es entstehen jetzt die meist zweizelligen, fest auf der Pflanze sitzenden „Teleutosporen". Nach der Überwinterung auf den befallenen Pflanzenteilen keimen sie im Frühjahr aus und bilden vier sehr kleine Sporen. Diese benötigen zu ihrer Weiterentwicklung einen Zwischenwirt. Erst die auf dem Zwischenwirt erzeugten Sporen bewirken wieder auf den Getreidepflanzen Infektionen. Neben diesem geschlossenen Entwicklungskreis spielt für die wichtigsten Rostarten die Überwinterung im Myzelstadium auf der Wintersaat, aufgelaufenem Ausfallgetreide oder Wildgräsern eine große Rolle. Der Zwischenwirt hat nur bei einigen Rostarten eine größere Bedeutung für das Auftreten im nächsten Jahr. Wichtig sind die Zwischenwirte, wenn die einzelnen Rostarten sogenannte biologische Rassen bilden, die nur bestimmte Getreidezüchtungen befallen. Diese Rassen entstehen in erster Linie auf den Zwischenwirten. Durch diese Spezialisierung wird naturgemäß die Züchtung rostwiderstandsfähiger Getreidesorten sehr erschwert. Nachstehend werden die wichtigsten Getreiderostarten kurz beschrieben. Das Krankheitsbild ist oft nicht eindeutig, da mehrere Rostarten gleichzeitig auf einer Pflanze vorkommen können. — *Gelbrost (Puccinia glumarum).* Ein Zwischenwirt ist nicht bekannt. Der Pilz überwintert in erster Linie im Myzelstadium auf den Blättern. Der Gelbrost richtet bei uns auf Weizen oft schwerste Schäden an, auf Gerste kommt er nur in einigen Gegenden vor, Befall von Roggen ist in Deutschland nur sehr selten. Seine Sporenlager sind auf den Blättern geschoßter Pflanzen streifenförmig angeordnet, die Pusteln sind leuchtend gelb. Bei stark anfälligen Weizensorten werden auch die Ähren mit Sporenlagern überzogen. — *Braunrost auf Weizen* (P. triticina), *auf Roggen* (P. dispersa) und *auf Gerste* (P. simplex — Zwergrost). Zwischenwirt des Weizenbraunrostes sind Thalictrumarten (Wiesenraute), des Roggenbraunrostes Anchusaarten (Ochsenzunge) und des Gerstenbraun-(Zwerg-)rostes Ornithogalumarten (Vogelmilch). Die sattbraunen Uredosporenlager befinden sich vor allem an den Blattspreiten, gehen aber auch auf die Blattscheiden und Ähren über. Die Überwinterung erfolgt im Uredostadium auf Getreide und Gräsern. — *Schwarzrost (P. graminis).* Zwischenwirt sind Berberisarten (Berberitze oder Sauerdorn, Mahonie). Die Pusteln sind noch dunkler als beim Braunrost und länglich. Da der Schwarzrost in unserem Klima nicht im Uredostadium überwintern kann, ist er zu seiner Weiterverbreitung auf einen Zwischenwirt angewiesen. — *Haferkronenrost (P. coronifera).* Zwischenwirte sind Rhamnusarten (Kreuzdorn, jedoch nicht der Faulbaum). Wie der Schwarzrost ist er zu seiner Erhaltung auf seinen Zwischenwirt angewiesen. Die Pusteln sind rotgelb und etwas länglich.

*Bekämpfung.* Mit den üblichen chemischen Mitteln nicht möglich oder zu kostspielig. Kalkstickstoff soll die erste Rostausbreitung verzögern. Wichtig ist die

Beseitigung der Zwischenwirte, eine Maßnahme, die beim Schwarz- und Kronenrost die meiste Aussicht auf Erfolg bietet. Berberitze und Kreuzdorn wären also auszurotten. Zu hohe Stickstoffgaben sind zu vermeiden, für genügende Kalizufuhr ist zu sorgen. Das Ziel der Züchtung ist, rostwiderstandsfähige Sorten zu erhalten.

**Getreidestockkrankheit (Anguillulina dipsaci).** *Schaden.* Die Getreideschläge haben deutliche Fehlstellen. Die angrenzenden Pflanzen sind im Längenwachstum stark zurückgeblieben, mit verdickten und manchmal zwiebelartig angeschwollenen Trieben. Es kommt kaum zur Ausbildung von Ähren, höchstens werden Schmachtkörner gebildet.

*Schädling.* Die Ursache des Schadens ist das Stengelälchen, ein winziger, vom Boden in die Pflanze eindringender Wurm. Diese Nematoden leben nur in den Halmen und Blättern, nicht aber in den Wurzeln oder in der Ähre. Entweder gehen die Pflanzen frühzeitig ein oder sie bestocken sich reichlich. Die Eiablage der Würmer oder Älchen erfolgt in den Pflanzen. Bevor diese absterben, wandern die jungen Älchen in den Boden, wo sie bis zu vier Jahren lebensfähig bleiben, wenn sie vorher keine geeignete Nährpflanze finden. Die Übertragung erfolgt mit Bodenteilchen an Ackergeräten, am Schuhwerk usw.

*Bekämpfung.* Da die Älchen eine Reihe von biologischen Rassen gebildet haben, die an bestimmte Getreidearten gewöhnt sind, kann ein Fruchtwechsel zur Verminderung der Plage führen. Im übrigen vgl. Stengelälchen (s. S. 974).

**Goldafter (Euproctis chrysorrhoea).** *Schaden.* Die aus den Winternestern kommenden Raupen befressen im Frühjahr Knospen und Blätter von Laubbäumen. Unter den Waldbäumen wird die Eiche bevorzugt, im Obstbau die Birne.

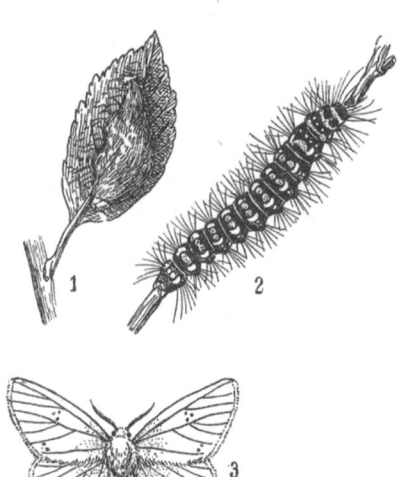

Abb. 427.
Goldafter. *1* Eigelege; *2* Raupe; *3* Falterweibchen.

*Schädling.* Die Raupen sind 3 cm lang, braungrau, mit zwei roten Strichen auf dem Rücken und weißen Seitenlinien. Auf den hinteren Körperringen stehen zwei siegellackrote Warzen. Die Raupe hat lange, büschelförmig stehende Haare, die leicht abbrechen und Hautreizungen (Jucken und Entzündungen) verursachen können. Die Raupen entwickeln eine starke Spinntätigkeit. Im Mai verpuppen sie sich zu mehreren in Nestern, die aus Blattresten zusammengesponnen werden. Im Juni und Juli fliegen die schneeweißen Falter. Sie sind plump und ziemlich träge. Das Weibchen trägt am Körperende ein goldbraunes Haarpolster, das zur Bedeckung der in länglichen Haufen abgelegten Eier dient. Ende Juni schlüpfen die jungen Raupen, die gesellig in Gespinsten leben und nur wenig an den Blättern fressen. Sie überwintern in den sehr dichten und festen „großen Raupennestern", die im Gegensatz zu den „kleinen Raupennestern" des Baumweißlings aus mehreren noch festsitzenden Blättern der Triebenden zusammengesponnen sind.

*Bekämpfung.* Am wirksamsten ist das Abschneiden und Verbrennen der Winternester. Im Frühjahr ist außerdem die Abtötung der Jungraupen durch die Vorblütenspritzung mit Arsenmitteln oder Berührungsgiften (DDT, E, Lindan) möglich (vgl. Obstbaumspritzung, s. S. 967). Ältere Raupenstadien sind gegen chemische Mittel auffallend widerstandsfähig.

**Grauschimmel (Botrytis cinerea).** *Schaden.* Der Grau- oder Traubenschimmel kommt an vielen Pflanzen vor. Der Erreger, ein Pilz, ist keine einheitliche Art, sondern zerfällt in mehrere Unterarten und Rassen. Der Schaden tritt gewöhnlich an geschwächten Pflanzen auf. Manche Unterarten können allerdings auch gesunde, kräftige Pflanzen befallen. Dies trifft offenbar auf die Halsfäule der Zwiebel zu. An den befallenen Pflanzenstellen bilden sich zunächst glasige, wasserdurchtränkte Flecke. Oft treten Welkeerscheinungen auf. Schließlich entsteht ein dichter, grauer Schimmelrasen, in dem die Sporen heranwachsen.

*Erreger.* Außer den Sommersporen, die für die Verbreitung des Pilzes sorgen, werden mitunter in einem späten Stadium der Erkrankung Dauerorgane, die sogenannten Sklerotien, gebildet. Diese Ruhestadien sind anfangs weiß, später schwarz und kommen meist in Form von Krusten oder Körnern im Pflanzengewebe vor. Daneben ist aber auch das Pilzmycel in den infizierten Pflanzenteilen noch lange lebensfähig.

Befallen werden in erster Linie Salat, Gurke und Tomate. In Wein-, Erdbeer- und Himbeeranlagen werden reife und halbreife Früchte befallen, so daß sie faulen. In längeren Regenperioden kann der Pilz verheerend auftreten und die ganze Ernte zerstören. Unter den Zierpflanzen leiden besonders Pelargonien, Primeln, Alpen- veilchen, Goldlack, Zinerarien und Chrysanthemen unter Grauschimmel. Im Winter- lager erkranken außerdem gern Rüben und Zwiebeln.

*Bekämpfung.* Eine direkte Bekämpfung ist nicht möglich. Um so wichtiger ist daher die Vorbeugung. Die Pflanzen sind kräftig zu halten und sollen nicht lange naß stehen. In Kästen und Gewächshäusern ist also gut zu lüften. Alle kranken Pflanzen sind rechtzeitig zu vernichten. Im Winter soll man für reichlich Licht sorgen. Pflanzenabfälle dürfen nicht herumliegen. In Erdbeerkulturen sind die reifenden Früchte durch Unterlegen von Holzwolle möglichst trocken zu lagern. Feste Sorten werden weniger befallen als weiche. Himbeerpflanzungen sollen gut ausgelichtet und von Unkraut freigehalten werden. Einseitige Stickstoffdüngung wirkt krankheitsfördernd und ist zu vermeiden. — Im Weinberg ist der Grau- schimmel gefürchtet, wenn er an reifenden Trauben zu früh auftritt, da Spritzungen nichts nützen. Sehr spät im Jahr kann der Pilz erwünscht sein, da er die sogenannte „Edelfäule" verursacht, die bei Spätlesen die Weinqualität entscheidend verbessert. Vgl. auch Tulpengrauschimmelkrankheit.

**Gurkenblattbrand (Corynespora melonis).** *Schaden.* Auf den Blättern von Ge- wächshausgurken zeigen sich runde, graugrüne Flecke, von den größeren Blatt- nerven oft eckig begrenzt und mit einem hellen Hof umgeben. In der Folge Ver- trocknen der Flecke, später der ganzen Blätter, die mehr und mehr zerreißen. Der Fruchtansatz bleibt gering. Junge oder gelbreife Früchte werden ebenfalls befallen, nicht aber die großen grünen Gurken. Gefährlichste Krankheit im Treibgurkenbau.

*Erreger.* Seit 1909 in Deutschland. Der Pilz lebt im Gewebe der Blätter. Auf den Blattflecken entstehen bei genügend hoher Luftfeuchtigkeit die schwarzbraunen Sporenlager. Weiterverbreitung der Krankheit durch die Sporen, die nur auf nassen Blättern keimen können. Außerdem ist die Übertragung durch die Samen erkrankter Früchte möglich. In diesem Falle zeigen schon die Keimpflanzen die Pilzflecke. Im Freiland tritt die Krankheit nicht auf wegen höherer Wärmeansprüche des Pilzes, höchstens in Kästen im Spätsommer. Auch Melonen erkranken.

*Bekämpfung.* Vermeidung von Samen aus kranken Beständen. Beizung der Samen mit $1/2\%$iger Formaldehydlösung. Befallene Pflanzen müssen sofort ent- fernt und verbrannt werden. Kein Überbrausen der Pflanzen. Gleichmäßige Temperierung der Gewächshäuser, um den Niederschlag von Wasser infolge Abkühlung abzuwenden. Gewächshäuser nach Ausräumung kranker Kulturen gründlich desinfizieren, möglichst auch die Erde, oder diese erneuern. Zur Vorbeugung rechtzeitiges Spritzen mit 1%iger Kupferkalkbrühe. Resistente Sorten bevorzugen.

**Gurken-Brennfleckenkrankheit (Colletotrichum lagenarium).** *Schaden.* Die Blätter zeigen Flecke, die schnell größer werden und ineinanderfließen. Große Teile der Blattfläche fallen aus, so daß die Blätter zerfetzt aussehen. Auf den Blattflecken erscheinen die punktförmigen, oft ringförmig angeordneten, hellrot gefärbten Sporenhäufchen. Außer den Blättern erkranken die Stengel und schließlich auch die Früchte, die blasse, weichwerdende und in Fäulnis übergehende Flecke erhalten. Die Krankheit ist bei uns nur unter Glas und in Gewächshäusern verbreitet; sie befällt auch Melonen. In Südeuropa tritt sie auch in Freilandkulturen auf. Die erkrankten jungen Früchte fallen meist ab.

*Erreger.* Die rosa Überzüge auf den Pflanzenteilen stellen das Fadengeflecht des Pilzes dar. Die darin entstehenden Sporen sorgen für seine Weiterverbreitung. Die Überwinterung erfolgt auf den abgestorbenen Pflanzenresten, doch sind auch offenbar die Samen infiziert, da schon die jungen Keimlinge die Krankheitserscheinungen zeigen. Häufig wird der Pilz durch das Gießwasser im Gewächshaus verbreitet, besonders wenn darin die geernteten und teilweise erkrankten Gurken gewaschen wurden.

*Bekämpfung.* Außer der Saatgutbeizung müssen die Gewächshäuser desinfiziert werden, um eine Ausbreitung der Krankheit von Jahr zu Jahr zu verhüten. Auch eine Bodendämpfung ist anzuraten. Zur Verhinderung der Sporenkeimung auf den Blättern muß Tropfwasser auf den Pflanzen vermieden werden.

**Gurkenkrätze (Cladosporium cucumerinum).** *Schaden.* Die Krankheit befällt besonders die jungen Früchte und stellt die wichtigste Erkrankung der Gurkenfrüchte dar. Es entstehen darauf unregelmäßige, eingesunkene Flecke, die mit einem

schwarz-grünen samtartigen Pilzrasen bedeckt sind. Bei starkem Befall gehen die Früchte zugrunde. Sie werden in ihrem unteren Teil eingeschnürt und verkrüppeln. An älteren Gurken können die Wunden ausheilen. Es wird dann ein weißes Korkgewebe gebildet. Die Infektion kann auch Blätter und Triebe befallen, doch spielt diese Art von Schaden gewöhnlich kaum eine Rolle. In Kastenkulturen, in Gewächshäusern und im Freiland können die Gurkenanpflanzungen schweren Schaden leiden.

*Erreger.* Die Sporen werden im Mycelgeflecht auf den Gurkenfrüchten gebildet. Sie verbreiten die Krankheit schnell weiter. Die Überwinterung erfolgt in den abgestorbenen Pflanzenteilen, von denen im Frühjahr die Neuinfektion an den jungen Pflanzen erfolgt. Außerdem kommt eine Übertragung der Krankheit durch Saatgut und durch Gartengeräte vor. Der Krätzepilz entwickelt sich bei verhältnismäßig niedrigen Temperaturen (21 bis 25° C) und wird durch hohe Luftfeuchtigkeit begünstigt.

*Bekämpfung.* Vorbeugend ist das Saatgut zu beizen. In Gewächshäusern und in Kästen ist vorsichtig zu gießen und gut zu lüften, um ein längeres Feuchtbleiben der Blätter zu vermeiden. Durch das Einhalten hoher Temperaturen, etwa um 30° C, wird die Entwicklung des Pilzes gehemmt. Alle kranken Pflanzenteile

Abb. 428.
Gurkenkrätze.

sind sorgfältig zu entfernen. Notfalls müssen Häuser und Kästen desinfiziert werden. Auch an eine Erddämpfung ist zu denken. In der Anfälligkeit der einzelnen Sorten bestehen Unterschiede, doch ist mit einer Ausnahme („Delikateß") keine absolute Resistenz bekannt. Eine Bekämpfung des Pilzes mit Spritz- oder Stäube-mitteln gilt als aussichtslos.

**Haarlinge (Mallophaga).** *Schaden.* Haarlinge, auch Federlinge oder Pelzfresser genannt, leben in zahlreichen Arten auf der Haut, zwischen den Haaren oder Federn von Warmblütern. Meist sind sie streng an ein bestimmtes Wirtstier gebunden. Da sie sich nur von Hautschuppen, Federn oder gelegentlich einmal von ausgetretenem Blut ernähren, niemals aber stechen oder lebendes Gewebe angreifen, sind sie harmlos und werden nur durch Beun-ruhigung ihrer Wirtstiere infolge des Juckreizes schädlich.

Abb. 429.<br/>Hundehaarling<br/>(stark vergr.).

*Schädling.* Wie die Läuse sind sie stationär, haben auch eine diesen ähnelnde Körpergestalt; sie sind flügellos und stark chitinisiert. Ihre Mundgliedmaßen sind beißend. Die Eier werden an die Haare fest-geklebt. Die Larvenentwicklung dauert nur zwei Wochen. Daß der Hundehaarling (Trichodectes latus) wie der Hundefloh Zwischenwirt des Hundebandwurms (Dipylidium caninum) sein soll, ist noch nicht bestätigt. Auf Haushühnern findet sich der 1 mm lange, sehr be-wegliche Gelbe Federling (Menopon pallidum), auf Tauben kommt der 2 mm lange, schmale Lipeurus baculus vor.

*Bekämpfung.* Bei Sauberhaltung der Tiere und der notwendigen Pflege nehmen die Haarlinge selten überhand. Gegen Insektenstäubemittel auf Grundlage von DDT, Lindan oder Pyrethrum ist dieses Ungeziefer verhältnismäßig empfindlich. Haustiere können auch mit Kresolseifenlösung mit gutem Erfolg gewaschen werden. Die Ställe sind mit dem gleichen Mittel leicht sauberzuhalten, ggf. Lindanräucherung (S. 1010).

**Haarmücken (Bibioniden).** *Schaden.* In Mistbeeten und Anzuchtkästen kränkeln die jungen Pflanzen und gehen teilweise ein. An den Wurzeln sitzen bis 1,5 cm lange graubraune, dunkelköpfige und fußlose Maden: die Larven von Haarmücken.

*Schädling.* Unter den Haarmücken sind die Gartenhaarmücke (Bibio hortulanus) und die Aprilfliege (B. marci) die bekanntesten. Sie sind dunkel gefärbt, lang be-haart und sehen einer Fliege ähnlich. Im Frühjahr schwärmen sie in Massen, wobei die Beine lang herunterhängen. Von den sich träge bewegenden Fliegen werden die Eier am Boden abgelegt, mit Vorliebe in dung- und humusreicher Erde. Die Larven kommen daher vor allem in Komposterde vor, doch sind sie auch im Garten oder auf dem Ackerland anzutreffen. Sie überwintern und richten erst im Frühjahr, gesellig zusammenlebend, durch Fraß an Wurzeln fühlbare Schäden an. Die Ver-puppung erfolgt im Mai in der Erde; kurze Zeit darauf schlüpfen die Fliegen und schwärmen.

*Bekämpfung.* Die Erde für Anzuchtbeete ist zu entseuchen oder durchzusieben, um die Larven zu entfernen. Durch die Verwendung von Hexa- und Lindan-Bodenstreumitteln sind die Köderverfahren mit Kartoffelscheiben und Salat-blättern kaum noch notwendig.

**Hafer-Dörrfleckenkrankheit.** *Schaden.* Schon an den jungen Haferpflanzen zeigen die Blätter besonders bei Trockenheit fahle, später bräunliche Flecke. Die Blüten knicken um. Bei starkem Befall wachsen die Pflanzen nicht hoch, sondern werden von Unkraut überwuchert.

*Ursache.* Die Krankheit ist zu den Mangelkrankheiten zu rechnen, da sich ge-zeigt hat, daß ein Mangel an Mangan für das Auftreten der Krankheit ausschlag-gebend ist. Die Krankheitserscheinungen treten bei Weizen, Roggen und Gerste seltener und weniger deutlich auf. Es sind bestimmte Bodenverhältnisse für das Auftreten der Dörrfleckenkrankheit verantwortlich. Am häufigsten kommt sie auf Moor- und humösen Sandböden vor, dagegen fast nie auf Lehmboden. Ist die

Bodenreaktion durch zu hohe Kalkgaben alkalisch geworden, tritt die Krankheit am ehesten auf. Witterungsverhältnisse spielen ebenfalls eine große Rolle.

*Bekämpfung.* Durch Ausstreuen von 50 bis 150 kg feingemahlenem Mangansulfat je Hektar, je nach Stärke des Befalls, können erkrankte Haferschläge gerettet werden. Die Mangangabe erfolgt zweckmäßig kurz vor oder nach der Saat, kann aber auch noch bis Anfang Mai ausgebracht werden, wenn die ersten Blattflecke auftreten. Bis Anfang Juni kann man Mangan noch in Form einer 6- bis 7%igen Lösung mit 800 l Wasser pro Hektar spritzen. Durch vorsichtige Düngung mit Ammonsulfat oder Superphosphat ist eine Verschiebung der Bodenreaktion nach der schwach sauren Seite anzustreben. Eine gewisse Rolle spielt auch die Sortenwahl des Hafers, worüber das zuständige Pflanzenschutzamt zu Rate zu ziehen ist.

**Haferflugbrand (Ustilago avenae).** *Schaden.* Im Juni treten Haferrispen auf, deren Ährchen in lockere, schwarzbraune Sporenmassen verwandelt sind. Dabei können nur die unteren Ährchen einer Rispe brandig, die oberen dagegen normal ausgebildet sein.

*Erreger.* Die Sporen des Pilzes werden vom Winde auf gesunde Rispen geweht und keimen zwischen Spelze und Fruchtanlage aus, deren oberste Schichten die Mycelien durchwuchern. Nach der Aussaat im Frühjahr dringen die Pilzfäden in die junge Keimpflanze ein, gelangen in die Rispenanlage und wachsen mit ihr hoch. Zur Zeit der Haferblüte beginnt der Haferflugbrand seine Sporen zu bilden und auszustreuen, wozu trockenes Wetter notwendig ist. Durch Regenfälle werden die Sporen zu Boden gespült und dadurch unschädlich gemacht.

*Bekämpfung.* Haferflugbrand wird durch Saatgutbeizung bekämpft (s. S. 1005). Außerdem gibt es einige hochresistente Hafersorten, die in stark gefährdeten Gebieten bevorzugt angebaut werden sollten. Hierüber das zuständige Pflanzenschutzamt befragen.

**Haselnußbohrer (Balaninus nucum).** *Schaden.* Die Haselnüsse haben runde Löcher, der Kern ist ausgefressen. Große Schäden im deutschen Nußanbau, so daß Haselnußanpflanzungen häufig unrentabel sind.

*Schädling.* Ein gelbbrauner Rüsselkäfer von 5 bis 7 mm Länge mit sehr langem, dünnem, gekrümmtem Rüssel. Die Flugzeit beginnt im Mai, der Käferfraß erfolgt vermutlich nur an den Blättern. Eiablage erfolgt an den unreifen Nüssen, die angebohrt werden. Meist gelangt in jede Nuß nur ein Ei. Die schlüpfende Larve ist fußlos, gelblichweiß und zerstört den Kern. Äußerlich erscheint die Entwicklung der Nüsse normal, doch färben sie sich vorzeitig dunkel. Durch ein Loch in der Nußschale gelangt die ausgewachsene Larve in den Boden, wo sie in einer kleinen Erdhöhle überwintert und sich im Frühjahr verpuppt. Es kommt auch ein Überliegen während mehrerer Jahre vor.

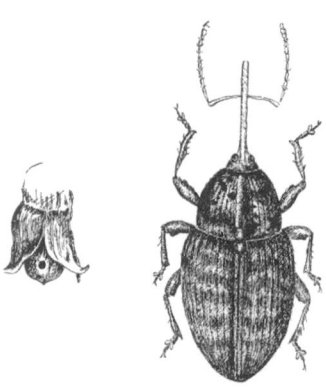

Abb. 430. Haselnußbohrer (vergr.) und Nuß mit Ausflugloch. (Zchg. *Brunner*.)

*Bekämpfung.* Ein Abklopfen der Käfer auf untergelegte Tücher vor der Eiablage dürfte nur in kleinem Umfange möglich sein. Die befallenen Früchte sollten gepflückt oder aufgelesen und vernichtet werden. Über die Bekämpfung mit chemischen Mitteln ist noch wenig bekannt; sie erscheint jedoch mit Berührungsgiften, z.B. Stäuben auf DDT- oder Lindanbasis, aussichtsreich. Der Zeitpunkt der Behandlung wird durch probeweises Abklopfen ab Ende Mai festzustellen sein.

Gute Bodenverhältnisse schränken die Verbreitung des Haselnußbohrers offenbar ein. Jedenfalls werden in dem größten Haselnußanbaugebiet der Erde, am Schwarzen Meer, vornehmlich die schlecht gepflegten Plantagen in trockenen, heißen Lagen geschädigt. Sorten, deren Schale frühzeitig hart wird, sollen weniger unter dem Haselnußbohrer zu leiden haben.

**Hausbock (Hylotrupes bajulus).** *Schaden.* Verbautes Nadelholz in Dachstühlen, seltener in Wohnräumen, ist stark vermulmt. Ovale, unregelmäßig gefranste Fluglöcher sind in den befallenen Hölzern zu finden, meist die ersten Anzeichen für den Schaden, der beim Anritzen oder Abbeilen der unversehrten, oft aber nur noch papierdünnen Holzoberfläche erkennbar wird. Neben Dachbalken können alle freiliegenden Hölzer, aber auch Unterzugbalken, Staken, Schalbretter usw. sowie schließlich Scheuerleisten, Lamperien, Möbelstücke befallen werden.

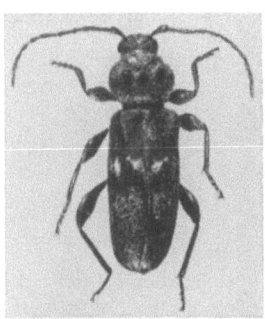  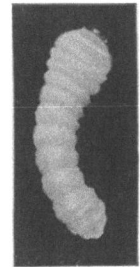

Abb. 431. Hausbockmännchen.    Abb. 432. Hausbockweibchen.    Abb. 433. Hausbocklarve.
(2 × vergr., Photo Cela.)      (2 × vergr., Photo Cela.)

*Schädling.* Der Hausbock, auch Balkenbock oder „Großer Holzwurm" genannt, ist der gefährlichste Holzschädling unseres verbauten Nadelholzes. Erhebungen aus den Jahren 1936/37 zufolge waren ca. 40% der damals vorhandenen Häuser befallen, davon ca. 30000 bis 40000 Häuser in einem Zustand, wo die Tragfähigkeit der Dachbalken als unzureichend angesehen werden mußte (lt. Statistik des Verbandes öffentlicher Feuerversicherungsanstalten). — Der Hausbock ist ein ca. 1 bis 2,5 cm langer, schwärzlich bis dunkelbraun gefärbter Bockkäfer, den wir im Hochsommer auf Dachböden, seltener im Freien an Masten, Zaunpfählen finden. Auf den Flügeldecken ist eine weiße, etwas fleckige Bindenzeichnung auffällig. Das Weibchen erkennt man an der unter den Flügelenden hervorragenden Legeröhre, mit deren Hilfe es die Eier in Ritzen des verbauten Holzes absetzt, etwa 100 bis 300 Stück. Die den Eiern entschlüpfenden fußlosen Larven bohren sich in das weiche Splintholz ein, wo sie — je nach dem Holzzustand und der Temperatur — mehrere Jahre fressen müssen, ehe sie sich verpuppen. Vor der Verpuppung, im Durchschnitt nach 4 bis 5 Jahren Larvenzeit, wird eine Art Puppenwiege angelegt sowie ein bohrmehlfreier Fraßgang, der bis dicht unter die Holzoberfläche führt. Der aus der Puppe schlüpfende, nur wenige Wochen lebende Käfer zwängt sich dann mehr ins Freie als er sich herausnagt. Aus diesem Grunde sind die Hausbockfluglöcher auch so unregelmäßig gefranst im Gegensatz zu den Ausbohrlöchern einiger verwandter Käferarten (Halsgrubenbock, Düsterbock), die ihre Larvenentwicklung nur im frisch geschlagenen Holze durchmachen und mitunter im Larvenstadium mit „eingebaut" werden, um dann einige Zeit nach Bezug eines neuen Hauses zum Schrecken der Besitzer als Käfer zum Vorschein zu kommen. Eine Weitervermehrung dieser „Hausbock-Doppelgänger" im nun trockenen Holz findet nicht statt (vgl. auch Holzwespen, s. S. 893). Die vor der Verpuppung stehende Hausbocklarve

Abb. 434. Fluglöcher der Käfer, charakteristisch sind die gefransten Ränder.

Abb. 435. Hausbockschaden.

Abb. 436. Halsgrubenbock. (2 × vergr., Photo Cela.)

wird 2 bis 3 cm lang. Die Bohrgänge sind im Querschnitt oval und meist mit Genagsel und Kotbrocken fest verstopft, mit Ausnahme der Abschnitte, in denen die Larven die Gänge vorantreiben. Die Holzoberfläche bleibt unversehrt, oft allerdings nur papierdünn, stehen.

*Bekämpfung.* Zwei Verfahren sind an bestimmte Firmen gebunden: Heißluftverfahren (Deuba, Deutsche Bautentrocknung, Hannover-Hainholz, Hansastr. 5) und Zyklon B (Blausäure, Degesch, Frankfurt a. M., Neue Mainzer Str. 60). Mit beiden Methoden kann man Hausbockschäden vollständig beseitigen, ohne allerdings dem Holze einen anhaltenden Schutz zu geben. Die Verwendung von Schutzflüssigkeiten (s. S. 1010) zur Bekämpfung und gleichzeitigen Vorbeugung kann bei richtiger Anleitung vom Privatmann, Zimmermann oder vom Schädlingsbekämpfer ausgeführt werden. Allerdings sind einige Vorarbeiten unerläßlich: Abbeilen der am stärksten vermulmten Außenschichten von Balken, Auswechslung zu stark geschwächter Hölzer, Ausbürsten aller abgebeilten Stellen, um die ins Innere führenden Bohrgänge freizulegen. Säuberung des Dachstuhlraumes von allem Staub und Holzabfällen. Dann erst wird gespritzt oder gestrichen. Je nach dem Mittel sind die Gebrauchsanweisungen und Vorsichtsmaßnahmen genau zu beachten, die Spritzgeräte herzurichten, auswechselbare Arbeitskleidung bereitzulegen. In schlecht heranzukommende Verzapfungen, Deckenbalken oder Balkenköpfe unter Umständen Bohrlöcher hinein, die mit dem Schutzmittel entsprechend der Holzmenge getränkt werden. Besondere „Impfgeräte" stellen die Firmen Anton Springer, Karlsruhe (Springer-Presser) und Hermann Schad (HS-Presser), Stuttgart, her, mit deren Hilfe die Imprägnierflüssigkeiten unter Druck in das Holz gepreßt werden, was eine größere Tiefenwirkung gewährleistet, als dies mit Anstrich oder Spritzung zu erreichen ist.

Abb. 437. Blauer Scheibenbock.

Abb. 438. Abbeilarbeit.
(Photo Avenarius.)

Am besten bekämpft man im Sommer, besonders wenn die Mittel eine Atemgiftwirkung haben. Dann werden die Dachräume auch geschlossen gehalten. Die Eigengerüche von bestimmten Holzschutzmitteln bedingen mitunter, daß die Bodenräume lange Zeit nicht genutzt werden können. In den Jahren nach einer Bekämpfung soll man das Holzwerk unter Beobachtung halten, ob der Fraß nicht trotz aller Sorgfalt irgendwie weitergeht. An diesen Stellen ist nachzubehandeln.

Vorbeugender Holzschutz ist längst nicht so kostspielig. Wenigstens sollte man alle nur schwer erreichbaren Holzteile vor oder während des Einbaus schützen, dann bleibt man später vor Ärger und Unkosten bewahrt. Über die Mittel s. S. 1011.

**Hausmaus (Mus musculus).** In allen Häusern werden gelegentlich Mäuse lästig. Unter mehreren Arten ist die Hausmaus am bekanntesten und am meisten verbreitet. Gegen Ende des Sommers neigen die Mäuse zum Standortwechsel. In Küchen und Speisekammern gibt es Schäden durch Benagen von Vorräten. Schlupfwinkel sind oft unter Dielen und in Zwischenwänden. Fraß und Tätigkeit sind auf die Nachtzeit beschränkt, sofern tagsüber Unruhe herrscht. Die Nagetätigkeit stört die Hausbewohner. Durch abgesetzten Kot in Nähe der Futterstellen wird das Vorhandensein der Mäuse bemerkt. Massenvermehrung von Mäusen geht von wenig benutzten Abstell- und Kellerräumen mit reichlichen Vorräten aus.

*Bekämpfung.* Einzelne Mäuse fängt man mit Schlagfallen oder beseitigt sie durch die vorsichtige Auslage von Giftgetreide. Köder müssen besonderen Anreiz bieten und frisch aus Brot oder Kartoffeln unter Zusatz von Speck oder Räucherfisch hergestellt sein, wenn Gift in vielen Räumen zugleich ausgelegt werden soll. Art der Gifte s. unter Nagetiermittel (s. S. 1017).

Zum Schutz der Haustiere vor Vergiftungen sind die gleichen wie bei der Ratten-bekämpfung näher beschriebenen Vorsichtsmaßnahmen zu beachten.

Abb. 439. Abgebeiltes Holzwerk eines Dachstuhles. (Photo Desowag.)

**Hausmilbe (Glyciphagus domesticus).** *Schaden.* Zu den kleinsten Schädlingen im Hause gehörig, werden sie einzeln kaum jemals bemerkt. Sie sind erst bei massen-hafter Vermehrung auffällig, wenn sie z. B. die befallenen Gegenstände wie eine lebende Staubschicht überziehen.

*Schädling.* Neben der Käsemilbe und der Mehlmilbe findet sich die Hausmilbe am häufigsten in Wohnungen, mit Vorliebe in Polsterfüllungen und Matratzen. Sie frißt Schimmelrasen, die sich in feuchten Räumen auch an Tapeten bilden. Eine hohe Luftfeuchtigkeit ist lebenswichtig. Aus den Eiern schlüpfen sechsbeinige Larven, aus denen sich die achtbeinigen erwachsenen Tiere entwickeln.

Abgesehen von den blutsaugenden Milben, die gelegentlich von Zimmervögeln abwandern und Menschen beißen können, werden die Hausmilben nicht durch Fraß schädlich. Dagegen können sie ernste gesundheitliche Störungen, besonders bei empfindlichen Personen, verursachen, wenn sie mit der Nahrung aufgenommen werden oder auch nur mit der Haut in Berührung kommen (Ausschlag) (s. auch Mehlmilbe, S. 922). Die Begründung ist in den mit winzigen Häkchen versehenen Haaren der Milben zu suchen, die auf den abgestreiften Larvenhäuten und toten Milben bleiben. Sie werden in milbenverseuchten Räumen Bestandteile des Staubes und kommen so in Kleider, auf die Haut und schließlich auch in die Atemwege, so daß Schleimhautreizungen (Asthma) und sogar Darmkatarrhe die Folgen sind.

Die *Bekämpfung* der Milben ist erschwert, da sie gegen chemische Mittel sehr widerstandsfähig sind, auch gegen die neuen Berührungsgifte. Direkte Berührung der Milben durch Salmiak, Petroleum oder Kalium- bzw. Natriumxanthogenat wirkt tödlich. Wirksamer ist die Austrocknung der Wohnungen durch starke Beheizung; bei starkem Befall ist eine Blausäure- oder T-Gas-Begasung empfehlenswert.

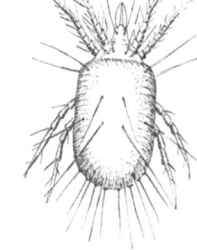

Abb. 440. Hausmilbe.
(Stark vergr.)

Mitunter wandern auch Freilandmilben in Massen in Wohnungen ein, ohne daß für ein derartiges überraschendes Auftreten in Häusern der Grund angegeben werden kann. Dies wurde von Stachelbeermilben (Bryobia praetiosa) beobachtet und von einer anderen Art, die normalerweise in Moospolstern auf den Dächern lebt. Da diese Freilandmilben in Wohnungen keine ihnen zusagenden Lebensbedingungen finden, gehen sie bald ein und verschwinden nach kurzer Zeit von selbst wieder (vgl. Mehl- und Herbstmilbe, S. 922, 890).

Abb. 441. Vom Hausschwamm ausgezehrte (trockenfaule)
Balkenstücke. (Photo Desowag.)

Abb. 442. Trockenfaules Brett.
(Photo Desowag.)

**Hausschwamm (Merulius lacrimans).** *Schaden.* Dielen, Balken, Schwellen, Türpfosten usw. faulen, werden brüchig und morsch. In besonders feuchten Ecken bilden sich kleine bis sehr große, stark nach Speisepilzen riechende Fruchtkörper.

*Erreger.* Der Hausschwamm, oft einfach Schwamm genannt, auch als Echter oder Tränender Hausschwamm bezeichnet, ist ein Pilz. Mit seinem Geflecht, dem

Mycel, zehrt er die Zellwände des Holzes auf, weshalb dieses seine Festigkeit ein-
büßt. Solange das Holz feucht ist, behält es trotz des Schwundes der Festigkeit
seine Struktur. Wird befallenes oder nur noch mit bereits abgestorbenem Pilzgeflecht durchsetztes Holz trocken, dann zeigen sich Längs- und Querrisse. Solches
Holz kann man leicht mit den Fingern zerreiben, der Baufachmann bezeichnet es
als „trockenfaul". Diese Benennung gilt nur dem Holzzustand, eine „Trockenfäule"
als Holzkrankheit gibt es nicht.

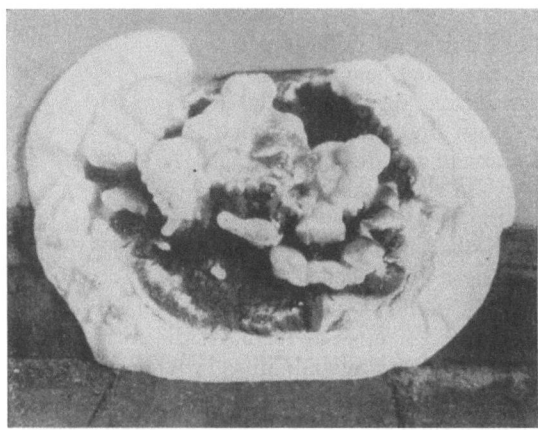

Abb. 443. Hausschwamm, junger Fruchtkörper. (Photo Desowag.)

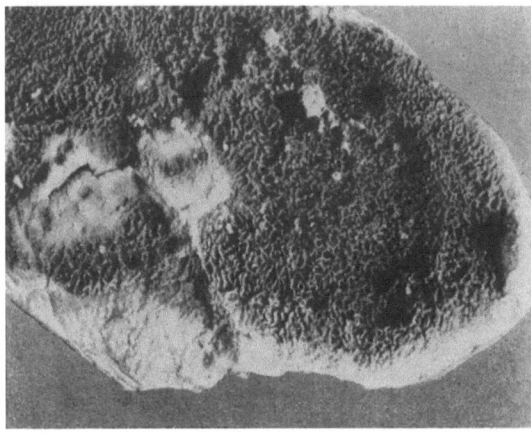

Abb. 444. Hausschwamm, alter Fruchtkörper. (Photo Desowag.)

Der echte Hausschwamm hat
gegenüber verwandten, ebenfalls in Häusern schadenden
Schwämmen die Eigenschaft,
daß er durch Atmung mit Hilfe
seines Mycels tropfendes Wasser abscheiden kann. Dies befähigt den Hausschwamm,
weitab vom Entstehungsort
völlig trockenes Holz zu benetzen und so für den Angriff
durch sein Geflecht vorzubereiten. Hierin liegt die große
Gefährlichkeit des Echten, wegen seiner Wasserabgabe auch
„TränendenHausschwammes".
Mauerwerk kann, sofern genügend Fugen vorhanden sind,
wohl durchwachsen, nicht aber
aufgezehrt werden. Die Bezeichnung „Mauerschwamm"
ist irreführend. Der Fruchtkörper des Hausschwammes ist
im jungen Zustand am Rande
watteweiß, in der Mitte bräun-
lichrot, das Gewebe ist faltig-
wabig. In ihm werden die winzigen Sporen gebildet, die auf
feuchtem Holz bei genügender
Temperatur auskeimen. Junge
Pilzfäden sind weiß, rosa bis
weinrote Randverfärbungen
zeigen sich bei gutem, gelbe
bei schlechtem Wachstum. Die

Pilzstränge können meterlang und dick werden, sind biegsam und von lockerer
Oberfläche. Alte, abgestorbene Stränge sind grau bis schwärzlich, trocken und
brüchig.

Neben dem Hausschwamm gibt es als wichtigste Schwämme in Häusern noch
den Porenhausschwamm (Poria vaporaria) und den Warzen- oder Kellerschwamm
(Coniophora cerebella). Beide Schwammarten sind von ständigen Feuchtigkeits-
quellen abhängig, z. B. undichte Wasserrohre, schadhafte Dachrinnen usw., von
wo aus sie Holz schnell und gründlich zerstören können.

*Bekämpfung.* Schwammschäden können so verheerend auftreten, daß sie schon
seit langer Zeit vom Hausbesitz gefürchtet sind. Sogenannte Schwammparagraphen
spielen bei Verkaufsverträgen von Häusern eine wichtige Rolle. Um sicher zu gehen,

müssen über den Hauszustand Gutachten von Schwammsachverständigen angefordert werden, wie auch eine sachgemäße Bekämpfung auf Grund genauer Kenntnis der auftretenden Schwammart zu gewährleisten ist. Deshalb sollte man Schwammbekämpfung von vornherein einer Fachfirma übertragen. Mittel s. S. 1011.

Vorbeugender Holzschutz ist bei Neubauten unbedingt anzuraten, wenigstens für alle verbauten und schlecht zugänglichen Holzteile. Die Kosten für einen solchen Teilschutz sind niedrig und stehen in keinem Verhältnis zu dem mög-

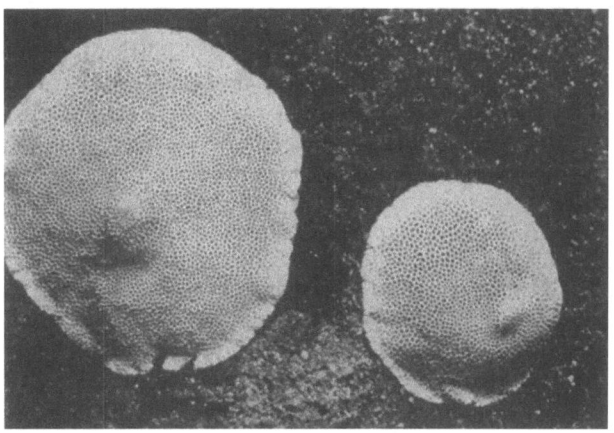

Abb. 445. Porenhausschwamm. (Photo Desowag.)

lichen Schaden. Der chemische hat mit dem sogenannten technischen Holzschutz Hand in Hand zu gehen, d. h. offensichtliche Baufehler müssen unbedingt vermieden werden (Einbringen feuchter Zwischendielenfüllungen, schlechte Wasserableitung vom Dach usw.).

**Heimchen (Gryllus domesticus).** *Schaden.* Die verborgen lebenden Tiere werden in Häusern durch ihr Zirpen, mitunter auch durch Fraß an Textilien und Lederwaren lästig. In Gewächshäusern können sie beträchtliche Schäden durch Abfressen von Keimlingen in Saatschalen und Beeten anrichten.

*Schädling.* Ausgewachsen sind die Heimchen bis 2 cm groß, hell- bis dunkelgelb gefärbt, mit langen Fühlern und Sprungbeinen. Die Männchen haben Schrilleisten an den gut entwickelten Flügeln. Als wärmeliebende Insekten finden wir sie vorwiegend in Heizungskellern, hinter Kachelöfen oder in Wanddurchbrüchen der Warmwasserleitungen. Im Sommer leben die Heimchen vielfach auf Müllplätzen, wo sie sich in Massen entwickeln. Die lange Legeröhre befähigt das Weibchen zur Eiablage in Ritzen und Spalten. Larven sehen den erwachsenen Tieren bereits ähnlich, mit denen

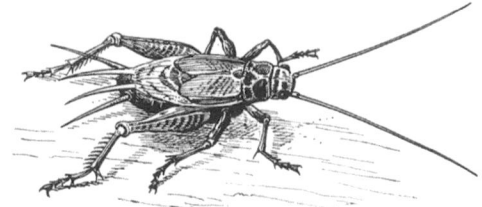

Abb. 446. Heimchen.

sie bei gleicher Ernährung zusammenleben. Die Heimchen fressen Abfallstoffe jeder Art, gelegentlich auch grüne und saftige Pflanzenteile wie Keimlinge oder quellende Samen in Gewächshäusern.

*Bekämpfung.* Mit den gleichen chemischen Mitteln wie bei Schaben (s. S. 1030). Kontaktinsektizide auf DDT- und Lindanbasis sind sehr wirksam. Gewöhnlich genügt ein einmaliges Einblasen von staubförmigen Mitteln in die Schlupfwinkel zur restlosen Beseitigung der lästigen Tiere. Allerdings muß man berücksichtigen, daß die verborgen abgelegten Eier lange Zeit zum Schlüpfen brauchen, weshalb nach einigen Wochen eine Wiederholung der Bekämpfung notwendig sein kann.

**Herbstmilbe (Trombicula autumnalis).** *Schaden.* Die blutsaugenden Larven verursachen am Menschen die sogenannte Trombidiose. Auf der Haut bilden sich
juckende Rötungen und kleine, stark brennende Papeln. Besonders gern werden
Kniekehlen und Achselhöhlen befallen. Es kann ein ausgedehntes Erythem entstehen. Zurückgehen der Erscheinungen unter Abschuppung der Haut.

*Schädling.* Im Sommer und Herbst sitzen die nur 0,2 mm großen Larven oft
zu Tausenden an Gräsern und Sträuchern und warten auf eine Gelegenheit, auf
Warmblüter überzukriechen. Sie sind besonders an feuchte Stellen verbreitet, wo
sich dann Plagen bemerkbar machen können, die als Sommerfrieseln, Herbstbeiße,
Schlernbeiße u. ä. bezeichnet werden. Mitunter werden Erntearbeiten durch das
lästige Ungeziefer empfindlich gestört oder geradezu unmöglich gemacht („Stachelbeermilben" als volkstümlicher Name für die Herbstmilben, nicht zu verwechseln
mit der Stachelbeermilbe Bryobia; vgl. Hausmilbe, s. S. 887).

Nach dreitägigem Blutsaugen fallen die Milben von ihrem Wirt ab und machen
ihre weitere Entwicklung im Boden durch, wo sie auf Insekten leben oder sich von
Pflanzen ernähren.

*Bekämpfung.* Einpudern der befallenen Körperstellen mit Pulvern auf der
Grundlage von Lindan. Schutz vor Befall durch engschließende Arm- und Bein-
bekleidung.

**Heu- und Sauerwurm (Clysia ambiguella und Polychrosis botrana).** *Schaden.*
Die Raupen der Falter „Einbindiger Traubenwickler" (Clysia) und „Bekreuzter
Traubenwickler" (Polychrosis) zerfressen im Juni zur Zeit der Heuernte die Gescheine, die Raupen der Sommergeneration befallen die jungen Beeren, so daß sie
sauer bleiben und faulen.

*Schädlinge.* Ende April bis Mai fliegen die Falter beider Wicklerarten und legen
die Eier an den Gescheinen ab, an denen die rotbraunen (Einbindiger T.) und grün-
grauen (Bekreuzter T.) Raupen die Blütenknospen aus- und anfressen sowie zusätzlich noch verspinnen. Die Verpuppung
der rund 1 cm lang werdenden Raupen
erfolgt in Ritzen der Rebpfähle, der Reb-
triebe und in Blattstückchen, wo die
Puppen im schützenden Gespinst verborgen sind. Die den Puppen entschlüpfenden Falter der Sommergeneration
fliegen Juli-August. Dann werden die
Eier an den jungen Weinbeeren abgelegt.
Aus den Eiern schlüpfen die „Sauer-
würmer", welche die Beeren ausfressen
und miteinander verspinnen. Etwa nach
vier Wochen sind diese Raupen ausgewachsen und suchen dann am Rebholz
oder den Rebstöcken Spalten und Risse
zur Anlage des Verpuppungsgespinstes,
indem sie sich im Herbst zu Puppen
umwandeln, aus denen dann im folgenden Frühjahr die Heuwurmmotten
schlüpfen.

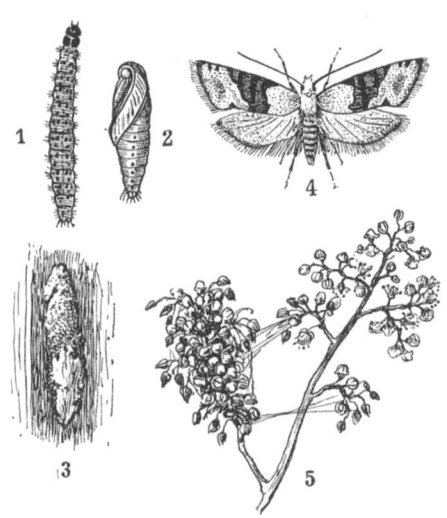

Abb. 447. **Einbindiger Traubenwickler.** *1* Raupe;
*2* Puppe; *3* Puppengespinst; *4* Falter; *5* versponnene
Gescheine („Heuwurm"). (1—4 × vergr.)

*Bekämpfung.* Ein spezielles Heu- und
Sauerwurmpräparat ist das Karbazol-
mittel Nirosan, als Fraßgift wirkend und in verschiedenen Aufbereitungen als
Staub, Spritzmittel und in Kombination mit Kupfer verfügbar. Daneben haben sich

die DDT- und E-Präparate eingeführt, die außer Heu- und Sauerwürmern gleichzeitig andere Schadinsekten erfassen. Wesentlich ist für alle Präparate, daß sie vorbeugend zur Anwendung gelangen. Die Spritztermine werden vom Auftreten der Motten und der Entwicklung der Reben bestimmt.

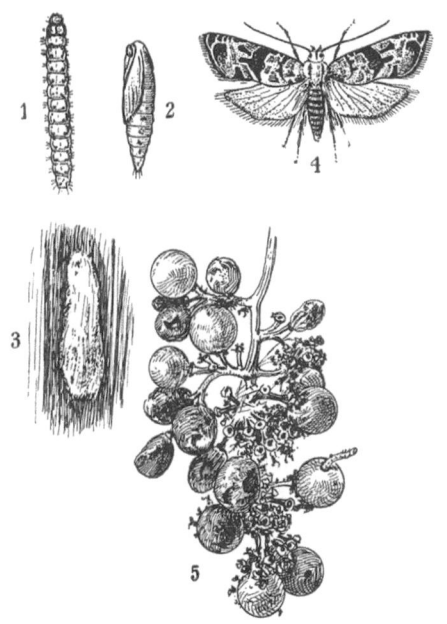

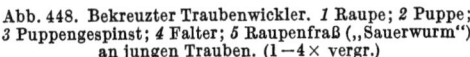

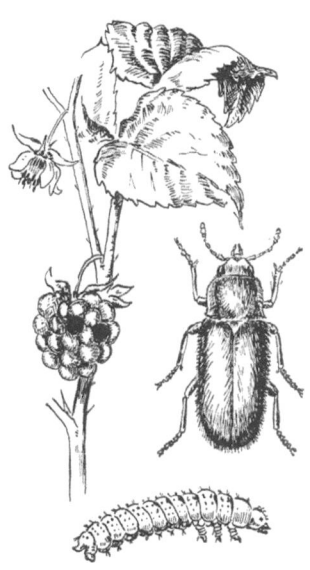

Abb. 448. Bekreuzter Traubenwickler. *1* Raupe; *2* Puppe; *3* Puppengespinst; *4* Falter; *5* Raupenfraß („Sauerwurm") an jungen Trauben. (1—4× vergr.)

Abb. 449. Himbeerkäfer, Larve und befallene Frucht. (Kf. u. Lv. vergr.)

**Himbeerglasflügler (Bembecia hylaeiformis).** Schaden, Biologie und Bekämpfung wie beim Johannisbeerglasflügler (s. S. 895).

**Himbeerkäfer (Byturus fumatus, B. tomentosus).** *Schaden.* In den Früchten finden sich 5 mm lange Larven, die sogenannten „Himbeermaden". Außer den Larven schadet auch der Käfer durch Ausfressen der Blüten. Schon vorher fressen sie Löcher in die Knospen und höhlen sie aus.

*Schädling.* Der Käfer erscheint im Mai zuerst an den Blüten von Apfel, Weißdorn usw. Er ist 4 bis 5 mm lang, hell- bis dunkelbraun, kurz behaart. Die beiden Arten sind nur vom Fachmann zu unterscheiden. Die Eiablage erfolgt einzeln an den jungen Himbeerfrüchten, in die sich die Larven einbohren. Die Verpuppung erfolgt in einem Gespinst in der Erde. Der Käfer schlüpft noch im gleichen Jahr, bleibt aber im Boden. Die Flugzeit im nächsten Jahr dauert von Mai bis August.

*Bekämpfung.* Abklopfen der Käfer in den Morgenstunden in untergehaltene, mit Wasser oder Öl gefüllte Schalen. Die Käfer lassen sich bei der geringsten Berührung der Ruten bereits fallen, so daß man vorsichtig zu Werke gehen muß. Spritzungen (Stäubungen kaum!) mit Präparaten auf DDT-, E- oder Lindanbasis bringen befriedigende Erfolge. Die Behandlung hat kurz vor der Blüte zu erfolgen, zum Schutze der Bienen keinesfalls während der Blüte!

**Himbeermotte (Lampronia [Incuvaria] rubiella).** *Schaden.* Schlechtes Austreiben der Himbeersträucher im Frühjahr und mangelhafte Weiterentwicklung sowie Braunfärbung und Vertrocknen der Knospen, die bis in das Mark der Triebe ausgefressen sind. In der verdickten Befallsstelle lebt die 7 bis 10 mm lange, dunkelrote Raupe mit braunem Kopf.

*Schädling.* Die Himbeermotte, auch „Himbeerschabe" genannt, hat eine ähnliche Entwicklung wie die Johannisbeermotte, ist aber wohl weit seltener. Der Kleinschmetterling fliegt während der Himbeerblüte. Die Eiablage erfolgt in der Blüte zwischen den Staubgefäßen. Die Raupe frißt sich in die reifende Frucht ein, verläßt sie aber bald wieder, um sich an den Trieben oder in der Erde einen Kokon zu spinnen, wo sie überwintert. Im April des nächsten Jahres dringt die Raupe in die Knospen ein; sie zerstört nacheinander mehrere. Durch diese „sitzengebliebenen" Augen entsteht eine erhebliche Ertragsminderung.

*Bekämpfung.* Am wirksamsten ist eine gründliche Spritzung der Sträucher und des Erdbodens mit Obstbaumkarbolineum oder Gelbspritzmitteln zur Vernichtung der überwinternden Raupen. Günstiger Zeitpunkt ist Ende März vor dem Austrieb. Der Bedarf an Spritzflüssigkeit beträgt etwa 1 l auf den Quadratmeter.

**Himbeerrutenkrankheit.** *Schaden.* Im Frühsommer entstehen an den grünen Trieben nahe dem Erdboden zunächst blauviolette Flecke, die ihren Ursprung meist von einer schlafenden Knospe in einer Blattachsel nehmen. Die Flecke vergrößern sich zu Streifen, in deren Bereich die Rinde abstirbt. Auf den verholzten Trieben wirken dann die Flecke silbergrau, die schwarzen Pünktchen darauf sind die Fruchtkörper eines Pilzes. Erst im nächsten Frühjahr treiben die befallenen Ruten nicht mehr aus und sterben ab. Es stehen dann zwischen normal belaubten Trieben zahlreiche dürre, vertrocknete.

*Ursache.* Bisher wurde der Pilz *Didymella applanata* als Erreger des Rutenabsterbens angesehen. Nicht in allen Fällen wird er in den erkrankten Anlagen gefunden, wo sich dann der Pilz *Leptosphaeria coniothyrium* nachweisen läßt. Beide Pilze entwickeln Haupt- und Nebenfruchtformen mit verschieden gestalteten Sporen. Die Beziehungen beider Pilze zu der „Rutenkrankheit" sind noch nicht genügend geklärt. Wahrscheinlich ist ein ganzer Komplex von Schädigungen der Himbeersträucher notwendig, um die Krankheit ausbrechen zu lassen. Dazu gehören: 1. ungünstige Bodenverhältnisse (Trockenheit, mangelhafte Düngung); — 2. Rißbildung an den Ruten; — 3. Gallmückenbefall; — 4. Pilzbefall.

Abb. 450.
Rutenkrankheit der Himbeere.

*Bekämpfung.* Vorbeugend ist für gute Bodenbearbeitung und Unkrautbekämpfung zu sorgen. Der Stand der Sträucher soll nicht zu dicht sein. Erkrankte Ruten und überzählige Triebe sind schon im Sommer herauszuschneiden und zu verbrennen. Spritzungen mit Kupferkalkbrühe (1- bis 3%ig) sind ab Mai in regelmäßigen Abständen durchzuführen, wobei besonders die unteren Teile der Ruten sorgfältig benetzt werden sollen. Zur Netzung der mit einer Wachshaut überzogenen Himbeerruten ist Beimischung eines Benetzungsmittels oder einer Mineralölemulsion in Sommerkonzentration notwendig. Die einzelnen Himbeersorten scheinen gegen die Rutenkrankheit verschieden anfällig zu sein.

**Holzwespen (Sirex, Paururus).** *Schaden.* In Neubauten erscheinen aus Dielen und Balken große gelbe oder blauglänzende Wespen unter Hinterlassung kreisrunder Ausfluglöcher. Mitunter sind Linoleum oder Teppichbeläge durchbohrt.

*Schädling.* Die gelbe Riesenholzwespe (Sirex gigas) und die blauglänzende Kiefernholzwespe (Paururus juvencus) sind etwa gleich häufig. Die Weibchen tragen deutliche Legestachel, die nicht zum Stechen, sondern zur Ablage der Eier in das

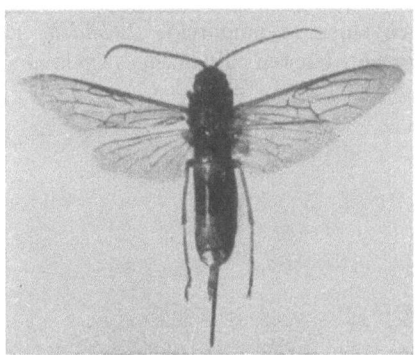

Abb. 451. Riesenholzwespe, Weibchen.

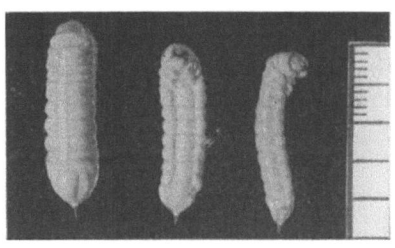

Abb. 452. Larven der Riesenholzwespe.

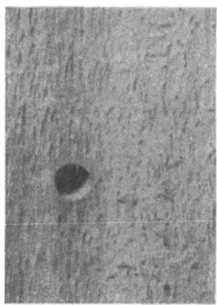

Abb. 453. Flugloch der Holzwespe.

Holz dienen. Im Holze bohren die dreh-
runden, weißen und sechsbeinigen Larven
Gänge von kreisrundem Querschnitt, die
sie hinter sich fest mit Bohrmehl und Kot
vollstopfen. Da die Eiablage an geschlagenen Stämmen im Walde oder auf dem
Holzplatz vorgenommen wird, sind die
Larven nur in frischem Holz zu finden und
auch nur dort lebensfähig. So werden sie mit schnell zur Verarbeitung gelangendem Holz oft ungesehen verbaut, verpuppen sich, und die schlüpfenden Wespen kommen dann zum Schrecken des Besitzers im neuen Haus zum Vorschein. Da sie sich aber in trockenem Holz nicht weitervermehren können, sind die Holzwespenschäden oft nur Schönheitsfehler. Ärgerlicher ist es, wenn die aus Balken und Dielen schlüpfenden Holzwespen Bodenbeläge oder gar fest auf dem Ausbohrloch stehende Möbelstücke durchbohren.

*Bekämpfung.* Nur vorbeugend, indem man den Einbau von Holz, das Holz-
wespenlarvenspuren an Schnittstellen aufweist, vermeidet.

**Hyazinthenrotz, Gelbfäule (Pseudomonas hyazinthi).** *Schaden.* Die Hyazinthen-
zwiebeln werden während der Winterlagerung weich. Im Innern sind sie faulig, das Herz wird zu einer gelben, stinkenden Masse, so daß die Blätter beim Treiben nicht zur Entwicklung kommen, während die Wurzeln kräftig wachsen können. In leichteren Fällen wird noch der Blütenstand gebildet, der dann aber welkt und abstirbt. Die Zwiebel kann trotz der Infektion am Leben bleiben.

*Erreger.* Die Gelbfäule wird durch ein Bakterium verursacht. Auf dem Felde wird es von kranken Pflanzen durch Wind, Regen oder mechanisch auf die benachbarten gesunden übertragen, wodurch oft eine kreisförmige Ausbreitung ent-
steht. Eine Überwinterung des Krankheitserregers im Boden scheint nicht möglich zu sein.

*Bekämpfung.* Erkrankte Knollen müssen rücksichtslos entfernt und vernichtet werden. Die Einfuhr kranker Zwiebeln ist verboten. In Holland werden die Bekämpfungsmaßnahmen sehr sorgfältig durchgeführt und überwacht. Sie teilen sich in die Maßnahmen bei der Anzucht, bei der Ernte und auf dem Lager. Hier wird

im Herbst eine Heißluftbehandlung der Zwiebeln durchgeführt, um die erkrankten am schnellen Fortschreiten der Fäulnis infolge der hohen Temperatur erkennen zu können. — Zu große Stickstoffgaben machen die Zwiebeln anfällig für den Gelben Rotz.

**Japanische Gewächshausheuschrecke (Tachycines asynamorus).** *Schaden.* In Gewächshäusern werden Sämlinge der verschiedensten Pflanzen (Cyclamen, Primeln, Salat usw.) abgefressen.

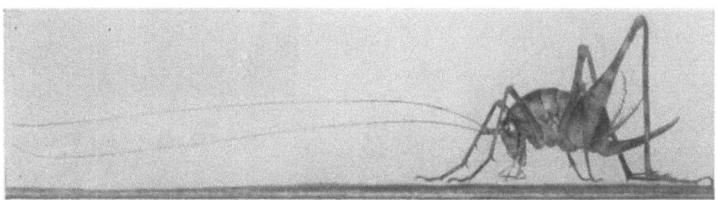

Abb. 454. Japanische Gewächshausheuschrecke.

*Schädling.* Die Gewächshausheuschrecke ist etwa Ende vorigen Jahrhunderts von Ostasien eingeschleppt worden und lebt bei uns nur in Treibhäusern. Den Heuschrecken fehlen Flügel, dafür haben sie wie andere Höhlenheuschrecken um so längere Fühler. Weibchen werden bis 2 cm lang, kenntlich an einem „Legesäbel", mit dessen Hilfe die Eier einzeln in den Boden abgelegt werden. Ein Weibchen kann mehrere Hundert der 2 mm langen weißen Eier hervorbringen. Die jungen Larven sind schwärzlich bis grau; später ähneln sie mehr und mehr den Geschlechtstieren, welche braungelb marmoriert gezeichnet sind. Alle Entwicklungsstadien leben tagsüber verborgen, an den Unterseiten der Gewächshaustische oder der Decke des Heizraumes sitzend. Des Nachts gehen sie auf Nahrungssuche, wobei dann neben kleinen Insekten auch Pflanzenteile, z. B. Keimlinge, gefressen werden. Die Entwicklung vom Ei bis zur erwachsenen Heuschrecke dauert etwa ein Jahr.

*Bekämpfung.* Neben dem Ausgasen der Häuser mit Calcyan hat sich in letzter Zeit Spritzen, Stäuben oder Räuchern der Präparate auf DDT-, E- oder Lindanbasis eingeführt. Da die im Boden liegenden Eier Wochen und gegebenenfalls Monate brauchen, ehe die Larven ausschlüpfen, müssen Bekämpfungsmaßnahmen wiederholt werden.

**Johannisbeeren-Blattfallkrankheit (Pseudopeziza ribis).** *Schaden.* In feuchten Sommern erscheinen auf dem Laub zahlreiche braune bis schwärzliche Flecke, die Blätter rollen sich nach oben ein, werden gelb, trocknen und fallen ab. Völlige Entlaubung der Sträucher kann schon im August eintreten, wodurch die Sträucher geschwächt und die Beeren schlecht ausgebildet werden. Befallen werden vornehmlich rote und weiße Johannisbeersorten, seltener schwarze.

*Erreger.* Die Überwinterung des Pilzes erfolgt in den abgefallenen Blättern, von denen die Infektion des jungen Laubes ausgeht. Nach dieser Wintersporenansteckung kommt später die Verbreitung durch die Sommersporen.

*Bekämpfung.* Sorgfältige Sortenauswahl wegen unterschiedlicher Widerstandsfähigkeit sollte im Einvernehmen mit dem zuständigen Obstbaumwart geschehen. Außer Einsammeln und Verbrennen des Laubes ist die Spritzung mit 1%iger Kupferkalkbrühe, am besten nach der Ernte, bei zeitigem Auftreten der Krankheit nach der Blüte zu empfehlen. Ausnahmsweise werden auch Stachelbeeren befallen, von denen einige Sorten kupferempfindlich sind. Vorsicht beim Spritzen ist deswegen geboten!

**Johannisbeerglasflügler (Sesia tipuliformis).** *Schaden.* An einzelnen Trieben von Johannisbeer- und Stachelbeersträuchern erfolgt plötzliches Welken und Absterben der Blätter. Im Mark des Zweiges sitzt eine 2 bis 3 cm große weißliche Raupe mit braunem Kopf.

*Schädling.* Der Falter ist schön blauschwarz gefärbt, etwa 1 cm lang. Das Männchen hat um den Hinterleib vier gelbe Ringe, das Weibchen nur drei. Die Eiablage geschieht vom Mai bis Juli in der Nähe der Knospen, durch die sich die Raupen bis ins Mark hineinfressen. Überwinterung erfolgt in den Zweigen, Verpuppung im März.

*Bekämpfung.* Eine Bekämpfung ist nur durch Abschneiden und Verbrennen der befallenen Triebe möglich, ehe der Schmetterling ausfliegt.

**Junikäfer (Rhizotrogus solstitialis).** *Schaden.* Die Käfer fressen an den gleichen Bäumen wie die Maikäfer (s. S. 918), besonders an Weiden, Himbeeren und Reben. Auch die Engerlinge können in derselben Weise schädlich werden. Sie leben vorzugsweise in lockeren Böden warmer Lagen mit dichtem Pflanzenwuchs.

*Schädling.* Der Junikäfer (s. Abb. 483) ist halb so groß wie der Maikäfer, hellbraun gefärbt, mit starker Behaarung auf den Flügeldecken. Er schwärmt etwa vier Wochen später als der Maikäfer und tritt von Jahr zu Jahr in wechselnder Stärke auf. In Flugjahren wird ein Massenauftreten ähnlich wie beim Maikäfer beobachtet. Der Engerling des Junikäfers ist dem des Maikäfers ähnlich, er wird 2 cm lang. Seine Entwicklung dauert 1 bis 2 Jahre.

*Bekämpfung.* Für die Bekämpfung gelten die gleichen Grundsätze wie beim Maikäfer. Sowohl für die Vernichtung der Käfer wie der Engerlinge eignen sich in erster Linie Hexa- oder Lindanmittel. Näheres vgl. Maikäfer und Engerlinge.

**Kakaomotte, Heumotte (Ephestia elutella).** *Schaden.* Kakaobohnen werden befressen und versponnen. Außerdem werden Mandeln, Nüsse, Heu usw., ähnlich wie es die Larven der Dörrobstmotte tun, befallen. Hauptschädling in Schokoladenfabriken. Eiablage auch an Schokolade vor der Verpackung, so daß der Käufer darin Maden vorfindet.

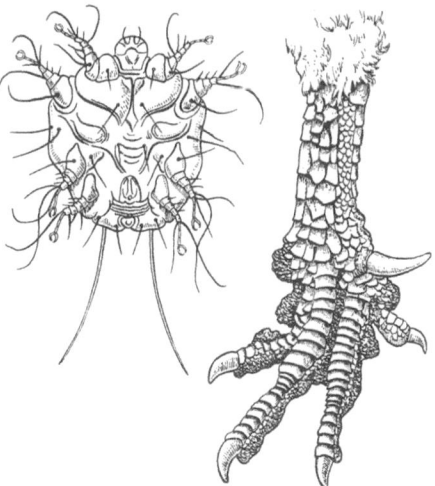

*Schädling.* Der Falter ist etwas größer als die Dörrobstmotte, kenntlich an zwei hellen, wellenförmig verlaufenden Linien mit dunklem Saum auf den einfarbig grauen Vorderflügeln. Er wird auch als „Graue Dörrobstmotte" oder „Heumotte" bezeichnet. Die Raupe ähnelt sehr der Raupe der kupferroten Dörrobstmotte und ist daher nur vom Fachmann zu unterscheiden, was auch für die Puppengespinste und Puppen gilt.

*Bekämpfung.* Mit gleichen Mitteln wie bei der Mehlmotte (s. S. 923).

**Kalkbeine der Hühner (Chemidocoptes mutans).** *Schaden.* Unter den Hornschuppen an den Beinen der Hühner sammelt sich ein weißliches Pulver,

Abb. 455. Kalkbeinmilbe (stark vergr.) und befallener Hühnerfuß.

wodurch die Schuppen an den Rändern abstehen. Auch Serum tritt unter den Schuppen hervor. Schließlich bilden sich an den Beinen dicke Borken, welche die Beweglichkeit der Beine einschränken und die Hühner beim Laufen behindern. Die Bezeichnung „Kalkbeine" ist treffend. In schweren Fällen werden auch Kamm und Nacken befallen. Bei länger andauerndem, ohne Behandlung bleibendem Leiden können die Hühner eingehen.

*Schädling.* Ursache der Erkrankung sind Räudemilben, die unter den Hautschuppen leben und eine Übergangsform zwischen Endo- und Ektoparasitismus darstellen.

*Bekämpfung.* Die früher benutzten Mittel Petroleum, Terpentin, in reiner Form oder emulgiert angewandt, sind heute durch die besser und sicher wirkenden Lindanemulsionen (s. S. 1014) abgelöst. Ein einmaliges Bestreichen der Kalkbeine genügt, um die Milben abzutöten und die Borken zur Abheilung zu bringen.

### Kartoffelkäfer (Leptinotarsa decemlineata). *Schaden.* Der Kartoffelkäfer

("Koloradokäfer") und seine Larven fressen Löcher in die Kartoffelblätter. Zunächst werden die obersten Blätter benagt und schließlich die ganzen Pflanzen bis auf die

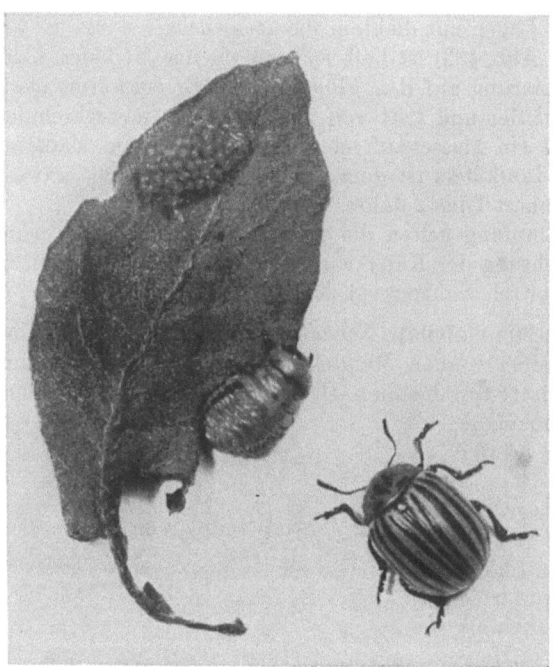

Abb. 456. Kartoffelkäfer, Larve und Eigelege. (Photo Kuban.)

Stiele aufgefressen. Der Knollenansatz bleibt aus. Außer auf Kartoffeln wird auch eine ganze Reihe anderer Nachtschattengewächse befressen, daneben gelegentlich auch Kohl, manche Unkräuter, Hafer und sogar Johannisbeerlaub.

*Schädling.* Das Aussehen des schwarzgelb gestreiften Kartoffelkäfers und seiner Entwicklungsstadien ist in den letzten zehn Jahren durch die Aufklärungstätigkeit der landwirtschaftlichen Behörden allgemein bekannt geworden.

Die Käfer überwintern im Boden in einer vor starkem Frost geschützten Tiefe. Im Frühjahr erscheinen sie oft schon, wenn die Kartoffelfelder eben grün werden, in manchen Jahren noch eher. Sie fressen dann die ersten Blätter ab und beginnen bald mit der Eiablage, die sich über Monate hinzieht. Ein Weibchen legt während eines Sommers durchschnittlich 700 bis 800 Eier. Es kommen auch Eizahlen von über 1000 Stück/Jahr vor. Weibchen können zwei Sommer überdauern. Die Larven schlüpfen nach 5 bis 12 Tagen und fressen zunächst Löcher in die Blätter, um sie dann vom Rande her bis auf die Stengel abzunagen. Nach 3 bis 4 Wochen, in denen sich die Larve dreimal häutet, verpuppt sie sich im Boden. Schon nach 8 Tagen schlüpft der Käfer, macht seinen Reifungsfraß an den Kartoffelstauden durch, und das Weibchen beginnt, nach der Befruchtung Eier abzulegen. Die Entwicklungsdauer einer Generation beträgt rund 6 Wochen. In einem Jahr können somit 3 Bruten auftreten. Zur Überwinterung graben sich die Käfer tief in den Erdboden ein. Es kommt vor, daß einzelne Käfer überliegen, d. h. zwei Winter und einen Sommer ununterbrochen im Boden verbringen.

*Bekämpfung.* Schon bevor der Kartoffelkäfer — von Frankreich zuwandernd — die deutschen Grenzen im Westen erreicht hatte, wurden die Bekämpfungsmaßnahmen wegen der Gefährlichkeit des Schädlings durch Gesetze geregelt. Trotz größter Bemühungen des eigens geschaffenen „Kartoffelkäfer-Abwehrdienstes" (KAD) konnte das weitere Vordringen des Käfers nach Osten nur verlangsamt, nicht aber verhindert werden. Die Verbreitung des Käfers wurde dann durch den Kriegsausbruch 1939 begünstigt, weil Menschen und Material für den KAD immer knapper wurden. Die allgemeine Pflicht zur Bekämpfung des Kartoffelkäfers auf den befallenen Feldern besteht zur Zeit nur noch in der DDR, aber nicht mehr in der Bundesrepublik. Hier ist jedem Kartoffelanbauer die Bekämpfung selbst überlassen. Allerdings greift beratend und helfend der Pflanzenschutzdienst ein. Die älteste Bekämpfungsmaßnahme ist die mehrmalige Arsenspritzung (1% Kalkarsen). Stäuben mit arsenhaltigen Mitteln ist verboten. Von den modernen Kontaktmitteln werden u. a. Chlordan-, DDT-, Lindan- und Mischpräparate der Wirkstoffe als Stäube, Emulsionen oder Suspensionen in sehr großem Umfang zur Kartoffelkäferbekämpfung benutzt. Von den E-Präparaten wurde ein spezielles Cumarinphosphorsäureester-Mittel entwickelt. Bei rechtzeitiger Anwendung der genannten Bekämpfungsmittel werden die Kartoffelkäfer so wirksam vernichtet, daß die Ernte gesichert ist (s. S.1022).

**Kartoffelkrautfäule, Knollenfäule der Kartoffel, Kartoffelbraunfäule (Phytophthora infestans).** *Schaden.* Die ersten Anzeichen werden meistens erst im Juli im vollen Laube bemerkt, wenn einzelne Blätter braune Flecke zeigen, die auf der Blattunterseite von einem weißlichen Flaum umrandet sind. Bei geeigneter feuchtwarmer Witterung greift die Erkrankung schnell auf die ganze Staude einschließlich der Stengel über. Große Flächen des Kartoffelackers können in kurzer Zeit zum Absterben gebracht werden. Die Knollen erkranken ebenfalls, das Fleisch weist unter der etwas eingesunkenen Schale braune, nicht scharf abgegrenzte Stellen auf.

*Erreger.* Erreger ist der gleiche Pilz wie bei der Krautfäule der Tomaten (s. S. 981), die Krankheitsbilder sind bei beiden Pflanzen ähnlich. Für die Entwicklung der zitronenförmigen Pilzsporen müssen die Blätter naß sein. Der Keimschlauch dringt in das Blatt ein und bildet im Blattgewebe ein dichtes Mycel. Durch die Spaltöffnungen treten die Sporenträger wieder heraus, wodurch weitere Infektionen des

Abb. 457. Kartoffelkrautfäule.

Laubes und der Knollen im Boden möglich werden. Es gibt mehrere Biotypen des Pilzes mit unterschiedlicher Virulenz.

*Bekämpfung.* Außer den scheinbaren gibt es zweifellos auch echte Resistenzunterschiede, wenn auch volle Widerstandsfähigkeit bisher von keiner Sorte bekannt ist. Die Immunitätszüchtung hat wegen der biologischen Rassenbildung des Pilzes mit großen Schwierigkeiten zu kämpfen. Laub und Knollen einer Kartoffelsorte können gegenüber dem Erreger ungleich anfällig sein. Das Pflanzgut ist sorgfältig zu verlesen. Feuchte, windgeschützte Lagen sollen in gefährdeter Gegend vermieden werden. Vorbeugend ist mit Kupferkalkbrühe oder Zinkcarbamat (Dithane) zu spritzen. Der erste Spritztermin muß je nach den örtlichen Verhältnissen zeitig gewählt werden, bevor Krankheitserscheinungen zu erkennen sind. Die Spritzungen sind mindestens einmal, gegebenenfalls auch öfter zu wiederholen. Ist in einem Bestand die Krautfäule spät im Jahr aufgetreten, kann eine frühe Ernte die Ansteckung der Knollen verhindern. Vor der Einlagerung sollen kranke Knollen entfernt werden.

**Kartoffelkrebs (Synchytrium endobioticum).** *Schaden.* Auf den Knollen befinden sich unregelmäßig geformte Auswüchse mit zerklüfteter Oberfläche. Die Wucherungen sind verschieden groß, haben anfangs eine gebliche Farbe und werden später dunkelbraun. In trockenem Boden zerkrümeln sie, während sie bei Feuchtigkeit faulen. Auch Ausläufer und junge Triebe können erkranken.

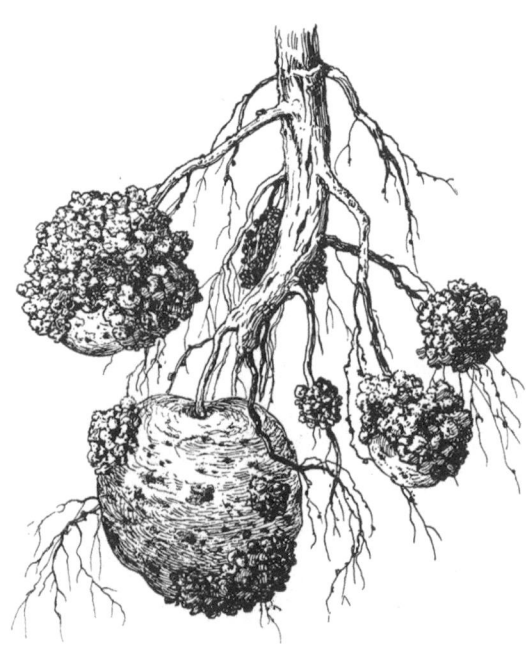

Abb. 458. Kartoffelkrebs.

*Erreger.* Beim Zerfallen der Auswüchse gelangen die Sporen des den Krebs verursachenden Pilzes in den Boden und bringen auf gesunden Knollen neue Wucherungen hervor. Die Pilzkeime können sich im Boden über 10 Jahre lebensfähig erhalten, doch kann ein Acker im allgemeinen 5 Jahre nach dem Anbau von krebskranken Kartoffeln als gesund gelten. Die Krankheit tritt in erster Linie dort auf, wo immer wieder auf derselben Fläche Kartoffeln angebaut werden, also namentlich in Kleinbetrieben. Dort kann es durch die Krebsanreicherung im Boden zu schweren Mißernten kommen. Die Verbreitung des Kartoffelkrebses erfolgt hauptsächlich durch krankes Saatgut, Keime werden aber auch mit der an Knollen oder Geräten haftenden Erde verschleppt.

*Bekämpfung.* Mittel zur direkten Bekämpfung der Krankheit, etwa durch Bodendesinfektion oder durch Behandlung der Knollen, sind bisher nicht gefunden. Die wichtigste Maßnahme ist die Verwendung krebsfester Kartoffelsorten. Seit mehr als zehn Jahren dürfen in Deutschland auf Grund gesetzlicher Verordnungen nur krebsfeste Sorten angebaut werden. Damit sind die Verkehrs- und Handelsbeschränkungen mit krebskranken Kartoffeln bei uns längst nicht mehr von der gleichen Bedeutung wie früher. Sie waren weit mehr gefürchtet als die meist wenig ins Gewicht fallenden Ertragsausfälle. Auch über die zahllosen Bekämpfungsvorschriften braucht der Drogist heute nicht mehr unterrichtet zu sein. Zur Verhütung der Einschleppung des Kartoffelkrebses durch Auslandssendungen ist die Kartoffeleinfuhr unter Kontrolle gestellt. Die Sendungen werden an der Grenze einer Untersuchung auf Krebs unterzogen. Außerdem müssen sie von Bescheinigungen des amtlichen Pflanzenschutzdienstes des Auslandsstaates begleitet sein, aus denen hervorgeht, daß die Kartoffeln krebsfrei sind und aus krebsfreier Gegend stammen. Für die Ausfuhr aus Deutschland ist die Beifügung derartiger Zeugnisse meist ebenfalls erforderlich.

**Kartoffelnaßfäule, Schwarzbeinigkeit der Kartoffel, Bakterienfäule der Kartoffel (Bacterium phytophthorum).** *Schaden.* Etwa Mitte Juli treten Kartoffelpflanzen mit vergilbten eingerollten Blättern auf. Der Stengelgrund der Stauden ist schwarz und vermorscht, so daß alle kranken Triebe leicht aus dem Boden gezogen werden können. Bei frühem Auftreten werden keine Knollen gebildet, spätere Infektion ergibt auch kranke Knollen. Entweder verfaulen sie schon im Boden vollständig, oder sie gelangen mit unbemerkt bleibenden Faulstellen am Nabel ins Winterlager, wo sie die Ausgangsherde der „Knollennaßfäule" sind.

*Erreger.* Die Krankheit wird durch verschiedene Bakterien hervorgerufen, die man zu der Gruppe Bacterium phytophthorum zusammenfaßt.

*Bekämpfung.* Nur gesundes Saatgut verwenden, da das frühe Erscheinen der Schwarzbeinigkeit auf dem Felde stets von kranken Mutterknollen ausgeht. Bei Krankheitserscheinungen im weiteren Verlauf des Sommers rührt die Infektion vom Boden her. Auf solchen verseuchten Ackerflächen sollen einige Jahre lang keine Kartoffeln angebaut werden. Durch zweckentsprechende Sortenwahl, durch Verwendung nicht geschnittener Pflanzenknollen, Auslese der kranken Knollen nach der Ernte und durch kühle Einlagerung läßt sich das Auftreten der Krankheit am sichersten vermeiden. Müssen wegen Mangel an ausreichendem Saatgut zerschnittene Knollen ausgelegt werden, so sind sie zwei Tage zuvor zu schneiden, damit sie durch die sich bildende Wundkorkschicht vor der Infektion vom Boden aus geschützt sind.

**Kartoffelnematode (Heterodera schachtii).** *Schaden.* Auf immer wieder mit Kartoffeln bebauten Flächen sinken allmählich die Erträge, bis schließlich die Pflanzen kaum noch gedeihen und durch frühzeitiges Absterben zahlreicher Stauden „Fehlstellen" entstehen. An den Wurzeln der kränkelnden Pflanzen sind ab Ende Juni mit bloßem Auge gerade noch erkennbare weiße, später gelbbraune, runde Körperchen zu finden.

*Schädling.* Diese Erscheinung, die unzweckmäßig auch als „Kartoffelmüdigkeit" bezeichnet wird, wird durch das Kartoffelälchen verursacht. Im Frühjahr zur Zeit des Auskeimens der Kartoffeln schlüpfen die Älchen in Massen aus den im Boden überwinterten Dauercysten und bohren sich in die Wurzeln ein, wo sie das Gewebe zerstören. Nach mehreren Umwandlungen hängen an den Wurzeln die Weibchen als runde, nicht ganz stecknadelkopfgroße Bläschen, während sich die männlichen Fadenwürmer im Boden aufhalten. Die nach der Befruchtung gebildeten Eier bleiben von der Haut des Weibchens umschlossen und so als Dauercysten jahrelang im Boden lebensfähig. Außer auf Kartoffeln kommen verschiedene biologische Rassen des gleichen Nematoden auf zahlreichen anderen Pflanzen vor, so auf Rüben, Raps, Kohl und am Getreide. Die Krankheitserscheinungen sind denjenigen bei der Kartoffel weitgehend ähnlich.

*Bekämpfung.* In Deutschland sind wirtschaftliche Mittel gegen die Nematodenplage, die immer mehr an Bedeutung gewinnt, noch nicht eingeführt worden. Am besten lassen sich die Schäden durch einen häufigen Fruchtwechsel vermeiden. Es kann notwendig werden, den Anbau der gefährdeten Kulturpflanzen auf verseuchten Flächen für die Dauer von 5 Jahren einzustellen.

**Kartoffelschorf (Actinomyces).** *Schaden.* Die Schale der Kartoffel ist mehr oder weniger stark von Korkwucherungen überzogen. Man unterscheidet je nach der Erscheinungsform Flachschorf, Buckelschorf und Tiefschorf.

*Erreger.* Gewöhnlicher Kartoffelschorf wird durch Strahlenpilze der Gattung Actinomyces hervorgerufen, vor allem durch A. scabies. Die Entwicklung der in jedem Boden vorhandenen Pilze wird durch alkalische Bodenreaktion gefördert. Die Knollen werden durch den Schorf zwar nicht vernichtet, jedoch entstehen erhebliche Verluste dadurch, daß die Kartoffeln bei starkem Schorfbesatz dick geschält werden müssen. Solche Knollen sind als Speisekartoffeln minderwertig. Der Befall erfolgt im allgemeinen vom Boden aus, so daß die Weiterverbreitung durch krankes Saatgut bedeutungslos ist. Unter günstigen Boden- und Witterungsverhältnissen ergeben schorfkranke Saatkartoffeln völlig gesunde Knollen.

Abb. 459. Kartoffelschorf.

*Bekämpfung.* Auf stark verseuchten Böden ist Kalk zu vermeiden. Saure Dünger wie Ammoniumsulfat und Superphosphat sind vorzuziehen. Gründüngung vermindert den Schorfbefall. Für den Anbau sind schorfwiderstandsfähige Kartoffelsorten zu empfehlen.

**Kartoffeltrockenfäule (Fusarium).** *Schaden.* Die Kartoffelknollen haben eingesunkene und eingeschrumpfte Stellen, auf denen sich watteähnliche, weiß bis rosa gefärbte Flocken bilden. Die Krankheit tritt oft neben der Braunfäule und Naßfäule auf, läßt sich aber auf Grund besonderer Kennzeichen doch deutlich von diesen unterscheiden.

*Erreger.* Die Krankheit wird durch verschiedene Fusariumarten verursacht. Es sind meist Wundparasiten, die nur Knollen mit schon vorhandenen Faulstellen befallen. Die Kartoffeln trocknen ein, lassen sich leicht zerdrücken oder werden steinhart. In feuchten, warmen Lagern greift die Krankheit auf weitere Knollen über.

*Bekämpfung.* Eine vorschriftsmäßige kühle, trockene Einlagerung der Kartoffeln schützt vor Verlusten durch Trockenfäule. Kranke Knollen dürfen nicht eingelagert und nicht als Pflanzgut verwandt werden.

**Käsefliege (Piophila casei).** *Schaden.* Weiße, springende Maden im Käse, nicht selten auch in Dauerfleischwaren (Schinken, Speck, Wurst), in ähnlicher Weise unappetitlich und ekelerregend wie die Maden der Fleischfliege.

*Schädling.* Die Fliege ist glänzend schwarz oder braun, 4 bis 5 mm lang. Eiablage erfolgt an der Oberfläche der genannten Lebensmittel oder an den Außenseiten ihrer Aufbewahrungsbehälter (Käseglocken), in welche die schlüpfenden Maden durch die engsten Spalten hineingelangen. Käsemaden bewegen sich springend oder schnell laufend nach der Art der Spannerraupen, besonders wenn sie ausgewachsen vom Nährsubstrat abwandern, um geschützte Verstecke zur Verpuppung aufzusuchen. Unter günstigen Lebens- und Wärmebedingungen kommt es zu starker Vermehrung und zu mehreren Generationen. Die Überwinterung erfolgt im Larven- oder Puppenstadium.

*Bekämpfung* wie bei der Stubenfliege (s. S. 975). Kühl gelagerte Lebensmittel sind für die Larvenentwicklung ungeeignet.

**Kirschblattwespe (Eriocampoides limacina).** *Schaden.* Kirschblätter, seltener auch Birnen- und Himbeerblätter, werden durch Fraß auf den Oberseiten skelettiert, so daß durch den Blattgrünverlust nachhaltige Schäden entstehen.

*Schädling.* Etwa 1 cm lange, schwarze, keulenförmig gestaltete und schleimige Tiere, Nacktschnecken ähnlich, sitzen auf den Blättern. Der Körper unter dem schwarzen Schleim ist gelb gefärbt und trägt — mit der Lupe erkenntlich — 20 Füße, woran wir die Blattwespenlarve erkennen. Die Wespe ist schwarz, ihre Flügel sind durchsichtig. Die Spannweite beträgt ca. 1 cm. Die Eiablage erfolgt im Blattgewebe, das dann von den schlüpfenden Larven befressen wird, die Verpuppung der Larven in Erdkokons im Boden. Es können in einem Sommer zwei Generationen auftreten. Die Überwinterung geschieht im Boden im Larvenstadium, die Verpuppung im Frühjahr.

*Bekämpfung.* Fraß- oder Berührungsgifte (Arsen, DDT, Lindan usw.) brauchen nur in einzelnen Jahren angewandt zu werden, da ein regelmäßiges, starkes Auftreten nicht vorkommt. Es sind besonders staubförmige Mittel zu empfehlen, da die Larven dagegen besonders empfindlich sind. Zur Vernichtung der Stadien im Boden ist tiefes Umgraben der Baumscheibe und Festtreten der Erde erfolgreich, wodurch die Wespen am Ausschlüpfen gehindert werden.

**Kirschblütenmotte (Argyresthia ephippiella).** *Schaden.* Die Raupen fressen z. T. unbemerkt in den Laub- und Blütenknospen. Die Zerstörung der Kirschblüten fällt dadurch oft erst durch schwache Ernteerträge auf. Im Innern der befallenen Blüten finden sich feine Gespinste. Staubfäden und Fruchtknoten sind benagt. In den Blütenblättern sind kleine Löcher, durch die die Raupen in die Knospen gelangten. Eine Raupe frißt nacheinander mehrere Blüten aus.

*Schädling.* Die Raupe ist bräunlichgrün, bis 6 mm lang und hat einen braunen Kopf. Die Verpuppung erfolgt Anfang Mai in einem Erdkokon. Der Falter ist 6 mm lang, von brauner Grundfarbe, mit einer dunklen Querbinde auf den Vorderflügeln. Er fliegt von Mitte Juni bis September. Tagsüber sitzt er auf der Unterseite der Blätter. Hinter Rindenschuppen werden die Eier abgelegt, die überwintern. Die Räupchen bohren sich im Frühjahr in die schwellenden Knospen ein.

*Bekämpfung.* Am erfolgreichsten ist eine gründliche Winterspritzung, durch die die Eier vernichtet werden. Weit schwieriger ist die Erfassung der Räupchen durch die Frühjahrsspritzung, weil der Zeitpunkt vom Schlüpfen der Raupen bis zum Einbohren in die Knospen nicht verpaßt werden darf. Zur

Abb. 460. Kirschblütenmotte. Raupenschaden an Knospen und Blüten; Raupe und Puppenkokon (oben links) mit Erdteilchen. (Rp., Pp. u. Motte vergr.)

Sicherung des Erfolges muß diese Spritzung mit den Berührungsgiften der DDT-, E- oder Lindangruppe nach einigen Tagen wiederholt werden.

**Kirschenblattbräune (Gnomonia erythrostoma).** *Schaden.* Besonders Süßkirschen und Wildkirschen in höheren Gebirgslagen leiden, Sauerkirschen sind weniger bedroht. Auf den Blättern entstehen anfangs nur undeutliche, bleiche Flecke, die später gelb und braun werden. Es kommt zum Einrollen und Vertrocknen des Laubes und einer chrakteristischen hakenförmigen Stellung der Blattstiele nach unten; außerdem bleiben viele befallene Blätter den Winter über am Baum hängen. Erst im Laufe des nächsten Sommers fallen die vertrockneten Blätter ab. Junge, befallene Früchte verkrüppeln. Die Sporenreife des Pilzes ist im Frühjahr. Es kommt gebietsweise leicht zu epidemischem Auftreten mit schweren Verlusten.

*Bekämpfung.* Gründliche Entfernung der kranken Blätter ist im Hausgarten wirtschaftlich. In Obstplantagen ist dagegen noch keine Ausrottung der Krankheit gelungen. Möglicherweise können hier Winterspritzungen oder auch mehrere Nachblütenspritzungen die Blattbräune eindämmen. Das Verschwinden der Krankheit wurde meist nach mehreren Jahren auch ohne Bekämpfung beobachtet.

**Kirschenstecher (Anthonomus rectirostris).** *Schaden.* Dieser Rüsselkäfer ist ein naher Verwandter des Apfelblütenstechers. Er befällt mit Vorliebe die Traubenkirsche (Prunus padus). Gelegentlich entsteht Schaden in Süß- und Sauerkirschanlagen durch den Reifungsfraß des Käfers und seine Eiablage. Die unreifen Früchte weisen dann nadelstichfeine, die reifen große Löcher auf.

*Schädling.* Die Larve frißt nicht das Fruchtfleisch, sondern das Innere des Steines. Die Entwicklung des Käfers ist zur Zeit der Kirschenernte beendet, sein Schlupfloch aus Stein und Frucht entwertet die Kirsche völlig. Das Auftreten des Kirschenfruchtstechers ist örtlich immer begrenzt geblieben, wenigstens bisher.

*Bekämpfung.* Zur Sicherung der Ernten in gefährdeten Anlagen sind die Traubenkirschen und Wildkirschen in der Umgebung umzuhauen. Eine zweimalige Nachblütenspritzung mit DDT-Mitteln wird in den meisten Fällen ausreichen, den Kirschenstecher zu vernichten.

Abb. 461.
Fruchtmumie einer Kirsche mit
Ausbohrloch des Kirschenstechers.

**Kirschfruchtfliege (Rhagoletis cerasi).** *Schaden.* In den Kirschen sitzen Maden, die das Fruchtfleisch, besonders in der Nähe des Kerns, fressen. Die Kirschen faulen, wodurch in manchen Jahren ein sehr großer Schaden entsteht.

*Schädling.* Die Fliegen treten ab Mitte Mai bis in den Juli hinein auf. Sie haben die Gestalt einer kleinen Stubenfliege, doch sind die Flügel dunkel gescheckt, und zwischen ihnen steht ein kleines dreieckiges, glänzend gelbes Schildchen. Die Ablage der Eier erfolgt einzeln an reifenden Kirschen nahe dem Stielansatz. Die weißen, fußlosen Maden bohren sich in das Fruchtfleisch ein, das sich durch die Ausscheidungen der Made zersetzt. Die Larven werden 5 mm lang und verpuppen sich nach 3- bis 4wöchigem Fraß dicht unter der Erdoberfläche in einer strohgelben Tönnchenpuppe. In erster Linie werden Süßkirschen befallen. An manchen Sorten, z. B. an Schattenmorelle, entwickeln sich die Eier überhaupt nicht. Dagegen sind Wildkirschen oft stark vermadet, ebenso Heckenkirschen (Lonicera) und auch Schneebeeren (Symphoricarpus racemosus). Diese Nebenwirtspflanzen der Kirschfruchtfliege haben eine große Bedeutung als Reservoir des Schädlings bei der Entstehung von Massenvermehrungen.

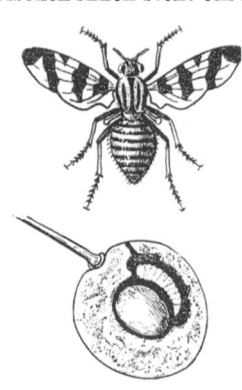

Abb. 462.  Kirschfruchtfliege
(3 × vergr.) und ihre Made.

*Bekämpfung.* Die Vergiftungsmöglichkeit der Kirschfruchtfliege vor der Eiablage, die erst zehn Tage nach dem Schlüpfen aus der Puppe beginnt, wurde früher überschätzt. In den letzten Jahren haben sich am besten Vernebelungen von DDT-Aerosolen bewährt, die über mehrere Wochen wirksam bleiben sollen. In der Schweiz waren auch DDT-Spritzungen (1- bis 2%ig) bei Erfassung des gesamten Bestandes erfolgreich. Die Eiablage findet nur an Früchten eines ganz bestimmten Reifungsgrades mit noch weichem Kern statt. In gefährdeten Gebieten (Westdeutschland) sollten daher frühreife oder späte Kirschensorten bevorzugt werden. Stark befallene Sorten sind halbreif abzuernten, um die Larvenentwicklung in den angestochenen Kirschen zu hemmen. Bei kaltem Regenwetter während des Auftretens der Fliegen bleibt die Eiablage gering. Daher treten auch in Norddeutschland im allgemeinen viel geringere Schäden auf. Nach Mißernten durch Frühjahrsfrost ist der Kirschfliegenbefall im darauffolgenden Jahr meist nur schwach. Die genannten Nebenwirte sollen in der Nähe von Kirschenanlagen nicht geduldet werden.

**Kleiderlaus (Pediculus humanus).** *Schaden.* Die Empfindlichkeit des Menschen gegen Läusestiche ist recht unterschiedlich. Während manche durch Juckreiz und Quaddeln sehr stark belästigt werden, verspüren andere kaum den Befall. An Stellen mit starker Verlausung kann sich die Haut bräunlich verfärben. Da die Kleiderlaus Fleckfieber, Rückfallfieber und Fünftagefieber überträgt, stellt sie bei Massenvermehrung in Notzeiten eine ernste Gefahr dar.

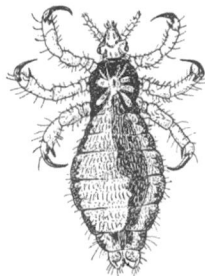

Abb. 463. Kleiderlaus.
(10× vergr.)

*Schädling.* Kleiderläuse sind kleine ungeflügelte Insekten, die einen Stechrüssel haben und an den Füßen große Klauen tragen, um sich im Gewebe festklammern zu können. Der Körper ist länglich-oval. Das Männchen wird gut 3 mm groß, das Weibchen etwa 1 mm länger. Die Färbung der Läuse ist weißlich oder grau, in vollgesogenem Zustand rot bis braun. Ein Weibchen kann bis zu 200 Eier legen und unter günstigen Verhältnissen über einen Monat am Leben bleiben. Die Eier (Nissen) werden besonders gern an den Nähten der Kleider angekittet. Die Larven schlüpfen nach 6 bis 10 Tagen, häuten sich dreimal und wachsen während 1 bis 2 Wochen zum fertigen Insekt heran. Gegen Kälte und Feuchtigkeit ist die Kleiderlaus weniger empfindlich als gegen hohe Temperaturen. Ein Aufenthalt von einer Stunde bei 55 bis 60° C tötet sowohl die Eier wie die Läuse ab. Hunger erträgt die Kleiderlaus bei geringen Temperaturen etwa 10 Tage lang.

Beim Saugen der Kleiderlaus an einem Fleckfieberkranken dringen die Erreger (Rickettsia prowazecki) mit dessen Blut in die Mitteldarmzellen der Laus ein, wo sie sich vermehren. Sie gelangen nach einer Inkubationszeit von 5 bis 10 Tagen in den Darm und werden massenhaft mit dem Kot ausgeschieden. Mit diesem infektiösen Kot, der monatelang ansteckungsfähig bleibt, erfolgt die Übertragung des Fleckfiebers durch Einatmen oder Hautverletzungen (Stich- und Kratzstellen).

*Bekämpfung.* Bei der Durchführung der Bekämpfung unterscheidet man Körper-, Sach- und Raumentlausung. Personen werden durch gründliches Baden, Waschen und Wäschewechseln von Läusen und ihrer Brut befreit. Kleidungsstücke sind im Dampfdesinfektionsapparat, in der Blausäurekammer oder mit Heißluft zu entlausen. Für Wohnräume werden die verschiedenen auch für die Wanzenbekämpfung benutzten Mittel in Anwendung gebracht.

Außer diesen allgemeinen für den Einzelfall in Frage kommenden Anweisungen sind besonders in den beiden Weltkriegen viele neue Verfahren entwickelt worden, unter denen die chemische Entlausung auf Grundlage des DDT wegen ihrer einfachen Handhabung eine besondere Stellung einnimmt. Das DDT-Pulver wird einfach dünn auf die verlausten Kleidungsstücke gestäubt oder aber mit Druckluft in die Kleidung des Verlausten geblasen. Lindanstaub ist ebenfalls anzuwenden und zudem von schnellerer Wirkung.

Das Fleckfieber und die Unkenntnis von der Übertragungsart durch die Kleiderlaus sind es gewesen, die während des ersten Weltkrieges große Opfer unter Soldaten und Zivilisten forderten.

**Kleidermotte (Tineola biselliella).** *Schaden.* Durch Fraß der Raupen erfolgt die Zerstörung von Wollwaren aller Art, wie z. B. Kleidung, Teppiche, Polstermöbel, ferner von Pelzen, Fellen, Bürsten und Insektensammlungen. Nichtwollene Gewebe werden gelegentlich durch das Benagen beim Anlegen von Puppenköchern beschädigt, dienen aber nicht als Nahrung.

*Schädling.* Außer der einfarbig ockergelben Kleidermotte von 1 cm Länge gibt es noch die etwas größere *Pelzmotte* von bräunlich-gelbgrauer Farbe, speckig glänzend, mit drei schwarzen Punkten auf jedem Vorderflügel, und ferner die bis zu 2,4 cm lange *Tapetenmotte*, die am Grunde der Vorderflügel dunkel, nach außen schmutzigweiß gefärbt und in gleicher Weise schädlich ist, aber weit seltener auftritt.

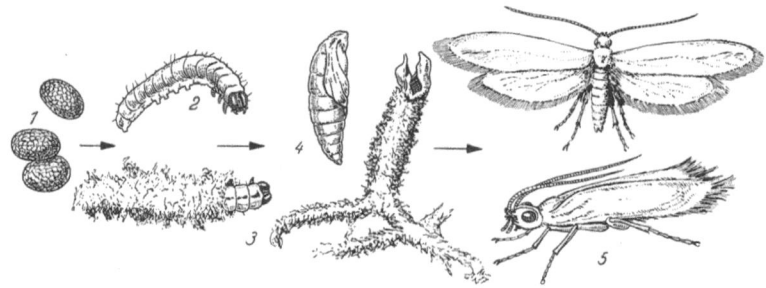

Abb. 464. Kleidermotte. *1* Eier; *2* Raupe; *3* Raupe in der Fraßröhre; *4* Puppe; *5* Falter. (Vergr., Zchg. Delitia.)

Die Mottenfalter können infolge Rückbildung ihrer Mundgliedmaßen keine Nahrung aufnehmen. Die Raupen sind wegen der geringen Nahrungsqualität des Futters sehr gefräßig. Bei eiweißhaltigerem Futter und bei höherer Temperatur können im Jahre vier Bruten auftreten, doch sind es gewöhnlich nur zwei. Daher tritt der Mottenflug bei uns besonders im Frühjahr und im Herbst auf. Die Weibchen fliegen ungern, laufen aber flink. Es werden 60 bis 200 Eier lose an den zur Nahrung der Raupen dienenden Stoffen abgelegt. Die Raupen schlüpfen nach 1 bis 2 Wochen; sie sind gelblichweiß. Sie fertigen sich Fraßröhren an und verpuppen sich nach einer Fraßzeit von 2 bis 3 Monaten in Köchern. Durch die Fenster in Wohnungen einfliegende Motten gehören nicht zu den schädlichen Arten. Auch stehen blühende Bäume in keiner Beziehung zum Mottenauftreten in Häusern, wie häufig vermutet wird.

*Bekämpfung.* Die Vernichtung von Mottenraupen in befallenen Kleidungsstücken oder Pelzen ist viel schwieriger als ihre Fernhaltung, die durch Klopfen, Bürsten, Lüften und Sonnen aller gefährdeten Sachen verhältnismäßig leicht zu erreichen ist. Weiter kann man sich durch Aufbewahrung der Sachen in Mottensäcken, Mottenkisten usw. vor Mottenfraß schützen. Die bekannten Abschreckmittel, wie z. B. Naphthalin, Hexachloräthan, Paradichlorbenzol und andere stark riechende Präparate, sind immer noch sehr gebräuchlich. Zur Vernichtung der Mottenbrut müssen gasförmig wirkende Mittel in dicht schließenden Kisten angewandt werden. Sie sind in fester und flüssiger Form im Handel und enthalten meist Paradichlorbenzol. Es ist jedoch ein weitverbreiteter Irrtum, zu glauben, daß mit wenigen in die Kleiderschränke gehängten „Mottensäckchen" eine Abtötung dieser Schädlinge erreicht wird. Die Menge des zur Verdampfung zu bringenden Präparates muß im richtigen Verhältnis zum Inhalt eines Schrankes, einer Truhe usw. stehen. Weiter muß verlangt werden, daß die Herstellerfirma angibt, wie lange der dichte Verschluß eines Schrankes usw. dauern muß, um die Abtötung der Mottenraupen zu gewährleisten.

Die vielfach angepriesenen Hausmittel genügen oft nicht einmal, die Motten von der Eiabalge abzuhalten, und sollten deshalb von ernsthaften Drogisten nur mit Vorbehalt abgegeben werden. Mit flüssigen Aufbereitungen der modernen Kontakt-insektizide, wie DDT und Lindan, können heute Wollgewebe aller Art durch ein-faches Besprühen für lange Zeit mottenfest gemacht werden. Bei genügend hoher Dosierung ist auch eine Abtötung der Brut zu erzielen. Eine absolute Motten-sicherheit wird außerdem durch Eulan und andere Imprägnierungsmittel garantiert (vgl. Mottenmittel, s. S. 1016).

**Knospenwickler (Tmetocera ocellana — Roter Knospenwickler, Olothreutes variegana — Grauer Knospenwickler).** *Schaden.* An den Obstbäumen entfalten sich die Blatt- und Blütenknospen im Frühjahr nur mangelhaft. Die Knospenblätter sind büschelartig zusammengesponnen. Diese Zerstörung der Knospen ist mitunter erheblich und führt vor allem in Baumschulen und an Spalierobst zu starken Schäden.

*Schädling.* Im Innern der Knospen frißt je ein 1 bis 2 cm langes rotbraunes oder graugrünes Räupchen mit schwarzem Kopf. Die Raupe des grauen Knospenwicklers verpuppt sich schon im Mai. Dagegen schädigt die Raupe des roten Knospenwicklers oft auch noch die jungen Früchte, so daß sie durch verkorkende Narben entwertet werden und sogar vorzeitig abfallen können. Diese zweite Art verpuppt sich im Juni und Juli. Die unscheinbaren Falter der Knospenwickler fliegen im Sommer. Die Eier werden an Blättern und Knospen abgelegt. Noch im gleichen Jahr schlüpfen die Raupen und überwintern nach kurzem, skelettierendem Blattfraß in fest-gesponnenen Kokons an den Zweigen.

*Bekämpfung.* Die überwinternden Raupen werden durch die Winterspritzung erfaßt, am besten mit Gelbspritzmitteln. Die Vorblütenspritzung im Frühjahr ist wegen des zeitigen Einbohrens der Raupen in die Knospen unsicher (vgl. Obstbaum-spritzung, s. S. 967).

**Kohldrehherzmücke (Contarinia nasturtii).** *Schaden.* Die Herzblätter der Kohl-pflanzen sind üppig entwickelt und stark gekräuselt. Die jungen Blattstiele sind ge-drecht und zeigen am Grunde Anschwellungen. Die Ausbildung der Köpfe kann unter-drückt werden, stattdessen entstehen an den Seiten-sprossen mehrere kleine Köpfe. Oft tritt Fäulnis auf, oder der Befall wird bei günstiger Witterung über-wachsen.

*Schädling.* Ursache des Schadens sind die 2 mm lan-gen kopf- und fußlosen Lar-ven der Kohldrehherzmücke, auch „Kohlherzmaden" ge-nannt. Die erste Generation erscheint Ende Mai/Anfang Juni und ist in etwa vier

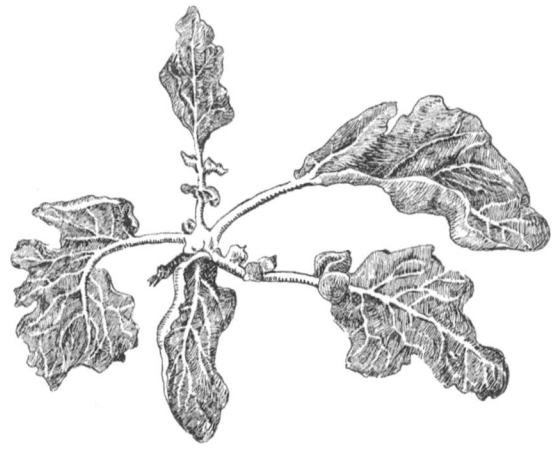

Abb. 465. Schaden der Kohldrehherzmücke. (Zchg. *Brunner*.)

Wochen erwachsen. Weitere Bruten folgen und gefährden Kohlrabi, Kohlrüben, Rosenkohl und Blätterkohl das ganze Jahr über, während für Kopfkohl nur Gefahr besteht, solange sich die Blätter nicht zum Kopf geschlossen haben.

*Bekämpfung.* Zur Flugzeit der Mücken ist mit Berührungsgiften auf DDT- oder Lindanbasis zu stäuben oder zu spritzen. Dies bedeutet für den Gärtner, mit der Bekämpfung schon im Saatkasten im Mai anzufangen und z. B. durch wöchentliche Stäubungen den Kohl solange zu schützen, bis die Herzblättchen sich zur Kopfbildung schließen.

**Kohleule (Mamestra brassicae).** *Schaden.* Die Blätter des Kohls und von Zierpflanzen haben große, unregelmäßige Löcher. Die Kohlköpfe weisen Gänge auf, die mit nassem Raupenkot verunreinigt sind. Ähnlich sind die Blütenknospen von Nelken, Rosen und Dahlien befressen.

*Schädling.* An den Blättern und in der Erde halten sich die Raupen der Kohleule auf. Ihre Farbe wechselt von Hellgrün bis Schmutzigbraun, auch graue bis fast schwarze Tiere werden beobachtet. Sie sind nackt, walzenförmig und werden bis zu 4 cm lang. Der Falter fliegt nachts. Seine Spannweite beträgt etwa 4 cm. Die Vorderflügel tragen auf graubraunem Grunde schwarze und helle Zeichnungen. Die Eier werden einzeln an den Blättern abgelegt. Gewöhnlich treten zwei Generationen im Jahre auf. Die Raupen der ersten Generation fressen im Juni, die der zweiten im September und Oktober. Die Überwinterung erfolgt in der Erde als Puppe. Ähnliche Zerstörungen an verschiedenen Kulturpflanzen richten der Kohleule verwandte Arten an, so die Gemüseeule (M. oleracea), die Gammaeule (Plusia gamma) und die Ampfereule (Acronycta rumicis).

*Bekämpfung.* Einzelne Raupen können abgelesen werden, was am ehesten nachts gelingt. Die erwachsenen Raupen sind gegen Fraß- und Berührungsgifte weit widerstandsfähiger als die jungen. Es empfiehlt sich daher, gegen die jungen Stadien mit diesen Mitteln vorzugehen, um Material zu sparen (s. S. 1022). Vielfach sind die großen Raupen auch durch ihren Aufenthalt im Kohlkopf weitgehend vor Gift geschützt. Bei der Bekämpfung des Kohlweißlings (s. S. 912) werden die Kohleulenraupen meistens mit erfaßt.

Abb. 466. Kohlfliegenschaden. (Photo Cela.)

**Kohlfliege (Chortophila brassicae).** *Schaden.* Junge Kohlpflanzen bleiben im Wachstum zurück, die Blätter verfärben sich „bleiern" und werden schlaff. Schließlich sterben die Pflanzen ab, die sich leicht aus dem Boden ziehen lassen, da die Wurzeln fehlen.

*Schädling.* Die Wurzeln sind von etwa 1 cm großen fußlosen, weißen Maden mit spitzem Kopfende abgefressen, den Larven der Kohlfliege. Diese hat eine gewisse Ähnlichkeit mit der Stubenfliege. Die Eier werden an den unteren Stengelteilen oder am Wurzelhals abgelegt. Nach 3 bis 5 Tagen schlüpfen die Larven und bohren sich in die Wurzel ein. Die Verpuppung erfolgt nach 3 bis 4 Wochen in der Erde. Die

Abb. 467. Kohlfliege. (3× vergr.)

Abb. 468. Kohlfliegenmaden an der Wurzel.
(2× vergr.)   (Abb. 467—469 Photo Cela.)

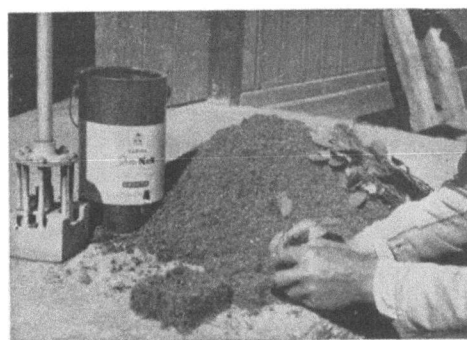

Abb. 469. Beimischung von Lindanstreumittel zur Pflanztopferde schützt vor Kohlfliegenbefall.

Kohlfliege hat bei uns etwa drei Generationen, von denen die erste Ende April die größte wirtschaftliche Bedeutung hat. Blumenkohl und Rotkohl werden bevorzugt befallen. Die letzte Madengeneration überwintert im Boden.

Schäden im Herbst sind oft auf die

*Rettichfliege* (Chortophila floralis) zurückzuführen, die nur eine Generation hat und erst im Juni mit der Eiablage beginnt.

*Bekämpfung.* Neben Obstbaumkarbolineum und den Quecksilbermitteln (s. S. 1015), die schon lange im Kampf gegen die Kohlfliege im Gebrauch sind, gibt es heute eine Reihe von speziellen Gießpräparaten auf Chlordan-, DDT-, E- und Lindanbasis sowie solche, die DDT-Lindan und Chlordan-Lindan in Kombination enthalten. Je nach den Gehalten der Emulsionen oder Suspensionen ist die Konzentration für die Anwendung verschieden, pro Pflanze rechnet man von der fertigen Gießlösung 75 bis 80 ccm, die Gießung selbst wird nach dem Auspflanzen und etwa zehn Tage danach empfohlen. Eine praktische Handhabung für Gärtnereien ist, rund 5000 Ballenpflanzen vor dem Aussetzen mit 10 l einer konzentrierten Brühe zu überbrausen. Damit erspart man dann die Einzelgießung der Pflanzen nach dem Setzen. Die Stäube- und Streumittel kann man auch verwenden. Besonders wirtschaftlich ist die Beimischung von Lindanstreumitteln zur Anzucht- oder Pflanztopferde. Auch kann man das Beet oder den Acker, auf den die Kohlsetzlinge kommen sollen, vor dem Auspflanzen mit Lindanstreumitteln wie zur Engerlingsbekämpfung (s. S. 863) behandeln.

**Kohlgallenrüßler (Ceuthorrhynchus pleurostigma).** *Schaden.* Am Strunk der Kohlpflanzen finden sich gallenartige Anschwellungen von Erbsen- bis Haselnußgröße, die äußerlich den Auswüchsen der Kohlhernie ähneln. Im Gegensatz zu diesen enthalten sie Hohlräume, in denen kleine weiße Larven leben. Der Schaden, der sich in schwacher Kopfbildung zeigt, wird nur bei starkem Befall empfindlich, da eine mäßige Gallbildung die Saftleitung in der Pflanze nicht so stark beeinträchtigt wie die Geschwulste der Kohlhernie. Rotkohl wird besonders gern befallen.

*Schädling.* Die plumpen, fußlosen Larven, die sich von dem Gallengewebe ernähren, entwickeln sich nach kurzer Puppenruhe im Boden oder in den Gallen zu 3 mm langen schwarzgrauen Rüsselkäfern. Es treten zwei „Stämme" mit unterschiedlicher Entwicklungsbiologie auf. Während ein Teil der Käfer die Eier bereits im Frühjahr an die jungen Setzlinge legt, erfolgt die Eiablage bei einem anderen Teil erst im Herbst, so daß Käfer und Larven überwintern.

*Bekämpfung.* Alle Kohlstrünke sind nach der Ernte herauszuziehen und zu verbrennen. Durch Wechselwirtschaft lassen sich die Kulturen bis zu einem gewissen Grade schützen. Stark befallene Setzlinge werden vernichtet, kleinere Gallen werden vor dem Umpflanzen mit dem Messer oder Daumennagel entfernt. Durch das Zumischen eines Lindanstreumittels zur Anzuchterde oder durch Bodenbehandlung mit Lindanstreumitteln (siehe Kohlfliegenbekämpfung S. 907) kann man die Kohlbestände sauber halten. Im allgemeinen reichen die gegen Kohlfliegenbefall ohnedies durchzuführenden Bekämpfungsmaßnahmen aus. Stäuben mit Lindanmitteln schützt die Kohlfelder vor zufliegenden Käfern.

**Kohlhernie (Plasmodiophora brassicae).** *Schaden.* Der Befall der Kohlgewächse mit diesem Pilz wird auch als „Kropf-, Finger- oder Knotenkrankheit" bezeichnet. Die kranken Pflanzen entwickeln sich schlecht und bilden keine Köpfe. Beim Kohlrabi bleiben die Knollen klein. Manche Pflanzen gehen ein, besonders bei trockenem Wetter. An der Wurzel der befallenen Pflanze bemerkt man walzenförmige oder runde Auftreibungen bis Faustgröße mit rauher, schorfiger Außenhaut. Im Innern dieser Geschwülste findet man ein weißes pflanzliches Gewebe. Im Gegensatz zu den äußerlich ähnlichen Wucherungen, die durch den Kohlgallenrüßler (s. o.) verursacht werden, sind in den Verdickungen keinerlei Höhlungen, Fraßgänge und Larven.

Abb. 470. Von Kohlhernie
verbildete Kohlwurzel.

Die Kropfkrankheit kommt auch an anderen Kreuzblütlern (Cruciferen) vor, z. B. an Rettich, Radieschen, Raps, Senf u. a.

*Erreger.* Die Ursache der Krankheit ist ein Schleimpilz mit beweglichen Sporen. Sie sind in der Lage, aktiv vom Erdreich aus in die Pflanze einzudringen, wenn sie mit dem Sickerwasser nahe an eine Wurzel herankommen. Die Lebensdauer der Sporen wird in feuchtem und stark organisch gedüngtem Boden verlängert. Durch den Pilz wird die Pflanze zum anormalen Wachstum im Wurzelteil angeregt. Dadurch wird die Saftleitung gestört. Die Geschwulst geht in Fäulnis über, wodurch die Pilzsporen frei werden und den Erdboden verseuchen. Unter Umständen bleiben die Sporen jahrelang am Leben und können durch Menschen oder Tiere (Regenwürmer) verschleppt werden.

*Bekämpfung.* Saure Böden sind für die Kohlhernie günstig. Man sollte in einem solchen Fall versuchen, durch Kalkung des Bodens seinen $p_H$-Wert zu erhöhen. Dies geschieht am besten durch Thomasmehl oder Kalkstickstoff. Frischer Stallmist muß vermieden werden. Stattdessen sind mineralische Dünger anzuwenden. Durch Fruchtwechsel ist die Krankheit nur auszurotten, wenn mindestens fünf Jahre mit dem Kohlanbau ausgesetzt wird. Kranke Pflanzen müssen verbrannt werden. Wichtig ist das Auspflanzen gesunder Setzlinge. Um sie vor Erkrankung zu schützen, ist es am besten, die Pflanzerde durch Formaldehyd zu desinfizieren (1 ccm der 40%igen Lösung auf 1 l Erde). Im Anzuchtkasten kann auch eine anerkannte Saatgutnaßbeize zur Abtötung der Sporen benutzt werden (0,5 g/1 l Pflanzerde). Die Setzlinge können auch in einen Lehmbrei getaucht werden, der mit einem Naßbeizmittel gemäß Gebrauchsanweisung angerührt wurde. Pflanzlöcher können mit Brassisan behandelt werden. Mit dem gleichen Mittel ist eine Desinfektion der Aussaaterde auf dem Felde zu ermöglichen. Schließlich muß auch an eine Unkrautbekämpfung gedacht werden, da Hederich, Ackersenf, Hirtentäschel, aber auch Blumen wie Goldlack, Iberis und Arabis von der Krankheit befallen werden.

**Kohlmehltau, Echter (Erysiphe polygoni).** *Schaden.* Auf Ober- und Unterseite der Blätter bilden sich weiße, mehlartige Überzüge. Der Belag wird später bräunlich, die Blätter vertrocknen und verunzieren die Pflanze. Der Befall ist meistens ohne Bedeutung, doch ist er bei den Samenpflanzen des Blumenkohls gefürchtet.

*Erreger.* Die Überzüge auf den Blättern stellen das Pilzgeflecht des echten Mehltaus dar. Die Lebensweise dieses Pilzes stimmt mit jener der anderen echten Mehltaupilze überein (vgl. hierzu Apfelmehltau, s. S. 834).

*Bekämpfung.* Rechtzeitiges Verbrennen der erkrankten Pflanzenteile verhindert die Ausbreitung des Pilzes. Außerdem hat das Verstäuben von Rebschwefel oder die Anwendung von Schwefelspritzmitteln guten Erfolg. Allerdings darf kurz vor der Ernte mit diesen Mitteln nicht mehr gearbeitet werden. Der gleiche Pilz verursacht den gleichen Schaden an Erbsen.

**Kohlmehltau, Falscher (Peronospora brassicae).** *Schaden.* Auf der Unterseite der Blätter entstehen weißlichgraue Überzüge. Schon die Keimblätter zeigen Befall, wodurch der größte Schaden entsteht. Während der Hauptvegetationszeit tritt die Erkrankung selten in Erscheinung, doch kann sie gegen Ende des Sommers erneut gefährlich werden.

*Erreger.* In den weißen Pilzbelägen werden die Sporenträger des Pilzes gebildet. Die Verbreitung der Sporen erfolgt durch den Wind. Die Keimung kann nur auf feuchten Blättern erfolgen. Nasses Wetter begünstigt die Ausbreitung der Krankheit. In den abgestorbenen Pflanzenteilen werden Dauersporen gebildet, die überwintern und im nächsten Jahr die Krankheit weiterverbreiten.

*Bekämpfung.* Die befallenen Pflanzen sind möglichst zeitig von den Beeten zu entfernen und zu verbrennen. Die alten Kohlstrünke müssen sorgfältig beseitigt werden. Der Ernteabfall soll tief untergegraben oder mit reichlich Erde kompostiert werden. Zum Schutz der Keimpflanzen ist die Aussaaterde zu dämpfen. Die Aussaat darf nicht zu dicht erfolgen, und die Keimpflanzen sind trocken zu halten. Saatkästen müssen gut gelüftet werden, um die Luftfeuchtigkeit herabzusetzen. Eine vorbeugende Bekämpfungsmaßnahme wird durch Spritzen mit Kupferbrühen oder durch die Anwendung von Kupferstaubmitteln durchgeführt, sofern der Kohl nicht kurz vor der Ernte steht.

Die auf anderen Kreuzblütlern vorkommenden Mehltaupilze gehen nach neueren Untersuchungen nicht auf den Kohl über. Besonders auffällig ist in manchen Jahren der starke Mehltaubefall des Hirtentäschelkrautes (Capsella bursa pastoris). Dieser Pilz galt früher als identisch mit der Peronospora brassicae. Der Mehltaubefall auf

Hederich und Ackersenf geht auf verschiedene biologische Rassen des P. brassicae zurück, die wahrscheinlich ebenfalls für den Kohl keine Gefahr darstellen.

**Kohlschabe (Plutella cruciferarum).** *Schaden.* An der Unterseite von Kohlblättern fressen von Juni bis August kleine, bis 1 cm lange grünliche Raupen, welche die Oberhaut des Blattes stehen lassen (Fensterfraß). Erst mit dem Heran-

Abb. 471. Raupen der Kohl-schabe (vergr., Photo Cela).

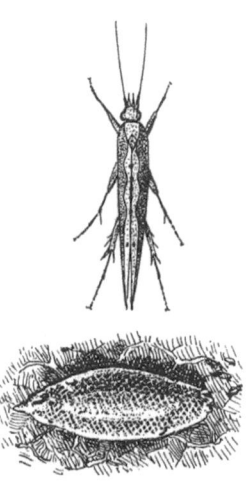

Abb. 472. Kohlschabe und Puppengespinst (vergr.).

wachsen der Raupen werden die Blätter gelegentlich auch durchlöchert und bei stärkerem Befall bis auf die Blattrippen skelettiert.

*Schädling.* Die Kohlschabe ist eine kleine Motte mit gefransten Flügeln, graubraun mit einem hellgefärbten Saum. Das Weibchen der Kohlschabe legt 70 bis 100 Eier einzeln an die Blattunterseiten ab. Die erste Raupengeneration ist nach 2 bis 4 Wochen herangewachsen. Die Verpuppung erfolgt meist an den Blattunterseiten in einem feinen, netzartig gesponnenen Kokon. Die aus den Raupen der zweiten Generation gebildeten Puppen überwintern.

*Bekämpfung.* Alle Ernterückstände sind sorgfältig zu entfernen und zu verbrennen. Die Raupen sind mit DDT- oder Lindanspritzmitteln gut zu bekämpfen, wenn die Blattunterseiten sorgfältig behandelt werden. Wilde Kreuzblütler sollten in unmittelbarer Nachbarschaft der Kohlfelder nicht geduldet werden, weil von ihnen der Befall ausgeht.

**Kohlschotenrüßler (Ceuthorrhynchus assimilis).** *Schaden.* In den Schoten von Kohlsamenträgern und Raps sitzen kleine Larven, die an den jungen Samen fressen, so daß der Samenertrag vermindert wird.

*Schädling.* Der Käfer ähnelt dem Kohltriebrüßler (s. u.), wird aber nur dem Samenbau gefährlich. Er überwintert und findet sich an Kohl- und Rapsblüten oft in Gesellschaft des Rapsglanzkäfers. Die Eier werden nach der Blüte in die Schoten gelegt.

Die *Bekämpfung* ist durch Stäuben mit E- oder Lindanmitteln kurz vor (s. Rapsglanzkäfer S. 937) und nach der Blüte möglich.

**Kohltriebrüßler, Großer (Ceuthorrhynchus napi).** *Schaden.* Die Kohlpflanzen zeigen unter dem Herzen eine Art Gallenbildung. Ihre Stengel drehen sich, so daß eine gewisse Ähnlichkeit mit dem Schaden entsteht, den die Kohldrehherzmücke verursacht. Es kann zur Mehrköpfigkeit des Kohls kommen. Kohlrabiknollen platzen auf und sind wertlos. Beim Raps wird der Haupttrieb ausgefressen, der aufplatzt und leicht umknickt. Durch das Auswachsen der Seitentriebe erhält die Pflanze ein besenartiges Aussehen.

*Schädling.* Ursache der Schäden sind die Larven eines 5 mm langen grauen Käfers mit langem, dünnem Rüssel. Die weißen Larven sind geringelt und leben in den Stengeln der Pflanzen. Eine Massenvermehrung ist vermutlich nur am Raps möglich. Erst seit 1940 ist der Kohltriebrüßler als Großschädling am Raps, später auch am Kohl bekannt geworden. Der Käfer überwintert in der Erde, erscheint im April und legt seine Eier in die Stengel der Pflanzen. Die jungen, einjährigen Pflanzen erleiden gewöhnlich stärkeren Schaden als die zweijährigen (Raps und Kohlsamenträger).

*Bekämpfung.* Anzuchtbeete und Kohlfelder müssen wiederholt mit E- oder Lindanstäubemitteln behandelt werden, um die Käfer abzutöten. Durch Verwendung von Lindanemulsionen gelang sogar die Bekämpfung der Eier und jungen Larven unter der Oberhaut der Stengel. DDT-Mittel sind unwirksam.

In ähnlicher Weise wird der *Kleine Kohltriebrüßler (Ceuthorrhynchus quadridens)* schädlich, dessen Larven die Kohlstengel ausfressen. Der Käfer wird nur 3 mm lang, ist grau und weiß gefleckt. Ein Weibchen kann im Laufe des Mai/Juni bis zu 300 Eier legen.

Die Bekämpfung ist wie beim Großen Kohltriebrüßler durchzuführen.

**Kohlwanze (Eurydema oleraceum).** *Schaden.* Die Kohlblätter weisen kleinere oder größere gelbe Flecke auf, die durch die Saugtätigkeit der Kohlwanzen und der Larven verursacht werden. Bei starkem Befall sind die Blätter verbildet und welken. Die Kohlwanze tritt nur gelegentlich im warmen und trockenen Frühsommer stärker auf, meist in sehr mit Kreuzblütlern verunkrauteten Kulturen.

*Schädling.* Durch ihre stahlblaue oder grünglänzende Färbung mit gelber Zeichnung ist die Kohlwanze die auffälligste Form unter verschiedenen Blattwanzen (vgl. Blattwanzen S. 850), die auf Gemüse vorkommen. Auch die Larven sind lebhaft bunt gezeichnet. Die Wanze wird etwa 8 mm lang. Die Eiablage erfolgt im Mai/Juni an der Unterseite von Kohlblättern oder an anderen Kreuzblütlern. Das Vollinsekt überwintert unter Laub.

*Bekämpfung.* Die Anwendung der älteren Berührungsgifte Derris und Pyrethrum war wenig erfolgreich. Günstiger dürften E- und Lindanstäubemittel und Spritzpräparate auf der gleichen Grundlage einzusetzen sein, da Wanzen allgemein gegen diese Wirkstoffe empfindlich sind.

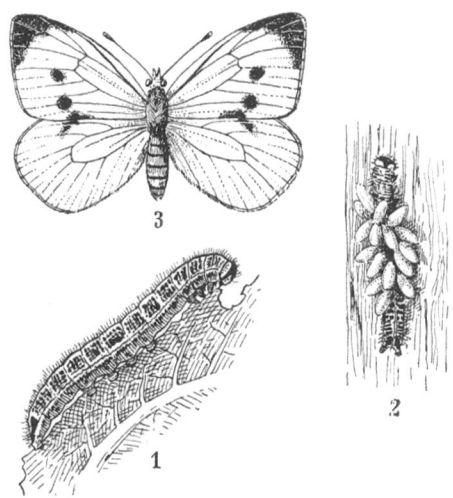

Abb. 473. Großer Kohlweißling; *1* Raupe; *2* parasitierte Raupe mit Kokons von Schlupfwesen; *3* Falter.

**Kohlweißling (Pieris brassicae, P. rapae).** *Schaden.* In die Kohlblätter werden Löcher von unregelmäßiger Größe und Gestalt gefressen. Bei starkem Auftreten der Raupen bleiben nur noch die Hauptrippen stehen. Solche schweren Fraßschäden können bis in den Herbst hinein auftreten.

*Schädling.* Außer den bekannten Raupen des Großen und des Kleinen Kohlweißlings, die grünlich, schwarzgefleckt und mit gelben Rücken- und Seitenlinien geschmückt sind, kommen auch die Raupen des *Rapsweißlings* (P. napi) mit ähnlicher Biologie vor. Im April/Mai fliegen die Falter, die ihre Eier meist an wildwachsenden Kreuzblütlern ablegen, weil Kohl zu der Zeit im Freiland noch nicht kultiviert wird. Der Fraß der Weißlingsraupen dauert etwa einen Monat. Ihre Verpuppung erfolgt an Bäumen, Zäunen oder Mauern. Im Juli fliegen dann die Falter

der Sommergeneration. Alle Kohlweißlinge haben rahmweiß gefärbte Flügel mit
schwarzen Spitzen. Die Weibchen tragen dort außerdem zwei schwarze Punkte.
Die gelben, längs- und quergerieften Eier haben Zuckerhutform und werden auf
der Unterseite von Kohlblättern abgelegt. Die zweite Raupengeneration verursacht
oft Kahlfraß; die Puppen überwintern.

*Bekämpfung.* Das Zerdrücken der Eigelege, die nach Einsetzen des Falterfluges
auf der Unterseite der äußeren Kohlblätter zu suchen sind, ist in kleinen Betrieben
und im Hausgarten eine oft ausreichende Maßnahme, soweit es sich nur um den
Großen Kohlweißling handelt. Die anderen Weißlinge legen ihre Eier einzeln ab.
Die Raupen werden am besten frühzeitig mit DDT- oder lindanhaltigen Spritz-
und Stäubemitteln bekämpft. In manchen Jahren helfen Schmarotzerarten, die
Raupen zu vernichten. Hier ist besonders eine kleine Schlupfwespe zu nennen
(Microgaster [Apanteles] glomeratus), die ihre Eier an die jungen Kohlweißlings-
raupen legt. Die Wespenlarven (50 bis 80 Stück) bohren sich in die Raupe ein und
wachsen in ihr heran, indem sie sich zunächst nur von ihrem Fettkörper ernähren.
Die Raupe erreicht noch die volle Größe, verpuppt sich aber nicht mehr. Die ausgewachsenen Schlupfwespenlarven bohren sich dann durch die Haut der ab-
sterbenden Raupe und verpuppen sich neben und an der leergefressenen Raupen-
hülle in gelben seidigen Gespinsten. Diese fälschlich oft als „Raupeneier" bezeichneten Kokons sollten überall geschont werden, weil die daraus schlüpfenden
Wespen bei der biologischen Bekämpfung der Kohlweißlinge eine wertvolle Hilfe
sind.

**Kopflaus (Pediculus capitis).** *Schaden.* Diese Läuseart findet sich ausschließlich
auf der Kopfbehaarung des Menschen. Durch die Saugtätigkeit und den lästigen
Juckreiz entstehen als Folge von Kratzwunden Geschwüre. Das in Osteuropa
unter dem Namen „Weichselzopf" bekannte verfilzte Haar
ist ebenfalls die Folge starken Läusebefalls.

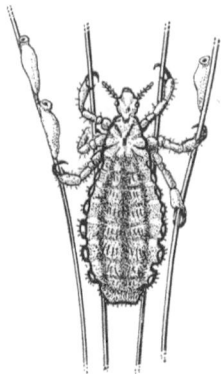

*Schädling.* Die Kopflaus ist der Kleiderlaus äußerlich
sehr ähnlich, nur ewas kleiner. Die Eier (Nissen) werden an
die Haare geklebt, an denen sie sehr fest haften.

*Bekämpfung.* Sowohl vorbeugend wie auch als Bekämpfungsmaßnahme wurde früher das Haar kurz geschoren.
Diese Kur dürfte heute nur noch in Ausnahmefällen in
Frage kommen, da mit Hilfe der DDT- und Lindanmittel
eine einmalige Behandlung zur restlosen Abtötung der Läuse
mitsamt der Brut genügt. Dabei wird die Kopfhaut in keiner
Weise angegriffen, sondern im Gegenteil durch die haut-
fettähnlichen Zusätze in günstiger Weise beeinflußt und
schorfige Wunden gegebenenfalls zur Abheilung gebracht.
Die Nissen werden mit engem Kamm („Nisska-Kamm") aus
den Haaren entfernt.

Abb. 474. Kopflaus.

**Korkmotte, Korkwurm (Tinea cloacella).** *Schaden.* Wein- und Branntwein-
korken lagernder Flaschen sind mit krümeligem Gespinst bedeckt und innen von
Bohrgängen durchzogen. Flaschen können auslaufen.

*Schädling.* In den Weinkellern leben mehrere Mottenarten, die als Korkmotte,
Weinmotte (Oenophila v-flavum) und Kellermotte (Dryadaula pactolia) bekannt
sind. Die unscheinbaren Motten legen ihre Eier an Korken lagernder Flaschen ab
sowie an veralteten Wänden und an Faßböden. Die Mottenraupen nagen von der
Korkoberfläche aus Bohrgänge in die Korken, welche das Auslaufen des Weines
oder Weinbrandes verursachen. Der durch die „Korkwürmer" verursachte
Schaden kann beträchtlich sein, da befallener Wein oft Schimmelgeschmack annimmt.

*Bekämpfung.* Die frisch verkorkten Flaschen werden mit den Flaschenköpfen in DDT-Staub gepreßt, wobei genügend DDT haften bleibt, um die aus eventuell abgelegten Eiern schlüpfenden Korkwürmer zu töten. Außerdem kann man Flaschenlager einfach von Zeit zu Zeit mit DDT ausstäuben oder aber mit Lindanpräparaten ausräuchern, sobald Mottenverdacht besteht.

Abb. 475. Korkmottenschaden an Weinflaschenkorken.

**Kornkäfer (Calandra granaria).** *Schaden.* Der gefährlichste Feind des lagernden Getreides ist der Kornkäfer. Entsprechend seiner starken Verbreitung und Bedeutung hat ihn der Volksmund mit zahlreichen Namen belegt, wie Kornkrebs, Schwarzer Kornwurm, Wippel, Kornreuter usw. Die durch den Schädling alljährlich entstehenden Verluste sind mit 100 Millionen DM geschätzt worden. Die Käfer fressen Löcher in die Körner, während diese von der Larve ganz ausgefressen werden. Bei starkem Befall wird das Getreide warm und feucht, was Schimmelbildung und Milbenansiedlung zur Folge hat. Als Zweitschädlinge, die am verletzten Korn fressen, stellen sich der Getreideplattkäfer (Oryzaephilus surinamensis) und Reismehlkäfer (Tribolium castaneum) u. a. ein.

*Schädling.* Der Kornkäfer ist ein braunschwarzer Rüsselkäfer von 4 mm Länge. Die Eier werden einzeln in je ein Getreidekorn abgelegt. Das Weibchen bohrt dazu mit dem Rüssel ein Loch in das Korn und verschließt es wieder mit einer zähflüssigen erstarrenden Masse, nachdem das Ei hineingelegt ist. Die weiße fußlose Larve macht ihre ganze Entwicklung, deren Dauer von der Temperatur abhängig ist, im Korn durch. Im Sommer folgen normalerweise zwei Generationen aufeinander. Die Käfer können sich auch von Mehl, Teigwaren usw. ernähren, doch ist eine Larvenentwicklung außerhalb eines Getreidekornes nicht möglich. Die Überwinterung der Käfer

Abb. 476. Kornkäfer auf zerfressenen Weizenkörnern. (Photo Cela.)

erfolgt in den Vorräten, in Dielenritzen oder in Spalten der Wände. In Reis, Mais, Hirse und Getreide kommt in warmen Ländern der dem Kornkäfer sehr ähnliche, nur etwas kleinere Reiskäfer vor (Calandra oryzae). Da bei ihm auch die Unterflügel entwickelt sind, kann er im Gegensatz zum Kornkäfer fliegen.

*Bekämpfung.* Eine Voraussetzung für den Erfolg jeder Kornkäferbekämpfung ist die Sauberkeit der Lagerräume. Getreidereste müssen vor jeder Neueinlagerung von Getreide sorgfältig entfernt werden; dabei ist auch auf die verstreuten Körner in Dielenritzen zu achten, in denen sich oft der Brutherd der Kornkäfer befindet. In befallenem Getreide kann die Brut durch Erhitzung im Backofen abgetötet werden. Danach ist es noch für Futterzwecke geeignet. In leeren Speichern werden die Käfer durch Aussprühen mit Kontaktinsektiziden bekämpft (s. S. 1015). Von den unverdünnt anzuwendenden Mitteln werden 5 l auf 100 qm benötigt. Von den mit Wasser zu verdünnenden Präparaten rechnet man für 100 qm etwa 20 l. Kleine Mengen Getreide im bäuerlichen Lagerraum werden durch die Zumischung von DDT- oder Lindanstäubemitteln (100 g auf 100 kg) mit Sicherheit für die Dauer eines halben bis eines ganzen Jahres vom Kornkäfer und seiner Brut frei- gehalten. Aus gesundheitlichen Rücksichten besteht die Vorschrift, daß derart behandeltes Getreide vor der Vermahlung durch die Windfege gereinigt und mit einer gleichen Menge unbehandelten Kornes gemischt werden muß. Die Frage der Beimischung von Berührungsgiften zu Nahrungs- und Futtermitteln ist im Augenblick noch nicht endgültig geklärt. Man erwartet nach Untersuchungen von Instituten verschiedener Richtung, daß bald Klarheit darüber herrsche, ob irgend- welche gesundheitliche Gefahren für den Verbraucher von Getreide bzw. der ent- sprechenden Getreideprodukte bestehen, wenn eine Zumischung wie oben be- schrieben vorgenommen wurde. In Getreidesilos wird die Kornkäferbekämpfung mit besonderen Vergasungsanlagen durchgeführt. Dabei werden Spezialpräparate, z. B. auf Grundlage von Äthylenoxyd, zur Anwendung gebracht. Für die Ent- seuchung von lagerndem oder gesacktem Getreide ist auch das Delicia-Verfahren geeignet, das auf der Wirkung von Phosphorwasserstoff beruht (s. S. 1004).

**Kornmotte (Tinea granella).** *Schaden.* Die Körner von lagerndem Getreide sind an der Oberfläche der Kornhaufen angefressen und zu Klumpen zusammen- gesponnen.

*Schädling.* Die Kornmotte, auch „Weißer Kornwurm" genannt, ist in manchen Gegenden stark verbreitet. Der Falter ist ca. 5 mm lang und hat unauffällig grau und braun gefleckte Flügel. Die Eier werden zwischen den Getreidekörnern ab-

gelegt. Die Raupenentwicklung dauert etwa drei Monate (wäh- rend des Sommers). Vor der Verpuppung ist die Spinntätigkeit der dann umherwandernden Raupen besonders groß, so daß das Getreide und die Wände des Lagerraumes von weißen Gespinsten überzogen werden. In Mauerspalten und Ritzen findet man die Puppen.

Abb. 477. Kornmotte.

In den letzten Jahren ist eine Getreidemotte aus wärmeren Ländern, Sitotroga cerealella, wiederholt mit eingeführtem Getreide eingeschleppt und des öfteren schädlich geworden. Die Larven dieser Art entwickeln sich im einzelnen Getreide- korn, aus dem der fertige Falter schlüpft. Der Befall durch diesen Schädling ist daran kenntlich, daß im Unterschied zur Kornmotte keine Gespinste angefertigt werden, das Getreide wirkt aber durch ausgeworfene Kotkrümel stark ver- unreinigt.

*Bekämpfung.* Mottenraupen sind allgemein gegen chemische Mittel recht widerstandsfähig. Auch dringen selbst Gase oft nicht genügend tief in lagerndes oder gar in gesacktes Getreide ein, um eine Abtötung der Raupen zu erzielen. Es müssen deshalb mechanische Verfahren wie Umschaufeln und Ausbreiten der be- fallenen obersten Getreideschicht in Verbindung mit chemischen Mitteln zur An- wendung kommen (s. S. 1015). Einfacher gestaltet sich die Bekämpfung der fliegenden Falter, die gegen Kontaktstäubemittel (s. S. 1015) genügend empfindlich sind. Vorbeugende Behandlung durch oberflächliches Bestäuben des frisch ein- gelagerten Getreides bietet den besten Schutz vor Verlusten, jedoch bestehen bis jetzt gewisse Beschränkungen für die Anwendung von Berührungsgiften bei großen Mengen eingelagerten Getreides (s. S. 914). Für Silolagerung kommt die spezielle Begasung in Frage (s. S. 1004).

**Krätzmilbe (Sarcoptes scabiei).** *Schaden.* Durch die Fraßgänge in der Haut entsteht die Krätze, die ohne Behandlung zu schweren Ausschlägen führen kann. Die erste Ansteckung erfolgt meist an den Händen zwischen den Fingern und an den Füßen zwischen den Zehen.

*Schädling.* Die Krätzmilbe ist eine nahe Verwandte der Räudemilben, die auf zahlreichen Säugetieren schmarotzen und meist artspezifisch sind. Es sind winzig kleine Spinnentiere, die ihre ganze Entwicklung unter der Haut durchmachen und dort auch die Eier ablegen. Die Entwicklung vom Ei bis zum eierlegenden Weibchen dauert sechs Wochen.

*Bekämpfung.* Die Heilung der Krätze ist Aufgabe des Arztes. Die Abtötung der Krätzemilben in der Haut gelingt ebenso wie die Vernichtung der Räudemilben beim Vieh durch Lindan-Spezialeinreibemittel. Nach der Vernichtung der die Krankheitserscheinungen verursachenden Erreger heilen die Geschwüre von selbst ab.

**Kräuselmilbe des Weinstocks (Phyllocoptes vitis und andere Arten).** *Schaden.* Weintriebe kümmern im Frühjahr, vertrocknen und fallen oft ab. Verkräuselter, buschiger Wuchs kennzeichnet die „Kräuselkrankheit". Die klein bleibenden Blätter sind mit bleichen Flecken bedeckt, was gegen das Licht gut zu erkennen ist. Die Gescheinbildung ist schwach und kränkelnd. Es kommt kaum zum Beerenansatz.

*Schädling.* Eine Gruppe nah verwandter Milben überwintert unter der Rinde, meist in Nähe des Übergangs vom alten zum jungen Holz. Alle Milben sind nur etwa 0,15 mm groß und daher mit dem bloßen Auge nicht erkennbar. Durch das Anstechen der Blätter wird um die Stichstelle herum infolge der Speichelwirkung der Milben eine sternförmige Verfärbung hervorgerufen. Die Vermehrung der Milben erfolgt durch Eiablage. Die den Eiern entschlüpfenden Larven saugen ebenfalls und werden nach Verwandlung zu Nymphen, schon etwa zwei Wochen später zu erwachsenen, vermehrungsfähigen Milben.

*Bekämpfung.* Winterspritzung mit Gelbmitteln 1- bis 2%ig oder Obstbaumkarbolineum (emulgiert) 6- bis 8%ig oder mit Kombinationspräparaten 3- bis 4%ig; Schwefelkalkbrühe 20%ig, Bariumpolysulfidpräparate (3- bis 5%ig) oder Kolloidschwefel sind ebenfalls wirksam. Gespritzt werden muß mit nah an das Holz und die Pfähle zu bringender Düse. Kurz nach dem Austrieb kann mit den verschiedenen Schwefelmitteln gespritzt werden. Bewährt haben sich auch Nikotin- und E-Präparate, neuerdings auch die speziellen Rote Spinne-Mittel.

**Kugelkäfer (Gibbium, Mezium).** *Schaden.* Ein sichtbarer Schaden entsteht selten. Käfer und Larven können in Drogen, trockenem Tapetenkleister oder Kleie vorkommen. Mitunter unerklärlich starkes Auftreten in einzelnen Häusern beunruhigt die Bewohner.

*Schädling.* Die kleinen, ca. 3 mm großen Käfer ähneln einer Spinne. Die roten Flügeldecken sind zusammengewachsen und wie eine glänzende Perle blasig aufgetrieben. Käfervorkommen und Larvenentwicklung sind an bisher noch wenig bekannte Bedingungen geknüpft.

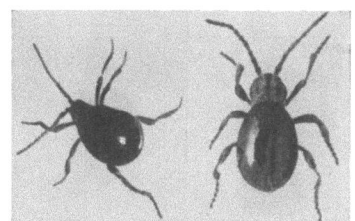

Abb. 478. Kugelkäfer (Gibbium psylloides und Mezium affine), 4× vergr.

Massenhaftes Heranwachsen der Larven in aus Dreschabfällen bestehenden Zwischenböden alter Häuser wurde beobachtet. Eine große Zahl der Käfer fanden

wir auch in getrocknetem Pfefferminztee auf einem Dachboden, von wo aus die
Tiere abwanderten und große Beunruhigung der Hausbewohner verursachten. Eine
verwandte Art ist Mezium affine.

*Bekämpfung* mit den gleichen Mitteln wie beim Messingkäfer (s. S. 924).

**Kümmelmotte (Depressaria nervosa).** *Schaden.* Die Blütendolden des Kümmels
sind zusammengesponnen. Die Blüten samt den Stielen und die Samen sind abgefressen.

*Schädling.* Die Raupen der Kümmelmotte verursachen diese Schäden. Ausgewachsen ist die Raupe schwarz, mit einer rötlichen Längslinie an jeder Seite
und schwarzen, weiß umrandeten Warzen. Die Verpuppung erfolgt in den hohlen
Stengeln des Kümmels, in die sich die Raupen einbohren. Die braun und weißlich
gefärbten Motten schlüpfen im Hochsommer und Herbst, überwintern und legen
ab März die Eier, dachziegelartig angeordnet, an die Stengel und Blattstiele des
Kümmels. Erst nach 3 bis 4 Wochen schlüpfen die Raupen, fressen zunächst in der
Nähe der Eigelege und wandern dann in die Blütenstände. Es tritt nur eine Generation im Jahre auf.

*Bekämpfung.* Neben DDT- und Derrisstäubemitteln werden in erster Linie
E-Stäubepräparate empfohlen, die gegen die noch jungen Raupen vor dem Einspinnen in die Dolden angewandt werden müssen. Der richtige Zeitpunkt wird
vom jeweiligen Pflanzenschutzamt durch Beobachtung des Entwicklungszustandes
des Schädlings festgestellt und bekanntgegeben. Das Kümmelstroh befallener
Felder sollte nach dem zeitigen Dreschen verbrannt werden.

**Lauch- oder Zwiebelmotte (Acrolepia assectella).** *Schaden.* In den Lauch-
blättern sind Minen gefressen oder oberflächliche Gänge. Vor allem werden die
Herzblätter befallen, welche vergilben. Die Pflanzen stellen mindestens vorübergehend ihr Wachstum ein.

*Schädling.* In den Fraßgängen sitzen die Raupen der Lauchmotte. Sie verpuppen sich in einem Kokon auf den Blättern. Die Falter schlüpfen noch im
gleichen Sommer und legen wieder Eier am Wurzelhals ab. Die Raupen dieser
zweiten Generation fügen dem Lauch besonders empfindlichen Schaden zu, den
die Pflanzen oft nicht überstehen. Außerdem tritt als Folgeschädigung leicht
Fäulnis auf. Neben den Motten, die un-
auffällig graubraun gefärbt und weiß gefleckt sind, überwintern gelegentlich auch
die Puppen.

*Bekämpfung.* Der günstigste Zeitpunkt
zur Abtötung der Raupen liegt kurz nach
deren Schlupf aus den Eiern, also bevor
der Minierfraß beginnt. Es sind dann DDT-
und Lindanmittel anzuwenden (s. S. 1022).
Später müssen Präparate mit Tiefenwirkung
eingesetzt werden (E-Mittel, s. S. 1025), um
die Raupen im Blattgewebe zu erfassen.

**Lausfliegen (Crataerina pallida und an-
dere Lausfliegenarten).** *Schaden.* Gelegentlich schaden Fliegen, die sich besonders im
Kopfhaar gut festhalten können, durch
schmerzhafte Stiche.

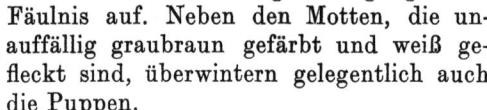

Abb. 47 Lausfliege des Mauerseglers.

*Schädling.* Die im Bilde gezeigte Mauersegler-Lausfliege (C. pallida) wurde
schon wiederholt in Wohnungen lästig. Untersuchungen ergaben dann stets, daß
diese blutsaugenden Fliegen aus Mauerseglernestern abgewandert waren, weil die

Vögel im Frühjahr nicht zurückkamen. Die Fliegen haben starke Haftklauen an den Beinen, mit denen sie sich im Gefieder des Wirtsvogels festhalten können. Weibliche Fliegen bringen nur wenige, dafür fast entwickelte Larven zur Welt, die sich schon Stunden später verpuppen. Diesen Puppen entschlüpfen die Fliegen, wenn die Nester mit Jungvögeln besetzt sind. Bei der Mauersegler-Lausfliege überwintern die Puppen. Im kommenden Frühjahr schlüpfen dann zur Brutzeit der aus dem Süden zurückgekommenen Segler die Fliegen, welche sich dann sofort an den Vögeln festkrallen und deren Blut saugen.

*Bekämpfung.* Meist wird es sich nur darum handeln, einzelne bemerkte Fliegen abzutöten. Wenn eine länger dauernde Zuwanderung in einen Wohnraum bemerkt wird, dann kann ein außen am Fenster angebrachter Raupenleimstreifen nutzen, weil die Fliegen flugunfähig sind und nur laufend vom Dach über die Hauswand zum Fenster gelangen. Die Beseitigung der Seglernester ist oft schwierig, das Abspritzen der Nistecken, z. B. mit Lindanmitteln, dagegen eventuell durchführbar. Das Aussprühen befallener Wohnräume dürfte nur sehr selten notwendig werden.

**Liebstöckelrüßler (Otiorrhynchus ligustici).** *Schaden.* Die Käfer fressen das Laub der Rüben, wodurch sie namentlich im Frühjahr nach dem Auskeimen der Saat schädlich werden. Schäden an anderen Kulturen, z. B. Spargel, Reben usw., sind bekannt, mitunter können sie größere Ausmaße annehmen. Die Larven richten durch ihren Fraß an Luzerne-, Hopfen- und Rübenwurzeln ebenfalls großen Schaden an.

*Schädling.* Der Käfer ist schwarz, mit einer etwas helleren Fleckung, 10 bis 14 mm lang. Die Flügeldecken sind stark gewölbt, der Rüssel ist kurz und dick. Da die Hinterflügel fehlen, kann der Käfer nicht fliegen. Der junge Käfer wandert im Frühjahr auf die Rübenfelder und im Herbst zurück auf die Luzerneschläge, wo die Eiablage in geringer Bodentiefe erfolgt (150 bis 200 Eier je Weibchen). Die Larven sind weiß mit braunem Kopf, fußlos und überwintern.

Abb. 480. Liebstöckelrüßler. (Photo Cela.)

Die *Bekämpfung* beschränkte sich in früheren Jahren auf die mechanische Fernhaltung der Käfer von den gefährdeten Schlägen durch Fanggräben, die um die vorjährigen Luzerne- und die diesjährigen Rübenfelder gezogen wurden. Die meisten Käfer sammelten sich in den Löchern an der Grabensohle und konnten hier vernichtet werden. Die Bekämpfung ist durch den Einsatz von DDT-, Hexa- und Lindanstäubemitteln viel einfacher geworden, sie muß bei den Käfern nur rechtzeitig und gegen Larven gegebenenfalls vorbeugend erfolgen (vgl. Engerlinge S. 863). Durch die Anwendung solcher chemischer Mittel werden auch andere Schädlinge bekämpft, die oft gleichzeitig mit dem Liebstöckelrüßler auftreten (vgl. Rübenderbrüßler S. 949 und Dickmaulrüßler S. 860).

**Lilienhähnchen (Crioceris lilii).** *Schaden.* An den Blättern von Liliengewächsen und vom Bittersüßen Nachtschatten (Solanum dulcamara) verursachen im Frühjahr 6 bis 8 mm große ziegelrote, lackglänzende Käfer oder deren schleimige Larven Lochfraß.

*Schädling.* Das Lilienhähnchen ist ein naher Verwandter des Spargelhähnchens. Beim Anfassen zirpen die Käfer. Die Eier werden an die Unterseite der Blätter abgelegt. Auch die schmutziggrauen, mit Schleim bedeckten Larven fügen den Blättern den gleichen Schaden zu. Sie sehen wie kleine Nachtschnecken aus. Mitunter wird das ganze Laub vernichtet. Die Verpuppung erfolgt in der

Erde. Jährlich treten 2 bis 3 Generationen auf. Den Winter überdauern die Puppen der letzten Generation.

*Bekämpfung.* Gegen die Käfer sind Fraß- und Berührungsgifte (DDT, Hexa oder Lindan in Spritzmitteln s. S. 1022) zu verwenden. Die Larven sind auch mit Tabak- und Kalkstaub zu bekämpfen. Auf kleineren Flächen können die Käfer auf untergelegte Tücher oder mit Raupenleim bestrichene Pappdeckel abgeklopft werden. Dieses einfache mechanische Verfahren läßt sich durch Zerdrücken der Eier an den Blättern unterstützen. Lindanstreumittel, Staubkainit und Kalkstickstoff, in den Boden eingebracht, wirken gegen die verpuppungsreifen Larven.

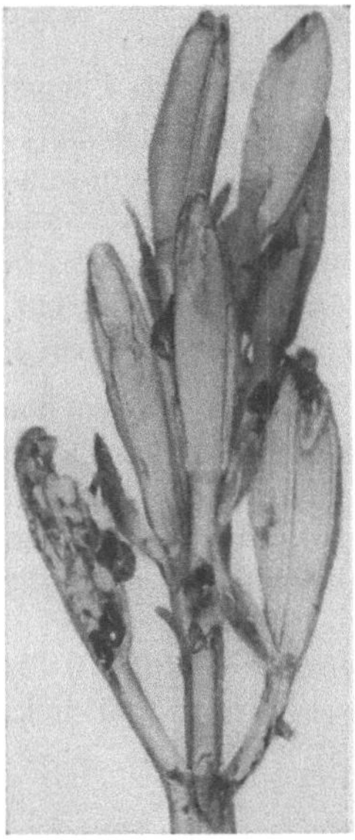

**Linsenkäfer (Bruchus lentis).** *Schaden.* Linsen sind verkäfert. Entweder finden sich in den Linsen kleine Maden, oder die Linsenkäfer laufen zwischen den Linsen umher, oder die Linsen weisen Spuren von Käferbefall auf.

*Schädling.* Die Käfer sind ca. 3 mm lang, graugelb gefärbt, die kurzen Deckflügel lassen das Hinterleibsende hervorragen. Der Befall der Linsen erfolgt auf dem Felde, ähnlich wie beim Erbsenkäfer (s. S. 864).

Abb. 481. Lilienhähnchen.
Larvenfraß an Tigerlilie.

Abb. 482. Linsenkäfer
und befallene Samen.

Die in den Linsen die Entwicklung durchmachenden Larven kommen mit dem Samen ins Lager, dort erfolgt die Verpuppung und schließlich das Ausschlüpfen der Käfer. Es kann passieren, daß die Käfer im Haushalt aus den Linsen schlüpfen und sich im Schrank oder in der ganzen Küche verbreiten. Eine Weitervermehrung der Käfer in bevorrateten Linsen ist nicht möglich, auch nicht in anderen Nahrungsmitteln.

*Bekämpfung.* Vgl. Erbsenkäfer S. 864.

**Maikäfer (Melolontha spec.), vgl. auch Engerlinge.** *Schaden.* Außer den Larven, den Engerlingen, die an Wurzeln erhebliche Schäden anrichten (s. S. 863), werden auch die Maikäfer selbst in der Hauptschwärmzeit durch das Abfressen von Laub an Obstbäumen und Waldrändern schädlich. Durch Kahlfraß wird oft die Obsternte vernichtet.

*Schädling.* Der Feldmaikäfer (M. melolontha) ist vor allem in Süd- und Mitteldeutschland verbreitet, während der Waldmaikäfer (M. hippocastani) in Ost- und Norddeutschland der häufigere ist. Beide Arten sind wirtschaftlich gleich wichtig.

Die Käfer kommen im Frühjahr unter bestimmten klimatischen Bedingungen aus dem Boden. Nach dem Reifungsfraß an Eichen, Buchen, Obstbäumen usw. legen die Weibchen im Verlaufe von einigen Wochen mehrmals Eier in kleinen Haufen ab. Sie graben sich dazu jedesmal in den Boden ein, wobei sie Flächen mit spärlichem Pflanzenwachstum bevorzugen. Weite Wanderflüge der Käfer kommen nicht oft vor. Deshalb erfolgt die Eiablage meist auf den Kulturflächen, die den Fraßplätzen der Käfer benachbart liegen. Im ersten Jahre ernähren sich die Engerlinge von zarten Wurzeln und toten pflanzlichen Stoffen. Ein merklicher

Schaden entsteht erst im zweiten und besonders im dritten Fraßjahr. In klimatisch günstigen Gebieten verpuppen sich die Engerlinge bereits im dritten Sommer.

Die Käfer schlüpfen nach 4 bis 8 Wochen, bleiben jedoch bis zum nächsten Frühjahr im Boden. In kälterem Klima dauert die Entwicklung 4 bis 5 Jahre. In vielen Gebieten liegen zwischen den „Maikäferflugjahren" 2 bis 3 Jahre mit geringerem Auftreten.

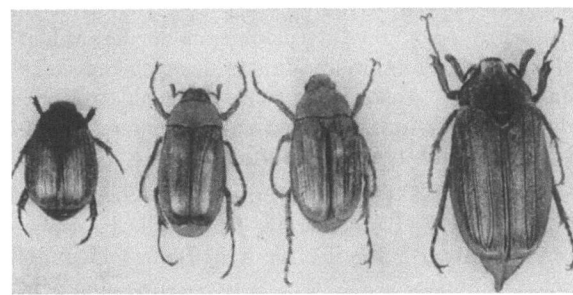

Abb. 483. Von links: Gartenlaubkäfer, Brachkäfer, Junikäfer, Maikäfer. (Photo Cela.)

*Bekämpfung.* Die Maikäferbekämpfung hat einmal den Schutz der unmittelbar durch den Fraß der Käfer bedrohten Bäume zum Ziel, will vor allem aber auch die Eiablage und damit die Engerlingsschäden in den folgenden Jahren abwenden. Die früher üblichen Sammelverfahren am frühen Morgen (Abschütteln auf untergelegte Tücher) haben nur selten Erfolg gehabt, da ein großer Teil der Käfer, z. B. auf hohen Bäumen, in dichten Hecken oder gar an Waldrändern, nicht erfaßt werden konnte. Erst nach Einführung der chemischen Bekämpfung sind unter Zuhilfenahme von Großgeräten entscheidende Fortschritte erzielt worden. Sogar Flugzeuge werden heute zur Maikäferbekämpfung eingesetzt.

Die ersten Erfolge wurden bereits vor Jahren mit Dinitrokresol erzielt. Dieses Mittel hat neben seiner Giftigkeit noch den Nach-

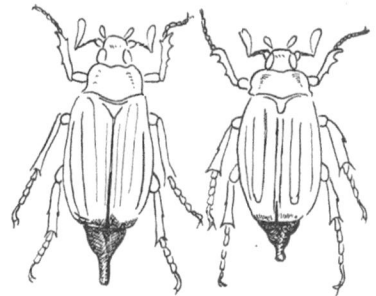

Abb. 484. Links Feldmaikäfer, r. Waldmaikäfer.

teil, daß es das Laub verbrennt. Durch den Gebrauch von DDT werden Schäden dieser Art vermieden. Da dieses Mittel nicht immer sicher genug wirkt, weil sich ein Teil der Käfer wieder erholt, zieht man jetzt allgemein Hexa- oder Lindanmittel bzw. Kombinationen von DDT und Lindan vor. Durch ein bis zwei Spritzungen, Stäubungen oder Nebelungen kann der Fraß auf Obstbäumen verhindert werden. Für Großaktionen sind umfassende Vorbereitungen notwendig, die von staatlichen Stellen (Pflanzenschutzämter, Forstdienst) getroffen werden.

**Maisbrand, Beulenbrand des Maises (Ustilago maydis).** *Schaden.* An den Maispflanzen fallen bis faustgroße Wucherungen auf, die unter einem silbern glänzenden Häutchen ein feines schwarzbraunes Sporenpulver enthalten. Auch an den Kolben ist gewöhnlich ein Teil der Körner zu solchen Brandbeulen verunstaltet.

*Erreger.* Die ersten Krankheitserscheinungen zeigen sich gewöhnlich an den bodennahen Stengelteilen. Die hier gebildeten Brandsporen können sofort auf jungem Gewebe wieder auskeimen, ohne die ganze Pflanze zu durchwuchern, eine Eigenart, die die Brandpilze der übrigen Getreidearten nicht besitzen. Es gibt also beim Maisbrand eine Triebinfektion, im Gegensatz zur Keimlings- und Blüteninfektion

Abb. 485. Maisbrand.

der anderen Brandpilze. Auf diese Weise können im Laufe eines Sommers ganze Felder verseucht werden.

*Bekämpfung.* Größter Wert ist auf frühzeitige Entfernung sämtlicher Brandbeulen zu legen, um die Ausbreitung der Krankheit zu verhindern. Saatgutbeizung allein genügt nur, wenn Mais in der gleichen Gegend noch nicht angebaut wurde, da sonst die Ansteckung vom verseuchten Boden ausgeht. In diesem Falle ist reichliche Stallmistdüngung zu vermeiden. Erkranktes Maisstroh soll verbrannt, aber nicht untergepflügt werden.

**Maiszünsler (Pyrausta nubilalis).** *Schaden.* Die Rispen der Maispflanzen knicken um und brechen ab. Unterhalb des Stengels finden sich Bohrlöcher, besonders in der Nähe der Knoten. Bohrmehl und Kot deuten auf den im Stengel sitzenden Schädling, der darin ziemlich große Fraßgänge anlegt. Auch die Körner in den Kolben werden beschädigt. Stark befallene Maispflanzen brechen schon bei leichtem Wind um.

Abb. 486. Maiszünsler.

*Schädling.* Die weiblichen Falter des Maiszünslers sind ockergelb, die Männchen zimtbraun mit heller Zeichnung. Die Eier werden zu 15 bis 20 Stück an die obersten Blätter von Mais, Hopfen und Hanf abgelegt. Besonders an Hopfen sind in den letzten Jahren zunehmende Schäden aufgetreten. Die jungen Räupchen fressen anfangs außen an den Pflanzen, um sich dann in die Stengel einzubohren. Die ausgewachsene Raupe ist etwa 25 mm lang, blaßrot bis dunkelbraun gefärbt, mit dunkleren Seitenlinien, einer Reihe dunkelbrauner Punkte auf jedem Segment und dunklem Kopf. Die Raupe überwintert in einem Gespinst in den Stoppeln oder in anderen Pflanzenteilen und verpuppt sich im Mai.

*Bekämpfung.* Alle Ernterückstände sind zu vernichten. Im Hopfenbau werden Lindanstäubemittel mit gutem Erfolg angewandt. Nach starkem Befall wird zweckmäßig der Maisbau für mehrere Jahre ausgesetzt.

**Mauerspinne (Dictyna civica).** *Schaden.* Fassaden von Häusern werden durch viele Gespinste verunziert, weil sich in ihnen Staub ansammelt und solche Häuserfronten dann „schimmelig" aussehen. An neuem Rauhputz kommt es auch zum Abbröckeln von Putzteilchen (Abb. 487).

*Schädling.* Die kleine Spinne D. civica, hier Mauerspinne genannt, besiedelte in den letzten Jahren in verstärktem Maße Häuser in Südwestdeutschland. Die etwa handtellergroßen Netze sind rund und würden an sich kaum auffallen, wenn sich nicht bald neben der Beute (fliegende Blattläuse, kleine Fliegen usw.) auch Staub in ihnen ansammelte. In einigen Fällen mußte schon ein bis zwei Jahre nach dem Verputz neuer oder restaurierter Häuser eine Säuberung der Fassaden vorgenommen werden.

*Bekämpfung.* Die Beseitigung der Netze erfolgte versuchsweise mit scharfem Sprühstrahl von Motorspritzen, wie sie bei der Obstbaumschädlingsbekämpfung Verwendung finden. Die Spinnen wurden dabei mit Lindanmitteln und Kombinationen von Lindan-Chlordan abgetötet. Die Spritzlösungen, aus Emulsionen hergestellt, waren doppelt so stark konzentriert wie für übliche Anwendungen.

**Maulwurf (Talpa europaea).** *Schaden*. Durch seine Wühltätigkeit richtet der Maulwurf in Gartenbeeten oft Schaden an. Die Pflanzen werden entwurzelt und dadurch gelockert.

*Bekämpfung.* Da er durch die Vertilgung von Insektenlarven nützlich ist, sollte der Maulwurf nicht getötet, sondern nur vertrieben werden. Es geschieht durch Einlegen von dornigen Reisern in seine Gänge oder durch kleine Stücke Calciumkarbid, die ebenfalls in die Gänge getan werden und aus denen sich infolge der Bodenfeuchtigkeit Acetylengas entwickelt.

Abb. 487. Mauerspinne. Befallene Hausfront und herabgefallene Putzteilchen.

**Maulwurfsgrille (Gryllotalpa vulgaris).** *Schaden.* Erdbeeren, Zierpflanzen, Salat, Kohlsetzlinge und Gemüsepflanzen aller Art kränkeln und gehen ein. Ihre Wurzeln sind abgefressen oder auch nur locker; die Erde ist durchwühlt und von fingerdicken Gängen durchzogen.

*Schädling.* Die Maulwurfsgrille ist ein 4 bis 5 cm langes kräftiges Insekt von brauner Farbe. Die Vorderbeine sind wie beim Maulwurf zu Grabschaufeln ausgebil-

Abb. 488. Maulwurfsgrille.

det. Die Werre, wie die Maulwurfsgrille auch in manchen Gegenden genannt wird, lebt unterirdisch in frischem, lockerem Boden. Die Eier (200 bis 300 Stück) werden im Juni ca. 20 bis 30 cm tief in einer runden Erdhöhle abgelegt. Die spinnenähnlichen Larven bleiben anfangs zusammen und ernähren sich von Humusstoffen und feinen Wurzeln. Des Nachts kommen sie auch an die Oberfläche. Maulwurfsgrillen sind gute Flieger. Die Entwicklung vom Ei bis zur ausgewachsenen Werre dauert fast ein Jahr.

*Bekämpfung.* Wirkungsvoll ist das Zerstören der Nester. Die Gänge lassen sich mit dem Finger leicht bis zu der Stelle verfolgen, wo sie nach unten gehen. Dort ist das Nest leicht mit dem Spaten herauszunehmen. Die eben erwachsenen, schwärmenden Tiere können im Mai in glatten, in den Erdboden eingegrabenen Töpfen gefangen werden, wenn deren Ränder mit Latten verbunden werden.

Die Grillen steigen nicht über Hindernisse, sondern laufen an ihnen entlang und fallen so in die Töpfe. Außer mit Fluor-Streuködermitteln und Chlordan-Köder-präparaten (s. S. 1016) lassen sich die Maulwurfsgrillen durch Chlordan- oder Lindan-Chlordan-Spritzmittel vernichten, die in die Gänge eingegossen werden ($^1/_2$ l pro Gang). Durch die Einarbeitung von Streumitteln auf Chlordan- oder Lindan-Chlordan-Basis (1,5 kg/ar) lassen sich ebenfalls gute Bekämpfungserfolge erzielen.

**Mehlkäfer (Tenebrio molitor).** *Schaden.* Vorkommen in Mehlvorräten, namentlich in Mehlkisten mit alten Resten, oder in Mahlprodukten, die längere Zeit unberührt und vernachlässigt gelagert haben.

*Schädling.* Wegen sehr langsamer Entwicklung sind Käfer oder Larven selten in größerer Zahl anzutreffen, die im Freien in Vogelnestern, unter Baumrinde und im Mulm leben. Der schwarzbraune Käfer wird bis 2 cm lang, die parallelseitigen Deckflügel sind längs gerieft. Bekannter dürften jedem Terrarienfreund und Vogelzüchter die als „Mehlwürmer" bezeichneten gelben, geringelten Larven sein. Gewöhnlich dauert die Larvenzeit über ein Jahr, ist jedoch bei höheren Wärmegraden erheblich abgekürzt. Außer Mehl werden pflanzliche Abfälle verschiedenster Art befressen. Feuchte Nahrung beschleunigt das Wachstum stark. Die Larven werden fast 3 cm lang, ehe sie sich in die weißlichgelben Puppen mit spitz

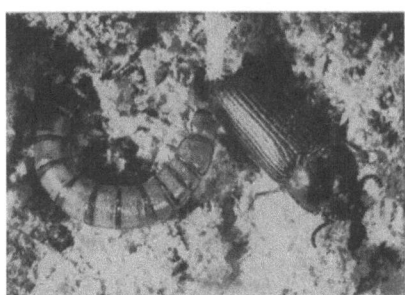

Abb. 489. Mehlkäfer und Larve („Mehlwurm").
(Photo Cela.)

zulaufendem Hinterleib verwandeln. Nach einigen Wochen Puppenruhe schlüpfen die Käfer. Gegen Abend werden die Käfer lebhaft; sie finden fliegend zu neuen Brutstätten.

*Bekämpfung* durch Absieben, das zweckmäßig nach einiger Zeit wiederholt wird, um auch die aus den Eiern inzwischen geschlüpften Larven zu erfassen. Die befallenen Vorräte erleiden bei geringem Befall keinerlei Einbuße. Mehlkäfer in Mühlen werden mit den üblichen Bekämpfungsmaßnahmen erfaßt, allerdings sind sie gegen die Kontaktgifte auf DDT- oder Lindanbasis recht widerstandsfähig, besonders die Larven.

**Mehlmilbe (Tyroglyphus farinae).** *Schaden.* Die Ansiedlung in Mehl, Grütze, Haferflocken und sonstigen Mahlprodukten, besonders wenn diese warm und feucht lagern, führt durch die ungeheure Vermehrungsfähigkeit zu gesteigerter Feuchtigkeit des Nährsubstrates und zur Schimmelbildung. Befallene Lebensmittelvorräte sind gesundheitsschädlich und dürfen nur nach Abtötung der Milben durch Erhitzung oder Dämpfung mit anderem Futter vermischt dem Vieh gegeben werden, weil sich sonst Entzündungen der Atmungs- und Verdauungsorgane einstellen, die zu Koliken und Lähmungen, ja zum Tode führen können. Milbenhaltiges Mehl, sofern es nicht schon durch den

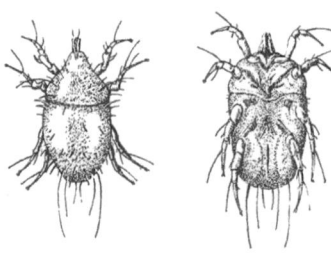

Abb. 490. Mehlmilbe. (stark vergr.)
(Zchg. *Laabs.*)

eigenartig widerlich süßen Geruch auffällt, erkennt man an der rauhen, durch die Tätigkeit der Milben „durchwühlten" Oberfläche, wenn es einen Tag zuvor glatt gestrichen wurde. Auf getrockneten Früchten leben mitunter massenhaft nah verwandte andere Milbenarten (Glyciphagus), während die Käsemilbe (Tyroglyphus siro) alten, harten Käse bevorzugt.

*Bekämpfung* nur durch physikalische Mittel (Hitze, Austrocknung), wenn die befallenen Vorräte noch zu Futterzwecken verwandt werden sollen (s. Hausmilbe S. 886).

### Mehlmotte (Ephestia kühniella). *Schaden.*

In Haushaltungen meist gering, da die Wärme niedrig und die Entwicklungsplätze auf die meist kleinen und bald zum Verbrauch gelangenden Mehlvorräte beschränkt sind. Dagegen ist die Mehlmotte der Hauptschädling in Mühlen, wo mit vier Bruten im Jahr gerechnet werden muß. Durch die Spinntätigkeit der Larven verklumpt das Mehl, verstopft die Förderanlagen, Siebe, Sichter usw. Außerdem wird das Mehl auch durch den Raupenkot verunreinigt. Mehlmottenraupen schaden auch an allen anderen Getreideprodukten, Sämereien, Teigwaren, Backobst, Dörrgemüse, Sojamehl, Kakao, Nußkernen und Backwaren, womit ihre Speisekarte noch nicht vollständig ist.

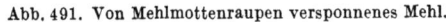
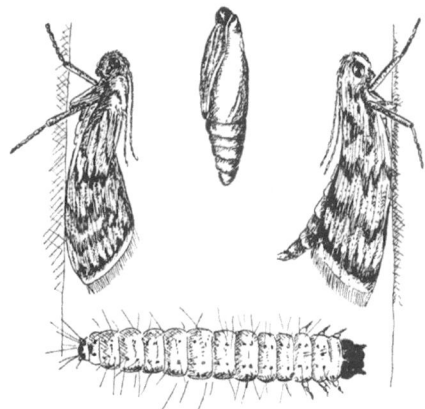

Abb. 491. Von Mehlmottenraupen versponnenes Mehl.

Abb. 492. Mehlmotten, Raupe und Puppe.
(Zchg. *Brunner.*)

*Schädling.* Der ca. 1 cm große mausgraue Falter hat mit schwarzen Linien und Punkten gezeichnete Vorderflügel, die er wie alle Motten in der Ruhe dachartig über die einfarbig helleren Hinterflügel legt. Die Motten fliegen nur in der Dunkelheit. Das Weibchen legt 100 bis 200 Eier wenige Stunden nach der Begattung ab, die bald nach dem Schlüpfen aus der Puppe erfolgt. Die Eier werden an Mehlsäcken, Nährmitteln und anderen für die Ernährung der Raupen geeigneten Plätzen (in Mühlen vorwiegend in Elevatoren, Mehlschächten und Rohren) mit Hilfe einer Legeröhre abgesetzt. Die weißlich oder rosa gefärbten Raupen wachsen im Verlauf weniger Monate unter ständigem Fressen und Spinnen fast zu 2 cm Länge heran. In einem gesponnenen Köcher erfolgt die Verpuppung. Oft sind mehrere Puppen dicht beieinander.

*Bekämpfung* der Motten einschließlich aller Entwicklungsstadien, d. s. Eier, Raupen und Puppen, geschieht mit einem Schlage nur durch eine sorgfältige Blausäure- oder Methylbromid-Ausgasung. Das periodische Anwenden von Nebelpräparaten, z. B. auf Lindanbasis, erfaßt in erster Linie die fliegenden Mottenfalter, nur zum Teil die im Mehl lebenden Raupen. Wenn Sauberkeitsmaßnahmen mit dem wiederholten Ausnebeln Hand in Hand gehen, dann wird eine Mehlmottenplage kaum fühlbar werden, zumal die Kontaktgifte lange wirksame Beläge zurücklassen. Im Haushalt genügen physikalische Methoden: Befallene Vorräte werden durch Absieben von den Raupen befreit und in saubere Behälter umgefüllt. Die alten Kisten,

Gläser und Säcke werden heiß ausgewaschen, ebenso die Vorratsschränke und
Regale, in denen die Schädlinge bemerkt wurden. Zusätzlich angewandte Spritz-
und Räuchermittel auf der Grundlage von Berührungsgiften können den Neubefall
für längere Zeit verhindern.

**Messingkäfer (Niptus hololeucus).** *Schaden.* Löcher in Textilien, Schäden an
Drogen, Knochen, Lederwaren, Kleister, Kakao und vielen anderen Materialien sind
die Folge von Messingkäferfraß.

*Schädling.* Die Larven entwickeln sich hauptsächlich in Getreideprodukten und
sind im Gegensatz zu den Käfern meist nicht schädlich. Der Käfer ist 4 mm groß,
rundlich, mit langen Beinen und langen Fühlern, beim Laufen einer Spinne nicht
unähnlich. Der Körper ist mit goldgelben Haaren bedeckt, messingfarben glänzend.
Entwicklungseigentümlichkeiten sind bisher wenig bekannt. Larvendauer mindestens
drei Monate, unter normalen Temperaturbedingungen jedoch etwa 3mal so lange.

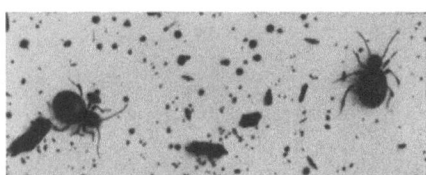

Abb. 493. Messingkäfer.

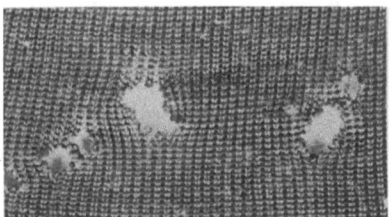

Abb. 494. Messingkäferfraß an Kunstseide.

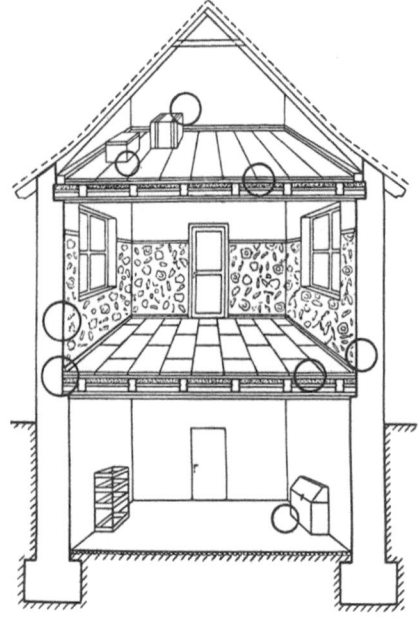

Abb. 495. Mögliche Messingkäferbrutstätten
in einem Hause. (Zchg. *Laabs.*)

Bei der Suche nach den Brutstätten findet
man die Larven in aus Getreideabfällen
bestehenden Dielenfüllungen oder in
morschem, verpilztem Holz. Vermutlich
benötigen die Larven außer stärkehaltigen Stoffen auch tierisches Eiweiß, z. B.
tote Insekten oder Kot von Ratten und Mäusen. Aufregende Massenvorkommen sind
von bestimmten alten Häusern bekannt geworden, wo in mehrjährig wiederkehren-
dem Rhythmus Tausende von Käfern aus den unter den Dielen gefundenen Brutstätten hervorkamen und überall in den Räumen umherliefen. Alte, ausgeleerte
Abortgruben sind gleichfalls als Brutstätten festgestellt worden. Beunruhigung der
Hausbewohner entsteht weniger durch die Schäden als durch die Vielzahl der täglich
mehrere Wochen hindurch gefundenen Käfer, die des Nachts aus den Schlupfwinkeln kommen und dann morgens unter Teppichen, Fußmatten, auf und unter
Möbeln, in Behältern usw. gefunden werden.

*Bekämpfung.* Abfangen führt zu keinem befriedigenden Erfolg. Insektensprüh-
mittel sollen entlang den Scheuerleisten und den darüber befindlichen Wänden gespritzt werden. Erfassung und Beseitigung der Brutplätze ist oft schwierig. Es soll
aber angestrebt werden, die verkäferten Unterdielenfüllungen durch Schlacke zu

ersetzen. Vergasungen mit Blausäure sind gegebenenfalls nicht durchschlagend, wenn z. B. bei einem Befall der Fehlböden nicht die Dielen — wenigstens teilweise — aufgerissen werden.

**Miniermotten (Lyonetia clerkella und andere Arten).** *Schaden.* Im Innern von Blättern verlaufen unregelmäßige, hell durchscheinende Fraßgänge, sogenannte „Minen". In den Gängen leben kleine Raupen, die Larven von Miniermotten.

Abb. 498. Miniermotte. Raupenfraßgänge.

*Schädling.* An Obstbäumen tritt die „Obstbaumminiermotte" auf (Lyonetia clerkella), ein unauffälliger Kleinschmetterling mit lang gefransten Flügeln. In einem Sommer kommen 2 bis 3 Generationen vor. Die Raupen verpuppen sich in zierlichen, weißen Kokons an der Blattunterseite. Im Obstbau tritt durch die Minierarbeit der Raupen kaum fühlbarer Schaden auf, da die Blätter nicht merklich leiden und auch nicht vorzeitig abfallen. Andere durch die Form der Minen charakteristische Mottenarten bleiben ebenfalls meist bedeutungslos. Kommt es allerdings Jahr für Jahr zu immer stärkerem Befall durch die Miniermotten, dann beginnen sich die Verluste an Blattgrün auszuwirken.

*Bekämpfung.* Vor allem an Zierpflanzen, deren Blätter Minierschäden aufweisen, kommen Spritzungen in Frage. Zu empfehlen sind E-Präparate, die die Raupen im Innern der Blätter abtöten. Die Mehrzahl der überwinternden Eier an Obstbäumen werden durch die Winterspritzungen vernichtet. Die befallenen Blätter können außerdem eingesammelt und vernichtet werden.

**Mittelmeerfruchtfliege (Ceratitis capitata).** *Schaden.* Äußerlich unverletzte und gesund aussehende, reifende Früchte von Apfel, Birne, Quitte, besonders aber vom Pfirsich, bekommen weiche Stellen. Unter der Schale leben mehrere weiße bis gelbliche Maden. Kerne und Kerngehäuse werden niemals befressen. Im Fruchtfleisch finden sich kleine Kothäufchen. Befallene Früchte werden frühreif und fallen ab. Im Obstlager faulen die Früchte von innen her.

*Schädling.* Die Mittelmeerfruchtfliege ist der ihr verwandten Kirschfruchtfliege (s. S. 902) ähnlich. Sie wurde mehrfach aus Südeuropa mit Fruchttransporten nach Deutschland eingeschleppt und konnte sich in günstigen Jahren stellenweise stark ausbreiten. Ihr Auftreten bei uns war jedoch stets nur vorübergehend, da sie die Winter nicht überdauern konnte. Die Eiablage erfolgt in den fast reifen Früchten. Die Maden werden 7 bis 8 mm groß und verlassen die Frucht. Sie können sich durch schnellende Bewegungen, ähnlich wie die Maden der Käsefliegen, springend fortbewegen. Die Verpuppung erfolgt in der Erde. Es können mehrere Generationen in einem Sommer auftreten.

*Bekämpfung.* Befallene Früchte im Garten und auf dem Lager sind sorgfältig auszulesen. Vernichtung der Stadien im Erdboden durch Überbrausen mit Obstbaumkarbolineum. Das Auftreten der Mittelmeerfruchtfliege ist dem zuständigen Pflanzenschutzamt zu melden. Bei Verdacht sind befallene Früchte einzusenden.

**Möhrenfliege (Psila rosae).** *Schaden.* Die Möhren sind madig, an ihrer Oberfläche verlaufen rostfarbige Fraßgänge (Rostfleckigkeit, Eisenmadigkeit). Das Kraut welkt und vertrocknet, die Möhren faulen.

*Schädling.* Die Möhrenfliege ist 4 bis 5 mm lang, schwarz mit gelben Beinen und braunem Kopf, der auf der Oberseite einen dunklen Fleck hat. Die Eier werden in

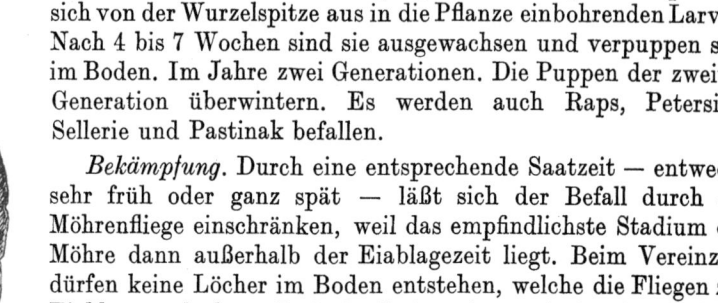

die Erde nahe den Möhren abgelegt. Nach 8 Tagen schlüpfen die sich von der Wurzelspitze aus in die Pflanze einbohrenden Larven. Nach 4 bis 7 Wochen sind sie ausgewachsen und verpuppen sich im Boden. Im Jahre zwei Generationen. Die Puppen der zweiten Generation überwintern. Es werden auch Raps, Petersilie, Sellerie und Pastinak befallen.

*Bekämpfung.* Durch eine entsprechende Saatzeit — entweder sehr früh oder ganz spät — läßt sich der Befall durch die Möhrenfliege einschränken, weil das empfindlichste Stadium der Möhre dann außerhalb der Eiablagezeit liegt. Beim Vereinzeln dürfen keine Löcher im Boden entstehen, welche die Fliegen zur Eiablage anlocken. Daß Stallmist eine anlockende Wirkung haben soll, wird oft behauptet, gilt aber nicht als sicher. Zur Verhinderung einer starken Vermehrung der Möhrenfliege ist die Wechselwirtschaft empfehlenswert.

Die Anwendung chemischer Mittel war bis zur Einführung der synthetischen Berührungsgifte wenig erfolgreich, besonders weil die Möhren durch die empfohlenen Stoffe wie Petroleum, Naphthalin oder Karbolsäure leicht einen penetranten Geschmack annahmen. Gute Wirkung ohne Geschmacksbeeinträchtigung bringen die emulgierten DDT- und Lindanmittel, wenn sie wiederholt gespritzt werden. Auch mit Stäubemitteln aus der gleichen

Abb. 497. Möhrenfliege. Madengänge.

Mittelgruppe wurden gute Erfolge erzielt (s. S. 1022). Am sichersten dürfte die Einarbeitung von Streumitteln in den Boden sein (s. S. 1008), weil auf diese Weise die empfindlichen Eilarven der Fliege vor Erreichung der Wurzelspitzen vernichtet werden.

**Monilia.** *Schaden.* Es gibt zwei Arten von Schäden: Blütenfäule mit nachfolgender Spitzendürre und die Fruchtfäule.

*Erreger.* Die Erreger sind zwei nahe verwandte und in der Entwicklung übereinstimmende Pilze: Sclerotinia cinerea an Steinobst und S. fructigena an Kernobst.

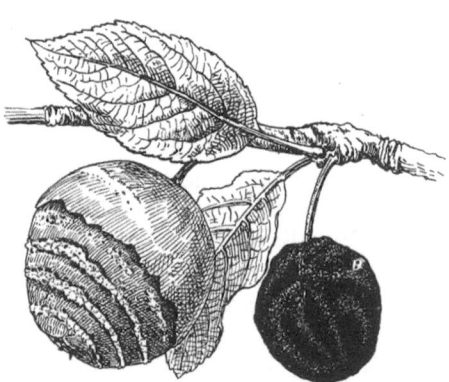

Abb. 498. Moniliakranke Äpfel.

Abb. 499. Moniliakranker Kirschzweig.

Das Auftreten der Spitzendürre beobachten wir besonders an Sauerkirsche und Aprikose, wo es im Frühjahr zum Befall der Narben mit nachfolgender Vertrocknung der Blüten kommt. Der Pilz dringt durch die Blütenstiele in die Zweige ein und tötet diese ab. Die vertrockneten Zweige bleiben bis in den Herbst, oft sogar über Winter, an den Bäumen hängen, wodurch die Krankheit jederzeit leicht erkennbar ist. Bei starkem Auftreten wird der Fruchtansatz vernichtet, das Wachstum behindert. Ohne Bekämpfung gehen die Bäume schließlich ein, besonders häufig Sauerkirschen.

Die Fruchtfäule an Kern- und Steinobst befällt die unreifen Früchte; es entstehen braune Faulstellen, die sich über die ganze Frucht ausbreiten. Später brechen graugelbe, polsterförmige Sporenlager in konzentrischen Ringen (Ringfäule, Polsterschimmel) aus. Diese sogenannten „Fruchtmumien" bleiben zum Teil auch im Winter am Baum hängen. Schwarzfäule ist eine besondere Abart ohne Sporenbildung auf der Fruchtschale. Außerdem gibt es die Lagerfäule in feuchten Kellern bei ungünstiger Haufenlagerung. Das Eindringen von Sporen aus Pilzgeflecht moniliakranker Früchte durch die Stiele in die Zweige ruft Spitzendürre hervor. Auf abgestorbenen Trieben wachsen die grauen Sporenlager. Die Ansteckung der Früchte erfolgt besonders nach Wespenfraß oder durch andere Wunden. Für die Ausbreitung der Krankheit ist nasse Witterung günstig. Im Frühjahr geschieht die neue Blüteninfektion durch überwinterte Sporen.

*Bekämpfung.* Zur Verhinderung der Ansteckung ist weitgehende Vermeidung von Wunden an jungen Zweigen und Früchten wichtig. Dazu gehört die Bekämpfung von Wespen und anderen schädigenden Insekten und die sachgemäße Bekämpfung des Obstschorfes durch Spritzungen. Eine frühzeitige Entfernung abgestorbener Blüten und Triebe vor der Aussaat der Sporen ist zu beachten, ebenso das Einsammeln faulender Früchte, die Beseitigung der Fruchtmumien und deren tiefes Eingraben. Eine Sortenauswahl ist empfehlenswert. Schattenmorellen gelten als besonders anfällig.

**Mutterkorn (Claviceps purpurea).** *Schaden.* Auf den Getreideähren, meistens auf Roggen, findet man bald nach der Blüte Honigtau. Diese Erscheinung ist nicht durch Blattläuse hervorgerufen, sondern zeigt die Anwesenheit eines Pilzes an. Später bilden sich die als Mutterkorn bekannten dunkelvioletten, hornartigen, gekrümmten Gebilde, die bis zu 4 cm groß werden.

*Erreger.* Die Mutterkörner fallen ab und gelangen in den Boden. Dort keimen sie im Frühjahr aus. Es wachsen dann zehn und noch mehr kleine Pilzchen heraus. Sie bestehen aus einem bis 4 cm langen, weißlichen Stiel und einem braunen Köpfchen. Wenn das Mutterkorn zu tief im Boden liegt, so keimt es zwar noch aus, jedoch können die Pilzchen die Oberfläche nicht mehr erreichen. In den Köpfchen liegen die Fruchtkörper des Pilzes, die nach der Reife Sporen ausschleudern. Gelangt eine Spore auf die Narbe einer Getreideblüte, so keimt sie aus, und der Pilz dringt in den Fruchtknoten der Blüte ein. Durch den Reiz wird die Blüte zur erhöhten Absonderung eines süßschmeckenden Sekrets (Honigtau) veranlaßt. Der Pilz bildet darin zahlreiche Sporen, und diese werden durch vom Honigtau angelockte Insekten auf gesunde Blüten übertragen. Die Verbreitung der Sporen erfolgt ferner durch Regen und Wind. In den angesteckten Blüten wächst der

Abb. 500. Mutterkorn.

Pilz weiter, die Fäden ballen sich zu einem Sklerotium zusammen und bilden das Mutterkorn. Die durch das Mutterkorn bewirkte Ernteminderung ist nicht sehr groß.

Dagegen ist das Mutterkorn stark giftig, und dadurch, daß es in das Mehl und Brot gelangt, sind früher schwere Vergiftungen bei Mensch und Tier vorgekommen („Kribbelkrankheit") (s. a. Bd. I, 120).

*Bekämpfung.* Mit der Vervollkommnung der Saatreinigungsanlagen ist das Mutterkorn immer mehr zurückgetreten, so daß eine Bekämpfung nur in seltenen Fällen notwendig ist. Das vor allem am Rande der Felder auftretende Mutterkorn kann durch Kinder eingesammelt und unter Umständen an Apotheken verkauft werden, da an dieser Droge stets ein gewisser Bedarf besteht. Die Ansteckung des Getreides erfolgt meistens durch am Feldrain stehende Gräser. Das Abmähen der Raine vor der Getreideblüte ist also eine wichtige Maßnahme.

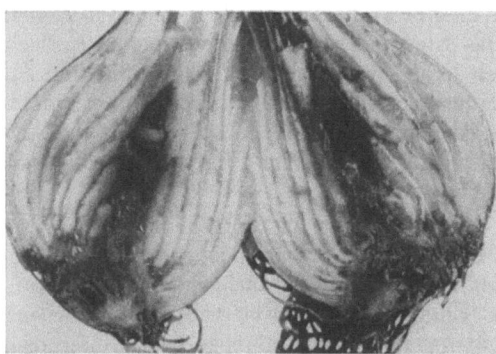

Abb. 501. Fraßschaden der Narzissenfliegenmade.
(Abb. 501—503: Photo Cela.)

**Narzissenfliegen. 1. Große N. (Merodon equestris); — 2. Kleine N., Zwiebelmondfliege (Eumerus strigatus).**

*Schaden.* Die Zwiebeln treiben im Frühjahr schlecht aus. Die Blätter entwickeln sich mangelhaft, oft unterbleibt die Blütenbildung. In den Zwiebeln findet man weißliche bis rötlichgelbe Fliegenlarven, die das Innere zum Teil ausgefressen und in eine braune zersetzte Masse umgewandelt haben.

*Schädlinge.* 1. Die fast 2 cm lang werdenden dicken Larven der großen Art leben meistens einzeln, höchstens zu 2 bis 3 Stück in den Zwiebeln. Sie wandern von einer leergefressenen Zwiebel durch den Boden zu einer anderen. Die Überwinterung erfolgt im Herbst am Fraßort. Im Frühjahr liegen die braunen

Abb. 502. Gr. Narzissenfliege.

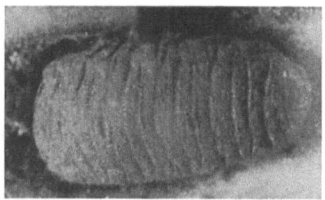

Abb. 503. Narzissenfliegenmade.

harten Tönnchenpuppen dicht unter der Erde, aus denen nach etwa fünf Wochen die dicht bepelzten, gelb und braun gefärbten Fliegen schlüpfen, die wie kleine Hummeln aussehen, aber nur zwei Flügel besitzen. Im Freien fliegen sie ab Ende April, können in Gewächshäusern jedoch schon im Februar auftreten, wenn sie mit befallenen Blumenzwiebeln eingeschleppt wurden. Die Eiablage erfolgt im Mai am Pflanzengrund außer an Narzissen auch an Tulpen, Hyazinthen, Schneeglöckchen u. a.

2. Von den Maden der Kleinen Narzissenfliege fressen viele in einer Zwiebel, wodurch stärkere Zerstörungen als durch die erste Art angerichtet werden. Die Larven werden nur 1 cm lang und sind an einem kurzen braunen Atemrohr am

Körperende kenntlich, das auch die Puppen auszeichnet. Sie verpuppen sich zum Teil schon im August, andere überwintern als Larven. Gelegentlich treten auch im Herbst bereits die Fliegen auf. Sie sind schwarz und schimmern erzgrün. Der Name „Zwiebelmondfliege" rührt von den sechs halbmondförmigen, gelben Flecken auf dem Hinterleib der Fliegen her. Die Eier werden besonders an beschädigte oder angefaulte Zwiebeln mehrerer Blumensorten, aber auch an Speisezwiebeln, Schalotten und Kartoffeln abgelegt. Es kommen auch die Larven beider Fliegenarten in der gleichen Zwiebel vor.

*Bekämpfung.* Beim Einlagern im Herbst oder vor dem Auspflanzen im Frühjahr müssen befallene Zwiebeln aussortiert werden. Sie sind weich und lassen sich am Hals leicht eindrücken. — Die Fliegen suchte man durch Arsen zu vergiften. Eine Lösung von 6 g Natriumarsenit, $1/_2$ l Sirup, 4 l Wasser wurde auf die Beete gespritzt. Doch mußte dieses Verfahren von Ende April bis Ende Mai wiederholt in Anwendung gebracht werden. Einfacher und zuverlässiger dürfte heute das Spritzen von Berührungsgiften sein (DDT, Lindan), evtl. auch Stäubungen. Das Ausbringen von Lindanbodenstreumitteln (150 kg/ha, s. S. 1008) wird neuerdings zur Bekämpfung der Larven erprobt und verspricht Erfolg. Die Abtötung der Larven der Kleinen Narzissenfliege in den Zwiebeln wird erreicht, wenn die Zwiebeln für $1^1/_2$ bis $2^1/_2$ Stunden in Wasser von 43,5° C gebracht werden. Dieses „Kochen" ist in Spezialbetrieben für Blumenzwiebelanbau üblich. Faule Speise- und Blumenzwiebeln und alte Kartoffelknollen stellen eine Brutstätte für die Narzissenfliegen dar und dürfen deshalb in der Nähe der Zwiebelzuchten nicht geduldet werden. — Die Einfuhr befallener Blumenzwiebeln ist verboten (vgl. Hyazinthenrotz).

**Nelkenfliege (Hylemyia spec.).** *Schaden.* An den Nelkenpflanzen welken die Herzblätter und werden trocken. An ihrem Grunde finden sich Fraßspuren. Von der Stengelbasis führt ein Fraßgang abwärts, in dem eine bis 8 mm lange gelblichweiße Fliegenmade sitzt.

*Schädling.* Verschiedene Arten der gleichen Gattung verursachen diese Schäden. Die kleinen braunen Tönnchenpuppen liegen im Stengel oder im Boden. Die Fliegen haben eine der Stubenfliege ähnliche Gestalt und Größe, ihre Farbe ist ein helles oder dunkles Grau, die borstenartigen Haare sind schwarz. Die Eier werden besonders an Pflanzen auf schattigem, lockerem Boden abgelegt, meist am basalen Teile.

*Bekämpfung.* Befallene Pflanzen müssen zeitig entfernt werden. Die Kulturen könnten mit E-Mitteln gespritzt werden (s. S. 1025), um durch ihren Einsatz eine Tiefenwirkung gegen die Maden in den Stengeln zu erzielen. Außer dem empfohlenen frühen Ausstreuen von Kohlenstaub, Kalk, Kainit usw. kommen heute zur Bodenentseuchung die Hexa- und Lindanstreumittel in Frage (s. S. 1008). Durch tiefes Umgraben werden die Puppen im Boden vernichtet, die aus Pflanzerde für Töpfe auch ausgesiebt werden können. Wild wachsende Nelken bilden eine Gefahr für die Kulturen und sollten in deren Nähe nicht geduldet werden.

**Nelkenmarienkäfer (Subcoccinella 24-punctata).** *Schaden.* Beide Blattseiten von Nelken weisen eigenartige Fraßstellen auf, die anfangs deutlich gerieft und später weiß und trocken erscheinen. Bei starkem Befall leidet der Verkaufswert der Nelken durch das unansehnlich werdende Laub erheblich.

*Schädling.* Diese Art der sonst durch Vertilgung von Blattläusen nützlichen Marienkäfer wird nur 4 mm lang. Der Käfer ist gelblich bis rötlich gefärbt und hat 24 schwarze Punkte auf Halsschild und Flügeldecken. Die ausgewachsene Larve ist von gleicher Größe, fahlgelb mit zwei Längsreihen schwarzer Punkte und zahlreichen Fiederborsten, die ihr ein igelartiges Aussehen verleihen. Die Puppen und die einzeln abgelegten Eier finden sich ebenfalls an den Nelken. Es überwintern die

Käfer. Im Freiland tritt eine Generation auf, in Gewächshäusern wahrscheinlich mehrere. Außer Nelken dienen Luzerne, Rübe, Kartoffeln, Seifenkraut, Chenopodium u. a. als Futterpflanzen.

*Bekämpfung.* Der Gebrauch von Nikotinseifenlösungen (s. S. 1020) (zur Vermeidung von Verbrennungen an Blättern nicht bei Sonne spritzen!) wurde von den leichter zu handhabenden DDT- und Lindanmitteln (s. S. 1022) abgelöst. Da die Käfer von verschiedenen Pflanzen zuwandern können, muß die Bekämpfung unter Umständen wiederholt werden.

Abb. 504.  Nelkenmarienkäferlarve und typ. Fraßspuren. (Photo Cela.)

**Nelkenrost (Uromyces caryophyllinus).** *Schaden.* Auf den Nelkenblättern breiten sich erst gelbe Flecke, später braune Pusteln aus. In der Umgebung ist das Blatt gelblich verfärbt.

*Erreger.* Die Pusteln enthalten die Sporen eines wirtswechselnden Rostpilzes. Die hell- und dunkelbraunen Uredo- und Teleutosporen werden auf Nelken gebildet, die gelben Äzidiosporen dagegen auf einer Wolfsmilchart (Euphorbia gerardiana). Der Wirtswechsel ist jedoch nicht notwendig, da eine Vermehrung des Pilzes auf den Nelken auch ohne den Zwischenwirt möglich ist. Der Pilzbefall wird durch manche ungünstigen Bedingungen gefördert, so durch festen, nassen Boden, reichliche Stickstoffgaben, Temperaturwechsel usw.

*Bekämpfung.* Bei der Vermehrung müssen kranke Stecklinge ausgemerzt werden. Mehrmaliges Stäuben oder Spritzen mit Fungiziden, z. B. Kupferkalkbrühe 1 bis 2%ig, verhüten den Befall, jedoch sind solche Mittel nur vor dem Aufblühen zu verwenden. Das Gedeihen der Nelken ist durch Bodenbearbeitung, zweckmäßige Düngung und gleichmäßige Wärme zu fördern. Bei der Auswahl der Sorten sind die weniger anfälligen zu bevorzugen. Verseuchte Anbauflächen sind für 3 bis 4 Jahre zu meiden. Befallene Blätter müssen regelmäßig abgepflückt und verbrannt werden. Mit einer Verseuchung von Kästen und Häusern muß gerechnet werden, so daß Desinfektionen unter Umständen notwendig sind.

**Nelkenwickler (Tortrix pronubana).** *Schaden.* An Nelkenblättern in Gewächshäusern finden sich Fraßstellen, an denen die Blattunterseite oft unbeschädigt ist. Solche Blätter welken leicht. In einem Gespinst an den Blattspitzen oder in den leergefressenen Blütenknospen sitzen kleine hellgrüne Raupen. Geöffnete Blüten sind ebenfalls befressen.

*Schädling.* Die Falter sind ockergelb bis rostbraun, das Männchen etwas dunkler und kleiner als das Weibchen. Die Flügelspannung beträgt 15 bis 20 mm. Die Eiablage erfolgt in kleinen Häufchen auf den Blättern an der Mittelrippe. Die Raupen werden bis 2 cm lang. Je nach der Temperatur gibt es im Jahre zwei bis vier Generationen.

Der Nelkenwickler hat seine Heimat in den Mittelmeerländern, von wo er vor 50 Jahren nach England und Frankreich gelangte. Er ist auch bei uns mehrfach von Italien eingeschleppt worden, so daß die Nelkeneinfuhr unter Kontrolle gestellt wurde. Ganze Nelkenpflanzen dürfen überhaupt nicht nach Deutschland eingeführt werden, Schnittnelken nur während des Winters.

In Schlesien wurden vor diesen Beschränkungen in Nelkentreibereien empfindliche Schäden verursacht, doch gelang die Ausrottung in den befallenen Häusern durch radikale Maßnahmen.

*Bekämpfung.* Neben dem Ablesen der Eier und Raupen kommen in erster Linie DDT- oder E-Spritzungen in Frage, die gegen die jüngsten Stadien am aussichtsreichsten anzuwenden sind. Bei vorübergehender Ansiedlung des Schädlings im Freiland, wo er den Winter im allgemeinen nicht überdauern kann, sind Gewächshäuser vor Zuflug der Falter zu schützen.

**Obstbaumkrebs (Nectria galligena).** *Schaden.* Neben Blutlaus- und Bakterienkrebs an Obstbäumen der Krebs in engerem Sinne, der meist Apfelbäume, seltener Birnen befällt. Junge, infizierte Triebe zeigen keine Krebswucherungen. An älteren Trieben können frische Krebswunden überwallt werden, so daß Krebsknollen entstehen (geschlossener Krebs), deren Holzgewebe sich zersetzt. Gelingt die Überwallung nicht mehr, so bildet der Baum ständig neuen Kallus, und die Wunde vergrößert sich (offener Krebs). Einzelne Zweige sterben ab (Spitzendürre), und junge Bäume gehen ein.

*Erreger.* Im Winter entstehen Pilzfrüchte in den Wundrissen als winzige, rotgefärbte Körper (Durchmesser $1/_2$ mm). Im Sommer bilden sich auf der Rinde rundliche, flache, weißgelbe Sporenpolster. Die Verschleppung von Sommer- und Wintersporen erfolgt durch Tiere oder durch Wind und Regen, der Befall des Holzes durch Wundinfektion. Kalte Lagen und feuchter Boden begünstigen den Krebs.

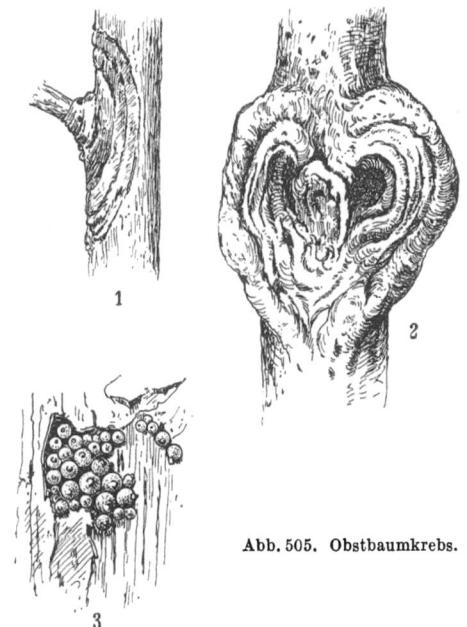

Abb. 505. Obstbaumkrebs.

*Bekämpfung.* Kräftiges Zurückschneiden bei Spitzendürre und Ausschneiden der Wunden bis in das gesunde Holz, danach die Wunden mit Baumwachs oder Wundteer verstreichen. Abgeschnittene, verkrebste Baumteile sind sofort zu verbrennen. Bei Neuanlagen sind krebsfeste Sorten zu bevorzugen, wozu der Rat des zuständigen Pflanzenschutzamtes oder Obstbaumwartes einzuholen ist.

**Ohrwurm (Forficula auricularia).** *Schaden.* Blüten von Dahlien, Nelken, Chrysanthemen u. a. sind zerfressen, desgl. zarte Laubblätter. Fein gezackte Ränder der Fraßstellen und Verschmutzung der Blüten durch Kot sind auffallend.

*Schädling.* Als Nachttiere leben die Ohrwürmer tagsüber am Boden verborgen oder in hohlen Pflanzenstengeln. Die Tiere wandern und fliegen nachts ziemlich weit und dringen gern in die Häuser ein, wohin sie auch mit Schnittblumen eingeschleppt werden. Die erwachsenen Ohrwürmer überwintern. Eiablage im Frühjahr in der Erde. Die o-förmig gebogenen Zangen am Hinterleibsende der 1,5 cm langen Insekten werden zum Zusammenfalten der Hinterflügel benutzt. Der ursprüngliche Name ist „O"-Wurm. Aus der Wortverbildung Ohrwurm entstand der Aberglaube von der Vorliebe dieser Tiere, Ohren als Schlupfwinkel zu benutzen.

Die *Bekämpfung* erfolgt im Garten durch Fallen. Dies sind künstliche Schlupfwinkel, z. B. Strohbüschel, Bretter, Lappen oder kleine Blumentöpfe, die mit Holzwolle oder geknäueltem Papier gefüllt und umgestülpt auf
Blumenstäbe gesteckt werden. Das Einsammeln und Vernichten geschieht zeitig am Morgen. Giftköderung mit gesüßten
Fluor- oder Arsenkleieködern wird bei starkem Befall empfohlen, ebenso der Schutz bedrohter wertvoller Kulturen durch
auf den Boden zu streuendes Naphthalin. Berührungsgifte auf
DDT- oder Lindanbasis haben ebenfalls Aussicht auf Erfolg.

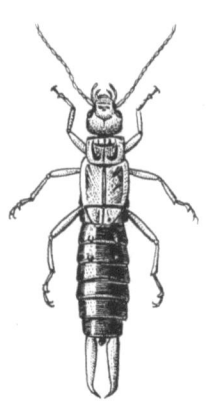

Abb. 506. Ohrwurm.

**Okuliermade (Thomasia oculiperda).** *Schaden.* Die Augen
von Edelreisern vertrocknen, so daß die Veredelungen nicht
austreiben. In den Knospen fressen kleine, rötliche Maden, die
Larven einer 2 mm langen Gallmücke.

*Schädling.* Die Mücke fliegt von Mitte Juni bis August.
Die Eiablage findet normalerweise in Wunden an den Trieben
statt, wo kein Schaden entsteht. Nur bei Ablage der Eier unter
den Schildchen von Rosen und Rosenveredelungen, wo die
Larven das Gewebe ausfressen, wird ihr Vorhandensein bemerkt. Die Verpuppung erfolgt im Boden.

*Bekämpfung.* Um die Pflanzen vor der Eiablage zu schützen, werden die Veredelungen mit Baumwachs bestrichen, die Wurzelhalsveredelungen genügend hoch
mit Erde angehäufelt.

**Pelzkäfer (Attagenus pellio).** *Schaden.* Larven zerstören Pelzwerk, Felle,
Teppiche, Wollwaren durch Lochfraß, ähnlich wie Mottenraupen. Herbarien und
Drogen werden mitunter auch befallen.

Abb. 507. Gefl. Pelzkäfer, Larven und
darunter Larvenhäute.

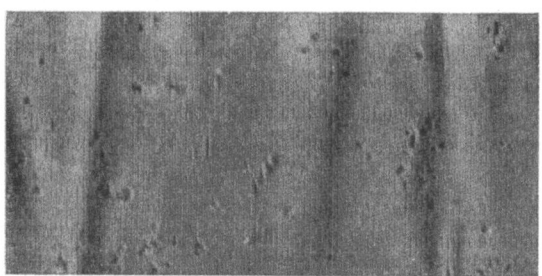

Abb. 508. Pelzkäferlarven-Fraß in Wollstoff.

*Schädling.* Länge der ausgewachsenen Larve 9 mm. Die Oberseite ist dicht
braun behaart, seidig glänzend. Am verjüngten Körperende befindet sich ein langer
Schopf aus ebenso gefärbten Haaren. Charakteristisch ist das ruckweise Kriechen.
Entwicklungsdauer rund ein Jahr, Überwinterung als Larve oder Puppe. Die Käfer
sind schwarz mit je einem weißen Fleck auf der Mitte jedes Vorderflügels und drei
weniger deutlichen weißen Flecken auf dem Halsschild. Im Frühjahr fliegen die
Käfer zu verschiedenen Blüten, deren Pollen sie fressen. Zur Eiablage suchen sie
Vogelnester, Nistkästen, Hühner-, Taubenställe und Wohnungen auf, wo sich
keratinhaltige Substanzen für die Ernährung der Larven befinden. Die Pelzkäfer-
schäden sind häufiger, als allgemein bekannt ist, weil alle Löcher in Kleidungsstücken usw. ohne Kenntnis der Zusammenhänge auf das Konto der Kleider-

mottenraupen geschoben werden (vgl. auch Teppichkäfer, S. 978). Der wichtigste Unterschied zum Mottenraupenfraß besteht im Fehlen von Gespinströhren, da Pelzkäferlarven keine Spinnfäden erzeugen. Außerdem sind, Ungestörtheit beim Fraß vorausgesetzt, die Löcher der Pelzkäferlarven scharf und glatt gerandet.

Außer diesem „Gemeinen Pelzkäfer" ist noch der „Dunkle Pelzkäfer" (Attagenus piceus) wichtig. Einfarbig dunkelbraun bis schwarz, ohne weiße Flecke, ist er ein wenig kleiner als der vorher beschriebene. Die Larven sehen denen vom Gemeinen P. ähnlich, sind nur etwas heller gefärbt. Entwicklungsdauer soll ein bis drei Jahre betragen. Die Schäden sind gleich, die Bekämpfung müßte genau wie bei der anderen Art erfolgen.

*Bekämpfung.* In der Wohnung Brutstätten wie breite Dielenritzen, lose Scheuerleisten und lose Tapeten vermeiden. Befallene Sachen lüften, sonnen und klopfen. Bekämpfungsmaßnahmen mit Kontaktgiften oder Gasen wie zur Mottenbekämpfung (s. S. 1016).

**Pfirsichkräuselkrankheit (Taphrina deformans).** *Schaden.* Bald nach dem Austreiben kräuseln die Pfirsichblätter, wobei blasige Auftreibungen und häufig Rotfärbung charakteristisch sind. Auf der Blattoberseite entsteht ein weißlicher, samtartiger Flaum. Zwei bis drei Wochen nach Beginn der Erkrankung vertrocknet das Laub, und der Blattfall beginnt. Bei völliger Entlaubung kommt es auch zum Abfallen der Früchte. Die Schwächung des Baumes wird durch Wiederaustreiben im Juni vergrößert, im folgenden Jahr gibt es keine Blüten. Das nicht ausreifende Holz erfriert leicht im Winter.

*Erreger.* Die Infektion der Blätter erfolgt von außen her, nicht aus den Zweigen. Bei der starken Wetterabhängigkeit der Krankheit ist Regen unbedingte Voraussetzung für die Entstehung. Mycelwachstum beginnt anfangs nur im Blatt, später greift es

Abb. 509.
Kräuselkrankheit des Pfirsichs.

auch auf die Oberseite über. Zur Bildung der Pilzschläuche mit je acht Sporen kommt es im Mai—Juni. Aus diesen Schlauchsporen entstehen zarte, nichtparasitische Geflechte auf der Rinde, in denen die Sproßzellen im Frühjahr gebildet werden, welche die jungen Blätter vor der Entfaltung infizieren.

*Bekämpfung.* Während des Schwellens der Knospen wird bei Erscheinen der ersten rosa Spitzen der Blütenblätter gespritzt (1%ige Kupferkalkbrühe, 15%ige genormte Schwefelkalkbrühe). Bei besonders anfälligen Sorten muß die Spritzung im November nach dem Laubfall vorgenommen werden. Belaubte Pfirsiche können wegen der Empfindlichkeit keine Spritzung vertragen. Befallene Zweige und Triebe sollten — wo durchführbar — zeitig abgeschnitten und verbrannt werden. Durch richtige Sortenwahl ist eine weitgehende Vermeidung der Kräuselkrankheit möglich.

**Pfirsichmehltau (Sphaerotheca pannosa).** *Schaden.* Der Pfirsichmehltau tritt mit denselben Erscheinungsformen am Pfirsich auf wie der Apfelmehltau am Apfel.

Es werden Triebe, Blätter und Früchte befallen, die zu Wachstumsstörungen und Ertragsausfällen führen.

*Schädling.* Der Pilz ist eine Abart des Rosenmehltaus, doch kommt eine wechselseitige Infektion von Rose und Pfirsich wegen der stark wirtsgebundenen Varietäten nicht vor. Der Pfirsichmehltau überwintert als Mycel in den Knospen. Er ist auf trockene, eingeschlossene Lagen beschränkt und kommt deshalb am häufigsten bei Spalierobst an Mauern und Hauswänden vor. Außerdem besteht eine unterschiedliche Sortenanfälligkeit.

*Bekämpfung.* Abschneiden der befallenen Triebe nur im Hausgarten möglich. Winterspritzung s. Spritzkalender S. 969.

**Pflaumenbohrer (Rhynchites cupreus).** *Schaden.* Pflaumen, Zwetschen, Mirabellen, manchmal auch Kirschen, fallen vor Beginn der Reife mit halbem Stiel ab. Dieser ist durchgebissen, und die Frucht weist nahe dem Stielansatz ein kleines Loch auf.

*Schädling.* In den Früchten sitzt eine kleine Käferlarve, die sich zwei Wochen lang von dem verfaulenden oder vertrocknenden Fleisch der abgefallenen Frucht ernährt. Nach der Verpuppung im Boden schlüpfen 4 mm lange, kupferrote Käfer, mitunter noch im Herbst, aus. Ein Teil der Käfer überwintert als Puppe. Im April erscheinen die Käfer auf den Bäumen; sie machen in drei bis vier Wochen eine Reifezeit durch, in der sie an Blättern und Blüten fressen. Im Laufe von ein bis zwei Monaten werden rund 100 Eier in den Früchten abgelegt. Das Weibchen frißt dazu ein Loch in die Oberhaut, versenkt das Ei hinein und beißt schließlich den Fruchtstiel durch.

*Bekämpfung.* Die abgefallenen Früchte müssen eingesammelt und vernichtet werden. Die Käfer können von den Bäumen in untergelegte Tücher abgeklopft werden. Einfacher ist jedoch die Bekämpfung durch Spritzungen mit Berührungsgiften wie DDT und Lindan. Die anderen Stadien des Käfers (Larve und Puppe) sind durch ihre verborgene Lebensweise gegen chemische Mittel weitgehend geschützt (vgl. Obstbaumspritzung, s. S. 968).

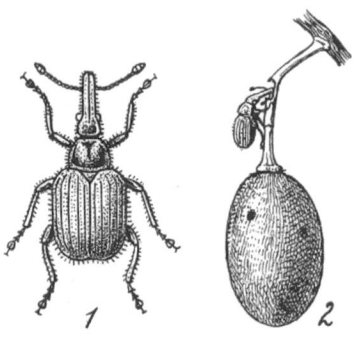 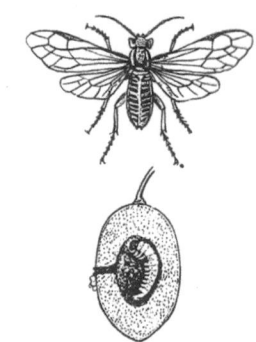

Abb. 510. Pflaumenbohrer (*1*, 10× vergr.)          Abb. 511.
und befallene Frucht (*2*).          Pflaumensägewespe und den Kern zernagende Larve.

**Pflaumensägewespen (Hoplocampa minuta und H. flava).** *Schaden.* Bald nach der Blüte fallen die jungen Früchte oft in großen Massen ab. In jeder Frucht ist ein rundes Loch, ihr Inneres ist ausgefressen. An den meisten der noch am Baum hängenden Früchte sind ebenfalls Bohrlöcher.

*Schädling.* Im Innern der Pflaume findet sich eine weißliche Larve, die einen wanzenähnlichen Geruch hat. Im Gegensatz zu den vom Pflaumenbohrer geschädigten Früchten sitzt kein abgefressener Stiel an den Pflaumen. Es treten zwei Arten der Pflaumensägewespen mit verschiedener geographischer Verbreitung auf: die schwarze und die gelbe Pflaumensägewespe. Ihre Gestalt ist der einer schlanken Stubenfliege ähnlich. Die Eiablage erfolgt einzeln in taschenförmige Schlitze der Kelchzipfel. In der Umgebung des Eies färbt sich das Kelchblatt dunkel. Die Dauer der Eiablage ist witterungsabhängig. Bei trockenem, warmem Wetter legt ein Weibchen täglich bis zu 25 Eier, bei kühlem Wetter nur 4 bis 5 Stück. Die Larven schlüpfen nach 10 bis 14 Tagen aus und bohren sich in den Fruchtknoten ein. Sobald er leergefressen ist, wird die nächste Frucht angegangen. Eine Larve kann bis zu fünf Stück zugrunde richten. Die Larven verpuppen sich im Boden in einem Gespinst. Während der Pflaumenblüte fliegen die Wespen.

*Bekämpfung.* Wichtig ist der Zeitpunkt der Spritzung, die die Eier oder die jungen Larven treffen muß. Der günstigste Termin ist nach der Beendigung der Eiablage, was allgemein der Fall ist, wenn die Blütenblätter beginnen abzufallen. Gute Ergebnisse werden mit E-Präparaten, Lindanmitteln und Quassiabrühe erreicht, wenn sie zu einem Zeitpunkt angewandt werden, sobald etwa $^3/_4$ der Blütenblätter am Boden liegen. Sorgfältiges Spritzen ist Bedingung! Es kommt darauf an, daß alle Blüten von unten her getroffen werden. Zur Unterstützung des Erfolges und zur Einschränkung des Auftretens im kommenden Jahr sollten die befallenen Früchte eingesammelt und vernichtet werden. Durch tiefes Umgraben des Bodens unter den Bäumen kann man ebenfalls zur Bekämpfung der Ruhestadien beitragen (vgl. Obstbaumspritzung, s. S. 968).

**Pflaumenwickler (Grapholita funebrana).** *Schaden.* Die Pflaumen werden notreif und fallen vorzeitig ab. Im Innern der Früchte sitzt die Raupe des Schädlings, die Pflaumenmade. Sie ist rötlich wie die Obstmade und hat einen braunen Kopf. Besonders an Pflaumen und Zwetschen, z. B. an der Hauszwetsche, tritt starker Befall auf.

*Schädling.* Der Falter hat 1 4 mm Spannweite, seine Vorderflügel sind graubraun. Er fliegt von Mai bis Juni. Die E iablage erfolgt zwei bis drei Wochen nach der Blüte an den jungen Früchten. Die Eier sind uhrglasartig geformt und werden auf der nach unten gekehrten Seite der Frucht abgelegt. Die Raupe beißt in der Nähe des Eies die Fruchthaut ab und bohrt sich ein. In der Frucht wird das Fleisch um den Kern herum gefressen. Am Einbohrloch beobachtet man häufig Gummifluß. Von jeder Raupe wird nur eine Frucht befallen. Während des Sommers treten zwei Bruten des Pfla umenwicklers auf. Die Raupen der ersten

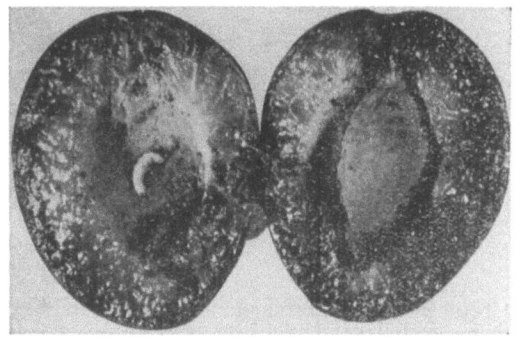

Abb. 512. Raupe des Pflaumenwicklers.

Generation in den ganz jungen Früchten werden oft übersehen. Erst die zweite La r venbrut, die die weiterentwickelten Früchte befällt, wird bei der Ernte gefunden. Di e Verpuppung erfolgt erst im Frühjahr nach Überwinterung der in Rindenritzen o der am Erdboden eingesponnenen Raupe.

*Bekämpfung.* Die Abwehr des Schadens ist bisher nicht befriedigend gelöst worden. Der Einsatz von Arsenmitteln während der Eiablagezeit ist wegen der fortgeschrittenen Fruchtreife nicht möglich. Gewisse Erfolge sind neuerdings durch E-Mittel erzielt worden. Wegen der langen Eiablagezeit ist jedoch eine einmalige Spritzung nicht ausreichend (vgl. Obstbaumspritzung, s. S. 968).

**Pochkäfer (Anobien).** *Schaden.* In alten Möbeln, besonders in den Füßen, auch in Dielen, Scheuerleisten, Pfosten, Treppenstufen und Geländerstützen sind etwa stecknadelkopfgroße, runde Löcher. Am Boden sammelt sich feines Bohrmehl. Erdgeschoßwohnungen, auch Keller, werden besonders befallen. Das Holz wird brüchig, weil es innen von vielen Bohrgängen durchzogen ist.

*Schädling.* Die Pochkäfer, auch Klopfkäfer, Nagekäfer, Werkholzkäfer, „kleine Holzwürmer" genannt, kommen in mehreren Arten im Hause vor. Sie sind Schädlinge verbauten, trockenen Holzes, etwa 2 bis 5 mm lang, meist unscheinbar stumpfbraun bis schwarz gefärbt. Der Name Poch- oder Klopfkäfer bezieht sich auf die Eigenschaft der Käfer, durch Aufschlagen des Halsschildes feine, tickende Töne hervorzurufen. Im Volksmund spricht man deshalb auch von der Totenuhr, verbunden mit dem Aberglauben, daß das feine Ticken den nahenden Tod eines Hausbewohners anzeigt. Die Käfer legen Eier an und in das Holz. Die Larven sind weiß und engerlingsartig gekrümmt. Je nach Temperatur, Luftfeuchte und dem Holzzustand dauert die Larvenentwicklung neun Monate bis zwei oder gar drei Jahre. Man bekommt die Käfer verhältnismäßig selten zu sehen. Wenn sie das Holz durch die Bohrlöcher verlassen, dann gehen sie oft wieder in das Holzinnere zurück.

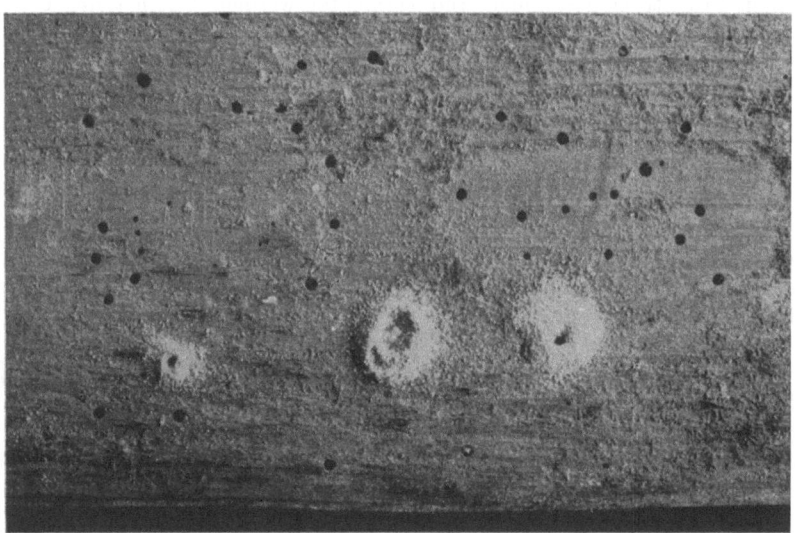

Abb. 513. Pochkäferschaden.

Große Bohrmehlhäufchen sind das sichere Anzeichen für fortschreitenden Schaden, da im Holz lebende räuberische und den Pochkäferlarven nachstellende Käfer oder deren Larven immer wieder Holzmehl herausschaffen. Die Mehlhäufchen, welche von den schlüpfenden Käfern ausgeworfen werden, sind dagegen verhältnismäßig klein. Die wohl häufigste Art ist Anobium punctatum, „Totenuhr", welche in allen verbauten Holzarten zu leben imstande ist. Der im Schrifttum oft genannte „Trotzkopf" (Dendrobium pertinax) lebt kaum im Hause, sondern vor allem in verpilztem Nadelholz im Freien. Der Käfer verdankt seinen Namen der Eigenschaft, sich bei Gefahr lange totstellen zu können.

*Bekämpfung.* Im Holzwerk des Hauses hat sie auf gleiche Weise zu erfolgen wie beim Hausbock beschrieben (s. S. 1010). In alten, wertvollen Möbeln, Kunstgegenständen oder Kirchengestühlen kann der Befall durch Zyklon-B-(Blausäure, s. S.1005) -Gasung beseitigt werden. Will man einen vorbeugenden Schutz erreichen, dann muß das zu wählende Mittel mit Injektionsspritzen sorgfältig in das Holz geimpft werden. Diese Arbeit wird von Konservatoren mitunter als Spezialarbeit unter Beachtung aller Vorsichtsmaßnahmen geleistet. Für den Haushalt sind kleine Abpackungen von Holzschutzmitteln (s. S. 1010) mit entsprechender Gebrauchsanweisung im Handel. Vorbeugende Holzbehandlung, etwa von auszuwechselnden Kellerverschlägen, Treppentraillen usw., ist unbedingt anzuraten. Das gleiche gilt für Holzwerk von Neubauten (s. S. 1011).

Abb. 514. Pochkäfer.

**Rapsglanzkäfer (Meligethes aeneus).** *Schaden.* Im April und Mai sitzen in den Knospen von Kreuzblütlern wie Raps, Rettich, Kohl usw. 2 mm lange, glänzendgrüne oder blauschimmernde Käfer. Sie verzehren die Staubgefäße, zerstören die Blütenblätter und werden dadurch oft sehr schädlich. Die Larven ernähren sich gleichfalls von den Blüten oder von den Schoten. Schoten, die vielleicht noch gebildet werden, sind oft mißgestaltet. Es können Ernteverluste bis zu 25% eintreten.

Abb. 515. Rapsglanzkäfer.

*Schädling.* Die Käfer überwintern wenige Zentimeter tief im Boden. Nach dem Reifungsfraß im Frühjahr, der durch Zerstörung der Rapsknospen für die Landwirtschaft so schädlich ist, werden Ende Mai bis Mitte Juni die Eier abgelegt, denen schon nach einigen Tagen die Larven entschlüpfen. Zwei bis vier Wochen später sind sie ausgewachsen, reichlich 4 mm lang, weißlich mit dunkelbraunem Kopf und Beinen. Die Verpuppung erfolgt im Boden. Ende Juni erscheinen die neuen Käfer, die sich vom Honig und Blütenstaub verschiedener Pflanzen ernähren und in Rainen oder Waldrändern überwintern.

*Bekämpfung.* In früheren Jahren waren verschiedene Apparate zum Fangen der Käfer im Gebrauch. Seit der Einführung der Berührungsgifte sind die einfachen Stäubemaßnahmen mit DDT- oder Lindanmitteln (15 bis 20 kg/ha) allgemein üblich geworden und bringen gute Erfolge. Das Stäuben muß nur rechtzeitig genug erfolgen, ehe der Raps zu blühen beginnt. Eine Wiederholung der Stäubung ist dann notwendig, wenn durch unbeständiges Frühjahrswetter das Abwandern der Rapsglanzkäfer aus den Winterverstecken in mehreren Schüben erfolgt.

**Ratten.** *Schaden.* Durch Vernichtung von Lebensmitteln und die bekannten Zerstörungen sind Ratten auch gefährlich als Überträger von Krankheiten wie Pest, Typhus, Cholera, Ruhr, Tbc, WEILsche Krankheit, Trichinose, Rotlauf, Maul- und Klauenseuche.

*Schädlinge. Hausratte (Epimys rattus).* Sie ist die kleinere der beiden auf bebauten Grundstücken vorkommenden Arten mit braun- bis blauschwarzem Fell, großen Ohren und einem Schwanz über Körperlänge. Die Hausratte liebt Wärme und Trockenheit und bewohnt deshalb vorwiegend Dachgeschosse von Häusern, Ställen usw., besonders gern bäuerliche Kornböden. — *Die Wanderratte (Epimys norvegicus)* ist stärker und gedrungener gebaut. Die Färbung der Oberseite ist graubraun oder rötlichbraun, der Unterseite deutlich heller grau bis weißlich. Ohren sind nicht halb so lang wie der Kopf, der Schwanz ist etwas kürzer als der Rumpf. Als Aufenthaltsorte werden feuchte Räume, Keller, Kanalanlagen, Müllgruben und Ställe bevorzugt. Durch Luftschächte und Rohrverkleidungen dringt die Wanderratte auch in die oberen Stockwerke vor. Sie klettert und schwimmt gut („Wasserratte"). Mit scharfen Sinnesorganen ausgestattet, ist sie sehr anpassungsfähig. Die Vermehrungsfähigkeit ist groß. Von einem Rattenpaar gibt es im Jahre mehrere Hundert Nachkommen, da Ratten in zwei bis drei Monaten geschlechtsreif werden und bis zu sieben Würfe im Jahr möglich sind.

*Bekämpfung.* In Deutschland sind Rattenbekämpfungen durch Polizeiverordnungen geregelt, die Durchführungsbestimmungen aber länderweise verschieden.

Bei der Giftabgabe während einer Rattenaktion fällt dem Drogisten eine große Verantwortung zu. Er sollte seine Kunden durch Aufklärung über die richtige Anwendung eines Präparates unterstützen können, wozu das Studium der Gebrauchsanweisungen unerläßlich ist. Das soll heißen, daß der Drogist über die Eigenart der einzelnen Präparategruppen im Bilde ist.

Abb. 516. Rattenfraß an Bleirohr.

Zur Fernhaltung der Ratten sollten alle Schlupfwinkel durch Beseitigung von Gerümpel, durch Sauberkeit und Ordnunghalten vermieden werden. Wo möglich, ist eine rattensichere Bauweise (zementierte Stallböden, Sielrohr-Rattensperren) anzuraten. Gifte sind entsprechend dem jeweils gültigen Rattenmittelverzeichnis zu empfehlen. Bei der Köderwahl sollte die im Wohnbereich der Ratten vorhandene Nahrung berücksichtigt werden, weil ein fremdartiger Ködergeruch anlockend wirken kann, doch kommt infolge des Mißtrauens der Ratten auch das Gegenteil vor. Nicht gefressene Köder müssen später wieder eingesammelt werden. Entsprechende Vorsicht bei der Giftauslage schließt die Gefahr für Haustiere aus, z. B. durch Verwendung von Rattenfutterkisten. Gifttränken können sehr wirksam sein; aber auch hier Vorsicht bei der Aufstellung!

Die Rattenstreupulver zur Begiftung der Schlupfwinkel und Rattenwechsel werden auf Basis von Alphanaphthylthioharnstoff („Ant" oder „Antu") und Cumarin geliefert. Ant-Mittel wirken sicher nur gegen Wanderratten. Bei ungenügender Giftauslage erwerben die Ratten schnell eine lang andauerde Gewöhnung durch Aufnahme nicht tödlicher Mengen, woraus sich die Mißerfolge erklären lassen. Das gleiche gilt für andere Gifte. Die verschiedenen Cumarinmittel wirken, ob als Streuoder Köderpräparate, auf beide Rattenarten, auch auf Mäuse. Cumarin hemmt die Blutgerinnung; die Tiere verbluten innerlich, ohne daß sie gewarnt werden, immer wieder das gleiche Gift aufzunehmen. Diese Beobachtung ist sehr wichtig, weil erst die wiederholte Gifteinnahme kleinster Mengen zum Absterben der Ratten führt. Die zum Verkauf gelangenden Räucherpatronen sind mit entsprechenden Vorsichtshinweisen abzugeben, da die Bauausgasungen häufig in Ställen und Scheunen vorgenommen werden, wo Brandgefahr besteht.

**Räudemilben.** *Schaden.* Durch die Bohrgänge in der Haut der Wirtstiere verursachen diese zu den Spinnentieren gehörenden Parasiten starke Entzündungen. Vor allem stellt sich meist ein unerträgliches Jucken ein, so daß sich die Tiere kratzen und zusätzlich infizieren. Bei der Pferde- und Schafhaltung entstehen alljährlich große Verluste durch Räude.

*Schädlinge.* Die Räudemilben sind kleine, rundlich oder länglich gestaltete Tierchen, mit bloßem Auge kaum erkennbar. Es gibt zwei verschiedene Gruppen von Räude, von Räudemilben zweier Familien verursacht. Die Sarcoptiden sind echte Endoparasiten, die in der Haut von Säugetieren leben. Zu diesen gehört auch die Krätzmilbe des Menschen (s. S. 915). Dagegen sitzen die Psoroptiden auf der Oberfläche der Haut, die sie ritzen, um die austretende Lymphe aufzusaugen. Die Sarcoptesarten (Grabmilben) sind die gefährlicheren. Sie sind meist streng auf ihre Wirtstiere spezialisiert. Die Vermehrung geschieht durch Eier. Die gesamte Entwicklung über ein sechsbeiniges Larvenstadium und zwei achtbeinige Nymphen-stadien geht auf dem Wirtstier vor sich. Doch können sich manche Stadien auch längere Zeit ohne ihren Wirt am Leben erhalten und dadurch Anlaß zur Verseuchung der Ställe sein. Gewöhnlich erfolgt die Verbreitung aber durch Überwanderung der Milben, die eine gewisse Eigenbeweglichkeit besitzen. In Viehherden ist die An-steckungsgefahr naturgemäß am größten. Pferde, Rinder, Schafe, Ziegen, Schweine, Kaninchen, Hunde gehören zu den häufigen von Räude befallenen Haustieren.

*Bekämpfung.* Es ist wichtig, den Tierbestand eines Gehöftes sauber zu halten und nicht durch Hinzunahme räudeverdächtiger Stücke zu gefährden. Bei den ersten Anzeichen ist rechtzeitige Absonderung der erkrankten Tiere notwendig, und ein Tierarzt ist sofort zu Rate zu ziehen. Pferde- und Schafräude sind anzeige-pflichtig. Gegen die Pferdräude sind Schwefeldioxydbegasungen in besonderen Anstalten vorzunehmen. Gegen die Schafräude haben die Hexa- und Lindanmittel ihre überragende Tiefenwirkung gegenüber allen anderen früher benutzten kresol-haltigen Mitteln bewiesen, so daß sie sich auf der ganzen Welt als erfolgreiche Räudepräparate für das herdenweise Baden durchgesetzt haben. Eine gründ-liche Auswaschung der Stallungen mit den gleichen Mitteln zur Sicherung des Erfolges ist notwendig.

**Rebenmehltau, Echter (Oidium tuckeri = Uncinula necator).** *Schaden.* Die Blattoberseiten zeigen grauweißen Belag; im fortgeschrittenen Stadium erscheinen Blätter, Triebe, Gescheine und Beeren mit Mehl („Mehltau") oder weißer Asche („Äscherich") bestäubt. Junge Beeren vertrocknen, ältere brechen auf („Samenbruch"), schimmeln oder verdorren. Most und Wein können durch Äscherichtrauben Schimmelge-schmack annehmen.

*Erreger.* Der grauweiße Belag auf dem Reblaub wird von feinen Pilzfäden gebildet, ähnlich wie es bei den anderen Mehltauarten an Rosen, Stachelbeeren usw. der Fall ist. Bei warmem und feuchtem Wetter geht die Ansteckung durch die bei 20° C keimenden Konidien schnell, besonders in wenig durchlüfteten

Abb. 517. Rebenmehltau.

Rebanlagen mit „stehender Luft". Der Pilz verbraucht den Inhalt der Oberhautzellen der Blätter, Triebe und Früchte. Ob die Überwinterung in Mycelform in Rebknospen oder mehr durch Winterfruchtformen (Perithezien) erfolgt, steht noch nicht sicher fest. Die Europäerrebsorten Portugieser, Trollinger, Sylvaner, Elbling und Muska-teller sind als sehr anfällig bekannt.

*Bekämpfung.* Schwefel ist ein spezielles Mehltaugift, wenn er in Gas- oder Dampfform auf den Pilz einwirkt. Dies ist bei 18 bis 20° C möglich, d. h. Schwefel muß bei warmem Wetter in möglichst feiner Verteilung (größte Oberfläche!) auf die Rebblätter, Triebe usw. kommen. Bei heißem Wetter kann es Verbrennungen geben, weshalb im Hochsommer des Morgens oder erst in den Abendstunden geschwefelt werden soll. Schwefel wird als feiner Staub oder in Form von Spritzschwefel (Kolloid- oder Netzschwefel, s. S. 1025) verwendet. Letzter kann mit Kupferkalkbrühe gemischt und so im gleichen Arbeitsgang bei der üblichen Peronosporaspritzung gebraucht werden. Der Spritzschwefel hält besser bei Regen als der Pulverschwefel. Die Stäube- oder Spritztermine sind von dem Auftreten des Mehltaues abhängig. Bekämpfungssignale sind die ersten erkennbaren Spuren des Pilzes auf Blättern oder Beeren. Ist es zu kalt für den Gebrauch von Schwefel, dann kann eine Spritzung mit 0,25%iger Schmierseifenlösung die Trauben retten. Mit einer Reifeverzögerung ist allerdings zu rechnen. Hausreben sollten bald nach dem Austrieb alle 14 Tage geschwefelt werden.

**Rebenschmierlaus (Phenacoccus aceris).** *Schaden.* Die grünen Triebe und Blattunterseiten sind mit watteähnlichen Läusekolonien besiedelt, die besonders stark Honigtau absondern. Die Reben kümmern.

*Schädling.* Die Ansiedlungen der Rebenschmierlaus erinnern an Blutlausbefall. Die älteren Larven überwintern unter Rindenteilen und besiedeln im Frühjahr die Triebe und Blätter. Erwachsen bilden die Läuse unter dem watteähnlichen Schutz der Wachsfäden massenhaft Eier, aus denen bald Jungläuse schlüpfen und sich auf den Blättern und Trieben verbreiten (s. Abb. 535).

*Bekämpfung.* Bei der Winterspritzung sind besonders die unteren Rebteile abzuwaschen (Obstbaumkarbolineum, Gelbmittel), ebenso die Pfähle. Im Sommer sind E- und Nikotinspritzungen erfolgreich.

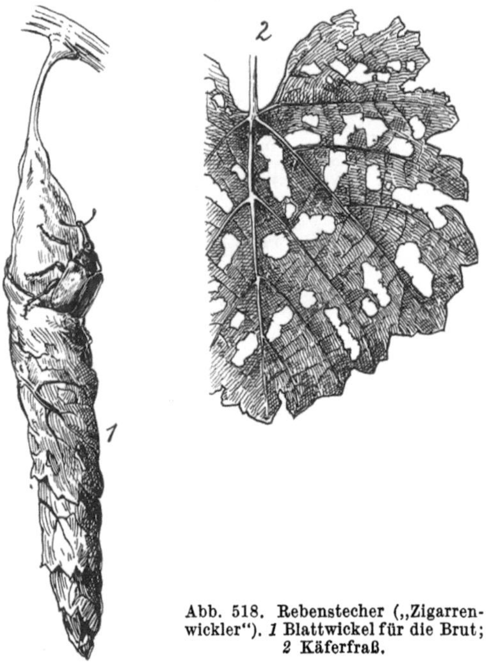

**Rebenstecher, Rebstichler (Byctiscus betulae).** *Schaden.* Einzelne Rebenblätter zeigen „Fensterfraß", andere sind zu einer Röhre zusammengewickelt und vertrocknet. Die gleiche Erscheinung tritt mitunter auch in den Zweigspitzen von Kernobst auf. Wegen der Ähnlichkeit der zusammengedrehten Blätter mit Zigarren hat der Käfer den Namen „Zigarrenmacher" erhalten.

Abb. 518. Rebenstecher („Zigarrenwickler"). *1* Blattwickel für die Brut; *2* Käferfraß.

*Schädling.* Die Ursache des Schadens ist ein kleiner Rüsselkäfer von 5 mm Länge. Er ist kupfern, smaragd- oder blaugrün. Das Weibchen nagt im Frühjahr die Blattstiele durch, so daß die Blätter welken. Nach dem Zusammenrollen werden in dem entstandenen Wickel die Eier abgelegt. Die Larven fressen in der Blattrolle; ihre Verpuppung erfolgt im Boden. Die Käfer überwintern.

*Bekämpfung.* Außer Absammeln und Verbrennen der Blattwickel werden die Käfer am sichersten durch rechtzeitiges Stäuben von DDT bekämpft, was im Weinbau gleichzeitig mit der Heuwurmbekämpfung geschehen kann. Im Obstbau kommt auch ein Abklopfen der Käfer in den frühen Morgenstunden in Frage.

**Reblaus (Phylloxera vitifolii).** *Schaden.* Europäerreben kümmern und gehen ein durch die Saugtätigkeit der Wurzelläuse, die am gesamten Wurzelsystem bis mehrere Meter tief sitzen. Auf Blättern von Amerikanerreben und Hybriden bilden sich Gallen.

*Schädling.* Die Reblaus wurde Mitte des vorigen Jahrhunderts von den USA nach Frankreich eingeschleppt. Ab 1874 ist ihr Vorkommen in Deutschland bekannt. Die im Boden lebenden Wurzelläuse sind alle weiblichen Geschlechts, die ohne Befruchtung entwicklungsfähige Eier legen. Die Larven werden nach viermaliger Häutung wiederum zu Weibchen. Es gibt fünf bis sechs Generationen der Wurzelläuse. Die zum Herbst entstehenden, besonders langrüsseligen Larven oder Jungläuse saugen sich vor allem an verholzten Wurzeln fest, überwintern und werden dann im darauffolgenden Frühjahr zu den Stammüttern der nächsten Generationen.

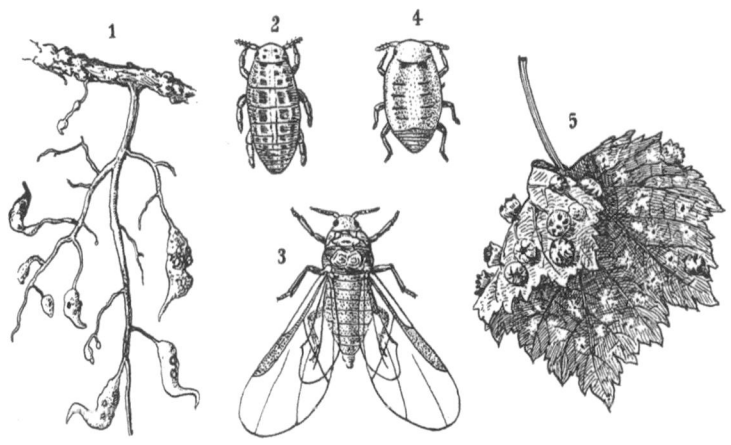

**Abb. 519.**
Reblaus. *1* Wurzel mit Nodositäten; *2* Wurzellaus; *3* geflügelte Reblaus; *4* Blattreblaus; *5* Blattreblausgallen.

Bei günstigem Spätsommerwetter wachsen neben den gewöhnlichen Wurzelläusen auch Larven mit schwarzen Flügelstummeln heran, die als Nymphen bezeichnet werden. Diese orangefarbenen Nymphen wandern zur Erdoberfläche, häuten sich dort und werden zu geflügelten Rebläusen, den sogenannten „Reblausfliegen". Diese etwa 1 mm großen Wesen können mit ihren zwei Paar Flügeln vielleicht 100 Meter aktiv fliegen, werden aber durch den Wind unter Umständen viele Kilometer fortgetragen. Wie die Wurzelläuse sind auch die geflügelten Rebläuse Weibchen, die mit Hilfe ihres Geruchsvermögens Amerikanerreben oder Hybriden aufsuchen. Dort legen sie am Holz einige kleine und größere Eier ab. Den kleinen Eiern entschlüpfen Larven, die sich nach viermaliger Häutung zu ungeflügelten Männchen entwickeln. Die großen Eier bringen Larven hervor, die sich ebenfalls viermal häuten müssen, ehe sie zu den geflügelten Weibchen heranwachsen. Beide Geschlechtsformen sind rüssellos, d. h. sie können keinerlei Nahrung aufnehmen. Nach der Befruchtung legt jedes Weibchen nur ein einziges Ei, das im Schutze einer Rindenspalte überwintert. Im folgenden Frühjahr schlüpft aus diesem Winterei eine weibliche, ungeflügelte Reblaus, die als Stammutter oder auch als „Maigallenlaus" bezeichnet wird und nur auf dem Blatt einer Amerikanerrebe oder Hybride leben kann. An der Unterseite eines solchen Blattes saugt sich diese Maigallenlaus fest. Die Wirkung ihres Speichels ist, daß vom Blatt um sie herum eine nach oben offene, nur mit Reusenhaaren verschlossene Blattgalle von etwa Erbsengröße gebildet wird. In diese Maigalle hinein legt das Weibchen rund 1000 gelbgrüne Eier ab, aus denen Reblauslarven schlüpfen. Die aus der Galle abwandernden Larven saugen sich an den jungen Blättern der Triebe fest, ebenfalls Gallen erzeugend, Eier legend usf. So kommt es zu drei Blattreblausgenerationen, die befallene Reben völlig vergallen können. Diese Blattreblüse können (nicht die Maigallenlaus!) auch Europäerrebenblätter befallen und auf diesen Gallen erzeugen. Von der zweiten Generation ab werden in den Blattgallen auch Wurzelläuse geboren, die sich mit ihrem kräftigeren Körper und längeren Rüssel deutlich von den eigentlichen Blattrebläusen unterscheiden und in den Boden zu den Rebwurzeln abwandern.

So haben wir also bei der Reblaus den Entwicklungskreislauf der Wurzelläuse, die stets unterirdisch und einfach abläuft. Daneben gibt es den zweijährigen Entwicklungsgang, der unterirdisch beginnt, dann über die Nymphe, die geflügelte Reblaus, die ungeflügelten Geschlechtstiere, das Winterei und die Maigallenlaus, Blattreblaus und blattgeborene Wurzellaus wieder zurück in die Erde führt.

Neben diesen etwas verwickelten Lebensbildern der Reblaus sind noch verschiedene Rassen zu berücksichtigen, da sie sich zu den Rebensorten verschieden verhalten. Abgesehen von Einzelheiten bezüglich der noch bekannten Unterrassen sei nur kurz gesagt, daß wir vor allem die langrüsselige Reblausrasse haben, die Europäerreben befällt und die Wurzeln so vernichtend schädigt. Sie kann nicht auf Wurzeln der Amerikanerreben leben, wie sie zur Herstellung der Pfropfreben gebraucht werden. Die kurzrüsselige Reblaus befällt dagegen Europäer- und Amerikanerreben, die unter- und oberirdisch besiedelt werden. Bis jetzt sind die zur Pfropfrebenherstellung gebräuchlichen amerikanischen Unterlagsreben widerstandsfähig genug, um den Befall der kurzrüsseligen Laus ohne Schaden hinnehmen zu können.

*Bekämpfung.* Die Reblausgefahr wurde für den deutschen Weinbau so groß, daß man schon seit 1904 Bekämpfungsmaßnahmen gesetzlich festgelegt hat. Trotz aller Mühen konnte man aber die Verbreitung der Läuse nur eindämmen. Heute gibt es neben den großen Gebieten, in denen Reblausbefall noch anzeigepflichtig ist, auch schon „aufgelassene" oder „offene" Gebiete, in denen die verseuchten Reben nicht mehr gemeldet zu werden brauchen, weil bereits zu viele Rebflächen verseucht sind. In den „geschlossenen" Gebieten werden nach der Untersuchung durch Sachverständige die Reblausherde mit umgebendem Sicherheitsgürtel mit Schwefelkohlenstoff (300 bis 400 g pro m²) abgetötet. Es sterben aber neben den Läusen und deren Entwicklungsstadien auch die Reben. In den „offenen" Gebieten verwendet man das sogenannte Kulturalverfahren, wobei von Schwefelkohlenstoff nur 25 bis 30 g/m², neuerdings auch 70 bis 90 g/m² Verwendung finden. Hierbei werden viele Läuse und Eier abgetötet. Die Reben bleiben aber am Leben. So lassen sich die Weinstöcke noch längere Zeit tragend erhalten. Die kombinierte Anwendung von Schwefelkohlenstoff (der nach unten wirkt) und Lindanstreumitteln zur Entseuchung der oberen Bodenschichten ist mehrere Jahre geprüft und wird z. Z. empfohlen. In Amerikaneranlagen (Schnittgärten zur Anzucht von Unterlagsholz für Europäerreben) Winterspritzung mit Obstbaumkarbolineum emulgiert (5 bis 6%) oder Gelbmittel (1 bis 2%) gegen die Wintereier. Die Blattgallenläuse sind mit Lindanemulsionen gut zu bekämpfen; beim Spritzen vor allem Blattoberseiten benetzen.

**Ringelspinner (Malacosoma neustria).** *Schaden.* Im Frühjahr werden Knospen und Blätter der Obstbäume und anderer Laubhölzer von bunten Raupen befressen, die oft in großen Massen auftreten und dann Kahlfraß verursachen.

*Schädling.* Der Name des Falters rührt von der Art der Eiablage her, die bereits im Juli spiralförmig um dünnere Zweige erfolgt, so daß ein kleiner Ring aus Eiern gebildet wird. Die Raupen schlüpfen nach der Überwinterung der Eier im April. Zunächst bleiben sie beisammen, fertigen ein gemeinsames Gespinst in einer Astgabel an und fressen die benachbarten Zweige kahl. Dann wandern sie zu den nächsten Ästen, spinnen ein neues Nest und suchen weitere Nahrung. Erst die erwachsenen, ca. 5 cm langen Raupen, die durch ihre graublaue Zeichnung mit weißen, braunen, roten und schwarzen Längsstreifen die Bezeichnung „Livreeraupen" tragen und braun behaart sind, fressen für sich und verpuppen sich einzeln in dichten gelbweißen Gespinsten zwischen den Blättern. Schon Ende Juni erscheinen die ockergelben, wenig auffälligen Falter.

*Bekämpfung.* Im Winter können die Eigelege nur durch Abschneiden unschädlich gemacht werden, da sie gegen die üblichen Winterspritzmittel sehr widerstandsfähig sind. Im Frühjahr schützen Spritzungen mit Berührungsgiften. Sie bieten besonders bei Anwendung gegen junge Raupen Aussicht auf genügenden Erfolg.

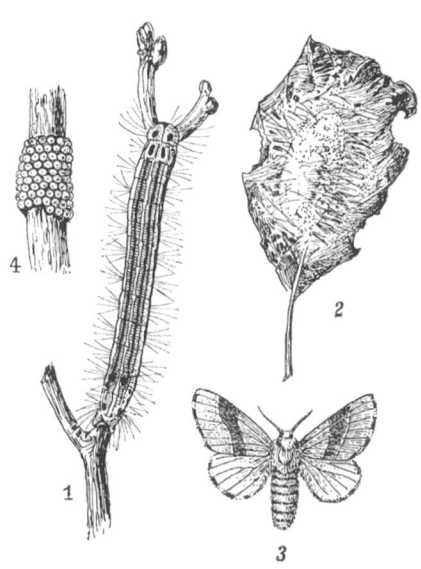

Abb. 520. Ringelspinner.
*1* Raupe; *2* Puppengespinst; *3* Falter; *4* Eier.

**Roggenstengelbrand (Tuburcinia occulta).** *Schaden.* Auf den Blättern zeigen sich schwielig aufgetriebene Streifen, die sich dunkel verfärben, aufplatzen und ein dunkelbraunes Pulver ausstäuben. Die gleichen Sporenlager finden sich auf den Blattscheiden und den Halmen. Bei früherem Befall können sich die Halme nicht normal entwickeln, die Ähren bleiben in der Blattscheide stecken. Die Halme wachsen eigenartig gekrümmt, vielfach brechen sie auch um. Die Kornbildung bleibt meist aus.

*Erreger.* Die Brandsporen gelangen beim Dreschen auf die Körner und durch die Aussaat auf den Acker, wo sie austreiben. Die Keimschläuche infizieren die jungen Roggenpflanzen, deren Entwicklung durch den Roggenstengelbrand in weit stärkerer Weise gestört wird, als dies sonst durch Getreidebrandpilze der Fall ist.

*Bekämpfung* durch Saatgutbeizung (S. 1005).

**Rosenblattwespe, Kleinste (Blennocampa pusilla).** *Schaden.* Die Teilblätter sind im Frühsommer von beiden Rändern her zur Mittelrippe nach der Blattunterseite eingerollt, so daß eine schmale Doppelröhre entsteht. Die befallenen, vergilbenden Blätter werden vorzeitig abgeworfen.

*Schädling.* In den Röhren fressen kleine, unter 1 cm lange Afterraupen das Blattgewebe. Sie sind zuerst weißlich, später hellgrün,

Abb. 521. Kleinste Rosenblattwespe, Schaden.

überwintern im Boden und verpuppen sich im Frühjahr. Die nur 3 bis 4 mm großen schwarzen Blattwespen legen die Eier im Mai/Juni an die Blätter.

*Bekämpfung.* Bei geringem Befall können die Blätter abgepflückt und verbrannt werden. Die Raupen sind in den Blattröhren vor jeder Art Gift verhältnismäßig gut geschützt. Die chemische Bekämpfung mit Fraß- oder Berührungsgiften muß deshalb rechtzeitig erfolgen, möglichst schon zur Zeit der Eiablage.

Larven von einer ganzen Reihe anderer, größerer Blattwespenarten befressen ebenfalls das Laub von Rosen. Außerdem kommen auf vielen anderen Zierpflanzen wie Akelei, Maiblume, Liguster, Veilchen u. a. verschiedene Blattwespen vor, die nicht selten Kahlfraß verursachen. Die Larven sind vor allem gegen Lindan empfindlich und durch Stäubemittel auf dieser Grundlage am leichtesten zu bekämpfen.

**Rosengallwespe (Rhodites rosae).** *Schaden.* An den Trieben mancher Wildrosen sitzen grüne, rötliche, später braun werdende Gallen, die wie mit Moos bewachsen aussehen. Sie werden Rosenäpfel oder Schlafäpfel genannt. An den befallenen Stellen der Zweige entstehen Knicke, die leicht brechen.

*Schädling.* In vielen kleinen Kammern der sehr harten Gallen lebt je eine weißliche Larve, etwa 4 mm lang, die dort überwintert und sich im Frühjahr verpuppt. Die ausgeschlüpften Wespen legen ihre Eier an junge Triebspitzen, wo neue Gallen entstehen.

*Bekämpfung.* Die Gallen werden abgeschnitten und verbrannt.

**Rosenkäfer (Cetonia aurata).** *Schaden.* Durch den bis 2 cm großen, grünen, goldglänzenden Käfer und eine Anzahl verwandter Arten werden die Blüten zerfressen und zerstört.

*Schädling.* Die Käfer fliegen bei heller Sonne. Ihre engerlingsartigen Larven entwickeln sich im Holzmulm oder als Gäste in Ameisennestern.

*Bekämpfung.* Am frühen Morgen werden die Käfer abgelesen oder abgeschüttelt.

**Rosenmehltau, Echter (Sphaerotheca pannosa).** *Schaden.* Die Rosenblätter sind von einem mehligen Belag überzogen, der häufig ein Verkrüppeln oder ein leichtes Kräuseln der Blätter zur Folge hat. Der gleiche Überzug findet sich auch auf den Blütenkelchen.

*Schädling.* Der weiße, mitunter filzig erscheinende Belag ist das Mycel eines Pilzes, der seine Nährstoffe durch Saugfortsätze (Haustorien) dem Blattgewebe entnimmt. Außer den Sommersporen (Konidien) werden im Herbst winzige schwarze Überwinterungsformen (Perithezien) gebildet. Daneben kann auch das Pilzmyzel in den Blattknospen den Winter überdauern. Das Auftreten des Mehltaues wird durch verschiedene ungünstige Klima- und Bodenfaktoren gefördert. Ferner besteht eine ausgesprochene Sortenanfälligkeit. Rosen mit hartem, glänzendem Laub gelten als widerstandsfähig, ebenso die veredelten im Gegensatz zu den wurzelechten.

*Bekämpfung.* Das bewährteste Mittel ist der Schwefel, der in vielen Präparaten zum Stäuben wie zum Spritzen im Handel ist (s. S. 1025). Im Herbst und Frühjahr sind alle befallenen Triebe abzuschneiden und zu verbrennen.

**Rosenmehltau, Falscher (Peronospora sparsa).** *Schaden.* Im Gegensatz zum Echten Mehltau sitzen die weißen filzigen Überzüge beim Falschen Mehltau auf der Blattunterseite, da sich dort die Spaltöffnungen befinden, aus denen die Sporenträger des Pilzes mit den Konidien herauswachsen. Diesen mehligen Belägen entsprechen auf der Blattoberseite gelblichgraue bis braune Flecke, die sich auch an Blütenstielen finden. Dadurch sterben die Blüten ab, während die befallenen Blätter welk und trocken werden und schließlich abfallen.

*Erreger.* Das Pilzmycel wächst nicht wie beim Echten Mehltau auf den Blättern, sondern im Blattgewebe. Die schimmelähnlichen Beläge werden nur von den Vermehrungsorganen gebildet. Außer den Sommersporen entstehen im Pflanzengewebe auch Dauersporen, die durch den Zerfall der kranken Pflanzen frei werden. Falscher

Mehltau ist an Freilandrosen selten, tritt aber mitunter in Gewächshäusern bei ungünstigen Temperatur- und Feuchtigkeitsverhältnissen verheerend auf. Manche Sorten sind besonders anfällig.

*Bekämpfung.* Als Spritzmittel kommt vor allem Kupferkalkbrühe in Frage (s. S. 846), der als Haftmittel 0,15% Schmierseife zugesetzt ist. Besonders die Blattunterseiten müssen getroffen werden. Als beste Kulturmaßnahme ist die trockene und luftige Haltung zu erwähnen. Abgefallenes Laub soll verbrannt und Erde für Saatkästen möglichst entseucht werden (s. S. 1007).

**Rosenrost (Phragmidium subcorticium).** *Schaden.* Auf den Rosenblättern und an anderen Pflanzenteilen treten im Frühjahr leuchtend gelbrote Sporenlager (Äzidien) auf. Im Laufe des Sommers bedecken die Unterseite der Blätter kleinere gelbe, später schwärzliche Pusteln, meist in sehr großer Anzahl. Dies sind ebenfalls Sporenlager (Uredo- und Teleutosporenlager). Die befallenen Blätter werden gelb und fallen ab, die Triebe kümmern und brechen leicht.

*Erreger.* Außer der genannten Art kommen auch andere Rostpilze an Rosen vor, die in gleicher Weise schädlich werden. Die Frühjahrsinfektion geht von Teleutosporen aus, die auf dem abgefallenen Laub überwintert haben. Während der Vegetationszeit sorgen die beiden anderen Sporenformen für die Verbreitung des Pilzes. Das Auftreten des Rostes ist vom Boden, seiner Wasserführung und Düngung stark abhängig, nicht weniger allerdings von den Rosensorten.

*Bekämpfung.* Eine Winterspritzung mit Obstbaumkarbolineum, Schwefel- oder Kupfermitteln (s. S. 1025) richtet sich gegen das im Holz überwinternde Mycel an den Äzidienstellen. Die gleichen Mittel können auch noch im Frühjahr zum Bestreichen kranker Stammteile verwendet werden, während befallene Triebe abgeschnitten und ebenso wie die Blätter im Herbst verbrannt werden. Das Laub wird mit Schwefel- und Kupfermitteln gespritzt. Der Boden ist locker zu halten und nicht zu reichlich mit Stickstoff zu düngen.

**Rosenwickler, Brauner (Cacoecia rosana).** *Schaden.* Im Frühjahr sind die Blätter an den Triebspitzen der Rosen lose zu einem Wickel zusammengesponnen und weisen Fraßspuren auf. Auch die Blütenknospen erleiden gelegentlich den gleichen Schaden.

*Schädling.* In den Blattwickeln sitzen kleine grüne Raupen, bis 1,5 cm lang. Nach der Verpuppung am Fraßort schlüpfen im Juni und Juli die braunen Falter, deren Vorderflügel dunklere Linien aufweisen. Die an den Rosenzweigen abgelegten Eier überwintern. Im April/Mai schlüpfen die Raupen.

*Bekämpfung.* Durch eine Winterspritzung mit Obstbaumkarbolineum (s. S. 1035) werden die Eier vernichtet. Die Raupen dürften mit E-, DDT- oder Lindanmitteln bekämpfbar sein. Eine mechanische Vertilgung der Raupen durch Zerdrücken in den Wickeln ist nur bei einzelnen Stöcken durchführbar. Es gibt noch einige andere Wicklerarten, die in derselben Weise schädlich werden.

**Rosenzikade (Typhlocyba rosae).** *Schaden.* Die Rosenblätter haben helle Flecke und sehen dadurch wie weiß gesprenkelt aus. Sie werden trocken und fallen ab. Unter den Blättern sitzen kleine blaßgelbe Zikaden, die fortspringen, sobald sie beunruhigt werden.

*Schädling.* Die ca. 3 mm langen schmalen Insekten sind Zikaden, die durch den breiten Kopf und die hinten spitz zulaufenden Flügel eine keilförmige Gestalt haben. Die ungeflügelten Larven saugen ebenso wie die erwachsenen Tiere Saft aus dem Blattgewebe, wodurch die „Weißscheckigkeit" entsteht. Bei massenhaftem Befall fliegen und springen Schwärme von den Rosenbüschen, wenn man dagegen stößt. Die Eier überwintern in der Rinde junger Triebe. Die Zikaden bevorzugen Rosen mit sonnigem Standort.

*Bekämpfung.* Schon beim ersten Auftreten sind Blattlausspritzmittel (s. S. 1006) anzuwenden, die vor allem die Blattunterseiten treffen müssen. Um die Eier zu vernichten, können Winterspritzungen mit Obstbaumkarbolineum oder Schwefelkalkbrühe durchgeführt werden, am besten im Frühjahr vor dem Laubaustrieb. Das beim Rückschnitt anfallende Holz ist zu verbrennen.

Abb. 522. Roter Brenner.

**Roter Brenner der Rebe (Pseudopeziza tracheiphila).** *Schaden.* Ende Mai, Anfang Juni werden die ersten Blätter fleckig, ähnlich dem ersten Krankheitsbild der Blattfallkrankheit. Bei Weißweinsorten färben sich die Befallstellen bald braun, bei Rotweinsorten rubinrot und sterben ab. Brennerflecken sind meist scharf von den Blattnerven begrenzt, so daß sie keilförmig erscheinen. Die infizierten Blätter fallen meist frühzeitig ab, und die unteren Teile befallener Stöcke sind bald kahl. Die Brennererkrankung schadet dem ganzen Stock durch den großen Blattverlust, die Beeren bleiben im Wachstum zurück, Ernteverluste können beträchtlich sein.

*Erreger.* Im Frühjahr geschehen die Infektionen von Sporen, die von besonderen Fruchtkörpern auf dem alten Reblaub gebildet werden und mit Regen oder Wind auf die jungen Blätter gelangen. Die Pilzfäden wachsen von oben und von der Unterseite in das Blattgewebe und zerstören die Leitungsbahnen der Blattnerven.

*Bekämpfung.* Mit Kupfermitteln wie bei der Blattfallkrankheit (s. S. 845), jedoch sind nur zwei, sehr selten drei Spritzungen notwendig. Die erste Behandlung muß nach der Entfaltung der ersten drei bis vier Rebblätter geschehen, wenn Regen zu erwarten ist, der die Ansteckung auslösen kann. Eine Wiederholung erfolgt, falls der Regen ausblieb, nach einer Woche, um die inzwischen nachgewachsenen Blätter mit einem Schutzbelag zu versehen. Die Benetzung des Laubes soll auf der Ober- und Unterseite gleich gut vorgenommen werden, was eine sorgfältige Spritzarbeit voraussetzt.

Da Roter Brenner meist in Lagen mit schlechten Boden- und Wasserverhältnissen schadet, sind die allgemeinen Kulturmaßnahmen zu fördern, um die Widerstandskraft der Reben zu stärken.

**Rote Spinne (Tetranychus).** *Schaden.* Die Blätter von Obstbäumen, Gemüsepflanzen, Zierpflanzen usw. vergilben, werden trocken und fallen vorzeitig ab. Auf der Blattunterseite sitzen in feinen Gespinsten kleine rötliche Milben.

*Schädling.* Die Spinnmilben sind etwa 0,5 mm groß und kommen in mehreren Arten (einige überwintern als Milben, andere im Eistadium) auf vielen Pflanzen vor. Sehr schädlich werden sie in Gewächshäusern an Gurken und Bohnen. In jüngster Zeit machen sie sich auch im Weinbau in stärkerem Maße bemerkbar. Durch das Saugen wird das Blattgrün geschädigt, wodurch die Blätter weißlich gesprenkelt erscheinen. Das Laub bekommt einen fahlbraunen bis bronzefarbigen Ton; schließlich werden die Blätter rissig, vertrocknen und fallen ab. Infolge des Mangels an Blattmasse leiden auch die Früchte. Die Sommereier werden in den Gespinsten abgelegt, wo sich im weiteren Verlauf der Entwicklung auch die Larvenhäute der Milben ansammeln. Während der Vegetationszeit etwa sieben Generationen. Die Wintereier werden an den Zweigen der Obstbäume abgelegt; bei Massenbefall erhalten diese ein rötliches Aussehen. Das Auftreten der Spinnmilben im Obstbau ist jahrweise verschieden. Ein warmes, trockenes Frühjahr begünstigt die Entwicklung. Dagegen wird die Vermehrung durch ungünstige Witterung im Mai stark eingeschränkt.

*Bekämpfung.* Die Wintereier werden durch die üblichen Winterspritzungen nicht in befriedigender Weise abgetötet. Durch die Vernichtung der natürlichen Feinde der Spinnmilbe kann sogar der Spinnenmilbenbefall im Frühjahr gefördert werden. Deshalb ist die Bekämpfung im Frühjahr und Sommer durchzuführen. Im Obstbau ist die Schwefelkalkbrühe zu empfehlen, möglichst unter Zusatz eines Netzmittels. Es werden nur die Milben, nicht aber die Eier abgetötet. Im allgemeinen wird mit einer Vor- und einer Nachblütenspritzung auszukommen sein. Für den Gemüse- und Obstbau werden neben E 605 und Systox neue ungefährliche Spezialmittel angeboten.

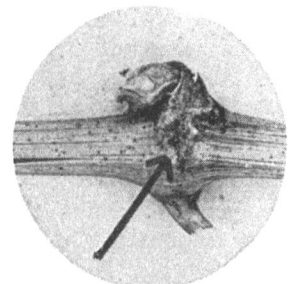 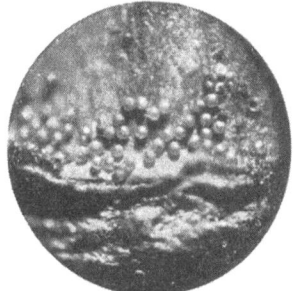

Abb. 523. Rote Spinne, Wintereierplatz an Rebknoten. (Photo *Albert.*)  Abb. 524. Wintereier der roten Spinne, stark vergrößert. (Photo *Albert.*)

Für die Spritzungen in Gewächshäusern kommen auch Nikotinseifenbrühen in Frage. Von der Begasung mit Naphthalin ist man seit Einführung der neuartigen Räuchermittel mehr und mehr abgekommen; besonders E-Mittel sind gegen die rote Spinne sehr wirksam, wenn auch ihre Giftigkeit immer wieder große Vorsicht im Umgang mit den Präparaten verlangt (s. S. 1025 u. 1031).

**Rotpustelkrankheit (Nectria cinnabarina).** *Schaden.* An der Rinde abgestorbener Zweige von Obstbäumen und Beerensträuchern sowie von vielen anderen Laubhölzern entstehen zahlreiche hellrote Pusteln. Im Winter kommen außerdem dunkelrote kugelige Warzen vor.

*Erreger.* Auf totem Holz oder auf Baumwunden wächst ein Pilzmycel. Durch die Ausbreitung im Holz tritt eine grüne oder braune Verfärbung ein. Die Saftleitung wird gestört. Einzelne Äste sterben ab, oder es kommt zum Eingehen ganzer Bäume. Die Weiterverbreitung der in den Pusteln gebildeten Sporen erfolgt durch Wind.

*Bekämpfung.* Befallenes Holz muß rücksichtslos bis in den gesunden Teil zurückgeschnitten werden. Die Wunden sind mit Baumwachs oder Wundteer zu verstreichen. Im Garten sollen keine Zweige liegengelassen werden, um die Ansiedlung der Pilze zu vermeiden.

**Rübenaaskäfer (Blitophaga opaca und Bl. undata).** *Schaden.* Die Blätter der Rübenpflanzen werden schon kurz nach dem Auflaufen zerfressen. Ältere Blätter weisen Lochfraß auf. Auf den Blättern finden sich bis 13 mm lange schwarze, asselartige Larven.

*Schädling.* Von mehreren Arten sind der Buckelstreifige Rübenaaskäfer (Bl. opaca) und der Runzelige Rübenaaskäfer (Bl. undata) die wichtigsten. Der erste wird bis 12 mm lang und halb so breit; er ist glänzend schwarz. Seine Larve, einer schlanken Assel ähnlich, hat einen gelblichen Seitenrand und wird bis 12 mm lang.

Der Runzelige Rübenaaskäfer wird im Durchschnitt 3 mm größer, seine Flügeldecken sind mattschwarz. Die Käfer erscheinen von Ende März bis Anfang April auf den Feldern und befressen zunächst die Getreideblätter, wobei sie Gerste und Hafer bevorzugen. Dann gehen sie auf die Rübenfelder über. Ein Weibchen legt bis zu 120 Eier im Boden ab. Die Larven fressen einen Monat lang weiche Blätter, besonders von Rüben. Nach einer zweiwöchigen Puppenruhe im Boden erscheinen die Jungkäfer, fressen kurze Zeit an Rübenlaub und suchen schon Ende August die Winterverstecke in der Bodenstreu heller, sonniger Waldränder oder in der Grasnarbe von Feldrainen auf.

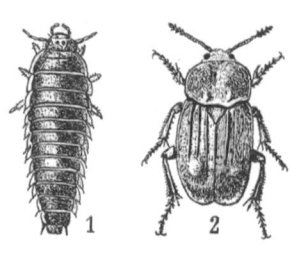

Abb. 525. Rübenaaskäfer und Larve.

*Bekämpfung.* Bei nicht allzu ungünstigen Witterungsbedingungen und bei gutem Pflanzenstand überstehen die Rüben den Befall. Auf kleineren Flächen können Hühner eingetrieben werden. Arsen- oder Fluorkleieköder werden seit langem als Spezialmittel vertrieben (Tipulamittel S. 1031). Mit Lindanstäubemitteln (15 bis 20 kg/ha) ist die Bekämpfung einfach auszuführen.

**Rübenblattfleckenkrankheit (Cercospora beticola).** *Schaden.* Im Sommer weisen die Rübenblätter 2 bis 3 mm große rundliche, braune, rotumrandete Flecke auf. Das Gewebe in diesen Flecken wird rissig und brüchig, fällt aber meist nicht ganz heraus.

*Erreger.* Der die Krankheit hervorrufende Pilz bildet Konidien und sklerotienartige Körper, die für seine Ausbreitung sorgen und auch den Winter überdauern.

*Bekämpfung.* In Deutschland gilt eine Bekämpfung der Krankheit durch Saatgutbeizung oder durch Spritzungen im allgemeinen bis jetzt für unwirtschaftlich, im Gegensatz zu Südeuropa, wo man Kupferspritzmittel verwenden muß. Zu empfehlen sind das restlose Abfahren der Rübenblätter und tiefes Unterpflügen der Ernterückstände.

**Rübenblattwanze (Piesma quadrata).** *Schaden.* Die Rübenblätter haben weißlichgelbe Flecke und sind stark gekräuselt, eine Folge der Rübenkräuselkrankheit. Überträgerin dieser Viruskrankheit ist die Rübenblattwanze, weil sie beim Saugen den Giftstoff überträgt. Die Ernteverluste an Zucker- und Futterrüben können 75% betragen.

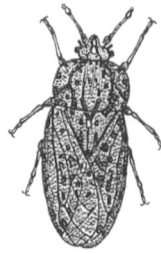

Abb. 526. Rübenblattwanze.

*Schädling.* Die Rübenblattwanze ist nur etwa 3,5 mm lang, dunkelgrau mit schwärzlicher Zeichnung. Sie überwintert in der Nähe von Rübenfeldern im trockenen Grase an Wegrändern, Böschungen usw. Mitte April erscheinen die Wanzen auf den Rübenschlägen. Die Eier werden den ganzen Sommer über an der Blattunterseite der Rüben abgelegt. Die nach zwei bis drei Wochen schlüpfenden, den erwachsenen Wanzen ähnlich sehenden Larven saugen ebenfalls Pflanzensaft. Nach fünf Häutungen ist die Entwicklung vollendet. Unter günstigen Verhältnissen pflanzen sich die Wanzen noch im gleichen Jahre fort. Ab Mitte August verlassen sie die Rübenfelder und suchen sich Winterverstecke. Die Wanzen aus dem Vorjahre gehen im Herbst zugrunde.

*Bekämpfung.* Am wirkungsvollsten wurde die Rübenblattwanze in früheren Jahren durch das Fangstreifenverfahren bekämpft. Diese Maßnahme bestand darin, um den Rübenschlag vor der Aussaat Ackerstreifen mit Rübensaat in Getreidedrillweite zu bestellen. Die Wanzen sammelten sich hier nach dem Auflaufen der

Rüben an und konnten in den Morgenstunden tief untergepflügt und überwalzt werden. Erst danach wurde der Rübenschlag bestellt. Die durch das späte Aussäen der Rüben entstandenen erheblichen Zuwachsverluste waren nachteilig. Es ist heute wirtschaftlich durchaus tragbar, die Rübenblattwanzen mit Phosphorester-stäubemitteln zu bekämpfen. Der durch das frühe Ausbringen der Saat zu erzielende Gewinn an Rübenmasse bringt einen erheblichen Mehrertrag.

**Rübenderbrüßler (Bothynoderes punctiventris).** *Schaden.* Der Derbrüßler ist der gefährlichste Rübenschädling in Südosteuropa. In den Jahren nach dem zweiten Weltkrieg trat er infolge besonderer Witterungsumstände überraschend auch in Mitteldeutschland verheerend auf und fraß die auflaufenden Rübenfelder kahl.

*Schädling.* Der stark chitinisierte Käfer ist 11 bis 13 mm lang und von hellgrauer Farbe. Über die Flügeldecken verläuft je ein dunklerer Schrägstreifen. Er überwintert als Käfer im Boden und wandert im Frühjahr von den vorjährigen Rübenfeldern ab. Bei Eintritt wärmerer Witterung fliegt er auch und überfällt die eben ausgekeimten Rübenpflänzchen. Der Käfer frißt die Keimblätter meist der Drillreihe entlang ab. Im Juni werden 60 bis 70 Eier/Weibchen abgelegt. Die Larven fressen am Rübenkörper und verpuppen sich Ende Juli. Im Oktober erscheinen die Jungkäfer, welche dann überwintern.

*Bekämpfung.* In den Plagejahren haben sich DDT-, Hexa- und Lindanmittel in Staubform, die beiden letzten auch als Streumittel, bewährt, während die Fanggrabenmethode (vgl. Liebstöckelrüßler) wegen der Flugfähigkeit des Käfers keinen ausreichenden Schutz bot.

**Rübenfliege (Pegomyia hyoscyami).** *Schaden.* Die Rübenblätter haben ab Mai helle Flecke und Minen. Am Ende dieser Gänge sitzen weißliche, bis 1 cm große Maden. Die Minen werden schließlich gelb und vertrocknen. Durch die Zerstörung der Blattsubstanz leidet die Assimilation und damit die Ausbildung der Rüben.

*Schädling.* Die Rübenfliege hat Ähnlichkeit mit der Kohlfliege. Sie legt ihre Eier in einer Reihe zu vier bis sieben Stück auf die Blattunterseiten. In einigen Tagen schlüpfen die Larven aus, die sich in das Blatt einbohren und dort minieren. Die zuerst ganz dünnen Gänge werden mit dem Wachstum der Larven breiter. Die Verpuppung erfolgt im Blatt oder im Boden. Nach zwei bis vier Wochen erscheinen die Fliegen der zweiten Generation, die ebenfalls bald Eier legen. Es entwickeln sich drei bis vier Bruten im Jahr. Die Überwinterung erfolgt im Puppenstadium. Außer Rüben aller Art werden auch Spinat, Weißer Gänsefuß usw. von der Rübenfliege befallen.

*Bekämpfung.* Der größte Schaden entsteht an den jungen Pflanzen durch die erste Madengeneration. Wird spät ausgesät, läßt sich der Befall weitgehend vermeiden, da die Fliegen bis zum Auflaufen der Saat dann ihre Eier bereits abgelegt haben. Durch sachgemäße Bodenpflege und gute Düngung ist für eine schnelle Entwicklung der Pflanzen zu sorgen, um die Schäden gering zu halten. Beim Verziehen der Rüben sollen die befallenen Pflanzen entfernt und verbrannt werden. Tiefes Umpflügen oder Eingraben der Pflanzenreste genügt nicht, weil Fliegen noch aus $1/_2$ m Tiefe zur Oberfläche gelangen können. Zur Bekämpfung haben sich E-Mittel bewährt, welche durch die Tiefenwirkung die minierenden Larven abtöten. Die Fliegen können durch einen Giftköder (0,4% Fluornatrium und 2% Zucker) vergiftet werden, der auf den Rübenfeldern verspritzt wird.

**Rübenherz- und Trockenfäule.** *Schaden.* Die Herzblätter der Futter- und Zuckerrüben vergilben im Juli oder August und vertrocknen. Die Blattstiele sind schwarzbraun verfärbt. In schweren Fällen sterben alle Blätter einer erkrankten Pflanze ab. Wenn es rechtzeitig regnet, können sich die Pflanzen mitunter noch erholen.

Sonst besteht Gefahr, daß es auch zu einer Trockenfäule des Rübenkopfes kommt, von dem aus größere Teile des Rübenkörpers vernichtet werden.

*Ursache.* Die Rübenherzfäule zählt zu den Mangelkrankheiten. Sie ist eine Folge von Bormangel im Boden.

*Bekämpfung.* Das Auftreten der Krankheit läßt sich durch eine Gabe von 20 kg Borax pro Hektar verhindern. Auf besonders borarmen Böden können bis 30 kg/ha gegeben werden. Zur Erzielung einer gleichmäßigen Verteilung wird der Borax mit Sand oder Kunstdünger gemischt und am besten vor oder nach der Aussaat ausgestreut. Auf jeden Fall muß die Behandlung rechtzeitig erfolgen; wenn sich bereits die ersten Anzeichen der Krankheit zeigen, ist es zu spät. Bei der Verwendung von Borsuperphosphat mit einem Borgehalt von 5% müssen 400 kg/ha ausgebracht werden. Chilesalpeter kann vermöge seines Borgehaltes ebenfalls die Krankheitserscheinungen mildern, ohne aber die Borarmut des Bodens wirklich zu beheben. Spritzungen mit Boraxlösungen, $2^1/_2$%ig, erfordern 800 l/ha. Verwendung von Borschlamm, ein aufbereiteter Rückstand aus den Borfabriken, hat sich auch als gut wirksam erwiesen.

**Rübsaatpfeifer (Evergestis extimalis).** *Schaden.* An den Blättern von Raps sitzen gelbgrüne Raupen mit vier Längsreihen schwarzbrauner Flecke und schwarzem Kopf. Die Schoten sind zusammengesponnen und haben an den Stellen, wo die Samen sitzen, Löcher. Dadurch erhalten sie eine gewisse Ähnlichkeit mit einer Flöte.

*Schädling.* Der Rübsaatpfeifer oder Schotenpfeifer ist ein Kleinschmetterling von 12 mm Länge mit gelben Flügeln. Auf den Vorderflügeln sind rosafarbene Querbinden. Die Eier werden während des ganzen Sommers an Raps, Rüben und andere Kreuzblütler gelegt. Die erwachsenen Raupen überwintern im Boden und verpuppen sich im Frühjahr.

*Bekämpfung.* Die Raupen können mit Spritz- und Stäubemitteln auf E- und Lindangrundlage wirksam bekämpft werden. Vorbeugend sind die Unkräuter aus der Familie der Kreuzblütler zu beseitigen. Nach der Ernte vernichtet tiefes Umgraben und Pflügen die flach im Boden überwinternden Raupen.

**Sackträgermotten (Coleophora hemerobiella, C. coracipennella, C. anatipennella).** *Schaden.* Auf Knospen und Blättern von Stein- und Kernobst sitzt inmitten einer runden, fensterartigen Mine ein etwa 5 mm langes braunes oder schwärzliches Säckchen, zigarrenförmig zugespitzt. Darinnen lebt eine kleine Raupe, die das Blattgewebe miniert. Das kleine Futeral ist aus einem Stückchen Blattoberhaut zusammengesponnen.

*Schädling.* Die Räupchen überwintern in dem Säckchen an Zweiggabeln oder nahe den Knospen. Im Frühjahr stellen sie sich einen neuen Sack her und fressen an Knospen und Blättern. Bei gelegentlicher Massenvermehrung erleiden die Bäume fühlbaren Schaden. Die Verpuppung der Raupen erfolgt im Mai in dem Köcher. Im Juni und Juli fliegen die kleinen Falter. Die Eier werden einzeln an den Blättern abgelegt. Der Minierfraß der jungen Raupen beginnt noch im gleichen Jahr, ohne daß zunächst ein Sack angelegt wird. C. hemerobiella hat eine zweijährige Entwicklungsdauer.

*Bekämpfung.* In erster Linie ist eine gründliche Winterspritzung notwendig, die mit Gelbspritzmitteln in stärkerer Konzentration (Pulver 1%, Paste 2%) am erfolgreichsten ist. Fraßgifte zur Abtötung der Raupen sind kaum zu empfehlen. Die Vernichtung der überwinternden Raupen durch Abkratzen der Stämme und Zweige ist nur auf einzelnen Bäumen in kleinen Anlagen durchführbar.

**Salatmehltau, Falscher (Bremia lactucae).** *Schaden.* Auf der Blattoberseite entstehen erst hellgelbe, später braune Flecke, die vertrocknen. Auf der Unterseite der Blätter brechen einige Zeit darauf die Sporenträger des Pilzes als weißliche

Rasen hervor. Die Krankheit kommt unter Glas und im Freiland vor und befällt Pflanzen jeglichen Alters. Da bei erntereifen Salatköpfen gewöhnlich nur die äußeren Blätter befallen werden, so können die Köpfe noch verbraucht werden, doch sind sie unansehnlich und verlieren dadurch an Wert.

*Erreger.* Der Pilz gehört zu derselben Familie, zu der auch die Gattung Peronospora gehört, die an vielen anderen Kulturpflanzen vorkommt. Die Pilze sind sich in ihrer Entwicklung untereinander ähnlich. Die Sporen des Falschen Mehltaus können auf nassen Salatblättern auskeimen; durch Spaltöffnungen dringen sie in das Gewebe der Pflanzen ein. Ebenso wie für die Sporenkeimung ist auch für die Bildung der Sporenrasen auf den Blättern eine hohe Luftfeuchtigkeit erforderlich. Das Auftreten der Krankheit ist oft ganz überraschend. Die Verbreitung der Sporen erfolgt durch Wind während der ganzen Sommerzeit. Besondere Wintersporen sorgen für die Erstinfektion der jungen Pflanzen im Frühjahr. Sie überwintern im Boden.

*Bekämpfung.* Da Kupferspritzmittel zur Verhinderung der Infektion beim Salat nicht angewandt werden können, muß in der Pflege der Kultur alles vermieden werden, was die Krankheit begünstigt. In Gewächshäusern darf der Salat nicht lange naß stehen. Es ist also nach dem Gießen jedesmal zu lüften. Temperaturschwankungen sollen vermieden werden, damit sich auf den Blättern kein Tau bildet. Im Freiland ist der Befall bei anhaltendem Regen häufig und kaum abzuwenden. Weiter Pflanzenabstand ist zu empfehlen. Kranke Pflanzen sind rechtzeitig zu vernichten. Außer Kopfsalat befällt der Pilz gelegentlich Endivie, Cichorie und Artischocke.

**Schaben, Deutsche, Orientalische, Amerikanische (Phyllodromia germanica, Blatta orientalis, Periplaneta americana).** *Schaden.* Weniger durch Fraß an allen möglichen Lebensmitteln schädlich als durch das bloße ekelerregende Vorhandensein in Wohnungen, Backstuben, Gasträumen, Hotels, Krankenhäusern. Die Übertragung von Krankheitskeimen ist möglich. Bei massenhaftem Auftreten verschmutzen die Tiere Möbel und Tapeten erheblich.

Abb. 527. Bevorzugte Schabenschlupfwinkel in einer Küche. (Zchg. *Laabs.*)

*Schädlinge.* Alle Arten leben in unseren Breiten nur nächtlich in Häusern und sind wärmeliebend. Im Volksmund sind noch die Namen Küchenkäfer, Hausschaben, Küchenschaben, Kakerlaken, Schwaben, Russen, Franzosen usw. gebräuchlich. Man versucht gern, die Schuld am Vorkommen von Ungeziefer dem lieben Nachbarn zuzuschieben. — Die *Deutsche Schabe* (Phyllodromia germanica) ist die kleinste der Schabenarten. Die geflügelten Erwachsenen sind ca. 1,5 cm lang, gelblich-braun gefärbt. Die Weibchen legen Eipakete mit ca. 30 Eiern in Schlupfwinkeln ab, denen bald die Larven entschlüpfen, welche zusammen mit den erwachsenen Schaben leben. Nach sechs Häutungen sind die Larven in etwa sechs Monaten ausgewachsen und nach Abstreifen der letzten Larvenhaut geflügelte, fortpflanzungsfähige Schaben. — Die *Orientalische Schabe* (Blatta orientalis) ist größer und dunkelbraun bis schwarzbraun. Die Männchen sind mit kurzen Flügeln, die Weibchen nur mit Flügelstummeln versehen. Das ledrige Eipaket des Weibchens enthält meist nur 16 Eier, denen erst nach zwei bis drei Monaten die Larven entschlüpfen. Die Entwicklung dieser Larven bis zu erwachsenen Schaben dauert bei uns lange, meist mehrere Jahre (drei bis vier). — Die *Amerikanische Schabe* (Periplaneta americana) ist die größte Art. Die kastanienbraunen, in beiden Geschlechtern geflügelten Tiere werden 3 bis 4 cm lang. Weibchen setzen die Eier auch in Paketen ab, je Kokon 18

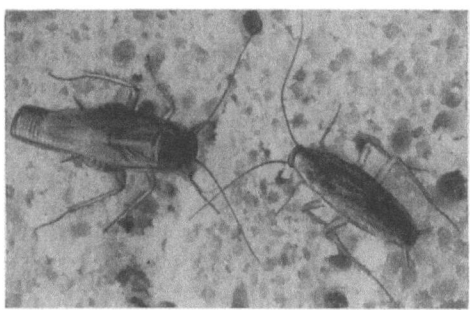

Abb. 528. Deutsche Schaben.

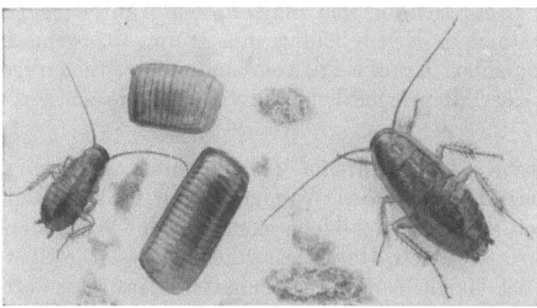

Abb. 529. Larven der Deutschen Schabe neben Eikokons.

bis 28 Eier. Im Gegensatz zu den anderen Arten werden die Eipakete mit Genagsel, Staub und Nahrungsteilen überklebt, so daß sie nur schwer zu finden sind. Die Larvenentwicklung dauert im Durchschnitt drei bis vier Jahre, in sehr warmen Räumen, z. B. in Treibhäusern, jedoch nur ein bis eineinhalb Jahre.

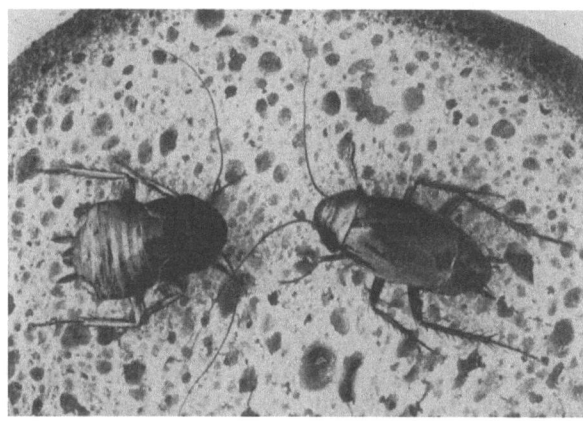

Abb. 530. Oriental. Schaben.

Alle Schaben sind von flacher Gestalt, so daß sie sich verhältnismäßig leicht in und durch schmalste Spalten zwängen können, was ihnen bei der Besiedlung eines Hauses die Ausbreitung von Raum zu Raum erleichtert. Rohrdurchbrüche für Heizungsanlagen werden so für Schaben oft wahre Tunnel! In warmen Sommernächten kann man Schaben auch im Freien finden, wenn sie z. B. von einer befallenen Backstube aus an der Hauswand emporlaufen. Die Verschabung eines Hauses ist oft Streitgegenstand zwischen Mieter und Vermieter. Ehe hier die Schuldfrage, wer in seinen Wohn- oder Gewerberäumen die Brutstelle der Schaben beherbergt, angeschnitten wird, ist der Sachverständige zu Rate zu ziehen. Dieser kann auf Grund der Untersuchung der Art, der Beschaffenheit der Räume und eventuell der Brutplätze meist sehr eindeutig belegen, von wo aus die Verseuchung des Hauses geht. Sachverständige können gewerbliche oder beamtete Schädlingsbekämpfer, Beamte des Pflanzenschutzdienstes oder Entomologen der Universitätsinstitute sein.

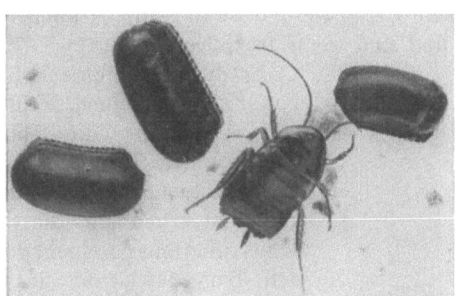

Abb. 531. Larve der Orient. Schabe und Eipakete.

Abb. 532. Geöffneter Eikokon mit Embryonen.

Abb. 533. Amerik. Schabe.

*Bekämpfung.* Das Stäuben oder Spritzen von Schabenmitteln (s. S. 1030) auf Chlordan-, DDT- oder Lindanbasis muß sorgfältig und wiederholt geschehen, besonders bei Befall mit Orientalischen oder Amerikanischen Schaben, weil dort Monate später aus den Eipaketen junge Schaben schlüpfen. Lindanräuchermittel (Räucherspäne oder -tabletten) sind ebenfalls wirksam. Das Streuen von Arsenködern ist heute, wo wir die praktisch ungefährlichen Kontaktmittel haben, aus hygienischen Gründen abzulehnen.

**Schildkäfer (Cassida nebulosa).** *Schaden.* Die Blätter von Futter- und Zuckerrüben weisen Löcher auf, daneben auch weißgelbe Flecken, die durch das fehlende Blattgewebe der Unterseite entstehen und später durch das Ausfallen der Oberhaut ebenfalls zu Löchern werden.

*Schädling.* Die Beschädigungen stammen vom Fraß des Schildkäfers und seiner Larven. Der Käfer ist 5 bis 7 mm lang, rund-oval mit einem schildartigen Panzer. Die Flügeldecken sind rostrot mit zahlreichen kleinen punktförmigen Sprenkeln.

Die Unterseite ist schwarz. Die gelblichen oder grünlichen Larven von asselähnlicher Gestalt haben seitliche Dornenfortsätze und tragen auf der aufrecht stehenden Schwanzgabel die letzte Larvenhaut und Kot mit sich herum. Hauptfraßpflanzen sind Melde und andere Ackerunkräuter, an denen auch im Frühjahr die Eiablage erfolgt. Das Überwandern auf die Rüben vollzieht sich im Juni/Juli. Nach der kurzen Puppenruhe erscheinen die Käfer im August. Sie überwintern unter Laub.

*Bekämpfung.* Durch die Beseitigung der Unkräuter, vor allem von Gänsefuß und Melde, wird den Larven im Frühjahr die Entwicklungsmöglichkeit genommen. Durch DDT- und Lindanstäubemittel ist eine direkte Bekämpfung von Käfern und Larven mit bestem Erfolg durchzuführen. Bei der Ausbringung der Mittel sollen nach Möglichkeit auch die Blattunterseiten getroffen werden, um die dort sitzenden Larven mit zu erfassen.

**Schildläuse.** *Schaden.* Auf den holzigen Teilen der Obstbäume finden sich die festgesaugten Läuse als schuppenförmige, halbkugelige, rundliche oder kommaförmige, festsitzende Gebilde. Bei starkem Befall werden Bäume und Sträucher geschwächt; sie entwickeln sich schlecht und sind wenig fruchtbar.

*Schädling.* Infolge Fehlens von Flügeln, Beinen, Fühlern und Augen ist die übliche Gliederung des Insektenkörpers bei festsitzenden Schildläusen kaum zu erkennen. Die Nahrungsaufnahme geschieht durch den Saugrüssel, der in das Pflanzengewebe gesenkt wird. Die meisten Schildläuse legen Eier, wenige sind lebendgebärend. Die sehr kleinen Jungläuse haben zunächst noch

Abb. 534. Schildläuse.
Von links: Napf-, Austernförmige und Komma-Schildlaus.

Beine, Augen und Fühler und laufen lebhaft umher, bis ein zur Ansiedlung geeigneter Platz gefunden ist. Dann tritt bald der Verlust aller äußeren Organe ein. Die Männchen bleiben klein und behalten die Sinnesorgane und Beine. Im Obstgarten fallen nur die Weibchen auf. Sie bilden das „Schild" aus der verdickten, stark gewölbten Rückenhaut oder aus den abgestreiften verkitteten Häuten. Die Verbreitung geschieht durch wandernde oder durch den Wind verwehte Jungläuse oder durch Verschleppung mit Pflanzenmaterial.

*1. Zwetschenschildlaus (Eulecanium corni).* Sie ist in Deutschland die häufigste Art und wird auch „Kahnförmige" oder „Napfschildlaus" genannt. Die glänzend braunen, fast kugeligen Weibchen in der Größe 4 mal 6 mm sitzen besonders an den schwächeren Zweigen. Die Altläuse sterben im Winter ab. Im Frühjahr siedeln sich die rotbraunen Jungläuse auf den jüngeren Zweigen an. Die Weibchen gewinnen schnell an Größe. Sie produzieren reichlich Honigtau, in dessen Folge eine starke Rußtaubildung Laub und Früchte überzieht. Durch den Saftentzug werden die Bäume erheblich geschädigt, so daß der Blütenansatz im nächsten Jahr gering ist. Auch unbefruchtete Weibchen legen Eier. Unter einem Schild findet man bis zu 3000 Stück. Die ausgeschlüpften Larven überwintern nach einmaliger Häutung. Außer Steinobst werden auch Walnuß, Johannisbeere, Eiche und andere Laubbäume befallen. Aus noch ungeklärter Ursache ist das gebietsweise Auftreten sehr unterschiedlich. Bäume auf ungünstigem Standort sind am meisten betroffen. — *Bekämpfung.* Die Abtötung der Schildläuse geschieht am besten durch die übliche Winterspritzung zu einem späten Termin, da die jungen Läuse dann schon bei

Sonnenschein umherlaufen. Die Säuberung stark verlauster Anlagen ist durch zwei oder drei Jahre hintereinander durchgeführte Winterspritzungen möglich.

2. *Kommaschildlaus (Lepidosaphes ulmi)*. Unter dem komma- oder keulenförmigen Schild sitzt am spitzen Ende die Laus. Im Herbst werden unter dem Schild etwa 90 Eier abgelegt, die überwintern. Im Mai und Juni schlüpfen Jungläuse, die sich auf Ästen und Zweigen, auch auf jungen Stämmen, oft lückenlos nebeneinander ansiedeln. Bei dieser Art tritt keine Rußtaubildung auf, doch ist die Schädigung und Schwächung der Bäume bei starkem Befall ebenfalls groß. — *Bekämpfung.* Durch den Schild sind die Eier gegen chemische Bekämpfungsmittel gut geschützt, so daß Winterspritzungen ohne Erfolg bleiben. Am aussichtsreichsten ist die Vernichtung der Jungläuse im Frühsommer durch E-Mittel. Von den Krusten der Läuse sind die Bäume mit der Drahtbürste zu befreien.

3. *Gelbe Austernschildläuse (Aspidiotus ostreaeformis, A. piri).* Diese beiden Arten sind schwer voneinander zu unterscheiden. Ihr Schild ist rund, dunkelgrau und mit einer Erhebung in der Mitte. Die gelbe oder grün-gelbe Laus darunter überwintert. Es werden 30 bis 40 Eier abgelegt, die im Frühsommer schlüpfen. Die Bekämpfung der Jungläuse erfolgt am besten mit E-Mitteln. Für die Winterspritzung kommt außerdem Dinitrokresol oder Mineralöl in Frage.

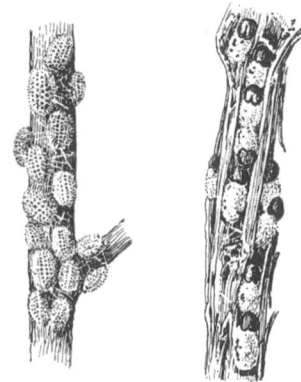

Abb. 535.
Schmierlaus und Rebenschildlaus.

4. *San-José-Schildlaus (Aspidiotus perniciosus).* Diese Form ist den gelben Austernschildläusen sehr ähnlich und von ihnen nur mikroskopisch zu unterscheiden. Sie ist für den Obstbau die gefährlichste Schildlausart. In den letzten Jahrzehnten hat sie sich über die ganze Erde stark ausgebreitet. Sie wurde von Asien aus verschleppt. In Deutschland merkt man ihr Auftreten seit 1946. Auch Früchte von Apfel und Birne werden befallen, auf denen um das winzige Schild der Laus meist ein dunkelroter Fleck entsteht. Auf Ästen und Zweigen ist der Befall als dichter, grauweißer Überzug „wie mit Asche bestreut" erkennbar. Die halberwachsenen Läuse überwintern. Im Frühjahr werden etwa 400 lebende Junge geboren. Da in einem Jahre mehrere Generationen auftreten, ist die Vermehrung ungeheuer stark. Schaden an den Pflanzen entsteht nicht nur durch Saftentzug, sondern auch durch die Giftwirkung des Speichels der Laus. Die Bäume kränkeln anfangs und gehen schließlich ein. Neben Stein- und Kernobst und zahlreichen Laubbäumen werden Johannisbeeren bevorzugt befallen. — *Bekämpfung.* Es besteht bei uns gesetzliche Meldepflicht für das Auftreten der San-José-Schildlaus. Die Bekämpfung hat auf Anweisung der Pflanzenschutzämter zu erfolgen. Es sind Winterspritzungen mit Dinitrokresol in starker Konzentration üblich. Für den Handel mit verseuchtem Obst besteht ein allgemeines Verbot, ebenso für die Einfuhr von verdächtigem Baumschulmaterial. Der Pflanzenbeschaudienst hat über die Einhaltung dieser Verbote zur Verhinderung weiterer Ausbreitung zu wachen.

5. *Rote Austernschildlaus (Epidiaspis betulae).* Die rote Laus sitzt unter einem runden Schild mit einem Mittelhöcker. Sie kommt nur in den wärmsten Obstbaugebieten Deutschlands vor, wird dort aber sehr schädlich, besonders an Birnen. Äpfel, Pflaumen und Pfirsiche sind weniger gefährdet. Da im Spalierobst die für ihre Vermehrung günstigsten mikroklimatischen Bedingungen herrschen, wird sie hier besonders schädlich. Als Folge des Saugens der Läuse an der Rinde kommt es zu Krüppelwuchs der Zweige. Die Ursache dafür ist das Zellgift, das im Speichel der Laus enthalten ist. Junge Bäume können absterben. Die Überwinterung der alten

Läuse erfolgt unter ihrem Schild. Ab Juni treten die Jungläuse auf, deren Bekämpfung mit E-Mitteln zu empfehlen ist. Die Winterspritzung wird am vorteilhaftesten mit Mineralölemulsionen durchgeführt (vgl. Obstbaumspritzung S. 967).

**Schimmelkäfer (Cryptophagus).** *Schaden.* In feuchten Wohnräumen treten sie oft in großer Zahl an den Wänden auf. Durch Fraß entsteht kein Schaden, doch wirkt ihr bloßes Vorhandensein beunruhigend, da die Harmlosigkeit der winzigen Tiere und der Grund ihres Erscheinens den Bewohnern meist nicht bekannt ist.

*Schädling.* Die kleinen, 1 bis 2 mm langen schlanken, hellbraunen bis schwarzen Käferchen kommen in mehreren Arten vor. Ihnen sehr ähnlich sind die Moderkäfer, die genau so klein sind und an demselben Ort auftreten. Ihre bevorzugte Nahrung, auch die der Larven, sind Schimmelrasen. So ist es verständlich, daß sie in feuchten Kellern und Stallungen, in Kolonialwarenhandlungen, Drogerien und Brauereien häufig die Voraussetzungen finden, sich in weniger beachteten Ecken massenhaft zu vermehren und sich von dort aus in der ganzen Umgebung auszubreiten.

*Bekämpfung.* In ähnlicher Weise wie die Wohnungsmilben sind auch die Schimmel- und Moderkäfer durch trockene Hitze am wirkungsvollsten zu bekämpfen. Die befallenen Räume müssen stark beheizt werden, um das Schimmelwachstum zu verhindern. Mitunter genügt örtliche Trocknung mit einer elektrischen Sonne. Befall in Nahrungs- und Futtermitteln wird durch Erhitzen abgetötet, und die Käfer werden anschließend durch Absieben entfernt.

**Schinkenkäfer (Necrobia).** *Schaden.* Die Schinkenkäfer und ihre Larven fressen Speck, Schinken, Wurstwaren, Felle, Käse, Trockenmilch und noch etliche andere Lebensmittel. Sie werden häufig von Übersee mit Kopra eingeschleppt, dem Rohprodukt der Margarinefabriken. In englischsprechenden Ländern ist daher der Name „Koprakäfer" verbreitet. In Haushaltungen sind die Tiere verhältnismäßig selten anzutreffen, häufiger aber in Lebensmittellagern und Margarinefabriken.

*Schädling.* Von mehreren Arten ist bei uns der „Rotbeinige" Schinkenkäfer der verbreitetste, eine blau-grün glänzende Form, die einem kleinen Laufkäfer von 6 mm Länge ähnlich sieht. Die Larven sind anfangs weiß, später grau mit braunem Kopf. Sie bohren sich fressend in Fleisch und Fett ein. Die Verpuppung erfolgt in einem weißen Gespinst, das auch in morschem Holz angelegt werden kann. Durch Vertilgen von Pochkäfern und deren Larven, auch von Fliegenmaden, Speckkäferlarven und Mottenraupen, kann der Schinkenkäfer gelegentlich nützlich werden.

*Bekämpfung.* Fleisch- und Räucherwaren werden vor dem Befall durch Einbinden in dicht schließende Mull- oder Leinenbeutel geschützt, genau wie gegen Speckkäferfraß. Aus pulverförmigen Lebensmitteln lassen sich die Larven absieben. Bei starkem Befall von Lagerhäusern müssen insektizide Stäube- oder Spritzmittel auf DDT- oder Lindanbasis angewandt werden. In schweren Fällen hilft die Ausgasung mit Zyklon B, sofern die baulichen Verhältnisse es gestatten. Das Vernebeln von Lindan-Nebelflüssigkeiten ist für die Säuberung großer Lagerräume ebenfalls in Betracht zu ziehen.

**Schlehenspinner, Aprikosenspinner (Orgya antiqua).** *Schaden.* Auffällig bunt behaarte Raupen fressen vom Rande her an den Blättern vieler Obstarten und an Rosen, so daß nur noch der Stiel und die stärkeren Rippen übrigbleiben.

*Schädling.* Obwohl es bei uns kaum jemals zu Massenauftreten des Schlehenspinners kommt, ist er doch weitverbreitet und erscheint häufig in Obstanlagen. Seine Raupen sind ferner an vielen Laubgehölzen zu finden. Sie sind grau mit weißen Längslinien und roten Warzen. Vorn und hinten tragen sie schwarze, abstehende Haarpinsel und auf dem Rücken vier Paar gelbe Haarbürsten. Ihre Länge erreicht 3,5 cm. Sie verpuppen sich in einem weichen grauen Gespinst an Blättern

oder Zweigen. Das Männchen ist rostbraun und hat auf dem Innenwinkel der Vorderflügel einen weißen Fleck. Das plumpe Weibchen besitzt wie das Weibchen des
Frostspanners nur Flügelstummel. Die Eiablage erfolgt gewöhnlich auf dem Puppengespinst oder dicht daneben. Die Eier überwintern.

*Bekämpfung.* Die Raupen werden durch die bei den Vor- und Nachblütenspritzungen (s. S. 967) beizumengenden Insektenmittel vernichtet.

**Schmalbauch (Phyllobius oblongus).** *Schaden.* Knospen und Blätter sind zerfressen und Blattränder ausgezackt, junge Früchte werden benagt. In Baumschulen
ist der Käfer wegen der Vernichtung der Edelaugen gefürchtet. Buschobstanlagen
werden bevorzugt heimgesucht.

*Schädling.* Der ca. 6 mm lange Käfer mit kurzem Rüssel ist dunkelgrün bis
schwarz glänzend gefärbt mit braunen Flügeldecken. Das plötzliche Auftreten im
Frühjahr dauert nur rund vierzehn Tage. Danach wandert der Käfer offenbar an
andere Nährpflanzen ab. Die Entwicklung der Larven aus den im Mai/Juni abgelegten Eiern findet in der Erde an Wurzeln statt. Die Verpuppung geschieht im
Herbst im Boden.

*Zur Bekämpfung* wirksam sind wiederholte Stäubungen mit DDT oder Lindan.
Das Abklopfen und Auffangen der Käfer in Tüchern am frühen Morgen ist ebenfalls
erfolgreich und in manchen Baumschulen seit Jahren in Brauch.

**Schnecken.** *Schaden.* Schnecken werden in erster Linie im Gemüsegarten durch
Befressen von Salat und grünen Pflanzenteilen, ferner an Erdbeeren schädlich.
Im Keller werden Kartoffeln, Möhren und Obst angefressen, was die Fäulnis fördert.
Silbrig glänzende Schleimspuren und wurmförmig gewundene Kothaufen verraten
die Anwesenheit von Schnecken.

*Schädling.* Die *Ackerschnecke* (Agriolimax agrestis) ist grau bis braun gefärbt
und 3 bis 6 cm lang. Sie frißt vorwiegend nachts, tagsüber hält sie sich in der Erde
oder unter Steinen verborgen. Die *Kellerschnecke* (Limax flavus) wird bis zu 15 cm
lang und ist durch schwarze Längsstreifen gekennzeichnet. Daneben kommt eine
hellgelbe Kellerschnecke von 10 cm Länge vor. Alle Schnecken sind Zwitter.
Mehrere hundert Eier werden in Erdhöhlungen in kleinen Häufchen abgelegt. Die
Überwinterung erfolgt in allen Entwicklungsstadien.

*Bekämpfung.* Ablesen der Schnecken in Gärten abends oder frühmorgens, auch
nachts bei Laternenschein. Abtötung in konzentrierter Kochsalzlösung. Außerdem
ist Anlocken der Schnecken in angelegten Schlupfwinkeln möglich (unter Dach-
ziegeln, nassen Säcken usw.). Eine Köderung mit Kürbisschalen, Äpfeln oder Salat
ist empfehlenswert. Als Giftköder auf der Grundlage des Metaldehyd sind verschiedene Mittel im Handel (vgl. Schneckenmittel, s. S. 1031). Für eine Feld-
bekämpfung ist Staubkainit (5 bis 6 dz/ha) oder Kalkstickstoff (1 bis 1,5 dz/ha)
anzuwenden. Die Ausbringung erfolgt mit einer Streumaschine und ist mehrmals
zu wiederholen. 3%iges Kupfersulfat, 500 bis 600 l/ha, ist ebenfalls gut wirksam.
Für Arsenkleieköder werden 6 kg Weizenkleie mit 250 g Schweinfurther Grün unter
Hinzufügung von 3 bis 4 l Wasser gemischt. Der Köder muß krümelig sein, um
breitwürfig abends zu 100 bis 120 kg/ha ausgestreut zu werden, was nur bei Beachtung der notwendigen Vorsicht geschehen darf. Im Keller werden alle Schlupfwinkel beseitigt (Bretter, Kisten, Steine), um die Vorräte werden Streifen aus Kalkstaub, Gips oder Viehsalz gelegt, die für die Schnecken stark ätzend sind. In erster
Linie kommen auch hier die käuflichen Schneckenköder in Frage.

**Schneeschimmel (Fusarium nivale).** *Schaden.* Im Frühjahr nach der Schnee-
schmelze fallen in den Getreidefeldern Fehlstellen auf. Die Pflanzen dort sind abgestorben. Auf den Resten zeigen sich weiße oder rosafarbene watteähnliche Polster,
die Pilzfäden und Sichelsporen von Fusarium nivale.

*Erreger.* Die Übertragung der Krankheit erfolgt vom Boden aus, wo sich der Pilz an faulenden Pflanzenteilen lange am Leben erhalten kann. Doch greift der Pilz von hier aus im allgemeinen nur durch andere Einflüsse geschwächte Pflanzen an. Weit gefährlicher als dieser Krankheitsherd im Boden ist die Infektion des Saatgutes. Bei feuchter Witterung setzen sich die Sporen der Pilze in den Ähren fest und gelangen so mit ihren Fäden in die Getreidekörner. Tritt der Befall frühzeitig ein, bleiben die Samen klein („Schmachtkörner"). Bei späterer Infektion erreichen die Körner normale Größe, der Pilz ist aber immer in den Körnern enthalten. Unter günstigen Wachstumsbedingungen läuft das Getreide normal auf. Wenn die Körner jedoch tief im Boden liegen, so vermögen die durch den Pilz geschwächten Getreidekeime die Hindernisse im Boden nicht zu überwinden, und es entstehen korkzieherartig hin und her gewundene, kümmernde Keimpflanzen. Bei starker Infektion sterben sie ab. Unter der Schneedecke findet der Schneeschimmel günstige Wachstumsbedingungen und breitet sich weit aus, auch gesunde, junge Getreidepflanzen befallend.

*Bekämpfung.* Außer der sehr wichtigen Saatgutbeizung (s. S. 1005) ist dem Befall durch nicht zu dichtes und nicht zu frühes Drillen des Wintergetreides vorzubeugen. Nur schwach durch Schneeschimmel geschädigte Bestände sind im Frühjahr mit Kunstdüngergaben durchzubringen, während bei großen Schäden die Saat umgebrochen werden muß.

**Schorf (Fusicladium).** *Schaden.* Auf Äpfeln, Birnen und Kirschen bilden sich rundliche, braunschwarze und rauhe Flecke, welche die ganzen Früchte überziehen können, die dann klein bleiben und rissig werden. So befallenes Obst ist schlecht haltbar, unansehnlich und im Verkaufswert gering.

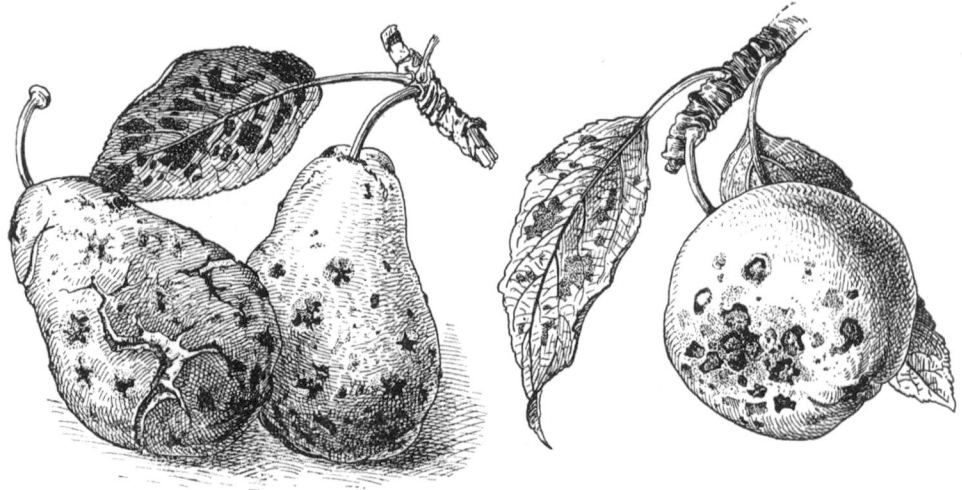

Abb. 536. Schorf an Birnen.          Abb. 537. Schorf an Äpfeln.

*Erreger.* An überwinterten Blättern bilden sich im Frühjahr nach genügender Nässe Sporen, die vom Wind auf das junge Laub geweht werden. Bei trockenem Wetter bleiben die Infektionen in Grenzen, bei nassem Wetter dagegen wachsen die Pilzfäden, und es kommt zur Ansteckung großer Teile der Blätter und der jungen Früchte. Je nach der Witterung des Sommers geht die Infektion weiter, von jedem Regen begünstigt. Die ersten Ansteckungen nennt man Frühschorf, spätere Infektionen Spätschorf, der sich durch kleinere Flecke kennzeichnet. Derart befallene

Früchte neigen besonders zu Lagerschorf, d. h. sie faulen während der Einlagerungszeit, was zu großen Verlusten führen kann. — Der *Apfelschorf* (Fusicladium — Venturia — inaequalis) ist die wichtigste Pilzkrankheit der Apfelbäume. Der *Birnenschorf* (F. — Venturia — pirina) ist für die Birne verderblich. Der Pilz überwintert als sogenannter Zweiggrind, von dem der Befall zeitiger auf die jungen Blätter übergeht, als dies beim Apfelschorf von den am Boden liegenden Blättern geschieht. Der Zweigbefall kann zu einer regelrechten Spitzendürre, der Schorfzweigdürre, führen. Die Wahl widerstandsfähiger Birnensorten ist bei Neuanlagen zu berücksichtigen. Entsprechende Auskunft ist beim zuständigen Pflanzenschutzamt einzuholen. — Der *Kirschenschorf* (F. cerasi) hat nicht die Bedeutung wie die beiden anderen Schorfarten.

*Bekämpfung.* Pflanzenschutz-Warndienst beachten. Vor der Blüte mit Kupfer-, Schwefel- oder Hg-Mitteln, nachher mit organischen Fungiziden, Netzschwefel oder Schwefelkalkbrühe spritzen. Wenn sich die ersten Blättchen aus den Knospen hervorschieben, ist der Zeitpunkt für die erste Vorblütenspritzung, beim Sichtbarwerden der Blütenknospen für die zweite oder sogenannte Kurzvorblütenspritzung gekommen. Dann soll gleich nach Abfall der Blütenblätter und zwei bis fünf Wochen später zum dritten- und viertenmal gespritzt werden. Eine nochmalige Spritzung im Spätsommer, die sogenannte „Lagerschorfspritzung", hängt von den örtlichen Gegebenheiten ab; sie lohnt bei Qualitätsobst immer. Im gut geführten Erwerbsobstbau werden mitunter drei bis sechs Nachblütenspritzungen durchgeführt, je nach dem Wetter und dem davon abhängenden Sporenflug des Schorfpilzes. Mittel s. S. 1026 und Spritzkalender s. S. 967.

**Schrotschußkrankheit (Clasterosporium carpophilum).** *Schaden.* Im Frühjahr treten auf allen Steinobstsorten, besonders aber auf Kirschen, karminrote Flecke auf den Blättern auf, die sich später braun verfärben. Sie trocknen ein, und das abgestorbene Blattgewebe fällt heraus. Es entstehen dadurch die typischen „Schrotschußlöcher". Es kann zu frühzeitigem Blattfall kommen, so daß der Baum teilweise kahl wird, besonders im unteren Teil der Krone. Auch junge Früchte werden befallen, sie verkrüppeln und vertrocknen. Bei Infektion junger Triebe entsteht an den eingesunkenen Stellen der Rinde Gummifluß.

*Erreger.* Die Verbreitung der Sporen nimmt von den überwinterten, kranken Früchten oder von den Zweigwunden ihren Ausgang. Zur Keimung der Sporen ist Regen notwendig. Die Sporen werden nur durch Regentropfen verbreitet, wodurch an den unteren Zweigen des Baumes der Befall am stärksten ist. In waagerechter Richtung geht die Ansteckung durch Verwehung infizierter Blätter vor sich. Regenreiche Frühjahrsmonate sind der Ausbreitung der Krankheit förderlich. In trockenen

Abb. 538. Schrotschußkrankheit der Kirsche.

Bezirken kommt der Pilz selten vor. Die erkrankten Bäume können so weit geschwächt werden, daß es im nächsten Jahr nicht zum Blütenansatz kommt.

*Bekämpfung.* Gegen die Krankheit ist energisch vorzugehen. Am wirksamsten sind frühzeitige Kupferspritzungen vor und sofort nach der Blüte (vgl. Obstbaumspritzung, s. S. 968). Wegen der Kupferempfindlichkeit ihres Laubes ist bei Pflaumen und Zwetschen Schwefelkalkbrühe zu empfehlen (vor der Blüte 2 bis 3%, nach der Blüte 1% genormte Brühe). Das Einsammeln und Verbrennen des erkrankten Laubes und der befallenen Früchte und Zweige ist anzuraten, soweit praktisch durchführbar.

**Schwammspinner (Lymantria dispar).** *Schaden.* Im Frühjahr erscheinen an Obstbäumen gesellig lebende Raupen, die Knospen und Blätter befressen. Später leben sie einzeln. Die Raupen werden bis 7 cm lang, sind stark behaart, dunkel und mit drei feinen, gelben Rückenlinien versehen. Sie tragen vorn blaue und hinten rote Rückenwarzen. Bei starkem Auftreten besteht Kahlfraßgefahr. Seit der Einschleppung im Jahre 1869 aus Europa ist der Schwammspinner in USA äußerst schädlich. In Europa ist das Auftreten von Jahr zu Jahr stark wechselnd. In früherer Zeit entstanden auch bei uns in Laubwäldern größere Schäden als heute.

*Schädling.* Das Männchen ist braun gefärbt, seine Flügelspannweite beträgt 4,5 cm; es ist äußerst lebhaft im Gegensatz zum Weibchen, das etwas größer, weiß gefärbt ist, mit grauen gezackten Querlinien. Am Hinterleibe des Weibchens sitzende Haarbüschel dienen zur Maskierung der Eigelege, die im Spätsommer auf Zweigen und Stämmen abgesetzt werden. Die überwinternden Gelege sehen dann aus wie kleine Schwämmchen. Im Frühjahr leben die jungen Raupen zusammen, um später allein auf Nahrungssuche zu gehen. Zwischen versponnenen Blättern erfolgt die Verpuppung im Juli/August; bald danach schlüpfen die Falter.

*Bekämpfung.* Es ist ratsam, im Winter die Eischwämme zu entfernen oder diese mit Petroleum zu beträufeln. Die Vernichtung der Raupen erfolgt mit der üblichen Frühjahrsspritzung (vgl. Obstbaumspritzung S. 967).

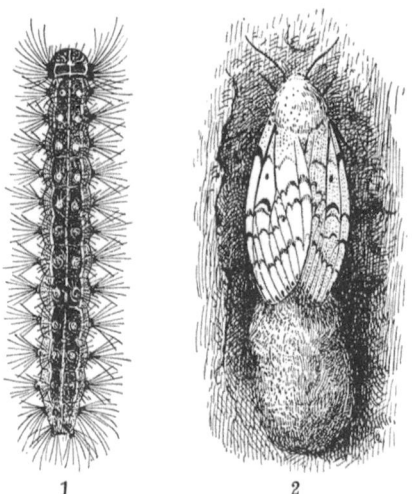

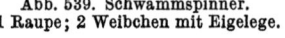

Abb. 539. Schwammspinner.
1 Raupe; 2 Weibchen mit Eigelege.

Abb. 540. Blattfleckenkrankheit des Sellerie.

**Sellerieblattfleckenkrankheit (Septoria apii).** *Schaden.* Auf den Blättern erscheinen gelbgraue bis braune Flecke, meist im Juli beginnend und sich schnell ausbreitend. Durch das Vergilben und Vertrocknen der Blätter gibt es nur schlechte Knollenausbildung. Auf den Blattflecken entwickeln sich die Sporen in den schwarzen Pünktchen. Die Weiterverbreitung der Sporen geschieht mit Hilfe der vom Wind verwehten Regentropfen, so daß es in nassen Sommern zu besonders starken Ernteausfällen kommt.

*Erreger.* Das Wachstum des Pilzes ist auf allen grünen Teilen der Pflanzen möglich. Wegen der braunen Färbung der Flecke fälschlich oft als „Sellerierost" bezeichnet. Für die Verschleppung und Überwinterung spielen die infizierten Samen neben den Sporen auf den abgestorbenen Blättern eine wichtige Rolle.

*Bekämpfung.* Drei Spritzungen mit 1%iger Kupferkalkbrühe jeweils zu Beginn der Monate Juli, August, September. Zusätzliche Stäubungen mit Kupfermitteln im Anzuchtkasten sind in erfahrungsgemäß gefährdeten Gärten zu empfehlen. Verwertung des mit Kupferspritzmitteln behandelten Laubes ist nicht möglich, im Gegensatz zur Thiocarbamatspritzung (Dithane), die sich mehr und mehr einführt. Eine Beizung des Saatgutes und Bodenentseuchung können die Spritzungen unterstützen, doch niemals ersetzen. Der Mehrertrag gespritzter Kulturen ist so groß, daß sich die Unkosten stets bezahlt machen. Fruchtwechsel verhindert frühzeitiges Auftreten der Krankheit im Jahre. Auch die Sortenwahl kann zur Einschränkung des Befalls beitragen.

**Sellerieschorf (Phoma apiicola).** *Schaden.* An den Knollen zeigen sich graue oder braune Flecke, die Haut wird rauh und schorfig. Es entsteht Rißbildung und durch sekundäre Infektion Fäulnis. Die Erkrankung kann sich ringförmig um die ganze Knolle ziehen, wobei das Gewebe in tieferer Schicht zunächst gesund bleibt. Die erkrankten Knollen sind daher zum schnellen Verbrauch noch geeignet, doch ist ein Einlagern wegen der Fäulnisgefahr nicht ratsam. Besonders in feuchten Kellern geht die Zerstörung schnell vor sich.

*Erreger.* Über den Pilz und seine Biologie sowie über die Infektionsverhältnisse ist noch nicht viel bekannt. Die Sporen werden in kleinen, schwarzen Lagern gebildet. Die Übertragung erfolgt durch verfaulte Wurzelteile, von denen die Ansteckung im Boden ihren Ausgang nimmt, ferner auch durch die Samen.

*Bekämpfung.* Bisher ist nur eine vorbeugende Behandlung durch Beizung des Samens bekannt (vgl. Saatgutbeizung S. 1005). Eine Bodendesinfektion mit Formaldehyd ist nur in Mistbeetkästen möglich. Ernterückstände kranker Pflanzen sollen verbrannt werden. Mit der Abtötung der Sporen im Boden ohne chemische Mittel ist nur bei einem Fruchtwechsel mit vierjährigem Aussetzen des Anbaus von Sellerie zu rechnen.

**Silberfischchen (Lepisma saccharina).** *Schaden.* Fraß an Zucker, Süßwaren („Zuckergast"), stärkehaltigen Stoffen wie Mehl, Kleie, Grieß usw., auch an gestärkten Gardinen, Leinen. An Tapeten Schäden durch Fraß an den stärkebekleisterten Stellen über den Fußleisten, in Kellern Schäden an Etiketten von Flaschen.

*Schädling.* Das silbrige, ca. 1 cm lange Tier lebt nächtlich, läuft ruckartig und schnell. Vermehrung durch Eiablage. Junge Fischchen sehen den erwachsenen schon ähnlich. Lange Entwicklungsdauer, meist länger als ein Jahr. Siedeln mit Vorliebe an warmfeuchten Stellen in Häusern, Verstecke hinter Rohrverschalungen, Scheuerleisten usw.

*Bekämpfung.* Mit Stäuben auf DDT- oder Lindanbasis wie bei Schaben (s. S. 1030). Austrocknen der Räume ist wichtig.

**Spargelfliege (Platyparaea poeciloptera).** *Schaden.* Die Spargeltriebe zeigen auffällige Verkümmerungen, treiben nur kümmerliches Laub und sterben ab. Die Pflanzen werden so weit geschwächt, daß sie eingehen können. Nur die zweijährigen Anlagen sind in ihrem Bestand gefährdet.

Abb. 541.
Silberfischchen.
(Zchg. *Laabs.*)

*Schädling.* Die verkrüppelten Triebe sind von zahlreichen Gängen durchzogen, in denen die weißen, kopf- und beinlosen Maden der Fliege fressen. Sie werden etwa

1 cm lang und verpuppen sich meist im unterirdischen Sproßteil, nachdem sie zuvor einen Gang bis unter die Oberhaut des Stengels nahe der Erdoberfläche angelegt haben. Durch dieses vorbereitete Fenster schlüpfen die Fliegen ab Mitte April bis Ende Juni nach der Überwinterung in den Tönnchenpuppen. Die Fliegen sind 6 bis 7 mm groß. Ihre Körperfarbe ist grau, Kopf und Beine sind braun. Auffällig sind die dunkelbraunen Zickzackbänder auf den hellen Flügeln. Die Fliegen sind an warmen, sonnigen Tagen in den Spargelanlagen gut zu beobachten. Sie fliegen allerdings nur kurze Strecken, meist dicht am Boden. Durch Regenwetter werden sie vermutlich schnell vernichtet. Von einem Weibchen werden etwa 60 Eier einzeln in die Spargelsprosse gelegt. Nach wenigen Tagen schlüpfen die Larven, die rund drei Wochen bis zur Verpuppung benötigen.

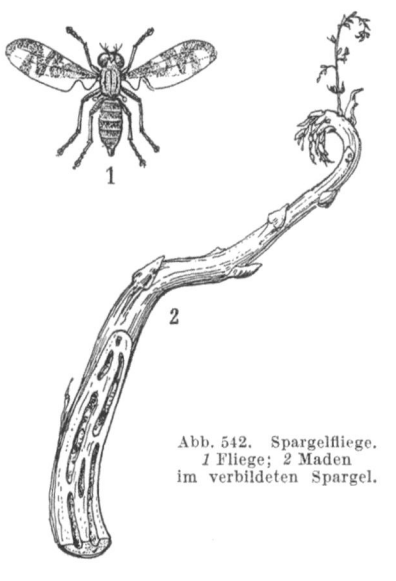

Abb. 542. Spargelfliege.
*1* Fliege; *2* Maden
im verbildeten Spargel.

*Bekämpfung.* Alle befallenen, am verkrüppelten Wachstum erkennbaren Triebe sind möglichst tief abzustechen und zu verbrennen. Stechreife Kulturen sollen bis zum Ende der Flugzeit der Spargelfliegen abgeerntet werden. Das Aufstellen von Holzstäben, die den Spargelköpfen nachgebildet und mit Leim bestrichen werden, um die Fliegen daran zu fangen, bietet keinen ausreichenden Schutz vor dem Befall der Spargeltriebe. Die einen erheblichen Zeit- und Materialaufwand erfordernde Maßnahme, die gefährdeten Spargelpflanzen durch Papiermäntel vor der Eiablage zu bewahren, hat zwar mehr Aussicht auf Erfolg, dürfte jedoch heute ebenfalls überholt sein. Einstäuben der Beete mit DDT- oder Lindanmitteln, das in zwei- bis dreiwöchigen oder kürzeren Abständen zu wiederholen ist, ist heute die wirksamste Maßnahme.

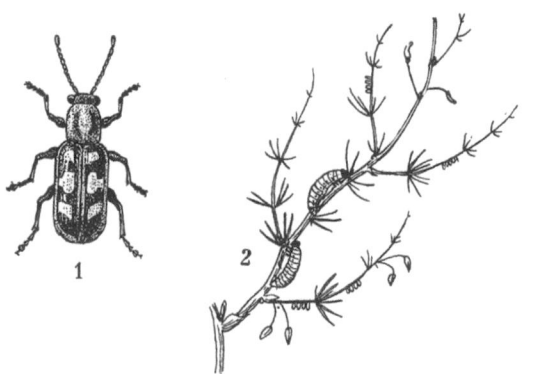

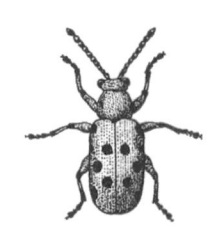

Abb. 543. Spargelhähnchen. *1* Käfer; *2* Larven und Eier.      Abb. 544. Spargelkäfer.

**Spargelkäfer (Crioceris).** *Schaden.* Das Spargelkraut ist zerfressen, die Stengel werden zerstört, die Triebe gehen ein.

*Schädling.* Zwei Käferarten: 1. der Zwölfgepunktete Spargelkäfer (C. duodecimpunctata), etwa 6 mm lang, leuchtend gelb-rot mit je sechs schwarzen Punkten auf den Flügeldecken; 2. das Spargelhähnchen (C. asparagi), von gleicher Größe, etwas schlanker, blaugrün mit metallischem Glanz, auf jeder Flügeldecke unregelmäßig gestaltete, hellgelbe Flecke und ein gelber Rand.

Sowohl Männchen als auch Weibchen beider Käferarten haben am Ende des Hinterleibes ein Organ, mit dem sie bei Beunruhigung zirpende Töne hervorbringen können. Größter Schaden im Frühjahr an jungen, noch nicht stechreifen Anlagen. Bereits im April beginnen die überwinterten Spargelhähnchen mit dem Reifungsfraß. Eine Woche nach diesen kommen gewöhnlich erst die etwas wärmebedürftigeren Spargelkäfer, die stets einzeln auftreten. Dagegen fressen die Spargelhähnchen meist in Massen an einer Pflanze. Die länglichen Eier des Spargelhähnchens werden mit einem Pol zu mehreren nebeneinander am Spargelkraut angeheftet und stehen dadurch aufrecht in einer Reihe; sie sind schwarzgrün. Die raupenartigen Larven sind graugrün mit schwarzem Kopf. Der Zwölfgepunktete Spargelkäfer klebt seine bräunlichgrünen Eier einzeln mit der Breitseite an die Nadeln. Seine Larven haben die gleiche Gestalt wie die des Hähnchens, doch haben sie eine gelbliche bis braune Farbe und einen gelben Kopf. Das Larvenstadium beider Käfer dauert zwei bis drei Wochen. Die Verpuppung erfolgt im Boden. Nach zehn- bis zwanzigtägiger Puppenruhe schlüpfen die Käfer. Eine zweite Generation folgt, oft mit schnellerer Entwicklung, bei beiden Arten. Der Fraß im Spätsommer auf den stechreifen Spargelbeeten ist weniger gefährlich, da mehr Laub zur Verfügung steht. Doch leiden die Pflanzen bei starkem Befall ebenfalls und treiben im nächsten Frühjahr mangelhaft aus. Die Larven der zweiten Generation des Zwölfgepunkteten Käfers fressen vorwiegend an dem Spargelsamen und werden dem Samenanbau schädlich. Die Überwinterung der Käfer erfolgt im Laub oder am Grund der Spargelstrünke.

*Bekämpfung.* Auf einzelnen Beeten werden die Käfer am Morgen in mit Salzwasser gefüllte Töpfe abgeklopft. Auf größeren Anlagen Vernichtung der Käfer durch Stäuben oder Spritzen mit Berührungsgiften (DDT, Lindan). Besonders wirksam ist die Bekämpfung der überwinterten Käfer auf den jungen Anlagen, um dadurch die folgenden Generationen auszuschalten und spätere Bekämpfungsmaßnahmen überflüssig werden zu lassen.

**Spargelrost (Puccinia asparagi).** *Schaden.* Ab Anfang Juni treten auf dem Spargelkraut, auf den Stengeln und den Zweigen bleiche Flecke auf, in deren Mitte sich kleine, zimtbraune Warzen von ovaler Form bilden. Bei günstigem Wetter breitet sich die Krankheit sehr schnell aus. Die Pflanzen trocknen und können schon im August absterben, hauptsächlich auf trockenen, sandigen Böden. Durch die Schwächung der Pflanzen können im nächsten Jahr erhebliche Ernteausfälle entstehen.

*Erreger.* In allen oberirdischen Pflanzenteilen wächst ein Pilzgeflecht heran. Die dunklen Pusteln sind die Sporenlager, die bereits acht bis zwölf Tage nach der Infektion erscheinen und die einzelligen, rundlichen Sporen entlassen. Diese führen zur Neuansteckung anderer Pflanzen. Im Herbst bilden sich an den Stengeln schwarze Sporenlager, in denen die Wintersporen heranwachsen. Sie überwintern auf dem alten Stroh oder im Boden und führen im Frühjahr zur Erkrankung der jungen, noch nicht stechreifen Anlagen. Die Infektion geht jedoch nicht direkt von den Wintersporen aus, sondern diese bilden zunächst eine Sporenform aus, die Basidiosporen, die auch auf totem Substrat heranwachsen. Erst diese Basidiosporen müssen auf eine Spargelpflanze gelangen, um auszukeimen. Jetzt entsteht eine weitere Sporenart (Pyknosporen), die zu ihrer Weiterentwicklung einer Befruchtung bedarf und dann eine dritte Sporenform, die Bechersporen, bildet. Aus diesen entstehen endlich die Sommersporen, die die Ursache der schnellen Verseuchung der Spargelanlagen sind. In der Praxis sind nur die Sommer- und Winter-

sporen auffällig. Es gibt beim Spargelrost keinen Wirtswechsel. Für starkes Rost-
auftreten sind offenbar besondere Witterungsbedingungen notwendig, die im einzelnen noch nicht erkannt sind.

*Bekämpfung.* Vorbeugende Spritzungen mit Kupferkalk (1 bis $1^1/_2\%$) oder Zinkcarbamat (Dithane) sind geeignet, die Erstansteckung zu verhindern. Die Anwendung dieser Mittel muß rechtzeitig geschehen und ist möglichst gemeinschaftlich im
ganzen Spargelanbaugebiet durchzuführen. Zur gleichzeitigen Bekämpfung des
Spargelkäfers ist ein Zusatz von DDT oder Lindan anzuraten. Junganlagen sollen
erstmalig Mitte Mai gespritzt werden, zwei weitere Spritzungen haben Mitte Juni
und Mitte Juli zu folgen. Die stechreifen Anlagen müssen unter Umständen im
Hochsommer ebenfalls zweimal gespritzt werden. Das Spargelkraut sollte verbrannt
werden. Spargelwildlinge sind nicht zu dulden. Einen guten Schutz bilden sach-
gemäß angelegte Kulturen auf gutem, nährstoffreichem Boden, um kräftige, gesunde Pflanzen zu erzielen.

**Speckkäfer (Dermestes lardarius).** *Schaden.* Käfer und Larven schaden durch
Schabe- und Lochfraß an Dauerfleischwaren, Wurst, Speck, Därmen, Häuten, Tier-
sammlungen, Federn, Haaren, nicht
zugerichteten Pelzwaren, seltener an
Textilien. Den größten Schaden dürfte
der Häutehandel erleiden.

Abb. 545. Speckkäfer, Larven und Larvenhaut.

*Schädling.* Der Käfer ist 7 bis 9 mm
lang, hat schwarze Flügeldecken, deren
Vorderhälfte grau behaart und mit
einigen schwarzen Flecken gezeichnet
ist. Die Unterseite ist einheitlich grau.
Eiablage erfolgt einzeln oder in kleinen
Haufen lose an den befressenen Mate-
rialien. Die Larven sind anfangs hell gefärbt, doch sofort dicht behaart, später
dunkelbraun und bis 13 mm lang. Die langen Haare geben den Larven das Aussehen
kleiner Bürsten. Bei hohen Temperaturen sind die Larven innerhalb eines Monats

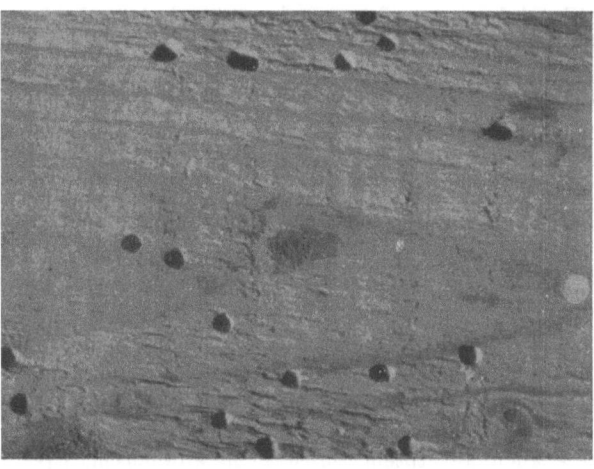

Abb. 546. Bohrlöcher verpuppungsreifer Speckkäferlarven in Diele.

ausgewachsen; sie werden dann wanderlustig und bohren sich zur Verpuppung
in Holz (Dielung, Wandbretter), Pappe, Leder, Kork, ja selbst in Bleirohre ein.
Im Jahr entwickelt sich eine Generation.

Neben dem gemeinen Speckkäfer ist vielerorts der immer wieder eingeschleppte Dornspeckkäfer (Dermestes vulpinus) noch häufiger. Den Namen bekam er infolge der kleinen dornartigen Spitzen an den Enden der Flügeldecken. Diese Art ist etwas größer und einfarbig schwarz, Unterseite weiß behaart. Die Larve ist ebenfalls dunkler bis schwarz und hat einen gelben Längsstrich auf dem Rücken. Außer stärkerer Vermehrung, die bei hohen Temperaturen zu zwei bis vier Generationen pro Jahr führen kann, sind die Grundzüge der Biologie wie bei Dermestes lard. Dasselbe gilt auch vom Schaden und der Bekämpfung.

Die *Bekämpfung* hat im Haushalt durch Absammeln der Tiere von den Vorräten zu erfolgen. Leinenbeutel und starkes Einsalzen bedeuten für Dauerfleischwaren keinen Schutz vor Befall. Gefährdetes Gut bewahrt man am besten in der „Mottenkiste" bzw. hinter Gazeverschluß auf. Einstäuben der Beutel mit Insektiziden auf Lindanbasis bietet ebenfalls genügenden Schutz. Räucherkammern, Fellböden oder sonstige Lagerräume können mit Erfolg zur Bekämpfung von Käfern und Larven auch mit Lindanspritzmitteln ausgesprüht werden. Wo es angängig ist, sind die zur Verwendung gelangenden Lindanräucherspäne oder -tabletten ebenfalls in der Lage, mit den beim Abglimmen oder Erhitzen entwickelten Dämpfen die Speckkäfer abzutöten.

**Spinatmehltau, Falscher (Peronospora spinaciae).** *Schaden.* Auf der Oberseite der Blätter entstehen unregelmäßige gelbe Flecke und auf der Blattunterseite an gleicher Stelle grauviolette Beläge. Bei anhaltendem Regenwetter tritt die Krankheit mitunter so stark auf, daß die Kulturen vernichtet werden.

*Erreger.* In den Pilzrasen auf der Unterseite der Blätter werden die Sporen gebildet. Sie keimen nur auf nassen Blättern aus. Die Überwinterung des Pilzgewebes erfolgt in kranken Pflanzenteilen und in den Samen.

*Bekämpfung.* Die Aussaat des Spinats sollte nicht zu dicht erfolgen. Unter Glas ist vorsichtig nur morgens zu gießen und anschließend gut zu lüften. Der Erfolg der Beizung des Saatgutes ist nicht sicher. Kranke Pflanzen müssen rechtzeitig vernichtet werden.

**Spinnen.** *Schaden.* Obwohl die Spinnen durch Vertilgung von Ungeziefer nützlich werden, sind sie doch im Hause wenig geschätzt. Spinnengewebe sind in Räumen als Staubfänger lästig. Vielen Menschen sind die dicken Haussspinnen, die am häufigsten im Keller vorkommen, unsympathisch, ebenso die Weberknechte.

Die Mauerspinne (Dictyna civica) tritt in Westdeutschland mitunter massenhaft an Hausmauern auf. In den kleinen, handtellergroßen Netzen sammelt sich Staub, wodurch heller Fassadenputz dunkelgefleckt erscheint. Außerdem bröckelt der Verputz durch die Tätigkeit der Spinnen von der Hausfront ab (s. Abb. 487).

*Bekämpfung.* Wenn eine mechanische Entfernung der Spinnen nicht möglich ist, wie z. B. an Hauswänden oder im Keller, kann mit Spritzmitteln auf der Grundlage von Hexa oder Lindan ein durchschlagender Erfolg erzielt werden (S. 920).

**Springwurm (Sparganothis pilleriana).** *Schaden.* Knospen des Weinstockes sind ausgehöhlt, junge Blättchen abgefressen, ältere Blätter zu mehreren Knäueln versponnen, die langsam verdorren. In dem Blattnest frißt eine graugrüne, sprunghaft laufende Raupe („Springwurm").

*Schädling.* Am alten Holz des Weinstockes überwintern unter den Rindenschuppen in Gespinsten die nur 1,5 mm langen Räupchen des Springwurmwicklers. Sie fressen im Frühjahr Knospen aus, befallen dann das junge Laub, um später, 2,5 bis 3 cm lang werdend, die älteren Weinblätter zu zerstören. Eigenartig ist, daß der einzelne größere Springwurm mehrere Blätter zu einem Nest verspinnt, dessen Blattmasse er von innen her frißt. Der lebhafte, springende Lauf der Raupe gab

Anlaß zu dem Namen „Springwurm". Etwa Mitte bis Ende Juni erfolgt im Schutze versponnener und dürrer Blätter die Verpuppung. Im Juli erscheinen die „Springwurm"-Motten, leicht an den schnauzenförmig verlängerten Mundwerkzeugen kenntlich. Die ca. 2 cm spannenden Vorderflügel dieser Schmetterlinge, die zu den

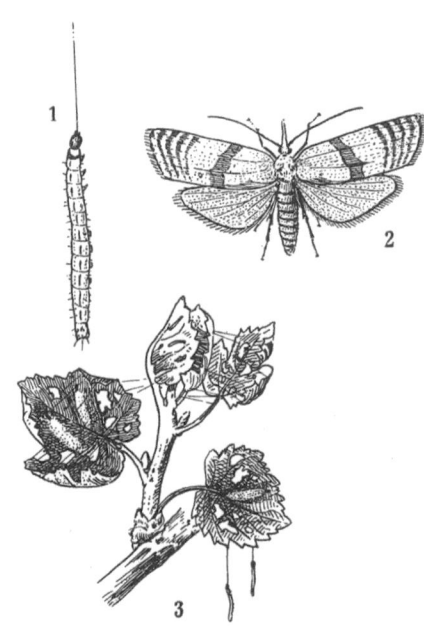

Wicklern zählen, sind lebhaft ockergelb bis grünlich oder messingfarben, mit dunklen Querbinden. Die Eier werden als Gelege, etwa 50 Stück zusammen, auf den Blattoberseiten abgesetzt und mit einer durchscheinenden Kittsubstanz angeklebt. Nach zwei bis drei Wochen entschlüpfen den Eiern, die sich im Laufe dieser Zeit von grün bis schwarz verfärben, die jungen Räupchen. Ohne Nahrung aufzunehmen, spinnen sich die kleinen Springwürmer an Fäden herab und suchen die verholzten Teile des Weinstockes auf, wo sie sich unter den losen Rindenteilen einspinnen, um das kommende Frühjahr zu erwarten.

*Bekämpfung.* Winterspritzung mit Gelbspritzmitteln (s. S. 1035), mit scharfem Strahl Rebstöcke „abwaschen". Frühjahrsspritzung oder Stäuben mit DDT- oder E-Präparaten zur Vernichtung der jungen Raupen.

Abb. 547. Springwurm. *1* Raupe; *2* Falter (vergr.); *3* Fraß, zusammengesponnene Blätter und sich abspinnende Raupen.

**Spritzkalender** (Äpfel, Birnen, Kirschen, Zwetschen, Pflaumen, Mirabellen, Pfirsiche, Johannis-, Stachel-, Erd-, Himbeeren). Zur Erleichterung der Schädlingsbekämpfungsarbeiten für den Obstbauer und den Gartenbesitzer werden von den Pflanzenschutzämtern, den Pflanzenschutzinstituten, den Obstbaufachberatern usw. alljährlich den neuesten Erfahrungen angepaßte Spritzkalender herausgegeben. Wir bringen nachstehend die Spritzzeiten für die verschiedenen Obstarten, wobei wir uns im wesentlichen an den Spritzkalender 1953 des Staatl. Institutes für Pflanzenschutz in Freiburg i. Br. halten. Kleine Änderungen beziehen sich auf die Reihenfolge der Mittelnennung und die Bezeichnung der Präparate (z. B. anstatt *Hexa*mittel *Lindanmittel*), um die Begriffsbestimmung in diesem Handbuch einheitlich zu halten.

Es sei betont, daß die Kalender bezüglich der Spritzfolgen die Mindestforderung darstellen, welche zur Erzielung gesunden Obstes notwendig sind. Reine Obstzüchter spritzen viel öfter, unter Umständen bis zu 10 und 15mal.

Will sich der Drogist im Hinblick auf Kundenwerbung und Beratung, etwa durch entsprechende Schaufensterdekoration mit den Mitteln, stärker für den Absatz von Präparaten zur Bekämpfung von Obstschädlingen einsetzen, dann empfehlen wir eine vorherige Fühlungnahme mit dem zuständigen Pflanzenschutzamt. Er wird von dort neben den örtlichen Sonderhinweisen (z. B. für eine Kirschengegend, speziellen Apfelanbau oder Beerenobstbau usw.) bestimmt noch eine Reihe von Anregungen empfangen, die für ihn wertvoll sind. Wir denken da an die Verträglichkeit bekannter oder Lokalsorten gegenüber Kupfer- oder Schwefelmitteln, an neuerdings auftretende Schädlinge von mehr örtlicher Bedeutung u. dgl. m.

| Spritzzeit | 100 l Brühe müssen enthalten | Zu bekämpfen sind | Bemerkungen |
|---|---|---|---|
| *Winterspritzung*<br>Vom Dezember bis zum Austrieb (mit reinem Karbolineum früh, mit Gelbspritzmittel und Gelb-Karbolineum spät, d. i. kurz vor Austrieb spritzen) | 4 bis 5 kg Obstbaumkarbolineum-Schweröl oder 4 bis 3 kg Gelb-Karbolineum oder 1 kg Gelbspritzmittel (Pulver) | Apfelblattsauger, Blattläuse, Frostspanner, Gespinstmotten, Knospenwickler, Schildläuse, Moose und Flechten; mit Gelbspritzmittel oder Gelb-Karbolineum, kurz vor Austrieb angewendet, auch Apfelblütenstecher | Die niederen Konzentrationen reichen bei sorgfältiger Arbeit aus, bei beginnendem Schwellen der Knospen dürfen sie nicht überschritten werden.<br>Für das San José-Gebiet: Spezialmittel nach Angabe des Pflanzenschutzamtes. |
| *Vorblütenspritzung*<br>Zwischen Austrieb und Blüte (bei langsamer Knospenentwicklung sind 2 Vorblütespritzungen durchzuführen) | 300 bis 600 g Kupferkalk-verstärkt oder 2 kg Schwefelkalkbrühe + 100 g Kupferkalk-verstärkt oder Netzschwefel nach Gebrauchsanweisung + 100 g Kupferkalk-verstärkt | Schorf<hr>Schorf und Rote Spinne | Die stärkere Konzentration bei früher, die schwächere bei später Vorblütespritzung. Schwefelkalkbrühe und Netzschwefel für kupferempfindliche Äpfel, und wenn Rote Spinne droht. Zusätze: gegen Apfelblütenstecher und Raupen beim Austrieb DDT-, E- oder Lindan-Mittel. Gegen Blattläuse E-oder Lindan-Mittel. |
| *1. Nachblütespritzung*<br>Gleich nach dem Abfallen der Blütenblätter | 1 kg Schwefelkalkbrühe + 50 g Kupferkalk-verstärkt oder Netzschwefel nach Gebrauchsanweisung + 50 g Kupferkalk-verstärkt oder 150 bis 200 g Fuclasin-Ultra bzw. 750 g Fuclasin normal, Nirit oder Pomarsol | Schorf und Rote Spinne<hr>Schorf | Spritzen mit Insektengift in die Blüte ist verboten!<hr>Fuclasin, Nirit oder Pomarsol bei schwefelempfindlichen Apfelsorten verwenden. |
| *2. Nachblütespritzung*<br>(Obstmadenspritzung) 2 bis 4 Wochen nach der letzten Spritzung (je nach Witterung). Dritte Nachblütespritzung, etwa 2 Wochen nach der zweiten, mit gleicher Brühe, zur Verstärkung der Obstmaden- und Schorfbekämpfung sehr zu empfehlen | 1 kg Schwefelkalkbrühe + 400 g Bleiarsenatpulver oder Netzschwefel nach Gebrauchsanweisung + 400 g Bleiarsenatpulver oder 150 bis 200 g Fuclasin-Ultra bzw. 750 g Fuclasin-normal, Nirit oder Pomarsol + 400 g Bleiarsenatpulver | Schorf, Obstmade und Rote Spinne<hr>Schorf und Obstmade | Wo Arsen nicht anwendbar, gegen Obstmade DDT-oder E-Präparat.<hr>Für schwefelempfindliche Apfelsorten, ohne Wirkung gegen Rote Spinne. |
| *Spätsommerspritzung*<br>Mitte bis Ende August | 100 g Kupferkalk-verstärkt oder 150 g Fuclasin-Ultra bzw. 500 g Fuclasin-normal, Nirit oder Pomarsol | Spätschorf | Spätsommerspritzungen stets arsenfrei!<br>Wenn 2. Obstmadengeneration oder Apfelschalenwickler (Capua) auftritt: DDT- oder E-Spritzmittel. In Schorflagen Spätsommerspritzung nach 17 Tagen wiederholen. |

| Spritzzeit | 100 l Brühe müssen enthalten | Zu bekämpfen sind | Bemerkungen |
|---|---|---|---|
| *Winterspritzung*<br>Vom Dezember bis zum Austrieb; mit Kupferzusatz beim Schwellen der Knospen | 3 bis 4 kg Gelb-Karbolineum<br>oder<br>1 kg Gelbspritzmittel (Pulver). Diesen Brühen kann 600 g Kupferkalk-verstärkt zugesetzt werden. | Blattläuse, Kirschblütenmotte, Frostspanner, Moose und Flechten. Bei Kupferzusatz auch Schrotschußkrankheit | In Schrotschußlagen ist Kupferzusatz dringend zu empfehlen. Bei starker Frostspanner-Gefahr sind Gelbspritzmittel zu wählen.<br>Bei gründlicher Winterspritzung ist Arsenanwendung nicht nötig. |
| *Vorblütespritzung*<br>Zwischen Knospenschwellen und Blüte | 300 g Kupferkalkverstärkt<br>oder<br>2 kg Schwefelkalkbrühe + 100 g Kupferkalk-verstärkt<br>oder<br>Netzschwefel nach Gebrauchsanweisung + 100 g Kupferkalk-verstärkt | Schrotschußkrankheit | Die Vorblütespritzung ist im allgemeinen entbehrlich, wenn die Winterspritzung mit Kupferzusatz durchgeführt wurde. |
| *Nachblütespritzung*<br>Sofort nach dem Abfallen der Blütenkelche | 1 kg Schwefelkalkbrühe + 50 g Kupferkalk-verstärkt<br>oder<br>Netzschwefel nach Gebrauchsanweisung + 50 g Kupferkalk-verstärkt | Schrotschußkrankheit | Zusätze: bei stärkerem Auftreten von Raupen DDT-, E-oder Lindan-Mittel; gegen Blattläuse E- oder Lindan-Mittel. Bei starker Schrotschußgefahr ist die Nachblütespritzung nach 10—14 Tagen zu wiederholen.<br>Die zweite Nachblütespritzung stets arsenfrei!<br>Kirschmadenbekämpfung: Auskunft des Obstbau-Fachberaters einholen! |

### *Spritzung der Zwetschen, Pflaumen, Mirabellen.*

| | | | |
|---|---|---|---|
| *Winterspritzung*<br>Vom Dezember bis zum Beginn des Knospenschwellens | 4 bis 5 kg Obstbaumkarbolineum-Schweröl<br>oder<br>3 bis 4 kg Obstbaumkarbolineum-Gelb<br>oder<br>1 kg Gelbspritzmittel (Pulver) | Blattläuse, Schildläuse, Frostspanner Gespinstmotten, Sackmotten, Moose und Flechten | Gegen die Zwetschenschildlaus ausgangs des Winters bei sonnigem Wetter spritzen, jedoch mit Karbolineum nicht zu spät, da Knospen empfindlich. Im San-José-Gebiet: Spezialmittel nach Angabe des Pflanzenschutzamtes. |
| *Nachblütespritzung*<br>Sofort nach dem Abfallen der Blüten, Blütenkelche („Hosen") sind noch am Baum | 1 kg Schwefelkalkbrühe + 100 g Eisenvitriol<br>oder<br>Netzschwefel nach Gebrauchsanweisung (ohne Eisenvitriol) | Schrotschußkrankheit, Rote Spinne | Zusätze: gegen Pflaumensägewespe, Raupen und Blattläuse Lindan-Emulsionen oder E-Mittel. Wenn nötig, weitere Spritzungen gegen Schrotschußkrankheit und Rote Spinne mit Schwefelmitteln. Sonderspritzungen gegen Rote Spinne mit Systox nach Verständigung mit Pflanzenschutzamt. Gegen Pflaumenmade E-Mittel. Keine Kupferspritzmittel! |

Gegen Kräuselkrankheit aufs kahle Holz beim Schwellen der Knospen 1% Kupferkalkbrühe, selbst hergestellt oder 0,5% Kupferkalk-verstärkt. Zur Vorbeugung gegen Blattläuse kann Gelbspritzmittel (nicht Karbolineum!) zugesetzt werden. Nach dem Austrieb keine Kupfer- oder Schwefelmittel, sondern gegen Schorf und Schrotschußkrankheit 0,15% Fuclasin-Ultra, 0,5% Fuclasin-normal, Nirit oder Pomarsol. Gegen Mehlige Blattlaus und Steinobstgespinstwespe E-Mittel. Gegen Rote Spinne Systox nach Verständigung mit Pflanzenschutzamt.

### Spritzung des Beerenobstes

| Obstart | Spritzzeit | 100 l Brühe müssen enthalten | Zu bekämpfen sind | Bemerkungen |
|---|---|---|---|---|
| Johannisbeeren | *Winterspritzung* Winter, bis zum Austrieb | 4—5 kg Obstbaumkarbolineum-Schweröl oder 3—4 kg Gelb-Karbolineum | Blattläuse, Zwetschenschildlaus, Johannisbeermotte, Futterwanze | Im San-José-Gebiet: Spritzmittel nach Anweisung des Pflanzenschutzamtes. Starker Schildlausbefall: Verdacht auf San-José; Zweige zur Untersuchung an das Pflanzenschutzamt senden! |
| | *Sommerspritzung* Sofort nach der Ernte | 300 g Kupferkalk-verstärkt | Blattfallkrankheit | Nur anfällige Sorten spritzen. Bei starker Gefährdung eine Kurznachblütespritzung vorausgehen lassen. |
| Stachelbeeren | *Winterspritzung* Winter, bis zum Austrieb | 10 kg Schwefelkalkbrühe öder Schwefelspritzmittel nach Gebrauchsanweisung | Amerikanischer Stachelbeermehltau, Stachelbeermilbe | Spritzung ist nötig, wenn der Winterschnitt zur Bekämpfung nicht ausreicht. |
| | *Sommerspritzung* | 1 kg Schwefelkalkbrühe oder Schwefelspritzmittel nach Gebrauchsanweisung | Amerikanischer Stachelbeermehltau, Stachelbeermilbe | Schwefelempfindliche Sorten mit Kupferkalk- oder Schmierseifenlösung spritzen! Gegen Stachelbeerblattwespe: Stäuben oder Spritzen mit DDT E-, Lindan-Mitteln. |
| Himbeeren | *Frühjahrsspritzung* Wenn Triebe 20 cm hoch, im Sommer 3—4-mal wiederholen | 500 g Kupferkalk verstärkt + Netzmittel | Himbeerrutenkrankheit | Zusätzlich stets: Auslichten, erkrankte Ruten verbrennen, Unkraut bekämpfen, richtig düngen, Bodenbedeckung. Gegen Himbeerkäfer: DDT-, E-oder Lindan-Spritzmittel (hochprozentig). |
| Erdbeeren | *Vorblütestäubung* Sobald Käferschaden zu bemerken | DDT- oder DDT + Lindan oder Lindan-Stäubemittel | Erdbeerblütenstecher, Erdbeerstengelstecher | Gegen Erdbeermilbe: Eintauchen der Jungpflanzen in E- oder Lindan-Emulsion. Spritzungen mit den gleichen Mitteln vor und nach der Blüte. |

**Stachelbeerblattwespe (Pteronus ribesii).** *Schaden.* Im Frühjahr erfolgt zunächst Lochfraß an den Stachelbeerblättern, später die Zerstörung der ganzen Blattfläche bis auf die Rippen. Der Fraßbeginn wird meist nicht bemerkt, da er im Innern der Sträucher erfolgt, bis auch die größeren, äußeren Zweige kahlgefressen werden. Häufig tritt völlige Entlaubung ein.

*Schädling.* Die gefräßigen Larven sind gelb gefärbt und haben schwarze, behaarte Wärzchen. Die Wespe ist gelb und schwarz, 7 mm lang, mit glashellen, schillernden Flügeln; Spannweite 15 mm. Die Eier werden längs den Blattrippen auf der Unterseite im Mai abgelegt. Kurze Puppenruhe in der Erde. Unter günstigen Bedingungen bis zu fünf Generationen in einem Jahre.

Abb. 548.
Stachelbeerblattwespenlarven und Eier an Blattunterseite.

*Bekämpfung.* Infolge der starken Empfindlichkeit der Blattwespenlarven gegen Berührungsgifte gelingt die Bekämpfung leicht mit Spritz- und Stäubemitteln (DDT, Lindan). Zur Vernichtung der letzten Larvengeneration im Boden, die sich erst im Frühjahr verpuppt, ist tiefes Umgraben und Kalken zu empfehlen.

**Stachelbeermehltau, Amerikanischer (Sphaerotheca mors uvae).** *Schaden.* Diese wichtigste Krankheit der Stachelbeere ist seit 1905 in Deutschland bekannt. Erste Anzeichen der Erkrankung findet man an den Triebspitzen, wo sich ein mehligweißer Überzug bildet. Infolge der Wachstumshemmung entstehen Triebstauchungen. Durch die Sommersporen des Pilzbelages auf den Blättern werden die unreifen Beeren angesteckt, auf denen ein anfangs weißer, später dunkelbrauner, zähledriger Pilzbelag wächst. Die befallenen Früchte reifen nicht aus und werden wertlos. Im Verlauf des Sommers erfolgt auch an den Triebspitzen die Braunfärbung des Pilzgeflechtes, wobei sich die Wintersporen

Abb. 549. Amerikanischer Stachelbeermehltau.

zu je acht in einer kugeligen Schlauchfrucht bilden. Im Frühjahr kommt es zur Infektion der jungen Triebe. Die Krankheit wird durch Feuchtigkeit begünstigt, außerdem besteht eine ausgesprochene Sortenanfälligkeit.

*Bekämpfung.* Die wichtigste Maßnahme ist ein regelmäßiger Winterschnitt der Büsche, durch den die Triebspitzen entfernt werden. Das abgeschnittene Holz wird verbrannt. Eine Förderung des Wachstums der Sträucher durch Bodenbearbeitung und sachgemäße Düngung ist zu beachten, eine einseitige Stickstoffdüngung zu vermeiden. In gut gehaltenen Anlagen sind Spritzungen nur bei starker Gefährdung durch den Mehltau notwendig. Am wirkungsvollsten ist das Spritzen vor dem Austrieb mit 10%iger (genormter) Schwefelkalkbrühe oder 0,8%iger Formaldehydlösung. Auch Kupferkalk ist wirksam, was gegen andere Mehltauarten nicht gilt (vgl. Schwefelspritzmittel). Das Spritzen des Laubes mit Schwefelpräparaten wird von manchen Stachelbeersorten schlecht vertragen (Laubfall), ist auch nur ausnahmsweise notwendig.

*Stachelbeermehltau, Europäischer* (*Microsphaera grossulariae*) befällt nicht die Früchte, sondern nur die Blätter, auf denen er meist erst nach der Ernte als zarter, weißer Belag zu sehen ist. Eine Bekämpfung ist kaum notwendig; in Frage kämen Stäubeschwefel (Vorsicht bei schwefelempfindlichen Sorten!).

**Stachelbeermilbe (Bryobia praetiosa).** *Schaden.* Die Blätter der Stachelbeersträucher bleiben klein und erscheinen weißlich gesprenkelt. Sie vertrocknen an den Rändern und fallen ab.

*Schädling.* Bei warmem, sonnigem Wetter kriechen auf der Blattoberseite grüne bis dunkelrote Milben umher, die an kühlen Tagen auf der Blattunterseite sitzen. Das erste Beinpaar dieser bis 0,7 mm großen Milben ist auffällig lang. Die Eiablage erfolgt im Mai unter Knospenschuppen. Jedenfalls verschwinden zu dieser Zeit die Milben von den Sträuchern und der Schaden erlischt. Nach der Auffassung mancher Fachleute überwintern nur die Eier. Nach anderer Meinung sollen die Milben von den Stachelbeeren auf andere Pflanzen übergehen und in Verstecken ebenfalls den Winter überdauern. Auch gelegentliche Masseneinwanderung in Häuser konnte festgestellt werden.

*Bekämpfung.* Den besten Erfolg bringt eine Spritzung der Sträucher nach der Blüte mit 1%iger (genormter) Schwefelkalkbrühe. Bei schwefelempfindlichen Sorten nimmt man statt dessen eine Mineralölemulsion in Sommerkonzentration. Gegen die überwinternden Eier führe man eine Spritzung mit 10%iger Schwefelkalkbrühe vor dem Austrieb ohne Rücksicht auf die Schwefelempfindlichkeit einzelner Sorten durch.

**Stachelbeerrost (Puccinia ribesii-caricis).** *Schaden.* Auf der Oberseite von Stachelbeer- und Johannisbeerblättern erscheinen dunkelrote, etwas eingesunkene Flecke. Auf der Blattunterseite sind die Flecke bläulichrot und angeschwollen. Darauf bilden sich orangerote Becherchen („Becherrost"). An den Beeren zeigen sich die gleichen Erscheinungen; sie fallen unreif ab.

*Erreger.* Der Rostpilz ist wirtswechselnd. Die in den becherförmigen Fruchtkörpern der auf der Stachelbeere gebildeten Sporen können sich nur auf Sommergräsern (Seggen, Carixarten) entwickeln, auf denen Sommer- und Wintersporen gebildet werden. Im Frühjahr erfolgt die Neuinfektion der Stachelbeeren, seltener der Johannisbeeren durch die auf den Gräsern überwinterten Sporen.

*Bekämpfung.* Wegen des zur Weiterverbreitung des Pilzes notwendigen Wirtswechsels bedeuten die auf den Stachelbeeren gebildeten Frühjahrssporen für die Infektion der Sträucher keine direkte Gefahr. Wichtig ist die Vernichtung der Sauergräser in der Nähe der Stachelbeeranlagen, am besten durch Entwässerung der feuchten Stellen. Weitere Bekämpfungsmaßnahmen sind nicht bekannt. Die Krank-

heit tritt selten auf und ist offenbar von besonderen Witterungsbedingungen abhängig.

**Stachelbeerspanner (Abraxas grossulariata).** *Schaden.* Vom Rande her erfolgt
der Fraß an den Stachelbeerblättern. Im weiteren Verlauf erfolgt die Zerstörung
des Laubes bis auf die Mittelrippe und den Stiel durch eine 3 bis 4 cm lange, weiß,
gelb und schwarz gefärbte Raupe.

*Schädling.* Der Stachelbeerspanner, auch „Harlekin" genannt, trägt dieselben
Farben wie seine Raupe, weiße Vorderflügel mit schwarzen Flecken und zwei gelben
Querstreifen. Flugzeit im Juli und August. Eiablage in kleinen Häufchen auf der
Unterseite der Stachel-
beer- und Johannisbeer-
blätter, Ausschlüpfen der
Raupen nach zwei bis
drei Wochen. Es werden
nur kleine Löcher in die
Blätter genagt; ein
Schaden entsteht da-
durch nicht. Die Über-
winterung der Raupe er-
folgt in zusammenge-
sponnenen Blättern auf
dem Erdboden. Nach
dem Frühjahrsfraß Ver-
puppung im lockeren Ge-
spinst in den Sträuchern.
*Bekämpfung.* Ein-
sammeln und Verbrennen
des abgefallenen Laubes,
um die darin befindlichen
Jungraupen zu vernich-
ten. Spritzung gegen die
Raupen im Frühjahr mit
Berührungsgiften (DDT,
Lindan) empfehlenswert.
Auch Stäubemittel dürf-
ten wirksam sein.

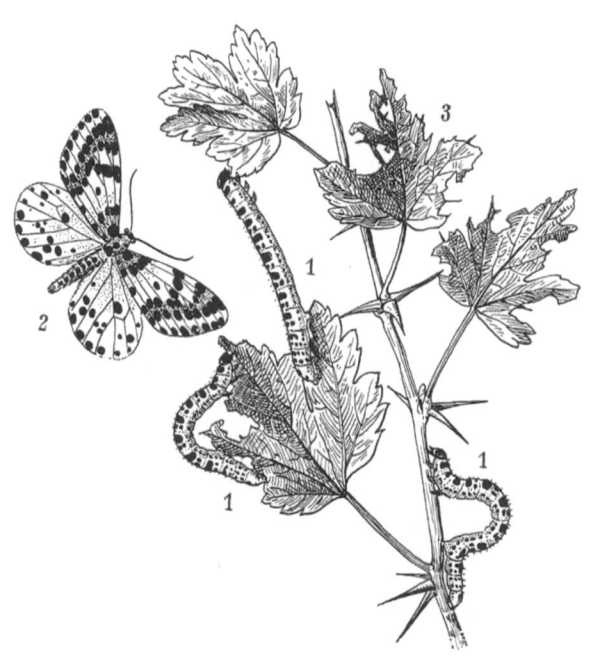

Abb. 550. Stachelbeerspanner. *1* Raupen; *2* Falter.

**Staubläuse (Troctes, Liposcelis, Trogium).** *Schaden.* Staubläuse und Bücherläuse
kommen vereinzelt überall in Wohnungen vor, ohne dadurch lästig oder schädlich
zu werden. Sie sind in mehreren Arten in alten Büchern, morschem Holz und in
Staubansammlungen aller Art zu finden. Nur unter besonderen Umständen kommen
Massenvermehrungen der Tiere vor. Die wesentlichste Voraussetzung ist ein höherer
Grad von Luftfeuchtigkeit. Sie finden daher in Neubauten oder in feuchten Räumen
die besten Lebensbedingungen und können durch ihr zahlreiches Auftreten die Bewohner belästigen und beunruhigen. Gelangen sie in feuchte Matratzenfüllungen
in die Wohnungen, so überziehen sie gelegentlich die Betten in großen Scharen,
wenn sie aus dem trockenen Füllmaterial abwandern. Außer von pflanzlichen und
tierischen Abfällen ernähren sie sich auch von mehlhaltigen Lebensmitteln, die
ebenso wie Drogen durch ihren Befall unbrauchbar werden. Papier, Stoffe, Herbarien
und Insektensammlungen erleiden mitunter Schaden durch den Fraß der Staubläuse.
Schimmelpilze werden gern abgeweidet.

*Schädling.* Die Staubläuse sind kleine, 1 bis 2 mm lange, meist ungeflügelte
Insekten, von grauer oder bräunlicher Farbe. In ihrer Körpergestalt ähneln sie

winzigen Ameisen. Häufig werden diese „Flechtlinge" von den Bewohnern als junge Wanzen oder Milben angesehen.

*Bekämpfung.* Die Vermeidung von Staub in Ecken und Ritzen entzieht den Staubläusen ihre bevorzugten Aufenthaltsplätze. Bei einer Massenplage ist es am leichtesten, mit trockener Hitze vorzugehen. Die Räume müssen stark beheizt werden, befallene Möbelstücke werden am besten gesondert getrocknet. Mit staubförmigen Insektiziden auf der Grundlage von DDT und Lindan können die Bekämpfungsmaßnahmen wirksam unterstützt werden.

Abb. 551. Staubläuse (15× vergr., Photo Delitia).

**Stechmücken (Culiciden).** *Schaden.* Durch den Stich der blutsaugenden Weibchen entstehen Hautreizungen, Jucken und Quaddeln. Bei Kindern und empfindlichen Personen können zahlreiche Stiche schwere Hautentzündungen verursachen. Auch das Vieh, besonders Geflügel, wird durch starkes Mückenauftreten beunruhigt und kann gesundheitliche Störungen erleiden. In warmen Ländern übertragen bestimmte Arten Malaria, Gelbfieber und andere Menschen- und Viehseuchen.

*Schädling.* Die Stechmücken, Schnaken oder Gelsen gehören zu den Zweiflüglern (Dipteren). Ihre Larvenentwicklung vollzieht sich im Wasser. Nach ihrem bevorzugten Aufenthaltsort lassen sich Haus- und Freilandmücken unterscheiden.

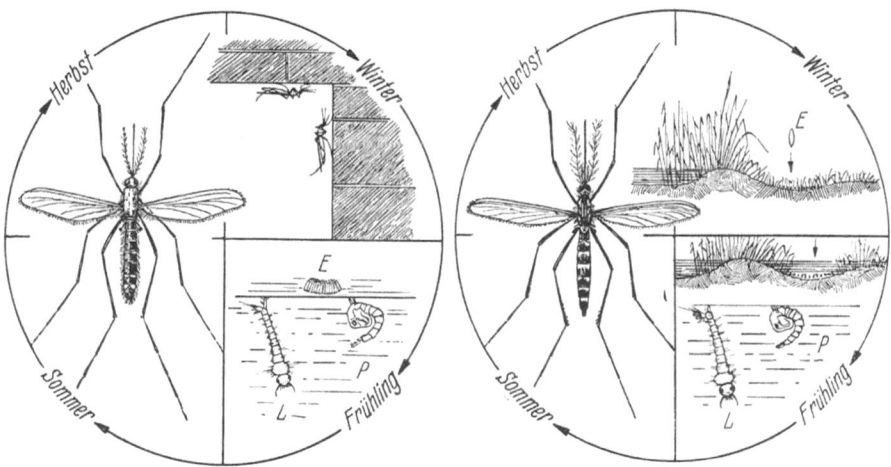

Abb. 552. Hausmücke, Entwicklungsgang.          Abb. 553. Freilandmücke, Entwicklungsgang.
(Zchg. *Laabs.*)

Zu den letzteren zählen die Formen, die im freien Gelände oder im Walde bei geeigneten Lebensbedingungen oft massenhaft vorkommen und einen längeren Aufenthalt im Freien ohne Schutzmaßnahmen unmöglich machen können. Die Hausmücken dagegen fliegen mit Vorliebe zur Nahrungsaufnahme in Häuser und Stallungen ein, wo sie auch gern überwintern. Von den Freilandmücken überdauern nur die Eier den Winter. Die sehr zahlreichen Mückenarten unterscheiden sich stark in ihren Brutgewohnheiten und sind dadurch an bestimmte Örtlichkeiten gebunden. Zu den Hausmücken gehört auch die Fiebermücke (Anopheles), die in Deutschland in früheren Jahrhunderten regelmäßig, in letzter Zeit nur noch ganz vereinzelt, eine entscheidende Rolle bei der Ausbreitung der Malaria gespielt hat.

*Bekämpfung.* Eine Bekämpfung der Freilandmücken ist durch Einsatz von Großstäubegeräten und Flugzeugen an Gewässerrändern gelegentlich versucht worden (z. B. in Groß-Berlin), erfordert jedoch einen erheblichen Einsatz von Mitteln und kommt nur ausnahmsweise in Frage. Die Bekämpfung der Hausmücken, die auch in unmittelbarer Nähe des Menschen brüten und sich mit Gartenteichen, Regentonnen, Jauchegruben und allen möglichen kleinen Wasseransammlungen begnügen, ist dagegen schon vom einzelnen mit mehr Aussicht auf Erfolg durchzuführen. Sie richtet sich im Sommer in erster Linie gegen die Mückenbrut. Alle Wasserpfützen und offenstehenden Gefäße in Gärten oder in weiterer Umgebung des Hauses sind zu beseitigen. Regentonnen sind dicht abzudecken, um die Eiablage der Mücken darin zu verhindern. Teiche und Wasserbecken wurden früher mit Petroleum überschichtet, um die Larven abzutöten. Stattdessen werden heute die einfacher anzuwendenden Stäubemittel auf Lindanbasis benutzt. Die Bestäubung oder Bespritzung solcher Wasserflächen ist während des Sommers je nach der Temperatur in Abständen von zwei bis vier Wochen zu wiederholen. Die Winterbekämpfung erfaßt die erwachsenen Tiere. In manchen Orten wird die Winterbekämpfung durch Polizeiverodnung geregelt. Auch für dieses Vorgehen gegen die Mücken eignen sich besser als das früher übliche Abbrenen an den Kellerwänden die neuzeitlichen insektiziden Spritz- oder Stäubemittel auf DDT- oder Lindanbasis sowie Räuchermittel mit Lindan („Fliegenspan"), die praktisch gefahrlos zum Abglimmen gebracht werden können.

**Steinobstgespinstwespe (Lyda nemoralis).** *Schaden.* Im Mai treten an Steinobst, mit Vorliebe an Pfirsich, Larven auf, die die Blätter zunächst skelettieren. Später fressen sie gesellig in großen, lockeren Gespinsten, die mit dunkelbraunen Kotkrümeln („Kotsackwespe") durchsetzt sind. Der Fraß schreitet schnell fort. Es werden mehrmals neue Nester angelegt. Besonders in Südwestdeutschland sind mitunter ganze Obstanlagen bedroht.

*Schädling.* Die raupenähnlichen Larven sind grün und haben einen schwarzen Kopf. Sie werden bis 2 cm lang. Die Überwinterung und Verpuppung erfolgt in der Erde, in lockerem Boden bis zu einer Tiefe von 40 cm. Die Wespen schlüpfen im Mai. Die gelben, walzenförmigen Eier werden an der Unterseite der Blätter abgelegt.

*Bekämpfung.* Um das Abwerfen der Blätter zu vermeiden, sind gut netzende Nikotinmittel acht Tage nach dem Schlüpfen der Larven zu spritzen. Von den Berührungsgiften sind besonders E-Mittel zu empfehlen, vgl. Spritzkalender S. 968.

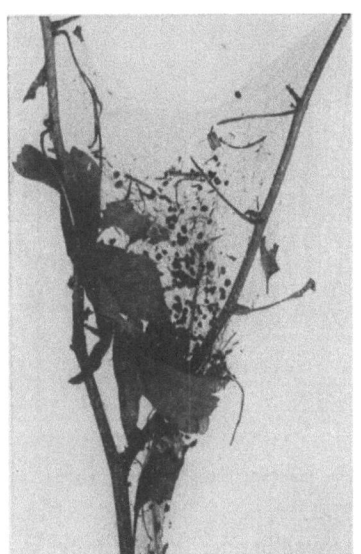

Abb. 554.
Nest der Steinobstgespinstwespen-Larven.

**Stengelälchen (Anguillulina [Tylenchus] dipsaci).** *Schaden.* An den Stengeln vieler Zierpflanzen entstehen Verkrümmungen, Schwellungen und Verbiegungen. Die Ursache sind Stengel- oder Stockälchen, die die Leitungsbahnen verstopfen.

*Schädling.* Die Schädlinge gehören zu den Fadenwürmern (Nematoden). Die Eier werden in den Pflanzen abgelegt. Die jungen Älchen wandern aus den alten Wirtspflanzen aus und gelangen aktiv zu neuen Pflanzen. Unter ungünstigen Verhältnissen können sie jahrelang im Boden am Leben bleiben. Die Ananaskrankheit der Nelke ist z. B. eine Stengelälchenerkrankung. Es gibt häufig „Gewohnheitsrassen" der Älchen, die nur eine bestimmte Pflanzenart befallen oder nur zögernd auf andere übergehen.

*Bekämpfung.* Die Stengelälchen sind durch die gleichen Methoden wie die Blattälchen (s. S. 845) zu bekämpfen.

### Stippigkeit oder Stippflecken in Äpfeln.

Äußerlich gut aussehende Äpfel schmekken auffallend bitter. Im Fruchtfleisch finden sich, vor allem in Schalennähe, dunkle „Stippflecken". Diese Erscheinung wird auf Stickstoffüberdüngung zurückgeführt. Ähnliches Bitterwerden der Äpfel kennen wir bei Apfelmottenbefall (vgl. S. 835).

### Stubenfliege (Musca domestica). *Schaden.*

Außer der Belästigung von Mensch und Vieh, der Beschmutzung von allen möglichen Gebrauchsgegenständen, Wänden und Decken in Wohnung und Stall übertragen die Fliegen eine ganze Reihe gefährlicher Krankheiten: Sommerdurchfall, Ruhr, Typhus, Cholera, Tuberkulose, Milzbrand, Diphtherie, Spinale Kinderlähmung, Pocken, Pest u. a.

*Schädling.* Das überwinternde Weibchen, in Wohnungen oft als „Brotfliege" zärtlich beschützt, legt im Frühjahr an Misthaufen einige hundert Eier ab. Die den Eiern entschlüpfenden weißen Maden wachsen bei Wärme und günstigen Ernährungsbedingungen schnell heran. Im Schutze der hart und braun werdenden letzten Larvenhaut erfolgt die Verpuppung. Das „Puppentönnchen" wird an einem Ende von der schlüpfenden Fliege gesprengt, ein Deckel klappt auf und gibt den Weg frei. Im Durchschnitt kommt es bei unseren

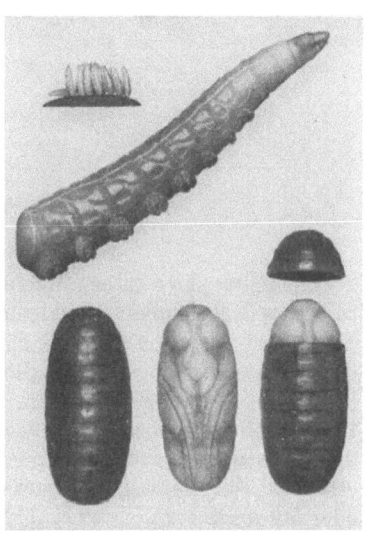

Abb. 555. Stubenfliege: Eier, Made und Puppen (stark vergr.).

Wetterbedingungen jährlich zu acht Generationen. Bei Berücksichtigung der Eizahlen von 500 bis 1000 Stück je Fliegenweibchen kann man unwahrscheinliche Vermehrungsziffern von 12- bis 16stelligen Zahlen errechnen. Wir wollen uns diese theoretischen Erwägungen ersparen und damit zufrieden sein, daß die oft plötzlich hochschnellende Zahl der lästig werdenden Fliegen im Hoch- und Spätsommer erklärlich wird, da in diesen Wochen die Zeitdauer für die Entwicklung vom Ei über Made, Puppe bis zur Fliege nur zehn bis vierzehn Tage dauert.

Die Stubenfliege hat einen Rüssel, mit dem sie nur flüssige Nahrung aufzuschlürfen vermag. Lösbare Nahrungsteilchen, z. B. Zuckerkrümel, werden mit Speichel betropft und dann aufgesogen. Kot wird sehr oft abgesetzt, mitunter bis zu 30mal am Tag, so daß die schnelle Verschmutzung an Gegenständen, Decken usw. verständlich ist. Im Sommer leben die Fliegen nur zwei bis vier Wochen; erst die im Spätjahr heranwachsenden und überwinternden Weibchen werden unter günstigen Voraussetzungen mehrere Monate alt und können die Stammütter für die Fliegengeneration des folgenden Jahres sein. Daneben überwintern in viel größerer Zahl Maden und Puppen, mitunter auch Eier, im Mist von Viehställen, so daß bei günstigem Wetter gleich eine genügend große Zahl von Fliegen zur Sicherung der Vermehrung zur Entwicklung kommt.

Von fast gleicher Größe und fast gleicher Zeichnung sind die als „Wadenstecher" bekannten *Stall-* oder *Stechfliegen* (*Stomoxys calcitrans*), die allgemein in Viehställen leben und erst im Spätsommer in die Wohnungen kommen. Die Stechfliege saugt mit dem nach vorn getragenen Rüssel Blut und kann daher das Stallvieh stark belästigen. Die Entwicklung ist etwa die gleiche wie bei der Stubenfliege; beide Arten leben auch zusammen.

Abb. 556. Brutstätten und Aufenthaltsorte der Stubenfliegen.
(Abb. Delitia.)

Die dritte, hier zu erwähnende Fliegenart ist die „*Kleine Stubenfliege*" (*Fannia canicularis*), schlanker und kleiner als die Gemeine Stubenfliege. Die Kleine Stubenfliege wird fälschlich wohl oft als „junge Fliege" bezeichnet. Es sei hierzu erwähnt, daß die vermehrungsfähigen Stadien der Insekten wie Fliegen, Käfer, Schmetterlinge usw. nicht mehr wachsen. Sie behalten die Größe, die sie beim Verlassen der Puppen oder der letzten Larvenhaut (wie bei Wanzen, Schaben, Grillen, Läusen, deren Entwicklung ohne Puppenstadium abläuft) haben. Das Chitinaußenskelett erlaubt ihnen allenfalls eine gewisse Dehnung des Hinterleibs, z. B. wenn eine Wanze oder Mücke sich voll Blut saugt.

Die Kleine Stubenfliege ist bekannt durch das nimmermüde, tanzende Fliegen um Lampen („Lampenfliege"). Die Maden leben in faulenden pflanzlichen oder tierischen Stoffen und sind durch die haarähnlichen Hautanhänge an den Körpersegmenten kenntlich.

*Bekämpfung.* Das Aufstellen von Fliegentellern, Fliegenfallen, das Aufhängen von Fliegenfängern oder der Gebrauch sogenannter Fliegenfreßlacke sowie das Verspritzen von Pyrethrumlösungen wurden weitgehend abgelöst, als es durch das Sprühen von Berührungsgiften auf Basis DDT und DFDT möglich wurde, einen lang anhaltenden Schutz zu erzielen. Die Fliegen fallen nach Umherlaufen auf bespritzten Wänden und Decken gelähmt herab und sterben, weil sie mit der Außenhaut, z. B. den Fußsohlen, kleinste Mengen auch des trockenen Wirkstoffilmes lösen und so in den Körper aufnehmen. Zu den genannten Kontaktmitteln kamen bald Hexa- und Lindanaufbereitungen, später Chlordan und verschiedene Mischungen der genannten Wirkstoffe. Die Präparate sind heute als Stäube, Emulsionen, Suspensionen, Lösungen in Spraydosen, Nebellösungen für kleine oder große Nebelbomben, Lindan in Räuchertabletten, Stäbchen und Räucherstreifen („Fliegenspan") im Handel. Der Gebrauch der Kontaktmittel ist im Kampf gegen Fliegen von staatlicher und privater (gewerbsmäßige Schädlingsbekämpfer) Seite sehr gefördert worden. Außerdem bemühen sich die meisten Haushalte, die bewohnten Räume und

Viehställe fliegenfrei zu halten. Viel hat hierzu naturgemäß die Propaganda der Herstellerindustrie, die in großem Umfange Fliegenbekämpfungsmittel anbietet, beigetragen. Abgesehen von der unmittelbaren Bedrohung durch Krankheitsübertragung ist die Befreiung von den störenden Fliegen für Mensch und Haustier eine Wohltat. Neben den eigentlichen Fertigpräparaten wird Beimischung von DDT, Lindan etc. zur Kalkmilch empfohlen, um Viehställe fliegenfrei zu machen. Farben und sogar Tapeten mit insektiziden Zusätzen kamen auf den Markt.

In den letzten Jahren kam es nun in vielen Gebieten zu sogenannten Resistenzerscheinungen; die Fliegen waren widerstandsfähiger gegen die neuen Mittel, die — wenn überhaupt — erst in erhöhten Dosierungen den gewünschten Erfolg brachten. Die Resistenz wirft viele Fragen auf und spornt die chemische Industrie an, nach Wirkstoffen zu suchen, welche die vorhandenen verbessern oder ersetzen können. Die zoologische Grundlagenforschung wird angeregt zu Arbeiten, die sich mit dem Resistenzproblem befassen, um die Ursachen der sich oft überraschend schnell zeigenden Widerstandskraft der Insekten zu erforschen — ein weites Feld! Zunächst bleibt die Frage offen, wer siegt: Der Mensch oder — in diesem Falle — die Fliegen! Die ungefährlichen Phosphorester Diazinon (S. 999) und Malathion (S. 1000) werden neuerdings erfolgreich auch gegen resistente Fliegen eingesetzt. Die Optimisten glauben, der Chemie gelingen immer wieder Auswege, um der Fliegenplage Herr zu werden.

Der Drogist tut gut daran, sich mit den Problemen etwas vertraut zu machen und sie gegebenenfalls bei der Kundenberatung zu verwerten. Der Verkauf von Erzeugnissen großer Firmen, die sich bei der Weiterentwicklung auf eigene wissenschaftliche Forschungsarbeit stützen können, ist anzuraten. Bei Firmen dieser Art ist die fachliche Beratung gesichert, was in Zweifelsfällen sehr wichtig sein wird.

**Taubenzecke (Argas reflexus).** *Schaden.* Parasit der Taube, deren Blut sie saugt, was den Nestjungen besonders gefährlich wird, da sie bei starkem Befall eingehen. Von den Taubenschlägen aus erfolgt nicht selten Besiedelung der Vogelnester an den Häusern oder ein Übergang auf anderes Hausgeflügel. In Wohn- und Schlafräume

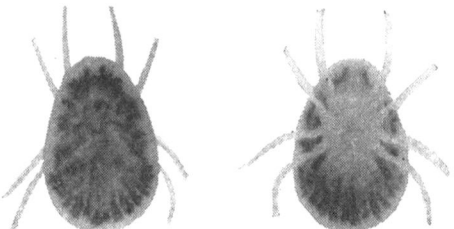

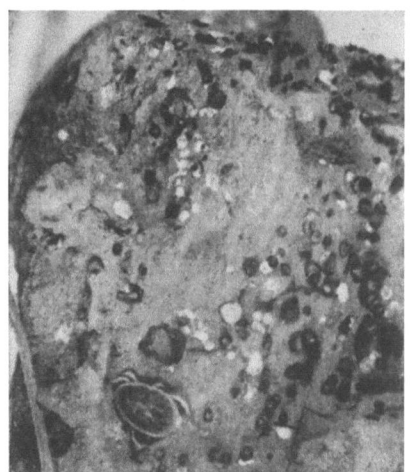

Abb. 557. Taubenzecke.
(4 × vergr.)

Abb. 558. Schlupfwinkel von Taubenzecken in Lehmwand. Charakteristische Kotablage.
(557, 558 Photo Cela.)

eindringende Taubenzecken befallen auch die Menschen. Die Bisse hinterlassen geschwürartige Papeln, mitunter sind schwere gesundheitliche Schäden die Folge.

*Schädling.* Die grauen Zecken mit dem ungegliederten, flachen Körper und den vier Beinpaaren sind Spinnentiere. Die Larvenentwicklung vom Ei bis zur geschlechtsreifen Zecke dauert zwei bis drei Jahre. Sie kann sich durch eingeschobene Hungerperioden auf die doppelte und wohl noch längere Zeitdauer ausdehnen. Die Taubenzecken können sehr lange hungern, sicher bis zu etwa zehn Jahren, wahrscheinlich aber noch länger. Wenn Tauben aus irgendwelchen Gründen abgeschafft werden, dann bleiben meist die Zecken verschiedensten Alters in den Rissen und Ritzen von Holz, Pappe, Lehmfachwerk, Fußboden des Schlages, wo sie zu Lebzeiten der Tauben ihre Verstecke hatten, zurück. Von diesen Stellen aus wandern die Taubenzecken erst nach Jahren, auf der Suche nach neuen Blutspendern, ab und finden gelegentlich auch in Wohnungen, die von solchen verlassenen Taubenschlägen nicht allzu entfernt liegen. Von Menschenblut können sich diese Zecken nicht ernähren. Die Folgen der Bisse sind aber meist sehr unangenehm.

*Bekämpfung.* In Wohnräumen auf die gleiche Weise wie bei einer Wanzenbekämpfung. Es muß jedoch ermittelt werden, woher die Zecken kommen, um die Brutstätte ebenfalls zu erfassen. Einstäuben der Taubenschläge, der Nester, des Geflügels mit einem Insektenpuder auf Lindanbasis. Durch das Verschließen aller Spalten in Mauern und Gebälk in einem Taubenschlag sind die chemischen Bekämpfungsmittel, am besten Lindanspritzmittel, zu ergänzen.

**Tausendfüßler (Myriapoda).** *Schaden.* Durch Befressen von zarten Pflanzenteilen, wie Keimlingen, jungen Wurzeln, Knollen und Zwiebeln entstehen gelegentlich Schäden, obwohl die Tausendfüßler vorwiegend von toten organischen Substanzen leben. An reifen Erdbeeren kommen mitunter schwere Ausfälle vor, wenn die Tiere in Massen auftreten, ebenso an Gurkenpflanzen.

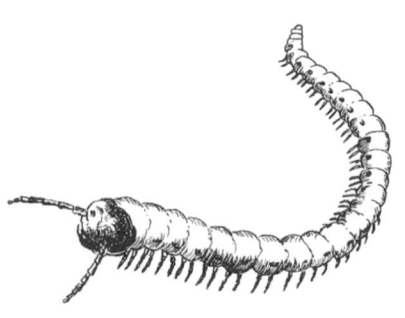

Abb. 559. Tausendfüßler.

*Schädling.* Als Nachttiere bleiben die Tausendfüßler tagsüber unter Moos, Laub, Rinde oder im Kompost verborgen. Ihr wurmförmiger, stark chitinisierter Körper ist meist drehrund, selten abgeflacht, und trägt an jedem der zahlreichen gleichförmig gestalteten Körpersegmente ein Beinpaar. Die größeren Arten werden weniger schädlich als die kleinen, unter denen der Gefleckte Tausendfuß (Blaniulus guttulatus) der häufigste ist. Er ist 15 bis 20 mm lang, weißlich bis gelblich, mit einer Reihe rötlicher Flecken an jeder Seite. Die Eier werden in Haufen in kleinen Erdhöhlen abgelegt.

*Bekämpfung.* Tausendfüßler lassen sich verhältnismäßig leicht durch ausgelegte Kartoffel- oder Möhrenscheiben unter umgestülpten Blumentöpfen anlocken, wo sie morgens eingesammelt und vernichtet werden können. Kartoffelscheiben, mit Kalkarsen oder Schweinfurter Grün bestreut, wurden früher auch viel als Giftköder gegen Tausendfüßler benutzt. In den letzten Jahren haben sich gegen diese Schädlinge DDT- und Lindanstäube durchgesetzt. In Gewächshäusern hilft das Abbrennen von Lindanräucherstreifen oder -tabletten. Im Boden werden die widerstandsfähigen Tausendfüßler mit Lindanemulsionen (doppelte Konzentration wie übliche Spritzbrühen) vernichtet.

**Teppichkäfer (Anthrenusarten).** *Schaden.* Nur die Larven dieser Käfer ernähren sich von Wollstoffen, Pelzen, Fellen, Borsten, Matratzen und Polsterungen, wodurch sie erheblichen Schaden anrichten können. Verheerend wirkt sich der Fraß in Museen aus, wo sie Insektensammlungen zerstören. In Speichern und Magazinen beschädigen sie lagernde Textilien.

*Schädling.* Es kommen bei uns drei Arten vor, die als Teppichkäfer, Wollkrautblütenkäfer, Museumskäfer oder Kabinettkäfer bezeichnet werden. Der Wollkrautblütenkäfer (Anthrenus verbasci) ist 2 bis 3 mm lang. Über seinen braungelben Flügeldecken verlaufen drei wellenförmige, weiße Querbinden. Der Teppichkäfer (Anthrenus scrophulariae) wird bis 5 mm groß. Er ist schwarz beschuppt, hat die gleichen Querbinden und längs der Flügeldeckennaht beiderseits einen rötlichgelben Streifen. Die Käfer dieser Gattung werden wegen ihrer Vorliebe für Blüten des Weißdornes, Holunder, zahlreicher Doldengewächse und mancher anderer Blumen als „Blütenkäfer" bezeichnet. Sie fressen Pollen. Die Eier werden an den Materialien abgelegt, die für die Larvenentwicklung in Frage kommen. Die Larven sehen den Pelz- und Speckkäferlarven ähnlich, sind aber kleiner und plumper. Am Hinterleibsende sitzen einige Büschel langer Haare, während der Körper von einem kurzen dichten Haarkleid bedeckt ist. Die Larven häuten sich mehrmals, ihre Entwicklung dauert bei uns annähernd ein Jahr.

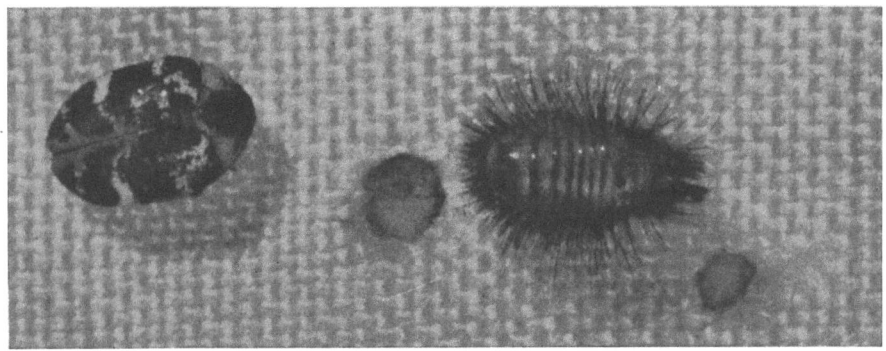

Abb. 560. Teppichkäfer und Larve auf zerfressenem Stoff.
(10 × vergr.)

*Bekämpfung.* Die Käfer werden häufig für kleine Marienkäfer gehalten, wenn sie sich an den Fenstern zeigen. Hier müssen sie vernichtet werden. Bei stärkerem Auftreten in einer Wohnung ist es ratsam, die Niststätten aufzuspüren. Vielfach werden die Larven in breiten staubgefüllten Dielenritzen angetroffen, von hier aus gelangen sie an die Teppiche. In Dachwohnungen sind die Brutstätten oft auf den benachbarten Bodenräumen zu finden, wo alte Kleider, Felle, Federn etc. oder aber tote Insekten unter Dachfenstern die Nahrung für die Larven abgeben. Befallene Kleidung muß an der Sonne geklopft werden. Anschließend sind sie mit einem Mottenmittel einzustreuen und in dicht schließenden Kästen oder Truhen aufzubewahren. Bei einer notwendig werdenden Behandlung ganzer Räume ist sorgfältiges Einstäuben mit DDT-Mitteln oder Lindan zu empfehlen.

**Tierläuse (Haematopinidae).** *Schaden.* Durch die Stichbelästigung und durch das Jucken werden die Tiere beunruhigt, dem Kratzen folgen leicht Sekundärinfektionen. Vieh magert stark ab, beim Rindvieh erheblicher Rückgang der Milchleistung.

*Schädlinge.* Alle Läuse (Anoplura) sind kleine, nur wenige Millimeter lange, stets flügellose Insekten mit stechend-saugenden Mundwerkzeugen. Sie sind in allen Stadien stationäre Parasiten, d. h. die Läuse und ihre Larven leben blutsaugend auf den Wirtstieren. Sie kommen nur auf Säugetieren vor, an die sie artmäßig streng gebunden sind. Die Eier (Nissen) werden an den Haaren festgeklebt. Die ausschlüpfenden Larven sprengen den Deckel an dem einen Eipol ab. Auf unseren Haustieren findet man regelmäßig die Schweinelaus (Haematopinus suis), die Rinderlaus (H. eurysternus) und die Pferdelaus (H. asini). Ratten sind häufig von Polyplax spinulosus befallen.

*Bekämpfung.* Die früher beim Großvieh notwendigen Entlausungsverfahren mit Schwefeldioxyd waren sehr umständlich und können heute mit bestem Erfolg durch Waschungen oder Baden mit den Präparaten auf Grundlage von Lindan ersetzt werden. In vielen Fällen genügt bereits ein Einstäuben mit pulverförmigen Mitteln, z. B. bei dem dünnen Haarkleid der Schweine, um die Läuse restlos abzutöten. Eine gleichzeitige Reinigung der Stallungen und aller Geräte schützt vor erneutem Läusebefall.

**Tomatenbakterienwelke (Bacterium michiganense).** *Schaden.* Ähnliche Erscheinungen wie bei der Tomatenstengelfäule (s. S. 982): Welkebeginn meist zur Zeit des Fruchtansatzes, doch langsamer fortschreitend. Zunächst rollen sich einzelne Fiederblättchen ein und vertrocknen. Ganze Blätter und Seitentriebe folgen, bis der ganze Stamm angegriffen ist, dessen Gewebe sich bräunlich verfärbt. Ganze Anlagen können schlagartig vernichtet werden.

*Erreger.* Die Krankheit wird durch ein bewegliches Bakterium hervorgerufen, das vom Boden aus in verletzte Wurzelteile eindringt und die Gefäßbahnen der Pflanze zerstört. Es gelangt bis in die Früchte oder sogar in die Samen. Seine Einschleppung erfolgte 1927 aus Amerika. Wurzelinfektionen treten nur vereinzelt auf, doch dann folgt die Ausbreitung oberirdisch von Pflanze zu Pflanze, in den meisten Fällen durch das Ausgeizen.

*Bekämpfung.* Verbrennen der erkrankten Pflanzen einschließlich der Samen. Verhinderung der Ausbreitung der Welke durch Vermeidung von Verletzungen der Triebe; nicht mit dem Messer ausgeizen, wodurch oft reihenweises Erkranken auftritt. Wechseln der Anbaufläche. Spritzungen bieten keinerlei Schutz vor der Übertragung, die nicht durch Regen oder Wind möglich ist. Desinfektionen der Wurzelballen vor dem Auspflanzen durch Tauchbäder (z. B. 0,1%ig Sublimat oder 0,25%ig Uspulun). Strauchtomaten erkranken kaum, weil sie nicht ausgegeizt werden. Unanfällige Sorten sind bisher nicht bekannt.

**Tomatenblattfleckenkrankheit (Septoria lycopersici).** *Schaden.* Auf den Blättern bilden sich braunschwarze Flecke mit gelbem Rand, die eintrocknen. Das gesamte Laub kann absterben und dadurch die Ernte vorzeitig beenden. Die Sporenfrüchte sind auf der Blattunterseite als schwarze Pünktchen erkennbar.

Abb. 561. Braunfleckenkrankheit der Tomate.

*Erreger.* Der Pilz lebt im Blattgewebe. Verbreitung der Sporen hauptsächlich durch Regen. Überwinterung in den befallenen Blattresten.

*Bekämpfung.* Einsammeln und Verbrennen des erkrankten Laubes. Tiefes Umgraben und Kalken des Bodens. Regelmäßige Spritzungen mit Kupferkalkbrühe, die bereits bei den Jungpflanzen im Anzuchtkasten angewandt werden sollten, bilden den sichersten Schutz.

**Tomatenbraunfleckenkrankheit (Cladosporium fulvum).** *Schaden.* Dies ist die gefährlichste Krankheit im Treibtomatenbau. Auf den Blättern entstehen unscharf begrenzte, gelbe, später braun werdende Flecke. Auf der Blattunterseite bildet sich ein grünbrauner, samtartiger Überzug („Samtfleckenkrankheit"), bestehend aus den Sporenträgern. Vertrocknen der Blätter und schwere Ernteschäden sind die Folge.

*Erreger.* Der Pilz wurde um 1909 aus den USA eingeschleppt. Er gedeiht nur bei hoher Luftfeuchtigkeit. Überwinterung der Sporen auf krankem Laub am Boden.

*Bekämpfung.* Reichliche Lüftung im Gewächshaus, weite Stellung der Pflanzen, nur Gießen von unten (kein Überbrausen) verhindern die Infektion. Spritzungen mit Kupfermitteln versprechen keinen Erfolg, doch wirken Schwefelpräparate. Das Rhodan-di-nitrobenzolpräparat Bulbosit (S. 1029) ist ein Spezialmittel und wird gestäubt. Beizung des Samens ist wichtig. Durch Resistenzzüchtung sind einige weniger anfällige Sorten entstanden. Ein verseuchtes Gewächshaus soll vor dem Ausräumen durch Verbrennen von Schwefel desinfiziert werden. Im Freiland tritt die Krankheit viel seltener auf.

**Tomatenkrautfäule (Phytophtora infestans).** *Schaden.* Auf den Blättern bilden sich braune, eintrocknende Flecke, und auf der Unterseite entsteht ein weißlicher Schimmelbelag. Bei nassem Wetter faulen die Blätter, bei trockenem verdorren sie. Die Früchte werden ebenfalls befallen. Es entstehen anfangs gebliche, später schwarzwerdende Flecke, die tief in das Fruchtfleisch hineingehen. Der Pilz tötet das Fruchtfleisch ab. Es bleibt hart und hat nach der Farbe der Flecke zu der Bezeichnung „Braunfäule" Anlaß gegeben.

*Erreger.* Es ist der gleiche Pilz, der die bekannte Kraut- und Knollenfäule der Kartoffel (s. S. 897) verursacht. Auf der Tomate kommt eine besondere Rasse des Pilzes vor, doch verursachen gelegentlich auch die „Kartoffelrassen" die Erkrankung. Aus diesem Grunde können Tomatenkulturen in unmittelbarer Nähe von Kartoffelfeldern gefährdet sein. Die Krautfäule tritt nur bei feuchtwarmer Witterung auf. Es sind Temperaturen von etwa 20° C notwendig, um die Sporen zu bilden. Ihre Keimung kann nur auf nassen Blättern erfolgen. In Gebieten mit trockenem Sommerklima ist die Krankheit selten. In Gewächshäusern kann sie durch vernünftige Bewässerung vermieden werden.

*Bekämpfung.* Kupferspritzungen sind gut wirksam. Sie sind vorbeugend anzuwenden (1% Kupferkalkbrühe). Stäubemittel sind weniger geeignet. Die erste Spritzung muß je nach Lage der Witterung Mitte bis Ende Juni ausgeführt werden. Nach drei bis vier Wochen ist die Spritzung zu wiederholen, womit in den meisten Fällen eine Ansteckung verhindert wird. Wird zu spät gespritzt und ist bereits eine Infektion einzelner Pflanzen erfolgt, dann ist größerer Schaden gewöhnlich nicht abzuwenden.

**Tomatenmosaikkrankheit.** *Schaden.* Eine der vielen Viruskrankheiten der Tomate ist die Erkrankung der Blätter, welche das Laub hell- und dunkelgrün gefleckt, wie marmoriert erscheinen läßt. Auch die Stengel und Früchte werden befallen. Außer dieser Mosaikkrankheit kommen bei Tomaten noch Farn- oder Fadenblättrigkeit, Gelbspitzigkeit und Strichel- oder Streifenkrankheit vor. Dies sind alles Viruskrankheiten, die in anderen Ländern größere oder geringere wirtschaftliche Bedeutung haben, bei uns jedoch noch nicht in gleichem Ausmaße auftreten. Vermutlich ist dies auch nur eine Frage der Zeit.

*Erreger.* Der Ansteckungsstoff eines Virus steht wahrscheinlich an der Grenze zwischen lebender und toter Materie. Man rechnet die Viren heute zu den kleinsten Lebewesen, die nur durch stärkste Vergrößerung (Elektronenmikroskop) sichtbar gemacht werden können. Im Falle einer Viruserkrankung läßt sich der Ansteckungsstoff meist leicht durch künstliche Übertragung nachweisen. In der Praxis geschieht die Verbreitung der Viren am häufigsten durch saugende Insekten, wie z. B. Blattläuse, Blasenfüße, Zikaden usw. Außerdem können Anlagen durch das Ausgeizen, vor allem aber auch durch Saatgut verseucht werden. Mosaikkrankheiten kommen außer auf Tomate auf Kartoffeln, Tabak, Paprika, schwarzem Nachtschatten und Gurken vor. Zwischen all diesen Pflanzen bestehen wechselseitige Ansteckungsmöglichkeiten.

*Bekämpfung.* Zur Erzielung gesunder Pflanzen darf nur einwandfreies Saatgut verwandt werden. Viruskranke Pflanzen oder deren Rückstände dürfen nicht kompostiert werden, sondern sind zu verbrennen. In Gewächshäusern läßt sich das Virus durch Bodendämpfung zerstören. Von den Unkräutern ist besonders der Schwarze Nachtschatten zu bekämpfen. Zur Verhinderung der Virusausbreitung in einem Bestand ist die regelmäßige Bekämpfung saugender Insekten notwendig. Kranke Pflanzen dürfen überhaupt nicht oder nur nach den gesunden beschnitten oder ausgegeizt werden.

**Tomatenstengelfäule (Didymella lycopersici).** *Schaden.* Am Grunde des Stengels oder etwas höher am Stamm bilden sich braune bis schwarze Flecke, die etwas eingedrückt erscheinen und sich meist um den ganzen Stamm herum ausbreiten. Der Stengel fault im Innern, die Pflanze welkt und stirbt ab. Die Krankheit tritt im Gewächshaus und im Freiland auf und vernichtet oft ganze Bestände. Die Krankheitserscheinung wird mitunter erst kurz vor Beginn der Ernte sichtbar. Im Herbst gibt es auch eine Infektion der oberen Zweige und Früchte, die schwarz werden. Die oberen Teile der Pflanze erkranken durch den Pilz, der sich im Gewebe des Stammes ausbreitet, nicht durch Infektion von außen her.

*Erreger.* Die Krankheit wurde früher auch als „Tomatenkrebs" bezeichnet, ein irreführender Name, weil Krebswucherungen fehlen. Der Pilz wächst im Innern der Pflanze durch alle Gewebe. Auf den dunklen Stellen am Stengel und auf den Früchten bilden sich die Sporen, deren Übertragung direkt von Pflanze zu Pflanze erfolgt oder durch Verseuchung des Bodens. Sporen können im Boden keimen, besonders wenn er gut gedüngt ist. Das Saatgut erkrankt ebenfalls und wird dann schwärzlich. In feuchten Jahren ist das Auftreten der Stengelfäule stark. Die Überwinterung des Pilzes erfolgt auf abgestorbenem Tomatenkraut.

*Bekämpfung.* Tomatensamen sind trocken zu beizen. Ein regelmäßiger Fruchtwechsel trägt zum Aussterben der Sporen im Boden bei. Düngung mit Kalkstickstoff verhindert eine zunehmende Durchseuchung des Bodens. Tomatenpfähle und die Anzuchterde in Gewächshäusern sind zu desinfizieren. Eine direkte Bekämpfung der Krankheit kann durch Gießen mit Sublimatlösung (0,1%) versucht werden.

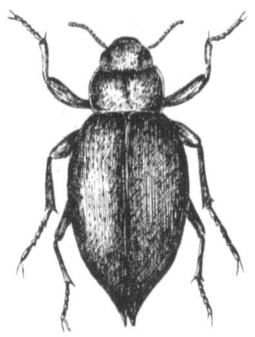

Abb. 562. Totenkäfer.
(3 × vergr.)

**Totenkäfer (Blaps mortisaga).** Gelegentlich tauchen in Wohnungen 2 bis 3 cm lange, schwarze Käfer auf. Sie werden auch Trauerkäfer genannt. Die Flügeldecken überragen den Hinterleib mit einem schwanzartigen Fortsatz. Die Käfer dringen von außen her in die Häuser ein und kommen hauptsächlich in Erdgeschossen vor. In Kellern und Bäckereien finden sie sich häufiger. Schaden verursachen sie nicht. Die Larve des Käfers ähnelt dem Mehlwurm. Sie entwickelt sich an finsteren, feuchten Orten unter Heu- und Strohresten oder unter lagerndem Holz.

Eine *Bekämpfung* erübrigt sich meistens, da die Käfer selten in größerer Zahl gefunden werden. Die Nistplätze in Keller- und Lagerräumen werden von den faulenden Stoffen, die den Larven zur Nahrung dienen, befreit.

**Trauermücken (Sciara frigida u. a. Arten).** *Schaden.* Glänzende, glasigweiße und fußlose Larven mit schwarzem Kopf, 6 bis 7 mm lang, fressen an den Wurzeln von Sämlingen. Sie richten gelegentlich in Gewächshäusern an wertvollen Blumenzuchten (Orchideen u. a.) erhebliche Schäden an, auch an eingelagerten Knollen (Dahlien).

*Schädlinge.* Die Larven leben vorzugsweise in feuchter, humusreicher Erde und ernähren sich von toten Pflanzenteilen, so daß ihr Fraß an jungen Pflanzen nicht die Regel ist. Sie verpuppen sich in einem fein gesponnenen Kokon in der Erde. Die Trauer- oder Pilzmücken sind nur 2 bis 3 mm lang und meist schwarz gefärbt. Die Entwicklung dauert etwa einen Monat.

*Bekämpfung.* Da Trockenheit die Larven abtötet, stellt das vorübergehende Austrocknen der Erde die einfachste Methode zur Vernichtung der Schädlinge dar. Die Eiablage kann durch Überdecken der Anzuchterde mit trockenem Sand oder Kies verhindert werden. Mechanisch können die Aussaaten durch Überspannen der Töpfe und Schalen mit dichter Gaze vor der Eiablage geschützt werden. Andererseits lassen sich die Mücken durch gut gedüngte Erde (Blutzusatz günstig) zur Eiablage anlocken. Die Larven sind in solchen Fangtöpfen alle drei Wochen durch Überbrühen abzutöten. Die Mücken werden in Gewächshäusern durch Ausräuchern mit Lindan oder Nikotin (s. S. 1020) bekämpft, lagernde Knollen mit Kalk-, DDT- oder Lindanstaub geschützt. Faulende Pflanzenteile dürfen nicht geduldet werden.

### Tulpengraufäule (Sclerotium [Rhizoctonia] tuliparum). *Schaden.* Die Tulpen

treiben nicht aus, sie „bleiben stecken", oder die Triebe werden faul, ehe sich die Blätter entfalten. An den Zwiebeln, besonders um den Hals herum, und in der umgebenden Erde bemerkt man weißliches watteähnliches Pilzmyzel. Darin bilden sich 1 bis 10 mm große Sklerotien, die anfangs weiß sind und später schwarzbraun werden. Trotz der rötlichgrauen Zersetzung des Zwiebelfleisches sind die Wurzeln normal entwickelt.

*Erreger.* Der Pilz befällt die Tulpen vom Erdboden aus, wo die Sklerotien jahrelang am Leben bleiben können. Eine starke Verseuchung tritt mitunter in stets nur mit Blumenzwiebeln bepflanzten Böden auf. Der Pilz wird mit kranken Zwiebeln oder durch Erde, Gartengeräte usw. verschleppt. Außer Tulpen werden auch andere Blumenzwiebeln befallen.

*Bekämpfung.* Alle erkrankten Pflanzen sind umgehend zu entfernen, möglichst mit der umgebenden Erde. Hierbei leistet ein „Tulpenstecher" gute Dienste. Die infizierten Pflanzenteile sind unschädlich zu machen, am besten durch Verbrennen. In Kästen muß die Erde gedämpft oder erneuert werden. Nicht nur der Platz für die Tulpenbeete, sondern auch die Stelle zum Einschlagen der Zwiebeln sollte alljährlich gewechselt werden. Kranke Zwiebeln nicht auspflanzen. Die noch unbewurzelten Zwiebeln können im Herbst acht Stunden lang bei 18° gebeizt werden, wozu sich am besten Formaldehyd 1%ig bewährt haben soll. Die Einfuhr pilzkranker Zwiebeln ist verboten.

### Tulpen-Grauschimmel-Krankheit, Blattbrand, Feuer (Botrytis tulipae). *Schaden.*

Blätter und Triebe sind mit einem grauen Schimmelrasen bedeckt. Die befallenen Teile sterben ab. Das Laub wird zerfetzt und verkrüppelt. Bevor es zu diesen Erscheinungen kommt, künden bräunliche oder glasige Stellen auf den Blättern den Krankheitsbefall an. Auch an Knospen und Blüten können die Flecken auftreten und deren Fäulnis verursachen. Bei starkem Befall erkranken auch die Zwiebeln, die dann kaum noch austreiben. Die schwarzen Sklerotien werden an den kranken Teilen, in erster Linie an den Zwiebeln gebildet.

*Erreger.* Der Pilz scheint auf Tulpen beschränkt zu sein. Die einzelnen Sorten sind verschieden anfällig. Kühles, nasses Wetter mit hoher Luftfeuchtigkeit ist für das Auftreten der Krankheit günstig, da die Sporen durch Wind und Regen leicht verbreitet werden. Beschädigtes Laub und verletzte Zwiebeln werden bevorzugt befallen.

*Bekämpfung.* Es sind die gleichen Vorsichtsmaßnahmen wie bei der Tulpengraufäule zu beachten (s. o.). Starke Stickstoffdüngung soll vermieden werden.

Im Gewächshaus ist Überbrausen der Pflanzen zu unterlassen und die Luft trocken zu halten.

**Unkrautbekämpfung.** Ähnlich wie auf dem Gebiete der Insektenbekämpfung gab es nach dem 2. Weltkrieg auch für die Unkrautbekämpfung neue Wege durch neuartige Wirkstoffe. Es gelang die Herstellung von synthetischen Wuchsstoffen (fälschlich „Hormone" genannt), die zweikeimblättrige (Dikotyle) und einkeimblättrige Pflanzen (Monokotyle) durch Anregung zum Überwuchs abtöten. So kann man z. B. in einem Getreidefeld mit einem Wuchsstoffmittel für Dikotyle alle breitblättrigen Unkräuter (mit Ausnahme der Gräser!) ohne Schädigung des Getreides abtöten. Der Gebrauch dieser hochwirksamen Mittel hat allerdings mit sehr großer Sorgfalt zu geschehen, um Schäden an benachbarten Kulturen zu vermeiden. Daneben spielen verschiedene Faktoren, z. B. Wetter, Zeitpunkt der Anwendung im Hinblick auf Wachstumsperioden der Pflanzen u. a. m. wichtige Rollen, so daß die Gebrauchsanleitungen für die einzelnen Präparate genau zu befolgen sind. Sehr wichtig ist die Säuberung der Spritzen, die zur Unkrautbekämpfung benutzt werden und womöglich hinterher zum Spritzen von Schädlingsmitteln gebraucht werden sollen. Von den Wuchsstoffmitteln genügen oft kleinste Rückstände, um Schäden anzurichten. Besonders empfindlich ist Wein gegenüber 2,4 D- und 2,4,5 T-Präparaten (s. S. 1032).

**Veilchengallmilbe (Eriophyes violae).** *Schaden.* Die Veilchenblätter kräuseln sich und ihre Ränder rollen sich ein. Die befallenen Pflanzen blühen schlecht.

*Schädling.* Ursache dieser Krankheit sind winzige, mit bloßem Auge nicht wahrnehmbare Milben. Sie treten am häufigsten auf armen Böden auf. Trockenheit fördert ihre Entwicklung und Ausbreitung.

*Bekämpfung.* Außer dem Abpflücken und Verbrennen der befallenen Blätter sind keine Verfahren bekannt. Mit E-, Lindan- oder mit Schwefelspritzmitteln (s. S. 1025) kann ein Versuch gemacht werden. Die Pflanzen sind durch Düngung mit Superphosphat, Pottasche oder Schwefelstickstoff zu kräftigen. Beim Bezug von Pflanzenmaterial ist auf die Krankheit zur Vermeidung der Einschleppung zu achten.

**Veilchengallmücken (1. Contarinia violicola, 2. Cecidomyia affinis).** *Schaden.* Die Blätter rollen sich ein und bilden an den Rändern gallenartige Verdickungen. Dadurch werden die Blätter braun und fallen vorzeitig ab. Die Pflanzen blühen nicht oder nur mangelhaft, zumal von der zweiten genannten Art auch die Blütenknospen befallen werden.

*Schädlinge.* Zwei Mückenarten verursachen die fast gleichen Schäden. Die Contarinialarven saugen an den jungen Blättern und verpuppen sich in der Erde. Diese Art tritt in Gewächshäusern auf. Die Larven von Cecidomyia verpuppen sich in den Gallen. Freilandkulturen werden oft stark geschädigt.

*Bekämpfung.* Unter Glas werden Calcyangasungen empfohlen (s. S. 1004). Im Freiland müssen die befallenen Blätter im Abstand von zwei bis drei Wochen abgepflückt und verbrannt werden. Gegebenenfalls sind auch Spritzungen mit E-Mitteln erfolgreich. Am besten ist eine Verpflanzung der Veilchen im Spätsommer nach Entfernung des Laubes auf anderen Boden.

**Viruskrankheiten.** Eine ganze Anzahl von Kulturpflanzen leidet unter Laubkrankheiten, deren Ursache ein Virus ist. Es gibt Kräusel-, Blattroll- und Mosaikkrankheiten, die u. a. Kartoffeln, Rüben, Tomaten, Tabak, Paprika, Gurken, Pfirsich, Himbeere und viele Zierpflanzen befallen. Im Ackerbau können erhebliche Ernteverluste eintreten.

Näheres über Virus vgl. Tomatenmosaikkrankheit.

**Vögel.** *Schaden.* Frische Getreideaussaat wird von Tauben und Krähen gefressen. Auch die Keimpflanzen werden noch herausgezogen. Sperlinge fallen schwarmweise in die reifenden Getreidefelder ein und plündern die Ähren. In Kirschanlagen kann die Ernte durch Stare vernichtet werden. In den Weinbergen schädigen Stare und Amseln durch Fraß an den Trauben. Krähen hacken Löcher in Kohlköpfe, räubern Walnußbäume kurz vor der Nußernte und können in Maisfeldern großen Schaden anrichten. Im Winter beißen die Gimpel Knospen von Obstbäumen ab, besonders von Kirschen.

*Bekämpfung.* Es wäre falsch, die durch Vertilgung zahlreicher Schädlinge nützlichen Saatkrähen auszurotten, sofern nicht eine Krähenplage herrscht. Zu ihrer Fernhaltung genügt das Aufhängen geschossener Krähen. Zur Bekämpfung werden phosphorhaltige Gifteier ausgelegt, wofür bestimmte Vorschriften und Einschränkungen gelten.

Im Kampf gegen Sperlingsplagen wird am besten von einer ganzen Gemeinde geschlossen vorgegangen. Die wirksamste Verminderung ist durch das Ausnehmen der Spatzennester kurz vor dem Flüggewerden der Jungen zu erreichen. Auch Sperlingsfallen haben sich bewährt (Schwingsche Falle und Dahlemer Falle). Die Verwendung von Giftgetreide, neuerdings mit dem grüngefärbten Strychninweizen „Grünkorn", kann nach Erteilung einer entsprechenden Genehmigung in der Zeit von November bis Februar unter Aufsicht des zuständigen Pflanzenschutzamtes einem Schädlingsbekämpfer übertragen werden. Bei richtiger Ausführung ist diese Maßnahme gut wirksam. Knallscheuchen sind den optisch wirkenden Scheuchen vorzuziehen. Doch gewöhnen sich die Vögel schließlich an jede Scheuche, so daß ein Wechsel zwischen den verschiedenen Methoden anzuraten ist. Fischernetze bieten im Gartenbau auf Saatbeeten den besten Schutz. Einen Ersatz für Netze bietet das Ausspannen von Garnfäden, durch die sich auch Fraßschäden an Knospen von Beerensträuchern weitgehend vermeiden lassen.

Teerhaltige Präparate, z. B. Corbin, dienen zur Vergällung von Samen. Die Erfolge bei großen Samen wie Erbsen sind besser als bei Körnern.

Auf die Einhaltung der Sperrzeiten für Tauben muß nötigenfalls die Ortspolizei achten, wenn die Aussaaten gefährdet sind.

**Vogelmilbe (Dermanyssus gallinae).** *Schaden.* Am Geflügel, namentlich an Hühnern, saugen die Milben nachts Blut. Auch Stubenvögel werden gern befallen. Schwäche und Blutarmut stellen sich ein, die Legetätigkeit bei Hühnern hört auf, die Tiere können sogar zugrunde gehen. Junge Tiere sind am stärksten gefährdet.

*Schädling.* Die Hühnermilbe ist gelblichweiß, nach der Blutmahlzeit rot. Ihre Größe bleibt unter 1 mm, die Gestalt ist birnenförmig. Tagsüber sitzen die Milben in den Ritzen der Stallwände oder der Sitzstangen, so daß sie dem flüchtigen Beobachter nur zu leicht entgehen. Sie können monatelang hungern. Die Eiablage der Milben erstreckt sich über eine lange Zeit, wenn zwischendurch Gelegenheit zum Blutsaugen gegeben ist. Da die Entwicklung der Eilarven bis zur geschlechtsreifen Milbe nur einige Tage dauert, ist die Vermehrung in den Sommermonaten ungeheuer stark. Ganze Klumpen von Hühnermilben werden mitunter bei der Säuberung eines Stalles gefunden. Zuweilen werden auch Säugetiere und der Mensch von Vogelmilben befallen, wo sie durch ihren Biß die Ursache der Trugkrätze werden (Pseudoscabies).

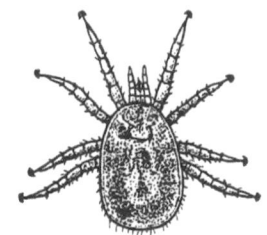

Abb. 563. Vogelmilbe (stark vergr.).

*Bekämpfung.* Die Milben sind gegen Hexa- und Lindanmittel recht empfindlich. Außer dem Einstäuben des Gefieders ist eine gründliche Ausspritzung der befallen Ställe mit geeigneten Emulsionen notwendig. Junge Singvögel und Küken sollen nicht mit Stäuben behandelt werden; sie sind zu empfindlich. In Ställen können auch Lindanräucherstreifen oder -tabletten zur Linderung der Milbenplage zur Anwendung kommen.

**Wachsmotte, Große (Galleria melonella), Kleine (Achroea grisella).** *Schaden.* Die Raupen fressen die Bienenwaben, durchziehen sie mit Gespinströhren und verunreinigen sie mit Kot.

*Schädlinge.* Die Große Wachsmotte ist dunkelgelbbraun gefärbt, die kleinere Form hat gelbgraue Vorderflügel und hellere Hinterflügel. Die Eihaufen werden an den Waben, in Ritzen und Spalten abgelegt. Die Raupen sind schmutziggrau mit rotbraunem Kopf.

*Bekämpfung.* Alle leeren Waben und Wachsabfälle sind aus den Bauten und Stöcken herauszunehmen und unter Verschluß zu halten. Befallene Waben müssen in einer Begasungskiste mit Paradichlorbenzol (200 g/cbm Raum) oder einem speziellen Handelspräparat behandelt werden.

**Weidenbohrer (Cossus cossus).** *Schaden.* Am Stamm von Obstbäumen Bohrlöcher, aus denen krümeliges Bohrmehl quillt. Die Bäume kümmern. Im Holz breite Fraßgänge, die sich nach allen Richtungen ziehen.

*Schädling.* In den Bohrgängen leben dicke, bis 10 cm lange, gelblich-fleischfarbene, nackte Raupen, auf dem Rücken rotbraun. Charakteristisch ist ihr Geruch nach Holzessig. Die Verpuppung erfolgt am Eingang des Bohrloches in einem festen, mit Holzspänen durchsetzten Kokon. Der Falter fliegt im Juni und Juli, er hat einen plumpen Leib; die Flügelspannweite mißt 9 cm. Seine Färbung ist hellgrau mit dunkler, feiner Bänderung. Die Eier werden am Stamm in kleinen Haufen abgelegt. Im ersten Jahre leben die jungen Raupen gesellig unter der Rinde, die weitere Entwicklung im Holz beansprucht drei bis vier Jahre. Starker Weidenbohrerbefall bringt die Bäume zum Absterben.

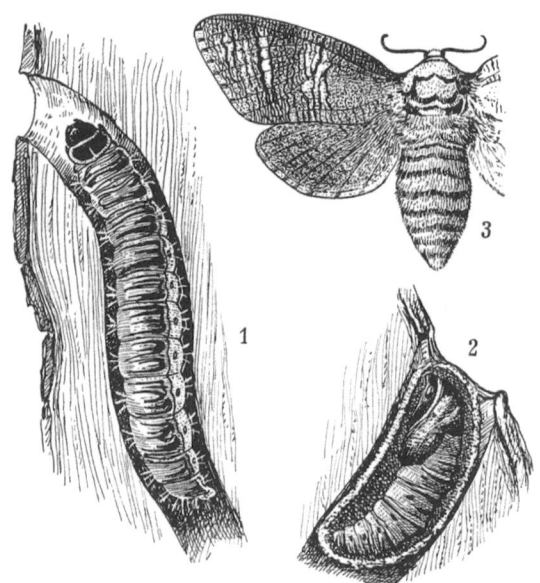

Abb. 564. Weidenbohrer. *1* Raupe; *2* Puppe; *3* Falter (nat. Gr.).

*Bekämpfung.* Verschmieren von Baumwunden mit Baumteer, da diese bevorzugte Eiablageplätze sind. Jungraupen unter der Rinde ausschneiden. Einführung von mit Schwefelkohlenstoff getränkten Wattebäuschen in die sofort zu verschließenden Bohrgänge (Vorsicht! Feuergefährlich!). Bei beginnendem Befall kann man die Raupen in den Gängen durch Einführung eines spitzen Drahtes vernichten. Die Falter sitzen tagsüber an den Stämmen und können, wenn man sie erkennt, dort leicht abgefangen werden. Die Nähe befallener Weiden oder Pappeln ist für Obstbäume gefährlich, weil von dort aus die Weidenbohrer überwandern.

**Weiße Fliegen, Mottenläuse (Trialeurodes).** *Schaden.* Auf der Unterseite der Blätter zahlreicher Zierpflanzen, namentlich in Gewächshäusern, sitzen kleine, etwa 1,5 mm lange, weiße Insekten mit vier dachförmig stehenden Flügeln. Durch ihr Saugen entstehen helle Flecke. Bei starkem Befall werden die Blätter gelb und trocken.

*Schädling.* Die „Weißen Fliegen" oder Mottenläuse gehören zu den Schnabelkerfen. Sie sind in mehreren Arten bei uns vertreten und sehen wie mit weißem Wachsstaub bepudert aus. Sie haben eine gewisse Ähnlichkeit mit winzigen Motten. Die Weibchen legen 200 bis 300 Eier, die als kleine, rotbraune Pünktchen auf der Blattunterseite zu erkennen sind. Die Larven sehen wie kleine Schildläuse aus. Durch die Saugtätigkeit dieser Tiere wird Honigtau gebildet, wodurch das Laub klebrig und unansehnlich wird, zumal sich häufig Rußtaupilze darauf ansiedeln.

*Bekämpfung.* Mit Berührungsgiften auf E- oder Lindanbasis oder Nikotinmitteln ist wiederholt zu spritzen (s. S. 1020). Durch eine nur einmalige Behandlung ist infolge der Widerstandsfähigkeit der Eier keine restlose Abtötung zu erzielen. Die ganzen Pflanzen können auch in solche Emulsionen getaucht wer-

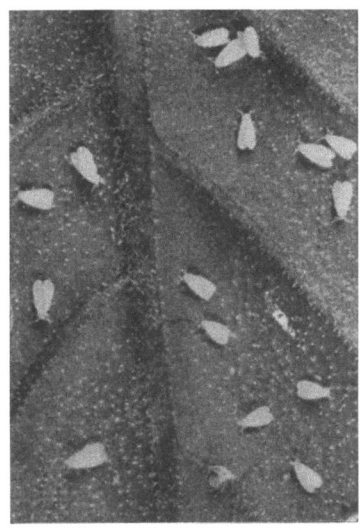

Abb. 565. Weiße Fliegen.

den. In Gewächshäusern werden Lindan- oder Nikotinmittel verräuchert (s. S. 1010). Da Trockenheit die Vermehrung der Mottenläuse fördert, sollen die Pflanzen häufig mit Wasser überbraust werden. Es ist reichlich zu lüften, und die Pflanzen sind nicht zu dicht zu stellen.

**Weißer Bärenspinner (Hyphantria cunea).** Dieser Falter, aus Amerika um 1940 nach Südeuropa eingeschleppt, breitet sich immer mehr aus und droht, von Österreich kommend, auch bei uns für die Land- und Forstwirtschaft zu einem Großschädling zu werden.

*Schaden.* Die Raupen fressen praktisch an allen Laubbäumen des Waldes, an Obstbäumen, Reben, Beerensträuchern, Gemüse- und Zierpflanzen. Gespinstnester der jungen Raupen sind groß.

*Schädling.* Der Falter hat eine Flügelspannweite von 2,5 bis 3 cm, hat weiße oder gepunktete Vorderflügel. Er schlüpft etwa Ende April bis Mai aus der überwinterten

Abb. 566. Weißer Bärenspinner. (Photo Cela.)

Puppe. Die Eier legen die Weibchen in großen zusammenhängenden Gelegen von 200, 300 bis 600 Stück an den Blattunterseiten der befallenen Bäume, Sträucher etc. ab. Wie vom Goldafter oder vom Schwammspinner bekannt, bedeckt das Bärenspinnerweibchen die Eier mit Haaren, die vom Hinterleib abgestreift werden. Die jungen Raupen leben zunächst in lockeren Gespinsten beieinander, fressen viel und schnell, um nach der 3. oder 4. Häutung allein zu leben. Der Nahrungsverbrauch der erst hellgelben, später dunklen und dicht weiß behaarten Raupen ist groß, Blätter und Früchte werden gefressen. Ausgewachsene Raupen sind bis 5 cm lang. In

Jugoslawien, Ungarn und ab 1951 auch in Österreich sind die Schäden durch die gefräßigen Raupen erheblich. Wenn der Bärenspinner nicht von Anfang an durchgreifend bekämpft wird, dann wird er bald auch bei uns viel Unheil anrichten.

*Bekämpfung.* In den genannten Staaten bekämpft man mit DDT-, E-, Hexa- und Lindanstäuben, sowie -spritzmitteln. Hexa und Lindan scheinen besonders gut zu wirken. Wenn der weiße Bärenspinner nach Deutschland vordringt, dann müssen die amtlichen Warnungen und Bekämpfungshinweise, die von dem Pflanzenschutzdienst herausgegeben werden, beachtet werden.

Abb. 567. Raupen des Weißen Bärenspinners.
(Photo Cela.)

Abb. 568.
Flugbrand der Gerste.

**Weizenflugbrand (Ustilago tritici), Gerstenflugbrand (Ustilago nuda).** *Schaden.* Die Schäden sind dem des Haferflugbrandes (s. S. 882) ähnlich; Spelzen und Blütenanlagen sind in ein schwarzbraunes, lockeres Pulver verwandelt, das durch den Wind verstäubt wird. Zur Erntezeit stehen nur noch die nackten Ährenspindeln da.

*Erreger.* Die auf die Narben von Weizen- oder Gerstenblüten gelangenden Sporen keimen aus. Der Keimschlauch wächst durch den Griffel in die Samenanlage. Das Korn entwickelt sich normal, so daß einem Korn die Infektion nicht anzusehen ist. Nur bei der mikroskopischen Untersuchung läßt sich der Pilz im Keimling und im Schildchen feststellen. Bei der Keimung des Saatkornes wächst der Pilz mit der Pflanze hoch bis in die Blütenanlage, die er zerstört. Die Sporen der beiden Flugbrandarten haben das gleiche Aussehen. Ihre Unterscheidung gelingt durch die mikroskopische Beobachtung ihrer Keimschläuche. Im Gegensatz zu anderen Brandpilzen werden keine Konidien gebildet. Beide Flugbrandarten sind auf ihre Wirtspflanzen spezialisiert, so daß ein erkrankter Weizenschlag einem benachbarten gesunden Gerstenfeld nicht gefährlich werden kann. Für die Blüteninfektion ist trockenes, warmes Wetter Bedingung. Auch müssen die Ähren offen blühen, was bei den einzelnen Getreidesorten in stärkerem oder geringerem Maße der Fall ist. Ebenso spielt die zeitlich unterschiedliche Cuticulabildung der Samenschale, die auch sortenweise verschieden ist, offenbar für die Infektionsmöglichkeit eine Rolle.

*Bekämpfung.* Diese Flugbrandarten lassen sich bisher nicht durch chemische Saatgutbeizung bekämpfen. Es wird statt dessen das sogenannte Heißwasserverfahren angewandt. Das Saatgut wird zunächst vier Stunden lang in Wasser von

20 bis 30° C vorgequollen, um dann für zehn Minuten in Wasser von 50 bis 52° C
eingetaucht zu werden. Das Pilzmyzel stirbt ab, ohne wesentliche Beeinträchtigung
der Körner. Bei Gerste wird nach zweistündiger Einweichung nur Wasser von 45° C
benötigt. Die Schwierigkeit des Verfahrens besteht in der genauen Einhaltung der
Wassertemperaturen, da höhere Wärmegrade das Saatgut schädigen und niedrigere
die Pilze nicht abtöten.

**Weizengallmücke (Contarinia tritici).** *Schaden.* Die Ähren sind taub, mitunter
gekrümmt, oder ergeben nur kleine, mißgestaltete Körner. Neben Weizen werden
auch Gerste und Roggen befallen, wenn auch seltener.

*Schädling.* Die Weizengallmücke ist ein kleines, gelbes Insekt von ca. 2 mm
Länge, das Weibchen mit sehr langer Legeröhre. Das Männchen ist etwas kleiner.
Die erwachsenen Larven sind zitronengelb und bis 3 mm lang. Das Weibchen legt
die Eier an die jungen Ähren. Die nach einer Woche schlüpfenden Larven saugen am
Fruchtknoten und an den Staubgefäßen. Befinden sich mehrere Larven in einer
Blüte, unterbleibt die Samenbildung. Nach etwa drei Wochen sind die Larven er-
wachsen und spinnen sich im Boden zur Überwinterung ein. Die Verpuppung
erfolgt erst zwei Wochen vor dem Schlüpfen der Mücke im Frühjahr.

*Bekämpfung.* Die Sortenwahl spielt eine große Rolle. Spätschossende Sorten sollen
am wenigsten unter dem Befall leiden. Nach der Ernte ist es ratsam, die Stoppelfelder
umzupflügen, um dadurch die nur flach im Boden sitzenden Larven zu vernichten.
Zur direkten Bekämpfung der Mücken wäre an den Einsatz von DDT- und Hexa-
bzw. Lindanstäubemitteln zu denken (s. S. 1022).

**Weizensteinbrand (Tilletia tritici).** *Schaden.* Der Stink- oder Steinbrand des
Weizens zeigt sich Anfang Juni durch eine blaugrüne Verfärbung der Ähren. Die
Halme und Ähren der befallenen Pflanzen sind meist kürzer als die der gesunden.
Nur beim Dickkopfweizen sind die Ähren lang gestreckt. In den
kranken Ähren sitzen an Stelle der gesunden Körner die Brandkörner
(Butten), die zuletzt schmutziggrau und gedrungener aussehen als
normale Körner („Kugelbrand“). Die unreifen Brandbutten enthalten
eine schmierige dunkelbraune Masse („Schmierbrand“), die einen Geruch nach Heringslake hat.

*Erreger.* In den Butten, die bei der Reife des Weizens steinhart werden („Steinbrand“), sind die Sporen des Pilzes enthalten. Beim Dreschen werden die kranken Körner zerschlagen, und die verstäubenden
Sporen setzen sich besonders an den Bärten der Körner fest. Mit den
Körnern gelangen sie in den Boden und keimen fast gleichzeitig mit dem
Getreide aus. Der Pilz kann nur in die ganz junge Keimpflanze eindringen, wächst mit der Ährenanlage hoch und gelangt so in die Blütenanlage.

*Bekämpfung.* Der Weizensteinbrand kann durch Beizen des Saatgutes sicher bekämpft werden (s. S. 1005). Es ist jedoch notwendig,
vor dem Beizen alle Brandbutten zu entfernen, da die Beizmittel nicht
in diese eindringen können.

Abb. 569.
Weizen-
steinbrand.

**Wespen (Vespa germanica und andere Arten).** *Schaden.* Wespen
fressen im Garten Obst und Trauben, die infolge Übertragung von
Fäulnispilzen verderben. Im Haushalt und in Lebensmittelgeschäften
werden Backwaren, Fleisch- und Süßwaren beschmutzt, befressen
und beschädigt. Wespen haben auch hygienische Bedeutung, da sie
häufig Krankheitskeime verschleppen (Bacterium coli). Werden Nester in Wohnhäu-
sern oder in deren Nähe angelegt, so kommt es zu Stichbelästigungen mit Schwellungen der Haut und bei empfindlichen Personen zu schmerzhaften Entzündungen.

*Schädlinge.* Bei uns kommen mehrere, untereinander ähnliche Arten mit der charakteristischen schwarzgelben Zeichnung, mit großem Kopf und „Wespentaille" vor, der Einschnürung zwischen Brust und Hinterleib. Die größte Form ist die Hornisse (Vespa crabro). Außerdem gibt es die deutsche, sächsische, mittlere, gemeine und noch andere Wespen. Alle sind wie Ameisen und Bienen staatenbildend. Sie fertigen ihre Nester aus zerkautem, morschem Holz, das zu einer papierartigen Masse verarbeitet wird. Die Nester werden im Erdboden oder freihängend in Schuppen, auf Dachböden und unter Gesimsen gebaut. Sie sind stets nur einjährig. In geschützten Verstecken überwintern ausschließlich befruchtete Weibchen (Königinnen), die im Frühjahr die ersten Zellen jedes Nestes anlegen. Bis zum Herbst entstehen nur Arbeiterinnen, die für die weitere Aufzucht der Brut und für die Vergrößerung des Nestes sorgen.

*Bekämpfung.* Wichtig ist die Bekämpfung des Nestes, wozu DDT und Lindanmittel empfehlenswert sind. Am Abend genügt die Anwendung eingeblasener Stäubemittel. Dagegen sind bei der Bekämpfung am Tage Spritzmittel vorzuziehen, die die Wespen schneller lähmen und das Stechen verhindern. Pro Nest genügen etwa 1,5 l Spritzflüssigkeit, die in die Erdnester eingegossen wird oder zum Spritzen freihängender Nester dient. Außerdem bewährt sich immer wieder das Abfangen der Wespen im Garten und im Hause in enghalsigen Flaschen, die zu $^1/_3$ mit gärendem Zuckerwasser, Bier, Fruchtsäften usw. gefüllt sind.

**Wiesenschnaken (Tipuliden).** *Schaden.* Außer Gräsern, deren Wurzeln von den Wiesenschnakenlarven abgefressen werden, leiden Getreide, Klee, Gemüse, Kartoffeln und Zierpflanzen aller Art unter Wurzelfraß, besonders in meeresnahen Gebieten (Marschgegend).

*Schädling.* Die Larven werden bis 4 cm lang. Sie sind dick, walzenförmig, lederartig, aschgrau mit dunklem Kopf. Der Körper hat deutliche Querfalten und am Hinterende sechs fleischige, kegelförmige Warzen. Es gibt eine ganze Reihe von

Abb. 570. Wiesenschnakenlarven.
(Photo Cela.)

Schnakenarten mit unterschiedlicher Biologie. Die Eier werden gern in lockeren, humusreichen Boden abgelegt. Meist überwintern die Larven, die erst im nächsten Frühjahr Schaden anrichten. Sie verpuppen sich im Hochsommer. Nach einigen Wochen erscheinen die langbeinigen, braunen Mücken. Die Schnaken werden besonders nach milden Wintern und in kühlen Sommern schädlich.

*Bekämpfung.* Im Gartenbau sind die befallenen Pflanzen herauszunehmen, um die Larven einsammeln und vernichten zu können. Auf kleinen Beeten werden beim Umgraben die Maden herausgelesen. Pflanzerde wird mit 2 kg/cbm eines Lindanstreumittels (s. S. 1008) gemischt. Im Frühjahr kann auf Wiesenumbruch mit Chlordan- oder Hexastreumittel (etwa 200 kg/ha) ebenfalls eine gute Wirkung erzielt werden (s. S. 1008). Arsen- oder Fluornatriumstreuköder, der im wesentlichen aus Kleie besteht, wird abends ausgestreut (25 bis 50 kg/ha) und bringt, günstiges Wetter vorausgesetzt, gleichfalls Erfolg (s. S. 1031).

**Wildschäden.** Hasen und Kaninchen, auch Hochwild, fressen von jungen Obstbäumen Rinde und Knospen. Schwere Schäden durch Verbiß besonders in schneereichen Wintern.

*Bekämpfung.* Vermeidung der Schäden durch engmaschige Drahtgitter um die Stämme. Anwendung von Wildverbißmitteln (s. S. 1035), streifen- oder spiralenförmig um die Bäume gestrichen. Auf befriedeten Grundstücken Fang der Kaninchen auch durch Schlingen und Tellereisen statthaft. Bei Obstanlagen und Baumschulen entsprechende Umzäunungen. Zur Ablenkung abgeschnittene Äste und Zweige im Winter liegenlassen.

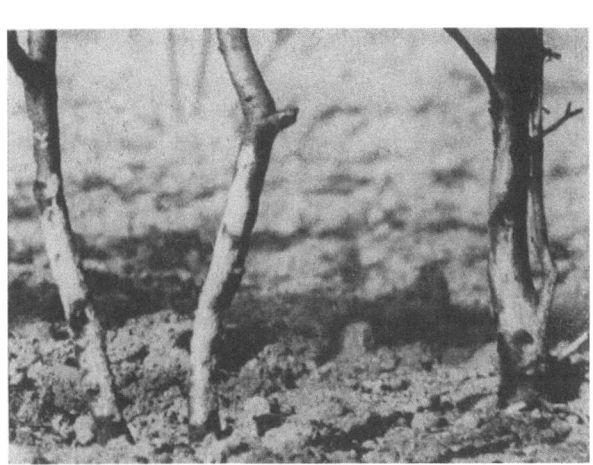

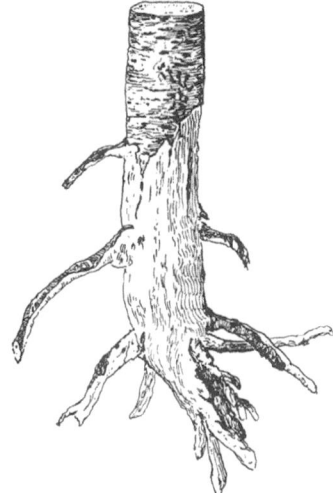

Abb. 571. Wildkaninchenfraß an Buchenhecken.

Abb. 572.
Wühlmausfraß an Obstbaumwurzel.

**Wühlmaus (Arvicola terrestris).** *Schaden.* Obstbäume kränkeln und sterben ab, weil ihre Wurzeln durch Wühlmäuse befressen werden. Besonders in jungen An-

Abb. 573. Wühlmaushaufen.

Abb. 574. Auffinden der Gänge mit einem Suchstock.

lagen entsteht oft großer Schaden. Die Haltewurzeln werden mitunter gänzlich abgefressen, so daß die jungen Bäume leicht aus dem Boden gezogen werden können. Am Wurzelhals finden sich starke Nagespuren bis tief in das Holz hinein. Im Winter, wenn andere Futterpflanzen wie Möhren, Sellerie, Hülsenfrüchte oder sonstiges Gemüse nicht zur Verfügung stehen, leiden die Bäume am meisten.

*Schädling.* Die Wühlmaus hat die Gestalt einer kleinen Ratte, doch ist die Schnauze abgestumpft und der Schwanz kurz. Die Ohren sind klein und vom Pelz

Abb. 575 Freilegen eines Gangteiles.

Abb. 576.
Einbringen des Giftköders in den Gang.

verdeckt. Die Farbe des Felles ist meist braungrau mit hellgrauem Bauch und ebenso gefärbten Seitenteilen. Am häufigsten kommen die Wühlmäuse in Wiesen vor, mit Vorliebe auch an Bachläufen. Die Bezeichnung „Wasserratte", die auch gelegentlich für Wanderratten gebraucht wird, stellt keine eigene Tierart dar. Da die Wühlmaus zahlreiche Bruten im Jahre hat, vermehrt sie sich stark. Eine ältere Angabe gibt vier Bruten an. Wahrscheinlich sind es aber bedeutend mehr. Die durchschnittliche Zahl der Jungen ist zwei bis drei; es kommen aber auch bis zu acht Stück vor. Schon im Alter von nur zwei Monaten sind die Wühlmäuse fortpflanzungsfähig.

Die Wühlmäuse haben ein weitverzweigtes unterirdisches Gangsystem mit einem tiefliegenden Wohnkessel und Vorratskammern. Die Gänge verlaufen dicht unter der Oberfläche und sind an dem grobscholligen Aufwurf kenntlich. Sie sind fast stets ohne Löcher.

Abb. 577.
Sorgfältiges Abdecken des Wühlmausganges nach Giftauslage.
(573 bis 577 Photo Cela.)

*Bekämpfung.* 1. Die Wühlmäuse können in Fallen gefangen werden, die in die Gänge einzubauen sind. Diese Bekämpfung ist nur bei genügender Erfahrung aussichtsreich.

2. Die Gänge werden mit Schwefelkohlenstoff oder Rauchgaspatronen ausgeräuchert.

3. In die Gänge werden vergiftete Köder gelegt, zu denen sich Rüben, Möhren, Sellerieknollen verwenden lassen. Sie werden mit den käuflichen Giftpasten gefüllt.

Nach ihrer Einbringung müssen die Gänge wieder sorgfältig verschlossen werden (vgl. Nagetiermittel, s. S. 1017).

4. In die Gänge werden spezielle Wühlmaus-Giftköder gelegt, die einfach anzuwenden und bei entsprechender Umsicht beim Ausbringen auch erfolgreich sind.

**Wurzelälchen (Heterodera radicicola).** *Schaden.* Ähnlich wie in Blättern (s. S. 845) und Stengeln (s. S. 974) leben auch in den Wurzeln zahlreicher Kulturpflanzen wie Getreide, Klee, Luzerne, Kohl, Spinat, Lein, Tabak und vieler Zierpflanzen Nematoden. Die befallenen Pflanzen vergilben und kränkeln, die Wurzeln sind stark verzweigt, ihre Spitzen eingekrümmt und verdickt.

*Schädling.* In den gallenartigen Anschwellungen der Wurzeln entwickeln sich aus den Eiern Wurmlarven, die in den Boden gelangen, wenn die Gallen verfaulen, und sich wieder in die Wurzelspitzen gesunder Pflanzen einbohren. Die Gallen gleichen meist kleinen Körnern, können aber auch Walnußgröße erreichen, z. B. an Rosen. Die Wurzelälchen können im Boden überwintern. Die zu gewissen Zeiten gebildeten Dauerzysten bleiben jahrelang am Leben. Auf leichten, lockeren Böden und in Gewächshäusern werden die Wurzelälchen am meisten schädlich.

*Bekämpfung.* Die kranken Pflanzen müssen entfernt und verbrannt werden. Zur Entseuchung größerer Flächen können Fangpflanzen zur Anlockung der Älchen angebaut werden (Klee, Salat). Unter Glas wird die Erde durch Dampf oder durch chemische Mittel entseucht (s. S. 1007) oder erneuert. Die Anbauflächen sind zu wechseln und die Verschleppung der Älchen zu vermeiden.

**Wurzelbrand, Vermehrungspilze.** *Schaden.* In den Anzuchtbeeten fallen die jungen Pflanzen um. Das Rindengewebe des Stengels fault und stirbt ab, so daß das Pflänzchen zugrunde geht. Bekannt ist auch der Name „Umfallkrankheit" oder „Schwarzbeinigkeit" wegen der Verfärbung des Stengelgrundes. Die Krankheit tritt besonders an Kohl, Salat, Gurken, Tomaten auf, aber auch an vielen anderen Pflanzen.

*Erreger.* Verschiedene Pilze sind die Ursache der gleichen Krankheitserscheinung, z. B. Pythium debaryanum, verschiedene Arten von Olpidium und Fusarium. Die Entwicklung der Pilze ist auch auf totem organischem Substrat möglich. Die Ansteckung der Sämlinge wird durch hohe Bodenfeuchtigkeit gefördert.

*Bekämpfung.* Die Aussaaten sollen möglichst auf leichten, abgelagerten Böden erfolgen, die zur Auflockerung mit Sand oder Torf vermischt werden können. Mit Mist ist nur zu düngen, wenn er gänzlich verrottet ist. Die Aussaaterde für die Saatkästen soll durch Wasserdampf oder mit chemischen Mitteln entseucht werden (vgl. Bodendesinfektion). Pflanzen nicht zu dicht säen und den Boden nur mäßig feucht halten.

**Zecken (Ixodidae).** *Schaden.* An Hunden und anderen Haustieren, die zeitweilig auf der Weide sind, saugen sich häufig Zecken fest. Auch Menschen werden von solchen „Holzböcken" befallen. Ihr Biß ist schmerzhaft und verursacht starkes Jucken. Bei starkem Befall kann ein empfindlicher Blutverlust bei den Wirtstieren eintreten. Viele Zeckenarten sind in wärmeren Ländern Überträger gefährlicher Fiebererkrankungen (Piroplasmosen), so daß der Zeckenbekämpfung dort größte Bedeutung für die Gesunderhaltung des Viehbestandes und der Menschen zukommt.

*Schädling.* Die Zecken gehören zu den Spinnentieren. Ihr ungegliederter Körper trägt acht Beine. In hungrigem Zustand ist er plattgedrückt und nur 1 bis 2 mm groß. Im Laufe mehrerer Tage können sie durch Blutsaugen ein pralles, ledriges Aussehen von der Größe einer Johannisbeere erreichen. Das befruchtete Weibchen läßt sich von seinem Wirt abfallen und legt 2000 bis 20000 Eier. Die ausschlüpfenden sechsbeinigen Larven erklimmen Gräser und Büsche und versuchen, auf einen blutspendenden Wirt zu gelangen, von dem sie sich nach einer reichlichen Blutmahlzeit abfallen lassen und zu Nymphen häuten. Diese achtbeinigen Wesen besiedeln einen zweiten Wirt, lassen sich wieder abfallen und häuten sich zu geschlechtsreifen Zecken, welche einen dritten Wirt aufsuchen müssen. Dieser Entwicklungsgang gilt

für den Holzbock (Ixodes ricinus) und für viele andere Zecken-arten. Es gibt aber auch Zecken, die ihre Entwicklung auf nur einem Wirt durchmachen (einwirtige Zecken).

*Bekämpfung.* Dichte Kleidung bietet einen gewissen Schutz, um das Auflesen der Zeckenlarven im Gebüsch zu verhindern. Sollen Zecken aus der Haut entfernt werden, so bleibt beim Abreißen meist der Rüssel in der Stichwunde stecken, wo-durch eitrige Geschwüre entstehen können. Das Loslassen der Holzböcke ist am einfachsten durch Betupfen mit Pe-troleum, Öl oder Hautcreme zu erreichen. In den Tropen müssen die Viehherden durch Baden mit geeigneten Mitteln von der Zeckenplage befreit werden.

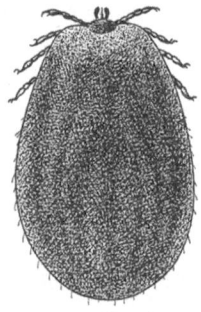

**Zweigstecher (Rhynchites coeruleus).** *Schaden.* An Obst-bäumen, besonders an Birnen, sind die Triebspitzen abge-schnitten, hängen nur noch an einer Rindenfaser, werden welk und fallen schließlich ganz ab.

*Schädling.* Der Schaden wird durch einen etwa 3 mm großen, glänzend blaugrünen Käfer verursacht, der seine Eier einzeln in die Triebe legt und das Zweigende unterhalb der Ei-ablage fast ganz durchnagt. Im Mark des trocknenden Triebes entwickeln sich die Larven, deren Verpuppung in der Erde erfolgt. Die Käfer überwintern.

Abb. 578. Hundezecke, „Holzbock". *1* Zecke; *2* Zeckenweibchen nach Blutaufnahme. (ca. 5 ×)

*Bekämpfung.* Befallene Triebspitzen einsammeln und verbrennen. Die Käfer können im Mai auf untergelegte Tücher abgeklopft werden. Oft findet man sie im Herbst unter den Wellpappegürteln, die zum Fang der Obstmaden angelegt wurden. Der Einsatz von DDT-, E- oder Lindanstäubemitteln ist erfolgversprechend, doch dürfte diese Maßnahme nur in Ausnahmefällen, z. B. bei wertvollen Junganlagen oder bei Formobst, lohnend sein.

**Zwetschen-Rotfleckenkrankheit, Fleischfleckenkrankheit (Polystigma rubrum).** *Schaden.* Auf Blättern von Pflaumen, Zwetschen und Schlehen entstehen rundliche, orangerote Flecke, die mit der Zeit dunkler werden und sich verdicken. Auf der Blattunterseite sind kleinere Punkte zu bemerken. Die Blätter rollen sich und fallen vorzeitig ab. Bei der Verwesung der Blätter bleiben die schwarzen Flecke erhalten, in denen sich die Wintersporen befinden. Ausbreitung der Krankheit erfolgt im Frühjahr. In den meisten Gebieten ist sie nicht häufig.

*Bekämpfung.* Durch Einsammeln und Verbrennen des Laubes. Baumscheiben tief umgraben. Spritzung mit Kupferkalkbrühe hat vorbeugend beim Austreiben des Lau-bes zu geschehen. Bekämpfung der Krankheit ist auch auf Schlehensträuchern in der Nähe von Obstanlagen wichtig. Weiterhin wird Kalkdüngung empfohlen.

**Zwetschentaschenkrankheit, Narrenkrankheit (Taphrina pruni).** *Schaden.* Einzelne Früchte wachsen schneller heran und zeigen bald eine bis 7 cm lange gekrümmte Form. Ihr Fleisch bleibt anfangs hart und grün, später färben sie sich braun und werden schrumpelig. Die Kernbildung unterbleibt. Die Krankheit ist sehr sorten-und witterungsabhängig. Frühpflaumen werden selten befallen.

*Schädling.* Die Erkrankung ist auf einen Pilz zurückzuführen. Früher glaubte man allgemein an eine Infektion der Früchte vom Holz her. Wahrscheinlicher jedoch ist die Ansteckung der jungen Früchte von außen durch überwinterte Schlauchsporen, die auf den „Hungerzwetschen" gebildet werden. Einzelheiten über den Infektionsverlauf sind noch unbekannt.

*Bekämpfung.* Die befallenen Früchte sollen zeitig abgepflückt und durch tiefes Eingraben unschädlich gemacht werden. Für die Winterspritzung sind zum Obstbaumkarbolineum 2% Kupferkalk zu empfehlen. Vor und nach der Blüte sollte ein Versuch mit Schwefelkalkbrühe gemacht werden. Bei wiederholten Schäden muß an eine Umstellung auf widerstandsfähige Sorten (Umpfropfung) je nach den örtlichen Erfahrungen gedacht werden.

Abb. 579.
„Narrenzwetschen."

**Zwiebelfliege (Hylemyia antiqua).** *Schaden.* Die Zwiebelpflanzen welken und gehen ein. Die Herzblätter lassen sich leicht herausziehen. An deren Grund sitzen fußlose, weiße Maden. In geschlossenen Anbaugebieten können große Ernteausfälle eintreten.

*Schädling.* Die Zwiebelfliege ist von gleicher Größe wie die Stubenfliege, doch durch ihre schlankere Gestalt und die hellere Färbung von ihr unterschieden. Sie fliegt den ganzen Sommer über und hat zwei, in Südeuropa sogar drei Generationen. Die länglichen, weißen Eier werden an dem Grund der jungen Zwiebelblätter abgelegt. Die Larven bohren sich in die Zwiebel ein und fressen darin zwei bis drei Wochen. Zur Verpuppung gehen sie in den Boden. Die zweite Generation überwintert als Puppe. Die Frühjahrsgeneration des Schädlings ist wirtschaftlich am bedeutungsvollsten, weil eine Larve mehrere der kleinen Pflanzen vernichtet. Später entwickelt sich in einer großen Zwiebelknolle meist eine größere Anzahl Larven, wodurch die Zwiebel in Fäulnis übergeht.

*Bekämpfung.* Die früher sehr gebräuchliche Verwendung von Giftködern (50 kg/ha mit Zucker und Natriumfluorid getränkte Zwiebelscheiben) ist heute durch die Ausnutzung der Wirksamkeit von Streu- oder Gießmitteln gegen Bodenschädlinge überflüssig geworden. Dadurch ist ein weitgehender Schutz der Zwiebeln möglich (vgl. Bodenentseuchung). Durch rechtzeitigen Gebrauch ist eine absolute Befallsfreiheit zu erreichen, was durch Angießen der Pflanzen mit Kohlfliegenmitteln auf der Grundlage von Sublimat nicht mit der gleichen Sicherheit gelungen ist.

Behandlung der Zwiebelsamen mit DDT (50%igem Pulver). Man braucht 200 g für 1000 g Samen. 5 g Chlordan-Mineraldünger pro lfd. m Saatzeile wirkt ebenfalls sicher.

**Zwiebelhähnchen (Lilioceris merdigera).** *Schaden.* Die Zwiebelblätter sind vom Rande her befressen und weisen Löcher auf.

*Schädling.* An den Fraßstellen sitzen die graugelben Larven des Zwiebelhähnchens, eines glänzend siegellackroten Käfers von 6 bis 7 mm Länge. Im Jahre treten zwei Generationen auf. Der Käfer überwintert im Boden.

*Bekämpfung.* Zur Vernichtung haben sich Kontaktstäubemittel bewährt (s. S. 1022 ff.), deren Einsatz jedoch nur ausnahmsweise notwendig werden dürfte.

**Zwiebelmehltau, Falscher (Peronospora schleideni).** *Schaden.* Der Pilz bildet auf den Blattröhren zuerst zarte, blaugraue Schimmelrasen. Auf diesen siedeln sich später gern Schwärzepilze an, wodurch die Befallsstellen dunkelgefärbt erscheinen. Die Zwiebelknollen bleiben klein, reifen nicht aus und sind nicht haltbar. Später werden auch die Blütenschäfte befallen, so daß der Samenansatz unterbleibt.

*Erreger.* Eine Übertragung durch Samen spielt keine große Rolle. Die Ansteckung der Jungpflanzen erfolgt bei Herbstaussaat durch die benachbart stehenden Sommerkulturen. Die Überwinterung des Mycels erfolgt in den Pflanzen. Im Frühjahr werden neue Sporenrasen gebildet. Gelegentlich werden auch Dauersporen in großer Zahl ausgebildet, die lange Zeit im Erdboden keimfähig bleiben. Noch nach Jahren können sie die Neuansteckung der Zwiebeln verursachen.

63*

*Bekämpfung.* Krankes Zwiebellaub muß verbrannt werden, um die Dauersporen nicht auf den Komposthaufen oder in die Erde gelangen zu lassen. Wegen des langen Überliegens der Dauersporen ist die Krankheit durch Fruchtwechsel nicht erfolgreich zu bekämpfen. Spritzungen mit Kupferkalkbrühe gelten als am wirksamsten. Um das Ablaufen der Spritzbrühe von den wächsernen Zwiebelblättern zu vermeiden, ist der Zusatz eines Netzmittels notwendig.

# B. Bekämpfungsmittel und -verfahren von A—Z.

Während des zweiten Weltkrieges begann die Einführung der synthetischen Kontaktinsektizide durch Entdeckung des DDT in geradezu revolutionierendem Ausmaß. Insektizide sind Wirkstoffe zur Abtötung von Insekten. Das viel gebrauchte Wort „Kontaktinsektizide" will ausdrücken, daß der Kontakt mit diesen Stoffen genügt, um Insekten zu töten. Neuartig an den modernen Kontaktmitteln (Pyrethrum ist als Wirksubstanz ein längst bekanntes und altbewährtes Berührungsgift) ist die Fähigkeit, auch in trockenem Zustande, etwa als Staub oder feiner Wandbelag nach Abtrocknung der Spritzbrühe infolge der Lipoidlöslichkeit von der äußeren Haut des Insektenkörpers aufgenommen zu werden. Dieses Eindringen ist nun nicht an allen Stellen möglich, sondern geschieht rasch und für das Kerbtier — nach schneller oder langsamerer Lähmung

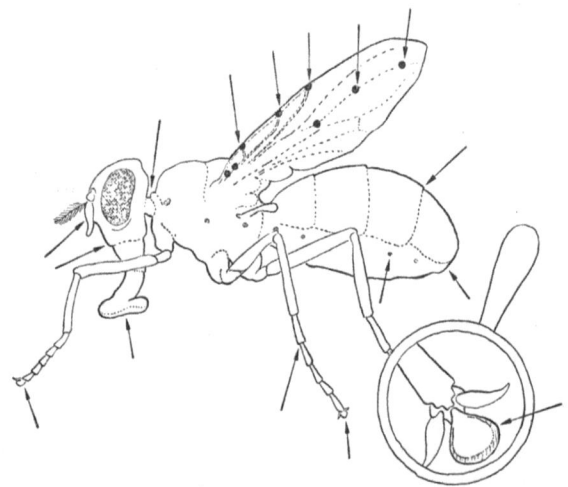

Abb. 580. Stubenfliege, schematisch. Pfeile bezeichnen die dünnhäutigen Körperstellen, an denen Kontaktinsektizide schnell eindringen können. Aus Gründen besserer Übersicht wurden nur einige Intersegmentalstellen und Atemöffnungen (Stigmen) mit Pfeilen versehen. Die stark innervierten Fußsohlen (die des Hinterbeines stark vergr.) und die Saugrüsselbasis sind die wichtigsten Eintrittsstellen. Die schwarzen Punkte auf den Flügeln deuten die Sinnesfelder an, deren Innervierung bis dicht unter die Außenhaut führt (nach *Wiesmann*).

— tödlich nur über die dünnen Gelenkhäute (verbinden Fuß-, Fühler-, Tasterglieder und Körpersegmente) und vor allem über die Sinnesfelder. Letzte finden sich an den verschiedensten Körperstellen, besonders an Mundtastern, Fühlern, Fußsohlen, aber auch auf den häutigen Flügeln sowie den äußeren oder ausstülpbaren Geschlechtsorganen (vgl. hierzu Abb. 580). Die dickeren, harten Chitinschichten, welche das Außenskelett des Insektenkörpers darstellen, bieten genügenden Schutz vor den Giften.

Mit diesen wenigen Worten ist der sogenannte Wirkungsmechanismus der Kontaktgifte nur skizziert. Der Erfolg, den die Präparate, zuerst das DDT, hatten und noch haben werden, liegt in dem beschriebenen Wirkungsablauf begründet. Man braucht gewissermaßen die Schädlinge nicht direkt zu treffen, sie erliegen vielmehr einem wirksamen Belag, der kürzere oder längere Zeit noch nach der Ausbringung abtötet, wenn er berührt wird.

Dem Leser ist klar, daß die Verhältnisse bei verschiedenen Giften und verschiedenen Schädlingen noch mancherlei Komplikation erfahren. So kann ein solches Kontaktgift auch noch zusätzlich als Fraßgift wirken, wenn es mit Nahrungsteilchen in den Darm gelangt. Es kann weiterhin noch eine Atemgiftwirkung vorhanden sein, welche unter bestimmten äußeren Bedingungen den Bekämpfungserfolg beeinflußt. Ferner ist sehr wichtig, daß die meisten Kontaktgifte in den Gebrauchskonzentrationen für Insekten giftig, aber wenig giftig für Säugetiere und den Menschen sind. Diese, besonders für die DDT- und HCH- (Lindan-) Mittel zutreffende und sehr wesentliche Eigenschaft ist für viele Anwendungsgebiete der Schädlingsbekämpfung grundlegend.

Die chemische Industrie hat in den letzten Jahren nach immer neuen Substanzen geforscht, die als synthetische Insektenmittel eingeführt werden können. Besonders voran auf diesem Gebiet sind die Amerikaner, und es ist im Augenblick der Bearbeitung dieses Schädlingsteiles gar nicht abzusehen, in welchem Umfang umwälzende oder wertvolle ergänzende Präparate auch bei uns auf dem Markt erscheinen, nachdem mit einigen bereits der Anfang gemacht wurde. Daß gegenüber dem riesigen Gebrauch der neuen Präparate von seiten der Insekten eine Erhöhung der Widerstandskraft (Resistenz) zu verzeichnen ist, wurde im Abschnitt „Stubenfliege" kurz angedeutet.

Die moderne Entwicklung beschäftigte sich außer mit allgemein wirkenden Insektenmitteln auch mit der Suche nach neuartigen, spezifisch wirksamen Präparaten, die nur gegen bestimmte oder aber eine gleichartig lebende Gruppe von Schädlingen einzusetzen sind. Des weiteren forschte man nach speziellen Milbenpräparaten. Man suchte mit Erfolg nach neuen Mitteln zur Nagetier-, insbesondere zur Rattenbekämpfung. Auch auf dem Gebiete der Unkrautbekämpfung beschritt man neue Wege durch Einführung synthetischer Wuchsstoffmittel, um selektiv ein- oder zweikeimblättrige Pflanzen austilgen zu können. Verständlicherweise suchte man auch nach neuen Pilzgiften. Bis jetzt haben allerdings Kupfer- und Schwefelpräparate wenig von ihrer Stellung eingebüßt. Thiocarbamate lösen anscheinend auf einigen Gebieten das Kupfer ab, auch Kombinationen mit Cu und S sind vielversprechend.

Aus der Fülle der neuartigen insektiziden Substanzen wählten wir die z. Zt. am wichtigsten erscheinenden für die nähere Erläuterung aus, die in alphabetischer Reihenfolge im ersten Abschnitt abgehandelt sind, in Klammern die Ursprungsländer.

Im zweiten Abschnitt werden die Bekämpfungsmittel in Gruppen aufgeführt. Durch die neuen Wirkstoffe wurden in letzter Zeit immer neue Präparate eingeführt. Auf dem Wege freiwilliger Prüfung bemüht sich die Industrie, jedes Präparat von der Biologischen Bundesanstalt für Land- und Forstwirtschaft in Braunschweig „amtlich anerkannt" zu bekommen. Diese Präparate dürfen das Dreieckzeichen der Anerkennung tragen (s. Abb. 581).

Abb. 581.

Holzschutzmittel werden vom „Prüfausschuß für Holzschutzmittel bei der Technischen Zentralstelle der deutschen Forstwirtschaft", Hamburg-Bahrenfeld, durch Ausstellung eines entsprechenden Prüfzeugnisses und Prüfzeichens anerkannt.

Mittel zur Bekämpfung tierischer Gesundheitsschädlinge nennt das Verzeichnis des Bundesgesundheitsamtes, Max-von-Pettenkofer-Institut, Berlin-Dahlem (früher Robert-Koch-Institut, mit eigenem Anerkennungszeichen).

Die genannten Prüfstellen bringen alljährlich Listen der anerkannten Mittel heraus. Die BBA[1] veröffentlicht im Laufe des Jahres zusätzliche Anerkennungen in ihrem „Nachrichtenblatt für den Pflanzenschutzdienst".

Wie schon im Hauptteil „Schädlinge und Krankheiten von A bis Z" mehrfach betont, ist es für den Drogisten wichtig, daß er sich beim Kauf und Verkauf von Mitteln an solche Präparate hält, deren amtliche Anerkennung ersichtlich ist.

---

[1] BBA = Biologische Bundesanstalt für Land- und Forstwirtschaft in Braunschweig für die Deutsche Bundesrepublik; BZA = Biologische Zentralanstalt für Land- und Forstwirtschaft in Berlin-Kleinmachnow für die DDR.

Da auf dem Gebiete der Mittelforschung ständig neue Erkenntnisse gewonnen werden, die alljährlich ihren Niederschlag in den amtlichen Listen obengenannter Anstalten finden, sei dem Benutzer dieses Handbuches angeraten, den Bekämpfungsmittel-Abschnitt durch eigene Nachträge auf dem laufenden zu halten.

## Aldrin (USA).

Im Schrifttum auch Compound 118 genannt. Name Aldrin aus USA, um den Nobelpreisträger ALDER zu ehren, dem — zusammen mit DIELS — die Diensynthese gelang.

Summenformel: $C_{12}H_8Cl_6$ (Hexachlorhexahydro-dimethannaphthalen).

Strukturformel:

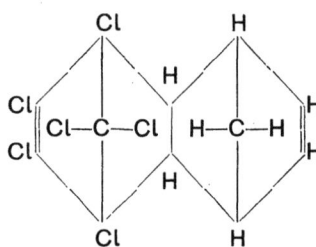

Schmp. ca. 90° C.

Phys. Beschaffenheit: weißer kristalliner Körper. Wasserunlöslich, lösl. in den meisten organ. Lösungsmitteln, alkalibeständig, beständig gegenüber Licht und Feuchtigkeit.

Insektizid wirksam als Kontakt-, hauptsächlich Fraß- und Atemgift. Gute Sofort-, geringe Dauerwirkung. Im Boden lange stabil.

Anwendung in Deutschland zur Zeit nur als Streumittel zur Bodenbehandlung zur Bekämpfung von Engerlingen, Drahtwürmern und anderen Bodenschädlingen.

Für Mensch und Haustier ist Aldrin giftig, so daß die Präparate mit entsprechender Sorgfalt zu handhaben sind. Für Bienen ist Aldrin giftig.

## Chlordan (USA).

Auch Oktachlor oder Chlordane (engl. Schreibweise) genannt.

Summenformel: $C_{10}H_6Cl_8$ (Oktachlor-endomethylen-tetrahydroinden).

Strukturformel:

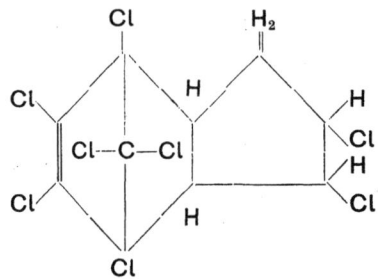

Laut amerikanischer Definition ist Chlordan ein Gemisch verwandter Chlorkohlenwasserstoffe mit einem Mindestgehalt von 60% $C_{10}H_6Cl_8$; der Rest besteht vor allem aus $C_{10}H_5Cl_7$ (gewisse insektizide Wirksamkeit) und $C_{10}H_6Cl_6$ (insektizid unwirksam). Vom eigentlichen Chlordan sind stets mehrere isomere Körper vorhanden, die bei gleicher Summenformel verschiedene insektizide Kraft haben. Besonders wirksam Beta-Chlordan, weniger Alpha-Chlordan. Isolierung aller möglichen Isomere noch nicht gelungen.

Phys. Beschaffenheit: Viscose, je nach Reinheit dunkelbraun bis schwach hellgelbe Flüssigkeit, schwacher, etwas pelziger Zedernholzgeruch; spez. Gew. 1,6; Chlorgehalt 63 bis 65%. Löslich in organ. Lösungsmitteln, nicht in $H_2O$. Nicht alkalibeständig. Wenig flüchtig.

Anwendung als Spritz- (Emulsionen, Suspensionen), Gieß-, Stäube-, Streu- und Ködermittel. Mischbar mit den meisten organischen und anorganischen Insektiziden, Fungiziden und Kunstdünger. Kombination s. Lindan-Chlordan.

Insektizid wirksam als Kontakt-, Fraß- und beschränkt Atemgift (langsame Anfangs-, gute Dauerwirkung, besonders im Boden).

Speziell giftig für Ameisen, Termiten, Schaben, Grillen, Heuschrecken, viele Käfer-, besonders Rüsselkäferarten. Außerdem sehr wirksam im Boden gegen Engerlinge, Drahtwürmer, Maulwurfsgrillen, Kohl- und Zwiebelfliegenlarven. Zur Bekämpfung von Fliegen im Haus und Stall.

Unwirksam gegen Rote Spinnen, Schild- und Schmierläuse, verschiedene Schmetterlingsraupen.

Für Mensch und Haustier sind alle Chlordanaufbereitungen in Gebrauchskonzentrationen praktisch unschädlich, sachgemäße Anwendung vorausgesetzt.

Für Bienen ist Chlordan giftig.

## DDT (Schweiz).

Summenformel: $C_{14}H_9Cl_5$ (Dichlor-diphenyl-trichlormethyl-methan).

Strukturformel:

Schmp. des p, p'-Isomeres (das zu 75 bis 80% im Isomerengemisch vorhanden ist): 108 bis 109° C.

Schmp. des Gesamtgemisches: ca. 90° C.

Schmp. des gereinigten Gemisches: ca. 103° C.

Phys. Beschaffenheit: weiße, schwach riechende Kristalle. Löslich in anorganischen Lösungsmitteln, nicht in $H_2O$.

Insektizid wirksam als Kontakt- und Fraßgift, kein Atemgift. Langsame Anfangs-, lange Dauerwirkung, auch lange im Boden stabil.

Anwendung als Spritz- (Emulsion, Suspension), Nebel-, Räucher-, Stäubemittel. Mischbar mit den meisten Insektiziden, Fungiziden und Düngern.

Kombination s. Lindan-DDT.

Wirksam gegen sehr viele fressende und saugende Schädlinge in Land- und Forstwirtschaft, am Tier, in Wohnräumen und am Menschen.

Unwirksam gegen Rote Spinnen, Schild- und Schmierläuse, manche Blattläuse.

Für Mensch und Haustier sind alle DDT-Aufbereitungen, sachgemäßer Verbrauch vorausgesetzt, praktisch unschädlich. Für Bienen giftig.

## DFDT (Deutschland).

Summenformel: $C_{14}H_9Cl_3F_2$ (Difluor-diphenyl-trichlor-methylmethan).

Strukturformel:

Schmp. 35°.

Die Verbindung ist ein DDT-Derivat. Sie wurde durch das Fliegenbekämpfungsmittel Gix bekannt und spielt nur für diesen Zweck der Haus- und Stallentwesung eine Rolle. Bei richtiger Anwendung in Gebieten mit Fliegen ohne DDT-Resistenz entfaltet der DFDT-Belag eine mehrmonatige Dauerwirkung. Giftigkeit für Mensch und Haustier relativ gering, d. h. bei sachgemäßer Anwendung sind Gebrauchskonzentrationen unschädlich.

Für Bienen giftig.

## Diazinon (Schweiz).

In der Schweizer Literatur unter mehreren Nummern, z. B. G (Geigy) 24480 bekannt. Es handelt sich um einen im Vergleich zu E 605 nur schwach giftigen Phosphorsäureester. Summenformel: $C_{12}H_{21}O_3N_2SP$.

Thiophosphorsäure-[2-isopropyl-4-methyl-pyrimidil-(6)]-diäthylester.
Strukturformel:

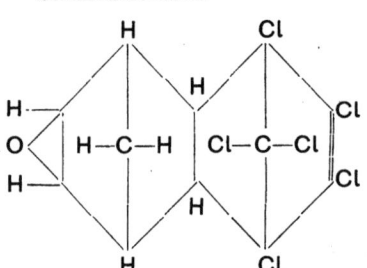

Schmp.: 83° bis 84° C.

Phys. Beschaffenheit: weiße Kristalle, wasserunlöslich, lösl. in organischen Lösungsmitteln (Aceton, Xylol u. a.), nicht alkalifest. Praktisch ist Diazinon für alle Aufbereitungsformen geeignet.

Das hervorstechende Merkmal des D. ist seine geringe Toxicität gegenüber Warmblütern und die sehr große insektizide Breitenwirkung als Kontaktgift.

Mit D. lassen sich (bis jetzt!) vor allem die gegen chlorierte Kohlenwasserstoffe resistent gewordenen Stubenfliegen gut bekämpfen.

Für Bienen giftig.

Eine für Warmblüter noch weniger giftige Phosphorverbindung ist **Malathion** **(USA)**, $C_{10}H_{19}O_6S_2P$. Wirkt gegen viele Insekten, vor allem gegen saugende und Spinnmilben, sehr gut auch gegen resistende Stubenfliegen. Bald wird es auch in Deutschland anerkannte Malathion-Präparate geben (ab 1955).

### Dieldrin (USA).

Im Schrifttum auch Compound 497 genannt. Name Dieldrin aus USA, um den Nobelpreisträger DIELS zu ehren, dem — zusammen mit ALDER — die Diensynthese zu verdanken ist.

Summenformel: $C_{12}H_8OCl_6$ (Hexachlor-epoxy-oktahydro-endo-exo-methylennaphthalin).

Strukturformel:

Schmp. 175 bis 176° C.

Phys. Beschaffenheit: weißlicher, kristalliner Körper, fast geruchlos. Löslich in organischen Lösungsmitteln, nicht in $H_2O$, alkalibeständig.

Insektizid wirksam als Kontakt-, Fraß- und Atemgift. Langsame Anfangs-, gute Dauerwirkung.

Anwendung als Spritz- (Emulsionen, Suspensionen), Gieß- und Stäubemittel. Mischbar mit den meisten organischen und anorganischen Insektiziden, Fungiziden, Knnstdünger. Kombination s. Lindan-Dieldrin.

Speziell giftig für Heuschrecken, Termiten, Bodenschädlinge. Daneben aber große Wirkungsbreite gegen die meisten Schadinsekten. Wegen der starken Warmblütergiftigkeit sind allerdings gewisse Einschränkungen geboten, z. B. auf dem hygienischen oder veterinärhygienischen Sektor.

Unwirksam gegen Rote Spinnen.

Für Mensch und Haustier ist Dieldrin hochgiftig (giftiger als Nikotin!), so daß bei Hantierung und Ansatz von Gebrauchskonzentrationen entsprechende Vorsicht geboten ist. — Für Bienen ist Dieldrin giftig.

**Endrin (USA)** ist das Stereoisomere des Dieldrin und zur Zeit nur in einer Kombination mit Lindan im Gebrauch.

### E 605 (Deutschland).

Auch als E- oder Estermittel, Phosphorsäureester oder Parathion (in USA) bekannt.

Summenformel: $C_{10}H_{14}O_5NSP$ (Diäthyl-nitrophenyl-thiophosphorsäureester).

Strukturformel:

C₂H₅O $\diagdown$ S
$\quad$ P — O — ⟨ ⟩ — NO₂
C₂H₅O $\diagup$

Schmp. 173 bis 175° C.

Phys. Beschaffenheit: grünlich-gelbliche Flüssigkeit mit Knoblauchgeruch. Löslich in organischen Lösungsmitteln, nicht in $H_2O$.

Insektizid wirksam als Kontakt-, Fraß- und Atemgift. Schnelle Anfangs-, geringe Dauerwirkung. Dringt in die Pflanze ein, wirkt etwas „innertherapeutisch" (systemisch), wird von der Pflanze abgebaut und so entgiftet.

Anwendung als Spritz- (Emulsion), Staub- und Räuchermittel. Mischbar mit den meisten Insektiziden, Fungiziden, Dünger.

Wirksam gegen die meisten Schädlinge, auch gegen Schild- und Schmierläuse sowie Rote Spinnen. Unwirksam gegen Kartoffelkäfer. Aus praktischen Gründen wenig gebräuchlich gegen Insekten im Boden, am Vieh und in Wohnräumen.

Für *Mensch* und *Haustier* ist E 605 *hochgiftig*, so daß beim Umgang mit den verschiedenen Aufbereitungen stets *große Vorsicht* am Platze ist. — Für Bienen giftig.

**Systox (Deutschland),** $C_8H_{19}O_3SP$, wirkt lange im Kreislaufsystem der Pflanze („systemisches" Insektizid) und erfaßt so selektiv saugende Insekten und Spinnmilben. Für Warmblüter hochgiftig. Wenig giftig ist das in Prüfung befindliche **Metasystox (Deutschland).**

## HCH (Frankreich, England).

Auch als HCC, BHC, 666, Hexa, Hexachlor, Hexachloran, Gammexan, Cyclohexan abgekürzt.

Summenformel: $C_6H_6Cl_6$ (Hexachlor-cyclo-Hexan; engl.: Benzenehexachloride).

Strukturformel:

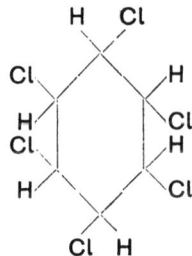

Ein Isomerengemisch, deren Körper sich bei gleicher Summenformel physikalisch, insektizid und warmblüter-toxisch verschieden verhalten. Im technischen Gemisch sind vorhanden: 55% Alpha- (Schmp. 157° C), 14% Beta- (Schmp. 300° C), 12% Gamma- (Schmp. 112,5° C), 8% Delta- (Schmp. 138° C), 3 bis 4% Epsilon-HCH (Schmp. 219° C) und Verunreinigungen. Allein brauchbar als Insektizid ist das Gamma-Isomere, dessen Anreicherung im HCH demnach für die Präparateherstellung wichtig ist. Ideal ist Reinherstellung (s. hierüber unter Lindan).

Das Delta- und Epsilonisomere riechen stark; Delta-HCH ist außerdem phytotoxisch. Letztes Isomere vor allem verantwortlich für immer stärkere Beschränkung der „Hexamittel", die heute praktisch nur noch im Forst und auf Wiesenland Verwendung finden, da in landwirtschaftlichen Kulturen die Gefahr der Geschmacksbeeinträchtigung ober- und unterirdischen Erntegutes besteht.

Anwendung als Spritz-, Nebel-, Räucher- (Emulsionen, Suspensionen), Stäube-, Streu- und Ködermittel. Mischbar mit den meisten organischen und anorganischen Insektiziden, Fungiziden und Kunstdünger.

Insektizid wirksam als Kontakt-, Fraß- und Atemgift. Schnelle Sofort-, mäßige Dauerwirkung. Große Breitenwirkung gegen die meisten beißenden und saugenden Insekten und Spinnentiere (parasitische Zecken und Milben), lange wirksam im Boden gegen Engerlinge, Drahtwürmer. Unwirksam gegen Rote Spinnen, Schild- und Schmierläuse, verschiedene, besonders ältere Raupen. Für Mensch und Haustier sind alle Hexaaufbereitungen praktisch unschädlich, sachgemäße Verwendung vorausgesetzt. — Für Bienen giftig.

## Lindan (USA, Deutschland).

Englische Schreibweise Lindane, das ist der zu Ehren des Chemikers van der Linden (Isomerentrennung) erst in USA und danach auch international eingeführte Name für mindestens 99% reines Gamma-Isomere des HCH (,,Gamma-HCH'').

Summenformel: $C_6H_6Cl_6$.

Strukturformel in räumlicher Anordnung:

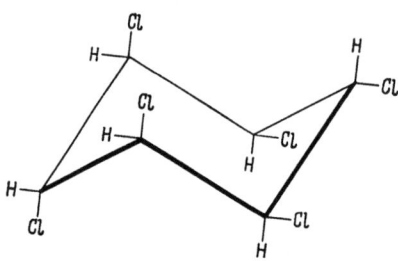

Schmp. 112,5° C.

Phys. Beschaffenheit: weiße Kristalle, geruchs- und geschmacksfrei. Löslich in organischen Lösungsmitteln, Ölen und Fetten, nicht in $H_2O$. Gegenüber starken Alkalien unbeständig.

Anwendung als Spritz- (Emulsionen, Suspensionen), Nebel-, Räucher-, Stäube-, Streu- und Ködermittel. Auch in Farben, Bohnerwachs, Salben und Wurmmitteln. Mischbar mit den meisten Insektiziden, Fungiziden, Kunstdüngern. Mischbarkeit mit stark alkalisch reagierenden Stoffen umstritten. Kombinationen s. u.

Insektizid wirksam als Kontakt-, Fraß- und Atemgift. Oberirdisch schnelle Sofort-, geringe Dauerwirkung, im Boden lange Dauerwirkung.

Wirksam gegen fast alle beißenden und saugenden Insekten und Spinnentiere (parasitische Milben und Zecken). Besonders einzusetzen gegen Bodenschädlinge, wie Drahtwürmer, Engerlinge. Unwirksam gegen Spinnmilben, Schild- und Schmierläuse, verschiedene Raupen (besonders ältere Stadien) von Schmetterlingen und Blattwespen.

Für Mensch und Haustier sind alle Lindanaufbereitungen praktisch unschädlich, sachgemäße Anwendung vorausgesetzt.

Für Bienen giftig.

## Lindankombinationen.

Die schnelle Wirkung auf Insekten, die damit verbundene Schockwirkung und der ,,augenfällige Erfolg'', der bei den meisten Schädlingen mit Lindan erzielt wird, nicht zuletzt auch die große Anwendungsbreite, führte bald zu Versuchen, weniger rasant und weniger breit wirkende Substanzen mit Lindan zu mischen. Und so gibt es heute folgende Lindan-Kombinationen, die additive, z. T. auch synergistische Wirkungen zeigen:

> Lindan-Aldrin
>     -Chlordan
>     -DDT
>     -Dieldrin
>     -Endrin
>     -Phosphorsäureester (E 838)
>     -Toxaphen

Mit Fungiziden gibt es ebenfalls Kombinationen:

> Lindan-Kupfer
>    - Quecksilber

Aus besonderen Gründen, z. B. für die Raumentwesung und den Holzschutz, können auch mehrere insektizid oder fungizid wirksame Substanzen zusammengestellt und dann noch mit Lindan gemischt werden. Wo es angezeigt ist, wird in der Aufstellung der anerkannten Handelspräparate ein kurzer Hinweis gebracht.

## Toxaphen (USA).

Summenformel: $C_{10}H_{10}Cl_8$ (Polychlordicycloterpen, chloriertes Camphen).
Strukturformel zur Zeit noch nicht bekannt.

Toxaphen ist der Name für ein Gemisch verschiedener Chlorkohlenwasserstoffe, die nach Chlorierung von Camphen gewonnen werden.

Phys. Beschaffenheit: wachsige, gelbe Masse mit aromatischem Geruch, löslich in organischen Lösungsmitteln.

Anwendung als Spritz- (Emulsionen, Suspensionen), Stäubemittel. Mischbar mit allen Kohlenwasserstoff- und P-haltigen Insektiziden und Fungiziden.

Insektizid wirksam als Kontaktgift. Dauerwirkung etwas besser als bei HCH, im Boden schneller und restloser Abbau.

Wirkt gegen viele fressende und saugende Insekten, auch gegen Spinnmilben. Unwirksam gegen Schild- und Schmierläuse, relativ schwach gegen Blattläuse.

Kombinationen s. Lindan-Toxaphen.

Für Mensch und Haustier Vorsicht beim Umgang mit den Konzentraten, Gebrauchskonzentrationen sind relativ ungefährlich, sachgemäße Verwendung vorausgesetzt.

Für Bienen praktisch ungefährlich.

## Alphabetisches Verzeichnis der z. Z. anerkannten Mittel (April 1954).

### Älchenmittel.

Sapikat-Schwefelkohlenstoff, Flörsheim. ☠ 3.

### Ameisenmittel.

a) *Fraßgiftköder.*

Anwendung: Auf Scherben aufstreichen oder in Köderdosen auf Ameisenstraßen auslegen. Gegen Garten- und Hausameisen in Gärten und in Gebäuden.

Amex-Ameisenfreßlack, Obermann. Arsen, ☠ 1.

Delicia-Ameisenpräparat, Delicia. Antimon, ☠ 2.

Styx-Ameisentod, Schmalfuß (Lindan).

b) *Berührungsgift-Präparate.*

Anwendung: Ausstreuen oder Gießen.

Ameisenmittel, Schering.

Hora-Ameisenmittel, Fahlberg-List.

Illoxan, Hoechst.

Unexan (nur gießen), Cela.

### Apfelwicklermittel.

Neben *Bleiarsenspritzmitteln* ☠ 1 werden DDT- und E-Präparate gebraucht (s. S. 1021, 1025).

Anwendung: Pulver 0,4%; Paste 1%. Als Zusatz zu Schwefelkalkbrühe oder Kupferspritzmitteln.

Bleiarsenatpaste Marquart, Marquart.

Bleiarsenatpulver Marquart, Marquart.

Bleiarsenat Enag, Elektro-Nitrum.

Bleiarseniat-Paste Hestha, Billwärder.

Bleiarseniat-Pulver Hestha, Billwärder.

Bleiarseniat Silesia (Silblat), Güttler.

Bleiarsenpaste Borchers, Borchers.

Bleiarsenpaste Urania, Pflanzenschutz.

Bleiarsenspritzmittel Borchers, Borchers.

Bleiarsenspritzmittel Spieß-Urania, Pflanzenschutz, Spieß.

Zabulon Bleiarsen-Spritzmittel, Hinsberg.

### Arsenmittel (vgl. auch Apfelwicklermittel).

a) *Kalkarsen-Spritzmittel.* ☠ 1.

Anwendung: Gegen beißende Insekten im Acker- und Obstbau. Im Weinbau verboten! Anwendung: 0,4% allein oder als Zusatz zu Kupferspritzmitteln oder Schwefelkalkbrühe. Gegen Kartoffelkäfer 1%.

Kalkarsenat-Spritzmittel Marquart, Marquart.

Kalkarsen Spritz-Hesthanol, Billwärder.

Kalkarsenspritzmittel Borchers, Borchers.

Kalkarsenspritzmittel Hansa, Bigot-Schärfe.

Kalkarsen-Spritzmittel Hinsberg, Hinsberg.

Kalkarsenspritzmittel Silesia, Güttler.

Kalkarsen-Spritzmittel Urania, Pflanzenschutz.

*b) Kalkarsen-Stäubemittel.* ☠ *1.*

*Anwendung*: Gegen beißende Insekten im Ackerbau und Forst. Im Weinbau und gegen Kartoffelkäfer verboten!

Kalkarsenstaub Silesia (Vermisil), Güttler.

Kalkarsen Stäube-Hesthanol, Billwärder.

*c) Sonstige Arsen-Stäubemittel.* ☠ *1.*

*Anwendung*: Gegen beißende Insekten im Ackerbau und Forst. Im Weinbau und gegen Kartoffelkäfer verboten!

Arsen-Stäubemittel Borchers, Borchers.

Vomarsen, Voma.

*d) Kupfer-Kalkarsen.*

Nosprasit, Hoechst.

Schacht-Fusibar, Schacht.

*e) Kupfer-Arsen.*

Cuprasol, Pflanzenschutz, Spieß.

## Baumteer und Baumwachs für Wundverschluß.

*a) Baumteer* (Wundpflegemittel, nicht zur Veredelung).

Pfropfes Wachsteer, Pfropfe.

Widder-Baumteer, Wider.

*b) Baumwachse* (für Wunden und Veredelung).

Baumwachs-Bodensee, Schulz.

Baumwachs Schering, Schering.

Brunonia-Baumwachs, Schacht.

C.F.S. Baumwachs Spieß-Urania, Pflanzenschutz, Spieß.

Gaschell-Baumwachs Spieß-Urania, Pflanzenschutz, Spieß.

Kaltflüssiges Baumwachs Trimona, Tripmacher.

Lauril-Baumwachs, Hinsberg.

Nenningers Baumharz, Nenninger.

Nenningers Baumwachs, Nenninger.

Pomona-Baumwachs, Stähler.

Widder-Baumwachs, Wider.

Widder-Baumsalbe, Wider.

## Begasungsmittel.

*a) Für Gewächshaus* (gegen Blatt-, Mottenschild-, Schildläuse, Blasenfüße = Thrips).

Blausäurepräparate ☠ *1*. Anwendung bedarf besonderer Genehmigung.

Calcid (hochprozentiges Calciumcyanid zur Entseuchung von Baumschulsendungen), Degesch, Vertrieb Heerdt-Lingler und Testa.

Calcyan (niedrigprozentiges Calciumcyanid gegen Gewächshausschädlinge), Degesch, Vertrieb Heerdt-Lingler und Testa.

*b) Für Silos, Mühlen, Speicher* gegen Kornkäfer, Mehlmotten und andere Vorratsschädlinge.

*1. mit Kreislaufbegasungsanlage.*

Areginal, Hoechst.

Cartox, Degesch.

Methylbromid-Verfahren für Degesch-Kleinsilo, Degesch.

*2. ohne Kreislaufbegasungsanlage.*

Delicia-Kornkäferbegasung, Delitia.

VG-Degesch, Degesch, Anwendung durch Heerdt-Lingler, Testa.

Zur Silo-Leerraumbegasung:

Delicia-Kornkäferbegasung, Delitia.

Ventox, Degesch, Anwendung durch Heerdt-Lingler, Testa.

Zur Begasung von lagerndem und gesacktem Getreide:

Delicia-Kornkäferbegasung, Delitia.

Zur Begasung von Mühlen und Speichern sowie Nahrungsmittelbetrieben:

Ventox, Degesch, Anwendung durch Heerdt-Lingler, Testa.

Zyklon, Degesch, Anwendung durch Heerdt-Lingler, Testa.

*c) Für Wohnungen, Läger usw.* gegen Wanzen, Motten u. a.

T-Gas (konzessionspflichtig) (Äthylenoxyd), Degesch, Vertrieb Heerdt-Lingler, Testa.

Zyklon (konzessionspflichtig) (Blausäure) (auch gegen Hausbock), Degesch, Vertrieb Heerdt-Lingler, Testa.

**Beizmittel.**

**a)** *Universal-Beizmittel* gegen Weizensteinbrand, Schneeschimmel, Streifenkrankheit an Gerste und Haferflugbrand. Nur gefärbte Beizmittel verwenden!

### 1. Getreide-Naßbeizmittel, quecksilberhaltig, ☠ 1.

(Bei der Saatgutvermehrung wird bei *Haferflugbrand* nur die Verwendung von Formaldehyd als sicheres Mittel empfohlen.)

| | Anwendungsweise | | |
|---|---|---|---|
| | Tauchen | Benetzen 3 Std. bed. | Kurznaßbeizen 100 kg |
| *Abavit-Universal-Naßbeize* Schering | | | |
| Weizensteinbrand Schneeschimmel Streifenkrankheit der Gerste | 0,1% 30 Min. | 0,5% | 2% 3 l |
| Haferflugbrand | | | 3% 4 l |
| *Albertan 44 Universal-Naßbeize* Albert | | | |
| Weizensteinbrand Schneeschimmel Streifenkrankheit der Gerste | 0,1% 30 Min. | 0,5% | 2% 3 l |
| Haferflugbrand | | | 3% 4 l |
| *Ceresan-Universal-Naßbeize (U 564)* Bayer | | | |
| Weizensteinbrand Schneeschimmel Streifenkrankheit der Gerste | 0,1% 30 Min. | 0,5% | 2% 3 l |
| Haferflugbrand | | | 3% 4 l |
| *Fusariol-Neu Universal Naßbeize 3456* Marktredwitz | | | |
| Weizensteinbrand Schneeschimmel Streifenkrankheit der Gerste | 0,1% 15 Min. | 0,5% | 2% 3 l |
| Haferflugbrand | | | 2% 4 l |
| *Germisan-Universal-Naßbeize Ga 600* Fahlberg-List | | | |
| Weizensteinbrand Schneeschimmel Streifenkrankheit der Gerste | 0,1% 30 Min. | 0,5% | 2% 3 l |
| Haferflugbrand | | | 3% 4 l |

**2.** *Getreide-Trockenbeizmittel,* quecksilberhaltig, ☠ 1.
Gegen: Weizensteinbrand, Schneeschimmel, Streifenkrankheit der Gerste 200 g/100 kg, Haferflugbrand 300 g/100 kg:

Abavit-Neu, Universal-Trockenbeize 25852, Schering.

Agrano 50, Universal-Trockenbeize Wiersum.

Albertan 50, Universal-Trockenbeize Albert.

Albertan 52, Universal-Trockenbeize, Albert.
Ceresan Universal-Trockenbeize (U.T. 11975a), Bayer.
Dynamal 52, Universal-Trockenbeize[1] Albert.
Fusariol, Universal-Trockenbeize 3140b, Marktredwitz.
Germisan, Universal-Trockenbeize 4099a, Fahlberg-List.
Spuren-Fusariol-Universal-Trockenbeize f 523[1], Marktredwitz.

*3. Kombinierte Getreidebeizmittel*, quecksilber-lindanhaltig, ☠ *1*.

Wirksam gegen Weizensteinbrand, Schneeschimmel, Streifenkrankheit der Gerste, Haferflugbrand und gegen Drahtwurmfraß an der jungen Saat. Nicht zur Vorratsbeizung geeignet!
Abavit-Gamma Universal-Trockenbeize, Schering.
Agronex-Plus Universal-Trockenbeize Cela.
Germisan-Lindan Universal-Trockenbeize, Fahlberg-List.
Hortexan Universal-Trockenbeize, Merck.
Kombi-Fusariol-Trockenbeize, Marktredwitz.

*4. Mittel für Gemüsesamenbeizung.*

Die unter *1* und *2* angeführten Beizmittel sind zur Gemüsesamenbeizung zu verwenden als:
*Naßbeizmittel* im Tauchverfahren mit 0,1% bei 15 bis 30 Minuten Beizdauer.
*Trockenbeizmittel* mit 2 g je kg Saatgut; für empfindliche Samen, wie Salat oder Tomaten, ist die Trockenbeize mit Talkum im Verhältnis 1 : 2 zu strecken.

**b)** *Spezialbeizmittel*, gegen nur eine Krankheit wirksam. Nicht für Lohnbeizstellen.

*1. Mittel gegen Haferflugbrand.*

Formaldehyd, Degussa.
Anwendungsweise: Tauchen: 0,1% (d. h. 0,25% der Präparate) 15 Min. Benetzen: 0,1% (d. h. 0,25% der Präparate)

*2. Mittel gegen Weizensteinbrand.*

Cerenox (hexachlorbenzolhaltig), Bayer.
Steinbrandbeize Albert I (hexachlorbenzolhaltig), Albert.
*Tritisan* (Chlornitrobenzolhaltig), Hoechst, als Trockenbeizmittel, 200 g/100 kg.

**Blattlausmittel.**

Neben Nikotin-, Derris- und Pyrethrummitteln (s. „Nikotinmittel“), die früher vor allem gebräuchlich waren, sind heute besonders die Präparate auf Basis Chlor-Benzol, Chlordan, HCH, Lindan, Toxaphen, Phosphorester in Benutzung. Über diese Mittel s. Aufstellung „Organ.-synthetische Mittel gegen beißende und saugende Insekten“. Siehe auch Gewächshausräuchermittel.

**Bläueschutzmittel.**

*a) Zum Schutz geschlagenen Nadelholzes im Wald.*
Bläueschutzmittel Weyl, Weyl.
Fluralsil BS, Desowag.

*b) Grundiermittel gegen Bläueschutzwirkung.* Präparate, die das Weiterwachsen der Bläuepilze im Nadelholz verhindern.
Hauptwirksamkeit: Schutz gegen Anstrichschäden durch Bläuepilze.
Nebenwirksamkeit: Oberflächenschutz gegen holzzerstörende Pilze.
Antiblau-Firnis, Spangenberg.
Bläueschutz-Albert, Albert.
Bläueschutz-Grundierung Witoxyl, Imhausen.
Grundier-Avenarol, Avenarius.
Grundier-Basileum, Bayer.
HV-18-Grundschutzöl, Hauenschild.
Impra-Grundierung, Rütgerswerke, Weyl.
P-C-san, Herberts.
Protexyl-Grund, Bautenschutz.
Sedral, Biebrich.
Xylamon-Grund, Desowag.
Xylamon-PCP-Grund, Desowag.

**Blutlausmittel.**

*a) Pinselmittel.*
*Anwendung*: nach Vorschrift.

[1] Mit Spuren-Elementen Mangan, Kupfer, Bor zur Versorgung der jungen Saat.

Aplidal, Neudorff.

Bacoid-Antiblutlaus-Fluid, Barthel.

Blut-ex, Obermann.

Blutlausmittel Hestha, Billwärder.

Blutlauspinselmittel Radikal, Nordenham.

Effektiv, Eimermacher.

Schacht Solvolan, Schacht.

*b) Spritzmittel.*

Blutlausmittel Hestha, Billwärder, 5%.

Curofrux, Neudorff, 0,25%.

Nolapur-Emulsion, Oxydo, 0,2%.

Lindanemulsionen, Systox u. a. sind entsprechend den Gebrauchsanweisungen verdünnt, ebenfalls brauchbar (s. Aufstellung „Organ.-synthetische Mittel gegen beißende und saugende Insekten").

### Bodenentseuchung.

*1. Dämpfung des Bodens.* Die beste Art der Bodenentseuchung, d. h. Abtötung aller in der Erde befindlichen Krankheitserreger und tierischen Schädlinge, geschieht mit Dampf. Hierzu gibt es für Gärtnereien entsprechende Dampferzeuger mit Dämpfgeräten (Dämpffässer, -roste, -gabeln). Die benötigten Temperaturen liegen bei $+80°$ C, die Dämpfzeit bei rund 20 Minuten. Pro Kubikmeter Erde sind 80 bis 100 kg Dampf erforderlich.

*2. Chemische Bodenbehandlung.* a) Mit 40%igem Formalin, von dem man 0,25 l auf 10 l Wasser gibt, kann gelockerter Boden entseucht werden. 10 l Lösung reichen für 1 qm. Behandelter Boden ist einige Tage mit feuchten Säcken abzudecken, um das Formaldehydgas einwirken zu lassen. Bodennutzung erst nach Verschwinden des Formalingeruches möglich. Vor allem ist diese Behandlung gegen Erreger der Schwarzbeinigkeit und gegen Vermehrungspilze wirksam.

b) Brassicol (Basis Pentachlornitrobenzol s. S. 1029) wirkt speziell gegen Salatfäule und Zwiebelbrand, außerdem noch bei Umfallkrankheit und Schwarzbeinigkeit.

c) Beizmittel auf Quecksilberbasis können bedingt benutzt werden. Pro Quadratmeter braucht man ca. 10 g, die in etwa 5 bis 10 l Wasser gelöst ausgebracht werden. Nach dieser Behandlung ist mit Aussaaten drei bis vier Wochen zu warten.

d) Schwefelkohlenstoff wirkt gegen tierische Bodenschädlinge wie Engerlinge, Drahtwürmer und Älchen. Um die Explosionsgefahr zu mindern, sollte nur Sapikat-Schwefelkohlenstoff benutzt werden (s. Älchenmittel), dessen Verwendung in Gewächshäusern nur mit Gasmaskenschutz erfolgen kann.

e) Kontaktinsektizide auf Aldrin-, Chlordan-, E-, Hexa- oder Lindanbasis kommen zur Bekämpfung bodenbewohnender Insektenlarven vielfach zur Anwendung; s. hierzu Drahtwurmmittel, Engerlingsmittel, Kohlfliegenmittel, Saatschutzmittel, Tipulamittel.

### Bremsenöle.

Amtlich anerkannte Bremsenöle fanden wir nicht. Es ist aber, je nach den örtlichen Verhältnissen, durchaus möglich, entsprechend den diversen Rezepten Bremsenöle für die Erntezeit in der Drogerie herzustellen.

### Dasselmittel.

Delicia-Dasselöl, Delitia.

Derrismittel s. Nikotinmittel.

### Drahtwurmmittel.

*a) Saatschutzmittel* (Lindanpräparate)[1].

*Anwendung:* Zum Schutz der jungen Saat gegen Drahtwürmer; 250 g auf 100 kg Saatgut bei Getreide, 500 g auf 100 kg bei Rüben-Knäuelsamen, 120 g auf 100 kg bei Zuckerrüben-Monogermsamen.

Agronex, Cela.

Gamalzit-Saatgut-Puder, Hoechst.

Hexacid-G-Saatgutpuder, Aglukon.

Hexatox-Puder, Borchers.

Hexylan-Saatgutpuder, Pflanzenschutz, Spieß.

Hora-Saatgut-Puder, Fahlberg-List.

Hortex-Saatgutpuder, Merck.

Isotox D 200 Saatgutpuder, Propfe.

Multexol-Saatschutzpuder, Neudorff.

---

[1] S. auch S. 1006 „Kombinierte Getreidebeizmittel".

Raff-Saatschutzmittel, Raschig.
Verindal-Saatgutpuder Schering, Schering.
Tarsol-Drahtwurmpuder, Albert.

**b)** *Streumittel* für Bodenbehandlung gegen Drahtwürmer und Engerlinge, mit * auch gegen Tipula.

*Anwendung*: gegen Drahtwürmer 0,75 kg/a, Engerlinge 1—2 kg/a und mehr, Tipula 1 kg/a. (Die mit + versehenen Mittel nur zur Verwendung in Baumschulen.)

*Gamma (Lindan).*
Alon-Streumittel, Weyl.
Borchers Streu-Hexatox, Borchers.
Dr. Epples Streu-Elefant G, Epple.
*Gamalzit-Phosphat-Streumittel, Anorgana.
*Gamma-Streunex, Cela.
Gammaterr, Elektro-Nitrum.
Hexacid G-Streumittel, Aglukon.
Hexal-Streumittel, Hinsberg.
Hexylan-Streumittel, Pflanzenschutz, Spieß.
Hortex-Streumittel, Merck.
*Isotox D 13 Streupulver, Propfe.
*Kontra-Streu-Gamma, Vogger.
Nolapur-Streumittel, Oxydo.
*Verindal-Gamma-Streumittel, Schering.

*Hexa (techn. rein).*
+Alon-Streumittel techn., Hoechst.
+Borchers Streu-Hexatox techn., Borchers.
Hexox-Streumittel, Oxydo.
+Verindal-Streumittel F, Schering.
+Viton-Streumittel N, Merck.

*Aldrin.*
Hora-Streumittel, Fahlberg-List.

*Chlordan und chlordanähnliche Wirkstoffe.*
*Illoxan, Hoechst.

*Chlordan-Mineraldünger.*
Chlordan-Streunex, Cela.

*Chlor-Benzol-Homologe.*
*C-B-Ho-Streumittel, Schacht.

*Lindan-Dieldrin.*
Multexol-Streumittel novo, Neudorff.

*Lindan-Mineraldünger.*
Bodeninsektizider Kalkstickstoff, Lonza.
Gamalzit-Phosphat-Streumittel, Hoechst.

Phossektin, Hoyermann.
Super-Tarsol, Albert.

**c)** *Gießmittel* gegen Drahtwürmer und Engerlinge.

*Lindan.*
Alon emulgierbar, Hoechst, 0,1%.
Hexylan-Emulsion, Pflanzenschutz Spieß; 5 l/lfd. m. 0,2%.
Hortex-Emulsion 0,1, Merck, 0,05%.

*Hexa (techn.).*
Hexox-Emulsion, Oxydo, 7 l/ha in Grünland, 0,15% (auch gegen Erdraupen).

*Chlordan.*
Oktamul, Elektro-Nitrum, 0,2%

**Erdflohmittel.**
Sämtliche Stäubemittel auf Kontaktgiftbasis s. Aufstellung „Organ.-synthetische Mittel gegen beißende und saugende Insekten",
ferner auf Basis Nikotin, Derris s. Nikotinmittel.
Casit Erdflohpulver, Schering.
Schacht Parasitol Erdflohpulver, Schacht.

**Erdraupenmittel.**
Perrit-Blitol E, Pflanzenschutz.
(Fluor-Streuköder, 25 kg/ha, muß vor Gebrauch mit gleicher Wassermenge durchfeuchtet und gegen Abend breitwürfig ausgestreut werden);
s. auch Drahtwurmmittel, da auch Lindanstreumittel wirken.

**Filzlausmittel.**
C. F. S. Gammasalbe, Stoltzenberg.
Pakulit, Kunze.

**Fliegenmittel.**
(Gegen Stall- u. Stubenfliegen).

*1.* Präparate ohne Dauerwirkung.

*a)* Spritz- und Sprühmittel.

*Lindan bzw. Hexa, techn.*
Alon-Nebelmittel, Weyl.
Hexacid rot, Aglukon.
KO (Knock out) Nebeldose, TESTA.
Nebelflüssigkeit HCC N 40, Borchers.
Per-Jacutin-Zerstäuber, Merck.

*Pyrethrum bzw. Pyrethrum + Piperonylbutoxyd.*
Chrysanthol-Nebeldose, Pflanzenschutz, Spieß.

Dusturan-Vernebelungsmittel, Pflanzenschutz.

Firmotox, Firmochem.

Futsch (mit Derris-Zusatz), Eimermacher.

Kobra, Schäffner.

Parex, Riedel-de Haën.

*Auf anderer Wirkstoffbasis.*

S 83, Schwenke.

Skollid, Budfeldt.

Parasitex-Spritzmittel, Schacht.

Syn-Tox-Extrakt Nr. 3033, Hamann.

b) *Räuchermittel.*

*Lindan bzw. Hexa, techn.*

Domutan, Voß.

Fliegex F, Pyrotechn.

Fliegex-Kerzen, Pyrotechn.

Heptalith-Siru-Räuchertabletten, Hagner.

Hexacid-Räuchertabletten, Aglukon.

Hexatox-Fliegentod, Borchers.

Hora-Räuchertabletten, Fahlberg-List

Hygan-Insekten-Schwelkerze (mit Pyrethrum), Hygiene-Chemie.

Insekthan-Räuchertabletten, Flörsheim.

Insektenstreichholz, Kuhlmann.

Isotox-D-Räucherstäbchen, Propfe.

Isotox-D-Räuchertabletten, Propfe.

Jacutin-Räucherstäbchen, Merck.

Jacutin-Räucherstäbe Großformat, Merck.

Jacutin-Räuchertablette Kleinformat, Merck.

Multocid-Räuchertabletten, Merck.

Muscatin-Räuchertabletten, Blücher, Schering.

Nexa-Fliegenspan, Cela.

Per-Jacutin-Räuchertabletten, Merck.

Vulcasan-O-Räuchertabletten, Bruckbauer & Götz.

Vulcasan-Stäbchen, Bruckbauer & Götz.

Zidil-Nebel-Tabletten, Neudorff.

*Chlor-Benzol-Homologe.*

Parasitex-Räuchertabletten, Schacht.

2. Präparate mit Dauerwirkung.

a) *Spritz- und Sprühmittel.*

*DDT- und DFDT.*

(2—6 Monate anhaltende Wirkung).

Contacta-Emulsion, Boehme-Fettchemie.

Contacta-Sprühmittel, Boehme-Fettchemie.

Flit, Esso.

Flit + DDT, Esso.

Esso-Viehschutz, Esso.

Gix, Hoechst.

Paral-Emulsion, Boehme-Fettchemie.

Paral-Sprühmittel, Boehme-Fettchemie.

Plagin, Krehayn.

Plagin-Emulsion, Krehayn.

*Lindan bzw. Hexa, techn.*

(2—4 Wochen anhaltende Wirkung).

Alon-HS, Weyl.

Detmol-Extrakt, Frowein.

Hora-Muc, Fahlberg-List.

Invermi (mit Pyrethrum), Wolters.

Insektenfluid Hexa, Nägele.

Multocid flüssig, Schering.

Multocid-Ultra, Schering.

Jacutin-Stallspritzmittel, Merck.

Parex WW, Riedel-de Haën.

Per-Jacutin, Stallspritzmittel, Merck.

Persia-Tox, Kleemann & Behnke.

Primex, Merck.

Toxical flüssig (mit Pyrethrum), Desowag.

Raff, Raschig.

Verindal-Ultra, Schering.

*Lindan + DDT.*

(2—6 Monate anhaltende Wirkung).

Multocid-Ultra-Spritzmittel, Schering.

Paral-Automat, Boehme-Fettchemie.

*Lindan-Dieldrin.*

Hexa-Globol flüssig Nr. 292, Globus-Werke.

Saprit D, Flörsheim.

*Dieldrin.*

Toxalin-Fliegenmittel, Hinsberg.

*Diazinon (Thiophosphorsäureester).*

BFG 53 Fliegenspritzmittel, Boehme-Fettchemie.

G 25277, Geigy.

G 26102 Fliegenspray, Geigy.

b) *Stäubemittel.*

*Lindan — DDT.*

Multocid, Schering.

Paral-Puder, Boehme-Fettchemie.

*c) Insektizide Anstrichfarben.*

*DDT*

Imälux Mischbinderfarbe in Pastenform, Iversen & Mähl.

*Lindan bzw. Hexa, techn.*

Celledur-Kunstharz Emulsion-Deckfarbe, Pfeiffer.

Flirofax-Fliegenabwehrfarbe, Kühl.

Hausin L, Hansin-Werk.

I. B. F. Schädlingsbekämpfungspasta,
Süßmeier.

Pakurol, Kunze (fliegentötendes Fen-
sterputzmittel).

Vermitox Binderfarbe, Nollen.

**Gewächshaus-Räuchermittel.**

**a)** *Nikotin-Räuchermittel ⚕ 1 und 3.*

*Anwendung:* Gegen saugende Insekten im
Gewächshaus.

Hansa-Nikotin, Bigot-Schärfe.

Lucifer (Nikotin-Räucherpulver),
Lutz.

Parasitol I, Schacht.

Perfluid-Räuchertürme, Kanold.

Radikal-Räucherstreifen, Daehne.

Räuchernikotin AW, Neudorff.

Vomalyt-Späne, Voma.

**b)** *Organisch-synthetische Räuchermittel.*

*Anwendung:* Nach Vorschrift, gegen Gewächshausschädlinge, außer Rote Spinne.

*Lindan.*

Celanex-Räucherspan, Cela.

Hexatox-Gewächshausringe, Borchers

Jacutin-Räucherstäbchen, Merck.

Jacutin-Räucherstäbe-Großformat,
Merck.

Jacutin-Räuchertablette (Großformat), Merck.

*Phosphorsäureester ⚕ 1, auch gegen Rote
Spinne.*

Bladafum I, Bayer.

Bladafum II, Bayer.

**Hausbockbekämpfungsmittel.**

Für verbautes Holz, wirken gleichzeitig
gegen Pilze und vorbeugend gegen erneuten Schädlings- und Pilzbefall.

*a) Salze* (müssen in Wasser gelöst werden, erfordern gute Nachfeuchtung
des Holzes, um erforderliche Tiefenwirkung zu erreichen).

Osmol WB 4, Osmose-Bauholzschutz.

Toatin O, Hoechst.·

*b) Ölige Mittel* (unverdünnte Anwendung, meist Chlornaphthalinpräparate
mit insektiziden Zusätzen).

Avenarol A 35, Avenarius.

Avenarol SR, Avenarius.

Bosan C, Geigy.

Hausbock-Basileum B, Bayer.

Hausbock-Basileum B G, Bayer.

Hausbock-Basileum F, Bayer.

Hausbock-Basileum F G, Bayer.

Hausbock-Witoxyl-Spezial (= Holz-
wurm-Witoxyl), Imhausen.

Hausbock-Witoxyl-Spezial hell, Imhausen.

Hausbock-Wolmanol, Ahig.

HV 7-Hausbockmittel, Hauenschild.

Hydrophen-Hausbock, Albert.

Impra H (Hausbock), Rütgerswerke,
Weyl.

Konseral-B, Organa.

Kulbanol, Hartmann.

Xylamon-BN-Braun, Desowag.

Xylamon-BN-Hell, Desowag.

Xylamon-LX-Natur, Desowag.

Xylamon-LX-Hell, Desowag.

(s. a. Holzschutzmittel.)

**Heu- und Sauerwurmmittel.**

Karbazol-Präparate als Fraßgift.

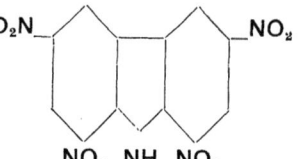

=1,3,6,8 Tetranitrocarbazol, Wirkstoff
des Nirosans.

Nirosan conc., 0,5%, Hoechst.

Nirosan-Staub, Hoechst.

Div. DDT-Präparate s. Aufstellung
„Organ.-synthetische Mittel gegen
beißende und saugende Insekten".

**Heidemoorkrankheitmittel.**

(Urbarmachungskrankheit.)

*a) Einfache chemische Verbindungen.*

Kupfersulfat (Kupfervitriol, Blausalz),
Albert, Duisburger Kupferhütte,
Nordd. Affinerie.

*Anwendung:* 50 bis 60 kg/ha im Herbst unmittelbar vor oder nach der Saat
ausstreuen.

Kupfersulfat in Schneeform, Vertrieb: Nordd. Affinerie.

*Anwendung*: 50 bis 150 kg/ha im Frühjahr ausstreuen auf Grünland.

### b) *Kupferhaltige Düngemittel.*

*Anwendung*: nach Auskunftserteilung durch die landwirtschaftlichen Untersuchungs- und Forschungsanstalten oder die zuständigen Pflanzenschutzämter.

Kupfererzmehl Sontra, Chemikalien AG.

Kupferschlackenmehl Urania, Norddeutsche Affinerie.

### Holzschutzmittel.

(S. auch Bläueschutz- und Hausbockbekämpfungsmittel).

Vom Prüfungsausschuß für Holzschutzmittel bei der Technischen Zentralstelle der deutschen Forstwirtschaft, Hamburg, Neuer Wall 72, geprüft.

*Erklärungen der Abkürzungen:*

Wirksamkeit:

F: Feuerschutzmittel;

P: pilzwidrige Fäulnisschutzmittel;

Iv: Insektenschäden vorbeugende Mittel;

(Iv): bei Tiefschutzverfahren Insektenschäden vorbeugende Mittel;

(Ib): zur Bekämpfung von Insektenschäden geeignete Mittel.

*Anwendungsbereich:*

S: zum Anstreichen, Anspritzen, Kurztauchen (betr. nur Gruppe A — wasserlösliche Mittel).

W: auch für frei verbautes Holz;

(W): bei Anwendung von Tiefschutzverfahren wird eine begrenzte Wetterbeständigkeit erreicht.

### *Abteilung* 1.

Bekämpfungs- und Schutzmittel gegen Fäulnisschäden (P) und Vorbeugungsmittel gegen Insektenschäden an bearbeitetem Holz (Iv).

### A. Wasserlösliche Mittel.

*Eigenschaften*: Als Randschutzmittel für halbtrockene und trockene Hölzer geeignet (weniger als 30% Feuchtigkeit, bezogen auf das Darrgewicht). Bei Anwendung bestimmter Tief- oder Teilschutz bewirkender Verfahren auch für nasse Hölzer geeignet (mehr als 30% Feuchtigkeit).

Mehr oder weniger geruchfrei. Deckende Anstriche meist möglich. Keine Erhöhung der Brandgefahr.

*Gruppe I.* Hauptbestandteil: Zinkverbindungen ☠ 3 (ausgenommen Zinksilicofluorid).

*Wirksamkeit*: P (Kennzeichen S).

Anwendungsbereich eingeschränkt: Nicht für Holz, das der Nässe (Witterung) ausgesetzt wird. Wirksamkeit wird kaum beeinträchtigt, wenn das Holz mit Mörtel in Berührung kommt.

Geringe Giftigkeit für Mensch und Tier, z. T. Giftklasse **3**.

### 1. *Lieferung in fester Form.*

Nefotin 5, Cebex.

Sanoxyl-ZA, Leube-Werk.

### 2. *Lieferung in flüssiger Form.*

Akarifix II, Motzko.

Antorgan, Flörsheim.

Kulba, Hartmann.

*Gruppe II — FN-Salze.* Hauptbestandteil: Alkalifluoride ☠ 2 (mit und ohne Zusatz von Dinitrophenolen).

*Wirksamkeit*: P, bei Tiefschutz auch Iv.

Anwendungsbereich eingeschränkt: Grundsätzlich nicht für Holz, das der Nässe (Witterung) ausgesetzt wird.

Bei höherem Gehalt an Dinitrophenolen Durchschlagen des Putzes.

### 1. *Lieferung in fester Form.*

Beersol-Salz N, Beer.

Corbal N, Avenarius.

Gisal-Schwammschutz, Sommerfeld.

HDZ-gelb-schwarz, Bruder.

Kulbasal E, Hartmann.

Mikrosol H, Kasseler Farben.

Osmol N, Osmose Bauholzschutz.

Osmolit N, Osmose-Holzimprägnierung.

Wolmanit H, Ahig.

Xylogen-Salz K, Stoko.

### 2. *Lieferung in flüssiger Form.*

Calol, V. A. T.

*Gruppe III — U-Salze.* Hauptbestandteile: Alkalifluorid und Bichromat ☠ 2 (mit und ohne Zusatz von Dinitrophenolen).

*Wirksamkeit*: P, bei Tiefschutz von Holz in Gebäuden auch Iv. Anwendungsbereich nicht eingeschränkt.

Da teilweise schwer auslaugbar werdend, bewährt bei mittlerer Gefährdung der Hölzer durch Wasserauslaugung. Dort ist Tiefschutz erforderlich.

Bei höherem Gehalt an Dinitrophenolen Durchschlagen des Putzes.

*Lieferung nur in fester Form.*

Adexin U, Deitermann.

Akarifix U, Motzko.

Aleurit G, Marktredwitz.
Basilit U, Bayer.
Basilit U spezial (S), Bayer.
Basilit US, Bayer.
Corbal U, Avenarius.
Hydrasil UP, Albert.
Hydrasil UT, Albert.
Kulbasal U, Hartmann.
Lignotekt K (S), Verein. Flußspat.
Mikrosol C (S), Kasseler Farben.
Osmol U (S), Osmose-Bauholzschutz.
Osmol US, Osmose-Bauholzschutz.
Renovin-Salz UB, Büchtemann.
Sanoxyl U, Leube-Werk.
U-Salz Dr. Kalisch, Kalisch.
Weylan U, Rütgerswerke, Weyl.
Weylan U extra (S), Rütgerswerke, Weyl.
Witoxyl U, Imhausen.
Wolmanit U, Ahig.
Wolmanit U „hochlöslich" (S), Ahig.
Xylogen-Salz U, Stoko.

*Gruppe IV — UA-Salze.* Hauptbestandteile: Alkalifluorid, Alkaliarsenat und Alkalibichromat (mit und ohne Zusatz von Dinitrophenolen). ☠ *1*

*Wirksamkeit*: P, Iv bei Tiefschutz.
Anwendungsbereich eingeschränkt.
Nicht für Holz in geschlossenen Räumen, die zum Aufenthalt von Menschen oder Tieren oder zum Lagern von Lebensmitteln bestimmt sind.
Da schwerer auslaugbar als U-Salze bewährt, wo stärkere Gefährdung der Hölzer durch Wasserauslaugung besteht. Dort ist Tiefschutz erforderlich.

*Lieferung nur in fester Form.*
Adexin — UA, Deitermann.
Aleurit 193, Marktredwitz.
Aleurit F, Marktredwitz.
Basilit UA, Bayer.
Basilit UA spezial, Bayer.
Beersol-Salz UA, Beer.
Corbal UA, Avenarius.
Hydrasil UA hochlöslich, Albert.
Hydrasil UTA, Albert.
Kulbasal UA, Hartmann.
Kulbasal UA II, Hartmann.
Osmol UA, Osmose-Bauholzschutz.
Osmol UA LL, Osmose-Bauholzschutz.
Osmolit UA, Osmose-Holzimprägnierung.

Sanoxyl UA, Leube-Werk.
UA-Salz Dr. Kalisch, Kalisch.
Weylan UA gelb, Rütgerswerke, Weyl
Weylan UA extra, Rütgerswerke, Weyl.
Weylan UA gelb, Rütgerswerke, Weyl.
Weylan UA L, Rütgerwerke, Weyl.
Wolmanit UA, Ahig.
Wolmanit UA „hochlöslich", Ahig.
Xylogen-Salz UA, Stoko.

*Gruppe V — SF-Salze.* Hauptbestandteil: Silicofluoride. ☠ *2*.
*Wirksamkeit*: P, (Iv), Iv, S.
Anwendungsbereich eingeschränkt:
Im allgemeinen nicht für Holz, das der Nässe (Witterung) ausgesetzt wird.
Mehr oder weniger Metalle angreifend.

*1. Lieferung in fester Form.*
Akarifix 3 J, P Iv, Motzko.
Aleurit H, P Iv, Marktredwitz.
Antischwamm MSF, P Iv, Brunne.
Bajutox fest, P Iv, Batty.
Basilit SF, P Iv, Bayer.
Bekarit, P Iv, Saar.
Corbal SF, P Iv, Avenarius.
Fluralsil A, P Iv, Desowag.
Fluralsil-Extra, P (Iv), Desowag.
Gisal-bitox, P Iv, Sommerfeld.
HDZ-grün, P Iv, Bruder.
HV 3-Holzschutzsalz, P Iv, Hauenschild.
Hydrasil-Doppel, P Iv, Albert.
Konserit-V, P Iv, Organa.
Kulbasal J, P Iv, Hartmann.
Leufluat, P, Leube-Werk.
Osmol RS, P Iv, Osmose-Bauholzschutz.
Wekatex-S, P Iv, Kolle.
Weylan SF, P Iv, Rütgerswerke, Weyl.
Witoxyl SFM, P Iv, Imhausen.
Witoxyl SFZ, P (Iv), Imhausen.
Wolmanit HB, P Iv, Ahig.

*2. Lieferung in flüssiger Form.*
Bajutox HB, P Iv, Batty.
Demantol W I, P Iv, Holsatia.
Fungisal, P, Grünau.
HV 3-Holzschutzmittel, P Iv, Hauenschild.
Itex-Schwammschutz, P, Braun.
Xylogen-N, flüssig, P, Stoko.

*Gruppe VI (Sammelgruppe)*. Präparate, die in ihrer Zusammensetzung von den obigen wesentlich abweichen bzw. deren Wirksamkeit auf anderen Stoffen beruht.

Eigenschaften und Anwendungsgebiete sind aus den Bestimmungen der Prüfzeugnisse zu entnehmen.

Kennzeichen: W̲ nur für freiverbautes Holz, w auch für freiverbautes Holz.

1. *Lieferung in fester Form.*

Fluralsil-S, P (Iv) W, Desowag.

Fluralsil-US-extra, P (Iv) W, Desowag

Hydrasil UZ hochlöslich, P Iv WS, Albert.

Isolin 300, P Iv S, Isolin-Werk.

Osmol UD Spezial, P W S, Osmose-Bauholzschutz.

Osmol WB 4, P Iv Ib S, Osmose-Bauholzschutz.

Quecksilber-Sublimat, P W, Marktredwitz.

Raco, P S, Avenarius.

Toatin E, P Iv (W) S, Hoechst.

Toatin O, P Iv Ib S, Hoechst.

Toatin U, P Iv (W), Hoechst.

Wünol H, P Iv S, Wünsche.

2. *Lieferung in flüssiger Form.*

Arcuflin-Holzkonservierung B, P W S, Arcuflin.

Bajutox-Hausschwamm-Paste, P S, Batty.

Holzwurm-Antorgan, Iv S, Flörsheim.

## B. Ölige Mittel.

*Wirksamkeit:* P, bei Tiefschutz sämtliche, bei Randschutz einige auch Iv, einzelne Ib.

*Eigenschaften:* Besonders geeignet für trockene Hölzer (weniger als 20% Feuchtigkeit); für nasses Holz nur bei besonderer Vorbehandlung anwendbar. Mehr oder weniger starker Eigengeruch.

Nicht alle Präparate gestatten Deckanstriche. Die Entflammbarkeit des Holzes ist, wenn überhaupt, nur während der Anwendung und kurze Zeit danach erhöht.

Allgemein geeignet für Hölzer, die der Nässe (Witterung) ausgesetzt werden.

Bei stärkerer Gefährdung ist Tiefschutz erforderlich. Bei Tiefschutz auch für Hölzer geeignet, die in Wasser eingebaut werden.

*Gruppe I. Teerölpräparate.* Grundlage: Steinkohlenteeröl, z. T. mit Zusatz besonderer Wirkstoffe.

Adexol-Carbolineum, P Iv, Deitermann.

Avenarol V, P Iv, Avenarius.

Bajutox-Carbolineum, P Iv, Batty.

Bajutox-Oleum, P Iv, Batty.

Barol dunkel, P, Flörsheim.

Calol-Spezial, P Iv, V. A. T.

Carbolineum Rütgers, P, Rütgerswerke, Weyl.

Demantol O II, P (Iv), Holsatia.

Demantol O III, P (Iv), Holsatia.

Dironal, P, Vedag.

Duxolineum Blank, P Iv, Duxolineum.

Duxolineum-Natur B, P Iv, Duxolineum.

Duxolineum P, P, Duxolineum.

Helles Carbolineum Rücotex „Klar“, P, Rüsges.

Holzbau-Witroxyl TOP, P Iv, Imhausen.

HV 15-Holzkonservierungsanstrich, braun, P Iv, Hauenschild.

Impra D (dunkel), P Iv, Rütgerswerke Weyl.

Impra N (normal), P Iv, Rütgerswerke, Weyl.

Jolosteen-Carbolineum, P, Lotzin.

Konseral-V, P Iv, Organa.

Lico 528, P Iv, Sommer.

Organa-Karbolineum, natur, P, Organa.

Original-Avenarius, P, Avenarius.

Original-Carbolineum Rücotex I, P, Rüsges

R III naturbraun, P Iv, Rohlffs.

Torbalin, P, Avenarius.

Torbil, P, Avenarius.

Vedag-Karbolineum, P, Vedag.

Verol-Carbolineum, P, Braun.

*Gruppe II. Chlornaphthalin-Präparate.* Hauptbestandteil: Chlorierte Naphthaline, zum Teil mit Zusatz besonderer Wirkstoffe.

*Wirksamkeit:* Sämtliche Präparate P und Iv.

Barol hell, Flörsheim.

Bauholz-Basileum B, Bayer.

Bauholz-Basileum F, Bayer.

Holzbau-Witoxyl-Braun, Imhausen.

Holzbau-Witoxyl-Hell, Imhausen.

Kühlturm-Basileum, Bayer.

Patox C 30, Holzschutz.

Xylamon Grund, Desowag.

Xylamon-Natur, Desowag.

Xylamon-Hell, Desowag.
Xylamon-T, Desowag.
Xylamon-TR braun, Desowag.
Xylamon-TR hell, Desowag.

*Gruppe III. Andere ölige Mittel.* Sammelgruppe.
Avenarol J P, Iv, Avenarius.
Bauholz-Basileum BG, P Iv, Bayer.
Bauholz-Basileum FG, P Iv, Bayer.
Curasol NP, P Iv, Hoechst.
Hydrophen, BS, P Iv, Albert.
Mikrosol L, P, Kasseler Farben.
Protexyl, natur, P Iv, Bautenschutz.

## C. Öl-Salzgemische und Emulsionen.

Sämtliche 14 Präparate sind für das Freiland geeignet. Hierunter neben anderen Schutzmitteln besonders solche, die zur Nachpflege frei verbauten Holzes (Masten, Pfähle usw.) bestimmt sind. Alle Präparate P Iv W.
Basilit-Paste A, Bayer.
Basilit-Paste R, Bayer.
DD-Diffusionspaste (UA), Dölger.
DD-Diffusionssalz B neutral, Dölger.
DD-Diffusionssalz U 49, Dölger.
DD-Diffusionssalz UA 48/51, Dölger.
DD-Diffusionssalz UB (extra 49), Dölger.
Hordazit, PU, Hoechst.
Patox Z 1, Holzschutz.
Penetrit U, Holzchemie.
Tutzal N, Osmose-Holzimprägnierung.
Tutzal P, Osmose-Holzimprägnierung.
Tutzal Sub, Osmose-Holzimprägnierung.
Xylamon-Paste, Desowag.

### Abteilung 2.

Schutzmittel zur Herabsetzung der Entflammbarkeit des Holzes (Feuerschutzmittel) mit und ohne Nebenwirksamkeit.

*Hinweis:* Geringste Auftragsmenge unterschiedlich, jedoch nicht unter 120 g (trockener) Schutzstoffe je qm Holzfläche, bei Mehrzweckmitteln nicht unter 150 g.
Nur für Hölzer, die gegen Regen geschützt sind.
Die vorbeugende Wirkung gegen Insekten ist nicht ebenso sicher wie bei den sonstigen Präparaten mit dem Prädikat Iv.

*Gruppe a)* Hauptbestandteil: Phosphate.
Albi R, Grünau.

Basilit-Dreifach, P Iv, Bayer.
Brenn-Non H, P Iv, Brenn-Non.
Cellon-Feuerschutz NH, P, Diwag.
Cellon-Feuerschutz NHN, Diwag.
Corbal F dreifach, P Iv, Avenarius.
Corbal F einfach, Avenarius.
Flammschutz Albert, Albert.
HDZ-rot-farblos, P Iv, Bruder.
Holzschutz Albert, P Iv, Albert.
HV 5-Triplexsalz, P Iv, Hauenschild.
Intrammon N, P Iv, Hoechst.
Intravan N, P Iv, Hoechst.
Itex-Feuerschutz-Salz B, P, Braun.
Kulbasal-Feuerschutz III, P Iv, Hartmann.
Minolith, P, Ahig.
Osmol FS, Osmose-Bauholzschutz.
Pyromors-total, P Iv, Desowag.
Wolmanit I, Ahig.
Wolmanit F III, P Iv, Ahig.

*Gruppe b)* Hauptbestandteil: Carbonate, Chloride, Oxyde oder Silicate.
Basaltine P 693, Kasseler Farben.
Feuerschutzfarbe Antitermo, Schwaiger.
Flambi T-L, Herberts.
Flammentod (streichfertig), P, Leube-Werk.
Isolin 163, P, Isolin-Werk.
Isolin 171, P Iv, Isolin-Werk.
Isopyr, P, Isopyr.
Sanoxyl-ZA, P, Leube-Werk.

## Kalkbeinmittel.

Wendelinusöl (unverdünnt auf vermilbte Beine pinseln), Cela.

## Kartoffelkeimhemmungsmittel.

Eine fäulnisverhindernde Wirkung kommt den Keimhemmungsmitteln nicht zu.

*a) für Wirtschaftskartoffeln.*
*Anwendung:* 200 g je 100 kg bei Wirtschaftskartoffeln nach Vorschrift einstäuben.

Agermin, Fahlberg-List,
Bikartol, Schering.
Bikartol Neu, Schering.
Depon, Hoechst.
Keim-ex, Gerlach, Friko.
Tixit, Cela.

*b) für Pflanzkartoffeln.*

*Anwendung:* wie bei a)

Belvitan K, Bayer.

### Kleiderlausmittel.

Contacta-Sprühmittel (DDT), Böhme.

Contacta-Emulsion (DDT), Böhme.

Multocid (DDT plus Lindan), Schering.

Syn-Tox-Extrakt Nr. 3033, Hamann.

Außer den genannten Präparaten sind zur Sachentlausung praktisch alle DDT- und Lindan-Stäube- oder Spritzmittel bzw. Kombinationen beider Wirkstoffe brauchbar.

Über neue und zu empfehlende Präparate beim zuständigen Hygien. Institut oder dem Max v. Pettenkofer-Institut, Berlin-Dahlem, nachfragen.

### Kohlfliegenmittel.

*Anwendung:* In den vorgeschriebenen Konzentrationen zur Zeit der Eiablage zweimal im Abstand von 10 Tagen an den Stengelgrund der Pflanzen gießen; je Kohlpflanze 75 bis 80 ccm.

**a)** *Quecksilberfreie Gießmittel.*

(Auch gegen Zwiebelfliege, Möhrenfliege).

*DDT.*

DiDiTanol, Schering 1%.

*Lindan.*

Agrisept H, Neudorff 0,1%.

Hortex-Emulsion 01, Merck, 2 l/m², 0,1%.

Nolapur-Spritzmittel 7,5%, Oxydo 0,2%.

*Hexa (techn. rein).*

Hexox-Spritzmittel 10%, Oxydo 1%.

*Lindan + DDT.*

Aktiv-Gesapon Neu, Pflanzenschutz, Spieß 2 l/m² 0,1%.

*Chlordan oder chlorierte Indene.*

Hostatox emulgierbar, Hoechst, 0,2%.

Oktamul, Elektro-Nitrum 0,2%.

*Phosphorsäureester ☠ 1 und 2.*

E 605 forte, Bayer 0,025%.

Estoxol flüssig, Pflanzenschutz, Spieß.

**b)** *Quecksilberfreie Streumittel.*

*Lindan.*

Gamma-Streumittel Bayer, Bayer.

1 bis 2 kg/cbm Topferde.

Verindal-Gamma-Streumittel, Schering, 1,5 kg/cbm Topferde.

**c)** *Quecksilberhaltige Gießmittel. ☠ 1.*

Koflimat, Fahlberg-List 0,06%.

Kortofin, Marktredwitz 0,06%.

### Kohlherniemittel.

Brassisan (40 bis 50 g/m²), Hoechst. (Basis Trichlordinitrobenzol.)

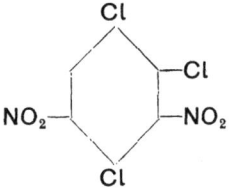

### Kopflausmittel.

Pakulit, Kunze.

### Kornkäfermittel.

(Auch gegen andere Mühlen- und Speicherschädlinge.)

**1.** *Spritzmittel.*

*a) unverdünnt anzuwenden.*

*Anwendung:* Gegen Kornkäfer und andere Schädlinge in leeren Speichern und Lagerböden, 5 l/100 qm Fläche, bei Böden in schlechtem Zustand etwa 10 bis 15 l/100 qm.

Littacid-neu, Litta.

Wolkusol A, Hansin-Werke.

*b) verdünnt anzuwenden.*

*Anwendung:* 20 l fertige Spritzbrühe je 100 qm Fläche, bei Böden in schlechtem Zustand mehr.

Aktiv-Geigy 33-Spritzmittel, Geigy, Pflanzenschutz, Spieß (0,4%, auch zum Imprägnieren von Säcken).

Grodyl neu (1 : 10), Hoechst.

Littacid-neu (1 : 10), Litta.

Multanin 50 (1 : 250), Schering.

Nolapur-Emulsion (1 : 1000), Oxydo.

(Außer diesen Mitteln eignen sich für die Behandlung von Speichern und Lagerböden auch die auf Seite 1021 bis 1025 aufgeführten DDT-, Gamma- und DDT-Gamma-Spritz- und Stäubemittel).

**2.** *Einstäubemittel, auch gegen Bohnenkäfer in lagernden Vorräten.*

*Anwendung:* 100 g/100 kg Getreide u. a. Bei Saatgut unbedenklich anzuwenden. Bei Brot- und Futtergetreide nur bei kleinen Befallsmengen (auf bäuerlichen Speichern), wenn Getreide vor Mahlung gründlichst von anhaftendem Stäubemittel gereinigt und mit der gleichen Menge von unbehandeltem Getreide vermischt wird. Für größere Getreidebestände nicht anzuwenden. Keinesfalls überdosieren!

*Lindan.*

    Alon-Kornkäfer-Staub, Hoechst.
    Calandra-Puder, Baur.
    Curo-Gran, Neudorff.
    Detmol-Kornkäferpuder, Frowein.
    Gamma-Nexit-Kornkäferpuder, Cela.
    Hexal-Puder K, Hinsberg.
    Hora-Kornkäferpuder, Fahlberg-List.
    Hortex-Kornkäferpuder, Merck.
    Isotox D 6–5 Kornkäferpulver, Propfe.
    Kornkäfer-Gamalzit, Hoechst.
    Kornkäfer-Hexaflor, Obermann.
    Nolapur-Kornkäferpuder, Oxydo.

*Lindan-DDT.*

    Aktiv-Geigy 33, Geigy, Pflanzen-
      schutz, Spieß.
    Anoxan-Neu, Schering.

*Pyrethrum + Piperonylbutoxyd[1].*
    Dusturan, Pflanzenschutz, Spieß.

    (Uneingeschränkt anwendbar).

**3. *Verneblungsmittel auch gegen andere Vorratsschädlinge.***

    Nexol (Lindan + Pyrethrum + Pi-
      peronylbutoxyd) Cela.
    *Anwendung:* 600 ccm bzw. 800 g/100 cbm
    gegen Mehlmotte und andere Vorrats-
    schädlinge.

    Parex WW (Lindan), Riedel-de Haën.
    *Anwendung:* Nach Vorschrift, gegen Falter
    der Mehlmotte, Dörrobstmotte und Kakao-
    motte 250 ccm je 100 cbm Raum fein ver-
    nebeln. Gegen Speckkäfer 500 ccm je
    100 cbm.

**Krähenmittel.**

    Morkit (Abschreckmittel 100 g/50 kg
    Saatgut, Saatenschutz auf Chinon-
    Basis), Bayer.

**Krätzemittel.**

Neuerdings für Heilung der Krätze
(gleichbedeutend mit Bekämpfung der
verschiedenen Krätzemilben) bei
Mensch und Tier vor allem Lindan-
oder Hexa-Aufbereitungen entspr.
ärztlicher bzw. tierärztlicher Ver-

---

  [1] Piperonylbutoxyd ist der Handelsname
für    Propylpiperonyl-triglykolaethyläther,
der als Synergist oder Aktivator die Wirkung
des Pyrethrums verstärkt. Summenformel:
$C_{19}H_{30}O_5$

ordnung in Anwendung; s. auch Kalkbeinmittel.

**Maulwurfsgrillenmittel.**

*a) Fluor-Streuköder,* ⚥ 2 (25 kg/ha, mit
    gleicher Menge Wasser anfeuchten).
    Cyronal, Schering.
    Kontra-Werrenex, Vogger.
    Perrit-Blitol E, Pflanzenschutz.
*b) Chlordan-Streuköder* (30 kg/ha).
    Cortilan Neu, Elektro-Nitrum.

**Mineralöl-Sommerspritzmittel.**

*a) Reine Mineralöle.*

    *Anwendung:* Gegen saugende Insekten ein-
    schließlich San-José-Schildhaus im Obst-,
    Garten- und Weinbau und in Gewächs-
    häusern.

    Mineralölspritzmittel S, Hinsberg (nur
      S. J. S.), 3%.
    Sommeröl Elefant, Epple, 2%.

*b) Mineralöle mit Lindan.*

    *Anwendung:* 0,5% gegen beißende Insek-
    ten einschließlich Kartoffelkäfer, saugende
    Insekten ausschließlich San-José-Schild-
    laus.

    Hortex-Öl-Spritzmittel, Merck.

**Mottenmittel.**

*a) Imprägnierungsmittel.*

    Eulan BLN, Bayer.
    Eulan CNA, Bayer.
    Eulan neu, Bayer.
    Eulan NK, Bayer.
    Eulan NKF Extra, Bayer.
    Movin-Salz, Bayer.

*b) Sprühmittel.*

    Contacta-Emulsion, Boehme-Fett-
      chemie.
    Contacta-Sprühmittel, Boehme-Fett-
      chemie.
    Flit, Esso.
    Paral-Mottenfluid, Boehme-Fett-
      chemie.
    Parex WW, Riedel-de Haën.
    Toxical flüssig, Desowag.

*c) Verdunstungsmittel.*

    (Anwendung in dicht schließenden Mot-
    tenkisten oder dichten, geschlossen ge-
    haltenen Schränken nach Vorschrift).

    Amisia-Mottenschutz, Roth.

Delicia-Mottenmittel, Delitia.

Globol, Globus-Werke.

Globol-Mottenmittel (Gemisch), Globus-Werke.

Mottenschutzmittel Evau-P, E. Vogelmann.

Mottex, Sidol-Werke.

Nägele Mottentod, Nägele

Persia-Parazol (Kristalle, Würfel) Kleemann & Behnke.

Rotamott, B. Vogelmann.

Styx-Mottentod, Schmalfuß.

*d) Vergasungsmittel.*

T-Gas, Degesch (Vertrieb Heerdt-Lingler und Testa).

## Mückenmittel.

*a) Abwehrmittel.*

Mipax, Curta.

Mückenschutzsalbe, Giebel.

Vitrex, Riedel.

*b) Spritz-, Stäube-, Räuchermittel* s. Fliegenmittel.

## Nagetiermittel.

*I. Ködergifte und Giftköder.*

## 1. Meerzwiebelhaltige Mittel.

*Ködergifte zur Herstellung von Frischködern.*

*Anwendung:* Gegen *Ratten* in unten angegebenem Mischungsverhältnis geeigneten Ködern, wie Kartoffelbrei oder Weißbrotstückchen, zumischen oder aufträufeln. Das Mischungsverhältnis Gift : Köder ist in Zahlen (z. B. 1 : 4) angegeben. Gebrauchsanweisung der Herstellerfirma genau beachten! Haltbarkeit begrenzt, daher auch Fertigungsdatum und Lagerungsvorschriften beachten. An den Auslegestellen flache Schalen mit Wasser aufstellen.

Alltod-Meerzwiebelpulver, Eckert, 1 : 10.

Contrax-flüssig, Frowein, 1 : 2 bis 1 : 5.

Delicia Rattenpräparat (flüssig), Delitia, 1 : 4.

Meerzwiebelextrakt Riedel, Riedel-de Haën, 1 : 10.

Meerzwiebelpulver Mepu 200, Heldman 1 : 10 bis 1 : 20.

Mortin (flüssig), Hilena, 1 : 5 bis 1 : 10.

Orwin-Meerzwiebelextrakt, Krehayn, 1 : 10.

Ratinin, Ratin, 1 : 1.

Ratotox, Reichel, 1 : 3.

Rattex-Paste, Obermann, 1 : 10.

Rattex-Pulver, Obermann, 1 : 20 bis 1 : 33.

Rattex Rattentod (flüssig), Obermann 1 : 10.

Rattoxin flüssig, Mainland, 1 : 5.

Raxon flüssig, Kaiser, 1 : 10.

Scillirosan, Heldman, 1 : 3 bis 1 : 5.

Styxon-Rattentod (flüssig), Schmalfuß, 1 : 10.

Urgit (flüssig), Schweitzer, 1 : 7 bis 1 : 10.

## 2. Alpha-Naphthylthioharnstoff (Antu)[1]-haltige Mittel und Mittel mit anderen organisch-synthetischen Giften.

*a) Pulver mit 98 bis 100% Antu.* ☠ 2.

*Anwendung:* Gegen Ratten.

Als *Streupulver* nach Gebrauchsanweisung.

Als *Ködergift:* 0,5 bis 1% geeigneten Ködern zumischen.

Als *Tränkgift:* In flachen Schalen (z. B. Blumenuntersetzer von 8 bis 15 cm Durchmesser) Boden mit Pulver bedecken und 1 cm hoch Wasser auffüllen.

Alpha-Naphthylthioharnstoff, Billwärder.

Anthea-Wirkstoff, Propfe.

Muritanyl 100%, Bayer.

Rattengift Aubing-Wirkstoff, Aubing.

Thiural, Rentschler.

*b) Pulver mit 50% Antu.* ☠ 2.

*Anwendung:* Gegen Ratten.

Als *Streupulver* (besonders gegen Hausratten): Einbringen in Rattenlöchern an trockenen Stellen (etwa 30 g je Loch) oder Aufstreuen auf Rattenwechsel.

Als *Ködergift:* 1 bis 2% geeigneten Ködern zumischen.

Als *Tränkgift:* In flachen Schalen (z. B. Blumenuntersetzer von 8 bis 15 cm Durchmesser) Boden mit Pulver bedecken und 1 cm hoch Wasser auffüllen.

Ra 500, Insekten-Chemie.

Rattan 50, Hygiene-Chemie.

Thiural 50% Antu, Rentschler.

*c) Pulver mit 30% Antu.* ☠ 3.

*Anwendung:* Gegen Ratten.

Als *Streupulver:* Einbringen in Ratten-

---

[1] ANTU

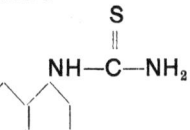

löcher an trockenen Stellen (je Loch etwa 30 g) oder Aufstreuen auf Rattenwechsel. Als *Ködergift:* 2 bis 3% geeigneten Ködern zumischen.

Als *Tränkgift:* In flachen Schalen (z. B. Blumenuntersetzer von 8 bis 15 cm Durchmesser) Boden mit Pulver bedecken und 1 cm hoch Wasser auffüllen.

Alrato 30% Antu, Cassella.

Antrax, Fahlberg-List.

Citocid-Rattenpulver, Hinsberg.

Contrax Antu 30%, Frowein.

De-Dro Rattenstreupulver, De-Dro.

Muritanyl, Bayer.

Nekral Rattentod, Roth.

Ratoxin E 51, Erlemeyer.

Rattan, Hygiene Chemie.

Rattengift Aubing, Aubing.

Rattentod Hameln, Galenopharm.

Schacht-Rattenstreupulver, Schacht.

Smeesana, Schmees.

Spezial-Rattenmittel Schering, Schering (auch für feuchte Räume als Streupulver).

Streu-Ratokil, Delitia.

Styx Rattenstreupulver, Schmalfuß.

Thio-Kontakt, Heldman.

Thio-Talpan, Marktredwitz.

Tiox 30, Obermann.

*d) Präparate mit 30% Antu und geringerem Wirkstoffgehalt.*
Ködergifte und Giftköder.

*Anwendung:* Gegen Ratten nach unten angegebener Vorschrift. Trotzdem Gebrauchsanweisung der Herstellerfirma genau beachten!

Banco-Rattenleim, Günther & Gürtner.
2 mm stark auf Rattenwechsel oder auf Holzbrettchen aufstreichen.

Lubinol (flüssig), Gerlach.
Im Verhältnis 1:1 geeigneten Ködern zumischen.

*e) Antu-Getreide und Giftgetreide mit anderen organisch-synthetischen Giften.*
*Anwendung:* Gegen *Feldmäuse* und *Wühlmäuse.*

α) Antu-Getreide.
Amisia-Giftgetreide neu, ☠ 3, Roth.

β) Getreide mit anderen organisch-synthetischen Giften.
Castrix-Giftkörner, ☠ 2, Bayer.
(Pyrimidin-Verbindung).

**3. Promurithaltige Mittel[1].**
(Diazoamino-Verbindungen).
*Anwendung:* Gegen Ratten.

Muritan-Paste, Bayer.
Im Verhältnis 1:10 bis 1:15 (7 bis 10%) geeigneten Ködern zumischen.

Muritan-Pulver, Bayer.
Im Verhältnis 1:20 (5%) geeigneten Ködern zumischen.

**4. Blutgerinnung hemmende Cumarin-Präparate[2].**
*a) Streupulver und Ködergifte.*
*Anwendung:* Gegen Ratten.
*Streupulver:* Einbringen in Rattenlöcher (etwa 30 g je Loch) oder Aufstreuen auf Rattenwechsel.
*Ködergift:* 1:15 bis 1:20 geeignetem Köder zumischen.

Actosin, Schering.
Ködergift und Streupulver, als Streupulver auch in feuchten Räumen anwendbar.

Alferex-Neu, Cela (als Ködergift auch gegen Hausmaus).

Borchers Dicusat-Rattenmittel flüssig, Borchers.

Contrax-Cumarin, Frowein.

Cumarax-FU, Spieß, Pflanzenschutz.

Cumarax-Köder- und Streumittel.

Cumarax-Rattentränke.

Cumarax-Streumittel, Pflanzenschutz, Spieß.

Haftstreupuder Epyrin, Hygiene-Chemie.

Rattex-Cumarin, Obermann.

Sugan, Neudorff.
Als Streupulver auch in feuchten Räumen anwendbar.

Tomorin, Böhme-Fettchemie, Geigy.
Als Streupulver.

[1] Promurit

$$Cl\langle\ \rangle\!-\!N\!=\!N\!-\!N\!=\!\overset{\overset{S\ Na}{|}}{C}\!-\!NH_2$$

[2] Tomorin

*b) Auslegefertige Cumarinköder.*

*Anwendung:* Gegen Ratten.

Wie bei allen Fertigködern ist Annahme durch die Ratten nicht unter allen Umständen gesichert.

Broxit-Cumarax-Rattenköder, Pflanzenschutz, Spieß.

## 5. Zinkphosphidhaltige Mittel.

### a) *Technische Zinkphosphid-Pulver.* 💀 *1.*

Vorsicht! Stark giftig, entwickeln stark giftige Gase! Bei unsachgemäßer Lagerung besteht Explosions- und Feuergefahr.

*Anwendung:* Gegen Ratten.

Bei Verwendung *wasserhaltiger Frischköder* (z. B. gedämpfte Kartoffeln mit Zusatz von 15 bis 25% Weizenmehl oder Kleie und bzw. oder 20 bis 50% Räucherfisch- oder Kochfischresten) 0,6 bis 0,8% Zinkphosphidpulver zumischen. Ködermasse muß säurefrei sein.

Bei Verwendung *trockener Köder* (z. B. Weizen-, Hafer-, Gersten- und Maisschrot oder -mehl, evtl. mit Zusatz von 6 bis 10% Zucker) 1 bis 2% Zinkphosphidpulver zumischen.

Gegen *Feldmäuse:* 3% Zinkphosphidpulver mit Haftmitteln wie Zuckerwasser oder Leimwasser mit Zuckerzusatz an Getreidekörner binden. Keimfähigkeit des Getreides vorher durch trockene Hitze (5 bis 10 Min. 80° C im Backofen) zerstören!

Gegen *Wühlmäuse:* 3% Zinkphosphidpulver wie oben an keimunfähiges Getreide oder Johannisbrot-Stücke binden oder 2% auf Köder wie Apfel-, Kartoffel-, Möhren- oder Sellerie-Stücke streuen.

C. F. S.-Zinkphosphid konzentriert, Stoltzenberg.

Delicia-Giftox, Delitia.

Lepit-Giftpulver, Schering.

Rumetan-Pulver, Riedel-de Haën.

Talpan-Giftpulver, Marktredwitz.

### b) *Zinkphosphid-Präparate.*

α) Zinkphosphid-Ködergifte zur Herstellung von Frischködern. (Gehalt an Zinkphosphid bis zu 7%.)

Haltbarkeit begrenzt, daher Fertigungsdatum beachten!

*Anwendung:* Gegen *Ratten* und *Wühlmäuse.* Geeigneten Ködern zumischen od. aufstreichen. Das Mischungsverhältnis Gift: Köder ist unten angegeben. Trotzdem Gebrauchsanweisung genau beachten.

Brutal Zinkphosphid-Paste, Krehayn 1: 10.

Delicia-Rattekal-Giftpaste, Delitia, 1: 5.

Hamelor Phosphid-Paste, Visurgis, 1: 1 bis 1: 3.

Ratotox Phosphid-Paste, Reichel, 1:5.

Schacht Rattenpaste, Schacht, 1: 9.

β) Auslegefertige Zinkphosphid-Giftköder (Brocken) (Gehalt an Zinkphosphid bis zu 3%).

*Anwendung:* Gegen Wühlmäuse (W), Feldmäuse (F), Hausmäuse (H).

Arvikol (W, F), Kaysan & Wagner.

Delicia-Mäusepräparat (F), Delitia.

Kontra-Wühlmaustöter (W), Vogger.

Rumetan-Wühlmausköder (W), Riedel-de-Haën.

Styxan-Wühlmaustod (W), Schmalfuß.

Talpan-Wühlmausbrocken (W), Marktredwitz.

γ) Zinkphosphidgetreide.

*Anwendung:* Gegen Wühlmäuse und Feldmäuse, die mit (H) bezeichneten Präparate auch gegen Hausmäuse.

Amisia-Phosphidgetreide, Roth.

Asco-Mäusegift (H), Schubert.

Auer Mausan-Giftweizen, Auer.

Borchers Giftweizen auf Basis Zinkphosphid, Borchers.

Citocid-Mäuseweizen, Hinsberg.

Delicia-Giftkörner, Delitia.

Hohenheimer Phosphid-Getreide, Krauss.

Hora-Giftweizen, Fahlberg-List.

Kontra-Giftweizen, Vogger.

Lepit-Körner, Schering.

Maus-Hin Giftweizen, Kucher.

M9-Giftweizen, Obermann.

Neuphoro-Giftgetreide, Elektro-Nitrum.

Pecomors-Giftweizen, Glanzit.

Phosphidweizen Albert, Albert.

Rumetan-Giftgetreide, Riedel-de-Haën.

Schacht-Mäusegiftweizen, Schacht.

Schrozberger (WLZ) Giftweizen, Schrozberg.

Segetan-Giftweizen, Pflanzenschutz, Spieß.

Styx-Giftkörner, Schmalfuß.

Talpan-Giftkörner, Marktredwitz.
Werthmanns Phosphidweizen, Werthmann.
Wühtox (W), Obermann.
Zifertin-Phosphid-Getreide, Oetinger.
Zinkphosphid-Giftweizen Stähler,
Stähler.

### 6. Thalliumhaltige Mittel. ☠ 2.
(Gehalt an Thalliumsulfat bis zu 3%.)

*a) Thallium-Ködergifte zur Herstellung
von Frischködern.*
*Anwendung;* Gegen Ratten, die mit (W)
bez. Präparate auch gegen Wühlmäuse.
Mischungsverhältnis Gift: Köder angegeben, Gift geeignetem Köder zumischen
oder aufstreichen. Trotzdem Gebrauchsanweisung genau beachten.

Brutal-Rattenpaste, Krehayn, 1:10.
Delicia-Ratten-Thallium-Präparat
flüssig, Delitia, 1:10.
Hamelor Rattenpaste, Visurgis, 1:1
bis 1:3.
Hora-Giftpaste (W), Fahlberg-List,
1:10.
Ratinol, Ratin, 2:3.
Rattengiftkonserve Konzentrat, Hygiene-Chemie, 1:2.
Styx-Rattentod-Th-flüssig, Schmalfuß, 1:10.
Thalliotox-Rattenpaste, Reichel, 1:5,
Tharattin (W), Insekten-Chemie,
1:10.
Th-Universal-flüssig, Heldman, 1:7.
Vau Eff, Fuhrmann, 1:7.
Zelio flüssig, Bayer, 1:10.
Zelio-Giftpaste (W), Bayer, 1:10.

*b) Auslegefertige Th-Köder: Thallium-
brocken.*

Delicia-Wühlmauspräparat, Delitia.
Rattengiftkonserve (Fisch) „Mungomann“, Hygiene-Chemie.

*c) Auslegefertiges Thallium-Giftgetreide.*
*Anwendung;* Gegen Wühlmäuse, Feldmäuse, Hausmäuse.

C.F.S.-Giftweizen, Stoltzenberg.
Delicia-Hausmauspräparat, Delitia.
M7-Giftkörner, Obermann.
Marquart-Giftkörner, Marquart.
Styx-Giftkörner, Schmalfuß.
Zelio-Giftkörner, Bayer.

*II. Räucherpatronen zur Verwendung in
Räucherapparaten.*

Vorsicht! Feuersgefahr und Entwicklung giftiger Dämpfe!

*1. „Normal abbrennend.“*
*Anwendung:* Gegen Ratten auf Schuttplätzen, in Dämmen und Uferböschungen
und gegen Wühlmäuse und Feldmäuse.

Fumia-Räucherpatrone, Marktredwitz.
Hora-Räucherpatrone, Fahlberg-List.

*2.Spezialpatronen, sog.„Schnellbrenner“.*
*Anwendung:* Gegen Wühlmäuse und
Ratten.

Fumia-Räucherpatrone (Schnellbrenner), Marktredwitz.
Hora-Rapidpatrone, Fahlberg-List.
Lepit-Gaspatrone-Schnellbrenner,
Schering.

*III. Besondere Bekämpfungsverfahren.*
Schaumverfahren durchgeführt mit
Giftschaumgerät System Schürmeyer, Schaum-Chemie.
(Anwendung gegen Ratten nach besonderer
Vorschrift.)

### Nikotinmittel.
(Einschl. Derris- und Pyrethrummittel
bzw. Kombinationen derselben mit Nikotin; Nikotin-Räuchermittel vgl. Gewächshausräuchermittel.)

### 1. Reine Nikotinmittel.
Für den Obst-, Garten-, Acker- und
Weinbau:

*a) Rein- oder Rohnikotin[1] (95 bis 98%).*
(Hochgiftig, Vorsicht bei der Anwendung!) ☠ 1.
*Anwendung:* Zur Herstellung nikotinhaltiger Spritzmittel unter Zusatz von
Schmierseife oder geeigneten Netzmitteln
gegen beißende und saugende Insekten
oder zum Räuchern in Gewächshäusern.

Hansa-Nikotin, Bigot-Schärfe, 0,03
bis 0,06% spritzen (10 bis 20 ccm
unverdünnt / 100 cbm räuchern).

---

[1] Nikotin.

*b) Nicotinsulfat (40%).* ☠ *1.*

*Anwendung:* Gegen beißende und saugende Insekten im Obst-, Garten- und Weinbau.

Nikotinsulfat 40%, Marke Hansa, Bigot-Schärfe, 0,075 bis 0,15%.

*c) Nicotin-Spritzmittel.* ☠ *1.*

*Anwendung:* Gegen beißende und saugende Insekten im Obst-, Garten-, Acker- und Weinbau. Normalkonzentration: 0,1 bzw. 0,25%, bei schwer bekämpfbaren Schädlingen höher.

Nikopren, Hoechst.
Nikotinspritzmittel Schacht, Schacht
Nikotin-Spritzmittel Spieß-Urania, Pflanzenschutz, Spieß.
} 0,1%

Laurina neu, Hinsberg.
Nikotinspritzmittel Lucifer, Lutz.
Nikoflor flüssig, Obermann.
Nikotinspritzmittel Silesia, Güttler.
Propfe-Nikotin-Spritzmittel, Propfe.
Schacht-Parasitol I, Schacht.
Vaufluid 2, Kanold.
} 0,25%

*d) Nikotin-Stäubemittel.* ☠ *3.*

*Anwendung:* Gegen Blattläuse.

Pomona-Nikotin-Stäubemittel, Stähler.

Voma-Nikotinstäubemittel, Voma.

*2. Derrismittel[1].*

*a) Derris-Spritzmittel.*

*Anwendung:* Gegen beißende und saugende Insekten im Obst- und Gartenbau.

Derropren, Hoechst, 0,1% gegen saugende Insekten.

---

[1] Rotenon = Derris-Wirkstoff.

*b) Derris-Stäubemittel.*

*Anwendung:* Gegen beißende Insekten im Obst-, Garten- und Weinbau.

Kontra-Halticinea, Vogger.

**3.** *Kombinierte Mittel aus Nikotin, Pyrethrum oder Derris.*

*a) Nikotin-Derris-Spritzmittel.* ☠ *1.*

*Anwendung:* Gegen beißende und saugende Insekten im Obst-, Garten- und Weinbau.

Curofrux, Neudorff.

Gegen Blattläuse 0,125%, gegen Blutlaus 0,25%.

*b) Pyrethrum-Derris-Spritzmittel.*

*Anwendung:* Gegen beißende und saugende Insekten im Obst-, Garten- und Weinbau.

Pyrsiphat, Eimermacher.

Gegen beißende und saugende Insekten 0,5%.

Spruzit, Neudorff.

Gegen beißende Insekten 0,15%, gegen saugende Insekten 0,1%, gegen Heu- und Sauerwurm 0,1%.

**Obstbaumkrebsmittel.** ☠ *1.*

Kankerdood, Fischer.
Lauril-Krebstod, Hinsberg.

**Obsthormonmittel.**

*a) Gegen vorzeitigen Fruchtabfall im Obstbau.*

*Anwendung:* 3 bis 4 Wochen vor Reife, jede Überdosierung vermeiden; Gebrauchsanweisung genau einhalten.

Hostafix, Hoechst.
Obsthormon 24a, Gerlach.
Shellestone, Shell.
Vitobst, Oxydo.

*b) Für besseren Fruchtansatz, Erzielung von Frühreife und samenlosen Früchten bei Tomaten.*

*Anwendung:* Nur ein Sprühstoß, je Blütendolde beim Erblühen, Spritzen des Laubes vermeiden.

Gewesan, Westphal.
Vitomat, Oxydo.

**Organisch-synthetische Mittel.**

Gegen beißende und saugende Insekten (Kombinationen mit Fungiziden s. unter Pilzmittel).

**1.** *DDT-Präparate.*

Für den Obst-, Garten-, Acker- und Weinbau und den Forst.

*Anwendung:* Gegen beißende Insekten einschl. Kartoffelkäfer, mit Kupfer kombinierte Mittel auch gegen Phytophthora und Peronospora.

Wenn nicht anders vermerkt, gilt im Weinbau gegen Heu- und Sauerwurm, Springwurm und Rebstichler die gleiche Anwendung. Da Staubbelag vom Regen leicht abwaschbar, sind Stäubemittel gegebenenfalls häufiger anzuwenden.

**a) *DDT-Spritzmittel.***

Avero-Öl, Wiersum, 0,2%.
DiDiTan 50, Schering, 0,2%.
DiDiTan-Ultra, Schering, 0,1%.
Gesarol 50, Geigy, Pflanzenschutz, Spieß, 0,2%.
Gesarol 50-Paste, Geigy, Pflanzenschutz, Spieß, 0,2%.
Spritz-Gesarol 10, Geigy, Pflanzenschutz, Spieß 1%.
im Weinbau, 0,5%.

**b) *DDT-Stäubemittel.***

DiDiTan-Stäubemittel, Schering.
Gesarex, Geigy, Pflanzenschutz, Spieß.
Stäube-Gesarol, Geigy, Pflanzenschutz, Spieß.

**2. *Hexa- und Lindan (Gamma)-Präparate.***

Für Obst-, Garten- und Ackerbau (gegen ältere Raupen oft nicht durchgreifend wirksam).

**a) *Hexa-Spritzmittel*** (HCH, technisch rein).

Bei reifenden Früchten, Gemüse und Kartoffeln ist Geschmacksbeeinträchtigung möglich.

Alon-Spritzpulver techn., Hoechst, 0,1%.
Alon emulgierbar, techn., Hoechst. 0,2%.
Hexox-Emulsion, Oxydo          0,2%
Hexox-Spritzmittel 10%, Oxydo          1,0%
Hexox-Spritzmittel 25%, Oxydo          0,5%
Multexol flüssig F, Neudorff 0,1%
Spritz-Elefant-Normal, Epple          0,5%

**b) *Hexa-Stäubemittel*** (HCH, technisch rein).

Bei reifenden Früchten, Gemüse und Kartoffeln ist Geschmacksbeeinträchtigung möglich.

Alon-Staub, techn., Hoechst.
Barguflor, Ebsen.
Floria-Staub 12, Flörsheim.
HCC-Stäubemittel, Haury.
*Hexox-Stäubemittel, Oxydo.
Hexylan-Stäubemittel techn., Pflanzenschutz, Spieß.
*Multexol-Staub F, Neudorff.
Nexit-FB Stäubemittel, Cela.
Stäube-Elefant-Normal, Epple.
Verindal F, Schering.

**c) *Lindan-Spritzmittel (Gamma)*** (als „geschmackfrei" anerkannt).

*Anwendung:* Gegen saugende und beißende Insekten, einschl. Kartoffelkäfer, die mit Kupfer kombinierten Mittel auch gegen Phytophthora.

| | Anwend. gg. beiß. Insekten % | saug. Insekten % |
|---|---|---|
| Alon emulgierbar, Hoechst. | 0,1 | 0,2 |
| Alon-Spritzpulver, Hoechst | 0,2 | 0,2 |
| Billtox-Emulsion, Billwärder | 0,2 | 0,2 |
| Billtox-Spritzmittel, Billwärder | 0,1 | — |
| Florissol 95, Flörsheim | 0,1 | 0,1 |
| Gamalzit-Spritzmittel-Emulsion, Hoechst | 0,1 | 0,1 |
| Gamalzit-Suspension, Hoechst | 0,1 | 0,1 |
| Gamma-Emulsion Bayer, Bayer | 0,05 | — |
| Gamma-Nexen-Spritzmittel, Cela | 0,1 | 0,1 |
| Gamma-Spritz-Nexit, Cela | 0,2 | 0,2 |
| Hexacid-Konzentrat-Spritzpulver, Aglukon | 0,02 | 0,02 |
| Hexaflor-Emulsion, Obermann | 0,1 | — |
| Hexaflor-Suspension, Obermann | 0,1 | — |
| Hexagam-Spritzmittel, Elektro-Nitrum | 0,2 | 0,2 |
| Hexal-Spritzmittel, Hinsberg | 0,1 | 0,1 |
| Hexal-Spritzpulver, Hinsberg | 0,1 | 0,11 |
| Hexatox-Spritzmittel 99, flüssig, Borchers | 0,1 | 0,1 |
| Hora-Blitz flüssig, Fahlberg-List | 0,1 | 0,1 |

Hora-Blitz Spritzpulver,
Fahlberg-List 0,2 —
Hortex-Emulsion 01, Merck 0,1 0,1
Hortex-flüssig, Merck 0,05 0,05
Hortex-Spritzpulver, Merck 0,1 0,1
Hortex stark, Merck 0,02 0,02
Isotox D 120, Propfe 0,1 0,1
Isotox D 150, Propfe 0,1 0,1
Koholyt-Gamma-Spritz-
mittel, Feldmühle 0,2 0,2
Multexol flüssig, Neudorff 0,1 0,1
Multexol-Spritzpulver,
Neudorff 0,1 0,1
Nolapur-Emulsion, Oxydo 0,1 0,1
Nolapur-Spritzmittel 7,5%,
Oxydo 0,2 0,2
Pego flüssig, Pego-
Gesellschaft 0,2 0,2
Perfektan-Fluid, BASF 0,05 0,05
Perfektan-Spritzpulver,
BASF 0,05 0,05
Poksin, pulverförmiges
Spritzmittel, Avenarius 0,2 0,2
Poksin-Spritzmittel,
Avenarius 0,1 —
Raff, Raschig 0,1 0,1
Silexan-Spritzmittel flüssig,
Güttler 0,1 0,1
Spritz-Elefant G flüssig,
Epple 0,1 0,1
Spritz-Elefant GP, Epple 0,1 —
Spritz-Hexacid G, Aglukon 0,1 0,1
Spritz-Rapidin, Raschig 1,0 1,0
Spritz-Rapidin D, Raschig 1,0 1,0
Spritz-Rapidin S, Raschig 0,2 —
Tarsol-Emulsion, Albert, 0,1 0,1
Tarsol-Spritzmittel konz.,
Albert 0,1 0,1
Verindal-Ultra, Schering 0,02 0,02
Vulcasan-flüssig, Bruck-
bauer u. Götz 0,1 0,1

d) *Lindan-Stäubemittel (Gamma)*
(als „geschmackfrei" anerkannt).

*Anwendung:* Gegen saugende und beißende
Insekten einschl. Kartoffelkäfer. Die mit *
versehenen Präparate nicht gegen saugende Insekten. Da der Staubbelag vom
Regen leicht abwaschbar ist, gegebenenfalls häufigere Anwendung erforderlich.

Alon-Staub, Hoechst.
Billtox-Staub 100, Billwärder.
Floria-Staub 100, Flörsheim.

Gamalzit-Stäubemittel, Hoechst.
Gamma-Nexit, Cela.
Gerlex-Spezial, Gerlach.
Hexacid-Staub G, Aglukon.
*Hexaflor-Staub, Obermann.
*Hexagam-Stäubemittel, Elektro-
Nitrum.
*Hexa- (Lindan) Stäubemittel Propfe,
Propfe.
Hexal-Stäubemittel, Hinsberg.
Hexatox-Staub 99, Borchers.
Hexylan-Stäubemittel, Pflanzen-
schutz, Spieß.
*Hora-Blitz, Fahlberg-List.
Hora-Primax, Fahlberg-List.
Hortex-Staub, Merck.
Isotox D 6-5 Staub, Propfe.
Koholyt-Gamma-Stäubemittel
(Grünpackung), Feldmühle.
*Kontra-Stäube-Gamma, Vogger.
Multexol-Staub, Neudorff.
*Nikoflor-Staub (schwach nikotin-
haltig), Obermann.
Nolapur-Stäubemittel, Oxydo.
*Pego-Stäubemittel, Pego-Gesellschaft.
Perfektan-Staub, BASF.
Pfeico-Staub K, Glanzit.
Poksin-Stäubemittel, Avenarius.
Rapidin D, Raschig.
Rapidin, Raschig.
Silexan-Staub, Güttler.
Stäube-Elefant G, Epple.
Tarsol-Stäubemittel, Albert.
Verindal, Schering.
Vulcasan-Staub, Bruckbauer u. Götz.

**3.** *Lindan-DDT-Präparate* (Gamma-
DDT).

Für den Obst-, Garten-, Ackerbau

a) *Spritzmittel.*
(Als „geschmackfrei" anerkannt.)
*Anwendung:* Gegen saugende und beißende
Insekten einschl. Kartoffelkäfer.

Aktiv-Gesapon-Neu, Geigy, Pflanzenschutz, Spieß, 0,05%.
Aktiv-Gesarol 50, Geigy, Pflanzenschutz, Spieß, 0,2%.
Aktiv-Gesarol 50-Paste, Geigy, Pflanzenschutz, Spieß, 0,2%.
Aktiv-Gesarol 80, Geigy, Pflanzenschutz, Spieß, 0,1%.
Multanin 50, Schering, 0,2%.

Multanin-flüssig, Schering, 0,05%.
Multanin-Ultra, Schering, 0,05%.

*b) Stäubemittel.*

(Als „geschmackfrei" anerkannt.)
*Anwendung:* Gegen saugende und beißende Insekten, einschl. Kartoffelkäfer.

Aktiv-Gesarex, Geigy, Pflanzenschutz, Spieß.
Aktiv-Stäubegesarol, Geigy, Pflanzenschutz, Spieß.
Multanin, Schering.

**4.** *Lindan-Chlordan-Präparate* (Gamma-Chlordan).

Für den Obst-, Garten- und Ackerbau.

*a) Spritzmittel.*

Gamalzit-Kombi-Spritzpulver, Hoechst, 0,2%.
Nexit-Emulsion, Cela (nur gegen Kartoffelkäfer), 0,05%.
Nexit Spritzmittel, Cela.
Oktagam, Elektro-Nitrum (nur gegen beißende Insekten), 0,1%.
Poksin L-C, pulverförmiges Spritzmittel, Avenarius, 0,2%.

*b) Stäubemittel.*

*Anwendung:* Gegen beißende Insekten einschl. Kartoffelkäfer.

Gamalzit-Kombi-Staub, Hoechst.
Nexit Stäubemittel, Cela (auch gegen saugende Insekten).
Poksin L-C-Staub, Avenarius.

**5.** *Chlordan- und chlordan-ähnliche Präparate.*

Für den Obst-, Garten- und Ackerbau.

*a) Spritzmittel.*

Hostatox emulgierbar, Hoechst, 0,2%, gegen Spinnmilben 0,4%.
Hostatox-Spritzpulver, Hoechst, 0,2% (nur gegen beißende I.).

*b) Stäubemittel.*

Hostatox-Staub, Hoechst.
*Anwendung:* Gegen Kartoffelkäfer.

**6.** *Chlor-Benzol-Homologe.*

Für den Obst-, Garten- und Ackerbau.

*a) Spritzmittel.*

*Anwendung:* Gegen saugende und beißende Insekten einschl. Kartoffelkäfer.

C-B-Ho-Emulsion, Schacht, 0,1%.
C-B-Ho-Suspension, Schacht, 0,2%.

*b) Stäubemittel.*

*Anwendung:* Gegen beißende und saugende Insekten einschl. Kartoffelkäfer.

C-B-Ho-Staub, Schacht.

**7.** *Lindan* (Gamma) + *sonstige chlorierte Kohlenwasserstoff-Präparate.*

Für den Obst-, Garten- und Ackerbau.

B115-Staub neu, Chromek.
*Anwendung:* Gegen beißende Insekten einschl. Kartoffelkäfer.

**8.** *Dieldrin-Präparate.*

Für den Obst-, Garten- und Ackerbau.

*a) Spritzmittel.*

Borchers Dieldrin-Spritzpulver, Borchers.
*Anwendung:* 0,1% gegen beißende Insekten einschl. Kartoffelkäfer.

*b) Stäubemittel.*

Borchers Dieldrin-Staub, Borchers.
*Anwendung:* Gegen beißende Insekten.

**9.** *Dieldrin-Lindan-Präparate* (Dieldrin-Gamma).

Für den Obst-, Garten- und Ackerbau.

Gegen beißende Insekten. Weniger wirksam gegen Schmetterlingsraupen.

*a) Spritzmittel.*

Gammadrin, Obermann (nur gegen Kartoffelkäfer), 0,05%.
Globoform Dispersion, Globus-Werke, 0,1%.
Hexadrin flüssig, Aglukon, 0,05%.
Hexadrin-Spritzpulver, Aglukon, 0,1%.
Kombitox-Spritzmittel, Borchers, 0,1%.
Lindal-Spritzmittel, Hinsberg, 0,1%.
Lindal-Spritzpulver, Hinsberg, 0,1%.
Lindrin-Spritzmittel, Elektro-Nitrum, 0,05%.
Multexol flüssig novo, Neudorff, 0,1%.
Neo-Tarsol-Spritzmittel, Albert, 0,1%.
Spritz-Eruzin, Marktredwitz, 0,1%.

*b) Stäubemittel.*

Hexadrin-Stäubemittel, Aglukon.
Hora-Digamma, Fahlberg-List.
Kombitox-Staub, Borchers.
Lindal-Stäubemittel, Hinsberg.
Lindrin-Stäubemittel, Elektro-Nitrum.

Multexol-Staub novo, Neudorff.

Neo-Tarsol-Stäubemittel, Albert.

Stäube-Eruzin, Marktredwitz.

**10.** *Lindan-Endrin.*

Für den Obst-, Garten- und Ackerbau.
Gegen saugende und beißende Insekten.

Largan, Aglukon, 0,05%.

**11.** *Toxaphen-Präparate.*

Für den Obst-, Garten- und Ackerbau.

*a) Spritzmittel.*

Toxaphen-Emulsion, Billwärder und Schacht, 0,2%.

*Anwendung:* Gegen saugende Insekten.

Toxaphen-Suspension, Schacht und Billwärder, 0,4%.

*Anwendung:* Gegen beißende Insekten, ausschließl. Maikäfer.

*b) Stäubemittel.*

*Anwendung:* Gegen beißende Insekten einschl. Kartoffelkäfer, ausschließl. Maikäfer.

Toxaphen-Stäubemittel, Billwärder und Schacht.

**12.** *Lindan-Toxaphen-Präparate* (Gamma-Toxaphen).

Für den Obst-, Garten- und Ackerbau.

*a) Spritzmittel.*

*Anwendung:* Gegen beißende Insekten einschl. Kartoffelkäfer.

T·x·L-Suspension, Schacht und Billwärder, 0,2%.

T·x·L-Emulsion, Schacht und Billwärder, 0,1%.

*b) Stäubemittel.*

*Anwendung:* Gegen beißende Insekten.

T·x·L-Staub, Schacht und Billwärder.

**13.** *Organische Phosphorpräparate* (Ester-Präparate, ⚕ 1—3.

Für den Obst-, Garten-, Acker- und Weinbau.

(Giftig! Vor Mißbrauch schützen!)

*Anwendung:* Gegen saugende und beißende Insekten einschl. Heu- und Sauerwurm und gegen Spinnmilben, ausschl. Kartoffelkäfer.

*a) Spritzmittel.*

Atiol, Wiersum, 0,1—0,25%.

Basudin-Emulsion, Geigy, Pflanzenschutz, Spiess, 0,1%.

Borchers POX konzentriert, Borchers, 0,015 bis 0,035%.

Borchers POX-Spritzmittel, Borchers, 0,1%.

E 605 forte, Bayer, 0,015 bis 0,035% (auch Blutlaus).

Estoxol flüssig, Pflanzenschutz, Spiess, 0,015—0,035%.

Exodin, Schering, 0,1%.

*b) Stäubemittel.*

Borchers POX-Staub, Borchers.

E 605 Staub, Bayer.

Potasan-Staub, Bayer (nur gegen Kartoffelkäfer).

**14.** *Phosphorsäureester-Lindan* (Gamma)-*Präparate,* ⚕ *1.*

Für den Garten- und Ackerbau.

Potasan G-flüssig, Bayer (gegen Kartoffelkäfer), 0,05%.

**15.** *Innertherapeutisch wirkende organische Präparate (Systemische Insektizide),* ⚕ *1.*

Für den Obst-, Garten- und Ackerbau.

*Anwendung:* Gegen saugende Insekten, einschl. Blutlaus, und Rote Spinne. (Giftig! Vorsicht bei der Anwendung! Vor Mißbrauch schützen!)

Systox Bayer, 0,05%.

**Pilzmittel (Fungizide).**

(Außer reinen Fungiziden auch Kombinationspräparate mit Insektiziden).

**1.** *Schwefelhaltige Fungizide.*

*a) Netzschwefel und Schwefelpasten.*

*Anwendung:*

Gegen Fusicladium: vor der Blüte 0,6 bis 0,4% (oder Kupferspritzmittel), nach der Blüte 0,4—0,2%.

Beachte örtlichen Spritzkalender.

Gegen Oidium der Rebe: die mit * versehenen Präparate vorbeugend 0,1%, bei stärkerem Befall bis 0,2% steigern; alle übrigen Präparate 0,2%;

gegen Eichenmehltau: 0,2%;

gegen Rosenmehltau: 0,5%;

gegen Stachelbeermehltau: 0,2%;

gegen Kräuselkrankheit des Pfirsichs (Taphrina): 0,2—0,3% unter Netzmittelzusatz;

gegen Kräuselkrankheit der Rebe (Kräuselmilben): vor Austrieb 0,75%;

gegen Spinnmilben: vorbeugende Wirkung bei regelmäßiger Spritzfolge (Fusicladium-Spritzung).

Albert-Netzschwefel, Albert.

Asulfa Supra, Wiersum.

Avenarius Netzschwefel, Avenarius.

Bayer Netzschwefel, Bayer.

Billwärder flüssiger kolloidaler Schwefel, Billwärder*.

Borchers Netzschwefel, Borchers.

Borchers-Ultra-Schwefel, Borchers*.

Cosan flüssiger Schwefel, Riedel-de
Haën*.

Cosan Netzschwefel, Riedel-de Haën*.

Elosal-Netzschwefel Hoechst, Hoechst.

Hinsberg-Netzschwefel, Hinsberg.

Kolloidschwefelpaste Stulln, Verein.
Flußspat.

Kolloidschwefel Wacker fest, Wacker*.

Kumulus Netzschwefel, BASF.

Netzschwefel Billwärder, Billwärder.

Netzschwefel Elefant, Epple.

Netzschwefelit, Neudorff.

Netzschwefel-Paste Schering, Schering.

Netzschwefel Stulln, Ver. Flußspat.

Netzschwefel Sufran, Pflanzenschutz,
Spieß.

Netzschwefel Wacker, Wacker.

Schacht-Kolloisan, Schacht*.

Schwefelit, Neudorff*.

Silesia Netzschwefel, Elektro-Nitrum.

Sulfurit Netzschwefel, Schacht.

Thiovit Netzschwefel, Sandoz, Vertrieb: Techow.

TOP-Netzschwefel Schering,
Schering*.

Vomasol S, Schwefelspritzmittel,
Voma.

b) *Schwefelkalkbrühen.*

(Genormte Präparate: 15 bis 18 g Poly-
sulfidschwefel-Gehalt in 100 ccm).

*Anwendung:*
*Winterspritzung:* 10% gegen amerika-
nischen Stachelbeermehltau.
*Sommerspritzung:* 1%,
bei Kernobst: gegen Fusicladium nach der
Blüte (Zusatz von 0,05 bis 0,1% Kupfer-
kalk 45% oder 0,4 % Bleiarsenat ver-
stärkt die pilztötende Wirkung).
Bei Steinobst: vor und nach der Blüte gegen
Fusicladium und Schrotschußkrankheit.
Bei regelmäßiger Spritzung auch vor-
beugend gegen Spinnmilben.

Fusiex, Vogger.

Rexbrühe-Neu, Hinsberg.

Schacht-Schwefelkalkbrühe, Schacht.

Schwefelkalkbrühe, Billwärder.

Schwefelkalkbrühe, Güttler.

Schwefelkalkbrühe, Propfe.

Schwefelkalkbrühe Borchers,
Borchers.

Schwefelkalkbrühe Elefant, Epple.

Schwefelkalkbrühe Enag, Elektro-
Nitrum.

Schwefelkalkbrühe Spieß-Urania,
Pflanzenschutz, Spieß.

Schwefelkalkbrühe Zet-Ge, Zeller &
Gmelin.

Stähler's Schwefelkalkbrühe, Stähler.

c) *Bariumpolysulfid-Spritzmittel,* ♨ *3.*

*Anwendung:*
Gegen *Fusicladium:* nach der Blüte 1% (vor
der Blüte: Kupferspritzmittel);
gegen *Stachelbeermehltau:* im Winter 3%,
im Sommer 1%;
gegen *Rosenmehltau;* vor Austrieb 0,3%,
nach Austrieb 0,2%;
gegen *Kräuselkrankheit* der Rebe: vor
Austrieb 3%;
gegen *Spinnmilben* vorbeugend: 1%.

Solbar, Bayer.

Thiobar, Hoechst, Weyl.

d) *Sonstige Schwefel-Spritzmittel.*

Borchers Polyspritzschwefel, doppelt,
Borchers.

Gegen Fusicladium: nach der Blüte 0,2%
(vor der Blüte Kupferkalk).

Borchers Polyspritzschwefel, pulverförmig, Borchers.

Gegen Fusicladium: nach der Blüte 0,3%
(vor der Blüte Kupferkalk); vorbeugend
gegen Spinnmilben 0,3%.

e) *Stäubeschwefel.*

*Anwendung:* Gegen Oidium an Rebe und
Mehltau an Rosen und Eichen.

Acosulf, Remy.

Borchers Tauschwefel, Borchers.

Montan ventiliert, Ruhrgas.

Montan ventiliert 52, Ruhrgas.

RV 3-Stäubeschwefel, Wesseling.

TOP-Stäubeschwefel Schering, Schering.

Weinbergschwefel, Kali-Chemie.

f) *Schwefel kombiniert mit organischen
Fungiziden (Dithiocarbamat).*

Disul, Avenarius.

Gegen *Fusicladium:* vor der Blüte 0,5%,
nach der Blüte 0,4%;
gegen *Mehltaupilze:* 0,5%.

2. *Kupferhaltige Fungizide.*

a) *Kupferoxychlorid-Spritzmittel.*
(15 bis 18% Cu-Gehalt).

*Anwendung:*
Gegen *Fusicladium:* vor der Blüte 1%, zur
Blüte hin abfallend bis 0,5%;

gegen *Rebenperonospora*: 1%, bei starkem Auftreten und anhaltendem Regen bis 1,5%;

gegen *Hopfenperonospora*: 1%;

gegen *Phytophthora*: 1,5 bis 3%.

Bordola Kupferkalk, Goldschmidt.

Kupferkalk Borchers (Cuprosa), Borchers.

Kupferkalk Hestha, Billwärder.

Kupferkalk Marquart, Marquart.

Kupferkalk Neudorff-Atempo, Neudorff.

Kupferkalk Silesia, Güttler.

Kupferkalk Spieß-Urania, Pflanzenschutz, Spieß.

Kupferkalk Wacker, Wacker.

*b) Kupferoxychlorid-Spritzmittel* (45 bis 50% Cu-Gehalt).

*Anwendung:*

Gegen *Fusicladium:* vor der Blüte 0,3%, zur Blüte hin abfallend bis 0,1%, nach der Blüte nur als Zusatz zu kupferfreien Spritzbrühen 0,05% bei der Spätsommerspritzung;

gegen *Rebenperonospora:* 0,5%;

gegen *Hopfenperonospora:* 0,5%;

gegen *Phytophthora:* 0,5 bis 1%;

gegen *Cercospora:* 0,5 bis 1%.

Albert-Kupferkalk konz., Albert.

Billwärder hochprozentiger Kupferkalk (45% Cu), Billwärder.

Bordola Kupferkalk (45%), Goldschmidt.

Cupravit (Ob 21), Bayer.

Cupromaag, Elektro-Nitrum.

Funguran-Neu, Pflanzenschutz, Spieß.

G. B. 48, Borchers.

Hinsberg-Kupferkonzentrat, Hinsberg.

HOB-Kupferkalk konz., Obermann.

Hora-Kupfer-Spritzmittel, Fahlberg-List.

Koneprox, Zoutindustrie, Vertrieb: Brenntag.

Kupferkalk Marquart (48), Marquart.

Kupferkalk Propfe 48%, Propfe.

Kupferkalk Schering, Schering.

Kupferspritzmittel Wacker 150 n, Wacker.

Schacht Kupferspritzmittel hochprozentig, Schacht.

Vitigran conc., Hoechst.

Zabulon Kupferkalk, Hinsberg.

*c) Kupferoxydul-Spritzmittel (normal konzentriert, ca. 35% Kupfergehalt).*

*Anwendung:*

Gegen *Fusicladium* auch zur Vorblütenspritzung, vor der Blüte 0,3%, abfallend zur Blüte hin bis 0,1%. Im Hopfenbau nicht anwendbar!

Gegen *Rebenperonospora* 0,5%;

gegen *Phytophthora* 0,5 bis 1%.

Bordola Rotkupfer, Goldschmidt.

Collavin, Albert.

Cuprarot-Spritzmittel, Pflanzenschutz, Spieß.

Kupfer-Sandoz, Sandoz, Vertrieb: Techow.

Nur gegen *Mehltaupilze* 0,5%.

*d) Kupferoxydul-Spritzmittel (hoch konzentriert, etwa 70% Kupfergehalt).*

*Anwendung:*

Gegen Phytophthora und Rebenperonospora: 0,25—0,5%.

Collavin pur, doppelt konzentriert, Albert.

Cuprarot 70 (Spritzmittel), Pflanzenschutz, Spieß.

Cuprarotpaste 70, Pflanzenschutz, Spieß.

Kupferoxydul-Ultra-Schering, Schering.

*e) Sonstige Kupferspritzmittel.*

*Anwendung:*

Gegen *Fusicladium* vor der Blüte 0,15%;

gegen *Rebenperonospora* 0,3%;

gegen *Hopfenperonospora* 0,3%;

gegen *Phytophthora* und

gegen *Cercospora* 0,25—0,5%.

Borchers Cuprenox, (Kupferoxychlorid), Borchers.

*f) Kupfer-Stäubemittel.*

*Anwendung:* Im Weinbau gegen Rebenperonospora zur Zwischenbehandlung und im Gartenbau.

(Da der Staubbelag vom Regen leicht abwaschbar ist, ist gegebenenfalls häufigere Anwendung erforderlich.)

Borchers Kupferstaub, Borchers.

Cuprarot-Stäubemittel (Kupferoxydul), Pflanzenschutz, Spieß.

Cusisa Kupferstaub Merck, Merck.

Hora-Kupfer-Stäubemittel, Fahlberg-List.

Kupferstaub Albert, Albert.

Kupferstaub Spieß-Urania, Pflanzenschutz, Spieß.

Kupferstaub Wacker, Wacker.

*g) Kupfer-Schwefel-Spritzmittel.*

Borchers Kupfer-Ultra-Schwefel,
Borchers.

Gegen Rebenperonospora, Oidium und
andere Mehltaupilze, Hopfenperonospora
und Rote Spinne 1%.

Bordola-Kupferkalk mit Schwefel für
Obstbau, Goldschmidt.

Gegen Fusicladium: vor der Blüte 1%,
nach der Blüte 0,5%.

Bordola-Kupferkalk mit Schwefel für
Wein- und Hopfenbau, Goldschmidt.

Gegen Rebenperonospora 1 bis 1,5%,
Oidium der Rebe 1 bis 1,5%, Hopfenperonospora 0,5%.

Cuprosofril, Elektro-Nitrum.

Gegen Oidium der Rebe 1%, Rebenperonospora 1%, Hopfenperonospora
0,5%.

K-Sofril, Elektro-Nitrum.

Gegen Fusicladium: vor der Blüte 0,7%,
abfallend zur Blüte hin bis 0,5%, nach der
Blüte 0,4%, abfallend bis 0,2%.

Kupfer-Kumulus, BASF, gegen Rebenperonospora, Oidium u. Hopfenperonospora, 0,5%.

TOP-Kupfer-Netzschwefel Schering,
Schering.

Gegen Rebenperonospora 1%, Oidium der
Rebe 1%.

Wacker 83, Wacker.

Gegen Fusicladium: vor der Blüte 1%,
nach der Blüte 0,5%, Rebenperonospora,
Oidium der Rebe, Hopfenperonospora 1%.

Wacker 83 V, Wacker.

Gegen Fusicladium: vor der Blüte 1%,
nach der Blüte 0,5%, Rebenperonospora
0,5 bis 0,75%, Oidium der Rebe 0,5% bis
0,75%, Hopfenperonospora 0,5%.

*h) Kupfermittel kombiniert mit organi-
schen Fungiziden.*

Kupfer-Nirit, Hoechst.

Gegen Rebenperonospora: 1%.

**3.** *Kupfermittel kombiniert mit Insektiziden.*

*a) Kupfer-Spritzmittel kombiniert mit In-
sektiziden.*

*Anwendung:* Gegen Phytophthora 0,5–1%,
Rebenperonospora und Insekten 0,5%.

*Kupfer + DDT.*

Gegen Rebenperonospora, Heu- u. Sauerwurm 0,5%;
gegen Phytophthora etc. und Kartoffelkäfer 0,5—1%.

DiDiTan-Kupfer-Spritzmittel,
Schering.

Kupfer-Spritzgesarol 10, Geigy, Pflanzenschutz, Spieß.

*Kupfer + Lindan* (nicht im Weinbau).

Hortex-Kupfer-Spritzmittel, Merck,
0,5—1%.

Hortex-Rotkupferspritzmittel, Merck,
0,5%—1%.

Kupfer-Spritz-Tarsol, Albert, 0,5–1%.

Kupfer-Spritz-Tarsol pur, Albert,
0,25—0,5%.

Kupfer-Perfektan, BASF, 0,5—1%.

Rapidin-Kupferspritzmittel, Raschig,
0,5%.

Silexan-Kupferspritzmittel, Güttler,
0,5—1%.

*Kupfer + Lindan-DDT* (nicht im Weinbau).

Kupfer-Aktiv-Gesarol, Geigy, Pflanzenschutz, Spieß, 0,5—1%.

Kupfer-Multanin-Spritzmittel Schering, Schering, 0,5—1%.

*Kupfer + Arsen* (im Weinbau verboten), ☠ *1.*

Cuprasol, Pflanzenschutz, Spieß, 0,5
bis 0,75%.

Kupferkalk-Bleiarsen Silesia, Güttler,
0,75 bis 1%.

Kupferarsenspritzmittel Silesia,
Güttler, 0,75 bis 1%.

Nosprasit, Hoechst, 0,75 bis 1%.

Schacht-Fusibar (Arsenkupfer-Spritz-
mittel), Schacht, 1 bis 1,5%.

*b) Kupfer-Stäubemittel kombiniert mit
Insektiziden.*

*Anwendung:* Gegen Rebenperonospora
(Zwischenbehandlung), Pilzkrankheiten im
Gartenbau und Insekten. Wenn notwendig,
häufiger anwenden, da der Staubbelag
durch Regen leicht abwaschbar ist.

*Kupfer + DDT.*

Kupfer-Stäubegesarol, Geigy, Pflanzenschutz, Spiess.

*Kupfer + Lindan* (nicht im Weinbau).

Hortex-Kupfer-Staub, Merck.

Kupfer-Stäube-Tarsol, Albert.

**4.** *Kupfer-Schwefel-Stäubemittel kombiniert mit Insektiziden.*

*Anwendung:* Gegen Mehltau, Rebenperonospora, Oidium und Insekten. Da der
Staubbelag vom Regen leicht abwaschbar,

ist gegebenenfalls häufigere Anwendung erforderlich.

*Kupfer-Schwefel + DDT.*

Gesarex, Geigy, Pflanzenschutz, Spieß.

*Kupfer-Schwefel + Lindan-DDT* (nicht im Weinbau).

Aktiv-Gesarex, Geigy, Pflanzenschutz, Spieß.

5. *Quecksilberhaltige Fungizide,* ⚥ *1.*

*Anwendung:* Gegen Fusicladium: vor der Blüte 0,2%, abfallend zur Blüte hin bis 0,1%.

Arbosan, Fahlberg-List.

Aventa, Schering.

A 240, Wiersum.

Borchers Quecksilber-Spritzmittel, Borchers.

Hostaquick, Hoechst.

Quecksilberspritzmittel Bayer, Bayer.

Quecksilberspritzmittel Billwärder, Billwärder.

Quecksilberspritzmittel Riedel, Riedel de Haën.

6. *Organische Fungizide.*

*a) Thiocarbamat-Präparate.*

Azira, Wiersum.

Gegen Fusicladium zur Nachblütenspritzung 0,1%.

Borchers Ferbam-Spritzmittel (pulverförmig), Borchers.

Gegen Fusicladium: vor und nach der Blüte 1%.

Borchers Phytox, Borchers.

Gegen Phytophthora 1%, Braunfleckenkrankheit der Tomate 1%.

Carbasulfin, Avenarius.

Gegen Fusicladium: vor der Blüte 0,75%, nach der Blüte 0,5%.

Dithane, Cela, Pflanzenschutz, Riedel de Haën, Spieß.

Gegen Hopfen- und Rebenperonospora, Phytophtora 0,2%.

Fuclasin, Borchers, Avenarius.

Gegen Fusicladium: vor der Blüte 0,75%, nach der Blüte 0,5% (bei ausgesprochenem „Fusicladiumwetter" beide Spritzungen 1%), Rebenperonospora 1%.

Fuclasin-Ultra, Schering, Borchers, Avenarius.

Gegen Fusicladium: vor der Blüte 0,15%, nach der Blüte 0,1%, im Weinbau 0,2%.

F 40, Avenarius.

Gegen Fusicladium: vor und nach der Blüte 0,2%; gegen Rebenperonospora 0,2%.

Phytox-Schwefel, Borchers.

Gegen Fusicladium 0,2%.

Pomarsol-Z-forte, Bayer.

Gegen Fusicladium: vor der Blüte 0,2%, nach der Blüte 0,15%.

*b) Thiuram-Präparate (TMTD).*
(*Tetra-Methyl-Thiuram-Disulfid*).

Apirol, Wiersum.

Gegen Fusicladium zur Nachblütenspritzung 0,2% abfallend bis 0,125%.

Luram, BASF.

Gegen Fusicladium vor und nach der Blüte sowie gegen Rebenperonospora 0,5%.

Pomarsol, Bayer.

Gegen Fusicladium: vor der Blüte 0,75%, nach der Blüte 0,5%.

Pomarsol-forte, Bayer.

Gegen Fusicladium: vor der Blüte 0,2%, nach der Blüte 0,125%.

*c) Chlornitrobenzol-Präparate.*

*Anwendung:* nach Vorschrift.

Brassicol, Hoechst.

Gegen Salatfäule, Zwiebelbrand, Keimlingskrankheiten.

Brassisan, Hoechst.

Gegen Kohlhernie.

Bulbosan, Hocchst.

Gegen Braunfleckenkrankheit der Tomate.

Hortizol, BASF.

Gegen Keimlingskrankheiten.

*d) Rhodandinitrobenzol-Präparate.*

Bulbosit, Hoechst.

Gegen Braunfleckenkrankheit an Tomaten 1 kg/250 bis 500 Pfl.

Nirit, Hoechst.

Gegen Fusicladium vor der Blüte 1%, nach der Blüte 0,75%.

Nirit conc., Hoechst.

Gegen Fusicladium vor der Blüte 0,25%, nach der Blüte 0,15%.

*e) Captan (Chlormethylthiophthalimid).*

Orthocid 50, Bayer, Merck, Propfe, Schering.

Gegen Fusicladium: vor und nach der Blüte 1,5 kg/400 l Wasser, gegen Rebenperonospora 0,2%.

**Raupenleime.**

*Anwendung:* Als fertige Leimgürtel (Fanggürtel) oder zur Fertigung von Fanggürteln oder sonstiger Fangflächen.

Brunonia-Raupenleim, Schacht.

O. H. Raupenleim Hinsberg, Hinsberg.

Pomona-Raupenleim, Stähler.

Propfes Raupenleim, Propfe.

Raupenleim Bodensee, Schulz.

Raupenleim Borchers, Borchers.

Raupenleim Hoechst, Hoechst.

Raupenleim Schering, Schering.

Raupenleim Urania-Spieß, Pflanzenschutz, Spieß.

Raupenleim Westmark, Neudorff.

Raupenleim Widder, Wider.

Raupenleimring Fix-Fertig, Hinsberg.

Raupenleimring Record, Schacht.

**Rübenherz- und Trockenfäule-Mittel.**

*a) Einfache chemische Verbindungen.*
Borax-Grieß.

*Anwendung:* 15 bis 20 kg/ha ausstreuen.
Borsäure.

*Anwendung:* 10 bis 14 kg/ha ausstreuen.

*b) Borhaltige Düngemittel.*

*Anwendung:* Nach Auskunftserteilung durch die landwirtschaftlichen Untersuchungs- und Forschungsanstalten oder die zuständigen Pflanzenschutzämter.

Borchers borhaltiges Streumehl, Borchers.

Bor-Rhe-Ka-Phos, Kali-Chemie.

Bor-Rhenania-Phosphat, Kali-Chemie.

Bor-Röchling-Phosphat, Hütten-Chemie.

Bor-Superphosphat, Superphosphat-Industrie.

**Sägewespenmittel.**

Quassia-Spritzmittel:

Quassia-Extrakt Spieß-Urania, Pflanzenschutz, Spieß, 0,5%.

Silesia-Quassia-Spritzmittel, Güttler, 0,5%.

Außer speziellen Quassia-Präparaten haben sich auch E-u. Lindan-Spritzmittel bewährt, unmittelbar nach Blütenabfall (s. Organ.-synthetische Mittel).

**Schabenmittel.**

*1. Fraßgifte* (Fluor), ☠ *2.*
Mennolin, Menne.
Styxol-Schwabenpulver, Schmalfuß.

*2. Berührungsgifte.*

*a) Spritz- und Sprühmittel (ohne Dauerwirkung).*

Lindan bzw. Hexa, techn.:
Alon-Nebelmittel, Weyl.
KO (Knock out) Nebeldose, TESTA.
Pyrethrum bzw. P. + Piperonylbutoxyd:
Parex, Riedel-de Haën.
Auf anderer Wirkstoffbasis:
Syn-Tox-Extrakt Nr. 3033, Hamann.

*b) Räuchermittel (ohne Dauerwirkung).*
Lindan bzw. Hexa, techn.:
Domutan, Voß.
Hexacid-Räuchertabletten, Aglukon.
Hygan-Insekten-Schwelkerze (mit Pyrethrum), Hygiene-Chemie.
Multocid-Räuchertabletten, Merck.
Vulcasan-O-Räuchertabletten, Bruckbauer u. Götz.

*c) Spritz- und Sprühmittel (mit Dauerwirkung).*
DDT- und DFDT:
(2—6 Monate anhaltende Wirkung).
Flit + DDT, Esso.
Plagin, Krehayn.
Plagin-Emulsion, Krehayn.
Lindan bzw. Hexa, techn.:
(2—4 Wochen anhaltende Wirkung).
Alon-HS, Weyl.
Hexatox N 40, Borchers.
Insektenfluid Hexa, Nägele.
Isotox Insektentöter, Propfe.
Multocid flüssig, Schering.
Nexol-Nebelpräparat, Cela.
Parex WW, Riedel-de Haën.
Primex, Merck.
Verindal-Ultra, Schering.
Wanzengoldgeist-flüssig, Gerlach.
Lindan-DDT:
(2—6 Monate anhaltende Wirkung).
Multocid-Ultra-Spritzmittel, Schering.
Paral-Automat, Boehme-Fettchemie.
Lindan-Dieldrin:
Hexa-Globol flüssig Nr. 292, Globus-Werke.
Chloriertes Inden:
Illoxan, Hoechst.

*d) Stäubemittel.*

DDT:

Contacta-Puder, Boehme-Fettchemie.

Lindan bzw. Hexa, techn.:

Delicia-Schabenpräparat, Delicia.

Goldgeist-Wanzenpulver, Gerlach.

Hygan-Spezialpuder, Hygiene-Chemie.

Isotox-D-Ungezieferpuder, Propfe.

Jacutin-Puder, Merck.

Pereat, Riedel-de Haën.

Toxical-Puder, Desowag.

Lindan-DDT:

Multocid, Schering.

Paral-Puder, Boehme-Fettchemie.

*e) Insektizide Anstrichfarben.*

Lindan bzw. Hexa, techn.:

Celledur-Kunstharz Emulsion-Deckfarbe, Pfeiffer.

Hansin L, Hansin-Werk.

J.B.F. Schädlingsbekämpfungspasta, Süßmeier.

## Schildlausmittel.

*a) Mineralöl-Sommerspritzmittel* gegen San José-Schildlaus.

Mineralölspritzmittel S, 3%, Hinsberg.

Sommeröl Elefant, 2%, Epple.

(Alle Mittel auch gegen andere saugende Insekten im Obst-, Garten-, Weinbau und in Gewächshäusern).

*b) Für Winterspritzung* s. Winterspritzmittel.

## Schneckenmittel.

Metaldehyd-Präparate, ☠ 3.

*Anwendung:* Ausstreuen oder in Häufchen auslegen. Gegen Ackerschnecken.

Agrimort, Terrasan.

Antischneck, Neudorff.

Asco-Schneckenköder, Schubert.

Delicia-Schneckenpräparat, Delitia.

Kontra-Schneckex, Vogger.

Pecotot-Schneckentod, Glanzit.

Prolimax, Stähler.

Schacht-Schneckentod, Schacht.

Schneckenkorn, Pflanzenschutz,Spieß.

Schneckentod Spieß-Urania, Pflanzenschutz, Spieß.

Schneckofix, Hinsberg.

Schnex-Schneckentod, Obermann.

Sindix-Schneckentod, Lauffer.

Styx-Schneckentod, Schmalfuß.

## Speckkäfermittel.

*a) Einstäubemittel.*

Koholyt-Gamma-Spezial (1000 g/m³), (Lindan-Einstäubemittel), Feldmühle.

Außer genanntem, extra aufgeführtem Lindanmittel sind auch die anderen Lindanstäube (s. Organ.-synth. Mittel) verwendbar.

*b) Spritzmittel.*

Lindanmittel s. Organ.-synth. Mittel.

*c) Verneblungsmittel* s. Kornkäfermittel-Aufstellung.

## Spinnmilbenmittel.

*a) Schwefelspritzmittel* s. Pilzmittel.

*b) Chlorbenzilat-Mittel.*

Erysit-flüssig, Schering, 0,1%.

Rospin-Geigy, Geigy, Pflanzenschutz, Spiess.

*c) E-Mittel* s. Organ. synth. Mittel.

*d) Innertherapeutische Mittel* s. Organ.-synth. Mittel.

*e) Verdampfungsmittel für Gewächshaus.*

Schacht-Schädlingsnaphthalin, (25 g/m³, Gebrauchsanweisung beachten), Schacht.

*f) Räuchermittel,* s. Gewächshausräuchermittel.

## Tierläusemittel.

Hexa- und Lindanstäube- bzw. Spritzmittel wie

Jacutin, Merck.

Wendelinus-Präparate, Cela.

## Tipula-Mittel.

*a) Spritzmittel.*

Phosphorsäureester, ☠ 1—3:

(Nicht unter 10° C Bodentemperatur in 2 cm Tiefe.)

Borchers P-O-X-konzentriert, Borchers, 0,3 l in 600—800 l/ha.

Borchers P-O-X-Spritzmittel, Borchers, 1,5 l in 600—800 l/ha.

E 605 forte, Bayer, 0,3 l in 600 bis 800 l/ha.

Chloriertes Inden:

Hostatox emulgierbar, Hoechst, 2—3 l in 600—800 l/ha.

*b) Ködermittel* auf Fluorbasis, ☠ 2.

*Anwendung:* 24 kg/ha, mit gleicher Menge Wasser anfeuchten und ausstreuen.

Cyronal, Schering.

*c)* Arsenköder, ⚕ *1.*

*Anwendung:* 1 kg mit 25 kg Kleie und gleicher Menge Wasser mischen, auf 1 ha ausstreuen.

Arsenködergift Hesthanol-Cit, Billwärder.

Fructusgrün, Gademann.

Uraniagrün, Pflanzenschutz.

*d) Lindanköder.*

*Anwendung:* 3 kg + 25 kg Kleie mischen und je ha ausstreuen.

Nolamelt, Oxydo.

*e) Phosphorsäureester-Köder,* ⚕ *1—3.*

Borchers P-O-X-Spritzmittel, Borchers, ⚕ *2.*

300 g in 20—25 l Wasser mit 50 kg Kleie je ha ausstreuen.

E 605 forte, Bayer, ⚕ *1—2.*

Bei Getreide im Frühwinter: 100 ccm in 12 l Wasser mit 25 kg Kleie/ha ausstreuen, bei Getreide im Frühjahr: 300 ccm in 12 l Wasser mit 25 kg Kleie/ha ausstreuen, bei Grünland: 300 ccm in 24 l Wasser mit 50 kg Kleie/ha ausstreuen.

*f) Lindan-Streumittel,* s. Drahtwurmmittel.

## Tomaten-Braunfleckenkrankheit-Mittel.

Bulbosan (Chlornitrobenzolbasis), Hoechst.

1 kg/300—500 m² im Freiland, 1 kg/400 bis 800 m³ im Gewächshaus.

Bulbosit (Rhodandinitrobenzolbasis, 1 kg/250 bis 500 Pflanzen), Hoechst.

## Unkrautmittel.

**I.** Mittel gegen Unkräuter auf Wegen und Plätzen.

*a) Chlorathaltige Mittel.*

*Anwendung:* 2%, 1,5 l je qm gießen; Behandlung nach 1 bis 2 Wochen wiederholen.

Evau-Unkrautvernichtungsmittel, E. Vogelmann.

Florex, Obermann.

Futschikato-Unkrautvertilgungsmittel, Hinsberg.

Hapelit-Unkrautvernichtungsmittel, H. P. Müller.

Hedit, Hoechst.

Herbamort, Terrasan.

Herbatox, Borchers.

Plantex, Schacht.

Radikal-Unkrautvertilger, Propfe.

Rapid-Ex, Stähler.

Rasikal, Bayer.

Sinzit, Lauffer.

Talpan-Unkrautvernichtungsmittel, Marktredwitz.

Tilgin, Industrie Erlangen.

Tuta-Unkrautvertilger, Br. Vogelmann.

Unkraut-Ex, Stolte & Charlier.

Unkraut-frei, Nägele.

Unkrautschreck, Pflanzenschutz.

Unkrauttod, Overlack.

Unkrauttod Posselat, Possehl.

Unkrautvertilger Enag, Elektro-Nitrum.

Vastat, Eimermacher.

808-Unkrautvertilgungsmittel, Frowein.

*b) Arsenhaltige Mittel.* ⚕ *1.*

*Anwendung:* 2,5 bis 3%; 1 bis 2 l je qm gießen; einmalige Anwendung.

Usil, Güttler.

**II.** Mittel gegen Unkräuter in Getreidebeständen und auf Wiesen und Weiden.

## 1. Wuchsstoffhaltige Mittel.

*Achtung!* In Getreidebeständen nur nach der Bestockung und vor dem Ährenschieben anwenden! Zur Vermeidung von Schäden auf Nachbarkulturen nicht weniger als 400 l/ha.

*a)* 2,4 D-*haltige Mittel*[1].

(2,4-*Dichlorphenoxyessigsäure*).

Gegen Unkräuter in Getreidebeständen und auf Wiesen und Weiden.

*α)* 2,4 D-Salze.

*Spritzmittel, pulverförmig.*

*Anwendung:* 1 kg/ha gegen Hederich und Ackersenf in Getreidebeständen; 1,5 kg/ha gegen andere Unkräuter in Getreidebeständen; 1,5 bis 3 kg/ha gegen Unkräuter auf Wiesen und Weiden.

Agropur, Billwärder.

Aherba, Wiersum.

Dikofag-Spritzpulver, Hoechst.

Hedonal, Bayer.

---

[1]

$$\text{Cl}\!-\!\bigcirc\!-\!\text{O}\!-\!\text{CH}_2\!-\!\text{COOH}$$

Hinsberg 2,4 D (Pulver), Hinsberg.
Selektonon, Borchers.
U 46, BASF.
Ukrasil, Güttler.

*Spritzmittel, flüssig.*

*Anwendung:* 1,5 l/ha in Getreidebeständen, 2 bis 4 l/ha auf Wiesen und Weiden.

Dikofag, flüssig, Hoechst.
Hedonal, flüssig, Bayer.
Hinsberg 2,4 D (flüssig), Hinsberg.
Selektonon, flüssig, Borchers.
Tricotox-Amin, Schacht.
Utox flüssig, Pflanzenschutz, Spieß.
U 46 Fluid, BASF.

*Streumittel.*

*Anwendung:* 200 kg/ha in Getreide.

Dikophosphat, Düngerfabrikanten.

*Streukonzentrate.*

*Anwendung:* 5 kg/ha mit 200 kg Kainit gut vermischt ausstreuen gegen Unkräuter in Getreide und auf Wiesen und Weiden in besonderen Lagen.

Dikofag-Streukonzentrat, Anorgana.
U 46-Streukonzentrat, BASF.

β) 2,4 D-Ester.

*Vorsicht!* Jede Überdosierung vermeiden!
*Anwendung:* 1 l/ha in Getreidebeständen, 1,5 l/ha auf Wiesen und Weiden.

Dikofag-Ester, Hoechst.
Grünland-Selektonon, flüssig, Borchers.
Utox-E, Pflanzenschutz Spieß.

b) *MCPA-haltige Mittel.*
(*Methyl-Chlor-Phenoxy-Acetat*[1]).

*Gegen Unkräuter in Getreide und auf Wiesen und Weiden.*

| MCPA-Salze | in Getreide | auf Wiesen und Weiden |
|---|---|---|
| *Spritzmittel, pulverförmig* | *je ha* | |
| M 52 (Pulver), Schering | 1 kg | 2—3 kg |
| Selektonon M, Borchers | 1 kg | 1 kg |
| *Spritzmittel, flüssig.* | | |
| Dikofag-MCPA, Hoechst | 2 l | — |

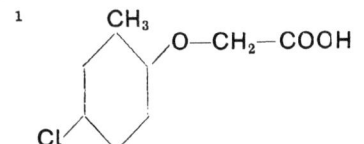

| | *je ha* | |
|---|---|---|
| Hedonal M (flüssig), Bayer | 2 l | 3—4 l |
| Hinsberg 2 M (flüssig), Hinsberg | 2 l | 3—4 l |
| M 52 (flüssig), Schering | 4 l | 4 l |
| M 52 konzentriert, Schering | 2 l | 3—4 l |
| Nolachit, Oxydo | 4 l | 4 l |
| Selektonon M (flüssig), Borchers | 2 l | — |
| Tricotox M, Schacht | 1,5 l | 2—3 l |
| U46M-Fluid, BASF | 1,5 l | 2—3 l |
| Utox M, Pflanzenschutz, Spieß | 1,5 l | 2—3 l |
| MCPA-Ester: | | |
| Dikofag-MCP-Ester, Hoechst | 1 l | — |

*Kombinationen.*

2,4 D + MCPA-Salze:
U 46 Combi-Fluid, BASF.

1,5 l/ha in Getreide

2,4 D + 2,4,5 T-Ester:
Tormona, Cela.

1 kg/ha in Getreide; 1,5 kg/ha auf Wiesen und Weiden; 1,5—2 kg/ha gegen schwer bekämpfbare Unkräuter auf Wiesen und Weiden und gegen verholzte Pflanzen.

U 46 Spezial, BASF.

3 l/ha gegen schwer bekämpfbare Unkräuter auf Wiesen und Weiden und gegen verholzte Pflanzen. 1,5 l/ha in Getreide; 2—2,5 l/ha auf Wiesen und Weiden.

Tributon, Bayer.

1,5 l/ha in Getreide; 2—2,5 l/ha auf Wiesen und Weiden.

Utox BK, Pflanzenschutz, Spieß.

Nur gegen schwer bekämpfbare Unkräuter auf Wiesen und Weiden oder gegen verholzte Pflanzen; 0,5% oder 2,5 l/ha Flächenbehandlung.

MCPA + 2,4,5 T-Ester:
Celatox, Cela.

1 l/ha in Getreide, 1,5 l/ha auf Wiesen und Weiden.

Sekuron TM, Aglukon.

1 l/ha in Getreide, 1,5 l/ha auf Wiesen und Weiden.

2. Dinitrokresolhaltiges Mittel, ☒ 2.

*Anwendung:* 4 kg/ha gegen Unkräuter in Getreidebeständen und nicht weniger als 400 l/ha spritzen.

Raphatox, Schering.

3. Streumittel gegen Unkräuter.
Hederich-Kainit, Kalivertrieb.

*Anwendung:* 750 bis 1000 kg/ha in Getreidebeständen.

Kalkstickstoff, Südd. Kalkstickstoffwerke, Knapsack, Lonza.

*Anwendung:* 150 bis 200 kg/ha gegen Unkräuter in Getreidebeständen und auf Wiesen und Weiden (Kornkalkstickstoff und Kalkstickstoff geperlt nicht als Kopfdünger). 200 bis 400 kg/ha gegen Unkräuter in Kartoffeln vor dem Auflaufen.

III. Mittel gegen Unkräuter in besonderen Kulturen.

Diese Gruppe verlangt genaue Beobachtung der Gebrauchsanweisung.

BNP 30, Hoechst (Dinitrobutylphenol, DNBP, ☒ 2.

In Erbsen und Bohnen 4 l, in Zwiebeln und Flachs 3 l in mindestens 800 l/ha.

Bulpur, Bayer (Cyanat).

In Zwiebeln: 1% in 1000 l/ha.

Rüben-Unkrautmittel Schering, Schering (Pentachlorphenol).

In Möhren, Rüben, Zwiebeln 40 l/ha in 100—800 l/ha *vor* dem Auflaufen.

Unkrauttod W, Shell (Mineralöl).

In Möhren, Petersilie, Sellerie 800 l/ha.

IV. Mittel gegen Wurzelunkräuter auf Ödland und landwirtschaftlichen Nutzflächen.

*TCA-haltige Mittel* (*Tri-Chlor-Acetat*).
NaTa-Gersthofen, Lech-Chemie, Hoechst, 20 g/qm.

(Speziell gegen Gräser).

Ugex (2,4 D komb. mit TCA), Lech-Chemie, Hoechst, 15 g/qm.

**Wachsmottenmittel.**
Calcyan, DEGESCH, Vertrieb: Heerdt-Lingler, TESTA.

*Anwendung:* 20 g auf 1 cbm Raum 24 Stunden einwirken lassen; besondere Genehmigung erforderlich.

Styx-Wachsmottentod (nach Vorschrift), Schmalfuß.

**Wanzenmittel.**

1. *Gebrauchsfertige Sprühmittel.*
a) *Wirkung hält mehrere Monate an.*
Contacta, Böhme.
Flit-Doppelwirksam, Esso.
Plagin, Krehayn.

b) *Wirkung hält bis zu vier Wochen an.*
Hygan-flüssig, Hygiene-Chemie.
Toxical flüssig, Desowag.

2. *Zu verdünnende Sprühmittel.*
a) *Wirkung hält mehrere Monate an.*
Contacta Emulsion, Böhme.
Gix, Hoechst.
Multocid-Ultra, Schering.
Paral-Emulsion, Böhme.
Plagin Emulsion, Krehayn.
Verindal-Ultra, Schering.

b) *Wirkung hält bis zu vier Wochen an.*
Alon-HS, Weyl.
CX 99, Cela.
Detmol-Extrakt, Frowein.
GA4, Erb.
Hexacid Rot, Aglukon.
Hyganol, Hygiene-Chemie.
Jacutin-Stallspritzmittel, Merck.
Multocid flüssig, Schering.
Saprit D, Flörsheim.
Syn-Tox-Extrakt, Hamann.

3. *Verneblungsmittel* (Wirkung bis vier Wochen).
Alon-Nebelmittel, Weyl.
Dusturan-Verneblungsmittel, Pflanzenschutzges.
Hexatox N 40, Borchers.
Hygan-flüssig Super Ng, Hygiene-Chemie.
Nexol, Cela.
Parex-Spezial, Riedel-de Haën.
Primex, Merck.
Syn-Detmolin W, Frowein.
Toxical-flüssig, Desowag.

4. *Räuchermittel* (Lindanbasis).
Hexacid-Räuchertabletten, Aglukon.
Vulkasan-0, Bruckbauer u. Götz.

5. *Gase.*
T-Gas (konzessionspflichtig), Degesch.

6. *Sprühdosen.*
Isotox Insektentöter, Propfe.

7. *Pulver.*
Contacta-Puder, Boehme-Fettchemie.
Multocid (DDT + Lindan), Schering.

Paral-Puder, Boehme-Fettchemie.

Isotox-D-Ungezieferpuder, Propfe.

### 8. *Insektizide Anstrichfarben.*

I.B.F. Schädlingsbekämpfungspasta, Süssmeier.

Imälux Mischbinder, Iversen u. Mähl.

Mawülux, Hansin.

## Wildverbißmittel.

Arbin-Wildverbißmittel, Stähler.

HT 4b, Hildebrandt.

Wildverbißmittel Hoechst, Hoechst.

## Winterspritzmittel.

### 1. *Nitrophenole „Gelbspritzmittel", ⚕ 2.*

### a) *Dinitrokresol- (DNC-) Präparate nach Normen.*

*Anwendung:* Im Obstbau: 1% gegen Eier des Apfelblattsaugers, der Blattläuse und gegen widerstandsfähige Schädlinge (z. B. Eier von Frostspannern, Raupen von Sackträgermotten). Bei später Anwendung auch gegen Apfelblütenstecher. Im Weinbau: 1% gegen Kräuselkrankheit der Reben und Springwurm.

Avenarius-Gelbpulver, Avenarius.

Dinitrokresol Hoechst 50% Pulver, Hoechst.

Dinitrokresol Rütgers, Hoechst.

Dinitro Spieß-Urania, Pflanzenschutz, Spieß.

Dinosil, Güttler.

Ditral-Pulver, Hinsberg.

Ditrosol-Pulver, Schacht.

Dinitropulver Elefant, Epple.

Gilboform, Schering.

Hercynia-Gelb, Borchers.

Iverit, Hoechst.

Lipan, Billwärder.

Lutin, Marktredwitz.

Neudorff DN 50, Neudorff.

Sanarbol, Elektro-Nitrum.

Selinon-Pulver, Bayer.

Yellow-Pulver, Propfe.

### b) *Dinitrobutylphenol- (DNBP-) Präparat.*

*Anwendung:* 0,75% gegen allgemeine Obstschädlinge und San-José- Schildlaus.

Gebutox, Hoechst.

### 2. *Obstbaumkarbolineum nach Normen.*

*Anwendung:* Gegen die an Obstbäumen überwinternden Insekten („allgemeine Obstbaumschädlinge"), wie Blattläuse, Apfelblattsauger, Blutlaus, Schildläuse,

Kirschblütenmotte, Gespinst- und Sackträgermotte, Frostspanner, Moose und Flechten.

Bei empfindlichen Steinobstsorten beachte die örtlichen Spritzkalender.

### a) *Schweröl-Obstbaumkarbolineum.*

*Anwendung;* 5%, bei beginnendem Schwellen der Knospen 4%.

Bauder, Bauder.

Billwärder, Billwärder.

Brunonia, Schacht.

Dendrin, Avenarius.

Elefant, Epple.

Florium, Flörsheim.

Hoechst, Hoechst.

Lauril, Hinsberg.

Propfe, Propfe.

Rütgers, Rütgers, Weyl.

Silesia, Güttler.

Spieß-Urania, Pflanzenschutz, Spieß.

Stähler, Stähler.

Veralin, Elektro-Nitrum.

Zet-Ge, Zeller & Gmelin.

### b) *Mittelöl-Obstbaumkarbolineum.*

*Anwendung:* 8%, bei beginnendem Schwellen der Knospen 6%.

Brunonia, Schacht.

Dendrin, Avenarius.

Krudol, Biebrich.

Rütgers, Rütgers, Weyl.

Silesia, Güttler.

Zet-Ge, Zeller & Gmelin.

Ia Argon, Voitländer.

### c) *Obstbaumkarbolineum emulgiert.*

*Anwendung:* 8%, bei beginnendem Schwellen der Knospen 6%.

Abolin, Avenarius.

Billwärder, Billwärder.

Diplin, Flörsheim.

Duxola, Rüsges.

Elefant, Epple.

Hoechst, Hoechst.

Holliar, Stähler.

Karbowassol, Teerverwertung, Vertrieb: Organa Bautenschutz.

Krudolin, Biebrich.

Lauril, Hinsberg.

Lumünol, L. Müller.

RMV, Motor-Oel.

Roland, Waldmann.

Rütgers, Rütgers, Vedag, Weyl.

Schacht-Pirusan, Schacht.

Silesia, Güttler.

Spieß-Urania, Pflanzenschutz, Spieß.
Zet-Ge, Zeller & Gmelin.

**3.** *Obstbaumkarbolineum mit Dinitro-*
*kresol: „Gelbkarbolineum", ☠ 2.*

*Anwendung:* 4% gegen allgemeine Obstbaumschädlinge bis zum Schwellen der
Knospen. Bei empfindlichen Steinobstsorten (Pfirsich, Aprikose) beachte Konzentration der örtlichen Spritzkalender.

Bauders OK-Gelb, Bauder.
Billwärder Dinitrohaltiges Obstbaum-
    karbolineum, Billwärder.
Borchers Karbo-Gelb, Borchers.
Borchers Schweröl-Gelb, Borchers.
Diaborol, Teerverwertung,
    Vertrieb: Organa-Bautenschutz.
Dicarbosil, Güttler.
Dikarbon Obc Gelb, Hinsberg.
Dinioka, Propfe.
Dinitro-Diplin, Flörsheim.
Dinitro-Karbolineum Stähler, Stähler.
Dinitro-Obc Hoechst, Hoechst.
Dinitro-Obc Rütgers, Weyl.
Dinitro-Obstbaum-Karbolineum
    Spieß-Urania, Pflanzenschutz,
    Spieß.
Dinokarb Zet-Ge, Zeller & Gmelin.
Diodendrin, Avenarius.
Ditrosol-Karbol-M, Schacht.
Okadinol, Epple.
Okanitrol, Elektro-Nitrum.

**4.** *Mineralöl-Winterspritzmittel mit Zu-*
*sätzen.*

*a) mit Dinitrokresol: „Gelböle", ☠ 2.*

*Anwendung:* Gegen allgemeine Obstbaumschädlinge und gegen San-José-Schildlaus
in den unten angegebenen Konzentrationen. Beim Schwellen der Knospen Vorsicht!

Bauders Mineralöl Gelb, Bauder, 2%.
Borchers Mineralöl-Gelb, Borchers,
    4%.

Brunonia Gelböl, Schacht, 4%.
Dendrin-Gelböl, Avenarius, 4%.
Dinomin Zet-Ge Spezial, Zeller &
    Gmelin, 2%.
Diominal, Propfe, 2%.
Ditramin-Gelböl, Hinsberg, 4%.
Ditramin-Gelböl (Konzentrat),
    Hinsberg, 2%.
Flavin-Sandoz, Sandoz, Vertrieb:
    Techow, 3%.
Floria-Gelböl, Flörsheim, 2%.
Gelböl Elefant, Epple, 2%.
Gelböl-Paste Elefant, Epple, 2%.
Gelböl Spieß-Urania, Pflanzenschutz,
    Spieß, 2%.
Iverit-Öl, Hoechst, 2%.
Para-Gelb, Elektro-Nitrum, 2%.
Winter-Volck-Gelb, Propfe, 2%.

*b) mit Dinitrobutylphenol (DNBP).*

Gegen allgemeine Obstschädlinge und
San-José-Schildlaus.

Gebutox-Öl, Hoechst, 0,5%.

*c) Mineralöl-Karbolineum.*

*Anwendung:* Gegen allgemeine Obstbaumschädlinge 4%, gegen San-José-Schildlaus
6%.

Antraminal Propfe, Propfe.
Bauders OK Schweröl-Mineralöl,
    Bauder.
Dendrin MS, Avenarius.
Floria-Mineralöl-Karbolineum, Flörs-
    heim.
Hinsberg Schweröl-Mineralöl, Hins-
    berg.
Minoka, Stähler.
Minölcarb Zet-Ge, Zeller & Gmelin.
Schweröl-Mineralöl Elefant, Epple.
Schweröl-Mineral Spieß-Urania,
    Pflanzenschutz, Spieß.
Teerminol, Schacht.
Veralin M, Elektro-Nitrum.

## C. Herstellerfirmen der genannten Präparate, Dienststellen des Pflanzen-
schutzes, Vorratsschutzes und der Hygiene von A—Z.

**1. Holzschutzmittel-Firmen.** Siehe Zusammenstellung Bd. III.

**2. Pflanzenschutzgeräte-Firmen.** Siehe Zusammenstellung Bd. III.

**3. Pflanzenschutzmittel-Firmen.** Siehe Zusammenstellung Bd. III.

### 4. Holzschutzdienststellen.

Institut für angewandte Mykologie und Holzschutz der Biologischen Bundesanstalt, Hann.-Münden, Werraweg 3, Tel. 254.

Technische Zentralstelle der deutschen Forstwirtschaft, Hamburg, Neuer Wall 72,
Tel. 248031.

## 5. Institute für hygienische Schädlingsbekämpfung.

Max-v.-Pettenkofer-Institut, Berlin-Dahlem, Corrensplatz 1, Tel. 764495.
Hygienische Institute der Städte und Länder.

## 6. Pflanzenschutzämter der Deutschen Bundesrepublik.

**Baden-Württemberg.**

*Nord-Baden.* Pflanzenschutzamt Karlsruhe, Karlsruhe, Kriegstraße 37, Tel. 7421.

*Süd-Baden.* Institut für Pflanzenschutz — Pflanzenschutzamt Freiburg, (17b) Freiburg im Breisgau, Hauptstraße 34, Tel. 4851.

*Nord-Württemberg.* Pflanzenschutzamt Stuttgart, (14a) Stuttgart, Hohenheimer Straße 97, Tel. 241141.

*Süd-Württemberg-Hohenzollern.* Pflanzenschutzamt Tübingen, (14b) Tübingen, Keplerstraße 2, Tel. 2639.

**Bayern.**

Bayerische Landesanstalt für Pflanzenbau und Pflanzenschutz, (13b) München 23, Königinstr. 36, Tel. 39321.

**Berlin-West.**

Institut für Vorrats- und Pflanzenschutz (Pflanzenschutzamt), (1) Berlin-Zehlendorf, Altkircher Straße 1—3, Tel. 760858.

**Bremen.** Pflanzenschutzamt Bremen, (23) Bremen, Parkallee 79, Tel. 30094.

**Hamburg.**

Pflanzenschutzamt Hamburg, Hamburg 36, Bei den Kirchhöfen 14, Tel. 441071.

**Hessen.**

*Hessen-Kassel.* Pflanzenschutzamt Kassel, (16) Kassel-Harleshausen, Am Versuchsfeld 13, Tel. 7094.

*Hessen-Nassau.* Pflanzenschutzamt Frankfurt, (16) Frankfurt (Main), Bockenheimer Landstraße 25, Tel. 79141/45.

**Niedersachsen.**

*Hannover-Braunschweig.* Pflanzenschutzamt Hannover, (20a) Hannover-Buchholz, Schierholzstr. 51, Tel. 69202.

*Weser-Ems.* Pflanzenschutzamt Oldenburg, (23) Oldenburg (Oldbg.), Nordstraße 2, Tel. 4004.

**Nordrhein-Westfalen.**

*Nordrhein.* Pflanzenschutzamt Bonn, (22c) Bonn, Weberstraße 59a, Tel. 23293, 22849.

*Westfalen.* Pflanzenschutzamt Münster, (21a) Münster (Westf.), v. Esmarchstraße 12, Tel. 42301.

**Rheinland-Pfalz.**

Pflanzenschutzamt Mainz, (22b) Mainz, Wallstraße (Baracke 38), Tel. 5659.

**Schleswig-Holstein.**

Pflanzenschutzamt Kiel, Kiel-Kronshagen, Hasselkamp 37, Tel. 44136 (Kiel).

## 7. Pflanzenschutzämter der Deutschen Demokratischen Republik.

Dresden A 16, Stübel-Allee 2.

Erfurt, Neuwerkstraße 2.

Halle/Saale, Reichardstraße 10.

Potsdam, Templiner Straße 21b.

Rostock, Graf-Lippe-Straße 1.

## 8. Institute der Biologischen Bundesanstalt für Land- und Forstwirtschaft, Braunschweig.

**Baden-Württemberg.** Institut für Obstbau, Heidelberg, Tiergartenstraße, Tel. 38 26.

**Hessen.**

Institut für Kartoffelkäferforschung und Biologische Schädlingsbekämpfung, Darmstadt, Kranichsteinerstraße 61, Tel. 31 51.

**Niedersachsen.**

Institut für Bakteriologie u. Serologie, Braunschweig, Messeweg 11/12, Tel. 217 31.
Institut für phys. Botanik, Braunschweig, Messeweg 11, Tel. 217 31.
Institut für angewandte Chemie, Hann.-Münden, Göttinger Straße, Tel. 673.
Institut für Grünlandfragen, Oldenburg, Philosophenweg 16, Tel. 45 04.
Prüfstelle für Pflanzenschutzmittel und -geräte, Braunschweig, Messeweg 11/12, Tel. 217 31.
Institut für Resistenzprüfung, Braunschweig, Messeweg 11/12, Tel. 217 31.
Institut für Virusforschung, Braunschweig, Messeweg, 11, Tel. 217 31.
Institut für angewandte Zoologie, Celle, Dörnbergstraße 25/27, Tel. 3400.

**Nordrhein-Westfalen.**

Institut für Gemüsebau und Unkrautforschung, Lauvenburg, Neuss II Land, Tel. 2037 (Neuss).
Institut für Hackfruchtbau, Münster, Grevener Straße 297, Tel. 221 61.

**Schleswig-Holstein.**

Institut für Getreide-, Ölfrucht- und Futterpflanzenbau, Kiel-Kitzeberg, Schloßkoppelweg 8, Tel. 3 61 95.

## 9. Institute der Biologischen Zentralanstalt der DDR. Klein-Machnow, Post Stahnsdorf.

Institut für Phytopathologie, Aschersleben, Ermslebener Straße 52.
Institut für Phytopathologie (spez. Weinbau), Naumburg/Saale, Weißenfels.
Zweigstelle Mühlhausen/Thür. (spez. Kartoffelkäfer), Thälmannstraße.

## 10. Weinbauanstalten.

Institut für Pflanzenkrankheiten, (16) Geisenheim am Rhein, Tel. Rüdesheim 6 41.
Institut für Weinbau der Biologischen Bundesanstalt, (22b) Bernkastel-Kues, Brüningstraße 84, Tel. 3 64.
Landesanstalt für Wein-, Obst- und Gartenbau, (22b) Neustadt a. d. Weinstraße, Maximilianstraße 43—45, Tel. 32 86/87.
Landes-Lehr- und Versuchsanstalt für Weinbau, Obstbau und Landwirtschaft, (22b) Ahrweiler, Tel. Bad Neuenahr 5 90.
Landes-Lehr- und Versuchsanstalt für Weinbau, Obstbau und Landwirtschaft, (22b) Bad Kreuznach, Rüdesheimer Straße 68, Tel. 26 92.
Landes-Lehr- und Versuchsanstalt für Weinbau, Obstbau und Landwirtschaft, (22b) Trier, Egbertstraße 18—19, Tel. 6 82.
Lehr- und Versuchsanstalt für Wein- u. Obstbau, Oppenheim am Rhein, Tel. 2 98.
Staatliche Lehr- und Versuchsanstalt für Wein-, Obst- und Gartenbau, (13a) Veitshöchheim bei Würzburg, Tel. Würzburg 7 72 02.
Staatliches Weinbau-Institut, Freiburg i. Br., Stefan-Meier-Str. 26, Tel. 68 17.
Weinbauamt Eltville/Rheingau, (16) Eltville, Walluferstraße 7 b, Tel. 260.
Württembergische Lehr- und Versuchsanstalt für Wein- und Obstbau, (14a) Weinsberg, Tel. 92 48.

# Verbandstoffe.

Von Apotheker **H. IRION,** Berlin.

Die grundsätzliche Freiverkäuflichkeit von Verbandstoffen nach der AV. macht diese zu einem wichtigen Warengebiet der Drogerie. Der Drogist muß daher eingehend über sie unterrichtet sein.

## Einleitung.

Verbandstoffe dienen zur Bedeckung von Wunden oder von erkrankten Körperteilen. Schon die Menschen der Vorzeit hatten das Bedürfnis, ihre Wunden zu verbinden. Sie verwandten dazu Pflanzenteile (Fasern, Moos, Bast, Rinde) oder andere Stoffe, die ihnen die Natur bot, wie Ton, Harz, Wachs oder Feuerschwamm (Wundschwamm). Erst nachdem es gelungen war, Gewebe herzustellen, erfuhr der Verbandmittelschatz eine wertvolle Bereicherung. Binden und Kompressen wurden hergestellt, aus altem Leinengewebe fertigte man durch Zerzupfen die sogenannte Leinenscharpie. Bis weit in das 19. Jahrhundert hinein waren die Verbandmittel nach unseren heutigen Begriffen sehr unzulänglich. Während des Deutsch-Französischen Krieges im Jahre 1870 trat jedoch eine völlige Umwälzung in der Technik der Verbandmittel ein. Der Tübinger Professor Dr. VON BRUNS kam auf den Gedanken, die bisher nur zum Spinnen und Weben benutzte Baumwolle nach entsprechender Vorbehandlung als Verbandmittel zu verwenden. PAUL HARTMANN, der Begründer der bekannten Verbandstoffabriken in Heidenheim/Brenz, war es, der die Anregung von Bruns aufgriff und zum ersten Male fabrikmäßig Verbandwatte in seiner damaligen Spinnerei herstellte.

Im DAB. 6 sind an Verbandstoffen aufgeführt: Collemplastra, Gossypium depuratum und Tela depurata. Alle drei werden aber heute ausschließlich von der einschlägigen Verbandstoff- und Pflasterindustrie hergestellt, deren hohe Entwicklung die Gewähr dafür bietet, daß nur einwandfreie Verbandstoffe in den Handel kommen. Ihre Herstellung als Arzneizubereitung in der Apotheke wäre auch gar nicht möglich, da die neuzeitlichen Herstellungsmethoden das Vorhandensein von Spezialmaschinen und teilweise umfangreiche industrielle Arbeitsgänge voraussetzen. So verlangt z. B. die Herstellung der Verbandwatte von der Rohbaumwolle bis zum gebrauchsfertigen Erzeugnis 60 Arbeitsgänge. Die führenden Verbandstoffabriken überprüfen und verbessern in laufender Zusammenarbeit mit bestgeleiteten Krankenhäusern und Kliniken unter Mitwirkung ärztlicher Autoritäten ihre Erzeugnisse. Diese Sorgfalt der Fertigung haben den Weltruf der deutschen führenden Herstellerfirmen von Verbandstoffen und Pflastern begründet.

Man kann die Verbandstoffe einteilen in:

1. Verbandwatten; — 2. Verbandzellstoff („Zellstoffwatte"); — 3. Verbandgewebe; — 4. Keimfreie Verbandstoffe; — 5. Imprägnierte; — 6. Wasserdichte Gewebe und Guttapercha; — 7. Flüssige Verbandmittel; — 8. Verbandpflaster; — 9. Chirurgisches Nähmaterial.

## I. Verbandwatte. Gereinigte Baumwolle.

Das wichtigste Verbandmittel ist die Verbandwatte. Der Ausgangspunkt zu
ihrer Herstellung ist die Rohbaumwolle. Von ihr bis zur gebrauchsfertigen Verbandwatte sind 60 Arbeitsgänge notwendig, von denen nachstehend nur die wesentlichsten aufgeführt sind. Unter Baumwolle versteht man die weißlichen bis gelblichen Samenhaare der Gossypiumarten, die in allen warmen Ländern vom 40. bis
45. Grad nördlicher Breite bis zum 30. Grad südlicher Breite (Indien, Ägypten,
Nordamerika, Afrika, Kamerun, Togo, Deutsch-Ostafrika) vorkommen. Außer
Originalbaumwollen werden in noch größerem Umfang Spinnereiabfälle (sogenannte
Kämmlinge u. dgl.) in der Verbandstoffindustrie verarbeitet.

Abb. 582. In Bleichkesseln wird die natürliche Wachs- und Fettschicht der Baumwollfasern durch Kochen unter
Druck und Zusatz von Lauge entfernt und in Holzstanden die noch schmutzig-graue Baumwolle gewaschen und
gebleicht. (Aus den Verbandwatte- und Verbandstoff-Fabriken Paul Hartmann A.-G , Heidenheim/Brenz.)

Die entkernte Rohbaumwolle aus den tropischen Ländern wird vor der Verarbeitung in den Verbandstoffabriken mechanisch von allen störenden Beimengungen
befreit (Samen-, Blätter- und Kapselresten, Staub, Sand usw.), in Schlagmaschinen
gelockert und kommt dann in die Bleicherei. Hier wird die Baumwolle in große
eiserne Kochkessel gebracht und unter einem Dampfdruck von 3 Atm mit verdünnter Natronlauge 6 bis 8 Stunden lang zum Zwecke der Entfettung gekocht.
Die Baumwolle ist nach Entfernung des Pflanzenfettes saugend (hydrophil). Die
noch vorhandene graubraune Farbe der Baumwolle wird durch die Vollbleiche entfernt, die in sehr großen hölzernen Bleichbottichen (Abb. 582) durchgeführt wird.
Die Bleiche erfolgt durch ein Chlorbad, dem sich ein Säure- und zuletzt ein Seifenbad
anschließt. Besondere Waschmaschinen, sogenannte Holländer, gewährleisten ein
gründliches Auswaschen des Bleichmittels. Die nunmehr gebleichte und entfettete

Baumwolle wird durch Ausschleudern in Zentrifugen von Wasser befreit und durch sogenannte Reißwölfe geschickt. Die kleinen, lockeren Baumwollflocken werden dann unmittelbar in die Trockenöfen (Abb. 583) gebracht und nach dem Trocknen in Vorratssilos zwecks Aufnahme der Luftfeuchtigkeit bis zur weiteren Verwendung gelagert. Nach nochmaliger Auflockerung in Schlagmaschinen gelangen die von diesen erhaltenen Baumwollewickel auf die Krempeln (Abb. 584). Hier werden die kraus durcheinander liegenden Baumwollfasern, wie sie von der Schlagmaschine kommen, durch einen Kämmprozeß in die gleiche Richtung gelegt, so daß am Ende der Maschine ein hauchdünner Watteflor erscheint. Dieser läuft nun auf eine Holztrommel oder auf einen sogenannten Pelzbock so lange auf, bis die richtige Stärke des Wattevlieses erreicht ist. Das Wattevlies wird in der Querrichtung geteilt, zusammengelegt bzw. aufgewickelt. Die aus der Maschine kommenden Vliese wiegen etwa 500 g. Sie werden genau auf 500 g abgewogen, je hundertstückweise übereinandergefaltet, in eine Ballenpresse geschichtet, gepreßt, in Papier eingehüllt und in Jutestoff eingenäht. In solchen 50-kg-Ballen kommen sie in den Handel. Die auf den Pelzböcken hergestellten 12 bis 24 m langen Vliese werden anderweitig in verschiedenster Weise verarbeitet. Auf besonders gebauten Rollwattemaschinen wird z. B. *Verbandwatte in Rollbinden* mit oder ohne Papierzwischenlage hergestellt und nachher auf Spezialmaschinen in die gewünschten Breiten geschnitten. Andere Langvliese werden in eigenartigen Falt-

Abb. 583. Die gereinigte Baumwolle wird im Trockenofen auf endlosen Bändersieben durch Heißluft getrocknet. (Aus den Verbandwatte- und Verbandstoff-Fabriken Paul Hartmann A.-G., Heidenheim/Brenz.)

Abb. 584. Die letzte Reinigung der Verbandwatte erfolgt auf den mit feinen Nadeln bestückten Walzensystemen der Krempeln. (Aus den Verbandwatte- und Verbandstoff-Fabriken Paul Hartmann A.-G., Heidenheim/Brenz.)

maschinen auf sogenannte *Zickzack-Watte* verarbeitet (Abb. 585). Gereinigte Baumwolle DAB. 6 s. Bd. II.

Nach den allgemein anerkannten Normvorschlägen DIN Fanok 15 unterscheidet man an Wattequalitäten nur noch *Augenwatte* (aus unvermischten besten Baumwollkämmlingen), *Wundwatte* (aus unvermischten zweitklassigen Baumwollkämmlingen oder gleichwertiger Rohbaumwolle) und *Saugwatte* (aus unvermischten Linters von mittlerem Stapel), die zum Aufsaugen von Wundsekreten und zur Wundbehandlung bei Tieren dient. Von diesen wird Wundwatte und Saugwatte je nach Materiallage als Mischwatte mit einem Zusatz von 30 bis 50% Zellwolle hergestellt, während die Augenwatte immer noch aus reiner Baumwollwatte besteht. Die Zellwolle wird wie folgt hergestellt: Der aus Holz gewonnene Zellstoff wird erst mit Natronlauge behandelt. Die hierbei entstehende Alkalicellulose wird nach entsprechend langer Lagerung in sogenannte Sulfidiertrommeln mit Schwefelkohlenstoff zur Reaktion gebracht. Hierbei bildet sich eine gelbrote, krümelige Masse, das sogenannte Cellulosexanthogenat. Dieser Stoff wird in verdünnter Natronlauge in großen Rührkesseln gelöst, wobei eine gelbbraune, honigartige, dickflüssige Masse entsteht, die man wegen ihrer Zähflüssigkeit „*Viskose*" nennt. Zum Spinnen drückt man die sorgfältig filtrierte und gereinigte Viskoselösung durch Preßluft aus

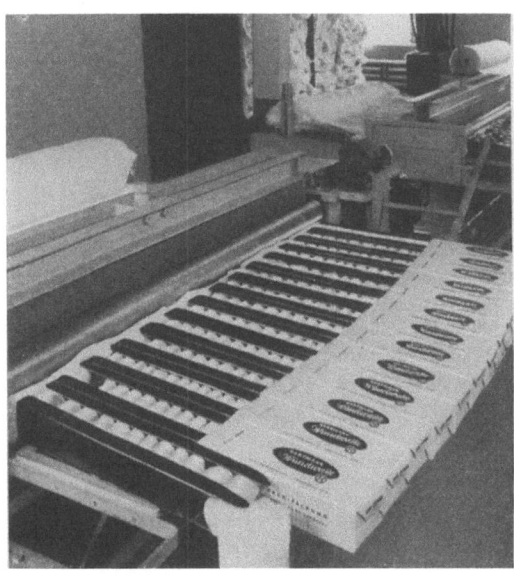

Abb. 585. Das Schneiden, Wiegen und Abpacken der Verbandwatte besorgt die Zickzack-Legemaschine. (Aus den Verbandwatte- und Verbandstoff-Fabriken Paul Hartmann A.-G., Heidenheim/Brenz.)

den Vorratskesseln in die Spinnmaschinen. Aus feinsten Düsen tritt die Viskose in ein Fällbad. Dort wird der ursprüngliche Viskosestrahl in einen zusammenhängenden geformten Faden von an sich unbegrenzter Länge verwandelt. Durch Zerschneiden dieses Fadens in kleine Stücke, die in ihrer Länge den natürlichen Textilfasern, wie Baumwolle und Wolle, entsprechen, wird die Zellwollefaser gebildet, die durch eine besondere Nachbehandlung noch eine leichte Kräuselung erhält. Die Weiterverarbeitung auf Verbandstoffe erfolgt genau in der gleichen Weise wie bei der Baumwolle. Zellwolle findet in der Verbandstoffherstellung zu Mischwatte und Mischgeweben Verwendung.

Chemisch kann Zellwolle in der Watte durch Chlorzinkjodlösung festgestellt werden, die Cellulosekunstfasern dunkelblau, Baumwolle dagegen rot färbt. Mit Calciumrhodanid kann in Gemischen von Baumwolle und Zellwolle letzte in geeigneter Weise herausgelöst werden, während Baumwolle ungelöst bleibt.

## II. Verbandzellstoff.

Zellstoff ist Holzcellulose, die man durch Kochen von Holz mit Natronlauge oder Lösungen von Calciumhydrogensulfit erhält. Durch diesen Vorgang wird das Holz von Lignin befreit. Zellstoff findet als Zellstoffwatte oder Zellstoffblätter Verwendung und stellt kreppapierartige, dehnbare und saugfähige Tafeln dar, ohne Geruch und Geschmack. Sie findet hauptsächlich als aufsaugende Unterlage Verwendung. H. und C. MOSER[1]) schlagen zur Unterscheidung von Zell*woll*watte für Zell*stoff*watte die Bezeichnung „*Verbandzellstoff*" vor, ein Vorschlag, der sich durchsetzen sollte. Man unterscheidet bei Verbandzellstoff solchen, der aus gebleichter Cellulose und höchstens 30% Holzschliff besteht, gut saugt und wie Wundwatte Verwendung findet und den ebenfalls saugfähigen, aber ungebleichten und daher gelblichen Verbandzellstoff, der für Polsterzwecke Verwendung findet. Chemisch unterscheidet sich Verbandzellstoff von der Verbandwatte nicht. Holzschliff oder Holzwolle erhält man durch Behandeln von Kiefern- und Fichtenholz oder Holz von Laubbäumen mit Schleifsteinen im fließenden Wasser. Der entstehende Brei wird dann auf Sieben gesammelt und getrocknet. Danach wir er erneut gewaschen und wieder getrocknet. Auf diese Weise erhält man Holzschliff.

## III. Verbandgewebe.

Die Herstellung von Verbandgeweben erfolgt nach den üblichen Verfahren wie bei der Anfertigung von glatten Geweben. Die Verbandgewebe werden nach der Anlieferung aus der Weberei auf Breite, Fadenzahl und Gleichmäßigkeit nachgeprüft, mit Maß und Gütestempel versehen im Rohgewebelager gestapelt. Von hier aus machen sie den gleichen Koch- und Bleichprozeß durch wie die Rohbaumwolle. Statt in Holländern werden diese Verbandgewebe in Breitwaschmaschinen gewaschen und dann in Zentrifugen gut geschleudert. Hierauf werden sie ausgespannt, beim Durchlaufen durch einen Trockenkasten getrocknet und dann auf Holzhülsen aufgewickelt (Abb. 586). Beim Weiterverarbeiten auf der Maß- und Legmaschine wird die Länge nachgeprüft und in gleichmäßige 80, 100 bzw. 120 cm breite Lagen gelegt. Ungebleichter Mull, den man auch als *Rohnessel* oder *Kaliko* bezeichnet, ist entfettetes, aber ungebleichtes Baumwollgewebe von gelblicher bis bräunlicher Farbe. Rohnessel findet zum Kolieren und zum Bespannen von Trockenhürden für Arzneikräuter Verwendung.

In der Praxis verwendet man heute, mit Ausnahme

Abb. 586. Auf Rahm-Maschinen wird der beim Waschen geschrumpfte Mull auf seine ursprüngliche Breite gespannt und gleichzeitig getrocknet. (Aus den Verbandwatte- und Verbandstoff-Fabriken Paul Hartmann A.-G., Heidenheim/Brenz.)

---

[1] MOSER, H., u. C. MOSER in der Jubiläumsschrift der Lohmann KG., Fahr/Rhein, „Berichte, Erkenntnisse, Anregungen", 1951.

der Augenwatte, keine Verbandstoffe, die aus reiner Baumwolle bestehen, sondern sogenannte Mischgewebe und Mischgarne. Ihr Werdegang kann wie folgt zusammengefaßt werden:

| | |
|---|---|
| Rohbaumwolle | Holz |
| (Kämmlinge, Linters) | Zellstoff |
| | Alkalicellulose |
| Mechanische Reinigung | Xanthogenat |
| | endloser Faden |
| Entfettung | Zellwollfaser |
| Bleiche | Bleiche |

| | |
|---|---|
| Kardieren | (Krempeln) |
| Mischwatte | Mischgarn |
| | Mischgewebe |

Die Verbandgewebe gelangen teilweise am Stück, teils als Kompressen, Tupfer usw. oder in Rollenform bzw. Binden zur Verwendung. Das unterscheidende Kennzeichen der Gewebe ist ihre Fadenzahl, die mittels dem Fadenzähler festgestellt wird.

**Verbandmull. Verbandgaze. Binden.** Bei Verbandmull unterscheidet man 20-, 24- und 28fädiges Gewebe. Er kommt in Packungen von $1/4$, $1/2$, 1, 2, 5, bei Bedarf auch in Stücken und Rollen und als *Mullbinden*, 4 m lang, in den Breiten 4, 5, 6, 8, 10, 12, 15 und 20 cm in den Handel (Abb. 587), auch mit festen Kanten sind Mull-

Abb. 587. Die durch eine Cellophanhülle geschützten Binden erfreuen sich bei den Verbrauchern besonderer Beliebtheit. Die Hülle läßt sich durch einen roten, handlichen Aufreißstreifen mühelos entfernen. (Aus den Verbandwatte- und Verbandstoff-Fabriken Paul Hartmann A.-G., Heidenheim/Brenz.)

binden lieferbar. Die letzten sind haltbar, waschbar und können öfter verwendet werden, das lästige Ausfasern am Rande der Binde fällt weg.

Eine Kombination von Verbandmull mit fein verteiltem Zellstoff kann größere Flüssigkeitsmengen aufsaugen. Derartige Erzeugnisse finden zur Herstellung von *Damenbinden* und *Wöchnerinnenvorlagen* Verwendung. Seit einiger Zeit sind zum Ersatz für Damenbinden unter verschiedenen Bezeichnungen *Vaginal-Tampone* im Handel, die bei hoher Saugfähigkeit keimfrei, infektions- und geruchverhütend wirken und Scheuerwirkung, Reizung und Wärmebelästigung ausschließen.

**Verbandmull. Tela depurata, DAB. 6** ist ein aus Baumwolle hergestelltes, entfettetes und gebleichtes Gewebe, welches hinsichtlich seiner Reinheit den an gereinigte Baumwolle DAB. 6 (s. Bd. II, 169) gestellten Anforderungen entsprechen soll. Er muß 100 cm breit und ein Gewicht von mindestens 30 g für je 1 qm haben, sowie in 1 qm in Kette und Schuß zusammen mindestens 24 Fäden enthalten.

**Cambric. Englischer Mull. Cambricbinden.** Cambric ist ein Verbandmull, bei dem der Querfaden sogenannter Schußfaden wesentlich dicker ist, als beim gewöhnlichen Mull. Der Kettfaden entspricht jedoch der Stärke des Verbandmulls. Cambric kommt 25- und 32fädig zur Verarbeitung und wird teils zu *Cambricbinden* (Längen und Breiten wie bei Mullbinden) mit und ohne feste Kanten verarbeitet. Die Cambricbinde läßt sich häufiger waschen als die Mullbinde und findet vor allem für Dauerverbände Verwendung.

Verbandmull und Cambric finden auch Verwendung zur Herstellung von Windeln, Monatshöschen, Damenbinden, Kompressen usw.

**Lint** ist ein Baumwollgewebe, das beiderseitig biberartig aufgerauht, sehr schmiegsam und saugfähig ist und zweckmäßige Verwendung zur Wärmehaltung findet.

**Idealbinden.** Bei den Idealbinden werden als Kettfäden hart gedrehte Zwirne verwendet. Durch eine Nachbehandlung mit Lauge und anschließende Neutralisierung wird die Elastizität der Kettfäden noch erhöht. Als *Wochenbett-Wickelbinden* zur Unterstützung der Bauchmuskulatur werden sie auch 6 m lang und 25 bzw. 30 cm breit hergestellt.

Zur Erhöhung der Elastizität werden auch Binden mit Gummifäden hergestellt. Von guten elastischen Binden verlangt man allgemeine Elastizität, besondere Elastizität im Bereich der üblichen Anlegespannung, zweckentsprechende Ausdehnungslänge, das Anhalten der Anlegespannung und gutes Erholungsvermögen der Binde.

## IV. Keimfreie (sterilisierte) Verbandstoffe.

Für viele Zwecke genügen chemisch reine Verbandmaterialien, so z. B. Mull- oder Cambricbinden zum Befestigen von Verbänden, oder Watte in Mull eingehüllt bei Kompressen. Verbandstoffe dagegen, welche in Wundhöhlen eingeführt oder zum Bedecken von Wunden verwendet werden, müssen keimfrei sein. Ein einwandfreies Keimfreimachen der Verbandstoffe ist nach dem heutigen Stand der Wissenschaft (Normvorschlag Prof. Dr. KONRICH) nur in gespanntem Wasserdampf bei 120° C gewährleistet. Am vorteilhaftesten werden die betreffenden Verbandstoffe in Packungen besonderer Art, in die der überhitzte Wasserdampf eindringen kann, keimfrei gemacht (sterilisiert). So kommen keimfreie Watte, keimfreier Verbandmull, keimfreier Schlauchmull, keimfreie Mullkompressen, keimfreie Mulläppchen, keimfreie Nabelkompressen, keimfreie Tampons in besonderen Sterildosen in den Handel. Eine andere Art keimfreier Packung stellt die Pergament-Schlauchpackung für Tampons, Mullstreifen usw. dar. Bei den Tampons, welche in der Chirurgie und für gynäkologische Zwecke Verwendung finden, unterscheidet man zwischen Tampons aus reiner Watte und solchen aus Watte mit Mullumhüllung.

Weite Verbreitung finden keimfreie Verbandstoffe in Form von keimfreien Schnellverbänden und Verbandpäckchen. Der Inhalt dieser Verbandpäckchen besteht aus einer Mullbinde mit aufgenähter imprägnierter Kompresse, die in doppelseitigem, luft-, wasser- und gasdichtem Gummistoff eingehüllt und in wasserdichtes Zwirntuch verpackt ist.

## V. Imprägnierte Verbandstoffe.

Imprägnierte Watten und Mulle als Träger genau dosierter baktericider Chemikalien sind zum großen Teil obsolet. Die verwendeten Chemikalien sind meist ausgesprochene Antiseptica, wie Borsäure, Dermatol, Jodoform, Pyoktanin, Rivanol, Salicylsäure, Trypaflavin, Sublimat, Vioform, Xeroform, Yatren. Nur noch einige wenige finden Verwendung.

**Blutstillende Verbandstoffe** sind die *Clauden-Verbandstoffe* (LOHMANN), die mit dem Organo-Haemostypticum des Luitpold-Werk, München, *Clauden* imprägniert, baktericid und steril als Watte, Gaze, Tupfer, Binden und Pellets lieferbar sind und die *Stryphnon-Verbandstoffe* (HARTMANN), die Adrenalon mit adrenalinähnlicher Wirkung enthalten.

*Schnupfenwatte* ist mit Menthol imprägnierte Verbandwatte, *Gichtwatte* solche mit Arnika- und Capsicumtinktur imprägnierte. *Brandbinden* sind mit einem Gemisch von Wismutsubnitrat, Zinkoxyd, Talcum, Bolus oder Stärke eingestreute Mullbinden. *Al-Branolind-Binden* enthalten 60% Reinaluminium auf geeigneter mit baktericidem Zusatz präparierter Fettgrundlage. *Gipsbinden* sind 4 m lange, 6 bis 20 cm breite, aus gestärktem Mull hergestellte und mit frisch gebranntem abbindendem Gips bestreute Binden. Sie kommen in luftdicht verschlossenen Einzeldosen in den Handel und finden zur Fixierung von Körperteilen, insbesondere bei Knochenbrüchen Verwendung. *Steifgazebinden* sind mit Stärke appretierte Mullbinden, die wie Gipsbinden bei kleineren Knochenschäden zur Ruhigstellung Verwendung finden.

**Nerolan, aktivkohlehaltiger Verbandstoff[1].** Unter dem Namen *Nerolan* kommen mit Aktivkohle imprägnierte Verbandstoffe in den Handel. In diesen ist die aktive Kohle innerhalb der Fasern fixiert und dadurch eine saubere Handhabung und eine gute Adsorptionswirkung gewährleistet. Die Vorteile der Nerolan-Verbandstoffe sind:

1. Das Aufsaugevermögen und vor allem die Aufsaugegeschwindigkeit der kohlehaltigen Verbandwatte ist größer als das kohlefreier Watte.

2. Mit der Anwendung von Nerolan-Verbandstoffen läßt sich die Wunddesinfektion in sehr kurzer Zeit durchführen. Bakterien, Eiterherde und Gewebszerfallgifte werden schnell adsorbiert und beseitigt. Es ist anzunehmen, daß dabei die katalytische Aktivität der Kohle, die bekanntlich in der Technik eine große Rolle spielt, mitwirkt.

3. Durch ihre Wirkung als Sauerstoffüberträger bei der Wundbehandlung schützen Nerolan-Verbandstoffe die Wundoberfläche gegen die Entwicklung von Bakterienarten, die nur bei Ausschaltung des Sauerstoffs wachsen können.

4. Die Nerolan-Verbandmittel sind chemisch neutral und üben daher keine Reizwirkung auf das Wundgewebe aus.

Nerolan-Verbandstoffe sind schwarz, sonst von der bei Verbandstoffen üblichen feinfaserigen Struktur und fühlen sich weich an, zerfasern jedoch nicht gleich.

---

[1] Hersteller: W. Söhngen & Co., Wiesbaden.

Die Aktivkohle ist in der Faser so stark fixiert, daß ein Abfallen, Abstäuben oder Abfärben unmöglich ist. Selbst nach vollständiger Durchtränkung der Verbandstoffe wird kein Kohlenfarbstoff aus der Faser abgegeben. Trotzdem bleiben die Adsorptionseigenschaften der Aktivkohle erhalten und gelangen voll zur Entfaltung. Bei ihrem Aufbringen auf blutende Wunden werden die Nerolan-Verbandstoffe angesaugt und wirken blutstillend. Auch bei der Anwendung bei ausgedehnten Brandwunden sind Nerolan-Verbandstoffe angezeigt, wobei sie gute, oft alle Schmerzen nehmende Wirkung und kräftige, frische Granulationen schon nach kürzester Zeit zeigen. Der durch die Nerolan-Verbandstoffe entstehende kräftige Strom von Wundsekret gestattet schmerzlosen Verbandwechsel. Bei ihrer Entfernung findet man meistens eine auffallend gut granulierende Wundfläche mit besonders günstiger Heilungstendenz.

Nerolan-Verbandstoffe finden daher zweckmäßige Anwendung:
1. zur Blutstillung bei frischen Wunden; — 2. zur Adsorptionsantiseptik bei eitrigen, von Gewebszerfall infizierten Wunden; — 3. zur Abdeckung großflächiger, insbesondere schwer heilender Wunden; — 4. bei Brandwunden zweiten und dritten Grades; — 5. zur Desodorisierung jauchender und stinkender Wunden.

Es sind im Handel: *Nerolan-Watte, Nerolan-Watte-Kompressen* in verschiedenen Größen, *Nerolan-Watte-Tampons.*

Die Nerolan-Verbandstoffe sind auch in der Hand von Laien zur Anwendung in der Wundbehandlung besonders geeignet.

**Kataplasma** oder künstlicher Breiumschlag, Cataplasma artificiale, wird hergestellt, indem eine Lage gereinigter Baumwolle mit einer etwas abgekühlten konzentrierten Carrageen- oder Leinsamenabkochung übergossen wird. Dann wird eine weitere Lage Watte aufgelegt, der Vorgang mehrmals unter Pressen wiederholt, bis sich eine 2- bis $2^1/_2$ mm dicke Platte ergibt. Hierauf trocknet man an einem lauwarmen Ort und schneidet die Tafeln in die gewünschte Größe.

**Fangotherm-Kompressen** sind mit Eifelfango gefüllte, aus starkem Nessel hergestellte, gebrauchsfertige Kompressen, die in verschiedenen Größen geliefert werden.

**Fapack-Kompressen** (HARTMANN) sind mit Jurafango hergestellte Kompressen für den Hausgebrauch und werden in drei verschiedenen Größen geliefert. Sie finden Verwendung bei Rheumatismus, Neuralgien, Ischias, Koliken aller Art, Verstauchungen und Verrenkungen usw.

## VI. Wasserdichte Gewebe und Guttaperchapapier.

**Billrothbatist** ist das billigste wasserdichte Gewebe von gelber Farbe und stellt ein gefirnistes, mit fettsaurem Blei wasserdicht gemachtes gelbes Gewebe dar, das weder kleben noch brüchig sein darf. Er ist vor *Sonnenlicht geschützt, kühl* aufzubewahren. Länger im Gebrauch befindlicher Billrothbatist wird durch Spuren von Schwefelwasserstoff der Luft geschwärzt.

**Guttaperchapapier. Guttapercha lamellata.** Guttaperchapapier wird durch Auswalzen von → Guttapercha in papierdünne Blätter hergestellt. Es muß fest, durchscheinend, glänzend und weder klebrig noch brüchig sein. Seine Aufbewahrung erfolgt *aufgerollt* auf Holzstäbe, *trocken, kühl* und *vor Licht geschützt.*

## VII. Flüssige Verbandstoffe.

Als flüssige Verbandmittel finden Stoffe Verwendung, die in leicht flüchtigen, nicht reizenden Lösungsmitteln löslich sind und beim Verdunsten des letzten ein feines Häutchen hinterlassen. Flüssige Verbandmittel sind: *Traumaticinum* DAB. 6 (s. Bd. III), eine Lösung von Guttapercha in Chloroform; *Collodium* DAB. 6 und *Collodium elasticum* DAB. 6 (s. Bd. III); *Mastisol*, eine Lösung von Mastix in Benzol. Die flüssigen Verbandmittel finden zum Bedecken kleiner Wunden, teilweise mit Zusatz von Arzneimitteln, und zum Fixieren von Verbandstoffen an Wundrändern Verwendung. Matisol übt auch eine keimfixierende Wirkung aus.

## VIII. Verbandpflaster.

Zu den Verbandstoffen im weiteren Sinne gehören auch die Pflaster, Verbandpflaster, z. B Kautschukheftpflaster DAB. 6 (s. Bd. III) und die Pflasterschnellverbände der verschiedenen Herstellerfirmen. Zur Herstellung der Klebmasse für die Verbandpflaster finden Verwendung: Kautschuk, Harze, Wollfett, Vaselin, Ölkörper, Zinkoxyd. Der grundlegende Bestandteil ist der Kautschuk, der in Form besten Paragummis zur Anwendung gelangt. Stark anhaltende Klebkraft eines Pflasters ist vor allem auf den Gehalt an erstkassigem Kautschuk (wenigstens 30%) zurückzuführen. Ebenso hängt die Eigenschaft des Nichtabplackierens von der angewandten Kautschukmenge ab. Hierunter versteht man die Trennung von Stoffunterlage und Klebmasse beim Entfernen des Pflasters von der Haut.

Der Zusatz von Harzen hat verschiedene Gründe; sie verleihen schnelle Haftbarkeit, und die in ihnen enthaltenen Harzsäuren sind für die Klebkraft wichtig. Darüber hinaus beeinflussen Harze (Kolophonium, Dammarharz) bzw. ihre Harzsäuren die Haltbarkeit von Kautschukheftpflastern wesentlich. Der richtig abgestimmte Zusatz von Wollfett, Vaselin und Ölkörper ist für die Beschaffenheit der Klebmasse von Bedeutung. Schließlich dient das pulverförmige Zinkoxyd als Füllkörper der Klebmasse.

**Pflasterschnellverbände** besitzen auf einem Kautschukpflasterstreifen als Unterlage noch ein Mull- bzw. Mullwattepolster, das meist mit Dermatol imprägniert ist. Pflasterschnellverbände werden in den letzten Jahren wegen ihrer zweckmäßigen und vielseitigen Verwendbarkeit allgemein angewandt.

**Elastische Pflasterbinden,** die zur Behandlung von Krampfadern, Verrenkungen, Zerrungen usw. Verwendung finden, werden hergestellt, indem man eine elastische Stoffunterlage mit Klebmasse versieht. Zu Pflasterschnellverbänden wird statt Kautschuk vielfach *Oppanol* oder *Vistanex* wegen ihrer vorzüglichen Alterungsbeständigkeit und dem Fehlen von Reizwirkungen auf die Haut verwendet.

Kautschukheftpflaster und Pflasterschnellverbände müssen nicht nur gut haften, sie dürfen auch die Haut nicht reizen und müssen lagerfähig sein. Vor allem dürfen sie mit der Zeit nicht weich und schmierig werden. Wichtig ist die richtige Aufbewahrung des Kautschukpflasters. Beim unrichtigen Lagern zeigen sich die schädlich wirkenden Einflüsse von Luft (Oxydation), Licht (ultraviolette Strahlen) und Feuchtigkeit (Bakterientätigkeit), so daß die Pflaster in kurzer Zeit „altern", d. h. ihre Klebefähigkeit teilweise oder ganz verlieren. Das Versagen eines Kautschukpflasters hat meist seine Ursache nicht etwa in mangelhafter Beschaffenheit, sondern in unsachgemäßer Lagerung, die eine vorzeitige Zersetzung der Kautschukmasse bewirkt. Es ist deshalb wichtig, bei der Lagerung der Pflaster die obengenannten drei Hauptursachen des Rückgangs ihrer Klebfähigkeit zu berücksichtigen. Vor allem sind sie durch eine luft- und lichtdichte Verpackung vor den Einflüssen des Luftsauerstoffs und der sogenannten aktinischen Strahlen des Sonnenlichts zu sichern. Am besten werden sie in trockenen und kühlen Räumen bei einer zwischen 7 und 15° C liegenden Temperatur aufbewahrt. Feuchte Keller sind ebenso zu vermeiden wie überheizte Zimmer oder Dachräume, da sowohl Feuchtigkeit wie Wärme zum raschen Verderb der Kautschukmasse beiträgt. Auch Dämpfe von Chemikalien, wie Salzsäure, Ammoniak usw., wirken schädlich.

## IX. Chirurgisches Nähmaterial.

Als chirurgisches Nähmaterial finden Verwendung beste, ungefärbte gedrehte Rohseide bzw. ungebleichter Leinenzwirn, die nach dem Waschen in heißer Seifen- und Sodalösung geschwefelt und dann sterilisiert werden. Beide kommen in verschiedenen Stärken in den Handel. *Catgut* wird aus frischem Dünndarm von Schafen und Ziegen gewonnen und kommt sterilisiert in den Handel. Von synthetisch hergestelltem Nähmaterial seien *Supramid, Supramidextra* und *Synthalon* erwähnt.

# Tabellen.

Von Apotheker **H. Irion**, Berlin.

## I. In Preislisten und in Rezepten gebräuchliche lateinische Abkürzungen.

(Auch die in Klammern gesetzten Schreibweisen sind üblich.)

| | | | |
|---|---|---|---|
| aa. | = ana = zu gleichen Teilen. | comp. (cp.) | = compositus, a, um = zusammengesetzt. |
| abs. | = absolutus = ganz rein. | | |
| ad baln. | = ad balneum = zum Bad. | compr. | = compressus, a, um = zusammengedrückt, komprimiert. |
| add. | = adde = füge hinzu. | | |
| ad lib. (libit.) | = ad libitum = nach Gutdünken. | | |
| | | conc. (cc.) | = consisus, a, um = zerschnitten. |
| ad us. med. | = ad usum medicinalem = zum arzneilichen Gebrauch. | | |
| | | concentr. | = concentratus, a, um = gesättigt. |
| ad us. vet. | = ad usum veterinarium = zum Gebrauch für Tiere. | | |
| | | cont. | = contusus, a, um = zerstoßen, in Rezepten: contunde = zerstoße. |
| alb. | = albus, a, um = weiß. | | |
| albiss. | = albissimus, a, um = sehr weiß. | | |
| | | coq. | = coque oder coquatur = koche! oder: es werde gekocht! |
| alcoh. dep. | = alcohole depuratus, a, um = durch Alkohol gereinigt. | | |
| anhydr. | = anhydricus, a um = wasserfrei. | cryst. (crist.) | = crystallisatus, a, um = kristallisiert. |
| aq. | = aqua = Wasser. | d. | = detur = man gebe. |
| aq. ferv. | = aqua fervida = heißes Wasser. | dep. | = depuratus, a, um = gereinigt. |
| aquos. | = aquosus, a, um = wässerig. | dil. | = dilutus, a, um = verdünnt. |
| bisdep. | = bisdepuratus, a, um = doppeltgereinigt. | e bacc. | = e baccis = aus den Beeren. |
| | | e fruct. | = e fructibus = aus den Früchten. |
| bismund. | = bismundatus, a, um = doppeltgeschält. | elect. | = electus, a, um = ausgelesen. |
| bisrect. | = bisrectificatus, a, um = doppeltgereinigt, doppelt rektifiziert. | electss. | = electissimus, a, um = aufs genaueste ausgelesen. |
| | | e lign. | = e ligno = aus dem Holze. |
| c. | = cum = mit. | e res. | = e resina = aus dem Harze. |
| calc. | = calcinatus, a, um = kalziniert. | e sem. | = e seminibus = aus den Samen. |
| c. calycib. | = cum calycibus = mit Kelchen. | excort. | = excorticatus, a, um = ausgeschält. |
| c. bract. | = cum bracteis = mit den Deckblättern. | express. | = expressus, a, um = ausgedrückt, ausgepreßt. |
| ch. cer. | = charta cerata = Wachskapsel. | expulp. | = expulpatus, a, um = vom Fleische befreit. |
| chem. | = chemice (Umstandswort) = auf chemische Weise. | exsicc. | = exsiccatus, a, um = ausgetrocknet. |
| chem. pur. | = chemice purus, a, um = chemisch rein. | filtr. | = filtretur = es werde filtriert. |
| c. flor. | = cum floribus = mit den Blüten. | fiss. | = fissus, a, um = gespalten. |
| | | flav. | = flavus, a, um = gelb. |
| col. | = colatura = die Abseihflüssigkeit, das Durchgeseihte. | fluid. | = fluidus, a, um = flüssig. |
| | | frig. par. | = frigide paratus, a, um = auf kaltem Wege bereitet. |

fus. = fusus, a, um = gegossen.

granul. = granulatus, a, um = gekörnt.

gross. = grossus, a, um = grob.

gross. mod. p. = grosso modo pulveratus, a, um = auf grobe Art, in grobem Maße gepulvert.

gross. p. = grossus pulveratus, a, um = grob gepulvert.

gtt. (Gtt.) = gutta = Tropfen (Die Tropfenzahl wird stets in römischen Zahlen geschrieben.)

i. = in = in.

i. bacul. = in baculis = in Stengeln, in Stangen.

i. bacill. = in bacillis = in Stängelchen, in Stäbchen.

i. crust. = in crustulis = in Krusten.

i. cubul. = in cubulis = in Würfelform.

i. fasc. = in fascibus (in fasciculis) = in Bündeln (in Bündelchen).

i. fol. = in foliis = in Blättern.

i. frag. = in fragmentis = in Bruchstücken.

i. globul. = in globulis = in Kügelchen.

i. gran. = in granis = in Körnern.

i. lacr. = in lacrimis = in Tränen.

i. lam. = in lamellis = in Blättchen.

i. mass. = in massis = in Massen.

i. sort. = in sortibus = natürliche, nicht ausgelesene Ware.

i. tabul. = in tabulis = in Tafeln.

inspiss. = inspissatus, a, um = eingedickt.

l. a. = lege artis = nach der Regel der Kunst, kunstgerecht.

leviss. = levissimus, a, um oder levissime = seht leicht.

liq. = liquor = die Flüssigkeit.

liquef. = liquefactus, a, um = verflüssigt, flüssig gemacht.

liquid. = liquidus, a, um = flüssig.

m. = misce, miscetur = mische es, es werde gemischt.

mai. (maj.) = maior, maius oder maiores, maiora = die größere (Sorte).

maxim. = maximus, a, um = die größte (Sorte).

med. = medius, a, um = die mittlere (Sorte).

min. = minor, minus, minores, minora = die kleinere (Sorte).

min. conc. = minutim concisus, a, um = ganz klein zerschnitten.

mund. = mundatus, a, um = geschält.

natur. = naturalis, e = natürlich.

opt. = optimus, a, um = die beste (Sorte).

plan. sol. = plane solubilis, e = vollständig löslich.

praec. = praecipitatus, a, um = gefällt, niedergeschlagen.

praep. = praeparatus, a, um = zubereitet, hergerichtet.

pro baln. = pro balneo = zum Bad.

pro d. = pro die = für den Tag.

pro dos. = pro dosi = für die Einzelgabe.

pro pec. = pro pecude = fürs Vieh.

pro us. med. = pro usu medicinale = zum arzneilichen Gebrauch.

pro us. vet = pro usu veterinario = zum Gebrauch für Tiere.

pulv. (p.) = pulveratus, a, um = gepulvert (oder pulvis = das Pulver).

p. (pur.) = purus, a, um = rein.

p. aequ. = partes aequales = gleiche Teile.

p. gross. = pulvis grossus = grobes Pulver.

p. subt. = pulvis subtilis = feines Pulver (mit Zusatz Sieb 5 bzw. 6)

puriss. = purissimus, a, um = ganz oder sehr rein, reinste (Ware).

q. s. = quantum satis = soviel als nötig.

raff. = raffinatus, a, um = gereinigt, raffiniert.

rasp. = raspatus, a, um = geraspelt.

Rec! (Rp!) = recipe = nehme! oder: nimm!

recryst. (recrist.) = recrystallisatus, a, um = umkristallisiert.

recnt. = recenter = neu, frisch.

rectif. (rectf.) = rectificatus, a, um = gereinigt, rektifiziert.

rectfss. = rectificatissimus, a, um = höchstgereinigt, höchstrektifiziert.

Rp! = recipe = nehme! oder: nimm!

s. = sine = ohne.

S. (vor Gebrauchsanweisungen) = signetur = es werde bezeichnet.

s. bract. = sine bracteis = ohne Deckblätter.

s. calyc. = sine calycibus = ohne Kelchblätter.

s. fibrill. = sine fibrillis = ohne Wurzelfasern.

s. sem. = sine seminibus = ohne Samen.

s. stipit. = sine stipitibus = ohne Stengel.

sicc. = siccus, a, um = trocken.

solut. = solutus, a, um = gelöst.

solv. = solve = löse!

solv. len. calor. = solve leni calore = löse bei gelinder Wärme!

| | | | |
|---|---|---|---|
| spirit. | = spirituosus, a, um = weingeisthaltig, spirituös. | torn. | = tornatus, a, um = gedreht. |
| spiss. | = spissus, a, um = eingetrocknet, eingedickt, trocken. | tost. | = tostus, a, um = geröstet. |
| | | tot. | = totus, a, um = ganz. |
| | | tct., tinct., tr. | = tinctura = Tinktur. |
| subl. | = sublimatus, a, um = sublimiert. | ungt. | = unguentum = Salbe. |
| | | ust. | = ustus, a, um = gebrannt. |
| subt. pulv. | = subtiliter pulveratus, a, um = fein gepulvert. | vap. par. | = vapore paratus, a, um = durch Dampf bereitet. |
| subtlss. p. | = subtilissime pulveratus, a, um = aufs feinste gepulvert. | ven. | = venalis, e = käuflich (gewöhnliche Verkaufsware). |
| | | ver. | = verus, a, um = wahr, echt. |
| techn. | = technicus, a, um oder technice (Umstandswort) = gewerblich verwendbar. | vet. (veter.) | = veterinarius, a, um = tierisch. |
| | | vulg. | = vulgaris, e = gewöhnlich. |

## II. Unverträgliche Mischungen wichtiger Chemikalien.

### (Nach BAYER-Jahrbuch 1941.)

Alphabetische Zusammenstellung von Chemikalien, die sich bei der Mischung teils chemisch verändern, teils ihre Wirkung verändern oder abschwächen bzw. giftige oder explosive Verbindungen geben.

**Alkalien** spalten Ester, Methylsalicylat, Salol usw. und beschleunigen die Zersetzung leicht oxydierbarer Chemikalien wie Brenzcatechin, Hydrochinon, Resorcin, Chrysarobin usw.

**Alkohol.** Explosive Gemische mit Chlorsäure, Chromsäure, Kaliumpermanganat, Pikrinsäure; Fällung mit Eiweiß, Gelatine, Gummiarabicumschleim.

**Ammoniak** bildet mit Formaldehyd Hexamethylentetramin, Chlorkalk und Jod geben mit Ammoniak explosive Gemische.

**Ammoniakflüssigkeit.** Mit Chlorkalk und Jod erfolgt Explosion. Mit Alaun, Metallsalzen und Säuren unverträglich. Mit Formaldehyd bildet sich Hexamethylentetramin.

**Borax.** Alaun, Chloralhydrat, Gummi.

**Camphor.** Flüssige Gemische entstehen mit Chloralhydrat, Menthol, Naphthol, Phenol, Resorcin, Salol, Thymol.

**Chlorkalk.** Explosive Gemische mit Ammoniak und Ammoniumsalzen, organischen Substanzen, Schwefel.

**Chromsäure.** Mit oxydierbaren Salzen und Substanzen wie Alkohol, Äther, Collodium, Glycerin, Jod, Kohle, Lycopodium, Phenol, Phosphor, Schwefel, Stärke, Tannin, Zucker entstehen Explosionen. Blei- und Silbersalze geben Fällungen.

**Citronensäure.** Bleisalze, Emulsionen, Extractum Liquiritiae, Mineralsäuren, Succus Liquiritiae.

**Eisensalze.** Alkalien, Gerbsäure, Jodide, Phenol, Resorcin, Salicylsäure.

**Eiweiß.** Fällungen entstehen mit Alkalien, Alkohol, Chloralhydrat, Gerbsäure, Gummi, Metallsalzen, Säuren.

**Formaldehydlösung.** Alkohol, Ammoniak, Gelatine, Gerbsäure, Metallsalze.

**Gerbsäure.** Alkalien (färben Gerbsäurelösung dunkelbraun), Eisensalze (färben Gerbsäurelösung blau bis schwarz). Eiweiß, Gelatine, Leim, Metallsalze, Pflanzenschleime ergeben Fällungen. Explosive Gemische: mit Chromsäure, Kaliumchlorat, Kaliumpermanganat, Pikrinsäure.

**Glycerin.** Explosive Gemische mit Chromsäure, Kaliumchlorat, Kaliumpermanganat, Pikrinsäure. Mit Chloralhydrat Zersetzung.

**Gummi arabicum.** Alkohol, Äther, Eisenchloridlösung, Kreosot, Naphthol, Oxalate, Phenol, Säuren, Silikate, Thymol.

**Ichthyol.** Alkalien, Alkalicarbonate, Alkohol, Jodsalze, Säuren.

**Jod.** Gerbsäure, Gummi, Chloralhydrat, ätherische Öle, Stärke und stärkehaltige Pflanzenpulver, Metallsalze. Explosive Gemische entstehen mit Ammoniak und ammoniumhaltigen Verbindungen (Bildung von Jodstickstoff).

**Kaliumchlorat, KClO$_3$.** Explosive Gemische entstehen mit allen leicht oxydierbaren Substanzen wie Alkohol, Äther, Gerbsäure, Glycerin, Jod, Kohle, Lycopodium, Phenol, Schwefel, Zucker.

**Kaliumpermanganat.** Explosive Gemische mit Alkohol, Äther, Gerbsäure, Glycerin, Jod, Kohle, Lycopodium, Nitraten, Phenol, Schwefel, Zucker.

**Menthol** gibt flüssige Gemische mit Chloralhydrat, Camphor, Naphthol, Phenol, Resorcin, Salol, Thymol.

**Naphthol** gibt flüssige Gemische mit Camphor, Menthol, Phenol, Salicylsäure.

**Natriumbenzoat.** Sirupus Rubi Idaei.

**Natriumperborat.** Säuren.

**Phenol.** Camphor, Chloralhydrat, Naphthol, Resorcin, Thymol ergeben flüssige Gemische. Collodium ergibt Fällung. Explosive Gemische entstehen mit Chromsäure, Kaliumchlorat, Kaliumpermanganat, Pikrinsäure. Unverträglich: Alkalien, Eisensalze.

**Pikrinsäure und pikrinsaure Salze.** Explosive Gemische entstehen mit Alkohol, Harzen, Jod, Kohle, Lycopodium, Öl, Pflanzenpulver, Phenol, Schwefel, Stärke.

**Resorcin.** Flüssige Gemische ergeben Camphor, Menthol, Phenol, Salol. Verfärbung: Jodsalze, Metallsalze. Fällung: Chininsulfat.

**Salicylsäure.** Eisensalze, Zinkoxyd (gibt in Schüttelmixturen eine gelatinöse, nicht mehr schüttelfähige Masse).

**Salol.** Flüssige Gemische geben Chloralhydrat, Camphor, Menthol, Thymol. Explosion: Kaliumchlorat.

**Salpetersäure.** Ätherische Öle, Glycerin, Gummi- und Korkstopfen, Harze, Holz, Kohlenhydrate, Pflanzenpulver.

**Schwefel.** Explosive Gemische mit Chromsäure, Chlorkalk, Kaliumchlorat, Kaliumpermanganat, Pikrinsäure. — Metallsalze.

**Schwefelsäure, konz.** Beim Vermischen mit anderen Flüssigkeiten, insbesondere Alkohol, ätherischen Ölen (Terpentinöl), Benzol, Wasser tritt starke Temperaturerhöhung ein, die sich bis zur Explosion steigern kann.

**Seifen.** Aluminium-, Calcium-, Magnesium -und andere Metallsalze, Säuren und saure Salze.

**Thymol.** Flüssige Gemische ergeben Camphor, Chloralhydrat, Menthol, Salol.

| Fettart | Vorkommen | Fettgehalt % | Dichte bei 15°C g/ccm | Brechungs- index $n_D^{20°}$ | Verseifungs- zahl mg KOH/g | Jodzahl |
|---|---|---|---|---|---|---|
| Aprikosenkernöl | Fruchtkerne der Aprikosen | 40 bis 45 | 0,915 bis 0,921 | 1,471 bis 1,475 | 188 bis 198 | 96 bis 109 |
| Erdnußöl . . . | Erdnüsse | 35 bis 52 | 0,911 bis 0,920 | 1,460 bis 1,472 | 189 bis 197 | 86 bis 99 |
| Kapoköl . . . . | Kapoksamen | 20 bis 25 | 0,920 bis 0,923 | 1,469 bis 1,471 | 188 bis 197 | 85 bis 98 |
| Mandelöl . . . | Mandelsamen | 53 bis 55 | 0,915 bis 0,921 | 1,471 bis 1,472 | 189 bis 195 | 93 bis 102 |
| Olivenöl . . . . | Fruchtfleisch der Olive | 20 bis 70 | 0,918 bis 0,920 | 1,467 bis 1,471 | 190 bis 196 | 79 bis 88 |
| Pfirsichkernöl . | Fruchtkern des Pfirsichs | 32 bis 35 | 0,918 bis 0,923 | 1,472 bis 1,473 | 189 bis 195 | 92 bis 110 |
| Ricinusöl . . . | Ricinussamen | 35 bis 55 (auch bis 69) | 0,950 bis 0,973 | 1,477 bis 1,479 | 176 bis 186 | 80,8 bis 86,1 |
| Teesamenöl . . | Teesamen | 24 bis 45 | 0,917 bis 0,927 | 1,468 bis 1,471 | 188 bis 196 | 88 bis 93 |

[1] Nach C. ZERBE: Mineralöle und verwandte Produkte. Berlin/Göttingen/Heidelberg:

# handelsüblichen Öle[1] und Fette.

## Pflanzenöle.

| Rhodan-zahl | Unver-seifbares % | Er-starrungs-punkt °C | Farbe | Geruch | Gewinnung | Bestandteile etwa % |
|---|---|---|---|---|---|---|
| 80 | — | —4 bis —22 | hell bis gelblich | | Pressung oder Extraktion | |
| 63 bis 72,4 | 0,3 bis 1 | —2 bis +3 | 1. Pressung farblos, 2. Pressung gelblich, 3. Pressung stark gelb | milde nußartig stark nuß-artig | mehrmalige Pressung (Etagenpres-sung) | stark schwankend: Palmitinsäure 4; Stearinsäure 4,5; Arachinsäure roh 4,2; Ölsäure 79,9; Linolsäure 7,4. |
| — | — | Schmp. 28 bis 37 | gelblich | — | Pressung | Ölsäure 44,5; Linolsäure 29,5; Palmitinsäure 26;. Linolensäure Spuren. |
| 78 bis 81,7 | — | —10 bis —21 | gelblich | geruchlos | Pressung | Ölsäure 80 bis 83; Linolsäure 14 bis 16; daneben wenig feste Fettsäuren. |
| 76,5 bis 79,4 | 0,5 bis 10 | —2 bis +10 | schwach gelb bis dunkel-grün | ange-nehm | getrocknete, zerkleinerte Oliven wer-den in Beu-teln ohne Er-wärmung ge-preßt oder extrahiert | Ölsäure 66 bis 84; Palmitinsäure 8 bis 10; geringe Mengen Stearin- und Arachinsäure. |
| — | — | —20 bis —23 | gelblich | — | Pressung oder Extraktion | Vorwiegend Ölsäure; Palmitin- und Stearinsäure (etwa 16). |
| etwa 82 | 0,3 bis 0,4 | —10 bis —18 | gelb-rötlich | — | 2- bis 3malige Pressung oder Extrak-tion | Hauptbestandteile: Ricinolsäure; Ölsäure 3; Linolsäure 2 bis 3; Stearinsäure 3 bis 8; Dioxystearinsäure 1 bis 3. |
| — | — | —5 bis —12 | gelb-bräunlich | unan-genehm | Pressung | Flüssige Fettsäuren 88 bis 93; Ungenießbares technisches Öl. |

Springer 1952.

| Fettart | Vorkommen | Fettgehalt % | Dichte bei 15° C g/ccm | Brechungs- index $n_D^{20°}$ | Verseifungs- zahl mg KOH/g | Jodzahl |
|---|---|---|---|---|---|---|
| Baumwollsaatöl, Kottonöl . . | Baumwollsamen | 17 bis 39 | 0,917 bis 0,931 raff.: 0,912 bis 0,926 | 1,472 bis 1,477 | 191 bis 198 | 101 bis 120 |
| Bucheckernöl . . | Früchte der Rot- buche | ungeschält: 26 bis 32 geschält: 43 | 0,920 bis 0,922 | 1,471 bis 1,473 | 190 bis 196 | 104 bis 111 |
| Crotonöl, giftig, drastisch ab- führend . . . | Samen von Cro- ton tiglium | entschält: 55 | 0,937 bis 0,943 | 1,470 bis 1,473 | 193 bis 215 | 102 bis 109 |
| Kürbiskernöl . . | Fruchtkerne der Kürbispflanze | 25 bis 36 geschält: 47 | 0,920 bis 0,928 | 1,474 bis 1,475 | 188 bis 196 | 113 bis 130 |
| Maisöl . . . . . | geschälte Mais- keime | 15 bis 33 | 0,920 bis 0,926 | 1,474 bis 1,476 | 192 bis 199 | 120 bis 130 |
| Reisöl . . . . . | Reiskleie | 14 | 0,912 bis 0,927 | 1,471 bis 1,474 | 179 bis 196, meist 183 bis 192 | 100 bis 108 |
| Rüböl, Rapsöl . | Samen verschie- dener Brassica- Arten | 22 bis 44 | 0,914 bis 0,918 | 1,472 bis 1,476 | 168 bis 179, meist 172 bis 175 | 94 bis 106 |
| Schwarzsenföl . | Schwarzsenfsaat | 18 bis 32 | 0,914 bis 0,923 | 1,474 bis 1,478 | 173 bis 182 | 96 bis 107 |
| Sojaöl . . . . . | Sojabohnen | | 0,922 bis 0,934 | 1,470 bis 1,478 | 188 bis 195 | 114 bis 138 |

## Pflanzenöle.

| Rhodan- zahl | Unver- seifbares % | Er- starrungs- punkt ° C | Farbe | Geruch | Gewinnung | Bestandteile etwa % |
|---|---|---|---|---|---|---|
| 61 bis 65 | 1,64 | —6 bis —1 roh | rot bis dunkel- braun | — | Pressung | Palmitinsäure 20 bis 25; Ölsäure 30 bis 35; Linolsäure 40 bis 45. |
| — | — | —17 | gelblich | — | Pressung und Extraktion | Palmitinsäure 4,9; Stearinsäure 3,5; Ölsäure 76,7; Linolsäure 9,2; Linolensäure 0,4. |
| — | 0,6 | —7 bis —16 | gelb- bräunlich | stechend | Pressung | Stark hautreizendes Crotonharz; Palmitinsäure; Stearinsäure; Linolsäure; Ölsäure. |
| — | unter 1 | —15 bis —16 | hellgelb- braunrot bis rötlich | angenehm | — | Palmitin-u. Stearinsäure 30; Ölsäure 25; Linolsäure 45. |
| 77,1 bis 78,1 | 1,4 bis 2,2 | —10 bis —15 | goldgelb bis dunkel- braun | — | — | Glyceride der Palmitin- säure 7,7; Stearinsäure 3,5; Arachinsäure 0,4; Lignocerinsäure 0,2; Ölsäure 45,4; Linolsäure 40,9. |
| 70 | 3 bis 4,8 | —5 bis —10 | gelblich bräunlich | — | Pressung und Extraktion | Glyceride der Palmitin- säure 12,3; Stearinsäure 1,8; Ölsäure 41; Linolsäure 36,7; Lecithin 0,5. |
| 81 bis 82 | 0,4 bis I | +10 bis —10 | dunkel- gelb bis rotbraun | — | 2- bis 3malige Spindelpres- sung mit an- schließender Extraktion | Myristinsäure 1,5; Stearinsäure 1,6; Arachinsäure 1,5; Ölsäure bis 20; Erucasäure 56 bis 65; Linolsäure 14. Engl. Rüböl: Palmitinsäure 1; Lignocerinsäure 1. |
| — | 3,0 | —11 bis —17,5 | bräunlich bis grün- braun | nach SENF | Kaltpressung | Palmitinsäure 2; Stearin-, Arachinsäure Spuren; Lignocerinsäure 2; Ölsäure 24,5; Erucasäure 50; Linolsäure 19,5; Linolensäure 2. |
| etwa 84 | — | —8 bis —18 | — | — | — | Glyceride d. Ölsäure 32 b. 36; Linolsäure 51 bis 57; Linolensäure 2 bis 3; Arachinsäure 0,4 bis 1,0; Stearinsäure 4,4 bis 7,3; Palmitinsäure 2,4 bis 6,8. |

**3. Trocknende**

| Fettart | Vorkommen | Fettgehalt %| Dichte bei 15°C g/ccm | Brechungs-index $n_D^{20°}$ | Verseifungs-zahl mg KOH/g | Jodzahl |
|---|---|---|---|---|---|---|
| Chinesisches Holzöl, Tungöl | Samen der Früch-te von Aleurites fordii, A. mon-tana | 48 bis 59 | 0,930 bis 0,945 | 1,517 bis 1,526 | 185 bis 197 | 147 bis 242 |
| Hanföl . . . . | Hanffrüchte | 31 bis 33, warm-gepreßt 32 bis 35 | 0,925 bis 0,931 | 1,499 bis 1,500 | 190 bis 195 | 140 bis 168 |
| Leinöl . . . . . | Leinsamen | 36 bis 40 | 0,928 bis 0,938 | 1,478 bis 1,481 | 188 bis 195 | 169 bis 190 |
| Leindotteröl, (deutsches Se-samöl) . . . . | Leindotter-samen | 29 | 0,919 bis 0,926 | 1,476 bis 1,477 | 185 bis 188 | 133 bis 153 |
| Mohnöl . . . . | Mohnsamen | 30 bis 51 | 0,924 bis 0,927 | 1,475 bis 1,478 | 189 bis 198 | 133 bis 158 |
| Perillaöl . . . . | Samen von Pe-rilla ocimoides | 41 bis 45 | 0,927 bis 0,933 | 1,481 bis 1,483 | 187 bis 197 | 180 bis 206 |
| Safloröl . . . . | Saflorfrüchte | 18 bis 50 | 0,922 bis 0,927 | 1,475 bis 1,495 | 174 bis 194 | 126 bis 150 |
| Sonnenblumenöl | Sonnenblumen-früchte | 21 bis 37, geschält 44 bis 50 | 0,920 bis 0,927 | 1,474 bis 1,476 | 188 bis 194 | 120 bis 135 |
| Traubenkernöl . | Samenkerne der Weinreben | 15 bis 19 | 0,920 bis 0,926 | 1,474 bis 1,478 | 189 bis 196 | 125 bis 142 |
| Walnußöl . . . | Walnüsse | — | 0,923 bis 0,926 | 1,477 bis 1,481 | 188 bis 197 | 143 bis 162 |

## Öle.

| Rhodan-zahl | Unver-seifbares % | Er-starrungs-punkt °C | Farbe | Geruch | Gewinnung | Bestandteile etwa % |
|---|---|---|---|---|---|---|
| 78 bis 89 | 0,4 bis etwa 1 | frisch 2 bis 3, alt —18 bis —21 | hellgelb bis rotbraun | — | Pressung i. Seiner-Pressen | Gesättigte Säure 2 bis 7; Ölsäuren 10 bis 15; α-Elainostearinsäure bis zu 80. |
| — | 0,5 bis 1,0 | —15 bis —28 | dunkelgrün | — | — | Ölsäure 14; Linolsäure 65; Linolensäure 16; Stearinsäure 4,5; Phytosterin 0,5. |
| 109 bis 118,5 | 0,5 bis 1,5 | —15 bis —27 | gelbweiß | — | — | Linolensäure 20 bis 45; Linolsäure 17 bis 59; Ölsäure 4,5 bis 20; Oxysäuren 0,5; Myristinsäure 8 bis 10; Palmitinsäure 8 bis 10; Stearinsäure 8 bis 10; Phytosterin 1,0. |
| — | 1,2 | —15 bis —18 | goldgelb | scharf | Pressung | Öl-, Palmitin-, Eruca- und eine isomere Linolsäure. |
| 78 bis 79 | 0,5 bis 0,7 | —17 bis —20 | hellgelb | — | — | Ölsäure 28,3; Linolsäure 58,5; Gesättigte Säuren 7,2; Oxysäuren 0,8. |
| 122 bis 126 | 0,4 bis 1,5 | — | — | Holzöl-geruch | Pressung | Gesättigte Fettsäure 12; Ölsäure 4; Linolsaure 53; Oxysäuren 16. |
| — | 0,7 bis 1,5 | —13 bis —20 | gelblich | — | Pressung oder Aus-kochen mit Wasser | Ungesättigte Säuren (Öl-, Linol-, Linolensäure) 72; Palmitinsäure 11,8. |
| etwa 84 | 0,6 bis 1,2 | —7 bis —18 | gelblich | angenehm | Extraktion | Ölsäure 32 bis 39; Linolsäure 47,2; Gesättigte Fettsäuren (Pal-mitin-, Stearinsäure), etwas Arachin- und Lig-nocerinsäure; Oxysäuren 0,5. |
| — | 1,6 | —10 bis —24 | goldgelb dunkel | — Ge-schmack bitter | — | Ölsäure 35,9; Stearinsäure 2,2; Linolsäure 53,6; Palmitinsäure 5,2. |
| — | 0,2 bis 0,4 | —27 bis —29 | — | — | — | Ölsäure 14 bis 15; Linolsäure 78 bis 88; Linolensäure 4; Palmitinsäure 5; Stearinsäure 2,5. |

4. Feste

| Fettart | Vorkommen | Fettgehalt % | Dichte bei 15° C g/ccm | Brechungsindex $n_D^{40°}$ | Verseifungszahl mg KOH/g | Jodzahl |
|---|---|---|---|---|---|---|
| Chinesischer Talg | Samen des chines. Talgbaumes | 17 bis 22 | 0,918 bis 0,924 | 1,456 bis 1,458 | 198 bis 206 201 bis 230 (prima) | 27 bis 31,5 |
| Dikabutter . . . | Samen des Mangobaumes (Westafrika) | 54 bis 66 | 0,914 bis 0,920 | 1,449 bis 1,450 | 241 bis 250 | 2 bis 10 |
| Japanwachs . . | Fruchtfleisch von Beeren der Sumachbäume | 40 bis 65 | 0,963 bis 1,006 | 1,457 bis 1,459 | 207 bis 238 | 4 bis 15 |
| Kakaobutter . . | Kakaobohne | 51 bis 57, meist 55 | 0,945 bis 0,976 | 1,456 bis 1,458 | 192 bis 203 | 34 bis 38 |
| Kokosnußfett. . | Samen der Kokospalme | 35 bis 36, aus Kopra 60 bis 70 | 0,920 bis 0,926 | 1,448 bis 1,449 | 250 bis 260 | 8 bis 10 |
| Lorbeerfett . . | Beeren von Laurus nobilis | 15 bis 20 | 0,926 bis 0,953 | 1,464 bis 1,474 | 197 bis 215 | 66 bis 82 |
| Malabartalg . . | Samen des Talgbaumes | 49,2 | 0,915 bis 0,916 | 1,457 | 188 bis 192 | 30,5 bis 44,8 |
| Palmkernöl . . | Samen der Ölpalme | 42 bis 53 | 0,917 bis 0,955 | 1,450 bis 1,452 | 245 bis 255 | 10 bis 20 |
| Palmöl, Palmfett | Fruchtfleisch der Ölpalme | 41 bis 66 | 0,921 bis 0,947 | 1,453 bis 1,456 | 196 bis 209 | 43 bis 58 |
| Sheabutter, Sheafett . . . | Samen von Bassia harkii | 49 bis 52 | 0,917 bis 0,918 | 1,463 bis 1,466 | 186 bis 196 | 50,4 bis 62,9 |

## Pflanzenfette.

| Rhodan-zahl | Unver-seifbares % | Er-starrungs-punkt °C | Farbe | Geruch | Gewinnung | Bestandteile etwa % |
|---|---|---|---|---|---|---|
| — | — | 27 bis 35 | weiß, grau-gelb bis grüngelb | — | Auskochen unverletzter Samen | Palmitinsäure, Ölsäure, Stearinsäure zus. 50 bis 60. |
| — | 0,7 bis 1,4 | 35 bis 40 | weiß bis gelb | angenehm | — | Laurinsäure 19; Myristinsäure und höhere Homologe 65 bis 69; Ölsäure bis etwa 10. |
| — | 0,7 | 45,5 bis 50 | anfäng-lich grün, überge-hend nach der Blei-chung in gelb bis weiß | angenehm | Pressung | Glyceride der Palmitinsäure und der zweibag. Japan-säure; Spuren von Stearin- und Ölsäure. |
| 32 bis 35 | — | 20 bis 27 | gelblich weiß | an-genehm, nach Kakao | Gereinigt, gerös-tet, entschält, mit Alkalicarbonaten aufgeschlossen, mit Wasser ange-feuchtet, bei 70° bis 80° gepreßt | Oleodistearin 24,9; Palmitodiolein 54,7; Oleopalmitostearin 20,3; Ölsäure 34 bis 38; Linolsäure 2 bis 5; geringe Mengen Palmitodi-stearin und -tristearin. |
| 7 bis 9 | 6 bis 10 | 14 bis 25 | gelbweiß | — | Pressung | Laurinsäure 45 bis 55; Myristinsäure 17 bis 20; Ölsäure 5 bis 10; Palmitinsäure 7,5; Caprylsäure 6 bis 9,5; Caprinsäure 4,5 bis 9; Stearinsäure bis 3. |
| — | — | 24 bis 25 | grün | eigenartig aroma-tisch, Ge-schmack bitter | Auskochen mit Wasser | Laurinsäure 30; Palmitinsäure 11; Ölsäure 39,8; Linolsäure 18,9; Melissylalkohol. |
| — | 5 | 30,5 | grünlich | angenehm | Pressung | |
| 13 bis 17 | 0,1 bis 0,6 | 20 bis 24 | weiß-gelblich | angenehm | Pressung in Seiner- und Automaten-pressen | Capronsäure 0 bis 2; Caprylsäure 3 bis 5; Caprinsäure 3 bis 6; Laurinsäure 50 bis 55; Myristinsäure bis 23,3; Ölsäure 4 bis 16,7; Palmitinsäure 7 bis 9; Linolsäure 1. |
| 46 | 0,3 | 31 bis 41 | orange-gelb | veilchen-ähnlich | Pressung | Ölsäure 33 bis 55; Stearinsäure 4 bis 8; Linolsäure 1; Rest Palmitinsäure. |
| 40 bis 70 | 2 bis 10 | 23 bis 32 | grauweiß, zäh, kleb-rig | aroma-tisch | Vergorene Nüsse werden schwach geröstet und mit Wasser aus-gekocht | Hauptsächlich Triglyceride der Öl- und Stearinsäure. |

| Fettart | Vorkommen | Fettgehalt % | Dichte bei 15° g/ccm | Brechungs-index $n_D^{40°}$ | Verseifungs-zahl mg KOH/g | Jodzahl |
|---|---|---|---|---|---|---|
| Butter . . . . | Kuhmilch | 82 und darüber | 0,935 bis 0,943 | 1,452 bis 1,457 | 218 bis 235 | 25 bis 47 |
| Gänseschmalz . | Fetteile des Gänsekörpers | 99 | 0,923 bis 0,925 | 1,459 bis 1,473 | 184 bis 198 | 59 bis 81 |
| Hammeltalg . . | Körperfett der Hammel | 99,7 | 0,937 bis 0,960 | 1,455 bis 1,458 | 194 bis 198 | 31 bis 47 |
| Klauenöl . . . | Rinderfüße, Ochsenklauen | 99,5 | 0,913 bis 0,918 | 1,460 bis 1,461 | 192 bis 196 | 67 bis 72 |
| Knochenfett . . | Rinderknochen | — | 0,890 bis 0,893 | 1,459 bis 1,460 | 190 bis 196 | 49 bis 52 |
| Knochenöl . . . | Flüssige Anteile des Knochen-fettes | — | 0,894 bis 0,895 | 1,463 | 187 bis 196 | 67 bis 80 |
| Pferdefett . . . | Körperfett der Pferde | 99,5 | 0,916 bis 0,940 | 1,460 bis 1,465 | 193 bis 200 | 71 bis 84 |
| Rindertalg . . . | Fett von Stieren, Ochsen, Kühen | 99,7 | 0,943 bis 0,952 | 1,454 bis 1,459 | 191 bis 200 | 40 bis 47,5 |
| Schweineschmalz | Fetteile des Hausschweines | ~ 99,5 | 0,915 bis 0,923 | 1,458 bis 1,461 | 193 bis 198 | 46 bis 66 |

## von Landtieren.

| Rhodan- zahl | Unver- seifbares % | Er- starrungs- punkt ° C | Farbe | Geruch | Gewinnung | Bestandteile etwa % |
|---|---|---|---|---|---|---|
| 20 bis 22 | unter 0,2 | 15 bis 25, Schmp.: 28 bis 38 | | | — | Buttersäure 2,9 bis 4,5; Capronsäure 1,3 bis 2,3; Caprylsäure 1 bis 1,9; Caprinsäure 1 bis 1,5; Laurinsäure 3,4 bis 6,4; Myristinsäure 10,2 bis 20,1; Palmitinsäure 11,8 bis 17,5; Stearinsäure 1,1 bis 5,9; Ölsäure 27 bis 47. |
| — | unter 0,2 | Schmp.: 18 bis 20 | hell | — | Durch Aus- lassen | Palmitinsäure 17; Stearinsäure 6; Ölsäure 75. |
| 39 | — | EP.: 32 bis 45 | graugelb bis weiß | talgig | Durch Aus- lassen der Fetteile | Myristinsäure 2 bis 5; Palmitinsäure 24 bis 27; Stearinsäure 25 bis 30; Ölsäure 36 bis 43; Linolsäure 2 bis 4. |
| — | 0,1 bis 0,6 | —4 bis +4 | gelbbraun | — | Auskochen von Klauen und Schien- beinknochen | Palmitinsäure 17 bis 18; Stearinsäure 2 bis 3; Ölsäure 74,5 bis 76,5. |
| — | | 32 bis 34 | — | — | Aus- kochen der Knochen | Palmitinsäure 20 bis 21; Stearinsäure 19 bis 21; Ölsäure 50 bis 55; Linolsäure 5 bis 10. |
| — | — | —6 bis —12 | — | — | | |
| 52 | 0,5 | 20 bis 37 | gelblich | — | Auslassen der Fetteile | Palmitinsäure 28; Stearinsäure 7; Ölsäure 55; Linolsäure 8. |
| 38,5 bis 39,4 | unter 0,2 | 35 bis 38, Schmp.: 40 bis 50 | weiß bis leicht grau | talgig | Ausschmel- zen aus dem Rohtalg | Myristinsäure 2 bis 2,5; Palmitinsäure 27 bis 29; Stearinsäure 24,5 Ölsäure 43 bis 44; Linolsäure 2,6. |
| 42 bis 54,7 | 0,14 bis 0,35 | 22 bis 31 | weiß bis weißgrau | — | Ausschmel- zen unter vermin- der- tem Druck; Extrahieren der Grieben | Palmitodistearin 3; Stearodipalmitin 2 bis 8; Oleodistearin 2; Oleopalmitostearin 11; Palmitostearin 2 bis 3; Palmitodiolein 82; Linolsäure, Myristinsäure, Laurinsäure. |

| Fettart | Vorkommen | Fettgehalt % | Dichte bei 15° g/ccm | Brechungs-index $n_D^{20°}$ | Verseifungs-zahl mg KOH/g | Jodzahl |
|---|---|---|---|---|---|---|
| Delphintran . . | Speck des Delphins und des schwarzen Delphins | 98 | 0,926 bis 0,929 | 1,468 bis 1,472 Kopf: 1,478 Kinnbakke: 1,455 | 197 bis 203 | 99 bis 127 |
| Dorschlebertran | Leber von Stockfisch, Kabeljau, Dorsch | 97 bis 98,5 | 0,921 bis 0,927 | 1,478 bis 1,485 | 182 bis 188 | 150 bis 175 |
| Haifischtran, Riesenhai . . | Körperfetteile | 78 bis 90 | 0,866 bis 0,918 | 1,475 bis 1,484 | 157 bis 161 | 114,6 |
| Heringstran . . | Heringskörperteile | 89,3 bis 99,1 | 0,918 bis 0,920 | 1,470 bis 1,475 | 171 bis 194 | 108 bis 155 |
| Robbentran . . | Speck von Walrossen, Robben und Seehunden | 98,5 bis 99,6 | 0,921 bis 0,934 | 1,478 bis 1,4784 | 178 bis 196 | 127 bis 159 |
| Sardinenöl . . . | Sardinentran, Japantran, Japanisches Fischöl | 98 bis 99,5 | 0,916 bis 0,925 | 1,4791 bis 1,4808 | 190 bis 196 | 156 bis 193 |
| Walfischtran, Walöl . . . . | Speckschicht sowie Fleisch und Knochen verschiedener Walarten | 96,3 bis 99,3 | 0,914 bis 0,931 | 1,463 bis 1,471 | 185 bis 192 | 130 bis 140 |

## Seetieren.

| Rhodan-zahl | Unver-seifbares % | Er-starrungs-punkt °C | Farbe | Geruch | Gewinnung | Bestandteile etwa % |
|---|---|---|---|---|---|---|
| — | 2 | 5 bis —3 | hellgelb | tranig | s. Walfisch-tran | Viel flüchtige Säuren; Clupanodon-Isovalerian-säure. |
| 101,0 | bis 3, bei rei-nen Ölen 1,5 | 0 bis —10 | hell, hell-braun blank, braun blank | eigen-tümlich, tranig | Auschmel-zen der fri-schen Lebern durch Wasser- oder Dampf-schmelze | Myristinsäure; Palmitinsäure 10 bis 18; Gadoleinsäure; Jecoleinsäure; Jecorinsäure 17; Clupanodonsäure 10. |
| — | 10 bis 22 | — | gelblich-bräunlich | tranig | Ausschmel-zen mit Dampf | Jecorinsäure 47 bis 52; Kohlenwasserstoffe des Squalen, Rest unverseif-bare Alkohole. |
| 94 | 0,99 bis 10,7 | —2 | gelblich bis bräunlich | tranig | Zerkleinert durch Aus-lassen in Heißwasser-schmelz-apparaten | Palmitinsäure 20 bis 25; Oleinsäure 20; Gadoleinsäure 10. |
| — | 0,2 bis 1,5 | —3 bis +3 | 4 Quali-täten: wasser-hell, strohgelb, gelb, braun | tranig | Durch Pres-sung oder Ausschmel-zen mit Dampf | Palmitinsäure 17; kleine Mengen Myristin-, Stearin-, Arachinsäure; 85% flüssige Fettsäuren (Hexa- und Tetradecylen-säure). |
| 90,3 | 0,5 bis 2,0 | — | hell | — | Durch Aus-kochen des Fleisches von Clupanodon melanotica | Clupanodonsäure 20; Hauptbestandteil $C_{20}H_{30}O_2$; geringe Mengen $C_{18}H_{28}$; Isocetiasäure. |
| 77 bis 105 | 0,7 bis 3,7 | —10 | Nr.0 hell, Nr. 1—4 gelb bis dunkel-gelb | schwach bis stark tranig, nach der Hydrie-rung ge-ruchlos | Durch Aus-schmelzen mit Dampf | Myristinsäure 4,5; Palmitinsäure 11,5; Stearinsäure 2,5; Palmitooleinsäure 17; Ölsäure. |

## IV. Kennzahlen der wichtigsten tierischen und pflanzlichen Wachsprodukte[1].

### 1. Tierische Wachsprodukte.

| Wachsart | Dichte, wenn nicht anders vermerkt, bei 15° | Brechungsindex bei 15° oder der angegebenen Temperatur | Erstarrungspunkt °C | Schmelzpunkt °C | Säurezahl | Verseifungszahl | Jodzahl |
|---|---|---|---|---|---|---|---|
| Bienenwachs | gelb: 0,956 bis 0,975; weiß: 0,948 bis 0,958 | 1,4398 bis 1,4451 | 60 bis 63 | 60 bis 66 | 17 bis 23 | 88 bis 102 (107) | 5,8 bis 15 meist 10 |
| Chinesisches Insektenwachs | 0,950 bis 0,970 | 1,4340 (100°) | 80,5 bis 81 | 80,5 bis 83 | 0,2 bis 1,5 | 78 bis 93 | 1,4 bis 2,5 |
| Döglingtran | 0,875 bis 0,885 | 1,4607 bis 1,4645 | — | — | 0,1 bis 0,4 | 115 bis 136 (123 bis 144) | 81 bis 84 |
| Schellackwachs | 0,971 bis 0,980 | — | — | 74 bis 82 | 12,5 bis 16,0 | 100 bis 126 | 1,25 |
| Spermacetiöl | 0,875 bis 0,890 | 1,4610 bis 1,4655 | etwa 0 bis 10 wechselnd bis 18 | — | 0,1 bis 1 | 120 bis 150 | 62 bis 93 |
| Walrat | 0,894 bis 0,945 | 1,4242 (100°) | 41 bis 48 | 42 bis 54 | 0,1 bis 6 | 118 bis 135 | 3 bis 9,3 |
| Wollfett | 0,932 bis 0,945 | 1,4781 bis 1,4822 | 30 bis 40 | 31 bis 43 | 0,5 bis 22 | 77 bis 130 (84 bis 140) | 15 bis 29 |

[1] Nach C. ZERBE: Mineralöle und verwandte Produkte. Berlin/Göttingen/Heidelberg: Springer 1952.

## 2. Pflanzliche Wachsprodukte.

| Wachsart | Dichte, wenn nicht anders vermerkt, bei 15° | Brechungsindex bei 15° oder der angegebenen Temperatur | Erstarrungspunkt °C | Schmelzpunkt °C | Säurezahl | Verseifungszahl | Jodzahl |
|---|---|---|---|---|---|---|---|
| Baumwollwachs . . . | 0,976 bis 1,000 | — | — | 76,5 bis 80,5 (55 bis 80) | 32, 38 bis 45 | 57 bis 76 | 20 bis 28 |
| Candelillawachs . . . | 0,942 bis 1,001 | 1,4558 (70°) | 64 bis 68 | 67 bis 73 | 9 bis 21 | 47 bis 67 | 12,9 bis 36,8 |
| Carnaubawachs . . . | 0,999 bis 1,000 (0,966 bis 0,989) | 1,3928 bis 1,3985 (85°) | 82 (78 bis 81) frisch; (86 bis 87) alt | 83 bis 84 | 4 bis 8 | 79 bis 95 | 7 bis 14 |
| Japanwachs . . . . | 0,990 | — | 41 unter Steigerung bis 48 | 51 bis 55 | — | 207 bis 238 | 4,5 bis 12,5 |
| Ouricurywachs . . . | 1,056 bis 1,068 | — | 69 bis 72,2 | 79 bis 84 | 21 bis 24 | 62 bis 85 | 7 |
| Zuckerrohrwachs . . | 0,965 bis 0,980 | — | — | 73 bis 78 | 12 bis 16 | 55 bis 60 | 9,2 bis 12 13 bis 29 |

## V. Übersicht über die zwischen 10° und 25° eintretenden Veränderungen der Dichten.

Nach DAB. 6 und Erg.-B. 6.

|  | 20° | 10° | 11° | 12° | 13° | 14° |
|---|---|---|---|---|---|---|
| Acetonum . . . . . . . . . . | 0,790 bis 0,793 | 0,803 | 0,802 | 0,801 | 0,800 | 0,799 |
| Acetum Scillae . . . . . . . | 1,017 bis 1,022 | 1,025 | 1,024 | 1,024 | 1,023 | 1,023 |
| Acidum aceticum . . . . . . . | höchstens 1,058 | 1,069 | 1,068 | 1,067 | 1,066 | 1,065 |
| Acidum aceticum anhydricum . | 1,074 bis 1,079 | 1,086 | 1,085 | 1,084 | 1,083 | 1,082 |
| Acidum aceticum dilutum . . . | 1,037 bis 1,038 | 1,043 | 1,042 | 1,042 | 1,041 | 1,041 |
| Acidum formicicum . . . . . . | 1,057 bis 1,060 | 1,065 | 1,064 | 1,064 | 1,063 | 1,063 |
| Acidum hydrobromicum . . . . | 1,203 bis 1,205 | 1,210 | 1,029 | 1,209 | 1,208 | 1,208 |
| Acidum hydrochloricum . . . . | 1,122 bis 1,123 | 1,127 | 1,127 | 1,126 | 1,126 | 1,125 |
| Acidum hydrochloricum crudum | mindestens 1,150 | 1,156 | 1,156 | 1,155 | 1,155 | 1,154 |
| Acidum hydrochloricum dilutum | 1,059 bis 1,061 | 1,063 | 1,063 | 1,062 | 1,062 | 1,062 |
| Acidum lacticum . . . . . . . | 1,206 bis 1,216 | 1,220 | 1,219 | 1,218 | 1,217 | 1,216 |
| Acidum nitricum . . . . . . . | 1,145 bis 1,148 | 1,154 | 1,153 | 1,152 | 1,152 | 1,151 |
| Acidum nitricum crudum . . . | 1,372 bis 1,392 | 1,396 | 1,395 | 1,393 | 1,392 | 1,390 |
| Acidum nitricum fumans . . . | mindestens 1,476 | 1,493 | 1,491 | 1,490 | 1,488 | 1,486 |
| Acidum oleinicum . . . . . . | 0,886 bis 0,906 | 0,903 | 0,902 | 0,902 | 0,901 | 0,900 |
| Acidum phosphoricum . . . . | 1,150 bis 1,153 | 1,156 | 1,156 | 1,155 | 1,155 | 1,154 |
| Acidum sulfuricum . . . . . . | 1,829 bis 1,834 | 1,842 | 1,841 | 1,840 | 1,839 | 1,838 |
| Acidum sulfuricum crudum . . . | mindestens 1,829 | 1,839 | 1,838 | 1,837 | 1,836 | 1,835 |
| Acidum sulfuricum dilutum . . | 1,106 bis 1,111 | 1,113 | 1,113 | 1,113 | 1,112 | 1,112 |
| Acidum sulfuricum fumans . . . | 1,852 bis 1,892 | 1,882 | 1,881 | 1,880 | 1,879 | 1,878 |

Bei den Flüssigkeiten, deren Dichte bei 20° nicht auf *eine* Zahl beschränkt ist, sondern sich innerhalb gewisser Grenzen bewegen darf, ist eine Schwankung der Dichten bei jedem einzelnen Wärmegrade zwischen 10° und 25° in gleicher Höhe gestattet.

| 15° | 16° | 17° | 18° | 19° | 20° | 21° | 22° | 23° | 24° | 25° |
|---|---|---|---|---|---|---|---|---|---|---|
| 0,798 | 0,796 | 0,795 | 0,794 | 0,793 | 0,792 | 0,791 | 0,789 | 0,788 | 0,787 | 0,786 |
| 1,022 | 1,022 | 1,021 | 1,021 | 1,020 | 1,020 | 1,020 | 1,019 | 1,019 | 1,018 | 1,018 |
| 1,064 | 1,062 | 1,061 | 1,060 | 1,059 | 1,058 | 1,057 | 1,056 | 1,055 | 1,054 | 1,053 |
| 1,082 | 1,081 | 1,080 | 1,079 | 1,078 | 1,077 | 1,076 | 1,075 | 1,074 | 1,073 | 1,072 |
| 1,040 | 1,039 | 1,039 | 1,038 | 1,038 | 1,037 | 1,036 | 1,036 | 1,035 | 1,035 | 1,034 |
| 1,062 | 1,062 | 1,061 | 1,060 | 1,060 | 1,059 | 1,059 | 1,058 | 1,058 | 1,057 | 1,056 |
| 1,207 | 1,206 | 1,206 | 1,205 | 1,205 | 1,204 | 1,203 | 1,203 | 1,202 | 1,202 | 1,201 |
| 1,125 | 1,124 | 1,124 | 1,123 | 1,123 | 1,122 | 1,122 | 1,121 | 1,121 | 1,120 | 1,120 |
| 1,153 | 1,153 | 1,152 | 1,152 | 1,151 | 1,150 | 1,150 | 1,149 | 1,149 | 1,148 | 1,147 |
| 1,061 | 1,061 | 1,061 | 1,060 | 1,060 | 1,060 | 1,059 | 1,059 | 1,059 | 1,058 | 1,058 |
| 1,215 | 1,214 | 1,214 | 1,213 | 1,212 | 1,211 | 1,210 | 1,209 | 1,208 | 1,207 | 1,206 |
| 1,150 | 1,149 | 1,149 | 1,148 | 1,148 | 1,147 | 1,146 | 1,146 | 1,145 | 1,144 | 1,144 |
| 1,389 | 1,388 | 1,386 | 1,385 | 1,383 | 1,382 | 1,380 | 1,379 | 1,377 | 1,376 | 1,374 |
| 1,485 | 1,483 | 1,481 | 1,479 | 1,478 | 1,476 | 1,474 | 1,473 | 1,471 | 1,469 | 1,468 |
| 0,899 | 0,899 | 0,898 | 0,897 | 0,897 | 0,896 | 0,895 | 0,895 | 0,894 | 0,893 | 0,893 |
| 1,154 | 1,153 | 1,153 | 1,153 | 1,152 | 1,152 | 1,152 | 1,151 | 1,151 | 1,150 | 1,150 |
| 1,837 | 1,836 | 1,835 | 1,834 | 1,833 | 1,832 | 1,831 | 1,831 | 1,830 | 1,829 | 1,828 |
| 1,834 | 1,833 | 1,832 | 1,831 | 1,830 | 1,829 | 1,828 | 1,827 | 1,826 | 1,825 | 1,824 |
| 1,111 | 1,111 | 1,110 | 1,110 | 1,109 | 1,109 | 1,108 | 1,108 | 1,107 | 1,107 | 1,106 |
| 1,877 | 1,876 | 1,875 | 1,874 | 1,873 | 1,872 | 1,871 | 1,870 | 1,869 | 1,868 | 1,867 |

| | 20° | 10° | 11° | 12° | 13° | 14° |
|---|---|---|---|---|---|---|
| Acidum sulfurosum . . . . . . | 1,024 bis 1,030 | 1,030 | 1,029 | 1,029 | 1,029 | 1,029 |
| Acidum valerianicum . . . . . | 0,928 bis 0,932 | 0,939 | 0,938 | 0,937 | 0,936 | 0,935 |
| Aether . . . . . . . . . . | 0,713 | 0,724 | 0,723 | 0,722 | 0,721 | 0,720 |
| Aether acetico-aceticus. . . . . | 1,022 bis 1,024 | 1,013 | 1,014 | 1,015 | 1,016 | 1,017 |
| Aether aceticus . . . . . . . . | 0,896 bis 0,900 | 0,910 | 0,909 | 0,907 | 0,906 | 0,905 |
| Aether bromatus . . . . . . . | 1,440 bis 1,444 | 1,462 | 1,460 | 1,458 | 1,456 | 1,454 |
| Aether jodatus . . . . . . . . | 1,916 bis 1,926 | 1,942 | 1,940 | 1,938 | 1,936 | 1,934 |
| Aether salicylicus . . . . . | 1,130 bis 1,135 | 1,143 | 1,142 | 1,141 | 1,140 | 1,139 |
| Aethylenum chloratum . . . . | 1,249 bis 1,259 | 1,270 | 1,268 | 1,267 | 1,265 | 1,263 |
| Alcohol absolutus . . . . . . . | 0,791 bis 0,792 | 0,799 | 0,798 | 0,797 | 0,796 | 0,796 |
| Alcohol amylicus . . . . . . . | 0,810 bis 0,812 | 0,818 | 0,817 | 0,817 | 0,816 | 0,815 |
| Alcohol benzylicus . . . . . | 1,043 bis 1,048 | 1,054 | 1,053 | 1,052 | 1,052 | 1,051 |
| Alcohol iso-propylicus . . . . . | 0,786 bis 0,790 | 0,795 | 0,794 | 0,794 | 0,793 | 0,792 |
| Alcohol methylicus . . . . . . | 0,791 bis 0,794 | 0,801 | 0,800 | 0,799 | 0,799 | 0,798 |
| Amylenum hydratum . . . . . | 0,810 bis 0,815 | 0,822 | 0,821 | 0,820 | 0,819 | 0,818 |
| Amylium aceticum . . . . . . | 0,869 bis 0,872 | 0,882 | 0,881 | 0,880 | 0,879 | 0,878 |
| Amylium nitrosum . . . . . . | 0,872 bis 0,882 | 0,888 | 0,887 | 0,886 | 0,885 | 0,884 |
| Amylium salicylicum . . . . . | 1,044 bis 1,051 | 1,056 | 1,055 | 1,054 | 1,054 | 1,053 |
| Anetholum . . . . . . . . . | — | — | — | — | — | — |
| Anilinum . . . . . . . . . . | 1,020 bis 1,021 | 1,030 | 1,029 | 1,028 | 1,027 | 1,026 |
| Aqua Amygdalarum amararum . | 0,967 bis 0,977 | 0,976 | 0,975 | 0,975 | 0,975 | 0,974 |
| Benzaldehyd . . . . . . . . . | 1,046 bis 1,050 | 1,058 | 1,057 | 1,056 | 1,055 | 1,054 |
| Benzaldehydcyanhydrin . . . . | 1,115 bis 1,120 | 1,127 | 1,126 | 1,125 | 1,124 | 1,123 |
| Benzinum Petrolei . . . . . . | 0,661 bis 0,681 | 0,680 | 0,679 | 0,678 | 0,677 | 0,676 |
| Benzolum . . . . . . . . . . | 0,874 bis 0,884 | 0,889 | 0,888 | 0,887 | 0,886 | 0,885 |
| Bromoformium . . . . . . . . | 2,814 bis 2,818 | 2,842 | 2,840 | 2,837 | 2,834 | 2,832 |
| Carboneum sulfuratum . . . . | 1,261 bis 1,263 | 1,277 | 1,275 | 1,274 | 1,272 | 1,271 |
| Carboneum tetrachloratum . . | 1,593 bis 1,598 | 1,615 | 1,613 | 1,611 | 1,609 | 1,607 |

| 15° | 16° | 17° | 18° | 19° | 20° | 21° | 22° | 23° | 24° | 25° |
|---|---|---|---|---|---|---|---|---|---|---|
| 1,029 | 1,028 | 1,028 | 1,028 | 1,028 | 1,027 | 1,027 | 1,027 | 1,027 | 1,027 | 1,026 |
| 0,935 | 0,934 | 0,933 | 0,932 | 0,931 | 0,930 | 0,929 | 0,928 | 0,927 | 0,927 | 0,926 |
| 0,719 | 0,718 | 0,717 | 0,715 | 0,714 | 0,713 | 0,712 | 0,711 | 0,710 | 0,709 | 0,708 |
| 1,018 | 1,019 | 1,020 | 1,021 | 1,022 | 1,023 | 1,024 | 1,025 | 1,026 | 1,027 | 1,028 |
| 0,904 | 0,903 | 0,902 | 0,900 | 0,899 | 0,898 | 0,897 | 0,895 | 0,894 | 0,893 | 0,892 |
| 1,452 | 1,450 | 1,448 | 1,446 | 1,444 | 1,442 | 1,440 | 1,438 | 1,436 | 1,434 | 1,432 |
| 1,932 | 1,929 | 1,927 | 1,925 | 1,923 | 1,921 | 1,919 | 1,917 | 1,915 | 1,913 | 1,911 |
| 1,138 | 1,137 | 1,136 | 1,135 | 1,134 | 1,133 | 1,132 | 1,131 | 1,130 | 1,129 | 1,128 |
| 1,261 | 1,260 | 1,258 | 1,257 | 1,255 | 1,254 | 1,252 | 1,251 | 1,249 | 1,248 | 1,246 |
| 0,795 | 0,794 | 0,793 | 0,792 | 0,791 | 0,791 | 0,790 | 0,789 | 0,788 | 0,788 | 0,787 |
| 0,814 | 0,814 | 0,813 | 0,812 | 0,811 | 0,811 | 0,810 | 0,809 | 0,809 | 0,808 | 0,807 |
| 1,050 | 1,049 | 1,048 | 1,048 | 1,047 | 1,046 | 1,045 | 1,044 | 1,044 | 1,043 | 1,042 |
| 0,791 | 0,791 | 0,790 | 0,789 | 0,788 | 0,788 | 0,787 | 0,786 | 0,786 | 0,785 | 0,784 |
| 0,797 | 0,796 | 0,795 | 0,795 | 0,794 | 0,793 | 0,792 | 0,791 | 0,791 | 0,790 | 0,789 |
| 0,817 | 0,816 | 0,816 | 0,815 | 0,814 | 0,813 | 0,812 | 0,811 | 0,810 | 0,809 | 0,808 |
| 0,877 | 0,876 | 0,874 | 0,873 | 0,872 | 0,871 | 0,870 | 0,869 | 0,868 | 0,867 | 0,866 |
| 0,883 | 0,882 | 0,880 | 0,879 | 0,878 | 0,877 | 0,876 | 0,875 | 0,874 | 0,873 | 0,872 |
| 1,052 | 1,051 | 1,050 | 1,050 | 1,049 | 1,048 | 1,047 | 1,046 | 1,046 | 1,045 | 1,044 |
| — | — | — | — | — | — | — | — | — | — | 0,984 |
| 1,026 | 1,025 | 1,024 | 1,023 | 1,022 | 1,021 | 1,020 | 1,019 | 1,018 | 1,017 | 1,017 |
| 0,974 | 0,974 | 0,973 | 0,973 | 0,972 | 0,972 | 0,972 | 0,971 | 0,971 | 0,970 | 0,970 |
| 1,053 | 1,052 | 1,051 | 1,050 | 1,049 | 1,048 | 1,048 | 1,047 | 1,046 | 1,045 | 1,044 |
| 1,122 | 1,122 | 1,121 | 1,120 | 1,119 | 1,118 | 1,118 | 1,117 | 1,116 | 1,115 | 1,115 |
| 0,676 | 0,675 | 0,674 | 0,673 | 0,672 | 0,671 | 0,670 | 0,669 | 0,668 | 0,667 | 0,666 |
| 0,884 | 0,883 | 0,882 | 0,881 | 0,880 | 0,879 | 0,878 | 0,877 | 0,876 | 0,875 | 0,874 |
| 2,829 | 2,827 | 2,824 | 2,822 | 2,819 | 2,816 | 2,814 | 2,811 | 2,808 | 2,806 | 2,803 |
| 1,269 | 1,268 | 1,267 | 1,265 | 1,264 | 1,262 | 1,261 | 1,259 | 1,258 | 1,256 | 1,255 |
| 1,605 | 1,603 | 1,602 | 1,600 | 1,598 | 1,596 | 1,594 | 1,592 | 1,590 | 1,589 | 1,587 |

| | 20° | 10° | 11° | 12° | 13° | 14° |
|---|---|---|---|---|---|---|
| Chinolinum. . . . . . . . . . | 1,088 bis 1,093 | 1,100 | 1,099 | 1,098 | 1,097 | 1,096 |
| Chloroformium . . . . . . . . | 1,474 bis 1,478 | 1,496 | 1,494 | 1,492 | 1,490 | 1,488 |
| Cinnamylaldehyd . . . . . . . | 1,050 bis 1,054 | 1,059 | 1,058 | 1,058 | 1,057 | 1,056 |
| Eucalyptolum . . . . . . . . | 0,923 bis 0,926 | 0,934 | 0,933 | 0,932 | 0,931 | 0,930 |
| Eugenolum . . . . . . . . | 1,066 bis 1,069 | 1,077 | 1,076 | 1,075 | 1,074 | 1,073 |
| Ferrum oxyd. c. Sacch. liquid. . | 1,226 bis 1,256 | 1,247 | 1,246 | 1,246 | 1,245 | 1,245 |
| Formaldehyd solutus . . . . . | 1,075 bis 1,086 | 1,088 | 1,087 | 1,086 | 1,086 | 1,085 |
| Furfurolum . . . . . . . . | 1,157 bis 1,160 | 1,169 | 1,168 | 1,167 | 1,166 | 1,165 |
| Glycerinum . . . . . . . . | 1,221 bis 1,231 | 1,232 | 1,231 | 1,231 | 1,230 | 1,229 |
| Guajacolum liquidum . . . . . | 1,114 bis 1,137 | 1,135 | 1,134 | 1,133 | 1,132 | 1,131 |
| Guajacolum valerianicum . . . | 1,050 bis 1,065 | 1,067 | 1,066 | 1,065 | 1,064 | 1,063 |
| Kreosotum . . . . . . . . . | mindestens 1,075 | 1,084 | 1,083 | 1,082 | 1,081 | 1,080 |
| Linimentum Capsici comp. . . . | 0,871 bis 0,886 | 0,886 | 0,885 | 0,885 | 0,884 | 0,883 |
| Liquor Aluminii acetici . . . . | mindestens 1,042 | 1,044 | 1,044 | 1,044 | 1,044 | 1,043 |
| Liquor Aluminii acetico-tartarici | 1,258 bis 1,262 | 1,266 | 1,265 | 1,265 | 1,264 | 1,263 |
| Liquor Ammonii aceteci . . . . | 1,030 bis 1,032 | 1,033 | 1,033 | 1,033 | 1,033 | 1,032 |
| Liquor Ammonii anisatus . . . | 0,861 bis 0,865 | 0,872 | 0,871 | 0,870 | 0,869 | 0,868 |
| Liquor Ammonii caustici . . . | 0,957 bis 0,958 | 0,961 | 0,960 | 0,960 | 0,960 | 0,960 |
| Liquor Ammonii caust. spirit.. . | 0,803 bis 0,809 | 0,815 | 0,814 | 0,813 | 0,812 | 0,811 |
| Liquor Calcii chlorati . . . . . | 1,226 bis 1,233 | 1,235 | 1,234 | 1,234 | 1,233 | 1,233 |
| Liquor Ferri albuminati . . . . | 0,982 bis 0,992 | 0,990 | 0,990 | 0,989 | 0,989 | 0,989 |
| Liquor Ferri album. sacch. . . . | 1,037 bis 1,047 | 1,045 | 1,045 | 1,044 | 1,044 | 1,044 |
| Liquor Ferri chlorati . . . . . | 1,223 bis 1,227 | 1,229 | 1,229 | 1,228 | 1,228 | 1,228 |
| Liquor Ferri oxychlorati dialysati | 1,041 bis 1,045 | 1,045 | 1,045 | 1,045 | 1,045 | 1,044 |
| Liquor Ferri peptonati . . . . | 1,033 bis 1,043 | 1,041 | 1,041 | 1,040 | 1,040 | 1,040 |
| Liquor Ferri sacch. c. Mangano . | 1,030 bis 1,040 | 1,038 | 1,038 | 1,037 | 1,037 | 1,037 |
| Liquor Ferri sesquichlorati . . . | 1,275 bis 1,285 | 1,284 | 1,284 | 1,283 | 1,283 | 1,283 |

| 15° | 16° | 17° | 18° | 19° | 20° | 21° | 22° | 23° | 24° | 25° |
|---|---|---|---|---|---|---|---|---|---|---|
| 1,096 | 1,095 | 1,094 | 1,093 | 1,092 | 1,091 | 1,090 | 1,090 | 1,089 | 1,088 | 1,087 |
| 1,486 | 1,484 | 1,482 | 1,480 | 1,478 | 1,476 | 1,474 | 1,472 | 1,470 | 1,468 | 1,466 |
| 1,055 | 1,055 | 1,054 | 1,053 | 1,052 | 1,052 | 1,051 | 1,050 | 1,050 | 1,049 | 1,048 |
| 0,929 | 0,928 | 9,928 | 0,927 | 0,926 | 0,925 | 0,924 | 0,923 | 0,922 | 0,921 | 0,921 |
| 1,073 | 1,072 | 1,071 | 1,070 | 1,069 | 1,068 | 1,067 | 1,066 | 1,066 | 1,065 | 1,064 |
| 1,244 | 1,243 | 1,243 | 1,242 | 1,242 | 1,241 | 1,240 | 1,240 | 1,239 | 1,239 | 1,238 |
| 1,085 | 1,084 | 1,083 | 1,083 | 1,082 | 1,081 | 1,081 | 1,080 | 1,080 | 1,079 | 1,079 |
| 1,164 | 1,163 | 1,162 | 1,161 | 1,160 | 1,159 | 1,158 | 1,157 | 1,156 | 1,155 | 1,154 |
| 1,229 | 1,228 | 1,227 | 1,227 | 1,226 | 1,226 | 1,225 | 1,224 | 1,224 | 1,223 | 1,223 |
| 1,131 | 1,130 | 1,129 | 1,128 | 1,127 | 1,126 | 1,125 | 1,124 | 1,123 | 1,122 | 1,122 |
| 1,063 | 1,062 | 1,061 | 1,060 | 1,059 | 1,058 | 1,057 | 1,056 | 1,055 | 1,054 | 1,054 |
| 1,079 | 1,078 | 1,077 | 1,076 | 1,075 | 1,075 | 1,074 | 1,073 | 1,072 | 1,071 | 1,070 |
| 0,882 | 0,882 | 0,881 | 0,880 | 0,880 | 0,879 | 0,878 | 0,878 | 0,877 | 0,876 | 0,876 |
| 1,043 | 1,043 | 1,043 | 1,043 | 1,042 | 1,042 | 1,042 | 1,041 | 1,041 | 1,041 | 1,040 |
| 1,263 | 1,262 | 1,262 | 1,261 | 1,261 | 1,260 | 1,259 | 1,259 | 1,258 | 1,258 | 1,257 |
| 1,032 | 1,032 | 1,032 | 1,031 | 1,031 | 1,031 | 1,031 | 1,030 | 1,030 | 1,030 | 1,030 |
| 0,867 | 0,866 | 0,866 | 0,865 | 0,864 | 0,863 | 0,862 | 0,861 | 0,860 | 0,859 | 0,859 |
| 0,959 | 0,959 | 0,959 | 0,959 | 0,958 | 0,958 | 0,958 | 0,958 | 0,957 | 0,957 | 0,957 |
| 0,810 | 0,810 | 0,809 | 0,808 | 0,807 | 0,806 | 0,805 | 0,805 | 0,804 | 0,803 | 0,802 |
| 1,232 | 1,232 | 1,231 | 1,231 | 1,230 | 1,230 | 1,229 | 1,229 | 1,228 | 1,228 | 1,227 |
| 0,989 | 0,988 | 0,988 | 0,988 | 0,987 | 0,987 | 0,987 | 0,986 | 0,986 | 0,986 | 0,985 |
| 1,044 | 1,043 | 1,043 | 1,043 | 1,042 | 1,042 | 1,042 | 1,041 | 1,041 | 1,041 | 1,041 |
| 1,227 | 1,227 | 1,226 | 1,226 | 1,225 | 1,225 | 1,225 | 1,224 | 1,224 | 1,223 | 1,223 |
| 1,044 | 1,044 | 1,044 | 1,044 | 1,043 | 1,043 | 1,043 | 1,043 | 1,043 | 1,042 | 1,042 |
| 1,039 | 1,039 | 1,039 | 1,039 | 1,038 | 1,038 | 1,038 | 1,037 | 1,037 | 1,037 | 1,037 |
| 1,037 | 1,036 | 1,036 | 1,036 | 1,035 | 1,035 | 1,035 | 1,035 | 1,034 | 1,034 | 1,034 |
| 1,282 | 1,282 | 1,281 | 1,281 | 1,280 | 1,280 | 1,280 | 1,279 | 1,279 | 1,278 | 1,278 |

| | 20° | 10° | 11° | 12° | 13° | 14° |
|---|---|---|---|---|---|---|
| Liquor Ferri subacetici . . . . | 1,088 bis 1,098 | 1,096 | 1,096 | 1,095 | 1,095 | 1,095 |
| Liquor Ferri sulfurici oxydati . | 1,422 bis 1,427 | 1,430 | 1,430 | 1,429 | 1,429 | 1,428 |
| Liquor Kali caustici . . . . . . | 1,135 bis 1,137 | 1,141 | 1,140 | 1,140 | 1,139 | 1,139 |
| Liquor Kalii acetici . . . . . . | 1,172 bis 1,176 | 1,179 | 1,179 | 1,178 | 1,178 | 1,177 |
| Liquor Kalii carbonici . . . . . | 1,330 bis 1,334 | 1,339 | 1,338 | 1,338 | 1,337 | 1,336 |
| Liquor Kalii silicici . . . . . . | 1,246 bis 1,296 | 1,276 | 1,276 | 1,275 | 1,275 | 1,274 |
| Liquor Natri caustici . . . . . | 1,165 bis 1,169 | 1,172 | 1,171 | 1,171 | 1,170 | 1,170 |
| Liquor Natrii silicici . . . . . | 1,296 bis 1,396 | 1,351 | 1,351 | 1,350 | 1,350 | 1,349 |
| Liquor Plumbi subacetici . . . | 1,232 bis 1,237 | 1,238 | 1,238 | 1,237 | 1,237 | 1,237 |
| Liquor Stibii chlorati . . . . . | 1,336 bis 1,356 | 1,351 | 1,350 | 1,350 | 1,349 | 1,349 |
| Manganum oxyd. c. Sacch. liquid. | 1,256 bis 1,276 | 1,270 | 1,270 | 1,269 | 1,269 | 1,268 |
| Mentholum valerianicum . . . | 0,897 bis 0,903 | 0,907 | 0,906 | 0,906 | 0,905 | 0,904 |
| Methylium salicylicum . . . . | 1,180 bis 1,185 | 1,193 | 1,192 | 1,191 | 1,190 | 1,189 |
| Mixtura sulfurica acida . . . . | 0,985 bis 0,997 | 1,000 | 0,999 | 0,998 | 0,997 | 0,996 |
| Nitrobenzolum . . . . . . . . | 1,203 bis 1,205 | 1,213 | 1,212 | 1,211 | 1,210 | 1,209 |
| Oleum Absinthii . . . . . . . | 0,895 bis 0,950 | 0,931 | 0,930 | 0,929 | 0,928 | 0,928 |
| Oleum Amygdalarum . . . . . | 0,911 bis 0,916 | 0,921 | 0,920 | 0,920 | 0,919 | 0,918 |
| Oleum Anethi . . . . . . . . | 0,890 bis 0,912 | 0,909 | 0,908 | 0,907 | 0,906 | 0,905 |
| Oleum Angelicae . . . . . . . | 0,848 bis 0,913 | 0,889 | 0,888 | 0,887 | 0,886 | 0,885 |
| Oleum Anisi . . . . . . . . . | 0,979 bis 0,989 | — | — | — | — | — |
| Oleum Arachidis . . . . . . . | 0,912 bis 0,917 | 0,922 | 0,921 | 0,921 | 0,920 | 0,919 |
| Oleum Aurantii Pericarpii . . . | 0,847 bis 0,852 | 0,857 | 0,856 | 0,856 | 0,855 | 0,854 |
| Oleum Aurantii Floris . . . . | 0,865 bis 0,876 | 0,878 | 0,877 | 0,877 | 0,876 | 0,875 |
| Oleum Bay . . . . . . . . . | 0,955 bis 0,980 | 0,976 | 0,975 | 0,974 | 0,973 | 0,972 |
| Oleum Bergamottae . . . . . . | 0,876 bis 0,881 | 0,887 | 0,886 | 0,885 | 0,884 | 0,884 |
| Oleum Cajeputi rectificatum . . | 0,910 bis 0,925 | 0,926 | 0,925 | 0,924 | 0,923 | 0,923 |
| Oleum Calami . . . . . . . . | 0,954 bis 0,965 | 0,967 | 0,967 | 0,966 | 0,965 | 0,964 |

| 15° | 16° | 17° | 18° | 19° | 20° | 21° | 22° | 23° | 24° | 25° |
|---|---|---|---|---|---|---|---|---|---|---|
| 1,095 | 1,094 | 1,094 | 1,094 | 1,093 | 1,093 | 1,093 | 1,092 | 1,092 | 1,092 | 1,092 |
| 1,428 | 1,427 | 1,427 | 1,426 | 1,426 | 1,425 | 1,425 | 1,424 | 1,424 | 1,423 | 1,423 |
| 1,139 | 1,138 | 1,138 | 1,137 | 1,137 | 1,136 | 1,136 | 1,136 | 1,135 | 1,135 | 1,134 |
| 1,177 | 1,176 | 1,176 | 1,175 | 1,175 | 1,174 | 1,174 | 1,173 | 1,173 | 1,172 | 1,172 |
| 1,335 | 1,334 | 1,334 | 1,333 | 1,333 | 1,332 | 1,332 | 1,331 | 1,331 | 1,330 | 1,330 |
| 1,274 | 1,273 | 1,273 | 1,272 | 1,272 | 1,271 | 1,270 | 1,270 | 1,269 | 1,269 | 1,268 |
| 1,169 | 1,169 | 1,168 | 1,168 | 1,167 | 1,167 | 1,166 | 1,165 | 1,165 | 1,164 | 1,164 |
| 1,349 | 1,348 | 1,348 | 1,347 | 1,347 | 1,346 | 1,346 | 1,345 | 1,345 | 1,344 | 1,344 |
| 1,237 | 1,236 | 1,236 | 1,236 | 1,235 | 1,235 | 1,235 | 1,234 | 1,234 | 1,234 | 1,233 |
| 1,348 | 1,348 | 1,347 | 1,347 | 1,346 | 1,346 | 1,345 | 1,345 | 1,344 | 1,343 | 1,343 |
| 1,268 | 1,268 | 1,267 | 1,267 | 1,266 | 1,266 | 1,266 | 1,265 | 1,265 | 1,264 | 1,264 |
| 0,904 | 0,903 | 0,902 | 0,902 | 0,901 | 0,900 | 0,899 | 0,899 | 0,898 | 0,898 | 0,897 |
| 1,188 | 1,187 | 1,186 | 1,185 | 1,184 | 1,183 | 1,182 | 1,181 | 1,180 | 1,179 | 1,178 |
| 0,995 | 0,994 | 0,993 | 0,993 | 0,992 | 0,991 | 0,990 | 0,989 | 0,988 | 0,988 | 0,987 |
| 1,209 | 1,208 | 1,207 | 1,206 | 1,205 | 1,204 | 1,203 | 1,202 | 1,201 | 1,200 | 1,200 |
| 0,927 | 0,926 | 0,925 | 0,925 | 0,924 | 0,923 | 0,922 | 0,922 | 0,921 | 0,920 | 0,919 |
| 0,918 | 0,917 | 0,916 | 0,916 | 0,915 | 0,914 | 0,913 | 0,913 | 0,912 | 0,911 | 0,911 |
| 0,905 | 0,904 | 0,903 | 0,902 | 0,901 | 0,901 | 0,900 | 0,899 | 0,899 | 0,898 | 0,897 |
| 0,885 | 0,884 | 0,883 | 0,882 | 0,881 | 0,881 | 0,880 | 0,879 | 0,878 | 0,878 | 0,877 |
| 0,988 | 0,987 | 0,986 | 0,985 | 0,985 | 0,984 | 0,983 | 0,982 | 0,981 | 0,981 | 0,980 |
| 0,919 | 0,918 | 0,917 | 0,917 | 0,916 | 0,915 | 0,915 | 0,914 | 0,913 | 0,913 | 0,912 |
| 0,854 | 0,853 | 0,852 | 0,851 | 0,851 | 0,850 | 0,849 | 0,849 | 0,848 | 0,847 | 0,847 |
| 0,875 | 0,874 | 0,873 | 0,872 | 0,872 | 0,871 | 0,870 | 0,870 | 0,869 | 0,868 | 0,868 |
| 0,972 | 0,971 | 0,970 | 0,969 | 0,968 | 0,968 | 0,967 | 0,966 | 0,965 | 0,965 | 0,964 |
| 0,883 | 0,882 | 0,881 | 0,881 | 0,880 | 0,879 | 0,878 | 0,878 | 0,877 | 0,876 | 0,875 |
| 0,922 | 0,921 | 0,920 | 0,920 | 0,919 | 0,918 | 0,917 | 0,916 | 0,916 | 0,915 | 0,914 |
| 0,964 | 0,963 | 0,962 | 0,961 | 0,961 | 0,960 | 0,959 | 0,958 | 0,958 | 0,957 | 0,956 |

68 *

| | 20° | 10° | 11° | 12° | 13° | 14° |
|---|---|---|---|---|---|---|
| Oleum Carvi . . . . . . . . | 0,903 bis 0,915 | 0,917 | 0,916 | 0,915 | 0,914 | 0,913 |
| Oleum Caryophylli . . . . . | 1,039 bis 1,065 | 1,061 | 1,060 | 1,059 | 1,058 | 1,057 |
| Oleum Chamomillae . . . . . | 0,912 bis 0,955 | 0,941 | 0,940 | 0,940 | 0,939 | 0,938 |
| Oleum Chenopodii anthelminthici | 0,958 bis 0,985 | 0,981 | 0,980 | 0,979 | 0,978 | 0,977 |
| Oleum Cinnamomi . . . . . | 1,018 bis 1,035 | 1,036 | 1,035 | 1,034 | 1,033 | 1,032 |
| Oleum Cinnamomi Cassiae . . . | 1,049 bis 1,064 | 1,066 | 1,065 | 1,064 | 1,063 | 1,062 |
| Oleum Citri . . . . . . . . | 0,852 bis 0,856 | 0,862 | 0,861 | 0,861 | 0,860 | 0,859 |
| Oleum Citronellae . . . . . | 0,880 bis 0,896 | 0,898 | 0,897 | 0,896 | 0,895 | 0,894 |
| Oleum Crotonis . . . . . . . | 0,936 bis 0,956 | 0,953 | 0,952 | 0,951 | 0,951 | 0,950 |
| Oleum Cupressi . . . . . . . | 0,864 bis 0,896 | 0,887 | 0,887 | 0,886 | 0,885 | 0,884 |
| Oleum Eucalypti . . . . . . | 0,905 bis 0,925 | 0,923 | 0,922 | 0,921 | 0,920 | 0,919 |
| Oleum Foeniculi . . . . . . | 0,960 bis 0,970 | 0,973 | 0,972 | 0,971 | 0,971 | 0,970 |
| Oleum Gaultheriae . . . . . | 1,174 bis 1,187 | 1,191 | 1,190 | 1,189 | 1,188 | 1,187 |
| Oleum Jecoris Aselli . . . . | 0,920 bis 0,928 | 0,931 | 0,930 | 0,930 | 0,929 | 0,928 |
| Oleum Juglandis . . . . . . | 0,920 bis 0,924 | 0,929 | 0,928 | 0,927 | 0,927 | 0,926 |
| Oleum Juniperi . . . . . . | 0,856 bis 0,876 | 0,874 | 0,873 | 0,872 | 0,871 | 0,871 |
| Oleum Lavandulae . . . . . | 0,877 bis 0,890 | 0,892 | 0,892 | 0,891 | 0,890 | 0,889 |
| Oleum Lini . . . . . . . . | 0,926 bis 0,936 | 0,938 | 0,937 | 0,937 | 0,936 | 0,935 |
| Oleum Majoranae . . . . . . | 0,886 bis 0,906 | 0,903 | 0,902 | 0,902 | 0,901 | 0,900 |
| Oleum Menthae crispae . . . . | 0,915 bis 0,935 | 0,933 | 0,932 | 0,931 | 0,931 | 0,930 |
| Oleum Menthae piperitae . . . | 0,895 bis 0,915 | 0,913 | 0,912 | 0,911 | 0,911 | 0,910 |
| Oleum Myristicae aethereum . . | 0,860 bis 0,925 | 0,901 | 0,901 | 0,900 | 0,899 | 0,898 |
| Oleum Olivarum . . . . . . | 0,911 bis 0,914 | 0,919 | 0,919 | 0,918 | 0,917 | 0,917 |
| Oleum Origani cretici . . . . | 0,915 bis 0,975 | 0,953 | 0,952 | 0,951 | 0,950 | 0,950 |
| Oleum Papaveris . . . . . . | 0,919 bis 0,922 | 0,928 | 0,928 | 0,927 | 0,926 | 0,926 |
| Oleum Persicarum . . . . . | 0,911 bis 0,916 | 0,921 | 0,920 | 0,920 | 0,919 | 0,918 |
| Oleum Petrae. . . . . . . . | 0,790 bis 0,800 | 0,802 | 0,801 | 0,801 | 0,800 | 0,799 |
| Oleum Petrae italicum . . . . | 0,745 bis 0,845 | 0,802 | 0,801 | 0,801 | 0,800 | 0,799 |

| 15° | 16° | 17° | 18° | 19° | 20° | 21° | 22° | 23° | 24° | 25° |
|---|---|---|---|---|---|---|---|---|---|---|
| 0,913 | 0,912 | 0,911 | 0,910 | 0,909 | 0,909 | 0,908 | 0,907 | 0,907 | 0,906 | 0,905 |
| 1,057 | 1,056 | 1,055 | 1,054 | 1,053 | 1,052 | 1,051 | 1,050 | 1,050 | 1,049 | 1,048 |
| 0,937 | 0,937 | 0,936 | 0,935 | 0,935 | 0,934 | 0,933 | 0,933 | 0,932 | 0,931 | 0,931 |
| 0,976 | 0,975 | 0,975 | 0,974 | 0,973 | 0,972 | 0,972 | 0,971 | 0,970 | 0,969 | 0,968 |
| 1,032 | 1,031 | 1,030 | 1,029 | 1,028 | 1,027 | 1,027 | 1,026 | 1,025 | 1,024 | 1,024 |
| 1,062 | 1,061 | 1,060 | 1,059 | 1,058 | 1,057 | 1,057 | 1,056 | 1,055 | 1,054 | 1,053 |
| 0,858 | 0,857 | 0,857 | 0,856 | 0,855 | 0,854 | 0,854 | 0,853 | 0,852 | 0,852 | 0,851 |
| 0,893 | 0,892 | 0,891 | 0,890 | 0,889 | 0,888 | 0,887 | 0,886 | 0,885 | 0,884 | 0,883 |
| 0,949 | 0,949 | 0,948 | 0,947 | 0,947 | 0,946 | 0,945 | 0,945 | 0,944 | 0,943 | 0,943 |
| 0,883 | 0,883 | 0,882 | 0,881 | 0,880 | 0,880 | 0,879 | 0,878 | 0,877 | 0,877 | 0,876 |
| 0,919 | 0,918 | 0,917 | 0,916 | 0,915 | 0,915 | 0,914 | 0,913 | 0,912 | 0,911 | 0,910 |
| 0,969 | 0,968 | 0,967 | 0,966 | 0,965 | 0,965 | 0,964 | 0,963 | 0,962 | 0,961 | 0,960 |
| 1,186 | 1,185 | 1,184 | 1,183 | 1,182 | 1,181 | 1,180 | 1,179 | 1,178 | 1,177 | 1,176 |
| 0,928 | 0,927 | 0,926 | 0,926 | 0,925 | 0,924 | 0,924 | 0,923 | 0,922 | 0,922 | 0,921 |
| 0,925 | 0,925 | 0,924 | 0,923 | 0,923 | 0,922 | 0,921 | 0,921 | 0,920 | 0,919 | 0,919 |
| 0,970 | 0,869 | 0,868 | 0,868 | 0,867 | 0,866 | 0,865 | 0,864 | 0,863 | 0,863 | 0,862 |
| 0,889 | 0,888 | 0,887 | 0,886 | 0,885 | 0,884 | 0,883 | 0,883 | 0,882 | 0,881 | 0,880 |
| 0,935 | 0,934 | 0,933 | 0,932 | 0,932 | 0,931 | 0,930 | 0,930 | 0,929 | 0,928 | 0,928 |
| 0,899 | 0,899 | 0,898 | 0,897 | 0,897 | 0,896 | 0,895 | 0,895 | 0,894 | 0,893 | 0,892 |
| 0,929 | 0,928 | 0,927 | 0,927 | 0,926 | 0,925 | 0,924 | 0,924 | 0,923 | 0,923 | 0,922 |
| 0,909 | 0,908 | 0,907 | 0,907 | 0,906 | 0,905 | 0,904 | 0,904 | 0,903 | 0,903 | 0,902 |
| 0,897 | 0,896 | 0,896 | 0,895 | 0,894 | 0,893 | 0,892 | 0,892 | 0,891 | 0,890 | 0,889 |
| 0,916 | 0,915 | 0,915 | 0,914 | 0,913 | 0,913 | 0,912 | 0,911 | 0,911 | 0,910 | 0,909 |
| 0,949 | 0,948 | 0,947 | 0,946 | 0,946 | 0,945 | 0,944 | 0,943 | 0,943 | 0,942 | 0,941 |
| 0,925 | 0,924 | 0,923 | 0,923 | 0,922 | 0,921 | 0,921 | 0,920 | 0,920 | 0,919 | 0,918 |
| 0,918 | 0,917 | 0,916 | 0,916 | 0,915 | 0,914 | 0,913 | 0,913 | 0,912 | 0,911 | 0,911 |
| 0,799 | 0,798 | 0,797 | 0,796 | 0,796 | 0,795 | 0,794 | 0,794 | 0,793 | 0,792 | 0,792 |
| 0,799 | 0,798 | 0,797 | 0,796 | 0,796 | 0,795 | 0,794 | 0,794 | 0,793 | 0,792 | 0,792 |

| | 20° | 10° | 11° | 12° | 13° | 14° |
|---|---|---|---|---|---|---|
| Oleum Petroselini . . . . . . . | 1,037 bis 1,095 | 1,076 | 1,075 | 1,074 | 1,073 | 1,072 |
| Oleum Pini Pumilionis . . . . | 0,853 bis 0,870 | 0,871 | 0,870 | 0,869 | 0,868 | 0,867 |
| Oleum Pini sibiricum . . . . . | 0,894 bis 0,924 | 0,918 | 0,917 | 0,916 | 0,915 | 0,914 |
| Oleum Pini silvestris . . . . . | 0,860 bis 0,880 | 0,878 | 0,877 | 0,876 | 0,875 | 0,874 |
| Oleum Rapae . . . . . . . | 0,906 bis 0,913 | 0,917 | 0,916 | 0,915 | 0,915 | 0,914 |
| Oleum Ricini . . . . . . . . | 0,946 bis 0,966 | 0,963 | 0,962 | 0,961 | 0,961 | 0,960 |
| Oleum Rosmarini . . . . . . | 0,895 bis 0,915 | 0,913 | 0,912 | 0,911 | 0,911 | 0,910 |
| Oleum Rutae . . . . . . . | 0,825 bis 0,845 | 0,843 | 0,842 | 0,841 | 0,841 | 0,840 |
| Oleum Sabinae . . . . . . . | 0,902 bis 0,925 | 0,922 | 0,921 | 0,920 | 0,920 | 0,919 |
| Oleum Salviae . . . . . . . | 0,909 bis 0,924 | 0,926 | 0,925 | 0,924 | 0,923 | 0,922 |
| Oleum Santali . . . . . . . | 0,968 bis 0,980 | 0,981 | 0,981 | 0,980 | 0,979 | 0,979 |
| Oleum Sassafras . . . . . . | 1,064 bis 1,074 | 1,078 | 1,077 | 1,076 | 1,075 | 1,074 |
| Oleum Sesami . . . . . . . | 0,917 bis 0,920 | 0,926 | 0,926 | 0,925 | 0,924 | 0,924 |
| Oleum Sinapis . . . . . . . | 1,015 bis 1,020 | 1,029 | 1,028 | 1,027 | 1,025 | 1,024 |
| Oleum Spicae . . . . . . . | 0,900 bis 0,913 | 0,914 | 0,914 | 0,913 | 0,912 | 0,911 |
| Oleum Succini rectificatum . . | 0,915 bis 0,945 | 0,939 | 0,938 | 0,937 | 0,936 | 0,935 |
| Oleum Tanaceti . . . . . . . | 0,918 bis 0,950 | 0,942 | 0,941 | 0,940 | 0,940 | 0,939 |
| Oleum Terebinthinae . . . . . | 0,855 bis 0,872 | 0,873 | 0,872 | 0,871 | 0,870 | 0,869 |
| Oleum Terebinthinae rectificatum | 0,855 bis 0,865 | 0,869 | 0,868 | 0,867 | 0,866 | 0,865 |
| Oleum Thymi . . . . . . . . | mindestens 0,895 | 0,903 | 0,902 | 0,901 | 0,900 | 0,900 |
| Oleum Valerianae . . . . . . | 0,955 bis 0,999 | 0,985 | 0,985 | 0,984 | 0,983 | 0,982 |
| Oleum Vaselini album . . . . . | 0,875 bis 0,890 | 0,890 | 0,889 | 0,888 | 0,888 | 0,887 |
| Oleum Vaselini flavum . . . . | 0,875 bis 0,890 | 0,890 | 0,889 | 0,888 | 0,888 | 0,887 |
| Paraffinum liquidum . . . . . | mindestens 0,881 | 0,888 | 0,887 | 0,886 | 0,886 | 0,885 |
| Paraldehyd . . . . . . . . . | 0,992 bis 0,994 | 1,004 | 1,003 | 1,002 | 1,001 | 1,000 |
| Phenolum liquefactum . . . . | 1,063 bis 1,066 | — | — | — | — | — |
| Pyridinum . . . . . . . . . . | 0,979 bis 0,982 | 0,991 | 0,990 | 0,989 | 0,988 | 0,987 |

| 15° | 16° | 17° | 18° | 19° | 20° | 21° | 22° | 23° | 24° | 25° |
|---|---|---|---|---|---|---|---|---|---|---|
| 1,071 | 1,070 | 1,069 | 1,068 | 1,067 | 1,066 | 1,065 | 1,064 | 1,063 | 1,062 | 1,061 |
| 0,866 | 0,865 | 0,865 | 0,864 | 0,863 | 0,862 | 0,862 | 0,861 | 0,860 | 0,859 | 0,858 |
| 0,914 | 0,913 | 0,912 | 0,911 | 0,910 | 0,909 | 0,908 | 0,907 | 0,906 | 0,905 | 0,904 |
| 0,874 | 0,873 | 0,872 | 0,871 | 0,870 | 0,870 | 0,869 | 0,868 | 0,867 | 0,867 | 0,866 |
| 0,913 | 0,913 | 0,912 | 0,911 | 0,911 | 0,910 | 0,909 | 0,909 | 0,908 | 0,907 | 0,907 |
| 0,959 | 0,959 | 0,958 | 0,957 | 0,957 | 0,956 | 0,955 | 0,955 | 0,954 | 0,953 | 0,953 |
| 0,909 | 0,908 | 0,907 | 0,907 | 0,906 | 0,905 | 0,904 | 0,903 | 0,903 | 0,902 | 0,901 |
| 0,839 | 0,838 | 0,837 | 0,837 | 0,836 | 0,835 | 0,834 | 0,833 | 0,833 | 0,832 | 0,831 |
| 0,918 | 0,917 | 0,916 | 0,916 | 0,915 | 0,914 | 0,913 | 0,912 | 0,912 | 0,911 | 0,910 |
| 0,922 | 0,921 | 0,920 | 0,919 | 0,918 | 0,917 | 0,917 | 0,916 | 0,915 | 0,914 | 0,913 |
| 0,978 | 0,977 | 0,977 | 0,976 | 0,975 | 0,974 | 0,974 | 0,973 | 0,973 | 0,972 | 0,971 |
| 1,074 | 1,073 | 1,072 | 1,071 | 1,070 | 1,069 | 1,068 | 1,067 | 1,066 | 1,065 | 1,065 |
| 0,923 | 0,922 | 0,921 | 0,921 | 0,920 | 0,919 | 0,919 | 0,918 | 0,918 | 0,917 | 0,916 |
| 1,023 | 1,022 | 1,021 | 1,020 | 1,019 | 1,018 | 1,017 | 1,016 | 1,015 | 1,014 | 1,013 |
| 0,911 | 0,910 | 0,909 | 0,908 | 0,907 | 0,907 | 0,906 | 0,905 | 0,904 | 0,903 | 0,903 |
| 0,934 | 0,934 | 0,933 | 0,932 | 0,931 | 0,930 | 0,929 | 0,928 | 0,927 | 0,927 | 0,926 |
| 0,938 | 0,937 | 0,936 | 0,936 | 0,935 | 0,934 | 0,933 | 0,932 | 0,932 | 0,931 | 0,930 |
| 0,868 | 0,868 | 0,867 | 0,866 | 0,865 | 0,864 | 0,864 | 0,863 | 0,862 | 0,861 | 0,860 |
| 0,864 | 0,864 | 0,863 | 0,862 | 0,861 | 0,860 | 0,860 | 0,859 | 0,858 | 0,857 | 0,856 |
| 0,899 | 0,898 | 0,897 | 0,896 | 0,896 | 0,895 | 0,894 | 0,893 | 0,893 | 0,892 | 0,891 |
| 0,981 | 0,980 | 0,980 | 0,979 | 0 978 | 0,977 | 0,976 | 0,976 | 0,975 | 0,974 | 0,973 |
| 0,887 | 0,886 | 0,885 | 0,885 | 0,884 | 0,883 | 0,883 | 0,882 | 0,881 | 0,881 | 0,880 |
| 0,887 | 0,886 | 0,885 | 0,885 | 0,884 | 0,883 | 0,883 | 0,882 | 0,881 | 0,881 | 0,880 |
| 0,884 | 0,884 | 0,883 | 0,882 | 0,882 | 0,881 | 0,881 | 0,880 | 0,879 | 0,879 | 0,879 |
| 0,999 | 0,998 | 0,996 | 0,995 | 0,994 | 0,993 | 0,992 | 0,991 | 0,990 | 0,989 | 0,987 |
| 1,069 | 1,068 | 1,067 | 1,066 | 1,066 | 1,065 | 1,064 | 1,063 | 1,062 | 1,062 | 1,061 |
| 0,986 | 0,985 | 0,984 | 0,983 | 0,982 | 0,981 | 0,980 | 0,979 | 0,978 | 0,977 | 0,976 |

|  | 20° | 10° | 11° | 12° | 13° | 14° |
|---|---|---|---|---|---|---|
| Spiritus . . . . . . . . . . . | 0,824 bis 0,828 | 0,835 | 0,834 | 0,833 | 0,832 | 0,831 |
| Spiritus aethereus . . . . . . | 0,800 bis 0,804 | 0,811 | 0,811 | 0,810 | 0,809 | 0,808 |
| Spiritus Aetheris chlorati . . . | 0,833 bis 0,837 | 0,843 | 0,842 | 0,841 | 0,841 | 0,840 |
| Spiritus Aetheris nitrosi . . . . | 0,835 bis 0,845 | 0,850 | 0,849 | 0,848 | 0,847 | 0,846 |
| Spiritus Angelicae comp. . . . | 0,880 bis 0,884 | 0,891 | 0,890 | 0,889 | 0,888 | 0,887 |
| Spiritus aromaticus . . . . . | 0,877 bis 0,881 | 0,887 | 0,886 | 0,886 | 0,885 | 0,884 |
| Spiritus Calami . . . . . . . . | 0,877 bis 0,881 | 0,887 | 0,886 | 0,886 | 0,885 | 0,884 |
| Spiritus camphoratus . . . . . | 0,879 bis 0,883 | 0,890 | 0,889 | 0,888 | 0,887 | 0,886 |
| Spiritus Citronellae . . . . . . | 0,877 bis 0,881 | 0,887 | 0,886 | 0,886 | 0,885 | 0,884 |
| Spiritus Cochleariae . . . . . . | 0,877 bis 0,881 | 0,887 | 0,886 | 0,886 | 0,885 | 0,884 |
| Spiritus dilutus . . . . . . . . | 0,887 bis 0,891 | 0,897 | 0,897 | 0,896 | 0,895 | 0,894 |
| Spiritus Formicarum . . . . . | 0,889 bis 0,893 | 0,900 | 0,899 | 0,898 | 0,897 | 0,896 |
| Spiritus Juniperi . . . . . . . | 0,877 bis 0,881 | 0,887 | 0,886 | 0,886 | 0,885 | 0,884 |
| Spiritus Lavandulae . . . . . | 0,877 bis 0,881 | 0,887 | 0,886 | 0,886 | 0,885 | 0,884 |
| Spiritus Melissae comp. . . . . | 0,877 bis 0,881 | 0,887 | 0,886 | 0,886 | 0,885 | 0,884 |
| Spiritus Menthae piperitae . . . | 0,831 bis 0,835 | 0,841 | 0,841 | 0,840 | 0,839 | 0,838 |
| Spiritus Rosmarini . . . . . . | 0,877 bis 0,881 | 0,887 | 0,886 | 0,886 | 0,885 | 0,884 |
| Spiritus saponatus . . . . . | 0,920 bis 0,930 | 0,933 | 0,932 | 0,932 | 0,931 | 0,930 |
| Spiritus Sinapis . . . . . . | 0,828 bis 0,832 | 0,839 | 0,838 | 0,837 | 0,836 | 0,836 |
| Terpinolum . . . . . . . . | 0,870 bis 0,896 | 0,892 | 0,891 | 0,890 | 0,889 | 0,888 |
| Tinctura Ferri aromatica . . . | 1,038 bis 1,044 | 1,044 | 1,044 | 1,043 | 1,043 | 1,043 |
| Tinctura Jodi . . . . . . . | 0,898 bis 0,902 | 0,910 | 0,909 | 0,908 | 0,907 | 0,906 |
| Tinctura Jodi decolorata . . . | 0,990 bis 1,000 | 1,001 | 1,000 | 1,000 | 0,999 | 0,999 |
| Toluolum . . . . . . . . . | 0,863 bis 0,865 | 0,872 | 0,871 | 0,870 | 0,870 | 0,869 |
| Xylolum . . . . . . . . . . | annähernd 0,860 | 0,868 | 0,867 | 0,866 | 0,866 | 0,865 |

| 15° | 16° | 17° | 18° | 19° | 20° | 21° | 22° | 23° | 24° | 25° |
|---|---|---|---|---|---|---|---|---|---|---|
| 0,831 | 0,830 | 0,829 | 0,828 | 0,827 | 0,826 | 0,825 | 0,825 | 0,824 | 0,823 | 0,822 |
| 0,807 | 0,806 | 0,805 | 0,804 | 0,803 | 0,802 | 0,801 | 0,800 | 0,799 | 0,799 | 0,798 |
| 0,839 | 0,838 | 0,837 | 0,837 | 0,836 | 0,835 | 0,834 | 0,833 | 0,833 | 0,832 | 0,831 |
| 0,845 | 0,844 | 0,843 | 0,842 | 0,841 | 0,840 | 0,839 | 0,838 | 0,837 | 0,836 | 0,836 |
| 0,886 | 0,886 | 0,885 | 0,884 | 0,883 | 0,882 | 0,881 | 0,881 | 0,880 | 0,879 | 0,878 |
| 0,883 | 0,882 | 0,881 | 0,880 | 0,880 | 0,879 | 0,878 | 0,877 | 0,876 | 0,875 | 0,875 |
| 0,883 | 0,882 | 0,881 | 0,880 | 0,880 | 0,879 | 0,878 | 0,877 | 0,876 | 0,875 | 0,875 |
| 0,885 | 0,885 | 0,884 | 0,883 | 0,882 | 0,881 | 0,880 | 0,880 | 0,879 | 0,878 | 0,877 |
| 0,883 | 0,882 | 0,881 | 0,880 | 0,880 | 0,879 | 0,878 | 0,877 | 0,876 | 0,875 | 0,875 |
| 0,883 | 0,882 | 0,881 | 0,880 | 0,880 | 0,879 | 0,878 | 0,877 | 0,876 | 0,875 | 0,875 |
| 0,893 | 0,893 | 0,892 | 0,891 | 0,890 | 0,889 | 0,889 | 0,888 | 0,887 | 0,886 | 0,885 |
| 0,895 | 0,895 | 0,894 | 0,893 | 0,892 | 0,891 | 0,890 | 0,889 | 0,889 | 0,888 | 0,887 |
| 0,883 | 0,882 | 0,881 | 0,880 | 0,880 | 0,879 | 0,878 | 0,877 | 0,876 | 0,875 | 0,875 |
| 0,883 | 0,882 | 0,881 | 0,880 | 0,880 | 0,879 | 0,878 | 0,877 | 0,876 | 0,875 | 0,875 |
| 0,883 | 0,882 | 0,881 | 0,880 | 0,880 | 0,879 | 0,878 | 0,877 | 0,876 | 0,875 | 0,875 |
| 0,837 | 0,836 | 0,835 | 0,834 | 0,834 | 0,833 | 0,832 | 0,831 | 0,830 | 0,829 | 0,828 |
| 0,883 | 0,882 | 0,881 | 0,880 | 0,880 | 0,879 | 0,878 | 0,877 | 0,876 | 0,875 | 0,875 |
| 0,929 | 0,929 | 0,928 | 0,927 | 0,926 | 0,925 | 0,925 | 0,924 | 0,923 | 0,922 | 0,922 |
| 0,835 | 0,834 | 0,833 | 0,832 | 0,831 | 0,830 | 0,829 | 0,828 | 0,828 | 0,827 | 0,826 |
| 0,887 | 0,887 | 0,886 | 0,885 | 0,884 | 0,883 | 0,883 | 0,882 | 0,881 | 0,880 | 0,879 |
| 1,042 | 1,042 | 1,042 | 1,042 | 1,041 | 1,041 | 1,041 | 1,040 | 1,040 | 1,040 | 1,040 |
| 0,905 | 0,904 | 0,903 | 0,902 | 0,901 | 0,900 | 0,899 | 0,898 | 0,898 | 0,897 | 0,896 |
| 0,998 | 0,998 | 0,997 | 0,997 | 0,996 | 0,995 | 0,995 | 0,994 | 0,994 | 0,993 | 0,993 |
| 0,868 | 0,867 | 0,866 | 0,866 | 0,865 | 0,864 | 0,863 | 0,862 | 0,862 | 0,861 | 0,860 |
| 0,864 | 0,863 | 0,862 | 0,862 | 0,861 | 0,860 | 0,859 | 0,858 | 0,858 | 0,857 | 0,856 |

## VI. Dichte und Trockenrückstand von wichtigen Tinkturen[1].
### (Nach Caesar & Loretz, Halle a. d. S.)

| | D. (20°) | Trockenrückstand % |
|---|---|---|
| Tinctura Absinthii DAB. 6 | 0,900 bis 0,912 | 2,5 bis 3,1 bis 4,0 |
| Tinctura Angelicae Erg.-B. 6 | etwa 0,909 | etwa 3,5 |
| Tinctura amara DAB. 6 | 0,905 bis 0,916 | 4,6 bis 5,1 bis 6,1 |
| Tinctura Arnicae DAB. 6 | 0,895 bis 0,909 | 1,4 bis 1,8 bis 2,1 |
| Tinctura aromatica DAB. 6 | 0,895 bis 0,905 | 1,8 bis 2,0 bis 2,4 |
| Tinctura Aurantii DAB. 6 | 0,908 bis 0,922 | 5,4 bis 6,1 bis 7,5 |
| Tinctura Aurantii Fructus Erg.-B. 6 | 0,907 bis 0,917 | 3,6 bis 5,9 |
| Tinctura Benzoes DAB. 6 | 0,870 bis 0,885 | 13 bis 15 bis 17 |
| Tinctura Calami DAB. 6 | 0,900 bis 0,913 | 3,0 bis 4,1 bis 5,5 |
| Tinctura Capsici DAB. 6 | 0,828 bis 0,842 | 1,2 bis 1,8 bis 2,0 |
| Tinctura Cardamomi Erg. B. 6 | etwa 0,897 | etwa 1,2 |
| Tinctura Caryophylli Erg.-B. 6 | 0,900 bis 0,910 | 3,5 bis 4,9 |
| Tinctura Chamomillae Erg.- B. 6 | 0,904 bis 0,912 | 3,6 bis 4,9 |
| Tinctura Cinnamomi DAB. 6 | 0,897 bis 0,910 | 1,3 bis 2,0 bis 2,2 |
| Tinctura Coccionellae Erg.-B. 6 | 0,896 bis 0,906 | 2,3 bis 3,3 |
| Tinctura Colae Erg.-B. 6 | 0,895 bis 0,906 | 2,0 bis 2,8 |
| Tinctura Croci Erg.- B. 6 | 0,907 bis 0,915 | 4,3 bis 5,2 |
| Tinctura Eucalypti Erg.- B. 6 | 0,903 bis 0,913 | 3,5 bis 5,5 |
| Tinctura Foeniculi comp. Erg.-B. 6 | 0,895 bis 0,905 | 1,9 bis 2,4 |
| Tinctura Galangae Erg.-B. 6 | 0,902 bis 0,915 | 2,8 bis 4,4 |
| Tinctura Gentianae DAB. 6 | 0,914 bis 0,926 | 5,5 bis 7,0 bis 8,0 |
| Tinctura Macidis Erg.-B. 6 | 0,899 bis 0,905 | 2,9 bis 3,2 |
| Tinctura Menthae piper. Erg.-B. 6 | 0,901 bis 0,911 | 2,5 bis 3,4 |
| Tinctura Moschi Erg.-B. 6 | 0,958 bis 0,962 | etwa 0,5 |
| Tinctura Myrrhae DAB. 6 | 0,844 bis 0,857 | 3,9 bis 4,4 bis 5,6 |
| Tinctura Pimpinellae DAB. 6 | 0,903 bis 0,915 | 3,2 bis 3,7 bis 4,5 |
| Tinctura Salviae Erg.-B. 6 | 0,898 bis 0,906 | 1,6 bis 1,9 |
| Tinctura Tormentillae DAB. 6 | 0,915 bis 0,925 | 5,4 bis 6,0 bis 7,1 |
| Tinctura Valerianae DAB. 6 | 0,906 bis 0,916 | 3,3 bis 4,4 bis 5,0 |
| Tinctura Vanillae Erg.-B. 6 | 0,914 bis 0,923 | 3,0 bis 5,0 |

[1] Aus H. KAISER: Pharmazeutisches Taschenbuch, 2. Auflage 1943.

# VII. Tropfentabelle.

Das Gewicht der aus verschiedenen Gefäßen (Flaschen, Tropfgläser, Pipetten) entnommenen Tropfen ist sehr verschieden, weil dies von der Größe und der Form der Abtropffläche abhängig ist. Aus diesem Grunde ist im DAB. 6 der *Normal-Tropfenzähler* mit einer Abtropffläche von 3 mm Durchmesser vorgeschrieben. Diese Abtropffläche ist als internationale Norm für das Tropfengewicht eingeführt. Bei richtiger Handhabung ergibt der Normal-Tropfenzähler bei 15° 20 Tropfen destillierten Wassers mit einem Gewicht von 1,0 g. In nachstehender Tabelle sind die von F. ESCHBAUM mit Hilfe des Normal-Tropfenzählers ermittelten Tropfengewichte und Tropfenzahlen für 1 g zusammengestellt:

| | 1 g = Tropfen | 1 Tropfen wiegt g | | 1 g = Tropfen | 1 Tropfen wiegt g |
|---|---|---|---|---|---|
| Acetonum . . . . . . . | 60 | 0,017 | Benzinum Petrolei . . . | 71 | 0,014 |
| Acetum . . . . . . . . | 24 | 0,042 | Benzolum . . . . . . . | 50 | 0,020 |
| Acetum aromaticum . . | 36 | 0,028 | Chloroformium . . . . . | 53 | 0,019 |
| Acidum aceticum . . . . | 53 | 0,019 | Elixir Aurantii compositum . . . . . . . . . | 34 | 0,029 |
| Acidum aceticum dilutum | 33 | 0,030 | Elixir e Succo Liquiritiae | 36 | 0,028 |
| Acidum carbolicum (Phenolum) liquefactum . . | 36 | 0,028 | Formaldehydum solutum | 32 | 0,031 |
| Acidum formicicum . . . | 25 | 0,040 | Glycerinum . . . . . . | 26 | 0,039 |
| Acidum hydrochloricum . | 20 | 0,049 | Jodzinkstärkelösung . . | 20 | 0,050 |
| | | | Liquor Aluminii acetici . | 21 | 0,048 |
| Acidum hydrochloricum dilutum . . . . . . . | 20 | 0,050 | Liquor Ammonii caustici . | 23 | 0,044 |
| Acidum lacticum . . . . | 34 | 0,030 | Liqour Cresoli saponatus . | 45 | 0,022 |
| Acidum phosphoricum . | 19 | 0,052 | Liquor Kali caustici . . . | 18 | 0,055 |
| Aether (0,720) . . . . . | 84 | 0,012 | Liquor Natri caustici . . | 17 | 0,058 |
| Aether aceticus . . . . | 35 | 0,029 | Liquor Plumbi subacetici | 20 | 0,051 |
| Alcohol absolutus. . . . | 65 | 0,015 | Mucilago Gummi arabici . | 19 | 0,053 |
| Alcohol aethylicus . . . | 65 | 0,015 | Oleum Amygdalarum dulce . . . . . . . . . . | 41 | 0,024 |
| Alcohol amylicus . . . . | 59 | 0,017 | Oleum Anisi . . . . . . | 40 | 0,025 |
| Alcohol methylicus . . . | 57 | 0,017 | Oleum Calami . . . . . | 44 | 0,023 |
| Aqua Calcariae . . . . . | 20 | 0,051 | Oleum Carvi . . . . . . | 44 | 0,023 |
| Aqua Cinnamomi . . . . | 29 | 0,034 | Oleum Caryophyllorum . | 36 | 0,028 |
| Aqua Foeniculi . . . . | 21 | 0,048 | Oleum Cinnamomi . . . | 36 | 0,028 |
| Aqua Menthae piperitae . | 24 | 0,041 | Oleum Citri . . . . . . | 53 | 0,019 |
| Aqua phenolata (2%) . . | 26 | 0,038 | Oleum Foeniculi . . . . | 44 | 0,023 |
| Balsamum Copaivae . . | 38 | 0,026 | Oleum Jecoris Aselli . . | 45 | 0,023 |
| Balsamum peruvianum . | 32 | 0,032 | Oleum Juniperi baccarum | 52 | 0,019 |

| | 1 g = Tropfen | 1 Tropfen wiegt g | | 1 g = Tropfen | 1 Tropfen wiegt g |
|---|---|---|---|---|---|
| Oleum Juniperi ligni . . | 53 | 0,019 | Tinctura Angelicae . . . | 60 | 0,017 |
| Oleum Lavandulae . . . | 52 | 0,019 | Tinctura Arnicae . . . . | 54 | 0,019 |
| Oleum Lini . . . . . . | 44 | 0,023 | Tinctura aromatica . . . | 54 | 0,019 |
| Oleum Macidis . . . . . | 52 | 0,019 | Tinctura Aurantii . . . | 54 | 0,019 |
| Oleum Menthae piperitae | 51 | 0,020 | Tinctura Benzoes . . . . | 60 | 0,017 |
| Oleum Olivarum . . . . | 42 | 0,024 | Tinctura Benzoes composita . . . . . . . . | 60 | 0,017 |
| Oleum Papaveris . . . . | 42 | 0,024 | | | |
| Oleum Persicarum . . . | 42 | 0,024 | Tinctura Calami . . . . | 54 | 0,019 |
| Oleum Ricini . . . . . | 44 | 0,023 | Tinctura Chinae . . . . | 54 | 0,019 |
| Oleum Rosae . . . . | 50 | 0,020 | Tinctura Chinae composita . . . . . . . . | 54 | 0,019 |
| Oleum Rosmarini . . . | 51 | 0,020 | Tinctura Cinnomomi . . | 54 | 0,019 |
| Oleum Santali . . . . . | 41 | 0,025 | Tinctura Coccionellae . . | 54 | 0,019 |
| Oleum Sinapis . . . . . | 44 | 0,023 | Tinctura Colombo . . . | 54 | 0,019 |
| Oleum Terebinthinae . . | 53 | 0,019 | Tinctura Croci . . . . . | 54 | 0,019 |
| Oleum Terebinthinae rectificatum . . . . . . . | 54 | 0,019 | Tinctura Eucalypti . . . | 54 | 0,019 |
| | | | Tinctura Foeniculi . . . | 54 | 0,019 |
| Oleum Thymi . . . . . | 51 | 0,020 | Tinctura Galangae . . . | 54 | 0,019 |
| Paraffinum liquidum . . | 45 | 0,022 | Tinctura Gallarum . . . | 54 | 0,019 |
| Phenolum liquefactum . | 36 | 0,028 | Tinctura Gentianae . . . | 54 | 0,019 |
| Spiritus (D. 0,826) . . . | 61 | 0,017 | Tinctura Jodi . . . . . | 60 | 0,017 |
| Spiritus aethereus . . . | 65 | 0,015 | Tinctura Menthae piperitae . . . . . . . . | 54 | 0,019 |
| Spiritus Aetheris nitrosi . | 59 | 0,017 | | | |
| Spiritus camphoratus . . | 56 | 0,018 | Tinctura Moschi . . . . | 45 | 0,022 |
| Spiritus dilutus (D. 0,890) | 55 | 0,018 | Tinctura Myrrhae . . . | 60 | 0,017 |
| Spiritus e Vino . . . . . | 29 | 0,035 | Tinctura Pimpinellae . . | 54 | 0,019 |
| Spiritus Juniperi . . . . | 52 | 0,019 | Tinctura Ratanhiae . . . | 54 | 0,019 |
| Spiritus Lavandulae . . | 52 | 0,019 | Tinctura Valerianae . . . | 54 | 0,019 |
| Spiritus Melissae compositus . . . . . . . . | 52 | 0,019 | Tinctura Valerinae aetherea . . . . . . . . . | 63 | 0,016 |
| Spiritus Menthae piperitae | 60 | 0,017 | Tinctura Vanillae . . . | 54 | 0,019 |
| Spiritus saponatus . . . | 50 | 0,020 | Tinctura Zingiberis . . | 54 | 0,019 |
| Spiritus Sinapis . . . . | 57 | 0,018 | Vinum Condurango . . . | 30 | 0,033 |
| Tinctura Absinthii . . . | 54 | 0,019 | Vinum Pepsini . . . . | 36 | 0,028 |
| Tinctura Aloes . . . . . | 60 | 0,017 | Vinum Xerense . . . . | 30 | 0,033 |
| Tinctura amara . . . . . | 54 | 0,019 | Xylolum . . . . . . . | 52 | 0,019 |

# VIII. Zusammensetzung pflanzlicher Lebensmittel[1].

| In 1 kg sind enthalten | Wasser g | Protein g | Fett g | Kohlen-hydrate g | Holz-faser g | Mineral-stoffe g | Kalo-rien rund |
|---|---|---|---|---|---|---|---|
| Weizenmehl, gröberes . . . . | 126 | 116 | 16 | 723 | 9 | 10 | 3590 |
| Weizenmehl, feines . . . . . | 126 | 107 | 11 | 748 | 3 | 5 | 3610 |
| Roggenmehl . . . . . . . . | 126 | 96 | 14 | 739 | 13 | 12 | 3550 |
| Hafermehl . . . . . . . . . | 91 | 139 | 62 | 670 | 17 | 21 | 3890 |
| Maismehl . . . . . . . . . | 130 | 96 | 31 | 718 | 14 | 11 | 3626 |
| Reis . . . . . . . . . . . | 132 | 81 | 13 | 755 | 9 | 10 | 3550 |
| Roggenbrot . . . . . . . . | 397 | 64 | 11 | 505 | 8 | 15 | 2440 |
| Nudeln (Makkaroni) . . . . | 110 | 109 | 6 | 756 | 4 | 6 | 3600 |
| Erbsen-(Bohnen-)mehl . . . . | 113 | 257 | 18 | 571 | 13 | 28 | 3560 |
| Kartoffeln . . . . . . . . | 749 | 20 | 2 | 208 | 10 | 11 | 950 |
| Topinambur . . . . . . . . | 791 | 19 | 2 | 163 | 13 | 12 | 770 |
| Mohrrüben . . . . . . . . | 868 | 12 | 3 | 90 | 17 | 10 | 450 |
| Kohlrüben . . . . . . . . | 889 | 14 | 2 | 74 | 14 | 7 | 380 |
| Schnittbohnen . . . . . . | 888 | 27 | 1 | 66 | 12 | 6 | 390 |
| Blumenkohl . . . . . . . . | 909 | 25 | 3 | 46 | 9 | 8 | 320 |
| Weißkraut . . . . . . . . | 900 | 18 | 2 | 51 | 17 | 12 | 300 |
| Spinat . . . . . . . . . | 893 | 37 | 5 | 36 | 9 | 20 | 350 |
| Spargel . . . . . . . . . | 937 | 20 | 1 | 24 | 12 | 6 | 190 |
| Pilze . . . . . . . . . | 897 | 49 | 2 | 36 | 8 | 8 | 370 |
| Kürbis . . . . . . . . . | 904 | 11 | 1 | 65 | 12 | 7 | 320 |
| Tomate . . . . . . . . . | 934 | 10 | 2 | 40 | 8 | 6 | 220 |
| Kernobst (Äpfel, Birnen) . . | 835 | 3 | 1 | 128 | 19 | 4 | 550 |
| Steinobst (Kirschen, Pflaumen) | 798 | 10 | 3 | 171 | 5 | 5 | 770 |
| Beerenobst . . . . . . . . | 850 | 4 | 1 | 82 | 35 | 5 | 360 |
| Weintrauben . . . . . . . | 791 | 10 | 1 | 164 | 21 | 5 | 720 |
| Zucker . . . . . . . . . . | 1 | — | — | 998 | — | 1 | 4090 |
| Marmelade . . . . . . . . | 420 | 5 | — | 577 | 13 | 4 | 2390 |
| Honig und Kunsthonig . . . | 190 | 14 | — | 794 | — | 2 | 3310 |
| Walnüsse, frische . . . . . | 235 | 138 | 432 | 107 | 24 | 14 | 5020 |
| Haselnüsse, trocken . . . . | 71 | 174 | 626 | 72 | 32 | 25 | 6830 |
| Kastanien (Maronen) . . . . | 72 | 108 | 72 | 693 | 28 | 27 | 3580 |

---

[1] Nach A. BEYTHIEN: Einführung in die Lebensmittelchemie, 3. Aufl., Dresden und Leipzig: Theodor Steinkopff 1952.

## IX. Zusammensetzung von Lebensmitteln aus dem Tierreich[1].

| In 1 kg sind enthalten | Wasser g | Protein g | Fett g | Kohlen-hydrate g | Mineral-stoffe g | Kalo-rien rund |
|---|---|---|---|---|---|---|
| Rindfleisch, mittelfett . . | 730 | 210 | 50 | — | 10 | 1330 |
| Rindfleisch, mager   . . . | 705 | 210 | 15 | — | 10 | 1000 |
| Kalbfleisch, mager   . . . | 788 | 199 | 8 | — | 5 | 890 |
| Schweinefleisch, fett  . . | 474 | 146 | 373 | — | 7 | 4070 |
| Schweinefleisch, mager  . | 720 | 203 | 68 | — | 9 | 1460 |
| Fleisch von Wild . . . . | 760 | 216 | 14 | — | 10 | 1020 |
| Frischer Schellfisch . . . | 815 | 169 | 3 | — | 13 | 720 |
| Frischer Lachs . . . . . | 682 | 197 | 107 | — | 14 | 1800 |
| Hering, gesalzen . . . . | 464 | 190 | 170 | — | 176 | 2360 |
| Stockfisch . . . . . . . | 162 | 815 | 7 | — | 16 | 3410 |
| Eier  . . . . . . . . . | 745 | 125 | 120 | — | 10 | 1630 |
| Kuhmilch, Vollmilch  . . | 870 | 35 | 38 | 49 | 8 | 700 |
| Kuhmilch, Magermilch  . | 902 | 35 | 6 | 49 | 8 | 400 |
| Ziegenmilch . . . . . . | 869 | 38 | 41 | 44 | 8 | 720 |
| Frauenmilch . . . . . . | 876 | 20 | 37 | 64 | 3 | 690 |
| Buttermilch . . . . . . | 901 | 39 | 10 | 42 | 8 | 430 |
| Fettkäse. . . . . . . . | 570 | 177 | 199 | 23 | 37 | 2670 |
| Magerkäse . . . . . . . | 680 | 200 | 70 | 24 | 27 | 1560 |
| Quark  . . . . . . . . | 800 | 141 | 28 | 20 | 11 | 920 |
| Butter . . . . . . . . | 200 | 7 | 774 | 5 | 25 | 7250 |
| Margarine . . . . . . . | 200 | 4 | 779 | 5 | 20 | 7280 |
| Schweineschmalz . . . . | 7 | 3 | 990 | — | — | 9220 |

[1] Nach A. BEYTHIEN: Einführung in die Lebensmittelchemie, 3. Aufl., Dresden und Leipzig: Theodor Steinkopff 1950.

# X. Kennzahlen der wichtigsten Lösungsmittel[1].

| | Formel | Mol.-Gew. | Dichte | Siedepunkt 760 mm |
|---|---|---|---|---|
| Benzin. . . . . . . . | | | ca. 0,68 bis 0,82 | s. Benzin |
| Benzol, rein . . . . . | $C_6H_6$ | 78 | 0,899 (20°) | 80,2° |
| Chlorbenzol . . . . . | $C_6H_5Cl$ | 112,4 | 1,1066 (20°) | 132° |
| Chloroform . . . . . | $CHCl_3$ | 119,4 | 1,490 (15°) | 61,2° |
| Cymol . . . . . . . | $C_{10}H_{14}$ | 134 | 0,8530 (22°) | 175° |
| Dekalin . . . . . . . | $C_{10}H_{18}$ | 138 | 0,887 bis 0,890 | 185 bis 195° |
| Dekan . . . . . . . | $C_{10}H_{22}$ | 142 | 0,7485 (0°) | 173° |
| Dichloräthan . . . . : | $C_2H_4Cl_2$ | 99 | 1,261 (15°) | 83,7° |
| Dichloräthylen . . . . | $CHCl:CHCl$ | 96,9 | 1,278 (15°) | 55° |
| Dichlormethan . . . . | $CH_2Cl_2$ | 84,9 | 1,324 bis 1,326 | 39 bis 41° |
| Heptan . . . . . . . | $C_7H_{16}$ | 100 | 0,681 (23°) | 98,4° |
| Hexan . . . . . . . | $C_6H_{14}$ | 86 | 0,6622 (17°) | 71° |
| Hexahydrobenzol . . . | $C_6H_{12}$ | 84 | 0,7810 (16°) | — |
| Hexylen . . . . . . . | — | — | 0,6792 (23°) | — |
| Holzterpentinöl . . . | — | — | 0,860 bis 0,880 | ca. 150 bis 180° |
| Hydroterpin . . . . . | — | — | 0,881 bis 0,888 | 180 bis 202° |
| Kienöl . . . . . . . | — | — | 0,860 bis 0,880 | ca. 160 bis 170° |
| Monochloräthan . . . | $C_2H_5Cl$ | 64,5 | 0,921 (20°) | 12,5° |
| Nonan . . . . . . . | $C_9H_{20}$ | 128 | 0,7321 (0°) | 149,5° |
| Oktan . . . . . . . | $C_8H_{18}$ | 114 | 0,7174 (0°) | 125,5° |
| Pentachloräthan . . . | $C_2HCl_5$ | 202,2 | 1,709 (20°) | 159° |
| Pentan . . . . . . . | $C_5H_{12}$ | 72 | 0,6256 (17°) | 38° |
| Perchloräthylen . . . | $C_2Cl_4$ | 165,8 | 1,620 (15°) | 121° |
| Terpentinöl . . . . . | — | — | 0,855 bis 0,872 | ca. 155 bis 157° |
| Terpentinölrückstand . | — | — | 0,860 bis 0,880 | ca. 165 bis 185° |
| Tetrachloräthan . . . | $CHCl_2 \cdot CHCl_2$ | 167,8 | 1,592 (15°) | 147° |
| Tetrachlorkohlenstoff . | $CCl_4$ | 153,8 | 1,595 (15°) | 76,75° |
| Tetralin . . . . . . . | $C_{10}H_{12}$ | 132 | 0,975 bis 0,977 (15°) | 205 bis 210° |
| Toluol, rein. . . . . . | $C_6H_5 \cdot CH_3$ | 92 | 0,8645 (20°) | 110,2° |
| Trichloräthylen . . . . | $C_2HCl_3$ | 131,4 | 1,470 (15°) | 86° |
| Xylol, rein o- . . . . | $C_6H_4(CH_3)_2$ | 106 | 0,8633 (20°) | 141° |
| m- . . . . | | | 0,8642 (20°) | 139,2° |
| p- . . . . | | | 0,8612 (20°) | 137,5° |

[1] Nach H. GNAMM: Die Lösungsmittel und Weichmachungsmittel, 6. Aufl., 1950.

## XI. Verdunstungszahlen[1] einiger Lösungsmittel bezogen auf die Verdunstungszeit von Äther (=1).

### Ermittelt nach der Filtrierpapiermethode.

| Lösungsmittel | Verdunstungszahl | Lösungsmittel | Verdunstungszahl |
|---|---|---|---|
| Äthylalkohol . . . . . | 8,3 | Lösungsmittel E 33 . . . | 2,3 |
| Äthyläther . . . . . . | 1,0 | Lösungsmittel M und MA | 2,3 |
| Äthylacetat . . . . . . | 2,9 | Lösungsmittel T . . . . | 2,3 |
| Äthylenchlorid . . . . . | 4,1 | Lösungsmittel TA . . . | 2,3 |
| Äthylformiat . . . . | 2,1 | Methylalkohol . . . . . | 6,3 |
| Äthylglykol . . . . . . | 43 | Methylanon . . . . . . | 50 |
| Äthylglykolacetat . . . | 52 | Methylacetat . . . . . | 2,2 |
| Amylalkohol (iso-) . . . | 62 | Methyläthylketon . . . | 6,3 |
| Amylacetat . . . . . . | 13 | Methylenchlorid . . . . | 1,8 |
| Anon (Cyclohexanon). . | 40 | Methylcyclohexanon . . | 50 |
| Aceton . . . . . . . . | 2,0 | Methylformiat . . . . . | 1 |
| Benzin . . . . . . . . | 3,5 (—40) | Methylglykol . . . . . | 34,5 |
| Benzol (rein) . . . . . . | 3,0 | Methylglykolacetat . . . | 35 |
| Butylalkohol . . . . . | 33 | Methylhexalin . . . . . | 807 |
| Butylalkohol (iso-) . . . | 24 | Milchsäureäthylester . . | 80 |
| Butylacetat (n-) . . . . | 11,8 | Milchsäurebutylester . . | 443 |
| Butylglykol . . . . . . | 163 | Polysalvan D . . . . . | 460 |
| Butyllactat . . . . . . | 61 | Propylalkohol (n-) . . . | 17 |
| Chlorbenzol . . . . . . | 12,5 | Propylalkohol (iso-) . . . | 21 |
| Cyclohexanon (Anon) . . | 40 | Propylacetat . . . . . | 5 |
| Dekalin . . . . . . . . | 94 | Propylpropionat . . . . | 39 |
| Diacetonalkohol . . . . | 147 | Tetrachlorkohlenstoff . . | 4 |
| Dichlorbenzol . . . . . | 57 | Tetralin . . . . . . . . | 190 |
| Dioxan . . . . . . . . | 7,3 | Trichloräthylen . . . . . | 3,8 |
| Hexalin . . . . . . . . | 403 | Toluol . . . . . . . . | 6,1 |
| Hexalinacetat . . . . . | 77 | Schwefelkohlenstoff . . . | 1,8 |
| Lösungsmittel E 13 . . . | 2,5 | Xylol . . . . . . . . . | 13,5 |

[1] Nach H. GNAMM: Die Lösungsmittel und Weichmachungsmittel, 6. Aufl., 1950.

MIX
Papier aus verantwortungsvollen Quellen
Paper from responsible sources
FSC® C105338

FSC
www.fsc.org

If you have any concerns about our products,
you can contact us on
ProductSafety@springernature.com

In case Publisher is established outside the EU,
the EU authorized representative is:
Springer Nature Customer Service Center GmbH
Europaplatz 3, 69115 Heidelberg, Germany

Printed by Libri Plureos GmbH
in Hamburg, Germany